Thieme Revinter

Tradução:

MÔNICA REGINA BRITO (Caps. 1 a 15, 29 a 31, 55, 56, 58, 64, 96 a 103)
Médica Veterinária e Tradutora, SP

EDIANEZ CHIMELLO (Caps. 16 a 22)
Tradutora Especializada na Área da Saúde, SP

RIVO FISCHER (Caps. 23 a 28)
Biólogo e Tradutor, RS

SANDRA MALLMANN (Caps. 32 a 49, 65, 66, 69)
Tradutora Especializada na Área da Saúde, RS

ANGELA NISHIKAKU (Caps. 62, 63, 67, 68, 73 a 76)
Tradutora Especializada na Área da Saúde, SP

SILVIA SPADA (Caps. 77 a 88)
Tradutora Especializada na Área da Saúde, SP

CRISTIANE MENDES (Caps. 50 a 54, 57, 59 a 61)
Tradutora Especializada na Área da Saúde, RJ

SORAYA IMON (Caps. 89 a 95)
Tradutora Especializada na Área da Saúde, SP

RENATA SCAVONE (Caps. 70 a 72)
Médica Veterinária e Tradutora, SP

Revisão Técnica:

CARLOS ALEXANDRE M. ZICARELLI (Caps. 1 a 17, 23 a 25, 59 a 62, 77 a 83)
Professor-Assistente de Neurocirurgia do Departamento de Cirurgia da Universidade Estadual de Londrina
Supervisor do Programa de Residência Médica em Neurocirurgia do Hospital Evangélico de Londrina
Membro Titular da Sociedade Brasileira de Neurocirurgia
Membro Titular da Academia Brasileira de Neurocirurgia

FRANCISCO TELLECHEA ROTTA (Caps. 18 a 22, 26 a 33, 84 a 87, 91 e 92)
Residência em Neurologia na University of Miami - Flórida, EUA
Especialização em Doenças Neuromusculares (Fellowship) na University of Miami - Flórida, EUA
Título de Especialista em Neurologia pela Academia Brasileira de Neurologia
Título de Especialista em Neurofisiologia Clínica pela Sociedade Brasileira de Neurofisiologia Clínica

ENRICO GHIZONI (Caps. 34 a 43)
Professor de Neurocirurgia da Faculdade de Ciências Médicas da UNICAMP
Neurocirurgião do Hospital de Oncologia Infantil Boldrini
Neurocirurgião do Hospital Crânio-Facial Sobrapar

CASSIUS VINICIUS CORRÊA DOS REIS (Caps. 45 a 55 e 90)
Neurocirurgião Titular da Sociedade Brasileira de Neurocirurgia
Doutor e Mestre pela Faculdade de Medicina da UFMG
Professor Adjunto da Faculdade de Medicina da UFMG

ARTHUR ADOLFO NICOLATO (Caps. 44, 93 a 97, 99 a 103)
Residência Médica em Neurocirurgia no Hospital das Clínicas da UFMG
Membro Titular da Sociedade Brasileira de Neurocirurgia
Mestre em Cirurgia pela Faculdade de Medicina da UFMG
Professor do Departamento de Anatomia e Imagem da Faculdade de Medicina da UFMG

MAURO AUGUSTO TOSTES FERREIRA (Caps. 56 a 58, 63 a 67, 69, 88 e 89)
Especialista em Neurocirurgia pela Universidade de São Paulo (USP)
Especialista em Neurocirurgia pela Barrow Neurological Institute (BNI) - Arizona, EUA
Professor Doutor da Faculdade de Medicina da Universidade Federal de Minas Gerais

ANDREI FERNANDES JOAQUIM (Caps. 68, 70 a 76)
Residência em Neurocirurgia pela Universidade de Campinas (UNICAMP)
Doutorado em Neurocirurgia pela Universidade de Campinas (UNICAMP)
Pós-Doutorado em Traumatismo Raquimedular pela Universidade de São Paulo (USP)
Membro da Academia Brasileira de Neurocirurgia

TELMO T. REIS (Cap. 98)
Membro da Sociedade Brasileira de Neurocirurgia
Membro da Academia Brasileira de Neurocirurgia
Membro da Sociedade Brasileira de Neurocirurgia Estereotáxica e Funcional
Membro da American Academy of Neurology

Manual de Neurocirurgia

Mark S. Greenberg, MD
Associate Professor
Department of Neurosurgery and Brain Repair
University of South Florida
Tampa, Florida

Oitava Edição

179 ilustrações

Thieme
Rio de Janeiro • Stuttgart • New York • Delhi

**Dados Internacionais de
Catalogação na Publicação (CIP)**

G798m

Greenberg, Mark S.
Manual de neurocirurgia/Mark S.
Greenberg; tradução de Mônica Regina
Brito, Edianez Chimello, Rivo Fischer,
Sandra Mallmann, Angela Nishikaku, Silvia Spada, Cristiane Mendes, Soraya
Imon & Renata Scavone – 8. Ed. – Rio de
Janeiro – RJ: Thieme Revinter Publicações, 2018.

1664 p.: il; 14 x 21 cm.
Título Original: *Handbook of neurosurgery*
Inclui Referências Bibliográficas e Índice Remissivo.
ISBN 978-85-67661-65-0

1. Doenças do sistema nervoso - cirurgia. 2. Procedimentos neurocirúrgicos.
I. Título.

CDD: 616.87
CDU: 616.8-089

Nota: O conhecimento médico está em constante evolução. À medida que a pesquisa e a experiência clínica ampliam o nosso saber, pode ser necessário alterar os métodos de tratamento e medicação. Os autores e editores deste material consultaram fontes tidas como confiáveis, a fim de fornecer informações completas e de acordo com os padrões aceitos no momento da publicação. No entanto, em vista da possibilidade de erro humano por parte dos autores, dos editores ou da casa editorial que traz à luz este trabalho, ou ainda de alterações no conhecimento médico, nem os autores, nem os editores, nem a casa editorial, nem qualquer outra parte que se tenha envolvido na elaboração deste material garantem que as informações aqui contidas sejam totalmente precisas ou completas; tampouco se responsabilizam por quaisquer erros ou omissões ou pelos resultados obtidos em consequência do uso de tais informações. É aconselhável que os leitores confirmem em outras fontes as informações aqui contidas. Sugere-se, por exemplo, que verifiquem a bula de cada medicamento que pretendam administrar, a fim de certificar-se de que as informações contidas nesta publicação são precisas e de que não houve mudanças na dose recomendada ou nas contraindicações. Esta recomendação é especialmente importante no caso de medicamentos novos ou pouco utilizados. Alguns dos nomes de produtos, patentes e *design* a que nos referimos neste livro são, na verdade, marcas registradas ou nomes protegidos pela legislação referente à propriedade intelectual, ainda que nem sempre o texto faça menção específica a esse fato. Portanto, a ocorrência de um nome sem a designação de sua propriedade não deve ser interpretada como uma indicação, por parte da editora, de que ele se encontra em domínio público.

Título original:
Handbook of Neurosurgery, Eighth Edition
Copyright © 2016 by Thieme Medical Publishers, Inc.
ISBN 978-1-62623-241-9

© 2018 Thieme Revinter Publicações Ltda.
Rua do Matoso, 170, Tijuca
20270-135, Rio de Janeiro – RJ, Brasil
http://www.ThiemeRevinter.com.br

Thieme Medical Publishers
http://www.thieme.com
Capa: Thieme Revinter Publicações

Impresso no Brasil por Prol Editora Gráfica Ltda.
5 4 3 2 1
ISBN 978-85-67661-65-0

Todos os direitos reservados. Nenhuma parte desta publicação poderá ser reproduzida ou transmitida por nenhum meio, impresso, eletrônico ou mecânico, incluindo fotocópia, gravação ou qualquer outro tipo de sistema de armazenamento e transmissão de informação, sem prévia autorização por escrito.

Dedicatória

A oitava edição do *Manual de Neurocirurgia* é dedicada a minha maravilhosa esposa, Debbie. Ela me inspira a ser o melhor que possa ser.

Este livro também é dedicado a "Duke" (August Henry Wagner III), tio querido do colaborador Jayson Sack, que sofreu uma hemorragia subaracnóidea fatal quando este livro estava sendo impresso. Sua vida altruísta foi uma inspiração para Jayson e sua família. Ele deixará saudades e nunca será esquecido.

Colaboradores

Naomi A. Abel, MD
Assistant Professor
Department of Neurosurgery and Brain Repair
University of South Florida Morsani College of Medicine
Tampa, Florida
Falha da cirurgia para o túnel do carpo e nervo ulnar
Eletrodiagnóstico (EDX)

Siviero Agazzi, MD, MBA
Associate Professor
Department of Neurosurgery and Brain Repair
University of South Florida Morsani College of Medicine
Tampa, Florida
Schwannomas vestibulares

Amir Ahmadian, MD
Attending physician
Neurosurgery of West Florida
Hudson, Florida
Deformidade espinal no adulto
Malformações cavernosas*

Norberto Andaluz, MD
Associate Professor
Department of Neurosurgery
University of Cincinnati College of Medicine
Cincinnati VA Medical Center
Cincinnati, Ohio
Estenose carotídea e endarterectomia*
Endarterectomia carotídea de emergência*
Artéria carótida totalmente ocluída*

Ramsey Ashour, MD
Complex cranial fellow
Department of Neurosurgery and Brain Repair
University of South Florida Morsani College of Medicine
Tampa, Florida
Fístulas arteriovenosas durais

Ali A. Baaj, MD
Assistant Professor
Department of Neurological Surgery
Weill Cornell Medical College
New York Presbyterian Hospital
New York, New York
Doença de Moyamoya*

Konrad Bach, MD
Research Associate
University of South Florida Morsani College of Medicine
Tampa, Florida
Espondilite anquilosante

Clayton Bauer, MD, PhD
Resident physician
Department of Neurosurgery and Brain Repair
University of South Florida Morsani College of Medicine
Tampa, Florida
Estado de mal epiléptico

Joshua M. Beckman, MD
Resident physician
Department of Neurosurgery and Brain Repair
University of South Florida Morsani College of Medicine
Tampa, Florida
Concussão (mTBI)

Adarsh Bhimraj, MD
Attending physician
Section Head, Neuroinfections
Cleveland Clinic
Cleveland, Ohio
Infecções associadas à EVD

Elias Dakwar, MD
Assistant Professor
Department of Neurosurgery and Brain Repair
University of South Florida Morsani College of Medicine
Tampa, Florida
Fístulas liquóricas

Angela Downes, MD
Fellow, Neurocritical Care
Department of Neurosurgery
University of Colorado
Denver, Colorado
Radiocirurgia estereotáxica
Hematoma subdural espontâneo*

Melissa Giarratano, PharmD, BCPS
Clinical Pharmacist – Neurosciences
Tampa General Hospital
Tampa, Florida
Antibióticos

Alexander Haas, MD
Resident physician
Department of Neurosurgery and Brain Repair
University of South Florida Morsani College of Medicine
Tampa, Florida
Cistos coloides

Ghaith Habboub, MD
Resident physician
Neurological Institute
Cleveland Clinic
Cleveland, Ohio
Infecções associadas à EVD

Shannon Hann, MD
Resident physician
Department of Neurological Surgery
Thomas Jefferson University
Philadelphia, Pennsylvania
*Melanose neurocutânea**

Shah-Naz H. Khan, MD, FRCS(C), FAANS
Chair and Director
Institute of General and Endovascular
Neurosurgery
Clinical Assistant Professor
Department of Surgery
Michigan State University
Flint, Michigan
Neurocirurgia endovascular

Tsz Y. Lau, MD
Assistant Professor
Department of Neurosurgery and Brain Repair
University of South Florida Morsani College of
Medicine
Tampa, Florida
Hemorragia subaracnóidea

Shih-Sing Liu, MD
Assistant Professor
Department of Neurosurgery and Brain Repair
University of South Florida Morsani College of
Medicine
Tampa, Florida
Forame jugular
Anticoagulação e terapia antiplaquetária

Wai-man Liu, MBBS, FRCS, FHKAM
Chief of Service, Honorary Associate Professor
Division of Neurosurgery, Department of Surgery
Li Ka Shing Faculty of Medicine
The University of Hong Kong
Pokfulam, Hong Kong
Astrocitoma

Jotham Manwaring, MD
Attending physician
Southern Utah Neurosciences Institute
St. George, Utah
Ventriculostomia do terceiro ventrículo (ETV)
*Hidrocefalia ligada ao X**

Carlos R. Martinez, MD, FACR
Professor of Radiology
USF College of Medicine
Assistant Chief of Radiology
Bay Pines VA Hospital
Tampa, Florida
Hipotensão intracraniana

Meleine Martinez-Sosa, MD
Resident physician
Department of Neurosurgery and Brain Repair
University of South Florida Morsani College of
Medicine
Tampa, Florida
Hipotensão intracraniana

Timothy D. Miller Jr., MD
Resident physician
Division of Neurosurgery
Duke University School of Medicine
Durham, North Carolina
Vasospasmo cerebral

Jose Montero, MD
Associate Professor
Department of Internal Medicine
University of South Florida Morsani College of
Medicine
Tampa, Florida
Antibióticos

Jason Paluzzi, MD
Resident physician
Department of Neurosurgery and Brain Repair
University of South Florida Morsani College of
Medicine
Tampa, Florida
Joelho de Wilbrand

Michael S. Park, MD
Resident physician
Department of Neurosurgery and Brain Repair
University of South Florida Morsani College of
Medicine
Tampa, Florida
Endarterectomia carotídea vs. stent carotídeo

Glen A. Pollock, MD
Attending physician
Raleigh Neurosurgical Clinic
Raleigh, North Carolina
*PRES**

**Kan-suen Jenny Pu, BSC, MBBS, FHKAM,
FRCSHK, FRCS (Surgical Neurology)**
Division of Neurosurgery, Department of Surgery
Li Ka Shing Faculty of Medicine
The University of Hong Kong
Pokfulam, Hong Kong
Astrocitoma

Edwin Ramos, MD
Assistant Professor
Department of Surgery
The University of Chicago Medicine
Chicago, Illinois
*Hamartomas hipotalâmicos**

Stephen Reintjes, MD
Resident physician
Department of Neurosurgery and Brain Repair
University of South Florida Morsani College of
Medicine
Tampa, Florida
Anticoagulação e terapia antiplaquetária

Jayson Sack, MD
Resident physician
Division of Neurosurgery
University of California, San Diego
San Diego, California
Hemorragia subaracnóidea

Stephen Sandwell, MD
Resident physician
Department of Neurosurgery
University of Rochester
Rochester, New York
Neurocitoma central

Joseph Serrone, MD
Attending physician
Virginia Mason Hospital and Seattle Medical Center
Seattle, Washington
Xantoastrocitoma pleomórfico*

Sananthan Sivakanthan
Medical student
University of South Florida Morsani College of Medicine
Tampa, Florida
Forame jugular

L. Brannon Thomas, MD, PhD
Attending physician
James A. Haley Veterans Administration Hospital
University Community Hospital
Tampa, Florida
Neuropatologia

Fernando L. Vale, MD
Professor and Vice-Chairman
Department of Neurosurgery and Brain Repair
University of South Florida Morsani College of Medicine
Tampa, Florida
Cirurgia de epilepsia

Jamie J. Van Gompel, MD
Assistant Professor
Department of Neurosurgery
Mayo Clinic
Rochester, Minnesota
Estesioneuroblastoma

Juan S. Uribe, MD
Associate Professor
Director, Spine Section
Department of Neurosurgery and Brain Repair
University of South Florida Morsani College of Medicine
Tampa, Florida
Abordagem transpsoas
Doença de Lhermitte-Duclos*
Materiais de enxerto ósseo*
Novas técnicas de artrodese de coluna*

Rohit Vasan, MD
Attending physician
Department of Neurosurgery and Brain Repair
University of South Florida Morsani College of Medicine
Tampa, Florida
Síncope*

Charles E. Wright, MD
Medical Director
LifeLink of Florida
Tampa, Florida
Morte cerebral e doação de órgãos

Chun-Po Yen, MD
Fellow
Department of Neurosurgery and Brain Repair
University of South Florida Morsani College of Medicine
Tampa, Florida
Abordagem transpsoas
Radiocirurgia estereotáxica

Ashraf Samy Youssef, MD, PhD
Visiting Associate Professor
Director of Skull Base Surgery
Department of Neurosurgery
University of Colorado School of Medicine
Denver, Colorado
Tratamento de tumores da região pineal*

*Contribuíram originalmente para o Manual de Neurocirurgia, Sétima Edição.

Agradecimentos

Gostaria de agradecer todos aqueles que participaram na preparação desta edição. Agradeço aos muitos colaboradores que ajudaram com o material e aos conhecidos ou não da Thieme Medical Publishers. A Brian Scanlan, presidente da Thieme Medical Publishers, agradeço por disponibilizar os recursos que evitaram que este livro desaparecesse completamente. A Sarah Landis e Torsten Scheihagen, pela ajuda editorial. E a profunda dívida de gratidão ao Dr. Michael Wachinger, Diretor de Soluções Clínicas da Thieme, que pessoalmente passou inúmeras horas e realizou várias viagens transatlânticas para reestruturar as informações de forma mais acessível e lógica e para garantir que o conteúdo fosse preservado durante a transferência de *software*.

Agradeço também aos meus colegas e aos residentes do programa de neurocirurgia na *University of South Florida*, com quem aprendo todos os dias. Agradecimentos especiais ao nosso Presidente, Dr. Harry van Loveren, por seu conselho, tranquila liderança e por inspirar excelência na neurocirurgia.

Prefácio

Pouco depois de terminar minha residência em 1989, muitos anos antes da internet, escrevi a primeira edição do *Manual de Neurocirurgia* com o propósito de tornar as informações neurocirúrgicas práticas e úteis mais acessíveis aos médicos.

Ao longo dos anos, usei a tecnologia de editoração eletrônica para expandir o escopo do livro, e para incorporar diagramas e referências bibliográficas. Sempre quis tornar o livro "acadêmico", apresentando dados que corroborassem as afirmações. Meu objetivo nunca foi o de publicar um livro de receitas.

Sem qualquer publicidade, contei apenas com a propaganda boca a boca para promover o livro. Eu acreditava na mesma coisa que Edwin Land deveria acreditar quando disse, "Marketing é o que você faz quando seu produto não é bom". Eu fiz um teste com 600 cópias do livro, impressas em uma pequena editora convencional em Ann Arbor, e vendi cópias individuais pelo correio. Minha grande oportunidade surgiu quando a livraria médica da *State University of New York* em Siracusa comprou 6 cópias. Depois disso, eu regularmente empacotava 5 ou 6 livros para diferentes livrarias, entregando-os no meu caminho para o pronto-socorro de manhã em uma plataforma de carregamento. Depois de um tempo, os principais distribuidores de livros médicos do país começaram a encomendar caixas de livros, e minha garagem se tornou um departamento de expedição (ainda tenho a paleteira hidráulica que usava para descarregar os caminhões de entrega). Logo, de alguma forma, pedidos internacionais começaram a chegar.

Finalmente fui capaz de sair do negócio de embalagem e transporte quando estabeleci uma parceria com a Thieme Medical Publishers em 2001. Naquela época, a internet estava começando e, embora fosse uma ótima maneira de fazer conexões, a explosão de informações ainda estava por vir. Independentemente, o objetivo do livro ainda era o mesmo – tornar informações úteis facilmente disponíveis.

Quando a 6ª edição foi publicada em 2006, o processo que usei para produzir o livro estava se tornando mais difícil. O *software* de *layout* de página que tinha sido meu "burro de carga" por mais de 10 anos não era mais suportado, os desenvolvedores do gerenciador de referências bibliográficas, que eu utilizava, tinham mudado seu foco e o produto era agora compatível primariamente com os processadores de texto (os quais eram pouco adaptados para livros complexos com múltiplos capítulos como este). Como resultado, fui forçado a usar um computador PowerPC obsoleto e cortar arquivos dos capítulos, a fim de enganar o gerenciador de referências bibliográficas para poder trabalhar com ele! Após a conclusão da 7ª edição, não consegui continuar com esta abordagem. Nunca imaginei que a editoração eletrônica fosse atrofiar e tornar-se vítima do mesmo destino que mais tarde viria a reivindicar jornais impressos. Com a disponibilidade da *world wide web*, a internet rapidamente se tornou um dos principais meios de acesso de informações sob demanda.

O nascimento da 8ª edição do manual, que você está lendo agora, foi particularmente difícil. Graças ao pessoal da Thieme, o material foi cuidadosamente convertido da plataforma de um *software* extinto para um formato contemporâneo que irá facilitar as atualizações contínuas e a disponibilidade nos meios digitais. Este processo demorado e trabalhoso consistiu em transferir milhares de referências, entradas de índice e citações bibliográficas.

Curiosamente, os objetivos do manual também passaram por uma transformação. É um desafio enumerar todos estes objetivos, mas acredito que seja importante apresentar um material em uma estrutura que possa servir como base para o estudo de campo da neurocirurgia. Este livro pretende ser um lugar que reúne informações importantes, que são cada vez mais espalhadas pela literatura e internet (p. ex., diretrizes práticas para assuntos díspares, como lesão da medula espinal, acidente vascular cerebral, aneurismas...) e podem não ser necessariamente encontradas, a menos que alguém as esteja buscando ativamente.

Meu objetivo com o livro sempre foi de apresentar informações sucintas e claras. Para isto, esta edição é uma versão completamente reestruturada do *Manual de Neurocirurgia*, apresentando todo o conteúdo em uma coleção de mais de 100 capítulos bem organizados, de extensão e formato comparáveis, ao mesmo tempo em que mantém a riqueza de *links* e referências pela qual o livro é conhecido. Esta nova organização foi projetada para tornar o conteúdo mais facilmente digerível e acessível – tanto para consultar a versão impressa do livro como para navegar qualquer versão eletrônica.

Com sua nova estrutura e formato, bem como um conteúdo revisado e atualizado, espero ter proporcionado aos leitores um recurso ainda mais valioso nessa 8ª edição do *Manual de Neurocirurgia*.

Prefácio da Edição Brasileira

Uma excelente fonte de informação rápida e prática para neurocirurgiões em todas fases da carreira. Livro que fala tudo com poucas e objetivas palavras.

Voltando há 20 anos, como residentes, o Greenberg era livro de cabeceira, caminhando 24 horas ao nosso lado pelos corredores do hospital, no carro, nos plantões. Hoje, por mais subespecialistas que nos tornamos, continua muito útil em nossa jornada em busca da informação rápida e eficaz, auxiliando-nos em trazer excelência a nossa assistência, de forma abrangente e clara, contemplando praticamente todas áreas da neurocirurgia moderna.

Com figuras e gráficos bem atualizados, texto de qualidade, esclarecedor e de fácil leitura, distribuído em aproximadamente 1.600 páginas, facilita o estudo e a busca de informação para o neurocirurgião entusiasta, ou mesmo aquele que precisa de conhecimento rápido em situações de urgência. Também é uma referência para provas e concursos, como, por exemplo, a prova dos residentes e do título de especialista da Sociedade Brasileira de Neurocirugia (SBN).

Parabenizamos os editores e os autores dos capítulos pelo extraordinário esforço para abranger todos os campos da neurocirurgia, com excelente atualização e moderna visão das patologias, desde fisiopatogenia até tratamentos e procedimentos em neurocirurgia. Mesmo diante da nova era da digitalização da informação e da medicina, a oitava edição atualizada do Greenberg segue auxiliando-nos na busca da perfeição em neurocirurgia. Não tenho dúvida que o Greenberg foi, é, e continuará sendo uma das principais fontes de conhecimento, ajudando tanto o especializando, bem como os formadores de opinião.

RONALD DE LUCENA FARIAS
Professor de Neuroanatomia da Universidade Federal da Paraíba
Presidente da Sociedade Brasileira de Neurocirurgia

MARCOS MALDAUN
Co-Coordinator of Neuroncology Pos Graduation Course Hospital Sírio Libanes, Sao Paulo
Visiting Professor and International Outreach MD Anderson Cancer Center, Houston, Texas
Emeritus President of the Tumor Chapter of FLANC
Founding President of the Society for Neuro-Oncology Latin America (SNOLA)

Abreviações e Símbolos

Abreviações usadas apenas localmente são definidas naquela seção específica usando negrito. Números após as entradas abaixo indicam o número da página para a seção relevante.

Abreviações

a.	artéria (aa. = artérias)
AA	astrocitoma anaplásico (p. 616)
ABC	cisto ósseo aneurismático (p. 784)
AC	cisto aracnoide (p. 248)
ACA	artéria cerebral anterior
ACAS	estenose assintomática da artéria carótida (p. 1275) ou Estudo da Aterosclerose Carotídea Assintomática
ACDF	discectomia e fusão cervical anterior (p. 1072)
ACE	enzima conversora da angiotensina
ACh	acetilcolina (neurotransmissor)
AChA	artéria coroidea anterior
ACoA	artéria comunicante anterior
ACTH	hormônio adrenocorticotrófico (corticotrofina) (p. 151)
AD	autossômico dominante
ADH	hormônio antidiurético (p. 151)
ADI	intervalo atlantodontoide (p. 213)
ADPKD	doença renal policística autossômica dominante (p. 1193)
ADQ	abdutor do quinto dedo (ou dedo mínimo)
AED	antiepiléptico (anticonvulsivante) (p. 443)
AFP	alfafetoproteína (p. 600) ou dor facial atípica
AHCPR	*Agency for Health Care Policy and Research* (do Serviço Público de Saúde dos EUA)
AICA	artéria cerebelar inferior anterior (p. 83)
AIDP	polirradiculoneuropatia desmielinizante inflamatória aguda (p. 185)
AIDS	síndrome da imunodeficiência adquirida (p. 329)
AIN	neuropatia interóssea anterior (p. 518)
AD	autossômico dominante (herança)
AFO	órtese tornozelo-pé (p. 537)
ALIF	fusão do intercorpo lombar anterior (p. 1493)
ALARA	*As Low As Reasonably Achievable* tão baixo quanto razoavelmente possível (p. 224)
A-line	linha arterial
ALL	ligamento longitudinal anterior
ALS	esclerose lateral amiotrófica (p. 1086)

AMS	doença aguda da montanha (p. 848)
ANA	anticorpos antinucleares
AOD	luxação atlanto-occipital (p. 963)
AOI	intervalo atlanto-occipital (p. 964)
AP	anteroposterior
APAG	aminoglicosídeo antipseudomonas
APAP	acetaminofeno (p. 137)
APD	defeito pupilar aferente (p. 562)
APTT	(ou PTT) tempo de tromboplastina parcial ativado
ARDS	síndrome da dificuldade respiratória do adulto
ASA	*American Society of Anesthesiologists* ou aspirina (ácido acetilsalicílico)
ASAP	*As Soon As Possible* (assim que possível)
ASD	dispositivo antissifão
AT	tibial anterior
AT/RT	tumor teratoide rabdoide atópico (p. 666)
ASHD	doença cardíaca aterosclerótica
AVM	malformação arteriovenosa (p. 1238)
AVP	arginina vasopressina (p. 151)
β-HCG	beta-gonadotrofina coriônica humana (p. 600)
BA	artéria basilar
BBB	barreira hematoencefálica (p. 90)
BC	cisternas basais (p. 921)
BCP	pílulas anticoncepcionais (contraceptivos orais)
BCVI	lesão cerebrovascular contundente (p. 849)
BG	gânglios basais
BI	impressão/invaginação basilar (p. 217)
BMD	densidade mineral óssea (p. 1009)
BMP	proteína morfogenética óssea (p. 1439)
BOB	osteoblastoma benigno (p. 792)
BP	pressão arterial
BR	repouso em cama (restrição das atividades)
BSF	fratura basal craniana (p. 884)
BSG	glioma de tronco cerebral
Ca	câncer
CA	angioma cavernoso (p. 1247)
CAA	angiopatia amiloide cerebral (p. 1334)

CABG	cirurgia de revascularização do miocárdio
CAD	coronariopatia
CAT	(ou CT) tomografia (axial) computadorizada
CBF	fluxo sanguíneo cerebral (p. 1264)
CBV	volume sanguíneo cerebral
CBZ	carbamazepina (p. 449)
CCB	bloqueador dos canais de cálcio
CCF	fístula carótico-cavernosa (p. 1256)
CCHD	cardiopatia congênita cianótica
CD	doença de Cushing (p. 723)
CEA	endarterectomia carotídea (p. 1290) *ou* antígeno carcinoembrionário (p. 601)
CECT	CT realçada por contraste
cf	(Latim: confer) comparar
cGy	centigray (1 cGy = 1 rad)
CHF	insuficiência cardíaca congestiva
CI	intervalo de confiança (estatística)
CIDP	polirradiculoneuropatia desmielinizante inflamatória crônica (p. 186)
CIP	polineuropatia do paciente crítico (p. 542)
CJD	doença de Creutzfeldt-Jakob (p. 367)
CM	malformação cavernosa (p. 1247)
CMAP	potencial de ação muscular composto (EMG)
$CMRO_2$	taxa metabólica cerebral de oxigênio (p. 1265)
CMT	Charcot-Marie-Tooth (p. 541)
CMV	citomegalovírus
CNL	quimionucleólise
CNS	sistema nervoso central
cCO	débito cardíaco contínuo
CO	débito cardíaco *ou* monóxido de carbono (p. 208)
CPA	ângulo cerebelopontino
CPM	mielinólise pontina central (p. 115)
CPN	nervo fibular comum (p. 535)
CPP	pressão de perfusão cerebral (p. 856)
Cr. N.	nervo(s) craniano(s)
CRH	hormônio liberador de corticotrofina (p. 151)
CRP	proteína C-reativa
CRPS	síndrome dolorosa complexa regional (p. 497)

CSM	mielopatia cervical espondilótica (p. 1084)
CSO	craniossinostose (p. 252)
CSW	perda cerebral de sal (p. 118)
CTA	angiografia por CT (p. 227)
CTP	perfusão por CT (p. 228)
CTS	síndrome do túnel do carpo (p. 519)
CVA	acidente vascular cerebral (p. 1264)
CVP	pressão venosa central
CVVT	trombose venosa cerebrovascular (p. 1308)
CVR	resistência cerebrovascular (p. 1264)
CVS	vasospasmo cerebral (p. 1178)
CXR	radiografia torácica
DACA	artéria cerebral anterior distal
DAI	lesão axonal difusa (p. 848)
DBM	matriz óssea desmineralizada (p. 1439)
D/C	descontinuar
DDAVP	1-deamino-8-D-arginina vasopressina (desmopressina) (p. 125)
DDx	diagnóstico diferencial (p. 1395)
DBS	estimulação cerebral profunda (p. 1524)
DI	diabetes insípido (p. 120)
DIND	déficit neurológico isquêmico tardio (p. 1179)
DIG	ganglioglioma e astrocitoma desmoplásico infantil (p. 645)
DISH	hiperostose esquelética idiopática difusa (p. 1129)
DKA	cetoacidose diabética
DLC	complexo disco ligamentar (p. 986)
DLIF	fusão lateral direta do intercorpo lombar (p. 1498)
DOC	droga de escolha
DM	diabetes melito
DMZ	dexametasona
DNT	(ou DNET) tumor neuroepitelial disembrioplásico (p. 646)
DOE	dispneia de esforço
DOMS	dor muscular de início tardio (p. 1101)
DPL	lavado peritoneal diagnóstico
DREZ	lesão da zona de entrada da raiz dorsal (p. 1550)
DSA	angiografia por subtração digital
DSD	doença degenerativa da coluna vertebral (p. 1906)

DST	trombose de seio dural (p. 1308)
DTs	*delirium tremens* (p. 206)
DTT	MRI com tractografia por tensor de difusão (p. 234)
DVT	trombose venosa profunda (p. 167)
DWI	(ou DWMRI) imagens (MRI) ponderadas em difusão (p. 232)
EAC	canal auditivo externo
EAM	meato acústico externo
EAST	*Eastern Association for the Surgery of Trauma*
EBRT	radioterapia externa
EBV	vírus Epstein-Barr
ECM	eritema crônico migratório (p. 334)
EDC	molas eletroliticamente destacáveis
EDH	hematoma epidural (p. 892)
EHL	extensor longo dos dedos
ELISA	ensaio imunoabsorvente ligado à enzima
ELST	tumores do saco endolinfático (p. 705)
EM	microscopia eletrônica (microscópio)
ENG	eletronistagmografia (p. 674)
ENT	ouvido, nariz e garganta (otorrinolaringologia)
EOM	músculos extraoculares (p. 565)
EOO	oftalmoplegia externa
ESR	velocidade de hemossedimentação
EST	tumor de seio endodérmico (p. 660)
EtOH	álcool etílico (etanol)
ET	endotraqueal
ETV	terceira ventriculostomia endoscópica (p. 415)
EVD	drenagem ventricular externa (ventriculostomia)
FCU	flexor ulnar do carpo
FDP	flexor profundo dos dedos
FIM	Medida de Independência Funcional (p. 1362)
FLAIR	inversão-recuperação com supressão de líquor (na MRI) (p. 229)
FM	máscara facial ou forame magno
FMD	displasia fibromuscular (p. 200)
FSH	hormônio folículo-estimulante (p. 151)
FUO	febre de origem indeterminada
GABA	ácido gama-aminobutírico

GBM	glioblastoma (multiforme) (p. 616)
GBS	síndrome de Guillain-Barré (p. 184)
GCA	arterite de células gigantes (p. 195)
GCS	escala de coma de Glasgow (p. 296)
GCT	tumor de células granulares (p. 727) *ou* tumor de células germinativas (p. 659)
GD	doença de Graves
GFAP	proteína glial fibrilar ácida (p. 598)
GGT	gama glutamil transpeptidase
GH	hormônio do crescimento (p. 151)
GH-RH	hormônio de liberação do hormônio do crescimento (p. 151)
GMH	hemorragia da matriz germinativa (p. 1346)
GNR	bacilos Gram-negativos
GnRH	hormônio liberador de gonadotrofinas (p. 151)
GSW	ferimento por arma de fogo
GTC	tônico-clônica generalizada (convulsão)
H/A	cefaleia (p. 174)
HeH	Hunt e Hess (escala da SAH) (p. 1162)
HeP	anamnese e exame físico
HBsAg	antígeno de superfície do vírus da hepatite B
HCD	hérnia de disco cervical (p. 1069)
hCG	gonadotrofina coriônica humana (p. 600)
HCP	hidrocefalia (p. 394)
HDT	terapia hiperdinâmica (p. 1186)
HGB	hemangioblastomas (p. 701)
Hgb-A1C	hemoglobina A1C
hGH	hormônio do crescimento humano
HH	hamartomas hipotalâmicos (p. 261) *ou* hemianopsia homônima
HHT	telangiectasia hemorrágica hereditária (p. 1246)
HIV	vírus da imunodeficiência humana
HLD	hérnia de disco lombar
HLA	antígeno leucocitário humano
HNP	hérnia de núcleo pulposo (hérnia de disco) (p. 1046)
HNPP	neuropatia hereditária sensível à compressão (p. 541)
HOB	cabeceira da cama
HPA	eixo hipotalâmico-hipofisário-adrenal
HSE	encefalite herpética (p. 364)

HTN	hipertensão
IAC	canal auditivo interno
IASDH	hematoma subdural agudo infantil (p. 898)
ICA	artéria carótida interna
ICG	verde de indocianina
ICH	hemorragia intracerebral (p. 1330)
IC-HTN	hipertensão intracraniana (ICP elevada)
ICP	pressão intracraniana (p. 856)
ICU	unidade de terapia intensiva
IDDM	diabetes melito insulino-dependente
IDET	terapia endotérmica intradiscal (p. 1053)
IEP	imunoeletroforese
IG	orientação imagiológica (intraoperatória)
IGF-1	fator de crescimento semelhante à insulina 1 (conhecida como somatomedina C) (p. 151)
IIH	hipertensão intracraniana idiopática (pseudotumor cerebral) (p. 766)
IIHWOP	hipertensão intracraniana idiopática sem papiledema (p. 768)
IJV	veia jugular interna
IMRT	radioterapia de intensidade modulada
INO	oftalmoplegia internuclear (p. 565)
INR	índice de normatização internacional (p. 164)
IPS	seio petroso inferior
IPA	paralisia agitante idiopática (doença de Parkinson) (p. 176)
ISAT	Estudo Internacional de Aneurisma Subaracnóideo (p. 1195)
IT	intratecal
ITB	baclofeno intratecal (p. 1531)
IVC	cateter intraventricular ou veia cava inferior
IVH	hemorragia intraventricular (p. 1386)
IVP	administração intravenosa (via de medicação) ou pielograma intravenoso (exame radiográfico)
JPS	sensação de posição articular
LBP	dor lombar (p. 1024)
LDD	doença de Lhermitte-Duclos (p. 647)
LE	extremidade inferior
LFTs	testes de função hepática
LGG	glioma de baixo grau
LH	hormônio luteinizante (p. 151)
LH-RH	hormônio liberador do hormônio luteinizante (p. 151)

LMD	dextrano de baixo peso molecular
LMN	neurônio motor inferior (p. 504)
LMW	baixo peso molecular (p. ex., heparinas)
LOC	perda da consciência
LOH	perda da heterozigosidade
LP	punção lombar (p. 1504)
LSO	órtese lombossacral
MAC	complexo *Mycobacterium avium*
MAOI	inibidor da monoamina oxidase
MAP	pressão arterial média
MAST®	calça antichoque militar
MB	meduloblastoma (p. 664)
MBEN	meduloblastoma com extensa nodularidade (p. 665)
MBI	índice de Barthel modificado (▶ Tabela 88.6)
MBS	meduloblastoma (p. 664)
MCA	artéria cerebral média
mcg	(ou μg) micrograma
MCP	pressão carotídea média ou metacarpofalangeana
MDCTA	angiografia por CT multidetector
MDMA	metilenodioximetanfetamina (p. 177)
mg	miligrama
MI	infarto do miocárdio
MIB-1	anticorpo monoclonal anti-Ki-67 (p. 599)
MIC	concentração inibitória mínima (para antibióticos)
MID	demência multi-infarto
MISS	cirurgia minimamente invasiva da coluna vertebral
mJOA	escala modifica da *Japanese Orthopedic Association* (p. 1086)
MLF	fascículo longitudinal medial
MLS	desvio da linha média (p. 921)
MM	mielomeningocele (p. 265) *ou* mieloma múltiplo (p. 714)
MMD	doença de moyamoya (p. 1313)
MMN	neuropatia motora multifocal (p. 1410)
MMPI	Inventário Multifásico de Personalidade de Minnesota
MPTP	1-metil-4-fenil-1,2,3,6-tetra-hidropiridina (p. 177)
MRA	angiografia por MRI (p. 232)
MRS	espectroscopia por MRI (p. 233)

MRSA	*Staphylococcus aureus* resistente à meticilina
MS	microcirurgia *ou* esclerose múltipla (p. 179)
MSO$_4$	sulfato de morfina
MTP	metatarsofalangeana
MTT	tempo de trânsito médio (na perfusão por CT) (p. 228)
MUAP	potencial de ação da unidade motora (p. 243)
MVA	acidente com veículo automotor
MVD	descompressão microvascular (p. 488)
MW	peso molecular
n.	nervo (nn. = nervos)
Na	(ou Na$^+$) sódio
N$_2$O	óxido nitroso (p. 105)
NAA	N-acetil aspartato (p. 233)
NAP	potencial de ação nervosa (p. 509)
NASCET	*North American Symptomatic Carotid Endarterectomy Trial* (p. 1290)
NB	(latim: *nota bene*) nota
NC	cânula nasal
NCCN	*National Comprehensive Cancer Network*
NCD	distúrbios neurocutâneos (p. 603)
NCV	velocidade de condução nervosa
NEC	cisto neuroentérico (p. 290) *ou* enterocolite necrosante
NEXUS	*National Emergency X-Radiography Utilization Study* (p. 953)
NF	(ou NFT) neurofibromatose (p. 603)
NF1	neurofibromatose tipo 1 (p. 604)
NF2	neurofibromatose tipo 2 (p. 605)
NG	nasogástrico
NGGCT	tumores não germinomatosos de células germinativas (p. 659)
NIHSS	Escala de CVA do NIH (p. 1282)
NMBA	agente bloqueador neuromuscular
NMO	neuromielite óptica (doença de Devic) (p. 1409)
NPH	hidrocefalia de pressão normal (p. 403)
NPS	síndrome da dor neuropática (p. 476)
NS	soro fisiológico
NSAID	anti-inflamatório não esteroide (p. 137)
NSCLC	câncer de pulmão de células não pequenas (p. 803)
NSF	fibrose sistêmica nefrogênica (p. 231)

NSM	miocárdio atordoado neurogênico (p. 1177)
N/V	náusea e vômito
NVB	feixe neurovascular
OAD	luxação atlanto-occipital (p. 963)
OALL	ossificação do ligamento longitudinal anterior (p. 1129)
OC	côndilo occipital
OCB	bandas oligoclonais (no CSF) (p. 181)
OCF	fratura do côndilo occipital (p. 885)
ODG	oligodendroglioma (p. 638)
OEF	fração de extração de oxigênio
OFC	circunferência occipitofrontal (cabeça)
OGST	teste de supressão oral com glicose (para hormônio do crescimento) (p. 736)
OMO	odontoide com a boca aberta (incidência radiográfica da coluna cervical)
OMP	paralisia do oculomotor (terceiro nervo)
ONSF	fenestração da bainha do nervo óptico (p. 772)
OP	pressão de abertura (na LP) (p. 1505)
OPLL	ossificação do ligamento longitudinal posterior (p. 1127)
OR	sala de cirurgia
ORIF	redução aberta/fixação interna
OS	sobrevida geral
OTC	venda livre (ou seja, sem prescrição)
PACU	unidade de cuidados pós-anestésicos (conhecida como sala de recuperação, PAR)
PADI	intervalo atlantodental posterior (p. 213)
PAN	poli ou periarterite nodosa (p. 199)
PBPP	paralisia perinatal do plexo braquial (p. 552)
$p_{Bt}O_2$	tensão de oxigênio no tecido cerebral (p. 865)
PC	cisto da glândula pineal (p. 658)
PCA	astrocitoma pilocítico (p. 629) *ou* artéria cerebral posterior
PCB	botas de compressão pneumática
PCC	concentrado de complexo protrombínico (p. 166)
PCI	irradiação craniana profilática
PCN	penicilina
PCNSL	linfoma primário do CNS (p. 710)
P-comm	artéria comunicante posterior
PCV	procarbazina, CCNU & vincristina (quimioterapia)
PCWP	pressão de oclusão da artéria pulmonar

PDA	persistência do canal arterial
PDN	neuropatia diabética dolorosa (p. 476)
PDR	*Physicians Desk Reference®*
peds	pacientes pediátricos (bebês & crianças)
PEEK	poli-éter-éter-cetona (material de enxerto)
PET	tomografia por emissão de pósitrons
p-fossa	fossa posterior
PFS	sobrevida livre de progressão
PFT	prova de função pulmonar
PHN	neuralgia pós-herpética (p. 493)
PHT	fenitoína (Dilantin®) (p. 446)
PICA	artéria cerebelar inferior posterior (p. 82)
PIF	fator inibitório da liberação de prolactina (p. 151)
PIN	neuropatia interóssea posterior (p. 532)
PION	neuropatia óptica isquêmica posterior (p. 1056)
PIVH	hemorragia periventricular-intraventricular (p. 1346)
PLAP	fosfatase alcalina placentária (p. 660)
PLEDs	descargas epileptiformes periódicas lateralizadas
PLIF	fusão do intercorpo lombar posterior
PM	*pars* marginal (p. 60)
PMA	atrofia muscular progressiva (p. 183) *ou* astrocitoma pilomixoide (p. 632)
PMH	hemiparesia motora pura
PML	leucoencefalopatia multifocal progressiva (p. 329)
PMMA	polimetilmetacrilato (metilmetacrilato)
PMR	polimialgia reumática (p. 198)
PMV	veia pontomesencefálica
PNET	tumor neuroectodérmico primitivo (p. 663)
POD	dia pós-operatório
PPV	valor preditivo positivo: em pacientes não selecionados com resultado positivo, o PPV representa a probabilidade de que o paciente tenha a doença
PR	via retal
PRES	síndrome da encefalopatia posterior reversível (p. 194)
PRF	fator de liberação da prolactina (p. 151)
PRIF	fator inibitório (de liberação) da prolactina (p. 151)
PRN	conforme necessário
PRSP	PCN sintética resistente à penicilinase
PSNP	paralisia supranuclear progressiva (p. 178)

PSR	rizotomia percutânea estereotáxica (para neuralgia do trigêmeo) (p. 483)
PSW	ondas positivas (na EMG) (p. 242)
PT	fisioterapia *ou* tempo de protrombina
PTC	pituicitoma (p. 728)
PTR	rizotomia percutânea trigeminal
PTT	(ou APTT) tempo de tromboplastina parcial
PUD	úlcera péptica
PVP	vertebroplastia percutânea (p. 1101)
PWI	imagem ponderada em perfusão (MRI) (p. 233)
PXA	xantoastrocitoma pleomórfico (p. 635)
q	(latim: *quaque*) a cada, todos (dosagem do medicamento)
RA	artrite reumatoide
RAPD	defeito pupilar aferente relativo (p. 562)
RASS	escala de agitação e sedação de Richmond (p. 132)
RCVS	síndrome da vasoconstrição cerebral reversível (p. 1158)
rem	equivalente roentgen no homem
REZ	zona de entrada da raiz
RFR	rizotomia por radiofrequência (p. 483)
rFVlla	fator VII recombinante (ativado)
RH	artéria recorrente de Heubner
rhBMP	BMP recombinante humana (p. 1439)
ROM	amplitude de movimentos
RPA	análise recursiva fragmentada
RPDB	prospectivo randomizado duplo-cego
RPLS	síndrome da leucoencefalopatia posterior reversível; ver síndrome da encefalopatia posterior reversível (p. 194)
RPNB	prospectivo randomizado aberto
RTOG	*Radiation Therapy Oncology Group*
RTP	retorno ao jogo (esportes)
rt-PA	ativador do plasminogênio tecidual recombinante (conhecido como ativador do plasminogênio tecidual)
RTX	(ou XRT) radioterapia (p. 1560)
SAH	hemorragia subaracnóidea (p. 1191)
SBE	endocardite bacteriana subaguda
SOB	espinha bífida oculta (p. 265)
SBP	pressão arterial sistólica
SCA	artéria cerebelar superior

SCLC	câncer de pulmão de pequenas células (p. 802)
SCD	dispositivo de compressão sequencial
SCI	lesão da medula espinal (p. 943)
SCM	esternocleidomastóideo (músculo)
SD	desvio padrão
SDE	empiema subdural (p. 327)
SDH	hematoma subdural (p. 895)
SE	estado epiléptico (para convulsões) (p. 468)
SEA	abscesso epidural espinal (p. 349)
SEP	(ou SSEP) potencial evocado somatossensorial
SG	gravidade específica
SIAD	síndrome de antidiurese inapropriada
SIADH	síndrome de secreção inapropriada do hormônio antidiurético (ADH) (p. 114)
SIDS	síndrome da morte súbita infantil
SIH	hipotensão intracraniana espontânea (p. 389)
SIRS	síndrome da resposta inflamatória sistêmica
SjVO$_2$	saturação venosa de oxigênio da jugular (p. 865)
SLAD	dispositivo cirúrgico com mira a *laser*
SLE	lúpus eritematoso sistêmico
SLIC	classificação das lesões subaxiais (p. 986)
SMC	cisto meníngeo espinal (p. 1142)
SMT	terapia manipulativa espinal (p. 1034)
SNAP	potencial de ação do nervo sensitivo (EMG) (p. 243)
SNUC	carcinoma indiferenciado nasossinusal (p. 1387)
SOMI	imobilizador esterno-occipital-mandibular (p. 935)
SON	neuralgia supraorbital (p. 491)
SPAM	mielopatia ascendente progressiva subaguda (p. 1019)
SPECT	tomografia computadorizada por emissão de pósitron único
SPEP	eletroforese de proteínas séricas
sPNET	tumor neuroectodérmico primitivo supratentorial (p. 666)
SQ	injeção subcutânea
SRS	radiocirurgia estereotáxica (p. 1564)
SRT	radioterapia estereotáxica (p. 1564)
SSEP	(ou SEP) potencial evocado somatossensorial
SSPE	panencefalite esclerosante subaguda (p. 238)
SSRI	inibidores seletivos da recaptação de serotonina

SSS	seio sagital superior
STA	artéria temporal superficial
STICH	*Surgical Trial in Intracerebral Haemorrhage* (p. 1343)
STIR	inversão e recuperação com tempo curto (MRI)
STN	núcleo subtalâmico
STSG	*Spine Trauma Study Group*
SUNCT	H/A de curta duração, unilateral, neuralgiforme com hiperemia conjuntival e lacrimejamento (p. 478)
SVC	veia cava superior
SVM	malformações vasculares espinais (p. 1140)
SVR	resistência venosa sistêmica
SVT	taquicardia supraventricular
T1WI	imagem ponderada em T1 (na MRI) (p. 228)
T2WI	imagem ponderada em T2 (na MRI) (p. 229)
TAL	ligamento transverso do atlas (p. 70)
TBA	adrenalectomia bilateral total (p. 743)
TBI	lesão cerebral traumática
TCA	antidepressivos tricíclicos
TCD	Doppler transcraniano (p. 1182)
TDL	lesões tumefativas desmielinizantes (p. 181)
TE	tempo de eco (na MRI) (p. 228)
TEE	ecocardiografia transesofágica
TEN	necrólise epidérmica tóxica
TENS	estimulação elétrica do nervo transcutâneo
TGN	neuralgia do trigêmeo (p. 479)
T-H	Taylor-Haughton (p. 61)
TIA	ataque isquêmico transitório
TICH	hemorragia intracerebral traumática (contusão hemorrágica) (p. 891)
TIVA	anestesia intravenosa total
TLIF	fusão lombar transforaminal (p. 1497)
TLISS	índice de gravidade da lesão toracolombar (p. 1006)
TLJ	junção toracolombar
TLSO	órtese toracolombar sacral
TM	membrana timpânica
TMB	cegueira monocular transitória (amaurose fugaz) (p. 1271)
t-PA	ativador tecidual do plasminogênio

TR	tempo de repetição (na MRI) (p. 228)
TRH	hormônio liberador de tireotrofina; conhecida como TSH-RH (p. 151)
TS	seio transverso
TSC	complexo esclerose tuberoso (p. 606)
TSH	hormônio estimulador da tireoide (tireotrofina) (p. 151)
TSV	veia talamoestriada
TTP	púrpura trombocitopênica trombótica
TVO	obscurações visuais transitórias (p. 768)
Tx.	tratamento
UBOs	objetos brilhantes não identificados (na MRI)
UE	extremidade superior
UMN	neurônio motor superior (p. 504)
UTI	infecção do trato urinário
URI	infecção do trato respiratório superior
U/S	ultrassom
VA	artéria vertebral *ou* ventriculoatrial
VB	corpo vertebral
VBI	insuficiência vertebrobasilar (p. 1305)
VEMP	potencial evocado miogênico vestibular (p. 675)
VHL	von Hippel-Lindau (doença) (p. 703)
VMA	ácido vanilmandélico
VP	ventrículo-peritoneal
VS	schwannoma vestibular (p. 670)
VZV	vírus varicela-zóster (herpes)
WBC	leucócitos (contagem)
WBXRT	radioterapia holocraniana (p. 810)
WFNS	*World Federation of Neurosurgical Societies* (classificação da SAH) (p. 1163)
WHO	Organização Mundial da Saúde. Para classificação tumoral, p. ex., WHO II indica WHO grau II
WNL	dentro dos limites normais
WRS	escore de reconhecimento mundial (p. 673)
W/U	rastreio (avaliação)
XLIF	fusão lombar lateral extrema (p. 1498)
XRT	(ou RTX) radioterapia (p. 1560)

Símbolos

R	informações de prescrição
→	causa ou resulta em

Δ	mudança
✓	verificar (p. ex., item laboratorial ou de exame a ser verificado)
↑	elevado
↓	reduzido
≈	aproximadamente
⚡	inerva (distribuição nervosa)
⇒	suprimento vascular
↳	um ramo do nervo precedente
✳	ponto crucial
✖	precaução; possível perigo; fator negativo...
Σ	resumo
∴	portanto
#	número

Instrumentação: a seguinte estenografia possibilita a rápida identificação das métricas para instrumentação da coluna vertebral:

ENTRADA	ponto de entrada do parafuso
TRAJ	trajetória do parafuso
ALVO	objeto visado
PARAFUSOS	especificações típicas dos parafusos

Convenções

▶ **Tipos de quadro.** O *Manual de Neurocirurgia* utiliza os seguintes sete tipos de quadro:

Informações do fármaco

Descrição do fármaco e dosagem.

Conceitos-chave

Resumo dos conhecimentos fundamentais.

Guia de prática clínica

Diretrizes baseadas em evidências. Ver abaixo (nesta seção) para definições. Para uma lista das diretrizes baseadas em evidências neste livro, ver "Guia de prática clínica" no índice.

Agendando o caso

Essas seções aparecem em determinadas cirurgias específicas para ajudar quando estas são agendadas. Informações predefinidas aparecem abaixo (nesta seção), por exemplo, um tipo específico de anestesia será mencionado apenas se algo além da anestesia geral seja tipicamente usado. Uma lista das cirurgias abordadas por este meio pode ser encontrada em "Agendando o caso" no índice.

Σ

Resumindo ou sintetizando informações do texto associado.

Informações secundárias

P. ex., Greenberg.

Sinais/sintomas

Uma descrição dos sinais e sintomas.

▶ **Referências cruzadas.** Os termos "ver abaixo/a seguir/adiante" e "ver acima/anteriormente" são geralmente usados quando o item mencionado está na mesma página ou, no máximo, na página seguinte (ou anterior). Quando divagações adicionais são necessárias, o número da página será geralmente incluído.

▶ **Valores predefinidos.** Estes detalhes não são repetidos em cada seção ou no quadro "Agendando o caso".
1. posição: (depende da operação)
2. pré-operatório:
   a) NPO após a meia-noite da noite anterior, exceto medicamentos e goles de água
   b) antitrombóticos: descontinuar Coumadin® $\geq$ 3 dias antes da cirurgia. Plavix® 5-7 dias antes da cirurgia, aspirina 7-10 dias antes da cirurgia, outros NSAIDs 5 dias antes da cirurgia.
3. exames cardiológicos/autorização médica conforme necessário
4. anestesia: padrão = anestesia geral, salvo indicação em contrário
5. equipamento: dispositivos especiais como aspirador ultrassônico, sistema guiado por computador...

Convenções 29

6. instrumentação: bandejas-padrão de instrumentais cirúrgicos para uma cirurgia específica são adotadas. Instrumentação especial estabelecida no hospital será especificada
7. implantes: geralmente requer agendamento com um fornecedor (representante/distribuidor)
8. monitorização neurológica será especificada se tipicamente usada
9. pós-operatório: o tratamento padrão é realizado na enfermaria (ICU é tipicamente necessário após craniotomia)
10. disponibilidade de sangue: especificada quando recomendado
11. consentimento (esses itens usam termos leigos para o paciente – não são completamente abrangentes):
    * **Responsabilidades:** *consentimento informado* para cirurgia requer a descrição dos riscos e benefícios que iriam substancialmente afetar a decisão de uma pessoa normal em realizar a cirurgia. Não se pode e não se deve tentar incluir todas as possibilidades. Os itens especificados nesta seção são incluídos como lembretes de alguns itens para vários procedimentos, mas não se destinam a ser totalmente abrangentes. A omissão de informações deste lembrete não deve ser interpretada como se o item omitido não fosse importante ou não devesse ser mencionado.
      a) procedimento: a cirurgia típica e algumas possíveis contingências comuns
      b) alternativas: tratamento não cirúrgico (também conhecido como "conservador") é quase sempre uma opção
      c) complicações:
         - riscos da anestesia geral incluem: ataque cardíaco, acidente vascular cerebral, pneumonia
         - infecção: um risco com qualquer procedimento invasivo
         - complicações usuais da **craniotomia** incluem: sangramento intraoperatório e pós-operatório, convulsão, acidente vascular cerebral, coma, morte, hidrocefalia, meningite e déficit neurológico associado à área da cirurgia, incluindo (para localizações aplicáveis): paralisia, transtornos de linguagem ou sensoriais, comprometimento da coordenação...
         - complicações usuais da **cirurgia de coluna vertebral** incluem: lesão no nervo ou medula espinal com possível dormência, fraqueza ou paralisia, falha da cirurgia em alcançar o resultado desejado, abertura dural, podendo causar uma fístula liquórica, a qual ocasionalmente necessita ser reparada cirurgicamente. Complicações com equipamentos (quando usados) incluem: dano, desligamento, mau posicionamento. Embora uma complicação rara, é grave o bastante e digna de menção em casos de cirurgia na posição prona com possível perda de sangue significativa (> 2 L): cegueira (devido à PION [p. 1056]).

▶ **Medicina baseada em evidências: Definições.** Estas definições são mencionadas nos quadros de "Guia de prática clínica".

Força de recomendação		Descrição
Grau I, II, III[a]	**Nível A, B, C, D[b]**	
Nível I Alto grau de certeza clínica	**Nível A**	Baseada em consistente evidência de Classe I (estudos randomizados controlados prospectivos bem delineados)
	Nível B	Estudo único de Classe I ou consistente evidência de Classe II ou forte evidência de Classe II, especialmente quando as circunstâncias inviabilizam os ensaios clínicos randomizados
Nível II Grau moderado de certeza clínica	**Nível C**	Geralmente resulta da evidência de Classe II (um ou mais estudos clínicos comparativos bem delineados ou estudos randomizados não tão bem delineados) ou uma preponderância de evidência de Classe III
Nível III Certeza clínica imprecisa	**Nível D**	Geralmente baseada na evidência de Classe III (séries de casos, controles históricos, relatos de casos e opinião de especialistas). Útil para fins educacionais e para guiar futuras pesquisas

[a]Como usado em Guidelines for the Management of Severe Traumatic Brain Injury, 3rd edition (Brain Trauma Foundation: Introduction. J Neurotrauma 24, Suppl 1: S1-2, 2007).
[b]Como usado em Guidelines for the Surgical Management of Cervical Degenerative Disease (Matz P G, *et al.*: Introduction and methodology. J Neurosurg: Spine 11 (2): 101-3, 2009).

Sumário

Parte I
Anatomia e Fisiologia

1 Anatomias Macroscópica, Craniana e Medular 58

1.1 Anatomia da superfície cortical 58

1.2 Sulco central na imagem axial 60

1.3 Anatomia da superfície do crânio 61

1.4 Referências anatômicas superficiais dos níveis da coluna vertebral ... 65

1.5 Forames do crânio e seus conteúdos 65

1.6 Cápsula interna 67

1.7 Anatomia do ângulo cerebelopontino 67

1.8 Anatomia do complexo occipitoatlantoaxial 68

1.9 Anatomia da medula espinal 70

2 Anatomia Vascular 75

2.1 Territórios vasculares cerebrais 75

2.2 Anatomia arterial cerebral 75

2.3 Anatomia venosa cerebral 85

2.4 Vasculatura da medula espinal 87

3 Neurofisiologia e Síndromes Cerebrais Regionais 90

3.1 Neurofisiologia 90

3.2 Síndromes cerebrais regionais 96

3.3 Síndromes do forame jugular 100

Parte II
Geral e Neurologia

4 Neuroanestesia 104

4.1 Informações gerais 104

4.2 Fármacos usados na neuroanestesia 104

4.3 Necessidade de anestésicos na monitorização dos potenciais evocados intraoperatórios 107

4.4 Hipertermia maligna 108

5	**Homeostase do Sódio e Osmolalidade**	110
5.1	Osmolalidade sérica e concentração de sódio	110
5.2	Hiponatremia	110
5.3	Hipernatremia	119

6	**Cuidados Neurocríticos Gerais**	126
6.1	Agentes parenterais para hipertensão	126
6.2	Hipotensão (choque)	127
6.3	Inibidores de acidez	129

7	**Sedativos, Paralíticos, Analgésicos**	132
7.1	Sedativos e paralíticos	132
7.2	Paralíticos (agentes bloqueadores neuromusculares)	134
7.3	Analgésicos	136

8	**Endocrinologia**	144
8.1	Corticosteroides	144
8.2	Hipotireoidismo	148
8.3	Embriologia da hipófise e neuroendocrinologia	149

9	**Hematologia**	153
9.1	Informações gerais	153
9.2	Terapia de hemocomponentes	153
9.3	Hematopoiese extramedular	171

10	**Neurologia para Neurocirurgiões**	174
10.1	Demência	174
10.2	Cefaleia	174
10.3	Parkinsonismo	176
10.4	Esclerose múltipla	179
10.5	Encefalomielite disseminada aguda	182
10.6	Doenças neuronais motoras	182
10.7	Síndrome de Guillain-Barré	184
10.8	Mielite	187
10.9	Neurossarcoidose	189

11 Distúrbios Neurovasculares e Neurotoxicidade 194

11.1 Síndrome da encefalopatia posterior reversível (PRES) 194

11.2 Diásquise cerebelar cruzada 194

11.3 Vasculite e vasculopatia 195

11.4 Neurotoxicologia 204

Parte III
Exames de Imagem e Diagnóstico

12 Radiologia Simples e Meios de Contraste 212

12.1 Radiografia de coluna cervical 212

12.2 Radiografias de coluna lombossacral (LS) 216

12.3 Radiografias de crânio 216

12.4 Meios de contraste na neurorradiologia 219

12.5 Segurança radiológica para neurocirurgiões 223

13 Imagens e Angiografia 227

13.1 CAT (conhecida como CT) 227

13.2 Imagem por ressonância magnética (MRI) 228

13.3 Angiografia 236

13.4 Mielografia 236

13.5 Imagem cintilográfica 236

14 Eletrodiagnóstico 238

14.1 Eletroencefalograma (EEG) 238

14.2 Potenciais evocados 238

14.3 NCS/EMG 242

Parte IV
Anomalias do Desenvolvimento

15 Anomalias Intracranianas Primárias 248

15.1 Cistos aracnoides intracranianos 248

15.2 Desenvolvimento craniofacial 251

15.3 Malformação de Dandy Walker 256

15.4 Estenose do aqueduto 258

15.5 Agenesia do corpo caloso 259

15.6 Ausência do septo pelúcido 260

15.7	Lipomas intracranianos	260
15.8	Hamartomas hipotalâmicos	261

16	**Anomalias Primárias da Coluna**	265
16.1	Cistos aracnoides na medula espinal	265
16.2	Disrafismo espinal (Espinha bífida)	265
16.3	Síndrome de Klippel-Feil	271
16.4	Síndrome da medula presa	272
16.5	Malformação de medula dividida	274
16.6	Anomalias das raízes dos nervos lombossacrais	275

17	**Anomalias Craniospinais Primárias**	277
17.1	Malformações de Chiari	277
17.2	Defeitos do tubo neural	287
17.3	Cisto neuroentérico	290

Parte V
Coma e Morte Cerebral

18	**Coma**	296
18.1	Informações gerais	296
18.2	Postura	297
18.3	Etiologias do Coma	297
18.4	Síndromes de herniação	302
18.5	Coma hipóxico	305

19	**Morte Cerebral e Doação de Órgãos**	307
19.1	Morte cerebral em adultos	307
19.2	Critérios de morte cerebral	307
19.3	Morte cerebral em crianças	312
19.4	Doação de órgãos e de tecidos	313

Parte VI
Infecção

20	**Infecções Bacterianas do Parênquima e das Meninges e Infecções Complexas**	318
20.1	Meningite	318
20.2	Abscesso cerebral	320

20.3 Empiema subdural 327

20.4 Envolvimento neurológico em HIV/AIDS 329

20.5 Doença de Lyme – manifestações neurológicas 334

20.6 Abscesso cerebral por *Nocardia* 335

21 **Infecções do Crânio, da Coluna e Pós-Cirúrgicas** 339

21.1 Infecções de derivação 339

21.2 Infecção relacionada com dreno ventricular externo (EVD) 342

21.3 Infecções de Feridas Operatórias 345

21.4 Osteomielite do crânio 348

21.5 Infecções da Coluna 349

22 **Outras Infecções Não Bacterianas** 364

22.1 Encefalite viral 364

22.2 Doença de Creutzfeldt-Jakob 367

22.3 Infecções parasitárias do CNS 371

22.4 Infecções fúngicas do CNS 376

22.5 Infecções amebianas do CNS 377

Parte VII
Hidrocefalia e Líquido Cerebrospinal (CSF)

23 **Líquido Cerebrospinal** 382

23.1 Informações gerais 382

23.2 Produção 382

23.3 Absorção 382

23.4 Constituintes do CSF 382

23.5 Fístula craniana de CSF 384

23.6 Fístula espinal de CSF 386

23.7 Meningite em fístula de CSF 386

23.8 Avaliação do paciente com fístula de CSF 387

23.9 Tratamento da fístula de CSF 388

23.10 Hipotensão intracraniana (espontânea) 389

24 **Hidrocefalia – Aspectos Gerais** 394

24.1 Definição básica 394

24.2 Epidemiologia 394

24.3	Etiologias da hidrocefalia	394
24.4	Sinais e sintomas da HCP	395
24.5	Critérios de CT/MRI na hidrocefalia	398
24.6	Diagnóstico diferencial da hidrocefalia	399
24.7	HCP crônica	400
24.8	Hidrocefalia externa (também conhecida como hidrocefalia externa benigna)	400
24.9	Hidrocefalia ligada ao X	401
24.10	"Hidrocefalia presa"	402
24.11	Encarceramento do quarto ventrículo	402
24.12	Hidrocefalia com pressão normal (NPH)	403
24.13	Hidrocefalia e gravidez	410

25 Tratamento da Hidrocefalia ... 414

25.1	Tratamento médico da hidrocefalia	414
25.2	Retirada de CSF da espinha	414
25.3	Cirurgias	414
25.4	Ventriculostomia endoscópica do terceiro ventrículo	415
25.5	*Shunts*	416
25.6	Problemas com os *shunts*	419
25.7	Sistemas específicos de *shunts*	427
25.8	Técnicas de inserção cirúrgica	435
25.9	Instruções aos pacientes	435

Parte VIII
Convulsões

26 Classificação das Crises Epilépticas e Farmacologia Anticonvulsivante ... 440

26.1	Classificação das crises	440
26.2	Drogas antiepilépticas	443

27 Tipos Especiais de Crises ... 461

27.1	Primeira crise	461
27.2	Crises pós-traumáticas	462
27.3	Crises por abstinência de álcool	464

27.4	Crises não epilépticas	464
27.5	Convulsões febris	467
27.6	Estados epilépticos	468

Parte IX
Dor

28	Dor	476
28.1	Informações gerais	476
28.2	Síndromes de dores neuropáticas	476
28.3	Síndromes de dores craniofaciais	477
28.4	Nevralgia pós-herpética	493
28.5	Síndrome de dor regional complexa (CRPS)	497

Parte X
Nervos Periféricos

29	Nervos Periféricos	504
29.1	Informações gerais	504
29.2	Inervação muscular	506
29.3	Lesão/cirurgia de nervos periféricos	509
30	Neuropatias por Encarceramento	515
30.1	Informações gerais	515
30.2	Mecanismo de lesão	515
30.3	Encarceramento do nervo occipital	515
30.4	Encarceramento do nervo mediano	517
30.5	Encarceramento do nervo ulnar	526
30.6	Lesões do nervo radial	532
30.7	Lesões do nervo axilar	533
30.8	Nervo supraescapular	533
30.9	Meralgia parestésica	534
30.10	Encarceramento do nervo obturador	535
30.11	Encarceramento do nervo femoral	535
30.12	Paralisia do nervo fibular comum	535
30.13	Túnel do tarso	538

31 Neuropatias Periféricas sem Encarceramento 541

31.1 Definições 541

31.2 Etiologias da neuropatia periférica 541

31.3 Classificação 541

31.4 Clínica 542

31.5 Síndromes de neuropatia periférica 542

31.6 Lesões de nervos periféricos 550

31.7 Lesões por projétil de nervos periféricos 553

31.8 Síndrome do desfiladeiro torácico 554

Parte XI
Neuroftalmologia e Neurotologia

32 Neuroftalmologia 558

32.1 Nistagmo 558

32.2 Papiledema 558

32.3 Campos visuais 559

32.4 Déficits do campo visual 559

32.5 Diâmetro pupilar 560

32.6 Sistema dos músculos extraoculares (EOM) 565

32.7 Síndromes neuroftalmológicas 569

32.8 Sinais neuroftalmológicos diversos 570

33 Neurotologia 572

33.1 Tontura e vertigem 572

33.2 Doença de Ménière 573

33.3 Paralisia do nervo facial 576

33.4 Perda auditiva 580

Parte XII
Tumores Primários dos Sistemas Nervoso e Relacionados: Tumores de Tecido Neuroepitelial

34 Informações Gerais, Classificação e Marcadores Tumorais 584

34.1 Classificação dos tumores do sistema nervoso 584

34.2 Tumores cerebrais – aspectos clínicos gerais 590

34.3 Tumores cerebrais pediátricos 593

34.4 Medicações para tumores cerebrais 594

34.5 Quimioterapia para tumores cerebrais 595

34.6 Consultas patológicas intraoperatórias ("exame de congelação") .. 596

34.7 Escolha das colorações comumente utilizadas em neuropatologia.. 598

35 Síndromes Envolvendo Tumores 603

35.1 Síndromes neurocutâneas 603

35.2 Síndromes de tumores familiares.....................................610

36 Astrocitomas...612

36.1 Incidência, fatores de risco 612

36.2 Classificação e graduação dos tumores astrocíticos 612

36.3 Genéticas molecular e epigenética 616

36.4 Características patológicas variadas 617

36.5 Graduação e achados neurorradiológicos 617

36.6 Disseminação..618

36.7 Gliomas múltiplos...619

36.8 Tratamento 619

36.9 Resultados 624

37 Outros Tumores Astrocíticos 629

37.1 Astrocitomas pilocíticos 629

37.2 Xantoastrocitoma pleomórfico (PXA)................................635

38 Tumores Oligodendrogliais e Tumores do Epêndima, Plexo Corioide e Outros Tumores Neuroepiteliais.........638

38.1 Tumores oligodendrogliais 638

38.2 Tumores oligoastrocíticos 641

38.3 Tumores ependimários...642

38.4 Tumores gliais neuronais e mistos 645

38.5 Tumores de plexo corioide..648

38.6 Outros tumores neuroepiteliais 649

39 Tumores Neuronais e Neurogliais Mistos.....................651

39.1 Ganglioglioma..651

39.2 Paraganglioma 652

39.3 Neuroblastomas..657

40 Tumores da Região Pineal e Embrionários ... 658
40.1 Tumores da região pineal ... 658
40.2 Tumores embrionários ... 663

41 Tumores dos Nervos Cranianos, Espinais e Periféricos ... 670
41.1 Schwannoma vestibular ... 670
41.2 Tumores dos nervos periféricos: Perineurioma ... 687

42 Meningiomas ... 690
42.1 Informações gerais ... 690
42.2 Epidemiologia ... 690
42.3 Localizações comuns ... 690
42.4 Patologia ... 693
42.5 Apresentação ... 695
42.6 Avaliação ... 695
42.7 Tratamento ... 696
42.8 Resultados ... 698

43 Outros Tumores Relacionados com as Meninges ... 701
43.1 Tumores mesenquimais não meningoteliais ... 701
43.3 Hemangioblastoma ... 701

Parte XIII
Tumores Envolvendo Tecidos de Origem Não Neural: Metástases, Linfomas, Cordomas

44 Linfomas e Neoplasias Hematopoiéticas ... 710
44.1 Linfoma do CNS ... 710
44.2 Mieloma múltiplo ... 714
44.3 Plasmacitoma ... 716

45 Tumores Hipofisários – Informações Gerais e Classificação ... 718
45.1 Informações gerais ... 718
45.2 Tipos gerais de tumores ... 718
45.3 Epidemiologia ... 718
45.4 Diagnóstico diferencial de tumores hipofisários ... 718

45.5 Apresentação clínica de tumores hipofisários ... 719

45.6 Tipos específicos de tumores hipofisários ... 721

46 Adenomas Hipofisários – Avaliação e Tratamento Não Cirúrgico ... 730

46.1 Avaliação ... 730

46.2 Recomendações de manejo/tratamento ... 737

46.3 Radioterapia para adenomas hipofisários ... 744

47 Adenomas Hipofisários – Tratamento Cirúrgico, Resultados e Tratamento de Recorrência ... 747

47.1 Tratamento cirúrgico para adenomas hipofisários ... 747

47.2 Resultado após cirurgia transesfenoidal ... 753

47.3 Tratamento de adenomas hipofisários recorrentes ... 755

48 Cistos e Lesões Pseudotumorais ... 756

48.1 Cisto da bolsa de Rathke ... 756

48.2 Cisto coloide ... 756

48.3 Tumores epidermoides e dermoides ... 760

48.4 Craniofaringioma ... 763

49 Pseudotumor Cerebral e Síndrome da Sela Vazia ... 766

49.1 Pseudotumor cerebral ... 766

49.2 Síndrome da sela vazia ... 773

50 Tumores e Lesões que se Assemelham a Tumores no Crânio ... 775

50.1 Tumores cranianos ... 775

50.2 Lesões no crânio não neoplásicas ... 779

51 Tumores da Coluna Vertebral e Medula Espinal ... 783

51.1 Informações gerais ... 783

51.2 Localização compartimental dos tumores da coluna ... 783

51.3 Diagnóstico diferencial: tumores da coluna e da medula espinal ... 783

51.4 Tumores na medula espinal extramedulares intradurais ... 785

51.5 Tumores intramedulares da medula espinal ... 787

51.6 Tumores ósseos primários da coluna ... 792

52 Metástase Cerebral...800
52.1 Informações gerais 800
52.2 Metástases do cérebro..800
52.3 Metástases dos tumores primários do CNS 800
52.4 Localização da metástase cerebral 801
52.5 Cânceres primários em pacientes com metástases cerebrais 801
52.6 Apresentação clínica 805
52.7 Propedêutica 806
52.8 Tratamento 806
52.9 Resultado..810
52.10 Meningite carcinomatosa 811

53 Metástases Epidurais da Coluna................................814
53.1 Informações Gerais 814
53.2 Tumores primários que geram metástases para a coluna 814
53.3 Apresentação...814
53.4 Avaliação e tratamento de metástases epidurais da coluna 815

Parte XIV
Traumatismo Craniano

54 Informações Gerais, Classificação, Tratamento Inicial ... 824
54.1 Informações gerais 824
54.2 Classificação 824
54.3 Transferência de pacientes com trauma.............................825
54.4 Tratamento na sala de emergência................................826
54.5 Avaliação radiográfica...832
54.6 Orientações de internação para traumas moderados ou leves 834
54.7 Pacientes com lesão sistêmica grave associada 834
54.8 Orifício de trepanação exploratório................................836

55 Concussão, Edema Cerebral de Grande Altitude, Lesões Cerebrovasculares............................841
55.1 Concussão..841
55.2 Outras definições de TBI 848
55.3 Edema cerebral de grande altitude 848
55.4 Dissecções traumáticas arteriais cervicais 849

56 Neuromonitorização ...856

56.1 Informações gerais ...856
56.2 Pressão intracraniana (ICP) ...856
56.3 Adjuvantes da monitorização da ICP ...865
56.4 Medidas terapêuticas para a ICP elevada ...866

57 Fraturas do Crânio ...882

57.1 Informações gerais ...882
57.2 Fraturas do crânio linear sobre a convexidade ...882
57.3 Fraturas do crânio comprimidas ...882
57.4 Fraturas da base do crânio ...884
57.5 Fraturas craniofaciais ...886
57.6 Pneumoencéfalo ...887

58 Condições Hemorrágicas Traumáticas ...891

58.1 Lesões parenquimatosas pós-traumáticas ...891
58.2 Contusão hemorrágica ...891
58.3 Hematoma epidural ...892
58.4 Hematoma subdural agudo ...895
58.5 Hematoma subdural crônico ...898
58.6 Hematoma subdural espontâneo ...901
58.7 Higroma subdural traumático ...902
58.8 Coleções líquidas extra-axiais em crianças ...903
58.9 Lesões expansivas traumáticas da fossa posterior ...905

59 Lesão no Cérebro por Ferimento por Arma de Fogo e sem Penetração de Projétil ...908

59.1 Ferimento à bala na cabeça ...908
59.2 Trauma sem a penetração de projétil ...911

60 Lesão na Cabeça de Pacientes Pediátricos ...913

60.1 Informações gerais ...913
60.2 Gerenciamento ...913
60.3 Resultados ...914
60.4 Céfalo-hematoma ...914
60.5 Fraturas no crânio em pacientes pediátricos ...914
60.6 Trauma não acidental (NAT) ...916

61 Lesões na Cabeça: Gerenciamento a Longo Prazo, Complicações, Resultados ... 918

61.1 Gerenciamento de vias aéreas ... 918

61.2 Trombose venosa profunda ... 918

61.3 Nutrição em pacientes com lesões na cabeça ... 918

61.4 Hidrocefalia pós-traumática ... 920

61.5 Resultados do trauma da cabeça ... 920

61.6 Complicações tardias da lesão cerebral traumática ... 923

Parte XV
Traumatismo Medular

62 Informações Gerais, Avaliação Neurológica, Lesões Relacionadas com o Esporte e com o Efeito Chicote, Lesões da Coluna Vertebral em Crianças ... 930

62.1 Introdução ... 930

62.2 Terminologia ... 930

62.3 Distúrbios associados ao efeito chicote ... 931

62.4 Lesões da coluna vertebral em crianças ... 933

62.5 Órtese cervical ... 935

62.6 Programa de acompanhamento ... 935

62.7 Lesões da coluna cervical relacionadas com o esporte ... 935

62.8 Avaliação neurológica ... 939

62.9 Lesões da medula espinal ... 943

63 Conduta na Lesão da Medula Espinal ... 949

63.1 Informações gerais ... 949

63.2 Conduta terapêutica no local do acidente ... 949

63.3 Conduta hospitalar ... 950

63.4 Avaliação radiológica e imobilização inicial da coluna cervical ... 952

63.5 Tração/redução das lesões da coluna cervical ... 957

63.6 Indicações para cirurgia descompressiva de emergência ... 960

64 Lesões Occipitoatlantoaxiais (do Occipital ao C2) ... 963

64.1 Luxação atlanto-occipital ... 963

64.2 Fraturas do côndilo occipital ... 966

64.3 Luxação/subluxação atlantoaxial ... 968

64.4 Fraturas do atlas (C1).. 971

64.5 Fraturas do áxis (C2) 972

64.6 Lesões combinadas de C1-2 982

65 Lesões/Fraturas Subaxiais (C3 até C7) 986

65.1 Sistemas de classificação 986

65.2 Fratura do cavador de barro... 988

65.3 Lesões por compressão vertical 989

65.4 Lesões de flexão da coluna cervical subaxial........................ 989

65.5 Lesões por flexão-distração 991

65.6 Lesões por extensão da coluna cervical subaxial.................... 994

65.7 Tratamento de fraturas da coluna cervical subaxial 996

65.8 Lesão medular sem anormalidades radiográficas (SCIWORA)....... 999

66 Fraturas das Colunas Torácica, Lombar e Sacra 1002

66.1 Avaliação e tratamento de fraturas toracolombares 1002

66.2 Tratamento cirúrgico 1007

66.3 Fraturas osteoporóticas da coluna 1008

66.4 Fraturas sacras 1014

67 Lesões Penetrantes na Coluna Vertebral e Conduta/Complicações a Longo Prazo.......................1017

67.1 Ferimentos de arma de fogo na coluna vertebral 1017

67.2 Trauma penetrante no pescoço 1017

67.3 Instabilidade cervical tardia...1019

67.4 Deterioração tardia após lesões da medula espinal..................1019

67.5 Questões relacionadas com o tratamento crônico das lesões da medula espinal 1020

Parte XVI
Coluna Vertebral e Medula Espinal

68 Lombalgia e Radiculopatia 1024

68.1 Informações gerais 1024

68.2 Disco intervertebral...1024

68.3 Nomenclatura para as doenças do disco...............................1024

68.4 Alterações da medula do corpo vertebral 1025

68.5 Termos clínicos...1025

68.6	Incapacidade, dor e determinações de desfecho	1026
68.7	Diagnóstico diferencial de lombalgia	1026
68.8	Avaliação inicial do paciente com lombalgia	1026
68.9	Avaliação radiográfica	1029
68.10	Eletrodiagnóstico para problemas de lombalgia	1032
68.11	Cintilografia para pacientes com lombalgia	1032
68.12	Termografia para problemas de lombalgia	1033
68.13	Fatores psicossociais	1033
68.14	Tratamento	1033
68.15	Lombalgia crônica	1037
68.16	Coccidínia	1038
68.17	Síndrome pós-laminectomia	1039

69 Hérnia Discal Intervertebral/Radiculopatias Lombar e Torácica 1046

| 69.1 | Hérnia discal lombar e radiculopatia lombar | 1046 |
| 69.2 | Hérnia discal torácica | 1061 |

70 Hérnia de Disco Cervical 1069

70.1	Informações Gerais	1069
70.2	Síndromes da raiz nervosa cervical (radiculopatia cervical)	1069
70.3	Mielopatia cervical e lesão do cordão medular (SCI) decorrente da hérnia de disco cervical	1069
70.4	Diagnóstico diferencial	1070
70.5	Exame físico na hérnia de disco cervical	1070
70.6	Avaliação radiológica	1070
70.7	Tratamento	1071

71 Doença Degenerativa do Disco Cervical e Mielopatia Cervical 1083

71.1	Informações Gerais	1083
71.2	Fisiopatologia	1083
71.3	Clínica	1084
71.4	Diagnóstico diferencial	1086
71.5	Avaliação	1088
71.6	Tratamento	1090
71.7	Estenose medular cervical e lombar concomitante	1093

72 Doença Degenerativa dos Discos Torácico e Lombar ...1096

72.1 Informações gerais sobre a doença degenerativa do disco (DDD)..1096

72.2 Substrato anatômico..1096

72.3 Fatores de risco 1099

72.4 Doenças associadas..1099

72.5 Apresentação clínica 1099

72.6 Diagnóstico diferencial 1101

72.7 Avaliação diagnóstica..1101

72.8 Tratamento...1103

72.9 Desfecho..1108

73 Deformidade da Coluna Vertebral e Escoliose Degenerativa em Adultos 1111

73.1 Informações gerais...1111

73.2 Epidemiologia..1111

73.3 Avaliação Clínica...1111

73.4 Teste diagnóstico..1111

73.5 Medidas importantes da coluna vertebral 1112

73.6 Classificação de SRS-Schwab da deformidade da coluna vertebral adulta 1112

73.7 Tratamento/manejo..1113

74 Condições Especiais que Afetam a Coluna Vertebral....1120

74.1 Doença de Paget da coluna vertebral..................................1120

74.2 Espondilite anquilosante 1123

74.3 Ossificação do ligamento longitudinal posterior (OPLL).............1127

74.4 Ossificação do ligamento longitudinal anterior (OALL).............1129

74.5 Hiperostose esquelética idiopática difusa (DISH) 1129

74.6 Cifose de Scheuermann..1130

74.7 Hematoma epidural da coluna vertebral...............................1131

74.8 Hematoma subdural da coluna vertebral..............................1131

75 Outras Condições Não Medulares com Implicações na Coluna Vertebral...............................1134

75.1 Artrite reumatoide 1134

75.2 Síndrome de Down 1138

75.3 Obesidade mórbida...1139

76 Condições Especiais que Afetam a Medula Espinal 1140

76.1 Malformações vasculares espinais 1140

76.2 Cistos meníngeos espinais 1142

76.3 Cistos justafacetários da coluna lombar....................1143

76.4 Siringomielia 1144

76.5 Siringomielia Pós-traumática 1148

76.6 Hérnia da medula espinal (idiopática) 1150

76.7 Lipomatose epidural espinal (SEL)....................1150

76.8 Junção craniocervical e anormalidades da coluna cervical..........1151

Parte XVII
SAH e Aneurismas

77 Introdução e Informações Gerais, Graduação, Tratamento Médico, Condições Especiais 1156

77.1 Introdução e visão geral 1156

77.2 Etiologias de SAH 1156

77.3 Incidência....................1157

77.4 Fatores de risco para SAH....................1157

77.5 Características clínicas 1157

77.6 Exame completo para suspeita de SAH 1159

77.7 Graduação de SAH 1162

77.8 Tratamento inicial de SAH....................1163

77.9 Ressangramento....................1167

77.10 Gravidez e hemorragia intracraniana 1169

77.11 Hidrocefalia após SAH....................1170

78 Cuidados Críticos aos Pacientes com Aneurisma 1177

78.1 Cardiomiopatia do estresse neurogênico (NSC)....................1177

78.2 Edema pulmonar neurogênico....................1178

78.3 Vasospasmo 1178

78.4 Pedidos pós-operatórios de clipagem do aneurisma 1186

79 SAH por Ruptura de Aneurisma Cerebral....................1191

79.1 Epidemiologia de aneurismas cerebrais 1191

79.2 Etiologia de aneurismas cerebrais....................1191

79.3 Localização dos aneurismas cerebrais 1191

79.4 Apresentação dos aneurismas cerebrais 1191

79.5 Condições associadas a aneurismas...................................1193

79.6 Opções de tratamento de aneurismas..................................1194

79.7 Momento da cirurgia para o aneurisma.................................1199

79.8 Considerações técnicas gerais da cirurgia de aneurisma.............1200

80 Tipo de Aneurisma por Localização...........................1210

80.1 Aneurismas da artéria comunicante anterior..........................1210

80.2 Aneurismas da artéria cerebral anterior distal.......................1211

80.3 Aneurismas da artéria comunicante posterior.........................1212

80.4 Aneurismas na bifurcação (*terminus*) da carótida...................1213

80.5 Aneurismas da artéria cerebral média (MCA) 1213

80.6 Aneurismas supraclinoides..1214

80.7 Aneurismas da circulação posterior..................................1215

81 Aneurismas Especiais e SAH Não Aneurismática.........1222

81.1 Aneurismas não rotos..1222

81.2 Múltiplos aneurismas 1226

81.3 Aneurismas familiares 1226

81.4 Aneurismas traumáticos..1227

81.5 Aneurismas micóticos..1228

81.6 Aneurismas gigantes...1229

81.7 Hemorragia subaracnóidea cortical....................................1230

81.8 SAH de etiologia desconhecida 1230

81.9 SAH não aneurismática pré-truncal (PNSAH)............................1231

Parte XVIII
Malformações Vasculares

82 Malformações Vasculares......................................1238

82.1 Informações gerais e classificação 1238

82.2 Malformação arteriovenosa (AVM) 1238

82.3 Angiomas venosos..1245

82.4 Malformações vasculares angiograficamente ocultas...................1246

82.5 Síndrome de Osler-Weber-Rendu..1246

82.6	Malformação cavernosa	1247
82.7	Fístulas arteriovenosas durais (DAVF)	1251
82.8	Malformação da veia cerebral magna (de Galeno)	1255
82.9	Fístula carotídeo-cavernosa	1256
82.10	Divertículo do seio sigmoide	1258

Parte XIX

Acidente Vascular Cerebral e Doença Cerebrovascular Oclusiva

83 Informações Gerais e Fisiologia do Acidente Vascular Encefálico 1264

83.1	Definições	1264
83.2	Hemodinâmica cerebrovascular	1264
83.3	Circulação colateral	1265
83.4	Síndromes de "oclusão"	1265
83.5	Acidente vascular encefálico em adultos	1269
83.6	Doença da artéria carótida aterosclerótica	1271

84 Avaliação e Tratamento de Acidente Vascular Encefálico 1280

84.1	Fundamento lógico para o tratamento de acidente vascular encefálico agudo	1280
84.2	Avaliação	1280
84.3	Tratamento de TIA ou acidente vascular encefálico	1282
84.4	Endarterectomia da carótida	1290
84.5	Angioplastia da carótida/colocação de *stent*	1297

85 Condições Especiais 1301

85.1	Artéria carótida interna totalmente ocluída	1301
85.2	Infarto cerebelar	1302
85.3	Infartos malignos em território da artéria cerebral média	1303
85.4	Embolia cerebral cardiogênica	1304
85.5	Insuficiência vertebrobasilar	1305
85.6	Acidente vascular encefálico por oclusão rotacional da artéria vertebral (*bow hunter*)	1307
85.7	Trombose venosa cerebrovascular	1308
85.8	Doença de moyamoya	1313
85.9	*Bypass* extracraniano-intracraniano (EC/IC)	1317

86 Dissecções Arteriais Cerebrais 1322

86.1 Informações gerais 1322

86.2 Nomenclatura 1322

86.3 Fisiopatologia 1322

86.4 Epidemiologia 1323

86.5 Locais de dissecção 1323

86.6 Clínica 1323

86.7 Avaliação 1324

86.8 Resultados gerais 1324

86.9 Informações específicas do vaso 1324

Parte XX
Hemorragia Intracerebral

87 Hemorragia Intracerebral 1330

87.1 Informações gerais 1330

87.2 Hemorragia intracerebral em adultos 1330

87.3 Epidemiologia 1330

87.4 Localizações de hemorragia dentro do encéfalo 1331

87.5 Etiologias 1332

87.6 Clínica 1336

87.7 Avaliação 1338

87.8 Controle inicial da ICH 1339

87.9 Tratamento cirúrgico 1342

87.10 Resultados 1345

87.11 ICH em adultos jovens 1345

87.12 Hemorragia intracerebral no recém-nascido 1346

87.13 Outras causas de hemorragia intracerebral no recém-nascido 1352

Parte XXI
Avaliação de Resultados

88 Avaliação de Resultados 1358

88.1 Câncer 1358

88.2 Lesão cefálica 1358

88.3 Eventos cerebrovasculares 1358

88.4 Lesão à medula espinal 1362

Parte XXII
Diagnóstico Diferencial

89 Diagnóstico Diferencial por Localização ou Achados Radiográficos – Intracraniano 1364

89.1 Diagnósticos abordados fora deste capítulo 1364

89.2 Lesões na fossa posterior 1364

89.3 Múltiplas lesões intracranianas à CT ou MRI 1368

89.4 Lesões com intensificação em anel à CT/MRI 1369

89.5 Lesões da substância branca 1371

89.6 Lesões selares, suprasselares e parasselares 1371

89.7 Cistos intracranianos..1374

89.8 Lesões orbitais 1375

89.9 Lesões no seio cavernoso..1376

89.10 Lesões cranianas 1376

89.11 Lesões intra/extracranianas combinadas...............................1380

89.12 Hiperdensidades intracranianas 1380

89.13 Calcificações intracranianas..1380

89.14 Lesões intraventriculares 1381

89.15 Lesões periventriculares 1384

89.16 Espessamento/captação de contraste meníngeo 1385

89.17 Realce ependimário e subependimário................................1385

89.18 Hemorragia intraventricular 1386

89.19 Lesões do lobo temporal medial.......................................1386

89.20 Anormalidades de gânglio basal..1386

89.21 Lesões talâmicas 1386

89.22 Lesões intranasais/intracranianas 1387

90 Diagnóstico Diferencial por Localização ou Achados Radiográficos – Coluna Espinal....................1390

90.1 Diagnósticos abordados fora deste capítulo 1390

90.2 Subluxação atlantoaxial 1390

90.3 Anormalidades nos corpos vertebrais 1390

90.4 Lesões vertebrais do áxis (C2)...1391

90.5 Fraturas patológicas da coluna espinal 1391

90.6	Massas epidurais espinais	1392
90.7	Lesões destrutivas da coluna espinal	1392
90.8	Hiperostose vertebral	1393
90.9	Lesões sacrais	1393
90.10	Raízes nervosas captantes	1394
90.11	Lesões com intensificação nodular no canal espinal	1394
90.12	Cistos intraespinais	1394
90.13	Captação difusa de raízes nervosas/cauda equina	1394

91 Diagnóstico Diferencial (DDx) por Sinais e Sintomas – Primariamente Intracraniano 1395

91.1	Diagnósticos abordados fora deste capítulo	1395
91.2	Encefalopatia	1396
91.3	Síncope e apoplexia	1396
91.4	Déficit neurológico transitório	1398
91.5	Ataxia/problemas de equilíbrio	1398
91.6	Diplopia	1399
91.7	Anosmia	1399
91.8	Paralisias múltiplas de nervos cranianos (neuropatias cranianas)	1399
91.9	Cegueira binocular	1401
91.10	Cegueira monocular	1401
91.11	Exoftalmo	1402
91.12	Ptose	1403
91.13	Retração palpebral patológica	1403
91.14	Macrocefalia	1403
91.15	Zumbido	1404
91.16	Alterações sensoriais faciais	1405
91.17	Perturbações da linguagem	1406

92 Diagnóstico Diferencial (DDx) por Sinais e Sintomas – Primariamente Coluna Espinal e Outros 1407

92.1	Diagnósticos abordados fora deste capítulo	1407
92.2	Mielopatia	1407
92.3	Ciática	1410
92.4	Quadriplegia ou paraplegia aguda	1413
92.5	Hemiparesia ou hemiplegia	1414

92.6	Lombalgia	1414
92.7	Pé caído	1416
92.8	Enfraquecimento/atrofia das mãos/UEs	1419
92.9	Radiculopatia, membro superior (cervical)	1420
92.10	Dor cervical (dor no pescoço)	1420
92.11	Pés/mãos ardentes	1421
92.12	Sensibilidade/dor muscular	1421
92.13	Sinal Lhermitte	1421
92.14	Dificuldades de deglutição	1421

Parte XXIII
Procedimentos, Intervenções, Cirurgias

93	**Informações Gerais**	1426
93.1	Introdução	1426
93.2	Corantes intraoperatórios	1426
93.3	Equipamento da sala cirúrgica	1426
93.4	Hemostasia cirúrgica	1428
93.5	Informações gerais sobre craniotomia	1428
93.6	Mapeamento cortical intraoperatório (mapeamento cerebral)	1432
93.7	Cranioplastia	1436
93.8	Enxerto ósseo	1437
93.9	Cirurgia estereotáxica	1441

94	**Craniotomias Específicas**	1445
94.1	Craniotomia da fossa posterior (suboccipital)	1445
94.2	Craniotomia pterional	1453
94.3	Craniotomia temporal	1456
94.4	Craniotomia frontal	1459
94.5	Craniotomia petrosa	1460
94.6	Abordagens para o ventrículo lateral	1461
94.7	Abordagens do III ventrículo	1461
94.8	Abordagem inter-hemisférica	1466
94.9	Craniotomia occipital	1466
94.10	Craniectomia descompressiva	1467

95 Coluna Espinal Cervical 1472

95.1 Abordagens anteriores da coluna espinal cervical 1472

95.2 Abordagem transoral para junção craniocervical anterior 1472

95.3 Fusão occipitocervical 1474

95.4 Fixação com parafuso do odontoide anterior 1476

95.5 Fusão atlantoaxial (artrodese de C1-2) 1479

95.6 Parafusos de C2 1483

95.7 Fixação do corpo vertebral anterior com parafuso-placa 1486

95.8 Dispositivos intersomáticos de perfil zero 1487

96 Colunas Vertebral, Torácica e Lombar 1489

96.1 Acesso anterior à junção cervicotorácica/coluna torácica superior .. 1489

96.2 Acesso anterior para a região média e inferior da coluna torácica ... 1489

96.3 Parafusos pediculares torácicos 1489

96.4 Acesso anterior à junção toracolombar 1493

96.5 Acesso anterior à coluna lombar 1493

96.6 Pérolas da instrumentação/fusão para a coluna lombar e lombossacral 1494

96.7 Parafusos pediculares lombossacrais 1494

96.8 Fusão intersomática minimamente invasiva por acesso lateral retroperitoneal transpsoas 1498

96.9 Parafusos pediculares transfacetários 1501

96.10 Fusão de faceta 1502

96.11 Parafusos S2 1502

96.12 Parafusos ilíacos 1502

96.13 Consultas clínicas pós-operatórias – fusão da coluna lombar e/ou torácica 1502

97 Procedimentos Cirúrgicos Diversos 1504

97.1 Punção ventricular por via percutânea 1504

97.2 Punção subdural por via percutânea 1504

97.3 Punção lombar 1504

97.4 Drenagem de CSF com cateter lombar 1510

97.5 Punção no espaço C1-C2 e punção cisternal 1511

97.6 Procedimentos diversivos para CSF 1512

97.7 Dispositivo de acesso ventricular 1518

| 97.8 | Biópsia do nervo sural | 1520 |
| 97.9 | Bloqueios nervosos | 1521 |

98 Neurocirurgia Funcional ... 1524

98.1	Estimulação cerebral profunda	1524
98.2	Alvos típicos usados na cirurgia cerebral funcional	1524
98.3	Tratamento cirúrgico da doença de Parkinson	1524
98.4	Distonia	1528
98.5	Espasticidade	1528
98.6	Torcicolo	1533
98.7	Síndromes compressivas neurovasculares	1534
98.8	Hiperidrose	1537
98.9	Tremor	1537
98.10	Simpatectomia	1537

99 Procedimentos para Dor ... 1541

99.1	Informações Gerais	1541
99.2	Escolha do procedimento para dor	1541
99.3	Tipos de procedimentos para dor	1541
99.4	Cordotomia	1542
99.5	Mielotomia comissural	1544
99.6	Mielotomia puntiforme na linha média	1545
99.7	Administração de narcóticos no CNS	1545
99.8	Estimulação da medula espinal (SCS)	1547
99.9	Estimulação cerebral profunda (DBS)	1550
99.10	Lesões na zona de entrada da raiz dorsal (DREZ)	1550

100 Cirurgia de Epilepsia ... 1553

100.1	Informações gerais, indicações	1553
100.2	Avaliação pré-cirúrgica	1553
100.3	Técnicas cirúrgicas	1554
100.4	Procedimentos cirúrgicos	1555
100.5	Riscos da cirurgia de epilepsia	1557
100.6	Termoterapia intersticial a *laser* guiada por MRI	1557
100.7	Tratamento pós-operatório para a cirurgia de epilepsia	1557
100.8	Prognóstico	1557

101 Radioterapia (XRT) 1560
101.1 Introdução 1560
101.2 Radiação externa convencional 1560
101.3 Radiocirurgia e radioterapia estereotáxica 1564
101.4 Braquiterapia intersticial 1571

102 Neurocirurgia Endovascular 1575
102.1 Informações gerais 1575
102.2 Agentes farmacológicos 1576
102.3 Fundamentos do procedimento neuroendovascular 1582
102.4 Angiografia diagnóstica para hemorragia subaracnóidea cerebral .. 1583
102.5 Intervenção específica de doença 1584

Parte XXIV
Apêndice

103 Referência Rápida de Quadros e Figuras 1604

Índice Remissivo 1615

Parte I

Anatomia e Fisiologia

1 Anatomias Macroscópica, Craniana e Medular   58

2 Anatomia Vascular   75

3 Neurofisiologia e Síndromes Cerebrais Regionais   90

1 Anatomias Macroscópica, Craniana e Medular

1.1 Anatomia da superfície cortical

1.1.1 Superfície cortical lateral
▶ Fig. 1.1. Para abreviações, ver ▶ Quadro 1.1 e ▶ Quadro 1.2. O giro frontal médio (MFG) é geralmente mais sinuoso do que o IFG ou o SFG, e frequentemente se conecta ao giro pré-central por um istmo fino.[1] O sulco central se une à fissura silviana em apenas 2% dos casos (ou seja, em 98% dos casos há um giro "subcentral"). O sulco intraparietal (ips) separa os lóbulos parietais superior e inferior. O IPL é composto primariamente pelo AG e SMG. A fissura silviana termina no SMG (área de Brodmann 40). O sulco temporal superior termina no AG.

1.1.2 Áreas de Brodmann
▶ Fig. 1.1 também identifica as áreas clinicamente significativas do mapa de Brodmann (Br.) dos campos citoarquitetônicos do cérebro humano. A significância funcional dessas áreas é a seguinte:
1. áreas Br. 3, 1, 2: córtex somatossensorial primário
2. áreas Br. 41 e 42: áreas auditivas primárias (giro transverso de Heschl)
3. área Br. 4: giro pré-central, córtex motor primário (conhecido como "área motora"). Grande concentração de células piramidais gigantes de Betz
4. área Br. 6: área pré-motora ou área motora suplementar. Imediatamente anterior à área motora, exerce um papel na programação motora contralateral
5. área Br. 44: (hemisfério dominante) área de Broca (fala motora)
6. área Br. 17: córtex visual primário

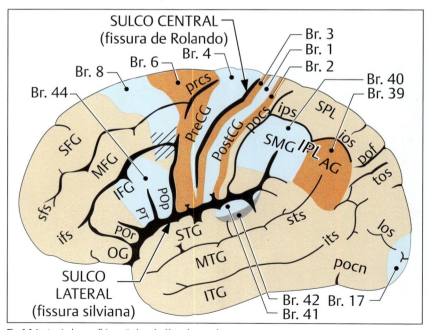

Fig. 1.1 Anatomia da superfície cortical cerebral lateral esquerda.
Br. = área de Brodmann (sombreada). Ver ▶ Quadro 1.1 e ▶ Quadro 1.2 para abreviações (letra minúscula = sulcos, LETRA MAIÚSCULA = giros).

Quadro 1.1 Sulcos cerebrais (abreviações)

Abreviação	Sulco
cins	sulco do cíngulo
cs	sulco central
ips-ios	sulco intraparietal-intraoccipital
los	sulco occipital lateral
pM	*pars* marginal
pocn	incisura pré-occipital
pocs	sulco pós-central
pof	fissura parietoccipital
pos	sulco parietoccipital
prcs	sulco pré-central
sfs, ifs	sulco frontal superior, inferior
sps	sulco parietal superior
sts, its	sulco temporal superior, inferior
tos	sulco occipital transverso

Quadro 1.2 Giros e lóbulos cerebrais (abreviações)

Abreviação	Giro/lóbulo
AG	giro angular
CinG	giro do cíngulo
Cu	cúneo
LG	giro lingual
MFG, SFG	giros frontais médio e superior
OG	giro orbital
PCu	pré-cúneo
PreCG, PostCG	giros pré e pós-central
PL	lóbulo paracentral (SFG, PreCG e PostCG)
IFG • POp • PT • POr	giro frontal inferior • *pars* opercular • *pars* triangular • *pars* orbital
STG, MTG, ITG	giros temporais superior, médio e inferior
SPL, IPL	lóbulos parietais superior e inferior
SMG	giro supramarginal

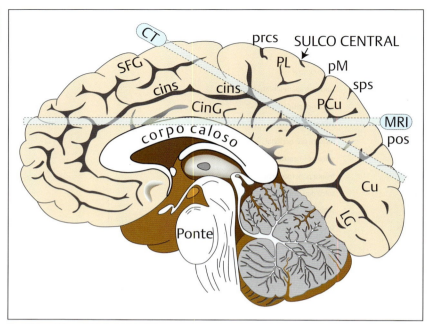

Fig. 1.2 Superfície medial do hemisfério direito.
As barras "CT" e "MRI" representam a orientação típica do corte axial para os exames de CT e MRI. Ver ▶ Quadro 1.1 e
▶ Quadro 1.2 para abreviações.

7. área de Wernicke (linguagem): no hemisfério dominante, grande parte da área Br. 40 e uma porção da área Br. 39 (também pode incluir ≈ terço posterior do STG)
8. a porção listrada da área Br. 8 na ▶ Fig. 1.1 (campo ocular frontal) inicia movimentos oculares voluntários para a direção oposta

Área de Brodmann 44, área de Wernicke: a função de linguagem não pode ser seguramente localizada com base nos dados anatômicos por causa da variabilidade individual em sua localização exata; a fim de realizar ressecções cerebrais máximas com mínimo risco de afasia, técnicas, como mapeamento cerebral intraoperatório[2] ou procura por reversão de fase no SSEP[3] cortical intraoperatório, devem ser empregadas.

1.1.3 Superfície medial
▶ Fig. 1.2. O sulco do cíngulo termina posteriormente na *pars* marginal (pM) (plural: partes marginais). Na imagem axial, as pMs são visíveis em 95% das CTs e 91% das MRIs,[4] sendo geralmente os sulcos pareados mais proeminentes que atravessam a linha média e se estendem em direção aos hemisférios.[4] Na CT axial, a pM está localizada ligeiramente posterior ao maior diâmetro biparietal;[4] nos cortes de MRI tipicamente orientados mais horizontalmente, a pM assume uma posição mais posterior. As pMs curvam-se posteriormente nos cortes mais baixos e anteriormente nos cortes mais elevados (aqui, as pMs pareadas formam o "*pars bracket*" – uma configuração característica de "guidão de bicicleta" atravessando a linha média).

1.2 Sulco central na imagem axial
Ver ▶ Fig. 1.3. A identificação do sulco central é importante para localizar a área motora (contida no PreCG). O sulco central (CS) é visível em 93% das CTs e 100% das MRIs.[4] O sulco central curva posteriormente conforme se aproxima da fissura inter-hemisférica (IHF) e geralmente termina no lóbulo paracentral, imediatamente anterior à *pars* marginal (pM) contida na *pars bracket* (ver acima)[4] (ou seja, o CS geralmente não alcança a linha média).

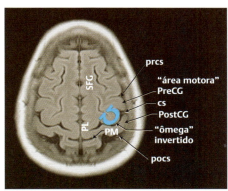

Fig. 1.3 MRI axial FLAIR retocada com identificações dos giros/sulcos exibidos no hemisfério esquerdo, e uma imagem espelhada não identificada exibida como o hemisfério direito para referência anatômica. O símbolo Ω ilustra o "ômega" invertido (ver texto).
Ver ▶ Quadro 1.1 e ▶ Quadro 1.2 para abreviações.

Indicadores:
- sulco parietoccipital (pos) (ou fissura): mais proeminente na superfície medial, e na imagem axial é mais longo, mais complexo e mais posterior do que a *pars* marginal[5]
- sulco pós-central (pocs): geralmente bifurca e forma um arco ou parênteses ("Y preguiçoso") encobrindo a pM. O braço anterior não penetra no parêntese da pM, e o braço posterior curva atrás da pM para penetrar na IHF

"Ômega" invertido: os neurônios motores alfa da função motora da mão estão localizados na superfície superior do giro pré-frontal.[6] Na imagem axial, isto aparece como uma protrusão arredondada (na forma da letra grega ômega Ω invertida) do giro pré-frontal, projetando-se posterolateralmente no sulco central[7]
▶ Fig. 1.3. Na imagem sagital apresenta uma aparência em forma de gancho que se projeta posteriormente e se encontra no limite posterior da fissura silviana.[7]

1.3 Anatomia da superfície do crânio

1.3.1 Pontos craniométricos

Ver ▶ Fig. 1.4.
Ptério: região onde os ossos seguintes se encontram: frontal, parietal, temporal e esfenoide (asa maior). Situado 2 dedos acima do arco zigomático e um polegar atrás do processo frontal do osso zigomático (círculo azul na ▶ Fig. 1.4).
Astério: junção das suturas lambdoide, occipitomastóidea e parietomastóidea. Geralmente situa-se a poucos milímetros da borda posteroinferior da junção dos seios transverso e sigmoide (nem sempre confiável[8] – pode recobrir qualquer um dos seios).
Vértice: o ponto mais alto do crânio.
Lambda: junção das suturas lambdoide e sagital.
Estefânio: junção da sutura coronal e linha temporal superior.
Glabela: o ponto mais anterior da fronte, ao nível da crista supraorbital na linha média.
Opístio: a margem posterior do forame magno na linha média.
Bregma: junção das suturas coronal e sagital.
Sutura sagital: sutura mediana que se estende da sutura coronal até a sutura lambdoide. Embora seja geralmente considerado que a sutura sagital sobrepõe o seio sagital superior (SSS), o SSS situa-se à direita da sutura sagital na maioria das amostras[9] (mas nunca por > 11 mm).
O ponto mastoide mais anterior está situado em frente ao seio sigmoide.[10]

1.3.2 Relação entre as linhas do crânio e a anatomia cerebral – Linhas de Taylor-Haughton

As linhas de Taylor-Haughton (T-H) podem ser construídas em uma angiografia, um escanograma ou radiografia de crânio, e podem ser reconstruídas no paciente na O.R. com base nas referências anatômicas externas visíveis.[11] As linhas de T-H são exibidas como linhas pontilhadas em ▶ Fig. 1.5.

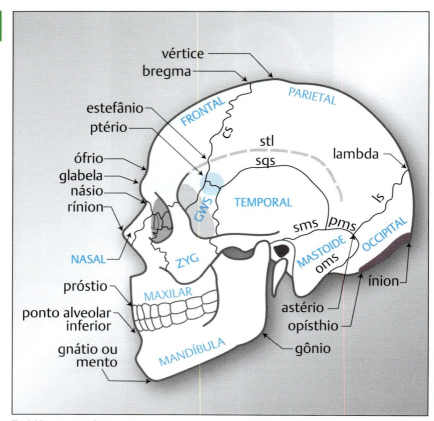

Fig. 1.4 Pontos craniométricos e suturas cranianas.
O nome dos ossos aparece em letras maiúsculas.
Abreviações: GWS = asa maior do osso esfenoide, NAS = osso nasal, stl = linha temporal superior, ZYG = zigomático.
Suturas: cs = coronal, ls = lambdoide, oms = occipitomastóidea, pms = parietomastóidea, sms = escamomastóidea, sqs = escamosa.

1. plano de Frankfurt, conhecido como linha basal: linha que vai da margem inferior da órbita até a margem *superior* do meato acústico externo (EAM) (em contraposição à linha basal de Reid: começa na margem inferior da órbita e vai até o centro do EAM)[12 (p. 313)]
2. a distância entre o násio e ínio é medida ao longo do topo da calota craniana e dividida em quartos (pode ser medida simplesmente com um pedaço de fita adesiva, que é dobrada no meio duas vezes)
3. linha posterior da orelha: perpendicular à linha basal no processo mastoide
4. linha condilar: perpendicular à linha basal no côndilo mandibular
5. linhas de T-H podem ser usadas para aproximar a fissura silviana (ver abaixo) e o córtex motor (ver abaixo também)

Fissura silviana, conhecida como fissura lateral

Aproximada por uma linha que conecta o canto lateral ao ponto posterior localizado a 3/4 de distância ao longo do arco, passando sobre a convexidade do násio até o ínio (linhas de T-H).

Giro angular

Localizado logo acima do pavilhão auricular, é importante no hemisfério dominante como parte da área de Wernicke. Nota: há uma variabilidade individual significativa na localização.[2]

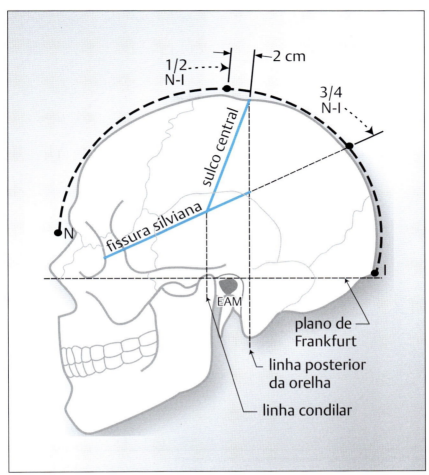

Fig. 1.5 Linhas de Taylor-Haughton e outros métodos de localização.

Artéria angular
Localizada 6 cm acima do EAM.

Córtex motor
Vários métodos utilizam referências anatômicas externas para localizar a área motora (giro pré-central) ou o *sulco central* (fissura de Rolando), o qual separa a área motora situada anteriormente do córtex sensorial primário posterior. Estas são apenas estimativas, visto que a variabilidade individual faz com que a área motora se situe de 4 a 5,4 cm atrás da sutura coronal.[13] O sulco central não pode ser seguramente identificado visualmente na cirurgia.[14]
1. método 1: a face superior do córtex motor é quase vertical no EAM próximo da linha média
2. método 2:[15] o sulco central é aproximado conectando-se:
    a) o ponto 2 cm posterior à posição média do arco, que se estende do násio até o ínio (ilustrado na
       ▶ Fig. 1.5), até
    b) o ponto 5 cm vertical ao EAM

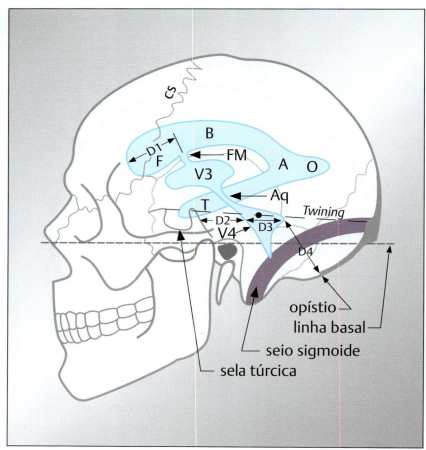

Fig. 1.6 Relação dos ventrículos com as referências anatômicas do crânio.
Abreviações: (F = corno frontal, B = corpo, A = átrio, O = corno occipital, T = corno temporal) do ventrículo lateral,
FM = forame de Monro, Aq = aqueduto Silviano, V3 = terceiro ventrículo, V4 = quarto ventrículo, cs = sutura coronal.
Dimensões D1-4 ver ▶ Quadro 1.3.

3. método 3: usando as linhas de T-H, o sulco central é aproximado conectando-se:
   a) o ponto onde a "linha posterior da orelha" cruza a circunferência do crânio (▶ Fig. 1.5; geralmente cerca de 1 cm atrás do vértice, e 3-4 cm atrás da sutura coronal), até
   b) o ponto onde a "linha condilar" cruza a linha que representa a fissura silviana
4. método 4: uma linha traçada a 45° da linha de base de Reid nos pontos ptério na *direção* da área motora[16 (p. 584-5)]

1.3.3 Relação dos ventrículos com o crânio

▶ Fig. 1.6 mostra a relação dos ventrículos não hidrocefálicos com o crânio na incidência lateral. Algumas dimensões de interesse são demonstradas no ▶ Quadro 1.3.[17]

No adulto não hidrocefálico, os ventrículos laterais estão situados 4-5 cm abaixo da superfície externa do crânio. O centro do corpo do ventrículo lateral situa-se na linha pupilar média, e o corno frontal é intersectado por uma linha que passa perpendicular à calota craniana ao longo desta linha.[18] Os cornos anteriores se estendem 1-2 cm anterior à sutura coronal.

Comprimento médio do terceiro ventrículo ≈ 2,8 cm.

O ponto médio da linha de Twining (• na ▶ Fig. 1.6) deve estar situado no 4° ventrículo.

Quadro 1.3 Dimensões da ▶ Fig. 1.6

Dimensão (▶ Fig. 1.6)	Descrição	Limite inferior (mm)	Média (mm)	Limite superior (mm)
D1	comprimento do corno frontal anterior ao FM		25	
D2	distância do clivo ao assoalho do 4º ventrículo no nível do fastígio[a]	33,3	36,1	40,0
D3	comprimento do 4º ventrículo no nível do fastígio[a]	10,0	14,6	19,0
D4	distância do fastígio ao opístio	30,0	32,6	40,0

[a]O fastígio é o ápice do 4º ventrículo no cerebelo.

Quadro 1.4 Níveis cervicais[19]

Nível	Referência anatômica
C1-2	ângulo da mandíbula
C3-4	1 cm acima da cartilagem tireóidea (≈ osso hióideo)
C4-5	nível da cartilagem tireóidea
C5-6	membrana cricotireóidea
C6	tubérculo carotídeo
C6-7	cartilagem cricoide

1.4 Referências anatômicas superficiais dos níveis da coluna vertebral

Estimativas dos níveis cervicais para a cirurgia de coluna cervical anterior podem ser feitas com o uso das referências anatômicas mostradas no ▶ Quadro 1.4. Raios X intraoperatórios da coluna cervical são essenciais para verificar essas estimativas.

A espinha escapular está localizada na T2-3.

O polo escapular inferior está situado ≈ T6, posteriormente.

Linha intercristal: uma linha traçada entre o ponto mais elevado das cristas ilíacas, que atravessa a linha média no espaço intercostal entre os processos espinhosos de L4 e L5, ou no próprio processo espinhoso de L4.

1.5 Forames do crânio e seus conteúdos

1.5.1 Resumo

Quadro 1.5 Forames do crânio e seus conteúdos[a]

Forame	Conteúdos
fossas nasais	nn., a. e v etmoidal anterior
fissura orbital superior	Cr. Nn. III, IV, VI, 3 ramos do V1 (divisão oftálmica separa em nervos nasociliar, frontal e lacrimal); vv. oftálmica superior; br. meníngeo recorrente proveniente da a. lacrimal; ramo orbital da a. meníngea média; filamentos simpáticos provenientes do plexo ICA
fissura orbital inferior	Cr. N. V-2 (div. maxilar), n. zigomático; filamentos do ramo pterigopalatino do n. maxilar; a. e v. infraorbital; v. entre a v. oftálmica inferior e o plexo venoso pterigóideo
forame lacerado	geralmente nada (ICA *cruza* a porção superior, porém não entra, 30% possuem a. vidiana)
canal carotídeo	a. carótida interna, nervos simpáticos ascendentes

(Continua)

Quadro 1.5 Forames do crânio e seus conteúdos[a] (*Cont.*)

Forame	Conteúdos
forame incisivo	a. septal descendente; nn. nasopalatinos
forame palatino maior	v., a. e n. palatino maior
forame palatino menor	nn. palatinos menores
meato acústico interno	Cr. N. VII (facial); Cr. N. VIII (estato-acústico) – ver texto e ▶ Fig. 1.7
canal do hipoglosso	Cr. N. XII (hipoglosso); um ramo meníngeo da a. faríngea ascendente
forame magno	medula espinal (medula oblonga); Cr. N. XI (nn. espinais acessórios) *entrando* no crânio; aa. vertebrais; artérias espinais anterior e posterior
forame cego	veia pequena ocasional
placa cribriforme	nn. olfatórios
canal óptico	Cr. N. II (óptico); a. oftálmica
forame redondo	Cr. N. V2 (div. maxilar), a. do forame redondo
forame oval	Cr. N. V3 (div. mandibular) + porção menor (motora para Cr. N. V)
forame espinhoso	a. e v. meníngea média
forame jugular	v. jugular interna (início); Cr. Nn. IX, X, XI
forame estilomastóideo	Cr. N. VII (facial); a. estilomastóidea
forame condilar	v. proveniente do seio transverso
forame mastóideo	v. para o seio mastoide; ramo da a. occipital para a dura máter

[a]Abreviações: a. = artéria, aa. = artérias, v. = veia, vv. = veias, n. = nervo, nn. = nervos, br. = ramo, Cr. N. = nervo craniano.

1.5.2 Poro acústico

Conhecido como canal auditivo interno (▶ Fig. 1.7)

Os filamentos da porção acústica do nervo VIII penetram nas aberturas minúsculas da lâmina crivosa da área coclear.[20]

Crista transversa: separa a área vestibular superior e o canal facial (acima) da área vestibular inferior e área coclear (abaixo).[20]

Crista vertical (conhecida como barra de Bill – nomeado após Dr. William House): separa o meato ao canal facial anteriormente (contendo o nervo VII e nervo intermédio) da área vestibular posteriormente (contendo a divisão superior do nervo vestibular). A barra de Bill é mais profunda no IAC do que na crista transversa.

Os "5 nervos" do IAC são:

1. nervo facial (VII) (mnemônico: "7-up" visto que o nervo VII está na porção superior)
2. nervo intermédio: o ramo sensorial somático do nervo facial primariamente inervando mecanorreceptores dos folículos capilares na superfície interna da pina auricular e mecanorreceptores profundos das cavidades nasal e bucal, e quimiorreceptores nas papilas gustativas nos 2/3 anteriores da língua
3. porção acústica do nervo VIII (mnemônico: "Coke down" para a porção coclear)
4. ramo superior do nervo vestibular: atravessa a área vestibular superior, terminando no utrículo e nas ampolas dos canais semicirculares superior e lateral (mnemônico superior = LSU [canais semicirculares Lateral e Superior e o Utrículo])
5. ramo inferior do nervo vestibular: atravessa a área vestibular inferior, terminando no sáculo

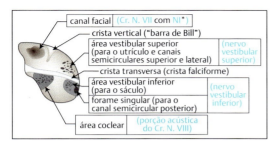

Fig. 1.7 Canal auditivo interno direito (poro acústico) e nervos.
*NI = nervo intermédio.

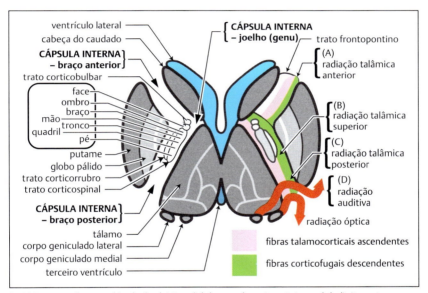

Fig. 1.8 Representação esquemática da cápsula interna (o lado esquerdo mostra os tratos, e o lado direito mostra as radiações).

1.6 Cápsula interna

1.6.1 Anatomia arquitetônica
Para uma representação esquemática, ▶ Fig. 1.8; ▶ Quadro 1.6 descrevem as sub-radiações talâmicas. A maioria das lesões na IC é causada por acidentes vasculares (trombose ou hemorragia).

1.6.2 Suprimento vascular da cápsula interna (IC)
1. coroide anterior: ⇒ toda a parte retrolenticular (inclui a radiação óptica) e a parte ventral do braço posterior da IC
2. ramos estriados laterais (conhecidos como ramos capsulares) da artéria cerebral média: ⇒ maior parte dos braços anterior E posterior da IC
3. joelho (genu) geralmente recebe alguns ramos diretos da artéria carótida interna

1.7 Anatomia do ângulo cerebelopontino
Para a anatomia normal do ângulo cerebelopontino direito, ver ▶ Fig. 1.9.

Quadro 1.6 Quatro "sub-radiações" Talâmicas (conhecida como pedúnculos talâmicos), designados A-D na ▶ Fig. 1.8

Radiação	Conexão		Comentários
anterior (A)	núcleo talâmico medial anterior	↔	lobo frontal	
superior (B)	áreas rolândicas	↔	núcleos talâmicos ventrais	fibras sensoriais gerais do corpo e cabeça que terminam no giro pós-central (áreas 3, 1, 2)
posterior (C)	parietal occipital e posterior	↔	tálamo caudal	
inferior (D)	giro temporal transverso de Heschl	↔	MGB	(pequeno) inclui a radiação auditiva

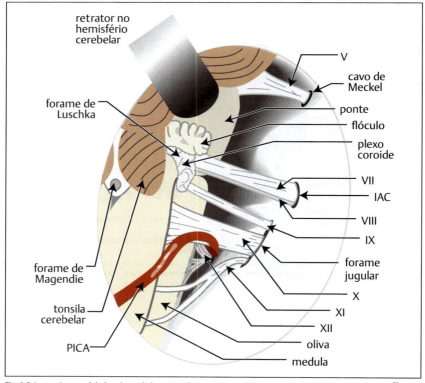

Fig. 1.9 Anatomia normal do ângulo cerebelopontino direito visto por trás (como em uma abordagem suboccipital).[20]

1.8 Anatomia do complexo occipitoatlantoaxial

▶ **Ligamentos do complexo occipitoatlantoaxial.** A estabilidade da articulação atlantoccipital deve-se primariamente aos ligamentos, com mínima contribuição das articulações ósseas e cápsulas articulares (ver ▶ Fig. 1.10, ▶ Fig. 1.11, ▶ Fig. 1.12):
1. Ligamentos que conectam o atlas ao occipital:
    a) membrana atlantoccipital anterior: extensão cranial do ligamento longitudinal anterior. Estende-se da margem anterior do forame magno (FM) ao arco anterior do C1

Anatomias Macroscópica, Craniana e Medular

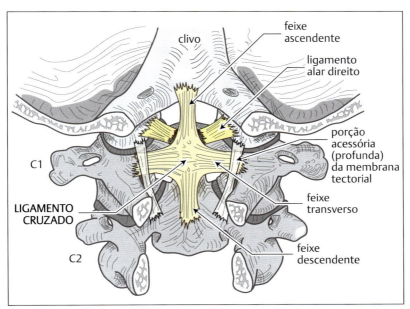

Fig. 1.10 Incidência sagital dos ligamentos da junção craniovertebral. (Modificada com permissão de "In Vitro Cervical Spine Biomechanical Testing" BNI Quarterly, Vol. 9, No. 4, 1993.)

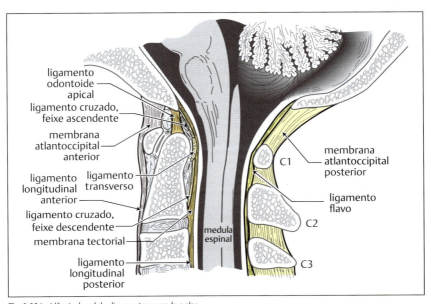

Fig. 1.11 Incidência dorsal dos ligamentos cruzado e alar.
Visualizado com a membrana tectorial removida. (Modificada com permissão de "In Vitro Cervical Spine Biomechanical Testing" BNI Quarterly, Vol. 9, No. 4, 1993.)

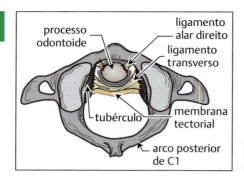

Fig. 1.12 C1 visto de cima, exibindo os ligamentos transverso e alar. (Modificada com permissão de "In Vitro Cervical Spine Biomechanical Testing" BNI Quarterly, Vol. 9, No. 4, 1993.)

   b) membrana atlantoccipital posterior: conecta a margem posterior do FM ao arco posterior do C1
   c) o feixe ascendente do ligamento cruzado
2. ligamentos que conectam o áxis (ou seja, o odontoide) ao occipital:
   a) membrana tectória: alguns autores diferenciam 2 componentes
      • componente superficial: continuação craniana do ligamento longitudinal posterior. Um feixe forte que conecta a superfície dorsal do processo odontoide à superfície ventral do FM acima, e superfície dorsal dos corpos de C2 e C3 abaixo
      • porção acessória (profunda): localizada lateralmente, faz a ligação de C2 aos côndilos occipitais
   b) ligamentos alares [21]
      • porção occipito-alar: conecta a superfície lateral do processo odontoide ao côndilo occipital
      • porção atlantoalar: conecta a superfície lateral do processo odontoide à massa lateral do C1
   c) ligamento do ápice do odontoide: conecta a ponta do processo odontoide ao FM: pouca força mecânica
3. ligamentos que conectam o áxis ao atlas:
   a) ligamento transverso (atlantoaxial): o componente horizontal do ligamento cruzado. Mantém o processo odontoide contra a superfície anterior do atlas através de um mecanismo semelhante a uma fita (▶ Fig. 1.12). Fornece a maioria da força ("o ligamento mais forte da coluna vertebral"[22])
   b) porção atlantoalar dos ligamentos alares (ver acima)
   c) feixe descendente do ligamento cruzado

As estruturas mais importantes na manutenção da estabilidade atlantoccipital são a membrana tectória e os ligamentos alares. Sem estes, o ligamento cruzado restante e o ligamento denticulado apical são insuficientes.

1.9 Anatomia da medula espinal

1.9.1 Ligamento denticulado

O ligamento denticulado separa as raízes do nervo dorsal das raízes do nervo ventral nos nervos espinais. O nervo espinal acessório (Cr. N. XI) está situado dorsal ao ligamento denticulado.

1.9.2 Tratos da medula espinal

Anatomia

▶ Fig. 1.13 mostra um corte transversal de um segmento medular típico, combinando alguns elementos de diferentes níveis (p. ex., o núcleo intermédio-lateral da substância cinzenta está presente apenas de T1 até ≈ L1 ou L2, onde há núcleos simpáticos (efluxo toracolombar). Do ponto de vista esquemático, este segmento está dividido em metades ascendente e descendente, contudo, na verdade, as vias ascendente e descendente coexistem em ambos os lados.

▶ Fig. 1.13 também mostra algumas das lâminas de acordo com o esquema de Rexed. A lâmina II é equivalente à substância gelatinosa. As lâminas III e IV são o núcleo próprio. A lâmina VI está localizada na base do corno posterior.

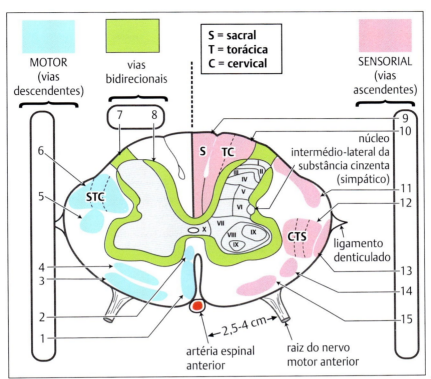

Fig. 1.13 Corte transversal esquemático da medula espinal cervical. Ver ▶ Quadro 1.7, ▶ Quadro 1.8 e ▶ Quadro 1.9 para os nomes das vias.

Quadro 1.7 Tratos descendentes (motores) (↓) na ▶ Fig. 1.13

Número (▶ Fig. 1.13)	Via	Função	Lado do corpo
1	trato corticospinal anterior	movimento especializado[a]	oposto
2	fascículo longitudinal medial	?	mesmo
3	trato vestibulospinal	facilita o tônus dos músculos extensores	mesmo
4	trato reticulospinal medular (ventrolateral)	respirações automáticas?	mesmo
5	trato rubrospinal	tônus dos músculos flexores	mesmo
6	trato corticospinal lateral (piramidal)	movimento especializado	mesmo

[a]As fibras terminais deste trato não cruzadas geralmente atravessam pela comissura branca anterior até chegarem às sinapses dos neurônios motores alfa ou nos neurônios internunciais. É verdade que algumas dessas fibras permanecem no mesmo lado, porém estas são a minoria. Além disso, o trato corticospinal anterior é identificado facilmente apenas nas regiões cervical e torácica superior.

Anatomia e Fisiologia

Quadro 1.8 Tratos bidirecionais na ▶ Fig. 1.13

Número (▶ Fig. 1.13)	Via	Função
7	fascículo dorsolateral (de Lissauer)	
8	fascículo próprio	conexões espinospinais curtas

Quadro 1.9 Tratos ascendentes (sensoriais) (↑) na ▶ Fig. 1.13

Número (▶ Fig. 1.13)	Via	Função	Lado do *corpo*
9	fascículo grácil	posição articular, tato fino, vibração	mesmo
10	fascículo cuneiforme		
11	trato espinocerebelar posterior	receptores de estiramento	mesmo
12	trato espinotalâmico lateral	dor e temperatura	oposto
13	trato espinocerebelar anterior	posição de todo o membro	oposto
14	trato espinotectal	desconhecida, ? nociceptiva	oposto
15	trato espinotalâmico anterior	tato leve	oposto

Sensação

Dor e temperatura: corpo

Receptores: terminações nervosas livres (provável).

Neurônio de 1ª ordem: aferentes pequenos e delicadamente mielinizados; alguns estão localizados no gânglio da raiz dorsal (ausência de sinapse). Penetram na medula no trato dorsolateral (zona de Lissauer). Sinapse: substância gelatinosa (Rexed II).

Axônio do neurônio de 2ª ordem cruza obliquamente na comissura branca anterior de forma ascendente por ≈ 1-3 segmentos, enquanto atravessa para entrar no trato espinotalâmico lateral.

Sinapse: núcleo VPL do tálamo. Neurônios de 3ª ordem atravessam a IC em direção ao giro pós-central (áreas de Brodmann 3, 1, 2).

Tato fino, pressão profunda e propriocepção: corpo

Tato fino, conhecido como tato discriminativo. Receptores: corpúsculos de Meissner e de Pacini, discos de Merkel, terminações nervosas livres.

Neurônio de 1ª ordem: aferentes fortemente mielinizados; alguns estão localizados no gânglio da raiz dorsal (ausência de sinapse). Sinapse de ramos curtos no núcleo próprio (Rexed III e IV) da substância cinzenta posterior; fibras longas entram nas colunas posteriores ipsolaterais sem realizar sinapse (abaixo de T6: fascículo grácil; acima de T6: fascículo cuneiforme).

Sinapse: núcleo grácil/cuneiforme (respectivamente), logo acima da decussação piramidal. Axônios dos neurônios de 2ª ordem formam fibras arqueadas internas, sofrem decussação na medula inferior e formam o lemnisco medial.

Sinapse: núcleo VPL do tálamo. Neurônios de 3ª ordem atravessam primeiramente a IC em direção ao giro pós-central.

Tato leve (grosseiro): corpo

Receptores: como o tato fino (ver acima), também arborizações peritriquiais.

Neurônio de 1ª ordem: aferentes grandes, fortemente mielinizados (Tipo II); alguns estão localizados no gânglio da raiz dorsal (ausência de sinapse). Alguns ascendem nas colunas posteriores (com o tato fino); a maioria realiza sinapse no Rexed VI e VII.

Axônios dos neurônios de 2ª ordem atravessam a comissura branca anterior (alguns não atravessam); entram no trato espinotalâmico anterior.

Sinapse: núcleo VPL do tálamo. Neurônios de 3ª ordem atravessam primeiramente a IC em direção ao giro pós-central.

1.9.3 Dermátomos e nervos sensoriais

Dermátomos são áreas do corpo onde a sensação é subfornecida por uma única raiz nervosa.

Os nervos periféricos geralmente recebem contribuições de mais do que um dermátomo.

Lesões nos nervos periféricos e lesões nas raízes nervosas podem ocasionalmente ser diferenciadas, em parte pelo padrão de perda sensorial. Um exemplo clássico é a divisão do dedo anelar nas lesões de nervo mediano ou nervo ulnar, o que não ocorre nas lesões de raiz nervosa C8.
▶ Fig. 1.14 mostra uma incidência anterior e posterior, cada uma esquematicamente separada em distribuição dos dermátomos sensoriais (segmentares) e de nervos sensoriais periféricos.

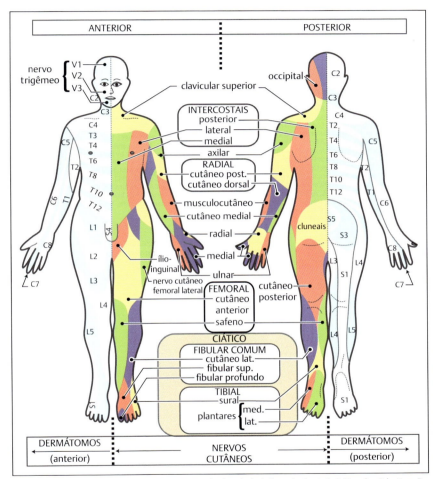

Fig. 1.14 Distribuição de dermátomo de nervos sensoriais. (Redesenhada de "Introduction to Basic Neurology", by Harry D. Patton, John W. Sundsten, Wayne E. Crill and Phillip D. Swanson, © 1976, p. 173, W. B. Saunders Co., Philadelphia, PA, com permissão.)

Referências

[1] Naidich TP. MR Imaging of Brain Surface Anatomy. Neuroradiology. 1991; 33:S95–S99

[2] Ojemann G, Ojemann J, Lettich E, Berger M. Cortical Language Localization in Left, Dominant Hemisphere. An Electrical Stimulation Mapping Investigation in 117 Patients. J Neurosurg. 1989; 71:316–326

[3] Suzuki A, Yasui N. Intraoperative Localization of the Central Sulcus by Cortical Somatosensory Evoked Potentials in Brain Tumor: Case Report. J Neurosurg. 1992; 76:867–870

[4] Naidich TP, Brightbill TC. The pars marginalis, I: A "bracket" sign for the central sulcus in axial plane CT and MRI. Int J Neuroradiol. 1996; 2:3–19

[5] Valente M, Naidich TP, Abrams KJ, Blum JT. Differentiating the pars marginalis from the parieto-occipital sulcus in axial computed tomography sections. Int J Neuroradiol. 1998; 4:105–111

[6] Penfield W, Boldrey E. Somatic motor and sensory representation in the cerebral cortex of man as studied by electrical stimulation. Brain. 1937; 60:389–443

[7] Yousry TA, Schmid UD, Alkadhi H, Schmidt D, Peraud A, Buettner A, Winkler P. Localization of the motor hand area to a knob on the precentral gyrus. A new landmark. Brain. 1997; 120(Pt 1):141–157

[8] Day JD, Tschabitscher M. Anatomic position of the asterion. Neurosurgery. 1998; 42:198–199

[9] Tubbs RS, Salter G, Elton S, Grabb PA, Oakes WJ. Sagittal suture as an external landmark for the superior sagittal sinus. J Neurosurg. 2001; 94:985–987

[10] Barnett SL, D'Ambrosio AL, Agazzi S, van Loveren HR, Lee JH. In: Petroclival and Upper Clival Meningiomas III: Combined Anterior and Posterior Approach. Meningiomas. London: Springer-Verlag; 2009:425–432

[11] Willis WD, Grossman RG. In: The Brain and Its Environment. Medical Neurobiology. 3rd ed. St. Louis: C V Mosby; 1981:192–193

[12] Warwick R, Williams PL. Gray's Anatomy. Philadelphia 1973

[13] Kido DK, LeMay M, Levinson AW, Benson WE. Computed tomographic localization of the precentral gyrus. Radiology. 1980; 135:373–377

[14] Martin N, Grafton S, Viñuela F, Dion J, et al. Imaging Techniques for Cortical Functional Localization. Clin Neurosurg. 1990; 38:132–165

[15] Anderson JE. Grant's Atlas of Anatomy. Baltimore: Williams and Wilkins; 1978; 7

[16] Wilkins RH, Rengachary SS. Neurosurgery. New York 1985

[17] Lusted LB, Keats TE. Atlas of Roentgenographic Measurement. 3rd ed. Chicago: Year Book Medical Publishers; 1972

[18] Ghajar JBG. A Guide for Ventricular Catheter Placement: Technical Note. J Neurosurg. 1985; 63:985–986

[19] Watkins RG. In: Anterior Cervical Approaches to the Spine. Surgical Approaches to the Spine. New York: Springer-Verlag; 1983:1–6

[20] Rhoton AL, Jr. The cerebellopontine angle and posterior fossa cranial nerves by the retrosigmoid approach. Neurosurgery. 2000; 47:S93–129

[21] Dvorak J, Panjabi MM. Functional Anatomy of the Alar Ligaments. Spine. 1987; 12:183–189

[22] Dickman CA, Crawford NR, Brantley AGU, Sonntag VKH, Koeneman JB. In vitro cervical spine biomechanical testing. BNI Quarterly. 1993; 9:17–26

2 Anatomia Vascular

2.1 Territórios vasculares cerebrais

▶ Fig. 2.1 mostra as distribuições vasculares aproximadas das principais artérias cerebrais. Existe uma variabilidade considerável das principais artérias,[1] bem como da distribuição central. As artérias lentículo-estriadas podem-se originar de diferentes segmentos da artéria cerebral média ou anterior. Origem da artéria recorrente de Heubner (RAH) (conhecida como artéria estriada medial): junção da artéria cerebral anterior (ACA) com a artéria comunicante anterior (ACoA) em 62,3%, proximal a A2 em 23,3%, e A1 em 14,3% dos casos.[2]

2.2 Anatomia arterial cerebral

2.2.1 Informações gerais

O símbolo "⇒" é usado para indicar uma região suprida pela artéria indicada. Ver Angiografia (cerebral) (p. 236) para diagramas angiográficos da anatomia seguinte.

2.2.2 Círculo de Willis

Ver ▶ Fig. 2.2. Uma configuração balanceada do Círculo de Willis está presente em apenas 18% da população. Hipoplasia de 1 ou ambas as artérias comunicantes posteriores (p-comms) ocorre em 22-32%, segmentos A1 ausentes ou hipoplásicos ocorre em 25% dos casos.
   Ponto-chave: as artérias cerebrais anteriores passam pela superfície superior do quiasma óptico.

2.2.3 Segmentos anatômicos das artérias cerebrais intracranianas

1. artéria carótida: o tradicional sistema de numeração[3] era no sentido rostral para caudal (contrário à direção do fluxo, e ao esquema de numeração das outras artérias). Vários sistemas foram descritos para abordar essa inconsistência e também para identificar segmentos anatomicamente importantes da ICA que não foram originalmente delineados (p. ex., ver ▶ Quadro 2.1[4]). Ver também abaixo para maiores detalhes

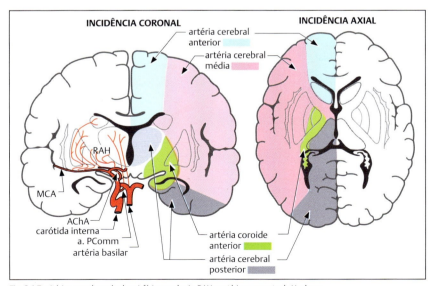

Fig. 2.1 Territórios vasculares dos hemisférios cerebrais. RAH = artéria recorrente de Heubner.

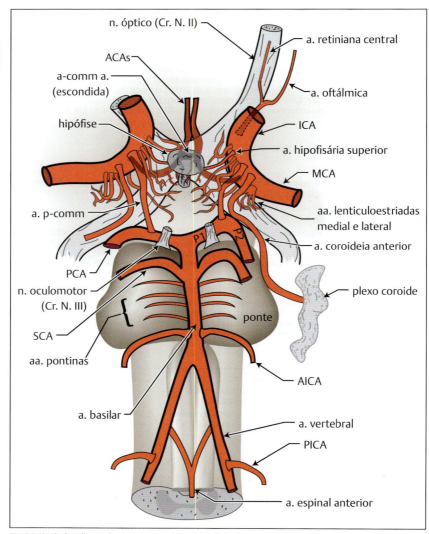

Fig. 2.2 Círculo de Willis visualizado de frente e abaixo do cérebro.

2. cerebral anterior:[5]
   a) A1 (pré-comunicante): ACA desde a origem até a ACoA
   b) A2 (pós-comunicante): ACA desde a ACoA até o ponto de ramificação da artéria calosomarginal
   c) A3 (pré-caloso): desde o ponto de ramificação da artéria calosomarginal, curvando em torno do joelho do corpo caloso, até a superfície superior do corpo caloso 3 cm posterior ao joelho
   d) A4: (supracaloso)
   e) A5: ramo terminal (pós-caloso)
3. cerebral média:[6]
   a) M1: a artéria cerebral média (MCA) desde a origem até a bifurcação (segmento horizontal na angiografia AP). Uma bifurcação clássica em troncos superior e inferior relativamente simétricos é observada em 50% dos casos, ausência de bifurcação ocorre em 2%, em 25% dos casos apresen-

Anatomia Vascular 77

Quadro 2.1 Segmentos da ICA

Sistema de Cincinnati	Sistema de Fischer
C1 (cervical)	Não descrito
C2 (petroso)	
C3 (*lacerum*)	C5
C4 (cavernoso)	C4 + parte de C5
C5 (clinóideo)	C3
C6 (oftálmico)	C2
C7 (comunicante)	C1

tam um ramo muito proximal (tronco médio) que se originam do tronco superior (15%) ou no tronco inferior (10%), criando uma "pseudotrifurcação"; uma pseudotetrafurcação ocorre em 5% dos casos
- os ramos pré-frontal e fronto-orbital lateral se originam em M1 ou tronco superior de M2
- as artérias pré-central, central, parietais anterior e posterior se originam a partir de um tronco superior (60%) ou médio (25%) ou inferior (15%)
- o tronco superior de M2 não fornece ramos para o lobo temporal

b) M2: troncos da MCA desde a bifurcação até o aparecimento da fissura silviana
c) M3-4: ramos distais
d) M5: ramo terminal
4. cerebral posterior (PCA) (existem vários esquemas de nomenclatura[5,7]):
   a) P1: PCA desde a origem até a artéria comunicante posterior (conhecida como mesencefálica, pré-comunicante, circular, peduncular, basilar...). As artérias circunflexas longa e curta e as artérias talamoperfurantes se originam em P1
   b) P2: PCA desde a origem da p-comm até a origem das artérias temporais inferiores (conhecidas como ambientes, pós-comunicante, perimesencefálica), a P2 atravessa a cisterna *ambient*. As artérias hipocampal, temporal anterior, peduncular perfurante e coroidal posterior medial se original em P2
   c) P3: PCA desde a origem dos ramos temporais inferiores até a origem dos ramos terminais (conhecido como segmento quadrigeminal). A P3 atravessa a cisterna quadrigeminal
   d) P4: segmento, após a origem das artérias parietoccipital e calcarina, inclui os ramos corticais da PCA

2.2.4 Circulação anterior

Variantes anatômicas

Circulação bovina: as carótidas comuns se originam de um tronco comum da aorta.

Carótida externa

1. a. tireóidea superior: 1º ramo anterior
2. a. faríngea ascendente
   a) tronco neuromeníngeo da a. faríngea ascendente: supre os nervos IX, X e XI (importante durante a embolização de tumores glômicos, 20% de paralisia de nervos cranianos inferiores se este ramo estiver ocluído)
   b) ramo faríngeo: geralmente o nutridor primário de tumores do forame jugular (principal e *única* causa de hipertrofia da a. faríngea ascendente)
3. a. lingual
4. a. facial: os ramos se anastomosam com a a. oftálmica; importante no fluxo colateral com a oclusão da ICA (p. 1265)
5. a. occipital ⇒ escalpo posterior
6. auricular posterior
7. temporal superficial
   a) ramo frontal
   b) ramo parietal
8. a. maxilar (interna) – inicialmente no interior da glândula parótida
   a) a. meníngea média
   - ramo anterior
   - ramo posterior

b) meníngea acessória
c) alveolar inferior
d) infraorbital
e) outras: ramos distais que podem fazer anastomoses com ramos da artéria oftálmica na órbita

Artéria carótida interna (ICA)
Situa-se posterior e medial à carótida externa (ECA).

Segmentos da ICA e seus ramos
Ver ▶ Fig. 2.3 para ramos e referência.[4]
1. C1 (cervical): começa no pescoço na bifurcação da carótida, onde a artéria carótida comum se divide em carótidas interna e externa. Segue na bainha carotídea com a veia jugular interna (IJV) e o nervo vago, envolvido pelos nervos simpáticos pós-ganglionares (PGSN). C1 termina onde a ICA entra no canal carotídeo do osso petroso. *Não possui ramificações*
2. C2 (petroso): ainda circundado pelos PGSNs. Termina na borda posterior do forame lacerado (f-Lac) (inferomedial à borda do gânglio Gasseriano no cavo de Meckel). Três divisões:

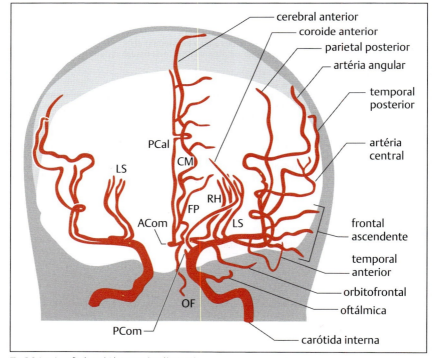

Fig. 2.3 Arteriografia da carótida interna (incidência AP).
ACom = artéria comunicante anterior.
CM = artéria calosomarginal.
FP = artéria frontopolar.
LS = artérias lentículo-estriadas.
OF = artéria orbitofrontal.
PCal = artéria pericalosa.
PCom = artéria comunicante posterior.
RH = artéria recorrente de Heubner (Reimpressa como cortesia de Eastman Kodak Company.)

a) segmento vertical: ICA ascende e, então, curva-se formando a...
b) alça posterior: anterior à cóclea, curva-se anteromedialmente tornando-se o...
c) segmento horizontal: profundo e medial aos nervos petrosos superficiais maior e menor, anterior à membrana timpânica (TM)

3. C3 (*lacerum*): a ICA passa sobre (mas não através) o f-Lac, formando a alça lateral. Ascende na porção canalicular do f-Lac até a posição justasselar, perfurando a dura conforme passa o ligamento petrolingual para se tornar o segmento cavernoso. Ramos (geralmente não visíveis angiograficamente):
a) carótico-timpânico (inconsistente) ⇒ cavidade timpânica
b) ramo pterigóideo (vidiano): atravessa o forame lacerado, presente em apenas 30% dos casos, podendo continuar como a artéria do canal pterigóideo

4. C4 (cavernoso): coberto pela membrana vascular que reveste o seio, ainda circundado pelos PGSNs. Passa anteriormente e, então, superomedialmente, curva-se posteriormente (alça medial da ICA), segue horizontalmente e curva-se anteriormente (parte da alça anterior da ICA) em direção ao processo clinoide anterior. Termina no anel dural proximal (circunda incompletamente a ICA). Muitos ramos, os principais incluem:
a) tronco meningo-hipofisário (MHT) (maior e mais proximal). Duas causas de um MHT proeminente:
   1. tumor (geralmente meningioma petroclival – ver abaixo), 2) AVM dural (p. 1251)
   • a. tentorial (conhecida como artéria de Bernasconi e Cassinari): o suprimento sanguíneo dos meningiomas petroclivais
   • a. meníngea dorsal (também conhecida como a. clival dorsal)
   • a. hipofisária inferior (⇒ lobo posterior da hipófise): oclusão pós-parto causa infartos hipofisários (necrose de Sheehan), entretanto a ocorrência de diabetes insipido (DI) é rara pela preservação da haste
b) a. meníngea anterior
c) a. para a porção inferior do seio cavernoso (presente em 80% dos casos)
d) aa. capsulares de McConnell (presente em 30% dos casos): suprem a cápsula da hipófise[8]

5. C5 (clinóideo): começa no anel dural proximal, termina no anel dural distal (circundando completamente a ICA) onde a ICA se torna intradural

6. C6 (oftálmico): começa no anel dural distal, termina proximal à p-comm Ramos:
a) a. oftálmica: a origem a partir da ICA é distal ao seio cavernoso em 89% dos casos (intracavernosa em 8%, a artéria oftálmica está ausente em 3% dos casos[9]) e pode variar de 5 mm anterior a 7 mm posterior ao clinoide anterior.[8] Atravessa o canal óptico e penetra na órbita (o trajeto intracraniano é muito curto, geralmente 1-2 mm[8]). Apresenta uma "angulação" típica em forma de baioneta característica na angiografia lateral
b) ramos da a. hipofisária superior ⇒ lobo anterior da hipófise e haste (1º ramo da porção supraclinóidea da ICA)

7. C7 (comunicante): começa proximal à origem da p-comm, segue entre o Cr. N. II e III, termina abaixo da substância perfurada anterior, onde se bifurca em ACA e MCA
a) a. comunicante posterior (ACoP)
   • poucas talamoperfurantes anteriores (⇒ trato óptico, quiasma e hipotálamo posterior): abaixo
   • segmento plexal: entra no recesso supracornual do corno temporal, ⇒ apenas esta porção do plexo coroide
   • segmento cisternal: atravessa a cisterna crural
b) artéria coroide anterior:[10] origem 2-4 mm distal à p-comm ⇒ (variável) porção do trato óptico, globo pálido medial, joelho da cápsula interna (IC) (em 50% dos casos), metade inferior da porção posterior da IC, úncus, fibras retrolenticulares (radiação óptica), corpo geniculado lateral; ver mais detalhes em síndromes de oclusão (p. 1265)

8. "Sifão carotídeo": não é um segmento, mas uma região incorporando os segmentos cavernoso, oftálmico e comunicante. Começa na dobra posterior do segmento cavernoso da ICA e termina na bifurcação da ICA

Diferenciando a p-comm da ACh na arteriografia

1. origem da Pcomm é proximal àquela da artéria coroide anterior (ACh)
2. p-comm é geralmente maior do que a ACh
3. p-comm geralmente sobe ou desce um pouco e, então, volta a endireitar e geralmente bifurca
4. A ACh geralmente tem uma "corcova" superior (ponto plexal), onde atravessa a fissura coroide para entrar no ventrículo

Artéria Cerebral anterior (ACA)

Passa entre o Cr. N. II e a substância perfurada anterior. Ver ► Fig. 2.4. Ramos:

1. artéria recorrente (de Heubner): tipicamente se origina na área da junção de A1/A2. Várias estatísticas podem ser encontradas na literatura relacionadas com a porcentagem que se origina no A1 distal *versus* A2 proximal.[11] É mais importante estar ciente de que a origem é variável, p. ex., ao tratar aneurismas (uma das maiores lentículo-estriadas mediais, remanescente das lentículo-estriadas, pode-se originar desta artéria) ⇒ cabeça do núcleo caudado, putâmen e cápsula interna anterior
2. artéria orbitofrontal medial
3. artéria frontopolar
4. calosomarginal
   a) ramos frontais internos
      - anterior
      - médio
      - posterior
   b) artéria paracentral
5. artéria pericalosa (continuação da ACA)
   a) artéria parietal interna superior (pré-cuneiforme)
   b) artéria parietal interna inferior

Variantes anatômicas

Hipoide: possui apenas uma artéria cerebral anterior (como nos cavalos).

Artéria cerebral média (MCA)

Ver ► Fig. 2.5 e anatomia (p. 76). Ramos variam amplamente, 10 comuns:

1. artérias lentículo-estriadas mediais (3-6 por lado) e laterais
2. temporal anterior
3. temporal posterior
4. orbitofrontal lateral
5. frontal ascendente (candelabra)
6. pré-central (pré-rolândico)
7. central (rolândico)
8. parietal anterior (pós-rolândico)
9. parietal posterior
10. angular

Circulação posterior

Variantes anatômicas

Circulação fetal: 15-35% dos pacientes suprem a artéria cerebral posterior, em um ou ambos os lados, primariamente com a carótida (via p-comm), em vez do sistema vertebrobasilar.

Artéria vertebral (VA)

A VA é o primeiro e, geralmente, o maior ramo da artéria subclávia. Variante. A VA esquerda origina-se no arco aórtico em ≈ 4%. Diâmetro ≈ 3 mm. Fluxo sanguíneo médio ≈ 150 mL/min. A VA *esquerda* é dominante em 60% dos casos. A VA direita será hipoplásica em 10% dos casos, e a esquerda será hipoplásica em 5%. A VA é atrésica e não se comunica com a artéria basilar (BA) pelo lado esquerdo em 3% dos casos, e no lado direito em 2% (a VA pode terminar na artéria cerebelar posteroinferior – PICA).

Quatro segmentos:

- V1 pré-vertebral: origina-se na artéria subclávia, segue superior e posteriormente e entra no forame transverso, geralmente do 6º corpo vertebral
- V2 ascende verticalmente pelo interior dos forames transversos das vértebras cervicais, circundado por fibras simpáticas (provenientes do gânglio estrelado) e um plexo venoso. Está situado *anterior* às raízes cervicais. Curva lateralmente para entrar no forame contido no processo transverso do áxis
- V3 abandona o forame do áxis, curva posterior e medialmente em um sulco na superfície superior do atlas e entra no forame magno
- V4 perfura a dura (localização um tanto variável) e imediatamente entra no espaço subaracnóideo. Une-se à VA contralateral na confluência vertebral localizada na margem pontina inferior para formar a artéria basilar (BA)

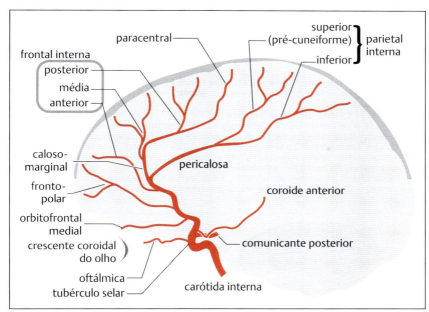

Fig. 2.4 Arteriografia cerebral anterior (incidência lateral). (Reimpressa como cortesia de Eastman Kodak Company.)

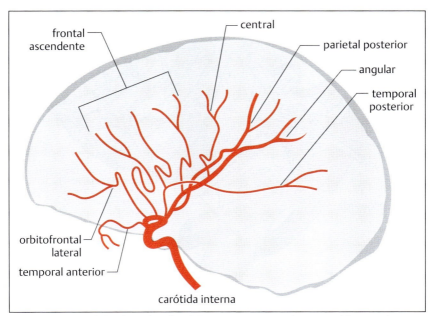

Fig. 2.5 Arteriografia cerebral média (incidência lateral). (Reimpressa como cortesia de Eastman Kodak Company.)

Ramos
- **Meníngeo anterior.** Origina-se no corpo da C2 (áxis), pode suprir os cordomas ou meningiomas do forame magno, também pode agir como colateral na oclusão vascular
- **Meníngeo posterior.** Pode ser uma fonte de sangue para algumas AVMs durais (p. 1251)
- **aa. medulares (bulbares)**
- **Espinal posterior**
- **Artéria cerebelar inferior posterior (PICA) (maior ramo).** Geralmente se origina ≈ 10 mm distal ao ponto onde a VA se torna intradural, ≈ 15 mm proximal à junção vertebrobasilar (▶ Fig. 2.6)
1. Variantes anatômicas:
    a) em 5-8%, a PICA tem uma origem extradural
    b) "AICA - PICA": origem no tronco basilar (onde a AICA iria normalmente se originar)
2. 5 segmentos[12] (alguns sistemas descrevem apenas 4). Durante a cirurgia, os primeiros três devem ser preservados, mas os últimos 2 podem geralmente ser sacrificados com mínimo déficit:[13]
    a) medular anterior: desde a origem da PICA até a proeminência olivar inferior. 1 ou 2 medulares curtos ramos circunflexos curtos ⇒ medula ventral
    b) medular lateral: até a origem dos nervos IX, X e XI. Até 5 ramos que suprem o tronco cerebral
    c) tonsilomedular: até a porção tonsilar média (contém uma *alça caudal* na angiografia)

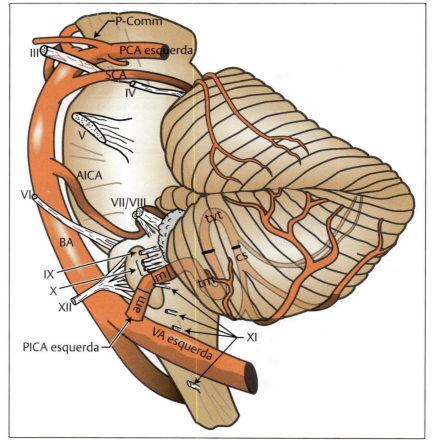

Fig. 2.6 Segmentos da VA intradural e PICA (incidência lateral). (Modificada com permissão de: Lewis SB, Chang DJ, Peace DA, Lafrentz PJ, Day AL. Distal posterior inferior cerebellar artery aneurysms: clinical features and management. J Neurosurg 2002;97(4):756-66.)

d) telovelotonsilar (supratonsilar): ascende na fissura tonsilomedular (contém uma *alça cranial* na angiografia)

e) segmentos corticais

3. 3 ramos
   a) a. coroide (RAMO 1) origina-se na alça cranial (*ponto coroide*) ⇒ plexo coroide do 4º ventrículo
   b) ramos terminais:
      • tonsilo-hemisférica (RAMO 2)
      • inflexão inferior da artéria vermiana inferior (RAMO 3) = *ponto copular* na angiografia

▶ **Espinal anterior**

Artéria basilar (BA)

Formada pela junção de 2 artérias vertebrais. Ramos:

1. artéria cerebelar inferior anterior (AICA): origina-se na parte inferior da BA, segue posterolateralmente anterior aos nervos VI, VII e VIII. Geralmente produz uma alça que desemboca na IAC e origina a artéria labiríntica e, então, emerge para suprir a porção anterolateral do cerebelo inferior e, por fim, anastomosa com a PICA
2. auditiva interna (labiríntica)
3. ramos pontinos
4. a. cerebelar superior (SCA)
   a) vermiana superior
5. cerebral posterior: unida pela p-comm ≈ 1 cm da origem (a p-comm é a principal origem da artéria cerebral posterior PCA em 15% dos casos e é denominada circulação "fetal", bilateral em 2%).
   3 segmentos (designada cisterna circundante) e seus ramos:
   a) segmento peduncular (P1)
      • aa. perfurantes mesencefálicas (⇒ teto, pedúnculos cerebrais e estes núcleos: Edinger-Westphal, oculomotor e troclear)
      • talamoperfurantes interpedunculares (primeiro dos 2 grupos das aa. talamoperfurantes posteriores)
      • coroide posterior medial (maioria proveniente de P1 ou P2)
      • "artéria de Percheron": uma variante anatômica rara,[14] em que um tronco arterial solitário originado a partir do segmento proximal de uma PCA supre o tálamo paramediano e o mesencéfalo rostral bilateralmente
   b) segmento ambiental (P2)
      • coroide posterior lateral (maioria proveniente de P2)
      • talamoperfurantes talamogeniculadas (segundo dos 2 grupos das aa. talamoperfurantes posteriores) ⇒ corpos geniculados + pulvinar
      • temporal anterior (anastomoses com o ramo temporal anterior da MCA)
      • temporal posterior
      • parietoccipital
      • calcarina
   c) segmento quadrigeminal (P3)
      • ramos quadrigeminal e geniculado ⇒ placa quadrigeminal
      • pericalosa posterior (esplênica) (anastomoses com o segmento pericaloso da ACA)

Artéria cerebral posterior (PCA)

Ver ▶ Fig. 2.7.

Anastomoses carótido-vertebrobasilares

Artéria p-comm: a anastomose "normal" (mais comum).

Anastomoses fetais persistentes[15] (▶ Fig. 2.8) decorrem da falha em involuir à medida que as VAs e p-comm se desenvolvem (ordem de involução: ótica, hipoglossa, trigeminal primitiva persistente – PPTA, proatlantal). A maioria é assintomática. No entanto, algumas podem estar associadas a anomalias vasculares, como aneurismas ou AVMs, e, ocasionalmente, sintomas de nervos cranianos (p. ex., neuralgia trigeminal com PPTA) podem ocorrer.

Quatro tipos (de cranial para caudal – os três primeiros são designados de acordo com o nervo craniano associado):

1. artéria trigeminal primitiva persistente (PPTA): observada em ≈ 0,6% das angiografias cerebrais. A mais comum das anastomoses fetais persistentes (83% dos casos). Pode estar associada à neuralgia trigeminal (p. 479). Conecta a carótida cavernosa à artéria basilar. Origina-se na ICA, proximal à origem do tronco meningo-hipofisário (50% passa pela sela, 50% sai do seio cavernoso e segue com o nervo trigêmeo) e une-se à artéria basilar superior entre a AICA e a SCA. As VAs podem ser pequenas. Variante Saltzman tipo 1: as p-comm são hipoplásicas, e a PPTA fornece um suprimento sanguíneo significativo para as distribuições da BA distal, PCA e SCAs (a artéria basilar é frequentemente hipoplásica). Saltzman tipo 2: a p-comm supre a PCA. Saltzman tipo 3: a PPTA une-se à SCA (em vez da BA)

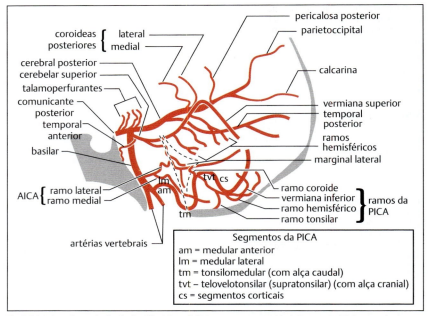

Fig. 2.7 Arteriografia vertebrobasilar (incidência lateral). (Reimpressa como cortesia de Eastman Kodak Company.)

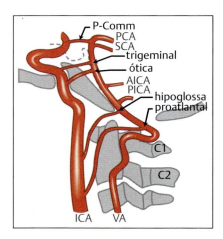

Fig. 2.8 Anastomoses carótido-vertebrobasilares.

É fundamental o reconhecimento de uma PPTA antes de realizar um teste de Wada (p. 1553) por causa do risco de anestesiar o tronco cerebral, e ao fazer uma cirurgia transfenoidal decorrente do risco de lesão arterial. Pode raramente ser uma explicação dos sintomas da fossa posterior em um paciente com doença carotídea

2. ótica: a primeira a involuir e a mais rara de persistir (8 casos relatados). Atravessa a ICA para a carótida petrosa à artéria basilar
3. hipoglossa: conecta o segmento petroso ou cervical distal da ICA (origem geralmente entre C1-C3) à VA. Atravessa o canal hipoglosso. Não cruza o forame magno

4. intersegmental proatlantal: conecta o segmento cervical da ICA à VA. Pode-se originar a partir de: bifurcação da carótida comum, ECA ou ICA proveniente da C2-C4. Anastomose com a VA na região suboccipital. 50% apresentam hipoplasia proximal da VA. Somente 40 casos foram relatados

2.3 Anatomia venosa cerebral

2.3.1 Sistema venoso supratentorial

Grandes veias e tributárias
Ver ▶ Fig. 2.9 para angiografia e ramos.

As veias jugulares internas (IJVs) esquerda e direita são as principais fontes de efluxo de sangue do compartimento intracraniano. A IJV *direita* é geralmente dominante. Outras fontes de efluxo incluem as veias orbitais e os plexos venosos ao redor das artérias vertebrais. Veias diploicas e do couro cabeludo podem agir como vias colaterais, p. ex., com obstrução do seio sagital superior.[16] O seguinte resumo identifica a drenagem venosa a partir das IJVs.

Seio petroso inferior
Termina (ou seja, drena para) ≤ 1 cm da junção dos seios sigmoide e transverso.

Seio sigmoide
Seio petroso superior
Drena para a IJV, próximo da junção com o seio sigmoide.

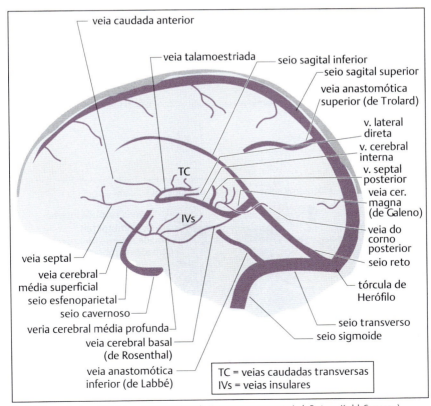

Fig. 2.9 Venografia da carótida interna (incidência lateral). (Reimpressa como cortesia de Eastman Kodak Company.)

Seio transverso
R > L em 65% dos casos.
- **V. de Labbé.** (v. anastomótica inferior)
- **Confluência dos seios.** (Tórcula de Herófilo)
1. seio occipital
2. seio sagital superior
   a) v. de Trolard (v. anastomótica superior): a veia superficial proeminente no lado *não dominante* (Labbé é mais proeminente no lado dominante)
   b) veias corticais
3. seio reto
   a) seio sagital inferior
   b) v. cerebral magna (de Galeno)
      - v. cerebelar pré-central
      - veia basal de Rosenthal
      - v. cerebral interna: unida no forame de Monro (ângulo venoso) por:
         v. septal anterior
         v. talamoestriada

Seio cavernoso

Originalmente nomeado por sua semelhança superficial ao corpo cavernoso. Embora o ensinamento clássico retrate o seio cavernoso como um grande espaço venoso com múltiplas trabeculações, estudos injetáveis[17] e a experiência cirúrgica[18] corroboram o conceito do seio cavernoso como um plexo de veias. O seio cavernoso é altamente variável entre os indivíduos e de um lado ao outro. ▶ Fig. 2.10 é um diagrama simplista de um corte do seio cavernoso direito.
1. veias de entrada:
   a) veias oftálmicas superior e inferior
   b) veias cerebrais médias superficiais
   c) seio esfenoparietal
   d) seios petrosos superior e inferior
2. saída:
   a) seio esfenoparietal
   b) seio petroso superior
   c) plexo basilar (o qual drena para o seio petroso inferior)
   d) plexo pterigóideo
   e) os seios cavernosos direito e esquerdo se comunicam anterior e posteriormente pelo seio circular
3. conteúdos[19]
   a) n. oculomotor (III)
   b) n. troclear (IV)

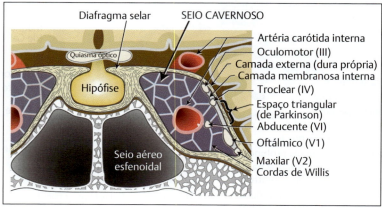

Fig. 2.10 Seio cavernoso direito (corte coronal).

c) divisão oftálmica do trigêmeo (V1)
d) divisão maxilar do trigêmeo (V2): o único nervo do seio cavernoso que não sai do crânio através da fissura orbital superior (sai através do forame redondo)
e) artéria carótida interna (ICA). Três segmentos no interior do seio cavernoso
   - segmento ascendente posterior: imediatamente após a entrada da ICA no seio
   - segmento horizontal: depois que a ICA faz uma volta anteriormente (o segmento mais longo da ICA intracavernosa)
   - segmento ascendente anterior: ICA faz uma curva superiormente
f) n. abducente (VI): o único nervo NÃO inserido na parede dural lateral, algumas vezes mencionado como o único nervo craniano dentro do seio cavernoso
4. espaço triangular (de Parkinson): margem superior formada pelos Cr. N. III e IV, e a margem inferior formada pelos V1 e VI (uma referência anatômica para a entrada cirúrgica no seio cavernoso)[20,21 (p. 3007)]

2.3.2 Anatomia venosa da fossa posterior
Ver ▶ Fig. 2.11.

2.4 Vasculatura da medula espinal
Ver ▶ Fig. 2.12.

Embora uma das artérias radiculares provenientes da aorta acompanhe as raízes nervosas em muitos níveis, a maioria contribui muito pouco com o fluxo para a medula espinal propriamente dita. A artéria espinal anterior é formada a partir da junção de dois ramos, cada um a partir de uma das artérias vertebrais. Os principais contribuidores de suprimento sanguíneo para a medula espinal anterior provêm de 6-8 artérias radiculares nos seguintes níveis mencionados abaixo ("artérias radiculomedulares", os níveis listados são razoavelmente consistentes, embora haja variação do lado[22 (p. 1180-1)]):
1. C3 – origina-se na artéria vertebral
2. C6 e C8 (≈ 10% da população não têm uma artéria radicular anterior na coluna cervical inferior[23])
   a) C6 – geralmente se origina na artéria cervical profunda
   b) C8 – geralmente no tronco costocervical
3. T4 ou T5
4. artéria de Adamkiewicz, conhecida como artéria radicular anterior magna
   a) o principal suprimento arterial para a medula espinal desde ≈ T8 até o cone
   b) localizada no lado esquerdo em 80% dos casos[24]
   c) situada entre T9 e L2 em 85% (entre T9 e T12 em 75%): os 15% restantes entre T5 e T8 (nesses últimos casos, pode haver uma artéria radicular suplementar mais abaixo)

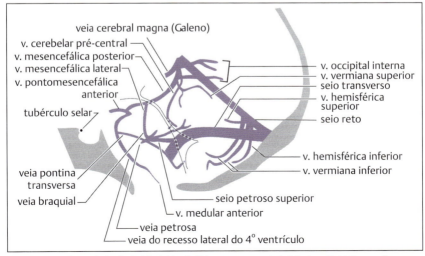

Fig. 2.11 Venografia vertebrobasilar (incidência lateral). (Reimpressa como cortesia de Eastman Kodak Company.)

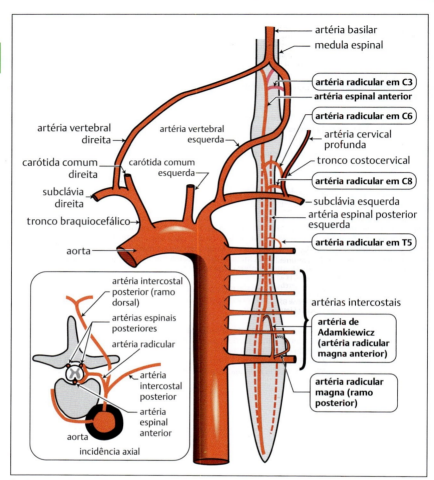

Fig. 2.12 Diagrama esquemático do suprimento arterial da medula espinal. (Modificada de Diagnostic Neuroradiology, 2nd ed., Volume II, pp. 1181, Taveras J M, Woods EH, editors, © 1976, the Williams and Wilkins Co., Baltimore, com permissão.)

d) geralmente esta artéria é consideravelmente grande, origina os ramos cefálico e caudal (o último é geralmente maior), fornecendo uma aparência de grampo de cabelo característica na angiografia

As artérias espinais posteriores pareadas são menos definidas do que a artéria espinal anterior e são abastecidas por 10-23 ramos radiculares.

A região torácica média tem um suprimento vascular escasso ("zona limítrofe"), possuindo apenas a artéria mencionada acima em T4 ou T5. É, portanto, mais suscetível a insultos vasculares.

▶ **Variantes anatômicas.** Arcada de Lazorthes: variante normal, em que a artéria espinal anterior se une às artérias espinais posteriores pareadas no cone medular.

Referências

[1] van der Zwan A, Hillen B, Tulleken CAF, Dujovny M, Dragovic L. Variability of the Territories of the Major Cerebral Arteries. J Neurosurg. 1992; 77:927–940

[2] Loukas M, Louis RG, Jr, Childs RS. Anatomical examination of the recurrent artery of Heubner. Clin Anat. 2006; 19:25–31

[3] Fischer E. Die Lageabweichungen der Vorderen Hirnarterie im Gefässbild. Zentralbl Neurochir. 1938; 3:300–313

[4] Bouthillier A, van Loveren HR, Keller JT. Segments of the internal carotid artery: A new classification. Neurosurgery. 1996; 38:425–433

[5] Krayenbühl HA, Yasargil MG. Cerebral Angiography. 2nd ed. London: Butterworths; 1968:80–81

[6] Krayenbühl H, Yasargil MG, Huber P. In: Rontgenanatomie und Topographie der Hirngefasse. Zerebrale Angiographie fur Klinik und Praxis. Stuttgart: Georg Thieme Verlag; 1979:38–246

[7] Ecker A, Riemenschneider PA. Angiographic Localization of Intracranial Masses. Springfield, Illinois: Charles C. Thomas; 1955

[8] Gibo H, Lenkey C, Rhoton AL. Microsurgical Anatomy of the Supraclinoid Portion of the Internal Carotid Artery. J Neurosurg. 1981; 55:560–574

[9] Renn WH, Rhoton AL. Microsurgical Anatomy of the Sellar Region. J Neurosurg. 1975; 43:288–298

[10] Rhoton AL, Jr. The supratentorial arteries. Neurosurgery. 2002; 51:S53–120

[11] Anatomical examination of the recurrent artery of Heubner. Clin Anat. 2006; 19:25–31

[12] Lister JR, Rhoton AL, Matsushima T, et al. Microsurgical Anatomy of the Posterior Inferior Cerebellar Artery. Neurosurgery. 1982; 10:170–199

[13] Getch CC, O'Shaughnessy BA, Bendok BR, Parkinson RJ, Batjer HH. Surgical management of intracranial aneurysms involving the posterior inferior cerebellar artery. Contemp Neurosurg. 2004; 26:1–7

[14] Percheron G. The anatomy of the arterial supply of the human thalamus and its use for the interpretation of the thalamic vascular pathology. Z Neurol. 1973; 205:1–13

[15] Luh GY, Dean BL, Tomsick TA, Wallace RC. The persistent fetal carotid-vertebrobasilar anastomoses. AJR Am J Roentgenol. 1999; 172:1427–1432

[16] Schmidek HH, Auer LM, Kapp JP. The Cerebral Venous System. Neurosurgery. 1985; 17:663–678

[17] Taptas JN. The So-Called Cavernous Sinus: A Review of the Controversy and Its Implications for Neurosurgeons. Neurosurgery. 1982; 11:712–717

[18] Sekhar LN, Schramm VL. In: Operative Management of Tumors Involving the Cavernous Sinus. Tumors of the Cranial Base: Diagnosis and Treatment. Mount Krisco: Futura Publishing; 1987:393–419

[19] Umansky F, Nathan H. The Lateral Wall of the Cavernous Sinus: with Special Reference to the Nerves Related to It. J Neurosurg. 1982; 56:228–234

[20] van Loveren HR, Keller JT, El-Kalliny M, Scodary DJ, Tew JM. The Dolenc Technique for Cavernous Sinus Exploration (Cadaveric Prosection). J Neurosurg. 1991; 74:837–844

[21] Youmans JR. Neurological Surgery. Philadelphia 1982

[22] Taveras JM, Wood EH. Diagnostic Neuroradiology. 2nd ed. Baltimore: Williams and Wilkins; 1976

[23] Turnbull IM, Breig A, Hassler O. Blood Supply of the Cervical Spinal Cord in Man. A Microangiographic Cadaver Study. J Neurosurg. 1966; 24:951–965

[24] El-Kalliny M, Tew JM, van Loveren H, Dunsker S. Surgical approaches to thoracic disk herniations. Acta Neurochir. 1991; 111:22–32

3 Neurofisiologia e Síndromes Cerebrais Regionais

3.1 Neurofisiologia

3.1.1 Barreira hematoencefálica

Informações gerais

A passagem de substâncias hidrossolúveis do sangue para o CNS é limitada por junções oclusivas (*zonulae occludentes*), que são encontradas entre as células endoteliais capilares, limitando a penetração do parênquima cerebral (barreira hematoencefálica, BBB), bem como entre as células epiteliais do plexo coroide (barreira hematoliquórica CSF).[1] Diversos sistemas de transporte mediados especializados permitem a transmissão de, entre outras coisas, glicose e certos aminoácidos (especialmente precursores de neurotransmissores).

A eficácia da BBB é comprometida em determinados estados patológicos (p. ex., tumor, infecção, trauma, acidente vascular cerebral, encefalopatia hepática...), e também pode ser manipulada farmacologicamente (p. ex., manitol hipertônico aumenta a permeabilidade, enquanto que os esteroides reduzem a penetração de pequenas moléculas hidrofílicas).

A BBB está ausente nas seguintes áreas: plexo coroide, hipófise, *tuber cinereum*, área postrema, pineal e recesso pré-óptico.

Maneiras de acessar a integridade da BBB:
- corantes visíveis: azul de Evans, fluoresceína
- corantes radiopacos (visualizado com CT[2]): iodo (agente de contraste ligado à proteína)
- paramagnético (visualizado na MRI): gadolínio (agente de contraste ligado à proteína)
- microscópico: peroxidase de rábano
- radiomarcação: albumina, sucrose

Edema cerebral e a barreira hematoencefálica

Três tipos básicos de edema cerebral; MRI ponderada em difusão (p. 232) pode ser capaz de diferenciar:
1. citotóxico: BBB está fechada, portanto, não há extravasamento de proteína, nem realce de contraste na CT ou MRI. As células incham e, depois, retraem. Observado, p. ex., no traumatismo craniano
2. vasogênico: BBB comprometida. Proteína (soro) extravasa para fora do sistema vascular e, portanto, pode realçar na imagem. O espaço extracelular (ECS) se expande. As células estão estáveis. Responde a corticosteroides (p. ex., dexametasona). Observado, p. ex., circundando um tumor cerebral metastático
3. isquêmico: uma combinação dos dois tipos acima. BBB fechada, inicialmente, mas pode abrir. ECS retrai e, então, se expande. Fluido extravasa tardiamente. Pode causar deterioração tardia secundária à hemorragia intracerebral (p. 1337)

3.1.2 Sinal de Babinski e sinal de Hoffmann

Introdução

Embora o sinal de Babinski seja considerado o sinal mais famoso na neurologia, ainda não existe um consenso com relação a o que constitui uma resposta normal, e quando respostas anormais devem ocorrer.[3] O seguinte representa uma interpretação.

O reflexo plantar (PR) (conhecido como sinal de Babinski, nomeado após Joseph François Félix Babinski (1857-1932), um neurologista francês de descendência polonesa) é um reflexo primitivo, presente na primeira infância, que consiste na extensão do hálux em resposta a um estímulo nociceptivo aplicado ao pé. Os outros dedos do pé podem-se afastar, mas isto não é um componente consistente ou clinicamente importante. O PR geralmente desaparece em ≈ 10 meses de idade (varia de 6 meses a 12 anos de idade), presumivelmente sob controle inibitório, visto que ocorre mielinização do CNS, e a resposta normal é, então, convertida para flexão plantar do hálux. Uma lesão no neurônio motor superior (UMN), em qualquer local ao longo do trato piramidal (corticospinal), desde a área motora até ≈ L4, resultará em uma perda da inibição, e o PR será "desmascarado", produzindo extensão do hálux. Com este tipo de lesão no UMN, pode também haver exagero da sinergia flexora, resultando em dorsiflexão do tornozelo, e flexão do joelho e quadril (conhecida como reposta flexora tripla), além da extensão do hálux.

Neuroanatomia

O ramo aferente do reflexo origina-se nos receptores cutâneos restritos ao primeiro dermátomo sacral (*S1*) e percorre proximalmente através do nervo tibial. Os segmentos da medula espinal envolvidos no arco reflexo situam-se em *L4-S2*. O ramo eferente em direção aos extensores do hálux segue através do *nervo fibular*.

Diagnóstico diferencial

Etiologias

Lesões produzindo um PR não precisam ser estruturais, mas podem ser funcionais e reversíveis. O quadro das possíveis etiologias é extenso, e algumas são listadas no ▶ Quadro 3.1.

Desencadeando o PR, e suas variações

O estímulo ideal consiste na estimulação da superfície plantar lateral e arco transverso em um único movimento de 5-6 segundos de duração.[4] Outras maneiras de aplicar estímulos nociceptivos também podem desencadear o reflexo plantar (mesmo fora do dermátomo S1, embora estes estímulos não produzam flexão do hálux em indivíduos normais). As manobras descritas incluem: Chaddock (arranhar a face lateral do pé; positivo em 3% dos casos daqueles em que a estimulação plantar foi negativa), Schaeffer (compressão do tendão do calcâneo), Oppenheim (escorregar as articulações dos dedos até a tíbia), Gordon (comprimir momentaneamente o gastrocnêmio inferior), Bing (picadas leves na face dorsolateral do pé), Gonda ou Stronsky (puxar para baixo e para fora o quarto ou quinto dedo de pé, deixando que os dedos voltem sozinhos à posição original).

Sinal de Hoffman (ou Hoffmann)

Atribuído a Johann Hoffmann, um neurologista alemão do final de 1800. Pode significar uma interrupção do UMN similar às extremidades superiores. Desencadeado quando uma pressão sobre a unha do dedo médio ou anelar é exercida: uma resposta positiva (patológica) consiste na flexão involuntária dos dedos adjacentes e/ou dedão (pode estar fracamente presente em indivíduos normais).[5] Difere do reflexo plantar por ser monossináptico (sinapse na lâmina de Rexed IX).

Ocasionalmente, pode ser visto como normal em indivíduos jovens com reflexos difusamente rápidos e reflexo de abertura de mandíbula positivo, geralmente simétrico. Quando presente patologicamente, representa a desinibição de um reflexo C8; ∴ indica lesão acima do C8.

O sinal de Hoffmann foi observado em 68% dos pacientes operados para mielopatia espondilótica cervical.[5] Em 10 de 11 casos, ou seja, 91% dos pacientes que apresentaram sintomas lombares, mas sem mielopatia, o sinal de Hoffman bilateral foi associado à compressão oculta da porção cervical da medula espinal [5]. O teste de Hoffman apresenta uma sensibilidade de 33-68%, especificidade de 59-78%, um valor preditivo positivo de 26-62% e um valor preditivo negativo de 67-75%.[6]

3.1.3 Neurofisiologia da bexiga urinária

Vias centrais

O centro primário de coordenação da função da bexiga encontra-se no núcleo do *locus coeruleus* da ponte. Este centro sincroniza a contração da bexiga com o relaxamento do esfíncter uretral durante a micção.[7]

Controle cortical voluntário primariamente envolve a inibição do reflexo pontino, e origina-se na porção anteromedial dos lobos frontais e no joelho do corpo caloso. Em uma bexiga desinibida (p. ex., primeira infância), o centro miccional pontino funciona sem inibição cortical e o músculo detrusor contrai, quando a bexiga alcança uma capacidade crítica. Supressão voluntária, que se origina no córtex e segue via o trato piramidal, pode contrair o esfíncter externo, bem como inibir a contração detrusora. Lesões corticais nesse local → incontinência de urgência com incapacidade de suprimir o reflexo de micção.[8 (p. 1031)]

Eferentes em direção à bexiga seguem na porção dorsal das colunas laterais da medula espinal (áreas sombreadas na ▶ Fig. 3.1).

Quadro 3.1 Diagnóstico diferencial do reflexo plantar (PR)

Etiologias

- lesões da medula espinal[a]
- mielopatia cervical
- lesões na área motora ou cápsula interna (acidente vascular cerebral, tumor, contusão...)
- hematoma subdural ou epidural
- hidranencefalia
- coma tóxico metabólico
- convulsões
- trauma
- TIAs
- enxaqueca hemiplégica
- doença neuronal motora (ALS)

[a]Nas lesões da medula espinal, o PR pode inicialmente estar ausente durante o período de "choque" medular (p. 931).

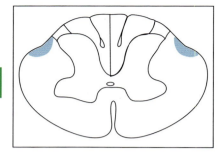

Fig. 3.1 Localização dos eferentes da bexiga na medula espinal (sombreado).

Motora
Há dois esfíncteres que previnem o fluxo da urina proveniente da bexiga: interno (autonômico; controle involuntário) e externo (músculo estriado, controle voluntário).

Parassimpáticos (PSN)
O músculo detrusor da bexiga contrai, e o esfíncter interno relaxa com o estímulo dos PSN. Os corpos celulares pré-ganglionicos dos PSN residem na porção intermédio-lateral dos segmentos de medula espinal S2-4. As fibras saem como raízes nervosas centrais e seguem através dos nervos esplâncnicos pélvicos (nervos erigentes) para terminar nos gânglios situados na parede do músculo detrusor no corpo e cúpula vesical.

Nervos somáticos
O controle somático voluntário desce no trato piramidal até a sinapse nos nervos motores em S2-4 e, então, segue através do nervo pudendo até o esfíncter externo. Este esfíncter pode ser voluntariamente contraído, porém relaxa reflexivamente com a abertura do esfíncter interno no início da micção. Primariamente mantém a continência durante ↑ a pressão vesical (p. ex., Valsalva).

Simpáticos
Corpos celulares simpáticos situam-se na coluna cinzenta intermédio-lateral da porção lombar da medula espinal, do segmento T12 ao L2. Axônios pré-ganglionicos atravessam a cadeia simpática (sem realizar sinapse) e seguem até o gânglio mesentérico inferior. Fibras pós-ganglionicas atravessam o plexo hipogástrico inferior e seguem até a parede vesical e esfíncter interno. Os nervos simpáticos inervam fortemente o colo e o trígono vesical. Os nervos simpáticos têm pouco efeito sobre a atividade motora da bexiga, mas a estimulação adrenérgica alfa resulta em fechamento do colo vesical, que é necessário para o enchimento da bexiga.

Estimulação nervosa da pelve → aumento do tônus simpático → relaxamento do detrusor e aumento do tônus do colo vesical (possibilitando que um maior volume seja acomodado).

Sensorial
Menos compreendida do que a inervação motora. Receptores de estiramento da parede vesical percebem o enchimento da bexiga e enviam sinais aferentes através dos nervos pélvicos, pudendos e hipogástricos até os segmentos T10-L2 e S2-4 da medula espinal. As fibras ascendem primariamente no trato espinotalâmico.

Disfunção da bexiga urinária
O termo bexiga neurogênica descreve a disfunção da bexiga em decorrência de lesões no sistema nervoso central ou periférico. Alguns usam o termo como sinônimo de arreflexia detrusora.

Lesões nas raízes dorsais (sensoriais) interrompem o ramo aferente, produzindo uma bexiga atônica que se enche até que ocorra incontinência de gotejamento e por regurgitação. Nenhuma sensação de plenitude vesical é reconhecida. Micção voluntária ainda é possível, mas geralmente incompleta.

Hiper-reflexia do detrusor
Pode resultar da interrupção dos eferentes em qualquer local desde o córtex até a medula sacral. Quando um volume crítico é alcançado, o esvaziamento da bexiga reflexo ocorre. Clinicamente associada à micção

Neurofisiologia e Síndromes Cerebrais Regionais

frequente, incontrolável e precipitada. Lesões cerebrais incluem: acidente vascular cerebral, traumatismo craniano, tumores cerebrais, hidrocefalia, doença de Parkinson, diversas demências e esclerose múltipla (MS). Lesões da medula incluem qualquer lesão que cause mielopatia (p. 1407).

Arreflexia do detrusor

Correlaciona-se clinicamente com dificuldade em iniciar a micção, fluxo interrompido e quantidade significativa de urina residual. Incontinência pode resultar da hiperdistensão da bexiga (incontinência por regurgitação), ou pode estar associada à ausência do tônus esfincteriano. Etiologias incluem: infecção crônica, cateterismo vesical prolongado, determinados fármacos (especialmente fenotiazinas), lesão ou tumor da cauda equina ou cone medular, mielomeningocele e diabetes melito (neuropatia autônômica).

Lesões específicas afetando a bexiga

Em geral, relacionadas com lesões neurológicas discretas afetando a bexiga:[9]

1. supraspinal (lesões acima do tronco encefálico): perda da inibição centralmente mediada pelo reflexo de micção pontina. Geralmente produz contrações vesicais involuntárias, com sinergia dos esfíncteres liso e estriado, frequentemente com preservação da sensação e função voluntária do esfíncter estriado. Sintomas: frequência ou urgência urinária, incontinência de urgência e noctúria.[7] Se as vias sensoriais forem interrompidas, ocorre incontinência inconsciente (incontinência do tipo inconsciente). Visto que os músculos são coordenados, as pressões vesicais normais são mantidas e há um baixo risco de alta pressão relacionada com a disfunção renal. Esvaziamento voluntário da bexiga é geralmente mantido, e micção cronometrada junto com medicamentos anticolinérgicos (ver abaixo) é usada no tratamento
   Arreflexia pode ocasionalmente ocorrer
2. lesões completas (ou quase completas) da medula espinal:
   a) suprassacral (lesão *acima* da medula espinal ao nível da S2, que é ≈ ao nível do corpo vertebral em T12/L1 em um adulto): o centro de micção sacral está localizado no cone medular. Etiologias: lesões da medula espinal, mielite transversa.
      - inicialmente após lesão de medula espinal pode haver choque medular. Durante o choque medular (p. 931), a bexiga está incontrátil e arreflexiva (arreflexia do detrusor); o tônus esfincteriano geralmente persiste, e retenção urinária é a regra (incontinência urinária geralmente não ocorre, exceto com a hiperdistensão)
      - após dissipação do choque, a maioria desenvolve *hiper-reflexia do detrusor* → contrações involuntárias da bexiga sem sensação (bexiga automática), sinergia do esfíncter liso, porém a falta de sinergia do estriado (contração involuntária do esfíncter externo durante a micção, o que produz uma obstrução funcional da saída vesical com esvaziamento deficiente e altas pressões vesicais). A bexiga enche e esvazia espontaneamente (ou em resposta a um estímulo cutâneo da extremidade inferior). Complacência vesical está frequentemente reduzida. Normalmente este tipo de lesão é tratada por cateterismos intermitentes + anticolinérgicos
   b) lesões infrassacrais (lesão abaixo da medula espinal ao nível da S2): inclui lesão do cone medular, cauda equina ou nervos periféricos (anteriormente denominadas como lesões do neurônio motor inferior). Etiologias: grandes hérnias discais lombares, trauma com comprometimento do canal medular. Geralmente desenvolve arreflexia do detrusor e não possui contrações involuntárias da bexiga. Resulta em redução da taxa do fluxo urinário ou retenção urinária, e a micção voluntária pode ser perdida. Incontinência por regurgitação se desenvolve. Pode haver complacência reduzida durante o enchimento e paralisia do esfíncter liso (a base neurológica disto não foi estabelecida, e pode ser decorrente do envolvimento simpático ou PSN). Geralmente associado à perda do reflexo bulbocavernoso e anal (preservados nas lesões suprassacrais, exceto na presença de choque medular (p. 931)) e perda sensorial perineal
3. interrupção do arco reflexo periférico: pode produzir distúrbios similares à lesão da região inferior da medula espinal, com arreflexia do detrusor, baixa complacência e incapacidade de relaxar o esfíncter estriado
4. hérnia de disco lombar (p. 1046): a maioria consiste inicialmente em dificuldade miccional, esforço ou retenção urinária. Posteriormente, sintomas irritativos podem-se desenvolver
5. estenose espinal (lombar ou cervical): os sintomas urológicos variam e dependem do nível medular envolvido e do tipo de envolvimento (p. ex., na estenose da medula cervical, pode ocorrer hiperatividade ou subatividade do detrusor, dependendo se o envolvimento do eixo neural miccional é por compressão dos tratos reticuloespinais inibitórios ou por mielopatia, envolvendo o funículo posterior)
6. síndrome da cauda equina (p. 1050): geralmente produz retenção urinária, embora incontinência possa ocasionalmente ocorrer (alguns casos são de incontinência por regurgitação)
7. neuropatias periféricas: como com a diabetes, geralmente produz comprometimento da atividade do detrusor
8. disrafismo neurospinal: a maioria dos pacientes mielodisplásicos tem uma bexiga arrefléxica com um colo vesical aberto. A bexiga geralmente enche até que a pressão fixa residual de repouso do esfíncter externo seja excedida, e o extravasamento ocorra

9. esclerose múltipla: 50-90% dos pacientes desenvolvem sintomas miccionais em algum momento. A desmielinização primariamente envolve as colunas posterior e lateral da medula cervical. Hiper-reflexia do detrusor é a anormalidade urodinâmica mais comum (em 50-99% dos casos), com a arreflexia vesical sendo a menos comum (5-20% dos casos)

Retenção urinária

Etiologias da retenção urinária:
1. obstrução da saída vesical (uma lista breve de diagnóstico diferencial é apresentada aqui)
   a) estenose uretral: a retenção tende a ser progressiva ao longo do tempo
   b) aumento prostático em indivíduos do sexo masculino:
      - hipertrofia prostática benigna (BPH) e câncer de próstata: a retenção tende a ser progressiva ao longo do tempo
      - prostatite aguda: início da retenção pode ser *súbito*
      - raro: extrusão de cálculo prostático
   c) mulheres podem desenvolver uma cistocele, que pode produzir acotovelamento da uretra
   d) raro: câncer de uretra
2. hipotonia ou arreflexia do detrusor (p. 93)
   a) lesão da medula espinal
   b) síndrome da cauda equina (p. 1050)
   c) infecção crônica
   d) cateterismo vesical prolongado
   e) determinados fármacos (narcóticos, fenotiazinas)
   f) lesão da cauda equina ou cone medular, ou da medula espinal ao nível ou abaixo do sacro
      - trauma
      - tumor
      - mielomeningocele
   g) diabetes melito (neuropatia autonômica)
   h) herpes-zóster no nível dos gânglios da raiz dorsal[9 (p. 967)]
   i) abertura incompleta do colo vesical durante a micção: ocorre quase que exclusivamente em indivíduos jovens e de meia-idade do sexo masculino, com sintomas irritativos e obstrutivos prolongados[9 (p. 968)]
   j) inicialmente secundário a uma severa hiperdistensão da bexiga ou na distensão crônica e descompressão de qualquer uma das condições acima
3. retenção pós-operatória: bem reconhecida, mas pouco compreendida. Mais comum após operações do trato urinário inferior, perineais, ginecológicas e anorretais. Anestesia e analgesia podem contribuir com vários fatores[9 (p. 969)]
4. psicogênico

Avaliação da função vesical

Urodinâmica

Geralmente combinada com raios X (cistometrografia [CMG]) ou flúor (videourodinâmica). Medidas das pressões intravesiculares durante o enchimento retrógrado da bexiga através de um cateter uretral, geralmente combinado a uma eletromiografia esfincteriana. Presença ou ausência (arreflexia do detrusor, ver abaixo) do reflexo detrusor é detectada. Quando presente, o procedimento é repetido, pedindo ao paciente que suprima a vontade de urinar. Incapacidade de supressão é chamada de reflexo detrusor desinibido (conhecido como hiper-reflexia do detrusor, ver acima).

Eletromiografia (EMG) esfincteriana

Através de eletrodos-agulha ou com eletrodos de superfície fixados externamente. Contração esfincteriana voluntária testa a integridade da inervação supraespinal. Quando combinada à CMG, detecta a atividade elétrica em esfíncteres durante as fases associadas de contração do detrusor.

Cistouretrografia miccional (VCUG) e pielografia intravenosa (IVP)

Cistouretrografia miccional (VCUG) detecta patologia uretral (divertículos, estenoses...), anormalidades da bexiga (divertículos, trabeculações do detrusor associadas a contrações duradouras contra uma alta resistência...) e refluxo vesicoureteral.

Tratamento farmacológico

As metas são preservar a função renal (que geralmente envolve a prevenção de infecções do trato urinário (UTIs), cálculos renais e refluxo ureteral secundário a altas pressões intravesiculares) e otimização da continência urinária. Pacientes com esvaziamento inadequado ou pressão vesical elevada são frequentemente tratados com cateterismos intermitentes e anticolinérgicos (ver abaixo). Anticolinérgicos e terapia comportamental são usados para pacientes com esvaziamento vesical voluntário mantido, com frequência urinária ou incontinência de urgência.

A maioria do envolvimento neurológico na contração vesical provém da estimulação mediada por ACh dos receptores colinérgicos muscarínicos parassimpáticos pós-ganglionares no músculo liso da bexiga.

Hiper-reflexia do detrusor

Os seguintes são todos anticolinérgicos sintéticos que bloqueiam as sinapses pós-ganglionares (ação muscarínica), sem bloquear os gânglios neuromusculares esqueléticos ou autonômicos (junções nicotínicas). Isto aumenta o volume em que a contração automática (reflexo) ocorre na bexiga neurogênica (desinibida), aumentando de forma eficaz a capacidade vesical. Estes agentes aumentam o tempo de latência e não aumentam a capacidade de suprimir a contração e, portanto, urgência e incontinência ainda ocorrem a menos que o tratamento seja combinado com um regime de micção cronometrada.[9 (p. 972)]

Todos são contraindicados no glaucoma, visto que os efeitos anticolinérgicos incluem midríase. Superdosagem resulta nos clássicos sintomas anticolinérgicos ("vermelho como uma beterraba, quente como um fogão, seco como uma rocha, louco como um chapeleiro"). O uso é frequentemente limitado pelos efeitos colaterais, como boca seca.

Informações do fármaco: Oxibutinina (Ditropan®)

Provavelmente o agente mais amplamente prescrito. Combina atividade anticolinérgica com efeito relaxante musculotrópico independente e atividade anestésica local.

℞ Adultos: a dose usual é de 5 mg 2-3 vezes/dia (máximo de 4 vezes ao dia). ℞ Pacientes pediátricos: não recomendado para idade < 5 anos: dose usual é de 5 mg 2 vezes ao dia (máximo de 5 mg 3 vezes ao dia). **Apresentação**: comprimidos de 5 mg, xarope de 5 mg/mL.

Informações do fármaco: Tolterodina (Detrol®)

Efeitos colaterais mais leves do que a oxibutinina, porém também pode ser menos eficaz.[10]

℞ 2 mg PO 2 vezes ao dia. A dose pode ser reduzida para 1 mg PO 2 vezes ao dia em alguns pacientes. **Apresentação:** comprimidos de 1 e 2 mg. Detrol® LA cápsulas de 2 e 4 mg.

Informações do fármaco: Cloridrato de Flavoxato (Urispas®)

Anticolinérgico fraco. Inibidor direto de músculo liso. Poucos efeitos colaterais relatados. Alguns estudos demonstraram ausência de benefício na população idosa.[9 (p. 974)]

℞ Adulto: 100-200 mg PO 3 a 4 vezes/dia.

Informações do fármaco: Cloridrato de Imipramina (Tofranil®)

Um antidepressivo tricíclico. O mecanismo do efeito benéfico é controverso. Possui alguma atividade anticolinérgica, bem como outras propriedades.[9 (p. 977)] Parece reduzir a contratilidade vesical e aumentar a resistência da saída vesical.

Arreflexia do detrusor

Informações do fármaco: Betanecol (Urecolina®)

Um agente parassimpatomimético, primariamente muscarínico, com pouca atividade nicotínica; relacionado à com a acetilcolina, mas não é destruído pela colinesterase. Aumenta o tônus do músculo detrusor, ajudando no esvaziamento da bexiga. Também aumenta a motilidade gástrica. A administração subcutânea produz um efeito mais intenso na bexiga do que a PO. Sempre ter atropina disponível quando administrar pela via subcutânea. Os efeitos ocorrem em 30-90 minutos da dose PO, e em 15 minutos da dose subcutânea.

Indicado para retenção urinária não obstrutiva e pós-operatória aguda, e para atonia neurogênica secundária à lesão ou disfunção da medula espinal.

Efeitos colaterais: sudorese e diarreia não são incomuns, mas um pouco perigosas. Podem precipitar broncospasmo grave em asmáticos. Náusea pode ser reduzida pela administração com o estômago vazio. Atropina é um antídoto específico na hiperdosagem (atropina subcutânea: 0,6 mg em adultos ou 0,01 mg/kg em crianças < 12 anos de idade).

R: Começar com 5-10 mg PO e aumentar de hora em hora até obtenção do efeito desejado ou até que 50 mg tenham sido fornecidos. Em seguida, continuar com a dose mínima eficaz 3-4 vezes ao dia (dose usual: 10-50 mg PO 3-4 vezes ao dia). Subcutâneo (ter atropina disponível): 0,5-1 mL, repetir a cada 15 minutos até resposta desejada ou até que 4 doses tenham sido fornecidas; continuar com a dose mínima eficaz 3-4 vezes por dia. **Apresentação:** comprimidos de 5, 10, 25 e 50 mg. Injeção: 5,15 mg/mL (para uso subcutâneo apenas).

Tratamento vesical após compressão da cauda equina

Nas situações em que há retenção urinária com alguma probabilidade de retorno da função (p. ex., após cirurgia para compressão aguda da cauda equina), o seguinte regime de tratamento vesical pode ser empregado:
- ensinar o paciente ou um membro familiar a realizar cateterismo intermitente limpo (CIC). Se o CIC pode ser realizado:
  - monitorar resíduos pós-miccionais (PVR)
  - iniciar tratamento com tansulosina (Flomax®), 0,4 mg via oral ao dia (ver abaixo)
  - se os PVRs caírem para < 75 cc, descontinuar o CIC
- se o CIC não pode ser realizado, usar um cateter de Foley de demora por uma semana, e verificar o PVR após esse período
- se após 1 semana o PVR for ≥ 75 cc, descontinuar a tansulosina se usada, e encaminhar o paciente para um urologista para uma urodinâmica (urodinâmica antes deste período normalmente não resultará em uma mudança no tratamento)

Informações do fármaco: Tansulosina (Flomax®)

Um antagonista alfa$_{1A}$- adrenorreceptor da próstata. Usado para tratar dificuldades miccionais decorrentes da obstrução da saída vesical por causa da hipertrofia prostática benigna (BPH). Foi demonstrado ter alguma eficácia em mulheres através de outros mecanismos. Similar à terazosina (Hytrin®) e doxazosina (Carduran®), mas com uma vantagem para o alívio agudo, pois a dose da tansulosina não precisa ser gradualmente aumentada (pode ser iniciada na dose terapêutica). Demora pelo menos 5-7 dias para fazer efeito.

Efeitos colaterais: poucos. Rinite, ejaculação retrógrada ou diminuída, ou hipotensão postural podem ocorrer.[11]

R: 0,4 mg PO ao dia (geralmente fornecido 30 minutos após a mesma refeição). Se não houver resposta em 2-4 semanas, uma dose de 0,8 mg PO ao dia pode ser tentada.[11]

3.2 Síndromes cerebrais regionais

Esta seção serve para descrever brevemente a síndrome típica associada a lesões em várias áreas do cérebro. Salvo especificação em contrário, as lesões reconhecidas são *destrutivas*.

3.2.1 Visão geral

1. lobo frontal
   a) lesão unilateral:
      - pode produzir poucos achados clínicos, exceto com lesões muito grandes
      - lesões bilaterais ou grandes: apatia, abulia

- o campo ocular frontal (para o olhar contralateral) está localizado no lobo frontal posterior (área de Brodmann 8, demonstrada como a área listrada na ▶ Fig. 1.1). Lesões destrutivas prejudicam o olhar para a área contralateral (paciente olha para o *mesmo* lado da lesão), enquanto que lesões irritativas (ou seja, convulsões) ativam o centro, produzindo o olhar contralateral (pacientes olham para o lado *oposto* do lado da lesão). Ver também **Sistema do músculo extraocular (EOM)** (p. 565) para maiores detalhes
  - b) lesão bilateral: pode produzir apatia, abulia
  - c) região da goteira olfatória: pode produzir a síndrome de Foster Kennedy (ver abaixo)
  - d) lobos pré-frontais controlam a "função executiva": planejando, priorizando, organizando pensamentos, suprimindo impulsos, entendendo as consequências das decisões
2. lobo parietal: principais características (ver abaixo para detalhes)
  - a) qualquer lado: síndrome sensorial cortical, extinção sensorial, hemianopsia homônima contralateral, negligência contralateral
  - b) lesão no lobo parietal dominante (esquerdo na maioria): dificuldades de linguagem (afasias), síndrome de Gerstmann (p. 98), estereognosia bilateral
  - c) lesões no lobo parietal não dominante: perda da memória topográfica, anosognosia e apraxia do vestir
3. lobo occipital: hemianopsia homônima
4. cerebelo
  - a) lesões do hemisfério cerebelar causam ataxia nos ramos *ipsolaterais*
  - b) lesões no vérmis cerebelar causam ataxia troncular
5. tronco cerebral: geralmente produz uma mistura de déficits de nervos cranianos e achados no trato longo (ver abaixo para algumas síndromes de tronco cerebral específicas)
6. região pineal
  - a) síndrome de Parinaud (p. 99)

3.2.2 Síndromes do lobo parietal

Ver referência.[12 (p. 308-12)]

Anatomia do lobo parietal

O lobo parietal está localizado atrás do sulco central, acima da fissura silviana, unindo-se posteriormente ao lobo occipital (a borda na superfície medial do cérebro é definida por uma linha conectando o sulco parietoccipital à incisura pré-occipital).

Neurofisiologia do lobo parietal

- qualquer lado: o córtex parietal anterior organiza as percepções do tato (provavelmente contralateral) e integra-se com as sensações visual e auditiva para construir uma percepção do corpo e de suas relações espaciais
- lado dominante (no lado esquerdo em 97% dos adultos): compreensão da linguagem, inclui o "emparelhamento intermodal" (auditivo-visual, visual-tátil, etc.). Disfasia presente nas lesões do lobo dominante frequentemente impede a avaliação
- lado não dominante (lado direito na maioria): integra a sensação visual e proprioceptiva para possibilitar a manipulação do corpo e objetos, e para determinadas atividades de construção

Síndromes clínicas da doença de lobo parietal

Visão geral

1. doença *unilateral* do lobo parietal (dominante ou não dominante):
  - a) síndrome sensorial cortical (ver abaixo) e extinção sensorial (negligenciando 1 de 2 estímulos simultaneamente apresentados). Lesão grande → hemianestesia
  - b) lesão congênita → hemiparesia leve e atrofia muscular contralateral
  - c) hemianopsia homônima ou distração visual
  - d) ocasionalmente: anosognosia
  - e) negligência da metade contralateral do corpo e espaço visual (mais comum em lesões no lado direito)
  - f) supressão do *nistagmo optocinético* em um lado
2. efeitos adicionais da lesão no lobo parietal dominante (lado esquerdo na maioria):
  - a) transtornos de linguagem (afasias)
  - b) funções relacionadas com a fala ou verbalmente mediadas, p. ex., emparelhamento intermodal (p. ex., paciente entende as palavras faladas e conseguem ler, mas não conseguem entender frases com elementos de relações)

Anatomia e Fisiologia

c) síndrome de Gerstmann, classicamente:
  - agrafia sem alexia (pacientes conseguem ler, mas não conseguem escrever)
  - confusão esquerda-direita
  - agnosia digital: incapacidade de identificar o dedo pelo nome
  - acalculia
d) agnosia tátil (astereognose bilateral)
e) apraxia ideomotora bilateral (incapacidade de cumprir comandos verbais para atividades que podem ser realizadas espontaneamente com facilidade)

3. efeitos adicionais das lesões de lobo parietal não dominante (geralmente no lado direito):
  a) perda da memória topográfica
  b) anosognosia e apraxia do vestir

Síndrome sensorial cortical

Lesão do giro pós-central, área especializada que mapeia a mão.
- déficits sensoriais:
  a) perda do senso de posição e do senso de movimento passivo
  b) incapacidade de localizar estímulos táteis, térmicos e nociceptivos
  c) estereognosia (incapacidade de julgar o tamanho e formato do objeto, e de identificar pelo tato)
  d) agrafestesia (não consegue interpretar números escritos à mão)
  e) perda da discriminação de dois pontos
- sensações preservadas: dor, toque, pressão, vibração, temperatura
- outras características
  a) fácil fatigabilidade das percepções sensoriais
  b) dificuldade em diferenciar estímulos simultâneos
  c) prolongamento da dor superficial com hiperpatia
  d) alucinações táteis

Síndrome de Anton-Babinski

Uma assomatagnosia unilateral. Pode parecer mais comum nas lesões parietais não dominantes (geralmente do lado direito), pois pode ser obscurecida pela afasia que ocorre nas lesões do lado dominante (esquerdo).

1. anosognosia (indiferença ou desconhecimento dos déficits, paciente pode negar que aquela extremidade paralisada é dele)
2. apatia (indiferença à falha)
3. aloquiria (estímulos em um lado percebidos no lado contralateral)
4. apraxia do vestir: negligência de um lado do corpo ao se vestir e se arrumar
5. extinção: paciente não está ciente do estímulo contralateral quando apresentado com um estímulo simultâneo em ambos os lados
6. desatenção com um campo visual interior (com ou sem hemianopsia homônima), com desvio da cabeça, olhos e torção do corpo para o lado não afetado

Afasia de lobo parietal

1. afasia de Wernicke: lesão das áreas de associação auditiva ou separação dessas áreas do giro angular e córtex auditivo primário. Uma afasia *fluente* (comprimento e entonação corretos da frase, destituída de significado). Pode incluir parafasia. Lesão na região da área de Wernicke (áreas de Brodmann 40 e 39, ▶ Fig. 1.1)
2. afasia de Broca (motora): na realidade, "apraxia" do sequenciamento motor da fala (músculos da fala e fonadores não estão paralisados e têm a função de outras atividades), produzindo fala hesitante e disártrica. Lesão na região da área de Broca (área de Brodmann 44, ▶ Fig. 1.1)
3. afasia global: geralmente em razão de uma lesão que destrói uma grande porção do centro de linguagem; todos os aspectos da fala e linguagem afetados
  a) incapaz de falar, exceto por alguns clichês, frases habituais ou expletivos
  b) anomia (incapacidade de nomear objetos ou partes de objetos)
  c) perseveranças verbal e motora
  d) incapaz de entender tudo, exceto algumas palavras
  e) incapacidade de ler ou escrever
4. afasia de condução: por causa de um comprometimento das conexões entre as áreas da fala frontal e temporal, geralmente envolvendo o giro supramarginal. Similar à afasia de Wernicke (fala espontânea fluente e parafasias), porém os pacientes entendem as palavras faladas e escritas e estão cientes de seu déficit. A repetição está gravemente afetada

Neurofisiologia e Síndromes Cerebrais Regionais

5. cegueira verbal pura: conhecida como alexia sem agrafia (rara) secundária a uma lesão no lobo parie-toccipital que interrompe as conexões entre o giro angular esquerdo e ambos os lobos occipitais. Os pacientes conseguem escrever, mas são incapazes de ler o que escreveram e, frequentemente, não parecem preocupados com isto
Geralmente acompanhado pela perda da capacidade de nomear cores. A leitura e nomeação de número estão geralmente preservadas

3.2.3 Síndrome de Foster Kennedy

Nomeado após o neurologista Robert Foster Kennedy. Geralmente causado por um tumor na goteira olfa-tória ou no terço médio da asa esfenoidal (normalmente meningioma). Atualmente rara em razão da detecção precoce por CT ou MRI. Tríade clássica:
1. anosmia ipsolateral
2. escotoma central *ipsolateral* (com *atrofia* óptica decorrente da pressão no nervo óptico)
3. papiledema *contralateral* (causado por uma ICP elevada)

Ocasionalmente, uma proptose ipsolateral também ocorrerá por causa da invasão orbital pelo tumor.

3.2.4 Tronco cerebral e síndromes relacionadas

Síndrome de Weber

Paralisia do Cr. N. III, com hemiparesia contralateral; ver também acidentes vasculares cerebrais lacunares (p. 1267). Paralisias do terceiro nervo em decorrência de lesões parenquimatosas podem poupar as pupi-las.

Síndrome de Benedikt

Similar à síndrome de Weber, acrescida de lesão no núcleo rubro. Paralisia do Cr. N. III com hemiparesia contralateral, exceto do braço, que tem hipercinesia, ataxia e tremor intencional grosseiro. Lesão: tegu-mento do mesencéfalo, envolvendo o núcleo rubro, conjuntiva braquial e fascículos do III nervo craniano.

Síndrome de Millard-Gubler

Paralisia dos nervos facial (VII) e abducente (VI) + hemiplegia contralateral (trato corticoespinal) em decorrência de lesão na base da ponte (geralmente infarto isquêmico, ocasionalmente tumor).

3.2.5 Tumor de Parinaud

Definição

Conhecido como síndrome mesencefálica dorsal, ou síndrome pré-tectal. Como descrita originalmente, uma paralisia supranuclear do olhar vertical como consequência de lesão no mesencéfalo.[13]
Existem várias descrições um tanto variadas, no entanto, a maioria inclui:
- paralisia supranuclear do olhar vertical para cima (ou seja, paralisia da supraversão, afetando os movi-mentos voluntários sacádicos e de seguimento, com preservação dos reflexos vestíbulo-ocular ou oculo-cefálico (olhos de boneca) na maioria dos casos). Os movimentos oculares horizontais são poupados
- retração palpebral (sinal de Collier): paralisia da supraversão + retração palpebral produz o "sinal do sol poente"
- paralisia de convergência
- paralisia de acomodação
- associações menos comuns: paralisia pseudoabducente (conhecida como esotropia talâmica), nistagmo em gangorra, pupilas fixas, dissociação luz-acomodação (pseudoArgyll Robertson), espasmo de conver-gência, nistagmo de retração, oftalmoplegia internuclear (INO)

Desvio oblíquo pode ser uma variante unilateral da síndrome de Parinaud.
Síndrome do aqueduto Silviano: síndrome de Parinaud (PS) combinada com paralisia do olhar para baixo.

Diagnóstico diferencial

Etiologias
1. massas pressionando diretamente a placa quadrigeminal (p. ex., tumores na região pineal)
2. ICP elevada: secundária à compressão do teto mesencefálico por dilatação do recesso suprapineal, p. ex., na hidrocefalia

3. acidente vascular cerebral ou hemorragia no tronco cerebral superior
4. esclerose múltipla (MS)
5. ocasionalmente observado com toxoplasmose

Condições afetando a motilidade ocular que poderiam mimetizar a paralisia da supraversão da PS:

1. síndrome de Guillain-Barré
2. miastenia grave
3. botulismo
4. hipotireoidismo
5. pode haver uma perda benigna gradual da supraversão com a senescência

3.3 Síndromes do forame jugular

3.3.1 Anatomia aplicada

O forame jugular (JF) é um dos pares de aberturas entre a parte lateral do osso occipital e a parte petrosa do osso temporal. O forame é geralmente dividido em dois por uma medular óssea proveniente do osso temporal petroso, que se liga por uma ponte fibrosa (que é óssea em 26% dos casos) ao processo jugular do osso occipital.[14] O JF direito é geralmente mais largo que o esquerdo.[14,15] A crista carotídea separa o JF do canal carotídeo próximo. Conteúdos do forame jugular (JF): Cr. N. IX, X, XI, seio petroso, seio sigmoide, alguns ramos meníngeos provenientes das artérias faríngea ascendente e occipital.[16]

Proximidade: O Cr. N. XII atravessa o canal hipoglosso imediatamente acima do côndilo occipital. A artéria carótida com o plexo simpático entra no canal carotídeo.

A compartimentalização do forame jugular ainda é controversa. Até 4 forames foram descritos ao longo dos anos. Embora tenha sido previamente reconhecido, uma descrição inicial de 2 compartimentos foi publicada, em 1967, por Hovelacque.[17] Neste, a medular óssea (± seu septo fibroso) divide o forame em:

- *pars vascularis*: o maior compartimento posterolateral contendo o nervo vago (e ramificando-se no nervo de Arnold), nervo acessório espinal e a veia jugular interna
- *pars* nervosa: o menor compartimento anteromedial contendo o nervo glossofaríngeo (ramificando-se no nervo de Jacobson), seio petroso inferior e ramo meníngeo da artéria faríngea ascendente

Uma publicação, em 1997, descreveu estes 3 compartimentos:[18]

- sigmoide: compartimento posterolateral grande contendo o seio sigmoide
- petroso: menor compartimento anteromedial contendo o seio petroso
- intrajugular ou neural: CN IX, X e XI

3.3.2 Síndromes clínicas

Informações gerais

Foram descritas várias síndromes epônimas com alguns achados conflitantes na literatura: Ver ▶ Quadro 3.2 para um resumo e ▶ Fig. 3.2 para um diagrama esquemático dos déficits em várias síndromes do JF.

Síndrome de Vernet: paralisia do CN IX, X e XI

Conhecida como síndrome do forame jugular. Geralmente decorrente de uma lesão intracraniana.

As etiologias incluem: tumores do forame jugular, dissecções da ACI, aneurismas micóticos da carótida externa, trombose da veia jugular, secundário à endarterectomia carotídea.

Sintomas: paralisia unilateral do palato, pregas vocais, esternocleidomastóideo, trapézio, com perda do paladar no terço posterior da língua, anestesia do palato mole, laringe e faringe.

Síndrome de Collet-Sicard

Paralisias do CN IX, X, XI e XII sem envolvimento simpático. Mais provável com lesão fora do crânio. Se causada por uma lesão intracraniana, teria que ser de um tamanho tão grande que normalmente produziria compressão do tronco cerebral → achados no trato longo.

Quadro 3.2 Disfunção de nervos cranianos nas síndromes do forame jugular

Nervo	Resultado da lesão	Síndrome					
		Vernet	Collet Sicard	Villaret	Tapia	Jackson	Schmidt
IX	perda do paladar e sensação no terço posterior da língua	x	x	x			
X	paralisia das pregas vocais e palato, anestesia da faringe e laringe	x	x	x	x	x	x
XI	trapézio fraco e SCM	x	x	x	±	x	x
XII	paralisia e atrofia da língua		x	x	x	x	
simpáticos	síndrome de Horner			x	±		

Código: x indica disfunção/déficit (lesão) daquele nervo; ± indica que o envolvimento pode ou não ocorrer.

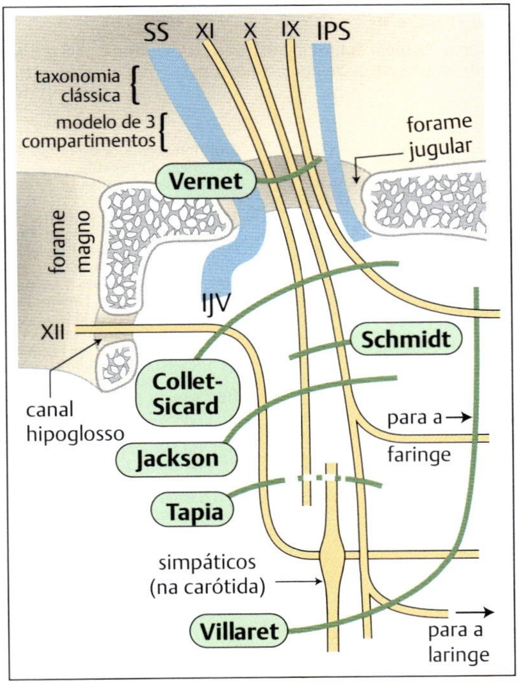

Fig. 3.2 Diagrama esquemático do forame jugular (corte coronal no forame jugular esquerdo, visualizado de frente). Inclui o clássico modelo de 2 compartimentos e a classificação de 3 compartimentos de Katsuta et al.[18] Síndromes do forame jugular são ilustradas: uma linha sólida atravessando um nervo indica um déficit, linha pontilhada indica ± envolvimento.

As etiologias incluem: fraturas condilar e de Jefferson, dissecção da carótida interna, tumores primários e metastáticos, doença de Lyme e displasia fibromuscular.

Sintomas: paralisia unilateral do palato, pregas vocais, esternocleidomastóideo, trapézio, língua, perda do paladar no terço posterior da língua, anestesia do palato mole, laringe e faringe.

Síndrome de Villaret: paralisia do CN IX, X, XI e XII + disfunção simpática

Conhecida como síndrome retrofaríngea posterior e síndrome nervosa do espaço retroparotídeo posterior. Síndrome de Collet-Sicard com envolvimento simpático. Geralmente causada por lesões retrofaríngeas.

As etiologias incluem: tumores parotídeos, metástases, aneurisma da carótida externa e osteomielite da base do crânio.

Sintomas: como com a síndrome de Collet-Sicard + síndrome de Horner.

Síndrome de Tapia: paralisia do CN X e XII (± XI)

Conhecida como doença do Matador (descrita pela primeira vez em um toureiro por Antonio Garcia Tapia). Alguns autores descrevem uma forma intracraniana e extracraniana.[19]

As etiologias incluem: intubação oral (maioria dos casos antes de 2013), metástases, raramente associada a dissecções da artéria carótida ou vertebral.

Sintomas: rouquidão da voz, disfagia secundária à incoordenação da língua e propulsão do *bolus* alimentar, atrofia unilateral e paralisia da língua, ± paralisia do esternocleidomastóideo e trapézio, preservação do palato mole.

Síndrome de Jackson (Hughlings): paralisia do CN X, XI e XII

Descrita pela primeira vez, em 1864, com paralisia unilateral do palato mole, laringe, esternocleidomastoideo, trapézio e língua.

Síndrome de Schmidt: CN X e XI

Conhecida como síndrome vagospinal. Schmidt descreveu esta síndrome pela primeira vez, em 1892. Prega vocal unilateral e paralisia do esternocleidomastóideo, palato mole, laringe e trapézio.

Referências

[1] Neuwelt EA, Barnett PA, McCormick CI, Frenkel EP, et al. Osmotic Blood-Brain Barrier Modification: Monoclonal Antibody, Albumin, and Methotrexate Delivery to Cerebrospinal Fluid and Brain. Neurosurgery. 1985; 17:419–423

[2] Neuwelt EA, Maravilla KR, Frenkel EP, et al. Use of Enhanced Computerized Tomography to Evaluate Osmotic Blood-Brain Barrier Disruption. Neurosurgery. 1980; 6:49–56

[3] Marcus JC. Flexor Plantar Responses in Children With Upper Motor Neuron Lesions. Arch Neurol. 1992; 49:1198–1199

[4] Dohrmann GJ, Nowack WJ. The Upgoing Great Toe: Optimal Method of Elicitation. Lancet. 1973; 1:339–341

[5] Houten JK, Noce LA. Clinical correlations of cervical myelopathy and the Hoffmann sign. J Neurosurg Spine. 2008; 9:237–242

[6] Glaser JA, Cure JK, Bailey KL, Morrow DL. Cervical spinal cord compression and the Hoffmann sign. Iowa Orthop J. 2001; 21:49–52

[7] MacDiarmid SA. The ABCs of Neurogenic Bladder for the Neurosurgeon. Contemp Neurosurg. 1999; 21:1–8

[8] Youmans JR. Neurological Surgery. Philadelphia 1982

[9] Wein AJ, Walsh PC, Retik AB, Vaughan ED, Wein AJ. In: Neuromuscular Dysfunction of the Lower Urinary Tract and Its Treatment. Campbell's Urology. 7th ed. Philadelphia: W.B. Saunders; 1998:953–1006

[10] Tolterodine for Overactive Bladder. Med Letter. 1998; 40:101–102

[11] Tamsulosin for Benign Prostatic Hyperplasia. Med Letter. 1997; 39

[12] Adams RD, Victor M. Principles of Neurology. 2nd ed. New York: McGraw-Hill; 1981

[13] Pearce JM. Parinaud's syndrome. J Neurol Neurosurg Psychiatry. 2005; 76

[14] Rhoton AL, Jr, Buza R. Microsurgical anatomy of the jugular foramen. J Neurosurg. 1975; 42:541–550

[15] Osunwoke EA, Oladipo GS, Gwuinereama IU, Ngaokere JO. Morphometric analysis of the foramen magnum and jugular foramen in adult skulls from southern Nigerian population. Am J Sci Indust Res. 2012; 3:446–448

[16] Svien HJ, Baker HL, Rivers MH. Jugular Foramen Syndrome and Allied Syndromes. Neurology. 1963; 13:797–809

[17] Hovelacque A. Osteologie. Paris, France: G. Doin and Cie; 1967; 2

[18] Katsuta T, Rhoton AL, Jr, Matsushima T. The jugular foramen: microsurgical anatomy and operative approaches. Neurosurgery. 1997; 41:149–201; discussion 201-2

[19] Krasnianski M, Neudecker S, Schluter A, Krause U, Winterholler M. Central Tapia's syndrome ("matador's disease") caused by metastatic hemangiosarcoma. Neurology. 2003; 61:868–869

Parte II
Geral e Neurologia

4	Neuroanestesia	104
5	Homeostase do Sódio e Osmolalidade	110
6	Cuidados Neurocríticos Gerais	126
7	Sedativos, Paralíticos, Analgésicos	132
8	Endocrinologia	144
9	Hematologia	153
10	Neurologia para Neurocirurgiões	174
11	Distúrbios Neurovasculares e Neurotoxicidade	194

4 Neuroanestesia

4.1 Informações gerais

▶ Quadro 4.1 mostra o sistema de classificação da American Society of Anesthesiologists (ASA), usado para estimar o risco anestésico para várias condições.

Para questões relacionadas com a pressão intracraniana (ICP), pressão de perfusão cerebral (CPP), constituintes intracranianos, etc., ver princípios da ICP (p. 856). Para fluxo sanguíneo cerebral (CBF) e taxa metabólica cerebral de oxigênio ($CMRO_2$), ver CBF e utilização de oxigênio (p. 1264).

Parâmetros de relevância primária à cirurgia neurológica que podem ser modulados pelo anestesiologista:

1. pressão arterial: um dos fatores que determina a CPP, bem como a perfusão da medula espinal. Pode necessitar ser manipulada (p. ex., reduzida quando trabalhando em um aneurisma, ou elevada para aumentar a circulação contralateral durante o pinçamento). A medida por um cateter arterial é a mais precisa e, dependendo do quadro do paciente e do procedimento planejado, este geralmente deve ser colocado antes da indução anestésica. Para procedimentos intracranianos, o cateter arterial deve ser calibrado no meato auditivo externo para refletir de forma mais acurada a pressão sanguínea intracraniana
2. pressão venosa jugular: um dos fatores que influencia a ICP
3. pressão parcial de CO_2 ($PaCO_2$): CO_2 é o vasodilatador cerebral mais potente. Hiperventilação reduz a $PaCO_2$ (hipocapnia), que diminui o CBV, mas também o fluxo sanguíneo cerebral (CBF). A meta é geralmente uma concentração de CO_2 no final da expiração ($ETCO_2$) de 25-30 mmHg, com uma $PaCO_2$ correlacionada de 30-35mmHg. Usar com cuidado em procedimentos estereotáxicos para minimizar o desvio dos conteúdos intracranianos ao usar este método para controlar a ICP[4]
4. pressão parcial de O_2 no sangue arterial
5. hematócrito: na neurocirurgia, é crucial contrabalancear a capacidade de transporte de oxigênio (reduzida pela anemia) e a melhora da hemorreologia (comprometida pelo Hct elevado)
6. temperatura do paciente: leve hipotermia fornece certa proteção contra isquemia, reduzindo em ≈ 7% a taxa metabólica cerebral de oxigênio ($CMRO_2$) para cada 1°C que cai
7. nível de glicose no sangue: hiperglicemia exacerba déficits isquêmicos[5]
8. $CMRO_2$: reduzida com determinados agentes neuroprotetores e por hipotermia, que ajuda a proteger contra lesão isquêmica
9. nos casos em que um dreno lombar ou ventricular tenha sido colocado: saída de liquor
10. elevação da cabeça do paciente: o abaixamento da cabeça aumenta o fluxo de sangue arterial, mas também aumenta a ICP pelo comprometimento da saída venosa
11. volume intravascular: hipovolemia pode prejudicar o fluxo sanguíneo em casos neurovasculares. Na posição prona na cirurgia, fluidos excessivos podem contribuir para o desenvolvimento de edema facial, que é um dos fatores de risco para neuropatia óptica isquêmica posterior – PION (p. 1056)
12. lesões de posicionamento: durante o procedimento, a posição do paciente pode mudar e não ser percebida pelo cirurgião. Exame cuidadoso e frequente da posição do paciente pode prevenir lesões associadas a um mau posicionamento prolongado
13. náusea e vômito pós-operatórios (PONV): pode afetar de forma adversa a ICP e pode ter um impacto negativo sobre os procedimentos cirúrgicos cervicais recentes. Por uma questão de prudência, devem-se evitar agentes anestésicos conhecidos por causar náuseas ou vômitos ou realizar pré-tratamento para preveni-los no pós operatório

4.2 Fármacos usados na neuroanestesia

4.2.1 Agentes inalatórios

Informações gerais

A maioria reduz o metabolismo cerebral (exceto o óxido nitroso) pela supressão da atividade neuronal. Esses agentes afetam a autorregulação cerebral e causam vasodilatação cerebral, que aumenta o volume de sangue no cérebro (CBV) e podendo elevar a ICP. Com administrações > 2 h, esses agentes aumentam o volume de liquor, o que também pode potencialmente contribuir com o aumento da ICP. A maioria dos agentes aumenta a reatividade dos vasos sanguíneos cerebrais ao CO_2. Esses agentes afetam a monitorização intraoperatória do potencial evocado (EP) (p. 107).

Informações do fármaco: Óxido nitroso

Um vasodilatador potente que aumenta de forma significativa o CBF e aumenta minimamente o metabolismo cerebral. Contribui a náuseas e vômitos no pós-operatório.

Óxido nitroso, pneumocefalia e embolia aérea: a solubilidade do óxido nitroso (N_2O) é $\approx$ 34 vezes maior do que a do nitrogênio.[6] Quando o N_2O sai da solução em um espaço hermético, pode aumentar a pressão que pode converter a pneumocefalia em "pneumoencéfalo de tensão". Também pode agravar a embolia aérea. Portanto, é necessário cautela, especialmente na posição sentada, em que pneumocefalia e embolia aérea significativa pós-operatória são comuns. O risco de pneumoencéfalo de tensão pode ser reduzido preenchendo-se a cavidade com fluidos, em conjunção com o desligamento de N_2O por cerca de 10 minutos, antes de completar o fechamento dural. Ver Pneumocefalia (p. 887).

Agentes halogenados

Os agentes mais usados atualmente são demonstrados abaixo. Todos suprimem a atividade EEG e podem fornecer algum grau de proteção cerebral.

Informações do fármaco: Isoflurano (Forane®)

Pode produzir EEG isoelétrico sem toxicidade metabólica. Melhora o prognóstico neurológico em casos de isquemia global incompleta (embora, em estudos experimentais realizados em ratos, a quantidade de lesão tecidual tenha sido maior do que com o tiopental[7]).

Informações do fármaco: Desflurano (Suprane®)

Um vasodilatador cerebral aumenta o CBF e a ICP. Diminui a $CMRO_2$, o que tende a causar uma vasoconstrição compensatória.

Informações do fármaco: Sevoflurano (Ultane®)

Aumenta levemente o CBF e a ICP, e reduz a $CMRO_2$. Inotrópico negativo leve, o débito cardíaco não é mantido tão bem quanto com o isoflurano ou desflurano.

4.2.2 Agentes anestésicos intravenosos

Agentes geralmente usados para indução

1. propofol: o mecanismo de ação exato é desconhecido. Meia-vida curta, sem metabólitos ativos. Pode ser usado para indução e como uma infusão contínua durante a anestesia intravenosa total (TIVA). Causa redução dose-dependente na pressão arterial média (MAP) e na ICP. Ver também as informações para outros usos que para indução (p. 106). É eliminado mais rapidamente do que o tiopental, motivo este que tem sido utilizado com frequência cada vez maior

2. barbitúricos: produzem redução significativa na $CMRO_2$ e removem radicais livres, entre outros efeitos (p. 1202). Produz supressão dose-dependente do EEG, o que pode resultar em um EEG isoelétrico. Afeta minimamente os EPs. A maioria é anticonvulsivante, mas o metoexital (Brevital®) (p. 132) pode diminuir o limiar convulsivo. Supressão miocárdica e vasodilatação periférica, provocadas pelos barbitúricos, podem causar hipotensão e comprometer a CPP, especialmente em pacientes hipovolêmicos
   ✱ tiopental sódico (Pentothal®): o agente mais comum: início rápido, de curta duração. Mínimo efeito sobre a ICP, o CBF e a $CMRO_2$

3. etomidato (Amidate®): um derivado de imidazol carboxilado. Anestésico e amnéstico, mas sem propriedades analgésicas. Ocasionalmente produz atividade mioclônica, que pode ser confundida com convulsões. Prejudica a função renal e deve ser evitado em pacientes com doença renal diagnosticada

Pode produzir insuficiência suprarrenal. Ver Fármacos diversos na neuroanestesia (p. 106) para informações outras que o uso na indução

4. quetamina: antagonista do receptor NMDA. Produz uma anestesia dissociativa. Mantém o débito cardíaco. Pode elevar levemente a frequência cardíaca e a pressão arterial. A ICP aumenta em paralelo com o aumento do débito cardíaco

Narcóticos na anestesia

Narcóticos não sintéticos

Os narcóticos aumentam a absorção de liquor e reduzem minimamente o metabolismo cerebral. Eles desaceleram o EEG, *não* produzem um traçado isoelétrico. ✖ Todos os narcóticos causam depressão respiratória dose-dependente, o que pode resultar em hipercarbia e aumento concomitante da ICP em pacientes não ventilados. Frequentemente, também contribuem à náuseas e vômitos no pós-operatório.

Morfina: não atravessa de forma significativa a BBB.

✖ Desvantagens em pacientes neurológicos:
1. causa liberação de histamina, o que
   a) pode produzir hipotensão
   b) pode causar vasodilatação cerebrovascular → ICP elevada[8] [(p. 1593)]
   c) ambos os itens acima juntos podem comprometer a CPP
2. na insuficiência renal ou hepática, o metabólito morfina-6-glicuronídeo pode acumular, o que pode causar confusão

Narcóticos sintéticos

Estes *não* causam liberação de histamina, ao contrário da morfina e meperidina.

✱ Remifentanil (Ultiva®); ver também informações detalhadas (p. 133): reduz $CMRO_2$, CBV e ICP. Doses altas podem ser neurotóxicas ao sistema límbico e áreas associadas. Pode ser usado para craniotomia em paciente acordado (p. 1432).

Fentanil: atravessa a BBB. Reduz $CMRO_2$, CBV e ICP. Pode ser administrado em *bolus* e/ou na forma de infusão contínua.

Sufentanil: mais potente do que o fentanil. Não aumenta o CBF. ✖ Eleva a ICP (pode ser decorrente da hipoventilação – que pode ocorrer com qualquer narcótico) e, portanto, é geralmente inapropriada para casos neurocirúrgicos. Caro.

4.2.3 Fármacos diversos na neuroanestesia

▶ **Benzodiazepínicos.** Estes fármacos são agonistas de receptores GABA e reduzem a $CMRO_2$. Também fornecem ação anticonvulsivante e produzem amnésia. Ver também agentes e reversão (p. 205).

▶ **Etomidato** (p. 105). Usado primariamente para indução (p. 105).
- um vasoconstritor cerebral que, portanto: reduz o CBF e ICP; reduz a $CMRO_2$, porém não é mais promovido como um protetor cerebral com base em estudos experimentais,[9] e uma queda na tensão de oxigênio no tecido cerebral ($pBtO_2$) com compressão temporária da MCA[10]
- não suprime a atividade do tronco cerebral
- suprime a produção de cortisol na adrenocortical. Isto geralmente ocorre com a administração prolongada, mas pode ocorrer mesmo após uma única dose para indução, podendo persistir por até 8 h (nenhum efeito adverso foi relatado na supressão de curta duração)
- aumenta a atividade de focos convulsivos, o que pode ser usado para mapear os focos durante o tratamento cirúrgico de epilepsia, mas também pode induzir convulsões

▶ **Propofol.** Um hipnótico sedante. Útil para indução (p. 105). Reduz o metabolismo cerebral, o CBF e a ICP. Foi descrito para proteção cerebral (p. 1203) e para sedação (p. 133). A sua meia-vida curta permite um despertar rápido, o que pode ser útil na craniotomia em paciente acordado (p. 1434). Não é analgésico.

▶ **Lidocaína.** Administrada por via IV, suprime os reflexos laríngeos, o que pode ajudar a atenuar as elevações da ICP que normalmente ocorrem após a intubação ou aspiração traqueal. Anticonvulsivante em baixas doses pode provocar convulsões em altas concentrações.

▶ **Esmolol.** Antagonista seletivo dos receptores adrenérgicos beta 1, atenua a resposta simpática à laringoscopia e intubação. Menos sedativo do que doses equipotentes de lidocaína ou fentanil usadas para a mesma finalidade. Meia-vida: 9 minutos. Ver também dosagem, etc. (p. 127).

► **Dexmedetomidina (Precedex®).** Agonista dos receptores adrenérgicos alfa 2, usada para controle da hipertensão pós-operatória, bem como por suas qualidades sedativas durante a craniotomia em paciente acordado, tanto isoladamente como em conjunto com o propofol (p. 105). Também usada para ajudar os pacientes a tolerar a sonda endotraqueal sem sedativos/narcóticos, para facilitar a extubação.

4.2.4 Paralíticos para intubação

Paralíticos (agentes bloqueadores neuromusculares (NMBA): administrados para facilitar a intubação traqueal e para melhorar as condições cirúrgicas, quando indicado. A administração de paralíticos deve idealmente ser sempre guiada por um medidor de contrações neuromusculares. Ver também Sedativos e paralíticos (p. 132). Além dos paralíticos, todos os pacientes conscientes também devem receber um sedativo para atenuar a consciência.

Paralíticos não devem ser administrados até que tenha sido determinado que o paciente possa ser ventilado manualmente, exceto no tratamento de laringospasmo (pode ser testado com tiopental). Usar com cautela em pacientes não fixados com coluna cervical instável.

Em razão da ação prolongada, o pancurônio (Pavulon®) não é indicado como o paralítico primário para intubação, mas pode ser útil após a intubação do paciente ou em *baixas* doses como um adjuvante da succinilcolina.

Informações do fármaco: Succinilcolina (Anectine®)

O único agente despolarizante. Pode ser usada para proteger as vias aéreas na intubação de emergência, mas por causa dos possíveis efeitos colaterais (p. 135), não deve ser usada agudamente após lesão, ou em adolescentes ou crianças (um bloqueador não despolarizante de curta duração é preferível). Pode transitoriamente aumentar a ICP. Prévia dosagem com 10% da dose efetiva em 95% dos pacientes (ED95) de um relaxante muscular não despolarizante reduz as fasciculações musculares.

℞ Dose de intubação: 1-1,5 mg/kg (fornecida como 20 mg/mL → 3,5-5 mL para um paciente de 70 kg), início 60-90 s, duração 3-10 min, pode repetir mesma dose x 1.

Informações do fármaco: Rocurônio (Zemuron®)

Ação intermediária, aminoesteroide, relaxante muscular não despolarizante. O único agente bloqueador neuromuscular não despolarizante aprovado para sequência rápida de intubação; a duração e início de ação são dependentes da dose. ℞ (p. 135).

Informações do fármaco: Vecurônio (Norcuron®)

Ver detalhes (p. 136).

Aminoesteroide com atividade similar àquela do rocurônio. No entanto, não causa liberação de histamina e não é aprovado para sequência rápida de intubação. ℞

Informações do fármaco: Cisatracúrio (Nimbex®)

Ver detalhes (p. 136).

Metabolizado pela degradação de Hoffman (temperatura-dependente), ação intermediária, sem aumentos significativos na liberação de histamina. ℞

4.3 Necessidade de anestésicos na monitorização dos potenciais evocados intraoperatórios

Para detalhes da monitorização intraoperatória dos potenciais evocados (EP), ver **Potenciais evocados intraoperatórios** (p. 239).

Todos os anestésicos voláteis produzem uma redução dose-dependente no pico de amplitude do SSEP e um aumento do pico de latência. A adição de óxido nitroso aumenta essa sensibilidade aos agentes anestésicos.

Problemas anestésicos associados à monitorização dos potenciais evocados (EPs) intraoperatórios:

1. indução: minimizar a dose de pentotal (produz ≈ 30 minutos de supressão dos EPs) ou usar etomidato (que aumenta a amplitude e latência do SSEP[11])
2. anestesia total intravenosa (TIVA) é ideal (ou seja, sem agentes inalatórios)
3. técnica de óxido nitroso/narcótico é uma segunda escolha distante
4. se agentes anestésicos inalatórios são necessários:
   a) usar MAC < 1 (concentração alveolar máxima), idealmente MAC < 0,5
   b) evitar agentes antigos, como o halotano
5. relaxantes musculares não despolarizantes têm pouco efeito sobre o EP (em macacos[12])
6. o propofol tem um efeito leve sobre o EP: anestesia total com propofol causa menor depressão do EP do que os agentes inalatórios na mesma profundidade de anestesia[13]
7. benzodiazepínicos têm um efeito depressivo leve a moderado sobre os EPs
8. infusão contínua de anestésicos é preferível aos *bolus* intermitente
9. SSEPs podem ser afetados pela hipotermia ou hipertermia, e alterações na BP
10. hipocapnia (concentração de CO_2 no final da expiração = 21) causa mínima redução nos picos de latência[14]
11. fármacos antiepilépticos: fenitoína, carbamazepina e fenobarbital não afetam o SSEP[15]

4.4 Hipertermia maligna

4.4.1 Informações gerais

Hipertermia maligna (MH) é um estado hipermetabólico do músculo esquelético provocado pelo bloqueio idiopático da reentrada de Ca^{++} no retículo sarcoplasmático. Transmitida por uma predisposição genética multifatorial. O consumo total de O_2 pelo corpo aumenta 2-3x.

Incidência: 1 em cada 15.000 administrações anestésicas em pacientes pediátricos e 1 em cada 40.000 adultos. 50% dos casos tiveram prévia anestesia sem MH. Frequentemente associada à administração a agentes inalatórios halogenados e ao uso de succinilcolina (forma fulminante: rigidez muscular quase imediatamente após a administração de succinilcolina, pode envolver os masseteres → dificuldade na intubação). Ataque inicial e recrudescência também ocorrem no pós-operatório. Mortalidade de 30%.[16]

4.4.2 Apresentação

1. primeiro sinal possível: *aumento* na pressão parcial de pCO_2 ao final da expiração
2. taquicardia (precoce) e outras arritmias
3. com a progressão:
   a) coagulação disseminada intravascular (DIC) (sangramento proveniente da ferida cirúrgica e orifícios corporais)
   b) ABG: aumento da acidose metabólica e redução da pO_2
   c) edema pulmonar
   d) temperatura corporal elevada (pode alcançar ≥ 44° C (113° F) na frequência de 1° C/5 min) (pacientes normais se tornam hipotérmicos com a anestesia geral)
   e) rigidez muscular dos membros (comum, porém tardio)
   f) rabdomiólise → CPK e mioglobina elevadas (tardio)
4. terminal:
   a) hipotensão
   b) bradicardia
   c) parada cardíaca

4.4.3 Tratamento

1. eliminar os agentes ofensores (parar a cirurgia, descontinuar a anestesia inalatória e mudar a tubulação no aparelho de anestesia)
2. dantrolene sódico (Dantrium®): 2,5 mg/kg IV é geralmente eficaz, infundir até a diminuição dos sintomas, até 10 mg/kg
3. hiperventilação com O_2 a 100%
4. resfriamento da superfície e cavidades: IV, na ferida, NG, PR
5. bicarbonato: 1-2 mEq/kg para acidose
6. insulina e glicose IV (diminui K^+, glicose atua como um substrato energético)
7. procainamida para arritmias
8. diurese: carga volêmica + diuréticos osmóticos

4.4.4 Prevenção

1. identificação de pacientes em risco:
   a) único teste confiável: biópsia de 4 cm de músculo viável para testes *in vitro* em alguns poucos centros de teste regionais (contratura anormal à cafeína ou halotano)
   b) histórico familiar: qualquer parente com síndrome coloca o paciente em risco
   c) traços relacionados: 50% dos pacientes de MH possuem musculatura pesada, distrofia muscular do tipo Duchenne ou escoliose
   d) pacientes que exibem espasmos do músculo masseter em resposta à succinilcolina
2. nos pacientes em risco: evitar succinilcolina (bloqueadores não despolarizantes são preferíveis se a paralisia for essencial), podem receber com segurança anestésicos não halogenados (narcóticos, barbitúricos, benzodiazepínicos, droperidol, óxido nitroso...)
3. dantrolene oral profilático: 4-8 mg/kg/dia por 1-2 dias (última dose fornecida 2 h antes da anestesia) é geralmente eficaz

Referências

[1] Schneider AJ. Assessment of Risk Factors and Surgical Outcome. Surg Clin N Am. 1983; 63:1113–1126

[2] Vacanti CJ, VanHouten RJ, Hill RC. A Statistical Analysis of the Relationship of Physical Status to Postoperative Mortality in 68,388 Cases. Anesth Analg Curr Res. 1970; 49:564–566

[3] Marx GF, Mateo CV, Orkin LR. Computer Analysis of Postanesthetic Deaths. Anesthesiology. 1973; 39:54–58

[4] Benveniste R, Germano IM. Evaluation of factors predicting accurate resection of high-grade gliomas by using frameless image-guided stereotactic guidance. Neurosurg Focus. 2003; 14

[5] Martin A, Rojas S, Chamorro A, Falcon C, Bargallo N, Planas AM. Why does acute hyperglycemia worsen the outcome of transient focal cerebral ischemia? Role of corticosteroids, inflammation, and protein O-glycosylation. Stroke. 2006; 37:1288–1295

[6] Raggio JF, Fleischer AS, Sung YF, et al. Expanding Pneumocephalus due to Nitrous Oxide Anesthesia: Case Report. Neurosurgery. 1979; 4:261–263

[7] Drummond JC, Cole DJ, Patel PM, Reynolds LW. Focal Cerebral Ischemia during Anesthesia with Etomidate, Isofluorane, or Thiopental: A Comparison of the Extent of Cerebral Injury. Neurosurgery. 1995; 37:742–749

[8] Shapiro HM, Miller RD. In: Neurosurgical Anesthesia and Intracranial Hypertension. Anesthesia. 2nd ed. New York: Churchill Livingstone; 1986:1563–1620

[9] Drummond JC, McKay LD, Cole DJ, Patel PM. The role of nitric oxide synthase inhibition in the adverse effects of etomidate in the setting of focal cerebral ischemia in rats. Anesth Analg. 2005; 100:841–6, table of contents

[10] Hoffman WE, Charbel FT, Edelman G, Misra M, Ausman JI. Comparison of the effect of etomidate and desflurane on brain tissue gases and pH during prolonged middle cerebral artery occlusion. Anesthesiology. 1998; 88:1188–1194

[11] Koht A, Schutz W, Schmidt G, Schramm J, Watanabe E. Effects of etomidate, midazolam, and thiopental on median nerve somatosensory evoked potentials and the additive effects of fentanyl and nitrous oxide. Anesth Analg. 1988; 67:435–441

[12] Sloan TB. Nondepolarizing neuromuscular blockade does not alter sensory evoked potentials. J Clin Monit. 1994; 10:4–10

[13] Liu EH, Wong HK, Chia CP, Lim HJ, Chen ZY, Lee TL. Effects of isoflurane and propofol on cortical somatosensory evoked potentials during comparable depth of anaesthesia as guided by bispectral index. Br J Anaesth. 2005; 94:193–197

[14] Schubert A, Drummond JC. The effect of acute hypocapnia on human median nerve somatosensory evoked responses. Anesth Analg. 1986; 65:240–244

[15] Borah NC, Matheshwari MC. Effect of antiepileptic drugs on short-latency somatosensory evoked potentials. Acta Neurol Scand. 1985; 71:331–333

[16] Nelson TE, Flewellen EH. The Malignant Hyperthermia Syndrome. N Engl J Med. 1983; 309:416–418

5 Homeostase do Sódio e Osmolalidade

5.1 Osmolalidade sérica e concentração de sódio

A significância clínica dos vários valores de osmolaridade sérica é demonstrada no ▶ Quadro 5.1.

▶ **Osmolalidade sérica.** Pode ser estimada usando Eq (5.1).

$$\text{Osmolaridade (mOsm/L)} = 2 \times \{[Na^+] + [K^+]\} + \frac{BUN}{2,8} + \frac{glicose}{18} \tag{5.1}$$

(com [Na^+] em mEq/L ou mmol/L, e glicose e BUN em mg/dL).
   Nota: termos entre colchetes [] representam as concentrações séricas (em mEq/L para eletrólitos).

▶ **Conteúdo de sódio.** Na dieta: geralmente expresso em gramas de Na^+ (não NaCl), uma dieta pobre em sódio é considerada de 2 g ou menos de Na^+ ao dia.
   1 colher de chá ou de sopa de sal (NaCl) tem 2,3 g de Na^+.
   1 mg de NaCl tem 17 mEq de Na^+. 1 mg de Na^+ tem 43 mEq de Na^+.
   Soro fisiológico tem 0,9 g de NaCl/100 mL. 3% de NaCl tem 3 g de NaCl/100 mL.

5.2 Hiponatremia

5.2.1 Informações gerais

> ### Conceitos-chave
>
> - definição: soro [Na^+] < 135 mEq/L. Etiologias comuns:
>   - SIADH: hiponatremia hipotônica (osmolalidade sérica efetiva < 275 mOsm/L) com concentração urinária inapropriadamente alta (osmolalidade urinária > 100 mOsm/L) e euvolemia ou hipervolemia
>   - perda cerebral de sal (CSW): similar à SIADH, mas com *depleção* do volume de líquido extracelular por causa da perda renal de sódio ([Na] urinário > 20 mEq/L)
> - exames mínimos: ✓soro [Na^+], ✓osmolalidade sérica, ✓osmolalidade urinária, ✓avaliação clínica da volemia. Se a volemia for alta ou baixa: ✓urinária [Na^+] ✓TSH (para excluir hipotireoidismo)
> - tratamento: baseado na acuidade, gravidade, sintomas e etiologia; ver SIADH (p. 115 ou CSW (p. 118), conforme apropriado
> - risco de correção excessivamente rápida: desmielinização osmótica (incluindo mielinólise pontina central)

▶ **Classificação.** [Na^+] < 135 mEq/L = hiponatremia leve, < 130 = moderada, < 125 = grave.

▶ **Hiponatremia em pacientes neurocirúrgicos.** Observado principalmente em:
- síndrome da secreção inapropriada do hormônio antidiurético (p. 114), SIADH (p. 114): hiponatremia dilucional com *volume intravascular elevado* ou normal. O tipo mais comum de hiponatremia.[1] Geral-

Quadro 5.1 Correlações clínicas da osmolalidade sérica	
Valor (mOsm/L)	**Comentário**
282-295	normal
< 240 ou > 321	valores de pânico
> 320	risco de insuficiência renal
> 384	produz estupor
> 400	risco de convulsões generalizadas
> 420	geralmente fatal

mente tratada com *restrição de líquidos*. Pode estar associada a várias anormalidades intracranianas (▶ Quadro 5.2) e ser causada pela cirurgia transesfenoidal
- perda cerebral de sal (CSW): natriurese inapropriada com *depleção volêmica*. Tratada com *reposição volêmica* (oposto à SIADH) e *sódio*; os sintomas dos transtornos provocados pela CSW podem ser exacerbados pela restrição de líquidos (p. 118).[2] Etiologia de 6% dos casos de hiponatremia provocada por SAH aneurismática[3]

Quadro 5.2 Etiologias da SIAD[a]

Tumores malignos

1. especialmente carcinoma broncogênico de células pequenas
2. tumores do trato GI ou GU
3. linfomas
4. sarcoma de Ewing

Distúrbios do CNS

1. infeção:
    a) encefalite
    b) meningite: especialmente em pacientes pediátricos
    c) meningite tuberculosa
    d) AIDS
    e) abscesso cerebral
2. traumatismo craniano: prevalência de 4,6%
3. ICP elevada: hidrocefalia, SDH...
4. SAH
5. tumores cerebrais
6. trombose de seio cavernoso
7. ✱ pós-craniotomia, especialmente após cirurgia para tumores hipofisários, craniofaringiomas, tumores hipotalâmicos
8. MS
9. Guillain-Barré
10. Shy-Drager
11. *delirium tremens* (DTs)

Distúrbios pulmonares

1. infecção: pneumonia (bacteriana e viral), abscesso, TB, aspergilose
2. asma
3. insuficiência respiratória associada à respiração por pressão positiva

Fármacos

1. fármacos que liberam ou potencializam o ADH
    a) clorpropamida (Diabinese®): aumenta a sensibilidade renal ao ADH
    b) carbamazepina (Tegretol®), ainda mais comum com o oxcarbazepina
    c) HCTZ
    d) SSRIs, TCAs
    e) clofibrato
    f) vincristina
    g) antipsicóticos
    h) NSAIDs
    i) MDMA ("ecstasy")
2. análogos do ADH
    a) DDAVP
    b) ocitocina: atividade cruzada ao ADH, também pode ser contaminada com o ADH

Distúrbios endócrinos

1. insuficiência suprarrenal
2. hipotireoidismo

Diversos

1. anemia
2. estresse, dor severa, náusea ou hipotensão (todos podem estimular a liberação de ADH), estado pós-operatório
3. porfiria aguda intermitente (AIP)

[a]Selecionado e modificado[9,1].

▶ Outras etiologias de hiponatremia:
- insuficiência renal
- sobrecarga volêmica (p. ex., na insuficiência cardíaca congestiva)
- pseudo-hiponatremia: solutos osmoticamente ativos (p. ex., glicose, manitol, hiperlipidemia acentuada ou hiperproteinemia (que pode ocorrer no mieloma múltiplo)[4]) podem tirar água das células e também reduzir a fração aquosa do plasma, e produzir valores de sódio falsamente baixos (um artefato de técnicas laboratoriais *indiretas*). Para cada 100 mg/dL de aumento de glicose, há uma redução de 1,6-2,4 mEq/L de [Na] sérico. É necessário medir a osmolalidade sérica para excluir pseudo-hiponatremia
- hiponatremia pós-operatória: uma condição rara, geralmente descrita em mulheres jovens e saudáveis sendo submetidas a uma cirurgia eletiva[5], e pode estar relacionada com a administração de líquidos apenas ligeiramente hipotônicos (algumas vezes em quantidades modestas)[6] e com as ações do ADH (que podem ser elevadas por causa do estresse, dor ou medicamentos)

5.2.2 Avaliação da hiponatremia

▶ Fig. 5.1 mostra um algoritmo para a avaliação da etiologia de hiponatremia,[7] que guia as decisões de tratamento. O rastreio requer avaliação de:
1. sódio sérico: deve ser < 135 mEq/L para qualificar como hiponatremia
2. a osmolalidade sérica *efetiva* (conhecida como tonicidade) é demonstrada em Eq (5.2)

$$\text{osmolalidade sérica efetiva} = \text{osmolalidade mensurada} - \frac{[BUN](mg/dL)}{2,8} \tag{5.2}$$

e deve ser usada quando o nível de nitrogênio ureico no sangue (BUN) estiver elevado (para um [BUN] normal de 7-18 mg/dL, apenas subtraia 5 da osmolalidade mensurada). Valores < 275 mOsm/kg indicam hiponatremia hipotônica
1. osmolalidade urinária: valores > 100 mOsm/kg são inapropriadamente altos, se a tonicidade sérica for < 275 mOsm/kg
2. estado volêmico: diferencia a SIADH da CSW
   a) avaliação clínica: melhor para hipervolemia (edema, tendência ascendente no peso do paciente), mas insensível na identificação de deflexão de fluidos extracelulares, como uma etiologia na hiponatremia[8] (procurar por membranas mucosas secas, perda da elasticidade da pele, hipotensão ortostática)
   b) teste de infusão de soro fisiológico é usado em casos incertos. Se a osmolalidade urinária basal for < 500 mOsm/kg, é normalmente seguro infundir 2 L de salina a 0,9% por 24-48 horas. Correção da hiponatremia sugere que a depleção do volume extracelular foi a causa
   c) pressão venosa central (CVP) pode ser usada: CVP < 5-6 cm H_2O sugere hipovolemia em pacientes com função cardíaca normal[3,7]
3. verificar o [Na^+] urinário, se o estado volêmico for alto ou baixo
4. determinar a duração da hiponatremia:
   a) duração documentada como < 48 horas é considerada aguda
   b) hiponatremia de > 48 horas de duração ou de duração desconhecida é crônica
   c) hiponatremia que ocorre fora do hospital é geralmente crônica e assintomática, exceto em corredores e nos usuários de MDMA ("ecstasy")

5.2.3 Sintomas

Em razão dos mecanismos compensatórios lentos no cérebro, um declínio gradual no sódio sérico é mais bem tolerado do que uma queda rápida. Sintomas de hiponatremia leve ([Na] < 130 mEq/L) ou gradual incluem: anorexia, dor de cabeça, dificuldade em se concentrar, irritabilidade, disgeusia e fraqueza muscular. Hiponatremia grave (< 125 mEq/L) ou uma queda rápida (> 0,5 mEq/h) pode causar excitabilidade neuromuscular, edema cerebral, espasmo e cãibras musculares, náusea/vômito, confusão, convulsões, parada respiratória e, possivelmente, lesão neurológica permanente, coma ou morte.

5.2.4 Síndrome da antidiurese inapropriada (SIAD)

Este termo abrange o excesso de retenção de água no caso de hiponatremia, incluindo casos secundários à secreção inapropriada de ADH (SIADH), bem como de outras condições sem o aumento dos níveis circu-

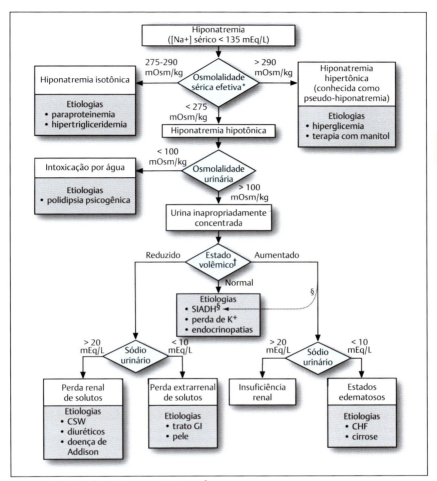

Fig. 5.1 Avaliação da etiologia de hiponatremia (adaptada[7]).
* osmolalidade sérica efetiva = osmolalidade mensurada − [BUN]/2,8 (Eq [5.2]).
† estado volêmico é geralmente avaliado clinicamente, mas esta avaliação pode ser insensível à depleção volêmica
§ SIADH pode estar associada à Euvolemia ou hipervolemia.

lantes de ADH (p. ex., resposta aumentada ao ADH, determinados fármacos...). Uma lista parcial das etiologias é exibida no ▶ Quadro 5.2 (ver referências[19] para detalhes).

Os critérios diagnósticos da SIAD são exibidos no ▶ Quadro 5.3. É fundamental *medir a osmolalidade sérica* para descartar uma pseudo-hiponatremia (p. 112), um artefato de técnicas laboratoriais indiretas.

114 Geral e Neurologia

Quadro 5.3 Critérios diagnósticos para a SIAD[1]

Características essenciais

- osmolalidade sérica efetiva reduzida[a] (< 275 mOsm/kg de água)
- osmolalidade urinária simultânea > 100 mOsm/Kg de água
- euvolemia clínica
  a) ausência de sinais clínicos de hipotensão ortostática secundária ao volume extracelular (EC) (ortostase, taquicardia, elasticidade da pele reduzida, membranas mucosas secas...)
  b) ausência de sinais clínicos de excesso de volume EC (edema, ascite...)
- [Na] urinário > 40 mEq/L com ingestão alimentar normal de Na
- função normal da tireoide e suprarrenal
- sem uso recente de diuréticos

Características suplementares

- [ácido úrico] plasmático < 4 mg/dL
- [BUN] < 10 mg/dL
- excreção fracionada de Na > 1%; excreção fracionada de ureia > 55%
- teste de infusão de NS: falha em corrigir a hiponatremia com a infusão IV de 2 L de salina a 0,9% por 24-48 h
- [b]correção da hiponatremia com restrição de líquidos
- resultado anormal no teste de sobrecarga hídrica:[c]
  a) excreção < 80% de 20 mL de água/kg de peso corporal durante 5 horas, ou
  b) diluição urinária inadequada (< 100 mOsm/kg de água)
- [ADH] plasmático elevado com hiponatremia e euvolemia

[a]Osmolalidade efetiva (conhecida como tonicidade) = (osmolalidade mensurada) − [BUN]/2,8, com [BUN] sendo medido em mg/dL.
[b]Este teste é usado em casos incertos (corrige a depleção volêmica), e é geralmente seguro quando a osmolalidade urinária basal é < 500 mOsm/L.
[c]Teste de sobrecarga hídrica e níveis de [ADH] são raramente recomendados; ver texto para detalhes (p. 115).

5.2.5 Síndrome da secreção inapropriada do hormônio antidiurético (SIADH)

Informações gerais

Conceitos-chave

- definição: liberação de ADH na ausência de estímulos fisiológicos (osmóticos)
- resulta em hiponatremia com hipervolemia (ocasionalmente com Euvolemia), com uma osmolalidade urinária inapropriadamente alta (> 100 mOsm/L)
- pode ser observada com determinadas malignidades e muitas anormalidades intracranianas
- é fundamental diferenciar da perda cerebral de sal, que produz hipovolemia
- tratamento: resumo das diretrizes iniciais, ver detalhes (p. 115)
  - evitar rápida correção ou hipercorreção para reduzir o risco de desmielinização osmótica (p. 115). Verificar o [Na+] sérico a cada 2-4 horas e não exceder 1 mEq/L por hora, ou 8 mEq/L em 24 h, ou 18 mEq/L em 48 h
  - grave ([Na+] < 125 mEq/L de < 48 h de duração ou com sintomas severos (coma, convulsão): iniciar salina a 3% em 1-2 mL/kg de peso corporal/h + 20 mg de furosemida por via IV diariamente
  - grave ([Na+] < 125 mEq/L de duração > 48 horas ou desconhecida sem sintomas severos: infusão de soro fisiológico em 100 mL/h + 20 mg de furosemida por via IV diariamente
  - duração crônica ou desconhecida, e assintomático: restrição de líquidos (▶ Quadro 5.4) com dieta com sal e proteína e, se necessário, fármacos adjuvantes (demeclociclina, conivaptan...)

A SIADH, conhecida como síndrome de Schwartz-Bartter, foi descrita pela primeira vez com o câncer broncogênico, que é uma causa de SIAD. A SIADH é a liberação de hormônio antidiurético (ADH), conhecido como arginina vasopressina (AVP) (p. 151), na ausência de estímulos fisiológicos (osmóticos). Resultado: osmolalidade urinária elevada e expansão do volume de líquido extracelular, resultando em uma hiponatremia dilucional que pode produzir sobrecarga volêmica (hipervolemia), mas a SIADH também pode ocorrer com Euvolemia. Por razões desconhecidas, não ocorre edema.

A hiponatremia da SIADH deve ser diferenciada daquela decorrente da perda cerebral de sal (CSW), decorrente das diferenças nas recomendações terapêuticas (p. 118).

Etiologias: ▶ Quadro 5.2.

Quadro 5.4 Recomendações de restrição de líquidos[1]

Proporção de soluto[a]	Ingestão recomendada de líquido
> 1	< 500 mL/d
1	500-700 mL/d
< 1	< 1L/d

[a]proporção de soluto é definida como: $\dfrac{\text{[Na] urinário + [K] urinário}}{\text{[Na] plasmático}}$

Diagnóstico da SIADH

Em geral, os 3 critérios diagnósticos são: hiponatremia, urina inapropriadamente concentrada e ausência de evidência de disfunção renal e suprarrenal. Em mais detalhes:
1. sódio sérico baixo (hiponatremia): geralmente < 134 mEq/L
2. osmolalidade sérica efetiva baixa: < 275 mOsm/L
3. sódio urinário alto (perda de sal): no mínimo > 18 mEq/L, frequentemente 50-150. Nota: não existe uma explicação adequada da alta concentração de sódio urinário na SIADH
4. alta proporção de osmolalidade urinária:sérica: geralmente 1,5-2,5:1, mas pode ser 1:1
5. função renal normal (verificar BUN e creatinina): BUN é comumente < 10
6. função suprarrenal normal (ausência de hipertensão, ausência de hipercalemia)
7. ausência de hipotireoidismo
8. ausência de sinais de desidratação ou hiper-hidratação (em muitos pacientes com doença cerebral aguda, há uma hipovolemia significativa secundária à CSW (p. 118), e visto que isto é um estímulo para a secreção de ADH, a liberação de ADH pode ser "apropriada"[10]). Em casos incertos, o teste de infusão de soro fisiológico (p. 112) pode ser usado

Se testes adicionais forem necessários, os seguintes são opções, porém raramente recomendados:
1. medir os níveis séricos ou urinários de ADH. Raramente indicado, visto que uma osmolalidade urinária > 100 mOsm/kg é geralmente suficiente para indicar um nível excessivo de ADH.[1] O ADH é normalmente indetectável nas etiologias de hiponatremia que não a SIADH
2. Teste de sobrecarga hídrica: considerado o teste definitivo.[11] O paciente é solicitado para consumir uma carga de água de 20 mL/kg até 1.500 mL. Na ausência de insuficiência suprarrenal ou renal, a falha em excretar 65% da carga de água em 4 h ou 80% em 5 h indica SIAD
   ✖ CONTRAINDICAÇÕES: este teste é perigoso quando o [Na⁺] sérico inicial é ≤ 124 mEq/L ou se o paciente possui sintomas de hiponatremia

Sintomas da SIADH

Os sintomas da SIADH são aqueles de hiponatremia (p. 112) e, possivelmente, sobrecarga volêmica. Quando leve, ou se a queda de [Na⁺] for gradual, a SIADH pode ser tolerável. [Na⁺] < 120-125 mEq/L é quase sempre sintomático. Estes pacientes geralmente apresentam uma sede paradoxal (inapropriada).

Tratamento da hiponatremia com SIADH

O tratamento baseia-se na gravidade e duração da hiponatremia, e na presença de sintomas.
   Duas advertências:
1. ✖ tenha certeza de que a hiponatremia não seja decorrente da CSW (p. 118) antes de restringir líquidos
2. evite a correção muito rápida, e evite corrigir para um nível de sódio normal ou supranormal (hipercorreção) para reduzir o risco de síndrome de desmielinização osmótica

Síndrome de desmielinização osmótica

Uma complicação associada a alguns casos de tratamento para hiponatremia. Embora a correção excessivamente lenta da hiponatremia aguda esteja associada ao aumento da morbidade e mortalidade,[12] alguns casos de tratamento excessivamente rápido foram associados à síndrome de desmielinização osmótica (que inclui a mielinólise pontina central (CPM), uma doença rara da substância branca pontina[13] (▶ Fig. 5.2), e a mielinólise extrapontina (▶ Fig. 5.3), bem como outras áreas da substância branca do cérebro). Descrita pela primeira vez em alcoólatras,[14] produz quadriplegia flácida insidiosa, alterações do estado de consciência, e anormalidades de nervos cranianos com uma aparente paralisia pseudobulbar. Em uma revisão,[15] nenhum paciente desenvolveu CPM quando tratados lentamente, como descrito abaixo. Porém,

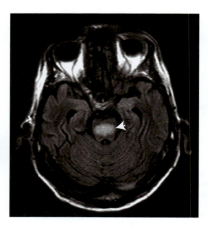

Fig. 5.2 Mielinólise pontina central (ponta de seta). MRI axial na sequência FLAIR.

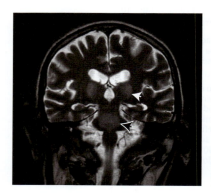

Fig. 5.3 Desmielinização osmótica da ponte (ponta de seta preta) e tálamo (ponta de seta branca). MRI coronal ponderada em T2.

a taxa de correção está pouco correlacionada com a CPM: pode ser que a magnitude seja outra variável crítica.[16] As características comuns aos pacientes que desenvolvem CPM são:[15]
- atraso no diagnóstico de hiponatremia, resultando em parada respiratória ou convulsão com provável efeito hipóxico
- rápida correção para normonatremia ou hipernatremia (> 135 mEq/L) em até 48 horas do início da terapia
- aumento do sódio sérico em > 25 mEq/L em até 48 horas do início da terapia
- hipercorreção do sódio sérico em pacientes com encefalopatia hepática
- Nota: muitos pacientes que desenvolvem CPM foram vítimas de doença debilitante crônica, subnutrição ou alcoolismo, e nunca tiveram hiponatremia. Muitas tiveram um episódio de hipóxia/anóxia[17]
- presença de hiponatremia > 24 h antes do tratamento[16]

O único tratamento definitivo é o tratamento da causa subjacente
- se causada por anemia: geralmente responde à transfusão
- se causada por malignidade, pode responder à terapia antineoplásica
- a maioria dos casos associados a fármacos responde rapidamente à descontinuação do fármaco ofensor

Algoritmos de tratamento

▶ Fig. 5.4 mostra um algoritmo para a seleção do protocolo de tratamento correto para a SIADH.

▶ **Protocolo de tratamento agressivo.** Indicações (consultar também a ▶ Fig. 5.4):
1. hiponatremia grave ([Na⁺] sérico < 125 mEq/L)

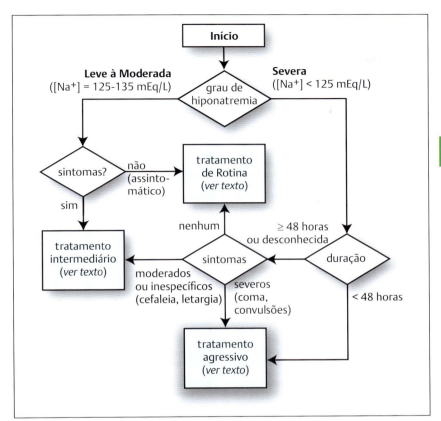

Fig. 5.4 Protocolo de tratamento para hiponatremia na SIADH.

2. E também
   a) duração < 48 horas
   b) ou sintomas severos (coma, convulsões)

Tratamento
- transferir o paciente para a ICU
- intervenções
  - salina a 3%: iniciar infusão de 1-2 mg/kg de peso corporal por hora (a taxa de infusão pode ser duplicada para 2-4 mL/kg/h por períodos limitados em pacientes com coma ou convulsões[1])
  - e furosemida (Lasix®), 20 mg por via IV diariamente (a furosemida acelera o aumento de [Na⁺] e previne a sobrecarga volêmica, com subsequente aumento no fator natriurético atrial e resultante esvaziamento urinário do Na⁺ extra sendo administrado)
- monitorização e ajustes
  - verificar o [Na⁺] sérico a cada 2-3 horas e ajustar a taxa de infusão da salina a 3%
    – meta: elevar o sódio sérico em 1-2 mEq/L/h[18] (usar o nível mais baixo do limite para hiponatremia com duração desconhecida ou > 48 horas)
    – limites: não exceder 8-10 mEq/L em 24 h e 18-25 mEq/L em 48 h[1] (usar o nível mais baixo desses limites para hiponatremia com duração desconhecida ou > 48 horas)
  - mensurar o K⁺ perdido na urina e repor de acordo

- se ocorrerem sintomas de desmielinização osmótica (os sintomas iniciais são letargia e alterações afetivas, geralmente após a melhora inicial): déficits podem melhorar com a descontinuação do tratamento e redução moderada do sódio sérico, p. ex., com DDAVP[19,20]

▶ **Protocolo de tratamento intermediário.** Indicações (consultar também a ▶ Fig. 5.4):
1. hiponatremia não grave sintomática ($[Na^+]$ sérico = 125-135 mEq/L), ou
2. hiponatremia severa ($[Na^+]$ sérico < 125 mEq/L) E
   a) duração desconhecida ou > 48 horas E
   b) sintomas apenas moderados ou inespecíficos (p. ex., cefaleia ou letargia)

Tratamento
1. intervenções
   a) infusão de salina a 0,9% (soro fisiológico)
   b) e furosemida (Lasix®), 20 mg por via IV diariamente
   c) considerar conivaptan nos casos refratários
2. monitorização: verificar o $[Na^+]$ sérico a cada 4 horas e ajustar a taxa de infusão do soro fisiológico
3. metas: aumento do $[Na^+]$ em 0,5-2 mEq/L/h
4. limites: não exceder 8-10 mEq/L em 24 h e 18-25 mEq/L em 48 h[1]

▶ **Protocolo de tratamento de rotina e terapia de manutenção.** Indicações (consultar também a ▶ Fig. 5.4):
1. hiponatremia não grave assintomática ($[Na^+]$ sérico = 125-135 mEq/L), ou
2. hiponatremia severa ($[Na^+]$ sérico < 125 mEq/L), E
   a) duração desconhecida ou > 48 horas E
   b) assintomático

Tratamento
1. intervenções
   a) restrição de líquidos ▶ Quadro 5.4 para adultos; para pacientes pediátricos: 1 L/m²/dia. Encorajar o uso alimentar de sal e proteína. Cautela ao restringir líquidos na hiponatremia após a SAH (p. 1166)
   b) para casos refratários, considerar
      • demeclociclina: um antibiótico tetraciclina que antagoniza parcialmente os efeitos do ADH nos túbulos renais.[21,22,23] Os efeitos são variáveis, e nefrotoxicidade pode ocorrer. R 300-600 mg VO, duas vezes ao dia
      • conivaptan (Vaprisol®): um antagonista não peptídico dos receptores de vasopressina V1A e V2. Aprovado pela FDA para hiponatremia euvolêmica e hipervolêmica moderada à severa em pacientes hospitalizados (Nota: sintomas severos de convulsões, coma, delírio... justificam um tratamento agressivo com salina hipertônica[1]). Foi descrito o uso em pacientes em ICU neurológica para o tratamento de ICP elevada quando o [Na] sérico não responde aos métodos tradicionais[24] (utilização em indicações não aprovadas – usar com cautela). R: dose de carga de 20 mg por via IV por 30 minutos, seguido por infusões de 20 mg por 24 horas x 3 dias. Se o $[Na^+]$ sérico não estiver subindo como desejado, a infusão pode ser aumentada para a dose máxima de 40 mg por 24 horas. O uso é aprovado por um total de 4 dias. Cuidado com interações medicamentosas
      • lítio: não muito eficaz e muitos efeitos colaterais: não recomendado

5.2.6 Perda cerebral de sal

Perda cerebral de sal (CSW): perda renal de sódio como resultado de doença intracraniana, produzindo hiponatremia e uma redução no volume de líquido extracelular.[11] ATENÇÃO: pacientes com SAH aneurismática podem ter CSW com hiponatremia, o que mimetiza a SIADH, porém também há hipovolemia na CSW. Neste cenário, a restrição de líquidos pode exacerbar a isquemia induzida por vasospasmo.[11,25,26,27]

O mecanismo pelo qual os rins fracassam em conservar o sódio na PCS não é conhecido, e pode ser tanto o resultado de um fator natriurético ainda não identificado, como o resultado de mecanismos diretos de controle neural (ver Hiponatremia associada à SAH (p. 1166)).

Exames laboratoriais (osmolalidade e eletrólitos séricos e urinários) podem ser idênticos na SIADH e CSW.[28] Além disso, a hipovolemia na CSW pode estimular a liberação de ADH. Para diferenciar: CVP, PCWP e volume plasmático (um exame de medicina nuclear) são baixos na hipovolemia (ou seja, na CSW). ▶ Quadro 5.5 compara algumas características da CSW e da SIADH, as duas diferenças mais importantes, sendo o volume extracelular e o balanço de sal. Um $[K^+]$ sérico elevado com hiponatremia é compatível com o diagnóstico de SIADH.

Tratamento da CSW
• metas:
  - reposição volêmica
  - balanço de sal positivo

Quadro 5.5 Comparação entre a CSW e a SIADH[11]

Parâmetro	CSW	SIADH
✱ volume plasmático	↓ (< 35 mL/kg)	↑ ou WNL
✱ balanço de sal	negativo	variável
sinais e sintomas de desidratação	presente	ausente
peso	↓	↑ ou sem Δ
PCWP	↓ (< 8 mmHg)	↑ ou WNL
CVP	↓ (< 6 mmHg)	↑ ou WNL
hipotensão ortostática	+	±
hematócrito	↑	↓ ou sem Δ
osmolalidade sérica	↑ ou WNL[a]	↓
relação [BUN]:[creatinina] sérica	↑	WNL
[proteína] sérica	↑	WNL
[Na⁺] urinário	↑↑	↑
[K⁺] sérico	↑ ou sem Δ	↓ ou sem Δ
[ácido úrico] sérico	WNL	↓

Abreviações: ↓ = reduzido, ↑ = elevado, ↑↑ = significativamente elevado, WNL = dentro dos limites normais, sem Δ = sem alteração, [] = concentração, + = presente, ± = pode ou não estar presente.
[a]Na realidade, a osmolalidade sérica é geralmente ↓ na CSW.

- ○ evitar a hipercorreção ou a correção excessivamente rápida da hiponatremia, o que pode estar associado à desmielinização osmótica (p. 115), como na SIADH (p. 115)
- intervenções
  - ○ hidratar o paciente com NS a 0,9% a uma taxa de 100-125 mL/h. Em casos graves, salina a 3% a uma taxa de 25-50 cc/h é ocasionalmente necessária
  - ○ não fornecer furosemida
  - ○ sal também pode ser simultaneamente reposto por via oral
  - ○ produtos sanguíneos podem ser necessários na presença de anemia
  - ○ medicamentos
    - a) acetato de fludrocortisona atua diretamente no túbulo renal, aumentando a absorção de sódio. Foram relatados benefícios do fornecimento diário de 0,2 mg por via IV ou PO na CSW,[29] porém complicações significativas de edema pulmonar, hipocalemia e HTN podem ocorrer
    - b) ureia: um tratamento alternativo usando ureia pode ser aplicável à hiponatremia da SIADH ou CSW e, portanto, pode ser usado antes de a causa ser determinada: 0,5 grama/kg de ureia (Ureaphil®) (dissolver 40 gramas em 100-150 mL de NS) por via IV durante 30-60 minutos a cada 8 h.[30] Usar 2 mL/kg/h de NS + 20 mEq KCl/L até que a hiponatremia seja corrigida (ao contrário do manitol, a ureia não aumenta a secreção de ADH). O tratamento é suplementado com coloides (ou seja, 250 mL de albumina a 5% por via IV a cada 8-12 h x 72 h)

5.3 Hipernatremia

5.3.1 Informações gerais

Definição: sódio sérico > 150 mEq/L. Em pacientes neurocirúrgicos, isto é geralmente visto no contexto de diabetes insípido (DI).

Visto que a água corporal total (TBW) normal é ≈ 60% do peso corporal normal do paciente, a TBW atual do paciente pode ser estimada por Eq (5.3).

$$TBW_{atual} = \frac{[Na^+]_{normal} \times TBW_{normal}}{[Na^+]_{atual}} = \frac{140 \text{ mEq/L} \times 0,6 \times \text{peso corporal usual (kg)}}{[Na^+]_{atual}} \quad (5.3)$$

O déficit de água livre a ser reposta é fornecido por Eq (5.4). Correção deve ser realizada lentamente para evitar exacerbação do edema cerebral. *Metade* do déficit de água é reposta ao longo de 24 horas, e o restante é fornecido nos próximos 1-2 dias. Reposição criteriosa de ADH deficiente também deve ser feita nos casos de DI verdadeira.

déficit de água livre = 0,6 x peso corporal usual (kg) – TBW$_{atual}$

$$= \frac{[Na^+]_{atual} - 140 \text{ mEq/L}}{[Na^+]_{atual}} \times 0,6 \times \text{peso corporal usual (kg)} \quad (5.4)$$

5.3.2 Diabetes insipido

Informações gerais

Conceitos-chave

- causada por baixos níveis de ADH (ou, raramente, insensibilidade renal ao ADH)
- alto débito de urina diluída (< 200 mOsmol/L ou SG < 1,003), com osmolalidade sérica normal ou alta, e alto sódio sérico
- geralmente acompanhada por avidez por água, especialmente água gelada
- perigo de severa desidratação se não controlada com cuidado

Diabetes insipido (DI) ocorre em razão de uma atividade insuficiente de ADH nos rins, resultando em perda renal excessiva de água e eletrólitos. DI pode ser produzida por duas etiologias diferentes:

- DI central ou neurogênica: níveis subnormais de ADH causados por uma disfunção no eixo hipotálamo-hipofisário. Esse é o tipo mais comumente observado por neurocirurgiões
- "DI nefrogênica": decorrente da resistência relativa do rim a níveis normais ou supranormais de ADH. Observada com alguns fármacos (fármacos: 1)

Etiologias da DI:[31]

1. diabetes insipido neurogênica (conhecida como central)
   a) familiar (autossômica dominante)
   b) idiopática
   c) pós-traumática (lesão cerebral, incluindo cirurgia)
   d) tumor: craniofaringioma, metástase, linfoma...
   e) granuloma: neurossarcoidose, histiocitose
   f) infecciosa: meningite, encefalite
   g) autoimune
   h) vascular: aneurisma, síndrome de Sheehan (raramente causa DI)
2. diabetes insipido nefrogênica
   a) familiar (recessiva ligada ao cromossomo X)
   b) hipocalemia
   c) hipercalcemia
   d) síndrome de Sjögren
   e) fármacos: lítio, demeclociclina, colchicina...
   f) doença renal crônica: pielonefrite, amiloidose, doença falciforme, doença renal policística, sarcoidose

DI central

85% da capacidade secretória de ADH devem ser perdidas antes que a DI clínica se manifeste. Aspectos característicos: alto débito urinário (poliúria) com baixa osmolalidade urinária e (no paciente consciente) avidez por água (polidipsia), especialmente água gelada.

Diagnóstico diferencial da DI:
1. diabetes insipido (neurogênica) (DI verdadeira)
2. diabetes insipido nefrogênica
3. psicogênica
   a) idiopática: por reajuste do osmostato
   b) polidipsia psicogênica (excesso de ingestão de água livre)
4. diurese osmótica: p. ex., após o uso de manitol ou por perda renal de glicose
5. uso de diurético: furosemida, hidroclorotiazida...

DI central pode ser observada nas seguintes situações:
1. após cirurgia transesfenoidal ou remoção de craniofaringioma: (geralmente transitória, portanto, evitar agentes de ação prolongada até que possa ser determinado, se a reposição a longo prazo for necessária).
   Lesão na hipófise posterior ou haste hipofisária geralmente causa um dos três padrões da DI:[32]
   a) DI transitória: débito urinário (UO) supranormal e polidipsia, que tipicamente normaliza $\approx$ 12-36 h após a cirurgia
   b) DI "prolongada": DU permanece supranormal por um período prolongado (pode ser meses) ou até permanentemente: apenas cerca de um terço desses pacientes não retornará a níveis quase normais um ano após a cirurgia
   c) "resposta trifásica": menos comum
      • fase 1: lesão na hipófise reduz os níveis de ADH por 4-5 dias → DI (poliúria/polidipsia)
      • fase 2: morte celular libera ADH durante os próximos 4-5 dias → normalização transitória ou retenção de água similar à SIADH (✖ *Nota:* há um risco na continuação inadvertida da terapia com vasopressina da fase de DI inicial até esta fase, causando hemodiluição significativa)
      • fase 3: secreção de ADH reduzida ou ausente → DI transitória (como em "A" acima) ou uma DI "prolongada" (como em "B" acima)
2. herniação central (p. 303): pode ocorrer ruptura da haste hipofisária
3. morte cerebral: a produção hipotalâmica de ADH cessa
4. com determinados tumores:
   a) adenomas hipofisários: DI é rara mesmo com grandes macroadenomas. DI pode ocorrer com apoplexia hipofisária (p. 720)
   b) craniofaringioma: DI geralmente ocorre apenas no pós-operatório, visto que a lesão na hipófise ou porção inferior da haste hipofisária não previne a produção e liberação de ADH pelos núcleos hipotalâmicos
   c) tumores suprasselares de células germinativas
   d) raramente com um cisto coloide
   e) tumores hipotalâmicos: histiocitose de células de Langerhans
5. lesões expansivas pressionando o hipotálamo: p. ex., um aneurisma de a-comm
6. após traumatismo craniano: primariamente com fraturas cranianas basais (clivais) (p. 884)
7. com encefalite ou meningite
8. induzida por fármacos
   a) etanol e fenitoína podem inibir a liberação de ADH
   b) esteroides exógenos podem "realçar" a DI, pois podem corrigir a insuficiência suprarrenal (abaixo) e inibem a liberação de ADH
9. doenças granulomatosas
   a) granulomatose de Wegener (p. 199): uma vasculite
   b) neurossarcoidose envolvendo o hipotálamo (p. 189)
10. inflamatória: hipofisite autoimune (p. 1373)[33] ou infundibuloneuro-hipofisite linfocítica[34] (condições distintas)

Diagnóstico

Os seguintes são geralmente adequados para estabelecer o diagnóstico de DI, especialmente no cenário clínico apropriado:
1. urina diluída:
   a) osmolalidade urinária < 200 mOsm/L (geralmente 50-150) ou gravidade específica (SG) < 1,003 (pode ser 1,001 a 1,005). (Note que normalmente, a média da osmolalidade urinária é de 500-800 mOsm/L; extremo varia de 50 a 1.400)
   b) ou a incapacidade de concentrar urina a > 300 mOsm/L na presença de desidratação clínica
   c) Nota: doses altas de manitol, como podem ser usadas no traumatismo craniano, podem mascarar isto pela produção de uma urina mais concentrada
2. débito urinário (UO) > 250 cc/h (pacientes pediátricos: > 3 cc/kg/h)
3. sódio sérico normal ou acima do normal

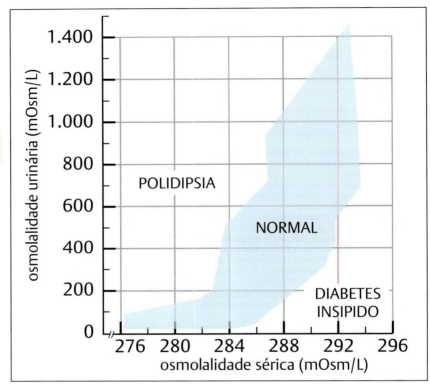

Fig. 5.5 Interpretação da osmolalidade sérica x urinária simultânea. (Fornecida por Arnold M. Moses, M. D., usada com permissão)

4. função normal da suprarrenal: DI não pode ocorrer na insuficiência suprarrenal primária, pois um mínimo de atividade mineralocorticoide é necessário para produzir água livre e, portanto, os esteroides podem "realçar" a DI subjacente por meio da correção da insuficiência suprarrenal

Em casos incertos, traçar a urina e osmolalidade sérica simultânea no gráfico na ▶ Fig. 5.5.
1. osmolalidade sérica baixa: geralmente indica polidipsia psicogênica (consumo patológico de água)
2. se o ponto situa-se no limite "normal", um teste de privação de água *supervisionado* é necessário para determinar se o paciente pode concentrar sua urina com a desidratação (atenção: ver abaixo)
3. osmolalidade sérica alta:
   - o diagnóstico de DI é estabelecido, e nenhum teste adicional para estabelecer o diagnóstico é necessário
   - teste adicional é necessário apenas para diferenciar a DI central da nefrogênica. Caso seja desejado diferenciar a DI central da nefrogênica, fornecer 5 U de Pitressin® por via subcutânea
   - na DI central, a osmolalidade urinária deve duplicar em 1-2 horas
4. a representação no gráfico de mais de um ponto de dados pode ajudar, visto que alguns pacientes tendem a "vacilar" ao redor das zonas limítrofes

Teste de privação de água

Caso ainda seja indeterminado, o diagnóstico de DI é confirmado por um teste de privação de água (✘ ATENÇÃO: realizar apenas sob rigorosa supervisão, visto que pode resultar em uma desidratação rápida e potencialmente fatal na DI). Este teste é raramente necessário, se a osmolalidade sérica for > 298 mOsm/L. (Note que na DI compensada, a osmolalidade sérica é mais provável de ser inferior e de sobrepor a normal.[35])

Quadro 5.6 Osmolalidade urinária mais alta após a administração de Pitressin® no teste de privação de água

Δ na Osm urinária	Interpretação
aumento < 5%	normal
aumento de 6-67%	deficiência parcial de ADH
aumento > 67%	deficiência severa de ADH

- interromper as administrações IV e tornar o paciente NPO
- monitorização:
  - ○ verificar a osmolalidade urinária de hora em hora
  - ○ verificar o peso do paciente a cada 1 hora
- continuar o teste até que um dos seguintes ocorra:
  - ○ uma resposta normal ocorra: débito urinário diminui, e a osmolalidade urinária aumenta para 600-850 mOsm/L
  - ○ lapso de 6-8 horas
  - ○ osmolalidade urinária atinge um platô (ou seja, alterações < 30 mOsm em 3 horas consecutivas)
  - ○ paciente perde 3% do peso corporal
- se o paciente falha em demonstrar a resposta normal, então:
  - ○ fornecer ADH exógeno (5 U de Pitressin® por via subcutânea), que normalmente aumenta a osmolalidade urinária para > 300 mOsm/L
  - ○ verificar a osmolalidade urinária 30 e 60 minutos depois
  - ○ comparar a osmolalidade urinária mais alta após a administração de Pitressin® com a osmolalidade imediatamente antes da administração de Pitressin®, de acordo com o ▶ Quadro 5.6

Tratamento da DI

Em pacientes ambulatoriais *conscientes*
Quando a DI for leve, e o mecanismo da sede natural do paciente estiver intacto, instruir o paciente a beber *apenas* quando estiver com sede e, dessa forma, eles geralmente irão "competir" com as perdas e não se tornarão hiper-hidratados.

Quando grave, o paciente pode não ser capaz de manter uma ingestão adequada de líquidos ou de tolerar as frequentes viagens ao banheiro. Nestes casos, o tratamento tipicamente envolve um análogo da vasopressina. Ver abaixo para uma sinopse dos análogos da vasopressina. Tipicamente iniciar com:
1. desmopressina (DDAVP®)
   - a) PO: 0,1 mg PO duas vezes ao dia, e ajustar a dose, conforme o débito urinário (a dose típica varia de 0,1-0,8 mg/d em doses divididas)
   - b) *spray* nasal: 2,5 mcg (0,025 mL) por insuflação nasal duas vezes ao dia, titular até 20 mcg duas vezes ao dia, conforme necessário (o *spray* nasal pode ser usado para doses múltiplas de 10 mcg) OU
2. medicamentos intensificadores de ADH (funciona primariamente na deficiência parcial crônica de ADH. Não funciona na ausência total de ADH)
   - clofibrato (Atromid S®), 500 mg PO quatro vezes ao dia
   - clorpropamida: aumenta a sensibilidade renal ao ADH
   - hidroclorotiazida: diuréticos tiazídicos podem agir promovendo a depleção de Na^+, o que aumenta a reabsorção nos túbulos proximais e desvio dos fluidos para longe dos túbulos distais, que é onde o ADH funciona. R: p. ex., Dyazide® 1 PO ao dia (pode aumentar a dose para 2 ao dia, conforme necessário)

Em pacientes ambulatoriais *conscientes* com o mecanismo da sede comprometido
Se o mecanismo da sede *não* estiver intacto em pacientes ambulatoriais conscientes, eles correm o risco de desidratação ou sobrecarga volêmica. Para estes pacientes:
1. instruir o paciente a seguir o UO e peso diário, e o equilíbrio entre a ingestão de líquidos e o débito urinário, usando medicamento antidiurético, conforme necessário para manter um UO razoável
2. verificar os exames laboratoriais seriados (normalmente semanais), incluindo o sódio sérico e o BUN

Em paciente não ambulatorial, comatoso/em estado de torpor, ou com morte encefálica; ver também
Tratamento Médico do Potencial Doador de Órgãos (p. 313)
1. seguir os parâmetros a cada 1 h, com gravidade específica (**SG**) da urina a cada 4 h e sempre que o débito urinário (**UO**) for > 250 mL/h
2. exames laboratoriais: eletrólitos séricos com osmolalidade a cada 6 h

Geral e Neurologia

Quadro 5.7 Preparações disponíveis de análogos da vasopressina

Nome genérico	Nome comercial	Via	Concentração	Disponibilidade	Fabricante
desmopressina	DDAVP®	SQ, IM, IV	4 mcg/mL	1 e 10 mL	Aventis
desmopressina	DDAVP® *Spray* Nasal	*spray* nasal	100 mcg/mL, cada *spray* fornece 10 mcg	50 doses por frasco	Aventis
desmopressina	DDAVP® Comprimidos	PO		0,1 e 0,2 mg	Aventis
arginina vasopressina	Pitressin®	SQ, IM	20 U/mL (50 mcg/mL)	0,5 e 1 mL	Parke-Davis

Quadro 5.8 Tempo médio da urina hipertônica[a] (em relação ao plasma)[b]

Nome genérico	Via	Dose	Duração média de ação[c]
desmopressina	SQ, IM, IV	0,5 mcg	8 h
desmopressina[d]	SQ, IM, IV	1,0 mcg	12 h
desmopressina	SQ, IM, IV	2,0 mcg	16 h
desmopressina	SQ, IM, IV	4,0 mcg	20 h
desmopressina	intranasal	10 mcg (0,1 mL)	12 h
desmopressina	intranasal	15 mcg (0,15 mL)	16 h
desmopressina	intranasal	20 mcg (0,2 mL)	20 h
arginina vasopressina	QC, IM	5 U (12,5 mcg)	4 h (varia de 4 a 8)

[a]Fornecido por Arnold M. Moses, M.D., usado com permissão.
[b]O início da ação antidiurética destas preparações é de 30-45 minutos após a administração (exceto pó hipofisário em óleo, que leva de 2-4 h para começar a fazer efeito).
[c]Os tempos podem variar de paciente para paciente, mas são geralmente consistentes em cada indivíduo.
[d]Nota: 1 mcg de desmopressina, duas vezes ao dia, é tão eficaz quanto 4 mcg diários, porém seria obviamente menos caro.

3. administração IV de fluidos:
   IV BASAL: D5 em NS 0,45% + 20 mEq KCl/L a uma taxa apropriada (75-100 mL/h)
   MAIS: repor o UO acima da taxa de velocidade basal de infusão IV mL/mL por NS 0,45%
   Nota: para pacientes pós-operatórios: se o paciente tiver recebido uma quantidade significativa de fluidos intraoperatórios, o mesmo pode ter uma diurese pós-operatória *apropriada*, usar NS 0,45% para repor apenas ≈ 2/3 do UO que excede a taxa IV basal
4. quando incapaz de acompanhar a perda de fluidos com a reposição IV (ou NG) (geralmente com UO > 300 mL/h), administrar
   - 5 U de arginina vasopressina (Pitressin®) por via IVP/IM/SQ a cada 4-6 h (evitar a suspensão de óleo de tanato por causa da absorção irregular e duração variável)
     OU
   - vasopressina por gotejamento IV: iniciar a 0,2 U/min e titular (máx.: 0,9 U/min)
     OU
   - injetar desmopressina via SQ/IV titulada para UO. Dose usual de adultos: 0,5-1 mL (2-4 mcg) ao dia em 2 doses divididas

Análogos da vasopressina

▶ Quadro 5.6, ▶ Quadro 5.7 e ▶ Quadro 5.8 mostram as formas de dosagem e duração de ação dos análogos da vasopressina.

Pitressin® é uma solução aquosa de 8-arginina vasopressina e deve ser usado com cautela em pacientes com doença vascular (especialmente de artérias coronárias). ✖ Atenção – algumas vezes o pitocin é confundido com o pitressin por causa das similaridades do nome.

DDAVP (1-deamino-8-D-arginina vasopressina), conhecido como desmopressina. Mais potente e de ação mais prolongada do que a vasopressina.

Referências

[1] Ellison DH, Berl T. Clinical practice. The syndrome of inappropriate antidiuresis. N Engl J Med. 2007; 356:2064–2072

[2] Diringer M, Ladenson PW, Borel C, et al. Sodium and Water Regulation in a Patient With Cerebral SaltWasting. Arch Neurol. 1989; 46:928–930

[3] Sherlock M, O'Sullivan E, Agha A, Behan LA, Rawluk D, Brennan P, Tormey W, Thompson CJ. The incidence and pathophysiology of hyponatraemia after subarachnoid haemorrhage. Clin Endocrinol (Oxf). 2006; 64:250–254

[4] Weisberg LS. Pseudohyponatremia: a reappraisal. Am J Med. 1989; 86:315–318

[5] Arieff AI. Hyponatremia, Convulsions, Respiratory Arrest and Permanent Brain Damage After Elective Surgery in Healthy Women. N Engl J Med. 1986; 314:1529–1535

[6] Steele A, Gowrishankar M, Abrahamson S, et al. Postoperative Hyponatremia despite Near-Isotonic Saline Infusion: A Phenomenon of Desalination. Ann Intern Med. 1997; 126:20–25

[7] Powers CJ, Friedman AH. Diagnosis and management of hyponatremia in neurosurgical patients. Contemp Neurosurg. 2007; 29:1–5

[8] Chung HM, Kluge R, Schrier RW, Anderson RJ. Clinical assessment of extracellular fluid volume in hyponatremia. Am J Med. 1987; 83:905–908

[9] Lester MC, Nelson PB. Neurological Aspects of Vasopressin Release and the Syndrome of Inappropriate Secretion of Antidiuretic Hormone. Neurosurgery. 1981; 8:725–740

[10] Kröll M, Juhler M, Lindholm J. Hyponatremia in Acute Brain Disease. J Int Med. 1992; 232:291–297

[11] Harrigan MR. Cerebral Salt Wasting Syndrome: A Review. Neurosurgery. 1996; 38:152–160

[12] Ayus JC, Krothapalli RK, Arieff AI. Changing Concepts on Treatment of Severe Symptomatic Hyponatremia: Rapid Correction and Possible Relation to Central Pontine Myelinolysis. Am J Med. 1985; 78:879–902

[13] Fraser CL, Arieff AI. Symptomatic Hyponatremia: Management and Relation to Central Pontine Myelinolysis. Sem Neurol. 1984; 4:445–452

[14] Adams RD, Victor M, Mancall EL. Central Pontine Myelinolysis: A Hitherto Undescribed Disease Occurring in Alcoholic and Malnourished Patients. Arch Neurol Psychiatr. 1959; 81:154–172

[15] Ayus JC, Krothapalli RK, Arieff AI. Treatment of Symptomatic Hyponatremia and Its Relation to Brain Damage. N Engl J Med. 1987; 317:1190–1195

[16] Berl T. Treating Hyponatremia: What is All the Controversy About? Ann Intern Med. 1990; 113:417– 419

[17] Arieff AI. Hyponatremia Associated with Permanent Brain Damage. Adv Intern Med. 1987; 32:325–344

[18] Adrogue HJ, Madias NE. Hyponatremia. N Engl J Med. 2000; 342:1581–1589

[19] Soupart A, Ngassa M, Decaux G. Therapeutic relowering of the serum sodium in a patient after excessive correction of hyponatremia. Clin Nephrol. 1999; 51:383–386

[20] Oya S, Tsutsumi K, Ueki K, Kirino T. Reinduction of hyponatremia to treat central pontine myelinolysis. Neurology. 2001; 57:1931–1932

[21] De Troyer A, Demanet JC. Correction of Antidiuresis by Demeclocycline. N Engl J Med. 1975; 293:915– 918

[22] Perks WH, Mohr P, Liversedge LA. Demeclocycline in Inappropriate ADH Syndrome. Lancet. 1976; 2

[23] Forrest JN, Cox M, Hong C, et al. Superiority of Demeclocycline over Lithium in the Treatment of Chronic Syndrome of Inappropriate Secretion of Antidiuretic Hormone. N Engl J Med. 1978; 298:173–177

[24] Wright WL, Asbury WH, Gilmore JL, Samuels OB. Conivaptan for hyponatremia in the neurocritical care unit. Neurocrit Care. 2009; 11:6–13

[25] Maroon JC, Nelson PB. Hypovolemia in Patients with Subarachnoid Hemorrhage: Therapeutic Implications. Neurosurgery. 1979; 4:223–226

[26] Wijdicks EFM, Vermeulen M, Hijdra A, et al. Hyponatremia and Cerebral Infarction in Patients with Ruptured Intracranial Aneurysms: Is Fluid Restriction Harmful? Ann Neurol. 1985; 17:137–140

[27] Wijdicks EFM, Vermeulen M, ten Haaf JA, et al. Volume Depletion and Natriuresis in Patients with a Ruptured Intracranial Aneurysm. Ann Neurol. 1985; 18:211–216

[28] Nelson PB, Seif SM, Maroon JC, et al. Hyponatremia in Intracranial Disease. Perhaps Not the Syndrome of Inappropriate Secretion of Antidiuretic Hormone (SIADH). J Neurosurg. 1981; 55:938–941

[29] Hasan D, Lindsay KW, Wijdicks EFM, et al. Effect of Fludrocortisone Acetate in Patients with Subarachnoid Hemorrhage. Stroke. 1989; 20:1156–1161

[30] Reeder RF, Harbaugh RE. Administration of Intravenous Urea and Normal Saline for the Treatment of Hyponatremia in Neurosurgical Patients. J Neurosurg. 1989; 70:201–206

[31] Thibonnier M, Barrow DL, Selman W. In: Antidiuretic Hormone: Regulation, Disorders, and Clinical Evaluation. Neuroendocrinology. Baltimore: Williams and Wilkins; 1992:19–30

[32] Verbalis JG, Robinson AG, Moses AM. Postoperative and Post-Traumatic Diabetes Insipidus. Front Horm Res. 1985; 13:247–265

[33] Abe T, Matsumoto K, Sanno N, Osamura Y. Lymphocytic Hypophysitis: Case Report. Neurosurgery. 1995; 36:1016–1019

[34] Imura H, Nakao K, Shimatsu A, et al. Lymphocytic Infundibuloneurohypophysitis as a Cause of Central Diabetes Insipidus. N Engl J Med. 1993; 329:683– 689

[35] Miller M, Dalakos T, Moses AM, et al. Recognition of partial defects in antidiuretic hormone secretion. Ann Intern Med. 1970; 73:721–729

6 Cuidados Neurocríticos Gerais

6.1 Agentes parenterais para hipertensão

Informações do fármaco: ✱ Nicardipina (Cardene®)

Bloqueador dos canais de cálcio (CCB) que pode ser administrado por via IV. Não requer cateter arterial, *não eleva a ICP*. Não reduz a frequência cardíaca, mas pode ser usado em conjunto com, p. ex., labetalol ou esmolol, se desejado. **Efeitos colaterais:** dor de cabeça 15%, náusea 5%, hipotensão 5%, taquicardia reflexa 3,5%.

R: iniciar a 5 mg/h IV (indicações não aprovadas: dose de 10 mg/h pode ser usada nas situações em que a redução urgente seja necessária). Aumentar 2,5 mg/h a cada 5-15 minutos, até um máximo de 15 mg/h. Diminuir para 3 mg/h uma vez que o controle for alcançado. ✖ Ampolas contêm 25 mg e *devem ser diluídas* antes da administração.

Informações do fármaco: Nitroglicerina (NTG)

Eleva a ICP (menos do que com o nitroprussiato, por causa da ação venosa preferencial[1]). Vasodilatador, venoso > arterial (vasos coronários grandes > pequenos). Resultado: diminui a pressão de enchimento do LV (pré-carga). Não causa "roubo coronário" (comparar a nitroprussiato).

R: 10-20 mcg/min por gotejamento IV (aumentar em 5-10 mcg/min a cada 5-10 min). Para angina de peito: 0,4 mg SL a cada 5 min x 3 doses, verificar a BP antes de cada dose.

Informações do fármaco: Labetalol (Normodyne®, Trandate®)

Bloqueio seletivo de α_1 e não seletivo de β (potência < propranolol). A ICP reduz ou não altera.[2] Frequência de pulso: reduz ou não altera. Débito cardíaco não muda. Não exacerba isquemia coronária. Pode ser usado na CHF controlada, mas não na CHF clinicamente manifesta. Contraindicado na asma. Insuficiência renal: mesma dose. **Efeitos colaterais:** fadiga, tontura, hipotensão ortostática.

Intravenoso (IV)
Início de ação em 5 min, pico em 10 min, duração de 3-6 h.

R IV: paciente na posição supina; verificar a BP a cada 5 min; fornecer cada dose lentamente por via IVP (ao longo de 2 min) a cada 10 minutos, até que a BP desejada seja alcançada; sequência de doses: 20, 40, 80, 80 e, então, 80 mg (total de 300 mg). Uma vez controlada, usar ≈ mesma dose total por via IVP a cada 8 h.

R: *gotejamento IV* (alternativa): adicionar 40 mL (200 mg) a 160 mL de IVF (resultado: 1 mg/mL); administre a 2 mL/min (2 mg/min) até BP desejada (dose eficaz usual = 50-200 mg) ou até a administração de 300 mg; em seguida, title a taxa (bradicardia limita a dose, aumentar lentamente visto que o efeito demora 10-20 minutos).

Oral (PO)
Sofre degradação hepática por primeira passagem e, portanto, requer doses PO. Início PO: 2 h, pico: 4 h.

R *PO*: para converter IV → PO, iniciar com 200 mg PO, duas vezes ao dia. Para iniciar com PO, fornecer 100 mg duas vezes ao dia e aumentar 100 mg/dose a cada 2 dias; máx. = 2.400 mg/dia.

Informações do fármaco: Enalaprilato (Vasotec®)

Um inibidor da enzima conversora da angiotensina (ACE). O metabólito ativo do fármaco enalapril administrado oralmente (ver abaixo). Atua em ≈ 15 min da administração.

Efeitos colaterais: hipercalemia ocorre em ≈ 1%. Não usar durante a gravidez.

R IV: iniciar com uma administração IV lenta de 1,25 mg por 5 min, pode aumentar para 5 mg a cada 6 h, conforme necessário.

Informações do fármaco: Esmolol (Brevibloc®)

Betabloqueador cardiosseletivo de curta duração.[3] Está sendo investigado para emergências hipertensivas. Metabolizado pela esterase eritrocitária. Meia-vida de eliminação: 9 min. Resposta terapêutica (redução > 20% na frequência cardíaca, HR < 100, ou conversão para ritmo sinusal) em 72%. **Efeitos colaterais:** hipotensão dose-dependente (em 20-50%), geralmente se resolve em até 30 min da descontinuação. Evitar na CHF.

R: dose de carga de 500 mcg/kg em 1 min, seguida por infusão de 4 min, iniciando com 50 mcg/kg/min. Repetir a dose de carga e aumentar a taxa de infusão em 50 mcg/kg/min a cada 5 min. Raramente > 100 mcg/kg/min são necessários. Doses > 200 mcg/kg/min pouco acrescentam.

Informações do fármaco: Fenoldopam (Corlopam®)

Vasodilatador. Início de ação < 5 minutos, duração de 30 min.

R: Infusão IV (sem doses em *bolus*): iniciar com 0,1-0,3 mcg/kg/min, titular por 0,1 mcg/kg/min a cada 15 min, até um máximo de 1,6 mcg/kg/min.

Informações do fármaco: Propranolol (Inderal®)

O principal uso IV é para neutralizar a taquicardia com vasodilatadores (geralmente não reduz a BP agudamente quando usado isoladamente), mas o esmolol e o labetalol são mais comumente usados para essa finalidade.

R: IV: administrar lentamente 1-10 mg por via IVP, seguido por 3 mg/h. PO: 80-640 mg ao dia em doses divididas.

6.2 Hipotensão (choque)

6.2.1 Classificação

1. hipovolêmica: o primeiro sinal geralmente é taquicardia. Perda > 20-40% do volume sanguíneo deve ocorrer antes que a perfusão de órgãos vitais seja comprometida. Inclui:
   a) hemorragia (externa ou interna)
   b) obstrução intestinal (com perda de fluidos para o terceiro espaço)
2. séptica: geralmente decorrente da septicemia por bactérias Gram-negativas
3. cardiogênica: inclui MI, cardiomiopatia, arritmias (incluindo fibrilação atrial)
4. neurogênica: p. ex., paralisia provocada por lesão na medula espinal. *Pools* sanguíneos em vasos de capacitância venosa
5. diversos
   a) anafilaxia
   b) reação à insulina

6.2.2 Agentes cardiovasculares para choque

Expansores plasmáticos. Inclui:
1. cristaloides: soro fisiológico tem uma menor tendência em promover edema cerebral do que outros; ver fluidos IV (p. 870), sob controle de ICP elevada
2. coloides: p. ex., hetamido (Hespan®). ✖ ATENÇÃO: repetir a administração ao longo de um período de dias pode prolongar o PT/PTT e o tempo de coagulação, e pode aumentar o risco de ressangramento na SAH aneurismática (p. 1167)[4]
3. produtos sanguíneos: custo elevado. Risco de doenças transmissíveis ou reação transfusional

Informações do fármaco: Dopamina

Ver ▶ Quadro 6.1 para um resumo dos efeitos da dopamina (DA) em várias doses. A DA é primariamente um vasoconstritor (efeitos β_1 geralmente superados pela atividade α). 25% da dopamina fornecida é rapidamente convertida em norepinefrina (NE). Em doses > 10 mcg/kg/min, o fornecimento é essencialmente de NE. Pode causar hiperglicemia significativa em altas doses.

R: Iniciar com 2-5 mcg/kg/min e titular.

Quadro 6.1 Dosagem da dopamina

Dose (mcg/kg/min)	Efeito	Resultado
0,5-2,0 (ocasionalmente até 5)	dopaminérgico	renal, mesentérico, vasodilatação coronária e cerebral, inotrópico (+)
2-10	β_1	inotrópico positivo
> 10	α, β e dopaminérgico	libera norepinefrina (vasoconstritor)

Informações do fármaco: Dobutamina (Dobrutex®)

Vasodilatação pelo efeito β_1 (primário) e pelo aumento do CO decorrente da inotropia (+) (β_2); resultado: pouca ou nenhuma queda na BP, menos taquicardia do que com a DA. Ausência de liberação alfa ou de vasoconstrição. Pode ser usada sinergisticamente com o nitroprussiato. Taquifilaxia após ≈ 72 h. Aumentos no pulso > 10% podem exacerbar isquemia de miocárdio, mais comum em doses > 20 mcg/kg/min. O uso ideal requer monitorização hemodinâmica. Possível inibição da função plaquetária.

R: faixa de dose usual de 2,5-10 mcg/kg/min; raramente doses de até 40 são usadas (preparo: colocar 50 mg em 250 mL de D5W para produzir 200 mcg/mL).

Informações do fármaco: Amrinona (Inocor®)

Cardiotônico não adrenérgico. Inibidor da fosfodiesterase, efeitos similares aos da dobutamina (incluindo exacerbação da isquemia de miocárdio). Incidência de 2% de trombocitopenia.

R: 0,75 mg/kg inicialmente, por 2-3 min e, em seguida, gotejamento de 5-10 mcg/kg/min.

Informações do fármaco: Fenilefrina (Neo-Synephrine®)

Simpaticomimético alfa puro. Útil na hipotensão associada à taquicardia (taquiarritmias atriais). Eleva a BP por meio do aumento da SVR via vasoconstrição, causa aumento de reflexo no tônus parassimpático (com resultante desaceleração do pulso). A falta de ação β significa não inotrópico, ausência de aceleração cardíaca e ausência de relaxamento do músculo liso brônquico. Débito cardíaco e fluxo sanguíneo renal podem reduzir. Evitar nas lesões de medula espinal (p. 950).

R: faixa de dose da substância pressora: 100-180 mcg/min; manutenção: 40-60 mcg/min. Preparo: colocar 40 mg (4 ampolas) em 500 mL de D5W para produzir 80 mcg/mL; uma taxa de 8 mL/h = 10 mcg/min.

Informações do fármaco: Norepinefrina

Primariamente vasoconstritor (? contraproducente no vasospasmo celular, ? reduz o CBF). Agonista β em doses baixas. Aumenta a resistência vascular pulmonar.

Informações do fármaco: Epinefrina (globalmente: adrenalina)

R: 0,5-1,0 mg de solução IVP 1:10.000; pode repetir a cada 5 minutos (pode ser em *bolus* por sonda ET). Gotejamento: iniciar a 1,0 mcg/min, aumentar a dose até 8 mcg/min (preparo: colocar 1 mg em 100 mL de NS ou D5W).

Informações do fármaco: Isoproterenol (Isuprel®)

Inotrópico e cronotrópico positivo → aumento de consumo cardíaco de O_2, arritmias, vasodilatação (por ação β_1); músculo esquelético > vasos cerebrais.

Informações do fármaco: Levophed

Direta estimulação β (inotrópico e cronotrópico positivo).
R: iniciar gotejamento a 8-12 mcg/min; manutenção 2-4 mcg/min (0,5-1,0 mL/min) (preparo: colocar 2 mg em 500 mL de NS ou D5W para produzir 4 mcg/cc).

6.3 Inibidores de acidez

6.3.1 Úlceras de estresse na neurocirurgia

Ver referência.[5]

O risco de desenvolver úlceras de estresse (SU), conhecidas como úlceras de Cushing, é alta em pacientes críticos com patologia no CNS. Estas lesões são conhecidas como úlceras de Cushing por causa do tratado clássico de Cushing.[6] 17% das SUs produzem hemorragia clinicamente significativa. Os fatores de risco no CNS incluem patologias intracranianas: lesão cerebral (especialmente com uma pontuação na escala de coma de Glasgow < 9), tumores cerebrais, hemorragia intracerebral, SIADH, infecção do CNS, CVA isquêmico, bem como lesão da medula espinal. A probabilidade aumenta com a coexistência de fatores de risco outros que no CNS, incluindo: uso prolongado de esteroides (normalmente > 3 semanas), queimaduras em > 25% da área de superfície corporal, hipotensão, insuficiência respiratória, coagulopatias, insuficiência renal ou hepática e septicemia.

A patogênese das SUs não é totalmente compreendida, mas provavelmente resulta de um desequilíbrio entre os fatores destrutivos (ácido, pepsina e bile) e os fatores protetores (fluxo sanguíneo da mucosa, camada de muco e bicarbonato, reposição de células endoteliais e prostaglandinas).[5] Patologia do CNS, especialmente aquela envolvendo o diencéfalo ou o tronco encefálico, pode resultar em redução do débito vagal que leva a uma hipersecreção de ácido gástrico e pepsina. Há um pico na produção de ácido e pepsina 3-5 dias após a lesão no CNS.

6.3.2 Profilaxia para úlceras de estresse

Há forte indício de que a redução de ácido gástrico (seja por antiácidos ou por agentes que inibem a secreção de ácido) diminui a incidência de sangramento GI causado por úlceras de estresse em pacientes críticos. A elevação do pH gástrico para > 4,5 também inativa a pepsina.

Outras terapias que não envolvem alterações do pH e que podem ser eficazes incluem: sucralfato (ver abaixo) e nutrição enteral (controverso).[5] Antiácidos ou sucralfato titulado parece ser superior aos antagonistas H2 na redução de incidência de SUs.

A profilaxia de rotina quando esteroides são usados não é justificada, a menos que um dos seguintes fatores de risco estiver presente: prévia PUD, uso concomitante de NSAIDs, insuficiência hepática ou renal, subnutrição ou terapia prolongada com esteroide por > 3 semanas.

6.3.3 Possível aumento de pneumonia e mortalidade secundário à alteração do pH gástrico

Embora a mudança de um pH gástrico para um pH mais neutro reduza o risco de SUs, um pH > 4 permite a colonização bacteriana do estômago normalmente estéril. Isto pode aumentar o risco de pneumonia por aspiração, e foi sugerido que a mortalidade também pode ser elevada.[7] Sucralfato pode ser similarmente eficaz na redução de sangramento, mas pode estar associado a menores taxas de pneumonia e mortalidade. Há dados insuficientes para determinar o resultado final do sulcrafato, quando comparado a nenhum tratamento.[7]

6.3.4 Antagonistas do receptor de histamina 2 (H2)

Informações do fármaco: Ranitidina (Zantac®)

R Adultos ≤ 65 anos de idade: 150 mg PO, duas vezes ao dia, ou 50 mg IVPB a cada 8 h. Para > 65 anos de idade com função renal normal: 50 mg IV a cada 12 h.
Gotejamento IV (fornece um pH mais consistentemente elevado, sem picos e depressões; a controvérsia de que isto possa aumentar a concentração bacteriana gástrica, com elevação no risco de pneumonia por aspiração ainda não foi corroborada): 6,25 mg/h (p. ex., injetar 150 mg em 42 mL de IVF produzindo 3,125 mg/mL, administrar a 2 mL/h).

Informações do fármaco: Famotidina (Pepcid®)

R. Adultos: 20 mg PO por hora para manutenção; 40 mg PO por hora para terapia de úlcera ativa; IV: 20 mg a cada 12 h (para condições hipersecretórias, 20 mg IVPB a cada 6 h).[8] **Apresentação:** comprimidos de 20 e 40 mg, suspensão de 40 mg/5 mL, e comprimidos oralmente desintegráveis de 20 e 40 mg, como o Pepcid RPD. Remédio de venda livre disponível em comprimidos de 10 mg, como o Pepcid AC. Disponível IV.

Informações do fármaco: Nizatidina (Axid®)

R: 300 mg PO ao dia ou 150 mg PO duas vezes ao dia. **Apresentação:** cápsulas de 150 e 300 mg. Remédio de venda livre disponível em comprimidos de 75 mg, como o Axid AR.

6.3.5 Inibidores da secreção de ácido gástrico (inibidores da bomba de prótons)

Esses agentes reduzem o ácido gástrico pela inibição específica da etapa final da secreção de ácido pelas células parietais gástricas (inibindo o sistema enzimático (H^+, K^+)-ATPase na superfície celular, a chamada "bomba ácida"). Eles bloqueiam a secreção de ácido, independente do estímulo (síndrome de Zollinger-Ellison, hipergastrinemia...). Recuperação completa da secreção de ácido após descontinuação pode não ocorrer por semanas. ✖ Não indicado para tratamento prolongado, visto que os efeitos tróficos dos níveis elevados de gastrina resultantes podem provocar tumores carcinoides gástricos.

Informações do fármaco: Omeprazol (Prilosec®)

Inibição de algumas enzimas hepáticas do citocromo P-450 resulta em eliminação reduzida de varfarina e fenitoína. Diminui a eficácia da prednisona.
R Adultos: para úlceras peptídicas e doença do refluxo gastroesofágico (GERD), 20-40 mg ao dia. Para síndrome de Zollinger-Ellison: 20 mg PO ao dia a 120 mg PO três vezes ao dia (dose ajustada para manter a produção basal de ácido < 60 mEq/h). **Efeitos colaterais:** N/V, dor de cabeça, diarreia, dor abdominal ou erupção cutânea em 1-5% dos pacientes. **Apresentação:** cápsulas de liberação tardia de 10, 20 e 40 mg. Remédio de venda livre, disponível em comprimidos de 20,6 mg, como o Prisolec.

Informações do fármaco: ✱ Lansoprazol (Prevacid®)

Não possui efeito sobre vários outros fármacos metabolizados pelo citocromo P-450, incluindo: fenitoína, varfarina e prednisona.

R *Adultos:* 15 mg (para úlcera duodenal, GERD ou terapia de manutenção) ou 30 mg (para úlcera gástrica ou esofagite erosiva), PO diariamente, tratamento a curto prazo de 4 semanas. **Apresentação:** cápsulas de liberação tardia de 15 e 30 mg.

Informações do fármaco: Pantoprazol (Protonix®)

R PO: 40 mg PO ao dia, por até 8 semanas. IV: 40 mg IV ao dia x 7-10 dias. **Apresentação:** cápsulas de liberação tardia de 40 mg PO.

6.3.6 Diversos

Informações do fármaco: Sucralfato (Carafate®)

Minimamente absorvido pelo trato GI. Atua revestindo as áreas ulceradas da mucosa, não inibe a secreção de ácido. Isto pode, na verdade, resultar em uma menor incidência de pneumonia e mortalidade do que com o uso de agentes que afetam o pH gástrico (ver acima).

R: 1 g PO, quatro vezes ao dia com o estômago vazio. Não fornecer antiácidos dentro de meia hora do sucralfato.

Referências

[1] Cottrell JE, Patel K, Turndorf H, et al. ICP Changes Induced by Sodium Nitroprusside in Patients with Intracranial Mass Lesions. J Neurosurg. 1978; 48:329–331

[2] Orlowski JP, Shiesley D, Vidt DG, Barnett GH, et al. Labetalol to Control Blood Pressure After Cerebrovascular Surgery. Crit Care Med. 1988; 16:765–768

[3] Esmolol - A Short-Acting IV Beta Blocker. Med Letter. 1987; 29:57–58

[4] Trumble ER, Muizelaar JP, Myseros JS. Coagulopathy with the Use of Hetastarch in the Treatment of Vasospasm. J Neurosurg. 1995; 82:44–47

[5] Lu WY, Rhoney DH, Boling WB, et al. A Review of Stress Ulcer Prophylaxis in the Neurosurgical Intensive Care Unit. Neurosurgery. 1997; 41:416–426

[6] Cushing H. Peptic Ulcers and the Interbrain. Surg Gynecol Obstet. 1932; 55:1–34

[7] Cook DJ, Reeve BK, Guyatt GH, et al. Stress Ulcer Prophylaxis in Critically Ill Patients: Resolving Discordant Meta-Analyses. JAMA. 1996; 275:308–314

[8] Famotidine (Pepcid). Med Letter. 1987; 29:17–18

7 Sedativos, Paralíticos, Analgésicos

7.1 Sedativos e paralíticos

7.1.1 Escala de agitação-sedação de Richmond (RASS)

Uma escala validada[1,2] que utiliza números positivos para agitação e números negativos para sedação, como demonstrado no ▶ Quadro 7.1. Adequado para quantificar o nível desejado de sedação ao titular sedativos para pacientes agitados.

Procedimento para realizar a avaliação RASS:
1. na observação, o paciente está alerta, inquieto ou agitado: escore 0 a +4
2. se o paciente não estiver alerta, diga o nome do paciente e o instrua verbalmente a abrir os olhos e olhar para você: escore -1 a -3
3. na ausência de resposta ao estímulo verbal, estimular fisicamente sacudindo o ombro e/ou esfregando o esterno: escore -4 ou -5

7.1.2 Sedação consciente

O uso desses agentes requer a capacidade de fornecer imediato suporte ventilatório de emergência (incluindo intubação). Os agentes incluem:
1. midazolam (Versed®) (p. 870) com fentanil
2. fentanil
3. pentobarbital (Nembutal®): um barbitúrico. R Dose para adulto de 70 kg: infusão IVP lenta de 100 mg

---

Informações do fármaco: Metoexital (Brevital®)

Mais potente e de duração mais curta do que o tiopental (adequado p. ex., para rizotomia cutânea, em que o paciente precisa ser sedado e acordado repetidamente). Efeito de 5-7 min. Precauções similares com o problema adicional de que o metoexital pode *induzir* convulsões. Pode não estar mais disponível nos EUA.

R Adulto: solução de 1 g% (adicionar 50 mL de diluente a 500 mg para obter 10 mg/mL), dose teste de 2 mL, em seguida 5-12 mL IVP a uma taxa de 1 mL/5 s e, então, 2 a 4 mL a cada 4-7 min, conforme necessário.

Quadro 7.1 Escala de agitação-sedação de Richmond

	Escore	Condição	Descrição	
agitação	+ 4	combativo	excessivamente combativo, violento, perigo imediato aos funcionários	
	+ 3	muito agitado	puxa ou remove os tubos ou cateteres; agressivo	
	+ 2	agitado	movimentos frequentes sem finalidade, luta com o ventilador	
	+ 1	inquieto	ansioso, porém com movimentos não agressivos/fortes	
	0	**alerta e calmo**		
sedação	– 1	sonolento	não totalmente alerta, mas mantém-se acordado (olhos abertos/contato) em resposta a um estímulo verbal ($\geq$ 10 segundos)	estimulação verbal
	– 2	sedação leve	acorda rapidamente, e mantém contato visual, em resposta a um estímulo verbal (< 10 segundos)	
	– 3	sedação moderada	movimento ou abertura dos olhos em resposta a um estímulo verbal (sem contato visual)	
	– 4	sedação profunda	sem resposta ao estímulo verbal, mas se movimenta ou abre os olhos em resposta a um estímulo físico	estimulação física
	– 5	irresponsivo	sem resposta ao estímulo verbal ou físico	

7.1.3 Sedação

Normalmente requer intubação e suporte ventilatório mecânico na ICU. As doses são geralmente mais baixas do que aquelas usadas por anestesiologistas para anestesia geral.

Informações do fármaco: Tiopental (Pentothal®)

Um barbitúrico de curta duração. A primeira dose causa inconsciência em 20-30 segundos (tempo de circulação), a profundidade da anestesia aumenta para até 40 segundos, a duração = 5 minutos (finalizada pela redistribuição), a consciência retorna em 20-30 minutos.

Efeitos colaterais: depressão respiratória dose-dependente, irritação quando extravasado, injeção intra-arterial → necrose, agitação se administrado lentamente, *um antianalgésico*, depressão do miocárdio, hipotensão em pacientes hipovolêmicos.

R Adultos: concentração inicial não deve exceder 2,5%, administrar moderadamente rápido uma dose teste de 50 mg por via IVP e, se tolerado, administrar 100-200 mg IVP em 20-30 segundos (500 mg podem ser necessários em um paciente grande).

Informações do fármaco: ✳ Remifentanil (Ultiva®)

Um agonista de receptores micro-opioides de ultracurta duração. Potência similar à do fentanil. Atravessa rapidamente a BBB. Início: < 1 minuto. Efeito: 3-10 minutos. *Diminui a ICP.* Metabolismo: hidrólise não hepática por esterases teciduais e sanguíneas inespecíficas, portanto não há acúmulo. Sinergia com tiopental, propofol, isoflurano e midazolam requer uma redução de até 75% na dose desses agentes.

Efeitos colaterais: bradicardia, hipotensão (estes efeitos colaterais podem ser atenuados pelo pré-tratamento com anticolinérgicos), N/V, rigidez muscular, prurido (especialmente facial), depressão respiratória dose-dependente com doses > 0,05 mcg/kg/min.

R Adultos: evitar doses em *bolus*. Iniciar com gotejamento de 0,05 mcg/kg/min. Titular a dose em incrementos de 0,025 mcg/kg/min até um máximo de 0,1-0,2 mcg/kg/min. Adicionar um sedativo caso uma sedação adequada não seja alcançada na dose máxima. Reduzir a infusão em decrementos de 25% durante 10 minutos após a extubação. **Apresentação:** ampolas de 1,2 ou 5 mg em pó, devendo ser reconstituídas em solução contendo 1 mg/mL.

Informações do fármaco: Fentanil (Sublimaze®)

Narcótico, potência ≈ 100 x morfina. Alta lipossolubilidade → início rápido. Efeito (baixas doses): 20-30 min. Ao contrário da morfina e meperidina, não causa liberação de histamina. *Diminui a ICP.*

Efeitos colaterais: depressão respiratória dose-dependente, altas doses administradas rapidamente causam rigidez da parede torácica. Repetição da dose pode causar acúmulo. Sensibilidade diminuída à estimulação pelo CO_2 pode persistir por mais tempo do que a depressão da taxa respiratória (até 4 horas).

R Adultos: 25-100 mcg (0,5-2 mL) por via IVP, repetir, conforme necessário. **Apresentação:** 50 mcg/mL; requer refrigeração.

Informações do fármaco: ✳ Propofol (Diprivan®)

Um sedativo hipnótico. Também adequado em altas doses durante cirurgia de aneurisma na forma de um neuroprotetor (p. 1203). A proteção parece ser menor do que com os barbitúricos. Tempo de efeito aumenta após ≈ 12 horas de uso.

R Dose para sedação: iniciar a 5-10 mcg/kg/min. Aumentar em 5-10 mcg/kg/min a cada 5-10 minutos, conforme necessário, e se sedação for desejada (até um máximo de 50 mcg/kg/min).

Efeitos colaterais: inclui a Síndrome da Infusão do Propofol: hipercalemia, hepatomegalia, lipemia, acidose metabólica, insuficiência miocárdica, rabdomiólise, insuficiência renal e, ocasionalmente, morte.[3] Identificados pela primeira vez em crianças, mas podem ocorrer em qualquer idade. Nota: *acidose metabólica* de etiologia desconhecida em um paciente recebendo propofol representa a síndrome da infusão do propofol até que se prove o contrário. Usar com cautela em doses > 50 mcg/kg/min ou em qualquer dose por > 48 horas. Note também que o carreador lipídico fornece 1,1 kCal/mL e hipertrigliceridemia pode ocorrer.

Apresentação: 500 mg suspensos em um frasco de 50 mL de emulsão lipídica. O frasco e o tubo devem ser trocados a cada 12 horas, visto que não contêm agentes bacteriostáticos.

Informações do fármaco: ✳ Precedex® (Dexmedetomidina)

Um agonista de adrenorreceptores alfa 2. Atua no *locus ceruleur* e nos gânglios das raízes dorsais. Apresenta propriedades sedativas e analgésicas, e reduz dramaticamente o risco de depressão respiratória e a quantidade de analgésicos narcóticos necessários. Diminui os tremores.

R: dose de carga usual de 1 mcg/kg administrada por via IV em 10 minutos (dose de carga não é necessária se o paciente já tiver sido sedado com outros agentes), seguida pela infusão IV contínua de 0,2-1,0 mcg/kg/h, titulada até o efeito desejado; não exceder 24 horas (para sedação curta ou uso como uma droga de "transição"). **Efeitos colaterais:** bradicardia clinicamente significativa e parada sinusal ocorreram em voluntários jovens e saudáveis com aumento do tônus vagal (anticolinérgicos como 0,2 mg IV de atropina ou 0,2 mg IV de glicopirrolato podem ajudar). Utilizar com cuidado em pacientes com bloqueio cardíaco avançado, bradicardia basal, com o uso de outros fármacos que diminuem a frequência cardíaca e na hipovolemia. **Apresentação:** ampolas de 2 mL com 100 mcg/mL a serem diluídas em 48 mL de soro fisiológico, para uma concentração final de 4 mcg/mL para uso IV.

7.2 Paralíticos (agentes bloqueadores neuromusculares)

7.2.1 Informações gerais

ATENÇÃO: requer ventilação (intubação ou máscara/bolsa Ambu). Aviso: pacientes paralisados podem ainda estar conscientes e, consequentemente, capazes de sentir dor. O uso simultâneo de sedação é, portanto, necessário para pacientes conscientes.

O uso precoce de rotina em pacientes com traumatismo craniano diminui a ICP (p. ex., durante aspiração[4]) e a mortalidade, mas não melhora o resultado geral.[5]

Agentes bloqueadores neuromusculares (NMBAs) são classificados clinicamente pelo tempo de início de ação e duração da paralisia, como demonstrado no ▶ Quadro 7.2. Informações adicionais para alguns agentes são fornecidas no quadro, assim como algumas considerações para pacientes neurocirúrgicos.

Quadro 7.2 Início de ação e duração dos relaxantes musculares

Classe clínica	Agente	Nome comercial (®)	Início (min)	Duração (min)	Recuperação espontânea (min)	Comentário
ultracurta	succinilcolina	Anectine	1	5-10	20	início de ação e duração mais curtos; dependente da colinesterase plasmática; muitos efeitos colaterais
curta	rocurônio	Zemuron	1-1,5	20-35	40-60	início de ação similar ao da succinilcolina com altas doses; alguma ação vagolítica em crianças
intermediária	vecurônio	Norcuron	3-5	20-35	40-60	mínimos efeitos colaterais cardiovasculares (bradicardia relatada); não há liberação de histamina
	cisatracúrio	Nimbex	1,5-2	40-60	60-80	não há liberação de histamina nas doses recomendadas

7.2.2 Paralíticos de ultracurta duração

Informações do fármaco: Succinilcolina (Anectine®)

O único bloqueador ganglônico despolarizante (os outros são bloqueadores competitivos). Inativado rapidamente por pseudocolinesterases plasmáticas. Uma única dose produz fasciculações e, então, paralisia. Início de ação: 1 min. Duração da ação: 5-10 min.

Indicações
Em razão dos efeitos colaterais significativos (ver abaixo), o uso é atualmente limitado primariamente para as seguintes indicações. Adultos: normalmente recomendado apenas para intubações de emergência, em que a via aérea não é controlada. Em crianças: apenas quando a intubação é necessária com um estômago cheio, ou na ocorrência de laringospasmo durante a tentativa de intubação com o uso de outros agentes.

Efeitos colaterais
✘ ATENÇÃO: geralmente aumenta o K^+ sérico em 0,5 mEq/L (em raras ocasiões, causa *hipercalemia* severa ([K^+] de até 12 mEq/L) em pacientes com patologia neuronal ou muscular, provocando complicações cardíacas que não podem ser bloqueadas), sendo, portanto, contraindicada na fase aguda da lesão após grandes queimaduras, múltiplos traumas, ou desnervação extensa do músculo esquelético ou lesão do neurônio motor. Não usar para intubações de rotina em adolescentes e crianças (pode causar parada cardíaca mesmo em jovens aparentemente saudáveis, muitos dos quais têm miopatias não diagnosticadas). Ligada à hipertermia maligna (p. 108).

Pode causar arritmias, especialmente bradicardia sinusal (tratar com atropina). Pode provocar estimulação autonômica decorrente da ação similar à ACh → HTN, e bradicardia ou taquicardia (especialmente com doses repetidas em pacientes pediátricos). As fasciculações podem aumentar a ICP, a pressão intragástrica e a pressão intraocular (contraindicada em lesões oculares penetrantes, especialmente naquelas na câmara anterior; OK no glaucoma).

Precurarização com uma "dose preparatória" de um bloqueador não despolarizante (geralmente ≈ 10% da dose de intubação, p. ex., *pancurônio*, 0,5-1 mg IV por 3-5 minutos, antes da succinilcolina) em pacientes com ICP elevada ou aumento da pressão intraocular (para amenizar adicionais aumentos de pressão durante a fase de fasciculação), e em pacientes que tenham se alimentado recentemente (controverso[6]). Bloqueio de fase II (similar ao bloqueador não despolarizante) pode-se desenvolver com doses excessivas ou em pacientes com pseudocolinesterase anormal.

Posologia
℞ Adulto: 0,6-1,1 mg/kg (2-3 mL/70 kg) por via IVP (administrar um pouco a mais para dar tempo até o procedimento e evitar complicações por múltiplas doses), pode repetir esta dose × 1.

℞ Pacientes pediátricos (ATENÇÃO: *Não* recomendada para uso de rotina, ver acima) *Crianças*: 1,1 mg/kg. *Recém-nascidos* (< 1 mês): 2 mg/kg.

Apresentação: concentração de 20 mg/mL.

7.2.3 Paralíticos de curta duração

Informações do fármaco: Rocurônio (Zemuron®)

Em altas doses, há aceleração do início de ação que se aproxima ao da succinilcolina. No entanto, nessas doses, a paralisia geralmente persiste por ≈ 1-2 h. Custo elevado.

℞ Adulto: dose inicial de 0,6-1 mg/kg. Pode ser usado como infusão de 10-12 mcg/kg/min.

7.2.4 Paralíticos de duração intermediária

Informações do fármaco: * Vecurônio (Norcuron®)

NMBA não despolarizante (competitivo). Paralisia adequada para intubação em um período de 2,5-3 minutos após administração. Aproximadamente um terço mais potente do que o pancurônio, duração de ação mais curta (dura ≈ 30 minutos após a dose inicial). Ao contrário do pancurônio, apresenta poucos efeitos vagais (ou seja, cardiovasculares). Ausência de metabólitos neuroativos. Não afeta a ICP ou a CPP. Hepaticamente metabolizado. Por causa dos metabólitos ativos, foi relatado que a regressão da paralisia demora de 6 horas a 7 dias após a descontinuação do fármaco usado por ≥ 2 dias em pacientes com insuficiência renal.[7] Deve ser misturado para uso.

Posologia
Apresentação: 10 mg de pó liofilizado requerendo reconstituição. Usar em um período de até 24 horas após mistura.
 R Adulto e crianças > 10 anos de idade: 0,1 mg/kg (para a maioria dos adultos, usar uma dose inicial de 8-10 mg). Pode repetir cada 1 hora, conforme necessário. Infusão: 1-2 mcg/kg/min.
 R Pacientes pediátricos: *crianças* (1-10 anos) requerem uma dose ligeiramente maior e uma dosagem mais frequente do que em adultos. *Lactentes* (7 semanas – 1 ano): ligeiramente mais sensível em mg/kg do que em adultos, demora ≈ 1,5 x mais para se recuperar. O uso em neonatos e a infusão contínua em crianças são insuficientemente estudados.

Informações do fármaco: * Cisatracúrio (Nimbex®)

Bloqueador não despolarizante (competitivo). Este isômero do atracúrio não libera histamina, ao contrário de seu composto de origem (ver abaixo). Fornece cerca de 1 hora de paralisia. Também sofre degradação de Hofmann, com a laudanosina sendo um de seus metabólitos.
 R Adulto e crianças > 12 anos de idade: 0,15 ou 0,2 mg/kg, como parte da técnica de indução/intubação com propofol/óxido nitroso/oxigênio, produz paralisia muscular adequada para intubação em 2 ou 1,5 minutos, respectivamente. Infusão: 1-3 mcg/kg/min.
 R Pacientes pediátricos: *crianças* (2-12 anos): 0,1 mg/kg fornecido por 5-10 segundos durante anestesia inalatória ou opioide.

7.2.5 Reversão do bloqueio muscular competitivo

Tentativa de reversão normalmente não é realizada até que o paciente tenha tido pelo menos uma contração à sequência de 4 estímulos, caso contrário a reversão pode ser incompleta se o paciente estiver profundamente bloqueado, e o bloqueio pode reincidir à medida que a reversão perde o efeito (uma resposta de 1/4 indica um bloqueio muscular de 90%).
- neostigmina (Prostigmin®): 2,5 mg (mínimo) a 5 mg (máximo) IV
  (iniciar com uma dose baixa; doses > 5 mg não mostram eficácia e podem produzir severa fraqueza, especialmente se a dose máxima for excedida na ausência de bloqueio neuromuscular)
- *MAIS* (para prevenir bradicardia...),
  - OU
    0,5 mg de atropina para cada mg de neostigmina
  - OU
    0,2 mg de glicopirrolato (Robinul®) para cada mg de neostigmina

7.3 Analgésicos

7.3.1 Informações gerais

Para uma discussão dos tipos de dor e procedimentos dolorosos (p. 476).
 Três tipos de medicamentos para a dor
1. medicamentos não opioides para a dor (ver abaixo)
   a) anti-inflamatórios não esteroides: aspirina, ibuprofeno...
   b) acetaminofeno
2. opioides (p. 138)
   a) agonistas
   b) agonistas parciais
   c) agonista/antagonista misto

Sedativos, Paralíticos, Analgésicos **137**

3. fármacos que não são estritamente analgésicos, mas que atuam como adjuvantes (p. 143) quando adicionados a qualquer um dos fármacos acima: antidepressivos tricíclicos, anticonvulsivantes, cafeína, hidroxizina, corticosteroides (p. 143)

7.3.2 Princípios orientadores

A chave para um bom controle da dor é o uso precoce de níveis adequados de analgésicos eficazes. Para a dor do câncer, um programa de dosagem é superior a um tratamento administrado, conforme necessário, e medicação de "alívio" deve estar disponível.[8] Analgésicos não opioides devem ser continuados à medida que medicamentos mais potentes e técnicas invasivas são utilizados.

7.3.3 Analgésicos para alguns tipos específicos de dor

Dor visceral ou por desaferentação
Pode ocasionalmente ser eficazmente tratada com antidepressivos tricíclicos (p. 477).
Triptofano pode ser eficaz (p. 143).
Carbamazepina (Tegretol®) pode ser útil na dor paroxística lancinante.

Dor secundária à doença óssea metastática
Esteroides, aspirina ou NSAIDs são especialmente úteis, provavelmente pela redução da sensibilização mediada por prostaglandinas das fibras A-delta e C, podendo, portanto, ser preferíveis ao APAP.

7.3.4 Analgésicos não opioides

Acetaminofeno

Quadro 7.3 Dosagem de acetaminofeno

Medicamento	Dose
acetaminofeno (APAP) (Tylenol®)	dose de adultos: 650 ou 1.000 mg PO/PR a cada 4-6 h, não exceder 4.000 mg/dia[a] dose pediátrica: lactentes: 10-15 mg/kg PO/PR a cada 4-6 h crianças: 1 grão/ano de idade (= 65 mg/ano até 650 mg) PO/PR a cada 4-6 horas, não exceder 15 mg/kg a cada 4 h

[a]Toxicidade hepática do APAP: geralmente com doses $\geq$ 10 g/dia, raro a doses < 4.000 mg. Entretanto, pode ocorrer em doses mais baixas (mesmo nas doses terapêuticas altas) no alcoolismo, pacientes em jejum e naqueles tomando medicamentos indutores da enzima citocromo P-450.

Anti-inflamatórios não esteroides (NSAIDs)
As propriedades anti-inflamatórias dos NSAIDs resultam primariamente da inibição da enzima ciclo-oxigenase (COX), que participa na síntese de prostaglandinas e tromboxanos.[9]
Características dos anti-inflamatórios não esteroides não seletivos:

1. todos são administrados oralmente, exceto o cetorolaco de trometamina (Toradol®) (ver abaixo)
2. não há desenvolvimento de dependência
3. efeito aditivo melhora o alívio da dor com analgésicos opioides
4. NSAIDs (e APAP) demonstram um efeito teto: uma dose máxima acima da qual adicional analgesia não é obtida. Para aspirina e APAP, essa dose é geralmente entre 650-1.300 mg, sendo frequentemente mais alta para outros NSAIDs, que também podem ter uma duração de ação mais prolongada
5. risco de desarranjo GI é comum, riscos mais graves de hepatotoxicidade,[10] ou ulceração, hemorragia ou perfuração GI são menos comuns
6. ingestão do medicamento com refeições ou antiácidos não foi comprovada ser eficaz na redução de efeitos colaterais GI. Misoprostol (Cytotec®), uma prostaglandina, pode ser eficaz na atenuação de erosão gástrica ou úlcera péptica induzida pelos NSAIDs. Contraindicado na gravidez. R 200 mcg PO 4 vezes ao dia com alimento, desde que o paciente não esteja tomando NSAIDs. Se não tolerado, usar 100 mcg. ✖ ATENÇÃO: um abortivo. Não deve ser fornecido para mulheres grávidas ou mulheres com potencial reprodutivo
7. a maioria inibe de modo reversível a função plaquetária e prolonga o tempo de sangramento (salicilatos não acetilados têm menor ação antiplaquetária, p. ex., salsalato, trissalicilato, nabumetona). A

aspirina, ao contrário das outras NSAIDs, liga-se *irreversivelmente* à ciclo-oxigenase e, consequentemente, inibe a função plaquetária durante os 8-10 dias de vida da plaqueta
8. todos causam retenção de sódio e água, e apresentam o risco de nefrotoxicidade induzida por NSAIDs[11] (por redução da síntese de prostaglandinas vasodilatadoras renais → redução do fluxo sanguíneo renal, que pode → insuficiência renal, nefrite intersticial, síndrome nefrótica, hipercalemia)
9. NSAIDs não aspirínicos aumentam o risco de ataque cardíaco ou CVA[12]

Informações do fármaco: Cetorolaco de trometamina (Toradol®)

O único NSAID parenteral aprovado nos EUA para uso no controle da dor. O efeito analgésico é mais potente do que o efeito anti-inflamatório. Meia-vida ≈ 6 h. Pode ser adequado para controlar a dor nas seguintes situações:
1. quando for crucial evitar sedação ou depressão respiratória
2. quando a constipação não pode ser tolerada
3. para pacientes nauseados por narcóticos
4. quando a dependência de narcóticos for uma séria preocupação
5. quando morfina epidural tenha sido utilizada e adicional analgesia é necessária sem risco de depressão respiratória (narcóticos tipo agonista são contraindicados)
6. precauções:
   a) não indicado para uso > 72 h (complicações foram relatadas primariamente com o uso prolongado da forma oral)
   b) usar com cautela em pacientes pós-operatórios, visto que o tempo de sangramento (como com a maioria dos NSAIDs) é prolongado pela inibição da função plaquetária (risco de hemorragia GI ou no sítio operatório é pequeno, mas aumenta em pacientes > 75 anos de idade quando usado por > 5 dias, e quando usado em altas doses[13])
   c) embora a administração IM desvie do sistema GI, irritação e erosões da mucosa gástrica podem ocorrer, como com todos os NSAIDs (evitar o uso com PUD)
   d) como com todos os NSAIDs, usar com cautela em pacientes com risco de efeitos colaterais renais

R Parenteral: para administração em dose única: 30 mg IV ou 60 mg IM em adultos saudáveis. Para múltiplas doses: 30 mg IV ou IM cada 6 h, conforme necessário. Dose máxima: 120 mg/dia. O uso parenteral não deve exceder 5 dias (3 dias podem ser uma diretriz mais adequada).
   Para pacientes pesando < 50 kg, com > 65 anos de idade ou função renal reduzida (depuração da creatinina < 50 mL/min), todas as dosagens acima são reduzidas pela metade (máxima dose diária: 60 mg). A depuração de creatinina pode ser estimada usando-se a equação de Cockroft-Gault[14] exibida em Eq (7.1), com valores normais ≥ 60 mL/min.

$$\text{Depuração da creatinina (mL/min)} = \frac{[140 - \text{idade (anos)}] \times \text{peso ideal (kg)}}{72 \times \text{creatinina sérica (mg/dL)}} \times (0,85 \text{ para mulheres}) \quad (7.1)$$

R PO: indicado apenas como uma continuação da terapia IV ou IM, não para uso de rotina como NSAID. Transição de IM para PO: começar com 10 mg PO a cada 4-6 h (dose PO e IM combinada deve ser ≤ 120 mg no dia da transição). **Apresentação:** comprimidos de 10 mg.

7.3.5 Analgésicos opioides

Informações gerais
Narcóticos são mais comumente usados para dor moderada à severa ou dor do câncer (alguns especialistas caracterizam a dor do câncer como dor aguda recorrente e não como dor crônica).
   Características dos narcóticos:
1. ausência de efeito teto (p. 137): ou seja, o aumento da dose aumenta a eficácia (embora os efeitos colaterais de opioides fracos usados para dor moderada possam limitar as doses para níveis relativamente baixos[8])
2. desenvolvimento de tolerância (física e psicológica) com o uso crônico
3. possível *overdose* (p. 207), com potencial de depressão respiratória em todos, e convulsões em alguns

Quadro 7.4 Anti-inflamatórios não esteroides (NSAIDs)[a]

Nome genérico	Medicamento registrado®	Dose oral típica para adultos[b]	Disponibilidade de comprimidos/ cápsulas (mg)[c]	Dose máxima diária (mg)
aspirina[d]	(muitos)	500-1.000 mg PO cada 4-6 h (dose teto ≈ 1 g)	325, 500	4.000
diclofenaco	Voltaren, Cataflam	iniciar a 25 mg QID: dose adicional a cada hora, conforme necessário; aumentar para 50 mg TID ou QID, ou 75 mg BID	20, 50, 75	200
etodolaco		para dor aguda: 200-400 mg cada 6-8 h	cápsulas: 200, 300 comprimidos: 400	1.200
fenoprofeno	Nalfon	200 mg cada 4-6 h; para artrite reumatoide: 300-600 mg TID-QID	200, 300, 600	3.200
flurbiprofeno		50 mg TID-QID ou 100 mg TID	50, 100	300
cetoprofeno	liberação imediata	iniciar a 75 mg TID ou 50 mg QID, ↑ para 150-300 mg diários DIV TID-QID	25, 50, 75	300
	liberação prolongada	150 mg por dia	ER[c] 150	
cetorolaco		ver abaixo	ver abaixo	
ibuprofeno[e]	Motrin	400-800 QID (dose teto: 800 mg)	300, 400, 600, 800	3.200
indometacina		25 mg TID, ↑ um total de 25 mg ao dia, conforme necessário	25, 50, SR 75	150-200
meclofenamato		50 mg cada 4-6 h; ↑ para 100 mg QID se necessário	50, 100	400
mefenâmico	Ponstel	500 mg inicialmente; então, 250 mg cada 6 h	250	
nabumetona[f]	Relafen	1.000-2.000 mg/d, fornecidos em 1 ou 2 doses	500, 750	2.000
naproxeno	Naprosyn	500 mg e, então, 250 mg cada 6-8 h	250, 375, 500	< 1.250
naproxeno sódico	Anaprox	550 mg, seguidos por 275 mg a cada 6-8 h	275, DS = 550	1.375
oxaprozina	Daypro	1.200 mg ao dia (no primeiro dia pode tomar 1.800)	600	1.800
piroxicam	Feldene	10-20 mg ao dia (estado de equilíbrio leva 7-12 d)	10, 20	
sulindaco		200 mg BID; ↓ para 150 BID quando a dor for controlada	150, 200	400
salsalato		3.000 mg divididos BID-TID (p. ex., e comprimidos de 500 mg TID)	500, 750	
tolmetina		400 mg TID (biodisponibilidade é reduzida pelo alimento)	200, DS = 400, 600	1.800

[a]NSAIDs aumentam o risco de eventos cardiovasculares trombóticos (ataque cardíaco ou CVA).[12]
[b]Quando a faixa de dose é fornecida, usar a menor dose eficaz.
[c]Abreviações: DS = dupla potência; SR = liberação lenta; ER = liberação prolongada; DOC = droga de escolha.
[d]Aspirina: tem eficácia única sobre a dor provocada por metástases ósseas.
[e]Ibuprofeno: está disponível como uma suspensão (PediaProfen®) de 100 mg/mL: dose para crianças de 6 meses a 12 anos de idade é de 5-10 mg/kg, com uma dose máxima de 40 mg/kg/dia (não aprovado pela FDA para crianças, por causa da possível síndrome de Reye).
[f]Ao contrário da maioria dos NSAIDs, a nabumetona não interfere com a função plaquetária.

Dor leve a moderada

Quadro 7.5 Opioides fracos para dor leve à moderada

Medicamento	Dose	
codeína	dose usual em adultos: 30-60 mg IM/PO cada 3 h, conforme necessário; usar com cautela em mães que amamentam[a] e crianças	
	(30 mg PO equivale a 300 mg de aspirina)	
	dose pediátrica: 0,5-1 mg/kg/dose cada 4-6 h PO ou IV, conforme necessário	
pentazocina	pentazocina é um agonista-antagonista misto	
	Talwin®	→ 12,5 mg pentazocina, 325 mg ASA. R: 2 PO TID-QID, conforme necessário
	com naloxona	→ 50 mg pentazocina, 0,5 mg naloxona. R: 1-2 PO cada 3-4 h, conforme necessário, até 12 comprimidos/dia
tramadol (Ultram®)	(ver abaixo)	

[a]1-28% das mulheres são metabolizadoras ultrarrápidas de codeína, e a morfina resultante pode ser transmitida para o recém-nascido pelo leite materno.

Alguns medicamentos úteis são exibidos no ▶ Quadro 7.5.

Geralmente, a codeína e o congênere pentazocina não são mais eficazes do que o ASA ou o APAP, sendo normalmente combinados com esses fármacos.

Informações do fármaco: Tramadol (Ultram®)

Um opioide agonista oral que se liga aos receptores opioides μ, e é também um analgésico de ação central que inibe a recaptação da norepinefrina e serotonina. Para dor aguda, 100 mg é comparável a 60 mg de codeína com ASA ou APAP.[15,16] Não há relatos de depressão respiratória, quando as recomendações de dose oral são seguidas. Convulsões e dependência de opioides foram relatadas.[16]

R: 50 a 100 mg PO cada 4-6 h enquanto houver dor, até uma dose máxima de 400 mg/dia (ou 300 mg/d para pacientes mais velhos). Para dor aguda moderadamente severa, uma dose inicial de 100 mg, seguida por doses de 50 mg, pode ser suficiente. **Apresentação:** comprimidos de 50 mg.

Dor moderada à severa

Quadro 7.6 Opioides para dor moderada à severa

Medicamento	Dose
hidrocodona	(Vicodin®, Lorcet®, Lortab®...): hidrocodona 5 mg + acetaminofeno 500 mg; (Vicodin ES®, Lortab 7,5/500®): hidrocodona 7,5 mg + APAP 500 mg; R: 1 comprimido PO cada 6 h, conforme necessário (pode aumentar até 2 comprimidos PO cada 3-4 h; não exceder 8 comprimidos/24 h)
	(Lorcet® Plus, Lorcet® 10/650): hidrocodona 7,5 ou 10 mg (respectivamente) + APAP 650 mg; R: 1 comprimido PO cada 6 h, conforme necessário (não exceder 6 comprimidos em 24 h)
	(Lortab® 10/500: hidrocodona 10 mg + APAP 500 mg; R: 1-2 PO a cada 4 h, conforme necessário. Até 6 comprimidos/dia
	(Norco®): hidrocodona 10 mg + APAP comprimidos sulcados de 325 mg; R: 1 PO cada 4 h, conforme necessário, até 6 comprimidos/dia
oxicodona	**Apresentação:** geralmente disponível em combinação como: aspirina 325 mg com oxicodona 5 mg (Percodan®) ou acetaminofeno (APAP) (Tylox® = APAP 500 mg + oxicodona 5 mg) (Percocet® = oxicodona/APAP em 2,5/325, 5/325, 7,5/500, 10/650) dose: 1 PO cada 3-4 h, conforme necessário (por aumentar até 2 PO cada 3 h[a])

Quadro 7.6 Opioides para dor moderada à severa *(Cont.)*

Medicamento	Dose
	Apresentação: também disponível isoladamente como OxyIR® 5 mg. OxyFast® solução oral de 20 mg/mL, ou em comprimidos de liberação controlada como OxyContin® 10, 20, 40, 80[b] e 160[b] mg (que dura 12 horas, alcançando o estado de equilíbrio em 24-36 horas). R Adultos: comprimidos de OxyContin® são tomados inteiros e não devem ser divididos, mastigados ou amassados. Destinado para o controle de dor moderada à severa, quando o uso de analgésico é necessário 24 horas por dia, por períodos prolongados, não sendo destinado para uso apenas quando necessário. Para pacientes nunca expostos a opioides, começar com 10 mg PO cada 12 h. Para pacientes sendo tratados com narcóticos, uma tabela de conversão é fornecida abaixo para alguns medicamentos. Titular a dose cada 1-2 dias, aumentando a dose em 25-50% cada 12 h.

Tabela de conversão para iniciar tratamento com OxyContin®

Preparação atualmente usada	Dose	Dose inicial sugerida de OxyContin®
comprimidos combinados de oxicodona (Tylox, Percodan...) ou Lortab, Vicodin ou Tylenol # 3	1-5 comprimidos/dia	10-20 mg PO cada 12 h
	6-9 comprimidos/dia	20-30 mg PO cada 12 h
	10-12 comprimidos/dia	30-40 mg PO cada 12 h
Morfina PCA IV	determinar a dose MSO4 total usada por 24 h	multiplicar a dose MSO4 total em 24 h x 1,3 para dose total de OxyContin em 24 h

hidromorfona	Dilaudid®: (ver ▶ Quadro 7.7)
morfina	usada em baixas doses (ver ▶ Quadro 7.7)

[a]Não exceder 4.000 mg de acetaminofeno/24 h (ver nota de rodapé no ▶ Quadro 7.3).
[b]Para uso apenas em pacientes tolerantes a opioides.

Dor severa

Quadro 7.7 Doses *equianalgésicas* para dor SEVERA, opioides AGONISTAS (via parenteral é referenciada a 10 mg IM de morfina)

Nome do fármaco: genérico (registrado®)	Via	Dose (mg)	Pico (h)	Duração (h)	Comentários
morfina	IM	10	0,5-1	4-6	depressão respiratória
	PO	20-60[a]	1,5-2	4-7	formas PO de ação prolongada: MS Contin®, Avinza® (ver abaixo)
codeína (não recomendada nessas doses)	IM	130		3-5	essas altas doses causam efeitos colaterais inaceitáveis
	PO	200			
metadona[b] (Dolophine®)	IM	10	0,5-1	4-6	meia-vida longa[b]
	PO	20	1,5-2	4-7	
oxicodona (p. ex., Tylox®[c]) (OxyContin®)	IM	15			
	PO	30	1	3-4	combinação (Tylox®) ou líquida
	PO	30-40		12	*OxyContin*, ver ▶ Quadro 7.6
oximorfona	IM	1		3-5	disponível como supositório
	PR	10			
hidromorfona (Dilaudid®)	IM	1,5	0,5-1	3-4	
	PO	7,5	1,5-2	3-4	apresentação: comprimidos de 1, 2, 3 & 4 mg

(Continua)

142 Geral e Neurologia

Quadro 7.7 Doses *equianalgésicas* para dor SEVERA, opioides AGONISTAS (via parenteral é referenciada a 10 mg IM de morfina) *(Cont.)*

Nome do fármaco: genérico (registrado®)	Via	Dose (mg)	Pico (h)	Duração (h)	Comentários
fentanil (Sublimaze®)	IV	0,1		1-2	não recomendado para controle de dor aguda, especialmente em pacientes nunca expostos a narcóticos
fentanila adesivo transdérmico (Duragesic®)[d]	transdérmico	e	12-24	72	adesivos de 25, 50, 75, 100 ou 125 mcg/h (usar a menor dose eficaz)

[a]Relação da potência IM:PO da morfina é de 1:6 para doses únicas, mas muda para 1:2-3 com a dosagem crônica
[b]Em razão da meia-vida longa, doses repetidas podem resultar em acúmulo e depressão do CNS (necessário reduzir a dose após ≈ 3 dias, embora a meia-vida do analgésico não mude), especialmente no paciente idoso ou debilitado. O uso deve ser limitado aos médicos com experiência nesses fármacos.
[c]Pode não ser prático para o uso na dor severa, visto que 1 Tylox® contém apenas 5 mg de oxicodona (o acetaminofeno limita a dose). Pode usar OxyContin® para doses mais elevadas de oxicodona.
[d]✘ não deve ser usado como analgésico pós-operatório de rotina (risco de depressão respiratória). Aplicar 1 adesivo no tronco superior, substituir a cada 72 h, conforme necessário.
[e]Conversão da morfina parenteral diária total como segue:
8-27 mg MSO4/dia → 25 mcg/h de Duragesic
28-37 mg MSO4/dia → 50 mcg/h de Duragesic
38-52 mg MSO4/dia → 75 mcg/h de Duragesic
53-67 mg MSO4/dia → 100 mcg/h de Duragesic
68-82 mg MSO4/dia → 125 mcg/h de Duragesic

Quadro 7.8 Doses *equianalgésicas* para dor SEVERA, opioides AGONISTAS/ANTAGONISTAS (referenciado a 10 mg IM de morfina)

Nome do fármaco: genérico (registrado®)	Via	Dose (mg)	Pico (h)	Duração (h)	Comentários
buprenorfina (Buprenex®)	IM	0,4			agonista parcial
	SL	0,3			
Agonista/antagonista misto[a]					
butorfanol	IM	2	0,5-1	4-6	
nalbufina	IM	10	1	3-6	ausência de ocupação de receptores sigma[b]
	IV	140 mcg/kg	0,5	2-5	
pentazocina (Talwin®[c])	IM[b]	20-40	0,5-1	4-6	
	PO[b]	180 (começar com 50)	1,5-2	4-7	

[a]Todos podem precipitar sintomas de abstinência em pacientes fisicamente dependentes de agonistas.
[b]A maioria dos fármacos agonista/antagonista ocupa receptores sigma (Stadol > Nubain), o que pode causar alucinações.
[c]Talwin injetável (para uso IM) contém apenas pentazocina. Comprimidos de Talwin® Composto contêm ASA, portanto, para altas doses PO usar Talwin Nx, que não contém ASA (▶ Quadro 7.5).

Informações do fármaco: Avinza® (morfina de liberação prolongada)

Formulação da morfina de uma dose diária oral, com o uso de um sistema de absorção do fármaco oral em forma de esfera (SODAS) (várias esferas de copolímero de metacrilato de amônio, ≈ 1 mm de diâmetro). Potencial para superdosagem e/ou abuso.

R: a dose é titulada com base na tolerância a opioides e grau de dor do paciente. Administrado na forma de 1 cápsula PO ao dia. Não é para ser tomado "conforme necessário". Não deve ser usado para dor pós-operatória. ✖ ATENÇÃO: para prevenir doses potencialmente fatais de morfina, as cápsulas devem ser engolidas por inteiro, e não devem ser mastigadas, esmagadas ou dissolvidas. No entanto, os conteúdos da cápsula (as esferas) podem ser polvilhados com molho de maçã para aqueles incapazes de engolir as cápsulas, mas as esferas não devem ser mastigadas ou esmagadas. **Efeitos colaterais:** por causa do efeito potencialmente nefrotóxico do ácido fumárico usado nos SODAS, a dose máxima da Avinza é de 1.600 mg/d. Doses ≥ 60 mg são apenas para pacientes tolerantes aos opioides. **Apresentação:** cápsulas de 30, 60, 90 e 120 mg.

7.3.6 Medicamentos adjuvantes para a dor

Os seguintes podem melhorar a eficácia dos analgésicos opioides (e, portanto, reduzir a dose necessária).

Antidepressivos tricíclicos:

Triptofano: um aminoácido e um precursor da serotonina, pode agir aumentando os níveis de serotonina. Requer altas doses, possui efeitos hipnóticos e, portanto, uma dose de 1,5-2 g é fornecida por hora. O fornecimento diário de MVI é necessário, pois a terapia crônica com triptofano depleta a absorção de vitamina B6.

Anti-histamínicos: histaminas desempenham um papel na nocicepção. Anti-histaminas, que também são ansiolíticas, antieméticas e levemente hipnóticas, são eficazes como analgésicos ou adjuvantes. Hidroxizina (Atarax®, Vistaril®). R: iniciar com 50 mg PO todas as manhãs e 100 mg PO por hora. Pode aumentar a dose até ≈ 200 mg ao dia.

Anticonvulsivantes: carbamazepina, clonazepam, fenitoína, gabapentina ou pregabalina tendem a ser mais eficazes na dor neuropática, p. ex., na neuropatia diabética, neuralgia trigeminal, neuralgia pós-herpética, neuralgia glossofaríngea e neuralgias provocadas por lesão ou infiltração de nervos com o câncer.[16] Ver índice para as entradas.

Fenotiazinas: algumas causam uma leve redução na nocicepção. A maioria é tranquilizante e antiemética. A mais conhecida para esse uso é a flufenazina (Prolixin®), geralmente administrada com um antidepressivo tricíclico para dor neuropática, **Neuropatia diabética, Tratamento** (p. 545). Fenotiazinas podem reduzir o limiar convulsivo.

Corticosteroides: além de reduzir os efeitos tóxicos da radiação ou quimioterapia, eles podem potencializar os analgésicos narcóticos. Também apresentam vários efeitos inespecíficos benéficos: aumento do apetite, sensação de bem-estar, antiemético. Os efeitos colaterais podem limitar sua utilidade (p. 146).

Cafeína: embora não possua propriedades analgésicas intrínsecas, doses de 65-200 mg aumentam o efeito analgésico do APAP, ASA ou ibuprofeno nas dores, incluindo: cefaleia, dor após cirurgia oral e dor pós-parto.

Referências

[1] Sessler CN, Gosnell MS, Grap MJ, Brophy GM, O'Neal PV, Keane KA, Tesoro EP, Elswick RK. The Richmond Agitation-Sedation Scale: validity and reliability in adult intensive care unit patients. Am J Respir Crit Care Med. 2002; 166:1338–1344

[2] Ely EW, Truman B, Shintani A, Thomason JW, Wheeler AP, Gordon S, Francis J, Speroff T, Gautam S, Margolin R, Sessler CN, Dittus RS, Bernard GR. Monitoring sedation status over time in ICU patients: reliability and validity of the Richmond Agitation-Sedation Scale (RASS). JAMA. 2003; 289:2983–2991

[3] Kang TM. Propofol infusion syndrome in critically ill patients. Ann Pharmacother. 2002; 36:1453–1456

[4] Werba A, Weinstabi C, Petricek W, et al. Vecuronium Prevents Increases in Intracranial Pressure During Routine Tracheobronchial Suctioning in Neurosurgical Patients. Anaesthetist. 1991; 40:328–331

[5] Hsiang JK, Chesnut RM, Crisp CD, et al. Early, Routine Paralysis for Intracranial Pressure Control in Severe Head Injury: Is It Necessary? Crit Care Med. 1994; 22:1471–1476

[6] Ohlinger MJ, Rhoney DH. Neuromuscular Blocking Agents in the Neurosurgical Intensive Care Unit. Surg Neurol. 1998; 49:217–221

[7] Segredo V, Caldwell JE, Matthay MA, et al. Persistent Paralysis in Critically Ill Patients After Long-Term Administration of Vecuronium. N Engl J Med. 1992; 327:524–528

[8] Marshall KA. Managing Cancer Pain: Basic Principles and Invasive Treatment. Mayo Clin Proc. 1996; 71:472–477

[9] Celecoxib for Arthritis. Med Letter. 1999; 41:11–12

[10] Helfgott SM, Sandberg-Cook J, Zakim D, Nestler J. Diclofenac-Associated Hepatotoxicity. JAMA. 1990; 264:2660–2662

[11] Henrich WL. Analgesic Nephropathy. Am J Med Sci. 1988; 295:561–568

[12] U.S. Food and Drug Administration (FDA). FDA Drug Safety Communication: FDA strengthens warning that non-aspirin nonsteroidal anti-inflammatory drugs (NSAIDs) can cause heart attacks or strokes. 2015

[13] Strom BL, Berlin JA, Kinman JL, et al. Parenteral Ketorolac and Risk of Gastrointestinal and Operative Site Bleeding. JAMA. 1996; 275:376–382

[14] Cockcroft DW, Gault MH. Prediction of creatinine clearance from serum creatinine. Nephron. 1976; 16:31–41

[15] Tramadol - A new oral analgesic. Med Letter. 1995; 37:59–60

[16] Drugs for Pain. Med Letter. 1998; 40:79–84

8 Endocrinologia

8.1 Corticosteroides

8.1.1 Informações gerais

Em condições normais, a zona fasciculada do córtex suprarrenal secreta 15-25 mg/dia de cortisol (hidrocortisona é o nome do composto farmacêutico idêntico para administração), e 1,5-4 mg/dia de corticosterona. Cortisol tem uma meia-vida de ≈ 90 minutos. A liberação de cortisol pelas glândulas suprarrenais é estimulada pelo hormônio adrenocorticotrófico (ACTH) proveniente da hipófise, que por sua vez é estimulada pelo hormônio liberador da corticotrofina (CRH) proveniente do hipotálamo.

8.1.2 Terapia de reposição

Na insuficiência adrenocortical primária (doença de Addison), tanto glicocorticoides como mineralocorticoides precisam ser repostos. Na insuficiência suprarrenal secundária, causada pela liberação deficiente de corticotrofina (ACTH) pela hipófise, a secreção de mineralocorticoides é geralmente normal, e apenas os glicocorticoides precisam ser repostos.

▶ Quadro 8.1 mostra as doses diárias equivalentes de corticosteroides para a terapia de reposição.

A reposição fisiológica (na ausência de estresse) pode ser efetuada com:
1. hidrocortisona: 20 mg PO todas as manhãs e 10 mg PO todas as noites
2. ou prednisona: 5 mg PO todas as manhãs e 2,5 mg PO todas as noites

Cortisol e cortisona são úteis na insuficiência adrenocortical primária crônica ou na crise addisoniana. Por causa da atividade mineralocorticoide, o uso para terapia crônica de outras condições (p. ex., hipopituitarismo) pode resultar em retenção de sal e líquido, hipotensão e hipocalemia.

8.1.3 Supressão do eixo hipotálamo-hipófise-suprarrenal

Informações gerais

Administração crônica de esteroides suprime o eixo hipotálamo-hipófise-suprarrenal (HPA) e, eventualmente, causa atrofia suprarrenal. Sintomas de insuficiência adrenocortical (AI) podem ocorrer, quando o

Quadro 8.1 Doses equivalentes de corticosteroides[a]

Esteroide genérico (registrado)	Dose equivalente (mg)	Via	Dose	Potência mineralocorticoide	Formas de dose oral
acetato de cortisona	25	PO, IM	2/3 de manhã, 1/3 à noite	2+	comprimidos: 5, 10 e 25 mg
hidrocortisona, conhecida como cortisol (Cortef®)	20	PO	2/3 de manhã, 1/3 à noite	2+	comprimidos: 5, 10 e 20 mg
(Solu-Cortef®)		IV, IM[b]			
prednisona	5	somente PO	dividido 2 a 3 vezes ao dia	1+	comprimidos: 1, 2,5, 5, 10, 20, 50 mg[c]
metilprednisolona	4	PO, IV, IM		0	comprimidos[d]: 2, 4, 8, 16, 24, 32 mg
dexametasona	0,75	PO, IV	dividido 2 a 3 vezes ao dia	0	comprimidos sulcados: 0,25, 0,5, 0,75, 1,5, 4, 6 mg

[a]Doses administradas são doses diárias. Os esteroides mencionados são usados primariamente como glicocorticoides: dose equivalente de glicocorticoide é fornecida via PO ou IV; IM pode diferir.

[b]A via IM é recomendada apenas para emergências, em que o acesso IV não pode ser rapidamente obtido.

[c]Sterapred Uni-Pak® contém 21 comprimidos de 5 mg de prednisona, e a dose é gradualmente reduzida de 30 mg para 5 mg ao longo de 6 dias; "DS" contém comprimidos de 10 mg, e a dose é gradualmente reduzida de 60 mg para 10 mg ao longo de 6 dias; "DS 12 dias" contém 48 comprimidos de 10 mg, e a dose é gradualmente reduzida de 60 mg para 20 mg ao longo de 12 dias.

[d]Medrol Dosepak® contém 21 comprimidos de 4 mg de metilprednisolona, e a dose é gradualmente reduzida de 24 mg/d para 4 mg/dia ao longo de 6 dias.

HPA é suprimido e esteroides exógenos são interrompidos abruptamente ou doença aguda se desenvolve (o que aumenta as necessidades de esteroide) ▶ Quadro 8.2. Casos graves de AI podem evoluir para crise addisoniana (p. 147). Recuperação do córtex suprarrenal ocorre após a recuperação da hipófise e, portanto, os níveis basais de ACTH aumentam antes dos níveis de cortisol.

Supressão do HPA depende do glicocorticoide específico usado, a via, frequência, tempo e duração do tratamento. Supressão é improvável com < 40 mg de prednisona (ou equivalente), fornecidos pela manhã por menos de ≈ 7 dias, ou com a terapia em dias alternados de < 40 mg por ≈ 5 semanas.[1] Um certo grau de atrofia suprarrenal pode ocorrer após 3-4 dias de altas doses de esteroides, e é quase certo que uma certa supressão do eixo ocorrerá após 2 semanas de terapia diária com 40-60 mg de hidrocortisona (ou equivalente). Após um mês ou mais de esteroides, o HPA pode ficar deprimido por até um ano.

A medida plasmática matutina de hidrocortisona é capaz de avaliar o grau de recuperação da função adrenocortical basal, mas *não* avalia a adequação da resposta ao estresse.

Retirada de esteroides

Ver referência.[1]

Além dos perigos acima do hipocortisolismo na presença de supressão do HPA, uma redução muito rápida pode causar uma exacerbação da condição subjacente para qual os esteroides foram prescritos.

Quando o risco de supressão do HPA é baixo (como é o caso de curtos ciclos de esteroides por menos de ≈ 5-7 dias,[2] normalmente prescritos para a maioria das indicações neurocirúrgicas), a descontinuação abrupta geralmente apresenta um baixo risco de AI. Para um período de até ≈ 2 semanas de uso, os esteroides são geralmente retirados com segurança com a redução gradual da dose por 1-2 semanas. Para tratamentos mais longos, ou quando problemas de retirada se desenvolvem, usar a seguinte *redução conservativa:*

1. fazer pequenos decréscimos (equivalentes a 2,5-5 mg de prednisona) a cada 3-7 d. O paciente pode sofrer leves sintomas de abstinência:[3]
   a) fadiga
   b) anorexia
   c) náusea
   d) tontura ortostática
2. "retroceder" (ou seja, aumentar a dose e reiniciar uma redução mais gradual) se qualquer um dos seguintes ocorrer:
   a) exacerbação da condição subjacente para a qual os esteroides foram usados
   b) evidência de sintomas de retirada de esteroides (▶ Quadro 8.2)
   c) infecção intercorrente ou necessidade de cirurgia; ver doses de estresse (p. 146)
3. uma vez alcançadas as doses "fisiológicas" do glicocorticoide (aproximadamente 20 mg de hidrocortisona/dia ou equivalente (▶ Quadro 8.1)):
   a) o paciente é colocado em uma terapia de 20 mg de hidrocortisona PO todas as manhãs (não usar preparações de ação prolongada)
   b) após ≈ 2-4 semanas, um nível matinal de cortisol é verificado (antes da dose matinal de hidrocortisona), e a hidrocortisona é gradualmente reduzida em 2,5 mg semanalmente, até alcançar 10 mg/d (limites inferiores do fisiológico)
   c) em seguida, cada 2-4 semanas, o nível matinal de cortisol é obtido (antes da dose matinal) até que 8 níveis matinais sejam > 10 mcg/100 mL, indicando retorno da função suprarrenal basal
   d) quando este retorno da função suprarrenal basal ocorre:
      • esteroides diários são interrompidos, porém doses de estresse ainda podem ser fornecidas quando necessário (ver abaixo)
      • testes mensais de estimulação com cosintropina (p. 735) são realizados até que sejam normais. A necessidade de doses de estresse termina quando um teste positivo é obtido. O risco de insuficiência suprarrenal persiste ≈ 2 anos após suspensão dos esteroides crônicos (especialmente no primeiro ano).

Quadro 8.2 Sintomas da insuficiência suprarrenal (AI)

- fadiga
- fraqueza
- artralgia
- anorexia
- náusea
- hipotensão
- tontura ortostática
- hipoglicemia
- dispneia
- crise addisoniana (p. 147) (se grave; com risco de morte)

Doses de estresse de esteroides

Durante o "estresse" fisiológico, a glândula suprarrenal normal produz ≈ 250-300 mg de hidrocortisona/dia. Com a terapia crônica com glicocorticoides (no presente, ou nos últimos 1-2 anos), a supressão da "resposta ao estresse" normal necessita de doses suplementares.

Em pacientes com um eixo HPA suprimido:
- para enfermidade leve (p. ex., UTI, resfriado), única extração dentária: duplicar a dose diária (se não tratado com esteroides, fornecer 40 mg de hidrocortisona 2 vezes ao dia)
- para estresse moderado (p. ex., gripe), pequenas cirurgias com anestesia local (endoscopia, múltiplas extrações dentárias...): fornecer 50 mg de hidrocortisona 2 vezes ao dia
- para enfermidade maior (pneumonia, infecções sistêmicas, febre alta), trauma severo ou cirurgia de emergência com anestesia geral: fornecer 100 mg de hidrocortisona IV a cada 6-8 h por 3-4 dias, até que o estresse seja resolvido
- para cirurgia eletiva, ver ▶ Quadro 8.3 para diretrizes

8.1.4 Efeitos colaterais dos esteroides

Embora os efeitos colaterais prejudiciais dos esteroides sejam mais comuns com a administração prolongada,[4] alguns podem ocorrer mesmo com curtos ciclos de tratamento. Evidências sugerem que o fornecimento de baixas doses de glicocorticoides (≤ 10 mg/d de prednisolona ou equivalente de prednisona) para artrite reumatoide não aumenta a ocorrência de fraturas osteoporóticas, a pressão arterial e o risco de doença cardiovascular ou úlceras pépticas,[5] porém ganho de peso e alterações cutâneas são comuns. Os possíveis efeitos colaterais incluem:[3,6]
- cardiovascular e renal
  - hipertensão
  - retenção de sódio e água
  - alcalose hipocalêmica
- CNS
  - leucoencefalopatia multifocal progressiva (PML) (p. 331)
  - agitação mental ou "psicose por esteroides"
  - compressão da medula espinal causada por lipomatose epidural espinal (p. 1408): raro
  - pseudotumor cerebral, hipertensão intracraniana idiopática (IIH) (p. 766)
- endócrino
  - atenção: por causa do crescimento do efeito supressor em crianças, doses diárias de glicocorticoides durante períodos prolongados devem ser reservadas para as indicações mais urgentes
  - amenorreia secundária
  - supressão do eixo hipotálamo-hipófise-suprarrenal: reduz a produção endógena de esteróides → risco de insuficiência suprarrenal com a retirada do esteroide (ver acima)
  - características cushingoides com o uso prolongado (síndrome de Cushing iatrogênica): obesidade, hipertensão, hirsutismo...
- GI: risco elevado apenas com a terapia de esteroides > 3 semanas de duração e regimes de prednisona > 400-1.000 mg/d ou dexametasona > 40 mg/dia[7]
  - gastrite e úlceras por esteroides: incidência reduzida com o uso de antiácidos e/ou antagonistas H2 (p. ex., cimetidina, ranitidina...)
  - pancreatite

Quadro 8.3 Doses de estresse de esteroides para cirurgia eletiva

No dia da cirurgia, 50 mg de acetato de cortisona IM, seguido por 200 mg de hidrocortisona IV infundida ao longo de 24 h			
Dia pós-operatório	**Hidrocortisona (mg)**		
	8 AM	**4 PM**	**10 PM**
1	50	50	50
2	50	25	25
3	40	20	20
4	30	20	10
5	25	20	5
6	25	15	–
7	20	10	–

- perfuração diverticular sigmoide ou intestinal:[8] incidência ≈ 0,7%. Visto que os esteroides podem mascarar os sinais de peritonite, isto deve ser considerado nos pacientes tratados com esteroides e com desconforto abdominal, especialmente idosos e aqueles com um histórico de doença diverticular. Radiografia abdominal geralmente exibe ar livre na cavidade peritoneal
- inibição de fibroblastos
  - comprometimento da cicatrização de feridas ou deiscência da ferida
  - atrofia do tecido subcutâneo
- metabólico
  - intolerância à glicose (diabetes) e distúrbio do metabolismo de nitrogênio
  - coma hiperosmolar não cetótico
  - hiperlipidemia
  - tende a elevar o BUN como resultado do catabolismo proteico
- oftalmológico
  - catarata subcapsular posterior
  - glaucoma
- musculoesquelético
  - necrose avascular (AVN) do quadril ou outros ossos: geralmente com a administração prolongada → hábito cushingoide e aumento da gordura medular no osso[9] (60 mg/d de prednisona por vários meses é provavelmente a dose mínima necessária, enquanto que 20 mg/dia por vários meses provavelmente *não* produzirá AVN[10]). Muitos casos atribuídos aos esteroides podem na verdade ser decorrentes do consumo de álcool, tabagismo,[11] doença hepática, inflamação vascular subjacente...
  - osteoporose: pode predispor fraturas vertebrais por compressão, que ocorrem em 30-50% dos pacientes sob tratamento prolongado com corticosteroides. Perda óssea induzida por esteroides pode ser revertida com a administração cíclica de etidronato,[12] em 4 ciclos de 400 mg/d ✖ durante 14 dias, seguido por 76 dias de suplementação oral de 500 mg/d de cálcio (não comprovado reduzir taxa de fraturas VB)
  - fraqueza muscular (miopatia por esteroides): frequentemente pior nos músculos proximais
- infeccioso
  - imunossupressão: com possível superinfecção, especialmente fúngica e parasitária
  - possível reativação da TB, catapora
- hematológico
  - hipercoagulopatia causada pela inibição do ativador de plasminogênio tecidual
  - esteroides causam demarginação de leucócitos, o que pode artefatualmente elevar a contagem de leucócitos, mesmo na ausência de infecção
- diversos
  - soluço: pode responder à clorpromazina (Torazina®), 25-50 mg PO 3 a 4 vezes ao dia ✖ durante 2-3 dias (se os sintomas persistirem, administrar 25-50 mg IM)
  - esteroides atravessam facilmente a placenta, podendo ocorrer hipoplasia suprarrenal fetal com a administração de altas doses durante a gravidez

8.1.5 Hipocortisolismo

Informações gerais

Conhecido como insuficiência suprarrenal.

Avaliação: o nível de cortisol sérico às 8 da manhã é a melhor maneira de testar para hipocortisolismo. Cada laboratório deve fornecer um limite inferior do normal, que pode ser adicionalmente reduzido pela idade e gênero.

Crise addisoniana

Informações gerais

Conhecida como crise suprarrenal. Uma insuficiência suprarrenal de emergência.

Sintomas: alterações do estado de consciência (confusão, letargia ou agitação), fraqueza muscular.

Sinais: hipotensão postural ou choque, hipertermia (tão alto quanto 105°F, 45,6°C).

Exames laboratoriais

Hiponatremia, hipercalemia, hipoglicemia.

Tratamento da crise addisoniana

Se possível, coletar soro para determinação de cortisol (não esperar por estes resultados para instituir a terapia). Fornecer fluidos suficientes para desidratação e choque.

Para "glicocorticoide de emergência"
- succinato sódico de hidrocortisona (Solu-Cortel®): 100 mg IV imediatamente e, então, 50 mg IV cada 6 h
  E
- acetato de cortisona, 75-100 mg IM imediatamente e, então, 50-75 mg IM cada 6 h

Para "mineralocorticoide de emergência"
Geralmente não necessário na insuficiência suprarrenal secundária (p. ex., pan-hipopituitarismo)
- acetato de desoxicorticosterona (Doca®): 5 mg IM 1 × ao dia
  OU
- fludrocortisona (Florinefe®): 0,05-0,2 mg PO todos os dias

✖ metilprednisolona NÃO é recomendada para tratamento de emergência.

8.2 Hipotireoidismo

8.2.1 Informações gerais

Hipotireoidismo primário crônico pode resultar em aumento (não patológico) da hipófise. A determinação da concentração plasmática de TSH irá diferenciar o hipotireoidismo primário (TSH elevado) do hipotireoidismo secundário (TSH baixo). A cicatrização de feridas e a função cardíaca podem estar comprometidas, e cirurgia com anestesia geral deve ser adiada, se possível, até que os níveis tireoidianos sejam normalizados. Os efeitos da anestesia podem ser prolongados de forma significativa, e as doses devem ser ajustadas de acordo.

8.2.2 Reposição de hormônios da tireoide

Cuidado em pacientes com insuficiência suprarrenal

O hipotireoidismo primário pode estar associado à destruição imunológica do córtex suprarrenal (síndrome de Schmidt). O hipotireoidismo secundário pode estar associado e pode mascarar uma função suprarrenal reduzida. ✖ Reposição hormonal da tireoide sem reposição suprarrenal em pacientes com insuficiência suprarrenal (como pode acontecer no pan-hipopituitarismo) pode precipitar uma crise suprarrenal (portanto, fornecer ≈ 300-400 mg de hidrocortisona IV por 24 h, além da reposição hormonal da tireoide).

8.2.3 Dosagem de rotina da reposição de hormônios da tireoide

---

Informações do fármaco: Levotiroxina (Synthroid®)

T4 quase puro (não contém T3, visto que a maioria dos hormônios T3 é produzida perifericamente a partir do T4).
  Dose necessária para prevenir coma mixedematoso (não para alcançar eutireoidismo)
- manutenção: R de 0,05 mg VO ao dia
- quando o paciente é hipotireóideo: R iniciar com uma dose diária de 0,05 mg VO e aumentar 0,025 mg cada 2-3 semanas

Para eutireoidismo (dose aproximada, acompanhar os níveis e a avaliação clínica):
- para a maioria dos adultos < 60 anos de idade: R de 0,18 mg/dia
- para pacientes idosos: R de 0,12 mg/dia

Informações do fármaco: Tireoide desidratada (Armour thyroid®)

Dose típica: R de 60 mg (1 grão) a 300 mg ao dia.

Reposição de hormônios da tireoide no coma mixedematoso

Coma mixedematoso é uma emergência do hipotireoidismo e comporta uma mortalidade de 50%.

Sintomas: alteração do estado de consciência ou apatia.

Sinais: hipotensão, bradicardia, hiponatremia, hipoglicemia, hipotermia, hipoventilação, ocasionalmente, convulsões.

Tratamento

Pode ser necessário administrar os fármacos por via IV por causa da motilidade gástrica reduzida.

1. tratamento de suporte geral:
   a) hipotensão: tratar com fluidos IV (não responde aos pressores até que a reposição de hormônios da tireoide tenha sido alcançada)
   b) hiponatremia: será corrigida com a reposição de hormônios da tireoide; evitar salina hipertônica
   c) hipoglicemia: glicose IV
   d) sintomas de hipocortisolismo: a reposição de hormônios da tireoide pode precipitar uma crise suprarrenal (*ver cuidado acima*); administrar 300-400 mg de hidrocortisona IV por 24 h
   e) hipotermia: evitar o aquecimento ativo, visto que isso aumenta a demanda metabólica. Usar cobertores para aquecer gradualmente
   f) hipoventilação: verificar a gasometria arterial, intubar, se necessário
2. reposição dos hormônios da tireoide (para um adulto de tamanho mediano):
   a) reposição IV: R de 0,5 mg de levotiroxina IV, seguido por 0,05-0,2 mg/d IV até que o paciente seja capaz de tolerar fármacos por PO ou NG
   b) reposição nasogástrica: liotironina (Cytomel®) é composta primariamente por T3, tem um rápido início de ação, meia-vida muito mais curta que o T4, e deve ser reservada para emergências.
   R: 0,05-0,1 mg de liotironina por via NG inicialmente, seguido por 0,025 mg 2 vezes ao dia via NG

8.3 Embriologia da hipófise e neuroendocrinologia

8.3.1 Embriologia e origem da hipófise

A hipófise posterior (neuro-hipófise) deriva da evaginação inferior de células da crista neural (neuroectoderma cerebral) provenientes do assoalho do terceiro ventrículo. O recesso residual no assoalho do terceiro ventrículo é chamado de eminência mediana. A hipófise anterior (adeno-hipófise) se desenvolve a partir de uma evaginação do ectoderma epitelial da orofaringe. A evaginação é conhecida como bolsa de Rathke e é eventualmente separada da orofaringe pelo osso esfenoide. Remanescentes da bolsa de Rathke similares a uma fenda separam a adeno-hipófise e a neuro-hipófise. A adeno-hipófise é composta pela *pars distalis* (lobo anterior), a *pars intermedia* (lobo intermediário) e *pars tuberalis* (extensão das células adeno-hipofisárias na superfície anterior da haste hipofisária). A hipófise encontra-se funcionalmente *fora* da barreira hematoencefálica.

8.3.2 Hormônios hipofisários, seus alvos e seus controles

Informações gerais

A hipófise libera 8 hormônios, 6 da hipófise anterior, 2 da hipófise posterior (▶ Fig. 8.1). A hipófise anterior é um de apenas dois locais no corpo que possui uma circulação portal (o outro sendo o fígado). Seis hormônios hipotalâmicos liberados de forma pulsátil são transportados no sangue dos capilares hipotalâmicos, através da circulação portal via haste hipofisária, até um segundo leito capilar na hipófise anterior, local onde controlam a liberação de hormônios das células adeno-hipofisárias.

Hormônios liberados da hipófise posterior (ADH e ocitocina) são sintetizados nos *neurônios* no hipotálamo (*não* nas células glandulares), e são transportados ao longo de seus *axônios* na haste hipofisária para a hipófise posterior onde são liberados.

O ciclo homeostático completo (incluindo o *feedback* negativo dos hormônios hipotalâmicos) não será abordado aqui, e o leitor é encaminhado para textos de fisiologia.

Pró-piomelanocortina (POMC), conhecida como pró-opiomelanocortina

Precursor hormonal do polipeptídeo de 241 aminoácidos, sintetizado primariamente pelas células corticotróficas da hipófise anterior (mas também encontrado no hipotálamo). Contém sequências de aminoácidos para o ACTH, hormônio alfa-melanócito estimulante (α-**MSH**) β-lipoproteína, γ-lipoproteína, β-endorfina e metencefalina.

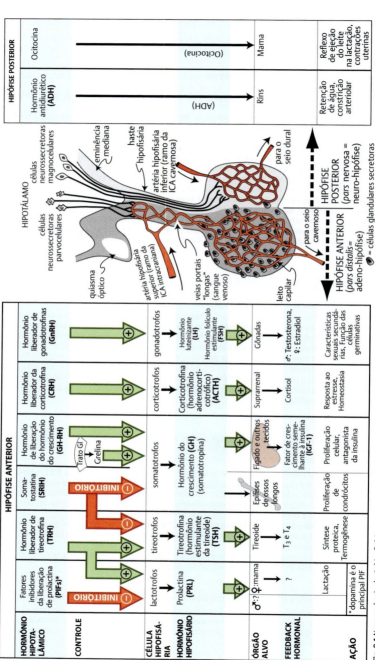

Fig. 8.1 Neuroendocrinologia hipofisária.

Corticotrofina, conhecida como hormônio adrenocorticotrófico (ACTH)

Um hormônio trófico de 39 aminoácidos, sintetizado pela POMC. Os primeiros 13 aminoácidos na extremidade amino-terminal do ACTH são idênticos ao α-**MSH**. Meia-vida ativa é ≈ 10 minutos. Produz um pico diurno no cortisol (o pico mais elevado ocorre no início da manhã, com um segundo pico menos proeminente no final da tarde) e também aumenta em resposta ao estresse.

Controle: CRH proveniente do hipotálamo estimula a liberação de ACTH.

Prolactina (PRL)

Conhecida como somatomamotropina. Proteína de 199 aminoácidos pesando 23.000 daltons. Os níveis são mais elevados em mulheres do que em homens, e ainda mais elevados na gravidez (ver ▶ Quadro 46.3). Secretada de forma pulsátil, com uma frequência e amplitude que variam com o ciclo menstrual (varia de 5-27 ng/mL) (≈ 9 pulsos/24 horas na fase lútea tardia, ≈ 14 pulsos/24 horas na fase folicular tardia, a amplitude de pulso aumenta das fases folicular e lútea precoces para as tardias). Também existe uma variação diurna: os níveis começam a aumentar 1 hora após o início do sono, com pico ≈ 5-7 da manhã, e nadir no meio da manhã após o despertar. Heterogeneidade da molécula pode produzir diferentes resultados entre os bioensaios e imunoensaios.

Controle: PRL é o único hormônio hipofisário predominantemente sob controle *inibitório* no hipotálamo por fatores inibidores da liberação de prolactina (PRIFs), com a dopamina, sendo o PRIFs primário. Fatores liberadores de prolactina (PRFs) incluem: hormônio liberador de tireotrofina (TRH) e peptídeo vasoativo intestinal (VIP). A função fisiológica dos PRFs não está estabelecida. Para o diagnóstico diferencial da hiperprolactinemia, ver ▶ Quadro 46.4.

Hormônio do crescimento (GH)

Um hormônio trófico de 191 aminoácidos. O GH normalmente tem secreção pulsátil (≈ 5-10 pulsos/24 horas, primariamente à noite, de até 30 mcg/L), os níveis podem ser indetectáveis (< 0,2 mcg/L) por testes-padrão realizados entre os pulsos.[13] O fator de crescimento semelhante à insulina 1 (IGF-1) (anteriormente conhecido como somatomedina C) é a proteína secretada primariamente pelo fígado em resposta ao GH, que é responsável pela maioria dos efeitos sistêmicos do GH (ver níveis (p. 736)). O GH também atua diretamente nas placas epifisárias de ossos longos para estimular a proliferação de condrócitos.

Controle: o GH sofre duplo controle hipotalâmico através do sistema porta hipofisário. O hormônio de liberação do hormônio de crescimento (GHRH), proveniente do núcleo arqueado, estimula a *secreção* e *síntese* hipofisária de GH, e induz a transcrição do gene GH. A somatostatina proveniente do núcleo periventricular suprime somente a *liberação* do GH, e não tem efeito sobre a síntese. A *liberação* do GH também é estimulada pela grelina,[14] um peptídeo sintetizado primariamente no trato GI em resposta a determinados nutrientes (pode agir parcialmente ou totalmente através do GHRH hipotalâmico).

Tireotrofina, conhecida como hormônio estimulante da tireoide (TSH)

Hormônio trófico glicoproteico secretado pelas células tireotróficas da hipófise anterior.

Controle: o TSH também sofre duplo controle hipotalâmico. O TRH estimula a produção de liberação de TSH. A somatostatina inibe a liberação de TSH.

Gonadotrofinas

O hormônio folículo estimulante (FSH) e o hormônio luteinizante (LH) (conhecido como lutropina) são liberados pela hipófise em resposta ao hormônio liberador de gonadotrofinas 1 (GnRH, anteriormente chamado de hormônio de liberação do hormônio luteinizante (LH-RH)), que é sintetizado primariamente na área pré-óptica do hipotálamo.

Hormônio antidiurético (ADH)

Conhecido como arginina vasopressina (AVP). A principal fonte deste hormônio nanopeptídico é a porção magnocelular do núcleo supraóptico do hipotálamo. É transportado ao longo dos *axônios* no trato supraóptico-hipofisário até a hipófise posterior, onde é liberado na circulação sistêmica. Todas as ações do ADH resultam da ligação do hormônio a receptores de membrana na superfície das células-alvo.[15] Um dos principais efeitos do ADH é o aumento da permeabilidade dos túbulos renais distais, resultando em uma maior reabsorção de água, diluição do sangue circulante e produção de uma urina concentrada. O estímulo fisiológico mais potente para a liberação de ADH é um aumento na osmolalidade sérica, um estímulo menos potente é uma redução do volume intravascular. O ADH também é liberado na deficiência de glicocorticoides e é inibido por glicocorticoides exógenos e fármacos adrenérgicos. O ADH também é um potente vasoconstritor.

Ocitocina

Um nanopeptídeo. A ocitocina é um neurotransmissor e também um hormônio. O hipotálamo é a principal fonte de ocitocina hipofisária, que é armazenada nas terminações nervosas na neuro-hipófise e está envolvida no reflexo de ejeção do leite durante a amamentação, bem como na contração uterina durante o trabalho de parto.

Referências

[1] Byyny RL. Withdrawal from Glucocorticoid Therapy. N Engl J Med. 1976; 295:30–32

[2] Szabo GC, Winkler SR. Withdrawal of Glucocorticoid Therapy in Neurosurgical Patients. Surg Neurol. 1995; 44

[3] Kountz DS. An Algorithm for Corticosteroid Withdrawal. Am Fam Physician. 1989; 39:250–254

[4] Marshall LF, King J, Langfitt TW. The Complication of High-Dose Corticosteroid Therapy in Neurosurgical Patients: A Prospective Study. Ann Neurol. 1977; 1:201–203

[5] Da Silva JA, Jacobs JW, Kirwan JR, Boers M, Saag KG, Ines LB, de Koning EJ, Buttgereit F, Cutolo M, Capell H, Rau R, Bijlsma JW. Safety of low dose glucocorticoid treatment in rheumatoid arthritis: published evidence and prospective trial data. Ann Rheum Dis. 2006; 65:285–293

[6] Braughler JM, Hall ED. Current Application of "High-Dose" Steroid Therapy for CNS Injury: A Pharmacological Perspective. J Neurosurg. 1985; 62:806–810

[7] Lu WY, Rhoney DH, Boling WB, et al. A Review of Stress Ulcer Prophylaxis in the Neurosurgical Intensive Care Unit. Neurosurgery. 1997; 41:416–426

[8] Weiner HL, Rezai AR, Cooper PR. Sigmoid Diverticular Perforation in Neurosurgical Patients Receiving High-Dose Corticosteroids. Neurosurgery. 1993; 33:40–43

[9] Zizic TM, Marcoux C, Hungerfold DS, et al. Corticosteroid Therapy Associated with Ischemic Necrosis of Bone in Systemic Lupus Erythematosus. Am J Med. 1985; 79:597–603

[10] Zizic TM. Avascular Necrosis of Bone. Current Opinions in Rheumatology. 1990; 2:26–37

[11] Matsuo K, Hirohata T, Sugioka T, et al. Influence of Alcohol Intake, Cigarette Smoking and Occupational Status on Idiopathic Necrosis of the Femoral Head. Clin Orthop. 1988; 234:115–123

[12] Struys A, Snelder AA, Mulder H. Cyclical Etidronate Reverses Bone Loss of the Spine and Proximal Femur in Patients With Established Corticosteroid- Induced Osteoporosis. Am J Med. 1995; 99:235–242

[13] Peacey SR, Toogood AA, Veldhuis JD, Thorner MO, Shalet SM. The relationship between 24-hour growth hormone secretion and insulin-like growth factor I in patients with successfully treated acromegaly: impact of surgery or radiotherapy. J Clin Endocrinol Metab. 2001; 86:259–266

[14] Tannenbaum GS, Epelbaum J, Bowers CY. Interrelationship between the novel peptide ghrelin and somatostatin/growth hormone-releasing hormone in regulation of pulsatile growth hormone secretion. Endocrinology. 2003; 144:967–974

[15] Thibonnier M, Barrow DL, Selman W. In: Antidiuretic Hormone: Regulation, Disorders, and Clinical Evaluation. Neuroendocrinology. Baltimore: Williams and Wilkins; 1992:19–30

9 Hematologia

9.1 Informações gerais

Os volumes de sangue circulante em adultos e pacientes pediátricos são exibidos no ▶ Quadro 9.1.

9.2 Terapia de hemocomponentes

9.2.1 Transfusões maciças

Definição: a reposição de > 1 volemia (em um adulto médio ≈ 20 U) em 24 horas em adultos, ou > 2 x volume de sangue circulante em pacientes pediátricos, pode causar diluição de plaquetas e fatores de coagulação. Na cirurgia de um paciente pediátrico, normalmente pode-se repor com segurança até 1,5 x volume de sangue circulante antes que ocorram problemas com coagulopatia.

Terapia de hemocomponentes necessária para transfusões maciças:
1. PRBCs
2. plaquetas (4 U em adultos)
3. FFP

9.2.2 Componente celular

Hemoterapia

Informações gerais

Os complexos maiores de histocompatibilidade são demonstrados no ▶ Quadro 9.2.

Sangue total

1 U (≈ 510 cc) = 450 cc de sangue + 63 cc de conservante.
Critérios recomendados de transfusão:
• transfusões de troca em neonatos
• desbridamento agudo de queimaduras e enxertia em crianças

Concentrado de hemácias (PRBCs)

Critérios recomendados de transfusão:
1. perda aguda de sangue ≥ 15% da volemia do paciente
2. em paciente assintomático: hemoglobina (Hb) ≤ 8 g ou Hct ≤ 24%

Quadro 9.1 Volume de sangue circulante

Idade	Vol (cc/kg[a])
recém-nascido prematuro	85-100
recém-nascido a termo < 1 mês	85
recém-nascido > 1 mês (e adulto)	75

[a]cc por kg de peso corporal.

Quadro 9.2 Compatibilidade sanguínea (ABO)

Tipo sanguíneo	Anticorpo presente	Sangue compatível (PRBC)	Plasma compatível	Plaquetas ou crioprecipitado compatíveis
A	B	A, O	A, AB	O
B	A	B, O	B, AB	
AB	nenhum	AB, A, B, O	AB	
O	A, B	O	AB, A, B, O	

3. sintomas de anemia em repouso
4. Hb ≤ 15 g ou Hct < 45% no neonato no pré-operatório

Quantidade a ser transfundida:
Adulto: 1 U (250-300 cc) eleva o Hct em 3-4%.
Para pacientes pediátricos, usar Eq (9.1).

$$\text{mL de PRBC a ser transfundido} = \frac{(\text{volume de sangue estimado [mL]}) \times (\text{aumento desejado de Hct [\%]})}{70\%} \quad (9.1)$$

(onde o Hct do PRBCs varia de 70-80%)

Administrar a uma taxa não superior a 2-3 cc/kg/h.

Transfusão autóloga

Sangue total previamente doado pode ser armazenado por 35 dias. PRBCs pode ser armazenado por 42 dias.

Os pacientes podem doar em intervalos de 3 dias a 1 semana, desde que mantenham um Hct ≥ 34% (suplementar com sulfato ferroso). Os seguintes pacientes requerem autorização médica antes de doar: pacientes com coronariopatia, angina, doença cerebrovascular, distúrbio convulsivo, gravidez (decorrente de um possível episódio vasovagal) ou pacientes com malignidade.

Tentar realizar a última doação > 72 h antes da cirurgia para permitir que o paciente reponha parte das hemácias depletadas antes da cirurgia.

9.2.3 Plaquetas

Informações gerais

A contagem de plaquetas (PC) normal é de 150K-400K (abreviação usada aqui: 150K = 150.000/mm³ = 150 × 109/l). Trombocitopenia é definida como PC < 150K. Sangramento (espontâneo ou com procedimentos invasivos) é raramente um problema com PC > 50K. Hemorragia espontânea é muito provável com PC < 5K. Hemorragia intracraniana espontânea é rara com PC > 30K, e é mais comum em adultos do que em crianças. Baseado em pacientes com ITP, o risco de hemorragia fatal em pacientes com PC < 30K é de 0,0162-0,0389 casos por paciente por ano[1] (o risco de morte por infecção é mais elevado). Sangramento intracraniano é geralmente subaracnoide ou intraparenquimatoso, com hemorragias petequiais sendo comuns.

1 unidade de plaquetas contém 5,5 x 1.010 (mínimo) a 10 x 1.010 plaquetas. O volume de 6 unidades é de 250-300 mL. As plaquetas podem ser armazenadas por até 5 dias.

Critérios recomendados de transfusão de plaquetas

Indicações para transfusão de plaquetas:[2]
1. trombocitopenia causada por ↓ produção (com ou sem destruição aumentada) (as causas mais comuns são anemia aplásica e leucemia)
   a) PC < 10K mesmo na ausência de sangramento (transfusão profilática para evitar o sangramento)
   b) PC < 20K e sangramento
   c) PC < 30K e paciente em risco de sangramento: queixas de H/A, presença de petéquias confluentes (c.f. dispersas), sangramento contínuo de uma ferida, hemorragia retiniana progressiva
   d) PC < 50K E
   • cirurgia de grande porte planejada para as próximas 12 horas
   • queda rápida da PC
   • paciente em < 48 h do pós-operatório
   • paciente requer punção lombar
   • perda sanguínea aguda de > 1 volemia em < 24 horas
2. transfusão de plaquetas tem utilidade limitada, quando a trombocitopenia é provocada pela destruição de plaquetas (p. ex., por anticorpos como na ITTP) ou pelo consumo (se a produção for adequada ou elevada, a transfusão de plaquetas normalmente não será útil)
3. disfunção plaquetária diagnosticada em um paciente agendado para cirurgia ou em um paciente com insuficiência renal e/ou hepática avançada (considerar o aumento farmacológico da função plaquetária, p. ex., desmopressina[3])

Outras indicações para transfusão de plaquetas:
1. pacientes tomando Plavix® ou aspirina que necessitem de uma cirurgia de emergência que não pode ser adiada por ≈ 5 dias para permitir que novas plaquetas sejam sintetizadas

Dose

Aproximadamente 25% das plaquetas são perdidas apenas com a transfusão.

Paciente pediátrico: 1 U/m^2 eleva a PC em $\approx$ 10K, geralmente 4 U/m^2 são fornecidas.

Adulto: 1 U eleva a contagem de plaquetas em $\approx$ 5-10K. Dose típica para sangramento trombocitopênico em adultos: 6-10 U (solicitação usual: "8 bolsas"). Alternativamente, 1 U de plaquetas coletadas por aférese pode ser fornecida (obtidas a partir de um único doador por aférese, equivalente a 8-10 U de plaquetas de diversos doadores).

Verificar a PC 1-2 h após a transfusão. O aumento na PC será menor na DIC, septicemia, esplenomegalia, com anticorpos antiplaquetários ou se o paciente estiver recebendo quimioterapia. Na ausência de um maior consumo, plaquetas serão necessárias a cada 3-5 dias.

9.2.4 Proteínas plasmáticas

FFP (plasma fresco congelado)

Informações gerais

1 bolsa = 200-250 mL (geralmente referida como uma "unidade", não deve ser confundida com 1 unidade de atividade do fator, que é definido como 1 mL). FFP consiste em plasma separado das hemácias e plaquetas, e contém todos os fatores de coagulação e inibidores naturais. O FFP tem um período de validade de 12 meses. O risco de AIDS e hepatite para cada unidade de FFP é igual àquele de uma unidade de sangue total.

Critérios recomendados de transfusão

Recomendações (modificadas[2]):
1. histórico ou evolução clínica sugestiva de coagulopatia por causa da deficiência congênita ou adquirida de fator de coagulação com sangramento ativo ou pré-operatório, com PT > 18 s ou APTT > 1,5 × limite superior do normal (geralmente > 55 s), fibrinogênio funcionando normalmente e com nível > 1 g/L, e coagulograma < 25% da atividade
2. deficiência de fator de coagulação comprovada, com sangramento ativo, ou cirurgia ou outro procedimento invasivo agendado
   a) deficiência congênita dos fatores II, V, VII, X, XI ou XII
   b) deficiência dos fatores VIII ou IX quando a reposição de fatores for indisponível
   c) doença de von Willebrand insensível à DDAVP
   d) deficiência de múltiplos fatores de coagulação, como na disfunção hepática, depleção de vitamina K ou DIC
3. reversão do efeito da varfarina (Coumadin®) (p. 166) (PT > 18 s ou INR > 1,6) em paciente com sangramento ativo, ou necessitando de um procedimento ou cirurgia de emergência, com tempo insuficiente para correção por vitamina K (que normalmente requer > 6-12 h)
4. deficiência de antitrombina III, cofator II da heparina, ou proteína C ou S
5. transfusão sanguínea maciça: reposição de > 1 volemia ($\approx$ 5 L em um adulto de 70 kg) em um período de várias horas, com evidência de deficiência de coagulação como em (1) e com sangramento contínuo
6. tratamento de púrpura trombocitopênica trombótica, síndrome hemolítico-urêmica
7. ✖ por causa dos riscos associados e alternativas apropriadas, o uso de FFP na forma de um expansor volêmico é relativamente contraindicado

Dose

A dose inicial usual é de 2 bolsas de FFP (400-600 mL). Se o PT for de 18-22 s ou o APTT de 55-70 s, uma bolsa pode ser suficiente. Doses tão elevadas quanto 10-15 mL/kg podem ser necessárias para alguns pacientes. Monitorar o PT/PTT (ou teste de fator específico) e o sangramento clínico. Visto que o fator VII tem uma meia-vida mais curta ($\approx$ 6 h) do que outros fatores, o PT pode-se tornar prolongado antes do APTT.

Lembre-se: se o paciente também estiver recebendo plaquetas, para cada 5-6 unidades de plaquetas, o paciente também está recebendo uma quantidade de fatores de coagulação equivalente a $\approx$ 1 bolsa de FFP.

Albumina e fração de proteína plasmática (PPF, conhecida como Plasmanate®)

Normalmente proveniente de sangue com validade expirada, tratado para inativar o vírus da hepatite B. A relação da porcentagem albumina:globulina na "albumina" é de 96%:4%, na PPF é de 83%:17%. Disponível em soluções de 5% (oncoticamente e osmoticamente equivalente ao plasma) e 25% (contraindicada em pacientes desidratados). Albumina a 25% pode ser diluída para 5% misturando-se 1 volume de albumina a 25% com 4 volumes de D5W ou soro fisiológico 0,9% (✖ atenção: mistura com água estéril resultará em uma solução hipotônica capaz de causar hemólise e possível falência renal).

Custo elevado para uso simplesmente como expansor volêmico ($\approx$ $60-80 por unidade). Indicado apenas quando a proteína total for < 5,2 g% (caso contrário, usar cristaloide, que é igualmente eficaz). Foi relatado que a rápida infusão (> 10 cc/min) causa hipotensão (em razão do acetato de Na e fragmentos do fator de Hageman). O uso na ARDS é controverso. Em pacientes neurocirúrgicos, pode ser considerada como um adjuvante da expansão volêmica (junto com os cristaloides) na terapia hiperdinâmica (p. 1186) quando o hematócrito for < 40% após uma SAH, em que existe uma preocupação com relação ao aumento do risco de ressangramento, como, p. ex., com o uso de hetamido (p. 1165).

Crioprecipitado

Critérios recomendados de transfusão:
1. hemofilia A
2. doença de von Willebrand
3. deficiência diagnosticada de fibrinogênio/fator VIII
4. coagulação intravascular disseminada (DIC) diagnosticada: junto com outros modos de terapia

Concentrado de complexo protrombínico (PCC) (Kcentra® e outros)

Derivado do plasma humano fresco congelado, contém os fatores de coagulação II, VII, IX e X, com proteínas C e S para prevenir trombose. A indicação primária consiste na administração IV para reverter a varfarina em situações de emergência. No entanto, também é usado em outros cenários. Para fazer efeito, requer um volume muito menor que o FFP. Além disso, quando o INR alcança cerca de 1,4, o PCC continuará a reduzir o INR, enquanto que o FFP terá pouco ou nenhum benefício.

A dose ideal não é conhecida. Doses de 15-50 IU/kg têm sido fornecidas para hemofílicos, mas o déficit de coagulação difere na depleção de vitamina K e na ausência do fator de coagulação. Uma dose aceitável frequentemente usada é a de 25 IU/kg.

9.2.5 Considerações sobre anticoagulação na neurocirurgia

Informações gerais

A maioria destas questões não foi estudada de forma rigorosa e prospectiva. Ainda assim, essas questões sempre surgem. O seguinte deve ser considerado um quadro de orientações e não deve ser interpretado como um procedimento padrão. O ▶ Quadro 9.3 funciona como um índice para os tópicos discutidos abaixo.

Contraindicações ao uso de heparina

As contraindicações à terapia com heparina são reavaliadas constantemente. PE maciça produzindo comprometimento hemodinâmico deve ser tratada com anticoagulação na maioria dos casos, apesar dos riscos intracranianos. Contraindicações à anticoagulação plena com heparina incluem:
- recente trauma craniano grave
- recente craniotomia: ver abaixo
- pacientes com coagulopatias
- infarto hemorrágico
- úlcera hemorrágica ou outro sítio de sangramento inacessível

Quadro 9.3 Problemas de anticoagulação na neurocirurgia
Contraindicações neurocirúrgicas gerais à anticoagulação plena com heparina (p. 156)
Início/continuação de anticoagulação na presença das seguintes condições neurocirúrgicas

• aneurisma incidental (p. 157)
• hemorragia subaracnóidea (p. 157)
• tumor cerebral (p. 157)
• após craniotomia (p. 157)
• hematoma subdural/epidural agudo
• acidente vascular cerebral isquêmico
  ○ após tPA (p. 1287)
  ○ para prevenção de (p. 1270)
• hemorragia intracerebral (p. 1341)

Tratamento de pacientes já anticoagulados que necessitem de um procedimento neurocirúrgico
• varfarina (Coumadin®) (p. 157) • heparina (p. 160) • LMW (p. 160) • drogas antiplaquetárias (aspirina, Plavix, NSAIDs) (p. 160)
Recomendações para profilaxia de DVT em pacientes neurocirúrgicos (p. 168)

- hipertensão não controlada
- doença renal ou hepática grave
- < 4-6 horas antes de um procedimento invasivo (ver abaixo)
- tumor cerebral: ver abaixo

Pacientes com aneurismas cerebrais não rotos (incidentais)

Anticoagulação pode não aumentar o risco de hemorragia (ou seja, ruptura). No entanto, na ocorrência de ruptura, a anticoagulação provavelmente aumentaria o volume da hemorragia e, consequentemente, a morbidade e mortalidade.

A decisão em iniciar/continuar o tratamento com anticoagulante depende da indicação dos fármacos, do tamanho do aneurisma (um aneurisma pequeno < 4 mm não é tão preocupante). Pacientes necessitando de Plavix® para *stents* cardíacos farmacológicos devem provavelmente ser mantidos em seus tratamentos.

Pacientes tratados com medicação anticoagulante/antiplaquetária que desenvolvem SAH

Coumadin e drogas antiplaquetárias são geralmente revertidas.

Pacientes com tumor cerebral

Alguns autores são relutantes em administrar dose plena de heparina em um paciente com tumor cerebral,[4] embora diversos estudos não tenham encontrado um aumento de risco nesses pacientes quando tratados com heparina ou anticoagulante oral[5,6,7] (PT deve ser acompanhado de perto; um estudo recomendou manter o PT ≈ 1,25 x controle[7]).

Pós-operatório de craniotomia

Requer individualização com base no motivo da craniotomia. Cirurgia para lesões parenquimatosas, com alteração de pequenos vasos (p. ex., tumor cerebral), provavelmente constitui maior risco de hemorragia do que, p. ex., uma cirurgia de aneurisma (opinião de especialistas). Opções:

Anticoagulação plena: a maioria dos neurocirurgiões provavelmente não submeteria os pacientes à anticoagulação plena < 3-5 dias após a craniotomia,[8] e alguns recomendam pelo menos 2 semanas. Entretanto, um estudo não constatou um aumento na incidência de sangramento, quando a anticoagulação foi restabelecida 3 dias após a craniotomia.[9]

Baixa dose (profilática) de anticoagulante: com minidose de heparina (5.000 U por via SQ 2 horas antes da craniotomia e cada 12 h após a operação × 7 dias) ou enoxaparina (Lovenox) (30 mg por via SQ duas vezes ao dia ou em dose única de 40 mg SQ todos os dias). – Estudo RPDB:[10] avaliou a *segurança* (não a eficácia), 55 pacientes submetidos à craniotomia para remoção de tumor e que receberam uma minidose de heparina não exibiram uma maior tendência de sangramento por nenhum dos parâmetros mensurados. Estudo RPNB:[11] incidência de hemorragia pós-operatória aumentou para 11% com a enoxaparina.

Manejo de anticoagulantes antes de procedimentos neurocirúrgicos

A avaliação laboratorial pré-operatória da via de coagulação e função plaquetária é rotineiramente usada, embora esses estudos raramente contribuam com informações críticas em um paciente com histórico negativo de tendências hemorrágicas. Não existem estudos randomizados avaliando o valor das medidas laboratoriais da coagulação nos cuidados ao paciente. Esta seção engloba o uso de medicação antiplaquetária e anticoagulante, seu monitoramento e sua reversão.
  ▶ Quadro 9.4 resume esta informação.

Varfarina

Diretrizes de tratamento

Pacientes recebendo varfarina e que devem ser anticoagulados pelo máximo de tempo possível (p. ex., válvulas cardíacas mecânicas) podem ser "transferidos" para injeções de LMW, p. ex., Lovenox (p. 165), como se segue: suspender a varfarina pelo menos 3 dias antes do procedimento, e iniciar a autoadministração de injeções de LMW, que é descontinuada como descrito no ▶ Quadro 9.4.

Pacientes com necessidades menos críticas de anticoagulação (p. ex., fibrilação atrial crônica) geralmente podem suspender a varfarina pelo menos 4-5 dias antes do procedimento, e PT/INR é, então, verificado na admissão hospitalar. Os pacientes devem ser informados de que durante o tempo em que não são anticoagulados, eles correm o risco de possíveis complicações causadas pela condição para a qual estão recebendo os agentes (risco *anual* para válvula mecânica: ≈ 6%; para fibrilação atrial: depende de vários fatores, incluindo idade e histórico de prévio acidente vascular cerebral, uma média para pacientes > 65 anos de idade é ≈ 5-6%; ver detalhes (p. 1304)).

Quadro 9.4 Anticoagulantes

Nome do fármaco (marca)	Administração	Mecanismo	Monitoramento	Metabolismo	Estratégia de reversão	Tempo de suspensão[a]	Comentários
Heparina não fracionada	IV para anticoagulação terapêutica; SQ para profilaxia	liga-se à antitrombina III. Inibe a conversão da protrombina → trombina e do fibrinogênio → fibrina	aPTT, ACT ou antifator Xa	fígado; excretada na urina; $T_{1/2}$ 60-90 min	1 mg de sulfato de protamina/ 100 u de heparina administrada	anticoagulação plena 4-6 h, considerar repetir o aPTT; "minidose" por via SQ 12 h	heparina produzida desde 2009 é 10% menos potente; a incidência de HIT é variável e supostamente de 1-2%; "efeito rebote da heparina" pode ocorrer 8-9 h após a infusão de protamina[31,32]
Enoxaparina (Lovenox, Sanofi Avents) (uma LMWH)	SQ para profilaxia de DVT e anticoagulação terapêutica	liga-se à antitrombina III e acelera a atividade; inibe a trombina e o fator Xa	antifator Xa (nível terapêutico 0,4-0,8 unidades/mL)	fígado; depuração renal, cautela em pacientes com CrCl < 30 mL/min	sulfato de protamina (1 mg/1 mg de enoxaparina fornecida nas últimas 8 horas; reverterá os efeitos apenas parcialmente (60%)	12 h após dose profilática; 24 h após dose terapêutica	inibidor mais seletivo do fator Xa do que a trombina[33,31,32]
Fondaparinux (Arixtra, GlaskoSmithKline)	SQ para profilaxia de DVT e anticoagulação terapêutica	inibe o fator Xa	antifator Xa; dose profilática (0,4-0,5 mg/L) dose terapêutica (1,2 – 1,26 mg/L)	desconhecido; excretado na urina; $T_{1/2}$ 17-21 h	nenhum antídoto aprovado; considerar rVIIa, porém não há estudos examinando o papel do rVIIa na reversão do fondaparinaux no contexto de sangramento; hemodiálise reduz ≈ 20%	2-4 dias em pacientes com função renal normal	não causa HIT, adequado em pacientes com HIT; recomendada a redução de 50% da dose se a CrCl for de 30-50, contraindicado quando CrCl < 30[33,31,32]
Varfarina (Coumadin, Bristol-Myers Squibb)	PO	antagonista da vitamina K. Fatores dependentes da vitamina K: II, VII, IX, X, proteínas C e S	PT; INR (objetivo varia com a indicação)	fígado; excretado na urina ≈ 92%, bile; $T_{1/2}$ 20-60 h (altamente variável)	10 mg de vitamina K por via IV x 3 dias e/ou PCC (25-100 UI/kg) ou FFP (15 mL/kg)[b 31]	5 dias	considerar a redução da dose na presença de comprometimento hepático
Argatrobana (GlaskoSmithKline)	IV para profilaxia e tratamento de trombose em pacientes com HIT	inibidor direto da trombina	aPTT (objetivo 1,5-3x normal); ACT	fígado; excretado nas fezes ≈ 65% e urina ≈ 22%; $T_{1/2}$ 39-51 min	nenhum agente de reversão; tratamento de suporte; hemodiálise pode remover parte do fármaco da circulação sanguínea, mas quando o efeito sobre o sangramento for desconhecido, considerar FFP ou crioprecipitado	2-4 h	doença hepática: considerar a redução da dose inicial e titulação gradual[32,28]
Dabigatrana (Pradaxa®, Boehringer Ingelheim)	PO, duas vezes ao dia	inibidor direto da trombina, reversível	nenhum monitoramento de rotina; aPTT normal sugere ausência de efeito	fígado; depuração renal na urina; $T_{1/2}$ 12-17 h	Praxbind (ver texto abaixo)	1-2 dias, tempo maior se CrCl renal < 50 mL/min (ver ▶ Quadro 9.5)	para evitar acidente vascular cerebral com fibrilação atrial (afib); foi demonstrado que o PCC é o mais eficaz, porém não comprovado em estudos humanos[34,31,32]

Rivaroxabana (Xarelto®, Bayer HealthCare)	PO, diariamente	inibidor do fator Xa	nenhum monitoramento de rotina; antifator Xa normal indica ausência de efeito	fígado; depuração renal ≈ 66%, fezes ≈ 28%; $T_{1/2}$ 5-9 h	nenhum antagonista específico; foi demonstrado que o rVIIa reverte parcialmente em modelos animais	24 h (ver ▶ Quadro 9.5)	para prevenção de acidente vascular cerebral na afib e tratamento de DVT; uso cauteloso com CrCl 15-50; evitar o uso quando CrCl < 30[33,34]
Apixaban (Eliquis®, Bristol-Myers Squibb)	PO, duas vezes ao dia	inibidor do fator Xa	nenhum monitoramento de rotina; antifator Xa normal indica ausência de efeito	fígado ≈ 75%; depuração renal ≈ 25%; $T_{1/2}$ 12 h	considerar PCC ou rVIIa; diminui o tempo de sangramento em modelos animais, mas não reverte o efeito anticoagulante	48 h (ver ▶ Quadro 9.5)	para prevenção de acidente vascular cerebral na afib e profilaxia de DVT após cirurgia ortopédica. Diminuir a dose se Cr > 1,5; não utilizar no comprometimento hepático grave[34,31]
Antitrombina, recombinante (ATryn, Lundbeck)	IV	inibe a trombina e o fator Xa	níveis de AT	$T_{1/2}$ 11,6-17,7 h			para profilaxia de tromboembolia na deficiência hereditária de antitrombina
Antitrombina III (Thrombate III, Grifols)	IV	forma complexo com a trombina	níveis de AT	$T_{1/2}$ 2-3 dias			para profilaxia de tromboembolia na deficiência hereditária de antitrombina
Dalteparina (Fragmin, Eisai)	SQ para profilaxia de DVT e anticoagulação terapêutica	acelera a atividade da antitrombina III (inibe a trombina e o fator Xa)		fígado, urina; $T_{1/2}$ 3-5 h (mais prolongado com comprometimento renal)			cautela quando usar com CrCl < 30; cautela no comprometimento hepático
Bivalirudina (Angiomax®, The Medicines Company)	IV	inibidor direto da trombina (reversível)	ACT	plasma; excretada na urina; $T_{1/2}$ 25 min (mais prolongado com comprometimento renal)	nenhum		cautela quando usar com CrCl < 30
Desirudin (Iprivask®, Canyon)	SC	inibidor direto da trombina (inibe seletivamente a trombina livre e trombina ligada ao coágulo)	aPTT	rim; excretado na urina; $T_{1/2}$ 2 h (mais prolongado com comprometimento renal)	nenhum		CrCl < 60 usar cautelosamente e diminuir a dose inicial[31]

Abreviações; PCC = concentrado de complexo protrombínico, IV = intravenoso, SQ = subcutâneo, aPTT = tempo de tromboplastina parcial, DVT = trombose venosa profunda, HIT = trombocitopenia induzida por heparina, ACT = tempo de coagulação ativada, AT = antitrombina, CrCl = depuração da creatinina.

a Tempo de suspensão é o tempo de espera recomendado após descontinuação do fármaco e antes de realizar uma cirurgia eletiva, para eliminar os efeitos do fármaco.

b A vitamina K intravenosa apresenta um início de ação mais rápido do que a vitamina K subcutânea e as fórmulas atuais produzidas com micelas de lecitina e glicol, e supostamente possui um menor perfil de complicação do que as fórmulas mais antigas contendo óleo de rícino polietoxilado.[36]

Quadro 9.5 Recomendações para o tempo de espera no uso de novos anticoagulantes orais antes de procedimentos invasivos relacionados com a função renal[31]

	Dabigatrana	Apixaban	Rivaroxabana
CrCl > 80 mL/min	≥ 72 h	≥ 48 h	≥ 48 h
CrCl 50-80 mL/min	≥ 72 h	≥ 48 h	≥ 48 h
CrCl 30-49 mL/min	≥ 96 h	≥ 72 h	≥ 72 h
CrCl < 30 mL/min	≥ 120 h	≥ 96 h	≥ 96 h

O intervalo mínimo recomendado entre a última dose e o procedimento é baseado na função renal e no risco do procedimento. Geralmente, procedimentos neurocirúrgicos, incluindo procedimentos menores, como LPs, são considerados intervenções com um alto risco de sangramento.

Para procedimentos neurocirúrgicos não emergentes

Para procedimentos em que o efeito de massa pós-operatório decorrente do sangramento implicaria grave risco (que inclui a maioria das cirurgias neurocirúrgicas), recomenda-se que o PT seja ≈ ≤ 13,5 s (ou seja, ≤ limites superiores da normalidade) ou que o INR seja ≈ ≤ 1,4 (p. ex., para referência, este INR é considerado seguro para a realização de uma biópsia hepática percutânea por agulha). Ver também reversão da anticoagulação (p. 166).

Para procedimentos neurocirúrgicos emergentes

Administrar FFP (iniciar com 2 unidades) e vitamina K (10-20 mg IV a ≤ 1 mg/min) o mais rápido possível; ver também reversão da anticoagulação (p. 166). O momento da cirurgia é, então, baseado na urgência da situação e na natureza do procedimento (p. ex., a decisão pode ser a de evacuar um hematoma epidural espinal em um paciente agudamente paralisado antes que a anticoagulação seja completamente revertida).

Heparina

Para emergências: se for prejudicial esperar 4-6 horas após descontinuar heparina para repetir o PTT a fim de verificar se a anticoagulação foi corrigida, então a heparina pode ser revertida com protamina (p. 166).

Para não emergências

Heparina IV: descontinuar o gotejamento ≈ 4-6 horas antes do procedimento planejado. Opção: checar novamente o PTT antes de iniciar o procedimento.

"Minidose" de heparina SQ: descontinuação não obrigatória para craniotomia, mas caso a descontinuação seja desejada, fornecer a última dose ≥ 12 horas antes da cirurgia.

Heparinas de baixo peso molecular (LMWH)

Para emergências: pode ser revertida com protamina (p. 166).

Não emergências: Ver ▶ Quadro 9.4. Tempos mais longos são necessários na insuficiência renal. O nível do fator Xa pode ser usado para verificar o estado de anticoagulação, mas esse normalmente deve ser comunicado, tornando-o inadequado para o tratamento agudo.

Medicamentos antiplaquetários e procedimentos neurocirúrgicos

Mecanicismo das plaquetas e testes de função plaquetária

Plaquetas são importantes para manter a integridade endotelial vascular e estão constantemente envolvidas com a hemostasia junto com fatores de coagulação. Trombocitopenia grave pode resultar em hemorragias petequiais ou hemorragia intracraniana (ICH) espontânea. Distúrbio da parede vascular é o estímulo inicial para a deposição e ativação plaquetárias. As plaquetas se aderem ao colágeno pelos receptores de superfície GPIb-V-IX e fator de von Willebrand. Esta aderência ativa uma cascata de reações, que resulta em agregação plaquetária com formação de um tampão hemostático. Historicamente, o tempo de sangramento (BT) era usado como o teste de rastreio para anormalidades da função plaquetária. Por causa da falta de fiabilidade, muitas instituições substituíram o BT pelo teste de função plaquetária (PFA) com o uso do PFA-100 (Analisador da Função Plaquetária). Existe um número limitado de estudos confirmando seu uso de acordo com a International Society of Thrombosis and Hemostasis.[12,13]

No PFA-100, a hemostasia primária é simulada pelo movimento de fluxo de sangue preservado com citrato através de um capilar, que passa por dois cartuchos contendo uma membrana revestida por colágeno; um estimula as plaquetas com adenosina difosfato (ADP), e o outro com epinefrina.[14] Esta interação com o colágeno induz a formação de um tampão plaquetário, que fecha uma abertura. Os resultados são relatados como tempo de fechamento em segundos. Este método é elegível como um teste de rastreio para doença hemostática primária, como a doença de von Willebrand, bem como um teste de monitoramento do efeito da terapia antiplaquetária. O PFA-100 funciona para testar com aspirina, mas não com as tienopiridinas (p. ex., clopidogrel). Cartuchos PFA recém-disponíveis detectam o bloqueio do receptor P2Y12 em pacientes tomando tienopiridinas.[15] VerifyNow® mede a agregação induzida por agonista como um aumento na transmissão da luz. O sistema contém uma preparação de partículas revestidas com fibrinogênio humano, que causam uma alteração na transmissão da luz por causa da agregação plaquetária induzida pela ADP.[15] Existe pouca correlação entre os resultados do PFA-100 e o teste VerifyNow.

Agentes

▶ **Plavix® (clopidogrel)** (p. 1275) **e aspirina.** Causam inibição permanente da função plaquetária, que persiste ≈ 5 dias após descontinuação do fármaco e pode aumentar o risco de sangramento. Para casos eletivos, recomenda-se um período de 5-7 dias livre destes fármacos (pesquisas de neurocirurgiões alemães:[16,17] uma média de 7 dias foi usada para ASA de baixa dose, com alguns realizando cirurgia de medula espinal mesmo enquanto o paciente está tomando ASA).

Stents cardíacos: terapia antiplaquetária dupla (p. ex., ASA + Plavix®) é obrigatória por 4 semanas (90 dias é preferível[18]) após a colocação de um *stent* cardíaco metálico não farmacológico, e por pelo menos 1 ano com *stents* farmacológicos (DES) (o risco declina de ≈ 6% para ≈ 3%).[19] Até mesmo pequenos intervalos no tratamento medicamentoso (p. ex., para realizar procedimentos neurocirúrgicos) estão associados a um risco significativo de oclusão aguda de *stent* (e, portanto, a realização de cirurgia eletiva durante este intervalo de tempo é desencorajada[20]). DES são tão eficazes em suprimir a endotelização, que uma terapia antiplaquetária dupla vitalícia pode ser necessária. A intercalação de antitrombina, anticoagulantes ou glicoproteína IIb/IIa em pacientes DES não foi provada ser eficaz.[20]

Reversão dos medicamentos antiplaquetários: ainda que a heparina e a varfarina possam ser revertidas de forma segura e mensurável, a situação é menos clara com os agentes antiplaquetários.[21] Agentes usados no pré-operatório para reverter esses fármacos incluem: Desmopressina (p. 166) (DDAVP®)[16,17] e FFP.[16]

Reversão do Plavix para cirurgia de emergência (p. 154): plaquetas podem ser fornecidas, contudo os efeitos do Plavix persistem por até dois dias após a última dose, podendo na verdade inibir as plaquetas fornecidas após a descontinuação do fármaco (a meia-vida da aspirina é menor, não devendo ser um problema após 1 dia). Em casos de gotejamento contínuo no primeiro dia ou após descontinuação do Plavix, o seguinte regime é uma opção:

1. fator VII ativado recombinante (rFVIIa): mesmo o defeito estando nas plaquetas, o rFVIIa funciona por meio de um mecanismo não mediado por proteínas da coagulação. Custo muito alto (≈ $10.000 por dose), mas deve ser ponderado em função do custo da craniotomia repetida, do aumento da estadia na ICU e adicional morbidade
   a) dose inicial:[22] 90-120 mcg/kg
   b) mesma dose 2 horas mais tarde
   c) 3ª dose 6 h após a dose inicial
2. plaquetas cada 8 horas por 24 horas,
   a) 6 U de plaquetas regulares
   b) se o paciente estiver em restrição volêmica ou hídrica: 1 unidade de plaquetas coletadas por aférese

▶ **Produtos e suplementos fitoterápicos.** Produtos e suplementos fitoterápicos geralmente afetam a agregação de plaquetas e a cascata de coagulação por meios que não podem ser detectados por testes laboratoriais. A popularidade crescente destes produtos não regulamentados requer a triagem de pacientes para seu uso. Existe um número limitado de estudos referentes ao uso de suplementos fitoterápicos na neurocirurgia e, para uma cirurgia eletiva, justifica-se a espera de 7-14 dias após a interrupção do uso desses produtos.

Óleo de Peixe (Ácidos Graxos Ômega 3) é amplamente usado entre as populações cardíaca e geral para tratamento de dislipidemia e hipertrigliceridemia. O óleo de peixe pode afetar a agregação plaquetária por uma redução no ácido araquidônico e bloqueio do receptor de tromboxano e adenosina difosfato. O óleo de peixe também pode potencialmente prolongar os tempos de sangramento.[23,24,25]

Alho (Allium Sativum) vem aumentando sua popularidade na forma de suplemento. Supostos benefícios incluem: redução da pressão arterial, prevenção de infecção e infarto do miocárdio, e tratamento de hipercolesterolemia. O alho tem um efeito antiplaquetário através do bloqueio do receptor de ADP, e redução de cálcio e tromboxano.[26] Existe uma especial preocupação com o alho, pois o mesmo pode potencializar o efeito antiplaquetário e anticoagulante da aspirina ou varfarina.[27]

Ginkgo (Ginkgo biloba) também se tornou um suplemento popular encontrado em muitas fórmulas de cápsulas para bebidas energéticas. Ginkgo tem sido usado para tratar diversos transtornos, incluindo perda de memória, depressão, ansiedade, tontura, claudicação, disfunção erétil, zumbido e dor de cabeça. O Ginkgo afeta o sangramento através de um efeito antiplaquetário e pelo antagonismo do fator ativador de plaquetas.[28,29] Ver Ginkgo biloba na seção Hematoma subdural espontâneo (p. 901).

Ginseng (Panax ginseng) também foi constatado ter atividade antiplaquetária através da inibição do tromboxano e fator ativador de plaquetas.[30]

Alguns autores também defendem o uso cauteloso de **ginger** e **vitamina E** quando uma cirurgia estiver sendo planejada, mas o mecanismo antiplaquetário exato é desconhecido.[25]

Quadro 9.6 Inibidores da função plaquetária

Nome do fármaco (marca)	Classe/alvo	Mecanismo	Administração	Monitoramento	Metabolismo	Estratégia de reversão	Tempo de suspensão[a]	Comentários
Aspirina (Ácido acetilsalicílico)	COX-1	ação direta, irreversível	PO	PFA, testes baseados no ácido araquidônico (VerifyNow)	intestino, plasma e fígado; depuração renal; $T_{1/2}$ 15-20 min	transfusão de plaquetas; Desmopressina[b]	7-10 dias	a prevalência de resistência à aspirina é de 5-60%; efeito terapêutico durante o tempo de vida das plaquetas (9 dias), 10% das plaquetas circulantes são substituídas em um período de 24 h[37,31,32]
Clopidogrel (Plavix®, Sanofi Aventis)	Tienopiridinas/P2Y$_{12}$	pró-fármaco, irreversível	PO	PFA, VerifyNow P2Y12 (teste PRU)	fígado; depuração renal; $T_{1/2}$ 8 h	transfusão de plaquetas (10 unidades de concentrado cada 12 h por 48 h); Desmopressina[b]	7-10 dias	a prevalência de resistência ao clopidogrel é de 8-35%[37,31,32]
Ticlopidina (Ticlid, Roche)	Tienopiridinas/P2Y$_{12}$	pró-fármaco, irreversível	PO	tempo de sangramento	fígado; depuração renal; $T_{1/2}$ 4-5 dias	NA		eficaz em ≈96% dos pacientes com resistência ao clopidogrel
Prasugrel (Effient®, Eli Lilly)	Tienopiridinas/P2Y$_{12}$	pró-fármaco, irreversível	PO	PFA, VerifyNow P2Y12 (teste PRU)	fígado; depuração renal ≈68%, fezes ≈27%; $T_{1/2}$ 3,7 h	transfusão de plaquetas; metabólito ativo não removido por diálise		usado para coronariopatia[31]
Ticagrelor (Brilinta, AstraZeneca)	Ciclopentiltriazolo pirimidina/P2Y$_{12}$	ação direta, reversível	PO	NA	fígado; excretado primariamente na bile; $T_{1/2}$ 9 h (metabólito ativo)	NA, não removido por diálise		

Dipiridamol (Persantine, Boehringer Ingelheim)	cGMP V	pró-fármaco, reversível	PO	NA	fígado; excreção na bile; $T_{1/2}$ 10-12 h	diálise não traz qualquer benefício	
Abciximab (ReoPro, Eli Lilly)	GPIIb/IIIa	reversível	IV	aPTT, ACT, teste VerifyNow IIb/IIIa	clivagem proteolítica; $T_{1/2}$ 30 min	transfusão de plaquetas, sem antagonista	função plaquetária retorna a ≈ 50% da linha de base 24 h após a infusão; nível baixo de inibição pode continuar por até 7 semanas[32]
Eptifibatide (Integrillin, Millennium/ Merck	GPIIb/IIIa	reversível	IV	aPTT, ACT, teste VerifyNow IIb/IIIa	depuração renal 75%; $T_{1/2}$ 2,5 h	pode ser removido por diálise	CrCl < 50 ajustar taxa de infusão; função plaquetária retorna a ≈ 50% 4 h após infusão D/C'd[32]
Tirofibana (Aggrastat, Medicure)	GPIIb/IIIa	reversível	IV		depuração renal 65%, fezes 25%; $T_{1/2}$ 2-3 h	pode ser removido por diálise	CrCl < 30 ajustar taxa de infusão; coagulação de plaquetas é inibida em até 5 minutos, e permanece inibida por 3-8 h[32]

Abreviações: PCC = concentrado de complexo protrombínico, IV = intravenoso, SQ = subcutâneo, aPTT = tempo de tromboplastina parcial, ACT = tempo de coagulação ativada, CrCl = depuração da creatinina, D/C = descontinuar.
[a]Tempo de suspensão é o tempo de espera recomendado após descontinuação do fármaco e antes de realizar uma cirurgia eletiva, para eliminar os efeitos do fármaco.
[b]A desmopressina aumenta a aderência entre a plaqueta e a parede do vaso por meio do aumento da concentração do fator VIII e fator de von Willebrand. Em um ensaio randomizado, a desmopressina aumentou a aderência de plaquetas no grupo aspirina e no grupo-controle.[38]

Quadro 9.7 INRs Recomendados[39]	
Indicação	**INR**
• válvula cardíaca mecânica • prevenção de MI recorrente	2,5-3,5
síndrome do anticorpo antifosfolípide (p. 1270)[40]	≥ 3
todas as outras indicações (tratamento e *profilaxia de DVT*, PE, fibrilação atrial, embolia sistêmica recorrente, válvulas cardíacas de tecido)	2-3

Anticoagulantes
Ver também inibidores da função plaquetária (p. 164).

Varfarina

Informações do fármaco: Varfarina (Coumadin®)

Um antagonista oral da vitamina K. Para efeito anticoagulante em um adulto de peso médio, fornecer 10 mg PO, uma vez ao dia × 2-4 dias e, então, 5 mg ao dia. Após os estudos de coagulação, titular até PT = 1,2 – 1,5 x controle (ou INR ≈ 2-3) para a maioria das condições (p. ex., DVT, único TIA). Relações PT mais elevadas de 1,5-2 x controle (INR ≈ 3-4) podem ser necessárias para embolia sistêmica recorrente, válvulas cardíacas mecânicas... (os limites recomendados para o Índice de Normatização Internacional (INR) são exibidos no ▶ Quadro 9.7).

Varfarina inicial durante os primeiros ≈ 3 dias de terapia com varfarina, os pacientes podem na verdade ser hipercoaguláveis (secundário à redução dos fatores anticoagulantes dependentes da vitamina K, proteínas C e S), colocando-os em risco de "necrose por Coumadin". Portanto, o tratamento dos pacientes deve ser "intercalado", iniciando-se com Lovenox (p. 165), que pode ser autoadministrado em regime ambulatorial, ou heparin (com um PTT terapêutico).

Apresentação: comprimidos de 1, 2, 2,5, 5, 7,5 e 10 mg. Forma IV: 5 mg/ampola.

Heparina

Informações do fármaco: Heparina

R: Anticoagulação plena em um paciente de peso médio, administrar 5.000 U IV em *bolus*, seguido por 1.000 U/h por gotejamento IV. Titular até anticoagulação terapêutica de APTT = 2-2,5 x controle (para DVT, alguns recomendam 1,5-2 x controle[41]).

R da heparina profilática, conhecida como heparina de baixa dose ("minidose"): 5.000 IU, por via SQ cada 8 ou 12 h. Geralmente, o monitoramento de rotina do APTT não é realizado, embora, ocasionalmente, os pacientes alcançam a anticoagulação plena neste regime.

Efeitos colaterais: (ver acima: Considerações sobre anticoagulação na neurocirurgia): hemorragia, trombose[42] (heparina ativa antitrombina III e pode causar agregação plaquetária), podendo resultar em MIs, DVTs, PESs, CVAs, etc. Trombocitopenia induzida por heparina (HIT): trombocitopenia leve e transitória é relativamente comum nos primeiros dias após o início da terapia com heparina. Entretanto, trombocitopenia grave ocorre em 1-2% dos pacientes recebendo heparina > 4 dias (geralmente com início tardio de 6-12 dias, e em consequência do consumo na trombose induzida por heparina ou dos anticorpos formados contra um complexo proteico heparina-plaqueta). A incidência de HIT na SAH é de 5-6%, sendo similar com a enoxaparina.[43] Considerar o uso de fondaparinux em pacientes trombocitopênicos. Terapia crônica pode causar osteoporose.

Heparinas de baixo peso molecular
Ver referências.[44,45]

Heparinas de baixo peso molecular (LMWH) (peso molecular médio = 3.000-8.000 dáltons) derivam da heparina não fracionada (Tamanho molecular médio = 12.000-15.000 dáltons). LMWHs diferem da heparina não fracionada porque possuem uma maior relação da atividade antifator Xa:antifatorIIa (anti-trombina), o que teoricamente deveria produzir efeitos antitrombóticos com um número menor de complicações hemorrágicas. A percepção deste benefício tem sido muito pequena nos ensaios clínicos. A LMWH apresenta uma maior biodisponibilidade após injeção subcutânea, resultando em níveis plasmáticos mais previsíveis, eliminando a necessidade de monitorar a atividade biológica (como o APTT). A

LMWH tem uma meia-vida mais longa e, portanto, requer um número menor de doses por dia. LMWH tem uma menor incidência de trombocitopenia. Mais eficaz na profilaxia de DVT do que a varfarina na cirurgia ortopédica.[46]

Hematomas epidurais espinais: houve vários relatos de casos de hematomas epidurais espinais ocorrendo em pacientes medicados com LMWH (primariamente enoxaparina), que também receberam raquianestesia/anestesia peridural ou punção lombar, principalmente em mulheres idosas submetidas à cirurgia ortopédica. Alguns apresentaram sequelas neurológicas significativas, incluindo paralisia permanente.[47] O risco é elevado ainda mais pelo uso de NSAIDs, inibidores de plaquetas ou outros anticoagulantes e na punção espinal ou epidural repetida ou traumática.

▶ **Heparinas de baixo peso molecular disponíveis.** Os fármacos incluem:
- enoxaparina (Lovenox®): ver abaixo
- dalteparina (Fragmin®): R: 2.500 anti-Xa U, SQ, uma vez ao dia
- ardeparina (Normiflo®): meia-vida = 3,3 h. R: 50 anti-Xa U/Kg, SQ cada 12 h
- danaparoid (Organan®): um heparinoide. Relações anti-Xa:anti-IIa ainda mais elevadas do que as LMWHs. Não requer monitoramento laboratorial. R: 750 anti-Xa U, SQ duas vezes ao dia
- tinzaparina (Logiparin®, Innohep®): indisponível nos EUA. R: 175 anti-Xa U per kg, SQ uma vez ao dia

Informações do fármaco: Enoxaparina (Lovenox®)

R: dose estabelecida após artroplastia de quadril é de 30 mg por via SQ, duas vezes ao dia x 7-14 dias (alternativa: 40 mg, por via SQ uma vez ao dia). **Farmacocinética:** Após a injeção SQ, o pico da concentração sérica ocorre em 3-5 h. Meia-vida: 4,5 h.

9

Inibidores diretos da trombina

Informações do fármaco: Dabigatrana (Pradaxa®, Rendix®)

Um anticoagulante oral na classe dos inibidores diretos da trombina. Administrado na forma do pró-fármaco etexilato de dabigatrana. Deve ser interrompido 24 h antes da cirurgia.

Reversão da anticoagulação: Praxbind (idarucizumab) IV para emergências. Reversão da pradaxa em até 4 h. Duração de 24 h.[48]

Informações do fármaco: Bivalirudina (Angiomax® ou Angiox®)

Um inibidor direto da trombina (DTI) reversível que aumenta a rapidez da recanalização mediada pelo ativador do plasminogênio. Nenhuma reversão eficaz.
R: dose de carga IV de 0,5 mg/kg, seguido pela infusão contínua de 1,75 mg/kg/h. Intra-arterial: injetar 15 mg em 10 mL de salina heparinizada através de um microcateter.

Inibidores do fator Xa

Informações do fármaco: Fondaparinux (Arixtra®)

Um análogo sintético da sequência pentassacarídea da heparina. Aumenta a inibição do fator Xa sem afetar o fator IIa (trombina).[49] Ao contrário da heparina, o fondaparinux não se liga a outras proteínas plasmáticas ou ao fator plaquetário 4, e não causa trombocitopenia induzida pela heparina (HIT), podendo, portanto, ser usado em pacientes com HIT. Pode ser mais eficaz do que a enoxaparina (Lovenox®) na prevenção de DVTs pós-operatórias. **Efeitos colaterais:** sangramento é o efeito colateral mais comum (pode ser aumentado pelo uso concomitante de NSAID). ✖ Contraindicado na presença de grave comprometimento renal (CrCl < 30 mL/min).[50]
R: injeção SQ de 2,5 mg, uma vez ao dia. **Apresentação:** seringas de dose única de 2,5 mg.
Farmacocinética: o pico da atividade ocorre em 2-3 h. Meia-vida: 17-21 h. O efeito anticoagulante dura 3-5 meias-vidas. Eliminação: na urina (na insuficiência renal, reduzir a dose em 50% para CrCl 30-50 mL/min). INTERROMPER: 2-4 dias antes da cirurgia (tempo maior na disfunção renal).

Coagulopatias

Correção das coagulopatias ou reversão dos anticoagulantes

Consultar também os valores normais recomendados para testes de coagulação na neurocirurgia (p. 157).

Plaquetas

Ver indicações e orientações de administração (p. 154).

Plasma fresco congelado

Para reverter a anticoagulação por varfarina, utilizar o seguinte como ponto de partida e verificar o PT/PTT em seguida.
- quando o paciente estiver "anticoagulado terapeuticamente", iniciar com 2-3 unidades de FFP (aproximadamente 15 mL/kg é geralmente necessário)
- para PT/PTT intensamente prolongado, iniciar com 6 unidades de FFP

Concentrado de complexo protrombínico (PCC)

Anticoagulação induzida por varfarina pode ser revertida em um tempo de até 4 ou 5 vezes mais rápido com PCC (Kcentra) (contém os fatores de coagulação II, IX e X) do que com FFP.[51] O paciente pode-se tornar hipertrombótico com este concentrado.

Informações do fármaco: Vitamina K (Mephyton®)

Para reverter um PT elevado provocado pela *varfarina*, administrar solução coloidal aquosa de vitamina K1 (fitomenadiona, Mephyton®). Doses > 10 mg podem produzir resistência à varfarina por até 1 semana. FFP pode ser administrado concomitantemente para uma correção mais rápida (ver acima). Ver níveis de PT recomendados (p. 157).

R Adultos: iniciar com 10-15 mg IM; o efeito leva 6-12 h (na ausência de doença hepática). Repetir a dose, se necessário. A dose total média necessária para reverter a anticoagulação terapêutica é de 25-35 mg.

A administração IV foi associada a reações severas (possivelmente anafiláticas), incluindo hipotensão e até fatalidades (mesmo com precauções apropriadas de diluição e administração lenta). Portanto, a via IV é reservada apenas para situações em que as outras vias não sejam viáveis e o grave risco seja justificado. R: IV (quando a via IM não for viável): 10-20 mg IV a uma taxa de injeção não superior a 1 mg/min (p. ex., colocar 10 mg em 50 mL de D5W e fornecer ao longo de 30 minutos).

Informações do fármaco: Sulfato de protamina

Para heparina: 1 mg de protamina reverte ≈ 100 U de *heparina* (administrar lentamente, não excedendo 50 mg em um período de 10 min.) A terapia deve ser guiada por testes de coagulação.

Reversão de heparinas de baixo peso molecular (LMWH): injeção IV lenta de uma solução de 1% de protamina também pode ser usada para reverter LMWH, como se segue:

Enoxaparina (Lovenox®): ≈ 60% de Lovenox pode ser revertido com 1 mg de protamina para cada mg de Lovenox administrado (dose máxima = 50 mg) nas últimas 8 h, e 0,5 mg de protamina para cada mg de Lovenox fornecido antes das últimas 8-12 h. Protamina provavelmente não é necessária para Lovenox administrado > 12 h antes.

Dalteparina (Fragmin®) ou ardeparina (Normiflo®): 1 mg de protamina para cada 100 IU de anti-Xa da LMWH (dose máxima = 50 mg), com uma segunda infusão de 0,5 mg de protamina para cada 100 IU de anti-Xa da LMWH se o APTT permanecer elevado 2-4 h após o término da primeira dose.

Danaparoid e Hirudin: agente de reversão desconhecido.

Informações do fármaco: Desmopressina (DDAVP®)

Causa um aumento na atividade de coagulação do fator III e no fator de von Willebrand, que ajuda na coagulação e atividade plaquetária na hemofilia A e na doença de von Willebrand Tipo I (em que os fatores são normais em composição, porém baixos em concentração, ✗ mas pode causar trombocitopenia na doença de von Willebrand Tipo IIB, em que os fatores podem estar anormais ou ausentes).

R: 0,3 mcg/kg (usar 50 mL de diluente para doses ≤ 3 mcg, usar 10 mL para doses > 3 mcg), fornecido ao longo de 15-30 minutos e 30 minutos antes de um procedimento cirúrgico.

PTT pré-operatório elevado

Em um paciente sem histórico de coagulopatia, um PTT pré-operatório significativamente elevado é comumente decorrente de uma deficiência de fator ou do anticoagulante lúpico. Exames:
1. teste da mistura
2. coagulante lúpico

Se o teste da mistura corrigir o PTT elevado, então provavelmente há uma deficiência de fator. Consultar um hematologista.

Anticoagulante lúpico: se o teste para anticoagulante lúpico for positivo, o principal risco para o paciente com cirurgia *não* é o sangramento, mas sim o tromboembolismo. Recomendações de tratamento:
1. tão logo seja possível no pós-operatório, iniciar tratamento do paciente com heparina (p. 164) ou heparina de LMW (p. 164), p. ex., Lovenox
2. ao mesmo tempo, iniciar tratamento com varfarina e manter a anticoagulação terapêutica por 3-4 semanas (o risco de DVT/PE é na verdade mais elevado nas primeiras semanas do pós-operatório)
3. mobilizar logo que possível no pós-operatório
4. considerar o uso de filtro de veia cava em pacientes cuja anticoagulação seja contraindicada

Coagulação intravascular disseminada (DIC)

Coagulação intravascular anormal, que consume fatores de coagulação e plaquetas, e está associada à ativação anormal do sistema fibrinolítico. Traumatismo craniano é um fator de risco independente para DIC, possivelmente porque o cérebro é rico em tromboplastina, que pode ser liberada na circulação sistêmica na ocorrência de traumatismo.[52] Outros fatores de risco: choque, septicemia.

Apresentação
Sangramento difuso, petéquias cutâneas, choque.

Exames
1. produtos de degradação do fibrinogênio (FDP) > 16 mcg/mL (1-8 = normal; 8-16 = limite; 32 = definitivamente anormal; alguns exames requerem > 40 para o diagnóstico de DIC) (a anormalidade mais comum)
2. fibrinogênio < 100 mcg/dL (alguns usam 130)
3. PT > 16; PTT > 50
4. plaquetas < 50.000 (relativamente incomum)

DIC Crônica
PT e PTT podem estar normais; baixa concentração de plaquetas e fibrinogênio; produtos de degradação da fibrina elevados.
Tratamento
1. remover o estímulo causador, se possível (tratar infecções, desbridar tecido lesionado, interromper transfusões na suspeita de CID)
2. ressuscitação volêmica vigorosa
3. anticoagulantes, se não contraindicado (p. 156)
4. FFP quando PT ou PTT estiverem elevados, ou fibrinogênio < 130
5. transfusão plaquetária quando contagem de plaquetas < 100K

Pseudo- DIC
Aumento dos produtos de degradação da fibrina, fibrinogênio normal.
Observado em condições como insuficiência hepática.

Tromboembolismo na neurocirurgia

Trombose profunda (DVT)
DVT é motivo de preocupação primariamente em razão do potencial de deslocamento de material (coágulo, agregados plaquetários...) e formação de êmbolos (incluindo êmbolos pulmonares, [PE]), que podem causar infarto pulmonar, morte súbita (por causa da parada cardíaca) ou infarto cerebral (decorrente de uma embolia paradoxal, que pode ocorrer na presença de um forame oval patente, ver Embolia cerebral cardiogênica (p. 1304)). A mortalidade relatada decorrente de DVT nas LEs varia de 9-50%.[53] DVT limitada à panturrilha apresenta um baixo risco (< 1%) de embolização. No entanto, estes coágulos posteriormente se estendem até as veias profundas proximais em 30-50% dos casos,[53] a partir de onde a embolização pode ocorrer (em 40-50 %), ou estes coágulos podem produzir síndrome pós-flebítica.

Pacientes neurocirúrgicos são particularmente propensos a desenvolver DVTs (risco estimado: 19-50%) por causa, pelo menos em parte, da frequência relativamente alta do seguinte:
1. tempo cirúrgico longo de alguns procedimentos
2. repouso prolongado pré e/ou pós-operatório

3. alterações no estado de coagulação
    a) em pacientes com tumores cerebrais (ver abaixo) ou trauma craniano[54]
        • relacionado com a própria condição
        • em razão da liberação de tromboplastinas cerebrais durante a cirurgia cerebral
    b) aumento da viscosidade sanguínea com "aglutinação" concomitante
        • por causa da terapia de desidratação algumas vezes usada para reduzir edema cerebral
        • por causa da perda volêmica secundária à SAH (perda cerebral de sal)
    c) uso de altas doses de glicocorticoides

Fatores de riscos "neurológicos" específicos para DVT e PE incluem:[53]
1. lesão da medula espinal (p. 952)
2. tumor cerebral: prevalência na autópsia de DVT = 28%, de PE = 8,4%. Incidência usando fibrinogênio 125I:[55] meningioma 72%, glioma maligno 60%, metástase 20%. O risco pode ser reduzido pelo uso pré-operatório de aspirina[56]
3. hemorragia subaracnóidea
4. trauma craniano: especialmente TBI grave (p. 918)
5. CVA: incidência de PE = 1-19,8%, com mortalidade de 25-100%
6. operação neurocirúrgica: risco é mais elevado após craniotomia para tumores supratentoriais (7% de 492 pacientes) do que para tumores na fossa posterior (0 de 141)[57]

Profilaxia da DVT

As opções incluem:
1. medidas gerais
    a) amplitude de movimento passiva
    b) mover pacientes o mais cedo possível
2. técnicas mecânicas (risco mínimo de complicações):
    a) botas de compressão pneumática[58] (PCBs) ou dispositivos de compressão sequencial (SCDs): reduz a incidência de DVTs e prováveis PEs. Não usar se DVTs já estiver presente. Continue a usar até que o paciente seja capaz de andar 3-4 h por dia
    b) meias antiembólicas TED®: (TEDS) aplica compressão graduada, sendo maior distalmente. Tão eficaz quanto a PCB. Não há evidência de que o benefício seja cumulativo.[53] É preciso ter cautela para evitar um efeito torniquete na extremidade proximal (nota: TEDS® é uma marca registrada. "TED" significa doença tromboembólica)
    c) estímulo elétrico dos músculos da panturrilha
    d) camas rotativas
3. anticoagulação; ver também contraindicações e considerações da anticoagulação na neurocirurgia (p. 156)
    a) anticoagulação plena está associada a complicações perioperatórias[59]
    b) anticoagulação de "baixa-dose"[60] (heparina de baixa dose): 5.000 IU SQ cada 8 ou 12 horas, iniciando 2 horas antes da cirurgia ou na admissão hospitalar. O potencial de hemorragia nociva no cérebro ou canal espinal tem limitado seu uso
    c) heparinas de baixo peso molecular e heparinoides (p. 164): não um grupo homogêneo. Eficácia na profilaxia neurocirúrgica não foi determinada
    d) aspirina: papel na profilaxia de DVT é limitado, pois o ASA inibe a agregação de plaquetas, e as plaquetas exercem apenas um pequeno papel na DVT
4. combinação de PCBs e heparina "minidose" começando pela manhã do 1° pós-operatório (sem evidência de complicações significativas)[61]

Recomendações

Profilaxia recomendada varia com o risco de desenvolvimento de DVT, como ilustrado no ▶ Quadro 9.8.[53] Ver também detalhes da profilaxia em lesões da medula espinal cervical (p. 952).

Diagnóstico de DVT

(Para PE, ver abaixo). O diagnóstico clínico de DVT é muito incerto. Um paciente com os "sinais clássicos" de uma panturrilha quente, inchada e sensível, ou um sinal de Homans positivo (dor na panturrilha na dorsiflexão do tornozelo) terá DVT em apenas 20-50% do tempo.[53] 50-60% dos pacientes com DVT não terão esses achados.

Testes laboratoriais

• venografia por contraste: o "padrão ouro". Contudo, é um teste invasivo, apresenta risco de reação ao iodo, ocasionalmente produz flebite e não é facilmente reproduzido

Quadro 9.8 Risco e profilaxia da DVT em pacientes neurocirúrgicos[a]

Grupo de risco	Risco estimado de DVT na panturrilha	Pacientes neurocirúrgicos típicos	Recomendação de tratamento
baixo risco	< 10%	idade < 40 anos, fatores de risco gerais mínimos, cirurgia com < 30 minutos de anestesia geral	não há profilaxia ou PCB/TEDS
risco moderado	10-40%	idade ≥ 40 anos, malignidade, repouso prolongado, cirurgia extensa, veias varicosas, obesidade, cirurgia com duração > 30 minutos (exceto na discectomia lombar simples), SAH, traumatismo craniano	PCB/TEDS; ou para pacientes sem ICH ou SAH, heparina minidose
alto risco	40-80%	histórico de DVT ou PE, paralisia[b] (para ou quadriplegia ou hemiparesia, tumor cerebral (especialmente meningioma ou glioma maligno)	PCB/TEDS + (em pacientes sem ICH ou SAH) heparina minidose

[a]Abreviações: DVT = trombose venosa profunda, PCB = dispositivo de compressão pneumática, TEDS = meias antiembólicas TED® (doença tromboembólica), ICH = hemorragia intracerebral, SAH = hemorragia subaracnóidea.
[b]Ver detalhes relacionados com a profilaxia de DVT na SCI cervical (p. 952).

- ultrassonografia Doppler com imagens de alta resolução no Modo B em tempo real: 95% sensível e 99% específico para DVT proximal. Menos eficaz para DVT de panturrilha.[62] Como resultado, recomenda-se que pacientes com exames inicialmente negativos repitam os exames dentro dos 7-10 dias seguintes para excluir a presença de extensão proximal. Requer maior habilidade por parte do examinador do que da IPG Pode ser usada na LE engessada ou imobilizada (ao contrário da IPG). Amplamente aceito como o teste de escolha não invasivo para DVT[63]
- pletismografia de impedância (IPG): procurar por impedância elétrica reduzida, produzida pelo fluxo sanguíneo proveniente da panturrilha, após o relaxamento de um torniquete pneumático. Bom para detectar DVT proximal e insensível para DVT de panturrilha. Um teste positivo indica DVT que deve ser tratada, e um teste negativo pode ocorrer na DVT não oclusiva ou na presença de bons colaterais, e deve ser repetido em um período de 2 semanas
- fibrinogênio 125I: fibrinogênio radiomarcado é incorporado no coágulo em desenvolvimento. Melhor para DVT de panturrilha do que DVT proximal. Caro e muitos falso-positivos. Risco de transmissão do HIV resultou em abandono de seu uso
- dímero D (um produto específico da gradação de fibrina): altos níveis estão associados à DVT e PE[64]

Tratamento da DVT

1. repouso, com elevação da(s) perna(s) envolvida(s)
2. a menos que anticoagulação seja contraindicada (p. 156): iniciar heparina, como descrito em Anticoagulação (p. 156), vise por APTT = 1,5-2 × controle; ou dose fixa de heparinoides de LMW, p. ex., tinzaparina (Logiparin®,[65] ou enoxaparina (Lovenox®) (p. 165). *Simultaneamente,* iniciar terapia com varfarina. A heparina pode ser interrompida após ≈ 5 dias[66]
3. em pacientes em que a anticoagulação é contraindicada, considerar a interrupção da veia cava inferior ou a colocação de um filtro (p. ex., filtro de Greenfield)
4. em pacientes não paralisados, iniciar a deambulação cautelosamente após ≈ 7-10 dias
5. usar indefinitivamente meias de compressão antiembólicas na LE afetada (o membro sempre está em risco de DVT recorrente)

Embolia pulmonar (PE)

Ver referência.[67]

Prevenção da PE

Prevenção da PE é mais adequadamente realizada por meio da prevenção da DVT (p. 168).[68]

Apresentação da PE

PE pós-operatória geralmente ocorre 10-14 dias após a cirurgia.[68] A incidência relatada[68] varia de 0,4-5%. Uma série de casos (em um serviço com o uso de rotina de meias elásticas e, em pacientes de alto risco, de heparina "minidose") constatou uma incidência pós-operatória de ≈ 0,4%, com duplicação desse número quando apenas os pacientes com patologias maiores (tumor cerebral, traumatismo craniano, ou patologia cerebrovascular ou espinal) eram considerados[68] (outra série lidando apenas com tumores cerebrais constatou uma incidência de 4%[57]).

O diagnóstico clínico é inespecífico (o diagnóstico diferencial de sintomas é grande e varia desde atelectasia até MI ou tamponamento cardíaco).

Achados comuns: dispneia súbita (o achado mais frequente), taquipneia, taquicardia, febre, hipotensão, 3ª ou 4ª bulha cardíaca. *Tríade* (raro): hemoptise, dor torácica pleurítica, dispneia. Auscultação: ruídos ou estertores de atrito pleural (raro). Choque e CHF (imita o MI) indica PE maciça com risco de vida. A mortalidade relatada varia de 9-60%,[68] com um número significativo de óbitos na primeira hora.

Diagnóstico de PE

Um teste do dímero D negativo (ver acima) exclui a presença de PE em pacientes com uma baixa probabilidade clínica de PE[69] ou naqueles com varredura de VQ não diagnóstica.[64]

Alternativamente, é possível verificar a presença de DVT utilizando-se IPG, Doppler ou venografia (ver acima). Se positivo, isto indica uma possível fonte de PE e, visto que o tratamento seja similar para ambos, nenhuma pesquisa adicional para PE precisa ser feita, e o tratamento é iniciado. Se negativo, testes adicionais podem ser necessários (p. ex., varredura de VQ, ver abaixo).

Testes laboratoriais

Dímero D; ver acima.

Testes diagnósticos gerais

Nenhum é muito sensível ou específico.
- EKG: S1Q3T3 "clássico" é raro. Normalmente, ocorrem apenas mudanças ST e T inespecíficas. Taquicardia pode ser o único achado
- CXR: normal em 25-30%. Quando anormal, geralmente exibe infiltrado e hemidiafragma elevado
- ABG: não muito sensível. $pO_2 > 90$ na temperatura ambiente virtualmente exclui uma PE *maciça*

Avaliação radiográfica específica
- **Teste de escolha: CT de tórax com captação de contraste. Ocasionalmente, CTA de tórax pode ser empregada. Pode proporcionar uma visão de diagnósticos alternativos**
- angiografia pulmonar: historicamente, o "padrão ouro". Invasivo, caro e trabalhoso. 3-4% de risco de complicações significativas. Não indicado na maioria dos casos
- varredura de ventilação-perfusão (varredura de VQ): CXR também é necessário. Um defeito de perfusão sem defeito de ventilação em um paciente sem história anterior de PE fortemente sugere PE aguda. Testes equívocos ocorrem quando uma área de perfusão deficiente corresponde a uma área de ventilação reduzida (na varredura de ventilação) ou de infiltrado (no CXR). As probabilidades de TEP, baseado na varredura de VQ, são demonstradas no ▶ Quadro 9.9.[70] Uma varredura de VQ tecnicamente adequada e normal virtualmente exclui a presença de PE. Pacientes com varreduras de probabilidade baixa ou intermediária devem ser testados para DVT ou dímero D quantitativo (ver acima). Se o teste para DVT for positivo, tratar; se for negativo, a escolha é seguir uma IPG ou exames Doppler seriados por 2 semanas, ou (raramente) fazer uma angiografia pulmonar
- CT do tórax de corte fino com contraste: mais precisa em pacientes com COPD que geralmente apresentam uma varredura de VQ indeterminada

Tratamento

Se o diagnóstico for fortemente suspeito, iniciar tratamento com *heparina* – a menos que contraindicado (p. 156) – sem esperar pelos resultados dos exames diagnósticos. Para um paciente médio de 70 kg, iniciar com 5.000-7.500 unidades IV em *bolus*, seguido por gotejamento de 1.000 U/h (menos para pacientes menores). Acompanhar o PTT e titular a taxa de gotejamento para PTT de 1,5 a 2 × controle.

O uso de heparina logo após a cirurgia e em pacientes com tumores cerebrais é controverso, e a interrupção da veia cava pode ser uma consideração alternativa (p. ex., filtro de Greenfield).

Pacientes com PEs maciças podem ser hemodinamicamente instáveis. Eles geralmente requerem tratamento na ICU, normalmente com o uso de vasopressores e cateter de PA.

Quadro 9.9 Probabilidade de PE com base na varredura de VQ

Resultados da varredura	Incidência da PE
alta probabilidade	90-95%
probabilidade intermediária ou indeterminada	30-40%
baixa probabilidade	10-15%
normal	0-5%

9.3 Hematopoiese extramedular

9.3.1 Informações gerais

Nas anemias crônicas (especialmente talassemia maior, conhecida como anemia de Cooley), o hematócrito baixo resulta em hiperestimulação crônica da medula óssea para produzir hemácias. Isto provoca anormalidades ósseas sistêmicas e cardiomiopatia (em razão da hemocromatose causada pelo aumento de degradação de hemácias defeituosas).

Com relação ao CNS, há três sítios em que a hematopoiese extramedular (EMH) pode causar achados:
• crânio: produz uma aparência de "cabelos eriçados" nos raios x de crânio
• corpos vertebrais: pode resultar em compressão epidural[71] (ver abaixo)
• plexo coroide

9.3.2 Compressão epidural secundária à EMH

O tecido exuberante é muito radiossensível, contudo, o paciente pode ser um tanto dependente da capacidade hematopoiética do tecido.

9.3.3 Tratamento

Excisão cirúrgica seguida por radioterapia tem sido o tratamento recomendado. Transfusões sanguíneas repetidas podem ajudar a reduzir a EMH, e pode ser útil no pós-operatório ao invés de RTX, exceto em casos refratários.[71]

Cirurgia nestes pacientes é difícil decorrente de:
1. baixa contagem de plaquetas
2. baixas condições ósseas
3. cardiomiopatia: aumento do risco anestésico
4. anemia, associada ao fato de que a maioria destes pacientes sofre intoxicação pelo ferro como resultado das múltiplas transfusões anteriores
5. remoção total da massa nem sempre é possível

Referências

[1] Cohen YC, Djulbegovic B, Shamai-Lubovitz O, Mozes B. The bleeding risk and natural history of idiopathic thrombocytopenic purpura in patients with persistent low platelet counts. Arch Intern Med. 2000; 160:1630–1638

[2] Fresh-Frozen Plasma Cryoprecipitate and Platelets Administration Practice Guidelines Development Task Force of the College of American Pathologists. Practice Parameter for the Use of Fresh-Frozen Plasma, Cryoprecipitate, and Platelets. JAMA. 1994; 271:777–781

[3] Mannucci PM. Desmopressin: A nontransfusion form of treatment for congenital and acquired bleeding disorders. Blood. 1988; 72:1449–1455

[4] So W, Hugenholtz H, Richard MT. Complications of Anticoagulant Therapy in Patients with Known Central Nervous System Lesions. Can J Surg. 1983; 26:181–183

[5] Ruff R, Posner J. Incidence and Treatment of Peripheral Thrombosis in Patients with Glioma. Ann Neurol. 1983; 13:334–336

[6] Olin JW, Young JR, Graor RA, et al. Treatment of Deep Vein Thrombosis and Pulmonary Emboli in Patients with Primary and Metastatic Brain Tumors: Anticoagulants or Inferior Vena Cava Filter? Arch Intern Med. 1987; 147:2177–2179

[7] Altschuler E, Moosa H, Selker RG, Vertosick FT. The Risk and Efficacy of Anticoagulant Therapy in the Treatment of Thromboembolic Complications in Patients with Primary Malignant Brain Tumors. Neurosurgery. 1990; 27:74–77

[8] Stern WE, Youmans J. In: Preoperative Evaluation: Complications, Their Prevention and Treatment. Neurological Surgery. 2nd ed. Philadelphia: W. B. Saunders; 1982:1051–1116

[9] Kawamata T, Takeshita M, Kubo O, et al. Management of Intracranial Hemorrhage Associated with Anticoagulant Therapy. Surg Neurol. 1995; 44:438–443

[10] Constantini S, Kanner A, Friedman A, Shoshan Y, Israel Z, Ashkenazi E, Gertel M, Even A, Shevach Y, Shalit M, Umansky F, Rappaport ZH. Safety of perioperative minidose heparin in patients undergoing brain tumor surgery: a prospective, randomized, double-blind study. J Neurosurg. 2001; 94:918–921

[11] Dickinson LD, Miller LD, Patel CP, Gupta SK. Enoxaparin increases the incidence of postoperative intracranial hemorrhage when initiated preoperatively for deep venous thrombosis prophylaxis in patients with brain tumors. Neurosurgery. 1998; 43:1074–1081

[12] Posan E, McBane RD, Grill DE, Motsko CL, Nichols WL. Comparison of PFA-100 testing and bleeding time for detecting platelet hypofunction and von Willebrand disease in clinical practice. Thromb Haemost. 2003; 90:483–490

[13] Hayward CP, Harrison P, Cattaneo M, Ortel TL, Rao AK. Platelet function analyzer (PFA)-100 closure time in the evaluation of platelet disorders and platelet function. J Thromb Haemost. 2006; 4:312–319

[14] Beshay JE, Morgan H, Madden C, Yu W, Sarode R. Emergency reversal of anticoagulation and antiplatelet therapies in neurosurgical patients. J Neurosurg. 2010; 112:307–318

[15] Seidel H, Rahman MM, Scharf RE. Monitoring of antiplatelet therapy. Current limitations, challenges, and perspectives. Hamostaseologie. 2011; 31:41–51

[16] Korinth MC. Low-dose aspirin before intracranial surgery–results of a survey among neurosurgeons in Germany. Acta Neurochir (Wien). 2006; 148:1189–96; discussion 1196

[17] Korinth MC, Gilsbach JM, Weinzierl MR. Low-dose aspirin before spinal surgery: results of a survey among neurosurgeons in Germany. Eur Spine J. 2007; 16:365–372

[18] Nuttall GA, Brown MJ, Stombaugh JW, Michon PB, Hathaway MF, Lindeen KC, Hanson AC, Schroeder DR, Oliver WC, Holmes DR, Rihal CS. Time and cardiac risk of surgery after bare-metal stent percutaneous coronary intervention. Anesthesiology. 2008; 109:588–595

[19] Rabbitts JA, Nuttall GA, Brown MJ, Hanson AC, Oliver WC, Holmes DR, Rihal CS. Cardiac risk of noncardiac surgery after percutaneous coronary intervention with drug-eluting stents. Anesthesiology. 2008; 109:596–604

[20] Landesberg G, Beattie WS, Mosseri M, Jaffe AS, Alpert JS. Perioperative myocardial infarction. Circulation. 2009; 119:2936–2944

[21] Ross IB, Dhillon GS. Ventriculostomy-related cerebral hemorrhages after endovascular aneurysm treatment. AJNR Am J Neuroradiol. 2003; 24:1528–1531

[22] NovoSeven for non-hemophilia hemostasis. Med Letter. 2004; 46:33–34

[23] Goodnight SH, Jr, Harris WS, Connor WE. The effects of dietary omega 3 fatty acids on platelet composition and function in man: a prospective, controlled study. Blood. 1981; 58:880–885

[24] Ang-Lee MK, Moss J, Yuan CS. Herbal medicines and perioperative care. JAMA. 2001; 286:208–216

[25] Stanger MJ, Thompson LA, Young AJ, Lieberman HR. Anticoagulant activity of select dietary supplements. Nutr Rev. 2012; 70:107–117

[26] Allison GL, Lowe GM, Rahman K. Aged garlic extract and its constituents inhibit platelet aggregation through multiple mechanisms. J Nutr. 2006; 136:782S–788S

[27] Saw JT, Bahari MB, Ang HH, Lim YH. Potential drugherb interaction with antiplatelet/anticoagulant drugs. Complement Ther Clin Pract. 2006; 12:236–241

[28] Lee CJ, Ansell JE. Direct thrombin inhibitors. Br J Clin Pharmacol. 2011; 72:581–592

[29] Birks J, Grimley Evans J. Ginkgo biloba for cognitive impairment and dementia. Cochrane Database Syst Rev. 2009. DOI: 10.1002/14651858.CD003120.pub3

[30] Teng CM, Kuo SC, Ko FN, Lee JC, Lee LG, Chen SC, Huang TF. Antiplatelet actions of panaxynol and ginsenosides isolated from ginseng. Biochim Biophys Acta. 1989; 990:315–320

[31] Baron TH, Kamath PS, McBane RD. Management of antithrombotic therapy in patients undergoing invasive procedures. N Engl J Med. 2013; 368:2113–2124

[32] Ryan J, Bolster F, Crosbie I, Kavanagh E. Antiplatelet medications and evolving antithrombotic medication. Skeletal Radiol. 2013; 42:753–764

[33] Hirsh J, Bauer KA, Donati MB, Gould M, Samama MM, Weitz JI. Parenteral anticoagulants: American College of Chest Physicians Evidence-Based Clinical Practice Guidelines (8th Edition). Chest. 2008; 133:141S–159S

[34] Kaatz S, Kouides PA, Garcia DA, Spyropolous AC, Crowther M, Douketis JD, Chan AK, James A, Moll S, Ortel TL, Van Cott EM, Ansell J. Guidance on the emergent reversal of oral thrombin and factor Xa inhibitors. Am J Hematol. 2012; 87 Suppl 1:S141–S145

[35] Rivaroxaban-once daily, oral, direct factor Xa inhibition compared with vitamin K antagonism for prevention of stroke and Embolism Trial in Atrial Fibrillation: rationale and design of the ROCKET AF study. Am Heart J. 2010; 159:340–347 e1

[36] Tran HA, Chunilal SD, Harper PL, Tran H, Wood EM, Gallus AS. An update of consensus guidelines for warfarin reversal. Med J Aust. 2013; 198:198–199

[37] James RF, Palys V, Lomboy JR, Lamm JR, Jr, Simon SD. The role of anticoagulants, antiplatelet agents, and their reversal strategies in the management of intracerebral hemorrhage. Neurosurg Focus. 2013; 34. DOI: 10.3171/2013.2.FOCUS1328

[38] Lethagen S, Olofsson L, Frick K, Berntorp E, Bjorkman S. Effect kinetics of desmopressin-induced platelet retention in healthy volunteers treated with aspirin or placebo. Haemophilia. 2000; 6:15–20

[39] Hirsh J, Dalen JE, Deykin D, Poller L. Oral Anticoagulants: Mechanism of Action, Clinical Effectiveness, and Optimal Therapeutic Range. Chest. 1992; 102:312–326

[40] Khamashta MA, Cuadrado MJ, Mujic F, et al. The Management of Thrombosis in the Antiphospholipid-Antibody Syndrome. N Engl J Med. 1995; 332:993–997

[41] Hyers TM, Hull RD,Weg JG. Antithrombotic Therapy for Venous Thromboembolic Disease. Chest. 1989; 95:37S–51S

[42] Atkinson JLD, Sundt TM, Kazmier FJ, Bowie EJW, et al. Heparin-induced thrombocytopenia and thrombosis in ischemic stroke. Mayo Clin Proc. 1988; 63:353–361

[43] Kim GH, Hahn DK, Kellner CP, Komotar RJ, Starke R, Garrett MC, Yao J, Cleveland J, Mayer SA, Connolly ES. The incidence of heparin-induced thrombocytopenia Type II in patients with subarachnoid hemorrhage treated with heparin versus enoxaparin. J Neurosurg. 2009; 110:50–57

[44] Dalteparin - Another Low-Molecular-Weight Heparin. Med Letter. 1995; 37:115–116

[45] Ardeparin and Danaparoid for Prevention of Deep Vein Thrombosis. Med Letter. 1997; 39:94–95

[46] Geerts WH, Bergqvist D, Pineo GF, Heit JA, Samama CM, Lassen MR, Colwell CW. Prevention of venous thromboembolism: American College of Chest Physicians Evidence-Based Clinical Practice Guidelines (8th Edition). Chest. 2008; 133:381S–453S

[47] FDA Public Health Advisory. Rockville, MD 1997

[48] U.S. Food and Drug Administration (FDA), FDA approves Praxbind, the first reversal agent for the anticoagulant Pradaxa. 2015

[49] Fondaparinux (Arixtra), a new anticoagulant. Med Letter. 2002; 44:43–44

[50] Garcia DA, Baglin TP, Weitz JI, Samama MM, American College of Chest Physicians. Parenteral anticoagulants: Antithrombotic Therapy and Prevention of Thrombosis, 9th ed: American College of Chest Physicians Evidence-Based Clinical Practice Guidelines. Chest. 2012; 141:e24S–e43S

[51] Fredriksson K, Norrving B, Stromblad LG. Emergency Reversal of Anticoagulation After Intracerebral Hemorrhage. Stroke. 1992; 23:972–977

[52] Kaufman HH, Hui K-S, Mattson JC, et al. Clinicopathological Correlations of Disseminated Intravascular Coagulation in Patients with Head Injury. Neurosurgery. 1984; 15:34–42

[53] Hamilton MG, Hull RD, Pineo GF. Venous Thromboembolism in Neurosurgery and Neurology Patients: A Review. Neurosurgery. 1994; 34:280– 296

[54] Olson JD, Kaufman HH, Moake J, et al. The Incidence and Significance of Hemostatic Abnormalities in Patients with Head Injuries. Neurosurgery. 1989; 24:825–832

[55] Sawaya R, Zuccarello M, El-Kalliny M. Brain Tumors and Thromboembolism: Clinical, Hemostatic, and Biochemical Correlations. J Neurosurg. 1989; 70

[56] Quevedo JF, Buckner JC, Schmidt JL, Dinapoli RP, O'Fallon JR. Thromboembolism in Patients With High-Grade Glioma. Mayo Clin Proc. 1994; 69:329–332

[57] Constantini S, Karnowski R, Pomeranz S, Rappaport ZH. Thromboembolic Phenomena in Neurosurgical Patients Operated Upon for Primary and Metastatic Brain Tumors. Acta Neurochir. 1991; 109:93–97

[58] Black PM, Baker MF, Snook CP. Experience with External Pneumatic Calf Compression in Neurology and Neurosurgery. Neurosurgery. 1986; 18:440–444

[59] Snyder M, Renaudin J. Intracranial Hemorrhage Associated with Anticoagulation Therapy. Surg Neurol. 1977; 7:31–34

[60] Cerrato D, Ariano C, Fiacchino F. Deep Vein Thrombosis and Low-Dose Heparin Prophylaxis in Neurosurgical Patients. J Neurosurg. 1978; 49:378–381

[61] Frim DM, Barker FG, Poletti CE, Hamilton AJ. Postoperative Low-Dose Heparin Decreases Thromboembolic Complications in Neurosurgical Patients. Neurosurgery. 1992; 30:830–833

[62] Rose SC, Zwiebel WJ, Murdock LE, et al. Insensitivity of Color Doppler Flow Imaging for Detection of Acute Calf Deep Venous Thrombosis in Asymptomatic Postoperative Patients. J Vasc Interv Radiol. 1993; 4:111–117

[63] Wells PS, Anderson DR, Bormanis J, et al. Value of Assessment of Pretest Probability of Deep-Vein Thrombosis in Clinical Management. Lancet. 1997; 350:1795–1798

[64] Ginsberg JS, Wells PS, Kearon C, Anderson D, et al. Sensitivity and Specificity of a Rapid Whole-Blood Assay for D-dimer in the Diagnosis of Pulmonary Embolism. Ann Intern Med. 1998; 129:1006–1011

[65] Hull RD, Raskob GE, Pineo GF, et al. Subcutaneous Low-Molecular-Weight Heparin Compared with Continuous Intravenous Heparin in the Treatment of

Proximal-Vein Thrombosis. N Engl J Med. 1992; 326:975–982

[66] Hull RD, Raskob GE, Rosenbloom D, et al. Heparin for Five Days as Compared with Ten Days in the Initial Treatment of Proximal Venous Thrombosis. N Engl J Med. 1990; 322:1260–1264

[67] Wenger NK, Schwartz GR. In: Principles and Practice of Emergency Medicine. Philadelphia: W.B. Saunders; 1978:949–952

[68] Inci S, Erbengi A, Berker M. Pulmonary Embolism in Neurosurgical Patients. Surg Neurol. 1995; 43:123–129

[69] Wells PS, Ginsberg JS, Anderson DR, et al. Use of a Clinical Model for Safe Management of Patients with Suspected Pulmonary Embolism. Ann Intern Med. 1998; 129:997–1005

[70] The PIOPED Investigators. Value of the Ventilation/Perfusion Scan in Acute Pulmonary Embolism. Results of the Prospective Investigation of Pulmonary Embolism Diagnosis (PIOPED). JAMA. 1990; 263:2753–2759

[71] Mann KS, Yue CP, Chan KH, et al. Paraplegia due to Extramedullary Hematopoiesis in Thalassemia: Case Report. J Neurosurg. 1987; 66:938–940

10 Neurologia para Neurocirurgiões

10.1 Demência

▶ **Definição.** Perda grave das capacidades intelectuais previamente adquiridas (memória, julgamento, pensamento abstrato e outras funções corticais superiores) que interfere no funcionamento social e/ou ocupacional.[1] Déficit de memória é a principal característica, entretanto, a definição do DSM-IV requer o comprometimento de pelo menos um outro domínio (linguagem, percepção, função visuoespacial, cálculo, julgamento, abstração, habilidades de resolução de problemas). Afeta 3-11% dos adultos > 65 anos de idade, com uma maior presença entre os residentes institucionalizados.[2]

Fatores de risco: idade avançada, história familiar de demência e alelo E4 da Apolipoproteína E.

▶ **Delírio *versus* demência (distinção crucial).** Delírio, conhecido como estado confusional agudo. Diferente da demência, porém os pacientes com demência apresentam um maior risco de desenvolver delírio.[3,4] Um transtorno de atenção primário que subsequentemente afeta todos os outros aspectos da cognição.[5] Frequentemente representam uma enfermidade potencialmente fatal, p. ex., hipóxia, septicemia, encefalopatia urêmica, anormalidade eletrolítica, intoxicação medicamentosa, MI. 50% dos pacientes morrem em até 2 anos do diagnóstico.

Ao contrário da demência, o delírio apresenta início agudo, sinais motores (tremor, mioclonia, asterixe), fala enrolada, consciência alterada (hiperalerta/agitado ou letárgico, ou flutuações), alucinações podem ser enfeitadas, EEG mostra desaceleração difusa pronunciada.

▶ **Biópsia cerebral para demência.** Os critérios clínicos são geralmente suficientes para o diagnóstico da maioria das demências. A biópsia deve ser reservada para casos de transtorno cerebral progressivo crônico com uma evolução clínica incomum, em que todos os outros métodos diagnósticos possíveis tenham se esgotado e falhado em fornecer uma certeza diagnóstica adequada. A alta incidência de CJD entre os pacientes selecionados para biópsia sob esses critérios necessita de precauções apropriadas; ver doença de Creutzfeldt-Jakob (p. 367). Em um artigo de 50 biópsias de cérebro realizadas para avaliar doença neurodegenerativa progressiva de etiologia incerta,[7] o rendimento diagnóstico foi de apenas 20% (6% foram apenas sugestivas de um diagnóstico, 66% foram anormais, porém inespecíficas, e 8% foram normais). O rendimento foi mais alto naqueles com anormalidades focais na MRI. Dentre os 10 pacientes com biópsias diagnósticas, o resultado da biópsia levou a uma intervenção terapêutica relevante em apenas 4.

▶ **Recomendações.** Com base no descrito acima, as seguintes recomendações são feitas para pacientes com uma doença neurodegenerativa inexplicada:
1. aqueles com uma anormalidade focal na MRI: biópsia estereotáxica
2. aqueles sem anormalidade focal (possivelmente incluindo imagem por SPECT ou PET): biópsia cerebral deve ser realizada apenas com um protocolo investigativo

▶ **Recomendações para as amostras.** Idealmente a amostra de biópsia deve:[8]
1. ser grande o suficiente (geralmente 1 cm³)
2. ser obtida de uma área afetada
3. incluir a substância branca e cinzenta, a pia e a dura-máter
4. ser manuseada com cuidado para minimizar artefatos (eletrocautério não deve ser usado no lado da amostra da incisão)

10.2 Cefaleia

10.2.1 Informações gerais

Dor de cabeça pode ser amplamente classificada como segue:
1. cefaleias crônicas recorrentes
   a) tipo vascular (enxaqueca): ver abaixo
   b) cefaleias de contração muscular (tensional)
2. cefaleia provocada por uma patologia
   a) patologia sistêmica
   b) patologia intracraniana: uma ampla variedade de etiologias, incluindo:
      • hemorragia subaracnóidea: início *súbito*, severa, geralmente com vômito, apoplexia, déficits focais são possíveis; ver diagnóstico diferencial da cefaleia paroxística (p. 1158)

Neurologia para Neurocirurgiões **175**

- pressão intracraniana elevada de qualquer causa (tumor, hidrocefalia comunicante, inflamação, pseudotumor cerebral...)
- irritação ou inflamação das meninges: meningite
- tumor (p. 590): com ou sem ICP elevada
c) patologia local do olho, nasofaringe ou tecidos extracranianos (incluindo arterite de células gigantes) (p. 195)
d) secundária a um traumatismo craniano: síndrome pós-concussional (p. 923)
e) secundária a uma craniotomia: "síndrome do trefinado" (p. 1431)

Uma cefaleia nova e severa, ou uma mudança no padrão de uma cefaleia duradoura ou recorrente (incluindo o desenvolvimento de N/V associado, ou um exame neurológico anormal), justifica uma investigação mais a fundo com CT ou MRI.[9]

Cefaleia unilateral que nunca muda de lado por um período ≥ 1 ano justifica uma MRI; este padrão é atípico na enxaqueca e pode ser a manifestação de uma AVM occipital (p. 1239).

10.2.2 Enxaqueca

Informações gerais

Crises de enxaqueca geralmente ocorrem em indivíduos predispostos à condição e podem ser ativadas por fatores, como luz brilhante, estresse, mudanças na dieta, traumatismo, administração de meio de contraste radiológico (especialmente na angiografia) e vasodilatadores.

Classificação

Baseado no Comitê Ad-Hoc de Classificação das Cefaleias de 1962. Ver também Cefaleia no índice, p. ex. para: cefaleia em trovoada (p. 1158), cefaleia pós-mielografia (p. 1508)...

Enxaqueca comum

Cefaleia episódica, com N/V e fotofobia, sem aura ou déficit neurológico.

Enxaqueca clássica

Enxaqueca comum + aura. Pode ter cefaleia com déficit neurológico focal ocasional que se resolve completamente em ≤ 24 h.

Mais da metade dos transtornos neurológicos transitórios são visuais e, geralmente, consiste em fenômenos positivos (fotopsia, estrelas, padrões geométricos complexos, espectros de fortificação) que podem deixar rastros de fenômenos negativos (escotoma, hemianopsia, perda visual monocular ou binocular...). O segundo sintoma mais comum é somatossensorial, envolvendo a mão e a face inferior. Menos frequente, os déficits podem consistir em afasia, hemiparesia ou descoordenação unilateral. Um déficit de progressão lenta é característico. O risco de CVA é provavelmente aumentado em pacientes com enxaqueca.[10]

Enxaqueca complicada

Crises ocasionais de enxaqueca clássica, com cefaleia mínima ou ausente, e resolução completa do déficit neurológico em ≤ 30 dias.

Equivalente de enxaqueca

Sintomas neurológicos (N/V, aura visual, etc.) sem cefaleia (enxaqueca acefálgica). Observada principalmente em crianças. Geralmente evolui para enxaqueca típica com a idade. Aura pode ser encurtada abrindo e engolindo o conteúdo de uma cápsula de 10 mg de nifedipina.[11]

Enxaqueca hemiplégica

Cefaleia tipicamente precede a hemiplegia, que pode persistir mesmo após a resolução da cefaleia.

Cefaleia em salvas

Conhecida como enxaqueca histamínica. É na verdade um evento neurovascular, diferente da enxaqueca verdadeira. Crises unilaterais recorrentes de dor severa. Geralmente oculofrontal ou oculotemporal, com ocasional radiação para a mandíbula, normalmente recorrendo no mesmo lado da cabeça. Sintomas autonômicos ipsolaterais (hiperemia conjuntival, congestão nasal, rinorreia, lacrimejamento, rubor facial) são comuns. Síndrome parcial de Horner (ptose e miose) ocorre ocasionalmente. A relação homem:mulher é de ≈ 5:1. 25% dos pacientes têm um histórico pessoal ou familiar de enxaqueca.

Caracteristicamente, as dores de cabeça não têm um pródromo, duram 30-90 minutos e recorrem uma ou mais vezes ao dia, geralmente por 4-12 semanas, e frequentemente em um horário similar. Após esse período, há tipicamente remissão por um período médio de 12 meses.[12]

A profilaxia da cefaleia em salvas é apenas minimamente eficaz:
1. bloqueadores β-adrenérgicos são menos eficazes
2. lítio: está se tornando o fármaco de eleição (taxa de resposta de 60-80%). 300 mg 3× ao dia e seguir os níveis (desejado: 0,7-1,2 mEq/L)
3. ergotaminas são ocasionalmente usadas
4. naproxeno (Naprosyn®)
5. metisergida (Sansert®) 2-4 mg PO 3 vezes ao dia é eficaz em 20-40% dos casos. Intervalos sem o fármaco são necessários para evitar fibrose retroperitoneal, etc. (ver também abaixo)

Tratamento da cefaleia em salvas (profilaxia é apenas minimamente eficaz):
O tratamento é difícil, pois não há um pródromo, e a cefaleia geralmente cessa após 1-2 h. O tratamento de crises agudas inclui:
• O_2 a 100% por máscara facial, com paciente sentado por ≤ 15 minutos ou até que a crise cesse
• ergotamina: ver abaixo
• sumatriptano por via SQ: geralmente cessa a crise em 15 minutos (ver abaixo)
• esteroides: ver abaixo
• casos refratários podem ser considerados para:
  ○ bloqueio do gânglio esfenopalatino por radiofrequência percutânea[13]
  ○ estimulação do nervo occipital
  ○ estimulação cerebral profunda do hipotálamo

Enxaqueca basilar

Essencialmente restrita à adolescência. Episódios recorrentes de minutos a horas de déficits neurológicos transitórios na distribuição do sistema vertebrobasilar. Os déficits incluem: vertigem (mais comum), ataxia da marcha, distúrbios visuais (escotoma, cegueira bilateral), disartria, seguido por cefaleia severa e, ocasionalmente, náusea e vômito.[15] História familiar de enxaqueca está presente em 86%.

10.3 Parkinsonismo

10.3.1 Informações gerais

Parkinsonismo pode ser primário ou secundário a outras condições. Todos resultam de uma perda relativa mediada por dopamina da inibição dos efeitos da acetilcolina nos gânglios basais.

10.3.2 Paralisia agitante idiopática (IPA)

Clínica

Doença de Parkinson clássica, conhecida como paralisia agitante. Afeta ≈ 1% dos americanos de idade > 50 anos,[16] é frequentemente subdiagnosticada.[17] A relação homem:mulher é de 3:2. Não é claramente induzida ambiental e geneticamente, mas pode ser influenciada por esses fatores.

A tríade clássica é demonstrada no ▶ Quadro 10.1. Outros sinais podem incluir: instabilidade postural, micrografia, face em máscara. A marcha consiste em passos pequenos e arrastados (*marche á petits pas*) ou marcha festinante.

Diferenciação clínica da IPA e parkinsonismo secundário (ver abaixo)

Pode ser difícil no início. A IPA geralmente exibe início gradual de bradicinesia com tremor, que é geralmente assimétrico e inicialmente responde bem à levodopa. Outros distúrbios são sugeridos com a rápida progressão dos sintomas, quando a resposta inicial à levodopa é ambígua ou quando há sintomas de linha média precoces (ataxia ou comprometimento da marcha e equilíbrio, transtorno esfincteriano...), ou na

---

Quadro 10.1 Tríade clássica da doença de Parkinson

• tremor (de repouso, 4-7/segundo)
• rigidez (em roda dentada)
• bradicinesia

presença de outras características, como demência precoce, achados sensoriais, hipotensão ortostática profunda ou anormalidades dos movimentos extraoculares.[18,19]

Fisiopatologia

Degeneração primariamente de neurônios dopaminérgicos pigmentados (carregados de neuromelanina) da *pars compacta* da substância negra, resultando em níveis reduzidos de dopamina no neoestriado (núcleo caudado, putâmen, globo pálido). Isto diminui a atividade dos neurônios inibitórios com receptores de dopamina predominantemente da classe D2, que enviam projeções diretamente para o segmento interno do globo pálido (GPi), e também aumenta (por perda da inibição) a atividade de neurônios com receptores predominantemente D1, que enviam projeções indiretamente para o globo pálido externo (GPe) e núcleo subtalâmico.[20] O resultado final é um aumento de atividade no GPi, que envia projeções inibitórias ao tálamo, que por sua vez suprime a atividade no córtex motor suplementar entre outros locais.

Histopatologicamente: corpúsculos de Lewy (inclusões hialinas intraneuronais eosinofílicas) são o marco da IPA.

10.3.3 Parkinsonismo secundário

Informações gerais

O diagnóstico diferencial da doença de Parkinson inclui as seguintes etiologias de parkinsonismo secundário ou condições similares à doença de Parkinson (algumas dessas condições são ocasionalmente referidas como síndromes Parkinson-plus ou transtornos parkinsonianos) (ver acima para características distintivas):

1. degeneração olivopontocerebelar (OPC)
2. degeneração estriatonigral (SND): mais agressiva do que o parkinsonismo
3. parkinsonismo pós-encefalítico: após uma epidemia de encefalite letárgica (doença de von Economo) na década de 1920, as vítimas já faleceram. Características distintivas: crise oculógira, tremor envolve não só as extremidades, mas também o tronco e a cabeça, assimétrico, ausência de corpúsculos de Lewy
4. paralisia supranuclear progressiva (PSNP): olhar vertical comprometido (ver abaixo)
5. atrofia multissistêmica (síndrome de Shy-Drager): ver abaixo
6. induzida por fármacos: inclui:
   a) fármacos prescritos (mulheres idosas parecem ser mais suscetíveis)
      - antipsicóticos (conhecidos como neurolépticos): haloperidol (Haldol®), que atua bloqueando os receptores pós-sinápticos da dopamina
      - antieméticos fenotiazínicos: proclorperazina (Compazina®)
      - metoclopramida (Reglan®)
      - reserpina
   b) MPTP (1-metil-4-fenil-1,2,3,6-tetra-hidropiridina): um intermediário químico comercialmente disponível que também é um subproduto da síntese do MPPP (um análogo da meperidina) que era sintetizado e autoinjetado por um aluno de pós-graduação,[21] e posteriormente produzido por fabricantes de drogas ilícitas para ser vendido como "heroína sintética" e inadvertidamente injetado por alguns usuários de drogas IV no norte da Califórnia, em 1983[22] (também há um relato de caso de um químico que trabalhou com MPTP que desenvolveu parkinsonismo).[23] MPTP foi subsequentemente descoberto ser uma potente neurotoxina para os neurônios dopaminérgicos (com efeitos tóxicos contínuos que persistiam por anos[24]). Via de regra, a resposta à levodopa é dramática, porém de curta duração com frequentes efeitos colaterais. Em contraste à IPA clássica, o cerúleo e o núcleo motor dorsal do vago eram essencialmente normais, e os sintomas diferem um pouco
   c) existe uma alegação ainda não comprovada de que a metilenedioximetanfetamina (MDMA), conhecida como "ecstasy" (nas ruas), pode acelerar o início do parkinsonismo (um estudo demonstrando uma ligação teve que ser anulado em razão da rotulagem errônea dos fármacos)
7. tóxico: intoxicação por
   a) monóxido de carbono: densidades baixas simétricas no globo pálido na CT
   b) manganês: pode ser visto em mineradores, soldadores e trabalhadores pirotécnicos. O manganês é excretado pelo fígado; ∴ pessoas com insuficiência hepática são mais suscetíveis. Imagens: anormalidades hiperintensas simétricas nas imagens ponderadas em T1, primariamente no globo pálido, com essencialmente nenhum achado nas imagens ponderadas em T2 ou na GRASS (quase patognomônico)
8. isquêmico (lacunas nos gânglios nasais): produz o chamado parkinsonismo arteriosclerótico, conhecido como parkinsonismo vascular: parkinsonismo da "metade inferior" (comprometimento da marcha predomina[17]). Também causa déficits pseudobulbares e labilidade emocional. Tremor é raro
9. pós-traumático: podem ocorrer sintomas parkinsonianos na encefalopatia traumática crônica, ver demência pugilística (p. 924). Geralmente, há outras características normalmente não presentes na IPA (p. ex., achados cerebelares)

10. hidrocefalia de pressão normal (NPH): incontinência urinária (p. 404)...
11. neoplasia na região da substância negra
12. Riley-Day (disautonomia familiar)
13. complexo de Gram (parkinsonismo-demência): IPA clássica + esclerose lateral amiotrófica (ALS). Patologicamente, possui características do parkinsonismo e da doença de Alzheimer, mas não apresenta corpúsculos de Lewy ou placas senis
14. doença de Huntington (HD): embora adultos tipicamente apresentem coreia, quando a HD se manifesta em uma pessoa jovem pode assemelhar-se à IPA
15. hipotensão intracraniana (espontânea) (p. 389) pode-se manifestar com achados que mimetizam a IPA

Atrofia multissistêmica (MSA)

Conhecida como síndrome de Shy-Drager. Parkinsonismo (indistinguível da IPA) MAIS hipotensão ortostática idiopática MAIS outros sinais de disfunção do sistema nervoso autônomo (ANS) (os achados de ANS podem preceder o parkinsonismo, e podem incluir distúrbio do esfíncter urinário e hipersensibilidade às infusões de noradrenalina ou tiramina). Degeneração dos neurônios pré-ganglionares do corno lateral da medula torácica. Ao contrário da IPA, a maioria não responde à terapia com dopa. Nota: a IPA clássica pode eventualmente produzir hipotensão ortostática por causa da inatividade ou como resultado de insuficiência autônomica progressiva.

Paralisia supranuclear progressiva (PSNP)

Conhecida como Síndrome de Steele-Richardson-Olzewski.[25]
Tríade:
1. oftalmoplegia supranuclear progressiva (principalmente do olhar vertical): paresia do movimento ocular vertical voluntário, porém com movimento em resposta à manobra dos olhos de boneca
2. paralisia pseudobulbar (face em máscara com acentuada disartria e disfagia, hiperatividade do reflexo mandibular, incontinência emocional geralmente leve)
3. distonia axial (especialmente do pescoço e tronco superior)

Achados associados: demência subcortical (inconstante), achados motores dos sistemas piramidal, extrapiramidal e cerebelar. Idade média de início: 60 anos. Homens compreendem 60%. A resposta aos fármacos antiparkinsonianos tem geralmente uma meia-vida muito curta. Sobrevida média após o diagnóstico: 5,7 anos.
Diferenciando da doença de Parkinson (IPA):
Pacientes com PSNP têm um pseudoparkinsonismo. Podem apresentar face em máscara, mas não andam com postura curvada para frente (andam com postura ereta) e não apresentam tremor. Tendem a cair para trás.

Evolução clínica

1. precoce:
   a) muitos caem: em razão do desequilíbrio + paralisia do olhar para baixo (não consegue ver o chão)
   b) achados oculares podem ser inicialmente normais e, subsequentemente, podem desenvolver dificuldade de olhar para baixo (especialmente ao comando, menos no seguimento), componente tônico normal, porém nistagmo ausente (componente cortical)
   c) fala enrolada
   d) mudanças de personalidade
   e) dificuldade para comer: por causa da paralisia pseudobulbar + incapacidade de olhar para a comida no prato
2. tardia:
   a) olhos fixados centralmente (sem resposta aos reflexos oculocefálicos e oculovestibulares): imobilidade ocular decorrente de lesões no lobo frontal
   b) o pescoço enrijece na extensão (*retrocollis*)

Tratamento da doença de Parkinson

O tratamento médico da doença de Parkinson está além do escopo deste livro.

Tratamento cirúrgico

Antes da introdução da L-dopa no final da década de 1960, a talamotomia estereotáxica era amplamente usada para doença de Parkinson. O tratamento era direcionado ao núcleo ventrolateral. O procedimento era mais eficaz para aliviar o tremor do que a bradicinesia. No entanto, o último sintoma era o mais incapacitante. Este procedimento não pode ser realizado bilateralmente sem risco significativo para a função da fala. O procedimento deixou de ser utilizado quando fármacos mais eficazes tornaram-se disponíveis.[26]
Ver tratamento cirúrgico da doença de Parkinson (p. 1524) para mais informações.

10.4 Esclerose múltipla

Conceitos-chave

- uma doença desmielinizante idiopática do CNS, produzindo sintomas exacerbados e remitentes disseminados no espaço e tempo
- achados clínicos clássicos: neurite óptica, parestesia, INO e sintomas vesicais
- critérios diagnósticos (critérios de McDonald) usam resultados clínicos e/ou laboratoriais (MRI, CSF...) para estratificar os pacientes como: MS, provável MS ou não MS
- MRI: lesões múltiplas e, geralmente, intensificadas pelo contraste, envolvendo os nervos ópticos e a substância branca do cérebro (especialmente a substância branca periventricular), o cerebelo e a medula espinal

10.4.1 Informações gerais

Uma doença desmielinizante idiopática (afetando, portanto, apenas a substância branca) do cérebro, nervos ópticos e medula espinal (especialmente os tratos corticospinais e as colunas posteriores). *Não* afeta a mielina periférica. Patologicamente, produz múltiplas placas de várias idades em locais difusos no CNS, especialmente na substância branca periventricular. Inicialmente, as lesões provocam uma resposta inflamatória com monócitos e infiltrado linfocitário perivascular, mas com a idade essas lesões formam cicatrizes gliais.

10.4.2 Epidemiologia

Idade usual de início: 10-59 anos, com o pico máximo sendo entre 20-40 anos. A incidência mulher:homem é de aproximadamente 2:1.[27]

A prevalência varia com a latitude, sendo < 1 por 100.000 próximo do Equador e ≈ 30-80 por 100.000 no norte dos EUA e Canadá.

10.4.3 Classificação

Tipicamente causa exacerbações e remissões em vários locais no CNS (*disseminação no espaço e tempo*). Sintomas comuns: distúrbios visuais (diplopia, embaçamento, hemianopsia ou escotoma), paraparesia espástica e distúrbios vesicais. A nomenclatura do curso temporal da MS é exibida no ► Quadro 10.2.[28] MS recidivante-remitente é o padrão mais comum (≥ 70%) no início e possui a melhor resposta à terapia, mas > 50% dos casos eventualmente se tornam MS secundária progressiva. Apenas 10% têm MS primária progressiva, e estes pacientes tendem a ser mais velhos no início do quadro (40-60 anos) e frequentemente desenvolvem mielopatia progressiva.[29] MS recidivante progressiva é muito incomum. Déficits presentes por > 6 meses geralmente persistem.

Quadro 10.2 Categorias clínicas da MS

Categoria	Definição
recidivante-remitente	episódios de piora aguda, com recuperação e um curso estável entre as recidivas
secundária progressiva	deterioração neurológica gradual ± recidivas agudas sobrepostas em um paciente que previamente teve MS recidivante-remitente
primária progressiva	deterioração neurológica gradual quase contínua desde o início dos sintomas
recidivante progressiva	deterioração neurológica gradual desde o início dos sintomas, mas com subsequentes recidivas sobrepostas

10.4.4 Sinais e sintomas clínicos

Distúrbios visuais

Distúrbios da acuidade visual podem ser causados por neurite óptica ou retrobulbar, que é o sintoma de apresentação da MS em 15% dos casos e que ocorre em algum momento em 50% dos pacientes de MS. A porcentagem de pacientes com um ataque de neurite óptica e sem prévio ataque que desenvolverá MS varia de 17 a 87%, dependendo da série.[30] Sintomas: perda visual aguda em um ou ambos os olhos, com dor leve (geralmente durante o movimento do olho).

Diplopia pode ser secundária à oftalmoplegia internuclear (INO) (p. 565) causada por uma placa no MLF. INO é um sinal importante, pois raramente ocorre em outras condições além da MS ou do acidente vascular de tronco encefálico.

Achados motores

Fraqueza de extremidades (mono, para ou quadriparesia) e marcha atáxica estão entre os sintomas mais comuns da MS. Espasticidade das LEs é geralmente decorrente do envolvimento do trato piramidal. Fala escandida resulta de lesões cerebelares.

Achados sensoriais

O envolvimento da coluna posterior geralmente causa perda da propriocepção. Ocorre parestesia das extremidades, tronco ou face. Sinal de Lhermitte (dor similar à de um choque elétrico que se irradia pela coluna vertebral com a flexão do pescoço) é comum, mas não é patognomônica. Neuralgia trigeminal ocorre em ≈ 2%, é geralmente bilateral e ocorre em uma idade mais jovem do que a população em geral.[31]

Transtornos mentais

Euforia (*la belle indifference*) e depressão ocorrem em ≈ 50% dos pacientes.

Alterações nos reflexos

Hiper-reflexia e sinais de Babinski são comuns. *Reflexos cutâneo-abdominais* desaparecem em 70-80%.

Sintomas GU

Frequência, urgência e incontinência urinária são comuns. Impotência em homens e redução da libido em ambos os sexos são geralmente observadas.

10.4.5 Diagnóstico diferencial

A abundância dos possíveis sinais e sintomas na MS faz com que o diagnóstico diferencial se estenda para quase todas as condições que causam disfunção focal ou difusa do CNS. Condições que podem simular a MS clinicamente e nos testes diagnósticos incluem:

1. encefalomielite disseminada aguda (ADEM) (p. 182): normalmente monofásica. Também pode apresentar CSF-OCB (p. 182). Envolvimento do corpo caloso é incomum
2. linfoma do CNS (p. 710)
3. outras doenças desmielinizantes intimamente relacionadas: p. ex., síndrome de Devic (p. 1409)
4. vasculite
5. encefalite: pacientes são geralmente muito enfermos
6. alternações crônicas da substância branca: observada em pacientes mais velhos

10.4.6 Critérios diagnósticos

Não existe um único aspecto clínico ou teste diagnóstico que seja adequado para o diagnóstico preciso de MS. Portanto, a informação clínica é integrada aos exames paraclínicos. É muito arriscado diagnosticar a MS após uma única síndrome clinicamente isolada (CIS) remitente aguda. 50-70% dos pacientes com uma CIS sugestiva de MS apresentarão anormalidades multifocais na MRI, característico da MS. A presença dessas anormalidades na MRI aumenta o risco de desenvolver MS em 1-3 anos (com maior significância diagnóstica do que a CSF-OCB). Quanto mais lesões na MRI, maior o risco.[32] Seguem abaixo os critérios para o diagnóstico de MS.[33]

Definições

Ver referências.[33,34]

As seguintes definições são usadas no sistema de classificação que segue:

1. ataque (exacerbação, recidiva): distúrbio neurológico com duração > 24 h,[35] típico da MS quando exames clinicopatológicos determinam que a causa seja desmielinização ou lesões inflamatórias
2. remissão: um período ≥ 30 dias deve separar o início do primeiro ataque e o início de um segundo
3. informação histórica: relato de sintomas pelo paciente (desejável a confirmação pelo observador), adequado para localizar uma lesão da MS e sem outra explicação (ou seja, as manifestações não devem ser atribuídas a outras condições)
4. evidência clínica (sinais): neurodisfunção registrada por examinador competente
5. evidência paraclínica: exames ou procedimentos demonstrando uma lesão no CNS que não tenha produzido sinais; p. ex., fenômeno ou sinal de Uhthoff (piora dos sintomas com banho quente), BAER, procedimentos imagiológicos (CT, MRI), avaliação urológica especializada
6. típico da MS: sinais e sintomas (S/S) que ocorrem frequentemente na MS. Portanto, excluir lesões na substância cinzenta, lesões no sistema nervoso periférico e queixas inespecíficas, como cefaleia, depressão, crises convulsivas etc.
7. lesões separadas: S/S não podem ser explicados com base em uma única lesão (neurite óptica de ambos os olhos simultaneamente ou dentro de um período de 15 dias representa lesão única)
8. suporte laboratorial: neste estudo, as únicas considerações foram as bandas oligoclonais no liquor (CSF-OCB) (ver abaixo) (OCB não deve estar presente no soro) ou o aumento da produção de IgG no CSF (CSF-IgG) (IgG sérico deve estar normal). Isto presume que sífilis, SSPE, sarcoidose etc. foram descartadas

Diagnóstico da MS

Os "Critérios Diagnósticos de MS de McDonald"[36] de 2010 são demonstrados no ► Quadro 10.3.

MRI

MRI é o exame imagiológico de eleição na avaliação de MS[39] e pode demonstrar disseminação das lesões no tempo e espaço. Os critérios recomendados[33] da MRI cerebral para o diagnóstico da MS são exibidos no ► Quadro 10.3.[40,41] As lesões são normalmente > 3 mm de diâmetro.[33] A MRI mostra múltiplas anormalidades na substância branca em 80% dos pacientes com MS (comparado a 29% por CT).[42,43] As lesões são hiperintensas em T2, e lesões agudas tendem a realçar com gadolínio mais do que as lesões antigas. Nas imagens ponderadas em T2, as lesões periventriculares podem-se misturar com o sinal do CSF nos ventrículos, e estas lesões são mais bem exibidas na sequência FLAIR (atenuação de fluidos) (p. 229). Essas lesões são ovoides e orientadas perpendicularmente à superfície ependimária, sendo algumas vezes chamadas de dedos de Dawson (nomeada após o patologista James Dawson).

Lesões da medula espinal normalmente exibem pouco ou nenhum inchaço, devem ser ≥ 3 mm, porém < 2 segmentos vertebrais, ocupar apenas uma porção do corte transversal da medula espinal e devem ser hiperintensas em T2.[44]

A especificidade da MRI é de ≈ 94%,[45] contudo, tanto encefalite como UBOs, observados na velhice, podem simular lesões da MS. A DWI deve ser normal, porém placas podem ocasionalmente exibir o efeito de "T2 shine-through" (p. 232), de modo que o mapa de ADC deve ser verificado para descartar infarto.

Lesões desmielinizantes tumefativas (TDL) focais podem ocorrer isoladamente ou, mais comumente, em pacientes com MS estabelecida (esclerose concêntrica de Baló). TDL pode representar uma posição intermediária entre a MS e a ADEM (p. 182).[46] TDLs tendem a ser simétricas. TDLs podem realçar com contraste e exibir edema perilesional (porém menos que na MS) e, portanto, serem confundidas com neoplasias. Os resultados da biópsia podem ser confusos. MRS pode não ser capaz de diferenciar de neoplasia.[47]

CSF

A análise do CSF pode corroborar o diagnóstico em alguns casos, mas não é capaz de documentar a disseminação das lesões no tempo ou espaço. O CSF na MS é claro e incolor. A OP é normal. A concentração total de proteína no CSF é < 55 mg/dL em ≈ 75% dos pacientes e < 108 mg/dL em 99,7% (valores próximos de 100 devem incitar uma pesquisa por um diagnóstico alternativo). A contagem de leucócitos é ≤ 5 células/mcl em 70% dos pacientes, e apenas 1% tem uma contagem > 20 células/mcl (altos valores podem ser observados na mielite aguda).

Em ≈ 90% dos pacientes com MS, a CSF-IgG está aumentada com relação às outras proteínas do CSF, e um padrão característico ocorre. Eletroforese em gel de agarose mostra algumas bandas IgG na região gama (bandas oligoclonais) que não estão presentes no soro (focalização isoelétrica de alta resolução pode demonstrar 10-15 bandas). CSF-OCB não são específicas para a MS e podem ocorrer em infecções do CNS e, menos comumente, em CVAs ou tumores. O valor preditivo da ausência de IgG em um paciente com MS suspeita ainda não foi satisfatoriamente elucidado.

Quadro 10.3 Revisão 2010 dos Critérios Diagnósticos de MS de McDonald[36]

O diagnóstico da MS requer eliminação dos diagnósticos mais prováveis e demonstração de lesões disseminadas no espaço (DIS) e tempo (DIT)

Clínico (ataques)	Lesões	Critérios adicionais para estabelecer o diagnóstico
≥ 2	evidência clínica objetiva de ≥ 2 lesões ou evidência clínica objetiva de 1 lesão com evidência de história razoável de um prévio ataque	nenhum. Se testes adicionais forem realizados, ainda assim os resultados devem ser consistentes com a MS
≥ 2	evidência clínica objetiva de 1 lesão	DIS; ou esperar por adicionais ataques clínicos envolvendo um local diferente no CNS
1	evidência clínica objetiva de ≥ 2 lesões	DIT; ou esperar por um segundo ataque clínico
1	evidência clínica objetiva de 1 lesão	DIS ou esperar por adicionais ataques clínicos envolvendo um local diferente no CNS e DIT; ou esperar por um segundo ataque clínico
0 (progressão desde o início)		um ano de progressão da doença (retrospectiva ou prospectiva) e pelo menos 2 de: • DIS no cérebro baseada em ≥ 1 lesão na MRI em T2 na região periventricular, justacortical ou infratentorial • DIS na medula espinal baseada em ≥ 2 lesões na MRI em T2 • Ou CSF positivo

Evidência paraclínica no diagnóstico de MS	
evidência de DIS[37]	≥ 1 lesão na MRI em T2 em pelo menos 2 das 4 áreas do CNS: periventricular, justacortical, infratentorial ou medula espinal • realce das lesões pelo gadolínio não é necessário • se o paciente tiver uma síndrome do tronco cerebral ou medula espinal, as lesões sintomáticas são excluídas e não contribuem com a contagem de lesões
evidência de DIT[38]	• nova(s) lesão(ões) em T2 e/ou realçadas por gadolínio na MRI de seguimento, comparada ao exame inicial, independentemente do tempo da MRI inicial ou • presença simultânea de lesões assintomáticas realçadas ou não pelo gadolínio em qualquer momento
evidência de CSF positivo	bandas oligoclonais no CSF (e não no soro) ou índice de IgG elevado

Os critérios recomendados foram publicados,[48] a maioria dos quais pertence a especificidades da análise laboratorial. Trechos clínicos pertinentes são exibidos no ▶ Quadro 10.4.

10.5 Encefalomielite disseminada aguda

Conhecida como ADEM. Condição desmielinizante aguda que foi associada a um histórico relativamente recente de vacinação. Tal como a MS, a ADEM também pode demonstrar bandas oligoclonais no CSF. A ADEM é geralmente monofásica, e as lesões ocorrem dentro do período de algumas semanas. Há normalmente uma boa resposta a altas doses de corticosteroides IV.

10.6 Doenças neuronais motoras

10.6.1 Informações gerais

Doenças degenerativas dos neurônios motores. Ver também a comparação do neurônio motor superior (UMN) com o neurônio motor inferior (LMN) (p. 504) e a paralisia que eles produzem. Cinco subtipos, dos quais a ALS é a mais comum (ver abaixo).

Quadro 10.4 Critérios do CSF na MS

1. avaliação qualitativa da IgG é a análise mais informativa, sendo mais bem realizada usando IEF com alguma forma de imunodetecção (*blotting* ou fixação)
2. análise deve ser realizada em CSF não concentrado, e deve ser comparada a uma amostra sérica simultaneamente testada no mesmo ensaio
3. as análises devem usar a mesma quantidade de IgG do soro e CSF
4. cada análise deve conter controles positivos e negativos
5. análise quantitativa deve ser realizada em termos de um dos 5 padrões de marcação reconhecidos para OCB
6. um indivíduo experiente nas técnicas deve registrar os resultados
7. todos os outros testes realizados no CSF (incluindo leucócitos, proteína e glicose, lactato) devem ser levados em consideração
8. avaliação usando cadeias leves para imunodetecção pode ser útil em casos específicos para determinar padrões oligoclonais de IgG ambíguos
9. se a suspeita clínica for alta, mas os resultados do CSF forem ambíguos, negativos ou exibirem apenas uma única banda, considerar a repetição da LP
10. para medir os níveis de IgG, fórmulas não lineares que consideram a integridade da barreira hematoencefálica devem ser usadas (p. ex., a relação entre a albumina no CSF e a albumina sérica (conhecido como Qalb) é uma medida de permeabilidade da BBB)
11. laboratórios que analisam o CSF devem ter controles de garantia de qualidade internos e externos
12. IgG quantitativo é um teste complementar, mas não substitui a análise qualitativa da IgG, que tem a maior sensibilidade e especificidade

Três padrões de envolvimento:
1. degeneração mista do UMN e LMN: esclerose lateral amiotrófica (ALS) (ver abaixo). A mais comum das doenças neuronais motoras
2. degeneração do UMN: esclerose lateral primária. Rao, início após os 50 anos de idade. Ausência de sinais do LMN. Progressão mais lenta do que a ALS (anos a décadas). Paralisia pseudobulbar é comum.[49] Geralmente não encurta a longevidade. Pode-se manifestar com quedas por causa da problemas de equilíbrio, ou dor lombar ou cervical decorrente da fraqueza muscular axial
3. degeneração do LMN: atrofia muscular progressiva (PMA) e atrofia muscular espinal (SMA)

10.6.2 Esclerose lateral amiotrófica

Conceitos-chave

- degeneração das células do corno anterior, e tratos corticospinais na coluna cervical e medula (bulbo), de etiologia desconhecida
- uma doença mista de neurônio motor superior e inferior (UMN → leve espasticidade nas LEs; LMN → atrofia e fasciculações nas UEs)
- clinicamente: atrofia muscular progressiva, fraqueza e fasciculações
- ausência de disfunções cognitiva, sensorial e autônoma

Nos EUA, a esclerose lateral amiotrófica (ALS) é conhecida como doença de Lou Gehrig, nomeada após a primeira base do New York Yankee que anunciou ter a doença, em 1939. Conhecida como doença do neurônio motor (singular).

Epidemiologia
Ver referência.[30]
Prevalência: 4-6/100.000. Incidência: 0,8-1,2/100.000.
Hereditária em 8-10% dos casos. Casos familiares geralmente seguem uma herança autossômica dominante, mas ocasionalmente demonstram um padrão recessivo.
Início geralmente após 40 anos de idade.

Patologia
Etiologia desconhecida. Histologia: degeneração dos neurônios motores alfa do corno anterior (na medula espinal *e* nos núcleos motores do tronco cerebral) (LMNs) e tratos corticospinais (UMNs). Produz achados UMN e LMN mistos com uma grande variabilidade, dependendo de qual neurônio predomina em um determinado momento.

Clínica

Caracterizada por atrofia muscular progressiva, fraqueza e fasciculações.

Envolvimento dos músculos voluntários, poupando os músculos voluntários dos olhos e o esfíncter urinário.

Classicamente, manifesta-se inicialmente com fraqueza e atrofia das mãos (neurônio motor inferior), com espasticidade e hiper-reflexia das extremidades inferiores (neurônio motor superior). No entanto, as LEs podem ser hiporrefléxicas, se houver predominância de déficits do neurônio motor inferior.

Disartria e disfagia são causadas por uma combinação de patologia do neurônio motor superior e inferior. Atrofia e fasciculações linguais também podem ocorrer.

Embora os déficits cognitivos sejam geralmente considerados como estando ausentes na ALS, a realidade é que 1-2% dos casos estão associados à demência, e alterações cognitivas podem ocasionalmente preceder as características usuais da ALS.[50]

Diagnóstico diferencial

Às vezes, pode ser muito difícil diferenciar a ALS da mielopatia espondilótica cervical; ver discussão das características distintivas (p. 1086).

Exames diagnósticos

EMG

Não é absolutamente necessário estabelecer o diagnóstico na maioria dos casos. Fibrilações e ondas positivas são encontradas em casos avançados (podem estar ausentes no início, especialmente se a patologia do neurônio motor superior predominar). Achados de LMN na LE, na ausência de doença na coluna lombar, ou potenciais de fibrilação na língua são sugestivos de ALS.

LP (CSF)

Pode apresentar um nível proteico ligeiramente elevado.

Tratamento

Grande parte do tratamento é direcionada para minimizar a incapacidade:
1. risco de aspiração pode ser reduzido com
   a) traqueostomia
   b) sonda de gastrostomia para permitir alimentação contínua
   c) injeção das pregas vocais com Teflon
2. ventilação não invasiva: p. ex., a espasticidade na BiPAP, que ocorre quando os déficits de neurônio motor superior predominam, pode ser tratada (geralmente com resposta de curta duração) com:
   a) baclofeno (p. 1530): também pode aliviar as cãibras que normalmente ocorrem
   b) diazepam
3. riluzol (Rilutek®): inibe a liberação pré-sináptica de glutamato. Doses de 50-200 mg/d aumentam a sobrevida livre de traqueostomia em 9 e 12 meses, mas a melhora é mais modesta ou pode ser inexistente em ≈ 18 meses[51,52]

Prognóstico

A maioria dos pacientes morre em até 5 anos após o início do quadro (sobrevida média: 3-4 anos). Aqueles com sintomas orofaríngeos proeminentes podem ter um tempo de vida mais curto por causa das complicações de aspiração.

10.7 Síndrome de Guillain-Barré

10.7.1 Geral

Conceitos-chave

- início agudo de neuropatia periférica com fraqueza muscular progressiva (mais severo *proximalmente*) com arreflexia, atinge o máximo em 3 dias a 3 semanas
- neuropatia craniana: também comum, pode incluir diplegia facial, oftalmoplegia
- pouco ou nenhum envolvimento sensorial (parestesias não são incomuns)
- início geralmente 3 dias-5 semanas após URI viral, imunização, *Campylobacter jejuni enteritis* ou cirurgia
- patologia: desmielinização segmentar focal com infiltrado monocítico endoneural
- nível proteico elevado no CSF sem pleocitose (dissociação albumino-citológica)

A síndrome de Guillain-Barré (GBS), conhecida como polirradiculoneurite aguda, entre outras nomenclaturas, é na verdade um conjunto de síndromes que têm em comum uma polirradiculoneuropatia inflamatória. Sua forma mais frequente é a polirradiculoneuropatia desmielinizante inflamatória aguda (AIDP). Descrita pela primeira vez como uma paralisia ascendente, a maioria das formas é caracterizada por fraqueza *simétrica* e arreflexia. Casos leves podem-se manifestar apenas com ataxia, enquanto que casos fulminantes podem ascender para tetraplegia completa, com paralisia dos músculos respiratórios e nervos cranianos. Também há várias variantes (p. 186).

A GBS é a neuropatia desmielinizante adquirida mais comum. A incidência é de ≈ 1-3/100.000. O risco ao longo da vida para qualquer indivíduo com GBS é de ≈ 1/1.000.

A GBS é desencadeada por uma resposta autoimune humoral e celular em resposta a um evento imunossensibilizante. Antecedentes frequentes (mas não essenciais): infecção viral, cirurgia, imunização, infecção por micoplasmas, infecção entérica com *Campylobacter jejuni* (≈ 4 dias de diarreia intensa). Frequência mais alta nas seguintes condições do que na população em geral: doença de Hodgkin, linfoma, lúpus.

A maioria dos casos envolve a presença de anticorpos antigangliosídeos e antiglicolipídeos na mielina periférica (anticorpos axonais ocorrem em algumas formas). Por razões desconhecidas, a creatina quinase sérica pode estar ligeiramente elevada e pode estar correlacionada com dor do tipo muscular.[53]

10.7.2 Critérios diagnósticos

Ver referência.[54]

características necessárias para o diagnóstico:
- fraqueza motora progressiva de mais de um membro (de fraqueza mínima ± ataxia até paralisia, pode incluir paralisia bulbar ou facial, ou paralisia de EOM). Ao contrário da maioria das neuropatias, os músculos proximais são mais afetados do que os distais
- arreflexia (geralmente universal, mas arreflexia distal com hiporreflexia definitiva do bíceps e reflexos patelares são suficientes, quando as outras características são consistentes)

características que fortemente corroboram o diagnóstico:
- características clínicas (em ordem de importância)
  ○ progressão: fraqueza motora atinge o pico em 2 semanas em 50%, em 3 semanas em 80% e em 4 semanas em > 90%
  ○ simetria relativa
  ○ sinais/sintomas sensoriais leves (p. ex., parestesia leve nas mãos ou pés)
  ○ envolvimento de *nervos cranianos: fraqueza muscular* em 50%, geralmente *bilateral*. A GBS se manifesta inicialmente nos EOMs ou outros nervos cranianos e < 5% dos casos. Os músculos orofaríngeos podem ser afetados
  ○ recuperação geralmente em 2-4 semanas após cessação da progressão, pode ser retardada por meses (a maior dos pacientes se recupera funcionalmente)
  ○ disfunção autonômica (pode flutuar): taquicardia e outras arritmias, hipotensão postural, HTN, sintomas vasomotores
  ○ afebril no início dos sintomas neuríticos
  ○ variantes (não classificadas):
    – febre no início dos sintomas neuríticos
    – perda sensorial severa com dor
    – progressão > 4 semanas
    – cessação da progressão sem recuperação
    – disfunção esfincteriana (esfíncteres normalmente preservados): p. ex., paralisia vesical
    – envolvimento do CNS (controverso): p. ex., ataxia, disartria, sinais de Babinski
- CSF: dissociação albumino-citológica (↑ proteína sem pleocitose)
  ○ proteína: elevada após 1 semana dos sintomas, > 55 mg/dL
  ○ células: 10 ou menos leucócitos mononucleares/mL
  ○ variantes
    – ausência de elevação dos níveis proteicos no CSF 1-10 semanas após início do quadro (raro)
    – 11-50 monócitos/mL
    – eletrodiagnóstico: 80% têm desaceleração ou bloqueio da NCV em algum momento (pode demorar várias semanas em alguns). NCV geralmente < 60% do normal, mas não em todos os nervos

características que levantam dúvidas no diagnóstico:
- fraqueza acentuada, persistente e assimétrica
- disfunção intestinal ou vesical persistente
- > 50 monócitos/mL de CSF
- PMNs no CSF
- bloqueio sensitivo acentuado

características das condições no diagnóstico diferencial (ver abaixo)

10.7.3 Variantes da síndrome de Guillain-Barré

Informações gerais
Diversas variantes foram descritas (algumas podem simplesmente ser formas incompletas da Guillain-Barré típica). Disfunção autonômica pode ocorrer em alguns.

Variante Miller-Fisher da GBS
Ataxia, arreflexia e oftalmoplegia. Também pode ter ptose. 5% dos casos de GBS. Marcador sérico: anticorpos anti-GQ1b.

Neuropatia axonal motora aguda (AMAN)
Esta variante e a AIDP são as mais comuns secundário a uma enterite por *Campylobacter jejuni*.

Variante faríngea-cervical-braquial
Fraqueza facial, orofaríngea, cervical e UE, com preservação das LEs.

Variante sensorial pura
Perda sensorial acompanhada por arreflexia.

GBS atípica
Pode ser acompanhada por rabdomiólise.[55]

10.7.4 Diagnóstico diferencial
Ver também condições no diagnóstico diferencial em Mielopatia (p. 1407)
1. síndrome de Guillain-Barré (incluindo uma de suas variantes)
2. polineuropatia no paciente crítico (p. 542): EMG: ↓ CMAP e SNAP
3. abuso atual de hexacarbonos: solventes voláteis (n-hexano, metil-n-butilcetona), inalação de cola
4. porfiria aguda intermitente (AIP): um distúrbio do metabolismo da porfirina. Proteína do CSF não está elevada na AIP. Crises abdominais dolorosas recorrentes são comuns. Verificar níveis urinários de ácido delta-aminolevulínico e porfobilinogênio
5. infecção diftérica recente: polineuropatia diftérica possui uma patência mais longa e uma menor intensificação dos sintomas
6. neuropatia plúmbica: fraqueza da UE com queda do punho. Pode ser assimétrico
7. poliomielite: geralmente *assimétrica*, tem irradiação meníngea
8. hipofosfatemia (pode ocorrer na hiperalimentação IV crônica)
9. botulismo: difícil de diferenciar clinicamente da GBS. NCV normal e uma resposta propícia à estimulação nervosa repetitiva no eletrodiagnóstico
10. neuropatia tóxica (p. ex., causada por nitrofurantoína, dapsona, tálio ou arsênico)
11. paralisia do carrapato: pode causar uma neuropatia motora ascendente sem comprometimento sensorial. Exame minucioso do couro cabeludo para carrapato(s)
12. polirradiculoneuropatia desmielinizante imune crônica (CIDP), conhecida como GBS recidivante crônica, polineurite recidivante crônica.[56] ICD9: 357.81 polineurite desmielinizante inflamatória crônica, porém de curso prolongado (sintomas podem estar presentes por > 2 meses). A CIDP produz fraqueza progressiva, simétrica, proximal e distal, depressão dos reflexos de alongamento muscular e perda sensorial variável. Os nervos cranianos são geralmente preservados (músculos faciais podem estar envolvidos). Dificuldades de equilíbrio são comuns. Necessidade de suporte ventilatório é rara. Pico de incidência: idade 40-60 anos. Os achados no eletrodiagnóstico e na biópsia de nervos são indicativos de desmielinização. Os achados no CSF são similares à GBS (ver acima). A maioria responde à terapia imunossupressora (especialmente prednisolona e plasmaférese), mas recidivas são comuns. Casos refratários podem ser tratados com gamaglobulina IV, ciclosporina A,[57] irradiação de corpo inteiro ou interferon α[58]
13. miopatia no paciente crítico: ICD9: 359.81 miopatia no paciente crônico. Músculos não são excitáveis com a estimulação direta. EMG: CMAP baixo ou normal, com SNAP normal. Biópsia muscular: anormalidades podem variar de atrofia de fibras tipo II à necrose (pode não ocorrer recuperação de uma necrose severa)
14. doença do neurônio motor (p. 182): conhecida como ALS. Hiper-reflexia nas LEs
15. miastenia grave: fraqueza piora no final do dia e com esforços repetidos. Ensaio positivo para anticorpos circulantes antirreceptor de acetilcolina
16. lesão na medula espinal

10.7.5 Exames imagiológicos

Nenhum achado característico, entretanto um realce difuso da cauda equina e raízes nervosas ocorre em até 95% dos casos,[59] supostamente em razão da ruptura da barreira hematoneural provocada pela inflamação. O realce conspícuo da raiz nervosa está correlacionado com a dor, o grau de incapacidade na GBS e a duração da recuperação.[59]

10.7.6 Tratamento

Imunoglobulinas podem ser úteis. Em casos *graves*, o uso precoce de plasmaférese acelera a recuperação e reduz o déficit residual. Seu papel em casos leves é incerto. Esteroides não são úteis.[60] Ventilação mecânica e medidas para prevenir a aspiração são usadas, conforme apropriado. Em casos de diplegia facial, os olhos devem ser protegidos da ceratite de exposição (neuroparalítica).

10.7.7 Resultado

A recuperação pode não ser completa por vários meses. 35% dos pacientes não tratados apresentam atrofia e fraqueza residual. Recidiva da GBS após o alcance da recuperação máxima ocorre em ≈ 2%.

10.8 Mielite

10.8.1 Informações gerais

Conhecida como mielite transversa aguda (ATM). A terminologia é confusa: mielite se sobrepõe à "mielopatia". Ambas são condições patológicas da medula espinal. Mielite indica inflamação, e as etiologias incluem: infecciosa/pós-infecciosa, autoimune e idiopática. Mielopatia é geralmente reservada para etiologias compressivas, tóxicas ou metabólicas;[61] ver também diagnóstico diferencial (p. 1407).

10.8.2 Etiologia

Muitas das chamadas "causas" ainda não foram comprovadas. A resposta imunológica contra o CNS (provavelmente via componente mediado por células) é o provável mecanismo comum. Modelo animal: encefalomielite alérgica experimental (requer a proteína básica de mielina do CNS, não periférico).

As etiologias normalmente aceitas incluem (itens com um ∗ podem estar associados mais apropriadamente à mielopatia do que à mielite):
1. infecciosa e pós-infecciosa
   a) mielite infecciosa primária
      • viral: poliomielite, mielite com encefalomielite viral, herpes-zóster, raiva
      • bacteriana: incluindo tuberculoma de medula espinal
      • por espiroquetas: conhecida como mielite sifilítica. Causa endarterite sifilítica
      • fúngica (aspergilose, blastomicose, criptococose)
      • parasitária (equinococose, cisticercose, paragonimíase, esquistossomíase)
   b) pós-infecciosa: incluindo pós-exantematosa, influenza
2. pós-traumática
3. agentes físicos
   a) doença da descompressão (disbarismo)
   b) lesão elétrica∗
   c) pós-irradiação
4. síndrome paraneoplásica (efeito remoto do câncer): local primário mais comum é o pulmão, mas a próstata, ovário e o reto também foram descritos[62]
5. metabólico
   a) diabetes mellito∗
   b) anemia perniciosa∗
   c) doença hepática crônica∗
6. toxinas
   a) fosfato de tricresila∗
   b) agentes de contraste intra-arteriais∗
   c) anestésicos espinais
   d) agentes de contraste mielográficos
   e) após quimionucleólise
7. aracnoidite
8. autoimune
   a) esclerose múltipla (MS), especialmente a síndrome de Devic (p. 1409)
   b) após vacinação (catapora, raiva)

9. doença vascular do colágeno
    a) lúpus eritematoso sistêmico
    b) doença mista do tecido conectivo

10.8.3 Clínica

Apresentação

Trinta e quatro pacientes com ATM:[64] idade de início variou de 15-55 anos, com 66% ocorrendo na 3ª e 4ª décadas. Doze pacientes (35%) apresentaram um pródromo similar a uma doença viral. Os sintomas de apresentação são exibidos no ▶ Quadro 10.5, com outros sintomas de apresentação de frequência indefinida, incluindo:[65] febre e erupção cutânea.

Nível na apresentação

Os níveis na apresentação em 62 pacientes com ATM são demonstrados no ▶ Quadro 10.6.[65] O nível torácico é o nível sensorial mais comum. Raramente, a ATM é o sintoma de apresentação da MS (≈ 3-6% dos pacientes com ATM desenvolvem MS).

Progressão

A progressão é geralmente rápida, com 66% alcançando um déficit máximo em 24 h. No entanto, o intervalo entre o primeiro sintoma e o máximo déficit varia de 2 horas a 14 dias.[65] Os achados no momento de máximo déficit são exibidos no ▶ Quadro 10.7.

10.8.4 Avaliação

Exames imagiológicos devem ser realizados para descartar uma lesão compressiva. Mielografia, CT e MRI: nenhum achado característico. Um artigo relatou 2 pacientes com expansão fusiforme da medula.[67] A MRI pode ser capaz de demonstrar a área de envolvimento na medula. A MRI pode exibir o "sinal do ponto central",[68] uma área de hiperintensidade na imagem axial ponderada em T2, geralmente, centralmente localizada, com um ponto pequeno de sinal isointenso no núcleo da hiperintensidade.

CSF: normal durante a fase aguda em 38% das LPs. O restante (62%) apresentou um nível elevado de proteínas (normalmente > 40 mg%) ou pleocitose (linfócitos, PMNs, ou ambos) ou ambos.

Quadro 10.5 Sintomas de apresentação na mielite

Sintoma	Série Aª	Série Bᵇ
dor (na coluna ou radicular)	35%	35%
fraqueza muscular	32%	13%
déficit sensorial ou parestesia	26%	46%
distúrbio esfincteriano	12%	6%

ªSérie A: 34 pacientes com ATM.[64]
ᵇSérie B: 52 pacientes com mielite transversa aguda ou subaguda.[66]

Quadro 10.6 Nível de déficit sensorial

Nível	%
cervical	8%
torácico alto	36%
torácico baixo	32%
lombar	8%
desconhecido	16%

Quadro 10.7 Sintomas no momento de *máximo* déficit (62 pacientes com ATM[65])

Sintoma	%
déficit sensorial ou parestesia	100%
fraqueza muscular	97%
distúrbio esfincteriano (hesitação, retenção, incontinência por regurgitação)	94%
dor na coluna, abdome ou membros	34%
febre	27%
rigidez nucal	13%

Esquema de avaliação

Em um paciente desenvolvendo paraplegia/mielopatia aguda, especialmente quando a ATM é considerada provável, o primeiro teste é uma MRI de emergência. Quando não prontamente disponível, uma mielografia (com CT para acompanhar) direcionada à região do nível sensorial é realizada (nesta circunstância, o CSF pode ser enviado, quando bloqueio for descartado).

10.8.5 Tratamento

Nenhum tratamento foi estudado em um ensaio controlado randomizado.
1. esteroides: não benéficos para todas as causas de mielite,[69] especialmente com ASIA A (perda completa da função da medula espinal).[70] Rx: 3-5 dias de alta dose de metilprednisolona IV (as doses citadas incluem 500 mg/d e 1.000 mg/d[71]). A decisão de introduzir medidas terapêuticas adicionais é baseada na resposta aos esteroides e nas imagens de MRI após ≈ 5 dias de esteroides
2. plasmaférese (PLEX) para pacientes que não respondem ao tratamento com esteroides em 3-5 dias
3. outras formas de imunossupressão podem ser tentadas após falha das terapias acima, incluindo: ciclofosfamida (geralmente sob a supervisão de um oncologista)
4. em casos de aumento focal da medula espinal, a descompressão cirúrgica pode ser considerada nos casos que falham em responder às terapias acima

10.8.6 Prognóstico

Em uma série de 34 pacientes com ATM, com ≥ 5 anos de seguimento:[64] 9 pacientes (26%) apresentaram uma boa recuperação (movimentam-se bem, sintomas urinários leves, mínimos sinais sensoriais e de UMN); 9 (26%) apresentaram uma recuperação razoável (marcha funcional com algum grau de espasticidade, urgência urinária, sinais sensoriais evidentes, paraparesia); 11 (32%) apresentaram recuperação insatisfatória (paraplegia, controle esfincteriano ausente), 5 (15%) morreram em um período de até 4 meses do início da doença. 18 pacientes (62% dos sobreviventes) recuperaram a capacidade de andar (nestes casos, todos conseguiram andar com suporte em 3-6 meses).

Em uma série de 59 pacientes[65] (período de seguimento não especificado): 22 (37%) apresentaram uma boa recuperação; 14 (24%) uma recuperação insatisfatória; 3 morreram no estágio agudo (insuficiência respiratória em 2, septicemia em 1). A recuperação ocorreu entre 4 semanas e 3 meses após o início da doença (nenhuma melhora ocorreu após 3 meses).

10.9 Neurossarcoidose

10.9.1 Geral

Conceitos-chave

- envolvimento neurológico da sarcoidose (uma doença granulomatosa sistêmica)
- pode produzir múltiplas paralisias de nervo craniano
- a manifestação neurológica mais comum é a diabetes insipido
- corticosteroides são benéficos nos envolvimentos sistêmico e neurológico

A sarcoidose é uma doença granulomatosa geralmente sistêmica, e pode incluir o CNS (chamada de neurossarcoidose, também conhecida como neurossarcoide). Somente 1-3% dos casos têm achados no CNS sem manifestações sistêmicas.[72] A causa da doença é desconhecida. Uma resposta imune celular exagerada provocada por razões desconhecidas é a hipótese favorita atualmente. Os órgãos comumente envolvidos incluem os pulmões, pele, linfonodos, ossos, olhos, músculos e glândulas parótidas.[30]

10.9.2 Patologia

A neurossarcoidose envolve primariamente as leptomeninges, entretanto, uma invasão parenquimal ocorre frequentemente. Aracnoidite adesiva com formação de nódulos também pode ocorrer (nódulos têm uma predileção pela fossa posterior). Pode ocorrer meningite difusa ou meningoencefalite, podendo ser mais pronunciada na base do cérebro (meningite basal) e na região subependimária do terceiro ventrículo (incluindo o hipotálamo).

Aspectos microscópicos constantes da neurossarcoidose incluem granulomas não caseosos com infiltrados linfocíticos. Células gigantes de Langhans podem ou não estar presentes.

10.9.3 Epidemiologia

A incidência da sarcoidose é de $\approx$ 3-50 casos/100.000 pessoas; a neurossarcoidose ocorre em $\approx$ 5% dos casos (faixa relatada: 1-27%). Em uma série, a idade média de início dos sintomas neurológicos foi de 44 anos.

10.9.4 Achados clínicos

Os achados clínicos incluem múltiplas paralisias de nervo craniano em 50-70% (particularmente do nervo facial, incluindo diplegia), neuropatia periférica e miopatia.[73] Ocasionalmente, as lesões podem produzir um efeito de massa,[74] e hidrocefalia pode resultar de uma aracnoidite basal adesiva. Pacientes podem ter febre baixa. Hipertensão intracraniana é comum e pode ser perigosa. Envolvimento hipotalâmico pode produzir distúrbios do ADH (diabetes insípido, sede descontrolada). Raro envolvimento da hipófise pode produzir insuficiência hipofisária. Convulsões ocorrem em 15%.

0,4% dos pacientes com sarcoidose desenvolve envolvimento da medula espinal,[75] e em 16% destes, a medula espinal foi o único sítio visível de envolvimento.

10.9.5 Laboratório

CBC: eosinofilia e leucocitose leve podem ocorrer.

Concentração sérica da enzima conversora da angiotensina (ACE): anormalmente elevada em 83% dos pacientes com sarcoidose pulmonar ativa, mas elevada em apenas 11% com doença ativa.[76] Taxa de falso-positivo: 2-3%; também pode estar elevada na cirrose biliar primária.

CSF: similar a qualquer meningite subaguda: pressão elevada, pleocitose leve (100-200 células/mm³) composta principalmente por linfócitos, proteína elevada (até 2.000 mg/dL), hipoglicorraquia leve (15-40 mg/dL), CSF no ACE está elevada em $\approx$ 55% dos casos com neurossarcoidose (normal em pacientes com sarcoidose não envolvendo o CNS).[77] Nenhum microorganismo é recuperado nas técnicas de cultura ou coloração de Gram.

10.9.6 Exames radiológicos

CXR

Geralmente demonstra achados característicos de sarcoidose (adenopatia hilar, linfonodos mediastinais...).

MRI

Realce por gadolínio das leptomeninges e/ou nervo óptico pode ser o único achado anormal. Realce meníngeo foi observado em 38% dos pacientes com neurossarcoidose.[78] As lesões podem ser solitárias ou múltiplas, e podem ser intra ou extraparenquimais, periventriculares e/ou localizadas nas cisternas basais. Lesões que de outra forma poderiam não ser detectadas podem ser observadas na sequência FLAIR. Pode ocorrer hidrocefalia.

Cintilografia com gálio

Imagens de medicina nuclear com citrato de gálio (67Ga) (p. 236). Achados descritos incluem:
1. sinal de Panda:[79] captação nas glândulas lacrimais, glândulas parótidas e nasofaringe (normal). Inespecífico para sarcoidose
2. distribuição lambda:[80] captação nos linfonodos hilares
3. sinal do homem leopardo:[81] padrão manchado difuso por causa da captação nos tecidos moles, pele, músculos, mediastino e glândulas lacrimais

Quadro 10.8 Diagnóstico diferencial da neurossarcoidose

1. doença de Hodgkin
2. meningite granulomatosa crônica:
   a) doença de Hansen (hanseníase)
   b) sífilis
   c) criptococose
   d) tuberculose
3. esclerose múltipla
4. linfoma do CNS
5. pseudotumor cerebral
6. angeíite granulomatosa

10.9.7 Diagnóstico diferencial

A diferenciação entre a angeíte granulomatosa (**GA**) e a neurossarcoidose envolvendo apenas o CNS pode ser realizada com base em critérios histológicos: a reação inflamatória na sarcoidose não é limitada à região que imediatamente circunda os vasos sanguíneos como na GA, embora possa ocorrer uma extensa ruptura da parede do vaso.

10.9.8 Diagnóstico

O estabelecimento do diagnóstico é relativamente fácil quando ocorre envolvimento sistêmico: achados característicos na CXR, biópsia de pele ou nódulos hepáticos, biópsia muscular, concentração sérica de ACE.

Neurossarcoidose isolada pode ser mais difícil de diagnosticar, podendo necessitar de biópsia (ver abaixo).

10.9.9 Biópsia

Em casos duvidosos, uma biópsia pode ser indicada. Sempre que possível, a MRI deve ser usada para localizar uma região de envolvimento supratentorial. Se uma lesão tumoral não puder ser biopsiada, uma biópsia meníngea pode ser realizada, e deve incluir todas as camadas das meninges e córtex cerebral. Além do exame microscópico, culturas e colorações para fungo e bactérias álcool-acidorresistentes (TB) devem ser realizadas.

10.9.10 Tratamento

Antibióticos não foram comprovados serem benéficos. Imunossupressão primariamente com corticosteroides é benéfica no envolvimento sistêmico, bem como neurológico. A terapia pode ser iniciada com uma dose diária de 60 mg de prednisona PO em adultos, reduzindo-a gradualmente com base na resposta. Terapia com ciclosporina pode possibilitar uma redução na dose de esteroides nos casos refratários.[82] O tratamento de casos irresponsivo inclui: metotrexato, cytoxan®, ciclofosfamida, azatioprina, XRT de baixa dose. Derivação do CSF é indicada, se houver o desenvolvimento de hidrocefalia.

10.9.11 Prognóstico

Geralmente uma doença benigna. Paralisias periféricas e de nervos cranianos se recuperam lentamente.

Referências

[1] Consensus Conference. Differential Diagnosis of Dementing Diseases. JAMA. 1987; 258:3411–3416

[2] Fleming KC, Adams AC, Petersen RC. Dementia: Diagnosis and Evaluation. Mayo Clin Proc. 1995; 70:1093–1107

[3] Lipowski ZJ. Delerium (Acute Confusional States). JAMA. 1987; 258:1789–1792

[4] Pompei P, Foreman M, Rudberg MA, et al. Delerium in Hospitalized Older Persons: Outcomes and Predictors. J Am Geriatr Soc. 1994; 42:809–815

[5] Petersen RC. Acute Confusional State: Don't Mistake it for Dementia. Postgrad Med. 1992; 92:141–148

[6] Hulette CM, Earl NL, Crain BJ. Evaluation of Cerebral Biopsies for the Diagnosis of Dementia. Arch Neurol. 1992; 49:28–31

[7] Javedan SP, Tamargo RJ. Diagnostic Yield of Brain Biopsy in Neurodegenerative Disorders. Neurosurgery. 1997; 41:823–830

[8] Groves R, Moller J. The Value of the Cerebral Cortical Biopsy. Acta Neurol Scand. 1966; 42:477–482

[9] Forsyth PA, Posner JB. Headaches in Patients with Brain Tumors: A Study of 111 Patients. Neurology. 1993; 43:1678–1683

[10] Welch KMA, Levine SR. Migraine-related stroke in the context of the International Headache Society Classification of head pain. Arch Neurol. 1990; 47:458–462

[11] Lance JW. Treatment of Migraine. Lancet. 1992; 339:1207–1209

[12] Kittrelle JP, Grouse DS, Seybold ME. Cluster Headache: Local Anesthetic Abortive Agents. Arch Neurol. 1985; 42:496–498

[13] Sanders M, Zuurmond WWA. Efficacy of Sphenopalatine Ganglion Blockade in 66 Patients Suffering from Cluster Headache: A 12- to 70-Month Follow-Up Evaluation. J Neurosurg. 1997; 87:876–880

[14] Burns B, Watkins L, Goadsby PJ. Treatment of medically intractable cluster headache by occipital nerve stimulation: long-term follow-up of 8 patients. Lancet. 2007; 369:1099–1106

[15] Lapkin ML, Golden GS. Basilar Artery Migraine: A Review of 30 Cases. Am J Dis Child. 1978; 132:278–281

[16] Mitchell SL, Kiely DK, Kiel DP, Lipsitz LA. The Epidemiology, Clinical Characteristics, and Natural History of Older Nursing Home Residents with a Diagnosis of Parkinson's Disease. J Am Geriatr Soc. 1996; 44:394–399

[17] Lang AE, Lozano AM. Parkinson's Disease. First of Two Parts. N Engl J Med. 1998; 339:1044–1053

[18] Koller WC, Silver DE, Lieberman A. An Algorithm for the Management of Parkinson's Disease. Neurology. 1994; 44:S5–52

[19] Young R. Update on Parkinson's Disease. Am Fam Physician. 1999; 59:2155–2167

[20] Kondziolka D, Bonaroti EA, Lunsford LD. Pallidotomy for Parkinson's Disease. Contemp Neurosurg. 1996; 18:1–6

[21] Davis GC, Williams AC, Markey SP, et al. Chronic Parkinsonism Secondary to Intravenous Injection of Meperidine Analogues. Psychiatry Res. 1979; 1:249–254

[22] Langston JW, Ballard P, Tetrud JW, Irwin I. Chronic Parkinsonism in Humans Due to a Product of Meperidine-Analog Synthesis. Science. 1983; 219:979–980

[23] Langston JW, Ballard PA, Jr. Parkinson's Disease in a Chemist Working with 1-Methyl-4-phenyl-1,2,5,6-tetrahydropyridine. N Engl J Med. 1983; 309

[24] Langston JW, Forno LS, Tetrud J, Reeves AG, Kaplan JA, Karluk D. Evidence of Active Nerve Cell Degeneration in the Substantia Nigra of Humans Years After 1-Methyl-4-phenyl-1,2,3,6-tetrahydropyridine Exposure. Ann Neurol. 1999; 46:598–605

[25] Kristensen MO. Progressive Supranuclear Palsy - 10 Years Later. Acta Neurol Scand. 1985; 71:177–189

[26] Gildenberg PL. Whatever Happened to Stereotactic Surgery? Neurosurgery. 1987; 20:983–987

[27] Pugliatti M, Rosati G, Raine CS, McFarland HF, Hohlfeld R. In: Epidemiology of multiple sclerosis. Multiple sclerosis: a comprehensive text. Philadelphia: Saunders Elsevier; 2008

[28] Lublin FD, Reingold SC. Defining the Clinical Course of Multiple Sclerosis: Results of an International Survey. Neurology. 1996; 46:907–911

[29] Rudick RA, Cohen JA, Weinstock-Guttman B, et al. Management of Multiple Sclerosis. N Engl J Med. 1997; 22:1604–1611

[30] Rowland LP. Merritt's Textbook of Neurology. Philadelphia 1989

[31] Jensen TS, Rasmussen P, Reske-Nielsen E. Association of Trigeminal Neuralgia with Multiple Sclerosis. Arch Neurol. 1982; 65:182–189

[32] Filippi M, Horsfield MA, Morrissey SP, et al. Quantitative Brain MRI Lesion Load Predicts the Course of Clinically Isolated Syndromes Suggestive of Multiple Sclerosis. Neurology. 1994; 44:635–641

[33] McDonald WI, Compston A, Edan G, et al. Recommended diagnostic criteria for multiple sclerosis: Guidelines from the international panel on the diagnosis of multiple sclerosis. Ann Neurol. 2001; 50:121–127

[34] Polman CH, Reingold SC, Edan G, Filippi M, Hartung HP, Kappos L, Lublin FD, Metz LM, McFarland HF, O'Connor PW, Sandberg-Wollheim M, Thompson AJ,Weinshenker BG,Wolinsky JS. Diagnostic criteria for multiple sclerosis: 2005 revisions to the "McDonald Criteria". Ann Neurol. 2005; 58:840–846

[35] Poser CM, Paty DW, Scheinberg L, et al. New Diagnostic Criteria for Multiple Sclerosis: Guidelines for Research Protocols. Ann Neurol. 1983; 13:227–231

[36] Polman CH, Reingold SC, Banwell B, Clanet M, Cohen JA, Filippi M, Fujihara K, Havrdova E, Hutchinson M, Kappos L, Lublin FD, Montalban X, O'Connor P, Sandberg-Wollheim M, Thompson AJ, Waubant E, Weinshenker B, Wolinsky JS. Diagnostic criteria for multiple sclerosis: 2010 revisions to the McDonald criteria. Ann Neurol. 2011; 69:292–302

[37] Swanton JK, Rovira A, Tintore M, Altmann DR, Barkhof F, Filippi M, Huerga E, Miszkiel KA, Plant GT, Polman C, Rovaris M, Thompson AJ, Montalban X, Miller DH. MRI criteria for multiple sclerosis in patients presenting with clinically isolated syndromes: a multicentre retrospective study. Lancet Neurol. 2007; 6:677–686

[38] Montalban X, Tintore M, Swanton J, Barkhof F, Fazekas F, Filippi M, Frederiksen J, Kappos L, Palace J, Polman C, Rovaris M, de Stefano N, Thompson A, Yousry T, Rovira A, Miller DH. MRI criteria for MS in patients with clinically isolated syndromes. Neurology. 2010; 74:427–434

[39] Swanson JW. Multiple Sclerosis: Update in Diagnosis and Review of Prognostic Factors. Mayo Clin Proc. 1989; 64:577–586

[40] Barkhof F, Filippi M, Miller DH, et al. Comparison of MR imaging criteria at first presentation to predict conversion to clinically definite multiple sclerosis. Brain. 1997; 120:2059–2069

[41] Tintore M, Rovira A, Martinez M, et al. Isolated demyelinating syndromes: comparison of different MR imaging criteria to predict conversion to clinically definite multiple sclerosis. AJNR. 2000; 21:702–706

[42] Stewart JM, Houser OW, Baker HL, O'Brien PC, et al. Magnetic Resonance Imaging and Clinical Relationships in Multiple Sclerosis. Mayo Clin Proc. 1987; 62:174–184

[43] Mushlin AI, Detsky AS, Phelps CE, et al. The Accuracy of Magnetic Resonance Imaging in Patients With Suspected Multiple Sclerosis. JAMA. 1993; 269:3146–3151

[44] Kidd C, Thorpe JW, Thompson AJ, et al. Spinal cord imaging MRI using multi-array coils and fast spin echo. II. Findings in multiple sclerosis. Neurology. 1993; 43:2632–2637

[45] Kent DL, Larson EB. Magnetic Resonance Imaging of the Brain and Spine. Ann Intern Med. 1988; 108:402–424

[46] Kepes JJ. Large focal tumor-like demyelinating lesions of the brain: intermediate entity between multiple sclerosis and acute disseminated encephalomyelitis? A study of 31 patients. Ann Neurol. 1993; 33:18–27

[47] Law M, Meltzer DE, Cha S. Spectroscopic magnetic resonance imaging of a tumefactive demyelinating lesion. Neuroradiology. 2002; 44:986–989

[48] Freedman MS, Thompson EJ, Deisenhammer D, et al. Recommended standard of cerebrospinal fluid analysis in the diagnosis of multiple sclerosis: A consensus statement. Arch Neurol. 2005; 62:865–870

[49] Rowland LP. Diagnosis of amyotrophic lateral sclerosis. J Neurol Sci. 1998; 160:S6–24

[50] Peavy GM, Herzog AG, Rubin NP, Mesulam M-M. Neuropsychological Aspects of Dementia of Motor Neuron Disease: A Report of Two Cases. Neurology. 1992; 42:1004–1008

[51] Bensimon G, Lacomblez L, Meininger V, et al. A Controlled Trial of Riluzole in Amyotrophic Lateral Sclerosis. N Engl J Med. 1994; 24:585–591

[52] Lacomblez L, Bensimon G, Guillet P, et al. Riluzole: A Double-Blind Randomized Placebo-Controlled Dose-Range Study in Amyotrophic Lateral Sclerosis (ALS). Electroenceph Clin Neurophysiol. 1995; 97

[53] Ropper AH, Shahani BT. Pain in Guillain-Barre syndrome. Arch Neurol. 1984; 41:511–514

[54] Asbury AK, Arnaso BGW, Karp HR, et al. Criteria for Diagnosis of Guillain-Barre Syndrome. Ann Neurol. 1978; 3:565–566

[55] Scott AJ, Duncan R, Henderson L, Jamal GA, Kennedy PG. Acute rhabdomyolysis associated with atypical Guillain-Barre syndrome. Postgrad Med J. 1991; 67:73–74

[56] Mendell JR. Chronic Inflammatory Demyelinating Polyradiculoneuropathy. Annu Rev Med. 1993; 44:211–219

[57] Mahattanakul W, Crawford TO, Griffin JW, et al. Treatment of Chronic Inflammatory Demyelinating Polyneuropathy with Cyclosporin-A. J Neurol Neurosurg Psychiatry. 1996; 60:185–187

[58] Gorson KC, Ropper AH, Clark BD, et al. Treatment of Chronic Inflammatory Demyelinating Polyneuropathy with Interferon-a 2a. Neurology. 1998; 50:84–87

[59] Gorson KC, Ropper AH, Muriello MA, Blair R. Prospective evaluation of MRI lumbosacral nerve root enhancement in acute Guillain-Barre syndrome. Neurology. 1996; 47:813–817

[60] Guillain-Barré Syndrome Steroid Trial Group. Double-Blind Trial of Intravenous Methylprednisolone in Guillain-Barré Syndrome. Lancet. 1993; 341:586–590

[61] Kincaid JC, Dyken ML, Baker AB, Joynt RJ. In: Myelitis and Myelopathy. Clinical Neurology. Hagerstown: Harper and Row; 1984:1–32

[62] Altrocchi PH. Acute Transverse Myelopathy. Arch Neurol. 1963; 9:111–119

[63] Eguro H. Transverse Myelitis following Chemonucleolysis: Report of a Case. J Bone Joint Surg. 1983; 65A:1328–1329

[64] Lipton HL, Teasdall RD. Acute Transverse Myelopathy in Adults: A Follow-Up Study. Arch Neurol. 1973; 28:252–257

[65] Berman M, Feldman S, Alter M, et al. Acute Transverse Myelitis: Incidence and Etiologic Considerations. Neurology. 1981; 31:966–971

[66] Ropper AH, Poskanzer DC. The Prognosis of Acute and Subacute Transverse Myelopathy Based on Early Signs and Symptoms. Ann Neurol. 1978; 4:51–59

[67] Merine D, Wang H, Kumar AJ, et al. CT Myelography and MRI of Acute Transverse Myelitis. J Comput Assist Tomogr. 1987; 11:606–608

[68] Berg B, Franklin G, Cuneo R, et al. Nonsurgical Cure of Brain Abscesses. Ann Neurol. 1978; 3:474–478

[69] Kalita J, Misra UK. Is methyl prednisolone useful in acute transverse myelitis? Spinal Cord. 2001; 39:471–476

[70] Greenberg BM, Thomas KP, Krishnan C, Kaplin AI, Calabresi PA, Kerr DA. Idiopathic transverse myelitis: corticosteroids, plasma exchange, or cyclophosphamide. Neurology. 2007; 68:1614–1617

[71] Britt RH, Enzmann DR, Yeager AS. Neuropathological and CT Findings in Experimental Brain Abscess. J Neurosurg. 1981; 55:590–603

[72] Stern BJ, Krumholz A, Johns C, Scott P, et al. Sarcoidosis and its Neurological Manifestations. Arch Neurol. 1985; 42:909–917

[73] Oksanen V. Neurosarcoidosis: Clinical Presentation and Course in 50 Patients. Acta Neurol Scand. 1986; 73:283–290

[74] de Tribolet N, Zander E. Intracranial Sarcoidosis Presenting Angiographically as a Subdural Hematoma. Surg Neurol. 1978; 9:169–171

[75] Saleh S, Saw C, Marzouk K, Sharma O. Sarcoidosis of the spinal cord: literature review and report of eight cases. J Natl Med Assoc. 2006; 98:965–976

[76] Rohrbach MS, DeRemee RA. Pulmonary Sarcoidosis and Serum Angiotensin-Converting Enzyme. Mayo Clin Proc. 1982; 57:64–66

[77] Oksanen V. New Cerebrospinal Fluid, Neurophysiological and Neuroradiological Examinations in the Diagnosis and Follow-Up of Neurosarcoidosis. Sarcoidosis. 1987; 4:105–110

[78] Zajicek JP, Scolding NJ, Foster O, Rovaris M, Evanson J, Moseley IF, Scadding JW, Thompson EJ, Chamoun V, Miller DH, McDonald WI, Mitchell D. Central nervous system sarcoidosis–diagnosis and management. QJM. 1999; 92:103–117

[79] Kurdziel KA. The Panda Sign. Radiology. 2000; 215:884–885

[80] Sulavik SB, Spencer RP, Weed DA, Shapiro HR, Shiue ST, Castriotta RJ. Recognition of distinctive patterns of gallium-67 distribution in sarcoidosis. J Nucl Med. 1990; 31:1909–1914

[81] Fayad F, Duet M, Orcel P, Liote F. Systemic sarcoidosis: the "leopard-man" sign. Joint Bone Spine. 2006; 73:109–112

[82] Stern BJ, Schonfeld SA, Sewell C, et al. The Treatment of Neurosarcoidosis With Cyclosporine. Arch Neurol. 1992; 49:1065–1072

11 Distúrbios Neurovasculares e Neurotoxicidade

11.1 Síndrome da encefalopatia posterior reversível (PRES)

11.1.1 Informações gerais

Conhecida como síndrome da leucoencefalopatia posterior reversível (RPLS). Um grupo de encefalopatias com padrão característico de edema cerebral vasogênico difuso observado na CT ou MRI e com predominância nas regiões parietal e occipital.[1] O padrão mais comum da PRES compreende zonas limítrofes, com envolvimento do córtex, e substância branca subcortical e profunda em um grau variável.[2] Um pequeno número de pacientes com PRES sofre infarto.

Os pacientes podem apresentar dor de cabeça, convulsões, alterações do estado de consciência e déficit neurológico focal. Hemorragia intracerebral (ICH) e SAH também podem ocorrer em até 15%.[1]

11.1.2 Achados e condições associadas

Inclui:
1. encefalopatia hipertensiva: comumente observada no cenário de elevações subagudas da pressão arterial (como pode ocorrer na hipertensão maligna). Exames radiológicos exibem lesões confluentes simétricas com leve efeito de massa e realce irregular primeiramente na substância branca subcortical dos *lobos occipitais*,[2] o que pode produzir cegueira cortical
   a) hipertensão moderada a grave é vista em ≈ 75% dos pacientes com PRES,[1] embora os limites superiores da autorregulação frequentemente não sejam alcançados
   b) além dos padrões hemisféricos de edema isolado, edemas de troncos cerebral e cerebelar foram descritos. Edema de fossa posterior foi relatado causar hidrocefalia obstrutiva em um caso grave[3]
2. pré-eclâmpsia/eclâmpsia associada a edema cerebral.[4] A condição é geralmente temporária, mas infartos (permanentes) também ocorrem. Difusão restrita nas imagens por MR é observada em 11-26% dos casos. Áreas anormais em DWI podem estar associadas a um prognóstico mais desfavorável[5]
   a) pode-se manifestar (p. ex., com cegueira) durante uma gravidez complicada por pré-eclâmpsia ou eclâmpsia[6]
   b) pode-se desenvolver 4-9 dias pós-parto e pode estar associado ao vasospamos,[7] mesmo em pacientes que não atendem os critérios clínicos para o diagnóstico de eclâmpsia
   c) toxemia é atribuída à placenta. Parto e remoção da placenta são considerados curativos[8]
3. infecção, septicemia e choque: pressão arterial normal em 40% (edema foi maior em pacientes normotensos). Microrganismos Gram-positivos predominam[9]
4. doença autoimune: PRES foi descrita em pacientes com lúpus, esclerodermia, granulomatose de Wegener e poliartrite nodosa.[1] Esses pacientes geralmente recebem regimes de medicamentos imunossupressores (tacrolimo, ciclosporina), que também foram associados a casos de PRES
5. quimioterapia para câncer: PRES ocorre em pacientes recebendo quimioterapia multiagente de alta dose, comumente para malignidades hematopoiéticas
6. transplante: PRES foi relatada no transplante de medula óssea e de órgãos sólidos
   a) incidência: 3-16% com transplante de medula óssea, dependendo do prévio regime de condicionamento e se este é ou não mieloablativo[1]
   b) maior incidência no primeiro mês após transplante alogênico de medula óssea[1]
   c) menor incidência após transplantes de órgãos sólidos. Ocorre mais cedo após transplante hepático, geralmente dentro de 2 semanas. Ocorre mais tarde em transplantes renais[1]
7. neurotoxicidade pós-transplante por ciclosporina[9]

11.1.3 Tratamento

Autorregulação desordenada demanda um controle rigoroso da pressão arterial para reduzir o risco de ICH. A causa subjacente precisa ser tratada (ou seja, controlar a HTN, interromper tratamento com imunossupressores e quimioterápicos, expulsão da placenta etc.).

11.2 Diásquise cerebelar cruzada

Hipometabolismo do córtex cerebelar contralateral a uma lesão hemisférica cerebral (lesões incluem: CVA, tumor cerebral...). Lesões no córtex motor, corona radiata anterior e tálamo produzem uma supressão do metabolismo mais acentuada. Teoria: Hipometabolismo é causado pela desconexão das vias cére-

Distúrbios Neurovasculares e Neurotoxicidade **195**

bro-pontocerebelar → oxigênio reduzido e consumo de glicose → produção reduzida de CO_2 → constrição arterial local (regulação negativa do fluxo sanguíneo cerebelar).

11.3 Vasculite e vasculopatia

11.3.1 Informações gerais

Vasculites são um grupo de distúrbios caracterizados por inflamação e necrose de vasos sanguíneo. A vasculite pode ser primária ou secundária. Aquelas que podem afetar o CNS são mencionadas no ▶ Quadro 11.1, e todas elas causam isquemia tecidual (mesmo após a inflamação se tornar quiescente), com um efeito que pode variar de neuropraxia a infarto.

11.3.2 Arterite de células gigantes (GCA)

> **Conceitos-chave**
>
> - anteriormente referida como arterite temporal
> - uma vasculite crônica de vasos de grande e médio calibres, primariamente envolvendo os ramos cranianos das artérias originadas no arco aórtico
> - idade > 50 anos; afeta duas vezes mais mulheres do que homens
> - possíveis complicações tardias importantes: cegueira, CVA, aneurismas da aorta torácica e dissecções da aorta
> - biópsia de artéria temporal é recomendada para todos os pacientes com suspeita de GCA
> - corticosteroides são os fármacos de eleição para tratamento

Conhecida como arterite temporal (TA) e arterite craniana. Uma arterite granulomatosa crônica de etiologia desconhecida, envolvendo primariamente os ramos cranianos do arco aórtico (especialmente a artéria carótida externa (ECA)),[11] que, se não tratada, tende a afetar as grandes artérias em mulheres jovens; tem duas fases: inflamatória (tratada com corticosteroides) e estenótica (tratada com revascularizações arteriais).

11

Epidemiologia

Observada quase que exclusivamente em caucasianos > 50 anos de idade (idade média de início é 70). Incidência: 17,8 por 100.000 pessoas ≥ 50 anos de idade[12] (varia de 0,49 a 23). Prevalência: ≈ 223 (incidência na

Quadro 11.1 Vasculites que podem afetar o CNS[10]

Vasculite	Frequência do envolvimento neurológico	Tipo de envolvimento do CNS[a]				
		Encefalopatia aguda	Convulsão	Nervo craniano	Medula espinal	ICH ou SAH
periarterite nodosa[b] (PAN)[c]	20-40%	++	++	+	+	+
vasculite de hipersensibilidade[b]	10%	+	+	0	0	+
arterite de células gigantes (temporal)[b]	10%	+	0	++	0	0
arterite de Takayasu	10-36%	+	++	++	+	+
granulomatose de Wegener[b]	23-50%	+	++	++	+	+
granulomatose linfomatoide[b]	20-30%	++	+	++	+	0
angiite isolada do CNS[b]	100%	++	+	++	++	+
doença de Behçet[b]	10-29%	++	+	++	+	+

[a]CÓDIGO: 0 = incomum ou não relatada; + = não incomum; + + = comum; ICH = hemorragia intracerebral; SAH = hemorragia subaracnóidea.
[b]Ver seção desses tópicos.
[c]PAN = um grupo de distúrbios; as frequências podem variar com o subgrupo.

autópsia pode ser muito mais elevada).[13] Mais comum em latitudes setentrionais e entre indivíduos de descendência Escandinávia, sugerindo uma causa genética e ambiental.[11] A relação mulher:homem é de ≈ 2:1 (faixa relatada: 1,05-7,4:1). Cinquenta por cento dos pacientes com GCA também têm polimialgia reumática (PMR) (p. 198).

Patologia

Reação inflamatória descontínua (também conhecida como "lesões descontínuas") de linfócitos, células plasmáticas, macrófagos ± células gigantes (quando ausente, a proliferação da íntima pode ser proeminente); predominantemente na túnica média das artérias envolvidas. As artérias preferencialmente envolvidas incluem os ramos oftálmico e ciliar posterior, e toda a distribuição do sistema carotídeo externo (dos quais, a artéria temporal superficial (STA) é um ramo terminal). Outras artérias no corpo podem estar envolvidas (envolvimento relatado da aorta abdominal, e das artérias femoral, braquial e mesentérica, é raramente sintomático). Ao contrário da PAN, a GCA normalmente poupa as artérias renais.

Clínica

Várias combinações de sintomas da arterite de células gigantes são listadas no ▶ Quadro 11.2. O início é geralmente insidioso, embora possa ocasionalmente ser súbito.
Detalhes de alguns achados:
1. cefaleia: o sintoma de apresentação mais comum. Pode ser inespecífica ou localizada em uma ou ambas as áreas temporais, na fronte ou no occipital. Pode ser superficial ou em queimação, com dor paroxística lancinante
2. sintomas relacionados com o suprimento sanguíneo da ECA (fortemente sugestivos de GCA, mas não patognomônicos[16]): claudicação da mandíbula, língua ou músculos faríngeos
3. sintomas oftalmológicos: por causa da arterite e oclusão de ramos da artéria oftálmica ou artérias ciliares posteriores
   a) sintomas incluem: amaurose fugaz (precede a perda visual permanente em 44%), cegueira, hemianopsia, diplopia, ptose, dor ocular, edema corneano, quemose
   b) cegueira: incidência de ≈ 7% e, uma vez que ocorre, a recuperação da visão é improvável
4. sintomas sistêmicos
   a) sintomas constitucionais inespecíficos: febre (pode-se manifestar como febre de origem indeterminada (FUO) em 15% dos casos), anorexia, perda de peso, fadiga, mal-estar
   b) 30% têm manifestações neurológicas. 14% são neuropatias, incluindo mononeuropatias e polineuropatias periféricas dos braços e pernas[17]
   c) sintomas musculoesqueléticos
      • PMR (p. 198) é o mais comum (ocorre em 40% dos pacientes):
      • artrite periférica, inchaço e edema depressível das mãos e pés em 25%
      • claudicação do braço causada por estenose das artérias subclávia e axilar
   d) aneurismas da aorta torácica: 17 vezes mais provável na GCA. CXRs anuais são adequadas para rastreio
5. no exame físico, as artérias temporais podem exibir sensibilidade, inchaço, eritema, pulsações reduzidas ou nodularidade. Normal em 33%
6. a presença de sintomas sistêmicos se correlaciona com uma *menor* incidência de cegueira ou CVA

Diagnóstico diferencial

1. periarterite nodosa (PAN) (p. 199)
2. vasculite de hipersensibilidade
3. doença oclusiva aterosclerótica
4. malignidade: ação sistêmica, também tem sintomas de febre baixa, mal-estar e perda de peso
5. infecção
6. neuralgia do trigêmeo (p. 479)
7. enxaqueca oftalmoplégica
8. problemas dentários

Quadro 11.2 Sinais e sintomas da GCA[15,11]

Frequentes (> 50% dos casos)	Ocasionais (10-50 % dos casos)	Raros (< 10% dos casos)
cefaleia: 66%	sintomas visuais	cegueira
sensibilidade da artéria temporal	perda de peso	claudicação de extremidades
	febre (baixa)	claudicação da língua
	mialgias proximais	dor de ouvido
	claudicação da mandíbula	sinovite
	dor facial	CVA
	sensibilidade do couro cabeludo	angina

Avaliação

Exames laboratoriais

1. ESR > 40 mm/h (geralmente > 50) pelo método de Westergren (altamente sugestivo de GCA quando > 80 mm/h e com as síndromes clínicas acima). ESR é normal em até 22,5%[18]
2. proteína C reativa: outro reagente de fase aguda que é mais sensível que a ESR. Tem a vantagem de poder ser realizado em soro congelado
3. CBC: pode exibir leve anemia normocrômica[19]
4. fator reumatoide, ANA e complemento sérico geralmente normais
5. LFTs anormais em 30% (geralmente fosfatase alcalina elevada)
6. testes para fator reumatoide e ANA são normalmente negativos
7. angiografia de artéria temporal não é útil (angiografia de outro local é indicada na suspeita de envolvimento de uma grande artéria)
8. CT: geralmente inútil. Um artigo descreveu áreas calcificadas que correspondiam às artérias temporais[20]
9. biópsia de artéria temporal: ver abaixo

Biópsia de artéria temporal

A sensibilidade e a especificidade são demonstradas no ▶ Quadro 11.3.

Indicações e tempo

Recomendações atuais: biópsia de artéria temporal em todos os pacientes com suspeita de GCA.[11] Pode ser controverso. Argumentos a favor: toxicidade de um ciclo longo de esteroides em um paciente idoso, e uma alta taxa de respostas iniciais falsas de outras enfermidades aos esteroides. Argumentos contra: visto que uma biópsia negativa não pode excluir o diagnóstico, casos com uma biópsia negativa, porém uma forte suspeita clínica, são frequentemente tratados como se fossem GCA.[22] Em geral, contudo, a realização de biópsia é considerada prudente antes de embarcar em um ciclo longo de altas doses de esteroides.[16] Complicações causadas pela biópsia são raras e incluem sangramento e infecção, e apenas no contexto de vasculite ativa a necrose de couro cabeludo foi relatada (não relacionada com a biópsia).

Em geral, realizar a biópsia antes de iniciar o tratamento com esteroides, caso a biópsia possa ser realizada imediatamente.[11] Caso contrário, iniciar o tratamento com esteroides para preservar a visão, e realizar a biópsia dentro de 1 semana (alterações patológicas podem ser observadas após mais de 2 semanas de terapia,[23] portanto, não suspender o tratamento com esteroides para aguardar a biópsia).

Técnica de biópsia de artéria temporal

Na existência de lateralidade, biopsiar o lado de envolvimento. O rendimento é elevado removendo-se uma porção da artéria que está envolvida clinicamente (um segmento sensível ou inflamado).[24] Marcar o ramo frontal da STA com um marcador cutâneo (preservar o tronco principal e o ramo parietal, se possível). Infiltrar anestésico local. A incisão é realizada paralelamente à artéria e, se possível, atrás da linha de implantação dos cabelos. A incisão é avançada até a fáscia do músculo temporal, local onde a STA é superficial.[25] Comprimento ideal da biópsia de STA: 4-6 cm (quando um segmento anormal de STA pode ser palpado, alguns dizem que uma biópsia menor incluindo essa área pode ser suficiente, mas isso provavelmente é confiável, visto que o músculo pode estar sensível etc.). A realização por um patologista de cortes seriados ao longo de toda a amostra de biópsia também aumenta o rendimento diagnóstico.

Biópsia de congelação pode ser realizada. Biópsia do lado contralateral, quando o primeiro lado é negativo, nos casos em que a suspeita clínica é alta, aumenta o rendimento em apenas 5-10%.

Tratamento

Não há cura conhecida. Esteroides podem produzir alívio sintomático e geralmente prevenir a cegueira (a progressão de problemas oculares 24-48 h após a instituição de esteroides adequados é rara). Pacientes totalmente cegos ou aqueles com perda visual parcial duradoura são improváveis de responder a qualquer tratamento.

1. para a maioria dos casos:
   a) iniciar com *prednisona*, 40-60 mg/d PO, divididos em 2-4 vezes ao dia (um regime de doses em dias alternados geralmente não é eficaz no tratamento inicial)
   b) na ausência de resposta após 72 h, e diagnóstico indiscutível, ↑ para 10-25 mg 4 vezes ao dia

Quadro 11.3 Biópsia de artéria temporal	
sensibilidade	≈ 90% (a variação relatada[15,21] é de 9-97%)
especificidade	próximo de 100%
valor preditivo	≈ 94%

c) quando ocorrer resposta (geralmente em 3-7 dias), administrar a dose total todos os dias pela manhã por 3-6 semanas, até que os sintomas se resolvam, e a ESR normalize (ocorre em 87% dos pacientes dentro de um período de ≈ 4 semanas) ou estabilize em < 40-50 mm/h

d) uma vez quiescente, uma redução gradual da dose é realizada para prevenir exacerbações: reduzir em 10 mg/d cada 2-4 semanas até 40 mg/d e, então, em 5 mg/d cada 2-4 semanas até 20 mg/d e, então, em 2,5 mg/d cada 2-4 semanas até uma dose de 5-7,5 mg/d, que é mantida por vários meses e seguida por decrementos de 1 mg/d cada 1-3 meses (a duração usual do tratamento é de 6-24 meses; *não* descontinuar os esteroides, quando a ESR normalizar)

e) se os sintomas recorrerem durante o tratamento, a dose de prednisona é temporariamente elevada até a resolução dos sintomas (aumento isolado da ESR não é um motivo suficiente para aumentar a dose dos esteroides[11])

f) pacientes devem ser acompanhados de perto por ≈ 2 anos

2. em pacientes gravemente enfermos: metilprednisolona, 15-20 mg IV 4 vezes ao dia

3. terapia anticoagulante: controversa

4. cegueira aguda (início em 24-36 h) em um paciente com arterite de células gigantes:
   a) considerar uma dose de metilprednisolona de até 500 mg IV ao longo de 30-60 min (nenhum estudo controlado mostra reversão da cegueira)
   b) alguns já usaram inalação intermitente de dióxido de carbono a 5% e oxigênio

Resultado

Complicações da terapia com esteroides ocorrem em ≈ 50% dos pacientes. A maioria não implica em risco de vida e inclui fraturas vertebrais por compressão em ≈ 36%, úlcera péptica em ≈ 12%, miopatia proximal, catarata, exacerbação da diabetes; ver também Possíveis efeitos colaterais prejudiciais dos esteroides (p. 146).

30-50% dos pacientes sofrerão exacerbações espontâneas da GCA (especialmente durante os primeiros 2 anos), independente do regime de corticosteroides.[11]

A sobrevida equipara-se àquela da população em geral. Desencadeamento de cegueira após o início da terapia com esteroides é raro.

11.3.3 Polimialgia reumática (PMR)

Informações gerais

PMR e arterite de células gigantes (GCA) (p. 195) podem ser pontos diferentes em um *continuum* da mesma doença. Ambas causam elevação na frequência de HLA-DR4 e ativação sistema de monócitos. Quinze por cento dos pacientes com PMR eventualmente desenvolvem GCA.

Epidemiologia

Ver referência.[11]

Ambas, GCA e PMR, ocorrem em pessoas com idade ≥ 50 anos. A incidência aumenta com a idade, alcançando um pico entre 70-80 anos, e é mais alta em altitudes mais elevadas.[11]

PMR é mais comum do que a GCA. Prevalência: 500/100.000).[26] Incidência: 52,5 por 100.000 pessoas com idade ≥ 50, mais elevada em mulheres (61,7) do que em homens (39,9).[27]

Características

Ver referência.[11]
- uma condição inflamatória de etiologia desconhecida
- características clínicas
  a) dor e rigidez matinal na região cervical, e cintura escapular e pélvica, por > 1 mês. A dor geralmente aumenta com o movimento
     ○ dor no ombro: presente em 70-95% dos pacientes. A dor irradia em direção ao cotovelo
     ○ dor no quadril e pescoço: 50-70%. A dor no quadril irradia em direção aos joelhos
  b) idade ≥ 50 anos
  c) ESR ≥ 40 mm/h (7-20% têm ESR normal[28])
  d) geralmente responde rapidamente a baixas doses de corticosteroides (≤ 20 mg de prednisona/dia) ver abaixo
  e) sintomas sistêmicos (presente em ≈ 33%): febre, mal-estar ou fadiga, anorexia e perda de peso
- prognóstico favorável: geralmente remite em 1-3 anos

Tratamento

A PMR responde a baixas doses de esteroides[26] (10-20 mg de prednisona/dia) ou, ocasionalmente, os NSAIDs (a resposta aos esteroides é muito mais rápida). A dose inicial de esteroides é mantida por 2-4 semanas e, então, reduzida em ≤ 10% da dose diária a cada 1-2 semanas,[11] enquanto sinais de GCA forem observados.

11.3.4 Outras vasculites

Periarterite nodosa

Conhecida como poliarterite nodosa. É na verdade um grupo de vasculites necrosantes, incluindo:

- periarterite nodosa (PAN) clássica: uma doença multissistêmica com necrose inflamatória, trombose (oclusão) e hemorragia das artérias e arteríolas em todos os órgãos, exceto pulmões e baço. Os nódulos podem ser palpados ao longo das artérias musculares de médio calibre. Comumente produz mononeurite múltipla, perda de peso, febre e taquicardia. Manifestações nervosas são atribuídas à oclusão arterial dos *vasa nervorum*. Manifestações neurológicas são raras e incluem cefaleia, convulsões, SAH, hemorragias retinianas e CVA em ≈ 13%
- angiite alérgica e granulomatose (síndrome de Churg-Strauss)
- vasculite necrosante sistêmica

Esses pacientes alcançam melhores resultados quando tratados com ciclofosfamida, em vez de esteroides.

Granulomatose de Wegener

Informações gerais

Uma granulomatose necrosante sistêmica, envolvendo o trato respiratório (pulmão → tosse/hemoptise, e/ou vias aéreas nasais → secreção nasal serossanguinolenta ± perfuração septal → deformidade característica de "nariz em sela") e, frequentemente, os rins (não há casos notificados de envolvimento renal sem envolvimento respiratório).[29]

Obstrução e encrostamento nasal são os achados iniciais usuais. Artralgia (não a artrite verdadeira) está presente em > 50%.

Envolvimento neurológico geralmente consiste em disfunção dos nervos cranianos (geralmente II, III, IV e VI; menos frequentemente V, VII e VIII, e menos comumente IX, X, XI e XII) e neuropatias periféricas, com diabetes insipido (ocasionalmente precedendo outros sintomas por até 9 meses). Lesões focais do cérebro e medula espinal ocorrem com menor frequência.

Diagnóstico diferencial

O diagnóstico diferencial inclui:

- "granuloma letal da linha média" (pode ser similar ou idêntico à reticulose polimórfica) por evoluir para linfoma. Pode causar destruição local fulminante do tecido nasal. A diferenciação é crucial, visto que esta condição é tratada por radiação; deve-se evitar a imunossupressão (p. ex., ciclofosfamida). Provavelmente não envolve granulomas verdadeiros. Não ocorrem envolvimentos renal e traqueal
- doença fúngica: *Sporothrix schenckii* e *Coccidioides* podem causar uma síndrome idêntica
- outras vasculites: especialmente síndrome de Churg-Strauss (asma e eosinofilia periférica são geralmente observadas) e PAN (granulomas geralmente ausentes)

Avaliação

A biópsia das vias aéreas superiores consiste na remoção de todas as crostas e obtenção da maior quantidade possível de mucosa friável. Este tecido deve ser fixado em formaldeído e examinado patologicamente em até 24 horas (não congelar). Uma amostra também deve ser cultivada (incluindo cultura de fundos e de microrganismos álcool-acidorresistentes). Biópsia renal não deve ser feita quando tecido mais específico das vias aéreas superiores estiver disponível.

Tratamento

Quanto não tratada, a granulomatose de Wegener é rapidamente fatal, com uma sobrevida média de 5 meses, e mais de 90% dos pacientes morrem em um período de até 2 anos do diagnóstico.[30] Para doença fulminante: 60-80 mg/d de prednisona até que a doença seja controlada (documentada pela redução da ESR e melhora a creatinina sérica).

Quando a doença for estável: ciclofosfamida (Cytoxan®) ≈ 2 mg/kg diariamente (o efeito demora de 2-3 semanas). Continuar durante 1 ano após a última evidência de doença ativa. Baixas doses semanais de metotrexato podem ser uma alternativa aceitável à ciclofosfamida em pacientes selecionados.[30]

11.3.5 Granulomatose linfomatoide

Rara; afeta principalmente os pulmões, pele (máculas eritematosas ou placas endurecidas em 40%) e sistema nervoso (CNS em 20%, neuropatias periféricas em 15%). Seios paranasais, linfonodos e baço são geralmente poupados.

11.3.6 Síndrome de Behçet

Lesões oculares recidivantes, e úlceras orais e genitais recorrentes, com ocasionais lesões cutâneas, tromboflebite e artrite.[10] Cefaleia ocorre em > 50%. O envolvimento neurológico inclui pseudotumor, ataxia cerebelar, paraplegia, convulsões e trombose de seio dural. Somente 5% apresentam sintomas neurológicos como queixa inicial.

86% apresentam pleocitose e elevação de proteínas no CSF. A angiografia cerebral está geralmente normal. CT pode exibir áreas focais hipodensas.

Esteroides normalmente amenizam os sintomas oculares e cerebrais, mas geralmente não têm efeito sobre as lesões cutâneas e genitais. Ensaios clínicos não controlados de agentes citotóxicos → algum benefício. Talidomida pode ser eficaz (estudos não controlados), porém comportam um risco de efeitos adversos graves (teratogenicidade, neuropatia periférica...).[31]

Embora dolorosa, a doença é geralmente benigna. O envolvimento neurológico pressagia um prognóstico mais desfavorável.

11.3.7 Vasculite isolada do CNS

Informações gerais

Também conhecida como angiite do CNS. Rara (≈ 20 casos relatados[32] desde 1983); limitada aos vasos do CNS. Vasculite de pequenos vasos está ≈ sempre presente → inflamação segmentar e necrose dos pequenos vasos leptomeníngeos e parenquimais, com isquemia ou hemorragia do tecido circundante.[10]

Apresentação

Combinações de cefaleia, confusão, demência e letargia. Ocasionalmente convulsões. Distúrbios cerebrais focais ou multifocais ocorrem em > 80%. Sintomas visuais são frequentes (secundários ao envolvimento das artérias coroides e retinianas, ou ao envolvimento do córtex visual → alucinações visuais).

Avaliação

ESR e contagem de leucócitos estão geralmente normais. CSF pode estar normal ou ter pleocitose e/ou proteínas elevadas. A CT pode exibir áreas hipodensas.

Angiografia (necessária para o diagnóstico): caracteristicamente mostra múltiplas áreas de estreitamento simétrico (configuração em "colar de pérolas"). Quando normal, não exclui o diagnóstico.

Diagnóstico histológico (recomendado): uma cultura deve ser realizada em todos os materiais de biópsia. Biópsia do parênquima cerebral ocasionalmente mostra vasculite. Biópsia leptomeníngea invariavelmente mostra envolvimento.

Tratamento e prognóstico

Supostamente fatal se não tratada, mas pode ficar latente por anos.

A raridade dessa condição torna o tratamento incerto. Recomendado: 2 mg/kg/dia de ciclofosfamida (Cytoxan®) e 1 mg/kg/dia de prednisona em dias alternados.

Nota: esta condição é supostamente mediada por células T, mas a prednisona causa mais supressão de células B e, portanto, avanço da doença durante a terapia com prednisona não é incomum.

11.3.8 Vasculite de hipersensibilidade

Envolvimento neurológico não é uma característica proeminente deste grupo de vasculites, que inclui:
- vasculite alérgica induzida por drogas: várias drogas estão associadas ao desenvolvimento de vasculite cerebral. Estas incluem metanfetaminas ("speed"), cocaína (ocorre vasculite clinicamente evidente,[33] porém é raro), heroína e efedrina
- vasculite cutânea
- doença do soro: pode → encefalopatia, convulsões, coma, neuropatia periférica e plexopatia braquial
- púrpura de Henoch-Schönlein

11.3.9 Displasia fibromuscular

Informações gerais

Uma vasculopatia (angiopatia) que afeta primeiramente os ramos da aorta, com envolvimento da artéria renal em 85% dos casos (o sítio mais comum) e comumente associada à hipertensão. A doença tem uma incidência de ≈ 1% e resulta em constrições arteriais multifocais e regiões intermediárias de dilatação aneurismática.

O segundo sítio mais comumente envolvido é o segmento cervical da carótida interna (principalmente próximo da C1-2), com displasia fibromuscular (FMD) aparecendo em 1% das angiografias de carótida, tornando a FMD a segunda causa mais comum de estenose de carótida extracraniana.[34] Envolvimento bilateral do segmento cervical da ICA ocorre em ≈ 80% dos casos. 50% dos pacientes com FMD da carótida têm FMD renal. Pacientes com FMD apresentam um maior risco de neoplasias e aneurismas intracranianos, e provavelmente apresentam um risco mais elevado de dissecção da carótida.

Aneurismas e displasia fibromuscular: a incidência relatada de aneurisma com FMD [35] varia de 20 a 50%.

Etiologia

A etiologia real permanece desconhecida, embora defeitos congênitos da túnica média (camada muscular) e lâmina elástica interna das artérias tenham sido identificados, o que pode predispor as artérias a uma lesão por trauma que de outra forma seria bem tolerado. Uma alta taxa familiar de CVAs, HTN e enxaqueca corrobora a sugestão de que a FMD é um traço autossômico dominante com penetrância reduzida em homens.[36]

Apresentação

A maioria dos pacientes apresenta sintomas recorrentes e múltiplos, que são exibidos no ▶ Quadro 11.4.

Até 50% dos pacientes apresentam episódios de infarto ou isquemia cerebral transitória. No entanto, a FMD também pode ser um achado incidental, e alguns casos foram acompanhados por 5 anos sem recorrência dos sintomas isquêmicos, sugerindo que a FMD pode ser uma condição relativamente benigna.

Dores de cabeça são comumente unilaterais e podem ser confundidas com enxaqueca típica. Síncope pode ser causada pelo envolvimento do seio carotídeo.

Síndrome de Horner ocorre em ≈ 8% dos casos. Alterações nas ondas T no EKG podem ser observadas em até um terço dos casos, podendo ser secundárias ao envolvimento das artérias coronárias.

Diagnóstico

O "padrão ouro" para o diagnóstico de FMD é a angiografia. Os três tipos angiográficos de FMD [37] são exibidos no ▶ Quadro 11.5.

Tratamento

Terapia clínica, incluindo medicamentos antiplaquetários (p. ex., aspirina), é recomendada.

Tratamento cirúrgico direto é problemático decorrente da difícil localização (parte superior da artéria carótida, próximo da base do crânio) e natureza friável dos vasos, dificultando a anastomose ou a arteriotomia.

Angioplastia transluminal alcançou certo grau de sucesso. Fístulas carótido-carvernosas e ruptura arterial foram relatadas como complicações.

Quadro 11.4 Prévios sintomas em 37 casos de FMD aortocraniana[36]

Sintoma	%
cefaleia	78%
sofrimento mental	48%
zumbido	38%
vertigem	34%
arritmia cardíaca	31%
TIA	31%
síncope	31%
carotidínia	21%
epilepsia	15%
deficiência auditiva	12%
angina abdominal	8%
angina/MI	8%

Quadro 11.5 Classificação angiográfica da FMD	
Tipo	**Achados**
1	mais comum (80-100% dos casos relatados). Múltiplos estreitamentos irregularmente espaçados e concêntricos, com segmentos intermediários normais ou dilatados, criando a chamada aparência de "colar de pérolas". Corresponde à fibroplasia medial arterial
2	estenose tubular focal, observada em ≈ 7% dos casos. Menos característica para a FMD do que o Tipo 1, e também pode ser observada na arterite de Takayasu e outras condições
3	"FMD atípica". Raro. Pode assumir várias aparências, comumente consistindo em evaginações diverticulares de uma parede da artéria

11.3.10 Vasculopatias diversas

CADASIL

Conceitos-chave

- clínica: enxaquecas, demência, TIAs, transtornos psiquiátricos
- MRI: anormalidades na substância branca
- herança autossômica dominante
- uso de anticoagulantes controversos, geralmente desencorajados

Um acrônimo para a Arteriopatia Cerebral Autossômica Dominante com Infartos Subcorticais e Leucoen-cefalopatia.[38] Uma doença hereditária, com início no começo da vida adulta (média de idade de início: 45 ± 11 anos), mapeada no cromossomo 19. As características clínicas e neurorradiológicas são similares àquelas observadas nos infartos múltiplos subcorticais provocados por HTN, exceto pela ausência de evidência de HTN. A vasculopatia é diferente daquela vista na lipo-hialinose, arteriosclerose e angiopatia amiloide, e causa espessamento da túnica média (pelo material granular eosinofílico) das artérias leptomeníngeas e perfurantes medindo 100-400 mcm de diâmetro.

Envolvimento clínico

Infartos subcorticais recorrentes (84%), demência progressiva ou gradual (31%), enxaqueca com aura (22%) e depressão (20%). Todos os pacientes sintomáticos e 18% dos assintomáticos exibiram hiperintensi-dades proeminentes na substância branca cortical e gânglios basais na MRI T2W1.

Tratamento

Varfarina (Coumadina®) é usada por alguns.

11.3.11 Síndromes paraneoplásicas afetando o sistema nervoso

Informações gerais

Síndrome paraneoplásica (PNS), também conhecida como "efeitos remotos do câncer". Desenvolve-se de formas aguda e subaguda. Pode mimetizar ou ser mimetizada por doença metastática. A incapacidade neurológica é geralmente severa e pode preceder outras manifestações do câncer em 6-12 meses. Geralmente, um tipo particular de célula neural é predominantemente afetado. A presença de uma PNS pode pressagiar uma evolução mais benigna do câncer.

16% dos pacientes com câncer de pulmão e 4% com câncer de mama desenvolverão uma PNS.

Patogênese desconhecida. Teorias: ? toxina; ? competição por substrato essencial; ? infecção oportunista; ? processo autoimune.

Tipos de síndromes

1. afetando o cérebro ou cerebelo
   a) encefalite
      - difusa
      - límbica e de tronco cerebral: geralmente causada por câncer de pulmão de pequenas células ou câncer testicular[39] em decorrência dos anticorpos séricos antineuronais

Distúrbios Neurovasculares e Neurotoxicidade 203

  b) "encefalite límbica" (mesial): demência (memória reduzida, sintomas psiquiátricos, alucinações)
  c) degeneração pancerebelar (PCD), também conhecida como degeneração cerebelar subaguda*: (ver abaixo)
  d) síndrome de opsoclono-mioclono*: em pacientes pediátricos, geralmente indica neuroblastoma
2. afetando a medula espinal
  a) poliomielite (síndrome do corno anterior): mimetiza a ALS (fraqueza, hiporreflexia, fasciculações)
  b) mielite necrosante (transversa) subaguda: rápida necrose da medula espinal
  c) ganglionite* (gânglio da raiz dorsal): crônica ou subaguda. Neuronopatia (não neuropatia) sensitiva pura
3. afetando o sistema nervoso periférico
  a) motora e sensorial crônica: neuropatia típica (como na DM ou uso abusivo de EtOH)
  b) sensorial pura (p. 1268)[40]
  c) motora pura: rara. Quase sempre causada por linfoma (principalmente de Hodgkin)
  d) polirradiculopatia desmielinizante inflamatória aguda. Conhecida também como Guillain-Barré (p. 184)
  e) síndrome miastênica de Lambert-Eaton (EL)*: rara. 66% dos pacientes com esta síndrome desenvolverão câncer, o primário mais comum sendo o câncer de pulmão de pequenas células. Bloqueio da junção neuromuscular pré-sináptica (PSNMJ) provocado por anticorpos anti- PSNMJ; Nota: miastenia grave (MG) verdadeira é um bloqueio pós-sináptico. Pior pela manhã, melhora durante o dia com o recrutamento (oposto à MG, que é pior à noite ou com o exercício decorrente da depleção). Condição principalmente motora, mas frequentemente acompanhada por parestesias. A MG afeta principalmente os receptores nicotínicos, mas a EL também afeta os receptores muscarínicos e, portanto, sintomas autonômicos podem ocorrer: boca seca, homens podem ter impotência. Estimulação nervosa repetitiva na EMG: para a MG, usar estimulação de 2-5 Hz, para EL usar > 10 Hz. MG: resposta decremental com baixa frequência. Com a EL, há resposta incremental (mais resposta com a estimulação repetida)
  f) miastenia grave
  g) polimiosite: em idades > 60 anos, 25% dos pacientes com esta condição possuem uma malignidade*, que está frequentemente associada ao câncer broncogênico
  h) atrofia de fibras musculares do tipo IIb: a síndrome paraneoplásica mais comum; fraqueza muscular principalmente proximal (similar a outras miopatias endócrinas, p. ex., hipotireoide, esteroide)

*PNS neurológica "clássica". Em um paciente sem prévio histórico de câncer e apresentando uma dessas síndromes com asterisco, a investigação para malignidade aguda resulta em um alto rendimento.

Degeneração pancerebelar

Perda grave de células de Purkinje (por causa dos anticorpos anticélulas de Purkinje) → disfunção pancerebelar grave. O paciente apresenta vertigem, ataxia da marcha e das extremidades inferior e superior, disartria, N/V, diplopia, oscilopsia, nistagmo, dismetria oculomotora. Geralmente não é tratável nem remitente, mesmo com imunossupressão. 20% dos pacientes melhoram com o tratamento do câncer primário. CT está WNL na fase precoce, na fase tardia → atrofia cerebelar. Em 70% dos casos, os achados cerebelares precedem o diagnóstico de câncer.

As malignidades primárias mais comuns na degeneração pancerebelar são exibidas no ▶ Quadro 11.6.

Avaliação

• LP: CSF para contagem de células, citologia e IgG. Tipicamente, os leucócitos e a IgG estão elevados
• avaliação da malignidade primária
  ○ CT de tórax/abdome/pelve
  ○ exame de linfonodos
  ○ exame pélvico e mamografia em mulheres

Quadro 11.6 Malignidades primárias comuns na degeneração pancerebelar

Mulheres	Homens
câncer ovariano	câncer de pulmão
mama	linfoma de Hodgkin
útero	
linfoma de Hodgkin	

11.4 Neurotoxicologia

11.4.1 Etanol

Informações gerais

Os efeitos agudos e crônicos no sistema nervoso do uso abusivo de álcool etílico (etanol, EtOH) (sem mencionar os efeitos do EtOH em outros órgãos) são variáveis[41] e estão além do escopo deste texto. Os efeitos neuromusculares incluem:
1. intoxicação aguda: ver abaixo
2. efeitos do abuso crônico de álcool
   a) **encefalopatia de Wernicke** (p. 206)
   b) degeneração cerebelar: decorrente da degeneração das células de Purkinje no córtex cerebelar, predominantemente na extremidade anterior do vérmis superior
   c) mielinólise pontina central (p. 115)
   d) CVA: risco aumentado de
   - hemorragia intracerebral (p. 1330)
   - CVA isquêmico[42]
   - SAH possivelmente aneurismática
   e) neuropatia periférica (p. 541)
   f) miopatia esquelética
3. efeitos da abstinência alcoólica: geralmente observados em consumidores habituados, com cessação ou redução da ingestão de etanol
   a) síndromes de abstinência alcoólica: ver abaixo
   b) convulsões: até 33% dos pacientes têm uma convulsão tônico-clônica generalizada 7-30 h após a interrupção do consumo de álcool – convulsões por abstinência alcoólica (p. 464)
   c) *delirium tremens* **(DTs)**: ver abaixo

Intoxicação aguda

O efeito primário do EtOH no CNS é uma depressão da excitabilidade neuronal, da condução de impulsos e da liberação de neurotransmissores em razão dos efeitos diretos nas membranas celulares. O ▶ Quadro 11.7 mostra os efeitos clínicos associados a concentrações específicas de EtOH. Efeito Mellanby: a gravidade da intoxicação em qualquer nível é maior quando os níveis sanguíneos de álcool aumentam do que quando diminuem.

Na maioria das jurisdições, indivíduos com níveis sanguíneos de etanol ≥ 21,7 mmol/l (100 mg/dL) são definidos como legalmente intoxicados, e vários Estados mudaram esse nível para 80 mg/dL. Entretanto, mesmo níveis de 10,2 mmol/l (47 mg/dL) estão associados a um maior risco de envolvimento em acidentes com veículo automotor. Alcoolismo crônico resulta em uma maior tolerância; em indivíduos habituados, foi relatada sobrevivência com níveis que excedem 1.000 mg/dL.

Síndrome de abstinência alcoólica

Informações gerais

No alcoolismo crônico, ocorre compensação dos efeitos depressores do EtOH no CNS. Consequentemente, a queda dos níveis de EtOH pode resultar na retomada da hiperatividade do CNS. Os sinais clínicos da abstinência alcoólica são classificados como maiores e menores (o grau de hiperatividade autonômica e a presença/ausência de DTs diferencia esses sinais), e como precoces (24-48 h) ou tardios (> 48 h).

Os sinais/sintomas incluem: tremores, hiper-reflexia, insônia, N/V, hiperatividade autonômica (taquicardia, HAS sistólica), agitação, mialgias, leve confusão. Na ocorrência de convulsões por abstinência de EtOH (p. 464), estas tendem a ser precoces. Distúrbios perceptivos ou alucinações completas também podem ocorrer precocemente.

Quadro 11.7 Concentrações sanguíneas de etanol

[EtOH sanguíneo]		Efeito clínico
mmol/litro	**mg/dL**	
5,4	25	intoxicação leve: alteração do humor, cognição comprometida, descoordenação
> 21,7	100	disfunções vestibular e cerebelar: aumento de nistagmo, diplopia, disartria, ataxia
> 108,5	500	geralmente fatal secundário à depressão respiratória

Distúrbios Neurovasculares e Neurotoxicidade **205**

Alucinações consistem em alucinações visuais e/ou auditivas, com um nível de consciência claro (o que diferencia esta forma das alucinações dos DTs). DTs podem ocorrer 3-4 dias após interrupção do consumo de álcool (ver abaixo).

Suprimida por benzodiazepínicos, retomada do consumo de álcool, agonistas β-adrenérgicos ou agonistas α_2.

Prevenção e tratamento da síndrome de abstinência alcoólica

Ver referência.[43]

Abstinência alcoólica leve é tratada com um ambiente silencioso e acolhedor, reorientação e contato individual. Se os sintomas progredirem, iniciar tratamento farmacológico.

Benzodiazepínicos

Benzodiazepínicos (BDZs) são a base do tratamento. Eles reduzem a hiperatividade autonômica e podem prevenir convulsões e/ou DTs. As doses iniciais são exibidas no ▶ Quadro 11.8 e são maiores do que aquelas usadas no tratamento de ansiedade. Um regime posológico relacionado com os sintomas, com avaliação repetida utilizando um protocolo padronizado (p. ex., CIWA-Ar[44]), pode ser mais eficaz do que esquemas fixos de dosagem.[45] Evitar a administração IM (absorção errática).

Medicamentos adjuvantes

Condições associadas, comumente observadas em pacientes com a síndrome de abstinência alcoólica, incluem desidratação, desequilíbrios hídricos e eletrolíticos, infecção, pancreatite e cetoacidose alcoólica. Estas devem ser tratadas de acordo.

Outros medicamentos usados para abstinência de EtOH incluem:
1. fármacos adequados para o controle de HTN (atenção: esses agentes não devem ser usados isoladamente, pois não previnem a progressão para níveis mais graves de abstinência, e podem mascarar os sintomas de abstinência)
   a) β-bloqueadores: também tratam a maioria das taquiarritmias associadas
      - *atenolol* (Tenormin®): reduz a duração da abstinência e a necessidade de BDZ
      - ✘ evitar propranolol (reações psicotóxicas)
   b) α-agonistas: não usar junto com os β-bloqueadores
2. fenobarbital: uma alternativa aos BDZs. Ação prolongada e ajuda na profilaxia contra convulsões
3. baclofeno: um estudo pequeno[47] constatou que 10 mg PO todos os dias x 30 dias resultava em uma redução rápida dos sintomas após a dose inicial e abstinência contínua
4. medicamentos de "suporte"
   a) *tiamina*: 100 mg IM todos os dias x 3 d (pode ser administrada por via IV se necessário, porém há um risco de reação adversa)
      Justificativa: alta concentração de glicose pode precipitar encefalopatia de Wernicke aguda em pacientes com deficiência de tiamina
   b) folato: 1 mg IM, IV ou PO todos os dias x 3 d
   c) MgSO4: 1 mg x 1 na admissão hospitalar: útil apenas se os níveis de magnésio forem baixos, reduz o risco de convulsão. Certifique-se de que a função renal esteja normal antes da administração.
   d) vitamina B12 para anemia macrocítica: 100 mcg IM (não administrar antes do folato)
   e) multivitaminas: benéfico apenas se o paciente estiver subnutrido

11

Quadro 11.8 Diretrizes para doses de BDZ na abstinência alcoólica[a]

Fármaco	Dose	
	Oral	IV
clordiazepóxido (Librium®)	100 mg inicialmente e, então, 25-50 mg PO TID-QID, reduzir a dose gradualmente por ≈ 4 dias). Doses adicionais podem ser necessárias na agitação contínua, até 50 mg PO por hora[46]	–
lorazepam (Ativan®)	4 mg inicialmente e, então, 1-2 mg PO cada 4 h	1-2 mg cada 1-2 h
diazepam (Valium®)	20 mg PO inicialmente e, então, 10 mg PO BID-QID	5-10 mg inicialmente
midazolam (Versed®)		titular o gotejamento para o efeito desejado

[a]Modificar conforme apropriado, com base na resposta do paciente.

5. convulsões: ver indicações para o tratamento (p. 464)
   a) **fenitoína** (Dilantin®) (p. 446): carregar com 18 mg/kg = 1.200 mg/70 kg
   b) convulsões contínuas podem ser, às vezes, tratadas efetivamente com *paraldeído*, caso esteja disponível
6. gotejamento de etanol: não usado amplamente. EtOH a 5% em D5W, iniciar a 20 cc/h e titular até um nível sanguíneo de 100-150 mg/dL

Delirium tremens (DTs)

Quando DTs ocorrem, geralmente começam dentro de 4 dias do início da abstinência de EtOH, e tipicamente persistem por 1-3 dias.

Sinais e sintomas incluem: desorientação profunda, agitação, tremor, insônia, alucinações, instabilidade autonômica severa (taquicardia, HTN, diaforese, hipertermia).[48] A mortalidade é de 5-10% (mais elevada no idoso), mas pode ser reduzida com o tratamento (incluindo o tratamento de problemas médicos associados e tratamento de convulsões).

Haloperidol e fenotiazinas podem controlar alucinações, mas podem reduzir o limiar convulsivo. HTN e taquiarritmias devem ser tratados, como resumido acima na síndrome de abstinência alcoólica.

Encefalopatia de Wernicke (WE)

Informações gerais

Também conhecida como encefalopatia de Wernicke-Korsakoff (não confundir com a síndrome de Korsakoff ou a psicose de Korsakoff). Tríade clássica: encefalopatia (consistindo em confusão global), oftalmoplegia e ataxia (Nota: os três estão presentes em apenas 10-33% dos casos).

Causada por deficiência de tiamina. Os depósitos de tiamina no organismo são adequados somente por até ≈ 18 dias. Pode ser vista em:
1. um determinado subgrupo suscetível de alcoólatras com deficiência de tiamina. Nesse caso, a deficiência de tiamina é provocada por uma combinação de ingestão inadequada, absorção reduzida, armazenamento hepático reduzido e utilização comprometida
2. hiperemese (como em algumas gestações)
3. inanição: incluindo anorexia nervosa, rápida perda de peso
4. plicatura gástrica (cirurgia bariátrica)
5. hemodiálise
6. cânceres
7. AIDS
8. hiperalimentação IV prolongada

Clínica

Anormalidades oculomotoras ocorrem em 96% e incluem: nistagmo (horizontal > vertical), paralisia do reto lateral, paralisias do olhar conjugado.

Ataxia da marcha é observada em 87% e resulta de uma combinação de polineuropatia, disfunção cerebelar e comprometimento vestibular.

Os sintomas sistêmicos podem incluir: vômito, febre.

Exames diagnósticos

MRI: pode exibir hipersinal em T2W1 e FLAIR no tálamo paraventricular (medial), assoalho do 4º ventrículo e na substância cinzenta periaquedutal do mesencéfalo. Estas alterações podem-se resolver com o tratamento.[49] Atrofia dos corpos mamilares também pode ser observada. MRI normal não exclui o diagnóstico.

Tratamento

A encefalopatia de Wernicke (WE) é uma emergência médica. Quando a WE é suspeita, 100 mg de tiamina devem ser administrados por via IM ou IV (a via oral não é confiável, ver acima) diariamente por 5 dias. ✖ glicose IV pode precipitar a WE aguda em pacientes com deficiência de tiamina, ∴ fornecer a tiamina antes da glicose.

Administração de tiamina melhora os achados oculares em um período de horas a dias; ataxia e confusão melhoram em dias/semanas. Muitos pacientes que sobrevivem ficam com nistagmo horizontal, ataxia, e 80% têm a síndrome de Korsakoff (conhecida também como psicose de Korsakoff), um transtorno de memória incapacitante consistindo em amnésicas retrógrada e anterógrada.

11.4.2 Opioides

Inclui heroína (que é geralmente injetada por via IV, mas o pó pode ser inalado ou fumado), bem como medicamentos prescritos. Opioides produzem pupilas pequenas (miose).

Overdose pode produzir:
1. depressão respiratória
2. edema pulmonar
3. coma
4. hipotensão e bradicardia
5. convulsões
6. *overdose* fatal pode ocorrer com qualquer agente, mas é mais provável com o uso de opioides sintéticos, como o fentanil (Sublimaze®) entre usuários não familiarizados com sua alta potência

Reversão da intoxicação[50]

Uma dose teste de naloxona (Narcan®) de 0,2 mg IV evita a reversão repentina completa de todos os efeitos dos opioides. Na ausência de uma reação significativa, uma dose adicional de 1,8 mg (para uma dose total de 2 mg) reverterá a toxicidade da maioria dos opioides. Se necessário, a dose pode ser repetida cada 2-3 minutos até um total de 10 mg, embora doses ainda maiores possam ser necessárias com a pentazocina e a buprenorfina (Buprenex®). Naloxona pode precipitar sintomas de abstinência narcótica em pacientes opioide-dependentes, com ansiedade ou agitação, piloereção, bocejo, espirro, rinorreia, náusea, vômito, diarreia, cólicas abdominais, espasmos musculares... que são inconfortáveis, mas não trazem risco de vida. Clonidina (Catapres®) pode ser útil para alguns sintomas de abstinência narcótica.

Com opioides de ação mais prolongada, especialmente a metadona (Dolphine®), doses repetidas de naloxona podem ser evitadas com o uso de nalmefene (Revex®), um antagonista de narcótico de ação prolongada que não é apropriado para o tratamento inicial de *overdose* de opioides.

11.4.3 Cocaína

Cocaína é extraída das folhas da *Erythroxylon coca* (e outras espécies de *Erythroxylon*) e, portanto, não está relacionada com os opioides. A cocaína bloqueia a recaptação da norepinefrina pelos terminais nervosos adrenérgicos pré-sinápticos. Está disponível em 2 formas: hidrocloreto de cocaína (sensível ao calor e hidrossolúvel, é geralmente utilizada por PO, IV ou por aspiração nasal) e como o alcaloide de cocaína altamente purificado (base livre ou *crack*, que é estável ao calor, mas insolúvel em água e geralmente fumado).

O pico da toxicidade ocorre 60-90 minutos após a ingestão (exceto na ingestão de pacotes de cocaína (*body packers*)), 30-60 minutos após a aspiração nasal e minutos após a injeção IV ou fumo (base livre ou *crack*).[50]

Efeitos farmacológicos agudos da cocaína

Os efeitos nos sistemas corporais fora do sistema nervoso incluem: taquicardia, infarto agudo do miocárdio, ruptura da aorta ascendente (dissecção da aorta), descolamento da placenta, hipertermia, isquemia intestinal e morte súbita.

Efeitos farmacológicos agudos pertinentes ao sistema nervoso incluem:
1. estado de consciência: estimulação inicial do CNS que se manifesta primeiramente como uma sensação de bem-estar e euforia. Algumas vezes resulta em agitação disfórica, ocasionalmente com delírio. A estimulação é seguida por depressão. Paranoia e psicose tóxica podem ocorrer com a superdosagem ou com o uso crônico. Vício pode ocorrer
2. dilatação pupilar (midríase)
3. hipertensão: secundário à estimulação adrenérgica

Efeitos não farmacológicos relacionados com o sistema nervoso
1. degeneração hipofisária: decorrente do uso intranasal crônico
2. vasculite cerebral: menos comum do que com as anfetaminas
3. convulsões: possivelmente relacionado com as propriedades anestésicas locais da cocaína
4. CVA[51]
    a) hemorragia intracerebral: ver Hemorragia intracerebral, Etiologias (p. 1332)
    b) hemorragia subaracnóidea:[52,53] possivelmente como resultado da HTN na presença de aneurismas ou AVMs, contudo algumas vezes nenhuma lesão é demonstrada na angiografia.[54] Pode possivelmente ser causada por uma vasculite cerebral
    c) CVA isquêmico:[55] pode resultar da vasoconstrição
    d) CVA trombótico[50]
    e) TIA[56]
5. síndrome da artéria espinal anterior[56]
6. os efeitos do uso materno de cocaína no sistema nervoso fetal incluem:[57] microcefalia, distúrbios da migração neuronal, mielinização e diferenciação neuronal, infarto cerebral, hemorragia subaracnóidea e intracerebral e síndrome da morte súbita infantil (SIDS) no período pós-natal

Tratamento da toxicidade

Grande parte da toxicidade por cocaína é muito breve para ser tratada. Ansiedade, agitação ou convulsões podem ser tratadas com benzodiazepínicos IV, p. ex., lorazepam (p. 471). HTN refratária pode ser tratada com nicardipina (p. 126) ou fentolamina (Regitine®) (p. 655). Lidocaína IV, usada para tratar arritmias cardíacas, pode causar convulsões.[50]

11.4.4 Anfetaminas

A toxicidade é similar àquela da cocaína (ver acima), porém de duração mais prolongada (pode durar por várias horas).Vasculite cerebral pode ocorrer com o abuso prolongado, o que pode resultar em infarto cerebral.

Eliminação das anfetaminas requer um débito urinário adequado. Fármacos antipsicóticos, como o haloperidol (Haldol®), não devem ser usados por causa do risco de convulsões.

11.4.5 Monóxido de carbono

Informações gerais

Monóxido de carbono (CO) é a maior fonte de morte por intoxicação nos EUA.

A função celular normal requer ≈ 5 mL O_2/100 mL de sangue. O sangue normalmente contém ≈ 20 mL O_2/100 mL.

O CO se liga à hemoglobina (Hb) com uma afinidade ≈ 250 vezes daquela do O_2, e causa um desvio à esquerda na curva de dissociação Hb/O_2. Também se liga à mioglobina intracelular.

Apenas $\approx 6\%$ dos pacientes exibem a coloração clássica do sangue vermelho-cereja.

Achados clínicos

Os achados clínicos associados aos níveis de CO-Hb são demonstrados no ▶ Quadro 11.9.

Exames diagnósticos

Alterações no EKG são normais, geralmente alterações inespecíficas na onda ST-T.

Nos casos de intoxicação severa, a CT pode exibir baixa atenuação simétrica no globo pálido; ver diagnóstico diferencial (p. 1386).

Resultado

Prognosticadores
1. o prognóstico está mais intimamente correlacionado com a hipotensão do que com o nível de CO-Hb
2. coma
3. acidose metabólica
4. EEG
5. alterações na CT/MRI: em um estudo, a presença de lesões na MRI após 1 mês não prognosticou com precisão o resultado subsequente
6. nível CO-Hb
7. outros fatores provavelmente têm um efeito, incluindo: idade, gravidade da exposição

Aproximadamente 40% dos pacientes expostos a níveis significativos de CO morrem. 30–40% têm sintomas transitórios, porém se recuperam totalmente. 10–30% apresentam sequelas neurológicas persistentes, incluindo encefalopatia por CO (por ser de início tardio) – comprometimento da memória, irritabilidade, sintomas do lobo parietal, incluindo diversas agnosias.

Lesões cerebrais:
1. lesões na substância branca
   a) lesões necróticas pequenas e multifocais na substância branca profunda dos hemisférios
   b) zonas necróticas extensas ao longo dos ventrículos laterais
   c) mielinopatia de Grinker (não necrose)
2. lesões na substância cinzenta
   a) necrose bilateral do globo pálido
   b) lesões da formação hipocampal e necrose cortical focal

Quadro 11.9 Níveis de CO-Hb

Nível de CO-Hb (%)	Sinais/sintomas[a]
0-10	nenhum
10-20	H/A leve, DOE leve
20-30	H/A pulsátil
30-40	H/A severa, tontura, escurecimento da visão, sensatez comprometida
40-50	confusão, taquipneia, taquicardia, possível síncope
50-60	síncope, convulsões, coma
60-70	coma, hipotensão, insuficiência respiratória, morte
> 70	rapidamente fatal

[a]Nota: fumantes podem ter níveis de CO-Hb de 15% sem sinais e sintomas.

Referências

[1] Bartynski WS. Posterior reversible encephalopathy syndrome, part 1: fundamental imaging and clinical features. AJNR Am J Neuroradiol. 2008; 29:1036–1042

[2] Port JD, Beauchamp NJ. Reversible Intracerebral Pathologic Entities Mediated by Vascular Autoregulatory Dysfunction. Radiographics. 1998; 18:353–367

[3] Lin KL, Hsu WC, Wang HS, Lui TN. Hypertensioninduced cerebellar encephalopathy and hydrocephalus in a male. Pediatr Neurol. 2006; 34:72–75

[4] Schaefer PW, Buonanno FS, Gonzalez RG, Schwamm LH. Diffusion-Weighted Imaging Discriminates Between Cytotoxic and Vasogenic Edema in a Patient with Eclampsia. Stroke. 1997; 28:1082–1085

[5] Covarrubias DJ, Luetmer PH, Campeau NG. Posterior reversible encephalopathy syndrome: prognostic utility of quantitative diffusion-weighted MR images. AJNR Am J Neuroradiol. 2002; 23:1038–1048

[6] Beeson JH, Duda EE. Computed Axial Tomography Scan Demonstration of Cerebral Edema in Eclampsia Preceded by Blindness. Obstet Gynecol. 1982; 60:529–532

[7] Raps EC, Galetta SL, Broderick M, Atlas SW. Delayed Peripartum Vasculopathy: Cerebral Eclampsia Revisited. Ann Neurol. 1993; 33:222–225

[8] Dekker GA, Sibai BM. Etiology and pathogenesis of preeclampsia: current concepts. Am J Obstet Gynecol. 1998; 179:1359–1375

[9] Bartynski WS, Boardman JF, Zeigler ZR, Shadduck RK, Lister J. Posterior reversible encephalopathy syndrome in infection, sepsis, and shock. AJNR Am J Neuroradiol. 2006; 27:2179–2190

[10] Moore PM, Cupps TR. Neurologic Complications of Vasculitis. Ann Neurol. 1983; 14:155–167

[11] Salvarani C, Cantini F, Boiardi L, Hunder GG. Polymyalgia rheumatica and giant-cell arteritis. N Engl J Med. 2002; 347:261–271

[12] Salvarani C, Gabriel SE, O'Fallon WM, Hunder GG. The incidence of giant cell arteritis in Olmstead County, Minnesota: apparent fluctuations in a cyclic pattern. Ann Intern Med. 1995; 123:192–194

[13] Machado EB, Michet CJ, Ballard DJ, et al. Trends in Incidence and Clinical Presentation of Temporal Arteritis in Olmstead County, Minnesota, 1950-1985. Arthritis Rheum. 1988; 31:745–749

[14] Hunder GG. Giant Cell (Temporal) Arteritis. Rheum Dis Clin N Amer. 1990; 16:399–409

[15] Allen NB, Studenski SA. Polymyalgia Rheumatica and Temporal Arteritis. Med Clin N Amer. 1986; 70:369–384

[16] Hall S, Hunder GG. Is Temporal Artery Biopsy Prudent? Mayo Clin Proc. 1984; 59:793–796

[17] Caselli RJ, Danube JR, Hunder GG, Whisnant JP. Peripheral neuropathic syndromes in giant cell (temporal) arteritis. Neurology. 1988; 38:685–689

[18] Salvarani C, Hunder GG. Giant cell arteritis with low erythrocyte sedimentation rate: frequency of occurrence in a population-based study. Arthritis Rheum. 2001; 45:140–145

[19] Baumel B, Eisner LS. Diagnosis and Treatment of Headache in the Elderly. Med Clin N Amer. 1991; 75:661–675

[20] Karacostas D, Taskos N, Nikolaides T. CT Findings in Temporal Arteritis: A Report of Two Cases. Neurorad. 1986; 28

[21] McDonnell PJ, Moore GW, Miller NR, et al. Temporal Arteritis: A Clinicopathologic Study. Ophthalmology. 1986; 93:518–530

[22] Hall S, Lie JT, Kurland LT, et al. The Therapeutic Impact of Temporal Artery Biopsy. Lancet. 1983; 2:1217–1220

[23] Achkar AA, Lie JT, Hunder GG, O'Fallon WM, Gabriel SE. How does previous corticosteroid treatment affect the biopsy findings in giant cell (temporal) arteritis? Ann Intern Med. 1994; 120:987–992

[24] Hunder GG, Kelley WN, Harris ED, Ruddy S, Sledge CB. In: Giant Cell Arteritis and Polymyalgia Rheumatica. Textbook of Rheumatology. 4th ed. Philadelphia: W. B. Saunders; 1993:1103–1112

[25] Kent RB, Thomas L. Temporal Artery Biopsy. Am Surg. 1989; 56:16–21

[26] Chuang TY, Hunder GG, Ilstrup DM, et al. Polymyalgia Rheumatica: A 10-Year Epidemiologic and Clinical Study. Ann Intern Med. 1982; 97:672–680

[27] Salvarani C, Gabriel SE, O'Fallon WM, Hunder GG. Epidemiology of polymyalgia rheumatica in Olmstead County, Minnesota, 1970-1991. Arthritis Rheum. 1995; 38:369–373

[28] Cantini F, Salvarani C, Olivieri I, et al. Erythrocyte sedimentation rate and C-reactive protein in the evaluation of disease activity and severity inpolymyalgia rheumatica: a prospective follow-up study. Semin Arthritis Rheum. 2000; 30:17–24

[29] McDonald TJ, DeRemee RA. Wegener's Granulomatosis. Laryngoscope. 1983; 93:220–231

[30] Sneller MC. Wegener's Granulomatosis. JAMA. 1995; 273:1288–1291

[31] New Uses of Thalidomide. Med Letter. 1996; 38:15–16

[32] Cupps TR, Moore PM, Fauci AS. Isolated Angitis of the Central Nervous System: Prospective Diagnostic and Therapeutic Experience. Am J Med. 1983; 74:97–105

[33] Kaye BR, Fainstat M. Cerebral Vasculitis Associated with Cocaine Abuse. JAMA. 1987; 258:2104–2106

[34] Hasso AN, Bird CR, Zinke DE, et al. Fibromuscular Dysplasia of the Internal Carotid Artery: Percutaneous Transluminal Angioplasty. AJR. 1981; 136:955–960

[35] Mettinger KL. Fibromuscular Dysplasia and the Brain II: Current Concept of the Disease. Stroke. 1982; 13:53–58

[36] Mettinger KL, Ericson K. Fibromuscular Dysplasia and the Brain: Observations on Angiographic, Clinical, and Genetic Characteristics. Stroke. 1982; 13:46–52

[37] Osborn AG, Anderson RE. Angiographic Spectrum of Cervical and Intracranial Fibromuscular Dysplasia. Stroke. 1977; 8:617–626

[38] Chabriat H, Vahedi K, Iba-Zizen MT, et al. Clinical Spectrum of CADASIL: A Study of Seven Families. Lancet. 1995; 346:934–939

[39] Voltz R, Gultekin SH, Rosenfeld MR, et al. A Serologic Marker of Paraneoplastic Limbic and Brain- Stem Encepahlitis in Patients with Testicular Cancer. N Engl J Med. 1999; 340:1788–1795

[40] Denny-Brown D. Primary Sensory Neuropathy with Muscular Changes Associated with Carcinoma. J Neurol Neurosurg Psychiatry. 1948; 11:73–87

[41] Charness ME, Simon RP, Greenberg DA. Ethanol and the Nervous System. N Engl J Med. 1989; 321:442–454

[42] Gorelick PB. Alcohol and stroke. Stroke. 1987; 18:268–271

[43] Lohr RH. Treatment of Alcohol Withdrawal in Hospitalized Patients. Mayo Clin Proc. 1995; 70:777–782

[44] Sullivan JT, Sykora K, Schneiderman J, et al. Assessment of Alcohol Withdrawal: The Revised Clinical Institute Withdrawal Assessment for Alcohol Scale (CIWA-Ar). Br J Addict. 1989; 84:1353–1357

[45] Saitz R, Mayo-Smith MF, Roberts MS, et al. Individualized Treatment for Alcohol Withdrawal: A Randomized Double-Blind Controlled Trial. JAMA. 1994; 272:519–523

[46] Lechtenberg R, Worner TM. Seizure Risk With Recurrent Alcohol Detoxification. Arch Neurol. 1990; 47:535–538

[47] Addolorato G, Caputo F, Capristo E, Janiri L, Bernardi M, Agabio R, Colombo G, Gessa GL, Gasbarrini G. Rapid suppression of alcohol withdrawal syndrome by baclofen. Am J Med. 2002; 112:226–229

[48] Treatment of Alcohol Withdrawal. Med Letter. 1986; 28:75–76

[49] Watson WD, Verma A, Lenart MJ, Quast TM, Gauerke SJ, McKenna GJ. MRI in acute Wernicke's encephalopathy. Neurology. 2003; 61

[50] Acute Reactions to Drugs of Abuse. Med Letter. 1996; 38:43–46

[51] Fessler RD, Esshaki CM, Stankewitz RC, et al. The Neurovascular Complications of Cocaine. Surg Neurol. 1997; 47:339–345

[52] Lichtenfeld PJ, Rubin DB, Feldman RS. Subarachnoid Hemorrhage Precipitated by Cocaine Snorting. Arch Neurol. 1984; 41:223–224

[53] Oyesiku NM, Collohan ART, Barrow DL, Reisner A. Cocaine-Induced Aneurysmal Rupture: An Emergent Negative Factor in the Natural History of Intracranial Aneurysms? Neurosurgery. 1993; 32:518–526

[54] Schwartz KA, Cohen JA. Subarachnoid Hemorrhage Precipitated by Cocaine Snorting. Arch Neurol. 1984; 41

[55] Levine SR, Brust JCM, Futrell N, Ho KL, et al. Cerebrovascular Complications of the Use of the 'Crack' Form of Alkaloidal Cocaine. N Engl J Med. 1990; 323:699–704

[56] Mody CK, Miller BL, McIntyre HB, et al. Neurologic Complications of Cocaine Abuse. Neurology. 1988; 38:1189–1193

[57] Volpe JJ. Effect of Cocaine Use on the Fetus. N Engl J Med. 1992; 327:399–407

Parte III

Exames de Imagem e Diagnóstico

12	Radiologia Simples e Meios de Contraste	212
13	Imagens e Angiografia	227
14	Eletrodiagnóstico	238

12 Radiologia Simples e Meios de Contraste

12.1 Radiografia de coluna cervical
12.1.1 Achados normais
Para os sinais radiográficos de traumatismo de coluna cervical ver ▶ Quadro 63.2, e para as diretrizes do diagnóstico de instabilidade clínica ver ▶ Quadro 65.4.

Linhas de contorno

Em uma radiografia lateral de coluna cervical, há 4 linhas de contorno (também conhecidas como linhas arqueadas). Normalmente, cada linha deve formar uma curva uniforme e suave (▶ Fig. 12.1):

1. linha vertebral posterior (PML): ao longo das superfícies corticais posteriores dos corpos vertebrais (VB). Marca a margem anterior do canal vertebral
2. linha vertebral anterior (AML): ao longo das superfícies corticais anteriores dos VBs

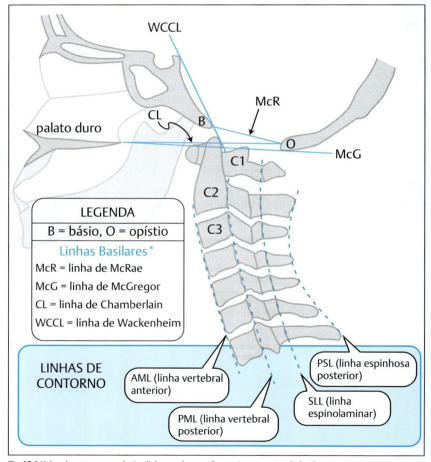

Fig. 12.1 Linhas de contorno vertebrais e linhas usadas para diagnosticar a invaginação basilar. Incidência lateral através da junção craniocervical.
*Ver discussão das linhas basilares (p. 218).

Quadro 12.1 ADI normal

Paciente		ADI
adultos	homens	≤ 3 mm
	mulheres	≤ 2,5 mm
pacientes pediátricos[7] (≤ 15 anos)		≤ 4 mm

3. linha espinolaminar (SLL): ao longo da base dos processos espinhosos. A margem posterior do canal vertebral
4. linha espinhosa posterior (PSL): ao longo das pontas dos processos espinhosos

Relação entre o atlas e o occipital
Ver também os critérios para luxação atlantoccipital (AOD) (p. 965).

Relação entre o atlas e o áxis
Essas medidas são úteis para a luxação/subluxação atlantoaxial (p. 968), p. ex., trauma, artrite reumatoide (p. 1134) ou síndrome de Down (p. 1138).

12.1.2 Regra de Spence
Na radiografia AP ou odontoide com a boca aberta, se a soma total das massas laterais de C1 sobre C2 for ≥ 7 mm (x + y na ▶ Fig. 12.7), o ligamento transverso do atlas (TAL) está provavelmente rompido[1,2] (quando corrigido para um fator de magnificação de 18%, foi sugerido que os critérios fossem elevados para ≥ 8,2 mm[3]).

12.1.3 Intervalo atlantodontoide (anterior) (ADI)
Nota: o termo ADI geralmente se refere ao intervalo atlantodontoide anterior (também existe um ADI posterior [p. 213] e um ADI lateral, que podem ser observados nas radiografias AP).

Conhecido também como espaço pré-apofisário. A distância entre a margem anterior do processo odontoide e o ponto mais próximo do arco anterior de C1 ("botão C1") em uma radiografia lateral de coluna cervical (▶ Fig. 12.2). O ADI máximo normal é variavelmente dado na faixa de 2 a 4 mm.[4,5] Limites superiores comumente aceitos são exibidos no ▶ Quadro 12.1 Um ADI anormalmente elevado é um marcador indireto de ruptura do TAL[6]

12.1.4 Intervalo atlantodontoide posterior (PADI)
Conhecido também como largura do canal neural (NCW).[8] O PADI é o diâmetro AP do canal *ósseo* na C1 e é medido desde a parte posterior do odontoide até a face anterior do anel posterior de C1 (▶ Fig. 12.2). É mais útil do que o ADI para algumas condições, p. ex., AAS na artrite reumatoide (p. 1134) ou síndrome de Down (p. 1138).

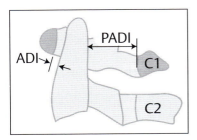

Fig. 12.2 O intervalo atlantodontoide (ADI) (p. 213) e o intervalo atlantodontoide posterior (PADI) em uma radiografia lateral de coluna cervical.

Quadro 12.2 Tecido mole pré-vertebral normal

Espaço	Nível	Largura normal máxima (mm)		
			Adultos	Pacientes pediátricos
		MDCT		Radiografia lateral
retrofaríngeo	C1	8,5	10	não confiável
	C2-4	6-7[a]	5-7	
retrotraqueal	C5-7	18	22	14

[a]Dados da CT foram considerados não confiáveis em C4.[11]

Diâmetro do canal

Diâmetro normal do canal na radiografia lateral de coluna cervical (da linha espinolaminar [SLL] até o corpo vertebral posterior, com uma distância de 180 cm entre o tubo de raios X e o filme):[9] 17 ± 5 mm. Na presença de osteófitos, medir da parte posterior do esporão até a SLL.

Estenose espinal cervical: foram sugeridos vários valores de corte para o diâmetro AP mínimo normal.[10] Em uma radiografia lateral simples de coluna cervical, este diâmetro é geralmente mensurado do corpo vertebral posterior (ou face posterior de um osteófito) até a linha espinolaminar. Alguns usam 15 mm. A maioria concorda que uma estenose está presente, quando o diâmetro AP é < 12 mm em um adulto. Esta medida é menos crítica do que já foi uma vez, sendo um marcador indireto de estenose grave o bastante para comprimir a medula espinal, que agora pode ser demonstrada diretamente com MRI (ou mielografia).

Tecido mole pré-vertebral

Tecido mole pré-vertebral (PVST) anormalmente aumentado pode indicar a presença de uma fratura vertebral, luxação ou ruptura ligamentosa.[12] Os valores normais para a radiografia lateral e CT de coluna cervical são demonstrados no ▶ Quadro 12.2. Radiografias simples estão sujeitas a erros por causa da magnificação e rotação. CT multidetector (MDCT) elimina essas falhas.[11]

Um PVST aumentado é mais provável com lesões anteriores do que posteriores.[13] Nota: a sensibilidade dessas medidas é de apenas ≈ 60% em C3 e 5% em C6.[12] Falsos-positivos podem ocorrer nas fraturas basais cranianas/faciais, especialmente na fratura de placas pterigóideas. Uma sonda ET pode permitir o acúmulo de fluidos na orofaringe posterior, podendo obscurecer essa medida. Nesse cenário, pode-se procurar por uma camada fina de gordura entre os músculos pré-vertebrais e a faringe posterior na CT cervical: o tecido pré-vertebral (posterior a esta linha) estará espessado (não há medidas disponíveis neste momento). MRI também pode demonstrar um sinal anormal no tecido pré-vertebral.

Distâncias interespinais

AP de coluna cervical: uma fratura/luxação ou ruptura de ligamento pode ser diagnosticada se a distância interespinal for 1,5 vez daquela de ambos os níveis adjacentes (medida a partir do centro dos processos espinhosos).[14] Procurar também por um mau alinhamento dos processos espinhosos abaixo de um determinado nível, que pode ser evidência de rotação em razão de uma faceta travada unilateralmente.

Lateral de coluna cervical: procurar por **"forma de leque"** ou **"alargamento"**, o que representa uma expansão anormal de um par de processos espinhosos que também pode indicar ruptura de ligamento.

12.1.5 Coluna cervical pediátrica

C1 (atlas)

Centros de ossificação;[15] geralmente 3 (▶ Fig. 12.3)
- 1 (algumas vezes 2) para o corpo (não ossificado ao nascimento; aparece na radiografia durante o 1º ano de vida)
- 1 para cada arco neural (aparece bilateralmente ≈ 7º semana fetal)

Sincondroses;[15]
- sincondrose do processo espinhoso: une-se ≈ 3 anos de idade
- 2 sincondroses neurocentrais: unem-se ≈ 7 anos

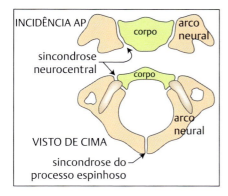

Fig. 12.3 C1 pediátrica (atlas).

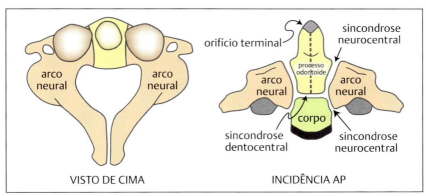

Fig. 12.4 C2 pediátrica (áxis).

Os centros de ossificação de C1 falham em fechar completamente em 5% dos adultos (geralmente posteriormente). Quando presente, o defeito anterior raro está normalmente associado a um defeito posterior.

C2 (áxis)
Existem 5 centros de ossificação durante o desenvolvimento. As duas metades do odontoide se unem na linha média (linha pontilhada na ▶ Fig. 12.4) aos 7 meses do desenvolvimento e, portanto, há 4 centros de ossificação primários ao nascimento (▶ Fig. 12.4):
- processo odontoide
- corpo vertebral
- 2 arcos neurais

Os arcos posteriores se unem aos 2-3 anos de idade. As sincondroses anteriores normalmente se unem entre 3-6 anos de idade. No entanto, a sincondrose dentocentral (também conhecida como sincondrose subdental) pode ser visível na radiografia até ≈ 11 anos de idade. Um centro de ossificação secundário (orifício terminal) aparece no topo do processo odontoide entre 3-6 anos de idade, e une-se ao processo odontoide aos 12 anos de idade.[15]

C3-7
3 centros de ossificação ao nascimento[16] (ver ▶ Fig. 12.5).
- corpo vertebral
- 2 arcos neurais

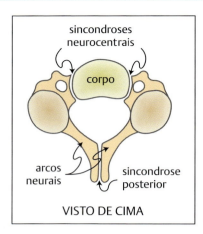

Fig. 12.5 C3-7 pediátricas.

Os 2 arcos neurais se unem posteriormente aos 2-3 anos de idade.
Cada arco neural se une ao corpo aos 3-6 anos de idade.
Geralmente, os corpos cervicais são ligeiramente cuneiformes na população pediátrica (mais estreito anteriormente). O acunhamento diminui com a idade.

12.2 Radiografias de coluna lombossacral (LS)

L4-5 é normalmente o espaço discal lombar com a maior altura vertical. Ver também Medidas normais da coluna LS (p. 1102).

Incidência AP: procurar por defeito ou não visualização de "olhos de coruja", em razão da erosão pedicular que pode ocorrer com tumores líticos (comum na doença metastática).

Incidências oblíquas: procurar por descontinuidade no colo do "cão Scotty" para defeito na *pars interarticularis*.

Vértebras em borboleta: uma anomalia congênita incomum, supostamente causada por uma falha de fusão das metades laterais dos VB por causa de um tecido notocordal persistente, produzindo uma aparência de "borboleta" nas radiografias AP ou nas reconstruções coronais em CT. O VB envolvido está ampliado, e as vértebras adjacentes podem exibir uma deformidade compensatória, como se tivessem preenchendo algumas das lacunas. Pode estar associada a outras malformações da coluna vertebral ou das costelas.[17] Nas incidências laterais, pode simular uma fratura por compressão. Em casos graves, pode haver uma cifose e/ou escoliose significativa. Geralmente assintomático, sem necessidade de tratamento. Pode estar associado à lipomielomeningocele (p. 269).

12.3 Radiografias de crânio

Incidência de Water: conhecida também como incidência vértice submentoniana. Tubo de raios X em um ângulo superior a 45° (perpendicular ao clivo).

Incidência de Towne: tubo de raios X em um ângulo inferior a 45°, para visualizar o occipital.

12.3.1 Sela túrcica

Dimensões normais em adultos na radiografia de crânio

Técnica: incidência lateral verdadeira, distância-alvo-filme de 91 cm, raio central 2,5 cm anterior e 1,9 cm superior ao EAM. O ▶ Quadro 12.3 mostra os valores normais (▶ Fig. 12.6 mostra como as medidas são feitas).

Profundidade (P): definida como a maior medida obtida do assoalho ao diafragma selar.
Comprimento (C): definido como o maior diâmetro AP.

Achados anormais

Adenomas hipofisários tendem a alargar a sela, ao contrário dos craniofaringiomas que causam erosão dos clinoides posteriores. A síndrome da sela vazia tende a expandir a sela simetricamente e não causa erosão dos clinoides. Meningiomas do tubérculo selar geralmente não alargam a sela e podem estar associados ao aumento do seio esfenoidal; ver *pneumosinus dilatans* esfenoidal (p. 1372).

Quadro 12.3 Dimensões normais da sela túrcica (▶ Fig. 12.6)

Dimensão	Máx.	Mín.	Média
P (profundidade) (mm)	12	4	8,1
C (comprimento) (mm)	16	5	10,6

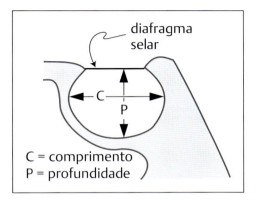

Fig. 12.6 Medidas da sela túrcica (incidência lateral).

Sela em forma de "J" sugere glioma de nervo óptico. Também pode ocorrer congenitamente na síndrome de Hurler (uma mucopolissacaridose).

12.3.2 Invaginação basilar e impressão basilar (BI)

Terminologia
Os termos impressão basilar e invaginação basilar são frequentemente usados indiscriminadamente na literatura: historicamente, invaginação basilar (também conhecida como assentamento do crânio) indicava uma endentação ascendente da base do crânio, geralmente decorrente de um amolecimento ósseo adquirido (ver abaixo) e frequentemente associado à fusão atlantoccipital, enquanto que impressão basilar sugeria um osso normal. Uma distinção parece inútil (a abreviação [BI] será usada para ambos). Característica comum: deslocamento ascendente da coluna cervical superior (incluindo o processo odontoide, também conhecida como migração cranial do odontoide) para a fossa posterior através do forame magno.

Platibasia: achatamento da base do crânio. Originalmente avaliada por radiografias simples (que estão sujeitas a erro por causa da rotação do crânio ou dificuldade em identificar as referências anatômicas), é agora mais comumente avaliada por CT ou MRI. Pode ou não estar associada à BI, e pode ocorrer em combinação com anormalidades craniofaciais, malformação de Chiari, doença de Paget...

Quantificada medindo-se o ângulo basal, que, nas radiografias simples, é o ângulo entre as linhas traçadas do násio até o centro da sela e, então, até a região anterior do forame magno,[18] mas na MRI é mais bem representada pelo ângulo entre uma linha traçada ao longo do assoalho da fossa anterior até o dorso da sela e uma segunda linha traçada ao longo do clivo posterior.[19] Ângulo basal médio normal: 130°. Platibasia: > 145° (ângulo basal anormalmente obtuso).

Dois subtipos de BI
Ver referência.[20]
Tipo I: BI sem malformação de Chiari. A ponta do odontoide tende a se localizar acima da CL, McR e WCCL na ▶ Fig. 12.7. Compressão do tronco cerebral é causada pela invaginação do processo odontoide. 85% podem ser reduzidas por fusão posterior.

Tipo II: BI + malformação de Chiari. A ponta do odontoide tende a se localizar acima da CL, porém não da McR ou WCCL. Compressão do tronco cerebral é causada pela redução de volume da fossa posterior. Apenas 15% podem ser reduzidas com tração. Descompressão do forame magno é apropriado.

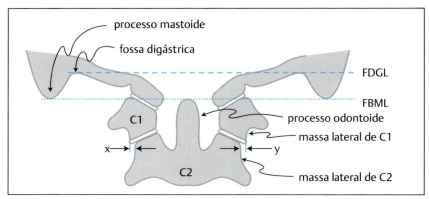

Fig. 12.7 Incidência AP através da junção craniocervical.
FDGL = linha digástrica de Fischgold, FBML = linha bimastóidea de Fischgold, x + y = total das massas laterais de C1 sobre C2; ver Regra de Spence (p. 970).

Medidas usadas na BI

(▶ Fig. 12.1 e ▶ Fig. 12.7):
1. linha de McRae ("McR" na ▶ Fig. 12.1): traçada ao longo do forame magno (da ponta do clivo [básio] até o opístio).[21] A posição média da ponta do odontoide abaixo da linha é de 5 mm (SD ± 1,8 mm) na CT e 4,6 mm (SD ± 2,6 mm) na MRI.[22] Nenhuma parte do odontoide deve estar acima desta linha (a medida mais precisa da BI)
2. linha de Chamberlain ("CL" na ▶ Fig. 12.1):[23] do palato duro posterior até a margem posterior do forame magno (opístio). Menos de 3 mm ou metade do processo odontoide deve estar acima desta linha, com 6 mm sendo definitivamente patológico. Raramente usada, pois o opístio é geralmente difícil de visualizar na radiografia simples e também pode estar invaginado. Na CT[24] e MRI,[22] a ponta odontoide normal está 1,4 mm (± 2,4) abaixo da linha
3. linha de McGregor ("McG" na ▶ Fig. 12.1):[25] margem posterior do palato duro até o ponto mais caudal do occipital. Não mais de 4,5 mm do processo odontoide deve estar acima desta linha. Na CT[24] e MRI,[22] a ponta odontoide normal está 0,8 mm (±2,4) acima da linha
4. linha de Wackenheim ("WCCL" na ▶ Fig. 12.1): o odontoide deve estar tangente ou abaixo da linha que se estende o longo do clivo (linha basal do clivo). Se o clivo for côncavo ou convexo, essa linha basal é traçada para conectar o básio à base do clinoide posterior no clivo[26]
5. linha digástrica (de Fischgold) ("FDGL" na ▶ Fig. 12.7): une-se às fossas digástricas. A distância normal desta linha até a região média da articulação atlantoccipital é de 10 mm (reduzida na BI).[27] Nenhuma parte do odontoide deve estar acima desta linha. Mais precisa do que a linha bimastóidea (FBML)
6. linha bimastóidea de Fischgold ("FBML" na ▶ Fig. 12.7): une-se à ponta dos processos mastóideos. A ponta do odontoide, em média, situa-se 2 mm acima desta linha (varia de 3 mm abaixo a 10 mm acima) e esta linha deve atravessar a articulação atlantodontoide

Condições associadas à BI

1. condições congênitas (BI é a anomalia congênita mais comum da junção craniocervical, sendo frequentemente acompanhada por outras anomalias[28 (p. 148-9)])
   a) síndrome de Down
   b) síndrome de Klippel-Feil (p. 271)
   c) malformação de Chiari (p. 277): em uma série de 100 pacientes, 92 tinham BI[9]
   d) siringomielia
2. condições adquiridas
   a) artrite reumatoide (em parte decorrente da incompetência do ligamento transverso, ver impressão basilar na artrite reumatoide (p. 1137)
   b) pós-traumático
3. condições com BI associadas ao amolecimento ósseo incluem:[30]
   a) doença de Paget

b) osteogênese imperfeita: pacientes têm uma esclerótica azulada e perda auditiva precoce. Provocada por um defeito congênito que causa defeito do colágeno tipo I. Os ossos são fracos ("doença do osso frágil"). Herança autossômica dominante. Há 4 tipos comuns de OI e algumas incomuns
c) osteomalacia
d) raquitismo
e) hiperparatireoidismo

12.4 Meios de contraste na neurorradiologia

Ver também corantes intraoperatórios (p. 1426) para corantes visíveis úteis na sala de cirurgia.

12.4.1 Meios de contraste iodados

Precauções gerais

Meios de contraste hidrossolúveis substituíram os não hidrossolúveis, como o Pantopaque® (etil iodofenilundecilato ou iofendilato de meglumina).

✖ Atenção: meios de contraste iodados (IV ou intra-arterial) podem retardar a excreção de metformina (Glucophage®, Advandamet®), um agente hipoglicêmico oral usado na diabetes tipo II, e podem estar associados à acidose láctica e insuficiência renal (particularmente em pacientes com CHF ou aqueles consumindo álcool). O fabricante recomenda suspender a metformina 48 h antes e depois da administração do contraste (ou por mais tempo se houver evidência de declínio da função renal após o uso do meio de contraste). A metformina também deve ser suspensa ≈ 48 h antes de qualquer cirurgia, não devendo ser reiniciada após cirurgia, até que o paciente tenha se recuperado completamente e esteja comendo e bebendo normalmente.

A dose máxima de iodo com uma função renal normal é de ≈ 86 g em um período de 24 h.

Meios de contraste intratecais

Injeção intratecal inadvertida de meios de contraste não aprovados

✖ Atenção: podem ocorrer reações graves com a injeção intratecal inadvertida (p. ex., para mielografia, cisternografia, ventriculografias...) de meios de contraste iodados que não sejam especificamente indicados para uso intratecal (incluindo meios de contraste iônicos, bem como alguns meios não iônicos [p. ex., Optiray®, Reno-60...]). Isto pode causar convulsões incontroláveis, hemorragia intracerebral, edema cerebral, coma, paralisia, aracnoidite, mioclonia (espasmos musculares tônico-clônicos), rabdomiólise com subsequente insuficiência renal, hipertermia e comprometimento respiratório, com uma taxa significativa de fatalidade.[31]

As sugestões de tratamento para a injeção intratecal inadvertida incluem:

1. imediatamente retirar CSF + meio de contraste se o erro for reconhecido, quando houver oportunidade (p. ex., retirar o fluido através de uma agulha para mielograma)
2. elevar a cabeceira da cama ≈ 45° (para evitar que o meio de contraste entre na área da cabeça)
3. se houver dúvidas sobre o que pode ter acontecido (ou seja, é incerto se um meio de contraste apropriado foi usado), enviar sangue e CSF com contraste para a cromatografia líquida de alta eficiência para identificação do agente[32]
4. anti-histamínicos: p. ex., difenidramina (Benadryl®), 50 mg por injeção IM profunda
5. respiração: oxigênio suplementar e, se necessário, intubação
6. controlar a HTN
7. hidratação IV
8. esteroides IV
9. sedação se o paciente estiver agitado
10. tratar a febre com acetaminofeno e, se necessário, com um cobertor de resfriamento
11. paralisia farmacológica, se necessário, para tratar a atividade muscular
12. anticonvulsivo: mais de um agente pode ser necessário (p. ex., fenitoína + fenobarbital + um benzodiazepínico)
13. considerar a realização de CT de crânio sem contraste: pode ajudar a determinar se o meio de contraste difundiu intracranialmente, mas isto requer que o paciente seja colocado em uma posição plana, e isto pode não ser aconselhável
14. inserir dreno subaracnóideo lombar com drenagem de CSF (p. ex., 10 cc por hora)
15. monitorar: eletrólitos, níveis anticonvulsivantes, creatina quinase (CK)
16. repetir EEGs para avaliar a atividade convulsiva, enquanto sedado/paralisado

Iohexol (Omnipaque®)

Atualmente, o agente aprovado primário empregado para uso intratecal é o iohexol (Omnipaque®).

220 Exames de Imagem e Diagnóstico

Um composto tri-iodado não iônico. A concentração é expressa como segue: p. ex., Omnipaque 300 contém o equivalente de 300 mg de iodo orgânico por mL de meio (300 mg/mL).

Usado para mielografia, cisternografia, bem como CT com meio de contraste IV. Os usos e concentrações são demonstrados no ▶ Quadro 12.4.

Uso intratecal

Nota: somente Omnipaque 180, 210, 240 e 300 são aprovados para uso intratecal. Omnipaque 140 e 350 *não* são aprovados pela FDA para uso intratecal, contudo, alguns neurorradiologistas usam Omnipaque 140 ou 180 diluído para, p. ex., ventriculografia (uso não aprovado).

Considerar a descontinuação de fármacos neurolépticos (incluindo: fenotiazinas, p. ex., clorpromazina, proclorperazina e prometazina) pelo menos 48 horas antes do procedimento. Elevar a cabeceira ≥ 30° nas primeiras horas após o procedimento. Hidratar oralmente ou por via IV.

Usar com cautela em pacientes com histórico de convulsões, doença cardiovascular grave, alcoolismo crônico ou esclerose múltipla.

O iohexol difunde-se lentamente do espaço intratecal para a circulação sistêmica, e é eliminado por excreção renal sem um metabolismo significativo ou deiodinação.

Dose máxima: uma dose total de 3.060 mg de iodo não deve ser excedida em um adulto durante um único mielograma (alguns dizem que uma dose de até 4.500 mg é OK) (p. ex., 15 cc de Omnipaque 300 = 15 mL x 300 mgL/mL = 4.500 mg de iodo).

Iopamidol (p. ex., Isovue 300, Isovue 370®)

Composto tri-iodado, não iônico e hidrossolúvel. Usado para contraste radiográfico intravascular ou intratecal. Isovue 300 e 370 contêm 300 e 270 mg de iodo/mL, respectivamente.

Quadro 12.4 Concentrações de iohexol para adultos

Procedimento	Concentração (mg/mL)	Volume (mL)
mielografia lombar via LP	180 240	10-17 7-12,5
mielografia torácica via LP ou injeção cervical	240 300	6-12,5 6-10
mielografia cervical via LP	240 300	6-12,5 6-10
mielografia cervical via punção no espaço C1-2	180 240 300	7-10 6-12,5 4-10
mielografia completa via LP	240 300	6-12,5 6-10
arteriografia cerebral[a]	300	≈6-12 mL/vaso
CT com contraste IV do cérebro	240 350	120-250 mL por gotejamento IV 70-150 mL em *bolus*[b]
cisternografia por CT via LP ou punção no espaço C1-2	300 350	12 12
ventriculografia por CT via cateter ventricular	180[c]	2-3
ventriculografia por radiografia simples via cateter ventricular	180	2-3
"shuntograma" radiográfico injetado nos ventrículos pelo cateter de derivação	180	2-3
"shuntograma" radiográfico injetado na valva pelo cateter distal da derivação, de forma que não penetre nos ventrículos (para verificar a função do cateter distal da derivação)	300 350	10-12 10-12

[a]A maioria dos centros utiliza Optiray®, ver texto.
[b]Seguir com infusão em *bolus* de 250 mL de NS a 0,45% para reidratar o paciente.
[c]180 será muito denso na CT, e alguns utilizam 1-3 mL de 140 ou 180% diluído (diluir aproximadamente 2 partes de meio de contraste para 1 parte de soro fisiológico livre de conservantes).

Meios de contraste não intratecais

Para a injeção intratecal inadvertida de meios de contraste que não sejam especificamente indicados para uso intratecal, ver acima.

Ioversol (Optiray®)

✕ Não destinado ao uso intratecal (ver acima).
Usos e concentrações incluem:
- arteriografia: Optiray 300 (ioversol 64%) ou Optiray 320 (ioversol 68%). Dose total por procedimento geralmente não deve exceder 200 mL
- CT com contraste IV do cérebro:
  a) adultos: 50-150 mL de Optiray 300, 320, ou 100-250 mL de Optiray 240.
     Tipicamente: 100 mL de Optiray 320
  b) pacientes pediátricos: 1-3 mL/kg de Optiray 320

Iopromida (Ultravist®)

✕ Não destinado ao uso intratecal (ver acima). Disponível em 150, 240, 300 e 370 mg de iodo/mL. A osmolalidade do Ultravist 300 é de 607.
Angiografia cerebral (300 mg/mL): a dose máxima é de 150 mL por procedimento.
CT com contraste (CECT) (300 mg/mL). R pediátricos (> 2 anos de idade): a dose típica é de 1-2 mL/kg IV, a dose máxima é de 3 mL/kg por procedimento. *Adultos:* a dose típica é de 50-200 mL, a dose máxima é de 200 mL.

Iodixanol (Visipaque®)

✕ Não destinado ao uso intratecal (ver acima). Composto tri-iodado, não iônico, *isosmótico* em relação ao sangue. Para uso intravascular. Aprovado pela FDA para CECT. Alguns angiografistas usam Visipaque 270 para angiografia cerebral (opacificação ligeiramente menor, porém a dose de iodo também é ligeiramente mais baixa). Disponível em 270 e 320 mg de iodo/mL.

Meio de contraste iodado com alergias e insuficiência renal

Preparo antialérgico

Indicado para pacientes com prévio histórico de reação a um material de contraste iodado IV. Preparação com este regime deve ser feita sempre que possível para pacientes com prévias reações leves, como urticária e prurido. Pacientes com choque anafilático ou edema grave, causando comprometimento das vias aéreas, provavelmente não devem receber iodo IV mesmo com este preparo, a menos que absolutamente necessário. ✕ Atenção: apesar deste regime, o paciente ainda pode ter uma reação grave (modificada[33]). Este preparo também é usado para a rara alergia por gadolínio.
1. utilizar meio de contraste não iônico (p. ex., iohexol), sempre que possível
2. ter equipamento de emergência disponível durante o exame
3. medicamentos:
   a) esteroide (▶ Quadro 8.1 para maiores detalhes sobre a dose de esteroides)
      - 50 mg de prednisona PO: 20-24 h, 8-12 h e 2 h antes do exame
      - dose equivalente de Solumedrol® IV (metilprednisolona): ≈ 25 mg
   b) 50 mg de difenidramina (Benadryl®). IM 1 h antes *OU* IV 5 min antes do exame
   c) opcional: antagonista dos receptores H2, p. ex., 300 mg de cimetidina PO ou IV 1h antes do exame

Medicamentos para uma varredura de *emergência,* quando o preparo de 24 h não é possível:
- 100 mg de hidrocortisona IV e, então, exame em até 2 horas

Preparo para insuficiência renal ou pacientes com DM

Para pacientes com DM ou insuficiência renal leve (p. ex., pequena elevação da creatinina sérica, > 1,2 mg/dL (EUA), o que representa > 100 mcmol/L, 1 mg/dl de creatinina (usado nos EUA) = 88,4 mcmol/L), para atenuar os efeitos da nefropatia induzida por meio de contraste iodado.
- N-acetilcisteína (Mucomyst; a eficácia real da NAC não foi comprovada e pode não ser superior à da hidratação isolada): todos os regimes acompanham hidratação e incluem:
  a) 800 mg PO a cada 8 h por 24 h antes do exame,[34] seguido por 600 mg PO 2x ao dia por 24 horas após o exame
  b) 600 mg PO 2x ao dia por 2 dias antes do exame, 600 mg PO 2x ao dia ao 24 horas após o exame
  c) 600 mg em *bolus* IV antes do exame e 600 mg PO 2x ao dia por 48 horas após o exame[35]

- hidratação: 1 L de água estéril com 3 ampolas de bicarbonato de sódio IV a 100 mL/h, começar 1 hora antes do exame e continuar até o fornecimento do litro inteiro

12.4.2 Reações ao meio de contraste intravascular

Informações gerais

Ver também tratamento da injeção intratecal inadvertida de meios de contraste iônicos (p. 219).

✖ Betabloqueadores

Betabloqueadores podem aumentar o risco de reações ao meio de contraste e podem mascarar algumas manifestações de uma reação anafilactoide. Epinefrina também é usada, o que é desaconselhável, visto que os efeitos alfa da epinefrina predominarão (broncospasmo, vasoconstrição, aumento do tônus vagal). Caso um tratamento para hipotensão seja necessário após a administração de um betabloqueador, pode-se tentar a infusão de 2-3 mg de glucagon em *bolus* IV, seguido por gotejamento IV de 5 mg ao longo de 1 hora (o glucagon tem um efeito cronotrópico e inotrópico positivo que não é mediado pelas vias adrenérgicas).

Reações idiossincráticas e tratamento

Hipotensão com taquicardia (reação anafilactoide)

1. leve: posição de Trendelenburg. Fluidos IV
2. sem resposta, porém permanece leve:
   epinefrina (usar com cuidado em pacientes com coronariopatia, reserva cardíaca limitada, hipertensão ou aneurisma cerebral não clipado)
   a) 0,3-0,5 mL SQ de uma solução 1:1000 (0,3-0,5 mg) a cada 15-20 min (pacientes pediátricos: 0,01 mg/kg)
   b) ou, recomendações da ASEP (especialmente para idosos ou pacientes em choque): 10 mL IV de uma solução 1:100.000 ao longo de 5 a 10 min (colocar 0,1 mL de 1:1000 em 10 mL de NS, ou diluir 1 ampola de 1:10.000 em 10 mL de NS)
3. moderada à severa ou piorando (anafilaxia): adicionar:
   a) fluidos coloides IV, p. ex. hetamido (Hespan®) a 6% (coloides são necessários, pois há desvio extravascular de fluidos. Estes agentes também apresentam um pequeno risco de reação alérgica)
   b) epinefrina (ver acima). Pode repetir × 1
   c) 2-6 L/min de O_2 por NC. Intubar, se necessário
   d) EKG para descartar alterações isquêmicas
4. no desenvolvimento de choque: adicionar dopamina (p. 128), iniciar a 5 mcg/kg/min

Hipotensão com bradicardia (reação vasovagal)

1. leve:
   a) posição de Trendelenburg
   b) fluidos IV
2. na ausência de resposta, adicionar:
   a) 0,75 mg de atropina IV, pode repetir até 2-3 mg durante 15 min, conforme necessário. Usar com cautela em pacientes com cardiopatia subjacente
   b) EKG e/ou monitor cardíaco: especialmente quando atropina ou dopamina são usadas
3. na ausência de resposta: adicionar dopamina (p. 128), iniciar a 5 mcg/kg/min

Urticária

1. leve: autolimitada. Não há necessidade de tratamento
2. moderada:
   a) difenidramina (Benadryl®), 50 mg PO ou IM profunda (evitar IV, pode causar anafilaxia por si só)
   b) cimetidina (Tagamet®), 300 mg PO ou IV diluídos em 20 mL e fornecidos ao longo de 20 min. Receptores H2 contribuem com a reação de pápula e eritema
3. grave: tratar a mesma forma acima para reação moderada, e adicionar:
   a) epinefrina (ver acima)
   b) manter o cateter IV

Angioedema facial ou laríngeo

1. epinefrina: ver acima. Pode repetir até 1 mg
2. na presença de dificuldade respiratória: 2-6 L/min de O_2. Intubar, se necessário (a via orotraqueal pode ser muito difícil, por causa do inchaço da língua. Intubação nasotraqueal ou cricotirotomia de emergência pode ser necessária)

3. difenidramina: ver acima
4. cimetidina: ver acima
5. se angioedema for acessível, adicionar compressa de gelo
6. manter o cateter IV
7. esteroides são geralmente eficazes apenas no angioedema *crônico*

Broncospasmo

1. leve a moderado:
   a) epinefrina: ver acima. Pode repetir até 1 mL
   b) na presença de dificuldade respiratória: 2-6 L/min de O_2. Intubar, se necessário
   c) manter o cateter IV
   d) terapia inalatória com agonista β-adrenérgico, p. ex. albuterol (Proventil®), se terapia respiratória estiver disponível, caso contrário inalador dosimetrado, p. ex., pirbuterol (Maxair®) ou metaproterenol (Metaprel®), 2 inaladas
2. grave: tratar como acima para reação moderada, e adicionar:
   a) aminofilina, 200-500 mcg em 10-20 cc de NS por infusão IV lenta ao longo de 15-30 min. Monitorar para hipotensão e arritmias
   b) intubar
3. prolongado: adicionar o seguinte (não terá um efeito imediato):
   a) hidrocortisona, 250 mg IV
   b) difenidramina: ver acima
   c) cimetidina: ver acima

Edema pulmonar

1. 2-6 L/min de O_2 por NC. Intubar, se necessário
2. elevar a cabeça e o corpo
3. furosemida (Lasix®), 40 mg IV
4. EKG
5. no desenvolvimento de hipóxia (pode-se manifestar na forma de agitação ou combatividade), adicionar:
   a) morfina, 8-15 mg IV. Pode causar depressão respiratória, esteja preparado para intubar
   b) epinefrina: ver acima. ✖ ATENÇÃO: usar somente se MI puder ser descartado como a causa de edema pulmonar. Pacientes com patologia intracraniana aguda podem estar em risco de edema pulmonar neurogênico (p. 1178)

Convulsões

Se a convulsão não for autolimitada, iniciar com lorazepam (Ativan®), 2-4 mg IV para um adulto. Precaver-se contra estado epiléptico (p. 470) e prosseguir para outros fármacos, conforme indicado (p. 471).

12.5 Segurança radiológica para neurocirurgiões

12.5.1 Informações gerais

Exposição à radiação tem tanto um componente determinístico (exposição acima de um determinado limiar causará uma lesão específica) como um componente estocástico (qualquer dose aumenta as *chances* de um evento adverso, e quanto maior a dose cumulativa, maiores as chances).

12.5.2 Unidades

Ver referência.[36]

Dose absorvida: a quantidade de energia absorvida por unidade de massa. Expressa em Gray ou rads.

Gray (Gy): a unidade SI. 1 Gy = 100 cGy = 100 rads = uma dose absorvida de 1 Joule/kg.

Rad: 1 rad = uma dose absorvida de 100 ergs/grama = 0,01 joule/kg = 0,01 Gy = 1 cGy.

O efeito biológico (dose equivalente) da radiação: pode ser expresso em rem ou Sieverts.

Sievert (Sv): a unidade SI. A dose equivalente em sieverts é igual à dose absorvida em grays, multiplicada por um "fator de qualidade" (Q), que difere para diferentes fontes de radiação, p. ex., prótons de alta energia têm um Q de 10, raios X têm um Q de 1. 1 Sv = 100 rems.

Equivalente Roentgen no homem (rem): a dose absorvida em rads, multiplicada por Q. Estima-se que 1 rem cause ≈ 300 casos adicionais de câncer por 1 milhão de pessoas (um terço dos quais é fatal). 1 rem = 0,01 sievert.

12.5.3 Típica exposição à radiação

A exposição anual média à radiação é de 360 mrem (aproximadamente 30 mrem são decorrente da radiação cósmica de fundo, ≈ 20 da dose total é por causa do potássio-40 radioativo, que está presente em todas as células). Exposição proveniente de um voo transcontinental é de ≈ 5 mrem.

CXR: causa uma exposição ao tórax de, aproximadamente, 0,01-0,04 rem.

Radiografia de coluna vertebral com incidências oblíquas: 5 rem.

CAT (cerebral, sem contraste): dose eficaz média à cabeça = 0,2 rem, mas a faixa variou 13 vezes a dose média nas e entre diferentes instituições.[37]

CT de coluna vertebral: 5 rem.

Arteriografia cerebral: ≈ 10-20 rem (incluindo fluoroscopia).[38]

Embolia cerebral: 34 rem.

Cintilografia óssea: 4 rem.

Fluoroscopia com arco em C:[39] a exposição é demonstrada no ▶ Quadro 12.5.

Doses durante uma TLIF minimamente invasiva:[40]

Exposição do paciente: média de 60 mGy à pele no plano AP (varia de 8 a 250 mGy), 79 mGy no plano lateral.

Exposição do cirurgião: 76 mrem à mão dominante, 27 mrem à cintura debaixo de um avental plumbífero, e 32 mrem a um detector de nível de tireoide desprotegido.

12.5.4 Exposição ocupacional

Os limites máximos de dose ocupacional anual, recomendados pela Nuclear Regulatory Commission (NRC) dos EUA, são exibidos no ▶ Quadro 12.6.[41] As recomendações de 1990 da International Commission on Radiological Protection (ICRP) eram a de manter uma exposição média de ≤ 2 rem/ano ao longo de 5 anos.[42]

ALARA: um acrônimo para "tão baixo quanto razoavelmente possível", em que a NRC sugere fazer um esforço razoável para manter a dose de radiação o mais abaixo possível dos limites, respeitando a finalidade pela qual a atividade é realizada.[43]

Etapas para reduzir a dose de radiação ocupacional (à equipe) durante a cirurgia:

1. aumentar a distância da fonte de radiação: a exposição à radiação é proporcional ao inverso do *quadrado* da distância. A sabedoria convencional é de tentar manter uma distância de 1,80 m. Em uma publicação da AANS, foram recomendados 3 m[44]
   Aventais/escudos de chumbo podem ou não funcionar. A distância SEMPRE funciona[45] (lei do inverso do quadrado – duplicar a distância e receber ¼ da radiação)
2. blindagem: blindagem é menos eficaz com kV mais altos (usados com pacientes maiores). "Portas" de chumbo portáteis são mais eficazes do que aventais. Com aventais frontais, o usuário deve sempre ficar de frente para a fonte de raios X, caso contrário o avental pode na verdade refletir parte da radiação de volta para o usuário. Aventais não plumbíferos podem não fornecer proteção nos níveis > 100 keV[46]
3. não fazer uso excessivo de magnificação: a maioria dos sistemas fluorados aumenta a radiação emitida x ≈ 4, para compensar a redução associada no brilho da imagem
4. modo "*boost*" pode duplicar a saída de radiação. O uso deve ser mantido a um mínimo
5. usar fluoroscopia em tempo real apenas quando absolutamente necessário
6. para imagens laterais, posicionar-se, quando possível, a jusante (intensificador de imagem (Iml)) do arco em C: aqui, a dispersão é a causa mais significativa de exposição, sendo mais elevada no *lado da fonte*[47] (esta assimetria não é significativa para coluna cervical[48])
7. manter Iml o mais próximo possível do paciente (reduz a exposição do paciente e equipe, e aumenta a qualidade da imagem)
8. em imagens AP (com o paciente na posição prona ou supina): posicionar o tubo de raios X *sob* a mesa, com o Iml sobre o paciente (diminui a exposição da equipe à radiação dispersa)[49]
9. *colimar* o feixe o máximo possível: reduz a radiação ao paciente e à equipe, e resulta em menos degradação da imagem
10. manter sempre as mãos, braços, etc. fora do feixe primário (considerar o uso de luvas plumbíferas, se as mãos precisarem ficar no caminho do feixe ou próximo por um tempo estendido)
11. minimizar o número de imagens: planejar as tomadas radiográficas, evitar frequentes "verificações" ou espiadas
12. usar navegação guiada por imagem quando possível e prático
13. óculos plumbíferos são recomendados apenas para os funcionários com períodos de tempo muito longos de fluoroscopia: catarata pode ser induzida por doses únicas de 200 rads (muito altas), doses cumulativas de 750 rads não foram associadas à catarata

Quadro 12.5 Exposição à radiação com fluoroscopia[39a]

Distância do feixe		Típico membro da equipe	Exposição profunda	Exposição superficial
pés	metros		(mrem/min)	
Feixe direto		paciente	4.000	
1	0,3	cirurgião	20	29
2	0,6	assistente	6	10
3	0,9	técnico de cirurgia	0	≤ 2
5	1,5	anestesiologista	0[b]	0[b]

[a]Em um simulado OU configuração para máxima dispersão.
[b]Após 10 minutos de exposição.

Quadro 12.6 Limites anuais da dose de radiação ocupacional

Órgão-alvo	Dose MÁXIMA recomendada (rem/ano)
corpo inteiro	5
cristalinos	15
pele, mãos, pés	50
outros órgãos (incluindo a tireoide)	15

Referências

[1] Spence KF, Decker S, Sell KW. Bursting Atlantal Fracture Associated with Rupture of the Transverse Ligament. J Bone Joint Surg. 1970; 52A:543–549

[2] Fielding JW, Cochran GB, Lawsing JF, III, Hohl M. Tears of the transverse ligament of the atlas. A clinical and biomechanical study. J Bone Joint Surg Am. 1974; 56:1683–1691

[3] Heller JG, Viroslav S, Hudson T. Jefferson fractures: the role of magnification artifact in assessing transverse ligament integrity. J Spinal Disord. 1993; 6:392–396

[4] Hinck VC, Hopkins CE. Measurement of the Atlanto-Dental Interval in the Adult. Am J Roentgenol Radium Ther Nucl Med. 1960; 84:945–951

[5] Meijers KAE, van Beusekom GT, Luyendijk W, et al. Dislocation of the Cervical Spine with Cord Compression in Rheumatoid Arthritis. J Bone Joint Surg. 1974; 56B:668–680

[6] Panjabi MM, Oda T, Crisco JJ, III, Oxland TR, Katz L, Nolte LP. Experimental study of atlas injuries. I. Biomechanical analysis of their mechanisms and fracture patterns. Spine. 1991; 16:S460–S465

[7] Powers B, Miller MD, Kramer RS, et al. Traumatic Anterior Atlanto-Occipital Dislocation. Neurosurgery. 1979; 4:12–17

[8] Brockmeyer D. Down syndrome and craniovertebral instability. Topic review and treatment recommendations. Pediatr Neurosurg. 1999; 31:71–77

[9] Schmidek HH, Sweet WH. Operative Neurosurgical Techniques. New York 1982

[10] Epstein N, Epstein JA, Benjamin V, Ransohoff J. Traumatic Myelopathy in Patients With Cervical Spinal Stenosis Without Fracture or Dislocation: Methods of Diagnosis, Management, and Prognosis. Spine. 1980; 5:489–496

[11] Rojas CA, Vermess D, Bertozzi JC, Whitlow J, Guidi C, Martinez CR. Normal thickness and appearance of the prevertebral soft tissues on multidetector CT. AJNR Am J Neuroradiol. 2009; 30:136–141

[12] DeBenhe K, Havel C. Utility of Prevertebral Soft Tissue Measurements in Identifying Patients with Cervical Spine Injury. Ann Emerg Med. 1994; 24:1119– 1124

[13] Miles KA, Finlay D. Is Prevertebral Soft Tissue Swelling a Useful Sign in Injury of the Cervical Spine? Injury. 1988; 19:177–179

[14] Naidich JB, Naidich TP, Garfein C, et al. The Widened Interspinous Distance: A Useful Sign of Anterior Cervical Dislocation. Radiology. 1977; 123:113–116

[15] Bailey DK. The Normal Cervical Spine in Infants and Children. Radiology. 1952; 59:712–719

[16] Yoganandan N, Pintar FA, Lew SM, Rao RD, Rangarajan N. Quantitative Analyses of Pediatric Cervical Spine Ossification Patterns Using Computed Tomography. Ann Adv Automot Med. 2011; 55:159–168

[17] Fischer FJ, Vandemark RE. Sagittal cleft (butterfly) vertebra. J Bone Joint Surg. 1945; 27:695–698

[18] Poppel MH, Jacobson HG, Duff BK, Gottlieb C. Basilar impression and platybasia in Paget's disease. Br J Radiol. 1953; 21:171–181

[19] Koenigsberg RA, Vakil N, Hong TA, Htaik T, Faerber E, Maiorano T, Dua M, Faro S, Gonzales C. Evaluation of platybasia with MR imaging. AJNR Am J Neuroradiol. 2005; 26:89–92

[20] Goel A, Bhatjiwale M, Desai K. Basilar invagination: a study based on 190 surgically treated patients. J Neurosurg. 1998; 88:962–968

[21] McRae DL. The Significance of Abnormalities of the Cervical Spine. AJR. 1960; 70:23–46

[22] Cronin CG, Lohan DG, Mhuircheartigh JN, Meehan CP, Murphy JM, Roche C. MRI evaluation and measurement of the normal odontoid peg position. Clin Radiol. 2007; 62:897–903

[23] Chamberlain WE. Basilar Impression (Platybasia); Bizarre Developmental Anomaly of Occipital Bone and Upper Cervical Spine with Striking and Misleading Neurologic Manifestations. Yale J Biol Med. 1939; 11:487–496

[24] Cronin CG, Lohan DG, Mhuircheartigh JN, Meehan CP, Murphy J, Roche C. CT evaluation of Chamberlain's,

McGregor's, and McRae's skull-base lines. Clin Radiol. 2009; 64:64–69

[25] McGregor J. The Significance of Certain Measurements of the Skull in the Diagnosis of Basilar Impression. Br J Radiol. 1948; 21:171–181

[26] VanGilder JC, Menezes AH, Dolan KD. In: Radiology of the Normal Craniovertebral Junction. The Craniovertebral Junction and Its Abnormalities. NY: Futura Publishing; 1987:29–68

[27] Hinck VC, Hopkins CE, Savara BS. Diagnostic Criteria of Basilar Impression. Radiology. 1961; 76

[28] The Cervical Spine Research Society. The Cervical Spine. Philadelphia 1983

[29] Menezes AH. Primary craniovertebral anomalies and the hindbrain herniation syndrome (Chiari I): data base analysis. Pediatr Neurosurg. 1995; 23:260–269

[30] Jacobson G, Bleeker HH. Pseudosubluxation of the Axis in Children. Am J Roentgenol. 1959; 82:472–481

[31] Rivera E, Hardjasudarma M, Willis BK, Pippins DN. Inadvertent Use of Ionic Contrast Material in Myelography: Case Report and Management Guidelines. Neurosurgery. 1995; 36:413–415

[32] Bohn HP, Reich L, Suljaga-Petchel K. Inadvertent Intrathecal Use of Ionic Contrast Media for Myelography. AJNR. 1992; 13:1515–1519

[33] Lasser EC, Berry CC, Talner LB, Santini LC, et al. Pretreatment with Corticosteroids to Alleviate Reactions to Intravenous Contrast Material. N Engl J Med. 1987; 317:825–829

[34] Allaqaband S, Tumuluri R, Malik AM, Gupta A, Volkert P, Shalev Y, Bajwa TK. Prospective randomized study of N-acetylcysteine, fenoldopam, and saline for prevention of radiocontrast-induced nephropathy. Catheter Cardiovasc Interv. 2002; 57:279–283

[35] Marenzi G, Assanelli E, Marana I, Lauri G, Campodonico J, Grazi M, De Metrio M, Galli S, Fabbiocchi F, Montorsi P, Veglia F, Bartorelli AL. N-acetylcysteine and contrast-induced nephropathy in primary angioplasty. N Engl J Med. 2006; 354:2773–2782

[36] Units of radiation dose. 1991

[37] Smith-Bindman R, Lipson J, Marcus R, Kim KP, Mahesh M, Gould R, Berrington de Gonzalez A, Miglioretti DL. Radiation dose associated with common computed tomography examinations and the associated lifetime attributable risk of cancer. Arch Intern Med. 2009; 169:2078–2086

[38] Thompson TP, Maitz AH, Kondziolka D, Lunsford LD. Radiation, Radiobiology, and Neurosurgery. Contemp Neurosurg. 1999; 21:1–5

[39] Mehlman CT, DiPasquale TG. Radiation exposure to the orthopaedic surgical team during fluoroscopy: "how far away is far enough?". J Orthop Trauma. 1997; 11:392–398

[40] Bindal RK, Glaze S, Ognoskie M, Tunner V, Malone R, Ghosh S. Surgeon and patient radiation exposure in minimally invasive transforaminal lumbar interbody fusion. J Neurosurg Spine. 2008; 9:570–573

[41] Occupational dose limits for adults. 1991

[42] 1990 Recommendations of the International Commission on Radiological Protection. Ann ICRP. 1991; 21

[43] Definitions. 1991

[44] McCormick PW. Fluoroscopy: Reducing radiation exposure in the OR. Rolling Meadows, IL 2008

[45] Rechtine GR. Radiation safety for the orthopaedic surgeon: Or, C-arm friend or foe. Tampa, FL 2009

[46] Scuderi GJ, Brusovanik GV, Campbell DR, Henry RP, Kwon B, Vaccaro AR. Evaluation of non-lead-based protective radiological material in spinal surgery. Spine J. 2006; 6:577–582

[47] Boone JM, Pfeiffer DE, Strauss KJ, Rossi RP, Lin PJ, Shepard JS, Conway BJ. A survey of fluoroscopic exposure rates: AAPM Task Group No. 11 Report. Med Phys. 1993; 20:789–794

[48] Giordano BD, Baumhauer JF, Morgan TL, Rechtine GR. Cervical spine imaging using standard C-arm fluoroscopy: patient and surgeon exposure to ionizing radiation. Spine. 2008; 33:1970–1976

[49] Faulkner K, Moores BM. An assessment of the radiation dose received by staff using fluoroscopic equipment. Br J Radiol. 1982; 55:272–276

13 Imagens e Angiografia

13.1 CAT (conhecida como CT)

13.1.1 Informações gerais

CAT emprega radiação ionizante (raios X) com os riscos associados; ver Segurança radiológica para neurocirurgiões (p. 223).

A atenuação do feixe de raios X em uma CT é definida em unidades de Hounsfield. Estas unidades não são absolutas e variam entre os modelos de tomógrafos computadorizados. Alguns valores amostrados são exibidos no ▶ Quadro 13.1.

13.1.2 CT sem contraste *versus* CT com contraste IV

CT sem contraste é frequentemente empregada em situações de emergência (para rapidamente descartar anormalidades mais agudas), para avaliar os ossos detalhadamente ou como um exame de rastreio. Sobressai-se na demonstração de sangue agudo (EDH, SDH, IPH, SAH), fraturas, corpos estranhos, pneumocefalia e hidrocefalia. É pouco eficiente na demonstração de CVA agudo (MRI-DWI é a técnica de eleição) e frequentemente apresenta um sinal de baixa qualidade na fossa posterior (em razão do artefato ósseo).

CT com contraste IV é usada primariamente para a obtenção de imagens de neoplasias ou malformações vasculares, especialmente em pacientes com contraindicações à MRI. Todos os meios de contraste de CT contêm iodo.

Típica dose IV de contraste: 60-65 mL de, p. ex., Isovue 300® (p. 220), quantidade esta que libera 18-19,5 gramas de iodo.

13.1.3 Angiografia por CT (CTA)

Emprega a injeção rápida de meio de contraste iodado a 3-4 cc/s, tipicamente 65-75 mL de, p. ex., Isovue 300®. Resultados máximos em pacientes que conseguem segurar a respiração por 30-40 segundos (para CT espiral).

Quadro 13.1 Unidades de Hounsfield de um tomógrafo computadorizado

Definições	Unidades de Hounsfield	Comentário
sem atenuação (ar)	–1.000	definição
água	0	definição
osso denso	+1.000	definição
CT de crânio		
cérebro (substância cinzenta)	30 a 40	
cérebro (substância branca)	20 a 35	
edema cerebral	10 a 14	
CSF	+5	
osso	+600	
coágulo sanguíneo[a]	75 a 80	SDH ou EDH agudo, SAH recente
gordura	-35 a -40	
cálcio	100-300	
vasos realçados	90-100	
TC de coluna vertebral		
material do disco	55-70	densidade do disco é ≈ 2 × saco tecal
saco tecal	20-30	

[a] Hct < 23% fará com que um SDH agudo seja isodenso em relação ao cérebro.

Diversos métodos podem ser utilizados para determinar o tempo de disparo após a injeção: pode ser baseado no tempo de pico do fluxo de contraste na aorta após uma pequena injeção teste, pode-se basear empiricamente no tempo, ou pode-se administrar o contraste e observar o pico na região de interesse.

A precisão é reduzida nos vasos que são perpendiculares ao plano axial da CT. Além disso, nas proximidades de um coágulo denso, a resolução dos vasos adjacentes é deficiente na CTA.

13.1.4 Perfusão por CT (CTP)

Requer o uso de meio de contraste iodado. As áreas de interesse são selecionadas a partir de uma CT sem contraste nos 3 territórios vasculares supratentoriais. O meio de contraste é administrado a uma taxa padrão (p. ex., 40 mL IV a 5 mL/s). Varreduras nas regiões de interesse são repetidas em intervalos, p. ex., de 2 segundos durante 1 minuto.

Teste de desafio com Acetazolamida (ACZ) (Diamox®): após o procedimento acima, um *bolus* de 1.000 mg de ACZ IV é administrado, e varreduras são repetidas em intervalos de, aproximadamente, 10 minutos, com uma varredura final geralmente em 15 minutos.

Parâmetros calculados das imagens: volume sanguíneo cerebral (CBV), CBF, tempo de trânsito médio (MTT) e tempo de pico (TTP). No CVA isquêmico, o MTT está quase sempre elevado, e o CBF está diminuído.

Anormalidades que podem ser demonstradas:
1. estenose significativa do fluxo: CBV e CBF reduzidos; MTT e TTP aumentados
2. roubo: após o desafio com ACZ (ver acima), o CBV e o CBF diminuem, geralmente com aumentos no território contralateral correspondente; o MTT aumenta

Em comparação à MRI ponderada em perfusão (PWI) (p. 232):
1. a PWI adquire múltiplos cortes do cérebro total repetidamente. A CTP é limitada a um determinado corte ou vários cortes (geralmente de 10-20 mm de espessura), e é preciso escolher onde colocar aquele corte
2. a PWI tem mais artefatos do que a CTP

13.2 Imagem por ressonância magnética (MRI)

13.2.1 Informações gerais

Definições[1]:
  Abreviações:
* TR: tempo de repetição
* TE: tempo de eco
* T_I: tempo de inversão
* T_1: tempo de relaxação *spin*-rede ("tempo de magnetização") (reaparecimento)
* T_2: tempo de relaxação *spin*-spin ("tempo de desmagnetização") (decaimento)

13.2.2 Imagem ponderada em T_1 (T1WI)

T_1 curto → hipersinal (brilhante). "Imagem anatômica" se assemelha, em parte, à CT. Tempo de aquisição mais curto do que na T2WI. Tecido rico em prótons (p. ex., H_2O) tem T1 longo.

Quadro 13.2 Variação da aquisição de dados

	TE curto (te < 50)	TE longo (te > 80)
TR curto (TR < 1.000)	T1WI	
TR longo (TR > 2.000)	densidade de próton ou densidade de *spin*	T2WI

Quadro 13.3 T1WI, mudança de intensidade na MRI

Gordura (incluindo medula óssea), sangue > 48 h, melanina	Substância branca	Substância cinzenta	Cálcio	CSF, osso

(*nota*: a barra cinza ilustra a direção da mudança de intensidade e não mostra a real escala de cinza na MRI)

Sinais para reconhecer uma imagem T1WI: CSF é negro, gordura subcutânea é branca, TR e TE são curtos (centenas e dois dígitos, respectivamente).

✱ Os únicos elementos que aparecem brancos na T1WI são: gordura, melanina, Onyx® (p. 1589) e sangue subagudo (> 48 h). O sinal da substância branca é mais elevado do que da substância cinzenta (mielina tem uma alta quantidade de gordura). A maioria das patologias apresenta hiposinal na T1WI.

13.2.3 Imagem ponderada em T_2 (T2WI)

T_2 longo → hipersinal (brilhante). "Imagem patológica". A maioria das patologias aparece com hipersinal, incluindo o edema circundante.

Sinais para reconhecer uma imagem T2WI: CSF é branco, TR e TE são longos (milhares e centenas, respectivamente).

13.2.4 Imagens de densidade de spin

Conhecidas como imagens balanceadas, imagens de densidade de próton. A meio caminho da T1WI e T2WI. CSF = cinza, aproximadamente isodenso em relação ao cérebro. Esta técnica é usada cada vez menos.

13.2.5 FLAIR

Acrônimo: Inversão-Recuperação com Supressão de Liquor. TR e TE longos. Similar à T2WI, exceto que o CSF é anulado (aparece preto). O padrão de intensidade cinza/branco é inverso ao das imagens T1WI e é mais proeminente. A maioria das anormalidades, incluindo placas de MS, outras lesões da substância branca, tumores, edema, encefalomalacia, gliose e infartos agudos, aparece brilhante. Lesões periventriculares, como as placas de MS, tornam-se mais conspícuas. Também é adequada para demonstrar anormalidades no CSF.

Diagnóstico diferencial do hipersinal nos espaços subaracnóideos na FLAIR:
1. hemorragia subaracnóidea (SAH): ✱ a melhor sequência para detectar SAH aguda na MRI
2. meningite: ocorre em alguns casos
3. carcinomatose meníngea
4. trombose de seio sagital superior
5. CVA
6. tumor adjacente: ? se relacionado com uma maior concentração de proteínas
7. prévia administração de gadolínio
8. altos níveis de FIO_2, especialmente em níveis próximos de 100%, como pode ser usado em pacientes sendo submetidos a uma MRI sob anestesia geral.[2] Aparece nas cisternas basais e sulcos sobre a convexidade, mas não nos ventrículos

13.2.6 Trem de eco (conhecido como spin-eco rápida [FSE])

tr é mantido constante, te é elevado progressivamente utilizando múltiplos ecos (8-16) em vez de apenas um. As imagens se assemelham às de T2WI, porém com um tempo de aquisição substancialmente reduzido (gordura é mais brilhante na sequência FSE, o que pode ser retificado por técnicas de supressão de gordura).

13.2.7 Eco de gradiente

Conhecido como T2* (chamado de T2 estrela), e alguns fabricantes têm marcas registradas para isto, p. ex., "GRASS" (um acrônimo registrado de GE para Aquisição de Ecos de Gradiente Refocalizados em um Estado de Equilíbrio) ou FISP. Uma imagem em T2WI "rápida", utilizando um ângulo de inclinação parcial. CSF e vasos de fluxo aparecem brancos. Osso, cálcio e metais pesados são *escuros*. Típica aquisição de dados: TR = 22, TE = 11, ângulo 8°. Usada, p. ex., na coluna cervical para produzir uma imagem "mielográfica", aumenta a capacidade da MRI em delinear os esporões ósseos. Também exibe pequenas hemorragias cerebrais antigas (observadas em 60% dos pacientes com infarto hemorrágico, e em 18% com infartos isquêmicos[3]); estes pacientes podem estar em maior risco de uma hemorragia secundária à anticoagulação.

Quadro 13.4 T1WI, mudança de intensidade na MRI

Edema cerebral/hidrocefalia	CSF	Substância cinzenta	Substância branca	Osso, gordura

(*nota:* a barra cinza ilustra a direção da mudança de intensidade e não mostra a real escala de cinza na MRI)

✻ MRI *sequência eco de gradiente em T2WI* é um exame 3-4 x mais sensível que a FLAIR para a demonstração de sangue intraparenquimatoso (que aparece *escuro*), por causa da alta sensibilidade ao artefato paramagnético. Não é tão sensível quanto à sequência mais recentemente introduzida SWI.

13.2.8 Imagem "STIR"

Acrônimo para "Inversão e Recuperação com Tempo Curto". Soma dos sinais T1 e T2. Causa a eliminação do sinal proveniente do tecido adiposo – ocasionalmente chamada de supressão ou saturação, permite que o realce por gadolínio seja mais visível nas áreas de gordura. Usada primariamente na coluna vertebral e órbita. Muito boa para mostrar edema ósseo (pode ajudar na datação de fraturas de coluna vertebral). O gânglio da raiz dorsal pode realçar nas imagens com supressão de gordura.

13.2.9 Contraindicações à MRI

Informações gerais

Uma referência[4] extensa detalha os problemas de segurança. Websites com informações sobre a segurança na MRI incluem: *www.MRIsafety.com* e *www.IMRSER.org*. Seguem abaixo alguns problemas que surgem frequentemente em pacientes neurocirúrgicos.

Gravidez e MRI

Durante o primeiro trimestre, a MRI pode causar reabsorção dos produtos de concepção (aborto espontâneo). Não há estudos determinando os efeitos a longo prazo da MRI em um feto após o primeiro trimestre (o baixo risco da MRI nesta situação é provavelmente preferível aos perigos conhecidos da radiação ionizante dos raios X [incluindo a CT][5]). O meio de contraste gadolínio é contraindicado durante toda a gravidez, e não é aprovado para uso em crianças < 2 anos de idade. O aleitamento materno deve ser interrompido por 2 dias após a administração de gadolínio na mãe.

Contraindicações comuns à MRI

1. desfibrilador/marca-passos cardíacos, neuroestimuladores implantados, implantes cocleares, bombas infusoras: pode causar mau funcionamento temporário ou permanente
2. clipes ferromagnéticos de aneurisma (ver abaixo): alguns centros excluem todos os pacientes com qualquer tipo de clipe de aneurisma
3. implantes ou corpos estranhos metálicos com grande porcentagem de ferro ou cobalto (podem-se movimentar no campo ou aquecer)
4. cateter de Swann-Ganz (cateter de artéria pulmonar)
5. fragmentos metálicos no olho
6. colocação de um *stent*, mola ou filtro vascular nas últimas 6 semanas
7. fragmentos de bala de fogo: balas bola (algumas balas são OK)
8. contraindicações *relativas*:
   a) pacientes claustrofóbicos: pode ser possível sedá-los adequadamente para realizar o exame
   b) pacientes críticos: a capacidade de monitorar e o acesso ao paciente são comprometidos. Ventilador não magnético especialmente projetado pode ser necessário. Não é possível usar a maioria das marcas de bombas/reguladores IV
   c) pacientes obesos: podem não caber fisicamente em muitos túneis fechados de varredura de MRI. Máquinas abertas podem contornar esse problema, porém muitos utilizam magnetos de baixa potência de campo, e geralmente produzem imagens de qualidade inferior em pacientes maiores
   d) implantes metálicos não compatíveis com a MRI na região de interesse (ou prévia cirurgia com brocas de alta velocidade que podem deixar limalhas metálicas): pode produzir artefatos de susceptibilidade magnética, que podem distorcer a imagem naquela área
   e) válvula de pressão programável (p. 418): a maioria tolerará uma MRI de até 3T sem danos permanentes; a configuração da pressão pode ser alterada e, portanto, deve ser verificada após a realização de uma MRI por qualquer razão

Clipes de aneurisma e MRI

Problemas da MRI em pacientes com um clipe de aneurisma cerebral:
1. o campo magnético da MRI pode provocar o descolamento ou a torção do clipe, ou a laceração do pescoço pelo clipe
2. o artefato produzido pelo metal do clipe no campo magnético
3. calor produzido na região do clipe: não significativo clinicamente

Quanto mais ferromagnético o clipe, maior a força exercida sobre ele pelo campo magnético, e maior a distorção da imagem perto do clipe.

Aço inoxidável (SS) é classificado como martensítico (ferromagnético) ou austenítico (não ferromagnético). Superligas de cobalto não são ferromagnéticas e incluem Elgiloy (Sugita clips), Phynox (Yasargil) e

Quadro 13.5 Remanência magnética dos clipes de aneurisma[6]

Clipe	Tipo de aço	Remanência magnética (sem unidades)
Compatível com a MRI: não		
Drake DR 12	SS martensítico	100
Heifetz	17-7PH	44
Mayfield	SS martensítico	74
Scoville	EN-58J	64
Compatível com a MRI: sim		
Olivecrona		0
Sugita	Elgiloy	0
Sugita com alça	banhado em ouro	1
McFadden	Vari-Angle	0
Yasargil	316	0
Yasargil	Phynox	0
Yasargil (antigo)		1
clipe de prata		0

Vari-Angle (McFadden). Essencialmente, todos os clipes de aneurisma modernos são compatíveis com a MRI, mas os pacientes clipados antes da década de 1990 podem ter clipes ferromagnéticos.

▶ Quadro 13.5 mostra a remanência magnética de vários clipes, que está relacionada com suas propriedades ferromagnéticas. Na dúvida, durante a cirurgia de aneurisma, aplicar o seguinte teste simples: clipes não ferromagnéticos não podem ser elevados ou arrastados com um pequeno ímã.

13.2.10 Hemorragia na MRI

Visto que suas características de sinal mudam com o tempo (e localização), o sangue é uma das entidades mais complexas de interpretar na MRI. Um mnemônico para as alterações na aparência do sangue na MRI, que ocorrem com o tempo, é mostrado no ▶ Quadro 13.6. Ver também hemorragia intracerebral (p. 1330). Sangue, hemossiderina e cálcio são escuros nas imagens GRASS. FLAIR (p. 229) é a melhor sequência para detectar SAH na MRI (p. 229).

13.2.11 Meios de contraste em MRI

Os meios de contraste atuais são em grande parte compostos por gadolínio (um metal de terras raras que é paramagnético em soluções) e incluem: gadopentetato de dimeglumina (Magnevist®), gadodiamida (Omniscan®), gadoversetamida (OptiMARK®), gadobenato de dimeglumina (MultiHance®) e gadoteridol (ProHance®).

Reações adversas:
1. reações anafiláticas: raro (prevalência: 0,03-0,1%)
2. nefrotoxicidade: incidência é menor do que com os agentes iodados usados nas angiografias ou CT e que os meios de contraste de raios X
3. fibrose sistêmica nefrogênica (NSF): uma enfermidade rara, porém grave, caracterizada por fibrose da pele, articulações e outros órgãos, que está associada à administração de determinados meios de contraste, contendo gadolínio em pacientes com insuficiência renal grave (a maioria fazia hemodiálise). ✖ Atualmente, o gadolínio é relativamente contraindicado em pacientes com uma GFR de 30-60 mL/min, e é contraindicado com uma GFR < 30.[7] Meios de contraste mais seguros: Dotarem, Gadovist e ProHance.[8] Meios de contraste com uma estrutura linear parecem estar associados a um maior risco de NSF e incluem: Omniscan, Multihance, Magnevist e OptiMARK. Em pacientes com doença renal terminal, o risco é de ≈ 2,4% por exame com gadolínio[9]
4. alergia ao gadolínio: usar o mesmo preparo antialérgico da alergia ao iodo (p. 221)
5. neste momento de publicação deste livro, a FDA está investigando o risco do acúmulo de gadolínio no tecido cerebral depois de repetidos exames de MRI usando meios de contraste à base de gadolínio (GBCAs).[10] Nesse meio tempo, a FDA recomenda que os profissionais de saúde considerem limitar o

232 Exames de Imagem e Diagnóstico

Quadro 13.6 Variação ao longo do tempo das características de sinal do sangue intraparenquimal na MRI de cérebro

Fase	Tempo aproximado após início	MRI em T1	MRI em T2	Mnemônico[a]
hiperaguda	0-6 h[b]	I	B	I be
aguda	6-72 h	I	D	iddy
subaguda precoce	3-7 d	B	D	biddy
subaguda tardia	7-14 d	B	B	baby
crônica	> 2 semanas	D	D	doodoo

[a]Mnemônico: B (brilhante ou hiperintenso quando comparado ao cérebro), D (escuro ou hipointenso), I (isointenso).
[b]Alguns autores consideram hiperaguda até cerca de 24 h.

uso de GBCAs às situações em que as informações adicionais fornecidas pelo contraste sejam absolutamente necessárias
6. ver também problemas relacionados com a gravidez (p. 230)

13.2.12 Angiografia por ressonância magnética (MRA)

Há 2 maneiras de obter uma MRA
• com gadolínio: geralmente para vasos extracranianos (p. ex., carótidas)
• imagens sem contraste usando técnicas de realce relacionadas com o fluxo (mais comum: tempo de voo 2D (TOF 2D)). Geralmente para vasos intracranianos. Qualquer coisa que apareça brilhante em imagens T1WI também aparecerá na MRA, mas não necessariamente representa o fluxo sanguíneo. Isto inclui gordura e macrófagos carregados de lipídios em uma área de um CVA antigo. O uso de sequências T1WI com saturação de gordura pode atenuar isso. Tem alguma utilidade no rastreio de aneurismas (p. 1161) e para malformações vasculares angiograficamente ocultas (p. 1246). AVMs de alto fluxo são difíceis de resolver, pois as veias arterializadas podem ser similares às artérias

13.2.13 Imagem ponderada em difusão (DWI) e imagem ponderada em perfusão (PWI)

Imagem ponderada em difusão

Usos primários: detecção precoce de isquemia (CVA) e diferenciação entre as placas ativas de MS e as placas antigas. A DWI é sensível ao movimento browniano aleatório das moléculas de água.

Duas imagens são geradas, um mapa de coeficiente de difusão aparente (ADC) (baseado em várias variáveis [tempo, orientação do corte...]), e uma imagem de rastreamento (a verdadeira DWI).[11] Água se difundindo livremente (p. ex., no CSF) aparece escura na DWI.

A DWI se baseia em uma sequência T2WI, e tudo que for brilhante na T2WI também pode ser brilhante na DWI [chamado de "efeito T2 shine-through"]. Visto que as áreas brilhantes na DWI podem representar uma difusão restrita ou um efeito T2 "shine-through", ∴ verificar o mapa de ADC: se a área estiver preta no mapa de ADC, isto provavelmente representa uma difusão restrita verdadeira (infarto recente é a etiologia mais comum).

✱ Áreas intraparenquimais de sinal brilhante na DWI e que não sejam brilhantes no mapa de ADC, são anormais e representam regiões de difusão restrita, como um CVA agudo.

Diagnóstico diferencial das áreas de hipersinal (brilhantes) na DWI:
1. cérebro isquêmico: CVA *agudo* e áreas com hipoperfusão (penumbra). Embora difusão restrita geralmente indique lesão celular irreversível (morte), ocasionalmente pode indicar um tecido que está apenas próximo da morte celular (penumbra). Isquemia cerebral aguda pode iluminar em minutos.[12,11] A anormalidade na DWI persistirá por ≈ 1 mês. O mapa de ADC geralmente normaliza após ≈ 1 semana
2. abscesso cerebral (p. 323): DWI = brilhante, ADC = escuro
3. placa *ativa* de MS (placas antigas não serão brilhantes)
4. alguns tumores: a maioria dos tumores é escura na DWI, mas tumores altamente celulares podem apresentar difusão reduzida (brilhante na DWI) (p. ex., epidermoides, alguns meningiomas...)

Outros possíveis usos da DWI:

TIAs: alguns, mas não todos,[13] estão associados a anormalidades na DWI. No entanto, outros fatores além da isquemia focal (p. ex., isquemia global, hipoglicemia, estado epiléptico...) podem produzir um declínio no ADC e, portanto, as imagens da DWI devem ser interpretadas de acordo com o cenário clínico.[11]

A DWI também pode ser capaz de diferenciar edema citotóxico de vasogênico (p. 90).[14,15]

Imagem ponderada em perfusão

Fornece informações relacionadas com o estado de perfusão da microcirculação. A PWI é o exame mais sensível para isquemia cerebral (mais sensível do que a DWI e a FLAIR, que exibem primariamente o tecido *infartado*). Existem vários métodos atualmente em uso; a abordagem de injeção de contraste em *bolus* é a mais amplamente empregada.[11] Imagem de gradiente ultrarrápido é usada para acompanhar a redução gradual até o normal após a administração do meio de contraste (geralmente gadolínio). Uma curva de lavagem do contraste é obtida e comparada ao contraste em uma artéria. Em termos práticos, a PWI não é amplamente usada por causa dos desafios técnicos. Tempo de pico e tempo médio de trânsito são dois parâmetros comuns que são exibidos (maior o sinal = tempos mais longos além do normal).

Desequilíbrio DWI-PWI

DWI e PWI podem ser combinadas para localizar áreas de desequilíbrio de difusão-perfusão (déficit na PWI que excede a zona do déficit de difusão na DWI), identificando o tecido cerebral saudável em risco de infarto – "penumbra" (p. 1202) – p. ex., para rastrear potenciais candidatos para a terapia trombolítica.[16]

13.2.14 Espectroscopia por ressonância magnética (MRS)

Informações gerais

Esta seção aborda especificamente a MRS de prótons (H+), que pode ser realizada em quase todos os varredores de MRI (especialmente unidades ≥ 1,5 T) com o software apropriado. Espectroscopia de outros núcleos (p. ex., fósforo) pode ser avaliada apenas com equipamento especializado.

MRS de voxel único

Informações gerais

Uma pequena área é selecionada no "escanograma" da MRI, e os picos espectroscópicos daquela região são exibidos na ressonância como uma função de partes por milhão (ppm). Visto que somente pequenas regiões são selecionadas, pode ocorrer erro de "amostragem".

Os picos característicos clinicamente importante são delineados no ▶ Quadro 13.7.

Quadro 13.7 Picos importantes na ERM de prótons

Componente	Ressonância (ppm)	Descrição
lipídeo	0,5-1,5	sobrepõem-se ligeiramente ao pico de lactato a uma TE de ≈ 35
lactato	1,3	um pico pareado. Não presente no cérebro normal. Produto final da glicólise anaeróbica, um marcador da hipóxia. Presente em: isquemia, infarto, doença desmielinizante, erros inatos do metabolismo... Em um TE mais elevado (p. ex., TE = 144), o pico inverte, o qual pode ajudar a distingui-lo do pico de lipídeo
N-acetilaspartato (NAA)	2	um marcador neuronal. Normalmente o pico mais alto (maior do que da Cr e da Cho) ↓ em ≈ todas as anormalidades cerebrais focais e regionais (tumor, EM, epilepsia, doença de Alzheimer, abscesso, lesão cerebral...)
creatina (Cr)	3[a]	útil primariamente como referência para a colina. Mais elevado na substância cinzenta do que na substância branca
colina (Cho)	3,2	marcador da síntese de membranas ↑ nas neoplasias e algumas condições raras de maior crescimento celular e no cérebro em desenvolvimento. ✱ CVA é baixo em colina

[a]Cr tem outro pico menos importante.

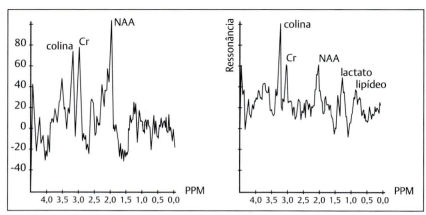

Fig. 13.1 MRS de prótons do (A) cérebro normal e (B) glioma de alto grau.

Padrões ilustrativos
Cérebro normal: ver ▶ Fig. 13.1.
   Tumor: ver ▶ Fig. 13.1. ↓ NAA, ↑ lactato, ↑ lipídeo, ↑ colina (regra geral: com gliomas, quanto maior a colina, maior a elevação do grau até o grau 3. Portanto, a necrose reduz os níveis relativos de colina, e o pico de lipídeo pode ser utilizado).
   CVA: ↑ pico de lactato predomina. A colina é caracteristicamente baixa.
   Abscesso:[17] picos reduzidos de NAA, Cr e colina, e "picos atípicos" (succinato, acetato...) por causa da síntese bacteriana é patognomônico para abscesso (nem sempre presente). Lactato pode estar elevado.
   Esclerose múltipla: padrão suave. NAA ligeiramente reduzido. Lactato e lipídeo ligeiramente elevados. Colina não está elevada.
   Possíveis usos da MRS
1. diferenciação entre abscesso e neoplasia
2. realce pós-operatório *versus* recorrência do tumor
3. diferenciação entre tumor e placas de MS: ocasionalmente, não podem ser diferenciados
4. na AIDS: pode ser capaz de ajudar a diferenciar entre toxoplasmose, linfoma e PML (PML: ↓ NAA, sem aumento significativo de colina, lactato ou lipídeo)
5. a promessa em diferenciar infiltração tumoral de edema não se materializou
6. alguma utilidade na diferenciação entre tumor e necrose por radiação (p. 1560)
7. pico alto de inositol pode diferenciar o hemangiopericitoma do meningioma[18]

MRS de voxel múltiplo
Varredura codificada por cores, com sobreposição selecionada para NAA, colina... uma de cada vez. Pode reduzir o risco de erro de amostragem.

13.2.15 Imagem por tensores de difusão (DTI) e os tratos da substância branca
Conhecido como tractografia por tensores de difusão (DTT). Uma técnica de MRI que demonstra *os tratos da substância branca* por meio da exploração da diferença entre a difusão paralela aos axônios dos nervos, que compromete os tratos da substância branca, e a difusão perpendicular ao trajeto dos axônios.
   Disponível apenas com software especializado para varredores de MRI específicos.
   As contraindicações são as mesmas que para a MRI em geral (p. 230).
   Provavelmente é uma técnica mais útil para possibilitar o planejamento de abordagens cirúrgicas que minimizem o comprometimento dos tratos mais críticos da substância branca durante a cirurgia cerebral intraparenquimal para lesões profundas, especialmente quando uma lesão (p. ex., tumor, AVM, hemorragia cerebral...) pode deslocar esses tratos de suas posições esperadas.
   As principais divisões dos tratos da substância branca demonstráveis por DTT são (▶ Fig. 13.2):
- fibras de projeção: tendem a estar orientadas no sentido rostrocaudal
   ○ trato corticospinal coalesce na forma de funis de coroa radiada na cápsula interna e forma o trato piramidal

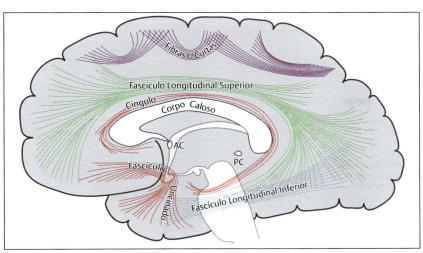

Fig. 13.2 Tratos da substância branca (as convenções de cores da DTI não são usadas neste diagrama anatômico).

- fibras comissurais: orientadas no sentido direita-esquerda, conectando os hemisférios laterais
  - corpo caloso
  - comissura anterior
  - comissura posterior
- fibras de associação: conecta as regiões dentro do mesmo hemisfério
  - fibras U: conecta os giros adjacentes
  - fibras de associação longas: conectam as áreas mais distantes
    - radiações ópticas: conectam os corpos geniculados laterais ao córtex visual. Passa lateral ao corpo dos ventrículos laterais
    - fascículo uncinado: conecta o lobo temporal anterior ao giro frontal inferior. Lesão pode causar déficits de linguagem
    - fascículo longitudinal superior (SLF): conecta regiões do lobo frontal aos lobos temporal e occipital. Lesão pode causar déficits de linguagem
    - fascículo arqueado: parte do SLF: ensino clássico da neuroanatomia: conecta os giros frontais superior e médio (área de Broca [fala motora]) ao giro temporal superior (área de Wernicke [compreensão da linguagem]). A DTI já sugeriu conexões mais amplas, incluindo o córtex pré-motor. Lesão causa afasia de condução
    - fascículo longitudinal inferior (ILF): conecta os lobos temporal e occipital no nível da radiação óptica. Lesão pode causar déficits no reconhecimento de objetos, agnosia visual, prosopagnosia (cegueira facial)
    - cíngulo: projeta-se do giro cingulado para o córtex entorrinal como parte do sistema límbico

A convenção para a codificação por cores dos tratos nas imagens DTI:[19]
- azul: tratos no sentido superior-inferior
- vermelho: tratos no sentido direita-esquerda (horizontal)
- verde: tratos na direção anterior-posterior

Por causa de várias considerações técnicas, a DTI é um pouco mais dependente do operador do que a MRI convencional.

O planejamento cirúrgico tem como objetivo manter a trajetória cirúrgica aproximadamente paralela (em um ângulo < 30°) ao eixo longo do trato da substância branca que deseja preservar (hipótese não comprovada[20]).

"Corredores" cirúrgicos foram descritos levando em consideração a preservação dos tratos da substância branca:
- corredor anterior: paralelo às fibras de associação, entre o SLF e o cíngulo
- corredor posterior: entra no sulco parietoccipital, passa adjacente às radiações ópticas
- corredor lateral

13.3 Angiografia

Ver a seção Neurocirurgia Endovascular (p. 1575).

13.4 Mielografia

Contraindicações:
1. anticoagulação
2. alergia a meios de contraste iodados: requer o preparo antialérgico ao iodo (p. 221). Nota: o risco de reação adversa ainda permanece
3. infecção no sítio de punção desejado
4. extensa fusão espinal lombar na linha média pode impedir o acesso da agulha ao espaço subaracnóideo

Mielografia lombar
Usando iohexol (Omnipaque® 140 ou 180), como demonstrado no ▶ Quadro 12.4.
Mielografia cervical com meio de contraste hidrossolúvel via LP
Usar iohexol (Omnipaque® 300 ou 240), como demonstrado no ▶ Quadro 12.4. Inserir a agulha espinal no espaço subaracnóideo lombar, abaixar a cabeceira da mesa de mielograma, com o pescoço do paciente estendido e injetar o corante. Se um bloqueio cervical completo for observado, pedir ao paciente para flexionar o pescoço. Se o bloqueio não puder ser atravessado, pode ser necessária a realização de uma punção na C1-2 ou de uma MRI (obter primeiro uma CT, que pode demonstrar corante acima do bloqueio, incapaz de ser visualizado apenas na mielografia).
CT pós-mielografia
Aumenta a sensibilidade e especificidade da mielografia (p. 1031). Em casos de bloqueio completo na mielografia, a CT geralmente demonstrará corante situado distalmente ao sítio aparente do bloqueio.

13.5 Imagem cintilográfica

13.5.1 Cintilografia óssea de três fases

Tecnécio-99m (99mTc) pertecnetato é um radioisótopo que pode ser incorporado a vários substratos para uso na cintilografia óssea. Pode ser usado para marcar polifosfato (raramente utilizado nos dias atuais), difosfonato[21] (MDP) ou fósforo (HDP) (o agente mais amplamente usado atualmente). Acumula-se em áreas de atividade osteoblástica.

Com o tecnécio 99m-HDP, as imagens são obtidas imediatamente após a injeção (fase de fluxo sanguíneo), aos 15 min (represamento sanguíneo) e em 4 horas (imagem óssea). Celulite aparece como atividade aumentada nas duas primeiras fases, e há pouca atividade ou um aumento difuso de atividade na terceira fase. Osteomielite causa aumento de captação nas 3 fases.

Utilizada na avaliação de osteomielite aguda, com sensibilidade e especificidade de ≈ 95% cada, sendo geralmente positiva em 2-3 dias. Falsos-positivos podem ocorrer em condições envolvendo uma maior renovação óssea, como, p. ex., na fratura, artrite séptica, tumores. Falso-negativo pode ocorrer em casos com infarto ósseo associado.

As aplicações da cintilografia óssea incluem:
1. infecção
   a) osteomielite da coluna vertebral – osteomielite vertebral (p. 355) – ou crânio
   b) discite (p. 356)
2. tumor
   a) metástases na coluna vertebral (p. 818)
   b) tumores ósseos primários da coluna vertebral (p. 792)
   c) tumores cranianos (p. 775)
3. doenças envolvendo um metabolismo ósseo anormal
   a) doença de Paget: de crânio ou coluna vertebral (p. 1120)
   b) hiperostose frontal interna (p. 780)
4. craniossinostose (p. 252)
5. fraturas: coluna vertebral ou crânio
6. "problemas lombares" (p. 1032): para ajudar a identificar algumas das condições acima

13.5.2 Cintilografia com gálio

Imagem de medicina nuclear com citrato de gálio (67 Ga), que se acumula nas áreas de inflamação e em algumas malignidades. Útil na neurocirurgia para: sarcoidose (p. 189), osteomielite vertebral crônica; ver também comparação à cintilografia óssea (p. 355).

Referências

[1] Jackson EF, Ginsberg LE, Schomer DF, et al. A Review of MRI Pulse Sequences and Techniques in Neuroimaging. Surg Neurol. 1997; 47:185–199

[2] Anzai Y, Ishikawa M, Shaw DW, Artru A, Yarnykh V, Maravilla KR. Paramagnetic effect of supplemental oxygen on CSF hyperintensity on fluid-attenuated inversion recovery MR images. AJNR Am J Neuroradiol. 2004; 25:274–279

[3] Alemany M, Stenborg A, Terent A, Sonninen P, Raininko R. Coexistence of microhemorrhages and acute spontaneous brain hemorrhage: Correlation with signs of microangiopathy and clinical data. Radiology. 2006; 238:240–247

[4] Shellock FG. Reference Manual for Magnetic Resonance Safety. Salt Lake City, Utah: Amirsys, Inc.; 2003

[5] Edelman RR, Warach S. Magnetic Resonance Imaging (First of Two Parts). N Engl J Med. 1993; 328:708–716

[6] Romner B, Olsson M, Ljunggren B, et al. Magnetic Resonance Imaging and Aneurysm Clips: Magnetic Properties and Image Artifacts. J Neurosurg. 1989; 70:426–431

[7] Kanal E, Barkovich AJ, Bell C, et al. ACR guidance document for safe MR practices: 2007. Am J Roentgenol. 2007; 188:1447–1474

[8] Medicines and Healthcare Products Regulatory Agency. 2007

[9] Deo A, Fogel M, Cowper SE. Nephrogenic systemic fibrosis: a population study examining the relationship of disease development to gadolinium exposure. Clin J Am Soc Nephrol. 2007; 2:264–267

[10] U.S. Food and Drug Administration (FDA). FDA Drug Safety Communication: FDA evaluating the risk of brain deposits with repeated use of gadoliniumbased contrast agents for magnetic resonance imaging (MRI). 2015

[11] Fisher M, Albers GW. Applications of diffusion-perfusion magnetic resonance imaging in acute ischemic stroke. Neurology. 1999; 52:1750–1756

[12] Prichard JW, Grossman RI. New reasons for early use of MRI in stroke. Neurology. 1999; 52:1733– 1736

[13] Ay H, Buonanno FS, Rordorf G, et al. Normal diffusion-weighted MRI during stroke-like deficits. Neurology. 1999; 52:1784–1792

[14] Ay H, Buonanno FS, Schaefer PW, et al. Posterior Leukoencephalopathy Without Severe Hypertension: Utility of Diffusion-Weighted MRI. Neurology. 1998; 51:1369–1376

[15] Schaefer PW, Buonanno FS, Gonzalez RG, Schwamm LH. Diffusion-Weighted Imaging Discriminates Between Cytotoxic and Vasogenic Edema in a Patient with Eclampsia. Stroke. 1997; 28:1082–1085

[16] Marks MP, Tong DC, Beaulieu C, et al. Evaluation of Early Reperfusion and IV tPA Therapy Using Diffusion-and Perfusion-Weighted MRI. Neurology. 1999; 52:1792–1798

[17] Martinez-Perez I, Moreno A, Alonso J, Aguas J, Conesa G, Capdevila A, Arus C. Diagnosis of brain abscess by magnetic resonance spectroscopy. Report of two cases. J Neurosurg. 1997; 86:708–713

[18] Barba I, Moreno A, Martinez-Perez I, et al. Magnetic resonance spectrosciopy of brain hemangiopericytomas: high myoinositol concentrations and discrimination from meningiomas. J Neurosurg. 2001; 94:55–60

[19] Douek P, Turner R, Pekar J, Patronas N, Le Bihan D. MR color mapping of myelin fiber orientation. J Comput Assist Tomogr. 1991; 15:923–929

[20] Kassam AB, Labib MA, Bafaquh M, et. al. Part I: The challenge of functional preservation: an integrated systems approach using diffusion-weighted, image guided, exoscopic-assisted, transsulcal radial corridors. Innovative Neurosurgery. 2015

[21] Handa J, Yamamoto I, Morita R, et al. 99mTc-Polyphosphate and 99mTc-Diphosphonate Bone Scintigraphy in Neurosurgical Practice. Surg Neurol. 1974; 2:307–310

14 Eletrodiagnóstico

14.1 Eletroencefalograma (EEG)

14.1.1 Informações gerais

O EEG é usado primariamente no diagnóstico e controle de distúrbios convulsivos. O uso não convulsivo de EEG é essencialmente limitado à monitorização de surto-supressão (ver abaixo) (p. ex., coma induzido por barbitúricos) ou ao diagnóstico diferencial da encefalopatia difusa, incluindo:

1. diferenciação entre a crise psicogênica não responsiva e a crise orgânica: um EEG normal indica ausência de resposta psiquiátrica ou síndrome do encarceramento
2. estado epiléptico não convulsivo (convulsões): estado parcial ausente ou complexo
3. anormalidades subclínicas focais: p. ex., Descargas epileptiformes lateralizadas periódicas (PLEDs) (ver abaixo), desaceleração focal...
4. padrões específicos que são diagnósticos de certas patologias: p. ex.:
   a) PLDEs podem ocorrer com qualquer insulto cerebral focal agudo (p. ex., encefalite herpética [HSE], abscesso, tumor, infarto embólico): observadas em 85% dos casos de HSE (início 2-5 dias depois da apresentação); a forma bilateral é ≈ diagnóstico de HSE
   b) panencefalite esclerosante subaguda (SSPE) (padrão patognomônico): alta voltagem periódica com 4-15 s de separação, tremores corporais associados e nenhuma alteração com a estimulação dolorosa (o diagnóstico diferencial inclui *overdose* por feniciclina)
   c) doença de Creutzfeldt-Jakob (p. 367): mioclonias. EEG → onda aguda bilateral com uma frequência de 1,5-2 por segundo (precoce → desaceleração; tardia → trifásica). Pode ser similar às PLEDs, mas são reativas à estimulação dolorosa (a maioria das PLEDs não é)
   d) ondas trifásicas: não muito específicas. Podem ser observadas na encefalopatia hepática, pós-anóxia e na hiponatremia
5. medida objetiva da gravidade da encefalopatia: geralmente usada para encefalopatia anóxica (p. ex., picos periódicos com convulsões indica uma probabilidade < 5% de um desfecho neurológico normal, com alta mortalidade). Coma alfa, surto-supressão e silêncio elétrico cerebral são todos prognosticadores ruins
6. diferenciação entre hidranencefalia (p. 288) e hidrocefalia grave
7. como um exame clínico confirmatório na determinação de morte cerebral (p. 310)

14.1.2 Ritmos comuns em EEG

Os ritmos comuns em EEG são exibidos no ▶ Quadro 14.1.

14.1.3 Surto-supressão

Intervalos isoelétricos interrompidos por pulsos de atividade elétrica de 8-12 Hz, que diminuem para 1-4 Hz antes do silêncio elétrico.[1] Frequentemente usada como um ponto de viragem para a titulação de fármacos neuroprotetores, como barbitúricos, propofol...

14.2 Potenciais evocados

14.2.1 Informações gerais

Potenciais evocados representam a média das ondas de EEG registradas após estimulação repetitiva. O processo de obtenção da média anula a atividade de EEG que não está associada ao estímulo. As ondas resultantes contêm picos denominados N (negativo – deflexão para cima) ou P (positivo – deflexão para baixo), seguidos pela latência em milissegundos até o início do pico.

Quadro 14.1 Ritmos comuns em EEG

Ritmo	Símbolo	Frequência
delta	Δ	0-3 Hz
teta	θ	4-7 Hz
alfa	α	8-13 Hz
beta	β	> 13 Hz

14.2.2 Potenciais evocados sensoriais (SEP)

Informações gerais

Podem usar estimulação elétrica de nervos periféricos (somatossensitivo ou [SSEP]), cliques sonoros através de fones de ouvido (auditivo ou AEP, conhecido como BAER [resposta evocada auditiva do tronco encefálico]) ou *flashes* de luz através de óculos (EP visual ou VEP).

Os potenciais evocados são mais comumente usados por neurocirurgiões para a monitorização intraoperatória. SSEP (especialmente por estimulação do nervo mediano) também tem significância prognóstica na mielopatia espondilótica cervical[2], embora o uso para esta finalidade seja limitado.

Ondas típicas

Abreviações

Abreviações usadas abaixo: BAER = resposta evocada auditiva do tronco encefálico; SSEPs das UEs/ LEs = potencial evocado somatossensitivo de membros superiores/inferiores; VER PR = resposta evocada visual por padrão reverso, que requer a cooperação do paciente e atenção visual, ao contrário da VER por *flash*, que pode ser realizada até mesmo com as pálpebras fechadas. Ver também referências.[3,4]

14.2.3 Potenciais evocados intraoperatórios

Informações gerais

EPs podem ser utilizados para a monitorização intraoperatória (p. ex., monitorização da audição durante a ressecção de schwannomas vestibulares, ou monitorização dos SSEPs durante alguma cirurgia de coluna vertebral). No entanto, sua natureza tardia geralmente o torna de utilidade limitada para evitar lesão intraoperatória aguda. Um aumento de 10% na latência de um pico principal de EP ou uma queda na amplitude $\geq 50\%$ é significativo e deve instigar o cirurgião a avaliar todas as variáveis (retratores, instrumentos, pressão arterial...). SSEPs intraoperatórios também podem ser utilizados para localizar o córtex

Quadro 14.2 Valores típicos de estímulo para os potenciais evocados intraoperatórios

Teste	Estímulo			Comentário
	Freq (Hz)	**Duração (mcS)**	**Magnitude**	
BAER	23,5	150	85-100 dB	rarefação geralmente melhor do que compressão
UE SSEP (nervo mediano no punho)	4,7	300-700	até 50 mA	estímulo supramáximo (limiar sensorial + limiar motor)
LE SSEP (tibial posterior no tornozelo)	4,7	300-700	até 100 mA	estímulo supramáximo
PR VER	1,97			16 x 16 verificações. 1,6 cm cada, em 1 metro (ângulo visual subtendido de 55° de arco)

Quadro 14.3 Características auxiliares para a aquisição de potenciais evocados

Teste	Análise				Derivações de eletrodo
	Filtro de entrada (Hz)	**Sensitivo (mcV)**	**Duração (mS)**	**Reps**	
BAER	150-3.000	25	15	1.500	$M_1{}^a$-$C_Z Z$, $M_2{}^*$-C_z, aterramento = FZ
UE SSEP	30-3.000	50	55-60	600	F_z-ponto de Erb, C_{V7}-F_{pz}, C_3-F_{pz}, $C_3{}'$-NC (não cefálico, p. ex., ombro)
LE SSEP	30-3.000	50	60	600	fossa poplítea (frontal ao posterior), C_z-F_{PZ}, coluna (L_5-T_{12}) (difícil no obeso ou idoso), C_1-C_c (somatossensitivo ipsolateral ao contralateral)
PR VER	5-100	50	500	100	O_1-A_1, O_z-A_1, O_2-A_1, O_z-C_z

[a]M = mastoide ("i" é ipsolateral ao estímulo e "c" é contralateral).

sensorial primário em pacientes anestesiados (em vez de usar técnicas de mapeamento cerebral em pacientes despertos) para a procura de possíveis reversões de fase no sulco central.[5,6]

Respostas evocadas auditivas do tronco encefálico (BAER)

Conhecido como resposta auditiva do tronco encefálico (ABR), como potencial evocado auditivo (AEP). Cliques sonoros são transmitidos ao paciente por meio de fones de ouvido. Picos ▶ Quadro 14.4. Antigamente utilizada para auxiliar no diagnóstico de schwannomas vestibulares, seu uso para a monitorização intraoperatória é limitado e foi amplamente substituído pela monitorização direta do oitavo nervo craniano, que fornece informações mais rápidas ao cirurgião.

Monitorização do SSEP durante a cirurgia de coluna vertebral

Na verdade, a paralisia melhora os registros de SSEP através da redução do artefato muscular, porém elimina a contração visível que confirma que o estímulo está sendo recebido.

Sítios típicos de estímulo: nervos mediano, ulnar e tibial. Os impulsos ascendem na coluna posterior *ipsolateral*. SSEPs das UEs percorrem primariamente nas colunas dorsais, mas os SSEPs das LEs percorrem principalmente no fascículo dorsolateral (p. 72), que é abastecido pela artéria espinal *anterior*. Portanto, os SSEPs UE e LE são mais sensíveis para direcionar os efeitos mecânicos primariamente na parte posterior da coluna vertebral (sensorial), podendo permanecer inalterados com algumas lesões na parte anterior da coluna (motor). Entretanto, os SSEPs das LEs podem detectar efeitos isquêmicos na parte anterior da coluna vertebral em razão do envolvimento da artéria espinal anterior.

Em uma série pessoal de 809 pacientes,[7] 17 apresentaram degradação do SSEP, 14 destes (82% dos casos) responderam a intervenções intraoperatórias (ver abaixo), e em 13 destes 14 (93% dos casos) não houve novos déficits. Nos 3 que não responderam, 2 tinham novos déficits neurológicos significativos.

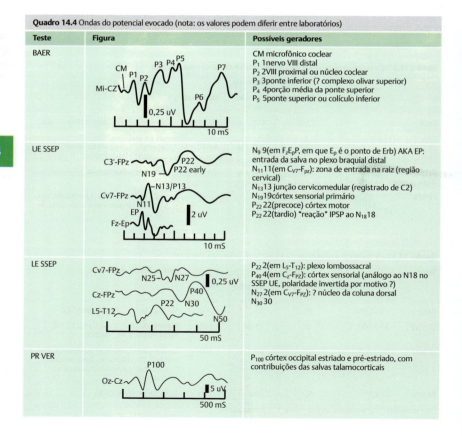

Quadro 14.4 Ondas do potencial evocado (nota: os valores podem diferir entre laboratórios)

Quadro 14.5 Valores normais dos potenciais evocados[a] (nota: os valores podem diferir entre laboratórios)

Teste	Parâmetros medidos	– – Valores normais – –		Comentário
		Média	+ 2,5 desvio-padrão	
BAER	latência interpico I-IV	4,01 mS	4,63 mS	
	latência interpico I-III	2,15 mS	2,66 mS	o prolongamento sugere uma lesão entre a ponte e o colículo, geralmente um **schwannoma vestibular**
	latência absoluta V	5,7 mS	6,27 mS	
	latência interpico III-V			prolongamento sugere uma lesão entre a ponte inferior e o mesencéfalo, pode ser observado na M.S.
UE SSEP	latência interpico $N_9 9$-$N_{18} 18$	9,38 mS	11,35 mS	
LE SSEP	latência interpico $P_{22} 22$-$P_{40} 40$	15,62 mS	20.82 mS	
	latência absoluta $P_{40} 40$	37,20 mS	44,16 mS	
PR VER	latência absoluta $P_{100} 10$		+ 3 S.D.	
	diferença interocular P_{100}	8-10 mS		diferença interocular é mais sensível com a estimulação do campo visual total. Defeito monocular sugere um defeito de condução naquele nervo óptico, anterior ao quiasma (p. ex., M.S., glaucoma, degeneração da retina por compressão). Defeito bilateral não é localizado.

[a]Valores normais em negrito são os valores críticos usados como ponte de corte para os resultados normais.

Potenciais evocados motores transcranianos (TCMEPs)

Requerimentos anestésicos: além dos requerimentos anestésicos do EP, o bloqueio neuromuscular deve ser minimizado para possibilitar ≥ 2 de um total de 4 contrações.

Conhecido como potenciais evocados motores (MEP): estimulação magnética ou elétrica transcraniana do córtex motor e axônios motores descendentes, com registro dos potenciais motores provenientes da coluna vertebral distal ou de grupos musculares. O uso de estimulação elétrica direta é limitado em pacientes despertos pela dor local. Em decorrência dos potenciais grandes, o tempo de aquisição é mais curto, e o *feedback* ao cirurgião é quase imediato. Entretanto, por causa do movimento do paciente provocado pelas contrações musculares, o registro contínuo geralmente não é possível (exceto com a monitorização da resposta na coluna vertebral). Útil para cirurgias envolvendo a coluna vertebral (cervical ou torácica), e sem utilidade para cirurgias da coluna lombar. Convulsões ocorrem raramente, normalmente em pacientes com maior risco de convulsões e com uma alta frequência de estimulação.

Contraindicações ao MEP:
1. histórico de epilepsia/convulsões
2. prévios defeitos cranianos causados por cirurgia
3. metal na cabeça ou pescoço
4. cuidado especial com dispositivos eletrônicos implantados

Potenciais evocados descendentes (DEP)

(Anteriormente chamado pelo termo errôneo "potenciais evocados motores neurogênicos"). Estimulação rostral da coluna vertebral, com registro de uma resposta neurogênica caudal proveniente da coluna vertebral ou de nervos periféricos, ou uma resposta miogênica proveniente de um músculo distal. DEPs podem ser mediados primariamente por nervos sensoriais e, portanto, não representam potenciais motores verdadeiros. No entanto, foi demonstrado que os DEPs são sensíveis a alterações da coluna vertebral e podem ser úteis quando os TCMEPs não podem ser obtidos.

14.2.4 Critérios de monitorização eletrofisiológica que desencadeiam a notificação do cirurgião

Qualquer um dos seguintes critérios:
1. SSEP:
    a) redução de 50% no pico da amplitude do sinal a partir da linha de base
    b) aumento da latência interpico > 10%
    c) perda completa de uma onda
2. TCMEP: redução sustentada de 50% na amplitude de sinal
3. DEP: redução de > 60% do sinal

Intervenções para perda ou degradação do sinal de monitorização durante a cirurgia de coluna vertebral

Quando uma compressão é a culpada, o prognóstico pode ser favorável. Lesões vasculares geralmente não se saem tão bem.

Opções/sugestões incluem (adaptado/extraído da "lista de verificação de Vitale"[8]):
1. verificar se a alteração é verdadeira (checar conexões, equipamento...)
2. declarar estado de alerta
    a) anunciar pausa intraoperatória e suspender o caso
    b) eliminar possíveis distrações (música, conversas desnecessárias...)
    c) "reunir as tropas": o anestesiologista responsável, o neurologista ou neurofisiologista sênior e um enfermeiro experiente são chamados na sala. Consultar um colega de cirurgia, se necessário
3. considerações anestésicas/metabólicas
    a) otimizar a pressão arterial média (geralmente, uma MAP > 85 mmHg é preferível)
    b) verificar o hematócrito para anemia (pode contribuir com a isquemia medular)
    c) otimizar o pH sanguíneo (descartar acidemia) e pCO_2
    d) normalizar a temperatura corporal do paciente
    e) verificar fatores técnicos anestésicos: avaliar a extensão da paralisia
    f) discutir a possibilidade de realização do "teste de despertar de Stagnara" (ver abaixo) com o anestesiologista responsável e enfermeiro instrumentista
4. considerações técnicas/neurofisiológicas
    a) descartar uma interferência de 60 Hz de outro equipamento (OU mesa, arco em C, microscópio... qualquer coisa com um plugue)
    b) conferir que os eletrodos de estimulação e registro estejam fazendo bom contato

14.3 NCS/EMG

14.3.1 Informações gerais

Exames eletrodiagnósticos de nervos periféricos consistem em duas partes:
1. medidas de condução: tipicamente chamado de "NCV" (velocidade de condução nervosa), mas, tecnicamente, deveria ser chamado de NCS (estudos de condução nervosa), visto que a amplitude, a latência e a duração dos nervos sensoriais e motores também são avaliadas
2. eletromiografia (EMG) conhecida como "exame de agulha" (ver abaixo)

14.3.2 Eletromiografia

Informações gerais

Um exame de EMG tem 3 fases:

Fase 1 – atividade insercional: a resposta elétrica do músculo à irritação mecânica causada por pequenos movimentos da agulha.

Fase 2 – atividade espontânea: no músculo em repouso.
1. normal: silencioso com agulha fixa, uma vez que a atividade insercional tenha diminuído
2. atividade espontânea: atividade elétrica produzida independentemente. Geralmente anormal (embora seja ocasionalmente observada em voluntários normais).
    a) após desnervação (secundário a uma lesão nervosa) ou lesão muscular:
        • ondas agudas positivas (PSW)
        • potenciais de fibrilação (conhecida como fibrilações ou fibs): potenciais de ação que se originam a partir de uma *única* fibra muscular. Detectável na EMG, não visível a olho nu, consultar fasciculações (p. 505). O início mais precoce ocorre 7-10 dias após a desnervação, e algumas vezes não apa-

rece por 3-4 semanas. Se o nervo se recuperar, o mesmo pode reinervar o músculo, porém com unidades motoras maiores, o que resulta em maior duração e números reduzidos
b) descargas miotônicas (som de "bomba caindo" no alto-falante do monitor)
c) descarga repetitiva complexa (CRD): condução efática de grupos de fibras musculares adjacentes. Ocorre em distúrbios neuropáticos ou miopáticos
d) potenciais de fasciculação: inespecífico, mas tipicamente associado a doenças do neurônio motor (ALS) (p. 183)
e) outras atividades espontâneas menos comuns incluem: descargas mioquímicas, neuromiotônicas e cãibras

Fase 3 – atividade voluntária: avaliada com esforço voluntário mínimo e esforço máximo.
1. análise do potencial de ação das unidades motoras (MUAP): inclui a avaliação da amplitude, duração, polifasia e estabilidade da unidade motora. Geralmente, um aumento na amplitude e duração sugere um distúrbio do LMN, e uma redução da amplitude e duração sugere um distúrbio miopático primário
2. com mínimo esforço voluntário. Dois possíveis achados anormais
   a) recrutamento reduzido (ou *fast firing*) é sempre indicativo de um processo neuropático
   b) recrutamento precoce ou aumentado: indicativo de um processo miopático
3. com esforço máximo

Definições

SNAP: potencial de ação do nervo sensitivo. Conceito-chave: visto que o gânglio dos nervos sensitivos situa-se no forame neural, lesões pré-ganglionares (lesão na raiz nervosa, *proximal* ao forame neural, p. ex., compressão da raiz por hérnia de disco ou avulsão da raiz) não afetam o corpo celular e, portanto, o SNAP distal não é afetado.[9] Lesões pós-ganglionares (distais ao forame neural, p. ex., lesão nervosa periférica) reduzem as amplitudes do SNAP e/ou desaceleram a velocidade de condução sensitiva.

Onda F: estimulação de um nervo causa condução ortodrômica e antidrômica. Algumas células do corno anterior que são estimuladas antidromicamente dispararão ortodromicamente, produzindo a onda F. A latência da onda F pode estar prolongada na radiculopatia multinível (não sensitiva). Mais adequado para avaliação de desaceleração da raiz proximal, p. ex. GBS (p. 184).

Reflexo H: prático ≈ somente na raiz nervosa S1, informações similares ao reflexo aquileu. A estimulação das fibras aferentes la atravessa uma conexão monossináptica, causando potencial de ação ortodrômico dos neurônios motores alfa, que pode ser mensurado no tríceps sural.

Atividade voluntária: o potencial de ação das unidades motoras (MUAP) pode ser avaliado apenas com a realização de contração muscular voluntária pelo paciente. Componentes mensurados do MUAP incluem: amplitude, tempo de subida, duração e número de fases (cruzamentos da linha de base).

Potenciais polifásicos: MUAP com > 4 fases. Normalmente constituem < 15% dos MUAPs. Após uma lesão nervosa, potenciais polifásicos anormalmente elevados podem ser observados 6-8 semanas após o início da reinervação, em que aumentam gradualmente ao longo de vários meses e, então, começam a diminuir (à medida que os disparos se tornam mais sincronizados).

Miotonia: existem várias condições miotônicas, incluindo distrofia miotônica, em que há uma contração muscular sustentada. Achado clássico na EMG: som de "bomba caindo" em decorrência das descargas miotônicas.

EMG para radiculopatia

Pérolas da EMG para os neurocirurgiões

Princípios gerais:
- EMG – se um exame motor confiável pode ser realizado, a EMG provavelmente não adicionará nenhuma informação. Um exame motor normal estará geralmente associado a uma EMG normal
- EMG não é extremamente sensível para radiculopatia (p. ex., radiculopatia irritativa pode não ser captada), e isto é mais provável na região cervical do que na lombar. No entanto, quando anormal, a EMG é muito específica
- A EMG é destinada mais para casos de fraqueza documentada, em que informações adicionais de localização/prognóstico são necessárias, ou quando a força do paciente não pode ser avaliada de forma confiável (incapacidade de cooperar, sobreposição funcional...)
- Tempo para a realização do exame
  - leva aproximadamente 3 semanas após o início da radiculopatia para a EMG mostrar de forma confiável qualquer achado
  - "alterações agudas" começam em, aproximadamente, 3 semanas e podem persistir por até 6 meses
  - alterações crônicas podem ser observadas a partir dos 6 meses e podem persistir indefinitivamente

EMG cervical:
- A EMG é mais adequada para as raízes nervosas de C5-T1. Não há músculos favoráveis para testar com confiança as raízes C3-4, e compressão nessa região pode ocasionar achados nas raízes nervosas inferiores

EMG lombar:
- Se a MRI lombar for normal em um paciente com evidência de fraqueza motora (p. ex., pé caído), realizar uma EMG para procurar por neuropatia periférica (novamente, um exame motor de qualidade pode fornecer a mesma informação). Se a EMG for negativa para neuropatia periférica (p. ex., paralisia do nervo fibular), realizar uma MRI (ou CT) de abdome e pelve para pesquisar a presença de tumor de assoalho pélvico

Achados

Inclui atividade espontânea (fibrilações e PSWs, ver acima).

O achado mais precoce possível (em 2-3 d) é o recrutamento reduzido com atividade voluntária, porém isto ocorre somente com uma compressão significativa das fibras motoras.

A EMG é adequada quando existe uma preocupação com a possibilidade de uma neuropatia periférica sobreposta (p. ex., síndrome do túnel do carpo *versus* radiculopatia de C6).

Critérios da EMG para a radiculopatia

1. fibrilações e/ou ondas agudas positivas em pelo menos 2 músculos inervados por uma única raiz nervosa, porém por 2 nervos *periféricos* diferentes
2. paraespinais anormais: isto corrobora o diagnóstico, mas não é obrigatório, visto que os paraespinais estarão normais em ≈ 50%

Radiculopatia lombar provocada por hérnia de disco

Na radiculopatia, o SNAP é geralmente normal (ver acima). Fibrilações do músculo paraespinal podem ocorrer. A precisão da estimativa do nível de envolvimento[10] é de ≈ 84%.

Pé caído: na LE, a cabeça curta do bíceps femoral é o primeiro músculo inervado pela divisão fibular do nervo isquiático na ou imediatamente acima da fossa poplítea, logo depois que o nervo se separa do nervo isquiático. Em casos, p. ex., de pé caído, este é um bom músculo a ser testado para determinar se há uma neuropatia fibular ou uma lesão mais proximal (ou seja, acima da fossa poplítea).

Achados com a resolução da radiculopatia (p. ex., após discectomia ou resolução espontânea):
- os potenciais motores retornam primeiro (se a lesão nervosa era "completa", demoraria um mês para o retorno)
- quando perdidos, os potenciais sensoriais retornam por último ou podem não retornar
- após a laminectomia, os potenciais paraespinais podem não ser mais úteis para a EMG, pois o corte dos músculos durante a cirurgia altera seus sinais elétricos, resultando em uma desnervação efetiva secundária à lesão muscular. Fibrilações e PSWs diminuem em amplitude ao longo do tempo, porém podem estar presentes indefinitivamente

EMG na plexopatia

Redução do SNAP sem fibrilações do músculo *paraespinal* (os ramos dorsais saem proximalmente para inervar os paraespinais e estão envolvidos ≈ *apenas* nas lesões de raízes)

EMG na avulsão de raiz nervosa

Produz fraqueza muscular e perda sensorial com SNAP normal, visto que a lesão é proximal ao gânglio da raiz dorsal (onde os corpos celulares dos nervos sensoriais estão localizados).

Referências

[1] Donnegan JH, Blitt CD. In: The Electroencephalogram. Monitoring in Anesthesia and Critical Care Medicine. New York: Churchill Livingstone; 1985: 323–343

[2] Holly LT, Matz PG, Anderson PA, Groff MW, Heary RF, Kaiser MG, Mummaneni PV, Ryken TC, Choudhri TF, Vresilovic EJ, Resnick DK. Clinical prognostic indicators of surgical outcome in cervical spondylotic myelopathy. J Neurosurg: Spine. 2009; 11:112–118

[3] Chiappa KH. Evoked Potentials in Clinical Medicine (First of Two Parts). N Engl J Med. 1982; 306:1140–1150

[4] Chiappa KH. Evoked Potentials in Clinical Medicine (Second of Two Parts). N Engl J Med. 1982; 306:1205–1211

[5] Gregori EM, Goldring S. Localization of Function in the Excision of Lesions from the Sensorimotor Region. J Neurosurg. 1984; 61:1047–1054

[6] Woolsey CN, Erickson TC, Gibson WE. Localization in Somatic Sensory and Motor Areas of Human Cerebral Cortex as Determined by Direct Recording of Evoked Potentials and Electrical Stimulation. J Neurosurg. 1979; 51:476–506

[7] Roh M, Wilson-Holden T, Padberg A. The utility of SSEP monitoring during cervical spine surgery: How often does it prompt intervention and affect outcome. 2002

[8] Vitale MG, Skaggs DL, Pace GI, Wright ML, Matsumoto H, Anderson RCE, Brockmeyer DL, Dormans JP, Emans JB, Erickson MA, Flynn JM, Glotzbecker MP, Ibrahim KN, Lewis SJ, Luhmann SJ, Mendiratta A, Richards BS, III, Sanders JO, Shah SA, Smith JT, Song KM, Sponseller PD, Sucato DJ, Roye DP, Lenke LG. Best Practices in Intraoperative Neuromonitoring in Spine Deformity Surgery: Development of an Intraoperative Checklist to Optimize Response. Spine Deformity. 2014; 2:333–339

[9] Benecke R, Conrad B. The distal sensory nerve action potential as a diagnostic tool for the differentiation of lesions in dorsal roots and peripheral nerves. J Neurol. 1980; 223:231–239

[10] Young A, Getty J, Jackson A, et al. Variations in the Pattern of Muscle Innervation by the L5 and S1 Nerve Roots. Spine. 1983; 8:616–624

Parte IV

Anomalias do Desenvolvimento

15	Anomalias Intracranianas Primárias	248
16	Anomalias Primárias da Coluna	265
17	Anomalias Craniospinais Primárias	277

15 Anomalias Intracranianas Primárias

15.1 Cistos aracnoides intracranianos

15.1.1 Informações gerais

> **Conceitos-chave**
>
> - uma anormalidade congênita, mais comum na fossa média, ângulo cerebelopontino (CPA), região suprasselar e fossa posterior
> - a maioria é assintomática (ou seja, achado incidental), exceto na região suprasselar
> - os exames imagiológicos geralmente mostram remodelação óssea; na maioria dos casos, as características imagiológicas são exatamente iguais ao CSF na CT ou MRI
> - recomendação para cisto aracnoide em adultos descoberto incidentalmente: um único exame imagiológico de seguimento em 6-8 meses é geralmente adequado para descartar qualquer aumento no tamanho. Exames subsequentes apenas se houver o desenvolvimento de sintomas preocupantes

Também conhecido como cistos leptomeníngeos, difere dos cistos leptomeníngeos pós-traumáticos (TCC fraturas em crescimento do crânio) (p. 915) e não está associado a uma infecção. Cistos aracnoides (AC) são lesões congênitas que surgem durante o desenvolvimento a partir da divisão da membrana aracnoide (portanto, são tecnicamente cistos intra-aracnoides), e contêm líquido geralmente idêntico ao CSF. Esses cistos não se comunicam com os ventrículos ou com o espaço subaracnoide. Podem não ter loculações ou podem conter septações. Tipicamente revestidos por células meningoteliais positivas para o antígeno de membrana epitelial (EMA) e negativas para o antígeno carcinoembrionário (CEA). O AC também pode ocorrer no canal raquidiano.

"Síndrome da agenesia do lobo temporal" é um rótulo previamente usado para descrever os achados com ACs na fossa craniana média. Este termo se tornou obsoleto, visto que os volumes cerebrais de ambos os lados são na verdade iguais,[1] e a expansão óssea e deslocamento da massa cerebral representam o parênquima que é aparentemente substituído por AC.

Dois tipos de achados histológicos:[2]

1. "cistos aracnoides simples": revestimento aracnoide que possui células aparentemente capazes de ativar a secreção de CSF. Cistos da fossa média parecem ser exclusivamente desse tipo
2. cistos com revestimento mais complexo, podendo conter neuróglia, epêndima e outros tipos de teci-dos

15.1.2 Epidemiologia dos cistos aracnoides intracranianos

Incidência: 5 por 1.000 em autópsias. Compreende ≈ 1% das massas intracranianas.

A relação homem:mulher é de 4:1. Mais comum no lado esquerdo.

Cistos aracnoides bilaterais podem ocorrer na síndrome de Hurler (uma mucopolissacaridose).

15.1.3 Distribuição

Quase todos ocorrem em relação a uma cisterna aracnoide (exceção: intrasselar, o único que é extradural, ▶ Quadro 15.1).

Cistos epidermoides no ângulo pontocerebelar (CPA) podem ser similares a um cisto aracnoide, porém são hiperintensos na MRI-DWI.

Ver também diagnóstico diferencial dos cistos aracnoides de fossa posterior média (p. 256).

15.1.4 Apresentação clínica

A maioria dos ACs é assintomática. Aqueles que se tornam sintomáticos geralmente o farão no início da infância.[4] A apresentação varia com o local do cisto e, muitas vezes, é leve, considerando o tamanho grande de alguns.

As apresentações típicas são mostradas no ▶ Quadro 15.2[4] e incluem:

1. sintomas de hipertensão intracraniana (ICP elevada): CEF, N/V, letargia
2. convulsões
3. deterioração súbita

Quadro 15.1 Distribuição dos cistos aracnoides[3]

Localização	%
fissura silviana	49%
CPA	11%
supracolicular	10%
vérmis	9%
selar e suprasselar	9%
inter-hemisférica	5%
convexidade cerebral	4%
clival	3%

Quadro 15.2 Apresentação típica dos cistos aracnoides

Cistos de fossa média	Cistos suprasselares com hidrocefalia	Cistos supratentoriais ou infratentoriais difusos com hidrocefalia
convulsões cefaleia hemiparesia	hipertensão intracraniana craniomegalia atraso no desenvolvimento perda visual puberdade precoce síndrome da boneca que balança a cabeça	hipertensão intracraniana craniomegalia atraso no desenvolvimento

    a) secundária a uma hemorragia (intracística ou no compartimento subdural): cistos de fossa média são conhecidos pela ocorrência de hemorragia provocada por dilaceração de veias em ponte. Algumas organizações esportivas não permitem a participação destes pacientes em esportes de contato

    b) secundária a uma ruptura do cisto

4. como uma protrusão focal do crânio
5. com sinais/sintomas focais de uma lesão expansiva
6. achado incidental descoberto durante a avaliação de uma condição não relacionada
7. cistos suprasselares podem adicionalmente se manifestar com:[5]

    a) hidrocefalia (provavelmente decorrente de uma compressão do terceiro ventrículo)

    b) sintomas endócrinos: ocorrem em até 60%. Inclui puberdade precoce

    c) tremor de cabeça (chamado de "síndrome da boneca que balança a cabeça"[6]): considerado sugestivo de cistos suprasselares, mas ocorre em apenas 10%

    d) deficiência visual

15.1.5 Avaliação

Informações gerais

A avaliação de rotina com CT ou MRI é geralmente satisfatória. Avaliação complementar com exames com contraste no liquor ou do fluxo liquórico (cisternografias, ventriculografias...) é necessária apenas ocasionalmente para o diagnóstico de lesões suprasselares médias ou fossa posterior;[4] para Diagnóstico diferencial, ver Cistos intracranianos (p. 1374); ver ▶ Fig. 15.1 para o esquema de classificação de Galassi *et al.* para cistos de fossa média.

Imagem por CT

Massa cística extraparenquimatosa e não calcificada de borda uniforme, com densidade similar ao CSF e sem realce após a administração de meio de contraste IV. Expansão do osso adjacente por remodelamento é geralmente observada, confirmando sua natureza crônica. Frequentemente associado à ventriculomegalia (em 64% dos cistos supratentoriais e 80% dos cistos infratentoriais).

    Convexidade ou cistos de fossa média provoca um efeito de massa na região cerebral adjacente, podendo comprimir o ventrículo lateral ipsolateral e causar desvio da linha média. Cistos suprasselares, de placa quadrigeminal e de fossa posterior média, podem comprimir o terceiro e quarto ventrículos, causando hidrocefalia por obstrução do forame de Monro ou aqueduto silviano.

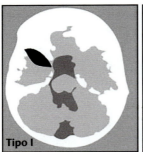  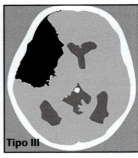

Fig. 15.1 Classificação da CT dos cistos aracnoides da fissura silviana.[7]
Tipo I: pequeno, biconvexo, localizado na ponta anterior do lobo temporal. Sem efeito de massa. Comunica-se com o espaço subaracnoide na cisternografia com contraste hidrossolúvel (WS-CTC).
Tipo II: envolve os segmentos proximal e intermediário da fissura silviana. A configuração completamente aberta fornece um formato retangular. Comunicação parcial na WS-CTC.
Tipo III: envolve toda a fissura silviana. Acentuado desvio de linha média. Expansão óssea da fossa média (elevação da asa menor do esfenoide, expansão externa do osso temporal escamoso). Mínima comunicação na WS-CTC. Tratamento cirúrgico geralmente não resulta em total expansão do cérebro. Pode-se aproximar da lesão tipo II.

MRI

Melhor do que a CT para diferenciar o CSF contido nos cistos aracnoides do fluido de cistos neoplásicos. Também pode demonstrar paredes císticas.

Cisternografias e/ou ventriculografias

Uso de meio de contraste iodado ou marcadores radioativos. A taxa variável de opacificação dificulta a correção dos resultados com os achados cirúrgicos. Alguns cistos são na verdade divertículos que podem ser preenchidos com marcador radioativo ou meio de contraste.

15.1.6 Tratamento

Informações gerais

Muitos (mas não todos) autores recomendam não tratar os cistos aracnoides que não causam efeito de massa ou sintomas, independente de seu tamanho e localização. Para cistos aracnoides descobertos incidentalmente em um adulto não considerado para cirurgia: um único exame imagiológico de seguimento em 6-8 meses é geralmente adequado para descartar quaisquer alterações (visto que os cistos podem crescer). Exames subsequentes podem ser realizados, se houver o desenvolvimento de sintomas preocupantes. Pode ser necessário o acompanhamento de pacientes pediátricos até a vida adulta.

Considerações terapêuticas dos cistos (excluindo os cistos suprasselares)

As opções de tratamento cirúrgico são resumidas no ▶ Quadro 15.3.

Derivação do cisto

Provavelmente o melhor tratamento. Para colocação de derivação no peritônio, usar uma válvula de *baixa pressão*. Na presença de ventriculomegalia associada, uma derivação ventricular deve ser simultaneamente colocada (p. ex., por um conector em "Y"). Ultrassom, ventriculoscópio ou orientação imagiológica podem auxiliar na localização de cistos suprasselares. Derivação de ACs de fossa média também pode ser realizada pelo ventrículo lateral, derivando ambos os compartimentos.[9]

✗ Nota: ao conduzir o tubo de derivação distal a partir da fossa média, o mesmo deve ser direcionado para a região posterior da orelha (não confeccionar um túnel na frente da orelha para evitar lesão ao nervo facial – se esta via anterior for inevitável, a solicitação dos serviços de um cirurgião plástico pode ser útil para ajudar a evitar o nervo facial).

Tratamento dos cistos suprasselares

Estes cistos apresentam algumas opções únicas de tratamento que incluem:
• cistectomia transcalosa[10]

Quadro 15.3 Opções de tratamento cirúrgico para cistos aracnoides

Procedimento	Vantagens	Desvantagens
drenagem por punção aspirativa por agulha ou evacuação por trepanação	• simples • rápido	• alta taxa de recorrência do cisto e déficit neurológico
craniotomia, excisando a parede do cisto e fenestrando-o nas cisternas basais	• possibilita a inspeção direta do cisto (pode ajudar no diagnóstico) • cistos loculados (raro) são tratados de forma mais eficaz • evita a derivação permanente (em alguns casos) • possibilita a visualização dos vasos em ponte (pequena vantagem)	• subsequente cicatrização pode bloquear a fenestração, possibilitando o reacúmulo do cisto • fluxo através do espaço subaracnoide pode ser deficiente; muitos pacientes desenvolvem dependência de derivação no pós-operatório • morbidade e mortalidade significativas (pode ser decorrente da descompressão abrupta)
fenestração endoscópica do cisto através de uma trepanação[8]	• como acima	• como acima
derivação do cisto para o peritônio ou sistema vascular	• tratamento definitivo • baixa morbidade/mortalidade • baixa taxa de recorrência	• paciente se torna "dependente da derivação" • risco de infecção por corpo estranho (derivação)

- ventrículo-cistostomia percutânea: procedimento de eleição de Pierre-Kahn et al.[5] Realizada por meio de um orifício de trepanação coronal paramediano através do ventrículo lateral e forame de Monro (pode ser facilitado com o uso de um ventriculoscópio[8])
- abordagem subfrontal (para fenestração e remoção): perigoso e ineficaz[5]

✖ drenagem ventricular é ineficaz (na verdade, promove o aumento do cisto) e não deve ser regularmente considerada

15.1.7 Resultado

Mesmo após o tratamento bem-sucedido, uma porção do cisto pode persistir por causa do remodelamento ósseo e desvio crônico dos conteúdos cerebrais. Pode ocorrer o desenvolvimento de hidrocefalia após o tratamento. Endocrinopatias tendem a persistir mesmo após o tratamento bem-sucedido dos cistos aracnoides.

15.2 Desenvolvimento craniofacial

15.2.1 Desenvolvimento normal

Fontanelas

Fontanela anterior: a maior fontanela. Forma de diamante, 4 cm (AP) x 2,5 cm (transversal) ao nascimento. Normalmente fecha aos 2,5 anos de idade.

Fontanela posterior: triangular. Normalmente fecha aos 2-3 meses de idade.

Fontanelas esfenoidal e mastóidea: pequenas, irregulares. Normalmente a primeira fecha aos 2-3 meses de idade, e a última com 1 ano de idade.

Abóbada craniana

Crescimento: em grande parte determinado pelo crescimento do cérebro. Noventa por cento do tamanho da cabeça de um adulto é alcançado até o primeiro ano de vida; 95% até os 6 anos de idade. O crescimento essencialmente cessa aos 7 anos de idade. Ao final do 2º ano, os ossos se interconectaram em suturas, e crescimento adicional ocorre por acreção e absorção.

O crânio é unilaminar ao nascimento. A díploe aparece no 4º ano de vida e alcança seu máximo aos 35 anos de idade (quando as veias diploicas se formam).

Processo mastoide: formação começa aos 2 anos de idade, e a formação de células aéreas ocorre durante o 6º ano de vida.

15.2.2 Craniossinostose

Geral

Originalmente chamada de craniostenose. Incidência: ≈ 0,6/1.000 nascidos vivos.

Essencialmente uma deformidade pré-natal, a craniossinostose (CSO) pós-natal ocorre raramente (as causas pós-natais consistem primariamente em alterações posicionais que não representam sinostoses verdadeiras). CSO está raramente associada à hidrocefalia (HCP).[11] A afirmação de que a CSO pode ser secundária à derivação do CSF para HCP não é comprovada. Outras causas de falha de um crescimento craniano normal incluem falta de crescimento craniano em razão de qualquer uma das causas de bloqueio de desenvolvimento dos hemisférios cerebrais (lisencefalia, micropoligiria, alguns casos de hidranencefalia...).

O tratamento é geralmente cirúrgico. Na maioria dos casos, a cirurgia é indicada por razões estéticas e para prevenir os efeitos psicológicos graves de uma deformidade desfigurante. No entanto, na CSO de múltiplas suturas, o crescimento do cérebro pode ser impedido pelo crânio inflexível. Além disso, a ICP pode estar patologicamente elevada e, embora isto seja mais comum na CSO de múltiplas suturas,[12] a ICP elevada ocorre em ≈ 11% dos casos com uma única sutura estenótica. Sinostose coronal pode causar ambliopia. A maioria dos casos de envolvimento de uma única sutura pode ser tratada com excisão linear da sutura. O envolvimento de múltiplas suturas ou da base do crânio geralmente requer os esforços combinados de um neurocirurgião e de um cirurgião craniofacial e, em alguns casos, pode necessitar ser realizada em etapas. Os riscos da cirurgia incluem: perda sanguínea, convulsões, CVA.

Diagnóstico

Muitos casos de "sinostose" são na verdade decorrentes do achatamento posicional (p. ex., "lambdoide preguiçoso", ver abaixo). Se houver esta suspeita, instruir os pais a manter a cabeça do bebê fora da área plana e reexaminar o paciente em 6-8 semanas: se o problema for posicional, uma melhora será observada. Se o problema for CSO, a ausência de melhora geralmente revelará a condição. O diagnóstico de CSO pode ser auxiliado por:

1. palpação de uma proeminência óssea sobre a sutura sinostótica suspeita (exceção: sinostose lambdoide, ver abaixo)
2. a pressão firme e gentil com os polegares não provoca um movimento relativo dos ossos em nenhum lado da sutura
3. radiografias simples de crânio:
   a) ausência de translucência normal no centro da sutura. Alguns casos com uma aparência radiográfica normal da sutura (mesmo na CT) podem ser por causa de uma formação focal de espícula óssea[13]
   b) calota craniana com aspecto de cobre batido (p. 254), diástase das suturas cranianas e erosão da sela podem ser observadas em casos de ICP elevada[14]
4. CT
   a) ajuda a demonstrar o contorno craniano
   b) pode exibir espessamento e/ou estriações no sítio de sinostose
   c) demonstrará hidrocefalia, quando presente
   d) pode exibir expansão do espaço subaracnóideo frontal[15]
   e) TC tridimensional pode ajudar a visualizar melhor as anormalidades
5. em casos questionáveis, uma cintilografia óssea com tecnécio pode ser realizada:[16]
   a) há pouca captação de isótopo por todas as suturas cranianas nas primeiras semanas de vida
   b) será demonstrada uma atividade aumentada nas suturas, fechando-se prematuramente, quando comparadas às outras suturas (normais)
   c) em suturas completamente fechadas, nenhuma captação será demonstrada
6. MRI: geralmente reservada para casos com anormalidades intracranianas associadas. Frequentemente, não é tão útil quanto a CT
7. mensurações, como da circunferência occipitofrontal, podem não ser anormais, mesmo em casos de deformações cranianas

Elevação da ICP

Evidência de ICP elevada no recém-nascido com craniossinostose inclui:

1. sinais radiográficos (na radiografia simples de crânio ou CT, ver acima)
2. falha de crescimento da calota craniana (ao contrário do crânio não sinostótico, em que a elevação de ICP provoca macrocrania no recém-nascido, aqui é a sinostose que causa aumento de ICP e ausência de crescimento craniano)
3. papiledema
4. atraso no desenvolvimento

Anomalias Intracranianas Primárias **253**

Tipos de craniossinostose

Sinostose sagital

Informações gerais

A CSO mais comum afetando uma única sutura; 80% dos casos ocorrem em indivíduos do sexo masculino. Resulta em dolicocefalia ou escafocefalia (crânio em forma de barco) com protrusão da fronte, proeminência occipital, formação de crista na sutura sagital em forma de quilha de navio. A OFC permanece próxima do normal, mas o diâmetro biparietal é acentuadamente reduzido. Até 44% dos pacientes com sinostose sagital não sindrômica apresentam elevação da ICP.[17]

Tratamento cirúrgico

A incisão cutânea pode ser longitudinal ou transversal. Uma craniectomia linear em "faixa" é realizada, excisando a sutura sagital desde a sutura coronal até a sutura lambdoide, preferencialmente nos primeiros 3-6 meses de vida. A profundidade da faixa deve ser de, no mínimo, 3 cm. Não existem provas de que a interposição de substâncias artificiais (p. ex., placas de Silastic sobre as bordas expostas do osso parietal) retarde a recidiva de sinostose. Muito cuidado é tomado para evitar laceração dural, com potencial lesão ao seio sagital superior subjacente. A criança é acompanhada e reoperada se houver recidiva da fusão antes dos 6 meses de idade. Após ≈ 1 ano de idade, um remodelamento craniano mais extenso é geralmente necessário.

Sinostose coronal

Informações gerais

Responsável por 18% das CSO, mais comum no sexo feminino. Na síndrome de Crouzon, a sinostose coronal é acompanhada por anormalidades dos ossos esfenoide, orbital e facial (hipoplasia do terço médio da face), e na síndrome de Apert é acompanhada por sindactilia.[18] CSO coronal unilateral → plagiocefalia com achatamento da fronte no lado afetado ou fronte côncava acima do olho (o lado normal parece falsamente estar anormalmente saliente), margem supraorbital mais elevada do que no lado normal (na radiografia de crânio → sinal do "olho de Arlequim". A órbita vira para fora no lado anormal, podendo produzir ambliopia. Sem tratamento, bochechas achatadas se desenvolvem, e o nariz desvia para o lado normal. A raiz do nariz tende a virar na direção da deformidade).

CSO coronal bilateral (geralmente no dismorfismo craniofacial na CSO de múltiplas suturas, p. ex., síndrome de Apert) → braquicefalia com fronte ampla e achatada (acrocefalia). Quando combinada com fechamento prematuro das suturas frontoesfenoidal e frontoetmoidal, resulta em uma fossa anterior encurtada com hipoplasia maxilar, órbitas rasas e proptose progressiva.

Tratamento cirúrgico

Craniectomia em faixa simples da sutura envolvida tem sido usada, frequentemente com um resultado estético excelente. Entretanto, alguns argumentam que esta técnica pode não ser adequada. Portanto, uma recomendação mais atual é a de fazer uma craniotomia frontal (uni ou bilateral), com avanço do ligamento cantal lateral por meio da remoção da barra orbitária.

Sinostose metópica

Ao nascimento, o osso frontal consiste em duas camadas separadas pela sutura frontal ou metópica. Fechamento anormal resulta em uma fronte pontuda, com uma crista na linha média (trigonocefalia). Muitos desses pacientes apresentam anormalidade no cromossomo 19p e são retardados.

Sinostose lambdoide

Epidemiologia

Há muito considerada uma raridade clínica, com uma incidência relatada, variando de 1 a 9% de CSO,[19] recentes artigos sugerem uma maior incidência de 10-20%, que pode ser decorrente de um real aumento na incidência ou simplesmente do maior conhecimento ou mudança nos critérios diagnósticos. Mais comum no sexo masculino (relação homem:mulher = 4:1), e o lado direito é envolvido em 70% dos casos. Geralmente presente entre 3-18 meses de idade, mas pode ser observado desde o 1º-2º mês de vida.

Existe controvérsia com relação aos reais critérios para esta condição, e alguns autores diferenciam aqueles casos que parecem ter uma anormalidade primária da sutura lambdoide daqueles que podem ser secundários ao achatamento posicional, também conhecido com "lambdoide preguiçoso". Outros não fazem esta distinção, e algumas vezes referem-se à condição como plagiocefalia occipital para evitar a necessidade de implicar anormalidades da sutura lambdoide.

Achatamento (ou moldagem) posicional pode ser produzido por:
1. mobilidade reduzida: pacientes que constantemente deitam em decúbito dorsal com a cabeça virada para o mesmo lado, p. ex., paralisia cerebral, retardo mental, prematuridade, enfermidade crônica
2. posturas anormais: *torcicolo congênito*,[21] distúrbios congênitos da coluna cervical

15

3. posicionamento intencional: tendência desde 1992 de colocar os recém-nascidos para dormir em decúbito dorsal para reduzir o risco da síndrome da morte súbita infantil (SIDS),[22] com o uso ocasional de uma cunha de espuma para inclinar a criança para um lado a fim de reduzir o risco de aspiração
4. etiologias intrauterinas:[23] compressão intrauterina (p. ex., secundária a gestações múltiplas ou tamanho fetal grande), anomalias uterinas

Achados clínicos

Achatamento do occipital. Pode ser unilateral ou bilateral. Quando unilateral, é ocasionalmente chamado de plagiocefalia lambdoide, que, quando grave, também produz protrusão da fronte ipsilateral, resultando em um crânio "romboide" com a orelha ipsilateral localizada anterior e inferior à orelha contralateral. A órbita e a fronte contralateral também podem estar achatadas. Isto pode ser confundido com microssomia hemifacial ou com plagiocefalia observada na craniossinostose coronal unilateral. Sinostose lambdoide bilateral produz braquicefalia, com deslocamentos anterior e inferior de ambas as orelhas.[19] Ao contrário da crista palpável da sinostose sagital ou coronal, uma *endentação* pode ser apalpada ao longo da sutura lambdoide sinostótica (embora uma crista perissutural possa ser encontrada em alguns).

Avaliação diagnóstica

O exame físico é o aspecto mais importante do diagnóstico. A radiografia de crânio pode ajudar na diferenciação (ver abaixo). Se a radiografia de crânio for ambígua, evite que o bebê deite sobre o lado afetado por várias semanas. Uma cintilografia óssea deve ser obtida na ausência de melhora (ver abaixo). Em casos definidos de sinostose, e em alguns casos de achatamento posicional refratário (que é geralmente corrigido com o tempo, mas pode demorar até 2 anos), o tratamento cirúrgico pode ser indicado.

Radiografia de crânio: exibe uma margem esclerótica ao longo da borda da sutura lambdoide em 70% dos casos. O achado local de "crânio com aparência de cobre batido" (BCC) pode ocasionalmente ser observado em razão das endentações ósseas dos giros subjacentes, que podem ser causadas por uma ICP localmente elevada. O BCC produz um aspecto mosqueado característico nos ossos, com translucências de profundidade variável, apresentando margens mal delimitadas. O BCC se correlaciona com o ↑ generalizado da ICP apenas quando é observado com erosão selar e diástase sutural.[14]

Imagem por CT: janelas ósseas podem demonstrar erosão ou adelgaçamento da tábua interna na região occipital em 15-20% dos casos,[20] > 95% ocorrendo no lado do envolvimento. A sutura pode parecer fechada. Janelas cerebrais exibem anormalidades no parênquima cerebral em < 2%: heterotopia, hidrocefalia, agenesia do corpo caloso; mas ≈ 70% apresentarão expansão significativa do espaço subaracnoide frontal (pode ser visto na sinostose ou outras suturas, ver acima).

Cintilografia óssea: a captação de isótopo na sutura lambdoide aumenta durante o primeiro ano, com um pico aos 3 meses de idade[24] (após a inatividade usual das primeiras semanas de vida). Os achados com sinostose são aqueles típicos para CSO (p. 252).

Tratamento

Tratamento cirúrgico precoce é indicado em casos com grave desfiguramento craniofacial ou naqueles com evidência de ICP elevada. Caso contrário, as crianças podem ser tratadas de forma conservadora por 3-6 meses. A maioria dos casos permanecerá estática, ou melhorará com o tempo e uma intervenção não cirúrgica simples. Aproximadamente 15% continuarão a desenvolver uma deformidade estética significativa.

Tratamento não cirúrgico:[25]

Embora a melhora possa geralmente ser obtida, algum grau de desfiguramento permanente é frequente.

Reposicionamento será eficaz em ≈ 85% dos casos. Os pacientes são colocados sobre o lado não afetado ou em decúbito ventral. Bebês com achatamento occipital secundário ao torcicolo devem ser submetidos a uma fisioterapia agressiva, com resolução sendo observada em 3-6 meses.

Envolvimento mais grave pode ser tratado com capacetes médicos[26] (entretanto, nenhum estudo controlado comprovou sua eficácia).

Tratamento cirúrgico:

Necessário em apenas ≈ 20% dos casos. A idade ideal para cirurgia é entre 6 e 18 meses. O paciente é posicionado de bruços em um apoio de cabeça bem acolchoado (a face deve ser elevada e gentilmente massageada pelo anestesiologista a cada ≈ 30 minutos para prevenir lesões por pressão).

As opções cirúrgicas variam desde uma craniectomia unilateral simples da sutura até uma reconstrução elaborada realizada por uma equipe craniofacial.

A craniectomia linear se estende da sutura sagital até o astério, e é geralmente adequada em pacientes ≤ 12 semanas de idade sem desfiguramento grave. Muito cuidado é tomado para evitar laceração dural próximo do astério, que está na região do seio transverso. A sutura excisada demonstra uma crista *interna*. Melhores resultados são obtidos com a cirurgia precoce, e uma cirurgia mais radical pode ser necessária após os 6 meses de idade.

A perda sanguínea média em casos não complicados é de 100-200 mL e, portanto, uma transfusão é frequentemente necessária.

Múltiplas sinostoses

Fusão de muitas ou todas as suturas cranianas → oxicefalia (crânio em forma de torre com seios subdesenvolvidos e órbitas rasas). Estes pacientes têm ICP elevada.

Síndromes craniofaciais dismórficas

Mais de 50 síndromes foram descritas. O ▶ Quadro 15.4 mostra algumas selecionadas.

Diversas síndromes de craniossinostose ocorrem em razão de mutações nos genes FGFR (receptor do fator de crescimento de fibroblastos). Síndromes de craniossinostose associadas ao gene do FGFR incluem algumas síndromes clássicas (Apert, Crouzon, Pfeiffer...), bem como várias entidades mais recentes (síndromes de Beare-Stevenson, Muenke, Jackson-Weiss). Todas exibem herança autossômica dominante.

15.2.3 Encefalocele

Informações gerais

Crânio bífido é um defeito na fusão do osso craniano, ocorre na linha média e é mais comum na região occipital. É chamado de meningocele quando há herniação das meninges e do CSF através do defeito. É chamado de encefalocele quando há protrusão das meninges e tecido cerebral.

Encefalocele, também conhecida como cefalocele, é uma extensão das estruturas intracranianas para fora dos limites normais do crânio. Observa-se um caso em cada cinco casos de mielomeningocele espinal.[28] Uma massa polipoide nasal em um *recém-nascido* deve ser considerada uma encefalocele até que se prove o contrário. Ver também Diagnóstico diferencial (p. 1388).

Classificação

Sistema de classificação de Suwanwela e Suwanwela:[29]
1. occipital: frequentemente envolve as estruturas vasculares
2. abóbada craniana: compreende ≈ 80% das encefaloceles no hemisfério ocidental
   a) interfrontal
   b) fontanela anterior
   c) interparietal: frequentemente envolve as estruturas vasculares
   d) temporal
   e) fontanela posterior
3. frontoetmoidal: também conhecida como sincipital; 15% das encefaloceles; abertura externa em direção à face em uma das seguintes 3 regiões:
   a) nasofrontal: defeito externo no násio
   b) nasoetmoidal: defeito entre o osso nasal e a cartilagem nasal
   c) naso-orbital: defeito na porção anteroinferior da parede orbital medial
4. basal: 1,5% das encefaloceles: (ver abaixo)
   a) transetmoidal: projeta-se para o interior da cavidade nasal por um defeito na placa cribriforme
   b) esfenoetmoidal: projeta-se para o interior da região posterior da cavidade nasal

Quadro 15.4 Síndromes craniofaciais dismórficas selecionadas (modificado[27 (p. 123-4)])

Síndrome	Genética		Achados craniofaciais	Achados associados
	Esporádica	Hereditária		
Crouzon (disostose craniofacial)	sim (25%)	FGFR AD	CSO das suturas cranianas coronal e basal, hipoplasia maxilar, órbitas rasas, proptose	raramente HCP
Apert (acrocefalossindactilia)	sim (95%)	FGFR AD	mesmo que Crouzon	sindactilia dos dígitos 2,3,4: UE encurtada, HCP comum
Kleeblattschadel	sim	AD	CSO com crânio trilobular	isolada ou com a síndrome de Apert ou com o nanismo tanatofórico

[a]Abreviações: AD = autossômico dominante; FGFR = receptor do fator de crescimento de fibroblastos; CSO = craniossinostose; HCP = hidrocefalia; UE = extremidades superiores.

c) transesfenoidal: projeta-se para o interior do seio esfenoide ou nasofaringe através do canal craniofaríngeo patente (forame cego)
d) frontoesfenoidal ou esfeno-orbital: canal projeta-se para o interior da órbita através da fissura orbital posterior
5. fossa posterior: geralmente contém tecido cerebelar e componente ventricular

Encefalocele basal

O único grupo que não produz uma massa de tecido mole visível. Pode-se manifestar na forma de fístula liquórica ou meningite recorrente. Pode estar associada a outras deformidades craniofaciais, incluindo: fissura labial, nariz bífido, displasia do nervo óptico, coloboma e microftalmia, disfunção hipotálamo-hipofisária.

Iniencefalia é caracterizada por defeitos ao redor do forame magno, raquisquise e retrocolis. A maioria é natimorta, alguns sobrevivem até a idade de 17 anos.

Etiologia

Duas teorias principais:
1. o fechamento interrompido do tecido normal de confinamento possibilita a herniação através do defeito persistente
2. protuberância precoce do tecido neural evita o fechamento normal dos revestimentos cranianos

Tratamento

Encefalocele occipital

Excisão cirúrgica do saco e seu conteúdo com fechamento dural impermeável. É preciso lembrar que as estruturas vasculares são geralmente incluídas no saco. Hidrocefalia está frequentemente presente e pode precisar ser tratada separadamente.

Encefalocele basal

Atenção: uma abordagem transnasal em uma encefalocele basal (mesmo quando apenas para biópsia) pode vir acompanhada por hemorragia intracraniana, meningite ou fístula liquórica persistente. Geralmente uma abordagem craniana combinada (com amputação da massa extracraniana) com uma abordagem transnasal é usada.

Resultado

Encefalocele occipital

O prognóstico é mais favorável na meningocele occipital do que na encefalocele. O prognóstico é desfavorável, se uma quantidade significativa de tecido cerebral estiver presente no saco, se os ventrículos se estenderem para o saco, ou se houver hidrocefalia. Menos de ≈ 5% dos bebês com encefalocele se desenvolvem normalmente.

15.3 Malformação de Dandy Walker

15.3.1 Informações gerais

Definição: uma fossa posterior aumentada, com agenesia completa ou parcial da vérmis cerebelar e dilatação cística do quarto ventrículo, que está distorcido e envolto em uma membrana. A anomalia foi descrita pela primeira vez por Dandy e Blackfan, em 1914, e nomeada malformação de Dandy Walker quarenta anos depois por Benda para agradecer as contribuições de Taggart e Walker, em 1942.[30]

15.3.2 Diagnóstico diferencial

Os distúrbios com coleções de CSF na fossa posterior incluem:[31]
1. malformação de Dandy Walker (DWM)
2. variante de Dandy Walker (DWV): hipoplasia vermiana e dilatação cística do quarto ventrículo, sem aumento da fossa posterior
3. cisto da bolsa de Blake (BPC) persistente: hidrocefalia tetraventricular, comunicando o 4º ventrículo e o cisto da fossa posterior, com ou sem hipoplasia do vérmis cerebelar e das superfícies mediais dos hemisférios cerebelares
4. cisto aracnoide retrocerebelar: desloca anteriormente o 4º ventrículo e o cerebelo, podendo produzir um efeito de massa significativo
5. síndrome de Loubert: ausência ou subdesenvolvimento do vérmis cerebelar
6. megacisterna magna: aumento da fossa posterior secundário a uma cisterna magna aumentada, com o vérmis e o quarto ventrículo normais

Características diferenciadoras: DWM e DWV são difíceis de diferenciar e podem representar uma continuidade das anomalias de desenvolvimento que são agrupadas, como o complexo de Dandy Walker.[32]

Cistos aracnoides retrocerebelares e BPCs podem ser similares a uma DWM, porém *não* apresentam agenesia do vérmis, e o cisto não abre no 4º ventrículo. A posição do plexo coroide do quarto ventrículo é normal nos cistos aracnoides, ausente nas malformações de Dandy Walker e deslocada para a parede superior do cisto no BPC. Uma CT intratecal com contraste (realizada após a instilação de meio de contraste iodado em um cateter ventricular) identificaria uma megacisterna magna, que se comunica com os ventrículos, porém não na DWM e na maioria, porém não todos, dos cistos aracnoides.

15.3.3 Fisiopatologia

A etiologia da DWM é desconhecida. Múltiplas teorias insatisfatórias foram abandonadas. A DWM é provavelmente decorrente de uma embriogênese desordenada, causada por insultos de gravidade variável ao cerebelo e 4º ventrículo. Isto resulta em agenesia do vérmis cerebelar, com um grande cisto da fossa posterior comunicando-se com o 4º ventrículo aumentado.[32,30]

Hidrocefalia ocorre em 70-90% dos casos, e a malformação de Dandy Walker está presente em 2-4% de todos os casos de hidrocefalia.

15.3.4 Fatores de risco e epidemiologia

São considerados fatores predisponentes a exposição gestacional à rubéola, CMV, toxoplasmose, varfarina, álcool e isotretinoína. Herança autossômica recessiva foi identificada em alguns casos, mas uma base genética está ausente na maioria. Incidência: 1 por 25.000-35.000 nascidos vivos.[30] Relação homem:mulher = 1:3.

15.3.5 Anormalidades associadas

Anormalidades do CNS incluem agenesia do corpo caloso em 17%,[33] e encefalocele occipital em 7%. Outros achados incluem heterotopia, espinha bífida, siringomielia, microcefalia, cistos dermoides, porencefalia e deformidade de Klippel-Feil. A maioria apresenta uma fossa posterior aumentada, com elevação da tórcula de Herófilo. Atresia dos forames de Magendie e Luschka pode ocorrer.[34]

Anormalidades sistêmicas incluem:[33] anormalidades faciais (p. ex., angiomas, fendas palatinas, macroglossia, dismorfismo facial), anormalidades oculares (p. ex., coloboma, disgenesia retiniana, microftalmia) e anomalias cardiovasculares (p.ex., defeitos septais, persistência do canal arterial, coarctação da aorta, dextrocardia). Nota: esteja ciente da possibilidade de uma anormalidade cardíaca ao considerar uma cirurgia nesses pacientes.

15.3.6 Tratamento

Recomenda-se a descompressão precoce da ventriculomegalia para alcançar um desenvolvimento cognitivo máximo. Na ausência de hidrocefalia, a DWM pode ser acompanhada. Quando o tratamento é necessário, uma derivação deve ser realizada no cisto de fossa posterior. Derivação isolada dos ventrículos laterais é contraindicada, em razão do risco de herniação ascendente.[35] No entanto, é importante confirmar a patência do aqueduto cerebral, caso contrário uma derivação concomitante dos ventrículos supratentoriais é necessária. Existem diversos artigos referentes às taxas de estenose aquedutal associada, embora esta seja geralmente considerada rara.

Outra opção que era comumente utilizada é a excisão da membrana obstruída. Essa opção deixou de ser usada por causa dos seus riscos associados de morbidade e mortalidade. Entretanto, permanece uma opção para pacientes com frequente mau funcionamento da derivação.

Tratamentos mais recentes incluem a terceira ventriculostomia endoscópica nos casos em que o aqueduto é patente, porém estudos adicionais são necessários.[36,37]

15.3.7 Prognóstico

O prognóstico varia amplamente, pois há vários níveis de gravidade da malformação. Alguns materiais de neurocirurgia pediátrica citam taxas de mortalidade de 12-50%, embora estas taxas estejam melhorando com as técnicas modernas de derivação. Apenas 50% têm IQ normal. Ataxia, espasticidade e baixo controle das habilidades motoras finas são comuns. Convulsões ocorrem em 15%.

15.4 Estenose do aqueduto

15.4.1 Informações gerais

Estenose do aqueduto (AqS) produz o que é ocasionalmente chamado de hidrocefalia triventricular, que é caracterizada por um 4º ventrículo de tamanho normal e aumento do terceiro ventrículo e ventrículos laterais na MRI ou CT. A maioria dos casos ocorre em crianças, porém alguns se manifestam pela primeira vez na vida adulta.

15.4.2 Etiologias

1. uma malformação congênita: pode estar associada à malformação de Chiari ou à neurofibromatose
2. adquirida
   a) secundária à inflamação (causada por hemorragia ou infecção, p. ex., sífilis, TB.)
   b) neoplasia: especialmente astrocitomas de tronco cerebral – incluindo gliomas tectais (p. 634), lipomas
   c) cistos aracnoides de placa quadrigeminal

15.4.3 Estenose do aqueduto na infância

AqS é uma causa frequente de hidrocefalia (HCP) congênita (até 70% dos casos[27]), mas ocasionalmente pode ser o *resultado* de HCP. Pacientes com AqS congênita geralmente têm HCP ao nascimento ou a desenvolvem em ≈ 2-3 meses. AqS congênita pode ser causada por um gene recessivo ligado ao X.[28] Quatro tipos de AqS congênita foram descritas por Russell (resumidas[38]):

1. bifurcação (*forking*): múltiplos canais (frequentemente de calibre reduzido) com revestimento epitelial normal que não se encontram, separados por tecido nervoso normal. Geralmente associado a outras anormalidades congênitas (espinha bífida, mielomeningocele)
2. gliose periaquedutal: estreitamento luminal secundário à proliferação astrocitária subependimária
3. estenose verdadeira: aqueduto histologicamente normal
4. septo

15.4.4 Estenose do aqueduto na vida adulta

Informações gerais

AqS pode ser uma causa negligenciada de "hidrocefalia de pressão normal" no adulto.[39] Desconhece-se a razão pela qual alguns casos de AqS permanecem ocultos, manifestando-se apenas na vida adulta. Em uma série de 55 casos,[40] 35% apresentaram sintomas por um período < 1 ano, 47% por 1-5 anos; a maior duração foi de 40 anos. Embora a maioria segue esse curso benigno prolongado, há relatos de ICP elevada e morte súbita.

Sintomas

Ver ▶ Quadro 15.5. Dor de cabeça foi o sintoma mais comum, com características de cefaleia associada a uma ICP elevada. Alterações visuais foram o segundo mais comum, normalmente consistindo em perda da acuidade. Alterações endócrinas incluíram irregularidades menstruais, hipotireoidismo e hirsutismo.

Sinais

Papiledema foi o achado mais comum (53%). Os campos visuais estavam normais em 78%, o restante apresentando redução da visão periférica, aumento de pontos cegos, quadrantanopsia ou hemianopsia, ou escotoma. Comprometimento intelectual estava presente em, pelo menos, 36%. Outros sinais incluíram: ataxia (29%), "sinais do trato piramidal" em 44% (hemiparesia ou paraparesia leve (22%), espasticidade (22%) ou Babinski (20%)), anosmia (9%).

Avaliação

MRI é o exame de escolha. A MRI demonstrará a ausência de vazio de fluxo normal no aqueduto silviano. Meio de contraste deve ser administrado para descartar tumor.

Tratamento (de AqS não tumoral)

Embora tratamentos da lesão primária tenham sido tentados (p. ex., lise do septo aquedutal), o uso destes foi descontinuado em razão da maior eficácia da derivação do CSF e da terceira-ventriculostomia endoscópica (ETV).

Quadro 15.5 Sintomas da estenose do aqueduto manifestada na vida adulta (55 pacientes > 16 anos de idade[40])

Sintoma	No.	%
cefaleia	32	58%
transtornos visuais	22	40%
deterioração mental	17	31%
transtornos da marcha	16	29%
quedas frequentes	13	24%
distúrbio endócrino	10	18%
náusea/vômito	9	16%
convulsões	8	15%
incontinência	7	13%
vertigem	6	11%
fraqueza de LE	4	7%
hemiparesia ou hemianestesia	4	7%
diplopia	3	5%
disartria	1	
surdez	1	

1. derivação: o CSF é geralmente desviado para o peritônio ou sistema vascular, porém a derivação para o espaço subaracnoide também é viável (uma vez que uma obstrução no nível das granulações aracnóideas tenha sido descartada)
2. uma derivação de Torkildsen (derivação de um ventrículo lateral para a cisterna magna[41]) pode funcionar em adultos,[38] porém pacientes pediátricos com hidrocefalia obstrutiva podem não ter um espaço subaracnoide adequadamente desenvolvido para que este método funcione apropriadamente
3. terceira ventriculostomia endoscópica (p. 415)

Recomenda-se o acompanhamento por, no mínimo, dois anos para descartar tumor.

15.5 Agenesia do corpo caloso

15.5.1 Informações gerais

Uma falha de comissuração ocorrendo ≈ 2 semanas pós-concepção. Resulta na expansão do terceiro ventrículo e separação dos ventrículos laterais (com o desenvolvimento de átrios e cornos occipitais dilatados, e bordas mediais côncavas).

O corpo caloso (CC) é formado desde o rostro (joelho) até o esplênio,[42] ∴ na agenesia, pode haver uma porção anterior com ausência do segmento posterior (o inverso ocorre raramente). Ausência do CC anterior com presença de parte do CC posterior indica alguma forma de holoprosencefalia.

15.5.2 Incidência

1 em 2.000-3.000 exames neurorradiológicos.

15.5.3 Achados neuropatológicos associados

Ver referência.[43]
- porencefalia

- microgiria
- *lipomas* inter-hemisféricos e lipomas do corpo caloso (p. 260)
- arrinencefalia
- atrofia óptica
- colobomas
- hipoplasia do sistema límbico
- feixes de Probst: abortamento das regiões iniciais do corpo caloso, protrusão para dentro dos ventrículos laterais
- perda da orientação horizontal do giro cingulado
- esquizencefalia (p. 288)
- comissuras anteriores e hipocampais podem estar totalmente ou parcialmente ausentes[44]
- hidrocefalia
- cistos na região do corpo caloso
- espinha bífida com ou sem mielomeningocele
- ausência do septo pelúcido (p. 260)

15.5.4 Possível apresentação

- hidrocefalia
- microcefalia
- convulsões (raro)
- puberdade precoce
- síndrome de desconexão: mais provável no defeito *adquirido* do CC do que no defeito congênito

Pode ser um achado incidental e, por si só, pode não ter significância clínica. No entanto, pode ocorrer como parte de uma síndrome clínica mais complexa ou uma anormalidade cromossômica (p. ex., síndrome de Aicardi: agenesia do CC, convulsões, retardamento, alterações de pigmentação retiniana).

15.6 Ausência do septo pelúcido

Etiologias[45] (p. 178)
1. holoprosencefalia (p. 289)
2. esquizencefalia (p. 288)
3. agenesia do corpo caloso (p. 259)
4. malformação de Chiari do tipo 2 (p. 284)
5. encefalocele basal
6. porencefalia/hidranencefalia
7. pode ocorrer na hidrocefalia severa: supostamente causada por necrose com reabsorção do septo
8. displasia septo-óptica: ver abaixo

Displasia septo-óptica[46,45] (p. 175-8)
Conhecida também como síndrome de Morsier. Morfogênese precoce incompleta das estruturas anteriores da linha média produz hipoplasia dos nervos ópticos e, possivelmente, de quiasma óptico (pacientes afetados são cegos) e infundíbulo hipofisário. O septo pelúcido está ausente em cerca de metade dos casos. Aproximadamente metade dos casos também tem esquizencefalia (p. 288).

A apresentação clínica pode ser decorrente do hipopituitarismo secundário que se manifesta como nanismo, deficiência isolada do hormônio de crescimento ou pan-hipopituitarismo. Ocasionalmente, pode ocorrer hipersecreção do hormônio de crescimento, corticotrofina ou prolactina, bem como puberdade precoce. A maioria dos pacientes possui inteligência normal, embora retardamento possa ocorrer. Displasia septo-óptica pode ser uma forma menos severa da holoprosencefalia (p. 289) e, ocasionalmente, pode ocorrer como parte desta anomalia (com um prognóstico mais desfavorável para função ou sobrevida). Os ventrículos podem estar normais ou dilatados. Pode ser observada pelo neurocirurgião em razão da preocupação de uma possível hidrocefalia.

15.7 Lipomas intracranianos

15.7.1 Informações gerais

Lipomas intracranianos e intramedulares são supostamente causados por uma malformação[47] (p. 706) e podem-se originar por uma falha de involução das meninges primitivas.[48]

15.7.2 Epidemiologia dos lipomas intracranianos

Incidência: 8 em 10.000 autópsias. Geralmente encontrados no ou próximo do plano sagital médio, particularmente sobre o corpo caloso; lipomas nesta região estão frequentemente associados a uma agenesia do corpo caloso (p. 259). O *tuber cinereum* e a placa quadrigeminal são menos frequentemente afetados.[43] Raramente, o ACP ou o vérmis cerebelar podem estar envolvidos. Podem ocorrer isoladamente, porém também já foram descritos em associação a várias anomalias congênitas, incluindo: trissomia 21, síndrome de Pai, encefalocele frontal, anomalias faciais. Outras anormalidades de linha média também podem ser encontradas: agenesia do corpo caloso, mielomeningocele e espinha bífida.[48]

15.7.3 Avaliação

Podem ser diagnosticados por CT, MRI (exame de escolha) e ultrassom em bebês.

CT: hipodensidade, pode ter calcificação periférica (difícil de visualizar na MRI).[48] Diagnóstico diferencial na CT: primariamente entre cisto dermoide, teratoma[49] e germinoma.[48]

MRI: o achado característico é uma lesão na linha média, com características de sinal de gordura (hiperintensidade na T1WI, hipointensidade na T2WI).

15.7.4 Apresentação clínica

Frequentemente descobertos incidentalmente. Lipomas grandes podem estar associados a convulsões, disfunção hipotalâmica ou hidrocefalia (possivelmente por compressão do aqueduto). Achados associados que podem ou não estar diretamente relacionados: retardo mental, transtornos comportamentais e dor de cabeça.

15.7.5 Tratamento

Abordagem cirúrgica direta é raramente necessária para lipomas intracranianos.[49] Derivação pode ser necessária nos casos em que a hidrocefalia é causada por obstrução da circulação de CSF.[49]

15.8 Hamartomas hipotalâmicos

15.8.1 Informações gerais

Conceitos-chave

- malformação congênita não neoplásica rara, geralmente ocorre no *tuber cinereum*
- pode ser para-hipotalâmico (pedunculado) ou intra-hipotalâmico (séssil)
- apresentação clínica: puberdade precoce, convulsões (geralmente começando com crises gelásticas [risos breves não provocados]), atraso no desenvolvimento
- tratamento: análogos de GnRH para puberdade precoce, craniotomia laterobasal para lesões pedunculadas, abordagem transcalosa interforniceal para lesões intra-hipotalâmicas, opção de abordagem endoscópica para lesões ≤ 1,5 cm de diâmetro, radiocirurgia estereotáxica pode ser uma alternativa

Hamartomas hipotalâmicos (**HH**; hamartoma: uma conglomeração anormal de células normalmente encontradas na mesma área), também conhecidos como hamartomas diencefálicos ou hamartomas do *tuber cinereum*. Malformações congênitas não neoplásicas raras que se originam no hipotálamo inferior ou no *tuber cinereum* (assoalho do terceiro ventrículo, entre a haste infundibular e os corpos mamilares). Pode ocorrer como parte da síndrome de Pallister-Hall (genética: defeito congênito AD no gene GL13, resultando em uma proteína GL13 anormalmente curta que participa no desenvolvimento normal de muitos órgãos).

15.8.2 Achados clínicos

1. tipos específicos de convulsões:
   a) crises gelásticas (breves episódios de riso não provocado[50]) é o tipo mais característico e a manifestação convulsiva mais precoce. Presente em até 92% dos pacientes.[51] São resistentes ao tratamento médico e podem provocar déficits cognitivos e comportamentais.[52] Não patognomônico. Uma origem neocortical foi descrita.[53]

b) encefalopatia epiléptica: a frequência de ataques gelásticos gradualmente aumenta, e outros tipos de convulsão aparecem: convulsões parciais complexas, ataques de queda, convulsões tônico-clônicas e convulsões secundariamente generalizadas. Esta fase está associada a uma acentuada deterioração das habilidades cognitivas e comportamentais. Desenvolve-se em 52% com uma idade média de 7 anos[51]

2. puberdade precoce: supostamente causada pela liberação do hormônio liberador de gonadotrofinas (GnRH), encontrado nas células dos hamartomas.[54] HH é o tumor de CNS mais comum causando puberdade precoce. Outras causas incluem: outros tumores do CNS – astrocitoma, ependimoma, tumores da pineal (p. 658), gliomas ópticos/hipotalâmicos (especialmente em pacientes NFT) – XRT do CNS, hidrocefalia, inflamação no CNS, displasia septo-óptica (p. 260) e hipotireoidismo crônico

3. atraso do desenvolvimento: primariamente em pacientes com distúrbio convulsivo (a gravidade está correlacionada com a duração das convulsões). 46% dos pacientes têm funcionamento intelectual *borderline* (retardo mental)

4. distúrbios comportamentais:[55] comportamento agressivo, ataques de fúria...

15.8.3 Exames imagiológicos

MRI: imagens não captantes, isointensas em T1WI, ligeiramente hiperintensas ou isointensas em T2WI.[56]

15.8.4 Patologia

Dois subtipos de hamartomas hipotalâmicos:[56,51]

1. pedunculado ou para-hipotalâmico: base mais estreita conectada ao assoalho do hipotálamo (não se origina no hipotálamo). Não há distorção do 3º ventrículo. Geralmente, mais frequentemente associado à puberdade precoce do que convulsões

2. intratalâmico ou séssil: dentro do hipotálamo (distorcendo o 3º ventrículo) ou ampla inserção no hipotálamo. Mais frequentemente associado a convulsões. 66% têm atraso do desenvolvimento, 50% têm puberdade precoce

Patologia microscópica: grupos de pequenos neurônios desorganizados, circundados por grandes neurônios similar aos piramidais em um neurópilo rico em astrócitos[57] (ao contrário das células ganglionares usuais circundadas por oligodendrócitos encontrados no hipotálamo).

15.8.5 Tratamento

A puberdade precoce geralmente responde bem aos análogos de GnRH.[58]

▶ **Indicações para cirurgia:**

1. puberdade precoce que falha em responder à terapia clínica (análogos de GnRH)
2. convulsões que não podem ser clinicamente controladas de forma adequada. O controle pós-operatório de convulsão está relacionado com a plenitude da ressecção
3. déficit neurológico secundário ao efeito de massa do tumor

▶ **Opções**

1. ressecção cirúrgica
   a) lesões pedunculadas: as abordagens incluem[59] subtemporal, subfrontal, pterional, orbitozigomática (mais comumente recomendada). Riscos: neuropatia craniana, CVA[59]
   b) lesões sésseis com componente intraventricular: abordagem transcalosa interforniceal anterior.[60,61,62] Riscos: comprometimento da memória (lesão no fórnice), distúrbios endócrinos, ganho de peso[60,62]
   c) abordagem neuroendoscópica: considerada em HH ≤ 1,5 cm de diâmetro.[63] Riscos: incidência de 25% de lesão cerebrovascular talâmica

2. radiocirurgia estereotáxica: especialmente para pequenas lesões sésseis, ressecção subtotal ou pacientes que se negam à realização de cirurgia ou que não sejam candidatos cirúrgicos. Em pequenas séries, o resultado em 3 anos mostrou melhora similar à ressecção cirúrgica, com menor morbidade neurológica e endocrinológica[64,65]

Referências

[1] Van Der Meche F, Braakman R. Arachnoid Cysts in the Middle Cranial Fossa: Cause and Treatment of Progressive and Non-Progressive Symptoms. J Neurol Neurosurg Psychiatry. 1983; 46:1102–1107

[2] Mayr U, Aichner F, Bauer G, et al. Supratentorial Extracerebral Cysts of the Middle Cranial Fossa: A Report of 23 Consecutive Cases of the So-called Temporal Lobe Agenesis Syndrome. Neurochirugia. 1982; 25:51–56

[3] Rengachary SS, Watanabe I. Ultrastructure and Pathogenesis of Intracranial Arachnoid Cysts. J Neuropathol Exp Neurol. 1981; 40:61–83

[4] Harsh GR, Edwards MSB, Wilson CB. Intracranial Arachnoid Cysts in Children. J Neurosurg. 1986; 64:835–842

[5] Pierre-Kahn A, Capelle L, Brauner R, Sainte-Rose C, et al. Presentation and Management of Suprasellar Arachnoid Cysts: Review of 20 Cases. J Neurosurg. 1990; 73:355–359

[6] Altschuler EM, Jungreis CA, Sekhar LN, Jannetta PJ, et al. Operative Treatment of Intracranial Epidermoid Cysts and Cholesterol Granulomas: Report of 21 Cases. Neurosurgery. 1990; 26:606–614

[7] Galassi E, Tognetti F, Gaist G, et al. CT scan and Metrizamide CT Cisternography in Arachnoid Cysts of the Middle Cranial Fossa. Surg Neurol. 1982; 17:363–369

[8] Hopf NJ, Perneczky A. Endoscopic Neurosurgery and Endoscope-Assisted Microneurosurgery for the Treatment of Intracranial Cysts. Neurosurgery. 1998; 43:1330–1337

[9] Page LK. Comment on Albright L: Treatment of Bobble-Head Doll Syndrome by Transcallosal Cystectomy. Neurosurgery. 1981; 8

[10] Albright L. Treatment of Bobble-Head Doll Syndrome by Transcallosal Cystectomy. Neurosurgery. 1981; 8:593–595

[11] Golabi M, Edwards MSB, Ousterhout DK. Craniosynostosis and Hydrocephalus. Neurosurgery. 1987; 21:63–67

[12] Renier D, Sainte-Rose C, Marchac D, Hirsch J-F. Intracranial Pressure in Craniostenosis. J Neurosurg. 1982; 57:370–377

[13] Burke MJ, Winston KR, Williams S. Normal Sutural Fusion and the Etiology of Single Suture Craniosynostosis: The Microspicule Hypothesis. Pediatr Neurosurg. 1995; 22:241–246

[14] Tuite GF, Evanson J, Chong WK, et al. The Beaten Copper Cranium: A Correlation between Intracranial Pressure, Cranial Radiographs, and Computed Tomographic Scans in Children with Craniosynostosis. Neurosurgery. 1996; 39:691–699

[15] Chadduck WM, Chadduck JB, Boop FA. The Subarachnoid Spaces in Craniosynostosis. Neurosurgery. 1992; 30:867–871

[16] Gates GF, Dore EK. Detection of Craniosynostosis by Bone Scanning. Radiology. 1975; 115:665–671

[17] Wall SA, Thomas GP, Johnson D, Byren JC, Jayamohan J, Magdum SA, McAuley DJ, Richards PG. The preoperative incidence of raised intracranial pressure in nonsyndromic sagittal craniosynostosis is underestimated in the literature. J Neurosurg Pediatr. 2014; 14:674–681

[18] Renier D, Arnaud E, Cinalli G, et al. Prognosis for Mental Functioning in Apert's Sydrome. J Neurosurg. 1996; 85:66–72

[19] Muakkassa KF, Hoffman HJ, Hinton DR, Hendrick EB, et al. Lambdoid Synostosis: Part 2: Review of Cases Managed at The Hospital for Sick Children, 1972-1982. J Neurosurg. 1984; 61:340–347

[20] Keating RF, Goodrich JT. Lambdoid Plagiocephaly. Contemp Neurosurg. 1996; 18:1–7

[21] Morrison DL, MacEwen GD. Congenital Muscular Torticollis: Observations Regarding Clinical Findings, Associated Conditions, and Results of Treatment. J Pediatr Orthop. 1982; 2:500–505

[22] American Academy of Pediatrics Task Force on Infant Positioning and SIDS. Positioning and SIDS. Pediatrics. 1992; 89:1120–1126

[23] Higginbottom MC, Jones KL, James HE. Intrauterine Constraint and Craniosynostosis. Neurosurgery. 1980; 6

[24] Hinton DR, Becker LE, Muakkassa KF, Hoffman HJ, et al. Lambdoid Synostosis: Part 1: The Lambdoid Suture: Normal Development and Pathology of 'Synostosis'. J Neurosurg. 1984; 61:333–339

[25] McComb JG. Treatment of Functional Lambdoid Synostosis. Neurosurg Clin North Am. 1991; 2

[26] Clarren SK. Plagiocephaly and Torticollis: Etiology, Natural History, and Helmet Treatment. J Pediatr. 1981; 98

[27] Section of Pediatric Neurosurgery of the American Association of Neurological Surgeons. Pediatric Neurosurgery. New York 1982

[28] Matson DD. Neurosurgery of Infancy and Childhood. 2nd ed. Springfield: Charles C Thomas; 1969

[29] Suwanwela C, Suwanwela N. A Morphological Classification of Sincipital Encephalomeningoceles. J Neurosurg. 1972; 36:201–211

[30] Incesu L, Khosia A. Dandy-Walker malformation. 2008

[31] Calabro F, Arcuri T, Jinkins JR. Blake's pouch cyst: an entity within the Dandy-Walker continuum. Neuroradiology. 2000; 42:290–295

[32] Forzano F, Mansour S, Ierullo A, Homfray T, Thilaganathan B. Posterior fossa malformation in fetuses: a report of 56 further cases and a review of the literature. Prenat Diagn. 2007; 27:495–501

[33] Hirsch JF, Pierre-Kahn A, Renier D, et al. The Dandy-Walker Malformation: A Review of 40 Cases. J Neurosurg. 1984; 61:515–522

[34] Raimondi AJ, Samuelson G, Yarzagaray L, et al. Atresia of the Foramina of Luschka and Magendie: The Dandy-Walker Cyst. J Neurosurg. 1969; 31:202–216

[35] Mohanty A, Biswas A, Satish S, Praharaj SS, Sastry KV. Treatment options for Dandy-Walker malformation. J Neurosurg. 2006; 105:348–356

[36] Garg A, Suri A, Chandra PS, Kumar R, Sharma BS, Mahapatra AK. Endoscopic third ventriculostomy: 5 years' experience at the All India Institute of Medical Sciences. Pediatr Neurosurg. 2009; 45:1–5

[37] Sikorski CW, Curry DJ. Endoscopic, single-catheter treatment of Dandy-Walker syndrome hydrocephalus: technical case report and review of treatment options. Pediatr Neurosurg. 2005; 41:264–268

[38] Nag TK, Falconer MA. Non-Tumoral Stenosis of the Aqueduct in Adults. Brit Med J. 1966; 2:1168–1170

[39] Vanneste J, Hyman R. Non-Tumoral Aqueduct Stenosis and Normal Pressure Hydrocephalus in the Elderly. J Neurol Neurosurg Psychiatry. 1986; 49:529–535

[40] Harrison MJG, Robert CM, Uttley D. Benign Aqueduct Stenosis in Adults. J Neurol Neurosurg Psychiatry. 1974; 37:1322–1328

[41] Alp MS. What is a Torkildsen shunt? Surg Neurol. 1995; 43:405–406

[42] Davidson HD, Abraham R, Steiner RE. Agenesis of the Corpus Callosum: Magnetic Resonance Imaging. Radiology. 1985; 155:371–373

[43] Atlas SW, Zimmerman RA, Bilaniuk LT, et al. Corpus Callosum and Limbic System: Neuroanatomic MR Evaluation of Developmental Anomalies. Radiology. 1986; 160:355–362

[44] Loeser JD, Alvord EC. Agenesis of the Corpus Callosum. Brain. 1968; 91:553–570

[45] Taveras JM, Pile-Spellman J. Neuroradiology. 3rd ed. Baltimore: Williams and Wilkins; 1996

[46] Jones KL. Smith's Recognizable Patterns of Human Malformation. 4th ed. Philadelphia: W.B. Saunders; 1988

[47] Russell DS, Rubenstein LJ. Pathology of Tumours of the Nervous System. 5th ed. Baltimore: Williams and Wilkins; 1989

[48] Rubio G, Garcci Guijo C, Mallada JJ. MR and CT Diagnosis of Intracranial Lipoma. AJR. 1991; 157: 887–888

[49] Kazner E, Stochdorph O,Wende S, Grumme T. Intracranial Lipoma. Diagnostic and Therapeutic Considerations. J Neurosurg. 1980; 52:234–245

[50] Daly D, Mulder D. Gelastic epilepsy. Neurology. 1957; 7:189–192

[51] Nguyen D, Singh S, Zaatreh M, Novotny E, Levy S, Testa F, Spencer SS. Hypothalamic hamartomas: seven cases and review of the literature. Epilepsy Behav. 2003; 4:246–258

[52] Striano S, Meo R, Bilo L, Cirillo S, Nocerino C, Ruosi P, Striano P, Estraneo A. Gelastic epilepsy: symptomatic and cryptogenic cases. Epilepsia. 1999; 40:294–302

[53] Kurle PJ, Sheth RD. Gelastic seizures of neocortical origin confirmed by resective surgery. J Child Neurol. 2000; 15:835–838

[54] Culler FL, James HE, Simon ML, Jones KL. Identification of gonadotropin-releasing hormone in neurons of a hypothalamic hamartoma in a boy with precocious puberty. Neurosurgery. 1985; 17:408–412

[55] Prigatano GP. Cognitive and behavioral dysfunction in children with hypothalamic hamartoma and epilepsy. Semin Pediatr Neurol. 2007; 14:65–72

[56] Arita K, Ikawa F, Kurisu K, Sumida M, Harada K, Uozumi T, Monden S, Yoshida J, Nishi Y. The relationship between magnetic resonance imaging findings and clinical manifestations of hypothalamic hamartoma. J Neurosurg. 1999; 91:212–220

[57] Coons SW, Rekate HL, Prenger EC, Wang N, Drees C, Ng YT, Chung SS, Kerrigan JF. The histopathology of hypothalamic hamartomas: study of 57 cases. J Neuropathol Exp Neurol. 2007; 66:131–141

[58] Chamouilli JM, Razafimahefa B, Pierron H. [Precocious puberty and hypothalamic hamartoma: treatment with triptorelin during eight years]. Arch Pediatr. 1995; 2:438–441

[59] Feiz-Erfan I, Horn EM, Rekate HL, Spetzler RF, Ng YT, Rosenfeld JV, Kerrigan JF,3rd. Surgical strategies for approaching hypothalamic hamartomas causing gelastic seizures in the pediatric population: transventricular compared with skull base approaches. J Neurosurg. 2005; 103:325–332

[60] Rosenfeld JV, Harvey AS, Wrennall J, Zacharin M, Berkovic SF. Transcallosal resection of hypothalamic hamartomas, with control of seizures, in children with gelastic epilepsy. Neurosurgery. 2001; 48:108–118

[61] Ng Y, Rekate HL, Kerrigan JF, et al. Transcallosal resection of a hypothalamic hamartoma: Case report. BNI Quarterly. 2004; 20:13–17

[62] Ng YT, Rekate HL, Prenger EC, Chung SS, Feiz-Erfan I, Wang NC, Varland MR, Kerrigan JF. Transcallosal resection of hypothalamic hamartoma for intractable epilepsy. Epilepsia. 2006; 47:1192–1202

[63] Rekate HL, Feiz-Erfan I, Ng YT, Gonzalez LF, Kerrigan JF. Endoscopic surgery for hypothalamic hamartomas causing medically refractory gelastic epilepsy. Childs Nerv Syst. 2006; 22:874–880

[64] Regis J, Scavarda D, Tamura M, Villeneuve N, Bartolomei F, Brue T, Morange I, Dafonseca D, Chauvel P. Gamma knife surgery for epilepsy related to hypothalamic hamartomas. Semin Pediatr Neurol. 2007; 14:73–79

[65] Mathieu D, Kondziolka D, Niranjan A, Flickinger J, Lunsford LD. Gamma knife radiosurgery for refractory epilepsy caused by hypothalamic hamartomas. Stereotact Funct Neurosurg. 2006; 84:82–87

16 Anomalias Primárias da Coluna

16.1 Cistos aracnoides na medula espinal

16.1.1 Informações Gerais

Esses cistos são quase sempre dorsais e mais comuns na coluna torácica. Em caso de cisto ventral, considerar um cisto neuroentérico (ver abaixo). Na verdade, a maioria é extradural e, às vezes, conhecida como divertículos aracnoides – que podem estar associados à cifoescoliose nos jovens ou aos portadores de disrafismo espinal. Os cistos aracnoides intradurais podem ser congênitos ou secundários a uma infecção ou trauma.

Esses cistos são geralmente assintomáticos, mesmo quando grandes.

16.1.2 Tratamento

Quando indicado, as opções de tratamento incluem:
1. procedimentos percutâneos: que podem ser feitos mediante orientação por MRI[1] ou CT. Em geral, a orientação por CT exige o uso de contraste intratecal para delinear o cisto
   a) aspiração por agulha
   b) fenestraçao[1] por agulha
2. ressecção cirúrgica aberta ou fenestração

16.2 Disrafismo espinal (Espinha bífida)

16.2.1 Definições

Consultar as referências.[2]

▶ **Espinha bífida oculta.** Ausência congênita de um processo espinhoso e quantidades variáveis de lâminas. Sem exposição visível de meninges ou de tecido neural.

As duas entidades abaixo são agrupadas juntas sob o termo de espinha bífida aberta ("aberta" do termo latino "apertus") ou espinha bífida cística.

▶ **Meningocele.** Defeito congênito nos arcos vertebrais com distensão cística de meninges, mas sem anormalidade de tecido neural. Um terço dos pacientes apresenta algum déficit neurológico.

▶ **Mielomeningocele.** Defeito congênito nos arcos vertebrais com dilatação cística de meninges e anormalidade estrutural ou funcional da medula espinal ou da cauda equina.

16.2.2 Espinha bífida oculta (SBO)

Faixa de prevalência informada para SBO: 5 a 30% de norte-americanos (índice realístico mais provável em 5-10%). O defeito pode ser palpável e pode haver manifestações cutâneas sobrejacentes (▶ Quadro 16.3).

Trata-se, com frequência, de um achado incidental, geralmente sem importância clínica quando *ocorre isoladamente*. Várias revisões não demonstraram associação da SBO com lombalgia (LBP) não específica.[3,4] Um dos estudos mostrou incidência aumentada de herniação de disco.[5]

Às vezes, a SBO pode estar associada à diastematomielia, medula amarrada, lipoma ou tumor dermoide. Quando houver sintomas de um desses quadros associados, a apresentação será geralmente aquela de medula presa: transtorno de marcha, fraqueza e atrofia das pernas, transtorno urinário e deformidades dos pés... Consulte Síndrome da Medula Presa (p. 272).

16.2.3 Mielomeningocele

Embriologia

O neuroporo anterior se fecha no 25° dia da gestação. O neuroporo caudal se fecha no 28° dia.

Epidemiologia/genética

A incidência de espinha bífida com meningocele ou com mielomeningocele (MM) é de 1-2/1.000 nascidos vivos (0,1-0,2%). O risco aumenta para 2-3% se houver um nascimento anterior com MM e para 6-8% em caso de duas crianças afetadas. Esse risco também aumenta em famílias em que os parentes próximos

(p. ex. irmãos) tenham dado à luz crianças com MM, especialmente quando do lado da família da mãe. A incidência pode aumentar em tempos de guerra, de desastres de fome ou econômicos, mas, de modo geral, pode estar diminuindo gradativamente.[6] A transmissão acompanha a genética não mendeliana e é, provavelmente, multifatorial. A administração pré-natal de folato (na forma de ácido fólico) reduz a incidência da MM (p. 290).

Hidrocefalia em mielomeningocele

A hidrocefalia (HCP) se desenvolve em 65 a 85% dos pacientes com MM, e entre 5 e 10% deles apresentam HCP clinicamente evidente ao nascer.[7] Mais de 80% dos pacientes com MM desenvolverão HCP antes dos 6 meses de idade. A maioria dos pacientes com MM apresentará o quadro associado de malformação de Chiari tipo 2 (p. 284). O fechamento do defeito de MM pode converter uma HCP latente em HCP ativa ao eliminar uma via de saída de líquido cefalorraquidiano (CSF).

Alergia a látex em mielomeningocele

Até 73% dos pacientes com MM são alérgicos às proteínas presentes no látex (a seiva leitosa da seringueira *Hevea brasiliensis*), encontrada somente em produtos de borracha natural (e que não estão presentes em produtos sintéticos, como: silicone, vinil, plástico, neopreno, nitrila...). Acredita-se que a alergia ocorra pela exposição precoce e frequente a produtos de látex durante os cuidados médicos para esses pacientes e existe a sugestão de que a operação sem látex nesses lactentes pode reduzir o risco de desenvolvimento dessa alergia.[8]

Diagnóstico pré-natal

Consultar Detecção pré-natal de defeitos do tubo neural (p. 290).

Fechamento intrauterino do defeito de MM

O procedimento é controverso. Ele realmente reduz a incidência do defeito II de Chiari, mas ainda não foi determinado se essa incidência é clinicamente significativa. Questionado quanto a reduzir ou não a incidência de hidrocefalia. Não melhora a função neurológica distal.

Tratamento geral

Avaliação e tratamento da lesão

- medir o tamanho do defeito
- avaliar se a lesão tem ruptura ou não
  - ruptura: iniciar antibióticos (p. ex. nafcilina e gentamicina; descontinuar (D/C) 6 h após fechamento da MM, ou continuar se houver desvio antecipado nos próximos 5 ou 6 dias)
  - sem ruptura: não há necessidade de antibióticos
- cobrir a lesão com curativo TELFA; a seguir aplicar esponjas embebidas em lactato de Ringer ou em soro - fisiológico normal (formar um anel de gaze esterilizada ao redor da lesão se esta for cística e projetada) para evitar dissecção
- posição de Trendelenburg, paciente sobre o estômago (mantém a lesão sem pressão)
- realizar o fechamento cirúrgico dentro de 36 h a menos da existência de contraindicação à cirurgia (o desvio simultâneo não é geralmente realizado, exceto se houver hidrocefalia [HCP] evidente ao nascer): ver abaixo

Avaliação neurológica e tratamento

- itens relacionados com a lesão espinal:
  - buscar por movimento espontâneo das extremidades inferiores (LEs) (o movimento espontâneo satisfatório se correlaciona com um resultado funcional melhor mais tarde[9])
  - avaliar o nível mais baixo de função neurológica (▶ Quadro 16.1) verificando a resposta das LEs a estímulo doloroso; embora alguns bebês apresentem demarcação nítida entre níveis normal e anormal, pelo menos 50% dessa população mostrará alguma mistura de atividade normal, reflexa e autônoma (resultante de neurônios motores não inibidos do corno anterior)[9]
    - diferenciar o movimento reflexo do voluntário pode ser difícil. Em geral, o movimento voluntário não é estereotipado com estímulo repetitivo, e o movimento reflexo geralmente só persiste, enquanto o estímulo prejudicial é aplicado
- itens relacionados com a malformação de Chiari tipo 2 geralmente associada:
  - medir a circunferência occipitofrontal (OFC): risco de desenvolvimento de hidrocefalia (comentário anterior). Usar gráficos de OFC (p. 395) e também buscar por índice anormal de crescimento (p. ex., > 1 cm/dia)
  - ultrassonografia (US) da cabeça dentro de aproximadamente 24 h
  - verificar estridor inspiratório e episódios de apneia

Quadro 16.1 Achados em vários níveis de lesão de MM[10]

Paralisia abaixo de	Achados
T12	paralisia completa de todos os músculos das extremidades inferiores (LEs)
L1	flexão do quadril fraca à moderada, contração palpável no sartório
L2	flexão forte do quadril e adução moderada do quadril
L3	adução normal do quadril e extensão quase normal do joelho
L4	adução normal do quadril, extensão normal do joelho e dorsiflexão/inversão normal do pé; certo grau de abdução do quadril na flexão
L5	adução, flexão e rotação lateral do quadril normais; abdução moderada; extensão normal do joelho, flexão moderada; dorsiflexão normal do pé; ausência de extensão do quadril; • produz pé com dorsiflexão e coxa com flexão
S1	flexão e abdução/adução do quadril normais, extensão moderada e rotação lateral; flexão forte do joelho e inversão/eversão do pé; flexão plantar do pé moderada; extensão de todos os dedos, mas flexão somente da falange terminal do hálux; rotações medial e lateral normais do quadril; paralisia completa do pé intrínseca (exceto do abdutor e flexor curtos do hálux); • produz dedos em garra e achatamento de sola do pé
S2	a detecção clínica da anormalidade é difícil; • com o crescimento a malformação produz dedos em garra por causa da fraqueza dos músculos intrínsecos da sola do pé (inervados por S3)

Avaliação auxiliar e tratamento

- avaliação por um neonatologista para outras anormalidades, especialmente para aquelas que possam impedir a cirurgia (p. ex. imaturidade pulmonar). A incidência média de anomalias complementares em pacientes com MM é de 2 a 2,5
- bexiga: colocar o paciente em cateterização urinária regular e obter consulta urológica (não de emergência)
- radiografias AP e laterais da coluna; avaliar presença de escoliose (linha básica)
- consulta ortopédica para deformidades cifóticas ou escolióticas graves da coluna e para deformidades do quadril ou dos joelhos

Tratamento cirúrgico

Momento para fechamento de MM

O fechamento precoce de um defeito de MM *não* está associado à melhora da função neurológica, mas existe evidência de que o fechamento precoce reduz o índice de infecção. A MM deverá ser fechada dentro de 24 h, com membrana intacta ou não (após ≈ 36 h a lesão nas costas será colonizada, e o risco de infecção pós-operatória será maior).

Fechamento simultâneo de defeito de MM e derivação ventrículo-peritoneal (VP)

Em pacientes sem hidrocefalia, a maioria dos cirurgiões espera pelo menos ≈ 3 dias após o reparo da MM antes da derivação. Em pacientes com MM e HCP clinicamente evidente ao nascer (ventriculomegalia com OFC dilatada e/ou sintomas) o reparo da MM e a derivação poderão ser realizados no mesmo cenário sem aumento na incidência de infecção e com hospitalização mais curta.[11,12] Isto também pode reduzir o risco de quebra do reparo da MM anteriormente observada durante o intervalo antes da derivação. O paciente é colocado em posição prona, a cabeça voltada para a *direita* (para expor o occipício direito), joelho e coxa direitas flexionados para expor o flanco direito (considerar o uso do flanco esquerdo para evitar confusão com uma cicatriz de apendectomia mais tarde).

Técnica cirúrgica do reparo de mielomeningocele

Conceitos-chave

- objetivos críticos: 1) placoide livre da dura (para evitar a ancoragem), 2) fechamento dural à prova d'água, 3) fechamento da pele (pode ser obtido em essencialmente todos os casos). O fechamento não restaura nenhuma função neurológica
- objetivo do momento: fechamento cirúrgico com elementos sem látex idealmente ≤ 36 horas após o nascimento
- dicas úteis: iniciar na dura normal, abrir até o tamanho do defeito, aparar placoide se necessário para fechar a dura, minar a pele para conseguir o fechamento (evitar aprisionamento da pele → tumor dermoide)
- vazamento de CSF pós-operatório geralmente significa necessidade de uma derivação

Princípios gerais:[13] evitar dissecção – manter úmido o tecido neural exposto. Usar cenário sem látex (reduz o desenvolvimento de alergia ao látex, assim como o ataque por anticorpos maternos que possam ter cruzado a placenta). Não permitir o contato de soluções corrosivas ou de antibióticos químicos com o placoide neural. Não usar cautério monopolar. Durante todo o fechamento, evitar pressão sobre o placoide neural.

Defende-se o fechamento de camadas múltiplas; devem-se tentar cinco camadas, embora às vezes somente duas ou três possam ser fechadas. Não há evidência de que o fechamento de múltiplas camadas ou melhore a função neurológica ou evite a ancoragem, mas existe a sugestão de que, em caso de ancoragem (amarração), a liberação possa ser mais fácil quando o fechamento anterior de multicamadas tenha sido executado. Em séries com acompanhamento prolongado (> 6 anos), o silicone vulcanizado (*silastic*) não evitou a aderência e pode até tornar mais difíceis os procedimentos sem ancoragem.

Deve-se iniciar separando-se a cobertura epitelial anormal da pele normal. A pia-aracnoide pode ser separada do tecido neural. O placoide é dobrado em um tubo, e a pia-aracnoide é, então, aproximada ao redor dele com sutura 7-0 (a sutura absorvível, p. ex. a sutura com polidioxanona [PDS], pode facilitar uma reoperação futura). Ela normalmente ajuda a iniciar o procedimento com a dura em cima e depois trabalhar para baixo. A dura pode, então, ser isolada ao redor da periferia e acompanhada profundamente até a medula espinal superiormente. A dura é, então, também formada em um tubo e aproximada em fechamento à prova d'água. Se a dura não puder ser fechada, o placoide poderá ser cuidadosamente aparado. Se puder ser localizado, o filo terminal deverá ser separado. A pele, então, deverá ser mobilizada e fechada. Tumores dermoides podem resultar de pele retida durante o fechamento, mas, alternativamente, os dermoides também podem-se apresentar por via congênita.[14]

Se houver deformidade cifótica, ela será reparada no mesmo cenário que o do fechamento do defeito de MM. O osso cifótico será desgastado, usando-se sutura Vicryl 2-0 para suturar os ossos adjacentes. Alguns cirurgiões usam um suporte pós-cirúrgico, outros não.

Tratamento pós-operatório de reparo de MM

1. manter o paciente longe de todas as incisões
2. regime de cateterização da bexiga
3. medições diárias da OFC
4. *evitar narcóticos* (a malformação do mesencéfalo torna o paciente mais sensível à depressão respiratória dos narcóticos)
5. se não houve derivação:
    a) US regular do crânio (de quinzenal a semanal)
    b) manter o paciente calmo ↓ pressão do CSF na incisão
6. se houve cifectomia, o uso de suporte será opcional (preferência do cirurgião)

Problemas/questões tardias

Incluem:

1. hidrocefalia: pode imitar de modo igualmente semelhante a qualquer dos quadros abaixo mencionados. *SEMPRE DESCARTAR O MAU FUNCIONAMENTO DA DERIVAÇÃO* quando um paciente com MM piorar
2. siringomielia (e/ou siringobulbia) (p. 1144)
3. síndrome da medula presa (p. 272), pois até 70% dos pacientes com MM apresentam a medula presa na radiografia (alguns consideram 10 a 20%), mas apenas uma minoria é sintomática. Infelizmente, não há testes satisfatórios para verificar um caso de nova ancoragem (amarração) sintomática (pode ocorrer deterioração dos potenciais evocados somatossensoriais [SSEPs][15] e a mielografia pode ajudar):
    a) escoliose: a liberação precoce da medula pode melhorar a escoliose; consultar Escoliose em medula amarrada (p. 272)
    b) a ancoragem sintomática pode-se manifestar como deterioração neurológica tardia[16]
4. tumor dermoide no sítio da MM (p. 784):[17] incidência ≈ 16%
5. compressão medular no forame magno; consulte Malformação sintomática de Chiari II (p. 284)
6. o uso do hormônio de crescimento para aumentar a estatura é controverso

Consequências

Sem tratamento, apenas 14 a 30% dos bebês com MM sobrevivem à infância e representam as crianças com os transtornos menos graves; desse total, 70% delas apresentarão quocientes de inteligência (IQs) normais; 50% delas poderão andar.

Com o tratamento moderno, cerca de 85% dos bebês com MM sobrevivem. A causa mais comum da mortalidade precoce são as complicações da malformação de Chiari (parada respiratória, aspiração...), onde a mortalidade tardia é geralmente causada por mau funcionamento da derivação. Oitenta por cento dos bebês apresentarão IQ normal. O retardo mental está mais intimamente ligado à infecção da derivação. Entre 40 e 85% dos pacientes podem caminhar com suporte, mas a maioria escolhe usar cadeira de rodas para facilitar a mobilização. Entre 3 e 10% terão continência urinária normal, mas a maioria poderá permanecer seca com a cateterização intermitente.

16.2.4 Lipomielosquise

Informações gerais

Disrafismo espinal dorsal com lipoma. Seis formas são descritas.[18] As três formas a seguir são clinicamente importantes como causas possíveis de disfunção neurológica progressiva via ancoragem (p. 272) e/ou compressão:
1. lipoma (intra)dural
2. lipomielomeningocele (ver abaixo)
3. fibrolipoma do filo terminal

Lipomielomeningocele

Informações gerais

Trata-se de um lipoma subcutâneo que passa através de um defeito da linha média na fáscia lombodorsal, arco neural vertebral e dura e que se mistura com uma medula amarrada e anormalmente baixa.[18] Esse quadro pode ser terminal, dorsal ou de transição (entre os dois).

O tumor gorduroso intradural também pode ser conhecido como lipoma da cauda equina. Além de ser anormalmente baixo, o cone medular é dividido na linha média em sentido dorsal, geralmente no mesmo nível que a espinha bífida, e essa mielosquise dorsal pode-se estender superiormente sob arcos espinais intactos.[19] Existe uma faixa fibrovascular espessa que une as lâminas das vértebras mais cefálicas com a lâmina bífida. Essa faixa contrai a bolsa da meningocele e o tecido neural, causando torção na superfície - superior da meningocele. Os lipomas assintomáticos do filo terminal ocorrem em 0,2 a 4,0%[20,21] das MRIs.

A dura apresenta deiscência ao nível da mielosquise dorsal e se reflete sobre o placoide. O lipoma passa através dessa deiscência para ficar anexado à superfície dorsal do placoide e pode continuar em sentido cefálico sob arcos intactos com a possibilidade de extensão para o canal central em sentido ascendente para níveis sem mielosquise dorsal. O lipoma é diferente da gordura epidural normal, que é mais solta e mais areolar. Tipicamente, o espaço subaracnoide se projeta para o lado contralateral ao lipoma. Esses lipomas respondem por 20% das massas lombossacrais cobertas.

Apresentação

Em um estudo pediátrico, 56% dos participantes apresentavam massa nas costas, 32% tinham problemas renais, e 10% tinham deformidades nos pés, paralisia ou dor na perna.[22]

Exame físico

Quase todos os pacientes apresentam estigmas cutâneos da espinha bífida associada: coxins subcutâneos gordurosos (localizados na linha média e estendendo-se geralmente para um lado) com ou sem depressões, manchas em vinho do porto, pelos anormais, abertura do seio dérmico ou apêndices de pele.[23] A deformidade de pé torto (*talipes equinovarus*) também pode ocorrer.

O exame neurológico pode-se mostrar normal em até 50% dos pacientes (a maioria se apresentando somente com lesão cutânea). A anormalidade neurológica mais comum foi a de perda sensorial em dermátomos sacrais.

Avaliação

Radiografias planas da coluna lombossacra mostrarão quadro de espinha bífida na maioria dos casos. A anomalia está presente por definição em quase todos os casos, mas alguns podem apresentar, em vez disso, anomalias de segmentação, como a vértebra em borboleta (p. 216). Podem ser observadas também anomalias de fusão e defeitos sacrais.

O quadro de cone baixo anormal pode ser demonstrado em mielograma/CT ou na MRI. A MRI também demonstra a massa lipomatosa (sinal alto ponderado em T1WI, sinal baixo em T2WI).

Todos os pacientes deverão ser submetidos à avaliação urológica antes da operação para documentar qualquer déficit.

Tratamento

Uma vez que os sintomas se devem à (1) ancoragem da medula espinal, especialmente durante os surtos de crescimento e (2) compressão por causa da deposição progressiva de gordura, especialmente durante períodos de ganho rápido de peso, a operação visa a liberar a ancoragem e reduzir o volume do tumor gorduroso. O tratamento cosmético simples do coxim de gordura subcutânea não evita o déficit neurológico e pode tornar o reparo definitivo mais difícil ou impossível.

O tratamento cirúrgico é indicado quando o paciente atingir 2 meses de idade, ou à época do diagnóstico se o paciente se apresentar mais tarde. Os adjuntos ao tratamento operatório incluem o monitoramento e *laser* dos potenciais evocados. No geral, com a operação, 19% dos pacientes vão melhorar, 75% permanecerão sem alterações, e 6% vão piorar. Independentemente do procedimento, as deformidades dos pés geralmente aumentam.

Técnica cirúrgica (modificada)

Consultar referências.[19]
1. mobilizar a massa subcutânea que se afunila para baixo através da fáscia profunda
2. abrir o último arco vertebral intacto (trabalhar a partir da dura normal)
3. identificar a faixa fibrovascular que cruza amplamente a lâmina bífida mais cefálica
4. o corte da faixa fibrovascular livra o tubo dural e libera a dobra aguda na superfície superior da meningocele
5. com o cuidado necessário para preservar as raízes dos nervos dorsais, a dura é incisada anterior à junção dura-lipoma
6. procedimento semelhante é executado com a membrana aracnoide
7. as incisões na dura/aracnoide devem continuar ao redor de toda a extensão do cone amarrado
8. a medula e o placoide são desamarrados; as técnicas de monitoramento descritas na seção Síndrome da medula amarrada (p. 272) são uma opção
9. ✱ remoção subtotal do lipoma: o lipoma é, então, aparado o mais completamente possível, deixando intencionalmente alguma gordura, para evitar lesão à superfície dorsal do placoide. A extensão superior ao longo da superfície dorsal da medula ou para dentro do canal central é submetida à citorredução o máximo possível e da maneira mais segura
10. o placoide é transformado em um tubo neural fechado
11. fechar as margens da pia
12. a dura é fechada (primariamente, se possível ou usando um enxerto da fáscia lata, se houver tensão exagerada sobre o placoide dobrado)

16.2.5 Seio dérmico

Informações gerais

Trata-se de um trato que começa na superfície da pele, revestido de epitélio. Geralmente localizado em uma das terminações do tubo neural: pode ser cefálico ou caudal. A localização mais comum é lombossacral. Resulta, provavelmente, da falha da ectoderme cutânea em se separar do neuroectoderma à época do fechamento do sulco neural.[2]

Seio dérmico espinal

Informações gerais

Pode aparecer como uma depressão ou como um seio, com ou sem pilosidade, geralmente muito próximo à linha média, com abertura de apenas 1-2 mm. A pele ao redor pode-se mostrar normal, pigmentada (descoloração "em vinho do porto") ou distorcida por massa subjacente.

O seio pode terminar superficialmente, pode-se conectar com o cóccix ou atravessar entre vértebras normais ou através de espinhas bífidas em direção ao tubo da dura. Ele pode-se alargar em qualquer ponto ao longo de sua via para formar um cisto: denominado de cisto epidermoide quando revestido de epitélio escamoso estratificado ou contendo apenas ceratina de epitélio descamado, ou chamado de cisto dermoide, se for revestido também com derme (contendo apêndices de pele, como folículos pilosos e glândulas sebáceas) e contendo também sebo e pelos.

Embora de aparência inócua, eles são uma via potencial para infecção intradural, que pode resultar em meningite (às vezes recorrente) e/ou abscesso intratecal. Uma infecção menos grave também pode ocorrer. A derme de revestimento contém apêndices de pele normal, que se podem transformar em pelos, sebo, epitélio descamado e colesterol dentro do trato. Como consequência, o conteúdo do trato sinusal se torna irritante e pode causar meningite estéril (química) com possível quadro retardado de *aracnoidite* se penetrar no espaço dural.

Incidência de um seio sacral presumido (uma depressão cujo botão não pode ser visto na retração da pele): 1,2% dos neonatos.[24]

Os seios dérmicos são similares, mas distintos dos **cistos pilonidais** que também podem ser congênitos (embora alguns autores afirmem que eles são adquiridos), contêm pelos, estão localizados superficialmente à fáscia pós-sacral e podem ficar infectados.

Se o trato se expandir em sentido intratecal para formar um cisto, a massa poderá se apresentar como medula amarrada ou como um tumor intradural. Geralmente, a disfunção da bexiga é a primeira manifestação.

O curso de um trato de seio dérmico espinal é sempre craniano (*cephalad*), pois ele mergulha para dentro, a partir da superfície. Um seio occipital pode penetrar no crânio e se comunicar com cistos dermoides em profundidades até o cerebelo ou o quarto ventrículo.

Avaliação

Estes tratos NÃO devem receber sondas ou injeções de contraste, pois isto pode precipitar infecções ou meningite estéril.

O exame visa a detectar anormalidades na função dos esfíncteres (anal e urinário), reflexos lombossa-crais e sensação e função das extremidades inferiores.

Avaliação radiológica

Quando observadas no nascimento, o *ultrassom* é o melhor meio de avaliar a espinha bífida e uma possível massa no interior do canal.

Se observadas após o nascimento, deve-se obter uma MRI. As imagens sagitais podem demonstrar o trato e seu ponto de conexão. A MRI também demonstra, de maneira ideal, as massas (lipomas, epider-moides...) dentro do canal.

As radiografias planas e a CT não demonstram o trato fino que pode existir entre a pele e a dura.

Radiografias planas devem ser obtidas em caso de cirurgia como parte do plano operatório, como pre-paração para a possibilidade de uma laminectomia completa.

Tratamento

Seios superiores à região lombossacral deverão ser removidos cirurgicamente. Seios localizados mais cau-dais são ligeiramente controversos. Embora aproximadamente 25% de seios sacrais presumidos vistos no nascimento regredirão para uma depressão profunda no acompanhamento (tempo não especificado), recomenda-se que todos os seios dérmicos sejam explorados cirurgicamente e excisados totalmente antes do desenvolvimento de déficit neurológico ou sinais de infecção. Após uma infecção intradural, os resulta-dos nunca são tão satisfatórios como aqueles tratados antes de qualquer infecção. A operação realizada dentro de uma semana do diagnóstico é apropriada. Os seios que terminam na ponta do cóccix raramente penetram na dura e podem ficar sem tratamento a menos da ocorrência de uma infecção local.

Técnica cirúrgica

Executa-se um corte em elipse ao redor da abertura, e o seio é acompanhado profundamente até que o tér-mino do trato seja encontrado. A inserção cuidadosa de uma sonda de ducto lacrimal mediante visão dire-ta pode facilitar a excisão sem violar o trato. Se o trato penetrar na coluna, a laminectomia deverá ser exe-cutada, e o trato acompanhado em toda a sua extensão (mesmo que seja necessário estender a laminecto-mia até T12). Um cisto extradural pode estar presente. Se o trato penetrar na dura, isto ocorrerá geralmen-te na linha média, e nesses casos a dura deverá ser aberta e inspecionada. Todo cuidado deverá ser tomado para se evitar o derrame do conteúdo no espaço subdural.

Seio dérmico craniano

Informações gerais

O pedúnculo começa com uma depressão na região occipital ou nasal. Podem ocorrer estigmas cutâneos de hemangioma, cisto dermoide subcutâneo ou formação anormal de pelos. Os seios occipitais se esten-dem em orientação caudal e se penetrarem no cérebro seguirão na mesma orientação para a confluência dos seios venosos (*torcular Herophili*). A apresentação pode incluir meningite bacteriana recorrente (geralmente por *S. aureus*) ou asséptica. A avaliação deverá incluir a MRI na busca por extensão intracrania-na e anomalias associadas, incluindo um cisto dermoide intracraniano.

Tratamento

Na operação de seio dérmico craniano deve-se usar uma incisão de base sagital para permitir a exploração profunda. O trato deve ser acompanhado em toda a sua extensão, e o cirurgião deve estar preparado para penetrar a fossa posterior.

16.3 Síndrome de Klippel-Feil

16.3.1 Informações gerais

É a fusão congênita de duas ou mais vértebras cervicais e varia da fusão somente dos corpos (vértebras de bloqueio congênitas) até a fusão de todas as vértebras (incluindo os elementos posteriores). A síndrome resulta da falha na segmentação normal de somitos cervicais entre 3 e 8 semanas de gestação. Os corpos vertebrais envolvidos se mostram sempre achatados, e os espaços de disco associados estão ausentes ou hipoplásicos. Podem ocorrer meias vértebras. Os forames neurais são ovais e menores que o normal. A estenose cervical é rara. A ausência completa dos elementos posteriores com um forame magno dilatado e postura fixa de hiperextensão é chamada de Iniencefalia, um quadro raro. A incidência de Klippel-Feil é desconhecida por causa da raridade e do fato de ser frequentemente assintomática.

Essa síndrome pode ocorrer em conjunto com outras anomalias congênitas da coluna cervical, como a impressão basilar e a fusão atlantoccipital.

16.3.2 Apresentação

A tríade clínica clássica (todas as três presentes em menos de 50%):
1. baixa implantação dos cabelos
2. pescoço curto (*brevicollis*)
3. limitação dos movimentos do pescoço (pode não ser evidente se a fusão atingir menos de três vérte-bras ou se a fusão for limitada somente aos níveis cervicais inferiores,[25] ou se a hipermobilidade de segmentos não fundidos compensar). A limitação de movimentos é mais comum na rotação que na flexão-extensão ou na inclinação lateral

Outras associações clínicas incluem: escoliose em 60%, assimetria facial, torcicolo, membrana cervical (chamada de *pterygium colli*, quando grave), deformidade de Sprengel em 25 a 35% (escápula elevada decorrente da falha da escápula em descer apropriadamente de sua região de formação na porção alta do pescoço para sua posição normal aproximadamente ao mesmo tempo da ocorrência da lesão de Klip-pel-Feil), sincinesia (movimentos de espelho, principalmente das mãos, mas às vezes também dos braços) e, menos frequentemente, paralisia do nervo facial, ptose ou palatos alto e arqueado. Anomalias congêni-tas sistêmicas também podem ocorrer e incluem: geniturinárias (a ausência unilateral de um rim é a mais frequente), cardiopulmonares, do sistema nervoso central e surdez[26] em aproximadamente 30% dos casos (por causa do desenvolvimento defeituoso da orelha óssea interna).

Nenhum sintoma neurológico foi jamais atribuído diretamente às vértebras fundidas, mas sintomas podem ocorrer de segmentos não fundidos (menos comuns em fusões de segmentos curtos), que podem ser hipermóveis, possivelmente levando à instabilidade ou a alterações artríticas degenerativas.

16.3.3 Tratamento

Geralmente direcionado a detectar e tratar as anomalias sistêmicas associadas. Os pacientes deverão pas-sar por avaliação cardíaca (EKG), radiografia de tórax (CXR) e ultrassom renal e exames em série com radi-ografias da coluna cervical em flexão-extensão lateral para monitorar a instabilidade. Às vezes, a fusão cuidadosa de um segmento não fundido e instável pode ser necessária, pelo risco de mais perda de mobili-dade. Consultar também as recomendações sobre competição atlética (p. 937).

16.4 Síndrome da medula presa

16.4.1 Informações gerais

Trata-se de um cone medular anormalmente baixo. Geralmente associado a um filo terminal curto e espessado, ou com lipoma intradural (outras lesões como um lipoma se estendendo pela dura ou diaste-matomielia são consideradas como entidades separadas). O quadro é mais comum na mielomeningocele (MM). O diagnóstico deve ser feito clinicamente na MM, pois quase todos esses pacientes mostrarão a ancoragem na radiografia.

16.4.2 Apresentação

Os sinais e sintomas presentes em pacientes com medula presa são mostrados no ▶ Quadro 16.2.

16.4.3 Pacientes com mielomeningocele

Se um paciente com MM tiver escoliose em progresso, espasticidade cada vez maior, piora na marcha (naqueles com deambulação normal anterior) ou urodinâmica em deterioração:[28]
- sempre se certificar da presença de uma derivação em funcionamento com pressão intracraniana (ICP) normal
- na presença de dor, o quadro de medula amarrada deverá ser considerado até prova em contrário
- se indolor, o quadro deverá ser considerado como siringomielia até prova em contrário
- a causa pode ser a compressão sobre o tronco cerebral – consultar a malformação sintomática de Chiari II (p. 284) – que exige descompressão da fossa posterior

16.4.4 Escoliose em medula presa

A escoliose progressiva pode ser vista em conjunto com a medula presa. A liberação precoce da medula pode resultar em melhora da escoliose, mas essa liberação deve ser feita, quando a escoliose for leve. Quando casos de escoliose com ≤ 10° são liberados, 68% apresentam melhora neurológica, e os 32% restantes ficam estabilizados, enquanto se a escoliose for grave (≥ 50°), ≈ 16% sofrem deterioração do quadro.

Quadro 16.2 Sinais e sintomas presentes[27 (p.1331-2)]

Achado	%
achados cutâneos	54%
• hipertricose	• 22%
• lipoma sub-Q (sem extensão intraespinal)	• 15%
• diversos (descoloração hemangiomatosa, seio dérmico, manifestações múltiplas)	• 17%
dificuldade de marcha com fraqueza de extremidade inferior (LE)	93%
atrofia muscular visível, membro curto ou deformidade do tornozelo	63%
déficit sensorial	70%
disfunção da bexiga	40%
disfunção da bexiga, como déficit único	4%
dor nas costas, pernas ou arcos dos pés	37%
escoliose ou Cifose[a]	29%
espinha bífida posterior (lombar ou sacral)	98%

[a]Incidência alta de escoliose e de cifose decorrente da inclusão de séries por Hoffman.

16.4.5 Medula presa em adultos

Informações gerais

Embora a maioria dos casos de medula presa se apresente na infância, casos com adultos também ocorrem (aproximadamente 50 casos publicados desde 1982). Para comparação das formas adulta e infantil do quadro, consultar o ▶ Quadro 16.3.

Avaliação

Radiográfica: cone medular baixo (inferior a L2) e filo terminal espessado (definição de filo espessado: diâmetro normal inferior a 1 mm; diâmetros superiores a 2 mm são casos patológicos). Nota: o diâmetro aparente do filo no mielograma por CT pode variar com a concentração do material de contraste.

É difícil diferenciar medula presa de cone congenitamente baixo (o diâmetro do filo é geralmente normal neste último).

16.4.6 Avaliação pré-operatória

O *cistometrograma* é enfaticamente recomendado, especialmente se o paciente se mostrar continente (as alterações pós-operatórias na função da bexiga são comuns, possivelmente por causa do estiramento das fibras mais inferiores da cauda equina).

Tratamento cirúrgico

Caso a anormalidade seja somente um filo espessado e encurtado, então uma laminectomia lombossacral limitada pode ser suficiente, uma vez identificada a divisão do filo.

Se um lipoma for encontrado, ele poderá ser removido com o filo, se ele se separar facilmente dos tecidos neurais.

Distinguindo aspectos do filo terminal durante a operação

O filo é diferenciado das raízes nervosas pela presença de um vaso ondulado característico em sua superfície. Além disso, ao microscópio, o filo tem aparência distintamente mais branca que as raízes dos nervos e filamentos como ligamentos podem ser vistos cursando através dele. Nota: a estimulação elétrica intraoperatória e o registro da EMG do esfíncter anal são procedimentos mais definitivos.

Quadro 16.3 Comparação da síndrome de medula amarrada na infância e na vida adulta[29]

Achado	Medula amarrada na infância	Medula amarrada na vida adulta
dor	incomum; geralmente nas costas e pernas, não perianal nem perineal	presente em 86%, geralmente perianal e perineal; difusa e bilateral; às vezes semelhante a um choque
deformidades dos pés	precoces comuns; deformidade *cavovarus* geralmente progressiva (pé torto)	não observada
deformidade espinal progressiva	comum; escoliose geralmente progressiva	incomum (menos de 5%)
déficits motores	comuns; geralmente anormalidades da marcha e regressão do treinamento de marcha	apresenta-se geralmente como fraqueza nas pernas
sintomas urológicos	comuns; geralmente drible urinário contínuo, treinamento fisiológico atrasado, infecções recorrentes do trato urinário, enurese	comuns; geralmente frequência urinária, urgência, sensação de esvaziamento incompleto, incontinência por estresse, incontinência por excesso de fluxo
ulcerações tróficas	relativamente comuns nas extremidades inferiores (LEs)	raras
estigmas cutâneos de disrafismo	presentes em 80-100% (tufo de cabelo, depressões, angioma capilar (*naevus flammeus*)	presentes em menos de 50% dos casos
fatores agravantes	surtos de crescimento	trauma, manobras associadas a estiramento de cone, espondilose lombar, herniação de disco, estenose espinal

Cortesia de J Neurosurg, D. Pang e J.E. Wilberger, Vol. 57, pp. 40, 1982, com autorização.

Consequências

Na MM, é praticamente impossível desamarrar permanentemente a medula; entretanto, em uma criança com MM e em fase de crescimento, pode ocorrer que após 2 a 4 desses procedimentos a criança pare de crescer e a ancoragem pode deixar de ser problema. Os casos em que a liberação foi feita precocemente na infância poderão recorrer mais tarde, especialmente durante o surto de crescimento da adolescência. Incidência de vazamento de CSF pós-operatório: 15%.

Forma adulta: a liberação cirúrgica geralmente é benéfica para alívio da dor. Entretanto, é insuficiente para o retorno da função da bexiga.

16.5 Malformação de medula dividida

16.5.1 Informações gerais

Não existe nomenclatura uniformemente aceita para malformações caracterizadas por medulas espinais divididas ou duplicadas. Pang *et al.*[30] propuseram o seguinte:

O termo "malformação de medula dividida (SCM)" deverá ser usado para todas as medulas espinais duplas, todas elas parecendo possuir etiologia embriológica comum.

16.5.2 SCM Tipo I

Definida como duas meias medulas, cada uma com seu próprio canal central e pia ao redor, cada uma dentro de um tubo dural separado por um septo mediano osteocartilaginoso (ósseo) com bainha dural. Esse quadro tem sido conhecido com frequência (mas não de forma coerente), como diastematomielia. Existem anormalidades da coluna ao nível da divisão (disco ausente, osso hipertrófico dorsal onde o "espigão" se conecta).[31] Dois terços se apresentam com anormalidades de cobertura de pele, incluindo: nevos, hipertricose (tufo de cabelo), lipomas, ondulações ou hemangioma. Com frequência, esses pacientes apresentam uma deformidade ortopédica do pé (arcos neurogênicos elevados).

Tratamento: os sintomas se devem, mais geralmente, ao aprisionamento da medula e geralmente melhoram com a liberação. Além da liberação, o septo ósseo deve ser removido, e a dura reconstituída como um tubo único (essas colunas estão frequentemente muito distorcidas ou rodadas; portanto, deve-se iniciar pela anatomia normal e trabalhar no sentido do defeito). ✖ NÃO cortar o filo amarrado até *depois* que o septo mediano foi removido, para evitar a retração ascendente da medula contra o septo.

16.5.3 SCM Tipo II

O quadro consiste em duas meias medulas dentro de um único tubo neural, separadas por um septo mediano fibroso e flexível. O quadro já foi chamado, algumas vezes, de diplomielia. Cada meia medula possui raízes nervosas que surgem dela. Geralmente, não há anormalidade da coluna ao nível da divisão, mas a espinha bífida geralmente está oculta na região lombossacral.

Tratamento: consiste na liberação da medula ao nível da espinha bífida oculta e, às vezes, ao nível da divisão.[31]

16.6 Anomalias das raízes dos nervos lombossacrais

As anomalias congênitas das raízes dos nervos são raras. Esta possibilidade deverá ser considerada em casos de falha em operação nas costas para disco herniado.

Sistema de classificação de Cannon *et al.*[32]

1. anomalias do tipo I: incluem raízes conjuntas de nervos (duas raízes de nervos surgem de uma bainha dural comum). Elas se separam em várias distâncias da bolsa tecal e saem através do mesmo ou de forames neurais separados. Os neurocirurgiões precisam estar cientes dessa anormalidade para evitar uma lesão acidental, p. ex. durante a operação para hérnia de disco
2. anomalias do tipo II: duas raízes de nervos saem por um só forame, Variantes:[33]
   a) deixam um forame neural desocupado
   b) todos os forames ocupados, mas um forame tem duas raízes de nervos
3. anomalias do tipo III: raízes de nervos adjacentes estão conectadas por anastomose

Referências

[1] Takahashi S, Morikawa S, Egawa M, Saruhashi Y, Matsusue Y. Magnetic resonance imaging-guided percutaneous fenestration of a cervical intradural cyst. Case report. J Neurosurg. 2003; 99:313–315

[2] Matson DD. Neurosurgery of Infancy and Childhood. 2nd ed. Springfield: Charles C Thomas; 1969

[3] van Tulder MW, Assendelft WJ, Koes BW, Bouter LM. Spinal radiographic findings and nonspecific low back pain. A systematic review of observational studies. Spine. 1997; 22:427–434

[4] Steinberg EL, Luger E, Arbel R, Menachem A, Dekel S. A comparative roentgenographic analysis of the lumbar spine in male army recruits with and without lower back pain. Clin Radiol. 2003; 58:985–989

[5] Avrahami E, Frishman E, Fridman Z, Azor M. Spina bifida occulta of S1 is not an innocent finding. Spine. 1994; 19:12–15

[6] Lorber J,Ward AM. Spina Bifida - A Vanishing Nightmare? Arch Dis Child. 1985; 60:1086–1091

[7] Stein SC, Schut L. Hydrocephalus in Myelomeningocele. Childs Brain. 1979; 5:413–419

[8] Cremer R, Kleine-Diepenbruck U, Hoppe A, Blaker F. Latex allergy in spina bifida patients–prevention by primary prophylaxis. Allergy. 1998; 53:709–711

[9] Sharrard WJW, McLaurin RL. In: Assessment of the Myelomeningocele Child. Myelomeningocele. New York: Grune and Stratton; 1977:389–410

[10] Sharrard WJW. The Segmental Innervation of the Lower Limb Muscles in Man. Ann R Coll Surgeons (Engl). 1964; 34:106–122

[11] Epstein NE, Rosenthal RD, Zito J et al. Shunt Placement and Myelomeningocele Repair: Simultaneous versus Sequential Shunting. Childs Nerv Syst. 1985; 1:145–147

[12] Hubballah MY, Hoffman HJ. Early Repair of Myelomeningocele and Simultaneous Insertion of VP Shunt: Technique and Results. Neurosurgery. 1987; 20:21–23

[13] McLone DG. Technique for Closure of Myelomeningocele. Childs Brain. 1980; 6:65–73

[14] Ramos E, Marlin AE, Gaskill SJ. Congenital dermoid tumor in a child at initial myelomeningocele closure: an etiological discussion. J Neurosurg Pediatrics. 2008; 2:414–415

[15] Larson SJ, Sances A, Christenson PC. Evoked Somatosensory Potentials in Man. Arch Neurol. 1966; 15:88–93

[16] Heinz ER, Rosenbaum AE, Scarff TB, Reigel DH et al. Tethered Spinal Cord Following Meningomyelocele Repair. Radiology. 1979; 131:153–160

[17] Scott RM, Wolpert SM, Bartoshesky LE, Zimbler S, Klauber GT. Dermoid tumors occurring at the site of previous myelomeningocele repair. J Neurosurg. 1986; 65:779–783

[18] Emery JL, Lendon RG. Lipomas of the Cauda Equina and Other Fatty Tumors Related to Neurospinal Dysraphism. Dev Med Child Neurol. 1969; 11:62–70

[19] Naidich TP, McLone DG, Mutluer S. A new understanding of dorsal dysraphism with lipoma (lipomyeloschisis): radiologic evaluation and surgical correction. AJNR. 1983; 4:103–116

[20] Uchino A, Mori T, Ohno M. Thickened fatty filum terminale: MR imaging. Neuroradiology. 1991; 33:331–333

[21] Brown E, Matthes JC, Bazan C, III, Jinkins JR. Prevalence of incidental intraspinal lipoma of the lumbosacral spine as determined by MRI. Spine. 1994; 19:833–836

[22] Bruce DA, Schut L. Spinal Lipomas in Infancy and Childhood. Childs Brain. 1979; 5:192–203

[23] Sato K, Shimoji T, Sumie H et al. Surgically Confirmed Myelographic Classification of Congenital Intraspinal Lipoma in the Lumbosacral Region. Childs Nerv Syst. 1985; 1:2–11

[24] Powell KR, Cherry JD, Horigan TJ et al. A Prospective Search for Congenital Dermal Abnormalities of Craniospinal Axis. J Pediatr. 1975; 87:744–750

[25] Gray SW, Romaine CB, Skandalakis JE. Congenital Fusion of the Cervical Vertebrae. Surg Gynecol Obstet. 1964; 118

[26] Hensinger RN, Lang JR, MacEwen GD. Klippel-Feil Syndrome: A Constellation of Associated Anomalies. J Bone Joint Surg. 1974; 56A

[27] Youmans JR. Neurological Surgery. Philadelphia 1982

[28] Park TS, Cail WS, Maggio WM, Mitchell DC. Progressive Spasticity and Scoliosis in Children with Myelomeningocele: Radiological Investigation and Surgical Treatment. J Neurosurg. 1985; 62:367–375

[29] Pang D, Wilberger JE. Tethered Cord Syndrome in Adults. J Neurosurg. 1982; 57:32–47

[30] Pang D, Dias MS, Ahab-Barmada M. Split Cord Malformation: Part I: A Unified Theory of Embryogenesis for Double Spinal Cord Malformations. Neurosurgery. 1992; 31:451–480

[31] Hoffman HJ. Comment on Pang D *et al.*: Split Cord Malformation: Part I: A Unified Theory of Embryogenesis for Double Spinal Cord Malformations. Neurosurgery. 1992; 31

[32] Cannon BW, Hunter SE, Picaza JA. Nerve-root anomalies in lumbar-disc surgery. J Neurosurg. 1962; 19:208–214

[33] Neidre A, MacNab I. Anomalies of the lumbosacral nerve roots. Review of 16 cases and classification. Spine. 1983; 8:294–299

17 Anomalias Craniospinais Primárias

17.1 Malformações de Chiari

17.1.1 Informações gerais

O termo "Malformação de Chiari" (após o patologista Hans Chiari) é preferido para as malformações do tipo 1, com o termo comumente usado de "Malformação de Arnold-Chiari" sendo reservado para a malformação do tipo 2.

As malformações de Chiari consistem em quatro tipos de anormalidades do cérebro posterior, provavelmente não relacionadas umas com as outras. A maioria das malformações de Chiari é do tipo 1 ou 2 (▶ Quadro 17.1), com um número muito limitado de casos, formando os tipos remanescentes. Chiari zero é uma condição nova (p. 286).

17.1.2 Malformação de Chiari do Tipo 1

Informações gerais

> ## Conceitos-chave
>
> - entidade heterogênea com o aspecto comum de circulação prejudicada de CSF através do forame magno
> - pode ser congênita ou adquirida
> - avaliação: MRI do cérebro e da coluna cervical (para descartar [R/O] siringomielia). Cine-MRI para avaliar fluxo de CSF pelo forame magno em casos incertos
> - herniação tonsilar cerebelar na MRI; os critérios variam; > 5 mm inferior ao forame magno são sempre citados, mas não é nem essencial nem diagnóstico do quadro
> - o tratamento, quando indicado, é cirúrgico, mas os aspectos do que essa cirurgia deverá implicar são controversos (a dilatação do forame magno geralmente está implícita)
> - associada à siringomielia em 30-70%, o que quase sempre melhora com o tratamento da malformação de Chiari

Conhecida também como Ectopia cerebelar primária[2] e malformação de Chiari adulta (pois tende a ser diagnosticada na 2ª ou 3ª décadas de vida). Um grupo heterogêneo de condições, com a existência subjacente de ruptura do fluxo normal de CSF através do forame magno (FM). Alguns casos são congênitos, mas outros são adquiridos (esta seção é mantida aqui como em desenvolvimento por razões históricas e organizacionais).

Quadro 17.1 Comparação das anomalias de Chiari tipos 1 e 2 (adaptado[1])

Achado	Chiari tipo 1 (abaixo)	Chiari tipo 2 (p. 284)
luxação caudal da medula	incomum	sim
luxação caudal para o canal cervical	tonsilas	vérmis inferior, medula, 4º ventrículo
espinha bífida (mielomeningocele)	pode estar presente	raramente ausente
hidrocefalia	pode estar ausente	raramente ausente
"dobra" medular	ausente	presente em 55%
curso dos nervos cervicais superiores	usualmente normal	geralmente craniano
idade usual de apresentação	adulto jovem	infância
apresentação usual	dor cervical, H/A suboccipital	hidrocefalia progressiva, angústia respiratória

Classicamente descrita como uma anormalidade rara restrita ao deslocamento caudal do cerebelo, com herniação tonsilar embaixo do forame magno (critérios abaixo) e "alongamento das tonsilas semelhante a uma cavilha". Diferentemente da Chiari Tipo 2, a medula *não* está deslocada em sentido caudal (alguns autores discordam nesse ponto[3]), o tronco cerebral não é atingido, os nervos cranianos inferiores não se mostram alongados, e os nervos cervicais superiores não cursam em sentido do crânio. A siringomielia da medula espinal está presente em 30 a 70%[4]. A hidromielia verdadeira provavelmente não ocorre: o fluxo de CSF não foi documentado no homem e geralmente não é possível encontrar comunicação entre a siringe e o canal central em pacientes com malformação de Chiari tipo 1. A hidrocefalia ocorre em 7 a 9% dos pacientes com essa malformação e siringomielia.[4]

A tonsila cerebelar descendente abaixo de FM com impactação, embora comum, não é mais um *sine qua non* de diagnóstico.

Associações

O quadro pode estar associado a:
1. fossa posterior pequena
   a) subdesenvolvimento do osso occipital decorrente de um defeito nos somitos occipitais que se originam do mesoderma para-axial
   b) tentório baixo (o teto da fossa-p)
   c) osso occipital espessado ou elevado (o assoalho da fossa-p)
   d) lesão ocupadora de espaço na fossa-p: cisto aracnoide (retrocerebelar ou supracerebelar[5]), tumor (p. ex. meningioma FM ou astrocitoma cerebelar), dura hipervascular
2. descrita como qualquer coisa que ocupe espaço intracraniano:
   a) hematomas subdurais crônicos
   b) hidrocefalia
3. após derivação lomboperitoneal (p. 418) ou LPs múltiplas (traumáticas);[6] malformação de Chiari 1 adquirida (pode ser assintomática)
4. membrana aracnoide, ou cicatriz ou fibrose ao redor do tronco cerebral e tonsilas próximas ao FM
5. anormalidades da coluna cervical superior
   a) hipermobilidade da junção cranioverteral
   b) síndrome de Klippel-Feil
   c) occipitalização do atlas
   d) endentação anterior no forame magno; p. ex. invaginação basilar ou retroversão do processo odontoide
6. síndrome de Ehlers-Danlos
7. craniossinostose: especialmente os casos atingindo todas as suturas
8. retenção do teto romboide: rara

Epidemiologia

Idade média na apresentação: 41 anos (faixa de 12 a 73 anos). Preponderância levemente feminina (feminino:masculino = 1,3:1). A duração média dos sintomas claramente relacionados com a malformação de Chiari é de 3,1 anos (faixa: 1 mês a 20 anos); se houver queixas não específicas, p. ex. cefaleia (H/A), essa média passa para 7,3 anos.[7] Essa latência é provavelmente mais baixa na era da MRI.

Clínica

Correlações clínicas

Os pacientes com malformação de Chiari do tipo 1 podem-se apresentar por causa de qualquer ou de todos os sintomas abaixo:
1. compressão do tronco cerebral ao nível do forame magno
2. hidrocefalia
3. siringomielia
4. isolamento do compartimento de pressão intracraniana do compartimento espinal, causando elevações transitórias de pressão intracraniana (ICP)
5. 15 a 30% dos pacientes com malformação de Chiari adulta são assintomáticos[8]

Sintomas

O sintoma mais comum é a dor (69%), especialmente a cefaleia que é geralmente sentida na região suboccipital (▶ Quadro 17.2). A H/A é geralmente provocada pela extensão do pescoço ou pela manobra de Valsalva. A fraqueza também é proeminente, especialmente como compressão unilateral. O sinal de Lhermitte também pode ocorrer. A participação das extremidades inferiores geralmente consiste em espasticidade bilateral.

Quadro 17.2 Sintomas presentes na malformação de Chiari Tipo 1 (71 casos[3])

Sintoma	%
dor	69%
cefaleia	34%
pescoço (suboccipital, cervical)	13%
cintura	11%
braço	8%
perna	3%
fraqueza (1 ou mais membros)	56%
entorpecimento (1 ou mais membros)	52%
perda da sensação de temperatura	40%
queimaduras indolores	15%
desequilíbrio	40%
diplopia	13%
disfasia	8%
zumbido	7%
vômito	5%
disartria	4%
diversos	
sonolência	3%
surdez	3%
desmaio	3%
entorpecimento facial	3%
soluço	1%
hiperidrose facial	1%

Sinais

O nistagmo para baixo é considerado como característico deste quadro. Dez por cento terão exame neurológico normal com H/A occipital como única queixa. Alguns pacientes podem-se apresentar primariamente com espasticidade.

Consultar o ▶ Quadro 17.3. Três padrões principais de agrupamento de sinais:[3]

1. *síndrome da compressão do forame magno* (22%): ataxia, déficits corticospinais e sensoriais, sinais cerebelares, paralisias dos nervos cranianos inferiores; 37% apresentam H/A intensa
2. *síndrome da medula central* (65%): perda sensorial dissociada (perda da sensação de dor e de temperatura com toque preservado e senso de posição articular [JPS]), fraqueza segmentar ocasional e sinais de trato longo (síndrome siringomiélica[9]); 11% apresentam paralisias dos nervos cranianos inferiores
3. *síndrome cerebelar* (11%): ataxia do tronco e dos membros, nistagmo, disartria

História natural

A história natural não é conhecida com certeza (somente dois relatórios sobre "história natural"). Um paciente pode permanecer estável por anos, com períodos intermitentes de deterioração. Raramente pode ocorrer melhora espontânea (debatida).

Quadro 17.3 Sinais presentes na malformação de Chiari Tipo 1 (127 casos[7])

Sinal	%
reflexos hiperativos de extremidade inferior	52%
nistagmo[a]	47%
perturbação de marcha	43%
atrofia da mão	35%
fraqueza de extremidade superior	33%
perda sensorial do "cabo"	31%
sinais cerebelares	27%
reflexos hiperativos de extremidade superior	26%
disfunção de nervo craniano inferior	26%
sinal de Babinski	24%
fraqueza de extremidade inferior	17%
disestesia	17%
fasciculação	11%
sinal de Homer	6%

[a]Classicamente: nistagmo para baixo em movimento vertical e nistagmo rotatório em movimento horizontal; inclui também o quadro de oscilopsia.[10]

Avaliação

Radiografias planas

De 70 radiografias do crânio, somente 36% estavam anormais (26% mostraram impressão basilar, 7% platibasia e um paciente de cada com clivo côncavo e doença de Paget); em 60 radiografias da coluna cervical, 35% estavam anormais (incluindo assimilação do atlas, canal dilatado, fusões cervicais e agenesia do arco posterior do atlas).

MRI

A MRI do cérebro e da coluna cervical é o teste preferido para o diagnóstico. Ela mostra facilmente muitas das anormalidades clássicas descritas antes, incluindo a herniação tonsilar, assim como o quadro de hidrossiringomielia que ocorre em 20 a 30% dos casos. Essa investigação demonstra também a compressão do tronco cerebral ventral, quando presente. Outros achados incluem: hidrocefalia e síndrome da sela vazia.

Herniação tonsilar: os critérios para a descida das pontas tonsilares abaixo do forame magno (FM) para diagnosticar a malformação de Chiari tipo 1 passaram por várias reconsiderações.

> Σ
>
> A herniação tonsilar identificada radiograficamente tem valor prognóstico limitado no diagnóstico da malformação de Chiari tipo 1 e exige correlação clínica.

Inicialmente, > 5 mm foram definidos como nitidamente patológicos[11] (com 3-5 mm sendo fronteiriços). Barkovich[12] encontrou posições tonsilares, como mostrado no ▶ Quadro 17.4, e o ▶ Quadro 17.5 mostra o efeito de se utilizar 2 *vs.* 3 mm como a posição normal mais baixa.

As tonsilas normalmente ascendem com a idade,[13] como mostrado no ▶ Quadro 17.6.

Quadro 17.4 Localização das tonsilas cerebelares abaixo do forame magno[12]

Grupo	Média[a]	Faixa
normal	1 mm acima	8 mm acima para 5 mm abaixo
Chiari 1	13 mm abaixo	3-29 mm abaixo

[a]Baseada em medições em 200 pacientes normais e em 25 pacientes com Chiari obtidas em relação à porção mais inferior do forame magno.

Quadro 17.5 Critérios para Chiari 1[12]

Critérios para extensão mais baixa de tonsilas aceita como normal	Sensibilidade para Chiari 1	Especificidade para Chiari 1
2 mm abaixo de FM	100%	98,5%
3 mm abaixo de FM	96%	99,5%

Quadro 17.6 Localização das tonsilas em relação ao FM em várias idades[13]

Idade (anos)	Normal (mm)[a]	2 S.D.[b] (mm)
0-9	−1,5	−6
10-19	−0,4	−5
20-29	−1,1	
30-39	0,0	−4
40-49	0,1	
50-59	0,2	
60-69	0,2	
70-79	0,6	
80-89	1,3	−3

[a]Número negativo indica distância abaixo de FM.
[b]S.D. = desvio-padrão. Descida > 2 S.D. além do normal é sugerida como critério para ectopia tonsilar.

Já foram descritos pacientes com hidrossiringomielia sem herniação do cérebro posterior que responderam à descompressão da fossa-p[14] (a chamada "malformação zero de Chiari"). Por outro lado, 14% dos pacientes com herniação tonsilar > 5 mm são assintomáticos[15] (a extensão média da ectopia nesse grupo foi de 11,4 ± 4,86 mm).

Potencialmente mais significativa que a descida tonsilar absoluta é a quantidade de compressão do tronco cerebral no FM, mais bem observada na MRI axial ponderada em T2WI através do FM. A obliteração completa do sinal de CSF e a compressão do tronco cerebral no FM por tonsilas impactadas é um achado significativo comum.

Cine-MRI

Conhecida também como Estudo de fluxo de CSF e pode demonstrar bloqueio do CSF no FM. Não amplamente disponível. A precisão não é alta e, portanto, geralmente não altera o tratamento.

Mielografia

Usada geralmente quando a MRI não puder ser obtida. Somente 6% de falso-negativos. É essencial aplicar o contraste intratecal (corante) por todo o forame magno. Geralmente combinada com varredura por CT.

CT

A CT sem contraste é insatisfatória para avaliar a região do forame magno decorrente do artefato ósseo. É muito boa para demonstrar a hidrocefalia (como a MRI). Quando combinada com o contraste iodado intratecal (mielograma), a confiabilidade melhora. Achados: descida tonsilar com possível bloqueio completo do corante no forame magno.

Tratamento

Indicações para cirurgia

Uma vez que o paciente responda melhor quando operado dentro de dois anos do início dos sintomas (abaixo), a cirurgia precoce é recomendada para pacientes sintomáticos. Os pacientes assintomáticos podem ser acompanhados e operados se e quando se tornarem sintomáticos. Pacientes que se mostraram assintomáticos e estáveis por anos podem ser considerados para observação, com a operação indicada para sinais de deterioração.

Técnicas cirúrgicas

A operação mais frequentemente realizada é a descompressão da fossa posterior (craniectomia suboccipital) com ou sem outros procedimentos (geralmente combinada com enxertia de remendo dural e laminectomia cervical de C1, às vezes até C2 ou C3). Opções para enxertos: mesma incisão (pericrânio), incisão separada (p. ex. ou fáscia lata) e aloenxerto (evitado por muitos autores por causa da insatisfação com a habilidade de fornecer sutura à prova d'água e por causa dos riscos de infecção).

Objetivos da operação: descomprimir o tronco cerebral e reestabelecer o fluxo normal de CSF na junção craniocervical.

O paciente é colocado em posição prona sobre rolos torácicos com a cabeça em um suporte Mayfield ou em suporte de cabeça em ferradura. Flexionar o pescoço para abrir o interespaço entre o occipício e o arco posterior de C1. Os ombros são retraídos para baixo com fita adesiva. Se um enxerto da fáscia lata precisar ser obtido, elevar uma das coxas sobre um saco de areia. Executar uma incisão desde o ínio até aproximadamente o processo espinhoso de C2. A remoção do osso acima do forame magno deverá ser de aproximadamente 3 cm de altura por cerca de 3 cm de largura (manter a fossa posterior *pequena* como parte dessas operações; o principal impulso é abrir o forame magno para descomprimir as tonsilas e uma laminectomia cervical superior; a compressão *não* é feita na fossa-p). A remoção em excesso do osso occipital pode permitir que os hemisférios cerebelares formem hérnias através da abertura ("ptose cerebelar") e criem problemas adicionais. Se um enxerto pericraniano precisar ser obtido, ele deverá ser cultivado nesse momento para reduzir a quantidade de sangue penetrando na abertura dural subsequente.[16] O enxerto pericraniano pode ser obtido sem estender a incisão sobre o ínio, usando-se a técnica do Doutor Robert Ojemann[16] com dissecção subgaleal e usando um cautério monopolar com a ponta curvada para incisar o periósteo e, então, um dissecador Penfield nº1 para liberá-lo da superfície do osso.

Abrir a dura com incisão em forma de "Y" e excisar o retalho triangular do topo. CUIDADO: os seios transversos são, em geral, anormalmente *baixos* nas malformações de Chiari. Suturar o enxerto em remendo para fornecer mais espaço para o conteúdo (tonsilas e medula).

Uma opção às vezes usada na pediatria é não iniciar a abertura da dura, mas lisar as faixas em constrição sobre a dura no forame magno e, então, usar ultrassom intraoperatório para determinar se existe espaço adequado para o fluxo do CSF. A dura só é aberta se não houver esse espaço.

Procedimentos históricos que foram adicionados ao acima exposto tamponamento do óbex (com músculo ou teflon), drenagem da siringe, se houver (fenestração, geralmente através da zona de entrada da raiz dorsal, ou com ou sem *stent* ou derivação), derivação do 4º ventrículo, ventriculostomia terminal e abertura do forame de Magendie, se obstruído (consultar referência para ilustrações[9]). As recomendações atuais são: esses ou outros procedimentos adicionais além da enxertia com remendo dural geralmente não são justificados.

Outros autores advertem repetidamente que *não* se deve tentar remover as aderências que ligam as tonsilas juntas (para evitar lesionar estruturas vitais, incluindo as artérias cerebelares posteriores inferiores (PICAs). Outros recomendam a separação cuidadosa das tonsilas e até seu ressecamento com cautério bipolar.

Em casos de compressão do tronco cerebral ventral, alguns autores defendem a execução de uma ressecção clivo-odontoide transoral, pois acham que esses pacientes podem sofrer deterioração em potencial somente com a descompressão da fossa posterior.[17] Uma vez que essa deterioração tenha sido reversível com a odontoidectomia, pode ser razoável realizar esse procedimento em pacientes com sinais evidentes de deterioração ou progressão da impressão basilar em MRIs em série após descompressão da fossa posterior.

Agendando o caso: Malformação de Chiari

Consultar também padrões e isenções de responsabilidade (p. 27)
1. posição: prona
2. equipamento:
   a) microscópio opcional
   b) doppler intraoperatório, se usado
3. consentimento:
   a) procedimento: operação através da parte posterior do pescoço para abrir o osso na base do crânio e inserir um "remendo" para obter mais espaço para o tronco cerebral
   b) alternativas: geralmente, o tratamento não operatório não é eficaz
   c) complicações: vazamento de CSF, lesão/derrame do tronco cerebral, apneia, falha em melhorar a siringe (se presente)

Achados operatórios

Consultar ▶ Quadro 17.7.

A herniação tonsilar está presente em todos os casos (por definição): a posição mais comum sendo em C1 (62%). Existem aderências fibrosas entre a dura, a aracnoide e as tonsilas, com oclusão dos forames de Luschka e de Magendie em 41%. Em 40% as tonsilas são separadas facilmente.

Complicações operatórias

Após a craniectomia suboccipital mais a laminectomia de C1-3 em 71 pacientes, com enxertia de remendo dural em 69, só ocorreu um óbito por apneia do sono 36 horas após a operação. A complicação pós-operatória mais comum foi a depressão respiratória (em 10 pacientes), geralmente dentro de 5 dias, a maioria à

Quadro 17.7 Achados para operação em Chiari 1 (71 pacientes[3])

Achado	%
descida tonsilar	100%
embaixo do forame magno	4%
C1	62%
C2	25%
C3	3%
nível não especificado	6%
aderências	41%
siringomielia	32%
faixa dural (no forame magno ou no arco de C1)	30%
anormalidades vasculares[a]	20%
anormalidades esqueléticas	
forame magno invertido	10%
quilha de osso	3%
atresia do arco de C1	3%
occipitalização do arco de C1	1%
"corcunda" cervicomedular	12%

[a]Anormalidades vasculares: PICA dilatada ou curso anormal em 8 pacientes (a PICA geralmente desce para a margem inferior das amígdalas[9]): grandes lagos venosos durais em 3.

Quadro 17.8 Acompanhamento a longo prazo após operação para malformação de Chiari 1 (69 pacientes, F/U médio de 4 anos[3])

melhora precoce dos sintomas pré-operatórios	82%
porcentagem do total acima com recaída[a]	21%
melhora precoce dos sinais pré-operatórios	70%
sem alteração em relação ao *status* pré-operatório	16%
pior que o quadro pré-operatório	0

[a]Estes pacientes pioraram em relação ao *status* pré-operatório (não houve mais deterioração) dentro de 2-3 anos após a cirurgia; o relapso ocorreu em 30% com síndrome de compressão do forame magno e em 21% daqueles com síndrome da medula central.

noite. Portanto, recomenda-se a monitorização respiratória estrita.[3] Outros riscos do procedimento incluem: vazamento de CSF, herniação dos hemisférios cerebelares, lesões vasculares (à PICA...).

Resultados da operação

Consultar o ▶ Quadro 17.8.

Os pacientes com queixas de dor antes da operação em geral respondem satisfatoriamente à cirurgia. A fraqueza responde menos à operação, especialmente na presença de atrofia muscular.[17] A sensação pode melhorar quando, as colunas posteriores não são afetadas, e o déficit se deve ao envolvimento espinotalâmico isolado.

Rhoton acredita que o principal benefício da operação é interromper a progressão.

Os resultados mais favoráveis ocorreram em pacientes com síndrome cerebelar (87% mostrando melhora, sem deterioração tardia). Os fatores que se correlacionam com um resultado pior são a presença de atrofia, ataxia, escoliose e sintomas que perduram a mais de 2 anos.[17]

17.1.3 Malformação de (Arnold)-Chiari Tipo 2

Informações gerais

Conceitos-chave

- geralmente associada à mielomeningocele, geralmente acompanhada de hidrocefalia, a doença inclui: junção cervicomedular deslocada em sentido caudal, fossa posterior pequena, *beaking* tectal. Não resulta, provavelmente, de ancoragem (amarração)
- principais achados clínicos: dificuldades de deglutição, apneia, estridor, opistótono, nistagmo para baixo
- quando sintomática: sempre verificar primeiro a derivação. A seguir, considerar a descompressão cirúrgica (que não pode corrigir anormalidades intrínsecas do tronco cerebral)
- MRI craniana e cervical é o teste preferido para diagnóstico

Geralmente associada à mielomeningocele (MM) ou, raramente, à espinha bífida oculta.

Fisiopatologia

O quadro provavelmente não resulta de aprisionamento da medula pela MM associada. Ele é decorrente, mais possivelmente, da disgenesia primária do tronco cerebral com várias outras anomalias de desenvolvimento.[18]

Achados principais

Junção cervicomedular com luxação caudal, ponte, 4º ventrículo e medula. Tonsilas cerebelares localizadas no ou embaixo do forame magno. Substituição da flexão da junção cervicomedular normal por uma "deformidade semelhante a uma dobra".

Outros achados associados possíveis:

1. *beaking* tectal
2. ausência do septo pelúcido com aderência intertalâmica dilatada; acredita-se que essa ausência seja causada por necrose com reabsorção secundária para hidrocefalia e não uma ausência congênita[19] (p.178)

Anomalias Craniospinais Primárias **285**

3. folhas cerebelares mal mielinadas
4. hidrocefalia: presente na maioria dos casos
5. heterotopias
6. hipoplasia da foice
7. microgiria
8. degeneração dos núcleos dos nervos cranianos inferiores
9. anormalidades ósseas:
   a) da junção cervicomedular
   b) assimilação do atlas
   c) platibasia
   d) impressão basilar
   e) deformidade de Klippel-Feil (p. 271)
10. hidromielia
11. craniolacunia do crânio (ver abaixo)

Apresentação

Os achados se devem à disfunção do tronco cerebral e do nervo craniano inferior. Na vida adulta o quadro é raro. A apresentação dos neonatos difere substancialmente daquela das crianças mais velhas, e os neonatos tiveram mais probabilidade de desenvolver deterioração neurológica rápida durante vários dias que as crianças mais velhas em que os sintomas eram mais insidiosos e raramente tão graves.[20]

Os achados incluem:[21,20]

1. dificuldades de deglutição (disfagia neurogênica em 69% dos casos).[22] O transtorno se manifesta por dificuldade de alimentação, cianose durante a amamentação, regurgitação nasal, tempo prolongado de alimentação ou acúmulo de secreções orais. Geralmente, o reflexo de ânsia está diminuído. O quadro é mais grave em neonatos
2. ataques de apneia (58% dos casos): por causa da orientação ventilatória prejudicada. Mais comum em neonatos
3. estridor (56% dos casos): mais comum em neonatos, geralmente pior na inspiração (paralisia nas pregas vocais abdutoras e, às vezes, nas adutoras, observado na laringoscopia) por causa da paresia do 10º nervo; geralmente transitório, mas pode progredir para parada respiratória
4. aspiração (40% dos casos)
5. fraqueza dos braços (27% dos casos) que pode progredir para quadriparesia[23]
6. opistótono (18% dos casos)
7. nistagmo: especialmente nistagmo para baixo
8. choro fraco ou ausente
9. fraqueza facial

Avaliação diagnóstica

Radiografias do crânio

Podem demonstrar desproporção cefalofacial de HCP congênita. Craniolacunia (também conhecida como *Lückenschädel* em 85% (defeitos redondos no crânio com bordas agudas, separados por faixas irregularmente ramificadas de ossos; não estão associados à ICP aumentada). Protuberância occipital interna baixa (fossa posterior encurtada). Forame magno dilatado em 70%; alongamento da lâmina cervical superior.[1]

Achados da CT e/ou da MRI

A MRI cervical e craniana é o teste diagnóstico preferido.

- achados primários
  a) deformidade de inclinação em "Z" da medula*
  b) cavilha cerebelar
  c) fusão tectal ("*tectal beaking*")
  d) massa intermediária dilatada (aderência intertalâmica)*
  e) alongamento/cervicalização da medula
  f) anexo baixo do tentório
- achados associados
  a) hidrocefalia
  b) siringomielia na área da junção cervicomedular (a incidência informada na era pré-MRI[17] variava de 48 a 88%)
  c) quarto ventrículo aprisionado
  d) compressão cerebelomedular
  e) agenesia/disgenesia do corpo caloso*

*Itens mais bem apreciados na MRI.

Laringoscopia

Realizada em pacientes com estridor para descartar quadro de crupe ou de outra infecção do trato respiratório superior.

Tratamento

Informações gerais

- inserir derivação do CSF para hidrocefalia (ou verificar função do desvio existente)
- em casos de disfagia neurogênica, estridor ou surtos de apneia, recomenda-se a descompressão rápida da fossa posterior (ver abaixo) (exigida em 18,7% dos pacientes com MM[21]); antes de se recomendar a descompressão, sempre se certificar de que o paciente tem um desvio funcionando

Descompressão cirúrgica

Nota: tem sido argumentado que parte da explicação para os resultados operatórios insatisfatórios em crianças é que muitos dos achados neurológicos podem resultar, em parte, de anormalidades intrínsecas (incorrigíveis), cuja descompressão cirúrgica não pode melhorar.[24,25] Uma visão contrária é a de que as lesões histológicas resultam da compressão crônica do tronco cerebral e isquemia concomitante, e que a descompressão rápida desse tronco deverá ser executada mediante o desenvolvimento de qualquer um dos sinais de alerta críticos a seguir: *disfagia neurogênica, estridor* e *surtos de apneia.*[20]

Técnica cirúrgica

Descompressão das tonsilas cerebelares, geralmente com enxerto dural para descompressão da dura. O paciente é colocado em posição prona, com o pescoço flexionado. Uma craniectomia suboccipital é combinada com uma laminectomia cervical que precisa ser realizada para baixo, até o final da ponta da tonsila.[23] Uma faixa dural espessa e causando constrição é encontrada com frequência entre o arco de C1 e o forame magno. A dura é aberta com uma incisão em formato de "Y". Todo cuidado ao abrir a dura acima do nível do forame magno em lactentes, pois eles possuem um seio occipital bem desenvolvido e podem ter grandes lagos durais.[21] Não tentar dissecar as tonsilas da medula subjacente. Em casos com cavidade siringomiélica significativa, coloca-se um desvio siringo-subaracnóideo.[20]

A traqueostomia (geralmente temporária) é recomendada se houver estridor e paralisia laríngea do abdutor antes da operação. A monitorização respiratória estrita pós-operação é necessária para a obstrução *e* orientação respiratória reduzida (a ventilação mecânica é indicada para hipóxia ou hipercarbia).

Resultados

Sessenta e oito por cento dos pacientes apresentaram resolução completa ou quase completa dos sintomas, 12% tiveram déficits residuais leves a moderados e 20% não apresentaram melhora (em geral, os neonatos foram piores que as crianças mais velhas).[20]

A parada respiratória é a causa mais comum de mortalidade (8 de 17 pacientes que foram a óbito), com o restante decorrente da meningite/ventriculite (6 pacientes), aspiração (2 pacientes) e atresia biliar (1 paciente).[21]

No acompanhamento variando de 7 meses a 6 anos houve 37,8% de mortalidade em pacientes operados. O *status* pré-operatório e a rapidez da deterioração neurológica foram os prognosticadores mais importantes. A taxa de mortalidade é de 71% em crianças com parada respiratória, paralisia das pregas vocais ou fraqueza nos braços dentro de duas semanas da apresentação; comparado à mortalidade de 23% em pacientes com deterioração mais gradual. A paralisia bilateral das pregas vocais foi um prognosticador particularmente menos satisfatório de resposta à cirurgia.[20]

17.1.4 Outras malformações de Chiari

Chiari tipo 0

Foram descritos pacientes com siringo-hidromielia sem herniação do cérebro posterior que respondem à descompressão da fossa-p[14] (também chamada de "Malformação de Chiari zero").

Chiari tipo 1.5

Óbex situado abaixo do forame magno; não responde à descompressão suboccipital com ou sem duroplastia.

Chiari tipo 3

Rara. Tanto a definição e até a existência da malformação geram controvérsias. A maioria das descrições se baseia em 1 ou 2 casos. A descrição original citava a luxação do cerebelo abaixo do forame magno e dentro de uma encefalocele occipital.[26] Alguns adicionaram a herniação da medula, quarto ventrículo e todo o cerebelo a uma encefalocele occipital e cervical alta. Alguns apoiaram Raimondi que incluiu as encefaloceles occipitais associadas ao deslocamento caudal do cerebelo e da medula.[27,28]

Para a maioria dos casos o prognóstico é ruim, pois o quadro é, geralmente, incompatível com a vida.

Chiari tipo 4

Originalmente descrita como hipoplasia sem herniação cerebelar.[29] A existência do quadro como uma entidade clínica distinta gera debates.[26]

17.2 Defeitos do tubo neural

17.2.1 Classificação

Informações gerais

Não há um sistema de classificação universalmente aceito. Seguem-se dois exemplos.

Classificação de Lemire

Um sistema adaptado de Lemire.[30]
1. defeitos de neurulação: o não fechamento do tubo neural resulta em lesões abertas:
   a) craniorraquisquise: disrafismo total. Pode ir a óbito como aborto espontâneo
   b) anencefalia: também conhecida como exencefalia. Em razão da falha de fusão do neuroporo anterior. Não há abóbada craniana nem escalpo cobrindo o cérebro parcialmente destruído. Uniformemente fatal. Risco de recorrência em gestações futuras: 3%
   c) meningomielocele: mais comum na região lombar:
      • mielomeningocele (MM) (p. 265)
      • mielocele
2. defeitos pós-neurulação: produzem lesões cobertas (conhecidas como fechadas) de pele (algumas também podem ser consideradas como "anormalidades de migração", ver abaixo)
   a) cranianas
      • microcefalia: ver abaixo
      • hidranencefalia: perda da maior parte dos hemisférios cerebrais, substituídos por CSF (ver abaixo). Deve-se descartar a hidrocefalia ao máximo (ver abaixo)
      • holoprosencefalia: ver abaixo
      • lissencefalia: ver abaixo
      • porencefalia: ver abaixo para diferenciar de esquisencefalia
      • agenesia do corpo caloso: ver abaixo
      • hipoplasia cerebelar/síndrome de Dandy Walker (p. 256)
      • macroencefalia também conhecida como Megalencefalia: ver abaixo
   b) espinais
      • diastematomielia, diplomielia: consultar Malformação da medula dividida (p. 274)
      • hidromielia/siringomielia (p. 1144)

Anormalidades de migração

Um esquema de classificação ligeiramente diferente define os quadros a seguir como anormalidades da migração neuronal (alguns são considerados defeitos pós-neurulação: ver acima):
1. lissencefalia: a anormalidade de migração neuronal mais grave. O mau desenvolvimento das convoluções cerebrais (provavelmente uma parada do desenvolvimento cortical em fase fetal precoce). Os lactentes são gravemente retardados e geralmente não sobrevivem mais de 2 anos
   a) agiria: superfície completamente lisa
   b) paquigiria: poucos giros amplos e achatados com sulcos rasos
   c) polimicrogiria: pequenos giros com sulcos rasos. Pode ser difícil de diagnosticar por CT/MRI e pode ser confundida com paquigiria
2. heterotopia: focos anormais de substância cinza (não realçando) que podem estar localizados em qualquer lugar a partir da substância branca subcortical até (mais geralmente) o revestimento subependimal dos ventrículos. Pode-se manifestar como nódulos ou como uma faixa de córtex. Um defeito de migração precoce que resulta de parada da migração radial. Apresenta-se quase sempre com convulsões
3. displasia cortical: uma fenda que não se comunica com o ventrículo. Heterotopias são comuns. Uma anormalidade de migração não tão grave quanto a esquizencefalia

4. **Esquizencefalia:**
   a) *sine qua non:* fenda que se comunica com o ventrículo (a comunicação pode ser confirmada com cisternograma por CT, se necessário)
   b) fenda revestida com substância cinza cortical (geralmente anormal, podendo conter polimicrogiria). Isto a diferencia da **porencefalia**, uma lesão cística revestida com tecido conectivo ou glial que pode se comunicar com o sistema ventricular, frequentemente causada por infartos vasculares ou após hemorragia intracerebral ou trauma penetrante (incluindo punções ventriculares repetidas)
   c) duas formas:
      - lábio aberto: fenda grande para o ventrículo. Formas muito graves podem imitar hidranencefalia (ver abaixo)
      - lábio fechado (paredes fundidas): ✱ buscar uma depressão na parede lateral do ventrículo lateral imediatamente sob a fenda cortical (cuja aparência pode imitar um sulco dilatado)
   d) pode ser unilateral ou bilateral
   e) a pia e a aracnoide se fundem
   f) pode haver uma veia "anormal" representando uma veia cortical que agora parece medular porque acompanha o córtex na fenda
   g) ausência do septo pelúcido em 80-90%
   h) a apresentação pode variar de convulsões à hemiparesia, dependendo do tamanho e da localização

17.2.2 Exemplos de defeitos do tubo neural

Hidranencefalia

Informações gerais

Defeito de pós-neurulação. Ausência total ou quase total do cérebro (pequenas faixas de cérebro podem ser coerentes com o diagnóstico[31]), com abóbada craniana e meninges intactas, com a cavidade intracraniana preenchida com CSF. Em geral, a macrocrania progressiva está presente, mas o tamanho da cabeça pode ser normal (especialmente no nascimento) e, às vezes, pode ocorrer microcefalia. O disformismo facial é raro.

O quadro pode resultar de várias causas e a mais comum citada são infartos ICA bilaterais (que resultam na falta de tecido cerebral fornecido pelas artérias cerebrais anterior e média, com preservação na distribuição do PCA). Pode resultar também por infecção (herpes congênita ou neonatal, toxoplasmose, vírus equino).

Os lactentes menos afetados podem parecer normais ao nascer, mas se mostram sempre demasiadamente irritáveis e retendo reflexos primitivos (reflexo de Moro, de agarro e de pisar) além dos 6 meses. Raramente progridem para além da produção espontânea da voz e do sorriso social. As convulsões são comuns.

Diferenciação da hidrocefalia

A dilatação progressiva dos espaços de CSF pode ocorrer, que imita um quadro de hidrocefalia grave (máxima) (HCP). A diferenciação entre os dois quadros é fundamental, uma vez que a HCP verdadeira pode ser tratada com derivação, que pode produzir mais um pouco de expansão do manto cortical. Muitos meios para distinguir a hidranencefalia da HCP foram descritos, a saber:

1. EEG: mostra ausência de atividade cortical em hidranencefalia (HCP máxima produz, tipicamente, um EEG anormal, mas a atividade de fundo estará presente por todo o cérebro[31]) e é um dos melhores meios de diferenciação dos dois quadros
2. CT,[32,31] MRI ou ultrassonografia: a maioria dos espaços intracranianos é ocupada por CSF. Geralmente, não mostram lobos frontais ou cornos frontais de ventrículos laterais (pode haver resíduos de córtex temporal, occipital ou subfrontal). Uma estrutura consistindo em nódulo de tronco cerebral (massas talâmicas arredondadas, hipotálamo) e lobos occipitais mediais apoiados no tentório ocupa posição na linha média, cercada por CSF. As estruturas da fossa posterior se mostram grosseiramente intactas. A foice geralmente está intacta (diferentemente da holoprosencefalia alobar) e não está espessada, mas pode estar deslocada lateralmente. Em HCP, pode-se identificar um pouco de manto cortical
3. transiluminação do crânio: em uma sala escurecida, coloca-se uma luz brilhante contra a superfície do crânio. Para a transiluminação, o paciente deve ter menos de 9 meses de idade, e o manto cortical sob a fonte de luz deve estar com espessura inferior a 1 cm;[33 (p.215)] pode também ocorrer que o fluido desloque o córtex para dentro (p. ex. efusões subdurais). Muito insensível para ser útil
4. angiografia: nos casos "clássicos" que resultam da oclusão bilateral de ICA, não se espera fluxo pelas carótidas supraclinoides e circulação posterior normal

Anomalias Craniospinais Primárias **289**

Tratamento

A derivação pode ser realizada para controlar o tamanho da cabeça, mas diferente do caso de hidrocefalia máxima, não há restituição do manto cerebral.

Holoprosencefalia

Conhecida também por arinencefalia. É a insuficiência da vesícula telencefálica em clivar para dentro dos dois hemisférios cerebrais. O grau da falha de clivagem varia de alobar grave (ventrículo único, sem fissura inter-hemisférica) até semilobar e lobar (malformações menos graves). Os bulbos olfativos são geralmente pequenos, e o giro cingulado permanece fundido. A displasia faciocerebral mediana é comum, e o grau de gravidade é paralelo à extensão da falha de clivagem (▶ Quadro 17.9). Oitenta por cento dos casos estão associados à trissomia (principalmente trissomia 13 e, em menor extensão, à trissomia 18). A sobrevida além da infância é rara, a maioria dos sobreviventes fica gravemente retardada, e uma minoria é capaz de funcionar em sociedade. Alguns desenvolvem hidrocefalia dependente de desvio. O risco de holoprosencefalia aumenta nas gestações subsequentes do mesmo casal.

Microcefalia

Definição: circunferência da cabeça com mais de dois desvios-padrão inferiores à média para sexo e idade gestacional. Termos às vezes usados como sinônimos: microcrania, microcefalia. Não é uma entidade única; muitas das condições no ▶ Quadro 17.9 podem ser associadas à microcefalia. O transtorno também pode resultar do abuso de cocaína pela mãe.[35] É importante diferenciar microcefalia de um crânio pequeno resultante da craniossinostose, em que o tratamento cirúrgico pode fornecer oportunidade para desenvolvimento cerebral melhorado.

Macroencefalia

Adaptado.[36 (p.109)] Também conhecida como macrencefalia e megalencefalia. Não deve ser confundida com macrocefalia (p. 1403), que é o alargamento do crânio. Não é uma entidade patológica única. Um cérebro dilatado que pode ser decorrente de: hipertrofia isolada da substância cinza, da substância cinza e branca, presença de estruturas adicionais (supercrescimento glial, gliomas difusos, heterotopias, doenças de armazenamento metabólico...).

As condições em que a macroencefalia pode ser visualizada incluem:
- síndromes neurocutâneas (especialmente neurofibromatose)
- síndrome da malformação megalencefalia-capilar (MCAP): síndrome de supercrescimento com megalencefalia (quase sempre com hidrocefalia, malformação de Chiari, polimicrogiria e convulsões) e malformações capilares na pele (geralmente na face)

O cérebro pode pesar até 1.600 a 2.850 gramas. O IQ pode ser normal, mas podem ocorrer: atraso de desenvolvimento, retardo mental, espasticidade e hipotonia. A circunferência da cabeça fica de 4 a 7 cm acima da média. Os sinais usuais de hidrocefalia (saliência ("*bossing*") frontal, fontanela abaulada, sinal "do sol nascente", ingurgitamento da veia do escalpo) estão ausentes. Os estudos de imagem (CT ou MRI) mostram ventrículos de tamanho normal e podem ser usados para descartar coleções de fluido extra-axial.

Quadro 17.9 As cinco fáscias da holoprosencefalia grave[34]

Tipo de face	Aspectos faciais	Achados no crânio e no cérebro
ciclopia	olho único ou um só olho dividido em uma só órbita; arrinia com probóscide	microcefalia; holoprosencefalia alobar
etmocefalia	hipotelorismo orbitário extremo; órbitas separadas; arrinia com probóscide	microcefalia; holoprosencefalia alobar
cebocefalia	hipotelorismo orbitário; nariz semelhante ao da probóscide; ausência de lábio palatino mediano	microcefalia; geralmente com holoprosencefalia alobar
com lábio palatino mediano	hipotelorismo orbitário; nariz plano	microcefalia; às vezes trigonocefalia; geralmente holoprosencefalia alobar
com primórdio mediano do filtro-pré-maxila	hipotelorismo orbitário; lábio palatino lateral bilateral com processo mediano representando primórdio de filtro-pré-maxilar; nariz plano	microcefalia; às vezes com trigonocefalia; holoprosencefalia semilobar ou lobar

17

17.2.3 Fatores de risco

1. falta de ácido fólico no pré-natal: a administração de ácido fólico[37,38,39] (0,4 mg/d se não houver história de defeitos do tubo neural; 4 mg/d em portador ou com criança anterior com NTD) foi associada a 71% de redução na recorrência de NTD[40]) (confirmar que os níveis de B12 estão normais)
2. antagonistas de folato (p. ex. carbamazepina) dobram a incidência de MM
3. mães com polimorfismo do gene da 5, 10 metilenotetra-hidrofolato redutase (MTHFR) têm níveis reduzidos de folato tecidual. A variante comum do polimosrfismo, C677T, substitui uma valina por um resíduo de alanina na posição 222 na enzima MTHFR dependente de folato → atividade reduzida da enzima → também gera níveis reduzidos de folato nos tecidos e níveis aumentados de homocisteína no plasma. Esse polimorfismo pode ser homozigoto (genótipo TT) ou heterozigoto (genótipo CT), presente em aproximadamente 10 e 38% da população, respectivamente. Os efeitos com o genótipo TT são mais pronunciados que com a forma do heterozigoto CT e existe aumento no risco de defeitos do tubo neural, assim como menos aumento no risco de doença cardiovascular[41]
4. o uso de ácido valproico (Depakene®) durante a gestação está associado a 1 a 2% de risco de NTD[42]
5. a exposição da mãe ao calor na forma de banheiras de hidromassagem, saunas ou febre (mas não a cobertores elétricos) no primeiro trimestre foi associada ao risco aumentado de NTDs[43]
6. a obesidade (antes e durante a gravidez) aumenta o risco de NTD[44,45]
7. o uso de cocaína pela mãe pode aumentar o risco de microcefalia, transtornos de migração neuronal, diferenciação neuronal e mielinização[35]

17.2.4 Detecção pré-natal de defeitos do tubo neural

α-fetoproteína do soro (AFP)

Consultar α-fetoproteína (p. 600) para histórico. A AFP sérica materna elevada ($\geq$ 2 múltiplos da média para uma semana de gestação apropriada) entre 15-20 semanas de gestação carrega um risco relativo de 224 para defeitos do tubo neural, e um valor anormal (alto ou baixo) foi associado a 34% de todos os principais defeitos congênitos.[46] A sensibilidade da AFP sérica materna para espinha bífida foi de 91% (10 de 11 casos) e de 100% para nove casos de anencefalia. Entretanto, outros estudos mostram sensibilidade mais baixa. Defeitos fechados da coluna lombossacral, que respondem por aproximadamente 20% dos pacientes com espinha bífida,[47] provavelmente serão perdidos na triagem de AFP sérica e podem também ser perdidos no ultrassom. Uma vez que a AFP sérica da mãe aumente durante a gestação normal, a estimativa exagerada da idade gestacional pode levar à interpretação de AFP elevada como se fosse normal e uma subestimativa pode levar à interpretação de um nível de AFP normal como elevado.[48]

Ultrassom

O ultrassom pré-natal detectará 90 a 95% dos casos de espinha bífida e, por isso, em casos de AFP elevada, ele pode ajudar a diferenciar NTDs de casos não neurológicos de AFP elevada (p. ex. onfalocele) e ajudar a estimar a idade gestacional com mais precisão.

Amniocentese

Para gestações subsequentes a uma MM, se o ultrassom pré-natal não mostrar disrafismo espinal, então se recomenda a amniocentese (mesmo que o aborto não seja considerado, ela poderá permitir cuidados pós-parto ideais se houver diagnóstico de MM). Os níveis de AFP no fluido amniótico são elevados nos defeitos abertos do tubo neural, com pico entre 13 e 15 semanas de gestação. A amniocentese também representa risco aproximado de 6% de perda do feto nessa população.

17.3 Cisto neuroentérico

17.3.1 Informações gerais

Não há nomenclatura uniformemente aceita. Definição de trabalho: cisto do CNS revestido principalmente por endotélio lembrando aquele do trato GI, ou menos frequentemente, do trato respiratório. Congênito. Não é um neoplasma verdadeiro. Termo alternativo mais comum: cisto enterógeno. Os termos menos comuns incluem: cisto teratomatoso, intestinoma, cisto arquentérico,[49] cisto enterogêneo e cisto endodérmico. Em geral, afeta a coluna torácica superior e cervical inferior.[50] As anomalias associadas ao desenvolvimento vertebral (p. ex. diastematomielia) são comuns.[51] Raramente intracranianos (ver abaixo). Cistos neuroentéricos espinais (NEC) podem ter conexão fistulosa ou fibrosa com o trato GI (por meio de disrafismo espinal) e alguns os denominam de cistos endodérmicos sinusais. Eles ocorrem como resultado da persistência do canal neuroentérico (ducto temporário entre o notocórdio e o intestino primitivo [sacos amniótico e vitelino]) formado durante a terceira semana da embriogênese pela quebra do assoalho do canal notocordial.

17.3.2 Cistos neuroentéricos intracranianos

Informações gerais

Raros e mais comuns na fossa-p. Inicialmente, pode ser difícil descartar metástase de um adenocarcinoma primário extremamente bem diferenciado e de origem desconhecida (a ausência de doença progressiva sugere NEC). Sítios:

1. fossa posterior
   a) ângulo cerebelopontino (CPA);[49] geralmente intradural, extra-axial (relatório de caso de lesão extradural com destruição óssea[52])
   b) linha média, anterior ao tronco cerebral[50]
   c) cisterna magna[53]
2. supratentorial: apenas 15 relatórios de caso, desde 2004.[54] Sítios: suprasselar[55] (possível confusão com o cisto de fissura de Rathke), lobo frontal intraparenquimatoso,[54] região da placa quadrigeminal, extra-axial com base dural. A condição de origem do endoderma é controversa, uma vez que o intestino primitivo se estenda em sentido craniano somente para o mesencéfalo.[56] Teoria: cistos coloides, cistos de fissura de Rathke e NECs supratentoriais podem surgir todos de resíduos da bolsa de Seesel, um divertículo transitório da terminação craniana do intestino embrionário (tubo digestório anterior) derivado do endoderma[57]

Clínicos

Geralmente, os cistos se apresentam mais durante a primeira década de vida.[51] A dor ou a mielopatia da massa intraespinal são as apresentações mais comuns em crianças mais velhas e em adultos. Os neonatos e as crianças mais novas podem-se apresentar com comprometimento cardiorrespiratório de uma massa intratorácica, ou com compressão da medula espinal cervical.[51] O trato fistuloso pode levar à meningite, especialmente em recém-nascidos e lactentes.

Investigação por imagens

NEC intracraniano:
- CT: geralmente de baixa densidade, sem realce[58]
- MRI T1WI: isointenso ou levemente hiperintenso ao CSF (pode ser superintenso se houver produtos do sangue)
  T2WI: isointenso ao CSF.[58] Sem realce.

Histologia

A maioria representa cistos simples revestidos por epitélio colunar cuboide segregando células caliciformes. Os tipos menos comuns de epitélio descritos incluem: células escamosas estratificadas e pseudocolunares e células epiteliais ciliadas. Componentes mesodérmicos podem estar presentes, incluindo tecido de músculos lisos e tecido adiposo, e alguns denominaram esses cistos de cistos teratomatosos[59,60] que não devem ser confundidos com teratomas, que são neoplasmas verdadeiros de células germinais. Podem ser histologicamente idênticos aos cistos coloides.

Tratamento

NEC espinal

A remoção cirúrgica geralmente reverte os sintomas. A recorrência é rara com a remoção completa da parede do cisto.

NEC intracraniano

A cápsula aderente ao tronco cerebral pode evitar a ressecção completa, o que predispõe à recorrência tardia. O tratamento aparentemente bem-sucedido pela evacuação do conteúdo e marsupialização tem sido informado (5 casos; acompanhamento médio: 5 anos[61]). A remoção incompleta exige acompanhamento a longo prazo. Se indicado, poderá ser feita a derivação da hidrocefalia.

Referências

[1] Carmel PW. Management of the Chiari Malformations in Childhood. Clinical Neurosurg. 1983; 30:385–406

[2] Spillane JD, Pallis C, Jones AM. Developmental Abnormalities in the Region of the Foramen Magnum. Brain. 1957; 80:11–52

[3] Paul KS, Lye RH, Strang FA et al. Arnold-Chiari Malformation: Review of 71 Cases. J Neurosurg. 1983; 58:183–187

[4] Guinto G, Zamorano C, Dominguez F, Sandoval B, Villasana O, Ortiz A. Chiari I malformation: Part I. Contemp Neurosurg. 2004; 26:1–7

[5] Bahuleyan B, Rao A, Chacko AG, Daniel RT. Supracerebellar arachnoid cyst - a rare cause of acquired Chiari I malformation. Journal of Clinical Neuroscience. 2006; 14:895–898

[6] Sathi S, Stieg PE. "Acquired" Chiari I Malformation After Multiple Lumbar Punctures: Case Report. Neurosurgery. 1993; 32:306–309

[7] Levy WJ, Mason L, Hahn JF. Chiari Malformation Presenting in Adults: A Surgical Experience in 127 Cases. Neurosurgery. 1983; 12:377–390

[8] Bejjani GK, Cockerham KP. Adult Chiari malformation. Contemp Neurosurg. 2001; 23:1–7

[9] Rhoton AL. Microsurgery of Arnold-Chiari Malformation in Adults with and without Hydromyelia. J Neurosurg. 1976; 45:473–483

[10] Gingold SI, Winfield JA. Oscillopsia and Primary Cerebellar Ectopie: Case Report and Review of the Literature. Neurosurgery. 1991; 29:932–936

[11] Aboulezz AO, Sartor K, Geyer CA, Gado MH. Position of cerebellar tonsils in the normal population and in patients with Chiari malformation: a quantitative approach with MR imaging. J Comput Assist Tomogr. 1985; 9:1033–1036

[12] Barkovich AJ, Wippold FJ, Sherman JL, Citrin CM. Significance of Cerebellar Tonsillar Position on MR. AJNR. 1986; 7:795–799

[13] Mikulis DJ, Diaz O, Egglin TK, Sanchez R. Variance of the position of the cerebellar tonsils with age: preliminary report. Radiology. 1992; 183:725–728

[14] Iskandar BJ, Hedlund GL, Grabb PA, Oakes WJ. The resolution of syringohydromyelia without hindbrain herniation after posterior fossa decompression. J Neurosurg. 1998; 89:212–216

[15] Meadows J, Kraut M, Guarnieri M, Haroun RI, Carson BS. Asymptomatic Chiari Type I malformations identified on magnetic resonance imaging. J Neurosurg. 2000; 92:920–926

[16] Stevens EA, Powers AK, Sweasey TA, Tatter SB, Ojemann RG. Simplified harvest of autologous pericranium for duraplasty in Chiari malformation Type I. Technical note. J Neurosurg Spine. 2009; 11:80–83

[17] Dyste GN, Menezes AH, VanGilder JC. Symptomatic Chiari Malformations: An Analysis of Presentation, Management, and Long-Term Outcome. J Neurosurg. 1989; 71:159–168

[18] Peach B. The Arnold-Chiari Malformation. Morphogenesis. Arch Neurol. 1965; 12:527–535

[19] Taveras JM, Pile-Spellman J. Neuroradiology. 3rd ed. Baltimore: Williams and Wilkins; 1996

[20] Pollack IF, Pang D, Albright AL, Krieger D. Outcome Following Hindbrain Decompression of Symptomatic Chiari Malformations in Children Previously Treated with Myelomeningocele Closure and Shunts. J Neurosurg. 1992; 77:881–888

[21] Park TS, Hoffman HJ, Hendrick EB et al. Experience with Surgical Decompression of the Arnold-Chiari Malformation in Young Infants with Myelomeningocele. Neurosurgery. 1983; 13:147–152

[22] Pollack IF, Pang D, Kocoshis S, Putnam P. Neurogenic Dysphagia Resulting from Chiari Malformations. Neurosurgery. 1992; 30:709–719

[23] Hoffman HJ, Hendrick EB, Humphreys RP. Manifestations and Management of Arnold-Chiari Malformation in Patients with Myelomeningocele. Childs Brain. 1975; 1:255–259

[24] Gilbert JN, Jones KL, Rorke LB et al. Central Nervous System Anomalies Associated with Myelomeningocele, Hydrocephalus, and the Arnold-Chiari Malformation: Reappraisal of Theories Regarding the Pathogenesis of Posterior Neural Tube Closure Defects. Neurosurgery. 1986; 18:559–564

[25] Bell WO, Charney EB, Bruce DA et al. Symptomatic Arnold-Chiari Malformation: Review of Experience with 22 Cases. J Neurosurg. 1987; 66:812–816

[26] Brownlee R, Myles T, Hamilton MG, Anson JA, Benzel EC, Awad IA. In: The Chiari III and IV malformations. Syringomyelia and the Chiari Malformations. Park Ridge, IL: American Association of Neurological Surgeons; 1997:83–90

[27] Raimondi AJ. Pediatric neuroradiology. Philadelphia: W. B. Saunders; 1972

[28] Castillo M, Quencer RM, Dominguez R. Chiari III malformation: imaging features. AJNR Am J Neuroradiol. 1992; 13:107–113

[29] Chiari H. Über veränderungen des kleinhirns des pons und der medulla oblongata in folge von congenitaler hydrocephalie des grosshirns. Denkschr Akad Wiss Wien. 1895; 63:71–116

[30] Lemire RJ. Neural Tube Defects. JAMA. 1988; 259:558–562

[31] Sutton LN, Bruce DA, Schut L. Hydranencephaly versus Maximal Hydrocephalus: An Important Clinical Distinction. Neurosurgery. 1980; 6:35–38

[32] Dublin AB, French BN. Diagnostic Image Evaluation of Hydranencephaly and Pictorially Similar Entities with Emphasis on Computed Tomography. Radiology. 1980; 137:81–91

[33] Matson DD. Neurosurgery of Infancy and Childhood. 2nd ed. Springfield: Charles C Thomas; 1969

[34] DeMyer W, Zeman W, Palmer CG. The Face Predicts the Brain: Diagnostic Significance of Median Facial Anomalies for Holoprosencephaly (Arhinencephaly). Pediatrics. 1964; 34:256–263

[35] Volpe JJ. Effect of Cocaine Use on the Fetus. N Engl J Med. 1992; 327:399–407

[36] Section of Pediatric Neurosurgery of the American Association of Neurological Surgeons. Pediatric Neurosurgery. New York 1982

[37] Werler MM, Shapiro S, Mitchell AA. Periconceptual Folic Acid Exposure and Risk of Occurent Neural Tube Defects. JAMA. 1993; 269:1257–1261

[38] Centers for Disease Control. Recommendations for Use of Folic Acid to Reduce Number of Spina Bifida Cases and Other Neural Tube Defects. MMWR. 1992; 41:RR–14

[39] Daly LE, Kirke PN, Molloy A et al. Folate Levels and Neural Tube Defects. JAMA. 1995; 274:1698–1702

[40] Wald N, Sneddon J. Prevention of neural tube defects: Results of the Medical Research Council Vitamin Study. Lancet. 1991; 338:131–137

[41] Kirke PN, Mills JL, Molloy AM, Brody LC, O'Leary VB, Daly L, Murray S, Conley M, Mayne PD, Smith O, Scott JM. Impact of the MTHFR C677 T polymorphism on risk of neural tube defects: case-control study. BMJ. 2004; 328:1535–1536

[42] Oakeshott P, Hunt GM. Valproate and Spina Bifida. Br Med J. 1989; 298:1300–1301

[43] Milunsky A, Ulcickas M, Rothman J et al. Maternal Heat Exposure and Neural Tube Defects. JAMA. 1992; 268:882–885

[44] Werler MM, Louik C, Shapiro S, Mitchell AA. Prepregnant Weight in Relation to Risk of Neural Tube Defects. JAMA. 1996; 275:1089–1092

[45] Shaw GM, Velie EM, Schaffer D. Risk of Neural Tube Defect-Affected Pregnancies Among Obese Women. JAMA. 1996; 275:1093–1096

[46] Milunsky A, Jick SS, Bruell CL, MacLaughlin DS, Tsung YK, Jick H, Rothman KJ, Willett W. Predictive Values, Relative Risks, and Overall Benefits of High and Low Maternal Serum Alpha-Fetoprotein Screening in Singleton Pregnancies: New epidemiologic data. Am J Obstet Gynecol. 1989; 161:291–297

[47] Burton BK. Alpha-Fetoprotein Screening. Adv Pediatr. 1986; 33:181–196

[48] Bennett MJ, Blau K, Johnson RD, Chamberlain GVP. Some Problems of Alpha-Fetoprotein Screening. Lancet. 1978; 2:1296–1297

[49] Enyon-Lewis NJ, Kitchen N, Scaravilli F, Brookes GB. Neurenteric Cyst of the Cerebellopontine Angle. Neurosurgery. 1998; 42:655–658

[50] Lin J, Feng H, Li F, Chen Z, Wu G. Ventral brainstem enterogenous cyst: an unusual location. Acta Neurochir (Wien). 2004; 146:419–20; discussion 420

[51] LeDoux MS, Faye-Petersen OM, Aronin PA. Lumbosacral Neurenteric Cyst in an Infant. J Neurosurg. 1993; 78:821–825

[52] Inoue T, Kawahara N, Shibahara J, Masumoto T, Usami K, Kirino T. Extradural neurenteric cyst of the cerebellopontine angle. Case report. J Neurosurg. 2004; 100:1091–1093

[53] Boto GR, Lobato RD, Ramos A, Ricoy JR, Alen JF, Benito A. Enterogenous cyst of the cisterna magna. Acta Neurochir (Wien). 2000; 142:715–716

[54] Christov C, Chretien F, Brugieres P, Djindjian M. Giant supratentorial enterogenous cyst: report of a case, literature review, and discussion of pathogenesis. Neurosurgery. 2004; 54:759–63; discussion 763

[55] Fandino J, Garcia-Abeledo M. [Giant intraventricular arachnoid cyst: report of 2 cases]. Rev Neurol. 1998; 26:763–765

[56] Harris CP, Dias MS, Brockmeyer DL, Townsend JJ, Willis BK, Apfelbaum RI. Neurenteric cysts of the posterior fossa: recognition, management, and embryogenesis. Neurosurgery. 1991; 29:893–7; discussion 897-8

[57] Graziani N, Dufour H, Figarella-Branger D, Donnet A, Bouillot P, Grisoli F. Do the suprasellar neurenteric cyst, the Rathke cleft cyst and the colloid cyst constitute a same entity? Acta Neurochir (Wien). 1995; 133:174–180

[58] Shin JH, Byun BJ, Kim DW, Choi DL. Neurenteric cyst in the cerebellopontine angle with xanthogranulomatous changes: serial MR findings with pathologic correlation. AJNR Am J Neuroradiol. 2002; 23:663–665

[59] Morita Y. Neurenteric Cyst or Teratomatous Cyst. J Neurosurg. 1994; 80

[60] Hes R. Neurenteric Cyst or Teratomatous Cyst. J Neurosurg. 1994; 80:179–180

[61] Goel A. Comment on Lin J et al.: Ventral brainstem enterogenous cyst: an unusual location. Acta Neurochir (Wien). 2004; 146

Parte V

Coma e Morte Cerebral

18 Coma   296

19 Morte Cerebral e
    Doação de Órgãos   307

V

18 Coma

18.1 Informações gerais

A consciência tem dois componentes: vigília e conteúdo. O enfraquecimento da vigília pode variar de leve (torpor ou sonolência) até o embotamento, para o estupor e o coma. O coma é o grau de dano mais grave da vigília, sendo definido como a incapacidade de obedecer a comandos, falar ou abrir os olhos à dor.

A Escala de Coma de Glasgow (GCS) é um sistema de classificação amplamente usado com bom nível de reproducibilidade, mostrada no ▶ Quadro 18.1 (obs.: a escala é usada para avaliar o nível de consciência e não é desenhada para acompanhamento de déficits neurológicos). A prática geral é registrar um "T" (para "entubado") junto ao escore verbal e ao escore total para pacientes cujo eixo verbal não pode ser avaliado por causa da entubação.[2] Nenhum escore GCS isolado define um valor de corte para coma; entretanto, 90% dos pacientes com GCS ≤ 8 e nenhum com GCS ≥ 9 atingem a definição de coma já mencionada. Por isso, GCS ≤ 8 é uma definição operacional de coma geralmente aceita.

Várias escalas para uso em crianças já foram propostas. Uma delas é mostrada no ▶ Quadro 18.2.[3]

O coma resulta de um ou mais dos seguintes fatores:
- disfunção do tronco cerebral alto (ponte central superior) ou mesencéfalo
- disfunção diencefálica bilateral
- lesões difusas em ambos os hemisférios cerebrais (substância branca cortical ou subcortical)

Quadro 18.1 Escala de Coma[a] de Glasgow[1] (recomendada para idade ≥ 4 anos)

Pontos[b]	Melhor abertura ocular	Melhor resposta verbal	Melhor resposta motora
6	–	–	obedece
5	–	orientada	localiza a dor
4	espontânea	confusa	retirada à dor
3	à fala	não apropriada	flexão (descorticação)
2	à dor[c]	incompreensível	extensora (decerebração)
1	nenhuma	nenhuma	nenhuma[d]

[a]Tecnicamente, esta é uma escala de consciência prejudicada, enquanto "coma" implica ausência de resposta.
[b]Faixa de pontos totais: 3 (pior) a 15 (normal).
[c]Ao verificar a abertura ocular à dor, usar estímulo periférico (uma careta associada à dor central pode causar fechamento do olho).
[d]Se não houver resposta motora será importante descartar o quadro de transecção da medula espinal.

Quadro 18.2 Escala de Coma para Crianças[a] (para idade < 4 anos)

Pontos[b]	Melhor abertura ocular	Melhor resposta verbal		Melhor resposta motora
6	–	–		obedece
5	–	sorri, orientada pelo som, acompanha objetos, interação		localiza a dor
		Chorando	**Interação**	
4	espontânea	consolável	não apropriada	retira à dor
3	à fala	inconsistentemente consolável	gemendo	flexão (descorticação)
2	à dor	inconsolável	irriquieta	extensor (descerebração)
1	nenhuma	nenhuma	nenhuma	nenhuma

[a]O mesmo que a Escala de Coma de Glasgow para adultos, exceto para a resposta verbal.[3]
[b]Faixa de pontos totais: 3 (pior) a 15 (normal).

18.2 Postura

18.2.1 Informações gerais

Os termos a seguir não identificam precisamente o sítio da lesão. A postura de decorticação implica uma lesão mais rostral que a postura extensora e o prognóstico pode ser ligeiramente melhor.

18.2.2 Postura de decorticação

Classicamente atribuída à desinibição pela desconexão das vias corticospinais acima do mesencéfalo.
> Resumo: flexão anormal em extremidade superior (UE) e extensão em extremidade inferior (LE).
> Detalhe:
- UE: flexão lenta do braço, punho e dedos com adução
- LE: extensão, rotação interna, flexão plantar

18.2.3 Postura de decerebração

Classicamente atribuída à desinibição do trato vestibulospinal (mais caudal) e formação reticular (RF) da ponte pela remoção da inibição da RF bulbar (transecção ao nível intercolicular, entre os núcleos vestibular e rubro).
> Resumo: extensão anormal em extremidade superior (UE) e inferior (LE).
> Detalhe:
- cabeça e tronco: opistótono (cabeça e tronco estendidos); dentes cerrados
- UE: braços estendidos, aduzidos e hiperpronados (rotação interna), punhos flexionados, dedos flexionados
- LE: estendida e com rotação interna, flexão plantar e inversão dos pés, flexão plantar dos dedos

18.3 Etiologias do Coma

18.3.1 Causas tóxico-metabólicas do coma

1. desequilíbrio de eletrólitos: especialmente hipo ou hipernatremia, hipercalcemia, insuficiência renal com nitrogênio ureico do sangue (BUN) e creatinina elevados, e insuficiência hepática com amônia elevada
2. endócrina: hipoglicemia, estado hiperosmolar não cetótico, (cetoacidose diabética [DKA], também conhecida como coma diabético), coma por mixedema, crise de Addison (hipoadrenalismo)
3. vascular: vasculite, DIC, encefalopatia hipertensiva (p. 194)
4. tóxica: EtOH, superdosagem medicamentosa (incluindo narcóticos, polifarmácia iatrogênica, barbituratos), intoxicação por chumbo, envenenamento por monóxido de carbono (CO), ciclosporina (causa um quadro de encefalopatia com alterações na substância branca na MRI que quase sempre é reversível com a interrupção da droga)
5. infecciosa/inflamatória: meningite, encefalite, sepse, cerebrite por lúpus, neurossarcoidose (p. 189), síndrome de choque tóxico
6. neoplásica: carcinomatose leptomeníngea, ruptura de cisto neoplásico
7. nutricional: encefalopatia de Wernicke, deficiência de Vitamina B_{12}
8. transtornos metabólicos hereditários: porfiria, acidose láctica
9. insuficiência de órgãos: uremia, hipoxemia, encefalopatia hepática, síndrome de Reye, encefalopatia anóxica (p. ex. pós-reanimação de parada cardíaca), narcose por CO_2
10. epiléptica: estado de mal epiléptico (incluindo estado não convulsivo), estado pós-ictal (especialmente com convulsão não observada)

18.3.2 Causas estruturais de coma

1. vascular:
   a) infartos bilaterais corticais ou subcorticais (p. ex. com cardioembolismo causado por SBE, estenose mitral, A-fib, trombo mural...)
   b) oclusão de vaso nutriente de ambos os hemisférios cerebrais (p. ex. estenose bilateral grave da carótida)
   c) infartos diencefálicos bilaterais: síndrome bem descrita. Pode ser causado por oclusão de uma perfurante do tálamo nutrindo ambas as áreas talâmicas mediais ou com oclusão do "topo da basilar". Inicialmente, o quadro lembra coma metabólico (incluindo lentificação difusa no EEG), o paciente acaba acordando com apatia, perda de memória, paresia do olhar vertical
2. infecciosa: abscesso com efeito de massa significativo, empiema subdural, encefalite por herpes simples
3. trauma: contusões hemorrágicas, edema, hematoma (ver abaixo)
4. neoplásica: primária ou metastática

5. herniação por efeito de massa: presumivelmente, a compressão do tronco cerebral causa disfunção do sistema de ativação reticular ou massa em um hemisfério, causando a compressão do outra resulta em disfunção bilateral dos hemisférios
6. aumento da pressão intracraniana: reduz CBF
7. desvio lateral agudo (desvio da linha média): p. ex. em razão de hematoma (subdural ou epidural ▶ Quadro 18.3)

18.3.3 Pseudocoma

Diagnóstico diferencial:
1. síndrome do encarceramento: infarto ventral da ponte
2. psiquiátrica: catatonia, reação de conversão
3. fraqueza neuromuscular: miastenia grave, Guillain-Barré

18.3.4 Abordagem ao paciente comatoso

Informações gerais

Esta seção trata do coma não traumático. Para esse tópico, consultar Trauma craniano (p. 824).

Avaliação inicial: inclui medidas para proteger o cérebro (fornecendo CBF, O_2 e glicose), avaliação do tronco cerebral superior (Nervo craniano VIII) e identificação rápida das emergências cirúrgicas. Manter "pseudocoma" em mente como possível etiologia.

Delineamento da abordagem ao paciente comatoso

1. estabilização cardiovascular: estabelecer via aérea, verificar circulação (batimento cardíaco, pressão arterial [BP], pulso da carótida), CPR, se necessário
2. obter sangue para testes:
   a) urgente: eletrólitos (especialmente Na, glicose, BUN), CBC + diff, ABG
   b) outros conforme apropriado: triagem para toxicologia (soro e urina), cálcio, amônia, níveis de anti-epilépticos (se o paciente estiver recebendo essas drogas)
3. administrar medicamentos de suporte de emergência:
   a) glicose: pelo menos 25 mL de IVP D50. Em razão do efeito potencialmente perigoso da glicose em isquemia global, verificar, se possível, primeiro um hemoglicoteste, caso contrário, a glicose é administrada sem exceção, a menos que se saiba, com certeza, que a glicose sérica está normal
   b) naloxona (Narcan®): em caso de superdosagem de narcóticos, 1 amp (0,4 mg) IVP
   c) flumazenil (Romazicon®): em caso de superdosagem de benzodiazepina. Começar com 0,2 mg IV durante 30 segundos, esperar 30 segundos, administrar, então, 0,3 mg durante 30 segundos em intervalos de 1 minuto até 3 mg ou até que o paciente acorde
   d) tiamina: 50-100 mg IVP (3% dos pacientes com encefalopatia de Wernicke se apresentam em coma)
4. exame neurológico básico (avalia mesencéfalo/ponte superior, permite a instituição de medidas de emergência rapidamente, com avaliação a mais completa possível uma vez estabilizada): consultar Exame neurológico básico, abaixo
5. em caso de síndrome de herniação ou de sinais de lesão da fossa posterior em expansão com compressão do tronco cerebral (▶ Quadro 18.4): iniciar medidas para baixar ICP – consultar Medidas de tratamento para ICP elevada (p. 866) – a seguir obter uma varredura por CT se o paciente começar a melhorar; caso contrário, operação de emergência. ✖ *NÃO* executar LP
6. se houver suspeita de meningite (estado mental alterado + febre, sinais meníngeos...)
   a) se não houver indicação de herniação, massa na fossa posterior (▶ Quadro 18.4), déficit focal indicando efeito de massa ou papiledema: executar LP, iniciar antibióticos imediatamente (não esperar pelos resultados do CSF); consultar Meningite (p. 318)
   b) se houver evidência de possível efeito de massa, coagulopatia ou herniação, CT para descartar massa. Se atraso significativo for previsto, considerar antibióticos empíricos ou LP cuidadoso com agu-

Quadro 18.3 Efeito do desvio lateral sobre o nível de consciência[4]	
Quantidade de desvio da linha média	**Nível de consciência**
0-3 mm	alerta
3-4 mm	sonolento
6-8,5 mm	estuporoso
8-13 mm	comatoso

Quadro 18.4 Sinais da síndrome de herniação ou lesão da fossa posterior

Síndromes de herniação	Sinais de lesão da fossa-P
consultar também Síndromes de herniação (p. 302)	consultar também Tumores da fossa posterior (infratentorial) (p. 592)
<ul><li>déficit unilateral sensorial ou motor</li><li>embotamento progressivo → coma</li><li>paralisia unilateral do terceiro nervo</li><li>postura de decorticação ou descerebração (especialmente se unilateral)</li></ul>	<ul><li>sintomas iniciais de diplopia, vertigem, fraqueza bilateral dos membros, ataxia, cefaleia occipital</li><li>início rápido de deterioração/coma</li><li>sinais motores bilaterais na apresentação</li><li>miose</li><li>calóricos ausentes para movimento horizontal, possivelmente com movimentos verticais preservados</li><li>*bobbing* ocular</li><li>oftalmoplegia</li><li>anormalidades de vários nervos cranianos com sinais de trato longo</li><li>respirações apnêusticas, em *cluster* ou atáxicas</li></ul>

lha de pequeno calibre ($\leq$ 22 Ga.), medir pressão de abertura (OP), remover somente um pequeno volume de CSF se OP alta, substituir CSF se o paciente piorar; nesse cenário LP pode ser arriscada; consultar Punção lombar (p. 1504)

7. tratar convulsões generalizadas, se presentes. Se houver suspeita de estado de mal epiléptico, tratar como indicado (p. 470): obter EEG de emergência, se disponível
8. tratar anormalidades metabólicas:
   a) restaurar o equilíbrio acidobásico
   b) corrigir o desequilíbrio de eletrólitos
   c) manter a temperatura do corpo
9. obter a história o mais possivelmente completa possível, uma vez estabilizado
10. administrar terapias específicas

Exame neurológico básico para coma

Frequência e padrão respiratórios

É o transtorno mais comum em alterações da consciência prejudicada (com frequência, essa informação sempre falta em pacientes entubados prematuramente no curso desse transtorno):

- Cheyne-Stokes (▸ Fig. 18.1 **a**): respiração crescendo gradualmente em amplitude e então decrescendo, seguida de pausa expiratória e, então, o padrão se repete. Fase hiperpneica geralmente mais longa que a apneica. Geralmente vista com lesões diencefálicas ou disfunção bilateral do hemisfério cerebral (não específica), p. ex., ICP precocemente aumentada ou anormalidade metabólica. Causado por resposta ventilatória aumentada ao CO_2
- hiperventilação: geralmente em resposta à hipoxemia, acidose metabólica, aspiração ou edema pulmonar. A hiperventilação neurogênica central verdadeira é rara e resulta, usualmente, da disfunção na ponte. Se não houver outros sinais presentes do tronco cerebral, pode-se sugerir um transtorno psiquiátrico
- respiração em *cluster* (▸ Fig. 18.1 **b**): períodos de respiração rápida irregular separados por surtos apneicos que podem parecer semelhantes a Cheyne-Stokes, podem-se fundir com vários padrões de respirações ofegantes. Bulbo alto ou lesão da ponte inferior. Geralmente um sinal de mau prognóstico
- apnêustico (raro; ▸ Fig. 18.1 **c**): uma pausa após inspiração completa. Indica lesão pontina, p. ex. com oclusão da artéria basilar
- atáxico (respiração de Biot: (▸ Fig. 18.1 **d**): sem padrão de frequência ou profundidade de respirações. Observado com lesão bulbar. Geralmente pré-terminal

Pupila

Registrar tamanho (em mm) em luz ambiente e em reação à luz direta/consensual.

1. ✱ Pupilas iguais e reativas indicam causa tóxica/metabólica com poucas exceções (abaixo) (pode haver hipo). O reflexo luminoso é o sinal mais útil para distinguir coma metabólico de estrutural
   a) as *únicas* causas metabólicas de pupila fixa/dilatada: toxicidade por glutetimida, encefalopatia anóxica, anticolinérgicos (incluindo atropina de aplicação tópica), às vezes com envenenamento por toxina botulínica
   b) os narcóticos causam pupilas pequenas (*miose*), com pequena faixa de constrição e reação lenta à luz (em caso de superdosagem grave, as pupilas podem-se mostrar tão pequenas que será necessário um espelho de aumento para se observar a reação)

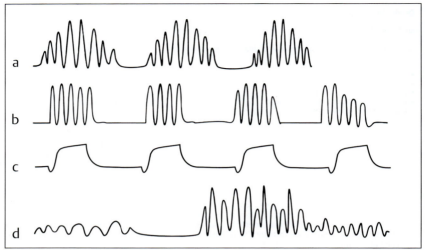

Fig. 18.1 Frequência e padrão respiratórios.
a) padrão respiratório de Cheyne-Stokes.
b) respiração em *cluster*.
c) padrão respiratório apnêustico.
d) respirações atáxicas.

2. desiguais: um defeito pupilar aferente *não* produz anisocoria. Consultar Alterações do diâmetro pupilar (p. 561)
    a) pupila fixa e dilatada: geralmente em decorrência de paralisia oculomotora. Possível herniação, especialmente se a pupila maior estiver associada à paralisia EOM ipsolateral do terceiro nervo (olho desviado "para baixo e para fora")
    b) possível síndrome de Horner: considerar oclusão/dissecção da carótida (Nota: em síndrome de Horner, a pupila miótica (menor) é a anormal)
3. anormalidades bilaterais da pupila
    a) puntiformes com mínima reação de minuto que pode ser detectada com espelho de aumento:[5] lesão pontina (o impulso simpático foi perdido; os parassimpáticos surgem no núcleo de Edinger-Westphal e não têm oposição)
    b) bilaterais fixas e dilatadas (7-10 mm): dano subtotal ao bulbo ou imediato pós-anóxia ou hipotermia (temperatura corporal interna < 90° F [32,2° C])
    c) posição média (4-6 mm) e fixa: lesão mais extensa do mesencéfalo, presumivelmente por causa da interrupção dos simpáticos e parassimpáticos

Função motora extraocular do músculo

1. desvios de eixos oculares em repouso
    a) desvio bilateral conjugado:
        - lesão do lobo frontal (centro frontal para olhar contralateral): olhar voltado para o lado da lesão destrutiva (para o lado oposto à hemiparesia). Olhar para longe o lado oposto ao foco da convulsão (olhar para o lado com espasmos) pode ser estado de mal epiléptico. Movimentos reflexos do olho (abaixo) são normais
        - lesão pontina: os olhos se voltam para o lado oposto à lesão e em direção à hemiparesia; testes calóricos prejudicados no lado da lesão
        - "olhar para o lado errado": hemorragia talâmica medial. Os olhos se voltam *para* o lado oposto da lesão e em direção à hemiparesia (uma exceção ao axioma de que os olhos se voltam *para* uma lesão supratentorial destrutiva)[5]
        - desvio para baixo: pode estar associado a pupilas não reativas. Síndrome de Parinaud (p. 99). Etiologias: lesões pré-tectais talâmicas ou do mesencéfalo, coma metabólico (especialmente barbituratos), pode acontecer após uma convulsão
    b) desvio unilateral para fora, no lado da pupila maior (paralisia do III): herniação uncal
    c) desvio unilateral para dentro: nervo VI (abducente)

d) desvio inclinado
- lesão do núcleo/nervos III ou IV
- lesão infratentorial (frequentemente mesencéfalo dorsal)
2. movimentos espontâneos do olho
   a) "efeito de limpador de parabrisa" (*windshield wiper eyes*): movimentos oculares conjugados oscilantes aleatórios do olho. Sem valor de localização. Indicam integridade do núcleo do III intacto e fascículo longitudinal medial
   b) olhar alternante periódico. Também conhecido como "olhar *ping-pong*": os olhos se desviam de um lado para o outro com frequência de aproximadamente 3-5 vezes por segundo (com pausa de 2-3 segundos em cada direção). Geralmente indica disfunção cerebral bilateral
   c) ***bobbing* ocular** (p. 570): desvio vertical repetitivo rápido para baixo com retorno lento para a posição neutra
3. oftalmoplegia internuclear (INO) (p. 565): causada por lesão do fascículo longitudinal medial (MLF) (as fibras que cruzam para o núcleo contralateral do III são interrompidas), olho ipsolateral à lesão MLF não aduz no movimento ocular espontâneo ou em resposta a manobras reflexas (p. ex. calóricos)
4. movimentos reflexos do olho (manobras para testar o tronco cerebral)
   a) reflexo oculovestibular,[a] também conhecido como teste calórico de água gelada: primeiro descartar perfuração de TM e oclusão do EAC por cerume. Elevar HOB 30°, irrigar uma orelha com 60-100 mL de água gelada;[b] Nota: a resposta é inibida por agentes bloqueadores neuromusculares (NMBA)
   - o paciente comatoso com tronco cerebral *intacto* terá desvio ocular conjugado tônico para o lado do estímulo frio, que pode ser retardado em até um minuto ou mais. Não haverá componente rápido (nistagmo) (o componente cortical) mesmo que o tronco cerebral esteja intacto
   (Nota: reflexo oculocefálico[c] [olhos de boneca] fornecem informações similares aos do reflexo oculovestibular,[d] mas impõe risco maior à medula espinal se a coluna cervical não estiver intacta)
   - sem resposta: simétrica, poderia ser uma toxina específica (p. ex. bloqueio neuromuscular ou barbituratos), causa metabólica, morte cerebral ou, possivelmente, lesão infratentorial maciça
   - assimétrica: lesão infratentorial assimétrica, especialmente se a resposta for inconsistente com paralisia do 3° nervo (herniação). Geralmente mantidos em coma tóxico/metabólico
   - nistagmo sem desvio tônico (ou seja, os olhos permanecem em posição primária), quase diagnóstico de coma psicogênico
   - o olho contralateral não aduz: oftalmoplegia internuclear (INO) (lesão do fascículo mediano longitudinal [MLF])
   b) a presença de nistagmo optocinético sugere, significativamente, um quadro de coma psicogênico

Obs.:
[a]**Reflexos oculovestibulares** (calóricos): a resposta esperada é, usualmente, mal interpretada. Em um paciente **acordado** normal **existe desvio lento em direção ao lado do estímulo frio com nistagmo** que é nomeado de acordo com a fase cortical rápida na direção oposta (daí o mnemônico COWS (oposto ao frio, mesmo para calor). O nistagmo estará **ausente** no paciente comatoso.
[b]HOB a 30° coloca o canal semicircular (SCC) horizontal verticalmente para resposta máxima.[6 (p. 56)] – água gelada → correntes endolinfáticas para baixo, **lado oposto à** ampola do SCC horizontal.[6 (p. 57)]
[c]**Reflexo oculocefálico** ("olhos de boneca" ou "cabeça de boneca"): não aplicar se houver qualquer dúvida sobre a estabilidade da coluna cervical. No paciente **acordado**, os olhos ou se movimentarão com a cabeça ou, se o movimento for suficientemente lento e o paciente estiver se fixando em um objeto, haverá um movimento ocular conjugado e contraversivo[7] (c.f. reflexo oculovestibular que não depende do nível de cooperação do paciente). No paciente comatoso com tronco cerebral e nervos cranianos intactos, ocorrerá, também, um movimento ocular conjugado contraversivo (resposta positiva de olhos de boneca).
[d]Os reflexos oculovestibulares são ausentes, mas os oculocefálicos são mantidos somente quando os impulsos vestibulares são interrompidos; p. ex. toxicidade dos labirintos por estreptomicina ou schawnnomas vestibulares bilaterais.

Motor

Registrar tônus e reflexos musculares, resposta à dor, reflexo plantar (de Babinski). Observar assimetrias:
1. apropriado: implica tratos corticospinais e córtex intactos
2. assimétrico: lesão supratentorial (tônus geralmente aumentado), pouco provável em metabólico
3. inconsistente/variável: convulsões, psiquiátrica
4. simétrico: metabólica (respostas geralmente reduzidas). Asterixe, tremor, mioclono podem-se apresentar em coma metabólico
5. hiporreflexia: considerar coma por mixedema, especialmente em paciente se apresentando semanas após operação transesfenoidal
6. padrões:
   a) postura de decorticação: braços flexionados, pernas estendidas: lesão cortical ou subcortical de grande porte
   b) postura de descerebração: braços e pernas estendidos: lesão do tronco cerebral ou inferior ao mesencéfalo inferior

c) braços flexionados, pernas flácidas: tegumento pontino
d) braços flácidos, pernas apropriadas ("síndrome do homem no barril"): lesão anóxica (prognóstico ruim)

Reflexo ciliospinal

Dilatação pupilar a estímulos cutâneos nocivos: testa a integridade das vias simpáticas:
1. presença bilateral: metabólico
2. presença unilateral: possível lesão do 3º nervo (herniação) se ocorrer no lado da pupila maior. Possível presença anterior de síndrome de Horner preexistente, se no lado da pupila menor
3. ausência bilateral: geralmente sem utilidade

18.4 Síndromes de herniação

18.4.1 Informações gerais

O ensinamento clássico tem sido o de que desvios do tecido cerebral (p. ex. causadas por massas ou aumento da pressão intracraniana) através de aberturas rígidas no crânio (herniação) comprimem outras estruturas do sistema nervoso central (CNS), produzindo os sintomas observados. Na verdade, pode ser que a herniação seja um epifenômeno que ocorre mais tarde no processo e não seja realmente a causa dos achados.[8] Entretanto, modelos de herniação ainda servem como modelos úteis.

As cinco síndromes de herniação mais comuns são:
• herniação supratentorial
  ○ herniação central (transtentorial) (p. 303)
  ○ herniação uncal (p. 304)
• herniação cingulada: o giro cingulado forma hérnia sob a foice (também conhecida como herniação subfalcina). Geralmente é assintomática a menos que a artéria cerebral anterior (ACA) se dobre e oclua causando infarto bifrontal. Normalmente alerta de herniação transtentorial iminente
• herniação infratentorial
  ○ cerebelar ascendente (ver abaixo)
  ○ herniação tonsilar (ver abaixo)

18.4.2 Coma por massa supratentorial

Consultar referência.[6]

Informações gerais

As hérnias central e uncal causam, cada uma, uma forma diferente de deterioração rostrocaudal. A herniação central resulta em falha sequencial de: diencéfalo, mesencéfalo, ponte, bulbo (p. 303). Consulte também a herniação uncal (p. 304). Os sinais "clássicos" de ICP aumentada (HTN, bradicardia, padrão respiratório alterado) geralmente observados com lesões da fossa-p podem estar ausentes em massas supratentoriais de desenvolvimento lento.

A distinção entre herniação central e uncal é difícil quando a disfunção atinge o nível do mesencéfalo ou inferior a ele. Não é confiável prognosticar a localização da lesão com base na síndrome de herniação.

Características clínicas diferenciando a herniação uncal da central

• nível de consciência reduzido que ocorre precocemente na herniação central e mais tarde na uncal
• a síndrome da herniação uncal *raramente* causa postura de decorticação

Diagnóstico diferencial de etiologias supratentoriais

1. vascular: derrame, hemorragia intracerebral, hemorragia subaracnoide (SAH)
2. inflamatório: abscesso cerebral, empiema subdural, encefalite por herpes simples
3. neoplásico: primário ou metastático
4. traumático: hematoma epidural ou subdural, fratura deprimida do crânio

18.4.3 Coma por massa infratentorial

Informações gerais

Nota: a identificação de pacientes com lesões primárias da fossa posterior é essencial (▶ Quadro 18.4), pois elas podem exigir intervenção cirúrgica de emergência.

Etiologias de massas infratentoriais:

1. vascular: infarto do tronco cerebral (incluindo oclusão da artéria basilar), infarto cerebelar ou hematoma
2. inflamatória: abscesso cerebelar, mielinólise pontina central, encefalite do tronco cerebral
3. neoplasias: primárias ou metastáticas
4. traumática: hematoma epidural ou subdural

Hidrocefalia

As massas infratentoriais podem produzir hidrocefalia obstrutiva ao comprimirem o aqueduto de Sylvius e/ou o 4° ventrículo.

Herniação cerebelar ascendente

Às vezes observada com massas da fossa-p, pode ser exacerbada por ventriculostomia. Vérmis cerebelar ascende acima do tentório, comprimindo o mesencéfalo e, possivelmente, ocluindo artérias subclávias (SCAs) → infartação cerebelar. Pode comprimir o aqueduto Silviano → hidrocefalia.

Herniação tonsilar

As tonsilas cerebelares formam um "cone" através do forame magno comprimindo o bulbo → parada respiratória. Em geral, o quadro é rapidamente fatal.

Ocorre com massas supra ou infratentoriais ou com ICP elevada. Pode ser precipitada por LP. Em muitos casos, pode simplesmente haver pressão sobre o tronco cerebral, sem herniação real.[9] Há também casos com herniação cerebelar significativa através do forame magno e o paciente ficando alerta.[8]

18.4.4 Herniação central

Informações gerais

Conhecida também como herniação transtentorial ou como herniação tentorial. Geralmente mais crônica que a herniação uncal, p. ex., causada por um tumor, especialmente dos lobos frontal, parietal ou occipital.

O diencéfalo é gradualmente forçado através da incisura tentorial. O pedúnculo hipofisário pode estar cisalhado, resultando em diabetes insípido. As artérias cerebrais posteriores (PCAs) podem estar aprisionadas ao longo da borda aberta da incisura e podem ocluir produzindo cegueira cortical; consultar Cegueira por hidrocefalia (p. 396). O tronco cerebral sofre isquemia por causa da compressão e do cisalhamento de artérias perfurantes da artéria basilar → hemorragias no tronco cerebral (hemorragias de Duret).

Investigação por Imagens

MRI ou CT: as cisternas perimesencefálicas podem estar comprimidas.

Radiografias do crânio: o deslocamento descendente da glândula pineal pode ser identificado.[10]

Estágios da herniação central

Estágio diencefálico

Precoce. Pode ser causado por disfunção hemisférica difusa do hemisfério bilateral (p. ex. por causa do fluxo sanguíneo reduzido resultante da ICP aumentada) ou (mais provavelmente) por disfunção diencefálica bilateral causada pelo deslocamento descendente.

Consciência: o estado de alerta alterado é o primeiro sinal: geralmente letargia, agitação em alguns pacientes. Mais tarde: estupor → coma.

Respiração: suspiros, bocejos, pausas ocasionais. Mais tarde: Cheyne-Stokes.

Pupilas: pequenas (1-3 mm), pequena faixa de contração.

Oculomotor: olhos errantes conjugados ou levemente divergentes; se conjugados, então o tronco cerebral está intacto. Em geral, OLHOS DE BONECA positivos e resposta ipsolateral conjugada a testes calóricos de água fria (CWC). Olhar para cima prejudicado em razão da compressão dos colículos superiores e pré-teto diencefálico: síndrome de Parinaud (p. 99).

Motor: precoce: resposta apropriada a estímulos nocivos, Babinski bilateral, *gegenhalten* (resistência paratônica). Se anteriormente hemiparético contralateral à lesão: pode piorar. Mais tarde: sem movimento e reflexos de agarrar, a seguir, DECORTICAÇÃO (inicialmente contralateral à lesão, na maioria dos casos).

Mesencéfalo – estágio da ponte superior

Quando sinais do mesencéfalo estão totalmente desenvolvidos (em adultos), o prognóstico é muito ruim (isquemia extrema do mesencéfalo). Menos de 5% dos casos terá boa recuperação se o tratamento for bem-sucedido nesse estágio.

Respiração: Cheyne-Stokes → taquipneia sustentada.

Pupilas: posição medial, moderadamente dilatadas (3-5 mm), fixas. Obs.: na hemorragia pontina, pupilas puntiformes aparecem porque a perda dos simpáticos deixa os parassimpáticos sem oposição, enquanto na herniação os parassimpáticos geralmente são perdidos também (lesão do 3º nervo).

Oculomotor: olhos de boneca e CWC prejudicados, podem estar desconjugados. Lesão de MLF → oftalmoplegia internuclear (quando os olhos de boneca ou CWC estão evidentes e desconjugados; o olho em movimento medial se move menos que o olho em movimento lateral).

Motor: decorticação → DESCEREBRAÇÃO bilateralmente (às vezes, espontaneamente).

Ponte inferior – estágio bulbar superior

Respiração: regular, superficial e rápida (20-40/min).

Pupilas: posição medial (3-5 mm), fixas.

Oculomotor: olhos de boneca e CWC inevocáveis.

Motor: flácido. Babinski bilateral. Ocasionalmente flexão de LE para dor.

Estágio bulbar (terminal)

Respiração: lenta, frequência e profundidade irregulares, suspiros/respiração ofegante. Às vezes hiperpneia alternando com apneia.

Pupilas: dilatam-se amplamente com hipóxia.

Prognóstico após herniação central

Em um estudo com 153 pacientes com sinais de herniação central (nível alterado de consciência, anisocoria ou pupilas fixas, achados motores anormais), 9% apresentaram boa recuperação, 18% tiveram consequências funcionais, 10% ficaram gravemente incapacitados e 60% foram a óbito.[11]

Os fatores associados ao melhor resultado foram: idade jovem (especialmente ≤ 17 anos), anisocoria com Escore de Coma de Glasgow deteriorando e função motora não flácida. Os fatores associados ao resultado ruim foram: pupilas fixas bilateralmente, com apenas 3,5% desses pacientes apresentando recuperação funcional.

18.4.5 Herniação uncal

Informações gerais

Ocorre, geralmente, em hematomas traumáticos de expansão rápida, frequentemente na fossa média lateral ou no lobo temporal, empurrando o úncus medial e giro hipocampal sobre a borda do tentório, aprisionando o terceiro nervo e comprimindo diretamente o mesencéfalo. A PCA pode estar ocluída (como ocorre com a herniação central). Para critérios de CT ver abaixo.

Alteração da consciência NÃO é um sinal precoce confiável. O sinal consistente mais precoce: pupila com dilatação unilateral. Entretanto, é pouco provável que um paciente sofrendo herniação uncal precoce estaria completamente intacto em termos neurológicos, exceto por anisocoria (não deixe de considerar confusão, agitação etc.). Uma vez que os achados do tronco cerebral apareçam, a deterioração pode ser rápida (pode ocorrer coma profundo dentro de algumas horas).

Critérios para CT e/ou MRI

Consultar referência.[12]

A incisura tentorial cerca as cisternas interpeduncular e pré-pontina e o tronco cerebral. Existe variabilidade interpessoal considerável na quantidade de espaço na incisura.

Herniação uncal ou hipocampal iminente pode ser indicada pela invasão no aspecto lateral da cisterna suprasselar → achatamento da forma pentagonal normal. Uma vez ocorrida a herniação, a CT poderá mostrar: deslocamento ou achatamento do tronco cerebral, compressão do pedúnculo cerebral contralateral, rotação do mesencéfalo com leve aumento do espaço subaracnoide ipsolateral. Além disso, pode ocorrer hidrocefalia contralateral.[13]

A obliteração das cisternas parasselar e interpeduncular ocorre quando o úncus e/ou o hipocampo são forçados através do hiato. O tronco cerebral é alongado na direção AP em razão da compressão lateral.

Uma vez que as estruturas durais realçam com contraste IV, isso poderá ser usado para ajudar a delinear as margens tentoriais quando necessário.

Estágios de herniação uncal

Estágio precoce do terceiro nervo

Este *não* é um achado do tronco cerebral. Ele se deve à compressão do terceiro nervo.
Pupilas: abordagem ao paciente comatoso.
Oculomotor: olhos de boneca (reflexo oculocefálico) = normal ou desconjugado. CWC (reflexo oculo-vestibular) = desvio ipsilateral lento, nistagmo prejudicado, pode estar desconjugado se houver oftalmo-plegia oculomotora externa (**EOO**).
Respiração: normal.
Motor: resposta apropriada a estímulo nociceptivo. Babinski contralateral.

Estágio tardio do terceiro nervo

A disfunção do mesencéfalo ocorre quase imediatamente após os sintomas se estenderem além daqueles causados pela lesão cerebral focal (ou seja, pode faltar estágio diencefálico, em razão da pressão lateral sobre o mesencéfalo). Os atrasos de tratamento podem resultar em dano irreversível.
Pupilas: dilatam-se totalmente.
Oculomotor: uma vez a pupila distendida, então oftalmoplegia oculomotora externa (EOO).
Consciência: uma vez ocorrida a EOO: estupor → coma.
Respirações: hiperventilação sustentada, raramente Cheyne-Stokes.
Motor: geralmente produz fraqueza contralateral. Entretanto, o pedúnculo cerebral contralateral pode estar comprimido contra a borda tentorial causando hemiplegia ipsilateral (*fenômeno de Kernohan*, um sinal de localização falsa). Então, haverá descerebração bilateral (decorticação não comum).

Mesencéfalo – estágio da ponte superior

A pupila contralateral se fixa na posição medial ou em dilatação total. Por fim, ambas em posição medial (5-6 mm) e fixas.
Oculomotor: prejudicado ou ausente.
Respirações: hiperpneia sustentada.
Motor: rigidez bilateral de descerebração.

Após o mesencéfalo – estágio da ponte superior

Desse ponto em diante, a síndrome uncal não é distinguível da herniação central (conforme acima mencionado).

18.5 Coma hipóxico

A encefalopatia anóxica pode ser causada por anoxia anoxêmica (queda em pO_2) ou anoxia anêmica (após exanguinação ou parada cardíaca). O quadro de mioclono é comum.
Células vulneráveis:
1. substância cinzenta cerebral: as lesões predominam na terceira camada cortical (a substância branca usualmente é mais bem preservada por causa das exigências mais baixas de O_2)
2. o corno de Ammon também é vulnerável, especialmente na seção de Sommer
3. nos gânglios basais (BG):
   a) a anoxia anoxêmica afeta seriamente o globo pálido
   b) a anoxia anêmica afeta o núcleo caudado e o putâmen
4. no cerebelo: células de Purkinje, núcleos dentados e olivas inferiores são afetados

A análise multivariada leva a prognosticadores de resultados mostrados no ▶ Quadro 18.5 e ▶ Quadro 18.6. Nota: essa análise se aplica somente ao coma hipóxico-isquêmico, e se baseia, retrospectivamente, em 210 pacientes, a maioria após parada cardíaca S/P com muitas complicações clínicas.[14] Estudos mais recentes confirmam o prognóstico ruim de pupilas não reativas e falta de resposta motora à dor;[15] se qualquer um desses achados for observado dentro de poucas horas após uma parada cardíaca, haverá risco de 80% de morte ou de estado vegetativo permanente; e se presente após 3 dias, esse índice sobe para 100%.
Os glicocorticoides (esteroides) demonstraram não oferecer nenhum efeito benéfico sobre o índice de sobrevida ou de recuperação neurológica após uma parada cardíaca.[16]

Quadro 18.5 Pacientes com MELHOR chance de recuperar a independência[a]

Momento do exame	Achado
< 6 horas da apresentação	(presença de reflexo pupilar à luz) E (GCS-motor > 1) E (EOM espontâneo, WNL ou seja, orientação ou olhar errante conjugado)
1 dia	(GCS-motor > 3) E (GCS – ocular melhorado ≥ 2 em relação ao inicial)
3 dias	(GCS-motor > 3) E (EOM espontâneo WNL)
1 semana	GCS-motor = 6
2 semanas	oculocefálico WNL

[a]Abreviações: WNL = dentro dos limites normais, GCS = Escala de Coma de Glasgow ("GCS-motor" se refere ao escore motor...), EOM = músculo extraocular.

Quadro 18.6 Pacientes quase SEM chance de recuperar a independência[a]

Momento do exame	Achado
< 6 horas	sem reflexo pupilar à luz
1 dia	(GCS-motor < 4) E (movimentos espontâneos do olho sem orientação nem olhar errante conjugado)
3 dias	GCS-motor < 4
1 semana	(GCS-motor < 6) E (há < 6 h EOM espontâneo sem orientação nem olhar conjugado) E (há 3 d GCS-olho < 4)
2 semanas	(oculocefálico não WNL) E (há 3 d GCS-motor < 6) E (há 3 d GCS-ocular < 4) E (há 2 semanas GCS-ocular sem melhora de pelos menos 2 pontos em relação ao inicial)

[a]Abreviações: WNL = dentro dos limites normais, GCS = Escala de Coma de Glasgow ("GCS-motor" se refere ao escore motor...), EOM = músculo extraocular.

Referências

[1] Teasdale G, Jennett B. Assessment of Coma and Impaired Consciousness: a Practical Scale. Lancet. 1974; 2:81–84

[2] Valadka AB, Narayan RK, Narayan RK, Wilberger JE, Povlishock JT. In: Emergency Room Management of the Head-Injured Patient. Neurotrauma. New York: McGraw-Hill; 1996:119–135

[3] Hahn YS, Chyung C, Barthel MJ, Bailes J, Flannery AM, McLone DG. Head Injuries in Children Under 36 Months of Age: Demography and Outcome. Childs Nerv Syst. 1988; 4:34–40

[4] Ropper AH. Lateral Displacement of the Brain and Level of Consciousness in Patients with an Acute Hemispheral Mass. N Engl J Med. 1986; 314:953–958

[5] Fisher CM. Some Neuro-Ophthalmological Observations. J Neurol Neurosurg Psychiatry. 1967; 30:383–392

[6] Plum F, Posner JB. The Diagnosis of Stupor and Coma. 3rd ed. Philadelphia: F A Davis; 1980:87–130

[7] Buettner UW, Zee DS. Vestibular Testing in Comatose Patients. Arch Neurol. 1989; 46:561–563

[8] Fisher CM. Acute Brain Herniation: A Revised Concept. Sem Neurology. 1984; 4:417–421

[9] Fisher CM, Picard EH, Polak A, Ojemann RG et al. Acute Hypertensive Cerebellar Hemorrhage: Diagnosis and Surgical Treatment. J Nerv Ment Dis. 1965; 140:38–57

[10] Hahn F, Gurney J. CT Signs of Central Descending Transtentorial Herniation. Am J Neuroradiol. 1985; 6:844–845

[11] Andrews BT, Pitts LH. Functional Recovery After Traumatic Transtentorial Herniation. Neurosurgery. 1991; 29:227–231

[12] Osborn AG. Diagnosis of Descending Transtentorial Herniation by Cranial CT. Radiology. 1977; 123:93–96

[13] Stovring J. Descending Tentorial Herniation: Findings on Computerized Tomography. Neuroradiology. 1977; 14:101–105

[14] Levy DE, Caronna JJ, Singer BH et al. Predicting Outcome from Hypoxic-Ischemic Coma. JAMA. 1985; 253:1420–1426

[15] Zandbergen EGJ, de Haan RJ, Stoutenbeek CP et al. Systematic Review of Early Prediction of Poor Outcome in Anoxic-Ischemic Coma. Lancet. 1998; 352:1808–1812

[16] Jastremski M, Sutton-Tyrell K, Vaagenes P et al. Glucocorticoid Treatment Does Not Improve Neurological Recovery Following Cardiac Arrest. JAMA. 1989; 262:3427–3430

19 Morte Cerebral e Doação de Órgãos

19.1 Morte cerebral em adultos

A President's Commission for the Study of Ethical Problems in Medicine foi a primeira instituição a publicar diretrizes para a determinação de óbito em 1981,[1] o que contribuiu para a aprovação do *Uniform Determination of Death Act* (UDDA: declaração de política, ver abaixo).[2]

Ato de determinação uniforme de morte, 1980 (citação literal)

"Um indivíduo que tenha sofrido
1. cessação irreversível das funções circulatória e respiratória, ou
2. cessação irreversível de todas as funções de todo o cérebro, incluindo o tronco cerebral, está morto".
   A determinação de morte deve ser de acordo com os padrões médicos aceitos".

A maioria dos estados adotou o UDDA, embora alguns tenham emitido adendos estipulando qualificações do(s) médico(s) que determina(m) o óbito. Individualmente, os hospitais também podem determinar que certos protocolos sejam obedecidos.

Conforme reafirmado em 2010,[3] quando a determinação de morte cerebral é feita de acordo com as diretrizes originais publicadas,[4] não há registro de recuperação das funções neurológicas em adultos.

19.2 Critérios de morte cerebral

19.2.1 Informações gerais

Esta seção trata da morte cerebral em adultos. Para indivíduos com menos de 5 anos, consultar Morte cerebral em crianças (p. 312).

Quando a causa da morte é outra que não seja a de causas naturais, o Examinador Clínico ou o Médico Legista (dependendo da autoridade na jurisdição) será chamado, conforme a política do hospital.

Ponto chave: Os critérios mostrados abaixo podem ser usados para determinar a ausência clínica de função do cérebro e do tronco cerebral. Assim, para garantir que a cessação total da função cerebral é irreversível, o médico deve levar em consideração, obrigatoriamente, a causa dessa cessação e excluir quadros que possam imitar a aparência clínica de morte cerebral. Isso pode exigir testes auxiliares de confirmação e observação durante um período de tempo.

Períodos de espera: Não há evidência suficiente para suportar um período de observação específico para assegurar que a cessação da função neurológica é irreversível.[3] Isso exige que a determinação de morte cerebral considere todas as informações e circunstâncias disponíveis.

19.2.2 Estabelecimento da causa de cessação da atividade cerebral

A causa da cessação da atividade cerebral (CBA) pode, usualmente, ser determinada por uma combinação de história, exame físico, testes de laboratório e estudos de imagem.

19.2.3 Critérios clínicos

Consultar o ▶ Quadro 19.1 para resumo das exigências básicas e dos achados clínicos que podem ser usados na determinação de morte cerebral. Seguem-se os detalhes.

Recomendações:[1,5,3]
1. ausência de **reflexos do tronco cerebral:**
   a) exame ocular:
      - pupilas *fixas*: ausência de resposta à luz (cuidados após reanimação; ver abaixo). O tamanho das pupilas não é importante (em geral, elas estão na posição mediana [4-6 mm], mas podem variar para faixa dilatada [9 mm]: pupilas dilatadas podem ser compatíveis com morte cerebral porque as vias simpáticas cervicais podem permanecer intactas)
      - ausência de reflexos da córnea (reflexo da córnea: o olho se fecha com a estimulação da córnea, não da esclera)

Quadro 19.1 Resumo de achados em morte cerebral (ver detalhes no texto)[3]

Sinais vitais e critérios gerais	
• temperatura central > 36° C (96,8° F)	
• SBP ≥ 100 mmHg	
• sem medicamentos que pudessem simular morte cerebral. Teor de álcool no sangue (BAC) deverá ser < 0,08%	
Ausência de reflexos do tronco cerebral	
• pupilas fixas	ausência de reação pupilar à luz
• ausência de reflexos da córnea	o toque da córnea com gaze não causa fechamento do olho
• ausência de reflexo oculovestibular (calóricos)	ausência de movimento ocular de qualquer tipo à água gelada na orelha com HOB elevado a 30°
• ausência de reflexo oculocefálico "Olhos de boneca" (p. 301)	o giro da cabeça não causa desvio do olho contralateral (liberar a coluna cervical primeiro)
• ausência do reflexo nauseoso	ausência de reação de ânsia ao movimento do tubo ET
• ausência do reflexo de tosse	ausência de tosse em resposta à sucção bronquial
• ausência de reação à dor central profunda	**estimular áreas como a crista supraorbitária. Ausência de movimento dos membros, dos olhos, da face**
• falha no teste de apneia	**ausência de respirações com pCO$_2$ > 60 mmHg**

- ausência do reflexo oculocefálico de "olhos de boneca" (p. 301), contraindicado se a coluna cervical não estiver liberada
- ausência do reflexo oculovestibular (calóricos de água fria): instilar 60 a 100 mL de água gelada em uma orelha (✖ não executar se houver TM perfurada) com HOB a 30°. A morte cerebral é excluída se houver *qualquer* movimento ocular. Aguardar pelo menos 1 minuto para a resposta e ≥ 5 minutos antes de testar o lado oposto (para evitar o cancelamento da resposta oposta)

b) ausência do reflexo orofaríngeo (reflexo nauseoso) à estimulação da faringe posterior

c) ausência de resposta de tosse à sucção brônquica

2. teste de apneia, também conhecido por desafio de apneia: ausência de respirações espontâneas após desconexão do ventilador (avalia função bulbar). As respirações são definidas como excursões abdominais ou torácicas que produzem volumes correntes adequados; se houver qualquer dúvida, um espirômetro poderá ser conectado ao paciente.[4] Uma vez que o aumento de PaCO$_2$ aumenta a ICP, o que poderá precipitar herniação e instabilidade vasomotora, esse teste deverá ser reservado por último e só aplicado quando o diagnóstico de morte cerebral for razoavelmente seguro. Diretrizes:[6,7]

   a) apneia por mais de 2 minutos com PaCO$_2$ superior a 60 mmHg ou PaCO$_2$ > 20 mmHg acima do basal ou pH < 7,3 (CO$_2$ é o estímulo mais potente para respirações). Se o paciente não respirar nesse ponto, ele não vai respirar com PaCO$_2$ mais alto. Não válido para doença pulmonar obstrutiva crônica (COPD) grave

   b) para prevenir hipoxemia durante o teste (com o perigo de arritmia cardíaca ou infarto do miocárdio):
   - oxigenar previamente por ≥ 10 minutos antes de testar com FIO$_2$ a 100% para PaO$_2$ > 200 mmHg
   - antes do teste, reduzir a frequência do ventilador para trazer PaCO$_2$ para 35-40 mmHg (para encurtar o tempo do teste e, assim, reduzir o risco de hipoxemia)
   - durante o teste, administrar fluxo passivo de O$_2$ a 6 L/min ou com cânula pediátrica de oxigênio ou com cateter de sucção n° 14 (com a porta lateral coberta com fita adesiva) passada até o nível estimado da carina

   c) começando a partir da normocapnia, o tempo médio para atingir PaCO$_2$ = 60 mmHg é de **6 minutos** (o ensinamento clássico é o de que PaCO$_2$ aumente 3 mmHg/min, mas, na verdade, esse é o índice no qual os aumentos de PaCO$_2$ mais variam, com a média de 3,7 ± 2,3;[6] ou 5,1 mmHg/min se começando na normocarbia[7]). Às vezes, poderão ser necessários até 12 minutos

   d) o teste será abortado se:
   - o paciente respirar (movimento torácico ou abdominal, respiração ofegante); incompatível com morte cerebral
   - SBP < 90 mmHg (hipotensão)
   - se saturação de O$_2$ cair a < 80% durante > 30 segundos (na oximetria de pulso).
   - ocorrerem arritmias cardíacas significativas

e) se o paciente não respirar, coletar ABG a intervalos regulares e ao concluir o teste, seja qual for o motivo da interrupção. Se o paciente não respirar por pelo menos 2 minutos *após* $PaCO_2$ > 60 mmHg ser documentada, então o teste será válido e compatível com morte cerebral (se o paciente estiver estável e os resultados da gasometria arterial [ABGs] disponíveis em alguns minutos, o desafio da apneia pode continuar enquanto se espera pelos resultados em caso de $PaCO_2$ < 60)

f) se $PaCO_2$ se estabilizar abaixo de 60 mmHg e pO_2 permanecer adequado, tentar reduzir levemente o índice de fluxo passivo de O_2 (o fluxo de O_2 poderá estar eliminando CO_2 dos pulmões)

g) o teste será positivo (*i. e.*, compatível com morte cerebral) se não houver respirações e $PaCO_2$ estiver ≥ 60 mmHg (ou ocorrer elevação de 20 mmHg em $PaCO_2$ acima da linha de base)

3. ausência de função motora

a) sem resposta à dor *central* profunda: não deverá haver movimento dos membros, nem abertura dos olhos ou movimentos oculares, nem movimento facial

b) postura real de descerebração ou decorticação ou convulsões são incompatíveis com o diagnóstico de morte cerebral

c) movimentos reflexos mediados pela medula espinal (incluindo reflexos de flexão plantar, retirada flexora, reflexos de estiramento muscular[8] e até reflexos abdominais e cremastéricos) podem ser compatíveis com morte cerebral e podem consistir, às vezes, em movimentos complexos,[9] incluindo trazer um ou os dois braços para cima até a face,[10] ou sentar-se (o sinal de Lázaro[11]), especialmente com hipoxemia (acredita-se que provocado pela isquemia da medula espinal estimulando neurônios motores sobreviventes na medula cervical superior). Se ocorrerem movimentos motores integrados complexos, recomenda-se que a verificação confirmatória seja realizada antes do pronunciamento de morte cerebral[12]

4. ausência de *complicadores* (condições que possam imitar morte cerebral no exame):

a) hipotermia: a temperatura corporal interna deverá ser > 36°C (96,8°F). Abaixo dessa temperatura, as pupilas podem estar fixas e dilatadas,[13] as respirações podem ser difíceis de detectar e a recuperação ser possível[14]

b) ausência de intoxicação exógena ou endógena reversível, incluindo medicamentosa ou metabólica (nível de álcool no sangue deverá ser < 0,08%, barbituratos, benzodiazepinas, meprobamato, metaqualona, tricloroetileno, paralisantes, encefalopatia hepática, coma hiperosmolar...). Se houver dúvida, dependendo das circunstâncias, testes de laboratório incluindo níveis de medicamentos (soro e urina) podem ser realizados. A deficiência de pseudocolinesterase está presente em 1/3.000 pacientes, podendo provocar a duração da succinilcolina de até 8 horas (em vez de 5 min). Um monitor com contração muscular pode descartar bloqueio neuromuscular (NMB) (colocar os eletrodos imediatamente atrás do olho ou transversais ao arco zigomático)

c) choque (o exame neurológico deverá ser confiável se SBP ≥ 100 mmHg) e anóxia. Perda superior a 45% de volume de sangue circulante pode produzir letargia

d) imediatamente após a reanimação: choque ou anóxia podem causar pupilas fixas e dilatadas. A atropina (p. 311) pode causar leve dilatação, mas não falta de reatividade. O bloqueio neuromuscular (p. ex. para entubação) não afeta as pupilas porque a íris não possui receptores de nicotínicos

e) pacientes que saem do coma por pentobarbital (aguardar até que o nível fique em aproximadamente ≤ 10 mcg/mL)

5. a confirmação de morte cerebral pelo uso de Testes auxiliares de confirmação (testes preferidos:[3] EEG, Angiografia cerebral com radionuclídeos (CRAG) ou angiografia, ver abaixo) não é necessária. Esses testes podem ser aplicados a critério do médico, geralmente se houver incerteza quanto à confiabilidade das outras partes do exame

6. períodos de observação recomendados: até o momento, ainda há insuficiente evidência para determinar um período mínimo de observação para assegurar que a função neurológica tenha cessado irreversivelmente:[3]

a) nos casos em que o dano cerebral maciço de um quadro irreversível estiver bem estabelecido (p. ex., hemorragia intracerebral maciça, ferimento por arma de fogo atravessando o cérebro...) e não houver dúvida no exame clínico, um teste auxiliar de confirmação geralmente não será necessário

b) em situações óbvias, como detalhado anteriormente, se várias horas se passaram desde o início do insulto ao cérebro, um único exame neurológico compatível com morte cerebral deverá ser suficiente, embora muitos estados* exijam dois exames por lei[3] (consultar os estados e a legislação abaixo)

c) em situações menos óbvias (p. ex. lesão cerebral anóxica, hipotermia...), períodos mais longos de observação são apropriados e testes auxiliares de confirmação podem ser considerados (ver abaixo)

19.2.4 Estados e legislação local

A maioria dos estados adotou o *Uniform Determination of Death Act* (UDDA) sobre morte cerebral. Os adendos estaduais e os regulamentos locais ou políticas hospitalares podem estabelecer que mais de um médico deve participar do diagnóstico. Cabe a eles conhecer os regulamentos aplicáveis antes de elaborar o diagnóstico.

---

*N. do T.: Referência aos EUA.

19.2.5 Testes auxiliares de confirmação

Informações gerais

A evidência de que qualquer teste auxiliar de confirmação possa determinar a morte cerebral é insuficiente.[3] Testes preferidos:[3] EEG, CRAG ou angiografia.

Angiografia cerebral

Exige ausência de fluxo sanguíneo cerebral, que é incompatível com a sobrevida do cérebro. Prós: alta sensibilidade para determinação da morte dos hemisférios cerebrais. Contras: caro, demorado, exige transporte do paciente para o departamento de radiologia, invasivo, potencialmente danoso a órgãos que possam ser usados para doação e não é o melhor para detectar pequeno volume de fluxo sanguíneo para o tronco cerebral. Exige um radiologista e um técnico. Critérios: ausência de fluxo intracraniano ao nível da bifurcação da carótida ou círculo de Willis.[5] O preenchimento do seio sagital superior pode ocorrer de maneira atrasada e não é incompatível com morte cerebral. A validade entre observadores não foi estudada. Esse teste não é usado rotineiramente no diagnóstico de morte cerebral, mas pode ser aplicado em situações difíceis.

EEG

Pode ser aplicado no leito e exige um intérprete experiente. O teste não detecta atividade do tronco cerebral, e o silêncio eletrocerebral (ECS) (*i. e.* EEG isoelétrico) não exclui a possibilidade de coma reversível.

∴ Usar o ECS como teste de confirmação clínica somente em pacientes sem intoxicação por droga, hipotermia ou choque e não em pacientes nos quais a atividade do tronco cerebral possa estar preservada (*i. e.* situações nas quais o exame clínico do tronco cerebral não possa ser executado). Obs.: um problema prático no uso do EEG para determinação de morte cerebral é o fato de que, com frequência, é difícil conseguir um traçado totalmente livre de sinal elétrico, mesmo em pacientes com morte cerebral estabelecida por outros critérios.

Definição de silêncio eletrocerebral no EEG: sem atividade elétrica > 2 mcV com as seguintes exigências:
1. registro de pares de eletrodos no escalpo ou com eletrodo de referência distantes ≥ 10 cm
2. oito eletrodos de escalpo e eletrodos de referência no lobo da orelha
3. resistência intereletrodos < 10.000 Ω (ou impedância < 6.000 Ω), mas acima de 100 Ω.
4. sensibilidade de 2 mcV/mm
5. constantes de tempo de 0,3-0,4 s para parte do registro
6. sem resposta a estímulos (dor, ruído, luz)
7. registro > 30 min
8. repetir EEG em casos duvidosos
9. tecnologista e eletroencefalografista qualificados com experiência em EEG na ICU
10. transmissão por telefone não permitida

Angiograma cerebral com radionuclídeos (CRAG)

Informações gerais

Pode ser feito com uma câmera gama, ou, mais contemporaneamente, com HMPAO SPECT (CT de emissão de fóton único de hexametilpropileneamina oxima de Tecnécio 99m). O teste pode não detectar fluxo mínimo de sangue para o cérebro, especialmente para o tronco cerebral. Necessita transportar o paciente para o departamento de radiologia/medicina nuclear e exige um intérprete com experiência.

Esse teste pode ser útil para confirmar quadro de morte cerebral clínica nos seguintes cenários:
1. na presença de complicações como hipotermia, hipotensão (choque), intoxicação por drogas... (p. ex. pacientes que saem de coma por barbituratos), anormalidades metabólicas
2. em pacientes com trauma facial grave em que a avaliação de achados oculares pode ser difícil ou confusa
3. em pacientes com COPD ou insuficiência cardíaca congestiva (CHF) graves, em que a verificação de apneia pode não ser válida
4. para encurtar o período de observação

Técnica

Usando câmera com gálio.
1. a câmera de cintilação é posicionada para uma projeção AP da cabeça e do pescoço
2. injetar 20-30 mCi de albumina sérica rotulada com 99 mTc ou pertecnetato em volume de 0,5-1,5 mL em um IV proximal, ou linha central, seguida de *flush* de 30 mL de NS
3. realizar imagens dinâmicas em série a intervalos de 2 segundos durante ≈ 60 segundos
4. a seguir, obter imagens estáticas com contagens de 400.000 em projeção AP e, então, projeção lateral em 5, 15 e 30 minutos após a injeção

5. se o estudo precisar ser repetido por causa de um estudo não diagnóstico anterior ou um exame anterior incompatível com morte cerebral, deverá haver um intervalo de 12 horas para permitir que o isótopo seja eliminado da circulação

Achados
Sem captação no parênquima do cérebro = "fenômeno do crânio oco" (▶ Fig. 19.1). A terminação da circulação da carótida na base do crânio e a falta de captação nas distribuições de ACA e MCA ("efeito candelabro" ausente). Pode haver visualização retardada ou discreta dos seios venosos durais mesmo com morte cerebral[15] por causa das conexões entre a circulação extracraniana e o sistema venoso.

Angiografia por MRI e MR (MRA)
A MRA é muito sensível para detectar perda de fluxo sanguíneo na ICA cavernosa; entretanto, a especificidade não tem sido avaliada com precisão[3] (i. e., pode resultar em falso-positivos para morte cerebral em pacientes comatosos) e não é considerada como um teste válido de confirmação.

Angiografia por CT (CTA)
Na CTA o fluxo sanguíneo (i. e., não coerente com morte cerebral) foi visualizado em pacientes com EEG isoelétrico. O índice de falso-positivos não foi determinado em pacientes comatosos sem morte cerebral. A CTA não é considerada como teste válido de confirmação para morte cerebral.[3]

Doppler transcraniano
Consultar referência.[4]
   Uso limitado.
1. picos pequenos em sístole precoce sem fluxo diastólico ou fluxo de reverberação (indicativo de ICP significativamente aumentada)
2. a ausência inicial de sinais de Doppler não pode ser usada como critério para morte cerebral, já que 10% dos pacientes não apresentam janelas temporais de exposição a ondas ultrassônicas

SSEPs
Um protocolo exige ausência bilateral de resposta de N20-P22 com estimulação de nervos medianos. Um critério alternativo é o desaparecimento do pico P14[16] (substrato: lemnisco medial e *nucleus cuneatus*) nos registros de eletrodos nasofaríngeos. Os estudos foram julgados como dados de Classe III e que os registros de P14 poderiam ser um valioso teste de confirmação, mas que esse teste não era usado rotineiramente e que a variabilidade de interobservadores precisava ser estudada.[3]

Atropina
Na morte cerebral, 1 ampola de atropina (1 mg) IV não deverá afetar a frequência cardíaca por causa da ausência de tônus vagal (a resposta normal à atropina de frequência cardíaca aumentada descarta a morte

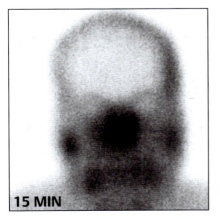

Fig. 19.1 Sinal do "crânio oco" em estudo CBF de radionuclídeos CRAG (projeção AP estática obtida 15 minutos após a injeção).

cerebral, mas a ausência da resposta não ajuda, já que algumas condições como Guillain-Barré podem bloquear a resposta).

Atropina sistêmica em doses usuais leva à dilatação leve das pupilas,[17,18] mas não elimina a reação à luz (portanto, para eliminar a incerteza, recomenda-se examinar as pupilas antes da administração dessa substância).

19.2.6 Armadilhas na determinação de morte cerebral

As armadilhas abaixo podem complicar a determinação de morte cerebral:

- movimento de partes do corpo após a morte cerebral. Às vezes os movimentos são complexos e podem ocorrer até 32 horas após a morte cerebral. Muitos são mediados por descargas da medula espinal à medida que sofre morte das células. As observações documentadas incluem: movimentos faciais, tremor dos dedos, movimentos repetitivos das pernas e até o movimento de se sentar. Com frequência, esses movimentos são repetitivos, geralmente estereotipados e não se alteram com a mudança de estímulo.
- aparência de estar respirando. Isso ocorre, geralmente, com um ventilador que esteja programado para disparar na detecção de um esforço respiratório. Os ventiladores podem estar sentindo o movimento do ar criado pela transmissão de pulsos arteriais dos grandes vasos para o pulmão ou pela ação de um tubo torácico

19.3 Morte cerebral em crianças

19.3.1 Informações gerais

O exposto abaixo se baseia nas diretrizes de 2011[19] endossadas pela Society of Critical Care Medicine, The Section for Critical Care and Section of Neurology da American Academy of Pediatrics e o American College of Critical Care Medicine.

Pontos-chave:[19]

- em recém-nascidos a termo, lactentes e crianças, o diagnóstico de morte cerebral é clínico e exige a ausência de função neurológica e uma causa irreversível conhecida de perda de função
- essas diretrizes não têm suporte para lactentes com menos de 37 semanas de idade gestacional por causa de dados insuficientes
- testes auxiliares não são necessários e não substituem um exame neurológico realizado corretamente
- são recomendados dois exames que incluem verificação de apneia, separados por um período de observação
- tratar e corrigir as condições que possam interferir no exame neurológico, incluindo: hipotermia, hipotensão, interferência medicamentosa (altos níveis de sedativos, analgésicos, paralisantes, altas doses de drogas anticonvulsivantes) e transtornos metabólicos

19.3.2 Exame clínico

São exigidos dois exames, cada um incluindo verificação de apneia, cada um coerente com morte cerebral, realizados por médicos atendentes diferentes e separados por um período de observação. A verificação de apneia pode ser realizada pelo mesmo médico.

Essa verificação exige documentação do $PaCO_2$ arterial, 20 mmHg acima da linha de base e ≥ 60 mmHg sem esforço respiratório. Se essa verificação não puder ser concluída com segurança, um estudo auxiliar deverá ser conduzido.

Períodos de observação recomendados entre exames:

- para bebês a termo (idade gestacional de 37 semanas) até 30 dias de idade: 24 horas
- para lactentes e crianças (> 30 dias até 18 anos): 12 horas
- após a reanimação cardiopulmonar, o diagnóstico de morte cerebral deverá ser adiado ≥ 24 h se houver preocupações ou incoerências no exame

19.3.3 Estudos auxiliares

Esses testes não são exigidos para se elaborar a determinação de morte cerebral. Seu uso pode ser considerado:

- quando a verificação de apneia não puder ser concluída com segurança, por exemplo, por causa de condições clínicas subjacentes ou dessaturação para < 85% ou inabilidade de atingir $paCO_2$ ≥ 60 mmHg
- se houver incerteza sobre os resultados do exame neurológico
- se houver medicamentos que interfiram com o exame neurológico
- para reduzir o período de observação entre os exames

Quando testes auxiliares são empregados, um segundo exame neurológico e o teste de apneia deverão ser realizados dentro do possível, e não deverá haver qualquer achado que seja incoerente com morte cerebral.

19.4 Doação de órgãos e de tecidos

19.4.1 Considerações gerais

Nos EUA, as condições para participar do Center for Medicare Services (CMS) exigem que todos os hospitais que recebem financiamento do Medicare encaminhem todos os casos de morte iminente à Organ Procurement Organization (OPO) da localidade.[20] Esse departamento é responsável pela determinação de adequabilidade e pela discussão sobre doação com o parente legal mais próximo. Essa discussão deverá ser conduzida por pessoal treinado. A OPO também é responsável pelo tratamento do doador de órgãos, alocação e facilitação da recuperação de órgãos na Sala de Operações (OR).[20]

19.4.2 Encaminhamento do doador de órgãos em potencial

A maioria das OPOs desenvolveu um processo para encaminhamento do doador de órgãos em potencial educando as enfermeiras de cuidados críticos sobre esse processo por um conjunto de "gatilhos". Esses gatilhos geralmente incluem pacientes com lesão neurológica (anóxia, hemorragia, trauma etc.), em um ventilador e/ou perdendo reflexos do tronco cerebral, GCS < 5 ou para discussão da retirada do suporte. Esse conjunto de fatores resulta no encaminhamento de muitos pacientes não adequados para doação, mas permite a notificação precoce a OPO e reduz o risco de encaminhamentos perdidos.

19.4.3 Tratamento médico do doador de órgãos em potencial

A morte cerebral resulta em várias aberrações fisiológicas previsíveis. Muitos hospitais desenvolveram prescrições padrão para "Lesão Cerebral Catastrófica" para tratar essas consequências previsíveis.

Hipotensão

Por causa da hipovolemia causada pelo diabetes insípido e destruição dos centros vasomotores pontinos e medulares, a maioria dos pacientes com morte cerebral é hipotensa. O tratamento exige restauração de um estado euvolêmico e o suporte com vasopressores. Geralmente a norepinefrina para fornecer suporte inotrópico, e a neosinefrina para aumentar a resistência vascular periférica é suficiente para dar suporte à pressão arterial.

Diabetes insípido

Com a perda da função do hipotálamo, os indivíduos com morte cerebral apresentam, com frequência, disfunção da hipófise posterior e diabetes insípido. Isso se manifesta por um grande volume de débito urinário diluído, hipernatremia e soro hiperosmolar. As opções de tratamento incluem injeção de DDAVP (1-2 mcg SC/IV cada 12 horas) ou gotejamento de vasopressina (0,01-0,04 unidades/min IV). O gotejamento pode ser preferível porque a duração mais curta da ação pode ajudar a evitar oligúria causada por superdosagem.

Hipotermia

A perda da regulagem da temperatura causa hipotermia, que pode piorar a coagulopatia e invalidar a verificação de morte cerebral. A aplicação de um cobertor aquecido para dar suporte à temperatura ajudará a restaurar a fisiologia normal.

19.4.4 Processo da Organ Procurement Organization (OPO)

Autorização

O pessoal da OPO responderá aos encaminhamentos e após a discussão com o pessoal médico e o pessoal da enfermagem incluirá a família em uma discussão envolvendo a autorização para a doação de órgãos. Dados da United Network for Organ Sharing (UNOS) demonstraram que o pessoal treinado da OPO apresenta índices de autorização mais altos que os do pessoal médico. Acredita-se que o motivo seja a posição do pessoal da OPO de só defender a doação, e se o pessoal de tratamento defender, exclusivamente, a doação, pode haver a sensação de abandono.

Avaliação do doador

O pessoal da OPO avaliará a adequabilidade do doador. Os doadores serão descartados se houver potencial elevado de transmissão de malignidade. A OPO fará a triagem para patógenos transmissíveis pelo sangue (HIV, HCV, HBV). Cada órgão será avaliado quanto à adequabilidade.
- coração: fração de ejeção (EF) > 50%, sem hipertrofia ventricular esquerda (LVH), sem doença de artéria coronária (CAD)
- pulmões: proporção P/F > 300, broncoscopia normal
- fígado: ALT, AST, GGTP e bilirrubina WNL ou retornando ao normal e sem doença hepática conhecida

- rins: BUN e creatinina WNL
- pâncreas: lipase, amilase e HgbA1c normais

Alocação e recuperação

Uma vez ocorrida a morte cerebral em um paciente autorizado para ou doador de órgãos, a OPO alocará os órgãos de acordo com a política de alocação da UNOS e as listas de alocação geradas. Uma vez os centros de transplante tenham aceitado os órgãos, um horário será definido na Sala de Operação e as equipes encaminhar-se-ão para o hospital do doador para a recuperação dos órgãos. O cronograma de tempo desde a autorização até a recuperação do órgão leva, frequentemente, de 24 a 36 horas ou mais.

19.4.5 Doação de órgãos após a morte cardíaca

Informações gerais

> ### Conceitos-chave
>
> - candidatos: pacientes dependentes de ventilador (geralmente com lesão cerebral ou da medula espinal), para os quais a família decidiu retirar o suporte e a equipe médica espera que eles progridam para assístole em menos de 60 minutos após a retirada do suporte
> - consentimento do parente legal mais próximo para: doação de órgão, heparina e linhas femorais
> - liberação do médico legista quando aplicável (geralmente casos de morte não natural)
> - aconselhamento à família de que o procedimento não pode ser executado em aproximadamente 20% dos casos. Se for esse o caso, a família deve ser notificada imediatamente e os cuidados terminais continuam
> - a equipe de transplante não pode participar dos cuidados terminais ou da declaração de morte e não deverá estar na Sala de Operação até que a morte cardíaca seja declarada

Os candidatos à doação de órgãos após a morte cardíaca (DCD) são, geralmente, pacientes dependentes do ventilador com lesões cerebrais ou da medula espinal e que estão tão próximos da morte que o tratamento adicional é inútil, mas que não cumprem com os critérios para morte cerebral. Os órgãos são, tipicamente, obtidos na seguinte ordem: rins, fígado, pâncreas, pulmões e, raramente, coração.[21]

Foram levantadas preocupações éticas relacionadas com a retirada de órgãos DCD.[22] O Institute of Medicine revisou a DCD duas vezes (1997 e 2000) e determinou que ela é eticamente sólida e encorajou OPOs a buscar a doação DCD.[23]

Consentimento

Antes de qualquer discussão sobre doação, a família deverá ter tomado a decisão de retirar o suporte e permitir que o paciente progrida para a morte naturalmente. Após essa discussão da família com o médico que trata o paciente, a OPO poderá discutir DCD com o parente legal mais próximo. O consentimento deverá ser obtido também para quaisquer procedimentos relacionados com a doação, antes do óbito (o que inclui, normalmente, infusão de heparina para prolongar a viabilidade do órgão[24] e a possibilidade de cateteres femorais). A discussão deverá incluir, também, o processo de retorno à ICU se o paciente não progredir para a assístole.

A liberação do legista deve ser obtida em casos aplicáveis (incluindo óbitos causados por acidentes, homicídio, suicídio...).

Procedimento

As medidas de sustentação da vida (consistindo, tipicamente, na extubação) geralmente são interrompidas na Sala de Operação. Em geral, a morte é anunciada cerca de 2 a 5 minutos após a atividade cardíaca se tornar insuficiente para gerar um pulso, pois dados limitados indicam que a circulação não retornará espontaneamente.[25] (Nota: a atividade do EKG não precisa cessar). Após a declaração da morte, é feita a perfusão fria dos órgãos e eles são retirados.

Para evitar conflitos de interesse em potencial, nenhum membro da equipe de transplantes pode participar dos cuidados terminais, nem da declaração de morte.[21] Cerca de 20% do tempo, a progressão para a morte cardíaca não ocorre em um prazo que permita a recuperação do órgão. Nesses casos, a doação de órgãos é cancelada, a família deve ser imediatamente notificada e os cuidados terminais continuam.

Referências

[1] Guidelines for the determination of death. Report of the medical consultants on the diagnosis of death to the President's Commission for the Study of Ethical Problems in Medicine and Biomedical and Behavioral Research. JAMA. 1981; 246:2184–2186

[2] National Conference of Commissioners on Uniform State Laws. Uniform Determination of Death Act. 645 N. Michigan Ave., Suite 510, Chicago, IL 60611 1980

[3] Wijdicks EF, Varelas PN, Gronseth GS, Greer DM. Evidence-based guideline update: determining brain death in adults: report of the Quality Standards Subcommittee of the American Academy of Neurology. Neurology. 2010; 74:1911–1918

[4] Wijdicks EF. Determining Brain Death in Adults. Neurology. 1995; 45:1003–1011

[5] Quality Standards Subcommittee of the American Academy of Neurology. Practice Parameters for Determining Brain Death in Adults (Summary Statement). Neurology. 1995; 45:1012–1014

[6] Benzel EC, Gross CD, Hadden TA et al. The Apnea Test for the Determination of Brain Death. J Neurosurg. 1989; 71:191–194

[7] Benzel EC, Mashburn JP, Conrad S, Modling D. Apnea Testing for the Determination of Brain Death: A Modified Protocol. J Neurosurg. 1992; 76:1029–1031

[8] Ivan LP. Spinal Reflexes in Cerebral Death. Neurology. 1973; 23:650–652

[9] Turmel A, Roux A, Bojanowski MW. Spinal Man After Declaration of Brain Death. Neurosurgery. 1991; 28:298–302

[10] Heytens L, Verlooy J, Gheuens J et al. Lazarus Sign and Extensor Posturing in a Brain-Dead Patient. J Neurosurg. 1989; 71:449–451

[11] Ropper AH. Unusual Spontaneous Movements in Brain-Dead Patients. Neurology. 1984; 34:1089–1092

[12] Jastremski MS, Powner D, Snyder J, Smith J, Grenvik A. Spontaneous Decerebrate Movement After Declaration of Brain Death. Neurosurgery. 1991; 29:479–480

[13] Treatment of Hypothermia. Med Letter. 1994; 36:116–117

[14] Antretter H, Dapunt OE, Mueller LC. Survival After Prolonged Hypothermia. N Engl J Med. 1994; 330

[15] Goodman JM, Heck LL, Moore BD. Confirmation of Brain Death with Portable Isotope Angiography: A Review of 204 Consecutive Cases. Neurosurgery. 1985; 16:492–497

[16] Wagner W. Scalp, earlobe and nasopharyngeal recordings of the median nerve somatosensory evoked P14 potential in coma and brain death. Detailed latency and amplitude analysis in 181 patients. Brain. 1996; 119 (Pt 5):1507–1521

[17] Greenan J, Prasad J. Comparison of the Ocular Effects of Atropine and Glycopyrrolate with Two IV Induction Agents. Br J Anaesth. 1985; 57:180–183

[18] Goetting MG, Contreras E. Systemic Atropine Administration During Cardiac Arrest Does Not Cause Fixed and Dilated Pupils. Ann Emerg Med. 1991; 20:55–57

[19] Nakagawa TA, Ashwal S, Mathur M, Mysore MR, Bruce D, Conway EE,Jr, Duthie SE, Hamrick S, Harrison R, Kline AM, Lebovitz DJ, Madden MA, Montgomery VL, Perlman JM, Rollins N, Shemie SD, Vohra A, Williams-Phillips JA. Guidelines for the determination of brain death in infants and children: an update of the 1987 Task Force recommendations. Crit Care Med. 2011; 39:2139–2155

[20] U.S. Electronic Code of Federal Regulations. Condition of Participation for Hospitals. 1998

[21] Steinbrook R. Organ donation after cardiac death. N Engl J Med. 2007; 357:209–213

[22] DuBois JM, DeVita M. Donation after cardiac death in the United States: how to move forward. Crit Care Med. 2006; 34:3045–3047

[23] Committee on Non-Heart-Beating Transplantation II, Division of Health Care Services - Institute of Medicine. Non-Heart-Beating Organ Transplantation: Practice and Protocols. Washington, D.C.: National Academy Press; 2000

[24] Bernat JL, D'Alessandro AM, Port FK, Bleck TP, Heard SO, Medina J, Rosenbaum SH, Devita MA, Gaston RS, Merion RM, Barr ML, Marks WH, Nathan H, O'Connor K, Rudow DL, Leichtman AB, Schwab P, Ascher NL, Metzger RA, Mc Bride V, Graham W, Wagner D, Warren J, Delmonico FL. Report of a National Conference on Donation after cardiac death. Am J Transplant. 2006; 6:281–291

[25] DeVita MA. The death watch: certifying death using cardiac criteria. Prog Transplant. 2001; 11:58–66

Parte VI

Infecção

20 Infecções Bacterianas
do Parênquima
e das Meninges e
Infecções Complexas   318

21 Infecções do Crânio,
da Coluna e
Pós-Cirúrgicas   339

22 Outras Infecções
Não Bacterianas   364

VI

20 Infecções Bacterianas do Parênquima e das Meninges e Infecções Complexas

20.1 Meningite

20.1.1 Informações Gerais

A meningite adquirida na comunidade (CAM) é, em geral, mais fulminante que aquela que acompanha procedimentos neurocirúrgicos ou trauma (a doença tende a ocorrer com organismos mais virulentos ou em indivíduos com defesas enfraquecidas). A síndrome de Waterhouse-Friderichspageen ocorre em 10 a 20% das crianças com infecção meningocócica (geralmente uma infecção disseminada em crianças com menos de 10 anos de idade), produz grandes hemorragias petequiais na pele e nas mucosas, febre, choque séptico, insuficiência das glândulas suprarrenais (decorrente da hemorragia nessas glândulas) e coagulação intravascular disseminada (DIC). Sinais neurológicos focais são raros em meningite purulenta aguda. A meningite adquirida na comunidade é uma emergência médica e deverá ser tratada imediatamente. Consultar Punção lombar (LP) (p. 323) para a discussão sobre quando a LP deverá ser realizada.

O restante deste capítulo discute meningite não adquirida na comunidade.

20.1.2 Meningite após procedimentos neurocirúrgicos

1. organismos usuais: estafilococos coagulase-negativos, *S. aureus*, *Enterobacteriaceae*, espécie *Pseudomonas* e pneumococos em quadros de fraturas do crânio e de cirurgia otorrinológica
2. antibióticos empíricos: Vancomicina (para *S. aureus* resistente à meticilina [MRSA]), tratamento para adulto 15 mg/kg cada 8-12 horas para atingir nível basal 15-20 mg/dL + Cefipima 2 g IV cada 8 horas
3. em caso de alergia grave à penicilina (PCN), usar Aztreonam 2 g IV cada 6-8 horas ou Ciprofloxacina 400 mg IV cada 8 horas
4. em caso de infecção grave, considerar terapia intratecal diariamente (usar apenas drogas sem conservantes):
   - vancomicina
   - tobramicina/gentamicina
   - amicacina
   - colistina
5. curso de antibióticos (ABX) baseado em sensibilidades; p. ex. se o organismo se transforma em suscetível à meticilina (MSSA), mudar Vancomicina, Oxalicina ou Nafcilina

Para suspeita de fístula de CSF
1. organismos usuais: *Streptococci*; consultar Fístula de CSF (craniana) (p. 384)
2. tratamento/Exame minucioso: consultar Fístula de CSF (craniana) (p. 384)
3. hospedeiro imunocomprometido (p. ex., com AIDS)
   a) organismos usuais: todos os anteriores MAIS: *Cryptococcus neoformans*, *M. Tuberculosis*, Meningite asséptica por HIV, *L. monocitogenes*
   b) agentes antifúngicos empíricos para meningite por criptococos: Terapia de indução: Anfotericina lipossômica B, 3-4 mg/kg IV diariamente + Flucitosina 25 mg/kg PO (via oral) QID (quatro vezes ao dia) durante pelo menos 2 semanas, seguida de
   c) terapia de consolidação: Fluconazol 400 mg PO diariamente durante, pelo menos, 8 semanas, seguido de
   d) terapia de manutenção crônica: Fluconazol 200 mg PO diariamente

20.1.3 Meningite após trauma craniospinal (meningite pós-traumática)

Epidemiologia

Ocorre em 1 a 20% dos pacientes com lesões cranianas moderadas a graves.[1] A maioria dos casos aparece dentro de duas semanas do trauma, embora casos ocorridos mais tarde tenham sido descritos.[2] Setenta e cinco por cento dos casos demonstram fratura da base do crânio (p. 884), e 58% tinham rinorreia evidente do CSF.

Patógenos

Como esperado dos fatos anteriores, existe índice elevado de infecção com organismos nativos à cavidade nasal. Em um estudo da Grécia, os organismos mais comuns eram cocos Gram-positivos (*Staph, hemoliticus, S.warneri, S.co-hnii, S. epidermidis* e *Strep. Pneumonia*) e bacilos Gram-negativos (*E. coli, Klebsiela pneumonia* e *Acinetobacter anitratus*).[1]

Tratamento

1. ver também Fístula de CSF, Tratamento (p. 388)
2. antibióticos: os antibióticos apropriados são selecionados com base na penetração do CSF e nas sensibilidades do organismo (adaptados aos patógenos comuns no local do paciente; nas séries já mencionadas, todas as cepas Gram-negativas se mostraram resistentes à amoxicilina e às cefalosporinas de terceira geração, mas eram sensíveis ao Imipenen e à Ciprofloxacina; cepas Gram-positivas se mostraram todas sensíveis à Vancomicina). Para antibióticos empíricos: Vancomicina 15 mg/kg IV cada 8-12 horas para atingir mínimo de 15-20 mg/dL + Meropenem 2 g IV cada 8 horas
3. tratamento cirúrgico *vs.* "tratamento conservador": controverso. Alguns consideram que qualquer caso de rinorreia pós-traumática de CSF deveria ser explorado,[3,4] e que casos de cessação espontânea sempre representam obscurecimento por cérebro encarcerado, a chamada *"sham healing"* (cicatrização simulada) com potencial para vazamento de CSF e/ou meningite mais tarde.[2] Outros apoiam a noção de que a cessação (possivelmente com a assistência de drenagem da coluna lombar) é aceitável
4. continuar antibióticos por 1 semana após a esterilização do CSF. Se a rinorreia persistir, recomenda-se o reparo cirúrgico

20.1.4 Meningite recorrente

Pacientes com meningite recorrente devem ser avaliados quanto à presença de comunicação anormal com o compartimento intraespinal/intracraniano. As etiologias incluem: seio dérmico (p. 270) (espinal ou craniano), fístula de CSF (p. 384) ou cisto neuroentérico (p. 290).

20.1.5 Meningite crônica

Em geral, causada por uma das etiologias abaixo:
1. tuberculose
2. infecções fúngicas
3. cisticercose, neurocisticercose (p. 371)

O diagnóstico diferencial inclui:
1. sarcoidose
2. carcinomatose meníngea

20.1.6 Antibióticos para organismos específicos na meningite

Antibióticos específicos

Consultar referência.[5]
   A via é IV a menos que especificado de outra maneira.
1. *S. pneumoniae:* PCN G (2ª opção: cloranfenicol)
   a) se concentração inibitória mínima (MIC) $\leq$ 0,06: PCN G ou ampicilina, alternativa: cefalosporina de terceira geração (ceftriaxona)
   b) se MIC $\geq$ 0,12: cefalosporina de terceira geração (ceftriaxona)
   c) se resistência à cefalosporina: vancomicina
   d) alternativa: moxifloxacina
2. *N. meningitides:* PCN G (2ª opção: cloranfenicol)
   a) se MIC $\leq$ 0,1 PCN G ou ampicilina
   b) se MIC $\geq$ 0,1: cefalosporina de terceira geração (ceftriaxona)
   c) alternativa: moxifloxacina, meropenem
3. *H. influenza:*
   a) beta-lactamase negativa: ampicilina
   b) beta-lactamase positiva
      • cefalosporina de terceira geração (ceftriaxona)
      • alternativa: aztreonam, ciprofloxacina
4. Estreptococos do Grupo B
   a) ampicilina
   b) alternativa: vancomicina
5. *L. monocytogenes*
   a) ampicilina $\pm$ gentamicina IV
   b) alternativa: sulfametoxazol/trimetoprim IV
6. *S. aureus*
   a) se suscetível à meticilina
      • oxacilina ou nafcilina
      • alergia à PCN: vancomicina

b) se resistência à meticilina
- vancomicina + rifampina
- alternativa: linezolid ± rifampina

7. Bacilos aeróbios Gram-negativos (GNB)
a) ceftriaxona ou cefotaxima ou moxifloxacina (em ordem de preferência; fazer alterações com base nas sensibilidades)
b) se forem necessários aminoglicosídeos, a terapia intraventricular poderá ser indicada após o período neonatal

8. *P. aeruginosa*
a) ceftazidima ou cefepima
b) alternativa: meropenem ou aztreonam
c) em caso de ventriculite: considerar gentamicina IT ou tobramicina

9. Espécie *Candida*: anfotericina lipossomal B 3-4 mg/kg IV, diariamente, + flucitosina 25 mg/kg/ PO QID

Duração do tratamento para meningite

Em geral, continuar com os antibióticos durante um total de 10 a 14 dias. A duração depende do organismo e da resposta clínica. O tratamento deverá ser de 21 dias para *Listeria,* estreptococos do grupo B e para alguns bacilos GN.

20.2 Abscesso cerebral

20.2.1 Informações gerais

Conceitos-chave

- pode surgir por disseminação hematogênica ou contígua ou por trauma direto
- fatores de risco: abscesso pulmonar ou fístulas AV, doença cardíaca cianótica congênita, comprometimento do sistema imune, sinusite/otite crônica, procedimentos dentários
- os sintomas são similares aos de quaisquer outras lesões de massa, mas tendem a progredir rapidamente
- a contagem periférica de WBC pode estar normal ou levemente ↑; CRP geralmente ↑
- organismos: o *Streptococcus* é o mais comum; até 60% são polimicrobianos
- investigação por imagens: geralmente redondo com anel delgado e em realce na CT ou MRI. T2WI → lesão de sinal alto com borda fina de baixa intensidade cercada por sinal de alta intensidade (edema). Diferentemente de tumor, DWI sempre mostra núcleo de difusão restrita (não confiável)
- tratamento: antibióticos IV, drenagem com agulha para alguns, excisão rara (para abscesso fúngico ou resistente)

20.2.2 Epidemiologia

Cerca de 1.500 a 2.500 casos por anos nos EUA. A incidência é maior em países emergentes. Proporção homem:mulher; 1,5-3:1.

20.2.3 Fatores de Risco

Os fatores de risco incluem: anormalidades pulmonares (infecção, fístulas AV..., ver abaixo), doença cardíaca cianótica congênita (ver abaixo), endocardite bacteriana, trauma craniano penetrante (ver abaixo), sinusite ou otite média crônica e hospedeiro imunocomprometido (receptores de transplante recebendo imunossupressões, HIV/AIDS).

20.2.4 Vetores

Informações gerais

Antes de 1980, a fonte mais comum de abscesso cerebral era a disseminação contígua. Hoje, a disseminação hematogênica é o vetor mais comum. Em 10 a 60% dos casos não se pode identificar a causa.[6]

Disseminação hematogênica

Em 10 a 50% dos casos, os abscessos que surgem por essa via são múltiplos.[7] Nenhuma fonte pode ser identificada em até 25% dos casos. A origem mais comum é o tórax:

1. em adultos: abscesso no pulmão (o mais comum), bronquiectasia e empiema
2. em crianças: doença cardíaca cianótica congênita (CCHD) (risco estimado de abscesso é de 4 a 7%, que é semelhante a um aumento de dez vezes sobre a população em geral), especialmente Tetralogia de Fallot (que responde por cerca de 50% dos casos). Nesses pacientes, o Hct aumentado e PO_2 baixo fornecem um ambiente hipóxico, adequado à proliferação de abscessos. Aqueles com derivações da esquerda para direita (venoatrial) perdem, além disso, os efeitos de filtragem dos pulmões (o cérebro parece ser um alvo preferencial para essas infecções em relação a outros órgãos). A flora oral estreptocócica é frequente e pode acompanhar os procedimentos dentários. Defeitos de coagulação coexistentes geralmente complicam ainda mais o tratamento[8]
3. fístulas pulmonares arteriovenosas: cerca de 50% desses pacientes apresentam a síndrome de Osler-Weber-Rendu (também conhecida como telangiectasia hemorrágica hereditária) e um abscesso cerebral se desenvolverá por fim em até 5% dessa população
4. endocardite bacteriana: só raramente dá origem a um abscesso cerebral.[9] Mais provavelmente associada à endocardite aguda que à forma subaguda
5. abscesso dentário
6. infecções GI: infecções pélvicas podem chegar ao cérebro via o Plexo de Batson

Em pacientes com embolização séptica, o risco de formação de abscesso cerebral é elevado em áreas de infarto anterior ou de isquemia.[10]

Disseminação contígua

1. de sinusite purulenta: disseminação por osteomielite local ou por flebite das veias emissárias. Virtualmente sempre singular. Rara em lactentes porque eles não possuem células aéreas paranasais e mastoides. Essa via tornou-se uma fonte menos comum de abscesso cerebral por causa do aperfeiçoamento do tratamento da doença sinusal (com antibióticos e, especialmente, com cirurgia para otite média crônica e mastoidite)
   a) infecções da orelha média e do seio aéreo mastóideo → lobo temporal e abscesso cerebelar. O risco de desenvolvimento de abscesso cerebral em um adulto com otite média crônica ativa é de aproximadamente 1/10.000 por ano[11] (esse risco parece baixo, mas em um adulto com 30 anos de idade e otite média crônica ativa, o risco ao longo da se transforma em aproximadamente 1 em 200
   b) sinusite etmoidal e frontal → abscesso do lobo frontal
   c) sinusite esfenoide; a localização menos comum para sinusite, mas com alta incidência de complicações intracranianas em razão da extensão venosa para o seio cavernoso adjacente → lobo temporal
2. odontogênica → lobo frontal. Rara. Associada a procedimento dentário nas últimas 4 semanas, na maioria dos casos.[12] Pode também ocorrer disseminação hematogênica

Após trauma craniano penetrante ou procedimento neurocirúrgico

Após trauma penetrante: o risco de formação de abscesso após ferimentos cerebrais civis por arma de fogo é provavelmente muito baixo com o uso de antibióticos profiláticos, exceto em casos de vazamento de CSF não reparado cirurgicamente após atravessamento de um seio aéreo. O abscesso que se segue a um trauma penetrante não pode ser tratado por aspiração simples, como ocorre em outros abscessos; é necessário o desbridamento cirúrgico aberto para remoção de substância estranha e do tecido desvitalizado.

Pós-neurocirurgia: especialmente com atravessamento de um seio aéreo. Há relatos de abscessos que têm sido informados após o uso de monitores de pressão intracraniana e tração com halo.[13]

20.2.5 Patógenos

1. as culturas de abscessos cerebrais são estéreis em até 25% dos casos
2. os organismos recuperados variam com a fonte primária da infecção
3. em geral: o *Streptococcus* é o organismo mais frequente; 33 a 50% são anaeróbios ou microaerofílicos. Organismos múltiplos podem ser cultivados em vários graus (dependendo dos cuidados da técnica), geralmente em apenas 10 a 30% dos casos, mas podem chegar a 60%[6] e geralmente incluem anaeróbios (a espécie *Bacteroides* é comum)
4. quando secundários à sinusite frontoetmoidal: *Strep. milleri* e *Strep. anginosus* podem ser vistos
5. abscesso de otite média, de mastoidite ou de pulmão: geralmente organismos múltiplos, incluindo *Streptococcus* anaeróbios, *Bacteroides, Enterobacteriaceae (Proteus)*
6. pós-traumáticos: geralmente decorrentes de *S. aureus* ou *Enterobacteriaceae*
7. fonte odontogênica (dentária): podem estar associados ao *Actinomyces*

8. após procedimentos neurocirúrgicos: *Staphilococcus epidermidis* e *aureus* podem ser vistos
9. hospedeiros imunocomprometidos incluindo pacientes de transplante (tanto de medula óssea quanto de órgãos sólidos) e AIDS: as infecções fúngicas são mais comuns do que em outras situações. Os organismos incluem:
   a) *Toxoplasma gondii* (p. 334): ver também tratamento (p. 333)
   b) *Nocardia asteroides* (p. 336)
   c) *Candida albicans*
   d) *Listeria monocytogenes*
   e) *Micobacterium*
   f) *Aspergillus fumigatus* frequentemente de uma infecção pulmonar primária
10. lactentes: os Gram-negativos são comuns porque a fração de IgM de anticorpos não cruza a placenta

20.2.6 Apresentação

Adultos: os achados não são específicos para abscesso, e muitos se devem ao edema que cerca a lesão. A maioria dos sintomas se deve à ICP aumentada (H/A, N/V, letargia). A hemiparesia e as convulsões se desenvolvem em 30-50% dos casos. Os sintomas tendem a progredir mais rapidamente que com as neoplasias.

Recém-nascidos: suturas patentes e pouca habilidade do cérebro do bebê para afastar a infecção → dilatação craniana. O papiledema é raro antes dos 2 anos de idade. Achados comuns: convulsões, meningite, irritabilidade, aumento da OFC e déficit de crescimento. A maioria dos recém-nascidos com abscesso não manifesta febre. O prognóstico é ruim.

20.2.7 Estádios do abscesso cerebral

▶ Quadro 20.1 mostra os quatro estádios histológicos bem conhecidos do abscesso cerebral e os correlaciona com a resistência à inserção de uma agulha de aspiração no momento da operação. O progresso por meio desse processo de maturação leva pelo menos duas semanas, e os esteroides tendem a prolongá-lo.

20.2.8 Avaliação

Sangue

WBC periféricas: podem ser normais ou apenas levemente elevadas em 60-70% dos casos (geralmente > 10.000).

Culturas de sangue: deverão ser obtidas quando houver suspeita de abscesso, geralmente negativas.

ESR: pode ser normal (especialmente em doença cardíaca cianótica congênita [CCHD] em que a policitemia reduz a ESR).

Proteína C-reativa (CRP): a síntese hepática aumenta com condições inflamatórias; entretanto, uma infecção em qualquer lugar do corpo (incluindo abscessos cerebral e dentário) pode elevar o nível de CRP. Esse nível pode também ser elevado em quadros inflamatórios não infecciosos e de tumor cerebral. A sensibilidade para abscesso é ≈ 90%, e a especificidade ≈ 77%.[14] Ver também valores normais (p. 347).

Quadro 20.1 Estadiamento histológico de abscesso cerebral

Estádio	Características histológicas (dias mostrados são estimativas gerais)	Resistência à agulha de aspiração
1	cerebrite precoce: (dias 1-3) infecção precoce e inflamação, mal demarcada do cérebro ao redor, alterações tóxicas nos neurônios, infiltrados perivasculares	resistência intermediária
2	cerebrite tardia: (dias 4-9) matriz reticular (precursora de colágeno) e centro necrótico em desenvolvimento	sem resistência
3	cápsula precoce: (dias 10-13) neovascularidade, centro necrótico, rede reticular ao redor (menos bem desenvolvida ao longo do lado voltado para os ventrículos)	sem resistência
4	cápsula tardia: (> dia 14) cápsula de *colágeno*[a], centro necrótico, gliose ao redor da cápsula	resistência firme ao entrar ocorre um "pop"

[a] O abscesso é aproximadamente o único processo no cérebro que deixa uma cicatriz de colágeno; todas as demais são cicatrizes gliais.

Punção lombar (LP)

No abscesso, o papel da LP é muito duvidoso. Embora esse procedimento seja anormal em mais de 90%, não existe achado diagnóstico característico de abscesso. A OP está geralmente aumentada, e a contagem de leucócitos (WBC) e de proteína pode-se mostrar alta. Raramente, o organismo invasor pode ser identificado do CSF obtido por LP (a menos que o abscesso se rompa para o interior dos ventrículos), com cultura positiva em aproximadamente 6 a 22%.[15] Existe o risco de herniação tentorial, especialmente em grandes lesões.

> Σ

✖ Por causa do risco envolvido e da baixa probabilidade de informações úteis, evitar o uso de LP ao avaliar pacientes com manifestações de abscesso cerebral, se ainda não tenha sido realizada.

Investigações do cérebro por imagens

CT

Impregnação de contraste em anel. Sensibilidade aproximada de 100%. Para estadiamento de abscesso por CT, ver abaixo.

MRI

Consulte o ▶ Quadro 20.2 para os achados. Com realce ponderado em T1WI com contraste → Impregnação em anel com parede fina cercando região central de baixa intensidade (▶ Fig. 89.1). Níveis de fluido-fluido podem ser observados. Às vezes, organismos produtores de gases podem causar pneumocéfalo.

MRI por difusão: DWI → brilhante, ADC → escuro (difusão restrita sugerindo fluido viscoso[16] ▶ Fig. 89.1). Diferente da maioria dos tumores que são *escuros* na DWI (▶ Fig. 89.2). Mais confiável com abscesso piogênico, menos confiável, por exemplo, com abscesso fúngico[17] ou de tuberculose (TB).

Espectroscopia por MR: presença de aminoácidos e/ou de acetato ou lactato é diagnóstica para abscesso.

Investigação por imagens raramente usadas

Cintilografia de leucócitos com 99 mmTc-HMPAO: os próprios WBCs do paciente são obtidos e reinjetados. Quase 100% de sensibilidade e de sensitividade (a sensibilidade será reduzida, se o paciente tiver sido tratado com esteroides nas 48 horas antes da cintilografia).[14]

Estadiamento de abscesso cerebral na investigação por imagens

Estadiamento por CT

A cerebrite tardia (estádio 2) tem aspectos similares aos da cápsula precoce (estádio 3) na CT de rotina com contraste e sem contraste. É relativamente importante fazer a diferenciação entre esses dois estádios, e os recursos abaixo são valiosos:[18]
1. cerebrite: a definição tende a ser pouco satisfatória
   a) impregnação em anel: aparece geralmente no estádio mais tardio da cerebrite, geralmente *espesso*
   b) mais difusão de contraste no lúmen central e/ou falta de declínio de realce na varredura retardada 30-60 minutos após a infusão do contraste
2. cápsula:
   a) anel fraco na CT pré-contraste (centro necrótico com cérebro edematoso ao redor, permitindo a visualização da cápsula de colágeno)
   b) realce *fino* em anel *E* (o mais importante), varreduras retardadas → declínio de realce

Obs.: o realce fino em anel, mas a falta de declínio retardado se correlaciona melhor com a cerebrite.
Obs.: os esteroides reduzem o grau de realce por contraste (especialmente na cerebrite)

Quadro 20.2 Achados de MRI com abscesso cerebral

Estádio	T_1WI	T_2WI
cerebrite	hipointensa	sinal hi
capsular	centro da lesão → sinal baixo, cápsula → moderadamente hiperintensa, edema perilesional → sinal baixo	centro → iso ou hiperintenso, cápsula → escura (colágeno), edema perilesional → sinal hi

Estadiamento por MRI

▶ Quadro 20.2 mostra achados de MRI em abscesso cerebral. No estádio da cerebrite, as margens se mostram mal definidas.

Avaliação adicional

Radiografia (CXR) e CT do tórax (se indicadas) para pesquisar a fonte pulmonar.

Eco cardíaco (incluindo ecocardiografia transesofágica [TEE], Doppler e/ou eco com injeção de soro fisiológico agitado [estudo de bolhas]) para suspeita de disseminação hematogênica, visando a buscar o forame oval patente ou vegetações cardíacas.

20.2.9 Tratamento

Informações gerais

Não existe um método único melhor para tratamento de um abscesso cerebral. Geralmente, o tratamento envolve:
- tratamento cirúrgico: drenagem com agulha ou excisão
- correção da fonte primária
- uso de antibióticos a longo prazo: geralmente IV × 6-8 semanas e possivelmente seguido por via oral × 4-8 semanas. A duração deverá ser orientada por respostas clínica e radiográfica

Tratamento cirúrgico *vs.* puramente clínico

Informações Gerais

Em um paciente com manifestações de abscesso cerebral, o tecido deverá ser obtido em quase todos os casos para confirmar o diagnóstico e isolar patógenos (de preferência antes de iniciar a terapia antibiótica).

Tratamento clínico

Em geral, aplica-se a drenagem ou a excisão cirúrgica. O tratamento puramente clínico do abscesso *precoce* (estádio da cerebrite)[19] é controverso. Nota: patógenos foram cultivados de abscessos bem encapsulados, apesar de os níveis adequados de antibióticos apropriados, em seis pacientes com falha da terapia clínica, falharem.[20] A falha pode ter sido causada por um suprimento sanguíneo ruim e por condições acídicas dentro do abscesso (que podem inativar os antibióticos, apesar de concentrações excedendo MIC).

A terapia clínica isolada será mais bem-sucedida, se:
1. o tratamento foi iniciado no estádio de cerebrite (antes da encapsulação completa), mesmo que muitas dessas lesões evoluam posteriormente e se tornem encapsuladas
2. lesões pequenas: o diâmetro de abscessos tratados com sucesso só com antibióticos era de 0,8 a 2,5 cm (média 1,7). O diâmetro dos que falharam variou entre 2 e 6 cm (média 4,2)
   ✳ o ponto de corte é sugerido em 3 cm;[21] acima desse diâmetro a cirurgia deverá ser indicada.
3. duração de sintomas ≤ 2 semanas (correlaciona-se com incidência mais elevada do estádio de cerebrite)
4. os pacientes mostram melhora clínica definida já na primeira semana

O tratamento clínico isolado será considerado se:
1. o paciente tiver alto risco cirúrgico (Obs.: com anestesia local, pode-se realizar a biópsia estereotática em quase todos os pacientes com coagulação sanguínea normal)
2. houver abscessos múltiplos, especialmente se pequenos
3. o abscesso estiver em sítio de acesso difícil: por exemplo, no tronco cerebral[22]
4. houver meningite/ependimite concomitante

Indicações para tratamento cirúrgico

As indicações para o tratamento *cirúrgico* inicial incluem:
1. efeito de massa significativo exercido pela lesão (na CT ou MRI)
2. dificuldade no diagnóstico (especialmente em adultos)
3. proximidade do ventrículo: indica probabilidade de ruptura intraventricular, que está associada a um resultado ruim[23,8]
4. evidência de pressão intracraniana significativamente elevada
5. quadro neurológico insatisfatório (os pacientes só reagem à dor ou nem mesmo respondem a ela)
6. abscessos traumáticos associados a material estranho
7. abscessos fúngicos
8. abscessos multiloculados
9. varreduras de acompanhamento por CT/MRI de controle não podem ser obtidas cada 1-2 semanas
10. falha do tratamento clínico: deterioração neurológica, progressão do abscesso para os ventrículos ou após duas semanas, se o abscesso tiver aumentado. Considerado também se não houver redução no tamanho em quatro semanas

Tratamento

Delineamento geral

- obter culturas sanguíneas
- iniciar terapia com antibióticos (de preferência depois de obtida a amostra para biópsia), seja qual for o modo de tratamento (clínico *vs.* cirúrgico) escolhido (ver abaixo)
- LP (p. 323): a ser evitada na maioria dos casos de abscesso cerebral
- anticonvulsivantes: indicados para convulsões; o uso profilático é opcional
- esteroides: controverso. Reduzem o edema, mas podem atrapalhar a terapia (ver abaixo)

Seleção de antibióticos

1. os antibióticos iniciais preferidos quando o patógeno é desconhecido, e especialmente se houver suspeita de *S. aureus* (se não houver história de trauma ou procedimento neurocirúrgico, então o risco de MRSA será baixo):
   - **vancomicina:** cobre MRSA. 15 mg/kg IV cada 8-12 horas para atingir nível mínimo de 15-20 mg/dL
     MAIS
   - cefalosporina de 3ª geração (ceftriaxona): usar cefepima quando pós-cirúrgico
     MAIS
   - **metronidazol** (Flagyl®). Adulto: 500 mg cada 6-8 horas
   - alternativa à cefepima + metronidazol: meropenem 2 g IV cada 8 horas
   - efetuar as alterações apropriadas assim que os dados de sensibilidade se tornem disponíveis
2. se a cultura mostrar somente estreptococos, pode-se usar PCN G (dose alta) isolado ou com ceftriaxona
3. se as culturas mostrarem *S. aureus* sensíveis à meticilina e o paciente não tiver alergia a beta-lactamase, pode-se alterar vancomicina para nafcilina (adulto: 2 g IV cada 4 h; pediátrico: 25 mg/kg IV cada 6 h)
4. *Cryptococcus neoformans.* Espécie *Aspergillus,* espécie *Candida:* anfotericina B lipossomal 3-4 mg/kg IV diariamente + flucitosina 25 mg/kg PO QID
5. em pacientes com AIDS: *Toxoplasma gondii* é um patógeno comum, e o tratamento inicial empírico com sulfadiazina + pirimetamina +leucovorin é usado com frequência (p. 332)
6. para suspeita ou confirmação de *Nocardia steroides,* ver detalhes (p. 336)

Duração da terapia antibiótica

Antibióticos IV durante 6-8 semanas (geralmente seis semanas) podendo então D/C mesmo que as anormalidades da CT persistam (a neovascularidade permanece). Obs.: a melhora da CT pode ficar atrás da melhora clínica. A duração do tratamento pode ser reduzida, se o abscesso e a cápsula forem totalmente excisados pela operação. Antibióticos orais podem ser usados após o curso IV.

Glicocorticoides (esteroides)

Reduzem o edema e diminuem a probabilidade de encapsulação fibrosa do abscesso. Podem reduzir a penetração do antibiótico no abscesso. A supressão imunológica também pode ser prejudicial.

✳ Reservados para pacientes com evidência clínica e por imagens de deterioração por efeito de massa acentuado, e a duração da terapia deverá ser minimizada.

Acompanhamento de investigação por imagens

Se a terapia for bem-sucedida, as imagens deverão diminuir em:
1. grau de impregnação em anel
2. edema
3. efeito de massa
4. tamanho da lesão: leva de 1 a 4 semanas (média de 2,5). 95% das lesões que se resolverão só com antibióticos diminuem de tamanho dentro de 1 mês

Tratamento cirúrgico

Opções

Consultar referência.[24]
1. aspiração com agulha: o esteio principal do tratamento cirúrgico. Especialmente bem adequado para lesões múltiplas ou profundas (ver abaixo), também pode ser usada com lesões de parede fina ou imaturas
2. excisão cirúrgica: encurta o tempo do tratamento com antibióticos e reduz o risco de recrudescência. Recomendada em abscessos traumáticos para desbridar material estranho (especialmente osso) e em abscessos fúngicos, por causa da relativa resistência aos antibióticos (ver abaixo)
3. drenagem externa: controverso. Não usada com frequência
4. instilação de antibióticos diretamente no abscesso: não tem sido extremamente eficaz, embora possa ser usada como para abscessos de *Aspergillus* refratários

Aspiração com agulha

Mais frequentemente realizada com localização estereotática, especialmente para lesões profundas.[25] Pode ser realizada com anestesia local, se necessário (p. ex., em pacientes que não são candidatos satisfatórios à operação com anestesia geral). O procedimento pode ser combinado com irrigação com antibióticos ou soro fisiológico normal. Aspirações repetidas podem ser exigidas em até 70% dos casos. Pode ser a única intervenção cirúrgica exigida (além dos antibióticos), mas às vezes deve ser seguida com excisão (especialmente com abscesso multiloculado).

Realização por meio de uma trajetória escolhida para:
1. minimizar a extensão da via através do cérebro
2. evitar atravessar os ventrículos ou as estruturas neurais e vasculares vitais
3. evitar atravessar as estruturas infectadas fora do compartimento intracraniano (osso infectado, seios paranasais e ferimentos do escalpo)
4. em casos de abscessos múltiplos, visar:[7]
   a) quando o diagnóstico é desconhecido: a lesão maior ou aquela causando a maioria dos sintomas:
   b) uma vez confirmado o diagnóstico de abscesso:
      - qualquer lesão com diâmetro $\geq$ 2,5 cm
      - lesões causando efeito de massa significativo
      - lesões que estejam aumentando

Culturas

Enviar material aspirado para o seguinte:
1. corantes
   a) corante de Gram
   b) corante acidorresistente para *Mycobacterium* (corante AFB, o acidorresistente resiste à descoloração com mistura de ácido-álcool, retém a carbolfucsina do corante inicial e aparece vermelho. O gênero *Mycobacterium* e o gênero *Nocardia* são acidorresistentes; todas as outras bactérias serão descoloridas e tornar-se-ão azuis, a cor do contracorante azul de metileno)
   c) corante modificado acidorresistente (para *Nocardia*, ver abaixo) buscando bacilo acidorresistente com ramificações
   d) corantes fúngicos especiais (p. ex., metenamina prata, mucicarmina)
2. cultura
   a) culturas de rotina: aeróbia e anaeróbia
   b) cultura fúngica: não é somente útil para identificar infecções fúngicas, mas desde que essas culturas sejam mantidas por períodos mais longos, e qualquer crescimento que ocorra seja mais caracterizado, organismos bacterianos exigentes ou indolentes podem, às vezes, ser identificados
   c) cultura de TB
   d) verificação molecular: PCR (micobactérias, EBV, vírus JC)

Excisão

Só pode ser conduzida durante a fase "crônica" (estádio tardio da cápsula). O abscesso é removido como qualquer tumor bem encapsulado. O tempo com antibióticos pode ser reduzido para cerca de três dias em alguns casos, após a excisão total de um abscesso maduro e acessível (p. ex., localizado no polo do cérebro). Procedimento recomendado para abscessos associados a corpo estranho e para a maioria dos abscessos por *Nocardia* (ver abaixo). Pode também ser necessário para: abscesso fúngico e lesões multiloculadas ou resistentes.

20.2.10 Resultados

Na era pré-CT a mortalidade variava entre 40 e 60%. Com os avanços nos antibióticos, na operação e na habilidade aperfeiçoada para diagnosticar e acompanhar a resposta com CT e/ou MRI, o índice de mortalidade foi reduzido para cerca de 10%, mas a morbidade continua elevada, com déficit neurológico permanente ou convulsões em até 50% dos casos. Os resultados atuais são mostrados no ▶ Quadro 20.3. Um prognóstico pior está associado à função neurológica insatisfatória, à ruptura intraventricular de um abscesso, e a quase 100% de mortalidade com abscessos fúngicos em receptores de transplante.

Quadro 20.3 Consequências de abscesso cerebral	
mortalidade (dados da era da CT)[26,7]	0-10%
incapacidade neurológica	45%
convulsões tardias focalizadas ou generalizadas	27%
hemiparesia	29%

20.3 Empiema subdural

20.3.1 Informações gerais

Conhecido como abscesso subdural antes de 1943.[27] O empiema subdural (**SDE**) é uma infecção supurativa que se forma no espaço subdural, que não tem barreira anatômica para se disseminar sobre a convexidade e para o interior da fissura inter-hemisférica[28] (e, às vezes, para o hemisfério oposto e fossa posterior). A penetração dos antibióticos nesse espaço é insatisfatória. Ele é distinto do abscesso que se forma dentro da substância cerebral, cercado por reação de tecidos com formação de fibrina e cápsula de colágeno. Por isso, o SDE tende a ser mais emergencial.

O SDE pode ser complicado por abscesso cerebral (visto em 20 a 25% nos estudos de imagem em pacientes com SDE), trombose venosa cortical e risco de infarto venoso, ou cerebrite localizada.

20.3.2 Epidemiologia

Menos comum que o abscesso cerebral (a proporção de abscesso:empiema é de aproximadamente 5:1). Encontrado em 32 casos de um total de 10.000 autópsias. Proporção homem:mulher 3:1.

Localização: 70 a 80% ficam sobre a convexidade; 10 a 20% são parafalcinos.

20.3.3 Etiologias

Consultar o ▶ Quadro 20.4. O empiema subdural ocorre quase sempre como resultado da extensão direta de uma infecção local (raramente evoluindo para septicemia). A disseminação da infecção para o compartimento intracraniano pode ocorrer por meio das veias diploicas sem válvulas, quase sempre com tromboflebite associada.[29]

A otite média crônica foi a causa principal de SDE na era pré-antibiótica, mas nos EUA ela foi ultrapassada pela doença dos seios paranasais, especialmente com o envolvimento do seio frontal[30] (podendo também resultar de sinusite do mastoide). A SDE é uma complicação rara, mas, às vezes, fatal dos dispositivos de tração craniana.[31,30] A infecção de hematomas subdurais preexistentes (tanto tratados como não tratados em lactentes e adultos) já foi relatada[30] (a sedimentação bacteriêmica de um SDH não operado é muito rara).

Trauma inclui fraturas compostas do crânio e lesões penetrantes. Outras etiologias: osteomielite, pneumonia, infecção não relacionada (p. ex., celulite dos pés) em pacientes diabéticos.

20.3.4 Organismos

O organismo causador varia conforme a fonte específica da infecção. O SDE associado à sinusite é causado, quase sempre, por estreptococos aeróbios e anaeróbios (▶ Quadro 20.5). Após um trauma ou procedimentos neurocirúrgicos, as espécies *Staphylococcus* e Gram-negativas predominam (enquanto *S. aureus* não é patógeno comum em SDE relacionado com sinusite). Culturas estéreis ocorrem em até 40% (algumas das quais podem ser decorrentes de anaeróbios exigentes e/ou exposição prévia a antibióticos).

Quadro 20.4 Etiologias de empiema subdural (SDE)

Local	%
sinusite paranasal (especialmente frontal)[a]	67-75
otite (geralmente otite média crônica)[b]	14
pós-cirúrgica (neuro ou de orelha, nariz, garganta [ENT])	4
trauma	3
meningite (mais comum em pediatria[32])	2
doença cardíaca congênita	2
diversos (incluindo supuração pulmonar)	4
não determinado	3

[a]Mais comum em adultos.
[b]Sem casos de otite em séries recentes.[30]

Infecção

Quadro 20.5 Organismos em SDE associados à sinusite

Organismos	%
Casos adultos	
estreptococos aeróbios	30-50%
estafilococos	15-20%
estreptococos microaerofílicos e anaeróbios	15-25%
bastonetes aeróbios Gram-negativos	5-10%
outros anaeróbios	5-10%
Infância	
Os organismos são similares aos da meningite para o mesmo grupo de idade. A escolha do antibióticos é a mesma que aquela para meningite.	

Quadro 20.6 Achados na apresentação com SDE[a]

Achado	%
febre	95
cefaleia (H/A)	86
meningismo (rigidez na nuca)	83
hemiparesia	80
alteração do estado mental	76
convulsões	44
sensibilidade sinusal, inchaço ou inflamação	42
náusea e/ou vômito	27
hemianopsia homônima	18
dificuldade de fala	17
papiledema	9
[a]De uma revisão de vários artigos.[30]	

20.3.5 Apresentação

▶ Quadro 20.6 mostra os achados neurológicos. Os sintomas são causados por efeito de massa, envolvimento inflamatório do cérebro e meninges, e tromboflebite das veias cerebrais e/ou seios venosos. Haverá suspeita de SDE na presença de meningismo + disfunção unilateral de hemisfério. É comum a sensibilidade acentuada à percussão ou pressão sobre os seios aéreos afetados.[28] Inchaço da testa ou dos olhos (por trombose de veia emissária) também pode ocorrer.

Déficit neurológico focalizado e/ou convulsões geralmente ocorrem mais tarde.

20.3.6 Avaliação

- CT: o contraste IV é sempre útil. A CT pode perder alguns quadros (relacionados com *scanners* de geração antiga, falha na administração de contraste IV, má qualidade da varredura). Se normal, repetir a CT mais tarde ou solicitar MRI, se a suspeita clínica persistir. Achados: lesão extracerebral hipodensa (porém mais densa que o CSF) crescente ou lenticular com realce denso de membrana medial; deslocamento para dentro da interface da substância cinza; distorção ventricular e supressão das cisternas basais são achados comuns[33]
- MRI: sinal baixo em T1WI, sinal alto em T2WI. Linha ependimal da pia: um achado de MRI não específico na infecção do sistema nervoso central (CNS)

- LP: ✖ potencialmente perigosa (risco de herniação). Em geral, os organismos estão presentes só em casos originários de meningite. Nos demais casos, geralmente observam-se achados compatíveis com um processo inflamatório paramenígeo: pleocitose estéril moderada (150-600 WBC/mm^3) e predomínio de leucócitos polimorfonucleares (PMNs); glicose normal; pressão de abertura geralmente elevada;[28] nível de proteína geralmente alto: (faixa de 75-150 mg/dL)

20.3.7 Tratamento

1. drenagem cirúrgica: indicada na maioria dos casos (o tratamento não cirúrgico tem sido relatado,[34] mas só deverá ser considerado com envolvimento neurológico mínimo, extensão e efeito de massa limitados, além de resposta favorável precoce aos antibióticos) e realizada, como de costume, com relativa emergência
2. no início da doença, o pus tende a ser mais fluido e pode ser mais acessível à drenagem por um buraco de trepanação; mais tarde, loculações se desenvolverão, e a craniotomia poderá ser necessária
3. há controvérsias sobre o melhor tratamento cirúrgico. Estudos anteriores indicaram resultados melhores com craniotomia que com buraco de trepanação. Estudos recentes mostram diferença menor:
   a) pacientes com doença crítica e SDE localizado podem ser candidatos à drenagem por buraco de trepanação (geralmente inadequada na presença de loculações). Pode ser necessário repetir os procedimentos, e até 20% precisarão da craniotomia mais tarde
   b) pacientes com doença crítica e SDE localizado podem ser candidatos para a drenagem por buraco de trepanação (geralmente inadequada na presença de loculações). Pode ser necessário repetir os procedimentos, e até 20% precisarão da craniotomia mais tarde
4. antibióticos: semelhantes aos do tratamento para abscesso cerebral
5. anticonvulsivantes: em geral, usados para profilaxia e obrigatórios na presença de convulsões

20.3.8 Resultados

Consultar ▶ Quadro 20.7. A mortalidade caiu de quase 100% na era pré-antibiótica para cerca de 10%. Os déficits neurológicos tendem a melhorar após o tratamento, mas estavam presentes em 55% dos pacientes à época da alta hospitalar.[30] Idade ≥ 60 anos, embotamento ou coma na apresentação e SDE relacionado com a cirurgia ou trauma (em vez de sinusite) têm prognóstico pior.[30] A drenagem por buraco de trepanação pode estar associada a resultados piores que a craniotomia, mas isto pode ter sido influenciado pelos quadros piores desses pacientes. Casos fatais podem ter associação a infarto venoso do cérebro.

20.4 Envolvimento neurológico em HIV/AIDS

20.4.1 Tipos de envolvimento neurológico

Informações gerais

Entre 40 e 60% de todos os pacientes com a síndrome da imunodeficiência adquirida (AIDS) desenvolverão sintomas neurológicos, com um terço desse grupo se apresentando inicialmente com a queixa neurológica.[35,36] Somente ≈ 5% dos pacientes que vão a óbito por causa da AIDS apresentam cérebro normal na autópsia. Um estudo identificou as complicações da AIDS no CNS, mostradas no ▶ Quadro 20.8.

Os quadros mais comuns que produzem lesões focais do CNS na AIDS:[38]

1. toxoplasmose
2. linfoma primário do CNS
3. leucoencefalopatia multifocal progressiva (PML)
4. abscesso por criptococos
5. TB (tuberculoma)

Quadro 20.7 Consequências com SDE

Consequências	%
convulsões persistentes	34%
hemiparesia residual	17%
mortalidade	10-20%

Quadro 20.8 Complicações da AIDS no CNS (320 pacientes[35])

Complicações	%
Síndromes virais	
encefalite subaguda[a]	17
meningite asséptica atípica	6,5
encefalite por herpes simples	2,8
✳ leucoencefalopatia multifocal progressiva (PML)	1,9[b]
mielite viral	0,93
encefalite por varicela-zóster	0,31
Infecções não virais	
✳ toxoplasma gondii	> 32
Criptococcus neoformans	13
Candida albicans	1,9
Coccidiomicose	0,31
Treponema pallidum (neurossífilis)	0,62
micobactérias atípicas	1,9
Mycobacterium tuberculosis	0,31
Aspergillus fumigatus	0,31
bactérias (E. coli)	0,31
Neoplasias	
✳ Linfoma primário do CNS	4,7
linfoma sistêmico com envolvimento do CNS	3,8
sarcoma de Kaposi (incluindo equivalentes metabólicos do cérebro)	0,93
Acidente vascular	
isquêmico	1,6
hemorragia intracerebral	1,2
diversas/desconhecidas	7,8

[a]Encefalite por CMV pode ocorrer ocasionalmente.
[b]Estimativa mais recente[37] da incidência de PML na AIDS: 4%.

Efeitos primários da infecção por HIV

Além das infecções oportunistas e dos tumores causados pelo estado de imunodeficiência, a infecção com o Vírus da Imunodeficiência Humana (HIV) pode, por si própria, causar envolvimento neurológico direto, incluindo:

1. encefalopatia por AIDS: o envolvimento neurológico mais comum, ocorrendo em cerca de 66% dos pacientes com AIDS e envolvimento do CNS
2. demência por AIDS, também conhecida por complexo demência-HIV
3. meningite asséptica
4. neuropatias cranianas, incluindo a "paralisia de Bell" (às vezes, bilateral)
5. mielopatia relacionada com a AIDS: vacuolização da medula espinal: consultar Mielopatia (p. 1407)
6. neuropatias periféricas

Toxoplasmose do CNS na AIDS

Pode-se apresentar como:
1. lesão de massa (abscesso por toxoplasmose): a lesão mais comum causando efeito de massa em pacientes com AIDS (70-80% das lesões de massa cerebrais na AIDS[39]) (Ver abaixo os achados para CT/MRI)
2. meningoencefalite
3. encefalopatia

A toxoplasmose do CNS ocorre mais tarde no curso da infecção por HIV, geralmente quando as contagens de CD4 ficam abaixo de 200 células/mm³.

PML em HIV/AIDS

Leucoencefalia multifocal progressiva (PML):
1. causada por um poliomavírus onipresente (um subgrupo do papovavírus, pequenos vírus não envelopados com genoma fechado e circular de filamento duplo de DNA) chamados de "vírus JC" (JCV, nomeado após as iniciais do paciente em que o vírus foi descoberto pela primeira vez; não deve ser confundido com Jakob-Creutzfeldt – uma doença priônica – nem com o vírus do Jameston Canyon, também confusamente denominado de vírus JC, um vírus de filamento único de RNA que, às vezes, causa encefalite em seres humanos). 60-80% dos adultos possuem anticorpos contra o JVC[40]
2. manifesta-se com frequência em pacientes com o sistema imune suprimido, incluindo:
   a) AIDS: atualmente a doença subjacente mais comum associada à PML
   b) antes da AIDS, as doenças mais geralmente associadas eram: leucemia linfocítica crônica e linfoma
   c) receptores de aloenxertos: decorrente da imunossupressão[41]
   d) terapia crônica com esteroides
   e) PML, ocorrendo também com outras doenças e com transtornos autoimunes (p. ex., SLE)
3. achados patológicos: perda focalizada de mielina (desmielinização, ∴ efeitos na substância branca) poupando os cilindros de axônio, cercada por astrócitos dilatados e células oligodendrogliais bizarras com corpos de inclusão intranuclear eosinofílicos. O microscópio eletrônico (EM) pode detectar o vírus. Às vezes, ocorre no tronco cerebral e no cerebelo
4. achados clínicos: alterações no estado mental, cegueira, afasia, déficits motores, sensoriais ou de nervos cranianos progressivos e, por fim, o coma. As convulsões são raras
5. achados por imagens: ver abaixo
6. curso clínico: em geral, de progressão rápida para o óbito em poucos meses; às vezes a sobrevida se prolonga inexplicavelmente.[42] Não existe tratamento efetivo. Algumas promessas inicialmente, com a terapia antirretroviral[43]
7. o diagnóstico definitivo exige biópsia do cérebro (sensitividade: 40-96%), embora não realizada com frequência. O JVC foi isolado do cérebro e da urina. A reação em cadeia da polímerase (PCR) do DNA do JCV foi relatada, sendo específica, mas não sensível para PML

Linfoma primário do CNS (PCNSL) na AIDS

Ocorre em cerca de 10% dos pacientes com AIDS.[44] O PCNSL está associado ao vírus de Epstein-Barr (p. 711).

Neurossífilis

1. pacientes com AIDS podem desenvolver neurossífilis em menos de 4 meses a partir da infecção (diferentemente dos 15-20 anos costumeiramente exigidos em pacientes sem comprometimento do sistema imune)
2. a neurossífilis pode-se desenvolver apesar do que, de outra maneira, seria o tratamento adequado para sífilis precoce com PCN benzatina[45,46]
3. recomendações do CDC:[47] tratar os pacientes com neurossífilis sintomática ou não com:
   - penicilina G, 3-4 milhões de unidades, IV, cada 4 h (total de 24 milhões de unidades/d) durante 10 a 14 dias, ou
   - penicilina G procaína, 2,4 milhões de unidades IM diariamente + probenecid 500 mg, QID, via oral, ambas por 10-14 dias
   - alternativa: Rocephin 2 g IV uma vez ao dia, durante 10-14 dias para pacientes com alergia leve a beta-lactamase
   - para alergia grave a beta-lactamase: dessensibilização para PCN

20.4.2 Achados neurorradiológicos em AIDS

Visão geral

Recomenda-se a investigação por MR como procedimento inicial da triagem de escolha para pacientes com AIDS e sintomas do CNS (índice de falso-negativos mais baixo que os da CT[38]).

Consultar ▶ Quadro 20.9 para comparação de achados neurorradiológicos em toxoplasmose, PCNSL e PML.

Quadro 20.9 Comparação de lesões neurorradiológicas na AIDS[a]

Aspecto	Toxoplasmose	PCNSL	PML
multiplicidade	geralmente > 5 lesões	múltiplas mas < 5 lesões	pode ser múltipla
realce	anel	homogêneo	nenhum
localização	gânglios basais e junção da substância cinza	subependimária	geralmente limitada à substância branca
efeito de massa	leve – moderado	leve	nenhum-mínimo
diversos	lesões cercadas por edema	pode-se estender pelo corpo caloso	sinal alto em T2WI, baixo em T1WI

[a]Abreviações: Toxo = toxoplasmose, PCNSL = linfoma primário do CNS, PML = leucoencefalopatia multifocal progressiva.

Achados de CT/MRI em abscesso por toxoplasma

Consultar ▶ Quadro 20.9.
1. achados mais comuns; área grande (baixa densidade na CT) com edema leve a moderado, realce de anel com contraste IV em 68% compatível com abscesso (daqueles sem realce de anel, muitos mostraram áreas hipodensas com menos efeito de massa e leve realce adjacente à lesão), margens bem circunscritas[48]
2. localizados em geral nos *gânglios basais*, são também quase sempre subcorticais
3. com frequência múltiplos (tipicamente acima de cinco lesões[49]) e bilaterais
4. geralmente com pouco a moderado efeito de massa[38] (nos gânglios basais [BG], pode comprimir o terceiro ventrículo e o aqueduto de Sylvius causando hidrocefalia obstrutiva)
5. a maioria dos pacientes com toxoplasmose tem evidência de atrofia cerebral

Achados de CT/MRI em PML

Consultar ▶ Quadro 20.9. Obs.: a aparência da PML pode diferir em pacientes com AIDS da sua aparência em pacientes não aidéticos.
1. CT: áreas difusas de baixa densidade. MRI: alta intensidade em T2WI
2. normalmente atingindo só a substância branca (poupando o córtex); entretanto, em pacientes com AIDS já foi relatado o envolvimento da substância cinza
3. sem realce (tanto na CT como na MRI), diferentemente da maioria das lesões por toxoplasma
4. sem efeito de massa
5. sem edema
6. as lesões podem ser solitárias em 36% das CTs e em 13% das MRIs
7. em geral, as bordas são mais mal definidas que na toxoplasmose[48]

Achados de CT/MRI em linfoma primário do CNS (PCNSL)

Consultar ▶ Quadro 20.9. Nota: Nos pacientes com AIDS, a aparência do PCNSL pode diferir daquela dos pacientes não aidéticos.
1. lesões múltiplas com leve efeito de massa e edema que tende a realce de anel na CT, ou aparência de áreas de hipointensidade cercando a área central de alta intensidade (lesões-alvo) em MRI ponderada em T2WI (diferentemente dos casos sem AIDS que tendem a realçar de maneira homogênea[50])
2. existe tendência maior à multicentricidade em pacientes com AIDS que na população sem problemas no sistema imune[51]

20.4.3 Tratamento de lesões intracerebrais

A consulta ao neurocirurgião é quase sempre solicitada para biópsia em um paciente com AIDS e lesão ou lesões questionáveis. Geralmente, o dilema diagnóstico se aplica a lesões de baixa densidade e nos EUA fica primariamente entre o seguinte:
- toxoplasmose: tratada com pirimetamina e sulfadiazina + leucovorin (ver abaixo)
- PML: nenhum tratamento se mostrou efetivo (iniciar ou aperfeiçoar a terapia antirretroviral pode ajudar[43])
- linfoma do CNS: geralmente tratado com RTX: ver Linfoma do CNS (p. 710)
- Obs.: o *Cryptococcus* é mais comum que a PML ou o linfoma, mas geralmente se manifesta como meningite criptocócica (p. 376) e não como uma lesão *com realce* em *anel*

Recomendações

Em geral, a PML pode ser identificada radiologicamente. Entretanto, só a imagem não é confiável para diferenciar toxoplasmose de linfoma ou de algumas outras condições concorrentes (os pacientes com toxoplasmose podem apresentar simultaneamente outras doenças). Portanto, as recomendações são as seguintes:

1. obter a sorologia básica da toxoplasmose (IgG) em todos os pacientes confirmados como portadores de AIDS (Obs.: 50% da população em geral foi infectada por *Toxoplasma* e apresenta sorologia positiva por volta dos 6 anos de idade; 80 a 90% serão positivos na meia-idade da vida adulta)
2. lesões com realce múltiplo e atingindo os gânglios basais em paciente cuja sorologia para *Toxoplasma* é positiva têm alta probabilidade de serem toxoplasmáticas
3. linfoma primário do CNS (PCNSL): com lesões *únicas*, é mais provável linfoma que toxoplasmose. Caso a possibilidade de PCNSL seja significativa:
   a) considerar LP (contraindicada na presença de efeito de massa)
      - LP de alto volume para citologia: o PCNSL pode ser diagnosticado em cerca de 10 a 25% dos casos usando-se cerca de 10 mL de CSF
      - ou enviar CSF para amplificação do DNA por reação em cadeia da polimerase (PCR) viral do vírus de Epstein-Barr ou do JC-vírus[52] (os agentes responsáveis pelo PCNSL relacionado com a AIDS e PML, respectivamente)
   b) alguns centros recomendam a biópsia precoce para identificar casos de PCNSL e evitar o atraso da RTX por três semanas, enquanto avaliam a resposta aos antibióticos;[38] em vez da biópsia, alguns centros defendem o tratamento empírico por radiação (para um possível linfoma)
4. em paciente com possível toxoplasmose (isto é sorologia para toxoplasmose positiva e achados de imagem típicos para toxo), mesmo que outros quadros não tenham sido excluídos:
   a) terapia inicial: sulfadiazina 1.000 mg, quatro vezes ao dia, para pacientes com até 60 kg ou 1.500 mg, quatro vezes ao dia, para pacientes com 60 kg ou mais + pirimetamina, 200 mg de dose inicial e a seguir 50 mg diariamente para pacientes com menos de 60 kg ou 75 mg ao dia para pacientes com mais de 60 kg + ácido folínico, 10-25 mg ao dia para prevenir a toxicidade hematológica induzida pela pirimetamina
   b) para pacientes que não possam receber sulfadiazina (incluindo aqueles que desenvolvem alergia à sulfa), alterar sulfadiazina por clindamicina, 600 mg IV ou PO cada 6 horas
   c) regimes alternativos:
      - atovaquona 1.500 mg PO BID + pirimetamina, dose inicial de 200 mg, depois 50 mg ao dia para pacientes com menos de 60 kg ou 75 mg diariamente para pacientes com 60 kg ou mais + ácido folínico, 10-25 mg ao dia
      - atovaquona 1.500 mg PO BID + sulfadiazina 1.000 mg quatro vezes ao dia para pacientes com menos de 60 kg ou 1.500 mg quatro vezes ao dia para pacientes com 60 kg ou mais
   d) deverá haver uma resposta clínica ou radiográfica dentro de 2-3 semanas[53]
   e) se não houver resposta à terapia após 3 semanas (alguns recomendam 7-10 dias[54]), considerar então um diagnóstico alternativo (a biópsia do cérebro deverá ser considerada)
   f) se a resposta for satisfatória, reduzir a dosagem de sulfadiazina após 6 para 50% da dose anteriormente mencionada para terapia de manutenção crônica: sulfadiazina 1.000 mg duas vezes ao dia para pacientes de até 60 kg ou 1.500 mg duas vezes ao dia para pacientes com 60 kg ou mais + pirimetamina 25-50 mg diariamente + ácido fólico 10-25 mg diariamente
   g) a terapia de manutenção crônica pode ser descontinuada em pacientes assintomáticos que completaram a terapia inicial, se estiverem recebendo terapia antirretroviral (ART), tenham reduzido a carga viral de HIV e tenham mantido uma contagem de CD4 superior a 200 células/mcl por pelo menos seis meses
5. realizar a biópsia nos seguintes cenários:
   a) em pacientes com sorologia negativa para toxo (observar: os pacientes podem, às vezes, apresentar sorologia negativa por causa da anergia)
   b) lesões acessíveis atípicas para toxo (isto é, sem realce, poupando gânglios basais, localização periventricular)
   c) na presença de infecções extraneurais ou malignidades que possam atingir o CNS
   d) lesão que poderá ser ou linfoma ou toxo (p. ex., lesão isolada, ver 3.A.)
   e) em pacientes com lesões consistentes com toxo, mas que falham em responder a medicamentos antitoxo apropriados no tempo recomendado (ver acima)
   f) o papel da biópsia para lesões *que não realçam* é menos bem definido, pois o diagnóstico não influencia a terapia (a maioria representa PML ou as biópsias não são diagnósticas); ela pode ser útil apenas para fins prognósticos[54]
   g) observação: o risco da biópsia aberta em pacientes com AIDS pode ser mais alto que nos pacientes sem comprometimento do sistema imune. A biópsia estereotática pode ser especialmente bem adequada, com até 96% de eficácia, morbidade muito baixa (risco principal: hemorragia significativa, incidência cerca de 8%) e baixa mortalidade[55,56]
6. diretrizes para biópsia estereotática:
   a) na presença de lesões múltiplas, escolher a lesão mais acessível na área menos eloquente do cérebro, ou a lesão que não responde ao tratamento

b) efetuar a biópsia do centro das lesões que não realçam, ou da porção que realça das lesões com impregnação em anel

c) estudos recomendados sobre biópsia: histologia: corante de imunoperoxidase para *Toxoplasma gondii;* corantes para TB e fungos; cultura para TB, fungos e piógenos

20.4.4 Prognóstico

Os pacientes com toxoplasmose do CNS têm sobrevida média de 446 dias, o que é similar àquela com PML, mas mais prolongada que aquela com PCNSL relacionada com a AIDS.[49]

Pacientes com linfoma do CNS em AIDS sobrevivem, na média, por um período mais curto que aqueles tratados similarmente para linfoma do CNS sem problemas do sistema imune (3 meses *vs.* 13,5 meses). A sobrevida média é de menos 1 mês que nos casos sem tratamento. O linfoma do CNS na AIDS tende a ocorrer tardiamente na doença e, com frequência, os pacientes vão a óbito por causas não relacionadas (p. ex., a pneumonia por *Pneumocystis carinii*).[54]

20.5 Doença de Lyme – manifestações neurológicas

20.5.1 Informações gerais

A doença de Lyme (LD) é uma doença complexa de multissistemas causada por várias espécies de espiroquetas da *Borrelia* (na América do Norte: *Borrelia burgdorferi)* e transmitida aos seres humanos pelo *Ixodes scapularis* ou *pacificus ticks* (o carrapato do cão americano não está envolvido). Ela foi reconhecida pela primeira vez em Lyme, Connecticut (EUA) em 1975, sendo hoje a infecção por artrópodos mais comum naquele país.[57]

20.5.2 Achados clínicos

Há três estádios clínicos que podem se sobrepor ou ocorrer separadamente.

▶ **Estádio 1 (doença localizada precocemente, *erythema migrans* e moléstia semelhante à gripe).** Os sinais sistêmicos da infecção geralmente aparecem como uma moléstia semelhante à da gripe, dias ou semanas da infecção, e os sintomas incluem: febre, calafrios, mal-estar, fadiga ou letargia, lombalgia, cefaleia, artralgia e mialgia. Pode ocorrer linfadenopatia regional ou localizada.

A marca registrada da LD é o *erythema chronicum migrans* (ECM) (classicamente uma erupção "em alvo") que aparece entre 3 e 30 dias após a picada do carrapato e atinge entre 60 e 75% dos pacientes. O ECM geralmente aparece na coxa, na região inguinal e consiste em uma erupção em expansão com bordas vermelhas brilhantes e o centro claro, além da enduração que geralmente diminui sem escaras em 3-4 semanas. Além do ECM, outros achados dermatológicos incluem: erupção malar (13%), eritema difuso e urticária. Dentro de 30 dias a contar da picada do carrapato, espiroquetas podem ser observados no fluido espinal acelular.

▶ **Estádio 2 (doença disseminada precocemente).** Várias semanas a meses a partir da infecção, os pacientes não tratados desenvolvem sinais de envolvimento orgânico mais grave. A doença pode levar a problemas cardíacos e neurológicos e as manifestações incluem:

1. cardíacas: atingem 8% dos pacientes. Defeitos de condução (geralmente bloqueio A-V, transitório e leve) e miopericardite
2. oculares: panoftalmia, atrofia óptica isquêmica e raramente ceratite intersticial
3. neurológicas: ocorrem em 10 a 15% dos pacientes com doença no Estádio 2:
   a) a tríade clínica de manifestações neurológicas da doença de Lyme é:[58]
      - neurite craniana (especialmente aquela que imita a paralisia de Bell: a doença de Lyme é a causa mais comum da "paralisia de Bell" bilateral (diplegia facial) em áreas endêmicas)
      - meningite
      - radiculopatia
   b) outros possíveis envolvimentos neurológicos incluem: encefalite, mielite, neurite periférica

Com frequência, os achados neurológicos são migratórios, e cerca de 60% dos pacientes apresentam achados neurológicos múltiplos simultaneamente. Na Europa, a síndrome de Bannwarth (meningite linfocítica crônica, neuropatia periférica e radiculopatia) é a manifestação mais comum e atinge, primariamente, o sistema nervoso periférico.[59] Em geral, os sintomas neurológicos se resolvem gradualmente.

▶ **Estádio 3 (doença tardia).** A artrite e as síndromes neurológicas crônicas podem ocorrer neste estádio. As artralgias são comuns no estádio 1, mas a verdadeira artrite geralmente não se manifesta por meses a anos após a infecção, sendo observada em cerca de 60% dos casos.[60] Ao se manifestar, a artrite pode atingir o joelho (89%), quadril (9%), ombro (9%), tornozelo (7%) e/ou cotovelo (2%).[61] O envolvimento neurológico inclui:[62]

1. encefalopatia (crônica; a manifestação pode ser sutil)
2. encefalomielite (crônica; a manifestação pode ser sutil)
3. neuropatia periférica (crônica; a manifestação pode ser sutil)
4. ataxia
5. demência
6. transtorno do sono
7. doença neuropsiquiátrica e síndromes de fadiga

20.5.3 Diagnóstico

Critérios diagnósticos

Não há nenhum teste indicativo de infecção ativa. A cultura do espiroqueta de seres humanos infectados é difícil. O diagnóstico será fácil se houver história de viagem para áreas endêmicas, picada de carrapato e ECM identificados. O ▶ Quadro 20.10 mostra os critérios do CDC para o diagnóstico.

Sorologia

O desenvolvimento de anticorpos contra o *B. burgdorferi* leva de 7 a 10 dias a partir da infecção inicial, mas são necessárias cerca de 2 a 3 semanas antes que esses anticorpos possam ser confiavelmente detectados em pacientes não tratados (os antibióticos podem reduzir a resposta imune).[64] Se o primeiro teste sérico for negativo, ele deverá ser repetido dentro de 4 a 6 semanas se a suspeita clínica de LD for significativa (a soroconversão de negativo para positivo dá o suporte à infecção por *B. burgdorferi*). Falso-positivos podem ocorrer com outras infecções por *Borrelia* e *Treponemas* (p. ex., sífilis, mas o teste VDRL fará a diferenciação entre as duas).

O ensaio enzimático imunossorvente (ELISA) detecta IgM ou IgC. Os anticorpos contra *B.burgdorferi* são o método de teste usual. A IgM se mostra agudamente elevada, e a IgG aumenta gradativamente e está elevada em quase todos os pacientes entre 4 e 6 semanas, sendo em geral a mais alta em pacientes com artrite.[57] O teste Western blot pode ajudar a identificar resultados ELISA falso-positivos (mais sensível e específico que o ELISA, mas cujos resultados podem variar entre os laboratórios). A amplificação do DNA do *B. burgdorferi* pela reação em cadeia da polimerase (PCR) leva a um teste muito mais sensível que pode ter falso-positivos significativos e pode ser positivo mesmo se o DNA for obtido de organismos mortos.

CSF

A titulagem elevada de anticorpos de IgG do CSF contra *B. burgdorferi* pode ocorrer com o envolvimento neurológico.[65] Os achados de CSF na doença tardia são geralmente compatíveis com meningite asséptica. Podem ocorrer também bandas oligoclonais e aumento na proporção de IgG:albumina.[66]

20.5.4 Tratamento

Consultar referências.[67,68,62]

A terapia com antibióticos é mais eficaz no início da doença.

20.6 Abscesso cerebral por *Nocardia*

20.6.1 Informações gerais

A infecção por *Nocardia* pode afetar o CNS de várias maneiras.

Quadro 20-10 Critérios do CDC para diagnóstico da doença de Lyme[63]

Área	Critérios
em área endêmica	• *Erythema chronicum migrans* (ECM) • título de anticorpos ≥ 1:256 por IFA[a] e envolvimento de ≥ 1 sistema orgânico[b]
em área não endêmica	• ECM com título de anticorpos ≥ 1:256 • ECM com envolvimento de ≥ 2 sistemas orgânicos[b] • titulagem de anticorpos ≥ 1:256 por IFA[a] e envolvimento de ≥ 1 sistema orgânico[b]

[a]IFA = anticorpo por imunofluorescência.
[b]Ou musculosquelético, ou neurológico ou cardíaco.

A nocardiose é causada primariamente por *Nocardia asteroides* (outras espécies de *Nocardia* como *N. brasiliensis* são menos comuns), um actinomiceto (uma bactéria, não um fungo) aeróbio nascido no solo, geralmente inoculado através do trato respiratório e produzindo infecção localizada ou disseminada. A disseminação hematogênica resulta, geralmente, em lesões cutâneas e envolvimento do CNS. O *Nocardia* é responsável por 2% de todos os abscessos cerebrais, a maioria dos quais por *N. asteroides*.

A doença ocorre principalmente em pacientes com doenças crônicas debilitantes, como:
1. neoplasias: leucemia, linfoma...
2. condições exigindo tratamento com corticosteroides a longo prazo
3. doença de Cushing
4. doença óssea de Paget
5. AIDS
6. receptores de transplante de órgão cardíaco ou renal

O diagnóstico é suspeito em pacientes de alto risco apresentando-se com abscessos de partes moles e lesões do CNS. O envolvimento desse sistema ocorre em cerca de um terço e inclui:
1. abscesso cerebral: com frequência multiloculado
2. meningite
3. ventriculite em paciente com derivação de CSF[69]
4. compressão epidural da medula espinal por osteomielite vertebral[70]

20.6.2 Diagnóstico

A biópsia do cérebro pode não ser necessária em pacientes de alto risco com infecção por *Nocardia* confirmada em outros sítios,[69] exceto possivelmente em pacientes com AIDS, em que o risco de infecções por organismos múltiplos ou de infecção mais tumor (especialmente linfoma) seja considerável.

20.6.3 Tratamento

Informações gerais

As indicações cirúrgicas (p. 324) são as mesmas que aquelas para outros abscessos.

Antibióticos

Consultar referências.[71,72]
- escolha primária: trimetoprim-sulfametoxazol (TMP-SMZ 15 mg/kg IV do componente de trimetoprim ao dia, divididos em duas ou quatro doses MAIS imipenem 500 mg IV cada 6 horas ± amicacina 7,5 mg/kg IV cada 12 horas (se houver doença do CNS com envolvimento de órgãos múltiplos)
- em caso de alergia à sulfa: imipenem 500 mg IV cada 6 horas MAIS amicacina 7,5 mg/kg IV cada 12 horas

A verificação da suscetibilidade antibiótica deverá ser conduzida em todos os isolados.

Duração: por causa dos riscos de relapso ou de disseminação hematogênica, recomenda-se o tratamento por pelo menos um ano com envolvimento do CNS e possivelmente por toda a vida para hospedeiros imunocomprometidos.

Referências

[1] Baltas I, Tsoulfa S, Sakellariou P, et al. Posttraumatic Meningitis: Bacteriology, Hydrocephalus, and Outcome. Neurosurg. 1994; 35:422–427

[2] Eljamel MSM, Foy PM. Post-Traumatic CSF Fistulae, the Case for Surgical Repair. Br J Neurosurg. 1990; 4:479–483

[3] Lewin W. Cerebrospinal Fluid Rhinorrhea in Closed Head Injuries. Clin Neurosurg. 1966; 12:237–252

[4] Horwitz NH, Levy CS. Comment on Baltas I, et al.: Posttraumatic Meningitis: Bacteriology, Hydrocephalus, and Outcome. Neurosurgery. 1994; 35

[5] van de Beek D, Brouwer MC, Thwaites GE, Tunkel AR. Advances in treatment of bacterial meningitis. Lancet. 2012; 380:1693–1702

[6] Calfee DP, Wispelwey B. Brain abscess. Semin Neurol. 2000; 20:353–360

[7] Mamelak AN, Mampalam TJ, Obana WG, Rosenblum ML. Improved Management of Multiple Brain Abscesses: A Combined Surgical and Medical Approach. Neurosurgery. 1995; 36:76–86

[8] Takeshita M, Kagawa M, Yato S, et al. Current treatment of brain abscess in patients with congenital cyanotic heart disease. Neurosurgery. 1997; 41:1270–1279

[9] Kanter MC, Hart RG. Neurologic Complications of Infective Endocarditis. Neurology. 1991; 41:1015–1020

[10] Garvey G. Current Concepts of Bacterial Infections of the Central Nervous System: Bacterial Meningitis and Bacterial Brain Abscess. J Neurosurg. 1983; 59:735–744

[11] Nunez DA, Browning GG. Risks of Developing an Otogenic Intracranial Abscess. J Laryngol Otol. 1990; 104:468–472

[12] Hollin SA, Hayashi H, Gross SW. Intracranial Abscesses of Odontogenic Origin. Oral Surg. 1967; 23:277–293

[13] Williams FH, Nelms DK, McGaharan KM. Brain Abscess: A Rare Complication of Halo Usage. Arch Phys Med Rehabil. 1992; 73:490–492

[14] Grimstad IA, Hirschberg H, Rootwelt K. 99mTc-hexamethylpropyleneamine oxime leukocyte scintigraphy and C-reactive protein levels in the differential diagnosis of brain abscesses. J Neurosurg. 1992; 77:732–736

[15] Fritz DP, Nelson PB, Roos KL. In: Brain Abscess. Central Nervous System Infectious Diseases and Therapy. New York: Marcel Dekker; 1997:481–498

[16] Desprechins B, Stadnik T, Koerts G, Shabana W, Breucq C, Osteaux M. Use of diffusion-weighted MR imaging in differential diagnosis between intracerebral necrotic tumors and cerebral abscesses. AJNR Am J Neuroradiol. 1999; 20:1252–1257

[17] Mueller-Mang C, Castillo M, Mang TG, Cartes- Zumelzu F, Weber M, Thurnher MM. Fungal versus bacterial

brain abscesses: is diffusion-weighted MR imaging a useful tool in the differential diagnosis? Neuroradiology. 2007; 49:651–657

[18] Britt RH, Enzmann DR. Clinical Stages of Human Brain Abscesses on Serial CT Scans After Contrast Infusion. J Neurosurg. 1983; 59:972–989

[19] Heineman HS, Braude AI, Osterholm JL. Intracranial Suppurative Disease. JAMA. 1971; 218:1542–1547

[20] Black P, Graybill JR, Charache P. Penetration of Brain Abscess by Systemically Administered Antibiotics. J Neurosurg. 1973; 38:705–709

[21] Rosenblum ML, Hoff JT, Norman D, et al. Nonoperative Treatment of Brain Abscesses in Selected Highrisk Patients. J Neurosurg. 1980; 52:217–225

[22] Ruelle A, Zerbi D, Zuccarello M, Andrioli G. Brain Stem Abscess Treated Successfully by Medical Therapy. Neurosurgery. 1991; 28:742–746

[23] Zeidman SM, Geisler FH, Olivi A. Intraventricular Rupture of a Purulent Brain Abscess: Case Report. Neurosurgery. 1995; 36:189–193

[24] Stephanov S. Surgical Treatment of Brain Abscess. Neurosurgery. 1988; 22:724–730

[25] Hollander D, Villemure J-G, Leblanc R. Thalamic Abscess: A Stereotactically Treatable Lesion. Appl Neurophysiol. 1987; 50:168–171

[26] Rosenblum ML, Hoff JT, Norman D, et al. Decreased Mortality from Brain Abscesses Since Advent of CT. J Neurosurg. 1978; 49:658–668

[27] Stephanov S, Sidani AH. Intracranial subdural empyema and its management. A review of the literature with comment. Swiss Surg. 2002; 8:159–163

[28] Kubik CS, Adams RD. Subdural Empyema. Brain. 1943; 66:18–42

[29] Maniglia AJ, Goodwin WJ, Arnold JE, Ganz E. Intracranial Abscess Secondary to Nasal, Sinus, and Orbital Infections in Adults and Children. Arch Otolaryngol Head Neck Surg. 1989; 115:1424–1429

[30] Dill SR, Cobbs CG, McDonald CK. Subdural Empyema: Analysis of 32 Cases and Review. Clin Inf Dis. 1995; 20:372–386

[31] Garfin SR, Botte MJ, Triggs KJ, Nickel VL. Subdural Abscess Associated with Halo-Pin Traction. J Bone Joint Surg. 1988; 70A:1338–1340

[32] Jacobson PL, Farmer TW. Subdural Empyema Complicating Meningitis in Infants: Improved Prognosis. Neurology. 1981; 31:190–193

[33] Weisberg L. Subdural Empyema: Clinical and Computed Tomographic Correlations. Arch Neurol. 1986; 43:497–500

[34] Mauser HW, Ravijst RAP, Elderson A, van Gijn J, Tulleken CAF. Nonsurgical Treatment of Subdural Empyema: Case Report. J Neurosurg. 1985; 63:128–130

[35] Levy RM, Bredesen DE, Rosenblum ML. Neurological manifestations of the acquired immunodeficiency syndrome (AIDS): Experience at UCSF and review of the literature. J Neurosurg. 1985; 62:475–495

[36] Simpson DM, Tagliati M. Neurologic Manifestations of HIV Infection. Ann Intern Med. 1994; 121:769–785

[37] Berger JR, Kaszovitz B, Post JD, et al. Progressive Multifocal Leukoencephalopathy Associated with Human Immunodeficiency Virus Infection: A Review of the Literature with a Report of Sixteen Cases. Ann Intern Med. 1987; 107:78–87

[38] Ciricillo SF, Rosenblum ML. Use of CT and MR Imaging to Distinguish Intracranial Lesions and to Define the Need for Biopsy in AIDS Patients. J Neurosurg. 1990; 73:720–724

[39] Chaisson RE, Griffin DE. Progressive Multifocal Leukoencephalopathy in AIDS. JAMA. 1990; 364:79–82

[40] Demeter LM, Mandell GL, Bennett JE. In: JC, BK, and other polyomaviruses; progressive multifocal leukoencephalopathy. Mandell, Douglas and Bennett Principles and Practice of Infectious Diseases. 4th edition ed. New York: Churchill Livingstone; 1995:1400–1406

[41] Krupp LB, Lipton RB, Swerdlow ML, Leeds NE, Llena J. Progressive Multifocal Leukoencephalopathy: Clinical and Radiographic Features. Ann Neurol. 1985; 17:344–349

[42] Berger JR, Mucke L. Prolonged Survival and Partial Recovery in AIDS-Associated Progressive Multifocal Leukoencephalopathy. Neurology. 1988; 38:1060–1065

[43] Elliot B, Aromin I, Gold R, Flanigan T, Mileno M. 2.5 year remission of AIDS-associated progressive multifocal leukoencephalopathy with combined antiretroviral therapy. Lancet. 1997; 349

[44] Jean WC, Hall WA. Management of Cranial and Spinal Infections. Contemp Neurosurg. 1998; 20:1–10

[45] Johns DR, Tierney M, Felenstein D. Alterations in the Natural History of Neurosyphilis by Concurrent Infection with the Human Immunodeficiency Virus. N Engl J Med. 1987; 316:1569–1592

[46] Lukehart SA, Hook EW, Baker-Zander SA, Collier AC, et al. Invasion of the Central Nervous System by Treponema pallidum: Implications for Diagnosis and Treatment. Ann Int Med. 1988; 109:855–862

[47] Workowski KA, Bolan GA. Sexually transmitted diseases treatment guidelines, 2015. MMWR Recomm Rep. 2015; 64:1–137

[48] Jarvik JG, Hesselink JR, Kennedy C, et al. Acquired Immunodeficiency Syndrome: Magnetic Resonance Patterns of Brain Involvement with Pathologic Correlation. Arch Neurol. 1988; 45:731–736

[49] Sadler M, Brink NS, Gazzard BG. Management of Intracerebral Lesions in Patients with HIV: A Retrospective Study with Discussion of Diagnostic Problems. Q J Med. 1998; 91:205–217

[50] Schwaighofer BW, Hesselink JR, Press GA, et al. Primary Intracranial CNS Lymphoma: MR Manifestations. AJNR. 1989; 10:725–729

[51] So YT, Beckstead JH, Davis RL. Primary central nervous system lymphoma in acquired immune deficiency syndrome: A clinical and pathological study. Ann Neurol. 1986; 20:566–572

[52] Cinque P, Brytting M, Vago L, et al. Epstein-Barr Virus DNA in Cerebrospinal Fluid from Patients with AIDS-Related Primary Lymphoma of the Central Nervous System. Lancet. 1991; 342:398–401

[53] Cohn JA, Meeking MC, Cohen W, et al. Evaluation of the policy of empiric treatment of suspected toxoplasma encephalitis in patients with the acquired immunodeficiency syndrome. Am J Med. 1989; 86:521–527

[54] Chappell ET, Guthrie BL, Orenstein J. The Role of Stereotactic Biopsy in the Management of HIVRelated Focal Brain Lesions. Neurosurgery. 1992; 30:825–829

[55] Levy RM, Russell E, Yungbluth M, et al. The efficacy of image-guided stereotactis brain biopsy in neurologically symptomatic acquired immunodeficiency syndrome patients. Neurosurgery. 1992; 30:186–190

[56] Nicolato A, Gerosa M, Piovan E, et al. Computerized Tomography and Magnetic Resonance Guided Stereotactic Brain Biopsy in Nonimmunocompromised and AIDS Patients. Surg Neurol. 1997; 48:267–277

[57] Nocton JJ, Steere AC. Lyme Disease. Adv Int Med. 1995; 40:69–117

[58] Pachner AR, Steere AC. The Triad of Neurologic Manifestations of Lyme Disease: Meningitis, Cranial Neuritis, and Radiculoneuritis. Neurology. 1985; 35:47–53

[59] Pachner AR, Duray P, Steere. Central Nervous System Manifestations of Lyme Disease. Arch Neurol. 1990; 46:790–795

[60] Steere AC, Schoen RT, Taylor E. The Clinical Evolution of Lyme Arthritis. Ann Intern Med. 1987; 107:735–731

[61] Centers for Disease Control. Lyme Disease – Connecticut. MMWR. 1988; 37:1–3

[62] Sigal LH. Lyme Disease Overdiagnosis: Cause and Cure. Hosp Pract. 1996; 31:13–15

[63] Weinstein A, Bujak DI. Lyme Disease: A Review of its Clinical Features. NY State J Med. 1989; 89:566–571

[64] Magnarelli LA. Current Status of Laboratory Diagnosis for Lyme Disease. Am J Med. 1995; 98 (S4A):10–2S

[65] Wilkse B, Scheirz G, Preac-Mursic V, et al. Intrathecal Production of Specific Antibodies Against Borrelia burgdorferi in Patients with Lymphocytic Meningoradiculitis (Bannwarth's Syndrome). J Infect Dis. 1986; 153:304–314

[66] Henriksson A, Link H, Cruz M, et al. Immunoglobulin Abnormalities in Cerebrospinal Fluid and Blood Over

the Course of Lymphocytic Meningoradiculitis (Bannwarth's Syndrome). Ann Neurol. 1986; 20:337–345

[67] Treatment of Lyme Disease. Med Letter. 1988; 30:65–66

[68] Steere AC. Lyme Disease. N Engl J Med. 1989; 321:586–596

[69] Byrne E, Brophy BP, Pettett LV. Nocardia Cerebral Abscess: New Concepts in Diagnosis, Management, and Prognosis. J Neurol Neurosurg Psychiatry. 1979; 42:1038–1045

[70] Awad I, Bay JW, Petersen JM. Nocardial Osteomyelitis of the Spine with Epidural Spinal Cord Compression – A Case Report. Neurosurgery. 1984; 15:254–256

[71] Sorrell TC, Iredell JR, Mandell GL, Bennett JE, Dolin R. Principles and Practice of Infectious Diseases. 6th ed. Philadelphia: Elsevier; 2005

[72] Lerner PI. Nocardiosis. Clin Infect Dis. 1996; 22:891–903; quiz 904-5

21 Infecções do Crânio, da Coluna e Pós-Cirúrgicas

21.1 Infecções de derivação

21.1.1 Epidemiologia

Índice aceitável de infecção de derivação:[1] < 5-7% (embora muitos estudos publicados apresentem índice próximo de 20%,[2] possivelmente por causa da diferença entre as populações de pacientes).

Risco de infecção precoce após cirurgia de derivação: faixa informada de 3-20% por procedimento (tipicamente próximo de 7%).

Mais de 50% das infecções por estafilococos ocorrem dentro de duas semanas pós-derivação, 70% dentro de dois meses. Com frequência, a fonte é a pele do próprio paciente;[1] estima-se que em cerca de 3% das cirurgias para inserção de derivação o CSF já está infectado, portanto, recomenda-se análise do CSF durante a inserção da derivação.

21.1.2 Morbidade das infecções de derivação em crianças

Crianças com infecções de derivação apresentam índice aumentado de mortalidade e risco de convulsões em relação àquelas sem essa infecção. As crianças com mielomeningocele que desenvolvem ventriculite após a derivação apresentam quociente de inteligência (IQ) mais baixo, em comparação àquelas sem infecção.[3] A mortalidade varia entre 10 a 15%.

21.1.3 Fatores de risco para infecção de derivação

Muitos fatores já foram responsabilizados, e alguns que parecem estar mais bem documentados incluem:
* paciente muito jovem:[2] nos pacientes com mielomeningocele (MM), aguardar até que a criança complete 2 semanas de idade pode reduzir significativamente o índice de infecção
* duração do procedimento
* defeito aberto do tubo neural

21.1.4 Patógenos

Infecção precoce

Mais geralmente:
* *Staphylococcus epidermidis* (*Staph.* coagulase-negativos): 60-75% das infecções (mais comum)
* *S. aureus*
* bacilos Gram-negativos (GNB): 6-20% (podem-se originar de perfuração intestinal)

Em neonatos os patógenos dominantes são: *E. coli* e *Streptococcus hemolíticus.*

Infecção tardia (> 6 meses após o procedimento)

Risco: 2,7 a 31% por paciente (em geral 6%). Quase todos por *S. epidermidis;* 3,5% dos pacientes respondem por 27% das infecções.[4]

Infecções "tardias" de derivações podem ser decorrentes de:
* uma infecção indolente causada por *Staph. Epidermidis*
* sedimentação de uma derivação vascular durante episódio de septicemia (provavelmente muito raro)
* colonização de um episódio de meningite

Infecções fúngicas

Infecções pelas espécies *Candida*

As espécies *Candida* são responsáveis para maioria das infecções fúngicas de derivações ventriculares. Em geral, atingem crianças com menos de 1 ano de idade. Incidência: 1-7%.[5] O quarto principal patógeno causador de meningite em pacientes neurocirúrgicos em um estudo,[6] possivelmente relacionado com o uso de antibióticos profiláticos no monitoramento de ICP e drenagem de CSF. A incidência é mais alta em pacientes com derivações ventrículo/peritoneais (VP), com infecções abdominais e derivações inseridas em pacientes com meningite bacteriana anterior.[7] Tipicamente, o CSF mostra: contagem elevada de WBCs e de proteína, glicose normal. Recomendações de tratamento:
1. remoção completa da derivação contaminada (pode ser mais importante que com infecções bacterianas)
2. inserção de um dreno ventricular externo e novo (se o paciente depender da derivação)
3. tratar com terapia antifúngica

21

340 Infecção

4. inserir derivação nova após ≥ 5-7 dias de terapia e resposta clínica aparente
5. continuar com agentes antifúngicos por 6-8 semanas

21.1.5 Apresentação

Sinais e sintomas

Síndrome não específica: febre, náusea e vômito, cefaleia, letargia, anorexia. A infecção também pode-se manifestar por mau funcionamento da derivação; 29% dos pacientes que se apresentam com esse funcionamento insatisfatório da derivação mostram culturas positivas.

Podem ocorrer eritema e sensibilidade ao longo da tubulação da derivação.

A infecção distal de derivações ventriculoperitoneais pode imitar quadro de abdome agudo.

Em neonatos, a infecção pode-se manifestar como episódios apneicos, anemia, hepatoesplenomegalia e rigidez de nuca.[8] As infecções por *S. epidermis* tendem a ser indolentes (ficam em estado latente). Infecções por bacilos Gram-negativos (GNB) geralmente causam doença mais grave: os achados abdominais são mais comuns; a manifestação clínica principal é a febre, geralmente intermitente e de baixo grau.

Nefrite da derivação:[9] pode ocorrer com infecção crônica de baixa intensidade de uma derivação ventrículo/vascular, causando deposição do complexo imune em glomérulos renais, caracterizada por proteinúria e hematúria.

Testes sanguíneos

WBC: < 10 K em um quarto das infecções de derivação. A contagem é de > 20 K em um terço.

ESR: raramente normal em infecções de derivação.

Culturas sanguíneas: positivas em menos de um terço dos casos.

CSF: WBCs ficam geralmente não acima de 100 células/mm³. Corantes de Gram podem ser positivos em cerca de 50% (o resultado com *S. epidermis* é mais baixo). A proteína está com frequência elevada, a glicose pode estar baixa ou normal. Testes rápidos de antígenos usados para meningite adquirida na comunidade em geral não são úteis para os organismos que tendem a causar infecções de derivações. As culturas de CSF são negativas em 40% dos casos (resultado mais alto da cultura, se a contagem de WBCs do CSF for superior a 20 K).

Avaliação de derivação quanto à infecção

1. história e exame físico direcionados para determinar a presença dos sinais e sintomas já mencionados com ênfase em:
   a) história sugestiva de infecção em outro sítio:
   - exposição a terceiros com síndromes virais, incluindo irmãos doentes
   - fonte GI (p. ex., gastroenterite aguda). Em geral, associada à diarreia
   - otite média (verificar membranas timpânicas)
   - tonsilite/faringite
   - apendicite (inflamação peritoneal pode impedir o fluxo de saída de uma derivação VP)
   - infecção do trato respiratório superior (URI)
   - infecção do trato urinário (UTI)
   - pneumonia
   b) exame físico para descartar meningismo (rigidez de nuca, fotofobia...)
2. sangue
   a) contagem sérica de WBCs com diferencial
   b) reagentes de fase aguda: ESR e CRP
   c) culturas sanguíneas
3. drenagem (*tap*) da derivação: deverá ser feita em casos de suspeita de infecção de derivação. Cortar o cabelo (não raspar) e fazer assepsia cuidadosa para evitar introduzir infecção. GNBs exigem terapia diferente e possuem morbidade mais alta que os *Staph*; por isso recomenda-se identificar esses pacientes raros: mais de 90% deles possuem esfregaço de CSF positivo com corante Gram (apenas poucas infecções Gram-positivas apresentam resultados positivos). Os GNBs apresentam níveis mais altos de proteína e glicose mais baixa, e os neutrófilos predominam na contagem diferencial (dados não publicados[1])
4. investigação por imagens:
   a) CT: em geral sem utilidade para diagnosticar infecção. O realce ependimário, quando ocorre, é diagnóstico de ventriculite. A CT pode demonstrar mau funcionamento da derivação
   b) US ou CT abdominal: a presença de um pseudocisto abdominal é sugestiva de infecção
5. LP: em geral NÃO recomendada. ✖ Pode ser perigosa na hidrocefalia obstrutiva (HCP) com uma derivação não funcionante. Com frequência, não leva ao patógeno, mesmo na HCP comunicante, especialmente se a infecção estiver limitada a uma ventriculite. Se positiva, pode prevenir um *tap* de derivação

Infecções do Crânio, da Coluna e Pós-Cirúrgicas **341**

21.1.6 Tratamento

Somente antibióticos (sem remoção do hardware da derivação)

Embora a erradicação de infecções de derivação sem remoção do *hardware* já tenha sido relatada,[10 (p. 595-7)],[11] esse procedimento tem índice de sucesso mais baixo que aquele com a remoção da derivação,[12] pode exigir tratamento prolongado (de até 45 dias em alguns casos), existem problemas de risco associados à drenagem de CSF infectado no peritônio (absorção reduzida de CSF, sinais/sintomas abdominais desde sensibilidade até peritonite com obstrução intestinal completa[10 (p. 235)] ou sistema vascular – nefrite de derivação (p. 340), sepse... – e exige, pelo menos, revisão parcial da derivação em algum momento, na maioria dos casos. O tratamento com antibióticos sem remoção da derivação é, portanto, recomendado somente nos casos em que o paciente: esteja em quadro terminal, tenha risco anestésico insatisfatório ou ventrículos fendidos que podem dificultar a cateterização.

Remoção de hardware de derivação

Na maioria dos casos, durante o tratamento inicial com antibióticos, a derivação ou é externalizada (isto é, a tubulação é desviada em algum ponto distal ao cateter ventricular e conectada a um sistema de drenagem fechado), ou às vezes toda a derivação pode ser removida. Nesse último caso, alguns meios de drenagem de CSF devem ser fornecidos em casos de dependência da derivação: ou pela inserção de um dreno ventricular externo (EVD) ou por *taps* ventriculares intermitentes (raramente empregados) ou LPs (com HCP comunicante). O EVD permite o monitoramento fácil de fluxo de CSF, controle da ICP e amostragem repetida por sinais de resolução de infecção (normalização da contagem de WBCs e culturas de vigilância). Além disso, o EVD permite a administração possível de antibióticos intratecais. Em pacientes sintomáticos, ou naqueles com cultura de CSF positiva,[13] qualquer *hardware* removido deverá ser submetido à cultura, pois somente cerca de 8% é estéril em infecções de derivações. Os organismos da pele são exigentes e podem precisar de vários dias para crescer.

Se houver um pseudocisto abdominal, o fluido deverá ser drenado pelo cateter peritoneal antes de ser removido.

Antibióticos

Antibióticos empíricos

Consultar referência.[14]

1. vancomicina (adulto) 15 mg/kg cada 8-12 horas para atingir nível mínimo de 15-20 mg/dL para cobertura contra MRSA + cefepima 2 g IV cada 8 horas ou meropenem 2 g cada 8 horas para cobrir patógenos Gram-negativos. Terapia simplificada com base em resultados de cultura e de sensibilidade
2. a injeção intraventricular de antibióticos sem conservantes pode ser usada em adição à terapia IV. Fechar EVD por uma hora após a injeção

Tratamento para organismos específicos

Culturas positivas de *hardware* de derivação removido quando da revisão da derivação e na ausência de sintomas clínicos, ou uma cultura positiva de CSF podem ser decorrentes da contaminação e nem sempre exigem tratamento.[13]

1. *S. aureus* e *S. epidermidis*
   a) se houver sensibilidade à meticilina: nafcilina ou oxacilina ± vancomicina intratecal (IT)
   b) se houver resistência à meticilina: continuar vancomicina IV + rifampina PO ± vancomicina IT
2. *Enterococcus:* ampicilina IV ± gentamicina IT
3. outros estreptococos: ou um antiestreptococo ou o regime enterocóccico já mencionado
4. bastonetes Gram-negativos (GNR) aeróbios: baseado nas suscetibilidades. São indicados tanto beta-lactâmico IV quanto aminoglicosídeos IT
5. *Serratia marcescens:* uma causa rara de infecção de derivação VP,[15] mas a alta morbidade pode justificar a terapia antibiótica agressiva (ceftriaxona IV + aminoglicosídeos IT) e tratamento cirúrgico
6. espécie *Corinebacterium* e espécie *Proprionibacterium* (difteroides):
   a) se houver sensibilidade à penicilina (PCN): usar o regime enterocóccico acima
   b) se houver resistência a PCN: Vancomicina IV + IT
7. espécie *Candida:* consulte protocolo e medicamentos (p. 320). Justificam-se a terapia sistêmica antifúngica e a remoção da derivação. Evitar equinocandinas (drogas antifúngicas que inibem a síntese de glicano na parede da célula fúngica), pois sua penetração no CNS é ruim

Tratamento subsequente

Uma vez o CSF ficando estéril por três dias, converter o EVD em uma derivação (mesmo que o EVD não tenha sido usado, é ainda recomendável que a derivação seja substituída por um novo *hardware*). Continuar com os antibióticos por mais 10 a 14 dias.

Tratamento de derivações ventriculoperitoneais em pacientes com peritonite

A peritonite pode ocorrer como consequência de:
1. perfuração visceral (às vezes como resultado de penetração pela ponta do cateter peritoneal,[16] mais comum com a tubulação obsoleta de Raimondi reforçada com fios)
2. peritonite bacteriana espontânea (SBP): ausência de uma fonte intra-abdominal identificável. O diagnóstico é mais comum em pacientes com ascite cirrótica[17]
3. ou como resultado de sedimentação através de uma derivação VP em paciente com infecção de derivação; organismos cutâneos predominantemente Gram-positivos[18]

Preocupações após episódio de peritonite em paciente com derivação VP:
1. infecção ascendente para o CNS: incomum, especialmente no cenário agudo enquanto em tratamento de antibióticos apropriados com derivações contendo uma válvula de via única (como a maioria). Culturas de CSF positivas para flora intestinal predominantemente mista e Gram-negativa[18]
2. contaminação da derivação distal: evita a erradicação permanente da infecção (a apendicite na ausência de peritonite não produz infecção da derivação[18])
3. mau funcionamento da derivação por causa de obstrução distal do desvio: frequentemente como resultado de emparedamento da ponta do cateter, geralmente pelo omento em reação à infecção

Recomendações de tratamento após episódio de peritonite (muitas opções viáveis):
1. tratamento apropriado imediato da peritonite, geralmente realizado por cirurgião geral (p. ex., para ruptura de apêndice: apendectomia e antibióticos apropriados), com tentativa inicial de tratamento da derivação não sendo obrigatória
2. em termos anedóticos, casos têm sido tratados com sucesso com a limpeza do cateter peritoneal com solução de bacitracina e, em seguida, envelopando o cateter em uma esponja LAP embebida em bacitracina até o momento de fechar o abdome
3. se a peritonite for difusa ou se o cateter da derivação for considerado contaminado, uma opção será externalizar o cateter distal, de preferência assim que o paciente esteja estabilizado da peritonite (sem febre, com sinais vitais estáveis e contagem normal de WBCs)
   a) a externalização é feita de modo a evitar empurrar o cateter contaminado em direção a porções felizmente estéreis da derivação. Isto pode ser feito reabrindo-se a incisão da pele usada para inserir o cateter peritoneal e executando-se uma segunda incisão sobre a tubulação da derivação, bem acima desse ponto de entrada. O cateter é, então, seccionado na incisão superior. Ele é agarrado na incisão inferior e puxado, extraindo-se as duas extremidades (a peritoneal e a extremidade que se acabou de cortar). A porção remanescente do cateter vindo de cima é conectada a um sistema externo de drenagem
   b) as culturas de CSF são monitoradas diariamente
   c) caso três culturas consecutivas se mostrem negativas, um novo cateter distal pode ser implantado
   d) se as culturas continuarem a desenvolver organismos, então a derivação pode estar contaminada e deverá então ser substituída por um sistema de derivação totalmente novo
   e) quando chegar o momento de substituir a derivação, alguns autores[19,20] recomendam usar um sítio alternativo diferente do peritônio, mas isto não é obrigatório[18]

21.2 Infecção relacionada com dreno ventricular externo (EVD)

21.2.1 Informações gerais

Conceitos-chave

- organismos comuns: *S. epidermidis* e *S.aureus* seguidos por bacilos Gram-negativos e acne por *propionibacterium*
- diagnose: Hipoglicorreia (glicose de CSF/glicose sanguínea < 0,2), índice celular em elevação e pleocitose de CSF > 1.000 na presença de cultura positiva de CSF sugere infecção relacionada com o EVD

Infecções do Crânio, da Coluna e Pós-Cirúrgicas | **343**

- na ventriculite de CSF relacionada com o dreno a utilidade diagnóstica da contagem de leucócitos do CSF, glicose e proteína está limitada, pois entidades não infecciosas, como hemorragia intracraniana e procedimentos neurocirúrgicos, também podem causar anormalidades nesses parâmetros
- tratamento: remover o EVD quando clinicamente aceitável. Cobertura empírica com vancomicina IV (para Gram-positivos) + ceftazidima ou cefepima IV (para Gram-negativos). Considerar antibióticos intraventriculares/intratecais para organismos resistentes ou para falta de resposta aos antibióticos IV
- prevenção: cateteres revestidos com antibióticos e tunelização do cateter reduzem o índice de infecção

21.2.2 Definições

Sistema de classificação sugerido e abordagem a um paciente com manifestação de infecção de dreno ventricular externo (EVD), também conhecido como ventriculostomia (modificação das definições de Lozier).[21]

- **índice celular:** consultar Eq (21.1)[22,23]
- **contaminação:** cultura de CSF positiva isolada e/ou corante de Gram, com contagem esperada de células do CSF e glicose SEM sintomas ou sinais atribuíveis
- **colonização da ventriculostomia:** culturas positivas múltiplas de CSF e/ou corante de Gram, com contagem esperada de células do CSF e níveis de glicose SEM sintomas ou sinais atribuíveis
- **possível infecção relacionada com a ventriculostomia:** aumento progressivo no índice celular ou redução progressiva na proporção de glicose do CSF: proporção de glicose sanguínea ou valor extremo para contagem de WBCs do CSF (> 1.000/micro L) ou proporção de glicose do CSF:glicose sanguínea (< 0,2), com sintomas e sinais atribuíveis, mas corante de Gram e culturas NEGATIVOS
- **provável infecção relacionada com a ventriculostomia**: contagem de WBCs do CSF ou proporção de glicose do CSF; glicose sanguínea MAIS anormal do que o esperado, mas NÃO um valor extremo (contagem de WBCs do CSF 1.000/micro L ou proporção de glicose do CSF:glicose sanguínea < 0,2) e estável (não em piora progressiva), sintomas e sinais atribuíveis e corante de Gram-POSITIVAS
- **meningite definitiva:** aumento progressivo no índice de células ou redução progressiva na proporção de glicose do CSF: proporção de glicose sanguínea ou um valor extremo para contagem de WBCs do CSF (> 1.000/micro L) ou proporção de glicose do CSF: glicose sanguínea (< 0,2), com sintomas ou sinais atribuíveis e coloração de Gram e culturas POSITIVAS

$$\text{Índice celular:} \quad \frac{\text{Leucócitos (CSF) / Eritrócitos (CSF)}}{\text{Leucócitos (Sangue) / Eritrócitos (Sangue)}} \qquad (21.1)$$

21.2.3 Epidemiologia

▶ **Incidência.** A incidência da infecção de EVD é de aproximadamente 9,5%.[24]

▶ **Fatores de risco.** Fatores associados às infecções de EVD:[21]
- duração do EVD[21,25,26]
- vazamento do sítio
- sangue no CSF (IVH e SAH)[27]
- irrigação e *flushing*[25,26]

21.2.4 Microbiologia

- diferentemente dos organismos que causam meningite aguda adquirida na comunidade, aqueles que causam a meningite relacionada com procedimentos neurocirúrgicos têm crescimento lento em culturas e podem exigir meios anaeróbios
- os organismos usuais que causam infecções relacionadas com o EVD são, ou:
  - organismos que geralmente colonizam com pele, especialmente o couro cabeludo (*Staphylococcus* coagulase-negativos, *Staphylococcus aureus* e *Proprionibacterium acnes*)
  - organismos que podem estar presentes no meio ambiente médico: *S. aureus*, tanto sensíveis quanto resistentes à meticilina, bactérias Gram-negativas, como *E. coli, Klebsiella, Pseudomonas* e espécies *Actinobacter*, algumas das quais podem apresentar resistência a várias drogas
- os organismos infecciosos podem formar uma camada de polissacarídeos (biofilme) na superfície dos cateteres, que aumenta a resistência aos antibióticos

21.2.5 Apresentação clínica

Os sinais e sintomas podem incluir os seguintes; entretanto, esses sintomas não são específicos, pois são lugar comum na ICU neurológica como resultado da doença subjacente (p. ex., hemorragia intracraniana ou hidrocefalia):[28]

- alteração no estado mental
- febre: as fontes alternativas de febre podem incluir: hemorragia intracraniana, febre central, episódios trombóticos, febres medicamentosas, além de infecção não do CNS como as originárias do sangue, as pneumonias nosocomiais e as infecções do trato urinário
- meningismo: rigidez de nuca, sinal de Brudzinski ou de Kernig

21.2.6 Diagnóstico

▶ **Parâmetros sanguíneos.** Esses parâmetros podem sugerir o diagnóstico, mas não se deve confiar exclusivamente neles.

- um estudo prospectivo mostrou prováveis infecções de EVD na presença desses parâmetros:[29] contagem periférica de WBCs > 15 em infecções de EVD (*vs.* < 11 em não infectado)
- marcadores inflamatórios do soro: a literatura sobre a utilidade diagnóstica de ESR e de CRP é muito limitada. A procalcitonina isoladamente foi considerada inútil[30]

▶ **Parâmetros de CSF.** Os estudos sobre a precisão diagnóstica dos parâmetros do CSF em meningite e ventriculite pós-craniotomia são limitados. Com frequência, a cirurgia por si só pode causar "meningite química" ou meningite pós-operatória, particularmente as operações da fossa posterior ou na presença de hemorragia intraventricular. Os valores de leucócitos e de glicose do CSF podem parecer muito similares aos da meningite infecciosa, dificultando a distinção dessas entidades com base nesses parâmetros. Os quadros a seguir poderão ajudar a confirmar a infecção de EVD subjacente:

- hipoglicorraquia (glicose de CSF baixa): proporção entre [glicose de CSF]/[glicose sanguínea] < 0,2
- pleocitose do CSF > 1.000 ou índice celular em elevação (p. 343)
- a proteína do CSF não foi um prognosticador confiável para infecção incipiente de cateter ventricular[31]

Amostragem de rotina de CSF: a amostragem do CSF deverá ser realizada somente mediante o aparecimento de sintomas. Não há evidência de benefícios em se obter culturas de CSF ou contagem celular quando da inserção do EVD (culturas falso-positivas podem ocorrer como resultado de contaminação).[32]

21.2.7 Princípios de tratamento

- é difícil se atingir níveis antibióticos elevados no CSF por causa da barreira hematoencefálica
- alguns organismos nosocomiais apresentam MICs mais altos (concentração inibitória mínima) para antibióticos que os organismos adquiridos na comunidade
- com frequência, os organismos formam biofilmes nos cateteres que resistem à penetração antibiótica. Por essa razão, o cateter deverá ser removido, se isto for seguro
- antibióticos empíricos: iniciar a terapia se houver suspeita de ventriculite, uma vez obtida amostra de CSF apropriada
  - se não houver alergia à penicilina:
    - vancomicina em infusão contínua ou em doses divididas (2-3) de 60 mg por kg de peso corporal por dia, após dose inicial de 15 mg por kg de peso corporal, visando a atingir nível mínimo (15-25 mcg/mL) MAIS
    - ceftazidima 2 g IV cada 8 h ou cefepima 2 g IV cada 8 h
  - para alergia à penicilina:
    - vancomicina como infusão contínua ou em doses divididas (2-3) de 60 mg por kg de peso corporal por dia, após dose inicial de 15 mg por kg de peso corporal MAIS
    - meropenem 2 g IV cada 8 h ou aztreonam 2 g IV cada 6 h
- trocar para agentes mais seletivos, conforme apropriado, com base em cultura e suscetibilidade quando se tornarem disponíveis (▶ Quadro 21.1)
- a duração do tratamento deverá ser individualizada para o paciente, mas como regra geral: tratar por duas semanas, se a infecção foi por *S.aureus* e *S. epidermidis*, e por três semanas se foi por Gram-negativos[33]
- a falha de resposta ao tratamento sistêmico ou à infecção com um organismo resistente poderá exigir a administração intratecal/intraventricular de antibióticos. Escolher o antibiótico com base na suscetibilidade. Dosagens para antibióticos intraventriculares:
  - vancomicina: 5 mg para ventrículos fendidos,10 mg para ventrículos de tamanho normal, 15-20 mg para pacientes com ventrículos dilatados

Quadro 21.1 Agentes antibacterianos seletivos (baseados em cultura e sensibilidade)

Bactéria	Regime antibiótico específico
MRSA e MRSE (com MIC ≤ 1 mcg/mL)	infusão contínua de vancomicina ou doses divididas (2-3/d) de 60 mg/kg ao dia após dose inicial de 15 mg/kg. Se o cateter ficar retido, pode-se acrescentar rifampina 300 mg IV cada 12 h
MRSA e MRSE (com MIC > 1 mcg/mL) ou paciente com alergia à vancomicina	Linezolid 600 mg IV ou PO cada 12 h
MSSA e MSSE	Nafcilina 2 g IV cada 4 h
Proprionobacter acne	Penicilina G 2 MU IV cada 4 h
Pseudomonas	Ceftazidima 2 g IV cada 8 h, Cefepima 2 g IV cada 8 h ou Meropenem 2 g cada 8 h
E. coli ou outros enterobacteriáceos	Ceftriaxona 2 g IV cada 12 h ou Meropenem 2 g IV cada 8 h
Enterobacter ou *Citrobacter*	Cefepima 2 g IV cada 8 h ou Meropenem 2 g IV cada 8 h

- ○ aminoglicossídeos: a dosagem pode ser ajustada ao tamanho do ventrículo. A frequência também pode ser ajustada pelo débito do dreno: uma vez ao dia para débito de drenagem superior a 100 mL/dia, dia sim dia não para débito = de 50-100 mL/dia, cada três dias se a drenagem for inferior a 50 mL/dia
  - – gentamicina: 4-8 mg
  - – tobramicina: 5-20 mg
  - – amicacina: 5-30 mg
- ○ colistimetato sódico: 10 mg CMS, que corresponde a 125.000 IU ou 3,75 mg CBA (unidades de Colistina Base)
- ○ daptomicina: 2-5 mg
- após administração IT de um antibiótico, deve-se fechar o dreno por 15-60 minutos para permitir que a concentração do agente se equilibre no CSF antes de se abrir o dreno[34]
- opinião do especialista: esperar pelo menos 7 a 10 dias após as culturas de CSF se tornarem estéreis para implantar uma derivação, se necessário

21.2.8 Prevenção

- tunelamento > 5 cm distantes do buraco de trepanação[35]
- cateteres revestidos de antibióticos (p. ex., Rifampina + minociclina) reduzem significativamente o risco de infecção do EVD[36,37,38,39,40]
- a troca rotineira do cateter no dia 5 *não* mostrou redução no índice de infecção.[41,42,43] Portanto, pode-se manter um único cateter pelo tempo clinicamente necessário[44]
- a profilaxia antibiótica prolongada, enquanto o EVD estiver instalado, não reduz o risco de infecção e pode selecionar organismos resistentes. *Entretanto, pode-se aplicar uma dose de antibiótico antes do procedimento*

21.3 Infecções de Feridas Operatórias

21.3.1 Infecção de feridas de laminectomia

Informações Gerais

Essas infecções ocorrem em 0,9 a 5% dos casos[45] e podem variar desde uma infecção deiscente superficial à intensa até uma infecção mais profunda (discite/osteomielite ± abscesso epidural). O risco aumenta com a idade, com o uso prolongado de esteroides, obesidade e, possivelmente, com diabetes melito (DM). A hipotermia leve intraoperatória (como ocorre geralmente na sala de operações) também pode aumentar o risco de infecção de ferimento (como demonstrado com a ressecção colorretal[46]). A maioria dos casos ocorre por *S. aureus*.

Infecção superficial de ferida operatória

Tratamento:
1. cultura da ferida e/ou de qualquer drenagem purulenta
2. iniciar tratamento empírico com vancomicina + cefepima ou meropenem
3. modificar apropriadamente os antibióticos, quando os resultados da cultura e da sensibilidade se tornarem disponíveis

4. desbridar a ferida de todo e qualquer tecido necrótico ou desvascularizado e de qualquer material de sutura visível (corpos estranhos). Esse procedimento pode ser realizado no consultório ou na sala de tratamento; infecções mais profundas devem ser tratadas na Sala de Operações (OR)
5. ferimentos rasos podem ser deixados para cicatrização por segunda intenção e a seguir apresenta-se um regime possível:
   a) aplicar gaze Iodophor® ¼" em todo o ferimento
   b) trocar os curativos pelo menos BID (para pacientes hospitalizados, trocar cada 8 h) remover e reduzir cerca de 0,5-1" do curativo a cada troca
      • enquanto o ferimento apresentar pus, usar curativo úmido a seco com Betadine® meia potência
      • quando não houver mais purulência, trocar para curativo úmido a seco com soro fisiológico 0,9%
   c) os antibióticos podem ser úteis como adjunto ao tratamento inicial do ferimento; trocar para antibióticos orais o mais rápido possível; um período de 10 a 14 dias é provavelmente adequado, se os cuidados locais com o ferimento estiverem sendo realizados
6. alguns médicos preferem fechar o ferimento por intenção primária,[47] sendo essencial que não haja tensão no ferimento para que a cicatrização possa ocorrer. Outros fecham o ferimento sobre um sistema de irrigação ou implantes de antibióticos. As suturas de retenção podem ser úteis[48]
7. com defeitos grandes ou em caso de exposição de ossos e/ou da dura, provavelmente será necessário usar um retalho de músculo (frequentemente realizado por um cirurgião plástico)[45]
8. o vazamento de CSF exige exploração na OR com fechamento impermeável da dura à prova d'água para prevenir a meningite

Discite pós-operatória

Epidemiologia

Incidência após discectomia lombar:[49] 0,2 a 0,4% (a estimativa realística está, provavelmente, no limite mais inferior dessa faixa). A infecção também pode ocorrer após LP, mielograma, laminectomia cervical, simpatectomia lombar, discografia, fusões (com ou sem instrumentação) e outros procedimentos. Muito rara após fusão de discectomia cervical anterior (ACDF). Fatores de risco: idade avançada, obesidade, imunossupressão, infecção sistêmica à época da cirurgia.

Fisiopatologia

Existe alguma controvérsia sobre alguns casos de discite pós-operatória não serem infecciosos;[50] um processo autoimune tem sido implicado em alguns desses casos de discite denominados "avasculares" ou "químicos" ou "assépticos". Esses casos são menos comuns que os infecciosos. Anormalidades de ESR e de CRP podem ser menos pronunciadas nesses pacientes, e a biópsia do espaço do disco não desenvolve organismos nem mostra sinais de infecção (infiltrados de linfócitos ou leucócitos polimorfonucleares [PMNS]) na microscopia.[50]

Em casos sépticos, foram propostos vários mecanismos para a infecção: inoculação direta na hora da operação, infecção após necrose asséptica do material do disco...

Patógenos

Consultar ▶ Quadro 21.2. A maioria dos estudos informa o *S. aureus* como o organismo identificado com mais frequência, respondendo por aproximadamente 60% das culturas positivas,[49] seguido de outras espécies de estafilococos. Foram também relatados: organismos Gram-negativos (incluindo *E.coli*), *Streptococcus viridans*, espécies anaeróbias de *Streptococcus*, TB e fungos. Na discite pós-operatória, a flora entérica pode ser decorrente de uma ruptura não reconhecida do ligamento longitudinal anterior com perfuração do intestino.

Em uma série, as culturas sanguíneas foram positivas em 2 de 6 pacientes (ambos por *S. aureus*).[51]

Para técnicas de cultura, consultar a seção de tratamento cirúrgico a seguir.

Clínica

1. intervalo entre a operação e o início dos sintomas: 3 dias a 8 meses (mais geralmente 1-4 semanas após a operação, geralmente após um período inicial de alívio da dor e recuperação da cirurgia). Presente em 80% após 3 semanas

Quadro 21.2 Resultados de cultura (14 pacientes, biópsia de Craig com agulha)	
Organismo	**Nº de pacientes**
Staphylococcus epidermidis	4
S. aureus	3
Sem crescimento	7

Infecções do Crânio, da Coluna e Pós-Cirúrgicas **347**

21

2. sintomas:
   a) lombalgia moderada à (geralmente) intensa no sítio da operação foi o sintoma mais comum, exacerbado por virtualmente qualquer movimento da coluna, geralmente acompanhada por espasmos musculares paraespinais. A lombalgia é geralmente desproporcional aos achados
   b) febre (> 38º C em nove pacientes: a literatura informa somente 30 a 50% de casos) e calafrios
   c) dor irradiando para o quadril, perna, escroto, virilha, abdome ou períneo (a ciática verdadeira é rara)
3. sinais: em 27 pacientes,[51] todos apresentaram espasmo muscular paravertebral e amplitude de movimento limitada da coluna. Treze pacientes (48%) ficaram virtualmente imobilizados pela dor. A sensibilidade pontual sobre o nível infectado ocorreu em 9, purulência expressiva em 2 (a literatura informa 0 a 8%). Não foram notados novos déficits neurológicos. Somente 10 a 12% apresentaram infecção associada à ferida operatória[52]
4. achados de laboratório:
   a) índice de sedimentação de eritrócitos (ESR): em uma série de 27 pacientes,[51] 96% apresentaram ESR > 20 mm/h (60 = média; > 40 em 17 pacientes; > 100 em 5 pacientes; o único paciente < 20 estava em tratamento com esteroides): ESR aumenta após discectomia não complicada, com pico em 2-5 dias, e pode flutuar por 3-6 semanas antes de se normalizar.[53] Um ESR elevado que não diminui após a cirurgia é um forte indicador de discite. Nota: em pacientes anêmicos o ESR não é confiável e não se pode estabelecer uma faixa de referência (nesses casos usar CRP)
   b) *proteína C-reativa* (CRP);[53] uma proteína de fase aguda sintetizada por hepatócitos que, por causa da decomposição rápida, pode ser um indicador mais específico de infecção pós-operatória que o ESR. Os valores variam entre os laboratórios, mas a CRP normalmente não é detectável no sangue (isto é, < 0,6 mg/dL = 6 mg/L). Após discectomia não complicada, (isto é sem discite) a CRP tem pico cerca de 2-3 dias após a operação (para 4,6 ± 2,1 mg/dL após microdiscectomia lombar, 9,2 ± 4,7 após discectomia lombar convencional, 7,0 ± 2,3 após fusão lombar anterior e 17,3 ± 3,9 após fusão intercorporal lombar posterior (PLIF), e volta ao normal entre 5 e 14 dias após a operação
   c) *WBCs*: > 10.000 em apenas 8/27 pacientes[51] (prevalência na literatura: 18-30%)

Avaliação radiográfica
Na discite pós-operatória (POD), o tempo médio entre a cirurgia e as alterações nas radiografias simples é de 3 meses (faixa: 1-8 meses). O tempo médio a partir da primeira alteração até a fusão espinal espontânea é de 2 anos.

MRI: a tríade do realce por gadolínio mostrada no ▶ Quadro 21.3 é fortemente sugestiva de discite (alguns pacientes assintomáticos podem manifestar alguns desses achados, mas raramente apresentam todos eles).[54]

A MRI também descarta outras causas de dor pós-operatória (abscesso epidural, herniação de disco recorrente/residual...).

Tratamento
1. valores iniciais de laboratório (além dos de rotina): ESR, proteína C-reativa, CBC, culturas sanguíneas
2. analgésicos + relaxantes musculares (p. ex., diazepam (Valium®) 10 mg PO TID)
3. Antibióticos:
   a) antibióticos IV durante 1-6 semanas, então PO durante 1-6 meses
   b) a maioria começa com antibióticos antiestafilocócicos (terapia empírica inicial: vancomicina ± rifampina PO) e cefepina ou meropenem. Modificar com base nas sensibilidades, se as culturas obtidas forem positivas
   c) a duração da terapia depende da profundidade da infecção e da presença de *hardware*:
      • infecção superficial: 1-2 semanas
      • infecção profunda: 4-8 semanas, possivelmente até 12 semanas em casos complexos
      • considerar terapia PO crônica, se o *hardware* não for removido
4. restrição da atividade: (uma das situações é aplicada, geralmente até alívio substancial da dor):
   a) imobilização da coluna com colete
   b) repouso estrito no leito
   c) avançar a atividade com o colete, conforme o tolerado
5. alguns autores recomendam iniciar a terapia com esteroides para ajudar a aliviar a dor

Quadro 21.3 Realce por gadolínio em discite

Sítio do realce de gadolínio	Número (de 15 pacientes pós-operatórios sem discite)	Número (de 7 pacientes com discite)
1. medula óssea vertebral	1	7
2. espaço discal	3	5
3. ânulo fibroso posterior	13	7

6. culturas: realizadas, se as radiografias forem suspeitas, geralmente utilizando técnica percutânea orientada por CT:
   a) sítios
      - aspiração do disco, se houver evidência de envolvimento do espaço discal
      - agulhamento de massa paraespinal, se presente
   b) enviar cultura para:
      - corantes: (**a**) corante de Gram; (**b**) corante fúngico; (**c**) corante AFB
      - culturas: (**a**) culturas de rotina; (**b**) cultura de fungos anaeróbios e aeróbios; isto não só ajuda para fungos, mas desde que essas culturas sejam mantidas por períodos mais longos, e qualquer crescimento que ocorra será mais caracterizado, organismos bacterianos exigentes ou indolentes podem, às vezes, ser identificados; (**c**) cultura de bacilos acidorresistentes (AFB) para tuberculose (TB)
7. três de 27 pacientes foram submetidos à discectomia anterior e fusão após tratamento clínico sem sucesso[51]

Resultados

Nove pacientes desenvolveram ponte óssea em 12-18 meses; 10 desenvolveram fusão óssea em 18-24 meses.[51]

Por fim, todos os pacientes ficaram livres da dor (ou melhoraram substancialmente). Este não é o caso em todas as séries, em que alguns informam 60% livres da doença no seguimento, outros descobriram lombalgia leve na maioria dos pacientes, e outros ainda informam lombalgia (LBP) crônica intensa em 75%.[49] 67-88% retornando ao trabalho anterior, e 12 a 25% recebendo pensão por incapacidade; esses números são semelhantes aos dos resultados de cirurgia de disco em geral.

Nenhuma diferença em resultados foi encontrada para as várias restrições de atividade especificadas, exceto para alívio mais precoce da dor anterior com os dois primeiros tipos já mencionados.

21.3.2 Infecção de ferida de craniotomia

Ver também: meningite após procedimento neurocirúrgico (p. 318).

Proteína C-reativa

Após uma craniotomia não complicada para microcirurgia de tumores cerebrais, a proteína C-reativa (CRP) teve pico no dia 2 após a operação (POD) com valor médio de 32 ± 38 mg/L.[55] Os valores diminuíram do POD 3 até 5, atingindo a média de $6,7 \pm 11$ no POD 5. Esses valores podem ser mais baixos que aqueles da maioria das infecções pós-operatórias.

21.4 Osteomielite do crânio

21.4.1 Informações gerais

Normalmente, o crânio é muito resistente à osteomielite, e infecções hematogênicas são raras. A maioria das infecções se deve à disseminação contígua (geralmente a partir de um seio aéreo infectado, às vezes de um abscesso do couro cabeludo) ou a um trauma penetrante (incluindo cirurgia e monitores do escalpo fetal[56]). Com a infecção duradoura, o edema e o inchaço na área podem-se tornar visíveis (geralmente sobre a testa, mas também podem ocorrer nos mastoides), sendo chamada de "tumor inchado de Pott" (creditando a Percival Pott).

21.4.2 Patógenos

O *Staphyloccocus* é o organismo mais comum, com predominância de *S. aureus*, seguido pelo *S. epidermidis*. Nos neonatos, o *E.coli* pode ser o organismo infectante.

21.4.3 Investigação por Imagens

Os achados podem incluir: reabsorção óssea, reação periosteal e impregnação por contraste.

21.4.4 Tratamento

Os antibióticos raramente são curativos se administrados isoladamente. O tratamento geralmente inclui desbridamento cirúrgico do crânio infectado, removendo o osso infectado com Kerrison até que um som seco normal substitua o som mais em surdina emitido pelo osso infectado. No caso de um retalho ósseo de craniotomia infectado, geralmente o retalho precisa ser removido e descartado e as bordas do crânio roídas até o osso sadio. O osso mostrando suspeita de infecção deverá ser encaminhado para culturas.

O fechamento do escalpo deverá, então, ser feito ou deixando um defeito ósseo (para cranioplastia posterior), ou a cranioplastia poderá ser realizada usando malha de titânio.

A operação de desbridamento é seguida por um período de, pelo menos, 6 a 12 semanas de antibióticos[57] até que MRSA seja descartado: vancomicina + cefepima ou meropenem. Os resultados da cultura orientam a escolha do antibiótico. Uma vez descartado MRSA, a vancomicina pode ser substituída por penicilina sintética resistente à penicilinase (p. ex., nafcilina). A maioria das falhas de tratamento ocorreu em pacientes tratados com antibióticos por menos de quatro semanas após a cirurgia.

A cranioplastia pode ser realizada aproximadamente seis meses após a operação, se não houver sinais de infecção residual.

21.5 Infecções da Coluna

As infecções da coluna podem ser divididas nas seguintes categorias principais:
1. osteomielite vertebral (p. 353) (espondilite):
   a) piogênica
   b) não piogênica, granulomatosa
   - espondilite tuberculosa
   - brucelose
   - aspergilose
   - blastomicose
   - coccidiomicose
   - infecção com *Candida tropicalis*
2. discite (p. 356): geralmente associada à osteomielite vertebral (espondilodiscite) (p. 353)
   a) espontânea
   b) pós-operação/pós-procedimento
3. abscesso epidural espinal (ver abaixo)
4. empiema subdural espinal
5. meningite
6. abscesso da medula espinal

A experiência com a MRI sugere que os pacientes com espondilite infecciosa desenvolverão, se não tratados, um abscesso epidural associado e que o empiema epidural não é comum na falta de osteomielite vertebral.[58] Por isso, a descoberta de um desses quadros deverá predispor à busca pelo outro.

21.5.1 Abscesso epidural espinal

Informações gerais

Conceitos-chave

- deverá ser considerado em um paciente com lombalgia, febre e sensibilidade na coluna vertebral
- fatores de risco principais: diabetes, abuso de drogas IV, insuficiência renal crônica, alcoolismo
- pode produzir mielopatia progressiva, às vezes com deterioração altamente aguda; por isso, a cirurgia precoce tem sido defendida por alguns profissionais, mesmo que não haja déficit neurológico
- febre, suores ou calafrios são comuns, mas podem ocorrer WBC e temperatura normais
- a apresentação clássica de uma erupção de pele (furúnculo) ocorre em apenas cerca de 15% dos casos em algum sítio do corpo
- o tratamento é controverso. Muitos pacientes melhoram só com antibióticos, mas alguns podem piorar de maneira significativamente perigosa

Epidemiologia

Incidência: 0,2 a 1,2 em cada 10.000 internações hospitalares por ano,[59] possivelmente em alta.[60] Média de idade: 57,5 ± 16,6 anos.[61]

O sítio mais comum é o nível torácico (cerca de 50%), seguido pelo lombar (35%), cervical (15%).[61] Em um estudo, 82% ocorreram na região posterior da medula e 18% na região anterior.[59] O abscesso epidural espinal (SEA) pode variar de 1 a 13 níveis.[62]

O SEA está quase sempre associado à osteomielite vertebral (em um estudo de 40 casos, a osteomielite ocorreu em todos os casos de SEAs anteriores, em 85% de SEAs circunferenciais e não ocorreu em casos de SEA posterior) e à discite intervertebral.

Condições de comorbidade

Doenças crônicas associadas à imunidade comprometida foram identificadas em 65% de 40 casos.[63] Esses quadros incluíram: diabetes melito (32%), abuso de drogas IV (18%), insuficiência renal crônica (12%), alcoolismo (10%) e as doenças a seguir em apenas 1 ou 2 pacientes: câncer, infecção do trato urinário (UTI) recorrente, doença de Pott e positividade para HIV. O uso crônico de esteroides e procedimento ou trauma espinal recentes (p. ex., ferimento por arma de fogo [GSW]) também constituem fatores de risco.[62] Infecção da pele (p. ex., furúnculo).

Aspectos clínicos

Em geral, o SEA se apresenta com dores excruciantes na coluna, com sensibilidade à percussão. Seguem-se sintomas radiculares com achados subsequentes de envolvimento da medula distal, começando com perturbação do intestino/bexiga, distensão abdominal e fraqueza progredindo para paraplegia e quadriplegia. O tempo médio entre o início da dor e os sintomas de raiz é de 3 dias; 4,5 dias da dor de raiz para a fraqueza; 24 h da fraqueza para a paraplegia.

Febre, suores ou calafrios são comuns, mas nem sempre estão presentes.[62]

Às vezes, um furúnculo (erupção cutânea) pode ser identificado em algum sítio do corpo em 15% dos pacientes.

Os pacientes podem estar encefalopáticos, em grau leve a intenso e podem ainda retardar o diagnóstico. Pode ocorrer meningismo com sinal de Kernig positivo.

Pacientes com SEA pós-operatório podem demonstrar, surpreendentemente, poucos sinais ou sintomas (incluindo falta de leucocitose, falta de febre) além de dor local.[64]

Fisiopatologia da disfunção da medula espinal

Embora alguns sintomas da medula espinal possam ser causados por compressão mecânica (incluindo aquela causada por colapso do corpo vertebral), isto nem sempre é evidenciado.[65] Um mecanismo vascular também já foi defendido, e várias combinações de doenças arterial e venosa já foram descritas[59] (um estudo de autópsia mostrou pouco comprometimento arterial, mas demonstrou realmente a compressão venosa e trombose, tromboflebite de veias epidurais e infarto venoso e edema da medula espinal[66]). Às vezes, pode ocorrer infecção da própria medula espinal, possivelmente por extensão através das meninges.

Diagnóstico diferencial

O SEA deverá ser considerado em qualquer paciente com lombalgia, febre e sensibilidade na coluna,[67] especialmente nos diabéticos, nos usuários de drogas IV ou nos pacientes imunocomprometidos. Consulte também Diagnóstico Diferencial, Mielopatia (p. 1407).

Diagnóstico diferencial:
1. meningite
2. mielite transversa aguda (paralisia geralmente mais rápida, estudos radiográficos normais)
3. herniação do disco intervertebral
4. tumores da medula espinal
5. um SEA pós-cirúrgico pode aparecer similar a um quadro de pseudomeningocele[64]

Sítio fonte da infecção

1. disseminação hematogênica é a fonte mais comum (26 a 50% dos casos), ou para o espaço epidural ou para as vértebras com extensão para o espaço epidural. Os focos relatados incluem:
   a) infecções da pele (mais comuns): o furúnculo pode ser encontrado em 15% dos casos
   b) injeções parenterais, especialmente com *abuso de drogas IV*[68]
   c) endocardite bacteriana
   d) UTI
   e) infecção respiratória (incluindo otite média, sinusite ou pneumonia)
   f) abscesso faríngeo ou dental
2. extensão direta de:
   a) úlcera de decúbito
   b) abscesso do psoas: ver abaixo
   c) trauma penetrante incluindo: ferimentos abdominais, ferimentos no pescoço, GSW
   d) infecções da faringe
   e) mediastinite
   f) pielonefrite com abscesso perinéfrico
   g) seio dermal

Infecções do Crânio, da Coluna e Pós-Cirúrgicas **351**

3. após procedimentos espinais (3 de 8 desses pacientes apresentavam infecções perioperatórias prontamente identificadas, periodontais, UTI ou de fístula AV[63])
   a) procedimentos abertos: especialmente a discectomia lombar (incidência[64] $\approx 0,67\%$)
   b) procedimentos fechados: p. ex. inserção de cateter epidural para anestesia epidural espinal,[69,70,71] punção lombar[72]...
4. história de trauma recente nas costas é comum (em até 30% dos casos)
5. em alguns estudos nenhuma fonte foi identificada em até 50% dos casos[73]

Organismos

As culturas operatórias são muito úteis na identificação do organismo responsável; essas culturas podem ser negativas (possivelmente mais comuns em pacientes que receberam terapia antibiótica anterior) e nesses casos as culturas sanguíneas podem ser positivas. Em 29 a 50% dos casos nenhum organismo pode ser identificado.

1. *Staph. aureus:* é o organismo mais comum (cultivado em mais de 50% dos casos), possivelmente por causa de sua propensão em formar abscessos, por sua ubiquidade e sua habilidade de infectar hospedeiros normais e imunocomprometidos (esses fatos ajudam a explicar porque muitos SEAs surgem de focos da pele)
2. aeróbios e anaeróbios: *Streptococcus:* é o segundo agente mais comum
3. *E. coli*
4. *Pseudomonas aeruginosa*
5. *Diplococcus pneumoniae*
6. *Serratia marcescens*
7. *Enterobacter*
8. infecções crônicas:
   a) a TB é a mais comum e embora sua disseminação nos EUA tenha diminuído, ela é ainda responsável por 25% dos casos de SEA.[74] A infecção está geralmente associada à osteomielite vertebral; consulte Doença de Pott (p. 354)
   b) fúngicas: criptococose, aspergilose, brucelose
   c) parasitárias: *Echinococcus*
9. organismos múltiplos em $\approx$ 10%
10. anaeróbios cultivados em $\approx$ 8%

Testes de laboratório

CBC: a leucocitose é comum em grupos agudos (média WBC = 16.700/mm³), mas geralmente normal em grupos crônicos (média WBC = 9.800/mm³).[59]

ESR elevado na maioria dos casos,[75] geralmente superior a 30,[63] CRP.

LP: realizada com cuidado em casos suspeitos em nível distante do sítio clinicamente suspeito (pode ser necessária a punção de C1-2 para a realização do mielograma) com aspiração constante enquanto se aborda a bolsa tecal para detectar a presença de pus (perigo de transmitir a infecção para o espaço subaracnoide); se for encontrado pus, interromper o avanço, enviar o fluido para cultura e abortar o procedimento. Proteína e WBC do CSF geralmente elevadas; glicose normal (indicativa de infecção parameníngea). Cinco a 19 casos desenvolveram organismos idênticos ao abscesso.

Culturas sanguíneas: podem ser úteis na identificação de organismos em alguns casos.

Bateria de anergia: (p. ex., caxumba e *Candida*) para avaliar o sistema imunológico.

Estudos radiográficos

Radiografias simples

Geralmente normais, a menos que haja osteomielite dos corpos vertebrais adjacentes (mais comum em infecções anteriores à dura). Buscar por lesões líticas, desmineralização e ondulação dos platôs (a infecção pode levar de 4 a 6 semanas para se manifestar).

MRI

É a investigação por imagens é a preferida. Ela diferencia outras condições (especialmente a mielite transversa ou infarto da medula espinal) melhor que a mielo/CT e não exige LP.

Achados típicos: T1WI → massa epidural hipo ou isointensa, a osteomielite aparece como sinal reduzido no osso. T2WI → massa epidural de alta intensidade que quase sempre realça com gadolínio (três padrões de realce: 1) denso homogêneo; 2) não homogêneo com áreas dispersas de pouca ou sem captação e 3) realce periférico tênue[76]), mas pode mostrar realce mínimo no estágio agudo, quando composto de pus e pouco tecido de granulação. A osteomielite vertebral se mostra como sinal aumentado no osso; a discite associada produz aumento de sinal no disco e perda de fissura intranuclear. A MRI sem realce pode perder alguns SEAs;[77] o contraste com gadopentetato dimeglumina pode aumentar levemente a sensibilidade.[78]

Mielograma por CT

Normalmente mostra achados de compressão extradural (p. ex., "aparência de pincel quando houver bloqueio completo). Nesse caso a punção de C1-2 pode ser necessária para delinear a extensão superior (a menos que a CT após a mielografia mostre corante acima da lesão). Consultar cuidados anteriores sobre LP.

CT

A presença de gás intraespinal foi descrita na CT simples.[79] A CT pós-mielografia é mais sensível.

Tratamento

Informações gerais

O tratamento é controverso. Na maioria dos casos, ele consiste em evacuação cirúrgica precoce combinada com antibióticos como a terapia preferida. Argumento: embora haja relatos de tratamento somente com antibióticos[80,81,82] ± imobilização,[58] a deterioração rápida e irreversível ocorreu mesmo em pacientes tratados com antibióticos apropriados que estavam inicialmente sadios em termos neurológicos.[63,61] Oitenta e seis por cento daqueles que pioraram tinham sido tratados inicialmente só com antibióticos.[62] Portanto, foi recomendado que o tratamento não cirúrgico fosse reservado para os seguintes pacientes (referência[80] modificado[62]):

1. pacientes com fatores de risco proibitivos para a cirurgia
2. envolvimento de grande extensão da medula espinal
3. paralisia completa por mais de 3 dias

Para reforçar o argumento, em muitos casos, à época da cirurgia, em vez de um abscesso verdadeiro, encontra-se tecido inflamatório que não é fácil ou efetivamente desbridado.

Cirurgia

Os objetivos são: estabelecer o diagnóstico e o organismo causador, a drenagem do pus e o desbridamento do tecido de granulação e a estabilização óssea, se necessária. A maioria das SEAs fica posterior à dura e é abordada com laminectomia extensa. Para SEAs localizados posteriormente e sem evidência de osteomielite vertebral, a instabilidade não acompanhará geralmente a laminectomia simples e os antibióticos pós-operatórios apropriados.[73] A irrigação completa com antibióticos é aplicada durante a operação. Em geral, utiliza-se o fechamento primário. A drenagem pós-operatória não é necessária em casos que só envolva tecido de granulação e sem pus. Para infecções recorrentes, a reoperação e a sucção-irrigação pós-operatória podem ser necessárias.[83]

Os pacientes com osteomielite associada do corpo vertebral podem desenvolver instabilidade após a laminectomia isolada,[84] especialmente na presença de destruição óssea significativa. Por isso, para SEA anterior, geralmente com osteomielite (em especial a doença de Pott), usa-se a abordagem extracavitária posterolateral sempre que possível (para evitar a abordagem transabdominal ou transtorácica nesses pacientes debilitados) com remoção do osso desvitalizado geralmente acompanhada de instrumentação e fusão posteriores. A enxertia de suporte com osso autólogo (costela ou fíbula) pode ser efetuada completamente na doença de Pott com pouco risco de infecção do enxerto. No caso de osteomielite purulenta, o *hardware* de metal não é contraindicado (o titânio é mais resistente à colonização por bactérias que o aço inoxidável por várias razões, incluindo o fato de que o titânio não permite que as bactérias formem um glicocálice em sua superfície), mas a enxertia óssea pode ter o risco de perpetuar a infecção. Nessa situação, alguns cirurgiões usam enxertos de sulfato de cálcio impregnados com antibióticos para preenchimento de cavidade óssea (p. ex., contas de antibióticos Stimulan® Rapid Cure™).

Antibióticos específicos

Se o organismo e a fonte forem desconhecidos, mais provavelmente o causador será o *S. aureus*. Antibióticos empíricos:
- ceftriaxona ou cefepima (usar quando houver preocupação com pseudomonas)
  MAIS
- metronidazol
  MAIS
- vancomicina:
  - até se descartar *S. aureus* resistente à meticilina (MRSA)
  - uma vez descartado MRSA trocar para penicilina sintética (p. ex., nafcilina ou oxacilina)
- ± rifampina PO

Modificar os antibióticos com base nos resultados da cultura ou no conhecimento da fonte (p. ex., usuários de drogas IV apresentam incidência maior de organismos Gram-negativos).

Duração do tratamento

Para abscesso epidural espinal (SEA) o tratamento deverá continuar durante seis semanas no mínimo. A terapia mais prolongada pode ser justificada em infecções complicadas e para pacientes com implantes espinais ou *hardware*. Recomenda-se a imobilização por pelo menos seis semanas durante a terapia antibiótica.

Consequências

Fatais em 4 a 31%[85] (os valores mais altos da faixa tendem a ocorrer em pacientes mais idosos e naqueles paralisados antes da operação[63]). Pacientes com déficit neurológico intenso raramente melhoram, mesmo com a intervenção cirúrgica dentro de 6 a 12 horas do início da paralisia, embora algumas séries tenham demonstrado uma chance para alguma recuperação com tratamento nas 36 horas da paralisia.[67,86] A reversão da paralisia de segmentos da medula espinal caudal, se presente por mais de poucas horas, é rara (exceção: a doença de Pott tem 50% de retorno). Geralmente, a mortalidade se deve ao foco original de infecção ou como complicação de paraplegia residual (p. ex., embolia pulmonar).

21.5.2 Osteomielite vertebral

Informações gerais

> ## Conceitos-chave
>
> - a apresentação e os fatores de risco são semelhantes aos do abscesso epidural espinal (p. 349)
> - a biópsia percutânea com agulha para cultura e sensibilidade (C&S) e para descartar tumor pode geralmente ser feita por um neurocirurgião ou um radiologista de intervenção
> - tratamento: na maioria dos casos, pode ser tratada sem cirurgia com antibióticos a longo prazo
> - a cirurgia é considerada para casos de instabilidade e, raramente, para resistência substancial a antibióticos (Abx)

Para o diagnóstico diferencial, consulte Lesões destrutivas da coluna (p. 1392). A doença está quase sempre associada à discite, que pode ser agrupada junta sob o termo de Espondilodiscite. A osteomielite vertebral (VO) tem aspectos semelhantes aos do abscesso epidural espinal (SEA) (p. 349).

O colapso do corpo vertebral e a deformidade cifótica podem ocorrer com possível retropulsão de osso necrótico e fragmentos de disco comprimindo a medula espinal ou a cauda equina.

Complicações que podem aumentar:

1. abscesso epidural espinal
2. abscesso subdural
3. meningite
4. instabilidade óssea
5. prejuízo neurológico progressivo
6. com envolvimento da coluna cervical: abscesso faríngeo
7. com envolvimento da coluna torácica: mediastinite

Epidemiologia

A osteomielite vertebral (VO) compreende 2 a 4% de todos os casos de osteomielite.[87] A incidência é de 1:250.000 na população em geral e parece estar aumentando. Proporção homem:mulher é de 2:1. A incidência aumenta com a idade, e a maioria dos pacientes tem mais de 50 anos. A coluna lombar é o sítio mais comum, seguido pelo torácico, cervical e sacral.[88] A VO torácica pode → empiema.

Fatores de risco

1. abuso de drogas IV[89]
2. diabetes melito: suscetível a infecções bacterianas não comuns e até a osteomielite fúngica
3. hemodiálise: um desafio diagnóstico, uma vez que as alterações radiográficas da osteomielite podem ocorrer mesmo na ausência de infecção. Consultar Lesões destrutivas da coluna (p. 1392)
4. imunossupressão
   a) AIDS
   b) uso crônico de corticosteroides
   c) abuso de álcool
5. endocardite infecciosa
6. após operação espinal ou procedimentos diagnósticos ou terapêuticos invasivos
7. pode ocorrer em pacientes idosos sem outros fatores de risco identificáveis[90]

Aspectos clínicos

Sinais/sintomas: dor localizada (90%), febre (52% com raros picos de febre e calafrios), perda de peso, espasmo muscular paraespinal, sintomas radiculares (50-93%) ou mielopatia. Às vezes, a VO produz poucos efeitos sistêmicos (p. ex., WBCs e/ou ESR podem estar normais). Cerca de 17% dos pacientes com VO apresentam sintomas neurológicos. O risco de paralisia pode ser mais alto em pacientes idosos, nos casos de VO cervical (vs. torácica ou lombar), naqueles com diabetes melito (DM) ou artrite reumatoide e naqueles com VO decorrente do *S. aureus*.[84] No início da doença os achados neurológicos são incomuns, o que pode retardar o diagnóstico.[91] O envolvimento sensorial é menos comum que o motor e os sinais de trato longo porque a compressão é primariamente anterior.

Patogênese

Fonte de infecção

Fontes de VO espontânea: UTI (a mais comum), trato respiratório, partes moles (p. ex., abscessos cutâneos, abuso de drogas IV...), flora dental. Em 37% dos casos a fonte nunca é identificada.[92]

Vias potenciais de disseminação

Há três vias principais: arterial, venosa e por extensão direta:
1. hematogênica: em geral, a espondilodiscite de disseminação hematogênica em adultos inicialmente inclui os ossos e uma vez estabelecida a infecção no espaço subcondral, a disseminação vai para o disco adjacente e daí para o próximo osso vertebral[93]
   a) arterial
   b) via plexo venoso epidural espinal (plexo de Batson)[94]
2. extensão direta (p. ex., após cirurgia/LP, trauma ou infecção local)

Organismos

1. o *Staphylococcus aureus* é o patógeno mais comum (> 50%) como no SEA
2. *E. coli* ocupa um distante segundo lugar
3. organismos associados a alguns sítios de infecção primária:[95]
   a) usuários de drogas IV: *Pseudomonas aeruginosa* e *S. aureus* são comuns
   b) infecções do trato urinário: espécies *E. coli* e *Proteus* são comuns
   c) infecções do trato respiratório: *Streptococcus pneumoniae*
   d) abuso de álcool: *Klebsiella pneumoniae*
   e) endocardite:
      • endocardite aguda: *Staph. Aureus*
      • endocardite subaguda: espécie *Streptococcus*
4. VO tuberculosa: *Mycobacterium tuberculosis* (ver abaixo)
5. organismos raros incluem: *Nocardia* (p. 335)
6. complexo de *Mycobacterium avium* (*M. avium* e *M. intracellulare* (MAC); pode causar doença pulmonar em pacientes imunocomprometidos (geralmente idosos ou em tratamento crônico com esteroides), mas também podem causar VO similar à TB[96] como parte da doença disseminada, que ocorre geralmente em pacientes com HIV
7. infecções polimicrobianas: *raras* (< 2,5% de infecções VO piogênicas)

Osteomielite vertebral tuberculosa: também conhecida como Espondilite tuberculosa e também como Doença de Pott, sendo mais comum nos países emergentes. A doença é tipicamente sintomática por vários meses, afetando geralmente mais de um nível. Os níveis mais comuns envolvidos são o torácico inferior e o lombar superior. A doença tem predileção pelos corpos vertebrais, poupando os elementos posteriores. O abscesso do psoas é comum (o músculo psoas maior se anexa aos corpos e discos intervertebrais a partir de T12-L5). Pode ocorrer esclerose do corpo vertebral envolvido. O diagnóstico definitivo exige a identificação dos bacilos acidorresistentes na cultura ou corante de Gram do material de biópsia (que pode ser feita por via percutânea).

O déficit neurológico se desenvolve em 10 a 47% dos pacientes,[97] e pode ser causado por inflamação das artérias medular e radicular na maioria dos casos. A infecção por si só raramente se estende para o canal espinal,[98] o tecido de granulação ou a fibrose ou uma deformidade óssea cifótica podem causar a compressão da medula.[97]

O papel do desbridamento cirúrgico e a fusão com TB geram controvérsias, e bons resultados podem ser obtidos tanto com tratamento médico quanto com cirurgia. A operação pode ser mais apropriada quando houver documentação da compressão da medula ou para complicações como a formação de um abscesso ou seio[99] ou instabilidade da coluna.

Infecções do Crânio, da Coluna e Pós-Cirúrgicas **355**

21

Testes diagnósticos

Laboratórios
WBC: elevados em apenas cerca de 35% (raramente acima de 12.000) associados a prognóstico ruim.
ESR: elevado em quase todos os testes. Geralmente > 40 mm/h. Média: 85.
CRP: pode ser mais sensível que ESR com tendência a se normalizar mais rapidamente com o tratamento apropriado.[100] Ver também valores normais (p. 347).

Culturas/biópsia
Cultura: sangue (positiva em cerca de 50%), urina e qualquer processo supurativo focalizado.
Biópsia com agulha e culturas: geralmente pode ser feita por via percutânea, pela abordagem transpedicular, com CT ou orientação fluoroscópica. Pode ser útil mesmo se as culturas de sangue forem positivas (organismos diferentes recuperados em 15%[101]) concluindo: uma tentativa na cultura direta do sítio associado deverá ser feita. O ideal seria que as culturas fossem feitas antes do início da administração dos antibióticos. O resultado das culturas de biópsia por agulha varia de 60 a 90%. A biópsia aberta é mais sensível, mas a morbidade é mais elevada.

Investigação por imagens
▶ Quadro 21.4 mostra uma comparação de sensibilidades e de especificidades das várias modalidades de investigação por imagens. Nota: A CT pode resultar negativa se realizada muito precocemente no curso da doença.
MRI: T1WI → sinal baixo confluente em corpos vertebrais e no espaço discal intervertebral. T2WI → intensidade aumentada dos VBs envolvidos e do espaço discal.[102] Contraste: realce de VB e do disco, buscar também por massas paraespinal e epidural.
CT: ajuda a demonstrar o envolvimento ósseo, assim como a anatomia óssea detalhada em caso de necessidade de instrumentação durante o tratamento.
Radiografia simples: as alterações levam de 2 a 8 semanas desde o início da infecção para se desenvolverem. As primeiras alterações são: perda das margens corticais dos platôs e perda da altura do espaço discal.
Cintilografia óssea: a cintilografia óssea de três fases (p. 236) tem sensibilidade e especificidade razoavelmente boas. A cintilografia com gálio (p. 236) tem melhor precisão; os achados incluem captação aumentada nos dois VBs adjacentes com perda de disco interveniente.[103] Cintilografia de WBCs marcados com Índium-111: baixa sensibilidade para osteomielite vertebral.

Exame completo
Em pacientes com osteomielite vertebral suspeita (VO) (ver texto acima para detalhes):
1. clínico: história de abuso de drogas IV, DM, sistema imune comprometido, abscessos cutâneos
2. exame físico: descartar radiculopatia e mielopatia, sensibilidade pontual na coluna
3. testes diagnósticos:
   a) sangue: WBC, ESR e CRP (um ESR normal é quase incompatível com VO), culturas de sangue
   b) investigação por imagens:
      • MRI sem e com contraste
      • se MRI for contraindicada: mielograma por CT avalia a anatomia óssea e pode demonstrar comprometimento do canal espinal. A cintilografia óssea pode, às vezes, ser útil se o diagnóstico ainda for incerto diante de suspeita elevada
   c) biópsia percutânea com agulha e culturas: geralmente realizada por um radiologista. As culturas deverão incluir: fungos, bactérias aeróbias e anaeróbias e TB

Tratamento
Ver mais detalhes (p. 352). Noventa por cento (90%) dos casos podem ser tratados sem cirurgia com antibióticos e imobilização. As características dos candidatos em potencial para o tratamento não cirúrgico são apresentadas no ▶ Quadro 21.5. Devem-se também levar em conta o nível (ou níveis) envolvido e as condições do paciente.

Quadro 21.4 Precisão das várias modalidades de investigação por imagens para osteomielite vertebral[102]

Modalidade	Sensibilidade	Especificidade	Precisão
radiografias simples	82%	57%	73%
cintilografia óssea	90%	78%	86%
cintilografia com gálio	92%	100%	93%
cintilografia óssea + cintilografia com gálio	90%	100%	94%
MRI	96%	92%	94%

> **Quadro 21.5** Candidatos ao tratamento não cirúrgico em espondilodiscite piogênica espontânea[95]
>
> - organismo identificado
> - sensibilidade antibiótica
> - envolvimento de espaço de um só disco com pouco envolvimento de VB
> - déficit neurológico mínimo ou ausente
> - instabilidade espinal mínima ou ausente

Em casos com alta suspeita de VO, os antibióticos poderão ser iniciados assim que a biópsia tenha sido realizada (alguns tratam até mais cedo). Para detalhes sobre antibióticos, consulte Tratamento (p. 352) na seção sobre abscesso epidural espinal.

A melhora na investigação por imagens pode ocorrer após a resposta clínica e de ESR/CRP.

Indicações para intervenção neurocirúrgica (obs.: a intervenção por um cirurgião geral pode ser indicada para empiema, abscesso do psoas...):
1. progressão da doença apesar da terapia antibiótica adequada
2. instabilidade espinal
3. abscesso epidural espinal (p. 349)
4. infecção crônica refratária ao tratamento clínico

Para pacientes não sendo tratados cirurgicamente:
1. biópsia percutânea para obter ID e sensibilidade do organismo
2. antibióticos:
   a) antibióticos IV durante pelo menos seis semanas (o índice de falha do tratamento aumenta quando os medicamentos são administrados por menos de quatro semanas,[95] por mais tempo, p. ex. 12 semanas, se o ESR não estiver se normalizando ou se houver infecção com invasão óssea e paravertebral excessivas)
   b) seguimento por 6-8 semanas com agentes orais[95]
3. medicação para dor de acordo com a intensidade do sintoma
4. órtese toracolombossacra (TLSO): para reduzir a dor (por causa do movimento no sítio atingido) e para reduzir o estresse sobre o osso enfraquecido até a cicatrização
5. verificar radiografias em posição ereta com a órtese para examinar a estabilidade
6. seguimento aos 8 e 12 meses por radiografias com a órtese e então considerar a retirada, se a infecção e a dor estiverem sob controle

Tratamento cirúrgico

Descompressão de elementos neurais e remoção de tecido inflamatório e de osso infectado para reduzir a biocarga. O uso de fusão instrumentada não é contraindicado mesmo para infecções piogênicas. Embora não usada rotineiramente, a proteína morfogênica óssea (rhBMP-2) em 14 pacientes submetidos à fusão circunferencial para infecções refratárias não produziu complicações.[104]

21.5.3 Discite

Informações gerais

Infecção do núcleo pulposo. Pode-se iniciar na placa terminal cartilaginosa e se espalhar para o disco e o corpo vertebral (VB). Semelhante à osteomielite vertebral, exceto quanto ao fato de a osteomielite atingir primariamente o VB e depois se disseminar para o espaço discal.

Circunstância: pode ser "pós-operatória" ou "espontânea"
- discite espontânea: ocorre na ausência de qualquer procedimento. Discutido abaixo
- discite pós-operatória: pode ocorrer após vários procedimentos; consulte Discite pós-operatória (p. 346). Este tópico está incluído em Infecções pós-operatórias

Muitos aspectos radiográficos de espondilodiscite e tumor (metastático e primário) são similares, mas os tumores raramente atingem o espaço discal, enquanto a maioria das infecções começa ou assim que possível atinge esse espaço; para mais detalhes, consulte Fatores de diferenciação (p. 1392).

Dois tipos distintos:
1. juvenil: idade geralmente inferior a 20 anos (ver abaixo)
2. adulto: ocorre geralmente em pacientes suscetíveis (diabéticos, usuários de drogas IV)

Infecções do Crânio, da Coluna e Pós-Cirúrgicas   **357**

21

Discite juvenil

Geralmente, ocorre antes dos 20 anos de idade, com pico entre 2-3 anos. Deve-se, provavelmente à presença de artérias primordiais de alimentação que nutrem o núcleo pulposo e que regridem próximo aos 20-30 anos. A coluna lombar é mais frequentemente atingida que a torácica ou a cervical.

Apresentação comum em crianças mais novas: recusa em andar ou ficar em pé, progredindo para a recusa em se sentar. A lombalgia é mais comum em crianças com mais de 9 anos. Pode ocorrer febre baixa. O ESR está geralmente 2-3 × o normal. WBCs se mostram às vezes elevadas. O *H. flu* é o patógeno mais usualmente observado neste grupo.

Na maioria dos casos, a resolução completa ocorre em 9-22 semanas sem recorrência em estudos de acompanhamento a longo prazo.[97 (p. 365-71)] A cirurgia é reservada para os casos raros que progridem apesar dos antibióticos, para instabilidade espinal ou para casos recorrentes.

A maioria dos autores reserva os antibióticos para pacientes com:[97 (p. 365-71)]
1. culturas positivas (culturas de sangue ou de biópsia)
2. contagem de WBC elevada, sintomas constitucionais ou febre alta
3. resposta insatisfatória do repouso ou da imobilização
4. sequelas neurológicas (muito raras)

Os antibióticos deverão ser administrados durante 4-6 semanas. Iniciar com antibióticos IV, e quando os sintomas clínicos melhorarem mudar para PO para o restante da terapia.

Aspectos clínicos

1. sintomas:
   a) dor (o sintoma primário)
      - dor local, moderada à intensa, exacerbada por virtualmente qualquer movimento da coluna, geralmente bem localizada ao nível do envolvimento
      - irradiação para o abdome,[105] quadril, perna, escroto, virilha ou períneo
      - sintomas radiculares: ocorrem em 50%[52] a 93%[106] dos casos, dependendo do estudo.
   b) febre e calafrios: até 70% dos casos não apresentam febre
2. sinais:
   a) sensibilidade localizada
   b) espasmo muscular paravertebral
   c) limitação de movimentos

Exame completo

Resumo

Ver as seções abaixo para mais detalhes.
- testes sanguíneos
  - WBC
  - ESR e CRP
  - culturas de sangue
- investigação por imagens
  - MRI da região de preocupação sem e com contraste: o teste diagnóstico preferido
  - se a MRI for contraindicada: mielograma por CT, cintilografia óssea
- biópsia percutânea com agulha: geralmente executada por um radiologista intervencionista
- deve-se buscar pela fonte de infecção:
  - história completa para possíveis fatores de risco: lesões cutâneas, abuso de drogas IV, paciente imunocomprometido
  - ecocardiografia transesofágica (TEE): para descartar endocardite ou vegetações valvulares

Avaliação radiográfica

Informações gerais

Um achado radiográfico característico que ajuda a distinguir infecção de doença metastática é o fato de que a destruição do espaço discal é altamente sugestiva de infecção, enquanto em geral o *tumor não* cruza o espaço discal: ver Fatores de diferenciação (p. 1392).

Radiografias simples

Em geral, não são úteis para diagnóstico precoce. Sequência de alterações em chapas simples:
- alterações mais precoces: estreitamento do interespaço com alguma desmineralização do VB. Não observadas antes de 2-4 semanas após o início dos sintomas clínicos, não mais que 8 semanas
- esclerose (eburnação) das margens corticais adjacentes com aumento na densidade de áreas adjacentes de VB representando formação de osso novo, começando dentro de 4-12 semanas a partir do aparecimento dos sintomas clínicos

- irregularidade dos platôs vertebrais adjacentes poupando os pedículos (exceto para tuberculose, que pode atingir os pedículos)
- em 50% dos casos, a infecção permanece confinada ao espaço discal; nos outros 50% ela se espalha para os VBs adjacentes
- um achado tardio é o alargamento (como um balão) do espaço discal com erosão do VB
- a formação circunferencial do osso pode levar à formação de um esporão exuberante entre VBs 6 a 8 meses no curso da doença
- pode ocorrer fusão espontânea do VB

MRI

Com e sem contraste de gadolínio. Demonstra o envolvimento do espaço discal e dos VBs. A MRI pode descartar abscesso espinal paravertebral ou epidural, mas não é satisfatória para avaliar fusão óssea e integridade óssea. Tão sensível quanto a cintilografia óssea por radionuclídeos. Achado característico: sinal reduzido do disco e da porção adjacente dos VBs em T1WI e sinal aumentado a partir dessas estruturas em T2WI. O realce é comum. Achados característicos podem ocorrer 3-5 dias após início dos *sintomas*.

CT e mielo-CT

Como a MRI, também pode descartar abscesso espinal paravertebral ou epidural e embora melhor para avaliar fusão e integridade ósseas, por si só é insatisfatória para demonstrar comprometimento do canal. Com a adição de contraste intratecal solúvel em água (mielo-CT) também avalia o canal espinal quanto a comprometimento.

Critérios diagnósticos

Três alterações básicas na CT[107] (se todos presentes, patognomônico para discite; se apenas os dois primeiros, então a especificidade para discite é de apenas 87%).
1. fragmentação do platô
2. inchaço de partes moles paravertebrais com obliteração dos planos gordurosos
3. abscesso paravertebral

Medicina nuclear

Muito sensível para discite e osteomielite vertebral (85% de sensibilidade), mas pode ser negativa em até 85% dos pacientes com doença de Pott. A técnica usa ou tecnécio-99 (anormal até 7 dias após início dos sintomas clínicos) ou gálio-67 (anormal dentro de 14 dias). Um exame positivo mostra captação focal aumentada em platôs adjacentes e pode ser diferenciada da osteomielite, que atingirá apenas um platô. Esse exame não é específico para infecção e também pode ocorrer com neoplasias, fraturas e alterações degenerativas.

Estudos de laboratório

ESR: em pacientes com o sistema imune não comprometido, o ESR estará elevado em quase todos os casos, com valor médio de 60 mm/h (embora a discite com ESR normal seja rara, ela colocará o diagnóstico em dúvida). O ESR poderá ser útil para acompanhamento como um indicador de resposta ao tratamento.
    Proteína C-reativa (CRP): sempre usada em conjunto com a ESR.
    WBCs: os WBCs periféricos estão quase sempre normais e raramente elevados acima de 12.000.
    PPD (Derivativo Proteico Purificado, também conhecido como Teste de triagem de Mantoux): pode ser útil para descartar a doença de Pott em casos de discite espontânea (p. 354); pode ser negativo em 14% dos casos.[108]
    Culturas: uma tentativa deverá ser feita para obter culturas diretas do espaço discal atingido. Essas culturas podem ser obtidas por via percutânea (p. ex., a biópsia com agulha de Craig) com CT ou outra orientação radiográfica (índice de cultura positiva relatado em até 60%), ou de amostra intraoperatória (Nota: a cirurgia somente para biópsia aberta isolada em geral não é recomendada). A coloração para bacilos acidorresistentes para identificar *Mycobacterium tuberculosis* (TB) deverá ser feita em todos os casos.
    As culturas de sangue podem ser positivas em cerca de 50% dos casos e podem ser úteis para orientar a escolha do agente antibiótico quando positivo.

Patógenos

O *Staphylococcus aureus* é o organismo mais comum quando culturas diretas são obtidas, seguido pelo *S. albus* e pelo *S. epidermidis*. Organismos Gram-negativos também podem ser encontrados, incluindo *E. coli* e *Proteus*.
    O *Pseudomonas aeruginosa* pode ser mais comum em usuários de drogas IV.
    O *H. flu* é comum na discite juvenil (ver abaixo).
    Mycobacterium tuberculosis: espondilite tuberculosa (doença de Pott) também pode ocorrer.

Tratamento

Informações gerais

Em geral, o resultado é bom e os antibióticos junto com a imobilização espinal são o tratamento adequado em cerca de 75% dos casos. Às vezes, a cirurgia é necessária. Consulte também sob o título de discite pós-operatória para outros aspectos do tratamento (p. 347).

A maioria dos pacientes inicia a terapia com repouso estrito no leito, sendo então mobilizada com ou sem colete, conforme o tolerado.

Imobilização espinal

Provavelmente não afeta o resultado final. Permite o alívio mais prematuro da dor para alguns e pode permitir retorno à atividade um pouco mais cedo. Para discite torácica ou lombar superior, o paciente é vestido com uma jaqueta tipo garra que deve ser usada durante 6-8 semanas em média. De maneira prática, a maioria dos pacientes descobre que o desconforto do imobilizador é pior que aquele sem seu uso. As formas alternativas de imobilização incluem: imobilizador de gesso (que fornece melhor imobilização para discite lombar inferior) ou um imobilizador tipo espartilho (menos imobilização, mas maior tolerância).

Antibióticos

A escolha dos antibióticos é orientada pelos resultados de culturas diretas, quando positivas. Em 40-50% dos casos em que nenhum organismo é isolado, deverão ser usados os antibióticos de amplo espectro. Os resultados positivos da cultura de sangue também podem ajudar na escolha dos antibióticos.

Dois planos de tratamento alternativo são sugeridos:
1. tratar com antibióticos IV por um período de tempo arbitrário, geralmente 4-6 semanas, seguidos de antibióticos orais por mais 4-6 semanas
2. tratar com antibióticos IV até normalização do ESR, depois alterar para PO

Cirurgia

Exigido somente em cerca da 25% dos casos.

Indicações para cirurgia:
1. situações em que o diagnóstico é incerto, especialmente quando houver forte consideração de neoplasia (aqui a biópsia com agulha guiada por CT geralmente ajuda)
2. descompressão de estruturas neurais, especialmente com abscesso epidural espinal associado ou compressão por tecido de granulação reativo. Alteração sensitiva ascendente, fraqueza ou bexiga neurogênica indicam a síndrome da cauda equina
3. drenagem de abscesso associado, especialmente abscessos septados que podem ser recalcitrantes à biópsia com agulha guiada por CT
4. raramente, para fundir uma coluna instável. A maioria dos casos progride para a fusão espontânea

Abordagens
- abordagens anteriores: geralmente usadas nas regiões cervical ou torácica. Removem alguns ou a maioria dos tecidos infectados existentes
  - coluna cervical: discectomia anterior e fusão para envolvimento limitado: corpectomia com enxerto de escoramento e plaqueamento com instrumentação posterior (fusão de 360°) para envolvimento mais extensivo
  - coluna torácica: podem ser usadas a abordagem posterolateral (ou seja, abordagem transpedicular ou de costotransvectomia) ou lateral (ou seja, transtorácica ou retrocelômica)
- laminectomia posterior
  - pode ser usada na região lombar (inferior ao cone medular)
  - ✘ a laminectomia isolada não é apropriada na coluna torácica ou cervical quando houver compressão anterior da medula espinal

21.5.4 Abscesso do psoas

Informações gerais

1. anatomia aplicada do músculo psoas:
   a) uma das duas cabeças do músculo iliopsoas (na outra cabeça está o ilíaco)
   b) origem: face interna do ílio, base do sacro e processos transversos, corpos vertebrais (VBs) e discos intervertebrais da coluna espinal a partir da margem inferior de VB T12, estendendo-se até a parte superior do VB L5: trocânter menor do fêmur. O psoas é o principal flexor do quadril
   c) trinta por cento das pessoas possui um psoas menor que fica anterior ao psoas maior

Quadro 21.6 Quadros associados a abscesso secundário do psoas[111]

Sistema orgânico	Quadro
gastrointestinal	diverticulite, apendicite, doença de Crohn, câncer colorretal
geniturinário	UTI, câncer
infecções musculosqueléticas	osteomielite vertebral, sacroilíte infecciosa, artrite séptica
outros	endocardite, cateterização de artéria femoral, enxerto de aneurisma aórtico abdominal infectado, carcinoma hepatocelular, dispositivo contraceptivo intrauterino, trauma, sepse, diálise, (diálise peritoneal ou hemodiálise crônica)

   d) inervação: ramos das raízes neurais de L2-4 proximais à formação do nervo femoral
   e) suscetibilidade à infecção
- rico suprimento vascular torna-o vulnerável à disseminação hematogênica
- proximidade às estruturas que pode ser fonte de infecção: cólon sigmoide, jejuno, apêndice vermiforme, ureteres, aorta, pelve renal, pâncreas, linfonodos ilíacos e coluna

2. pode ser primário (sem doença subjacente identificável) ou secundário, em que poderá estar associado a um dos quadros mostrados no ▶ Quadro 21.6
3. fatores de risco: abuso de drogas IV, HIV/AIDS, idade superior a 65 anos, DM, imunossupressão, insuficiência renal

Achados clínicos

Achados físicos: os sinais de inflamação do iliopsoas incluem:
1. ativos: dor ao flexionar o quadril contra resistência
2. passivos: com o paciente repousando sobre o lado não afetado, efetuar a hiperextensão do quadril afetado causa estiramento do músculo psoas e produz a dor

Testes diagnósticos

1. exame completo de rotina para infecção: WBCs (geralmente elevados), culturas de sangue, U/A + C&S (pode-se observar piúria)
2. radiografia AP abdominal: a sombra do psoas pode estar obliterada
3. CT: a sensibilidade é de 80 a 100% (a MRI não é melhor).[109] A dilatação do músculo psoas do lado afetado é mais bem visualizada no interior da asa ilíaca

Com frequência, o tratamento inclui drenagem do abscesso do psoas por via ou cirúrgica ou percutânea, guiada por CT.

Índices de mortalidade associados ao abscesso do psoas: 2,4% com abscesso primário, 19% com secundário com a sepse sendo a causa usual do óbito.[110]

Referências

[1] Yogev R. Cerebrospinal Fluid Shunt Infections: A Personal View. Pediatr Infect Dis. 1985; 4:113–118

[2] Ammirati M, Raimondi A. Cerebrospinal Fluid Shunt Infections in Children: A Study of the Relationship between the Etiology of the Hydrocephalus, Age at the Time of Shunt Placement, and Infection. Childs Nerv Syst. 1987; 3:106–109

[3] McLone D, Czyzewski D, Raimondi A, Sommers R. Central Nervous System Infection as a Limiting Factor in the Intelligence of Children with Myelomeningocele. Pediatrics. 1982; 70:338–342

[4] Crame AL, Wellington J. Infantile Hydrocephalus: Long-Term Results of Surgical Therapy. Childs Brain. 1984; 11:217–229

[5] Sanchez-Portocarrero J, Martin-Rabadan P, Saldana CJ, Perez-Cecilia E. Candida cerebrospinal fluid shunt infection. Report of two new cases and review of the literature. Diagn Microbiol Infect Dis. 1994; 20:33–40

[6] Nguyen MH, Yu VL. Meningitis caused by Candida species: an emerging problem in neurosurgical patients. Clin Infect Dis. 1995; 21:323–327

[7] Geers TA, Gordon SM. Clinical significance of Candida species isolated from cerebrospinal fluid following neurosurgery. Clin Infect Dis. 1999; 28:1139–1147

[8] O'Brien M, Parent A, Davis B. Management of Ventricular Shunt Infections. Childs Brain. 1979; 5:304–309

[9] Wald SL, McLaurin RL. Shunt-Associated Glomerulonephritis. Neurosurgery. 1978; 3:146–150

[10] Section of Pediatric Neurosurgery of the American Association of Neurological Surgeons. Pediatric Neurosurgery. New York 1982

[11] Frame PT, McLaurin RL. Treatment of CSF Shunt Infections with Intrashunt Plus Oral Antibiotic Therapy. J Neurosurg. 1984; 60:354–360

[12] James HE, Walsh JW, Wilson HD, et al. Prospective Randomized Study of Therapy in Cerebrospinal Fluid Shunt Infection. Neurosurgery. 1980; 7:459–463

[13] Steinbok P, Cochrane DD, Kestle JRW. The Significance of Bacteriologically Positive Ventriculoperitoneal Shunt Components in the Absence of Other Signs of Shunt Infection. J Neurosurg. 1996; 84:617–623

[14] van de Beek D, Drake JM, Tunkel AR. Nosocomial bacterial meningitis. N Engl J Med. 2010; 362:146–154

[15] Tumialan LM, Lin F, Gupta SK. Spontaneous bacterial peritonitis causing Serratia marcescens and Proteus mirabilis ventriculoperitoneal shunt infection. Case report. J Neurosurg. 2006; 105:320–324

[16] Vinchon M, Baroncini M, Laurent T, Patrick D. Bowel perforation caused by peritoneal shunt catheters: diagnosis and treatment. Neurosurgery. 2006; 58:ONS76–82; discussion ONS76-82

[17] Gaskill SJ, Marlin AE. Spontaneous bacterial peritonitis in patients with ventriculoperitoneal shunts. Pediatr Neurosurg. 1997; 26:115–119

[18] Rush DS,Walsh JW, Belin RP, Pulito AR. Ventricular Sepsis and Abdominally Related Complications in Children with Cerebrospinal Fluid Shunts. Surgery. 1985; 97:420–427

[19] Bayston R. Epidemiology, diagnosis, treatment, and prevention of cerebrospinal fluid shunt infections. Neurosurg Clin N Am. 2001; 12:703–8, viii

[20] Salomao JF, Leibinger RD. Abdominal pseudocysts complicating CSF shunting in infants and children. Report of 18 cases. Pediatr Neurosurg. 1999; 31:274–278

[21] Lozier AP, Sciacca RR, Romanoli M, et al. Ventriculostomy-related infection: a critical review of the literature. Neurosurgery. 2002; 51:170–182

[22] Pfausler B, Beer R, Engelhardt K, Kemmler G, Mohsenipour I, Schmutzhard E. Cell index–a new parameter for the early diagnosis of ventriculostomy (external ventricular drainage)-related ventriculitis in patients with intraventricular hemorrhage? Acta Neurochir (Wien). 2004; 146:477–481

[23] Beer R, Lackner P, Pfausler B, Schmutzhard E. Nosocomial ventriculitis and meningitis in neurocritical care patients. J Neurol. 2008; 255:1617–1624

[24] Kim JH, Desai NS, Ricci J, Stieg PE, Rosengart AJ, Hartl R, Fraser JF. Factors contributing to ventriculostomy infection. World Neurosurg. 2012; 77:135–140

[25] Aucoin PJ, Kotilainen HR, Gantz NM, Davidson R, Kellogg P, Stone B. Intracranial pressure monitors. Epidemiologic study of risk factors and infections. Am J Med. 1986; 80:369–376

[26] Mayhall CG, Archer NH, Lamb VA, Spadora AC, Baggett JW, Ward JD, Narayan RK. Ventriculostomyrelated infections. A prospective epidemiologic study. N Engl J Med. 1984; 310:553–559

[27] Mayhall CG, Archer NH, Lamb VA, Spadora AC, Baggett JW, Ward JD, Narayan RK. Ventriculostomyrelated infections. A prospective epidemiologic study. N Engl J Med. 1984; 310:553–559

[28] Schade RP, Schinkel J, Roelandse FW, Geskus RB, Visser LG, van Dijk JM, Voormolen JH, Van Pelt H, Kuijper EJ. Lack of value of routine analysis of cerebrospinal fluid for prediction and diagnosis of external drainage-related bacterial meningitis. J Neurosurg. 2006; 104:101–108

[29] Schuhmann MU, Ostrowski KR, Draper EJ, Chu JW, Ham SD, Sood S, McAllister JP. The value of C-reactive protein in the management of shunt infections. J Neurosurg. 2005; 103:223–230

[30] Martinez R, Gaul C, Buchfelder M, Erbguth F, Tschaikowsky K. Serum procalcitonin monitoring for differential diagnosis of ventriculitis in adult intensive care patients. Intensive Care Med. 2002; 28:208–210

[31] Pfisterer W, Muhlbauer M, Czech T, Reinprecht A. Early diagnosis of external ventricular drainage infection: results of a prospective study. J Neurol Neurosurg Psychiatry. 2003; 74:929–932

[32] Hader WJ, Steinbok P. The value of routine cultures of the cerebrospinal fluid in patients with external ventricular drains. Neurosurgery. 2000; 46:1149–53; discussion 1153-5

[33] The management of neurosurgical patients with postoperative bacterial or aseptic meningitis or external ventricular drain-associated ventriculitis. Infection in Neurosurgery Working Party of the British Society for Antimicrobial Chemotherapy. Br J Neurosurg. 2000; 14:7–12

[34] Cook AM, Mieure KD, Owen RD, Pesaturo AB, Hatton J. Intracerebroventricular administration of drugs. Pharmacotherapy. 2009; 29:832–845

[35] Friedman WA, Vries JK. Percutaneous tunnel ventriculostomy. Summary of 100 procedures. J Neurosurg. 1980; 53:662–665

[36] Harrop JS, Sharan AD, Ratliff J, Prasad S, Jabbour P, Evans JJ, Veznedaroglu E, Andrews DW, Maltenfort M, Liebman K, Flomenberg P, Sell B, Baranoski AS, Fonshell C, Reiter D, Rosenwasser RH. Impact of a standardized protocol and antibiotic-impregnated catheters on ventriculostomy infection rates in cerebrovascular patients. Neurosurgery. 2010; 67:187–91; discussion 191

[37] Zabramski JM, Spetzler RF, Sonntag VK. Impact of a standardized protocol and antibiotic-impregnated catheters on ventriculostomy infection rates in cerebrovascular patients. Neurosurgery. 2011; 69. DOI: 10.1227/NEU.0b013e31821756ca

[38] Sonabend AM, Korenfeld Y, Crisman C, Badjatia N, Mayer SA, Connolly ES, Jr. Prevention of ventriculostomy-related infections with prophylactic antibiotics and antibiotic-coated external ventricular drains: a systematic review. Neurosurgery. 2011; 68:996–1005

[39] Zabramski JM, Whiting D, Darouiche RO, Horner TG, Olson J, Robertson C, Hamilton AJ. Efficacy of antimicrobial-impregnated external ventricular drain catheters: a prospective, randomized, controlled trial. J Neurosurg. 2003; 98:725–730

[40] Poon WS, Ng S, Wai S. CSF antibiotic prophylaxis for neurosurgical patients with ventriculostomy: a randomised study. Acta Neurochir Suppl. 1998; 71:146–148

[41] Holloway KL, Barnes T, Choi S, et al. Ventriculostomy Infections: The Effect of Monitoring Duration and Catheter Exchange in 584 Patients. J Neurosurg. 1996; 85:419–424

[42] Wong GK, Poon WS,Wai S, Yu LM, Lyon D, Lam JM. Failure of regular external ventricular drain exchange to reduce cerebrospinal fluid infection: result of a randomised controlled trial. J Neurol Neurosurg Psychiatry. 2002; 73:759–761

[43] Lo CH, Spelman D, Bailey M, Cooper DJ, Rosenfeld JV, Brecknell JE. External ventricular drain infections are independent of drain duration: an argument against elective revision. J Neurosurg. 2007; 106:378–383

[44] Khalil BA, Sarsam Z, Buxton N. External ventricular drains: is there a time limit in children? Childs Nerv Syst. 2005; 21:355–357

[45] Shektman A, Granick MS, Solomon MP, et al. Management of Infected Laminectomy Wounds. Neurosurgery. 1994; 35:307–309

[46] Kurz A, Sessler DI, Lenhardt R. Perioperative Normothermia to Reduce the Incidence of Surgical-Wound Infection and Shorten Hospitalization. N Engl J Med. 1996; 334:1209–1215

[47] Dernbach PD, Gomez H, Hahn J. Primary Closure of Infected Spinal Wounds. Neurosurgery. 1990; 26:707–709

[48] Ebersold MJ. Comment on Shektman A, et al.: Primary Closure of Infected Spinal Wounds. Neurosurgery. 1994; 35

[49] Iversen E, Nielsen VAH, Hansen LG. Prognosis in Postoperative Discitis. A Retrospective Study of 111 Cases. Acta Orthop Scand. 1992; 63:305–309

[50] Fouquet B, Goupille P, Jattiot F, et al. Discitis After Lumbar Disc Surgery. Features of "Aseptic" and "Septic" Forms.. Spine. 1992; 17:356–358

[51] Rawlings CE, Wilkins RH, Gallis HA, et al. Postoperative Intervertebral Disc Space Infection. Neurosurgery. 1983; 13:371–376

[52] Malik GM, McCormick P. Management of Spine and Intervertebral Disc Space Infection. Contemp Neurosurg. 1988; 10:1–6

[53] Thelander U, Larsson S. Quantitation of C-Reactive Protein Levels and Erythrocyte Sedimentation Rate After Spinal Surgery. Spine. 1992; 17:400–404

[54] Boden SD, Davis DO, Dina TS, et al. Postoperative Diskitis: Distinguishing Early MR Imaging Findings from Normal Postoperative Disk Space Changes. Radiology. 1992; 184:765–771

[55] Mirzayan MJ, Gharabaghi A, Samii M, Tatagiba M, Krauss JK, Rosahl SK. Response of C-reactive protein after craniotomy for microsurgery of intracranial tumors. Neurosurgery. 2007; 60:621–5; discussion 625

[56] Listinsky JL, Wood BP, Ekholm SE. Parietal Osteomyelitis and Epidural Abscess: A Delayed Complication of Fetal Monitoring. Pediatr Radiol. 1986; 16:150–151

[57] Bernard L, Dinh A, Ghout I, Simo D, Zeller V, Issartel B, Le Moing V, Belmatoug N, Lesprit P, Bru JP, Therby A, Bouhour D, Denes E, Debard A, Chirouze C, Fevre K, Dupon M, Aegerter P, Mulleman D. Antibiotic treatment for 6 weeks versus 12 weeks in patients with pyogenic vertebral osteomyelitis: an open-label, non-inferiority, randomised, controlled trial. Lancet. 2015; 385:875–882

[58] Cahill DW. Infections of the Spine. Contemp Neurosurg. 1993; 15:1–8

[59] Baker AS, Ojemann RG, Swartz MN, et al. Spinal Epidural Abscess. N Engl J Med. 1975; 293:463–468

[60] Nussbaum ES, Rigamonti D, Standiford H, et al. Spinal Epidural Abscess: A Report of 40 Cases and Review. Surg Neurol. 1992; 38:225–231

[61] Danner RL, Hartman BJ. Update of Spinal Epidural Abscess: 35 Cases and Review of the Literature. Rev Infect Dis. 1987; 9:265–274

[62] Curry WT, Jr, Hoh BL, Amin-Hanjani S, Eskandar EN. Spinal epidural abscess: clinical presentation, management, and outcome. Surg Neurol. 2005; 63:364–71; discussion 371

[63] Hlavin ML, Kaminski HJ, Ross JS, Ganz E. Spinal Epidural Abscess: A Ten-Year Perspective. Neurosurgery. 1990; 27:177–184

[64] Spiegelmann R, Findler G, Faibel M, et al. Postoperative Spinal Epidural Empyema: Clinical and Computed Tomography Features. Spine. 1991; 16:1146–1149

[65] Browder J, Meyers R. Pyogenic Infections of the Spinal Epidural Space. Surgery. 1941; 10:296–308

[66] Russell NA, Vaughan R, Morley TP. Spinal Epidural Infection. Can J Neurol Sci. 1979; 6:325–328

[67] Heusner AP. Nontuberculous Spinal Epidural Infections. N Engl J Med. 1948; 239:845–854

[68] Koppel BS, Tuchman AJ, Mangiardi JR, et al. Epidural Spinal Infection in Intravenous Drug Abusers. Arch Neurol. 1988; 45:1331–1337

[69] Abdel-Magid RA, Kotb HIM. Spinal Epidural Abscess After Spinal Anesthesia: A Favorable Outcome. Neurosurgery. 1990; 27:310–311

[70] Loarie DJ, Fairley HB. Epidural Abscess Following Spinal Anesthesia. Anesth Analg. 1978; 57:351–353

[71] Strong WE. Epidural Abscess Associated with Epidural Catheterization: A Rare Event? Report of Two Cases with Markedly Delayed Presentation. Anesthesiology. 1991; 74:943–946

[72] Bergman I, Wald ER, Meyer JD, Painter MJ. Epidural Abscess and Vertebral Osteomyelitis following Serial Lumbar Punctures. Pediatrics. 1983; 72:476–480

[73] Rea GL, McGregor JM, Miller CA, Miner ME. Surgical Treatment of the Spontaneous Spinal Epidural Abscess. Surg Neurol. 1992; 37:274–279

[74] Kaufman DM, Kaplan JG, Litman N. Infectious Agents in Spinal Epidural Abscesses. Neurology. 1980; 30:844–850

[75] Wilkins RH, Rengachary SS. Neurosurgery. New York 1985

[76] Post MJD, Sze G, Quencer RM, et al. Gadolinium-Enhanced MR in Spinal Infection. J Comput Assist Tomogr. 1990; 14:721–729

[77] Post MJD, Quencer RM, Montalvo BM, et al. Spinal infection: evaluation with MR imaging and intraoperative ultrasound. Radiology. 1988; 169:765–771

[78] Sandhu FS, Dillon WP. Spinal Epidural Abscess: Evaluation with Contrast-Enhanced MR Imaging. AJNR. 1991; 158:1087–1093

[79] Kirzner H, Oh YK, Lee SH. Intraspinal Air: A CT Finding of Epidural Abscess. AJR. 1988; 151:1217–1218

[80] Leys D, Lesoin F, Viaud C, et al. Decreased Morbidity from Acute Bacterial Spinal Epidural Abscess using Computed Tomography and Nonsurgical Treatment in Selected Patients. Ann Neurol. 1985; 17:350–355

[81] Mampalam TJ, Rosegay H, Andrews BT, Rosenblum ML, Pitts LH. Nonoperative Treatment of Spinal Epidural Infections. J Neurosurg. 1989; 71:208–210

[82] Hanigan WC, Asner NG, Elwood PW. Magnetic Resonance Imaging and the Nonoperative Treatment of Spinal Epidural Abscess. Surg Neurol. 1990; 34:408–413

[83] Garrido E, Rosenwasser RH. Experience with the Suction-Irrigation Technique in the Management of Spinal Epidural Infection. Neurosurgery. 1983; 12:678–679

[84] Eismont FJ, Bohlman HH, Soni PL, Goldberg VM, et al. Pyogenic and Fungal Vertebral Osteomyelitis with Paralysis. J Bone Joint Surg. 1983; 65A:19–29

[85] Pereira CE, Lynch JC. Spinal epidural abscess: an analysis of 24 cases. Surg Neurol. 2005; 63:S26–S29

[86] Curling OD, Gower DJ, McWhorter JM. Changing Concepts in Spinal Epidural Abscess: A Report of 29 Cases. Neurosurgery. 1990; 27:185–192

[87] Schmorl G, Junghanns H. The Human Spine in Health and Disease. New York: Grune & Stratton; 1971

[88] Waldvogel FA, Vasey H. Osteomyelitis: The Past Decade. N Engl J Med. 1980; 303:360–370

[89] Holzman RS, Bishko R. Osteomyelitis in Heroin Addicts. Ann Intern Med. 1971; 75:693–696

[90] Cahill DW, Love LC, Rechtine GR. Pyogenic Osteomyelitis of the Spine in the Elderly. J Neurosurg. 1991; 74:878–886

[91] Burke DR, Brant-Zawadzki MB. CT of Pyogenic Spine Infection. Neuroradiology. 1985; 27:131–137

[92] Sapico FL, Montgomerie JZ. Pyogenic Vertebral Osteomyelitis: Report of Nine Cases and Review of the Literature. Rev Infect Dis. 1979; 1:754–776

[93] Skaf GS, Fehlings MG, Bouclaous CH. Medical and surgical management of pyogenic and nonpyogenic spondylodiscitis: Part I. Contemp Neurosurg. 2004; 26:1–5

[94] Batson OV. The Function of the Vertebral Veins and Their Role in the Spread of Metastases. Ann Surg. 1940; 112

[95] Skaf GS, Fehlings MG, Bouclaous CH. Medical and surgical management of pyogenic and nonpyogenic spondylodiscitis: Part II. Contemp Neurosurg. 2004; 26:1–5

[96] Weiner BK, Love TW, Fraser RD. Mycobacterium avium intracellulare: vertebral osteomyelitis. J Spinal Disord. 1998; 11:89–91

[97] Rothman RH, Simeone FA. The Spine. Philadelphia 1992

[98] Kinnier WSA. In: Tuberculosis of the Skull and Spine. Neurology. London: Edward Arnold; 1940:575–583

[99] Medical Research Council Working Party on Tuberculosis of the Spine. Controlled Trial of Short-Course Regimens of Chemotherapy in the Ambulatory Treatment of Spinal Tuberculosis: Results at Three Years of a Study in Korea. J Bone Joint Surg. 1993; 75B:240–248

[100] Rath SA, Nelf U, Schneider O, et al. Neurosurgical management of thoracic and lumbar vertebral osteomyelitis and discitis in adults: a review of 43 consecutive surgically treated patients. Neurosurgery. 1996; 38:926–933

[101] Patzakis MJ, Rao S, Wilkins J, Moore TM, Harvey PJ. Analysis of 61 cases of vertebral osteomyelitis. Clin Orthop. 1991; 264:178–183

[102] Modic MT, Feiglin DH, Piraino DW, et al. Vertebral Osteomyelitis: Assessment Using MR. Radiology. 1985; 157:157–166

[103] Hadjipavlou AG, Cesani-Vazquez F, Villaneuva- Meyer J, et al. The effectiveness of gallium citrate Ga 67 radionuclide imaging in vertebral osteomyelitis revisited. Am J Orthop. 1998; 27:179–183

[104] Allen RT, Lee YP, Stimson E, Garfin SR. Bone morphogenetic protein-2 (BMP-2) in the treatment of pyogenic vertebral osteomyelitis. Spine. 2007; 32:2996–3006

[105] Sullivan CR, Symmonds RE. Disk Infections and Abdominal Pain. JAMA. 1964; 188:655–658

[106] Kemp HBS, Jackson JW, Jeremiah JD, et al. Pyogenic Infections Occurring Primarily in Intervertebral Discs. J Bone Joint Surg. 1973; 55B:698–714

[107] Kopecky KK, Gilmor RL, Scott JA, et al. Pitfalls of CT in Diagnosis of Discitis. Neuroradiology. 1985; 27:57–66

[108] Lifeso RM, Weaver P, Harder EH. Tuberculous Spondylitis in Adults. J Bone Joint Surg. 1985; 67A:1405–1413

[109] Taiwo B. Psoas abscess: a primer for the internist. South Med J. 2001; 94:2–5

[110] Gruenwald I, Abrahamson J, Cohen O. Psoas abscess: case report and review of the literature. J Urol. 1992; 147:1624–1626

[111] Riyad NYM, Sallam A, Nur A. Pyogenic psoas abscess: Discussion of its Epidemiology, Etiology, Bacteriology, Diagnosis, Treatment and Prognosis - Case Report. Kuwait Medical Journal. 2003; 35:44–47

22 Outras Infecções Não Bacterianas

22.1 Encefalite viral

As encefalites que chamam a atenção do neurocirurgião geralmente causam achados de imagem que podem imitar lesões de massa, são casos em que a biópsia pode ajudar, ou derivação para hidrocefalia pode ser necessária. Os quadros cobertos neste texto são:
1. encefalite por herpes simples
2. leucoencefalite multifocal pelo vírus do herpes varicela-zóster (p. 366)
3. leucoencefalopatia multifocal progressiva (PML) (p. 331)

22.1.1 Encefalite por herpes simples

Informações gerais

Conceitos-chave

- trata-se de uma encefalite viral hemorrágica com predileção por lobos temporais
- o diagnóstico definitivo exige biópsia do cérebro
- tratamento ótimo: administração precoce de aciclovir IV

A encefalite por herpes simples (HSE), também conhecida por encefalomielite multifocal necrosante, é causada pelo vírus do herpes simples (HSV) tipo 1. Ele produz um quadro de encefalite aguda, frequentemente (mas nem sempre) hemorrágica e necrosante com edema. Observa-se predileção pelos lobos temporal e orbitofrontal e pelo sistema límbico.

Epidemiologia

Incidência estimada de HSE: 1 em 750.000 a 1 milhão de pessoas/ano. A doença está igualmente distribuída entre os sexos, em todas as etnias, em todas as idades (mais de 33% dos casos ocorrem em crianças de 6 meses a 18 anos) e durante todo ano.[1]

Apresentação

No início os pacientes se mostram quase sempre confusos e desorientados e progridem para o coma em alguns dias. As apresentações em adultos são mostradas no ▶ Quadro 22.1 e para crianças no ▶ Quadro 22.2. Outros sintomas incluem cefaleia.

Estudos diagnósticos

Com frequência, o diagnóstico pode ser feito com base na história, CSF e MRI. O tratamento deverá ser instituído rapidamente, sem esperar pela biópsia, antes do início do coma.
1. CSF: leucocitose (principalmente monos), RBCs 500-1.000/mm³, (Nota: 3% não apresentam pleocitose) e aumento acentuado de proteína, à medida que a doença progride. Anticorpos contra o HSV podem aparecer no CSF, mas isto leva cerca de 14 dias e, portanto, não serve para um diagnóstico precoce

Quadro 22.1 Encefalite por herpes simples – apresentação adulta

Sintoma	%
consciência alterada	97%
febre	90%
convulsões (geralmente início focalizado)	67%
mudanças de personalidade	71%
hemiparesia	33%

Quadro 22.2 Encefalite por herpes simples – apresentação antes dos 10 anos de idade

irritabilidade

alteração cognitiva

mal-estar

convulsões

desorientação

disfasia

hemiparesia

febre

papiledema (exceto em idade ≤ 2 anos)

2. EEG: descargas periódicas epileptiformes de lateralização (PLEDs) (descargas trifásicas de alta voltagem cada poucos segundos), geralmente do lobo temporal. O EEG pode variar rapidamente em poucos dias (incomum em quadros imitando HSE)
3. CT: edema localizado predominantemente nos lobos temporais (prognóstico pior, uma vez visíveis às lesões hemorrágicas). Em uma revisão, 38% das CTs iniciais se mostraram normais[2] (muitas tinham sido realizadas em *scanners* de primeira geração ou dentro de 3 dias do início da doença). As hemorragias foram aparentes em somente 12% das CTs inicialmente anormais
4. MRI: mais sensível que a CT,[3] demonstra edema como sinal alto em T2WI, principalmente no lobo temporal, com alguma extensão pela fissura de Sylvius ("sinal transsilviano"),[2] especialmente sugestivo de HSE se for bilateral. Deve ser diferenciado do infarto da artéria cerebral média (MCA) (que também pode atravessar a fissura de Sylvius) pela distribuição arterial típica dessa última. O realce não ocorre até a segunda semana
5. cintilografia cerebral com tecnécio: processo localizado para lobos temporais
6. biópsia do cérebro: podem ocorrer falso-negativos[4]; consultar detalhes abaixo

Biópsia do cérebro

Indicações: reservada para casos questionáveis. Pode não ser necessária em pacientes com febre, encefalopatia, achados de CSF compatíveis, achados neurais focais (convulsão focal, hemiparesia ou paralisia neural craniana), e evidência suportando pelo menos um dos quadros a seguir: EEG focal, anormalidade de CT, MRI ou cintilografia cerebral com tecnécio.

O procedimento deverá ser realizado dentro de ≤ 48 horas do início do aciclovir (caso contrário podem ocorrer resultados falso-negativos).

Resultados da biópsia: das 432 biópsias cerebrais realizadas com a técnica mencionada a seguir, 45% tiveram HSE, 22% apresentaram doença identificável, mas não HSE (p. ex., doença vascular, outra infecção viral, adrenoleucodistrofia, infecção bacteriana...) e 33% permaneceram sem diagnóstico.[5]

Técnica:

1. o lobo temporal anterior inferior é o sítio preferido
   a) o lado escolhido para a biópsia é aquele mostrando envolvimento máximo, com base nas informações clínicas (isto é: convulsões localizáveis), EEG e/ou estudos de imagem[6]
   b) deve-se obter uma amostra profunda de 10 × 10 × 5 mm, da porção anterior do giro temporal inferior SEM COAGULAÇÃO no lado da amostra (cortar a superfície com lâmina nº 11, depois cauterizar a superfície da pia no lado da *não amostra*)
   c) a segunda amostra deve ser obtida por baixo da amostra de superfície com forceps fenestrados para biópsia da hipofisária
2. o isolamento do vírus é o teste para HSE mais específico (100%) e sensível (96-97%). Outros achados (menos precisos): "cuffing" perivascular, infiltração linfocítica, necrose hemorrágica, neuronofagia e inclusões intranucleares (presentes em 50%)
3. se a microscopia eletrônica (EM) ou a imuno-histofluorescência estiverem disponíveis, 70% dos casos poderão ser diagnosticados dentro de aproximadamente 3 horas da biópsia
4. manuseio dos tecidos da biópsia
   a) evitar macerar as amostras para a histologia
   b) tecido para EM: colocado em glutaraldeído
   c) tecido para histologia permanente: colocado em formalina
   d) tecido para cultura:

- manuseio: a amostra é colocada em um recipiente esterilizado apropriado e enviada diretamente para o laboratório de virologia. Se o laboratório estiver fechado, o tecido poderá ser armazenado em um refrigerador regular por até 24 horas, ou em freezer a -70°C por tempo indeterminado (o vírus permanece viável por até 5 anos). ✖ NÃO colocar a amostra em *freezer* regular (isto destruirá o vírus)
- em geral, as culturas levam pelo menos uma semana para se tornarem positivas
- as culturas devem ser verificadas durante três semanas antes de serem declaradas negativas

Tratamento

Medidas gerais de tratamento

Medidas gerais de suporte: para o controle de ICP elevada decorrente de edema, incluem: HOB elevada, manitol, hiperventilação (eficácia não comprovada com dexametasona); consultar também Medidas de Tratamento para ICP elevada (p. 866). Os anticonvulsivantes são usados para profilaxia para convulsões.

Medicamentos antivirais

Aciclovir é a droga preferida para HSE.

Informações do fármaco: Aciclovir (Zovirax®)

R Adulto: 30 mg/kg/dia, divididos em doses cada 8 horas, em volume mínimo de 100 mL IV durante 1 hora (cuidado: essa carga de fluido pode ser perigosa, especialmente porque o edema cerebral já é geralmente problemático) durante 14 a 21 dias (algumas recaídas já foram informadas após somente 10 dias de tratamento).

  R Crianças > 6 meses de idade: 500 mg/m^2 IV cada 8 horas × 10 dias.

  R Neonatal: 10 mg/kg IV cada 8 horas durante 10 dias.

Informações do fármaco: Vidarabina (Vira-A®)

A mortalidade de 6 meses após tratamento com aciclovir foi influenciada por:
- idade (6% com menos de 30 anos de idade, 36% com mais de 30)
- escore de coma de Glasgow (GCS) à época do início do tratamento (25% para GCS ≤ 10, 0% para GCS > 10)
- duração da doença antes da terapia (0% para início da terapia dentro de 4 dias do começo dos sintomas, 35% se após 4 dias)

22.1.2 Leucoencefalite multifocal por varicela-zóster

Causada pelo vírus herpes varicela-zóster (VZV) que é responsável pela varicela (catapora), herpes-zóster (HZ) (cobreiro) e neuralgia pós-herpética (p. 493). O VZV é um herpes-vírus distinto do vírus do herpes simples.

A encefalite sintomática relacionada com o zóster ocorre em menos de 5% dos pacientes imunocomprometidos (incluindo os pacientes com AIDS) com zóster cutâneo.[7] Tipicamente, ela segue o HZ cutâneo após pouco tempo (em média, 9 dias), embora já tenham sido relatados casos em que se passaram vários meses.[8]

As manifestações incluem: nível de consciência alterado, cefaleia, fotofobia, meningismo.

Embora possam ocorrer déficits neurológicos focais, esses quadros são raros.

Recentemente, a vasculopatia após reativação do VZV tem sido cada vez mais reconhecida.[9]

A MRI pode mostrar lesões redondas, múltiplas, discretas e ovais com edema mínimo (mais bem visualizadas em T2WI) e realce mínimo.

Diferentemente do vírus do herpes simples, é difícil isolar o VZV em cultura. Na biópsia do cérebro, deve-se buscar por lesões múltiplas e discretas dentro das substâncias cinza e branca, com corpos de inclusão intranuclear de Cowdry tipo A em oligodendrócitos, astrócitos e neurônios, e um teste direto de anticorpos fluorescentes direcionado contra o VZV.

Existe um relatório de caso de encefalite por VZV tratado com aciclovir IV.[7]

22.2 Doença de Creutzfeldt-Jakob

22.2.1 Informações Gerais

22

Conceitos-chave

- encefalopatia invariavelmente fatal, caracterizada por demência de progressão rápida, ataxia e mioclono
- a morte ocorre geralmente dentro de 1 ano a partir do início dos sintomas
- há três formas: 1) transmissível (possivelmente via príons); 2) autossômica dominante hereditária; 3) esporádica
- achado característico no EEG: onda aguda bilateral (0,5-2 por segundo)
- patologia: estado esponjoso sem resposta inflamatória

A doença de Creutzfeldt-Jakob (CJD) é uma das quatro doenças humanas raras associadas aos agentes da encefalopatia espongiforme transmissível, também chamados de príons (partículas infecciosas de proteináceos). Embora às vezes também conhecidos como "vírus lentos", esses agentes não contêm ácido nucleico e também são resistentes a processos que inativam os vírus convencionais (▶ Quadro 22.4). Os príons não provocam uma resposta imune. As outras doenças humanas por príons são: kuru, doença de Gertsmann-Sträussler-Scheinker e a insônia familiar fatal (descrita em duas famílias[10,11,12]). A proteína resistente à protease associada à doença é designada como PrPres ou PrPSc; trata-se de uma isoforma de uma proteína sensível à protease que ocorre naturalmente e é designada como PrPsen ou PrPC. No estado anormal, a PrPsen que é uma estrutura predominantemente de α-hélice predominante, passa por uma mudança de conformação pós-translacional para PrPres, que possui β-placas grandes β e que se acumula em células neurais, rompendo a função e levando à morte e vacuolização das células.[13] O famoso coreógrafo George Balanchine foi a óbito por CJD, em 1983.

A CJD ocorre por três mecanismos: transmissível, hereditário e esporádico.

22.2.2 Epidemiologia

Incidência anual de CJD: 0,5-1,5 por um milhão de pessoas[13] com poucas alterações com o decorrer do tempo e sem agrupamento geográfico (exceto em locais com número significativo de casos familiares). Mais de 200 pessoas vão a óbito por CJD por ano, nos EUA.

22.2.3 Doenças adquiridas por príons

A via natural da infecção é desconhecida, e a virulência parece pequena, com ausência de disseminação significativa por contato respiratório, entérico ou sexual. Não existe aumento de incidência em cônjuges (foi verificado apenas um caso de cônjuges), médicos ou pessoal de laboratório. Não existe evidência de transmissão pela placenta. Os únicos casos conhecidos de transmissão horizontal de CJD foram iatrogênicos (consultar a seguir). A kuru foi transmitida via manuseio e ingestão de cérebros infectados em rituais fúnebres de canibalismo entre o grupo linguístico Fore (pronúncia: "Forei"), nas montanhas orientais de Papua, Nova Guiné,[14] uma prática amplamente abandonada nos anos de 1950. Kuru é uma doença subaguda e sempre fatal que causa degeneração cerebelar (a palavra "kuru" significa "tremor" na linguagem local[15 (p. 6)]).

A maioria dos casos de CJD de transmissão não iatrogênica ocorre em pacientes com mais de 50 anos e é rara antes dos 30 anos. O período de incubação pode variar de meses a décadas. O início dos sintomas após a inoculação direta geralmente é mais rápido (faixa comum: 16-28 meses), mas pode ser ainda mais longo (até 30 anos com transplante de córnea,[16] e 4-21 anos com transmissão do hormônio do crescimento humano (hGH). Em modelos experimentais de CJD, doses mais elevadas de inoculação produzem períodos de incubação mais curtos.[17]

22.2.4 CJD hereditária

Entre 5 e 15% dos casos de CJD ocorrem em padrão de herança autossômico dominante com anormalidades no gene[18] amiloide no cromossomo 20 com penetrância de 0,56.[19] Uma vez que a CJD familiar seja dominantemente herdada, a análise para o gene PrP não é indicada, a menos da existência de história de demência em um parente de primeiro grau.

22.2.5 CJD esporádica

Em quase 90% dos casos de CJD, nenhuma fonte infecciosa ou familiar pode ser identificada,[18] e esses casos são considerados esporádicos. Oitenta por cento deles ocorrem em pessoas entre 50 e 70 anos de idade.[13] Os casos esporádicos não mostram qualquer anormalidade no gene PrP.

Parece haver uma suscetibilidade genética nos casos de CJD esporádicos e de transmissão iatrogênica, com a maioria desses mostrando alterações específicas na proteína de príon humano.

22.2.6 Nova variante de CJD

Casos de CJD atípica são bem reconhecidos. Uma nova variante de CJD (vCJD) foi identificada em 10 casos de indivíduos surpreendentemente jovens (média de idade à época do óbito: 29 anos) durante 1994-1995 no Reino Unido,[20] e que foi fortemente associada à epidemia de encefalopatia espongiforme bovina (BSE) apelidada de "doença da vaca louca" pela imprensa leiga. A epidemia de BSE pode ter sido exacerbada pela prática de alimentar o gado com órgãos descartados de ovelhas (chamados sobras) (prática banida desde 1989). Essa situação traz a questão da possível transmissão e mutação da doença do vírus lento da ovelha, a encefalopatia espongiforme ou *scrapie* (que lembra a kuru no homem) ao gado. Nenhum dos pacientes com vCJD apresentou pontas periódicas no EEG características da CJD clássica, o curso clínico se mostrou atípico (apresentando sintomas psiquiátricos proeminentes e ataxia cerebelar precoce, um pouco similar a kuru), e as placas cerebrais mostraram aspectos incomuns, também reminiscentes de placas amiloides vistas na kuru. O ▶ Quadro 22.3 mostra uma comparação da vCJD à CJD esporádica.

22.2.7 Transmissão iatrogênica de CJD

Descrita somente em casos de contato direto com órgãos, tecidos ou instrumentos cirúrgicos infectados. Foi informada também em casos de: transplantes de córnea,[21,16] eletrodos intracerebrais de EEG esterilizados com álcool a 70% e vapor de formaldeído após o uso em um paciente com CJD,[22] cirurgias em Salas de Operação neurocirúrgicas após procedimentos em pacientes com CJD, em receptores de hormônio de crescimento humano derivado da hipofisária (hGH)[23] (a maioria dos casos ocorreu na França;[17] não há mais risco de CJD com o hormônio do crescimento nos EUA, uma vez que a distribuição de hGH derivado da hipofisária foi suspensa em 1985 e o hGH atual é obtido pela tecnologia de DNA recombinante) e de enxerto dural com substância da dura cadavérica (Lyodura®) (a maioria dos casos ocorreu no Japão[17]). Óxido de etileno, autoclave, formalina e radiação ionizante não inativam o agente da CJD[24,25,26] (consultar o ▶ Quadro 22.4 para outros procedimentos ineficazes). Os procedimentos de esterilização recomendados para tecidos possivelmente atingidos pela CJD e para materiais contaminados também aparecem no ▶ Quadro 22.4.

22.2.8 Patologia

A forma típica de CJD produz a tríade histológica clássica de perda neuronal, proliferação astrocítica e vacúolos citoplasmáticos em neurônios e astrócitos (estado esponjoso), tudo na ausência de uma resposta inflamatória. Existe predileção pelo córtex cerebral e gânglios basais, mas todas as partes do CNS podem ser atingidas. Em 5 a 10% dos casos essas alterações são acompanhadas pela deposição de placas amiloides (placas são comuns em kuru, vCJD e em algumas encefalopatias espongiformes familiares). A coloração para sistema imune para PrPres é definitiva.

Quadro 22.3 Comparação de vCJD à CJD esporádica[13]

Característica	vCJD	Esporádica
idade média no início (anos)	29	60
duração média da doença (meses)	14	5
sinais precoces mais consistentes e proeminentes	anormalidades psiquiátricas, sintomas sensoriais	demência, mioclono
sinais cerebelares (%)	100	40
complexos periódicos no EEG (%)	0	94
alterações patológicas	placas amiloides difusas	placas esparsas em 5-10%

Quadro 22.4 Procedimento de esterilização da sala de cirurgias para CJD[27]

Procedimentos completamente eficazes (recomendados)
• autoclave a vapor por 1 h a 132° C, ou
• imersão em hidróxido de sódio 1N (NaOH) por 1 h em temperatura ambiente

Procedimentos parcialmente eficazes
• autoclave a vapor a 121° ou 132° por 15-30 min., ou
• imersão em 1N NaOH por 15 min. ou em concentrações mais baixas (< 0,5N) por 1 h em temperatura ambiente, ou
• imersão em hipocloreto de sódio (alvejante doméstico) não diluído ou diluído a 1:10 (0,5%) por 1 h[28]

✖ Procedimentos *não eficazes*
• fervura, radiação UV ou ionizante, óxido de etileno, etanol, formalina, beta-propiolactona, detergentes, compostos de amônio quaternário, Lysol®, iodo alcoólico, acetona, permanganato de potássio, autoclave de rotina

Quadro 22.5 Principais sinais clínicos em CJD esporádica[13]

Sinal	% Freq.
déficits cognitivos[a]	100
mioclono	> 80
sinais do trato piramidal	> 50
sinais cerebelares	> 50
sinais extrapiramidais	> 50
déficits visuais corticais	> 20
movimentos extraoculares anormais	> 20
sinais de neurônios motores inferiores	< 20
disfunção vestibular	< 20
convulsões	< 20
déficits sensoriais	< 20
anormalidades autônomas	< 20

[a]Demência, anormalidades psiquiátricas e de comportamento.

22.2.9 Apresentação

Um terço dos pacientes expressa, inicialmente, sensação de fadiga, transtornos do sono ou apetite reduzido. Outro terço apresenta sintomas neurológicos que incluem perda de memória, confusão ou comportamento não característico. O último terço mostra sinais focalizados, incluindo ataxia cerebelar, afasia, déficits visuais (incluindo cegueira cortical) ou hemiparesia.

O curso típico da doença é inexorável, com progressão para demência, piora evidente semana a semana e desenvolvimento subsequente rápido de achados do trato piramidal (fraqueza e rigidez dos membros, reflexos patológicos) e achados piramidais tardios (tremor, rigidez, disartria, bradicinesia) e mioclono (geralmente desencadeado por estímulo). Os sinais clínicos de CJD esporádica são mostrados no ▶ Quadro 22.5.

A paralisia de olhar supranuclear é um achado ocasional e também geralmente tardio.[19] Nos estádios iniciais, a CJD pode lembrar a doença senil do tipo Alzheimer (SDAT). Dez por cento dos casos se apresentam como ataxia sem demência ou mioclono. Casos com achados predominantes da coluna espinal podem ser inicialmente confundidos com Esclerose Lateral Amiotrófica (ALS).

O mioclono diminui nas fases terminais, resultando em mutismo acinético.

22.2.10 Diagnóstico

Critérios diagnósticos

A "tríade diagnóstica" completa (demência, mioclono e atividade periódica de EEG) pode estar ausente em até 25% dos casos. Critérios diagnósticos foram publicados[29] como mostrado no ▶ Quadro 22.6. Nenhum

Quadro 22.6 Critérios diagnósticos[a] de CJD[29]

Confirmada por patologia (com alterações espongiformes inequívocas)
- clinicamente: exige biópsia do cérebro (ver texto)
- descoberta na autópsia

Critérios clínicos	Deterioração mental	Mioclono	Complexos periódicos de 1-2 Hz em EEGs	Qualquer transtorno de movimento ou atividade de EEG periódico	Duração da doença (meses)
clinicamente definitivo	+	+	+		< 12
clinicamente provável	+	+ OU +			< 18
clinicamente possível	+			+	< 24

[a]Em pacientes com estado metabólico e líquido cefalorraquidiano normal. Se houver sintomas cerebelares ou visuais precoces e a seguir rigidez muscular, ou se outro membro da família tenha ido a óbito por CJD verificada patologicamente, então atualizar o grau de certeza para a categoria mais alta a seguir.

paciente em suas séries com diagnóstico diferente de CJD preencheu os critérios para CJD clinicamente definitiva. O quadro mais comum diferente de CJD e preenchendo os critérios para CJD clinicamente provável foi SDAT (especialmente difícil de ser distinguida nos estádios iniciais). Existe um imunoensaio de CSF para a proteína cerebral 14-3-3 (consultar abaixo).

Diagnóstico diferencial

Recomenda-se o exame do CSF para excluir infecções como sífilis terciária ou panencefalite esclerosante subaguda (SSPE). A toxicidade do bismuto, dos brometos e do lítio deve ser descartada. Em geral, o mioclono é mais proeminente precocemente em transtornos tóxicos/metabólicos que na CJD, e nessa doença as convulsões são geralmente tardias.[13]

Testes diagnósticos

1. investigação por imagens: nenhum achado característico na CT ou MRI. Com frequência esses estudos se mostram normais, mas é essencial descartar outros quadros (p. ex. encefalite por herpes simples, derrame recente...). A atrofia difusa pode estar presente, especialmente a tardia. A MRI pode mostrar intensidade aumentada em T2WI em áreas tipicamente atingidas (gânglios basais, corpo estriado) em até 79% dos casos (retrospectivamente).[30] Isto não é específico, mas pode ajudar a diferenciar CJD de SDAT[31]
2. testes sanguíneos: sorologia para a proteína S-100 são tão insensíveis e inespecíficos[32] que não podem ser usados como adjunto diagnóstico
3. CSF:
   a) testes de laboratório de rotina: geralmente normais, embora a proteína possa estar ocasionalmente elevada
   b) proteínas anormais:
      - proteínas anormais (designadas 130 e 131) foram identificadas no CSF de pacientes com CJD,[33] mas o ensaio é tecnicamente difícil e, portanto, não prático para uso clínico de rotina
      - as proteínas 130/131 foram identificadas como a proteína neuronal normal 14-3-3, e um imunoensaio relativamente simples para isso foi desenvolvido para uso em até 50 mcl de CSF.[34] A detecção da proteína 14-3-3 no CSF tem 96% de sensibilidade e especificidade para CJD entre pacientes com demência. Falso-positivos também ocorrem em outros quadros envolvendo destruição neuronal extensa incluindo: derrame agudo, encefalite por herpes, demência por multi-infartos, linfoma primário do CNS e raramente SDAT (a maioria dos casos de SDAT tem teste negativo). Exige CSF (não pode ser feito no sangue)
4. EEG: achado característico de complexos de ondas agudas bi ou trifásicas bilaterais, simétricos, periódicos, síncronos, também conhecidos como picos periódicos, ou como complexos de ondas agudas pseudoperiódicos (0,5-2 por segundo) com aproximadamente 70% de sensibilidade e 86% de especificidade.[35] Eles lembram PLEDS (p.238), mas respondem a estímulos nocivos (podem estar ausentes em CJD familiar[19] e na recente variante do Reino Unido ([consultar acima])
5. SPECT: pode-se mostrar anormal em vCJD mesmo com EEG normal,[36] entretanto, os achados não são específicos para vCJD
6. biópsia do cérebro: consultar a seguir
7. biópsia tonsilar: pacientes com a variante de CJD (vCJD) podem apresentar níveis detectáveis da variante tipo 4 da proteína príon anormal (PrPSc) em seu sistema linforreticular, que pode ser acessado por biópsia em cunha de 1 cm de uma tonsila palatina (usando precauções assépticas cuidadosas)[37]

Outras Infecções Não Bacterianas **371**

22

Biópsia do cérebro

Em decorrência da falta de um tratamento efetivo e do potencial para infecção iatrogênica em uma operação, a biópsia é reservada para casos em que o estabelecimento do diagnóstico é considerado importante, ou como parte de um estudo de pesquisa,[6] ou quando testes diagnósticos são duvidosos e houver suspeita de outras etiologias potencialmente tratáveis.

Técnica: para prevenir a aerossolização do agente infeccioso, uma serra manual é recomendada em lugar de um craniótomo elétrico e todos os esforços deverão ser dedicados para evitar cortar a dura com a serra. Os procedimentos de descontaminação deverão ser obedecidos (▶ Quadro 22.4 e referências). As amostras deverão ser nitidamente rotuladas como sendo provenientes de pacientes com manifestações de CJD para alertar o pessoal do laboratório para o perigo. Tecidos deverão ser fixados em formalina fenolizada saturada a 15% (15 g de fenol por dL de formalina tamponada neutra a 10% com fenol não dissolvido no fundo da solução).[38]

A análise de achados histológicos clássicos (consultar texto anterior) e/ou imunocoloração para PrPres são os padrões de ouro para o diagnóstico.

22.2.11 Tratamento e prognóstico

Dada a falta de infectividade demonstrada (com outros tecidos que não sejam o cérebro ou o CSF), precauções de isolamento, como aventais ou máscaras, são consideradas desnecessárias.[13]

Não existe tratamento conhecido. A doença tem progressão rápida. A sobrevida média é de cinco meses, e 80% dos pacientes com CJD esporádica vão a óbito dentro de 1 ano do diagnóstico.[13]

22.3 Infecções Parasitárias do CNS

22.3.1 Informações gerais

Várias infecções parasitárias podem atingir o sistema nervoso central. A imunossupressão (incluindo HIV) aumenta a suscetibilidade.[39] As infecções parasitárias do CNS incluindo aquelas com potencial para precisar de intervenção neurocirúrgica possuem um sinal de referência (†):

1. cisticercose†: consultar Neurocisticercose a seguir
2. toxoplasmose†: pode ocorrer como infecção TORCH congênita ou no adulto geralmente com AIDS; consultar Manifestações neurológicas da AIDS (p. 329). O *Toxoplasma gondii* é um protozoário intracelular obrigatório UBIQUO, mas que não causa infecção clínica, exceto em hospedeiros imunocomprometidos. Aspectos histológicos: necrose contendo taquizoítos de 2-3 nm (cistos)
3. equinococos† (p. 375)
4. amebíase†: quase que exclusivamente *Naegleria fowleri* (p. 377)
5. esquistossomíase
6. malária
7. tripanossomia africana

†infecções parasitárias com mais probabilidade de chamar a atenção do neurocirurgião.

22.3.2 Neurocisticercose

Informações gerais

Conceitos-chave

- encistamento intracraniano da larva da *Taenia solium* (tênia do porco)
- a infecção parasitária mais comum do CNS
- sintomas neurológicos: convulsões ou hipertensão intracraniana progressiva
- ocorre com a ingestão de ovos do parasita, não pela ingestão da carne infestada
- achado característico por imagens: cistos de baixa densidade com alta densidade pontilhada e excêntrica (o escólex = cabeça da tênia). A hidrocefalia é comum
- tratamento clínico: todos os pacientes recebem esteroides. Iniciar com drogas anti-helmínticas (praziquantel ou albendazol) quando não houver sinais de hipertensão intracraniana
- às vezes, a biópsia é necessária para o diagnóstico. Cirurgia: pode ser necessária para cistos espinais, intraventriculares ou subaracnoides (mais refratários à terapia clínica) ou para cistos gigantes (> 50 mm) quando a hipertensão persiste apesar dos esteroides

A cisticercose é a infecção parasitária mais comum atingindo o CNS[40] e em alguns países de baixa renda ela é a causa mais comum da epilepsia adquirida.[41] A doença é causada pelo organismo *Cysticercus cellulosae*, o estágio de larva da *Taenia solium*, o verme do porco, que tem predileção acentuada por tecido neural. A cisticercose é endêmica em áreas do México, Europa Ocidental, Ásia, Américas Central e do Sul e África. A incidência da neurocisticercose (encistamento da larva no cérebro) pode atingir 4% em algumas áreas.[42] O período de incubação varia de meses a décadas, mas 83% dos casos mostram sintomas dentro de sete anos da exposição.

Ciclo de vida da *T. Solium*

Estádios

Há três estádios para o ciclo de vida: a larva, embrião (ou oncosfera) e o adulto. A *T. Solium* pode infectar o homem de duas formas: como verme adulto ou como larva.

Infecção com o verme adulto (Teníase – infecção parasitária)

A infecção com o verme intestinal humano (teníase) resulta da ingestão de carne de porco infestada mal cozida. As larvas encistadas são liberadas no intestino delgado e podem então amadurecer dentro do intestino para chegar ao tamanho adulto em cerca de dois meses. O escólex (a cabeça) do verme adulto segmentado se liga por meio de quatro sugadores e duas filas de ganchinhos à parede do intestino delgado onde o verme absorve o alimento diretamente através de sua cutícula. O homem é o único hospedeiro definitivo conhecido para o verme adulto, para o qual o trato GI é o único habitat. Os proglótides (segmentos maduros, cada um contendo órgãos de reprodução) produzem ovos que são livremente excretados junto com os segmentos de proglótides grávidas nas fezes.

Infecção com a larva

A doença da *Cisticercosis* ocorre quando animais se tornam hospedeiros intermediários para o estádio da larva ao ingerirem ovos viáveis produzidos pela proglótide. As vias mais comuns de ingestão de ovos viáveis são:
1. alimentos (geralmente vegetais) ou água contaminada com fezes humanas contendo ovos ou proglótides grávidos (essa é a via pela qual os porcos adquirem a doença)
2. autoinoculação fecal-oral em um indivíduo cultivando a forma adulta do verme por causa da falta de bons hábitos de higiene ou instalações
3. autoinfecção por peristalse reversa de proglótides grávidas do intestino para o estômago (possibilidade teórica não comprovada)

No duodeno do homem e do porco a concha das ovas se dissolve, e os embriões saídos dos ovos (oncosferas) atravessam a parede do intestino delgado para penetrar nos linfáticos ou na circulação sistêmica e ganhar acesso aos seguintes sítios geralmente atingidos:
• cérebro: atingido em 60 a 92% dos casos de cisticercose. A latência entre a ingestão dos ovos para a neurocisticercose sintomática é de 2 a 5 anos[43]
• músculos do esqueleto
• olho: imunologicamente privilegiado, como o cérebro
• tecido subcutâneo
• coração

Uma vez nos tecidos do hospedeiro intermediário, os embriões desenvolvem uma parede de cisto em cerca de dois meses (cisto imaturo) que amadurece em cerca de quatro meses para o estádio de larva. Os cistos larvais são, em geral, rapidamente eliminados pelo sistema imune. Muitas larvas morrem naturalmente dentro de 5 a 7 anos ou com terapia cisticida, produzindo uma reação inflamatória com colapso do cisto (estádio nodular granular) que às vezes calcifica (estádio nodular calcificado). Nos porcos, a larva fica dormente no músculo "esperando" ser ingerida, após o que o ciclo se repete.

Tipos de envolvimento neurológico

A medula espinal e os nervos periféricos raramente são atingidos.
   Cistos gigantes: definição: cisto com diâmetro superior a 50 mm.[44]
   Dois tipos de cistos tendem a se desenvolver no cérebro:[45]
1. *Cysticercus cellulosae*: cisto regular, redondo ou oval, com paredes finas, variando em tamanho de aproximadamente 3 a 20 mm, com tendência a se formar no *parênquima* ou nos espaços *subaracnoides* estreitos. Esse cisto contém um escólex (cabeça), geralmente estático e que produz somente inflamação leve durante a fase ativa

2. *Cysticercus racemosus:* maiores (4-12 cm), de crescimento ativo produzindo cachos semelhantes aos de uva nos espaços subaracnoides basais e inflamação intensa. Esses cistos *não contêm* larvas. Geralmente, eles degeneram entre 2-5 anos, quando a cápsula se espessa, e o conteúdo do cisto transparente é substituído por um gel esbranquiçado que sofre deposição de cálcio com encolhimento concomitante do cisto

A localização do cisto tende a ficar em um de quatro grupos:
1. meníngeo: encontrado em 27 a 56% dos casos com envolvimento neural. Os cistos são aderentes ou de flutuação livre e localizados ou no:
   a) espaço subaracnoide dorsolateral: geralmente o tipo *C. cellulosae*, causando sintomas mínimos
   b) espaço subaracnoide basal: geralmente a forma de *C. racemosus* em expansão produzindo aracnoidite e fibrose compreendendo um quadro de meningite crônica com hipoglicorraquia. O cisto pode obstruir os forames de Luschka e de Magendie, levando à hidrocefalia, ou pode causar aprisionamento das cisternas basais → neuropatias cranianas (incluindo transtornos visuais). Com essa forma de cisto a mortalidade é extremamente alta
2. parenquimatoso: encontrado em 30-63%; convulsões focais ou generalizadas ocorrem em cerca de 50% dos casos (até 92% em alguns estudos)
3. ventricular: encontrado em 12 a 18%, possivelmente ganhando acesso via o plexo coroide. Surgem cistos pedunculados ou de flutuação livre que podem bloquear o fluxo do CSF e causar hidrocefalia com hipertensão intracraniana intermitente (síndrome de Brun). Pode ocorrer realce ependimário adjacente (ependimite)
4. lesões mistas: encontradas em cerca de 23%

Aspectos clínicos

Apresentação: convulsões, sinais de ICP elevada (36% dos pacientes com cisticercose no CNS se apresentam com ICP aumentada[46]), déficits focais relacionados a localização do cisto e estado mental alterado são os achados mais comuns. A ICP aumentada pode ser resultado de hidrocefalia ou de cistos gigantes. Os sintomas também podem ser produzidos pela reação imunológica à infestação (encefalite cisticercótica). A paralisia dos nervos cranianos pode ocorrer com aracnoidite basal. Às vezes nódulos subcutâneos podem ser sentidos.

Diagnóstico

Informações gerais

Em geral, o diagnóstico é feito por estudos de imagem e testes sorológicos de confirmação.

Avaliação de laboratório

Pode ocorrer eosinofilia periférica leve, mas é inconsistente e, portanto, não confiável.
O CSF pode estar normal. Eosinófilos são vistos em 12 a 60% dos casos e sugerem infecção parasitária. O nível de proteína pode estar elevado.
Fezes: menos de 33% dos casos têm ovos de *T. solium* nas fezes.

Sorologia

A maioria dos centros usa a imunoeletrotransferência enzimática blot (EIBT) contra antígenos de glicoproteína (Western blot) que têm aproximadamente 100% de especificidade e 98% de sensibilidade,[47] embora a sensibilidade seja menor (70%) em casos de cisto solitário.[48] Pode ser usada no soro ou no CSF. A EIBT superou efetivamente a ELISA onde a titulação é considerada significativa em 1:64 no soro e 1:8 no CSF; a verificação para titulagem excedendo esses limiares no soro produz um teste que é mais sensível e no CSF é mais específico para cisticercose. Índices falso-negativos são mais altos em casos sem meningite.

Avaliação radiográfica

Radiografias de partes moles podem mostrar calcificações em nódulos subcutâneos e nos músculos das coxas e dos ombros.
Radiografias do crânio podem mostrar calcificações em 13-15% dos casos com neurocisticercose. Essas calcificações podem ser únicas ou múltiplas e geralmente em formato circular ou oval.

CT

Os seguintes achados na CT do cérebro foram descritos (modificados[45,49]):
1. cistos com realce de anel de vários tamanhos representando cisticercos vivos. A resposta inflamatória é fraca (edema) e ocorre enquanto a larva estiver viva. Achado característico: cistos pequenos de baixa densidade (< 2,5 cm) com densidade alta pontilhada e excêntrica que pode representar o escólex

2. baixa densidade com realce de anel vista como um estádio intermediário entre cisto vivo e resíduo calcificado representando estádio intermediário na formação de granuloma. A reação inflamatória resultante pode causar edema e aracnoidite basal em cistos localizados em espaço subaracnoide basal. O realce em anel é frequente
3. calcificações intraparenquimatosas pontilhadas (granuloma) algumas vezes com, mas em geral sem realce ao redor, são vistas com parasitas mortos
4. hidrocefalia. Às vezes com cistos intraventriculares que podem ser isointensos com CSF em CT[50] plana e podem exigir ventriculografia por CT com contraste[51] ou MRI para serem demonstrados

MRI

Achados precoces: estrutura(s) cística(s) sem realce com hiperintensidade excêntrica em T1WI (escólex) sem resposta inflamatória. As lesões podem ser vistas nos parênquimas, ventrículos e espaço subaracnoide. O cisto entra em colapso nos estádios tardios da evolução, com edema inicial que se resolve gradualmente com o tempo.

Tratamento

Resumo

Combinação de:
1. medicamentos anti-helmínticos; regimes antiparasitários ou cisticidas
2. antiepilépticos: para tratar convulsões, que às vezes podem ser refratárias aos medicamentos
3. esteroides (ver abaixo)
4. cirurgia:
   a) ressecção cirúrgica de lesões, quando apropriado
   b) procedimentos de derivação de CSF

Esteroides

Os corticosteroides deverão ser usados em todos os pacientes. Eles podem aliviar os sintomas temporariamente e ajudar a reduzir o edema que tende a ocorrer de início durante o tratamento com drogas anti-helmínticas. Se possível, iniciar 2-3 dias antes dos anti-helmínticos (p. ex., dexametasona 8 mg cada 8 horas[44]), no dia 3 reduzir para 4 mg cada 8 horas e no Dia 6 alterar para prednisona 0,4 mg/kg ao dia, divididos em três doses ao dia. Reduzir gradualmente os esteroides após término dos anti-helmínticos. Em pacientes com sintomas de hipertensão intracraniana: o tratamento anti-helmíntico se inicia após a resolução dos sintomas (geralmente após três doses). ✖ Qualquer droga cisticercocida pode causar dano irreversível quando usada para tratamento de cistos oculares ou espinais, mesmo com o uso de corticoides.

Antiepilépticos

Em geral, as convulsões respondem às drogas antiepilépticas (AED). Entretanto, o risco de convulsões pode existir por toda a vida. Fatores de risco para convulsões recorrentes: lesões cerebrais calcificadas, convulsões múltiplas, cistos cerebrais múltiplos.[52]

Drogas anti-helmínticas

Uma vez que muitas lesões se resolvem por conta própria e há reações adversas significativas a essas drogas, seu uso é controverso.[53]

Praziquantel (Biltricide®) é um anti-helmíntico com atividade contra todas as espécies conhecidas de esquistossomos. Vários regimes já foram publicados:
- 50 mg/kg/d divididos em 3 doses (mesma dose para crianças) durante 15 dias (doses de 100 mg/kg/d foram recomendadas[44] porque os esteroides reduzem a concentração no soro em 50%[54]). A droga reduz significativamente os sintomas e o número de cistos vistos na CT[40]
- 10-100 mg/kg/d × 3-21 dias
- regime de alta dose em um único dia: 25-30 mg/kg cada 2 horas × 3 doses
- para infestação intestinal: dose oral única de 5-10 mg/kg

Albendazol (Zentel®) 15 mg/kg por dia divididos em 2-3 doses, ingeridas com refeição gordurosa para aumentar a absorção (mesma dose para crianças), pode ser administrado durante 3 meses,[55,56] e interrompido mais cedo se a investigação por imagens mostrar a resolução.[44] Essa droga é mais parasiticida que o praziquantel e pode trazer menos reações adversas.

Niclosamida (Niclocide® e outros) pode ser administrado por via oral para tratar as tênias adultas no *trato GI*. R 1 g (2 comprimidos) PO mastigáveis, repetidos em 1 hora (total = 2 g).

Doença intraventricular: não há consenso sobre a eficácia do tratamento clínico para cistos intraventriculares.[46,44,57]

Cirurgia

Às vezes, a cirurgia pode ser necessária para estabelecer o diagnóstico. A biópsia estereotática pode ser bem adequada para alguns casos, especialmente nas lesões profundas.

A derivação do CSF é necessária para pacientes com hidrocefalia sintomática, embora a intubação possa ficar obstruída por resíduos inflamatórios granulomatosos.[58]

Cirurgia pode ser indicada para cistos espinais e para cistos intraventriculares, que podem ser menos respondedores à terapia clínica. Esta pode, às vezes, ser desenvolvida usando técnicas estereotáticas e/ou instrumentação endoscópica,[51] porém a derivação e os anti-helmínticos podem ser suficientes.[57] A cirurgia também pode ser necessária para cistos gigantes, quando a hipertensão intracraniana não responde aos esteroides.[44] Os anti-helmínticos podem ser necessários mesmo após a remoção cirúrgica completa, por causa da possibilidade de recorrência.[44]

Acompanhamento

CT ou MRI cada seis meses, até as lesões desaparecerem ou calcificarem.[44]

Contatos

Tanto os pacientes com cisticercose quanto seus contatos pessoais deverão passar por triagem para infecções por tênias, uma vez que a dose única de niclosamida ou praziquantel eliminará a tênia.[59] Os contatos íntimos de pessoas com tênias deverão ser triados pela história clínica e verificação sorológica para cisticercose; se houver sugestão de cisticercose, um exame neurológico e a CT ou MRI deverão ser realizados.

22.3.3 Equinococose

Informações gerais

Também conhecida como doença (cisto) hidática. Causada por larvas encistadas da tênia do cão *Equinococcus granulosa* em áreas endêmicas (Uruguai, Austrália, Nova Zelândia...). O cão é o hospedeiro primário definitivo do verme adulto. Hospedeiros intermediários para o estádio larval incluem ovinos e o homem. Os ovos são excretados nas fezes do cão e contaminam o pasto consumido pelos ovinos. Após a ingestão, os embriões eclodem, e o parasita atravessa a parede duodenal para ganhar acesso hematogêneo a vários órgãos (fígado, pulmões, coração, ossos, cérebro). Os cães ingerem esses órgãos infestados, e o parasita penetra no intestino, onde permanece.

A infecção atinge o homem ou pela ingestão de alimentos contaminados com ovos ou por contato direto com cães infectados. O CNS é atingido em apenas cerca de 3%. A doença produz cistos cerebrais que ficam confinados à substância branca. Geralmente, os cistos primários são solitários, e os secundários (p. ex., da embolização dos cistos cardíacos que se rompem ou da ruptura iatrogênica de cistos cerebrais) são geralmente múltiplos. A densidade da CT do cisto é semelhante à do CSF, não realça (embora o realce de borda possa ocorrer se houver reação inflamatória) e o edema ao redor é reduzido. O cisto contém partículas parasitárias chamadas de "areia hidática" contendo cerca de 400.000 escólexes/mL. O cisto se dilata lentamente (índices de aproximadamente 1 cm por ano são mencionados, mas variam e podem ser mais altos nas crianças) e em geral não se apresentam até que estejam muito grandes com achados de ICP aumentada, convulsões ou déficit focal. Com frequência, os pacientes apresentam eosinofilia e podem ter testes sorológicos positivos para doença hidática.

Tratamento

O tratamento é a remoção cirúrgica do cisto intacto. Todos os esforços devem ser dedicados para evitar a ruptura desses cistos durante a remoção, ou então os escólexes podem contaminar os tecidos adjacentes com a possível recorrência de cistos múltiplos ou reação alérgica. Pode-se aplicar o tratamento clínico adjunto com albendazol (Zentel®) 400 mg PO BID (dose pediátrica: 15 mg/kg/d) × 28 dias, ingeridos com refeição gordurosa e repetida, se necessário.[56]

Recomenda-se a técnica de Dowling:[60]

1. a cabeça é posicionada de modo que o cisto aponte direto para cima em direção ao teto quando a mesa da Sala de Operações (OR) estiver com a cabeceira levantada em 30º
2. abrir orifícios e realizar a craniotomia cuidadosamente para evitar ruptura do cisto ou laceração da dura que é fina e está sob tensão
3. não coagular com nada a não ser com bipolar com baixa intensidade
4. abrir a dura em circunferência, distante do ápice do cisto, pois ele pode estar aderido à dura
5. manter a superfície do cisto úmida para prevenir ressecamento e ruptura
6. abrir suavemente o córtex fino de cobertura separando-o do cisto com irrigação e cotonoides. A abertura cortical só precisa ter cerca de ¾ do diâmetro do cisto, mas não menos

7. inserir um cateter de borracha flexível entre o cisto e o cérebro, e irrigar suavemente com soro fisiológico enquanto a cabeceira da maca é abaixada lentamente a 45°, enquanto o cirurgião suporta o córtex adjacente com os dedos
8. continuar a irrigação com mais soro fisiológico e flutuar o cisto para fora e para um recipiente contendo soro fisiológico
9. se o cisto for rompido durante o procedimento, colocar imediatamente um sugador no cisto para aspirar o conteúdo, remover a cápsula e lavar a cavidade com soro fisiológico durante cinco minutos. Trocar os instrumentos e as luvas. Colocar cotonoides embebidos em formalina na cavidade por alguns minutos é controverso.[61] [(p. 3750)]

22.4 Infecções Fúngicas do CNS

22.4.1 Informações gerais

A maioria dos casos representa quadros tratados clinicamente e que não exigem intervenção neurocirúrgica. Eles tendem a se apresentar ou com meningite crônica ou como abscesso cerebral. Alguns dos mais comuns ou aqueles com relevância especial para a neurocirurgia incluem:
1. criptococose: ver abaixo
   a) meningite criptocóccica
   b) criptococoma (pseudocisto mucinoso): raro
2. candidíase: a infecção fúngica mais comum do CNS, mas raramente diagnosticada antes da autópsia. Muito rara em indivíduos sadios. A maioria por *C. albicans*
   a) meningite por *Candida* (p. 320): a infecção mais comum do CNS; ver R (p. 320)
   b) infecção parenquimatosa: abscessos cerebrais por *Candida* são raros
   c) após inserção de derivação ventricular: quase todas as infecções VP fúngicas são causadas pelas espécies *Candida* (p. 339)[62]
3. aspergilose (p.322): pode estar associada a abscesso cerebral em pacientes submetidos a transplante de órgãos
4. coccidiomicose: causada pelo fungo dimórfico *Coccidioides immitis*. A doença é endêmica na região sudoeste dos EUA (incluindo o Vale de São Joaquim no sul da Califórnia), México e América Central. Apresenta-se, geralmente, como um quadro de meningite, com raros relatórios de lesões parenquimatosas[63]
5. mucormicose (ficomicose) (p. 568): ocorre geralmente em diabéticos

22.4.2 Envolvimento criptocóccico no CNS

Informações gerais

O envolvimento do CNS com o *Cryptococcus* é diagnosticado com mais frequência em pacientes vivos que qualquer outra doença fúngica. A infecção ocorre em pacientes sadios ou imunocomprometidos. No HIV o *Cryptococcus neoformans* é o agente típico.
1. criptococcoma: (pseudocisto mucinoso): uma coleção parenquimatosa que ocorre quase exclusivamente em pacientes com AIDS. É muito menos comum que a meningite criptocóccica. Não há realce da lesão ou das meninges. Em geral, possuem 3-10 mm de diâmetro e estão quase sempre localizadas nos gânglios basais (por causa da disseminação por pequenos vasos perfurantes)
2. meningite criptocóccica (p. 376):
   a) ocorre em 4 a 6% dos pacientes com AIDS.[64] Sintomas típicos: febre, mal-estar e cefaleia (H/A).[65] Os sinais meníngeos (rigidez da nuca, fotofobia...) ocorrem em apenas cerca de 25%. Os sintomas encefalopáticos (letargia, alteração cognitiva...) geralmente decorrentes de ICP aumentada ocorrem em uma minoria
   b) pode ocorrer também sem AIDS: a variedade *gatti* pode infectar o cérebro de hospedeiros imunocompetentes[66]
   c) pode estar associada à ICP aumentada (com ou sem hidrocefalia na CT/MRI), acuidade visual reduzida e/ou déficits dos nervos cranianos. A dilatação dos espaços de Virchow-Robbins pode ser vista na investigação por imagens; na MRI o sinal é similar ao do CSF ponderado em T1WI e T2WI, mas será um sinal mais alto no FLAIR
   d) deterioração tardia na falta de infecção documentada pode responder a decadron, 4 mg cada 6 h, alterado para prednisona 25 mg VO 1 × ao dia[67]

Diagnóstico

LP

A pressão de abertura (OP) deverá ser medida na posição de decúbito lateral.[68] A OP geralmente está elevada sendo > 20 cm H_2O em até 75%.

CSF: títulos de antígeno criptocóccico estão invariavelmente altos com meningite criptocóccica ou meningoencefalite.

Antígeno criptocóccico do soro: quase sempre elevado com envolvimento do CNS.[68]

Tratamento

Diretrizes do Center for Disease and Control (CDC) de 2009 para infecção criptocóccica do CNS em adolescentes/adultos infectados pelo *HIV*:[68]

1. agentes antifúngicos: o tratamento inicial padrão recomendado[68] é a anfotericina B desoxicolato (Amphocin®) 0,7 mg/kg IV diariamente, mais fluconazol (ou triazol oral) 100 mg/kg via oral diariamente divididos em 4 doses
2. pacientes com sinais clínicos de ICP aumentada (confusão, visão turva, papiledema, clono LE...) deverão ser submetidos à LP para medir a ICP
3. tratamento da hipertensão intracraniana (ICHT) (OP $\geq$ 25 cm H_2O) com ou sem hidrocefalia: corticosteroides, acetazolamida e manitol não demonstraram eficácia:[69]
   a) LPs diárias: drenar CSF suficiente para reduzir ICP em 50% (tipicamente 20-30 mL)[70]
   b) as LPs diárias poderão ser suspensas, quando as pressões estiverem normais por vários dias consecutivos
   c) drenagem lombar: ocasionalmente necessária para OPs extremamente elevadas (> 40 cm H_2O) quando forem requeridas LPs frequentes para ou falha de controle dos sintomas[69]
   d) derivação de CSF: considerada quando as LPs diárias não são mais toleradas ou quando sinais e sintomas da ICHT não estão sendo aliviados (nem a disseminação da infecção através da derivação distal nem a criação de um ninho de infecção refratário à terapia clínica foi descrita[71]). Opções:
      • derivação lomboperitoneal
      • derivação ventrículo/peritoneal (VP) ou VA[72,73]
4. o tratamento antifúngico é mantido por $\geq$ 2 semanas se a função renal estiver normal (a maioria dos pacientes imunocompetentes será tratada com sucesso com 6 meses de terapia[69])
5. após duas semanas de tratamento, repetir a LP na busca por liberação do agente infectante do CSF. Culturas de CSF positivas após duas semanas de tratamento são prognósticas de recidiva futura e estão associadas a resultados piores
6. falhas de tratamento: definidas como falta de melhora clínica após duas semanas de terapia apropriada, incluindo o tratamento da ICHT, ou recaída após resposta inicial, definida como ou cultura positiva de CSF e/ou aumento do título Ag criptocóccico do CSF com cenário clínico compatível
   Tratamento:
   a) o tratamento ótimo ainda não foi definido
   b) estudos clínicos com antifúngicos alternativos (p. ex., flucitosina) ou doses mais altas de fluconazol
7. terapia de manutenção (profilaxia secundária): pacientes com HIV que completaram 10 semanas de tratamento deverão ser mantidos com fluconazol 200 mg diariamente até que ocorra a reconstituição imune; caso contrário, recomenda-se o tratamento vitalício[68]
8. o risco de recorrência é baixo para o paciente que permanece assintomático após um curso completo de terapia e que tenha sustentado aumento (> seis meses) de contagens de CD4[+] de $\geq$ 200 células/mcl. Alguns especialistas realizam a LP para documentar cultura negativa de CSF e de antígenos antes de interromperem a terapia de manutenção

22.5 Infecções amebianas do CNS

22.5.1 Informações gerais

Naegleria fowleri: a única ameba (grafia alternativa: amoeba) conhecida por causar infecção do CNS em seres humanos → meningoencefalite amébica primária (PAM): encefalite difusa com necrose hemorrágica e meningite purulenta atingindo o cérebro e a medula espinal. Rara (somente 95 casos nos EUA desde 2002, e aproximadamente 200 casos no mundo desde 2004). A ameba vive em água doce e no solo e penetra no CNS tipicamente por invasão da mucosa olfatória nasal. A PAM geralmente ocorre dentro de cinco dias da exposição, geralmente por mergulho em água doce aquecida.

O edema cerebral associado pode causar aumento da ICP e, por fim, herniação. É fatal em cerca de 95% dos casos, em geral dentro de uma semana.

CSF: turvo e geralmente hemorrágico, leucócitos elevados, proteína elevada, glicose normal ou baixa, Gram-negativo (sem bactérias ou fungos), preparação úmida → trofozoítas móveis (podem ser confundidos com WBCs).

22.5.2 Tratamento

Droga preferida: anfotericina B (preparações lipídicas (Abelcet®) atingem MICs (concentrações inibitórias mínimas) mais elevadas que outras preparações de anfotericina). Miconazol pode ser sinérgico com anfotericina B.

Intervenção cirúrgica: a ventriculostomia com drenagem do CSF pode ser indicada quando os achados forem sugestivos de ICP aumentada. Em um sobrevivente, a drenagem cirúrgica de um abscesso do cérebro foi realizada em adição ao tratamento de seis semanas de anfotericina B, rifampicina e cloranfenicol.

Referências

[1] Wilkins RH, Rengachary SS. Neurosurgery. New York 1985

[2] Neils EW, Lukin R, Tomsick TA, Tew JM. Magnetic Resonance Imaging and Computerized Tomography Scanning of Herpes Simplex Encephalitis. J Neurosurg. 1987; 67:592–594

[3] Schroth G, Gawehn J, Thron A, et al. The Early Diagnosis of Herpes Simplex Encephalitis by MRI. Neurology. 1987; 37:179–183

[4] Whitley RJ, Soong S-J, Dolin R, et al. Adenosine Arabinoside Therapy of Biopsy-Proved Herpes Simplex Encephalitis: National Institute of Allergy and Infectious Diseases Collaborative Antiviral Study. N Engl J Med. 1977; 297:289–294

[5] Whitley RJ, Cobbs CG, Alford CA, et al. Diseases that Mimic Herpes Simplex Encephalitis: Diagnosis, Presentation, and Outcome. JAMA. 1989; 262:234–239

[6] Schlitt MJ, Morawetz RB, Bonnin JM, Zeiger HE, Whitley RJ. Brain Biopsy for Encephalitis. Clin Neurosurg. 1986; 33:591–602

[7] Carmack MA, Twiss J, Enzmann DR, et al. Multifocal Leukoencephalitis Caused by Varicella-Zoster Virus in a Child with Leukemia: Successful Treatment with Acyclovir. Pediatr Infect Dis J. 1993; 12:402–406

[8] Horten B, Price RW, Jiminez D. Multifocal Varicella-Zoster Virus Leukoencephalitis Temporally Remote from Herpes Zoster. Ann Neurol. 1981; 9:251–266

[9] Gilden D, Cohrs RJ, Mahalingam R, Nagel MA. Varicella zoster virus vasculopathies: diverse clinical manifestations, laboratory features, pathogenesis, and treatment. Lancet neurology. 2009; 8. DOI: 10.1016/s1474-4422(09)70134-6

[10] Medori R, Montagna P, Tritschler HJ, et al. Fatal Familial Insomnia: A Second Kindred with Mutation of Prion Protein Gene at Codon 178. Neurology. 1992; 42:669–670

[11] Medori R, Tritschler HJ, LeBlanc A, et al. Fatal Familial Insomnia, a Prion Disease with a Mutation at Codon 178 of the Prion Protein Gene. N Engl J Med. 1992; 326:444–449

[12] Manetto V, Medori R, Cortelli P, et al. Fatal familial insomnia: Clinical and pathologic study of five new cases. Neurology. 1992; 42:312–319

[13] Johnson RT, Gibbs CJ. Creutzfeldt-Jakob Disease and Related Transmissible Spongiform Encephalopathies. N Engl J Med. 1998; 339:1994–2004

[14] Gajdusek DC. Unconventional Viruses and the Origin and Disappearance of Kuru. Science. 1977; 197:943–960

[15] Klitzman R. The Trembling Mountain. A Personal Account of Kuru, Cannibals, and Mad Cow Disease. New York: Plenum Trade; 1998

[16] Heckmann JG, Lang CJG, Petruch F, et al. Transmission of Creutzfeldt-Jakob Disease via a Corneal Transplant. J Neurol Neurosurg Psychiatry. 1997; 63:388–390

[17] Brown P, Preece M, Brandel J-P, et al. Iatrogenic Creutzfeldt-Jakob Disease at the Millennium. Neurology. 2000; 55:1075–1081

[18] Hsiao K, Prusiner SB. Inherited Human Prion Diseases. Neurology. 1990; 40:1820–1827

[19] Bertoni JM, Brown P, Goldfarb LG, Rubenstein R, Gajdusek C. Familial Creutzfeldt-Jakob Disease (Codon 200 Mutation) With Supranuclear Palsy. JAMA. 1992; 268:2413–2415

[20] Will RG, Zeidler JW, Cousens SN, et al. A new variant of Creutzfeldt-Jakob disease in the UK. Lancet. 1996; 347:921–925

[21] Duffy P, Wolf J, Collins G, et al. Possible Person to Person Transmission of Creutzfeldt-Jakob Disease. N Engl J Med. 1974; 290:692–693

[22] Bernoulli C, Siegfried J, Baumgartner G, et al. Danger of Accidental Person-To-Person Transmission of Creutzfeldt-Jakob Disease by Surgery. Lancet. 1977; 1:478–479

[23] Fradkin JE, Schonberger LB, Mills JL, et al. Creutzfeldt-Jakob Disease in Pituitary Growth Hormone Recipients in the United States. JAMA. 1991; 265:880–884

[24] Centers for Disease Control (Morbidity and Mortality Weekly Report). Rapidly Progressive Dementia in a Patient Who Received a Cadaveric Dura Mater Graft. JAMA. 1987; 257:1036–1037

[25] Thadani V, Penar PL, Partington J, et al. Creutzfeldt-Jakob disease probably acquired from a cadaveric dura mater graft. J Neurosurg. 1988; 69:766–769

[26] Centers for Disease Control. Creutzfeldt-Jakob Disease in a Second Patient Who Received a Cadaveric Dura Mater Graft. MMWR. 1989; 39:37–43

[27] Rosenberg RN, White CL, Brown P, et al. Precautions in Handling Tissues, Fluids and Other Contaminated Materials from Patients with Documented or Suspected Creutzfeldt-Jakob Disease. Ann Neurol. 1986; 12:75–77

[28] Brown P, Gibbs CJ, Amyx JL, et al. Chemical disinfection of Creutzfeldt-Jakob virus. N Engl J Med. 1982; 306:1279–1282

[29] Brown P, Cathala F, Castaigne P, Gajdusek DC. Creutzfeldt-Jakob Disease: Clinical Analysis of a Consecutive Series of 230 Neuropathologically Verified Cases. Ann Neurol. 1986; 20:597–602

[30] Finkenstaedt M, Szudra A, Zerr I, et al. MR Imaging of Creutzfeldt-Jakob Disease. Radiology. 1996; 199:793–798

[31] Gertz H-J, Henkes H, Cervos-Navarro J. Creutzfeldt-Jakob Disease: Correlation of MRI and Neuropathologic Findings. Neurology. 1988; 38:1481–1482

[32] Otto M, Wiltfang J, Schutz E, et al. Diagnosis of Creutzfeldt-Jakob Disease by Measurement of S100 Protein in Serum: Prospective Case-Control Study. Br Med J. 1998; 316:577–582

[33] Harrington MG, Merril CR, Asher DM, Gajdusek DC. Abnormal Proteins in the Cerebrospinal Fluid of Patients with Creutzfeldt-Jakob Disease. N Engl J Med. 1986; 315:279–283

[34] Hsich G, Kenney K, Gibbs CJ, et al. The 14-3-3 Brain Protein in Cerebrospinal Fluid as a Marker for Transmissible Spongiform Encephalopathies. N Engl J Med. 1996; 335:924–930

[35] Steinhoff BJ, Räcker S, Herrendorf G, et al. Accuracy and Reliability of Periodic SharpWave Complexes in Creutzfeldt-Jakob Disease. Arch Neurol. 1996; 53:162–166

[36] de Silva R, Patterson J, Hadley D, et al. Single photon emission computed tomography in the identification of new variant Creutzfeldt-Jakob disease: Case reports. Br Med J. 1998; 316:593–594

[37] Hill AF, Butterworth RJ, Joiner S, et al. Investigation of Variant Creutzfeldt-Jakob Disease and Other Human Prion Diseases with Tonsil Biopsy Samples. Lancet. 1999; 353:183–189

[38] Brumbach RA. Routine Use of Phenolized Formalin in Fixation of Autopsy Brain Tissue to Reduce Risk of Inadvertent Transmission of Creutzfeldt-Jakob Disease. N Engl J Med. 1988; 319

[39] Walker M, Kublin JG, Zunt JR. Parasitic central nervous system infections in immunocompromised hosts: malaria, microsporidiosis, leishmaniasis, and African trypanosomiasis. Clin Infect Dis. 2006; 42:115–125

[40] Sotelo J, Escobedo F, , et al. Therapy of parenchymal brain cysticercosis with praziquantel. N Engl J Med. 1984; 310:1001–1007

[41] Garcia HH, Gonzales AE, Evans CAW, Gilman RH, The Cysticercosis Working Group in Peru. Taenia solium cysticercosis. Lancet. 2003; 362:547–556

[42] Sotelo J, Guerrero V, Rubio F. Neurocysticercosis: A new classification based on active and inactive forms. Arch Intern Med. 1985; 145:442–445

[43] Garcia HH, Del Brutto OH, for The Cysticercosis Working Group in Peru. Neurocysticercosis: updated concepts about an old disease. Lancet Neurology. 2005; 4:653–661

[44] Proano JV, Madrazo I, Avelar F, Lopez-Felix B, Diaz G, Grijalva I. Medical treatment for neurocysticercosis characterized by giant subarachnoid cysts. N Engl J Med. 2001; 345:879–885

[45] Leblanc R, Knowles KF, Melanson D, MacLean JD, et al. Neurocysticercosis: Surgical and Medical Management with Praziquantel. Neurosurgery. 1986; 18:419–427

[46] Colli BO, Carlotti CG, Machado HR, Assirati JA. Treatment of Patients with Intraventricular Cysticercosis. Contemp Neurosurg. 1999; 21:1–7

[47] Wilson M, Bryan RT, Fried JA, et al. Clinical Evaluation of the Cysticercosis Enzyme-Linked Immunoelectrotransfer Blot in Patients with Neurocysticercosis. J Infect Dis. 1991; 164:1007–1009

[48] Prabhakaran V, Rajshekhar V, Murrell KD, Oommen A. Taenia solium metacestode glycoproteins as diagnostic antigens for solitary cysticercus granuloma in Indian patients. Trans R Soc Trop Med Hyg. 2004; 98:478–484

[49] Enzman DR. In: Cysticercosis. Imaging of Infections and Inflammations of the Central Nervous System: Computed Tomography, Ultrasound, and Nuclear Magnetic Resonance. New York: Raven Press; 1984:103–122

[50] Madrazo I, Renteria JAG, Paredes G, Olhagaray B. Diagnosis of Intraventricular and Cisternal Cysticercosis by Computerized Tomography with Positive Intraventricular Contract Medium. J Neurosurg. 1981; 55:947–951

[51] Apuzzo MLJ, Dobkin WR, Zee C-S, Chan JC, et al. Surgical Considerations in Treatment of Intraventricular Cysticercosis: An Analysis of 45 Cases. J Neurosurg. 1984; 60:400–407

[52] Del Brutto OH. Prognostic factors for seizure recurrence after withdrawal of entiepileptic drugs in patients with neurocysticercosis. Neurology. 1994; 44:1706–1709

[53] Abba K, Ramaratnam S, Ranganathan LN. Anthelmintics for people with neurocysticercosis. Cochrane Database Syst Rev. 2010. DOI: 10.1002/14651 858.CD000215.pub3

[54] Jung H, Hurtado M, Sanchez M, Medina MT, Sotelo J. Plasma and CSF levels of albendazole and praziquantel in patients with neurocysticercosis. Clin Neuropharmacol. 1990; 13:559–564

[55] Sotelo J, Penagos P, Escobedo F, Del Brutto OH. Short Course of Albendazole Therapy for Neurocysticercosis. Arch Neurol. 1988; 45:1130–1133

[56] Drugs for Parasitic Infections. Med Letter. 1995; 37:99–108

[57] Bandres JC, White AC, Jr, Samo T, Murphy EC, Harris RL. Extraparenchymal neurocysticercosis: report of five cases and review of management. Clin Infect Dis. 1992; 15:799–811

[58] McCormick GF, Zee C-S, Heiden J. Cysticercosis Cerebri. Arch Neurol. 1982; 39:534–539

[59] Centers for Disease Control. Locally acquired neurocysticercosis. MMWR. 1992; 41:1–4

[60] Carrea R, Dowling E, Guevara JA. Surgical Treatment of Hydatid Cysts of the Central Nervous System in the Pediatric Age (Dowling's Technique). Childs Brain. 1975; 1:4–21

[61] Youmans JR. Neurological Surgery. Philadelphia 1990

[62] Sanchez-Portocarrero J, Martin-Rabadan P, Saldana CJ, Perez-Cecilia E. Candida cerebrospinal fluid shunt infection. Report of two new cases and review of the literature. Diagn Microbiol Infect Dis. 1994; 20:33–40

[63] Mendel E, Milefchik EN, Ahmadi J, Gruen P. Coccidioidomycotic Brain Abscess: Case Report. J Neurosurg. 1994; 80:140–142

[64] Chuck SL, Sande MA. Infections with cryptococcus neoformans in the acquired immunodeficiency syndrome. N Engl J Med. 1989; 321:794–799

[65] Aberg JA, Powderly WG, Dolin R, Masur H, Saag MS. In: Cryptococcosis. AIDS Therapy. New York: Churcill Livingstone; 2002:498–510

[66] Lan S, Chang W, Lu C, Lui C, Chang H. Cerebral infarction in chronic meningitis: a comparison of tuberculous meningitis and cryptococcal meningitis. Q J Med. 2001; 94:247–253

[67] Lane M, McBride J, Archer J. Steroid responsive late deterioration in Cryptococcus neoformans variety gattii meningitis. Neurology. 2004; 63:713–714

[68] Kaplan JE, Benson C, Holmes KH, Brooks JT, Pau A, Masur H, Centers for Disease Control, Prevention, National Institutes of Health. Guidelines for prevention and treatment of opportunistic infections in HIV-infected adults and adolescents. MMWR Recomm Rep. 2009; 58:1–207; quiz CE1-4

[69] Saag MS, Graybill RJ, Larsen RA, Pappas PG, Perfect JR, et al. Practice guidelines for the management of crytpococcal disease. Clin Infect Dis. 2000; 30:710–718

[70] Fessler RD, Sobel J, Guyot L, Crane L, Vazquez J, Szuba MJ, Diaz FG. Management of elevated intracranial pressure in patients with Cryptococcal meningitis. J Acquir Immune Defic Syndr Hum Retrovirol. 1998; 17:137–142

[71] Park MK, Hospenthal DR, Bennett JE. Treatment of hydrocephalus secondary to cryptococcal meningitis by use of shunting. Clin Infect Dis. 1999; 28:629–633

[72] Bach MC, Tally PW, Godofsky EW. Use of cerebrospinal fluid shunts in patients having acquired immunodeficiency syndrome with cryptococcal meningitis and uncontrollable intracranial hypertension. J Neurosurg. 1997; 41:1280–1283

[73] Liliang PC, Liang CL, Chang WN, Lu K, Lu CH. Use of ventriculoperitoneal shunts to treat uncontrollable intracranial hypertension in patients who have cryptococcal meningitis without hydrocephalus. Clin Infect Dis. 2002; 34:E64–E68

Parte VII

Hidrocefalia e Líquido Cerebrospinal (CSF)

23 Líquido Cerebrospinal 382

24 Hidrocefalia –
    Aspectos Gerais 394

25 Tratamento da
    Hidrocefalia 414

VII

23 Líquido Cerebrospinal

23.1 Informações gerais

O líquido cerebrospinal (CSF) circunda o cérebro e a medula espinal, podendo funcionar como um amortecedor de choques para o CNS. Ele também pode desempenhar uma função imunológica, análoga à do sistema linfático.[1] Ele circula dentro do espaço subaracnoide, entre a aracnoide e as membranas piais.

Normalmente o CSF é um líquido limpo, incolor, com gravidade específica de 1,007 e um pH de ≈ 7,33-7,35.

23.2 Produção

23.2.1 Localização

Oitenta por cento do CSF é produzido pelos plexos coroides, localizados em ambos os ventrículos laterais, e no quarto ventrículo (sendo que os plexos coroides produzem ≈ 95% desse CSF). A maior parte do restante da produção intracraniana ocorre no espaço intersticial.[2] Uma pequena quantidade também pode ser produzida pelo revestimento do epêndima dos ventrículos. Na espinha, primariamente, ele é produzido na dura das raízes dos nervos.

▶ Quadro 23.1 apresenta as propriedades de produção, volumes e pressões do CSF.

23.2.2 Taxa de produção

No adulto, o CSF é produzido a uma taxa de cerca de 0,3 mL/min (▶ Quadro 23.1). Em termos clinicamente relevantes, isso se aproxima de 450 mL/24 h, o que significa que, em um adulto (em que o volume corporal total, em média, é de 150 mL), o CSF é "renovado" ≈ 3 vezes por dia. A taxa de formação é independente da pressão intracraniana[3] (exceto no caso extremo em que a ICP se torna tão elevada que o fluxo sanguíneo cerebral fica reduzido[4]).

23.3 Absorção

Primariamente, o CSF é absorvido pelas vilosidades da aracnoide (granulações), que se estendem para dentro dos sínus venosos durais. Outros locais de absorção abrangem os plexos coroides e linfáticos. A taxa de absorção é dependente da pressão.[5]

23.4 Constituintes do CSF

23.4.1 Componentes celulares do CSF

No CSF do adulto normal, há 0-5 linfócitos, ou células mononucleadas, por mm³, e não há polimultinucleados (PMNs) e nem RBCs; de 5-10 WBCs por mm³ causam suspeita e > 10 WBCs por mm³ são, definitivamente, anormalidade.

Quadro 23.1 Produção, volumes e pressões normais do CSF

Propriedade	Pediátricos		Adultos
	Recém-nascido	1-10 anos	
volume total (mL)	5		150 (50% intracraniana, 50% espinal)
taxa de formação	25 mL/dia		≈ 0,3-0,35 mL/min (≈ 450-750 mL/dia)
pressão[a] (cm de líquido)	9-12	média: 10 normal: < 15	adulto: 7-15 (> 18 geralmente anormal) adulto jovem: < 18-20

[a]Medidas no espaço subaracnoide lombar, com o paciente relaxado em posição de decúbito lateral.

23.4.2 Componentes acelulares do CSF

Quadro 23.2 Solutos de CSF.[6 (p. 169),7] Para CEA, AFP, & hCG, ver Marcadores de tumor (p. 598)

Constituinte	Unidades	CSF	Plasma	Taxa CSF: plasma
osmolaridade	mOsm/L	295	295	1,0
conteúdo de H_2O		99%	93%	
sódio	mEq/L	138	138	1,0
potássio	mEq/L	2,8	4,5	0,6
cloreto	mEq/L	119	102	1,2
cálcio	mEq/L	2,1	4,8	0,4
pCO_2	mmHg	47	41[a]	1,1
pH		7,33	7,41	
pO_2	mmHg	43	104[a]	0,4
glicose	mg/dL	60	90	0,67
lactato	mEq/L	1,6	1,0[a]	1,6
piruvato	mEq/L	0,08	0,11[a]	0,73
lactato:piruvato		26	17,6[a]	
proteínas totais[b]	mg/dL	35	7.000	0,005
albumina	mg/dL	155	36.600	0,004
IgG	mg/dL	12,3	9.870	0,001

[a]Plasma arterial.
[b]Nota: a proteína do CSF é mais baixa no líquido ventricular do que no espaço subaracnoide lombar.
Dados da Table 6-1 off "Cerebrospinal Fluid in Diseases of the Nervous System" by Robert A. Fishman, MD, © 1980, W.B. Saunders Co. Philadelphia, PA, usados com permissão.

23.4.3 Variação conforme o local

A composição do CSF produzido nos ventrículos, onde é produzido o maior volume, difere ligeiramente do produzido no espaço subaracnóideo lombar.

23.4.4 Variação do CSF de acordo com a idade

Quadro 23.3 Variações com a idade

Grupo etário	Eritrócitos/mm^3	Leucócitos/mm^3	Proteína (mg/dL)	Glicose (mg/dL)	Taxa de glicose (CSF: plasma)
Recém-nascido					
prematuro	10	muitos	150	20-65	0,5-1,6
a termo	7-8	moderados	80	30-120	0,4-2,5
Bebê					
1-12 meses	5-6	0	15-80		
1-2 anos	2-3	0	15		

(Continua)

Quadro 23.3 Variações com a idade (*Cont.*)

Grupo etário	Eritrócitos/mm³	Leucócitos/mm³	Proteína (mg/dL)	Glicose (mg/dL)	Taxa de glicose (CSF: plasma)
crianças pequenas	2-3	0	20		
crianças 5-15 anos	2-3	0	25		
adolescentes e adultos	3	0	30	40-80	0,5
senis	5	0	40[a]		

[a]Proteína do CSF normal aumenta ≈ 1 mg/dL por ano de idade no adulto.

23.5 Fístula craniana de CSF

Conceitos-chave

- suspeitar nas otorreias/rinorreias pós-traumáticas ou em meningites recorrentes
- estratégia de tratamento: 1) confirmar se o líquido é CSF, 2) identificar o local de origem da fístula, 3) determinar etiologia/mecanismo
- a maioria dos testes junto ao leito é pouco confiável, e consiste em: "um aspecto de reservatório", um aspecto de alvo/halo, um qualitativo de glicose
- o teste confirmatório mais acurado é o da β_2-transferrina
- a cisternografia por CT é o teste de escolha para determinar a localização da fístula

23.5.1 Informações gerais

Deve-se suspeitar de fístula de CSF, também conhecida como efusão de CSF, em pacientes com otorreia, ou rinorreia, posterior a traumatismo de cabeça ou que tenham meningites recorrentes.

23.5.2 Possíveis vias da fístula de CSF

1. mastócitos aéreos (especialmente após cirurgia da fossa-p, p. ex., causada chwannoma vestibular [VS])
2. células aéreas esfenoides (especialmente após cirurgia transesfenoidal)
3. placa cribriforme/teto etmoidal (o da fossa frontal)
4. células aéreas dos sínus frontais
5. herniação na sela vazia, e daí para o sínus aéreo do esfenoide
6. ao longo do trajeto da artéria carótida interna
7. fossa de Rosenmüller: localizada imediatamente abaixo do seio cavernoso, pode ficar exposta pela remoção, com broca, das clinoides anteriores, para permitir acesso a aneurismas da artéria oftálmica
8. local de abertura do canal craniofaríngeo lateral transitório
9. por via percutânea, através de um ferimento cirúrgico ou traumático
10. pela crista petrosa ou pelo canal auditivo interno: após fratura do osso temporal ou de cirurgia de schwannoma vestibular. Então pode ocorrer:
    a) rinorreia: através de orelha média → tubo eustaquiano → nasofaringe
    b) otorreia: através de membrana timpânica perfurada → canal auditivo externo

23.5.3 Etiologia traumática *versus* não traumática

Descrição

Há dois subgrupos principais de fístulas do CSF (omitindo-se a ambígua categoria das "espontâneas"):[8]
1. traumáticas (ou pós-traumáticas): podem ocorrer agudamente ou ser tardias
    a) pós-procedimento (iatrogênicas). Abrangem o pós-cirúrgico de transesfenoidal e o pós-cirúrgico de base do crânio
    b) pós-traumatismo (mais frequente): 67-77% dos casos
2. não traumáticas
    a) pressão alta
        - hidrocefalia
        - tumor

Quadro 23.4 Achados de CSF em várias condições patológicas (valores para adultos)[a]

Condição	OP (cm H₂O)	Aparência	Células (por mm³)	Proteína (mg%)	Glicose (% no soro)	Miscelânea
normal	7-18	incolor límpida	0 PMN, 0 RBC, 0-5 mononucleados	15-45	50	
meningite purulenta aguda	freq ↑	turva	poucas-20K (a maioria das WBCs é de PMNs)	100-1.000	< 20	poucas células no início, ou com tratamento
meningite e encefalite virais	nl	nl	poucas-350 WBCs (a maioria mononucleadas)	40-100	nl	PMNs no início
Guillain-Barré	nl	nl	nl	50-1.000	nl	proteínas ↑ frequentemente IgG
pólio	nl	nl	50-250 mononucleados	40-100	nl	
meningite TB[b]	freq ↑	opalescente, amarelo, coágulo de fibrina ao repouso	50-500 (linfócitos e monócitos)	60-700	20-40	PMNs no início (+) cultura de AFB (+) coloração de Ziel-Neelson
meningite fúngica	freq ↑	opalescente	30-300 (mononucleados)	100-700	< 30	(+) preparação de corante índigo com criptococos
meningoencefalite amebiana (Naegleria)	freq ↑	nebulosa, pode ser hemorrágica	WBCs ↑ (400-26K), RBCs ↑	↑	nl ou ↓	coloração gram-negativa; monte seco → trofozoítos móveis (p. 377)
infecção parameníngea	↑ se em bloco	nl	WBCs nl ou ↑ (0-800)	↑	nl	p. ex., abscesso epidural espinal
pancada traumática[c] (sanguinolenta)	nl	sanguinolenta; sobrenadante incolor	taxa RBC:WBC ≈ como no periférico	ligeiramente ↑	nl	RBCs ↓ em tubos sucessivos; sem xantocromia
SAH[c]	↑	sanguinolento; sobrenadante xantocrômico	inicialmente: ↑ RBCs	50-400	nl ou ↓	RBCs desaparecem em 2 semanas, a xantocromia pode persistir por semanas
			tardiamente: WBCs ↑	100-800		
esclerose múltipla (MS)[d]	nl	nl	5-50 mononucleados	nl-800	nl	gamaglobulinas geralmente ↑ (oligoclonais)

[a]Abreviaturas: OP = pressão de abertura; nl = normal; ↑ = aumentado; ↓ = diminuído; freq. = frequentemente.
[b]Os achados de CSF em meningite TB são quase patognomônicos, quando ocorrem em combinação; 20-30% têm bacilos ácido-rápidos nos esfregaços de sedimento.
[c]Para diferenciar o golpe traumático de SAH, ver Diferenciando SAH do golpe traumático (p. 1506).
[d]Obtenha mais informações sobre o CSF em MS (p. 181).

b) pressão normal
- defeitos congênitos
- erosão óssea causada por infecção ou necrose
- atrofia focal (olfatória ou da sela)

Fistula traumática

Ocorre em 2-3% do total de pacientes com lesão de cabeça; 60% surgem poucos dias após o traumatismo, 95% dentro de três meses.[9] Cerca de 70% dos casos de rinorreia de CSF cessam dentro de uma semana; os demais, geralmente dentro de seis meses. Somente 33% dos casos não traumáticos cessam espontaneamente. A proporção adultos:crianças é de 10:1 e é rara antes dos 2 anos de idade. Em crianças, a incidência de fístula de CSF é inferior a 1%, nas lesões fechadas de cabeça.[10] Anosmia é frequente nas efusões traumáticas (78%), mas rara nas espontâneas.[11] A maioria das otorreias de CSF (80-85%) cessa em 5 a 10 dias.

Em 101 casos de traumatismo penetrante, fístulas de CSF ocorreram em 8,9%; elas aumentam a taxa de infecções, em comparação com as lesões penetrantes sem fístula (50% *versus* 4,6%).[12] Há registros de que elas ocorrem no pós-operatório de até 30% dos casos de cirurgias da base do crânio.[13]

Fístula de CSF não traumática

Informações gerais

Basicamente, as efusões não traumáticas ocorrem em adultos com mais de 30 anos. Podem ser confundidas com rinite alérgica. Diferentemente do que ocorre nas efusões traumáticas, elas tendem a ser intermitentes; o sentido do olfato geralmente está preservado e a pneumocefalia é incomum.[14]

Às vezes apresenta as seguintes associações:[15]
1. agenesia do assoalho da fossa anterior (placa cribriforme) ou medial
2. síndrome da sela vazia (p. 773): primária ou após cirurgia transesfenoidal
3. ICP aumentada e/ou hidrocefalia
4. infecção nos sínus paranasais
5. tumor: incluindo adenomas de hipófise (p. 718) e meningiomas
6. uma remanescência persistente do canal craniofaríngeo[16]
7. AVM[14]
8. anomalias congênitas: a maioria envolvendo deiscência óssea
    a) deiscência da placa base dos estribos (uma anomalia congênita) que pode produzir rinorreia de CSF através do tubo eustaquiano[14]
    b) deiscência abaixo do forame redondo

Fístula espontânea de CSF na fossa posterior

1. pediátrica: geralmente se apresenta com meningite ou perda de audição
    a) função labiríntica preservada (audição e equilíbrio): geralmente se apresenta com meningite
    Há três vias usuais de fístula:
    • canal facial: pode fistulizar para a orelha média
    • canal petromastóideo: ao longo do trajeto da artéria de suprimento da mucosa dos sínus aéreos mastoides
    • fissura de Hyrtl (também conhecida como fissura timpanomeníngea: liga a fossa-p ao hipotímpano)
    b) anomalias de labirinto (perda auditiva): um dos vários tipos das displasias de Mundini, geralmente apresentando labirinto/cóclea arredondados, o que permite que o CSF eflua para o canal auditivo através da janela oval ou redonda
2. adulta: geralmente se apresenta como perda da condução da audição, com fístula serosa, meningite (frequentemente após um episódio de otite média), ou abscesso cerebral. Frequentemente ocorre através da fossa média. Pode ser causada por granulações da aracnoide, que se erodem para o compartimento do sínus aéreo

23.6 Fístula espinal de CSF

Geralmente se apresenta como cefaleia postural associada a enrijecimento e frouxidão do pescoço.[17]

23.7 Meningite em fístula de CSF

Incidência em fístula de CSF pós-traumáticas: aumentos de 5-10%, quando a fístula persiste por mais de 7 dias. A meningite é mais frequente quando há fistulas espontâneas. O risco pode ser maior nas fístulas subsequentes a um procedimento neurocirúrgico do que em fístulas pós-traumáticas, possivelmente em razão de elevada ICP nestas últimas (que força o CSF a sair).

A meningite pode promover mudanças inflamatórias no local da fístula. Isso, entretanto, se mostra uma resolução temporária, promovendo falsa sensação de segurança.

A patogenia mais comum é a meningite pneumocócica (83% dos casos[18]), na meningite pneumocócica sem fístula subjacente tem mortalidade menor (< 10 contra 50%), possivelmente porque esta última é, geralmente, observada em pacientes idosos debilitados. O prognóstico é pior em crianças.[9]

23.8 Avaliação do paciente com fístula de CSF

23.8.1 Determinando se rinorreia, ou otorreia, é causada por uma fístula de CSF

1. características do líquido que são sugestivas da presença de CSF
   a) o líquido é limpo como água (exceto se infectado ou misturado com sangue)
   b) o líquido não causa escoriação, dentro ou fora do nariz
   c) os pacientes com rinorreia por CSF descrevem o gosto dela como salgado
2. testes confirmatórios
   a) a β_2-transferrina está presente no CSF, mas ausente na lágrima, saliva, exsudados nasais e soro (exceto em recém-nascidos e em pacientes com doença hepática).[19,20] A única outra fonte é o humor vítreo do olho. Ela pode ser detectada por eletroforese de proteínas. Um mínimo de $\approx$ 0,5 mL deve ser colocado em um frasco estéril para urina, embalado em gelo seco e enviado para um laboratório que faça esse estudo. É muito sensível e específico
   b) colete o líquido e obtenha a glicose *quantitativa* (as fitas para detecção de glicose na urina são sensíveis demais e podem dar positivo até com excesso de muco). Teste o líquido logo após a coleta para minimizar a fermentação. No CSF normal, a glicose é > 30 mg% (geralmente mais baixa quando há meningite) enquanto nas secreções lacrimais e no muco ela geralmente é < 5 mg%. Um teste negativo é mais útil porque descarta o CSF (exceto em hipoglicorragia [glicose baixa no CSF]), mas há uma chance de 45 a 75% de falsos-positivos[21 (p. 1638)]
   c) "sinal em anel": quando há suspeita de efusão de CSF, mas o líquido está tinto de sangue, deve-se pingar o líquido sobre um pano branco (um lençol ou uma fronha). Será formado um anel de sangue, com um anel concêntrico maior, de líquido claro (é o chamado "anel duplo" ou sinal de halo), sugerindo a presença de CSF. É um sinal antigo, mas pouco confiável
   d) sinal de reservatório: um fluxo de líquido que ocorre em função de certa posição da cabeça. É mais frequente quando o paciente senta pela primeira vez depois de estar deitado durante algum tempo. Supostamente, indica a drenagem de CSF misturado no sínus do esfenoide. Não é confiável[22]
3. sinais radiográficos: pneumocefalia à CT ou à radiografia de crânio. A pneumocefalia ocorre em $\approx$ 20% dos pacientes com efusão de CSF[23 (p. 280)]
4. cisternografia: injeção intratecal de sondas de radionuclídeos, seguida por cintilografia, ou injeção de contraste radiopaco seguida por CT (ver abaixo)
5. a anosmia está presente em $\approx$ 5% das fístulas de CSF
6. após cirurgia de base do crânio (especialmente se envolve o nervo petroso superficial maior), pode ocorrer pseudorrinorreia de CSF, possivelmente provocada por hipersecreção nasal por desequilíbrio na regulação autônoma da mucosa nasal[13] ipsolateral à cirurgia. Frequentemente, é acompanhada por enrijecimento nasal e ausência de lacrimação ipsolateral e, ocasionalmente, por rubor facial

Localizando o sítio da fístula de CSF

Em 90% das vezes, a localização não requer cisternografia por CT, com contraste hidrossolúvel (WS-CTC) (ver abaixo).
1. CT: para detectar pneumocefalia, fraturas, defeitos na base do crânio, hidrocefalia e neoplasmas obstrutivos. Inclui cortes coronais finos e reconstruções através da fossa anterior, sempre em direção à sela túrcica
   a) sem contraste (opcional): para demonstrar a anatomia óssea
   b) com contraste IV: o local de efusão geralmente está associado a realce anormal do parênquima cerebral adjacente (possivelmente por causa da inflamação)
2. cisternografia por CT, com contraste hidrossolúvel (procedimento de escolha): ver abaixo
3. radiografia craniana plana (útil em apenas 21%)
4. MRI: pode prover informações adicionais para a localização e detectar massas nas fossas p R/O, tumores e selas vazias, melhor do que a CT. Tanto CT quanto MRI podem detectar hidrocefalias R/O. Centrifugação rápida de T2WI com supressão de gordura, bem como imagens de vídeo invertidas, foram usadas para visualizar o fluxo de CSF (as respectivas sensibilidades e especificidades são de 0,87 e 0,57)[24]
5. testes mais antigos (abandonados em troca dos acima):
   a) cisternografia de radionuclídeos (RNC): não é um teste atualizado. A localização é fraca. Alguns dos radiofármacos estudados não estão mais disponíveis
   b) estudos com corantes intratecais (visíveis): algum sucesso com índigo-carmim e com fluoresceína (p. 1426), com poucas complicações, ou nenhuma
      ✗ azul de metileno (p. 1426) é neurotóxico e não deve ser usado

Cisternografia por CT com contraste hidrossolúvel

Procedimento de escolha. Este teste é realizado quando:
1. não for identificado um sítio à CT plana (com coronais)

2. o paciente está com fístula clínica (em ausência de efusão ativa, o sítio só é identificado parte das vezes)
3. são identificam defeitos ósseos múltiplos, e é essencial determinar qual o sítio que está em efusão ativa
4. um defeito ósseo observado à CT não apresenta mudanças associadas, de intensificação anormal no parênquima cerebral adjacente

Técnica:[25] injete 6-7 mL de iohexol (p. 219), a 190-220 mg/mL, no espaço lombar subaracnóideo, com uma agulha espinal calibre 22 (ou injete 5 mL, por punção entre C1-2). O paciente é posicionado a -70° Trendelemburg × 3 min, com o pescoço ligeiramente fletido. Na realização da CT, para serem obtidos cortes coronais de 5 mm, com 3 mm de sobreposição, os pacientes são mantidos em posição inclinada, com a cabeça bem estendida (se necessário, use cortes com 1,5 mm). Podem ser necessárias manobras provocativas (vistas de inclinações coronais (borda acima) ou da posição da efusão; a injeção intratecal de salina exige uma bomba de Harvard[26]...).

Observe se há acúmulo de contraste nos seios aéreos. À CT, uma aparente descontinuidade óssea, sem extravasamento de contraste, provavelmente não é o sítio da fístula (na CT, as descontinuidades ósseas podem ser confundidas com volume parcial médio).

23.9 Tratamento da fístula de CSF

23.9.1 Tratamento inicial

Após traumatismo agudo, justifica-se a observação porque a maioria dos casos cessa espontaneamente.

Antibióticos profiláticos: são controversos. Não houve diferença entre incidência ou morbidade de meningite entre pacientes tratados e não tratados.[27] Além disso, o risco de escolher linhagens resistente parece real[9] e, por isso, geralmente é evitado.

23.9.2 Para fístulas pós-traumáticas ou pós-operatórias persistentes

Tratamento não cirúrgico

1. medidas para reduzir a ICP:
   a) repouso no leito: embora o repouso possa melhorar os sintomas, ele não traz qualquer outro benefício[28]
   b) evite esforços para defecar (laxantes) e assoar o nariz
   c) acetazolamida (250 mg PO QID) para reduzir a produção de CSF
   d) restrição de líquidos moderada; cuidados pós-transesfenoidal, por possível DI (p. 120): 1.500 mL/dia para adultos, 75% para manutenção em pediátricos
2. se a fístula persistir (atenção: antes verifique hidrocefalia obstrutiva R/O, através de CT ou MRI)
   a) LP: quantidade diária de BID (para pressão mais baixa perto da atmosférica, ou até que H/A) OU
   b) drenagem lombar contínua (CLD): através de cateter percutâneo. Duas (ou mais) opções de tratamento:
      • mantenha a HOB elevada 10-15° e coloque a câmara de gotejamento ao nível dos ombros (abaixe a câmara se a efusão persistir) e deixe aberta para drenar (utiliza a pressão para regular a drenagem – pode ser perigoso, p. ex., se a bolsa de drenagem cair no chão)
      • drene 15-20 cm³ e pince o tubo. Repita a cada hora
   c) a CLD pode exigir monitorização por ICD. Se o paciente piorar com o dreno instalado: pare a drenagem imediatamente, coloque o paciente horizontalmente na cama (ou em uma ligeira posição de Trendelemburg), inicie O_2 a 100%, junto ao leito, obtenha uma CT craniana com incidência *cross-table* (para a tensão R/O da pneumocefalia provocada por ingresso de ar)
3. tratamento cirúrgico em casos persistentes (ver abaixo)

Tratamento cirúrgico

Informações gerais

Quando o sítio da fístula não foi identificado antes de ser tentado o tratamento cirúrgico, 30% desenvolverão uma e fístula pós-operatória, sendo que 5-15% deles desenvolvem meningite antes de a fístula ser detida.[26]

Indicações para intervenção cirúrgica

1. fístula **traumática** de CSF que persista por mais de 2 semanas, apesar das medidas não cirúrgicas
2. fístulas **espontâneas** e aquelas de **início retardado, posteriores a traumatismo** ou cirurgia: geralmente exigem cirurgia por causa da alta incidência de recorrência fístulas
3. fístulas complicadas por **meningites** recorrentes

Fístula através da placa cribriforme/teto etmoidal

Abordagem extradural: geralmente é a preferida por cirurgiões ENT.[29] Se uma craniotomia frontal estiver sendo realizada, deve ser usada a abordagem intradural porque podem surgir problemas na dissecção para exposição da dura do assoalho da fossa frontal, por onde a dura quase sempre goteja, o que torna difícil saber se determinado gotejo é a causa da efusão ou se é iatrogênica. O corante fluoresceína, misturado com CSF, injetado intratecalmente, pode ajudar a demonstrar a efusão intraoperatória. *ATENÇÃO:* deve ser diluído com CSF para reduzir o risco de convulsões (p. 1426).

Abordagem intradural

Geralmente é o procedimento de escolha.[30] Se o local da fístula não foi identificado no pré-operatório, use uma aba óssea bifrontal.

Técnicas gerais de abordagem *intradural:*

Feche os defeitos ósseos com gordura, músculo, cartilagem ou osso.

Feche o defeito dural com fáscia lata, fáscia de músculo temporal ou pericrânio. Pode ser usada cola de fibrina para ajudar a manter o tecido no lugar.

Se a fístula não for identificada no pré-operatório, ou no intraoperatório, empacote ambas as placas cribriformes e o seio esfenoide (incise a dura sobre o tubérculo da sela, perfure através do osso, para alcançar o seio esfenoide, remova a mucosa ou empacote-a inferiormente, empacote com gordura).

Pós-operatório: drenagem lombar após craniotomia é controversa. Alguns acham que a pressão do CSF ajuda a intensificar a selagem.[31] Se usar, coloque a câmara de gotejamento ao nível do ombro, durante 3-5 dias (ver as precauções, mais acima).

Se ficar demonstrado ICP elevada ou hidrocefalia, considere fazer um desvio (LP ou VP).

Fístula no seio esfenoide (inclusive fístula após cirurgia transesfenoidal)

1. LP BID ou CLD: enquanto a pressão for > 150 mm H_2O ou o CSF estiver xantocrômico
   a) se a fístula persistir > 3 dias: empacote novamente o seio esfenoide e os recessos pterigoides com gordura, músculo, cartilagem e/ou fáscia lata (deve-se reconstruir o assoalho da sela; é inadequado apenas empacotar). Alguns recomendam não usar músculo porque ele apodrece e encolhe. Continue com LP ou com CLD, como já descrito, durante 3-5 dias após a operação
   b) se a fístula persistir > 5 dias: desvio lomboperitoneal (primeiro hidrocefalia obstrutiva R/O)
2. uma abordagem cirúrgica mais difícil: é a abordagem intracraniana (intradural) ao aspecto medial da fossa craniana média
3. considere uma injeção transnasal na sela, com cola de fibrina, sob anestesia local[32]

Osso pétreo

Pode-se apresentar como otorreia ou rinorreia (através da tuba auditiva)

1. após cirurgia da fossa posterior, ver também o tratamento após cirurgia de schwannoma vestibular (p. 685)
2. após fraturas do osso mastoide: a abordagem pode ser através de uma mastoidectomia ampla[14]
3. por causa da deiscência da base dos estribos: pode ser necessária a obliteração da orelha média e da tuba auditiva, através de uma aba timpanomeatal[14]

23.10 Hipotensão intracraniana (espontânea)

23.10.1 Informações gerais

A hipotensão intracraniana pode ser espontânea ou pós-traumática (inclusive iatrogênica, p. ex., após LP). O presente capítulo refere-se à hipotensão intracraniana espontânea (SIH).

Conceitos-chave

- cefaleia ortostática (cefaleia que melhora ao deitar-se)
- diagnosticada clinicamente com utilização de LP
- não são necessárias imagens com achados característicos para dx: "SEEPS" (flacidez do cérebro, adensamento paquimeníngeo, veias engorgitadas, hiperemia hipofisária, líquido subdural)
- exclui os pacientes com história de punção dural, traumatismo espinal penetrante, cirurgias ou procedimentos na espinha
- uma correção epidural com sangue proporciona alívio para a maioria dos pacientes

Epidemiologia

Incidência 5:100.000, prevalência 1:50.000.[33,34] Mais comum no sexo feminino,[33,34,35,36] com média de idade de apresentação em torno dos 40 anos.[34,35]

Clínica

Em ausência de traumatismo anterior ou de punção dural, a síndrome da hipotensão intracraniana espontânea se caracteriza pelo seguinte:
1. cefaleia ortostática: piora extremamente quando em posição ereta, melhora ao deitar-se
2. baixa pressão de CSF
3. adensamento paquimeníngeo difuso (cerebral e/ou espinal) à MRI

A maioria dos pacientes tem cefaleia ortostática, de início súbito, mas foram descritas outras cefaleias como a trovejante, a não posicional, a de exercício, a de final do dia e até cefaleias paradoxais, que pioram ao deitar-se.[36,37] Há descrições de pacientes atípicos, com sinais clínicos de encefalopatia, mielopatia cervical ou parkinsonismo,[39] mas sem cefaleia ou adensamento paquimeníngeo à MRI.[38] Como alguns pacientes podem ter pressão intracraniana normal, foi sugerido o termo "hipovolemia de CSF".[40]

Diagnóstico

Critérios diagnósticos pela Classificação IHS (ICHD-III):[41]
1. qualquer cefaleia que preencha o critério C (ver abaixo)
2. baixa pressão de CSF (< 6 cm de água) e/ou imagens sem evidência de efusão de CSF
3. cefaleia cujo desenvolvimento apresentou relação temporal com baixa pressão de CSF ou com efusão de CSF, ou que levou à sua descoberta
4. não haver outro ICHD-III com explicação melhor

Em comparação com critérios mais antigos,[36,42] os critérios diagnósticos atuais excluem a obrigatoriedade de que uma cefaleia piore depois de o paciente estar sentado, ou de pé, durante 15 minutos; eliminam a necessidade, anteriormente exigida, de haver sintomas associados específicos, ainda que alguns desses sintomas sejam observados frequentemente (rigidez do pescoço, tinido, hipoacusia (hipacusia), fotofobia, náusea); desconsideram a necessidade de MRI, porque em 20-25% dos pacientes não são observadas alterações,[33,36,37,43] e descartam a eficácia da correção epidural com sangue no prazo de 72 horas porque, em aproximadamente 25% dos pacientes, ela não tem efeito.[33,36,44]

A mediana da demora entre a apresentação e o diagnóstico de SIH é de 4 meses.[34,35] Essa demora pode ter consequências danosas ao paciente. Por isso a MRI cerebral, com e sem contraste, é recomendada para os pacientes que passem a apresentar cefaleias ortostáticas.[35]

Fisiopatologia

A causa subjacente à SIH é uma efusão espontânea de CSF.[34] As evidências sustentam que um fator contribuinte seria uma fraqueza subjacente das meninges; por exemplo, transtornos do tecido conectivo, como na síndrome de Marfan e na síndrome de Ehlers-Danlos.[17,33,34,45] Para a maioria dos pacientes, excluindo-se os cistos perineurais lombossacrais, supõe-se que a origem da efusão de CSF sejam os divertículos espinais, na junção cervicotorácica ou na espinha torácica, sendo os torácicos os mais comuns.[34,36,37] Não foi encontrada relação entre as efusões cranianas e a SIH.[33,46] Outras causas de lesão dural são as doenças degenerativas de disco, osteófitos e esporões ósseos.[34] Acredita-se que a cefaleia ortostática seja causada pelo descenso do cérebro, causando uma tensão sobre estruturas intracranianas sensíveis à dor.[33,37,47]

Avaliação

1. estudos radiográficos
   a) MRI Cerebral: achados (mnemônica **SEEPS**)
   - retração (em inglês, **S**agging) cerebral, causada pela perda de flutuabilidade em razão do baixo volume do CSF.[33,37] Tonsilas cerebelares associadas com o longo tempo de deposição foram observadas em 36% dos pacientes,[39] com apagamento das cisternas periquiásmicas e pré-pontinas, encurvamento do quiasma óptico, aplanamento das pontes e colapso ventricular[33,36,37,48]
   - realce (em inglês, **E**nhancement) das paquimeninges, poupando as leptomeninges, é comum em razão da dilatação dos vasos sanguíneos subdurais[33,46,48]
   - engurgitamento (em inglês, **E**ngorgement) de veias. O sinal da distensão venosa também pode ser visto quando o sínus transverso se torna dilatado e convexo[49]
   - hiperemia da hipófise (em inglês, **P**ituitary)
   - coleções de líquido subdural (em inglês, **S**ubdural), observadas em 50% dos pacientes.[34,50] Podem ser higromas *versus* hematomas, sendo os higromas duas vezes mais frequentes do que os hematomas. Ocasionalmente, podem exigir intervenção
   b) a CT cerebral não é tão conclusiva, mas pode ajudar a identificar essas mudanças. 11% dos pacientes com SIH também têm um achado de pseudo-SAH à CT, causado pelo apagamento das cisternas basais pela retração cerebral[51,52]
   c) mielografia por CT com contraste iodado: É o teste de escolha para diagnóstico e localização da fístula de CSF. Imagens temporizadas imediatamente após a injeção do contraste, ou intervaladas após as injeções, podem ajudar a localizar fístulas intermitentes[34,37]
   d) MRI com gadolínio intratecal: alternativa ao mielografia por CT. Injeção de gadolínio, seguida de uma imagem completa da T1 da espinha, com supressão da gordura, uma hora após a injeção. O contraste permanece por 24 horas, o que possibilita a detecção de efusões intermitentes. Um estudo prospectivo, de coortes, localizou a efusão em 67% dos pacientes com SIH. Em outro estudo, a MRI feita 15 min após a injeção do gadolínio identificou a fístula de CSF em 21% dos pacientes com SIH que tinham mielografia negativa à CT. Não foram relatados efeitos colaterais, mas o gadolínio intratecal não está aprovado pela FDA (uso sem aprovação)[44,53,54]
   e) MRI espinal: pode demonstrar evidências de fístula de CSF, porém, mais provavelmente, ajuda a localizar coleções de líquido extratecal em pacientes com sintomas localizados.[33] Se há dor localizada na espinha, geralmente a fístula estará próxima a ponto. Outros achados incluem: aumento dural, veias dilatadas, deformação do saco dural, siringomielia e coleções de líquido retroespinal em C1-C2[34,55,56,57,58,59,60,61,62]
   f) cisternografia por radioisótopos: a baixa resolução pode omitir até um terço das fístulas não identificadas.[35,37] Pode ser usada, especialmente, quando o mielografia por CT falhar
2. punção lombar: uma pressão de CSF < 6 cm de água faz parte dos critérios diagnósticos. Foram identificados pacientes com pressão de CSF normal.[34,43,63] Os achados associados ao CSF, que foram identificados, incluem: pleocitose linfocítica, alto nível de proteína e xantocromia[37,34,51]
3. uma resposta positiva à EBP também pode ser usada para embasar o diagnóstico

Tratamento

Nenhum dos seguintes tratamentos foi avaliado por testes clínicos randomizados.
- tratamento médico conservador: repouso em leito, hidratação, analgésicos, cafeína e faixa abdominal. Foi relatado efeito limitado com cafeína, esteroides e teofilina intravenosos[33,34,36,37]
- correção epidural com sangue (EBP): ver a técnica (p. 1509). Injeção de sangue autólogo (10-20 mL) no espaço epidural. As evidências demonstram que os pacientes respondem muito bem e, em geral, imediatamente.[34,52] Entretanto, alguns pacientes necessitam de mais do que uma EBP e o alívio da cefaleia pode não ser permanente.[41] Não havendo sucesso, a correção com sangue pode ser repetida com a mesma ou maior quantidade de sangue. O posicionamento do paciente na posição de Trendelemburg, após a injeção, ajuda a movimentação do sangue, para atingir mais segmentos, aumentando sua efetividade.[37,34] Pode não ter eficácia em 25-33%[33,34,36,44,64]
- se a anterior falhar, correção epidural com sangue no sítio da efusão
- colocação percutânea de um selante de fibrina no sítio da efusão: pode proporcionar alívio nos pacientes que não melhoram com as medidas conservadoras e com a correção epidural com sangue[37,34,64,65]
- intervenção cirúrgica: último recurso para pacientes que não tiveram alívio com as medidas conservadoras, a EBP e o selante de fibrina, cujo sítio exato de fístula foi identificado. Os divertículos meníngeos podem ser ligados com sutura, grampos para aneurisma ou compressa muscular com espuma de gel e selante de fibrina, técnica que também pode ser efetiva se for identificado um defeito dural[37,34]

Desfecho

Depois do tratamento apropriado é observada melhora clínica, que precede à melhora radiográfica. Geralmente a MRI leva dias para se normalizar. A resolução completa de HA foi alcançada em 70% (geralmente de dias a semanas). A probabilidade era maior nos que recebiam EBP e menor nos que tinham múltiplos sítios de fístula de CSF.[39] Os pacientes que tinham mudanças características na MRI de SIH, e fístula de CSF focal e identificável, tinham desfechos melhores em comparação com os pacientes com fístulas de CSF em múltiplos níveis.[37,32,66] A fístula de CSF pode recorrer em aproximadamente 10% dos pacientes. Foi reportada uma associação entre um desfecho pior e o aumento do intervalo de tempo transcorrido desde o início dos sintomas até o diagnóstico.[35]

Referências

[1] Binhammer RT. CSF anatomy with emphasis on relations to nasal cavity and labyrinthine fluids. Ear Nose Throat J. 1992; 71:292–299

[2] Sato O, Bering EA. Extraventricular Formation of Cerebrospinal Fluid. Brain Nerv. 1967; 19:883–885

[3] Lorenzo AV, Page LK, Wlaters GV. Relationship Between Cerebrospinal Fluid Formation, Absorption, and Pressure in Human Hydrocephalus. Brain. 1970; 93:679–692

[4] Bering EA, Sato O. Hydrocephalus: Changes in Formation and Absorption of Cerebrospinal fluid within the Cerebral Ventricles. J Neurosurg. 1963; 20:1050–1063

[5] Griffith HB, Jamjoom AB. The Treatment of Childhood Hydrocephalus by Choroid Plexus Coagulation and Artificial Cerebrospinal Fluid Perfusion. Br J Neurosurg. 1990; 4:95–100

[6] Fishman RA. Cerebrospinal Fluid in Diseases of the Nervous System. Philadelphia: W. B. Saunders; 1980

[7] Felgenhauer K. Protein Size and Cerebrospinal Fluid Composition. Klin Wochenschr. 1974; 52:1158–1164

[8] Ommaya AK. Spinal fluid fistulae. Clin Neurosurg. 1975; 23:363–392

[9] Spetzler RF, Zabramski JM. Cerebrospinal Fluid Fistula. Contemp Neurosurg. 1986; 8:1–7

[10] Shulman K. Later complications of head injuries in children. Clin Neurosurg. 1971; 19:371–380

[11] Manelfe C, Cellerier P, Sobel D, et al. CSF Rhinorrhea: Evaluation with Metrizamide Cisternography. AJNR. 1982; 3:25–30

[12] Meirowsky AM, Ceveness WF, Dillon JD, et al. CSF Fistulas Complicating MissileWounds of the Brain. J Neurosurg. 1981; 54:44–48

[13] Cusimano MD, Sekhar LN. Pseudo-Cerebrospinal Fluid Rhinorrhea. J Neurosurg. 1994; 80:26–30

[14] Calcaterra TC, English GM. In: Cerebrospinal Rhinorrhea. Otolaryngology. Philadelphia: Lippincott-Raven; 1992:1–7

[15] Nutkiewicz A, DeFeo DR, Kohout RI, et al. Cerebrospinal Fluid Rhinorrhea as a Presentation of Pituitary Adenoma. Neurosurgery. 1980; 6:195–197

[16] Jonhston WH. Cerebrospinal Rhinorrhea: The Study of One Case and Reports of Twenty Others Collected from the Literature Published Since Nineteen Hundred. Ann Otolaryngol. 1926; 35

[17] Schievink WI, Meyer FB, Atkinson JLD, Mokri B. Spontaneous Spinal Cerebrospinal Fluid Leaks and Intracranial Hypotension. J Neurosurg. 1996; 84:598–605

[18] Hand WL, Sanford JP. Posttraumatic Bacterial Meningitis. Ann Int Medicine. 1970; 72:869–874

[19] Ryall RG, Peacock MK, Simpson DA. Usefulness of ß2-Transferrin Assay in the Detection of Cerebrospinal Fluid Leaks Following Head Injury. J Neurosurg. 1992; 77:737–739

[20] Fransen P, Sindic CJM, Thauvoy C, Laterre C, Stroobandt G. Highly Sensitive Detection of Beta-2 Transferrin in Rhinorrhea and Otorrhea as a Marker for Cerebrospinal Fluid (CSF) Leakage. Acta Neurochir. 1991; 109:98–101

[21] Wilkins RH, Rengachary SS. Neurosurgery. New York 1985

[22] Kaufman B, Nulsen FE,Weiss MH, Brodkey JS, White RJ, Sykora GF. Acquired spontaneous, nontraumatic normal-pressure cerebrospinal fluid fistulas originating from the middle fossa. Radiology. 1977; 122:379–387

[23] Bakay L. Head Injury. Boston: Little Brown; 1980

[24] El Gammal T, Sobol W, Wadlington VR, Sillers MJ, Crews C, Fisher WS,3rd, Lee JY. Cerebrospinal fluid fistula: detection with MR cisternography. AJNR Am J Neuroradiol. 1998; 19:627–631

[25] Ahmadi J, Weiss MH, Segall HD, et al. Evaluation of CSF Rhinorrhea by Metrizamide CT Cisternography. Neurosurgery. 1985; 16:54–60

[26] Naidich TP, Moran CJ. Precise Anatomic Localization of Atraumatic Sphenoethmoidal CSF Rhinorrhea by Metrizamide CT Cisternography. J Neurosurg. 1980; 53:222–228

[27] Klastersky J, Sadeghi M, Brihaye J. Antimicrobial Prophylaxis in Patients with Rhinorrhea or Otorrhea: A Double Blind Study. Surg Neurol. 1976; 6:111–114

[28] Allen C, Glasziou P, Del Mar C. Bed Rest: A Potentially Harmful Treatment Needing More Careful Evaluation. Lancet. 1999; 354:1229–1233

[29] Calcaterra TC. Extracranial Repair of Cerebrospinal Rhinorrhea. Ann Otol Rhinol Laryngol. 1980; 89:108–116

[30] Lewin W. Cerebrospinal Fluid Rhinorrhea in Closed Head Injuries. Br J Surgery. 1954; 17:1–18

[31] Dagi TF, George ED, Schmidek HH, Sweet WH. In: Surgical Management of Cranial Cerebrospinal Fluid Fistulas. Operative Neurosurgical Techniques. 3rd ed. Philadelphia: W.B. Saunders; 1995:117–131

[32] Fujii T, Misumi S, Onoda K, et al. Simple Management of CSF Rhinorrhea After Pituitary Surgery. Surg Neurol. 1986; 26:345–348

[33] Hoffmann J, Goadsby PJ. Update on intracranial hypertension and hypotension. Curr Opin Neurol. 2013; 26:240–247

[34] Schievink WI. Spontaneous spinal cerebrospinal fluid leaks. Cephalalgia. 2008; 28:1345–1356

[35] Mea E, Chiapparini L, Savoiardo M, Franzini A, Bussone G, Leone M. Clinical features and outcomes in spontaneous intracranial hypotension: a survey of 90 consecutive patients. Neurol Sci. 2009; 30 Suppl 1:S11–S13

[36] Schievink WI, Maya MM, Louy C, Moser FG, Tourje J. Diagnostic criteria for spontaneous spinal CSF leaks and intracranial hypotension. AJNR Am J Neuroradiol. 2008; 29:853–856

[37] Schievink WI. Spontaneous spinal cerebrospinal fluid leaks and intracranial hypotension. JAMA. 2006; 295:2286–2296

[38] Schievink WI, Tourje J. Intracranial hypotension without meningeal enhancement on magnetic resonance imaging. J Neurosurg. 2000; 92:475–477

[39] Chung SJ, Kim JS, Lee MC. Syndrome of cerebral spinal fluid hypovolemia: clinical and imaging features and outcome. Neurology. 2000; 55:1321–1327

[40] Mokri B. Spontaneous cerebrospinal fluid leaks, from intracranial hypotension to cerebrospinal fluid hypovolemia: evolution of a concept. Mayo Clin Proc. 1999; 74:1113–1123

[41] The International Classification of Headache Disorders, 3rd edition (beta version). Cephalalgia. 2013; 33:629–808

[42] Headache Classification Subcommittee of the International Headache Society. The International Classification of Headache Disorders: 2nd edition. Cephalalgia. 2004; 24 Suppl 1:9–160

[43] Schoffer KL, Benstead TJ, Grant I. Spontaneous intracranial hypotension in the absence of magnetic resonance imaging abnormalities. Can J Neurol Sci. 2002; 29:253–257

[44] Vanopdenbosch LJ, Dedeken P, Casselman JW, Vlaminck SA. MRI with intrathecal gadolinium to detect a CSF leak: a prospective open-label cohort study. J Neurol Neurosurg Psychiatry. 2011; 82:456–458

[45] Schievink WI, Gordon OK, Tourje J. Connective tissue disorders with spontaneous spinal cerebrospinal fluid

leaks and intracranial hypotension: a prospective study. Neurosurgery. 2004; 54:65–70; discussion 70-1

[46] Schievink WI, Schwartz MS, Maya MM, Moser FG, Rozen TD. Lack of causal association between spontaneous intracranial hypotension and cranial cerebrospinal fluid leaks. J Neurosurg. 2012; 116:749–754

[47] Mea E, Franzini A, D'Amico D, Leone M, Cecchini AP, Tullo V, Chiapparini L, Bussone G. Treatment of alterations in CSF dynamics. Neurol Sci. 2011; 32 Suppl 1:S117–S120

[48] Fishman RA, Dillon WP. Dural enhancement and cerebral displacement secondary to intracranial hypotension. Neurology. 1993; 43:609–611

[49] Farb RI, Forghani R, Lee SK, Mikulis DJ, Agid R. The venous distension sign: a diagnostic sign of intracranial hypotension at MR imaging of the brain. AJNR Am J Neuroradiol. 2007; 28:1489–1493

[50] Schievink WI, Maya MM, Moser FG, Tourje J. Spectrum of subdural fluid collections in spontaneous intracranial hypotension. J Neurosurg. 2005; 103:608–613

[51] Ferrante E, Regna-Gladin C, Arpino I, Rubino F, Porrinis L, Ferrante MM, Citterio A. Pseudo-subarachnoid hemorrhage: a potential imaging pitfall associated with spontaneous intracranial hypotension. Clin Neurol Neurosurg. 2013; 115:2324–2328

[52] Zada G, Pezeshkian P, Giannotta S. Spontaneous intracranial hypotension and immediate improvement following epidural blood patch placement demonstrated by intracranial pressure monitoring. Case report. J Neurosurg. 2007; 106:1089–1090

[53] Akbar JJ, Luetmer PH, Schwartz KM, Hunt CH, Diehn FE, Eckel LJ. The role of MR myelography with intrathecal gadolinium in localization of spinal CSF leaks in patients with spontaneous intracranial hypotension. AJNR Am J Neuroradiol. 2012; 33:535–540

[54] Albayram S, Kilic F, Ozer H, Baghaki S, Kocer N, Islak C. Gadolinium-enhanced MR cisternography to evaluate dural leaks in intracranial hypotension syndrome. AJNR Am J Neuroradiol. 2008; 29:116–121

[55] Moayeri NN, Henson JW, Schaefer PW, Zervas NT. Spinal dural enhancement on magnetic resonance imaging associated with spontaneous intracranial

hypotension. Report of three cases and review of the literature. J Neurosurg. 1998; 88:912–918

[56] Rabin BM, Roychowdhury S, Meyer JR, Cohen BA, LaPat KD, Russell EJ. Spontaneous intracranial hypotension: spinal MR findings. AJNR Am J Neuroradiol. 1998; 19:1034–1039

[57] Dillon WP. Spinal manifestations of intracranial hypotension. AJNR Am J Neuroradiol. 2001; 22:1233–1234

[58] Yousry I, Forderreuther S, Moriggl B, Holtmannspotter M, Naidich TP, Straube A, Yousry TA. Cervical MR imaging in intracranial hypotension: MR signs and pathophysiological implications. AJNR Am J Neuroradiol. 2001; 22:1239–1250

[59] Sharma P, Sharma A, Chacko AG. Syringomyelia in spontaneous intracranial hypotension. Case report. J Neurosurg. 2001; 95:905–908

[60] Chiapparini L, Farina L, D'Incerti L, Erbetta A, Pareyson D, Carriero MR, Savoiardo M. Spinal radiological findings in nine patients with spontaneous intracranial hypotension. Neuroradiology. 2002; 44:143–50; discussion 151-2

[61] Burtis MT, Ulmer JL, Miller GA, Barboli AC, Koss SA, Brown WD. Intradural spinal vein enlargement in craniospinal hypotension. AJNR Am J Neuroradiol. 2005; 26:34–38

[62] Watanabe A, Horikoshi T, Uchida M, Koizumi H, Yagishita T, Kinouchi H. Diagnostic value of spinal MR imaging in spontaneous intracranial hypotension syndrome. AJNR Am J Neuroradiol. 2009; 30:147–151

[63] Mokri B, Piepgras DG, Miller GM. Syndrome of orthostatic headaches and diffuse pachymeningeal gadolinium enhancement. Mayo Clin Proc. 1997; 72:400–413

[64] Schievink WI, Maya MM, Moser FM. Treatment of spontaneous intracranial hypotension with percutaneous placement of a fibrin sealant. Report of four cases. J Neurosurg. 2004; 100:1098–1100

[65] Gladstone JP, Nelson K, Patel N, Dodick DW. Spontaneous CSF leak treated with percutaneous CTguided fibrin glue. Neurology. 2005; 64:1818–1819

[66] Schievink WI, Maya MM, Louy C. Cranial MRI predicts outcome of spontaneous intracranial hypotension. Neurology. 2005; 64:1282–1284

24 Hidrocefalia – Aspectos Gerais

24.1 Definição básica

É um acúmulo anormal de líquido cerebrospinal no interior dos ventrículos cerebrais.

24.2 Epidemiologia

Prevalência estimada: 1-1,5%
A incidência da hidrocefalia congênita é de ≈ 0,9-1,8/1.000 nascimentos (amplitude estimada de 0,2 a 3,5/1.000 nascimentos[1]).

24.3 Etiologias da hidrocefalia

24.3.1 Informações gerais

A hidrocefalia (HCP) pode ser causada pela reabsorção subnormal do CSF ou, mais raramente, à hiperprodução de CSF.

- reabsorção subnormal de CSF. Há duas subdivisões funcionais principais:
  1. hidrocefalia obstrutiva (também conhecida como não comunicante): bloqueio proximal às granulações da aracnoide (AG). À CT ou MRI: alargamento dos ventrículos próximo ao bloqueio (p. ex., obstrução do aqueduto de Sylvius → alargamento desproporcional do ventrículo lateral e do terceiro ventrículo para o quarto ventrículo às vezes é referida como hidrocefalia triventricular)
  2. hidrocefalia comunicante (também conhecida como não obstrutiva): defeito na reabsorção de CSF pelas AG
- superprodução de CSF: rara. Como acontece com alguns papilomas do plexo coroide, também aqui a reabsorção provavelmente é defeituosa em alguns indivíduos, uma vez que os indivíduos normais possivelmente tolerariam a taxa de produção ligeiramente elevada de CSF nesses tumores

24.3.2 Etiologias específicas da hidrocefalia

As etiologias de uma série de pacientes pediátricos são apresentadas no ► Quadro 24.1.
1. congênitas
   a) malformação de Chiari Tipo 2 e/ou mielomeningocele (MM) (geralmente ocorrem juntas)
   b) malformação de Chiari Tipo 1: pode ocorrer HCP com obstrução na saída do quarto ventrículo
   c) estenose primária do aqueduto (geralmente surge na infância, raramente na fase adulta)
   d) gliose secundária do aqueduto: causada por infecção intrauterina ou hemorragia da matriz germinativa[3]
   e) malformação de Dandy Walker (p. 256): atresia do forame de Luschka & Magendie. A incidência disso, em pacientes com HCP, é de 2,4%
   f) transtorno hereditário ligado ao X (p. 401): raro
2. adquiridas
   a) infecciosas (a causa mais comum de HCP comunicante)
      - após meningite; especialmente se purulenta e basal, incluindo TB, criptococos (p. 376)
      - cisticercose
   b) pós-hemorrágicas (a segunda maior causa de HCP comunicante)
      - pós-SAH
      - após hemorragia intraventricular (IVH); muitos desenvolverão HCP *transitória*. 20-50% dos pacientes com IVH amplo desenvolvem HCP permanente e necessitarão de uma derivação

Quadro 24.1 Etiologias de HCP em 170 pacientes pediátricos com HCP[2]

congênita (sem mielomeningocele)	38%
congênita (com MM)	29%
hemorragia perinatal	11%
traumatismo/hemorragia subaracnóidea	4,7%
tumor	11%
infecção prévia	7,6%

c) secundária a uma massa
  - não neoplásica: p. ex., malformação vascular
  - neoplásica: a maioria produz HCP obstrutiva por bloqueio das vias do CSF, especialmente os tumores em torno do aqueduto, p. ex., o meduloblastoma. Um cisto coloide pode bloquear o fluxo de CSF no forame de Monro. Um tumor de hipófise: uma extensão suprasselar do tumor, ou a expansão de uma apoplexia da hipófise
d) pós-operatória: 20% dos pacientes pediátricos desenvolvem hidrocefalia permanente (que exige desvio), após remoção de um tumor da fossa p. Pode ser retardado por até um ano
e) neurossarcoidose (p. 189)
f) "ventriculomegalia constitucional": assintomática. Sem necessidade de tratamento
g) associada a tumores espinais:[4] ? devida a ↑ de proteína? ↑ da pressão venosa?, hemorragia prévia em alguns?

24.3.3 Formas especiais de hidrocefalia

Nas seções subsequentes serão tratados os seguintes
- hidrocefalia com pressão normal (NPH) (p. 403)
- encarceramento do quarto ventrículo (p. 402)
- hidrocefalia de arresto (p. 402)

24.4 Sinais e sintomas da HCP

24.4.1 Em crianças mais velhas (com a abóbada craniana consolidada) e em adultos

Os sintomas são os causados pelo aumento da ICP, incluindo: papiledema, H/A, N/V, mudanças no andar, paralisia do olhar elevado e/ou paralisia abducente. O aumento lento dos ventrículos pode, inicialmente, ser assintomático.

24.4.2 Em crianças pequenas

Visão geral
- anormalidades na circunferência da cabeça (OFC) (ver abaixo)
- o crânio aumenta numa taxa > do que a do crescimento da face
- irritabilidade, movimentos descontrolados da cabeça, N/V
- fontanela cheia e abaulada
- aumento e engorgitação das veias da abóbada craniana: pela inversão do fluxo dos sínus cerebrais, causada pelo aumento da pressão intracraniana[5]
- sinal de Macewen: som de pote rachado quando se percute sobre os ventrículos dilatados
- paralisia abducente do sexto nervo: propõe-se que o longo trajeto intracraniano torna este nervo muito sensível à pressão
- **"sinal de sol poente"** (**olhar paralisado para cima**) (p. 99): síndrome de Parinaud (p. 99), causada por pressão na região do recesso suprapineal
- reflexos hiperativos
- respiração irregular, com eventuais apneias
- suturas cranianas oblíquas (pode ser observado em radiografia plana do cérebro)

Circunferência occipitofrontal

A circunferência occipitofrontal (OFC) deve ser acompanhada em cada criança em crescimento (fazendo parte do controle do "bebê sadio", especialmente em crianças que têm hidrocefalia (HCP) documentada ou suspeita). Como regra de ouro para o diagnóstico diferencial da macrocefalia (p. 1403), a OFC do bebê normal deve ser igual à distância do topo da cabeça (redemoinho) até as nádegas.[6] [(regra nº 335)]

Técnica de medida:[7] use uma fita não extensível, meça a circunferência da cabeça imediatamente acima das cristas supraorbitais, anteriormente, e pela parte mais proeminente do occipital, posteriormente (mantendo a fita acima das orelhas). Aperte a fita para comprimir o cabelo (exclua tranças e grampos). Faça duas medições independentes (reposicione a fita para cada uma). Se as duas medidas diferem em até 2 mm, utilize o valor maior. Se a diferença for > 2 mm, faça uma terceira medição e utilize a média das duas medidas mais próximas.

Crescimento normal da cabeça: compare com as curvas de normalidade observadas nos gráficos, no verso da primeira capa deste livro, ou, para prematuros, na ► Fig. 24.1 e na ► Fig. 24.2. Qualquer uma das características abaixo enumeradas pode-se referir a uma condição tratável, como é o caso de HCP ativa, hematoma subdural e efusões subdurais, o que deve apressar uma avaliação dos conteúdos intracranianos (p. ex. CT, U/S de cabeça,...):

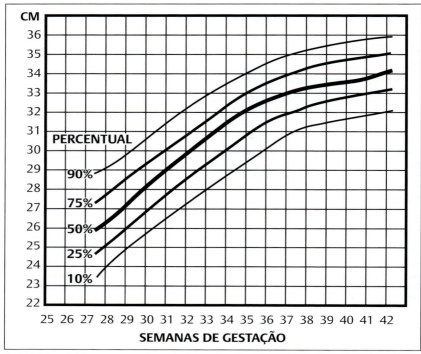

Fig. 24.1 OFC para bebês prematuros, em função da idade gestacional.

1. aumento progressivo de desvios para cima, em relação à curva normal (curvas que se cruzam)
2. crescimento contínuo da cabeça, superior a 1,25 cm/semana
3. OFC próxima de dois desvios padrões (SD) acima do normal
4. circunferência da cabeça desproporcional em relação à altura e ao peso corporais, ainda que dentro dos limites normais para a idade (▶ Fig. 24.2)[8]

Essas condições também podem ser observadas na "fase de recuperação" do crescimento do cérebro de bebês prematuros, depois que eles se recuperam de suas doenças médicas agudas, ver **Fase de recuperação do crescimento cerebral** (p. 1351). Desvios para menos nas curvas de crescimento da cabeça, inferiores a 0,5 cm/semana, no período neonatal de bebês prematuros (excluídas as primeiras semanas de vida), podem indicar microcefalia (p. 289).

Técnica: meça a circunferência ao redor da testa e occipital, excluindo as orelhas, e use o valor *maior*. Então a OFC é plotada em um gráfico de valores médios por idade,[9] e acompanhado, individualmente, em cada paciente. Use os gráficos para a maioria das crianças e adolescentes, no lado interno da primeira capa. O gráfico da ▶ Fig. 24.1 apresenta as OFCs para crianças prematuras, em função da idade gestacional até o termo.

O gráfico da ▶ Fig. 24.2 apresenta as relações da circunferência da cabeça com o peso e a altura, em várias idades gestacionais.

24.4.3 Cegueira por hidrocefalia

Informações gerais

A cegueira é uma complicação rara da hidrocefalia e/ou do mau funcionamento do *shunt*. As causas possíveis compreendem:

1. oclusão das artérias cerebrais posteriores (PCA), causada por herniação transtentorial descendente
2. papiledema crônico, que causa lesão do nervo óptico no disco óptico
3. dilatação do terceiro ventrículo, com compressão do quiasma óptico

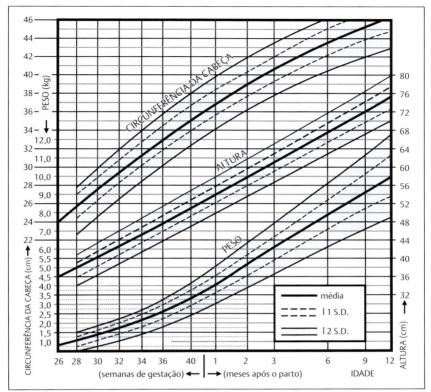

Fig. 24.2 Circunferência da cabeça, peso e altura.
(Redesenhada de Journal of Pediatrics, "Growth Graphs for the Clinical Assesment of Infants of Varying Gestational Age" Babson S G, Benda G I, vol 89, pp 815, com permissão).

Havendo mau funcionamento da derivação, os defeitos de mobilidade ocular, ou de campo visual, são mais comuns do que a cegueira.[10,11,12,13] Um estudo localizou 34 casos descritos de cegueira permanente em crianças, atribuídos a um mau funcionamento do *shunt*, com aumento concomitante da ICP[14] (esses autores basearam-se em um centro de referência para crianças com deficiências visuais, por isso, a incidência não foi estimada). Em outro trabalho, com 100 pacientes com herniação tentorial (a maioria por EDH aguda e/ou por SDH) comprovada por CT; 48 pacientes operados; apenas 19 dos 100 sobreviveram > 1 mês (todos eram do grupo dos operados); 9 dos 100 desenvolveram infarto do lobo occipital (2 falecidos, 3 em estado vegetativo, restando 4 com incapacitação entre moderada e grave).[15]

Tipos de transtornos visuais

Nove de 14 tinham cegueira pré-geniculada (via visual anterior), com marcante atrofia do nervo óptico (no início) e reflexos pupilares à luz reduzidos. Cinco de 14 tinham cegueira pós-geniculada (cortical), com respostas normais à luz e pouca ou nenhuma atrofia do nervo óptico (ou com atrofia tardia). Uns poucos pacientes tinham evidências de lesões em ambos os locais.

Também cegueira cortical: causada por lesões posteriores aos corpos geniculados laterais (LGB), pode ser observada em lesões hipóxicas ou em traumatismos.[16] Ocasionalmente, está associada à síndrome de Anton (negação de deficiência visual) e com o fenômeno de Ridoch (apreciação de objetos em movimento, sem percepção de estímulos estacionários).

Fisiopatologia

Em pacientes com infartação do lobo occipital

No lobo occipital (OLI) e na distribuição de PCA são observados infartos bilaterais; quando eles são unilaterais, estão associadas a outras lesões nas vias ópticas, posteriores ao LGB. O mecanismo mais frequentemente citado é o da compressão das PCAs, resultante da herniação descendente do cérebro, através da fenda tentorial, em que a PCA, ou seus ramos, repousam sobre a superfície do giro hipocampal e tendem a transpor a borda livre do tentório[17] (alguns autores relacionam com a compressão do giro para-hipocampal na fenda tentorial diretamente com a lesão dos LGBs; isso, provavelmente, nunca produza cegueira permanente). Alternativamente, a herniação cerebelar ascendente (p. ex., por causa de uma punção ventricular em face de uma massa na fossa-p) pode comprimir as PCAs, ou seus ramos, com resultados idênticos.[18]

As OLIs têm mais chance de aumentar rapidamente a ICP (não permitem que se desenvolvam mudanças compensatórias e circulação colateral).[19] A preservação macular é frequente, possivelmente em razão do potencial de duplo suprimento de sangue dos polos occipitais (às vezes alimentados pelas colaterais, tanto das PCAs quanto das MCAs[20]); alternativamente, o córtex calcarino pode ser suprido por um ramo de PCA diferente, que escapa fortuitamente da compressão.[21]

As causas relatadas de OLI compreendem: edema pós-traumático, tumor, abscesso, SDH, hidrocefalia sem desvio, e mau funcionamento da derivação.[17,22,23]

Os polos occipitais também são particularmente vulneráveis à hipóxia difusa,[24] atestada por casos de cegueira cortical após parada cardíaca.[25] A hipotensão, sobreposta a uma circulação comprometida na PCA (em decorrência de herniação ou ICP elevada), pode aumentar o risco de cegueira pós-geniculada.[14,19]

O traumatismo de um golpe, ou contragolpe, pode produzir OLI. Diferentemente do que ocorre no infarto por oclusão de PCA, na lesão traumática do lobo occipital não se espera preservação macular.[17]

Em pacientes com cegueira pré-geniculada

A ICP elevada transmite pressão para a retina → estase do fluxo sanguíneo, bem como traumatismo mecânico no quiasma óptico, por alargamento do terceiro ventrículo (mais frequentemente, considera-se que este seja o responsável pela hemianopia bitemporal,[10] mas que ele poderia, se não examinado, progredir para perda visual completa). Além disso, se houver hipotensão e anemia, considere a possibilidade de neuropatia óptica isquêmica,[26,27,28] que pode ser anterior ou posterior (esta última tem prognóstico pior).

Apresentação

Essas deficiências frequentemente não são suspeitadas (o estado mental alterado e a juventude desses pacientes[14] dificultam a detecção); o examinador tem de ser perseverante, para detectar hemianopsias homônimas em um paciente obtundido.[17]

A cegueira pré-geniculada está mais raramente associada ao sensório deprimido do que a cegueira pós-geniculada (em que a compressão direta e o comprometimento vascular do mesencéfalo são mais prováveis[14]).

Prognóstico

Frequentemente a cegueira cortical após anóxia difusa melhora (e ocasionalmente normaliza), geralmente de modo lento (entre semanas e anos; em geral alguns meses).[25] Muitos dos relatos sobre cegueira após disfunção do *shunt* são de épocas anteriores à CT, de modo que a presença ou a extensão da infartação do lobo occipital não foram determinadas. Alguns desfechos favoráveis foram registrados,[29] entretanto, também foram descritos casos de cegueira permanente ou de grave prejuízo visual;[17,23] não foi identificado um previsor confiável. Como ocorre com os infartos em outros locais, os pacientes jovens se saem melhor,[24] mas infartos calcarinos extensos provavelmente são incompatíveis com uma recuperação visual significativa.

24.5 Critérios de CT/MRI na hidrocefalia

24.5.1 Informações gerais

Em geral, a hidrocefalia é mais bem demonstrada através de CT ou MRI (▶ Fig. 24.3). Ocasionalmente, outros meios de determinação da presença de hidrocefalia precisam ser empregados. Os clínicos mais experientes conseguem reconhecer a HCP por seu aspecto em CT e MRI. Vários métodos foram delineados para tentar definir critérios radiográficos quantitativos para a hidrocefalia (HCP) (a maioria remonta aos primórdios da experiência com CT, e alguns são usados como definidores para fins de pesquisas). Para completude, aqui são apresentados alguns desses métodos. Ver também as características radiológicas da HCP crônica (p. 400).

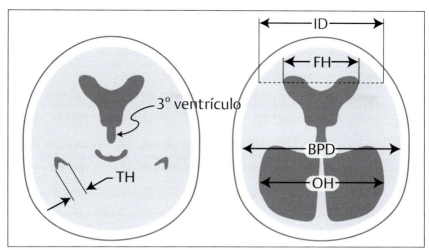

Fig. 24.3 Medidas lineares dos ventrículos em CT, MRI ou U/S.
Abreviaturas: TH = cornos temporais, FH = cornos frontais, ID = diâmetro interno, BPD = diâmetro biparietal, OH = cornos occipitais.

24.5.2 Critérios de imagem específicos para hidrocefalia

Há sugestões de HCP quando:[30]
1. o tamanho de ambos os cornos temporais (TH) é ≥ 2 mm de largura (▶ Fig. 24.3; em ausência de HCP, os cornos temporais devem ser pouco visíveis), não sendo visíveis as fissuras silviana e inter-hemisférica, nem os sulcos cerebrais
OU
2. os TH têm ≥ 2 mm e a relação FH/ID > 0,5 (onde FH é a largura máxima dos cornos frontais e ID é o diâmetro interno de parede interna à parede interna, neste nível, ▶ Fig. 24.3)

Outras características sugestivas de hidrocefalia (ver as medidas na ▶ Fig. 24.3):
1. abalonamento dos cornos frontais dos ventrículos laterais (ventrículos "Mickey Mouse") e/ou do terceiro ventrículo (normalmente, o terceiro ventrículo deve ser fendido)
2. baixa densidade periventricular à CT, ou sinal de alta intensidade periventricular em T2WI à MRI, sugerindo absorção transependimática de CSF (nota: há uma incorreção: o CSF não penetra verdadeiramente no alinhamento ependimático, o que foi demonstrado com estudos com marcadores do CSF; provavelmente isso representa uma estase do líquido no cérebro, nas adjacências dos ventrículos)
3. quando usada sozinha, a relação

$$\frac{FH}{ID} \begin{cases} < 40\% & \text{normal} \\ 40\text{–}50\% & \text{limítrofe} \\ > 50\% & \text{sugere hidrocefalia} \end{cases}$$

4. relação de Evans (originalmente foi descrita através de ventriculografia,[31] ou de um índice; nota: em pediatria, as medidas que se baseiam no diâmetro do corno frontal tendem a subestimar a hidrocefalia, possivelmente por causa da dilatação desproporcional dos cornos occipitais em crianças[32]): a razão *máxima* entre o FH e o diâmetro biparietal (BPD), medidos no mesmo corte de CT: > 0,3 sugere hidrocefalia
5. a MRI sagital pode apresentar um adelgaçamento dos corpos calosos (geralmente presente na HCP crônica) e/ou um arqueamento do corpo caloso para cima

24.6 Diagnóstico diferencial da hidrocefalia

Ver as etiologias da HCP acima.

As condições que ocasionalmente podem mimetizar a HCP, mas que não são causadas pela absorção inadequada de CSF, são denominadas "Pseudo-hidrocefalia" e compreendem:

- "hidrocefalia *ex vacuo*" com alargamento dos ventrículos por perda de tecido cerebral (atrofia cerebral), geralmente em função de envelhecimento normal, mas acelerada ou acentuada por certos processos mórbidos (p. ex., doença de Alzheimer, doença de Creutzfeldt-Jakob, lesão cerebral traumática). Não corresponde a uma alteração da hidrodinâmica do CSF, mas a uma perda de tecido celular (p. 400). Ver os meios de diferenciá-la da hidrocefalia verdadeira (p. 920)
- hidranencefalia (p. 288)
- anomalias de desenvolvimento em que os ventrículos, ou partes deles, apresentam aumento:
  - agenesia do corpo caloso (p. 259): ocasionalmente pode estar associada à HCP, porém, mais frequentemente, representa apenas uma expansão do terceiro ventrículo e uma separação dos ventrículos laterais
  - displasia septo-óptica (p. 260)
  - hidranencefalia (p. 288): defeito pós-neurulação. Ausência completa, ou quase completa, do cérebro, geralmente causada por infartos ICA bilaterais. É essencial diferenciar isso da hidrocefalia (HCP) severa ("máxima"), uma vez que, na HCP a desviação pode produzir alguma reexpansão da camada cortical; ver os meios para diferenciar (p. 288)

Condições que foram consideradas como "hidrocefalia", mas que não confirmam, verdadeiramente, a aparência da HCP

- hidrocefalia otítica: termo obsoleto usado para descrever o aumento da pressão intracraniana observada em pacientes com otite média; ver hipertensão intracraniana idiopática (IIH) (p. 766)
- hidrocefalia externa (p. 400): observada em bebês; espaço subaracnóideo aumentado, com aumento da OFC e ventrículos normais ou ligeiramente dilatados

24.7 HCP crônica

Características indicativas de hidrocefalia crônica (em oposição à hidrocefalia aguda):
1. crânio como cobre batido (alguns referem aspecto de prata batida) à radiografia plana.[33] Não tem correlação com ICP aumentada, por si, mas, quando associada a #3 e #4 abaixo, sugere ↑ da ICP. Pode ser observada em craniossinostoses; ver a descrição (p. 252)
2. herniação do terceiro ventrículo na sela (observado à CT ou à MRI)
3. erosão da sela túrcica (pode ser devida a #2 acima) que, às vezes, resulta em uma sela vazia e em erosão do dorso da sela
4. nas imagens, os cornos temporais podem ser menos proeminentes do que na HCP aguda
5. macrocrania: por convenção, OFC acima do percentil 98[34] [(p. 203)]
6. atrofia do corpo caloso: mais bem observada à MRI sagital
7. em bebês
   a) diástase sutural
   b) retardo no fechamento das fontanelas
   c) desenvolvimento falho ou retardado

24.8 Hidrocefalia externa (também conhecida como hidrocefalia externa benigna)

24.8.1 Informações gerais

Conceitos-chave

- espaços subaracnóideos aumentados acima dos polos frontais, no primeiro ano de vida
- os ventrículos são normais ou ligeiramente aumentados
- pode ser distinguida do hematoma subdural através do "sinal da veia cortical"
- geralmente se resolve espontaneamente, por volta dos 2 anos de idade

Espaço subaracnóideo aumentado (geralmente acima dos sulcos corticais dos polos frontais) observado em bebês (basicamente no primeiro ano de vida), geralmente acompanhado por aumento anormal da circunferência da cabeça, com ventrículos normais ou ligeiramente dilatados.[35] Frequentemente há cisternas basais aumentadas e alargamento da fissura inter-hemisférica anterior. Ausência de outros sinais ou sintomas (embora possa haver ligeiro retardo nas habilidades motoras, em razão da cabeça aumentada). A etiologia não é clara, mas é postulado um defeito de reabsorção do CSF. A hidrocefalia externa (EH) pode ser uma variante da hidrocefalia comunicante.[36] Em alguns casos não são encontrados fatores predisponentes, mas a EH pode estar associada a algumas craniossinostoses[37] (especialmente a plagiocefalia) ou pode ser subsequente a uma hemorragia intraventricular ou a uma obstrução de veia cava.

24.8.2 Diagnóstico diferencial

Provavelmente a EH é diferente das **coleções subdurais benignas (ou líquido extra-axial) dos bebês** (p. 903).

✳ É preciso distinguir a EH das **coleções sintomáticas crônicas de líquido extra-axial** (p. 904) (ou do hematoma subdural crônico), que podem vir acompanhadas por convulsões, vômitos, cefaleia ... e podem resultar de abuso infantil. Na EH, a MRI e a CT podem revelar que as veias corticais estendem-se da superfície do cérebro à parede interna do crânio, passando por dentro da coleção de líquido ("sinal da veia cortical"); enquanto isso, nos hematomas subdurais, as coleções comprimem o espaço subaracnóideo, depondo as veias superficiais sobre a superfície do cérebro.[38,39]

24.8.3 Tratamento

Geralmente a EH é compensada por volta dos 12-18 anos de idade, sem derivação.[40] Recomendação: acompanhe com ultrassom seriado, e/ou CT, para excluir aumento ventricular anormal. Enfatize aos pais que isso não significa uma atrofia cortical. Por causa do aumento do risco de amoldamento posicional, pode ser necessário que os pais reposicionem a cabeça da criança periodicamente, quando ela está dormindo.[41]

Mais raramente, pode ser indicado um desvio se as coleções forem sanguinolentas (considere a possibilidade de abuso infantil) ou por razões cosméticas determinadas pela macrocrania severa ou em razão de mandrilagem do frontal.

24.9 Hidrocefalia ligada ao X

24.9.1 Informações gerais

Hidrocefalia (HCP) hereditária, com expressão fenotípica em homens, transmitida por mães portadoras que são fenotipicamente normais. A expressão fenotípica clássica poderá pular gerações.
Incidência: 1/25.000 a 1/60.000. Prevalência: ≈ 2 casos em cada 100 casos de hidrocefalia.
Gene localizado em Xq28.[42,43,44]

24.9.2 Fisiopatologia

O receptor L1CAM, ligado à membrana, desempenha um papel significativo no desenvolvimento do CNS, fazendo com que, em sua migração, os axônios se dirijam para seus locais apropriados, e também por sua ligação com as moléculas da adesão celular, as integrinas, que fazem a sinalização para a cascata das MAP cinases (ou quinases).[42,43,44]

Uma expressão gênica anormal resulta em má diferenciação e maturação dos neurônios corticais, causando anormalidades anatômicas macroscópicas (ausência bilateral dos tratos piramidais, ver abaixo).

Mutações de perda de função no domínio citoplasmático resultam em síndrome L1 severa, enquanto as mutações que preservam a expressão de alguma proteína funcional (o componente inserido na membrana celular) levam a uma síndrome L1 mais leve.

24.9.3 Síndromes L1

As síndromes clássicas apresentam CRASH (hipoplasia do corpo **C**aloso, **R**etardo, polegares **A**bduzido [como no aperto de mãos], paralisia e**S**pástica e **H**CP), MSAS (retardo **M**ental, andar titubeante [em inglês, **S**huffling gait], **A**fasia e polegares **A**bduzidos), HSAS (**H**CP com e**S**tenose do **A**queduto de **S**ylvius). O espectro da doença também abrange **A**genesia de **C**orpo **C**aloso (ACC), ligada ao X, e paraparesia espástica do tipo 1.[42,43]

Delineamentos recentes:[44]
- síndrome L1 leve: polegares abduzidos, paralisia espástica, hipoplasia de CC
- síndrome L1 severa: como na síndrome L1 leve, e ainda hipoplasia do verme cerebelar anterior, grande massa intermediária, aumento da placa do quadrigêmeo, parede ventricular ondulada após instalação de desvio VP (é patognomônica da HCP ligada ao X). Retardo mental profundo em praticamente todos os casos

Achados radiográficos, provavelmente presentes quando a L1 é severa:[45]
1. HCP severa, simétrica, com predominância de dilatação do corno posterior
2. CC/ACC hipoplásica
3. verme cerebelar anterior hipoplásico

4. grande massa intermediária
5. aumento da placa do quadrigêmeo
6. parede ventricular ondulada após instalação de um desvio VP (patognomônica)

Tratamento: nos relatos de casos observados, nenhuma intervenção causou melhoras no estado de retardamento.
1. desvio VP: o objetivo principal é o tratamento do tamanho da cabeça, para facilitar o trabalho do cuidador. Não melhora o resultado neurológico
2. atualmente, não há terapias gênicas para anormalidades na proteína L1CAM
3. U/S pré-natal: cedo (≈ 20-24 semanas de idade gestacional), com frequentes repetições da varredura nas mães que são portadoras definitivas. Isso pode permitir a interrupção médica logo no início
4. Bebês masculinos, com HCP e ≥ 2 sinais clínicos/radiográficos devem passar por testes genéticos, para detecção de mutações do L1CAM, para aconselhamento em futuras gestações[42]

24.10 "Hidrocefalia presa"

24.10.1 Informações gerais
A definição exata desse termo não tem uma concordância geral; alguns usam hidrocefalia compensada como termo equivalente. A maioria dos clínicos usa tais termos para se referir à situação em que não há evolução e nem sequelas deletérias que exijam a presença de derivações de CSF. Os pacientes e suas famílias devem ser aconselhados a buscar cuidados médicos se houver desenvolvimento de sintomas de hipertensão intracraniana (descompensação), que podem incluir: cefaleias, vômitos, ataxia e sintomas visuais.[41]
A hidrocefalia presa satisfaz os critérios abaixo, sem que haja desvio de CSF:
1. tamanho ventricular quase normal
2. curva normal, de crescimento da cabeça
3. desenvolvimento psicomotor contínuo

24.10.2 Independência de derivação
O conceito de ser independente de uma derivação não é aceito universalmente.[46] Alguns acham que a independência de derivação é mais frequente quando a HCP é causada por um bloqueio ao nível das granulações aracnoides (hidrocefalia comunicante),[47] mas outros demonstraram que ela pode ocorrer independentemente da etiologia.[48] Tais pacientes precisam ser acompanhados de perto, porque há relatos de morte, às vezes sem aviso, mesmo 5 anos após uma aparente independência da derivação.[47]

24.10.3 Quando fazer a remoção de uma derivação desconectada ou não funcional?
Nota: uma derivação desconectada pode continuar a funcionar, por causa do fluxo do CSF através do trato endotelial subcutâneo. Recomendações a respeito de fazer reparação ou remoção de uma derivação desconectada ou não funcional:
1. na dúvida, desvie
2. indicações para reparação (vs. remoção)
    a) derivação funcionando marginalmente
    b) presença de quaisquer sinais ou sintomas de aumento da ICP (vômitos, olhar paralisado para cima e, às vezes, apenas H/A[49]...)
    c) mudanças na função cognitiva, atenção para ↓ ou mudanças emocionais
    d) pacientes com estenose do aqueduto ou espinha bífida: a maioria é dependente de desvio
3. pelos riscos associados à remoção de derivação, uma cirurgia exclusiva, com essa finalidade, só deverá ser realizada em uma situação de infecção na derivação[50]
4. pacientes com uma derivação não funcional devem ser acompanhados de perto, por meio de CTs em seriadas e, possivelmente, através de uma série de avaliações neuropsicológicas

24.11 Encarceramento do quarto ventrículo

24.11.1 Informações gerais
Também conhecido como isolamento do quarto ventrículo: é quando o quarto ventrículo não se comunica nem com o terceiro ventrículo (através do aqueduto de Sylvius) nem com as cisternas basais (através dos forames de Luschka ou de Magendie). Geralmente é observado nos desvios crônicos dos ventrículos late-

rais, especialmente em hidrocefalia pós-infecciosa (particularmente fúngica), ou em quem tem repetidas infecções no desvio. Possivelmente, é consequência de adesões que geram uma aposição prolongada do alinhamento da epêndima do aqueduto, em razão da diversificação do CSF no desvio. Ocorre em 2-3% dos pacientes submetidos a derivações.[51] Também pode ocorrer na malformação de Dandy Walker (p. 256), se o aqueduto também estiver obstruído. O plexo corioide do quarto ventrículo continua a produzir CSF, pelo que o ventrículo aumenta se houver obstrução na saída do quarto ventrículo, ou ao nível das granulações aracnóideas.

24.11.2 Apresentação

A apresentação compreende:
1. cefaleia
2. paralisias do nervo craniano inferior: dificuldades de deglutição
3. uma pressão no assoalho do quarto ventrículo pode comprimir o colículo facial (p. 576) → diplegia facial e paralisia abducente bilateral
4. ataxia
5. nível de consciência reduzido
6. náuseas e vômitos
7. pode ser, também, um achado fortuito (Nota: certos achados "atípicos", como a redução do nível de atenção, podem estar relacionados)

24.11.3 Tratamento

O tratamento do quarto ventrículo encarcerado pode aliviar ventrículos com fendas associadas.[52] A maioria dos cirurgiões advoga derivar o ventrículo, seja com uma derivação VP separada, seja ligando-o com uma derivação já existente.

Opções:
1. primeira opção usual: inserção por debaixo das tonsilas, com visão direta. O cateter pode emergir na linha de sutura dural, e ali ser ancorado por meio de um adaptador em ângulo, suturado na dura
2. passagem através de um hemisfério cerebelar: as complicações potenciais compreendem lesão no tronco cerebral, com a ponta do cateter, retardada até o tronco cerebral movendo-se para sua posição normal, pela drenagem do quarto ventrículo. Isso pode ser evitado passando-se o cateter através do hemisfério cerebral, com uma ligeira angulação ao trazê-lo para o quarto ventrículo
3. o desvio de Torkildsen (desvio ventrículo-cisterna) é uma opção para a hidrocefalia obstrutiva, quando houver certeza de que as granulações da aracnoide são funcionais (geralmente não é o caso nas hidrocefalias que iniciam na infância)
4. quando as saídas do quarto ventrículo são patentes, um desvio LP pode ser cogitado

Nas derivações de quarto ventrículo podem ocorrer paralisias de nervos cranianos, geralmente em consequência da penetração do cateter no tronco cerebral, quando de sua inserção, ou mais tarde, quando o quarto ventrículo diminui de tamanho,[53] e ainda como possível consequência de superdesvio, que causa uma tração dos nervos cranianos inferiores, na medida em que o tronco cerebral sofre mudanças posteriores.[51]

24.12 Hidrocefalia com pressão normal (NPH)

24.12.1 Informações gerais

Conceitos-chave

- tríade (não patognomônica): demência, transtornos no andar, incontinência urinária
- à CT e à MRI, hidrocefalia comunicante
- pressão normal, em LP randômica
- os sintomas podem ser remediados com desvios do CSF

A hidrocefalia com pressão normal (NPH), também conhecida como síndrome de Adams, descrita pela primeira vez em 1965,[54] é clinicamente importante porque pode causar sintomas que são tratáveis, inclusive uma das poucas formas de demência remediável.

Na descrição original, a hidrocefalia NPH foi considerada como *idiopática (iNPH)*. Entretanto, em alguns casos de hidrocefalia com pressão normal, pode-se identificar uma condição predisponente, sugerindo que a ICP esteve elevada em algum momento. Esses pacientes podem, também, responder a desvios.

As possíveis etiologias da "NPH secundária" abrangem:
1. pós-SAH
2. pós-traumática
3. pós-meningite
4. após cirurgia da fossa posterior
5. tumores, inclusive a meningite carcinomatosa
6. também é observada em ≈ 15% dos pacientes com doença de Alzheimer (AD)
7. deficiência nas granulações aracnóideas
8. estenose do aqueduto, que pode ser uma causa negligenciada

Para complicar mais as coisas, alguns pacientes que, supostamente, têm NPH podem ter, na verdade, elevações episódicas de ICP.

Neste texto, a discussão enfoca a NPH *idiopática*, a menos que seja dito o contrário.

Cada vez está sendo mais aceito que a expansão ventricular provavelmente não é a entidade patológica subjacente principal. Prosseguem os esforços de pesquisa para melhorar a compreensão sobre essa complicada condição.

24.12.2 Epidemiologia

A incidência da NPH idiopática (iNPH) pode ser da ordem de 5,5 por 100.000, por ano.[55]

A média de idade da iNPH é mais elevada do que a da NPH secundária.

24.12.3 Clínica

Tríade clínica

Ver referência.[56]

A tríade não é patognomônica, e características similares podem ser observadas, p. ex., em demência vascular,[57] doença de Alzheimer e doença de Parkinson.
1. geralmente um distúrbio no andar precede os demais sintomas. Passos curtos e arrastados, com os pés espalhados e desequilíbrio ao voltar-se. Frequentemente os pacientes se sentem como se estivessem "grudados ao solo" (o chamado "andar magnético"), e podem ter dificuldade em iniciar a marcha ou as voltas. Ausência de ataxia apendicular
2. demência: basicamente transtornos de memória com bradifrenia (lentidão de pensamento) e bradicinesia. ▶ Quadro 24.2 apresenta algumas características diferenciais em relação à doença de Alzheimer
3. incontinência urinária: geralmente inconsciente (Nota: o paciente demencial, por qualquer motivo, e aquele que tem transtornos de mobilidade podem ter incontinência)

Quadro 24.2 Comparação dos déficits cognitivos em doença de Alzheimer (AD) e em NPH[a,b]

Característica	AD	NPH
memória	↓	± memória auditiva
função executora[c]	↓	±
atenção concentração	↓	±
orientação	↓	
escrita	↓	
aprendizagem	↓	
velocidade motora e acurácia finas	±	↓
habilidades psicomotoras	±	retardadas
linguagem e leitura	±	
mudanças de comportamento e de personalidade		±

[a]Modificado.[58]
[b]Chave: ↓ = deficiente; ± = deficiência limítrofe.
[c]Ver ▶ Quadro 24.3 para definição de função executiva.

Quadro 24.3 Diretrizes diagnósticas para NPH[58]

NPH provável

Históriaª: deve incluir:

1. início insidioso (*versus* agudo)
2. idade de início ≥ 40 anos
3. duração ≥ 3-6 meses
4. sem antecedentes de traumatismo de cabeça, ICH, meningite, ou outras causas conhecidas de hidrocefalia secundária
5. evolução temporal
6. sem outras condições neurológicas, psiquiátricas ou médicas em geral, que sejam suficientes para explicar os sintomas apresentados

Imagens cerebrais: CT ou MRI *após* o início dos sintomas devem apresentar:

1. aumento ventricular não atribuível à atrofia cerebral ou à aumento congênito (índice de Evan[b] > 0,3, ou medida comparável)
2. sem obstrução macroscópica do fluxo de CSF
3. ≥ 1 das seguintes características de sustentação
   a) aumento dos cornos temporais não atribuível, exclusivamente, à atrofia hipocâmpica
   b) ângulo caloso ≥ 40°
   c) evidências de alterações no conteúdo de água do cérebro, que incluem mudanças periventriculares não atribuíveis a mudanças microvasculares isquêmicas nem à desmielinização
   d) ausência de fluxo no aqueduto ou no quarto ventrículo, à MRI
Outros achados, em imagens, que podem sustentar a designação de *Provável*, mas que não são indispensáveis
1. um estudo pré-morbidez que demonstre ventrículos menores ou não hidrocefálicos
2. cisternograma por radionuclídeos, demonstrando depuração demorada, ou marcadores radiativos sobre as convexidades, após 48-72 h
3. cine-MRI, ou outra técnica, demonstrando taxa de fluxo ventricular aumentada
4. SPECT demonstrando perfusão pré-ventricular diminuída, não alterada pelo desafio da acetazolamida

Fisiológicas

Pressão de abertura do CSF (OP) em decúbito lateral (LP): 5-18 mmHg (70-245 mm H_2O)

Clínicas: precisam demonstrar transtornos de andar/equilíbrio, além de um distúrbio de cognição e/ou da função urinária

1. **andar/equilíbrio:** ≥ 2 das seguintes (não inteiramente atribuíveis a outras condições)
   a) diminuição da altura do passo
   b) diminuição do comprimento do passo
   c) diminuição da cadência (velocidade da marcha)
   d) aumento da oscilação do tronco ao caminhar
   e) ampliação da base ao ficar em pé
   f) artelhos voltados para fora ao caminhar
   g) retropulsão (espontânea ou provocada)
   h) voltar-se "em bloco" (≥ 3 passos para girar 180°)
   i) déficit de equilíbrio ao andar: ≥ 2 correções a cada 8 passos em linha reta
2. **cognição:** deficiência documentada (ajustada para idade e educação) e/ou decréscimo no desempenho, em exames de triagem cognitiva (p. ex., o exame Monumental State), ou evidências de 2 ou mais condições seguintes, que não possam ser atribuídas, exclusivamente, a outras causas:
   a) retardo psicomotor (aumento da latência da resposta)
   b) diminuição da velocidade motora fina
   c) diminuição da velocidade da acurácia motora fina
   d) dificuldade em dividir ou manter a atenção
   e) dificuldade de recordar, especialmente eventos mais recentes
   f) disfunção executora: p. ex., transtorno em procedimentos que têm várias etapas, memória do trabalho, formulação de abstrações/semelhanças, discernimento
   g) mudanças comportamentais ou de personalidade
3. **disfunção urinária:**
   a) qualquer uma das seguintes
      • incontinência, episódica ou recorrente, não atribuível a uma doença urológica primária
      • incontinência urinária persistente
      • incontinência urinária e fecal
   b) ou quaisquer duas das seguintes
      • urgência urinária: frequente percepção de pressão para esvaziar-se
      • frequência urinária (polaquiúria): urinar > 6 vezes em 12 horas, com ingestão normal de líquidos
      • noctúria: necessidade de urinar > 2 vezes em noites usuais

NPH possível

Histórico: os sintomas relatados podem:

1. iniciar de forma subaguda ou indeterminada
2. iniciar em qualquer idade após a infância

(Continua)

Quadro 24.3 Diretrizes diagnósticas para NPH[58] *(Cont.)*

3. durar: menos de 3 meses, ou indefinidamente
4. suceder a eventos como traumatismo leve de cabeça, história antiga de ICH, meningite na infância ou na adultidade, ou outras condições consideradas como tendo relação causal improvável
5. coexistir com outros transtornos neurológicos, psiquiátricos, ou médicos em geral, mas não podem ser inteiramente atribuídos a esses transtornos
6. não ser progressivos ou não ser claramente progressivos

Sintomas clínicos de:

1. incontinência e/ou defeito cognitivo, em ausência de transtorno de andar/equilíbrio
2. transtornos do andar ou demência, isolados

Imagens do cérebro: aumento ventricular concordante com hidrocefalia, mas associadas a qualquer um dos seguintes:

1. atrofia cerebral suficientemente grave para explicar, potencialmente, o aumento ventricular
2. lesões estruturais que possam influenciar o tamanho dos ventrículos

Fisiológicos:

OP não disponível ou fora do âmbito delineado para NPH *Provável*

NPH Improvável
1. sem ventriculomegalia
2. sinais de ICP aumentada (p. ex., papiledema)
3. nenhum componente da tríade clínica da NPH
4. sintomas explicáveis por outras causas (p. ex., estenose espinal)

[a]O histórico deve ser verificado quanto a familiares que atualmente tenham a condição pré-mórbida.
[b]Ver a definição e a ilustração do índice de Evan (p. 399).

Outras características clínicas

Idade, geralmente, > 60 anos. Ligeira preponderância masculina. Abaixo, outras informações clínicas.

A afasia verdadeira é rara, mas a emissão da fala pode estar perturbada por deficiência de motivação ou por disfunção executiva.[58] À medida que a NPH progride, o defeito cognitivo pode-se tornar mais generalizado e menos responsivo ao tratamento.[58] Sintomas idênticos aos do parkinsonismo idiopático podem ocorrer em 11%.[59]

Os relatos de casos de uma variedade de transtornos psiquiátricos associados à NPH incluem: depressão,[60] transtorno bipolar,[61] agressividade,[62] paranoia.[63]

Sintomas não esperados na NPH

Embora tenha sido demonstrada uma variedade de características clínicas que ocorrem com baixa frequência (p. ex., SIADH,[64] síncope ...), não é esperado que as seguintes características clínicas ocorram exclusivamente por causa da NPH: papiledema, convulsões (antes da desviação), cefaleias.[58]

24.12.4 Imagens na NPH

CT e MRI

Características à CT[65] e à MRI[66]
1. pré-requisito: aumento do ventrículo, sem bloqueio (isto é, hidrocefalia comunicante)
2. características que se correlacionam com a resposta favorável à desviação. Essas características sugerem que a hidrocefalia *não* é devida apenas à atrofia. (Nota: em condições como doença de Alzheimer, a atrofia/hidrocefalia a vácuo diminui a chance de uma resposta favorável à desviação, porém, não impede a resposta (a atrofia cortical é um achado frequente em indivíduos saudáveis com idade avançada[67])
   a) baixa densidade periventricular à CT ou alta intensidade à MRI ponderada em T2: podem significar absorção transependimária de CSF. Pode ser resolvido com desvio
   b) compressão dos sulcos de convexidade (nota: às vezes pode ser observada uma dilatação focal dos sulcos que, possivelmente, corresponde a reservatórios atípicos de CSF, que podem diminuir após o desvio e não devem ser considerados como atrofias[68])
   c) arredondamento dos cornos frontais

Embora alguns pacientes melhorem sem que haja mudança nos ventrículos,[69] na maior parte das vezes a melhora clínica acompanha a redução do tamanho ventricular.

Cisternografia por radionuclídeos

Sua utilidade permanece controversa. Um estudo constatou que a cisternografia não aumenta a precisão diagnóstica dos critérios clínicos e de CT.[70] Seu uso foi abandonado pela maioria dos investigadores.[71]

24.12.5 Testes auxiliares para NPH

Punção lombar (LP)

Pressão de abertura

Na LP, a média normal da pressão de abertura (OP), na posição de decúbito lateral à esquerda, é de 12,2 ± 3,4 cm de H_2O (8,8 ± 0,9 mmHg),[72] quando deveria ser < 180 mmHg (uma OP > 24 cm H_2O sugere hidrocefalia não comunicante em vez de NPH[58,73]). Na NPH, a OP média é de 15 ± 4,5 cm H_2O... (11,0 ± 3,3 mmHg), ligeiramente mais alta do que a normal, mas com sobreposição em relação a ela. Com base na opinião dos especialistas, para definir a NPH sugere-se o limite superior de 24 cm H_2O (17,6 mmHg). Os pacientes que têm OP inicial > 10 cm H_2O têm uma taxa mais elevada de repostas aos desvios.

Análise laboratorial do CSF

Envie CSF para exames laboratoriais de rotina (p. 1506) quanto à infecção de R/O, proteína elevada (p. ex., quando houver tumores) e SAH.

"Tap Test" (teste da retirada de CSF)

Consiste em uma punção lombar com retirada de uma quantidade específica de CSF, e na avaliação da resposta.

Esse teste nunca teve uma avaliação prospectiva rigorosa. Uma resposta *positiva* à retirada de 40-50 mL de CSF tem PPV na faixa de 73-100%,[74,75,76] mas a sensibilidade é baixa (26-61%). (Nota: o que constitui uma "resposta" *significativa* nunca foi padronizado, a maioria dos especialistas prefere a demonstração de melhoras objetivas no modo de andar, levando em conta o fato de que os pacientes de NPH podem ter flutuações de sintomas dia a dia.)

Teste de resistência

A CSF Ro é considerada como impedância dos mecanismos de absorção de CSF. 1/Ro é a condutância. As técnicas e os limiares são centro-específicos. Nenhum estudo clínico concentrou-se adequadamente no fato de que Ro normalmente aumenta com a idade.[77]

A determinação da CSF Ro *pode* ter mais sensibilidade (57-100%), mas PPV similar (75-92%) no *tap test*.

Metodologia

Foram desenvolvidos vários métodos para medir a Ro. Dois métodos ilustrativos:

1. método do bólus:[78] um volume conhecido (usualmente ≈ 4 mL) é infundido via LP, a uma taxa de 1 mL/s
2. teste de Katzman:[79] por meio de LP, infusão de solução salina a uma taxa conhecida; a Ro é dada por Eq (24.1) (até 19% dos pacientes experimentam H/A após os estudos de infusão[80])

$$\text{Ro} = \frac{(\text{pressão final estável}) - (\text{pressão inicial})}{\text{taxa de infusão}} \qquad (24.1)$$

Drenagem lombar ambulatorial (ALD)

Ver referência.[74]

Um dreno lombar subaracnoide é instalado com uma agulha de Tuohy conectada a um sistema de drenagem fechado, através de uma câmara de gotejamento. Se o paciente está deitado, a câmara de gotejamento é colocada ao nível da sua orelha, ou do ombro, se ele estiver sentado ou ambulando.

Um dreno com funcionamento apropriado deve liberar ≈ 300 mL de CSF por dia.

Se surgirem sintomas de irritação da raiz nervosa durante a drenagem, o cateter deve ser puxado para fora alguns milímetros. Deve haver vigilância diária, contagens de células no CSF e culturas (Nota: normalmente, pela própria presença do dreno, pode ser observada uma pleocitose de ≈ 100 células/mm³).

Recomenda-se uma observância de 5 dias (o tempo médio para melhora é de 3 dias).

Monitorização contínua da pressão do CSF

Alguns pacientes que têm OP normal apresentam, em LP, picos de pressão > 270 mm H_2O ou ondas B recorrentes.[81] Esses pacientes também podem ter uma taxa de resposta maior a desvios do que aqueles que não têm esses achados.

Miscelânea

Medidas do fluxo sanguíneo cerebral (CBF): embora alguns estudos não indiquem isso, as medidas do CBF não apresentam achados específicos na NPH e não são úteis para prever quem responderá bem a derivações. entretanto, o aumento de CBF após o desvio tem correlação com a melhora clínica.[82]

EEG: Não há achados específicos de EEG na NPH.

24.12.6 Critérios diagnósticos

Guia de prática clínica: Diagnóstico da NPH

Nível II:[58] Como não podem ser formulados critérios diagnósticos estritos para NPH, em razão da atual falta de conhecimentos sobre a fisiopatologia subjacente, recomenda-se que o diagnóstico seja feito em termos de NPH Provável, Possível ou Improvável, como está descrito no ▶ Quadro 24.3.

As diretrizes para diagnóstico da NPH são apresentadas no ▶ Quadro 24.3.

24.12.7 Diagnóstico diferencial da NPH

▶ Quadro 24.4 apresenta condições que têm características semelhantes às dos achados na NPH, no diagnóstico diferencial.[58,83] ▶ Quadro 24.5 estabelece comparações entre determinadas características, na NPH, na doença de Alzheimer e na doença de Parkinson.

24.12.8 Tratamento

Algoritmo de tratamento

1. com base no ▶ Quadro 24.3, classifique o paciente como provável, possível ou improvável, a partir do histórico, do exame físico e do estudo de imagens. O grau de certeza do diagnóstico de NPH nas formas de NPH provável e possível é de ≈ 50-61%,[70,84,85] Não é despropositado realizar uma derivação em paciente cujo diagnóstico de NPH parece altamente provável e que, de resto, é saudável[73]
2. por outro lado, para aumentar a certeza da resposta ao desvio, recomenda-se um ou mais dos seguintes testes[73]
   a) *tap test*, com retirada de 40-50 mL de CSF por LP
      - uma resposta positiva (p. 407) aumenta a probabilidade de resposta a um desvio (PPV) para uma faixa de 73-100%
      - por causa da baixa sensibilidade (26-61%), uma resposta negativa não exclui a possibilidade de boa resposta e deve ser feito um teste suplementar subsequente[73]
      - se OP > 17,6 mmHg (24 cm H_2O), considere aprofundar a procura de uma causa de hidrocefalia secundária (isso não exclui o desvio como alternativa de tratamento)
   b) teste de resistência: sensibilidade (57-100%) > *tap test*, PPV similar (75-92%)
   c) drenagem lombar externa

Procedimentos diversionários com o CSF

A derivação VP é o procedimento de escolha. Foram usadas derivações lombar-peritoneais, mas suas desvantagens compreendem: tendência à superdrenagem, dificuldade para coletar, tendência a migrar. Para melhorar, use uma válvula de *pressão média*[86] (pressão de fechamento 65-90 mm H_2O), para diminuir o risco de hematomas subdurais (ver abaixo), embora a taxa de resposta possa ser mais alta com uma válvula de baixa pressão.[87] Gradualmente, faça o paciente sentar-se por um período de alguns dias; aja mais devagar com os pacientes que desenvolveram cefaleias por baixa pressão. Alternativamente, o risco de SDH pode ser diminuído pelo uso de uma válvula de desvio programável. Inicialmente, regule-a para uma pressão alta (para reduzir o risco de hematoma subdural) e, gradualmente, vá diminuindo a pressão, ao longo de algumas semanas.

Acompanhe os pacientes clinicamente, e por CT, durante ≈ 6-12 meses.

Pacientes que não melhoram, e cujos ventrículos não mudam nas imagens, devem ser avaliados quanto a mau funcionamento da derivação. Se ele não estiver obstruído e se não foram desenvolvidas coleções de líquido subdural, pode-se tentar uma válvula para pressão menor (ou escolher uma pressão mais baixa, em uma válvula programável).

Potenciais complicações das derivações para NPH

As taxas de complicações podem chegar a ≈ 35% (em parte, por causa da fragilidade do cérebro envelhecido).[88,89]

Quadro 24.4 Condições com apresentações similares às da NPH

Transtornos neurodegenerativos
- doença de Alzheimer
- doença de Parkinson
- doença dos corpos de Lewy
- doença de Huntington
- demência frontotemporal
- degeneração corticobasal
- paralisia supranuclear progressiva
- esclerose lateral amiotrófica
- atrofia multissistêmica
- encefalopatia espongiforme

Demência vascular
- doença cerebrovascular
- demência multi-infartos
- doença de Binswanger
- CADASIL
- insuficiência vertebrobasilar (VBI)

Outros transtornos hidrocefálicos
- estenose do aqueduto
- hidrocefalia de arresto
- síndrome da ventriculomegalia aberta prolongada
- hidrocefalia não comunicante

Doenças infecciosas
- doença de Lyme
- HIV
- sífilis

Doenças urológicas
- infecção do trato urinário
- câncer de bexiga ou próstata
- hipertrofia prostática benigna (BPH)

Miscelânea
- deficiência de vitamina B12
- doenças do colágeno vascular
- epilepsia
- depressão
- lesão cerebral traumática
- estenose espinal
- malformação de Chiari
- encefalopatia de Wernicke
- meningite carcinomatosa
- tumor na medula espinal

As potenciais complicações compreendem:[90]

1. hematomas subdurais ou higromas (p. 426): risco aumentado com uma válvula de pressão menor e pacientes mais velhos, que tendem a ter atrofia cerebral. Geralmente acompanhados por cefaleias; a maioria se resolve espontaneamente ou permanece estável. Cerca de um terço exige evacuação e a remoção (temporária ou permanente) do desvio. O risco pode ser diminuído pela movimentação gradual no pós-operatório
2. infecção na derivação
3. hemorragia intracerebral
4. convulsões (p. 417)
5. complicações tardias compreendendo as mencionadas acima, mais obstrução ou desconexão da derivação

Ventriculostomia endoscópica do terceiro ventrículo (ETV)

Relatada para NPH, pela primeira vez, em 1999.[91] Mecanicamente é difícil explicar por que a ETV deveria funcionar para a NPH; entretanto, alguns[92] a advogaram para pacientes altamente selecionados, com base em dados, não validados, de desfechos que computavam melhoria pós-operatória em 69% dos pacientes. Atualmente, a ETV não deve ser considerada um tratamento de primeira linha para a maioria dos casos de NPH.

Quadro 24.5 Comparações entre NPH e as doenças de Alzheimer e de Parkinson[a]

Características	NPH	AD	IPA
transtorno no andar[b]	+	±	±
instabilidade postural	±		+
transtorno urinário	±	±	±
déficit de memória ou cognitivo	±	+	±
dificuldade de realização de tarefas rotineiras	±	+	±
mudanças comportamentais	±	+	±
rigidez nos membros			+
tremores nos membros			+
bradicinesia			+

[a]Abreviaturas: AD = doença de Alzheimer; IPA = paralisia idiopática agitante (doença de Parkinson); + = característica presente; ± = característica parcial ou tardia.
[b]Na NPH, frequentemente o andar é feito sobre base ampliada, na IPA, frequentemente, sobre base estreita.

24.12.9 Resultados

O sintoma que tem a maior probabilidade de melhorar com o desvio é a *incontinência*, a seguir o transtorno no andar e, por fim, a demência. Black *et al.*[86] alinham os seguintes marcadores para classificar os bons candidatos a melhorar com a derivação:
- presença clínica da tríade clássica (p. 404).[88] Dos pacientes que tinham transtornos no andar como primeiro sintoma, 77% melhoraram com os desvios. Pacientes com demência e *sem* transtornos no andar, raramente respondem às derivações
- LP: com OP > 100 mm H_2O
- cisternografia de isótopos: NPH com o padrão típico. O padrão misto e o normal não têm correlação com desvios
- registros contínuos da pressão do CSF: pressão > 180 mm H_2O ou frequentes ondas B de Lundberg (p. 864)
- CT e MRI: ventrículos aumentados, com sulcos rasos (pouca atrofia)

A resposta é melhor quando os sintomas surgiram mais recentemente.

Nota: os pacientes de NPH com doença de Alzheimer (AD) coexistente podem melhorar com as derivações VP; por isso, a AD não deve excluí-los da derivação.[93] Entretanto, pacientes com AD *isolada* (sem NPH) não responderam à derivação, segundo um estudo RPDB controlado por placebo.[94]

Em geral, a maioria dos respondentes acaba decaindo após ≈ 5-7 anos de boa resposta. Antes de atribuir isso ao curso natural da condição subjacente, é preciso descartar o mau funcionamento do desvio e as coleções subdurais.

24.13 Hidrocefalia e gravidez

24.13.1 Informações gerais

Pacientes com derivações de CSF podem engravidar, e há relatos de casos de pacientes que desenvolveram hidrocefalia durante a gestação, necessitando de desvio.[95]

Qualquer um dos problemas de desvios discutidos nas próximas seções pode ocorrer em uma paciente grávida que tenha uma derivação. Nas derivações VP, os problemas de desvio distal podem aumentar na gestação. A seguir, sugestões de tratamento modificadas de Wisoff *et al.*[95]

24.13.2 Tratamento pré-concepcional das pacientes com derivações

1. avaliações, incluindo:
   a) avaliação da função do desvio: linhas basais de MRI ou CT pré-concepcionais. Avaliação adicional da patência do desvio, em qualquer suspeita de mau funcionamento. Pacientes com ventrículos fendidos podem ter menor distensão e tornarem-se sintomáticas em decorrência de pequenas mudanças de volume
   b) avaliação das medicações, especialmente de anticonvulsivantes

2. Aconselhamentos, incluindo:
    a) aconselhamento genético: se a HCP é causada por um defeito de tubo neural (NTD), há uma chance de 2-3% de que o bebê venha a ter NTD
    b) outras recomendações compreendem a administração de vitaminas pré-natais desde o início e evitar drogas teratogênicas e calor excessivo (p. ex., tubos de aquecimento): Defeitos de tubo neural, fatores de risco (p. 290)

24.13.3 Tratamento das grávidas

1. observação rigorosa de sinais de ICP aumentada: cefaleia, N/V, letargia, ataxia, convulsões ... Cuidado: esses sinais podem imitar a pré-eclâmpsia (que também deve ser descartada). 58% das pacientes exibem sinais de ICP aumentada, que podem ser provocados por:
    a) descompensação por funcionamento parcial de uma derivação
    b) mau funcionamento da derivação
    c) algumas apresentam sinais de ICP aumentada, apesar do funcionamento adequado do desvio; pode ser ocasionado pelo aumento da hidratação do cérebro e a veias engorgitadas
    d) aumento de um tumor durante a gestação
    e) trombose venosa cerebral: incluindo trombose do sínus dural e trombose venosa cortical
    f) encefalopatia relacionada com autorregulação desordenada
2. as pacientes que desenvolvem sintomas de ICP aumentada devem fazer CT ou MRI para comparar o tamanho dos ventrículos com os estudos das linhas basais pré-concepcionais
    a) não havendo mudanças em relação aos estudos pré-concepcionais, puncione o desvio para medir a ICP, e faça culturas do CSF. Cogite um "desviograma" com radioisótopos
    b) se todos esses estudos forem negativos, mudança fisiológicas podem ser as responsáveis. O tratamento é repouso no leito, restrição de líquidos e, nos casos graves, esteroides e/ou diuréticos. Se os sintomas não cedem, recomenda-se o parto prematuro, tão logo possa ser documentada a maturidade dos pulmões fetais (dê antibióticos profiláticos durante 48 horas antes do parto)
    c) se os ventrículos aumentaram e/ou for demonstrado, nos testes, mau funcionamento do desvio, deve ser feita uma revisão do desvio
        • nos dois primeiros trimestres: a derivação VP é preferível e bem tolerada (não use o método de trocarte peritoneal após o primeiro trimestre)
        • no terceiro trimestre: são usadas a derivação VA ou a ventrículo-pleural, para evitar traumatismo uterino ou indução do trabalho de parto

24.13.4 Tratamento intraparto

1. são recomendados antibióticos profiláticos durante o trabalho de parto e o nascimento (*délivrance*), para reduzir a incidência de infecção no desvio. Como os coliformes são os patógenos mais comuns no parto e nascimento, Wisoff *et al.* recomendam ampicilina (2 g IV q 6 h) e gentamicina (1,5 mg/kg IV q 8 h durante o parto e × 48 h pós-parto)[95]
2. em pacientes assintomáticas: se obstetricamente viável, é feito o parto vaginal (menor risco de adesões ou infecções no desvio distal). É preferível uma segunda fase encurtada porque o aumento da pressão do CSF nesta fase, provavelmente, é maior do que durante outras manobras de Valsalva[96]
3. na paciente que se torna sintomática ao termo ou durante o parto, é realizada uma secção transversal, sob anestesia geral (as epidurais são contraindicadas quando a ICP está elevada), com monitorização cuidadosa do líquido e, nos casos graves, com esteroides e diuréticos

Referências

[1] Lemire RJ. Neural Tube Defects. JAMA. 1988; 259:558–562
[2] Amacher AL, Wellington J. Infantile Hydrocephalus: Long-Term Results of Surgical Therapy. Childs Brain. 1984; 11:217–229
[3] Hill A, Rozdilsky B. Congenital Hydrocephalus Secondary to Intra-Uterine Germinal Matrix/Intraventricular Hemorrhage. Dev Med Child Neurol. 1984; 26:509–527
[4] Kudo H, Tamaki N, Kim S, et al. Intraspinal Tumors Associated with Hydrocephalus. Neurosurgery. 1987; 21:726–731
[5] Schmidek HH, Auer LM, Kapp JP. The Cerebral Venous System. Neurosurgery. 1985; 17:663–678
[6] Parker T. Never Trust a Calm Dog: And Other Rules of Thumb. New York: Harper Perennial; 1990
[7] U.S. Department of Health and Human Services - Health Resources and Services Administration. AccuratelyWeighing and Measuring: Technique.
[8] Babson SG, Benda GI. Growth Graphs for the Clinical Assessment of Infants of Varying Gestational Age. J Pediatr. 1976; 89:814–820

[9] Nelhaus G. Head Circumference from Birth to Eighteen Years. Pediatrics. 1968; 41:106–114
[10] Humphrey PRD, Moseley IF, Russell RWR. Visual Field Defects in Obstructive Hydrocephalus. J Neurol Neurosurg Psychiatry. 1982; 45:591–597
[11] Calogero JA, Alexander E. Unilateral Amaurosis in a Hydrocephalic Child with an Obstructed Shunt. J Neurosurg. 1971; 34:236–240
[12] Kojima N, Kuwamura K, Tamaki N, et al. Reversible Congruous Homonymous Hemianopia as a Symptom of Shunt Malfunction. Surg Neurol. 1984; 22:253–256
[13] Black PM, Chapman PH. Transient Abducens Paresis After Shunting for Hydrocephalus. J Neurosurg. 1981; 55:467–469
[14] Arroyo HA, Jan JE, McCormick AQ, et al. Permanent Visual Loss After Shunt Malfunction. Neurology. 1985; 35:25–29
[15] Sato M, Tanaka S, Kohama A, et al. Occipital Lobe Infarction Caused by Tentorial Herniation. Neurosurgery. 1986; 18:300–305
[16] Joynt RJ, Honch GW, Rubin AJ, Trudell RG, Frederiks JAM. In: Occipital Lobe Syndromes. Handbook of

Clinical Neurology. Holland: Elsevier Science Publishers; 1985:49–62

[17] Hoyt WF. Vascular Lesions of the Visual Cortex with Brain Herniation Through the Tentorial Incisura. Arch Ophthalm. 1960; 64:44–57

[18] Rinaldi I, Botton JE, Troland CE. Cortical Visual Disturbances Following Ventriculography and/or Ventricular Decompression. J Neurosurg. 1962; 19:568–576

[19] Lindenberg R, Walsh FB. Vascular Compressions Involving Intracranial Visual Pathways. Tr Am Acad Ophth Otol. 1964; 68:677–694

[20] Glaser JS, Duane TD, Jaeger EA. In: Topical Diagnosis: Retrochiasmal Visual Pathways and Higher Cortical Function. Clinical Ophthalmology. 2nd ed. Philadelphia: Harper and Row; 1983:4–10

[21] Lindenberg R. Compression of Brain Arteries as Pathogenetic Factor for Tissue Necrosis and their Areas of Predilection. J Neuropath Exp Neurol. 1955; 14:223–243

[22] Barnet AB, Manson JI, Wilner E. Acute Cerebral Blindness in Childhood. Neurology. 1970; 20:1147–1156

[23] Keane JR. Blindness Following Tentorial Herniation. Ann Neurol. 1980; 8:186–190

[24] Hoyt WF, Walsh FB. Cortical Blindness with Partial Recovery Following Cerebral Anoxia from Cardiac Arrest. Arch Ophthalm. 1958; 60:1061–1069

[25] Weinberger HA, van der Woude R, Maier HC. Prognosis of Cortical Blindness Following Cardiac Arrest in Children. JAMA. 1962; 179:126–129

[26] Slavin ML. Ischemic Optic Neuropathy After Cardiac Arrest. Am J Ophthalmol. 1987; 104:435–436

[27] Sweeney PJ, Breuer AC, Selhorst JB, et al. Ischemic Optic Neuropathy: A Complication of Cardiopulmonary Bypass Surgery. Neurology. 1982; 32:560–562

[28] Drance SM, Morgan RW, Sweeney VP. Shock- Induced Optic Neuropathy. A Cause of Nonprogressive Glaucoma. N Engl J Med. 1973; 288:392–395

[29] Lorber J. Recovery of Vision Following Prolonged Blindness in Children with Hydrocephalus or Following Pyogenic Meningitis. Clin Pediatr. 1967; 6:699–703

[30] LeMay M, Hochberg FH. Ventricular Differences Between Hydrostatic Hydrocephalus and Hydrocephalus Ex Vacuo by CT. Neuroradiology. 1979; 17:191–195

[31] Evans WA. An encepahlographic ratio for estimating ventricular and cerebral atrophy. Arch Neurol Psychiatry. 1942; 47:931–937

[32] O'Hayon BB, Drake JM, Ossip MG, Tuli S, Clarke M. Frontal and Occipital Horn Ratio: A Linear Estimate of Ventricular Size for Multiple Imaging Modalities in Pediatric Hydrocephalus. Pediatric Neurosurgery. 1998; 29:245–249

[33] Tuite GF, Evanson J, Chong WK, et al. The Beaten Copper Cranium: A Correlation between Intracranial Pressure, Cranial Radiographs, and Computed Tomographic Scans in Children with Craniosynostosis. Neurosurgery. 1996; 39:691–699

[34] Section of Pediatric Neurosurgery of the American Association of Neurological Surgeons. Pediatric Neurosurgery. New York 1982

[35] Alvarez LA, Maytal J, Shinnar S. Idiopathic External Hydrocephalus: Natural History and Relationship to Benign Familial Macrocephaly. Pediatrics. 1986; 77:901–907

[36] Barlow CF. CSF Dynamics in Hydrocephalus - With Special Attention to External Hydrocephalus. Brain Dev. 1984; 6:119–127

[37] Chadduck WM, Chadduck JB, Boop FA. The Subarachnoid Spaces in Craniosynostosis. Neurosurgery. 1992; 30:867–871

[38] McCluney KW, Yeakley JW, Fenstermacher JW. Subdural Hygroma Versus Atrophy on MR Brain Scans: "The Cortical Vein Sign". AJNR. 1992; 13:1335–1339

[39] Kuzma BB, Goodman JM. Differentiating External Hydrocephalus from Chronic Subdural Hematoma. Surg Neurol. 1998; 50:86–88

[40] Ment LR, Duncan CC, Geehr R. Benign Enlargement of the Subarachnoid Spaces in the Infant. J Neurosurg. 1981; 54:504–508

[41] Sutton LN. Current Management of Hydrocephalus in Children. Contemp Neurosurg. 1997; 19:1–7

[42] Weller S, Gartner J. Genetic and clinical aspects of X-linked hydrocephalus (L1 disease): Mutations in the L1CAM gene. Hum Mutat. 2001; 18:1–12

[43] Grupe A, Hultgren B, Ryan A, Ma YH, Bauer M, Stewart TA. Transgenic knockouts reveal a critical requirement for pancreatic beta cell glucokinase in maintaining glucose homeostasis. Cell. 1995; 83:69–78

[44] Yamasaki M, Arita N, Hiraga S, Izumoto S, Morimoto K, Nakatani S, Fujitani K, Sato N, Hayakawa T. A clinical and neuroradiological study of X-linked hydrocephalus in Japan. J Neurosurg. 1995; 83:50–55

[45] Kanemura Y, Okamoto N, Sakamoto H, Shofuda T, Kamiguchi H, Yamasaki M. Molecular mechanisms and neuroimaging criteria for severe L1 syndrome with X-linked hydrocephalus. J Neurosurg. 2006; 105:403–412

[46] Foltz EL, Shurtleff DB. Five-Year Comparative Study of Hydrocephalus in Children with and without Operation (113 Cases). J Neurosurg. 1963; 20:1064–1079

[47] Rekate HL, Nulsen FE, Mack HL, et al. Establishing the Diagnosis of Shunt Independence. Monogr Neural Sci. 1982; 8:223–226

[48] Holtzer GJ, De Lange SA. Shunt-Independent Arrest of Hydrocephalus. J Neurosurg. 1973; 39:698–701

[49] Hemmer R. Can a Shunt Be Removed? Monogr Neural Sci. 1982; 8:227–228

[50] Epstein F. Diagnosis and Management of Arrested Hydrocephalus. Monogr Neural Sci. 1982; 8:105–107

[51] Pang D, Zwienenberg-Lee M, Smith M, Zovickian J. Progressive cranial nerve palsy following shunt placement in an isolated fourth ventricle: case report. J Neurosurg. 2005; 102:326–331

[52] Oi S, Matsumoto S. Slit ventricles as a cause of isolated ventricles after shunting. Childs Nerv Syst. 1985; 1:189–193

[53] Eder HG, Leber KA, Gruber W. Complications after shunting isolated IV ventricles. Childs Nerv Syst. 1997; 13:13–16

[54] Hakim S, Adams RD. The Special Clinical Problem of Symptomatic Hydrocephalus with Normal CSF Pressure. J Neurol Sci. 1965; 2:307–327

[55] Brean A, Eide PK. Prevalence of probable idiopathic normal pressure hydrocephalus in a Norwegian population. Acta Neurol Scand. 2008; 118:48–53

[56] Adams RD, Fisher CM, Hakim S, Ojemann RG, et al. Symptomatic Occult Hydrocephalus with 'Normal' Cerebrospinal Fluid Pressure. N Engl J Med. 1965; 273:117–126

[57] Thal LJ, Grundman M, Klauber MR. Dementia: Characteristics of a Referral Population and Factors Associated with Progression. Neurology. 1988; 38:1083–1090

[58] Relkin N, Marmarou A, Klinge P, Bergsneider M, Black PMcL. INPH Guidelines, Part II: Diagnosing idiopathic normal-pressure hydrocephalus. Neurosurgery. 2005; 57:S2–4 to 16

[59] Knutsson E, Lying-Tunell U. Gait apraxia in normalpressure hydrocephalus. Neurology. 1985; 35:155–160

[60] Rosen H, Swigar ME. Depression and normal pressure hydrocephalus. A dilemma in neuropsychiatric differential diagnosis. J Nerv Ment Dis. 1976; 163:35–40

[61] Schneider U, Malmadier A, Dengler R, Sollmann WP, Emrich HM. Mood cycles associated with normal pressure hydrocephalus. Am J Psychiatry. 1996;153:1366–1367

[62] Crowell RM, Tew JM,Jr, Mark VH. Aggressive dementia associated with normal pressure hydrocephalus. Report of two unusual cases. Neurology. 1973; 23:461–464

[63] Bloom KK, Kraft WA. Paranoia–an unusual presentation of hydrocephalus. Am J Phys Med Rehabil. 1998; 77:157–159

[64] Yoshino M, Yoshino Y, Taniguchi M, Nakamura S, Ikeda T. Syndrome of inappropriate secretion of antidiuretic hormone associated with idiopathic normal pressure hydrocephalus. Intern Med. 1999; 38:290–292

[65] Vassilouthis J. The Syndrome of Normal-Pressure Hydrocephalus. J Neurosurg. 1984; 61:501–509

[66] Jack CR, Mokri B, Laws ER, Houser OW, et al. MR Findings in Normal Pressure Hydrocephalus: Significance and Comparison with Other Forms of Dementia. J Comput Assist Tomogr. 1987; 11:923–931

[67] Schwartz M, Creasey H, Grady CL, et al. Computed Tomographic Analysis of Brain Morphometrics in 30 Healthy Men, Aged 21 to 81 Years. Ann Neurol. 1985; 17:146–157

[68] Holodny AI, George AE, de Leon MJ, et al. Focal Dilation and Paradoxical Collapse of Cortical Fissures and Sulci in Patients with Normal-Pressure Hydrocephalus. J Neurosurg. 1998; 89:742–747

[69] Shenkin HA, Greenberg JO, Grossman CB. Ventricular Size After Shunting For Idiopathic Normal Pressure Hydrocephalus. J Neurol Neurosurg Psychiatry. 1975; 38:833–837

[70] Vanneste J, Augustijn P, Davies GAG, Dirven C, et al. Normal-Pressure Hydrocephalus: Is Cisternography Still Useful in Selecting Patients for a Shunt? Arch Neurol. 1992; 49:366–370

[71] Relkin Norm. Neuroradiology Assessment of iNPH. Banff, Alberta, Canada 2015

[72] Bono F, Lupo MR, Serra P, Cantafio C, et al. Obesity does not induce abnormal CSF pressure in subjects with normal cerebral MR venography. Neurology. 2002; 59:1641–1643

[73] Marmarou A, Bergsneider M, Klinge P, Relkin N, Black PMcL. INPH Guidelines, Part III: The value of supplemental prognostic tests for the preoperative assessment of idiopathic normal-pressure hydrocephalus. Neurosurgery. 2005; 57:S2–17 to 28

[74] Haan J, Thomeer RTWM. Predictive Value of Temporary External Lumbar Drainage in Normal Pressure Hydrocephalus. Neurosurgery. 1988; 22:388–391

[75] Malm J, Kristensen B, Karlsson T, Fagerlund M, Elfverson J, Ekstedt J. The predictive value of cerebrospinal fluid dynamic tests in patients with the idiopathic adult hydrocephalus syndrome. Arch Neurol. 1995; 52:783–789

[76] Walchenbach R, Geiger E, Thomeer RT, Vanneste JA. The value of temporary external lumbar CSF drainage in predicting the outcome of shunting on normal pressure hydrocephalus. J Neurol Neurosurg Psychiatry. 2002; 72:503–506

[77] Czosnyka M, Czosnyka ZH, Whitfield PC, Donovan T, Pickard JD. Age dependence of cerebrospinal pressure-volume compensation in patients with hydrocephalus. J Neurosurg. 2001; 94:482–486

[78] Marmarou A, Shulman K, Rosende RM. A nonlinear analysis of the cerebrospinal fluid system and intracranial pressure dynamics. J Neurosurg. 1978; 48:332–344

[79] Katzman R, Hussey F. A simple constant-infusion manometric test for measurement of CSF absorption. I. Rationale and method. Neurology. 1970; 20:534–544

[80] Meier U, Bartels P. The importance of the intrathecal infusion test in the diagnostic of normal-pressure hydrocephalus. Eur Neurol. 2001; 46:178–186

[81] Symon L, Dorsch NWC, Stephens RJ. Pressure Waves in So-Called Low-Pressure Hydrocephalus. Lancet. 1972; 2:1291–1292

[82] Tamaki N, Kusunoki T, Wakabayashi T, et al. Cerebral Hemodynamics in Normal-Pressure Hydrocephalus: Evaluation by 133Xe Inhalation Method and Dynamic CT Study. J Neurosurg. 1984; 61:510–514

[83] Bech-Azeddine R, Waldemar G, Knudsen GM, Hogh P, Brahn P, Wildschiotz G, Gjerris F, Paulson OB, Juhler M. Idiopathic nromal pressure hydrocephalus: Evaluation and findings in a multidisciplinary memory clinic. Eur J Neurol. 2001; 8:601–611

[84] Vanneste J, Augustijn P, Tan WF, Dirven C. Shunting normal pressure hydrocephalus: The predictive value of combined clinical and CT data. J Neurol Neurosurg Psychiatry. 1993; 56:251–256

[85] Takeuchi T, Kasahara E, Iwasaki M, Mima T, Mori K. Indications for shunting in patients with idiopathic normal pressure hydrocephalus presenting with dementia and brain atrophy (atypical idiopathic normal pressure hydrocephalus). Neurol Med Chir (Tokyo). 2000; 40:38–47

[86] Black PM, Ojemann RG, Tzouras A. CSF Shunts for Dementia, Incontinence and Gait Disturbance. Clin Neurosurg. 1985; 32:632–651

[87] McQuarrie IG, Saint-Louis L, Scherer PB. Treatment of Normal-Pressure Hydrocephalus with Low versus Medium Pressure Cerebrospinal Fluid Shunts. Neurosurgery. 1984; 15:484–488

[88] Black PM. Idiopathic Normal-Pressure Hydrocephalus: Results of Shunting in 62 Patients. J Neurosurg. 1980; 52:371–377

[89] Peterson RC, Mokri B, Laws ER. Surgical Treatment of Idiopathic Hydrocephalus in Elderly Patients. Neurology. 1985; 35:307–311

[90] Udvarhelyi GB, Wood JH, James AE. Results and Complications in 55 Shunted Patients with Normal Pressure Hydrocephalus. Surg Neurol. 1975; 3:271–275

[91] Mitchell P, Mathew B. Third ventriculostomy in normal pressure hydrocephalus. Br J Neurosurg. 1999; 13:382–385

[92] Gangemi M, Maiuri F, Naddeo M, Godano U, Mascari C, Broggi G, Ferroli P. Endoscopic third ventriculostomy in idiopathic normal pressure hydrocephalus: an Italian multicenter study. Neurosurgery. 2008; 63:62–7; discussion 67-9

[93] Golomb J, et al. Alzheimer's Disease Comorbidity in Normal Pressure Hydrocephalus: Prevalence and Shunt Response. J Neurol Neurosurg Psychiatry. 2000; 68:778–781

[94] Silverberg GD, Mayo M, Saul T, Fellmann J, Carvalho J, McGuire D. Continuous CSF drainage in AD: results of a double-blind, randomized, placebo-controlled study. Neurology. 2008; 71:202–209

[95] Wisoff JH, Kratzert KJ, Handwerker SM, Young BK, Epstein F. Pregnancy in Patients with Cerebrospinal Fluid Shunts: Report of a Series and Review of the Literature. Neurosurgery. 1991; 29:827–831

[96] Marx GF, Zemaitis MT, Orkin LR. CSF Pressures During Labor and Obstetrical Anesthesia. Anesthesiology. 1981; 22:348–354

25 Tratamento da Hidrocefalia

25.1 Tratamento médico da hidrocefalia

A HCP continua sendo uma condição tratada cirurgicamente. A acetazolamida pode ser útil para contemporizar (ver abaixo).

25.1.1 Terapia diurética

Pode ser tentada em bebês prematuros com CSF sanguinolento (desde que não haja evidências de hidrocefalia ativa), enquanto se aguarda para ver se haverá recuperação da absorção normal do CSF. Entretanto, na melhor das hipóteses, isso só deveria ser considerado como um adjuvante do tratamento definitivo, ou como medida contemporizadora.

Um controle satisfatório da HCP foi relatado em ≈ 50% dos pacientes com idade < 1 ano que tinham sinais vitais estáveis, função renal normal e eram assintomáticos para ICP elevada (apneia, letargia, vômitos), ao seguimento[1] do seguinte regime:
1. acetazolamida (um inibidor da anidrase carbônica): 25 mg/kg/dia, PO, dividida TID × 1 dia, aumentando 25 mg/kg/dia a cada dia, até atingir os 100 mg/kg/dia
2. simultaneamente, iniciar com furosemida: 1 mg/kg/dia, PO, divididos TID
3. para compensar a acidose, usar tricitrato (Polycitra®):
   a) começar com 4 mL/kg/dia, divididos QID (cada mL equivale a 2 mEq de bicarbonato e contém 1 mEq de K⁺ e 1 mEq de Na⁺)
   b) fazer medição seriada dos eletrólitos e ajustar a dosagem para manter o HCO_3 sérico > 18 mEq/L
   c) mudar para Polycitra-K® (2 mEq K⁺ por mL, sem Na⁺), se o potássio sérico baixar, ou para bicarbonato de sódio, se o sódio sérico baixar
4. cuidado com os efeitos colaterais do desequilíbrio eletrolítico e com os efeitos colaterais da acetazolamida (p. ex., formigamento nas pontas dos dedos)
5. realizar U/S ou varredura por CT semanalmente e inserir uma derivação ventricular, se ocorrer ventriculomegalia progressiva. Se não, manter a terapia por um período teste de 6 meses e depois usar uma dosagem de redução por 2-4 semanas. Se ocorrer HCP progressiva, resumir o tratamento a 3-4 meses

25.2 Retirada de CSF da espinha

Após uma hemorragia intraventricular pode haver HCP apenas transitória. Retiradas seriadas (ventriculares ou LP[2]) podem contemporizar até a reabsorção completa, mas as LPs só podem ser feitas em HCP *comunicante*. Se a reabsorção não se completa enquanto o conteúdo proteico do CSF é < 100 mg/dL, é improvável que ocorra reabsorção espontânea em futuro próximo (isto é, geralmente será necessária uma derivação).

25.3 Cirurgias

25.3.1 Objetivos da cirurgia

Os objetivos da terapia não são os ventrículos de tamanho normal (algumas crianças têm escassez de tecido cerebral). Os objetivos são melhorar a função neurológica (que geralmente exige uma pressão intracraniana normal) e um bom resultado estético.

25.3.2 Opções cirúrgicas

As opções abrangem:
- ventriculostomia do terceiro ventrículo; o método endoscópico é o preferencial (ver abaixo)
- derivação: abaixo são descritos vários desvios. As técnicas de instalação de desvios são asseguradas para desvios VP (p. 1515), VA (p. 1516), ventriculopleurais (p. 1515) e para LP (p. 1517)
- eliminação de obstrução: p. ex., abertura de aqueduto de Sylvius estenosado. Frequentemente há maior morbidade e menor taxa de sucesso do que na desviação simples do CSF por meio de desvio, com exceção, talvez, do caso de tumores
- ablação plexo-coroide, descrita pela primeira vez por Dandy, em 1918, para hidrocefalia comunicante.[3] Pode reduzir a taxa de produção de CSF, mas não a faz cessar completamente (só uma parte do CSF é secretada pelo plexo-coroide; outras fontes incluem os alinhamentos ependimáticos dos ventrículos e as bainhas durais das raízes dos nervos espinais). A cirurgia aberta foi associada à alta taxa de mortalida-

de (possivelmente por causa da substituição do CSF por ar). A coagulação endoscópica do plexo-coroide foi descrita originalmente em 1910 e foi retomada recentemente[4]

25.4 Ventriculostomia endoscópica do terceiro ventrículo

25.4.1 Indicações

A ventriculostomia endoscópica do terceiro ventrículo (ETV) pode ser usada em pacientes com HCP obstrutiva. Também pode ser uma opção no tratamento de infecção no desvio (como um meio de remover todo o dispositivo, sem sujeitar o paciente a aumento de ICP). A ETV também foi proposta como opção para pacientes que desenvolvem hematomas subdurais após instalação de derivação (o desvio é removido antes de a ETV ser realizada). A ETV também pode ser indicada para a síndrome do ventrículo fendido (p. 424).

25.4.2 Contraindicações

Tradicionalmente, a hidrocefalia comunicante é considerada uma contraindicação para a ETV. Entretanto, ela foi usada ocasionalmente na NPH.[5] A contraindicação relativa da ETV seria a presença de qualquer condição associada à baixa taxa de sucesso (ver abaixo).

25.4.3 Complicações

- lesão do hipotálamo: pode resultar em hiperfagia
- lesão na hipófise, ou em seu pedúnculo: pode resultar em anormalidades hormonais, inclusive diabetes insípido e amenorreia
- paralisias transitórias do terceiro e do sexto nervos
- lesões à artéria basilar, à p-comm ou à PCA: uma fita de endoscópio fixa, assentada no terceiro ventrículo, bem distalmente em relação ao forame de Monro, pode permitir a saída segura do sangue para fora do crânio
- sangramento incontrolável
- parada cardíaca[6]
- aneurisma traumático da artéria basilar:[7] possivelmente relacionado com uma lesão térmica causada pelo uso de *laser* ao realizar a ETV

25.4.4 Técnica

Ver a seção dedicada às técnicas (p. 1517)

25.4.5 Taxa de sucesso

A taxa total de sucesso é de ≈ 56% (variação de 60-94% para a estenose não tumoral do aqueduto[7][AqS]). A maior taxa de manutenção da patência é na AqS adquirida, não tratada anteriormente. A taxa de sucesso em bebês pode ser baixa porque eles podem não ter um espaço subaracnóideo desenvolvido normalmente. A taxa de sucesso é baixa (apenas ≈ 20% dos TVs permanecerão patentes) se houver uma patologia preexistente, como:

1. tumor
2. desvio anterior
3. SAH anterior
4. irradiação prévia do crânio inteiro (não se conhece o sucesso com a radiocirurgia estereotáxica focal)
5. adesões significativas, visíveis quando se perfura o assoalho do terceiro ventrículo para realização da ETV

O escore de sucesso da ETV (ver ▶ Quadro 25.1)[8,9] é um meio validado[10,11] de prever a probabilidade de sucesso da ETV e, por isso, pode ajudar a selecionar os pacientes apropriados ao procedimento.

Um total de três escores (um de cada categoria: idade, etiologia e histórico de desvio), expresso em porcentagem, é a chance aproximada de que uma ETV dure 6 meses sem falha. Escores < 40% se correlacionaram com uma chance de sucesso muito pequena. Escores > 80% se correlacionaram com melhor chance de sucesso na comparação com a realização do desvio logo no princípio.

Os escores intermediários à ETV (50-70%), inicialmente, têm uma taxa de falhas maior em comparação com a desviação, mas, após 3-6 meses, a balança pende a favor da ETV.[9]

Em uma série de pacientes, um melhora clínica após a ETV foi obtida em 76% deles (72 de 95 pacientes), incluindo 6 pacientes que precisaram de uma segunda ETV (três dos quais tinham desvios parcialmente funcionais, que foram mantidos quando da realização da ETV).

Quadro 25.1 Escore de sucesso em ETV

Categoria	Descrição	Valor	Escore
Idade	< 1 mês	0%	___%
	1 a < 6 meses	10%	
	6 meses a < 1 ano	30%	
	1 a > 10 anos	40%	
	≥ 10 anos	50%	
Etiologia	• pós-infecção	0%	___%
	• mielomeningocele • pós-IVH • tumor cerebral não tectal	20%	
	• estenose do aqueduto • tumor tectal • outras	30%	
Histórico de desvios	• com *shunt* prévio	0%	___%
	• sem *shunt* prévio	10%	
		Total (amplitude 0-90%)	___%

25.5 *Shunts*

25.5.1 Tipos de *shunts*

1. *shunt* ventriculoperitoneal (**VP**):
   a) modernamente, é o *shunt* usado com mais frequência
   b) o local proximal usual é o ventrículo lateral
   c) pressão intraperitoneal: o normal é estar próxima da atmosférica
2. *shunt* atrioventricular (**VA**) ("*shunt* vascular")
   a) desvia os ventrículos, através da veia jugular, para a veia cava superior; é chamada *shunt* "atrioventricular" porque desvia dos ventrículos cerebrais para o sistema vascular, com a ponta do cateter na região do átrio cardíaco direito
   b) é o tratamento de escolha quando há anormalidades abdominais presentes (cirurgia abdominal extensa, peritonite, obesidade mórbida, prematuros que têm NEC e podem não tolerar um *shunt* VP...)
   c) a menor extensão de tubos resulta em menor pressão distal, e em menos efeito de sifonagem do que o *shunt* VP, entretanto, pressões pulsáteis podem alterar a hidrodinâmica do CSF
3. *Shunt* de Torkilsen:
   a) desvia o ventrículo para o espaço da cisterna
   b) raramente é usado
   c) só é eficaz na HCP obstrutiva porque, frequentemente, os pacientes com HCP congênita não desenvolvem vias subaracnóideas de CSF
4. miscelânea: várias projeções distais usadas historicamente, ou em pacientes que tinham problemas significativos com os *shunts* instalados nas posições tradicionais (p. ex., peritonite com *shunt* VP, SBE com *shunts* vasculares):
   a) espaço pleural (*shunt* ventrículopleural): não é a primeira escolha, mas é uma alternativa viável quando o peritônio não está disponível.[12] Para evitar um hidrotórax sintomático, que exige uma relocação da extremidade distal, ele é recomendado apenas para pacientes com idade superior a 7 anos (embora alguns entendam que ele pode ser instalado a partir dos 2 anos de idade e que o hidrotórax é, basicamente, um sinal de infecção independente de idade). A pressão no espaço pleural é menor do que a atmosférica
   b) bexiga
   c) ureter ou bexiga: causam desequilíbrio eletrolítico em razão das perdas pela urina
5. desvio lomboperitoneal (LP): ver a técnica de inserção (p. 1517)
   a) só para HCP comunicante: basicamente para pseudotumor cerebral ou fístula de CSF.[13] É útil nas situações em que os ventrículos são pequenos
   b) acima dos 2 anos de idade, é preferível a inserção percutânea, com agulha de Tuohy

6. *shunt* de cisto ou de subdural: usualmente de cisto aracnóideo ou de higroma da cavidade subdural, para o peritônio

25.5.2 Desvantagens/complicações de diferentes *shunts*

Complicações que podem ocorrer em qualquer *shunt*

1. obstrução: a causa mais comum de mau funcionamento do *shunt*
   a) proximal: cateter ventricular (a localização mais comum)
   b) mecanismo da válvula
   c) distal: incidência reportada de 12-34%.[14] Ocorre no cateter peritoneal em desvio VP (ver abaixo), no cateter atrial em desvio VA
2. desconexão de uma junção, ou quebra em qualquer ponto
3. infecção: pode causar obstrução
4. desgaste do material através da pele, geralmente apenas em pacientes debilitados (especialmente os prematuros com cabeças aumentadas e crânios adelgaçados por causa da HCP crônica, que pendem para um lado da cabeça por causa do alongamento do crânio). Também pode indicar alergia ao silicone (ver abaixo)
5. *convulsões* (só em *shunts* ventriculares): há um risco de ≈ 55% de convulsões no primeiro ano após a instalação do *shunt*; o risco cai para ≈ 1,1% depois do terceiro ano[15] (Nota.: isso não significa que o *shunt* tenha sido a causa de todas essas convulsões). O risco de convulsão é questionavelmente maior com cateteres frontais do que com os occipitoparietais
6. atuação como conduto de metástases extraneurais de certos tumores (p. ex., meduloblastoma). Provavelmente, este é um risco relativamente baixo[16]
7. alergia a silicone:[17] rara (se é que ocorre). Pode assemelhar-se a uma infecção no *shunt*, com deterioração de pele e granulomas com fungos. No princípio o CSF é estéril, mas depois podem ocorrer infecções. Pode exigir a fabricação de um dispositivo exclusivo, sem silicone (p. ex., de poliuretano)

Desvantagens/complicações nos *shunts* VP

1. hérnia inguinal: incidência = 17% (muitos *shunts* são inseridos enquanto o processo vaginal está patente)[18]
2. necessidade de encompridar o cateter com o crescimento: pode ser resolvido com o uso de um cateter peritoneal longo (p. 1515)
3. obstrução do cateter peritoneal:
   a) pode ser mais provável em aberturas da fenda distal ("válvulas fendidas"), em razão da oclusão pelo omento ou o encalhe de fragmentos do sistema de *shunt*[14]
   b) por cisto, ou pseudocisto, peritoneal:[19] geralmente associada à infecção, também pode ser devida a uma reação ao talco das luvas cirúrgicas (a parede do omento tende a formar um foco de irritação). Algumas vezes, em pacientes com bexigas muito distendidas, que se romperam (p. ex., secundariamente a uma bexiga neurogênica), pode ser necessário distinguir uma coleção de CSF de uma coleção de urina. O líquido pode ser aspirado percutaneamente e analisado quanto a BUN e creatinina (que devem estar ausentes no CSF)
   c) adesões peritoneais graves: reduzem a área da superfície de reabsorção do CSF
   d) mau posicionamento da extremidade do cateter
      • no momento da cirurgia, p. ex., na gordura pré-peritoneal
      • com o crescimento, o tubo pode escapar da cavidade peritoneal
4. peritonite por infecção na derivação
5. hidrocele
6. ascite no CSF
7. migração da extremidade
   a) para dentro do escroto[20]
   b) perfuração de uma víscera:[21] estômago,[22] bexiga... É mais comum em tubos de *shunts* antigos, reforçados com molas (Raimondi)
   c) através do diafragma[23]
8. obstrução intestinal (ao contrário de perfuração): é rara
9. válvulas[24]
10. estrangulamento intestinal: só ocorreu em pacientes em que foi tentado remover o tubo peritoneal por meio de uma tração no cateter, a partir da incisão cefalada, com subsequente ruptura do tubo, deixando um segmento residual no abdome (nessas circunstâncias, recomenda-se a imediata exploração peritoneal)[25]
11. superdesviação (p. 424): é mais provável do que com a derivação VA. Alguns recomendam o desvio LP para a hidrocefalia comunicante

Desvantagens/complicações nos *shunts* VA
1. exigem repetidos alongamentos nas crianças em crescimento
2. risco aumentado de infecção, septicemia
3. possibilidade de retorno do fluxo sanguíneo para os ventrículos, se houver mau funcionamento das válvulas (raro)
4. embolia no *shunt*
5. complicações vasculares: perfuração, tromboflebite, microembolia pulmonar, que pode causar hipertensão pulmonar[26] (incidência ≈ 0,3%)

Desvantagens/complicações nos *shunts* LP
1. na medida do possível, não devem ser usados em crianças em crescimento, a menos que o acesso ventricular esteja indisponível (p. ex., devido a fendas ventriculares), porque:
    a) em 14% das crianças, a laminectomia causa escoliose[27]
    b) há risco de herniação tonsilar cerebral progressiva (malformação de Chiari I)[28] em até 70% dos casos[29,30]
2. quando ocorre "*overshunting*", ela é mais difícil de controlar (uma válvula especial, horizontal vertical (H-V) aumenta a resistência quando estiver para cima, ver abaixo)
3. dificultam o acesso à extremidade proximal para revisão ou exame da patência; ver avaliação do desvio lomboperitoneal (LP) (p. 1518)
4. irritação da raiz do nervo lombar (radiculopatia)
5. fístula de CSF em torno do cateter
6. a regulação da pressão é difícil
7. disfunção bilateral do sexto e até do sétimo nervo craniano em decorrência de "*overshunting*"
8. alta incidência de aracnoidite e adesões

Válvulas de *shunts* programáveis
Nos Estados Unidos estão disponíveis diversas válvulas de *shunt* externamente programáveis, como:
- Strata da Medtronic (p. 429)
- Polaris da Sophysa (p. 431)
- Codman Hakim (p. 429)
- Certas Plus da Codman
- proGav da Aesculap

Todas são externamente programáveis com um ímã e, potencialmente, podem ser inadvertidamente reprogramadas por campos magnéticos externos, inclusive os encontrados durante MRI (a válvula Polaris e a válvula Certas Plus são divulgadas como menos suscetíveis à reprogramação inadvertida). ✸ Por isso, os ajustamentos da válvula devem ser revisados após uma varredura por MRI, realizada por qualquer motivo, ou se houver qualquer dúvida sobre o funcionamento do *shunt*. Em todas essas válvulas, o ajuste da pressão pode ser controlado por radiografia plana, tomada perpendicularmente à válvula de *shunt* (ver ► Fig. 25.1 para identificar o tipo de válvula programável, depois, para ajustar a pressão no *shunt*, ver a seção correspondente àquela válvula). Algumas também podem ser controladas por meio de um dispositivo especial, semelhante a uma bússola portátil, fornecido pelo fabricante para a maioria dos hospitais e clínicas que utilizam suas válvulas.

Em todos os sistemas disponíveis no mercado, aumentar o número programado resulta em maior pressão de abertura da válvula e, assim, em *menos* drenagem do CSF, em qualquer pressão de CSF.

Aparência de algumas válvulas de *shunt* à radiografia
A ► Fig. 25.1 representa as aparências *idealizadas* de radiografias de alguns *shunts* comuns. Sua finalidade é auxiliar na diferenciação entre os sistemas de *shunts*, à radiografia, e elas não estão em escala. A aparência pode variar com a orientação em relação ao feixe de raios X. Os diagramas dos fabricantes desses *shunts* aparecem na seção 25.7.

Miscelânea de dispositivos para *shunt*
1. filtro de tumor: usado para evitar a semeadura peritoneal e vascular por tumores que podem emitir metástases através do CSF (p. ex., meduloblastoma,[31] PNETs, ependimoma); eventualmente pode ficar ocluído por células tumorais e precisar de substituição; deve ser possível irradiar o filtro de tumor para "esterilizá-lo". Algumas vezes é usado mesmo que o risco de metástases através do *shunt* seja aparentemente baixo[16]
2. acessórios para evitar superdrenagem quando o paciente estiver ereto
    a) acessórios antissifão (ASD): evita o efeito de sifonagem quando o paciente está em pé. Algumas válvulas têm ASDs integrados. Os ASDs sempre aumentam a resistência ao *shunt*
    b) "válvula horizontal-vertical" (válvula H-V) (p. 433) usada, basicamente, em *shunts* LP

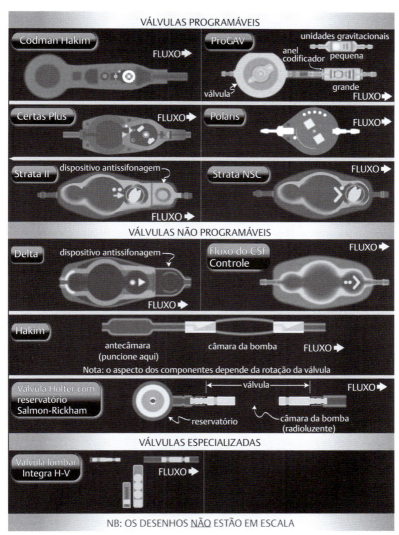

Fig. 25.1 Aparência radiográfica dos *shunts* comuns.
Quanto à aparência radiográfica das válvulas programáveis, e a pressão correspondente, ver cada válvula individualmente.

3. com um cateter distal padrão de 90 cm de comprimento e 1,2 mm de diâmetro interno, a resistência hidrodinâmica da maioria dos *shunts* aumenta 2-2,5 mmHg/(mL/min)[32]

25.6 Problemas com os *shunts*

25.6.1 Riscos associados à inserção do *shunt*

1. hemorragia intraparenquimática ou intraventricular: risco ≈ 4% (em ausência de coagulopatia[33])
2. convulsões

3. mau posicionamento
   a) do cateter ventricular
   b) do cateter distal
4. infecção

25.6.2 Problemas em pacientes com *shunt* de CSF instalado

Os "problemas" de *shunt* geralmente consistem em um ou mais dos seguintes (**o *undershunting*** e a infec-ção constituem os problemas mais comuns dos *shunts*):
1. *undershunting* (ver abaixo): obstrução (taxa: ≈ 10% por ano), rupturas...
2. infecção (p. 339): amplitude 1-40%. É uma complicação grave. Frequentemente associada com obs-trução
3. ter uma infecção no *shunt* diminui o IQ
4. *overshunting*:
   a) síndrome de ventrículos fendidos
   b) hematomas subdurais... (p. 424)
   c) "cefaleia espinal"
5. convulsões (p. 417)
6. problemas relacionados com o cateter distal
   a) peritoneal (p. 417)
   b) atrial (p. 418)
7. ruptura da pele acima do dispositivo (p. 417): pode indicar infecção ou alergia a silicone

25.6.3 Avaliação do paciente com *shunt*

Histórica e física

1. história direcionada à determinação da presença de sintomas relacionados com o desvio
   a) sintomas agudos do aumento da ICP
      - H/A: efeito da postura, da posição, da atividade, sintomas semelhantes aos da enxaqueca (aura visual...)
      - N/V
      - diplopia
      - letargia
      - ataxia
      - bebês: apneia e/ou bradicardia; irritabilidade, fastio
      - convulsões: tanto como um evento novo quanto preexistente, um aumento da frequência ou da dificuldade de controlar
   b) sintomas de infecção: febre, calafrios, suores noturnos, eritema e/ou flacidez em cima dos tubos do *shunt*. Diarreia pode indicar uma infecção não relacionada com o *shunt*. Exposição a outros indiví-duos doentes
2. exame físico: os sinais de pressão intracraniana aumentada incluem os seguintes
   a) para crianças: OFC (p. 395). Plote em um gráfico de curvas normais (use os dados do paciente, se estiverem disponíveis) e procure curvas que interceptem o OFC
   b) tensão na fontanela (quando aberta): o normal é uma fontanela com pulsação suave, variando com a respiração; uma fontanela tensa, avultante, sugere uma obstrução, uma fontanela afundada pode ser normal ou pode significar *overshunt*
   c) paralisia com os olhos voltados para cima: "sinal do sol poente". Síndrome de Parinaud (p. 99)
   d) paralisia abducente (p. 567): é um sinal de falsa localização
   e) corte do campo visual, ou cegueira; ver Cegueira por hidrocefalia (p. 396)
   f) turgor em torno dos tubos de *shunt*: causado por dissecção de CSF ao longo do trato de um *shunt* obstruído
3. histórico de *shunts*
   a) tipo de derivação: VP, VA, pleural, LP)
   b) inserção inicial do *shunt*: motivo (MM, pós-meningite etc.) e idade do paciente
   c) data e motivo da última revisão
   d) presença de acessórios no sistema (p. ex., dispositivo antissifonagem etc.)
4. capacidade de bombeamento e de enchimento do *shunt*
   a) ✖ cuidado: pode exacerbar uma obstrução, especialmente se *shunt* estiver ocluído por epêndima, devido a um *overshunt*; é controverso
   b) dificuldade de despressurização: sugere uma oclusão distal
   c) enchimento lento (geralmente, qualquer válvula deve se encher em 15-30 s): sugere oclusão pro-ximal (ventricular) ou fendas ventriculares
5. evidência de dissecção de CSF ao longo do trato, independente dos tubos de *shunt*
6. em crianças que só apresentam vômitos, especialmente nas que têm paralisia cerebral e alimentação por tubos de gastrostomia; descartar refluxo gastroesofágico

Avaliação radiológica

1. "série de *shunts*" (radiografias planas para visualizar o *shunt* inteiro)
   a) finalidade: desconexão ou ruptura de R/O, ou deslocamento da extremidade (Nota: um *shunt* desconectado pode continuar funcionando, por fluxo do CSF, através de um trato fibroso subcutâneo)
   b) para uma derivação VP: AP e lateral do crânio, CXR e radiografia do abdome
   c) os seguintes acessórios podem ser radioluzentes e simular uma desconexão:
      • a parte central, silástica, das válvulas de estilo Holter, mais antigas
      • os conectores (**Y, T** e retos)
      • os dispositivos antissifonagem
      • os filtros de tumor
   d) obtenha a radiografia mais atual que puder, para comparar quanto a quebras (é essencial para os *shunts* "complicados", que envolvem extremidades com múltiplos ventrículos ou cistos, ou para dispositivos auxiliares)
2. em bebês com fontanelas abertas, o ultrassom é um ótimo método de avaliação (especialmente quando se dispõe de U/S anterior)
3. a CT é necessária se as fontanelas estão fechadas, e é desejável em sistemas de *shunts* complicados (p. ex., *shunts* de cistos). Em pacientes pediátricos, minimize o número de CTs
4. *MRI*: o equipamento para derivação é de difícil observação. Pode apresentar absorção transependimática de CSF, loculações... As válvulas programáveis precisam ser avaliadas e reprogramadas após a MRI
5. "shuntograma" se não ficar esclarecido se o *shunt* está funcionando
   a) radionuclídeos: ver abaixo
   b) radiografia: utilizando contraste iodado: ver abaixo

"Shuntograma"

Indicações

Quando o funcionamento do *shunt* não pode ser avaliado de maneira confiável por outros métodos.

Procedimento

Remover o cabelo da região do reservatório e preparar (p. ex., com Betadina). Com o paciente em posição supina, puncione o *shunt* por inserção de uma agulha de "butterfly", calibre 25, no reservatório. Meça a pressão com um manômetro. Os pacientes com vários cateteres ventriculares precisam fazer a injeção em cada um, para verificar a patência.

"Desviograma" por radionuclídeos, também conhecido como "shuntograma" por radionuclídeos:[34] depois de puncionar o *shunt*, colete 2-3 mL de CSF e encaminhe 1 mL para C&S. Injete o radioisótopo (p. ex., para um *shunt* VP, em adulto, use 1 mCi de tecnécio 99m-pertecnetato (faixa utilizável: 0,5 a 3 mCi) em 1 cm^3 do líquido) enquanto é provocada a oclusão do fluxo distal (por compressão da válvula ou por oclusão das portas). Injete o isótopo com o restante do CSF.

Focalize o abdome imediatamente, com a câmera gama, para descartar injeção direta no tubo distal. Focalize o crânio para verificar o fluxo nos ventrículos (patência proximal), a fim de descartar a formação de pseudocistos em torno do cateter, impedindo que o isótopo se difunda no abdome.

Interpretação: Se o fluxo espontâneo aparece no abdome em até 20 minutos, o *shunt* está patente. Se não aparecer fluxo em uma imagem tardia, ele está ocluído. A válvula pode ser bombeada para verificar a difusão do isótopo no abdme, a fim de descartar a formação de pseudocistos ao redor da extremidade do cateter. Se a demora for de > 20 minutos, ou se o paciente tiver de ser colocado em pé para haver fluxo, a patência fica indeterminada e você deve usar outras informações para decidir pela revisão ou não do *shunt*.

"Shuntograma" por raios X: após puncionar o *shunt*, retire ≈ 1 mL de CSF e envie para C&S. Injete, p. ex., iohexol (Omnipaque 180) (p. 219), enquanto oclui o fluxo distal (comprimindo a válvula ou ocluindo as portas).

Pseudocisto (peritoneal) com *shunt* VP

Geralmente um pseudocisto abdominal é indicativo de infecção.

Algoritmo de tratamento

Um dos diversos protocolos cirúrgicos para lidar com isso:
1. fazer uma incisão abdominal por sobre o tubo e dividi-lo nesse local
2. verificar qual é a extremidade peritoneal do corte e qual é extremidade do *shunt* distal (com um desvio funcional, bombear a válvula deve fazer o CSF sair pelo *shunt* distal)
3. tente drenar o cisto através da extremidade peritoneal restante
   a) quando não puder mais drenar líquido, ou quando não houver líquido para começar a drenagem, retire o cateter aos poucos, aspirando a cada passo
   b) mande o líquido obtido para cultura
   c) se o tubo não deslizar facilmente, pode ser preciso abrir o abdome (cogite consultar um cirurgião geral)

4. verifique o funcionamento do restante do *shunt*
   a) se o *shunt* restante está funcionando
      - conecte-o a um sistema de coleta estéril
      - monitore os volumes expelidos e mande o CSF para culturas de controle diariamente
      - depois de três culturas negativas consecutivas, internalize a extremidade distal do *shunt* (usando um cateter distal novo). A escolha da extremidade distal (peritônio, pleura, veia) depende de o líquido cístico abdominal estar infectado, e de a cavidade peritoneal continuar parecendo adequada
   b) se o *shunt* não estiver funcionando, um novo cateter ventricular externo deve ser inserido e conectado a um sistema de coleta
      - monitore os volumes de saída e mande para culturas de controle diário do CSF
      - depois de três culturas negativas consecutivas, remova um *shunt* antigo e instale um *shunt* completamente novo. A escolha do ponto da extremidade distal (peritônio, pleura, veia) depende de o líquido cístico abdominal estar infectado e de a cavidade peritoneal continuar parecendo adequada
5. coleta no *shunt*: as indicações variam; geralmente ela é feita em suspeita de oclusão, se houver cogitação de exploração cirúrgica, ou se houver forte suspeita de infecção; ver Puncionando um *shunt* (p. 422)
6. exploração do *shunt*: às vezes, mesmo após uma avaliação intensiva, a única maneira definitiva de aprovar ou não o funcionamento de vários componentes do *shunt* é a de ativar, isolar e testar cada parte do sistema, independentemente. Mesmo não havendo suspeita de infecção, devem ser feitas culturas de CSF e de qualquer componente retirado do *shunt*

Puncionando um *shunt*

Indicações

As indicações para puncionar um *shunt* ou um dispositivo de acesso ventricular (p. ex., um reservatório de Ommaya) compreendem:
1. obter amostra de CSF para
   a) avaliar uma infecção no *shunt*
   b) citologia: p. ex., em PNET, para procurar células malignas no CSF
   c) retirada sangue: p. ex., em uma hemorragia intraventricular
2. avaliar o funcionamento do *shunt*
   a) medindo as pressões
   b) por estudos com contraste:
      - injeção proximal de contraste (iodado, ou com radiomarcador)
      - injeção distal de contraste
3. uma medida contemporizadora, para permitir o funcionamento de um desvio ocluído distalmente[35,36]
4. injetar medicação
   a) antibióticos: para infecção do *shunt* ou de ventrículos
   b) agentes quimioterápicos (antineoplásicos)
5. em cateteres instalados em cistos tumorais (não é um *shunt* verdadeiro)
   a) remoção periódica do líquido acumulado
   b) injeção de líquido radioativo (geralmente fósforo) para ablação

Técnica

Para *shunts* LP, ver Avaliação de *shunt* lomboperitoneal (p. 1518).
   A cada acesso ao sistema de *shunt* existe um risco de introdução de infecção. Com cuidados, ele pode ser reduzido a um mínimo.
1. remova o cabelo da área
2. preparação: p. ex., solução de iodopovidona por 5 minutos
3. use uma agulha de "butterfly" de calibre 25, ou inferior (idealmente deve ser usada uma agulha sem núcleo): para punções de rotina, a agulha só deve ser introduzida nos componentes do *shunt* especificamente determinados para serem puncionados

Para medir as pressões

Uma agulha de "butterfly" de calibre 25 e uma bandeja para LP (com manômetro, tubos de coleta, uma torneira de passagem tridirecional...) são úteis. Os passos são descritos no ▶ Quadro 25.2.

25.6.4 *Undershunting*

Informações gerais

Na população pediátrica, a taxa de mau funcionamento de *shunts* durante o primeiro ano de instalação é de ≈ 17%.

Quadro 25.2 Passos da punção de um *shunt*

Passo	Informação fornecida
• após depilação e preparação, insira uma agulha "butterfly" calibre 25 no reservatório e observe o fluxo para o tubo do "butterfly" • meça a pressão no manômetro	• fluxo espontâneo indica extremidade proximal não ocluída completamente • a pressão é a do sistema ventricular (normal < 15 cm de CSF no paciente relaxado, em posição recumbente)
• a seguir, meça a pressão com o oclusor distal pressionado (se houver)	• um aumento de pressão indica alguma funcionalidade da válvula e do *shunt* distal
• se o fluxo não for espontâneo, tente aspirar CSF com uma seringa	• se o CSF é aspirado com facilidade, pode ser que a pressão vista pelo sistema ventricular esteja muito baixa. Depois disso, deveria haver fluxo espontâneo quando a extremidade do tubo é baixada • não se obter CSF, ou ser difícil aspirá-lo, indica oclusão proximal
• se continuar sem fluxo, injete, cuidadosamente, 1 a 2 mL de salina, sem conservantes, no cateter ventricular, e observe se ocorre fluxo espontâneo de um volume maior do que o injetado	• pode desalojar do cateter, o coágulo ou os fragmentos • o retorno, apenas dos 1-2 mL que foram injetados, indica que há um cateter não patente em um espaço aberto contendo CSF (as possibilidades são: cateter ocluído, extremidade alojada no cérebro, ventrículos fendidos)
• envie CSF para: C&S, proteína/glicose, contagem de células	• exames para infecção
• encha o manômetro com salina estéril e com a válvula fechada para o *shunt* • comprima o oclusor *proximal* (de entrada), se houver • abra válvula para o *shunt* e meça a pressão de corrente por ≈ 60 segundos	• medidas da transmissão de pressão para adiante (através da válvula e do cateter peritoneal, em válvulas que têm oclusor proximal); a pressão para adiante deve ser menor do que a pressão ventricular (e a pressão absoluta deve ser < 8 cm H_2O)
• se não houver fluxo distal, mantenha o oclusor da entrada comprimido e injete 3-5 mL de salina no *shunt* distal e meça novamente a pressão distal corrente • ✖ não injete mais do que ≈ 1-2 mL nos ventrículos, para evitar o aumento da ICP	• se o cateter peritoneal é um compartimento loculado, a pressão será consideravelmente mais alta após a injeção

Etiologias

Pode ser devida a uma ou mais das seguintes causas:
1. bloqueio (oclusão)
   a) possíveis causas da oclusão:
      • obstrução proximal pelo plexo-coroide
      • acúmulo de concreção de material proteico
      • sangue
      • células (inflamatórias ou tumorais)
      • pós-infecção
   b) local do bloqueio
      • bloqueio da extremidade ventricular (o mais comum): geralmente pelo plexo-coroide, também pode ser devido a adesões gliais ou sangue intraventricular
      • bloqueio dos acessórios intermediários (válvulas, conectores etc.; os filtros de tumores podem ficar obstruídos por células tumorais, dispositivos antissifonagem podem-se fechar pela variação das pressões das camadas do tecido subcutâneo sobrejacente[37])
      • extremidade distal bloqueada, ver também *shunt* VP (p. 417)
   c) desconexão, torção ou rompimento em algum ponto do sistema: com o tempo, os elastômeros de silicone usados nos cateteres se calcificam e desgastam, tornando-se mais rígidos e frágeis, o que pode originar aderências subcutâneas.[38] Impregnação por bário pode acelerar esse processo. As fraturas dos tubos frequentemente ocorrem perto da clavícula, presumivelmente em razão da grande movimentação no local

Sinais e sintomas da *undershunting*

Os sinais e sintomas são os da hidrocefalia ativa. Ver "Avaliação do paciente com *shunt*" (p. 420).

25.6.5 Infecção no *shunt*

Para avaliação e tratamento, ver Infecção no *shunt* (p. 399).

25.6.6 "Overshunting"

Informações gerais

As possíveis complicações do *overshunting* incluem:[39]
1. ventrículos com fendas: inclusive a síndrome dos ventrículos fendidos (ver adiante)
2. hipotensão intracraniana: ver abaixo
3. hematomas subdurais (p. 426)
4. craniossinostose e microcefalia (p. 427): controversa
5. estenose ou oclusão do aqueduto de Sylvius

Dez a 12% dos pacientes que têm *shunt* ventricular há longo tempo desenvolverão algum dos problemas acima, dentro de um período de até 6,5 anos a partir do *shunt* inicial.[39] Alguns especialistas consideram que os problemas relacionados com a *overshunting* poderiam ser reduzidos através do uso de *shunts* LP para a hidrocefalia comunicante, reservando-se os *shunts* ventriculares para HCP obstrutiva.[39] Os *shunts* VP também podem ter maior probabilidade de superdrenagem do que os *shunts* VA, por sua tubulação mais longa → maior efeito de sifonagem.

Hipotensão intracraniana

Também conhecida como síndrome da ICP. É muito rara. Os sintomas são semelhantes aos da H/A espinal (de natureza postural, *aliviada pela posição recumbente*). Embora ela geralmente não esteja associada com sintomas a seguir,[40] eles podem ocorrer:[39] N/V, letargia, sintomas neurológicos (p. ex., diplopia, paralisia do olhar para cima). Às vezes os sintomas se assemelham aos da ICP elevada, exceto por serem aliviados quando há prostração. Os efeitos agudos que podem ocorrer compreendem:[39] taquicardia, perda de consciência, outras deficiências do tronco cerebral, devidas à mudança rostral dos conteúdos intracranianos ou à ICP baixa.

A etiologia é um efeito de sifonagem causada pela coluna de CSF no tubo do *shunt*, quando o paciente está ereto.[41] Os ventrículos podem parecer fendidos (como na síndrome dos ventrículos fendidos (SVS)), ou ter aparência normal. Às vezes, para diagnosticar essa condição, é necessário constatar uma queda na ICP quando se muda da posição de supino para a ereta. Esses pacientes também podem desenvolver oclusão de *shunt*, o que complica a distinção em relação à SVS (ver abaixo).

Para sintomas de curta duração, o tratamento de escolha é um dispositivo antissifonagem (ASD). Os pacientes com *overshunting* prolongada podem não tolerar os esforços para fazer com que a pressão intraventricular retorne aos níveis normais.[39,42]

Ventrículos fendidos

"Ventrículos fendidos" refere-se ao colapso completo dos ventrículos. Em um estudo de revisão, foi verificado que, na maioria das vezes, uma relação < 0,2 entre os cornos frontoccipitais[43] poderia ser considerada como representativa de SVS. Eles podem ser observados em:
1. *overshunting*
2. encarceramento (isolamento) do quarto ventrículo (p. 402)
3. alguns pacientes de hipertensão intracraniana idiopática, também conhecida como pseudotumor cerebral (p. 766), têm os ventrículos fendidos em correspondência com a ICP elevada

Os ventrículos fendidos podem ser:
1. assintomáticos:
   a) à CT, ventrículos fendidos (ventrículos laterais completamente colapsados) podem ser observados em 3-80% dos pacientes, após *shunt*;[40,44] a maioria é assintomática;
   b) ocasionalmente, esses pacientes podem apresentar sintomas não relacionados com o *shunt*, p. ex., enxaqueca verdadeira
2. síndrome dos ventrículos fendidos (SVS): observada em menos de 12% do total de pacientes com *shunt*. Subtipos:
   a) oclusão intermitente do *shunt*: o *overshunting* leva a colapso ventricular (ventrículos fendidos), que faz com que o alinhamento ependimático oclua as portas de acesso do cateter ventricular (por coaptação), causando a obstrução do *shunt*. Com o tempo, muitos desses pacientes desenvolvem baixa complacência ventricular[45] na qual, qualquer mínima dilatação resulta em pressão elevada, que produz sintomas. Depois, uma eventual expansão reabre as portas de acesso, permitindo a retomada da drenagem (daí a intermitência dos sintomas). Os sintomas podem assemelhar-se a mau funcionamento do *shunt*: cefaleias intermitentes, não relacionadas com a postura, são frequentes: N/V, torpores, irritabilidade e alterações mentais. Os sinais podem incluir paralisia do

sexto nervo craniano. Incidência em pacientes com *shunt*: 2-5%;[40,46] varreduras por CT ou MRI também podem evidenciar absorção transependimática de CSF

b) pode ocorrer um completo mau funcionamento do *shunt* (também conhecido como hidrocefalia com volume normal[45]): ainda assim os ventrículos permanecem fendidos, caso não possam se expandir, em razão da gliose subependimática ou em decorrência da lei de Laplace (que estabelece que a pressão necessária para expandir um recipiente grande é menor do que a necessária para expandir um recipiente pequeno)

c) hipertensão venosa com funcionamento normal do *shunt*: pode resultar de uma oclusão venosa, parcial, que ocorre em certas condições (p. ex., ao nível do forame jugular, na síndrome de Crouzon). Geralmente desaparece na adultidade

3. hipotensão intracraniana: geralmente os sintomas são aliviados na posição recumbente (ver anteriormente)

Avaliação dos ventrículos fendidos

Se bombeada quando os ventrículos estiverem colapsados, a válvula do *shunt* se enche lentamente.

A pressão do CSF é monitorizada, seja pelo dreno lombar, seja por um "burtterfly" inserido no reservatório do *shunt* (com esse método, a pressão pode ser acompanhada durante as mudanças posturais, para detectar uma pressão negativa na posição ereta; isso traz um possível aumento do risco de infecção). Esses pacientes também são monitorizados quanto a picos de pressão, especialmente durante o sono.

Alternativamente, esses pacientes podem ser avaliados através de um "desviograma" (ver anteriormente).

Tratamento

Quando se utilizam estudos de imagens para tratar um paciente com ventrículos fendidos, é importante avaliar em qual categoria (ver acima) o paciente se enquadra. Se o paciente puder ser enquadrado, então o tratamento específico listado abaixo deve ser empregado. Caso contrário, provavelmente é mais comum começar tratando o paciente empiricamente para hipotensão intracraniana, e depois mudar para outros métodos, com base nos erros de tratamento.

Tratamento de ventrículos fendidos assintomáticos

As mudanças profiláticas para uma válvula de maior pressão ou para a inserção de um dispositivo antissifonagem, inicialmente defendidas, têm sido amplamente abandonadas. Entretanto, pode ser adequado fazer essas mudanças por ocasião de uma revisão do *shunt*, se esta for feita por outros motivos.[44]

Tratamento da hipotensão intracraniana

Geralmente a H/A postural causada por hipotensão intracraniana (o *overshunting* verdadeiro) é autolimitada; entretanto, se os sintomas persistirem após ≈ 3 dias de repouso em leito, analgésicos e um teste com uma faixa abdominal apertada, deve-se revisar a válvula quanto a uma pressão de fechamento adequada. Se ela estiver baixa, substitua-a por uma válvula de pressão maior. Se não estiver baixa, pode ser uma ASD (que, por si só, também aumenta a resistência do sistema), ou ainda uma válvula de pressão mais alta.[47]

Tratamento da síndrome dos ventrículos fendidos

Na verdade, os pacientes que têm sintomas de SVS estão sofrendo de pressão alta intermitente. Se a causa é um mau funcionamento completo do *shunt*, é indicada a revisão do mesmo. As opções de tratamento para oclusões intermitentes compreendem:

1. se os sintomas ocorrem logo após a inserção ou a revisão do desvio, o tratamento indicado pode ser o de espera inicial porque, em muitos pacientes, os sintomas resolver-se-ão espontaneamente quando se equilibrarem em sua nova pressão intracraniana

2. revisão do *shunt* proximal. Isso pode ser difícil por causa do pequeno tamanho dos ventrículos. Pode-se tentar acompanhar o trato existente com um tubo mais longo, ou mais curto, com base nos estudos de imagens do pré-operatório. Alguns advogam a instalação de um segundo cateter ventricular, mantendo o primeiro em sua posição

3. os pacientes podem "responder" (fortuitamente) a cada uma das seguintes intervenções, porque o leve alargamento ventricular afasta a epêndima das portas de entrada (essa pode *não* ser a única terapia de escolha):
   a) aumento da válvula[48] ou
   b) inserção de um ASD:[40,47] é o procedimento de escolha, segundo algumas opiniões.[39] Descrito inicialmente em 1973[49]

4. descompressão subtemporal.[50,51,52] Às vezes com uma dural.[50] Isso, na maioria dos casos, mas não em todos,[52] resulta na dilatação dos cornos temporais (evidência de pressão elevada)

5. ventriculostomia do terceiro ventrículo (p. 415)[53]

25.6.7 Problemas não relacionados com *shunts*

Para H/A compatíveis com enxaquecas não posturais é necessário fazer um teste com medicações específicas para enxaquecas (Fiorinal®). Ver o tratamento da hipertensão intracraniana idiopática (pseudotumor cerebral) (p. 771).

25.6.8 Hematomas subdurais

Informações gerais

Podem ser causados por um colapso cerebral, com gotejamento de veias da ponte. Incidência: 4-23% em adultos, 2,8-5,4% em crianças, sendo mais elevada na hidrocefalia com pressão normal (20-46%) do que na "hidrocefalia hipertensiva" (0,4-5%).[54,55] O risco de SDH é mais elevado no quadro de uma hidrocefalia de longa duração, com cabeça grande e pouco parênquima cerebral (desproporção craniocerebral) e um manto cerebral fino, como geralmente ocorre em crianças que, na avaliação inicial, apresentam macrocefalia e ventrículos grandes. Esses pacientes têm "equilíbrio extremamente delicado entre a pressão subdural e a intraventricular".[54] Pelo mesmo motivo, o SDH também pode acompanhar o *shunt* em pacientes mais idosos, que tenham atrofia cerebral grave. O desenvolvimento de SDH também pode ser facilitado por pressões negativas nos ventrículos, consequentes a efeitos da sifonagem quando o paciente está ereto.[55,56] Também existe baixo risco de hematoma epidural após *shunting* do CSF.[55]

Características do líquido

Em 32% dos casos, a coleção pode estar no mesmo lado que o *shunt*, em 21% dos casos, pode estar no lado oposto, ou ser bilateral em 47% dos casos.[55]

Geralmente, ao serem descobertos, os SDHs são subagudos ou crônicos e os ventrículos, antes amplos, costumam estar colapsados. Apenas 1 de 19 casos apresentou líquido incolor.[55] Em todos os casos testados (inclusive no do líquido limpo), as proteínas estavam elevadas em comparação com o CSF.

Tratamento

Indicações para tratamento

Coleções pequenas e assintomáticas (< 1-2 cm de espessura) em pacientes com as suturas cranianas fechadas podem ser acompanhadas através de estudos de imagens seriadas. Os SDHs eram sintomáticos em ≈ 40% dos casos (frequentemente os sintomas se assemelham aos de mau funcionamento do *shunt*), e exigem tratamento. Foi advogado o tratamento do SDH em crianças com suturas abertas,[55] para prevenir sintomas posteriores e/ou o desenvolvimento de macrocrania. A controvérsia reside nos SDHs grandes, assintomáticos, em crianças mais velhas ou em adultos. Muitos autores recomendam não tratar as lesões assintomáticas, independentemente de sua aparência,[54,57] enquanto outros variam em suas recomendações, com base em diversos critérios, incluindo o tamanho, a aparência (crônica, aguda, mista...) etc.

Técnicas de tratamento

Há várias técnicas descritas. A maioria envolve a evacuação dos SDHs pelos métodos usuais (p. ex., perfuração nas coleções crônicas, craniotomia nas coleções agudas), juntamente com:
1. redução do grau de *shunt* (isto é, estabelecer uma pressão mais baixa no espaço subdural do que no espaço intraventricular, para fazer com que os ventrículos se expandam novamente, prevenindo novo acúmulo de SDH)
   a) nos casos dependentes de *shunt*
      - substituindo a válvula por outra de maior pressão (atualização da válvula)
      - aumentando a pressão em uma válvula de pressão programável[58,59]
      - usando um dispositivo de Portnoy, que pode ser ligado/desligado externamente. Assegure-se de que os cuidadores sejam confiáveis quanto a abrir o dispositivo em uma emergência
   b) nos casos não dependentes de *shunt*
      - qualquer um dos métodos expostos acima para os casos dependentes de *shunts*
      - isolar o *shunt* temporariamente[60]
   c) inserção de um dispositivo antissifonagem
2. drenagem do espaço subdural para
   a) a cisterna magna[61]
   b) o peritônio (*shunt* subdural peritoneal), com uma válvula de menor pressão (ou sem válvula[55]). Alguns autores propõem o bombeamento frequente da válvula subdural

O objetivo é alcançar um equilíbrio fino entre o *undershunting* (produzindo sintomas de hidrocefalia ativa) e o *overshunting* (promovendo a volta do SDH). Após a cirurgia, o paciente deve ser movimentado aos poucos, para evitar a recorrência de SDH.

25.6.9 Miscelânea de assuntos sobre *shunts*

Craniossinostose, microcefalia e deformidades do crânio

Ver também Craniossinostose (p. 252). Foi descrita uma variedade de mudanças cranianas em bebês, após *shunting*, incluindo:[62] espessamento e internalização do crescimento ósseo da base do crânio e da calota craniana, diminuição do tamanho da sela túrcica, redução do tamanho dos forames cranianos e craniossinostose. A deformidade craniana mais frequente foi a dolicocefalia por sinostose sagital.[63] A microcefalia perfazia ≈ 6% das deformidades cranianas após o *shunting* (cerca de metade delas apresentava sinostose sagital). Algumas dessas mudanças eram reversíveis (exceto quando havia sinostose completa) se a hipertensão intracraniana recorresse.

Cirurgia laparoscópica em pacientes com *shunts* VP

Questões relativas à segurança da cirurgia laparoscópica em pacientes com *shunts* VP:
1. cirurgia laparoscópica: é feita insuflação abdominal com CO_2 para criar um pneumoperitônio, permitindo o trabalho do cirurgião geral. Pressão típica de insuflação: 15 mmHg (ver os fatores de conversão entre mmHg e cm de água (p. 861)). Em pacientes magros, 10 mmHg podem ser suficientes. Transitoriamente, podem ocorrer aumentos adicionais à pressão, p. ex., quando o cirurgião pressiona o abdome do paciente
2. questões para pacientes com *shunts* VP:
   a) em alguns casos, insuflação → ↑ ICP[64], o que pode ser causado por:
      - compressão da veia cava → redução no retorno venoso da cabeça, como na manobra de Valsalva (independente da presença de *shunt*)
      - absorção de CO_2 do peritônio → ↑ do CO_2 arterial, causando dilatação arterial no cérebro e, assim aumentando a ICP
      - ↓ da drenagem de CSF, provocada pelo ↑ da pressão contra a qual o CSF deve fluir
      - retrocesso na passagem de ar/fragmentos no compartimento intracraniano, por causa de uma válvula de *shunt* incompetente (isso também tem potencial de infecção, em presença de peritonite). Esse risco é mínimo, mesmo com pressões de retorno de até 80 mmHg.[65] O fluxo retrógrado também pode ocorrer em *shunts* sem válvula (usados raramente)
      - em um relato de caso de monitorização de TCDs,[66] não houve mudanças durante a cirurgia laparoscópica de um paciente com desvio VP (exceto nos períodos em que a pressão estava muito elevada)
   b) oclusão do cateter distal por ar, fragmentos[67] ou tecido mole
   c) pressões intra-abdominais extremamente elevadas (> 80 mmHg *in vitro*) podem danificar a válvula,[65] o que pode causar mau funcionamento após laparoscopia

Opções de tratamento profilático:
1. muita controvérsia, precauções especiais podem ser desnecessárias[68]
2. é possível a oclusão temporária do cateter peritoneal (p. ex., com um hemoclipe, aplicado pelo cirurgião geral sob laparoscópio, com um mínimo de pressão de insuflação; o clipe é removido ao fim do procedimento), ou a exteriorização temporária do *shunt* pelo neurocirurgião, com sua internalização ao final do procedimento (isso gera um aumento de risco de infecção)
3. monitorização da ICP durante a laparoscopia
4. uso de baixas pressões de insuflação (p. ex., < 10 mmHg)

25.7 Sistemas específicos de *shunts*

As seções seguintes descrevem as características mais destacadas de alguns sistemas de *shunts* usados mais frequentemente. Os diagramas são apenas para informações gerais, e não estão em escala.

25.7.1 Comparação dos sistemas de válvulas não programáveis

Na ▶ Fig. 25.2 são comparadas as pressões de abertura de algumas das válvulas de *shunt*, não programáveis, mais comuns. Os símbolos sobrepostos às barras da pressão apresentam radiografias relevantes das válvulas.

25.7.2 Comparação entre válvulas de *shunts* programáveis

A ▶ Fig. 25.3 apresenta uma comparação das pressões de operação de algumas válvulas de *shunt* programáveis, de uso frequente.

25.7.3 Válvula de fluxo controlado do CSF, OS Medical/Medtronic

Fabricada por Medtronic Inc.

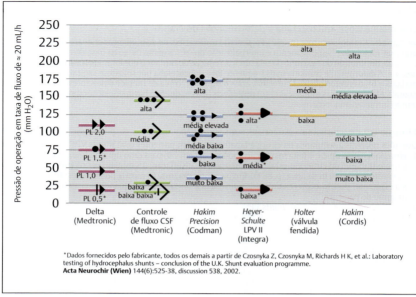

Fig. 25.2 Pressões de abertura de válvulas de *shunts*, não programáveis.

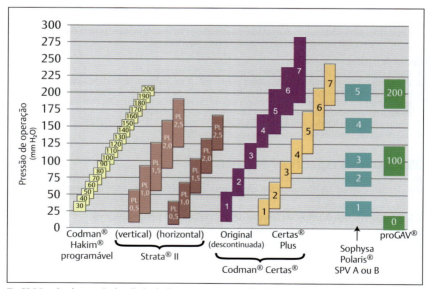

Fig. 25.3 Pressões de operação das válvulas de *shunts* programáveis. Modificada de uma figura que foi cortesia de Codman Neuro, usada com permissão.

Desenho de uma válvula de membrana, unidirecional simples. A ponta da seta radiopaca indica a direção do fluxo (▶ Fig. 25.4).

Bombeando a válvula

Para bombear o *shunt* na direção "adiante", primeiro oclua a porta de entrada (▶ Fig. 25.5) pressionando com um dedo no "oclusor da entrada" (evita o retorno para o ventrículo durante o passo seguinte). Mantendo essa pressão, aperte o balão do reservatório com outro dedo. Afrouxe ambos os dedos e repita. A válvula unidirecional regula a pressão no *shunt* e evita o refluxo de CSF durante o uso normal e durante a fase de liberação do bombeamento do *shunt*.

Características radiográficas

As três pressões de válvula disponíveis são indicadas pelos pontos radiopacos na válvula (permitem a identificação radiográfica da pressão na válvula): um ponto = pressão baixa, dois pontos = média, três pontos = alta.

25.7.4 Válvula programável Strata®

A Medtronic Strata é uma válvula ajustável externamente, que é programada (por meio de um ímã) para um de cinco níveis de ajustes de desempenho ("P/L") (▶ Fig. 25.6).

Ver também as informações gerais sobre válvulas programáveis (p. 418).

25.7.5 Válvula programável Codman Hakim

Fabricada pela Codman Inc.

18 ajustes de pressão. Programada por meio de uma unidade de programação alimentada por AC, que exige confirmação radiográfica após a reprogramação. Novas unidades de programação, com monitorização acústica, podem dispensar a radiografia. O fabricante aconselha a não aumentar a pressão em > 40 mm H_2O, por período de 24 horas.

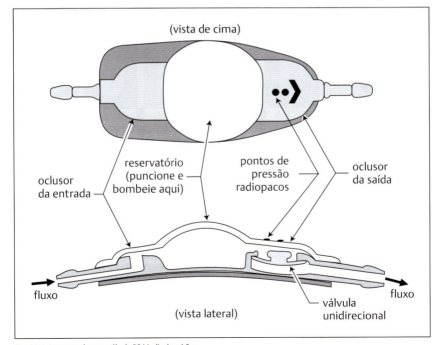

Fig. 25.4 Contorno de uma válvula PS Medical padrão.

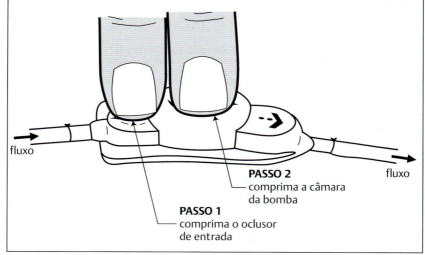

Fig. 25.5 Bombeando uma válvula PS Medical.

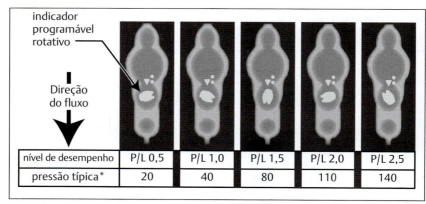

Fig. 25.6 As regulagens para o nível de desempenho (P/L) da válvula Strata de tamanho regular, como são vistas radiograficamente.
*As pressões, em mm H_2O, a uma taxa de fluxo de 20 mL/h, com o paciente em posição recumbente.

Os aspectos radiográficos de várias regulagens são apresentados na ▶ Fig. 25.7 (nota: os ajustes de 70, 120 e 170 mm H_2O estão alinhados com algum dos braços da cruz central da válvula). Nota: quando corretamente radiografado, o feixe de raios X passa primeiro através da válvula e depois pelo paciente, o que causa o marcador radiopaco, o que faz com que o marcador radiopaco apareça como um círculo sólido, à direita do centro, como é demonstrado na ▶ Fig. 25.7. Se o marcador está do lado esquerdo, o feixe está vindo do fundo da válvula e a leitura verdadeira da pressão deve ser baseada na imagem especular da radiografia.

25.7.6 Válvula programável Certas Plus
Fabricada pela Codman Inc.
Sua aparência, à radiografia, é apresentada na ▶ Fig. 25.8 e os ajustes de pressão aparecem no ▶ Quadro 25.2.

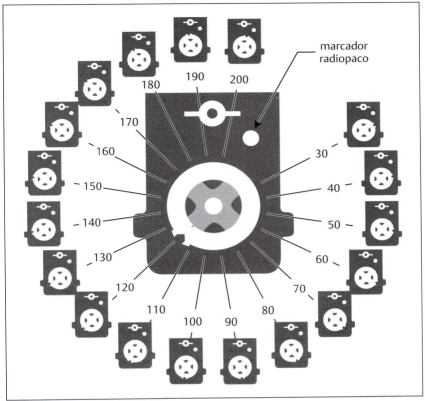

Fig. 25.7 Aspecto radiográfico da válvula programável Codman Hakim, com seus vários ajustes em mmHg (p. ex., a grande imagem central apresenta uma regulagem de 120 mm H₂O).

25.7.7 Válvula programável Polaris

Fabricada pela Sophysa.

A Polaris é uma válvula programável externamente, que usa dois ímãs atrativos, de samário-cobalto, para fixar o ajuste da pressão e resistir a uma reprogramação inadvertida através de ímãs encontrados no ambiente, tais como escâneres de MRI, telefones celulares, fones de ouvido, ...

Disponível em quatro modelos (diferentes faixas de pressão, cada uma delas identificada por um número exclusivo de pontos radiopacos) cada um com 5 posições externamente ajustáveis. O aspecto, à radiografia, e as pressões correspondentes, são demonstrados na ▶ Fig. 25.9.

25.7.8 Heyer-Schulte

Distribuída pela Integra Neurosciences

A válvula LPV® II é apresentada na ▶ Fig. 25.10. Para bombear o *shunt*, oclua a porta de entrada com um dedo e pressione o reservatório com outro (como é feito na válvula PS Medical, ver acima). Essa válvula pode ser injetada em ambas as direções, pela liberação do oclusor adequado enquanto se injeta o reservatório.

25.7.9 Desviador Hakim (Cordis)

Distribuída por Integra Neurosciences.

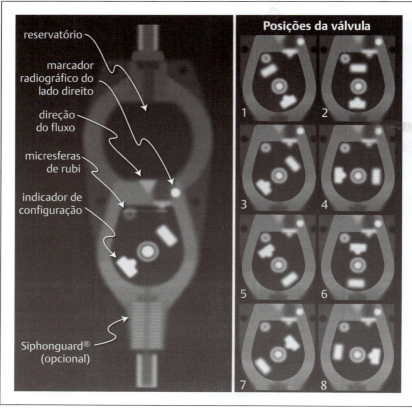

Fig. 25.8 Válvula Certas Plus, aspecto radiográfico.

Quadro 25.3 Ajuste da pressão na Certas

Número do ajuste	Pressão média (mm H₂O) taxa de fluxo medida em 20 mL/h	
	Certas (descontinuada)	Certas Plus
1	36	25
2	71	50
3	109	80
4	146	110
5	178	145
6	206	180
7	238	215
8	> 400	(desligamento virtual)

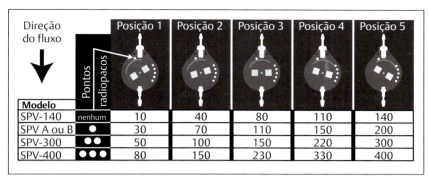

Fig. 25.9 Vistas radiográficas dos ajustes programáveis de modelos de válvulas Polaris (pressões em mm H_2O).

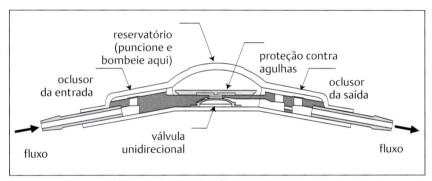

Fig. 25.10 Vista lateral da válvula Heyer-Schulte LPV® II, de perfil baixo.

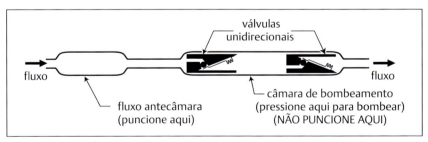

Fig. 25.11 Mecanismo Padrão Hakim.

Uma válvula com mecanismo de duas bolas (▶ Fig. 25.11). Para bombear o *shunt*, comprima a porção indicada da válvula. Nota: *não* puncione ali, porque o elastômero de silicone da cobertura não é autosselante. Para esse tipo de acesso é fornecida uma antecâmara.

25.7.10 Válvula lombar horizontal-vertical Integra (Cordis)

▶ Fig. 25.12. Pode ser usada em *shunts* lomboperitoneais, para aumentar a pressão de transmissão quando o paciente está ereto, evitando o *overshunting*. As marcações usadas para orientar o dispositivo durante a implantação:

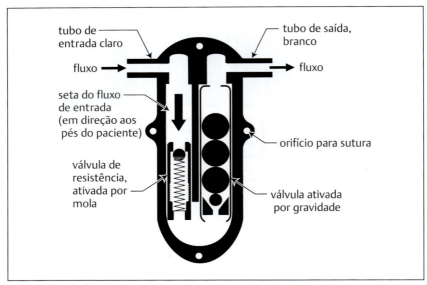

Fig. 25.12 Válvula Cordis H-V.

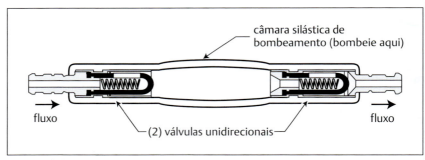

Fig. 25.13 Válvula Holter.

1. a seta no lado da entrada da unidade indica a direção do fluxo
2. o tubo de entrada está limpo
3. o tubo de entrada tem diâmetro menor do que o de saída
4. o tubo de saída é branco
5. antes de posicionar a válvula e prendê-la na fáscia com sutura permanente, ela deve ser conectada tanto ao cateter subaracnoide (entrada) quanto ao cateter peritoneal (saída). A seta na válvula deve apontar para os pés do paciente

25.7.11 Válvula Holter

Um mecanismo de válvula com duas fendas (▶ Fig. 25.13). Geralmente é usada em combinação com reservatório Rickham ou Salmon-Rickham (▶ Fig. 25.14).

Para bombear o *shunt*, simplesmente pressione a parte indicada da válvula.

Características radiográficas

O tubo silástico entre duas válvulas unidirecionais é radioluzente (▶ Fig. 25.1).

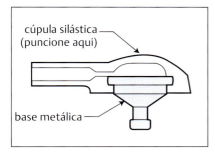

Fig. 25.14 Reservatório de Salmon-Rickham.

25.7.12 Reservatório Salmon-Rickham
Semelhante ao reservatório Rickham, exceto pelo perfil mais baixo (▶ Fig. 25.14).

25.8 Técnicas de inserção cirúrgica
Para técnicas cirúrgicas, consulte a seção sobre inserção de *Shunts* ventriculares (p. 1514).

25.9 Instruções aos pacientes
Todos os pacientes que têm hidrocefalia, e suas famílias, devem ser instruídos em relação ao seguinte:
1. sinais e sintomas de mau funcionamento ou de infecção do *shunt*
2. não bombear o *shunt*, a menos que instruído a fazê-lo para um propósito específico
3. antibióticos profiláticos: para as seguintes situações (obrigatórios em *shunts* vasculares, às vezes recomendados em outros *shunts*)
    a) procedimentos dentários outros que os de limpeza rotineira
    b) instrumentação da bexiga: não é prática para pacientes com cateter de esvaziamento. Importante para citoscopia, CMG etc., em que pode ocorrer septicemia
4. para uma criança em crescimento: a necessidade de avaliações periódicas, inclusive a avaliação do comprimento do cateter distal

Referências

[1] Shinnar S, Gammon K, Bergman EW, et al. Management of Hydrocephalus in Infancy: Use of Acetazolamide and Furosemide to Avoid Cerebrospinal Fluid Shunts. J Pediatr. 1985; 107:31–37
[2] Kreusser KL, Tarby TJ, Kovnar E, et al. Serial LPs for at Least Temporary Amelioration of Neonatal Posthemorrhagic Hydrocephalus. Pediatrics. 1985; 75:719–724
[3] Dandy WE. Extirpation of the Choroid Plexus of the Lateral Ventricle in Communicating Hydrocephalus. Ann Surg. 1918; 68:569–579
[4] Griffith HB, Jamjoom AB. The Treatment of Childhood Hydrocephalus by Choroid Plexus Coagulation and Artificial Cerebrospinal Fluid Perfusion. Br J Neurosurg. 1990; 4:95–100
[5] Gangemi M, Maiuri F, Naddeo M, Godano U, Mascari C, Broggi G, Ferroli P. Endoscopic third ventriculostomy in idiopathic normal pressure hydrocephalus: an Italian multicenter study. Neurosurgery. 2008; 63:62–7; discussion 67-9
[6] Handler MH, Abbott R, Lee M. A Near-Fatal Complication of Endoscopic Third Ventriculostomy: Case Report. Neurosurgery. 1994; 35:525–528
[7] McLaughlin MR, Wahlig JB, Kaufmann AM, Albright AL. Traumatic Basilar Aneurysm After Endoscopic Third Ventriculostomy: Case Report. Neurosurgery. 1997; 41:1400–1404
[8] Kulkarni AV, Drake JM, Mallucci CL, Sgouros S, Roth J, Constantini S. Endoscopic third ventriculostomy in the treatment of childhood hydrocephalus. J Pediatr. 2009; 155:254–9 e1
[9] Kulkarni AV, Drake JM, Kestle JR, Mallucci CL, Sgouros S, Constantini S. Predicting who will benefit from endoscopic third ventriculostomy compared with shunt insertion in childhood hydrocephalus using the ETV Success Score. J Neurosurg Pediatr. 2010; 6:310–315
[10] Naftel RP, Reed GT, Kulkarni AV,Wellons JC. Evaluating the Children's Hospital of Alabama endoscopic third ventriculostomy experience using the Endoscopic Third Ventriculostomy Success Score: an external validation study. J Neurosurg Pediatr. 2011; 8:494–501
[11] Durnford AJ, Kirkham FJ, Mathad N, Sparrow OC. Endoscopic third ventriculostomy in the treatment of childhood hydrocephalus: validation of a success score that predicts long-term outcome. J Neurosurg Pediatr. 2011; 8:489–493
[12] Jones RFC, Currie BG, Kwok BCT. Ventriculopleural Shunts for Hydrocephalus: A Useful Alernative. Neurosurgery. 1988; 23:753–755
[13] James HE, Tibbs PA. Diverse Clinical Application of Percutaneous Lumboperitoneal Shunts. Neurosurgery. 1981; 8:39–42
[14] Cozzens JW, Chandler JP. Increased Risk of Distal Ventriculoperitoneal Shunt Obstruction Associated With Slit Valves or Distal Slits in the Peritoneal Catheter. J Neurosurg. 1997; 87:682–686
[15] Dan NG, Wade MJ. The Incidence of Epilepsy After Ventricular Shunting Procedures. J Neurosurg. 1986; 65:19–21
[16] Berger MS, Baumeister B, Geyer JR, Milstein J, et al. The Risks of Metastases from Shunting in Children with Primary Central Nervous System Tumors. J Neurosurg. 1991; 74:872–877

[17] Jimenez DF, Keating R, Goodrich JT. Silicone Allergy in Ventriculoperitoneal Shunts. Childs Nerv Syst. 1994; 10:59–63

[18] Moazam F, Glenn JD, Kaplan BJ, et al. Inguinal Hernias After Ventriculoperitoneal Shunt Procedures in Pediatric Patients. Surg Gynecol Obstet. 1984; 159:570–572

[19] Bryant MS, Bremer AM, Tepas JJ, et al. Abdominal Complications of Ventriculoperitoneal Shunts. Am Surg. 1988; 54:50–55

[20] Ram Z, Findler G, Guttman I, et al. Ventriculoperitoneal Shunt Malfunction due to Migration of the Abdominal Catheter into the Scrotum. J Pediatr Surg. 1987; 22:1045–1046

[21] Rush DS, Walsh JW. Abdominal Complications of CSF-Peritoneal Shunts. Monogr Neural Sci. 1982; 8:52–54

[22] Alonso-Vanegas M, Alvarez JL, Delgado L, et al. Gastric Perforation due to Ventriculo-Peritoneal Shunt. Pediatr Neurosurg. 1994; 21:192–194

[23] Lourie H, Bajwa S. Transdiaphragmatic Migration of a Ventriculoperitoneal Catheter. Neurosurgery. 1985; 17:324–326

[24] Sakoda TH, Maxwell JA, Brackett CE. Intestinal Volvulus Secondary to a Ventriculoperitoneal Shunt. Case Report. J Neurosurg. 1971; 35:95–96

[25] Couldwell WT, LeMay DR, McComb JG. Experience with Use of Extended Length Peritoneal Shunt Catheters. J Neurosurg. 1996; 85:425–427

[26] Pascual JMS, Prakash UBS. Development of Pulmonary Hypertension After Placement of a Ventriculoatrial Shunt. Mayo Clin Proc. 1993; 68:1177–1182

[27] Chumas PD, Kulkarni AV, Drake JM, Hoffman HJ, Humphreys RP, Rutka JT. Lumboperitoneal Shunting: A Retrospective Study in the Pediatric Population. Neurosurgery. 1993; 32:376–383

[28] Welch K, Shillito J, Strand R, Fischer EG, Winston KR. Chiari I "malformation": An acquired disorder? J Neurosurg. 1982; 55:604–609

[29] Chumas PD, Armstrong DC, Drake JM, et al. Tonsillar Herniation: The Rule Rather than the Exception After Lumboperitoneal Shunting in the Pediatric Population. J Neurosurg. 1993; 78:568–573

[30] Payner TD, Prenger E, Berger TS, Crone KR. Acquired Chiari Malformations: Incidence, Diagnosis, and Management. Neurosurgery. 1994; 34:429–434

[31] Kessler LA, Dugan P, Concannon JP. Systemic Metastases of Medulloblastoma Promoted by Shunting. Surg Neurol. 1975; 3:147–152

[32] Czosnyka Z, Czosnyka M, Richards HK, Pickard JD. Laboratory testing of hydrocephalus shunts – conclusion of the U.K. Shunt evaluation programme. Acta Neurochir (Wien). 2002; 144:525–38; discussion 538

[33] Savitz MH, Bobroff LM. Low incidence of delayed intracerebral hemorrhage secondary to ventriculoperitoneal shunt insertion. J Neurosurg. 1999; 91:32–34

[34] French BN, Swanson M. Radionuclide Imaging Shuntography for the Evaluation of Shunt Patency. Monogr Neural Sci. 1982; 8:39–42

[35] Chan KH, Mann KS. Prolonged Therapeutic External Ventricular Drainage: A Prospective Study. Neurosurgery. 1988; 23:436–438

[36] Mann KS, Yue CP, Ong GB. Percutaneous Sump Drainage: A Palliation for Oft-Recurring Intracranial Cystic Lesions. Surg Neurol. 1983; 19:86–90

[37] Hassan M, Higashi S, Yamashita J. Risks in Using Siphon-Reducing Devices in Adult Patients with Normal-Pressure Hydrocephalus: Bench Test Investigations with Delta valves. J Neurosurg. 1996; 84:634–641

[38] Boch A-L, Hermelin É, Sainte-Rose C, Sgouros S. Mechanical Dysfunction of Ventriculoperitoneal Shunts Caused by Calcification of the Silicone Rubber Catheter. J Neurosurg. 1998; 88:975–982

[39] Pudenz RH, Foltz EL. Hydrocephalus: Overdrainage by Ventricular Shunts. A Review and Recommendations. Surg Neurol. 1991; 35:200–212

[40] McLaurin RL, Olivi A. Slit-Ventricle Syndrome: Review of 15 Cases. Pediat Neurosci. 1987; 13:118–124

[41] Gruber R, Jenny P, Herzog B. Experiences with the Anti-Siphon Device (ASD) in Shunt Therapy of Pediatric Hydrpcephalus. J Neurosurg. 1984; 61:156–162

[42] Foltz EL, Blanks JP. Symptomatic Low Intraventricular Pressure in Shunted Hydrocephalus. J Neurosurg. 1988; 68:401–408

[43] O'Hayon BB, Drake JM, Ossip MG, Tuli S, Clarke M. Frontal and Occipital Horn Ratio: A Linear Estimate of Ventricular Size for Multiple Imaging Modalities in Pediatric Hydrocephalus. Pediatric Neurosurgery. 1998; 29:245–249

[44] Teo C, Morris W. Slit Ventricle Syndrome. Contemp Neurosurg. 1999; 21:1–4

[45] Engel M, Carmel PW, Chutorian AM. Increased Intraventricular Pressure Without Ventriculomegaly in Children with Shunts: "Normal Volume" Hydrocephalus. Neurosurgery. 1979; 5:549–552

[46] Kiekens R, Mortier W, Pothmann R. The Slit-Ventricle Syndrome After Shunting in Hydrocephalic Children. Neuropediatrics. 1982; 13:190–194

[47] Hyde-Rowan MD, Rekate HL, Nulsen FE. Reexpansion of Previously Collapsed Ventricles: The Slit Ventricle Syndrome. J Neurosurg. 1982; 56:536– 539

[48] Salmon JH. The Collapsed Ventricle: Management and Prevention. Surg Neurol. 1978; 9:349–352

[49] Portnoy HD, Schult RR, Fox JL, et al. Anti-Siphon and Reversible Occlusion Valves for Shunting in Hydrocephalus and Preventing Postshunt Subdural Hematoma. J Neurosurg. 1973; 38:729–738

[50] Epstein FJ, Fleischer AS, Hochwald GM, et al. Subtemporal Craniectomy for Recurrent Shunt Obstruction Secondary to Small Ventricles. J Neurosurg. 1974; 41:29–31

[51] Holness RO, Hoffman HJ, Hendrick EB. Subtemporal Decompression for the Slit-Ventricle Syndrome After Shunting in Hydrocephalic Children. Childs Brain. 1979; 5:137–144

[52] Linder M, Diehl J, Sklar FH. Subtemporal Decompressions for Shunt-Dependent Ventricles: Mechanism of Action. Surg Neurol. 1983; 19:520–523

[53] Reddy K, Fewer HD, West M, Hill NC. Slit Ventricle Syndrome with Aqueduct Stenosis: Third Ventriculostomy as Definitive Treatment. Neurosurgery. 1988; 23:756–759

[54] Puca A, Fernandez E, Colosimo C, et al. Hydrocephalus and Macrocrania: Surgical or Non-Surgical Treatment of Postshunting Subdural Hematoma. Surg Neurol. 1996; 45:76–82

[55] Hoppe-Hirsch E, Sainte Rose C, Renier D, Hirsch J-F. Pericerebral Collections After Shunting. Childs Nerv Syst. 1987; 3:97–102

[56] McCullogh DC, Fox JL. Negative Intracranial Pressure Hydrocephalus in Adults with Shunts and its Relationship to the Production of Subdural Hematoma. J Neurosurg. 1974; 40:372–375

[57] Schut L. Comment on Puca A, et al.: Hydrocephalus and Macrocrania: Surgical or Non-Surgical Treatment of Postshunting Subdural Hematoma. Surg Neurol. 1996; 45

[58] Dietrich U, Lumenta C, Sprick C, et al. Subdural Hematoma in a Case of Hydrocephalus and Macrocrania: Experience with a Pressure-Adjustable Valve. Childs Nerv Syst. 1987; 3:242–244

[59] Kamano S, Nakano Y, Imanishi T, Hattori M. Management with a Programmable Pressure Valve of Subdural Hematomas Caused by a Ventriculoperitoneal Shunt: Case Report. Surg Neurol. 1991; 35:381–383

[60] Illingworth RD. Subdural Hematoma After the Treatment of Chronic Hydrocephalus by Ventriculocaval Shunts. J Neurol Neurosurg Psychiatry. 1970; 33:95–99

[61] Davidoff LM, Feiring EH. Subdural Hematoma Occurring in Surgically Treated Hydrocephalic Children with a Note on a Method of Handling Persistent Accumulations. J Neurosurg. 1963; 10:557–563

[62] Kaufman B, Weiss MH, Young HF, Nulsen FE. Effects of Prolonged Cerebrospinal Fluid Shunting on the Skull and Brain. J Neurosurg. 1973; 38:288–297

[63] Faulhauer K, Schmitz P. Overdrainage Phenomena in Shunt Treated Hydrocephalus. Acta Neurochir. 1978; 45:89–101

[64] Al-Mufarrej F, Nolan C, Sookhai S, Broe P. Laparoscopic procedures in adults with ventriculoperitoneal shunts. Surg Laparosc Endosc Percutan Tech. 2005; 15:28–29

[65] Neale ML, Falk GL. In vitro assessment of back pressure on ventriculoperitoneal shunt valves. Is laparoscopy safe? Surg Endosc. 1999; 13:512–515

[66] Ravaoherisoa J, Meyer P, Afriat R, Meyer Y, Sauvanet E, Tricot A, Carli P. Laparoscopic surgery in a patient with ventriculoperitoneal shunt: monitoring of shunt function with transcranial Doppler. Br J Anaesth. 2004; 92:434–437

[67] Baskin JJ, Vishteh AG, Wesche DE, Rekate HL, Carrion CA. Ventriculoperitoneal shunt failure as a complication of laparoscopic surgery. J Soc Laparoendosc Surg. 1998; 2:177–180

[68] Collure DW, Bumpers HL, Luchette FA, Weaver WL, Hoover EL. Laparoscopic cholecystectomy in patients with ventriculoperitoneal (VP) shunts. Surg Endosc. 1995; 9:409–410

Parte VIII

Convulsões

26 Classificação das Crises Epilépticas e Farmacologia Anticonvulsivante 440

27 Tipos Especiais de Crises 461

VIII

26 Classificação das Crises Epilépticas e Farmacologia Anticonvulsivante

26.1 Classificação das crises

Definição de uma crise epiléptica: é uma descarga neuronal cerebral anormal, paroxística, que resulta em alterações na sensação, na função motora, no comportamento ou na consciência. As crises podem ser classificadas por tipo, etiologia e síndromes epilépticas.

26.1.1 Classificação dos principais tipos de crise

Crises generalizadas

1. tônico-clônicas (em qualquer combinação)
2. ausências
   - típica
   - atípica
   - ausência com características especiais: ausência mioclônica, mioclonia palpebral
3. mioclônicas
   - mioclônica
   - mioclônica atônica
   - mioclônica tônica
4. clônicas
5. tônicas
6. atônicas
7. convulsões focais
8. desconhecidas
   - espasmos epilépticos

Crises generalizadas primárias

Bilateralmente simétricas e sincrônicas, envolvendo, no início, ambos os hemisférios cerebrais, sem um início localizado, com perda de consciência desde o começo. Representam ≈ 40% de todas as crises

1. tônico-clônicas generalizadas (GTC) (nome original da crise: *grand-mal*): convulsão generalizada, que evolui da atividade tônica para a atividade motora clônica. Esse tipo é específico e *NÃO* inclui as crises parciais que se generalizam secundariamente
2. convulsões clônicas: muito simétricas, com espasmos semirrítmicos, bilateralmente sincrônicos, de UE e LE, usualmente com flexão do cotovelo e extensão do joelho
3. convulsões tônicas: aumento súbito e sustentado do tônus, com um grito ou grunhido gutural característico, quando o ar é forçado através das pregas vocais aduzidas
4. ausências (nome original da crise: *petit-mal*): alteração da consciência com leve ou nenhum envolvimento motor (ver abaixo)
   a) ausências típicas
   b) ausências atípicas: mais heterogêneas, com padrão de EEG mais variável do que o da ausência típica. As crises podem durar mais tempo
5. convulsões mioclônicas: espasmos corporais como choques (um ou mais em sucessão), com descargas generalizadas ao EEG
6. crises atônicas (também conhecidas como crises astáticas ou "ataque de quedas"): perda súbita e breve de tônus, que pode causar quedas

Crises parciais

Parcial (nome original: *néc focal*): implica envolvimento inicial de um hemisfério. Cerca de 57% de todas as crises. Até prova em contrário, um primeiro episódio de crise parcial representa uma lesão estrutural.

1. crise parcial simples (sem alteração de consciência)
   a) com sinais motores (inclusive os jacksonianos)
   b) com sintomas sensórios (sensórios especiais ou somatossensoriais)
   c) com sinais ou sintomas autonômicos
   d) com sintomas psíquicos (transtorno cognitivo)

Classificação das Crises Epilépticas e Farmacologia Anticonvulsivante 441

2. crise parcial complexa (bastante usada para classificar uma crise psicomotora frequentemente atribuída ao lobo temporal, mas ela pode surgir em qualquer área cortical): qualquer alteração de consciência, geralmente LOC ou automatismos (inclusive estalar os lábios, morder ou beliscar) com aura autonômica (geralmente uma sensação de elevação no epigastro)
   a) início parcial simples, seguido por alteração de consciência (pode haver uma aura premonitória)
      • sem automatismos
      • com automatismos
   b) com alteração da consciência desde o início
      • sem automatismos (só alteração da consciência)
      • com automatismos
   c) crise parcial com generalização secundária
      • parcial simples, que evolui para generalizada
      • parcial complexa, que evolui para generalizada
      • parcial simples, que evolui para parcial complexa, que evolui para generalizada

Crises epilépticas não classificadas
≈ 3% de todas as crises.

26.1.2 Síndromes epilépticas

Informações gerais
Esta lista não inclui todas (ver referências[1,2]).
1. sintomáticas (também conhecida como "secundária"): crises de etiologia conhecida (p. ex., CVA, tumor...)
   a) epilepsias de lobo temporal:
      • esclerose mesial temporal: ver abaixo
2. idiopáticas (também conhecida como "primárias"): sem causa subjacente, inclui:
   a) epilepsia mioclônica juvenil: ver abaixo
3. criptogênicas: crises presumivelmente sintomáticas, mas de etiologia desconhecida
   a) síndrome de West (espasmos infantis, Blitz-Nick-Saalam Krämpfe): ver abaixo
   b) síndrome de Lennox-Gastaut: ver abaixo
4. síndromes especiais: crises relacionadas com a condição
   a) convulsões febris (p. 467)
   b) convulsões que só ocorrem em eventos metabólicos ou tóxicos agudos, p. ex., álcool

Distinções-CHAVE (com implicações terapêuticas)
Para convulsões tônico-clônicas generalizadas: as primariamente generalizadas *versus* as parciais com generalização secundária (frequentemente, não se pode observar o local de início).
   Para os episódios de "ausência": a ausência *versus* a parcial complexa.

Epilepsia
Trata-se de um transtorno, não de uma doença única. É caracterizada por crises recorrentes (duas ou mais), não provocadas.

Crise de ausência
Antigamente chamada crise de petit-mal. Alteração da consciência, com envolvimento motor leve ou ausente (o automatismo ocorre com mais frequência nos episódios que duram > 7 s). *Sem confusão após o icto*. Aura é rara. Pode ser induzida por hiperventilação durante 2-3 min. O EEG apresenta pico e ondas com frequência exata de 3 por segundo.

Crises uncinadas
Termo obsoleto: "ataques uncais". Crises que se originam no lobo temporal medial inferior, geralmente na região hipocâmpica. Pode produzir alucinações olfatórias (cacosmia: a percepção de maus odores onde eles não existem).

Esclerose mesial temporal
Ver referências.[3,4]
   É a causa mais comum da epilepsia intratável do lobo temporal. Base patológica específica: esclerose hipocâmpica (perda celular em um lado do hipocampo). As características são apresentadas no ▶ Quadro 26.1. Ver também o diagnóstico diferencial (p. 1386).

Quadro 26.1 Síndrome da epilepsia do lobo mesial-temporal[5]

História

- maior incidência de convulsões febris complicadas do que nos outros tipos de epilepsia
- frequente história familiar de epilepsia
- início nos últimos anos da primeira década de vida
- são comuns as auras isoladas
- crises generalizadas secundárias são raras
- frequentemente as crises ficam em remissão por vários anos, até a adolescência ou o início da idade adulta
- frequentemente as crises se tornam medicamente refratárias
- transtornos de comportamento (especialmente a depressão) são comuns entre os ictos

Características clínicas das crises

- a maioria com auras (especialmente epigástrica, emocional, olfatória ou gustatória) x vários segundos
- a CPS frequentemente começa com arresto e olhar fixo; automatismos orais, alimentares e complexos são frequentes. Pode ocorrer posicionamento do braço contralateral. As crises geralmente duram de 1-2 min
- desorientação após o icto, déficit da memória recente, amnésia do icto e afasia (no hemisfério dominante), que dura vários minutos

Características neurológicas e laboratoriais

- exame neurológico: normal, exceto pelo déficit de memória
- MRI: atrofia hipocâmpica e alteração do sinal, com dilatação ipsolateral do corno temporal do ventrículo lateral
- picos no EEG temporal anterior, uni ou bilaterais, independentes, com amplitude máxima nos eletrodos basais
- atividade de EEG fora do icto, apenas com CPS, geralmente um padrão de início focal rítmico de 5-7 Hz, inicial ou retardado, máximo em uma derivação temporal basal
- PET interictal com fluorodesoxiglicose: hipometabolismo no lobo temporal e, possivelmente, no tálamo ipsolateral e gânglios basais
- teste neuropsicológico: disfunção da memória específica do lobo temporal envolvido
- teste de Wada (p. 1553): amnésia à injeção contralateral de amobarbital

Em adultos, as crises inicialmente respondem à terapia médica, mas se tornam mais variadas e refratárias, podendo responder à cirurgia.

Epilepsia mioclônica juvenil

Ver referência.[6]

Às vezes chamada de mioclono bilateral. De 5-10% dos casos de epilepsia. É uma síndrome idiopática de epilepsia generalizada, com início relacionado com a idade e que consiste em três tipos de crises:
1. abalos mioclônicos: predominantemente após acordar
2. convulsões tônicas-clônicas generalizadas
3. ausências

EEG → descargas com polipontas. Sólida história familial (alguns estudos demonstrando ligação com a região do HLA, no braço curto do cromossomo 6).

A maioria é responsiva a Depakene.

Síndrome de West

Este termo está sendo usado com menos frequência, porque parece não se tratar de um grupo homogêneo e porque são identificadas etiologias específicas para espasmos infantis. Classicamente, é um transtorno com convulsões, que geralmente aparece no primeiro ano de vida e que consiste em grandes flexões recorrentes e de extensões ocasionais do tronco e dos membros (mioclono massivo, também conhecido como espasmos infantis, como convulsões "salaam" ou como espasmos-canivete). As convulsões tendem a diminuir com a idade, geralmente enfraquecendo por volta dos 5 anos. Geralmente está associada a retardo mental. 50% podem desenvolver crises parciais complexas; entre os demais, alguns podem desenvolver a síndrome de Lennox-Gastaut (ver abaixo). Em outros pode ser encontrada associação à lesão cerebral.

EEG → a maioria apresenta, em algum momento, "*hipsarritmia*" interictal (pico/onda muito grande com ondas mais lentas, assemelhando-se a um artefato muscular) ou hipsarritmia modificada.

Geralmente a resposta das crises e dos achados de EEG, à ACTH e aos corticosteroides, é muito intensa.

Síndrome de Lennox-Gastaud

É uma condição rara, que começa na infância como convulsões crises ("ataques de quedas"). Frequentemente elas evoluem para convulsões tônicas, com retardo mental. As crises frequentemente são polimórficas, de difícil tratamento médico, e podem ocorrer cerca de 50 vezes por dia. Também podem-se manifestar como um estado de mal epiléptico. Em aproximadamente 50% dos pacientes observa-se redução das crises com o ácido valproico. A secção do corpo caloso pode reduzir o número de crises atônicas.

26.1.3 Miscelânea de informações sobre crises

Fatores que reduzem o limiar das crises

Os fatores que reduzem o limiar de crises (isto é, facilitam a provocação de uma crise), em indivíduos com ou sem história de crise prévia, incluem muitos dos itens listados em Etiologias do início das crises (ver abaixo), bem como:
1. privação de sono
2. hiperventilação
3. estimulação fótica (em alguns)
4. infecção: sistêmica (convulsões febris (p. 467)), CNS (meningite ...)
5. distúrbios metabólicos: desequilíbrio eletrolítico (especialmente hipoglicemia profunda), distúrbios de pH (especialmente alcalose), drogas ... (ver abaixo)
6. traumatismo craniano: lesão craniana fechada, traumatismo penetrante (p. 463)
7. isquemia cerebral: CVA (ver abaixo)
8. *kindling*: um conceito de que a repetição das convulsões pode facilitar o desenvolvimento de convulsões posteriores

Paralisia de Todd

Um fenômeno pós-ictal em que há paralisia parcial, ou total, geralmente em áreas envolvidas com uma convulsão parcial. É mais comum em pacientes que têm lesões estruturais como fontes das convulsões. Geralmente a paralisia se resolve lentamente, durante um período de cerca de uma hora. Supostamente, ela é provocada por depleção neuronal causada pela estimulação das extensas descargas elétricas de uma convulsão. Outros fenômenos similares incluem afasia e hemianopsia após o icto.

26.2 Drogas antiepilépticas

26.2.1 Informações gerais

A finalidade das drogas antiepilépticas (AEDs) é controlar as crises (um termo contencioso, geralmente considerado como uma redução na frequência e na intensidade das crises até um ponto que permita que o paciente tenha um estilo de vida normal, sem as limitações relacionadas com a epilepsia), com toxicidade mínima de drogas. Com terapia médica, ≈ 75% dos epilépticos podem alcançar um controle de crises.[7]

26.2.2 Classificação das AEDs

As AEDs podem ser agrupadas conforme é demonstrado no ▶ Quadro 26.2.
Os seguintes agentes são considerados "de amplo espectro" (tratam uma variedade de tipos de crises):
1. ácido valproico
2. lamotrigina (Lamictal®)
3. levetiracetam (Keppra®)

Estes agentes não são considerados como de amplo espectro:
1. fenitoína (Hidantal® e outros)
2. carbamazepina (Tegretol®)

Agentes que interferem na função plaquetária, podendo aumentar o risco de complicações por sangramento:
1. ácido valproico
2. fenitoína (Hidantal® e outros)

Quadro 26.2 Classificação das AEDs

Droga	Indicações[a]
Barbitúricos	
pentobarbital (Nembutal®)	**estado**
fenobarbital	**estado, GTC, Sz parcial,** Sz febril, Sz neonatal
primidona (Mysoline®)	
Benzodiazepínicos	
clonazepam (Klonopin®)	**Lennox-Gastaud, acinética, mioclônica**
clorazepato (Tranxene-SD®)	**adj – Sz parcial**
diazepam (Valium®)	**estado**
lorazepan (Ativan®)	**estado**
Análogos de GABA	
gabapentina (Neurontin®)	**adj – Sz parcial**
tiagabina (Gabitril®)	**adj – Sz parcial**
Hidantoínas	
fosfenitoína (Cerebyx®)	**estado, Sz durante neurocirugia, substituta da PHT por prazo curto**
fenitoína (Dilantin®)	GTC, CP, Sz durante ou após neurocirurgia
Feniltriazinas	
lamotrigina (Lamictal®)	**adj- Sz parcial, adj- Lennox-Gastaut**
Succinimidas	
etosuximida (Zarontin®)	**ABS**
metsuximida (Celontin®)	**ABS** refratária a outras drogas
Miscelânea	
acetazolamida (Diamox®)	
carbamazepina (Tegretol®, Carbatrol®)	**Sz parcial + sintomatologia complexa, GTC, Cv mistas, GTC, Sz mistas, ✗** não para ABS
felbamato (Felbatrol®)	só usar com extremo cuidado – ver texto
levetiracetam (Keppra®)	**adj – Sz parcial**
oxcarbazepina (Trileptal®)	**monoterapia ou adj – Sz parcial**
topiramato (Topamax®)	**adj – Sz parcial** ou **GTC primária**
valproato (Deplacene®)	**CP (sozinha ou com outros tipos), ABS, adj – vários tipos de Sz**
zonizamida (Zonegran®)	**adj – Sz parcial**

[a]Indicações para os tipos de crises (não inclui outros usos, p. ex., para dor crônica). As indicações aprovadas pela FDA estão em negrito; as demais aparecem em texto normal.
Abreviaturas: ABS = ausência, adj = terapia auxiliar, CP = parcial complexa, GTC = tônico-clônica generalizada, PHT = fenitoína, Sz = crise, estado = estado de mal epiléptico.

26.2.3 Escolha da droga antiepiléptica

Drogas antiepilépticas (AED) para vários tipos de crises

As drogas em negrito são as drogas de escolha (DOC).
1. primárias generalizadas
   a) GTC (tônico-clônicas generalizadas):
      - **ácido valproico (VA)** (p. 451): alguns estudos demonstram menos efeitos colaterais e melhor controle do que a PHT, quando não há evidências de focalização
      - carbamazepina (p. 449)
      - **fenitoína (PHT)** (p. 446)
      - fenobarbital (PB) (p. 451)
      - primidona (PRM) (p. 452)
   b) ausência:
      - **etosuximida**
      - **ácido valproico (VA)**
      - clonazepam
      - metsuximida (p. 453)
   c) mioclônica → benzodiazepinas
   d) tônicas ou atônicas
      - benzodiazepinas
      - felbamato (p. 453)
      - vigabatrina (p. 456)
2. parcial (simples ou complexa, com ou sem generalização secundária): com base no controle de crises e nos efeitos colaterais, o estudo bem controlado, Veterans Administration Cooperative Study,[8] classificou, por ordem, as seguintes drogas (comparativamente, VA é mais favorável do que CBZ, para GTC secundária, mas é menos eficaz para crises parciais complexas[9]):
   a) **carbamazepina (CBZ)**: mais eficaz, menos efeitos colaterais
   b) **fenitoína (PHT)**: ↓
   c) fenobarbital (PB): ↓
   d) pirimidona (PRM): ligeiramente menos eficaz, mais efeitos colaterais
3. drogas de segunda linha para qualquer um dos tipos de crises acima:
   a) valproato
   b) lamotrigina (p. 456): eficaz para muitos tipos de crises generalizadas, mas, por enquanto, sem aprovação pela FDA
   c) topiramato (p. 456): eficaz para muitos tipos de crises generalizadas, mas, por enquanto, sem aprovação pela FDA

26.2.4 Farmacologia anticonvulsivante

Ver referência.[10]

Diretrizes gerais

Monoterapia *versus* politerapia

1. aumente determinada medicação até que as crises estejam controladas ou que os efeitos colaterais se tornem intoleráveis (não se baseie apenas nos níveis terapêuticos, que são apenas a faixa em que a maioria dos pacientes tem as crises controladas, sem efeitos colaterais)
2. tente a monoterapia com diferentes drogas antes de recorrer a duas drogas juntas. 80% dos epilépticos podem ser controlados com monoterapia; entretanto, a falha da monoterapia indica uma chance de 80% de que as crises não serão farmacologicamente controláveis. Apenas ≈ 10% se beneficiam significativamente da adição de uma segunda droga.[9] Quando forem necessários mais do que dois AEDs, suspeite de crises não epilépticas (p. 464)
3. na primeira avaliação de pacientes que estão usando várias drogas, remova primeiro as que são mais sedantes (geralmente os barbituratos e o clonazepam)

Em geral, os intervalos de dosagem devem ser menores do que a meia-vida. Sem uma dose de ataque, são necessárias cerca de cinco *meias-vidas* para atingir a estabilidade.

Muitas AEDs afetam os testes de função hepática (LFTs), mas raramente as drogas causam uma disfunção hepática que exija a descontinuação. Diretriz: descontinue uma AED se a GGT exceder o dobro do normal.

Anticonvulsivantes específicos

Quadro 26.3 Anticonvulsivantes: abreviaturas

AED	droga antiepiléptica
ABS	ausência
EC	cobertura entérica
DIV	dividido(a)
DOC	droga de escolha
GTC	convulsões tônico-clônicas generalizadas
S/C-P	parcial simples ou complexa
Farmacocinética: A menos que seja especificado de outra maneira, os números fornecidos são para dosagens na forma *oral*	
$t_{1/2}$	meia-vida
t_{PEAK}	tempo para o nível sérico atingir o pico
t_{ss}	tempo até o estado estável (aproximadamente $5 \times t_{1/2}$)
$T_{D/C}$	tempo para descontinuação (recomenda-se um período de retirada em que a droga deve ser reduzida aos poucos)
MDF	frequência mínima da dose. O "nível terapêutico" é a média da variação terapêutica

Informações do fármaco: Fenitoína (PHT) (Hidantal®)

Indicações
GTC, S/C-P, ocasionalmente em ABS.

Farmacocinética
A farmacocinética é complicada: em baixas concentrações, a cinética é de primeira ordem (eliminação proporcional à concentração), o metabolismo satura quase todo o nível metabólico, resultando em uma cinética de ordem zero (eliminação a uma taxa constante) ≈ 90% do total da droga são proteínas ligadas. A biodisponibilidade oral é ≈ 90%, enquanto a biodisponibilidade IV é de ≈ 95%; essa pequena diferença pode ser significativa quando os pacientes estão beirando os limites da faixa terapêutica (em razão da cinética de ordem zero).

Classificação das Crises Epilépticas e Farmacologia Anticonvulsivante

Quadro 26.4 Farmacocinética da fenitoína

$t_{1/2}$ (meia vida)	t_{PEAK} (pico dos níveis séricos)	t_{ss} (estado estável)	$t_{D/C}$ (descontinuar)	Nível terapêutico[a]
≈ 24 h (variação 9-140 h)[b]	suspensão oral: 1,5-3 h cápsulas regulares: 1,5-3 h cápsulas de liberação sustentada 4-12 h	7-21 dias	4 semanas	10-20 µg/mL

[a]Níveis terapêuticos, conforme medidos na maioria das tabelas: 10-20 µg/mL (Nota: o meio que importa é a PHT livre); este geralmente é $\approx 1\%$ da PHT total, portanto, os níveis terapêuticos de PHT livre são 1-2 µg/mL; alguns laboratórios têm condições de medir a PHT livre diretamente).
[b]$t_{1/2}$ para a fenitoína.

Insuficiência renal: não é necessário ajuste de dose. Entretanto, a ligação de proteína sérica pode estar alterada na uremia, o que pode ofuscar a interpretação dos níveis séricos de fenitoína. A Eq (26.1) pode ser usada para converter a concentração sérica de PHT em um paciente urêmico C (observado) para o nível de PHT esperado para pacientes C não urêmicos.

$$C \text{ (não urêmico)} = \frac{C \text{ (observado)}}{0,1 \times \text{albumina} + 0,1} \tag{26.1}$$

Dose oral

R Adulto: dose de manutenção usual = 300-600 mg/dia divididos BID ou TID (MDF = q d, para dose diária única, tanto as cápsulas de fenitoína sódica quanto a forma de liberação prolongada podem ser usadas). Dose oral de *ataque*: 300 mg PO cada 4 h, até que sejam dados 17 mg/kg. *Pediátricos:* manutenção oral: 4-7 mg/kg/dia (MDF = BID).

Apresentação: (formas orais): comprimidos de 100 mg de fenitoína sódica (sal sódico); 30 e 100 Kapseals® (liberação prolongada); 50 mg mastigável de Infatabs® (ácido de fenitoína); suspensão oral 125 mg/5 mL, Phenytel® em 8 oz. Frascos (240 mL) ou embalagens individuais em unidades com doses de 5 mL; suspensão pediátrica 30 mg/5 mL. Phenytec® cápsulas de 200 e 300 mg.

Mudanças de dosagem

Quadro 26.5 Diretrizes para mudar a dosagem de fenitoína

Nível atual (mg/dL)	Mudar para completar
< 6	100 mg/dia
6-8	50 mg/dia
> 8	25-30 mg/dia

Por causa da cinética de ordem zero, nos níveis "quase" terapêuticos, uma pequena mudança de dosagem pode causar grande mudança de nível. Embora sejam necessários modelos de computador para alto nível de acurácia, as diretrizes para mudança de dosagem do ▶ Quadro 26.5, ou o normograma da ▶ Fig. 26.1[11] podem ser usados para uma aproximação rápida.

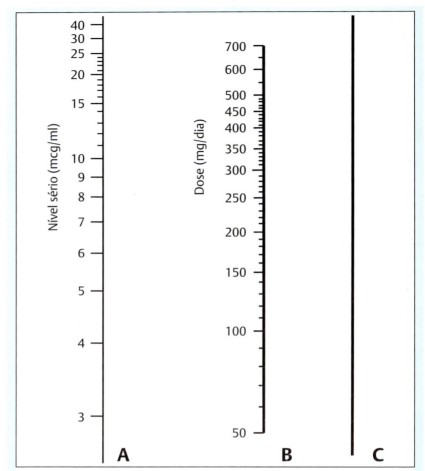

Fig. 26.1 Normograma para ajuste das doses de fenitoína.
Instruções para usar o normograma (presuma estado estável).
(a) trace uma linha ligando o nível sérico na escala A com a dose atual na escala B.
(b) marque o ponto de interseção desta linha, na linha C.
(c) ligue o ponto de C com o nível sérico desejado, em A.
(d) leia a nova dosagem, na linha B (Reproduzida de Therapeutic Drug Monitoring, "Predicting Phenytoin Dose – A Revised Normogram", Rambeck B, et al., Vol. 1, pp. 325-33, 1979, com permissão).

A absorção gastrointestinal (GI), da suspensão ou das cápsulas de fenitoína, pode diminuir em até 70% quando administrada com alimentação nasogástrica de Osmolyte® ou Isocal®,[12,13] existindo relatos de que a suspensão tem uma absorção errática. Suspenda a alimentação NG por duas horas antes, e uma hora depois, da dose de fenitoína.

Dose parenteral
A fenitoína é um inotrópico negativo e pode causar hipotensão.
A fenitoína convencional pode ser administrada por IVP lenta ou por IV gotejada (ver abaixo). A via IM NÃO deve ser usada (absorção não confiável, pode desenvolver cristalização e abscessos estéreis). A IV tem de ser

administrada lentamente, para reduzir o risco de arritmias e hipotensão, viz. Adultos: < 50 mg/min, Pediátricos < 1-3 mg/kg/min. A única solução compatível é a NS. Injete no ponto mais próximo da veia para evitar precipitação.

R *de ataque*. Adultos: 18 mg/kg IV lenta. Pediátricos: 20 mg/kg IV lenta.

R *de manutenção*. Adultos: 200-500 mg/dia (MDF = q d). A maioria dos adultos tem nível terapêutico de 100 mg PO TID. Pediátricos: 4-7 mg/kg/dia (MDF = BID).

Método de ataque por gotejo:

Exige monitorização cardíaca e controle da BP a cada 5 minutos.

R Adicione 500 mg de PHT a 50 mL, para obter 10 mg/mL; libere 2 mL/min (20 mg/min), por tempo suficiente para atingir 18 mg/kg (para um paciente de 70 kg: 1.200 mg durante 60 min). Para administração mais rápida, podem ser usados 40 mg/min ou ser usada a fosfenitoína (ver abaixo). Se houver hipotensão, diminua a taxa.

Injeção de fosfenitoína sódica

A injeção de fosfenitoína sódica (FOS) (Cerebyx®) é uma nova formulação para administração da fenitoína IV, indicada para uso por pouco tempo ($\leq$ 5 dias), quando a via entérica não é utilizável. *In vivo*, ela é completamente convertida em fenitoína pelas fostatases dos órgãos e do sangue, com uma meia-vida de conversão de 10 min. A rotulagem do produto é dada em termos de equivalentes de fenitoína (PE). A segurança em pacientes pediátricos não foi estabelecida. **Apresentação:** 50 mg PE/mL em frascos de 2 e de 10 mL (100 mg de PE e 500 mg de PE, respectivamente).

Vantagens da FOS (em relação à fenitoína convencional):

1. menos irritação venosa (pelo pH mais baixo, de 8,6-9, comparativamente ao pH 12 da fenitoína) resultando em menos dor e extravasamento IV
2. a FOS é hidrossolúvel e, por isso, pode ser infundida com dextrose ou salina
3. é bem tolerada em injeção IM (entretanto, a via IM não deve ser usada em estados epilépticos)
4. não vem combinada com propilenoglicol (que pode, ele mesmo, causar arritmia cardíaca e/ou hipotensão)
5. a taxa máxima de administração é 3 × mais rápida (isto é 150 mg PE/min)

Efeitos colaterais da fenitoína

Pode interferir na função cognitiva. Pode produzir síndrome do tipo SLE, granulomas hepáticos, anemia megaloblástica, degeneração cerebelar (em doses crônicas), hirsutismo, hipertrofia gengival, hemorragia no recém-nascido, se a mãe usa PHT, necrose epidérmica tóxica (variante de Steven-Johnson). A PHT é antagonista da vitamina D → osteomalacia e raquitismo. A maioria das reações de hipersensibilidade ocorre dentro de 2 meses desde o início da terapia.[12] Nos casos de erupção maculopapular eritematosa, a droga pode ser interrompida e o paciente pode voltar a recebê-la; geralmente as erupções não recorrem na segunda vez. *Teratogênica* (síndrome da hidantoína fetal[14]).

Em concentrações acima de 20 µg, podem-se desenvolver sinais de toxicidade da fenitoína; a toxicidade é mais comum em níveis > 30 µg e inclui nistagmo (também pode ocorrer com níveis terapêuticos), diplopia, ataxia, *asterixis*, fala arrastada, confusão e depressão do CNS.

Interações entre drogas: a fluoxetina (Prozac®) resulta em níveis elevados de fenitoína (média: 161% acima do basal).[15] A fenitoína pode perturbar a eficácia de: corticosteroides, varfarina, digoxina, doxiciclina, estrogênios, furosemida, contraceptivos orais, quinidina, teofilina, vitamina D.

Informações do fármaco: Carbamazepina (CBZ) (Tegretol®)

Indicações

Crises parciais, com ou sem generalização secundária. Nevralgia do trigêmeo. Está em desenvolvimento uma forma IV para usar, p. ex., em estados epilépticos.

Dose

R Via oral. Faixa em adultos: 600-2.000 mg/dia. Pediátricos: 20-30 mg/kg/dia. MDF = BID.

Antes de iniciar, verifique: CBC e contagem de plaquetas (considere solicitar também a contagem de reticulócitos) e o Fe sérico. A bula diz "reexamine frequentemente, talvez a cada semana, durante três meses; depois, a cada mês, durante três anos".

Não inicie CBZ (e interrompa se o paciente já está sob CBZ) se: WBC < 4.000, RBC < 3 × 106, Hct < 32%, plaquetas < 100.000, reticulócitos < 32%, Fe > 150 µg%.

Comece com dose baixa e aumente lentamente: 200 mg PO por dia × 1 semana, BID × 1 semana, TID × 1 semana. No paciente internado, as mudanças podem ser feitas a cada três dias, monitorando-se sinais de efeitos colaterais. No paciente ambulatorial ≈ a cada semana, com controle dos níveis a cada mudança. O Carbatrol® (CBZ de liberação prolongada) geralmente é dosado BID.

Apresentação: forma oral. Comprimidos de 200 mg. Comprimidos mastigáveis de 100 mg. Suspensão de 100 mg/5 mL. Forma IV: indisponível nos Estados Unidos, quando da redação deste trabalho. Carbatrol® (CBZ de liberação prolongada): comprimidos de 200 e 300 mg.

Advertências quanto às formas orais: a absorção oral é errática, sendo preferíveis doses menores e mais frequentes.[16] A suspensão oral é absorvida mais prontamente e, também, ✖ não deve ser administrada simultaneamente com outros medicamentos líquidos, porque pode resultar em uma massa alaranjada, borrachenta. ✖ Pode agravar hiponatremia, através de um efeito do tipo SIADH.

Farmacocinética

Quadro 26.6 Farmacocinética da carbamazepina

$t_{1/2}$ (meia-vida)	t_{PEAK} (níveis de pico)	t_{ss} (estado estável)	$t_{D/C}$ (descontinuar)	Nível terapêutico ($\mu g/mL$)[a]
dose única: 20-55 horas após a terapia crônica: 10-30 h (adultos), 8-20 h (pediátricos)	4-24 h	até 10 dias[b]	4 semanas	6-12

[a]Pode ser enganoso porque o metabólito ativo, a carbamazepina-10, 11-epóxido, pode causar toxicidade e deve ser testado separadamente.
[b]Subsequentemente, o t_{ss} pode cair por autoindução, que atinge o platô em 4-6 semanas.

A CBZ induz as enzimas hepáticas, o que resulta em aumento do seu próprio metabolismo (autoindução) bem como de outras drogas, durante um período de ≈ 3-4 semanas.

Efeitos colaterais

✖ Interação entre drogas: atenção, a cimetidina, a eritromicina e a isoniazida podem causar enormes elevações dos níveis de CBZ, em razão da inibição da citocromo-oxidase hepática, que degrada a CBZ.[17]
Os efeitos colaterais incluem:
1. sonolência e transtorno GI: minimizados por uma elevação mais lenta das doses
2. diversos casos de leucopenia relativa: geralmente não exige a descontinuação da droga
3. diplopia transitória
4. ataxia
5. menor efeito do que a PHT, sobre a função cognitiva
6. toxicidade hematológica: rara. Pode ser séria → agranulocitose e anemia aplásica
7. síndrome de Stevens-Johnson
8. SIADH
9. relatos de hepatite (ocasionalmente fatais)

Informações do fármaco: Oxcarbazepina (Trileptal®)

Um perfil de eficácia muito semelhante ao da carbamazepina, com as seguintes diferenças:
1. não há autoindução (o C-P450 não está envolvido no metabolismo) e, por isso, as interações entre drogas são mínimas
2. não são necessários testes sanguíneos, já que:
   a) não há toxicidade hepática
   b) não há toxicidade hematológica
   c) não há necessidade de avaliar os níveis da droga
3. a dosagem é BID
4. as cinéticas são lineares
5. é mais cara

Dose

R: a dose inicial para controle da dor é 150 mg PO, BID, para epilepsia é 300 mg PO, BID. A dose total máxima é 2.400 mg/dia. **Apresentação:** comprimidos com 150, 300 e 600 mg. Suspensão oral de 300 mg/5 mL.

Informações do fármaco: Valproato

Disponível como ácido valproico (Depakene®) e como divalproex sódico (Depakote®).

Indicações
É efetivo em GTC primária. Também é útil em ABS com GTC, epilepsia mioclônica juvenil, e crises parciais (para esta última, não está aprovado pela FDA). Aprovado pela FDA também para profilaxia da enxaqueca.
Nota: transtorno GI severo e meia-vida curta tornam o ácido valproico bem menos útil do que o Depakote® (divalproex sódico).

Dose
Faixa para adultos: 600-3.000 mg/dia. Faixa em pediátricos: 15-60 mg/kg/dia. MDF = q d.
R: Começar com 15 mg/kg/dia incrementado, com intervalos de uma semana, para 5-10 mg/kg/dia. Dose máxima recomendada para adultos: 60/mg/kg/dia. Se for necessária uma dose diária > 250 mg, ela deve ser dividida. **Apresentação:** oral: cápsulas de 250 mg. Xarope 250 mg/5 mL. Comprimidos de Depakote® (cobertura entérica): 125, 250 e 500 mg; cápsulas borrifadas 125 mg IV: Depacon® para injeção IV, porção de 500 mg/5 mL.

Farmacocinética

Quadro 26.7 Farmacocinética do valproato

$t_{1/2}$ (meia-vida)	t_{PEAK} (níveis séricos no pico)	t_{ss} (estado estável)	$t_{D/C}$ (descontinuar)	Nível terapêutico (μg/mL)
8-20 h	(não coberto) 1-4 h	2-4 dias	4 semanas	50-100

90% do ácido valproico (VA) está ligado a proteínas. O ASA desloca o VA das proteínas séricas.

Efeitos colaterais
Efeitos colaterais graves são raros. Foi relatada *pancreatite*, algumas vezes com risco de vida. Já ocorreu insuficiência hepática fatal, especialmente em idade < 2 anos, e em combinação com outras AEDs. Teratogênico (abaixo). Sonolência (temporária), déficits cognitivos mínimos, N/V (minimizados com Depakote), disfunção hepática, hiperamoniemia (mesmo sem disfunção hepática), ganho de peso, leve perda de cabelo, tremores (relacionados com a dose: semelhante ao tremor familial benigno; se o tremor for intenso e o ácido valproico for absolutamente necessário, o tremor poderá ser tratado com betabloqueadores). Pode interferir na função plaquetária, cuidado com cirurgias nesses pacientes.

Contraindicações
✖ Gravidez: causa defeitos de tubo neural (NTD) em ≈ 1-2% dos pacientes.[18] Como foi encontrada uma correlação com os picos dos níveis de VA, e o risco de NTDs, se o VA precisa ser usado, alguns especialistas recomendam mudar sua dosagem de BID para TID. ✖ Pacientes com idade ≤ 2 anos (risco de hepatotoxicidade).

Informações do fármaco: Fenobarbital

Indicações
Usado como alternativa em GTC e em parciais (não é DOC). Tem sido DOC em convulsões febris, benefício dúbio.[19] Quase tão eficaz quanto a PHT, mas muito sedativa. Também é usada para estados epilépticos (p. 469).

Dose
A mesma dose PO, IV ou IM. MDF = q d.[20,21] Começar lentamente para minimizar a sedação.
R: *Carregamento* para adulto: 20 mg/kg IV, *lentamente* (administrar a uma taxa de < 100 mg/min). *Manutenção:* 30-250 mg/dia (geralmente divididos BID/TID). *Dose de ataque* pediátrica: 15-20 mg/kg. *Manutenção:* 2-6 mg/kg/dia (geralmente dividida BID). **Apresentação:** comprimidos de 15 mg, 30 mg, 60 mg, 100 mg; elixir a 20 mg/5 mL.

Farmacocinética

Quadro 26.8 Farmacocinética do pentobarbital

$t_{1/2}$ (meia-vida)	t_{PEAK} (níveis de pico)	t_{ss} (estado estável)	$t_{D/C}$ (descontinuar)	Nível terapêutico
adulto: 5 dias (variação 50-160 h); pediátricos: 30-70 h	PO e IM: 1-6 h	16-21 dias (pode levar até 30 dias)	≈ 6-8 semanas ≈ 25% por semana	15-30 μg/mL

O fenobarbital é um poderoso indutor das enzimas hepáticas que metabolizam outros AEDs.

Efeitos colaterais
Defeito cognitivo (pode ser sutil e perdurar, após a administração da droga, pelo menos alguns meses[19]).
Por isso, evitar em pacientes pediátricos; sedação, hiperatividade paradoxal (especialmente em pacientes
pediátricos); se a mãe estiver usando o fenobarbital, isso poderá causar hemorragias no recém-nascido.

Informações do fármaco: Primidona (Mysoline®)

Indicações
As mesmas do fenobarbital (não DOC). Nota: quando usada em terapia combinada, baixas doses (50-125
mg/dia) podem acrescentar aos AEDs primários um significativo controle de crises, com poucos efeitos
colaterais.

Dose
R: Adultos: 250-1.500 mg/dia.. Pediátricos: 15-30 mg/kg/dia; MDF = BID.
   Começar com 125 mg/dia x uma semana e aumentar lentamente, para evitar sedação. **Apresentação:**
(somente oral): comprimidos de 50 mg, 250 mg; suspensão de 250 mg/5 mL.

Farmacocinética
Os metabólitos incluem a feniletilmalonamida (PEMA) e o fenobarbital. Por isso, sempre verificar o nível de
fenobarbital juntamente com o de primidona.

Quadro 26.9 Farmacocinética da primidona

$t_{1/2}$ (meia-vida)	t_{PEAK} (níveis de pico)	t_{ss} (estado estável)	$t_{D/C}$ (descontinuar)	Nível terapêutico (μg/mL)
primidona: 4-12 h; fenobarbital derivado: 50-160 h	2-5 h	até 30 dias	igual ao fenobarbital	primidona: 1-15 fenobarbital derivado: 10-30

Efeitos colaterais
Os mesmos do fenobarbital, mais: libido, anemia macrocítica rara.

Informações do fármaco: Etosuximida (Zarontin®)

Indicações
DOC em ABS.

Dose
R Adulto: 500-1.500 mg/dia. Pediátrico: 10-40 mg/kg/dia; MDF = q d. **Apresentação:** somente oral, cápsulas
250 mg; xarope 250 mg/5 mL.

Farmacocinética

Quadro 26.10 Farmacocinética da etosuximida

$t_{1/2}$ (meia-vida)	t_{PEAK} (níveis de pico)	t_{ss} (estado estável)	Nível terapêutico (μg/mL)
adulto: 40-70 h pediátrico: 20-40 h	1-4 h	adulto: até 14 dias pediátrico: até 7 dias	40-100

Efeitos colaterais
N/V; letargia; soluços; H/A; raramente: eosinofilia, leucopenia, eritema multiforme, síndrome de
Stevens-Johnson, síndrome do tipo SLE. Níveis tóxicos → comportamento psicótico.

Classificação das Crises Epilépticas e Farmacologia Anticonvulsivante

Informações do fármaco: Metsuximida (Celontin®)

Indicações
Indicado para convulsões de ausência refratárias a outras drogas.

Dose
R: a dose ideal precisa ser determinada por tentativas. Começar com 300 mg PO q d, aumentar 300 mg a cada semana PRN até um máximo de 1.200 mg/dia. **Apresentação:** cápsulas de 150 e de 300 mg.

Informações do fármaco: Felbamato (Felbatol®)

✖ ATENÇÃO: devido a uma taxa inaceitavelmente alta de anemia aplásica e à insuficiência hepática, o felbamato (FBM) só deve ser usado nas circunstâncias em que os benefícios claramente se sobrepõem aos riscos: por isso, a consulta hematológica é recomendada pelo fabricante. Ver Efeitos colaterais, abaixo (inclusive para as interações entre drogas).

O FBM é eficaz para monoterapia e terapia auxiliar para crises parciais (complexas e com generalização secundária), e reduz a frequência de crises atônicas e GTC, na síndrome de Lennox-Gastaut.

Farmacocinética

Quadro 26.11 Farmacocinética do felbamato

$t_{1/2}$ (meia-vida)	t_{PEAK} (níveis de pico)	t_{ss} (estado estável)	Nível terapêutico (μg/mL)
20-23 h	1-3 h	5-7 dias	não estabelecido

Dose

Quadro 26.12 Efeito do felbamato sobre os níveis de outras AEDs

AED	Mudança de nível	Mudança recomendada de dosagem
fenitoína	↑ 30-50%	↓ 20-33%
carbamazepina	↓ 30% no total ↑ 50-60% no epóxido	↓ 20-33%
ácido valproico	↑ 25-100%	↓ 33%

R: ATENÇÃO, ver acima. O felbamato *não* deve ser usado como droga de primeira linha. O paciente, ou o responsável, tem de assinar um termo de consentimento informado. Inicie com 1.200mg/dia, divididos BID, TID ou QID, e diminua outras AEDs para um terço. Aumente o felbamato em 600 mg. Bissemanalmente, até uma dose total de 1.600-3.600 mg/dia (máximo: 45 mg/kg/dia). Se os efeitos colaterais se tornarem severos, diminua os incrementos e/ou reduza ainda mais as AEDs. Quando usado como monoterapia, administre até o limite superior. **Apresentação:** (somente oral) comprimidos de 400 e 600 mg; suspensão 600 mg/5 mL.

Efeitos colaterais
O felbamato foi associado à anemia aplásica (geralmente descoberta depois de 5-30 semanas de terapia), em ≈ 2-5 casos por milhão de pessoas por ano, e insuficiência hepática (às vezes fatal, o que exige LFTs basais e seriadas, a cada 1-2 semanas). Outros efeitos colaterais: insônia, anorexia, N/V, H/A. O felbamato é um inibidor metabólico potente, por isso é preciso reduzir as doses de fenitoína, valproato e carbamazepina, quando usados com o felbamato[22] (▶ Quadro 26.12, regra geral, baixe a dose em um terço).

Informações do fármaco: Levetiracetam (Keppra®)

Interações entre drogas, não identificadas. Menos de 10% ligados a proteínas. Farmacocinética linear sem necessidade de monitoramento de nível.

Indicações
Terapia auxiliar para crises de início parcial, com generalização secundária, em pacientes de quatro anos de idade, ou mais. Convulsões mioclônicas (epilepsia mioclônica juvenil). Tônico-clônicas generalizadas.

Dose
R: começar com 500 mg PO BID. Incrementar em 1.000 mg/dia q 2 semanas PRN, até um máximo de 3.000 mg/dia. Keppra XR: a mesma dose de levetiracetam pode ser mudada para Keppra XR para dosagem q d.
 IV: 500-1.500 mg diluídos em 100 mL do diluente (LR, D5 W, salina normal) infundida durante 15 min BID.
 Apresentação: 250, 500, 750 e 1.000 mg em comprimidos cobertos com um filme; solução oral de 100 mg/mL. Keppra XR (liberação prolongada) 500 mg.
 IV: uma porção (5 mL) contém 500 mg.

Efeitos colaterais
PO ou IV: sonolência e fadiga em 15%. Tonturas em 9%. Astenia 15% e infecção 13% (nasofaringite e gripe podem ou não estar relacionadas).
 Keppra XR: sonolência em 8% irritabilidade em 6%.

Informações do fármaco: Clonazepam (Klonopin®)

Um derivado benzodiazepínico.

Indicações
✘ *Não* é uma droga recomendada para epilepsia (ver abaixo).
 Usado para crises mioclônicas, atônicas e de ausência (na ausência, é menos efetivo do que o valproato ou a etosuximida, e pode haver desenvolvimento de tolerância).
 Nota: o clonazepam geralmente funciona muito bem durante alguns meses, depois tende a se tornar menos eficaz, deixando apenas os efeitos sedativos. Também foram relatados muitos casos de pacientes que tinham crises durante a retirada, inclusive o estado epiléptico (mesmo em pacientes sem histórico de estado). Portanto, pode ser necessário reduzir essa droga ao longo de 3-6 meses.

Dose
R Adulto: começar com 1,5 mg/dia DIV TID, aumentar de 0,5-1 mg q 3 d. A faixa usual de dosagem é de 1-12 mg/dia (máximo 20 mg/dia); MDF = q d. Pediátricos: começar com 0,01-0,03 mg/kg/dia DIV BID ou TID, aumentar em 0,25-0,5 mg/kg/dia q 3 d; a variação da dosagem usual é 0,01-0,02 mg/kg/dia; MDF = q d.
Apresentação: somente oral; comprimidos de 0,5 mg, 1 mg, 2 mg.

Farmacocinética

Quadro 26.13 Farmacocinética do clonazepam

$t_{1/2}$ (meia-vida)	t_{PEAK} (níveis de pico)	t_{ss} (estado estável)	$t_{D/C}$ (descontinuar)	Nível terapêutico (μg/mL)
20-60 h	1-3 h	até 14 dias	≈ 3-6 meses[a]	0,013-0,072

[a]CUIDADO: crises na retirada são comuns, ver o texto acima.

Efeitos colaterais
Ataxia; sonolência; mudanças de comportamento.

Informações do fármaco: Zonisamida (Zonegran®)

Indicações
  Terapia auxiliar para crises parciais em adultos.

Informações do fármaco: Acetazolamida (Diamox®)

O efeito antiepiléptico pode ser causada pela inibição direta da anidrase carbônica do CNS (que também reduz a taxa de produção de CSF), ou em decorrência de leve acidose que resulta no CNS.

Indicações
Epilepsias centrocefálicas (crises de ausência e não focais). Os melhores resultados são os das crises de ausência, entretanto, também foram observados benefícios em GTC, contração mioclonos.

Efeitos colaterais
Não utilize no terceiro trimestre de gestação (pode ser teratogênica). O efeito diurético causa perda renal de HCO_3 que, na terapia prolongada, pode causar um estado de acidose. É uma sulfonamida, por isso pode ocorrer qualquer reação típica desta classe (anafilaxia, febre, erupção, síndrome de Stevens-Johnson, necrose epidérmica tóxica...). Parestesias: suspender a medicação.

Dose
R Adulto: 8-30 mg/kg/dia em doses fracionadas (máximo de 1 g/dia, doses mais altas não melhoram o controle). Quando administrada com outra AED, a dose inicial sugerida é de 250 mg, uma vez ao dia, e ela é aumentada gradualmente. **Apresentação:** comprimidos de 125 e 250 mg. Diamox sequels® são cápsulas de 500 mg, de liberação sustentada. Também está disponível um pó liofilizado, em porções de 500 mg, para uso parenteral (IV).

Informações do fármaco: Gabapentina (Neurontin®)

Embora desenvolvida para ser uma agonista de GABA, ela não interage com qualquer receptor de GABA conhecido. É eficaz para crises generalizadas primárias e parciais (*com ou sem generalização secundária). Ineficaz para crises de ausência. Incidência muito baixa de efeitos colaterais conhecidos. Sem interações conhecidas com drogas (provavelmente porque é excretada rapidamente pelos rins). Também é usada para dor central.

Dose
R Adulto: 300 mg PO × 1 no dia 1; 300 mg BID no dia 2; 300 mg TID no dia 3; a seguir, aumente rapidamente para as doses usuais de ≈ 800-1.800 mg por dia. Doses de 1.800-3.600 mg poderão ser necessárias para pacientes intratáveis. ✖ A dosagem precisa ser reduzida em pacientes com insuficiência renal, ou sob diálise, ver Eq (7.1) para estimar. **Apresentação:** cápsulas de 100, 300, 400, 600, 800 mg. Suspensão de 50 mg/mL.

Farmacocinética
A gabapentina não é metabolizada e 93% dela são excretados integralmente, por via renal, com depuração do plasma diretamente proporcional à depuração da creatinina.[23] Não afeta as enzimas microssômicas hepáticas e não afeta o metabolismo de outras AEDs. Os antiácidos diminuem a biodisponibilidade em ≈ 20%, por isso, administre a gabapentina > 2 h após o antiácido.[24]

Quadro 26.14 Farmacocinética da gabapentina

$t_{1/2}$ (meia-vida)	t_{PEAK} (níveis de pico)	t_{ss} (estado estável)	Nível terapêutico (μg/mL)
5-7 h[a]	2-3 h	1-2 dias	não estabelecido

[a]Com função renal normal.

Efeitos colaterais
Sonolência, tonturas, ataxia, fadiga, nistagmo, todos são reduzidos após 2-3 semanas de terapia com a droga. Aumento de apetite. Não se sabe se é teratogênica.

Informações do fármaco: Lamotrigina (Lamical®)

O efeito anticonvulsivante pode ser causado pela inibição pré-sináptica da liberação de glutamato.[23] É eficaz como terapia *auxiliar* contra crises parciais (com ou sem generalização secundária) e a síndrome de Lennox-Gastaut. Dados preliminares sugerem que ela também pode ser útil auxiliar em crises generalizadas, refratárias, e como monoterapia em crises, parciais ou generalizadas, recém-diagnosticadas.[25] Também é aprovada pela FDA para transtorno bipolar.

Efeitos colaterais

Sonolência, tonturas, diplopia. ✖ Foram relatadas erupções graves, que exigem hospitalização e a interrupção da terapia (as erupções geralmente começam duas semanas depois do início da terapia e podem ser graves, com potencial risco à vida, incluindo síndrome de Stevens-Johnson (é mais preocupante se houver uso simultâneo de valproato) e, raras vezes, necrose epidérmica tóxica (TEN)). A incidência de reação epidérmica pode ser reduzida através de um incremento lento na dosagem. Em alguns pacientes com epilepsia mioclônica infantil grave, pode aumentar a frequência de convulsões.[26] O metabolismo da lamotrigina é afetado pelo uso concomitante de outras AEDs.

Dose

℞ Adulto: nos adultos que estejam recebendo AEDs indutoras de enzimas (PHT, CBZ ou fenobarbital), inicie com 50 mg PO q d × 2 semanas, depois 50 mg BID × 2 semanas, depois ↑ para 100 mg/dia q semana, até atingir a dose usual de manutenção, de 200-700 mg/dia (dividida em duas doses). Para pacientes que usam apenas o ácido valproico (VA), a dose de manutenção foi de 100-200 mg/dia (dividida em duas doses), e os níveis de VA caíram em 25% poucas semanas após o início da lamotrigina. Para pacientes que usam AEDs indutoras de enzimas e VA, a dose inicial é de 25 mg PO qod × 2 semanas, então 25 mg qd × 2 semanas, depois ↑ 25-50 mg/dia q 1-2 semanas, até a manutenção de 100-150 mg/dia (dividida em duas doses). Oriente os pacientes de que erupções, febre ou linfadenopatia podem demarcar uma reação séria, e que o médico deve ser imediatamente comunicado. Pediátricos: o uso não é indicado para pacientes < 16 anos, em razão da alta incidência de erupções com risco à vida na população pediátrica.[23] **Apresentação:** comprimidos de 25, 100, 150 e 200 mg e comprimidos dispensáveis, para mascar, de 2, 5 e 25 mg.

Farmacocinética[25]

Quadro 26.15 Farmacocinética da lamotrigina

$t_{1/2}$ (meia-vida)	t_{PEAK} (níveis de pico)	t_{ss} (estado estável)	Nível terapêutico (μg/mL)
24 h[a]	1,5-5 h	4-7 dias	controvertido[27]

[a]A meia-vida é encurtada para ≈ 15 h pela PHT e pela CBZ, enquanto o ácido valproico aumenta para 59 h.

Informações do fármaco: Vigabatrin

Indicações

Eficaz no tratamento de convulsões parciais. Menor efeito em convulsões generalizadas.

Dose

℞ Adulto: 1.500-3.000 mg/dia.

Informações do fármaco: Topiramato (Topamax®)

Pode bloquear os canais de sódio sensíveis à voltagem e amplificar a atividade de GABA nos receptores GABAA e atenuar alguns receptores de glutamato.[23]

Indicações[28]

Como adjuvante oral de outras drogas, no tratamento de crises refratárias, com início parcial.

Dose
R Adulto: começar com 50 mg/dia e aumentar lentamente até 200-400 mg/dia,[29] sem que benefícios significativos sejam notados em doses de > 600 mg/dia. **Apresentação:** comprimidos de 25, 100 e 200 mg.

Farmacocinética
30% são metabolizados no fígado, o resto é excretado na urina, íntegro.

Quadro 26.16 Farmacocinética do topiramato

$t_{1/2}$ (meia-vida)	t_{ss} (estado estável)	Nível terapêutico
19-25 h	5-7 dias	não estabelecido

Efeitos colaterais
Pode aumentar a concentração de fenitoína em até 25%. Os níveis de topiramato são reduzidos em até 25%, por outras AEDs (fenitoína, carbamazepina, ácido valproico e, possivelmente, outras).

Transtorno cognitivo (dificuldade de encontrar palavras, problemas de concentração...). Perda de peso, vertigens, ataxia, diplopia, parestesia, nervosismo e confusão são perturbadores. A incidência de cálculos renais que, geralmente, passam espontaneamente, é de $\approx$ 1,5%.[23]

Oligo-hidrose (redução do suor) e hipertermia, primariamente em crianças, associada à temperatura ambiente elevada e/ou com atividade física vigorosa.

Informações do fármaco: Tiabagina (Gabitril®)

É um inibidor da captação de GABA, trazendo problemas cognitivos frequentemente semelhantes às do topiramato.[31]

R Adulto: começar com 4 mg/dia, aumentar 4-8 mg, por semana, até um máximo de 32-56 mg (divididos BID para QID). **Apresentação:** comprimidos de 4, 12, 16 e 20 mg.

Informações do fármaco: Lacosamida (Vimpat®)

Acelera a lentidão da inativação dos canais de sódio controlados por voltagem, afetando apenas os neurônios que estão despolarizados após longo período de atividade (como em uma convulsão).

Indicações
Crises de início parcial. Neuropatia diabética dolorosa.

Dose
R Adulto: 200-400 mg. **Apresentação:** em comprimidos de mg.

26.2.5 Retirada de drogas antiepilépticas

Informações gerais
A maioria das recorrências de convulsões se desenvolve dentro dos primeiros 6 meses após a retirada da AED.[32]

Indicações para retirada de AED
Não há concordância a respeito de quanto tempo um paciente deve estar livre de crises antes da retirada de anticonvulsivantes, e também não há concordância quanto ao valor do prognóstico por EEGs, nem sobre o melhor lapso para retirar as AEDs.

O que segue, baseia-se em um estudo de 92 pacientes com epilepsia *idiopática*, que estavam livres de crises durante 2 anos.[33] Sua generalização pode não ser apropriada, p. ex., para crises pós-traumáticas. A redução foi de uma "unidade" a cada duas semanas (sendo a unidade definida como 200 mg para a CBZ e 100 mg para a PHT). Acompanhamento: média = 26 meses (variação: 6-62).

31 pacientes (34%) tiveram reincidência, sendo o tempo médio até a reincidência de 8 meses (variação: 1-36). Usando-se métodos atuariais, o risco de recorrência é de 5,9% por mês, durante 3 meses; depois, de 2,7% por mês, durante 3 meses; e, a seguir, de 0,5% por mês, durante 3 meses. Foi verificado que os fatores que afetavam a probabilidade de reincidência incluíam:
1. tipo de crise: a taxa de reincidência era de 37% para as crises generalizadas; de 16% para as parciais, simples ou complexas; e de 54% para as parciais complexas, com generalização secundária
2. número de crises antes de ser atingido o controle: os que tinham ≥ 100 crises ou antes de ser atingido o controle, tinham reincidência significativamente mais elevada do que aqueles com < 100
3. o número de drogas que tiveram de ser tentadas antes de a terapia de droga única controlar as crises com sucesso: 29% se a primeira droga funcionou; 40% se foi necessário mudar para uma segunda droga; e 80% se foi necessário mudar para uma terceira droga
4. classe de EEG (▶ Quadro 26.17): o de classe 4 tinha o pior prognóstico para reincidência. Descargas epileptiformes no EEG servem para desencorajar a retirada de AEDs[34]

Em um estudo mais amplo e randomizado,[35] os fatores mais importantes que foram identificados como os previsores da possibilidade de livramento da ocorrência de crises recorrentes foram:
1. períodos livres de crises mais longos
2. o uso de apenas uma AED (*versus* AEDs múltiplas)
3. crises não tônico-clônicas

Tempos de retirada
Os tempos de retirada recomendados no ▶ Quadro 26.18 devem ser usados apenas como referência.

26.2.6 Gestação e drogas antiepilépticas

Informações gerais
Mulheres epilépticas, com potencial de engravidar, devem procurar aconselhamento quanto à gestação.[36]

Controle de natalidade
As AEDs que induzem as enzimas microssômicas de citocromo P450 (▶ Quadro 26.19) aumentam a taxa de falhas dos contraceptivos orais em até 4 vezes.[37] Pacientes que desejem usar BCPs devem usar medidas contraceptivas de barreira, até que sua ovulação seja consistentemente suprimida, e devem prestar atenção ao surgimento de sangramentos, que podem indicar a necessidade de uma mudança na dosagem hormonal.[32] Os contraceptivos hormonais não orais (p. ex., implante de levonorgestrel (Norplant®)) contornam o primeiro passo da degradação hepática, mas devem ser combinados com um método de barreira, por causa do declínio de sua eficácia, com o tempo.

Quadro 26.17 Classes de EEG e taxa de reincidência de crises

Classe	Descrição do EEG		Taxa de reincidência	N° de pacientes reincidentes/ pacientes de risco
	Antes do tratamento	Antes da retirada		
1	normal	normal	34%	11/31
2	anormal	normal	11%	4/35
3	anormal	melhora	50%	2/4
4	anormal	sem mudanças	74%	14/19

Quadro 26.18 Tempos recomendados para retirada de AED

AED	Período recomendado para a retirada
fenitoína, ácido valproico, carbamazepina	2-4 semanas
fenobarbital	6-8 semanas (25% por semana)
clonazepam	3-6 meses; ver CUIDADOS (p. 454)

Quadro 26.19 Efeito de AEDs sobre o citocromo P_{450} hepático[a]

Indutoras	Não indutoras
carbamazepina	ácido valproico
fenobarbital	benzodiazepínicos
fenitoína	gabapentina
felbamato	lamotrigina
primidona	

[a]Referências.[32,38]

Quadro 26.20 Mudanças nos níveis de AED livre durante a gestação[39]

Droga	Mudança
carbamazepina	↓ 11%
fenobarbital	↓ 50%
fenitoína	↓ 31%
ácido valproico	↑ 25%

Complicações durante a gestação

Durante a gravidez, as mulheres epilépticas têm mais complicações do que as não epilépticas, porém > 90% das gestações das epilépticas têm desfecho favorável.[32]

Nas mulheres epilépticas grávidas há aumento de ≈ 17% no número de crises (variação reportada: 17-30%), o que pode ser devido à não adesão ou a mudanças nos níveis de AED livre durante a gestação (▶ Quadro 26.20). As crises isoladas, ocasionalmente, podem ser deletérias, mas geralmente não causam problemas. O estado epiléptico propõe um risco grave à mãe e ao feto durante a gestação e deve ser tratado com rigor.

Também há risco ligeiramente aumentado de toxemia (HNT gravídica) e de perda fetal.

Defeitos congênitos

A incidência de malformações fetais na prole de pacientes com reconhecido transtorno epilético é de ≈ 4-5%, cerca do dobro da população geral.[40] Desconhece-se o quanto disso se deve ao uso de AEDs ou a fatores genéticos e ambientais. Todas as AEDs têm potencial de causar efeitos deletérios ao bebê. Comparada à monoterapia, a politerapia está mais associada a aumento do risco, de um modo mais do que aditivo.

Em geral, o risco de crises (com possível hipóxia e acidose materna e fetal simutâneas) é percebido como sendo maior que o risco teratogênico da maioria das AEDs, mas isso deve ser avaliado caso a caso. Ocasionalmente, as pacientes podem ser desmamadas das AEDs.

Drogas específicas

Em um estudo[41] (que pode ter tido problemas metodológicos), a carbamazepina (CBZ) produziu um aumento da incidência de malformações "menores" (mas não de malformações "maiores") e pode ter aumentado a incidência de defeitos do tubo neural (NTD).[42] A exposição à fenitoína "*in utero*" pode levar à síndrome da hidantoína fetal,[14,43] e a uma criança com uma redução de IQ de ≈ 10 pontos.[44] Em um estudo prospectivo,[45] o fenobarbital produziu a mais alta incidência de malformações maiores (9,1%) e, noutro estudo,[46] ele foi associado, também, a aumento de mortes fetais. O valproato (VA) causa a maior incidência de NTD (1-2%), que podem ser detectados por amniocentese, permitindo o abortamento, se desejado. A dosagem TID pode reduzir o risco de NTD (p. 451). Se administrados pouco antes do parto, os benzodiazepínicos podem produzir a "síndrome do bebê hipotônico".[47] Efeitos similares podem ocorrer com outros AEDs sedativos, como o fenobarbital.

Recomendações sobre drogas

Há um consenso geral de que, para a maioria das mulheres com potencial de gestação que necessitam usar AEDs, o método de escolha é a monoterapia com a menor dose efetiva de CBZ, quando o transtorno epilético é respondente a ela.[48] Se ela for ineficaz, a monoterapia com ácido valproico (com dosagem TID) é a segunda escolha recomendada atualmente. Sempre deve ser usada suplementação com folato (depois de confirmação de níveis normais de B12).

Referências

[1] Commission on Classification and Terminology of the International League Against Epilepsy. Guidelines for Epidemiologic Studies on Epilepsy. Epilepsia. 1989; 30:389–399

[2] Mosewich RK, So EL. A Clinical Approach to the Classification of Seizures and Epileptic Syndromes. Mayo Clin Proc. 1996; 71:405–414

[3] French JA, Williamson PD, Thadani VM, et al. Characteristics of Medial Temporal Lobe Epilepsy. I. Results of History and Physical Examination. Ann Neurol. 1993; 34:774–780

[4] Williamson PD, French JA, Thadani VM, et al. Characteristics of Medial Temporal Lobe Epilepsy. II. Interictal and Ictal Scalp Electroencephalography, Neuropsychological Testing, Neuroimaging, Surgical Results, and Pathology. Ann Neurol. 1993; 34:781–787

[5] Engel JJ. Surgery for Seizures. N Engl J Med. 1996; 334:647–652

[6] Grunewald RA, Panayiotopoulos CP. Juvenile Myoclonic Epilepsy. A Review. Arch Neurol. 1993; 50:594–598

[7] Brodie MJ, Dichter MA. Antiepileptic Drugs. N Engl J Med. 1996; 334:168–175

[8] Mattson RH, Cramer JA, Collins JF, et al. Comparison of Carbamezepine, Phenobarbital, Phenytoin, and Primidone in Partial and Secondarily Generalized Tonic-Clonic Seizures. N Engl J Med. 1985; 313:145–151

[9] Mattson RH, Cramer JA, Collins JF, et al. A Comparison of Valproate with Carbamezepine for the Treatment of Complex Partial Seizures and Secondarily Generalized Tonic-Clonic Seizures in Adults. N Engl J Med. 1992; 327:765–771

[10] Drugs for Epilepsy. Med Letter. 1986; 28:91–93

[11] Rambeck B, Boenigk HE, Dunlop A, et al. Predicting Phenytoin Dose - A Revised Nomogram. Ther Drug Monit. 1979; 1:325–333

[12] Saklad JJ, Graves RH, Sharp WP. Interaction of Oral Phenytoin with Enteral Feedings. J Parent Ent Nutr. 1986; 10:322–323

[13] Worden JP, Wood CA, Workman CH. Phenytoin and Nasogastric Feedings. Neurology. 1984; 34

[14] Buehler BA, Delimont D, van Waes M, et al. Prenatal Prediction of Risk of the Fetal Hydantoin Syndrome. N Engl J Med. 1990; 322:1567–1572

[15] Public Health Service. Fluoxetine-Phenytoin Interaction. FDA Medical Bulletin. 1994; 24:3–4

[16] Winkler SR, Luer MS. Antiepileptic Drug Review: Part 1. Surg Neurol. 1998; 49:449–452

[17] Oles KS, Waqar M, Penry JK. Catastrophic Neurologic Signs due to Drug Interaction: Tegretol and Darvon. Surg Neurol. 1989; 32:144–151

[18] Oakeshott P, Hunt GM. Valproate and Spina Bifida. Br Med J. 1989; 298:1300–1301

[19] Farwell JR, Lee YJ, Hirtz DG, Sulzbacher SI, et al. Phenobarbital for Febrile Seizures - Effects on Intelligence and on Seizure Recurrence. N Engl J Med. 1990; 322:364–369

[20] Wroblewski BA, Garvin WH. Once-Daily Administration of Phenobarbital in Adults: Clinical Efficacy and Benefit. Arch Neurol. 1985; 42:699–700

[21] Davis AG, Mutchie KD, Thompson JA, Myers GG. Once-Daily Dosing with Phenobarbital in Children with Seizure Disorders. Pediatrics. 1981; 68:824–827

[22] Felbamate. Med Letter. 1993; 35:107–109

[23] Winkler SR, Luer MS. Antiepileptic Drug Review: Part 2. Surg Neurol. 1998; 49:566–568

[24] Gabapentin - A new anticonvulsant. Med Letter. 1994; 36:39–40

[25] Lamotrigine for Epilepsy. Med Letter. 1995; 37:21–23

[26] Guerrini R, Dravet C, Genton P, et al. Lamotrigine and Seizure Aggravation in Severe Myoclonic Epilepsy. Epilepsia. 1998; 39:508–512

[27] Sondergaard Khinchi M, Nielsen KA, Dahl M,Wolf P. Lamotrigine therapeutic thresholds. Seizure. 2008; 17:391–395

[28] Topiramate for Epilepsy. Med Letter. 1997; 39:51–52

[29] Faught E, Wilder BJ, Ramsay RE, et al. Topiramate Placebo-Controlled Dose-Ranging Trial in Refractory Partial Epilepsy using 200-, 400-, and 600-mg Daily Dosages. Neurology. 1996; 46:1684–1690

[30] Privitera M, Fincham R, Penry J, et al. Topiramate Placebo-Controlled Dose-Ranging Trial in Refractory Partial Epilepsy using 600-, 800-, and 1,000-mg Daily Dosages. Neurology. 1996; 46:1678–1683

[31] Tiagabine for Epilepsy. Med Letter. 1998; 40:45–46

[32] Shuster EA. Epilepsy in Women. Mayo Clin Proc. 1996; 71:991–999

[33] Callaghan N, Garrett A, Goggin T. Withdrawal of Anticonvulsant Drugs in Patients Free of Seizures for Two Years. N Engl J Med. 1988; 318:942–946

[34] Anderson T, Braathen G, Persson A, et al. A Comparison Between One and Three Years of Treatment in Uncomplicated Childhood Epilepsy: A Prospective Study. II. The EEG as Predictor of Outcome After Withdrawal of Treatment. Epilepsia. 1997; 38:225–232

[35] Medical Research Council Antiepileptic Drug Withdrawal Study Group. Randomized study of antiepileptic drug withdrawal in patients in remission. Lancet. 1991; 337:1175–1180

[36] Delgado-Escueta A, Janz D. Consensus Guidelines: Preconception Counseling, Management, and Care of the Pregnant Woman with Epilepsy. Neurology. 1992; 42:149–160

[37] Mattson RH, Cramer JA, Darney PD, Naftolin F. Use of Oral Contraceptives by Women with Epilepsy. JAMA. 1986; 256:238–240

[38] Perucca E, Hedges A, Makki KA, et al. A Comparative Study of the Relative Enzyme Inducing Properties of Anticonvulsant Drugs in Epileptic Patients. Br J Clin Pharmacol. 1984; 18:401–410

[39] Yerby MS, Freil PN, McCormick K. Antiepileptic Drug Disposition During Pregnancy. Neurology. 1992; 42:12–16

[40] Dias MS, Sekhar LN. Intracranial Hemorrhage from Aneurysms and Arteriovenous Malformations during Pregnancy and the Puerperium. Neurosurgery. 1990; 27:855–866

[41] Jones KL, Lacro RV, Johnson KA, Adams J. Patterns of Malformations in the Children of Women Treated With Carbamazepine During Pregnancy. N Engl J Med. 1989; 310:1661–1666

[42] Rosa FW. Spina Bifida in Infants of Women Treated with Carbamazepine During Pregnancy. N Engl J Med. 1991; 324:674–677

[43] Hanson JW, Smith DW. The Fetal Hydantoin Syndrome. J Pediatr. 1975; 87:285–290

[44] Scolnik D, Nulman I, Rovet J, et al. Neurodevelopment of Children Exposed In Utero to Phenytoin and Carbamazepine Monotherapy. JAMA. 1994; 271:767–770

[45] Nakane Y, Okuma T, Takahashi R, et al. Multi-Institutional Study of the Teratogenicity and Fetal Toxicity of Antiepileptic Drugs: A Report of a Collaborative Study Group in Japan. Epilepsia. 1980; 21:663–680

[46] Waters CH, Belai Y, Gott PS, et al. Outcomes of Pregnancy Associated with Antiepileptic Drugs. Arch Neurol. 1994; 51:250–253

[47] Kanto JH. Use of Benzodiazepines During Pregnancy, Labor, and Lactation, with Particular Reference to Pharmacokinetic Considerations. Drugs. 1982; 23:354–380

[48] Saunders M. Epilepsy in Women of Childbearing Age: If Anticonvulsants Cannot be Avoided, Use Carbamazepine. Br Med J. 1989; 199

27 Tipos Especiais de Crises

27.1 Primeira crise

27.1.1 Informações gerais

A *incidência* de uma primeira crise, ajustada por idade, é de 44 por 100.000 pessoas, por ano, em Rochester Minnesota.[1]

27.1.2 Etiologias

Nos pacientes que apresentam crise pela primeira vez, as etiologias incluem (modificado):[2]
1. após uma lesão neurológica: quer aguda (isto é, há < 1 semana), quer remota (com > 1 semana até, geralmente, < 3 meses desde o traumatismo)
   a) CVA: 4,2% tinham crise dentro de 14 dias após o evento. O risco aumentava com a severidade do CVA[3]
   b) traumatismo craniano: lesão craniana fechada, traumatismo penetrante (p. 461)
   c) infecção no CNS: meningite, abscesso cerebral, empiema subdural
   d) convulsões febris (p. 467)
   e) asfixia ao nascimento
2. anormalidades subjacentes no CNS
   a) anormalidades congênitas no CNS
   b) doenças degenerativas do CNS
   c) tumor no CNS: metastático ou primário
   d) hidrocefalia
   e) AVM
3. transtorno metabólico sistêmico agudo
   a) transtornos eletrolíticos: uremia, hiponatremia, hipoglicemia (especialmente a hipoglicemia profunda), hipercalcemia
   b) relacionado com drogas, incluindo:
      • retirada de álcool (p. 464)
      • toxicidade da cocaína (p. 207)
      • opioides (narcóticos)
      • antieméticos com fenotiazina (p. 143)
      • administração de flumazenil (Romazicon®) para tratar superdosagem de benzodiazepínicos (BDZs) (especialmente quando os BDZs são tomados com outras drogas que reduzem o limiar para crises como: antidepressivos tricíclicos ou cocaína)
      • fenciclidina (PCP): originalmente usada como tranquilizante para animais
      • ciclosporina: pode afetar os níveis de Mg^{++}
   c) eclâmpsia
4. idiopatia

Em 166 pacientes *pediátricos* encaminhados a um departamento de emergência por apresentar uma primeira crise como queixa principal ou como diagnóstico de alta:[4]
1. foi verificado que 110 tinham, na verdade, uma crise recorrente ou um evento não ictal
2. nos 56 pacientes que supostamente teriam tido uma primeira crise:
   a) em 71% as crises eram febris
   b) em 21% eram idiopáticas
   c) em 7% eram "sintomáticas" (hiponatremia, meningite, intoxicação por droga)

Em um estudo prospectivo de 244 pacientes com uma primeira crise, não provocada, 27% tiveram novas crises durante o acompanhamento.[2,5] As crises recorrentes eram mais comuns em pacientes que tinham história familiar de crises, EEG com pontas-ondas, ou uma história de traumatismo no CNS (CVA, lesão craniana,...). Nenhum paciente que ficou livre de crises durante 3 anos teve recorrência. Depois de uma segunda crise, o risco de novas crises era elevado.

27.1.3 Avaliação

Do adulto

Uma primeira crise em um *adulto*, em ausência de uma causa óbvia (p. ex., abstinência de álcool), exige uma investigação da base subjacente (o início das crises idiopáticas, isto é, da epilepsia, é mais comum antes ou durante a adolescência). Deve ser feita CT ou MRI (com e sem contraste). Deve ser feita uma investigação sistêmica para identificar a presença dos fatores anteriormente listados (ver acima). Se tudo isso for negativo, MRI deve ser feita, se já não o foi. Se também ela for negativa, o estudo deve ser repetido em ≈ 6 meses, no primeiro ano e, possivelmente, no segundo, para descartar um tumor que poderia não ter se evidenciado no estudo inicial.

Pediátrica
Entre os pacientes pediátricos com uma primeira crise, as avaliações laboratoriais e radiológicas frequentemente são custosas e pouco úteis.[4] Um histórico detalhado e um exame físico são mais úteis.

Tratamento
O tratamento de um adulto com uma primeira crise idiopática (isto é, nenhum achado anormal à CT ou à MRI) é controverso. Em um estudo, era feito um EEG; se ele fosse normal, era seguido por um EEG com privação de sono, o que resultou nas seguintes observações:[6]
1. há substancial variação entre observadores quanto à interpretação desses EEGs
2. quando ambos os EEGs eram normais, a taxa de recorrência de crises após 2 anos era de 12%
3. quando um dos EEGs, ou ambos, apresentavam descargas epilépticas, a taxa de recorrência era de 83%, em 2 anos
4. a presença de anormalidades não epilépticas em um EEG, ou em ambos, tinha uma taxa de recorrência, aos 2 anos, de 41%
5. a taxa de recorrência com descargas epilépticas focais (87%) era ligeiramente mais elevada do que com descargas epilépticas generalizadas (78%)

A conclusão é de que os EEGs obtidos com este propósito têm um valor preditivo moderado, e que eles podem ser levados em consideração na decisão sobre tratar ou não tratar essas crises com AEDs.

27.2 Crises pós-traumáticas

27.2.1 Informações gerais

> ### Conceitos-chave
>
> - existem duas categorias: a precoce (≤ 7 dias) e a tardia (> 7 dias) após o traumatismo craniano
> - os anticonvulsivantes (AEDs) podem ser usados para prevenir crises pós-traumáticas (PTS) em pacientes com alto risco de crises
> - AEDs profiláticas NÃO reduzem a frequência de PTS tardias
> - suspenda as AEDs após uma semana, exceto nos casos que se enquadram em critérios específicos (ver o texto)

As crises pós-traumáticas (PTS) frequentemente são divididas (arbitrariamente) em: precoces (que ocorrem em até uma semana a partir da lesão) e tardias (daí em diante).[7] Uma terceira categoria pode ser justificada, a "imediata", isto é, dentro de poucos minutos até cerca de uma hora.

27.2.2 PTS precoces (≤ 7 dias após o traumatismo craniano)
Em traumatismo craniano grave, a incidência é de 30% (sendo "grave" definido como: LOC > 24 h, amnésia > 24 h, déficit neurológico focal, contusão documentada ou hematoma intracraniano), e nas lesões leves e moderadas é de ≈ 1%. PTS precoces ocorrem em 2,6% das crianças < 15 anos, com traumatismo craniano que causa, no mínimo, LOC breve ou amnésia.[8]

A PTS precoce pode desencadear eventos adversos, como resultado da elevação da ICP: alteração da BP, mudanças na oxigenação e liberação excessiva de neurotransmissores.[9]

27.2.3 PTS de início tardio (> 7 dias após o traumatismo craniano)
A incidência durante os 2 anos seguintes a um traumatismo craniano "significativo" (inclui LOC > 2 min, GCS < 8 min na admissão, hematoma epidural...) é estimada em 10-13%, para todos os grupos etários.[10,11] O risco relativo é 3,6 vezes maior do que o da população-controle. A incidência é maior nos traumatismos cranianos graves em comparação aos moderados e maior nestes em relação aos leves.[8]

A incidência de PTS precoce é maior em crianças do que em adultos, mas as crises tardias são muito mais raras em crianças (94,5% das crianças que têm PTS desenvolvem-na dentro de 24 h desde a lesão[12]). A maioria dos pacientes que não teve crises durante três anos a partir de uma lesão penetrante na cabeça não desenvolverá crises.[13] Em crianças, o risco de PTS tardia parece não estar relacionado com a ocorrência de PTS precoce (em adultos, isso só é verdadeiro para lesões leves). O risco de desenvolver PTS tardia pode ser mais elevado depois de repetidas lesões cranianas.

27.2.4 Traumatismo penetrante

A incidência de PTSs é maior em traumatismos cranianos penetrantes do que nos fechados (elas ocorreram em 50% dos casos de traumatismo penetrante acompanhados durante 15 anos[14]).

27.2.5 Tratamento

Informações gerais

Alguns estudos retrospectivos antigos sugeriam que a administração antecipada de PHT evitaria PTS precoces e reduziria o risco de PTS tardias, mesmo após a suspensão da droga. Estudos prospectivos posteriores questionaram isso, mas foram criticados por não manterem níveis satisfatórios e por falta de robustez estatística.[7,11] Um estudo prospectivo, duplo-cego, de pacientes em risco de PTS (que excluía o traumatismo penetrante), demonstrou uma redução de 73% no risco de PTS *precoce* quando é administrada uma dose de ataque de 20 mg/kg de PHT dentro de 24 h desde a lesão e são mantidos níveis terapêuticos elevados; mas, após uma semana, não havia mais benefício na continuidade da droga (para fins de tratamento).[15] A carbamazepina (Tegretol®) também se mostrou eficaz em reduzir o risco de PTS precoce.

A fenitoína tem efeitos cognitivos adversos, quando administrada por longo prazo para profilaxia de PTS.[16]

Diretrizes de tratamento

Com base nas informações disponíveis (ver acima), parece que:
1. nenhum dos tratamentos estudados impede, efetivamente, a epileptogênese (isto é, as mudanças neuronais que acabam levando à PTS tardia)
2. em pacientes de alto risco (▶ Quadro 27.1), as AEDs reduzem a incidência de PTS *precoce*
3. entretanto, nenhum estudo demonstrou que reduzir a PTS precoce melhora o desfecho[17]
4. depois que a epilepsia se desenvolveu, a continuidade das AEDs reduz a ocorrência de novas crises

Portanto, as diretrizes oferecidas são as que seguem.

Iniciação de AEDs

As AEDs podem ser consideradas para uso a curto prazo, especialmente quando uma crise pode ser detrimental. Crises pós-traumáticas foram efetivamente reduzidas quando a fenitoína foi usada durante duas semanas após um traumatismo craniano, sem acréscimo significativo de risco por seus efeitos adversos.[18]

Agudamente, as crises podem elevar a ICP, afetar adversamente a pressão sanguínea e a entrega de oxigênio, e piorar outras lesões (p. ex., uma lesão de medula espinal em um quadro de instabilidade da coluna cervical). Também pode haver efeitos psicológicos negativos para a família, perda de habilitação para dirigir e, possivelmente, efeitos deletérios pelo excesso de neurotransmissores.[9]

Opção: começar as AEDs (geralmente levetiracetam, fenitoína ou carbamazepina) dentro de 24 horas a partir do traumatismo, se houver qualquer um dos critérios de alto risco apresentados no ▶ Quadro 27.1 (modificada[9,12,15,19]). Ao usar PHT, utilizar dose de ataque de 20 mg/kg e manter níveis terapêuticos elevados. Se a PHT não for tolerável, mudar para fenobarbital.

Descontinuação das AEDs

1. reduzir as AEDs após uma semana de terapia, exceto em:
   a) lesão cerebral penetrante
   b) desenvolvimento de PTS (isto é, uma crise > 7 dias após um traumatismo craniano)

Quadro 27.1 Critérios para alto risco de PTS

1. hematomas agudos: subdural (SDH), epidural (EDH) ou intracerebral (ICH)
2. fratura de crânio, aberta e deprimida, com lesão parenquimatosa
3. crise nas primeiras 24 h após lesão
4. escore < 10 na Escala de Coma de Glasgow (*Glasgow Coma Scale*)
5. lesão cerebral penetrante
6. histórico de abuso significativo de álcool
7. ± contusão cortical (hemorrágica) à CT

c) histórico de crises prévias
d) pacientes que sofrerão craniotomia[30]
2. para pacientes que não se enquadram nos critérios de descontinuação de AEDs após uma semana (ver acima)
a) mantenha níveis terapêuticos de AEDs por ≈ 6-12 meses
b) nos seguintes casos, antes de descontinuar AEDs, recomende um EEG para descartar a presença de um foco epileptogênico (o EEG demonstra baixa previsibilidade mas, provavelmente, é aconselhável para propósitos legais):
- crises de repetição
- presença dos critérios de alto risco apresentados no ▸ Quadro 27.1

27.3 Crises por abstinência de álcool

27.3.1 Informações gerais

Ver, também, Síndrome da abstinência de álcool (p. 204). A síndrome de abstinência pode começar depois do pico de EtOH; ver também prevenção e tratamento (p. 205). Classicamente, as crises por abstinência de etanol são observadas em até 33% (alguns dizem 75%) dos bebedores habituais, entre 7-30 horas depois da cessação ou redução da ingestão de etanol. Geralmente elas consistem em 1-6 convulsões tônico-clônicas generalizadas, sem focalização, durante um período de 6 horas.[21] Usualmente as convulsões acontecem antes que o delírio se desenvolva. Elas também podem ocorrer durante uma intoxicação (sem abstinência).

O risco de convulsões persiste por 48 h (o risco de *delirium tremens* (DTs) continua para além disso); deste modo, frequentemente uma única dose de ataque de PHT é adequada para a profilaxia. Entretanto, como a maioria das convulsões por abstinência de EtOH é única, breve e autolimitada, *não* se pode demonstrar que a PHT é benéfica para os casos descomplicados e, por isso, *ela usualmente não é indicada*. O clordiazepóxido (Librium®) e outros benzodiazepínicos (p. 205), administrados durante a desintoxicação, reduzem o risco das convulsões por abstinência.[22]

27.3.2 Avaliação

Os seguintes pacientes devem fazer CT e ser internados para mais avaliações e observação de novas crises, ou DTs:
1. os que têm uma primeira crise por abstinência de EtOH
2. os que apresentam achados focais
3. os que têm mais do que 6 crises em 6 horas
4. os que têm evidências de traumatismo

Outras causas de crises também devem ser consideradas, p. ex., um paciente febril pode exigir uma LP para descartar meningite.

27.3.3 Tratamento

Uma convulsão única, breve, pode não precisar de tratamento, exceto pelo exposto abaixo. Uma convulsão que dura 3-4 minutos pode ser tratada com diazepam ou lorazepam e, se as convulsões persistirem, medidas posteriores podem ser usadas, como ocorre nos estados epilépticos (p. 468). Dose de ataque o com fenitoína (18 mg/kg = 1.200 mg/70 kg) e o tratamento a longo prazo são indicados para:
1. história prévia de convulsões por abstinência de álcool
2. convulsões recorrentes após a internação
3. história de um transtorno convulsivo anterior, não relacionado com o álcool
4. presença de outros fatores de risco de convulsões (p. ex., um hematoma subdural)

27.4 Crises não epilépticas

27.4.1 Informações gerais

Também conhecidas como pseudocrises (alguns preferem não usar esse termo porque ele pode conotar um fingimento voluntário de crises), o termo crise psicogênica é o preferido para as crises não epilépticas (NES) de etiologia psicológica (as crises psicogênicas são eventos reais e podem não estar sob controle voluntário).[23]

Um dos riscos das NES é que os pacientes acabem usando AEDs sem necessidade que, em certos casos, podem piorar as NES. As possíveis etiologias de NES são apresentadas no ▸ Quadro 27.2. A maior parte das NES é psicogênica.

Tipos Especiais de Crises 465

Quadro 27.2 Diagnóstico diferencial das crises não epilépticas

transtornos psicológicos (crise psicogênica)
a) transtornos somatomorfos: especialmente transtorno de conversão
b) transtornos de ansiedade: especialmente ataques de pânico e transtornos por estresse pós-traumático
c) transtornos dissociativos
d) transtornos psicóticos
e) transtornos de controle de impulsos
f) transtornos de déficit de atenção[a]
g) transtornos factícios: inclusive a síndrome de Munchausen

transtornos cardiovasculares
a) síncope
b) arritmias cardíacas
c) ataques isquêmicos transitórios
d) eventos de interrupção da respiração[a]

síndromes de enxaquecas
a) enxaquecas complicadas[a]
b) enxaquecas basilares

transtornos de movimento
a) tremores
b) discinesias
c) tiques[a], espasmos
d) outros (inclusive calafrios)

parassonias e transtornos de sono
a) terrores noturnos[a], pesadelos[a], sonambulismo[a]
b) narcolepsia, cataplexia
c) transtorno de comportamento do sono REM
d) distonia paroxística noturna

transtornos gastrointestinais
a) náuseas ou cólicas episódicas[a]
b) síndrome de vômitos cíclicos[a]

outros
a) fingimento
b) transtornos cognitivos com sintomas episódicos de comportamento ou fala
c) efeitos ou toxicidade de medicação
d) devaneios[a]

[a]Usualmente encontrados em crianças.

DDx para crises:
1. psicogênicas: 20-90% dos pacientes com crises intratáveis, encaminhados a centros de epilepsia. Eles têm o diagnóstico de crises há 5-7 anos. Até 50% deles também podem ter tido, em alguma ocasião, legitimação de crises legítimas[24]
2. tique: pode ser suprimido, não é repetitivo (se for repetitivo, pode ser um espasmo hemifacial)
3. transtorno de movimento: mioclono (pode ser epiléptico ou não epiléptico)
   a) cataplexia: p. ex., com narcolepsia, frequentemente provocada por risos ou outros estímulos emocionais (raramente é detectável ao EEG; se o for, apresenta uma intrusão de REM no estado de vigília)
   b) parassonias: um transtorno de movimentos que ocorre durante o sono: compreende terrores noturnos (ocorre no sono de ondas lentas, ao contrário dos pesadelos, que ocorrem no REM), sonambulismo, transtornos do comportamento do sono REM (geralmente ocorrem em homens mais idosos, havendo alta probabilidade de que eles venham a ter uma doença cerebral degenerativa (que costumava ser chamada de paroxismo noturno PNT)). Bater com a cabeça é uma *parassonia* benigna
4. síncope: em 90% das vezes, as pessoas que desmaiam têm espasmos ou abalos mioclônicos[25]
5. TIA

27.4.2 Diferenciando as NES das crises epilépticas

Informações gerais

A distinção entre crises epilépticas (ES) e NES é um dilema clínico comum. Há convulsões incomuns que podem enganar até especialistas.[26] Algumas crises parciais complexas, dos lobos frontal e temporal, podem produzir comportamentos bizarros, que não correspondem aos achados das ES clássicas, e podem não produzir anormalidades discerníveis ao EEG com eletrodo de escalpo (sendo, então, mal diagnosticadas, mesmo com monitorização de vídeo-EEG, embora isso seja mais provável nas crises parciais do que nas generalizadas). A abordagem por uma equipe multidisciplinar pode ser necessária.

O ▶ Quadro 27.3 compara algumas características das escalpo verdadeiras com as das NES, e o ▶ Quadro 27.4 lista algumas características frequentemente associadas a NES. Entretanto, não há características definitivamente diagnósticas de NES, visto que parte delas também pode ocorrer nas ES.

Características comuns às crises verdadeiras e às NES são: ausência de resposta, escassez de automatismos e flacidez de corpo inteiro, rara incontinência urinária. Lembrete: algumas crises podem ser bizarras e assemelhar-se às NESs (às vezes são chamadas "pseudocrises"). Na verdade, 10% dos pacientes com crises psicogênicas têm epilepsia.

Quadro 27.3 Características dos ES e dos NES[24]

Característica	Crise epiléptica	NES
% do sexo masculino	72%	20%
Movimento clônico UE		
sincronizado	96%	20%
dessincronizado	0	56%
Movimento clônico LE		
sincronizado	88%	16%
dessincronizado	0	56%
Vocalizações		
nenhuma	16%	56%
no início da convulsão	24%	44%
intermediária	60% "grito epiléptico"	0
tipos	apenas sons por contrações tônicas, ou clônicas, dos músculos respiratórios	gemidos, gritos, grunhidos, roncos, engasgos, vômitos, falas compreensíveis, suspiros
Giro da cabeça		
unilateral	64%	16%
de um lado para o outro	8% (lento, pouca amplitude)	36% (violento, grande amplitude)

Quadro 27.4 Características frequentemente associadas a NES[23]

- crises frequentes apesar das AEDs terapêuticas
- muitas consultas, com médicos diferentes
- pródromo arrastado ou início gradual do icto (demora de minutos)
- duração prolongada (> 5 min)
- manifestações alteradas por distrações
- crises por sugestão ou indução
- atividade convulsiva intermitente e dessincronizada
- flutuações da intensidade e da severidade durante a crise
- rolamento de um lado para o outro, projeções pélvicas, movimentos bruscos
- atividade motora bilateral, com preservação da consciência
- propagação não fisiológica de sinais neurológicos
- ausência de dificuldade para respirar, ou de baba, após convulsão generalizada
- expressão de alívio ou indiferença
- gritos ou choro
- sem confusão ou letargia após o icto
- mudanças desproporcionais de estado mental após o icto
- ausência de estereotipia

Características sugestivas de crises não epilépticas:
1. arqueamento do dorso: 90% de especificidade para NES
2. movimentos assincrônicos
3. para e segue: geralmente as convulsões se intensificam e depois se acalmam gradativamente
4. fechamento forçado dos olhos durante toda a crise
5. provocação por estímulos que não seriam causas de crise (p. ex., fazer soar um diapasão contra a cabeça, uma compressa de álcool no pescoço, salina IV...)
6. tremores bilaterais, com preservação da consciência. Exceção: convulsões em áreas motoras suplementares (área mesial frontal); em geral, essas convulsões são tônicas (não clônicas)
7. choro (lamúrias): altamente específica
8. multiplicidade e variedade de tipos de convulsão (a ES geralmente é estereotípica), flutuação nos níveis de consciência, negar que haja correlação entre as crises e o estresse

Em 96% das vezes em que duas das três condições seguintes forem demonstradas, trata-se de NES:
1. movimentos clônicos UE dessincronizados
2. movimentos clônicos LE dessincronizados
3. sem vocalização, ou com vocalização no início do evento

A laceração lateral da língua é muito específica de convulsões.

História

Procure documentar: sintomas prodrômicos, fatores precipitantes, hora e ambiente da crise, o modo e a duração da evolução, os eventos no icto e pós-ictais, a frequência e a estereotipia das manifestações. Determine se o paciente tem histórico de condições psiquiátricas e se elas são compatíveis com indivíduos que têm ES.

Testes psicológicos

Podem ajudar. Segundo as escalas do Minnesota Multiphasic Personality Inventory (MMPI), há diferenças entre ES e NES quanto à hipocondria, histeria depressiva e esquizofrenia.[27]

Níveis de prolactina após crises

Após as crises, ocorrem elevações transitórias nos níveis de prolactina sérica humana (HSP): em 80% das crises motoras generalizadas, em 45 % das parciais complexas e em apenas 15% das parciais simples.[28] Os níveis máximos são atingidos em 15-20 minutos, com um retorno gradual à linha basal ao longo da hora subsequente.[29,30,31] Foi sugerido que o estabelecimento do nível de prolactina sérica logo após uma crise questionável pode ser útil para diferenciar as NES (que podem ter elevação nos níveis de cortisol, mas têm níveis normais de HSP[32]).

A repetição de crises está associada a elevações progressivamente menores da HSP,[33] não havendo qualquer aumento nas crises de ausência e nem nos estados epilépticos (sejam convulsivos ou de ausência).[34] Consistentemente, crises com intensas descargas disseminadas do lobo mesial temporal são seguidas por elevações de mais do dobro do nível de HSP; por outro lado, essas elevações não ocorrem nas crises que não envolvem essas estruturas límbicas.[35] Além disso, os níveis basais de HSP podem ser mais elevados nos casos que têm descargas no EEG interictal do lado direito, comparativamente aos que as têm do lado esquerdo,[36] sendo que a presença de uma psicopatologia pode afetar as elevações pós-ictais de HSP.[37]

Por isso, a presença de picos de HSP pode ser um forte indicador de crises verdadeiras, mas sua ausência pode ser causada por uma variedade de fenômenos complexos.[38] A acurácia geral da classificação é de ≈ 72%.[31]

27.5 Convulsões febris

27.5.1 Definições

Ver referência.[39]

▶ **Convulsão febril.** Uma convulsão em bebês, ou crianças, associada à febre sem causa definida, acompanhada por uma doença neurológica aguda (inclui convulsões durante as febres por vacinação)

▶ **Convulsão febril complexa.** Uma convulsão que dure mais de 15 minutos e seja focal ou múltipla (mais de uma convulsão por episódio de febre)

▶ **Convulsão febril simples.** Não complexa

▶ **Convulsão febril recorrente.** Mais do que um episódio de febre associada a convulsões

27.5.2 Epidemiologia

Ver referência.[39]

As convulsões febris são o tipo mais comum de convulsão. Excluindo-se as crianças que têm anormalidades neurológicas de desenvolvimento, preexistentes, a prevalência das convulsões febris é de ≈ 2,7% (variação de 2-5%, em crianças dos U.S. com idades de 6 meses a 6 anos). O risco de desenvolver epilepsia após uma convulsão febril simples é de ≈ 1% e, para uma convulsão febril complexa, é de 6% (9% para convulsão prolongada, 29% para convulsão focal). Uma anormalidade subjacente, neurológica ou de desenvolvimento, ou uma história familial de epilepsia, aumenta o risco de desenvolvimento de epilepsia. Não está comprovada a noção de que quanto mais jovem é a criança com uma convulsão febril maior é o risco de epilepsia.

27.5.3 Tratamento

Em um estudo, o IQ foi 8,4 pontos menor no grupo tratado com fenobarbital do que no grupo placebo, e a diferença significativa (intervalo de confiança de 95%) continuou a existir vários meses após a suspensão da droga.[40] Além disso, não houve redução significativa das convulsões no grupo com fenobarbital. Por enquanto, nenhuma outra droga parece realmente adequada para tratar essa entidade: a carbamazepina e a fenitoína parecem ineficazes, o valproato pode ser eficaz, mas traz sérios riscos para o grupo com < 2 anos de idade. Considerando a baixa incidência (1%) de apresentação de crises não febris (isto é, epilepsia) após uma convulsão febril *simples*, e o fato de que as AEDs provavelmente não evitam esse desenvolvimento, existe pouca sustentação para a prescrição de anticonvulsivantes nesses casos. A taxa de recorrência de convulsões febris em crianças com história de uma ou mais convulsões febris pode ser reduzida pela administração de 0,33 mg/kg PO q 8 h de diazepam, durante um episódio febril (temperatura > 38,1° C), continuando por até 24 h depois de a febre diminuir.[41]

27.6 Estados epilépticos

27.6.1 Informações gerais

> ### Conceitos-chave
>
> - definição: crises > 5 min, ou crises persistente após AEDs de primeira e de segunda linhas
> - elevada morbidade e mortalidade no estado epiléptico (SE) não tratado
> - etiologia mais comum: paciente com um transtorno de crise conhecido, com baixos níveis de AEDs
> - um SE ocorrendo pela primeira vez, em uma doença aguda, é considerado uma manifestação da doença, que deve ser tratada simultaneamente com o SE
> - para as medidas de tratamento, ver ▶ Quadro 27.5

▶ **Definição.** Uma crise que dura > 5 min, ou uma atividade convulsiva persistente após administração sequencial das AEDs apropriadas, de primeira e de segunda linhas.[42]

▶ **Características importantes para o tratamento:**
- 61% das crises que duram > 5 min continuam por > 1 h[43]
- em pacientes sem história prévia de crise, o estado epiléptico (SE) geralmente é uma manifestação de uma irritação ou lesão cortical relacionada com outra doença,[42] e o tratamento do transtorno subjacente (juntamente com o tratamento da SE) é crítico
- a reincidência de crises em um paciente com um transtorno de crise reconhecido, com níveis subterapêuticos de AEDs, geralmente responde a um bólus de AEDs de manutenção. Entretanto, o SE deve ser tratado pelo protocolo padrão[42]
- em adultos, a maioria dos casos de estado convulsivo começa por convulsões parciais, que se generalizam secundariamente
- a escolha das AEDs de primeira e de segunda linha é arbitrária; a *dose*[42] e o tratamento inicial < 30 min[44] são as determinantes mais importantes do sucesso em abortar o SE

27.6.2 Tipos de estados epilépticos

Ver referência.[45]
- Estado generalizado
  1. convulsivo (tônico-clônico, tônico-clônico-tônico ou clônico): o tipo mais frequente é o estado epiléptico (SE) convulsivo tônico-clônico generalizado.[46] É uma emergência médica
  2. ausência (nota: essa condição pode-se apresentar como um estado nebuloso)

Quadro 27.5 Sumário dos passos iniciais para estados epilépticos (adultos e crianças > 13 kg; para detalhes, ver o texto)[50]

ABCs. Inicie O_2. Coloque o paciente deitado de lado. Checar VS. Faça um exame neurológico

- monitorização/laboratório: Oximetria de pulso. EKG/telemetria. ✓ Glicose por punção digital.
- testes sanguíneos (não espere os resultados para iniciar R): ✓ eletrólitos, ✓ CBC, ✓ ABG, ✓ níveis de AED, ✓ LFTs, ✓ Mg^{++}, ✓ Ca^{++}, ✓ CT de cabeça

Acesso calibroso IV × 2, Iniciar os líquidos IV

- 100 mg de tiamina IV e/ou 50 mL de dextrose a 50% (se necessário, basear-se na glicose por punção digital)

AED de primeira linha:
- lorazepam (Ativan®) 4 mg IV para adultos, 2 mg IV para crianças com mais de 13 kg em < 2 mg/min
  OU
- midazolam (Versed®) 10 mg IM para adultos, 5 mg IM para crianças com > 13 kg OU (quando não houver acesso IV ou disponibilidade de injeções de midazolam)
- o diazepam pode ser ministrado por via retal, na formulação de gel Diastat® (0,2-0,5 mg/kg)
Se necessário, repita a dose de carregamento ou a benzodiazepina

AED de segunda linha: ministrar em caso de falha da benzodiazepina (ou juntamente com a administração dela)
- fosfenitoína: 15-20 mg PE/kg IV em < 150 mg PE/min (droga preferencial: taxa de infusão mais rápida, menos irritação)
  OU
- fenitoína: 15-20 mg/kg IV @ < 50 mg mg/min (mais barata); se não houver resposta à dose de ataque podem ser dados mais 10 mg/kg, IV, depois de 20 min
Nota: é imperativo seguir as diretrizes sobre taxas de infusão. Há risco cardiovascular significativo associado à infusão rápida de fenitoína/fosfenitoína.

✓ nível de fenitoína ≈ 10 min após a dose de ataque com PHT; se necessário, repetir a mesma dose 10 min mais tarde

AEDs alternativos, de segunda linha:
- valproato de sódio: bólus IV de 20-30 mg/kg (taxa máxima: 100 mg/min) – em uma série de pequenos estudos, mostrou-se igual ou superior à fenitoína
  OU
- fenobarbital: 20 mg/kg, IV (começar infundindo até 50-100 mg/min) – comumente é usado como AED de segunda ou terceira linha. Pode ser dada uma dose de repetição, de 25-30 mg/kg, 10 min após a primeira dose.
  OU
- levetiracetam (Keppra®): bólus IV de 20 mg/kg, ao longo de 15 min – as evidências sobre o Keppra como droga de primeira ou de segunda linha são pouco claras

Se as convulsões continuam por > 30 min, e são refratárias a AEDs de primeira ou de segunda linha: intubar em ICU e começar terapia de infusão contínua (CIT) de:
- Midazolam: IV, dose de carregamento de 0,2 mg/kg, seguida por 0,2-0,6 mg/kg/h
  OU
- Propofol: IV, dose de carregamento de 2 mg/kg, seguida por 2-5 mg/kg/h

Se as convulsões persistem, assegurar-se de que todas as condições passíveis de correção foram eliminadas e/ou tratadas

---

    3. com generalização secundária: corresponde a ≈ 75% dos SEs generalizados
    4. mioclônico
    5. atônico (ataque de quedas): especialmente na síndrome de Lennox-Gastaut (p. 443)
- estado parcial (geralmente relacionado com uma anormalidade anatômica)
    1. simples (também conhecido como epilepsia parcial contínua)
    2. complexo (nota: essa condição pode-se apresentar como um estado nebuloso), mais frequentemente por um foco no lobo frontal. Requer tratamento urgente (vários relatos de casos que resultaram em deficiências permanentes)
    3. com generalização secundária
- SE não convulsivo
    1. variantes benignas (típico SE de ausência, SE parcial complexo)
    2. SE elétrico durante o sono
    3. SE de ausência atípico
    4. SE tônico (associado a dificuldades de aprendizagem em crianças), SE de coma

Alternativamente, o SE pode ser subdividido assim:
- com efeitos motores proeminentes
- sem efeitos motores proeminentes

- síndromes limítrofes (síndromes que combinam encefalopatia, transtornos comportamentais, delírios ou psicoses, com achados de EEG semelhantes aos dos SE

27.6.3 Epidemiologia

A incidência é de ≈ 150.000 novos casos por ano, nos Estados Unidos, no conjunto de pacientes ambulatoriais.[42] A maioria dos casos ocorre em crianças pequenas (entre as crianças, 73% tinham < 5 anos de idade), o grupo seguinte mais afetado é o de pacientes com > 60 anos. Em > 50% dos casos, a primeira crise do paciente é por SE.[46] De cada 6 pacientes que apresentam uma primeira crise, um a apresenta devido a SE.

27.6.4 Etiologias

As causa mais comuns são: baixo nível de AED (34%), causa sintomática remota (24%), acidente cerebrovascular (22%), transtornos metabólicos (15%) e hipóxia (13%).

Uma lista mais abrangente:
1. paciente com transtorno convulsivo conhecido, e com baixos níveis de AED, por qualquer motivo (não aderência, infecção intercorrente impedindo a tomada de medicamentos PO, interações entre drogas → diminuindo a eficácia das AEDs...)
2. convulsões febris: um precipitante comum em pacientes jovens. 5-6% dos pacientes que apresentam SEs têm história prévia de convulsões febris
3. CVA: é a causa mais comumente identificada em idosos
4. infecções do CNS: em crianças, a maioria é bacteriana; os organismos mais comuns são *H. influenza* e *S. pneumoniae*
5. idiopatias: correspondem a ≈ um terço (em crianças geralmente estão associadas à febre)
6. epilepsia: está presente, ou é diagnosticada posteriormente, em ≈ 50% dos pacientes que apresentam SE. Cerca de 10% dos adultos recentemente diagnosticados com epilepsia apresentarão SE
7. desequilíbrio eletrolítico: hiponatremia (mais frequente em crianças, geralmente em razão de intoxicação por água[47]), hipoglicemia, hipocalcemia, uremia, hipomagnesemia...
8. intoxicação por drogas ilícitas: especialmente cocaína e anfetaminas
9. retirada abrupta de droga: barbituratos, benzodiazepínicos, álcool ou narcóticos
10. drogas pró-convulsivantes incluindo: antibióticos com β-lactâmicos (penicilina, cefalosporina), certos antidepressivos (bupropiona), clonazepina, broncodilatadores, imunossupressores
11. lesão cerebral traumática: aguda ou antiga
12. hipóxia/isquemia
13. tumor

Das crianças com menos de 1 ano de idade, 75% tinham uma causa aguda; em 28% ele era secundário a infecção do CNS, em 30% era causado por transtornos eletrolíticos, em 19% estava associado à febre.[47] Nos adultos, uma lesão estrutural é mais provável. Ainda nos adultos, a causa mais comum de SE são níveis subterapêuticos de AED em um paciente com transtorno epiléptico reconhecido.

27.6.5 Morbidade e mortalidade por SE

Os desfechos estão relacionados com a causa subjacente e com a duração do SE. Em pacientes sem sequelas neurológicas, a duração média do SE é de 1,5 h (por isso, deve-se realizar anestesia com pentobarbital em até ≈ 1 hora de SE). Mortalidade recente: < 10-12% (apenas ≈ 2% das mortes são atribuíveis diretamente ao SE ou suas complicações; as demais mortes são ocasionadas por processos subjacentes que causam o SE). A mortalidade é menor em crianças (≈ 6%[47]), em pacientes com SE relacionado com níveis subterapêuticos de AED e em pacientes com SE não provocado.[48] A mais alta mortalidade ocorre nos pacientes mais idosos e nos que têm SE resultante de anóxia ou de CVA.[48] 1% dos pacientes morre durante o próprio episódio.

A morbidade e a mortalidade são causadas por:[49]
1. lesão no CNS, por causa das descargas elétricas: após cerca de 20 min de atividade epiléptica, começam a aparecer mudanças irreversíveis nos neurônios. Após 60 min, a morte celular é muito comum
2. estresse sistêmico (cardíaco, respiratório, renal, metabólico), causado pela crise
3. dano ao CNS, pela lesão aguda que causou o SE

27.6.6 Tratamento

Medidas gerais para tratamento do estado epiléptico

Como ocorre com a morbidade/mortalidade, o sucesso no tratamento pode ser dependente de tempo. Uma revisão demonstrou que a terapia com AEDs de primeira linha abortava o SE em 60% dos pacientes, se iniciada nos primeiros 30 min, e que a eficácia diminuía à medida que aumentava a duração das crises

[Lowenstein 1993]. Por isso, o tratamento deve ser iniciado o mais brevemente possível, direcionado à estabilização do paciente, à cessação das crises e à identificação da causa (determinando se há uma lesão aguda no cérebro) e, se possível, também ao tratamento do processo subjacente. Frequentemente o tratamento precisa ser iniciado antes da disponibilidade de resultados de testes confirmatórios do diagnóstico, e até pode precisar ser iniciado em uma situação pré-hospitalar.

1. O "ABC"
   a) *Airway* (= via aérea): se viável, a via aérea oral. Posicione o paciente de lado para evitar aspiração
   b) *Breathing* (= respiração): O_2 por cânula nasal ou por máscara. Considere a intubação se a respiração estiver comprometida ou se as convulsões persistirem por > 30 min
   c) **C**irculação: CPR, se necessário. Acesso IV proximal largo (se possível, dois: um para fenitoína (PHT) (Dilantin®), desnecessário se houver fosfenitoína disponível): inicie com soro para manter o fluxo
2. havendo suspeita de SE, simultaneamente com ABC devem ser preparadas, ou administradas, as AEDs
3. exame neurológico
4. monitorizar: EKG e sinais vitais basais. Oxímetro de pulso. Mensurações frequentes da pressão sanguínea
5. testes sanguíneos: IMEDIATAMENTE, glicose no sangue capilar (em fita; para descartar hipoglicemia), eletrólitos (incluindo a glicose), CBC, LFTs, Mg^{++}, Ca^{++}, níveis de AED, ABG
6. CT de crânio (geralmente sem contraste)
7. correção de qualquer desequilíbrio eletrolítico (o SE causado por desequilíbrio eletrolítico responde mais rapidamente à correção do que às AEDs[47])
8. se uma infecção no CNS for uma das considerações principais, fazer LP para análise do CSF (especialmente em crianças febris), a menos que haja contraindicações (p. 1504). Após um SE, pode ocorrer pleocitose leucocitária de até 80×106/L (pleocitose pós-ictal benigna) e esses pacientes devem ser tratados com antibióticos até que infecções sejam excluídas através de culturas negativas
9. medicações *gerais* para pacientes não conhecidos:
   a) glicose:
      - para pacientes com má nutrição (p. ex., alcoólatras): ministrar a glicose quando há deficiências de tiamina pode precipitar uma encefalopatia de Wernicke (p. 206). Por isso, antes do *bolus* de glicose, dar 50-100 mg de tiamina IV
      - se puder ser obtida imediatamente a glicose em fita, e ela demonstrar uma hipoglicemia, ou quando o teste da glicose não puder ser feito: injetar 25-50 mL de D50 IV nos adultos (e 2 mL/kg, ou 25%, de glicose nos pediátricos). Logo que for possível, colete sangue para dosar, primeiramente, a glicose sérica
   b) 0,4 mg de naloxona (Narcan®) IVP (em caso de narcóticos)
   c) ± bicarbonato para contrapor com a acidose (1-2 ampolas, dependendo da duração das convulsões)
   d) de neonatos a crianças com < 2 anos: considere uma injeção de piridoxina, 100 mg IV (as convulsões dependentes de piridoxina constituem uma condição autossômica recessiva rara, que geralmente se apresenta no início do período neonatal[43])
10. nas crises com duração de > 5-10 min, administrar anticonvulsivantes específicos (ver abaixo)
11. se possível, monitorizar por EEG
12. e forem usados paralisantes (p. ex, para intubar), usar agentes de curta duração e estar ciente de que a paralisia, sozinha, pode fazer cessar as manifestações visíveis da convulsão, mas ela não para a atividade elétrica no cérebro que, se for prolongada, pode levar a um dano neurológico permanente (ver acima)

Medicações para estados epilépticos convulsivos generalizados

Informações gerais

Não há estudos randomizados para estados epilépticos refratários, embora haja dados publicados sobre opções específicas de tratamento. Existem numerosos protocolos. O ▶ Quadro 27.5 apresenta um sumário de medicações de um protocolo para estados epilépticos; este protocolo é descrito mais detalhadamente abaixo (adaptado de [42,45,50,51]). "Dosagem pediátrica" refere-se a pacientes com < 40 kg ou, aproximadamente, 12 anos de idade. É indicado um tratamento rápido, visto que a demora está associada a lesões neuronais e redução da resposta às medicações.

Fase pré-hospitalar

1. SE iminente: pode ser marcado por um crescimento nas crises. Um período de lorazepam, de 1-3 dias, pode evitar o desenvolvimento do SE
2. o tratamento do SE pode ser iniciado no ambiente doméstico, com midazolam oral ou diazepam retal

Fase hospitalar

Começar com drogas IV, iniciando com metade da taxa máxima e titulando até a taxa máxima, se VS se mantém estável.
1. drogas de primeira linha
   a) benzodiazepina[52] (principal efeito colateral: depressão respiratória em ≈ 12%; estar preparado para intubar). O início da ação é rápido (1-2 min):
      - lorazepam (Ativan®) 4 mg IV para adultos, 2 mg IV para crianças até < 2 mg/min

- OU midazolam (Versed®) 10 mg IM para adultos, 5 mg IM para crianças > 13 kg – Se necessário, repetir a dose do benzodiazepínico após 10 min
- não havendo acesso IV, nem injeções de midazolam disponíveis, o diazepam pode ser administrado por via retal, na formulação de gel (Diastat®) (0,2-0,5 mg/kg)

2. se as convulsões persistem após a primeira dose de benzodiazepina, iniciar um agente de segunda linha, por uma via IV diferente

a) dose de ataque de fosfenitoína (Cerebyx®) ou fenitoína (Dilantin®), conforme a lista abaixo. Não se preocupar com uma superdosagem aguda, mas seguir as velocidades de infusão, monitorizar a BP quanto à hipotensão e ao EKG para arritmias. Após dar as doses de ataque descritas abaixo, iniciar a manutenção. A fosfenitoína tem a vantagem de ser menos irritante e de poder ser infundida mais rapidamente, mas a fenitoína é mais barata e não precisa ser metabolizada
- fosfenitoína: 15-20 mg PE/kg IV até 150 mg PE/min
- OU fenitoína: 15-20 mg/kg IV até 50 mg/min
  - não havendo resposta à dose de ataque, podem ser adicionados 10 mg/kg após 20 min
  - se o paciente está sob PHT, e seu nível recente é conhecido: a regra de ouro é que, para um adulto, ministrar 0,74 mg/kg aumenta seu nível em ≈ 1 μg/mL
  - se ele está sob PHT, mas seu o nível não é conhecido: dar 500 mg até < 50 mg/min para um adulto

b) existem várias boas alternativas de AEDs de segunda linha em lugar de fosfenitoína/fenitoína:
- Valproato de sódio: 20-30 mg/kg bólus IV (taxa máxima: 100 mg/min) – em poucos e pequenos estudos, demonstrou ser igual ou superior à fenitoína
- Fenobarbital: 20 mg/kg IV (começar infundindo até 50-100 mg/min) – usado frequentemente como AED de segunda ou terceira linha. Uma dose de repetição, de 25-30 mg/kg pode ser dada após a primeira dose
- Levetiracetam (Keppra®): 20 mg/kg, bólus IV ao longo de 15 min – as evidências sobre Keppra ser uma droga de primeira ou de segunda linha são pouco claras

3. tradicionalmente, antes da terapia de infusão contínua (CIT) era dado um agente de terceira linha; isso, entretanto, só tinha 7% de sucesso.[52] Por isso, a maioria dos novos protocolos segue diretamente para a administração do anestésico. Se as convulsões continuam depois de as terapias acima terem sido administradas (15-30 min após a apresentação inicial), dar início à CIT do seguinte modo:
- Midazolam: dose de ataque de 0,2 mg/kg, IV, seguida por 0,2-0,6 mg/kg/h
- OU Propofol: dose de ataque de 2 mg/kg, IV, seguida por 2-10 mg/kg/h

4. nesta altura, deve haver resultados laboratoriais e de outros exames. Assegurar-se de que todas as etiologias reversíveis foram avaliadas e que tenha sido realizada uma CT do crânio

5. frequentemente, o pentobarbital é reservado para o SE refratário a todas as intervenções anteriores. Se necessário, o pentobarbital é administrado da seguinte maneira:
- Pentobarbital: 5 mg/kg, IV, seguido por 1-5 mg/kg/h

6. alguns profissionais tentam drogas adicionais (carbamazepina, oxcarbazepina, topiramato, levetiracetam, lamotrigina, gabapentina), mas elas, provavelmente, terão utilidade limitada

7. as intervenções experimentais incluem: infusão de lidocaína, anestesia inalatória, estimulação direta do cérebro, estimulação magnética transcraniana, terapia eletroconvulsiva (terapia de choque), intervenção cirúrgica, quando um foco de convulsões é identificado

Lembrete: Os paralisantes fazem cessar as manifestações visíveis da convulsão, e podem ser úteis para intubação e/ou para obter exames de imagem; entretanto, eles não impedem a atividade elétrica anormal no cérebro, e nem o dano neurológico resultante.

Eficácia da terapia medicamentosa

Os estudos variam muito, mas parece que aproximadamente 2/3 dos pacientes responderão à terapia inicial; o 1/3 restante evoluirá para um SE refratário.[50]

Medicações a serem evitadas nos estados epilépticos

1. narcóticos
2. fenotiazinas: incluindo a prometazina (Phenergan®)
3. agentes bloqueadores neuromusculares em ausência de AED: as convulsões podem continuar, e causar uma lesão neurológica, mas isso não seria clinicamente evidenciado

27.6.7 Medicações para estados epilépticos não convulsivos

Nos estados epilépticos não convulsivos devem ser utilizadas as AEDs de primeira e de segunda linha listadas no ▶ Quadro 27.5. Entretanto, muitos profissionais evitam partir para as opções anestésicas (CIT, pentobarbital); em vez disso, optam primeiro por tentativas com AEDs adicionais (carbamazepina, oxcarbazepina, topiramato, lamotrigina etc.).

27.6.8 Miscelânea de estados epilépticos

Estado mioclônico

Tratamento: ácido valproico (droga de escolha). Colocar NG, dar dose de ataque de 20 mg/kg, via NG. Manutenção: 40 mg/kg/dia, divididos.

Para auxiliar no controle de casos agudos, podem ser adicionados lorazepam (Ativan®) ou clonazepam (Klonopin®).

Estado epiléptico de ausência

Quase sempre responde ao diazepam.

Referências

[1] Hauser WA, Annegers JF, Kurland LT. Incidence of Epilepsy and Unprovoked Seizures in Rochester, Minnesota, 1935-1984. Epilepsia. 1993; 34:453–468

[2] Hauser WA, Anderson VE, Loewenson RB, McRoberts SM. Seizure Recurrence After a First Unprovoked Seizure. New Engl J Med. 1982; 307:522–528

[3] Reith J, Jorgensen HS, Nakayama H, et al. Seizures in acute stroke: Predictors and prognostic significance. The Copenhagen stroke study. Stroke. 1997; 28:1585–1589

[4] Landfish N, Gieron-Korthals M, Weibley RE, Panzarino V. New Onset Childhood Seizures: Emergency Department Experience. J Fla Med Assoc. 1992; 79:697–700

[5] Hauser WA, Rich SS, Jacobs MP, Anderson VE. Patterns of Seizure Occurrence and Recurrence Risks in Patients with Newly Diagnosed Epilepsy. Epilepsia. 1983; 24:516–517

[6] van Donselaar C, Schimsheimer R-J, Geerts AT, Declerck AC. Value of the Electroencephalogram in Adult Patients With Untreated Idiopathic First Seizures. Arch Neurol. 1992; 49:231–237

[7] Young B, Rapp RP, Norton JA, et al. Failure of Prophylactically Administered Phenytoin to Prevent Late Posttraumatic Seizures. J Neurosurg. 1983; 58:236–241

[8] Annegers JF, Grabow JD, Groover RV, et al. Seizures After Head Trauma: A Population Study. Neurology. 1980; 30:683–689

[9] Bullock R, Chesnut RM, Clifton G, et al. Guidelines for the Management of Severe Head Injury. 1995

[10] McQueen JK, Blackwood DHR, Harris P, et al. Low Risk of Late Posttraumatic Seizures Following Severe Head Injury. J Neurol Neurosurg Psychiatry. 1983; 46:899–904

[11] Young B, Rapp RP, Norton JA, et al. Failure of Prophylactically Administered Phenytoin to Prevent Early Posttraumatic Seizures. J Neurosurg. 1983; 58:231–235

[12] Hahn YS, Fuchs S, Flannery AM, Barthel MJ, McLone DG. Factors Influencing Posttraumatic Seizures in Children. Neurosurgery. 1988; 22:864–867

[13] Weiss GH, Salazar AM, Vance SC, et al. Predicting Posttraumatic Epilepsy in Penetrating Head Injury. Arch Neurol. 1986; 43:771–773

[14] Temkin NR, Dikmen SS, Winn HR. Posttraumatic Seizures. Neurosurg Clin North Amer. 1991; 2:425–435

[15] Temkin NR, Dikmen SS, Wilensky AJ, Keihm J, et al. A Randomized, Double-Blind Study of Phenytoin for the Prevention of Post-Traumatic Seizures. N Engl J Med. 1990; 323:497–502

[16] Dikmen SS, Temkin NR, Miller B, Machamer J, et al. Neurobehavioral Effects of Phenytoin Prophylaxis of Posttraumatic Seizures. JAMA. 1991; 265:1271–1277

[17] Brain Trauma Foundation, Povlishock JT, Bullock MR. Antiseizure prophylaxis. J Neurotrauma. 2007; 24:S83–S86

[18] Haltiner AM, Newell DW, Temkin NR, et al. Side Effects and Mortality Associated with Use of Phenytoin for Early Posttraumatic Seizure Prophylaxis. J Neurosurg. 1999; 91:588–592

[19] Yablon SA. Posttraumatic Seizures. Arch Phys Med Rehabil. 1993; 74:983–1001

[20] North JB, Penhall RK, Hanieh A, Frewin DB, et al. Phenytoin and Postoperative Epilepsy: A Double-Blind Study. J Neurosurg. 1983; 58:672–677

[21] Charness ME, Simon RP, Greenberg DA. Ethanol and the Nervous System. N Engl J Med. 1989; 321:442–454

[22] Lechtenberg R, Worner TM. Seizure Risk With Recurrent Alcohol Detoxification. Arch Neurol. 1990; 47:535–538

[23] Chabolla DR, Krahn LE, So EL, Rummans TA. Psychogenic Nonepileptic Seizures. Mayo Clin Proc. 1996; 71:493–500

[24] Gates JR, Ramani V, Whalen S, et al. Ictal Characteristics of Pseudoseizures. Arch Neurol. 1985; 42:1183–1187

[25] Lempert T, Bauer M, Schmidt D. Syncope: a videometric analysis of 56 episodes of transient cerebral hypoxia. Ann Neurol. 1994; 36:233–237

[26] King DW, Gallagher BB, Marvin AJ, et al. Pseudoseizures: Diagnostic Evaluation. Neurology. 1982; 32:18–23

[27] Henrichs TF, Tucker DM, Farha J, Novelly RA. MMPI Indices in the Identification of Patients Evidencing Pseudoseizures. Epilepsia. 1988; 29:184–187

[28] Wyllie E, Luders H, MacMillan JP, et al. Serum Prolactin Levels After Epileptic Seizures. Neurology. 1984; 34:1601–1604

[29] Dana-Haeri J, Trimble MR, Oxley J. Prolactin and Gonadotropin Changes Following Generalized and Partial Seizures. J Neurol Neurosurg Psychiatry. 1983; 46:331–335

[30] Prichard PB, Wannamaker BB, Sagel J, et al. Serum Prolactin and Cortisol Levels in Evaluation of Pseudoepileptic Seizures. Ann Neurol. 1985; 18:87–89

[31] Laxer KD, Mullooly JP, Howell B. Prolactin Changes After Seizures Classified by EEG Monitoring. Neurology. 1985; 35:31–35

[32] Abbott RJ, Browning MCK, Davidson DLW. Serum Prolactin and Cortisol Concentrations After Grand Mal Seizures. J Neurol Neurosurg Psychiatry. 1980; 43:163–167

[33] Jackel RA, Malkowicz D, Trivedi R, Sussman NM, et al. Reduction of Prolactin Response with Repetitive Seizures. Epilepsia. 1987; 28

[34] Tomson T, Lindbom U, Nilsson BY, Svanborg E, et al. Serum Prolactin During Status Epilepticus. J Neurol Neurosurg Psychiatry. 1989; 52:1435–1437

[35] Sperling MR, Pritchard PB, Engel J, et al. Prolactin in Partial Seizures: An Indicator of Limbic Seizures. Ann Neurol. 1986; 20:716–722

[36] Meierkord H, Shorvon S, Lightman S, Trimble M. Comparison of the Effects of Frontal and Temporal Lobe Partial Seizures on Prolactin Levels. Arch Neurol. 1992; 49:225–230

[37] Dana-Haeri J, Trimble MR. Prolactin and Gonadotropin Changes Following Partial Seizures in Epileptic Patients With and Without Psychopathology. Biol Psychiatry. 1984; 19:329–336

[38] Herzog AG. Prolactin: Quo Vadis? Arch Neurol. 1992; 49:223–224

[39] Verity CM, Golding J. Risk of Epilepsy After Febrile Convulsions: A National Cohort Study. BMJ. 1991; 303:1373–1376

[40] Farwell JR, Lee YJ, Hirtz DG, Sulzbacher SI, et al. Phenobarbital for Febrile Seizures - Effects on Intelligence and on Seizure Recurrence. N Engl J Med. 1990; 322:364–369

[41] Rosman NP, Colton T, Labazzo J, et al. A Controlled Trial of Diazepam Administered During Febrile Ilnesses to Prevent Recurrence of Febrile Seizures. N Engl J Med. 1993; 329:79–84

[42] Costello DJ, Cole AJ. Treatment of acute seizures and status epilepticus. J Intensive Care Med. 2007; 22:319–347

[43] Abend NS, Dlugos DJ. Treatment of refractory status epilepticus: literature review and a proposed protocol. Pediatr Neurol. 2008; 38:377–390

[44] Eriksson K, Metsaranta P, Huhtala H, Auvinen A, Kuusela AL, Koivikko M. Treatment delay and the risk of prolonged status epilepticus. Neurology. 2005; 65:1316–1318

[45] Varelas PN, Spanaki MV, Mirski MA. Status epilepticus: an update. Curr Neurol Neurosci Rep. 2013; 13. DOI: 10.1007/s11910-013-0357-0

[46] Hauser WA. Status Epilepticus: Epidemiologic Considerations. Neurology. 1990; 40:9–13

[47] Phillips SA, Shanahan RJ. Etiology and Mortality of Status Epilepticus in Children. Arch Neurol. 1989; 46:74–76

[48] Delorenzo RJ, Pellock JM, Towne AR, Boggs JG. Epidemiology of Status Epilepticus. J Clin Neurophysiol. 1995; 12:312–325

[49] Fountain NB, Lothman EW. Pathophysiology of Status Epilepticus. J Clin Neurophysiol. 1995; 12:326–342

[50] Betjemann JP, Lowenstein DH. Status epilepticus in adults. Lancet Neurol. 2015; 14:615–624

[51] Kinney M, Craig J. Grand Rounds: An Update on Convulsive Status Epilepticus. Ulster Med J. 2015; 84:88–93

[52] Treiman DM, Meyers PD, Walton NY, Collins JF, Colling C, Rowan AJ, Handforth A, Faught E, Calabrese VP, Uthman BM, Ramsay RE, Mamdani MB. A comparison of four treatments for generalized convulsive status epilepticus. Veterans Affairs Status Epilepticus Cooperative Study Group. N Engl J Med. 1998; 339:792–798

Parte IX

Dor

28 Dor   476

28 Dor

28.1 Informações gerais

Quanto às medicações da dor, ver Analgésicos (p. 136).

Principais tipos de dores:

1. nociceptiva
   a) somática, bem localizada. Descrita como cortante, penetrante, dolorida ou em cãibra. Resulta de lesões ou inflamações de tecidos, ou de compressão de um nervo ou de um plexo. Responde ao tratamento da patologia subjacente ou da interrupção da via nociceptiva
   b) visceral: de difícil localização. Responde mal às medicações primárias contra dor
2. desaferentação: de localização difícil. É descrita como excruciante, violenta, formigante, ou entorpecente. Também causa uma disestesia queimante, com entorpecimento e, frequentemente, com dor lancinante e hiperpatia. Não é afetada por procedimentos ablativos
3. dor e similares "com manutenção simpática", p. ex, causalgia (p. 497)

28.2 Síndromes de dores neuropáticas

28.2.1 Informações gerais

Definição: dor neuropática: dor causada por uma lesão no sistema periférico ou no sistema nervoso central, que se manifesta por sinais e sintomas sensoriais (Backonja[1] modificado da International Association for the Study of Pain[2]).

As síndromes de dores neuropáticas (NPS) são exemplificadas pela neuropatia diabética dolorosa (PDN) e pela nevralgia pós-herpética (PHN). As NPSs mais comuns são apresentadas no ▶ Quadro 28.1,[3] sendo divididas, quanto à origem da dor, em oriundas do sistema nervoso central ou do periférico. Tipicamente, as dores por PDN e por PHN são queimantes e dolorosas, contínuas e, caracteristicamente, refratárias a tratamentos médico e cirúrgico.

Quadro 28.1 Síndrome comuns de dor neuropática

Dor neuropática periférica

polirradiculoneuropatia inflamatória desmielinizante, aguda e crônica (CIDP)
polineuropatia alcoólica
polineuropatia induzida por quimioterapia
síndrome de dor regional complexa (CRPS)
neuropatias por encarceramento
neuropatia sensitiva por HIV
nevralgias iatrogênicas (p. ex., pós-toracotomia)
neuropatia sensória idiopática
compressão ou infiltração de nervo neoplásico
neuropatias por deficiência nutricional
neuropatia diabética dolorosa (PDN)
dor fantasma nos membros
nevralgia pós-herpética (PHN)
plexopatia pós-irradiação
radiculopatia
neuropatias relacionadas com exposição a tóxicos
nevralgia do trigêmeo
nevralgias pós-traumáticas

Dor neuropática central

mielopatia cervical espondilótica
mielopatia por HIV
dor relacionada com esclerose múltipla
dor relacionada com doença de Parkinson
mielopatia pós-isquêmica
mielopatia pós-irradiação
dor pós-CVA
dor pós-traumatismo da medula espinal
siringomielia

Dor **477**

28.2.2 Tratamento médico da dor neuropática

Informações gerais

O tratamento , tradicionalmente, inclui analgésicos narcóticos[4] e antidepressivos tricíclicos (ver abaixo). Para detalhes adicionais e outras medidas de tratamento, ver PHN (p. 494).

Antidepressivos tricíclicos

Frequentemente seu uso fica limitado por efeitos anticolinérgicos e centrais, e pelo alívio parcial da dor.[5,6] Possivelmente pelo fato de que a serotonina potencializa o efeito analgésico das endorfinas, aumentando os limites da dor, os bloqueadores da recaptação de serotonina são mais eficientes do que os bloqueadores da recaptação da norepinefrina, p. ex., a trazodona (Desyrel®) bloqueia apenas a recaptação da serotonina. Também são úteis: amitriptilina (Elavil®) 75 mg diários; desipramina (Norpramin®) 10-25 mg/dia; doxepina (Sinequan®) 75-150 mg/dia. Alguns benefícios também podem advir do fato de que muitos pacientes com dor crônica têm depressão. **Efeitos colaterais:** efeitos anticolinérgicos e hipotensão ortostática, especialmente em idosos. ✖ Não se recomenda o uso em pacientes com doença cardíaca isquêmica.

Gabapentina

É eficaz na nevralgia pós-herpética (PHN) (p. 495) e na neuropatia diabética dolorosa. Também é relatado um benefício em dores associadas a: nevralgia do trigêmeo, câncer,[7] esclerose múltipla, neuropatia sensorial relacionada com HIV, CRPS, lesão na medula espinal, estado pós-operatório,[8] enxaqueca[9] (vários desses estudos foram financiados pelos fabricantes[10]). Ver também os efeitos colaterais, a dosagem e disponibilidade...(p. 455).

Adesivo com lidocaína (Lidoderm®)

Pode ser eficaz.[3] R: aplicar o adesivo durante até 12 horas/dia, no máximo três adesivos de cada vez, sobre a pele da área mais dolorida (pode recortar um adesivo para o tamanho apropriado). **Apresentação:** lidocaína a 5% (p. 496).

Tramadol (Utram®)

Um analgésico de ação central (p. 140).[3]

28.3 Síndromes de dores craniofaciais

28.3.1 Informações gerais

As possíveis vias para a dor facial compreendem: o nervo trigêmeo (porção maior e porção menor ([raiz motora]), o nervo facial (geralmente dor facial profunda), e o oitavo nervo.[11] Etiologias (adaptado de[12 (p. 2328),13]).
1. nevralgias cefálicas
    a) nevralgia do trigêmeo (ver abaixo)
        • compressão vascular do nervo craniano V, na zona de entrada da raiz, é a causa mais comum
        • MS: placa no núcleo do nervo craniano V
    b) nevralgia glossofaríngea (p. 492): geralmente, dor na base da língua e na faringe adjacente
    c) nevralgia geniculada (p. 493): otalgia e prosopalgia profunda
    d) tique convulsivo (p. 493): nevralgia geniculada com espasmo hemifacial
    e) nevralgia occipital (p. 515)
    f) nevralgia laringiana superior: de um ramo do vago; primariamente resulta de dor laringiana e, ocasionalmente, de dor na orelha
    g) nevralgia esfenopalatina
    h) herpes-zóster: a dor é contínua (não paroxística). Vesículas e crostas características geralmente seguem a dor, mais frequentemente distribuída no V1 (TGN do V1, isolada, é rara). Nos raros casos sem vesículas, o diagnóstico pode ficar difícil
    i) nevralgia pós-herpética (síndrome de Ramsay-Hunt) (p. 493)
    j) nevralgia supraorbitária (SON) (p. 491)
    k) dor neuropática trigeminal (também conhecida como dor por *desaferentação* trigeminal):[13] pode advir de lesões por cirurgias de seios da face ou dentárias e traumatismos de cabeça
    l) dor de *desaferentação* trigeminal; segue-se à denervação trigeminal, que inclui medidas terapêuticas para tratar uma nevralgia trigeminal[13]

m) cefaleia nevralgiforme unilateral, de curta duração e com conjuntiva injetada e lacrimejamento (SUNCT); é rara.[14] Geralmente afeta homens de 23-77 anos. É uma dor breve (< 2 min), do tipo queimante, pungente ou como choques, geralmente próxima do olho, e que ocorre várias vezes por dia. Achados autônomos associados (são a "marca da SUNCT"): ptose, conjuntiva injetada, lacrimejamento, rinorreia, hiperemia. Pode ser decorrente de AVM do ângulo pontocerebelar. Em certos casos, refratários a tratamento médico com AEDs ou com corticosteroides, a descompressão microvascular e a rizotomia trigeminal podem ser eficazes. Nota: na nevralgia trigeminal V1 podem ocorrer lacrimejamento (o mais comum) e outros sinais autônomos mas, geralmente, eles são leves e só aparecem nas fases tardias da condição, sob forma de ataques de longa duração.[15] Desde que os sintomas da SUNCT começam, o lacrimejamento intenso e a intensa injeção da conjuntiva são as melhores características para distinguí-la da nevralgia do trigêmeo.[16] Eles também podem ocorrer na cefaleia em salvas (p. 175)

2. dor oftálmica
a) síndrome de Tolosa-Hunt (p. 569): oftalmoplegia dolorosa
b) nevralgia paratrigeminal (de Raeder) (p. 569): síndrome de Horner unilateral + nevralgia trigeminal
c) pseudotumor orbital (p. 569): proptose, dor, e disfunção de EOM
d) neurite diabética (oculomotora)
e) neurite óptica
f) irite
g) glaucoma
h) uveíte anterior

3. otalgia (ver abaixo)

4. transtornos mastigatórios
a) doença dentária ou periodontal
b) lesão no nervo (nervos alveolares superiores e inferiores)
c) disfunção da articulação temporomandibular (TMJ)
d) alongamento do processo estiloide
e) miosites temporal e massetérica

5. síndromes de dores vasculares
a) cefaleias por enxaqueca: ver Enxaqueca (p. 175)
   - enxaqueca simples: compreende enxaqueca clássica, enxaqueca comum
   - enxaqueca complicada: compreende enxaqueca hemiplégica, enxaqueca oftalmoplégica
b) H/A em salvas (p. 175); subtipos: episódica, crônica, hemicrania paroxística crônica
c) arterite de células gigantes (p. 195) (arterite temporal). Dolorimento sobre a STA
d) H/A vascular, tóxica ou metabólica (febre, hipercapnia, EtOH, nitritos, hipóxia, hipoglicemia, abstinência de cafeína)
e) H/A hipertensiva
f) aneurisma ou AVM (decorrente de efeitos de massa ou de hemorragia)
g) carotidínia: p. ex., com dissecção da carótida (p. 1324)
h) dolicoectasia basilar, com compressão do quinto nervo ou endentação da ponte

6. sinusite (máxima, frontal, etmoidal, esfenoidal)

7. doença dentária

8. neoplasia: pode causar uma dor reflexa por compressão do quinto nervo
a) extracraniana
b) tumor intracraniano: primariamente lesões na fossa posterior, a compressão neoplásica do nervo trigêmeo geralmente causa déficit sensório (p. 481)

9. dor facial atípica (AFP) (prosopalgia): tradicionalmente é uma espécie de "balaio de gatos" usada para várias coisas. Foi proposto[13] reservar esse termo para um transtorno psicogênico. Ele pode ser suspeitado

10. H/A primária, não vascular: que inclui
a) H/A de tensão (contração muscular)
b) pós-traumática

28.3.2 Otalgia

Informações gerais

Por causa da inervação redundante da região da orelha, a otalgia *primária* pode ter sua origem no quinto, sétimo, nono ou décimo nervo craniano, ou nos nervos occipitais.[17] Em função disso, têm sido realizados seccionamentos do quinto, do nono e do décimo nervos, e de componentes do sétimo nervo (nervo intermediário, corda timpânica, gânglio geniculado), com resultados variáveis.[18] Além disso, também pode ser feita a descompressão microvascular (MVD) dos nervos correspondentes.[19]

A investigação compreende: avaliação neurológica para descartar causas de otalgia secundária (otite média, ou externa, neoplasias do osso temporal...). Em todos os casos em que a causa não foi encontrada, deve ser feita CT ou MRI.

Otalgia primária

Na maior parte das vezes ($\approx$ 80%), a otalgia é unilateral. Os mecanismos desencadeantes são identificáveis em pouco mais da metade; ar e água frios são os mais comuns.[18] Cerca de 75% dos casos estão associados a sintomas de aura: perda de audição, tinido, vertigem. O alívio da dor por meio de cocainização ou de bloqueio nervoso das tonsilas faringianas sugere uma nevralgia glossofaríngea (p. 492), mas a sobreposição das inervações limita a certeza.

A primeira linha de defesa é um teste inicial com as medicações usadas na nevralgia trigeminal (carbamazepina, fenitoína, baclofeno...) (p. 481). Nos casos não tratáveis, e não respondentes à anestesia faringiana, pode ser indicada a exploração suboccipital do sétimo nervo (nervo intermediário) e dos nervos cranianos baixos. Se for encontrada uma compressão vascular significativa, pode-se considerar uma MVD isolada. Se a MVD falhar, ou se não forem encontrados vasos significativos, Rupa *et al.* recomendam o seccionamento do nervo intermediário, do nono nervo e das duas fibras superiores do décimo nervo, além da gangliectomia do geniculado (ou, se houver uma forte suspeita de nevralgia glossofaríngea, seccionar apenas o nono nervo e as duas fibras superiores do décimo).[18]

28.3.3 Nevralgia do trigêmeo

Informações gerais

Conceitos-chave

- dor paroxística aguda, lancinante, como choque elétrico, na distribuição de um ou mais ramos do nervo trigêmeo de um lado
- caracterizada por períodos de remissão e por uma resposta inicial à carbamazepina
- o exame neurológico deve ser íntegro (exceto por uma leve perda sensória)
- 80-90% dos casos são causados por compressão do nervo trigêmeo na zona da entrada da raiz, pela artéria cerebelar superior. Em pacientes com MS, podem ser decorrentes de uma placa de MS (os pacientes com MS geralmente são menos respondentes aos procedimentos)
- a longo prazo, a terapia médica falha em 75% dos casos, e estes exigem algum procedimento (opções principais: descompressão microvascular, rizotomia percutânea ou radiocirurgia). A escolha da modalidade depende da idade do paciente, da localização dos sintomas, de algum tratamento prévio e do perfil de efeitos colaterais da modalidade do tratamento

Nevralgia do trigêmeo (TGN) (também conhecida como tique doloroso): dor paroxística, lancinante, como choque elétrico, que dura poucos segundos, frequentemente desencadeada por estímulos sensórios, limitada à distribuição de um ou mais ramos do nervo trigêmeo (▶ Fig. 28.1) em um lado da face, sem déficits neurológicos. Às vezes é usado o termo "dor facial atípica" (AFP) para descrever qualquer outro tipo de dor facial.

Mais raramente, a TGN se manifesta como uma rápida sucessão de espasmos de tiques, desencadeados por estímulos semelhantes. A carbamazepina IV (se disponível) e a fenitoína podem ser eficazes para isso.

Epidemiologia

Ver ▶ Quadro 28.2. A incidência anual é de 4/100.000. Não há correlação com infecção por herpes simples.[20] Uma característica, que independe do tratamento, é a tendência à remissão espontânea, com intervalos de semanas, ou meses, sem dor. Dos pacientes que têm TGN, 2% apresentam MS,[21] enquanto que, dos pacientes que têm a nevralgia trigeminal bilateral, $\approx$ 18% têm MS.[22]

Fisiopatologia

Provavelmente causada por transmissão epháptica entre fibras A do nervo trigêmeo de grande diâmetro, que estão parcialmente desmielinizadas, para as fibras nociceptivas (A-delta e C), que têm uma mielinização muito fina. A patogenia pode ser decorrente de:
1. compressão vascular do nervo trigêmeo na zona de entrada da raiz (Nota: essa compressão pode ser observada em mais de 50% das autópsias de pacientes sem TGN[25]):
   a) mais frequentemente por SCA (80%); ver mais detalhes em síndromes de compressão neurovascular (p.1534)
   b) persistência da artéria trigeminal primitiva (p. 83)[26]
   c) artéria basilar dolicoectásica[27 (p. 1108)]

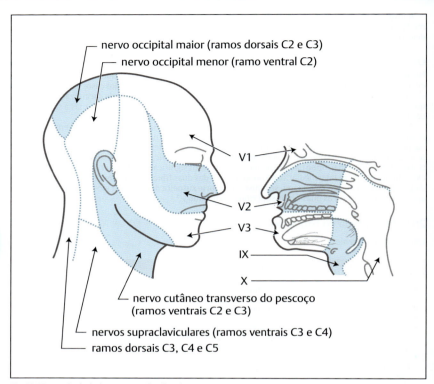

Fig. 28.1 Inervação de dor/temperatura da cabeça*.
*CHAVE: V1 = nervo oftálmico; V2 = nervo maxilar; V3 = nervo mandibular; IX = nervo glossofaríngeo; X = vago.

Quadro 28.2 Epidemiologia da nevralgia do trigêmeo[23,24]	
Idade (anos)	**Tipicamente > 50 (média 63)**
feminino:masculino	1,8:1
Lateralidade	
direita	60%
esquerda	39%
ambas	1%
Divisão envolvida	
V1 apenas	2%
V2 apenas	20%
V3 apenas	17%
V1 e V2	14%
V2 e V3	42%
todas as três	5%

2. tumor da fossa posterior (ver abaixo)
3. na MS, a TGN pode ser causada pela placa no tronco cerebral; a TGN frequentemente responde mal à descompressão microvascular

Além da divisão sensória do nervo trigêmeo, as outras vias de dor compreendem:[11] o ramo motor do quinto nervo (porção menor) e o sétimo e o oitavo nervos.

Tumores e nevralgia do trigêmeo

Em > 2.000 pacientes com dor facial, observados ao longo de dez anos, apenas 16 tinham tumor (incidência < 0,8%).[28] Três tumores fora da calota craniana correspondiam a um carcinoma nasal e a metástases na base do crânio; todos tinham hipoalgesia e dor facial atípica (AFP). Os seis tumores da fossa intermediária compreendiam: dois meningiomas, dois schwannomas (um tumor primário do gânglio gasseriano) e um adenoma hipofisário. Os tumores de fossa posterior são os que têm mais probabilidade de causar os sintomas que mais se aproximam dos da verdadeira TGN; o mais comum deles é o schwannoma vestibular (VS). Dois de sete VSs tinham tumores contralaterais à nevralgia (em razão, presumivelmente, da mudança de tronco cerebral). Os pacientes com TGN verdadeira respondiam à carbamazepina no início; nenhum dos com AFP respondia.

Quanto à dor facial, ela é causada por um tumor, especialmente por tumores periféricos; frequentemente a dor é atípica (geralmente constante); anormalidades neurológicas são frequentes (geralmente há perda sensória, embora alguns sejam neurologicamente normais, no princípio) e a idade geralmente é mais baixa do que na TGN típica.

Diagnóstico diferencial

Ver Síndromes de dores craniofaciais (p. 477).

Avaliação

Histórica e exame físico (além da rotina)
1. história
    a) descrição cuidadosa da localização da dor, para determinar quais as divisões do nervo trigêmeo precisam ser tratadas
    b) determinar o momento de início da TGN e os mecanismos desencadeantes
    c) avaliar a ocorrência e a duração de intervalos sem dor (na TGN, a não ocorrência de intervalos sem dor é atípica)
    d) determinar duração, efeitos colaterais, dosagens e as respostas às medicações experimentadas
    e) perguntar sobre sintomas que possam indicar a presença de condições diversas da TGN: p. ex., história de vesículas herpéticas, lacrimejamento excessivo do olho (pode indicar SUNCT p. 478), espasmos faciais (tique convulsivo), dor lingual (nevralgia glossofaríngea), perda sensória (tumor...), sintomas sugestivos de MS
2. exame físico: na TGN ele deve ser normal; qualquer déficit neurológico (com exceção de uma perda sensória muito leve), em um paciente sem cirurgia prévia, deve dirigir a investigação para uma causa estrutural, p. ex., um tumor (ver abaixo). Este exame também serve como linha basal para comparações pós-operatórias
    a) avaliação bilateral da sensibilidade em todas as três divisões do nervo trigêmeo (inclua os reflexos corneais)
    b) avaliar o funcionamento do masseter (mordida) e do pterigoide (ao abrir a boca, o queixo se desvia para o lado mais fraco)
    c) avaliar o funcionamento do EOM

Imagens

A MRI é usada frequentemente, para avaliar esses pacientes quanto a possíveis tumores intracranianos ou placas de MS, especialmente nos casos com características atípicas. Nos casos típicos, o proveito é pequeno.

Terapia médica para nevralgia do trigêmeo

Informações do fármaco: Carbamazepina (Tegretol®)

Alívio completo ou aceitável, em 69% (se forem toleradas doses de 600-800 mg/dia, mas não proporcionarem alívio, o diagnóstico de TGN é suspeito[21]). **Efeitos colaterais:** sonolência, erupções em 5-10%. Possível síndrome de Stevens-Johnson. Uma relativa leucopenia é comum (geralmente não requer descontinuação da droga). Ver as precauções em carbamazepina (**CBZ**, Tegretol®) (p. 450).

℞ 100 mg PO BID, aumentar 200 mg/dia, até um máximo de 1.200 mg/dia, divididas TID. **Apresentação:** ver informação a respeito (p. 450).

Informações do fármaco: Oxcarbazepina (Trileptal®)

Rapidamente metabolizada em carbamazepina, tem a mesma eficácia, frequentemente é tolerada em doses mais elevadas do que as da carbamazepina. **Efeitos colaterais:** hiponatremia sintomática.
℞ para nevralgia do trigêmeo: 300 mg PO BID, aumentar para 600 mg/dia q semana. Dose usual: 450-1.200 mg. Máxima de 2.400 mg/dia. **Apresentação:** comprimidos de 150, 300, 600 mg; suspensão 500 mg/5 mL.

Informações do fármaco: Baclofeno (Lioresal®)

Segunda DOC (menos eficaz do que a carbamazepina, mas com menos efeitos colaterais). CUIDADO: é teratogênica em ratos. Evite suspender abruptamente (pode causar alucinações e convulsões). Pode ser mais eficaz se usada conjuntamente com uma dose baixa de carbamazepina.
℞ Começar com pouco, 5 mg PO TID, aumentar q 3 d em 5 mg/dose; não exceder 20 mg QID (80 mg/dia): usar a dose mínima eficaz.

Informações do fármaco: Gabapentina (Neurontin®)

Anticonvulsivante, pode agir sinergicamente com a carbamazepina e o baclofeno. **Efeitos colaterais:** incluem ataxia, sedação e erupção.
℞ Começar com 100 mg PO BID, titular para 5-7 mg/kg/dia (máximo de 3.600 mg/dia).

Miscelânea de drogas

Também podem ser eficazes:
1. fenitoína (Dilantin®): IV, pode ser eficaz para pacientes que têm tanta dor que nem conseguem abrir a boca para tomar a carbamazepina oral
2. capsaicina (Zostrix®) 1 g, aplicado TID, durante vários dias, resultou na remissão dos sintomas em 10 de 12 pacientes (4 recidivaram em < 4 meses, mas continuaram livres de dor durante um ano após o segundo transcurso)[29]
3. clonazepam (Klonopin®) (p. 454): funciona em 25%
4. lamotrigina (Lamictal®)
5. amitriptilina (Elavil®): usada mais frequentemente em dores faciais atípicas
6. toxina botulínica (Botox®): reduz a transmissão de CGRP, produzindo um efeito direto sobre as fibras de nervos sensitivos

Terapia cirúrgica para a nevralgia do trigêmeo

Indicações para a cirurgia

É reservada para casos refratários ao tratamento médico, ou quando os efeitos colaterais da medicação ultrapassam os riscos e inconveniências da cirurgia.

Opções cirúrgicas

1. procedimentos em ramos periféricos do nervo trigêmeo, para bloquear ou seccionar a divisão envolvida na *dor*, ou que podem ser usados para bloquear o desencadeante:[30]
   a) modos de bloqueio
      - bloqueios locais (fenol, álcool)
      - neurectomia do ramo trigeminal envolvido
   b) ramos nervosos:
      - V1 (divisão oftálmica), nos nervos: supraorbital, supratroclear e infraorbital
      - V2 (divisão maxilar), no forame rotundo
      - V3 (divisão mandibular) bloqueio no forame oval ou neurectomia do nervo dentário inferior

2. bloqueando o *desencadeante*, seja por rizotomia percutânea, seja por bloqueio com álcool
3. rizotomia trigeminal percutânea (PTR): também conhecida como rizotomia percutânea estereotática (PSR) do gânglio trigeminal gasseriano (ver abaixo) (não é um procedimento verdadeiramente estereotático, no atual sentido da palavra, por isso, é preferível o termo rizotomia trigeminal percutânea). O objetivo é destruir seletivamente as fibras A-delta e C (nociceptivas), preservando as fibras A-alfa e beta (do tato). Idealmente, é uma lesão retrogasseriana (e não uma lesão ganglionar). Também pode ser usada para bloquear o desencadeamento. As técnicas para lesão incluem (ver abaixo a comparação das técnicas):
   a) rizotomia por *radiofrequência* (RFR)(criada por Sweet e Wespic[31]). Utiliza energia de radiofrequência para termocoagular as fibras de dor. Exige que o paciente esteja acordado em certos momentos, durante o procedimento
   b) injeção de *glicerol* na fossa de Meckel:[32,33] possivelmente com incidência mais baixa de perda sensória do que na lesão por radiofrequência.[34] A cisternografia com contraste hidrossolúvel, recomendada na descrição original, pode não ser essencial[35]
   c) traumatismo mecânico (rizólise por microcompressão percutânea (PMC)): através da inflação do balão do cateter Fogarty número quatro.[36,37,38] Não requer o paciente acordado
   d) injeção de água fervente esterilizada
4. abordagem extradural subtemporal de Spiller-Frazier, com rizotomia retrogasseriana (raramente usada atualmente). A técnica original de Spiller-Frazier envolvia avulsão do nervo, o que era feito com um risco inaceitavelmente elevado de sangramento. A estratégia pode ser usada para expor o gânglio, e então traumatizá-lo levemente
5. secção intradural retrogasseriana do nervo trigêmeo (poção sensória ± raiz motora, ver abaixo): pode ser feita durante a MVD, se não for identificada uma compressão vascular
6. cortar o trato trigeminal descendente no bulbo inferior (99,5% de sucesso): usado raramente
7. descompressão microvascular (MVD):[39] (ver abaixo) exploração microcirúrgica da zona de entrada da raiz, geralmente por meio de craniectomia da fossa posterior e deslocamento do vaso que está pressionando o nervo (se esse vaso for encontrado). Geralmente com colocação de um "isolador" não absorvível (esponja Ivalon® ou fita de feltro Teflon; ver os méritos relativos do Ivalon® e do feltro Teflon (p. 1536)
8. secção completa do nervo, proximal ao gânglio, através de uma craniectomia de p-fossa
9. radiocirurgia estereotática: ver abaixo
10. estimulação do córtex motor:[40] (tem alguma analogia com a estimulação da medula espinal contra dor espinal ou nas extremidades). É melhor para a dor neuropática do trigêmeo (distinta da nevralgia do trigêmeo)

Seleção da opção cirúrgica

Algumas pérolas que influenciam na escolha das opções de tratamento (opinião de especialistas[41])
1. nevralgia de V3: RF. Pode tratar V3 seletivamente, sem envolver outras divisões
2. V1 ou V2: compressão por balão. Causa dormência nas três divisões mas, diferentemente da lesão com RF, a dormência corneal é mais bem tolerada, e o reflexo corneal geralmente é preservado
3. dor bilateral: glicerol. É a que tem o efeito menos duradouro, o que é uma vantagem quando se pensa na possibilidade de, em algum momento, precisar tratar o outro lado
4. SRS: por sua latência até o alívio da dor, é subótima para pacientes que necessitam alívio imediato

Ablação de nervo periférico e neurectomias

Limita-se a pacientes com dor e pontos de desencadeamento nos territórios supraorbital/subtroclear, infrafrontal e dos nervos dentários inferiores. A neurectomia pode ser considerada principalmente para pacientes idosos não candidatos à MVD (a neurectomia pode ser feita sob anestesia local) e que têm dores na testa (para evitar anestesiar o olho, como poderia ocorrer na RFR). As desvantagens compreendem a perda sensitiva na distribuição do nervo e uma alta taxa de recorrência da dor, por causa da regeneração do nervo (geralmente em 18-36 meses) que frequentemente responde à nova neurectomia.[42] Também pode ser usada após PTR.

Nervos supraorbital e supertroclear: ver, também, informações sobre nevralgia supraorbital (SON) e nevralgia supratroclear (STN) (p. 491). A SON pode ser tratada com rizotomia (p. ex., com álcool ou radiofrequência) ou com neurectomia. Para a STN, a injeção de álcool é usada com cautela, em razão do risco de lesão do músculo superior oblíquo. Na neurectomia, esses nervos são expostos por meio de uma incisão de 2 cm, paralela à porção medial da sobrancelha, e logo acima dela (jamais em razão do sobrancelha, porque isto pode criar uma desagradável "sobrancelha dupla"; raspar a sobrancelha também é desaconselhado porque, ocasionalmente, ela não se desenvolve mais). A incisão é feita até o osso, e o periósteo é elevado caudalmente, em direção ao forame ou sulco. Os nervos ficarão visíveis sobre a face inferior da aba periosteal. O nervo supraorbital é desprendido em seu forame/sulco, e então é arrancado por meio de torções com uma pinça hemostática. A avulsão do nervo é "semelhante a puxar um verme de seu buraco". A porção distal do nervo deve restar localizada no ponto em que o periósteo foi incisado, e também deve ser extraída. O processo pode ser repetido para o nervo supratroclear, situado mais medialmente.

Outros nervos: não abordados aqui, há outros ramos nervosos que também podem ser arrancados ou cortados: são os nervos infratroclear, lacrimal (o ramo de V1 na borda lateral da órbita), infraorbital, alveolar inferior, lingual e mental.[43(p 290)]

Rizotomia percutânea do trigêmeo (PTR)

É recomendada para pacientes que: são de risco para anestesia geral (idosos e os que têm risco aumentado em anestesia geral), querem evitar uma "grande" cirurgia, têm tumores intracranianos que não podem ser ressecados, têm MS, têm um defeito auditivo no lado oposto, ou têm expectativa de vida limitada (< 5 anos).[34] Na "dor facial atípica" a denervação da região dolorosa da face beneficia < 20% dos pacientes e piora em 20%.[44] As recorrências são mais facilmente tratadas pela repetição dos procedimentos. Pode ser usada para tratar falhas na ablação de nervos periféricos.

▶ **Técnica de escolha da lesão.** As taxas de recorrência e de incidência de disestesias, nas várias técnicas de lesionar, são comparáveis. A incidência de hipertensão intraoperatória é menor na lesão da PMC do que na lesão da rizotomia por radiofrequência (RFR)[38] (não há relatos de hemorragia intracerebral). Na PMC, regularmente ocorre bradicardia, que pode não ser danosa (alguns fazem profilaxia com atropina[45]). A RFR exige que o paciente esteja apto a cooperar; a PMC pode ser feita no paciente adormecido. A paralisia da raiz motora do trigêmeo ipsolateral (p. ex., pterigoide) é mais comum após PMC (geralmente temporária) do que na RFR, de modo que a PMC não deve ser feita se já existe uma paralisia contralateral proveniente de um procedimento prévio. Ver também a descrição da técnica (p. 486).

Complicações na radiofrequência percutânea (nota: de fato, alguma "dormência" é esperada nas PTRs mais bem-sucedidas, e ocorre em 98% dos casos,[24] não sendo considerada, aqui, uma complicação)
1. mortalidade: apenas 17 mortes em mais de 22.000 procedimentos (incluindo neurocirurgiões menos experimentados e pacientes que muitas vezes são considerados como de alto risco cirúrgico)[21]
2. disestesias[24] (às vezes chamadas "parestesias irritativas"): taxa aumentada nas lesões mais completas
   a) menores: 9%
   b) maiores (que exigem tratamento médico): 2%
   c) anestesia dolorosa (dor intensa, constante, "queimante", refratária a todos os tratamentos): 0,2-4%
3. meningite:[23] 0,3%
4. alterações na salivação:[46] 20% (aumentada em 17%, diminuída em 3%)
5. fraqueza parcial do masseter (geralmente não percebida pelo paciente, ▶ Quadro 28.3)
6. paresia oculomotora (geralmente temporária, ▶ Quadro 28.3)
7. redução da audição (secundária à paresia do tensor do tímpano, ▶ Quadro 28.3)
8. **ceratite (queratite) neuroparalítica** (ceratite decorrente de déficit no quinto nervo, que prejudica a sensação, ▶ Quadro 28.3)
9. hemorragia intracraniana: relato pessoal de sete casos (seis fatais) em > 14.000 procedimentos, provavelmente por causa da HTN transitória (SBP de até 300 Torr)
10. alterações na lacrimação:[46] 20% (aumento em 17%, diminuição em 3%)
11. erupção de herpes simples: se o paciente desenvolver sintomas, prescrever uma droga anti-herpética, p. ex., Acyclovir® (p. 366)
12. bradicardia e hipotensão: 1% com RFR, comparado a até 15% na injeção de glicerol
13. raras:[47,48]
    a) abscesso no lobo temporal
    b) meningite asséptica
    c) abscesso intracerebral: 0,1%

Quadro 28.3 Complicações com radiofrequência percutânea

Complicação	850 casos[56]		315 casos[46]
	eletrodo reto (N = 700)	eletrodo curvo (N = 150)	
fraqueza parcial do masseter (geralmente não percebida pelo paciente)	15-24%	7%	50%
paresia oculomotora (geralmente temporária)	2%	0	
redução da audição (secundária à paresia do tensor do tímpano)	0	0	27%
ceratite neuroparalítica (ceratite decorrente de déficit no quinto nervo, que prejudica a sensação)	4%	2%	0

d) síndrome trófica do trigêmeo (TTS):[49] uma tríade de ulceração crescente nas asas nasais, com anestesia e paresia do dermátomo trigeminal (pode-se apresentar como prurido intenso e com lesões autoinduzidas na pele, por coçar). É resultado de uma lesão no nervo trigêmeo. O tratamento costuma incluir: carbamazepina, diazepam, amitriptilina, clorpromazina, clonazepam e pimozida[50]
e) complicações relacionadas com a introdução da agulha:[51]
- fístula carótida-cavernosa (CCF): pode ocorrer em qualquer técnica percutânea[52] (inclusive por microcompressão do balão[53])
- cegueira: por penetração pela fissura orbital inferior[54]
- lesão em outros nervos cranianos: II, III, IV, VI[55]
f) hemorragia subaracnóidea
g) convulsões

Descompressão microvascular (MVD)

Ver, também, informações mais detalhadas (p. 488).

Recomendada para pacientes com controle médico da dor insuficiente, que têm previsão de sobrevivência maior do que cinco anos, e que são capazes de tolerar uma pequena craniotomia[34] (a morbidade cirúrgica aumenta com a idade). O alívio geralmente é de longa duração; em 70%, perdura dez anos. A incidência de anestesia facial é muito menor do que com PTR, e não ocorre anestesia dolorosa. A mortalidade é < 1%. A incidência de meningite asséptica (também conhecida como meningite hemogênica): 20%. A morbidade neurológica é importante em 1-10%. A taxa de falhas: 20-25%.

Dos pacientes com MS, 1-2% têm alguma placa de desmielinização na zona de entrada da raiz, e geralmente isto não responde à MVD, devendo ser tentada a PTR.

Radiocirurgia estereotática (SRS)

A primeira utilização da SRS, por Leskell, foi para tratar TGN. Inicialmente ela era reservada para casos refratários depois de repetidas operações;[57] agora passou a ser mais amplamente praticada. É o procedimento menos invasivo. Geralmente é recomendada para pacientes com comorbidades, doença clínica de alto risco, dor refratária a procedimentos anteriores ou usando anticoagulantes (não há necessidade de reverter a anticoagulação para fazer SRS).

Plano de tratamento: um isocentro com 4-5 mm, na zona de entrada da raiz do nervo trigêmeo, identificada por MRI. Usar 70-80 Gy no *centro*, mantendo a curva de isodoses de 80% fora do tronco cerebral.

Resultados: uma significativa redução da dor após a SRS inicial: 80-96%,[58,59,60,61] mas apenas ≈ 65% ficam livres de dor. Mediana da latência de alívio da dor: 3 meses (variação: 1 dia a 13 meses).[62] Em 10-25%, a dor recorre dentro de três anos. Pacientes que têm TN e esclerose múltipla têm menor probabilidade de responder à SRS do que aqueles que têm MS. A SRS pode ser repetida, mas só quatro meses depois do procedimento original.

Indicadores de prognóstico favorável: doses de radiação mais elevada, paciente não operado anteriormente, ausência de componentes de dor atípica, função sensitiva normal no pré-tratamento.[63]

Efeitos colaterais: em 20% ocorreu hiperestesia depois da primeira SRS, e em 32% dos que precisaram repetir o tratamento[62] (as taxas mais elevadas estão associadas às doses mais altas de radiação[59]).

Conduta de tratamento das falhas cirúrgicas

Noventa por cento das recorrências estão distribuídas entre as divisões previamente envolvidas; 10% estão em uma divisão nova e podem representar uma evolução dos processos subjacentes. Algumas falhas de tratamento não são TN persistentes, mas podem estar representando dor neuropática do trigêmeo (também conhecida como dor de *desaferentação* trigeminal).

A PTR pode ser repetida em pacientes que tiveram recorrência, mas preservaram alguma sensibilidade facial. Frequentemente, a tentativa de repetir a PTR é produtiva, e as falhas podem ser manejadas como segue.

A MVD pode ser realizada em pacientes que falharam na PTR, mas a taxa de sucesso pode ser pequena[64] (é de 91% para pacientes que fizeram MVD primeiro, contra 43% dos que fazem a MVD após a PTR. Nota: uma taxa de sucesso de 91% pode ser irrealisticamente elevada, e a escolha de pacientes que falharam na PTR pode estar selecionando um subgrupo mais difícil). A MVD também pode ser repetida com a atenção voltada para um possível deslocamento da esponja isolante, ou para o fato de que o verdadeiro vaso ofensor pode ter sido afastado do nervo "artificialmente", secundariamente ao posicionamento cirúrgico.

A SRS pode ser repetida, usando-se a mesma dosagem, e há relatos de uma redução significativa da dor em 89%, e de alívio completo em 58%.[62]

Secção intradural retrogasseriana do nervo trigêmeo

Pode ser usada como último recurso em pacientes que apresentam TGN recorrente depois de uma ou mais PTRs e que têm anestesia total da face, ou em pacientes que vão se submeter a uma craniectomia da fossa posterior para MVD, quando não se consegue identificar o vaso causador. Neste último caso, é feita uma rizotomia parcial, por seccionamento de dois terços do nervo, o que resulta em anestesia parcial. No caso dos pacientes que já têm anestesia parcial antes da operação, o seccionamento da divisão motora (porção menor) deve ser considerado como uma via alternativa para a dor.[11]

Rizotomia percutânea do trigêmeo

Como precaução quanto a hemorragias, examine o perfil da coagulação (PT/PTT, considere o tempo de sangria) e interrompa ASA e NSAIDs, preferencialmente, dez dias antes da operação. O procedimento pode ser feito no centro cirúrgico com fluoroscopia ou no setor de angiografias do departamento de radiologia.

Agendando o caso: Rizotomia percutânea do trigêmeo

(Para qualquer método percutâneo: balão, glicerol, RFR)
Ver também as omissões e impedimentos (p. 27) e as ordens pré-operatórias (ver abaixo)
1. posição: supina
2. anestesia: MAC com sedação
3. equipamento:
   a) gerador de lesões e conjunto de agulhas, para rizotomia por radiofrequência
   b) fluoroscopia arco-C (dois arcos-C para compressão do balão)
   c) balões infláveis calibrados (como na cifoplastia), para a rizotomia por balão
4. consentimento (para o paciente, em termos leigos – nem tudo incluído):
   a) procedimento: introduza uma agulha na bochecha, para entorpecer o nervo na face
   b) alternativa: tratamento médico, cirurgia pela parte posterior do crânio (descompressão microvascular), irradiação (radiocirurgia estereotática)
   c) complicação: o entorpecimento facial é previsto; mais raramente: CVA, sangramento, cegueira

---

Ordens pré-operatórias (RFR)

1. após MN, NPO, exceto os medicamentos
2. continuar com Tegretol® e outros medicamentos PO, com pequenos goles de água
3. procedimento para AM: NS até KVO, IV, no braço contralateral à nevralgia
4. atropina, 0,4 mg IM PRN (✖ as contraindicações incluem fibrilação atrial rápida)
5. uma bandeja LP não descartável, para acompanhar o paciente

Técnica: rizotomia percutânea do trigêmeo, por radiofrequência (RFR)

Técnica adaptada.[65]
Nota: a inserção da agulha e/ou a lesão podem causar HTN, considerar o monitoramento da BP. Usar um eletrodo reto (uns 5 mm para uma divisão, 7,5 mm para duas divisões, ou 10 mm para todas as lesões) ou um eletrodo curvo.[56]

Inserção do eletrodo
1. conectar o eletrodo terra no braço do paciente
2. preparar a bochecha do lado envolvido, com Betadine
3. ponto de entrada: introduzir o eletrodo-agulha lateralmente, a 2,5-3 cm da comissura oral, sob um anestésico de curta duração, p. ex., propofol (Diprivan®) (p. 133) ou metoexital (Brevitol®) (p. 132)
4. trajetória:
   a) palpar a mucosa bucal por dentro da boca com dedo enluvado (lateralmente aos dentes) e, com a outra mão, passar o eletrodo medialmente em relação ao processo coronoide da mandíbula (mantendo a agulha aprofundada na mucosa oral, isto é, fora da cavidade oral), procurando inicialmente, no plano de interseção, um ponto 3 cm anterior ao EAM e ao aspecto medial da pupila, com o olho dirigido para frente. Cuidado para não contaminar o campo com a mão que estava na boca do paciente
   b) à medida que a inserção avança, use fluoroscopia para direcionar a ponta para a inserção do topo do osso petroso com o clivo (5-10 mm abaixo do assoalho da sela, ao longo do clivo)
   c) ao penetrar o forame oval, o masseter frequentemente se contrai, fazendo com que a mandíbula se feche brevemente. Remova o estilete, procure por CSF para verificar a localização (pode não ocorrer em casos refeitos), e insira o eletrodo através da agulha

Nos casos difíceis, a fluoroscopia intraoperatória pode ajudar na localização da agulha na fossa de Meckel e excluir a entrada na fissura orbital superior (que, se lesada, pode causar cegueira), ou a entrada no forame espinhoso (artéria meníngea intermediária). Se for necessário visualizar (p. ex., quando a entrada é difícil), o forame oval é de ótima visualização em uma radiografia submental com hiperextensão do pescoço em 20° e rotação da cabeça 15-20°, para o lado oposto ao da dor.[66]

Medições da impedância: quando disponível na ponta do eletrodo, pode ajudar a indicar a localização da ponta da agulha. A impedância do CSF (ou de qualquer líquido) é baixa (≈ 40-$120\,\Omega$); em tecido conectivo, músculo ou nervo 200-300 Ω (podendo ir até 400 Ω); > 400 Ω indicam que, provavelmente, o eletrodo está em contato com periósteo ou osso. Depois de iniciar a lesão, é frequente a impedância ir transitoriamente para 30 Ω e depois, à medida que a lesão continua, retornar gradualmente à linha basal ou ≈ 20 Ω acima dela. Se ocorrer carbonização na ponta do eletrodo, a impedância terá uma leitura mais alta do que a inicial.

Estimulação e reposicionamento

Uma vez acessado o forame oval, a agulha é posicionada com as seguintes diretrizes: para uma lesão na divisão V3, o eletrodo curvo deve apenas ficar perto do clivo, apontando para baixo; para V2 ele estará no clivo, e dirigido para cima; para V1 ele estará 5 mm além do clivo, e apontando para cima. ✖ Em nenhum momento a ponta da agulha deve avançar > 8 mm além da linha do clivo (para evitar complicações nos nervos cranianos III e VI).

O paciente é despertado e estimulado pelo eletrodo regulado para: frequência = 50-70 Hz, duração de 1 ms. Iniciar com uma amplitude de 0,1 V e aumentar lentamente (geralmente 0,2-0,5 V é adequado; voltagens mais elevadas podem indicar que a agulha não está perto do alvo e que a estimulação é decorrente de correntes de campo largo. Entretanto, para pacientes com lesões prévias, às vezes, até 4 V podem ser necessários). Se a estimulação não reproduzir a dor da TGN da distribuição do paciente, a amplitude é zerada, o eletrodo é reposicionado (eletrodo reto: avançar a agulha < 5 mm de cada vez até que a ponta esteja nas vizinhanças da linha do clivo; eletrodo de ponta curva: avançar e/ou girar) e depois, lentamente, elevar a voltagem de novo, a partir do zero, repetindo o processo de reposicionamento-estimulação até que a estimulação reproduza a distribuição da dor do tique. Se lesões prévias causarem analgesia, e o paciente não conseguir sentir a corrente estimulante, pode-se estimular com 2 Hz e observar a contração do masseter (exige que a raiz motora esteja preservada).

Lesão

Quando a estimulação produz dor na distribuição da TGN envolvida, faz-se a primeira lesão sob anestesia de curta duração a 60-70° C por 90 s. Pode ser notado um rubor facial.[66] Após cada lesão, fazer uma avaliação pós-lesão (ver abaixo). O objetivo é a analgesia (mas não a anestesia) nas áreas de dor e a hipoalgesia nas regiões dos pontos de desencadeamento. Na primeira sessão, é necessária uma média de três lesões, cada uma $\approx 5°$C mais elevada do que a anterior, durante 90 segundos. Depois da primeira lesão a anestesia pode ser desnecessária se, nas lesões prévias, foi produzida uma analgesia moderada.

Avaliação pós-lesão

Após cada lesão, ao completar o procedimento, avaliar:
1. a sensibilidade das três divisões do nervo trigêmeo à alfinetada e a toque leve (classificação: normal, hipoalgésico, analgésico, anestésico)
2. a bilateralidade do reflexo corneal
3. função EOM
4. a força do músculo masseter (o paciente cerra os dentes; palpar a bochecha quanto à contração)
5. a força do músculo pterigoide (peça ao paciente para abrir a boca; o queixo se desvia para o lado mais fraco do pterigoide)

Cuidados pós-operatórios

Incluir nas ordens pós-operatórias:
1. bolsa de gelo na face, no lado do procedimento, por 4 h
2. dieta leve
3. atividade de rotina, quando acordado
4. evitar narcóticos (geralmente não são necessários)
5. se o reflexo corneal for deficiente: risco de ceratite neuroparalítica. Lágrimas naturais, 2 gotas q 2 h, quando acordado, no olho do lado afetado. Lacrilube® no olho e fechar com tapa-olho q h

Antes da alta hospitalar, repetir a avaliação pós-lesão (ver acima). Depois os pacientes são desmamados da carbamazepina, se isso for tolerado.

Microcompressão percutânea para rizólise por balão

Através da inflação de um cateter-balão Fogarty N° 4.
Técnica
1. a agulha é introduzida como na RFR (p. 486)
2. na colocação do balão, o objetivo é o forame oval médio (para evitar adentrar a fossa média). Uma vez colocado o balão, inserir o estilete para visualizar para onde o balão foi. Para encher o balão, usar Omnipaque 240
3. inflar até uma pressão de 1,4 atmosfera

Quadro 28.4 Comparação dos resultados das técnicas percutâneas para MVD

Parâmetro	Técnicas percutâneas (PTR)			MVD
	RFR[a]	Glicerol	Balão	
taxa inicial de sucesso[11,24]	91-99%	91%	93%	85-98%
taxa de recorrência a médio prazo	19% em 6 anos[23]	54% em 4 anos	21% em 2 anos	15% em 5 anos
taxa de recorrência a longo prazo	80% em 12 anos[46b]			30% em 10 anos
dormência facial[24]	98%	60%	72%	2%

[a]Abreviaturas: RFR = rizotomia por radiofrequência; MVD = descompressão microvascular; balão = microcompressão com balão.
[b]Este autor incluiu as falhas iniciais do PTR, o que exigiu repetição do procedimento durante a mesma hospitalização.

Resultados

A comparação dos resultados das várias técnicas de PTR à de descompressão microvascular (MVD) é apresentada no ▶ Quadro 28.4. A recorrência é maior em pacientes com esclerose múltipla (50% em uma média de três anos de F/U).[67]

Descompressão microvascular (MVD) para nevralgia do trigêmeo

Indicações

1. pacientes incapazes de alcançar controle médico adequado da nevralgia trigeminal, que têm sobrevida antecipada de ≥ 5 anos, e sem fatores significativos de risco médico ou cirúrgico[34] (embora uma pequena exploração da p-fossa geralmente seja bem tolerada, a morbidade cirúrgica aumenta com a idade)
2. pode ser usada em pacientes que não se enquadrem nos critérios acima, mas têm dor intratável
3. para pacientes com tique que envolve o V1 e cujo risco de ceratite por exposição à anestesia corneal seria inaceitável (p. ex., os já cegos do olho contralateral), e para pacientes que, por qualquer motivo, querem evitar a anestesia facial
4. ✖ geralmente, os pacientes com MS não são considerados candidatos à MVD, por causa da baixa taxa de resposta

Agendando o caso: Descompressão microvascular

Ver também as omissões e impedimentos (p. 27) e as ordens pré-operatórias (ver abaixo).
1. posição: banco de praça
2. equipamento: microscópio
3. implantes: esponja Ivalon ou fitas Teflon
4. monitoramento intraoperatório: (opcional) BAER, EMG facial (monitora o VII e a porção menor (motora) do V), o VIII (CNAP [potencial composto da ação do nervo] utilizando um eletrodo de Cueva colocado diretamente no nervo VIII, tendo como referência o lóbulo da orelha ipsilateral)
5. consentimento (para o paciente, em termos leigos – nem tudo incluído):
   a) procedimento: cirurgia atrás da orelha, para mover um vaso sanguíneo de cima do nervo sensitivo da face (se nenhum vaso ofensor puder ser identificado, é possível seccionar parcialmente a parte apropriada do nervo trigêmeo, causando torpor)
   b) alternativas: procedimentos com agulhas através da face (rizotomia percutânea), radiação (radiocirurgia estereotática)
   c) complicações: (além das complicações usuais em craniotomia), efusão de CSF, perda auditiva (≈ 10%), torpor facial, dor perto da incisão (nevralgia occipital ou nevralgia occipital menor); mais raramente: diplopia, paralisia facial, falha do procedimento

Técnica

Ver também, Craniectomia suboccipital paramediana (p. 1447), sobre indicadores importantes, inclusive uso de tubo endotraqueal reforçado.

Preparativos pré-operatórios

É recomendável uma MRI (com uma sequência FIESTA, ou equivalente, se disponível) para descartar uma lesão por massa ou alguma anormalidade vascular. Alguns obtêm um BAER[68] basal (ver abaixo, quanto ao monitoramento intraoperatório).

Organização da O.R.

Aprontar-se para uma craniotomia suboccipital (fossa posterior) lateral oblíqua (p. 1446). Microscópio: a ocular do observador é posicionada no lado oposto ao do tique.

Posicionamento

Ver referência.[69]
1. posição lateral oblíqua (p. 1446), lado sintomático *para cima*, rolo axilar
2. tórax elevado 10-15°, para reduzir a pressão venosa
3. fixação do crânio com três pinos. Posição da cabeça:
   a) rotação da cabeça: cabeça girada 10-15° para o lado oposto ao afetado. Não exceder rotação de 30°
   b) cabeça inclinada lateralmente
      • para nevralgia do trigêmeo ou abordagem do VIII nervo: a cabeça fica paralela com o chão (se ficar mais baixa, os nervos VII e VIII encobrirão a visão de V)
      • para nervo VII, ou mais baixos, o ápice é inclinado 15° *para baixo*, em relação à horizontal
   c) flexionar o pescoço: deixar um espaço de uns dois dedos de largura entre o queixo e o esterno
4. o ombro que está para cima é retraído caudalmente, com fita adesiva
5. opção: drenagem lombar espinal. Durante a craniotomia, drenar 20-30 cm³, depois drenar quantidades pequenas, de tempo em tempo durante a operação, para manter o campo operatório bem seco, mas deixando o CSF avolumar-se ocasionalmente, para banhar os nervos cranianos

Monitoramento intraoperatório

Opção: monitoramento intraoperatório por EMG facial e BAER (avalia o nervo acústico).[68]

Abordagem

1. incisão na pele:[69] incisão vertical, com 3-5 cm de comprimento; 5 mm medialmente sobre a mastoide, uma pequena incisão "5-6-4" (p. 1448); em pacientes com pescoço grosso ou curto, é usada uma incisão um pouco mais longa, com angulação inferomediana. Dessa incisão, 75% são inferiores ao sínus transverso, 25% são superiores
2. orifício de trepanação:
   a) 1 cm inferior e 1 cm medial em relação ao astério[70 (p. 60)]
   b) se o astério não for facilmente identificável, ou se houver preocupação em relação acerca da confiabilidade do astério como marcador da junção dos sínus transverso e sigmoide,[71] faça o orifício de trepanação diretamente em cima da veia emissária do mastoide, que drena superolateralmente no sínus sigmoide
3. craniotomia: abrir na parte mais elevada do osso, o mais perto possível do sínus transverso. A posição do sínus transverso pode ser aproximada por uma linha traçada da base posterior do processo zigomático até o ínion, ou ≈ uns dois dedos de largura acima da extremidade superior da crista mastoidea. O limite lateral para abertura do osso é o sínus sigmoide. Uma abertura óssea triangular, com uma perna ao longo de cada sínus, funciona bem. O diâmetro da craniectomia deve ser de apenas ≈ 3 cm. Aplique cera para ossos com liberalidade (bloqueia qualquer possível abertura nas células de ar do mastoide)
4. abertura dural: tanto pode ser curvilínea, com cada extremidade em um sínus e com a convexidade *afastada* da junção (Jannetta) como um "T" invertido (com uma incisão na direção de cada sínus, e a terceira na direção da junção dos sínus)
5. geralmente exige retração mínima, ou nenhuma, do cerebelo
6. deixar o CSF drenar antes do procedimento: isto pode exigir um suave avanço de um cotonoide no CPA. Se o CSF não puder ser drenado, deve ser colocado um dreno lombar
7. acompanhar a junção do tentório com o osso temporal profundo. Colocar um retrator que, simultaneamente, desloque e "eleve" o cerebelo na direção do cirurgião (o deslocamento medial, apenas, é menos eficaz)
8. veia petrosa: coagule e divida o complexo venoso petroso (geralmente duas ou três veias conectando-se com a dura tentorial). Se a veia for rompida, o lado dural é tamponado (às vezes são necessários 30 minutos), enquanto a extremidade livre é coagulada
9. o V é mais profundo do que o complexo VII/VIII, que sequer deve ser visto com esta abordagem. Se VII/VIII forem visíveis, mova o retrator para cima, porque uma ligeira tração pode causar perda auditiva (▶ Fig. 1.9). Frequentemente há uma pequena elevação óssea imediatamente posterior à fossa de Meckel, obscurecendo o local em que o quinto nervo entra na fossa

Descompressão de nervos

1. a aracnoide sobrejacente ao quinto nervo é dividida com precisão (cuidado com o IV Nervo Craniano, que segue a abertura tentorial na aracnoide e é rostral em relação ao quinto nervo). Mudanças intraoperatórias no BAER frequentemente são atribuídas à retração da aracnoide, que está acoplada ao complexo VII/VIII
2. o quinto nervo pode estar marcadamente atrofiado, se houver PTRs prévias
3. identifique a menor raiz motora (porção menor) do quinto nervo
4. artérias e/ou veias que comprimam o V devem ser dissecadas e afastadas dele. Nota: vasos localizados proximalmente são os mais prováveis ofensores, entretanto, a zona dorsal da entrada da raiz (que é a parte sensível do nervo) pode variar de localização, e a culpa pode ser das veias periféricas. O nervo deve ser inspecionado, e liberado de vasos, em toda sua extensão, desde sua origem no tronco cerebral até seu ingresso na fossa de Meckel.[69] As veias podem ser coaguladas e divididas (para evitar recanalização)
5. a causa mais comum da compressão é a artéria cerebelar superior (SCA)
6. antes do próximo passo, examinar o nervo na junção com o tronco cerebral quanto a alguma compressão residual
7. um material isolante é interposto entre nervo e vaso, para prevenir uma recompressão. As opções incluem:
    a) p. ex., esponjas de Ivalon® (álcool formil polivinílico) (Ivalon Surgical Products, 1040 OCL Parkway, Eudora, KS, 66025, EUA, distribuída nos EUA por Fabco (860) 536-8499, sem taxas: (888) 813-8214, http://fabco.net/catalog/ivalon-ophtalmic/), corte em formato de sela. Nota: Se for usado um bloqueador de Ivalon, em vez dos coxins estéreis pré-embalados, ele precisa ser lavado cuidadosamente, para remover a formalina, e autoclavado. Antes de ser cortado, o Ivalon deve ser hidratado em NS, por 10 min
    b) fitas de feltro de Teflon; ver as virtudes do Ivalon® em relação ao Teflon ou músculo (p. 1536)
8. Wilson recomenda fazer uma rizotomia sensitiva parcial na metade, ou no terço inferior, da porção maior quando: os casos não têm contato vascular com o nervo, ou nenhuma deformidade identificada no nervo; na maioria dos casos de pacientes que vão repetir a MVD; nos casos cuja duração dos sintomas é > 8-9 anos, uma vez que este último grupo tende a ter uma taxa de sucesso menor com a MVD apenas[72]
9. se o procedimento for por causa de uma MVD que falhou, e o desejo é dividir o nervo parcialmente, é preciso ter em conta que este nervo está somatotopicamente organizado em fibras V1 na parte superior e em fibras V3 na parte inferior. Se o objetivo for a eliminação total da via da dor, e houver preocupação com a condução da dor através de vias auxiliares, deve ser considerada também a divisão da raiz motora (porção menor)

Fechamento

1. cera óssea deve ser aplicada abundantemente sobre as bordas ósseas laterais expostas (parafraseando Dr. Jannetta[69] e Sr. Miyagi,[73] "Cera na entrada, cera na saída")
2. irrigar suavemente com *salina* aquecida (evitar "esguichos" na irrigação, que podem danificar o nervo VIII)
3. no fechamento dural, pode ocorrer um declínio intraoperatório de BAER, o que exige pronta reabertura da dura e verificação de tensão de algum vaso, ou do Teflon, sobre o nervo VIII
4. execute várias manobras de Valsalva, para garantir a impermeabilidade do fechamento da dura
5. o defeito ósseo deve ser coberto, p. ex., com cobertura para o orifício da trepanação, para reduzir a chance de dor associada à craniectomia descoberta
6. após o fechamento da fáscia a manobra de Valsalva é realizada novamente, para garantir a impermeabilidade do fechamento
7. utilizar sutura de bloqueio com náilon 4-0 para aproximar a pele de modo impermeável (evite excesso de tensão)

Cuidados pós-operatórios após MVD

Incluir na prescrição pós-operatória

1. internar na ICU
2. linha arterial para monitoramento contínuo da BP
3. analgésicos (p. ex., codeína, 30-60 mg IM q 3 h)
4. antieméticos (p. ex., ondansetron 4 mg IV q 6 h)
5. medicação para tratamento agressivo de HTN (viz. SBP > 160 mmHg)

H/A, náusea e dor pós-operatórias

Rotineiramente, os pacientes têm H/A e náusea por 2-3 dias (há uma tendência a haver menos ar intracraniano e menos "doença pneumoencefalográfica" se for usada a posição "banco de praça" em vez da posição sentada). Entretanto, uma H/A *intensa* deve levar IMEDIATAMENTE a uma CT, para R/O sangramento. Se a CT for negativa, a H/A intensa pode ser decorrente de uma elevação transitória da pressão do CSF, que ocorre em alguns, e que geralmente responde a uma ou, no máximo, duas LPs, para reduzir a pressão à metade. A meningite asséptica geralmente responde a esteroides. Alguns pacientes têm uma dor de tique doloroso contínua, porém reduzida, durante vários dias do pós-operatório, e ela geralmente cessa.[69]

Complicações

A lista curta:
1. lesão cerebelar
2. perda auditiva
3. efusão de CSF

A lista longa:
1. mortalidade: de 0,22-2% em mãos experimentadas (> 900 procedimentos)[74,75]
2. meningite
   a) meningite asséptica (também conhecida como meningite hemogênica): H/A, meningismo, febre leve, cultura de CSF negativa, pleocitose. Incidência: ≈ 2% (há registros de até 20%). Geralmente ocorre 3-7 dias após a operação. Responde à LP + esteroides
   b) meningite bacteriana: 0,9%
3. morbidade neurológica principal: 1-10% (taxas maiores com cirurgiões menos experientes), que inclui:
   a) surdez: 1%
   b) disfunção do nervo vestibular
   c) disfunção do nervo facial
4. perda sensitiva facial leve: 25%
5. paralisias de nervos caranianos:[76]
   a) do quarto nervo (diplopia): 4,3% (permanente em apenas ≈ 0,1%)
   b) nervo facial: 1,6% (na maioria é transitória)
   c) oitavo nervo (perda auditiva): 3%
6. hemorragia pós-operatória:[77] subdural, intracerebral (1%[24]), subaracnóidea
7. convulsões, inclusive estado epiléptico[77]
8. infartação:[77] inclusive na distribuição da artéria cerebral posterior, tronco cerebral
9. efusões de CSF: na maioria dos casos, resolve-se com drenagem lombar
10. pneumonia: 0,6%

Desfecho

1. taxa de sucesso: em 75-80% (as taxas podem ser menores nos pacientes que já tiveram um procedimento destrutivo anterior): alívio satisfatório, mas não total, em ≈ 10%
2. é difícil avaliar a taxa de recorrência em amostras grandes a partir dos dados da literatura; em um grupo de 40 pacientes acompanhados, em média, durante oito anos e meio:[75]
   a) taxa de recorrência maior (tique recorrente, não controlável por medicações): 31%
   b) taxa de recorrência menor (leve ou controlado por medicações): 17%
   c) pela curva de Kaplan-Meier, espera-se que 70% estejam sem dor, ou tenham recorrência menor, após cerca de 8,5 anos (ou ≈ 80% após 5 anos)
      o risco de uma recorrência *maior* após MVD é de 3,5% por ano
      o risco de uma recorrência *menor* após MVD é de 1,5% por ano
   d) a taxa de recorrência maior é mais reduzida nos pacientes em que, por ocasião da cirurgia, se descobre que têm uma compressão arterial cruzada do nervo (os pacientes que têm compressão venosa têm uma taxa muito mais elevada)
   e) esse estudo não encontrou correlação entre a cirurgia destrutiva prévia e a taxa de recorrência maior (em 11 pacientes)

Há quem entenda que quanto mais se demora a realizar a MVD, menor é a taxa de sucesso.

28.3.4 Nevralgia supraorbitária e supratroclear

Anatomia

Os nervos supraorbitário e o supratroclear têm origem no nervo frontal, e são dois dos cinco ramos do V1 (a divisão oftálmica do nervo trigêmeo). O supraorbitário é o ramo maior; ele sai da órbita através da fissura ou do forame supraorbitário, geralmente no terço medial do teto da órbita (distância média da saída até o ângulo medial da órbita: 20 mm (variação: 5-47)[78]. O nervo supratroclear não sai da órbita através de forame ou fissura; sai medialmente, 3-38 mm em relação ao nervo supraorbitário (média: 15,3 mm)[78]), o ramo mais medial varia lateralmente, 8-30 mm em relação à linha média do paciente.[78]

Características da nevralgia supraorbitário

A nevralgia do trigêmeo (TGN) pode-se manifestar por dor na distribuição do nervo supraorbitário. Entretanto, o nervo supraorbitário pode ser envolvido na nevralgia do supraorbitário (SON), uma síndrome distinta, com características clínicas diferentes. A SON é uma condição rara, mais comum em mulheres e que, tipicamente, inicia pelos 40-50 anos de idade.[79] Características:[80] 1) dor unilateral na distribuição do nervo supraorbitário (▶ Fig. 93.2), 2) flacidez na região da fissura supraorbitário ou ao longo da distribuição do nervo e 3) alívio temporário por bloqueio do nervo.

Geralmente a dor é crônica-contínua ou remitente-intermitente.[79]

A SON pode ser:

1. primária (sem etiologia identificável): nesses casos não há qualquer perda sensória
2. secundária (p. ex., decorrente do traumatismo local ou resultante de pressão crônica, como ao se usar óculos de natação): é mais comum do que a SON primária. A maioria dos casos remite em até um ano,[79] pela eliminação da pressão ofensiva

Nevralgia supratroclear

Podem existir casos de dor isolada do nervo supratroclear. A nevralgia supratroclear (STN) pode ser diferenciada da SON porque a dor se restringe mais à parte mais medial da testa e é aliviada pelo bloqueio do nervo supratroclear exclusivamente.

Diagnóstico diferencial

1. enxaqueca, sugerida por náusea, vômitos e fotofobia
2. na SON a associação à atividade autônoma é rara e logo leva a considerar uma H/A em salvas (p. 175) ou SUNCT (p. 478)
3. TGN: as características típicas da TGN, *ausentes* na SON, compreendem os desencadeantes típicos e a dor exclusivamente paroxística/ultrabreve, como de choque elétrico
4. hemicrania contínua: dor unilateral contínua que tende a se localizar mais posteriormente e responde completamente à indometacina[80]
5. trocleíte: inflamação da tróclea/complexo muscular oblíquo superior. Pode simular uma nevralgia supratroclear, com dor na parte medial superior da órbita, estendendo-se uma curta distância para a testa.[81] Tipicamente, a dor é exacerbada pela movimentação do olho para cima e pela palpação da tróclea, e é aliviada por uma injeção de anestésico local ou pelo tratamento, geralmente definitivo, de infiltração de corticosteroides junto à tróclea. A diplopia é rara e mínima
6. H/A numular (em forma de moeda):[82] área redonda ou oval, com 2-6 cm de diâmetro, com dor de cabeça compressiva, contínua, sem anormalidade estrutural subjacente. Em nove de 13 pacientes (70%) a área estava localizada na junção occipitoparietal, 9 (70%) demonstravam hipoestesia e parestesias provocadas por toque na área afetada

Tratamento

Gabapentina (800-2.400 mg/dia) ou pregabalin (150 mg/dia) são úteis para alguns.[83]

Capsaicina tópica (p. 482) aplicada na área sintomática, pode ajudar.

Os casos refratários podem responder à rizotomia com álcool (proporcionando alívio durante 8,5 meses, em média[84]) ou à ablação por radiofrequência.

Os casos persistentes podem exigir exploração e descompressão do nervo, por lise das faixas que se sobrepõem à fissura supraorbitária,[85] ou, por último, uma neurectomia (p. 483), que garante alívio por, em média, 33,2 meses.[86]

28.3.5 Nevralgia glossofaríngea

Epidemiologia

Incidência: um caso em cada 70 casos de nevralgia do trigêmeo.[87 (p. 3604-5)]

Clínica

Dor intensa, lancinante, na distribuição dos nervos glossofaríngeo e vago (envolve mais frequentemente a garganta e a língua, irradiando para a orelha (otalgia), ocasionalmente para o pescoço), ocasionalmente com salivação e tosse. Raramente: pode vir acompanhada de hipotensão,[88] síncope,[89] parada cardíaca e convulsões. Pode ser desencadeada por deglutição, conversação, mastigação. Zonas de desencadeamento são raras.

Tratamento

A dor pode ser reduzida por cocainização dos pilares tonsilares e da fossa. Geralmente a persistência e a intensidade da dor exigem uma intervenção cirúrgica. Tanto pode ser realizada uma descompressão microvascular quanto uma divisão do nervo através de abordagem extra ou intracraniana (mais adiante ela poderá ser necessária para alívio permanente).

Abordagem intracraniana: secção pré-ganglionar do nervo glossofaríngeo (IX) e do terço superior da maior das duas fibras do vago (X). O IX é prontamente identificável em sua zona de saída da dura, onde está separado do X por um septo dural. O terço superior do X geralmente é composto por uma única radícula ou, mais raramente, por várias radículas. A disfagia inicial pós-operatória geralmente se resolve. Foram relatadas complicações cardiovasculares após a secção do vago, por isso é necessário um monitoramento rigoroso durante 24 h.

28.3.6 Nevralgia genicular

Informações gerais

Nevralgia genicular (ou geniculada) (GeN), também conhecida como nevralgia de Hunt e como nevralgia do nervo intermediário: é uma nevralgia muito rara, que afeta o nervo intermediário (o ramo sensório somático do nervo facial que, primariamente, inerva os mecanorreceptores dos folículos capilares da face interna do pavilhão auricular, os mecanorreceptores profundos da cavidade nasal e da cavidade bucal e os quimiorreceptores das papilas gustativas do terço anterior da língua).

Sintomas: otalgia paroxística unilateral (dor lancinante, sentida na profundidade da orelha, frequentemente descrita como uma "picada gelada na orelha"), que irradia para o pavilhão auricular, com sensações ocasionais de queimadura em torno do olho e da bochecha ipsolaterais, e com prosopalgia (dor localizada nas estruturas faciais profundas, incluindo regiões da órbita, da parte nasal posterior e do palato). Durante os ataques de dor, alguns pacientes apresentam: salivação, gosto amargo, tinido e vertigens.

Ocasionalmente, a GeN tem pontos de desencadeamento na pele, na EAC anterior e no trago, e a dor também pode ser desencadeada por frio, ruído ou deglutição.

A examinação compreende avaliação neuro-otológica, com audiometria e ENG. Alguns pacientes podem necessitar imagens (MRI ou CT de alta resolução) e angiografia (para R/O aneurisma).

Variantes

Tique convulsivo: GeN combinada com espasmos hemifaciais, geralmente por causa de compressão da raiz motora e da raiz sensória do nervo facial,[17] mais frequentemente por AICA. Foi descrito pela primeira vez por Cushing, em 1920.

A GeN pode estar associada a infecções herpéticas do gânglio genicular (sendo conhecida como ganglionite herpética ou como síndrome de Ramsay Hunt (RHS)). Nesses casos, as lesões herpéticas aparecem no pavilhão auricular, na EAC e, possivelmente, na TM. Pode incluir paralisia facial, diminuição da acuidade auditiva, tinido e vertigem. Diferentemente da GeN idiopática, a RHS é mais crônica e menos paroxística, tende à remissão com o tempo e, geralmente, é refratária à carbamazepina. Já a GenN idiopática tende a ser mais dolorosa do que a RHS e não apresenta remissão espontânea.

Tratamento

1. terapia médica
   a) os casos leves podem responder à carbamazepina, às vezes combinada com fenitoína
   b) pode responder a valproato (Depakite®) 250 mg PO BID
   c) antibióticos tópicos para infecções secundárias nas lesões herpéticas
   d) anestésicos locais para EAC
2. cirurgia: nos casos severos, em que o tratamento médico falha ou não é tolerado
   a) descompressão microvascular juntamente com divisão do nervo intermediário (nervo de Wrisberg).[90] Para encontrar o nervo, um microgancho é enganchado em torno do nervo VII e girado 90°, e o nervo é puxado da frente de VII. Sob anestesia local, a operação permite verificação através da estimulação do nervo
   b) secção do gânglio genicular[91]

28.4 Nevralgia pós-herpética

28.4.1 Informações gerais

Herpes-zóster (HZ) (Do grego: zoster – cinta) (cobreiro, em termos leigos): erupções cutâneas vesiculares dolorosas causadas pelo vírus *Herpes varicela-zóster* (VZV) (é o agente etiológico da varicela/catapora, um herpes-vírus diferente do vírus Herpes simples). Em ≈ 65% dos casos, ele ocorre com uma distribuição dermatômica, em uma metade do tórax (raras vezes, ocorrem infecções sem vesículas, chamadas "*zoster sine herpete*"). Em 20% dos casos, ele envolve o nervo trigêmeo (com predileção pela divisão oftálmica, o chamado herpes-zóster oftálmico). A dor geralmente se resolve em 2-4 semanas. Se ela persiste por mais de 1 mês depois de sarada a erupção, esta síndrome de dor é conhecida como nevralgia pós-herpética (PHN). A PHN pode acompanhar uma infecção por herpes varicela para qualquer local, sendo difícil de tratar por qualquer meio (médico ou cirúrgico). Ocasionalmente ela pode ser observada em um membro, e segue uma distribuição dermatômica (e *não* uma distribuição de nervo periférico). A PHN pode remitir espontaneamente, mas isto se torna improvável caso não ocorra dentro de seis meses.

28.4.2 Epidemiologia

A incidência de herpes-zóster é de ≈ 125/100.000/ano, na população em geral, ou de cerca de 850.000 casos por ano, nos EUA.[92] Os dois sexos são afetados igualmente. Não há variação sazonal. O HZ é um pouco mais frequente em pessoas com imunidade reduzida e naqueles que têm uma malignidade coexistente (especialmente linfoproliferativa).[93,94] A PHN ocorre em ≈ 10% dos casos de HZ.[92] Tanto o HZ quanto a PHN são mais frequentes em pacientes mais velhos (a PHN é rara em idades < 40 anos e geralmente ocorre nas idades de > 60 anos) e nos que têm diabetes melito. A PHN é mais provável após um HZ oftálmico do que após um envolvimento segmentar espinal.

28.4.3 Etiologia

Postula-se que o VZV fica em estado latente, nos gânglios sensitivos (gânglios da raiz dorsal da medula, gânglio trigeminal [semilunar] para envolvimento facial), até um momento em que o paciente fique com o sistema imune enfraquecido, quando o vírus irrompe. Desde o início surgem mudanças inflamatórias nos nervos que, posteriormente, são substituídas por fibrose.

28.4.4 Clínica

A PHN costuma ser descrita como queimação e dor constantes. Pode haver acréscimo de choques e fincadas. Raramente ela produz dor latejante ou espasmódica. A dor pode ser espontânea ou desencadeada por estimulações cutâneas leves (alodinia) (p. ex., por roupas), e pode ser aliviada por uma pressão constante. A dor está sempre presente em algum grau, sem intervalos indolores. Geralmente, cicatrizes e mudanças pigmentares decorrentes da erupção vesicular aguda são visíveis. Não se sabe se a PHN pode acompanhar o *zoster sine herpete*. A área envolvida pode apresentar hiperestesia, hipoalgesia, parestesias e disestesias.

28.4.5 Tratamento médico

Para herpes-zóster

A vacinação dos indivíduos mais velhos contra varicela pode aumentar a imunidade ao herpes, mas ainda demorará alguns anos até que possa ser determinado se isto reduzirá a PHN.[92]

O tratamento para a dor do ataque *agudo* do herpes-zóster pode ser complementado com o bloqueio de um nervo peridural ou paravertebral somático (intercostal).[95 (p. 4018)]

Drogas anti-herpéticas orais: também são efetivas (diminuem a duração da dor) e reduzem a incidência de PHN. Se usadas em altas doses, em pacientes severamente imunocomprometidos, elas podem causar púrpura trombocitopênica trombótica/síndrome urêmica hemolítica (TTP/HUS). Essas drogas incluem:

Aciclovir (Zovirax®): mal absorvida do trato GI (15-30% de biodisponibilidade). R: 800 mg PO q 4 h, 5 vezes/dia × 7 dias.

Valaciclovir (Valtrex®)[96] é um pró-fármaco do aciclovir, de absorção mais completa, que deve ser igualmente eficaz com menos doses diárias. R 1,0 mg PO TID iniciando dentro de 72 h após o inicio da erupção × 7 dias.

Famiciclovir (Famivir®): R 500 mg PO TID × 7 dias.

Para nevralgia pós-herpética

Informações gerais

A maioria das drogas que são úteis para a nevralgia do trigêmeo (p. 481) é menos eficaz para PHN. Algumas alternativas de tratamento da PHN estão sumariadas no ▶ Quadro 28.5. Seguem-se detalhes sobre algumas drogas. É sugerido iniciar a terapia com adesivos cutâneos de lidocaína (p. 496), uma vez que seja a modalidade que tem o menor potencial de efeitos colaterais sérios.[92]

Quadro 28.5 Tratamento médico para PHN[a]

Tratamento	Eficácia
Tratamentos para PHN que parecem eficazes	
antidepressivos cíclicos	amplamente usados para PHN (ver texto)
adesivo de lidocaína (Lidoderm®)[97]	eficaz, poucos efeitos colaterais (p. 496)
esteroides intratecais + lidocaína (ver texto)	parece muito eficaz; necessita estudos mais amplos e acompanhamento a longo prazo
Gabapentina	eficácia comprovada (ver texto)
oxicodona CR 10 mg PO BID[4]	eficácia comprovada
Tratamentos com eficácia questionável	
SSRIs[b]	podem ser eficazes
SNRIs	podem ser eficazes
Tramadol	pode ser eficaz
capsaicina tópica	controverso (ver texto)
Iontoforese	evidências insuficientes
cremes não esteroides	questionável
suspensão de aspirina em acetona, éter ou clorofórmio	questionável
EMLA creme	questionável
Tratamentos que são ineficazes	
dextrometorfano, benzodiazepínicos, aciclovir, acupuntura	sem benefícios[98]
cetamina (antagonista do receptor de NMDA)	pode ser benéfico, mas é hepatotóxico
Tratamento preventivo	
drogas anti-herpéticas orais ministradas durante infecção por HZ	diminuem a duração do HZ, podem reduzir a incidência de PHN
vacinação dos pacientes mais velhos contra a varicela	testes desta estratégia estão em andamento[92]

[a]Modificado, com permissão de Rubin M, Relief for postherpetic neuralgia, **Neurology Alert**, 6: 33-4, 2001.
[b]Oxicodona CR = liberação controlada (Oxycontin®); HZ = herpes-zóster, PHN = nevralgia pós-herpética;
SNRIs = inibidor da retomada de serotonina e norepinefrina; SSRIs = inibidores seletivos da retomada de serotonina (p. ex., Prosac®).

Drogas antiepilépticas

Informações do fármaco: Gabapentina (Neurontin®)

Aprovada pela FDA apenas para convulsões parciais e nevralgias pós-herpéticas.

Efeitos colaterais: tontura e sonolência (geralmente durante a titulação, frequentemente diminui com o tempo). Podem ocorrer: ataxia, fadiga, edema periférico, confusão e depressão.

R Para PHN, começar com 300 mg no primeiro dia, 300 mg BID no segundo dia e 300 mg TID no terceiro dia. As doses podem ser tituladas em até 1.800 mg/dia, divididas TID. Para limitar a sonolência durante o dia, os pacientes podem ter de começar com 100 mg ao dia e aumentar lentamente ao longo de três a oito dias. Embora doses superiores a 3.600 mg/dia (a dose anticonvulsivante) tenham sido estudadas,[99] para a PHN, não havia benefício significativo acima de 1.800 mg/dia. Em insuficiência renal, são necessárias doses menores. **Apresentação:** cápsulas de 100, 300 e 400 mg, comprimidos revestidos, de 600 e 800 mg, suspensão a 50 mg/mL.

Informações do fármaco: Oxcarbazepina (Trileptal®)

R 150 mg PO BID.

Informações do fármaco: Zonisamida (Zonegran®)

R Iniciar a terapia com 100 mg PO q PM × 2 semanas, depois aumentar a dose em 100 mg/dia q 2 semanas, até 400 mg/dia. A biodisponibilidade não é afetada pela comida. O estado estável é atingido em 14 dias de mudanças de doses. **Apresentação:** cápsulas de 100 mg.

Antidepressivos tricíclicos (TCA)

Informações do fármaco: Amitriptilina (Elavil®)

Útil para ≈ 66% dos pacientes, na dose média de 75 mg/dia, mesmo sem efeito antidepressivo.[5] **Efeitos colaterais:** ver Amitriptilina, efeitos colaterais (p. 545), amenizados pelas baixas doses iniciais e pela lentidão do incremento das doses.

R Começar com 12,5-25 mg PO q h e aumentar na mesma quantidade q 2-5 dias, até um máximo de 150 mg/dia.

Informações do fármaco: Nortriptilina (Pamelor®)

Menos efeitos colaterais do que a amitriptilina.

R Começar com 10-20 mg PO q h e aumentar gradualmente

Tratamento tópico

Informações do fármaco: Capsaicina (Zostrix®)

Um alcaloide vanílico derivado de pimentas "quentes", disponível sem necessidade de prescrição, para tratamento tópico das dores do herpes-zóster e da neuropatia diabética. É benéfica em alguns pacientes com essas condições (em todos os grupos, a taxa de resposta na oitava semana foi de 90% para PHN, 71% para neuropatia diabética contra 50% com placebo); ainda assim, essa alta taxa de resposta ao placebo é perturbadora, e muitas autoridades são céticas.[100] É cara. **Efeitos colaterais:** compreendem queimação e eritema no local da aplicação (geralmente cede em 2-4 semanas).

R O fabricante recomenda massagear o medicamento na área afetada da pele TID-QID (aplicando uma camada bem fina). Algumas autoridades recomendam aplicação q 2 h. Evitar contato com os olhos ou com pele lesada. Fornecida como Zostrix® (capsaicina a 0,25%) ou Zostrix-HP® (0,75%).

Informações do fármaco: Adesivos de lidocaína a 5% (Lidoderm®)

Geralmente são mais bem tolerados do que os TCAs, pelos pacientes mais velhos (por causa de defeitos cognitivos, doenças cardíacas e doenças sistêmicas).

R Aplicar até três adesivos de lidocaína a 5% (para cobrir uma área máxima de 420 cm²) na pele intacta q 12 h, para cobrir o máximo possível da área de dor intensa.[97]

Esteroides intratecais

Mais do que 90% dos pacientes que recebem metilprednisolona (60 mg) + lidocaína a 3% (3 mL), ministrada uma vez por semana, durante até quatro semanas, referiram alívio da dor, de bom a excelente, por até dois anos.[101] Esta técnica não foi estudada quanto a uso em PHN envolvendo o nervo trigêmeo. São necessários mais testes clínicos para verificar a eficácia e a segurança[92] (os potenciais efeitos a longo prazo incluem a aracnoidite adesiva).

Tratamento cirúrgico

Não há uma operação com uniformidade de sucesso para tratar PHN. Várias operações demonstraram funcionar ocasionalmente. Os procedimentos tentados incluem:
1. bloqueio de nervos: confirmada a PHN, os bloqueios de nervos só proporcionam alívio temporário[102]
2. cordotomia: embora a cordotomia percutânea (p. 1542) possa funcionar quando o nível da PHN estiver, pelo menos, 3-4 segmentos abaixo da cordotomia, este procedimento não é recomendado para dor de etiologia benigna, por causa das possíveis complicações e da alta probabilidade de recorrência da dor
3. rizotomia: incluindo a retrogasseriana, para envolvimento facial
4. neurectomias
5. simpatectomia
6. DREZ (p. 1550):[103] frequentemente oferece bom alívio, mas a taxa de recorrência é elevada
7. acupuntura[104]
8. TENS
9. estimulação da medula espinal (p. 1547)
10. descolar a pele
11. estimulação do córtex motor: para PHN *facial*

28.5 Síndrome de dor regional complexa (CRPS)

28.5.1 Informações gerais

A terminologia é confusa. Inicialmente, também era chamada de causalgia (distrofia simpática reflexa). O termo causalgia (do grego: kausis – queimadura, algos – dor) foi introduzido por Weir Mitchell, em 1864. Ele foi usado para descrever uma síndrome rara que acompanhava uma minoria das lesões *parciais* de nervos periféricos, na guerra civil Americana. *Tríade*: dor queimante, disfunção autônoma, mudanças tróficas.

CRPS Tipo II (também chamada causalgia maior) acompanha uma lesão de nervo (originalmente descrita após lesões por projéteis de alta velocidade). CRPS Tipo I (também chamada distrofia do reflexo simpático e como causalgia menor) denotava as formas menos graves, e era descrita após traumatismos não penetrantes.[105] Síndrome ombro-mão e atrofia de Sudeck são designações para outras variantes. Em 1916, o sistema nervoso autônomo foi implicado, por René Leriche, e o termo distrofia simpática reflexa (RSD) passou a ser usado[106] (mas a RSD pode ser distinta da causalgia[107]).

O pós-operatório em CRPS foi descrito a partir da cirurgia de túnel do carpo e das cirurgias da coluna lombar[108] e da coluna cervical.

A CRPS deve ser encarada como um complexo de sintomas e não como uma síndrome separada ou como uma entidade médica (para ler um editorial convincente sobre o assunto, ver o ensaio de Ochoa[109]). Os pacientes que apresentam a fenomenologia da CRPS não são um grupo homogêneo e compreendem:[110]
1. CRPS verdadeira (para esses, Mailis propõe o termo "RSD fisiogênica"): um conjunto complexo de fenômenos neuropáticos que podem ocorrer com ou sem uma lesão de nervo
2. condições médicas distintas de CRPS, mas com sinais e sintomas que mimetizam a CRPS: vasculares, inflamatórios, neurológicos...
3. o resultado de uma simples imobilização: como em um comportamento de evitação de dor intensa ou, às vezes, em transtornos psiquiátricos
4. parte de um transtorno factício, de base psicológica (p. ex., síndrome de Münchausen) ou para um ganho secundário (financeiro, obtenção de drogas...), isto é, fingimento

28.5.2 Patogênese

As primeiras teorias invocavam uma transmissão *efáptica* entre as fibras simpáticas e as fibras aferentes da dor. Atualmente esta teoria é pouco citada. Outra teoria, postulada mais recentemente, envolve a norepinefrina liberada nos terminais simpáticos, conjuntamente com hipersensibilidade secundária à desnervação ou ao brotamento. Muitas hipóteses modernas sequer admitem o envolvimento do sistema nervoso autônomo em qualquer caso.[106,107,110]

Por isso, muitas das alterações observadas na CRPS podem ser apenas epifenômenos, em vez de fazer parte do mecanismo etiopatogênico.

28.5.3 Clínica

A CRPS pode ser descrita como uma fenomenologia, isto é, um complexo variável de sinais e sintomas, com diversas etiologias incluídas neste grupo heterogêneo.[110] Não foram estabelecidos critérios diagnósticos para a condição, e diferentes investigadores utilizam fatores diferentes para inclusão ou exclusão de pacientes em seus estudos.

28.5.4 Sintomas

Dor: que afeta um membro, geralmente queimante e pronunciada, na mão ou no pé. Na maioria, ocorre dentro de 24 h a partir da lesão (a menos que a lesão cause anestesia, quando podem se passar horas ou dias); entretanto, a CRPS pode levar dias, ou semanas, para se desenvolver. Os nervos mais frequentemente citados como envolvidos são o mediano, o ulnar e o ciático. Entretanto, nem sempre é possível identificar um nervo específico, que tenha sido lesado. Quase todos os estímulos sensórios pioram a dor (alodinia é a dor induzida por um estímulo não nocivo).

28.5.5 Sinais

Frequentemente o exame físico é difícil, por causa da dor.

Mudanças vasculares: podem ser vasodilatadoras (quente e rosado) ou vasoconstritoras (frio, azul moteado). Mudanças tróficas (parcial ou totalmente decorrentes da imobilidade): pele seca/escamosa, articulações enrijecidas, dedos afilados, unhas ondulosas, difíceis de cortar, cabelo longo/grosso ou perda de cabelo, alterações na sudorese (variando da anidrose à hiperidrose).

28.5.6 Auxílio ao diagnóstico

Em ausência de um acordo sobre a etiologia e a fisiopatologia, não há bases para testes específicos, e a falta de um critério diagnóstico "padrão ouro" torna impossível conferir a autenticidade de qualquer marcador de diagnóstico. Numerosos testes foram apresentados como auxiliares no diagnóstico da CRPS e, afinal, em essência, todos foram refutados. Os candidatos incluíam:
1. termografia: desacreditada na prática clínica
2. cintilografia óssea trifásica: as alterações típicas da CRPS também ocorrem após a simpatectomia[111] que, tradicionalmente, era considerada como curativa da CRPS
3. raios X para osteoporose,[112] particularmente desmineralização: inespecífico
4. resposta ao bloqueio do simpático (anteriormente considerada condição *sine qua non* para as causalgias, maior e menor, onde a resposta visada era o alívio (completo ou significativo) através de bloqueio do simpático do tronco apropriado (estrelado para UE, lombar para LE)): essa meta não conseguiu se manter quando foram executados testes rigorosos, placebo-controlados
5. vários testes autonômicos:[113] sudorese em repouso, temperatura cutânea em repouso, teste quantitativo do reflexo axonal sudomotor

28.5.7 Tratamento

Em ausência de uma fisiopatologia delineada, o tratamento é julgado exclusivamente pela impressão subjetiva de melhora. Os estudos sobre tratamento da CRPS tiveram uma taxa de resposta a placebo anormalmente elevada.[114] A terapia médica geralmente é ineficaz. Os tratamentos propostos incluem:
1. antidepressivos tricíclicos
2. 18-25% têm alívio satisfatório, por longo tempo, após uma série de bloqueios simpáticos, ver Bloqueio do gânglio estrelado (p. 1521) e Bloqueio simpático lombar (p. 1521), apesar de uma publicação não ter encontrado benefícios a longo prazo em nenhum de 30 pacientes[115]
3. bloqueio intravenoso regional do simpático, particularmente para CRPS UE: os agentes incluem *guanetedina*[116] 20 mg, reserpina, bretílio..., injetados IV com um torniquete arterial (o manguito do esfigmanômetro) inflado por 10 min. Não havendo alívio, repetir em 3-4 semanas. Em vários estudos, não se mostrou melhor do que o placebo[117,118]
4. simpatectomia cirúrgica (p. 1537): há alguma sustentação de que isto alivia a dor em > 90% dos pacientes (alguns dos quais retêm alguma flacidez ou hiperpatia). Outros opinam que não há razões racionais para se considerar a simpatectomia, já que os bloqueios de simpático mostraram a mesma eficácia que o placebo[106]
5. estimulação da medula espinal: foi reportado algum sucesso

Referências

[1] Backonja MM. Defining neuropathic pain. Anesth Analg. 2003; 97:785–790

[2] Merskey H, Bogduk N. Classification of Chronic Pain: Descriptions of Chronic Pain Syndromes and Definitions of Pain Terms. 2nd ed. Seattle, WA: IASP Press; 1994

[3] Dworkin RH, Backonja M, Rowbotham MC, Allen RR, Argoff CR, Bennett GJ, Bushnell MC, Farrar JT, Galer BS, Haythornthwaite JA, Hewitt DJ, Loeser JD, Max MB, Saltarelli M, Schmader KE, Stein C, Thompson D, Turk DC, Wallace MS, Watkins LR, Weinstein SM. Advances in neuropathic pain: diagnosis, mechanisms, and treatment recommendations. Arch Neurol. 2003; 60:1524–1534

[4] Watson CPN, Babul N. Efficacy of oxycodone in neuropathic pain: a randomized trial in postherpetic neuralgia. Neurology. 1998; 50:1837–1841

[5] Watson CP, Evans RJ, Reed K, Merserkey H et al. Amitriptyline versus Placebo in Postherpetic Neuralgia. Neurology. 1982; 32:671–673

[6] Max MB, Lynch SA, Muir J, Shoaf SE et al. Effects of Desipramine, Amitriptyline, and Fluoxetine on Pain in Diabetic Neuropathy. N Engl J Med. 1992; 326:1250–1256

[7] Bennett MI, Simpson KH. Gabapentin in the treatment of neuropathic pain. Palliat Med. 2004; 18:5–11

[8] Dierking G, Duedahl TH, Rasmussen ML, Fomsgaard JS, Moiniche S, Romsing J, Dahl JB. Effects of gabapentin on postoperative morphine consumption and pain after abdominal hysterectomy: a randomized, double-blind trial. Acta Anaesthesiol Scand. 2004; 48:322–327

[9] Mathew NT, Rapoport A, Saper J, Magnus L, Klapper J, Ramadan N, Stacey B, Tepper S. Efficacy of gabapentin in migraine prophylaxis. Headache. 2001; 41:119–128

[10] Gabapentin (Neurontin®) for chronic pain. Med Letter. 2004; 46:29–31

[11] Keller JT, van Loveren H. Pathophysiology of the Pain of Trigeminal Neuralgia and Atypical Facial Pain: A Neuroanatomical Perspective. Clin Neurosurg. 1985; 32:275–293

[12] Wilkins RH, Rengachary SS. Neurosurgery. New York 1985

[13] Burchiel KJ. A new classification for facial pain. Neurosurgery. 2003; 91:1164–1167

[14] Pareja JA, Sjaastad O. SUNCT syndrome. A clinical review. Headache. 1997; 37:195–195

[15] Sjaastad O, Pareja JA, Zukerman E, Jansen J, Kruszewski P. Trigeminal neuralgia. Clinical manifestations of first division involvement. Headache. 1997; 37:346–357

[16] Pareja JA, Baron M, Gili P, Yanguela J, Caminero AB, Dobato JL, Barriga FJ, Vela L, Sanchez-del-Rio M. Objective assessment of autonomic signs during triggered first division trigeminal neuralgia. Cephalalgia. 2002; 22:251–255

[17] Yeh HS, Tew JM. Tic Convulsif, the Combination of Geniculate Neuralgia and Hemifacial Spasm Relieved by Vascular Decompression. Neurology. 1984; 34:682–683

[18] Rupa V, Saunders RL, Weider DJ. Geniculate Neuralgia: The Surgical Management of Primary Otalgia. J Neurosurg. 1991; 75:505–511

[19] Young RF. Geniculate Neuralgia. J Neurosurg. 1992; 76

[20] Wepsic JG. Tic Douloureaux: Etiology, Refined Treatment. N Engl J Med. 1973; 288:680–681

[21] Sweet WH. The Treatment of Trigeminal Neuralgia (Tic Douloureux). N Engl J Med. 1986; 315:174–177

[22] Brisman R. Bilateral Trigeminal Neuralgia. J Neurosurg. 1987; 67:44–48

[23] van Loveren H, Tew JM, Keller JT et al. A 10-Year Experience in the Treatment of Trigeminal Neuralgia: Comparison of Percutaneous Stereotaxic Rhizotomy and Posterior Fossa Exploration. J Neurosurg. 1982; 57:757–764

[24] Taha JM, Tew JM. Comparison of Surgical Treatments for Trigeminal Neuralgia: Reevaluation of Radiofrequency Rhizotomy. Neurosurgery. 1996; 38:865–871

[25] Hardy DG, Rhoton AL. Microsurgical Relationships of the Superior Cerebellar Artery and the Trigeminal Nerve. J Neurosurg. 1978; 49:669–678

[26] Morita A, Fukushima T, Miyazaki S et al. Tic Douloureux Caused by Primitive Trigeminal Artery or its Variant. J Neurosurg. 1989; 70:415–419

[27] Apfelbaum RI, Carter LP, Spetzler RF, Hamilton MG. In: Trigeminal Neuralgia: Vascular Decompression. Neurovascular Surgery. New York: McGraw-Hill; 1995:1107–1117

[28] Bullitt E, Tew JM, Boyd J. Intracranial Tumors in Patients with Facial Pain. J Neurosurg. 1986; 64:865–871

[29] Fusco BM, Alessandri M. Analgesic Effect of Capsaicin in Idiopathic Trigeminal Neuralgia. Anesth Analg. 1992; 74:375–377

[30] Poppen JL. An Atlas of Neurosurgical Techniques. Philadelphia: W. B. Saunders; 1960

[31] Sweet WH, Wepsic JG. Controlled Thermocoagulation of Trigeminal Ganglion and Rootlets for Differential Destruction of Pain Fibers. Part I. Trigeminal Neuralgia. J Neurosurg. 1974; 40:143–156

[32] Hakanson S. Trigeminal Neuralgia Treated by the Injection of Glycerol into the Trigeminal Cistern. Neurosurgery. 1981; 9:638–646

[33] Sweet WH, Poletti CE, Macon JB. Treatment of Trigeminal Neuralgia and Other Facial Pains by the Retrogasserian Injection of Glycerol. Neurosurgery. 1981; 9:647–653

[34] Lunsford LD, Apfelbaum RI. Choice of Surgical Therapeutic Modalities for Treatment of Trigeminal Neuralgia. Clin Neurosurg. 1985; 32:319–333

[35] Young RF. Glycerol Rhizolysis for Treatment of Trigeminal Neuralgia. J Neurosurg. 1988; 69:39–45

[36] Mullan S, Lichtor T. Percutaneous Microcompression of the Trigeminal Ganglion for Trigeminal Neuralgia. J Neurosurg. 1983; 59:1007–1012

[37] Belber CJ, Rak RA. Balloon Compression Rhizolysis in the Surgical Management of Trigeminal Neuralgia. Neurosurgery. 1987; 20:908–913

[38] Lichtor T, Mullan JF. A 10-Year Follow-Up Review of Percutaneous Microcompression of the Trigeminal Ganglion. J Neurosurg. 1990; 72:49–54

[39] Taarnhoj P. Decompression of the Posterior Trigeminal Root in Trigeminal Neuralgia. J Neurosurg. 1982; 57:14–17

[40] Henderson JM, Lad SP. Motor cortex stimulation and neuropathic facial pain. Neurosurg Focus. 2006; 21

[41] van Loveren H, Greenberg MS. Tampa 2009

[42] Murali R, Rovit RL. Are peripheral neurectomies of value in the treatment of trigeminal neuralgia? An analysis of new cases and cases involving previous radiofrequency Gasserian thermocoagulation. J Neurosurg. 1996; 85:435–437

[43] Wilkins RH, Burchiel KJ. In: Trigeminal neuralgia: Historical overview, with emphasis on surgical treatment. Surgical Management of Pain. New York: Thieme Medical Publishers, Inc.; 2002:288–301

[44] Tew JM, van Loveren H, Schmidek HH, Sweet WH. In: Percutaneous Rhizotomy in the Treatment of Intractable Facial Pain (Trigeminal, Glossopharyngeal, and Vagal Nerves). Operative Neurosurgical Techniques. 2nd ed. Philadelphia: W B Saunders; 1988:1111–1123

[45] Brown JA, Preul MC. Percutaneous Trigeminal Ganglion Compression for Trigeminal Neuralgia. Experience in 22 Cases and Review of the Literature. J Neurosurg. 1989; 70:900–904

[46] Menzel J, Piotrowski W, Penzholz H. Long-Term Results of Gasserian Ganglion Electrocoagulation. J Neurosurg. 1975; 42:140–143

[47] Wepsic JG. Complications of Percutaneous Surgery for Pain. Clin Neurosurg. 1976; 23:454–464

[48] Tew JM, Keller JT. The Treatment of Trigeminal Neuralgia by Percutaneous Radiofrequency Technique. Clin Neurosurg. 1977; 24:557–578

[49] Luksic I, Sestan-Crnek S, Virag M, Macan D. Trigeminal trophic syndrome of all three nerve

branches: an underrecognized complication after brain surgery. J Neurosurg. 2008; 108:170–173

[50] Setyadi HG, Cohen PR, Schulze KE, Mason SH, Martinelli PT, Alford EL, Taffet GE, Nelson BR. Trigeminal trophic syndrome. South Med J. 2007; 100:43–48

[51] Kaplan M, Erol FS, Ozveren MF, Topsakal C, Sam B, Tekdemir I. Review of complications due to foramen ovale puncture. J Clin Neurosci. 2007; 14:563–568

[52] Sekhar L, Heros RC, Kerber CW. Carotid-Cavernous Fistula Following Percutaneous Retrogasserian Procedures. J Neurosurg. 1979; 51:700–706

[53] Kuether TA, O'Neill OR, Nesbit GM, Barnwell SL. Direct Carotid Cavernous Fistula After Trigeminal Balloon Microcompression Gangliolysis: Case Report. Neurosurgery. 1996; 39:853–856

[54] Agazzi S, Chang S, Drucker MD, Youssef AS, Van Loveren HR. Sudden blindness as a complication of percutaneous trigeminal procedures: mechanism analysis and prevention. J Neurosurg. 2009; 110:638–641

[55] Kanpolat Y, Savas A, Bekar A, Berk C. Percutaneous controlled radiofrequency trigeminal rhizotomy for the treatment of idiopathic trigeminal neuralgia: 25-year experience with 1,600 patients. Neurosurgery. 2001; 48:524–32; discussion 532-4

[56] Tobler WD, Tew JM, Cosman E, Keller J et al. Improved outcome in the treatment of trigeminal neuralgia by percutaneous stereotactic rhizotomy with a new, curved tip electrode. Neurosurgery. 1983; 12:313–317

[57] Lunsford LD. Comment on Taha J M and Tew J M: Comparison of Surgical Treatments for Trigeminal Neuralgia: Reevaluation of Radiofrequency Rhizotomy. Neurosurgery. 1996; 38

[58] Brisman R. Gamma knife surgery with a dose fo 75 to 76.8 Gray for trigeminal neuralgia. J Neurosurg. 2004; 100:848–854

[59] Pollock BE, Phuong LK, Foote RL, Stafford SL, Gorman DA. High-dose trigeminal neuralgia radiosurgery associated with increased risk of trigeminal nerve dysfunction. Neurosurgery. 2001; 49:58–62; discussion 62-4

[60] Kondziolka D, Lunsford LD, Flickinger JC. Stereotactic radiosurgery for the treatment of trigeminal neuralgia. Clin J Pain. 2002; 18:42–47

[61] Massager N, Lorenzoni J, Devriendt D, Desmedt F, Brotchi J, Levivier M. Gamma knife surgery for idiopathic trigeminal neuralgia performed using a far-anterior cisternal target and a high dose of radiation. J Neurosurg. 2004; 100:597–605

[62] Urgosik D, Liscak R, Novotny J, Jr, Vymazal J, Vladyka V. Treatment of essential trigeminal neuralgia with gamma knife surgery. J Neurosurg. 2005; 102 Suppl:29–33

[63] Maesawa S, Salame C, Flickinger JC, Pirris S, Kondziolka D, Lunsford LD. Clinical outcomes after stereotactic radiosurgery for idiopathic trigeminal neuralgia. J Neurosurg. 2001; 94:14–20

[64] Barba D, Alksne JF. Success of Microvascular Decompression with and without Prior Surgical Therapy for Trigeminal Neuralgia. J Neurosurg. 1984; 60:104–107

[65] Schmidek HH, Sweet WH. Operative Neurosurgical Techniques. New York 1982

[66] Onofrio BM. Radiofrequency Percutaneous Gasserian Ganglion Lesions: Results in 140 Patients with Trigeminal Pain. J Neurosurg. 1975; 42:132–139

[67] Kondziolka D, Lunsford LD, Bissonette DJ. Long-Term Results After Glycerol Rhizotomy for Multiple Sclerosis-Related Trigeminal Neuralgia. Can J Neurol Sci. 1994; 21:137–140

[68] Burchiel KJ, Favre J. Current Techniques for Pain Control. Contemp Neurosurg. 1997; 19:1–6

[69] McLaughlin MR, Jannetta PJ, Clyde BL, Subach BR, Comey CH, Resnick DK. Microvascular decompression of cranial nerves: Lessons learned after 4400 operations. J Neurosurg. 1999; 90:1–8

[70] Tew JM, van Loveren HR. Atlas of Operative Microneurosurgery. Philadelphia: W. B. Saunders; 1994; 1: Aneurysms and Arteriovenous Malformations

[71] Day JD, Tschabitscher M. Anatomic position of the asterion. Neurosurgery. 1998; 42:198–199

[72] Bederson JB, Wilson CB. Evaluation of Microvascular Decompression and Partial Sensory Rhizotomty in 252 Cases of Trigeminal Neuralgia. J Neurosurg. 1989; 71:359–367

[73] Avildsen JG. The Karate Kid. 1984

[74] Jannetta PJ. Microsurgical Management of Trigeminal Neuralgia. Arch Neurol. 1985; 42

[75] Burchiel KJ, Clarke H, Haglund M et al. Long-Term Efficacy of Microvascular Decompression in Trigeminal Neuralgia. J Neurosurg. 1988; 69:35–38

[76] Schmidek HH, Sweet WH. Operative Neurosurgical Techniques. Philadelphia 1988

[77] Hanakita J, Kondo A. Serious Complications of Microvascular Decompression Operations for Trigeminal Neuralgia and Hemifacial Spasm. Neurosurgery. 1988; 22:348–352

[78] Andersen NB, Bovim G, Sjaastad O. The frontotemporal peripheral nerves. Topographic variations of the supraorbital, supratrochlear and auriculotemporal nerves and their possible clinical significance. Surg Radiol Anat. 2001; 23:97–104

[79] Pareja JA, Caminero AB. Supraorbital neuralgia. Curr Pain Headache Rep. 2006; 10:302–305

[80] Headache Classification Committee of the International Headache Society. Classification and diagnostic criteria for headache disorders, cranial neuralgias, and facial pain, 2nd edition. Cephalalgia. 2004; 24:9–160

[81] Pareja JA, Pareja J, Yanguela J. Nummular headache, trochleitis, supraorbital neuralgia, and other epicranial headaches and neuralgias: the epicranias. J Headache Pain. 2003; 4:125–131

[82] Pareja JA, Caminero AB, Serra J, Barriga FJ, Baron M, Dobato JL, Vela L, Sanchez del Rio M. Numular headache: a coin-shaped cephalgia. Neurology. 2002; 58:1678–1679

[83] Caminero AB, Pareja JA. Supraorbital neuralgia: a clinical study. Cephalalgia. 2001; 21:216–223

[84] Stookey B, Ransohoff J. Trigeminal Neuralgia: Its History and Treatment. Springfield, IL: Charles C Thomas; 1959

[85] Sjaastad O, Stolt-Nielsen A, Pareja JA, Vincent M. Supraorbital neuralgia: on the clinical manifestations and a possible therapeutic approach. Headache. 1999; 39:204–212

[86] Grantham EG, Segerberg LH. An evaluation of palliative surgical procedures in trigeminal neuralgia. J Neurosurg. 1952; 9:390–394

[87] Youmans JR. Neurological Surgery. Philadelphia 1982

[88] Weinstein RE, Herec D, Friedman JH. Hypotension due to Glossopharyngeal Neuralgia. Arch Neurol. 1986; 43:90–92

[89] Ferrante L, Artico M, Nardacci B et al. Glossopharyngeal Neuralgia with Cardiac Syncope. Neurosurgery. 1995; 36:58–63

[90] Lovely TJ, Jannetta PJ. Surgical management of geniculate neuralgia. Am J Otol. 1997; 18:512–517

[91] Pulec JL. Geniculate neuralgia: diagnosis and surgical management. Laryngoscope. 1976; 86:955–964

[92] Watson CPN. A new treatment for postherpetic neuralgia. N Engl J Med. 2000; 343:1563–1565

[93] Loeser JD. Herpes Zoster and Postherpetic Neuralgia. Pain. 1986; 25:149–164

[94] Schimpff S, Serpick A, Stoler B, Rumack B et al. Varicella-Zoster Infection in Patients with Cancer. Ann Intern Med. 1972; 76:241–254

[95] Youmans JR. Neurological Surgery. Philadelphia 1990

[96] Valacyclovir. Med Letter. 1996; 38:3–4

[97] Rowbotham MC, Davies PS, Verkempinck C et al. Lidocaine patch: double-blind controlled trial of a new treatment method for postherpetic neuralgia. Pain. 1996; 65:39–44

[98] Alper BS, Lewis PR. Treatment of postherpetic neuralgia: a systematic review of the literature. J Fam Pract. 2002; 51:121–128

[99] Rowbotham MC, Harden N, Stacey B et al. Gabapentin for the treatment of postherpetic neuralgia: A randomized controlled trial. JAMA. 1998; 280:1837–1842

[100] Capsaicin - A Topical Analgesic. Med Letter. 1992; 34:62–63

[101] Kotani N, Kushikata T, Hashimoto H et al. Intrathecal methylprednisolone for intractable postherpetic neuralgia. N Engl J Med. 2000; 343:1514–1519

[102] Dan K, Higa K, Noda B, Fields H, Dubner R, Cervero F. In: Nerve block for herpetic pain. Advances in Pain Research and Therapy. New York: Raven Press; 1985:831–838

[103] Friedman AH, Nashold BS. Dorsal Root Entry Zone Lesions for the Treatment of Postherpetic Neuralgia. Neurosurgery. 1984; 15:969–970

[104] Lewith GT, Field J, Machin D. Acupuncture Compared with Placebo in Post-Herpetic Pain. Pain. 1983; 17:361–368

[105] Sternschein MJ, Myers SJ, Frewin DB et al. Causalgia. Arch Phys Med Rehabil. 1975; 56:58–63

[106] Schott GD. An Unsympathetic View of Pain. Lancet. 1995; 345:634–636

[107] Ochoa JL, Verdugo RJ. Reflex Sympathetic Dystrophy: A Common Clinical Avenue for Somatoform Expression. Neurol Clin. 1995; 13:351–363

[108] Sachs BL, Zindrick MR, Beasley RD. Reflex Sympathetic Dystrophy After Operative Procedures on the Lumbar Spine. J Bone Joint Surg. 1993; 75A:721–725

[109] Ochoa JL. Reflex? Sympathetic? Dystrophy? Triple Questioned Again. Mayo Clin Proc. 1995; 70:1124–1125

[110] Mailis A. Is Diabetic Autonomic Neuropathy Protective Against Reflex Sympathetic Dystrophy? Clin J Pain. 1995; 11:77–81

[111] Mailis A, Meindok H, Papagapiou M, Pham D. Alterations of the Three-Phase Bone Scan After Sympathectomy. Clin J Pain. 1994; 10:146–155

[112] Kozin F, Genant HK, Bekerman C et al. The Reflex Sympathetic Dystrophy Syndrome. Am J Med. 1976; 60:332–338

[113] Chelimsky TC, Low PA, Naessens JM et al. Value of Autonomic Testing in Reflex Sympathetic Dystrophy. Mayo Clin Proc. 1995; 70:1029–1040

[114] Ochoa JL. Pain Mechanisms in Neuropathy. Curr Opin Neurol. 1994; 7:407–414

[115] Dotson R, Ochoa JL, Cline M, Yarnitsky D. A Reassessment of Sympathetic Blocks as Long Term Therapeutic Modality for "RSD". Pain. 1990; 5

[116] Hannington-Kiff JG. Relief of Sudek's Atrophy by Regional Intravenous Guanethidine. Lancet. 1977; 1:1132–1133

[117] Blanchard J, Ramamurthy W, Walsh N et al. Intravenous Regional Sympatholysis: A Double-Blind Comparison of Guanethedine, Reserpine, and Normal Saline. J Pain Symptom Manage. 1990; 5:357–361

[118] Jadad AR, Carroll D, Glynn CJ, McQuay HJ. Intravenous Regional Sympathetic Blockade for Pain Relief in Reflex Sympathetic Dystrophy: A Systematic Review and a Randomized, Double-Blind Crossover Study. J Pain Symptom Manage. 1995; 10:13–20

Parte X
Nervos Periféricos

29	Nervos Periféricos	504
30	Neuropatias por Encarceramento	515
31	Neuropatias Periféricas sem Encarceramento	541

29 Nervos Periféricos

29.1 Informações gerais

29.1.1 Definição de sistema nervoso periférico

O sistema nervoso periférico (PNS) consiste naquelas estruturas (incluindo os nervos cranianos III-XII, nervos espinais, nervos das extremidades e os plexos cervical, braquial e lombossacral), contendo fibras nervosas ou axônios, que conectam o sistema nervoso central (CNS) aos órgãos-alvo via fibras motoras e sensoriais, somáticas e viscerais.[1] O ▶ Quadro 29.1 mostra a classificação dos nervos motores e sensoriais.

29.1.2 Classificação da força e reflexos

A classificação da força muscular comumente emprega a escala Royal Medical Research of *Great Britain* (MRC),[2] e uma modificação comum da mesma é exibida no ▶ Quadro 29.2; os reflexos miotáticos podem ser classificados como demonstrado no ▶ Quadro 29.3.[2]

29.1.3 Neurônio motor superior *versus* neurônio motor inferior

Neurônios motores inferiores (LMN) (neurônio motor de segunda ordem): corpos celulares (somas) residem na medula espinal (na substância cinzenta anterior) ou no tronco cerebral (núcleos motores dos nervos cranianos). Os axônios se conectam diretamente à junção neuromuscular dos músculos.

Neurônios motores superiores (UMN) (neurônios motores de primeira ordem): algumas somas residem no córtex motor primário (giro pré-central) do cérebro. Os axônios se projetam para os LMNs.

Ver ▶ Quadro 29.4 para comparação entre a fraqueza provocada pelo UMN *vs.* LMN.

Quadro 29.1 Classificações motora e sensorial dos nervos

Sensorial	Sensorial e motora	Maior diâmetro da fibra (mcm)	Maior velocidade de condução (m/s)	Motora/sensorial	Comentários
Ia	A-alfa	22	120	motora	grandes neurônios motores alfa da lâmina IX (extrafusais), aferentes sensoriais primários (anuloespirais dos fusos musculares para propriocepção)
Ib	A-alfa	22	120	sensorial	órgãos tendinosos de Golgi, receptores de toque e pressão
II	A-beta	13	70	sensorial	aferentes secundários (em ramalhete) dos fusos musculares, toque grosseiro, receptores de pressão. Corpúsculos de Pacini (sensibilidade vibratória) (direcionados às colunas posteriores[a])
	A-gama	8	40	motora	pequenos neurônios motores γ da lâmina IX (intrafusais)
III	A-delta	5	15	sensorial	fibras levemente mielinizadas e pequenas, tato fino, pressão, dor e temperatura
	B	3	14	motora	fibras autonômicas pré-ganglionares levemente mielinizadas e pequenas
IV	C	1	2	motora	todas as fibras autonômicas pós-ganglionares
				sensorial	fibras não mielinizadas de dor e temperatura (direcionadas ao trato espinotalâmico)

[a]Estas fibras direcionadas às colunas posteriores são mais mediais na zona de entrada da raiz do que as fibras C (importante em lesões na DREZ, em que o objetivo é lesionar as fibras C e preservar as fibras A-beta).

Quadro 29.2 Graduação muscular (modificada do sistema *Royal Medical Research*)

Grau	Força
0	ausência de contração muscular (paralisia total)
1	abalo ou traço de contração (palpável ou visível)
2	movimento ativo com a gravidade eliminada
3	movimento ativo, ROM completa contra a gravidade
4	movimento ativo contra a resistência; subdivisões → 4- Leve resistência / 4 Resistência moderada / 4 + Forte resistência
5	força normal (contra a resistência total)
NT	não testável

Quadro 29.3 Escala de classificação do reflexo miotático (reflexo tendinoso profundo)

Grau	Definição
0	ausência de contração (paralisia total)
0,5 +	gerado apenas com o reforço[a]
1 +	normal, mas diminuído
2 +	normal
3 +	mais intenso do que o normal (hiper-reflexo)
4 +	hiper-reflexo com clono
5 +	clono sustentado

[a]Nas LEs, o reforço consiste em pedir ao paciente para enganchar as pontas dos dedos da mão esquerda nas pontas dos dedos da mão direita e puxar (manobra de Jendrassik). Reforço das UEs consiste em pedir ao paciente para cerrar os dentes.

Quadro 29.4 Paralisia do neurônio motor superior *versus* inferior

	Paralisia do neurônio motor superior	Paralisia do neurônio motor inferior
possíveis etiologias	CVA (área motora, cápsula interna...), lesão da medula espinal, mielopatia espondilótica cervical	disco intervertebral herniado, síndrome de compressão nervosa, poliomielite, atrofia muscular progressiva (PMA)
tônus muscular	inicialmente flácido; posteriormente espástico com resistência do tipo "canivete"	flácido
reflexos tendinosos	hiperativos, clono pode estar presente	ausentes
reflexos patológicos (p. ex., Babinski, Hoffman)	presentes (após dias/semanas)	ausentes
manifestações musculares	espasmos espontâneos podem ocorrer; alguma *atrofia por desuso* pode ocorrer	fibrilações, fasciculações, *atrofia* após dias/semanas por causa da influência trófica

29.1.4 Fasciculações *versus* fibrilações

Fasciculações são contrações musculares grosseiras que são visíveis a olho nu, enquanto que fibrilações *não* são visíveis e requerem EMG para detecção; também conhecida como potenciais de fibrilação (p. 242).

Nervos Periféricos

Fasciculações representam a contração de um grupo de fibras musculares (de toda ou parte de uma unidade motora inteira) e ocorrem com maior frequência em doenças envolvendo as células do corno anterior, incluindo:

1. esclerose lateral amiotrófica (ALS) (p. 183)
2. atrofia muscular espinal (p. 1413)
3. poliomielite
4. siringomielia

29.2 Inervação muscular

29.2.1 Músculos, raízes, troncos, fascículos e nervos das extremidades superiores

Quadro 29.5 Inervação muscular – ombro e extremidade superior[a]

Músculo	Ação a ser testada	Raízes[b]	Tronco[c]	Fascículo[d]	Nervo
profundo do pescoço	flexão, extensão, rotação do pescoço	C1-4	–	–	cervical
trapézio	elevação do ombro, abdução do braço > 90°	XI, C3, 4			acessório espinal + raízes
diafragma	inspiração	C3-5			frênico
serrátil anterior	anteriorização do ombro	C5-7	–	–	torácico longo
elevador da escápula	elevação da escápula	C3, 4, **5**			dorsal da escápula
romboide	adução e elevação da escápula	C4, 5			
supraespinal	abdução do braço (15-30°)	C4, 5, 6	S		supraescapular
infraespinal	exorrotação do úmero	**C5**, 6	S	–	
grande dorsal	adução do braço	C5, 6, **7**, 8			toracodorsal
redondo maior, subescapular		C5-7			subescapular
deltoide	abdução do braço (30-90°)	**C5**, 6	S	P	axilar
redondo menor	exorrotação e adução do úmero	C4, 5			
bíceps braquial	flexão do antebraço (com a mão supinada) e supinação do antebraço	**C5**, C6	S	L	musculocutâneo
coracobraquial	flexão do úmero no ombro	C5-7			
braquial	flexão do antebraço	C5, 6			
flexor ulnar do carpo	flexão ulnar do punho	C7, **8**, T1	M, I	M	ulnar
flexor profundo dos dedos III e IV (parte ulnar)	flexão da falange distal dos Dig 4-5	C7, **8**, T1	M, I	M	
adutor do polegar	adução do polegar	C8, **T1**		M	
abdutor do dedo mínimo	abdução do Dig 5	C8, T1		M	
oponente do dedo mínimo	oposição do Dig 5	C7, 8, T1			
flexor curto do dedo mínimo	flexão do Dig 5	C7, **8**, **T1**		M	
interósseo	flexão da falange proximal, extensão de 2 falanges distais, abdução ou adução dos dedos	C8, **T1**	I	M	

Quadro 29.5 Inervação muscular – ombro e extremidade superior[a] (*Cont.*)

	Músculo	Ação a ser testada	Raízes[b]	Tronco[c]	Fascículo[d]	Nervo
	lumbricais 3 e 4	flexão das falanges proximais e extensão de 2 falanges distais dos Dig 4-5	C7, **8**			
•	pronador redondo	pronação do antebraço	C6, 7	S, M	L	mediano
•	flexor radial do carpo	flexão radial do punho	" "	S, M	L	
	palmar longo	flexão do punho	C7, 8, T1			
•	flexor superficial dos dedos	flexão da falange média dos Dig 2-5, flexão do punho	C7, **8**, T1	M, I	M	
•	abdutor curto do polegar	abdução do metacarpo do polegar	C8, **T1**	I	M	
	flexor curto do polegar	flexão da falange proximal do polegar	C8, **T1**			
•	oponente do polegar	oposição do metacarpo do polegar	C8, **T1**	I	M	
	lumbricais 1 e 2	flexão da falange proximal e extensão de 2 falanges distais dos Dig 2-3	C8, **T1**			
•	flexor profundo dos dedos I e II (parte radial)	flexão da falange distal dos Dig 2-3; flexão do punho	C7, **8**, T1	M, I	M	interósseo anterior
•	flexor longo do polegar	flexão da falange distal do polegar	C7, **8**, T1			
•	tríceps braquial	extensão do antebraço	C6, **7**, 8	todos	P	radial
•	braquiorradial	flexão do antebraço (com o polegar apontado para cima)	C5, **6**	S	P	
•	extensor radial do carpo	extensão radial do punho	C5, **6**	S, M	P	
•	supinador	supinação do antebraço	C6, 7	S	P	
•	extensor dos dedos	extensão do punho e falanges dos Dig 2-5	**C7**, 8	M, I	P	interósseo posterior (PIN)
	extensor ulnar do carpo	extensão ulnar do punho	**C7**, 8			
•	abdutor longo do polegar	abdução do metacarpo do polegar e extensão radial do punho	**C7**, 8	M, I	P	
	extensor curto e longo do polegar	extensão do polegar e extensão radial do punho	**C7**, 8			
	extensor próprio do indicador	extensão do Dig 2 e extensão do punho	**C7**, 8			
	peitoral maior; cabeça clavicular	avançar o braço contra uma resistência	**C5**, 6			peitoral lateral
	peitoral maior; cabeça esternocostal	adução do braço	C6, **7**, 8			peitoral lateral e medial

[a]Nota: itens sinalizados com um marcador (•) representam músculos/nervos clinicamente importantes.
Nota: Dig ® convenção da numeração de dígitos nos EUA: 1 = polegar, 2 = dedo indicador, 3 = médio, 4 = anelar, 5 = mínimo.
[b]Principal inervação é indicada em negrito. Existem opções diferentes e a maioria exibida é baseada na referência.[3]
[c]**Tronco** (troncos do plexo braquial): S = superior, M = médio, I = inferior, todos = todos os três.
[d]**Fascículo** (fascículos do plexo braquial): P = posterior, L = lateral, M = medial.

29.2.2 Inervação/movimento do polegar

Quadro 29.6 As 3 inervações do polegar

Ação	Nervo	Músculo(s)
abdução, flexão, oposição[a]	mediano	abdutor curto do polegar, flexor curto do polegar, oponente do polegar
adução	ulnar	adutor do polegar
extensão	radial[b]	extensores curto e longo do polegar

[a]Inervação anômala ocasional pelo nervo ulnar.
[b]Através do nervo interósseo posterior.

Flexão/extensão: ocorre no plano da palma.
　Abdução/adução: ocorre em um plano em ângulos retos com a palma.
　Oposição: polegar é conduzido obliquamente pela mão.

29.2.3 Músculos, raízes, troncos, fascículos e nervos das extremidades inferiores

Quadro 29.7 Inervação muscular – quadril e extremidade inferior[a]

	Músculo	Ação	Raízes[b]	Plexos[c]	Nervos
•	iliopsoas[d]	flexão do quadril	**L1, 2**, 3	L	femoral e L1, 2, 3
	sartório	flexão do quadril e eversão da coxa	L2, 3		femoral
•	quadríceps femoral	extensão da perna (joelho)	L2, **3, 4**	L	
	pectíneo	adução da coxa	L2, 3		obturador
•	adutor longo		**L2, 3**, 4	L	
	adutor curto		L2-4		
	adutor magno		L3, 4		
	grácil		L2, 4		
	obturador externo	adução da coxa e rotação lateral	L3, 4		
•	glúteo médio/mínimo	abdução da coxa e rotação medial	**L4, 5**, S1	S	glúteo superior
	tensor da fáscia lata	flexão da coxa	L4, 5		
	piriforme	rotação lateral da coxa	L5, S1		
•	glúteo máximo	abdução da coxa (paciente na posição prona)	**L5, S1**, 2	S	glúteo inferior
	obturador interno	rotação lateral da coxa	L5, S1	S	ramos musculares
	gêmeo		L4, 5, S1	S	
	quadrado femoral		L4, 5, S1	S	
•	bíceps femoral[e]	flexão da perna (e auxilia na extensão da coxa)	L5, **S1**, 2		ciático (tronco)
•	semitendinoso[e]		L5, **S1**, 2		
•	semimembranoso[e]		L5, **S1**, 2		
•	tibial anterior	dorsiflexão e supinação do pé	**L4, 5**[f]	S	fibular profundo
•	extensor longo dos dedos	extensão dos dedos do pé 2-5 e dorsiflexão do pé	**L5**, S1		

Quadro 29.7 Inervação muscular – ombro e extremidade superior[a] *(Cont.)*

	Músculo	Ação	Raízes[b]	Plexos[c]	Nervos
•	extensor longo do hálux (EHL)[g]	extensão do hálux e dorsiflexão do pé	**L5**[f], S1	S	
•	extensor curto dos dedos	extensão do hálux e dos dedos do pé 2-5	**L5**, S1	S	
•	fibular longo e curto	P-flex do pé pronado e eversão	L5, S1	L/S	fibular superficial
•	tibial posterior	P-flex do pé em supinação e inversão	L4, 5	S	tibial
	flexor longo dos dedos	P-flex do pé em supinação, flexão da falange terminal dos dedos do pé 2-5	L5, **S1, 2**		
	flexor longo do hálux	P-flex do pé em supinação, flexão da falange terminal do hálux	L5, **S1, 2**		
	flexor curto dos dedos	flexão da falange média dos dedos do pé 2-5	S2, 3		
	flexor curto do hálux	flexão da falange proximal do hálux	L5, S1, 2		
•	gastrocnêmio	flexão do joelho, P-flex do tornozelo	**S1**, 2	S	
	plantar		**S1**, 2		
•	sóleo	P-flex do tornozelo	**S1**, 2	S	
•	abdutor do hálux[h]	(não pode ser testado[h])	**S1**, 2	S	
	perineais e esfincterianos	contração voluntária do assoalho pélvico	S2-4		pudendo

Nota: itens sinalizados com um marcador (•) representam músculos/nervos clinicamente importantes.
[a]Abreviações: P-flex = flexão plantar, D-flex = dorsiflexão, phlnx = falange.
[b]Principal inervação é indicada em negrito. P. ex., quando as raízes são exibidas como L4, 5, isto indica que L5 é a principal inervação, mas tanto L4 como L5 contribuem.
[c]Plexos: L = lombar, S = sacral.
[d]Iliopsoas é o termo usado para a combinação dos músculos ilíaco e psoas.
[e]"**Isquiotibiais**": termo familiar para o grupo: semitendinoso e semimembranoso (juntos constituem a porção medial dos isquiotibiais), e o bíceps femoral (porção lateral dos isquiotibiais).
[f]Embora muitas referências, incluindo algumas veneráveis, citem AT como sendo primariamente L4, muitos clínicos concordam que a inervação L5 seja provavelmente mais significativa.
[g]EHL é o melhor músculo L5 para ser testado clinicamente (embora a radiculopatia S1 também possa enfraquecer este músculo).
[h]Abdutor do hálux não pode ser testado clinicamente, mas é importante para a EMG.

29.3 Lesão/cirurgia de nervos periféricos

29.3.1 Potenciais de ação de nervos

Estimulação de uma fibra nervosa saudável, com um estímulo elétrico de amplitude e duração que excedam seu limiar, produzirá um impulso conduzido, ou potencial de ação nervosa (NAP).[4 (p. 103)] Axônios (fibras) de tamanho médio possuem um limiar inferior ao dos axônios grandes, que possuem um limiar inferior ao dos axônios pequenos ou finos.[4 (p. 103)]

29.3.2 Uso do NAP em lesões de continuidade

Existe algum grau de continuidade em ≥ 60% das lesões nervosas.[4 (p. 104)]

Em uma lesão de continuidade (LIC), quando o reparo cirúrgico é necessário, pode ser demasiado tarde esperar até que haja falha da melhora clínica prevista. Presença de um NAP (independente da amplitude ou latência) distal a uma LIC nos primeiros meses após uma lesão geralmente indica que uma intervenção cirúrgica é desnecessária. Para os tempos recomendados de obtenção do registro do NAP, ▶ Quadro 29.8.[4 (p. 106)]

Quadro 29.8 Tempo recomendado para obtenção do registro do NAP	
Lesão	Tempo
contusões relativamente focais	2-4 meses
lesões por estiramento (especialmente do plexo braquial)	4-5 meses
encarceramento e lesões parciais, lesões compressivas e tumores	qualquer momento
para identificar uma área de bloqueio da condução (independentemente se a lesão for secundária a uma neuropraxia, axonotmese ou neurotmese)	agudamente

29.3.3 Momento do reparo cirúrgico

Quanto maior a distância entre o sítio de lesão e a unidade funcional a ser reinervada, mais cedo a intervenção cirúrgica deve ser considerada.[4 (p. 74)]

Regra dos 24 meses:[4 (p. 74)] após 24 meses de desnervação, a maioria dos músculos não consegue recuperar uma função eficaz mesmo com a reinervação. Exceções: músculos faciais, músculos grandes volumosos, como bíceps, braquial e gastrocnêmio, e algumas lesões em continuidade com parte da inervação preservada.

29.3.4 Plexo braquial

Informações gerais

Formado por ramos *ventrais* (os ramos dorsais inervam os músculos paraespinais), comumente das raízes nervosas C5-T1 (esquematicamente representadas na ▶ Fig. 29.1).

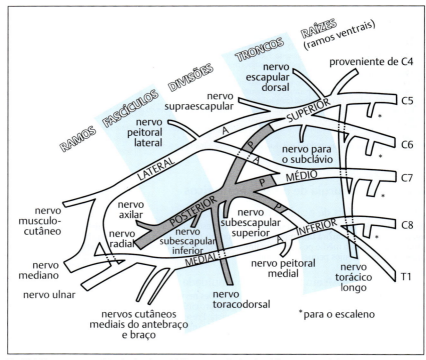

Fig. 29.1 Diagrama esquemático do plexo braquial. (Com permissão de: Churchill Livingstone, Edinburgh, 1973, R. Warwick & P. Williams: Gray's Anatomy 35th Edition © Longman Group UK Limited.)

Nervos Periféricos **511**

▶ O Quadro 29.5 mostra a ação etc. de músculos específicos. Ver também ▶ Fig. 29.1. ↯indica que o nervo supre os músculos listados; ↪ denota um ramo do nervo anterior.

Nervos originados a partir do plexo braquial

Nervo radial (C5-C8)
Ver ▶ Fig. 29.2.
   O nervo radial (e seus ramos) supre os extensores do braço e antebraço:
- ↯ tríceps (as 3 cabeças)
- ↯ ancôneo
- ↯ braquiorradial
- ↯ extensores radiais longo e curto do carpo (o último se origina ≈ no ramo terminal)
- ↯ supinador (origina-se próximo ao ramo terminal)
- ↪ continua no antebraço como **nervo interósseo posterior** (C7, C8)
  - ○ ↯ extensor ulnar do carpo
  - ○ ↯ extensor dos dedos
  - ○ ↯ extensor do dedo mínimo
  - ○ ↯ extensores curto e longo do polegar
  - ○ ↯ abdutor longo do polegar
  - ○ ↯ extensor do dedo indicador

Nervo axilar (C5, C6)
Ver ▶ Fig. 29.2.
- ↯ redondo menor
- ↯ deltoide

Nervo mediano (C5-T1)
Ver ▶ Fig. 29.3, ver também anastomose de Martin-Gruber (p. 514).
- nada no braço
- todos os pronadores e flexores do antebraço, exceto os dois supridos pelo nervo ulnar
  - ○ ↯ pronador redondo
  - ○ ↯ flexor radial do carpo
  - ○ ↯ palmar longo
  - ○ ↯ flexor superficial dos dedos
- na mão ⇒ apenas os "músculos LOAF"
  - ○ ↯ lumbricais 1 e 2
  - ○ ↯ oponente do polegar
  - ○ ↯ abdutor curto do polegar
  - ○ ↯ flexor curto do polegar (C8, T1)
- ↪ ramo no ou distal ao nervo interósseo anterior no cotovelo (puramente *motor*)
- ↯ flexor profundo dos dedos I e II
- ↯ flexor longo do polegar
  - ○ ↯ pronador quadrado

Nervo ulnar (C8, T1)
▶ Fig. 29.3. (Nota: esta é a clássica escápula alada. Uma variante pode ocorrer com a perda do músculo trapézio, p. ex., com lesão do nervo acessório, e tipicamente se manifesta quando o paciente empurra para frente com o cotovelo mantido ao lado do tórax).
- nada no braço
- apenas 2 músculos no antebraço:
  - ○ ↯ flexor ulnar do carpo
  - ○ ↯ metade do flexor profundo dos dedos (partes III e IV)
- todos os músculos da mão, excluindo os músculos "LOAF" (ver acima), ou seja:
  - ○ ↯ adutor do polegar
  - ○ ↯ todos os interósseos (4 dorsais e 3 palmares)
  - ○ ↯ lumbricais 3 e 4
  - ○ ↯ 3 músculos hipotenares: abdutor, oponente e flexor do dedo mínimo
  - ○ ↯ parte profunda do flexor curto do polegar (pelo ramo profundo do nervo ulnar)
  - ○ ↯ palmar curto (pelo ramo superficial do nervo ulnar)

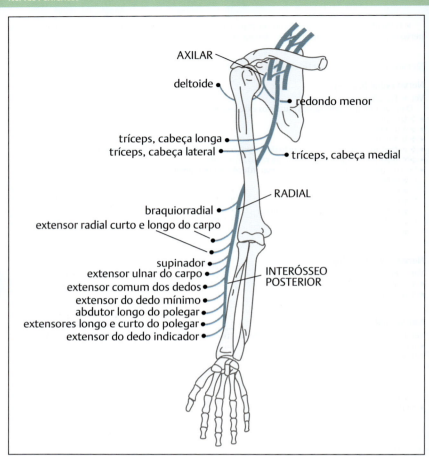

Fig. 29.2 Músculos dos nervos radial e axilar.

Nervo musculocutâneo (C5, C6)
Supre os flexores do braço
- ↯ coracobraquial
- ↯ bíceps
- ↯ braquial

↳ nervo cutâneo lateral do antebraço (ramo terminal) supre a sensação cutânea da superfície radial do antebraço

Nervo escapular dorsal (C4, C5)
- ↯ romboide (maior e menor)
- ↯ elevador da escápula

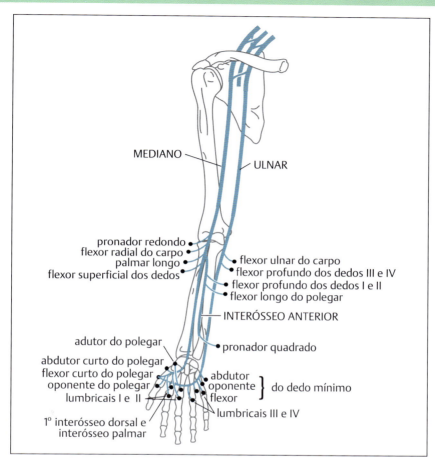

Fig. 29.3 Músculos dos nervos mediano e ulnar.

Nervo supraescapular (C5, C6)
- ↯ supraespinal
- ↯ infraespinal

Nervo subescapular (C5-7)
- ↯ redondo maior
- ↯ subescapular

Nervo toracodorsal (C6, C7, C8)
- ↯ grande dorsal

Nervo torácico longo (C5-7)

Origina-se nas raízes nervosas proximais.

⚡ serrátil anterior (mantém a escápula na parede torácica): lesão → alamento da escápula. Para testar: o paciente inclina-se para frente contra a parede com os braços estendidos, a escápula separa-se da parede torácica posterior, se o serrátil anterior não estiver contraindo. (Nota: esta é a clássica escápula alada. Uma variante do alamento pode ocorrer com a perda do músculo trapézio, p. ex., com lesão do nervo acessório, e tipicamente se manifesta quando o paciente empurra para frente com o cotovelo mantido ao lado do tórax).

Variantes anatômicas

Anastomose de Martin-Gruber

Ver referência.[5]

Anastomose entre os nervos mediano e ulnar no antebraço, encontrado em 16 de 70 (23%) cadáveres, bilateral em 3 (19%). Padrão I (90%): 1 ramo anastomótico, Padrão II (10%) apresentavam 2.

Classificação baseada no ramo anastomótico originado do nervo mediano: Tipo a (47,3%) do ramo anastomótico para os músculos superficiais flexores do antebraço, Tipo b (10,6%) do tronco comum, e Tipo c (31,6%) do nervo interósseo anterior. O padrão II foi uma duplicação do Tipo c (10,5%). O ramo anastomótico estava inteiro em 15 casos, e dividido em dois ramos em quatro casos. A anastomose assumiu um ângulo oblíquo ou trajeto arqueado para o nervo ulnar e passou superficial à artéria ulnar em quatro casos, profundamente à mesma em seis e, em nove casos, estava relacionada com a artéria recorrente ulnar anterior.[5]

Anastomose de Richie-Cannieu

Conexões motoras do nervo mediano ao ulnar na palma. Encontrada em 70% dos pacientes.

Referências

[1] Fernandez E, Pallini R, La Marca F, et al. Neurosurgery of the Peripheral Nervous System - Part I: Basic Anatomic Concepts. Surg Neurol. 1996; 46:47–48

[2] Dyck PJ, Boes CJ, Mulder D, Millikan C, Windebank AJ, Espinosa R. History of standard scoring, notation, and summation of neuromuscular signs. A current survey and recommendation. J Peripher Nerv Syst. 2005; 10:158–173

[3] Medical Research Council. Aids to the Examination of the Peripheral Nervous System. London: Her Majesty's Stationery Office; 1976

[4] Kline DG, Hudson AR. Nerve Injuries: Operative Results for Major Nerve Injuries, Entrapments, and Tumors. Philadelphia: W. B. Saunders; 1995

[5] Rodriguez-Niedenfuhr M, Vazquez T, Parkin I, Logan B, Sanudo JR. Martin-Gruber anastomosis revisited. Clin Anat. 2002; 15:129–134

30 Neuropatias por Encarceramento

30.1 Informações gerais

Neuropatia por encarceramento é uma lesão de nervo periférico resultante de uma compressão causada por forças externas ou estruturas anatômicas adjacentes. O mecanismo pode variar desde um ou dois insultos compressivos até muitas compressões leves localizadas e repetitivas de um nervo. Determinados nervos são particularmente vulneráveis em locais específicos por serem superficiais, estarem fixados no local, atravessando um espaço confinado ou próximos a uma articulação. O sintoma mais comum é dor (frequentemente em repouso, mais severa à noite, geralmente com irradiação retrógrada, provocando a suspeita de uma lesão mais proximal), com sensibilidade ao toque no ponto de encarceramento. Dor referida é tão comum, que Frank Mayfield disse uma vez que pacientes com encarceramento de nervo não sabem onde o problema está localizado. Sempre considerar a possibilidade de uma causa sistêmica. Neuropatias por encarceramento podem estar associadas a:

1. diabetes melito
2. hipotireoidismo: secundário à deposição de glicogênio nas células de Schwann
3. acromegalia
4. amiloidose: primária ou secundária (como no mieloma múltiplo)
5. carcinomatose
6. polimialgia reumática (p. 198)
7. artrite reumatoide: incidência de 45% de uma ou mais neuropatias por encarceramento
8. gota

30.2 Mecanismo de lesão

Breve compressão afeta primeiramente as fibras mielinizadas e, classicamente, preserva as fibras não mielinizadas (exceto nos casos de compressão aguda grave). Compressão aguda compromete o fluxo axoplasmático, o que pode reduzir a excitabilidade da membrana. Compressão crônica afeta tanto as fibras mielinizadas, como não mielinizadas, e pode produzir desmielinização segmentar na primeira. Se o insulto persiste, axólise e degeneração walleriana ocorrerão em ambos os tipos. A questão de isquemia é mais controversa.[1] Alguns argumentam que estase venosa simultânea no sítio de compressão pode produzir isquemia, que pode provocar edema fora da bainha axonal e, consequentemente, exacerbar ainda mais a isquemia. Eventualmente, fibrose, formação de neuroma e neuropatia progressiva podem ocorrer.

30.3 Encarceramento do nervo occipital

30.3.1 Informações gerais

O nervo occipital maior (nervo de Arnold) é um ramo sensitivo de C2 (▶ Fig. 28.1 para dermátomo). O encarceramento manifesta-se como neuralgia occipital: dor no occipital, geralmente com um ponto-gatilho próximo da linha nucal superior. Pressão nesse ponto reproduz dor que se irradia de forma ascendente ao longo da parte posterior da cabeça em direção ao vértice.

Mais comum em mulheres.

30.3.2 Diagnóstico diferencial

1. cefaleia
   a) pode ser similar a uma enxaqueca
   b) pode fazer parte da cefaleia de contração muscular (tensional)
2. dor miofacial:[2] a dor pode ser consideravelmente distante do ponto-gatilho
3. doença vertebrobasilar, incluindo aneurisma e SAH
4. espondilose cervical
5. dor secundária à malformação de Chiari I (p. 277)

30.3.3 Possíveis causas de encarceramento

1. trauma
   a) trauma direto (incluindo a colocação iatrogênica de sutura através do nervo durante procedimentos cirúrgicos, p. ex. no fechamento de uma craniectomia da fossa posterior)
   b) após extensão cervical traumática,[3] que pode esmagar a raiz de C2 e o gânglio entre o arco de C1 e a lâmina de C2
   c) fraturas da coluna cervical superior

Nervos Periféricos

2. subluxação atlantoaxial (AAS) (p. ex., na artrite reumatoide) ou artrose
3. encarceramento pelo ligamento hipertrófico (epistrófico) de C1-2[4]
4. neuromas
5. artrite da articulação zigapofisária de C2-3

30.3.4 Tratamento

Informações gerais

> Σ
>
> Para neuralgia occipital idiopática: a evidência disponível provém de estudos de séries de casos pequenos e retrospectivos, e é insuficiente para concluir que a injeção local ou a cirurgia são eficazes. Bloqueios nervosos com esteroides e anestésicos locais fornecem um alívio apenas temporário. Procedimentos cirúrgicos, como descompressão de raiz nervosa ou neurectomia, podem fornecer um alívio eficaz da dor para alguns pacientes; no entanto, os critérios de seleção de pacientes para estes procedimentos não foram definidos, e a recidiva é comum.

Em casos idiopáticos sem déficit neurológico, a condição é geralmente autolimitante.

Tratamento não cirúrgico

1. bloqueio do nervo occipital maior com anestésico local e esteroides (ver abaixo)
   a) pode fornecer alívio que tipicamente dura ≈ 1 mês[5]
   b) não é mais considerado diagnóstico por não ser suficientemente específico
2. fisioterapia: massagem e exercícios diários de alongamento
3. unidade TENS: forneceu alívio ≥ 50% em 13 pacientes por um período de até 5 anos[6]
4. agentes anti-inflamatórios orais
5. analgésicos de ação central: Neurontin, Paxil, Elavil...
6. injeção de toxina botulínica:[7] embora este estudo tenha tido muitos respondedores ao placebo

Se essas medidas não fornecem alívio permanente em casos *incapacitantes*, o tratamento cirúrgico pode ser considerado, embora precaução seja aconselhada por muitos em razão dos resultados insatisfatórios.[2,8] Neurólise com álcool pode ser tentada. Um anel *não* é indicado, pois pode irritar a condição.

Bloqueio do nervo occipital

Injetar o ponto-gatilho se um ou mais puder ser identificado (geralmente há um ponto-gatilho próximo à linha nucal superior). O nervo também pode ser bloqueado no ponto em que emerge dos músculos cervicais dorsais.

Se a patologia for mais proximal (p. ex., no gânglio espinal de C2), então o bloqueio do gânglio pode ser necessário. Técnica[9] (realizada sob fluoroscopia): raspar o cabelo abaixo do processo mastoide; realizar antissepsia com iodo; infiltrar com anestésico local; inserir uma agulha espinal calibre 20 a meia distância entre C1 e C2, no ponto médio entre a linha média e a margem lateral dos músculos cervicais dorsais. Direcionar a agulha rostralmente, sob orientação fluoroscópica AP, com o alvo final sendo o ponto médio da articulação C1-2, até que a agulha alcance, porém, sem tocar o processo articular inferior de C1. Infiltrar 1-3 mL de anestésico e verificar a presença de analgesia na distribuição de C2.

Tratamento cirúrgico

1. descompressão da raiz nervosa de C2 se comprimida entre C1 e C2[4]
2. em casos de AAS, descompressão e fusão atlantoaxial (p. 1479) podem funcionar

Opções de tratamento cirúrgico para neuralgia occipital *idiopática*:
1. procedimentos periféricos ao nervo occipital: estes podem não ser eficazes na compressão proximal da raiz ou gânglio de C2:
   a) neurectomia occipital (ver abaixo)
      - avulsão periférica do nervo
      - avulsão do nervo occipital maior à medida que o mesmo emerge entre o processo transverso de C2 e o músculo oblíquo inferior
   b) injeção de álcool do nervo occipital maior

2. estimuladores de nervo occipital
3. liberação do nervo no músculo trapézio. Resultados imediatos: alívio em 46%, melhora em 36%. Apenas 56% relataram melhora aos 14,5 meses[10]
4. divisão intradural da via dorsal de C2, através de uma abordagem intradural posterior
5. ganglionectomia

Neurectomia occipital: o nervo occipital geralmente perfura os músculos cervicais ≈ 2,5 cm lateral à linha média, imediatamente abaixo do ínio. Palpação ou localização por Doppler do pulso da artéria occipital maior associada ocasionalmente ajuda a localizar o nervo. No entanto, alívio ocorre apenas em ≈ 50%, e recidiva, geralmente dentro de um período de um ano, é comum.

30.4 Encarceramento do nervo mediano

30.4.1 Informações gerais
Os dois sítios mais comuns de encarceramento do nervo mediano:
1. no pulso pelo ligamento transverso do carpo: síndrome do túnel do carpo (ver abaixo)
2. no antebraço superior pelo músculo pronador redondo (p. 521)

30.4.2 Anatomia
Raízes nervosas associadas: C5 à T1. O nervo mediano se origina nos fascículos medial e lateral do plexo braquial (▶ Fig. 29.1) e descende da parte superior do braço, adjacente à superfície lateral da artéria braquial. O nervo atravessa para o lado medial da artéria no nível do coracobraquial. Na fossa cubital, o nervo mediano passa atrás do lacerto fibroso (aponeurose bicipital) e entra no antebraço superior entre as duas cabeças do pronador redondo e supre este músculo.

Um pouco além deste ponto, o nervo se ramifica para formar o nervo interósseo anterior puramente motor, que supre todos, exceto dois músculos da flexão do dedo e punho. Este nervo descende aderido à superfície profunda do flexor superficial dos dedos (FDS), situando-se sobre o flexor profundo dos dedos. Próximo ao punho emerge da borda lateral do FDS, tornando-se mais superficial, encontrando-se medial ao tendão do flexor radial do carpo, imediatamente lateral e parcialmente abaixo do revestimento do tendão do músculo palmar longo. O nervo passa abaixo do ligamento transverso do carpo (TCL) através do túnel do carpo, que também contém os tendões dos músculos flexores profundo e superficial dos dedos abaixo do nervo (total de 9 tendões, 2 para cada dedo, 1 para o polegar[11]). O ramo motor origina-se profundamente ao TCL, porém pode anormalmente perfurar o TCL. Este ramo supre os "músculos LOAF" (Lumbricais 1 e 2, Oponente do polegar e Abdutor e Flexor curto do polegar).

O TCL insere-se medialmente no pisiforme e gancho do hamato, lateralmente ao trapézio e tubérculos do escafoide. O TCL é contínuo proximalmente com a fáscia que recobre o FDS e com a fáscia antebraquial, e distalmente com o retináculo flexor da mão. O TCL estende-se distalmente para a palma até ≈ 3 cm além da prega distal do punho. O tendão do músculo palmar longo, que está ausente em 10% da população, insere-se parcialmente no TCL.

Ramo cutâneo palmar (PCB) do nervo mediano: origina-se a partir da superfície radial do nervo mediano, aproximadamente 5,5 cm proximal ao processo estiloide do rádio, abaixo do revestimento do FDS do dedo médio. Este ramo atravessa o punho *acima* do TLC para fornecer inervação sensorial à base da eminência tenar (e é, portanto, poupado na síndrome do túnel do carpo).

A distribuição sensorial do nervo mediano *normal* é exibida na ▶ Fig. 30.1.

30.4.3 Lesões do tronco principal do nervo mediano

Informações gerais
Acima do cotovelo, o nervo mediano pode raramente ser comprimido pelo ligamento de Struther (ver abaixo). No cotovelo e antebraço, o nervo mediano pode raramente ser encarcerado em qualquer um dos três sítios a seguir: 1) lacerto fibroso (aponeurose bicipital),[12] 2) pronador redondo, 3) ponte superficial. Neuropatia também pode ser causada por trauma direto ou indireto, ou pressão externa ("paralisia da lua de mel").[12] Compressão prolongada do tronco principal do nervo mediano produz "mão de benção" ao tentar cerrar os punhos (dedo indicador estendido, dedo médio parcialmente flexionado; decorrente da fraqueza do flexor profundo dos dedos I e II).

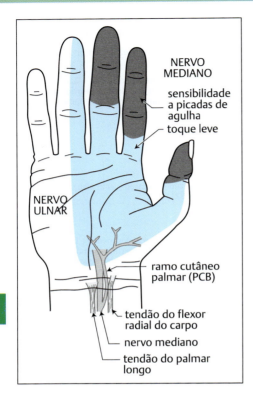

Fig. 30.1 Distribuição sensorial dos nervos mediano e ulnar na superfície palmar da mão.

Ligamento de Struthers

Diferente da arcada de Struthers (p. 527), que é um achado normal. O processo supracondilar (SCP) é uma variante anatômica localizada 5-7 cm acima do epicôndilo medial, presente em 0,7-2,7% da população. O ligamento de Struthers conecta o SCP ao epicôndilo medial. O nervo mediano e a artéria braquial passam debaixo, bem como, ocasionalmente, o nervo ulnar. Geralmente assintomático, mas algumas vezes pode causar uma típica síndrome do nervo mediano.

Síndrome do pronador (redondo)

Causada por trauma direto ou pronação repetida com preensão palmar firme. O nervo é comprimido quando passa entre as duas cabeças do pronador redondo. Causa dor vaga e fácil fadiga dos músculos do antebraço com a preensão, e parestesia mal localizada nos dedos indicador e polegar. Exacerbação noturna está *ausente*. Dor na palma diferencia esta síndrome da síndrome do túnel do carpo (CTS), visto que o ramo cutâneo palmar (PCB) do mediano emerge antes do TCL e é preservado na TCS.

Tratar com repouso do antebraço. Descompressão cirúrgica é indicada em casos que progridem durante o repouso ou quando o trauma contínuo é inevitável.

Neuropatia interóssea anterior

Informações gerais

> **Conceitos-chave**
> - fraqueza de 3 músculos: FDP I e II, FPL e pronador quadrado. Não há perda sensorial
> - perda da flexão das falanges distais do polegar e do dedo indicador (sinal da pinça)

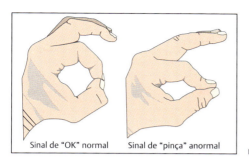

Sinal de "OK" normal   Sinal de "pinça" anormal   **Fig. 30.2** "Sinal de pinça" observado com a AIN.

O nervo interósseo anterior é um ramo puramente motor do nervo mediano que se origina no antebraço superior. Neuropatia interóssea anterior (AIN) não produz perda sensorial e causa fraqueza dos 3 músculos supridos pelo nervo:
1. flexor profundo dos dedos (FDP) I e II: flexão da falange distal dos dígitos 2 e 3
2. flexor longo do polegar (FPL): flexão da falange distal do polegar
3. pronador quadrado (no antebraço distal): difícil de isolar clinicamente

Etiologias da AIN
Incluem: idiopática, amiotrófica, fraturas da ulna/rádio, lesões penetrantes, lacerações do antebraço.

Clínica
Sintomas: pacientes queixam-se de dificuldade de preensão de pequenos objetos entre o polegar e o dedo indicador. casos idiopáticos podem ser precedidos por dor no antebraço.
    Exame físico: sensorial: *ausência* de perda sensorial.
    Força: dígitos 1, 2 e 3 são examinados individualmente. As articulações interfalangianas proximais são estabilizadas pelo examinador, e o paciente deve flexionar a DIP. Na AIN, não há uma flexão significativa da DIP.
    Sinal de pinça: o paciente tenta vigorosamente apertar as *pontas* dos dedos indicador e polegar como no sinal de "OK" (▶ Fig., 30.2, à esquerda). Com a AIN, as falanges terminais se estendem, e as polpas dos dedos se tocam, em vez das pontas[13] (▶ Fig. 30.2, à direita).

Diagnóstico
Além do exame físico, uma EMG pode ser útil.
    EMG: primeiramente avalia o pronador quadrado e o flexor longo do polegar (é difícil a avaliação do FDP I e II na EMG, pois este possui inervação dupla, com a porção inervada pelo nervo ulnar sendo mais superficial do que a porção inervada pelo nervo mediano). Importante para avaliar o pronador redondo (anormalidades sugerem envolvimento mais proximal do que o antebraço).

Tratamento
Na ausência de uma causa identificável de lesão nervosa, recomenda-se o tratamento expectante por 8-12 semanas. Após esse período, uma exploração é indicada, que pode revelar uma banda constritiva próxima à origem.

30.4.4 Síndrome do túnel do carpo

Informações gerais

Conceitos-chave

- a neuropatia compressiva mais comum. Envolve o nervo mediano no punho
- sintomas: formigamento na mão, com piora durante a noite e com a elevação das mãos
- o exame físico não é muito sensível:
  - sensorial: sensibilidade a picadas de agulha reduzida nos dígitos 1-3 e na metade radial do dígito 4
  - sensibilidade: teste de Tinel (percussão do punho): 60%, teste de Phalen (flexão do punho): 80%
- eletrodiagnóstico: latência sensorial no punho > 3,7 ms é o teste mais sensível

- tratamento:
  - casos leves: tratamento não cirúrgico (NSAIDs, tala em posição neutra...)
  - casos não responsivos ou graves (déficits neurológicos, duração > 1 ano): neurólise cirúrgica (descompressão) do nervo mediano no punho tem uma taxa de satisfação de 70%

A síndrome do túnel do carpo (CTS) é a neuropatia por encarceramento mais comum na extremidade superior.[14,15,16] Liberação do túnel do carpo (CTR) é um dos procedimentos mais frequentemente realizados na mão.[17,18] A maioria dos pacientes apresenta um resultado satisfatório com o tratamento cirúrgico; ver Resultado do tratamento cirúrgico (liberação do túnel do carpo) (p. 526). O nervo mediano é comprimido em seu trajeto pelo túnel do carpo, na porção imediatamente distal à prega do punho. O ▶ Quadro 30.1 mostra o efeito da pressão no interior do túnel do carpo.

Epidemiologia

Geralmente ocorre em pacientes de meia-idade. Relação mulher:homem = 4:1. É bilateral em mais de 50% dos casos, mas é geralmente pior na mão dominante. A prevalência da CTS e UNE é elevada em diabéticos.

Etiologias comuns

Ver referência.[19]

Na maioria dos casos, nenhuma etiologia específica pode ser identificada. CTS é muito comum na população geriátrica sem quaisquer fatores de risco adicionais. As seguintes etiologias tendem a ser mais comuns em pacientes mais jovens:

1. CTS "clássica": evolução crônica, geralmente ao longo de um período de meses a anos
   a) trauma: geralmente relacionado com o trabalho (também pode estar associado a passatempos)
      - movimentos repetitivos da mão ou punho: p. ex., carpinteiro
      - preensão ou pressionamento vigoroso de ferramentas ou outros objetos
      - posições inadequadas da mão e/ou punho, incluindo extensão do punho, desvio ulnar ou, especialmente, flexão forçada do punho
      - pressão direta sobre o túnel do carpo
      - uso de ferramentas manuais vibratórias
   b) condições sistêmicas: além das causas sistêmicas mencionadas de neuropatia por encarceramento (p. 515) – especialmente artrite reumatoide, diabetes – considerar também:
      - obesidade
      - trauma local
      - gravidez: 54% permaneceram sintomáticas 1 ano após o parto, e pacientes com manifestação dos sintomas no início da gravidez foram menos prováveis de melhorar[20]
      - mucopolissacaridose V
      - tenossinovite tuberculosa
      - mieloma múltiplo (p. 714) (deposição amiloide no retináculo flexor)
   c) pacientes com fístula arteriovenosa para hemodiálise no antebraço têm uma maior incidência de CTS, possivelmente com uma base isquêmica (roubo vascular e/ou estase venosa) ou possivelmente pelo distúrbio renal subjacente
2. CTS "aguda": uma condição incomum, em que os sintomas da CTS aparecem subitamente e severamente, geralmente após algum tipo de esforço ou trauma. Etiologias:
   a) trombose da artéria mediana: < 10% dos indivíduos têm uma artéria mediana persistente
   b) hemorragia ou hematoma no ligamento transverso do carpo

Quadro 30.1 Pressão no interior do túnel do carpo

Pressão (mmHg)	Descrição
< 20	normal
20-30	fluxo venular retardado
30	transporte axonal comprometido
40	disfunções sensorial e motora
60-80	fluxo sanguíneo cessa

Sinais e sintomas

O exame físico para CTS é bastante insensível. Sinais e sintomas podem incluir:
1. disestesia:
   a) caracteristicamente, os pacientes são despertados durante a noite por uma dormência dolorosa na mão (geralmente descrita como "adormecimento da mão"), que geralmente fornece uma sensação de perda da circulação de sangue. Os pacientes geralmente buscam alívio por: sacudindo ou suspendendo ou balançando a mão, abrindo e fechando ou esfregando os dedos, lavando a mão com água quente ou fria, ou levantando-se para caminhar. A dormência pode irradiar até o braço e, ocasionalmente, até o ombro
   b) atividades diurnas que caracteristicamente provocam sintomas geralmente envolvem a elevação prolongada da mão: segurando um livro ou jornal para ler, dirigindo um carro, segurando um telefone, penteando o cabelo
   c) distribuição dos sintomas:
      - na face palmar em 3,5 dedos radiais (face palmar do polegar, dedo indicador, dedo médio e metade radial do dedo anelar)
      - superfície dorsal dos mesmos dedos, distal à articulação PIP
      - metade radial da palma
      - envolvimento subjetivo do dedo mínimo não é raro e ocorre por motivos incertos
2. fraqueza da mão, especialmente a preensão. Caracteristicamente, manifesta-se como uma dificuldade em abrir potes. Pode estar associada à atrofia tenar (alteração tardia, atrofia severa é raramente observada com o conhecimento da existência de CTS pela maioria dos médicos). Um paciente ocasional pode apresentar atrofia severa sem histórico de dor
3. descoordenação da mão e/ou dificuldade com as habilidades motoras finas: provavelmente por causa principalmente da dormência, e não de déficit motor. Geralmente se manifesta como dificuldades em abotoar botões ou fechar zíperes, colocar brincos, afivelar sutiãs...
4. hipestesia na distribuição sensorial do nervo mediano: geralmente mais facilmente observada nas *pontas* dos dedos. Perda da discriminação de dois pontos pode ser um teste mais sensível
5. teste de Phalen: flexão do punho por 30–60 s em um ângulo de 90° agrava ou reproduz a dor ou o formigamento. Positivo em 80% dos casos (sensibilidade de 80%)[21]
6. Sinal de Tinel no punho: parestesia ou dor na distribuição do nervo mediano produzida pela percussão suave sobre o túnel do carpo. Positivo em 60% dos casos. Também pode estar presente em outras condições. Sinal de Tinel reverso: produz sintomas que irradiam para o antebraço por uma distância variável
7. teste isquêmico: posicionar o esfigmomanômetro proximal ao punho. Insuflação por 30-60 segundos pode reproduzir a dor da CTS

Diagnóstico diferencial

O diagnóstico diferencial inclui (modificado[22]):
1. radiculopatia cervical: coexiste em 70% dos pacientes com neuropatia mediana ou ulnar (radiculopatia de C6 por mimetizar a CTS). Geralmente aliviada pelo repouso e exacerbada pelo movimento do pescoço. O comprometimento sensorial tem distribuição dermatomática. Postulou-se que a compressão da raiz do nervo cervical pode interromper o fluxo axoplasmático e predispor o nervo à lesão compressiva distalmente (o termo "síndrome da dupla compressão" foi criado para descrever esta condição[23]), e embora isto tenha sido um contestado,[24] não foi refutado
2. síndrome do desfiladeiro torácico (p. 554): perda de volume dos músculos da mão, exceto o músculo tenar. Comprometimento sensorial na face ulnar da mão e antebraço
3. síndrome do pronador redondo (p. 518): dor palmar mais proeminente do que na CTS (ramo cutâneo palmar mediano não atravessa o túnel do carpo)
4. síndrome de De Quervain: tenossinovite dos tendões dos músculos abdutor longo do polegar e extensor curto do polegar por movimentos repetitivos da mão. Resulta em *dor* e *sensibilidade ao toque* na região do punho próxima ao polegar. Início durante a gravidez em 25% dos casos, e muitos casos se manifestam durante o 1° ano pós-parto. Geralmente responde a talas imobilizadoras do punho e/ou injeções de esteroides. As NCVs devem ser normais. Teste de Finkelstein: o polegar é passivamente abduzido, enquanto os abdutores do polegar são palpados. Positivo se isto agravar a dor[25]
5. distrofia simpático-reflexa: pode responder ao bloqueio simpático (p. 1521)
6. tenossinovite de qualquer um dos ligamentos flexores: pode ocasionalmente ser decorrente da TB ou fungo. Normalmente um curso longo e indolente. Acúmulo de fluidos pode estar presente.

Exames diagnósticos

Eletrodiagnóstico (EDX)

Eletromiografia (EMG) e estudo de condução nervosa (NCS), que incluem a mensuração das velocidades de condução nervosa (NCV): podem ajudar a confirmar o diagnóstico de CTS, e a diferenciá-lo das anormalidades de raiz cervical e da tendinite.

CTS é predominantemente uma lesão desmielinizante, embora possa progredir para perda axonal.[26] Duas técnicas de comparação sensitiva que claramente estão de acordo (normal ou anormal) são adequadas para confirmar ou refutar o diagnóstico. Para anormalidades limítrofes, testes adicionais de comparação sensitiva, ou o índice sensitivo combinado (CSI), podem esclarecer o diagnóstico. Na ausência de respostas sensoriais, a comparação da latência motora do nervo mediano à latência do nervo ulnar pode ajudar a localizar uma anormalidade focal.[27]

Guia de prática clínica: Critérios eletrodiagnósticos para a CTS

O guia para prática clínica da CTS recomenda estratégias de exames diagnósticos:[28,29,30]
1. padrão: realizar um NCS sensitiva do nervo mediano no punho, com uma distância de condução de 13 a 14 cm. Quando anormal, comparar a um nervo sensorial adjacente no membro sintomático
2. padrão: se o NCS sensitiva inicial do nervo mediano no punho for normal, estudos comparativos adicionais são recomendados
3. diretriz: registro do NCS motora do nervo mediano proveniente do músculo tenar e de outro nervo no membro sintomático
4. opção: NCS suplementar
5. opção: eletromiografia (EMG) de agulha rastreando músculos de raiz cervical, incluindo um músculo tenar

NCV: exames eletrofisiológicos corroboram um diagnóstico de síndrome do túnel do carpo (CTS) usando estudos de condução do nervo mediano no ligamento transverso do carpo. Anormalidades características: prolongamento das latências distais sensitiva motora, desaceleração da velocidade de condução e redução das amplitudes das respostas sensitivas e motoras. Diretrizes referentes aos estudos recomendados são publicadas pela *American Association of Neuromuscular and Electrodiagnostic Medicine* (AANEM), AAPM e R e AAN. Utilizando estas diretrizes, a sensibilidade é superior a 85%, e a especificidade superior a 95%.[28] Latências sensitivas são mais sensíveis do que as motoras. (Nota: embora até 15% dos casos possam apresentar exames eletrodiagnósticos normais, grande cautela deve ser exercida ao considerar a realização de cirurgia em uma CTS com amplitude e NCV sensitiva normais).

Os achados normais são exibidos no ▶ Quadro 30.2. Valores anormais, também mencionados, representam um guia aproximado, porém a correlação entre a gravidade dos achados no EDX e os sintomas na CTS não é bem estabelecida.[27] Entretanto, a classificação usada pode, em parte, predizer o resultado da liberação do túnel do carpo (cirurgia), com achados normais e muitos graves do NCS apresentando um prognóstico mais desfavorável do que os pacientes com anormalidades moderadas no NCS.[27,31]

Interpretação do EDX (relatos também podem incluir o grau de redução de velocidade no resumo de achados ou interpretação[27,32,33]):
- leve: latências sensitivas do nervo mediano prolongadas (relativas ou absolutas), com estudos motores normais. Sem evidência de perda axonal
- moderada: latências sensitivas do nervo mediano prolongadas (relativas ou absolutas), com prolongamento da latência distal motora
- severa: qualquer uma das anormalidades do NCS previamente mencionadas, com evidência de perda axonal na EMG

Quadro 30.2 Latências de condução distal pelo *túnel do carpo*[a]

Grau de envolvimento[b]	Sensitiva		Motora	
	latência[c] (ms)	amplitude (mcV)	latência[d] (ms)	amplitude (mV)
normal	< 3,7	> 25	< 4,5	> 4
leve[b]	3,7-4,0		4,4-6,9	
moderado[b]	4,1-5,0		7,0-9,9	
grave[b]	> 5 ou inatingível		> 10	

[a]Assume uma NCV proximal normal.
[b]A gravidade não se correlaciona de forma confiável com a latência (ver texto).
[c]Para o dedo indicador. A+ latência sensitiva é mensurada até o pico da onda.
[d]Para o adutor curto do polegar.

Estudos comparativos adicionais para casos incertos comparam a velocidade de condução sensitiva do nervo mediano àquela do nervo ulnar (ou nervo radial): o nervo mediano normal deve ser, no mínimo, 4 m/s mais rápido do que o ulnar. A inversão deste padrão sugere lesão do nervo mediano. Alternativamente, as latências sensitivas dos nervos palmares mediano e ulnar podem ser comparadas; a latência do nervo mediano não deve ser ≥ 0,3 ms mais longa do que a do ulnar.

EMG: normal em até 31% dos casos de CTS. Na CTS relativamente avançada, a EMG pode demonstrar polifasicidade, ondas positivas, potenciais de fibrilação e números reduzidos de unidades motoras na contração voluntária máxima do músculo tenar. EMG pode detectar radiculopatia cervical na presença de envolvimento motor.

Na CTS grave de "estágio final", os potenciais sensitivos e motores podem não ser registráveis, e a EMG não é útil na localização (ou seja, na diferenciação entre CTS e outras etiologias).

Testes laboratoriais

Recomendado em casos de suspeita de uma neuropatia periférica subjacente (p. ex., etiologia incerta em um indivíduo jovem sem fatores de risco, como o uso repetitivo das mãos). Este mesmo protocolo representa uma investigação inicial útil em qualquer caso de neuropatia periférica:
1. níveis do hormônio tireoidiano (T4 [total ou livre] e TSH]: para descartar mixedema
2. CBC: anemia é comum no mieloma múltiplo, também para descartar amiloidose
3. eletrólitos:
   a) para descartar insuficiência renal crônica que poderia causar neuropatia urêmica
   b) glicemia: descartar diabetes
4. em casos de suspeita de mieloma múltiplo: ver informações detalhadas (p. 714)
   a) dosagem da proteína de Bence-Jones kappa na urina de 24 horas
   b) exame de sangue: eletroforese de proteínas séricas (SPEP) e imunoeletroforese (IEP) (pesquisa de bandas de IgG kappa)
   c) radiografia do esqueleto
   d) anemia é comum no CBC

Exames imagiológicos

Não realizado rotineiramente, exceto na suspeita de uma lesão tumoral

MRI do punho: muito sensível. Os achados na CTS incluem: achatamento ou inchaço do nervo, arqueamento palmar do retináculo flexor. Também pode demonstrar cistos gangliônicos, lipomas... Realce pode ocorrer com edema hipervascular.

Ultrassonografia diagnóstica: mais rápida e menos onerosa do que a MRI, e é capaz de avaliar o fluxo sanguíneo e as alterações com diferentes posições do punho. Sondas de 18 MHz podem melhorar as imagens.

Tratamento da CTS

Guia de prática clínica: Tratamento da CTS

Guia para Prática Clínica da *American Association of Orthopedic Surgeons* (AAOS) endossado por *American Association of Neurological Surgeons, Congress of Neurological Surgeons, American Society of Plastic Surgeons, American Academy of PM&R* e AANEM[34]
1. um ciclo de tratamento não cirúrgico é uma opção em pacientes diagnósticos com CTS. Cirurgia precoce é uma opção quando há evidência clínica de desnervação do nervo mediano ou quando o paciente escolhe proceder diretamente ao tratamento cirúrgico (Grau C, Nível V)
2. outro tratamento não cirúrgico ou cirurgia é sugerido quando o tratamento atual não resolve os sintomas dentro de um período de 2-7 semanas (Grau B, Níveis I e II)
3. não há evidências suficientes para fornecer recomendações específicas de tratamento para a CTS quando esta é encontrada em associação a diabetes, radiculopatia cervical coexistente, hipotireoidismo, polineuropatia, gravidez, artrite reumatoide e CTS no local de trabalho. (inconclusivo)
4. especificidades do tratamento
   • injeção local de esteroides ou uso de tala é sugerido no tratamento de pacientes com CTS antes de considerar a cirurgia (Grau B, Níveis I e II)
   • esteroides orais ou ultrassonografia são opções de tratamento da CTS (Grau C, Nível II)
   • liberação do túnel do carpo é recomendada para tratamento de CTS (Grau A, nível I)

Não obstante as recomendações da AAOS, múltiplos estudos relatam que os resultados da liberação do túnel do carpo em diabéticos são bons mesmo, quando polineuropatia está presente.[35,36]

Tratamento não cirúrgico

As opções incluem:
1. repouso
2. medicamentos: anti-inflamatórios não esteroides (NSAIDs), diuréticos e piridoxina (vitamina B6) foram estudados sem evidência de eficácia[11]
3. tratamento das condições associadas (p. ex., hipotireoidismo ou DM) é apropriado, porém não há dados demonstrando se isso alivia a CTS[11]
4. **talas em posição neutra:** alivia os sintomas em > 80% dos pacientes[37] (geralmente em alguns dias) e reduz as latências sensitivas prolongadas.[38] Recidiva é comum (as talas funcionam mais quando o paciente não retorna ao trabalho manual pesado. Um teste de pelo menos 2-4 semanas é recomendado
5. *injeção de esteroides:* os sintomas melhoram em > 75% dos pacientes.[11] 33% sofrem recidiva dentro de um período de 15 meses. Injeções repetidas são possíveis, mas a maioria dos clínicos limita as injeções em 3/ano
   a) usar 10-25 mg de hidrocortisona. *Evitar anestésicos locais* (podem mascarar os sintomas da injeção intraneural)
   b) injetar no túnel do carpo (abaixo do ligamento transverso do carpo) no lado *ulnar* do palmar longo para evitar o nervo mediano (em pacientes sem o palmar longo, injetar de forma alinhada ao quarto dígito)
   c) lesões do nervo mediano foram relatadas com esta técnica,[39] primeiramente devido à injeção intraneural (todos os esteroides são neurotóxicos após a injeção intrafascicular, assim como alguns dos agentes carreadores)
   d) fatores de risco para recidiva: anormalidades eletrodiagnósticas graves, dormência constante, sensação comprometida, & fraqueza ou atrofia dos músculos tenares[11]

Tratamento cirúrgico

Informações gerais

A cirurgia é comumente chamada de liberação do túnel do carpo (CTR), também conhecida como neurólise ou neuroplastia do nervo mediano no punho.

Indicações

Intervenção cirúrgica é recomendada para: dormência constante, sintomas com > 1 ano de duração, perda sensorial ou fraqueza/atrofia do tenar.[11] Tratamento cirúrgico de casos secundários a uma amiloidose causada por mieloma múltiplo também é eficaz.

Na CTS bilateral, em geral a mão mais *dolorida* é operada primeiro. No entanto, se a condição for grave em ambas as mãos (na EMG), e a mesma tenha evoluído além do estágio doloroso, causando apenas fraqueza e/ou dormência, pode ser mais adequado operar primeiro a mão "melhor", a fim de tentar maximizar a recuperação do nervo mediano pelo menos naquele lado. Procedimentos bilaterais simultâneos também podem ser realizados.[40] Em casos graves, pode não ocorrer a recuperação do nervo, sendo necessário esperar até um ano para determinar a extensão da recuperação.

Taxa de sucesso

> 70% dos pacientes relatam satisfação com seus resultados cirúrgicos,[41] com 70-90% ficando livre de dor noturna.[41,42]

Técnicas cirúrgicas

Diversas técnicas são populares, incluindo: incisão através da palma da mão, incisão transversa através da prega do punho (com ou sem um retinaculótomo[43]), e técnicas endoscópicas (usando incisões únicas ou duplas). As eficácias das várias abordagens não foram comparadas em um estudo randomizado apropriadamente elaborado,[11] e não há um consenso sobre a superioridade de qualquer uma das técnicas,[14,44,45,46] incluindo CTR endoscópica *versus* aberta.

Abordagem transpalmar (▶ Fig. 30.3): para um cirurgião destro, sentar na "axila" do paciente (de frente para a cabeça do paciente) para uma CTS do lado esquerdo. Sentar acima do braço do paciente (de frente para o pé) para uma CTS do lado direito. Geralmente realizada sob anestesia local ou regional em ambulatório. Magnificação (lupas cirúrgicas) é útil.

Incisão ao longo da linha imaginária, estendendo-se proximalmente a partir do espaço entre os dígitos 3 e 4 (permanecer apenas no lado ulnar da prega intertenar para evitar o PCB). A localização do nervo mediano também pode ser estimada pelo tendão do músculo palmar longo (permanecer ligeiramente no lado ulnar do tendão). A incisão começa na porção distal da prega de flexão do punho, e o comprimento depende da espessura da mão (pode estender-se distalmente até uma linha que se projeta da borda de inserção do polegar). Opcional: curvar na direção ulnar na porção proximal da prega de flexão do punho (para facilitar a retração).

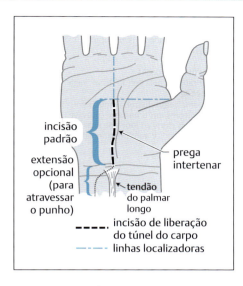

Fig. 30.3 Incisão transpalmar para a síndrome do túnel do carpo.

O nervo mediano é cuidadosamente abordado pelo TCL, com incisões aprofundadas progressivamente com uma lâmina nº 15. Todas as abordagens na cirurgia de CTS requerem a secção completa do TCL no e distal ao punho. Quando tendões do flexor superficial dos dedos são encontrados, é necessário olhar radialmente (na direção do polegar) para encontrar o nervo. Em casos selecionados, o epineuro pode ser aberto; no entanto, neurólise interna provavelmente causa mais danos do que benefícios e, em geral, deve ser evitada.

Fechar com suturas invertidas com fio absorvível 4-0. Aproximar as margens cutâneas com suturas de colchoeiro verticais interrompidas ou contínuas, realizadas com fio de náilon 4-0. Proteger a palma com várias camadas (gaze aberta). Cobrir com Kerlix®.

Pós-operatório: cobrir a mão com o polegar exposto. Recomenda-se a elevação do punho e repouso por várias semanas. Analgésicos para dor leve à moderada (p. ex., acetaminofeno com codeína) por 3-4 dias. As suturas são removidas em 7-10 dias. Não realizar trabalho pesado com as mãos por 2-3 semanas.

Complicações da cirurgia do túnel do carpo
Ver referência.[47]
1. dor decorrente da formação de neuroma após a transecção do **ramo cutâneo palmar** (PCB) do nervo mediano
   a) ramos do PCB podem atravessar a prega intertenar
   b) evitar: usando magnificação e direcionando a incisão ligeiramente para o lado ulnar da prega intertenar
   c) tratada com ligadura deste ramo, no local onde se origina do nervo mediano no antebraço (resulta em uma pequena área de dormência na base da eminência tenar)
2. neuroma do ramo sensitivo-dorsal do nervo radial
   a) causado por extensão da incisão proximal e radialmente
   b) pode ser tratado por meio de neurólise do neuroma
3. lesão do ramo recorrente tenar (motor) do nervo mediano
   a) anomalia pode fazer com que o nervo se encontre acima do TCL ou o perfure
   b) evitado por: permanecendo no *lado ulnar* da linha média
4. lesão direta do nervo mediano
5. luxação volar e encarceramento do nervo mediano nas margens cicatrizadas do TCL
6. cicatriz hipertrófica causando compressão do nervo mediano
   a) geralmente causada por uma incisão que atravessa o punho perpendicularmente à prega de flexão
   b) evitada: não atravessando a prega de flexão ou, em casos que forem necessários (p. ex., na liberação de encarceramento no canal de Guyon do nervo ulnar, na tenossinovectomia para artrite reumatoide, ou ao lidar com um músculo palmar ou superficial anômalo), atravessar a punho obliquamente em um ângulo de 45°, direcionando a incisão para o lado ulnar[47] (ver linha de extensão opcional na ▶ Fig. 30.3)
7. falha em melhorar os sintomas
   a) diagnóstico incorreto: quando a EMG ou NCV não for realizada no pré-operatório, estas devem ser feitas após o fracasso cirúrgico (para descartar envolvimento da raiz cervical [procurar por envolvimento do miótomo posterior] ou uma neuropatia periférica generalizada)

b) transecção incompleta do TCL: a causa mais comum de falha quando o diagnóstico está correto (também há a possibilidade de ligamento acessório ou banda fascial proximal ao TCL, nos casos em que a secção foi completa). Quando esta condição é identificada na reexploração, 75% dos pacientes ficam curados ou melhoram após a secção completa

8. rigidez articular
   a) causada pela imobilização excessivamente longa do punho e dedos
9. lesão do arco palmar superficial (arterial): geralmente causada pela secção distal "cega" do TCL
10. encurvamento dos tendões flexores
11. síndrome dolorosa complexa regional, também conhecida como distrofia simpático-reflexa: a incidência exata é desconhecida, relatada em 4 de 132 pacientes em uma série (provavelmente muito alta; a maioria dos cirurgiões observará apenas um ou dois casos ao longo de suas carreiras). Tratamento com fentolamina IV foi sugerido, mas a maioria dos casos é autolimitante após ≈ 2 semanas
12. infecção: geralmente causa sensibilidade extrema
13. hematoma: normalmente também bastante doloroso e sensível

Resultado do tratamento cirúrgico (liberação do túnel do carpo)

75-90% dos pacientes apresentam resolução dos sintomas ou uma melhora satisfatória após a liberação do túnel do carpo.[17,44,48] A melhora clínica atinge o pico aos 6 meses do pós-operatório,[49,50,51] embora a resolução da parestesia possa demorar ≥ 9 meses.[44,52,53,54]

Os resultados da descompressão são satisfatórios em diabéticos com CTS, mesmo quando uma neuropatia periférica generalizada está presente.[55] Comparativamente, neuropatia ulnar no cotovelo é geralmente grave em diabéticos e predominantemente motora com lesão axonal. Estes pacientes normalmente não respondem bem à cirurgia.[35]

Manejo das falhas do tratamento cirúrgico

Resultados menos que satisfatórios após a CTR devem ser classificados como:

1. novos sintomas: podem incluir dor neuropática fora de proporção à cirurgia, novas áreas de dormência/parestesia ou fraqueza acentuada dos músculos tenares.[56] Quando presente no pós-operatório imediato, sugere lesão iatrogênica aos ramos do nervo mediano
2. sintomas persistentes (falha primária ou falha em melhorar), definidos como sintomas que permanecem inalterados com relação ao pré-operatório. As etiologias incluem: diagnóstico inicial incorreto, liberação incompleta do ligamento transverso do carpo e CTS grave (ou seja, irreversível) no diagnóstico inicial[14]
3. ou sintomas recorrentes: requer um intervalo livre de sintomas antes do retorno dos mesmos (não existe um padrão com relação ao nível dos sintomas recorrentes ou à duração do intervalo,[44] embora 6 meses tenham sido usados em alguns estudos[56]). As etiologias incluem: fibrose circunferencial ao redor do nervo mediano, aderências de tecidos moles, proliferação sinovial, tenossinovite, gânglios, depósitos de amiloide e subluxação palmar sutil[14,56]

▶ **Exames eletrodiagnósticos (EDX).** Depois da CTR, há uma melhora na latência motora distal após 3 meses e 6 meses, e a melhora pode continuar durante um período de até 2 anos.[50,57,58] Anormalidades eletrofisiológicas podem melhorar, mas podem não retornar aos valores normais após a CTR, mesmo com a melhora clínica.[44,51] Exames eletrofisiológicos são mais úteis quando é possível compará-los aos exames pré-operatórios.[14,17,56,59,60] Não existem diretrizes ou recomendações-padrão para quando os exames pós-operatórios devem ser obtidos no caso de falhas cirúrgicas. É sensato repetir os exames 3 a 6 meses após a liberação do túnel do carpo para sintomas persistentes e na apresentação clínica para sintomas novos ou recorrentes. Se os estudos repetidos de condução nervosa forem piores ou no exame de EMG de agulha apresentar achados de desnervação (potenciais de fibrilação e ondas positivas) não presentes previamente, então a repetição da cirurgia é indicada.[17,56] Se o exame pré-operatório não estiver disponível, a repetição do exame EDX com comparação em 2 pontos no tempo para avaliar a presença de melhora ou piora é aconselhável. Latências prolongadas isoladas não constituem uma indicação para reoperação.[61]

30.5 Encarceramento do nervo ulnar

30.5.1 Informações gerais

O nervo ulnar tem componentes das raízes nervosas de C7, C8 e T1. Embora esta seja a segunda neuropatia por encarceramento mais prevalente após a CTS, ainda é relativamente incomum. Sítios potenciais de compressão:

1. acima do cotovelo: possivelmente pela arcada de Struthers
2. no cotovelo: sulco retroepicondilar (fossa ulnar): entre o epicôndilo medial e o processo olecraniano. Compressão pela fáscia ou por compressão dinâmica ou trauma repetitivo

Neuropatias por Encarceramento

3. cubital: imediatamente distal à fossa ulnar, abaixo da aponeurose entre as cabeças do flexor ulnar do carpo (FCU)
4. no ponto de saída do FCU
5. punho: canal de Guyon

Etiologias: estrutural, mecânica ou idiopática
Os achados motores incluem:
1. atrofia dos interósseos pode ocorrer, sendo mais evidente no primeiro interósseo dorsal (no espaço interdigital do polegar)
2. sinal de Wartenberg: um dos achados mais precoces de encarceramento do nervo ulnar (abdução do dedo mínimo decorrente da fraqueza do músculo terceiro interósseo palmar – o paciente pode-se queixar de dificuldade em colocar o dedo mínimo no bolso)
3. sinal de Froment: o ato de segurar um pedaço de papel entre o polegar e o dedo indicador estendido resulta em extensão da falange proximal do polegar e flexão da falange distal por causa da substituição do flexor longo do polegar (que é preservado, pois é inervado pelo nervo interósseo anterior) pelo adutor do polegar fraco[62 (p. 18)]
4. deformidade em garra da mão (*main en griffe*): em lesões graves do nervo ulnar na tentativa de *extensão* do dedo (alguns chamam essa condição de "mão de benção", que difere daquela com o mesmo nome na lesão do nervo mediano, em que o sinal ocorre ao tentar cerrar os punhos. Os dedos 4 e 5 e, em menor grau, o 3 são hiperestendidos nas articulações MCP (o extensor dos dedos não é compensado pelos interósseos e os lumbricais "ulnares" III e IV) e flexionados nas articulações interfalangianas (decorrente da tração dos músculos flexores longos). Nota: radiculopatia de C8 também pode causar o sinal da mão em benção[63])

Achados sensoriais: Comprometimento da sensibilidade envolvendo:
1. o dedo mínimo e a metade ulnar do dedo anelar
2. perda sensorial do lado ulnar do dorso da mão. Esta perda não ocorre no encarceramento do nervo ulnar no punho (ramos cutâneos dorsais do nervo ulnar proximais ao punho)

30.5.2 Lesão acima do cotovelo

Pode ocorrer com uma lesão do fascículo medial do plexo braquial.

No braço superior, o nervo ulnar desce anterior à cabeça medial do tríceps; em 70% das pessoas, passa abaixo da arcada de Struthers – diferente do ligamento de Struther (p. 518) – uma banda aponeurótica plana e delgada. Este não é normalmente um ponto de encarceramento, mas pode causar encurvamento após transposição do nervo ulnar quando este não é seccionado adequadamente.[64(p 1781)]

30.5.3 Encarceramento do nervo ulnar no cotovelo (UNE)

Informações gerais

Encarceramento no ou imediatamente distal ao cotovelo produz a síndrome do túnel cubital. (Tecnicamente, o túnel cubital é formado pelo arco fibroso entre as duas cabeças do FCU,[65(p 877)] a entrada proximal da qual se encontra imediatamente distal ao sulco retrocondilar. No entanto, o linguajar comum geralmente inclui encarceramento no interior da própria fossa como sendo "síndrome do túnel cubital").

Também pode-se manifestar como a chamada paralisia ulnar tardia, em razão do início tardio após a lesão óssea no cotovelo. Relatos de casos iniciais ocorreram ≥ 12 anos depois, com a maioria começando > 10 anos após a lesão original. O cotovelo é o ponto mais vulnerável do nervo ulnar: aqui, o nervo é superficial, fixo e cruza uma articulação. A maioria dos casos é idiopática, embora possa haver um histórico de fratura de cotovelo (especialmente no côndilo lateral do úmero, com deformidade associada do cúbito valgo), luxação, artrite ou trauma menor repetido. O arco aponeurótico que se estende sobre a fossa ulnar e se insere no epicôndilo medial pode-se tornar espessado e comprimir o nervo, especialmente com a flexão do cotovelo.[65 (p. 884)] O nervo ulnar também pode ser lesionado durante a anestesia (p. 548).[66] Ao contrário da CTS, que é predominantemente desmielinizante, o UNE tem uma perda mais axonal, mesmo quando crônico.[31]

Apresentação

Tipicamente se manifesta com desconforto (dor, dormência e/ou formigamento) no dedo mínimo e metade ulnar do dedo anelar, dor no cotovelo e fraqueza da mão. Os sintomas iniciais podem ser puramente motores (ver sinal de Froment e deformidade em garra acima) – ao contrário do nervo mediano, em que o envolvimento sensorial está quase sempre presente. Os sintomas podem ser exacerbados pelo frio e, geralmente, são um tanto vagos, podendo ser descritos como uma perda da coordenação do dedo ou descoordenação. Podem ocorrer cãibra e fácil fadiga dos músculos da mão inervados pelo ulnar. Dor pode *não* ser

30

Quadro 30.3 Sistema de classificação de Stewart para gravidade da lesão de nervo ulnar (Stewart[67] após Bartels[68])

Grau	Descrição
1 (leve)	sintomas sensoriais ± sintomas motores; ± perda sensorial, ausência de atrofia ou fraqueza muscular
2 (moderado)	sintomas sensoriais com perda sensorial detectável. Atrofia leve; força muscular de 4 ou 4+
3 (grave)	sintomas sensoriais geralmente constantes, com perda sensorial detectável. Atrofia moderada à acentuada; força muscular igual ou inferior a 4-

uma característica significativa, mas, quando presente, tende a ser dolorosa ao longo da superfície ulnar do cotovelo ou antebraço. Atrofia dos interósseos é comum durante a apresentação.

O nervo ulnar é geralmente sensível e pode estar palpavelmente aumentado na fossa ulnar. O sinal de Tinel pode ser positivo sobre o cotovelo, mas isto não é muito específico.

Graduação: o sistema de classificação proposto por Stewart[67] é exibido no ▶ Quadro 30.3.

Avaliação

Exames eletrodiagnósticos

A revisão de literatura dos Parâmetros Práticos da AANEM para exames EDX na neuropatia ulnar no cotovelo (UNE) relata sensibilidades que varia de 37 a 86%, com especificidades de 95%.[28,29,30]

Interpretação do EDX: os relatos devem incluir a localização e podem comentar se a lesão é predominantemente desmielinizante ou axonal. Relatos podem usar o sistema de classificação.[69]

O seguinte sugere uma lesão focal envolvendo o nervo ulnar no cotovelo. Múltiplas anormalidades internamente consistentes são mais convincentes do que as anormalidades isoladas. Estas são listadas em ordem de força de evidência.

Anormalidades *sensoriais* do potencial de ação de nervo (NAP) misto ou sensorial distal, especialmente perda da amplitude, não são localizatórios para neuropatia ulnar (em contraposição ao túnel do carpo/nervo mediano). O componente motor do exame para o nervo ulnar é mais útil para localização do sítio de encarceramento.

Guia de prática clínica: Critérios eletrodiagnósticos para neuropatia ulnar no cotovelo

Nem todos os critérios precisam estar presentes, e um exame de EMG de agulha não é necessário:[29,70]

1. velocidade de condução nervosa (NCV) motora absoluta < 50 m/s do ponto abaixo do cotovelo (BE) até o ponto acima do cotovelo (AE)
2. queda > 10 m/s da NCV quando comparado o segmento BE – punho ao segmento AE – BE
3. amplitude do potencial de ação muscular composto (CMAP) normalmente diminui com a distância, mas uma queda > 20% no segmento BE – AE é anormal (na ausência de inervação anômala, p. ex., anastomose de Martin-Gruber [p. 514])
4. quando exames motores ulnares com estimulação no punho, acima e abaixo do cotovelo, registrados a partir do ADQ, são inconclusivos, o seguinte pode ser benéfico:
   - NCS registrado a partir do FDI (músculo primeiro interósseo dorsal, inervado pelo nervo ulnar)
   - estudo de centimetragem, registrando as latências e amplitudes em incrementos de cm
   - na UNE grave e degeneração walleriana – comparação do segmento AE – BE com axila – AE
   - EMG de agulha deve sempre incluir o FDI e os músculos do antebraço inervados pelo nervo ulnar (flexor profundo dos dedos (FDP) ao dedo anelar ou mínimo e/ou abdutor do quinto dedo/dedo mínimo (ADQ)). Quando anormal, estender para incluir o ramo do C8 não inervado pelo ulnar, o fascículo medial, os músculos do tronco inferior e os paraespinais cervicais para excluir plexopatia braquial/radiculopatia cervical.

Os 2 parâmetros mais importantes que indicam um prognóstico favorável são: amplitudes do potencial de ação muscular composto (CMAP) preservadas nos músculos ulnares da mão e bloqueio de condução (CB) com menor velocidade de condução através do cotovelo, que é compatível com desmielinização e tem um prognóstico mais favorável.[26,71] Prognóstico desfavorável está correlacionado com um CMAP pequeno ou ausente e ausência de CB compatível com perda axonal.[26]

Ultrassonografia diagnóstica

A localização de lesões do nervo ulnar com exames eletrodiagnósticos pode ser difícil. Houve um recente interesse renovado na ultrassonografia diagnóstica usando sondas de alta frequência (18 MHz) para ajudar na localização, e também para identificação de patologia, incluindo inchaço do nervo, transecção,[72] e neuroma, que supera a MRI em alguns aspectos, e a um menor custo e com um tempo de aquisição mais rápido.

Tratamento da neuropatia ulnar no cotovelo

Não existem Guias para Prática Clínica para o tratamento da UNE aprovados pela AANEM, AAOS, CNS, AANS, AAPM&R ou *American Society of Plastic Surgeons*. Uma dificuldade fundamental no tratamento da UNE são as múltiplas etiologias e localizações, de modo que a história natural e as respostas ao tratamento variam amplamente. A decisão de tratamento primário é conservadora *versus* cirúrgica.

Uma Revisão do Banco de Dados Cochrane concluiu que a evidência disponível não é suficiente para identificar o melhor tratamento para UNE com base nas características clínicas, neurofisiológicas e imagiológicas.[73,74]

Tratamento não cirúrgico (ver abaixo) pode ser considerado para o paciente com sintomas intermitentes, ausência de atrofia e achados EDX leves. Intervenção cirúrgica tem sido aconselhada para pacientes com fracasso do tratamento conservador, embora o melhor tratamento não cirúrgico e a duração do tratamento não sejam bem definidos.[74]

Protocolo sugerido:

- UNE leve ou moderada (grau 1 e 2, ▶ Quadro 30.3): tratar de modo conservador, visto que estudos relatam melhora ou recuperação completa em 30-90%.[31,67] Acompanhar estes pacientes a cada 2 meses para detectar deterioração. Na ocorrência de piora, obter uma imagem com CT ou MRI. Exploração cirúrgica é indicada, independente dos resultados imagiológicos
- UNE grave (grau 3): iniciar tratamento conservador, obter imagem e realizar seguimento em 1 mês. Intervenção cirúrgica deve ser considerada se houver piora e/ou uma anormalidade estrutural for encontrada. Acompanhar mensalmente se a condição estiver estável ou melhor, e a imagem estiver normal. Intervenção cirúrgica para a piora[67]

Há provavelmente um aumento da prevalência de UNE em diabéticos. A UNE é geralmente mais grave com lesão axonal predominante e estes pacientes não respondem bem à cirurgia.[35]

Tratamento não cirúrgico

Educação do paciente sobre as posições que devem ser evitadas (dobra prolongada do cotovelo a uma flexão ≥ 90°). Evitar trauma ao cotovelo, incluindo seu apoio em superfícies firmes (mesas, apoios de braço rígidos em veículos automotores...), um protetor de cotovelo pode ajudar. Os resultados são frequentemente melhores, quando a etiologia traumática definitiva pode ser identificada e eliminada.

Tratamento cirúrgico

Abordagem geral

A maioria das cirurgias utiliza uma incisão cutânea em "ômega preguiçoso" centralizada sobre o epicôndilo medial, que se estende pelo menos ≈ 6 cm proximal e distal ao cotovelo, com a "giba" central direcionada anteriormente. O nervo ulnar é mais constante e, portanto, mais facilmente encontrado na entrada da fossa ulnar. O nervo pode, então, ser seguido proximalmente e distalmente. Os ramos nervosos que devem ser preservados incluem: ramos posteriores do nervo cutâneo medial do antebraço (caso contrário, dormência e disestesia ao longo do antebraço medial podem ocorrer) e ramos ao flexor ulnar do carpo (que podem se ramificar precocemente). Ramos articulares pequenos na ou proximal à articulação do cotovelo podem ser preservados com descompressão simples, mas podem precisar ser sacrificados na transposição se não puderem ser dissecados a uma distância grande o bastante ao longo do nervo ulnar. Neurólise interna deve ser evitada, pois pode promover fibrose intraneural.

A escolha de uma das opções abaixo determinará os passos subsequentes.

As opções cirúrgicas primariamente consistem em:

1. descompressão simples do nervo sem transposição[75] (ver abaixo). Inclui todos os seguintes:
   a) no cotovelo: secção do retináculo do túnel cubital
   b) distal ao cotovelo: secção da aponeurose que conecta as duas cabeças do flexor ulnar do carpo, alguns defendem a ressutura da aponeurose abaixo do nervo
   c) proximal ao cotovelo: secção do septo intermuscular medial (entre os músculos bíceps distal e tríceps) e da arcada de Struthers (quando presente)
   d) preservação do ramo para o flexor ulnar do carpo e do ramo cutâneo dorsal para a mão (origina-se 5 cm proximal ao punho)

2. descompressão e transposição do nervo (a extensão da cirurgia difere, pois o grau de encarceramento varia; todas as formas de transposição requerem a confecção de um alça para manter o nervo em sua nova localização). Transposição pode ser para:
   a) tecido subcutâneo: deixa o nervo bastante superficial e vulnerável a um trauma adicional
   b) no interior do músculo flexor ulnar do carpo (transposição intramuscular): alguns afirmam que isto na verdade piora a condição po causa da fibrose intramuscular
   c) uma posição submuscular: abaixo
3. epicondilectomia medial. Geralmente combinada com descompressão. Normalmente reservada para pacientes com uma deformidade óssea
4. ocasionalmente, excisão do neuroma e, possivelmente, interposição de enxerto podem ser necessárias

Transposição submuscular

Colocação abaixo do pronador redondo, no interior de uma fossa criada no flexor ulnar do carpo (FCU). Geralmente requer anestesia geral (endotraqueal ou máscara laríngea).

Alguns conceitos-chave:[76 (p. 247, 260-5), 77]
1. a incisão cutânea deve-se estender pelo menos ≈ 8 cm distal e proximal ao epicôndilo medial para mobilizar o nervo (preservar o nervo cutâneo antecubital medial no tecido adiposo subcutâneo, localizado distal ao cotovelo)
2. o nervo é mobilizado, preservando os ramos para o flexor ulnar do carpo (FCU) e o(s) ramo(s) do nervo ulnar para o flexor profundo (geralmente se origina 2-4 cm distal ao olécrano)
3. o septo intermuscular medial (entre os músculos bíceps distal e tríceps) deve ser seccionado no braço distal para evitar que o nervo se curve sobre ele
4. o músculo pronador redondo deve ser seccionado completamente na porção imediatamente distal ao epicôndilo medial
   a) começar descolando o músculo na região imediatamente distal ao epicôndilo medial
   b) uma pinça mosquito pode ser passada sob o músculo para auxiliar
   c) o músculo é seccionado, e um eletrocautério é usado para tratar as áreas sangrantes
5. uma depressão é cortada na superfície volar do FCU para acomodar o nervo
6. após reinserção do pronador redondo sobre o nervo, certificar-se de que o nervo pode deslizar facilmente para frente e para trás abaixo do músculo
7. após a transposição, testar o cotovelo através de uma amplitude de movimento à procura de ressalto da porção medial do tríceps sobre o epicôndilo medial[78]

Transposição *versus* descompressão

> Σ
>
> Na maioria dos casos, recomenda-se a descompressão simples, em vez de transposição. Possíveis exceções incluem: deformidade óssea, subluxação do nervo.

Estudos randomizados demonstraram sucesso similar, porém com uma taxa de complicação menor com a descompressão simples, quando comparada à transposição.[73,79,80] Vantagens da descompressão simples incluem:[68,81] cirurgia mais curta, que pode ser realizada mais facilmente com anestesia local, prevenção de encurvamento do nervo e fibrose muscular ao redor do nervo transposto, risco reduzido de infecção da ferida[73] e formação cicatricial[67] e preservação dos ramos cutâneos, ramos ulnares e vasos sanguíneos nutridores (*vasa nervorum*[67]) que são, algumas vezes, sacrificados com a transposição, provocando isquemia de porções do nervo.

Argumentos contra a descompressão simples: compressão dinâmica contínua com a flexão do cotovelo, possível subluxação do nervo (se presente no pré-operatório, a descompressão simples pode piorar a condição; para evitar subluxação do nervo e perda do suprimento vascular com a descompressão simples, evitar uma descompressão 360° do nervo) e liberação incompleta dos pontos de pressão.

Resultados com a cirurgia

Não tão satisfatórios quanto os da CTS, possivelmente pou causa, em parte, do fato de que os pacientes tendem a se apresentar muito mais tarde. No geral, um resultado bom a excelente é obtido em 60%, um resultado razoável em 25% e um resultado insatisfatório (sem melhora ou piora) em 15%.[82 (p. 2530)] Estes resultados podem ser piores em pacientes com sintomas presentes por > 1 ano, com apenas 30% destes tendo apresentado melhora sintomática em uma série.[75] Uma taxa de sucesso inferior também é observada em pacientes mais velhos e naqueles com determinadas condições médicas (diabetes, alcoolismo...). Dor e alterações sensoriais respondem melhor do que a fraqueza e atrofia muscular.

30.5.4 Encarceramento no antebraço

Muito raro. Na região imediatamente distal ao cotovelo, o nervo ulnar passa pelo sulco retroepicondilar e segue trajeto passando embaixo da banda fascial conectando as duas cabeças do flexor ulnar do carpo (FCU), superficial ao flexor superficial e pronador redondo. Os achados com o encarceramento no antebraço são similares à paralisia ulnar tardia (ver acima).

O tratamento cirúrgico consiste dos passos descritos para nervo distal ao cotovelo na descompressão do nervo ulnar (ver acima). Técnica para localizar o trajeto do nervo ulnar distal ao cotovelo: o cirurgião utiliza o dedo mínimo de sua própria mão (usando a mão contralateral ao lado do paciente que está sendo descomprimido) e coloca a falange proximal na fossa ulnar, direcionando-a para o lado ulnar do punho.[76(p. 262)]

30.5.5 Encarceramento no punho ou mão

No punho, o ramo terminal do nervo ulnar penetra no canal de Guyon, o teto do qual é a fáscia palmar e o músculo palmar curto, e o assoalho é o retináculo flexor da palma e o ligamento piso-hamato.

▶ **Canal de Guyon.** É *superficial* ao ligamento transverso do carpo (que recobre o túnel do carpo e comprime o nervo mediano na síndrome do túnel do carpo).

O canal não contém tendões, apenas o nervo e a artéria ulnar. O ramo superficial é essencialmente sensorial (exceto pelo ramo para o palmar curto), e supre a eminência hipotenar e a metade ulnar do dedo anelar. O ramo profundo (muscular) inerva os músculos hipotenares, lumbricais 3 e 4, e todos os interósseos. Ocasionalmente, o ramo abdutor do dedo mínimo se origina do tronco principal ou do ramo superficial.

Shea e McClaim[83] dividiram as lesões do nervo ulnar no canal de Guyon em 3 tipos, demonstrados no ▶ Quadro 30.4. Lesão do ramo motor distal também pode ocorrer na palma e produz achados similares a uma lesão do Tipo II.

Lesão é frequentemente causada por um gânglio no punho,[84] mas também pode ser decorrente de um trauma (uso de broca pneumática, alicates, uso repetitivo de um grampeador, apoio sobre a palma enquanto anda de bicicleta). Os sintomas são similares àqueles de envolvimento do nervo ulnar no cotovelo, exceto que nunca haverá perda sensorial no *dorso* da mão no território do nervo ulnar, pois o ramo cutâneo dorsal abandona o nervo no antebraço 5-8 cm proximal ao punho (preservação do flexor ulnar do carpo e flexor digital profundo III e IV não é útil na localização, porque estes estão raramente envolvidos mesmo nas lesões proximais). Exames eletrodiagnósticos são geralmente úteis na localização do sítio da lesão. Dor, quando presente, pode ser exacerbada, realizando-se percussão sobre o pisiforme (sinal de Tinel). Também pode irradiar até o antebraço.

Descompressão cirúrgica pode ser indicada em casos refratários. Para localizar: encontrar a artéria ulnar; o nervo está no lado ulnar da artéria. É controverso se a descompressão simples é mais apropriada, quando comparada à transposição subcutânea; o resultado é similar, mas pode haver mais complicações no grupo submetido à transposição,[79,80] porém os estudos são pequenos.

Quadro 30.4 Tipos de lesões do nervo ulnar no canal de Guyon

Tipo	Local da compressão	Fraqueza	Déficit sensorial
tipo I	imediatamente proximal ou no interior do canal de Guyon	todos os músculos intrínsecos da mão inervados pelo nervo ulnar	distribuição ulnar palmar[a]
tipo II	ao longo do ramo profundo	músculos inervados pelo ramo profundo[b]	nenhum
tipo III	extremidade distal do canal de Guyon	nenhuma	distribuição ulnar palmar[a]

[a]Distribuição ulnar palmar: a eminência hipotenar e a metade ulnar do dedo anelar, ambas somente na superfície palmar (o dorso é inervado pelo nervo cutâneo dorsal).
[b]Dependendo da localização, os músculos hipotenares podem ser poupados.

30.6 Lesões do nervo radial

Ver referência.[85 (p. 1443-45)]

30.6.1 Anatomia aplicada

O nervo radial se origina a partir das divisões posteriores dos 3 troncos do plexo braquial. Recebe contribuições de C5 a C8. O nervo curva lateralmente ao longo do sulco espiral do úmero, onde é vulnerável à compressão ou lesão provocada por uma fratura.

Diferenciar lesão do nervo radial de lesão do fascículo posterior do plexo braquial pela preservação do deltoide (nervo axilar) e grande dorsal (nervo toracodorsal).

30.6.2 Compressão axilar

Etiologias: uso errôneo de muletas, posição inadequada do braço durante o sono (embriaguez).

30.6.3 Compressão da porção média superior do braço

Etiologias

1. "Paralisia do sábado à noite": posicionamento inadequado do braço durante o sono (especialmente quando embriagado e, portanto, com menor probabilidade de se autoposicionar em resposta ao desconforto associado, p. ex., por causa da cabeça do companheiro repousando sobre o braço)
2. posicionamento sob anestesia geral
3. calo provocado por uma fratura umeral antiga

Clinica: fraqueza dos extensores do punho (punho caído) e extensores dos dedos. ✱ Importante: *o tríceps está normal*, pois o ponto de partida do nervo em direção ao tríceps é proximal ao sulco espiral. Envolvimento do nervo distal é variável, pode incluir paralisia do extensor do polegar e parestesia na distribuição do nervo radial. Diagnóstico diferencial: punho isolado e fraqueza do extensor dos dedos também podem ocorrer na intoxicação por chumbo (geralmente bilateral, mais comum em adultos).

Compressão do antebraço

Informações gerais

O nervo radial penetra no compartimento anterior do braço, imediatamente acima do cotovelo. O nervo radial emite ramos para o braquial, braquiorradial e extensor radial do carpo (ECR) longo antes se se dividir em nervo interósseo posterior e nervo radial superficial. O nervo interósseo posterior penetra no músculo supinador através de uma banda fibrosa conhecida como a arcada de Frohse.

Neuropatia interóssea posterior

Neuropatia interóssea posterior (frequentemente referida pelo seu acrônimo "PIN") pode resultar de: lipomas, gânglios, fibromas, alterações no cotovelo provocadas pela artrite reumatoide, encarceramento na arcada de Frohse (raro) e, ocasionalmente, uso intenso do braço.

Tratamento: casos que não respondem em 4-8 semanas de conduta expectante devem ser explorados, e quaisquer constrições lisadas (incluindo a arcada de Frohse).

Síndrome do túnel radial

Conhecida como síndrome do supinador. Controversa. O "túnel radial" se estende da região imediatamente acima do cotovelo até imediatamente abaixo do mesmo, e é composto por diferentes estruturas (músculos, bandas fibrosas...) de acordo com o nível.[86] Contém o nervo radial e seus dois ramos principais (nervos interósseo posterior e radial superficial). Supinação ou pronação forçada repetida, ou inflamação das inserções do músculo supinador (como no cotovelo de tenista) pode traumatizar o nervo (ocasionalmente pelo ECR curto). Achado característico: dor na região de origem do extensor comum no epicôndilo lateral durante a extensão resistida do dedo médio, que tenciona o ECR curto. Pode ser erroneamente diagnosticada como "cotovelo de tenista" resistente (epicondilite lateral deve ser excluída). Também pode haver parestesia na distribuição do nervo radial superficial e sensibilidade local ao longo do nervo radial, na região anterior à cabeça radial. Embora o sítio de encarceramento seja similar ao da PIN, normalmente não há fraqueza muscular. Cirurgia: raramente necessária, consiste na descompressão do nervo.[86]

Lesão na mão

Os ramos cutâneos distais do nervo radial superficial atravessam o tendão do extensor longo do polegar e podem frequentemente ser palpados neste ponto com o polegar em extensão. Lesão no ramo medial deste nervo ocorre comumente, p. ex., com lesões por algema, e causa uma pequena área de perda sensorial no espaço interdigital dorsal do polegar.

30.7 Lesões do nervo axilar

Neuropatia isolada do nervo axilar pode ocorrer nas seguintes situações:[87]
1. luxação do ombro: o nervo é preso na cápsula articular[88]
2. dormir na posição prona com os braços abduzidos acima da cabeça
3. compressão provocada por uma órtese torácica
4. lesão por injeção na superfície posterior alta do ombro
5. encarceramento do nervo no espaço quadrilateral (delimitado pelos músculos redondo maior e menor, cabeça longa do tríceps e colo do úmero), que contém o nervo axilar e a artéria circunflexa umeral posterior. Arteriografia pode exibir perda de preenchimento da artéria com o braço abduzido e em rotação externa

30.8 Nervo supraescapular

▶ **Informações gerais.** O nervo supraescapular é um nervo periférico misto que se origina do tronco superior do plexo braquial, com contribuições de C5 e C6. Geralmente, há um histórico de trauma no ombro ou ombro congelado. Encarceramento resulta em fraqueza e atrofia do infraespinal e supraespinal (IS e SS), e dor profunda e mal localizada (referida) do ombro (a parte sensorial do nervo inerva a cápsula articular posterior, mas não tem representação cutânea).

▶ **Etiologias**
1. encarceramento do nervo na fossa supraescapular abaixo do ligamento escapular (supraescapular) transverso (TSL)[89]
2. trauma repetitivo do ombro: pode ser bilateral, quando a lesão é provocada por atividades como levantamento de peso
3. gânglio ou tumor[90] (MRI é o exame imagiológico de escolha)
4. cisto paralabral secundário a uma lesão do *labrum* (o tendão da cabeça longa do bíceps se insere no *labrum* glenoidal superior; e o exame de escolha para lesões do *labrum* é a artrografia por MR)

▶ **Diagnóstico diferencial**[89]
1. patologia na ou ao redor da articulação do ombro
   a) lesões do manguito rotador (a distinção pode ser muito difícil)
   b) capsulite adesiva
   c) tenossinovite bicipital
   d) artrite
2. casos de síndrome de Parsonage-Turner limitada ao nervo supraescapular; ver Amiotrofia neurálgica (p. 543)
3. **radiculopatia cervical** ($\approx$ **C5**)
4. **lesão do plexo braquial superior**

Nota: radiculopatia cervical e lesão do plexo braquial superior também produzirão fraqueza do romboide e deltoide e, geralmente, perda da sensibilidade cutânea.

O diagnóstico requer alívio temporário com bloqueio do nervo, e anormalidades EMG do SS e IS (em lesões do manguito rotador, os potenciais de fibrilação estarão ausentes). Alívio transitório da dor com um bloqueio do nervo supraescapular ajuda a comprovar o diagnóstico.[91]

▶ **Tratamento.** Nos casos em que uma massa não é a causa subjacente, o tratamento inicial consiste em repouso da UE afetada, PT (incluindo condicionamento suave), NSAIDs, capsaicina tópica e, ocasionalmente, injeção de corticosteroide.

Tratamento cirúrgico é indicado para casos documentados que fracassam em melhorar com o tratamento conservador (PT, NSAIDs, injeção de esteroide/anestésico local...). Posição: decúbito lateral. Incisão: 2 cm acima e paralela à espinha escapular (atrofia do SS facilita esta manobra). Apenas o trapézio precisa ser seccionado ao longo de suas fibras (cuidado com o nervo acessório espinal). Para localizar a fossa supraescapular, seguir o omo-hióideo até onde se insere na escápula e palpar na região imediatamente lateral a este ponto. A artéria e veia supraescapular passam sobre o TSL e devem ser preservadas.

Elevar o TSL com um gancho de nervo de ponta romba e seccioná-lo (exposição do nervo e/ou ressecção da fossa óssea não são necessários).

30.9 Meralgia parestésica

30.9.1 Informações gerais

Originalmente conhecida como a síndrome de Bernhardt-Roth, e algumas vezes chamada de "doença de swashbuckler", a meralgia parestésica (MP) (Grego: meros-coxa, algos-dor) é uma condição frequentemente causada pelo encarceramento do nervo cutâneo femoral lateral (LFCN) da coxa, (um ramo puramente sensitivo com contribuições de raízes nervosas de L2 e L3, ver ▶ Fig. 1.14 para distribuição), no local onde entra na coxa através da abertura entre o ligamento inguinal e sua inserção na espinha ilíaca anterior superior (ASIS). Variação anatômica é comum, e o nervo pode, na verdade, atravessar o ligamento, e até quatro ramos podem ser encontrados. Também pode ser uma manifestação inicial da diabetes (neuropatia diabética).

30.9.2 Sinais e sintomas

Disestesia em queimação na superfície lateral da coxa superior, ocasionalmente acima do joelho, geralmente com sensibilidade aumentada à roupa (hiperpatia). Pode haver sensação reduzida nesta distribuição. Massagem ou esfregação espontânea da área para a obtenção de alívio é muito característica.[92] A MP pode ser bilateral em até 20% dos casos. Sentar ou deitar na posição prona geralmente alivia os sintomas.

Pode haver sensibilidade local no sítio de encarceramento (onde uma pressão pode reproduzir a dor), que está frequentemente localizado no ponto onde o nervo abandona a pelve, medial à ASIS. Extensão do quadril também pode causar dor.

30.9.3 Ocorrência

Geralmente observada em pacientes obesos, pode ser exacerbada com o uso de cintos apertados ou cintas, e por caminhar ou permanecer de pé por períodos prolongados. Recentemente encontrada em corredores de longa distância. Maior incidência em diabéticos. Também pode ocorrer no pós-operatório em pacientes esbeltos posicionados em decúbito ventral, tende a ser *bilateral* (p. 549).

As possíveis etiologias são muito numerosas para listar, e as mais comuns incluem: roupas ou cintos apertados, cicatrizes cirúrgicas pós-cirurgia abdominal, cateterismo cardíaco (p. 549), gravidez, extração de enxerto da crista ilíaca, ascite, obesidade, neuropatias metabólicas e massa abdominal ou pélvica.

30.9.4 Diagnóstico diferencial

1. neuropatia femoral: alterações sensoriais tendem a ser mais anteromediais do que na MP
2. radiculopatia de L2 ou L3: procurar por fraqueza motora (flexão da coxa ou extensão do joelho)
3. compressão nervosa por tumor pélvico ou abdominal (suspeita na presença de sintomas GI ou GU concomitantes)

A condição pode geralmente ser diagnosticada com base nos dados clínicos. Quando considerado necessário, exames confirmatórios podem ajudar (mas frequentemente são decepcionantes), incluindo:

1. EMG: pode ser difícil, o eletromiografista nem sempre consegue encontrar o nervo
2. MRI ou CT/mielografia: na suspeita de doença do disco
3. imagem pélvica (MRI ou CT)
4. potenciais evocados somatossensoriais
5. resposta a injeções de anestésicos locais
6. promessa recente de ultrassonografia diagnóstica, usando sondas de alta frequência (18 MHz)

30.9.5 Tratamento

Tratamento não cirúrgico

Tende a regredir espontaneamente, mas recidiva é comum. Medidas não cirúrgicas proporcionam alívio em ≈ 91% dos casos e devem ser tentadas antes de considerar a cirurgia:[93]

1. remover artigos ofensores (cintos constritores, cintas, gessos, roupas apertadas...)
2. em pacientes obesos: perda de peso e exercícios para fortalecer os músculos abdominais são geralmente eficazes, mas raramente alcançados pelo paciente
3. eliminação de atividades envolvendo extensão do quadril

4. aplicação de gelo na área de constrição presumida × 30 minutos TID
5. NSAID de escolha × 7-10 dias
6. creme capsaicina aplicada TID (p. 496)
7. adesivos Lidoderm (p. 477) nas áreas de hiperestesia podem ajudar[94]
8. analgésicos de ação central (p. ex., gabapentina, carbamazepina...) são raramente eficazes
9. se as medidas acima fracassarem, injeção de 5-10 mL de anestésico local (com ou sem esteroides) no ponto de sensibilidade, ou medial à ASIS, pode fornecer alívio temporário ou, ocasionalmente, alívio duradouro, e confirma o diagnóstico

Tratamento cirúrgico

As opções incluem:
1. descompressão cirúrgica (neurólise) do nervo: taxa de falha e recorrência mais elevada do que na neurectomia
2. descompressão e transposição
3. estimulação nervosa seletiva de L2
4. secção do nervo (neurectomia) pode ser mais eficaz, mas com o risco de dor por desnervação, e deixa uma área anestésica (normalmente um incômodo menor). Pode ser mais adequada no caso de falhas terapêuticas

Técnica

Ver referências.[93,95]

A cirurgia é mais bem realizada sob anestesia geral. Uma incisão oblíqua de 4-6 cm é centralizada 2 cm distal ao ponto de sensibilidade. Visto que o trajeto do nervo é variável, a cirurgia tem caráter exploratório, e uma exposição generosa é necessária. Se o nervo não pode ser localizado, geralmente significa que a exposição é muito superficial. Se o nervo ainda não puder ser encontrado, uma pequena incisão no músculo abdominal pode ser feita, e o nervo pode ser localizado na área retroperitoneal. ATENÇÃO: houve casos em que o nervo femoral foi erroneamente seccionado.

Se uma neurectomia for eleita, em vez de neurólise, estimulação elétrica deve ser aplicada antes da secção para descartar um componente motor (que desqualificaria o nervo como o LFCN). Se o nervo será seccionado, o mesmo deve ser estirado e, então, cortado para permitir que a extremidade proximal retraia de volta para a pelve. Qualquer segmento de patologia aparente deve ser ressecado para análise microscópica. Neurectomia resulta em anestesia na distribuição do LFCN, que é raramente desconfortável e gradualmente reduz de tamanho.

Uma abordagem através do ligamento suprainguinal também foi descrita.[95]

30.10 Encarceramento do nervo obturador

A existência deste encarceramento é controversa. O nervo obturador é composto pelas raízes de L2-4. Percorre ao longo da parede pélvica para fornecer sensação à coxa interna, e resposta motora aos adutores da coxa (grácil e adutores longo, curto e magno). Pode estar comprimido por tumores pélvicos, bem como por pressão da cabeça fetal ou fórceps durante o parto.

O resultado é de dormência da coxa medial e adução fraca da coxa.

30.11 Encarceramento do nervo femoral

Composto pelas raízes de L2-4. Encarceramento é uma causa rara de neuropatia femoral. Comumente decorrente da fratura ou cirurgia. Ver Neuropatia femoral (p. 546).

30.12 Paralisia do nervo fibular comum

30.12.1 Informações gerais e anatomia aplicada

O nervo fibular é o nervo mais comum a desenvolver paralisia por compressão aguda.

Anatomia funcional: o nervo ciático (L4-S3) consiste em 2 nervos separados no interior de uma bainha comum e que se separa em um local variável na coxa (a divisão fibular do nervo ciático é mais vulnerável à lesão do que a divisão tibial); ver ▶ Fig. 92.1 para diagrama:
1. nervo tibial posterior, ou apenas nervo tibial (conhecido como nervo poplíteo medial), que possibilita a inversão do pé, dentre outras funções motoras
2. nervo fibular comum (CPN), ou apenas nervo fibular (conhecido como nervo poplíteo lateral): lesões altas podem envolver o isquiotibial lateral (cabeça curta do bíceps femoral), além do seguinte

O CPN passa atrás da cabeça fibular, onde é superficial e fixo, tornando-o vulnerável à pressão ou trauma (p. ex., secundário ao cruzamento das pernas). Imediatamente distal a este ponto, o CPN se divide em:

a) nervo fibular profundo (conhecido como nervo tibial anterior): primariamente motor
- motor: extensão do pé e dedos do pé (extensor longo do hálux (EHL), tibial anterior (AT), extensor longo dos dedos (EDL))
- sensorial: área muito pequena entre o hálux e o segundo dedo do pé

b) nervo fibular superficial (conhecido como nervo musculocutâneo)
- motor: eversão do pé (fibulares longo e curto)
- sensorial: perna distal lateral e dorso do pé

30.12.2 Causas de lesão do nervo fibular comum

A causa mais frequente de lesão grave do nervo fibular é lesão ± fratura do joelho; ver também causas de pé caído, outras que a paralisia do nervo fibular (p. 1417).
1. encarceramento à medida que atravessa o colo fibular ou conforme penetra no fibular longo
2. diabetes melito e outras neuropatias periféricas metabólicas
3. neuropatia inflamatória: incluindo doença de Hansen (lepra)
4. traumática: p. ex., lesão provocada por compressão em jogadores de futebol, lesão por estiramento decorrente da força de deslocamento aplicada no joelho, fratura fibular, lesão durante artroplastia de joelho e quadril
5. lesão penetrante
6. massas na área da cabeça fibular/região proximal inferior da perna: cistos poplíteos (cisto de Baker), aneurisma de artéria tibial anterior[96] (raro)
7. pressão na cabeça fibular: p. ex., cruzar as pernas, gessos, estribos obstétricos...
8. lesões por tração: entorse de inversão do tornozelo grave
9. tumores intraneurais: neurofibroma, schwannoma, sarcoma neurogênico, cistos gangliônicos
10. vascular: trombose venosa
11. perda de peso

30.12.3 Achados na paralisia de nervo fibular

Informações gerais
1. alterações sensoriais (incomum): envolve a superfície lateral da metade inferior da perna
2. envolvimento muscular: Ver ▶ Quadro 30.5

Paralisia do nervo fibular comum (mais comum) produz dorsiflexão fraca do tornozelo (pé caído) por causa da paralisia do tibial anterior, eversão fraca do pé e comprometimento sensorial nas áreas inervadas pelo nervo fibular profundo e superficial (panturrilha lateral e dorso do pé). Pode haver um sinal de Tinel com percussão sobre o nervo na região próxima ao colo fibular. Ocasionalmente, apenas o nervo fibular profundo está envolvido, resultando em pé caído com mínima perda sensorial. Deve ser diferenciado de outras causas de pé caído (p. 1416).

Exame/correlação clínica
Ver referência.[76] [(p. 293)]
- lesão no nível da região glútea: a menos que a lesão seja uma que permita a regeneração espontânea, mesmo com a cirurgia o prognóstico é desfavorável para retorno da função do nervo fibular

Quadro 30.5 Envolvimento muscular na paralisia do nervo fibular

Músculo	Nervo	Ação	Envolvimento
EHL	fibular profundo	dorsiflexão do hálux	Mais comumente envolvido
tibial anterior		dorsiflexão do tornozelo	↓
EDL		extensão dos dedos do pé	↓
fibulares longo e curto	fibular superficial	eversão do pé	↓ Menos comumente envolvido (frequentemente preservado)

- lesão no nível da coxa: também difícil de obter melhora com o reparo cirúrgico. Alguma função do fibular pode ocorrer em ≥ 6 meses, contração precoce do AT pode demorar ≥ 1 ano
- lesão no nível do joelho: com regeneração bem-sucedida, a contração fibular pode iniciar em 3-5 meses. Primeiros sinais: estremecimento do músculo na região lateral à fíbula proximal ao tentar everter o pé, ou contração do tendão posterior e atrás do maléolo lateral na tentativa de dorsiflexão do tornozelo

30.12.4 Avaliação

EMG

A EMG demora de 2-4 semanas para se tornar positiva após o início dos sintomas. Estimulação acima e abaixo da cabeça fibular para informação prognóstica: se ausente em ambos os sítios, o prognóstico é desfavorável (indica a ocorrência de degeneração retrógrada). Degeneração walleriana demora ≈ 5 dias para causar deterioração.

Além dos achados esperados de desnervação – PSWs e fibs (p. 242) – no tibial anterior, avaliar:
1. músculos inervados por L5 fora da distribuição do nervo fibular comum:
   a) tibial posterior
   b) flexor longo dos dedos
2. músculos L5 cujo nervo se origina acima do joelho (estes músculos são *preservados* em casos de compressão do nervo fibular na cabeça fibular, pois a origem do nervo é proximal à fossa poplítea):
   a) bíceps femoral (cabeça curta ou longa)
   b) tensor da fáscia lata
3. músculos paraespinais: sinais de desnervação definem a localização da lesão como raiz nervosa; inútil quando negativo

MRI

Pode demonstrar causas como tumor ou um cisto gangliônico se originando a partir da articulação tibiofibular superior

30.12.5 Tratamento

Informações gerais

Quando o tratamento é capaz de eliminar uma causa reversível, o resultado é geralmente favorável. Exploração cirúrgica e descompressão podem ser consideradas quando não existe uma causa reversível ou quando não ocorre melhora.

Tratamento não cirúrgico

Órtese: órtese tornozelo-pé (AFO) compensa a perda de dorsiflexão do tornozelo, que é discretamente inserida em um sapato. Se isto for inadequado, ou para estabilizar o tornozelo, uma órtese de pé acionada por molas e acoplada ao sapato pode ser usada. Devem-se ensinar ao paciente as técnicas para evitar contratura do tendão do calcâneo, que comprometeria a dorsiflexão do tornozelo, caso a função do nervo retorne.

Tratamento cirúrgico

No nível da fossa poplítea, a incisão cutânea é realizada na região imediatamente medial ao tendão da cabeça curta do bíceps femoral (isquiotibial lateral), visto que o nervo fibular é mais facilmente localizado abaixo ou ligeiramente medial a este tendão. A incisão é estendida distalmente, levemente lateral ao longo do colo cirúrgico da fíbula. O bíceps femoral é retraído lateralmente, e o nervo é isolado e marcado com um dreno de Penrose. O nervo sural sensitivo se ramifica a partir do nervo fibular em diferentes sítios, variando da porção ciática do nervo (proximal à prega flexora) ou distal ao mesmo.

Em casos de compressão, a fáscia do gastrocnêmio lateral e sóleo, que recobre o nervo na região distal à cabeça fibular, é lisada, e o nervo é exposto em 360°. Conforme o nervo atravessa o colo fibular, o mesmo se divide em ramos superficial e profundo. O ramo superficial percorre distalmente para suprir o fibular longo e curto (eversores do pé). Os ramos profundos curvam anteriormente em direção ao tibial anterior, EHL e extensores dos dedos do pé.

Se um enxerto for necessário, o nervo sural contralateral é usado, que pode ser suplementado com o nervo sural ipsolateral, se necessário.

30.13 Túnel do tarso

30.13.1 Informações gerais

Encarceramento do nervo tibial (posterior) pode ocorrer no túnel do tarso, posterior e inferior ao maléolo *medial*. O túnel é recoberto pelo retináculo flexor (ligamento laciniado), que se estende de forma descendente do maléolo medial até o tubérculo do calcâneo. Geralmente há (mas não necessariamente) um histórico de luxação ou fratura antiga do tornozelo. O nervo pode estar aprisionado no ligamento retinacular. Isto resulta em dor e parestesia nos dedos do pé e na sola do pé (geralmente poupando o calcanhar, pois os ramos sensoriais frequentemente se originam proximal ao túnel), tipicamente pior durante a noite. Pode causar curvatura dos dedos do pé secundário à fraqueza dos músculos intrínsecos do pé. Geralmente causado por fratura ou luxação, bem como artrite reumatoide e, raramente, tumores.

30.13.2 Exame

Percussão do nervo no maléolo medial produz parestesia que se irradia distalmente (sinal de Tinel). Inversão e eversão máxima do pé tendem a exacerbar. Teste de dorsiflexão-eversão: o examinador everte de forma máxima e dorsiflexiona o tornozelo, ao mesmo tempo em que dorsiflexiona os dedos do pé nas articulações MTP, por 5-10 segundos. Teste positivo reproduz dor.

30.13.3 Diagnóstico

EMG e NCV podem ajudar.

30.13.4 Tratamento não cirúrgico

Tornozeleira externa para melhorar a mecânica do pé.

30.13.5 Tratamento cirúrgico

Descompressão cirúrgica é indicada para casos confirmados que falham em melhorar. Uma incisão curvilínea é usada, ≈ 1,5 cm posterior e inferior ao maléolo medial. O retináculo flexor é seccionado, bem como qualquer septo abaixo, e os ramos distais devem ser seguidos até penetrarem no músculo.

Referências

[1] Neary D, Ochoa JL, Gilliatt RW. Subclinical Entrapment Neuropathy in Man. J Neurol Sci. 1975; 24:283–298

[2] Graff-Radford SB, Jaeger B, Reeves JL. Myofascial Pain May Present Clinically as Occipital Neuralgia. Neurosurgery. 1986; 19:610–613

[3] Hunter CR, Mayfield FH. Role of the Upper Cervical Roots in the Production of Pain in the Head. Am J Surg. 1949; 48:743–751

[4] Poletti CE, Sweet WH. Entrapment of the C2 Root and Ganglion by the Atlanto-Epistrophic Ligament: Clinical Syndrome and Surgical Anatomy. Neurosurgery. 1990; 27:288–291

[5] Anthony M. Headache and the greater occipital nerve. Clin Neurol Neurosurg. 1992; 94:297–301

[6] Weiner RL, Reed KL. Peripheral neurostimulation for control of intractable occipital neuralgia. Neuromodulation. 1999; 2:217–221

[7] Freund BJ, Schwartz M. Treatment of chronic cervical-associated headache with botulinum toxin A: a pilot study. Headache. 2000; 40:231–236

[8] Weinberger LM. Cervico-Occipital Pain and Its Surgical Treatment. Am J Surg. 1978; 135:243–247

[9] Bogduk N. Local Anesthetic Blocks of the Second Cervical Ganglion. A Technique with Application in Occipital Headache. Cephalalgia. 1981; 1:41–50

[10] Bovim G, Fredriksen TA, Stolt-Nielsen A, Sjaastad O. Neurolysis of the greater occipital nerve in cervicogenic headache. A follow up study. Headache. 1992; 32:175–179

[11] Katz JN, Simmons BP. Clinical practice. Carpal tunnel syndrome. N Engl J Med. 2002; 346:1807–1812

[12] Laha RK, Lunsford LD, Dujovny M. Lacertus Fibrosus Compression of the Median Nerve. J Neurosurg. 1978; 48:838–841

[13] Nakano KK, Lundergan C, Okihiro M. Anterior Interosseous Nerve Syndromes: Diagnostic Methods and Alternative Treatments. Arch Neurol. 1977; 34:477–480

[14] Stewart JD. In: Median Nerve. Focal Peripheral Neuropathies . 4th ed. West Vancouver, Canada: JBJ Publishing; 2010:214–239

[15] Yasargil MG, Antic J, Laciga R, et al. Microsurgical Pterional Approach to Aneurysms of the Basilar Bifurcation. Surg Neurol. 1976; 6

[16] Atroshi I, Gummesson C, Johnsson R, Ornstein E, Ranstam J, Rosen I. Prevalence of carpal tunnel syndrome in a general population. JAMA. 1999; 282:153–158

[17] Mosier BA, Hughes TB. Recurrent carpal tunnel syndrome. Hand Clin. 2013; 29:427–434

[18] Jain NB, Higgins LD, Losina E, Collins J, Blazar PE, Katz JN. Epidemiology of musculoskeletal upper extremity ambulatory surgery in the United States. BMC Musculoskelet Disord. 2014; 15. DOI: 10.1186/1471-2474-15-4

[19] Feldman RG, Goldman R, Keyserling WM. Classical Syndromes in Occupational Medicine: Peripheral Nerve Entrapment Syndromes and Ergonomic Factors. Am J Ind Med. 1983; 4:661–681

[20] Padua L, Aprile I, Caliandro P, et al. Carpal tunnel syndrome in pregnancy: multiperspective followup of untreated cases. Neurology. 2002; 59:1643–1646

[21] Phalen GS. The Carpal Tunnel Syndrome. Clinical Evaluation of 598 Hands. Clin Ortho Rel Res. 1972; 83

[22] Sandzen SC. Carpal Tunnel Syndrome. Am Fam Physician. 1981; 24:190–204

[23] Upton RM, McComas AJ. The Double Crush in Nerve Entrapment Syndromes. Lancet. 1973; 11:359–362

[24] Wilbourn AJ, Gilliatt RW. Double-Crush Syndrome: A Critical Analysis. Neurology. 1997; 49:21–29

[25] Rempel DM, Harrison RJ, Barnhart S. Work-Related Cumulative Trauma Disorders of the Upper Extremity. JAMA. 1992; 267:838–842

[26] Robinson LR. How electrodiagnosis predicts clinical outcome of focal peripheral nerve lesions. Muscle Nerve. 2015; 52:321–333

[27] Werner RA, Andary M. Electrodiagnostic evaluation of carpal tunnel syndrome. Muscle Nerve. 2011; 44:597–607

[28] Jablecki CK, Andary MT, Floeter MK, Miller RG, Quartly CA, Vennix MJ, Wilson JR, American Association of Electrodiagnostic Medicine, American Academy of Neurology, American Academy of Physical Medicine, Rehabilitation. Practice parameter: Electrodiagnostic studies in carpal tunnel syndrome. Report of the American Association of Electrodiagnostic Medicine, American Academy of Neurology, and the American Academy of Physical Medicine and Rehabilitation. Neurology. 2002; 58:1589–1592

[29] Campbell WW. Guidelines in electrodiagnostic medicine. Practice parameter for electrodiagnostic studies in ulnar neuropathy at the elbow. Muscle Nerve Suppl. 1999; 8:S171–S205

[30] American Association of Electrodiagnostic Medicine. Chapter 9: Practice parameter for needle electromyographic evaluation of patients with suspected cervical radiculopathy: Summary statement. Muscle Nerve. 1999; 22:S209–S211

[31] Bland JD. A neurophysiological grading scale for carpal tunnel syndrome. Muscle Nerve. 2000; 23:1280–1283

[32] Robinson L, Kliot M. Stop using arbitrary grading schemes in carpal tunnel syndrome. Muscle Nerve. 2008; 37. DOI: 10.1002/mus.21012

[33] Bland JD. Stop using arbitrary grading schemes in carpal tunnel syndrome. Muscle Nerve. 2008; 38:1527; author reply 1527–1527; author reply 1528

[34] Keith MW, Masear V, Chung KC, Amadio PC, Andary M, Barth RW, Maupin K, Graham B,Watters WC,3rd, Turkelson CM, Haralson RH,3rd, Wies JL, McGowan R. American Academy of Orthopaedic Surgeons clinical practice guideline on the treatment of carpal tunnel syndrome. J Bone Joint Surg Am. 2010; 92:218–219

[35] Stewart JD. Mononeuropathies in Diabetics. 2012

[36] Thomsen NO, Cederlund R, Rosen I, Bjork J, Dahlin LB. Clinical outcomes of surgical release among diabetic patients with carpal tunnel syndrome: prospective follow-up with matched controls. J Hand Surg Am. 2009; 34:1177–1187

[37] Burke DT, Burke MM, Stewart GW, Cambre A. Splinting for carpal tunnel syndrome: in search of the optimal angle. Arch Phys Med Rehabil. 1994; 75:1241–1244

[38] Walker WC, Metzler M, Cifu DX, Swartz Z. Neutral wrist splinting in carpal tunnel syndrome: a comparison of night-only *versus* full-time wear instructions. Arch Phys Med Rehabil. 2000; 81:424–429

[39] Linskey ME, Segal R. Median Nerve Injury from Local Steroid Injection in Carpal Tunnel Syndrome. Neurosurgery. 1990; 26:512–515

[40] Pagnanelli DM, Barrer SJ. Bilateral Carpal Tunel Release at One Operation: Report of 228 Patients. Neurosurgery. 1992; 31:1030–1034

[41] Katz JN, Keller RB, Simmons BP, Rogers WD, Bessette L, Fossel AH, Mooney NA. Maine Carpal Tunnel Study: outcomes of operative and nonoperative therapy for carpal tunnel syndrome in a community- based co-hort. J Hand Surg Am. 1998; 23:697–710

[42] Brown RA, Gelberman RH, Seiler JG, III, Abrahamsson SO, Weiland AJ, Urbaniak JR, Schoenfeld DA, Furcolo D. Carpal tunnel release. A prospective, randomized assessment of open and endoscopic methods. J Bone Joint Surg. 1993; 75:1265–1275

[43] Pagnanelli DM, Barrer SJ. Carpal Tunel Syndrome: Surgical Treatment Using the Paine Retinaculatome. J Neurosurg. 1991; 75:77–81

[44] Louie D, Earp B, Blazar P. Long-term outcomes of carpal tunnel release: a critical review of the literature. Hand (N Y). 2012; 7:242–246

[45] Atroshi I, Larsson GU, Ornstein E, Hofer M, Johnsson R, Ranstam J. Outcomes of endoscopic surgery compared with open surgery for carpal tunnel syndrome among employed patients: randomised controlled trial. BMJ. 2006; 332. DOI: 10.1136/bmj.3 8863.632789.1F

[46] Atroshi I, Hofer M, Larsson GU, Ornstein E, Johnsson R, Ranstam J. Open compared with 2-portal endoscopic carpal tunnel release: a 5-year follow-up of a randomized controlled trial. J Hand Surg Am. 2009; 34:266–272

[47] Louis DS, Greene TL, Noellert RC. Complications of Carpal Tunnel Surgery. J Neurosurg. 1985; 62:352–356

[48] Louie DL, Earp BE, Collins JE, Losina E, Katz JN, Black EM, Simmons BP, Blazar PE. Outcomes of open carpal tunnel release at a minimum of ten years. J Bone Joint Surg Am. 2013; 95:1067–1073

[49] Guyette TM, Wilgis EF. Timing of improvement after carpal tunnel release. J Surg Orthop Adv. 2004; 13:206–209

[50] Zyluk A, Puchalski P. A comparison of the results of carpal tunnel release in patients in different age groups. Neurol Neurochir Pol. 2013; 47:241–246

[51] Padua L, Lo Monaco M, Padua R, Tamburrelli F, Gregori B, Tonali P. Carpal tunnel syndrome: neurophysiological results of surgery based on preoperative electrodiagnostic testing. J Hand Surg Br. 1997; 22:599–601

[52] Nancollas MP, Peimer CA, Wheeler DR, Sherwin FS. Long-term results of carpal tunnel release. J Hand Surg Br. 1995; 20:470–474

[53] Katz JN, Fossel KK, Simmons BP, Swartz RA, Fossel AH, Koris MJ. Symptoms, functional status, and neuromuscular impairment following carpal tunnel release. J Hand Surg Am. 1995; 20:549–555

[54] Pensy RA, Burke FD, Bradley MJ, Dubin NH, Wilgis EF. A 6-year outcome of patients who cancelled carpal tunnel surgery. J Hand Surg Eur Vol. 2011; 36:642–647

[55] Thomsen NO, Rosen I, Dahlin LB. Neurophysiologic recovery after carpal tunnel release in diabetic patients. Clin Neurophysiol. 2010; 121:1569–1573

[56] Jones NF, Ahn HC, Eo S. Revision surgery for persistent and recurrent carpal tunnel syndrome and for failed carpal tunnel release. Plast Reconstr Surg. 2012; 129:683–692

[57] Ginanneschi F, Milani P, Reale F, Rossi A. Short-term electrophysiological conduction change in median nerve fibres after carpal tunnel release. Clin Neurol Neurosurg. 2008; 110:1025–1030

[58] Shurr DG, Blair WF, Bassett G. Electromyographic changes after carpal tunnel release. J Hand Surg Am. 1986; 11:876–880

[59] Schrijver HM, Gerritsen AA, Strijers RL, Uitdehaag BM, Scholten RJ, de Vet HC, Bouter LM. Correlating nerve conduction studies and clinical outcome measures on carpal tunnel syndrome: lessons from a randomized controlled trial. J Clin Neurophysiol. 2005; 22:216–221

[60] Rotman MB, Enkvetchakul BV, Megerian JT, Gozani SN. Time course and predictors of median nerve conduction after carpal tunnel release. J Hand Surg Am. 2004; 29:367–372

[61] Stolp KA. Upper extremity Focal Neuropathies. 2013

[62] Brazis PW, Masdeu JC, Biller J. Localization in Clinical Neurology. 2nd ed. Boston: Little Brown and Company; 1990

[63] Harrop JS, Hanna A, Silva MT, Sharan A, Benzel EC, Stewart TJ. Neurological manifestations of cervical spondylosis: an overview of signs, symptoms, and pathophysiology. Neurosurgery. 2007; 60:S1–14-20

[64] Wilkins RH, Rengachary SS. Neurosurgery. New York 1985

[65] Dumitru D. Elecctrodiagnostic Medicine. Philadelphia: Hanley and Belfus; 1995

[66] Bonney G. Iatrogenic Injuries of Nerves. J Bone Joint Surg. 1986; 68B:9–13

[67] Stewart JD. In: Ulnar Nerve. Focal Peripheral Neuropathies . 4th ed. West Vancouver, Canada: JBJ Publishing; 2010:258–313

[68] Bartels RHMA, Menovsky T, Van Overbeeke JJ, Verhagen WIM. Surgical Management of Ulnar Nerve Compression at the Elbow: An Analysis of the Literature. J Neurosurg. 1988; 89:722–727

[69] Padua L, Aprile I, Mazza O, Padua R, Pietracci E, Caliandro P, Pauri F, D'Amico P, Tonali P. Neurophysiological classification of ulnar entrapment across the elbow. Neurol Sci. 2001; 22:11–16

[70] Practice parameter: electrodiagnostic studies in ulnar neuropathy at the elbow. American Association of Electrodiagnostic Medicine, American Academy of Neurology, and American Academy of Physical Medicine and Rehabilitation. Neurology. 1999; 52:688–690

[71] Beekman R, Wokke JH, Schoemaker MC, Lee ML, Visser LH. Ulnar neuropathy at the elbow: followup and prognostic factors determining outcome. Neurology. 2004; 63:1675–1680

[72] Cartwright MS, Chloros GD, Walker FO, Wiesler ER, Campbell WW. Diagnostic ultrasound for nerve transection. Muscle Nerve. 2007; 35:796–799

[73] Caliandro P, La Torre G, Padua R, Giannini F, Padua L. Treatment for ulnar neuropathy at the elbow. Cochrane Database Syst Rev. 2012; 7. DOI: 10.1002/14651858.CD006839.pub3

[74] Elhassan B, Steinmann SP. Entrapment neuropathy of the ulnar nerve. J Am Acad Orthop Surg. 2007; 15:672–681

[75] Le Roux PD, Ensign TD, Burchiel KJ. Surgical Decompression Without Transposition for Ulnar Neuropathy: Factors Determining Outcome. Neurosurgery. 1990; 27:709–714

[76] Kline DG, Hudson AR. Nerve Injuries: Operative Results for Major Nerve Injuries, Entrapments, and Tumors. Philadelphia: W. B. Saunders; 1995

[77] Janjua RM, Fernandez J, Tender G, Kline DG. Submuscular transposition of the ulnar nerve for the treatment of cubital tunnel syndrome. Neurosurgery. 2008; 63:321–4; discussion 324-5

[78] Spinner RJ, O'Driscoll SW, Jupiter JB, Goldner RD. Unrecognized dislocation of the medial portion of the triceps: another cause of failed ulnar nerve transposition. J Neurosurg. 2000; 92:52–57

[79] Bartels RH, Verhagen WI, van der Wilt GJ, Meulstee J, van Rossum LG, Grotenhuis JA. Prospective randomized controlled study comparing simple decompression *versus* anterior subcutaneous transposition for idiopathic neuropathy of the ulnar nerve at the elbow: Part 1. Neurosurgery. 2005; 56:522–30; discussion 522-30

[80] Biggs M, Curtis JA. Randomized, prospective study comparing ulnar neurolysis in situ with submuscular transposition. Neurosurgery. 2006; 58:296–304; discussion 296-304

[81] Tindall SC. Comment on LeRoux P D, et al.: Surgical Decompression without Transposition for Ulnar Neuropathy: Factors Determining Outcome. Neurosurgery. 1990; 27

[82] Youmans JR. Neurological Surgery. Philadelphia 1990

[83] Shea JD, McClain EJ. Ulnar-Nerve Compression Syndromes at and Below the Wrist. J Bone Joint Surg. 1969; 51A:1095–1103

[84] Cavallo M, Poppi M, Martinelli P, Gaist G. Distal Ulnar Neuropathy from Carpal Ganglia: A Clinical and Electrophysiological Study. Neurosurgery. 1988; 22:902–905

[85] Dyck PJ, Thomas PK. Peripheral Neuropathy. 2nd ed. Philadelphia: W. B. Saunders; 1984

[86] Roles NC, Maudsley RH. Radial Tunnel Syndrome: Resistant Tennis Elbow as a Nerve Entrapment. J Bone Joint Surg. 1972; 54B:499–508

[87] McKowen HC, Voorhies RM. Axillary Nerve Entrapment in the Quadrilateral Space: Case Report. J Neurosurg. 1987; 66:932–934

[88] de Laat EAT, Visser CPJ, Coene LNJEM, Pahlplatz PVM, Tavy DLJ. Nerve Lesions in Primary Shoulder Dislocations and Humeral Neck Fractures. J Bone Joint Surg. 1994; 76B:381–383

[89] Hadley MN, Sonntag VKH, Pittman HW. Suprascapular Nerve Entrapment: A Summary of Seven Cases. J Neurosurg. 1986; 64:843–848

[90] Fritz RC, Helms CA, Steinbach LS, et al. Suprascapular nerve entrapment: Evaluation with MR imaging. Radiology. 1992; 182:437–444

[91] Callahan JD, Scully TB, Shapiro SA, Worth RM. Suprascapular Nerve Entrapment: A Series of 27 Cases. J Neurosurg. 1991; 74:893–896

[92] Stevens HI. Meralgia Paresthetica. Arch Neurol Psychiatry. 1957; 77:557–574

[93] Williams PH, Trzil KP. Management of Meralgia Paresthetica. J Neurosurg. 1991; 74:76–80

[94] Devers A, Galer BS. Topical lidocaine patch relieves a variety of neuropathic pain conditions: an openlabel study. Clin J Pain. 2000; 16:205–208

[95] Aldrich EF, Van den Heever C. Suprainguinal Ligament Approach for Surgical Treatment of Meralgia Paresthetica. Technical Note. J Neurosurg. 1989; 70:492–494

[96] Kars HZ, Topaktas S, Dogan K. Aneurysmal Peroneal Nerve Compression. Neurosurgery. 1992; 30:930–931

31 Neuropatias Periféricas sem Encarceramento

31.1 Definições

▶ **Neuropatia periférica.** (O termo polineuropatia também é ocasionalmente usado). Lesões difusas de nervos periféricos, produzindo fraqueza, distúrbio sensorial e/ou alterações dos reflexos

▶ **Mononeuropatia.** Distúrbio de um único nervo, frequentemente secundário a trauma ou encarceramento

▶ **Mononeuropatia múltipla.** Envolvimento de 2 ou mais nervos, geralmente por causa de uma anormalidade sistêmica (p. ex., vasculite, artrite reumatoide, DM...). O tratamento é direcionado ao distúrbio subjacente

31.2 Etiologias da neuropatia periférica

Um mnemônico para as etiologias das neuropatias periféricas é "GRAND THERAPIST" (Ver ▶ Quadro 31.1). Diabetes, alcoolismo e Guillain-Barré (em itálico na tabela) representam 90% dos casos. Outras etiologias incluem: artrite/vasculite, gamopatia monoclonal (p. 547), crioglobulinemia associada ao vírus da hepatite C, polineurite idiopática aguda, síndrome de Sjögren (doença).

31.3 Classificação

1. neuropatias hereditárias
   a) Charcot-Marie-Tooth (CMT) (conhecida como atrofia muscular fibular, Neuropatia Motora e Sensorial Hereditária (HMSN)): Até 7 tipos (a forma mais comum é autossômica dominante, mas formas recessivas ligadas ao cromossomo X também existem). Os tipos 1 & 2 da CMT constituem juntos o distúrbio hereditário de nervos periféricos mais comum (até 40/100.000). As formas mais comuns envolvem desmielinização. Perda progressiva da função motora (primariamente da LE *distal*) e, em menor grau, sensorial (predominantemente propriocepção e vibração), com atrofia nas UEs & LEs. Achados iniciais: pé cavo com dedos do pé em martelo, pé caído e frequentes entorses de tornozelo. Os pacientes são mais suscetíveis às neuropatias por encarceramento devido ao comprometimento subjacente dos nervos periféricos. Pacientes com o Tipo 1 geralmente mantêm a capacidade de deambulação, enquanto que os pacientes com o Tipo 2 sofrem perda da deambulação na adolescência
   b) neuropatia hereditária com predisposição a paralisia por pressão (HNPP): similar à CMT, porém devido às áreas focais de espessamento irregular das bainhas de mielina (alterações tomaculares), trauma leve ou pressão podem produzir paralisias nervosas que podem persistir por meses
2. neuropatias adquiridas: ver seções abaixo para detalhes
   a) neuropatias *sensoriais* puras adquiridas (na ausência de disfunção autonômica) são raras. Podem ser observadas na terapia com piridoxina ou nas síndromes paraneoplásicas (ver abaixo)
   b) neuropatias por encarceramento (p. 515)
3. pseudoneuropatia
   a) definição: transtornos somatoformes psicogênicos ou simulação, reproduzindo dores, parestesia, hiperalgesia, fraqueza, e até mesmo achados objetivos, como alterações de cor e temperatura que podem mimetizar sintomas neuropáticos[2]

Quadro 31.1 Mnemônico para as etiologias de neuropatia periférica

G-R-A-N-D	T-H-E-R-A-P-I-S-T
Guillain-Barré (p. 184) **R**enal; neuropatia urêmica (p. 549) **A**lcoolismo (ver abaixo) **N**utricional (deficiência de B12...) **D**iabetes; ver abaixo ou em Fármacos (p. 546)	**T**raumática **H**ereditária **E**ndócrina ou Encarceramento **R**adiação **A**miloide (p. 549) ou AIDS (p. 547) **P**orfiria (deve estar sob hereditária) ou **P**siquiátrica ou **P**araneoplásica (ver abaixo) ou **P**seudoneuropatia (ver abaixo) ou **P**MR (p. 198) ou **P**olicitemia vera[1] **I**nfecciosa/pós-infecciosa (p. ex., doença de Hansen) **S**arcoidose, ver neurossarcoidose (p. 189) ou "**S**istêmica" **T**oxinas, incluindo metais pesados, p. ex., toxicidade por chumbo (plumbismo) (p. 1017)

31.4 Clínica

31.4.1 Apresentação

Neuropatias periféricas podem-se manifestar como perda da sensação, dor, fraqueza, descoordenação e dificuldade de deambulação.

31.4.2 Avaliação

Exames iniciais (rastreio) para neuropatias periféricas de etiologia desconhecida:
1. testes sanguíneos: Hgb-A1C, TSH, ESR e vitamina B12
2. EMG

31.5 Síndromes de neuropatia periférica

31.5.1 Polineuropatia da doença crítica (CIP)

Também conhecida como neuropatia do paciente crítico, neuropatia ICU... Ver DDx em síndrome de Guillain-Barré (p. 186).

Pode ocorrer em até 70% dos pacientes sépticos (nem todos são significativamente sintomáticos). Afeta primariamente os músculos distais.

Critérios diagnósticos:
1. presença de septicemia, falência de múltiplos órgãos, insuficiência respiratória ou síndrome da resposta inflamatória sistêmica (SIRS)
2. dificuldade de desmame do ventilador ou fraqueza nas extremidades
3. EMG: ↓ amplitudes dos potenciais de ação musculares compostos (CMAP) e SNAP
4. potenciais de desnervação muscular difusos
5. níveis séricos normais ou levemente aumentados de CPK

Recuperação ocorre em semanas a meses (mais rápido do que na Guillain-Barré).

Tratamento é de suporte. Recuperação completa ocorre em 50%.

31.5.2 Síndromes paraneoplásicas afetando o sistema nervoso

Ocorre em < 1% dos pacientes de câncer. Neuropatia *sensorial* periférica de etiologia desconhecida tem sido associada ao câncer desde suas primeiras descrições.[3] No entanto, em pacientes com neuropatia sensorial de etiologia desconhecida, neoplasias ocultas devem ser descartadas. Se os exames forem negativos, o paciente deve ser acompanhado, visto que câncer será descoberto em até 35% dos pacientes após um intervalo médio de 28 meses do início da neuropatia (varia de 3 a 72 meses)[4] (nenhum tipo particular de câncer predominou, apesar de que, historicamente, o câncer de pulmão é a neoplasia mais frequente associada à neuropatia sensorial[5]).

31.5.3 Neuropatia alcoólica

Caracteristicamente, produz uma neuropatia sensorial difusa, com reflexos aquileus ausentes.

31.5.4 Neuropatia do plexo braquial

Ver referência.[6 (p. 918)]

Avaliação

Quando a etiologia for incerta, verificar o CXR (com incidência lordótica apical), glicose, ESR e ANA.

Na ausência de melhora em ≈ 4 semanas, obter uma MRI do plexo (plexite braquial idiopática normalmente começará a mostrar alguma melhora ao redor desse período e, portanto, tumor deve ser descartado, se não houver melhora).

Diagnóstico diferencial das etiologias da plexopatia braquial

1. síndrome de Pancoast ou tumor de Pancoast conhecida como tumor de sulco superior. Clínica: várias combinações de dor no ombro que irradia para a extremidade superior na distribuição do nervo ulnar

Neuropatias Periféricas sem Encarceramento

secundário ao envolvimento do plexo braquial inferior, atrofia dos músculos da mão, síndrome de Horner (p. 564), edema de UE. Etiologias:

a) neoplasias:
- mais comum: câncer broncogênico, geralmente de não pequenas células (NSCLC) (célula escamosa ou adenocarcinoma) localizadas no ápice pulmonar
- metástases

b) infecções

c) inflamatória: granulomas, amiloide

2. plexite braquial (idiopática) conhecida como amiotrofia neurálgica: mais comumente no plexo superior ou difusa (ver abaixo)
3. costela cervical
4. viral
5. após radioterapia: geralmente difusa (ver abaixo)
6. diabetes
7. vasculite
8. hereditária: genética dominante
9. trauma (p. 550)

Amiotrofia neurálgica da extremidade superior

Informações gerais

Conhecida como neuropatia de plexo braquial idiopática, neurite braquial (paralítica), plexite braquial, síndrome de Parsonage-Turner,[7] neuropatia do plexo braquial imunomediada, entre outros. Idiopática. Não claramente infecciosa ou inflamatória; possível mecanismo alérgico. O prognóstico é geralmente favorável. Padrões comuns: mononeuropatia única ou múltipla, ou alguma combinação. Os dados demográficos são exibidos no ▶ Quadro 31.2.

Em uma revisão de 99 casos:[8] sintoma predominante é o início agudo de *dor* intensa, com fraqueza se desenvolvendo simultaneamente ou após um período variável (70% ocorrem dentro de um período de 2 semanas da dor), geralmente após redução da dor.[7,9] A fraqueza nunca precedeu a dor, e seu início foi súbito em 80%. Dor foi geralmente constante, e descrita como "intensa", "em pontada", "latejante" ou "aguda". Movimento dos braços exacerbou a dor, e dor muscular foi observada em 15%. Dor durava de horas a várias semanas. Parestesia ocorreu em 35%. Dor geralmente não apresentava aspectos radiculares. Quando bilateral, a fraqueza é normalmente assimétrica.

Exame

Fraqueza ou paralisia em 96%, confinada à cintura escapular em 50%. Em ordem descendente de envolvimento: deltoide, espinal, serrátil anterior, bíceps braquial e tríceps. Alamento escapular ocorreu em 20%. Perda sensorial ocorreu em 60% das lesões de plexo, de variedade mista (cutânea superficial e propriocepção). Perda sensorial é mais comum na superfície externa do braço superior (distribuição do nervo circunflexo) e superfície radial do antebraço. Os reflexos foram variáveis.

Quadro 31.2 Amiotrofia neurálgica

incidência	1,64 por 100.000 pessoas
homem:mulher	2,4:1
faixa de idade no início	3 meses – 75 anos
pródromo	• ≈45% apresentaram pródromo viral (URI em 25%) • pode ocorrer pós-vacinação
início	início rápido da dor ou paralisia/paresia
sintoma inicial	dor em 95%
fraqueza	• 50% confinada à cintura escapular • 10% confinada a um único nervo periférico
déficit sensorial	67%, geralmente axilar e antebraquial cutâneo
lateralidade	• 66% unilateral (lado direito em 54%) • 34% bilateral
exames laboratoriais	normais

Distribuição geral foi considerada envolver predominantemente o plexo *superior* em 56%, plexo difuso em 38% e inferior em 6%.

EMG/NCV

Pode ajudar a localizar a porção envolvida do plexo, e pode detectar o envolvimento subclínico da extremidade contralateral. É necessário aguardar ≥ 3 semanas a partir do início do quadro para achados. Diferenciando da radiculopatia cervical: SNAP deve estar normal na radiculopatia, enquanto algum envolvimento geralmente ocorre na plexite. Paraespinais cervicais geralmente estarão normais na plexite (exceto em casos muito graves, em que pode haver algum envolvimento retrógrado), e anormais (fibrilações) na radiculopatia (exceto nos casos em que tenha havido tempo o suficiente para que ocorra uma recuperação significativa).

Resultado

Recuperação funcional é melhor em pacientes com envolvimento primeiramente do plexo superior. Após 1 ano, 60% das lesões do plexo superior obtiveram uma recuperação funcional completa, comparadas a nenhuma com envolvimento inferior (que levaram de 1,5-3 anos). Estimou-se uma taxa de recuperação de 36% em 1 ano, 75% em 2 e 89% em 3 anos. Recidiva foi observada em apenas 5%. Não há evidência de alteração do curso da doença pelos esteroides, embora estes ainda sejam frequentemente prescritos na fase aguda.

Neuropatia do plexo braquial induzida pela radiação

Geralmente após a radioterapia externa na região da axila para carcinoma de mama. Produz perda sensorial com ou sem fraqueza. CT ou MRI ou biópsia pode ser necessária para descartar invasão tumoral do plexo braquial.

31.5.5 Neuropatia do plexo lombossacral

Ver referência.[10]

Informações gerais

Análoga à plexite braquial idiopática (ver acima). É controverso se esta condição realmente existe isoladamente sem diabetes. Frequentemente começa com dor de início súbito na LE, seguida em dias ou algumas semanas por fraqueza com ou sem atrofia muscular. Sintomas sensoriais são menos proeminentes e geralmente envolvem parestesia. Perda sensorial objetiva é observada apenas ocasionalmente. Pode haver sensibilidade sobre o nervo femoral.

Diagnóstico diferencial

Pode ser confundido com neuropatia femoral ou radiculopatia de L4 quando fraqueza e perda de massa muscular do quadríceps ocorrem. De modo similar, radiculopatia de L5 ou neuropatia fibular pode ser erroneamente suspeita quando pé caído é observado. O teste de elevação da perna reta pode ocasionalmente ser positivo. Conspicuamente ausentes são: dorsalgia, exacerbação da dor pela manobra de Valsalva ou movimento da coluna e envolvimento sensorial significativo. Ver diagnóstico diferencial de pé caído (p. 1417) e outras causas de ciática (p. 1410).

Etiologias

Outras etiologias são similares àquelas da neuropatia do plexo braquial (ver acima), exceto que, em tumor, uma massa pélvica também deve ser incluída (verificar a próstata no exame retal).

Avaliação

A avaliação é a mesma que para a neuropatia de plexo braquial (ver acima), exceto que em vez de uma MRI do plexo braquial, uma MRI lombar e CT pélvica devem ser realizadas para descartar a presença de massas.

EMG é fundamental para o diagnóstico: evidência de desnervação focal (potenciais de fibrilação e potenciais de unidade motora reduzidos em número ou aumentados em amplitude ou duração e polifásicos), envolvendo pelo menos 2 níveis segmentares com *preservação* dos músculos paraespinais, é altamente diagnóstica (após exclusão de diabetes, etc.).

Resultado

Recuperação da dor precede o retorno da força. Melhora é geralmente monofásica, lenta (anos) e incompleta.

Neuropatias Periféricas sem Encarceramento **545**

31.5.6 Neuropatia diabética

Informações gerais
≈ 50% dos pacientes com DM desenvolvem sintomas neuropáticos ou exibem desaceleração das velocidades de condução nervosa nos testes eletrodiagnósticos. Neuropatia pode ocasionalmente ser a manifestação inicial da diabetes. Neuropatia diabética é reduzida com o controle rigoroso da glicemia.[11]

Síndromes
Não existe um acordo com relação ao número de síndromes clínicas distintas: há provavelmente uma série de eventos,[12] e estes provavelmente ocorrem em várias combinações. Algumas das síndromes mais facilmente identificadas incluem:
1. polineuropatia sensorial primária: simétrica, afetando os pés e pernas mais do que as mãos. Crônica, lentamente progressiva. Geralmente com perda acelerada da sensação vibratória distal (perda normal com o envelhecimento é de ≈ 1% por ano após os 40 anos de idade). Apresenta-se como dor, parestesia e disestesia. As solas dos pés podem ser sensíveis à pressão. Meralgia parestésica (p. 534) pode ser a primeira manifestação
2. neuropatia autonômica: envolvendo a bexiga urinária; intestino e reflexos circulatórios (resultando em hipotensão ortostática). Pode produzir impotência, comprometimento da micção, diarreia, constipação, comprometimento da resposta pupilar à luz
3. neuroplexopatia diabética[13] ou neuropatia proximal: possivelmente secundária à lesão vascular dos nervos (similar a uma mononeurite diabética):
   a) uma que ocorre em pacientes > 50 anos de idade com diabetes tipo II leve que é frequentemente confundida com neuropatia femoral. Causa dor severa no quadril, coxa anterior, joelho e, ocasionalmente, panturrilha medial. Fraqueza do quadríceps, iliopsoas e, ocasionalmente, adutores da coxa. Perda do reflexo patelar. Possível perda sensorial sobre a coxa medial e parte inferior da perna. A dor geralmente melhora em semanas, a fraqueza em meses
   b) ✳ amiotrofia diabética: ocorre em uma população similar de pacientes, geralmente com DM recentemente diagnosticada. Nomes alternativos incluem:[14] síndrome de Bruns-Garland, mononeuropatia isquêmica múltipla...[15] Início súbito de dor assimétrica (geralmente dor/queimação profunda com paroxismos lancinantes sobrepostos, mais severa durante a noite) na coluna, quadril, nádegas, coxa ou perna. Fraqueza progressiva nos músculos proximais e distais, frequentemente precedida por perda de peso. Reflexos patelares estão ausentes ou reduzidos. Perda sensorial é mínima. Músculos proximais (especialmente da coxa) podem atrofiar. Os achados da EMG são compatíveis com desmielinização invariavelmente acompanhada por degeneração axonal, com envolvimento dos paraespinais e sem evidência de miopatia. Os sintomas podem evoluir progressivamente ou gradualmente durante semanas, ou até 18 meses e, então, se resolverem gradualmente. A extremidade oposta pode-se tornar envolvida durante o curso da doença, ou após meses ou anos. Biópsia do nervo sural pode sugerir desmielinização
   c) neuropatia diabética proximal (DPN): achados bastante similares aos da amiotrofia diabética, salvo o início subagudo do envolvimento simétrico da LE que geralmente começa com fraqueza e pode ser uma variante.[16] O ▶ Quadro 31.3 (adaptado[16]) compara a DPN à amiotrofia diabética e à polirradiculoneuropatia desmielinizante inflamatória crônica (CIDP)

Tratamento
O tratamento da síndrome de Bruns-Garland é primariamente expectante, embora imunoterapia (esteroides, imunoglobulina ou plasmaférese) possa ser considerada em casos graves ou progressivos (eficácia não comprovada).[16]

Para polineuropatia sensorial, o controle adequado da glicemia contribui com a redução dos sintomas. Agentes adjuvantes que já foram usados incluem:
1. mexiletina (Mexitil®): iniciar com 150 mg a cada 8 h, e aumentar a dose em um máximo de 10 mg/kg/dia até obter o efeito desejado
2. amitriptilina (Elavil®) e flufenazina (Prolixin®): R: iniciar com 25 mg de amitriptilina PO à noite e 1 mg de flufenazina PO TID; e aumentar a dose até 75 mg de amitriptilina PO à noite [17] (≈ 100 mg por dia de amitriptilina isoladamente também pode ser eficaz[18]). A utilidade foi questionada,[19] mas muitos estudos mostram benefício.[18,20] **Efeitos colaterais:** que podem limitar o uso incluem sedação, confusão, fadiga, mal-estar, hipomania, erupção cutânea, retenção urinária e hipotensão ortostática
3. desipramina (Norpramin®): bloqueador mais seletivo da recaptação de norepinefrina (que parece mais eficaz para esta condição do que os bloqueadores de recaptação da serotonina). Eficácia em doses médias de 110 mg/dia similar à da amitriptilina e, portanto, pode ser útil para pacientes incapazes de tolerar amitriptilina.[18] **Efeitos colaterais:** incluem insônia (pode ser minimizada pela dosagem matinal), hipotensão ortostática, erupção cutânea, bloqueio de ramo, tremor, pirexia. **Apresentação:** comprimidos de 10, 25, 50, 75, 100 e 150 mg
4. capsaicina (Zostrix®) (p. 496): eficaz em alguns

Quadro 31.3 Comparação da amiotrofia diabética, neuropatia diabética proximal (DPN) e CIDP

Descrição	Amiotrofia diabética	DPN	CIDP
início	agudo	subagudo	gradual
sintomas iniciais	dor assimétrica → fraqueza	fraqueza simétrica	fraqueza simétrica
fraqueza da UE	não	incomum	sim
perda sensorial	mínima	mínima	moderada
arreflexia	LE	LE	generalizada
proteínas do CSF	variável	aumentada	aumentada
alterações axonais patológicas	comum	típico	incomum
desaceleração da condução	focal	focal	difusa
prognóstico	favorável	favorável	desfavorável sem tratamento
resposta à imunoterapia	desconhecida	possível	sim
evolução	monofásica	monofásica	progressiva

5. paroxetina (Paxil®): um antidepressivo inibidor seletivo da recaptação de serotonina (SSRI). R: 20 mg PO todas as manhãs. Se necessário, aumentar em 10 mg/d a cada semana até um máximo de 50 mg/dia (exceto em pacientes idosos, debilitados, ou com insuficiência renal ou hepática, em que a dose máxima é de 40 mg/d). **Apresentação:** comprimidos de 20 mg (sulcados) e 30 mg

6. gabapentina (Neurontin®): doses de 1.800-3.600 mg/d produzem pelo menos um alívio moderado da dor causada por neuropatia diabética dolorosa em 60% dos pacientes[21] e foi ≈ tão eficaz quanto a amitriptilina.[22] A dose deve ser reduzida na insuficiência renal. Ver detalhes (p. 455)

7. pregabalina (Lyrica®): R: iniciar com 50 mg TID e aumentar até um máximo de 100 mg PO TID ao longo de 1 semana em pacientes com uma depuração da creatinina ≥ 60 mL/min, ver Eq (7.1) para uma estimativa. A dosagem deve ser reduzida na insuficiência renal. **Apresentação:** cápsulas de 25, 50, 75, 100, 150, 200, 225, 300 mg

31.5.7 Neuropatia induzida por drogas

Muitos fármacos foram implicados como possíveis causas de neuropatia periférica. Aqueles que são mais bem estabelecidos ou mais conhecidos incluem:

1. talidomida: neuropatia pode ocorrer com o uso crônico, e pode ser irreversível[23]
2. metronidazol (Flagyl®)
3. fenitoína (Dilantin®)
4. amitriptilina (Elavil®)
5. dapsona: uma complicação rara relatada com o uso em pacientes não leprosos é uma neuropatia periférica reversível que pode ser provocada por degeneração axonal, produzindo uma síndrome tipo Guillain-Barré (p. 184)
6. nitrofurantoína (Macrodantin®): pode adicionalmente causar neurite óptica
7. medicamentos redutores de colesterol: p. ex., lovastatina (Mevacor®), indapamida (Lozon®), genfibrozil (Lopid®)
8. tálio: pode produzir tremores, dores na perna, parestesia nas mãos e pés, polineurite na LE, psicose, delírio, convulsões, encefalopatia
9. arsênico: pode produzir dormência, queimação e formigamento das extremidades
10. quimioterapia: cisplatina, vincristina...

31.5.8 Neuropatia femoral

Achados clínicos

1. déficits motores:
   a) atrofia e fraqueza do quadríceps femoral (extensão do joelho)
   b) fraqueza do iliopsoas (flexão do quadril): quando presente, indica patologia muito proximal (lesão do plexo ou raiz lombar), visto que os ramos direcionados ao iliopsoas se originam imediatamente distal ao forame neural

2. diminuição do reflexo patelar
3. achados sensoriais:
   a) perda sensorial sobre a coxa anterior e panturrilha medial
   b) pode ocorrer dor na mesma distribuição
4. sinais mecânicos: teste do estiramento do nervo femoral positivo (p. 1048)

Etiologias

1. diabetes: a causa mais frequente
2. encarceramento do nervo femoral: raro
   a) pode ocorrer secundário à hérnia inguinal ou pode ser lesionado por suturas profundas colocadas durante a herniorrafia
   b) secundário a uma cirurgia pélvica prolongada por causa da compressão do afastador (geralmente bilateral)
3. tumor intra-abdominal
4. cateterismo da artéria femoral: ver abaixo
5. hematoma retroperitoneal (p. ex., no hemofílico ou em pacientes tratados com anticoagulantes)
6. durante a cirurgia (p. 549)

Diagnóstico diferencial

1. radiculopatia de L4: radiculopatia de L4 normalmente não causa fraqueza do iliopsoas; ver envolvimento de L4 (p. 1412)
2. neuropatia diabética (ver acima)
3. neuropatia do plexo lombossacral (idiopática) (ver acima)

31.5.9 Neuropatia em pacientes com AIDS

Informações gerais

3,3% dos pacientes com AIDS desenvolverão transtornos de nervos periféricos[24] (embora nenhum paciente que era apenas HIV positivo desenvolveu neuropatia). O distúrbio mais comum é a polineuropatia distal simétrica (DSP), geralmente consistindo em formigamento e dormência vaga e, ocasionalmente, pés dolorosos (embora também possa ser indolor). Pode haver redução discreta do tato leve e sensação vibratória. Outras neuropatias incluem mononeuropatias – geralmente meralgia parestésica (p. 534) – mononeuropatia múltipla ou polirradiculopatia lombar. Os fármacos usados para tratar HIV também podem causar neuropatias (ver abaixo).

A DSP em pacientes com AIDS está frequentemente associada à infecção por CMV. Infecção intracelular por *Mycobacterium avium*, ou pode ser decorrente da invasão linfomatosa do nervo ou meningite linfomatosa. Os exames eletrodiagnósticos podem demonstrar um padrão misto de neuropatias desmielinizante e axonal.

Neuropatias associadas aos medicamentos usados para tratar HIV

1. inibidores nucleosídeos da transcriptase reversa
   a) zidovudina (Retrovir®) (anteriormente AZT)
   b) didanosina (ddI; Videx®): (anteriormente dideoxinosina) pode causar neuropatia dolorosa dose-dependente[25]
   c) estavudina (d4T; Zerit®): pode causar neuropatia sensorial, que geralmente melhora quando a d4T é descontinuada, e pode não recorrer se reiniciada em uma dose mais baixa[25]
   d) zalcitabina (ddC; Hivid®): o menos potente dos análogos dos nucleosídeos, portanto, raramente usado; neuropatia dose-dependente pode ser grave e persistente. Mais comum em pacientes com DM ou no tratamento com didanosina[25]
2. inibidores da protease
   a) ritonavir (Norvir®): pode causar parestesia periférica
   b) amprenavir (Agenerase®): pode causar parestesia perioral

31.5.10 Neuropatia associada à gamopatia monoclonal

Informações gerais

Gamopatias monoclonais incluem mieloma (p. 714), macroglobulinemia de Waldenstrom e entidades não malignas, como gamopatia monoclonal de significância indeterminada (MGUS). Muitos esforços foram feitos para determinar quais gamopatias benignas são ou não prováveis de progredir, e não serão abordados aqui.

548 Nervos Periféricos

≈10% dos pacientes com neuropatia sem etiologia aparente serão identificados como tendo uma gamopatia monoclonal (maligna ou não).

Etiologias

1. anticorpos direcionados primeiramente contra oligossacarídeos dos nervos periféricos, p. ex., glicoproteína associada à mielina (MAG), produzindo neuropatia desmielinizante
2. crioglobulinas podem causar danos à *vasa nervorum* (pequenos vasos sanguíneos que abastecem os nervos periféricos)
3. em gamopatias malignas, as células tumorais podem invadir os nervos periféricos (linfomatose)
4. amiloidose (p. 549): deposição de amiloide nos nervos periféricos
5. talidomida (p. 546) usada para tratar alguns mielomas, pode causar neuropatia

Tratamento

1. gamopatias monoclonais IgM: reduzem a concentração de anticorpos IgM
2. gamopatias monoclonais IgG ou IgA:
   a) tratamento para neuropatia associada ao mieloma é direcionado ao tratamento do mieloma
   b) plasmocitoma solitário: excisão ou XRT podem melhorar a neuropatia

31.5.11 Neuropatias perioperatórias

Informações gerais

Também, abaixo. Representam ≈ 1/3 de todas as ações judiciais por erro médico associado à anestesia nos EUA.[26] Frequentemente envolve o nervo ulnar ou o plexo braquial. Em muitos casos, um nervo que é anormal, porém assintomático, pode-se tornar sintomático como resultado de qualquer um dos seguintes fatores: estiramento ou compressão do nervo, isquemia generalizada ou desarranjo metabólico. A lesão pode ser permanente ou temporária. Ocorre quase que exclusivamente em adultos.[27]

Tipos de neuropatias perioperatórias

Exemplos incluem:

1. neuropatia ulnar: controversa. Geralmente atribuída à compressão externa do nervo ou estiramento como resultado do mau posicionamento. Embora isto possa ver verdadeiro em alguns casos, em uma série foi considerado ser um fator em apenas ≈ 17% dos casos.[28] Características relacionadas com o paciente, associadas a estas neuropatias, são exibidas no ▶ Quadro 31.4.[29] Muitos destes pacientes apresentam uma condução nervosa contralateral anormal, sugerindo uma possível condição predisponente.[30] Muitos pacientes não se queixam de sintomas até > 48 horas após a cirurgia[29,30,31] (se fosse causada por compressão, o déficit seria máximo imediatamente após a cirurgia). O risco pode ser reduzido por meio do acolchoamento do braço no, e especialmente distal ao, cotovelo, evitando a flexão do cotovelo (evitando, especialmente, uma flexão > 110°, que pressiona o retináculo do túnel cubital) e reduzindo a quantidade de tempo gasto se recuperando na posição reclinada com apoio sobre os cotovelos[31]
2. neuropatia do plexo braquial: pode ser confundida com neuropatia ulnar. Pode estar associada a:
   a) esternotomia mediana (mais comum com a dissecção mamária interna). Retração posterior do esterno desloca as costelas superiores e pode estirar ou comprimir as raízes de C6 até T1 (que são as principais contribuintes para o nervo ulnar)
   b) posições com a cabeça abaixo do nível do corpo (Trendelenburg), em que o paciente é estabilizado com um suporte para ombro. O suporte deve ser colocado sobre a(s) articulação(ões) acromioclavicular(es), e colchões antiderrapantes e flexão dos joelhos podem ser usados como adjuvantes[27]
   c) posição prona (raro): especialmente com abdução do ombro e flexão do cotovelo com rotação da cabeça contralateral[27]
3. neuropatia mediana: lesão perioperatória do nervo mediano pode ser provocada pelo estiramento do nervo. Raro. Parece ocorrer primariamente em homens de meia-idade com extensão reduzida dos cotovelos decorrente da massa muscular. Isto pode resultar em estiramento do nervo após a adminis-

---

Quadro 31.4 Características relacionadas com o paciente na neuropatia ulnar associada à anestesia

sexo masculino

obesidade (índice de massa corporal ≥ 38)

repouso em cama prolongado no pós-operatório

tração de relaxantes musculares. Acolchoamento deve ser colocado abaixo dos antebraços e mãos destes pacientes para manter uma flexão leve do cotovelo[27]

4. neuropatias da extremidade inferior: a maioria ocorre em pacientes sendo submetidos a procedimentos na posição de litotomia.[27] Frequência de envolvimento em uma grande série de pacientes sendo submetidos a procedimentos na posição de litotomia:[32] fibular comum 81%, ciático 15% e femoral 4%. Fatores de risco, outros que a posição: duração prolongada do procedimento, biotipo extremamente magro e tabagismo no período pré-operatório

   a) neuropatia do fibular comum: suscetível à lesão na fossa poplítea posterior onde o nervo se enrola ao redor da cabeça fibular. Pode ser comprimido por suportes para perna, que devem ser acolchoados nessa área

   b) neuropatia femoral: compressão do nervo por um afastador de parede abdominal autoestático ou isquemia do nervo por oclusão da artéria ilíaca externa.[27] Hemorragia no músculo iliopsoas também pode comprimir o nervo. Ramos cutâneos do nervo femoral podem ser lesionados durante o trabalho de parto e/ou parto[33] (a maioria é transitória)

   c) neuropatia ciática: lesões por estiramento podem ocorrer com a hiperflexão do quadril e extensão do joelho, bem como em algumas variantes da posição de litotomia

   d) meralgia parestésica:[34] tende a ocorrer bilateralmente em jovens esbeltos do sexo masculino posicionados em decúbito ventral em cirurgias que duram 6-10 + horas. Início: 1-8 dias após a cirurgia. Recuperação espontânea tipicamente ocorre ao longo de uma média de 5,8 meses

Controle

Uma vez que uma neuropatia é detectada, determinar se é sensorial, motora ou ambas. Neuropatias sensoriais puras são mais frequentemente temporárias do que as motoras,[29] e uma conduta expectante por ≈ 5 dias é sugerida (pedir para o paciente evitar posturas ou atividades que possam lesionar ainda mais o nervo). Uma consulta neurológica deve ser solicitada para todas as neuropatias motoras e para neuropatias sensoriais que persistem por > 5 dias[27] (avaliação por EMG geralmente não ajudará em um período menor que ≈ 3 semanas após o início do quadro).

31.5.12 Outras neuropatias

Neuropatia amiloide

Amiloide é um agregado proteico extracelular insolúvel que pode ser depositado nos nervos periféricos. Amiloidose ocorre em várias condições, p. ex., em ≈ 15% dos pacientes com **mieloma múltiplo** (p. 714). A neuropatia predominantemente produz uma neuropatia autonômica progressiva e perda sensorial dissociada simétrica (dor e temperatura reduzidas, sensação vibratória preservada). Há geralmente um envolvimento motor menos proeminente. Pode predispor à lesão por pressão dos nervos (especialmente a síndrome do túnel do carpo, ver testes laboratoriais [p. 523]).

Neuropatia urêmica

Ocorre na insuficiência renal crônica. Os sintomas iniciais incluem cãibras, dor disestésica no pé (similar à neuropatia diabética dolorosa) e "pernas inquietas". Reflexos aquileus são perdidos. Uma perda da sensibilidade em forma de meias é seguida posteriormente por fraqueza do LE, que inicia distalmente e ascende. A toxina ofensora não é conhecida. Diálise ou transplante renal alivia os sintomas.

Neuropatia após cateterismo cardíaco

Em uma série de ≈ 10.000 pacientes acompanhados após cateterismo de artéria femoral[35] (p. ex., para angioplastia ou angiografia coronária), neuropatia ocorreu em 0,2% (com uma variação estimada na literatura de até ≈ 3%). Os fatores de risco identificados incluem: pacientes desenvolvendo pseudoaneurismas ou hematomas retroperitoneais após o procedimento, procedimentos necessitando de bainhas de introdução maiores (p. ex., angioplastia e colocação de stent > cateterismo diagnóstico), anticoagulação excessiva (PTT > 90 por pelo menos 12 horas).

Dois grupos de pacientes foram identificados e são exibidos no ▶ Quadro 31.5.

Dor excruciante após o procedimento de cateterismo geralmente precedeu o desenvolvimento ou o reconhecimento da neuropatia.

Tratamento

Após considerar as informações disponíveis, a recomendação é de reparar cirurgicamente os pseudoaneurismas, mas tratar a neuropatia de forma conservadora. *Não* foi possível comprovar que a drenagem cirúrgica do hematoma tenha reduzido o risco de neuropatia. Fraqueza causada por neuropatia do nervo femoral ou obturador foi tratada com reabilitação hospitalar.

Quadro 31.5 Neuropatia após cateterismo cardíaco (N = 9.585)[35]

Complicação do cateterismo	Complicação neurológica
Grupo I (4 pacientes)	

inguinal
hematoma ou pseudoaneurisma
	neuropatia sensorial em todos os 4 casos
	• na distribuição dos nervos cutâneos femorais intermediário e medial →
	  neuropatia sensorial isolada (disestesia e perda sensorial) da coxa anterior e
	  medial
	• ausência de déficit motor

Grupo II (16 pacientes)	
hematoma retroperitoneal grande	neuropatia femoral • sensorial em todos os 16 casos: disestesia da coxa anterior/medial e panturrilha medial • motora em 13 casos: fraqueza do iliopsoas e quadríceps
	neuropatia do obturador em 4 casos • sensorial: coxa medial superior • motora: fraqueza do obturador
	nervo cutâneo femoral lateral → meralgia parestésica

Resultado

Todos os pacientes do grupo apresentaram resolução em < 5 meses. No grupo II, 50% apresentaram resolução completa em 2 meses. 6 pacientes sofreram sintomas persistentes, 5 tiveram neuropatia femoral *sensorial* (1 dos quais a considerou um pouco incapacitante), 1 apresentou fraqueza persistente leve do quadríceps e, ocasionalmente, anda com uma muleta.

31.6 Lesões de nervos periféricos

31.6.1 Informações gerais

Anatomia dos nervos periféricos

Ver ▶ Fig. 31.1. O endoneuro circunda os axônios mielinizados e não mielinizados. Estes feixes são agrupados em fascículos envoltos pelo perineuro. O epineuro envolve o tronco nervoso, contendo fascículos separados por epineuro interfascicular ou mesoneuro.

Regeneração dos nervos

Os nervos periféricos se regeneram ≈ 1 mm/dia (aproximadamente 2,5 cm por mês). Dividir esse número na distância que o nervo deve percorrer (a partir do conhecimento da anatomia) para um guia de quanto tempo deve-se esperar antes de considerar falha terapêutica (cirúrgica ou não cirúrgica). No entanto, esta regra pode não ser aplicável a distâncias longas (> ≈ 30 cm), e pode demorar mais tempo atravessar regiões de encarceramento, cicatrizes ou lesão nervosa. Também pode haver fibrose muscular intratável.

Classificação das lesões de nervos periféricos

▶ Quadro 31.6

Existem vários sistemas de classificação. A classificação de Seddon é um sistema mais antigo de 3 graus. O sistema de Sunderland possui 5 graus, essencialmente dividindo a axonotmese em 3 subgrupos. Outros adicionaram uma 6ª categoria, como demonstrado no ▶ Quadro 31.6.

31.6.2 Lesões do plexo braquial

Etiologias

As etiologias incluem:
1. trauma penetrante
2. tração (lesões por estiramento): probabilidade de afetar os fascículos posterior e lateral é maior do que o fascículo medial e nervo mediano
3. fraturas de primeira costela
4. compressão por hematoma

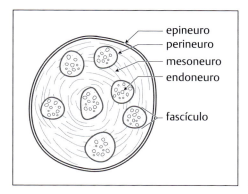

Fig. 31.1 Anatomia de um nervo periférico.

Quadro 31.6 Classificação das lesões de nervos periféricos[a]

Sistema Seddon	Sistema Sunderland
Neuropraxia	**Primeiro grau**
Características comuns a ambos os sistemas: transecção fisiológica (nervo em continuidade). Membrana basal intacta. Compressão ou isquemia → bloqueio da condução local (transporte axonal comprometido). ✱ *Ausência* de degeneração walleriana[b]. Envolvimento motor é tipicamente > sensorial. Função autonômica é preservada	
recupera-se em horas a meses; média é de 6-8 semanas	pode ocorrer desmielinização focal. Recuperação é geralmente completa em 2-3 semanas (não a "regra de 1 mm/dia")
Axonotmese	**Segundo grau**
Características comuns a ambos os sistemas: Interrupção completa dos axônios e bainhas de mielina. Estruturas de suporte (incluindo o endoneuro) intactas. ✱ Ocorre degeneração walleriana	
	recupera-se em 1 mm/dia à medida que o axônio segue o "túbulo". Algumas vezes pode ser diagnosticada apenas retrospectivamente. Recuperação é insatisfatória nas lesões que necessitam > 18 meses para alcançar o músculo-alvo
	Terceiro grau
	endoneuro rompido, epineuro e perineuro intactos. O nervo pode não parecer estar seriamente lesionado na inspeção macroscópica. Recuperação pode variar de insatisfatória até completa, e depende do grau de fibrose intrafascicular
	Quarto grau
	interrupção de todos os elementos neurais e de suporte. Epineuro intacto. Macroscopicamente: nervo está geralmente endurecido e aumentado
Neurotmese	**Quinto grau**
nervo completamente rompido ou desorganizado por tecido cicatricial. Regeneração espontânea impossível	transecção completa com perda da continuidade
	Sexto Grau[c]
	lesão mista. Combinação de elementos do primeiro ao quarto grau. Pode haver alguns fascículos sensoriais preservados (pode produzir um sinal de Tinel positivo)

[a]Comparando e mostrando equivalência aproximada dos sistemas de Seddon e Sunderland.
[b]Degeneração walleriana nomeada após o fisiologista Augustus Volney Waller (1816-1870), também conhecida como degeneração ortógrada, conhecida como degeneração secundária: degeneração do axônio distal para uma lesão focal.
[c]Não faz parte do sistema original de Sunderland.

Diferenciando lesões pré-ganglionares das pós-ganglionares

O exame inicial tem como objetivo diferenciar as lesões pré-ganglionares (gânglios da raiz proximal à dorsal), que não podem ser reparadas cirurgicamente, das lesões pós-ganglionares. Indícios de uma lesão pré-ganglionar incluem:

1. síndrome de Horner: lesão pré-ganglionar interrompe os ramos comunicantes brancos
2. paralisia do serrátil anterior (nervo torácico longo): produz alamento escapular
3. paralisia do romboide (nervo escapular dorsal)
4. dor neuropática precoce sugere avulsão da raiz nervosa. MRI ou mielografia demonstrará pseudomeningoceles nos níveis avulsionados
5. EMG: requer um período ≥ 3 semanas após a lesão para alguns achados. Procurar por:
   a) potenciais de desnervação nos músculos paraespinais decorrente da perda de estímulos neurais. O ramo posterior do nervo espinal se origina imediatamente distal ao gânglio da raiz dorsal. Por causa da sobreposição, não consegue se estabelecer em um segmento específico
   b) potencial de ação nervoso sensorial (SNAP) normal: lesões pré-ganglionares deixam o corpo celular sensorial do gânglio dorsal e o axônio intactos, de modo que o SNAP normal possa ser registrado proximalmente, mesmo em uma região anestésica
6. pseudomeningocele na mielografia ou MRI: sugere avulsão da raiz nervosa (muito proximal), entretanto, 15% das pseudomeningoceles não estão associadas a avulsões, e 20% das avulsões não apresentam pseudomeningoceles[36,37]

Tipos de lesões do plexo braquial

Paralisia de Erb-(Duchene)

Lesão do plexo braquial superior (C5 e 6, alguns autores incluem C7), provocada p. ex. pela separação forçada da cabeça umeral do ombro, comumente decorrente da dificuldade no parto (ver abaixo) ou acidente de motocicleta (força descendente sobre o ombro pode causar avulsão traumática da raiz nervosa da medula espinal). Paralisia do deltoide, bíceps, romboide, braquiorradial, supraespinal e infraespinal e, ocasionalmente, supinador. Envolvimento de C7 produz extensão fraca do punho.

Motora: braço pendurado ao lado do corpo, rotado internamente e estendido no cotovelo, e flexionado no punho (posição de "gorjeta do garçom"). Movimento da mão não é afetado.

Paralisia de Klumpke

Lesão do plexo braquial inferior (C8 e T1, alguns autores incluem o C7), causada por tração do braço abduzido, p. ex. ao tentar se segurar durante uma queda alta, ou pelo tumor de Pancoast (tumor do ápice pulmonar – verificar CXR com incidência lordótica apical). Deformidade em garra característica (também observada na lesão do nervo ulnar), com fraqueza e atrofia dos músculos pequenos da mão. Possível síndrome de Horner, se o segmento T1 estiver envolvido.

Lesão do plexo braquial ao nascimento (BBPI)

A incidência é de 0,3-2,0 em cada 1.000 nascidos vivos (0,1% em recém-nascidos com peso ao nascimento < 4.000 g[38]). Raramente, um caso congênito pode ser confundido com BBPI.[39] Alguns afirmam que a lesão do plexo pode ocorrer quando as contrações uterinas empurram o ombro contra o osso púbico da mãe, ou com a descida do ombro com uma inclinação oposta à coluna cervical.[39]

Classificação das lesões BBPI: lesões do plexo superior são mais comuns, com aproximadamente metade apresentando lesões de C5 e C6, e 25% envolvendo também a C7.[40] Lesões superiores e inferiores combinadas ocorrem em ≈ 20%. Lesões inferiores puras (C7-T1) são raras, constituindo apenas ≈ 2%, sendo mais comumente observadas nos partos em apresentação pélvica. As lesões são bilaterais em ≈ 4%. Uma escala de 4 níveis de intensidade é exibida no ▶ Quadro 31.7.[41]

Fatores de risco:
1. distocia de ombro
2. alto peso ao nascimento
3. mãe primípara
4. parto assistido por fórceps ou vácuo[42]
5. apresentação pélvica[43]
6. trabalho de parto prolongado
7. prévio nascimento complicado por BBPI

Controle da BBPI: a maioria dos cirurgiões observa todos os pacientes até a idade de 3 meses. Cirurgiões conservadores podem esperar até 9 meses. Cirurgiões mais agressivos explorarão o plexo aos 3 meses na ausência de antigravidade no deltoide, bíceps ou tríceps. Em casos de avulsão comprovada (pseudomeningocele e EMG indicativa de uma lesão pré-ganglionar), transferências de nervo são uma válida opção aos 3 meses.[44] EMG pode exibir sinais de reinervação, porém a recuperação pode não ser robusta o bastante.

Neuropatias Periféricas sem Encarceramento

Quadro 31.7 Lesão do plexo braquial ao nascimento

Grupo	Lesão	Manifestação	Taxa de recuperação espontânea
1	raízes de C5 ou C6, ou tronco superior	paralisia da abdução do ombro, flexão do cotovelo e supinação do antebraço. Flexão dos dedos da mão é normal	90%
2	acima + envolvimento de C7 ou tronco medial	acima + paralisia dos extensores dos dedos da mão (mas não dos flexores)	65%
3	acima + flexores dos dedos da mão	essencialmente, nenhuma movimentação das mãos. Ausência da síndrome de Horner	$\approx < 50\%$
4	plexo braquial completo	braço flácido + síndrome de Horner	0%
	variante: paralisia "C7 dominante"	perda seletiva da abdução do ombro e extensão do cotovelo	

Quadro 31.8 Indicações para intervenção neurocirúrgica no GSW do plexo braquial[45]

1. perda completa na distribuição de pelo menos um elemento
   a) ausência de melhora clínica ou na EMG em 2-5 meses
   b) déficit na distribuição, que é responsivo à cirurgia (p. ex., C5, C6, C7, tronco superior ou médio, fascículos lateral ou posterior ou seus efluxos)
   c) lesões com perda apenas nos elementos inferiores *não* são operadas
2. perda incompleta com falha em controlar a dor clinicamente
3. pseudoaneurisma, coágulo ou fístula envolvendo o plexo
4. causalgia verdadeira necessitando de simpatectomia

Controle das lesões do plexo braquial

1. a maioria das lesões exibe déficit máximo no início do quadro. Déficit progressivo é geralmente decorrente de lesões vasculares (pseudoaneurisma, fístula A-V ou coágulo expansivo), e estas devem ser exploradas imediatamente
2. lesões lacerantes regulares, cortantes e relativamente recentes (geralmente iatrogênicas, induzidas pelo bisturi) devem ser exploradas agudamente e reparadas com uma anastomose término-terminal sem tensão em um período de até 24-48 horas (após este período, as extremidades estarão mais edematosas e, portanto, mais difíceis de suturar)
3. lesões penetrantes sem ser por projétil, com déficit grave ou completo, devem ser exploradas logo após a cicatrização da lesão primária
4. ferimentos por arma de fogo (GSW) do plexo braquial: déficit geralmente é decorrente da axonotmese ou neurotmese (ver abaixo). Ocasionalmente, os nervos podem ser seccionados. Nervos exibindo função parcial geralmente se recuperam espontaneamente: aqueles com disfunção completa raramente se recuperam. Cirurgia é pouco benéfica nas lesões discretas do tronco inferior, fascículo medial, ou raízes de C8/T1. A maioria é tratada de forma conservadora por 2-5 meses. Indicações para cirurgia são demonstradas no ▶ Quadro 31.8
5. lesões por tração: lesões pós-ganglionares incompletas tendem a melhorar espontaneamente. Se a recuperação não for satisfatória, realizar uma EMG em 4-5 meses e explorar em 6 meses
6. neuromas em continuidade: aqueles que não conduzem um SNAP apresentam rompimento interno completo, e requerem ressecção e enxerto. Métodos de reparo:
   a) neurólise:
      • neurólise externa: mais comumente realizada na exploração. O valor é questionável
      • neurólise interna: separação do nervo em fascículos. Não recomendada, a menos que um neuroma em continuidade evidente seja encontrado na periferia do nervo que conduz o SNAP
   b) enxerto de nervos. O nervo sural é o enxerto interposicional mais frequentemente usado após a ressecção do neuroma em continuidade
   c) transferência de nervos. Opções de nervo doador:
      • nervo espinal acessório
      • nervos intercostais para o nervo musculocutâneo
      • fascículos do nervo ulnar para o nervo mediano (procedimento de Oberlin)
      • nervo interósseo anterior para o nervo mediano

31.7 Lesões por projétil de nervos periféricos

Esta seção lida primariamente com feridas por arma de fogo (GSW). A maioria das lesões por uma única bala ocorre por causa do choque e cavitação provocados pelo projétil, causando axonotmese ou neurotmese, e não pela transecção direta do nervo. Aproximadamente 70% irão se recuperar com a conduta expectante.

No entanto, na ausência de melhora nos exames seriados, incluindo estudos eletrodiagnósticos, uma intervenção deve ser realizada em até 5-6 meses para evitar dificuldades adicionais em razão da fibrose nervosa e atrofia muscular.

Ver ▶ Quadro 31.8 para indicações de cirurgia nas lesões por projétil do plexo braquial.

31.8 Síndrome do desfiladeiro torácico

31.8.1 Informações gerais

A saída torácica é uma área confinada no ápice do pulmão, delimitada pela 1ª costela abaixo e pela clavícula acima, através da qual passa a artéria e veia subclávia, e o plexo braquial.

A síndrome do desfiladeiro torácico (TOS) é um termo que sugere a compressão de uma ou mais das estruturas contidas, produzindo um grupo heterogêneo de distúrbios. TOS tende a ser diagnosticada com maior frequência por cirurgiões gerais e vasculares do que por neurologistas e neurocirurgiões. Quatro condições não relacionadas com diferentes estruturas envolvidas:

1. "não controversa", com complexo de sintomas característicos, achados clínicos reproduzíveis, testes laboratoriais confirmatórios. Baixa incidência[46]
   - vascular arterial: produzindo palidez e isquemia da mão, braço e dedos
   - vascular venosa: produzindo inchaço e edema do braço
   - neurogênica verdadeira: comprimindo o tronco inferior ou o fascículo mediano do plexo braquial (ver abaixo)
2. neurogênica disputada: inclui a síndrome do escaleno anterior (ver abaixo)

31.8.2 Diagnóstico diferencial

1. hérnia de disco cervical
2. artrose cervical
3. câncer de pulmão (tumor de Pancoast)
4. paralisia ulnar tardia
5. síndrome do túnel do carpo
6. problemas ortopédicos do ombro
7. síndrome dolorosa complexa regional (distrofia simpático-reflexa)

31.8.3 TOS neurogênica verdadeira

Informações gerais

Uma condição rara afetando primariamente mulheres adultas, geralmente unilateral.
Estruturas neurológicas envolvidas
1. mais comum: compressão das raízes de C8/T1
2. ou tronco inferior proximal do plexo braquial (BP)
3. menos comum: compressão do fascículo mediano do BP

Etiologias

1. banda constritiva se estendendo da primeira costela até uma "costela cervical" rudimentar, ou até um processo transverso de C7 alongado
2. síndrome do escaleno (anterior): controverso (abaixo)
3. compressão abaixo do tendão do peitoral menor sob o processo coracoide: pode resultar de movimentos repetitivos dos braços acima da cabeça (elevação do ombro e hiperabdução)

Sinais e sintomas

1. ✳ alterações sensoriais na distribuição do fascículo mediano (principalmente ao longo do antebraço medial), *preservando* as fibras sensoriais do nervo mediano (atravessam os troncos superior e médio)
2. descoordenação ou fraqueza e atrofia muscular das mãos, especialmente do abdutor curto do polegar e intrínsecos ulnares da mão (desnervação/atrofia de C8/T1)
3. pode haver sensibilidade sobre o ponto de Erb (2 a 3 cm acima da clavícula, em frente ao processo transverso de C6)
4. pode ser indolor
5. geralmente unilateral

Exames confirmatórios

1. EMG: não confiável (pode ser negativa). A anormalidade mais comum na TOS neurogênica é a perda do SNAP cutâneo antebraquial medial
2. MRI não exibe adequadamente anormalidades ósseas, mas pode ocasionalmente demonstrar uma dobra no BP inferior. Também pode excluir condições que podem ser similares à TOS, como a hérnia de disco cervical
3. radiografias da coluna cervical, com incidências oblíqua e lordótica apical, podem demonstrar anormalidades ósseas. No entanto, nem todas as costelas cervicais produzem sintomas (alguns pacientes com costelas cervicais bilaterais podem apresentar TOS unilateral).

Tratamento

Controverso. O tratamento conservador (geralmente incluindo alongamento e fisioterapia) é quase tão eficaz quanto a cirurgia e evita riscos correspondentes.

Descompressão pode ser alcançada pela remoção dos músculos que circundam os nervos (escalenectomia), por ressecção transaxilar da primeira costela, ou ambas.

31.8.4 Síndrome do escaleno (anterior) (TOS neurogênica disputada)

Controversa. Mais comumente diagnosticada nas décadas de 1940 e 1950. Há uma falta de consenso em relação à fisiopatologia (incluindo as estruturas envolvidas), apresentação clínica, exames úteis e tratamento ideal. Remoção da primeira costela torácica é geralmente defendida para tratamento, frequentemente através de uma via transaxilar. Infelizmente, lesões, especialmente do tronco inferior do plexo braquial, podem ser provocadas pela cirurgia.

Outras variações incluem um tipo "plexo superior", em que uma escalenectomia anterior total é defendida. Novamente, muito controversa.

Referências

[1] Poza JJ, Cobo AM, Marti-Masso JF. Peripheral neuropathy associated with polycythemia vera. Neurologia. 1996; 11:276–279

[2] Ochoa JL, Verdugo RJ. Reflex Sympathetic Dystrophy: A Common Clinical Avenue for Somatoform Expression. Neurol Clin. 1995; 13:351–363

[3] Denny-Brown D. Primary Sensory Neuropathy with Muscular Changes Associated with Carcinoma. J Neurol Neurosurg Psychiatry. 1948; 11:73–87

[4] Camerlingo M, Nemni R, Ferraro B, et al. Malignancy and Sensory Neuropathy of Unexplained Cause: A Prospective Study of 51 Patients. Arch Neurol. 1998; 55:981–984

[5] McLeod JG, Dyck PJ, Thomas PK. In: Paraneoplastic Neuropathies. Peripheral Neuropathy. Philadelphia: W.B. Saunders; 1993:1583–1590

[6] Adams RD, Victor M. Principles of Neurology. 2nd ed. New York: McGraw-Hill; 1981

[7] Turner JW, Parsonage MJ. Neuralgic amyotrophy (paralytic brachial neuritis); with special reference to prognosis. Lancet. 1957; 273

[8] Tsairis P, Dyck PJ, Mulder DW. Natural History of Brachial Plexus Neuropathy: Report on 99 Patients. Arch Neurol. 1972; 27:109–117

[9] Misamore GW, Lehman DE. Parsonage-Turner syndrome (acute brachial neuritis). J Bone Joint Surg. 1996; 78:1405–1408

[10] Evans BA, Stevens JC, Dyck PJ. Lumbosacral Plexus Neuropathy. Neurology. 1981; 31:1327–1330

[11] The Diabetes Control and Complications Trial Research Group. The Effect of Intensive Treatment of Diabetes on the Development and Progression of Long-Term Complications in Insulin-Dependent Diabetes Melito. N Engl J Med. 1993; 329:977–986

[12] Asbury AK. Proximal Diabetic Neuropathy. Ann Neurol. 1977; 2:179–180

[13] Dyck PJ, Thomas PK. Peripheral Neuropathy. 2nd ed. Philadelphia: W. B. Saunders; 1984

[14] Garland H. Diabetic Amyotrophy. BMJ. 1955; 2:1287–1290

[15] Barohn RJ, Sahenk Z, Warmolts JR, Mendell JR. The Bruns-Garland Syndrome (Diabetic Amyotrophy): Revisited 100 Years Later. Arch Neurol. 1991; 48:1130–1135

[16] Pascoe MK, Low PA, Windebank AJ. Subacute Diabetic Proximal Neuropathy. Mayo Clin Proc. 1997; 72:1123–1132

[17] Davis JL, Lewis SB, Gerich JE, et al. Peripheral Diabetic Neuropathy Treated with Amitriptyline and Fluphenazine. JAMA. 1977; 21:2291–2292

[18] Max MB, Lynch SA, Muir J, Shoaf SE, et al. Effects of Desipramine, Amitriptyline, and Fluoxetine on Pain in Diabetic Neuropathy. N Engl J Med. 1992; 326:1250–1256

[19] Mendel CM, Klein RF, Chappell DA, et al. A Trial of Amitriptyline and Fluphenazine in the Treatment of Painful Diabetic Neuropathy. JAMA. 1986; 255:637–639

[20] Mendel CM, Grunfeld C. Amitriptyline and Fluphenazine for Painful Diabetic Neuropathy. JAMA. 1986; 256:712–714

[21] Backonja M, Beydoun A, Edwards KR, Schwartz SL, Fonseca V, Hes M, LaMoreaux L, Garofalo E. Gabapentin for the symptomatic treatment of painful neuropathy in patients with diabetes melito: a randomized controlled trial. JAMA. 1998; 280:1831–1836

[22] Morello CM, Leckband SG, Stoner CP, Moorhouse DF, Sahagian GA. Randomized double-blind study comparing the efficacy of gabapentin with amitriptyline on diabetic peripheral neuropathy pain. Arch Intern Med. 1999; 159:1931–1937

[23] New Uses of Thalidomide. Med Letter. 1996; 38:15–16

[24] Fuller GN, Jacobs JM, Guiloff RJ. Nature and Incidence of Peripheral Nerve Syndromes in HIV Infection. J Neurol Neurosurg Psychiatry. 1993; 56:372–381

[25] Drugs for HIV Infection. Med Letter. 2000; 42:1–6

[26] Kroll DA, Caplan RA, Posner K, et al. Nerve Injury Associated with Anesthesia. Anesthesiology. 1990; 73:202–207

[27] Warner MA. Perioperative Neuropathies. Mayo Clin Proc. 1998; 73:567–574

[28] Wadsworth TG, Williams JR. Cubital Tunnel External Compression Syndrome. Br Med J. 1973; 1:662–666

[29] Warner MA, Marner ME, Martin JT. Ulnar Neuropathy: Incidence, Outcome, and Risk Factors in Sedated or Anesthesthetized Patients. Anesthesiology. 1994; 81:1332–1340

[30] Alvine FG, Schurrer ME. Postoperative Ulnar-Nerve Palsy: Are There Predisposing Factors? J Bone Joint Surg. 1987; 69A:255–259

[31] Stewart JD, Shantz SH. Perioperative ulnar neuropathies: A medicolegal review. Can J Neurol Sci. 2003; 30:15–19

[32] Warner MA, Martin JT, Schroeder DR, et al. Lower-Extremity Motor Neuropathy Associated with Surgery Performed on Patients in a Lithotomy Position. Anesthesiology. 1994; 81:6–12

[33] O'Donnell D, Rottman R, Kotelko D, et al. Incidence of Maternal Postpartum Neurologic Dysfunction. Anesthesiology. 1994; 81

[34] Sanabria EAM, Nagashima T, Yamashita H, Ehara K, Kohmura E. Postoperative bilateral meralgia paresthetica after spine surgery: An overlooked entity? Spinal Surgery. 2003; 17:195–202

[35] Kent CK, Moscucci M, Gallagher SG, et al. Neuropathies After Cardiac Catheterization: Incidence, Clinical Patterns, and Long-Term Outcome. J Vasc Surg. 1994; 19:1008–1014

[36] Carvalho GA, Nikkhah G, Matthies C, Penkert G, Samii M. Diagnosis of root avulsions in traumatic brachial plexus injuries: value of computerized tomography myelography and magnetic resonance imaging. J Neurosurg. 1997; 86:69–76

[37] Hashimoto T, Mitomo M, Hirabuki N, Miura T, Kawai R, Nakamura H, Kawai H, Ono K, Kozuka T. Nerve root avulsion of birth palsy: comparison of myelography with CT myelography and somatosensory evoked potential. Radiology. 1991; 178:841–845

[38] Rouse DJ, Owen J, Goldenberg RL, Cliver SP. The effectiveness and costs of elective cesarian delivery for fetal macrosomia diagnosed by ultrasound. JAMA. 1996; 276:1480–1486

[39] Gilbert A, Brockman R, Carlioz H. Surgical Treatment of Brachial Plexus Birth Palsy. Clin Orthop. 1991; 264:39–47

[40] Boome RS, Kaye JC. Obstetric Traction Injuries of the Brachial Plexus: Natural History, Indications for Surgical Repair and Results. J Bone Joint Surg. 1988; 70B:571–576

[41] van Ouwerkerk WJ, van der Sluijs JA, Nollet F, Barkhof F, Slooff AC. Management of obstetric brachial plexus lesions: state of the art and future developments. Childs Nerv Syst. 2000; 16:638–644

[42] Piatt JH, Hudson AR, Hoffman HJ. Preliminary Experiences with Brachial Plexus Explorations in Children: Birth Injury and Vehicular Trauma. Neurosurgery. 1988; 22:715–723

[43] Hunt D. Surgical Management of Brachial Plexus Birth Injuries. Dev Med Child Neurol. 1988; 30:821–828

[44] Anand P, Birch R. Restoration of sensory function and lack of long-term chronic pain syndromes after brachial plexus injury in human neonates. Brain. 2002; 125:113–122

[45] Kline DG, Hudson AR. Nerve Injuries: Operative Results for Major Nerve Injuries, Entrapments, and Tumors. Philadelphia: W. B. Saunders; 1995

[46] Wilbourn AJ. The Thoracic Outlet Syndrome is Overdiagnosed. Arch Neurol. 1990; 47:328–330

Parte XI

Neuroftalmologia e Neurotologia

32	Neuroftalmologia	558
33	Neurotologia	572

XI

32 Neuroftalmologia

32.1 Nistagmo

32.1.1 Definição

Oscilação rítmica involuntária dos olhos, usualmente conjugada. A forma mais comum é o nistagmo sacádico (jerk), em que a direção do nistagmo é definida pela direção do componente rápido (cortical) (que *não* é o componente anormal). O nistagmo horizontal ou provocado ao olhar para cima pode ser causado por sedativos ou AEDs; por outro lado, o nistagmo vertical é indicativo de patologia na fossa posterior.

32.1.2 Localizando a lesão para várias formas do nistagmo

1. nistagmo em gangorra: o olho que aduz se move para cima, o olho que abduz se move para baixo, o padrão então se inverte. Lesão no diencéfalo. Também relatado com compressão do quiasma (ocasionalmente acompanhada de hemianopia bitemporal nas massas parasselares)
2. nistagmo de convergência: lenta abdução dos olhos seguida de adução do tipo sacádico (convergente), usualmente associada a caraterísticas da síndrome de Parinaud. Pode estar associado a nistagmo retrator (ver abaixo) com localização similar da lesão
3. nistagmo retrator: resultante da contração conjunta de todos os EOMs. Pode acompanhar o nistagmo convergente. Lesão no tegumento da parte superior do mesencéfalo (geralmente doença vascular ou tumor, especialmente pinealoma)
4. nistagmo vertical para baixo *(downbeat)*: nistagmo com a fase rápida para baixo quando na posição primária. A maioria dos pacientes possui uma lesão estrutural na fossa posterior, especialmente na *junção cervicomedular* (forame magno (FM)),[1] incluindo *malformação de Chiari do tipo 1*, impressão basilar, tumores da fossa posterior, siringobulbia.[2] Ocorre pouco comumente em esclerose múltipla (MS), degeneração espinocerebelar e em algumas condições metabólicas (hipomagnesemia, deficiência de tiamina, intoxicação ou abstinência de álcool ou tratamento com fenitoína, carbamazepina ou lítio[3])
5. nistagmo vertical para cima *(upbeat)*: lesão no bulbo
6. nistagmo de abdução ocorre em INO. Lesão na ponte (MLF)
7. nistagmo de Brun: lesão na junção pontomedular (PMJ)
8. nistagmo vestibular: lesão na PMJ
9. mioclonia ocular: lesão no triângulo mioclônico
10. nistagmo alternante periódico (PAN); lesão no FM e cerebelo
11. ondas quadradas *(square-wave jerks)*, macro-oscilações sacádicas. Lesão nas vias cerebelares
12. movimentos nistagmoides oculares (nistagmo não verdadeiro)
    a) *bobbing* ocular (p. 570): lesão no tegumento pontino
    b) dismetria ocular: o olho ultrapassa o alvo na tentativa de fixação do olhar seguido por oscilações progressivamente menores até fixar no alvo. Lesão no cerebelo ou vias cerebelares (pode ser vista na ataxia de Friedreich)
    c) olhar em pingue-pongue (p. 301)
    d) "olhos de limpador de para-brisa" (p. 301)

32.2 Papiledema

32.2.1 Informações gerais

Também conhecido como edema do disco (óptico). Considera-se que seja causado por estase do fluxo axoplásmico. Uma teoria: a ICP elevada é transmitida através do espaço subaracnoide da bainha do nervo óptico até a região do disco óptico. A ICP elevada geralmente irá obliterar a pulsação venosa retiniana se a pressão for transmitida até o ponto onde a veia retiniana central atravessa o espaço subaracnoide (≈ 1 cm posterior ao globo). O papiledema (PPD) também pode depender da relação entre a pressão arterial retiniana e venosa retiniana, com relações < 1,5:1 mais comumente associadas a papiledema do que relações mais altas.

ICP elevada geralmente causa papiledema *bilateral* PPD (ver abaixo para papiledema unilateral). Papiledema pode parecer similar à neurite óptica ou fundoscopia, porém esta última está geralmente associada à perda visual mais grave e sensibilidade à pressão ocular sobre o olho.

Pseudopapiledema pode simular papiledema na medida em que o disco óptico pode parecer inchado, mas, ao contrário do papiledema verdadeiro, os vasos peripapilares não estão ocultos. Pode ser uni ou bilateral. Há inúmeras condições benignas que podem causar pseudopapiledema (incluindo uma pequena copa óptica, drusas do disco enterradas...) e exames extensos geralmente não são indicados.

O papiledema usualmente leva 24 a 48 horas para se desenvolver após uma elevação sustentada da ICP. Raramente visto tão cedo quanto ≈ 6 horas após o início, mas não antes disso. Papiledema não causa embaçamento visual ou redução do campo visual a menos que seja muito intenso e prolongado.

32.2.2 Diagnóstico diferencial de papiledema unilateral

1. lesões compressivas
   a) tumores orbitais
   b) tumores da bainha do nervo óptico (meningiomas)
   c) tumores do nervo óptico (gliomas ópticos)
2. transtorno inflamatório local
3. síndrome de Foster Kennedy (p. 99)
4. doença desmielinizante (p. ex., esclerose múltipla)
5. ICP elevada no contexto de alguma coisa que impede a manifestação em um dos olhos, incluindo:
   a) bloqueio que impede a transmissão da pressão elevada do CSF ao disco óptico[4]
   b) olho prostético (olho artificial)

32.3 Campos visuais

32.3.1 Informações gerais

Campo visual humano normal: estende-se aproximadamente de 35°, nasalmente, em cada olho, a 90°, temporalmente, e 50° acima e abaixo do meridiano horizontal. O ponto-cego fisiológico normal (causado pela ausência de receptores de luz no disco óptico em razão da penetração da retina pelo nervo ótico óptico e vasos) está localizado no lado temporal da área visual macular em cada olho.

32.3.2 Preservação/divisão macular

Pode ocorrer divisão macular tanto em lesões anteriores quanto posteriores do corpo geniculado lateral (LGB). Entretanto, tende a ocorrer preservação macular com lesões posteriores ao LGB. Hemianopsia homônima com preservação macular tende a ocorrer com lesões na radiação óptica ou infartos do córtex visual primário. Há mais de uma forma para isto ocorrer: o aporte da mácula se espalha por uma grande porção da radiação óptica e do córtex visual primário, e o polo occipital (córtex visual primário) recebe duplo suprimento sanguíneo.

32.4 Déficits do campo visual

Podem ser testados por:

1. teste de confrontação à beira do leito: detecta somente déficits grosseiros do campo periférico. O estímulo é apresentado de fora para dentro do campo de visão (em direção à área de visão macular) ao longo de 8 meridianos
2. perimetria formal
   a) utilizando uma tela tangente
   b) perimetria de Goldmann
   c) exame de perimetria automatizada: campo visual de Humphrey (HVF)

▶ **Joelho de Wilbrand.** (Recebe o nome do neuroftalmologista alemão Hermann Wilbrand (1851-1935) – o nome deste médico é listado de forma variada como: Hermann ou Herman, e erroneamente como von Willebrand, Willebrand ou Wildbrand...). Uma "curva" anterior de 1-2 mm das fibras cruzadas do quiasma óptico no nervo óptico contralateral antes de continuar até o trato óptico.[5] Inicialmente identificado histologicamente no *post mortem* em sujeitos que tiveram enucleação monocular. A lesão no nervo óptico próxima ao quiasma produz um escotoma juncional envolvendo um defeito no feixe de fibras nervosas ipsolateral e quadrantanopia temporal superior contralateral ou hemianopia temporal contralateral originária de lesão no nervo óptico proximal e fibras cruzadas do "joelho".[5,6] Inicialmente surgiram controvérsias quanto à existência ou importância do joelho de Wilbrand depois que estudos cadavéricos adicionais sugeriram que o joelho de Wilbrand é um artefato anatômico resultante da curvatura das fibras cruzadas no nervo óptico contralateral quando o nervo e o quiasma óptico se atrofiam após a enucleação.[5] Entretanto, técnicas de imagem óptica avançadas demonstraram uma curva para a frente das fibras cruzadas inferiores anteriores nos quiasmas sem nenhuma patologia *ante-mortem*.[7] Contudo, séries de casos com secção intraoperatória do nervo óptico ao nível do quiasma não demonstraram desenvolvimento de déficits no campo visual contralateral.[8,9]

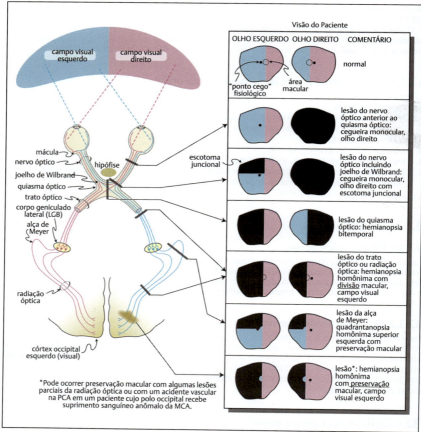

Fig. 32.1 Déficits do campo visual.

▶ **Padrões de déficit do campo visual** ▶ Fig. 32.1.
1. hemianopsia bitemporal
2. oclusão da artéria cerebral posterior → infarto no córtex visual anterior → hemianopia homônima contralateral com preservação macular

32.5 Diâmetro pupilar

32.5.1 Dilatador da pupila (simpático)

As fibras do músculo dilatador são simpáticas e são organizadas radialmente na íris.

As fibras nervosas simpáticas de primeira ordem emergem no hipotálamo posterolateral e descem descruzadas no tegumento lateral do mesencéfalo, ponte, bulbo e coluna cervical até a coluna celular intermédio-lateral da medula espinal de C8-T2 (centro cilioespinal de Budge). Aqui elas formam sinapses com as células do corno lateral (neurotransmissor: ACh) e desprendem neurônios de segunda ordem (pré-ganglionares).

Os neurônios de segunda ordem entram na cadeia simpática e ascendem, mas não fazem sinapses até atingirem o gânglio cervical superior, onde dão origem a neurônios de 3ª ordem.

Os neurônios de terceira ordem (pós-ganglionares) seguem o curso ascendente com a artéria carótida comum, os que regulam o suor no rosto se separam e seguem com a ECA. O restante segue com a ICA passando sobre o seio carotídeo. Algumas fibras acompanham V1 (divisão oftálmica do nervo trigêmeo), atravessando (sem formar sinapses) o gânglio ciliar, chegando até o músculo dilatador da pupila como 2 nervos longos ciliares (neurotransmissor: NE). Outras fibras da ICA transitam com a artéria oftálmica para inervar a glândula lacrimal e o músculo de Müller (também conhecido como músculo orbital).

32.5.2 Músculo constritor da pupila (parassimpático)

As fibras do músculo constritor da pupila são organizadas como um esfíncter na íris.

As fibras pré-ganglionárias parassimpáticas emergem no núcleo de Edinger-Westphal (no mesencéfalo superior, no nível do colículo superior) e estão situadas, perifericamente, na porção intracraniana do nervo oculomotor (p. 565).

32.5.3. Reflexo pupilar à luz

Mediado por bastonetes e cones da retina que são estimulados pela luz e transmitem através de seus axônios no nervo óptico. Como com a via visual, as fibras da retina temporal permanecem ipsolaterais, enquanto as fibras da retina nasal se cruzam no quiasma óptico. As fibras relacionadas com o reflexo da fotomotor desviam do corpo geniculado lateral (LGB) (ao contrário das fibras para visão que entram no LGB) para formar sinapses no complexo nuclear pré-tectal ao nível do colículo superior. Neurônios intercalados se conectam aos núcleos motores parassimpáticos de Edinger-Westphal. As fibras pré-ganglionares viajam dentro do terceiro nervo até o gânglio ciliar, conforme descrito anteriormente no item sobre o músculo constritor da pupila (parassimpático).

A luz monocular normalmente estimula a constrição pupilar simétrica (ou seja, igual) bilateralmente (a resposta ipsolateral é denominada direta, a resposta contralateral é consensual).

32.5.4 Exame pupilar

Realizar um exame pupilar completo à beira do leito (ver as próximas seções para as justificativas de vários aspectos do exame pupilar):

1. medir o tamanho da pupila em ambiente escurecido: anisocoria aumentada no escuro indica que a pupila menor é anormal e sugere uma lesão simpática
2. medir o tamanho da pupila em ambiente iluminado: anisocoria intensificada na luz sugere que a pupila maior é anormal e que o defeito é nos parassimpáticos
3. observar a reação à luz brilhante (direta e consensual)
4. resposta de convergência (é necessário checar isto somente se a reação à luz não for boa): a pupila normalmente se contrai na convergência e esta resposta deve ser maior do que o reflexo da luz (não é necessária acomodação, e um paciente com deficiência visual pode ser instruído a acompanhar seu próprio dedo quando é apresentado)
   a) dissociação fotomotora/convergência: constrição pupilar na convergência, mas resposta à luz ausente (pupila de Argyll Robertson). Etiologias:
      - classicamente descrita na sífilis
      - síndrome de Parinaud (p. 99): lesão no mesencéfalo dorsal
      - neuropatia oculomotora (usualmente causa uma pupila tônica como na compressão oculomotora, ver abaixo): DM, EtOH
      - pupila de Adie: ver abaixo
5. teste de flash de luz oscilante: alternar o flash de luz de um olho para o outro com o menor retardo possível; observar ≥ 5 segundos para a pupila voltar a dilatar (a dilatação após constrição inicial é denominada escape pupilar e é normal – em razão da adaptação retiniana). Normal: os reflexos à luz direta e consensual são iguais. Defeito pupilar aferente (ver abaixo): o reflexo consensual é mais forte do que o direto (isto é, a pupila é maior com iluminação direta do que com iluminação contralateral).

32.5.5 Alterações no diâmetro pupilar

Anisocoria

Informações gerais

▶ **Definição.** Tamanhos desiguais das pupilas (geralmente ≥ 1 mm de diferença).

▶ **Nota.** Um defeito pupilar aferente (APD) (mesmo com cegueira total em um dos olhos), isoladamente, *não* produz anisocoria (isto é, um APD juntamente com anisocoria indica duas lesões separadas).

Avaliação

1. a história é criticamente importante. Checar exposição a drogas que afetam o tamanho pupilar, trauma. Examinar fotos antigas (p. ex., carteira de habilitação) para anisocoria fisiológica
2. exame: ver Exame pupilar acima
3. uma CT sem contraste geralmente não é útil e pode fornecer uma falsa sensação de segurança

Diagnóstico diferencial

1. anisocoria fisiológica: ocorre em ≈ 20% da população (mais comum em pessoas com uma íris clara). Existem variedades familiares e não familiares. A diferença na pupila usualmente é < 0,4 mm. A discrepância é a mesma em um ambiente claro e escuro (ou levemente pior no escuro)
2. pupila farmacológica (ver abaixo): a causa mais comum de *início abrupto* de anisocoria
   a) midriática (dilatadores da pupila):
      - simpatomiméticos (estimulam o dilatador da pupila): usualmente causam apenas 1-2 mm de dilatação, podem reagir levemente à luz. Inclui: fenilefrina, clonidina, nafazolina (um ingrediente em colírio OTC para alergias), contato dos olhos com cocaína, certas plantas (p. ex., estramônio)
      - parassimpatolíticos (inibem o esfíncter da pupila): causam dilatação máxima até 8 mm) que *não* reage à luz. Inclui: tropicamida, atropina, escopolamina (incluindo adesivos para enjoo de movimento), certas plantas (p. ex., beladona)
   b) mióticos (constritores da pupila): pilocarpina, organofosfatos (pesticidas), pó para pulgas contendo anticolinesterase
3. síndrome de Horner: interrupção dos simpáticos do dilatador da pupila. A pupila anormal é a pupila *menor* (miótica). Se houver ptose, será no lado da pupila *pequena*. Ver etiologias etc. (p. 564)
4. paralisia do terceiro nervo (p. 565). Se houver ptose, será no lado da pupila *grande*
   a) neuropatia oculomotora (neuropatia "periférica" do terceiro nervo): geralmente preserva a pupila. Etiologias: DM (usualmente se resolve em ≈ 8 semanas), EtOH...
   b) compressão do terceiro nervo: tende a *não* preservar a pupila (isto é, a pupila é dilatada). Produz perda de tônus parassimpático. As etiologias incluem:
      - aneurisma:
        p-comm (o aneurisma causador mais comum)
        bifurcação basilar (ocasionalmente comprime o III nervo posterior)
      - herniação uncal: a seguir
      - tumor
      - lesões no seio cavernoso: incluindo aneurisma do segmento cavernoso da carótida interna, fístula carótido-cavernosa, tumores do seio cavernoso
5. pupila de Adie (também conhecida como pupila tônica): ver abaixo
6. trauma local no olho: iridoplegia traumática, lesão no músculo esfíncter da pupila pode produzir midríase ou, menos frequentemente, miose, a forma pode ser irregular
7. lesões pontinas
8. prótese ocular (olho artificial) também conhecida como pseudoanisocoria
9. ocasionalmente, alguns pacientes têm anisocoria, que ocorre somente durante enxaqueca[10]
10. irite
11. queratite ou abrasão corneana

Pupila de Marcus Gunn

Também conhecida como defeito pupilar aferente (relativo) (APD ou RAPD). Também conhecida como pupila amaurótica. Achado: o reflexo pupilar consensual à luz é mais forte do que o direto (as respostas normais são iguais). Ao contrário de alguns manuais, a pupila amaurótica *não* é maior do que a outra.[11] A presença do reflexo consensual é evidência de um terceiro nervo preservado (com parassimpáticos) no lado do reflexo direto prejudicado. Mais bem detectado com teste de *flash* de luz oscilante (ver acima).

Etiologias

Lesão *anterior no quiasma* ipsolateral no lado do reflexo direto prejudicado:

1. ou na retina (por exemplo, descolamento de retina, infarto na retina, p. ex., em decorrência de embolia)
2. ou nervo óptico, como pode ocorrer em:
   a) neurite óptica ou retrobulbar: comumente vista em MS, mas também pode ocorrer após vacinações ou infecções virais e em geral melhora gradualmente
   b) trauma no nervo óptico: indireto (p. 836) ou direto
   c) compressão por tumor anterior ao quiasma

Pupila de Adie

Uma paralisia da íris resultando em uma pupila dilatada, em razão de parassimpáticos pós-ganglionares afetados. Considera-se que seja causado por uma infecção viral do gânglio ciliar. Quando associada à perda de todos os reflexos tendiosos, é denominada pupila de Holmes-Adie (não está limitada ao reflexo patelar, como alguns textos indicam). Tipicamente vista em uma mulher em torno de 30 anos.

O exame na lâmpada de fenda mostra que algumas partes da íris se contraem e outras não.

Estes pacientes exibem dissociação dos reflexos de acomodação e fotomotor (ver acima): ao checar a resposta de acomodação é necessário esperar alguns segundos.

Supersensibilidade por denervação: geralmente ocorre depois de várias semanas (não na fase aguda). Administrar duas gotas de pilocarpina diluída (0,1-0,125%), um parassimpatomimético em cada olho. Ocorrerá miose (constrição) na pupila de Adie dentro de 30 minutos (pupilas normais irão reagir somente a pilocarpina $\approx 1\%$).

Pupila farmacológica

Informações gerais

Segue-se à administração de um agente midriático. O agente midriático pode estar "oculto" quando outros prestadores de cuidados de saúde não foram alertados que isto foi usado em um paciente (isto sempre deve ser anotado no prontuário) ou quando o pessoal que presta cuidados inadvertidamente inocula agentes, por exemplo, escopolamina, atropina[12]... no olho de um paciente ou no seu próprio olho. Pode se apresentar acompanhada de H/A, e se for desconhecido que um midriático está envolvido, isto pode ser interpretado erroneamente, por exemplo, como um alerta de um aneurisma p-comm em expansão.

Uma pupila dilatada farmacologicamente é muito grande (7-8 mm) e é maior do que a midríase típica em razão da compressão do terceiro nervo (5-6 mm).

Para diferenciar pupila farmacológica de uma lesão no terceiro nervo: instilar pilocarpina 1% (um parassimpatomimético) em ambos os olhos (para comparação). Uma pupila farmacológica *não* se contrai, enquanto o lado normal e uma pupila dilatada de uma paralisia no terceiro nervo irão se contrair.

Agentes

Drogas usadas intencionalmente pelos médicos para dilatar as pupilas (p. ex., Mydriacyl, ver abaixo). Para outros midriáticos, ver acima.

Manejo

Opção: internar o paciente e observar durante a noite; a pupila deve normalizar.

Uso de agentes midriáticos para produzir dilatação da pupila

Indicações: para melhorar a possibilidade de examinar a retina. Nota: a possibilidade de acompanhar o exame das pupilas à beira do leito será perdida para a duração do efeito da droga. Isto poderá mascarar a dilatação da pupila pela compressão do terceiro nervo em decorrência de herniação. Sempre alertar outros cuidadores e colocar uma observação no prontuário para documentar que a pupila foi dilatada farmacologicamente (ver acima), incluindo o(s) agente(s) usado(s) e a hora em que foi administrado.

R: 2 gotas de tropicamida 0,5 ou 1% (Mydriacyl®) bloqueia o abastecimento parassimpático para a pupila e produz uma midríase que dura de algumas horas a meio dia. Isto pode ser aumentado com 1 gota de fenilefrina oftálmica 2,5% (Mydifrin®, Neofrin®, Phenoptic® e outros), que estimula os simpáticos.

Compressão do nervo oculomotor

A compressão do terceiro nervo pode-se manifestar, inicialmente, com uma pupila levemente dilatada (5-6 mm). As etiologias possíveis incluem herniação uncal ou expansão de um aneurisma p-comm ou de bifurcação basilar. Entretanto, dentro de 24 horas, a maioria destes casos também desenvolverá uma paralisia oculomotora (com desvio do olho para baixo e para fora e ptose). Estas pupilas respondem a agentes midriáticos e a agentes mióticos (os últimos ajudam a fazer a diferenciação de uma pupila farmacológica, ver acima).

Embora seja possível que uma pupila dilatada unilateralmente seja, unicamente, a apresentação inicial em herniação uncal, na verdade quase todos estes pacientes terão algum outro achado, por exemplo, alteração no estado mental (confusão, agitação etc.) antes que ocorra a compressão do mesencéfalo (isto é, seria raro uma pessoa que sofre uma herniação uncal com uma pupila dilatada estar desperta, falando, apropriada e neurologicamente intacta).

> **Quadro 32.1** Achados na síndrome de Horner
>
> - miose (pupila constrita)
> - ptose
> - enoftalmia
> - hiperemia do olho
> - anidrose de metade da face

Agentes de bloqueio neuromuscular (NMBAs)

Em razão da ausência de receptores nicotínicos na íris, agentes bloqueadores musculares não despolarizantes, tais como pancurônio (Pavulon®,) normalmente não alteram a reação pupilar à luz,[13] exceto em grandes doses onde alguns dos neurônios de primeira e segunda ordem podem ser bloqueados.

Reação pupilar paradoxal

As pupilas se contraem quando a luz é removida.
1. cegueira noturna estacionária congênita
2. doença de Best: distrofia macular progressiva hereditária dominante
3. hipoplasia do nervo óptico
4. retinite pigmentosa

32.5.6 Síndrome de Horner

Informações gerais

A síndrome de Horner (**HS**) é causada pela interrupção dos simpáticos até o olho e a face em qualquer ponto ao longo do seu caminho; ver Dilatador da pupila (simpático) (p. 560). Achados unilaterais no lado envolvido em uma síndrome de Horner completamente desenvolvida são apresentados no ▶ Quadro 32.1.

Miose na HS

A miose (constrição pupilar) na síndrome de Horner é de apenas ≈ 2-3 mm. Isto será acentuado pelo escurecimento do ambiente, o que faz com que a pupila normal dilate.

Ptose e enoftalmia

Ptose se deve, primariamente, à paralisia dos músculos tarsais superior e inferior (a fraqueza do músculo tarsal inferior é tecnicamente denominada "ptose inversa"). Enoftalmo se deve à paralisia do músculo de Müller, o que também contribui para um máximo de ≈ 2 mm da ptose. A ptose na HS é parcial; confira ptose completa, que é causada por fraqueza do músculo elevador da pálpebra superior e não está envolvida na síndrome de Horner.

Possíveis locais de disrupção dos simpáticos

Informações gerais

Ver também a anatomia dos neurônios simpáticos de 1ª, 2ª e 3ª ordem (p. 560).

Neurônio de 1ª ordem (neurônio central)

A interrupção frequentemente é acompanhada por outras anormalidades no tronco encefálico. Etiologias da disfunção: infarto por oclusão vascular (usualmente PICA), siringobulbia, neoplasia intraparenquimatosa.

Neurônio de 2ª ordem (pré-ganglionar)

Etiologias da disfunção: simpatectomias laterais, trauma torácico significativo, neoplasias pulmonares apicais[14] (tumor de Pancoast), neuroblastoma torácico alto ou cervical.

Neurônio de 3ª ordem (pós-ganglionar)

O tipo mais comum. Etiologias da disfunção: trauma cervical, doença vascular/estudos da carótida – por exemplo, dissecções da carótida (p. 1324) – anormalidades ósseas, enxaqueca, neoplasias na base do crânio, lesões no seio cavernoso (p. ex., meningioma). Com envolvimento apenas das fibras na ICA, não ocorre anidrose (isto é, a transpiração está preservada) na face ipsilateral visto que as fibras das glândulas sudoríparas faciais acompanham a ECA.

Teste farmacológico na síndrome de Horner

Estabelecimento do diagnóstico

Se houver dúvida quanto ao diagnóstico de síndrome de Horner, pode ser usado o seguinte (não necessariamente quando pode ser demonstrado um atraso da pupila ao escurecimento da sala no olho afetado) (*não* localiza a lesão como de 1ª ordem etc.).

Cocaína. R: 1 gota a 4% de *cocaína* OU (não a solução 10% que é comumente usada em procedimentos ENT que também anestesiam o esfíncter da pupila, impedindo assim a miose), repetir em 10 min. Observar as pupilas por 30 minutos. A cocaína bloqueia a recaptação de NE dos pós-ganglionares na junção neuroefetora. Na HS não é liberada NE e a cocaína não dilatará o olho. Se a pupila dilatar normalmente, não há HS. Ocorre dilatação retardada em HS parcial.

Apraclonidina oftálmica (Iopidine®) essencialmente substituiu a cocaína para o estabelecimento do diagnóstico. Ela funciona como a pilocarpina de baixa dose funciona com a pupila de Adie. A iopidina faz com que a pupila miótica dilate na síndrome de Horner em razão de hipersensibilidade por denervação nas fibras do músculo dilatador da pupila.

Identificação do local da lesão

A HS de primeira ordem geralmente é acompanhada por outros achados hipotalâmicos, no tronco encefálico ou medulares.

Para diferenciar uma segunda ordem de terceira ordem: 1% hidroxianfetamina (Paradrine®) libera NE das extremidades nervosas na junção neuroefetora causando dilatação da pupila, exceto em lesões em neurônio de terceira ordem (pós-ganglionares lesionados não liberam NE).

32.6 Sistema dos músculos extraoculares (EOM)

32.6.1 Informações gerais

Cr. N. III (oculomotor) inerva o reto medial (MR) ipsolateral, reto inferior (IR), oblíquo inferior (IO) e reto superior (SR). Cr. N. IV (troclear) inerva o oblíquo superior (SO) ipsolateral, contralateral ao núcleo troclear (p. 567). Cr. N. VI (abducente) inerva o reto lateral (LR) ipsolateral.

O campo visual frontal é a área cortical que inicia movimentos oculares laterais sacádicos ("pré-programados", rápidos, balísticos) para o lado *oposto*, envolvendo na supressão dos sacados reflexivos e gerando sacádicos voluntários não visuais. Ele está localizado na área 8 de Brodmann (no lobo frontal, anterior ao córtex motor primário, ▶ Fig. 1.1). Estas fibras corticobulbares atravessam o geno da cápsula interna até a formação reticular paramediana pontina (PPRF), que controla o olhar horizontal, que envia fibras para o complexo nuclear abducente/para-abducente ipsolateral (VI) e via fascículo longitudinal medial (MLF) até o núcleo contralateral III para inervar o MR contralateral. Fibras inibitórias chegam até o terceiro nervo ipsolateral para inibir o músculo MR antagonista. Assim, a PPRF direita controla os movimentos oculares laterais para a direita.

32.6.2 Oftalmoplegia internuclear

Oftalmoplegia internuclear (INO) é causada por uma lesão no MLF (ver acima) rostral do núcleo abducente. Achados em INO unilateral[15] (ver ▶ Fig. 32.2 para ilustração):
1. ao tentar olhar para o lado contralateral à INO:
    a) o olho ipsolateral à lesão falha em ADUzir completamente
    b) nistagmo de abdução no olho contralateral (nistagmo monocular) frequentemente com alguma fraqueza da ABDução
2. a convergência *não* é afetada em lesões isoladas no MLF (INO não é uma paralisia do EOM)
As causas mais comuns de INO:
1. MS: a causa mais comum de INO bilateral em adultos jovens
2. acidente vascular de tronco encefálico: a causa mais comum de INO unilateral em idosos

32.6.3 Paralisia do nervo oculomotor (Cr. N. III) (OMP)

Informações gerais

O nervo oculomotor sai do tronco encefálico ventralmente e possui dois componentes: neurônios motores que se originam no núcleo oculomotor e as fibras parassimpáticas *situadas perifericamente* que se originam do núcleo de Edinger-Westphal. O nervo passa através do seio cavernoso e entra na fissura orbital superior onde se divide em uma divisão superior (inervando o reto superior e o elevador da pálpebra superior) e uma divisão inferior (abastecendo o reto medial, reto inferior e oblíquo inferior). As fibras parassimpáticas viajam com a divisão inferior e se ramificam até o gânglio ciliar, ondem formam sinapses. As fibras

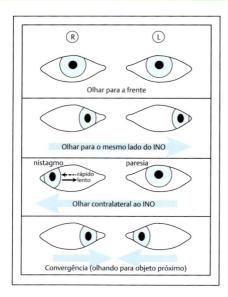

Fig. 32.2 Ilustração de achados de oftalmoplegia internuclear esquerda.

pós-ganglionares entram no globo posterior para inervar o músculo ciliar (relaxa o cristalino, que "fica espesso" e se acomoda para a visão próxima) e o músculo constritor da pupila.

A paralisia *motora* do nervo oculomotor causa ptose com o olho desviado "para baixo e para fora." O envolvimento nuclear do 3º nervo é raro. Nota: a paralisia do 3º nervo, isoladamente, pode causar até 3 mm de exoftalmia (proptose) pela relaxação dos músculos retos.

Ver também Oftalmoplegia dolorosa (p. 568) e Oftalmoplegia indolor (p. 569). Para síndromes do tronco encefálico, ver a síndrome de Benedikt (p. 99) e síndrome de Weber (p. 99). Além disso, ver Anisocoria (p. 561).

Paralisia do oculomotor sem preservação da pupila

A regra da pupila na paralisia do terceiro nervo

Elucidada em 1958 por Rucker. Em efeito, ele afirma que "A paralisia do terceiro nervo, devido à compressão *extrínseca* do nervo, estará associada a prejuízo na constrição pupilar." No entanto, frequentemente, é ignorado que em 3% a pupila é preservada.[16]

Etiologias

A maioria dos casos é ocasionada por compressão extrínseca do 3º nervo. As etiologias incluem:
1. tumor: tumores mais comuns que afetam o 3º nervo:
   a) cordomas
   b) meningiomas clivais
2. vascular: lesões vasculares mais comuns:
   a) aneurismas da artéria p-comm (preservação da pupila com paralisia do oculomotor por aneurisma ocorre em < 1%). ✱ O desenvolvimento de uma nova paralisia no 3º nervo ipsolateral a um aneurisma p-comm pode ser um sinal de expansão com a possibilidade de ruptura iminente, e é tradicionalmente considerada uma indicação para tratamento urgente
   b) aneurismas da artéria basilar distal ou bifurcação (topo da basilar)
   c) fístula carótido-cavernosa (p. 1256): procurar por ptose pulsátil
3. herniação uncal
4. lesões no seio cavernoso: usualmente causam achados adicionais nos nervos cranianos (V1, V2, IV, VI). Ver Síndrome do seio cavernoso (p. 1401). Classicamente, paralisia do terceiro nervo, por exemplo, pelo aumento do aneurisma do cavernoso, *não* produzirá uma pupila dilatada porque os simpáticos que dilatam a pupila também estão paralisados[1] (p. 1492)

Paralisia do oculomotor com preservação da pupila (a pupila reage à luz)

Informações gerais

Usualmente causada por lesões vasculares intrínsecas ocluindo os *vasa nervorum* causando infarto isquêmico central. Preserva as fibras parassimpáticas localizadas perifericamente no 3º nervo em 62-83% dos casos.[16]

Etiologias

As etiologias incluem:
1. neuropatia diabética
2. arteriosclerose (conforme visto em HTN crônica)
3. vasculopatias: incluindo arterite das células gigantes (p. 195) (arterite temporal)
4. oftalmoplegia progressiva crônica: usualmente bilateral
5. miastenia grave

Raramente a OMP com preservação da pupila foi descrita após uma lesão intra-axial, como em um infarto do mesencéfalo.[17]

Outras causas de paralisia do oculomotor

Trauma, herniação uncal, adenomas de hipófise com expansão lateral, doença de Lyme, lesões no seio cavernoso: usualmente causam achados adicionais no nervo craniano; ver Paralisias múltiplas do nervo craniano (neuropatias cranianas) (p. 1399).

Lesões dentro da órbita tendem a afetar ramificações do 3º nervo de forma desigual. Lesão na divisão superior → ptose e elevação prejudicada; lesão na divisão inferior → prejuízo da depressão, adução e reação pupilar.

32.6.4 Paralisia do nervo troclear (IV)

Anatomia: o núcleo troclear localiza-se ventral ao aqueduto cerebral no nível dos colículos inferiores. Os axônios do nervo troclear passam *dorsalmente* em torno do aqueduto e se cruzam internamente caudais aos colículos inferiores. O nervo inerva o músculo oblíquo superior, que deprime primariamente o olho aduzido, mas no olhar primário ele gira para dentro e, secundariamente, abduz e deprime o globo (isto é, ele move o olho para baixo e para fora).

Algumas características únicas do nervo troclear:
1. o único nervo craniano a se cruzar internamente (isto é, o núcleo troclear está no lado contralateral do nervo que sai do tronco e ao oblíquo superior para onde se dirige)
2. o único nervo craniano a sair posteriormente no tronco encefálico
3. o único nervo craniano que atravessa a fissura orbital superior que não passa através do ânulo de Zinn (também conhecido como ânulo tendinoso ou tendão anular)

Paralisia troclear resulta em desvio do olho "para cima e para dentro". Os pacientes tendem a inclinar a cabeça espontaneamente para o lado *oposto* da paralisia IV para "girar para dentro" o olho parético e eliminar a diplopia. A diplopia é exacerbada quando o indivíduo olha para baixo (p. ex., ao descer escadas), especialmente quando também está olhando para dentro ou quando o examinador inclina a cabeça *na direção* do lado parético.

Paralisia isolada do quarto nervo é incomum. Pode ocorrer, ocasionalmente, com lesões do pedúnculo cerebral ou lesão no assoalho do quarto ventrículo próximo ao aqueduto.

32.6.5 Paralisia do abducente (VI)

Produz uma paralisia do reto lateral. Clinicamente, produz diplopia que é exagerada com o olhar lateral para o lado da paralisia. As etiologias da paralisia isolada do 6º nervo incluem:[18]
1. vasculopatia: incluindo diabetes e arterite de células gigantes. A maioria dos casos se resolve dentro de 3 meses (deve ser procurada uma causa alternativa em casos que duram mais tempo)
2. pressão intracraniana aumentada: pode ocorrer paralisia com ICP aumentada mesmo na ausência de compressão direta do nervo (um sinal de "falsa localização" neste contexto). É postulado que ocorre devido ao fato de que o VI nervo tem um curso intracraniano longo, o que pode torná-lo mais sensível ao aumento da pressão. Pode ser bilateral. As etiologias incluem:
   a) ICP traumaticamente aumentada
   b) ICP aumentada em razão de hidrocefalia (p. 562), por exemplo, de tumor da fossa posterior
   c) hipertensão intracraniana idiopática (pseudotumor cerebral) (p. 766)

3. lesões no seio cavernoso: aneurisma cavernoso da carótida (p. 1225), neoplasia (meningioma...), fístula cavernosa da carótida (p. 1256)
4. inflamatória:
   a) síndrome de Gradenigo (p. 570), (envolvimento no canal de Dorello)
   b) sinusite esfenoide: (envolvimento no canal de Dorello)
5. neoplasia intracraniana: por exemplo, cordoma de clivo, condrossarcoma
6. paralisia pseudoabducente: pode ser devida a
   a) doença ocular da tireoide: a causa mais comum de paralisia VI crônica. Terá teste de ducção forçada positivo (o olho não pode ser movido pelo examinador)
   b) misatenia grave: responde ao teste do edrofônio (Tenilson®)
   c) estrabismo de longa duração
   d) síndrome de Duane (p. 570)
   e) fratura da parede medial da órbita com aprisionamento do reto medial
7. após punção lombar (p. 1507): quase invariavelmente unilateral
8. fratura do clivo (p. 884)
9. idiopática

32.6.6 Envolvimento múltiplo de nervos motores extraoculares

Lesões no seio cavernoso (ver abaixo) envolvem os nervos cranianos III, IV, VI e V1 e V2 (divisões oftálmica e maxilar do nervo trigêmeo) e preservam II e V3.

Síndrome da fissura orbitária superior: disfunção dos nervos, III, IV, VI e V1 parcial.

Síndrome do ápice orbital: envolve II, III, IV, VI e V1 parcial.

Paralisia do 4º nervo pode resultar de uma lesão de contragolpe em trauma craniano frontal.

32.6.7 Oftalmoplegia dolorosa

Definição

Dor e disfunção da motilidade ocular (pode ser causada pelo envolvimento de um ou mais nervos cranianos III, IV, V e VI).

Etiologias

1. intraorbital
   a) pseudotumor inflamatório (inflamação orbitária idiopática): ver abaixo
   b) sinusite contígua
   c) infecção fúngica invasiva dos seios produzindo a síndrome do ápice orbital. *Mucormicose* rinocerebral (também conhecida como zigomicose): sinusite com úlcera palatal ou nasal preta indolor ou escara com invasão hifal dos vasos sanguíneos por fungos da ordem Mucorales, especialmente rhizopus.[19] Geralmente vista em pacientes diabéticos ou imunocomprometidos, ocasionalmente em pacientes saudáveis em outros aspectos.[20] Frequentemente envolve seios durais e pode causar trombose no seio cavernoso
   d) metástases
   e) linfoma
2. fissura orbital superior/seio cavernoso anterior
   a) síndrome de Tolosa-Hunt: ver abaixo
   b) metástases
   c) Ca nasofaríngeo
   d) linfoma
   e) herpes-zóster
   f) fístula carótido-cavernosa
   g) trombose do seio cavernoso
   h) aneurisma intracavernoso
3. região parasselar
   a) adenoma hipofisário
   b) metástases
   c) Ca nasofaríngeo
   d) mucocele no seio esfenoidal
   e) meningioma/cordoma
   f) petrosite apical (síndrome de Gradenigo): ver abaixo
4. fossa posterior
   a) aneurisma p-comm
   b) aneurisma da artéria basilar (raro)

5. diversos
   a) oftalmoplegia diabética
   b) enxaqueca oftalmoplégica
   c) arterite craniana
   d) meningite tuberculosa: pode causar oftalmoplegia, geralmente incompleta, com mais frequência, primariamente, nervo oculomotor

32.6.8 Oftalmoplegia indolor

Diagnóstico diferencial:
1. oftalmoplegia progressiva crônica: preservação da pupila, em geral bilateral, lentamente progressiva
2. miastenia grave: preservação da pupila, responde ao teste do edrofônio (Tensilon®)
3. miosite: geralmente também produz sintomas em outros sistemas orgânicos (coração, gônadas...)

32.7 Síndromes neuroftalmológicas

32.7.1 Pseudotumor (da órbita)

Informações gerais

Também conhecido como "granuloma crônico" (um termo errôneo, uma vez que granulomas epitelioides verdadeiros raramente são encontrados). Uma doença inflamatória idiopática confinada à órbita que pode simular uma verdadeira neoplasia. Infiltração linfocítica dos músculos extraoculares. Geralmente unilateral.

Tipicamente apresenta início rápido de proptose e disfunção de EOM (oftalmoplegia dolorosa com diplopia). Frequentemente acompanha URI, pode estar associado à inflamação da esclera. Mais comumente envolve os tecidos orbitais superiores.

Diagnóstico diferencial

Ver lesões orbitais (p. 1375) por lista.

Pontos-chave para doença de Graves (GD): a aparência histológica de GD (hipertireoidismo) pode ser indistinguível do pseudotumor. O envolvimento com GD geralmente é bilateral.

Tratamento

Cirurgia tende a causar recrudescimento e, por isso, frequentemente é evitada.

Esteroides são o tratamento de escolha. R: 50-80 mg de prednisona q.d. Casos severos podem necessitar de tratamento com 30-40 mg/dia por vários meses.

Tratamento com radiação com 1.000-2.000 rads pode ser necessário para casos de hiperplasia linfocítica reativa.

32.7.2 Síndrome de Tolosa-Hunt

Inflamação inespecífica na região da fissura orbitária superior, frequentemente com extensão até o seio cavernoso, algumas vezes com características granulomatosas. Diagnóstico de exclusão. Pode ser uma variante topográfica de pseudotumor orbitário (ver acima). Critérios diagnósticos clínicos:
1. oftalmoplegia dolorosa
2. envolvimento de algum nervo que atravessa o seio cavernoso. A pupila é, usualmente, preservada (frequentemente não é o caso com aneurismas, inflamação específica etc.)
3. os sintomas duram dias a semanas
4. remissão espontânea, algumas vezes com déficit residual
5. ataques recorrentes com remissões de meses ou anos
6. sem envolvimento sistêmico (N/V ocasional, em razão de dor?)
7. melhora dramática com esteroides sistêmicos: 60-80 mg de prednisona PO uma vez ao dia (reduzir lentamente), alívio dentro da aproximadamente 1 dia
8. inflamação ocasional do músculo reto por inflamação contígua

32.7.3 Neuralgia paratrigeminal de Raeder

Dois componentes essenciais:[21]
1. paresia oculossimpática unilateral (também conhecida como síndrome de Horner (HS) parcial, usualmente não tem anidrose e, nesta síndrome, possivelmente também ptose)

2. envolvimento do nervo trigeminal homolateral (usualmente dor semelhante a um choque, mas pode ser analgesia ou fraqueza do masseter; a dor, se presente, pode ser semelhante a um choque e não inclui, por exemplo, dor unilateral na cabeça, face ou vascular)

Valor de localização da síndrome: região adjacente ao nervo trigeminal na fossa média. A causa frequentemente é indeterminada, mas pode, raramente, ser devida a aneurisma[22] comprimindo V1 com simpáticos.

32.7.4 Síndrome de Gradenigo

Também conhecida como petrosite atípica. Mastoidite com envolvimento do ápice petroso (se pneumatizado). Usualmente vista por médicos de ENT. Tríade clássica:
1. paralisia do nervo abducente: por inflamação do 6º nervo no canal de Dorello, que é onde ele entra no seio cavernoso medial ao ápice petroso
2. dor retro-orbital: em decorrência de inflamação de V1
3. drenagem pelo ouvido

32.8 Sinais neuroftalmológicos diversos

▶ **Reflexo córneo-mandibular.** A provocação do reflexo corneano produz um movimento da mandíbula ou desvio contralateral (contração do pterigoide ipsilateral). Um reflexo pontino primitivo que pode ser visto em uma variedade de insultos ao cérebro (trauma, hemorragia intracerebral...).

▶ **Síndrome de Duane.** Também conhecida como síndrome da retração: a inervação paradoxal que causa contração concomitante dos músculos reto lateral e medial na tentativa de adução com relaxação na abdução produz enoftalmo leve com pseudoptose. Pode ser congênita (p. ex., parte de uma das seguintes síndromes: síndrome acrorrenal-ocular, síndrome de Okihiro...).

▶ *Hippus.* Oscilações pupilares rítmicas irregulares, alterando em ≥ 2 mm. Pode confundir o exame ao serem checadas as respostas pupilares; registrar a resposta *inicial*. Pode ser normal. Sem valor da localização.

▶ **Fenômeno de Marcus Gunn.** Não confundir com pupila de Marcus Gunn (p. 562). A abertura da boca causa a abertura de um olho ptótico (reflexo anormal entre propriocepção dos músculos pterigoides e o terceiro nervo). Fenômeno de Marcus Gunn inverso: olho normal que se fecha com a abertura da boca. Visto somente em pacientes com lesões periféricas no nervo facial e, provavelmente, resulta de regeneração aberrante.

▶ *Bobbing ocular.*[23] Desvio ocular para baixo conjugado, espontâneo e abrupto com lento retorno à posição intermediária, 2 a 12 vezes por minuto. Está associado à paralisia ipsilateral do olhar horizontal, incluindo a manobra dos olhos de boneca e teste calórico. Mais comumente visto com lesões destrutivas do tegumento pontino (usualmente hemorragia, mas também infarto, glioma, trauma), mas também foi descrito com lesões compressivas.[24] O *bobbing* atípico é semelhante, exceto que o olhar horizontal é preservado e pode ser visto com hemorragia cerebelar, hidrocefalia, trauma, encefalopatia metabólica...

▶ **Opsoclono.**[25] (Raro). Movimentos oculares não rítmicos, irregulares, conjugados e rápidos (diferenciar de nistagmo) verticais ou horizontais, persistem (atenuados) durante o sono (opsocoria se forem desconjugados). Geralmente associado a mioclono difuso (dedos, queixo, lábios, pálpebra, testa, tronco e LEs); além disso, indisposição, fatigabilidade, vômitos e alguns achados cerebelares. Frequentemente se resolve de forma espontânea no espaço de 4 meses.

▶ **Oscilopsia.** Sensação visual de que objetos estacionários estão balançando de um lado para outro ou vibrando.[26] Raramente a manifestação única de malformação de Chiari do tipo I[27] (frequentemente associada a nistagmo vertical para baixo). Outras causas incluem MS ou lesão nos nervos vestibulares; por exemplo, ototoxicidade de aminoglicosídeos,[28] neurectomias vestibulares bilaterais, ver síndrome de Dandy (p. 572).

▶ **Pseudo-sinal de von Grafe.** Retração da pálpebra ao olhar para baixo (o verdadeiro sinal de von Grafe é pálpebra vagarosa em hipertireoidismo) vista em regeneração nervosa aberrante (inervação do reto inferior → ativação do elevador da pálpebra).

▶ **Atrofia óptica.** Atrofia óptica progressiva crônica se deve a uma lesão compressiva (aneurisma, meningioma, osteoporose...) até prova em contrário.

Referências

[1] Wilkins RH, Rengachary SS. Neurosurgery. New York 1985

[2] Pinel JF, Larmande P, Guegan Y, et al. Down-Beat Nystagmus: Case Report with Magnetic Resonance Imaging and Surgical Treatment. Neurosurgery. 1987; 21:736–739

[3] Williams DP, Troost BT, Rogers J. Lithium-Induced Downbeat Nystagmus. Arch Neurol. 1988; 45:1022–1023

[4] Sher NA, Wirtschafter J, Shapiro SK, et al. Unilateral Papilledema in 'Benign' Intracranial Hypertension (Pseudotumor Cerebri). JAMA. 1983; 250:2346–2347

[5] Horton JC. Wilbrand's knee of the primate optic chiasm is an artefact of monocular enucleation. Trans Am Ophthalmol Soc. 1997; 95:579–609

[6] Grzybowski A. Harry Moss Traquair (1875-1954), Scottish ophthalmologist and perimetrist. Acta Ophthalmol. 2009; 87:455–459

[7] Shin RK, Li TP. Visualization of Wilbrand's knee. Snowbird, UT 2013

[8] Lee JH, Tobias S, Kwon JT, Sade B, Kosmorsky G. Wilbrand's knee: does it exist? Surg Neurol. 2006; 66:11–7; discussion 17

[9] Zweckberger K, Unterberg AW, Schick U. Pre-chiasmatic transection of the optic nerve can save contralateral vision in patients with optic nerve sheath meningioms. Clin Neurol Neurosurg. 2013; 115:2426–2431

[10] Kawasaki A. Physiology, assessment, and disorders of the pupil. Curr Opin Ophthalmol. 1999; 10:394–400

[11] Walsh FB, Hoyt WF. Clinical Neuro-Ophthalmology. Baltimore 1969

[12] Nakagawa TA, Guerra L, Storgion SA. Aerosolized atropine as an unusual cause of anisocoria in a child with asthma. Pediatr Emerg Care. 1993; 9:153–154

[13] Wijdicks EF. Determining Brain Death in Adults. Neurology. 1995; 45:1003–1011

[14] Lepore FE. Diagnostic Pharmacology of the Pupil. Clin Neuropharmacol. 1985; 8:27–37

[15] Zee DS. Internuclear ophthalmoplegia: pathophysiology and diagnosis. Baillieres Clin Neurol. 1992; 1:455–470

[16] Trobe JD. Third nerve palsy and the pupil. Footnotes to the rule. Arch Ophthalmol. 1988; 106:601–602

[17] Breen LA, Hopf HC, Farris BK, Gutmann L. Pupil-Sparing Oculomotor Nerve Palsy due to Midbrain Infarction. Arch Neurol. 1991; 48:105–106

[18] Galetta SL, Smith JL. Chronic Isolated Sixth Nerve Palsies. Arch Neurol. 1989; 46:79–82

[19] DeShazo RD, Chapin K, Swain RE. Fungal Sinusitis. N Engl J Med. 1997; 337:254–259

[20] Radner AB, Witt MD, Edwards JE. Acute Invasive Rhinocerebral Zygomycosis in an Otherwise Healthy Patient: Case Report and Review. Clin Infect Dis. 1995; 20:163–166

[21] Mokri B. Raeder's Paratrigeminal Syndrome. Arch Neurol. 1982; 39:395–399

[22] Kashihara K, Ito H, Yamamoto S, et al. Raeder's Syndrome Associated with Intracranial Internal Carotid Artery Aneurysm. Neurosurgery. 1987; 20:49–51

[23] Fisher CM. Ocular Bobbing. Arch Neurol. 1964; 11:543–546

[24] Sherman DG, Salmon JH. Ocular Bobbing with Superior Cerebellar Artery Aneurysm: Case Report. J Neurosurg. 1977; 47:596–598

[25] Smith JL, Walsh FB. Opsoclonus - Ataxic Conjugate Movements of the Eyes. Arch Ophthalm. 1960; 64:244–250

[26] Brickner R. Oscillopsia: A new symptom commonly occurring in multiple sclerosis. Arch Neurol Psychiatry. 1936; 36:586–589

[27] Gingold SI, Winfield JA. Oscillopsia and Primary Cerebellar Ectopie: Case Report and Review of the Literature. Neurosurgery. 1991; 29:932–936

[28] Marra TR, Reynolds NC, Stoddard JJ. Subjective Oscillopsia ("Jiggling Vision") Presumably Due to Aminoglycoside Ototoxicity: A Report of Two Cases. J Clin Neuro Ophthalmol. 1988; 8:35–38

33 Neurotologia

33.1 Tontura e vertigem

33.1.1 Diagnóstico diferencial de tontura

▶ **Pré-síncope.** Algumas se sobrepõem à sincope; ver Síncope e apoplexia (p. 1396)
1. hipotensão ortostática
2. hipotensão cardiogênica
   a) arritmia
   b) doença valvular
3. episódio vasovagal
4. seio carotídeo hipersensível; ver Síncope e apoplexia (p. 1396)

▶ **Desequilíbrio**
1. déficits sensoriais múltiplos: por exemplo, neuropatia periférica, deficiência visual
2. degeneração cerebelar

▶ *Vertigem.* Sensação de movimento (usualmente rotativo)
1. disfunção do ouvido interno
   a) labirintite
   b) doença de Meniere (ver abaixo)
   c) trauma: vazamento endolinfático
   d) *drogas*: especialmente aminoglicosídeos
   e) **vertigem posicional (paroxística) benigna:**[1] também conhecida como *cupulolitíase*. Ataques de vertigem severos quando a cabeça é voltada para certas posições (usualmente na cama). Causada por cristais de cálcio nos canais semicirculares. Autolimitada (a maioria dos casos não dura > 1 ano). Sem perda auditiva
   f) sífilis
   g) insuficiência vertebrobasilar (p. 1305)
2. disfunção do nervo vestibular
   a) neuronite vestibular: início súbito da vertigem, melhora gradual
   b) compressão:
      • meningioma
      • schwannoma vestibular: ataxia em geral lentamente progressiva em vez de vertigem intensa. Latências de BAER usualmente anormais. CT ou MRI usualmente anormal
3. **vertigem posicional incapacitante:** conforme descrita por Jannetta *et al.*,[2] vertigem ou desequilíbrio posicional incapacitante *constante*, causando náusea ≈ constante, sem disfunção vestibular nem perda auditiva (zumbido pode estar presente). Uma causa possível é a compressão vascular do nervo vestibular que pode responder à descompressão microvascular
4. disfunção do tronco encefálico
   a) doença vascular; ver Insuficiência vertebrobasilar (p. 1305): sintomas vestibulares menos distintos, sintomas não vestibulares proeminentes
   b) enxaqueca: especialmente enxaqueca da artéria basilar
   c) doença desmielinizante: por exemplo, esclerose múltipla
   d) *drogas*: anticonvulsivantes, álcool, sedativos/hipnóticos, salicilatos
5. disfunção dos proprioceptores cervicais: como em osteoartrite cervical

▶ **Atordoamento pouco definido.** Predominantemente psiquiátrico. Também pode incluir:
1. hiperventilação
2. hipoglicemia
3. neurose de ansiedade
4. histérica

33.1.2 Neurectomia vestibular

Informações Gerais

Considera-se que a perda completa da função vestibular de um dos lados produz vertigem transitória em razão do desequilíbrio no aporte dos dois ouvidos. Teoricamente, um mecanismo compensatório central (o "grampo cerebelar") resulta na melhora dos sintomas. Em casos de disfunção vestibular com sensação de *flutuação* unilateral, este mecanismo compensatório pode estar prejudicado. Uma neurectomia vestibular seletiva (SVN) unilateral pode reverter a sensação de flutuação ou a perda parcial até a cessação completa do aporte e facilitar a compensação. SVN bilateral é, frequentemente, complicada por oscilopsia (p. 570) – também conhecida como síndrome de Dandy, com dificuldade na manutenção do equilíbrio no escuro em razão de perda do reflexo vestíbulo-ocular – e deve ser evitada.

Indicações

As duas condições para as quais SVN é mais comumente empregada são a doença de Ménière (ver abaixo) e lesão vestibular parcial (viral ou traumática). SVN pode ser indicada em casos debilitantes refratários a tratamento médico ou não destrutivo quando estudos vestibulares demonstram disfunção vestibular descompensada continuada ou progressiva.[3]

SVN preserva a audição e na doença de Ménière é > 90% efetiva na eliminação de episódios vertiginosos episódicos (taxa de sucesso de ≈ 80% em casos não Ménière), mas é improvável que melhore a estabilidade com movimentos rápidos da cabeça.

Abordagens cirúrgicas para SVN

1. retrolabiríntica, também conhecida como abordagem pós-auricular: anterior ao seio sigmoide. Escolha primária em pacientes com doença de Ménière que não tiveram procedimentos prévios no saco endolinfático (ELS), uma vez que permite, simultaneamente, SVN e descompressão do saco endolinfático. Requer mastoidectomia com esqueletonização dos canais semicirculares e ELS. A abertura da dura é delimitada anteriormente pelo canal semicircular posterior, posteriormente pelo seio sigmoide. O fechamento impermeável da dura é difícil
2. retrossigmoide, também conhecida como abordagem da fossa posterior, abordagem suboccipital: posterior ao seio sigmoide. A abordagem original empregada por Dandy na era pré-microcirúrgica usualmente sacrificava a audição e, ocasionalmente, a função do nervo facial. Melhores resultados hoje com técnicas microscópicas. Indicada para outros casos além da doença de Ménière, onde não há necessidade de identificação do ELS. Também a melhor abordagem para a identificação positiva do oitavo nervo
3. abordagem da fossa mediana (extradural): as fibras da divisão vestibular podem ser mais separadas das fibras cocleares no IAC do que no CPA, permitindo, assim, a secção mais completa do nervo vestibular. Pode ser apropriada para falha na resposta a SVN por meio das abordagens acima. Desvantagens: requer retração do lobo temporal, não permite exposição do ELS e maior morbidade e risco de danos ao nervo facial[4] do que a abordagem retrolabiríntica

Considerações cirúrgicas para neurectomia vestibular seletiva

(Também ▶ Fig. 1.7)
1. o nervo vestibular se encontra na metade superior do complexo do oitavo nervo e tem cor levemente mais *acinzentada* do que a divisão coclear (devido a menos mielina[5]). Eles podem ser separados por um pequeno vaso ou por uma endentação no feixe
2. nervo facial (VII):
   a) mais branco do que o complexo do VIII nervo
   b) localiza-se anterior e superiormente ao VIII nervo
   c) a monitorização com EMG do nervo facial é recomendada
   d) estimulação direta confirma a identificação
3. qualquer vaso presente no feixe do oitavo nervo deve ser preservado para salvar a audição (principalmente a artéria do canal auditivo deve ser preservada)
4. se não puder ser definido um plano de clivagem entre as divisões vestibular e coclear, a metade superior do feixe nervoso é dividida
5. o saco endolinfático localiza-se ≈ no meio, entre a borda posterior do meato auditivo interno e o seio sigmoide

33.2 Doença de Ménière

33.2.1 Informações gerais

Conceitos-chave

- pressão endolinfática aumentada
- tríade clínica: vertigem, zumbido e perda auditiva flutuante
- as opções cirúrgicas para fracasso do manejo médico incluem *shunt* endolinfático ou neurectomia vestibular seletiva

Provavelmente em razão de um desarranjo da regulação do fluido endolinfático (um achado consistente é hidropisia endolinfática; volume e pressão endolinfática aumentados com dilatação dos espaços endolinfáticos), com a resultante fistulização nos espaços perilinfáticos.

33.2.2 Epidemiologia

Incidência ≈ 1 por 100.000 da população.[6] A maioria dos casos tem início entre 30-60 anos de idade, raramente em jovens ou em idosos. Pode-se tornar bilateral em 20%.

33.2.3 Clínica

Tríade clínica

1. ataques de vertigem violenta (em decorrência de disfunção do nervo vestibular): usualmente o primeiro sintoma é o mais incapacitante. Náusea, vômitos e diaforese são concomitantes frequentes. Ataques severos podem causar prostração. A vertigem pode persistir mesmo depois da surdez completa. O equilíbrio é normal entre os ataques
2. zumbido: frequentemente descrito como parecido com o som de vapor escapando, não um "som de campainha"
3. perda auditiva flutuante para baixa frequência: pode flutuar por um período de semanas até anos, e pode progredir para surdez permanente se não tratada (uma sensação de ouvido cheio é comumente descrita).[7] No entanto, isto não é específico e pode ocorrer com perda da audição por qualquer razão)

Outras características clínicas

Ataque de vertigem súbita ("crises otolíticas de Tumarkin") ocorre ocasionalmente.

Duração do ataque: ≈ 5-30 minutos (alguns dizem 2-6 horas), com um período "pós-ictal" de fadiga durando várias horas.

Frequência: varia de um ou dois ataques por ano a várias vezes por semana.

Dois subtipos diferem da forma clássica: síndrome vestibular de Meniere (vertigem episódica com audição normal) e síndrome coclear de Ménière (poucos sintomas vestibulares).

O curso natural da síndrome é caracterizado por períodos de remissão. Eventualmente os ataques de vertigem progridem em severidade ou "se esgotam" (sendo substituídos por instabilidade constante[7]).

Diagnóstico diferencial

Ver também Diagnóstico diferencial: Tontura e vertigem (p. 572) para mais detalhes.

1. vertigem posicional (paroxística) benigna: também conhecida como *cupulolitíase*. Autolimitada (a maioria dos casos dura < 1 ano). Sem perda auditiva
2. vertigem posicional incapacitante: vertigem posicional incapacitante ou desequilíbrio *constante*, ≈ náusea constante, sem disfunção vestibular ou perda auditiva (pode estar presente zumbido)
3. schwannoma vestibular: ataxia em geral lentamente progressiva em vez de vertigem intensa episódica. Latências de BAER usualmente anormais. CT ou MRI geralmente positivas
4. neuronite vestibular: início súbito da vertigem com melhora gradual
5. insuficiência vertebrobasilar (VBI) (p. 1305): sintomas vestibulares menos distintos e proeminência de sintomas não vestibulares

Estudos diagnósticos

1. eletronistagmografia (ENG) com estimulação calórica bitermal usualmente anormal, pode apresentar respostas térmicas diminuídas
2. audiograma: perda auditiva para baixa frequência, preservação da discriminação e recrutamento do ruído relativamente boa, degradação negativa do tom no teste de impedância
3. BAER usualmente apresenta latências normais
4. imagem radiográfica (CT, MRI etc.): sem achados na doença de Ménière
5. em casos bilaterais, um VDRL deve ser checado para R/O doença luética

Tratamento

Tratamento médico

1. redução na ingesta de sal (restrição estrita de sal é tão efetiva quanto alguma medicação) e cafeína
2. diuréticos: tomados diariamente até reduzir a sensação de ouvido cheio, depois PRN pressão no ouvido (usualmente uma a duas vezes por semana é suficiente)

a) acetazolamida: R Diamox® sequências de 500 mg p.o. qd × 1 semana, aumentar para BID se os sintomas persistirem. D/C se desenvolver parestesias. Não usar durante o 1º trimestre de gravidez
3. supressores vestibulares
   a) diazepan (Valium®): provavelmente o mais efetivo
   b) cloridrato de meclizina (Antivert®): R Dose adulta para vertigem associada ao sistema vestibular (durante os ataques): 25-100 mg/dia PO divididas. Dose para enjoo de movimento: 25-50 mg PO uma hora antes do estímulo. Apresentação: pastilhas de 12,5 e 50 mg. **Efeitos colaterais:** sonolência.
4. vasoconstritores: postulados como mediados pelo aumento no fluxo sanguíneo coclear: a inalação de 5-10% de CO_2 funciona bem, mas o alívio tem curta duração

Tratamento cirúrgico

Reservado para casos *incapacitantes refratários* ao manejo médico. Quando existe audição funcional, são preferidos procedimentos que preservam a audição em razão da alta incidência de envolvimento bilateral. Os procedimentos incluem:
1. procedimentos de shunt endolinfático: da cavidade mastoide (*shunt* de Arenberg) ou do espaço subaracnoide. Reservado para casos com audição funcional. Taxa de sucesso de ≈ 65% (ver abaixo). Se os sintomas aliviarem por ≥ 1 ano, uma recorrência deverá ser tratada por revisão do *shunt*, se < 1 ano, realizar neurectomia vestibular
2. aplicação direta de corticosteroides no ouvido interno
3. ablação vestibular não seletiva (em casos com audição não funcional no lado do envolvimento)
   a) labirintectomia cirúrgica
   b) perfusão do ouvido médio com gentamicina
   c) secção translabiríntica do 8º nervo
4. neurectomia vestibular seletiva (p. 572) em casos com audição funcional

Resultados

Procedimentos de *shunt* endolinfático

Os resultados de 112 procedimentos de *shunt* endolinfático são apresentados no ▶ Quadro 33.1.

Procedimentos de neurectomia

Secção do nervo vestibulococlear (com base em cirurgia anterior da fossa posterior por Dandy; o feixe inteiro do oitavo nervo foi seccionado em 587 pacientes; todos ficaram surdos no pós-operatório): 90% tiveram alívio da vertigem, 5% permaneceram inalterados e 5% pioraram; incidência de 9% de paralisia permanente (incidência de 3% de paralisia permanente).
Secção seletiva do nervo vestibular (preservando a porção coclear, 95 pacientes de Dandy); 10% tiveram melhora na audição, 28% permaneceram inalterados, 48% pioraram, 14% ficaram surdos.
Abordagem de retrolabiríntica: em 32 pacientes com síndrome de Ménière (25 fracassaram no *shunt* endolinfático) respondendo à pesquisa, 85% tiveram alívio completo da vertigem, 6% melhoraram, 9% não obtiveram alívio (um dos quais respondeu à neurectomia da fossa mediana).[5]

Complicações e efeitos desfavoráveis

Pacientes com pouca função do nervo vestibular no pré-operatório (determinada por ENG) usualmente têm dificuldade em seguir imediatamente para neurectomia vestibular; pacientes com mais função podem ter piora transitória pós-operatória até que se acomodem.
Entre 42 pacientes que se submeteram à abordagem retrolabiríntica: nenhuma perda da audição como resultado da cirurgia, nenhuma fraqueza facial, uma rinorreia de fluido cerebroespinal requerendo nova operação e uma meningite com bom resultado.[5]

Quadro 33.1 Resultados em 112 *shunts* endolinfáticos-subaracnoides[7]

	Vertigem	Zumbido	Audição[a]	Pressão dentro do ouvido
melhorado	79 (70%)[b]	53 (47%)	19 (17%)	57 (51%)
estável	33 (29%)	49 (43%)	50 (45%)	24 (21%)
pior	(nenhum)	10 (10%)	39 (35%)	31 (28%)

[a]Audição melhorada considerada funcional (50 dB tom puro, 70% de discriminação da fala); 4 pacientes adicionais melhoraram, mas audição não funcional.
[b]5 pacientes tiveram recorrência de vertigem depois de 1-3 anos.

Em insucessos pós-operatórios, checar ENG. Se for demonstrada função do nervo vestibular no lado operado, a secção nervosa foi incompleta; considerar nova operação.

33.3 Paralisia do nervo facial

33.3.1 Classificação da gravidade

A gravidade da paralisia facial é frequentemente classificada com a escala de House e Brackmann (ver ▶ Quadro 41.3).

33.3.2 Identificação do local da lesão

Paralisia facial central (também conhecida como paralisia facial supranuclear)

A representação cortical do movimento facial ocorre na faixa motora ao longo do aspecto lateral (logo acima da porção opercular mais inferior do giro pré-central). Os pontos principais para diferenciar paralisia central (devido a lesões *supranucleares*) de paralisia facial periférica é que as paralisias *centrais*:
1. estão confinadas, primariamente, à parte inferior da face devido a alguma representação cortical lateral do movimento facial superior
2. podem preservar a expressão facial emocional[8] (p. ex., rir de uma piada)

Paralisia facial nuclear

O núcleo motor do sétimo nervo está localizado na junção pontobulbar. Paralisia nuclear do VII nervo resulta em paralisia de toda a função motora do VII nervo. Em paralisias faciais nucleares, outros achados neurológicos também ocorrem com frequência devido ao envolvimento de estruturas neurais adjacentes pelo processo subjacente (acidente vascular cerebral, tumor...), por exemplo, na síndrome de Millard-Gubler (p. 99), ocorre paralisia ipsolateral do abducente + fraqueza no membro contralateral. Tumores que invadem o assoalho do 4º ventrículo (p. ex., meduloblastoma) também podem causar paralisia facial nuclear (em razão do envolvimento do colículo facial no assoalho do 4º ventrículo).

Lesão no nervo facial

As fibras motoras ascendem dentro da ponte e formam uma curva acentuada ("geno interno") em torno do núcleo do sexto nervo (abducente), formando uma protuberância no assoalho do 4º ventrículo (colículo facial). O sétimo nervo sai do tronco encefálico na junção pontomedular (▶ Fig. 2.6), onde pode estar envolvido em tumores no CPA. Ele entra na porção superior-anterior do canal auditivo interno (▶ Fig. 1.7). O gânglio geniculado ("geno externo") está localizado dentro do osso temporal. O primeiro ramo do gânglio é o nervo petroso superficial maior (GSPN), que passa pelo gânglio pterigopalatino e inerva a mucosa nasal e palatina e a glândula lacrimal do olho; lesões proximais a este ponto produzem um olho seco. O próximo ramo é o ramo do músculo estapédio; lesões proximais a este ponto produzem hiperacusia. A corda timpânica se une ao nervo facial trazendo o sentido do paladar dos dois terços anteriores da língua. Fraturas basais cranianas podem lesionar o nervo proximal a este ponto. Viajando com as cordas timpânicas estão as fibras das glândulas submandibular e sublingual. O nervo facial sai do crânio no forame estilomastóideo. Ele, então, entra na glândula parótida, onde se divide nos seguintes ramos dos músculos faciais (craniano até caudal): temporal, zigomático, bucal, mandibular e cervical. Lesões dentro da glândula parótida (p. ex., tumores da parótida) podem envolver alguns ramos, mas preservam outros.

33.3.3 Etiologias

Estas etiologias produzem primariamente paralisia do nervo facial, ver também Paralisias múltiplas dos nervos cranianos (neuropatias cranianas) (p. 1399). **Nota:** 90-95% de todos os casos de paralisia facial são contabilizados como paralisia de Bell, herpes-zóster óptico e trauma (fraturas basais cranianas).[9]
1. paralisia de Bell (p. 577)
2. herpes-zóster ótico *(auris)* (p. 578)
3. trauma: fratura basal craniana
4. nascimento
   a) congênita
      - paralisia facial bilateral* (diplegia facial) da síndrome de Möbius (p. 1399): única, na medida em que afeta a face superior mais do que a face inferior
      - diplegia facial congênita* pode fazer parte da distrofia muscular facioescápulo-humeral ou miotônica
   b) traumática

Neurotologia **577**

5. otite média: com otite média aguda, a paralisia facial geralmente melhora com antibióticos. Com otite supurativa crônica é necessário intervenção cirúrgica
6. paralisia facial central e paralisia facial nuclear: ver acima Identificação do local da lesão
7. neoplasia: usualmente causa perda auditiva e (ao contrário da paralisia de Bell) paralisia facial *lentamente* progressiva
   a) a maioria são shwannomas benignos do nervo facial ou auditivo ou malignidades metastáticas do osso temporal. Os neuromas faciais representam ≈ 5% das paralisias do nervo facial;[10] a paralisia tende a ser lentamente progressiva
   b) tumores da parótida podem envolver alguns ramos, mas preservam outros
   c) hemangioendotelioma intravascular vegetante de Masson (p. 770)
8. neurossarcoidose* (p. 189): VII é o nervo craniano mais comumente afetado
9. diabetes: 17% dos pacientes com > 40 anos de idade com paralisia facial periférica (PFP) apresentam testes de tolerância à glicose anormais. Diabéticos têm 4,5 vezes mais risco relativo de desenvolvimento de PFP do que não diabéticos.[11]
10. doença de Lyme estágio II* (p. 334):[12] diplegia facial é uma característica distintiva
11. síndrome de Guillian-Barré*: ocorre diplegia facial em ≈ 50% dos casos fatais
12. ocasionalmente vista na síndrome de Klippel-Feil
13. quarto ventrículo isolado* (p. 402): compressão no colículo facial

*Os itens com asterisco estão frequentemente associados à *diplegia* facial (isto é, paralisia facial bilateral), ver também neuropatias cranianas múltiplas (p. 1399).

33.3.4 Paralisia de Bell

Informações gerais

Paralisia de Bell (BP), também conhecida como paralisia facial periférica (PFP) idiopática, é a causa mais comum de paralisia facial (50-80%) das PFPs). Incidência: 150-200/1 milhão/ano.

Etiologia: por definição, a PFP é denominada paralisia de Bell quando não é devida a causas conhecidas de PFP (p. ex., infecção, tumor ou trauma) e não há outras manifestações neurológicas (p. ex., envolvimento de outros nervos cranianos) ou sistêmicas (p. ex., febre, diabetes, possivelmente hipertensão[13]).[14] Assim, BP verdadeira é idiopática e é um diagnóstico de exclusão. A maioria dos casos provavelmente representa uma polineurite desmielinizante inflamatória viral[15] geralmente em decorrência de vírus do herpes simples.[16] A paralisia facial devido a doença de Lyme pode, usualmente, ser reconhecida em bases clínicas.[17] A gravidade pode ser classificada na escala de classificação de House & Brackmann (ver o ► Quadro 41.3).

Apresentação

Um pródromo viral é frequente: URI, mialgia, hipoestesia ou disestesia do nervo trigêmeo, N/V, diarreia... A paralisia pode ser incompleta e permanecer assim (Tipo I); é completa no início em 50% (Tipo II), o restante progride até completar em 1 semana. Usualmente exibe progressão distal a proximal: ramos motores, depois a corda timpânica (perda do paladar e redução da salivação), depois o ramo estapedial (hiperacusia), então o gânglio geniculado (lágrimas reduzidas). Os sintomas associados são apresentados no ► Quadro 33.2 e são, usualmente, mas nem sempre, ipsolaterais. Vesículas de herpes-zóster se desenvolvem em 4% dos pacientes 2-4 dias após o início da paralisia; e em 30% dos pacientes 4-8 dias após o início. Durante a fase de recuperação pode ocorrer lacrimejamento excessivo (regeneração nervosa aberrante).

Avaliação

Pacientes com PFP devem ser examinados num estágio inicial para otimizar os resultados.

Eletrodiagnósticos: EMG pode detectar potenciais de reinervação, auxilia no prognóstico. Estudo da condução nervosa: estimulação elétrica do nervo facial perto do forame estilomastóideo durante o registro de EMG nos músculos faciais (um nervo facial pode continuar a conduzir até ≈ 1 semana mesmo depois da transecção completa).

Quadro 33.2 Sintomas associados à paralisia de Bell

Sintoma	%
dor facial & retroauricular	60
disgeusia	57
hiperacusia	30
lacrimejamento reduzido	17

Manejo

Medidas gerais

Proteção dos olhos: a proteção dos olhos é essencial. Lágrimas artificiais durante o dia, pomada oftálmica à noite, evitar luz brilhante (usando óculos escuros durante o dia).

Manejo médico

Esteroides: prednisona 25 mg p.o. BID × 10 dias, iniciada dentro de 72 horas do início dos sintomas, melhora as chances de recuperação completa aos 3 e 9 meses.

Aciclovir: *não* ajuda (isoladamente ou em combinação com prednisolona).[18]

Manejo cirúrgico

Descompressão cirúrgica: controversa. Ainda não foi feito um estudo definitivo. Raramente utilizada. As indicações incluem:
1. degeneração completa do nervo facial sem resposta à estimulação nervosa (embora esta ausência também seja usada como um argumento contra cirurgia[9])
2. resposta progressivamente deteriorada à estimulação nervosa
3. sem melhora clínica ou objetiva (teste nervoso) depois de 8 semanas (no entanto, nos casos em que o diagnóstico de paralisia de Bell é considerado certo, a doença ativa será mitigada ≈ 14 dias depois do início[9])

Prognóstico

Essencialmente, todos os casos apresentam alguma recuperação (se não ocorrer em 6 meses, devem ser procuradas outras etiologias). Extensão da recuperação: 75-80% dos casos se recuperam completamente, 10% parcialmente e o restante muito pouco. Se a recuperação começar entre 10-21 dias, tende a ser completa; se não recuperar até 3-8 semanas → razoável, se não recuperar até 2-4 meses → fraca recuperação. Se a paralisia for completa no início, 50% terão recuperação incompleta. Casos de paralisia incompleta no início que não progridem para paralisia completa → recuperação completa; paralisia incompleta no início que progride para completa → recuperação incompleta em 75%. Um pior prognóstico está associado a: envolvimento mais proximal, hiperacusia, lacrimejamento reduzido, idade > 60 anos, diabetes, HTN, psiconeuroses e dor aural, facial ou radicular.

33.3.5 Paralisia facial em decorrência de herpes-zóster ótico

Os sintomas são mais severos do que na paralisia de Bell, vesículas herpéticas geralmente estão presentes e anticorpos titulam para o aparecimento do vírus da varicela-zóster. Estes pacientes têm risco maior de degeneração do nervo facial.

33.3.6 Tratamento cirúrgico para paralisia facial

Informações gerais

Para casos com lesão focal no nervo facial (p. ex., trauma, lesão durante cirurgia para tumor no CPA...), reconstrução dinâmica por anastomoses nervosas usualmente é considerada superior a métodos estáticos.[19] Para causas não focais, por exemplo, paralisia de Bell, somente métodos "estáticos" podem ser aplicáveis. Um reparo neural funcional não será possível se os músculos faciais estiverem atrofiados ou fibrosados.

Opções cirúrgicas

As opções de tratamento cirúrgico incluem:
1. para lesão intracraniana do nervo facial (p. ex., durante cirurgia de tumor no CPA): reaproximação intracraniana (com ou sem enxerto) oferece melhores perspectivas para a maior parte da reanimação facial normal
   a) momento
      - na hora da remoção do tumor (para um nervo facial dividido durante a remoção do schwannoma vestibular[20,21,22]): o melhor resultado que pode ser obtido com isto é House-Brackmann Grau III. A operação não consegue produzir bons resultados em ≈ 33% dos casos[22]
      - de forma tardia, especialmente se o nervo foi deixado em continuidade anatômica
   b) técnicas
      - reanastomose direta: difícil em razão da natureza frágil do VII nervo (especialmente quando ele foi estirado por um tumor)
      - enxerto em cabo: por exemplo, usando o nervo auricular maior[23] ou o nervo sural

2. anastomose do nervo facial extracraniano
   a) anastomose do nervo hipoglosso (Cr. N. XII) – nervo facial (ver abaixo)
   b) anastomose do nervo acessório espinal (Cr. N. XI) – anastomose do nervo facial (ver abaixo)
   c) anastomose do nervo frênico-nervo facial
   d) anastomose glossofaríngea (Cr. N. IX) – nervo facial
   e) enxerto contralateral (VII-VII): os resultados não foram muito bons
3. meios "mecânicos" ou "estáticos"
   a) suspensão facial: por exemplo, com tela em polipropileno (Marlex®)[24]
   b) técnicas de fechamento do olho (protege o olho da exposição e lacrimejamento reduzido)
      • tarsorrafia: parcial ou completa
      • pesos de ouro na pálpebra
      • mola de aço inoxidável na pálpebra

Momento da cirurgia

Se for sabido que o nervo facial está interrompido (p. ex., transeccionado durante a remoção de shwanno-ma vestibular), será indicado tratamento cirúrgico precoce. Quando a condição do nervo é desconhecida ou se em continuidade, mas não funcionando, então se deve permitir vários meses de observação e teste elétrico para recuperação espontânea. Tentativas muito tardias de anastomose têm menos chance de recuperação em razão da atrofia do músculo facial.

Anastomose do nervo hipoglosso-nervo facial (XII-VII)

Informações gerais

Não pode ser usada bilateralmente em pacientes com diplegia facial ou naqueles com outros déficits no nervo craniano inferior (ou potencial para o mesmo). Apesar de algumas sugestões em contrário, o sacrifício do XII nervo cria alguma morbidade (atrofia da língua com dificuldade de fala, mastigação e deglutição em ≈ 25% dos casos, exacerbada quando os músculos faciais não funcionam daquele lado; pode ocorrer aspiração se a disfunção do vago (Cr. N. X) coexistir com a perda de XII).

Não tão efetiva quanto teoricamente pareceria possível. A reanimação facial resultante é, frequentemente, menos do que o ideal (pode permitir movimento da massa). Para evitar decepção severa, o paciente deve entender completamente a probabilidade dos efeitos colaterais e que o movimento facial provavelmente será muito menos do que o normal, frequentemente com fraco controle voluntário.

Usualmente realizada juntamente com anastomose do hipoglosso descendente do nervo hipoglosso distal para tentar e reduzir a hemiatrofia da língua. A atrofia também pode ser reduzida pelo uso de um "enxerto ponte" sem interromper completamente XII.[25]

Técnica

Posição: supina, cabeça voltada levemente para o lado oposto. Incisão na pele: incisão de 6-8 cm desde logo acima do processo mastoide obliquamente descendo pelo pescoço até 2 cm abaixo do ângulo da mandíbula. O plastima é aberto e a ponta do mastoide é exposta pela incisão da inserção do SCM com o uso de um elevador periósteo. Incisão na fáscia profunda; evitar a glândula parótida, que é retraída superiormente. Remover o terço superior do processo mastoide (cera nas células aéreas expostas) e identificar o nervo facial quando ele sai do forame estilomastoide, entre o processo mastoide e o processo estiloide. Retrair o ventre posterior do digástrico inferiormente para ajudar a exposição.

O SCM é retraído lateralmente até a bainha carotídea ser identificada, revelando o nervo hipoglosso. Ele forma um arco em torno da artéria occipital neste nível (onde se desprende do hipoglosso descendente) para passar entre a artéria carotídea e a veia jugular. O nervo é liberado, proximalmente, no ponto em que ele entra na bainha carotídea e distalmente ao triângulo submandibular, onde ele é nitidamente dividido.

O nervo facial é dividido no forame estilomastoide e é aproximado do nervo hipoglosso proximal. O hipoglosso descendente é dividido o mais distalmente possível e é, então, anastomosado no coto do nervo hipoglosso.

Variações

1. interposição de enxerto em ponte: preserva a função do XII nervo (para minimizar a denervação glótica, a incisão de XII deve ser distal ao hipoglosso descendente[25])
   a) uso de enxerto em ponte cutâneo[25]
   b) uso de enxerto em ponte muscular[26]
2. mobilização da porção intratemporal de VII fora do canal falopiano (conforme descrito anteriormente[27]) e depois anastomosando com o uso de um corte chanfrado de XII com incisão parcial[28]

Resultados

Os resultados são melhores se realizados precocemente, embora possam ocorrer bons resultados em até 18 meses após a lesão. Em 22 casos, 64% tiveram bons resultados, 14% foram razoáveis, 18% fracos e 1 paciente não apresentou evidências de reinervação. Em 59% dos casos, foram vistas evidências de reinervação em 3-6 meses, no restante dos pacientes com reinervação foi observada melhora aos 8 meses.[29] Ocorre recuperação do movimento da testa em apenas ≈ 30%. O retorno do tônus precede o movimento em ≈ 3 meses.

Anastomose do nervo acessório espinal-nervo facial (XI-VII)

Informações gerais

Descrita inicialmente em 1895 por *Sir* Charles Ballance.[30] Sacrifica alguns movimentos do ombro em vez do uso da língua. Preocupações iniciais quanto à incapacidade significativa do ombro e dor resultaram na técnica de uso apenas do ramo SCM de XI,[31] porém estes problemas não ocorreram na maioria dos pacientes mesmo com o uso da divisão maior.[32]

Técnica

Ver referência.[32]

Incisão cutânea: descrever uma curva na ponta do mastoide ao longo da margem anterior do SCM. Remover o terço anterior do processo mastoide (aplicar cera em células aéreas expostas), identificar o nervo facial e dividi-lo o mais próximo possível da sua saída do estilomastoide. Localizar o XI nervo 3-4 cm abaixo da ponta do mastoide e dividi-lo distal à divisão do SCM. Mobilizar a extremidade livre e anastomizá-la no coto distal de VII. Resulta em perda da função do trapézio, o que pode não causar déficit mesmo que feito bilateralmente. Como alternativa, pode ser usado o ramo SCM de XI, preservando a função do trapézio, porém pode ser difícil funcionar com o comprimento mais curto e em alguns indivíduos pode haver apenas múltiplos ramos pequenos do SCM.

33.4 Perda auditiva

Dois tipos anatômicos: condutiva e neurossensorial.

33.4.1 Perda auditiva condutiva

1. os pacientes tendem a falar com volume de voz normal ou baixo
2. etiologias: tudo o que interfere no movimento ossicular. Incluem:
   a) otite média com efusão do ouvido médio
   b) otosclerose
3. achados clínicos com perda auditiva unilateral (ver o ▶ Quadro 33.3)
   a) o *teste de Weber* irá lateralizar do lado da perda auditiva (teste de Weber: colocar um diapasão vibrando 256 ou 512 Hz no centro da testa; o som irá lateralizar – som mais alto – no lado da perda auditiva condutiva ou oposto ao lado da SNHL)
   b) o *teste de Rinne* será anormal (BC > AC) no lado da perda auditiva, denominado Rinne *negativo* (teste de Rinne: colocar um diapasão vibrando 256 ou 512 Hz sobre o processo mastoide; quando o som já não é mais ouvido, mover o diapasão para fora do ouvido para ver se a condução aérea [AC] é > condução óssea [BC])
4. as medidas da impedância do ouvido médio são anormais

Quadro 33.3 Interpretação dos resultados dos testes de Weber e Rinne

Weber	Rinne	Interpretação
não lateralizante	AC > BC bilateralmente	normal[a]
lateraliza no lado A	normal bilateralmente (AC > BC)	perda auditiva neurossensorial (SNHL) no lado B
lateraliza no lado A	anormal no lado A (BC > AC)	perda auditiva condutiva no lado A
lateraliza no lado A	anormal no lado B (BC > AC)	condutiva + SNHL no lado B combinada

[a]Normal ou perda auditiva simétrica.

33.4.2 Perda auditiva neurossensorial (SNHL)

1. os pacientes tendem a falar em voz alta
2. achados clínicos com perda auditiva unilateral (▶ Quadro 33.3)
   a) o *teste de Weber* irá lateralizar no lado de melhor audição (teste de Weber: colocar um diapasão vibrando 256 ou 512 Hz no centro da testa; o som irá lateralizar – som mais alto – no lado da perda auditiva condutiva ou oposto ao lado da SNHL)
   b) o *teste de Rinne* será normal (AC > BC), denominado Rinne *positivo* (teste de Rinne: colocar um diapasão vibrando 256 ou 512 Hz sobre o processo mastoide; quando o som não for mais ouvido, mover o diapasão para fora do ouvido para ver se a condução aérea [AC] é > condução óssea [BC])
3. dividida, adicionalmente, em sensorial ou neural. Distinguida por emissões otoacústicas (somente produzidas por uma cóclea com células pilosas em funcionamento) ou BSAERs
   a) sensorial: perda das células pilosas externas na cóclea. Etiologias: lesão coclear (usualmente causa perda auditiva para alta frequência) em razão da exposição a ruídos, drogas ototóxicas (p. ex., aminoglicosídeos), degeneração coclear senil, labirintite viral. A discriminação da fala pode estar relativamente preservada
   b) neural: pela compressão do 8º nervo craniano. Etiologias: tumor do ângulo CP (p. ex., schwannoma vestibular). Perda tipicamente muito maior da discriminação das palavras desproporcional às anormalidades na audiometria de tons puros

A perda auditiva sensorial pode ser distinguida de perda auditiva neural por

1. emissões otoacústicas que são produzidas comente por uma cóclea com células pilosas em funcionamento
2. ou BSAERs
3. um limiar elevado do reflexo estapedial desproporcional a anormalidades PTA também é altamente diagnóstico de uma lesão retrococlear (neural)

Referências

[1] Brandt T, Daroff RB. The Multisensory Physiological and Pathological Vertigo Syndromes. Ann Neurol. 1980; 7:195–203

[2] Jannetta PJ, Moller MB, Moller AR. Disabling Positional Vertigo. N Engl J Med. 1984; 310:1700–1705

[3] Arriaga MA, Chen DA. Vestibular Nerve Section in the Treatment of Vertigo. Contemp Neurosurg. 1997; 19:1–6

[4] McElveen JT, House JW, Hitselberger WE, et al. Retrolabyrinthine Vestibular Nerve Section: A Viable Alternative to the Middle Fossa Approach. Otolaryngol Head Neck Surg. 1984; 92:136–140

[5] House JW, Hitselberger WE, McElveen J, et al. Retrolabyrinthine Section of the Vestibular Nerve. Otolaryngol Head Neck Surg. 1984; 92:212–215

[6] Tarlov EC. Microsurgical Vestibular Nerve Section for Intractable Meniere's Disease. Clin Neurosurg. 1985; 33:667–684

[7] Glassock ME, Miller GW, Drake FD, et al. Surgical Management of Meniere's Disease with the Endolymphatic Subarachnoid Shunt. Laryngoscope. 1977; 87:1668–1675

[8] Shambaugh GE. In: Facial Nerve Decompression and Repair. Surgery of the Ear. Philadelphia: W. B. Saunders; 1959:543–571

[9] Adour KK. Diagnosis and Management of Facial Paralysis. N Engl J Med. 1982; 307:348–351

[10] Shambaugh GE, Clemis JD, Paparella MM, Schumrick DA. In: Facial Nerve Paralysis. Otolaryngology. Philadelphia: W. B. Saunders; 1973

[11] Adour KK, Wingerd J, Doty HE. Prevalence of Concurrent Diabetes Mellitus and Idiopathic Facial Paralysis (Bell's Palsy). Diabetes. 1975; 24:449–451

[12] Treatment of Lyme Disease. Med Letter. 1988; 30:65–66

[13] Abraham-Inpijn L, Devriese PP, Hart AAM. Predisposing Factors in Bell's Palsy: A Clinical Study with Reference to Diabetes Mellitus, Hypertension, Clotting Mechanism and Lipid Disturbance. Clin Otolaryngol. 1982; 7:99–105

[14] Devriese PP, Schumacher T, Scheide A, et al. Incidence, Prognosis and Recovery of Bell's Palsy: A Survey of About 1000 Patients (1974-1983). Clin Otolaryngol. 1990; 15:15–27

[15] Adour KK, Byl FM, Hilsinger RL, Kahn ZM, et al. The True Nature of Bell's Palsy: Analysis of 1000 Consecutive Patients. Laryngoscope. 1978; 88:787–801

[16] Adour KK, Bell DN, Hilsinger RL. Herpes simplex virus in idiopathic facial paralysis (Bell palsy). JAMA. 1975; 233:527–530

[17] Kuiper H, Devriese PP, de Jongh BM, Vos K, Dankert J. Absence of Lyme Borreliosis Among Patients With Presumed Bell's Palsy. Arch Neurol. 1992; 49:940–943

[18] Sullivan FM, Swan IR, Donnan PT, Morrison JM, Smith BH, McKinstry B, Davenport RJ, Vale LD, Clarkson JE, Hammersley V, Hayavi S, McAteer A, Stewart K, Daly F. Early treatment with prednisolone or acyclovir in Bell's palsy. N Engl J Med. 2007; 357:1598–1607

[19] Conley J, Baker DC. Hypoglossal-Facial Nerve Anastamosis for Reinnervation of the Paralyzed Face. Plast Reconstr Surg. 1979; 63:63–72

[20] Pluchino F, Fornari M, Luccarelli G. Intracranial Repair of Interrupted Facial Nerve in Course of Operation for Acoustic Neuroma by Microsurgical Technique. Acta Neurochir. 1986; 79:87–93

[21] Stephanian E, Sekhar LN, Janecka IP, Hirsch B. Facial Nerve Repair by Interposition Nerve Graft: Results in 22 Patients. Neurosurgery. 1992; 31:73–77

[22] King TT, Sparrow OC, Arias JM, O'Connor AF. Repair of Facial Nerve After Removal of Cerebellopontine Angle Tumors: A Comparative Study. J Neurosurg. 1993; 78:720–725

[23] Alberti PWRM. The Greater Auricular Nerve. Donor for Facial Nerve Grafts: A Note on its Topographical Anatomy. Arch Otolaryngol. 1962; 76:422–424

[24] Strelzow VV, Friedman WH, Katsantonis GP. Reconstruction of the Paralyzed Face With the Polypropylene Mesh Template. Arch Otolaryngol. 1983; 109:140–144

[25] May M, Sobol SM, Mester SJ. Hypoglossal-Facial Nerve Interpositional-Jump Graft for Facial Reanimation without Tongue Atrophy. Otolaryngol Head Neck Surg. 1991; 104:818–825

[26] Drew SJ, Fullarton AC, Glasby MA, et al. Reinnervation of Facial Nerve Territory Using a Composite Hypoglossal Nerve-Muscle Autograft-Facial Nerve Bridge. An Experimental Model in Sheep. Clin Otolaryngol. 1995; 20:109–117

[27] Hitselberger WE, House WF, Luetje CM. In: Hypoglossal- Facial Anastomosis. Acoustic Tumors:

Management. Baltimore: University Park Press; 1979:97–103

[28] Atlas MD, Lowinger DSG. A new technique for hypoglossal- facial nerve repair. Laryngoscope. 1997; 107:984–991

[29] Pitty LF, Tator CH. Hypoglossal-Facial Nerve Anastamosis for Facial Nerve Palsy Following Surgery for Cerebellopontine Angle Tumors. J Neurosurg. 1992; 77:724–731

[30] Duel AB. Advanced Methods in the Surgical Treatment of Facial Paralysis. Ann Otol Rhinol Laryngol. 1934; 43:76–88

[31] Poe DS, Scher N, Panje WR. Facial Reanimation by XI-VII Anastamosis Without Shoulder Paralysis. Laryngoscope. 1989; 99:1040–1047

[32] Ebersold MJ, Quast LM. Long-Term Results of Spinal Accessory Nerve-Facial Nerve Anastamosis. J Neurosurg. 1992; 77:51–54

Parte XII

Tumores Primários dos Sistemas Nervoso e Relacionados: Tumores de Tecido Neuroepitelial

34 Informações Gerais, Classificação e Marcadores Tumorais 584

35 Síndromes Envolvendo Tumores 603

36 Astrocitomas 612

37 Outros Tumores Astrocíticos 629

38 Tumores Oligodendrogliais e Tumores do Epêndima, Plexo Corioide e Outros Tumores Neuroepiteliais 638

39 Tumores Neuronais e Neurogliais Mistos 651

40 Tumores da Região Pineal e Embrionários 658

41 Tumores dos Nervos Cranianos, Espinais e Periféricos 670

42 Meningiomas 690

43 Outros Tumores Relacionados com as Meninges 701

34 Informações Gerais, Classificação e Marcadores Tumorais

34.1 Classificação dos tumores do sistema nervoso

Classificação da WHO dos tumores do sistema nervoso

A classificação da WHO de 2007[1] identifica 7 categorias de tumores do sistema nervoso (ver o ▶ Quadro 34.1) e uma descrição modificada é apresentada abaixo[1,2,3,4,5] (juntamente com a categoria não oficial de "remanescentes embrionários intracranianos e/ou intraespinais" e adenomas hipofisários (não fazendo parte do CNS)). Também a ser considerado: cistos (neurocisticercose...), massas semelhantes a tumor (p. ex., aneurismas gigantes) e extensão local de tumores regionais. As informações da citogenética e genética molecular estão desempenhando um papel cada vez maior na classificação em rápido desenvolvimento de muitos tumores cerebrais.

Quadro 34.1 Visão geral da classificação da WHO dos tumores do sistema nervoso[3]

1. tumores de tecido neuroepitelial
2. tumores de nervos craniano e paraespinal
3. tumores das meninges
4. linfomas e neoplasias hematopoiéticas
5. tumores de células germinativas
6. tumores da região selar
7. tumores metastáticos

Quadro 34.2 Classificação da WHO de 2007 dos tumores do sistema nervoso[1]

Tumor	ICD-O[a]
A. TUMORES DO TECIDO NEUROEPITELIAL[b]	
I. Astrócitos → tumores astrocíticos[c] (p. 612)	
1. astrocitomas que são tipicamente infiltrativos (p. 612) (os tumores de baixo grau nesta categoria tendem a progredir para malignidade)	
a. astrocitoma difuso (WHO II[d]) (p. 612). Variantes:	9400/3
• fibrilar	9420/3
• protoplásmico	9410/3
• gemistocítico	9411/3
b. astrocitoma anaplásico (maligno) (WHO III) (p. 616)	9401/3
c. glioblastoma (WHO IV) (p. 616) (anteriormente glioblastoma multiforme (GBM) Variantes:	9449/3
• glioblastoma de células gigantes	9441/3
• gliossarcoma	9442/3
d. gliomatose cerebral (p. 619)	9381/3
2. lesões mais circunscritas (estas *não* tendem a progredir para astrocitoma anaplásico e GBM)	
a. astrocitoma pilocítico (p. 629)	9421/1
• astrocitoma pilomixoide (WHO II) (p. 632)	9425/3
b. xantroastrocitoma pleomórfico (PXA) (p. 635)	9424/3
c. astrocitoma subependimário de células gigantes (p. 607): associado à esclerose tuberosa	9384/1

Quadro 34.2 Classificação da WHO de 2007 dos tumores do sistema nervoso[1] *(Cont.)*

Tumor	ICD-O[a]
II. Oligodendrócitos → tumores oligodendrogliais	
1. oligodendroglioma (WHO II) (p. 638)	9450/3
2. oligodendroglioma anaplásico (WHO III) (p. 639)	9451/3
III. Tumores oligoastrocíticos (anteriormente: gliomas mistos)	
1. oligoastrocitoma (WHO II) (p. 641)	9382/3
2. oligoastrocitoma anaplásico (maligno [WHO III]) (p. 641)	9382/3
IV. Ependimócitos → tumores ependimais	
1. Ependimoma (WHO II) (p. 642). Variantes:	9391/3
a. celular (p. 642)	9391/3
b. papilar (p. 642)	9393/3
c. de células claras (p. 642)	9391/3
d. tanicítico (p. 642)	9391/3
2. ependimoma anaplásico (maligno) (WHO III) (p. 643)	9392/3
3. ependimoma mixopapilar: somente filo terminal (WHO I) (p. 642)	9394/1
4. subependimoma (WHO I) (p. 643)	9383/1
V. Tumores do plexo corioide (p. 648)	
1. papiloma do plexo corioide	9390/0
2. papiloma atípico do plexo corioide	9390/1
3. carcinoma do plexo corioide	9390/3
VI. Outros tumores neuroepiteliais (p. 649)	
1. astroblastoma	9430/3
2. glioma cordoide do 3° ventrículo	9444/1
3. glioma angiocêntrico	9431/1
VII. Tumores neuronais e neuronais-gliais mistos (p. 651)	
1. gangliocitoma	9492/0
2. ganglioglioma (p. 651)	9505/1
3. tumor neuroepitelial disembrioplásico (DNT) (p. 646)	9413/0
4. astrocitoma /ganglioma desmoplásico infantil (DIG) (p. 645)	9412/1
5. gangliocitoma displásico do cerebelo (Lhermitte-Duclos) (p. 647)	9493/0
6. ganglioglioma anaplásico (maligno)	9505/3
7. neurocitoma central (p. 645)	9506/1
8. neurocitoma extraventricular	9506/1
9. liponeurocitoma cerebelar	9506/1
10. tumor glioneuronal papilar	9509/1
11. tumor glioneuronal formador de rosetas do 4° ventrículo	9509/1
12. paraganglioma (do filo terminal)	8680/1

(Continua)

Quadro 34.2 Classificação da WHO de 2007 dos tumores do sistema nervoso[1] *(Cont.)*

Tumor	ICD-O[a]
VIII. Pinealócitos → tumores parenquimais pineais (p. 659)	
1. pineocitoma (pinealoma)	9361/1
2. pineoblastoma	9362/3
3. tumor do parênquima pineal de diferenciação intermediária	9362/3
4. tumor papilar da região pineal	9395/3
IX. Tumores embrionários (p. 663)	
1. meduloblastoma (p. 663). Variantes:	9470/3
a. meduloblastoma desmoplásico/nodular (p. 664)	9471/3
b. meduloblastoma anaplásico	9474/3
c. meduloblastoma de células grandes (p. 664)	9474/3
d. meduloblastoma com extensa nodularidade	9471/3
2. tumores neurectodérmicos primitivos do CNS (PNET) (p. 663)	9473/3
a. neuroblastoma do CNS	9500/3
b. ganglioneuroblastoma do CNS	9490/3
c. meduloepitelioma	9501/3
d. ependimoblastoma (p. 666)	9392/3
3. tumor teratoide/rabdoide atípico	9508/3
B. TUMORES DOS NERVOS CRANIANO, ESPINAL E PERIFÉRICO	
I. Schwannoma (neurilemoma, neurinoma) **(schwannnoma vestibular, também conhecido como neurinoma acústico)**	**9560/0**
1. celular	9560/0
2. plexiforme	9560/0
3. melanótico	9560/0
II. Neurofibroma (p. 604)	**9540/0**
1. plexiforme (p. 604)	9550/0
III. Perineurioma (p. 687)	**9571/0**
1. perineurioma, NOS	9571/0
2. perineurioma maligno	9571/3
IV. Tumor maligno de bainha do nervo periférico (MPNST) (sarcoma neurogênico, neurofibroma anaplásico, "schwannoma maligno"). Variantes:	**9540/3**
1. MPNST epitelioide	9540/3
2. MPNST com diferenciação mesenquimal	9540/3
3. MPNST melanótico	9540/3
4. MPNST com diferenciação glandular	9540/3

Informações Gerais, Classificação e Marcadores Tumorais 587

Quadro 34.2 Classificação da WHO de 2007 dos tumores do sistema nervoso[1] *(Cont.)*

Tumor	ICD-O[a]
C. TUMORES DAS MENINGES	
I. Tumores das células meningoteliais	
1. meningioma (p. 690). Variantes:	9530/0
a. meningotelial (WHO I)	9531/0
b. fibroso (fibroblástico) (WHO I)	9532/0
c. transicional (misto) (WHO I)	9537/0
d. psamomatoso (WHO I)	9533/0
e. angiomatoso (WHO I)	9534/0
f. microcístico (WHO I)	9530/0
g. secretório (WHO I)	9530/0
h. rico em linfócitos e plasmócitos (WHO I)	9530/0
i. metaplásico (WHO I)	9530/0
os seguintes meningiomas exibem comportamento mais maligno	
j. de células claras (intracraniano) (WHO II)	9538/1
k. cordoide (WHO II)	9538/1
l. meningioma atípico (WHO II) (p. 693)	9539/1
m. meningioma papilar (WHO III)	9538/3
n. meningioma rabdoide (WHO III) (p. 694)	9538/3
o. meningioma anaplásico (maligno) (WHO III) (p. 694)	9530/3
II. Tumores mesenquimais, não meningoteliais (p. 701)	
1. lipoma, por exemplo, do corpo caloso (p. 260)	8850/0
2. angiolipoma	8861/0
3. hiberneuroma	8880/0
4. lipossarcoma (intracraniano)	8850/3
5. tumor fibroso solitário	8815/0
6. fibrossarcoma	8810/3
7. histiocitoma fibroso maligno	8830/3
8. leiomioma	8890/0
9. leiomiossarcoma	8890/3
10. rabdomioma	8900/0
11. rabdomiossarcoma	8900/3
12. condroma	9220/0
13. condrossarcoma	9220/3
14. osteoma	9180/0

(Continua)

34

Quadro 34.2 Classificação da WHO de 2007 dos tumores do sistema nervoso[1] *(Cont.)*

Tumor	ICD-O[a]
15. osteossarcoma	9180/3
16. osteocondroma	9210/0
17. hemangioma	9120/0
18. hemangioendotelioma epitelioide	9133/1
19. hemangiopericitoma (p. 701)	9150/1
20. hemangiopericitoma anaplásico	9150/3
21. angiossarcoma	9120/3
22. sarcoma de Kaposi	9140/3
23. sarcoma de Ewing – PNET	9364/3
III. Lesões melanocíticas primárias	
1. melanocitose difusa	8728/0
2. melanocitoma	8728/1
3. melanoma maligno (primário do CNS) (p. 701)	8720/3
4. melanomatose meníngea	8728/3
IV. Outras neoplasias relacionadas com as meninges	
1. hemangioblastoma (p. 701)	9161/1
D. LINFOMAS E NEOPLASIAS HEMATOPOIÉTICAS	
I. Linfoma maligno (linfoma primário do sistema nervoso) (p. 710)	**9590/3**
II. Plasmacitoma	**9731/3**
III. Sarcoma granulocítico	**9930/3**
E. TUMORES DE CÉLULAS GERMINAIS	
I. Germinoma (p. 659)	**9064/3**
II. Carcinoma embrionário	**9070/3**
III. Tumor do seio endodérmico (EST) (tumor do saco vitelino)	**9071/3**
IV. Coriocarcinoma	**9100/3**
V. Teratoma (de todas as 3 camadas germinais) (p. 660)	**9080/1**
1. maduro	9080/0
2. imaturo	9080/3
3. teratoma com transformação maligna	9084/3
VI. Tumores mistos de células germinais	9085/3
F. TUMORES DA REGIÃO SELAR	
I. Craniofaringioma (p. 763). **Variantes:**	**9350/1**
1. adamantinomatoso	9351/1
2. papilar	9352/1

Informações Gerais, Classificação e Marcadores Tumorais **589**

Quadro 34.2 Classificação da WHO de 2007 dos tumores do sistema nervoso[1] *(Cont.)*

Tumor	ICD-O[a]
II. Células adeno-hipofisárias → adenoma de hipófise[e] (p. 718)	**8272/0**
1. prolactinoma[e] (p. 722)	8271/0
2. adenoma secretor de ACTH	
3. adenoma secretor do hormônio de crescimento	
4. adenoma secretor de tirotrofina (TSH) (p. 726)	
5. adenoma secretor de gonadotrofina (LH e/ou FSH)	
III. Neuro-hipófise e infundíbulo (p. 727)	
1. tumor de células granulares (p. 727)	9582/0
2. células da neuro-hipófise	9432/1
IV. Carcinoma hipofisário (p. 718)	
V. Oncocitoma de células fusiformes da adeno-hipófise	**8291/0**
G. TUMORES METASTÁTICOS (p. 800) **Aqueles que comumente envolvem o cérebro incluem:**	
I. Câncer de pulmão: especialmente de células pequenas (p. 802)	
II. Mama	
III. Melanoma (p. 803)	
IV. Células renais (p. 805)	
V. Linfoma	
VI. GI	
H. EXTENSÕES LOCAIS DE TUMORES REGIONAIS[e]	
I. Paraganglioma (quimiodectoma)	
1. tumor do glômus jugular (p. 654)	
II. Notocorda → cordoma (p. 778)	
III. Carcinoma	
I. CISTOS E LESÕES SEMELHANTES A TUMOR[e]	
I. Cisto da bolsa de Rathke (p. 756)	
II. Remanescentes ectodérmicos	
1. cisto epidérmico (p. 761)	
2. colesteatoma (p. 761)	

(Continua)

34

Quadro 34.2 Classificação da WHO de 2007 dos tumores do sistema nervoso[1] *(Cont.)*

Tumor	ICD-O[a]
III. Cisto dermoide (p. 760)	
IV. Cisto coloide do terceiro ventrículo (p. 756)	
V. Cisto neurentérico/enterogênico (p. 290)	
VI. Cisto neuroglial	
VII. Hamartoma neuronal hipotalâmico (p. 261)	
VIII. Heterotopia glial nasal	
IX. Granuloma de células plasmáticas	
J. TUMORES NÃO CLASSIFICADOS[e]	

[a]ICD-0 = código morfológico da Classificação Internacional de Doenças para Oncologia (http://codes.iarc.fr). A extensão depois da barra é o "código de comportamento": /0 = benigno, /1 = potencial maligno baixo ou incerto ou malignidade limítrofe, /2 = lesões *in situ*, /3 = tumores malignos.
[b]Representa uma porção significativa do que geralmente é considerado como tumores cerebrais primários.
[c]O termo "glioma" é ocasionalmente usado para se referir a todos os tumores gliais (p. ex., "glioma de baixo grau" é frequentemente usado quando são discutidos tumores de baixo grau de qualquer linhagem glial), embora no seu sentido usual (especialmente "gliomas de alto grau") se refira somente a tumores astrocíticos.
[d]"WHO II" significa Organização Mundial da Saúde (WHO) grau II, "WHO III" significa WHO grau III, etc.
e estes tumores não fazem parte da classificação da WHO de 2007].

34.2 Tumores cerebrais – aspectos clínicos gerais

34.2.1 Informações gerais

Para detalhes da apresentação ver as seções abaixo para tumores supratentoriais e infratentoriais. A maioria dos tumores cerebrais apresenta:
- déficit neurológico progressivo (68%): geralmente fraqueza motora (45%)
- dor de cabeça: foi um sintoma presente em 54% (ver abaixo)
- convulsões em 26%. Frequentemente com início focal (por causa da irritação cortical na área do tumor), podendo evoluir para generalização secundária

34.2.2 Déficits neurológicos focais associados a tumores cerebrais

Além dos sinais e sintomas não focais (p. ex., convulsões, ICP aumentada...), como em qualquer lesão destrutiva cerebral, os tumores podem produzir déficits progressivos relacionados com a função cerebral envolvida. Algumas "síndromes" características:
1. lobo frontal: abulia, demência, alterações na personalidade. Frequentemente sem lateralização, mas pode ocorrer apraxia, hemiparesia ou disfasia (com envolvimento do hemisfério dominante)
2. lobo temporal: alucinações auditivas ou olfativas, déjà vu, comprometimento da memória. Quadrantanopsia superior contralateral pode ser detectada no teste do campo visual
3. lobo parietal: comprometimento motor ou sensorial contralateral, hemianopsia homônima. Podem ocorrer agnosias (com o envolvimento do hemisfério dominante) e apraxias; ver Síndromes clínicas das doenças do lobo parietal (p. 97)
4. lobo occipital: déficits no campo visual contralateral, alexia (especialmente com envolvimento do corpo caloso com tumores infiltrativos)
5. fossa posterior: (ver acima) déficits de nervos cranianos, ataxia (axial ou apendicular)

34.2.3 Cefaleia associada a tumores cerebrais

Informações gerais

Pode ocorrer cefaleia (H/A) com ou sem ICP elevada. H/A está presente igualmente em pacientes com tumor primário ou metastático ($\approx$ 50% dos pacientes[6]). Classicamente descrita como sendo pior pela manhã (possivelmente decorrente da hipoventilação durante o sono), pode na verdade ser incomum.[6] Frequentemente exacerbada por tosse, esforço ou (em 30%) ao inclinar-se para a frente (colocando a cabeça em posição dependente). Associada à náusea e vômitos em 40%, pode ser temporariamente aliviada pelo vômito (possivelmente por causa da hiperventilação durante o vômito). Considera-se que estas características, juntamente com a presença de um déficit neurológico focal ou convulsão, diferenciam a cefaleia associada a tumor cerebral de outras cefaleias. No entanto, as H/A em 77% dos pacientes com tumor cerebral eram similares a H/A tensional, e em 9% eram semelhantes à enxaqueca.[6] Apenas 8% apresentaram H/A com sintomas "clássicos" de tumor cerebral, e dois terços destes pacientes tinham ICP aumentada.

Etiologias de cefaleia em tumores

O cérebro não é sensível à dor. H/A na presença de tumor cerebral pode ser decorrente de uma combinação dos seguintes aspectos:
1. pressão intracraniana (ICP) aumentada: que pode ser por causa de
   a) efeito da massa tumoral
   b) hidrocefalia (obstrutiva ou comunicante)
   c) efeito da massa do edema associado
   d) efeito da massa de hemorragia associada
2. invasão ou compressão de estruturas sensíveis à dor:
   a) dura
   b) vasos sanguíneos
   c) periósteo
3. secundária a dificuldades de visão
   a) diplopia decorrente da disfunção dos nervos que controlam os músculos extraoculares
      • compressão direta dos III, IV ou VI nervos
      • paralisia do abducente decorrente da ICP aumentada, ver diplopia (p. 592)
      • oftalmoplegia internuclear por causa da invasão/compressão do tronco encefálico
   b) dificuldade em focar: em razão da disfunção do nervo óptico por invasão/compressão
4. hipertensão extrema resultante de ICP aumentada (parte da tríade de Cushing)
5. psicogênica: decorrente do estresse por perda da capacidade funcional (p. ex., deterioração do desempenho no trabalho)

34.2.4 Tumores supratentoriais

Ver referência.[7]
   Os sinais e sintomas incluem:
1. aqueles decorrentes da ICP aumentada (ver abaixo):
   a) em razão do efeito da massa do tumor e/ou edema
   b) pelo bloqueio da drenagem do CSF (hidrocefalia): menos comum em tumores supratentoriais (classicamente ocorre com cisto coloide; pode também ocorrer com ventrículo lateral sequestrado)
2. déficits focais progressivos: inclui fraqueza, disfasia (que ocorre em 37-58% dos pacientes com tumores no lado esquerdo do cérebro[8]): ver abaixo
   a) por causa da destruição do parênquima cerebral por invasão tumoral
   b) por causa da compressão do parênquima cerebral por massa e/ou edema peritumoral e/ou hemorragia
   c) por causa da compressão do(s) nervo(s) craniano(s)
3. cefaleia: ver abaixo
4. crises epilépticas: não raramente são o primeiro sintoma de um tumor cerebral. Um tumor deve ser agressivamente procurado em uma crise epiléptica idiopática pela primeira vez em um paciente com idade > 20 anos (se negativo, o paciente deve ser acompanhado com repetição dos estudos em datas posteriores). São raras em tumores da fossa posterior ou tumores hipofisários
5. alterações no estado mental: depressão, letargia, apatia, confusão
6. sintomas sugestivos de um TIA (apelidado de "tumor TIA") ou acidente vascular cerebral podem ser decorrentes da:
   a) oclusão de um vaso por células tumorais
   b) hemorragia dentro do tumor: qualquer tumor pode apresentar hemorragia; ver Tumores cerebrais hemorrágicos (p. 1335)
   c) crise epilética focal
7. no caso especial de tumores hipofisários (p. 718)
   a) sintomas por causa dos distúrbios endócrinos
   b) apoplexia hipofisária (p. 720)
   c) fístula de CSF

Agendando o caso: Craniotomia para tumor supratentorial

Ver também padrões e advertências (p. 27). Se for necessária craniotomia em vigília, ver Preparo pré-operatório: Craniotomia com paciente acordado (p. 1433)
1. posição: (depende da localização do tumor)
2. embolização pré-operatória (através de intervencionista neuroendovascular) para alguns tumores vasculares, incluindo alguns meningiomas

3. equipamento:
   a) microscópio
   b) aspirador ultrassônico
   c) sistema de orientação por imagem
4. disponibilidade de sangue: tipagem e prova cruzada de 2U PRBC
5. pós-operatório: ICU
6. consentimento (em termos leigos para o paciente – nem tudo incluído):
   a) procedimento: cirurgia através do crânio para remover o máximo do tumor possível com segurança
   b) alternativas: tratamento não cirúrgico, radioterapia para alguns tumores
   c) complicações: complicações usuais da craniotomia (p. 28) mais a impossibilidade de remover todo o tumor

34.2.5 Tumores infratentoriais

Sinais e sintomas

Crises epilépticas são raras (diferente da situação com tumores supratentoriais, as crises se originam do córtex cerebral).
1. a maioria dos tumores na fossa posterior apresenta sinais e sintomas de pressão intracraniana (ICP) aumentada por causa da hidrocefalia (HCP). Estes incluem:
   a) cefaleia: (ver abaixo)
   b) náusea/vômitos: por causa da ICP aumentada pela HCP ou pela pressão direta no núcleo vagal ou na área postrema (assim-chamado "centro do vômito")
   c) papiledema: a incidência estimada é de ≈ 50-90% (mais comum quando o tumor prejudica a circulação do CSF)
   d) distúrbio da marcha/ataxia
   e) vertigem
   f) diplopia: pode ser decorrente da paralisia do VI nervo (abducente) que pode ocorrer com ICP aumentada na ausência de compressão direta do nervo
2. S/S indicativos de efeito da massa em várias localizações dentro da fossa posterior
   a) lesões no *hemisfério* cerebelar podem causar: ataxia das extremidades, dismetria, tremor intencional
   b) lesões do *vérmis* cerebelar podem causar: marcha de base alargada, ataxia axial, titubeação
   c) o envolvimento do tronco encefálico geralmente resulta em acometimento de múltiplos nervos cranianos e tratos longos e deve ser suspeitado quando nistagmo (especialmente rotatório ou vertical) estiver presente

Avaliação

Tumores da fossa posterior (infratentorial)

Ver Lesões da fossa posterior (p. 905) para diagnóstico diferencial (também inclui lesões não neoplásicas).

Em pacientes pediátricos com um tumor da fossa posterior, deve ser feita uma MRI da coluna lombar no pré-operatório para excluir metástases disseminadas pelo CSF (no pós-operatório pode haver artefatos do sangue).

Em adultos, a maioria dos tumores intraparenquimatosos da fossa posterior será metastática, e devem ser realizados exames para identificar o tumor primário.

Tratamento da hidrocefalia associada

Em casos com hidrocefalia no momento da apresentação, alguns autores defendem a colocação inicial de derivação VP ou EVD antes da cirurgia definitiva (esperar ≈ 2 semanas para a cirurgia) por causa da possibilidade de mortalidade operatória mais baixa.[9] Os riscos teóricos do uso desta abordagem incluem os seguintes:
1. a colocação de uma derivação é geralmente um compromisso a longo prazo, considerando-se que nem todos os pacientes com hidrocefalia decorrente de um tumor da fossa posterior precisarão de uma derivação
2. possível semeadura do peritônio com células tumorais malignas, por exemplo, com meduloblastoma. Considerar a colocação de filtro para o tumor (pode não ser justificado em razão da alta taxa de oclusão do filtro e baixa taxa de "metástases relacionadas com a derivação"[10])
3. algumas derivações podem ser infectadas antes da cirurgia definitiva
4. o tratamento definitivo é adiado, e o número total de dias no hospital pode ser aumentado
5. pode ocorrer herniação transtentorial ascendente (p. 303), se houver drenagem excessivamente rápida do CSF

Qualquer uma das abordagens (*shunt* seguido de cirurgia eletiva da fossa posterior, ou cirurgia semiemergente definitiva da fossa posterior) é aceita. No Children's Hospital da Filadélfia, dexametasona é iniciada, e a cirurgia é realizada no próximo dia de operação eletiva, a menos que ocorra deterioração neurológica que necessite de cirurgia de emergência.[11]

Alguns cirurgiões fazem uma ventriculostomia no momento da cirurgia. O CSF é drenado somente depois que a dura é aberta (para evitar herniação ascendente) para ajudar a equilibrar as pressões entre os compartimentos infra e supratentorial. No pós-operatório, o dreno ventricular externo, EVD, é geralmente colocado numa baixa altura ($\approx$ 10 cm acima do EAM) por 24 horas, e é progressivamente elevado durante as próximas 48 horas e deve ser retirado $\approx$ 72 horas pós-operatório, se possível.

Agendando o caso: Craniotomia para tumor infratentorial

Ver também padrões e advertências (p. 27) e cirurgia retromastoide para schwannomas vestibulares (p. 681).
1. posição: (tipicamente prona ou banco de parque, dependendo do tipo/localização do tumor e da preferência do cirurgião)
2. embolização pré-operatória (através de intervencionista neuroendovascular) para alguns tumores vasculares, como hemangioblastoma
3. equipamento:
   a) microscópio
   b) aspirador ultrassônico
   c) sistema de orientação por imagem (opcional)
4. disponibilidade de sangue: tipagem e prova cruzada de 2U PRBC
5. pós-operatório: ICU
6. consentimento (em termos leigos para o paciente – nem tudo incluído):
   a) procedimento: cirurgia através do crânio para remover o máximo do tumor possível com segurança
   b) alternativas: tratamento não cirúrgico, radioterapia para alguns tumores
   c) complicações: complicações usuais da craniotomia (p. 28) mais a impossibilidade de remover todo o tumor, hidrocefalia, fístula CSF

34.3 Tumores cerebrais pediátricos

34.3.1 Informações gerais

Entre todos os cânceres infantis, os tumores cerebrais estão em segundo lugar, perdendo em incidência (20%) somente para as leucemias e são o tumor pediátrico sólido mais comum,[12] compreendendo 40-50% de todos os tumores.[13] Incidência anual: 2-5 casos por 100.000.

34.3.2 Tipos de tumores

Os tumores cerebrais pediátricos comuns são gliomas (cerebelo, tronco encefálico e nervo óptico), tumores pineais, craniofaringiomas, teratomas, granulomas e tumores neuroectodérmicos primitivos (PNETs, principalmente meduloblastoma).

Meningiomas: 1,5% dos meningiomas ocorrem na infância e adolescência (geralmente entre 10-20 anos), compreendendo 0,4-4,6% dos tumores intracranianos,[14 (p. 3263)] ver Meningiomas (p. 690).

34.3.3 Infratentorial *vs.* supratentorial

Tradicionalmente tem sido ensinado que a maioria dos tumores cerebrais pediátricos ($\approx$ 60%) é infratentorial, e que estes são $\approx$ igualmente divididos entre gliomas do tronco encefálico, astrocitomas cerebelares e meduloblastomas. Na realidade, a proporção entre tumores supratentoriais e infratentoriais depende da faixa etária específica estudada, conforme ilustrado no ▶ Quadro 34.3. O ▶ Quadro 34.4 mostra a distribuição dos dados coletados de 1.350 tumores cerebrais pediátricos.

Os astrocitomas são o tumor supratentorial mais comum em pediatria, assim como na idade adulta.

34.3.4 Neoplasias intracranianas durante o primeiro ano de vida

Os tumores cerebrais que se apresentam durante o primeiro ano de vida são um subgrupo de tumores diferente daqueles que se apresentam posteriormente na infância. Em um departamento de neurocirurgia com grande volume de um hospital infantil, eles representavam $\approx$ 8% das crianças admitidas com tumores cerebrais, uma média de apenas $\approx$ 3 admissões por ano.[17]

Noventa por cento dos tumores cerebrais em *recém-nascidos* são de origem neuroectodérmica, sendo teratoma o mais comum. Alguns destes tumores podem ser congênitos.[18] Outros tumores supratentoriais

Quadro 34.3 Localização de tumores cerebrais pediátricos por idade

Idade	% infratentorial
0-6 meses	27%
6-12 meses	53%
12-24 meses	74%
2-16 anos	42%

Quadro 34.4 Incidência de tumores cerebrais pediátricos[a]

Tipo de tumor	% do total
tumores infratentoriais	**54%**
astrocitomas cerebelares (p. 630)	15%
meduloblastomas (p. 664)	14%
gliomas do tronco encefálico (p. 633)	12%
ependimomas (p. 642)[15]	9%
astrocitomas supratentoriais benignos	**13%**

[a]Dados coletados de 1.350 tumores cerebrais pediátricos.[16 (p. 368)]

incluem: astrocitoma, tumores do plexo coroide, ependimomas e craniofaringiomas. Os tumores da fossa posterior incluem meduloblastoma e astrocitoma cerebelar.

Muitos destes tumores escapam ao diagnóstico até que atinjam um grande tamanho em razão da elasticidade do crânio infantil, da adaptabilidade do sistema nervoso em desenvolvimento para compensar os déficits e da dificuldade de examinar um paciente com repertório neurológico limitado e a sua impossibilidade de cooperar. As manifestações apresentadas mais comuns são vômitos, parada ou regressão do desenvolvimento psicomotor, macrocrania, baixa ingesta alimentar/falha no ganho pondero-estatural. Também podem apresentar crises epiléticas.

34.4 Medicações para tumores cerebrais

34.4.1 Uso de esteroides em tumores cerebrais

O efeito benéfico dos esteroides em tumores metastáticos é frequentemente muito mais dramático do que com gliomas infiltrativos primários.

Dose de dexametasona (Decadron®) para tumores cerebrais:
- para pacientes previamente sem esteroides:
  - adulto: dose de ataque de10 mg IVP, depois 6 mg PO/IVP q 6 horas.[19,20] Em casos com grave edema vasogênico, podem ser usadas doses de até 10 mg q 4 horas
  - pediátrico: dose de ataque de 0,5-1 mg/kg IVP, depois 0,25-0,5 mg/kg/d PO/IVP dividido q 6 horas
    Nota: evitar tratamento prolongado por causa do efeito supressor do crescimento em crianças
- para pacientes já em uso de esteroides:
  - para deterioração aguda, deve ser tentada uma dose de aproximadamente duas vezes a dose usual
  - ver também "doses de estresse" (p. 146)

34.4.2 Anticonvulsivantes profiláticos com tumores cerebrais

20-40% dos pacientes com tumor cerebral relatarão ao menos uma crise epiléptica ao momento do diagnóstico.[21] Drogas antiepilépticas (AEDs) são indicadas para estes pacientes. Outros 20-45% acabarão desenvolvendo uma crise epiléptica.[21] AEDs profiláticas para estes pacientes não fornecem benefício substancial (redução aproximada de 25% de ficar livre de crises) e há riscos significativos envolvidos. As orientações práticas para o uso de AEDs com tumores cerebrais são apresentadas abaixo. AEDs profiláticas não são indicadas para tumores da fossa posterior isolados.

Guia de prática clínica: Anticonvulsivantes com tumores cerebrais

Nível I:[21] AEDs profiláticas não devem ser usadas rotineiramente em pacientes com tumores cerebrais recentemente diagnosticados.

Nível II:[21] em pacientes com tumores cerebrais que se submeterão à craniotomia, AEDs profiláticas podem ser usadas, e se não ocorrerem crises, é apropriado começar a retirada gradativa das AEDs 1 semana após a cirurgia.

34.5 Quimioterapia para tumores cerebrais

34.5.1 Informações gerais

Informações gerais são apresentadas aqui. Quimioterapia para alguns tumores específicos também é incluída na seção dedicada ao respectivo tumor. Alguns agentes usados para tumores do CNS: ver o ▶ Quadro 34.5.[22,23]

34.5.2 Agentes alquilantes

Temozolamida (Temodal®) é um derivativo da Dacarbazina (DTIC®) e é um agente alquilante oral. Temozolamida é um pró-fármaco que passa por rápida conversão não enzimática no pH fisiológico para o metabólito ativo monometila-triazeno-imidazol-carboxamida (MTIC). O efeito citotóxico de MTIC está associado à alquilação (acréscimo de um grupo alquila, o menor dos quais é um grupo metila) de DNA em vários sítios, primariamente nas posições 06 e N7 na guanina. Alguns tumores conseguem reparar este dano por meio de uma proteína (AGT) que é codificada pelo gene 0-6-metilguanina-DNA metiltransferase (MGMT).

Quadro 34.5 Agentes quimioterápicos usados para tumores do CNS

Agente	Mecanismo
nitrosureias: BCNU (carmustina), CCNU (também conhecido como lomustina), ACNU (nimustina)	ligações cruzadas de DNA, carbamoilação de grupos de aminas
agentes alquilantes (metilantes): procarbazina, temozolamida (Temodal®) (p. 595)	alquilação de DNA, interfere na síntese de proteínas
carboplatina, cisplatina	quelação via ligações cruzadas intrafitas
mostarda nitrogenada: ciclofosfamida, isofamida, citoxan	alquilação de DNA, formação de íons de carbônio
alcaloides de vinca: vincristina, vimblastina, paclitaxel	inibidores da função dos microtúbulos
epidofilotoxinas (ETOP-osídeo, VP16, teniposídeo, VM26)	inibidores da topoisomerase II
topotecan, irinotecan (CPT-11)	inibidores da topoisomerase I
tamoxifeno	inibidor da proteína cinase C em altas doses
bevacizumab (Avastin®)	anticorpo anti-VEGF pode ser útil em neuromas vestibulares
hidroxiureia bleomicina taxol (paxlitaxol) metotrexato citosina, arabinosida corticosteroides: dexametasona, prednisona fluorouracil (FU)	

34.5.3 Nitrosureias

Excelente penetração de BBB (ver abaixo). Toxicidades hematopoiética, pulmonar e renal significativas.

34.5.4 Barreira sangue-cérebro (BBB) e agentes quimioterápicos

Tradicionalmente, a BBB tem sido considerada um obstáculo importante para o uso de quimioterapia para tumores cerebrais. Em teoria, a BBB exclui efetivamente muitos agentes quimioterápicos do CNS, criando assim um "paraíso seguro" para alguns tumores, por exemplo, metástases. Este conceito foi desafiado.[24] Independente da etiologia, a resposta da maioria dos tumores cerebrais à quimioterapia sistêmica é geralmente muito modesta, com uma notável exceção sendo uma resposta favorável dos oligodendrogliomas (p. 640) e gliomas sem atividade do gene MGMT. Considerações referentes a agentes quimioterápicos em relação à BBB incluem:

1. alguns tumores do CNS podem parcialmente romper a BBB, especialmente gliomas malignos[25]
2. agentes lipofílicos (p. ex., nitrosureias) podem atravessar a BBB mais facilmente
3. injeção intra-arterial seletiva (p. ex., intracarotídea ou intravertebral):[26] produz concentração local mais alta de agentes, o que aumenta a penetração da BBB, com mais baixas toxicidades sistêmicas associadas mais baixas
4. a BBB pode ser iatrogenicamente rompida (p. ex., com manitol) antes da administração do agente
5. a BBB pode ser ultrapassada por meio da administração intratecal de agentes via LP ou através de dispositivos ventriculares, por exemplo, metotrexato para linfoma do CNS (p. 713)
6. pastilhas de polímero biodegradável contendo o agente podem ser implantadas diretamente

34.5.5 Estudos de imagem depois de remoção cirúrgica do tumor

Em muitos centros acadêmicos, é comum obter uma CT sem contraste 6-12 horas após a cirurgia para avaliar complicações agudas (principalmente sangramentos – intracerebrais ou hematomas epidural ou subdural, quantidade de pneumoencéfalo, hidrocefalia...)

Para avaliar a extensão da remoção do tumor, uma CT ou MRI cerebral pós-operatória sem e com contraste deve ser obtida dentro de até 2-3 dias[27] ou deve ser adiada por pelo menos ≈ 30 dias. A fase sem contraste é importante para ajudar a diferenciar sangue de realce. As imagens com contraste demonstram áreas de realce, que podem representar tumor residual. Depois de ≈ 48 horas, inicia-se o realce do contraste por causa de alterações vasculares inflamatórias pós-operatórias, o que pode ser difícil de diferenciar de tumor. Este realce se dissipa em ≈ 30 dias, [28] mas pode persistir por 6-8 semanas.[29] Esta recomendação referente ao momento do exame de imagem pós-operatória não se aplica a tumores hipofisários (p. 718). O efeito dos esteroides no realce do contraste é controverso[30,31] e depende de muitos fatores (incluindo o tipo de tumor).

34.6 Consultas patológicas intraoperatórias ("exame de congelação")

34.6.1 Acurácia das consultas de patologia intraoperatórias

A acurácia do diagnóstico patológico intraoperatório pode ser aumentada por:
- fornecer informações ao patologista referentes a: dados demográficos do paciente, história clínica, resultados de imagem, diagnósticos patológicos prévios relevantes e impressão clínica
- espécimes grandes, quando possível
- evitar artefatos criados por manipulação ou coagulação excessiva

Os diagnósticos por exame de congelação devem ser considerados preliminarmente. O diagnóstico final difere do exame de congelação em aproximadamente 3-10% dos casos.[32,33,34] Se a interpretação do exame de congelação não se correlacionar com a impressão clínica, pode ser aconselhável uma discussão direta com o patologista.

34.6.2 Técnicas para preparação intraoperatória do tecido

▶ **Preparação com toque.** O espécime é gentilmente "tocado" com uma lâmina de vidro, que é então rapidamente fixada, corada e desidratada para o exame. Esta técnica é particularmente útil para tumores com células não coesivas (p. ex., linfoma, adenoma hipofisário).

▶ **Preparação com esfregaço ou esmagamento.** Uma pequena porção do espécime é esmagada ou comprimida com pressão moderada entre duas lâminas de vidro, rapidamente fixada e desidratada para exame. Esta técnica pode ser particularmente útil para: esclerose múltipla (identificação de histócitos), visualização de processos de células longas em gliomas e identificação de inclusões citoplasmáticas ou pseudoin-

Informações Gerais, Classificação e Marcadores Tumorais   **597**

clusões intranucleares.[35(p 5-6)] A natureza coesiva frequentemente vista em tumores, como metástases e meningiomas, é aparente, como são as áreas de necrose.

▶ **Exame de congelação.** Uma porção de tecido é rapidamente congelada em nitrogênio líquido e cortada em secções de 4-6 mícrons, colocada sobre uma lâmina, rapidamente fixada, corada e desidratada para exame. Ao contrário das preparações com toque e esfregaço, isto permite a avaliação mais precisa da arquitetura da lesão, celularidade e interface com o tecido cerebral adjacente. As desvantagens incluem o uso maior de tecido sobrando menos para histologia definitiva (importante em biópsias pequenas), assim como artefatos, como artefato de cristal de gelo congelado (que, quando presente, sugere que o tecido lesionado foi biopsiado, mas limita a interpretação da celularidade).[35 (p. 6)] Quando possível, algum tecido deve ser preservado para processamento sem congelamento para evitar artefatos.

No momento da interpretação do exame de congelação, devem ser considerados estudos adicionais, como culturas do tecido ou citometria de fluxo. Com espécimes diminutos, é justificada uma discussão quanto à necessidade do exame de congelação para preservar o tecido para estudos definitivos.

34.6.3 Dificuldades selecionadas do exame de congelação ou potenciais críticas ao diagnóstico

- diferenciar gliomas de baixo grau do tecido cerebral normal ou reativo pode ser desafiador.[32,33] Celularidade aumentada (mais bem avaliada em baixa potência), atipia nuclear quando presente e satelitose perineuronal aumentada podem ser úteis, embora nem sempre facilmente observadas.[35 (p. 72-3, p. 174-7)]
  Pérola: estruturas secundárias de Scherer podem ser úteis na identificação de gliomas em casos desafiadores e incluem satelitoses perineural e perivascular aumentadas (satelitose perineural limitada é normal) e acúmulo de células neoplásicas na camada molecular subpial com disseminação de tumor subpial[36]
- metástase *versus* Glioma: geralmente não problemático no exame de congelação, exceto ocasionalmente com gliomas acentuadamente atípicos com amostragem limitada.[32,33,34] Nestes raros casos, imuno-histoquímica é útil
- astrocitoma *versus* oligodendroglioma: usualmente não é uma distinção crítica no momento do diagnóstico com exame de congelação. No entanto, em parte decorrente do artefato do exame de congelação transmitido ao núcleo, os oligodendrogliomas podem ser interpretados como astrocitomas no ambiente do exame de congelação.[32] Preparações com esfregaço podem às vezes ser úteis por causa do artefato "congelado" reduzido. Além disso, a satelitose perineuronal pode em alguns casos ser mais pronunciada em oligodendrogliomas
  Pérola: a aparência de "ovo frito" em oligodendrogliomas é um artefato de fixação com formalina para secções permanentes e NÃO está presente no exame de congelação, também prejudicando a interpretação intraoperatória
- graduação dos gliomas: o viés da amostragem, particularmente em espécimes para biópsia, pode levar a uma graduação menor (isto é, figuras mitóticas sub-representadas no material da biópsia, proliferação vascular ou necrose não presente na biópsia). Contudo, também pode ocorrer superclassificação dos gliomas no momento da consulta intraoperatória, incluindo gliomas infantis de baixo grau, como astrocitomas pilocíticos[32]
- radionecrose *versus* glioblastoma recorrente: embora uma história de radioterapia anterior seja geralmente conhecida no momento da consulta intraoperatória, a diferenciação das duas entidades pode às vezes ser difícil.[32] As duas lesões frequentemente estão presentes simultaneamente. A identificação de células tumorais óbvias e necrose em paliçada sugere glioblastoma recorrente/residual. Necrose por radiação, que afeta principalmente a substância branca, é apoiada por grandes áreas de necrose geográfica, esclerose/hialinização dos vasos ou necrose fibrinoide das paredes dos vasos, linfócitos perivasculares, calcificações e a presença de macrófagos
- infarto isquêmico: pode ser vista alteração isquêmica nos neurônios vermelhos (se a biópsia incluir a substância cinzenta), bem como histiócitos (similar a lesões desmielinizantes). Necrose pode simular o centro de lesões com realce anelar (como glioblastoma ou metástase), embora a necrose tumoral tipicamente envolva os vasos e não tenha uma resposta macrofágica[35 (p. 663-6)]
- lesões desmielinizantes (p. ex., MS tumefativa): afetam primariamente a substância branca com margens discretas. A identificação de histiócitos no momento do exame de congelação é crítica para o diagnóstico. Os histiócitos podem simular astrócitos de gliomas no exame de congelação; preparações com esfregaço são particularmente úteis na distinção
- linfoma (PCNSL) e carcinoma de pequenas células: o diagnóstico preciso no exame de congelação pode ser crítico, já que ambas as condições tipicamente requerem somente biópsia, a menos que haja efeito de massa significativo. As duas entidades podem-se parecer entre si no exame de congelação, além de se parecerem com astrocitomas, oligodendrogliomas e outros tipos de carcinomas metastáticos.[2,33,34,35 (p. 395-7)] Preparações com toque podem ser particularmente úteis na identificação de PCNSL
- tumor de células fusiformes/meningioma: foi demonstrado que algumas vezes a distinção entre meningioma e lesões de células fusiformes, como schwannomas, pode ser difícil no momento da consulta intraoperatória.[32] Características clássicas dos meningiomas (espirais, corpos psammomatosos, pseudo-

inclusões intranucleares) podem estar ausentes, e o artefato de congelação pode criar áreas aparentando Antoni B em meningiomas.[32] Além disso, foi observado subdiagnóstico de meningiomas malignos e sarcomas no momento do exame de congelação.[32,33]

- astrocitoma da medula espinal *versus* ependimoma: ocasionalmente, estas entidades podem ser difíceis de distinguir durante a consulta intraoperatória, especialmente quando as biópsias da medula espinal são diminutas. Por causa das implicações cirúrgicas críticas da acurácia do diagnóstico da secção congelada para gliomas espinais intramedulares, deve ocorrer uma discussão cuidadosa entre o cirurgião e o patologista no momento da consulta intraoperatória (consultar a seção sobre tumores da coluna e medula espinal)

34.6.4 Preparação do tecido para secções permanentes

O tecido é processado durante a noite por uma variedade de passos com álcool/xileno para remover a água. Isto permite infiltrar em parafina de modo que secções finas podem ser cortadas para montagem em lâmina. Os espécimes são então reidratados pelos passos essencialmente inversos com álcool/xileno em preparação para coloração e depois desidratados novamente para cobrir a lâmina com lamela de forma permanente. Isto produz melhor histologia com menos artefatos, permite o processamento de volumes maiores de espécimes para avaliação e permite a aplicação de corantes especiais, quando necessário.

▶ **Espécimes frescos.** O tecido deve ser enviado a "fresco" (isto é, sem conservantes, como formalina) quando as seguintes técnicas são necessárias:
- microscopia eletrônica
- citometria de fluxo: por exemplo, quando há suspeita de linfoma
- músculo
- as culturas (tipicamente: aeróbica, anaeróbica, acidorresistente e fúngica) devem ser enviadas em situações onde infecção é uma hipótese

34.7 Escolha das colorações comumente utilizadas em neuropatologia

34.7.1 Colorações de organismos e colorações especiais

1. colorações de organismos:
   - coloração de Gram no tecido (Brown e Brenn, Brown e Hopps)
   - fungos (ácido periódico de Schiff: PAS, metenamina de prata de Gomori: GMS)
   - bacilos acidorresistentes (Zihel-Neelsen, Kinyoun, FITE)
2. colorações especiais:
   - luxol fast blue: colore a mielina; a ausência de colorações destaca lesões desmielinizantes. A presença dentro de histiócitos demonstra ingestão de mielina, conforme visto em MS
   - coloração tricromo e reticulina: ambos delineiam o componente sarcomatoso dos gliossarcomas. Uma coloração de reticulina demonstra o tecido conectivo em torno dos ácinos da glândula hipofisária normal, uma característica que é perdida com adenomas hipofisários

34.7.2 Colorações imuno-histoquímicas

Informações gerais

Padrões de coloração: um tumor individual pode não ter um marcador que seja tipicamente representativo deste tipo. ✱ Assim sendo, uma coloração positiva é tipicamente mais significativa do que uma coloração negativa.[37] Os padrões gerais de coloração são apresentados no ▶ Quadro 34.6.

Proteína acídica fibrilar glial (GFAP)

Polipeptídeo, MW = 49.000 Dáltons. Colore filamentos intermediários classicamente identificados em astrócitos/tumores astrocíticos. Contudo, também é tipicamente expresso em ependimomas, oligodendrogliomas (especialmente em minigemistócitos e oligodendrócitos gliofibrilares) e alguns papilomas do plexo coroide.[38 (p. 30-1),1 (p. 56,76,83)] GFAP é apenas raramente encontrada fora do CNS em tecidos (como as células de Schwan, epitélio do cristalino, certas células hepáticas, condrócitos, etc.). ✱ Seria incomum que uma lesão metastática demonstrasse coloração para GFAP. Contudo, a expressão de GFAP pode ser limitada em certos subgrupos de GBM (p. ex., GBM de células pequenas).[1 (p. 37)]

Quadro 34.6 Padrões de coloração imuno-histoquímica para massas tumorais do sistema nervoso de células epitelioides[a]

Neoplasia	Resposta à coloração imuno-histoquímica[b,c]					
	GFAP	CAM5.2	EMA	S-100	CgA	Sin
oligodendroglioma	+	−	−			0
ependimoma	0		0	+	−	−
papiloma do plexo coroide					0	+
cordoma		+				
craniofaringioma	+	+	−			
carcinoma	−				0	0
adenoma hipofisário	−				+	+
paraganglioma		0	−	0		
meningioma			+			−
melanoma	−			+		
hemangioblastoma	0			0		0

[a]Modificado de McKeever, P E, Immunohistochemistry of the Nervous System, in Dobbs, D J. Diagnostic Immunohistochemistry, Churchill Livingstone, NY, © 2002.
[b]Abreviações: GFAP = proteína acídica fibrilar glial, EMA = antígeno de membrana epitelial, CAM5.2 = citoqueratina CAM5.2, CgA = cromogranina A, sin = sinaptofisina.
[c]Os sinais "+" ou "-" indicam a presença ou ausência da coloração, respectivamente; as entradas de "0" indicam que a coloração não é decisiva para aquele tumor particular.

Proteína S-100

Uma proteína ligadora do cálcio de baixo peso molecular (21.000 Dáltons) que colore uma variedade de tecidos, incluindo glial, neurônios, condrócitos, células estreladas da adeno-hipófise, etc.[37 (p 75)] Colore uma variedade de neoplasias do CNS, como gliomas (tidos como menos específicos do que GFAP), PNET, ependimomas, cordomas e craniofaringiomas.[1,37] Os usos principais em neuropatologia incluem apoiar o diagnóstico de melanoma metastático e, no sistema nervoso periférico, confirmar o diagnóstico de schwannoma ou neurofibroma (coloração menos intensa neste último).[1 (p. 156)]

Clinicamente foi medida no soro (ver abaixo).

Citoqueratinas (alto e baixo peso molecular)

Uma variedade de colorações (queratinas de baixo [p. ex., CAM 5.2] e alto peso molecular, CK7, CK20, etc.) que colorem as células epiteliais. Úteis para distinguir carcinoma metastático (coloração positiva) de tumores primários do CNS (nota: as citoqueratinas podem ser expressas em papilomas do plexo corioide, e GBM pode expressar citoqueratinas em casos raros).[1 (p. 39-40)] Combinações diferentes de coloração de queratina podem ser usadas para sugerir possíveis sítios de origem para tumores metastáticos.

Antígeno de membrana epitelial (EMA)

Colore membranas celulares em muitos carcinomas: útil para distinguir hemangioblastoma (negativo) de carcinoma metastático das células renais (positivo). Além disso, meningiomas tipicamente demonstram coloração positiva, assim como os ependimomas.[1 (p. 169)]

MIB-1 (também conhecido como anticorpo monoclonal de rato anti-humano Ki-67)

O antígeno Ki-67 é expresso em todas as fases do ciclo celular, exceto G0. Disponível desde o início da década de 1990, ele é um marcador valioso da proliferação celular, mas só pode ser usado com espécimes frescos congelados. MIB-1 é um anticorpo monoclonal desenvolvido com o uso de partes recombinantes da proteína Ki-67 como um imunógeno e pode ser usado em secções do tecido fixado infiltrado em parafina. Células que estão saindo da fase G0/G1 e entrando na fase S (realizando a síntese do DNA) colorem positivo com coloração imuno-histoquímica do MIB-1. Esta coloração pode ser usada para computar um escore semiquantitativo. Um alto índice de marcação de MIB-1 denota alta atividade mitótica, o que frequentemente está correlacionado com o grau de malignidade. Frequentemente usado em linfomas, tumores endócrinos, carcinoides, etc. Ver também o uso em astrocitomas (p. 617) e em meningiomas (p. 694).

Colorações neuroendócrinas

Inclui:

Em neuropatologia, utilizadas em neurocitoma central, meduloblastoma, PNET, pineocitoma, tumores de células ganglionares, paragangliomas e tumores do plexo corioide.[37] As metástases que são positivas para colorações neuroendócrinas incluem carcinoma de pulmão de pequenas células (mais comum), feocromocitoma maligno e tumor das células de Merkel.

Inclui:

1. cromogranina: colore vesículas sinápticas. Talvez menos comumente utilizada do que sinaptofisina em tumores primários do CNS
2. sinaptofisina: colore vesículas sinápticas; tem sensibilidade mais alta, mas especificidade mais baixa do que a cromogranina.[37 (p. 200)] Frequentemente positiva para neurocitoma central, que tipicamente não apresenta coloração de cromogranina[1 (p. 107)]
3. CD56 (Molécula de adesão celular neural): uma família de glicoproteínas presente no tecido nervoso, assim como em outros tecidos, como a tireoide, fígado, etc.[37 (p. 142-3, 264)] Frequentemente usada para confirmar diferenciação neuroendócrina
4. enolase neurônio-específica (NSE): sensível, mas não específica para diferenciação neuronal ou neuroendócrina, apesar do seu nome (frequentemente referida como "enolase neuronal não específica").[37 (p. 338)] Por isso, ela é menos utilizada como um marcador neuroendócrino

Conjunto de Marcadores de diferenciação (CD)

Inúmeras colorações imuno-histoquímicas que detectam antígenos na superfície dos leucócitos, embora muitas também façam a coloração de outros tipos de células. Os exemplos incluem:
- CD45: marcador geral de leucócitos
- CD3 e CD5: células T
- CD20: células B
- CD38 e CD138: células plasmáticas
- CD68: histiócitos
- CD56 (molécula de adesão celular neuronal): classicamente colore células assassinas naturais, mas também é um marcador neuroendócrino (ver acima)
- colorações imuno-histoquímicas específicas do organismo estão disponíveis para detectar certos organismos que infectam o sistema nervoso, incluindo HSV, CMV e *Toxoplasma gondii*

As metástases que são positivas para colorações neuroendócrinas incluem: carcinoma do pulmão de pequenas células, feocromocitoma maligno, tumor das células de Merkel. Os tumores cerebrais metastáticos de células pequenas que colorem positivo para colorações neuroendócrinas são quase todos decorrentes de tumores pulmonares primários (todos os outros tumores primários são uma possibilidade distante).

34.7.3 Marcadores tumorais usados clinicamente

Gonadotrofina coriônica humana (hCG)

Uma glicoproteína, MW = 45.000. Secretada pelo epitélio trofoblástico placentário. A cadeia beta (β-hCG) está normalmente presente somente no feto ou em mulheres grávidas ou no pós-parto, caso contrário, isto indica doença. Classicamente associada a coriocarcinoma (uterino ou testicular), também encontrada em pacientes com tumores de células embrionárias, teratocarcinoma dos testículos e outros.

β-hCG no CSF é 0,5-2% da β-hCG sérica em tumores não CNS. Níveis mais elevados são diagnósticos de metástase cerebral de coriocarcinoma uterino ou testicular, ou coriocarcinoma embrionário ou carcinoma de células embrionárias da glândula pineal (p. 658) ou região suprasselar.

Alfafetoproteína

Alfafetoproteína (AFP) é uma glicoproteína fetal normal (MW = 70.000) inicialmente produzida pelo saco vitelínico e posteriormente pelo fígado fetal. É encontrada na circulação fetal durante a gestação e cai rapidamente durante as primeiras semanas de vida, atingindo os níveis adultos normais por volta de 1 ano de idade. Ela é detectável somente em proporções vestigiais em homens adultos normais ou em mulheres não grávidas. Está presente no fluido amniótico em gravidezes normais e é detectável no soro materno desde ≈ 12-14 semanas de gestação, aumentando progressivamente durante a gravidez até ≈ 32 semanas.[39]

A AFP sérica pode estar anormalmente elevada em Ca de ovário, estômago, pulmão, cólon, pâncreas e também em cirrose ou hepatite e na maioria das mulheres grávidas que carregam um feto com um defeito aberto do tubo neural; ver detecção pré-natal de defeitos do tubo neural (p. 290). AFP sérica > 500 ng/mL geralmente significa tumor hepático primário.

A AFP no CSF está elevada em alguns tumores de células embrionárias da região da glândula pineal (p. 659). 16-25% dos pacientes com tumores testiculares desenvolvem metástases cerebrais, e AFP elevada no CSF é reportada em alguns destes.

Antígeno carcinoembriogênico (CEA)

É uma glicoproteína, MW = 200.000. Normalmente presente em células endodérmicas fetais. Originalmente descrito no início da década de 1960 no soro de pacientes com adeno-Ca colorretal, agora reconhecidamente elevado em muitas condições malignas e não malignas (incluindo colecistite, colite, diverticulite, envolvimento hepático de algum tumor, com 50-90% de pacientes terminais tendo elevação).

CEA no CSF: são relatados níveis > 1 ng/mL com disseminação leptomeníngea de Ca de pulmão (89%), Ca de mama (60-67%), melanoma maligno (25-33%) e Ca de bexiga. Pode ser normal mesmo em metástases cerebrais secretoras de CEA, se elas não se comunicarem com o espaço subaracnoide. Somente meningite carcinomatosa de pulmão ou Ca de mama eleva consistentemente o CEA no CSF na maioria dos pacientes.

Proteína S-100

Os níveis séricos da proteína S-100 aumentam depois de traumatismo craniano, e possivelmente depois de outros insultos ao cérebro. Os níveis também podem ser elevados na doença de Creutzfeldt-Jakob.

Referências

[1] Louis DN, Ohgaki H, Wiestler OD, Cavenee WK, Bosman FT, Jaffe ES, Lakhani SR, Ohgaki H. WHO classification of tumors of the central nervous system. Lyon 2007

[2] Kleihues P, Cavenee WK.World Health Organization classification of tumors: Pathology and genetics of tumors of the nervous system. Lyon 2000

[3] Kleihues P, Louis DN, Scheithauer BW, Rorke LB, Reifenberger G, Burger PC, Cavenee WK. The WHO classification of tumors of the nervous system. J Neuropathol Exp Neurol. 2002; 61:215–25; discussion 226-9

[4] Kleihues P, Burger PC, Scheithauer BW. The new WHO classification of brain tumors. Brain Pathol. 1993; 3:255–268

[5] Escourolle R, Poirier J, Rubinstein LJ. Manual of Basic Neuropathology. 2nd ed. Philadelphia: W. B. Saunders; 1971

[6] Forsyth PA, Posner JB. Headaches in Patients with Brain Tumors: A Study of 111 Patients. Neurology. 1993; 43:1678–1683

[7] Mahaley MS, Mettlin C, Natarajan N, Laws ER, et al. National Survey of Patterns of Care for Brain-Tumor Patients. J Neurosurg. 1989; 71:826–836

[8] Whittle IR, Pringle A-M, Taylor R. Effects of Resective Surgery for Left-Sided Intracranial Tumors on Language Function: A Prospective Study. Lancet. 1998; 351:1014–1018

[9] Albright L, Reigel DH. Management of Hydrocephalus Secondary to Posterior Fossa Tumors. Preliminary Report. J Neurosurg. 1977; 46:52–55

[10] Berger MS, Baumeister B, Geyer JR, Milstein J, et al. The Risks of Metastases from Shunting in Children with Primary Central Nervous System Tumors. J Neurosurg. 1991; 74:872–877

[11] McLaurin RL, Venes JL. Pediatric Neurosurgery. Philadelphia 1989

[12] Allen JC. Childhood Brain Tumors: Current Status of Clinical Trials in Newly Diagnosed and Recurrent Disease. Ped Clin N Am. 1985; 32:633–651

[13] Laurent JP, Cheek WR. Brain Tumors in Children. J Pediatr Neurosci. 1985; 1:15–32

[14] Youmans JR. Neurological Surgery. Philadelphia 1990

[15] Duffner PK, Cohen ME, Freeman AI. Pediatric Brain Tumors: An Overview. Ca. 1985; 35:287–301

[16] Section of Pediatric Neurosurgery of the American Association of Neurological Surgeons. Pediatric Neurosurgery. New York 1982

[17] Jooma R, Hayward RD, Grant DN. Intracranial Neoplasms During the First Year of Life: Analysis of One Hundred Consecutive Cases. Neurosurgery. 1984; 14:31–41

[18] Wakai S, Arai T, Nagai M. Congenital Brain Tumors. Surg Neurol. 1984; 21:597–609

[19] Galicich JH, French LA. Use of Dexamethasone in the Treatment of Cerebral Edema Resulting from Brain Tumors and Brain Surgery. Am Pract Dig Treat. 1961; 12:169–174

[20] French LA, Galicich JH. The Use of Steroids for Control of Cerebral Edema. Clin Neurosurg. 1964; 10:212–223

[21] Glantz MJ, Cole BF, Forsyth PA, et al. Practice Parameter: Anticonvulsant Prophylaxis in Patients with Newly Diagnosed Brain Tumors. Report of the Quality Standards Subcommittee of the American Academy of Neurology. Neurology. 2000; 54:1886–1893

[22] Chicoine MR, Silbergeld DL. Pharmacology for Neurosurgeons. Part I: Anticonvulsants, Chemotherapy, Antibiotics. Contemp Neurosurg. 1996; 18:1–6

[23] Prados MD, Berger MS, Wilson CB. Primary Central Nervous System Tumors: Advances in Knowledge and Treatment. CA Cancer J Clin. 1998; 48:331–360

[24] Stewart DJ. A Critique of the Role of the Blood-Brain Barrier in the Chemotherapy of Human Brain Tumors. J Neurooncol. 1994:121–139

[25] Broadwell RD, Salcman M. In: The Blood Brain Barrier. Neurobiology of Brain Tumors. Baltimore: Williams and Wilkins; 1991:229–250

[26] Madajewicz S, Chowhan N, Tfayli A, et al. Therapy for Patients with High Grade Astrocytoma Using Intraarterial Chemotherapy and Radiation Therapy. Cancer. 2000; 88:2350–2356

[27] Barker FG, Prados MD, Chang SM, et al. Radiation Response and Survival Time in Patients with Glioblastoma Multiforme. J Neurosurg. 1996; 84:442–448

[28] Laohaprasit V, Silbergeld DL, Ojemann GA, Eskridge JM, Winn HR. Postoperative CT Contrast Enhancement Following Lobectomy for Epilepsy. J Neurosurg. 1990; 73:392–395

[29] Jeffries BF, Kishore PR, Singh KS, et al. Contrast Enhancement in the Posoperative Brain. Radiology. 1981; 139:409–413

[30] Gerber AM, Savolaine ER. Modification of Tumor Enhancement and Brain Edema in Computerized Tomography by Corticosteroids: Case Report. Neurosurgery. 1980; 6:282–284

[31] Hatam A, Bergström M, Yu ZY, et al. Effect of Dexamethasone Treatment in Volume and Contrast Enhancement of Intracranial Neoplasms. J Comput Assist Tomogr. 1983; 7:295–300

[32] Plesec TP, Prayson RA. Frozen section discrepancy in the evaluation of central nervous system tumors. Arch Pathol Lab Med. 2007; 131:1532–1540

[33] Shah AB, Muzumdar GA, Chitale AR, Bhagwati SN. Squash preparation and frozen section in intraoperative diagnosis of central nervous system tumors. Acta Cytol. 1998; 42:1149–1154

[34] Uematsu Y, Owai Y, Okita R, Tanaka Y, Itakura T. The usefulness and problem of intraoperative rapid diagnosis in surgical neuropathology. Brain Tumor Pathol. 2007; 24:47–52

[35] Burger PC. Smears and Frozen Sections in Surgical Neuropathology: A manual. PB Medical Publishing; 2009

[36] Scherer HB. Structural Developments in Gliomas. American Journal of Cancer. 1938; 34:333–351

[37] McKeever PE, Dabbs DJ. In: Immunohistochemistry of the Nervous System. Diagnostic Immunohistochemistry. New York: Churchill Livingstone; 2002:559–624

[38] Russell DS, Rubenstein LJ. Pathology of Tumours of the Nervous System. 5th ed. Baltimore: Williams and Wilkins; 1989

[39] Burton BK. Alpha-Fetoprotein Screening. Adv Pediatr. 1986; 33:181–196

35 Síndromes Envolvendo Tumores

35.1 Síndromes neurocutâneas

35.1.1 Informações gerais

Anteriormente denominadas facomatoses. As síndromes neurocutâneas (NCD) são um grupo de condições, cada uma com achados neurológicos particulares e lesões cutâneas benignas (Nota: tanto a pele quanto o CNS derivam embriologicamente do ectoderma), geralmente com displasia de outros sistemas orgânicos (frequentemente incluindo os olhos). Com exceção da ataxia-telangiectasia (não discutido aqui), todos exibem herança autossômica dominante. Também há um alto índice de mutações espontâneas. Estas síndromes devem estar em mente diante de um paciente pediátrico com um tumor, e estigmas destas síndromes devem ser procurados.

NCDs mais prováveis de necessitar da atenção do neurocirurgião:

1. neurofibromatose: ver abaixo
2. esclerose tuberosa (p. 606)
3. doença de von Hippel-Lindau (p. 703)
4. síndrome de Sturge Weber (p. 608)
5. angioma racemoso (síndrome de Wyburn-Mason): mesencéfalo e AVMs retinais

35.1.2 Neurofibromatose

Informações gerais

Neurofibromatose (NFT) é a mais comum das NCDs. Existem 6 tipos diferentes, dos quais os dois mais comuns (NF1 e NF2) são comparados no ▶ Quadro 35.1 (também ocorrem formas variantes).

Quadro 35.1 Comparação de neurofibromatoses 1 e 2[1]

Designação atual →	Neurofibromatose 1 (NF1) (p. 604)	Neurofibromatose 2 (NF2) (p. 605)
termo alternativo	von Recklinghausen	NFT acústica bilateral também conhecida como síndrome MISME
termo obsoleto	NFT periférica	NFT central
prevalência nos EUA	100.000 pessoas	≈ 3.000 pessoas
incidência	1/3.000 nascimentos	1 em 40.000
herança	AD	AD
ocorrência esporádica	30-50%	> 50%
lócus gênico	17 (17q11.2)	22 (22q12.2)
produto gênico	neurofibromina	schwannomina (merlin)
schwannomas vestibulares (VS)	quase nunca bilaterais	VSs bilaterais são a característica principal
schwannomas cutâneos	não	70%
nódulos de Lisch	muito comuns	não associados
catarata	não associada	60-80%
anomalias esqueléticas	comuns	não associadas
feocromocitoma	ocasional	não associado
MPNST[a]	≈ 2%	não associado
deficiência intelectual	associada	não associada
tumores da medula espinal associados	astrocitoma	ependimoma

[a]Tumor maligno de bainha de nervo periférico.

Schwannoma *versus* neurofibroma

Embora similares em muitos aspectos, estes tumores diferem histologicamente. Schwannomas (nee: neurilemmomas) se originam das células de schwann que produzem mielina. Neurofibromas consistem em neuritos (axônios ou dendritos de neurônios imaturos ou em desenvolvimento), células de schwann e fibroblastos dentro de uma matriz colagenosa ou mixoide. Em contraste com os schwannomas que deslocam os axônios (de forma centrífuga), os neurofibromas não possuem cápsula e engolfam o nervo de origem (de forma centrípeta). Neurofibromas podem ocorrer como lesões solitárias ou podem ser múltiplos como parte da NF1 no contexto das quais existe potencial para transformação maligna. Os dois tumores têm fibras Antoni A (compactas) e Antoni B (soltas), mas os neurofibromas tendem a ter mais fibras Antoni B. Um paciente com idade inferior a 30 anos e com schwannoma do vestibular apresenta alto risco de ter NF2.

Neurofibromatose 1
(NF1, também conhecido como doença de Recklinghausen)

Ver referência.[2]

Informações gerais

Mais comum do que NF2, representando > 90% dos casos de neurofibromatose.

Clínica

Critérios diagnósticos: ver o ▶ Quadro 35.2.[3]

Condições associadas

1. tumores das células de Schwann em algum nervo (mas VSs bilaterais são virtualmente inexistentes)
2. neurofibromas espinais e/ou de nervos periféricos
3. neurofibromas cutâneos múltiplos
4. estenose aquedutal (p. 258)
5. macrocefalia: secundária à estenose aquedutal e hidrocefalia, substância branca cerebral aumentada
6. tumores intracranianos: astrocitomas hemisféricos são os mais comuns, meningiomas solitários ou multicêntricos (geralmente em adultos). Gliomas associados à NF1 são geralmente astrocitomas pilocíticos. Os astrocitomas do tronco encefálico incluem lesões pilocíticas que realçam com contraste e aquelas não realçadas e radiologicamente difusas
7. defeito unilateral na órbita superior → exoftalmia pulsátil
8. deficiência neurológica ou cognitiva: 30-60% têm deficiências leves de aprendizagem
9. cifoescoliose (vista em 2-10%, frequentemente progressiva que então requer estabilização cirúrgica)
10. manifestações viscerais do envolvimento de nervos autônomos ou gânglios dentro do órgão. Até 10% dos pacientes têm motilidade gastrointestinal anormal/displasia intestinal neuronal relacionada com hiperplasia neuronal dentro do plexo submucoso
11. ≈ 20% desenvolvem neurofibromas plexiformes: tumores de múltiplos fascículos nervosos que crescem ao longo do comprimento do nervo. Quase patognomônico para NF1[4]
12. siringomielia

Quadro 35.2 Critérios diagnósticos para NF1[3]

Dois ou mais dos seguintes:

- ≥ 6 manchas café com leite[a], cada uma ≥ 5 mm de diâmetro, maior em indivíduos pré-púberes, ou ≥ 15 mm de diâmetro, maior em pacientes pós-púberes
- ≥ 2 neurofibromas de qualquer tipo, ou um neurofibroma plexiforme (neurofibromas geralmente não são evidentes até a idade de 10-15 anos). Podem ser dolorosos
- sardas (hiperpigmentação) nas áreas axilar e inguinal
- glioma óptico: ver abaixo
- ≥ 2 nódulos de Lisch: hamartomas pigmentados na íris que aparecem como elevações translúcidas amarelas/marrons que tendem a se tornar mais numerosas com a idade
- anormalidade óssea distinta, como *displasia do esfenoide* ou afinamento do córtex dos ossos longos com ou sem pseudoartose (p. ex., da tíbia ou rádio)
- um parente de primeiro grau (pai, irmão ou filho) com NF1 segundo os critérios acima

[a]Manchas café com leite: máculas cutâneas marrom-claras ovais pigmentadas (planas). Podem estar presentes ao nascimento, aumentam em número durante a primeira década. Estão presentes em > 99% dos casos de NF1. Raras no rosto.

13. tumores malignos que têm frequência aumentada em NFT: neuroblastoma, ganglioglioma, sarcoma, leucemia, tumor de Wilm, câncer de mama[5]
14. feocromocitoma: está presente ocasionalmente
15. "objetos brilhantes não identificados" (UBOs) na MRI cerebral ou espinal em 53-79% dos pacientes (brilho em T2WI, isotenso em T1WI) que podem ser hamartomas, heterotopias, focos de mielinização anormal ou tumores de baixo grau.[6] Tendem a se resolver com a idade

Genética

Herança autossômica dominante simples com expressividade variável, mas com quase 100% de penetrância após a idade de 5 anos. O gene NF1 está no cromossomo 17q11.2, que codifica a neurofibromina[7] (neurofibromina é um regulador negativo do oncogene Ras). A perda de neurofibromina como em NF1 resulta em elevação dos sinais promotores do crescimento. A taxa de mutação espontânea é alta, com 30-50% dos casos representam novas mutações somáticas.[8]

Aconselhamento: o diagnóstico pré-natal é possível pela análise de ligação somente se houver 2 ou mais membros da família afetados.[7] 70% das mutações genéticas de NF1 podem ser detectadas usando a análise da proteína truncada.

Manejo

1. gliomas ópticos
    a) ao contrário dos gliomas ópticos na ausência de NFT, estes raramente são quiasmáticos (geralmente envolvendo o nervo), são frequentemente múltiplos e têm um melhor prognóstico
    b) a maioria é não progressiva e deve ser acompanhada oftalmologicamente e com imagem serial (MRI ou CT)
    c) uma intervenção cirúrgica provavelmente não altera a perda visual. Portanto, a cirurgia é reservada para situações especiais (grandes tumores desfigurantes, pressão em estruturas adjacentes...)
2. outros tumores neurais em pacientes com NF1 devem ser manejados da mesma maneira que na população em geral
    a) lesões focais, ressecáveis, sintomáticas, devem ser removidas cirurgicamente
    b) tumores intracranianos em NF1 podem frequentemente ser irressecáveis, e nestes casos quimioterapia e/ou radioterapia podem ser necessárias, com a cirurgia reservada para casos com ICP crescente
    c) quando há suspeita de degeneração maligna (rara, mas a incidência de sarcomas e leucemias é aumentada), pode ser indicada biópsia com ou sem descompressão interna

Neurofibromatose 2 (NF2, também conhecida como NFT acústica)

Ver referência.[9]

Informações gerais

Também conhecida como Síndrome MISME (Múltiplos Schwannomas, Meningiomas e Ependimomas Herdados).

Clínica

Critérios diagnósticos: ver o ▶ Quadro 35.3.[10]

Outras características clínicas:
1. crises epilépticas ou outros déficits focais
2. nódulos na pele, neurofibromas dérmicos, manchas café com leite (menos comuns do que em NF1)
3. múltiplos tumores espinais intradurais são comuns (menos comuns em NF1):[11] incluindo intramedulares (especialmente ependimomas) e extramedulares (schwannomas, meningiomas...)
4. hamartomas retinianos

Quadro 35.3 Critérios diagnósticos para NF2[10]

Definir o diagnóstico se um dos dois:
1. schwannomas vestibulares (VS) bilaterais no exame de imagem (MRI ou CT) ou
2. um parente de primeiro grau (pai, irmão ou filho) com NF2 e um dos dois:
    a) VS unilateral com idade < 30 anos ou
    b) dois dos seguintes: meningioma, schwannoma (incluindo raiz espinal), glioma (inclui astrocitoma, ependimoma), opacidade subcapsular posterior do cristalino

Provável diagnóstico se um dos dois:
1. VS unilateral com idade < 30 anos e um dos seguintes: meningioma, schwammoma, glioma, opacidade subcapsular posterior do cristalino
2. múltiplos meningiomas e um dos seguintes: schwannoma, glioma ou opacidade posterior do cristalino

5. o fator de crescimento antigênico do nervo é aumentado (não ocorre com NF1)
6. apesar do seu nome, não está associado a neurofibromas

Dois subtipos:[10]
1. o mais comum, forma grave com idade de início mais precoce (2ª e 3ª décadas), com progressão rápida de perda da audição e múltiplos tumores associados
2. forma mais branda, apresenta-se mais tarde na vida, com deterioração mais lenta na audição e menos tumores associados

Genética

Herança autossômica dominante. NF2 se deve a uma mutação no cromossomo 22q12.2 que resulta na inativação da schwannomina (também conhecida como merlin, um semiacrônimo para proteínas semelhantes à moesina, ezrina e radixina), um peptídeo de supressão tumoral. Pacientes com NF2 com mutações sem sentido e que modificam a fase de leitura são mais sucetíveis a desenvolver tumores intramedulares (mas não outros tipos de tumores) comparados a outros tipos de mutações.

Considerações de manejo

1. schwannomas vestibulares bilaterais:
    a) a chance de preservação da audição é melhor quando o tumor é pequeno. Assim sendo, deve-se tentar remover o tumor ainda pequeno. Se a audição for funcional naquele ouvido após a cirurgia, então considerar a remoção do segundo tumor, caso contrário, acompanhar o segundo tumor pelo tempo mais longo possível e realizar uma remoção subtotal numa tentativa de impedir a surdez total
    b) terapia com radiocirurgia estereotática pode ser uma opção de tratamento
2. a maioria dos pacientes com NF2 ficará surda em algum momento durante a vida
3. antes da cirurgia, obter MRI da coluna cervical para R/O tumores intraespinais que podem causar lesões na medula durante outras operações
4. Nota: gravidez pode acelerar o crescimento de tumores do oitavo nervo

35.1.3 Complexo de esclerose tuberosa

Informações gerais

> ### Conceitos-chave
>
> - a maioria dos casos se deve a mutações espontâneas. Os casos herdados são autossômicos dominantes. Incidência: 1 em 6K-10K nascidos vivos
> - tríade clínica: crises epilépticas, retardo mental e adenomas sebáceos; a tríade clínica completa é vista em < 1/3 dos casos
> - achado típico no CNS: nódulos subependimais ("tuber") – um hamartoma
> - neoplasia comum associada: astrocitoma subependimário de células gigantes
> - 2 genes supressores tumorais: TSC1 (no cromossomo 9q34) codifica hamartina e TSC2 (no cromossomo 16p13) codifica tuberlina
> - CT mostra calcificações intracerebrais (geralmente subependimárias)

Complexo de esclerose tuberosa (TSC), também conhecido como doença de Bourneville, é uma síndrome neurocutânea caracterizada por hamartomas de vários órgãos, incluindo a pele, cérebro, olhos e rins. No cérebro, os hamartomas podem-se manifestar como túberes corticais, nódulos gliais localizados subependimalmente ou na substância branca profunda, ou astrocitomas de células gigantes. Achados associados incluem paquigiria ou microgiria.

Epidemiologia/genética/epigenética

Incidência: 1 em 6.000-10.000 nascimentos vivos.[12] Prevalência pontual: 10,6 por 100.000 pessoas (de Rochester, MN[13]).

Herança autossômica dominante, no entanto, mutação espontânea representa a maioria dos casos.[14] Dois genes supressores tumorais distintos foram identificados: TSC1 (localizado no cromossomo 9q34) codifica hamartina e TSC2 (no cromossomo 16p13) codifica tuberlina. Apenas 1 gene precisa ser afetado para desenvolver TSC. Estas proteínas trabalham em conjunto para inibir a ativação da rapamicina (mTOR).

Aconselhamento genético para pais não afetados com um filho afetado: chance de recorrência de 1-2%.

Patologia

Nódulos subependimários ("túberes") são hamartomas benignos que são quase sempre calcificados e se projetam para os ventrículos.

Astrocitoma subependimário de células gigantes (SEGA): uma lesão de transformação. Quase sempre localizado no forame de Monro. Ocorre em 5-15% dos pacientes com TSC.[15] A histologia mostra áreas fibrilares alternando com células contendo quantidades generosas de citoplasma eosinofílico. Áreas de necrose e figuras mitóticas abundantes podem ser vistas, mas não estão associadas à agressividade maligna típica que estas características geralmente denotam.[16]

Clínica

Os critérios diagnósticos são apresentados no ▶ Quadro 35.4.

No bebê, o achado mais inicial é de máculas "de folha cinza" (hipomelanóticas, em forma de folha) que são mais bem vistas com uma lâmpada de Wood. Mioclonia infantil também pode ocorrer.

Em crianças maiores ou em adultos, a mioclonia é frequentemente substituída por crises tônico-clônicas generalizadas ou parciais complexas que ocorrem em 70-80%. Os adenomas faciais não estão presentes no nascimento, mas aparecem em > 90% até a idade de 4 anos (estes não são realmente adenomas das glândulas sebáceas, mas pequenos hamartomas de elementos nervosos cutâneos que são marrom-amarelados e reluzentes e tendem a surgir em uma distribuição em borboleta na região malar geralmente preservando o lábio superior).

Hamartomas retinianos ocorrem em ≈ 50% (hamartoma central classificado perto do disco óptico ou uma sutil lesão periférica plana de cor salmão). Uma distinta lesão despigmentada da íris também pode ocorrer.

Avaliação

Raios X simples do crânio

Podem mostrar nódulos cerebrais calcificados.

Rastreio com CT

Ver referência.[18]

Calcificações intracerebrais são o achado mais comum (97% dos casos) e característico. Primariamente localizadas subependimalmente ao longo das paredes dos ventrículos laterais ou perto do forame de Monro.

Lesões de baixa densidade que não contrastam são vistas em 61%. Provavelmente representam tecido heterotópico ou mielinização defeituosa. Mais comuns no lobo occipital.

Hidrocefalia (HCP) pode ocorrer mesmo sem obstrução. Na ausência de tumor, a HCP é geralmente leve. HCP moderada geralmente ocorre na presença de tumor.

Os nódulos subependimários são geralmente calcificados e se projetam para o ventrículo (**"pingos de vela"** aparência descrita na pneumoencefalografia).

Quadro 35.4 Critérios diagnósticos de complexo de esclerose tuberosa[17]

- TSC: o diagnóstico requer 2 critérios maiores ou 1 maior e 2 menores
- TSC provável: 1 maior + 1 menor
- TSC possível: 1 maior ou 2 menores

Critérios maiores

- manifestações cutâneas: angiofibroma facial, fibroma ungueal, > 3 máculas hipomelanocíticas, manchas marroquinas
- lesões cerebrais e oculares: túber cortical, nódulos subependimários, astrocitoma subependimário de células gigantes, hamartomas retinianos nodulares múltiplos
- tumores em outros órgãos: cardíaco, rabdomioma, linfangioleiomiomatose, angiomiolipoma renal

Critérios menores

- pólipos retais
- defeitos puntiformes no esmalte dentário
- cistos ósseos
- anormalidades na migração de substância branca cerebral
- fibromas gengivais
- hamartomas não renais
- manchas retinianas acrômicas
- lesões cutâneas do tipo confete
- múltiplos cistos renais

Tumores paraventriculares (principalmente astrocitomas de células gigantes) (ver patologia) são essencialmente a única lesão realçada em TSC.

MRI

O sinal dos túberes subependimários é alto em T2 e baixo em T1, e apenas ≈ 10% realçam.

Sinal baixo em lesões subependimárias pode representar calcificação. SEGA realça intensamente (lesão subependimária realçada é quase sempre SEGA).

Sinal em bandas radiais: intensidade anormal do sinal se estendendo de uma forma radial, representando células de graus variados de diferenciação neuronal e astrocítica, além de células difíceis de classificar.[19]

Tratamento

Tumores paraventriculares devem ser acompanhados. Os túberes crescem minimamente, mas SEGA progride e deve ser removido se for sintomático. Uma abordagem transcalosa ou remoção ventriculoscópica são opções.

Mioclonia infantil pode responder a esteroides. Crises epilépticas são tratadas com AEDs.

Cirurgia para crises intratáveis podem ser consideradas quando uma lesão particular é identificada como um foco convulsivo. Um bom controle das crises, não a cura, é o objetivo em TSC.

Pacientes com idade ≥ 3 com lesões SEGA de tamanho crescente tiveram redução sustentada do volume do SEGA com everolimo.[20]

35.1.4 Síndrome de Sturge-Weber

Informações gerais

> ### Conceitos-chave
>
> - sinais fundamentais: 1) atrofia cerebral cortical localizada e calcificações, 2) nevo facial em coloração de vinho do porto (geralmente na distribuição de V1)
> - crises epilépticas contralaterais geralmente presentes
> - Rx simples do crânio classicamente mostram "linhas de trilho" (linhas paralelas duplas)

Também conhecida como angiomatose encefalotrigeminal. Um transtorno cutâneo que consiste em:
1. características fundamentais
   a) atrofia cerebral cortical localizada e calcificações (especialmente as camadas corticais 2 e 3, com uma predileção pelos lobos occipitais):
      - as calcificações aparecem como linhas paralelas curvilíneas duplas ("linhas de trilho") em raios X simples
      - a atrofia cortical geralmente causa hemiparesia contralateral, hemiatrofia e hemianopia homônima (com envolvimento do lobo occipital)
   b) nevo facial em coloração de vinho do porto ipsilateral (nevo flâmeo) geralmente em distribuição da 1ª divisão do nervo trigêmeo (raramente bilateral)
2. outros achados que podem estar presentes:
   a) exoftalmia ipsilateral e/ou glaucoma, coloboma da íris
   b) hemangioma capilar oculomeníngeo
   c) crises epilépticas: contralateral ao nevo facial e atrofia cortical. Presente na maioria dos pacientes, iniciando na infância
   d) angiomas retinianos

Genética

A maioria dos casos é esporádica. Outros casos são sugestivos de herança recessiva, com implicação do cromossomo 3.

Tratamento

O tratamento é de suporte. São usados anticonvulsivantes para as crises. Lobectomia ou hemisferectomia podem ser necessárias para crises refratárias. XRT: as complicações são comuns, e os benefícios escassos. Cirurgia a *laser* para o nevo cutâneo é decepcionante; são obtidos melhores resultados com a ocultação do nevo com uma tatuagem da cor da pele.

35.1.5 Melanose neurocutânea (NCM)

Fundamentos

1. uma facomatose não hereditária, congênita e rara em que grandes ou numerosos nevos melanocíticos congênitos estão associados a tumores melanocíticos benignos e/ou malignos das leptomeninges[21]
2. patogênese: defeito neuroectodérmico durante a morfogênese envolvendo melanoblastos da pele e a pia-máter originários de células da crista neural[21]

Características clínicas

1. dois terços dos pacientes com NCM têm nevos melanocíticos congênitos gigantes:[21] nevos pigmentados que são grandes, peludos ou ambos. (As chances de que estes nevos representem NCM são maiores quando estão localizados na cabeça, parte posterior do pescoço ou paravertebral)
2. um terço tem inúmeras lesões sem uma lesão gigante única[21]
3. virtualmente todos têm grandes nevos melanocíticos (pigmentados) cutâneos localizados no dorso[22]
4. manifestações neurológicas: geralmente antes de 2 anos de idade. Sinais de hipertensão intracraniana (letargia, vômitos...), crises epilépticas focais, déficits motores ou afasia[21]
5. hidrocefalia: em quase 66%. Geralmente por causa da obstrução do fluxo do CSF ou da absorção reduzida como resultado das leptomeninges espessadas[21]

Critérios clínicos de diagnóstico

Ver referência.[23]

1. nevos melanocíticos congênitos grandes ou múltiplos com melanose ou melanoma meníngeo
2. ausência de melanoma cutâneo, exceto em pacientes com lesões meníngeas benignas (isto é, devem-se excluir metástases meníngeas decorrente de melanoma cutâneo)
3. sem evidências de melanoma meníngeo, exceto em pacientes com lesões cutâneas benignas

Condições associadas

NCM é algumas vezes associada a

1. síndromes neurocutâneas[21]
   a) síndrome de Sturge-Weber (p. 608)
   b) neurofibromatose de von Recklinghausen (NF1) (p. 604)
2. malformações císticas da fossa posterior: por exemplo, malformação de Dandy Walker (p. 256); ocorre em até 10%. Estes casos têm pior prognóstico por causa da transformação maligna[21]
3. lipoma intraespinal e siringomielia[21]

Testes diagnósticos

1. MRI: baixo sinal em T1 e T2 produzido pela melanina. Gadolínio IV pode demonstrar realce das meninges infiltradas por tumor[21]
2. o exame histológico das lesões do CNS mostra melanose leptomeníngea (benigna) que se desenvolve a partir dos melanócitos da pia-máter. Melanoma (maligno) ocorre em 40-62% dos casos, mas a distinção tem pouco significado prognóstico por causa do pobre desfecho dos pacientes com NCM sintomáticos mesmo na ausência de melanoma[21]

Manejo

O benefício da ressecção de lesões cutâneas é questionável na presença de lesões leptomeníngeas.[24] NCM parece ser refratária à radioterapia e quimioterapia.[24]

O tratamento neurocirúrgico geralmente está limitado a:[23]

1. derivações para hidrocefalia
2. descompressão cirúrgica paliativa se precoce no curso
3. biópsia do tecido para diagnóstico em casos duvidosos

Prognóstico

1. o prognóstico é ruim, quando sinais neurológicos estão presentes, independentemente de malignidade presente ou não
2. > 50% dos pacientes morrem até 3 anos após a primeira manifestação neurológica[21]

Quadro 35.5 Síndromes familiares associadas a tumores do CNS

Síndrome	Tumor do CNS
von Hippel-Lindau (p. 703)	hemangioblastoma
esclerose tuberosa (p. 606)	astrocitoma subependimário de células gigantes
neurofibromatose tipo I (p. 604)	glioma óptico, astrocitoma, neurofibroma
neurofibromatose tipo II (p. 605)	schwannoma vestibular, meningioma, ependimoma, astrocitoma
síndrome de Turcot (síndrome BTP) (p. 610)[25]	GBM, AA, e meduloblastoma, pineoblastoma
Li-Fraumeni (p. 610)	astrocitoma, PNET
Cowden (p. 647)	meningiomas
Lhermitte-Duclos (p. 647)	

35.2 Síndromes de tumores familiares

35.2.1 Informações gerais

Diversas síndromes familiares estão associadas a tumores no CNS, conforme apresentado no ▶ Quadro 35.5.

35.2.2 Síndrome de Turcot

Uma rara doença hereditária caracterizada por múltiplos carcinomas colorretais (carcinomas ou pólipos adenomatosos benignos) juntamente com tumores neuroepiteliais do CNS (GBM, AA, MB, pineoblastoma, ganglioma e ependimoma).[12] Tipo 1: GBM sem polipose familiar (mas frequentemente com câncer colorretal não polipose). A sobrevivência média de pacientes com Turcot com GBM é de 27 meses (mais tempo do que casos esporádicos). Tipo 2: MB e polipose adenomatosa familiar.

35.2.3 Síndrome de Li-Fraumeni

Rara mutação autossômica dominante herdada (< 400 famílias identificadas) do gene *supressor* tumoral TP53. Os pacientes têm incidência aumentada de múltiplos tipos de tumores, incluindo: sarcoma & osteo-ossarcoma, câncer de mama, astrocitoma e PNET, carcinoma adrenocortical, leucemia.

Referências

[1] Burger PC, Scheithauer BW. AFIP Atlas of Tumor Pathology. Fourth series. Fascicle 7: Tumors of the Central Nervous System. Washington, D.C.: Armed Forces Institute of Pathology; 2007

[2] Riccardi VM. von Recklinghausen Neurofibromatosis. N Engl J Med. 1981; 305:1617–1627

[3] National Institutes of Health Consensus Development Conference. Neurofibromatosis: Conference Statement. Arch Neurol. 1988; 45:575–578

[4] Packer RJ, Gutmann DH, Rubenstein A, Viskochil D, Zimmerman RA, Vezina G, Small J, Korf B. Plexiform neurofibromas in NF1: toward biologic-based therapy. Neurology. 2002; 58:1461–1470

[5] Sharif S, Moran A, Huson SM, Iddenden R, Shenton A, Howard E, Evans DG. Women with neurofibromatosis 1 are at a moderately increased risk of developing breast cancer and should be considered for early screening. J Med Genet. 2007; 44:481–484

[6] Sevick RJ, Barkovich AJ, Edwards MS, Koch T, Berg B, Lempert T. Evolution of white matter lesions in neurofibromatosis type I: MR findings. AJR Am J Roentgenol. 1992; 159:171–175

[7] Karnes PS. Neurofibromatosis: A Common Neurocutaneous Disorder. Mayo Clin Proc. 1998; 73:1071–1076

[8] Walker L, Thompson D, Easton D, Ponder B, Ponder M, Frayling I, Baralle D. A prospective study of

neurofibromatosis type 1 cancer incidence in the UK. Br J Cancer. 2006; 95:233–238

[9] Martuza RL, Eldridge R. Neurofibromatosis 2: (Bilateral Acoustic Neurofibromatosis). N Engl J Med. 1988; 318:684–688

[10] Parry DM, Eldridge R, Kaiser-Kupfer MI, Bouzas EA, Pikus A, Patronas N. Neurofibromatosis 2 (NF2): clinical characteristics of 63 affected individuals and clinical evidence for heterogeneity. Am J Med Genet. 1994; 52:450–461

[11] Egelhoff JC, Bates DJ, Ross JS, Rothner AD, Cohen BH. Spinal MR Findings in Neurofibromatosis Types 1 and 2. AJNR. 1992; 13:1071–1077

[12] Hottinger AF, Khakoo Y. Neurooncology of familial cancer syndromes. J Child Neurol. 2009; 24:1526–1535

[13] Wiederholt WC, Gomez MR, Kurland LT. Incidence and Prevalence of Tuberous Sclerosis in Rochester, Minnesota, 1950 through 1982. Neurology. 1985; 35:600–603

[14] Logue LG, Acker RE, Sienko AE. Best cases from the AFIP: angiomyolipomas in tuberous sclerosis. Radiographics. 2003; 23:241–246

[15] Thiele EA. Managing epilepsy in tuberous sclerosis complex. J Child Neurol. 2004; 19:680–686

[16] Chow CW, Klug GL, Lewis EA. Subependymal Giant-Cell Astrocytoma in Children: An Unusual Discrepancy

Between Histological and Clinical Features. J Neurosurg. 1988; 68:880–883

[17] Roach ES, Gomez MR, Northrup H. Tuberous sclerosis complex consensus conference: revised clinical diagnostic criteria. J Child Neurol. 1998; 13:624–628

[18] McLaurin RL, Towbin RB. Tuberous Sclerosis: Diagnostic and Surgical Considerations. Pediat Neurosci. 1985; 12:43–48

[19] Bernauer TA. The radial bands sign. Radiology. 1999; 212:761–762

[20] Franz DN, Agricola K, Mays M, Tudor C, Care MM, Holland-Bouley K, Berkowitz N, Miao S, Peyrard S, Krueger DA. Everolimus for subependymal giant cell astrocytoma: 5-year final analysis. Ann Neurol. 2015. DOI: 10.1002/ana.24523

[21] Di Rocco F, Sabatino G, Koutzoglou M, Battaglia D, Caldarelli M, Tamburrini G. Neurocutaneous melanosis. Childs Nerv Syst. 2004; 20:23–28

[22] DeDavid M, Orlow SJ, Provost N, Marghoob AA, Rao BK, Wasti Q, Huang CL, Kopf AW, Bart RS. Neurocutaneous melanosis: clinical features of large congenital melanocytic nevi in patients with manifest central nervous system melanosis. J Am Acad Dermatol. 1996; 35:529–538

[23] McClelland S, III, Charnas LR, SantaCruz KS, Garner HP, Lam CH. Progressive brainstem compression in an infant with neurocutaneous melanosis and Dandy-Walker complex following ventriculoperitoneal shunt placement for hydrocephalus. Case report. J Neurosurg. 2007; 107:500–503

[24] Mena-Cedillos CA, Valencia-Herrera AM, Arroyo-Pineda AI, Salgado-Jimenez MA, Espinoza-Montero R, Martinez-Avalos AB, Perales-Arroyo A. Neurocutaneous melanosis in association with the Dandy- Walker complex, complicated by melanoma: report of a case and literature review. Pediatr Dermatol. 2002; 19:237–242

[25] Paraf F, Jothy S, Van Meir EG. Brain Tumor-Polyposis Syndrome: Two Genetic Diseases. J Clin Oncol. 1997; 15:2744–2758

36 Astrocitomas

36.1 Incidência, fatores de risco

Os tumores autocríticos são o tumor cerebral intra-axial primário mais comum. A taxa média anual de incidência ajustada por idade de 2006-2010 foi 5,17 por 100.000,[1] aproximadamente 16.000 novos casos/ano nos Estados Unidos.

As causas mais estabelecidas para tumores cerebrais são sindrômicas (doenças familiares...) e pós-radioterapia.

A controvérsia dos telefones celulares como um fator de risco. O aumento substancial no número de assinaturas de telefone móvel desde o início da década de 1990 não foi observado como associado ao aumento na incidência de tumores cerebrais nos Estados Unidos.[2,3,4] No entanto, principalmente por causa da ausência de dados para uma exposição extremamente longa (> 15 anos), em maio de 2011 a WHO emitiu um alerta de possível risco de câncer em relação ao uso de aparelhos que emitem radiação eletromagnética não ionizante, como os telefones celulares.[5]

36.2 Classificação e graduação dos tumores astrocíticos

36.2.1 Classificação pela morfologia e comportamento geral

Em geral
- circunscritos *versus* difusos
- não infiltrativos *versus* Infiltrativos[6]
- especiais *versus* comuns

Classificação detalhada:
1. astrocitoma infiltrativo
    a) astrocitoma difuso (também conhecido como astrocitoma de baixo grau): WHO II: Característica genética: mutação frequente em TP53. Variantes histológicas:
        - fibrilar: o tipo mais comum
        - gemistocítico
        - protoplasmático: raro
    b) oligoastrocitoma misto WHO II
    c) astrocitoma anaplásico WHO III
    d) oligoastrocitoma anaplásico WHO III
    e) glioblastoma multiforme WHO IV
2. astrocitoma não infiltrativo
    a) astrocitoma Juvenil Policítico WHO I
    b) astrocitoma subependimário de células gigantes (Esclerose Tuberosa) WHO I
    c) astrocitoma desmoplásico Juvenil WHO I
    d) astrocitoma pilomixoide WHO II
3. astrocitoma raro (variante rara, em que o prognóstico não está em conformidade com a graduação):
    a) xantoastrocitoma pleomórfico WHO II
    b) astrocitoma gemistocítico WHO II

Em tumores difusos/infiltrativos, como a excisão cirúrgica completa é raramente atingida, ocorrem taxa de recorrência mais alta e pior prognóstico em geral.

Especiais *versus* Comuns:
- a divisão dos tumores de acordo com o comportamento favorável ou mau comportamento não é considerada como um sistema de classificação contemporâneo
- especiais – resultados favoráveis, faixa etária mais jovem, inclui astrocitoma pilocítico, astrocitoma cerebelar microcítico e subependimário de células gigantes
- comuns – pior desfecho, inclui os classificados como WHO Graus II-IV ou St. Anne/Mayo Graus I-V

36.2.2 Graduação e neuropatologia

Informações gerais

A graduação dos astrocitomas tem sido historicamente repleta de discordâncias, e vários sistemas de graduação foram propostas ao longo dos anos. O primeiro sistema de Bailey e Cushing era um sistema em 3 hierarquias, o sistema Kernohan era de 4 hierarquias e desde então foram propostos inúmeros sistemas com 3 hierarquias, como o sistema Ringertz.[7] Em consequência, há uma falta de uniformidade em, por exemplo, o que constitui um glioblastoma de série para série com o tempo. A tendência atual tem sido usar um dos dois diferentes sistemas, a definição da WHO ou do sistema St. Anne/Mayo, que aparecem abaixo:

A graduação dos astrocitomas permanece controversa. Algumas preocupações especiais:
1. erro na amostragem: pode ter graus diferentes de malignidade em diferentes áreas
2. desdiferenciação (p. 615): os tumores tendem a progredir em malignidade ao longo dos meses ou anos
3. os critérios histológicos que afetam o prognóstico incluem: celularidade, presença de células gigantes, anaplasia, mitose, proliferação vascular com ou sem proliferação endotelial, necrose e pseudopaliçada[8]
4. além da histologia, as questões que afetam o comportamento clínico (muitas das quais não são fatoradas na maioria dos sistemas de graduação) incluem:
   a) idade do paciente
   b) extensão do tumor
   c) topografia: localização do tumor, especialmente em relação a estruturas críticas

Sistemas de graduação obsoletos

▶ **Sistema de Ringertz.** O sistema obsoleto de Ringertz desenvolveu três graus para malignidade dos astrocitomas.[7] A necrose foi usada para dividir o grau intermediário do glioblastoma multiforme. O sistema de graduação com três hierarquias de Ringertz era mais relacionado clinicamente com o prognóstico para astrocitomas.

▶ **Sistema de Kernohan.** O sistema obsoleto de Kernohan,[9] originalmente desenvolvido na Mayo Clinic, dividia estes tumores em 4 graus (grau IV também conhecido como glioblastoma multiforme) baseados no grau da presença de inúmeras características, como anaplasia, pleomorfismo nuclear, número de mitoses. O sistema de Kernohan determinava o grau do tumor de acordo com a proporção de tecido normal remanescente no tumor invasor e o tipo de borda invasora do tumor invasor no tecido normal. Em termos prognósticos, este sistema distinguia apenas 2 grupos clinicamente diferentes (graus I/II e graus III/IV) e não é usado atualmente. Ele é apresentado como complemento, quando é revisada a literatura mais antiga.

Sistemas de graduação atuais

Os 2 sistemas principais em uso atualmente são apresentados abaixo, e diferem primariamente na definição do Grau I.

▶ **Sistema WHO.** O sistema da Organização Mundial da Saúde (WHO) é apresentado no ▶ Quadro 36.1.[10] No sistema WHO, o grau I é reservado para tipos especiais de astrocitomas que estão mais circunscritos, incluindo astrocitomas pilocíticos, enquanto as neoplasias astrocíticas mais típicas são graduadas de II até IV. A equivalência aproximada do sistema Ringertz, grau Kernohan e a graduação de St. Anne-Mayo também é apresentada no ▶ Quadro 36.2.

Quadro 36.1 Classificação da WHO dos tumores astrocíticos ("comuns")

Designação	Critérios
II: astrocitoma difuso	atipia citológica isolada
III: astrocitoma anaplásico	anaplasia e atividade mitótica
IV: glioblastoma (GBM)	também apresenta proliferação microvascular e/ou necrose

---

Quadro 36.2 Equivalência aproximada do sistema de Ringertz, Kernohan graus (I-IV) e St. Anne-Mayo com o sistema da WHO

Ringertz modificado	Kernohan	St. Anne-Mayo	WHO 2007[10]
			Grau I (p. ex., astrocitoma pilocítico)
astrocitoma (baixo grau)	I e II	astrocitoma 1 e 2	astrocitoma difuso II
astrocitoma anaplásico	III	astrocitoma 3	astrocitoma anaplásico III
glioblastoma multiforme	IV	astrocitoma 4	glioblastoma multiforme IV

Graduação de astrocitomas de 2007 da WHO para tipos específicos de astrocitomas:
1. grau I
   - astrocitoma subependimário de células gigantes (SEGA)
   - astrocitoma pilocítico
2. grau II
   - astrocitoma pilomixoide
   - astrocitoma difuso
   - xantoastrocitoma pleomórfico
3. grau III – astrocitoma anaplásico
4. grau IV
   - glioblastoma
   - glioblastoma de células gigantes
   - gliossarcoma

▶ **Sistema de graduação de St. Anne/Mayo.** Os sistemas de graduação, como os descritos acima são muito dependentes da impressão subjetiva dos achados histológicos. O sistema de classificação conhecido como o sistema de St. Anne/Mayo (SA/M)[11] trata das considerações histológicas e é reproduzível e significativo em termos de prognóstico.[12] Está restrito a astrocitomas "comuns", já que o grau não demonstrou correlacionar-se com o comportamento clínico em astrocitomas cerebelares pilocíticos ou microcíticos. Ele é semelhante ao sistema da WHO, exceto pelo fato de que astrocitomas grau I segundo SA/M são raros astrocitomas difusos sem atipia.[10]

O sistema SA/M avalia a presença ou ausência de 4 critérios (ver o ▶ Quadro 36.3) e então atribui um grau baseado no número de critérios presentes (▶ Quadro 36.4). Quando a presença de algum critério é incerta, ele é considerado ausente.

Os critérios tendem a ocorrer numa sequência previsível: atipia nuclear ocorre em todos os tumores grau 2, atividade mitótica é vista em 92% dos tumores de grau 3 (e em nenhum dos tumores de grau 2), necrose e proliferação endotelial são restritas quase somente a tumores de grau 4 (eram vistos em apenas 8% dos tumores de grau 3).

As frequências de ocorrência entre 287 astrocitomas "comuns" eram: grau 1 = 0,7% (um tumor muito raro), grau 2 = 16%, grau 3 = 17,8% e grau 4 = 65,5%.

A sobrevida média foi a seguinte:[11] (havia apenas dois pacientes de grau 1, um sobreviveu 11 anos, e o outro ainda estava vivo depois de 15 anos), grau 2 = 4 anos, grau 3 = 1,6 ano e grau 4 = 0,7 ano (8,5 meses).

▶ **Frequência relativa dos graus de astrocitomas.** Os glioblastomas compreendem aproximadamente 54% de todos os gliomas, e os astrocitomas anaplásicos correspondem a cerca de 6%. Os menos comuns, como oligodendrogliomas anaplásicos e oligoastrocitomas anaplásicos, juntamente com tumores mais raros, como ependimoma anaplásico e ganglioglioma anaplásico, compõem 7,2% de todos os gliomas.[1]

Quadro 36.3 Critérios do sistema St. Anne/Mayo

- atipia nuclear: hipercromatasia e/ou variação óbvia em tamanho e forma

- mitoses: independente da configuração normal ou anormal

- proliferação endotelial: lúmen vascular é cercado por células endoteliais "empilhadas" (em vez da camada única normal). *Não* inclui hipervascularidade (que pode ocorrer em gliose não tumoral)

- necrose: somente quando obviamente presente. *Não* inclui pseudopaliçada quando vista sozinha

---

Quadro 36.4 Grau de St. Anne/Mayo

Grau	N° de critérios
1	0
2	1
3	2
4	3 ou 4

Direções/Perspectivas futuras da graduação dos astrocitomas

Diretrizes para classificação futura da WHO:[13] para conciliar com os novos desenvolvimentos da genética molecular dos gliomas, foi alcançado um consenso entre os líderes mundiais em neuropatologia. As diretrizes para a próxima classificação da WHO foram apresentadas:

- as entidades diagnósticas devem ser definidas da forma mais restrita possível para otimizar a reprodutibilidade entre observadores, as predições clinicopatológicas e o planejamento terapêutico
- os diagnósticos devem ser "estratificados" com classificação histológica, grau WHO e informações moleculares listadas abaixo como um "diagnóstico integrado"
- devem ser feitas determinações para cada entidade tumoral quanto à necessidade, sugestão ou não necessidade de informações moleculares para sua definição
- algumas entidades pediátricas devem ser separadas das suas contrapartidas adultas
- as contribuições para guiar decisões referentes à classificação dos tumores devem ser solicitadas de especialistas em disciplinas complementares de neuro-oncologia
- o teste molecular específico para a entidade e o relato dos formatos devem ser acompanhados em relatórios diagnósticos. Espera-se que estas diretrizes facilitem a próxima atualização da quarta edição da classificação da WHO dos tumores do sistema nervoso central

Comentários sobre astrocitoma de baixo grau (WHO II)

Também conhecido como astrocitoma difuso de baixo grau. Três tipos histopatológicos:
1. astrocitoma fibrilar: o subtipo histológico de Grau II mais comum
2. astrocitoma gemistocítico: particularmente propenso a progredir para os Graus II e IV
3. astrocitoma protoplasmático

Estes tumores tendem a ocorrer em crianças e adultos jovens. A maioria se apresenta com crises epilépticas. Há uma predileção pelos lobos temporal, frontal posterior e parietal anterior.[14] Demonstram baixos graus de celularidade e preservação dos elementos cerebrais normais dentro do tumor. Calcificações são raras. Anaplasia e mitoses estão ausentes (uma única mitose é permitida). Os vasos sanguíneos podem ser ligeiramente aumentados em número. O comportamento final destes tumores geralmente não é benigno. O fator prognóstico favorável mais importante é idade jovem. O mau prognóstico está associado a achados de ICP aumentada, consciência alterada, alterações da personalidade, déficits neurológicos significativos,[15] curta duração dos sintomas antes do diagnóstico (sugerindo progressão rápida) e realce nos estudos de imagem.

Desdiferenciação

A principal causa de morbidade com astrocitomas de baixo grau é desdiferenciação para um grau mais maligno. Astrocitomas fibrilares de baixo grau tendem a passar por transformação maligna mais rapidamente (com rapidez aumentada em seis vezes) quando diagnosticados após a idade de 45 anos do que quando diagnosticados mais cedo[16] (ver o ▶ Quadro 36.5). Astrocitomas gemistocíticos tendem a se desdiferenciar mais rapidamente do que astrocitomas fibrilares. Mais de 60% dos astrocitomas fibrilares têm uma mutação do gene TP53 localizado no cromossomo 17p; estes tumores são mais prováveis de se desdiferenciar. Uma vez que ocorre a desdiferenciação, a sobrevida média é de 2-3 anos além desse evento. Os marcadores genéticos que se correlacionam com um grau mais alto de degeneração maligna incluem:[17,18]
1. perda de heterozigozidade nos cromossomos 10 e 17
2. alteração nos genes supressores tumorais em 9p, 13q, 19q e 22q
3. alterações no receptor do fator de crescimento epidérmico (EGRF) e fator de crescimento derivado de plaquetas (PDGF)
4. transformação do gene supressor p53
5. mutações na isocitrato desidrogenase (IDH) (p. 616) – aberrações genéticas que originam disfunção na maquinaria epigenética

---

Quadro 36.5 Taxa de desdiferenciação para astrocitomas de baixo grau

	Pacientes diagnosticados com < 45 anos	Pacientes diagnosticados com ≥ 45 anos
tempo médio para desdiferenciação	44,2 ± 17 meses	7,5 ± 5,7 meses
tempo até a morte	58 meses	14 meses

Comentários sobre astrocitomas malignos (WHO III e IV)

Esta categoria abrange astrocitoma anaplásico (AA) e glioblastoma (GBM). Embora ambos sejam "malignos", AA e GBM possuem nítidas diferenças. Entre 1.265 pacientes com astrocitomas malignos, a média de idade era 46 anos para AA e 56 anos para GBM. Duração média dos sintomas pré-operatórios: 5,4 meses para GBM e 15,7 meses para AA. Astrocitomas malignos podem-se desenvolver a partir de astrocitomas de baixo grau através da desdiferenciação (ver acima); entretanto podem crescer "de novo".

Glioblastoma (GBM) infratentorial é raro e frequentemente representa a disseminação subaracnoide de um GBM supratentorial (usado como um argumento para radiação em todos os pacientes com GBM na fossa posterior).[19]

Comentários sobre glioblastoma (multiforme) (WHO IV)

É o tumor cerebral primário mais comum, sendo também o astrocitoma mais maligno. A nomenclatura atual omite "multiforme".[20]

Achados histológicos associados a GBM (pode nem todos estar presentes, e esta lista não segue algum dos sistemas de graduação padrão acima):
- astrócitos gemistocísticos
- neovascularização com proliferação endotelial
- áreas de necrose
- pseudopaliçada em torno de áreas de necrose

36.3 Genéticas molecular e epigenética

36.3.1 Caminhos moleculares no desenvolvimento de glioblastomas

Estudos do perfil global do genoma demonstraram diversidades genômicas notáveis entre os glioblastomas.[21,22] Estudos moleculares ajudaram a identificar pelo menos 3 caminhos diferentes no desenvolvimento dos glioblastomas.[23]
- 1° caminho: **desregulação da sinalização do fator de crescimento através da amplificação e ativação mutacional dos genes receptores tirosina quinase (RTK).** Os RTKs são um grupo diverso de proteínas transmembrana que agem como receptoras de fatores de crescimento, como fator de crescimento epitelial (EGF), fator de crescimento endotelial vascular (VEGF), fator de crescimento derivado de plaquetas (PDGF). Também podem atuar como receptores de citocinas, hormônios e outros caminhos de sinalização
- 2° caminho: a **ativação do fosfatidilinositol 3-OH quinases (PI3K) AKT/mTOR,** que é um caminho de sinalização intracelular. É essencial na regulação da sobrevivência das células
- 3° caminho: a **inativação do gene p53 e caminhos supressores tumorais do retinoblastoma (Rb)**

36.3.2 Silenciamento transcricional

Metilação de O⁶-metilguanina-DNA metiltransferase (MGMT): MGMT é um fator de prognóstico independente na resposta dos gliomas malignos à quimioterapia com agentes quimioterápicos alquilantes (p. ex., nitrosureia ou temozolomida)[24] que danificam o DNA tumoral anexando um grupo alquila à base de guanina. O gene MGMT está localizado no cromossomo 10q26 e codifica uma enzima de reparo de DNA que remove especificamente o mutagênico alquil O⁶ e restaura os resíduos de guanina ao seu estado nativo.[25,26] A perda da expressão de MGMT é provavelmente causada pelo silenciamento transcricional através da hipermetilação das ilhas CpG no genoma,[27,28] e este fenômeno de hipermetilação está frequentemente presente (45 a 75%) em glioblastomas.

Em suma: A perda da expressão de MGMT torna o agente alquilante (p. ex., Temodar) mais efetivo.

36.3.3 Mutação em IDH ½

As mutações em IDH1 Arg132 e mutações IDH2 Arg140 e mutações em Arg172 representam > 90% das aberrações.[29,30] As mutações em IDH1 e IDH2 reduzem a capacidade enzimática destas proteínas de se ligar ao isocitrato, seu substrato, e convertê-lo em α-cetoglutarato (α-KG), gerando dióxido de carbono e repondo NADH e NADPH como produtos secundários.[31] Este é um dos passos irreversíveis no ciclo do ácido tricarboxílico importante para a respiração celular. As enzimas mutantes IDH1 (citoplasmática) e IDH2 (mitocôndrica) também apresentam uma capacidade enzimática modificada de converter (-KG em 2-hidroxiglutarato (2-HG), um pequeno oncometabólito. Igualmente importantes, as mutações IDH1 e IDH2 estratificam os indivíduos em subtipos moleculares com resultados clínicos distintos – as mutações estão associadas a astrocitomas de grau mais baixo, oligodendrogliomas (graus II/III) e gliomas secundários com melhor sobrevivência global, sobrevivência livre de progressão e quimiossensibilidade do que os glioblastomas que são do tipo selvagem para ambos os genes.[29,30,31]

36.3.4 Glioblastoma primário *versus* secundário

Glioblastoma primário *versus* secundário:[32] Descrito pela primeira vez em 1940 pelo patologista alemão Scherer.

- glioblastoma primário: a maioria dos GBMs. Origina-se sem evidências (clínicas ou histológicas) de um precursor menos maligno. Mais comum em pacientes mais velhos (idade média = 55 anos) depois de uma história clínica curta (< 3 meses). Caracterizado pela amplificação ($\approx$ 40% dos casos) e/ou superexpressão (60%) de EGFR, mutações no gene PTEN (30%), deleção de p16^{INKa} (30-40%), amplificação (< 10%) e/ou superexpressão (50%) do MDM2, e em 50-80% dos casos, perda de heterozigozidade (LOH) em todo cromossomo 10
- glioblastoma secundário: desenvolve-se por degeneração maligna de astrocitoma grau II ou III segundo a WHO. Os pacientes são mais jovens (idade média = 40 anos) e têm um curso clínico mais lento. Os glioblastomas secundários são menos frequentes do que os glioblastomas primários. 60% têm mutações em TP53 (presentes em > 90% dos precursores menos malignos). A degeneração maligna é caracterizada por perda alélica dos cromossomos 19q e 10q. A metilação do promotor do gene MGMT parece ocorrer com frequência mais elevada em glioblastoma secundário do que primário.[33,34] O sequenciamento genético de 200 glioblastomas revelou IDH1 e IDH2 como recorrentemente mutados em 5% dos gliomas primários e uma maioria de aproximadamente 60-90% dos gliomas secundários[29,30]

36.3.5 Subclassificação de GBM

Com disseminação da tecnologia molecular nas duas últimas décadas, foram feitas conquistas consideráveis para identificar a heterogeneidade do glioblastoma, mesmo que ele ainda faça parte de uma entidade patológica única. Baseado em dados de genética molecular da Rede de Investigação do Atlas do Genoma do Câncer (TCGA),[35] Verhaak *et al.* usaram a análise da expressão gênica para subclassificar GBM em 4 subtipos: I. Clássico, II. Mesenquimal, III. Proneural e IV. Neural.[36]

36.4 Características patológicas variadas

▶ **Proteína acídica fibrilar glial (GFAP).** A maioria dos astrocitomas marca positivo para GFAP (astrocitomas que podem não marcar positivo para GFAP: alguns gliomas pouco diferenciados, astrocitomas puramente gemistocíticos já que astrócitos fibrilares são necessários para colorir positivo).

▶ **Cistos.** Os gliomas podem ter necrose cística central, mas também podem ter um cisto associado mesmo sem necrose. Quando o fluido destes cistos é aspirado, ele pode ser diferenciado de CSF pelo fato de que é geralmente xantocrômico e frequentemente coagula depois de removido do corpo (ao contrário, por exemplo, do fluido de um subdural crônico). Embora possam ocorrer com gliomas malignos, os cistos estão mais comumente associados aos astrocitomas pilocíticos (p. 630).

▶ **Índice MIB-1.** Foi sugerido que um índice MIB-1 $\geq$ 7-9% é indicativo de um tumor anaplásico, enquanto MIB-1 < 5% favorece um tumor de baixo grau. No entanto, a variabilidade entre observadores e instituições impede o uso do índice MIB-1 como um discriminante único entre astrocitomas graus II e III.[37]

36.5 Graduação e achados neurorradiológicos

Os astrocitomas geralmente se originam na substância branca (p. ex., centro semioval) e atravessam os tratos da substância branca (ver abaixo). Ver também achados de espectroscopia por MR (p. 233).

▶ **Graduação por CT e MRI.** A graduação dos gliomas por CT ou MRI é imprecisa,[38] mas pode ser usada como avaliação preliminar (ver o ▶ Quadro 36.6). A graduação neurorradiológica não é aplicável a pacientes pediátricos ou astrocitomas especiais (p. ex., astrocitomas pilocíticos).

Quadro 36.6 Graduação dos gliomas por CT ou MRI

Grau WHO	Achados radiográficos típicos	
II	CT: baixa densidade MRI: sinal anormal em T2WI	sem realce com pouco ou nenhum efeito de massa
III	realce complexo[a]	
IV	necrose (realce anelar)	

[a]No entanto, alguns podem não realçar.

▶ **Gliomas de baixo grau.** Geralmente hipodensos na CT. A maioria é hipointensa em T1WI na MRI e apresenta alterações de alta intensidade em T2WI que se estendem para além do volume do tumor. A maioria não capta contraste na CT ou MRI (embora até 40% realce,[39] e podem ter um pior prognóstico). O sistema de graduação pré-operatório da UCSF para gliomas infiltrativos de baixo grau[40] atribui 1 ponto para a presença de cada um dos 4 parâmetros apresentados no ▶ Quadro 36.7. Os pontos são somados, e o prognóstico é apresentado no ▶ Quadro 36.8 (esta escala precisa ser validada em outras instituições). Outro estudo encontrou mau prognóstico associado a: idade ≥ 40 anos, tumor ≥ 6 cm, tumor atravessando a linha média e a presença de déficit neurológico.[41]

▶ **Gliomas malignos.** Os astrocitomas anaplásicos (AA) podem não realçar[42] (31% dos astrocitomas altamente anaplásicos e 59% dos moderadamente anaplásicos não realçam na CT;[43] MRI não estudado). Ocorrem calcificações e cistos em 10-20% dos AAs.[42] A maioria dos glioblastomas realça, mas alguns raros não.[38,43]

▶ **Glioblastoma (GBM) com realce anelar.** O centro não realçado pode representar necrose ou cisto associado (ver acima). A porção captante de contraste representa tumor celular; no entanto as células tumorais podem se estender ≥ 15 mm além da captação anelar.[44]

▶ **Exame por tomografia com emissão de pósitrons (PET).** Astrocitomas fibrilares de baixo grau aparecem como manchas "frias" hipometabólicas nos exames de PET com fluorodesoxiglicose. Manchas "quentes" hipermetabólicas sugerem astrocitomas de alto grau e ajudam a distinguir glioma de alto grau que não realçam na MRI de astrocitomas de grau mais baixo (II).

▶ **Aparência angiográfica.** AAs usualmente aparecem como uma massa avascular. Um "blush" do tumor e um *"shunt"* AV com veia de drenagem inicial são mais característicos de GBM.

36.6 Disseminação

Os gliomas podem-se disseminar por meio dos seguintes mecanismos[45] (nota: < 10% dos gliomas recorrentes recorrem a partir do sitio original[46]):
1. avançando pela substância branca
   a) corpo caloso (CC)
      - através do joelho ou corpo do CC → envolvimento bilateral do lobo frontal ("glioma em borboleta")
      - através do esplênio do CC → lobos parietal e occipital bilaterais
   b) pedúnculos cerebrais → envolvimento do mesencéfalo
   c) cápsula interna → invasão de tumores dos gânglios basais no centro semioval
   d) fascículo uncinado → tumores simultâneos nos lobos frontal e temporal
   e) adesão intertalâmica → gliomas talâmicos bilaterais

Quadro 36.7 Graduação pré-operatória de gliomas de *baixo grau*[40]

Item	Sim/Não
> 50 anos de idade	Sim = 1, Não = 0
KPS[a] ≤ 80	Sim = 1, Não = 0
localizado em área eloquente do cérebro[b]	Sim = 1, Não = 0
diâmetro máximo > 4 cm	Sim = 1, Não = 0

[a]KPS = escore de desempenho de Karnofsky (p. 1358).
[b]Para este estudo, cérebro eloquente é definido como: córtex sensório ou motor, área de Wernicke ou Broca, gânglios basais/cápsula interna, tálamo ou córtex visual primário.

Quadro 36.8 Soma de pontos do ▶ Quadro 36.7

Soma	5 anos de sobrevida	5 anos de sobrevida livre de progressão
0-1	97%	76%
2	81%	49%
3-4	56%	18%

2. caminhos do CSF (disseminação subaracnoide): frequência de 10-25% de disseminação meníngea e ventricular por gliomas de alto grau[47]
3. raramente, os gliomas podem-se propagar sistematicamente

36.7 Gliomas múltiplos

A discussão de massas gliomatosas múltiplas deve reconhecer o conceito de que o astrocitoma é uma doença multifocal, não uma doença focal. Alguns termos são provavelmente artificiais, por exemplo, já que gliomatose cerebral provavelmente representa um tumor glial infiltrativo difuso com áreas que podem se diferenciar em grau mais elevado, ela é então chamada de glioma multicêntrico.

Contextos em que são encontradas massas gliomatosas múltiplas:
1. glioma convencional que se propagou por meio de um dos mecanismos previamente descritos (ver acima)
2. gliomatose cerebral: um astrocitoma infiltrativo difuso que invade quase toda a área dos hemisférios cerebrais e tronco encefálico. Geralmente de baixo grau,[39] podem ocorrer áreas de anaplasia e glioblastoma[48] e podem-se apresentar como uma massa focal.[49] Ocorre mais frequentemente nas duas primeiras décadas de vida
3. gliomas primários múltiplos: alguns destes termos são usados inconsistentemente de forma intercambiável: "multicêntrico", "multifocal" e "múltiplo". A faixa de ocorrência relatada é de 2-20% de gliomas[50,51] (o extremo inferior da variação ≈ 2-4% é provavelmente mais exato; o extremo superior da variação é provavelmente representado por extensão infiltrativa[52 (p. 3117)]
    a) comumente associados à neurofibromatose e esclerose tuberosa
    b) raramente associados à esclerose múltipla e leucoencefalopatia multifocal progressiva
4. gliomatose meníngea: disseminação de glioma pelo CSF, similar à carcinomatose meníngea (p. 811). Ocorre em até 20% das autópsias em pacientes com gliomas de alto grau. Podem apresentar neuropatias de nervos cranianos, radiculopatias, mielopatia, demência e/ou hidrocefalia comunicante

Em uma série de 25 pacientes com glioma multicêntrico,[53] glioblastoma foi a patologia mais comum (48%), seguido por astrocitoma anaplásico (20%) e glioblastoma com AA simultâneo (20%).

▶ **Considerações sobre o tratamento para gliomas múltiplos.** Há poucos dados disponíveis. Em um estudo não randomizado de 25 pacientes com glioma multifocal,[53] os 16 pacientes que se submeteram a resecção parcial obtiveram melhores resultados do que os 9 que não fizeram. No entanto, houve viés de seleção significativo na escolha dos pacientes indicados para craniotomia.

Geralmente biópsia é necessária/recomendada para confirmar o diagnóstico.

Uma vez que o diagnóstico de massas gliomatosas múltiplas é estabelecido, terapias locais (p. ex., cirurgia, radiação intersticial…) são impraticáveis. Radiação de todo o cérebro e possivelmente quimioterapia são indicadas. Uma exceção seria considerar uma ressecção parcial do tumor para prevenir herniação em um paciente com deterioração por causa do efeito da massa.

36.8 Tratamento

36.8.1 Astrocitomas de baixo grau (grau II segundo a WHO)

Opções de tratamento
1. nenhum tratamento: acompanhar com exames neurológicos seriais e estudos de imagem, com a intervenção sendo reservada para casos que apresentam progressão
2. radiação
3. quimioterapia
4. cirurgia
5. combinações de radiação e quimioterapia, com ou sem cirurgia

Análise
Nenhum estudo bem desenhado demonstrou que *alguma* das abordagens para astrocitomas infiltrativos supratentoriais WHO grau II em adultos seja claramente superior a outra. Alguns tratamentos podem simplesmente expor o paciente ao risco dos efeitos colaterais do tratamento.[54] O argumento sustenta que estes tumores são de crescimento lento e que até que seja documentada progressão no exame de imagem ou degeneração maligna,[55] não existe benefício em tratar o paciente. Embora esta visão este-

ja sendo desafiada, um estudo definitivo ainda precisa ser realizado. As características a seguir estão associadas a tumores mais agressivos e devem desencadear a consideração por alguma forma de tratamento:

1. pacientes extremamente jovens ou pacientes com > 50 anos; o aumento da idade no diagnóstico está associada à desdiferenciação mais rápida (p. 615)
2. tumores grandes que realçam ao contraste (o tamanho do tumor é um dos fatores prognósticos mais importantes[56])
3. pacientes sintomáticos, especialmente aqueles com história clínica curta
4. evidência de progressão nos estudos de imagem
5. histologia astrocítica ou de glioma misto astrocítico dominante
6. biópsia somente sem ressecção

Cirurgia para gliomas de baixo grau

Quatro objetivos na realização de cirurgia para gliomas de baixo grau:[57]
1. Obter confirmação histológica/análise genética molecular
2. Melhorar a condição neurológica
3. Reduzir o risco de crescimento do tumor
4. Prevenir transformação maligna

Cirurgia é o tratamento principal para glioma de baixo grau na maioria das circunstâncias. Embora não haja ensaio controlado randomizado (RCT) comparando ressecção do tumor à biópsia isolada em glioma de baixo grau, a opinião corrente defende a ressecção precoce. Um estudo norueguês recente apresentou uma sobrevida global significativamente mais baixa em um centro que optava por uma abordagem de observação clínica apenas. A excisão mais agressiva está associada a melhores resultados[58,59,60] e período mais longo para transformação maligna em tipos anaplásicos.[59] Mesmo em glioma de baixo grau recorrente, a ressecção cirúrgica está associada a um benefício na sobrevida.

Mapeamento Intraoperatório e Craniotomia com paciente acordado
A ressecção completa frequentemente não é possível por causa da natureza infiltrativa dos gliomas de baixo grau e da sua localização frequente perto ou em áreas eloquentes. A ressecção pode ser maximizada com segurança por meio do mapeamento intraoperatório e cirurgias com paciente acordado.[61] Uma metanálise de 8.091 pacientes mostrou que o uso de mapeamento cerebral com estimulação intraoperatória atingia remoção macroscópica total com menos déficits neurológicos graves tardios, e é recomendada como um padrão para cirurgia de glioma, especialmente se estiverem envolvidas áreas eloquentes.[62] Gliomas multicêntricos anteriormente considerados não ressecáveis também podem ser ressecados com o auxílio do mapeamento intraoperatório com o paciente acordado.[63] Apesar destes avanços, o papel da cirurgia permanece limitado para gliomatose cerebral ou lesões muito profundas.

Cirurgia é o tratamento principal nas seguintes situações de astrocitomas de baixo grau:
1. biópsia cirúrgica ou ressecção parcial é recomendado *em quase todos os casos* para estabelecer o diagnóstico, uma vez que os dados clínicos e de imagem não são definitivos[14]
2. astrocitomas pilocíticos
   a) tumores cerebelares ocorrendo em crianças e adultos jovens (p. 630)
   b) astrocitomas pilocíticos supratentoriais
3. quando há ameaça de herniação de tumores grandes ou cistos tumorais
4. tumores que causam obstrução do fluxo do CSF
5. pode ajudar no controle das crises epilépticas nos pacientes com crises refratárias
6. numa tentativa de retardar terapia adjuvante e seus efeitos colaterais em crianças (especialmente XRT naquelas com < 5 anos de idade)[14]
7. para prevenção de transformação maligna

O papel da cirurgia é limitado nas seguintes situações de astrocitomas de baixo grau:
1. tumores disseminados (pouco circunscritos)
2. tumores multifocais
3. localização em área eloquente do cérebro

Terapia adjuvante para gliomas de baixo grau

▶ **Radioterapia (XRT).** Radioterapia precoce (54Gy em frações de 1,8 Gy) é recomendada como terapia adjuvante e demonstra prolongar a sobrevida média livre de progressão de 3,4 para 5,3 anos, mas não afeta a sobrevida global.[64] Em pacientes com o tumor ressecado radicalmente, RT precoce não prolongou a PFS e é recomendado que seja adiada até a progressão. Após ressecção incompleta, RT precoce prolonga significativamente a PFS e a sobrevida específica pela doença.[65] Dois ensaios prospectivos não encontraram diferença em OS ou PFS entre doses diferentes de XRT (ensaio EORTC:[56] 45 Gy em 5 semanas *versus* 59,4 Gy em

6,6 semanas; Estudo intergrupo[66] 50,4 *versus* 64,8 Gy). Os efeitos colaterais da WBXRT incluem: leucoencefalopatia e comprometimento cognitivo; ver Lesão e necrose por radiação (p. 1560). A frequência de efeitos colaterais pode[66] ou não[67] ser mais alta em doses mais elevadas de XRT.

▶ **Quimioterapia.** Geralmente reservada para progressão tumoral. Temozolomida (Temodal®) pode ser efetivo em astrocitomas progressivos grau II segundo a WHO (uso sem indicação específica).[68] A eficácia da PCV (procarbazina, CCNU e vincristina) foi avaliada por RTOG 9802. Não apresentou diferença significativa nas taxas de OS em 5 anos (RT + PCV *versus* RT: 72% *versus* 63%). Mas na análise post hoc da sobrevida para pacientes sobrevivendo até 2 anos, o grupo RT + PCV teve OS mais elevada em 5 anos do que RT isoladamente.[69]

36.8.2 Astrocitomas malignos (WHO graus III e IV)

Cirurgia para gliomas de alto grau recentemente diagnosticados

O objetivo da cirurgia em gliomas de alto grau é a citorredução, aliviar o efeito da massa e obter tecido adequado para estudos histológico e molecular. Cirurgia citorredutora acompanhada de radioterapia e temozolomida concomitante se tornou o tratamento padrão ao qual outros tratamentos são comparados.[70]

▶ **Extensão da ressecção.** A extensão da remoção do tumor e (numa relação inversa) o volume do tumor residual nos estudos de imagem pós-operatórios[71] tem um efeito significativo no tempo para progressão tumoral e sobrevida média.[72] Foi demonstrado que excisão para 97 por cento ou mais estava associada a aumento no tempo de sobrevida.[73] Sempre que possível, a ressecção macroscópica total do tumor com preservação de estruturas eloquentes e críticas deve ser o objetivo. Avanços recentes na localização de tumores, o monitoramento e mapeamento intraoperatório possibilitaram uma ressecção mais efetiva e segura.

▶ **Ressecção guiada por ácido 5-aminolevulínico (5-ALA).** Além das técnicas de localização estereotática usando imagem pré-operatória e do mapeamento cerebral intraoperatório, podem ser usadas técnicas para melhorar a identificação visual do tumor no intraoperatório com o uso do ácido 5-aminolevulínico (5-ALA). O 5-ALA é metabolizado em porfirinas fluorescentes, que se acumulam nas células de gliomas malignos. Esta propriedade permite o uso de iluminação ultravioleta durante a cirurgia como um adjunto para mapear o tumor. Isto foi comprovado com RCT, onde o uso de 5-ALA levou a mais ressecções completas (65% *versus* 36%, p < 0,0001), o que se traduziu numa sobrevida livre de progressão mais alta em 6 meses (41% *versus* 21,1%, p = 0,0003), mas nenhum efeito na OS.[74]

A ressecção parcial de um GBM implica um risco significativo de hemorragia pós-operatória e/ou edema (síndrome do glioma ferido) com risco de herniação. Além do mais, o benefício da ressecção subtotal é questionável. Evidências retrospectivas sugeriram benefícios de sobrevida na ressecção macroscópica total, mas não com ressecção incompleta.[75] Assim sendo, só deve ser considerada excisão cirúrgica quando o objetivo da remoção macroscópica total for viável.

Em consequência do acima exposto, os seguintes geralmente não são candidatos para ressecção cirúrgica

1. GBM extenso no lobo dominante
2. lesões com envolvimento bilateral significativo (p. ex., gliomas grandes em asa de borboleta)
3. pacientes idosos
4. escore de Karnofsky < 70 (em geral, com tumores infiltrativos, a condição neurológica com esteroides é tão boa quanto possível e cirurgia raramente melhora isto)
5. gliomas multicêntricos

▶ **Biópsia estereotática.** Em razão do potencial erro de representatividade na amostra, a biópsia estereotática pode subestimar a ocorrência de GBM em aproximadamente 25%.

Indicações para *biópsia estereotática* (em vez de ressecção inicial) em suspeita de astrocitomas malignos:[76]

1. tumores localizados em áreas do cérebro eloquentes ou inacessíveis
2. pacientes em más condições médicas que impedem anestesia geral
3. para determinar um diagnóstico quando não houver um definitivamente estabelecido (incluindo quando é considerada uma operação mais definitiva). Alguns linfomas do CNS simulam GBM radiograficamente (e sem imuno-histoquímica, alguns também podem ser confundidos na patologia) e uma biópsia deve ser seriamente considerada (para evitar operar um linfoma que pode ser mais bem tratado com XRT e quimioterapia intratecal)

Técnica: a precisão da biópsia é mais alta quando são escolhidos os alvos dentro do centro de baixa densidade (necrótico) e na borda realçada.[44]

Pacientes com tumores do lado esquerdo e disfasia apresentam risco significativo de piora da função da linguagem após biópsia estereotática (o risco de deterioração é baixo, se não houver disfasia antes da biópsia).[77]

Terapia adjuvante após cirurgia redutora para GBM recentemente diagnosticado (regime de Stupp)

Temozolomida é um agente alquilante oral que é dado como um pró-fármaco que passa por uma conversão não enzimática rápida no pH fisiológico para o metabólito ativo monometila-triazeno-imidazol-carboxamida (MTIC). O efeito citotóxico de MTIC está associado à alquilação (metilação) do DNA em vários sítios, incluindo as posições O^6 e N^7 na guanina.

Cirurgia citorredutora seguida do regime de Stupp se tornou o padrão para GBM recentemente diagnosticado.[70] O regime de Stupp inclui quimiorradioterapia concomitante e quimioterapia adjuvante. A quimiorradioterapia é iniciada dentro de até seis semanas depois do diagnóstico histológico de GBM. A radioterapia no regime de Stupp consiste em radiação focal fracionada a uma dose de 2 Gy por fração, uma vez ao dia, cinco dias por semana, por um período de seis semanas, para uma dose total de 60 Gy, com uma margem de volume clínico do alvo de 2-3 cm. Isto é comparado ao regime de XRT usual para gliomas malignos de 50-60 Gy (geralmente 50 Gy para uma margem 2-3 cm maior do que o volume realçado no MRI com um aumento do volume realçado para chegar ao total de 60 Gy[42]). A quimioterapia concomitante consiste em temozolomida 75 mg/m²/dia, 7 dias por semana até o fim da radioterapia. Quatro semanas depois, começam seis ciclos de quimioterapia adjuvante. Cada ciclo consiste em 5 dias de temozolomida repetidos a cada 28 dias. A dose é de 150 mg/m²/dia para o primeiro ciclo e aumentada gradualmente até 200 mg/m²/dia. A sobrevida foi de 14,6 meses com o regime de Stupp comparado a 12,1 meses com radioterapia isolada, com benefício médio de sobrevida de 2,1 meses. A taxa de sobrevida em 5 anos foi de 9,8% para o regime de Stupp em contraste com 1,9%.[78] Independentemente da extensão da ressecção e do *status* de MGMT, os pacientes que receberam o regime de Stupp tiveram sobrevida média mais longa. Pacientes com metilação na região promotora de MGMT tiveram tempo médio de sobrevida de 23,4 meses comparados a 12,6 meses no grupo não metilado. No grupo MGMT não metilado, o regime de Stupp somente melhorou a sobrevida média de 11,8 meses para 12,6 meses. Alguns grupos estendem a quimioterapia adjuvante até depois do regime padrão de seis meses até que seja observada progressão do tumor. Em um dos estudos, isto estendeu o tempo médio de sobrevida de 16,5 meses para 24,6 meses.[79]

Efeitos colaterais: Temozolomida pode causar mielossupressão. Não deve ser dado, a menos que a contagem de neutrófilos seja $\geq 1,5 \times 10^9$/L e a contagem de plaquetas $\geq 100 \times 10^9$/L. Para todos os pacientes com GBM recentemente diagnosticado e eleitos para o uso de temozolomida e radioterapia concomitantes, é necessária a profilaxia contra pneumonia *Penumocystis carini* durante o regime de 42 dias.

▶ **Outros protocolos de tratamento para GBM.** Pastilhas de carmustina Gliadel® (BCNU) 7,7 mg em um polímero hidrofóbico 20 carreador de prolifeprosan de 220 mg (pastilhas) que pode ser aplicado na cavidade da ressecção após a excisão do tumor. As pastilhas são degradadas por hidrólise, e a droga é liberada por 2-3 semanas. Isto expõe o tumor a 113 vezes a concentração de BCNU comparada à administração IV. Após a remoção do tumor, até 8 das pastilhas de 1,4 cm × 1mm (do tamanho de uma moeda de dez centavos americanos) são aplicadas no leito tumoral da ressecção no momento da cirurgia.

Aumenta a sobrevida média para 13,8 meses comparada a 11,6 meses nos grupos placebo para GBM recentemente diagnosticado.[80] Não apresentou benefício na sobrevida para doença recorrente.[81] Efeitos colaterais: convulsões, edema cerebral, anormalidades na cicatrização, infecção intracraniana.

Alguns outros regimes que não apresentaram sucesso para GBM:

- AVAglio: um ensaio de fase III com a adição de bevacizumab ao regime de Stupp para GBM recentemente diagnosticado[82] e RTOG 0825 (outro ensaio de *design* similar) apresentou melhora na PFS, mas nenhuma melhora significativa na OS.[83]
- CENTRIC: um ensaio de fase III estudou outro antiangiogênico (cilengitida, um inibidor da integrina) para a terapia padrão com temozolomida e radiação. Não houve melhora na PFS ou OS.[17,84]
- RTOG 93-05: radiocirurgia estereotática seguida de quimiorradiação convencional não melhoraram a sobrevida média de pacientes com GBM comparados àqueles sem radioterapia estereotática.[85]
- Braquiterapia não apresentou benefício significativo como um adjunto de EBRT no tratamento inicial de astrocitomas malignos.[86]
- XRT de todo o cérebro não demonstrou aumentar a sobrevida comparada a XRT local, e o risco de efeitos colaterais é maior.[87]
- Terapia combinada de procarbazina, lomustina e vincristina (PCV) foi usada antes do benefício comprovado do regime de Stupp, mas o ensaio randomizado não mostrou qualquer benefício.[88]
- RTOG 0525: um ensaio de fase 3 de temozolomida de dose densa com 100mg/m² do dia 1-21 de um ciclo de 28 dias não apresentou benefício significativo em relação à dosagem-padrão para OS média ou PFS média.[89]

Protocolos para tratamento de astrocitoma anaplásico (WHO Grau III)

Para astrocitoma anaplásico recentemente diagnosticado, cirurgia seguida de radioterapia foi o tratamento padrão com OS média de 5,7 anos. Em uma revisão retrospectiva, radioterapia seguida de quimioterapia, quimiorradiação concomitante usando temozolomida não atingiu melhor OS ou PFS média comparada à radioterapia isolada.[90] Por outro lado, temozolomida foi aprovada pela FDA, em 1999, para astrocitoma anaplásico refratário à nitrosureia e procarbazina. A duração média de toda a resposta foi de 50 semanas, a PFS média foi de 4,4 meses, e a OS média foi de 15,9 meses.[91,92]

36.8.3 Pseudoprogressão

Desde que a temozolomida se tornou o novo padrão no tratamento de GBM, tem havido uma preocupação crescente com as áreas de realce com contraste progressivo que simulam progressão de tumor, tipicamente vistas $\leq$ 3 meses após o tratamento. Este fenômeno de pseudoprogressão ocorre em até 28-60% dos pacientes após o tratamento com XRT + temozolomida. Histologicamente, isto se parece com necrose de radiação e acredita-se que esteja associado à morte tumoral pela radiação. O aumento na morte tumoral com quimioterapia resulta em mais pseudoprogressão, 91% em pacientes com metilação do promotor do gene MGMT *versus* 41% no grupo não metilado.[93]

Manejo: os achados na MRI geralmente melhoram sem tratamento,[94] e esteroides podem ajudar a controlar os sintomas.

Diagnóstico: não há um teste diagnóstico definitivo. Foi tentada perfusão por MRI para distinguir pseudoprogressão de progressão verdadeira, mas não é confiável. DWI com coeficiente de difusão (ADC) aparente mais alto, espectroscopia da MRI e PET também não alcançaram alta sensibilidade e especificidade. O monitoramento com MRIs seriadas e exames clínicos parecem ser uma estratégia efetiva.

36.8.4 Tratamento para GBM recorrente

Menos de 10% dos gliomas recorrentes recorrem fora do sítio tumoral original.[46]

1. cirurgia: a reoperação estende a sobrevida em 36 semanas adicionais em pacientes com GBM e 88 semanas em AA[95,96] (a duração da sobrevida de alta qualidade foi de 10 semanas e 83 semanas, respectivamente, e foi mais baixa com escore de Karnofsky < 70 pré-operatório). Além do escore de Karnofsky, os fatores de prognóstico significativos de resposta para repetir a cirurgia incluem: idade e tempo entre a primeira operação e a reoperação (tempos mais curtos → pior prognóstico).[97] A morbidade é mais elevada com reoperação (5-18%); a taxa de infecção é ≈ 3 × a da primeira operação e deiscência da ferida é mais provável
2. quimioterapia
   a) temozolomida:
      - em uma revisão Cochrane de 2013,[98] quimioterapia com temozolamida não foi associada à extensão da PFS nem OS

Quadro 36.9 Sumário do tratamento sistêmico para recidiva de GBM

Desfecho	Bevacizumab[100]	Bevacizumab + irinotecan[100]	Temozolomida[99]	PCV[103]
PFS 6 meses, %	43	50	7-36	38
PFS média, meses	4,2	5,6	1,8-3,7	N/A
ORR, %	28	38	3-11	3,5
DoR média, meses	5,6	4,3	N/A	N/A
OS média, meses	9,3	8,9	N/A	N/A
OS em 12 meses, %	38	38	14,8-28,6	N/A
reduzir dose de corticosteroide [a]	46,5%	30,2%	N/A	N/A
função neurocognitiva melhorada ou estabilizada	59-97%[104]	N/A	N/A	N/A

[a] ≥ 50% redução da dose de corticosteroide, em relação à linha básica.

Quadro 36.10 Sobrevida média para astrocitomas

Grau	Sobrevivência média
I	8-10 anos
II	7-8 anos
III	≈ 2-3 anos
IV	< 1 ano

Quadro 36.11 Resultados na Sobrevida com Metilação do Promotor de MGMT

MGMT	Não metilado	Metilado
OS média (meses)	12,2	18,2
Sobrevida em 2 anos	7,8%	34,1%

- o estudo RESCUE que examinou temozolomida em dose intensa contínua de 50 mg/m²/dia mostrou que um ano de sobrevida variava de 14,8-28,6%, dependendo do momento da progressão e do início do tratamento com dose intensa[99]
b) bevacizumab (Avastin®) – um anticorpo monoclonal contra o VEGF. A FDA aprovou em maio de 2009 para GBM progressivo após tratamento prévio baseado em dois ensaios: o estudo BRAIN, AVF3708g[100] e NCI 06-C-0064E.[101] Ministrado como 10 mg/kg a cada 2 semanas até a progressão da doença. A taxa de PFS reportada em 6 meses foi de 36,0%. As durações médias da resposta foram de 3,9 meses e 4,2 meses nos dois ensaios. A OS média foi de 9,3 meses.[102] Efeitos colaterais: perfurações gastrointestinais, complicações na cicatrização da ferida, hemorragia, formação de fístulas, eventos arteriais tromboembolíticos, hipertensão

Resumo: para GBM recorrente, cirurgia ainda é a base do tratamento; em geral, é recomendada cirurgia somente para pacientes com KPS ≥ 70.

36.9 Resultados

Sobrevida com astrocitomas de vários graus
Em geral, com o "tratamento ideal" a sobrevida dos vários graus de astrocitoma são apresentadas aproximadamente no ▶ Quadro 36.10 (mais detalhes podem ser encontrados em outras seções – ver também o ▶ Quadro 36.13 e abaixo referente à análise de particionamento recursivo (RPA) para GBM).
Astrocitomas de baixo grau (WHO grau II)
Para gliomas infiltrativos de baixo grau, ver o prognóstico baseado na graduação pré-operatória (▶ Quadro 36.7).
Astrocitomas malignos (WHO graus III e IV)
Indicadores prognósticos:
1. idade do paciente: demonstrou de forma consistente ser o fator prognóstico mais significativo, com pacientes mais jovens tendo mais sucesso
2. características histológicas
3. *status* do desempenho, por exemplo, escore de Karnofsky (KPS) na apresentação (p. 1358)
4. alterações no estado mental e sintomas < 3 meses representam um prognóstico pior
5. status da Metilação do MGMT

Resultados na sobrevida com metilação do promotor de MGMT (▶ Quadro 36.11)[24]
Análise de 206 pacientes para metilação de MGMT: sobrevida global média para pacientes positivos para metilação de MGMT tratados com temozolomida e RT foi de 21,7 meses, RT somente 15,3 meses; sem diferença na sobrevida entre tratamentos em pacientes com MGMT não metilado.
Regime de Stupp *versus* radioterapia somente, resultados na sobrevida[70,78]
Ensaio EORTC – NCIC, 573 pacientes, 5 anos de acompanhamento (▶ Quadro 36.12)
Análise de particionamento recursivo (RPA) com glioblastoma (▶ Quadro 36.13):[105] classificação da RPA desenvolvida para comparar as categorias de sobrevida e determinar os subgrupos de pacientes homogêneos. Útil para refinar a estratificação e *design* de estudo de fase III. Consegue determinar quais subgrupos de pacientes irão se beneficiar com tratamentos específicos (e quais podem ser poupados de tratamento desnecessário).

Quadro 36.12 Regime de Stupp *versus* radioterapia isolada, resultados da sobrevida

Sobrevida	RT	RT + TMZ
Média	12,1 meses	14,6 meses
2 anos	10,9%	27,2%
3 anos	4,4%	16,0%
4 anos	3,0%	12,1%
5 anos	1,9%	9,8%

Quadro 36.13 Análise de particionamento recursivo (RPA) com glioblastoma

Classe de RPA	Sobrevida média		Sobrevida em 2 anos	
	Meses	95% CI	%	95% CI
III	17	15-21	32	21-42
IV	15	13-16	19	15-24
V	10	9-12	11	7-16

Calculador Europeu de Nomograma de GBM:[106] http://www.eortc.be/tools/gbmcalculator. Dados de ensaios randomizados por EORTC e NCIC analisados para a predição da sobrevida de pacientes com GBM.

Referências

[1] Ostrom QT, Gittleman H, Farah P, Ondracek A, Chen Y, Wolinsky Y, Stroup NE, Kruchko C, Barnholtz- Sloan JS. CBTRUS statistical report: Primary brain and central nervous system tumors diagnosed in the United States in 2006-2010. Neuro Oncol. 2013; 15 Suppl 2:ii1–ii56

[2] Inskip PD, Hoover RN, Devesa SS. Brain cancer incidence trends in relation to cellular telephone use in the United States. Neuro Oncol. 2010; 12:1147–1151

[3] Linet MS, Inskip PD. Cellular (mobile) telephone use and cancer risk. Rev Environ Health. 2010; 25:51–55

[4] Little MP, Rajaraman P, Curtis RE, Devesa SS, Inskip PD, Check DP, Linet MS. Mobile phone use and glioma risk: comparison of epidemiological study results with incidence trends in the United States. BMJ. 2012; 344

[5] World Health Organization. Electromagnetic fields and public health: mobile phones. 2011

[6] Berger MS, Leibel SA, Brunner JM, Finlay JL, Levin VA. In: Primary Cerebral Tumours. Cancer of the Nervous System. 2nd ed. Oxford: Oxford University Press; 2002:84–99

[7] Ringertz N. Grading of gliomas. Acta Pathol Microbiol Scand. 1950; 27:51–64

[8] Russell DS, Rubenstein LJ. Pathology of Tumours of the Nervous System. 5th ed. Baltimore: Williams and Wilkins; 1989:83–161

[9] Kernohan JW, Mabon RF, Svien HJ, et al. A Simplified Classification of the Gliomas. Proc Staff Meet Mayo Clin. 1949; 24:71–75

[10] Kleihues P, Louis DN, Wiestler OD, Burger PC, Scheithauer BW, Louis DN, Ohgaki H, Wiestler OD, Cavenee WK, Bosman FT, Jaffe ES, Lakhani SR, Ohgaki H. In: WHO grading of tumors of the central nervous system. WHO classification of tumors of the central nervous system. 4th ed. Lyon: International Agency for Research on Cancer; 2007:10–11

[11] Daumas-Duport C, Scheithauer B, O'Fallon J, Kelly P, et al. Grading of Astrocytomas: A Simple and Reproducible Method. Cancer. 1988; 62:2152–2165

[12] Kim TS, Halliday AL, Hedley-Whyte T, Convery K. Correlates of Survival and the Daumas-Duport Grading System for Astrocytomas. J Neurosurg. 1991; 74:27–37

[13] Louis DN, Perry A, Burger P, Ellison DW, Reifenberger G, von Deimling A, Aldape K, Brat D, Collins VP, Eberhart C, Figarella-Branger D, Fuller GN, Giangaspero F, Giannini C, Hawkins C, Kleihues P, Korshunov A, Kros JM, Beatriz Lopes M, Ng HK, Ohgaki H, Paulus W, Pietsch T, Rosenblum M, Rushing E, Soylemezoglu F, Wiestler O, Wesseling P. International Society Of Neuropathology–Haarlem consensus guidelines for nervous system tumor classification and grading. Brain Pathol. 2014; 24:429–435

[14] Berger MS, Apuzzo MLJ. In: Role of Surgery in Diagnosis and Management. Benign Cerebral Glioma. Park Ridge, Illinois: American Association of Neurological Surgeons; 1995:293–307

[15] Laws ER, Taylor WF, Clifton MB, et al. Neurosurgical Management of Low-Grade Astrocytoma of the Cerebral Hemispheres. J Neurosurg. 1984; 61:665–673

[16] Shafqat S, Hedley-Whyte ET, Henson JW. Age-Dependent Rate of Anaplastic Transformation in Low-Grade Astrocytoma. Neurology. 1999; 52:867–869

[17] Nutt CL, Stemmer-Rachamimov AO, Cairncross JG, Louis DN, Ali-Osman F. In: Molecular Pathology of Nervous System Tumors. Brain Tumors. Humana Press; 2005:33–54

[18] James CD, Ali-Osman F. In: Molecular Genetics of Tumors of the Central Nervous System. Brain Tumors. Humana Press; 2005:19–32.

[19] Kopelson G, Linggood R. Infratentorial Glioblastoma: The Role of Neuraxis Irradiation. Int J Radiation Oncology Biol Phys. 1982; 8:999–1003

[20] Louis DN, Ohgaki H, Wiestler OD, Cavenee WK, Bosman FT, Jaffe ES, Lakhani SR, Ohgaki H. WHO classification of tumors of the central nervous system. Lyon 2007

[21] Maher EA, Brennan C, Wen PY, Durso L, Ligon KL, Richardson A, Khatry D, Feng B, Sinha R, Louis DN, Quackenbush J, Black PM, Chin L, DePinho RA. Marked genomic differences characterize primary and secondary glioblastoma subtypes and identify two distinct molecular and clinical secondary glioblastoma entities. Cancer Res. 2006; 66:11502–11513

[22] Liang Y, Diehn M, Watson N, Bollen AW, Aldape KD, Nicholas MK, Lamborn KR, Berger MS, Botstein D, Brown PO, Israel MA. Gene expression profiling reveals molecularly and clinically distinct subtypes of glioblastoma multiforme. Proc Natl Acad Sci U S A. 2005; 102:5814–5819

[23] Furnari FB, Fenton T, Bachoo RM, Mukasa A, Stommel JM, Stegh A, Hahn WC, Ligon KL, Louis DN, Brennan C, Chin L, DePinho RA, Cavenee WK. Malignant astrocytic glioma: genetics, biology, and paths to treatment. Genes Dev. 2007; 21:2683–2710

[24] Hegi ME, Diserens AC, Gorlia T, Hamou MF, de Tribolet N, Weller M, Kros JM, Hainfellner JA, Mason W, Mariani L, Bromberg JE, Hau P, Mirimanoff RO, Cairncross JG, Janzer RC, Stupp R. MGMT gene silencing and benefit from temozolomide in glioblastoma. N Engl J Med. 2005; 352:997–1003

[25] Margison GP, Kleihues P. Chemical carcinogenesis in the nervous system. Preferential accumulation of O6-methylguanine in rat brain deoxyribonucleic acid during repetitive administration of N-methyl-N-nitrosourea. Biochem J. 1975; 148:521–525

[26] Goth R, Rajewsky MF. Persistence of O6-ethylguanine in rat-brain DNA: correlation with nervous system-specific carcinogenesis by ethylnitrosourea. Proc Natl Acad Sci U S A. 1974; 71:639–643

[27] Qian XC, Brent TP. Methylation hot spots in the 5' flanking region denote silencing of the O6-methylguanine- DNA methyltransferase gene. Cancer Res. 1997; 57:3672–3677

[28] Esteller M, Hamilton SR, Burger PC, Baylin SB, Herman JG. Inactivation of the DNA repair gene O6-methylguanine-DNA methyltransferase by promoter hypermethylation is a common event in primary human neoplasia. Cancer Res. 1999; 59:793–797

[29] Yan H, Parsons DW, Jin G, McLendon R, Rasheed BA, Yuan W, Kos I, Batinic-Haberle I, Jones S, Riggins GJ, Friedman H, Friedman A, Reardon D, Herndon J, Kinzler KW, Velculescu VE, Vogelstein B, Bigner DD. IDH1 and IDH2 mutations in gliomas. N Engl J Med. 2009; 360:765–773

[30] Parsons DW, Jones S, Zhang X, Lin JC, Leary RJ, Angenendt P, Mankoo P, Carter H, Siu IM, Gallia GL, Olivi A, McLendon R, Rasheed BA, Keir S, Nikolskaya T, Nikolsky Y, Busam DA, Tekleab H, Diaz LA, Jr, Hartigan J, Smith DR, Strausberg RL, Marie SK, Shinjo SM, Yan H, Riggins GJ, Bigner DD, Karchin R, Papadopoulos N, Parmigiani G, Vogelstein B, Velculescu VE, Kinzler KW. An integrated genomic analysis of human glioblastoma multiforme. Science. 2008; 321:1807–1812

[31] Yen KE, Bittinger MA, Su SM, Fantin VR. Cancerassociated IDH mutations: biomarker and therapeutic opportunities. Oncogene. 2010; 29:6409–6417

[32] Ohgaki H, Kleihues P. The definition of primary and secondary glioblastoma. Clin Cancer Res. 2013; 19:764–772

[33] Bello MJ, Alonso ME, Aminoso C, Anselmo NP, Arjona D, Gonzalez-Gomez P, Lopez-Marin I, de Campos JM, Gutierrez M, Isla A, Kusak ME, Lassaletta L, Sarasa JL, Vaquero J, Casartelli C, Rey JA. Hypermethylation of the DNA repair gene MGMT: association with TP53 G:C to A:T transitions in a series of 469 nervous system tumors. Mutat Res. 2004; 554:23–32

[34] Nakamura M,Watanabe T, Yonekawa Y, Kleihues P, Ohgaki H. Promoter methylation of the DNA repair gene MGMT in astrocytomas is frequently associated with G:C -> A:T mutations of the TP53 tumor suppressor gene. Carcinogenesis. 2001; 22:1715–1719

[35] Cancer Genome Research Network. Comprehensive genomic characterization defines human glioblastoma genes and core pathways. Nature. 2008; 455:1061–1068

[36] Verhaak RG, Hoadley KA, Purdom E, Wang V, Qi Y, Wilkerson MD, Miller CR, Ding L, Golub T, Mesirov JP, Alexe G, Lawrence M, O'Kelly M, Tamayo P,Weir BA, Gabriel S, Winckler W, Gupta S, Jakkula L, Feiler HS, Hodgson JG, James CD, Sarkaria JN, Brennan C, Kahn A, Spellman PT, Wilson RK, Speed TP, Gray JW, Meyerson M, Getz G, Perou CM, Hayes DN, Cancer Genome Atlas Research Network. Integrated genomic analysis identifies clinically relevant subtypes of glioblastoma characterized by abnormalities in PDGFRA, IDH1, EGFR, and NF1. Cancer Cell. 2010; 17:98–110

[37] Kleihues P, Louis DN, Scheithauer BW, Rorke LB, Reifenberger G, Burger PC, Cavenee WK. The WHO classification of tumors of the nervous system. J Neuropathol Exp Neurol. 2002; 61:215–25; discussion 226-9

[38] Kondziolka D, Lunsford LD, Martinez AJ. Unreliability of Contemporary Neurodiagnostic Imaging in Evaluating Suspected Adult Supratentorial (Low-Grade) Astrocytoma. J Neurosurg. 1993; 79:533–536

[39] Zee CS, Conti P, Destian S, et al. Apuzzo MLJ. In: Imaging Features of Benign Gliomas. Benign Cerebral Glioma. Park Ridge, Illinois: American Association of Neurological Surgeons; 1995:247–274

[40] Chang EF, Smith JS, Chang SM, Lamborn KR, Prados MD, Butowski N, Barbaro NM, Parsa AT, Berger MS, McDermott MM. Preoperative prognostic classification system for hemispheric low-grade gliomas in adults. J Neurosurg. 2008; 109:817–824

[41] Pignatti F, van den Bent M, Curran D, Debruyne C, Sylvester R, Therasse P, Afra D, Cornu P, Bolla M, Vecht C, Karim AB. Prognostic factors for survival in adult patients with cerebral low-grade glioma. J Clin Oncol. 2002; 20:2076–2084

[42] Narayan P, Olson JJ. Management of anaplastic astrocytoma. Contemp Neurosurg. 2001; 23:1–6

[43] Chamberlain MC, Murovic J, Levin VA. Absence of Contrast Enhancementon CT Brain Scans of Patients with Supratentorial Malignant Gliomas. Neurology. 1988; 38:1371–1373

[44] Greene GM, Hitchon PW, Schelper RL, et al. Diagnostic Yield in CT-Guided Stereotactic Biopsy of Gliomas. J Neurosurg. 1989; 71:494–497

[45] Scherer HJ. The Forms of Growth in Gliomas and their Practical Significance. Brain. 1940; 63:1–35

[46] Choucair AK, Levin VA, Gutin PH, et al. Development of Multiple Lesions During Radiation Therapy and Chemotherapy. J Neurosurg. 1986; 65:654–658

[47] Erlich SS, Davis RL. Spinal Subarachnoid Metastasis from Primary Intracranial Glioblastoma Multiforme. Cancer. 1978; 42:2854–2864

[48] Artigas J, Cervos-Navarro J, Iglesias JR, et al. Gliomatosis Cerebri: Clinical and Histological Findings. Clin Neuropathol. 1985; 4:135–148

[49] Wilson NW, Symon L, Lantos PL. Gliomatosis Cerebri: Report of a Case Presenting as a Focal Cerebral Mass. J Neurol. 1987; 234:445–447

[50] Barnard RO, Geddes JF. The Incidence of Multifocal Cerebral Gliomas: A Histological Study of Large Hemisphere Sections. Cancer. 1987; 60:1519–1531

[51] van Tassel P, Lee Y-Y, Bruner JM. Synchronous and Metachronous Malignant Gliomas: CT Findings. AJNR. 1988; 9:725–732

[52] Harsh GR, Wilson CB, Youmans JR. In: Nuroepithelial Tumors of the Adult Brain. Neurological Surgery. 3rd ed. Philadelphia: W. B. Saunders; 1990:3040–3136

[53] Salvati M, Caroli E, Orlando ER, Frati A, et al. Multicentric glioma: our experience in 25 patients and critical review of the literature. Neurosurg Rev. 2003; 26:275–279

[54] Cairncross JG, Laperriere NJ. Low-Grade Glioma: To Treat or Not to Treat? Arch Neurol. 1989; 46:1238–1239

[55] Shaw EG. Low-Grade Gliomas: To Treat or Not to Treat? A Radiation Oncologist's Viewpoint. Arch Neurol. 1990; 47:1138–1139

[56] Karim ABMF, Maat B, Hatlevoll R, et al. A randomized trial on dose-response in radiation therapy of

[57] van den Bent MJ, Snijders TJ, Bromberg JE. Current treatment of low grade gliomas. Memo. 2012; 5:223–227

[58] McGirt MJ, Goldstein IM, Chaichana KL, Tobias ME, Kothbauer KF, Jallo GI. Extent of surgical resection of malignant astrocytomas of the spinal cord: outcome analysis of 35 patients. Neurosurgery. 2008; 63:55–60; discussion 60-1

[59] Capelle L, Fontaine D, Mandonnet E, Taillandier L, Golmard JL, Bauchet L, Pallud J, Peruzzi P, Baron MH, Kujas M, Guyotat J, Guillevin R, Frenay M, Taillibert S, Colin P, Rigau V, Vandenbos F, Pinelli C, Duffau H. Spontaneous and therapeutic prognostic factors in adult hemispheric World Health Organization Grade II gliomas: a series of 1097 cases: clinical article. J Neurosurg. 2013; 118:1157–1168

[60] Shaw EG, Berkey B, Coons SW, Bullard D, Brachman D, Buckner JC, Stelzer KJ, Barger GR, Brown PD, Gilbert MR, Mehta M. Recurrence following neurosurgeon-determined gross-total resection of adult supratentorial low-grade glioma: results of a prospective clinical trial. J Neurosurg. 2008; 109:835–841

[61] De Benedictis A, Moritz-Gasser S, Duffau H. Awake mapping optimizes the extent of resection for low-grade gliomas in eloquent areas. Neurosurgery. 2010; 66:1074–84; discussion 1084

[62] De Witt Hamer PC, Robles SG, Zwinderman AH, Duffau H, Berger MS. Impact of intraoperative stimulation brain mapping on glioma surgery outcome: a meta-analysis. J Clin Oncol. 2012; 30:2559–2565

[63] Terakawa Y, Yordanova YN, Tate MC, Duffau H. Surgical management of multicentric diffuse lowgrade gliomas: functional and oncological outcomes: clinical article. J Neurosurg. 2013; 118:1169–1175

[64] van den Bent MJ, Afra D, de Witte O, Ben Hassel M, Schraub S, Hoang-Xuan K, Malmstrom PO, Collette L, Pierart M, Mirimanoff R, Karim AB. Long-term efficacy of early versus delayed radiotherapy for low-grade astrocytoma and oligodendroglioma in adults: the EORTC 22845 randomised trial. Lancet. 2005; 366:985–990

[65] Hanzely Z, Polgar C, Fodor J, Brucher JM, Vitanovics D, Mangel LC, Afra D. Role of early radiotherapy in the treatment of supratentorial WHO Grade II astrocytomas: long-term results of 97 patients. J Neurooncol. 2003; 63:305–312

[66] Shaw E, Arusell R, Scheithauer B, O'Fallon J, O'Neill B, Dinapoli R, Nelson D, Earle J, Jones C, Cascino T, Nichols D, Ivnik R, Hellman R, Curran W, Abrams R. Prospective randomized trial of low- versus high-dose radiation therapy in adults with supratentorial low-grade glioma: initial report of a North Central Cancer Treatment Group/Radiation Therapy Oncology Group/Eastern Cooperative Oncology Group study. J Clin Oncol. 2002; 20:2267–2276

[67] Laack NN, Brown PD, Ivnik RJ, Furth AF, Ballman KV, Hammack JE, Arusell RM, Shaw EG, Buckner JC. Cognitive function after radiotherapy for supratentorial low-grade glioma: a North Central Cancer Treatment Group prospective study. Int J Radiat Oncol Biol Phys. 2005; 63:1175–1183

[68] Quinn JA, Reardon DA, Friedman AH, Rich JN, Sampson JH, Provenzale JM, McLendon RE, Gururangan S, Bigner DD, Herndon JE, II, Avgeropoulos N, Finlay J, Tourt-Uhlig S, Affronti ML, Evans B, Stafford-Fox V, Zaknoen S, Friedman HS. Phase II trial of temozolomide in patients with progressive low-grade glioma. J Clin Oncol. 2003; 21:646–651

[69] Shaw EG, Wang M, Coons SW, Brachman DG, Buckner JC, Stelzer KJ, Barger GR, Brown PD, Gilbert MR, Mehta MP. Randomized trial of radiation therapy plus procarbazine, lomustine, and vincristine chemotherapy for supratentorial adult low-grade glioma: initial results of RTOG 9802. J Clin Oncol. 2012; 30:3065–3070

[70] Stupp R, Mason WP, van den Bent MJ, Weller M, Fisher B, Taphoorn MJ, Belanger K, Brandes AA, Marosi C, Bogdahn U, Curschmann J, Janzer RC, Ludwin SK, Gorlia T, Allgeier A, Lacombe D, Cairncross JG, Eisenhauer E, Mirimanoff RO. Radiotherapy plus concomitant and adjuvant temozolomide for glioblastoma. N Engl J Med. 2005; 352:987–996

[71] Grabowski MM, Recinos PF, Nowacki AS, Schroeder JL, Angelov L, Barnett GH, Vogelbaum MA. Residual tumor volume versus extent of resection: predictors of survival after surgery for glioblastoma. J Neurosurg. 2014; 121:1115–1123

[72] Keles GE, Anderson B, Berger MS. The Effect of Extent of Resection on Time to Tumor Progression and Survival in Patients with Glioblastoma Multiforme of the Cerebral Hemirsphere. Surg Neurol. 1999; 52:371–379

[73] Lacroix M, Abi-Said D, Fourney DR, Gokaslan ZL, Shi W, DeMonte F, Lang FF, McCutcheon IE, Hassenbusch SJ, Holland E, Hess K, Michael C, Miller D, Sawaya R. A multivariate analysis of 416 patients with glioblastoma multiforme: prognosis, extent of resection, and survival. J Neurosurg. 2001; 95:190–198

[74] Stummer W, Pichlmeier U, Meinel T, Wiestler OD, Zanella F, Reulen HJ. Fluorescence-guided surgery with 5-aminolevulinic acid for resection of malignant glioma: a randomised controlled multicentre phase III trial. Lancet Oncol. 2006; 7:392–401

[75] Kreth FW, Thon N, Simon M, Westphal M, Schackert G, Nikkhah G, Hentschel B, Reifenberger G, Pietsch T, Weller M, Tonn JC. Gross total but not incomplete resection of glioblastoma prolongs survival in the era of radiochemotherapy. Ann Oncol. 2013; 24:3117–3123

[76] Coffey RJ, Lunsford LD, Taylor FH. Survival After Stereotactic Biopsy of Malignant Gliomas. Neurosurgery. 1988; 22:465–473

[77] Thomson A-M, Taylor R, Fraser D, Whittle IR. Stereotactic Biopsy of Nonpolar Tumors in the Dominant Hemisphere: A Prospective Study of Effects on Language Functions. J Neurosurg. 1997; 89:923–926

[78] Stupp R, Hegi ME, Mason WP, van den Bent MJ, Taphoorn MJ, Janzer RC, Ludwin SK, Allgeier A, Fisher B, Belanger K, Hau P, Brandes AA, Gijtenbeek J, Marosi C, Vecht CJ, Mokhtari K, Wesseling P, Villa S, Eisenhauer E, Gorlia T, Weller M, Lacombe D, Cairncross JG, Mirimanoff RO. Effects of radiotherapy with concomitant and adjuvant temozolomide versus radiotherapy alone on survival in glioblastoma in a randomised phase III study: 5-year analysis of the EORTC-NCIC trial. Lancet Oncol. 2009; 10:459–466

[79] Roldan Urgoiti GB, Singh AD, Easaw JC. Extended adjuvant temozolomide for treatment of newly diagnosed glioblastoma multiforme. J Neurooncol. 2012; 108:173–177

[80] Westphal M, Ram Z, Riddle V, Hilt D, Bortey E. Gliadel wafer in initial surgery for malignant glioma: long-term follow-up of a multicenter controlled trial. Acta Neurochir (Wien). 2006; 148:269–75; discussion 275

[81] Hart MG, Grant R, Garside R, Rogers G, Somerville M, Stein K. Chemotherapy wafers for high grade glioma. Cochrane Database Syst Rev. 2011. DOI: 1 0.1002/14651858.CD007294.pub2

[82] Genentech Study Showed That Avastin Helped People with Newly Diagnosed Glioblastoma Live Longer without Their Disease Worsening When Added to Radiation and Chemotherapy. 2012

[83] Gilbert MR, Dignam J, Won M, Blumenthal DT, et al. RTOG 0825: Phase III double-blind placebocontrolled trial evaluating bevacizumab in patients with newly diagnosed glioblastoma. J Clin Oncol. 2013; 31

[84] Merck: Phase III Trial of Cilengitide Did Not Meet Primary Endpoint in Patients With Newly Diagnosed Glioblastoma. 2013

[85] Souhami L, Seiferheld W, Brachman D, Podgorsak EB, Werner-Wasik M, Lustig R, Schultz CJ, Sause W,

Okunieff P, Buckner J, Zamorano L, Mehta MP, Curran WJ, Jr. Randomized comparison of stereotactic radiosurgery followed by conventional radiotherapy with carmustine to conventional radiotherapy with carmustine for patients with glioblastoma multiforme: report of Radiation Therapy Oncology Group 93-05 protocol. Int J Radiat Oncol Biol Phys. 2004; 60:853–860

[86] Sneed PK, McDermott MW, Gutin PH. Interstitial brachytherapy procedures for brain tumors. Semin Surg Oncol. 1997; 13:157–166

[87] Shapiro WR, Green SB, Burger PC, et al. Randomized Trial of Three Chemotherapy Regimens and Two Radiotherapy Regimens in Postoperative Treatment of Malignant Glioma: Brain Tumor Cooperative Group Trial 8001. J Neurosurg. 1989; 71:1–9

[88] Randomized trial of procarbazine, lomustine, and vincristine in the adjuvant treatment of highgrade astrocytoma: a Medical Research Council trial. J Clin Oncol. 2001; 19:509–518

[89] Gilbert MR, Wang M, Aldape KD, Stupp R, Hegi ME, Jaeckle KA, Armstrong TS, Wefel JS, Won M, Blumenthal DT, Mahajan A, Schultz CJ, Erridge S, Baumert B, Hopkins KI, Tzuk-Shina T, Brown PD, Chakravarti A, Curran WJ,Jr, Mehta MP. Dosedense temozolomide for newly diagnosed glioblastoma: a randomized phase III clinical trial. J Clin Oncol. 2013; 31:4085–4091

[90] Shonka NA, Theeler B, Cahill D, Yung A, Smith L, Lei X, Gilbert MR. Outcomes for patients with anaplastic astrocytoma treated with chemoradiation, radiation therapy alone or radiation therapy followed by chemotherapy: a retrospective review within the era of temozolomide. J Neurooncol. 2013; 113:305–311

[91] Yung WK, Prados MD, Yaya-Tur R, et al. Multicenter phase II trial of temozolomide in patients with anaplastic astrocytoma or anaplastic oligoastrocytoma at first relapse. Temodal Brain Tumor Group. J Clin Oncol. 1999; 17:2762–2771

[92] Food and Drug Administration (FDA). Briefing book for the March 13, 2003 ODAC meeting regarding accelerated approval clinical phase 4 commitments NDA 21-029 Temodar® (temozolomide). 2003

[93] Brandes AA, Tosoni A, Spagnolli F, Frezza G, Leonardi M, Calbucci F, Franceschi E. Disease progression or pseudoprogression after concomitant radiochemotherapy treatment: pitfalls in neurooncology. Neuro Oncol. 2008; 10:361–367

[94] Brandsma D, Stalpers L, Taal W, Sminia P, van den Bent MJ. Clinical features, mechanisms, and management of pseudoprogression in malignant gliomas. Lancet Oncol. 2008; 9:453–461

[95] Harsh GR, Levin VA, Gutin PH, Wilson CB, et al. Reoperation for Recurrent Glioblastoma and Anaplastic Astrocytoma. Neurosurgery. 1987; 21:615–621

[96] Ammirati M, Galicich JH, Arbit E, et al. Reoperation in the Treatment of Recurrent Intracranial Malignant Gliomas. Neurosurgery. 1987; 21:607–614

[97] Brem H, Piantadosi S, Burger PC, et al. Placebo-Controlled Trial of Safety and Efficacy of Intraoperative Controlled Delivery by Biodegradable Polymers of Chemotherapy for Recurrent Gliomas. Lancet. 1995; 345:1008–1012

[98] Hart MG, Garside R, Rogers G, Stein K, Grant R. Temozolomide for high grade glioma. Cochrane Database Syst Rev. 2013; 4. DOI: 10.1002/1465185 8.CD007415.pub2

[99] Perry JR, Belanger K, Mason WP, Fulton D, Kavan P, Easaw J, Shields C, Kirby S, Macdonald DR, Eisenstat DD, Thiessen B, Forsyth P, Pouliot JF. Phase II trial of continuous dose-intense temozolomide in recurrent malignant glioma: RESCUE study. J Clin Oncol. 2010; 28:2051–2057

[100] Friedman HS, Prados MD, Wen PY, Mikkelsen T, Schiff D, Abrey LE, Yung WK, Paleologos N, Nicholas MK, Jensen R, Vredenburgh J, Huang J, Zheng M, Cloughesy T. Bevacizumab alone and in combination with irinotecan in recurrent glioblastoma. J Clin Oncol. 2009; 27:4733–4740

[101] Kreisl TN, Kim L, Moore K, Duic P, Royce C, Stroud I, Garren N, Mackey M, Butman JA, Camphausen K, Park J, Albert PS, Fine HA. Phase II trial of singleagent bevacizumab followed by bevacizumab plus irinotecan at tumor progression in recurrent glioblastoma. J Clin Oncol. 2009; 27:740–745

[102] Cohen MH, Shen YL, Keegan P, Pazdur R. FDA drug approval summary: bevacizumab (Avastin) as treatment of recurrent glioblastoma multiforme. Oncologist. 2009; 14:1131–1138

[103] Schmidt F, Fischer J, Herrlinger U, Dietz K, Dichgans J, Weller M. PCV chemotherapy for recurrent glioblastoma. Neurology. 2006; 66:587–589

[104] Henriksson R, Asklund T, Poulsen HS. Impact of therapy on quality of life, neurocognitive function and their correlates in glioblastoma multiforme: a review. J Neurooncol. 2011; 104:639–646

[105] Mirimanoff RO, Gorlia T, Mason W, Van den Bent MJ, Kortmann RD, Fisher B, Reni M, Brandes AA, Curschmann J, Villa S, Cairncross G, Allgeier A, Lacombe D, Stupp R. Radiotherapy and temozolomide for newly diagnosed glioblastoma: recursive partitioning analysis of the EORTC 26981/22981-NCIC CE3 phase III randomized trial. J Clin Oncol. 2006; 24:2563–2569

[106] Gorlia T, van den Bent MJ, Hegi ME, Mirimanoff RO, Weller M, Cairncross JG, Eisenhauer E, Belanger K, Brandes AA, Allgeier A, Lacombe D, Stupp R. Nomograms for predicting survival of patients with newly diagnosed glioblastoma: prognostic factor analysis of EORTC and NCIC trial 26981-22981/CE.3. Lancet Oncol. 2008; 9:29–38

37 Outros Tumores Astrocíticos

37.1 Astrocitomas pilocíticos

37.1.1 Informações gerais

> **Conceitos-chave**
>
> - um subgrupo de astrocitomas com melhor prognóstico (sobrevida de 10 anos: 94%) do que astrocitomas fibrilares infiltrativos ou difusos
> - idade ≤ 20 anos em 75%, que é mais baixo do que para astrocitomas típicos
> - localizações comuns: hemisfério cerebelar, nervo/quiasma óptico, hipotálamo
> - aparência radiológica: surgimento discreto, lesão com realce ao contraste, frequentemente císticos com nódulo mural
> - patologia: astrócitos texturizados, compactados e frouxos, com fibras de Rosenthal e/ou corpos granulares eosinofílicos
> - perigo de hipergraduação ou tratamento excessivo se não reconhecido. A histologia isolada pode ser inadequada para o diagnóstico: o conhecimento da aparência radiográfica é essencial

Informações gerais e terminologia

Astrocitoma pilocítico (PCA) é a nomenclatura atualmente recomendada para estes tumores que eram previamente referidos de forma variável, como astrocitomas cerebelares císticos, astrocitomas pilocíticos juvenis, gliomas ópticos e gliomas hipotalâmicos.[1] [(p. 77-96)] No entanto, como as decisões de tratamento variam com base na localização e envolvimento neural, ainda é útil discutir as diferenças no manejo destes subtipos.

Os PCAs diferem de forma marcante dos astrocitomas fibrilares infiltrativos quanto à sua habilidade de invadir o tecido e à degeneração maligna.

37.1.2 Localização

Os PCAs ocorrem ao longo do neuroeixo e são mais comuns em crianças e adultos jovens:
1. gliomas ópticos e gliomas hipotalâmicos:
   a) os PCAs que se desenvolvem no nervo óptico são denominados gliomas ópticos (p. 631)
   b) quando ocorrem na região do quiasma, nem sempre podem ser distinguidos clinicamente ou radiograficamente dos assim chamados gliomas hipotalâmicos p. 632) ou gliomas da região do terceiro ventrículo
2. hemisférios cerebrais: tendem a ocorrer em pacientes mais velhos (isto é, adultos jovens) do que as lesões no nervo óptico/hipotálamo. Estes PCAs são potencialmente confundidos com astrocitomas fibrilares com maior potencial maligno. Os PCAs são frequentemente distinguidos por um componente cístico com um nódulo mural realçado (seria atípico para um astrocitoma fibrilar) e alguns PCAs possuem calcificações densas[1]
3. gliomas de tronco encefálico (p. 633): geralmente são do tipo infiltrativo e apenas uma pequena proporção é pilocítica. Aqueles que são PCAs compreendem a maioria do grupo com prognóstico favorável descrito como "exofítico dorsal"[2]
4. cerebelo: anteriormente referido como astrocitoma cerebelar cístico (p. 630)
5. medula espinal: os PCAs também podem ocorrer nesta localização, mas há poucas informações disponíveis sobre eles. Também aqui, os pacientes têm tendência a ser mais jovens do que os com astrocitomas fibrilares na medula espinal

37.1.3 Patologia

Os PCAs são compostos por tecido em malha formado por astrócitos estrelados em regiões microcísticas contendo corpos granulares eosinofílicos, misturados com regiões de tecido compacto e consistindo em células alongadas e fibrilares frequentemente associadas à formação de fibras de Rosenthal[1] (fibras de Rosenthal: corpos de inclusão eosinofílica citoplasmática em forma de salsicha ou saca-rolhas, consistindo em agregados de filamento glial parecendo hialinos; coloração vermelho brilhante nos esfregaços tricrômicos de Masson).

Estas duas últimas características distintas facilitam o diagnóstico. Outro achado característico é que os tumores facilmente atravessam a pia para preencher o espaço subaracnoide suprajacente. Os PCAs também podem-se infiltrar nos espaços perivasculares. É comum a proliferação vascular. São comuns células gigantes multinucleadas com núcleos perifericamente localizados, especialmente em PCAs do cerebelo ou cérebro. Figuras mitóticas podem ser vistas, mas não são tão ameaçadoras quanto os astrocitomas fibrilares. Também podem ser vistas áreas de necrose. Apesar das margens bem demarcadas grosseiramente e na MRI, pelo menos 64% dos PCAs se infiltram no parênquima circundante, especialmente a substância branca[3] (a importância clínica disto é desconhecida; um estudo não encontrou redução significativa na sobrevida[4]).

Diferenciação de um astrocitoma fibrilar difuso ou infiltrativo: a menos que sejam encontrados alguns dos achados distintos descritos acima, a patologia isolada pode não ser capaz de fazer a diferenciação. Isto pode ser especialmente problemático com pequenos espécimes obtidos, por exemplo, com biópsia estereotática. Fatores que sugerem o diagnóstico incluem idade jovem, e o conhecimento da aparência radiológica é geralmente crítico (ver abaixo).

Degeneração maligna: foi reportada degeneração maligna, geralmente depois de muitos anos. Isto pode ocorrer sem radioterapia (XRT),[5] embora na maioria dos casos tenha sido administrada XRT.[6]

37.1.4 Aparência radiológica

Na CT ou MRI, os PCAs geralmente são bem circunscritos, 94% realçam com contraste[3] (ao contrário da maioria dos astrocitomas fibrilares de baixo grau), frequentemente têm um componente cístico com um nódulo mural e têm pouco ou nenhum edema circundante. Embora possam ocorrer em qualquer parte do CNS, 82% são periventriculares.[3] Calcificações estão presentes apenas ocasionalmente.[3] Quatro principais padrões de imagem cerebelar ou cerebral são apresentados no ▶ Quadro 37.1.

37.1.5 Epidemiologia

Geralmente se apresentam durante a segunda década da vida (10-20 anos de idade). 75% ocorrem antes dos 20 anos.[7] Não há evidências de predileção por gênero.

37.1.6 Astrocitoma pilocítico do cerebelo

Informações gerais

Conceitos-chave

- frequentemente císticos, metade destes tem nódulo mural
- geralmente se apresenta durante a segunda década de vida (10-20 anos de idade)
- além disso, ver Conceitos principais para astrocitomas pilocíticos em geral (p. 629)

Anteriormente designado pelo termo não específico e confuso astrocitoma cerebelar cístico. Um dos tumores cerebrais pediátricos mais comuns ($\approx$ 10%[8]), compreendendo 27-40% dos tumores pediátricos da fossa posterior.[9 (p. 367-74), 10 (p.3032)] Também pode ocorrer em adultos, com a idade média sendo mais baixa e a sobrevida pós-operatória mais longa do que para astrocitomas fibrilares.[11]

Apresentação

Os sinais e sintomas de astrocitoma pilocítico (PCA) do cerebelo são geralmente os de qualquer lesão expansiva na fossa posterior, isto é, de hidrocefalia ou disfunção cerebelar; ver Tumores da fossa posterior (infratentoriais) (p. 592).

Quadro 37.1 Características comuns de imagem dos PCAs cerebelares ou cerebrais

%	Descrição	
21%	cisto não realçado com nódulo mural realçado	mais de 66% são císticos com nódulo mural realçado
46%	cisto realçado com nódulo mural realçado	
16%	massa com área central não realçada (necrose)	
17%	massa sólida com cisto mínimo ou nenhum	

Patologia

O clássico "astrocitoma pilocítico juvenil" do cerebelo é uma entidade distinta com sua arquitetura cística macroscópica e aparência esponjosa microscópica.[1] Para outro achados microscópicos, ver acima.

Estes tumores podem ser sólidos, mas são com mais frequência císticos (daí o termo anterior "astrocitoma cerebelar cístico") e tendem a ser grandes na época do diagnóstico (tumores císticos: 4-5,6 cm diâmetro; tumores sólidos: 2-4,8 cm diâmetro). Os cistos contêm fluido altamente proteináceo (em média densidade ≈ 4 unidades Hounsfield mais alta do que no CSF na CT[8]).

Cinquenta por cento dos tumores císticos têm nódulo mural e um cisto recoberto de tecido cerebelar não neoplásico reativo ou revestimento ependimário (sem realce na CT), enquanto os 50% restantes não possuem nódulo e têm uma parede cística de tumor fracamente celular[12] (realça na CT).

Classificação histológica de Winston

O sistema de classificação de Winston[13] é apresentado no ▶ Quadro 37.2. 72% dos PCAs cerebelares tendiam a se agrupar em características do Tipo A ou B, 18% em suas séries tinham ambas, e 10% não tinham nenhuma.

Diretrizes de tratamento

A história natural destes tumores é de crescimento lento. O tratamento de escolha é excisão cirúrgica da quantidade máxima de tumor que pode ser removida sem produzir déficit. Em alguns, a invasão do tronco encefálico ou o envolvimento dos nervos cranianos ou vasos sanguíneos pode limitar a ressecção. Em tumores compostos de um nódulo com um cisto verdadeiro, é suficiente a excisão do nódulo; a parede do cisto é não neoplásica e não precisa ser removida. Em tumores com um assim chamado "falso cisto", onde a parede do cisto é espessa e realça (na CT ou MRI), esta porção também deve ser removida. Por causa dos altos índices de sobrevida em 5 e 10 anos, juntamente com o alto índice de complicações da radioterapia durante este intervalo de tempo – ver lesões e necrose decorrente da radiação (p. 1560) – e do fato de que muitos tumores ressecados de forma incompleta aumentam minimamente por períodos de 5, 10 ou mesmo 20 anos, é recomendado *não* irradiar estes pacientes no pós-operatório. Em vez disso, eles devem ser acompanhados com CT e MRI serial e reoperados, se houver recorrência.[14] Radioterapia é indicada para recorrência não ressecável (isto é, é preferível reoperação, se possível) ou para recorrência com histologia maligna. Quimioterapia é preferível a XRT em pacientes mais jovens.[15]

Além disso, ver Tumores da fossa posterior (infratentoriais) (p. 592) para diretrizes referentes à hidrocefalia, etc.

Prognóstico

Crianças com PCAs cerebelares de Winston Tipo A tiveram 94% de sobrevida em 10 anos, enquanto aquelas com Tipo B tiveram apenas 29% de sobrevida em 10 anos.

A recorrência do tumor é relativamente comum, e embora tenha sido dito que geralmente ocorre dentro de ≈ 3 anos da cirurgia,[16] isto é controverso e se tem conhecimento de recorrências muito tardias (violando a lei de Collins, que diz que um tumor pode ser considerado curado se não houver recorrência dentro de um período de tempo igual à idade do paciente no diagnóstico + 9 meses).[14] Além disso, alguns tumores ressecados parcialmente não apresentam crescimento adicional, representando assim uma forma de cura.

Cerca de 20% dos casos desenvolvem hidrocefalia, requerendo tratamento após a cirurgia.[17] As assim chamadas "drop metastases" são raras com PCAs.

37.1.7 Glioma óptico

Informações gerais

Representa ≈ 2% dos gliomas em adultos e 7% em crianças. A incidência é mais alta (≈ 25%) em neurofibromatose (NFT) (p. 603).

Quadro 37.2 Classificação de astrocitoma cerebelar

- tipo A: microcistos, depósitos leptomeníngeos, focos de oligodendroglioma, fibras de Rosenthal

- tipo B: pseudorrosetas perivasculares, alta densidade celular, mitose, calcificação

- características comuns dos tipos A e B: hipervascularização, proliferação endotelial, desmoplasia parenquimal, pleomorfismo

Pode aparecer em algum dos seguintes padrões:
1. um nervo óptico (sem envolvimento quiasmático)
2. quiasma óptico: menos comumente envolvido em pacientes com NFT do que em casos esporádicos
3. multicêntricos em ambos os nervos ópticos, preservando o quiasma: visto quase que somente em NFT
4. podem ocorrer juntamente com ou fazer parte de um glioma hipotalâmico (ver abaixo)

Patologia

A maioria é composta de astrócitos de baixo grau (pilocíticos). Raramente, ocorre um glioma quiasmático maligno.

Apresentação

Proptose *indolor* é um sinal precoce em lesões que envolvem um nervo óptico. As lesões quiasmáticas produzem defeitos visuais variados e inespecíficos (geralmente monoculares) sem proptose. Grandes tumores quiasmáticos podem causar disfunções hipotalâmica e hipofisária e podem produzir hidrocefalia por obstrução no forame de Monro. Gliose da cabeça do nervo óptico pode ser vista na fundoscopia.

Avaliação

Raios X simples: nem sempre útil, embora em alguns casos a dilatação do nervo óptico possa ser vista em imagens do canal óptico.

CT/MRI: exame de CT é excelente para imagem das estruturas dentro da órbita. MRI é útil para demonstração de envolvimento quiasmático ou hipotalâmico. Em CT ou MRI, o envolvimento do nervo óptico leva à captação de contraste que realça o alargamento fusiforme do nervo, geralmente se estendendo em > 1 cm de comprimento.

Tratamento

Tumores que envolvem um único nervo óptico, preservando o quiasma, produzindo proptose e perda visual devem ser tratados com uma abordagem transcraniana com excisão de toda a extensão do nervo desde globo até o quiasma (uma abordagem transorbital (Kronlein) não é apropriada, uma vez que tumor pode ser deixado no coto do nervo). Além da cegueira prevista no olho envolvido, isto pode produzir um escotoma juncional (p. 730).

Tumores quiasmáticos geralmente não são tratados cirurgicamente, exceto para biópsia (especialmente quando é difícil distinguir um glioma do nervo óptico de um glioma hipotalâmico), derivação do CSF ou para remover o raro componente exofítico com o intuito de melhorar a visão.

Tratamento adicional: quimioterapia[15] (especialmente em pacientes mais jovens) ou XRT é usada para tumores quiasmáticos, para tumores multicêntricos, pós-operatório se for encontrado tumor na extremidade do coto quiasmático do nervo ressecado e para o raro tumor maligno. O planejamento típico de XRT é para 45 Gy dados em 25 frações de 1,8 Gy.

37.1.8 Glioma hipotalâmico

Astrocitomas pilocíticos do hipotálamo e da região do terceiro ventrículo ocorrem principalmente em crianças. Radiograficamente, a lesão pode ter uma aparência intraventricular. Muitos destes tumores têm algum envolvimento quiasmático, e a distinção de glioma do nervo óptico não pode ser feita (ver acima).

Pode apresentar a assim chamada "síndrome diencefálica", uma síndrome rara vista em pediatria, geralmente causada por um glioma infiltrativo do hipotálamo anterior. Classicamente: caquexia (perda de gordura subcutânea) associada à hiperatividade, hipervigilância e um afeto quase eufórico. Também pode ser visto: hipoglicemia, falha no ganho pôndero-estatural, macrocefalia.

Quando não é possível ressecção completa, poderá ser necessário tratamento adicional, conforme descrito na seção sobre gliomas ópticos (acima).

37.1.9 Astrocitoma pilomixoide (PMA)

WHO grau II. Relacionado com astrocitomas pilocíticos (PCA), porém mais agressivo e com maior tendência a recorrer e se disseminar no CSF.[18] Pode ser uma forma infantil de PCA com um relato de caso de "maturação" até um PCA típico.[19] Inicio típico na infância (10 meses).

Histologicamente: matriz mucoide dominante, células bipolares monomórficas e organização celular angiocêntrica. Por definição, não contém fibras de Rosenthal.

Também pode ocorrer na medula espinal, com um relato de caso de metástase peritoneal extraneural através de uma derivação VP.[20]

Outros Tumores Astrocíticos **633**

37.1.10 Glioma do tronco encefálico

Informações gerais

Conceitos-chave

- não é um grupo homogêneo. MRI pode diferenciar lesões malignas de benignas
- tendência: tumores de menor grau tendem a ocorrer no tronco encefálico superior e tumores de grau mais elevado na ponte/bulbo
- geralmente apresenta paralisias de múltiplos nervos cranianos e achados de tratos longos
- a maioria é maligno, tem mau prognóstico e não são candidatos cirúrgicos
- o papel da cirurgia está principalmente limitado a lesões dorsalmente exofíticas e derivações

Gliomas do tronco encefálico (BSG) tendem a ocorrer durante a infância e adolescência (77% têm < 20 anos, eles compreendem 1% dos tumores adultos[21]). BSGs são um dos 3 tumores mais comuns em pediatria – ver Tumores cerebrais pediátricos (p. 593) – englobando ≈ 10-20% dos tumores pediátricos do CNS.[2]

Apresentação

Ver referência.[22]

Os tumores do tronco cerebral superior tendem a apresentar achados cerebelares e hidrocefalia, enquanto tumores do tronco cerebral inferior (ponte e bulbo) tendem a apresentar déficits de múltiplos nervos cranianos inferiores e achados de tratos longos. Por causa da sua natureza invasiva, os sinais e sintomas geralmente não ocorrem até que o tumor seja bastante extenso.

Sinais e sintomas:

1. distúrbio da marcha
2. cefaleia (p. 590)
3. náusea/vômitos
4. déficits de nervos cranianos: diplopia, assimetria facial
5. fraqueza motora distal em 30%
6. papiledema em 50%
7. hidrocefalia em 60%, geralmente decorrente da obstrução do aqueduto (frequentemente tardia, exceto com tumores periaquedutais, exemplo abaixo)
8. Falha no ganho pôndero-estatural (especialmente com ≤ 2 anos de idade)

Patologia

BSG é um grupo heterogêneo. Pode haver uma tendência para tumores de grau mais baixo no tronco encefálico superior (76% são de baixo grau) comparado ao tronco encefálico inferior (100% dos glioblastomas eram no bulbo).[23] Raramente é visto um componente cístico. Calcificações também são raras. Quatro padrões de crescimento que podem ser identificados por MRI[24] e se correlacionam com o prognóstico:[25]

1. difuso: todos são malignos (a maioria são astrocitomas anaplásicos, os restantes são glioblastomas). Na MRI estes tumores se estendem à região adjacente através do eixo vertical (p. ex., tumores do bulbo se estendem até a ponte e/ou medula cervical) com muito pouco crescimento em direção ao óbex, permanecendo intra-axiais
2. cervicobulbar: a maioria (72%) são astrocitomas de baixo grau. A extensão rostral destes tumores está limitada à junção espinomedular. A maioria protrai na região do óbex do 4º ventrículo (alguns podem ter um verdadeiro componente exofítico)
3. focal: extensão limitada ao bulbo (não se estende até a ponte nem desce até a medula espinal). A maioria (66%) são astrocitomas de baixo grau
4. dorsalmente exofítico: pode ser uma extensão de tumores "focais" (ver acima). Muitos destes podem na verdade ser gliomas de baixo grau, incluindo:
   a) astrocitomas pilocíticos (p. 629)
   b) gangliomas (p. 651): muito raros, apenas 13 casos reportados até 1984. Comparados a outros BSGs, estes pacientes tendem a ser um pouco mais velhos, e bulbo está envolvido mais frequentemente[26]

Avaliação

MRI

O teste diagnóstico de escolha. MRI avalia o *status* dos ventrículos, fornece uma avaliação ótima do tumor (CT é deficiente na fossa posterior) e detecta componente exofítico. T1WI: quase todos são hipointensos, homogêneos (excluindo cistos). T2WI: sinal aumentado, homogêneos (excluindo cistos). O realce com gadolínio é altamente variável.[24]

CT

A maioria não realça na CT, exceto possivelmente um componente exofítico. Se houver realce acentuado, considerar outros diagnósticos (p. ex., astrocitoma vermiano de alto grau).

Tratamento

Cirurgia

Biópsia: *não* deve ser realizada quando a MRI mostrar uma lesão infiltrativa difusa no tronco encefálico[27] (não muda o tratamento ou os resultados).

O tratamento é geralmente não cirúrgico. Exceções onde cirurgia pode ser indicada:
1. tumores com um componente dorsalmente exofítico:[2] ver abaixo que estes podem protrair no 4º ventrículo ou no ângulo CP, tendem a realçar com contraste IV, tendem a ser de menor grau
2. foi obtido algum sucesso com tumores não exofíticos que *não* são astrocitomas malignos (cirurgia em astrocitomas malignos não apresenta benefícios)[25] (não existe *follow-up* detalhado)
3. derivação para hidrocefalia

Tumores exofíticos dorsais

Estes tumores são em geral histologicamente benignos (p. ex., gangliogliomas) e são passíveis de ressecção subtotal radical. É possível sobrevida prolongada, com um baixo índice de progressão da doença no seguimento a curto prazo.[2]

Os objetivos cirúrgicos em tumores exofíticos incluem:
1. melhora na sobrevida pela remoção total do componente exofítico:[28] uma ampla ligação com o assoalho do 4º ventrículo é típica e geralmente impede a excisão completa (embora algumas zonas de "entrada segura" tenham sido descritas[29]). Um aspirador ultrassônico facilita o *debulking*
2. estabelecimento do diagnóstico: a diferenciação radiográfica de gliomas exofíticos do tronco encefálico de outras lesões (p. ex., meduloblastoma, ependimoma e dermoides) pode ser difícil
3. tumores que demonstram crescimento recorrente após ressecção permaneceram histologicamente benignos e foram receptivos à nova ressecção[2]

As complicações da cirurgia geralmente consistiram em exacerbação dos sintomas pré-operatórios (ataxia, paralisias dos nervos cranianos...) que geralmente se resolveram com o tempo.

Médico

Nenhum regime quimioterápico comprovado. Esteroides são geralmente administrados. Em pediatria, há alguma indicação de resposta a Temodal® (temozolomida) (p. 595).

Radiação

Tradicionalmente dada como 44-55 Gy por um período de seis semanas, cinco dias por semana. Quando combinada com esteroides, ocorre melhora sintomática em 80% dos pacientes.

Possível melhora da sobrevida com o assim chamado "hiperfracionamento", em que são usadas múltiplas doses menores por dia.

Prognóstico

A maioria das crianças com BSG maligno morrerá dentro de 6-12 meses do diagnóstico. XRT pode não prolongar a sobrevida em pacientes com tumores graus III e IV. Um subgrupo das crianças tem um tumor de crescimento mais lento e pode ter até 50% de sobrevida em 5 anos. Tumores exofíticos dorsais constituídos de astrocitomas pilocíticos podem ter um melhor prognóstico.

37.1.11 Gliomas tectais

Informações gerais

Um diagnóstico topográfico, geralmente consistindo em astrocitomas de baixo grau. Considerado um subgrupo benigno de glioma do tronco encefálico. Por causa de sua localização, tende a apresentar hidrocefalia. Foi dramaticamente referido como o "menor tumor no corpo que pode levar à morte do paciente".[30] Achados neurológicos focais são raros – diplopia, déficits do campo visual, nistagmo, síndrome de Parinaud (p. 99), ataxia, convulsões... – e frequentemente são reversíveis, depois que a hidrocefalia é corrigida.

Epidemiologia

Abrange ≈ 6% dos tumores cerebrais tratados cirurgicamente.[31] Apresentam-se primariamente na infância. Idade média dos pacientes que se tornam sintomáticos = 6-14 anos.[31]

Patologia

Como muitos deles não são biopsiados, não é possível uma análise estatística significativa. As patologias identificadas incluem: astrocitoma difuso WHO II, astrocitomas pilocíticos, ependimoma WHO II, astrocitoma anaplásico, oligodendroglioma e oligoastrocitoma.

Avaliação radiográfica

Exame de CT detecta hidrocefalia, mas pode não identificar tumor em ≈ 50%.[32] Foi descrita calcificação na CT em 9-25%.[32,33]

MRI é o estudo de escolha para diagnóstico e seguimento. Tipicamente aparece como uma massa que se projeta dorsalmente a partir da placa quadrigêmea. Isointenso em T1WI, iso ou hiperintenso em T2WI.[31,34] Realce com gadolínio ocorre em 18% e é incerta sua importância diagnóstica.

Tratamento

Informações gerais

Por causa do curso indolente, não é recomendada cirurgia aberta. As opções incluem:
1. derivação VP: o tratamento padrão há anos. Os resultados a longo prazo são bons com um *shunt* em funcionamento
2. terceira ventriculostomia endoscópica: pode evitar a necessidade de uma derivação. Pode ser feita biópsia endoscópica[35] ao mesmo tempo através do mesmo orifício de trepanação, se for tecnicamente viável (requer um forame de Monro dilatado, que com frequência está presente). Os resultados a longo prazo são desconhecidos
3. aquedutoplastia endoscópica (com ou sem *stenting*): uma opção para alguns. Os resultados a longo prazo são desconhecidos

Radiocirurgia estereotática: pode ser oferecida para progressão tumoral (os critérios não são definidos: a progressão radiográfica pode não estar associada à deterioração clínica[34]). A dosagem deve ser limitada a ≤ 14 Gray na linha de isodose de 50-70% para evitar efeitos colaterais induzidos pela radiação.[36]

Prognóstico

Progressão tumoral: descrita em 15-25%.

Follow-up: sem diretrizes aceitas. Foram sugeridos exames neurológicos seriados e MRIs a cada 6-12 meses.[31]

37.2 Xantoastrocitoma pleomórfico (PXA)

3.7.2.1 Informações gerais

Conceitos-chave

- glioma de baixo grau, possivelmente de astrócitos subpiais → localização superficial, > 90% supratentorial, mais comum em crianças ou adultos jovens
- nódulo mural com componente cístico em 25%, meninges envolvidas em > 67%
- patologia: células pleomórficas (xantomatosas (carregadas de lipídios), astrócitos fibrilares e gigantes multinucleados). Geralmente circunscrito, ocasionalmente invasivo
- WHO grau II, a menos que alto índice mitótico ou necrose, que é WHO grau III
- tratamento: ressecção segura máxima, XRT ou quimio ≈ apenas para grau III

Um glioma de baixo grau considerado originário de astrócitos subpiais que pode explicar sua localização superficial e abundância das fibras de reticulina. Mais de 90% são supratentoriais. Predileção por lobos temporais (50%), seguidos pelos lobos parietal, occipital e frontal. A maioria tem um componente cístico (pode ser multiloculado, mas > 90% têm um grande cisto único).

37.2.2 Epidemiologia

≈ 1% dos astrocitomas. Geralmente ocorre em crianças ou adultos jovens (a maioria tem < 18 anos de idade). Sem diferenças quanto ao gênero.

37.2.3 Clínica

Apresentação usual: crises epilépticas. Também pode produzir déficit focal ou ICP aumentada.

37.2.4 Diagnóstico diferencial

1. imagem: meningioma também é superficial com cauda dural; também pode-se assemelhar a astrocitoma fibrilar de baixo grau
2. patologia: pode ser confundido com astrocitoma anaplásico

37.2.5 Patologia

WHO grau II (MIB é geralmente < 1%), a menos que haja um alto índice mitótico ou necrose o que o qualifica como WHO grau III "PXA com características anaplásicas".[37] Tumor superficial compacto com acentuado pleomorfismo celular (astrócitos fibrilares e gigantes multinucleados, grandes células xantomatosas (carregadas de lipídios) positivo para GFAP (origem glial evidenciada)), reticulina abundante e frequentes células inflamatórias crônicas perivasculares. As fibras de reticulina circundam dois tipos de células:

1. células em fuso: forma de célula fusiforme com núcleos alongados
2. células pleomórficas: células redondas com núcleos heterocrômicos pleomórficos que podem ser mononucleados ou multinucleados. Conteúdo lipídico intracelular variável

Geralmente circunscrito, ocasionalmente infiltra o córtex. Acentuado pleomorfismo celular pode fazer com que estes tumores sejam confundidos com astrocitoma anaplásico. Proliferação vascular e necrose estão ausentes,[38] a maioria, mas não todos carecem de figuras mitóticas. Alguns PXAs podem sofrer alterações anaplásicas.[39] Também houve vários casos reportados de transformação maligna em astrocitoma anaplásico ou glioblastoma.[40]

37.2.6 Imagem

O cisto, quando presente, pode realçar parcialmente na CT ou MRI. Um nódulo mural está presente em 25%. Pode ter "cauda dural" (67% apresentam envolvimento leptomeníngeo, 13% apresentam envolvimento de todas as 3 camadas meníngeas). O edema peritumoral pode ser leve a moderado; calcificações são raras.[41]

CT: a porção sólida do tumor é mal definida e pode ser isodensa na substância cinza.

MRI: T1WI: componente cístico hipointenso com componente sólido isointenso mal definido que realça fortemente com gadolínio. T2WI: componente cístico hiperintenso com componente sólido isointenso mal definido.

37.2.7 Tratamento

1. cirurgia: tratamento principal
   a) ressecção macroscópica total se puder ser realizada sem déficit neurológico inaceitável; caso contrário, ressecção subtotal
   b) extensão da ressecção: mais fortemente associada à sobrevida livre de recorrência[42]
   c) ressecções incompletas devem ser acompanhadas, uma vez que estes tumores podem crescer muito lentamente durante muitos anos antes que seja necessário novo tratamento e seja considerada a repetição da excisão
2. radioterapia: controversa
   a) a literatura sugere que não há nenhuma diferença na sobrevida global ou possivelmente uma tendência à sobrevida prolongada[38]
   b) considerada com: doença residual, índice mitótico alto ou necrose
3. quimioterapia: papel não definido

37.2.8 Prognóstico

Sobrevida global com ressecção macroscópica total ou ressecção subtotal, com ou sem radiação e quimioterapia: 5 anos = 80%, 10 anos = 71%.[37]

Extensão da ressecção, índice mitótico e necrose parecem ser os melhores preditores dos resultados.[41,42]

Referências

[1] Burger PC, Scheithauer BW. Atlas of Tumor Pathology. Tumors of the Central Nervous System. Washington, D.C.: Armed Forces Institute of Pathology; 1994

[2] Pollack IF, Hoffman HJ, Humphreys RP, Becker L. The Long-Term Outcome After Surgical Treatment of Dorsally Exophytic Brain-Stem Gliomas. J Neurosurg. 1993; 78:859–863

[3] Coakley KJ, Huston J, Scheithauer BW, Forbes G, Kelly PJ. Pilocytic Astrocytomas: Well-Demarcated Magnetic Resonance Appearance Despite Frequent Infiltration Histologically. Mayo Clin Proc. 1995; 70:747–751

[4] Hayostek CJ, Shaw EG, Scheithauer B, et al. Astrocytomas of the Cerebellum: A Comparative Clinicopathologic Study of Pilocytic and Diffuse Astrocytomas. Cancer. 1993; 72:856–869

[5] Bernell WR, Kepes JJ, Seitz EP. Late Malignant Recurrence of Childhood Cerebellar Astrocytoma. J Neurosurg. 1972; 37:470–474

[6] Schwartz AM, Ghatak NR. Malignant Transformation of Benign Cerebellar Astrocytoma. Cancer. 1990; 65:333–336

[7] Wallner KE, Gonzales MF, Edwards MSB, Wara WM, Sheline GE. Treatment of juvenile pilocytic astrocytoma. J Neurosurg. 1988; 69:171–176

[8] Zimmerman RA, Bilaniuk CT, Bruno LA, et al. CT of Cerebellar Astrocytoma. Am J Roentgenol. 1978; 130:929–933

[9] Section of Pediatric Neurosurgery of the American Association of Neurological Surgeons. Pediatric Neurosurgery. New York 1982

[10] Youmans JR. Neurological Surgery. Philadelphia 1990

[11] Ringertz N, Nordenstam H. Cerebellar Astrocytoma. J Neuropathol Exp Neurol. 1951; 10:343–367

[12] Gol A. Cerebellar Astrocytomas in Children. Am J Dis Child. 1963; 106:21–24

[13] Winston K, Gilles FH, Leviton A, et al. Cerebellar Gliomas in Children. J Natl Cancer Inst. 1977; 58:833–838

[14] Austin EJ, Alvord EC. Recurrences of Cerebellar Astrocytomas: A Violation of Collins' Law. J Neurosurg. 1988; 68:41–47

[15] Packer RJ, Lange B, Ater J, et al. Carboplatin and Vincristine for Recurrent and Newly Diagnosed Low- Grade Gliomas of Childhood. J Clin Oncol. 1993; 11:850–856

[16] Bucy PC, Thieman PW. Astrocytoma of the Cerebellum. A Study of Patients Operated Upon Over 28 Years Ago. Arch Neurol. 1968; 18:14–19

[17] Stein BM, Tenner MS, Fraser RAR. Hydrocephalus Following Removal of Cerebellar Astrocytomas in Children. J Neurosurg. 1972; 36:763–768

[18] Tihan T, Fisher PG, Kepner JL, Godfraind C, McComb RD, Goldthwaite PT, Burger PC. Pediatric astrocytomas with monomorphous pilomyxoid features and a less favorable outcome. J Neuropathol Exp Neurol. 1999; 58:1061–1068

[19] Ceppa EP, Bouffet E, Griebel R, Robinson C, Tihan T. The pilomyxoid astrocytoma and its relationship to pilocytic astrocytoma: report of a case and a critical review of the entity. J Neurooncol. 2007; 81:191–196

[20] Arulrajah S, Huisman TA. Pilomyxoid astrocytoma of the spinal cord with cerebrospinal fluid and peritoneal metastasis. Neuropediatrics. 2008; 39:243–245

[21] Packer RJ, Nicholson HS, Vezina LG, Johnson DL. Brainstem gliomas. Neurosurg Clin N Am. 1992; 3:863–879

[22] Laurent JP, Cheek WR. Brain Tumors in Children. J Pediatr Neurosci. 1985; 1:15–32

[23] Reigel DH, Scarff TB, Woodford JE. Biopsy of Pediatric Brain Stem Tumors. Childs Brain. 1979; 5:329–340

[24] Epstein FJ, Farmaer J-P. Brain-Stem Glioma Growth Patterns. J Neurosurg. 1993; 78:408–412

[25] Epstein F, McCleary EL. Intrinsic Brain-Stem Tumors of Childhood: Surgical Indications. J Neurosurg. 1986; 64:11–15

[26] Garcia CA, McGarry PA, Collada M. Ganglioglioma of the Brain Stem. Case Report. J Neurosurg. 1984; 60:431–434

[27] Albright AL, Packer RJ, Zimmerman R, et al. Magnetic Resonance Scans Should Replace Biopsies for the Diagnosis of Diffuse Brain Stem Gliomas: A Report from the Children's Cancer Group. Neurosurgery. 1993; 33:1026–1030

[28] Hoffman HJ, Becker L, Craven MA. A Clinically and Pathologically Distinct Group of Benign Brainstem Gliomas. Neurosurgery. 1980; 7:243–248

[29] Kyoshima K, Kobayashi S, Gibo H, Kuroyanagi T. A Study of Safe Entry Zones via the Floor of the Fourth Ventricle for Brain-Stem Lesions. J Neurosurg. 1993; 78:987–993

[30] Kernohan WJ, Armed Forces Institute of Pathology. In: Tumors of the central nervous system. Atlas of Tumor Pathology.Washington, DC 1952:19–42

[31] Stark AM, Fritsch MJ, Claviez A, Dorner L, Mehdorn HM. Management of tectal glioma in childhood. Pediatr Neurol. 2005

[32] Bognar L, Turjman F, Villanyi E, Mottolese C, Guyotat J, Fischer C, Jouvet A, Lapras C. Tectal plate gliomas. Part II: CT scans and MR imaging of tectal gliomas. Acta Neurochir (Wien). 1994; 127:48–54

[33] Pollack IF, Pang D, Albright AL. The long-term outcome in children with late-onset aqueductal stenosis resulting from benign intrinsic tectal tumors. J Neurosurg. 1994; 80:681–688

[34] Grant GA, Avellino AM, Loeser JD, Ellenbogen RG, Berger MS, Roberts TS. Management of intrinsic gliomas of the tectal plate in children. A ten-year review. Pediatr Neurosurg. 1999; 31:170–176

[35] Oka K, Kin Y, Go Y, Ueno Y, Hirakawa K, Tomonaga M, Inoue T, Yoshioka S. Neuroendoscopic approach to tectal tumors: a consecutive series. J Neurosurg. 1999; 91:964–970

[36] Kihlstrom L, Lindquist C, Lindquist M, Karlsson B. Stereotactic radiosurgery for tectal low-grade gliomas. Acta Neurochir Suppl. 1994; 62:55–57

[37] Fouladi M, Jenkins J, Burger P, Langston J, Merchant T, Heideman R, Thompson S, Sanford A, Kun L, Gajjar A. Pleomorphic xanthoastrocytoma: favorable outcome after complete surgical resection. Neurooncol. 2001; 3:184–192

[38] Kepes JJ, Rubinstein LJ, Eng LF. Pleomorphic Xanthoastrocytoma: A Distinctive Meningeal Glioma of Young Subjects with Relatively Favorable Prognosis. A Study of 12 Cases. Cancer. 1979; 44:1839–1852

[39] Weldon-Linne CM, Victor TA, Groothuis DR, Vick NA. Pleomorphic Xanthoastrocytoma: Ultrastructural and Immunohistochemical Study of a Case with a Rapidly Fatal Outcome Following Surgery. Cancer. 1983; 52:2055–2063

[40] Kumar S, Retnam TM, Menon G, Nair S, Bhattacharya RN, Radhakrishnan VV. Cerebellar hemisphere, an uncommon location for pleomorphic xanthoastrocytoma and lipidized glioblastoma multiformis. Neurol India. 2003; 51:246–247

[41] Pahapill PA, Ramsay DA, Del Maestro RF. Pleomorphic xanthoastrocytoma: case report and analysis of the literature concerning the efficacy of resection and the significance of necrosis. Neurosurgery. 1996; 38:822–8; discussion 828-9

[42] Giannini C, Scheithauer BW, Burger PC, Brat DJ, Wollan PC, Lach B, O'Neill BP. Pleomorphic xanthoastrocytoma: what do we really know about it? Cancer. 1999; 85:2033–2045

38 Tumores Oligodendrogliais e Tumores do Epêndima, Plexo Corioide e Outros Tumores Neuroepiteliais

38.1 Tumores oligodendrogliais

38.1.1 Informações gerais

> **Conceitos-chave**
>
> - frequentemente apresentam crises epilépticas
> - predileção pelos lobos frontais
> - histologia: as características clássicas de citoplasma "em ovo frito" (em patologia fixada) e vasculatura em "tela de galinheiro" são inconfiáveis. Calcificações são comuns
> - graduação: controversa. Recomendação: baixo e alto graus
> - tratamento recomendado: cirurgia para efeito de massa ou lesões de baixo grau (lesões de alto grau são controversas). Quimioterapia para todos (com ou sem cirurgia). XRT somente para transformação anaplásica

38.1.2 Epidemiologia

Há muito tempo considera-se que oligodendroglioma (ODG) compreende apenas ≈ 2-4% dos tumores cerebrais primários[1,2] ou 4-8% dos gliomas cerebrais[2]; mas evidências recentes indicam que esses tumores têm sido subdiagnosticados (muitos são interpretados erroneamente como astrocitomas fibrilares, especialmente a porção infiltrativa destes tumores), e os ODGs podem representar até 25-33% dos tumores gliais.[3,4] Proporção entre homens e mulheres = 3:2. Essencialmente um tumor de adultos: idade média de ≈ 40 anos (pico entre 26-46 anos), mas com um pico mais precoce menor na infância entre 6-12 anos.[5] Metástases no CSF supostamente ocorrem em até 10%, mas 1% pode ser uma estimativa mais realista.[1] Os ODGs espinais compreendem apenas ≈ 2,6% dos tumores intramedulares da medula e do filo.

38.1.3 Clínica

Apresentação clássica de ODG: um paciente com epilepsia de longa data antes do diagnóstico ser feito, quando então se apresentaria com um evento apoplético decorrente da hemorragia intracerebral peritumoral. Este cenário é menos comum na era da CT/MRI.

Crises epilépticas são os sintomas presentes em ≈ 50-80% dos casos.[1,5] O restante dos sintomas apresentados é não específico para ODG e é mais frequentemente relacionado com o efeito de massa local e menos comumente com aumento na ICP. Os sintomas presentes são mostrados no ▶ Quadro 38.2.

38.1.4 Avaliação

São vistas calcificações em 28-60% dos ODGs em radiografias simples,[1] e em 90% das CTs.

Quadro 38.1 Localização de oligodendrogliomas	
Localização	**%**
supratentorial	**> 90%**
lobos frontais	45%
hemisfério (fora dos lobos frontais)	40%
dentro do terceiro ventrículo ou ventrículo lateral	15%
infratentorial + medula espinal	**< 10%**

Quadro 38.2 Sintomas presentes em 208 oligodendrogliomas[1]

Sintoma	%
crises epilépticas	57%
cefaleia	22%
alterações no estado mental	10%
vertigem/náusea	9%

Quadro 38.3 Características associadas a oligodendrogliomas de baixo e alto graus

Característica	WHO II (baixo grau)	WHO III (alto grau)
realce com contraste na CT ou MRI	ausente	presente
proliferação endotelial na histologia	ausente	presente
pleomorfismo (grande variabilidade no tamanho e forma nuclear e citoplasmática)	ausente	presente
proliferação tumoral (evidenciada por figuras de mitose ou alto índice de MIB-1[a])	ausente	presente
componente astrocítico	ausente	presente

[a]Para informações sobre o Índice MIB-1 (p. 599).

38.1.5 Patologia

Informações gerais

Setenta e três por cento dos tumores têm calcificações microscópicas.[6] Células tumorais isoladas consistentemente penetram o parênquima em grande parte intacto; um componente tumoral sólido associado pode ou não estar presente.[4] A porção sólida, quando presente, classicamente demonstra halos perinucleares lucentes dando uma aparência de "ovo frito" (na verdade, um artefato de fixação da *formalina*, que não está presente no exame de congelação e pode dificultar o diagnóstico na congelação). Um padrão vascular com aparência de "tela de galinheiro" também foi descrito.[7] Estas características não são consideradas confiáveis, e células com núcleos redondos monótonos (frequentemente em lâminas celulares) com uma borda excêntrica de citoplasma eosinofílico sem processos celulares óbvios são as características mais consistentes.[8]

16% dos ODGs hemisféricos são *cisticos*[6] (os cistos se formam da coalescência de microcistos de micro-hemorragias, ao contrário dos astrocitomas com fluido secretado ativamente).

33-41% têm um componente de células ependimárias ou astrocíticas neoplásicas (assim chamadas oligoastrocitomas ou gliomas mistos[9] ou tumores de colisão [p. 645]).

Positividade para GFAP: como a maioria dos ODGs contém microtúbulos em vez de filamentos gliais,[10] os ODGs geralmente não são positivos para GFAP (p. 598), embora isto ocorra com alguns.[11] Em gliomas mistos, o componente astrocítico pode ser positivo para GFAP.

Graduação

Um trabalho ainda em andamento. Historicamente, foram propostas inúmeras tentativas de graduação dos ODGs e depois abandonadas em razão da falta de relevância prognóstica (para uma revisão, ver as referências[8]). Por exemplo, o sistema de Smith *et al.*[12] (ver abaixo) foi baseado em 5 características histopatológicas que demonstraram não ser determinantes independentes da progressão do tumor (apenas pleomorfismo provou ser estatisticamente correlacionado com a sobrevida[8]). Necrose não parece predizer com confiabilidade um mau prognóstico.[8]

Para fins de prognóstico, é sugerido que os ODGs sejam estratificados em *dois* grupos:
- oligodendroglioma (WHO grau II) ou de baixo grau
- oligodendroglioma anaplásico (WHO grau III) ou de alto grau[2,8]

Embora não haja uma concordância uniforme quanto aos meios para diferenciação dos dois, os fatores apresentados no ▶ Quadro 38.3 devem ser levados em conta, já que demonstraram ter importância prognóstica. Usando-se o sistema de graduação espacial para gliomas de baixo grau, nenhum ODG é um tumor do Tipo 1 (tumor sólido sem componente infiltrativo).

Quadro 38.4 Graduação de Smith dos oligodendrogliomas

Grau	Proporção Núcleo/citoplasma	Densidade celular máxima	Pleomorfismo	Proliferação endotelial	Necrose
A	↓	↓	–	–	–
B	↑[a]	↑[a]	+[a]	–	–
C	↑	↑	+	+	–
D	↑	↑	+	+	+

↑ significa alta; ↓ significa baixa; + significa que a característica está presente; – significa que a característica está ausente.
[a]Considerado grau B se um ou mais destes estiver presente.

Sistema de graduação de Smith

Ver referência.[12]

Tumores compostos de, no mínimo, 51% de elementos oligodendrogliais são graduados em 5 características histológicas:
1. proporção núcleo/citoplasmática máxima: a proporção normal das células oligodendrogliais é considerada baixa (↓); qualquer coisa acima disso é codificada como alta (↑)
2. densidade celular máxima: codificada de acordo com a aparência predominante da amostra. Densidade celular similar à substância branca é baixa (↓), lâminas de células com pouco ou nenhum neurópilo no espaço extracelular são altas (↑)
3. pleomorfismo: codificado de acordo com a aparência predominante da amostra. Codificado como presente (+) se houver grande variabilidade no tamanho e forma nuclear e citoplasmática
4. proliferação endotelial: codificada como presente (+) se 1 ou mais exemplar for notado
5. necrose: codificada como presente (+) se 1 ou mais exemplo de necrose coagulativa e/ou áreas de resíduos preenchidas por macrófagos for notado

O grau do tumor é, então, determinado pelo ▶ Quadro 38.4.

38.1.6 Tratamento

Informações gerais

Recomendação (ver o texto para mais detalhes). Depois de um procedimento cirúrgico apropriado (se indicado), quimioterapia é a modalidade de tratamento principal. XRT é reservada para transformação anaplásica, caso ocorra.[8]

Quimioterapia

A maioria dos ODGs responde a alguma forma de quimioterapia, geralmente em < 3 meses, frequentemente com uma redução no tamanho. A resposta é variável em grau e duração.[13] Não foi identificada nenhuma característica de patologia ou clínica de ODGs de alto grau que preveja de forma confiável a resposta à quimioterapia. No entanto, a perda alélica do cromossomo 1p e a perda combinada dos braços do cromossomo 1p e 19q estão associadas à resposta à quimioterapia; e perdas de 1p e 19q foram associadas à sobrevida livre de doença mais longa depois da quimioterapia.[14]

A maior experiência é com PCV (procarbazina 60 mg/m² IV, CCNU, também conhecido como lomustina (CeeNU®) 110 mg/m² PO e vincristina 1,4 mg/m² IV, todas dadas em um ciclo de 29 dias repetido cada 6 semanas).[15,16] Também estudado: temozolomida para oligoastrocitoma anaplásico recorrente apresentou alguma eficácia.[17]

Cirurgia

Indicações para cirurgia:
1. ODGs com efeito de massa significativo independente do grau: cirurgia reduz a necessidade de corticosteroides, reduz os sintomas e prolonga a sobrevida[8]

2. tumores sem efeito de massa significativos:
a) ODGs de *baixo grau* e oligoastrocitoma: é recomendada cirurgia para lesões ressecáveis. Deve ser tentada remoção macroscópica total quando possível (a melhora da sobrevida é ainda melhor do que com astrocitomas[18]), mas não à custa de função neurológica
b) ODGs de *alto grau*: os dados quanto à melhora da sobrevida são menos convincentes, e alguns estudos não mostram vantagem da remoção macroscópica total em relação a lesões de alto grau parcialmente ressecadas ou somente biopsiadas.[8] O dogma mais antigo era de que a remoção agressiva leva à sobrevida mais longa[19] e resulta em menos efeitos colaterais do que operações de "ressecção parcial"[20]

Grosseiramente, o tumor aparece como uma massa friável de cor rosa à vermelha. Pode haver um falso plano de clivagem entre o tumor e o que parece ser o cérebro normal.

Radiação pós-operatória

Os benefícios da radiação pós-operatória são controversos.[5] Em uma análise retrospectiva sem critérios de seleção estabelecidos, a sobrevida foi melhor em pacientes que receberam > 45 Gy.[21] Em outra série, não foi vista diferença na sobrevida em 5 anos após cirurgia, com ou sem XRT (quantidade de radiação não especificada).[22] Os efeitos colaterais de perda da memória, demência e alterações na personalidade são mais comuns com a sobrevida mais longa vista em muitos destes casos.[23]

38.1.7 Prognóstico

ODGs puros têm um melhor prognóstico do que oligoastrocitomas mistos, que são melhores do que astrocitomas puros (um componente oligodendroglial, independente do quanto seja pequeno, confere um melhor prognóstico).

Com o sistema de graduação de Smith (ver acima), a sobrevida média em 323 casos foi a seguinte: grau A foi de 94 meses, graus B e C não foram estatisticamente diferentes e foram de 51 e 45 meses, respectivamente, e grau D foi de 17 meses.

Uma sobrevida em 10 anos de 10-30% foi mencionada para tumores que são completamente ou predominantemente ODGs.[21] Como grupo, a sobrevida média para lesões tratadas cirurgicamente é dada como 35 meses pós-operatórios (média de 52 meses).[1]

A presença de calcificações é discutida como um fator promgóstico; em uma série, ODG calcificado em filmes simples teve uma sobrevida mais longa de 108 meses (em comparação a 58 meses para não calcificados).[1]

Pacientes com ODGs no lobo frontal sobreviveram mais do que aqueles com ODGs em lobos temporais (37 meses *versus* 28 meses de sobrevivência pós-operatória),[1] possivelmente por causa da maior facilidade de ressecção radical com os primeiros.

A perda cromossômica de 1p (ou a perda combinada de 1p e 19q) também está associada à sobrevida mais longa.[14,24]

38.2 Tumores oligoastrocíticos

38.2.1 Biologia molecular

Pode apresentar alterações típicas para astrocitoma difuso (mutação em TP53 e LOH em 17p) ou para ODG (LOH em 1p e 19q). Não foram identificados marcadores genéticos moleculares para distinguir oligoastrocitoma de astrocitoma ou ODG. Ao contrário de ODG, o valor prognóstico/terapêutico de LOH em 1p é menos claro.[24]

Oligoastrocitoma (WHO grau II)

Dois tipos distintos de células neoplásicas, um tipo se assemelha a células de oligodendroglioma, e o outro se assemelha a células em astrocitomas difusos. Algumas células podem ter características de ambos. Os dois tipos de células podem ser separados ou misturados.

Oligoastrocitoma anaplásico (WHO grau III)

Celularidade aumentada, atipia nuclear, pleomorfismo e alta atividade mitótica. Necrose e proliferação microvascular podem estar presentes. A diferenciação de GBM pode ser difícil, uma vez que GMS pode ter áreas que se assemelham a ODG anaplásico (o termo "glioblastoma com componente de oligodendroglioma" é um termo discutível sugerido para estes – uma sugestão não comprovada de que a sobrevida pode ser melhor do que para GBM comum[25]).

38.3 Tumores ependimários

38.3.1 Ependimoma

Informações gerais referentes a ependimomas intracranianos e espinais

Ependimomas se originam de células ependimárias que revestem os ventrículos cerebrais e o canal central da medula espinal. Podem ocorrer em qualquer ponto ao longo do neuroeixo; em pediatria são mais comuns na fossa posterior (ver abaixo), em adultos tendem a ser intraespinais (p. 788).

Epidemiologia

- intracraniano: compreende apenas ≈ 5-6% dos gliomas intracranianos, 69% ocorrem em crianças[26] e compreendem 9% dos tumores cerebrais pediátricos.[27] Incidência de ependimomas intracranianos pediátricos: ≈ 200 casos/ano nos Estados Unidos
- espinal: ≈ 60% dos gliomas da medula espinal (o glioma intramedular primário da medula espinal mais comum abaixo da região torácica intermediária – ver Tumores intramedulares da coluna espinal (p. 787) – 96% ocorrem em adultos,[26] especialmente aqueles de filo terminal; ver abaixo ependimoma mixopapilar)

A idade média do diagnóstico é apresentada no ▶ Quadro 38.5.

Os ependimomas têm potencial para se espalhar via CSF pelo neuroeixo (incluindo a medula espinal), um processo conhecido como "semeadura", resultando nas assim chamadas "drop metástases" na medula espinal em 11%. A incidência é maior com grau mais alto.[27] Em raras ocasiões ocorre disseminação sistêmica.

Patologia

Embora geralmente estejam circunscritos com uma camada de cobertura do epêndima, os ependimomas podem ser invasivos.

A sua classificação é um trabalho ainda em andamento. Ependimomas em diferentes localizações (fossa posterior, supratentorial, medula espinal) são geneticamente distintos.[28] Classificação da Organização Mundial da Saúde (WHO) dos tumores ependimários:

1. ependimoma (WHO II) – variantes:
   a) celular
   b) papilar: "lesão clássica" que ocorre no cérebro ou na medula espinal. Pode apresentar metástases em até 30% dos casos. Núcleos pequenos e escuros. Dois padrões citoplasmáticos:
      - diferenciação ao longo da linha glial: formam pseudorrosetas perivasculares (áreas de processos radiados sem núcleos circundando os vasos sanguíneos) que, quando ocorrem, são diagnósticas
      - células cuboides: podem formar rosetas verdadeiras (onde os processos citoplasmáticos se estendem até formar uma estrutura semelhante ao lúmen sem vaso sanguíneo central – como se tentassem recriar um revestimento ependimário, por exemplo, de um ventrículo). As rosetas verdadeiras estão classicamente associadas a ependimomas; no entanto, as pseudorrosetas são mais comuns
   c) células claras
   d) tanicítico: raro. As células tumorais parecem similares à "ependimóglia" ou "tanicitos" (células esticadas presentes em grau limitado no CNS normal). Rosetas verdadeiras estão ausentes. Sem preferência por idade, sexo ou localização dentro do CNS.[29] Tratamento de escolha: ressecção macroscópica total[29]
2. ependimoma mixopapilar: (WHO I) distinto, ocorre somente no filo terminal. Papilar, com vacúolos microcísticos e mucossubstância

Quadro 38.5 Idade média do diagnóstico de ependimoma[26]

Localização (em 101 pacientes)	Todos os pacientes (anos)	Crianças (anos) (< 15 anos)
intracraniano	**17,5**	**5**
infratentorial	14,5	4,5
supratentorial	22	6,5
intraespinal	**40**	
intramedular	47	
região caudal	32	

3. **subependimomas**: (WHO I): tipicamente ocorrem nos ventrículos laterais anteriores ou quarto ventrículo posterior, com papel proeminente das células gliais subependimárias. Não incomuns na autópsia, raramente cirúrgicos. Classicamente não realçam; ver Realces ependimário e subependimário (p. 1385)
4. epecdimomas anaplásicos: (WHO III) pleomorfismo, multinucleação, células gigantes, figuras mitóticas, alterações vasculares e áreas de necrose; o termo ependimoblastoma foi ocasionalmente usado para mais lesões anaplásicas, porém este termo é mais reservado para um tumor neuroectodérmico primitivo na infância raro e distinto (p. 666). Não está claro se anaplasia tem algum efeito no prognóstico

Informações gerais para ependimomas intracranianos

Conceitos-chave

- geralmente tumores benignos, frequentemente fibrilares com aparência epitelial. Pseudorrosetas perivasculares ou rosetas verdadeiras podem ser vistas na forma clássica (papilar)
- ocorrem mais frequentemente no assoalho do 4° ventrículo, apresentando hidrocefalia (ICP aumentada) e paralisia dos nervos cranianos VI e VII
- avaliação: inclui imagem do neuroeixo inteiro (geralmente com MRI realçado: cervical, torácico, lombar e cerebral) por causa do potencial para metástase no CSF
- quanto mais jovem o paciente (especialmente < 24 meses), pior o prognóstico
- tratamento: os melhores resultados estão associados à remoção macroscópica total (sem realce do tumor na MRI pós-operatória) seguida por XRT. XRT pode ser evitada para < 3 anos
- realizar LP ≈ 2 semanas após a operação para enviar ≈ 10 cc de CSF para citologia para determinar o prognóstico

Geralmente bem circunscritos e benignos (embora ocorram ependimomas anaplásicos [malignos]), comumente se originam no assoalho do quarto ventrículo (60-70% são infratentoriais, todos eles ocorrendo perto do 4° ventrículo,[26] compreendem 25% dos tumores na região do 4° ventrículo[30 (p. 2792)]). Crianças com ependimomas na fossa posterior frequentemente têm tumores anaplásicos com um risco mais elevado de propagação pelo neuroeixo. Ependimomas supratentoriais são frequentemente císticos. Raramente ocorrem fora do CNS no mediastino, pulmões ou ovários. Embora não tão malignos histologicamente quanto os meduloblastomas, os ependimomas têm um prognóstico pior em razão da sua propensão para invadir o óbex, o que impede a sua remoção completa.

Clínica

Sintomas

Principalmente aqueles com efeito de massa na fossa posterior com ICP aumentada[30 (p. 2795)] (por causa da hidrocefalia) e envolvimento de nervo craniano.
Sintomas de ICP aumentada:
1. cefaleia: 80%
2. N/V: 75%
3. ataxia ou vertigem: 60%
4. crises epilépticas: apenas em ≈ 30% das lesões supratentoriais; compreendem apenas 1% dos pacientes com tumores intracranianos que apresentam convulsões

Sinais

Envolvimento de nervo craniano: a invasão do assoalho do 4° ventrículo pode envolver o colículo facial produzindo paralisia do nervo facial (p. 576) (envolvimento do joelho interno de VII) e paralisia do abducente (do núcleo VI).

Avaliação

MRI: estudo de imagem de escolha. É feita imagem do todo o eixo craniospinal com e sem contraste por causa da possibilidade de drop metástases. Geralmente aparece como uma massa no assoalho do quarto ventrículo, frequentemente com hidrocefalia obstrutiva. Pode ser difícil de distinguir de meduloblastoma (MBS) por imagem; ver as características diferenciadoras (p. 1365).
CT: não tão detalhada para avaliação da fossa posterior.
Mielografia: mielografia com contraste hidrossolúvel é quase tão sensível quanto MRI com contraste na detecção de "drop metástases." A mielografia também fornece CSF para citologia para fins de estadiamento.

Tratamento

Ressecção cirúrgica

Objetivo da cirurgia: máxima ressecção possível da porção intracraniana sem causar déficits neurológicos (já que a extensão da ressecção é um fator prognóstico importante). A ressecção macroscópica total pode não ser possível quando a invasão do assoalho for extensa ou quando o tumor se estender pelo forame de Luschka (bradicardia pode impedir GTR).

Duas semanas após a operação, realizar LP para procurar "drop metástases": 10 cc de CSF são enviados para a citologia para quantificar (se houver) o número de células malignas (pode ser usado para acompanhar o tratamento). Se a LP for positiva, então por definição há "drop metástases". Se negativa, não será tão útil (a sensibilidade não é alta). O CSF de uma EVD não é tão sensível quanto de LP.

Lesões no quarto ventrículo são abordadas via craniectomia suboccipital mediana.

Radioterapia (XRT)

Os ependimomas estão em segundo lugar, perdendo somente para os meduloblastomas em radiossensibilidade. A XRT é administrada após a excisão cirúrgica (a sobrevida é melhorada com XRT pós-operatória:[26,31] o tempo de sobrevida em 50% dos pacientes foi 2 anos mais longo com XRT do que sem,[26] e a sobrevida em 5 anos aumentou de 20-40% sem XRT para 40-80% com XRT[31]), exceto, para pacientes com < 3 anos, ver abaixo:

1. XRT craniana
   a) terapia tradicional: 45-48 Gy no leito do tumor[31] (recorrência tratada com 15-20 Gy adicionais)[30 (p. 2797)]
   b) recomendações recentes: XRT conformacional em 3D com doses mais altas (59,4 Gy aplicado no leito do tumor + 1 cm nas margens)[32]
   c) terapia com feixe de prótons de intensidade modulada parece ser equivalente em termos de controle local, mas pode ser melhor na preservação do tecido normal[33]
2. XRT espinal: a maioria irradia somente se houver "drop metástases" ou se a citologia do CSF for positiva (no entanto, XRT espinal profilática é controversa[34])
   a) XRT em baixa dose para o eixo espinal inteiro (dose média = 30 Gy em uma série[31])
   b) aumento de dose local para regiões que apresentem "drop metástases"
3. XRT é indesejável com idade < 3 anos de idade decorrente dos efeitos colaterais. XRT foi evitada em ≈ 30% dos pacientes com < 3 anos, com sobrevida comparável quando a XRT foi reservada para falhas no tratamento.[35,36] Este conceito de XRT seletiva pode ser aplicado também a crianças mais velhas[37]

Quimioterapia

O papel é muito limitado.

1. tem pouco impacto em casos recentemente diagnosticados. Quimioterapia adjuvante depois de XRT em pacientes com > 3 anos não apresentou benefícios
2. pode reduzir a vascularização dos ependimomas, o que pode facilitar a GTR (algumas vezes em uma reoperação)
3. pode ser considerada para crianças com idade < 3 anos para retardar o uso de XRT (ver acima)
4. quimioterapia na época da recorrência pode deter a progressão por curtos períodos

Resultados

Mortalidade operatória:[30 (p. 2797)] 20-50% nas séries iniciais; mais recentemente: 5-8%.

Morbidade operatória: aconselhar os pacientes/famílias no pré-operatório quanto à possibilidade da necessidade de alimentação por sonda gástrica (G-*tube*) e traqueostomia no pós-operatório (que podem ser temporárias).

Idade: crianças comparadas a adultos: a sobrevida em 5 anos é de 20-30% no grupo pediátrico,[27,38] comparada a até 80% em adultos. Pacientes entre 24-35 meses tiveram melhores resultados (sobrevida em 5 anos ≈ 73%) do que aqueles com menos de 24 meses (26% 5 anos) ou aqueles com menos de 36 meses (36% 5 anos).[39]

Patologia: o prognóstico é pior com ependimoma anaplásico (WHO III) do que com o grau "padrão" (WHO II).[40,41] Entretanto, excluindo tumores WHO III, as características malignas em um ependimoma não necessariamente representam um pior prognóstico.[42]

Extensão da ressecção: o risco de recorrência é mais alto depois de ressecção subtotal. Ressecção macroscópica total (GTR) (cirúrgica) de tumor intracraniano primário seguida por XRT espinal, conforme descrito acima, leva a uma sobrevida de 41% em 5 anos.

Falhas no tratamento: tumores WHO grau II tendem a recorrer inicialmente no sítio de origem.[40] No entanto, falhas primárias em 9-25% dos pacientes são via "drop metástases".[39,43]

38.4 Tumores gliais neuronais e mistos

38.4.1 Astrocitoma/ganglioglioma desmoplásico infantil

As entidades prévias. "astrocitoma desmoplásico cerebral da infância" e "ganglioglioma desmoplásico infantil", foram combinadas em "astrocitoma e ganglioglioma desmoplásico infantil" (DIG).[44] Uma lesão com ambas diferenciações astrocítica ou glioneuronal dual. O prognóstico é geralmente favorável.

38.4.2 Neurocitoma central

Informações gerais

Conceitos-chave

- tumor neuronal raro, WHO grau II
- visto principalmente em adultos jovens
- ressecção macroscópica total grosseira pode ser curativa
- se índice de marcação para MIB-1 > 2-4%, há um risco aumentado de recorrência depois de ressecção subtotal
- se a marcação para MIB-1 for elevada, radioterapia depois de ressecção subtotal pode reduzir o risco de recorrência

---

Neurocitoma central é um tumor neuronal WHO grau II que constitui 0,1-0,5% dos tumores cerebrais. Geralmente estão aderidos ao septo pelúcido dentro dos ventrículos laterais ou estão dentro do terceiro ventrículo. A incidência tem seu pico na 3ª década, mas também podem-se apresentar em crianças e idosos. Nenhum gênero predomina. A apresentação mais comum é com pressão intracraniana aumentada e ventriculomegalia.[45,46]

Patologia

As células do neurocitoma central possuem núcleos redondos e pequenos. As células frequentemente têm uma aparência de "ovo frito" no H e E, o que pode simular oligodendrogliomas. Há duas arquiteturas principais: favo de mel (também simulando oligodendrogliomas) e fibrilar. Rosetas também podem ser vistas. A imuno-histoquímica é frequentemente positiva para os marcadores neuronais sinaptofisina e Neu-N. Quando o diagnóstico não é claro, é usada microscopia eletrônica para demonstrar características neuronais, incluindo: um complexo de Golgi proeminente, microtúbulos paralelos e centro denso de grânulos neurossecretórios.[45,46] Não foi reportada deleção de 1p/19q em neurocitoma central, mas pode ser vista em neurocitoma extraventricular.[47]

Variantes

1. neurocitoma extraventricular é um subtipo mais raro que pode estar localizado no parênquima cerebral, cerebelo, tálamo, tronco encefálico, região pineal e medula espinal. As células tumorais podem ser focalmente infiltrativas no tecido circundante. Achados da patologia incluem hialinização da parede dos vasos e diferenciação ganglionar. A imuno-histoquímica é positiva para sinaptofisina no citoplasma e neurópilo. É frequentemente positivo para Neu-N. Os achados com microscopia eletrônica incluem núcleos redondos e grânulos neurossecretores, como em neurocitoma central. Deleções de 1p e 19q, isoladas ou em combinação, podem ser vistas em neurocitoma extraventricular[47]
2. liponeurocitoma é um neurocitoma carregado de lipídios que mais frequentemente aparece no cerebelo. Raramente, tumores similares também podem aparecer nos ventrículos laterais. Alguns autores sugerem que o nome mais inclusivo "Liponeurocitoma" deve substituir a classificação separada da WHO de "Liponeurocitoma cerebelar." Outros defendem que as exceções supratentoriais são neurocitomas centrais que contêm neurócitos que passaram por lipidização, em vez de terem metaplasia adiposa real[48]

Imagem

Exame de CT: 25-50% destes tumores apresentam calcificações. Os tumores são geralmente iso a hiperdensos, com áreas hipodensas que representam degeneração cística.[45]

MRI: os tumores aparecem heterogeneamente isointensos em T1 e hiperintensos em T2. Espectroscopia por MR frequentemente apresenta um alto pico da glicina.[49]

O realce do contraste de moderado a forte se mostra tanto em imagens de CT quanto MRI.[46]

Tratamento

1. ressecção total é frequentemente curativa. Após ressecção macroscópica total, geralmente não é necessária radioterapia[45]
2. a ressecção subtotal pode ser seguida por radiocirurgia estereotática, especialmente se a marcação para MIB-1 for > 2-4%[45,46,49,50]
3. quimioterapia para tumores recorrentes e inoperáveis foi descrita com vários agentes, incluindo: agentes alquilantes (carmustina, ciclofosfamida, ifosfamida, lomustina), agentes à base de platina (carboplatina e cisplatina), etoposídeo, topotecan e vincristina[49,50]
4. após o tratamento, os pacientes devem-se submeter a acompanhamento a longo prazo com imagem como vigilância para recorrência do tumor[46]

Prognóstico

Ressecção total pode ser curativa.[45,49] O risco de recorrência após ressecção total varia com o índice de marcação para MIB-1. Em um estudo de 2004 de neurocitomas com marcação para MIB-1 > 2%, a taxa de controle local em 5 anos após ressecção subtotal isolada foi de 7%, mas se foi seguida de ressecção subtotal com radioterapia, a taxa foi de 70%.[50] Em um estudo de 2013, pacientes com marcação para MIB-1 < 4% não tiveram recorrência aos 4 anos após ressecção subtotal. Se a marcação para MIB-1 foi > 4% na ressecção subtotal, foi encontrada recorrência em 50% dos pacientes aos 2 anos e 75% aos 4 anos.[49] A maioria das recorrências locais ocorre dentro de 3-6 anos. A recorrência é mais comum em neurocitoma extraventricular.[50]

38.4.3 Liponeurocitoma cerebelar

Anteriormente medulobastoma lipomatoso. Ocorre exclusivamente no cerebelo de adultos (idade média: 50 anos). Sem preferência por gênero.

Histologia: agrupamentos de neurócitos neoplásicos com lipidização (semelhantes a adipócitos), tendo como pano de fundo células neoplásicas pequenas com características morfológicas mais sugestivas de neurócitos. Sinaptofisina (p. 600) e imunocoloração para MAP-2 são consistentes, e positividade focal e difusa para GFAP é comum. Geralmente sem figuras mitóticas. O índice para MIB-1 é de 1-3%.

38.4.4 Tumores neuroepiteliais disembrioplásicos (DNT) ou (DNET)

Ver referências.[51,52]

Epidemiologia

Incidência: não conhecida com precisão porque o diagnóstico pode passar despercebido. Variação estimada: 0,8-5% de todos os tumores cerebrais primários. Ocorre tipicamente em crianças e adultos jovens.

Localizações mais comuns: temporal ou frontal. O envolvimento do lobo parietal e especialmente occipital é raro. Foram relatados DNTs no cerebelo, ponte e gânglios basais.

Patologia

Um glioma WHO grau I. Acredita-se que se origina embriologicamente da camada germinal secundária (que inclui a camada subependimária, a camada granular externa do cerebelo, a fáscia dentada do hipocampo e a camada granular subpial).

Multinodularidade com baixa potência é uma característica-chave, e as células primárias constitutivas são oligodendrócitos e, até certo ponto, astrócitos que são frequentemente pilocíticos. Ocasionalmente difícil de diferenciar de oligodendroglioma.

Duas formas distintas[53] (não parecem ter prognósticos diferentes):
1. forma simples: elementos glioneuronais consistindo em feixes de axônios perpendiculares à superfície cortical, alinhados com células semelhantes à oligodendróglia que são positivas para S-100 e negativas para GFAP. Neurônios de aparência normal suspensos numa matriz eosinofílica clara estão espalhados entre estas colunas (sem semelhança com células ganglionares, ao contrário dos ganglioglimas)
2. forma complexa: elementos glioneuronais conforme descrito acima na forma simples, com nódulos gliais dispersos. O componente glial pode simular um astrocitoma fibrilar de baixo grau. Ocorrem focos de displasia cortical

Clínica

Tipicamente associado à epilepsia refratária de longa data, geralmente crises parciais complexas. Os sintomas geralmente começam antes dos 20 anos.

Imagem

Lesões corticais sem edema circundante e sem efeito de massa mediano.

CT: lesão hipodensa com margens distintas. Deformidade da calvária subjacente é comum.

MRI: T1WI: hipointenso. T2WI: hiperintenso, podem ser vistas septações. Se houver realce, geralmente será nodular.

PET scan: hipometabólico com [18F]-fluordesoxiglicose. Absorção negativa de [11C]-metionina (ao contrário de outros gliomas).

Resultados

Controle das crises: geralmente melhora depois da cirurgia. O grau de controle parece correlacionar-se com a totalidade da remoção. A melhora nas convulsões tem relação inversa com a duração das crises refratárias.

Recorrência/crescimento continuado: recorrência após a remoção completa ou crescimento do tumor após ressecção parcial é raro. Um tratamento adjuvante (XRT, quimioterapia...) não traz benefícios para estes tumores benignos. Mitoses ou proliferação endotelial, vistas ocasionalmente, não afetam prognóstico. Transformação maligna é muito rara.

38.4.5 Gangliocitoma displásico do cerebelo (doença de Lhermitte-Duclos)

Informações gerais

Também conhecido como ganglioneuroma do cerebelo, purkinjoma, hipertrofia das células granulares do cerebelo, gangliocitoma displásico, hamartoma do cerebelo.

Lesão cerebelar rara (200 relatos de casos[54]) com características de uma malformação e de uma neoplasia de baixo grau (WHO I) que tem propensão a progredir (aumentar) e recorre após a cirurgia. Pode ser focal ou difusa. Aumento difuso da folha cerebelar.

Fortemente associado à síndrome de Cowden: também conhecido como síndrome do hamartoma múltiplo. Autossômico dominante. Incidência: 1 em 250.000 nascimentos vivos.[55] Associado a tumor da tireoide, de mama e uterino, neuromas mucosos e meningiomas.

Patologia

Desarranjo da arquitetura celular laminar normal do cerebelo com:
1. espessamento da camada celular molecular externa
2. perda da camada celular de Purkinje intermediária
3. infiltração da camada celular granular interna com células ganglionares displásicas

Clínica

Tipicamente um *adulto* de meia-idade com sinais e sintomas de uma massa cerebelar. Também pode apresentar hidrocefalia ou pode ser um achado incidental.

Imagem

CT: lesão hipo a isodensa, não realçada com efeito de massa.

MRI: T1WI hipo a isointenso. T2WI: hiperintenso, heterogêneo. Não realçado. Aparência estriada característica[56] (listras de tigre) decorrente da folha cerebelar alargada. Pode conter calcificações. DWI: hiperintenso. Mapa do ADC: hipointenso.

Nota: em uma criança com achados na MRI de doença de Lhermitte-Duclos (LDD) (mesmo que clássica), um meduloblastoma é estatisticamente mais provável[57,58] (especialmente meduloblastoma com nodularidade extensa[59] (MBEN)).

Tratamento

Controverso. Foram descritos poucos casos com um curso benigno.[60] *Shunt* para hidrocefalia. É recomendada biópsia,[58] particularmente em casos pediátricos para excluir meduloblastoma. Pode ser considerada excisão cirúrgica quando houver efeito de massa significativo.[61] A eficácia da XRT é desconhecida.

38.5 Tumores de plexo corioide

38.5.1 Informações gerais

A maioria é histologicamente benigna (papiloma de plexo corioide (CPP), WHO I), embora possam ocorrer tumores intermediários (papiloma de plexo corioide atípico, WHO II) e malignos (carcinoma de plexo corioide (CPC), WHO III). Foi vista degeneração maligna de WHO I ou II para grau III em 2 de 124 pacientes com 59 meses de seguimento médio.[62] Todos eles podem produzir "drop metástases" no CSF, mas WHO III produz mais comumente. Embora geralmente sejam de crescimento lento, eles algumas vezes crescem rapidamente.

CPPs atípicos têm mais figuras mitóticas do que CPP sem os sinais francos de malignidade vistos em CPC,[63] e até 2 das 4 características seguintes podem ser observadas: celularidade aumentada, pleomorfismo nuclear, distorção do padrão papilar, áreas de necrose.

38.5.2 Epidemiologia

Prevalência: 0,4-1% de todos os tumores intracranianos, 1,5-6% dos tumores em pediatria.

Embora possam ocorrer em qualquer idade, 70% dos pacientes têm idade < 2 anos de idade.[64] Alguns tumores ocorrem em recém-nascidos, apoiando a hipótese de que alguns deles são congênitos.[65]

Localização: em adultos estes tumores são geralmente infratentoriais, enquanto em crianças eles tendem a ocorrer supratentorialmente (um inverso da situação para a maioria dos outros tumores) no ventrículo lateral[65] com uma predileção pelo lado esquerdo. Ver Lesões intraventriculares (p. 1381) para o diagnóstico diferencial. Podem estar localizados em qualquer lugar onde haja plexo corioide, com as localizações mais frequentes: ventrículo lateral ou 4º ventrículo, CPA (da extensão do plexo corioide até o forame de Luschka).

38.5.3 Apresentação

A maioria apresenta sintomas de ICP aumentada por causa da hidrocefalia (H/A, N/V, craniomegalia), outros podem apresentar crises epilépticas, hemorragia subaracnoide (com meningismo) ou déficit neurológico focal (hemiparesia, déficits sensoriais, sinais cerebelares ou paralisias dos nervos cranianos III, IV e VI).

Hidrocefalia, que pode resultar de: produção excessiva de CSF (embora a remoção total destes tumores nem sempre cure a hidrocefalia – especialmente em pacientes com alta taxa de proteína no CSF, hemorragia decorrente de tumor ou cirurgia, ou ependimite), obstrução do fluxo do CSF ou hidrocefalia comunicante por partículas contidas no CSF.

38.5.4 Imagem

MRI ou CT cerebral sem e com contraste geralmente demonstram uma massa intraventricular multilobulada densamente realçada classicamente com "frondes" se projetando. Hidrocefalia é comum.

38.5.5 Tratamento

Informações gerais

Não há função para quimioterapia ou radiação para lesões WHO I. Para carcinoma de plexo corioide, quimioterapia beneficia um subgrupo de pacientes.[65]

Tratamento cirúrgico

Lesões benignas podem ser curadas cirurgicamente com remoção total, e mesmo tumores malignos respondem bem à cirurgia. A operação pode ser difícil por causa da fragilidade do tumor e do sangramento das artérias corioides. No entanto, é recomendada persistência com uma segunda e algumas vezes até uma terceira operação, já que pode ser atingida uma taxa de sobrevida de 84% em 5 anos.[65] Podem ocorrer coleções subdurais operativas depois da excisão transcortical do tumor e podem resultar de uma fístula ventrículo-subdural persistente, o que pode requerer *shunt* subduroperitoneal.[64]

38.5.6 Recorrência

12 recorrências (6% de pacientes WHO I e 29% WHO II) requerendo intervenção neurocirúrgica ocorreram em 124 ressecções completas com 59 meses em média de seguimento.[62]

38.6 Outros tumores neuroepeliais

1. astroblastoma
2. glioma cordoide do 3° ventrículo[67]: tumor benigno raro da idade adulta. Massa sólida com realce no 3° ventrículo. Proporção de mulheres e homens = 3:1. A atividade mitótica está ausente na maioria dos tumores. Positividade na imuno-histoquímica é comum para GFAP, a reatividade a S100 é variável. Aparência histologicamente similar a meningioma cordoide, que não é positivo para GFAP. A aderência à parede do 3° ventrículo (hipotálamo) pode impedir a remoção total
3. glioma angiocêntrico

Referências

[1] Mork SJ, Lindegaard KF, Halvorsen TB, et al. Oligodendroglioma: Incidence and Biological Behavior in a Defined Population. J Neurosurg. 1985; 63:881–889

[2] Daumas-Duport C, Tucker M-L, Kolles H, et al. Oligodendrogliomas: Part II - A new grading system based on morphological and imaging criteria. J Neurooncol. 1997; 34:61–78

[3] Coons SW, Johnson PC, Scheithauer BW, et al. Improving Diagnostic Accuracy and Interobserver Concordance in the Classification and Grading of Primary Gliomas. Cancer. 1997; 79:1381–1393

[4] Daumas-Duport C, Varlet P, Tucker M-L, et al. Oligodendrogliomas: Part I - Patterns of Growth, Histological Diagnosis, Clinical and Imaging Correlations: A Study of 153 Cases. J Neurooncol. 1997; 34:37–59

[5] Chin HW, Hazel JJ, Kim TH, et al. Oligodendrogliomas. I. A Clinical Study of Cerebral Oligodendrogliomas. Cancer. 1980; 45:1458–1466

[6] Roberts M, German W. A Long Term Study of Patients with Oligodendrogliomas. J Neurosurg. 1966; 24:697–700

[7] Coons SW, Johnson PC, Pearl DK, Olafsen AG. The Prognostic Significance of Ki-67 Labeling Indices for Oligodendrogliomas. Neurosurgery. 1997; 41:878–885

[8] Fortin D, Cairncross GJ, Hammond RR. Oligodendroglioma: An Appraisal of Recent Data Pertaining to Diagnosis and Treatment. Neurosurgery. 1999; 45:1279–1291

[9] Hart MN, Petito CK, Earle KM. Mixed Gliomas. Cancer. 1974; 33:134–140

[10] Rutka JT, Murakami M, Dirks PB, et al. Role of Glial Filaments in Cells and Tumors of Glial Origin: A Review. J Neurosurg. 1997; 87:420–430

[11] Kros JM, Schouten WCD, Janssen PJA, et al. Proliferation of Gemistocytic Cells and Glial Fibrillary Acidic Protein (GFAP)-Positive Oligodendroglial Cells in Gliomas: A MIB-1/GFAP Double Labeling Study. Acta Neuropathol (Berl). 1996; 91:99–103

[12] Smith MT, Ludwig CL, Godfrey AD, et al. Grading of Oligodendrogliomas. Cancer. 1983; 52:2107–2114

[13] Cairncross JG, Macdonald D, Ludwin S, et al. Chemotherapy for Anaplastic Oligodendroglioma. J Clin Oncol. 1994; 12:2013–2021

[14] Cairncross JG, Ueki K, Zlatescu MC, et al. Specific Genetic Predictors of Chemotherapeutic Response and Survival in Patients with Anaplastic Oligodendrogliomas. J Natl Cancer Inst. 1998; 90:1473–1479

[15] Levin VA, Edwards MS, Wright DC, et al. Modified Procarbazine, CCNU and Vincristine (PCV-3) Combination Chemotherapy in the Treatment of Malignant Brain Tumors. Cancer Treat Rep. 1980; 64:237–244

[16] Glass J, Hochberg FH, Gruber ML, Louis DN, et al. The Treatment of Oligodendrogliomas and Mixed Oligodendroglioma-Astrocytomas with PCV Chemotherapy. J Neurosurg. 1992; 76:741–745

[17] Yung WK, Prados MD, Yaya-Tur R, et al. Multicenter phase II trial of temozolomide in patients with anaplastic astrocytoma or anaplastic oligoastrocytoma at first relapse. Temodal Brain Tumor Group. J Clin Oncol. 1999; 17:2762–2771

[18] Berger MS, Rostomily RC. Low Grade Gliomas: Functional Mapping Resection Strategies, Extent of Resection, and Outcome. J Neurooncol. 1997; 34:85–101

[19] Earnest F, Kernohan JW, Craig WM. Oligodendrogliomas: A Review of 200 Cases. Arch Neurol Psychiat. 1950; 63:964–976

[20] Ciric I, Ammirati M, Vick N, et al. Supratentorial Gliomas: Surgical Considerations and Immediate Postoperative Results. Neurosurgery. 1987; 21:21–26

[21] Gonzales M, Sheline GE. Treatment of Oligodendrogliomas With or Without Postoperative Radiation. J Neurosurg. 1988; 68:684–688

[22] Reedy DP, Bay JW, Hahn JF. Role of Radiation Therapy in the Treatment of Cerebral Oligodendroglioma. Neurosurgery. 1983; 13:499–503

[23] Taphoorn MJ, Heimans JJ, Snoek FJ, et al. Assessment of Quality of Life in Patients Treated for Low- Grade Glioma: A Preliminary Report. J Neurol Neurosurg Psychiatry. 1992; 55:372–376

[24] Smith JS, Perry A, Borell TJ, Lee HK, O'Fallon J, Hosek SM, Kimmel D, Yates A, Burger PC, Scheithauer BW, Jenkins RB. Alterations of chromosome arms 1p and 19q as predictors of survival in oligodendrogliomas, astrocytomas, and mixed oligoastrocytomas. J Clin Oncol. 2000; 18:636–645

[25] Kraus JA, Lamszus K, Glesmann N, Beck M, Wolter M, Sabel M, Krex D, Klockgether T, Reifenberger G, Schlegel U. Molecular genetic alterations in glioblastomas with oligodendroglial component. Acta Neuropathol (Berl). 2001; 101:311–320

[26] Mork SJ, Loken AC. Ependymoma: A Follow-Up Study of 101 Cases. Cancer. 1977; 40:907–915

[27] Duffner PK, Cohen ME, Freeman AI. Pediatric Brain Tumors: An Overview. Ca. 1985; 35:287–301

[28] Taylor MD, Poppleton H, Fuller C, Su X, Liu Y, Jensen P, Magdaleno S, Dalton J, Calabrese C, Board J, Macdonald T, Rutka J, Guha A, Gajjar A, Curran T, Gilbertson RJ. Radial glia cells are candidate stem cells of ependymoma. Cancer Cell. 2005; 8:323–335

[29] Kleihues P, Louis DN, Scheithauer BW, Rorke LB, Reifenberger G, Burger PC, Cavenee WK. The WHO classification of tumors of the nervous system. J Neuropathol Exp Neurol. 2002; 61:215–25; discussion 226-9

[30] Youmans JR. Neurological Surgery. Philadelphia 1982

[31] Shaw EG, Evans RG, Scheithauer BW, et al. Postoperative Radiotherapy of Intracranial Ependymoma in Pediatric and Adult Patients. Int J Radiation Oncology Biol Phys. 1987; 13:1457–1462

[32] Merchant TE, Mulhern RK, Krasin MJ, Kun LE, Williams T, Li C, Xiong X, Khan RB, Lustig RH, Boop FA, Sanford RA. Preliminary results from a phase II trial of conformal radiation therapy and evaluation of radiation-related CNS effects for pediatric patients with localized ependymoma. J Clin Oncol. 2004; 22:3156–3162

[33] MacDonald SM, Safai S, Trofimov A, Wolfgang J, Fullerton B, Yeap BY, Bortfeld T, Tarbell NJ, Yock T. Proton radiotherapy for childhood ependymoma: initial clinical outcomes and dose comparisons. Int J Radiat Oncol Biol Phys. 2008; 71:979–986

[34] Vanuytsel L, Brada M. The Role of Prophylactic Apinal Irradiation in Localized Intracranial Ependymoma. Int J Radiation Oncology Biol Phys. 1991; 21:825–830

[35] van Veelen-Vincent ML, Pierre-Kahn A, Kalifa C, Sainte-Rose C, Zerah M, Thorne J, Renier D. Ependymoma in childhood: prognostic factors, extent of surgery, and adjuvant therapy. J Neurosurg. 2002; 97:827–835

[36] Grundy RG, Wilne SA, Weston CL, Robinson K, Lashford LS, Ironside J, Cox T, Chong WK, Campbell RH,

Bailey CC, Gattamaneni R, Picton S, Thorpe N, Mallucci C, English MW, Punt JA, Walker DA, Ellison DW, Machin D. Primary postoperative chemotherapy without radiotherapy for intracranial ependymoma in children: the UKCCSG/SIOP prospective study. Lancet Oncol. 2007; 8:696–705

[37] Little AS, Sheean T, Manoharan R, Darbar A, Teo C. The management of completely resected childhood intracranial ependymoma: the argument for observation only. Childs Nerv Syst. 2009; 25:281–284

[38] Sutton LN, Goldwein J, Perilongo G, et al. Prognostic Factors in Childhood Ependymomas. Pediatr Neurosurg. 1990; 16:57–65

[39] Zacharoulis S, Ji L, Pollack IF, Geyer R, Grill J, Schild S, Jaing TH, Massimino M, Finlay J, Sposto R. Metastatic ependymoma: a multi-institutional retrospective analysis of prognostic factors. Pediatr Blood Cancer. 2008; 50:231–235

[40] Kawabata Y, Takahashi JA, Arakawa Y, Hashimoto N. Long-term outcome in patients harboring intracranial ependymoma. J Neurosurg. 2005; 103:31–37

[41] Tihan T, Zhou T, Holmes E, Burger PC, Ozuysal S, Rushing EJ. The prognostic value of histological grading of posterior fossa ependymomas in children: a Children's Oncology Group study and a review of prognostic factors. Mod Pathol. 2008; 21:165–177

[42] Ross GW, Rubinstein LJ. Lack of Histopathological Correlation of Malignant Ependymomas with Postoperative Survival. J Neurosurg. 1989; 70:31–36

[43] Foreman NK, Love S, Thorne R. Intracranial ependymomas: analysis of prognostic factors in a population- based series. Pediatr Neurosurg. 1996; 24:119–125

[44] Louis DN, Ohgaki H, Wiestler OD, Cavenee WK, Bosman FT, Jaffe ES, Lakhani SR, Ohgaki H. WHO classification of tumors of the central nervous system. Lyon 2007

[45] Patel DM, Schmidt RF, Liu JK. Update on the diagnosis, pathogenesis, and treatment strategies for central neurocytoma. J Clin Neurosci. 2013; 20:1193–1199

[46] Sharma MC, Deb P, Sharma S, Sarkar C. Neurocytoma: a comprehensive review. Neurosurg Rev. 2006; 29:270–85; discussion 285

[47] Agarwal S, Sharma MC, Sarkar C, Suri V, Jain A, Sharma MS, Ailawadhi P, Garg A, Mallick S. Extraventricular neurocytomas: a morphological and histogenetic consideration. A study of six cases. Pathology (Phila). 2011; 43:327–334

[48] Chakraborti S, Mahadevan A, Govindan A, Yasha TC, Santosh V, Kovoor JM, Ramamurthi R, Alapatt JP, Hedge T, Shankar SK. Supratentorial and cerebellar liponeurocytomas: report of four cases with review of literature. J Neurooncol. 2011; 103:121–127

[49] Kaur G, Kane AJ, Sughrue ME, Oh M, Safaee M, Sun M, Tihan T, McDermott MW, Berger MS, Parsa AT. MIB-1 labeling index predicts recurrence in intraventricular central neurocytomas. J Clin Neurosci. 2013; 20:89–93

[50] Rades D, Fehlauer F, Schild SE. Treatment of atypical neurocytomas. Cancer. 2004; 100:814–817

[51] Daumas-Duport C, Scheithauer BW, Chodkiewicz J-P, Laws ER, Vedrenne C. Dysembryoplastic Neuroepithelial Tumor: A Surgically Curable Tumor of

Young Patients with Intractable Seizures. Neurosurgery. 1988; 23:545–556

[52] Daumas-Duport C, Varlet P, Bacha S, Beuvon F, Cervera-Pierot P, Chodkiewicz JP. Dysembryoplastic neuroepithelial tumors: nonspecific histological forms – a study of 40 cases. J Neurooncol. 1999; 41:267–280

[53] Adada B, Sayed K. Dysembryoplastic neuroepithelial tumors. Contemp Neurosurg. 2004; 26:1–5

[54] Robinson S, Cohen AR. Cowden disease and Lhermitte-Duclos disease: an update. Case report and review of the literature. Neurosurg Focus. 2006; 20

[55] Nelen MR, van Staveren WC, Peeters EA, Hassel MB, Gorlin RJ, Hamm H, Lindboe CF, Fryns JP, Sijmons RH, Woods DG, Mariman EC, Padberg GW, Kremer H. Germline mutations in the PTEN/MMAC1 gene in patients with Cowden disease. Hum Mol Genet. 1997; 6:1383–1387

[56] Meltzer CC, Smirniotopoulos JG, Jones RV. The striated cerebellum: an MR imaging sign in Lhermitte- Duclos disease (dysplastic gangliocytoma). Radiology. 1995; 194:699–703

[57] Chen KS, Hung PC, Wang HS, Jung SM, Ng SH. Medulloblastoma or cerebellar dysplastic gangliocytoma (Lhermitte-Duclos disease)? Pediatr Neurol. 2002; 27:404–406

[58] Someshwar S, Hogg JP, Nield LS. Lhermitte-Duclos disease or neoplasm? Applied Neurology. 2007; 3:37–39

[59] Suresh TN, Santosh V, Yasha TC, Anandh B, Mohanty A, Indiradevi B, Sampath S, Shankar SK. Medulloblastoma with extensive nodularity: a variant occurring in the very young-clinicopathological and immunohistochemical study of four cases. Childs Nerv Syst. 2004; 20:55–60

[60] Capone Mori A, Hoeltzenbein M, Poetsch M, Schneider JF, Brandner S, Boltshauser E. Lhermitte-Duclos disease in 3 children: a clinical long-term observation. Neuropediatrics. 2003; 34:30–35

[61] Carlson JJ, Milburn JM, Barre GM. Lhermitte-Duclos disease: case report. J Neuroimaging. 2006; 16:157–162

[62] Jeibmann A, Wrede B, Peters O, Wolff J, Paulus W, Hasselblatt M. Malignant progression in choroid plexus papillomas. J Neurosurg. 2007; 107:199–202

[63] Jeibmann A, Hasselblatt M, Gerss J, Wrede B, Egensperger R, Beschorner R, Hans VH, Rickert CH, Wolff JE, Paulus W. Prognostic implications of atypical histologic features in choroid plexus papilloma. J Neuropathol Exp Neurol. 2006; 65:1069–1073

[64] Boyd MC, Steinbok P. Choroid Plexus Tumors: Problems in Diagnosis and Management. J Neurosurg. 1987; 66:800–805

[65] Ellenbogen RG, Winston KR, Kupsky WJ. Tumors of the Choroid Plexus in Children. Neurosurgery. 1989; 25:327–335

[66] Wrede B, Liu P, Wolff JE. Chemotherapy improves the survival of patients with choroid plexus carcinoma: a metaanalysis of individual cases with choroid plexus tumors. J Neurooncol. 2007; 85:345–351

[67] Brat DJ, Scheithauer BW, Staugaitis SM, Cortez SC, Brecher K, Burger PC. Third ventricular chordoid glioma: a distinct clinicopathologic entity. J Neuropathol Exp Neurol. 1998; 57:283–290

39 Tumores Neuronais e Neurogliais Mistos

39.1 Ganglioglioma

39.1.1 Informações gerais

> **Conceitos-chave**
>
> - compostos de dois tipos de células: células ganglionares (neurônios) e células gliais
> - extremamente raros (< 2% das neoplasias intracranianas)
> - vistos principalmente nas 3 primeiras décadas de vida
> - caracterizados por crescimento lento e uma tendência a calcificar

O termo "ganglioglioma" foi introduzido, em 1930, por Courville.[1] Um tumor composto de dois tipos de células: células ganglionares (neurônios), que podem se originar de neuroblastos primitivos, e células gliais, geralmente astrocitárias em qualquer fase de diferenciação.[2]

39.1.2 Epidemiologia

Incidência

Tipicamente mencionada[3] como 0,3-0,6%. Uma série de casos[4] encontrou gangliogliomas em 1,3% de todos os tumores cerebrais (incluindo metástases), ou 3% dos tumores cerebrais primários. Considerando-se apenas crianças e adultos jovens, a incidência varia de 1,2-7,6% dos tumores cerebrais.[3]

Demografia

Ocorre principalmente em crianças e adultos jovens (pico de idade de ocorrência: 11 anos).

39.1.3 Localização

Pode ocorrer em várias partes do sistema nervoso (hemisférios cerebrais, medula **espinal**, tronco encefálico, cerebelo, região pineal, tálamo, intrasselar, nervo óptico e nervo periférico foram reportados[3]). A maioria ocorre acima do tentório, principalmente dentro ou perto do 3º ventrículo, no hipotálamo ou nos lobos temporal ou frontal.[5] Gangliogliomas do tronco encefálico (p. 633) ocorrem raramente.

39.1.4 Patologia

Mistura de 2 tipos de células neoplásicas: neuronal (ganglionares) e astrocitárias (gliais). Crescimento muito lento.

Duas classificações principais: ganglioglioneuromas (menos comuns, mais benignos; predominância de componente neuronal) e gangliogliomas (preponderância de células gliais).

Grosseiramente: massa de substância branca; bem circunscrita, firme, com áreas císticas ocasionais e regiões calcificadas. A maioria disseca facilmente do cérebro, mas a porção sólida pode apresentar uma tendência infiltrativa.[3]

Microscopicamente: células ganglionares precisam demonstrar diferenciação celular nervosa, por exemplo, substância de Nissl e axônios ou dendritos. Problema: pode ser difícil diferenciar neurônios neoplásicos de neurônios aprisionados por um astrocitoma invasor. Além disso, astrócitos neoplásicos podem-se parecer com neurônios no microscópio de luz. Dois de 10 pacientes tinham áreas de oligodendroglioma. Uma série de casos encontrou áreas necróticas em 7 de 14 pacientes, calcificação mínima e corpos de Rosenthal.[6] Critérios sugeridos para diagnostico:[7]

1. agrupamento de células grandes potencialmente representando neurônios (necessário para o diagnóstico)
2. sem agrupamento perineural de células gliais em torno dos neurônios neoplásicos suspeitos
3. fibrose (desmoplasia)
4. calcificação

Alterações malignas agressivas no componente glial podem **ditar** um mau prognóstico, embora um histórico "agressivo" não seja incomum e possa não indicar malignidade.

39.1.5 Apresentação

O sintoma de apresentação mais comum foi crise epiléptica, ou uma alteração no padrão preexistente de crises epilépticas. Frequentemente, as crises epilépticas são difíceis de controlar medicamentosamente.

39.1.6 Avaliação radiológica

Os achados neurorradiológicos não são específicos para este tumor.

Raios X simples do crânio: foi notada calcificação em 2 de 6 pacientes.[3]

CT: todos os 10 pacientes tinham uma lesão de baixa densidade na CT sem contraste; 8 realçaram levemente com contraste; 5 de 10 tinham calcificação na CT.[4] Seis de 10 eram no lobo temporal (esta predileção foi observada em muitas, mas não em todas as séries de casos) e 4 eram no lobo frontal. Frequentemente aparece cístico na CT, mas ainda pode ser encontrado sólido na operação. Efeito de massa raro (sugere crescimento lento).

MRI: sinal alto em T1W1, sinal baixo em T2W1. As calcificações aparecem como sinal baixo em ambas.[3]

Angiografia: mostra tanto uma massa avascular ou minimamente vascularizado.

39.1.7 Tratamento

A recomendação é excisão radical ampla quando possível (pode ser limitada na medula espinal e em tumores do tronco encefálico). É recomendado seguimento atento, e deve ser considerada nova ressecção no caso de recorrência. O papel da XRT é desconhecido, e por causa dos efeitos deletérios juntamente com o bom prognóstico a longo prazo, não é recomendada inicialmente, mas pode ser considerada em caso de recorrência.[8]

39.1.8 Prognóstico

Russell e Rubinstein[9] propuseram pela primeira vez que o grau do componente astrocitário do tumor determina o prognóstico. Isto foi apoiado por alguns relatos de casos, mas séries de casos não foram capazes de correlacionar a histologia com os desfechos.[8] Assim sendo, anaplasia não está significativamente associada a um prognóstico pior.[8]

A maioria dos pacientes teve bons resultados e ficaram assintomáticos após a ressecção. 1 paciente em uma série de 10 morreu 3 dias pós-operação por causa de edema cerebral.

Em 58 pacientes, a sobrevida em 5 anos foi de 89%, e a sobrevida em 10 anos foi de 84%.[8] Em 9 gangliogliomas do tronco encefálico, a sobrevida em 5 anos foi de 78%.

O valor da radioterapia é desconhecido. Considerar radiação quando o crescimento for evidente no seguimento com CT ou quando parecer ocorrer infiltração no momento da cirurgia.

Um paciente teve degeneração para glioblastoma quando foi descoberta uma recorrência 5 anos após a remoção (este paciente recebeu radioterapia).

O prognóstico com ressecção subtotal de gangliogliomas do tronco encefálico é melhor do que para gliomas do tronco encefálico como um grupo.[5]

39.2 Paraganglioma

39.2.1 Informações gerais

Também conhecido como quemodectomas, tumores glômicos. O ▶ Quadro 39.1 mostra a designação destes tumores em vários sítios.

Quadro 39.1 Designação baseada no sítio de origem

Sítio	Designação
bifurcação carotídea (mais comum)	tumores do corpo carotídeo
ramo auricular do vago (orelha média)	glômus timpânico
gânglio vagal superior (forame jugular)	glômus jugular
gânglio vagal inferior (nodos) (nasofaringe na base do crânio) (menos comum)	glômus intravagal (também conhecido como glômus vagal)
medula suprarrenal e cadeia simpática	feocromocitoma

Estes tumores se originam a partir das células paraganglionares (não células quimiorreceptoras, como se acreditava anteriormente; portanto, o termo quemodectoma está perdendo aceitação). Tumores de crescimento lento (< 2 cm em 5 anos). Histologicamente beningnos (< 10% associado a envolvimento de linfonodo ou disseminação a distância). A maioria contém grânulos secretórios em EM (sobretudo epinefrina e norepinefrina, e estes tumores podem ocasionalmente secretar estas catecolaminas com risco de HTN fatal e/ou arritmias cardíacas).

Os tumores glômicos podem ocorrer em 2 padrões:
1. familial: não multicêntrico. Até 50%
2. não familial, pode ser multicêntrico (metacrônico) 5%

39.2.2 Feocromocitoma

Informações gerais

Localizado na glândula suprarrenal. Pode ser esporádico ou como parte de uma síndrome familiar (doença de von Hippel-Lindau (p. 703), MEN 2A e 2B e neurofibromatose). Considerar teste genético se a idade no diagnóstico for < 50 anos para mutações de VHL e outras anormalidades genéticas (RET, SDHS, SDHB, SDHC[10]).

Estudos laboratoriais

1. metanefrinas fracionadas no plasma; 96% de sensibilidade, 85% de especificidade.[11] Mais sensível do que as catecolaminas séricas com elevações esporádicas. Feocromocitoma é excluído se a normetanefrina (NMN) for < 112 pg/mL e metanefrina (MN) < 61 pg/mL. Altamente suspeito se NMN > 400 pg/mL ou MN > 236 pg/mL
2. coleta de urina de 24 h para: catecolaminas totais (epinefrina e norepinefina) e metanefrinas (88% de sensibilidade, 99,7% de especificidade[12]). **Nota:** teste para ácido vanilmandélico (VMA) não é mais feito, uma vez que não mede metanefrinas fracionadas
3. quando for encontrada elevação, pode ser feito um teste de supressão com clonidina. A resposta normal consiste em uma queda nas catecolaminas no plasma para ≤ 50% da linha básica e acima de 500 pg/mL (haverá uma redução na hipertensão essencial, porém nenhuma alteração com feocromocitoma ou outra produção tumoral)

Imagem

Indicada quando os testes laboratoriais confirmam feocromocitoma.

MRI com contraste é preferido à CT.

CT pode ser usada quando MRI for contraindicado, mas é menos sensível, especialmente para lesões < 1 cm de diâmetro.

Cintilografia com 123I MIBG (iodo-123-metaiodobenzilguanidina) detecta feocromocitomas extrassuprarrenais com 83-100% de sensibilidade, 95-100% de especificidade. Se não disponível, 131I MIBG pode ser usada com 77-90% de sensibilidade, 95-100% de especificidade.

39.2.3 Tumores do corpo carotídeo

Informações gerais

Possivelmente o paraganglioma mais comum (feocromocitoma pode ser mais comum). Aproximadamente 5% são bilaterais; a incidência de bilateralidade aumenta para 26% em casos familiais (estes são provavelmente autossômicos dominantes).

Clínica

Geralmente presentes como massa indolor de crescimento lento na parte superior do pescoço. Grandes tumores podem → envolvimento do nervo craniano (especialmente o vago e hipoglosso). Também podem causar estenose de ICA → TIAs ou CVA.

Avaliação

1. angiografia carotídea: demonstra o suprimento sanguíneo predominante (geralmente carótida externa, com possíveis contribuições do tronco vertebral e tireocervical. Também pode detectar lesões bilaterais. Achado característico: alargamento da bifurcação
2. MRI (ou CT): avalia a dimensão e a extensão intracraniana

Tratamento

Foi reportado que ressecção acarreta uma alta taxa de complicações, incluindo CVA (8-20%) e lesão de nervo craniano (33-44%). A taxa de mortalidade é de 5-13%.

39.2.4 Tumores glômicos

Informações gerais

Os tumores glômicos podem ser subdivididos em tumores do glômus jugular e glômus timpânico. Os tumores do glômus jugular se originam do bulbo jugular (no forame jugular, na junção do seio sigmoide e veia jugular). Os tumores do glômus timpânico estão centrados mais acima do que os do glômus jugular. Os tumores glômicos são raros (0,6% de todos os tumores de cabeça e pescoço), no entanto o de glômus timpânico é a neoplasia mais comum do orelha média. Os tumores do glômus jugular (GJT) se originam dos corpos glômicos, geralmente na área dos bulbos jugulares, e seguem ao longo dos vasos. Podem ter extensão semelhante a um dedo até a veia jugular (que pode embolizar durante a ressecção).[13] A maioria é de crescimento lento, embora também ocorram tumores de crescimento rápido.

Suprimento vascular: muito vascularizado. Os principais supridores dos GJT provêm da carótida externa (especialmente o ramo timpânico inferior da artéria faríngea ascendente, e ramos da auricular posterior, occipital e maxilar interna), com supridores adicionais da porção petrosa da ICA. Tumores do glômus timpânico se alimentam da artéria auricular.

Epidemiologia

A proporção entre mulheres e homens é de 6:1. A ocorrência bilateral é quase inexistente.

Patologia

Informações gerais

Histologicamente indistinguível de tumores do corpo carotídeo. Pode invadir localmente através da destruição do osso temporal e especialmente ao longo de caminhos preexistentes (ao longo de vasos, tuba auditiva, veia jugular, artéria carótida). Extensão intradural é rara. Pode ocorrer malignidade, mas é rara. Estes tumores raramente metastatizam.

Propriedades secretoras

Estes tumores geralmente possuem grânulos secretores (mesmo os tumores funcionalmente inativos) e podem ativamente secretar catecolaminas (similar aos feocromocitomas, ocorre em apenas 1-4% dos GJT[14]). A norepinefrina será elevada em tumores funcionalmente ativos, uma vez que os tumores glômicos não possuem a metiltransferase necessária para convertê-la em epinefrina. Ou então serotonina e calicreína podem ser liberadas, produzindo uma síndrome do tipo carcinoide (broncoconstrição, dor abdominal e diarreia explosiva, H/A violenta, rubor cutâneo, hipertensão, hepatomegalia e hiperglicemia).[15] Durante a manipulação cirúrgica, estes tumores também podem liberar histamina e bradicinina, causando hipotensão e broncoconstrição.[16]

Clínica

Sintomas

Os pacientes comumente apresentam perda auditiva e zumbido pulsátil. Tontura é o terceiro sintoma mais comum. Também pode ocorrer dor de orelha.

Sinais

A perda auditiva pode ser condutiva (p. ex., por causa da obstrução do canal auditivo) ou neurossensorial decorrente da invasão do labirinto frequentemente acompanhada de vertigem (o oitavo nervo é o nervo craniano mais comumente envolvido). Ocorrem várias combinações de paralisias dos nervos cranianos IX, X, XI e XI – ver Síndromes do forame jugular (p. 100) – com ocasional paralisia do VII nervo (geralmente por envolvimento dentro do osso temporal). Pode ocorrer ataxia e/ou hidrocefalia com lesões massivas que causam compressão do tronco encefálico. Ocasionalmente os pacientes podem apresentar sintomas decorrentes de produtos secretórios (ver abaixo).

Exame otoscópico → massa pulsátil azul-avermelhada atrás do tímpano (ocasionalmente, biopsiada de forma lamentável por médico de ENT com possível perda sanguínea massiva decorrente).

Diagnóstico diferencial

Ver lesões do ângulo cerebelopontino (CPA) (p. 1365). O principal diferencial são os neurilemomas (schwannomas vestibulares), ambos realçam na CT. Um componente cístico e compressão extrínseca do bulbo jugular são característicos de neurilemomas. Angiografia diferenciará os casos difíceis.

Avaliação

Teste neurofisiológico

Devem ser realizados testes audiométrico e vestibular.

Imagem

1. CT ou MRI usadas para delinear a localização e a extensão do tumor; CT é melhor para avaliar envolvimento ósseo da base do crânio
2. angiografia: confirma o diagnóstico (ajudando a excluir schwannoma vestibular) e determina a patência da veia jugular contralateral para o caso da jugular do lado do tumor precisar ser sacrificada; bulbo e/ou veia jugular geralmente estão parcialmente ou completamente ocluídos

Estudos endócrinos/laboratoriais

Ver também detalhes (p. 653).

Classificação

Foram propostos inúmeros esquemas para classificação. A classificação de Jackson modificada é apresentada no ▶ Quadro 39.2.

Tratamento

A ressecção cirúrgica é geralmente simples e efetiva para pequenos tumores confinados à orelha média. Para tumores maiores que invadem e destroem o osso, o papel relativo de cirurgia e/ou radiação não está completamente determinado. Com tumores grandes, cirurgia acarreta o risco de paralisias significativas de nervo craniano.

Manejo médico

Informações gerais

Para tumores que secretam ativamente catecolaminas, a terapia medicamentosa é útil para paliação ou como tratamento adjuvante antes da embolização ou cirurgia. Alfa e betabloqueadores dados antes da embolização ou cirurgia bloqueiam a labilidade de pressão sanguínea possivelmente letal e arritmias. O bloqueio adequado leva ≈ 2-3 semanas de terapia com alfa-bloqueador e no mínimo 24 horas com beta-bloqueador; em emergência, 3 dias de tratamento podem ser suficientes.

Alfa-bloqueadores

Reduz BP, prevenindo a vasoconstrição periférica.
1. fenoxibenzamina (Dibenzyline®): longa duração; pico de ação 1-2 horas. Começar com 10 mg PO Bid e aumentar gradualmente para 40-100 mg por dia divididos em 2 tomadas
2. fentolamina (Regitine®): curta duração. Geralmente usada IV para crise hipertensiva durante a cirurgia ou embolização
   R: 5 mg IV/IM (crianças: 1 mg) 1-2 horas pré-operatório, repetir PRN antes e durante a cirurgia

Quadro 39.2 Classificação de Jackson modificada[17]

Tipo	Descrição	Extensão intracraniana
I	pequeno; envolve o bulbo jugular, orelha média e mastoide	nenhuma
II	estende-se abaixo da IAC	possível
III	estende-se até o ápice petroso	possível
IV	estende-se além do ápice petroso até o clivo ou fossa infratemporal	possível

Betabloqueadores

Reduzem taquicardia e arritmias induzidas pela catecolamina (também podem prevenir a hipotensão que pode ocorrer se for usado apenas alfa-bloqueador). Estas drogas nem sempre são necessárias, mas quando usadas Nota: estas drogas *não* devem ser iniciadas antes de começar com alfa-bloqueadores (para prevenir crise hipertensiva e isquemia miocárdica).

1. propranolol (Inderal®): R: a dose oral é 5-10 mg de 6/6 horas. A dose IV para uso durante cirurgia é 0,5-2 mg IVP lento
2. labelatol (Normodyne®) (p. 126): pode ter alguma eficácia no bloqueio α1 seletivo e β não seletivo (potência < propranolol)

Bloqueadores da liberação de serotonina, bradicinina, histamina

Estes agentes podem provocar broncoconstrição que não responde a esteroides, mas pode responder a β-agonistas inalatórios ou anticolinérgicos inalatórios. Somatostatina pode ser usada para inibir a liberação de serotonina, bradicinina ou histaminas. Como esta droga tem uma meia-vida curta, é preferível dar octreotide (p. 472) 100 mcg SC 8/8 horas.

Radioterapia

XRT pode aliviar os sintomas e parar o crescimento apesar da persistência de massa tumoral. Foi recomendado 40-45 Gy em frações de 2 Gy.[18] Doses mais baixas de ≈ 35 Gy em 15 frações de 2,35 Gy parecem ser efetivos e têm menos efeitos colaterais.[19] Geralmente usada como tratamento principal somente para tumores grandes ou em pacientes muito idosos ou enfermos para se submeterem à cirurgia. Alguns cirurgiões fazem pré-tratamento 4-6 meses antes da operação com XRT para reduzir a vascularização[20] (controverso).

Embolização

1. geralmente reservada para tumores grandes com suprimento sanguíneo favorável (isto é, vasos que podem ser seletivamente embolizados sem perigo de partículas atravessarem para o cérebro normal)
2. o inchaço do tumor pós-embolização pode comprimir o tronco encefálico ou o cerebelo
3. pode ser usada pré-operatoriamente para reduzir a vascularização. Realizada 24-48 horas pré-operatório (não usada antes disso por causa do edema pós-embolização)
4. deve-se ter cautela com tumores com secreção ativa que podem liberar substâncias vasoativas (p. ex., epinefrina) após infarto pela embolização
5. também pode ser usada como tratamento principal (± radiação) em pacientes que não são candidatos cirúrgicos. Neste caso, é somente paliativa, pois o tumor desenvolverá novo suprimento sanguíneo
6. materiais absorvíveis (Gelfoam®) e não absorvíveis (Ivalon®) foram usados

Tratamento cirúrgico

Informações gerais

O tumor é essencialmente extradural, com dura circundante extremamente vascularizada.

A abordagem suboccipital pode causar sangramento perigoso e geralmente resulta em ressecção incompleta. Foi defendida uma abordagem em equipe por um neurocirurgião em conjunto com um neuro-otorrinolaringologista e possivelmente cirurgião de cabeça e pescoço.[21] É utilizada uma abordagem até a base do crânio através do pescoço.

Os supridores da ECA são ligados precocemente, seguido rapidamente pela drenagem de veias (para prevenir a liberação sistêmica das catecolaminas).

O sacrifício da veia jugular (JV) é tolerado se a JV contralateral for patente (frequentemente, a JV ipsolateral já estará ocluída).

Complicações e resultados cirúrgicos

As complicações mais comuns são fístula de CSF, paralisia do nervo facial e graus variados de disfagia (pela disfunção dos nervos cranianos inferiores). Pode ocorrer disfunção de algum dos nervos cranianos VII até XII, e deve ser realizada uma traqueostomia se houver alguma dúvida da função de nervo inferior, e dieta por uma sonda de gastrostomia pode ser necessária temporariamente ou permanentemente. A disfunção de nervo craniano inferior também predispõe a aspiração, cujo risco também é aumentado pelo esvaziamento gástrico prejudicado e íleo paralítico que podem ocorrer em razão dos níveis reduzidos de colecistoquinina (CCK) pós-operatória. Também pode ocorrer perda excessiva de sangue.

Mesmo após a remoção total grosseira do tumor, a taxa de recorrência pode ser de um terço.[20,22]

39.3 Neuroblastomas

39.3.1 Informações gerais

Tumores originados nos gânglios simpáticos.[23] Podem ocorrer em qualquer ponto no sistema nervoso simpático, mais comumente da glândula suprarrenal (40%), seguida pelos gânglios simpáticos das regiões torácica (15%), cervical (5%) e pélvica (5%). As neoplasias sob esta rubrica incluem:
1. neuroblastomas: os mais indiferenciados e agressivos neste grupo
2. ganglioneuroblastomas
3. ganglioneuromas

Nota: neuroblastomas olfatórios são denominados estesioneuroblastomas (p. 1388).

39.3.2 Apresentação

Podem-se apresentar com massa abdominal, dor local ou radicular ou (com tumores torácicos altos ou cervicais) síndrome de Horner. Pode ocorrer compressão da medula espinal decorrente da invasão através de forame neural, e escoliose pode ocorrer. Precursores de catecolamina (ácido homovanílico (HVA), ácido vanilmandélico (VMA) e dopamina) podem ser excretados e causar HTN (podem ser analisados na urina). Metástases tumorais periorbitais podem produzir olhos de guaxinim (geralmente equimose e proptose unilateral). Muitos dos tumores de baixo grau regridem espontaneamente e nunca se apresentam.

Referências

[1] Courville CB. Ganglioglioma. Tumor of the Central Nervous System: Review of the Literature and Report of Two Cases. Arch Neurol Psychiatry. 1930; 24:439–491

[2] Rubinstein LJ. Tumors of the Central Nervous System. Atlas of Tumor Pathology, Second Series, Fascicle 6. Washington, DC: Armed Forces Institute of Pathology; 1972

[3] Demierre B, Stichnoth FA, Hori A, et al. Intracerebral Ganglioglioma. J Neurosurg. 1986; 65:177–182

[4] Kalyan-Raman UP, Olivero WC. Ganglioglioma: A Correlative Clinicopathological and Radiological Study of Ten Surgically Treated Cases with Follow-Up. Neurosurgery. 1987; 20:428–433

[5] Garcia CA, McGarry PA, Collada M. Ganglioglioma of the Brain Stem. Case Report. J Neurosurg. 1984; 60:431–434

[6] Sutton LN, Packer RJ, Rorke LB, et al. Cerebral Gangliogliomas During Childhood. Neurosurgery. 1983; 13:124–128

[7] Miller DC, Lang FF, Epstein FJ. Central Nervous System Gangliogliomas. Part 1: Pathology. J Neurosurg. 1993; 79:859–866

[8] Lang FF, Epstein FJ, Ransohoff J, et al. Central Nervous System Gangliogliomas. Part 2: Clinical Outcome. J Neurosurg. 1993; 79:867–873

[9] Russell DS, Rubinstein LJ. Ganglioglioma: A Case with a Long History and Malignant Evolution. J Neuropathol Exp Neurol. 1962; 21:185–193

[10] van Nederveen FH, Gaal J, Favier J, Korpershoek E, Oldenburg RA, de Bruyn EM, Sleddens HF, Derkx P, Riviere J, Dannenberg H, Petri BJ, Komminoth P, Pacak K, Hop WC, Pollard PJ, Mannelli M, Bayley JP, Perren A, Niemann S, Verhofstad AA, de Bruine AP, Maher ER, Tissier F, Meatchi T, Badoual C, Bertherat J, Amar L, Alataki D, Van Marck E, Ferrau F, Francois J, de Herder WW, Peeters MP, van Linge A, Lenders JW, Gimenez-Roqueplo AP, de Krijger RR, Dinjens WN. An immunohistochemical procedure to detect patients with paraganglioma and phaeochromocytoma with germline SDHB, SDHC, or SDHD gene mutations: a retrospective and prospective analysis. Lancet Oncol. 2009; 10:764–771

[11] Kudva YC, Sawka AM, Young WF, Jr. Clinical review 164: The laboratory diagnosis of adrenal pheochromocytoma: the Mayo Clinic experience. J Clin Endocrinol Metab. 2003; 88:4533–4539

[12] de Jong WH, Eisenhofer G, Post WJ, Muskiet FA, de Vries EG, Kema IP. Dietary influences on plasma and urinary metanephrines: implications for diagnosis of catecholamine-producing tumors. J Clin Endocrinol Metab. 2009; 94:2841–2849

[13] Chretien PB, Engelman K, Hoye RC, et al. Surgical Management of Intravascular Glomus Jugulare Tumor. Am J Surg. 1971; 122:740–743

[14] Jackson CG, Harris PF, Glasscock MEI, et al. Diagnosis and Management of Paragangliomas of the Skull Base. Am J Surg. 1990; 159:389–393

[15] Farrior JB, Hyams VJ, Benke RH, Farrior JB. Carcinoid Apudoma Arising in a Glomus Jugulare Tumor: Review of Endocrine Activity in Glomus Jugulare Tumors. Laryngoscope. 1980; 90:110–119

[16] Jensen NF. Glomus Tumors of the Head and Neck: Anesthetic Considerations. Anesth Analg. 1994; 78:112–119

[17] Jackson CG, Glasscock ME, Nissen AJ, et al. Glomus Tumor Surgery: The Approach, Results, and Problems. Otolaryngol Clin North Am. 1982; 15:897–916

[18] Kim J-A, Elkon D, Lim M-L, Constable WC. Optimum Dose of Radiotherapy for Chemodectomas of the Middle Ear. Int J Radiation Oncology Biol Phys. 1980; 6:815–819

[19] Cummings BJ, Beale FA, Garrett PG, Harwood AR, et al. The Treatment of Glomus Tumors in the Temporal Bone by Megavoltage Radiation. Cancer. 1984; 53:2635–2640

[20] Spector GJ, Fierstein J, Ogura JH. A Comparison of Therapeutic Modalities of Glomus Tumors in the Temporal Bone. Laryngoscope. 1976; 86:690–696

[21] Schmidek HH, Sweet WH. Operative Neurosurgical Techniques. New York 1982

[22] Hatfield PM, James AE, Schulz MD. Chemodectomas of the Glomus Jugulare. Cancer. 1972; 30:1164–1168

[23] Brodeur GM, Pritchard J, Berthold F, et al. Revisions of the international criteria for neuroblastoma diagnosis, staging, and response to treatment. J Clin Oncol. 1993; 11:1466–1477

40 Tumores da Região Pineal e Embrionários

40.1 Tumores da região pineal

40.1.1 Informações gerais

> **Conceitos-chave**
>
> - ampla variedade de patologias: tumores de células germinativas (sobretudo germinomas, teratomas), astrocitomas e tumores pineais (principalmente pineoblastomas) representam a maioria dos tumores
> - como os tumores podem ser de tipos celulares mistos, os marcadores tumorais no CSF (β-hCG, AFP...) não são tão úteis para o diagnóstico quanto para acompanhar a resposta ao tratamento
> - tradicionalmente foi empregada uma dose teste de XRT, mas há uma tendência crescente a obter diagnóstico do tecido em todos os casos, se possível antes de instituir o tratamento

Região pineal:[1] área do cérebro limitada dorsalmente pelo esplênio do corpo caloso e a tela coroide, ventralmente pela placa quadrigeminal e o teto mesencefálico, rostralmente pelo limite posterior do 3° ventrículo e caudalmente pelo vérmis cerebelar.

Uma característica marcante é a diversidade de lesões (neoplásicas e não neoplásicas) que podem ocorrer nesta localização por causa da variedade de tecidos e condições normalmente presentes, como mostra o ▸ Quadro 40.1.

40.1.2 Cistos pineais (PCs)

Informações gerais

Geralmente um achado incidental (isto é, não sintomático), visto em $\approx 4\%$ das MRIs ou em 25-40% das autópsias[3] (muitos são microscópicos). Os mais comuns são os cistos intrapineais com revestimento glial com < 1 cm de diâmetro. A etiologia é obscura, os PCs são não neoplásicos e podem ser decorrentes da

Quadro 40.1 Condições que dão origem a tumores da região pineal

Substrato na região pineal	Tumor que pode se originar
tecido glandular pineal	pineocitomas e pineoblastomas
células gliais	astrocitomas (incluindo pilocítico), oligodendrogliomas, cistos gliais (também conhecido como cisto pineal)
células aracnoides	meningioma, cistos aracnoides (não neoplásicos). Meningioma caracteristicamente desloca a veia cerebral interna inferiormente
revestimento ependimário	ependimomas
nervos simpáticos	quemodectomas
restos de células germinativas	tumores de células germinativas: coriocarcinoma, germinoma, carcinoma embrionário, tumor do seio endodérmico (tumor do saco vitelínico) e teratoma
ausência da barreira hematoencefálica (BBB) na glândula pineal	torna-se um sítio suscetível para metástases hematogênicas
remanescentes de ectoderma	cistos epidermoides ou dermoides
lesões não neoplásicas que podem simular tumores	
vascular	aneurisma da veia de Galeno (p. 1255), AVM
infeccioso	cisticercose (p. 371)

degeneração glial isquêmica ou do sequestro do divertículo pineal. Eles foram considerados benignos, mas a história natural não é conhecida com certeza.[4] Os PCs podem conter fluido claro, levemente xantocrômico ou hemorrágico. Raramente, eles podem aumentar, e como outras massas da região pineal, podem-se tornar sintomáticos, causando hidrocefalia pela compressão aquedutal,[5] paresia do olhar,[6] incluindo a síndrome de Parinaud (p. 99), ou sintomas hipotalâmicos.

H/As posicionais foram atribuídas a PCs. A teoria é que o cisto pode comprimir a veia de Galeno e/ou o aqueduto de Sylvius intermitentemente.[7] Isto permanece sem comprovação, uma vez que a compressão assintomática da veia de Galeno e da placa quadrigeminal foi demonstrada em MRI.[8]

Imagem

Pode escapar à detecção na CT porque a densidade do fluido cístico é frequentemente similar ao CSF. T1W1 na MRI mostra anormalidade redonda ou ovoide na região do recesso pineal, o sinal varia com o conteúdo proteico (isointenso ou levemente hiperintenso). T2W1 ocasionalmente mostra intensidade aumentada.[4] Gadolínio ocasionalmente realça a parede cística com uma espessura máxima de 2 mm; irregularidades da parede com realce nodular sugerem que a lesão não é benigna.

Cistos epidermoides-dermoides também podem ocorrer na região pineal e são maiores e têm características de sinal diferentes na MRI.

Manejo

PCs assintomáticos < 2 cm de diâmetro com aparência típica devem ser acompanhados clinicamente e com estudos de imagem anuais. Cirurgia para aliviar os sintomas ou para obter um diagnóstico é sugerida para lesões sintomáticas ou para aquelas que mostram alterações na MRI.

Opções de cirurgia para pacientes com hidrocefalia:

1. *shunt* no CNS: pode não aliviar o distúrbio no olhar (pela pressão na placa tectal)
2. excisão do cisto: alivia os sintomas e estabelece o diagnóstico. Baixa morbidade
3. aspiração estereotática ou endoscópica: pode não obter tecido suficiente para diagnóstico
4. terceira ventriculostomia endoscópica (ETV) (p. 1517): útil somente para PC típico, uma vez que ela não obtenha tecido para patologia. Foram reportados alguns casos de regressão de PCs depois de ETV[9]

40.1.3 Neoplasias da região pineal

Informações gerais

Os tumores nesta região são mais comuns em crianças (3-8% dos tumores cerebrais pediátricos) do que em adultos ($\leq$ 1%).[10] Mais de 17 tipos de tumor ocorrem nesta região.[11] Germinoma é o tumor mais comum (21-44% na população americana/europeia, 43-70% no Japão), seguido por astrocitomas, teratoma e pineoblastoma.[12] Muitos tumores são de tipo celular misto.

Tumores de células germinativas (GCT), ependimomas e tumores de células pineais metastatizam facilmente através do CSF ("metástases em gotas").

Tumores da glândula pineal

Tumores de células pineais

Um pineocitoma (também conhecido como pinealocitoma) é uma neoplasia bem diferenciada que se origina do epitélio pineal. Pineoblastoma (também conhecido como pinealoblastoma) é um tumor maligno que é considerado um tumor neuroectodérmico primitivo (PNET) (p. 666). Ambos podem metastizar através do CSF, e ambos são radiossensíveis.

Tumores de células germinativas (GCT)

Quando se originam no CNS, os GTCs ocorrem na linha mediana na região suprasselar e/ou pineal (lesões simultâneas nas regiões suprasselar e pineal são diagnósticas de um GCT, os assim chamados tumores de células germinativas sincrônicos, compreendem 13% dos CGTs e são altamente sensíveis a XRT[13]). Na região pineal, estes tumores ocorrem predominantemente em homens. Em mulheres, os GCTs são mais comuns na região suprasselar.[14] À parte os teratomas benignos, todos os GCTs intracranianos são malignos e podem metastizar via CSF e sistemicamente. Tipos de GCTs:

1. germinomas: tumores malignos de células germinativas primitivas que ocorrem nas gônadas (denominados seminomas testiculares em homens, disgerminomas em mulheres) ou no CNS. A sobrevida com estes tumores é muito melhor do que com tumores não germinomatosos
2. os tumores de células germinativas não germinomatosos (NGGCT) incluem:
   a) carcinoma embrionário
   b) coriocarcinoma

Quadro 40.2 Ocorrência de marcadores tumorais no CSF com tumores de células germinativas pineais[a]

Tumor	β-hCG[b]	AFP	PLAP[c]
coriocarcinoma	≈ 100%	–	–
germinoma	10-50%	–	+
carcinoma embrionário	–	+	–
carcinoma do saco vitelínico	–	+	–
teratoma imaturo	–	+	–
teratoma maduro	–	–	–

[a]Adaptado com permissão da personal communication, Ashraf Samy Youssef, M.D., Ph.D.
[b]Abreviações: β-hCG = beta-gonadotrofina coriônica humana, AFP = alfafetoproteína, PLAP = fosfatase alcalina placentária.
[c]PLAP elevada também pode ocorrer no soro.

   c) tumor do seio endodérmico (EST), também conhecido como carcinoma do saco vitelínico: geralmente maligno
   d) teratoma
     • maduro
     • imaturo

Marcadores tumorais

Os GCTs caracteristicamente (mas nem sempre) dão origem a marcadores tumorais no CSF; ver Marcadores tumorais usados clinicamente (p. 600). A beta-gonadotrofina coriônica humana (β-hCG) elevada no CSF está classicamente associada a coriocarcinomas, mas também ocorre com até 50% dos germinomas (que são mais comuns). A alfafetoproteína (AFP) é elevada com tumores do seio endodérmico, carcinoma embrionário e ocasionalmente com teratomas. Fosfatase alcalina placentária (PLAP) elevada no soro ou CSF ocorre com germinomas intracranianos.[15] O ▶ Quadro 40.2 resume estes achados. Quando positivos, os marcadores tumorais podem ser acompanhados seriadamente para avaliar o tratamento e procurar recorrência (eles devem ser verificados no soro e no CSF). Nota: marcadores tumorais isolados geralmente não são suficientes para fazer um diagnóstico definitivo de um tumor da região pineal, uma vez que muitos destes tumores sejam de tipos celulares mistos.

Pediátrico

Uma divisão dos tumores da região pineal pediátricos em uma série de casos é apresentada no ▶ Quadro 40.3 (série A).

Em 36 pacientes com < 18 anos, foram identificados 17 tipos histológicos distintos de tumores: 11 germinomas (o tumor mais comum), 7 astrocitomas, e os 18 restantes tinham 15 tumores diferentes.[17]

Adulto

GCTs e tumores de células pineais ocorrem principalmente na infância e em adultos jovens. Assim, acima dos 40 anos, um tumor da região pineal será mais provavelmente um meningioma ou um glioma. A série B no ▶ Quadro 40.3 inclui pacientes adultos e pediátricos.

Clínica

Quase todos os pacientes têm hidrocefalia na época da apresentação, causando sinais e sintomas típicos de dor de cabeça, vômitos, letargia, distúrbios de memória, circunferência cefálica aumentada de forma anormal em lactentes e convulsões. Síndrome de Parinaud (p. 99), ou a síndrome do aqueduto de Sylvius, pode estar presente. Pode ocorrer puberdade precoce somente em meninos com coriocarcinomas ou germinomas com células sinciciotrofoblásticas por causa dos efeitos semelhantes ao hormônio luteinizante da β-hCG secretada no CSF. GCT suprasselar: tríade de diabetes insipidus, déficit visual e pan-hipopituitarismo.[14]

Metástases em gotas pela implantação no CSF podem produzir radiculopatia e/ou mielopatia.

Manejo

A estratégia de manejo ideal para tumores da região pineal ainda não foi determinada.

"Dose teste" de radiação: controverso (p. 662). Está dando lugar à doutrina de obtenção da histologia na maioria dos casos (p. ex., por biópsia estereotática) por causa dos efeitos prejudiciais da XRT e porque

Quadro 40.3 Tumores da região pineal

Tumor	Série A[a] (%)	Série B[b] (%)
germinoma	30	27
astrocitoma	19	26
pineocitoma	6	12
teratoma maligno	6	
tumor de células germinativas não identificado	6	
coriocarcinoma	3	1,1
teratoma maligno/tumor de células embrionárias	3	1,6
glioblastoma	3	
teratoma	3	4,3
germinoma/tumor do seio ectodérmico	3	
dermoide	3	
tumor de células embrionárias	3	
pineoblastoma	3	12
pineocitoma/pineoblastoma	3	
tumor do seio endodérmico	3	
cisto glial (cisto pineal)[16]	3	2,7
cisto aracnoide	3	
metástases		2,7
meningioma		2,7
ependimoma		4,3
oligodendrogliomas		0,54
ganglioglioneuroma		2,7
linfoma		2,7

[a]36 crianças ≤ 18 anos.[17]
[b]370 tumores em pacientes de 3-73 anos.[10]

36-50% dos tumores pineais são benignos ou radiorresistentes.[18] O conceito era que se um tumor da região pineal realçasse uniformemente e tivesse a aparência clássica de um germinoma na MRI, era dada uma dose teste de 5 Gy, e se o tumor encolhesse, então o diagnóstico de germinoma era virtualmente certo, e a XRT era continuada sem cirurgia. Isto pode expor desnecessariamente um paciente com tumores benignos ou radiorresistentes à XRT.[10] "Ensaio com XRT" deve ser evitado em tumores com suspeita de ser teratomas ou cisto epidermoide na MRI, e a resposta pode ser enganadora na situação relativamente comum de tumores com tipos celulares mistos.

Sugestões de manejo

1. realizar MRI da coluna cervical, torácica e lombar para avaliar metástases em gotas
2. enviar para marcadores de GCT (β-hCG, AFP, PLAP) (p. 660). Relativamente útil, mas não adequado para diagnóstico: se negativo para marcadores de GCT, pode ser um tumor de células pineais, ou pode ser um GCT sem marcadores, ver Marcadores tumorais (p. 660); se positivo, ainda pode ser um tumor com tipos celulares mistos:
   a) soro
   b) CSF (se for possível obter com segurança; LP é contraindicada com massa intracraniana grande e/ou hidrocefalia obstrutiva; CSF pode ser obtido por meio de EVD, se foi alocada)

3. obter a histologia na maioria dos casos. Mais frequentemente isto envolve uma biópsia, que deve ser generosa (para evitar que passem despercebidas outras histologias em tumores de células mistas)
   a) se hidrocefalia: biópsia transventricular
   b) se sem hidrocefalia:
      • biópsia aberta ou
      • biópsia estereotática ou
      • ? por CACE (ver abaixo)
4. baseado nos marcadores e na histologia:
   a) germinoma: XRT + quimioterapia
   b) todos os outros tumores: uma opção é a ressecção seguida por terapia adjuvante (geralmente não muito útil) – ver Indicações (p. 662) para as controvérsias

Hidrocefalia
Pacientes com apresentação aguda decorrente de hidrocefalia podem ser mais bem tratados com drenagem ventricular externa (EVD). Isto permite o controle sobre a quantidade de CSF drenado, previne implantação peritoneal com o tumor (um evento raro[19]) e pode evitar ter um *shunt* permanente alocado no número significativo de pacientes que não irão precisar de um após a remoção do tumor (embora ≈ 90% dos pacientes com um GCT pineal precisem de um *shunt*). O acesso ventricular via EVD ou orifício de trépano no ponto de Frazier (p. 1450) no período pós-operatório é importante no caso de hidrocefalia aguda.

Procedimentos estereotáticos
Podem ser usados para determinar o diagnóstico (biópsia) ou para tratar cistos sintomáticos da região pineal.[20,21] Aconselha-se cautela, já que a região pineal possui vasos numerosos (veia de Galeno, veias basais de Rosenthal, veias cerebrais internas, artéria coróidea posteromedial)[22] que podem ser deslocados da sua posição normal. A taxa de complicações da biópsia estereotática é: ≈ 1,3% de mortalidade, ≈ 7% de morbidade e 1 caso de implantação em 370 pacientes, e a taxa diagnóstica é ≈ 94%.[10] Uma desvantagem da biópsia estereotática é que ela pode falhar em exibir a heterogeneidade histológica de alguns tumores.
Duas trajetórias estereotáticas principais: 1) acesso anterolateral (frontal inferior) abaixo das veias cerebrais internas e 2) posterolateral transparietoccipital.[11] Um estudo identificou que a trajetória tinha correlação com complicações, e recomendaram a abordagem anterolateral.[23] No entanto, a correlação entre a trajetória e as complicações não ocorreu em outro estudo,[10] e eles descobriram que a taxa de complicações era mais alta em tumores firmes (pineocitomas, teratomas e astrocitomas) e recomendam uma abordagem aberta quando o tumor parece difícil de penetrar na primeira tentativa na biópsia.
Radiocirurgia estereotática pode ser apropriada para o tratamento de algumas lesões.

Acesso endoscópico cisternal assistido por tomografia (CACE)
Emprega uma abordagem infratentorial supracerebelar que permite a visualização de estruturas neurovasculares e evita a transsecção do parênquima cerebral.[11]

Tratamento com radiação
Para controvérsias referentes à "dose de teste" de XRT, ver Manejo (p. 660). Germinomas são muito sensíveis à radiação (e à quimioterapia) e são provavelmente mais bem tratados com estas modalidades e acompanhados.
XRT também é utilizada no pós-operatório para outros tumores malignos. Para tumores altamente malignos ou se houver evidências de implantação no CSF, é apropriado XRT craniospinal com uma sobredose no leito do tumor.
Se possível, a XRT é mais bem evitada em crianças pequenas. Pode ser usada quimioterapia para < 3 anos de idade até que a criança seja mais velha, quando então a XRT é mais bem tolerada.[14]

Tratamento cirúrgico do tumor

Indicações
Controverso. Alguns autores acham que a maioria dos tumores (exceto germinomas, que são mais bem tratados com XRT) é favorável à ressecção aberta.[24] Outros acham que a ressecção deve ser limitada a ≈ 25% dos tumores, que são:[10]
1. radiorresistentes (p. ex., GCTs malignos não germinomas): 35-50% dos tumores da região pineal (números maiores ocorrem em séries de casos não limitadas a pacientes pediátricos)
2. benignos (p. ex., meningioma, teratomas...)
3. bem encapsulados
4. Nota: tumores de células germinativas malignos devem ser sem evidência de metástases (aqueles com metástases não se beneficiam com cirurgia no tumor primário)
5. pineocitoma: a recomendação é de excisão cirúrgica + SRS para algum resíduo

Opções
1. cirurgia direta: obtém tecido generoso para a biópsia. Curativa para lesões benignas. Não é o tratamento ideal para tumores malignos e germinomas sem complicações

2. biópsia seguida de terapia adjuvante: o manejo preferido (p. 660) para malignidades e tumores de células germinativas germinomatosas

Acessos cirúrgicos

A escolha é auxiliada pela MRI pré-operatória e inclui:

1. acesso mais comum: acesso infratentorial-supracerebelar na linha mediana de Horsley e Krause, conforme refinada por Stein.[25] Não pode ser usado se o ângulo do tentório for muito acentuado (mais bem avaliado na MRI). Pode ser feito na posição sentada – risco de embolia aérea (p. 1445) – ou na posição de Concorde (p. 1445)
2. transtentorial occipital: visão ampla. Risco de lesão no córtex visual occipital ou esplênio do corpo caloso. Recomendada para lesões centradas na ou superiores à borda tentorial ou localizadas acima da veia de Galeno ou para cistos raros com extensão superior. O lobo occipital é retraído lateralmente, e o tentório recebe incisão de 1 cm lateral ao seio reto
3. transventricular: indicada para lesões excêntricas grandes com dilatação ventricular. Geralmente por meio de uma incisão cortical na porção posterior do giro temporal superior. Riscos: defeito visual, convulsões e disfunção da linguagem no lado dominante
4. infratentorial paramediano-lateral
5. transcaloso: em grande parte abandonada, exceto para tumores que se estendem até o corpo caloso e terceiro ventrículo
6. o acesso supracerebelar infratentorial-paramediano pode ser usado para cistos que não se estendem superiormente ou contralateralmente:[4] evita estruturas venosas na linha mediana

Considerações cirúrgicas importantes:

A base da glândula pineal é a parede posterior do 3° ventrículo. O esplênio do corpo caloso se estende acima, e o tálamo circunda ambos os lados. A pineal se projeta posteriormente e inferiormente na cisterna quadrigeminal. As veias cerebrais profundas são o obstáculo principal a operações nesta região. A drenagem venosa da região pineal deve ser preservada.

Resultados cirúrgicos

Taxa de mortalidade: 5-10%.[10] As complicações pós-operatórias incluem: novos déficits de campo visual, coleção de fluido epidural, infecção e ataxia cerebelar.

40.2 Tumores embrionários

40.2.1 Informações gerais

Algumas palavras sobre os PNETs

Inicialmente, o termo tumor neuroectodérmico primitivo (PNET) abrangia uma ampla variedade de tumores previamente nomeados individualmente, todos os que pareciam compartilhar certas características patológicas que sugeriam sua origem a partir de uma célula progenitora comum na matriz subependimal (células neuroectodérmicas primitivas) (embora a verdadeira célula original seja desconhecida). Eles são histologicamente indistinguíveis, porém geneticamente distintos.[26] Atualmente, a recomendação é denominá-los "tumores embrionários",[27] mas o termo PNET está consolidado. Estes tumores incluem: retinoblastoma, pineoblastoma, neuroblastoma, estesioneuroblastoma. O meduloblastoma (MB) é mais do que simplesmente um PNET da fossa posterior (ver abaixo), já que alterações envolvidas na evolução dos MBs, como mutações da beta-catenina e gene APC, estão ausentes nos pineoblastomas e PNETs supratentoriais (sPNETs). Pelo menos alguns MBs se originam da camada granulosa externa (EGL) do cerebelo.

Tumores embrionários

Localização: os tumores embrionários mais comumente se originam no vérmis cerebelar (meduloblastoma), mas também ocorrem no cérebro, pineal, tronco encefálico ou medula espinal. PNETs primários da medula espinal são extremamente raros (aproximadamente 30 casos reportados até 2007[28]). Os sPNETs têm um pior prognóstico do que MB (ver abaixo).

Disseminação: os tumores embrionários (ETs) podem-se disseminar pelo CSF espontaneamente[29] ou iatrogenicamente (após cirurgia ou *shunt*; esta última é uma causa rara de disseminação tumoral[19]). Assim sendo, todos os pacientes com ETs requerem avaliação do eixo espinal (MRI contrastada com gadolínio é tão sensível quanto mielografia hidrossolúvel) e exame citológico do CSF. XRT craniospinal profilático é indicado após remoção cirúrgica, mas XRT craniana é evitada, se possível, antes dos 3 anos de idade para evitar prejuízo intelectual e retardo no crescimento; ver Lesões e necrose por radiação (p. 1560). Também podem ocorrer metástases extraneurais.

Lei de Collins: também conhecida como período de risco de recorrência (PRR), é frequentemente aplicada a crianças que foram tratadas para tumores embrionários (especialmente meduloblastoma), mas também pode ser usada com qualquer tumor considerado originário de um evento gestacional. Esta lei postula que o PRR é igual à idade no diagnóstico mais 9 meses.[30] Os pacientes que permanecem livres de recorrência além do PRR têm um risco muito menor de recorrência, embora recorrência além deste período já tenha sido reportada em um pequeno número de casos ($\approx 1,4\%$)[31] e possam ocorrer outros tumores, por exemplo, em consequência de indução pela XRT usada para tratar o tumor inicial.

40.2.2 Meduloblastoma (MB)

Informações gerais

> ### Conceitos-chave
>
> - um tumor embrionário de células pequenas do cerebelo encontrado predominantemente em crianças (pico: 1ª década). A malignidade cerebral pediátrica mais comum
> - geralmente se origina no vérmis cerebelar, na região do ápice do assoalho do 4° ventrículo (fastígio), frequentemente produzindo hidrocefalia
> - a invasão do tronco encefálico geralmente limita a excisão cirúrgica completa
> - todos os pacientes devem ser avaliados para "metástases em gotas"

Epidemiologia

Em crianças: os MBs compreendem 15-20% dos tumores intracranianos,[32] 30-55% dos tumores da fossa posterior. MB é o tumor cerebral pediátrico maligno mais comum.[33] Os MBs compreendem < 1% das neoplasias em adultos. Pico de incidência: durante a 1ª década. Idade média no diagnóstico: 5-7 anos (75% são diagnosticados até os 15 anos). A proporção entre homens e mulheres é de 2:1. Síndromes de câncer familial que incluem MB: síndrome de Gorlin, síndrome de Turcot (p. 610).

Patologia

Todos os MBs são WHO grau IV.[34]
Subtipos histológicos:[34]
1. clássico (90%): células pequenas indiferenciadas, densamente agrupadas, com núcleos hipercromáticos, citoplasma escasso (em agrupamentos celulares inconstantes em rosetas de Homer-Wright)[35] (algumas vezes denominado "tumor azul") (aparência monótona)
2. desmoplásico (6%): semelhante ao tipo clássico com "glomérulos", também conhecido como ilhotas pálidas (feixes de colágeno e áreas espaçadas, menos celulares). Tendência acentuada para diferenciação neuronal. Mais comum em adultos. Prognóstico controverso: pode ser o mesmo[36] ou menos agressivo[37] do que o MB clássico
3. células grandes (4%[38]): nucléolos grandes, redondos e/ou pleomórficos, atividade mitótica mais alta. Nos poucos casos reportados, todos eram do sexo masculino. Mais agressivo do que o clássico. Assemelha-se a tumores teratoides/rabdoides do cerebelo, mas tem fenótipo e características citogenéticas diferentes

Biologia molecular

As alterações genéticas nos MBs podem ser divididas em 3 grupos:
1. anormalidades cromossômicas não aleatórias: (p. ex., marcadores de deleção consistente de 17p) foram encontradas em 35-40%
2. informações do perfil genético:
   a) ZIC e NSCL1 foram os genes mais intimamente relacionados com MBs
   b) certos genes foram associados a desfechos mais favoráveis (usando 8 genes um padrão associado a 80% de sobrevida em 5 anos comparado a 17% quando estavam ausentes)[26]
3. anormalidades nas vias de transdução de sinal: por exemplo, a via de sinalização da neurotrofina (importante no desenvolvimento cerebelar) ou Sonic hedgehog (Shh – ouriço Sonic)[39]

Implantação e metástases

$\approx$ 10-35% têm o eixo craniospinal já com implantes na época do diagnóstico, 32 e ocorrem metástases extraneurais em 5% dos pacientes, 33 algumas vezes promovidas por derivações VP 40 (embora isto seja incomum[19]).

Clínica

A história clínica é tipicamente breve (6-12 semanas). MBs geralmente se originam no vérmis cerebelar, no ápice do assoalho do 4° ventrículo (fastígio na região do véu medular posterior), que predispõe a hidrocefalia obstrutiva precoce. Sintomas usualmente presentes: H/A, N/V e ataxia de esqueleto axial e apendicular. Lactentes com hidrocefalia podem apresentar irritabilidade, letargia ou macrocrania progressiva.[41] "Drop metástases" espinais podem produzir dores nas costas, retenção urinária ou fraqueza nas pernas. Sinais comuns: papiledema, ataxia, nistagmo, paralisias da EOM.

Avaliação

Geralmente aparece como uma lesão sólida com realce com contraste IV na CT ou MRI (no entanto, foi descrita uma variante difusa rara em crianças com < 3 anos, meduloblastoma com nodularidade extensa[42] (MBEN). A maioria é localizada na linha mediana na região do 4° ventrículo (tumores situados lateralmente são mais comuns em adultos). A maioria tem hidrocefalia. Ependimoma (p. 1365) é a principal entidade com a qual diferenciar na MRI.

CT: sem contraste → tipicamente hiperdenso (em razão da alta celularidade), contraste → a maioria realça. 20% têm calcificações.

MRI: T1W1 → hipo- a isointenso. T2W1 → heterogêneo decorrente de cistos tumorais, vasos e calcificações.[35] A maioria realça (incluindo MBEN).

Imagem espinal: MRI com gadolínio IV ou CT/mielografia com contraste hidrossolúvel deve ser feito para excluir "metástases em gotas". O estadiamento é feito pré-operatório ou dentro de 2-3 semanas depois da cirurgia.

Tratamento

A estratificação dos pacientes em grupos de risco guia a terapia (▶ Quadro 40.4).

MBs são altamente radiossensíveis e moderadamente quimiossensíveis.

Tratamento de escolha: debastamento cirúrgico da maior parte possível do tumor (sem causar lesão neurológica) seguido de XRT craniospinal (é necessário radiação decorrente da propensão a recorrer e implantar). A invasão ou fixação ao assoalho do quarto ventrículo (tronco encefálico na região do colículo facial) frequentemente limita a excisão. É melhor deixar um pequeno resíduo no tronco encefálico (estes pacientes ficam bem) do que perseguir cada último remanescente no tronco encefálico (é mais provável o déficit neurológico procedendo assim).

A exposição cirúrgica dos meduloblastomas cerebelares na linha mediana requer a abertura do forame magno, geralmente a remoção do arco posterior de C1 e ocasionalmente o arco de C2. Pode ocorrer espraiamento do tumor com espessamento aracnoide ("cobertura de açúcar").

XRT: dose ideal de radiação: 35-40 Gy para todo o eixo craniospinal + 10-15 Gy de sobredose no leito tumoral (geralmente fossa posterior) e em qualquer metástase espinal encontrada, todos fracionados por 6-7 semanas.[43,44] Reduzir as dosagens em 20-25% para < 3 anos de idade ou em vez disso usar quimioterapia. Radiação em dose mais baixa (25 Gy) no neuroeixo pode fornecer um controle aceitável quando confirmado que foi obtida excisão total grosseira.[45]

Quimioterapia: não há um regime de quimioterapia padronizado. Lomustina (CCNU), cisplatina e vincristina (VCR) são principalmente usadas, mas são geralmente reservadas para recorrência, para pacientes com alto risco (abaixo) ou para crianças com < 3 anos de idade. Foi demonstrada vantagem de sobrevida significativa em crianças com alto risco com quimioterapia adjuvante (taxa de sobrevida livre de doença atuarial em 5 anos = 87%) comparada àquelas sem quimioterapia (33%). Não foi observada diferença entre pacientes com risco padrão.[46]

Shunts: 30-40% das crianças requerem shunts VP permanentes após ressecção da fossa posterior. O risco de implantação relacionada com o shunt foi mencionado como alto, 10-20%,[32] mas esta porcentagem provavelmente está superestimada.[19] No passado, frequentemente eram usados filtros tumorais. Eles são menos comumente usados hoje em dia por causa da alta incidência de obstrução.

Quadro 40.4 Estratificação de risco em meduloblastoma

Pacientes com risco padrão

sem tumor residual na MRI pós-operatória e resultados negativos no CSF. Sobrevida em 5 anos > 5% e sobrevida livre de progressão = 50%[48,49]

Pacientes com baixo risco

tumor residual volumoso > 1,5 cm² pós-operatório e disseminação no cérebro, medula espinal ou CSF. Pior prognóstico. Sobrevida livre de doença em 5 anos é 35-50%[50]

Pacientes com risco intermediário

provavelmente existe um grupo de risco intermediário, mas foi pouco caracterizado

Prognóstico

Maus prognosticadores[47]
- idade mais jovem (especialmente < 3 anos)
- doença disseminada (metastática)
- impossibilidade de realizar remoção total grosseira (especialmente se residual > 1,5 cm² em paciente com doença localizada)
- diferenciação histológica em linhagens gliais, ependimais ou neuronais

Um esquema de estratificação é apresentado no ▶ Quadro 40.4.

O sexo da criança é um preditor importante para a sobrevida de MB; meninas tiveram um desfecho muito melhor.[51] O perfil da expressão genética é altamente preditivo de resposta à terapia, prevendo os resultados com muito maior acurácia do que os critérios de estadiamento vigentes.[26] A habilidade de múltiplos marcadores biológicos e clínicos de predizer os desfechos para pacientes com MB está atualmente em investigação.[52,53]

Os sobreviventes de MB a longo prazo estão em risco significativo de sequelas endocrinológicas, cognitivas e psicológicas permanentes dos tratamentos. Lactentes e crianças muito pequenas com MB continuam a ser um desafio terapêutico difícil porque têm a forma mais virulenta da doença e estão em maior risco de sequelas relacionadas com o tratamento.

O sítio mais comum de recorrência é a fossa posterior.

A lei de Collins (p. 664) também foi usada para definir o período de risco de recorrência (PRR), mas foram reportadas exceções a esta lei.[31]

40.2.3 Tumores neuroectodérmicos primitivos supratentoriais

Informações gerais

Tumores neuroectodérmicos primitivos supratentoriais (sPNETs) são lesões altamente malignas afetando principalmente crianças pequenas (65% ocorrem em idade < 5 anos) e representam 2,5-6% dos tumores cerebrais infantis. Raramente ocorrem em adultos. Não há predileção por gênero. Histologicamente indistinguíveis de meduloblastoma (MB), possuem um perfil genético distinto, são mais agressivos e frequentemente respondem mal a terapias específicas para MB (especialmente pineoblastomas). A taxa de sobrevida global para sPNETs é substancialmente mais baixa do que para MBs, com uma expectativa de sobrevida livre de progressão em 3 anos de aproximadamente 50% para PNETs supratentoriais localizados.[54,55]

Ependimoblastoma

Uma forma embrionária altamente celular de tumor ependimário.[56] Ocorre mais frequentemente em crianças com < 5 anos. O prognóstico é reservado, com sobrevida pós-operatória média variando de 12-20 meses, e taxa de mortalidade de quase 100% aos 3 anos. Como ocorre com outros tumores nesta categoria, há uma tendência à implantação subaracnoide.

40.2.4 Tumores teratoides/rabdoides atípicos (AT/RT)

Um tumor embrionário único do CNS. Muitos destes tumores provavelmente foram mal diagnosticados como MBs. Ocorrem principalmente em lactentes e crianças (> 90% têm < 5 anos de idade, com a maioria com < 2 anos). Uma minoria está associada a tumor renal rabdoide primário. 50% dos AT/RTs ocorrem na fossa posterior, com uma predileção pelo ângulo cerebelopontino (CPA).

33% têm metástases para o CSF na apresentação. A maioria dos pacientes morre até 1 ano após o diagnóstico.

Histopatologia: alguns tumores são compostos inteiramente de células rabdoides, outros têm uma combinação de áreas rabdoides e áreas semelhantes a PNET/MB. Outros tipos de células incluem: células mesenquimais malignas (geralmente células fusiformes), células epiteliais malignas (granulares ou escamosas).

Biologia molecular: AT/RT e os tumores renais rabdoides têm uma deleção ou monossomia do cromossomo 22.

40.2.5 Estesioneuroblastoma

Informações gerais

Estesioneuroblastoma (ENB), originalmente descrito, em 1924, também conhecido como neuroblastoma olfatório, estesioneuroblastoma olfatório, estesioneurocitoma, tumor da placa olfatória.[57] Uma neoplasia nasal rara com uma incidência de 0,4 por 1.000.000 de pessoas.[58] Acredita-se que seja originário das células olfatórias da crista neural na parte superior das narinas, sendo considerado maligno. Estes tumores ocorrem dentro de uma faixa etária ampla (3 a 90 anos), com um pico bimodal entre a segunda e a terceira década e o segundo pico na sexta e sétima décadas.

Imagem

MRI: isointenso com imagem cerebral ponderada em T1 e intermediária para alta intensidade de sinal na imagem ponderada em T2 e realça heterogeneamente com gadolínio. As características do sinal podem simular meningioma. Para lesões em estágio mais avançado, a placa cribriforme pode estar erodida, mais bem vista em CT de corte fino. O fator mais importante que determina a possibilidade de ressecção é a extensão intracraniana. Ressonância magnética auxilia na distinção entre tumor extradural, invasão dural ou invasão parenquimatosa cerebral. Nenhum destes é específico deste tumor.

Diagnóstico diferencial

Inclui SNUC, melanoma nasal, carcinoma nasal de células escamosas e meningioma.

Diagnóstico

Biópsia endoscópica é tipicamente realizada no consultório do otorrinolaringologista antes da cirurgia.
Deve ser realizado um exame clínico oncológico, e se houver suspeita de doença metastática deve ser solicitado um PET scan, que é sensível para doença metastática.

Sistemas de classificação clínica

O sistema de Kadish modificado[59] (que acrescentou a categoria D ao sistema original de Kadish[60]) é apresentado no ▶ Quadro 40.5. Esta classificação parece estar correlacionada com a sobrevida.[59] Sistemas alternativos propostos por Biller et al.[61] e Dulguerov e Calcaterra,[62] (ver o ▶ Quadro 40.5) tentam subdividir a classificação C de Kadish; no entanto, o sistema de Kadish modificado é mais popular e mais frequentemente usado.

Graduação patológica

É utilizada a graduação de Hyams, um sistema usado para definir todos os carcinomas do trato respiratório superior, que avalia pleomorfismo nuclear, atividade mitótica, a presença de roseta, necrose e soma de todos eles para produzir a classificação Hyams de 1-4.[63] Foi demonstrado em metanálise e numa série de casos grande que Hyams graus 1 e 2 predizem curso benigno da doença, quando comparados a Hyams 3 e 4, que predizem curso ruim da doença. É recomendado que seja feita graduação em todos os casos.[64,65]

Tratamento

O Tratamento Primário é controverso. Algumas instituições acreditam em radioterapia e quimioterapia combinadas antes da ressecção craniofacial. No entanto, a maioria pratica a cirurgia precoce, que classicamente consiste em ressecção endoscópica com margens negativas para lesões Kadish A e B, e para lesões Kadish C e D ressecção craniofacial, que é craniotomia bifrontal com rinotomia lateral associada. Entretanto, com o advento de técnicas endoscópicas a rinotomia lateral é frequentemente substituída por uma abordagem puramente endoscópica, a menos que haja envolvimento inferolateral orbitário ou maxilar, em cujo caso a rinotomia lateral é usada com frequência. Finalmente, algumas instituições estão agora manejando os estágios de Kadish puramente endoscopicamente, a não ser que não seja possível obter margens negativas no momento da cirurgia. Então é realizada conversão para uma abordagem aberta ou é realizada SRS, embora seja controverso.

Resultados

A sobrevida global média é tipicamente $7,2 \pm 0,7$ anos.[64]

Quadro 40.5 Sistemas de classificação clínica para estesioneuroblastoma

Kadish modificado[59]	Biller et al.[61]	Dulgerov e Calcattera[62]
A: confinado à cavidade nasal	T1: seio nasal/paranasal	T1: seio nasal/paranasal
B: estende-se até o seio paranasal	T2: extensão periorbitária/fossa anterior	T2: erosão da placa cribriforme
C: extensão local (órbita ou placa cribriforme)	T3: envolvimento cerebral, margens ressecáveis	T3: extensão periorbitária/fossa anterior
D: metástases a distância	T4: incapaz de obter margens negativas: irressecável	T4: envolvimento cerebral

A sobrevida média livre de progressão é de 4,8 ± 0,7 anos. As sobrevidas em 5 e 10 anos são 63 e 40%.[64]

A análise baseada na população da base de dados do programa de Vigilância, Epidemiologia e Resultados Finais (SEER) confirma que o estadiamento de Kadish, o envolvimento de linfonodos e a idade no diagnóstico têm valor prognóstico significativo.[66] Estes achados foram confirmados em uma grande metanálise recentemente publicada por Kane *et al.*, em 2010.[65] Além disso, graus mais altos de Hyams (graus 3 e 4) correlacionam-se com um pior prognóstico.[64,65]

Tratamento de resgate: Para pacientes com doença recorrente, tipicamente ocorre em 2 padrões: de recorrência intracraniana ou de metástases a distância.[67,68] Recorrência intracraniana é tipicamente tratada com repetição da ressecção transcraniana. No entanto, radiocirurgia estereotática é uma opção viável.[67,68,69] Em pacientes com metástases à distância, aqueles com metástase nos linfonodos cervicais devem-se submeter à dissecção radical modificada do pescoço para que possa ser conhecida a extensão da doença. Isto tipicamente leva à quimioterapia, dentre as quais as terapias baseadas em platina continuam a ser a terapia padrão atualmente.[67,70,71]

Referências

[1] Ringertz N, Nordenstam H, Flyger G. Tumors of the Pineal Region. J Neuropathol Exp Neurol. 1954; 13:540–561

[2] Di Costanzo A, Tedeschi G, Di Salle F, Golia F, Morrone R, Bonavita V. Pineal Cysts: An Incidental MRI Finding? J Neurol Neurosurg Psychiatry. 1993; 56:207–208

[3] Hasegawa A, Ohtsubo K, Mori W. Pineal Gland in Old Age: Quantitative and Qualitative Morphological Study of 168 Human Autopsy Cases. Brain Res. 1987; 409:343–349

[4] Torres A, Krisht AF, Akouri S. Current Management of Pineal Cysts. Contemp Neurosurg. 2005; 27:1–5

[5] Maurer PK, Ecklund J, Parisi JE, Ondra S. Symptomatic Pineal Cysts: Case Report. Neurosurgery. 1990; 27:451–454

[6] Wisoff JH, Epstein F. Surgical Management of Symptomatic Pineal Cysts. J Neurosurg. 1992; 77:896–900

[7] Klein P, Rubinstein LJ. Benign Symptomatic Glial Cysts of The Pineal Gland: A Report of Seven Cases and Review of the Literature. J Neurol Neurosurg Psychiatry. 1989; 52:991–995

[8] Mamourian AC, Towfighi J. Pineal Cysts: MR Imaging. AJNR. 1986; 7:1081–1086

[9] Di Chirico A, Di Rocco F, Velardi F. Spontaneous regression of a symptomatic pineal cyst after endoscopic third-ventriculostomy. Childs Nerv Syst. 2001; 17:42–46

[10] Regis J, Bouillot P, Rouby-Volot F, et al. Pineal Region Tumors and the Role of Stereotactic Biopsy: Review of the Mortality, Morbidity, and Diagnostic Rates in 370 Cases. Neurosurgery. 1996; 39:907–914

[11] Youssef AS, Keller JT, van Loveren HR. Novel application of computer-assisted cisternal endoscopy for the biopsy of pineal region tumors: cadaveric study. Acta Neurochir (Wien). 1997; 149:399–406

[12] Oi S, Matsumoto S. Controversy pertaining to therapeutic modalities for tumors of the pineal region: a worldwide survey of different patient populations. Childs Nerv Syst. 1992; 8:332–336

[13] Sugiyama K, Uozumi T, Kiya K, Mukada K, Arita K, Kurisu K, Hotta T, Ogasawara H, Sumida M. Intracranial germ-cell tumors with synchronous lesions in the pineal and suprasellar regions: report of six cases and review of the literature. Surg Neurol. 1992; 38:114–120

[14] Hoffman HJ, Ostubo H, Hendrick EB, et al. Intracranial Germ-Cell Tumors in Children. J Neurosurg. 1991; 74:545–551

[15] Shinoda J, Yamada H, Sakai N, Ando T, Hirata T, Miwa Y. Placental alkaline phosphatase as a tumor marker for primary intracranial germinoma. J Neurosurg. 1988; 68:710–720

[16] Todo T, Kondo T, Shinoura N, Yamada R. Large Cysts of the Pineal Gland: Report of Two Cases. Neurosurgery. 1991; 29:101–106

[17] Edwards MSB, Hudgins RJ, Wilson CB, et al. Pineal Region Tumors in Children. J Neurosurg. 1988; 68:689–697

[18] Oi S, Matsuzawa K, Choi JU, Kim DS, Kang JK, Cho BK. Identical characteristics of the patient populations with pineal region tumors in Japan and in Korea and therapeutic modalities. Childs Nerv Syst. 1998; 14:36–40

[19] Berger MS, Baumeister B, Geyer JR, Milstein J, et al. The Risks of Metastases from Shunting in Children with Primary Central Nervous System Tumors. J Neurosurg. 1991; 74:872–877

[20] Stern JD, Ross DA. Stereotactic Management of Benign Pineal Region Cysts: Report of Two Cases. Neurosurgery. 1993; 32:310–314

[21] Musolino A, Cambria S, Rizzo G, Cambria M. Symptomatic Cysts of the Pineal Gland: Stereotactic Diagnosis and Treatment of Two Cases and Review of the Literature. Neurosurgery. 1993; 32:315–321

[22] Kelly PJ. Comment on Musolino A, et al.: Symptomatic Cysts of the Pineal Gland: Stereotactic Diagnosis and Treatment of Two Cases and Review of the Literature. Neurosurgery. 1993; 32:320–321

[23] Dempsey PK, Kondziolka D, Lunsford LD. Stereotactic Diagnosis and Treatment of Pineal Region Tumors and Vascular Malformations. Acta Neurochir. 1992; 116:14–22

[24] Kelly PJ. Comment on Regis J, et al.: Pineal Region Tumors and the Role of Stereotactic Biopsy: Review of the Mortality, Morbidity, and Diagnostic Rates in 370 Cases. Neurosurgery. 1996; 39:912–913

[25] Stein BM. The infratentorial supracerebellar approach to pineal lesions. J Neurosurg. 1971; 35:197–202

[26] Pomeroy SL, Tamayo P, Gaasenbeek M, Sturla LM, Angelo M, McLaughlin ME, Kim JY, Goumnerova LC, Black PM, Lau C, Allen JC, Zagzag D, Olson JM, Curran T, Wetmore C, Biegel JA, Poggio T, Mukherjee S, Rifkin R, Califano A, Stolovitzky G, Louis DN, Mesirov JP, Lander ES, Golub TR. Prediction of central nervous system embryonal tumour outcome based on gene expression. Nature. 2002; 415:436–442

[27] Louis DN, Ohgaki H, Wiestler OD, Cavenee WK, Bosman FT, Jaffe ES, Lakhani SR, Ohgaki H. WHO classification of tumors of the central nervous system. Lyon 2007

[28] Kumar R, Reddy SJ, Wani AA, Pal L. Primary spinal primitive neuroectodermal tumor: case series and review of the literature. Pediatr Neurosurg. 2007; 43:1–6

[29] Tomita T, McLone DG. Spontaneous Seeding of Medulloblastoma: Results of Cerebrospinal Fluid Cytology and Arachnoid Biopsy from the Cisterna Magna. Neurosurgery. 1983; 12:265–267

[30] Collins VP, Loeffler RK, Tivey H. Observations on growth rates of human tumors. Am J Roentgenol Radium Ther Nucl Med. 1956; 76:988–1000

[31] Sure U, Berghorn WJ, Bertalanffy H. Collins' law. Prediction of recurrence or cure in childhood medulloblastoma? Clin Neurol Neurosurg. 1997; 99:113–116

[32] Laurent JP, Cheek WR. Brain Tumors in Children. J Pediatr Neurosci. 1985; 1:15–32

[33] Allen JC. Childhood Brain Tumors: Current Status of Clinical Trials in Newly Diagnosed and Recurrent Disease. Ped Clin N Am. 1985; 32:633–651

[34] Eberhart CG, Kepner JL, Goldthwaite PT, Kun LE, Duffner PK, Friedman HS, Strother DR, Burger PC. Histopathologic grading of medulloblastomas: a Pediatric Oncology Group study. Cancer. 2002; 94:552–560

[35] Blaser SI, Harwood-Nash DC. Neuroradiology of pediatric posterior fossa medulloblastoma. J Neurooncol. 1996; 29:23–34

[36] Pramanik P, Sharma MC, Mukhopadhyay P, Singh VP, Sarkar C. A comparative study of classical vs. desmoplastic medulloblastomas. Neurol India. 2003; 51:27–34

[37] Kleihues P, Louis DN, Scheithauer BW, Rorke LB, Reifenberger G, Burger PC, Cavenee WK. The WHO classification of tumors of the nervous system. J Neuropathol Exp Neurol. 2002; 61:215–25; discussion 226-9

[38] Giangaspero F, Rigobello L, Badiali M, et al. Largecell medulloblastoma. Am J Surg Pathol. 1992; 16:687–693

[39] Corcoran RB, Scott MP. Oxysterols stimulate Sonic hedgehog signal transduction and proliferation of medulloblastoma cells. Proc Natl Acad Sci U S A. 2006; 103:8408–8413

[40] Kessler LA, Dugan P, Concannon JP. Systemic Metastases of Medulloblastoma Promoted by Shunting. Surg Neurol. 1975; 3:147–152

[41] Park TS, Hoffman HJ, Hendrick EB, et al. Medulloblastoma: Clinical Presentation and Management. J Neurosurg. 1983; 58:543–552

[42] Suresh TN, Santosh V, Yasha TC, Anandh B, Mohanty A, Indiradevi B, Sampath S, Shankar SK. Medulloblastoma with extensive nodularity: a variant occurring in the very young-clinicopathological and immunohistochemical study of four cases. Childs Nerv Syst. 2004; 20:55–60

[43] Merchant TE,Wang MH, Haida T, Lindsley KL, Finlay J, Dunkel IJ, Rosenblum MK, Leibel SA. Medulloblastoma: long-term results for patients treated with definitive radiation therapy during the computed tomography era. Int J Radiat Oncol Biol Phys. 1996; 36:29–35

[44] Packer RJ, Gajjar A, Vezina G, Rorke-Adams L, Burger PC, Robertson PL, Bayer L, LaFond D, Donahue BR, Marymont MH, Muraszko K, Langston J, Sposto R. Phase III study of craniospinal radiation therapy followed by adjuvant chemotherapy for newly diagnosed average-risk medulloblastoma. J Clin Oncol. 2006; 24:4202–4208

[45] Tomita T, McLone DG. Medulloblastoma in Childhood: Results of Radical Resection and Low-Dose Radiation Therapy. J Neurosurg. 1986; 64:238–242

[46] Packer RJ, Sutton LN, Goldwein JW, Perilongo G, Bunin G, Ryan J, Cohen BH, D'Angio G, Kramer ED, Zimmerman RA, et al. Improved survival with the use of adjuvant chemotherapy in the treatment of medulloblastoma. J Neurosurg. 1991; 74:433–440

[47] Gilbertson RJ. Medulloblastoma: signalling a change in treatment. Lancet Oncol. 2004; 5:209–218

[48] David KM, Casey AT, Hayward RD, Harkness WF, Phipps K,Wade AM. Medulloblastoma: is the 5-year survival rate improving? A review of 80 cases from a single institution. J Neurosurg. 1997; 86:13–21

[49] Albright AL, Wisoff JH, Zeltzer PM, Boyett JM, Rorke LB, Stanley P. Effects of medulloblastoma resections on outcome in children: a report from the Children's Cancer Group. Neurosurgery. 1996; 38:265–271

[50] Evans AE, Jenkins RD, Sposto R, et al. The Treatment of Medulloblastoma: Results of a Prospective Randomized Trial of Radiation Therapy With and Without CCNU, Vincristine, and Prednisone. J Neurosurg. 1990; 72:572–582

[51] Weil MD, Lamborn K, Edwards MS, Wara WM. Influence of a child's sex on medulloblastoma outcome. JAMA. 1998; 279:1474–1476

[52] Gajjar A, Hernan R, Kocak M, Fuller C, Lee Y, McKinnon PJ, Wallace D, Lau C, Chintagumpala M, Ashley DM, Kellie SJ, Kun L, Gilbertson RJ. Clinical, histopathologic, and molecular markers of prognosis: toward a new disease risk stratification system for medulloblastoma. J Clin Oncol. 2004; 22:984–993

[53] Ray A, Ho M, Ma J, Parkes RK, Mainprize TG, Ueda S, McLaughlin J, Bouffet E, Rutka JT, Hawkins CE. A clinicobiological model predicting survival in medulloblastoma. Clin Cancer Res. 2004; 10:7613–7620

[54] Reddy AT, Janss AJ, Phillips PC, Weiss HL, Packer RJ. Outcome for children with supratentorial primitive neuroectodermal tumors treated with surgery, radiation, and chemotherapy. Cancer. 2000; 88:2189–2193

[55] Hong TS, Mehta MP, Boyett JM, Donahue B, Rorke LB, Yao MS, Zeltzer PM. Patterns of failure in supratentorial primitive neuroectodermal tumors treated in Children's Cancer Group Study 921, a phase III combined modality study. Int J Radiat Oncol Biol Phys. 2004; 60:204–213

[56] Mork SJ, Rubinstein LJ. Ependymoblastoma. A Reappraisal of a Rare Embryonal Tumor. Cancer. 1985; 55:1536–1542

[57] Berger L, Luc G, Richard D. L'Esthesioneuroepitheliome Olfactif. Bull Assoc Franc Etude Cancer. 1924; 13:410–421

[58] Theilgaard SA, Buchwald C, Ingeholm P, Kornum Larsen S, Eriksen JG, Sand Hansen H. Esthesioneuroblastoma: a Danish demographic study of 40 patients registered between 1978 and 2000. Acta Otolaryngol. 2003; 123:433–439

[59] Chao KS, Kaplan C, Simpson JR, Haughey B, Spector GJ, Sessions DG, Arquette M. Esthesioneuroblastoma: the impact of treatment modality. Head Neck. 2001; 23:749–757

[60] Kadish S, Goodman M, Wang CC. Olfactory neuroblastoma. A clinical analysis of 17 cases. Cancer. 1976; 37:1571–1576

[61] Biller HF, Lawson W, Sachdev VP, Som P. Esthesioneuroblastoma: surgical treatment without radiation. Laryngoscope. 1990; 100:1199–1201

[62] Dulguerov P, Calcaterra T. Esthesioneuroblastoma: the UCLA experience 1970-1990. Laryngoscope. 1992; 102:843–849

[63] Hyams V. Tumors of the upper respiratory tract and ear. Washington, D.C.: Armed Forces Institute of Pathology; 1988

[64] Van Gompel JJ, Giannini C, Olsen KD, Moore E, Piccirilli M, Foote RL, Buckner JC, Link MJ. Long-term outcome of esthesioneuroblastoma: hyams grade predicts patient survival. J Neurol Surg B Skull Base. 2012; 73:331–336

[65] Kane AJ, Sughrue ME, Rutkowski MJ, Aranda D, Mills SA, Buencamino R, Fang S, Barani IJ, Parsa AT. Posttreatment prognosis of patients with esthesioneuroblastoma. J Neurosurg. 2010; 113:340–351

[66] Gardner G, Robertson JH. Hearing Preservation in Unilateral Acoustic Neuroma Surgery. Ann Otol Rhinol Laryngol. 1988; 97:55–66

[67] Dias FL, Sa GM, Lima RA, Kligerman J, Leoncio MP, Freitas EQ, Soares JR, Arcuri RA. Patterns of failure and outcome in esthesioneuroblastoma. Arch Otolaryngol Head Neck Surg. 2003; 129:1186–1192

[68] Gore MR, Zanation AM. Salvage Treatment of Local Recurrence in Esthesioneuroblastoma: A Metaanalysis. Skull Base. 2011; 21:1–6

[69] Van Gompel JJ, Carlson ML, Pollock BE, Moore EJ, Foote RL, Link MJ. Stereotactic radiosurgical salvage treatment for locally recurrent esthesioneuroblastoma. Neurosurgery. 2013; 72:332–9; discussion 339-40

[70] Foote RL, Morita A, Ebersold MJ, Olsen KD, Lewis JE, Quast LM, Ferguson JA, O'Fallon WM. Esthesioneuroblastoma: the role of adjuvant radiation therapy. Int J Radiat Oncol Biol Phys. 1993; 27:835–842

[71] Kim HJ, Cho HJ, Kim KS, Lee HS, Kim HJ, Jung E, Yoon JH. Results of salvage therapy after failure of initial treatment for advanced olfactory neuroblastoma. J Craniomaxillofac Surg. 2008; 36:47–52

41 Tumores dos Nervos Cranianos, Espinais e Periféricos

41.1 Schwannoma vestibular

41.1.1 Informações gerais

Schwannoma vestibular (VS) é um tumor histologicamente benigno da bainha das células de Schwann

> **Conceitos-chave**
>
> - Tumor histologicamente benigno do nervo craniano VIII localizado no ângulo cerebelopontino (CPA)
> - Geralmente se origina da divisão inferior (controverso) da porção vestibular do VIII nervo
> - Três sintomas iniciais mais comuns (tríade clínica): perda auditiva (insidiosa e progressiva), zumbido (estridente) e desequilíbrio (vertigem verdadeira é incomum)
> - Exames: todos os pacientes: ✓ MRI (sem e com contraste), ✓ audiometria (audiograma de tom puro e discriminação da fala). Além disso, para VSs pequenos (≤ 15 mm dia): ✓ ENG, ✓ VEMP, ✓ ABR
> - Histologia: composto por fibras Antoni A (células bipolares estreitas e alongadas) e Antoni B (reticuladas frouxas)
> - A escolha da opção de manejo (observação, cirurgia, XRT ou quimioterapia (Avastin®) depende muito do tamanho do tumor, crescimento, *status* da audição, função de VII e presença de NF2)

que geralmente se origina da divisão inferior do *nervo vestibular* (não a porção coclear). VS tem sua origem como consequência da perda de um gene supressor tumoral no braço longo do cromossomo 22 (em casos esporádicos, esta é uma mutação somática; em neurofibromatose Tipo 2 (NF2) é herdado ou representa uma nova mutação que pode então ser transmitida aos descendentes).

Termos mais antigos incluídos para referência, que devem ser evitados:[1,2] neuroma acústico, neurinomas do acústico (sendo que neurinoma é um termo obsoleto para schwannoma), neurilemoma ou neulilemmoma.

41.1.2 Epidemiologia

Um dos tumores intracranianos mais comuns, compreendendo 8-10% dos tumores na maioria das séries de casos.[3] A incidência anual é provavelmente cerca de 1,5 caso por 100.000 na população – durante as duas últimas décadas esta estimativa aumentou, e o tamanho típico no diagnóstico diminuiu em consequência da proliferação de exames MRI.[4] Nos Estados Unidos, a incidência anual demonstrou variar entre 1,1 e 1,3 por 100.000 na população entre 2004 e 2007.[5] VSs tipicamente se tornam sintomáticos depois dos 30 anos. Pelo menos 95% são unilaterais.

Neurofibromatose Tipo 2

A incidência de schwannomas vestibulares (VS) é aumentada na neurofibromatose (NFT), com VS bilateral sendo patognomônico de neurofibromatose Tipo 2 (NFT2), ver NFT central (p. 605). Um paciente de < 40 anos com VS unilateral também deve ser avaliado para NFT2. Citologicamente, os VSs da NFT2 são idênticos aos de casos esporádicos. No entanto, em NFT2 os tumores formam agrupamentos semelhantes a cachos de uva que podem se infiltrar nas fibras nervosas (ao contrário dos VSs mais esporádicos que deslocam o oitavo nervo).

41.1.3 Patologia

Os tumores são compostos de fibras Antoni A (células bipolares estreitas e alongadas) e fibras Antoni B (reticuladas frouxas). Corpos de Verocay também são vistos e consistem em áreas eosinofílicas acelulares circundadas pela disposição paralela de células de Schwann fusiformes (eles não são um tipo de célula).

41.1.4 Clínica

Sintomas

Informações gerais

Os sintomas são apresentados no ▶ Quadro 41.1. O tipo de sintomas está intimamente relacionado com o tamanho do tumor. Mais inicialmente causam a tríade de perda auditiva ipsolateral, zumbido e dificuldades de equilíbrio. Tumores maiores podem causar dormência, fraqueza ou espasmo facial e possivelmente sintomas do tronco encefálico. Raramente, um tumor grande pode produzir hidrocefalia. Com as modalidades de imagem atuais (CT e especialmente MRI), um número crescente de lesões menores está sendo detectado.

Tumores dos Nervos Cranianos, Espinais e Periféricos

Quadro 41.1 Sintomas em schwannoma vestibular (131 pacientes[3])

Sintoma	%
perda auditiva	98%
zumbido	70%
desequilíbrio [a]	67%
H/A	32%
dormência facial	29%
fraqueza facial	10%
diplopia	10%
N/V	9%
otalgia	9%
alteração do paladar	6%

[a]Ou vertigem.

Sintomas por compressão do 8° nervo

Perda auditiva neurossensorial unilateral, zumbido e desequilíbrio estão relacionados com a pressão no complexo do oitavo nervo no IAC. Estes são os primeiros sintomas, e na época do diagnóstico, virtualmente todos os tumores causaram sintomas otológicos.

A perda auditiva é insidiosa e progressiva na maioria (c.f. a perda auditiva na doença de Meniere é a que flutua), mas 10% reportam perda auditiva súbita (ver abaixo). 70% têm um padrão de perda da alta frequência, e a discriminação das palavras é geralmente afetada (especialmente perceptível em conversas telefônicas).

O zumbido é geralmente em tom agudo.

A instabilidade se manifesta principalmente como dificuldade com o equilíbrio; ocorre vertigem verdadeira em < 20%.

Perda auditiva súbita: o diagnóstico diferencial para perda auditiva súbita (SHL) é extenso.[6] Estima-se que SHL *idiopática* (isto é, etiologia não identificada: deve excluir neoplasia, infecção, causas autoimunes, vasculares e tóxicas) ocorre em 10 por 100.000 na população.[7] 1% dos pacientes com SHL terão um VS, e SHL pode ser o sintoma de apresentação em 1-14% dos pacientes com VS.[8] SHL com VS é possivelmente devida a um infarto do nervo acústico ou oclusão da artéria coclear. As opções de tratamento para SHL incluem:

1. esteroides: por exemplo, prednisona 60 mg PO q d × 10 d, depois reduzido[8]
2. famciclovir (Famvir®) 500 mg po TID × 10 d
3. ✖ heparina demonstrou *não* ser de ajuda
4. tratamento conservador: repouso, restrição de sal, álcool e tabaco[9]
5. experimental: deve ser considerada terapia trombolítica (p. 1286), por exemplo, rt-PA

Sintomas por compressão do 5° e 7° nervo

Ocorrem otalgia, dormência e fraqueza facial e alterações no paladar, à medida que o tumor aumenta e comprime o quinto e o sétimo nervos. Estes sintomas geralmente não ocorrem até que o tumor tenha > 2 cm. Isto enfatiza um paradoxo interessante: fraqueza facial é uma ocorrência rara ou tardia, mesmo que o 7° nervo esteja quase sempre distorcido precocemente; enquanto que a dormência facial ocorre mais rápido depois que ocorre compressão do trigêmeo (frequentemente na presença de movimento facial normal), apesar do fato de que o 5° nervo está mais distante.[10] Isto pode ser decorrente da resiliência dos nervos motores em relação aos nervos sensoriais.

Sintomas por compressão do tronco encefálico e outros nervos cranianos

Tumores maiores causam compressão no tronco encefálico (com ataxia, H/A, N/V, diplopia, sinais cerebelares e, se não for controlado, coma, depressão respiratória e morte) e paralisias do nervo craniano inferior (IX, X, XII) (rouquidão, disfagia...). A obstrução da circulação do CSF por tumores maiores (geralmente > 4 cm) pode produzir hidrocefalia com ICP aumentada.

Raramente, o envolvimento do 6° nervo pode causar diplopia.

Sinais

Perda auditiva decorrente do envolvimento do nervo VIII é o achado mais precoce de nervo craniano. 66% dos pacientes não têm achados físicos anormais, exceto a perda auditiva (para outros achados, ver o ▶ Quadro 41.2).

Como a perda auditiva é neurossensorial, o **teste de Weber** (p. 580) irá lateralizar para o lado não envolvido e, se houver audição suficiente preservada, o **teste de Rinne** (p. 580) será positivo (isto é, normal; condução aérea > condução óssea) em ambos os lados.

Disfunção do nervo facial (VII) é incomum antes do tratamento. Quando presente, geralmente é graduada clinicamente na escala de House e Brackmann (ver o ▶ Quadro 41.3).

O envolvimento vestibular causa nistagmo (pode ser central ou periférico) e eletronistagmografia (ENG) anormal com estimulação calórica.

Quadro 41.2 Sinais em 131 schwannomas vestibulares (excluindo perda auditiva)[3]

Sinal	%
reflexo córneo anormal	33
nistagmo	26
hipoestesia facial	26
fraqueza facial (paralisia)	12
movimento ocular anormal	11
papiledema	10
sinal de Babinski	5

Quadro 41.3 Graduação clínica da função do nervo facial (House e Brackmann[11])

Grau	Função	Descrição
1	normal	função facial normal em todas as áreas
2	disfunção leve	1. geral: leve fraqueza perceptível com inspeção detalhada; pode ter sincinesia muito leve 2. em repouso: simetria e tônus normais 3. movimento: a) fronte: movimento lento a moderado b) olhos: fechamento completo com esforço c) boca: leve assimetria
3	disfunção moderada	1. geral: assimetria óbvia, mas não desfigurante: perceptível, mas sincinesia não severa 2. movimento: a) fronte: movimento leve a moderado b) olhos: fechamento completo com esforço c) boca: levemente fraca com esforço máximo
4	disfunção moderada à severa	1. geral: fraqueza óbvia e/ou assimetria desfigurante 2. movimento: a) fronte: nenhum b) olhos: fechamento incompleto c) boca: assimetria com esforço máximo
5	disfunção severa	1. geral: movimento quase imperceptível 2. em repouso: assimetria 3. movimento: a) fronte: nenhum b) olhos: fechamento incompleto
6	paralisia total	sem movimento

Tumores dos Nervos Cranianos, Espinais e Periféricos **673**

Diagnóstico diferencial

Ver Lesões no ângulo cerebelopontino (CPA) (p. 1365). Os principais diferenciais são: meningioma ou neuroma de um nervo craniano adjacente (p. ex., trigêmeo).

41.1.5 Avaliação

Informações gerais

1. MRI cerebral sem e com contraste. FIESTA MRI, se disponível. Se MRI for contraindicada, então uma CT sem e com contraste
2. CT óssea temporal para anatomia óssea detalhada, se for contemplada cirurgia
3. avaliação audiométrica
   a) audiograma de tom puro (ver abaixo)
   b) avaliação da discriminação vocal (ver abaixo)
   c) pacientes com VSs pequenos ($\leq$ 15 mm diâmetro) também realizar:
   - ENG: (p. 674) avalia o nervo vestibular *superior*
   - VEMP: (p. 675) avalia o nervo vestibular *inferior*
   - ABR: (p. 675) prognostica a chance de preservação da audição

Estudos audiométricos e audiológicos

Informações gerais

Estudos da linha de base são úteis para manejo das decisões de tratamento, para comparação futura e para avaliar o ouvido contralateral.

Audiograma de tom puro (PTA)

Pode ser útil como teste de rastreio inicial. A condução aérea avalia o sistema inteiro, a condução óssea avalia a partir da cóclea e proximalmente. PTA avalia a funcionalidade da audição (para ajudar na tomada de decisão do tratamento) e age como uma linha de base para comparação futura. A média de tom puro (também abreviada PTA) é um escore numérico que é uma *média* dos limiares para frequências ao longo do espectro auditivo (a 500, 1.000 e 2.000 Hz). Em uma audiometria padrão, os Xs denotam a orelha esquerda (AS) e os Os denotam a orelha direita (AD).

Perda auditiva neurossensorial *progressiva* unilateral ou assimétrica para tons altos ocorre em > 95% dos VSs.[12] Perda auditiva para alta frequência também acontece como o tipo mais comum de perda de audição com a idade ou com perda auditiva neurossensorial induzida por ruído, mas geralmente é simétrica. Apenas $\approx$ 1 em 1.000 pacientes com audição assimétrica tem um VS.[1] Outras causas de perda auditiva neurossensorial assimétrica:[13] outras lesões do CPA (p. ex., meningioma), lesões na orelha interna, lesões intra-axiais (incluindo infartos), esclerose múltipla. Nos testes de rastreio da audição, uma diferença inexplicável no PTA de uma orelha para outra > 10-15 dB é suspeita e deve ser mais investigada.

Avaliação da discriminação vocal

A discriminação vocal é mantida na perda auditiva condutiva, moderadamente prejudicada na perda auditiva coclear e pior com lesões retrococleares. Não é mais usada para fins diagnósticos; um escore de 4% sugere uma lesão retrococlear, assim como um escore que é pior do que seria **previsto** baseado no teste de PTA (o limiar do reconhecimento vocal deveria ser similar aos limiares do PTA abaixo de 4 kHz). Mostrou-se útil na determinação da operacionalidade da audição e no prognóstico da preservação da audição na cirurgia. O escore de reconhecimento de palavras em contexto aberto (WRS, ▶ Quadro 41.4) é uma medida mais sensível da habilidade de comunicação do que o PTA.

Quadro 41.4 Escore de reconhecimento de palavras em contexto aberto

Classe	WRS%
I	70-100%
II	50-69%
III	1-49%
IV	0

Quadro 41.5 Classificação da audição modificada de Gardener e Robertson[a]

Classe	Utilidade clínica	Descrição	Audiograma de tom puro[b] (dB)	Discriminação vocal[b]
I	funcional	boa-excelente	0-30	70-100%
II	funcional	funcional	31-50	50-59%
III	não funcional	não funcional	51-90	5-49%
IV	não funcional	pobre	91-máx	1-4%
V	não funcional	ausente	não testável	0

[a]Modificação[15] do sistema de Silverstein e Norrell.[16]
[b]Se PTA e o escore de discriminação vocal não se qualificarem na mesma classe, usar a classe mais baixa.

Quadro 41.6 Sistema de classificação da audição da Academia Americana de Otorrinolaringologia – Fundação de Cirurgia de Cabeça e Pescoço

Classe	Utilidade clínica	Limiar de tom puro (dB)[a]		Escore de discriminação vocal[b] (%)
A	"útil"	≤ 30	E	≥ 70
B	"útil"	> 30 E ≤ 50	E	≥ 50
C	"ajuda"	> 50	E	≥ 50
D	"não funcional"	qualquer nível		< 50

[a]Média dos limiares de audição de tom puro por condução aérea a 0,5, 1, 2 e 3 kHz.
[b]Discriminação vocal a 40 dB ou altura máxima confortável.

Definição de audição operacional

Há muitas definições do que constitui audição operacional. Além disso, mesmo a audição não funcional pode oferecer algum benefício. Se WRS for bom (≥ 70%), mas o PTA for deficiente, um aparelho auditivo pode trazer benefícios significativos.

Dois sistemas de classificação comumente usados para audição são apresentados aqui:
1. escala modificada de **Gardener-Robertson** para graduação da audição: apresentado no ► Quadro 41.5. Os pacientes classe I podem usar um fone naquele lado, pacientes classe II conseguem localizar os sons
2. sistema de classificação da Academia Americana de Otorrinolaringologia – Fundação de Cirurgia de Cabeça e Pescoço (AAO-HNS):[14] apresentado no ► Quadro 41.6

Algumas definições de audição operacional (ver o texto a seguir para mais detalhes):
1. AAO-HNS classe A ou B
2. "regra 50/50": Gardener-Robertson classe I ou II (limiar na audiometria de tom puro ≥ 50 dB e escore de discriminação vocal ≥ 50%)
3. alguns preferem uma regra 70/30 (70% WRS, 30 dB PTA)
4. em um paciente com boa audição na orelha contralateral, um escore de discriminação vocal (SDS) de < 70% na orelha afetada não é considerado boa audição; enquanto que se o ouvido contralateral for totalmente surda, um SDS de ≥ 50% pode ser util[17]

Testes adicionais que são úteis com VSs pequenos (≥ 15 mm de diâmetro)

Os testes **ENG e VEMP** avaliam a divisão superior e inferior do nervo vestibular (VN), respectivamente. O VN inferior está mais próximo do nervo coclear do que o VN superior (► Fig. 1.7), e tumores pequenos (≤ 4 mm) do VN inferior tendem a ser mais profundos e mais próximos do nervo coclear do que tumores de tamanho similar da divisão superior, que tendem a ser mais superficiais e mais facilmente removidos.

Eletronistagmografia (ENG): testa somente o canal semicircular horizontal: ∴ avalia o nervo vestibular *superior* que o enerva. Normalmente, cada orelha contribui com uma porção igual da resposta. A ENG é considerada anormal se houver > 20% de diferença entre os dois lados. A resposta pode ser normal com um tumor pequeno originário da divisão *inferior* do nervo vestibular. Nota: o nervo vestibular pode continuar a funcionar até que quase todas as fibras do nervo estejam afetadas. Mnemônica para a direcionalidade do nistagmo (a direção é classificada com base na fase rápida do nistagmo). COWS (Cold Opposite, Warm Same). Nota: isto é diferente do teste calórico para morte cerebral e é uma fonte de confusão.

Potencial miogênico evocado vestibular (VEMP): avalia o nervo vestibular *inferior* ao transmitir a energia acústica para o sáculo.[18] Independente da audição (pode ser feito mesmo com surdez decorrente da perda auditiva neurossensorial profunda). Os eletrodos são colocados no músculo esternocleidomastóideo (SCM).

Respostas auditivas de tronco encefálico (ABR): também conhecido como BAER (p. 240). Os achados mais comuns são latências prolongadas entre os picos I-III e I-V. Não mais usadas para fins diagnósticos (a sensibilidade é de apenas ≈ 88-90% (**isto é**, não perceberemos 10-12% dos VSs) e a especificidade é de apenas 85%. ABR é útil para prognóstico – morfologia de onda fraca correlaciona-se com menor chance de preservação da audição (mesmo com boa audição).

Avaliação radiográfica

MRI

MRI de cortes finos com contraste de gadolínio no plano axial é o procedimento diagnóstico de escolha com sensibilidade próxima a 98% e taxa de quase 0% para falso positivo. Achados característicos: tumor realçado redondo ou oval centrado no IAC. VSs grandes (> 3 cm diâmetro) podem mostrar áreas de aparência cística na CT ou MRI; em realidade estas áreas são geralmente sólidas. As cisternas de CSF aprisionadas adjacentes também podem dar uma aparência cística. Em um estudo-piloto, a hiperintensidade em T2 foi associada a tumores macios e sugáveis no momento da cirurgia[19] e a uma tendência a melhor preservação da função do nervo VII.

FIESTA MRI (aquisição rápida de imagens em estado de equilíbrio) usa o CSF como agente de contraste (∴ *não* usar gadolínio), pode melhorar a visualização do tumor e dos nervos.

Tomografia computadorizada

CT com contraste IV é a segunda escolha de modalidade de imagem. Se MRI for contraindicada e houver forte suspeita clínica de VS, mas a CT for negativa, lesões pequenas podem ser visualizadas pela introdução de 3-4 mL de ar subaracnoide por meio de punção lombar, e fazer a varredura do paciente com o lado afetado para cima (para reter o ar na região do IAC); o não preenchimento do IAC é indicativo de uma massa intracanalicular. Mesmo com contraste de ar, a CT foi normal em 6% na série de casos da Mayo Clinic.[3]

Muitos VSs aumentam o óstio do IAC (chamada trompa). Diâmetro normal do IAC: 5-8 mm. 3-5% dos VSs não aumentam o IAC na CT (a porcentagem é provavelmente mais alta em VSs pequenos do que nos grandes).

Deve ser obtida CT de corte fino do osso temporal para o planejamento operatório. Características importantes a ser identificadas:
- para acesso pela fossa média: cobertura óssea do gânglio geniculado para identificar deiscência
- para acesso translabiríntico:
  - extensão da pneumatização do mastoide e posição do seio sigmoide. Um seio anterior com mastoides pouco pneumatizados pode indicar um espaço apertado para esta abordagem
  - posição do bulbo jugular. Se proeminente, pode indicar um espaço apertado no acesso translabiríntico
- para acesso retrossigmoide-transmeatal: localização e espessura da cobertura óssea sobre o canal semicircular posterior e o aqueduto vestibular. A extensão das células aéreas peritubulares e células aéreas retrofaciais precisam ser avaliadas no planejamento da abordagem e na prevenção de extravasamento do CSF

41.1.6 Manejo

Opções de manejo

As opções de manejo incluem:
1. manejo expectante: acompanhar os sintomas, audição (audiometria) e crescimento do tumor em imagens seriadas (MRI ou CT). A intervenção é realizada no caso de progressão. Padrões de crescimento observados:
   a) pouco ou nenhum crescimento: aplica-se à maioria (83%) dos VSs confinados dentro do IAC e 30% estendendo-se até o CPA (ver a história natural do crescimento, abaixo)
   b) crescimento lento ≈ 2 mm/ano
   c) crescimento rápido: ≥ 10 mm/ano
   d) alguns realmente encolhem[4]
2. radioterapia (isolada ou em conjunto com cirurgia)
   a) radioterapia de feixe externos (EBRT)
      - radiação estereotática
      - radiocirurgia estereotática (SRS) (p. 1564): dose única
      - radioterapia estereotática (SRT) (p. 1564): fracionada

676 Tumores Primários dos Sistemas Nervoso e Relacionados: Tumores de Tecido Neuroepitelial

3. cirurgia: os acessos incluem as seguintes (ver abaixo para detalhes)
   a) retrossigmoide (também conhecido como suboccipital): é capaz de preservar a audição
   b) translabiríntico (e suas diversas variações): sacrifica a audição, pode ser ligeiramente melhor para preservar **o nervo** VII
   c) acesso pela fossa média (subtemporal extradural): apenas para VSs laterais pequenos
4. quimioterapia: algumas preliminares são promissoras para schwannomas vestibulares progressivos relacionados com NF2 com bevacizumab (Avastin®), um anticorpo monoclonal anti-VEGF (fator de crescimento endotelial vascular) (ver abaixo). Efeitos colaterais: ocorre hemorragia em ≈ 7% por causa da necrose de vasos

Fatores do paciente/tumor que influenciam as decisões de manejo

Além dos fatores usuais envolvidos no processo de decisão com tumores cerebrais, por exemplo, a condição médica geral do paciente, idade, história natural, etc., elementos peculiares aos VSs incluem: chances de preservação à função dos nervos VII e V e da audição (naqueles com audição operacional) (todas as quais estão relacionadas com o tamanho do tumor), e a presença de NF2.

Especificidades:
1. história natural do crescimento
   a) variação usual mencionada: ≈ 1-10 mm/ano. No entanto, isto pode ser muito variável
   b) tumores estritamente intracanaliculares: apenas 17% cresceram fora do meato (em 552 VSs durante seguimento médio de 3,6 anos (230 eram intrameatais no momento do diagnóstico, 322 tinham extensão extrameatal)[4]
   c) tumores extrameatais (com extensão até o ângulo CP): 30% cresceram > 2 mm (em 522 VSs durante seguimento médio de 3,6 anos)
   d) VSs que não cresceram nos 5 anos seguintes ao diagnóstico não cresceram depois disso
   e) 6% na verdade diminuíram de tamanho[20]
2. história natural da função auditiva em VSs intracanaliculares não tratados em pacientes do Grupo A segundo a AAO-HNS (▶ Quadro 41.6)[21]
   a) 50% deterioraram para uma classe inferior ao longo de 4,6 anos (perda de ≥ 10 dB no PTA ou ≥ 10% no SDS)
   b) depois de 4,6 anos de observação, a proporção de pacientes elegíveis para tratamento com preservação da audição (conforme determinado por um escore de reconhecimento de palavras classe I (70-100% no SDS)) foi reduzida para 28% (uma redução de 44%) e conforme AAO-HNS classe A para 9% (uma redução de 53%)
   c) o risco de perda da audição não estava relacionado com: idade, gênero, tamanho do tumor acústico (todos os tumores eram intracanaliculares) ou sublocalização do tumor (fundo, central, poro)
   d) a perda auditiva foi positivamente correlacionada com a taxa de crescimento volumétrico tumoral absoluta (tumores que eventualmente se expandem para fora do IAC têm um ritmo e grau de perda de audição mais rápidos comparados a tumores que permanecem no IAC)
   e) o risco de perda da audição foi significativamente mais baixo para pacientes com escore de 100% no reconhecimento de palavras. Durante 4,6 anos de observação, 89% permaneceram na classe I do WRS (▶ Quadro 41.4) comparados a apenas 43% para pacientes com somente uma perda pequena (1-10%) de WRS ao diagnóstico
3. tamanho: à medida que os tumores ultrapassam 15 mm de diâmetro, as complicações do tratamento aumentam
   a) chance significativamente mais baixa de preservação da audição
   b) aumento na incidência de lesão do nervo VII
4. presença de cistos: tumores císticos podem apresentar crescimento dramático súbito[4]
5. audição operacional: ver Definição de audição operacional (p. 674)
6. audição na orelha contralateral

Algoritmo para manejo

- tumores pequenos (< 15 mm de diâmetro) com audição perfeita (WRS 100%)
  Observar radiograficamente (varredura com CT ou MRI) mais testes de audição seriados:
  ○ varredura: recomendar tratamento para crescimento > 2 mm entre as aquisições. Guia para o programa de varredura:
    – a cada 6 meses × 2 anos depois do diagnóstico, depois (se estável)
    – anualmente até 5 anos depois do diagnóstico, depois (se estável)
    – aos 7, 9 e 14 anos depois do diagnóstico[4]
  ○ avaliações audiológicas anuais
    – deterioração da audição (WRS < 100%), mas sem crescimento: ver abaixo
    – justificativa: em pacientes com tumores pequenos e WRS normal, comparando os resultados da preservação da audição após cirurgia ou SRS à história natural, a conclusão é de que o crescimento tumoral estabelecido deveria ser o principal determinante do tratamento[17]
- tumores pequenos com audição operacional: o manejo é muito controverso
  ○ em geral, pacientes com audição operacional, mas WRS < 100% têm 50% de chance de preservar sua audição operacional (regra de 50/50 ou AAO-HNS classe A ou B) tanto com observação, SRS ou ressecção microcirúrgica

Tumores dos Nervos Cranianos, Espinais e Periféricos

- taxas de preservação da audição melhores do que 50% foram reportadas para microcirurgia e radiocirurgia em pacientes muito seletos (tumores menores, localizados medialmente no IAC, amplitudes e latências de ABR intactas no pré-operatório)
  - as decisões de tentar superar a história natural (50% de chance de perda auditiva em 10 anos) devem ser muito individualizadas, baseadas em fatores do tumor (tamanho, localização) e fatores do paciente (ABR, idade, comorbidades, preferências)
  - as decisões finais de manejo são frequentemente ditadas por razões não médicas (a percepção do paciente, sua situação social, considerações financeiras, sistema de apoio, etc.)
- tumores de tamanho médio (15-25 mm de diâmetro)
  - tumores > 15-20 mm devem ser tratados.[4,17] Isto é válido principalmente para pacientes jovens
  - observação atenta para estabelecer o crescimento é uma opção válida em pacientes mais velhos ou com comorbidades médicas
  - a taxa de complicações aumenta, e os desfechos faciais pioram com o aumento no tamanho do tumor
  - pacientes com NF2 representam um desafio e devem ser avaliados individualmente. Em geral a taxa de sucesso no manejo dos seus tumores é mais baixa (maior déficit de nervo craniano e taxa de recorrência mais alta).[22,23] O manejo precoce é considerado mais favorável para bons resultados.[24] Um estudo retrospectivo encontrou significativa melhora na audição e encolhimento do tumor em > 50% dos pacientes com NF2 com VS progressivo usando bevacizumab (Avastin®) (ver acima)
- tumores grandes (> 25 mm de diâmetro): é recomendado tratamento
  - ressecção microcirúrgica é preferida para reduzir o efeito de massa e descomprimir o tronco encefálico
  - SRS também é útil em tumores maiores para pacientes mais velhos ou com comorbidades significativas

Escolha das opções para intervenção

Depois de eleito o tratamento (ver o algoritmo acima), o tipo de tratamento deve ser escolhido.
Comparação de microcirurgia à radiocirurgia (SRS)

1. preservação da audição
   a) para pacientes com audição pré-operatória testável
      - resumo: radiocirurgia ou radiação esterotática parece ser melhor na preservação da audição do que microcirurgia. A diferença é mínima para tumores com < 10 mm e audição pré-operatória muito boa (SDS 70%, e 30 dB no PTA). A vantagem da radiação é mais pronunciada para tumores maiores e maior perda auditiva pré-operatória. Detalhes:
      - SRS: de um modo geral, aos 3, 5 e 10 anos, 81, 77 e 66% dos pacientes mantiveram sua classe de audição segundo GR (▶ Quadro 41.5). Para pacientes que recebem na margem do tumor uma dose de 13 Gy ou menos, essas mesmas porcentagens foram 93, 87 e 87%.[25] A preservação da audição parece estar relacionada com a dose de radiação na cóclea em vez de no tumor em si[26]
      - microcirurgia: a preservação da audição está significativamente relacionada com o tamanho do tumor e com a experiência da equipe cirúrgica. A preservação da audição na série de casos de Samii de 1.000 VS[23] melhorou de 24% nos primeiros 200 casos para 49% nos últimos casos. A preservação da audição em microcirurgia melhorou com o uso do monitoramento direto do nervo coclear[27] comparada ao monitoramento de respostas audiométricas do tronco encefálico. A preservação da audição em pacientes com tumores pequenos, classe A, e o monitoramento direto do nervo coclear (potencial de ação composto do nervo) foi de 91%.[28] Com microcirurgia, a durabilidade da preservação da audição também é excelente, com apenas 15% dos pacientes com audição classe A após a cirurgia e 33% dos pacientes com audição classe B após a cirurgia mudando uma classe em 5 anos de seguimento[29]
2. preservação do nervo facial
   a) a preservação foi excelente tanto com microcirurgia quanto com radiocirurgia
   b) microcirurgia: 98,5% no total e 100% em tumores que não tocam o tronco encefálico. Foi defendida ressecção estadiada por alguns para melhorar a preservação em VS gigante (> 4-4,5 cm)[31]
   c) radiocirurgia: 98% dos pacientes.[25] A incidência de neuropatia facial diminuiu significativamente desde que a dose de SRS foi reduzida para 12-13 Gy. Ocorreu neuropatia facial nas séries de casos recentes em pacientes que receberam 18-20 Gy
3. neuropatia trigeminal (TGN)
   a) uma complicação classicamente temida em tumores grandes, especialmente depois de SRS
   b) SRS: incidência de 7% de TGN (principalmente em pacientes que recebem doses mais altas, isto é, 18 Gy). Nenhum paciente que recebeu uma dose < 13 Gy desenvolveu TGN[25]
   c) microcirurgia: não é reportada TGN pós-operatória na maioria das séries de casos
4. controle tumoral (taxas de controle local, LCR):
   a) o controle tumoral tem sido uma preocupação com radiocirurgia e com o decréscimo mais recente na dose de 18-20 Gy para 12-14 Gy, faltam dados a longo prazo
   b) microcirurgia: a recorrência do tumor foi pouco estudada. As taxas citadas na literatura variam entre 0,5% aos 6 anos[30] e 9,2%[32]

c) SRS: a recorrência do tumor requerendo novo tratamento em 5 anos foi de 4%,[25] mas 18% dos pacientes apresentaram aumento transitório no tamanho do tumor ("pseudocrescimento") numa média de 8 meses, com regressão subsequente na metade e estabilização no novo tamanho na outra metade

Vertigem e tontura

Para pacientes com vertigem episódica ou dificuldades de equilíbrio como sintoma dominante; ver também os pontos na seção Escolha das opções para intervenção (p. 677):

1. lembre-se: pacientes com VS também são suscetíveis a outras causas de vertigem, e os pacientes devem-se submeter a ENG e avaliação funcional do equilíbrio
2. vertigem causada por VS é frequentemente autolimitada e melhora sem tratamento em 6-8 semanas até um nível razoavelmente tolerável (os pacientes podem ter melhores resultados com a assim chamada "reabilitação vestibular")
3. tontura residual e distúrbios do equilíbrio são comuns se for usada radiocirurgia estereotática (SRS) ou microcirurgia (MS), mas **são tipicamente mais leves** depois da MS
4. um estudo recente baseado na intensidade da vertigem relatada pelo paciente demonstrou que os sintomas de vertigem são melhorados por qualquer tratamento em comparação à observação (van Gompel *et al.*[33])
5. depois de SRS: um mínimo de 5-6 meses e algumas vezes até dezoito meses podem ser necessários para produzir efeitos benéficos. Os sintomas são melhorados mais rapidamente depois de MS do que com SRS
6. depois de MS: a severidade da tontura depois de MS depende da função vestibular pré-operatória no lado afetado. Se a função vestibular ipsolateral estiver ausente pré-operatoriamente, os pacientes não sofrerão de tontura ou náusea pós-operatória. Se a função vestibular ipsolateral estiver intacta pré-operatoriamente, os pacientes podem ficar muito tontos e nauseados, em particular nas primeiras 24 horas
7. conclusão:
   * observação pode ser a melhor escolha para ≈ 20% dos pacientes
   * quando o tratamento for desejável:
     ○ cirurgia é a melhor escolha para a maioria dos VSs que produzem vertigem
     ○ SRS pode ser a escolha certa para alguns, em especial: pacientes idosos (> 70 anos) com outros problemas de saúde, para recorrência de VS e por preferência individual

Hidrocefalia

Quando hidrocefalia está presente, poderá ser necessário tratamento separado com um *shunt* liquórico – ver Considerações cirúrgicas (p. 679) – e possivelmente pode ser feito ao mesmo tempo que a cirurgia para o VS (se cirurgia para VS for indicada).

41.1.7 Tratamento cirúrgico

Abordagens

Informações gerais

Três acessos cirúrgicos básicos:

1. aqueles com possibilidade de preservação da audição
   a) fossa média (MF): acesso precário à fossa posterior (ver abaixo)
   b) retrossigmoide (RS) (ver abaixo), também conhecido como acesso retrossigmoide-transmeatal
2. translabiríntico (TL): sem preservação da audição (ver abaixo)

Foram relatados resultados excelentes com cada uma destas abordagens. Estas diretrizes assumem que a equipe cirúrgica se sinta à vontade com todas as três abordagens.

Algoritmo para decisão do acesso

A escolha do acesso é ditada pela possibilidade de salvação da audição e o tamanho do tumor, conforme a seguir:

1. audição salvável (▶ Quadro 41.7 para definição e diretrizes)
   a) se o tumor for intracanalicular (sem extensão além de alguns mm até a fossa posterior [CPA]; nota: existem diferenças de opinião relativas a quanto tumor no CPA pode ser removido via MF): usar o acesso pela fossa média. Nota: alguns autores usam exclusivamente o acesso retrossigmoide para preservação da audição, mesmo para estes tumores, com excelentes resultados
   b) se o tumor se estender > poucos mm na fossa posterior: usar o acesso retrossigmoide (em geral é aceito que a parte cisternal do tumor não seja bem exposta por acesso pela fossa média, especialmente em relação à possibilidade de dissecar o tumor dos nervos)
2. audição não salvável (ver o ▶ Quadro 41.7 para definição e diretrizes)
   a) usar o acesso translabiríntico ou acesso retrossigmoide

Quadro 41.7 Salvabilidade auditiva

Audição operacional e não salvável

Definição de audição operacional

uma definição generosa de audição operacional: PTA < 50 dB e SDS > 50%[a]

Audição não salvável

audição operacional pós-operatória é *improvável* de ser preservada quando
1. SDS pré-operatório < 75%
2. ou a perda de PTA pré-operatório > 25 dB
3. ou BAER pré-operatória tem morfologia de onda anormal
4. ou tumor > 2-2,5 cm de diâmetro

[a]Veja também outras definições de audição operacional (p. 674).

b) qualquer uma delas pode ser usada independentemente do tamanho do tumor. A preferência da equipe cirúrgica é o principal fator de decisão. Alguns aspectos que influenciam:
- um paciente jovem sem atrofia cerebelar pode favorecer um acesso translabiríntico
- um seio sigmoide anteriorizado e/ou um bulbo jugular proeminente restringem o espaço de trabalho no acesso translabiríntico e podem favorecer um acesso retrossigmoide

Considerações cirúrgicas

Informações gerais

A primeira remoção cirúrgica de um schwannoma vestibular foi realizada há mais de um século, em 1894.[34]

O nervo facial é empurrado para frente pelo tumor em ≈ 75% dos casos (variação: 50-80%), mas pode ocasionalmente ser empurrado rostralmente, com menos frequência inferiormente e raramente posteriormente. Ele pode até mesmo continuar a funcionar enquanto é achatado até se tornar uma mera fita sobre a superfície da cápsula do tumor.

Anestesia com relaxantes musculares mínimos permite o monitoramento intraoperatório do sétimo nervo. Em apenas ≈ 10% dos tumores grandes o nervo coclear é uma banda separada da cápsula do tumor; nos restantes ele é incorporado ao tumor.

Embora a excisão total do tumor seja geralmente o objetivo da cirurgia, a preservação do nervo facial deve prevalecer sobre o grau da ressecção. Ressecção quase total (uma lasca muito pequena do tumor é deixada sobre o nervo facial) ou ressecção subtotal são todas opções excelentes se o tumor estiver fortemente aderido ao nervo facial ou ao tronco encefálico. Ambas têm excelente taxa de controle do tumor a longo prazo com observação ou com radiação pós-operatória.

Se estiver presente hidrocefalia, é usado como prática padrão alocar um *shunt* liquórico e esperar ≈ 2 semanas antes da operação definitiva.[35] Embora ainda seja aceitável, isto é menos comumente feito atualmente, e *shunt* ou EVD é frequentemente realizado sob a mesma anestesia.

Tumores grandes podem ser tratados por uma abordagem cirúrgica estadiada para debastamento do tumor e preservação do nervo facial, ou uma ressecção subtotal planejada seguida por radiação. Para tumores > 3 cm, essa abordagem parece levar a melhores resultados da função do nervo facial[36]

O tempo extra de anestesia envolvido na abordagem translabiríntica pode ser prejudicial em idosos.

Acesso pela fossa média

- indicações:
  a) preservação da audição
  b) tumores posicionados lateralmente
  c) tumores pequenos (geralmente < 2,5 cm)
- prós:
  a) permite a drilagem e exposição do IAC no caminho até o gânglio geniculado (bom para tumores posicionados lateralmente)
  b) basicamente uma operação subtemporal extradural
- contras:
  a) dano potencial ao lobo temporal com risco de convulsões
  b) o nervo facial é o nervo mais superficial nesta exposição e, assim, o cirurgião trabalha "em torno" do nervo facial (possibilidade de lesão)
- resumo da técnica
  a) dreno lombar

Quadro 41.8 Prós e contras do acesso translabiríntico

Desvantagens	Vantagens
• sacrifica a audição (aceitável quando a audição já não é funcional ou é improvável que possa ser preservada por outra abordagem) • pode levar mais tempo do que a abordagem retrossigmoide • possivelmente taxa mais elevada de extravasamento de CSF no pós-operatório	• identificação precoce de VII pode resultar em taxa mais alta de preservação • menos risco para o cerebelo e nervos cranianos inferiores • os pacientes não ficam tão "doentes" pelo sangue na cisterna magna, etc. (essencialmente uma abordagem extracraniana)

b) geralmente incisão reta, iniciando na frente do trago, estendendo-se cefalicamente por 6 cm, mantida aberta com um afastador autoestático

c) o músculo temporal recebe uma incisão verticalmente (ao longo das fibras musculares) ao longo do limite mais posterior da exposição e também é rebatido anteriormente

d) craniotomia: 4 cm × 3 cm

e) elevar a dura da fossa média, seccionar a artéria meníngea média. Identificar e preservar o nervo petroso superficial maior (GSPN), eminência arqueada, V3 e a borda verdadeira do osso petroso (a falsa borda é o sulco ocupado pelo seio petroso superior)

f) drilar e expor o canal auditivo interno em todo o caminho até a barra de Bill (para tumores que se estendem lateralmente)

g) localizar o nervo facial com o estimulador nervoso

h) abrir a dura do IAC ao longo do eixo principal do IAC, evitando o VII nervo

i) identificar os nervos vestibular, coclear e facial

j) dissecar o tumor dos nervos

Acesso translabiríntico

Frequentemente preferido pelos neuro-otologistas.

1. prós e contras: ver o ▸ Quadro 41.8
2. resumo da técnica
   a) Posição: cabeça supina rotacionada para o lado contralateral, pode ser feita com pinos ou suporte de crânio tipo ferradura se for previsto que não serão usados afastadores
   b) Preparação do abdome para enxerto de gordura (quase sempre usado)
   c) a incisão cutânea deve ser adequada à localização do seio sigmoide (observar a localização do seio sigmoide e o pavilhão da orelha na MRI pré-operatória). Geralmente menor abertura do que no acesso retrossigmoide
      • não requer uma craniotomia. Para tumores grandes que requerem um "translabiríntico estendido", 1-2 cm de dura retrossigmoide deve ser exposto durante a mastoidectomia para permitir a retração do seio sigmoide
      • abertura dural ao longo do IAC após a identificação do VII nervo com o estimulador
      • para tumor grande: secção do seio petroso superior e secção do tentório para obter melhor exposição intradural
      • o fechamento requer enxerto de gordura

Agendando o caso: Acesso translabiríntico para schwannoma vestibular

Ver também faltas e advertências (p. 27)

1. posição: supina com coxim sob o ombro
2. equipamento:
   a) microscópio
   b) furadeira de alta velocidade
   c) aspirador ultrassônico
3. alguns cirurgiões trabalham com neurotologista para auxiliar com o IAC e para seguimento
4. neuromonitorzação: EMG facial (não requer tecnologia de EEG), SSEPs para tumores que envolvem o tronco encefálico (requer tecnologia de EEG)
5. pós-operatório: ICU
6. consentimento (em termos leigos para o paciente – não incluir tudo):
   a) procedimento: cirurgia por meio de uma incisão atrás da orelha para remover um tumor que está crescendo dentro do crânio no nervo da orelha. Possível necessidade de dreno lombar pós-operatório. Enxerto de gordura (≈ sempre usado)

b) alternativas: manejo não cirúrgico com MRIs de seguimento, outros acessos cirúrgicos, radiação (radiocirurgia estereotática)
c) complicações: extravasamento de CSF com possível meningite, perda da audição na orelha ipsolateral (se já não estiver perdida), paralisia dos músculos faciais no lado da cirurgia com possível necessidade de procedimentos cirúrgicos para ajudar a corrigir (a correção frequentemente está longe de ser perfeita), dormência facial, dificuldades de equilíbrio/vertigem pós-operatória, lesão no tronco encefálico com CVA

Acesso retrossigmoide

Também conhecida como acesso pela fossa posterior, ou acesso suboccipital.[37,38]
- prós:
  a) familiar para a maioria dos neurocirurgiões: ∴ frequentemente preferida pelos neurocirurgiões
  b) rápido acesso ao tumor
  c) possível preservação da audição
  d) NOTA: esta abordagem é muito versátil. Samii[23] ressecou todos seus tumores acústicos por meio de uma abordagem retrossigmoide; ele obteve significativo relaxamento do cérebro e melhorou a exposição usando a posição sentada, que geralmente não é usada nos Estados Unidos por causa das complicações associadas (p. 1445)
- contras:
  a) retração cerebelar: não é um problema para tumores com < 4 cm, desde que a craniotomia seja suficientemente lateral, e a cisterna magna e a cisterna do ângulo CP tenham sido abertas
  b) dores de cabeça: foi sugerido que as dores de cabeça são mais comuns depois de craniotomia retrossigmoide do que depois de craniotomia translabiríntica. Mecanismos postulados: drilagem puramente extradural no translabiríntico sem pó de osso no espaço subaracnoide. Incisão cutânea mais anterior no translabiríntico e menos alteração da musculatura suboccipital e do nervo occipital maior

Agendando o caso: Craniotomia retrossigmoide para schwannoma vestibular

Ver também básico e advertências (p. 27)
1. posição: decúbito lateral com o tumor voltado para cima
2. equipamento:
   a) microscópio
   b) aspirador ultrassônico
   c) sistema de navegação guiado por imagem (se usado) (pode ser mais útil para posicionamento da incisão cutânea e craniotomia do que para localização do tumor)
3. alguns cirurgiões trabalham com neurolotogista para auxiliar com o IAC e para seguimento
4. neuromonitoramento: EMG facial (não requer tecnologia de EEG), BAERS, monitoramento do campo próximo (CNAP: potencial de ação composto do nervo)
5. pós-operatório: ICU
6. consentimento (em termos leigos para o paciente – não incluir tudo):
   a) procedimento: cirurgia por meio de uma incisão atrás da orelha para remover um tumor que está crescendo dentro do crânio no nervo da orelha. Possível necessidade de dreno lombar pós-operatório. Possível enxerto de gordura (opcional)
   b) alternativas: manejo não cirúrgico com MRIs de seguimento, outros acessos cirúrgicos, radiação (radiocirurgia estereotática)
   c) complicações: extravasamento de CSF com possível meningite, perda da audição na orelha ipsolateral (se já não estiver perdida), paralisia dos músculos faciais no lado da cirurgia com possível necessidade de procedimentos cirúrgicos para ajudar a corrigir (a correção frequentemente está longe de ser perfeita), dormência facial, dificuldades de equilíbrio/vertigem pós-operatória, lesão no tronco encefálico com CVA. Dormência facial (infrequente)

Resumo da técnica

1. posição: decúbito lateral com o tumor voltado para cima, cabeça em pinos rotacionada (pode precisar coxim sob o ombro), arco zigomático horizontal. Elevação de 30° da cabeça é indispensável; ver Craniectomia da fossa posterior (suboccipital), Posição oblíqua lateral (p. 1446)
2. dreno lombar percutâneo (opcional)

> **Quadro 41.9** Auxiliares na localização da origem do VII nervo[41]
>
> - o VII nervo se origina no sulco bulbopontino próximo à extremidade lateral do sulco, 1-2 mm anterior ao VIII nervo
> - sulco bulbopontino termina imediatamente medial ao forame de Luschka (estendendo-se desde o recesso lateral do IV ventrículo, ▶ Fig. 1.9)
> - um tufo do plexo coroide geralmente se estende para fora do forame de Luschka na superfície posterior do IX e X nervos, imediatamente inferior à origem do VII nervo
> - o folículo do cerebelo se projeta do recesso lateral até o CPA imediatamente posterior à origem do VII e VIII nervo
> - a origem do VII nervo é 4 mm cefálico e 2 mm anterior à do IX nervo

3. a incisão tem a forma do pavilhão auricular, 3 dedos atrás do canal auditivo externo
4. a craniotomia deve ser suficientemente lateral para expor parte dos seio sigmoide e parte do seio transverso e permitir uma linha reta de visão até a extremidade lateral do IAC
5. para prevenir extravasamento de CSF, selar todas as bordas do osso com cera óssea
6. abertura dural ao longo das linhas da craniotomia
7. a exposição é aumentada com a abertura da cisterna do ângulo cerebelopontino e a cisterna magna ao microscópio e drenagem de CSF (20–40 mL do CSF também podem ser drenados por meio de um cateter subaracnóideo lombar)
8. a veia petrosa é frequentemente sacrificada no início do procedimento para permitir que o cerebelo relaxe e retroceda e evite que o seio transverso seja removido. Tenha cautela para não coagular a SCA que frequentemente corre com a veia petrosa
9. usando o estimulador do nervo facial, o limite posterior do tumor é inspecionado para assegurar que o nervo facial não foi empurrado posteriormente
10. a camada fina do aracnoide que recobre a maioria dos tumores é identificada. Os vasos dentro da aracnoide podem contribuir para a função coclear e podem ser preservados mantendo-os com o aracnoide
11. o plano entre o tumor e o cerebelo pode ser acompanhado até o tronco encefálico, e ocasionalmente até o VII nervo (este plano é mais difícil de acompanhar depois que ocorre sangramento decorrente da *debulking* do tumor)
12. para ajudar a localizar a origem do VII nervo no tronco encefálico, ver o ▶ Quadro 41.9 e a anatomia do CPA na ▶ Fig. 1.9
13. a cápsula posterolateral do tumor é aberta, e é realizada a descompressão interna. O tumor involui, e a cápsula é mantida intacta e destacada lateralmente do VII nervo e é eventualmente removida. A área mais difícil para destacar o VII nervo do tumor é imediatamente proximal à entrada do poro acústico. Uma recomendação geral é aceitar uma ressecção subtotal ou quase total para preservar a continuidade anatômica do nervo facial em casos onde ele é identificado pela estimulação, mas como está tão achatado ele não pode ser visto como uma estrutura separada na superfície do tumor
14. depois de removida a porção extracanalicular do tumor, a dura sobre o IAC recebe uma incisão, o IAC é drilado aberto, e o tumor é removido desta porção. Para preservar a audição, o labirinto ósseo não deve ser violado. O canal semicircular (SCC) posterior é a estrutura mais vulnerável (▶ Fig. 41.1). O vestíbulo dos SCCs também está em risco, mas é menos provável de ser penetrado. A quantidade máxima de drilagem do osso temporal que pode ser obtida sem entrar no SCC posterior pode ser determinada pela CT pré-operatória. O opérculo do osso temporal é uma pequena saliência palpável com um gancho de nervo posteriormente a partir do poro acústico. Ele marca a localização do aqueduto vestibular e é um bom ponto de referência para a extensão posterior da drilagem na exposição retrossigmoide do IAC. A medição da distância do IAC até o canal semicircular posterior em uma CT pré-operatória e a medição da espessura do osso sobrejacente ao canal semicircular posterior são recomendadas para a exposição segura do IAC, em particular para a preservação da audição. Entretanto, a abertura do labirinto nem sempre pode ser evitada; e qualquer abertura deve ser tampada com cera óssea ou músculo.[39] Se o nervo facial não estiver intacto e não for enxertado, o IAC deve então ser tampado, por exemplo, por cera óssea coberta com um pequeno pedaço de músculo batido (o esmagamento torna o músculo viscoso pela ativação de fatores coagulantes extrínsecos) e Gelfoam®

Nota: *tumores grandes*: em alguns tumores grandes, a cápsula pode ser aderente ao tronco encefálico e assim porções do tumor devem ser deixadas; a taxa de recorrência entre estes tumores é ≈ 10-20%.[40] Tumores grandes também podem envolver V nervo superiormente (algumas vezes o VII nervo é empurrado superiormente contra V nervo) e inferiormente podem envolver IX, X e XI. Os nervos cranianos inferiores podem geralmente ser preservados dissecando-lhes da cápsula do tumor e protegendo-os com compressas.

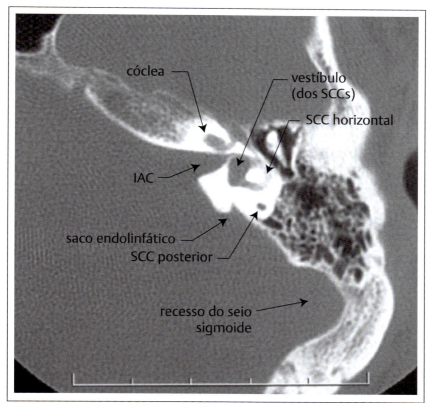

Figura 41.1 Estruturas do osso temporal esquerdo. Varredura com CT (osso petroso esquerdo, corte axial), cortesia de Chris Danner, M.D.

Cuidados pós-operatórios e cuidados com complicações

Disfunção do nervo craniano e do tronco encefálico

Nervo facial (VII)
Se o fechamento dos olhos estiver prejudicado por causa da disfunção do VII nervo: R: 2 gotas de lágrimas naturais q 2 horas e PRN. Aplicar Lacrilube® no olho afetado e fechá-lo com fita q horas. Se houver paralisia completa do VII nervo com pouca chance de recuperação precoce, ou se a sensação facial (V° nervo) também estiver afetada, é realizada tarsorrafia dentro de poucos dias.
 É realizada reanimação facial (p. ex., anastomose hipoglossal-facial) depois de 1-2 meses se VII foi dividido ou se não retorna a função depois de 1 ano com um nervo anatomicamente intacto.

Nervo vestibular (VIII)
A disfunção do nervo vestibular é comum no pós-operatório; náusea e vômitos decorrentes (e também ar intracraniano) são comuns. As dificuldades de equilíbrio decorrente disto se resolvem rapidamente; no entanto, a ataxia decorrente da disfunção do tronco encefálico pode ter um componente permanente.

Nervos cranianos inferiores
A combinação da disfunção de IX, X e XII cria dificuldades de deglutição e cria um risco de aspiração.

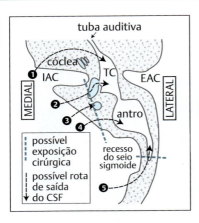

Figura 41.2 Rotas possíveis para rinorreia de CSF depois de cirurgia para schwannoma vestibular (ver texto) (osso petroso direito, corte axial). Adaptada de Surgical Neurology, Vol. 43, Nutik S L, Korol H W. Cerebrospinal Fluid Leak After Acoustic Neuroma Surgery, 553-7, 1995, com permissão de Elsevier Science.

Disfunção do tronco encefálico
Pode ocorrer disfunção do tronco encefálico pela dissecção do tumor do tronco encefálico. Isto pode produzir ataxia e parestesias contralaterais no corpo. Embora possa haver melhora, quando presente, frequentemente há algum residual permanente.

Fístula de CSF
Ver também Fístula de CSF (craniana) (p. 384) para informações gerais. Pode-se desenvolver fístula de CSF por incisão cutânea, da orelha (otorreia de CSF) através de uma membrana timpânica rompida ou via tuba auditiva e então pelo nariz (rinorreia) ou descendo pela parte posterior da garganta.

Pode ocorrer rinorreia por meio de uma das seguintes rotas (números circulados na ▶ Fig. 41.2):
- ① via células apicais até a cavidade timpânica (TC) ou tuba auditiva (o caminho mais comum)
- entrada pelo labirinto ósseo – para alcançar o ouvido médio seria preciso ruptura, por exemplo, da janela oval por causa da aplicação excessiva de cera óssea no labirinto
  - ② através do vestíbulo do canal semicircular horizontal (SCC)
  - ③ através do SCC posterior (o SCC posterior é a área mais comum por onde entra a perfuração)
- ④ acompanha as células e tratos perilabirínticos até o antro mastoide
- ⑤ através das células aéreas mastoides cirurgicamente expostas no sítio da craniotomia

A maioria dos extravasamentos é diagnosticada dentro de 1 semana após a cirurgia, embora 1 tenha se apresentado 4 anos depois da operação.[42] Meningite complica um extravasamento de CSF em 5-25% dos casos e geralmente se desenvolve dentro de dias do início do extravasamento.[42] Hidrocefalia pode promover o desenvolvimento de uma fístula liquórica.

Tratamento: 25-35% dos extravasamentos param espontaneamente (uma série de casos reportou 80%).[42] As opções de tratamento incluem
1. não cirúrgico:
   a) elevar HOB
   b) pode ser tentado um dreno percutâneo subaracnoide lombar,[43,44] embora alguns questionem sua eficácia[38] e exista um risco teórico de levar bactérias para dentro do CNS
2. tratamento cirúrgico para extravasamentos persistentes: Em geral, extravasamento liquórico pós-operatório (incluindo rinorreia) é mais bem abordado com reexploração cirúrgica imediata
   a) no caso de um acesso translabiríntico com audição ipsolateral ausente: tratar a rinorreia, bloquear e fechar permanentemente a tuba auditiva por meio de uma abordagem transtimpânica da membrana. Isto é muito eficaz e evita a reabertura da incisão cirúrgica e a remoção do enxerto de gordura feita previamente
   b) se a audição estiver preservada (o que exclui o translabiríntico), devem ser empregados todos os esforços na preservação da função da tuba auditiva para preservar a função da orelha média. Reexplorar o campo cirúrgico, recolocar cera nas células aéreas e adicionalmente fazer um enxerto de gordura, fáscia, pericrânio ou outro selador sobre as células aéreas expostas. Este manejo agressivo é o tratamento mais definitivo e rápido, e evita o prolongado repouso no leito necessário ao ser colocado um dreno lombar e tenta controlar o extravasamento de forma conservadora
3. um extravasamento de CSF pode ser uma indicação de alteração na hidrodinâmica do CSF. A maioria destes pacientes demonstra ventriculomegalia franca (hidrocefalia). Em alguns pacientes o vazamento pode funcionar como uma válvula de escape da pressão e, assim, melhorar a ventriculomegalia

Quadro 41.10 Preservação de nervo craniano na remoção retrossigmoide de VSs[a]

Tamanho do tumor	Função preservada	
	VII nervo	VIII nervo
< 1 cm	95-100%	57%
1-2 cm	80-92%	33%
> 2 cm	50-76%	6%

[a]Série de 135 VSs[48 (p. 729)] e outras fontes.[40 (p. 3337),45]

(isto é, haveria hidrocefalia se não houvesse um extravasamento). *Shunt* liquórico adjuvante geralmente também é necessário, caso contrário será mais provável que o reparo falhe.

Desfechos e seguimento

Foi reportada remoção cirúrgica completa em 97-99% dos casos.[45]

Morbidade cirúrgica e mortalidade

Ver também Considerações pós-operatórias para fossa posterior do crânio (p. 1451). Frequência estimada de algumas complicações:[46] a complicação mais comum é o extravasamento de CSF em 4-27%[42] (ver acima), meningite em 5,7%, CVA em 0,7%, necessidade subsequente de *shunt* do liquor (para hidrocefalia ou para tratar o extravasamento) em 6,5%.

A taxa de mortalidade é ≈ 1% em centros especializados.[23,45,47]

Disfunção do nervo craniano

▶ Quadro 41.10 apresenta estatísticas da preservação dos VII e VIII nervos cranianos após a remoção suboccipital de VSs em vários grupos combinados de pacientes. Para maiores detalhes, ver abaixo.

Neuropatias cranianas pós-radiação geralmente aparecem 6-18 meses depois da radiocirurgia estereotática (SRS)[49] e como mais da metade destas se resolve dentro de 3-6 meses após o início, a recomendação é tratá-las com um curso de corticosteroides.

Nervo facial (VII)

Ver o ▶ Quadro 41.3 para a escala de graduação de House e Brackmann. Os graus 1-3 estão associados à função aceitável. A preservação do nervo facial está relacionada com o tamanho do tumor.

Cirurgia: com o uso de técnicas modernas de monitoramento do nervo facial, a integridade anatômica do nervo facial pode ser obtida em > 90%, mesmo para tumores grandes, e em aproximadamente 99% em tumores de tamanho médio.[50] Nos casos em que o nervo está tão achatado que o tumor tem que ser deixado sobre o nervo para preservar sua integridade anatômica, o desfecho funcional do nervo facial é pior, especialmente com tumores maiores. Desfechos excelentes (HB graus I-III) só foram obtidos em 75% dos pacientes com tumores grandes e 91% em tumores de tamanho médio.

SRS para tumores com ≤ 3 cm de diâmetro: Com dosimetria moderna da SRS (12-13 Gy para pacientes com audição operacional e 13-14 Gy para pacientes com audição não operacional, a incidência de nova fraqueza do nervo facial foi de 4%.[51]

Nervo vestibulococlear (VIII)

Pacientes com VS unilateral e audição Classe I ou II (▶ Quadro 41.5) representavam ≈ 12% dos casos em uma série grande.[52] A preservação da audição depende essencialmente do tamanho do tumor, com pouca chance de preservação com tumores com > 1-1,5 cm de diâmetro. As chances de preservação da audição possivelmente podem ser melhoradas pelo monitoramento do potencial evocado auditivo de tronco encefálico intraoperatório.[53] Em centros que tratam grandes números de VSs, podem ser obtidas taxas de *preservação* da audição de 35-71% com tumores com < 1,5 cm[52,54] (embora uma variação de 14-48% possa ser mais realista[55]). A audição raramente pode ser melhorada pós-operatoriamente.[56]

SRS: para tumores com ≤ 3 cm de diâmetro,[57] a audição foi preservada em 26% dos 65 casos com limiar para tom puro pré-operatório < 90 dB. A perda auditiva foi correlacionada com o aumento no tamanho do tumor.[58] Nota: há uma *alta* taxa de perda auditiva em 1 ano. SRT: audição útil foi preservada em 93%.[59]

A função do nervo vestibular é raramente normal pós-operatório. Tentativas de preservação cirúrgica "vestibular" não demonstraram melhores resultados do que cirurgia que não aborda especificamente esta questão. A maioria dos pacientes com perda unilateral do nervo vestibular aprenderá a compensar significativamente com o lado contralateral, se este for normal. Pacientes com ataxia como consequência de lesão no tronco encefálico decorrente de tumor ou cirurgia terão mais dificuldades pós-operatórias. Alguns pacientes parecerão ter bons resultados inicialmente no pós-operatório no que diz respeito à função do nervo vestibular, mas apenas por apresentarem uma deterioração tardia vários meses pós-operatório. Estes casos provavelmente representam regeneração aberrante das fibras do nervo vestibular e podem ser extremamente difíceis de manejar. Alguns especialistas defendem a secção do nervo vestibular, como para a doença de Meniere (p. 573).

Nervo trigêmeo (V)

Sintomas pós-operatórios do nervo trigêmeo ocorrem transitoriamente em 22% e permanentemente em 11% após microcirurgia, semelhante aos resultados de SRS.[60] Nova dormência facial ocorreu em 2% com SRT.[59]

Nervos cranianos inferiores

Lesões no IX, X e XI nervos ocorrem infrequentemente após cirurgia em tumores grandes que distorcem os nervos e os deslocam inferiormente contra o osso occipital.

Recorrência

Após microcirurgia (MS)

A recorrência é altamente dependente da extensão da remoção. Entretanto, pode-se desenvolver recorrência em tumores que aparentemente foram totalmente removidos ou quando foi realizada ressecção subtotal. Isto pode ocorrer muitos anos depois do tratamento. A taxa de progressão do tumor após ressecção subtotal é de ≈ 20%.[55] Todos os pacientes devem ser acompanhados com exames de imagem (CT ou MRI). Em séries de casos mais antigas com até 15 anos de acompanhamento, a taxa de controle local (LCR) após "ressecção total" é de ≈ 94%. Séries mais recentes com acompanhamento com MRI indicam taxas de recorrência de 7-11% (3-16 anos de seguimento).[55]

Uso de EBRT

EBRT pode melhorar a LCR em tumores ressecados incompletamente, conforme apresentado no ▶ Quadro 41.11 (nota: com a longa sobrevida esperada com tumores benignos, podem ocorrer complicações pós-XRT).

Microcirurgia *vs.* SRS

Os resultados a longo prazo para SRS usando a dose recomendada atualmente de 14 Gy ainda são desconhecidos[34] (apesar dos títulos de artigos científicos sugerirem o contrário[62]). Em um estudo retrospectivo não randomizado[60] de VSs < 3 cm de diâmetro, a LCR a *curto prazo* (média de 24 meses de seguimento) foi de 97% para microcirurgia *versus* 94% para radiocirugia estereotática (SRS). Entretanto, para tumores benignos, o seguimento a longo prazo é essencial (possivelmente 5-10 anos[49]) e este estudo sugere que a LCR a longo prazo será melhor para MS do que para SRS. Estudos da SRS com acompanhamento de longo prazo[63] não são diretamente comparáveis porque nos casos com seguimento mais longo, foram usadas doses mais altas de radiação tendo como resultado uma incidência mais alta de complicações da radiação e uma LCR mais bem antecipada.

Inicialmente pode haver um aumento temporário do tumor acompanhado da perda do realce central do contraste após SRS em ≈ 5% dos pacientes[64] (com até 2% dos pacientes apresentando real crescimento inicial do tumor); daí a necessidade de que o tratamento adicional depois da SRS seja adiado até que haja evidência de crescimento sustentado.[65] Assim sendo, deve ser evitada cirurgia durante o intervalo de 6 a 18 meses após a SRS, porque este é o tempo de dano máximo pela radiação.[65]

Embora os números sejam pequenos, têm havido indicações de que a taxa de lesão no VII nervo pode ser mais alta em pacientes que se submetem à microcirurgia depois da falha da SRS em atingir LCR comparada a casos em que microcirurgia foi o procedimento inicial;[66,67] no entanto, isto tem sido discutido.[65] Finalmente, há um potencial para transformação maligna dos VSs após SRS que inclui tumores de Triton[68,69] (neoplasias malignas com características rabdoides) ou a indução de tumores de base do crânio (que foi reportado com radiação de feixes externos[70]), além do risco de oclusão arterial tardia (a AICA se situa perto da superfície dos VSs), qualquer um dos quais pode ocorrer muitos anos mais tarde.

Tratamento para recorrência após microcirurgia

A repetição da cirurgia para VS recorrente é uma opção. Uma série de 23 pacientes[71] mostrou que 6 de 10 pacientes com função de VII nervo moderada ou normal mantiveram pelo menos função moderada após a

Quadro 41.11 Taxas de controle local de cirurgia *vs.* cirurgia + EBRT para VSs[61]

Extensão da remoção cirúrgica	Taxa de controle local (LCR)	
	Cirurgia	Cirurgia + EBRT[a]
total grosseira	60/62 (97%)	sem dados
quase total (90-99%)	14/15 (93%)	2/2 (100%)
subtotal (< 90%)	7/13 (54%)	17/20 (85%)[a]
apenas biópsia	sem dados	3/3 (100%)

[a]Com doses < 45 Gy, LCR foi de 33%; com > 45 Gy, LCR foi de 94%.

reoperação, 3 pacientes aumentaram a ataxia, e 1 paciente teve um hematoma cerebelar. O uso de SRS foi endossado por alguns para recorrência de VS depois de um ou mais procedimentos de MS.[55] O uso de SRS para VSs recorrentes resultou na piora da função do nervo facial em 23% dos pacientes com função Grau I-III antes da SRS (seguimento médio = 43 meses) e 14% desenvolveram novos sintomas trigeminais.[55] 6% dos pacientes desenvolveram progressão do tumor após SRS.

Hidrocefalia

Pode ocorrer após o tratamento (MS ou SRS) para VS, e pode ainda ocorrer anos mais tarde. A pressão aumentada no CSF também pode predispor ao desenvolvimento de uma fístula liquórica.

41.2 Tumores dos nervos periféricos: Perineurioma

Um tumor na bainha do nervo. Variantes:
1. perineurioma intraneural: lesão geralmente solitária de adolescentes ou adultos jovens, afetando principalmente os nervos periféricos (o envolvimento dos nervos cranianos é raro). Formação de pseudobulbo de cebola com alargamento cilíndrico do nervo por 2-10 cm. Atividade mitótica é rara. O índice de marcação para MIB-1 é baixo. A perda do cromossomo 22 é característica,[72] sem associação a NF1. Tratamento: amostra conservadora da lesão, sem ressecção
2. perineuroma de tecidos moles: incomum. Apenas raramente um nervo associado pode ser identificado. Quase exclusivamente benigno, mas pode ocorrer uma variedade maligna. A proporção entre mulheres e homens é de = 4:1. Nos homens, as mãos são frequentemente afetadas. Discreto, mas não encapsulado, diâmetro = 1,5-20 cm. Tratamento: excisão macroscópica total é curativa

Referências

[1] National Institutes of Health Consensus Development Conference. Acoustic Neuroma: Consensus Statement. Bethesda, MD 1991

[2] Eldridge R, Parry D. Summary: Vestibular Schwannoma (Acoustic Neuroma) Consensus Development Conference. Neurosurgery. 1992; 30:962–964

[3] Harner SG, Laws ER. Clinical Findings in Patients with Acoustic Neuromas. Mayo Clin Proc. 1983; 58:721–728

[4] Stangerup SE, Caye-Thomasen P, Tos M, Thomsen J. The natural history of vestibular schwannoma. Otol Neurotol. 2006; 27:547–552

[5] Lau T, Olivera R, Miller T, Jr, Downes K, Danner C, van Loveren HR, Agazzi S. Paradoxical trends in the management of vestibular schwannoma in the United States. J Neurosurg. 2012; 117:514–519

[6] Jaffe B. Clinical Studies in Sudden Deafness. Adv Otorhinolaryngol. 1973; 20:221–228

[7] Byl F. Seventy-Six Cases of Presumed Sudden Hearing Loss Occurring in 1973: Prognosis and Incidence. Laryngoscope. 1977; 87:817–824

[8] Berenholz LP, Eriksen C, Hirsh FA. Recovery From Repeated Sudden Hearing Loss With Corticosteroid Use in the Presence of an Acoustic Neuroma. Ann Otol Rhinol Laryngol. 1992; 101:827–831

[9] Moskowitz D, Lee KJ, Smith HW. Steroid Use in Idiopathic Suden Sensorineuroal Hearing Loss. Laryngoscope. 1984; 94:664–666

[10] Tarlov EC. Microsurgical Vestibular Nerve Section for Intractable Meniere's Disease. Clin Neurosurg. 1985; 33:667–684

[11] House WF, Brackmann DE. Facial Nerve Grading System. Otolaryngol Head Neck Surg. 1985; 93:184–193

[12] Hardy DG, Macfarlane R, Baguley D, et al. Surgery for Acoustic Neurinoma: An Analysis of 100 Translabyrinthine Operations. J Neurosurg. 1989; 71:799–804

[13] Daniels RL, Swallow C, Shelton C, Davidson HC, Krejci CS, Harnsberger HR. Causes of unilateral sensorineural hearing loss screened by high-resolution fast spin echo magnetic resonance imaging: review of 1,070 consecutive cases. Am J Otol. 2000; 21:173–180

[14] Committee on Hearing and Equilibrium of the American Academy of Otolaryngology-Head and Neck Surgery Foundation. Guidelines for the evaluation of hearing preservation in acoustic neuroma (vestibular schwannoma). Otolaryngol Head Neck Surg. 1995; 113:179–180

[15] Gardner G, Robertson JH. Hearing Preservation in Unilateral Acoustic Neuroma Surgery. Ann Otol Rhinol Laryngol. 1988; 97:55–66

[16] Silverstein H, McDaniel A, Norrell H, Haberkamp T. Hearing Preservation After Acoustic Neuroma Surgery with Intraoperative Direct Eighth Cranial Nerve Monitoring: Part II. A Classification of Results. Otolaryngol Head Neck Surg. 1986; 95

[17] Stangerup SE, Caye-Thomasen P, Tos M, Thomsen J. Change in hearing during 'wait and scan' management of patients with vestibular schwannoma. J Laryngol Otol. 2008; 122:673–681

[18] Murofushi T, Matsuzaki M, Mizuno M. Vestibular evoked myogenic potentials in patients with acoustic neuromas. Arch Otolaryngol Head Neck Surg. 1998; 124:509–512

[19] Copeland WR, Hoover JM, Morris JM, Driscoll CL, Link MJ. Use of preoperative MRI to predict vestibular schwannoma intraoperative consistency and facial nerve outcome. J Neurol Surg B Skull Base. 2013; 74:347–350

[20] Bederson JB, von Ammon K, WichmannWW, Yasargil MG. Conservative Treatment of Patients with Acoustic Tumors. Neurosurgery. 1991; 28:646–651

[21] Caye-Thomasen P, Dethloff T, Hansen S, Stangerup SE, Thomsen J. Hearing in patients with intracanalicular vestibular schwannomas. Audiol Neurootol. 2007; 12:1–12

[22] Asthagiri AR, Parry DM, Butman JA, Kim HJ, Tsilou ET, Zhuang Z, Lonser RR. Neurofibromatosis type 2. Lancet. 2009; 373:1974–1986

[23] Samii M, Matthies C. Management of 1000 Vestibular Schwannomas (Acoustic Neuromas): Surgical Management with an Emphasis on Complications and How to Avoid Them. Neurosurgery. 1997; 40:11–23

[24] Brackmann DE, Fayad JN, Slattery WH, III, Friedman RA, Day JD, Hitselberger WE, Owens RM. Early proactive management of vestibular schwannomas in neurofibromatosis type 2. Neurosurgery. 2001; 49:274–80; discussion 280-3

[25] Lobato-Polo J, Kondziolka D, Zorro O, Kano H, Flickinger JC, Lunsford LD. Gamma knife radiosurgery in younger patients with vestibular schwannomas. Neurosurgery. 2009; 65:294–300; discussion 300-1

[26] Timmer FC, Hanssens PE, van Haren AE, Mulder JJ, Cremers CW, Beynon AJ, van Overbeeke JJ, Graamans K. Gamma knife radiosurgery for vestibular schwannomas: results of hearing preservation in relation to the cochlear radiation dose. Laryngoscope. 2009; 119:1076–1081

[27] Danner C, Mastrodimos B, Cueva RA. A comparison of direct eighth nerve monitoring and auditory brainstem response in hearing preservation surgery for vestibular schwannoma. Otol Neurotol. 2004; 25:826–832

[28] Yamakami I, Yoshinori H, Saeki N, Wada M, Oka N. Hearing preservation and intraoperative auditory brainstem response and cochlear nerve compound action potential monitoring in the removal of small acoustic neurinoma via the retrosigmoid approach. J Neurol Neurosurg Psychiatry. 2009; 80:218–227

[29] Wang AC, Chinn SB, Than KD, Arts HA, Telian SA, El-Kashlan HK, Thompson BG. Durability of hearing preservation after microsurgical treatment of vestibular schwannoma using the middle cranial fossa approach. J Neurosurg. 2013; 119:131–138

[30] Samii M, Gerganov V, Samii A. Improved preservation of hearing and facial nerve function in vestibular schwannoma surgery via the retrosigmoid approach in a series of 200 patients. J Neurosurg. 2006; 105:527–535

[31] Patni AH, Kartush JM. Staged resection of large acoustic neuromas. Otolaryngol Head Neck Surg. 2005; 132:11–19

[32] Roche PH, Ribeiro T, Khalil M, Soumare O, Thomassin JM, Pellet W. Recurrence of vestibular schwannomas after surgery. Prog Neurol Surg. 2008; 21:89–92

[33] Van Gompel JJ, Patel J, Danner C, Zhang AN, Samy Youssef AA, van Loveren HR, Agazzi S. Acoustic neuroma observation associated with an increase in symptomatic tinnitus: results of the 2007-2008 Acoustic Neuroma Association survey. J Neurosurg. 2013; 119:864–868

[34] Pitts LH, Jackler RK. Treatment of Acoustic Neuromas. N Engl J Med. 1998; 339:1471–1473

[35] Ojemann RG. Microsurgical Suboccipital Approach to Cerebellopontine Angle Tumors. Clin Neurosurg. 1978; 25:461–479

[36] Porter RG, LaRouere MJ, Kartush JM, Bojrab DI, Pieper DR. Improved facial nerve outcomes using an evolving treatment method for large acoustic neuromas. Otol Neurotol. 2013; 34:304–310

[37] Rhoton AL, Jr. The cerebellopontine angle and posterior fossa cranial nerves by the retrosigmoid approach. Neurosurgery. 2000; 47:S93–129

[38] Ebersold MJ, Harner SG, Beatty CW, Harper CM, et al. Current Results of the Retrosigmoid Approach to Acoustic Neurinoma. J Neurosurg. 1992; 76:901–909

[39] Tatagiba M, Samii M, Matthies C, El Azm M, Schönmayr R. The Significance for Postoperative Hearing of Preserving the Labyrinth in Acoustic Neurinoma Surgery. J Neurosurg. 1992; 77:677–684

[40] Youmans JR. Neurological Surgery. Philadelphia 1990

[41] Rhoton AL. Microsurgical Anatomy of the Brainstem Surface Facing an Acoustic Neuroma. Surg Neurol. 1986; 25:326–339

[42] Nutik SL, Korol HW. Cerebrospinal Fluid Leak After Acoustic Neuroma Surgery. Surg Neurol. 1995; 43:553–557

[43] Symon L, Pell MF. Cerebrospinal Fluid Rhinorrhea Following Acoustic Neurinoma Surgery: Technical Note. J Neurosurg. 1991; 74:152–153

[44] Ojemann RG. Management of Acoustic Neuromas (Vestibular Schwannomas). Clin Neurosurg. 1993; 40:498–539

[45] Sekhar LN, Gormely WB, Wright DC. The Best Treatment for Vestibular Schwannoma (Acoustic Neuroma): Microsurgery or Radiosurgery? Am J Otol. 1996; 17:676–689

[46] Wiegand DA, Fickel V. Acoustic Neuromas. The Patient's Perspective. Subjective Assessment of Symptoms, Diagnosis, Therapy, and Outsome in 541 Patients. Laryngoscope. 1989; 99:179–187

[47] Gormley WB, Sekhar LN, Wright DC, et al. Acoustic Neuroma: Results of Current Surgical Management. Neurosurgery. 1997; 41:50–60

[48] Wilkins RH, Rengachary SS. Neurosurgery. New York 1985

[49] Flickinger JC, Kondziolka D, Pollock BE, Lunsford LD. Evolution in Technique for Vestibular Schwannoma Radiosurgery and Effect on Outcome. Int J Radiation Oncology Biol Phys. 1996; 36:275–280

[50] Samii M, Gerganov VM, Samii A. Functional outcome after complete surgical removal of giant vestibular schwannomas. J Neurosurg. 2010; 112:860–867

[51] Pollock BE, Driscoll CL, Foote RL, Link MJ, Gorman DA, Bauch CD, Mandrekar JN, Krecke KN, Johnson CH. Patient outcomes after vestibular schwannoma management: a prospective comparison of microsurgical resection and stereotactic radiosurgery. Neurosurgery. 2006; 59:77–85; discussion 77-85

[52] Glasscock ME, Hays JW, Minor LB, Haynes DS, Carrasco VN. Preservation of Hearing in Surgery for Acoustic Neuromas. J Neurosurg. 1993; 78:864–870

[53] Ojemann RG, Levine RA, Montgomery WM, et al. Use of Intraoperative Auditory Evoked Potentials to Preserve Hearing in Unilateral Acoustic Neuroma Removal. J Neurosurg. 1984; 61:938–948

[54] Brackmann DE, House JRIII, Hitselberger WE. Technical Modifications to the Middle Cranial Fossa Approach in Removal of Acoustic Neuromas. Los Angeles, CA 1993

[55] Pollock BE, Lunsford LD, Flickinger JC, Clyde BL, Kondziolka D. Vestibular Schwannoma Management. Part I. Failed Microsurgery and the Role of Delayed Stereotactic Radiosurgery. J Neurosurg. 1998; 89:944–948

[56] Shelton C, House WF. Hearing Improvement After Acoustic Tumor Removal. Otolaryngol Head Neck Surg. 1990; 103:963–965

[57] Hirsch A, Norén G. Audiological Findings After Stereotactic Radiosurgery in Acoustic Neuromas. Acta Otolaryngol (Stockh). 1988; 106:244–251

[58] Flickinger JC, Lunsford LD, Coffey RJ, Linskey ME, et al. Radiosurgery of Acoustic Neurinomas. Cancer. 1991; 67:345–353

[59] Selch MT, Pedroso A, Lee SP, Solberg TD, Agazaryan N, Cabatan-Awang C, DeSalles AA. Stereotactic radiotherapy for the treatment of acoustic neuromas. J Neurosurg. 2004; 101:362–372

[60] Pollock BE, Lunsford LD, Kondziolka D, et al. Outcome Analysis of Acoustic Neuroma Management: A Comparison of Microsurgery and Stereotactic Radiosurgery. Neurosurgery. 1995; 36:215–229

[61] Wallner KE, Sheline GE, Pitts LH, Wara WM, et al. Efficacy of Irradiation for Incompletely Excised Acoustic Neurilemomas. J Neurosurg. 1987; 67:858–863

[62] Kondziolka D, Lunsford LD, McLaughlin MR, Flickinger JC. Long-Term Outcomes After Radiosurgery for Acoustic Neuromas. N Engl J Med. 1998; 339:1426–1433

[63] Noren G, Hirsch A, Mosskin M. Long-Term Efficacy of Gamma Knife Radiosurgery in Vestibular Schwannomas. Acta Neurochir. 1993; 122

[64] Linskey ME, Lunsford LD, Flickinger JC. Neuroimaging of Acoustic Nerve Sheath Tumors After Stereotactic Radiosurgery. AJNR. 1991; 12:1165–1175

[65] Pollock BE, Lunsford LD, Kondziolka D, et al. Vestibular Schwannoma Management. Part II. Failed Radiosurgery and the Role of Delayed Microsurgery. J Neurosurg. 1998; 89:949–955

[66] Slattery WH, Brackmann DE. Results of Surgery Following Stereotactic Irradiation for Acoustic Neuromas. Am J Otol. 1995; 16:315–321

[67] Wiet RJ, Micco AG, Bauer GP. Complications of the Gamma Knife. Arch Otolaryngol Head Neck Surg. 1996; 122:414–416

[68] Yakulis R, Manack L, Murphy AI. Postradiation Malignant Triton Tumor: A Case Report and Review of the Literature. Arch Pathol Lab Med. 1996; 120:541–548

[69] Comey CH, McLaughlin MR, Jho HD, Martinez AJ, Lunsford LD. Death From a Malignant Cerebellopontine Angle Triton Tumor Despite Stereotactic Radiosurgery. J Neurosurg. 1998; 89:653–658

[70] Lustig LR, Jackler RK, Lanser MJ. Radiation-Induced Tumors of the Temporal Bone. Am J Otol. 1997; 18:230–235

[71] Beatty CW, Ebersold MJ, Harner SG. Residual and Recurrent Acoustic Neuromas. Laryngoscope. 1987; 97:1168–1171

[72] Emory TS, Scheithauer BW, Hirose T, Wood M, Onofrio BM, Jenkins RB. Intraneural perineurioma. A clonal neoplasm associated with abnormalities fo chromosome 22. Am J Clin Pathol. 1995; 103:696–704

42 Meningiomas

42.1 Informações gerais

Conceitos-chave

- tumor extra-axial de crescimento lento, geralmente benigno, origina-se da aracnoide (não da dura)
- imagem (MRI ou CT): classicamente fixação ampla na dura, frequentemente com cauda dural, tipicamente realça densamente, pode causar hiperostose do osso adjacente
- MRI: isointenso em T1WI, hipointenso em T2WI
- 32% dos meningiomas, descobertos incidentalmente, não crescem durante 3 anos de seguimento
- indicações cirúrgicas: crescimento documentado em imagens seriadas e/ou sintomas atribuíveis à lesão que não são satisfatoriamente controlados com medicamentos
- a maioria (mas não todos) é curada se removida completamente, o que nem sempre é possível
- mais comumente localizados ao longo da foice, convexidade ou osso esfenoide
- frequentemente calcificados. Achado histológico clássico: corpos psamomatosos

Meningiomas são os tumores intracranianos mais comuns. Geralmente são lesões benignas de crescimento lento, circunscritas (não infiltrativas). Variedades histologicamente malignas (incidência: ≈ 1,7% dos meningiomas[1]) e/ou de crescimento rápido também são descritas; uma lesão de crescimento rápido que se parece com um meningioma pode ser um hemangiopericitoma (p. 701). Na verdade originam-se das células superficiais da aracnoide (não da dura). Podem ser múltiplos em até 8% dos casos;[2] este achado é mais comum em neurofibromatose. Ocasionalmente forma uma camada difusa de tumor (**meningioma em placa**). Esta seção considera os meningiomas intracranianos.

Podem ocorrer em qualquer lugar onde são encontradas células aracnoides (entre o cérebro e o crânio, dentro dos ventrículos e ao longo da medula espinal). Meningiomas ectópicos podem-se originar dentro do osso do crânio (meningiomas intraósseos primários)[3] e outros ocorrem no tecido subcutâneo sem fixação ao crânio. A maioria é assintomática (ver abaixo).

42.2 Epidemiologia

Cerca de 3% das autópsias em pacientes com > 60 anos de idade revelam um meningioma.[4] Os meningioma representam 14,3-19% das neoplasias intracranianas primárias.[5] O pico de incidência se dá aos 45 anos. A proporção entre mulheres e homens é de 1,8:1.

1,5% ocorre na infância e adolescência, geralmente entre 10-20 anos.[6(p. 3263)] Cerca de 19-24% dos meningiomas na adolescência ocorrem em pacientes com neurofibromatose tipo I (de von Recklinghausen).

42.3 Localizações comuns

42.3.1 Informações gerais

O ▶ Quadro 42.1 lista as localizações comuns. Outras localizações incluem: ângulo CP, clivo, plano esfenoidal e forame magno. ≈ 60-70% ocorrem ao longo da foice (incluindo parassagital), ao longo do osso esfenoide (incluindo tubérculo selar) ou sobre a convexidade. Meningiomas na infância são raros, 28% são intraventriculares, e a fossa posterior também é um sítio comum.

42.3.2 Meningiomas da asa (ou crista) esfenoidal

Três categorias básicas:[8]
1. asa esfenoidal lateral (ou pterional): o comportamento e o tratamento são geralmente similares à convexidade do meningioma
2. terço médio (ou alar)
3. medial (clinoidal): tende a envolver a ICA e a MCA, assim como os nervos cranianos na região da fissura orbitária superior e o nervo óptico. Pode comprimir o tronco encefálico. A remoção total frequentemente não é possível

Quadro 42.1 Localização de meningioma de adultos (série de 336 casos[7])

Localização	%
parassagital	20,8
convexidade	15,2
tubérculo selar	12,8
crista esfenoidal	11,9
sulco olfatório	9,8
foice	8
ventrículo lateral	4,2
tentorial	3,6
fossa média	3
orbitária	1,2
espinal	1,2
intrasilviano	0,3
extracalvário	0,3
múltiplo	0,9

42.3.3 Meningiomas parassagitais e da foice

Até 50% invadem o seio sagital superior (SSS). Agrupados com base na localização ao longo da direção AP do SSS como:
1. anterior (placa etmoidal à sutura coronal): 33%. Mais frequentemente presente com H/A e alterações no estado mental
2. médio (entre as suturas coronal e lambdoide): 50%. A maioria frequentemente se apresenta com convulsão Jacksoniana e monoplegia progressiva
3. posterior (sutura lambdoide à tórcula de Herófilo): 20%. A maioria present com H/A, sintomas visuais, convulsões focais ou alterações no estado mental

Os sistemas de classificação para a extensão da invasão do SSS incluem o sistema criado por Bonnal e Brotchi,[9] e um mais recente por Sindou *et al.*,[10] apresentado na ▶ Fig. 42.1.

Meningiomas parassagitais podem-se originar no nível da área motora, e uma manifestação inicial comum destes é um pé caído contralateral.[11]

42.3.4 Meningiomas do sulco olfatório

A apresentação (geralmente assintomática até que estejam grandes) pode incluir:
1. síndrome de Foster Kennedy (p. 99): anosmia (o paciente em geral não está consciente disso), atrofia óptica ipsolateral, papiledema contralateral
2. alterações no estado mental: frequentemente com achados no lobo frontal (apatia, abulia...)
3. incontinência urinária
4. lesões localizadas posteriormente podem comprimir o aparelho óptico, causando deficiência visual
5. lesões grandes podem comprimir o fórnix e causar perda da memória a curto prazo
6. convulsões

A morbidade, mortalidade e dificuldade de obter a remoção total aumentam significativamente para tumores com > 3 cm.[12]

MRA, CTA ou angiografia pré-operatória pode ser útil para avaliar a localização das artérias cerebrais anteriores em relação ao tumor. 70-80% destes recebem a maior parte do seu suprimento sanguíneo pela artéria etmoidal anterior, que geralmente não é embolizada decorrente do risco para a artéria oftálmica (e amaurose). Se houver meníngeas médias substancialmente nutridoras, estas podem ser embolizadas, porém o benefício tende a ser pequeno.

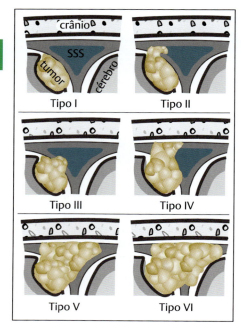

Figura 42.1 Sistema de graduação para invasão de meningioma do seio sagital superior. Modificada de Sindou MP et al., J Neurosurg, 105: pp 514-25, 2006. Apresentado: secção coronal esquemática através do seio sagital superior (SSS).
Tipo I = fixação na parede lateral do seio.
Tipo II = invasão do recesso lateral.
Tipo III = invasão da parede lateral.
Tipo IV = invasão da parede lateral e teto.
Tipo V = oclusão total do seio, parede contralateral preservada.
Tipo VI = oclusão total do seio, invasão de todas as paredes.

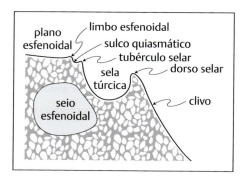

Figura 42.2 Localizações anatômicas do plano esfenoidal e tubérculo selar.

42.3.5 Meningiomas do plano esfenoidal

Originam-se da parte plana do osso esfenoidal (ver ▶ Fig. 42.2) anterior ao sulco quiasmático na parte posterior da fossa craniana anterior.

42.3.6 Meningiomas do tubérculo selar (TSM)

O sítio de origem destes tumores é apenas cerca de 2 cm posterior ao dos meningiomas do sulco olfatório.[12] O tubérculo selar é a elevação óssea entre o sulco quiasmático e a sela túrcica (ver ▶ Fig. 42.2). Por definição, a margem anterior do sulco quiasmático (o limbo esfenoidal) é a demarcação entre as fossas cranianas anterior e média. Portanto, estes tumores se originam na fossa média (ao contrário dos meningiomas do plano esfenoidal que estão na fossa anterior).

Os TMSs são notórios pela produção de perda visual (síndrome quiasmática = atrofia óptica primária + hemianopsia bitemporal). Quando um TSM cresce posteriormente dentro da sela túrcica ele pode ser confundido com um macroadenoma hipofisário (ver a ▶ Fig. 89.3 para MRI e as características diferenciadoras).

42.3.7 Meningiomas do forame magno

Como com qualquer lesão no forame magno (FM) (p. 1367): os sintomas e sinais neurológicos podem ser muito confusos e frequentemente não sugerem inicialmente um tumor nesta localização.

No Estudo Comparativo Francês, houve 106 meningiomas de FM,[13] 31% se originaram do lábio anterior, 56% eram laterais e 13% se originaram do lábio posterior do FM. A maioria é intradural, mas eles podem ser extradurais ou uma combinação de ambos (os dois últimos têm uma origem lateral e frequentemente são invasivos, o que torna mais difícil sua remoção total).[14] Eles podem estar acima, abaixo ou em ambos os lados da artéria vertebral.[14]

42.4 Patologia

Quatro variáveis histopatológicas essenciais:
1. grau – ver ▶ Quadro 42.2
2. subtipo histológico – ver ▶ Quadro 42.2
3. índices de proliferação (p. 694)
4. invasão cerebral (p. 694)

Existem inúmeros sistemas de classificação patológica,[15,16 (p. 465),17] e formas transicionais entre os tipos principais. Em um tumor pode ser visto mais de um padrão histológico. A classificação da WHO do ano 2.000 é apresentada no ▶ Quadro 42.2.
1. meningiomas com baixo risco de recorrência e/ou crescimento agressivo (WHO grau III)
    a) meningotelial ou meningoteliomatoso. Também conhecido como sincicial: o mais comum. Camadas de células poligonais. Alguns usam o termo angiomatoso para a variedade meningoteliomatosa com vasos sanguíneos agrupados muito próximos
    b) fibroso ou fibroblástico: células separadas por estroma de tecido conectivo. A consistência é mais emborrachada do que o meningoteliomatoso meningoteliomatoso
    c) transicional: intermediário entre meningoteliomatoso e fibroso. As células tendem a ser fusiformes, mas ocorrem áreas meningoteliomatosas típicas. Redemoinhos, alguns dos quais são calcificados (corpos psamomatosos)
    d) psamomatoso: redemoinhos meningoteliais calcificados
    e) angiomatoso
    f) microcístico: também conhecido como meningioma "úmido" ou vacuolado. Os espaços extracelulares dilatados geralmente estão vazios, mas ocasionalmente contêm substância que cora positiva para PAS (?glicoproteina) ou contêm gordura.[18] Os cistos podem se coalescer e formar cistos grosseiramente ou radiologicamente visíveis e podem-se parecer com astrocitomas
    g) secretor
    h) rico em linfócitos e células do plasma
2. meningiomas com maior risco de recorrência e/ou crescimento agressivo incluem
    a) meningioma atípico: atividade mitótica aumentada (com 1-2 figuras mitóticas/campo de grande aumento), celularidade aumentada, áreas focais de necrose, células gigantes. Pleomorfismo celular

Quadro 42.2 Classificação da WHO dos meningiomas

Grau WHO	Meningiomas
WHO I	meningotelial fibroso (fibroblástico) transicional (misto) psamomatoso angiomatoso microcístico secretório rico em linfócitos e células do plasma metaplásico
WHO II	cordoide células claras (intracraniano) atípico
WHO III	papilar rabdoide (ver texto) anaplásico

não é incomum, mas não é significativo por si só. O aumento da atipia parece correlacionar-se com o aumento na agressividade

b) meningiomas rabdoides: geralmente têm características malignas e se comportam agressivamente. O comportamento na ausência de características malignas é indeterminado[19]

c) meningiomas malignos: também conhecidos como anaplásicos, papilares ou sarcomatosos. Caracterizados por figuras mitóticas frequentes, invasão cortical, recorrência rápida mesmo depois da remoção total aparente[20] e, raramente, metástases (ver abaixo). Figuras mitóticas frequentes (≥ 4 mitoses por campo de grande aumento) ou a presença de características papilares são fortes preditores de malignidade. Podem ser mais comuns em pacientes mais jovens

Termos obsoletos (na classificação atual da WHO) apresentados por contexto na literatura mais antiga: metaplásico, mixomatoso, xantomatoso (lipídios citoplasmáticos abundantes; aparência vacuolada), lipomatoso, granular, condroblástico, osteoblástico, melanótico. Angioblásticos ou (meníngeo) hemangiopericitomas; hemangiopericitomas verdadeiros são sarcomas (p. 701). (Outros usam o termo "angioblástico" para tumores histologicamente similares a hemangioblastoma. Meningiomas angioblásticos foram considerados como tendo características clínicas mais malignas do que outras formas.[16 (p. 479-83)])

Índices de proliferação

Em razão da variação entre as instituições e os observadores, é aconselhável que os índices de proliferação (p. ex., Ki-67 ou MIB-1) não sejam usados como o único discriminante para a graduação. No entanto, estes índices se correlacionam com o prognóstico (ver ▶ Quadro 42.3). Sugere-se que seja acrescentada a expressão "com alta atividade proliferativa" para tumores com um índice muito alto.[19]

42.4.1 Invasão cerebral

A presença de invasão cerebral aumenta a probabilidade de recorrência a níveis similares aos menigiomas atípicos (não aplásicos),[22] mas não é um indicador do grau de malignidade. Invasão cerebral em meningiomas atípicos não dita comportamento maligno. Sugere-se que seja acrescentada a expressão "com invasão cerebral" para denotar risco mais alto de recorrência.[19]

42.4.2 Metástases

Muito raramente um meningioma pode metastatizar para fora do CNS. A maioria deles é angioblástico ou maligno. Pulmão, fígado, linfonodos e coração são os sítios mais comuns.

42.4.3 Diagnóstico diferencial/ considerações diagnósticas do meningioma

1. meningiomas múltiplos: sugere neurofibromatose 2 (NF2)
2. xantoastrocitoma pleomórfico (PXA) (p. 635): pode simular meningiomas, uma vez que tem a tendência a estar perifericamente localizado e pode ter uma cauda dural
3. doença de Rosai-Dorfman: especialmente se forem identificadas lesões extracranianas. Um transtorno do tecido conectivo com histiocitose sinusal e linfadenopatia massiva indolor (a maioria tem linfadenopatia cervical). Geralmente em adultos jovens. O envolvimento intracraniano isolado é raro. MRI: massa de base dural com realce e com sinais característicos similares a meningioma, pode ter cauda dural. Localizações intracranianas mais comuns: convexidades cerebrais, parassagital, supraselar, seio cavernoso. Patologia: tecido conectivo fibrocolagenoso denso com células fusiformes e infiltração linfocítica, cora para CD68 e S-100. Proliferação histiocítica sem malignidade. Histiócitos esponjosos são característicos. Cirurgia e terapia imunossupressiva não são efetivas. XRT de baixa dose pode ser a melhor opção

Quadro 42.3 Índice de proliferação de Ki-67 em meningiomas[21a]

Descrição e grau WHO	Índice médio de Ki-67	Taxa de recorrência
meningioma comum (WHO grau I)	0,7%	9%
meningioma atípico (WHO grau II)	2,1%	29%
meningioma anaplásico (WHO grau III)	11%	50%

[a]Não recomendado para graduação (ver texto).

42.5 Apresentação

Os sintomas dependem da localização do tumor, e algumas localizações específicas estão associadas a complexos de sintomas bem descritos.

Podem ocorrer convulsões com meningiomas supratentoriais em consequência da irritação do córtex cerebral.

Meningiomas assintomáticos

Meningiomas são os tumores intracranianos primários mais comuns, e a maioria permanece assintomática durante toda a vida do paciente.[23] O uso rotineiro de CT e MRI para inúmeras indicações inevitavelmente resulta na descoberta de meningiomas incidentais (assintomáticos). Em um estudo populacional (a população do estudo era composta de caucasianos de classe média, e o resultado pode não ser generalizável para outros grupos),[23] meningiomas incidentais foram vistos em 0,9% das MRIs. Em outra série de casos, 32% dos tumores cerebrais primários vistos em estudos de imagem eram meningiomas, e 39% destes eram assintomáticos.[24] Dos 63 casos acompanhados por > 1 ano sem manejo cirúrgico, 68% não apresentaram aumento de tamanho durante um seguimento médio de 36,6 meses, enquanto 32% aumentaram de tamanho ao longo de 28 meses de seguimento em média.[24] Meningiomas assintomáticos com calcificação vistos na CT e/ou hipointensidade na T2WI MRI pareceram ter uma taxa de crescimento mais lenta.[24]

Faltam dados para estabelecer diretrizes de manejo baseadas em evidências. Uma sugestão é obter um estudo de imagem de seguimento 3-4 meses depois do estudo inicial para excluir progressão rápida e depois repetir anualmente por 2-3 anos. O desenvolvimento de sintomas daria vez à realização de um estudo naquele momento.

É indicado tratamento para lesões que produzem sintomas que não podem ter controle medicamentoso satisfatório, ou para aqueles que demonstram crescimento significativo contínuo em estudos de imagem seriados. Quando foi realizada cirurgia, a taxa de morbidade perioperatória foi estatisticamente significativamente mais alta em pacientes com > 70 anos (23%) do que naqueles com < 70 anos (3,5%).[24]

42.6 Avaliação

42.6.1 MRI

Ocasionalmente pode ser isointenso com cérebro em T1WI e T2WI, mas a maioria realça com gadolínio. Edema cerebral pode ou não estar presente. Calcificações aparecem como ausência de sinal na MRI. Fornece informações referentes à patência dos seios venosos durais (a acurácia na predição de envolvimento de seio é de ≈ 90%[25]). "Cauda dural" é um achado comum.[26]

42.6.2 CT

Aparece como uma massa homogênea realçando densamente com ampla base de fixação ao longo da borda dural. Valores de Hounsfield sem contraste de 60-70 em um meningioma geralmente correlacionam-se com a presença de calcificações psamomatosas. Pode haver pouco edema cerebral ou pode ser acentuado e se estender pela substância branca de todo o hemisfério.

Meningiomas intraventriculares: 50% produzem edema extraventricular. Na angiografia, eles podem falsamente parecer malignos.

Câncer de próstata pode simular meningioma (metástases da próstata para cérebro são raras, mas a próstata frequentemente vai até os ossos, e pode ir até o crânio, causando hiperostose).

42.6.3 Angiografia

Padrão clássico: "chega cedo, fica até tarde" (aparece no início da fase arterial, a impregnação persiste além da fase venosa). Os meningiomas são caracteristicamente supridos pela carótida *externa*. Exceções: meningiomas medianos frontais baixos (p. ex., sulco olfatório) que se alimentam da ICA (ramos etmoidais da artéria oftálmica). Meningiomas supraselares também podem ser supridos por grandes ramos das artérias oftálmicas. Meningiomas parasselares tendem a se alimentar da ICA. O suprimento vascular secundário pode ser derivado de ramos piais das artérias cerebrais anterior, média e posterior.

Artéria de Bernasconi e Cassina, também conhecida como artéria tentorial (um ramo do tronco meningo-hipofisário), também conhecida como artéria "italiana": dilatada em lesões que envolvem o tentório (p. ex., meningiomas tentoriais).

A angiografia também fornece informações sobre a oclusão dos seios venosos durais, especialmente meningiomas parassagitais/da foice. Visões oblíquas são geralmente melhores para avaliação da patência do seio sagital superior (SSS). A angiografia também pode ajudar a confirmar o diagnóstico por meio da distinta impregnação tumoral homogênea prolongada. A angiografia também oferece uma oportunidade para embolização pré-operatória (ver abaixo).

Embolização pré-operatória: reduz a vascularização destes tumores frequentemente hemorrágicos, facilitando a remoção cirúrgica. O momento da cirurgia subsequente é controverso. Alguns defendem uma espera de 7-10 dias para permitir a necrose do tumor, o que simplifica a ressecção.[27,28] As complicações incluem: hemorragia (intratumoral e SAH), déficits nos nervos cranianos (geralmente transitórios), CVA decorrente da embolização das anastomoses da ICA ou VA, necrose do escalpo, embolia retiniana e inchaço potencialmente perigoso do tumor. Alguns meningiomas (p. ex., sulco olfatório) são menos favoráveis à embolização.

42.6.4 Raios X simples

Podem apresentar: calcificações dentro do tumor (em ≈ 10%), hiperostose ou invasão do crânio (incluindo o assoalho da fossa frontal com meningiomas no sulco olfatório), dilatação dos sulcos vasculares (especialmente a artéria meníngea média).

42.7 Tratamento

42.7.1 Informações gerais

Cirurgia é o tratamento de escolha para meningiomas sintomáticos. Meningiomas incidentais sem edema cerebral ou aqueles que apresentam apenas convulsões que são facilmente controladas farmacologicamente podem receber manejo expectante com imagem seriada, já que os meningiomas tendem a crescer lentamente, e alguns podem "se esgotar" e parar de crescer (p. 695).

Radioterapia é considerada para pacientes que não são candidatos cirúrgicos, para alguns tumores profundos inacessíveis, para meningiomas multiplamente recorrentes ou para meningiomas atípicos ou malignos, seja depois da ressecção subtotal inicial ou após a primeira recorrência.

42.7.2 Técnica cirúrgica

Informações gerais

Estes tumores frequentemente possuem muito sangue. Embolização pré-operatória e doação de sangue autóloga podem ser úteis para tumores específicos. Princípios gerais da cirurgia de meningioma:[29]
1. interrupção precoce do suprimento sanguíneo para o tumor
2. descompressão interna (usando aspirador ultrassônico, alças de cautério...)
3. dissecção da cápsula tumoral do cérebro, cortando e coagulando fixações vasculares e aracnoides, ao mesmo tempo tracionando centripetamente o tumor na área de descompressão com retração mínima no cérebro adjacente
4. remoção do osso e dura fixados quando possível

Posição

Como de costume, a cabeça deve ser elevada ≈ 30° acima do átrio direito.
Para meningiomas envolvendo o seio sagital superior (SSS):[30]
- para tumores envolvendo o terço anterior do SSS: posição supina semissentada
- para tumores do terço médio do SSS: posição lateral com o lado do tumor para *baixo*, o pescoço inclinado 45° em direção ao ombro elevado
- para tumores do terço posterior do SSS: posição prona

Envolvimento sinusal

IMHO de Greenberg

Tentar ocluir ou realizar *bypass* do terço médio do seio sagital superior envolvido com o meningioma é perigoso. Mesmo em mãos experientes, há um risco significativo de infarto venoso/oclusão sinusal com 8% de morbidade e 3% de mortalidade,[10] e a remoção completa ainda não está assegurada.[31] Pode ocorrer drenagem venosa através da dura adjacente ao seio, na pele, osso do crânio e mesmo o próprio tumor pode participar. Quase sempre é preferível deixar tumor residual e considerar tratá-lo com radioterapia do que causar um infarto venoso.

As alternativas para tratamento do envolvimento do seio dural incluem:

▶ **Seio sagital superior (SSS). Se o tumor ocluir o SSS,** foi sugerido que o seio pode ser ressecado cuidadosamente preservando as veias que drenam para as porções patentes do seio. ✘ Entretanto, isto deve ser realizado com grande cautela, uma vez que os pacientes não raro ainda desenvolvam infartos venosos, provavelmente como consequência da perda do fluxo sinusal mínimo e de canais venosos na dura. Antes da ligação do seio, o lúmen deve ser inspecionado para uma cauda de tumor no seu interior

Oclusão parcial do seio sagital superior:
1. anterior à sutura coronal, o seio pode geralmente ser dividido com segurança
2. posterior à sutura coronal (ou, talvez mais precisamente – posterior à veia de Trolard), não deve ser dividido, caso contrário ocorrerá infarto venoso severo
   a) com envolvimento superficial (Tipo I, ▶ Fig. 42.1), o tumor pode ser dissecado do seio com cuidado para preservar a patência
   b) com envolvimento extenso:
      - reconstrução do seio: perigoso. A taxa de trombose usando enxerto venoso se aproxima de 50% e está próxima a 100% com enxertos artificiais (p. ex., Gore-Tex) que *não* devem ser usados
      - pode ser melhor deixar um tumor residual e acompanhar com CT ou MRI. Se o tumor residual crescer, ou se o escore de Ki-67 for alto (p. 694), SRS pode ser usada; SRS também pode ser usada como tratamento inicial para tumores que têm < 2,3-3 cm (p. 1564)

▶ **Seio transverso (TS).** Um TS dominante patente não deve ser ocluído abruptamente

Meningiomas da asa do esfenoide, parassagitais ou da foice (princípios gerais)

Depois que o tumor é exposto, é realizado uma ressecção interna parcial. Então o ponto de fixação (à foice ou osso esfenoide) é descolado com o uso de cautério bipolar para dividir os vasos que suprem o tumor. A seguir, a porção principal do tumor pode ser separada do cérebro, com o tumor sendo avascular depois que o pedículo vascular foi interrompido.

Meningiomas parassagitais ou da foice

A porção inferior do tumor pode aderir aos ramos da artéria cerebral anterior. Os tumores do terço médio ou posterior são expostos com o uso de uma incisão em ferradura baseada na direção dos principais vasos que suprem o couro cabeludo. O paciente pode ser colocado numa posição lateral, ou a posição sentada pode ser usada com monitoramento com doppler para embolia aérea (p. 1445). Os tumores do terço anterior são abordados com o uso de uma incisão cutânea bicoronal com o paciente em posição supina. Para tumores que cruzam a linha média, são realizados orifícios de trepanação para transpor o SSS. Para o manejo do seio sagital superior, ver acima.

Como estes tumores são frequentemente *debulking* a partir do seu interior, a remoção tende a ser mais hemorrágica do que os meningiomas que podem ser removidos em bloco. A habilidade de embolizar estes tumores pré-operatoriamente é um tanto limitada, mas pode ser um adjunto. Técnica: cortar o tumor deixando uma camada fina sobre a dura. Então remover a parte por ora relativamente avascular que deixa sua impressão no cérebro. A seguir, fazer uma incisão através da dura perto do tumor; que tende a ter muito sangue, mas depois que você tem controle de ambos os lados da dura, você pode começar a excisão da dura em torno do tumor (você poderá precisar deixar um remanescente no SSS se ele estiver envolvido).

Meningiomas da asa do esfenoide

É utilizada uma craniotomia pterional. O pescoço é estendido para permitir que a gravidade retraia o cérebro do assoalho do crânio.

Meningiomas da asa do esfenoide lateral: a abordagem destes tumores é frequentemente similar à de meningiomas da convexidade. A altura da incisão cutânea e a abertura do osso devem ser suficientemente altas para abranger o tumor.

Meningiomas da asa do esfenoide medial: é usado um dreno lombar. A cabeça é voltada a 30° da vertical. É realizada a remoção extradural agressiva da asa esfenoide. Uma abordagem FTOZ pode oferecer exposição adicional. A fissura silviana é dissecada amplamente. A ICA e MCA frequentemente estão envoltas pelo tumor (procure pela aparência de "sulcos" na superfície do tumor na MRI, que indica vasos, por exemplo, MCA). Para localizar a ICA, identifique os ramos da MCA e os acompanhe proximalmente até o tumor. O nervo óptico é mais bem identificado no canal óptico. Evite retração excessiva do aparelho óptico. A porção profunda do tumor frequentemente possui numerosos vasos pequenos parasitários da ICA (o que torna esta parte muito vascularizada) e também pode invadir a parede lateral do seio cavernoso (o que cria o risco de déficits de nervo craniano com a tentativa de remoção). Portanto, a recomendação é deixar algum tumor para trás e usar radiocirurgia para lidar com ele.

Meningiomas do sulco olfatório

Abordados por meio de uma craniotomia bifrontal (preservando o periósteo para cobrir o seio aéreo frontal e o assoalho da fossa frontal no fim do caso). Pequenos tumores podem ser acessados via craniotomia unilateral no lado com a maior parte do tumor.[6 (p. 3284)] Para tumores grandes, um dreno lombar do CSF ajudará com o relaxamento do cérebro.[12] A cabeça é rodada 20° para um lado para facilitar a dissecção das artérias cerebrais anteriores e o nervo óptico, ao mesmo tempo preservando a visualização de ambos os lados com envolvimento tumoral.[32] O pescoço é levemente estendido. A dura é aberta para baixo, e o seio sagital superior é ligado e dividido nesta localização. Se necessário, deve ser feita a amputação do polo frontal para evitar retração excessiva. As artérias que fornecem o suprimento vascular atravessam o assoalho da fossa frontal na linha mediana. Inicialmente, a cápsula tumoral anterior é aberta e o tumor é *ressecado* pela parte interna seguindo em direção ao assoalho da fossa frontal para interromper o suprimento sanguíneo. A cápsula posterior do tumor é dissecada cuidadosamente, já que esta porção do tumor pode envolver ramos da artéria cerebral anterior e/ou nervos ópticos e o quiasma. Um grande tumor com extensão suprasselar geralmente desloca o nervo óptico e o quiasma *inferiormente*.[12] Se necessário, o ramo frontopolar e outros ramos pequenos podem ser sacrificados sem problema.[33] Os riscos pós-operatórios incluem extravasamento do CSF através dos seios etmoidais.

Meningiomas do tubérculo selar

Estes tumores deslocam os nervos ópticos posterior e lateralmente.[12] Ocasionalmente, os nervos são engolfados completamente pelo tumor.

Meningiomas do ângulo cerebelopontino

Geralmente se originam das meninges que cobrem o osso petroso. Podem ser divididos entre aqueles que ocorrem anteriores ao IAC e aqueles que ocorrem posteriores ao IAC.

Meningiomas do forame magno

Tumores que se originam dos lábios posterior e posterolateral do forame magno (FM) são removidos com relativa facilidade. Tumores do FM anterior e lateral podem ser operados por meio de abordagem posterolateral e, para tumores anteriores,[14] um acesso transcondilar pode ser usado como alternativa.[34]

Com meningiomas localizados abaixo da artéria vertebral (VA), os nervos cranianos inferiores são deslocados superiormente com a VA. No entanto, quando o tumor está acima da VA, a posição dos nervos cranianos inferiores não pode ser prevista.[14]

Tumores grandes podem aderir ou envolver estruturas neurovasculares, e estes devem ser internamente ressecado e depois dissecados livres.

Acesso suboccipital posterior: usada para meningiomas que se originam do lábio posterior do FM ou ligeiramente posterolateral.

O paciente é colocado em posição prona ou três quartos prona. A flexão do pescoço deve ser mantida a um mínimo para evitar a compressão do tronco encefálico pelo tumor.[35] O cirurgião deve permanecer vigilante em relação à PICA e artérias vertebrais, que podem estar envolvidas.

42.7.3 Radioterapia (XRT)

Considerada em geral como ineficaz como modalidade primária de tratamento. Muitos preferem não usar XRT para lesões "benignas". A eficácia da XRT na prevenção de recorrência é controversa (ver abaixo em Recorrência); alguns cirurgiões reservam a XRT para meningiomas malignos (invasivos), vascularizados, de rápida recorrência ("agressivos") ou não ressecáveis.

Para meningioma atípico ou anaplásico recorrente com doença residual pós-operatória, é recomendada XRT com 55-60 Gy.

42.8 Resultados

Sobrevida em 5 anos para pacientes com meningioma:[36] 91,3%.

Recorrência

A extensão da remoção cirúrgica do tumor é o fator mais importante na prevenção de recorrência. O sistema de graduação de Simpson para a extensão da remoção do meningioma é apresentado no ► Quadro 42.4. Um aspecto frequentemente desconsiderado do sistema de graduação de Simpson é que ele se refere exclusivamente à remoção de tumor intradural, e assim deixando o tumor, por exemplo, no seio sagital, ainda poderia ser compatível com remoção completa. Houve recorrência após remoção tumoral total grosseira em 11-15% dos casos, mas foi de 29% quando a remoção foi incompleta (duração do acompanhamento não especificada);[7] também são citadas taxas de recorrência em 5 anos de 37[38]-85%[39] após ressecção parcial. A taxa global de recorrência em 20 anos foi de 19% em uma série de

Quadro 42.4 Sistema de graduação de Simpson para remoção de meningiomas[37]

Grau	Grau de remoção
I	remoção macroscopicamente completa com excisão da fixação dural e osso anormal (incluindo ressecção do seio quando envolvido)
II	macroscopicamente completa com coagulação endotérmica (Bovie ou *laser*) da fixação dural
III	macroscopicamente completa sem ressecção ou coagulação da fixação dural ou das suas extensões extradurais (p. ex., osso hiperostótico)
IV	remoção parcial deixando tumor *in situ*
V	descompressão simples (± biópsia)

casos[40] e 50% em outra.[39] Meningiomas malignos têm uma taxa de recorrência mais elevada do que os benignos.

Valor de XRT

Uma série retrospectiva de 135 meningiomas não malignos seguida 5-15 anos pós-operatório na UCSF revelou uma taxa de recorrência de 4% com ressecção total, 60% para ressecção parcial sem XRT e 32% para ressecção parcial com XRT.[41] O tempo médio para recorrência foi mais longo no grupo com XRT (125 meses) do que no grupo sem XRT (66 meses). Os resultados sugerem que XRT pode ser benéfica em meningiomas ressecados parcialmente. Como alternativa, pode-se acompanhar esses pacientes com CT ou MRI e usar XRT para progressão documentada.

Além dos efeitos colaterais usuais da XRT – ver Lesão e necrose por radiação (p. 1560) – também há um relato de caso de um astrocitoma se desenvolvendo depois que XRT foi usada para tratar um meningioma.[42]

Referências

[1] Mahmood A, Caccamo DV, Tomecek FJ, Malik GM. Atypical and Malignant Meningiomas: A Clinicopathological Review. Neurosurgery. 1993; 33:955–963

[2] Sheehy JP, Crockard HA. Multiple Meningiomas: A Long-Term Review. J Neurosurg. 1983; 59:1–5

[3] Kulali A, Ilcayto R, Rahmanli O. Primary calvarial ectopic meningiomas. Neurochirurgia (Stuttg). 1991; 34:174–177

[4] Nakasu S, Hirano A, Shimura T, et al. Incidental Meningiomas in Autopsy Studies. Surg Neurol. 1987; 27:319–322

[5] Wara WM, Sheline GE, Newman H, et al. Radiation Therapy of Meningiomas. AJR. 1975; 123:453–458

[6] Youmans JR. Neurological Surgery. Philadelphia 1990

[7] Yamashita J, Handa H, Iwaki K, et al. Recurrence of Intracranial Meningiomas, with Special Reference to Radiotherapy. Surg Neurol. 1980; 14:33–40

[8] Cushing H, Eisenhardt L. In: Mengiomas of the Sphenoidal Ridge. A. Those of the Deep or Clinoidal Third. Meningiomas: Their Classification, Regional Behaviour, Life History, and Surgical End Results. Springfield, Illinois: Charles C Thomas; 1938:298–319

[9] Bonnal J, Brotchi J. Surgery of the superior sagittal sinus in parasagittal meningiomas. J Neurosurg. 1978; 48:935–945

[10] Sindou MP, Alvernia JE. Results of attempted radical tumor removal and venous repair in 100 consecutive meningiomas involving the major dural sinuses. J Neurosurg. 2006; 105:514–525

[11] Eskandary H, Hamzel A, Yasamy MT. Foot Drop Following Brain Lesion. Surg Neurol. 1995; 43:89–90

[12] Al-Mefty O, Sekhar LN, Janecka IP. In: Tuberculum Sella and Olfactory Groove Meningiomas. Surgery of Cranial Base Tumors. New York: Raven Press; 1993:507–519

[13] George B, Lot G, Velut S. Tumors of the Foramen Magnum. Neurochirurgie. 1993; 39:1–89

[14] George B, Lot G, Boissonnet H. Meningioma of the Foramen Magnum: A Series of 40 Cases. Surg Neurol. 1997; 47:371–379

[15] Zulch KJ. Histologic Typing or Tumors of the Central Nervous System. International Histological Classification of Tumors, no. 21. Geneva: World Health Organization; 1979

[16] Russell DS, Rubenstein LJ. Pathology of Tumours of the Nervous System. 5th ed. Baltimore: Williams and Wilkins; 1989

[17] Kleihues P, Burger PC, Scheithauer BW. The new WHO classification of brain tumors. Brain Pathol. 1993; 3:255–268

[18] Michaud J, Gagné F. Microcystic meningoma. Clinicopathologic Report of Eight Cases. Arch Pathol Lab Med. 1983; 107:75–80

[19] Kleihues P, Louis DN, Scheithauer BW, Rorke LB, Reifenberger G, Burger PC, Cavenee WK. The WHO classification of tumors of the nervous system. J Neuropathol Exp Neurol. 2002; 61:215–25; discussion 226-9

[20] Thomas HG, Dolman CL, Berry K. Malignant Meningioma: Clinical and Pathological Features. J Neurosurg. 1981; 55:929–934

[21] Kolles H, Niedermayer I, Schmitt C, Henn W, Feld R, Steudel WI, Zang KD, Feiden W. Triple approach for diagnosis and grading of meningiomas: histology, morphometry of Ki-67/Feulgen stainings, and cytogenetics. Acta Neurochir (Wien). 1995; 137:174–181

[22] Perry A, Scheithauer BW, Stafford SL, Lohse CM, Wollan PC. "Malignancy" in meningiomas: A clinicopathologic study of 116 patients with grading implications. Cancer. 1999; 85:2046–2056

[23] Vernooji MW, Ikram A, Tanghe HL, et al. Incidental findings on brain MRI in the general population. N Engl J Med. 2007; 357:1821–1828

[24] Kuratsu J-I, Kochi M, Ushio Y. Incidence and Clinical Features of Asymptomatic Meningiomas. J Neurosurg. 2000; 92:766–770

[25] Zimmerman RD, Fleming CA, Saint-Louis LA, et al. Magnetic Resonance of Meningiomas. AJNR. 1985; 6:149–157

[26] Taylor SL, Barakos JA, Harsh GR, Wilson CB. Magnetic Resonance Imaging of Tuberculum Sellae Meningiomas: Preventing Preoperative Misdiagnosis as Pituitary Macroadenoma. Neurosurgery. 1992; 31:621–627

[27] Chun JY, McDermott MW, Lamborn KR, Wilson CB, Higashida R, Berger MS. Delayed surgical resection reduces intraoperative blood loss for embolized meningiomas. Neurosurgery. 2002; 50:1231–5; discussion 1235-7

[28] Kai Y, Hamada J, Morioka M, Yano S, Todaka T, Ushio Y. Appropriate interval between embolization and surgery in patients with meningioma. AJNR Am J Neuroradiol. 2002; 23:139–142

[29] Ojemann RG. Management of Cranial and Spinal Meningiomas. Clin Neurosurg. 1992; 40:321–383

[30] Colli BO, Carlotti CG. Parasagittal meningiomas. Contemp Neurosurg. 2007; 29:1–8

[31] Heros RC. Meningiomas involving the sinus. J Neurosurg. 2006; 105:511–513

[32] Bogaev CA, Sekhar LN, Sekhar LN, Fessler RG. In: Ofactory groove and planum sphenoidale meningiomas. Atlas of Neurosurgical Techniques. New York: Thieme Medical Publishers, Inc.; 2006:608–617

[33] Ojemann RG, Schmidek HH, Sweet WH. In: Surgical Management of Olfactory Groove Meningiomas. Operative Neurosurgical Techniques. 3rd ed. Philadelphia: W.B. Saunders; 1995:393–401

[34] Hakuba A, Tsujimoto T, Sekhar LN, Janecka IP. In: Transcondyle Approach for Foramen Magnum Meningiomas. Surgery of Cranial Base Tumors. New York: Raven Press; 1993:671–678

[35] David CA, Spetzler R. Foramen Magnum Meningiomas. Clin Neurosurg. 1997; 44:467–489

[36] Mahaley MS, Mettlin C, Natarajan N, Laws ER, et al. National Survey of Patterns of Care for Brain-Tumor Patients. J Neurosurg. 1989; 71:826–836

[37] Simpson D. The recurrence of intracranial meningiomas after surgical treatment. J Neurol Neurosurg Psychiatry. 1957; 20:22–39

[38] Mirimanoff RO, Dosoretz DE, Lingood RM, et al. Meningioma: Analysis of Recurrence and Progression Following Neurosurgical Resection. J Neurosurg. 1985; 62:18–24

[39] Adegbite AV, Khan MI, Paine KWE, et al. The Recurrence of Intracranial Meningiomas After Surgical Treatment. J Neurosurg. 1983; 58:51–56

[40] Jaaskelainen J. Seemingly complete removal of histologically benign intracranial meningioma: late recurrence rate and factors predicting recurrence in 657 patients. A multivariate analysis. Surg Neurol. 1986; 26:461–469

[41] Barbaro NM, Gutin PH, Wilson CB, et al. Radiation Therapy in the Treatment of Partially Resected Meningiomas. Neurosurgery. 1987; 20:525–528

[42] Zuccarello M, Sawaya R, deCourten-Myers. Glioblastoma Occurring After Radiation Therapy for Meningioma: Case Report and Review of Literature. Neurosurgery. 1986; 19:114–119

43 Outros Tumores Relacionados com as Meninges

43.1 Tumores mesenquimais não meningoteliais

43.1.1 Hemangiopericitoma

Um sarcoma que se origina dos pericitos (circundando os vasos sanguíneos). Pode metastatizar (geralmente para ossos, pulmões ou fígado). Ocorre ≈ em qualquer lugar (tecidos moles, músculos, aorta torácica, rins, omento...). Pode simular meningioma na CT ou MRI (MRS pode ajudar a distinguir[1]). A recorrência é comum, algumas vezes tardia. Sítios neurocirurgicamente relevantes:
1. intracraniano: inclui intraventricular
2. espinal

Tratamento: cirurgia é o tratamento primário. XRT pode reduzir a taxa de recorrência. Quimioterapia é usada para metástases ou para tumores em que falham as medidas de controle local.

43.1.2 Sarcoma cerebral primário

Raro. Pode resultar de alteração sarcomatosa em tumor preexistente, como meningioma, glioblastoma ou oligodendrogliomas.

43.2 Lesões melanocíticas primárias

Melanoma primário do CNS

Provavelmente se origina de melanócitos nas leptomeninges. Pode-se disseminar pelos caminhos do CSF. Pode ocasionalmente metastatizar para fora do CNS para produzir metástases sistêmicas.[2]

A idade de pico para este tumor é a 4ª década (comparada com a 7ª década para melanoma cutâneo primário).[3]

43.3 Hemangioblastoma

43.3.1 Informações gerais

Conceitos-chave

- neoplasia sólida ou cística do CNS ou retina altamente vascularizada e bem circunscrita
- o tumor intra-axial primário mais comum na fossa posterior do adulto
- pode ocorrer esporadicamente ou como parte da doença de von Hippel-Lindau
- no exame de imagem, pode ser sólido ou cístico com realce de nódulo mural
- ✓ CBC: pode estar associado a eritrocitose (policitemia)

Hemangioblastomas[4 (p. 772-82)] (HGB) são tumores histologicamente benignos. Intracranialmente, eles ocorrem quase exclusivamente na fossa posterior (hemangioblastomas são o tumor intra-axial *primário* da fossa posterior mais comum em adultos). Podem ocorrer no hemisfério cerebelar, vérmis ou tronco encefálico. Menos de 100 casos supratentoriais foram reportados. Também podem ocorrer na medula espinal (p. 789) (1,5-2,5% dos tumores da medula espinal). A relação e/ou identidade com meningiomas angioblásticos é controversa. Também difíceis de distinguir histologicamente de um carcinoma das células renais.

HGB pode ocorrer esporadicamente, mas 20% ocorrem como parte da doença de von Hipple-Lindau (VHL) (ver abaixo). HGB retiniano e/ou angiomas ocorrem em 6% dos pacientes com HGBs cerebelares.

43.3.2 Hemangioblastomas (em geral)

Epidemiologia

Os HGBs representam 1-2,5% dos tumores intracranianos. Eles compreendem 7-12% dos tumores primários da fossa posterior.[5] 5-30% dos casos de HGB cerebelar e 80% dos HGBs da medula espinal estão associados a VHL (ver acima).

Casos esporádicos tendem a se apresentar na 4ª década de vida, enquanto os casos de VHL se apresentam *mais cedo* (pico na 3ª década). Em casos esporádicos, os HGBs são solitários e se originam no cerebelo (83-95%), medula espinal (3-13%), bulbo (2%)[6] ou cérebro (1,5%).[5] ≈ 30% dos pacientes com HGB cerebelar têm VHL.[7]

Apresentação

Os S/S de HGB cerebelar são geralmente de uma massa da fossa posterior – H/A, N/V, achados cerebelares...; ver Tumores (infratentoriais) da fossa posterior (p. 592) – e pode ocorrer hidrocefalia obstrutiva. HGB é raramente documentado como causa de apoplexia decorrente da hemorragia intracerebral (ICH) (lobar ou cerebelar); entretanto, alguns estudos indicam que se as causas de ICH forem examinadas cuidadosamente, poderão ser encontrados vasos anormais consistentes com HGB (e ocasionalmente identificados erroneamente como AVM) com frequência surpreendente (apesar da CT e/ou angiografia negativa).[8]

HGBs retinais tendem a estar localizados perifericamente e podem sangrar e causar descolamento da retina. A eritrocitose pode-se dever à eritropoietina liberada pelo tumor.

Patologia

Sem relato de alterações malignas. Pode se espalhar pelo CSF após a cirurgia, mas permanece benigno. Sem cápsula verdadeira, mas geralmente bem circunscrito (zona estreita de infiltração). Pode ser sólido ou cístico com um nódulo mural (70% das lesões cerebelares são císticas; os nódulos são muito vascularizados, de aparência vermelha, estão frequentemente localizados próximos à superfície pial e podem ter 2 mm; o fluido cístico é amarelo claro com alta dosagem de proteína). Em lesões císticas, a parede do cisto está revestida pelo cerebelo não neoplásico comprimido. O cisto se desenvolve porque as paredes dos vasos são tão finas que extravasam água, e as proteínas não os atravessam tão facilmente.

Característica fundamental: inúmeros canais capilares recobertos por uma camada única do endotélio, envoltos por reticulina (coloração positiva com marcação para reticulina). Os macrófagos são positivos para PAS.

Três tipos de células:
1. endotelial
2. pericitos: rodeados de membrana basal
3. estromais: poligonais. Citoplasma claro esponjoso, frequentemente carregado de lipídios. Origem controversa

Três tipos de HGB reconhecidos:[9]
1. juvenil: capilares com paredes finas e vasos dilatados fortemente compactados
2. transicional: capilares com paredes finas e vasos dilatados entremeados com células estromais, algumas das quais são carregadas de lipídios (sudanofílicas)
3. células claras: neoplasia composta quase inteiramente de camadas de células xantomatosas com um estroma ricamente vascularizado

Padrões císticos:[10]
1. sem cistos associados: 28%
2. cisto peritumoral isolado: 51%
3. cisto intramural: 17%
4. cistos peritumorais E intramurais: 4%

Avaliação

Pacientes com um HGB da fossa posterior (com suspeita radiológica ou comprovação histológica) devem se submeter à MRI do neuroeixo inteiro por causa da possibilidade de HGBs espinais (podem ser distantes da lesão da fossa posterior; podem sugerir possibilidade de VHL).

CT: as lesões sólidas são geralmente isodensas com realce intenso de contraste. HGBs císticos permanecem hipodensos com contraste, com o nódulo realçando.

MRI: preferível à CT decorrente da predileção do tumor pela fossa posterior. Pode apresentar alteração de sinal vascular serpiginoso, especialmente na periferia da lesão. Além disso, podem ocorrer depósitos de hemossiderina decorrente de hemorragias prévias.[5]

Angiografia vertebral geralmente demonstra intensa vascularização (a maioria dos outros tumores da fossa posterior é relativamente avascular). Pode ser necessária em HGBs, onde o nódulo é pequeno demais para ser examinado por imagem em CT/MRI. Quatro padrões: 1) nódulo mural vascularizado ao lado de cisto avascular, 2) lesão vascularizada rodeando cisto avascular, 3) massa vascularizada sólida e 4) múltiplos nódulos vascularizados separados.

Exames laboratoriais: frequentemente exibem *policitemia* (sem focos hematopoiéticos dentro do tumor). Em casos com história sugestiva, pode ser indicada a realização de exames laboratoriais para excluir produção de catecolamina por feocromocitoma; ver Estudos endócrinos/laboratoriais (p. 655).

Tratamento

Cirurgia

O tratamento cirúrgico pode ser curativo em casos de HGB esporádico, não em VHL.

Embolização pré-operatória pode ajudar a reduzir a vascularização.

HGBs císticos requerem a remoção do nódulo mural (caso contrário, haverá recorrência do cisto). A parede cística não é removida, a não ser que haja evidências de tumor dentro da parede cística na MRI (tipicamente cistos com parede espessada) ou visualmente no momento da cirurgia.[10] Fluorescência com 5-ALA pode auxiliar na localização visual de pequenos hemangioblastomas dentro da parede do cisto.[11]

HGBs sólidos tendem a ser mais difíceis de remover. Eles são tratados como AVMs (evitar a remoção fragmentada), trabalhando ao longo da margem e desvascularizando o suprimento sanguíneo. Uma técnica útil é encolher o tumor colocando um comprimento de fórceps bipolar ao longo da superfície do tumor e coagulando. HGBs com fixação ao assoalho do 4° ventrículo podem ser perigosos de remover (complicações cardiorrespiratórias).

Lesões múltiplas: se ≥ 0,8-1 cm de diâmetro: podem ser tratadas como uma lesão solitária. Lesões menores e mais profundas podem ser difíceis de localizar no momento da cirurgia.

HGB cístico do tronco encefálico: o nódulo sólido do tumor é removido sob microscopia cauterizando com bipolar e cortando as adesões glióticas ao parênquima. A remoção da parede cística não é necessária. Frequentemente há um plano de clivagem entre o tumor e o quarto ventrículo, o que facilita a remoção do tumor. Para reduzir o sangramento, evite a remoção fragmentada. Preserve as veias grandes de drenagem até que as arteriais nutridoras do nódulo mural tenham sido isoladas e ressecadas.[12]

Tratamento com radiação

A eficácia é discutível. Pode ser útil para reduzir o tamanho do tumor ou retardar seu crescimento, por exemplo, em pacientes que não são candidatos cirúrgicos, para múltiplas lesões profundas pequenas ou para HGB do tronco encefálico não operável. Não previne novo crescimento depois da excisão subtotal.

43.3.3 Doença de von Hippel-Lindau (VHL)

Informações gerais

> ## Conceitos-chave
>
> - transtorno com hemangioblastoma (HGB) 1° do cerebelo, retina, tronco encefálico e medula espinal, bem como cistos/tumores renais, feocromocitomas (entre outros)
> - autossômica dominante decorrente da inativação do gene supressor tumoral em 3p25
> - a expressão e idade de início são variáveis, mas ≈ sempre se manifesta até os 60 anos
> - a idade média de desenvolvimento de HGBs é pelo menos 10 anos mais cedo do que os HGBs esporádicos

Um transtorno neoplásico multissistêmico caracterizado por uma tendência a desenvolver hemangioblastomas (HGB) da retina, cérebro e medula espinal, carcinoma renal de células claras (RCC), feocromocitomas, tumores do saco endolinfático e outros[6,13] (a localização retiniana é a 2ª mais comum depois da cerebelar, ▶ Quadro 43.1). A variabilidade da doença de von Hippel-Lindau (VHL) levou alguns a sugerirem o uso do termo hemangioblastomatose.

Epidemiologia

Incidência: 1 em 31.000 a 36.000 nascidos vivos. ≈ 30% dos pacientes com HGB cerebelar têm VHL.[7]

Genética

Herança autossômica dominante com ≈ 95% de penetrância aos 60 anos.[6,16] 4% dos VHLs são portadores assintomáticos. O gene VHL é um gene supressor tumoral no cromossomo 3p25, e a inativação bialélica é necessária para desenvolvimento do tumor.[7] A maioria dos pacientes herda um gene VHL (alelo) com a mutação germinativa transmitida pelo genitor afetado e um gene VHL somático normal (tipo selvagem) do genitor não afetado.

Subtipos de VHL

Ver as referências.[17]

▶ **Tipo I.** Pode ter qualquer manifestação de VHL, exceto feocromocitoma

▶ **Tipo II.** Feocromocitoma é característico

▶ **Tipo IIA.** Tem baixo risco de Ca de células renais e tumor neuroendócrino pancreático

Quadro 43.1 Associações à doença de von Hippel-Lindau[a]	
Lesões comuns	**Frequência em VHL**
hemangioblastomas	
• cerebelo (sólido ou cístico)	80%
• retina	41-59%
• tronco encefálico	10-25%
• medula espinal	10-50%
tumores ou cistos pancreáticos	22-80%
Ca de células claras e cistos renais	14-60%
policitemia	9-20% dos HGBs intracranianos
Lesões raras (pertinentes ao sistema nervoso)	**Frequência em VHL**
hemangioblastoma supratentorial	3-6%
cistoadenomas do ligamento largo	10% ♀
cistoadenomas papilares do epidídimo	25-60% ♂
tumores do saco endolinfático	10-15%
feocromocitoma da medula suprarrenal (tende a ser bilateral)	7-24%

[a]Veja as referências[6,14,15] para maiores detalhes.

▶ **Tipo IIB.** Tem alto risco de Ca de células renais e tumor neuroendócrino pancreático

▶ **Tipo IIC.** Apenas risco de feocromocitoma (sem risco de HGB ou RCC)

Critérios diagnósticos

Critérios diagnósticos sugeridos para VHL:
1. em 80% dos pacientes com VHL há uma história familiar multigeracional, e é necessária apenas uma mutação (HGB do CNS ou lesão visceral) para fazer o diagnóstico nestes pacientes
2. se não houver história familiar (20% de VHL, muitos destes representam uma mutação de novo): são necessárias 2 manifestações, incluindo 1 HGB do CNS ou da retina[18]
3. teste genético em casos indefinidos (ver abaixo)

Tumores associados a VHL

1. hemangioblastomas cerebelares (HGB):
   a) prevalência: 44-72% dos pacientes com VHL
   b) a idade média do diagnóstico em pacientes com VHL com hemangioblastomas cerebelares é pelo menos 10 anos mais cedo do que para hemangioblastomas cerebelares esporádicos
   c) cistos estão comumente associados a HGBs cerebelares, do tronco encefálico e espinais
   d) os cistos crescem em maior velocidade do que os HGBs: ∴ sintomas relacionados com o efeito de massa são frequentemente secundários aos cistos
   e) HGBs cerebelares estavam localizados na metade superficial, posterior e superior dos hemisférios cerebelares[10]
   f) 93% dos HGBs cerebelares estavam localizados nos hemisférios cerebelares e 7% no vérmis
   g) os HGBs também são encontrados com mais frequência na metade posterior superficial do tronco encefálico e da medula espinal
   h) os HGBs têm crescimento sequencial múltiplo e fases quiescentes
2. hemangioblastomas da medula espinal
   a) ocorrem em 13-44% dos pacientes com VHL
   b) 90% estão localizados rostralmente dentro das medulas cervical e torácica. Quase todos os tumores (96%) estão localizados na metade posterior da medula espinal, 4% estão localizados na metade ventral da medula espinal. 1-3% são encontrados nas raízes dos nervos lombossacrais

Outros Tumores Relacionados com as Meninges **705**

c) a título de comparação, 80% dos HGBs da medula espinal estão associados a VHL, enquanto apenas 5-31% dos HGBs cerebelares estão associados a VHL

d) 95% dos HGBs espinais que produzem sintomas estão associados à siringomelia

3. hemangioblastomas do tronco encefálico
   a) geralmente localizados no bulbo posterior geralmente em torno do óbex e a região dentro da área postrema

4. feocromocitomas (PCC): 20% dos PCC estão associados a VHL. PCCs ocorrem em 7-20% das famílias com VHL

5. tumores do saco endolinfático (ELST):
   a) tumores benignos localmente invasivos que ocorrem em 10-15% dos pacientes com VHL (30% destes desenvolverão ELSTs bilaterais – VHL é a única doença com ELSTs bilaterais). Raramente metastatizam
   b) apresentam perda auditiva em 95% (pode ser aguda (86%) ou insidiosa (14%), zumbido (90%), vertigem ou desequilíbrio (66%), plenitude auricular (30%) e parestesias faciais (8%))
   c) idade média de início da perda auditiva: 22 anos (variação: 12-50)[19]

6. hemangioblastomas da retina[20]
   a) ocorrem em > 50% dos pacientes com VHL. Idade média na apresentação: 25 anos
   b) frequentemente bilaterais, multifocais e recorrentes
   c) frequentemente assintomáticos: Ocorrem sintomas visuais com crescimento progressivo, edema, descolamento da retina e exsudatos duros
   d) tipicamente localizados na periferia e perto ou no disco óptico
   e) microangiomas medindo algumas centenas de micrômetros sem vasos supridores dilatados podem estar localizados na periferia
   f) HGBs retrobulbares são raros (5,3% na coorte do NIH)[21]
   g) a severidade da doença óptica correlaciona-se com o envolvimento do CNS e renal
   h) diagnóstico precoce e tratamento com fotocoagulação a *laser* e crioterapia podem prevenir a perda visual. XRT externa de baixa dose pode ser uma opção para casos refratários

7. carcinoma de células renais (RCC)[15,22,23,24,25,26,27,28]
   a) o tumor maligno mais comum no VHL. Geralmente um carcinoma de células claras
   b) risco ao longo da vida para RCC em VHL: ≈ 70%
   c) a taxa de crescimento de RCC é altamente variável
   d) RCC é a causa de morte em 15-50% dos pacientes
   e) as metástases respondem mal à quimioterapia e radiação
   f) lesões bilaterais e múltiplas são comuns
   g) é preferível nefrectomia parcial ou enucleação do tumor para evitar/retardar diálise e transplante
   h) cirúrgica com preservação de néfron ou rim é recomendada para tumores com < 3 cm
   i) técnicas promissoras: crioablação e ablação por radiofrequência de tumores com < 3 cm

8. cistos renais[15,24,27,28,29]
   a) 50-70% dos pacientes com VHL têm cistos renais bilaterais e múltiplos
   b) raramente causam dano renal profundo
   c) insuficiência renal crônica ou hipertensão renal não tão comuns quanto com doença renal policística

9. cistoadenomas epididimais
   a) lesões benignas que se originam do ducto epididimal
   b) encontrados em 10-60% dos pacientes do sexo masculino com VHL
   c) tipicamente aparecem na adolescência
   d) podem causar infertilidade se bilaterais
   e) podem ser múltiplos

10. cistoadenomas de ligamento largo
    a) originam-se do ducto mesonéfrico embrionário
    b) verdadeira incidência desconhecida
    c) raramente reportados e geralmente não reconhecidos em mulheres com VHL

11. tumores neuroendócrinos e cistos pancreáticos
    a) 35 a 70% dos pacientes com VHL desenvolvem um tumor endócrino ou cisto
    b) cistos pancreáticos são geralmente assintomáticos e frequentemente múltiplos
    c) tumores neuroendócrinos pancreáticos são geralmente não funcionais, e 8% deles são malignos
    d) diagnóstico diferencial: tumores de células de ilhotas pancreáticas, MEN2

Tratamento

A ressecção de tumores individuais do CNS é geralmente reservada até que seja sintomática para reduzir o número de operações ao longo da vida, uma vez que os tumores em VHL sejam geralmente múltiplos, tendem a recorrer e o padrão de crescimento seja saltatório. Cirurgia é o tratamento de escolha para HGBs *císticos* acessíveis. Para maiores detalhes, ver Tratamento, na seção sobre Hemangioblastoma (p. 702).

Tumores Primários dos Sistemas Nervoso e Relacionados: Tumores de Tecido Neuroepitelial

Radiocirurgia estereotática (SRS):[30] Pode proporcionar taxas de controle local de > 50% em 5 anos. SRS tem sido recomendada para HBG assintomático > 5 mm se forem císticos ou progredindo no tamanho durante a vigilância.[31] Plano de tratamento craniano: usar uma dose média de 22 Gy (variação: 12-40 Gy) prescrita para a linha de isodose média de 82% em 1-4 sessões. Em lesões císticas, o tratamento está confinado ao nódulo mural com realce pelo contraste (a parede cística não é tratada). Plano de tratamento espinal: dose média de 21 Gy (variação 20-25 Gy) prescrita na linha de isodose média de 77% em 1-3 sessões. Radiocirurgia é geralmente contraindicada em hemangioblastomas com um cisto.

Vigilância

Em razão do risco de desenvolvimento de tumor ao longo da vida, é necessária vigilância regular. Vários protocolos foram propostos,[33,34] incluindo aqueles pelo NIH[15] e as recomendações clínicas dinamarquesas.[35] O algoritmo recomendado pela VHL Family Alliance para pacientes com VHL e parentes em risco é apresentado no ▶ Quadro 43.2. (O rastreio de parentes em risco pode ser interrompido aos 60 anos se não foram detectadas anormalidades.)

Indivíduos que não são portadores de gene alterado no teste de DNA não requerem vigilância.

Quadro 43.2 Diretrizes para vigilância dos provedores de cuidados de saúde para pacientes com VHL de alto risco[a]

Idade	Vigilância
qualquer idade	teste de DNA para marcador de VHL está disponível para identificar familiares em risco
a partir do nascimento	verificar déficit neurológico, nistagmo, estrabismo, pupila branca... e encaminhar para retinologista para achados anormais. Rastreio auditivo do recém-nascido
1 ano	exame da retina[b] (especialmente se positivo para mutação em VHL)
2-10 anos	Anual: • PE[c], incluindo medida da pressão sanguínea ortostática, exame neurológico, exame da retina[b] • exame de sangue ou urina de 24 h para catecolaminas e metanefrinas (p. 653). Se elevadas: rastreio abdominal com MRI ou MIBG (p. 653) • U/S abdominal iniciando aos 8 anos Cada 2-3 anos: exame audiológico completo. Anualmente se perda da audição, zumbido ou vertigem
11-19 anos	Cada 6 meses: exame da retina[b] Anual: • PE (incluindo exame escrotal em homens), exame neurológico • urina 24 h para catecolaminas e metanefrinas (p. 653). Se elevadas: MRI OU MIBG abdominal (p. 653) • U/S abdominal (rins, pâncreas e suprarrenais). Se anormal: MRI ou CT abdominal (exceto na gravidez) Cada 1-2 anos ou se desenvolve sintomas: • MRI com gadolínio do cérebro e medula espinal. Anualmente no início da puberdade, ou antes e depois da gravidez (apenas para emergências durante a gravidez) • exame audiológico completo. Se anormal ou se zumbido ou vertigem em qualquer momento: MRI ou IAC para procurar ELST
≥ 20 anos	Anual: • exame da retina dilatada[b] • PE (incluindo exame escrotal em homens), exame neurológico • exame de sangue ou urina 24 h para catecolaminas ou metanefrinas (p. 653). Se elevado: MRI ou MIBG abdominal (p. 653) • verificar rins, pâncreas e suprarrenais com U/S abdominal e pelo menos de dois em dois anos CT abdominal sem contraste/com contraste (não durante a gravidez) Cada 2 anos: • (ou antes e depois da gravidez, exceto para emergências) MRI com gadolínio do cérebro e medula espinal • exame audiológico completo. Se anormal ou se zumbido ou vertigem em qualquer momento: MRI do IAC para procurar ELST
antes da cirurgia ou nascimento	exame de sangue ou urina 24h para catecolaminas e metanefrinas (p. 653) para excluir feocromocitoma

[a]Adaptado.[32]
[b]Exame oftalmoscópico indireto por retinologista familiarizado com VHL.
[c]Abreviações: PE = exame físico por um médico familiarizado com VHL, ELST = tumor do saco endolinfático.

Prognóstico

O tempo de vida de pacientes com VHL é reduzido. 30-50% morrem de Ca de células renais (RCC). Metástases de RCC e complicações neurológicas decorrente de HGB cerebelar são as causas principais de morte. As metástases respondem mal à quimioterapia e XRT.

Recursos

Pode ser feito rastreio genético para VHL em alguns centros. Informações para pacientes e familiares podem ser encontradas em www.vhl.org/.

Referências

[1] Barba I, Moreno A, Martinez-Perez I, et al. Magnetic resonance spectroscipy of brain hemangiopericytomas: high myoinositol concentrations and discrimination from meningiomas. J Neurosurg. 2001; 94:55–60

[2] Savitz MH, Anderson PJ. Primary Melanoma of the Leptomeninges: A Review. Mt Sinai J Med. 1974; 41:774–791

[3] Gibson JB, Burrows D, Weir WP. Primary Melanoma of the Meninges. J Pathol Bacteriol. 1957; 74:419–438

[4] Wilkins RH, Rengachary SS. Neurosurgery. New York 1985

[5] Ho VB, Smirniotopoulos JG, Murphy FM, Rushing EJ. Radiologic-Pathologic Correlation: Hemangioblastoma. AJNR. 1992; 13:1343–1352

[6] Catapano D, Muscarella LA, Guarnieri V, Zelante L, D'Angelo VA, D'Agruma L. Hemangioblastomas of central nervous system: molecular genetic analysis and clinical management. Neurosurgery. 2005; 56:1215–21; discussion 1221

[7] Hottinger AF, Khakoo Y. Neurooncology of familial cancer syndromes. J Child Neurol. 2009; 24:1526–1535

[8] Wakai S, Inoh S, Ueda Y, et al. Hemangioblastoma Presenting with Intraparenchymatous Hemorrhage. J Neurosurg. 1984; 61:956–960

[9] Silver ML, Hennigar G. Cerebellar Hemangioma (Hemangioblastoma). A Clinicopathological Review of 40 Cases. J Neurosurg. 1952; 9:484–494

[10] Jagannathan J, Lonser RR, Smith R, DeVroom HL, Oldfield EH. Surgical management of cerebellar hemangioblastomas in patients with von Hippel-Lindau disease. J Neurosurg. 2008; 108:210–222

[11] Utsuki S, Oka H, Sato K, Shimizu S, Suzuki S, Fujii K. Fluorescence diagnosis of tumor cells in hemangioblastoma cysts with 5-aminolevulinic acid. J Neurosurg. 2009. DOI: 10.3171/2009.5.JNS08442

[12] Agrawal A, Kakani A, Vagh SJ, Hiwale KM, Kolte G. Cystic hemangioblastoma of the brainstem. J Neurosci Rural Pract. 2010; 1:20–22

[13] Glenn GM, Linehan WM, Hosoe S, Latif F, et al. Screening for von Hippel-Lindau Disease by DNA Polymorphism Analysis. JAMA. 1992; 267:1226–1231

[14] Wanebo JE, Lonser RR, Glenn GM, Oldfield EH. The natural history of hemangioblastomas of the central nervous system in patients with von Hippel-Lindau disease. J Neurosurg. 2003; 98:82–94

[15] Butman JA, Linehan WM, Lonser RR. Neurologic manifestations of von Hippel-Lindau disease. JAMA. 2008; 300:1334–1342

[16] Go RCP, Lamiell JM, Hsia YE, et al. Segregation and Linkage Analysis of von Hippel-Lindau Disease Among 220 Descendents from one Kindred. Am J Human Genet. 1984; 36:131–142

[17] Friedrich CA. Genotype-phenotype correlation in von Hippel-Lindau syndrome. Hum Mol Genet. 2001; 10:763–767

[18] Melmon KL, Rosen SW. Lindau's Disease. Review of the Literature and Study of a Large Kindred. Am J Med. 1964; 36:595–617

[19] Manski TJ, Heffner DK, Glenn GM, Patronas NJ, Pikus AT, Katz D, Lebovics R, Sledjeski K, Choyke PL, Zbar B, Linehan WM, Oldfield EH. Endolymphatic sac tumors. A source of morbid hearing loss in von Hippel- Lindau disease. JAMA. 1997; 277:1461–1466

[20] Chew EY. Ocular manifestations of von Hippel- Lindau disease: clinical and genetic investigations. Trans Am Ophthalmol Soc. 2005; 103:495–511

[21] Meyerle CB, Dahr SS, Wetjen NM, Jirawuthiworavong GV, Butman JA, Lonser RR, Oldfield E, Rodriguez-Coleman H, Wong WT, Chew EY. Clinical course of retrobulbar hemangioblastomas in von Hippel-Lindau disease. Ophthalmology. 2008; 115:1382–1389

[22] Niemela M, Lemeta S, Summanen P, Bohling T, Sainio M, Kere J, Poussa K, Sankila R, Haapasalo H, Kaariainen H, Pukkala E, Jaaskelainen J. Long-term prognosis of haemangioblastoma of the CNS: impact of von Hippel-Lindau disease. Acta Neurochir (Wien). 1999; 141:1147–1156

[23] Choyke PL, Glenn GM, Walther MM, Zbar B, Linehan WM. Hereditary renal cancers. Radiology. 2003; 226:33–46

[24] Meister M, Choyke P, Anderson C, Patel U. Radiological evaluation, management, and surveillance of renal masses in Von Hippel-Lindau disease. Clin Radiol. 2009; 64:589–600

[25] Maher ER, Kaelin WG,Jr. von Hippel-Lindau disease. Medicine (Baltimore). 1997; 76:381–391

[26] Hes FJ, Feldberg MA. Von Hippel-Lindau disease: strategies in early detection (renal-, adrenal-, pancreatic masses). Eur Radiol. 1999; 9:598–610

[27] Bisceglia M, Galliani CA, Senger C, Stallone C, Sessa A. Renal cystic diseases: a review. Adv Anat Pathol. 2006; 13:26–56

[28] Truong LD, Choi YJ, Shen SS, Ayala G, Amato R, Krishnan B. Renal cystic neoplasms and renal neoplasms associated with cystic renal diseases: pathogenetic and molecular links. Adv Anat Pathol. 2003; 10:135–159

[29] Bradley S, Dumas N, Ludman M,Wood L. Hereditary renal cell carcinoma associated with von Hippel-Lindau disease: a description of a Nova Scotia cohort. Can Urol Assoc J. 2009; 3:32–36

[30] Moss JM, Choi CY, Adler JR, Jr, Soltys SG, Gibbs IC, Chang SD. Stereotactic radiosurgical treatment of cranial and spinal hemangioblastomas. Neurosurgery. 2009; 65:79–85; discussion 85

[31] Chang SD, Meisel JA, Hancock SL, Martin DP, McManus M, Adler JR, Jr. Treatment of hemangioblastomas in von Hippel-Lindau disease with linear accelerator-based radiosurgery. Neurosurgery. 1998; 43:28–34; discussion 34-5

[32] VHL Family Alliance. VHL Handbook. Section 5: Suggested screening guidelines. 2009

[33] Constans JP, Meder F, Maiuri F, Donzelli R, Spaziante R, de Divitiis E. Posterior fossa hemangioblastomas. Surg Neurol. 1986; 25:269–275

[34] Hes FJ, van der Luijt RB. [Von Hippel-Lindau disease: protocols for diagnosis and periodical clinical monitoring. National Von Hippel-Lindau Disease Working Group]. Ned Tijdschr Geneeskd. 2000; 144:505–509

[35] Poulsen ML, Budtz-Jorgensen E, Bisgaard ML. Surveillance in von Hippel-Lindau disease (vHL). Clin Genet. 2009. DOI: 10.1111/j.1399-0004.2009.012 81.x

Parte XIII

Tumores Envolvendo Tecidos de Origem Não Neural: Metástases, Linfomas, Cordomas

44 Linfomas e Neoplasias Hematopoiéticas … 710

45 Tumores Hipofisários – Informações Gerais e Classificação … 718

46 Adenomas Hipofisários – Avaliação e Tratamento Não Cirúrgico … 730

47 Adenomas Hipofisários – Tratamento Cirúrgico, Resultados e Tratamento de Recorrência … 747

48 Cistos e Lesões Pseudotumorais … 756

49 Pseudotumor Cerebral e Síndrome da Sela Vazia … 766

50 Tumores e Lesões que se Assemelham a Tumores no Crânio … 775

51 Tumores da Coluna Vertebral e Medula Espinal … 783

52 Metástase Cerebral … 800

53 Metástases Epidurais da Coluna … 814

44 Linfomas e Neoplasias Hematopoiéticas

44.1 Linfoma do CNS

44.1.1 Informações gerais

> **Conceitos-chave**
>
> - pode ser primário ou secundário (patologicamente idêntico)
> - suspeita com lesão(ões) realçando homogeneamente na substância cinza central ou no corpo caloso (na MRI ou CT), especialmente em pacientes com AIDS
> - pode-se apresentar com múltiplas paralisias do nervo craniano
> - diagnóstico altamente provável se tumor é visto associado à uveíte
> - inicialmente muito responsivo a esteroides → desaparecimento rápido e fugaz (podendo produzir "tumores fantasmas")
> - tratamento: usualmente XRT ± quimioterapia. Papel da neurocirurgia geralmente limitado à biópsia e/ou implantação de reservatório de acesso ventricular para quimioterapia
> - fatores de risco: imunossupressão (AIDS, transplantes), vírus Epstein-Barr, doenças vasculares do colágeno

O acontecimento do CNS pode ocorrer secundariamente a um linfoma "sistêmico" ou por lesão do CNS. Há controvérsia sobre a origem da maioria dos linfomas intracranianos ser primária[1] ou secundária.[2]

44.1.2 Linfoma primário *vs.* secundário

Linfoma secundário do CNS

Linfoma não primário do CNS é a quinta causa mais comum de mortes por câncer nos Estados Unidos, 63% dos novos casos são do tipo Não Hodgkin. O envolvimento secundário do CNS geralmente ocorre em estágios avançados da doença. A expansão metastática do linfoma sistêmico até o *parênquima* cerebral ocorre em 1-7% dos casos na autópsia.[3]

Linfoma primário do CNS

Denominações mais antigas incluem: sarcoma de células reticulares e microglioma,[4] uma vez que surgiam possivelmente da micróglia, considerada parte do sistema reticuloendotelial.

Uma rara neoplasia maligna primária do CNS, compreendendo 0,85-2% de todos os tumores cerebrais primários e 0,2-2% dos linfomas malignos.[5] Ocasionalmente pode metastitizar fora do CNS.

44.1.3 Epidemiologia

A incidência de linfoma primário do CNS (PCNSL) está crescendo em relação a outras lesões cerebrais e provavelmente irá ultrapassar os astrocitomas de baixo grau e se aproximar dos meningiomas. Isto se deve em parte à ocorrência de PCNSL em pacientes imunocomprometidos com AIDS e transplantados, mas a incidência também aumentou na população em geral nos últimos 20 anos.[6]

Proporção entre homens e mulheres = 1,5:1 (com base na revisão de literatura[7]).

Idade média no diagnóstico: 52 anos[7] (pacientes imunocomprometidos a idade média é menor: ≈ 34 anos).

Localizações supratentoriais mais comuns são: lobos frontais; núcleos da base; e região periventricular também é comum. Infratentorialmente o cerebelo é a mais comumente acometida.

44.1.4 Fatotes de risco aumentado para linfomas primários do CNS (PCNSL)

1. doença vascular do colágeno
   a) lúpus sistêmico eritematoso
   b) síndrome de Sjögren: um transtorno autoimune do tecido conectivo
   c) artrite reumatoide
2. imunossupressão
   a) receptores de transplante de órgão: relacionado com imunossupressão crônica. Classificada na categoria de doença lifoproliferativa pós-transplante (PTLD)[8]

b) síndrome de imunodeficiência combinada grave ("SCIDS")
c) AIDS:[9,10] linfoma do CNS ocorre em ≈ 10% dos pacientes com AIDS e é a apresentação inicial em 0,6%
d) possivelmente a incidência aumenta em idosos por causa da competência reduzida do sistema imunológico
3. o vírus Epstein-Bar[11] está associado a um amplo espectro de transtornos linfoproliferativos e é detectável em ≈ 30-50% dos linfomas sistêmicos; no entanto, tem sido associado a quase 100% de PCNSL,[12] especialmente casos relacionados com à AIDS[13 (p. 317)]

44.1.5 Patologia

Localizações características: corpo caloso, núcleos da base, região periventricular.

As células neoplásicas são idênticas às dos linfomas sistêmicos. A maioria dos tumores é volumosa e contígua com ventrículos ou meninges.

Características histológicas diferenciais: as células tumorais formam bainhas em torno dos vasos sanguíneos, que demonstram proliferação da membrana basal (mais bem observado com coloração prata).

Congelação adultera as células e pode levar a um falso diagnóstico de glioma maligno.[13 (p. 320)]

Ensaios imuno-histoquímicos permitem a diferenciação entre linfomas de células B e linfomas de células T (os do tipo de células B são mais comuns, especialmente em PCNSL e em pacientes com AIDS).

EM apresenta ausência de complexos juncionais (desmossomos) que estão geralmente presentes em tumores derivados de epitélio.

Linfomatose intravascular:[14] anteriormente denominada angioendeliomatose maligna. Um linfoma raro sem formação de massa sólida em que células linfoides malignas são encontradas no lúmen de pequenos vasos sanguíneos nos órgãos afetados. Há registro do envolvimento do CNS na maioria dos casos. A apresentação é inespecífica: os pacientes estão frequentemente febris e podem apresentar eventos cerebrovasculares multifocais progressivos (incluindo CVAs isquêmicos ou hemorrágicos), sintomas na medulares ou das raízes dos nervos espinais (incluindo a síndrome da cauda equina – p. 1050), encefalopatia ou neuropatias periféricas ou cranianas.[15] Sintomas cerebrais transitórios iniciais podem simular TIAs ou convulsões. O ESR é frequentemente elevado antes do início do uso de esteroides. Células linfomatosas podem ser vistas no CSF.

Nódulos ou placas dolorosos na pele ocorrem em ≈ 10% dos casos, geralmente envolvendo o abdome ou as extremidades inferiores, e estes casos podem ser diagnosticados com biópsia cutânea (diagnóstico diferencial inclui angioendeliomatose, um transtorno celular capilar e endotelial benigno). Caso essas lesões não ocorram, o diagnóstico frequentemente requer biópsia cerebral (aberta ou estereotática). Patologia: células linfoides malignas que ocluem e distendem pequenas artérias, veias e vasos capilares com pouca ou nenhuma extensão ao parênquima.[13 (p. 324)] O tratamento com quimioterapia combinada pode resultar em remissão a longo prazo em alguns pacientes, mas o diagnóstico precoce antes que ocorra dano permanente é essencial (o diagnóstico raramente é feito pré-morte).

44.1.6 Apresentação

Informações gerais

A apresentação é similar em linfomas primário ou secundário do CNS: as duas manifestações mais comuns são aquelas decorrentes de compressão peridural na medula espinal e da meningite carcinomatosa (déficits múltiplos dos nervos cranianos) (p. 811). As convulsões ocorrem em até 30% dos pacientes.[1]

Sintomas

1. sintomas não focais inespecíficos estão presentes em mais de 50% dos pacientes, sendo os mais comuns ao diagnóstico:
   a) alterações no estado mental; presentes em um terço dos pacientes
   b) sintomas de ICP aumentada (H/A, N/V)
   c) crises generalizadas em 9% dos casos
2. sintomas focais em 30-42% dos casos:
   a) sintomas hemimotores ou hemissensoriais
   b) crises parciais
   c) paralisia de múltiplos nervos cranianos (por causa da meningite carcinomatosa)
3. combinação de sintomas focais e não focais

Sinais

1. não focais, presentes em 16% dos pacientes:
   a) papiledema
   b) encefalopatia
   c) demência
2. achados focais, presentes em 45% dos pacientes:
   a) déficits hemimotores ou hemissensoriais

b) afasia
c) déficits no campo visual
3. combinação de sinais focais e não focais

Síndromes incomuns, mas características

1. uveociclite, coincidente com o diagnóstico (em 6% dos casos) ou precedendo o diagnóstico (em 11% dos casos) de linfoma
2. encefalite subaguda com infiltração subependimária
3. Ou síndrome MS-*Like* com remissão induzida por esteroides

44.1.7 Avaliação

Todos os pacientes devem ser avaliados (história, exame físico e, se apropriado, testes laboratoriais) para alguma das condições associadas a linfoma (p. 710). Como linfoma primário do CNS é menos comum do que o de origem secundária, um paciente com linfoma do CNS deve-se submeter a exames para linfoma sistêmico oculto, incluindo:

1. exame físico detalhado de todos os linfonodos (LN)
2. avaliação dos LNs peri-hilares e pélvicos (CXR, CT do tórax e abdome)
3. exame de sangue e urina de rotina
4. biópsia da medula óssea
5. MRI de toda a coluna
6. ultrassom dos testículos em homens
7. exame oftalmológico (incluindo avaliação com lâmpada de fenda de ambos os olhos)
   a) para possível uveíte
   b) ≈ 28% dos pacientes com PCNSL também terão linfoma intraocular. Frequentemente resistente a metotrexato, mas responsivo à XRT ocular de baixa dose (7-8 Gy)

44.1.8 Exames diagnósticos

Informações gerais

Em exames de imagem (CT ou MRI) são encontradas lesões em um ou mais lobos cerebrais (na substância cinza ou branca). Destas 25% ocorrem em estruturas profundas da linha mediana (septo pelúcido, núcleos da base, corpo caloso). 25% são infratentoriais. 10-30% dos pacientes têm lesões múltiplas à apresentação. Em contraste, linfomas sistêmicos que se espalham até o CNS têm tendência a apresentar envolvimento das leptomeninges em vez do parênquima.[16]

CT

Casos não relacionados com a AIDS tendem a apresentar lesões que realçam ao contraste de forma homogênea, enquanto nos relacionados com a AIDS frequentemente há centros necróticos demonstrados como lesões *multifocais com realce em anel*[17] (a parede é mais espessa do que com um abscesso).

Casos não relacionados com a AIDS: deve ser levantada suspeita de linfomas do CNS em lesão(ões) com realce homogêneo nos núcleos de substância cinzenta ou no corpo caloso. 75% estão em contato com superfícies ependimárias ou meníngeas (isto, juntamente com realce denso, pode produzir um "padrão de pseudomeningeoma"; no entanto, linfomas não possuem calcificações e tendem a ser múltiplos).

60% são hiperdensos ao cérebro, apenas 10% são hipodensos. Caracteristicamente, > 90% destes tumores realçam ao contraste e de maneira densamente homogêneo em mais de 70% dos casos. Em consequência, quando ocorrem casos raros que não realçam, isto frequentemente causa um retardo no diagnóstico.[18] O aparecimento de PCNSL realçado na CT foi associado a "bolas de algodão". Pode haver edema em volta[19] e geralmente há efeito de massa.

Há uma tendência, quase diagnóstica, de rápida redução ou desaparecimento das lesões na CT (e até mesmo no momento da cirurgia) após a administração de esteroides, recebendo o apelido de "tumor de células fantasmas"[20,21] ou tumor desaparecido.

MRI

Sem características patognomônicas. Pode ser difícil a identificação caso o tumor tenha localização subependimária (características do sinal similares a CSF); imagens com ponderação da densidade de prótons podem evitar esta dificuldade. Linfoma não realçado (na MRI ou CT) é raro[22] (alguns deles podem realçar após XRT), mas isto pode-se dever à subnotificação. Apresentam brilho em DWI (restringe à difusão), e são de iso a hipointenso no mapa de ADC.

CSF

Deve ser colhido somente na ausência de efeito de massa. Geralmente anormal, mas inespecífico. Os achados mais comuns são proteína elevada (em > 80%) e contagem celular aumentada (em 40%). A citologia é positiva para células linfomatosas (pré-operatoriamente) em apenas 10% (a sensibilidade pode ser maior em casos de envolvimento leptomeníngeo, como em pacientes não AIDS, do que com envolvimento do parênquima comumente visto em AIDS). A repetição de até 3 LPs pode aumentar à sensibilidade. Embora o diagnóstico de linfoma possa ser feito a partir do CSF, as células obtidas desta maneira não são adequadas para tipagem tecidual detalhada, o que é possível com a biópsia de tecido sólido.

Angiografia

Raramente útil. Em 60% dos casos identifica-se apenas uma massa avascular. 30-40% apresentam coloração homogênea difusa ou *blush*.

44.1.9 Tratamento

Cirurgia

A descompressão cirúrgica com remoção parcial ou total não altera o prognóstico. Principais indicações para cirurgia:

- Biópsia: obter tecido sólido para diagnóstico histológico e classificação do subtipo de linfoma. Técnicas estereotáticas frequentemente são adequadas para estes tumores, frequentemente profundos.[23]

Radioterapia

O tratamento padrão após a biópsia do tecido é radioterapia cerebral total. As doses usadas tendem a ser mais baixas do que para outros tumores cerebrais primários. Geralmente ≈ 40-50 Gy no total são dados em frações diárias de 1,8-3 Gy.

Quimioterapia

Informações gerais

Em casos *não AIDS*, quimioterapia combinada com XRT prolonga a sobrevida em comparação com XRT isoladamente.[24]

Metotrexato (MTX)

A adição de MTX intraventricular (em vez de apenas intratecal via LP) administrado por meio de um dispositivo de acesso ventricular (6 doses de 12 mg duas vezes por semana, com resgate com leucovorina IV) pode resultar em maior sobrevida.[25] No caso de uma superdosagem (OD) de MTX intratecal, as intervenções recomendadas são:[26] ODs de até 85 mg podem ser bem toleradas, com poucas sequelas; a LP imediata com drenagem do CSF pode remover uma porção substancial da droga (a remoção de 15 mL de CSF pode eliminar ≈ 20-30% do MTX dentro de 2 h da OD). Isto pode ser seguido por perfusão ventriculolombar por várias horas usando 240 mL de solução salina isotônica sem conservante, entrando pelo reservatório ventricular e saindo pelo cateter lombar subaracnoide. Para OD maiores de > 500 mg, acrescentar administração intratecal de 2.000 U de carboxipeptidase G2 (uma enzima que inativa MTX). Em casos de OD de MTX, pode ser prevenida toxicidade sistêmica tratando com dexametasona IV e leucovorina IV (não IT).

Rituximab

Disponível desde 1997 para o tratamento de linfoma não Hodgkins sistêmico de células B. A administração intratecal pode ser mais efetiva para linfomas CD33 +.

44.1.10 Prognóstico

Sem tratamento, a sobrevida média é de 1,8-3,3 meses após o diagnóstico.

Com radioterapia,[1] a sobrevida média é de 10 meses, com 47% de sobrevida média em 1 ano e 16% de sobrevida média em 2 anos. A sobrevida em 3 anos é de 8% e em 5 anos é de 3-4%. Com MTX intraventricular, o tempo médio para recorrência foi de 41 meses.[25] Ocasionalmente, ocorrem sobrevivas mais longas.[27]

Aproximadamente 78% dos casos recorrem, geralmente ≈ 15 meses após o tratamento (também são vistas recorrências tardias). Destas recorrências, 93% estão limitadas ao CNS (frequentemente em outra localização se o sítio primário respondeu bem) e 7% estão em outros focos.

Em casos relacionados com a AIDS, o prognóstico parece pior. Embora ocorra remissão completa em 20-50% após XRT, a sobrevida média é de apenas 3-5 meses,[28,29] com desfecho usualmente relacionado com infecções oportunistas associadas à AIDS. No entanto, as funcionalidades neurológicas e a qualidade de vida melhoram em ≈ 75% com o tratamento.[28]

Embora haja estudos individuais que mostram tendências, não há características prognósticas que se correlacionem de forma consistente com a sobrevida.

44.2 Mieloma múltiplo

44.2.1 Informações gerais

Mieloma múltiplo (MM) (algumas vezes referido simplesmente como mieloma) é uma neoplasia de monoclonal de plasmocitárias caracterizada pela proliferação de células plasmáticas na medula óssea, infiltração dos tecidos adjacentes com células plasmáticas maduras e imaturas e produção de uma imunoglobulina, geralmente IgG ou IgA monoclonal (referida coletivamente como proteína M[30]). Células pré-mieloma circulantes se alojam em microambientes apropriados (p. ex., na medula óssea), onde se diferenciam e se multiplicam. Embora o MM seja frequentemente referido por lesões ósseas "metastáticas", também é, algumas vezes, considerado tumor ósseo "primário". Se apenas uma lesão for identificada, então será referida como plasmacitoma solitário (ver abaixo).

44.2.2 Epidemiologia

Nos Estados Unidos, a incidência é de ≈ 1-2 por 100.000 em caucasianos e é ≈ duas vezes maior em negros. MM representa 1% das malignidades e 10% das neoplasias hematológicas. A idade de pico para ocorrência é 60-70 anos, com < 2% dos pacientes com < 40 anos. Há um ligeiro predomínio do gênero masculino. Gamopatia monoclonal sem MM ocorre em ≈ 0,15% da população, e no acompanhamento a longo prazo até 16% destes desenvolvem MM com uma taxa anual de 0,18%.[31]

44.2.3 Apresentação

Informações gerais

MM pode-se apresentar das seguintes formas (os itens em itálico são característicos de MM):
1. proliferação de células plasmáticas: interfere na função normal do sistema imunológico → *suscetibilidade à infecção* aumentada
2. envolvimento ósseo
   a) envolvimento da medula óssea → destruição da capacidade hematopoiética → *anemia* normocítica normocrômica, leucopenia, trombocitopenia
   b) reabsorção óssea
      - → enfraquecimento dos ossos → *fraturas patológicas* (ver abaixo)
      - → *hipercalcemia* (presente em 25% dos pacientes ao diagnóstico, ver abaixo)
   c) edema ou sensibilidade óssea local
   d) *dor óssea:* caracteristicamente desencadeada pela movimentação e ausente em repouso
   e) envolvimento espinal
      - invasão do canal espinal em ≈ 10% dos casos → compressão da medula espinal → mielopatia
      - compressão da raiz nervosa (radiculopatia)
3. superprodução de determinadas proteínas pelas células plasmáticas. Pode levar a:
   a) síndrome de hiperviscosidade
   b) crioglobulinemia
   c) amiloidose
   d) *insuficiência renal:* multifatorial, mas as cadeias leves monoclonais desempenham um papel

Doença esquelética

O envolvimento do MM é, por definição, múltiplo, e usualmente está restrito a regiões onde há medula vermelha: costelas, esterno, vértebras, clavículas ou extremidades proximais. Lesões da espinha e/ou crânio são as razões usuais para apresentação ao neurocirurgião.

A reabsorção óssea em MM não se deve simplesmente à erosão mecânica pelas células plasmáticas. Foi observada atividade osteoclástica aumentada.

Tumores de células plasmáticas do crânio envolvendo a abóbada craniana geralmente não produzem sintomas neurológicos. Paralisias dos nervos cranianos podem-se originar do envolvimento da base do crânio. O envolvimento orbital pode produzir proptose (exoftalmia).

Envolvimento neurológico

Manifestações neurológicas podem ocorrer como resultado de:

1. envolvimento tumoral do osso causando compressão (ver acima)
   a) tumor na coluna com compressão da medula espinal ou das raízes nervosas
   b) tumor no crânio com compressão do cérebro ou nervos cranianos
2. deposição de amiloide dentro do retináculo dos flexores do carpo → síndrome do túnel do carpo; o nervo mediano não contém amiloide e, portanto, responde bem à divisão cirúrgica do ligamento carpal transverso (p. 524)
3. polineuropatia sensoriomotora progressiva difusa: ocorre em 3-5% dos pacientes com MM
   a) aproximadamente a metade se deve à amiloidose (p. 549)
   b) polineuropatia também pode ocorrer sem amiloidose, especialmente na rara variante osteoscleró-tica de MM
4. foi descrita leucoencefalopatia multifocal em MM[32]
5. hipercalcemia: pode produzir uma encefalopatia grave com confusão, delírio ou coma. Sintomas neurológicos de hipercalcemia com MM são mais comuns do que hipercalcemia de outras etiologias
6. muito raro: metástases intraparenquimatosas[33]

44.2.4 Avaliação

Os critérios diagnósticos para MM são apresentados no ▶ Quadro 44.1. Os testes que podem ser usados na avaliação de pacientes com MM ou suspeita de MM incluem:

1. urina de 24 h para proteína kappa Bence-Jones presente em 75% (Nota: Pequenas proteínas ([formadas por cadeias leves de imunoglobulinas]) encontradas na urina de ≈ 80% dos pacientes com MM [também podem ocorrer em outras condições]). Proteínas monoclonais podem não ser detectadas na urina ou soro de ≈ 1% dos pacientes com MM; duas ou mais bandas monoclonais são vistas em ≈ 0,5-2,5% dos pacientes com MM[34])
2. exame de sangue: eletroforese de proteínas séricas (SPEP) e imunofixação (IEP) (procurar banda IgG kappa)
3. pesquisa radiológica esquelética. Achado característico em radiografias: lesões líticas múltiplas, redondas, "punched-out" (acentuadamente demarcadas) nos ossos tipicamente envolvidos (ver acima). Lesões osteoscleróticas são vistas em < 3% dos pacientes com MM. Osteoporose difusa também pode ser vista
4. CBC: eventualmente desenvolve-se anemia na maioria dos pacientes com MM. Geralmente é de gravidade moderada (Hgb ≈ 7-10 g%) com uma contagem baixa de reticulócitos
5. cintilografia óssea com tecnécio 99 é usualmente *negativo* no MM não tratado (em razão da raridade de neoformação óssea espontânea) e é menos sensível do que radiografias convencionais. Por isso, geralmente não é útil, exceto talvez para afastar outras etiologias além de MM e na busca de explicações aos achados observados. Após o tratamento, a cintilografia tende a se tornar positiva à medida que atividade osteoblástica for observada em lugar das lesões (sinal de resposta)
6. creatinina sérica: para prognóstico
7. biópsia da medula óssea: virtualmente todos os pacientes com MM têm "células do mieloma" (embora sensível, este critério é inespecífico, e outros critérios diagnósticos devem ser buscados)

44.2.5 Tratamento

Muitos aspectos do tratamento cabem ao oncologista (ver a revisao[31]). Alguns aspectos pertinentes aos cuidados neurocirúrgicos incluem:

1. XRT (p. 808): MM é muito radiossensível. XRT focal para dor decorrente de lesões ósseas permite que fraturas patológicas se curem e é eficaz no tratamento da compressão da medula espinal

---

Quadro 44.1 Critérios para diagnóstico de MM[a]

1. critérios citológicos
   a) morfologia da medula: células plasmáticas e/ou células do mieloma ≥ 10% de 1.000 ou mais células
   b) plasmacitoma comprovado por biópsia

2. critérios clínicos e laboratoriais
   a) proteína do mieloma (componente M) no soro (geralmente > 3 g/dL) ou IEP na urina
   b) lesões osteolíticas na radiografia (osteoporose generalizada qualifica se a medula contém > 30% de células no plasma ou mieloma)
   c) células do mieloma em ≥ 2 esfregaços do sangue periférico

[a]O diagnóstico requer:[35] 1A e 1B, ou 1A ou 1B e 2A, 2B ou 2C.

Tumores Envolvendo Tecidos de Origem Não Neural: Metástases, Linfomas, Cordomas

2. mobilização: imobilização decorrente da dor e do medo de fraturas patológicas leva a maior aumento no cálcio sérico e no enfraquecimento ósseo
3. controle da dor: dor leve frequentemente responde bem a salicilatos (contraindicado em trombocitopenia). XRT local também é efetiva (ver abaixo)
4. cifoplastia percutânea (p. 1011) pode ser usada para algumas lesões na coluna (preferível à vertebroplastia por causa do baixo potencial de disseminação da neoplasia)
5. terapia para hipercalcemia geralmente melhora os sintomas relacionados com essa disfunção
6. bifosfonatos (p. 1122) inibem a reabsorção óssea e reduzem rapidamente a hipercalcemia. Pamidronato é atualmente preferido a agentes mais antigos
7. bortezomib (Velcade®): o primeiro inibidor do proteossoma, indicado para o tratamento de MM refratário

44.2.6 Prognóstico

Pacientes com MM não tratados têm uma sobrevivência média de 6 meses. Plasmocitoma solitário tem 50% de sobrevida em 10 anos. Caso em que há plasmocitoma solitário associado à presença de proteína M sérica em que, após radioterapia, houve desaparecimento desta proteína há chance de 50-60% de que se permaneça livre de MM. Caso persista a proteína M há chance elevada de desenvolvimento de MM.

44.3 Plasmacitoma

44.3.1 Informações gerais

Uma neoplasia plasmocitária monoclonal similar a mieloma múltiplo (ver acima), porém atendendo os seguintes critérios:
1. não há outras lesões na pesquisa esquelética completa (*não* rastreamento ósseo)
2. o aspirado da medula óssea não deve apresentar evidência de mieloma
3. e eletroforese de proteínas séricas e urinárias deve não apresentar proteína M

MM irá se desenvolver em 55-60% dos pacientes com um plasmocitoma solitário em 5 anos, e em 70-80% até 10 anos.

44.3.2 Tratamento

1. XRT local proporciona boas taxas de controle local
2. cifoplastia percutânea (p. 1011): preferível à vertebroplastia decorrente do baixo potencial de disseminação da neoplasia

Referências

[1] O'Neill BP, Illig JJ. Primary Central Nervous System Lymphoma. Mayo Clin Proc. 1989; 64:1005–1020
[2] Kawakami Y, Tabuchi K, Ohnishi R, et al. Primary Central Nervous System Lymphoma. J Neurosurg. 1985; 62:522–527
[3] Jellinger K, Radaszkiewicz T. Involvement of the Central Nervous System in Malignant Lymphomas. Virchows Arch (Pathol Anat). 1976; 370:345–362
[4] Helle TL, Britt RH, Colby TV. Primary Lymphoma of the Central Nervous System. J Neurosurg. 1984; 60:94–103
[5] Alic L, Haid M. Primary Lymphoma of the Brain: A Case Report and Review of the Literature. J Surg Oncol. 1984; 26:115–121
[6] Eby NL, Grufferman S, Flannelly CM, Scholf SC, Vogel FS, Burger PC. Increasing Incidence of Primary Brain Lymphoma in the U.S. Cancer. 1988; 62:2461–2465
[7] Murray K, Kun L, Cox J. Primary Malignant Lymphoma of the Central Nervous System: Results of Treatment of 11 Cases and Review of the Literature. J Neurosurg. 1986; 65:600–607
[8] Penn I. Development of Cancer as a Complication of Clinical Transplantation. Transplant Proc. 1977; 9:1121–1127
[9] Levy RM, Bredesen DE, Rosenblum ML. Neurological manifestations of the acquired immunodeficiency syndrome (AIDS): Experience at UCSF and review of the literature. J Neurosurg. 1985; 62:475–495
[10] Jean WC, Hall WA. Management of Cranial and Spinal Infections. Contemp Neurosurg. 1998; 20:1–10
[11] Hochberg FH, Miller G, Schooley RT, et al. Central-Nervous-System Lymphoma Related to Epstein-Barr Virus. N Engl J Med. 1983; 309:745–748
[12] MacMahon EME, Glass JD, Hayward SD, et al. Epstein-Barr Virus in AIDS-Related Primary Central Nervous System Lymphoma. Lancet. 1991; 338:969–973

[13] Burger PC, Scheithauer BW, Vogel FS. Surgical Pathology of the Nervous System and Its Coverings. 4th ed. New York: Churchill Livingstone; 2002
[14] Calamia KT, Miller A, Shuster EA, et al. Intravascular Lymphomatosis: A Report of Ten Patients with Central Nervous System Involvement and a Review of the Disease Process. Adv Exp Med Biol. 1999; 455:249–265
[15] Glass J, Hochberg FH, Miller DC. Intravascular Lymphomatosis. A Systemic Disease with Neurologic Manifestations. Cancer. 1993; 71:3156–3164
[16] So YT, Beckstead JH, Davis RL. Primary central nervous system lymphoma in acquired immune deficiency syndrome: A clinical and pathological study. Ann Neurol. 1986; 20:566–572
[17] Poon T, Matoso I, Tchertkoff V, et al. CT features of primary cerebral lymphoma in AIDS and non-AIDS patients. J Comput Assist Tomogr. 1989; 13:6–9
[18] DeAngelis LM. Cerebral Lymphoma Presenting as a Nonenhancing Lesion of Computed Tomographic/Magnetic Resonance Scan. Ann Neurol. 1993; 33:308–311
[19] Enzmann DR, Krikorian J, Norman D, et al. Computed Tomography in Primary Reticulum Cell Sarcoma of the Brain. Radiology. 1979; 130:165–170
[20] Vaquero J, Martinez R, Rossi E, et al. Primary Cerebral Lymphoma: the 'Ghost Tumor'. J Neurosurg. 1984; 60:174–176
[21] Gray RS, Abrahams JJ, Hufnagel TJ, et al. Ghost-cell tumor of the optic chiasm; primary CNS lymphoma. J Clin Neuroophthalmol. 1989; 9:98–104
[22] DeAngelis LM. Cerebral lymphoma presenting as a nonenhancing lesion on computed tomographic/magnetic resonance scan. Ann Neurol. 1993; 33:308–311
[23] O'Neill BP, Kelly PJ, Earle JD, et al. Computer-Assisted Stereotactic Biopsy for the Diagnosis of Primary

Central Nervous System Lymphoma. Neurology. 1987; 37:1160–1164

[24] DeAngelis LM, Yahalom J, Heinemann M-H, et al. Primary Central Nervous System Lymphomas: Combined Treatment with Chemotherapy and Radiotherapy. Neurology. 1990; 40:80–86

[25] DeAngelis LM, Yahalom J, Thaler HT, Kher U. Combined Modality Therapy for Primary CNS Lymphomas. J Clin Oncol. 1992; 10:635–643

[26] O'Marcaigh AS, Johnson CM, Smithson WA, et al. Successful Treatment of Intrathecal Methotrexate Overdose by Using Ventriculolumbar Perfusion and Intrathecal Instillation of Carboxypeptidase G2. Mayo Clin Proc. 1996; 71:161–165

[27] Hochberg FH, Miller DC. Primary Central Nervous System Lymphoma. J Neurosurg. 1988; 68:835–853

[28] Baumgartner JE, Rachlin JR, Beckstead JH, Levy RM, et al. Primary Central Nervous System Lymphomas: Natural History and Response to Radiation Therapy in 55 Patients with Acquied Immunodeficiency Syndrome. J Neurosurg. 1990; 73:206–211

[29] Formenti SC, Gill PS, Lean E, et al. Primary Central Nervous System Lymphoma in AIDS: Results of Radiation Therapy. Cancer. 1989; 63:1101–1107

[30] Keren DF, Alexanian R, Goeken JA, Gorevic PD, Kyle RA, Tomar RH. Guidelines for Clinical and Laboratory Evaluation of Patients with Monoclonal Gammopathies. Arch Pathol Lab Med. 1999; 123:106–107

[31] Bataille R, Harousseau J-L. Multiple Myeloma. N Engl J Med. 1997; 336:1657–1664

[32] McCarthy J, Proctor SJ. Cerebral Involvement in Multiple Myeloma. Case Report. J Clin Pathol. 1978; 31:259–264

[33] Norum J, Wist E, Dahil IM. Cerebral Metastases from Multiple Myeloma. Acta Oncol. 1991; 30:868–869

[34] Foerster J, Lee GR, Bithell TC, Foerster J, Athens JW, Lukens JN. In: Multiple Myeloma. Wintrobe's Clinical Hematology. 9th ed. Philadelphia: Lea and Febiger; 1993:2219–2249

[35] Costa G, Engle RL, Schilling A, et al. Melphalan and Prednisone: An Effective Combination for the Treatment of Multiple Myeloma. Am J Med. 1973; 54:589–599

45 Tumores Hipofisários – Informações Gerais e Classificação

45.1 Informações gerais

Conceitos-chave

- a maioria são adenomas benignos originários do lobo anterior (adeno-hipófise)
- apresentação (ver abaixo): mais comumente diagnosticado por causa de distúrbios hormonais (incluem: hiperprolactinemia, síndrome de Cushing, acromegalia...), efeito de massa (mais comumente: hemianopsia por compressão do quiasma óptico), como um achado incidental ou infrequentemente com apoplexia hipofisária (p. 720)
- propedêutica para uma lesão intrasselar recentemente diagnosticada: ver o ▶ Quadro 46.1
- prolactinoma é o único tipo para o qual terapia medicamentosa (agonistas DA) pode ser o tratamento primário em certos casos (p. 737). Para outros tipos de tumores, as opções consistem essencialmente em cirurgia (transesfenoidal ou transcraniana) ou XRT
- os sintomas pós-operatórios esperados incluem: diabetes insípido, insuficiência suprarrenal, fístula liquórica

Ver também a revisão de embriologia hipofisária e neuroendocrinologia (p. 149).

45.2 Tipos gerais de tumores

45.2.1 Adenomas Hipofisários

A maioria dos tumores hipofisários primários são adenomas benignos que se originam do lobo anterior da glândula hipofisária (adeno-hipófise). Os adenomas podem ser classificados por inúmeros esquemas, incluindo: pela função endócrina (realizada por imuno-histoquímica), por microscopia de luz (p. 727) com coloração histológica de rotina e pela aparência ao microscópico eletrônico.

Microadenoma: um tumor hipofisário com < 1 cm de diâmetro. Atualmente, 50% dos tumores hipofisários têm < 5 mm na época do diagnóstico. Podem ser difíceis de encontrar no momento da cirurgia.

Macroadenomas: Tumores com > 1 cm de diâmetro.

45.2.2 Carcinoma hipofisário

Ver as referências.[1]

Raro (< 140 relatos). Geralmente invasivo e secretor (hormônios mais comuns: ACTH, PRL). Pode metastatizar, e neste evento, o prognóstico é reservado (66% de mortalidade em 1 ano). Pouca melhora com acréscimo de cirurgia, XRT ou quimioterapia.

45.2.3 Tumores neuro-hipofisários

Os tumores neuro-hipofisários (tumores da neuro-hipófise, isto é, do lobo posterior) são raros; ver Pituicitoma (p. 728).

45.3 Epidemiologia

Os tumores hipofisários representam ≈ 10% dos tumores intracranianos (a incidência é mais alta em séries de autópsia). São mais comuns na 3ª e 4ª décadas de vida e afetam ambos os sexos igualmente. A incidência é aumentada em adenomatose ou neoplasia endócrina múltipla (MEA ou MEN) (especialmente tipo 1: herança autossômica dominante com alta penetrância), também envolve tumores de células de ilhotas pancreáticas (que podem produzir gastrina e consequentemente síndrome de Zollinger-Ellison) e paratireoide (hiperparatireoidismo), e em que os tumores hipofisários (são usualmente não secretores).

45.4 Diagnóstico diferencial de tumores hipofisários

Ver o diagnóstico diferencial (p. 1371), que também inclui etiologias não neoplásicas.

45.5 Apresentação clínica de tumores hipofisários

45.5.1 Informações gerais

Classicamente, os tumores hipofisários são divididos em funcionais (ou secretores) e não funcionais (também conhecidos como endócrinos inativos, que são não secretórios ou secretam produtos como gonadotrofina que não causam sintomas endocrinológicos).

Em geral, os tumores secretores tendem a se apresentar mais cedo em consequência de sintomas causados pelos efeitos fisiológicos de excesso de hormônios que eles secretam[2] (isto se aplica menos, por exemplo, a prolactinomas em homens, uma vez que os sintomas possam ser leves ou não reconhecidos). Tumores não secretores geralmente não se apresentam até que sejam suficientemente grandes para causar déficits neurológicos pelo efeito de massa.

45.5.2 Apresentação

Informações gerais

A apresentação pode ser resultado de: síndromes endócrinas, efeito de massa, achado incidental (basicamente com macroadenomas), apoplexia hipofisária.

Distúrbio endocrinológico

Secreção hormonal excessiva (tumor secretor)

≈ 65% dos adenomas secretam um hormônio ativo (48% prolactina, 10% GH, 6% ACTH, 1% TSH):[3]
1. prolactina (PRL) (p. 722): pode causar síndrome amenorreia-galactorreia em mulheres, impotência em homens. Etiologias:
   a) prolactinoma (p. 722): neoplasia dos lactotrofos hipofisários
   b) efeito da haste (p. 732): pressão na haste hipofisária pode reduzir o controle inibitório sobre a secreção de PRL
2. hormônio do crescimento (GH): GH elevado é decorrente de um adenoma hipofisário > 95% do tempo
   a) em adultos: causa acromegalia (p. 725)
   b) em crianças pré-púberes (antes da ossificação da placa epifisária): produz gigantismo hipofisário (muito raro)
3. corticotrofina, também conhecida como hormônio adrenocorticotrófico (ACTH):
   a) doença de Cushing (hipercortisolismo endógeno): ver abaixo
   b) síndrome de Nelson (p. 724): pode-se desenvolver somente em pacientes que passaram por uma adrenalectomia
4. tirotrofina (TSH) (p. 726): hipertireoidismo secundário (central)
5. gonadotrofinas (hormônio luteinizante (LH) e/ou hormônio folículo estimulante (FSH)): geralmente não produzem uma síndrome clínica

Déficit de produção dos hormônios hipofisários

Pode ser causado pela compressão da hipófise normal por tumores grandes. Mais comum com tumores não secretores do que com tumores secretores. Em ordem de sensibilidade à compressão (isto é, a ordem em que os hormônios hipofisários se tornam deprimidos pelo efeito de massa): GH, gonadotrofinas (LH e FSH), TSH, ACTH (mnemônica: **Go Look For The A**denoma). A deficiência crônica de todos os hormônios hipofisários (pan-hipopituitarismo) pode produzir caquexia hipofisária (também conhecida como caquexia de Simmonds).

✖ Nota: a redução seletiva de um único hormônio hipofisário é muito atípica com adenomas hipofisários. Pode ocorrer com hipofisite autoimune (p. 1373), que mais comumente envolve ACTH ou ADH (causando DI[4] – ver abaixo).
1. deficiência de hormônios específicos
2. deficiência do hormônio do crescimento (nota: o teste de estimulação do hormônio do crescimento (p. 736) é mais sensível e específico para deficiência de GH do que pela medição dos níveis basais de GH):
   a) em crianças: produz retardo no crescimento
   b) em adultos: produz sintomas vagos com síndrome metabólica (massa magra reduzida, obesidade centrípeta, tolerância reduzida a exercícios e mal-estar)
   c) hipogonadismo: amenorreia (mulheres), perda da libido, infertilidade
3. hipotireoidismo: intolerância ao frio, mixedema, neuropatias compressivas (p. ex., síndrome do túnel do carpo), ganho de peso, distúrbios da memória, alterações integumentares (pele seca, cabelo grosso, unhas quebradiças), constipação, aumento na necessidade de sono
4. hipoadrenalismo: hipotensão ortostática, fatigabilidade fácil
5. diabetes insípido: quase nunca vista no pré-operatório de tumores hipofisários (exceto, possivelmente, com apoplexia hipofisária, ver abaixo). Se DI for persistente, outras etiologias devem ser procuradas, incluindo:
   a) hipofisite autoimune (p. 1373)
   b) glioma hipotalâmico
   c) tumor suprasselar das células germinativas

6. deficiência de gonadotrofina (hipogonadismo hipogonadotrófico) com anosmia faz parte da síndrome de Kallmann[5]

Efeito de massa (além da compressão da hipófise)

Como tendem a ter um tamanho maior antes do diagnóstico, é mais comum com tumores não funcionais. Dos tumores funcionais, a prolactina é a mais provável de se tornar suficientemente grande para causar efeito de massa (especialmente em homens ou em mulheres que não menstruam); nos tumores produtores de ACTH é menos comum. Os sintomas inespecíficos incluem dores de cabeça. ✖ convulsões raramente são atribuíveis a adenomas hipofisários, e outras etiologias devem ser procuradas. Pode ocorrer efeito de massa agudo em consequência de expansão por apoplexia hipofisária (ver abaixo).

As estruturas comumente comprimidas e suas manifestações incluem:
1. quiasma óptico: classicamente produz **hemianopsia bitemporal** (não congruente). Também pode causar redução da acuidade visual
2. o envolvimento do terceiro ventrículo pode produzir hidrocefalia obstrutiva
3. seio cavernoso
   a) pressão nos nervos cranianos contidos no interior (III, IV, V1, V2, VI); ptose, dor facial, diplopia (abaixo)
   b) oclusão do seio cavernoso: proptose, quemose
   c) encapsulamento da artéria carótida pelo tumor: pode causar leve estreitamento, mas oclusão completa é rara
4. adenomas invasivos (p. 721) infrequentemente apresentam-se com rinorreia liquórica[6], dentre estes, é mais comum com os prolactinomas invasivos, já que a fístula pode ser induzida por redução resultante de tratamento medicamentoso
5. macroadenomas podem produzir H/A possivelmente via pressão intrasselar aumentada

Apoplexia hipofisária

Informações gerais

> ## Conceitos-chave
>
> - decorrente da expansão de um adenoma hipofisário por hemorragia ou necrose
> - apresentação típica: H/A paroxística com déficit endocrinológico e/ou neurológico (geralmente oftalmoplegia ou perda visual)
> - manejo: administração imediata de glicocorticoides e descompressão transesfenoidal dentro de 7 dias na maioria dos casos

Definição

Deterioração neurológica e/ou endocrinológica decorrente da expansão repentina de uma massa no interior da sela túrcica.

Etiologia

Aumento repentino do volume intrasselar pode ocorrer como consequência de hemorragia, necrose[7,8] e/ou infarto no interior de um tumor hipofisário e glândula hipofisária adjacente. Ocasionalmente, ocorre hemorragia em uma glândula hipofisária normal ou cisto da bolsa de Rathke.[9]

Epidemiologia

Na série de Wilson, 3% dos pacientes com macroadenomas tiveram um episódio de apoplexia hipofisária. Em outra série de 560 tumores hipofisários, foi encontrada uma incidência alta de 17%, (sintoma maior 7%, menor em 2%, assintomáticos em 8%).[10] É comum a apoplexia ser a apresentação inicial de um tumor hipofisário.[11]

Características clínicas de apoplexia hipofisária

Os pacientes frequentemente apresentam início abrupto de H/A, distúrbios visuais e perda da consciência. Os sintomas neurológicos incluem:
1. distúrbios visuais: um dos achados mais comuns. Inclui:
   a) oftalmoplegia (unilateral ou bilateral): ao contrário de um tumor hipofisário, oftalmoplegia ocorre mais frequentemente (78%) do que déficits do campo visual (52-64%)[12]
   b) um dos déficits de campo visual típicos (p. 730) vistos em tumores hipofisários

2. rebaixamento do sensório: decorrente do ↑ ICP ou envolvimento hipotalâmico
3. a compressão do seio cavernoso pode causar estase venosa e/ou pressão em uma das estruturas dentro do seio cavernoso
   a) sintomas do nervo trigêmeo
   b) proptose
   c) oftalmoplegia (paralisia do III nervo craniano é mais comum do que IV)
   d) ptose pode ser um sintoma inicial[13,14]
   e) pressão sobre a artéria carótida
   f) a compressão dos nervos simpáticos dentro do seio cavernoso pode produzir uma forma da síndrome de Horner com ptose, miose e anidrose unilateral limitada à fronte
   g) a compressão da artéria carótida pode causar CVA ou vasospasmo
4. quando a hemorragia rompe a cápsula do tumor e a membrana aracnoide para dentro da cisterna quiasmática, podem ser vistos sinais e sintomas de SAH
   a) N/V
   b) meningismo
   c) fotofobia
5. ICP aumentada pode produzir letargia, estupor ou coma
6. envolvimento hipotalâmico pode produzir
   a) hipotensão
   b) desautorregulação térmica
   c) disritmias cardíacas
   d) distúrbios do padrão respiratório
   e) diabetes insípido
   f) alteração do estado mental: letargia, estupor ou coma
7. expansão suprasselar pode produzir hidrocefalia aguda

Propedêutica

CT ou MRI demonstram massa hemorrágica na sela túrcica e/ou região suprasselar, frequentemente distorcendo a porção anterior do terceiro ventrículo.

Deve ser considerada angiografia cerebral nos casos em que é difícil a diferenciação entre apoplexia hipofisária de SAH aneurismático.

Manejo de apoplexia hipofisária

A função hipofisária está consistentemente comprometida, necessitando da administração rápida de corticosteroides e avaliação endócrina.

Na ausência de déficits visuais, os prolactinomas podem ser tratados com bromocriptina.

A descompressão rápida é necessária para: redução súbita dos campos visuais, deterioração grave e/ou rápida da acuidade ou piora neurológica decorrente da hidrocefalia. Cirurgia em ≤ 7 dias de apoplexia hipofisária resultou em maior melhora na oftalmoplegia (100%), acuidade visual (88%) e defeitos do campo (95%) do que cirurgia depois de 7 dias, com base em um estudo retrospectivo de 37 pacientes.[15] A descompressão é geralmente por meio de uma via transesfenoidal (a abordagem transcraniana pode ser vantajosa em alguns casos). Objetivos da cirurgia:
1. descomprimir as seguintes estruturas, se sob pressão: sistema óptico, glândula hipofisária, seio cavernoso, terceiro ventrículo (tratando a hidrocefalia)
2. obter tecido para patologia
3. a remoção completa do tumor usualmente não é necessária
4. para hidrocefalia: drenagem ventricular é geralmente necessária

45.6 Tipos específicos de tumores hipofisários

45.6.1 Adenomas hipofisários invasivos

Aproximadamente 5% dos adenomas hipofisários se tornam localmente invasivos. A expressão genética destes tumores pode diferir de adenomas mais benignos,[16] muito embora a histologia seja similar. Inúmeros sistemas de classificação foram elaborados para adenomas invasivos. O sistema de Wilson[17] (modificado de Hardy[18,19]) é apresentado no ▶ Quadro 45.1.

O curso clínico é variável, com alguns tumores sendo mais agressivos do que outros. Ocasionalmente, estes tumores crescem até tamanhos gigantescos (> 4 cm diâmetro) e frequentemente são muito agressivos, seguindo um curso maligno.[20]

Por vezes, um adenoma pode empurrar a parede medial do seio cavernoso adjacente sem na verdade perfurar esta estrutura dural (isto é, não invadindo o seio realmente).[21] Isto é difícil de identificar confia-

Quadro 45.1 Classificação anatômica de adenoma hipofisário (sistema modificado de Hardy)[17]

Extensão

- **Extensão suprasselar**
  0: nenhuma
  A: expandindo-se para a cisterna suprasselar
  B: recessos anteriores do terceiro ventrículo obliterados
  C: assoalho do 3º ventrículo grosseiramente deslocado
- **Extensão parasselar**
  D[a]: intracraniana (intradural)
  E: para dentro e abaixo do seio cavernoso (extradural)

Invasão/Disseminação

- **Assoalho da sela intacto**
  I: sela normal ou com expansão local; tumor < 10 mm
  II: sela aumentada; tumor ≥ 10 mm
- **Extensão esfenoide**
  III: perfuração localizada do assoalho selar
  IV: destruição difusa do assoalho selar
- **Disseminação distante**
  V: disseminação via CSF ou suportada pelo sangue

[a]Especificar: fossa 1) anterior, 2) média ou 3) posterior.

velmente na MRI, e o sinal mais definitivo de invasão do seio cavernoso é o envolvimento da artéria carótida.[22]

Apresentação
1. sistema visual
   a) a maioria decorrente da compressão do aparelho óptico, geralmente produzindo déficit visual gradual (no entanto, não se tem notícia de cegueira repentina)
   b) podem ocorrer déficits nos músculos extraoculares por invasão do seio cavernoso, e geralmente se desenvolvem após depois da perda visual
   c) pode ocorrer exoftalmia no caso de invasão orbital por causa do comprometimento da drenagem venosa orbital
2. hidrocefalia: extensão suprasselar pode obstruir um ou os dois forames de Monro
3. a invasão da base do crânio pode causar obstrução nasal. Rinoliquorreia pode ocasionalmente ser precipitada pela redução do tumor em resposta aos agonistas da dopamina (p. ex., bromocriptina) em consequência da exposição de áreas de erosão óssea. Isto acarreta o risco de meningite ascendente[23]
4. tumores que secretam prolactina (p. 719) frequentemente apresentam achados de hiperprolactinemia e, com estes, os níveis de prolactina usualmente são > 1.000 ng/mL (alerta: adenomas gigantes invasivos com produção de PRL muito alta podem ter um nível de PRL falsamente baixo decorrente do "efeito de gancho" (p. 733)

45.6.2 Tumores hipofisários hormonalmente ativos

Prolactinomas
O adenoma secretor mais comum. Origina-se da transformação neoplásica de lactótrofos hipofisários anteriores. Ver o ▶ Quadro 46.4 para o DDx de hiperprolactinemia.
Manifestações de hiper-prolactinemia prolongada:
1. mulheres: síndrome da amenorreia-galactorreia (também conhecida como síndrome de Forbes-Albright, síndrome de Ahumada-del Castillo). Variantes: oligomenorreia, ciclos menstruais irregulares, 5% das mulheres com amenorreia primária terão um tumor hipofisário secretor de PRL.[24] Lembrar: gravidez é a causa mais comum de amenorreia secundária em mulheres em fase reprodutiva. A galactorreia pode ser espontânea ou induzida (somente quando os mamilos são apertados)
2. homens: impotência, redução na libido. Galactorreia é rara (estrogênio geralmente também é necessário). Ginecomastia é rara. Prolactinomas pré-puberais podem resultar em testículos pequenos e *habitus* do corpo feminino
3. qualquer sexo:
   a) infertilidade é comum
   b) perda óssea (osteoporose em mulheres e osteopenia cortical e trabecular em homens) por causa de uma deficiência relativa de estrogênio, não propriamente decorrente da prolactina elevada

Na época do diagnóstico, 90% dos prolactinomas em mulheres são microadenomas *vs.* 60% para homens (provavelmente em razão de diferenças específicas do gênero em sintomas resultantes na apresentação mais precoce em mulheres). Alguns tumores secretam PRL e GH.

Doença de Cushing

Informações gerais e síndrome de Cushing

A síndrome de Cushing (CS) é uma gama de achados causada pelo hipercortisolismo. A doença de Cushing (p. 723) – hipercortisolismo endógeno decorrente da hipersecreção de ACTH por um adenoma hipofisário secretor de ACTH – é apenas uma causa da CS. A causa mais comum de CS é iatrogênica (administração de esteroides exógenos). As etiologias possíveis de hipercortisolismo *endógenos* são apresentadas no ▶ Quadro 45.2. Para determinar a etiologia da CS, ver Teste de supressão com dexametasona (p. 734).

Os fatores de conversão[25] para ACTH e cortisol entre as unidades americanas e unidades internacionais são apresentados em Eq (45.1) e (45.2).

ACTH: 1 pg/mL = 1 ng/litro $\qquad$ (45.1)

Cortisol: 1 µg/dL = 27,59 nmol/litro $\qquad$ (45.2)

Secreção ectópica de ACTH

Hipercortisolismo também pode ser decorrente da secreção ectópica de ACTH usualmente por tumores, mais comumente carcinoma de pequenas células do pulmão, timoma, tumores carcinoides, feocromocitomas e carcinoma medular de tireoide. Além dos achados da síndrome de Cushing, os pacientes são tipicamente caquéticos em razão da malignidade que em geral é rapidamente fatal.

Prevalência da doença de Cushing

40 casos/milhão na população. Os adenomas produtores de ACTH compreendem 10-12% dos adenomas hipofisários.[26] A doença de Cushing é 9 vezes mais comum em mulheres, enquanto a produção *ectópica* de ACTH é 10 vezes mais comum em homens. CS não iatrogênica é 25% mais comum que acromegalia.

Na época da apresentação, mais de 50% dos pacientes com doença de Cushing têm tumores hipofisários com < 5 mm de diâmetro, que são muito difíceis de identificar por imagem com CT ou MRI. A maioria é basofílica, alguns (especialmente os maiores) podem ser cromofóbicos. Apenas ≈ 10% são suficientemente grandes para produzir algum efeito de massa, o que pode causar aumento da sela túrcica, déficit no campo visual, envolvimento de nervo craniano e/ou hipopituitarismo.

Achados clínicos na doença de Cushing

Os achados são os da síndrome de Cushing (hipercortisolismo por qualquer causa) e incluem:
1. ganho de peso
   a) generalizado em 50% dos casos

Quadro 45.2 Causas de hipercortisolismo endógeno

Sítio da patologia	Produto da secreção	Porcentagem dos casos	Níveis de ACTH
adenoma corticotrófico hipofisário: doença de Cushing (p. 723)	ACTH	60-80%	levemente elevado[a]
produção ectópica de ACTH (p. 723): a maioria são tumores de pulmão, outros: pâncreas...		1-10%	muito elevado
suprarrenal (adenoma ou carcinoma)	cortisol	10-20%	baixo
secreção hipotalâmica ou ectópica do hormônio liberador de corticotrofina (CRH) produzindo hiperplasia de corticotrofos hipofisários; estado pseudoCushing (p. 723)	CRH	raro	elevado

[a]ACTH pode ser normal ou levemente elevado; níveis normais de ACTH na presença de hipercortisolismo são considerados inapropriadamente elevados.

b) deposição centrípeta de gordura em 50%: tronco, espinha torácica superior ("corcunda de búfalo"), almofada de gordura supraclavicular, pescoço, "tumor em barbela" (gordura episternal), com face pletórica redonda ("face em lua cheia") e extremidades delgadas
2. hipertensão
3. equimoses e estrias púrpuras, especialmente nos flancos, mamas e abdome inferior
4. amenorreia em mulheres, impotência em homens, libido reduzida em ambos
5. hiperpigmentação da pele e membranas mucosas: por causa da reatividade cruzada de MSH e ACTH. Ocorre apenas com ACTH elevado, isto é, doença de Cushing (síndrome não Cushing) ou produção ectópica de ACTH (ver também abaixo)
6. pele atrófica, fina como lenço de papel com equimoses e problemas de cicatrização
7. psiquiátricos: depressão, labilidade emocional, demência
8. osteoporose
9. desgaste muscular generalizado com queixas de fatigabilidade fácil
10. elevação de outros hormônios suprarrenais: androgênios podem produzir hirsutismo e acne
11. sepse: associada à síndrome de Cushing avançada

Achados laboratoriais na doença de Cushing
1. hiperglicemia: diabetes ou intolerância à glicose
2. alcalose hipocalêmica
3. perda da variação diurna nos níveis de cortisol
4. níveis de ACTH normais ou elevados
5. falha no teste de supressão de cortisol com dexametasona de baixa dose (1 mg) (p. 734)
6. cortisol livre na urina de 24 horas elevado
7. os níveis de CRH serão baixos (não medido comumente)

Síndrome de Nelson (ou síndrome Nelson) (NS)

Informações gerais

Conceitos-chave

- uma condição rara que acompanha 10-30% das adrenalectomias bilaterais totais (TBA) realizadas para doença de Cushing; ver indicações para TBA (p. 743)
- tríade clássica: hiperpigmentação (pele e membranas mucosas), ↑ ACTH anormal e progressão do tumor hipofisário (o último critério é atualmente controverso)
- opções de tratamento: cirurgia (transesfenoidal ou transcraniana), XRT, medicação

Uma condição rara que acompanha 10-30% das adrenalectomias bilaterais totais (TBA) realizadas para doença de Cushing; ver indicações para TBA (p. 743). NS se deve ao crescimento continuado de células corticotróficas adenomatosas (secretoras de ACTH). Geralmente ocorre 1-4 anos depois das TBA (variação: 2 meses – 24 anos).[26] Explicação teórica (não comprovada):[27] depois de TBA, o hipercortisolismo se resolve, e os níveis de CRH aumentam a níveis normais a partir do estado suprimido (reduzido); adenomas corticotróficos em pacientes com NS têm uma resposta aumentada e prolongada a CRH resultando em crescimento aumentado. Além disso, os corticotrofos em NS e CD apresentam inibição reduzida pelos glicocorticoides. É questionável se alguns casos podem estar relacionados com a reposição insuficiente de glicocorticoides depois de TBA.[26]

Manifestações

Ver as referências.[27]
1. hiperpigmentação (decorrente da reatividade cruzada do hormônio estimulador de melanócitos (MSH) reatividade cruzada de ACTH e níveis aumentados de MSH por causa do aumento na produção de pro-opiomelanocortina). Este é, frequentemente, o sinal mais precoce de que está se desenvolvendo síndrome de Nelson. Deve-se procurar a linha negra (pigmentação na linha mediana do púbis ao umbigo) e hiperpigmentação de cicatrizes, gengivas e auréolas. DDx de hiperpigmentação inclui: insuficiência suprarrenal primária (níveis altos de ACTH), secreção ectópica de ACTH, hemocromatose (mais cor de bronze), icterícia (amarelado)
2. crescimento tumoral → efeito de massa (p. 720) ou invasão: a consequência mais séria. Estes tumores corticotróficos estão entre os tumores hipofisários mais agressivos.[28(p 545)] Pode produzir qualquer dos problemas associados a macroadenomas (compressão do nervo óptico, invasão do seio cavernoso, insuficiência hipofisária, H/A, invasão óssea...) bem como necrose e desenvolvimento de hipertensão intracraniana;[29] ver apoplexia hipofisária (p. 720)

Tumores Hipofisários – Informações Gerais e Classificação

3. transformação maligna do tumor corticotrófico (muito raro)
4. hipertrofia dos restos do tecido suprarrenal: pode estar localizado nos testículos → aumento testicular doloroso e oligospermia. Raramente os restos podem secretar cortisol suficiente para normalizar os níveis de cortisol ou mesmo causar uma recorrência da doença de Cushing apesar da adrenalectomia

Propedêutica

1. exames laboratoriais
   a) ACTH > 200 ng/L (geralmente milhares de ng/L) (normal: geralmente < 54 ng/L)
   b) resposta exagerada de ACTH a CRH (não necessário para o diagnóstico)
   c) outros hormônios primários podem ser afetados como com um macroadenoma causando efeito de massa (p. 720) e deve ser feito rastreamento endócrino
2. teste formal do campo visual (p. 730): deve ser feito em pacientes com extensão suprasselar ou naqueles que estão sendo considerados para cirurgia (como controle para comparação)

Tratamento

Ver tratamento (p. 739).

Acromegalia

Informações gerais

> ## Conceitos-chave
>
> - níveis anormalmente altos de hormônio do crescimento em um adulto. > 95% dos casos se devem a um adenoma somatotrófico hipofisário benigno, > 75% têm > 10 mm na época do diagnóstico
> - os efeitos incluem alterações nos tecidos moles e esqueléticos, cardiomiopatia, Ca de cólon
> - exames: testes endócrinos (p. 730), consulta cardiológica, colonoscopia
> - tratamento (p. 741): cirurgia para a maioria, e se necessário, terapia medicamentosa (p. 741) e/ou XRT (p. 745)
> - critérios sugeridos para cura bioquímica (p. 753): IGF-1 normal, nível do hormônio do crescimento < 5 ng/mL E nadir de GH de < 1 ng/mL depois de OGST (p. 736)

Incidência: 3 casos/1 milhão de pessoas/ano. > 95% dos casos de excesso de GH resultam de um adenoma somatotrófico hipofisário. Carcinoma de células secretoras de GH é raro. Secreção ectópica de GH pode ocorrer incomumente com: tumor carcinoide, linfoma, tumor de células ilhotas pancreáticas. Na época do diagnóstico, > 75% dos tumores GH hipofisários são macroadenomas (> 10 mm diametro) com invasão do seio cavernoso e/ou extensão suprasselar.

25% dos acromegálicos têm tiromegalia com exames da tireoide normais. 25% dos adenomas GH também secretam prolactina. Acromegalia ocorre raramente como parte de uma síndrome genética, incluindo: neoplasia endócrina múltipla tipo 1 (MEN 1), síndrome de McCune-Albright, acromegalia familiar e complexo de Carney.[30]

Clínica

Níveis elevados de GH em crianças antes do fechamento das placas epifisárias nos ossos longos produzem gigantismo. Geralmente presente na adolescência.

Em adultos, os níveis elevados do GH produzem acromegalia (idade: usualmente > 50 anos) com achados que podem incluir[31,32] (ver também o ▶ Quadro 45.3):
1. deformidades de crescimento excessivo esquelético
   a) aumento no tamanho das mãos e dos pés
   b) alargamento do calcanhar
   c) acentuação da bossa frontal
   d) prognatismo
2. cardiovascular
   a) achados cardíacos (estruturais e funcionais): arritmias, doença valvular, hipertrofia miocárdica concêntrica
   b) hipertensão (30%)
3. edema dos tecidos moles (inclui macroglossia)
4. intolerância à glicose
5. síndromes compressivas de nervo periférico (incluindo síndrome do túnel do carpo)

Quadro 45.3 Riscos da exposição a longo prazo a excesso de hormônio do crescimento (GH)[34]

Artropatia

1. não relacionado com a idade de início com os níveis de GH
2. geralmente com acromegalia de longa data
3. reversibilidade[a]:
   a) melhora sintomática rápida
   b) lesões irreversíveis nos ossos e cartilagens

Neuropatia periférica

1. anestesias, parestesias intermitentes
2. polineuropatia sensorimotora
3. sensibilidade prejudicada
4. reversibilidade[a]:
   a) os sintomas podem melhorar
   b) os bulbos de cebola (espirais) não regridem

Doença cardiovascular

1. cardiomiopatia
   a) função diastólica reduzida no LV
   b) massa e arritmias no LV aumentadas
   c) hiperplasia fibrosa do tecido conectivo
2. HTN: exacerba alterações cardiomiopáticas
3. reversibilidade[a]: pode progredir mesmo com GH normal

Doença respiratória

1. obstrução das vias aéreas superiores: causada pelo crescimento excessivo dos tecidos moles e redução no tônus do músculo faríngeo, com apneia do sono em ≈ 50%
2. reversibilidade[a]: melhora em geral

Neoplasia

1. risco aumentado de malignidades (especialmente Ca de cólon) e pólipos nos tecidos moles
2. reversibilidade[a]: desconhecida

Intolerância à glicose

1. ocorre em 25% dos acromegálicos (mais comum com história familiar de DM)
2. reversibilidade[a]: melhora

[a]Reversibilidade com normalização dos níveis do GH.

6. cefaleia debilitante
7. transpiração excessiva (especialmente hiperidrose palmar)
8. pele oleosa
9. dor articular
10. apneia do sono
11. fadiga
12. câncer de cólon: o risco é ≈ 2 × o risco na população em geral[33]

Pacientes com níveis elevados de GH (incluindo casos tratados parcialmente) têm 2-3 vezes a taxa de mortalidade esperada,[34] principalmente em razão da hipertensão, diabetes, infecções pulmonares, câncer e doença cardiovascular (▶ Quadro 45.3). O edema dos tecidos moles e neuropatias compressivas podem ser reversíveis com a normalização dos níveis de GH. No entanto, muitas das alterações desfigurantes com riscos à saúde são permanentes (▶ Quadro 45.3 para maiores detalhes).

Adenomas secretores de tirotrofina (TSH)

Informações gerais

Raros: compreendem ≈ 0,5-1% dos tumores hipofisários.[3,35] Produzem hipertireoidismo central (secundário) (nota: hipertireoidismo central também pode ocorrer com resistência hipofisária aos hormônios da tireoide[36]): níveis elevados de T3 e T4 circulante, com TSH elevado ou inapropriadamente normal[36] (o TSH deve ser indetectável em hipertireoidismo primário). Até 33% dos tumores positivos para imu-

Tumores Hipofisários – Informações Gerais e Classificação **727**

no-histoquímica de TSH são não secretores.[36] Muitos destes tumores são pluri-hormonais, mas o hormônio secundário geralmente é clinicamente silencioso. A maioria destes tumores é agressiva e invasiva, sendo suficientemente grandes para também produzir efeito de massa (especialmente se anteriormente foram feitos procedimentos ablativos na tireoide, o que ocorre em até 60% dos casos decorrente da falta de reconhecimento de anormalidade pituitária[36,37]).

Clínica
Sintomas de hipertireoidismo: ansiedade, palpitações (decorrente da fibrilação atrial), intolerância ao calor, hiperidrose e perda de peso apesar da ingesta normal ou aumentada. Sinais: hiperatividade, retração palpebral (*lid lag*), taquicardia, ritmo irregular quando está presente uma fibrilação atrial, hiper-reflexia, tremor. Exoftalmia e dermopatia infiltrativa (p. ex., mixedema pré-tibial) estão presentes na doença de Graves.

45.6.3 Classificação patológica dos tumores hipofisários

Aparência dos adenomas no microscópio convencional
Sistema de classificação mais antigo. É de utilidade limitada. Com as técnicas mais recentes (EM, imuno-histoquímica, ensaio radioimunológico...) foi descoberto que muitos tumores anteriormente considerados não secretores possuem todos os componentes necessários para secretar hormônios.
   Em ordem decrescente de frequência:
1. cromófobo: mais comum (a proporção entre cromófobo e acidófilo é de 4-20:1). Originalmente considerado "não secretor", na verdade pode produzir prolactina, GH ou TSH
2. acidófilo (eosinofílico): produz prolactina, TSH ou geralmente *GH*
3. basófilo → gonadotrofinas, β-lipotropina ou usualmente *ACTH* → *doença de Cushing*

Classificação dos adenomas com base nos produtos secretores
1. tumores endócrinos ativos: ≈ 70% dos tumores hipofisários produzem 1 ou 2 hormônios que são mensuráveis no soro e causam síndromes clínicas definidas. São classificados com base em seu(s) produto(s) secretor(es)
2. tumores endócrinos inativos (não funcionais)[38] (**nota:** a e b constituem a maior parte dos adenomas endócrinos ativos):
   a) adenoma de células nulas
   b) oncocitoma
   c) adenoma secretor de gonadotrofina
   d) adenoma secretor silencioso de corticotropina
   e) adenoma secretor de glicoproteína

Tumores da neuro-hipófise e infundíbulo

Informações gerais
Os tumores mais comuns encontrados na hipófise posterior são metástases (em razão do rico suprimento sanguíneo).

Tumores de células granulares
Também conhecido como tumor de células granulares (infundibular). WHO grau I. Termos obsoletos: coristoma,[39] mioblastoma de células granulares, pituicitoma (este termo é agora reservado para uma neoplasia glial circunscrita – ver abaixo). Tumores com ninhos de células grandes possuindo citoplasma eosinofílico granular.
   Embora raros, os GCTs são o tumor primário mais comum da neuro-hipófise e haste hipofisária/infundíbulo[40] com uma predileção pela haste (resultam em extensão suprasselar). Foram identificados GCTs no trato gastrointestinal, trato geniturinário, região orbital, além de em outras localizações do sistema nervoso central sem conexão com a glândula hipofisária ou o hipotálamo (p. ex., meninges espinais[41]). Proporção entre mulheres e homens ≥ 2:1. Agrupamentos de células granulares microscópicas assintomáticas (tumorettes) são mais comuns, com uma incidência de até 17%.[42]
   A apresentação mais comum é com déficits do campo visual decorrente da compressão do quiasma óptico.[39] No entanto, pode ocorrer um sintoma típico de uma massa selar hormonalmente inativa.
   Exame de imagem: podem aparecer radiograficamente idênticos a adenomas. Raramente considerados no diagnóstico diferencial pré-operatório. Isodensos na CT e isointensos na MRI de T1WI, realce homogêneo denso na CT e MRI.
   Tratamento: se houver suspeita de GTC pré-operatório, uma abordagem transcraniana é preferível à transesfenoidal decorrente da vascularidade que impediu a ressecção total em 60-70% dos casos reportados.[43] Pode ser considerada XRT para ressecção subtotal.[40]

Pituicitoma

A nomenclatura alternativa menos usada inclue astrocitoma hipofisário posterior. Raro (maioria descrita em relatos de casos). Tumor circunscrito com células fusiformes, originário da neuro-hipófise ou infundíbulo.[44] WHO grau I. Reportado somente em adultos.

Tratamento: excisão cirúrgica. A remoção subtotal pode ser seguida de recorrência após vários anos.

Referências

[1] Ragel BT, Couldwell WT. Pituitary carcinoma: a review of the literature. Neurosurg Focus. 2004; 16

[2] Ebersold MJ, Quast LM, Laws ER, et al. Long-Term Results in Transsphenoidal Removal of Nonfunctioning Pituitary Adenomas. J Neurosurg. 1986; 64:713–719

[3] Biller BM, Swearingen B, Zervas NT. A decade of the Massachusetts General Hospital Neuroendocrine Clinical Center. J Clin Endocrinol Metab. 1997; 82:1668–1674

[4] Abe T, Matsumoto K, Sanno N, Osamura Y. Lymphocytic Hypophysitis: Case Report. Neurosurgery. 1995; 36:1016–1019

[5] Lieblich JM, Rogol AD, White BJ, Rosen SW. Syndrome of anosmia with hypogonadotropic hypogonadism (Kallmann syndrome): clinical and laboratory studies in 23 cases. Am J Med. 1982; 73:506–519

[6] Nutkiewicz A, DeFeo DR, Kohout RI, et al. Cerebrospinal Fluid Rhinorrhea as a Presentation of Pituitary Adenoma. Neurosurgery. 1980; 6:195–197

[7] Reid RL, Quigley ME, Yen SC. Pituitary Apoplexy: A Review. Arch Neurol. 1985; 42:712–719

[8] Cardoso ER, Peterson EW. Pituitary Apoplexy: A Review. Neurosurgery. 1984; 14:363–373

[9] Onesti ST, Wisniewski T, Post KD. Pituitary Hemorrhage into a Rathke's Cleft Cyst. Neurosurgery. 1990; 27:644–646

[10] Wakai S, Fukushima T, Teramoto A, Sano K. Pituitary Apoplexy: Its Incidence and Clinical Significance. J Neurosurg. 1981; 55:187–193

[11] Rovit RL, Fein JM. Pituitary Apoplexy, A Review and Reappraisal. J Neurosurg. 1972; 37:280–288

[12] Liu JK, Couldwell W. Pituitary apoplexy: Diagnosis and management. Contemp Neurosurg. 2003; 25:1–5

[13] Yen MY, Liu JH, Jaw SJ. Ptosis as the early manifestation of pituitary tumour. Br J Ophthalmol. 1990; 74:188–191

[14] Telesca M, Santini F, Mazzucco A. Adenoma related pituitary apoplexy disclosed by ptosis after routine cardiac surgery: occasional reappearance of a dismal complication. Intensive Care Med. 2009; 35:185–186

[15] Bills DC, Meyer FB, Laws ER,Jr, Davis DH, Ebersold MJ, Scheithauer BW, Ilstrup DM, Abboud CF. A retrospective analysis of pituitary apoplexy. Neurosurgery. 1993; 33:602–8; discussion 608-9

[16] Pei L, Melmed S, Scheithauer B, et al. Frequent Loss of Heterozygosity at the Retinoblastoma Susceptibility Gene (RB) Locus in Aggressive Pituitary Tumors: Evidence for a Chromosome 13 Tumor Suppressor Gene Other Than RB. Cancer Res. 1995; 55:1613–1616

[17] Wilson CB, Tindall GT, Collins WF. In: Neurosurgical Management of Large and Invasive Pituitary Tumors. Clinical Management of Pituitary Disorders. New York: Raven Press; 1979:335–342

[18] Hardy J, Kohler PO, Ross GT. In: Transsphenoidal Surgery of Hypersecreting Pituitary Tumors. Diagnosis and Treatment of Pituitary Tumors. New York: Excerpta Medica/American Elsevier; 1973:179–194

[19] Hardy J, Thompson RA, Green R. In: Transsphenoidal Surgery of Intracranial Neoplasm. Adv Neurol. New York: Raven Press; 1976:261–274

[20] Krisht AF. Giant Invasive Pituitary Adenomas. Contemp Neurosurg. 1999; 21:1–6

[21] Laws ER. Comment on Knosp E, et al.: Pituitary Adenomas with Invasion of the Cavernous Sinus Space: A Magnetic Resonance Imaging Classification Compared with Surgical Findings. Neurosurgery. 1993; 33

[22] Scotti G, Yu CY, Dillon WP, et al. MR Imaging of Cavernous Sinus Involvement by Pituitary Adenomas. AJR. 1988; 151:799–806

[23] Barlas O, Bayindir C, Hepgul K, Can M, Kiris T, Sencer E, Unal F, Aral F. Bromocriptine-induced cerebrospinal fluid fistula in patients with macroprolactinomas: report of three cases and a review of the literature. Surg Neurol. 1994; 41:486–489

[24] Amar AP, Couldwell WT, Weiss MH. Prolactinomas: Focus on Indications, Outcomes, and Management of Recurrences. Contemp Neurosurg. 1989; 21:1–6

[25] Esposito F, Dusick JR, Cohan P, et al. Early morning cortisol levels as a predictor of remission after transsphenoidal surgery for Cushing's disease. J Clin Endocrinol Metab. 2006; 91:7–13

[26] Banasiak MJ, Malek AR. Nelson syndrome: comprehensive review of pathophysiology, diagnosis, and management. Neurosurg Focus. 2007; 23

[27] Assie G, Bahurel H, Coste J, Silvera S, Kujas M, Dugue MA, et al. Corticotroph tumor progression after adrenalectomy in Cushing's Disease: a reappraisal of Nelson's syndrome. J Clin Endocrinol Metab. 2007; 49:381–386

[28] Bertagna X, Raux-Demay M-C, Guilhaume B, er al., Melmed S. In: Cushing's Disease. The Pituitary. 2nd ed. Malden, MA: Blackwell Scientific; 2002:496–560

[29] Kasperlik-Zaluska AA, Bonicki W, Jeske W, Janik J, et al. Nelson's syndrome - 46 years later: clinical experience with 37 patients. Zentralbl Neurochir. 2006; 67:14–20

[30] Cook DM. AACE Medical Guidelines for Clinical Practice for the diagnosis and treatment of acromegaly. Endocr Pract. 2004; 10:213–225

[31] Melmed S. Acromegaly. N Engl J Med. 1990; 322:966–977

[32] Melmed S. Medical progress: Acromegaly. N Engl J Med. 2006; 355:2558–2573

[33] Renehan AG, Shalet SM. Acromegaly and colorectal cancer: risk assessment should be based on population-based studies. J Clin Endocrinol Metab. 2002; 87:1909–1909

[34] Acromegaly Therapy Consensus Development Panel. Consensus Statement: Benefits Versus Risks of Medical Therapy for Acromegaly. Am J Med. 1994; 97:468–473

[35] Beck-Peccoz P, Brucker-Davis F, Persani L, Smallridge RC, Weintraub BD. Thyrotropin-secreting pituitary tumors. Endocr Rev. 1996; 17:610–638

[36] Clarke MJ, Erickson D, Castro MR, Atkinson JL. Thyroid-stimulating hormone pituitary adenomas. J Neurosurg. 2008; 109:17–22

[37] Beck-Peccoz P, Persani L. Medical management of thyrotropin-secreting pituitary adenomas. Pituitary. 2002; 5:83–88

[38] Wilson CB. Endocrine-Inactive Pituitary Adenomas. Clin Neurosurg. 1992; 38:10–31

[39] Cohen-Gadol AA, Pichelmann MA, Link MJ, Scheithauer BW, Krecke KN, Young WF, Jr, Hardy J, Giannini C. Granular cell tumor of the sellar and suprasellar region: clinicopathologic study of 11 cases and literature review. Mayo Clin Proc. 2003; 78:567–573

[40] Schaller B, Kirsch E, Tolnay M, Mindermann T. Symptomatic granular cell tumor of the pituitary gland: case report and review of the literature. Neurosurgery. 1998; 42:166–70; discussion 170-1

[41] Markesbery WR, Duffy PE, Cowen D. Granular cell tumors of the central nervous system. J Neuropathol Exp Neurol. 1973; 32:92–109

[42] Fuller GN,Wesseling P, Louis DN, Ohgaki H, Wiestler OD, Cavenee WK, Bosman FT, Jaffe ES, Lakhani SR, Ohgaki H. In: Granular cell tumors of the neurohypophysis. WHO classification of tumors of the

central nervous system. 4th ed. Lyon: International Agency for Research on Cancer; 2007:241–242

[43] Gueguen B, Merland JJ, Riche MC, Rey A. Vascular Malformations of the Spinal Cord: Intrathecal Perimedullary Arteriovanous Fistulas Fed by Medullary Arteries. Neurology. 1987; 37:969–979

[44] Wesseling P, Brat DJ, Fuller GN, Louis DN, Ohgaki H, Wiestler OD, Cavenee WK, Bosman FT, Jaffe ES, Lakhani SR, Ohgaki H. In: Pituicytoma. WHO classification of tumors of the central nervous system. 4th ed. Lyon: International Agency for Research on Cancer; 2007:243–244

46 Adenomas Hipofisários – Avaliação e Tratamento Não Cirúrgico

46.1 Avaliação

46.1.1 História e avaliação física

Direcionada para a busca de sinais e sintomas de:
1. hiperfunção endócrina (ver Tumores hipofisários funcionais acima), incluindo:
   a) prolactina: amenorreia (mulheres), galactorreia (sobretudo em mulheres, uma vez que também seja necessário estrogênio), impotência (homens)
   b) tireoide: intolerância ao calor
   c) hormônio do crescimento: alteração no tamanho dos anéis ou tamanho dos pés ou embrutecimento das características faciais, gigantismo (crianças)
   d) cortisol: hiperpigmentação, características cushingoides
2. déficits endócrinos decorrentes do efeito de massa (p. 720) na hipófis
3. déficit do campo visual: campimetria de confrontação para excluir déficit do campo visual (classicamente hemianopsia bitemporal, *ver abaixo*)
4. déficits dos nervos cranianos no interior do seio cavernoso
   a) III, IV, VI: transtornos da pupila e músculos extraoculares
   b) V1, V2: sensibilidade reduzida na testa, nariz, lábio superior e bochechas

46.1.2 Testes diagnósticos

Visão geral

Os testes iniciais (rastreio) para avaliar um paciente que apresenta uma massa hipofisária conhecida ou suspeita são apresentados no ▶ Quadro 46.1. Testes adicionais são indicados para resultados anormais ou para forte suspeita de síndromes específicas (ver a página indicada para maiores detalhes).

Campos visuais

Testagem formal do campo visual: por campimetria com tela tangente (usando um pequeno estímulo vermelho, uma vez que a dessaturação da cor é um sinal inicial de compressão do quiasma) ou por campimetria de Goldman ou campimetria automática de Humphrey (este último requer uma boa cooperação por parte do paciente para que seja válido).

Padrões de déficit do campo visual

Depende em parte da localização do quiasma em relação à sela túrcica: o quiasma está localizado acima da sela em 79%, posterior à sela túrcica (quiasma pós-fixado) em 4%; na frente da sela (pré-fixado) em 5%[2 (p. 2135)]
1. compressão do quiasma óptico:
   a) hemianopsia bitemporal (p. 560) que obedece o meridiano vertical: déficit no campo visual clássico associado a tumor hipofisário. É decorrente do comprometimento do cruzamento das fibras nasais no quiasma
   b) outros padrões reportados que ocorrem raramente: hemianopsia temporal monocular
2. compressão do nervo óptico: mais provável em pacientes com um quiasma pós-fixado
   a) perda da visão no olho ipsolateral. Se procurado com atenção, geralmente uma quadrantanopsia superior externa (temporal) no olho contralateral[2 (p. 2135)] (o assim chamado escotoma juncional, também conhecido como defeito "torta no céu") devido à compressão do joelho anterior de Wilbrand (p. 1214); também pode ser um achado precoce mesmo sem um quiasma pós-fixado
   b) pode produzir escotoma central ou redução monocular na acuidade visual
3. compressão do trato óptico: pode ocorrer com um quiasma pré-fixado. Produz hemianopsia homônima

Avaliação endocrinológica inicial (rastreio) modificada

Ver as referências.[3]
Ver também o ▶ Quadro 46.1. Pode dar uma indicação do tipo de tumor, determina se algum hormônio precisa de reposição e serve como linha básica para comparação no seguimento do tratamento. Inclui avaliação inicial dos sinais e sintomas, além de testes laboratoriais. Os testes de rastreamento devem ser feitos em todos os

Quadro 46.1 Resumo dos exames iniciais (rastreio) para tumores hipofisários

Avaliação		Justificativa
✓ Campos visuais formais (geralmente campos visuais de Humphrey [HVF])		• compressão do quiasma óptico → déficit do campo visual (geralmente hemianopsia bitemporal)
Propedêutica endócrina	✓ cortisol[a] às 8 h da manhã e cortisol[a] livre na urina de 24 h	• cortisol ↑ em hipercortisolismo (síndrome de Cushing) (p. 731) • cortisol ↓ em hipoadrenalismo (primário ou secundário)
	✓ T4[b] livre, TSH (alternativamente, pode ser usado T4 total, se preferido[b])	**Hipotireoidismo** • **T4 ↓ e TSH ↑ em hipotireoidismo primário (isto pode causar hiperplasia tireotrófica na glândula hipofisária)** • T4 ↓ e TSH nl ou ↓ em hipotireoidismo secundário (como em hipopituitarismo) **Hipertireoidismo (tirotoxicose)** • **T4 ↑ e TSH ↓ em hipertireoidismo primário** • T4 ↑ e TSH ↑ em adenomas hipofisários secretores de TSH
	✓ prolactina	• ↑ ou ↑↑ com prolactinoma • leve ↑ com efeito na haste (geralmente < 90 ng/mL)
	✓ gonadotrofinas (FSH, LH) e esteroides sexuais (♀: estradiol, ♂: testosterona)	• ↓ em hipogonadismo hipogonadotrófico (proveniente do efeito de massa que causa compressão da glandula hipofisária) • ↑ com adenoma secretor de gonadotrofina
	✓ fator de crescimento semelhante à insulina tipo 1 (IGF-1), também conhecido como somatomedina C[b]	• ↑ em acromegalia • ↓ em hipopituitarismo (um dos marcadores mais sensíveis)
	✓ glicose no sangue em jejum	↓ em hipoadrenalismo (primário ou secundário)

✓ Estudos radiográficos. Um dos dois:
- MRI cerebral e MRI hipofisária com e sem contraste (teste de escolha), usualmente com protocolo para o sistema de navegação. Alguns cirurgiões também obtêm CT cerebral sem contraste para examinar a anatomia óssea (esp. seio esfenoide)
- Se MRI for contraindicada: CT sem e com contraste (com reconstrução coronal) + angiografia cerebral

[a]Cortisol às 8 h da manhã é o melhor teste para hipocortisolismo (p. ex., procurar insuficiência hipofisária), cortisol livre na urina de 24 horas é o melhor teste para hipercortisolismo (p. 731)[1] (p. ex., procurar por síndrome de Cushing).
[b]IGF-1 é o teste primário para excesso de hormônio do crescimento (GH); a medida direta de GH é pouco confiável.

pacientes com tumores hipofisários. Nota: a perda seletiva de um *único* hormônio hipofisário juntamente com o espessamento da haste hipofisária é fortemente sugestiva de hipofisite autoimune (p. 1373).
1. rastreio do eixo suprarrenal; ver os testes para avaliar a **reserva** de cortisol (p. 735)
   a) os níveis de cortisol atingem seu pico entre 7-8 h da manhã. O cortisol da manhã pode ser ligeiramente elevado acima da faixa de referência. Nível de cortisol às 8 h da manhã: melhor para detecção de hipocortisolismo.[1] Normal: 6-18 mcg/100 mL. Interpretação:
      - cortisol às 8 h < 6 mcg/100 mL: sugestivo de insuficiência suprarrenal
      - cortisol às 8 h 6-14 mcg/100 mL: não diagnóstico
      - cortisol às 8 h > 14 mcg/100 mL: insuficiência suprarrenal é improvável
   b) em casos questionáveis, incluindo para distinção entre estados pseudo-Cushing e síndrome de Cushing (p. 734)
   c) cortisol livre na urina de 24 horas: mais preciso para hipercortisolismo[1] (quase 100% sensível e específico, falso negativo raro, exceto em estresse ou alcoolismo crônico). Se não estiver elevado várias vezes acima do normal, devem ser feitas pelo menos 2 medições adicionais[4]
2. eixo da tireoide: a base para o rastreio da tireoide é apresentada no ▶ Quadro 46.2
   a) rastreio: nível de T4 (total ou livre), hormônio estimulante da tireoide (TSH) (também conhecido como tireotropina). Valores normais: o índice de T4 livre é 0,8-1,5, TSH 0,4-5,5 mcU/mL, T4 total 4-12 mcg/100mL (Nota: não deixar de verificar T4 *E* TSH)
   b) testes adicionais: *teste de estimulação* com hormônio liberador de tireotrofina (TRH) (indicado se T4 for baixo ou limítrofe): verificar TSH na linha básica, dar 500 mcg TRH IV, verificar TSH aos 30 e 60 min. Resposta normal: pico do TSH duas vezes o valor da linha básica aos 30 min. Resposta deficiente com um T4 baixo indica deficiência hipofisária. Resposta exacerbada sugere hipotireoidismo primário

Quadro 46.2 Fundamentos para rastreamento da tireoide

Justificativa	T_4	TSH
Hipotireoidismo primário[a] (problema com a própria glândula tireoide)	↓	↑
• hipotireoidismo primário crônico pode produzir hiperplasia hipofisária (pseudotumor hipofisário) indistinguível de adenoma na CT ou MRI. Deve ser considerado em qualquer paciente com uma massa hipofisária[7,8] • fisiopatologia: a perda de *feedback* negativo dos hormônios da tireoide causa liberação aumentada do TRH pelo hipotálamo produzindo hiperplasia secundária de células tireotróficas na adeno-hipófise (hiperplasia tireotrófica). O paciente pode ser diagnosticado por causa da expansão hipofisária (sintomas visuais, PRL elevada decorrente do efeito na haste, sela túrcica aumentada nos raios X...) • estimulação crônica por TRH elevado raramente produz adenomas tireotróficos • exame laboratorial: T_4 baixo ou normal, TSH elevado (> 90-100 em pacientes que apresentam hiperplasia tireotrófica), resposta de TSH prolongada e elevada ao teste de estimulação do TRH (ver o texto)		
Hipotireoidismo secundário[a] (estimulação do TSH na tireoide)	↓	↓ ou nl
• hipotireoidismo hipofisário representa somente ≈ 2-4% de todos os casos de hipotireoide[9] • ≈ 23% dos pacientes com adenomas cromofóbicos desenvolvem hipotireoidismo secundário se não tratados (compressão hipofisária causa TSH reduzido) • exames laboratoriais: T_4 baixo, TSH baixo ou normal, resposta reduzida ao teste de estimulação do TRH (ver o texto)		
Hipertireoidismo primário (problema com a própria glândula tireoide)	↑	↓
• etiologias: nódulo localizado na tireoide hiperativa, anticorpo circulante que estimula a tireoide ou hiperplasia difusa da tireoide (doença de Graves, também conhecida como hipertireoidismo oftálmico) • exames laboratoriais: T_4 elevado, TSH subnormal (geralmente *indetectável*)		
Hipertireoidismo secundário (hipertireoidismo central)	↑	↑ ou nl

• etiologias
  ○ adenoma hipofisário secretor de TSH (raro)
  ○ resistência hipofisária aos hormônios da tireoide (perturba o *feedback* negativo de alça)
• exames laboratoriais: T_4 elevado, TSH elevado ou inapropriadamente normal		

[a] ✖ Alerta: a reposição do hormônio da tireoide com reservas inadequadas de cortisol (como pode ocorrer em pan-hipopituitarismo) pode precipitar crise suprarrenal; ver o manejo (p. 738).

3. eixo gonadal
  a) rastreio:
    • gonadotrofinas séricas: FSH e LH
    • esteroides sexuais: estradiol em mulheres, testosterona em homens (medir a testosterona *total*)
  b) teste adicional: nenhum seguro na diferenciação de transtornos hipofisários de hipotalâmicos
4. níveis de prolactina (PRL): para a neurofisiologia da prolactina (p. 151)
  a) a interpretação é apresentada no ► Quadro 46.3. Ver o ► Quadro 46.4 para diagnóstico diferencial de hiperprolactinemia. O nível de prolactina correlaciona-se com o tamanho dos prolactinomas:[5] se PRL for < 200 ng/mL, ≈ 80% dos tumores são microadenomas, e 76% destes terão PRL normal após a cirurgia; se PRL for > 200, apenas ≈ 20% são microadenomas
  b) as amostras de sangue devem ser obtidas no meio da manhã (isto é, não logo após acordar) e não depois de estresse, estimulação das mamas ou exame físico, o que pode aumentar os níveis de PRL
  c) estar ciente dos seguintes pontos ao interpretar os níveis de PRL:
    • decorrente das variações na secreção (as flutuações diárias podem ser de até 30%) e imprecisões intrínsecas do radioimunoensaio, os níveis de PRL devem ser checados novamente se houver uma razão para questionar um resultado específico
    • anticorpos heterófilos (vistos em indivíduos rotineiramente expostos a produtos séricos animais) podem causar resultados anômalos
    • efeito na haste: PRL é o único hormônio hipofisário sob regulação inibitória (p. 151). Lesão ou compressão do hipotálamo ou da haste hipofisária por causa da cirurgia ou compressão por algum tipo de tumor pode causar elevação modesta da PRL decorrente do decréscimo no fator inibidor da prolactina (PRIF). Regra de ouro: a chance de uma PRL elevada ser devida a um prolactinoma é igual à metade do nível de PRL. Pode ocorrer elevação persistente pós-operatória de PRL mesmo com a remoção total do tumor em consequência de lesão na haste (usualmente ≤ 90 ng/mL; efeito de haste duvidoso se PRL > 150). Para efeito na haste, acompanhar estes pacientes, não usar bromocriptina

Quadro 46.3 Significado dos níveis de prolactina[a]

PRL (ng/mL)	Interpretação	Situações observadas em
3-30[b]	normal	mulher não grávida
10-400		gravidez (▶ Quadro 46.4)
2-20		mulher na pós-menopausa
25[b]-150	elevação moderada	• prolactinoma • "efeito na haste" (ver o texto) • outras causas[d]
> 150[c]	elevação significativa	prolactinoma[d]

[a]Nota: raramente foram reportados sítios ectópicos de secreção de prolactina (p. ex., em um teratoma[10]).
[b]Os valores normais variam, use sua faixa de referência laboratorial.
[c]Alguns autores recomendam 200 ng/mL como o ponto de corte para prolactinomas pováveis.[11]
[d]Para diagnóstico de hiperprolactinemia ver o ▶ Quadro 46.4.

Quadro 46.4 Diagnóstico diferencial do nível de prolactina (PRL) elevado (hiperprolactinemia)[a]

1. relacionado com gravidez
   a) durante a gravidez:[b] 10-400 ng/mL
   b) pós-parto: PRL diminui ≈ 50% (para ≈ 100 ng/mL) na primeira semana pós-parto e geralmente retorna ao normal em 3 semanas
   c) na mulher lactante: a sucção aumenta a PRL, o que é essencial para a lactogênese (depois de iniciado, os níveis de PRL em mulheres não grávidas podem manter a lactação)
   Primeiros 2-3 meses pós-parto: PRL basal ≈ 40-50 ng/mL, sucção → aumenta × 10-20. 3-6 meses pós-parto: níveis de PRL basal se tornam normais ou levemente aumentados e dobram com a sucção. A PRL deve normalizar até 6 meses após o desmame
2. adenoma hipofisário
   a) prolactinoma: microprolactinomas grandes e macroadenomas geralmente produzem PRL > 100 ng/mL
   b) efeito na haste (p. 732): regra de ouro, a chance de uma PRL elevada ser devida a um prolactinoma é igual à metade do nível de PRL
   c) alguns tumores secretam PRL e GH
3. drogas: antagonistas dos receptores de dopamina (p. ex., fenotiazinas, metoclopramida), contraceptivos orais (estrogênios), antidepressivos tricíclicos, verapamil, antagonistas de H2 (p. ex., ranitidina), alguns SSRIs, em particular paroxetina (Paxil®)[12]...
4. hipotireoidismo primário: TRH, um fator liberador da prolactina (PRF), (p. 151) será elevado
5. síndrome da sela vazia (p. 766)
6. pós-ictal (p. 467): PRL usualmente se normaliza dentro de 1-2 h depois de uma convulsão
7. trauma/cirurgia de mama ou parede torácica: geralmente ≤ 50 ng/mL
8. exercício excessivo: geralmente ≤ 50 ng/mL
9. estresse: em alguns casos, o estresse de se submeter a um exame de sangue é suficiente para elevar a PRL, anorexia nervosa
10. secreção ectópica: reportada em tumores de células renais ou hepatocelulares, fibroides uterinos, linfomas
11. tumores hipotalâmicos infiltrativos
12. insuficiência renal
13. cirrose
14. macroprolactinemia: ver o texto

[a]Hiperprolactinemia decorrente de outras causas além de prolactinomas raramente ultrapassa 200 ng/mL.
[b]Sempre R/O gravidez como causa da amenorreia e hiperprolactinemia em uma mulher com potencial reprodutivo.

- "nível de prolactina > 200 ng/mL": se o laboratório reporta o nível de prolactina como "> 200" (ou algum outro valor alto) em vez de um número real, isto geralmente indica um nível muito alto de prolactina que excede os limites superiores do ensaio. Ligar para o laboratório e solicitar que determine o valor *real*. Isto geralmente requer que o laboratório realize diluições seriais até que a PRL esteja em uma variação que seu ensaio possa quantificar (isso poderá ser feito com a amostra que eles possuem, ou então o paciente precisará colher mais sangue). Razões desta importância: (1) decisões de tratamento: PRL > 500 geralmente indica que uma cirurgia isolada não conseguirá normalizar a PRL (p. 739); (2) para avaliar a resposta ao tratamento: é essencial saber com que valor você está iniciando para determinar a resposta à medicação, cirurgia, XRT...
- efeito gancho: níveis de PRL extremamente elevados podem sobrecarregar o ensaio (o grande número de moléculas de PRL impede a formação dos complexos PRL-anticorpo-sinal necessários

para o radioimunoensaio) e produzem resultados falsamente baixos. Assim sendo, para adenomas grandes com um nível de PRL normal, realizar em várias diluições da amostra do soro e refazer a PRL, especialmente em pacientes com hiperprolactinemia clínica

- macroprolactinemia: uma situação em que as moléculas da prolactina polimerizam e se ligam às imunoglobulinas. A prolactina nesta forma tem atividade biologicamente reduzida, mas produz um achado laboratorial de hiperprolactinemia. A importância clínica é controversa,[6] pacientes assintomáticos geralmente não precisam de tratamento

5. hormônio do crescimento:
   a) nível de IGF-1 (somatomedina - C) (p. 736) é o teste inicial recomendado (o teste para IGF-1 eleva-do é extremamente sensível para acromegalia)
   b) a verificação de um nível aleatório de GH pode não ser um indicador confiável (p. 736) e, portanto, não é recomendada
6. neuro-hipófise (hipófise posterior): déficits são raros com tumores hipofisários
   a) rastreio: verificar a adequação do ADH demonstrando a concentração de urina com privação de água
   b) testagem adicional: medição do ADH sérico em resposta à infusão de solução salina hipertônica

Testes endocrinológicos especializados

Síndrome de Cushing

Testes para hipercortisolismo

Estes testes são usados para determinar se *hipercortisolismo* (síndrome de Cushing, CS) está presente ou não, independente da etiologia. Geralmente necessário apenas o rastreio do cortisol livre na urina de 24 h (p. 731) for inconclusivo (a base destes testes é apresentada no ▶ Quadro 46.5).

1. testes noturnos de supressão com dexametasona (DMZ) em *baixa dose*:[13]
   a) teste noturno em baixa dose: dar DMZ 1 mg PO às 11h da noite e coletar o cortisol sérico na manhã seguinte às 8h. Resultados:
      - cortisol < 1,8 mcg/dL (nota: este é o valor normal aceito atualmente; anteriormente era 5 mcg/dL): síndrome de Cushing é excluída (exceto para uns poucos pacientes com CS que suprimem com baixas doses de DMZ, possivelmente decorrente da baixa eliminação de DMZ[14])
      - cortisol 1,8-10 mcg/dL: indeterminado, fazer o teste novamente, se necessário
      - cortisol > 10 mcg/dL: CS está provavelmente presente. Falsos positivos podem ocorrer no assim chamado estado de pseudo-Cushing, onde a secreção ectópica de CRH produz hiperplasia dos corticotrofos hipofisários que é clinicamente indistinguível de tumores produtores de ACTH hipofisário (requer mais testes[14]). Visto em: 15% dos pacientes obesos, em 25% dos hospitalizados e pacientes doentes crônicos, em estados de hiperestrogenismo, em uremia e depressão. O teste combinado de DMZ-CRH pode ser usado para fazer esta identificação (ver as referências[14]). Falsos positivos também podem ocorrer em alcoolistas ou pacientes fazendo uso de fenobarbital ou fenitoína em razão do metabolismo aumentado de DMZ causado pela degradação microssômica hepática induzida
   b) teste de baixa dose em 2 dias (usado quando o teste noturno é inconclusivo): dar DMZ 0,5 mg PO q 6 h por 2 dias, iniciando às 6 h da manhã; coletas de urina de 24 horas são feitas antes do teste e no segundo dia de administração de DMZ. Os pacientes normais suprimem os 17-hidroxicorticosteroides urinários (OHCS) para menos de 4 mg/24 h, enquanto ≈ 95% dos pacientes com CS têm resposta anormal (quantidades mais elevadas na urina)[14]
2. cortisol salivar às 11 h da noite: esta é a hora do nadir usual do cortisol. O teste deve ser feito em um laboratório aprovado pelo NIH. A acurácia é tão boa quanto a do teste de supressão com DMZ em baixa dose

Distinção entre doença de Cushing e secreção ectópica de ACTH

Estes testes são usados para distinguir doença de Cushing primária (CD) (hipersecreção hipofisária de ACTH) da produção ectópica de ACTH e tumores suprarrenais (podem ser necessários, já que 40% dos pacientes com CD têm uma MRI[1] normal).

Quadro 46.5 Fundamentos para testes bioquímicos na síndrome de Cushing (CS)

- normalmente, baixas doses de DMZ suprimem a liberação do ACTH através do *feedback* negativo no eixo hipotalâmico-hipofisário, reduzindo os corticosteroides urinários e séricos
- ocorre supressão em ≥ 98% dos casos de síndrome de Cushing, porém em um limiar muito mais alto
- tumores suprarrenais e a maioria (85-90%) dos casos de produção de ACTH ectópico (especialmente Ca brônquico) não irão suprimir mesmo com DMZ em alta dose
- a resposta do ACTH ao CRH é exagerada em CS
- DMZ não interfere na mediação do cortisol e 17-hidroxicorticosteroides urinários e plasmáticos

Adenomas Hipofisários – Avaliação e Tratamento Não Cirúrgico

1. ACTH sérico aleatório: se < 5 ng/L sugere CS independente de ACTH (p. ex., tumor suprarrenal). Não sensível ou específico decorrente da variabilidade dos níveis de ACTH
2. CT abdominal: geralmente apresenta massa suprarrenal unilateral com tumores suprarrenais ou expansão suprarrenal normal ou bilateral em casos dependentes de ACTH
3. teste de supressão com dexametasona (DMZ) em *alta dose*: (Nota: até 20% dos pacientes com CD não suprimem com DMZ em alta dose. Fenitoína também pode interferir na supressão de DMZ em alta dose[15])
   a) teste noturno com alta dose: obter uma linha básica do nível de cortisol plasmático às 8h da manhã
   b) depois dar DMZ 8 mg PO às 11 h da noite e medir o nível do cortisol plasmático na manhã seguinte às 8 h
   c) em 95% dos casos de CD os níveis de cortisol estão reduzidos a < 50% da linha básica, enquanto em ACTH ectópico ou tumores suprarrenais geralmente estes níveis estarão inalterados
4. teste com **metirapona** (Metipirone®): realizado em regime ambulatorial. Dar 750 mg de metirapona (suprime a síntese do cortisol) PO q 4 h por 6 doses. A maioria dos pacientes com CD terá uma elevação em 17-OHCS na urina de 70% acima da linha básica ou um aumento no 11-desoxicortisol sérico 440 vezes acima da linha básica
5. teste de estimulação do hormônio liberador de corticotrofina (CRH): CD responde ao *bolus* de CRH 0,1 mcg/kg IV com níveis de ACTH e cortisol plasmático ainda mais aumentados; ACTH ectópico e tumores suprarrenais não respondem assim[16]
6. amostragem do seio petroso inferior (IPS) (ou a amostra do seio cavernoso é preferida por alguns): feita por neurorradiologista intervencionista. Utiliza um microcateter para medir os níveis de ACTH em cada lado nos níveis basais, e depois aos 2, 5 e 10 minutos após a estimulação com CRH IV (com níveis de ACTH periférico simultâneos a cada intervalo). Informações gerais:
   a) não é necessária amostragem de IPS quando os seguintes critérios de CD são satisfeitos[17]:
      • doença de Cushing dependente de ACTH
      • teste de supressão com dexametasona em alta dose (ver acima)
      • adenoma hipofisário visível na RM
   b) também pode determinar o lado provável de um microadenoma no interior da hipofisária (isto pode conseguir evitar adrenalectomia bilateral, que requer reposição de glico e mineralocorticoide por toda a vida e riscos de síndrome de Nelson (p. 724) em 10-30%. Quinze a trinta por cento[1] das vezes estes testes lateralizam falsamente o tumor por causa da comunicação através do seio circular
   c) uma relação de > 1,4:1 entre a linha básica do ACTH no IPS e ACTH periférico é consistente com doença de Cushing primária
   d) uma proporção pós-CRH > 3 também é consistente com doença de Cushing primária
   e) taxa de complicações: 1-2%, inclui punção da parede do seio

Avaliação da reserva de cortisol

1. teste de estimulação com cosintropina:[18]
   a) traçar um nível basal de cortisol (não é necessário jejum; o teste pode ser realizado qualquer hora do dia)
   b) dar cosintropina (Cortrosyn®) (um análogo de ACTH potente) 1 ampola (250 mcg) IM ou IV
   c) a seguir, verificar os níveis de cortisol aos 30 minutos (opcional) e aos 60 minutos
   d) resposta normal: pico do nível de cortisol > 18 mcg/dL E um incremento de > 7 mcg/dL, ou um pico de > 20 mcg/dL independentemente do incremento
   e) resposta subnormal: indica insuficiência suprarrenal. Em insuficiência suprarrenal primária, a secreção hipofisária de ACTH será elevada. Em insuficiência suprarrenal secundária, ACTH cronicamente reduzido causa atrofia suprarrenal e ausência de reação à estimulação aguda com este análogo de ACTH exógeno
   f) resposta normal: exclui insuficiência suprarrenal primária e secundária evidente, mas pode ser normal em casos *leves* de ACTH hipofisário reduzido ou *precoces* depois de cirurgia hipofisária em que não ocorreu atrofia suprarrenal. Nestes casos, a testagem adicional pode ser positiva: ver o teste com metirapona (p. 753) ou ITT (ver abaixo)
2. teste de intolerância à insulina (ITT): "padrão ouro" para avaliação da integridade do eixo hipotalâmico-hipofisário-suprarrenal. Complicado de fazer. Anormal em 80% dos casos de CS. Avalia a reserva de ACTH, cortisol e GH
   a) justificativa: um incremento apropriado do cortisol em resposta à hipoglicemia induzida pela insulina sugere que o paciente será capaz de responder a outros estresses (doença aguda, cirurgia...)
   b) contraindicações: transtorno convulsivo, doença cardíaca isquêmica, hipotireoidismo não tratado
   c) preparo pré-teste: D/C reposição de estrogênio por 6 semanas antes do teste. Ter 50 mL de D50 e 100 mg IV de hidrocortisona disponíveis durante o teste
   d) protocolo: dar insulina regular 0,1 U/kg por injeção IV e coletar sangue para checar a glicose, cortisol e GH aos 0, 10, 20, 30, 45, 60, 90 e 120 minutos (monitorar a glicemia capilar durante o teste, e aplicar glicose IV se o paciente ficar sintomático). Se a glicemia capilar não for < 50 mg/dL até 30 minutos, e o paciente for assintomático, dar adicionalmente insulina regular 5 U IVP. Devem ser coletadas 2 amostras após hipoglicemia adequada

Tumores Envolvendo Tecidos de Origem Não Neural: Metástases, Linfomas, Cordomas

e) resultados:
- se não foi atingida hipoglicemia adequada (< 40 mg/dL): cortisol ou deficiência de GH não podem ser diagnosticados
- normal: incremento de cortisol de > 6 mcg/dL até um pico de > 20
- pico de cortisol = 16-20: esteroides necessários somente para estresse
- pico de cortisol < 16: necessária reposição de glicocorticoide
- síndrome de Cushing: incremento de < 6

Acromegalia

Para suspeita de acromegalia, o teste mais útil é um nível de IGF-1.

1. nível do fator de crescimento semelhante à insulina tipo 1 (IGF-1) (anteriormente somatomedina–C): um excelente marcador da secreção média de GH. Os níveis normais dependem da idade (pico durante a puberdade), gênero, estágio puberal e laboratório de análise. Os níveis típicos em jejum por idade são apresentados no ▶ Quadro 46.6. Estrogênio pode suprimir os níveis de IGF-1
2. hormônio do crescimento (GH): o nível basal normal em jejum é de < 5 ng/mL. Em pacientes com acromegalia, GH é geralmente > 10 ng/mL, mas pode ser normal. Os níveis basais normais não distinguem com confiabilidade paciente normal de deficiência de GH.[19] Além do mais, em razão da secreção pulsátil de GH, pacientes normais podem ter picos esporádicos de até 50 ng/mL.[20] Acromegalia pode estar presente ocasionalmente, mesmo com níveis baixos de GH de até 37 pg/mL:[21] ∴ os níveis aleatórios de GH geralmente não são úteis para diagnosticar acromegalia (ver acima para IGF-1)
3. outros testes pouco usados
   a) teste de supressão com glicose oral (OGST): menos preciso e mais caro do que medir IGF-1; no entanto, pode ser mais útil do que IGF-1 para o monitoramento da resposta inicial à terapia. Os níveis de GH são medidos aos 0, 30, 60, 90 e 120 minutos após uma carga de glicose oral de 75 g. Se o nadir de GH não for < 1 ng/mL, o paciente é acromegálico.[22,23] A supressão de GH também pode estar ausente com doença hepática, DM não controlada e insuficiência renal. ✖ Relativamente contraindicado em pacientes com DM e altos níveis de glicose
   b) níveis de hormônio liberador do hormônio do crescimento (GHRH): também pode ajudar a diagnosticar secreção ectópica de GH em um paciente com acromegalia comprovada sem evidência de tumor hipofisário no exame de imagem. Se houver suspeita de uma origem extra-hipofisária, também devem ser feitas CT e/ou MRI torácicas e abdominais[24]
   c) teste de estimulação com GHRH: os resultados podem ser discordantes em até 50% dos pacientes com acromegalia[22] e, por isso, raramente é usado (neste momento, a produção farmacêutica de GHRF foi descontinuada)
4. rastreio com octreotide: exame de imagem com SPECT 4 e 24 horas após a injeção com 6,5 mCi de OctreoScan com índio-111, um agente de imagem receptor da somatostatina

Propedêutica radiológica

Informações gerais

≈ 50% dos tumores hipofisários que causam síndrome de Cushing são muito pequenos para serem visualizados na CT ou MRI (portanto, é necessário teste endocrinológico para comprovar a origem hipofisária). Ver diagnóstico diferencial de lesões intrasselares (p. 1371); alguns são indistinguíveis radiograficamente.

Quadro 46.6 IGF-1 normal por idade	
Idade (anos)	**Nível (ng/mL)**
1-5	49-327
6-8	52-345
9-11	74-551
12-15	143-996
16-20	141-903
21-39	109-358
40-54	87-267
> 54	55-225

Diâmetro AP normal da glândula hipofisária: mulher em idade reprodutiva ($\approx$ 13-35 anos): $\leq$ 11 mm; para todos os outros o normal é $\leq$ 9 mm. (Nota: as glândulas hipofisárias em meninas adolescentes podem ser fisiologicamente aumentadas (altura média: 8,2 $\pm$ 1,4 mm) em consequência da estimulação hormonal da puberdade.[25])

Raios X do crânio

Raios X laterais do crânio podem ajudar a definir a anatomia óssea do seio esfenoide em casos em que é aventada cirurgia transesfenoidal (atualmente, o rastreio com CT é usualmente empregado).

MRI

Teste de imagem de escolha para tumores hipofisários.
  Solicitação de MRI:
- ordem de requisição dos exames iniciais: MRI cerebral e MRI hipofisário sem e com contraste (o protocolo hipofisário inclui cortes coronais finos através da sela mostrando o seio cavernoso e o quiasma óptico) com protocolo de imagem para navegação (p. ex., BrainLab™ ou Stealth™...)
- se rastreando microadenoma, MRI dinâmica aumenta as chances de encontrar o tumor em um momento em que ele se destaca diferencialmente da glândula
- para acompanhamento de macroadenomas: é suficiente MRI hipofisária coronal e sagital de rotina sem e com contraste

Achados: informações sobre invasão do seio cavernoso e sobre a localização e/ou envolvimento das carótidas parasselares. A MRI pode não conseguir demonstrar tumor em 25-45% dos casos de doença de Cushing.[26] RM de 3T *vs.* 1,5T: baseada em 5 casos de doença de Cushing, MRI de 3T mostrou o adenoma mais claramente em 2 casos, em 1 caso mostrou o tumor contralateral ao lado onde a MRI de 1,5T o mostrou, e em 2 casos nem MRI de 1,5T nem de 3T conseguiu mostrar o microadenoma.[27]
  Microadenoma: 75% são de hipossinal em T1WI e hipersinal em T2WI (mas 25% podem-se comportar de qualquer forma, incluindo completamente o oposto do que está acima). A captação depende muito do tempo. O exame de imagem deve ser feito com a administração de 5 minutos de contraste para que seja visto um microadenoma discreto. Inicialmente, o gadolínio realça a hipófise normal (sem barreira hematoencefálica), mas *não* o tumor hipofisário. Depois de $\approx$ 30 minutos, o tumor realça quase igualmente. Pesquisa com MRI dinâmica foram usados para aumentar a sensibilidade (o contraste é injetado, enquanto o aparelho de MRI está em funcionamento).
  Neuro-hipófise: normalmente hiperssinal em T1WI[28] (possivelmente decorrente dos fosfolipídios). A ausência da "mancha brilhante" frequentemente está relacionada com diabetes insípido, como pode ocorrer com hipofisite autoimune (p. 1373); entretanto, a falha em obter imagem da mancha brilhante não é uniformemente anormal.
  O desvio da haste hipofisária também pode indicar a presença de um microadenoma. O espessamento normal da haste hipofisária é aproximadamente igual ao diâmetro da artéria basilar. O espessamento da haste geralmente NÃO é adenoma; diagnóstico diferencial para uma haste com espessamento: linfoma, hipofisite autoimune (p. 1373), doença granulomatosa, glioma hipotalâmico.

CT

Geralmente suplantada pela MRI. Pode ser apropriada quando MRI é contraindicada (p. ex., marca-passo). Quando realizada, deve incluir imagem coronal ou reconstruções coronais por CT axial com corte fino. Se não puder ser feita MRI, considerar também angiografia cerebral para demonstrar as artérias carótidas parasselares e excluir aneurisma como uma possibilidade.
  Cálcio na hipófise geralmente significa hemorragia ou infarto intratumoral.

Angiografia

Algumas vezes usada em casos indicados para cirurgia transesfenoidal (p. ex., como um complemento da CT) a fim de localizar as carótidas parasselares (nota: MRI fornece esta informação e avalia a invasão dos seios cavernosos, geralmente evitando a necessidade de angiografia).

46.2 Recomendações de manejo/tratamento

46.2.1 Informações gerais

Ver tratamento de apoplexia hipofisária (p. 720). Para grandes adenomas invasivos, ver abaixo.
  Nota: prolactinoma é o único tumor hipofisário para o qual terapia medicamentosa (agonista da dopamina) é a modalidade de tratamento principal (em certos casos).

Terapia de reposição hormonal (HRT)

HRT pode ser necessária para pacientes com déficits endócrinos detectados no pré-operatório ou no pós-operatório dos casos em que a função hipofisária não é normal. Questões críticas:
1. corticosteroides
   a) indicações: reserva de cortisol inadequada, conforme demonstrado pela falha no teste de estimulação com cosintropina; falha em atingir um nível de pico do cortisol > 18 mcg/dL em resposta à cosintropina (p. 735)
   b) pode-se iniciar cortisol imediatamente após coleta de sangue para o teste com cosintropina (não é preciso esperar pelos resultados do teste) – depois, quando os resultados do teste estiverem disponíveis, continuar ou interromper a terapia com base nos resultados
   c) prescrever dose de reposição fisiológica: cortisol 20 mg po q pela manhã e 10 mg po q 4 h da tarde. Doses em estresse podem ser necessárias (p. 146) em algumas situações
2. reposição do hormônio da tireoide
   a) ✖ a reposição hormonal da tireoide pode precipitar crise suprarrenal se iniciada antes do cortisol em um paciente com insuficiência suprarrenal (como pode ocorrer no pan-hipopituitarismo)
      • ∴ realizar um teste de estimulação com cosintropina (p. 735) e iniciar cortisol
      • a reposição da tireoide pode ser iniciada depois de 1 dia inteiro de cortisol
        R: iniciar com sintroide 125 mcg/d
   b) embora haja alertas para que não seja feita cirurgia em um paciente com hipotireoidismo, a realidade é que a reposição adequada demora 3-4 semanas e os pacientes com hipotireoidismo frequentemente se submetem à cirurgia antes disso sem nenhum efeito desfavorável
3. reposição de testosterona: pode aumentar os níveis intratumorais de estradiol que podem promover o crescimento do tumor: ∴ esperar pela estabilização do tumor antes de iniciar

46.2.2 Tratamento dos grandes adenomas invasivos

Ver as referências.[29]
1. prolactinomas
   a) agonistas dopaminérgicos (DA) (p. 739), a menos que haja déficit instável
   b) para déficit instável ou se o tumor não responder aos DAs: remover o tumor por via transesfenoidal e depois tentar novamente terapia com DA
2. tumores secretores de hormônio do crescimento ou ACTH: é indicada uma abordagem cirúrgica agressiva para esses tumores, uma vez que o produto da secreção seja prejudicial e haja carência de terapias medicamentosas efetivas
   a) pré-tratamento de tumores secretores de GH com terapia análoga à somatostatina antes da cirurgia para reduzir os riscos cirúrgicos (gerais e cardíacos)
   b) pacientes idosos ou tumores com > 4 cm de diâmetro: remover o tumor por via transesfenoidal e/ou associar terapia adjuvante (XRT e/ou medicações)
   c) idade jovem e tamanho < 4 cm: cirurgia radical (pode-se utilizar uma abordagem crânio-órbito-zigomática para lesões da base do crânio; pode ser curativo)
3. adenomas não funcionais
   a) paciente idoso: tratamento expectante é uma opção, com intervenção diante de sinais de progressão (radiográficos ou neurológicos)
   b) tumor central ou paciente idoso com progressão: remoção transesfenoidal do tumor e/ou XRT (tumor residual na região do seio cavernoso pode apresentar pouca ou nenhuma alteração por vários anos, e com estes tumores não funcionais, ocorrem menos danos se eles forem acompanhados do que se houver um produto de secreção prejudicial)
   c) tumor parasselar e/ou idade jovem: cirurgia radical A (frequentemente não curativa)

46.2.3 Macroadenomas hormonalmente inativos – tratamento

Informações gerais

Por causa das baixas taxas de resposta à medicação, quando é indicado tratamento, cirurgia e/ou XRT são geralmente o tratamento inicial de escolha (ver abaixo para XRT).

Tratamento medicamentoso de macroadenomas hormonalmente inativos

Bromocriptina foi experimentada com ligeiras reduções no tamanho do tumor em apenas ≈ 20% dos pacientes. Os resultados modestos se devem, provavelmente, à escassez de receptores dopaminérgicos nas membranas celulares destes tumores. Octreotida reduz o volume do tumor em ≈ 10% dos casos. Estes agentes foram usados pré-operatoriamente em alguns casos para tentar reduzir o tamanho do tumor para a cirurgia.

Recomendações para acompanhamento de macroadenomas hormonalmente inativos tratados com terapia medicamentosa

Para *microadenomas assintomáticos* (< 1 cm diâmetro), recomenda-se: MRI selar para F/U hipofisário aos 1, 2, 5 e ± 10 anos (pode-se interromper o F/U após 10 anos e possivelmente 5 anos, se não houver crescimento).

Para tumores com > *1 cm*, recomenda-se: checar os campos visuais, propedêutica laboratorial hormonal (para descartar insuficiência hipofisária) e MRI da hipófise aos 0,5, 1, 2 e 5 anos, e a qualquer momento, caso se desenvolvam sintomas.

Tumores secretores de gonadotrofina

Raramente um tumor não funcional secreta gonadotrofinas (FSH, LH). Isto não produz uma síndrome clínica. Gonadotrofos hipofisários normais e neoplásicos possuem receptores do hormônio liberador da gonadotrofina (GnRH) e respondem a agonistas de GnRH de ação prolongada (por "down-regulation" dos receptores) ou antagonistas de GnRH, mas não ocorrem reduções significativas no tamanho do tumor.

Indicações cirúrgicas para macroadenomas hipofisários hormonalmente inativos

1. tumores que causam sintomas por efeito de massa: déficit do campo visual (classicamente: hemianopsia bitemporal, pan-hipopituitarismo)
2. alguns cirurgiões recomendam cirurgia para macroadenomas que elevam o quiasma, mesmo na ausência de anormalidades endócrinas ou déficit do campo visual decorrente da possibilidade de lesão das vias ópticas (ver abaixo para macroadenomas hipofisários *invasivos*)
3. deterioração visual ou outra deterioração neurológica aguda e rápida. Pode representar isquemia do quiasma ou hemorragia tumoral/infarto que causa expansão (*apoplexia hipofisária*). O principal risco é amaurose (hipopituitarismo, embora preocupante, pode ser tratado com terapia de reposição hormonal). A perda visual geralmente requer descompressão *de emergência*. Alguns cirurgiões consideram que é necessária a abordagem transcraniana, mas a descompressão transesfenoidal é geralmente satisfatória[29,30]
4. para obter tecido para diagnóstico histopatológico em casos questionáveis
5. síndrome de Nelson (p. 724)
   a) cirurgia (transesfenoidal ou transcraniana): o tratamento principal. A agressividade do tumor algumas vezes requer hipofisectomia total
   b) XRT (possivelmente radiocirurgia estereotáxica) é usada após excisão subtotal
   c) terapia medicamentosa geralmente é ineficaz. Os agentes que podem ser considerados incluem:[31] agonistas dopaminérgicos, ácido valproico, análogos da somatostatina, rosiglitazona e agonistas da serotonina

46.2.4 Prolactinomas – tratamento

Informações gerais

1. nível de prolactina (PRL) < 500 ng/mL em tumores que não são extensivamente invasivos (ver abaixo para tumores invasivos): PRL pode ser normalizada com cirurgia
2. PRL > 500 ng/mL: as chances de normalização da PRL cirurgicamente são muito baixas.[32] Algoritmo:
   a) se não houver *progressão* aguda (piora da visão...), deve ser feita uma tentativa inicial de controle puramente medicamentoso, já que as chances de normalização da PRL cirurgicamente com níveis pré-operatórios de > 500 ng/mL são muito baixas[32] (estes tumores podem encolher dramaticamente com bromocriptina)
   b) a resposta deve ser evidente em 4-6 semanas (decréscimo significativo na PRL, melhora dos déficits visuais ou redução na MRI)
   c) se o tumor *não* for controlado com medicação (≈ 18% não responderão à bromocriptina): cirurgia seguida por reinstituição de terapia medicamentosa pode normalizar a PRL

Tratamento médico com agonistas da Dopamina

Agonistas da Dopamina

Efeitos colaterais:[33] (podem variar com preparações diferentes) náusea, H/A, fadiga, hipotensão ortostática com tontura, vasodilatação periférica induzida pelo frio, depressão, pesadelos e congestão nasal. Os efeitos colaterais são mais incômodos durante as primeiras semanas de tratamento. A tolerância pode ser melhorada administrando na hora de dormir com alimentos, aumentando lentamente a dose, uso de simpatomiméticos para a congestão nasal e acetaminofeno 1-2 horas antes da dosagem para reduzir H/A. Psicose e vasospasmo são efeitos colaterais raros que geralmente exigem a descontinuação da droga.

Informações do fármaco: Bromocriptina (Parlodel®)

Um alcaloide semissintético do ergot que se liga aos receptores da dopamina (agonista da dopamina) em lactotrofos normais e tumorais, inibindo a síntese e a secreção de PRL e outros processos celulares, resultando em decréscimo na divisão celular e no crescimento. A bromocriptina reduz o nível de prolactina independente de a origem ser um adenoma ou hipófise normal (p. ex., em consequência de efeito na haste) para < 10% dos valores pré-tratamento na maioria dos pacientes. Também reduz frequentemente o tamanho do tumor por 6-8 semanas em 75% dos pacientes com macroadenomas, mas somente enquanto a terapia é mantida e somente para tumores que de fato produzem prolactina. Apenas ≈ 1% dos prolactinomas continuam a crescer, enquanto o paciente está usando bromocriptina. Os prolactinomas podem aumentar rapidamente após a descontinuação do medicamento. Contudo, pode ocorrer normoprolactinemia permanente (ver abaixo).

Questões relativas à gravidez: bromocriptina pode recuperar a fertilidade. Terapia continuada durante a gravidez está associada a uma incidência de 3,3% de anomalias congênitas e a uma taxa de 11% de aborto espontâneo, que é semelhante para a população em geral. A elevação do estrogênio durante a gravidez estimula hiperplasia dos lactotrofos e alguns prolactinomas, porém o risco de aumento sintomático dos microadenomas e macroadenomas totalmente intrasselares é de < 3% em comparação a um risco de 30% para macroadenomas.[34]

O tratamento prolongado com bromocriptina pode reduzir as chances de cura cirúrgica se a cirurgia for escolhida muito tardiamente. Com um microadenoma, um ano de bromocriptina pode reduzir a taxa de cura cirúrgica em até 50%, possivelmente por causa da fibrose induzida.[35] Assim sendo, sugere-se que na hipótese de cirurgia, que seja feita nos primeiros 6 meses de terapia com bromocriptina. A redução dos tumores grandes decorrentes da bromocriptina pode causar rinoliquorreia.[36] **Efeitos colaterais:** ver acima.

R: iniciar com 1,25 mg (metade de um comprimido de 2,5 mg) PO q h (a dosagem noturna reduz alguns efeitos colaterais) (administração vaginal é uma alternativa). Acrescentar 2,5 mg ao dia quando necessário (com base nos níveis de PRL), fazendo uma alteração na dosagem cada 2-4 semanas para microadenomas ou cada 3-4 dias para macroadenomas que causam efeito de massa. Reavaliar o nível inicial de prolactina depois de cerca de 4 semanas de uso de uma dose razoável para verificar a resposta. ✱ Para reduzir tumores grandes ou níveis de PRL extremamente altos, geralmente são necessárias doses mais altas inicialmente (p. ex., 7,5 mg TID para ≈ 6 meses) e depois doses mais baixas devem conseguir manter os níveis normais (dose de manutenção típica: 5-7,5 mg diariamente (variação: 2,5-15 mg), que pode ser dada como dose única ou dividida TID). **Apresentação:** comprimidos de 2,5 mg; cápsulas de 5 mg.

Informações do fármaco: Cabergolina (Dostinex®)

Um derivativo alcalino do ergot que é um agonista seletivo da dopamina D2 (bromocriptina (ver acima) afeta os receptores D2 e D1).[37] A meia-vida de eliminação é 60-100 horas, o que geralmente permite dosagem de 1-2 vezes por semana. O controle da PRL e o reinício dos ciclos ovulatórios podem ser melhores do que com bromocriptina.[38] **Efeitos colaterais:** (ver acima) H/A e sintomas gastrointestinais são supostamente menos intensos do que com bromocriptina. ✖ Doença valvular cardíaca[39] (taxa de incidência, 4,9; 95 CI) afetando a válvula mitral, aórtica e tricúspide possivelmente levando à regurgitação (a droga ativa os receptores de 5-HT2B que induz efeitos mitogênicos prolongados nos fibromioblastos, que pode originar fibroplastia valvular), o que não foi observado em doses usadas para prolactinomas (está associado a doses usadas para doença de Parkinson, que são > 10 × doses hipofisárias): recomendação: não descontinuar cabergolina por esta razão se a dose for < 2 mg/sem. ✖ Contraindicações: eclâmpsia ou pré-eclâmpsia, HTN descontrolada. A dosagem deve ser reduzida com disfunção hepática grave.

R: Iniciar com 0,25 mg PO duas vezes por semana e aumentar cada dose em 0,25 mg cada 4 semanas quando necessário para controlar a PRL (até um máximo de 3 mg por semana). A dose típica é 0,5-1 mg duas vezes por semana. Alguns combinam a dose total e a aplicam uma vez por semana. Rechecagem inicial do nível de prolactina depois de cerca de 4 semanas para verificar a resposta. **Apresentação:** comprimidos sulcados de 0,5 mg.

Informações do fármaco: Pergolida (Permax®)

Um alcaloide do ergot de longa duração agonista da dopamina que reduz os níveis de PRL por > 24 horas. Não disponível nos Estados Unidos para uso em humanos. A dose de uma vez ao dia melhora a adesão. **Efeitos colaterais:** ✖ Retirado por causa do risco de doença de válvula cardíaca (ver cabergolina (Dostinex®) acima).

R: Iniciar com 0,05 mg PO q h e aumentar com incrementos de 0,025-0,05 (até um máximo de ≈ 0,25 mg/d) até que sejam atingidos os níveis desejados de PRL.

Resposta ao tratamento medicamentoso

A resposta ao tratamento com DA é avaliada com níveis de prolactina seriais, conforme apresentado no ▶ Quadro 46.7. É incomum que um prolactinoma aumente sem um aumento no nível de prolactina.[5]

Descontinuação dos agonistas dopaminérgicos: a terapia de longa duração com agonistas DA tem alguns efeitos de morte celular. Em um relato anterior, a descontinuação do tratamento depois de 24 meses foi associada a uma taxa de recorrência de > 95%.[40] A literatura recente sugere uma chance de 20-30% de normoprolactinemia sem medicação em pacientes selecionados.[41]

Recomendações:[41] se a resposta ao agonista DA for satisfatória, tratar por 1-4 anos (microadenomas: checar a prolactina anualmente; macroadenomas têm maior probabilidade de se desenvolver e devem ser avaliados com mais frequência). Microadenomas ou macroadenomas que não são mais visíveis na MRI são candidatos à retirada do agonista DA. Para microadenomas: descontinuar o medicamento; para macroadenomas: reduzir a droga lentamente e, então, descontinuar. A taxa de recorrência é mais alta durante o primeiro ano: ∴ checar os níveis de prolactina e os sintomas clínicos cada 3 meses durante o primeiro ano. É necessário acompanhamento a longo prazo, especialmente para macroadenomas.

46.2.5 Acromegalia – tratamento

Ver as referências.[23,42,43]

Cirurgia

Cirurgia é a modalidade principal de tratamento para acromegalia quando é indicado tratamento.
1. pacientes idosos assintomáticos não requerem tratamento, já que há pouca evidência de que uma intervenção altera a expectativa de vida neste grupo
2. se não houver contraindicações, cirurgia (geralmente transesfenoidal) é atualmente a melhor terapia inicial (pior prognóstico com macroadenomas) proporcionando redução mais rápida nos níveis de GH, descompressão das estruturas neurais (p. ex., quiasma óptico) e melhora na eficácia dos análogos da somatostatina.[43] Não é recomendada cirurgia para pacientes idosos
3. terapia medicamentosa (p. 741): reservada para:
   a) pacientes não curados por cirurgia (reoperação não funciona muito frequentemente para acromegalia). Nota: a definição de "cura bioquímica" com acromegalia não é padronizada (p. 754), cirurgia ainda é útil para aqueles "não curados" e melhora a eficácia de outras terapias; IGF-1 pode levar meses para normalizar após a cirurgia
   b) ou para aqueles que não podem tolerar cirurgia (p. ex., decorrente de cardiomiopatia, hipertensão grave, obstrução das vias aéreas..., estas contraindicações podem melhorar com terapia medicamentosa e então pode ser avaliada cirurgia)
   c) ou para recorrência após cirurgia ou RTx
4. XRT (p. 745): para insucesso da terapia médica. Não recomendada como tratamento inicial. Nota: alguns profissionais usam XRT em caso de insucesso cirúrgico e empregam terapia medicamentosa enquanto esperam que a XRT surta efeito. Os níveis de GH declinam muito lentamente depois de XRT; ver detalhes e efeitos colaterais (p. 739)

Terapia medicamentosa

Visão geral

1. agonistas dopaminérgicos (DAs): embora não mencionado nas diretrizes,[22] vale a pena experimentar um DA para avaliar se o tumor responde (≈ 20% respondem). Se responsivos, os DAs são especialmente adequados para tumores GH que cossecretam PRL
   a) bromocriptina: (ver abaixo) embora beneficie apenas uma minoria, uma droga de primeira linha é mais barata do que pegvisomant ou octreotida e é ministrada PO
   b) cabergolina (ver acima)
   c) pergolida (ver acima)
   d) outras: lisurida, bromocriptina de depósito (bromocriptina LAR)

Quadro 46.7 Nível de prolactina com tratamento com agonistas DA

Nível de PRL (ng/mL)	Recomendação
< 20	manter
20-50	reavaliar a dose
> 50	considerar cirurgia

2. análogos da somatostatina: indicações: terapia médica inicial ou se não houver resposta a DAs; alguns utilizam pré-operatoriamente para melhorar o índice de sucesso cirúrgico
   a) octreotida e octreotida LAR (ver abaixo)
   b) lanreotida, lanreotida SR e lanreotida gel aquoso de ação prolongada (Autogel)
3. antagonistas de GH: pegvisomant (ver abaixo) considerado para insucesso com o uso dos anteriores (não como terapia primária)
4. terapia combinada: pode ser mais eficaz do que drogas individuais. Pegvisomant ou octreotida + agonista da dopamina, se não houver resposta a 1 droga isolada

Agentes específicos

Informações do fármaco: Bromocriptina (Parlodel®)

Os somatotrofos neoplásicos podem responder fortuitamente aos agonistas da dopamina e reduzir a secreção do hormônio do crescimento (GH). Bromocriptina reduz os níveis de GH para < 10 ng/mL em 54% dos casos, para < 5 ng/mL em apenas ≈ 12% dos casos. Ocorre encolhimento do tumor em apenas < 20%. Geralmente são necessárias doses mais altas do que para prolactinomas. Se efetiva, a droga pode ser continuada, mas deve ser retirada periodicamente para avaliar o nível de GH; ver **Efeitos colaterais** (p. 739). Custo anual estimado: $3.200 nos Estados Unidos.

℞ Para tumores relacionados com o hormônio do crescimento que respondem à bromocriptina, a dosagem usual é 20-60 mg/d em doses divididas (doses mais altas são injustificadas). A dose máxima diária é de 100 mg.

Informações do fármaco: Octreotida (Sandostatin®)

Um análogo da somatostatina 45 vezes mais potente do que a somatostatina na supressão da secreção do GH, mas apenas duas vezes mais potente na supressão da secreção de insulina, tem meia-vida mais longa (≈ 2 h depois da injeção SQ, comparado a ≈ minutos para somatostatina) e não resulta em hipersecreção de rebote de GH. Os níveis de GH são reduzidos em 71%, os níveis de IGF-1 são reduzidos em 93%. 50-66% têm níveis de GH normais, 66% atingem níveis normais de IGF-1. O volume do tumor reduz significativamente em aproximadamente 30% dos pacientes. Muitos sintomas que incluem H/A geralmente melhoram dentro das primeiras semanas de tratamento. Custo anual para o paciente: no mínimo ≈ $7.800 nos Estados Unidos. Usualmente ministrada em combinação com bromocriptina.

Depois da injeção de 50 mcg SQ, a secreção do GH é suprimida dentro de 1h, o nadir em 3 h e permanece reduzida por 6-8 h (ocasionalmente até 12 horas). **Efeitos colaterais:** motilidade gastrointestinal reduzida, diarreia, esteatorreia, flatulência, náusea, desconforto abdominal (todos estes geralmente têm remissão em 10 dias), bradicardia clinicamente irrelevante em 15%, *colelitíase* de colesterol (em 10-25%) ou lama biliar. Pedras assintomáticas não requerem tratamento, e ultrassonografia de rotina não é necessária. Pode ocorrer hipotireoidismo leve ou piora da intolerância à glicose.

℞: Iniciar com 50-100 mcg SQ q 8 horas. Aumentar até um máximo de 1.500 mcg/d (doses > 750 mcg/d raramente são necessárias). A dose média requerida é 100-200 mcg SQ q 8 horas.

Sandostatina LAR Depot: forma de liberação de longa duração (LAR) dada por injeção IM. ℞: Dar uma dose teste de octreotide SQ de *curta duração* no consultório e, se não houver reação (p. ex., N/V...), começar injeções LAR com 20 mg IM q 4 semanas, aumentar para 30 mg se GH > 5 mU/L logo antes da 4ª dose. O controle pode ser obtido em alguns pacientes com dosagem q 8-12 semanas.[44]

Informações do fármaco: Pegvisomant (Somavert®)

Um antagonista competitivo do receptor de GH geneticamente modificado. O tratamento por ≥ 12 meses resulta em níveis normais de IGF-1 em 97% dos pacientes.[45] Não foram observadas alterações no tamanho de tumor hipofisário.[46] Indicações: insuficiência de somatostatina em paciente com adenoma secretor de GH (o paciente troca para pegvisomant, a droga não é acrescentada ao regime). **Efeitos colaterais:** ocorrem anormalidades significativas, mas reversíveis, na função hepática em < 1%. O GH sérico aumenta, provavelmente em consequência da perda de *feedback* negativo na produção de IGF-1. Anticorpos para GH ocorreram em 17%, mas não foi observada taquifilaxia.

℞: 5-40 mg/d SQ (a dose deve ser titulada para manter IGF-1 na variação normal, para evitar condições por deficiência de GH).

46.2.6 Doença de Cushing – tratamento

Algoritmo para o tratamento

1. se a MRI hipofisária apresentar uma massa: cirurgia transesfenoidal
2. se a MRI hipofisária for negativa (até 40% dos pacientes com doença de Cushing têm MRI negativa): obter amostra do seio petroso inferior (IPS) (p. 735)
   a) se a amostra de IPS for positiva: cirurgia
   b) se a amostra de IPS for negativa: procurar fonte extra-hipofisária de ACTH (CT abdominal)
3. se for realizada cirurgia hipofisária, mas cura bioquímica – ver os critérios (p. 753) – não é obtida com cirurgia:
   a) ao contrário de acromegalia, uma redução parcial não é útil ao paciente
   b) considerar reexploração se ainda houver suspeita de fonte hipofisária
   c) radiocirurgia estereotática ou terapia medicamentosa (ver abaixo)
   d) adrenalectomia em pacientes apropriados (ver abaixo)

Cirurgia transesfenoidal

A cirurgia transesfenoidal é o tratamento de escolha para a maioria (terapia medicamentosa é inadequada como terapia inicial, uma vez que não haja medicação supressora hipofisária efetiva). As taxas de cura são ≈ 85% para microadenomas (isto é, tumores ≤ 1 cm diâmetro), mas são mais baixas para tumores maiores. Mesmo com microadenomas, *hemi-hipofisectomia* no lado do tumor geralmente é necessária para cura (o tumor é difícil de ser extirpado completamente), acompanhada de risco aumentado de vazamento no CSF. Se isto falhar, deve ser considerada *hipofisectomia total*. O insucesso da hipofisectomia total leva à consideração de adrenalectomia bilateral. (hipofisectomia total virtualmente elimina o risco de síndrome de Nelson após a adrenalectomia – ver abaixo).

Radiocirurgia estereotática

Frequentemente normaliza os níveis de cortisol sérico. Útil para: recorrência depois da cirurgia, tumores inacessíveis (p. ex., seio cavernoso)[47]...

Adrenalectomia

A adrenalectomia bilateral total (TBA) corrige hipercortisolismo em 96-100%[31] (a menos que haja um remanescente extrassuprarrenal), mas é necessária a reposição de glicocorticoides e mineralocorticoides por toda a vida e até 30% desenvolvem síndrome de Nelson (p. 724); incidência reduzida por hipofisectomia total ou possivelmente por XRT hipofisária.

Indicações: hipercortisolismo associado a:
1. adenoma hipofisário não ressecável
2. insucesso da terapia medicamentosa no controle dos sintomas após cirurgia transesfenoidal
3. doença de Cushing (CD) com risco de vida
4. CD sem evidência de tumor hipofisário; a testagem deve incluir o teste de supressão da DMZ em alta dose (p. 735) e/ou amostra do seio petroso inferior (p. 735)

Acompanhamento depois de TBA para excluir síndrome de Nelson: não há um regime padronizado. Sugestão: checar os níveis de ACTH sérico q 3-6 meses × 1 ano, q 6 meses × 2 anos, q ano depois disso. Uma MRI hipofisária é feita se o nível de ACTH for > 100 ng/L; caso contrário, MRI anualmente é suficiente[48] × 3 anos e depois disso, se os níveis de ACTH permanecerem baixos, realizar uma MRI em anos alternados.

Terapia medicamentosa

Para pacientes que não obtêm bom resultado com terapia cirúrgica ou por aquele em que uma cirurgia não pode ser tolerada, terapia medicamentosa e/ou radiação são utilizadas. Ocasionalmente poderá ser usada por várias semanas antes da cirurgia planejada para controlar manifestações significativas de hipercortisolismo, por exemplo, diabetes, HTN, distúrbios psiquiátricos... (p. 723).

Cetoconazol (Nizoral®):[33] um agente antifúngico que bloqueia a síntese dos esteroides suprarrenais. É a droga de escolha inicial. Mais de 75% dos pacientes têm normalização dos níveis de cortisol livre urinário e 17-hidroxicorticosteroides. **Efeitos colaterais:** elevações reversíveis da transaminase hepática sérica (em 15%), desconforto gastrointestinal, edema, erupção cutânea. Ocorre hepatotoxicidade significativa em 1 de cada 15.000 pacientes. Observe o ▶ Quadro 8.2.

R Iniciar com 200 mg PO BID. Ajustar a dosagem com base nos níveis de cortisol livre na urina de 24 horas e 17-hidroxicorticosteroide. Doses de manutenção usuais de 400-1.200 mg diariamente em doses divididas (máximo de 1.600 mg ao dia).

Aminoglutetimida (Cytadren®):[33] inibe a enzima inicial na síntese dos esteroides do colesterol. Normaliza o cortisol livre urinário em ≈ 50% dos casos. **Efeitos colaterais:** os efeitos reversíveis dependentes da dose incluem sedação, anorexia, náusea, erupção cutânea e hipotireoidismo (por causa da interferência na síntese do hormônio da tireoide).

R Iniciar com 125-250 mg PO BID. A eficácia pode diminuir depois de vários meses e poderá ser necessário o escalonamento da dose. De um modo geral, não exceder 1.000 mg/d.

Metirapona (Metopirone®): inibe a 11-β-hidroxilase (envolvida em uma das etapas finais da síntese do cortisol), pode ser usada isoladamente ou em combinação com outras drogas. Normaliza a média do cortisol plasmático diário em ≈ 75%. **Efeitos colaterais:** letargia, tontura, ataxia, N/V, insuficiência suprarrenal primária, hirsutismo e acne.

R A variação da dose usual é de 750-6.000 mg/d geralmente dividida TID entre as refeições. A eficácia inicial pode diminuir com o tempo.

Mitotano (Lysodren®): relacionado com o inseticida DDT. Inibe várias etapas na síntese dos glicocorticoides e é citotóxica para as células adrenocorticais (agente adrenolítico). 75% dos pacientes entram em remissão depois de 6-12 meses de tratamento, e a medicação pode algumas vezes ser descontinuada (no entanto, pode haver recorrência de hipercortisolismo). **Efeitos colaterais:** podem ser limitantes e incluem anorexia, letargia, tontura, distúrbio de cognição, problemas gastrointestinais, hipercolesterolemia, insuficiência suprarrenal (que pode necessitar de doses supernormais de glicocorticoides para reposição decorrente da degradação induzida dos glicocorticoides).

R Iniciar com 250-500 mg PO q h e aumentar a dose lentamente. A variação da dose usual é 4-12 g/d, geralmente dividida TID-QID. A eficácia inicial pode diminuir com o tempo.

Ciproeptadina (Periactin®): um antagonista dos receptores de serotonina que corrige as anormalidades da doença de Cushing em uma pequena minoria de pacientes, sugerindo que alguns casos de doença de Cushing "hipofisária" são realmente decorrentes de um transtorno hipotalâmico. Terapia combinada com bromocriptina pode ser mais eficaz em alguns pacientes. **Efeitos colaterais:** sedação e hiperfagia com ganho de peso usualmente limitam a utilização.

R Variação da dose usual: 8-36 mg/d dividida TID.

46.2.7 Adenomas secretores de tireotrofina (TSH) – tratamento

Informações gerais

1. cirurgia transesfenoidal tem sido tradicionalmente o tratamento de primeira linha.[49] Estes tumores podem ser fibrosos e difíceis de serem removidos[50]
2. para ressecção incompleta: é empregada RTx pós-operatória
3. se persistir hipertireoidismo: é acrescentada terapia medicamentosa com agentes que incluem octreotida, bromocriptina (mais efetiva para tumores que cossecretam PRL) e agentes colecistográficos orais (que inibem a conversão de T4 para T3), por exemplo, ácido iopanoico

Terapia medicamentosa

Células tireotróficas da hipófise anterior normais e neoplásicas possuem receptores de somatostatina, e a maioria responde a octreotida (ver abaixo). Ocasionalmente, betabloqueadores ou drogas antireoidianas em baixa dose (p. ex., Tapazol® (metimazol) ≈ 5 mg PO TID para adultos) podem ser adicionados se necessários.

Octreotida (Sandostatin®)

As doses requeridas são usualmente menores com acromegalia. Os níveis de TSH declinam em mais de 50% dos pacientes e se tornam normais em ≈ 75%. Os níveis de T4 e T3 decrescem em quase todos, com 75% se tornando normais. Ocorre redução do tumor em ≈ 33%.

R Iniciar com 50-100 mcg SQ q 8 h. Titular para níveis de TSH, T4 e T3.

46.3 Radioterapia para adenomas hipofisários

46.3.1 Informações gerais

Radioterapia com feixe de prótons (EBXRT) convencional geralmente consiste em 40-50 Gy administrados durante 4-6 semanas.

46.3.2 Efeitos colaterais

Lesão por radiação na hipófise normal remanescente resulta em hipocortisolismo, hipogonadismo ou hipotireoidismo em 40-50% dos pacientes depois de 10 anos. Também pode lesionar o nervo e o quiasma

Quadro 46.8 Taxa de recorrência de tumores hipofisários removidos transesfenoidalmente[a]

Extensão da remoção	XRT pós-operatória?	Taxa de recorrência
subtotal	não	50%
total grosseira		21%
subtotal	sim	10%
total grosseira		0

[a]108 macroadenomas, 6 meses a 14 anos de acompanhamento.[52]

óptico (possivelmente causando cegueira), causa letargia, distúrbios da memória, paralisias dos nervos cranianos e necrose tumoral com hemorragia e apoplexia. As taxas de cura, mas também as complicações, são mais altas depois da terapia com feixe de prótons.

46.3.3 Recomendação

Radioterapia *não* deve ser usada rotineiramente após remoção cirúrgica. Acompanhar o paciente com MRI anualmente. Tratar recorrência com reoperação. Considerar radiação, se a recorrência não puder ser removida, e o tumor continuar a crescer.

46.3.4 Radioterapia selar para tumores hipofisários não funcionais

Em uma série de 89 tumores hipofisários *não funcionais* variando de 0,5-5 cm de diâmetro (média = 2 cm) não totalmente ressecados devido ao envolvimento do seio cavernoso (ou outros sítios inacessíveis), metade foi tratada com radioterapia (XRT). A taxa de recorrência não foi mais baixa (foi na verdade mais alta) nem mais tardia no grupo tratado com XRT.[51] No entanto, outra série de 108 macroadenomas hipofisários encontrou as taxas de recorrência apresentadas no ► Quadro 46.8, o que tende a favorecer a radioterapia.

Quando usada, são recomendadas doses de 40 ou 45 Gy em 20 ou 25 frações, respectivamente.[53] A variante oncocítica dos tumores hipofisários de células nulas parece ser mais radiorresistente do que adenoma de células não oncocíticas indiferenciado.[53]

46.3.5 Radioterapia selar para acromegalia

Não é o tratamento inicial preferido. Funciona melhor com níveis iniciais de GH mais baixos. Na maioria dos pacientes, os níveis de GH começam a cair durante o primeiro ano depois da XRT, caindo para ≈ 50% depois de 2 anos, e decrescem gradualmente depois disso, atingindo ≤ 10 ng/mL em 70% dos pacientes depois de 10 anos. Pode levar até 20 anos para que 90% dos pacientes atinjam níveis de GH < 5 ng/mL. Durante este período de latência, os pacientes são expostos a níveis de GH inaceitavelmente altos (pode ser usada octreotida durante a espera). Os pacientes também ainda estão em risco para os efeitos colaterais da radiação mencionados anteriormente. As opções incluem: EBRT, radiocirurgia estereotática (quase igualmente efetiva). Custo estimado: $20.000.

46.3.6 Radioterapia selar para doença de Cushing

XRT corrige hipercortisolismo em 20-40% e produz alguma melhora em outros 40%. Pode não ser vista melhora por 1-2 anos após o tratamento.

Referências

[1] Chandler WF. Treatment of disorders of the pituitary gland: pearls and pitfalls from 30 years of experience. Clin Neurosurg. 2008; 56:18–22

[2] Walsh FB, Hoyt WF. Clinical Neuro-Ophthalmology. Baltimore 1969

[3] Tindall GT, Barrow DL. Current Management of Pituitary Tumors: Part I. Contemp Neurosurg. 1988; 10:1–6

[4] Watts NB. Cushing's Syndrome: An Update. Contemp Neurosurg. 1995; 17:1–7

[5] Gillam MP, Molitch ME, Lombardi G, Colao A. Advances in the treatment of prolactinomas. Endocr Rev. 2006; 27:485–534

[6] Olukoga AO. Macroprolactinemia is clinically important. J Clin Endocrinol Metab. 2002; 87:4833–4834

[7] Bilaniuk LT, Moshang T, Cara J, et al. Pituitary Enlargement Mimicking Pituitary Tumor. J Neurosurg. 1985; 63:39–42

[8] Atchison JA, Lee PA, Albright L. Reversible Suprasellar Pituitary Mass Secondary to Hypothyroidism. JAMA. 1989; 262:3175–3177

[9] Watanakunakorn C, Hodges RE, Evans TC. Myxedema. A Study of 400 Cases. Arch Intern Med. 1965; 116:183–190

[10] Kallenberg GA, Pesce CM, Norman B, et al. Ectopic Hyperprolactinemia Resulting From an Ovarian Teratoma. JAMA. 1990; 263:2472–2474

[11] Randall RV, Scheithauer BW, Laws ER, et al. Pituitary Adenomas Associated with Hyperprolactinemia. Mayo Clin Proc. 1985; 60:753–762

[12] Cowen PJ, Sargent PA. Changes in plasma prolactin during SSRI treatment: evidence for a delayed increase in 5-HT neurotransmission. J Psychopharmacol. 1997; 11:345–348

[13] Tyrell JB, Aron DC, Forsham PH, Greenspan FS. In: Glucocorticoids and Adrenal Androgens. Basic and Clinical Endocrinology. 3rd ed. Norwalk: Appleton and Lange; 1991:323–362

[14] Yanovski JA, Cutler GB, Chrousos GP, Nieman LK. Corticotropin-releasing sormone stimulation following low-dose dexamethasone administration: A new test to distinguish Cushing's syndrome from pseudo-Cushing's states. JAMA. 1993; 269:2232–2238

[15] McCutcheon IE, Oldfield EH, Barrow DL, Selman W. In: Cortisol: Regulation, Disorders, and Clinical Evaluation. Neuroendocrinology. Baltimore: Williams and Wilkins; 1992:117–173

[16] Chrousos GP, Schulte HM, Oldfield EH, et al. The Corticotropin-Releasing Factor Stimulation Test: An Aid in the Evaluation of Patients with Cushing's Syndrome. N Engl J Med. 1984; 310:622–626

[17] Esposito F, Dusick JR, Cohan P, et al. Early morning cortisol levels as a predictor of remission after transsphenoidal surgery for Cushing's disease. J Clin Endocrinol Metab. 2006; 91:7–13

[18] Watts NB, Tindall GT. Rapid assessment of corticotropin reserve after pituitary surgery. JAMA. 1988; 259:708–711

[19] Abboud CF. Laboratory Diagnosis of Hypopituitarism. Mayo Clin Proc. 1986; 61:35–48

[20] Melmed S. Acromegaly. N Engl J Med. 1990; 322:966–977

[21] Dimaraki EV, Jaffe CA, DeMott-Friberg R, Chandler WF, Barkan AL. Acromegaly with apparently normal GH secretion: implications for diagnosis and follow-up. J Clin Endocrinol Metab. 2002; 87:3537–3542

[22] Cook DM. AACE Medical Guidelines for Clinical Practice for the diagnosis and treatment of acromegaly. Endocr Pract. 2004; 10:213–225

[23] Melmed S. Medical progress: Acromegaly. N Engl J Med. 2006; 355:2558–2573

[24] Frohman LA. Ectopic hormone production by tumors: growth hormone-releasing factor. Neuroendocrine Perspect. 1984; 3:201–224

[25] Peyster RG, Hoover ED, Viscarello RR, et al. CT Appearance of the Adolescent and Preadolescent Pituitary Gland. AJNR. 1983; 4:411–414

[26] Watson JC, Shawker TH, Nieman LK, et al. Localization of Pituitary Adenomas by Using Intraoperative Ultrasound in Patients with Cushing's Disease and No Demonstrable Pituitary Tumor on Magnetic Resonance Imaging. J Neurosurg. 1998; 89:927–932

[27] Kim LJ, Lekovic GP, White WL, Karis J. Preliminary Experience with 3-Tesla MRI and Cushing's Disease. Skull Base. 2007; 17:273–277

[28] Kucharczyk W, Davis DO, Kelly WM, et al. Pituitary adenomas: high-resolution MR imaging at 1.5 T. Radiology. 1986; 161:761–765

[29] Krisht AF. Giant Invasive Pituitary Adenomas. Contemp Neurosurg. 1999; 21:1–6

[30] Wilson CB. Endocrine-Inactive Pituitary Adenomas. Clin Neurosurg. 1992; 38:10–31

[31] Banasiak MJ, Malek AR. Nelson syndrome: comprehensive review of pathophysiology, diagnosis, and management. Neurosurg Focus. 2007; 23

[32] Barrow DL, Mizuno J, Tindall GT. Management of Prolactinomas Associated with Very High Serum Prolactin Levels. J Neurosurg. 1988; 68:554–558

[33] Blevins LS. Medical Management of Pituitary Adenomas. Contemp Neurosurg. 1997; 19:1–6

[34] Molitch ME. Pregnancy and the hyperprolactinemic woman. N Engl J Med. 1985; 312:1364–1370

[35] Landolt AM, Osterwalder V. Perivascular Fibrosis in Prolactinomas: Is it Increased by Bromocriptine? J Clin Endocrinol Metab. 1984; 58:1179–1183

[36] Barlas O, Bayindir C, Hepgul K, Can M, Kiris T, Sencer E, Unal F, Aral F. Bromocriptine-induced cerebrospinal fluid fistula in patients with macroprolactinomas: report of three cases and a review of the literature. Surg Neurol. 1994; 41:486–489

[37] Cabergoline for Hyperprolactinemia. Med Letter. 1997; 39:58–59

[38] Webster J, Piscitelli G, Polli A, et al. A Comparison of Cabergoline and Bromocriptine in the Treatment of Hyperprolactinemic Amenorrhea. N Engl J Med. 1994; 331:904–909

[39] Schade R, Andersohn F, Suissa S, Haverkamp W, Garbe E. Dopamine agonists and the risk of cardiacvalve regurgitation. N Engl J Med. 2007; 356:29–38

[40] Johnston DG, Hall K, Kendall-Taylor P, Patrick D, Watson M, Cook DB. Effect of dopamine agonist withdrawal after long-term therapy in prolactinomas. Studies with high-definition computerised tomography. Lancet. 1984; 2:187–192

[41] Schlechte JA. Long-term management of prolactinomas. J Clin Endocrinol Metab. 2007; 92:2861–2865

[42] Acromegaly Therapy Consensus Development Panel. Consensus Statement: Benefits Versus Risks of Medical Therapy for Acromegaly. Am J Med. 1994; 97:468–473

[43] Colao A, Attanasio R, Pivonello R, et al. Partial surgical removal of growth hormone-secreting pituitary tumors enhances the response to somatostatin analogs in acromegaly. J Clin Endocrinol Metab. 2006; 91:85–92

[44] Turner HE, Thornton-Jones VA, Wass JA. Systematic dose-extension of octreotide LAR: the importance of individual tailoring of treatment in patients with acromegaly. Clin Endocrinol (Oxf). 2004; 61:224–231

[45] van der Lely AJ, Hutson RK, Trainer PJ, Besser GM, Barkan AL, Katznelson L, Klibanski A, Herman-Bonert V, Melmed S, Vance ML, Freda PU, Stewart PM, Friend KE, Clemmons DR, Johannsson G, Stavrou S, Cook DM, Phillips LS, Strasburger CJ, Hackett S, Zib KA, Davis RJ, Scarlett JA, Thorner MO. Longterm treatment of acromegaly with pegvisomant, a growth hormone receptor antagonist. Lancet. 2001; 358:1754–1759

[46] Pegvisomant (Somavert) for acromegaly. Med Letter. 2003; 45:55–56

[47] Sheehan JM, Vance ML, Sheehan JP, Ellegala DB, Laws ER, Jr. Radiosurgery for Cushing's disease after failed transsphenoidal surgery. J Neurosurg. 2000; 93:738–742

[48] Assie G, Bahurel H, Coste J, Silvera S, Kujas M, Dugue MA, et al. Corticotroph tumor progression after adrenalectomy in Cushing's Disease: a reappraisal of Nelson's syndrome. J Clin Endocrinol Metab. 2007; 49:381–386

[49] Clarke MJ, Erickson D, Castro MR, Atkinson JL. Thyroid-stimulating hormone pituitary adenomas. J Neurosurg. 2008; 109:17–22

[50] Sanno N, Teramoto A, Osamura RY. Long-term surgical outcome in 16 patients with thyrotropin pituitary adenoma. J Neurosurg. 2000; 93:194–200

[51] Ebersold MJ, Quast LM, Laws ER, et al. Long-Term Results in Transsphenoidal Removal of Nonfunctioning Pituitary Adenomas. J Neurosurg. 1986; 64:713–719

[52] Ciric I, Mikhael M, Stafford T, et al. Transsphenoidal Microsurgery of Pituitary Macroadenomas with Long-Term Follow-Up Results. J Neurosurg. 1983; 59:395–401

[53] Breen P, Flickinger JC, Kondziolka D, Martinez AJ. Radiotherapy for Nonfunctional Pituitary Adenoma: Analysis of Long-Term Tumor Control. J Neurosurg. 1998; 89:933–938

47 Adenomas Hipofisários – Tratamento Cirúrgico, Resultados e Tratamento de Recorrência

47.1 Tratamento cirúrgico para adenomas hipofisários

47.1.1 Preparação medicamentosa para cirurgia

1. dose de estresse de esteroides: dada a todos os pacientes durante e imediatamente após a cirurgia
2. hipotireoidismo: idealmente, pacientes com hipotireoidismo devem ter > 4 semanas de reposição para reverter o hipotireoidismo. Entretanto:
   a) ✖ não repor hormônio tireoidiano até que o eixo suprarrenal seja avaliado; fazer reposição para um paciente com hipoadrenalismo pode precipitar crise suprarrenal. Se hipossuprarrenal, começar primeiro com reposição de cortisol, podendo começar a reposição do hormônio da tireoide depois de 24 horas de cortisol
   b) frequentemente é feita cirurgia em pacientes com hipotireoidismo e parece ser bem tolerada na maioria dos casos

47.1.2 Abordagens cirúrgicas – visão geral

1. transesfenoidal: uma abordagem extra-aracnoide, não requer retração cerebral, sem cicatriz externa (exceto onde é feito um enxerto de gordura, se usado). Geralmente é o procedimento de escolha. Indicada para microadenomas, macroadenomas sem extensão significativa lateralmente além dos limites da sela túrcica, pacientes com rinoliquorreia no CSF e tumores com extensão até o seio esfenoide
   a) sublabial
   b) endonasal: uma alectomia pode ser usada para aumentar a exposição através das narinas, se necessário
2. abordagem transetmoidal[1] [(p. 343-50)]
3. abordagens transcranianas:
   a) indicações: a maioria dos tumores hipofisários é operada pela técnica transesfenoidal (ver acima), mesmo se houver extensão suprasselar significativa. No entanto, poderá ser indicada uma craniotomia para as seguintes situações:[2]
      - aumento mínimo do volume da sela associado a uma grande massa suprasselar, especialmente se o diafragma selar estiver constringindo o tumor (produzindo um tumor do tipo "alteres") e o componente suprasselar estiver causando compressão do quiasma[3] [(p. 124)]
      - extensão suprasselar até a fossa média que é maior do que o componente intrasselar
      - patologia não relacionada que pode complicar uma abordagem transesfenoidal: raro, por exemplo, um aneurisma parasselar
      - tumor excepcionalmente fibroso que não pode ser removido completamente em uma abordagem prévia transesfenoidal
      - tumor recorrente após uma ressecção transesfenoidal prévia
   b) opções de abordagem
      - subfrontal: possibilita acesso a ambos os nervos ópticos. Pode ser mais difícil em pacientes com quiasma prefixado
      - frontotemporal (pterional): coloca o nervo óptico e algumas vezes a artéria carotídea na linha de visão do tumor. Também há um acesso incompleto aos conteúdos intrasselares. Bom acesso para tumores com extensão extrasselar lateral significativa
      - ✖ subtemporal: geralmente não é uma opção viável. Pouca visualização do nervo /quiasma óptico e carótida. Não permite a remoção total do componente intrasselar

47.1.3 Cirurgia transesfenoidal

Agendando o caso: Cirurgia transesfenoidal

Ver também padrões e advertências (p. 27) e exames pré-operatórios (p. 751).
1. posição: supina, apoiar a cabeça em suporte tipo ferradura ou (especialmente se for usada neuronavegação) prender a cabeça com pinos
2. equipamento:
   a) microscópio
   b) braço tipo C (se usado)
   c) sistema de neuronavegação guiado por imagem (se usado)

d) armário de endoscopia para casos realizados por endoscopia (preferência do cirurgião)
3. instrumentação: conjunto de instrumentos transefenoidais (geralmente inclui espéculo, curetas, instrumentos longos, incluindo bipolares)
4. alguns cirurgiões usam ENT para realizar a abordagem e fechamento e para acompanhamento
5. pós-operatório: ICU
6. consentimento (em termos leigos para o paciente – nem tudo incluído):
   a) procedimento: remoção do tumor hipofisário através do nariz, possível colocação de enxerto de gordura do abdome
   b) alternativas: cirurgia através do crânio (transcraniana), radiação
   c) complicações: fístula liquórica com possível meningite, problemas com os hormônios hipofisários que podem algumas vezes ser permanentes (o que exigiria terapia de reposição por toda a vida), lesão no nervo óptico com perda visual, lesão na artéria carótida com possível sangramento e/ou CVA

Técnica

Informações gerais

Para exames pré e pós-operatórios, ver abaixo.
Os detalhes da cirurgia estão além do escopo deste texto, ver as referências.[3,4,5,6]

Desastres intraoperatórios

Geralmente relacionados com a perda dos pontos de referência.[3] Podem ser minimizados com o uso de navegação intraoperatória ou fluoroscopia para checar a localização.
- lesão da artéria carótida:
  - tipicamente lesionada na porção lateral da abertura. O osso pode ser deiscente sobre a ICA
  - assinalada por sangramento arterial em profusão
  - geralmente pode ser comprimida se enxerto de gordura/fáscia da coxa ou abdome estiverem disponíveis; caso contrário, usar, por exemplo, tecido cirúrgico
  - a operação é interrompida e deve ser feita uma arteriografia pós-operatória
  - se for identificado angiograficamente um pseudoaneurisma ou no local da lesão, ele deve ser tratado antes de uma hemorragia potencialmente letal; realizado por meio de técnicas endovasculares ou por "trapping" (aprisionamento) cirúrgico com clipes acima e abaixo
- abertura pelo clivo e biópsia errônea da ponte
- abertura pelo assoalho da fossa frontal com lesão dos nervos olfatórios e entrada nos lobos frontais inferiores

Visão geral do procedimento

1. dreno lombar: pode ser usado com alguns macroadenomas para injetar fluido com o objetivo de ajudar a empurrar o tumor para baixo (ver abaixo); também pode ser usado para drenagem pós-operatória do CSF depois de reparo transesfenoidal da fístula liquórica
2. medicações (além das medicações pré-operatórias, ver abaixo): 100 mg de hidrocortisona IV q 8 h intraoperatoriamente
3. posicionamento
   a) elevar o tórax 10-15°: reduz a pressão venosa
   b) estabilização da cabeça: se for usada neuronavegação, a cabeça é colocada em um suporte de fixação Mayfield ou uma faixa para cabeça. O leitor de registros da cabeça é colocado em um apoio na ferradura. Se não houver neuronavegação, pode ser usado um apoio para a cabeça
   c) opção de posição 1: o cirurgião em pé à direita do paciente
      - coxim sob o ombro
      - topo da cabeça levemente inclinado para a esquerda
      - posição do pescoço: para microscópio: estender ligeiramente o pescoço com a cabeça em um suporte de fixação Mayfield ou em um apoio para cabeça em ferradura. Para endoscópio: não estender o pescoço (mais confortável para segurar os instrumentos)
      - tubo posicionado para baixo e à *esquerda* do paciente (para que fique fora do caminho)
      - microscópio: ocular do observador à *esquerda*
   d) opção de posição 2: o cirurgião em pé atrás da cabeça do paciente: cabeça virada diretamente para o teto, pescoço ligeiramente estendido
   e) abdome ou coxa direita é preparado para enxerto de gordura
4. fluoroscopia com braço em C: a neuronavegação pode eliminar a necessidade de fluoroscopia. Orientar o braço em C para uma lateral verdadeira alinhando os ramos mandibulares e/ou sobrepondo os assoalhos das fossas frontais esquerda e direita. Se isto se revelar difícil, colocar um Penfield 4 sobre o

Adenomas Hipofisários – Tratamento Cirúrgico, Resultados e Tratamento de Recorrência

násio orientado do *canthus* lateral até o *canthus* contralateral, e então fazer com que a fluoroscopia faça uma imagem de cima para baixo em direção ao Penfield 4

5. depois que a abordagem do assoalho da sela estiver completa (ver abaixo), contornar os limites superiores e inferiores da sela, usando navegação por imagem ou por fluoroscopia, usando um instrumento (p. ex., ponta de sucção) – obter uma cópia impressa para fins de documentação

6. abertura do assoalho selar:
   a) começando a abertura: abrir *exatamente* na linha mediana, usando o septo nasal como ponto de referência (Nota: o septo do seio esfenoide não é confiável como indicador da linha mediana e frequentemente se curva inferiormente na direção de uma das artérias carótidas)
      - macroadenomas podem ter afinado o osso até o ponto em que ele simplesmente a erode
      - caso contrário, usar um cinzel em baioneta ou broca de diamante de alta velocidade para começar a abertura
   b) usar uma pinça de Kerrison para expandir a abertura. ✖ CUIDADO: mantenha-se afastado da borda lateral selar para evitar entrar no seio cavernoso ou lesionar a artéria carótida

7. coagular a dura centralmente em um padrão em "X" (*NÃO* padrão em "+") com cautério bipolar. Macroadenomas podem causar descoloração amarelada da dura diretamente sobre o tumor

8. considerar aspiração através da dura com uma agulha espinal calibre 20 para excluir seio venoso grande (a dura frequentemente tem descoloração azulada), aneurisma ou sela vazia

9. fazer incisão na dura no padrão em "X" na linha mediana com um bisturi nº11 com cabo em baioneta

10. remoção do tumor se **macroadenoma**:
    a) trazer o tumor gentilmente para dentro do campo com curetas em anel e remover com pinças hipofisárias ou aspirar com sucção. Alguns tumores são muito fibrosos e podem ser difíceis de remover
    b) não *puxar* o componente lateral do tumor com pinça hipofisária devido ao risco de lesionar a artéria carótida
    c) se o componente suprasselar não descer, ele pode ser trazido para baixo com o anestesista injetando alíquotas de 5 mL de solução salina em um dreno lombar, ao mesmo tempo monitorando a pressão sanguínea e o pulso[3 (p. 135),7]
    d) depois que o tumor foi reduzido internamente, tentar desenvolver um plano entre a cápsula tumoral e a hipófise. Um bom local para começar a olhar é inferiormente, onde a dura pode ser separada da cápsula tumoral e, então, acompanhada na superfície. Algumas vezes a cápsula tumoral não pode ser removida em razão do sangramento profuso
    e) a remoção completa do tumor frequentemente não é possível, e o objetivo da cirurgia então é a "descompressão"
    f) técnicas endoscópicas e neuronavegação guiada por imagem podem ser empregadas para auxiliar na remoção de macroadenomas

11. remoção do tumor para microadenoma
    a) se o lado do tumor for conhecido, começar a exploração da glândula naquele lado fazendo uma incisão com lâmina 11 e usando um dissector para tentar localizar o tumor (como um "grão de arroz em um *blueberry*")
    b) para doença de Cushing, se não for identificado tumor na MRI pré-operatória:[8]
       - ultrassom intraoperatório pode ajudar a localizar o tumor em ≈ 70% dos casos,[9] mas é necessária uma sonda U/S especializada
       - se a amostra do seio petroso inferior mostrou um gradiente de ACTH lateralizante: iniciar com uma incisão paramediana no lado do gradiente de ACTH mais alto; se não for encontrado adenoma, o paramediano contralateral e depois incisões na linha mediana são usados para explorar a glândula
       - se a amostra do seio petroso inferior e a MRI não sugerirem a localização do tumor: a glândula é explorada sequencialmente com 2 incisões paramedianas e depois uma incisão na linha mediana
       - se não puder ser encontrado o adenoma, é realizada uma hemi-hipofisectomia no lado dos níveis mais elevados de ACTH se a amostra do seio petroso inferior mostrar um gradiente lateralizante, ou no lado com tecido mais suspeito na biópsia de congelação. Hipofisectomia total não é realizada rotineiramente[8]
    c) a maioria dos adenomas é cinza arroxeado e facilmente aspirada; no entanto alguns podem ser fibrosos. A glândula hipofisária normal é firme e elástica (a adeno-hipófise é rosa-alaranjado, a neuro-hipófise é cinza-esbranquiçado) e normalmente não cureta muito facilmente
    d) usar orientação por imagem ou fluoroscopia para determinar a localização aproximada do diafragma selar. Não avançar cefalicamente para evitar um vazamento no CSF, evitar entrar no seio venoso circular e evitar trauma no quiasma óptico

12. após a remoção do macroadenoma, checar a profundidade do leito do tumor com fluoroscopia ou orientação por imagem e certificar-se de que ele se correlaciona com o volume aproximado do tumor na MRI

13. a sela pode ser preenchida de inúmeras formas,[6] um método:
    a) se ocorrer vazamento da fístula liquórica: colocar músculo ou gordura no defeito dentro da sela. Alguns são contrários ao uso de músculo porque ele sempre apodrece.[3 (p. 129)] Não compactar demais para evitar a recriação do efeito de massa com o enxerto

b) recriar o assoalho da sela usando cartilagem nasal colocada dentro da sela. Ou então pode ser usado um implante selar transesfenoidal de polietileno Medpor® não poroso (Porex Surgical Products http://www.porexsurgical.com)
c) se ocorrer fístula liquórica, compactar o seio esfenoidal com gordura do abdome (opção: gordura com fáscia na superfície)
d) cola de fibrina pode opcionalmente ser usada para ajudar a firmar no lugar estes componentes

Abordagem do seio esfenoidal para remoção microscópica

Frequentemente feita por otorrino. Um método:
1. inserir espéculo temporário no nariz. Para esta discussão, a narina direita será descrita
2. uso de endoscópio para localizar a concha média. Acompanhar posteriormente para identificar o óstio do seio esfenoide que geralmente está localizado posterior e logo acima da extensão posterior da concha média
3. injetar anestésico local com epinefrina na mucosa
4. inserir faca em foice no óstio do seio esfenoide com o lado afiado voltado para o septo (medialmente) e fazer incisão na mucosa, enquanto a faca é retirada
5. usar uma cureta/rugina "Freer" para dissecar as abas da mucosa assim criadas do septo medial (puxar uma para cima, a outra para baixo)
6. romper a parte posterior do septo de modo que ambos os lados do assoalho do seio esfenoidal fiquem expostos. A cartilagem ou osso desta etapa é preservada para usar mais tarde na reconstrução do assoalho da sela, se desejado
7. abrir o assoalho do esfenoide e levá-lo até o óstio do seio esfenoide direito (você provavelmente não verá o óstio do seio esfenoide esquerdo)
8. colocar o espéculo de Hardy ou equivalente
9. descolar a mucosa das paredes do seio esfenoidal usando um Blakely e puxando com um movimento lento

Remoção endoscópica de tumores

Não há comprovação de que remoção seja superior à abordagem microscópica.

Vantagens sobre a remoção microscópica: A visualização é melhor, especialmente dentro do leito do tumor.

Desvantagens: menos familiaridade com o uso de endoscópios pela maioria dos neurocirurgiões comparados a cirurgiões otorrinolaringologistas. Ausência de visualização em 3D (pode ser compensada pelo uso de endoscópios em 3D). Necessidade de técnica com o uso de uma das mãos (pode ser compensada com um assistente segurando o endoscópio ou usando um suporte para endoscópio, por exemplo, Mitaka), necessidade de uma abordagem binasal (se for desejável o uso das duas mãos para a cirurgia).

47.1.4 Complicações perioperatórias

1. Distúrbio hormonal:
    a) preocupações pós-operatórias agudas:
        - alterações no ADH: anormalidades transitórias são comuns – ver padrões pós-operatórios típicos (p. 752) – incluindo DI. DI durando > 3 meses é incomum
        - deficiência de cortisol → hipocortisolismo → crise addisoniana, se grave
    b) a longo prazo: hipopituitarismo em ≈ 5% (série restrospectiva[10])
        - deficiência de TSH → hipotireoidismo → (raramente) coma mixedematoso, se grave
        - insuficiência suprarrenal
        - deficiência de hormônios sexuais → hipogonadismo hipogonadotrófico
2. síndrome da sela vazia secundária (o quiasma se retrai na sela evacuada → deficiência visual)
3. hidrocefalia com coma:[11] pode acompanhar a remoção de tumores com extensão suprasselar (transesfenoidalmente ou transcranianamente). Considerar a realização de ventriculostomia se estiver presente hidrocefalia (mesmo que não sintomática). Etiologias possíveis:
    a) tração no 3º ventrículo fixado
    b) edema cerebral decorrente da liberação de vasopressina pela manipulação da hipófise e/ou haste
    c) edema tumoral após a ressecção
4. infecção
    a) abscesso hipofisário[12,13]
    b) meningite
5. rinoliquorreia no CSF (fístula): incidência de 3,5%[14]
6. ruptura da artéria carótida: raro. Pode ocorrer intraoperatoriamente (ver acima) ou de forma tardia depois da cirurgia, frequentemente ≈ no dia 10 pós-operatório (por causa da quebra da fibrina em torno da carótida ou possivelmente decorrente da ruptura de um pseudoaneurisma criado na cirurgia)
7. entrada no seio cavernoso com possível lesão de qualquer estrutura no seu interior
8. perfuração do septo nasal

47.1.5 Abordagem frontotemporal (pterional)

Geralmente é empregada abordagem pelo lado direito (menos risco para o hemisfério dominante). Exceções: quando o olho esquerdo está no lado da pior visão; se houver extensão tumoral para o lado esquerdo; se houver outra patologia à esquerda (p. ex., aneurisma).

O posicionamento é o mesmo que o usado para aneurisma de ACoA na ▶ Fig. 94.5. O lobo frontal é elevado, e a ponta do lobo temporal é gentilmente retraída posteriormente. As veias ponte da ponta do lobo temporal devem ser coaguladas para evitar ruptura, como em toda abordagem pterional. A abordagem é similar à de um aneurisma de ACoA (ou seja, é dada mais ênfase à elevação do lobo frontal do que à retração da ponta temporal), exceto que ao contrário do aneurisma de ACoA, a exposição da ICA não é necessária, porque o controle proximal não é necessário.

A cápsula tumoral geralmente pode ser vista entre os dois nervos ópticos. Esta é coagulada com cautério bipolar e incisada. O tumor é, então, descomprimido internamente. Ao permanecer dentro da cápsula, o risco de lesão na haste hipofisária e do quiasma óptico é minimizado. Quantidades significativas do tumor podem ser removidas por aspiração se ele for macio e passível de sucção.

✖ Alerta: o suprimento sanguíneo do quiasma óptico provém da sua face inferior. A esqueletização do quiasma ou a tentativa de descolar o tumor aderente a ele pode piorar a visão.

47.1.6 Tratamento perioperatório

Prescrições pré-operatórias

1. Polysporin® pomada (PSO) aplicada em ambas as narinas na noite anterior à cirurgia
2. antibióticos, um dos seguintes regimes pode ser usado:
   a) cloranfenicol 500 mg IVPB às 11 h da noite e 6 h da manhã
      OU
   b) cloranfenicol 500 mg PO à MN e IV às 6 h da manhã; ampicilina 1 g PO à MN e IV às 6h da manhã
      OU
   c) Unasyn® 1,5 g (ampicilina 1 g + sulbactam 0,5 g) IVPB à MN e às 6 h da manhã
3. esteroides, ou:
   a) succinato sódico de hidrocortisona (Solu-Cortef®) 50 mg IM às 23 h e às 6 h da manhã. *On call* OU:
      1L D5LR + 20 mEq KCl/L + 50 mg Solu-Cortef a 75 mL/h
      OU
   b) hidrocortisona 100 mg PO à MN e IV às 6 h da manhã
4. intraoperatório: continuar 100 mg de hidrocortisona IV q 8 h

Prescrições pós-operatórias

1. ingestão e eliminação (I's e O's) q 1h; gravidade específica da urina (SG) q 4° e a qualquer momento débito urinário (UO) > 250 mL/h
2. atividade: repouso com cabeceira elevada a 30°.
3. dieta: pedaços de gelo PRN. O paciente não deve beber através de canudinho (para evitar pressão negativa no seio esfenoidal com risco de agravamento da fístula liquórica)
4. espirometria sem esforço (para evitar pressão negativa no seio esfenoidal com risco de agravamento da fístula no CSF)
5. *Fluidos intravenosos*: base IV D5 1/2 NS + 20 mEq KCl/L na taxa apropriada (75-100 mL/h)
   MAIS: repor UO > base IV taxa mL para mL com 1/2 soro fisiológico.
   Nota: se o paciente receber quantidade suficiente de líquidos intraoperatoriamente, ele poderá ter uma diurese pós-operatória apropriada, em cujo caso deve-se considerar a reposição somente de ≈ 2/3 do UO > base IV taxa com 1/2 soro fisiológico
6. medicações
   a) antibióticos: continuar cloranfenicol 500 mg IVPB q 6 h (também continuar ampicilina se usada pré-operatoriamente), mudar para PO quando tolerado, descontinuar quando removido o enchimento nasal
   b) esteroides (alguns cirurgiões usam esteroides rotineiramente no pós-operatório até que seja estabelecido o equilíbrio dos esteroides endógenos, especialmente na vigência de doença de Cushing, ver abaixo). Ou:
      • hidrocortisona 50 mg IM/IV q 6 h, no POD n° 2 mudar para prednisona 2 mg PO q 6 h × 1 dia, depois 5 mg PO BID, descontinuar no POD n° 6
        OU
      • hidrocortisona 50 mg IM/IV/PO BID, reduzir 10mg/dose/dia para a dose fisiológica de 20 mg q AM e 10 mg q PM até que seja avaliado o eixo suprarrenal
   c) *diabetes insipidus* (DI): os pacientes são colocados em "alerta para DI" (monitorando U.O e soro e exames de urina) ver abaixo os padrões típicos.
      Critérios diagnósticos: U.O > 250 mL/h × 1-2 h *e* densidade < 1,005 (usualmente < 1,003) (urina diluída), frequentemente com elevação do Na^+ sérico

Caso se desenvolva, tentar acompanhar a perda de líquido com fluidos intravenosos (ver acima); se a taxa for muito alta para reposição IV ou PO (> 300 cc/h × 4h ou > 500 cc/h × 2 h), checar densidade da urina e se < 1,005 administrar vasopressina (ver abaixo ou ver o ▶ Quadro 5.7). ✖ Alerta: perigo de sobretratamento em caso de resposta trifásica (ver abaixo), portanto usar:

- 5 U vasopressina aquosa (Pitressin®) IVP/IM/SQ q 6 h PRN
  OU
- desmopressina (DDAVP®) injeção SQ/IV titulada para DU. Dose adulta usual:
  0,5-1 mL (2-4 mcg) diariamente dividido em 2 doses
  EVITAR
- ✖ evitar suspensão de óleo tannato porque é um preparado de ação prolongada (e pode sobretratar) e tem absorção errática
  DEPOIS: quando retirar o enchimento nasal, OU
- DDAVP intranasal (100 mcg/mL): variação 0,1-0,4 mL (10-40 mcg) intranasal BID (tipicamente 0,2 mL BID) PRN
  OU
- clofibrato (Atromid S®) 500 mg PO QID (nem sempre funciona)

7. exames laboratoriais: provas renais com osmolaridade cada 6 h, cortisol sérico às 8 h da manhã
8. tampão nasal: remover no pós-operatório nos dias 3-6

Débito urinário: padrões de diabetes insípido pós-operatória

Manejar diabetes insípido (DI) conforme descrito acima nas prescrições pós-operatórias. A DI pós-operatória segue um dos três padrões;[15] ver Diabetes insípido para maiores detalhes (p. 120):
1. DI transitória: dura até ≈ 12-36 h pós-operatório, depois normaliza
2. DI "prolongada": dura meses, ou raramente pode ser permanente
3. "resposta **trifásica**" (menos comum). 3 estágios:
   a) DI (curta duração): decorrente da lesão na hipófise posterior
   b) normalização ou quadro semelhante à SIADH: em razão da liberação de ADH das extremidades neuronais do hipotálamo. É durante esta fase que existe um risco de hiponatremia iatrogênica grave por causa do sobretratamento iniciado durante a fase inicial da DI
   c) DI (longa duração)

Descontinuação de esteroides no pós-operatório

Esquemas simples de manejo

Alguns cirurgiões não avaliam rotineiramente a reserva de ACTH pós-operatória para pacientes que não eram hipocortisolêmicos no pré-operatório:
- reduzir e interromper a hidrocortisona 24-48 h pós-operatório. Depois checar o nível de cortisol sérico às 6 h da manhã 24 h após a descontinuação da hidrocortisona e interpretar os resultados, conforme apresentado no ▶ Quadro 47.1[16]
- se houver algum questionamento sobre a reserva, o paciente pode receber alta com hidrocortisona 50 mg PO q cada manhã e 25 mg PO q às 4 h da tarde até que a reserva suprarrenal possa ser formalmente avaliada (ver abaixo)

Avaliação da reserva de ACTH (corticotrofina) pós-operatória

Protocolo de avaliação simples para pacientes que voltam para casa fazendo uso de hidrocortisona e não usavam no pré-operatório.
- reduzir a hidrocortisona por 2-3 semanas para 20 mg po q pela manhã e 10 mg q 4 h da tarde (um pouco mais alto do que a manutenção para dar alguma cobertura para o estresse) por vários dias
- depois manter a dose da tarde e checar cortisol sérico às 8 h da manhã no dia seguinte

Quadro 47.1 Interpretação dos níveis de cortisol às 6h da manhã

Cortisol às 6 h	Interpretação	Manejo da manhã
≥ 9 mcg/dL	normal	sem mais testes ou tratamento
3-9 mcg/dL	possível deficiência de ACTH	receitar ao paciente o uso de hidrocortisona[a] (p. 144)
≤ 3 mcg/dL	deficiente de ACTH	

[a]Realizar teste de estimulação com corticotrofina (p. 735) em 1 mês pós-operação: D/C esteroides se normal; se subnormal, é necessária reposição permanente.

- para evitar insuficiência suprarrenal em pacientes com reserva insuficiente: assim que o sangue for retirado fazer o paciente tomar sua dose matinal e retomar a dosagem regular até que os resultados do teste estejam disponíveis
- se este cortisol às 8 h da manhã indicar qualquer função suprarrenal significativa, reduzir o uso de hidrocortisona

Teste com metirapona (Metopirone®)

Este teste avalia com mais precisão o eixo hipotalâmico-hipofisário-suprarrenal e é útil se houver suspeita de reserva reduzida de produção de ACTH hipofisário. Metirapona inibe 11-β-hidroxilação no córtex suprarrenal, reduzindo a produção de cortisol e corticosterona com concomitante elevação dos precursores séricos de 11-desoxicortisol e seus metabólitos 17-OHCS que aparecem na urina. Em resposta, uma hipófise normal aumenta a produção de ACTH.
1. todos os pacientes devem primeiramente se submeter a um teste de estimulação com cosintropina (p. 735) para excluir insuficiência suprarrenal primária
2. ✖ não fazer este teste se houver uma insuficiência suprarrenal primária conhecida
3. ✖ não fazer este teste em ambiente ambulatorial
4. **Protocolo do teste**
    a) dar 2-3 gr de metirapona PO à meia-noite
    b) checar o nível sérico de 11-desoxicortisol na manhã seguinte
    c) uma resposta normal é um nível de 11-desoxicortisol > 7 mcg/dL
    d) ALERTA: em pacientes com muito pouca reserva, o nível reduzido de cortisol reduzido pode provocar insuficiência suprarrenal (este teste é mais seguro do que doses mais elevadas usadas para teste urinário de 17-OHCS)

Propedêutica de imagem pós-operatória com CT/MRI

Um estudo usando CT em 12 pacientes com macroadenomas após cirurgia transesfenoidal sem radiação pós-operatória demonstrou que a altura máxima da "massa" hipofisária não retornou ao normal imediatamente no pós-operatório (mesmo com a remoção total do tumor) e foi necessário um período de 3-4 meses.[17]

O momento ideal da CT ou MRI pós-operatória para funcionar como uma linha básica para excluir recorrência futura após cirurgia transesfenoidal é ≈ 3-4 meses pós-operatório.

47.2 Resultado após cirurgia transesfenoidal

47.2.1 Informações gerais

Em uma série de 108 macroadenomas, a remoção total foi incomum em tumores com extensão suprasselar de > 2 cm.[14]

47.2.2 Déficit visual

Nos casos em que há compressão do aparelho óptico, pode haver melhora significativa na visão depois da cirurgia.[14,18]

47.2.3 Resultados bioquímicos

Prolactinomas

Em uma série de 108 macroadenomas, foi obtida cura endocrinológica em 25% dos tumores secretores de prolactina.[14]

Acromegalia

Critérios de cura bioquímica

Os critérios de cura bioquímica da acromegalia não são padronizados. Pode haver uma discordância entre os níveis de IGF-1 e os níveis médios de GH.[19] Muitos usam um nível de corte do GH: variação dos níveis descritos: < 2,5-5 ng/mL. Outros acham que um IGF-1 elevado representa ausência de cura mesmo se GH < 5. No entanto, níveis normais de IGF-1 podem não ser mandatórios.[20] Outros, ainda, requerem um IGF-1 normal E uma resposta normal a um teste de supressão com glicose oral (OGST) (p. 736).

Baixos níveis de GH que também não suprimem até < 1 ng/mL depois de um OGST são considerados controlados, mas não curados (mesmo com níveis normais de IGF-1).[21] Se assintomático, é recomendado manejo expectante com acompanhamento constante.[21]

Σ

Os critérios para cura bioquímica não são padronizados. Recomendações:[21]
1. níveis de IGF-1 dentro da variação da referência associada à idade
2. nível basal de GH sérico (matinal) < 5 ng/mL E nadir de GH < 1ng/mL em OGST

Resultados com acromegalia

Cirurgia transesfenoidal resulta em cura bioquímica em 85% dos casos com adenomas com < 10 mm de diâmetro, sem evidência de invasão e níveis aleatórios de GH < 40 ng/mL pré-operatório. De um modo geral, ≈ 50% de todos os acromegálicos que se submeteram à cirurgia transesfenoidal tiveram uma cura bioquímica.[22] Somente 30% dos macroadenomas e muito poucos com acentuada extensão suprasselar têm cura cirúrgica. Os pacientes não curados com cirurgia precisam de supressão médica por toda a vida. Estes tumores também podem apresentar recorrência anos mais tarde depois de uma cura aparente. Os pacientes devem ser monitorados cada 6-12 meses para recorrência.[21]

Doença de Cushing

Há inúmeras metodologias para determinar a cura bioquímica para doença de Cushing. Uma dificuldade é que frequentemente são dados esteroides exógenos pós-operatoriamente para evitar hipoadrenalismo, crise addisoniana ou para náusea. Algumas opções:
1. níveis de cortisol imediato pós-operatório no início da manhã:[8]
    a) todos os esteroides são suspendidos no pós-operatório (incluindo dexametasona como antimimé-tico), a menos que haja evidências bioquímicas e/ou clínicas de hipocortisolismo (sinais clínicos: náusea, anorexia, H/A, artralgias). ✖ Requer monitoramento atento e administração de esteroides caso se desenvolvam sintomas
    b) os níveis séricos de ACTH e cortisol são obtidos entre 6-9 h da manhã nos dias 1 e 2 pós-operató-rios
    c) remissão precoce definida como nível de cortisol *mais baixo* ≤ 140 nmol/L (≤ 5 mcg/dL)
        • 97% (31/32) dos pacientes com remissão precoce tiveram remissão sustentada com acompanha-mento médio de 32 meses
        • apenas 12,5% (1/8) sem remissão precoce apresentaram evidência de remissão sustentada
        • foi usado para selecionar pacientes para possível reexploração precoce
        • os níveis iniciais de ACTH geralmente caem, mas não se tornam consistentemente subnormais e não são confiáveis na predição de remissão sustentada[8]
2. testes provocativos
    a) teste noturno de supressão com dexametasona em baixa dose: nível de cortisol matinal no terceiro dia pós-operatório que é ≤ 8 mcg/dL depois de um teste noturno de supressão com 1 mg dexame-tasona é preditivo de remissão sustentada em 97%[23]
    b) teste de estimulação com CRH[24]
3. medições usualmente conduzidas entre 3 dias e 2 semanas no pós-operatório depois de 24 h de inter-rupção dos esteroides após a cobertura pós-operatória inicial com glicocorticoides
    a) cortisol livre na urina de 24 h
    b) cortisol sérico: o critério de um nível de cortisol < 50 nmol/L (< 1,8 mcg/dL)[25,26,27] é provavelmente rigoroso demais[28,29,8]
    c) ACTH sérico

A taxa global de remissão desde 1980 é de 64-93%, com as taxas mais altas (86-98%) em pacientes com microadenomas não invasivos identificáveis na MRI.[8]

Depois do tratamento efetivo, todos os itens seguintes geralmente melhoram, mas podem não norma-lizar:
1. HTN e hiperglicemia: dentro de ≈ 1 ano
2. osteoporose relacionada com CD: mais de ≈ 2 anos
3. sintomas psiquiátricos

Adenomas secretores de tirotrofina (TSH)

Após a ressecção, pequenas quantidades de tumor residual podem continuar a produzir TSH suficiente para que persista o hipertireoidismo.[30] Após cirurgia + XRT, apenas ≈ 40% atingem a cura (definida como ausência de tumor residual na cirurgia ou na imagem e T3 livre normal, com níveis de TSH dentro do normal ou abaixo do normal).

47.3 Tratamento de adenomas hipofisários recorrentes

Incidência da recorrência: ≈ 12%, com a maioria recorrendo 4-8 semanas no pós-operatório (na mesma série[14]).

Para tumores que demonstram novo crescimento ou sintomas significativos após ressecção inicial, pode ser considerada nova ressecção. Depois que o tumor é ressecado, deve ser considerada XRT, seja imediatamente após a segunda operação ou, se houver recorrência, depois da segunda operação, e quase certamente, depois de uma terceira redução.

Referências

[1] Schmidek HH, Sweet WH. Operative Neurosurgical Techniques. New York 1982

[2] Wilson CB. Endocrine-Inactive Pituitary Adenomas. Clin Neurosurg. 1992; 38:10–31

[3] Powell M, Lightman SL. Management of Pituitary Tumours: A Handbook. New York 1996

[4] Hardy J. Transsphenoidal Hypophysectomy. J Neurosurg. 1971; 34:582–594

[5] Kern EB, Pearson BW, McDonald TJ, et al. The Transseptal Approach to Lesions of the Pituitary and Parasellar Region. Laryngoscope. 1979; 89S:1–34

[6] Spaziante R, de Divitiis E, Cappabianca P. Reconstruction of the Pituitary Fossa in Transsphenoidal Surgery: An Experience of 140 Cases. Neurosurgery. 1985; 17:453–458

[7] Zhang X, Fei Z, Zhang J, et al. Management of Nonfunctioning Pituitary Adenomas with Suprasellar Extension by Transsphenoidal Microsurgery. Surg Neurol. 1999; 52:380–385

[8] Esposito F, Dusick JR, Cohan P, et al. Early morning cortisol levels as a predictor of remission after transsphenoidal surgery for Cushing's disease. J Clin Endocrinol Metab. 2006; 91:7–13

[9] Watson JC, Shawker TH, Nieman LK, et al. Localization of Pituitary Adenomas by Using Intraoperative Ultrasound in Patients with Cushing's Disease and No Demonstrable Pituitary Tumor on Magnetic Resonance Imaging. J Neurosurg. 1998; 89:927–932

[10] Fatemi N, Dusick JR, Mattozo C, McArthur DL, Cohan P, Boscardin J, Wang C, Swerdloff RS, Kelly DF. Pituitary hormonal loss and recovery after transsphenoidal adenoma removal. Neurosurgery. 2008; 63:709–18; discussion 718-9

[11] Decker RE, Chalif DJ. Progressive Coma After the Transsphenoidal Decompression of a Pituitary Adenoma with Marked Suprasellar Extension: Report of Two Cases. Neurosurgery. 1991; 28:154–158

[12] Domingue JN, Wilson CB. Pituitary Abscesses. J Neurosurg. 1977; 46:601–608

[13] Robinson B. Intrasellar Abscess After Transsphenoidal Pituitary Adenectomy. Neurosurgery. 1983; 12:684–686

[14] Ciric I, Mikhael M, Stafford T, et al. Transsphenoidal Microsurgery of Pituitary Macroadenomas with Long-Term Follow-Up Results. J Neurosurg. 1983; 59:395–401

[15] Verbalis JG, Robinson AG, Moses AM. Postoperative and Post-Traumatic Diabetes Insipidus. Front Horm Res. 1985; 13:247–265

[16] Watts NB, Tindall GT. Rapid assessment of corticotropin reserve after pituitary surgery. JAMA. 1988; 259:708–711

[17] Teng MMH, Huang CI, Chang T. The Pituitary Mass After Transsphenoidal Hypophysectomy. AJNR. 1988; 9:23–26

[18] Cohen AR, Cooper PR, Kupersmith MJ, et al. Visual Recovery After Transsphenoidal Removal of Pituitary Adenoma. Neurosurgery. 1985; 17:446–452

[19] Turner HE, Thornton-Jones VA, Wass JA. Systematic dose-extension of octreotide LAR: the importance of individual tailoring of treatment in patients with acromegaly. Clin Endocrinol (Oxf). 2004; 61:224–231

[20] Ayuk J, Clayton RN, Holder G, Sheppard MC, Stewart PM, Bates AS. Growth hormone and pituitary radiotherapy, but not serum insulin-like growth factor-I concentrations, predict excess mortality in patients with acromegaly. J Clin Endocrinol Metab. 2004; 89:1613–1617

[21] Cook DM. AACE Medical Guidelines for Clinical Practice for the diagnosis and treatment of acromegaly. Endocr Pract. 2004; 10:213–225

[22] Davis DH, Laws ER, Ilstrup DM, et al. Results of Surgical Treatment for Growth Hormone-Secreting Pituitary Adenomas. J Neurosurg. 1993; 79:70–75

[23] Chen JC, Amar AP, Choi S, Singer P, Couldwell WT, Weiss MH. Transsphenoidal microsurgical treatment of Cushing's disease: postoperative assessment of surgical efficacy by application of an overnight low-dose dexamethasone suppression test. J Neurosurg. 2003; 98:967–973

[24] Nishizawa S, Oki Y, Ohta S, Yokota N, et al. What can predict postoperative "endocrinological cure" in Cushing's disease? Neurosurgery. 1999; 45:239–244

[25] Trainer PJ, Lawrie HS, Verhelst J, et al. Transsphenoidal resection in Cushing's disease: undetectable serum cortisol as the definition of successful treatment. Clinical Endocrinology (Oxf). 1993; 38:73–78

[26] Rees DA, Hanna FW, Davies JS, Mills RG, Vafidis J, Scanlon MF. Long-term follow-up results of transsphenoidal surgery for Cushing's disease in a single centre using strict criteria for remission. Clinical Endocrinology (Oxf). 2002; 56:541–551

[27] Yap LB, Turner HE, Adams CB,Wass JA. Undetectable postoperative cortisol does not always predict longterm remission in Cushing's disease: A single centre audit. Clinical Endocrinology (Oxf). 2002; 56:25–31

[28] Simmons NE, Alden TD, Thorner MO, Laws ER. Serum cortisol response to transsphenoidal surgery for Cushing disease. J Neurosurg. 2001; 95:1–8

[29] Rollin GA, Ferreira NP, Junges M, Gross JL, Czepielewski MA. Dynamics of serum cortisol levels after transsphenoidal surgery in a cohort of patients with Cushing's disease. J Clin Endocrinol Metab. 2004; 89:1131–1139

[30] Sanno N, Teramoto A, Osamura RY. Long-term surgical outcome in 16 patients with thyrotropin pituitary adenoma. J Neurosurg. 2000; 93:194–200

48 Cistos e Lesões Pseudotumorais

48.1 Cisto da bolsa de Rathke

Cistos da bolsa de Rathke (RCC) são lesões não neoplásicas derivadas de remanescentes da bolsa de Rathke. São primariamente intrasselares e encontrados incidentalmente em 13-23% das necropsias.[1] A adeno-hipófise se origina da proliferação da parede anterior da bolsa de Rathke e, assim, os RCCs têm uma linhagem semelhante a dos adenomas hipofisários e raramente são encontrados conjuntamente.[2] Os RCCs são frequentemente diagnosticados diferencialmente com os craniofaringiomas (**CP**) (ver acima). Algumas características são comparadas no ▶ Quadro 48.1.

Os RCCs usualmente aparecem como lesões císticas hipodensas na CT. Metade deles apresenta realce capsular. A aparência na MRI é variável.[3] Regra de ouro: uma lesão com um nódulo na sela é geralmente um RCC.

48.2 Cisto coloide

48.2.1 Informações gerais

> ### Conceitos-chave
>
> - tumor benigno de crescimento lento compreendendo < 1% dos tumores intracranianos
> - classicamente ocorre na porção anterior do 3° ventrículo, bloqueando o forame de Monro → hidrocefalia obstrutiva envolvendo somente os ventrículos laterais (≈ patognomônico)
> - realça minimamente ou não realça na CT/MRI
> - história natural: foi descrito risco de morte súbita, mas é discutível
> - o tratamento, quando indicado, é cirúrgico. Principais opções: transcaloso, transcortical/transventricular (somente se hidrocefalia), ventriculoscópico

Também conhecidos como cistos neuroepiteliais. Compreendem 2% dos gliomas e aproximadamente 0,5-1% de todos os tumores intracranianos.[4] Idade usual do diagnóstico: 20-50 anos.

48.2.2 Patogênese

Origem: desconhecida. As estruturas implicadas incluem: paráfise (evaginação no teto do terceiro ventrículo, rudimentar em humanos), epêndima diencefálico no recesso do arco pós-velar, neuroepitélio ventricular.

Composto de uma parede fibrosa de revestimento epitelial com substância hialoide densa ou mucoide. Um tumor benigno de crescimento lento.

Mais comumente encontrado no terceiro ventrículo na região do forame de Monro, mas pode ser visto em qualquer local, por exemplo, no septo pelúcido.[5]

48.2.3 Sinais clínicos e sintomas

Os sintomas são apresentados no ▶ Quadro 48.2. Os sinais são apresentados no ▶ Quadro 48.3, mais comumente apresenta sinais de hipertensão intracraniana aguda intermitente (classicamente atribuída ao movimento do cisto no seu pedículo, causando obstrução intermitente do forame de Monro, raramente

Quadro 48.1 Comparação entre craniofaringioma com cisto de bolsa de Rathke

Característica	Craniofaringioma	Cisto de bolsa de Rathke
sítio de origem	margem anterossuperior da hipófise	parte intermédia da hipófise
revestimento celular	epitélio escamoso estratificado	epitélio cuboidal estratificado simples
conteúdos do cisto	cristais de colesterol	semelhantes a óleo de motor
tratamento cirúrgico	remoção total é o objetivo	excisão parcial e drenagem[3]
parede do cisto	espessa	fina

Quadro 48.2 Sintomas de cisto coloide na apresentação[a]

Sintoma	Nº	%
cefaleia	26	68%
distúrbio da marcha	18	47%
distúrbio mental	14	37%
vômitos (± náusea)	14	37%
borramento visual	9	24%
incontinência urinária	5	13%
tontura	5	13%
zumbido	5	13%
convulsões	4	10%
deterioração aguda	4	10%
diplopia	3	8%
"ataques de queda"	1	
diabetes insípido	1	
assintomático	1	

[a]38 pacientes, era pré-CT.[4]

Quadro 48.3 Sinais na apresentação[a]

Sinal	Nº	%
papiledema	18	47%
distúrbio da marcha	12	32%
exame normal	10	26%
hiper-reflexia	9	24%
reflexo de Babinski	8	21%
incoordenação motora	5	13%
nistagmo	5	13%
tremor	4	10%
hiporreflexia	3	8%
paralisia do 6º nervo	2	5%

[a]38 pacientes com cistos coloides, era pré-CT.[4]

originária da operação) ou com hidrocefalia crônica (decorrente da obstrução crônica). A maioria dos cistos com < 1 cm de diâmetro não produz hidrocefalia e é assintomática.

▶ **Morte súbita.** Uma taxa alta de morte súbita foi reportada com cistos coloides (20% na era pré-CT[6]), mas provavelmente é superestimada. A teoria, hoje obsoleta, era que estes tumores são móveis e assim conseguem bloquear o fluxo de CSF de forma aguda ao mudar de posição. A obstrução progressiva causada pelo crescimento tumoral produz com frequência hidrocefalia crônica, e é possível que, em algum momento, possa haver descompensação em alguns casos. Mudanças na dinâmica do CSF resultantes de procedimentos (LP, ventriculografia...) também podem contribuir.[7] Outro mecanismo proposto é um distúrbio do controle dos reflexos cardiovasculares mediados pelo hipotálamo.[7]

48.2.4 Propedêutica

O exame de imagem (MRI ou CT) demonstra o tumor geralmente localizado na porção anterior do terceiro ventrículo. Aqui, ele frequentemente bloqueia o forame de Monro, causando hidrocefalia quase patognomônica, envolvendo apenas os ventrículos laterais (preservando o 3° e 4°). O diagnóstico diferencial inclui aneurismas da artéria basilar, hamartomas, neoplasia primária ou secundária e xantogranulomas.[8]

MRI: usualmente o exame de escolha. No entanto, há casos em que os cistos são isointensos na MRI, e CT é superior[9] (analisar as imagens de MRI de T1WI na linha mediana). Quando a lesão é identificável, a MRI demonstra claramente a localização do cisto e a relação com as estruturas adjacentes, geralmente evitando angiografias. Aparência na MRI: variável. Geralmente hiperintensa em T1WI, hipointensa em T2WI. Alguns dados sugerem que pacientes sintomáticos têm mais probabilidade de exibir cistos T2 na MRI, indicando maior conteúdo de água que pode refletir uma propensão à expansão cística continuada.[10] Realce: mínimo, algumas vezes envolvendo somente a cápsula.

Rastreio com CT: os achados são variáveis. A maioria é hiperdensa (no entanto, ocorrem cistos coloides iso e hipodensos) e quase metade realça levemente. A densidade pode-se correlacionar com a viscosidade dos conteúdos; cistos hiperdensos são mais difíceis de drenar percutaneamente.[11] A CT geralmente não é tão boa quanto MRI, especialmente com cistos isodensos. Estes tumores calcificam raramente.

✖ LP: *contraindicada* antes da colocação de derivação ventricular decorrente do risco de herniação.

48.2.5 Tratamento

Informações gerais

O tratamento ideal permanece controverso. Inicialmente, foi advogada derivação ventricular sem tratar o cisto.[12] A natureza da obstrução (ambos forames de Monro) requer derivação ventricular *bilateral* (ou derivação ventricular unilateral com fenestração do septo pelúcido). Atualmente, é recomendada qualquer modalidade de tratamento cirúrgico direto pelas razões a seguir:
1. para prevenir dependência de derivação ventricular
2. para reduzir a possibilidade de progressão do tumor
3. uma vez que o mecanismo de piora neurológica súbita possa se dever a fatores, como instabilidade cardiovascular decorrente da compressão hipotalâmica e não da hidrocefalia

Tratamento cirúrgico

Opções de tratamento

Ver também Abordagens do terceiro ventrículo (p. 1461).
1. abordagens transcalosas: não dependentes da dilatação ventricular. Maior incidência de infarto venoso ou lesão no fórnix (ver abaixo)
2. abordagem transcortical (p. 1466): maior incidência de convulsões pós-operatórias (≈ 5%). Não viável com ventrículos de tamanho normal (p. ex., em pacientes com derivação ventricular)
3. drenagem estereotática: ver abaixo
4. remoção ventriculoscópica: ver abaixo

Uma metanálise de 1.278 pacientes comparando técnicas endoscópicas e várias técnicas microcirúrgicas identificou que o grupo microcirúrgico teve uma extensão da ressecção significativamente maior (96,8 *vs.* 58,2%), taxas de recorrência mais baixas (1,48 *vs.* 3,91%) e taxas mais baixas de reoperação do que o grupo endoscópico (0,38 *vs.* 3,0%). Ambos os grupos tiveram taxas de mortalidade similares (1,4 *vs.* 0,6%) e dependência de derivação ventricular (6,2 *vs.* 3,9%). De um modo geral, a taxa de complicações foi mais baixa no grupo endoscópico do que no grupo microcirúrgico (10,5 *vs.* 16,3%). Dentro do grupo de microcirurgia, a abordagem transcalosa teve uma taxa de morbidade global mais baixa (14,4%) do que a abordagem transcortical (24,5%).[13]

Usando a história natural para decisões de tratamento

Uma revisão de 58 pacientes assintomáticos (média de idade de 57 anos) com cistos coloides do terceiro ventrículo descobertos incidentalmente com acompanhamento médio de 79 meses demonstrou a incidência de piora sintomática aos 2, 5 e 10 anos de acompanhamento em 0%, 0 e 8%, respectivamente. Dos 34 pacientes que realizaram exame de imagem no acompanhamento, 32 não demonstraram alteração no tamanho do cisto ou no volume ventricular. A idade média destes pacientes era significativamente mais alta do que a dos pacientes submetidos à cirurgia para lesões sintomáticas (57 *vs.* 41) e assim pode refletir uma coorte de pacientes com histórias naturais que diferem.[14]

Nota: Muitos pacientes "assintomáticos" podem ter cefaleia no diagnóstico. Uma avaliação cuidadosa da etiologia da cefaleia (isto é, pós-traumática, enxaqueca, tensão, etc.) deve ser realizada para determinar se é causada pelo cisto coloide ou se o cisto é assintomático.

Pollock *et al.*[10] revisaram 155 pacientes com cistos coloides recentemente diagnosticados, realizando uma análise recursiva compartimentada e dividiram os pacientes em três classes, conforme apresentado no ▶ Quadro 48.4.

Além disso, um número significativamente maior de pacientes Classe III tinha conteúdo cístico hiperintensos na imagem ponderada de T2 (44 *vs.* 13%), e esses pacientes sintomáticos tinham maior probabilidade de ter o sinal de T2 aumentado (44 *vs.* 8%) comparados à sua contrapartida assintomática. Os autores sugerem que pacientes assintomáticos com hipossinal de conteúdo dos cistos em T2 podem pertencer a um grupo com baixo potencial para expansão cística e desenvolvimento de sintomas relacionados com cistos (mesmo na presença de ventriculomegalia) – assim sendo, eles representam uma população que pode ser manejada com segurança de forma não operatória.[10] No entanto, a maioria dos cirurgiões recomendaria cirurgia para um paciente com ventriculomegalia e sintomas, como dor de cabeça, mesmo que possam não estar definidamente relacionados.

Abordagem transcalosa

Acesso ao 3º ventrículo através do forame de Monro ou pela abordagem interforniceal. Como os cistos coloides tendem a ocorrer exatamente no forame de Monro, *raramente* é necessário aumentar o forame para localizar o tumor. Ver Abordagem transcalosa do ventrículo lateral ou terceiro ventrículo (p. 1462).

Drenagem estereotática de cistos coloides

Pode ser útil,[15] especialmente em pacientes com ventrículos normais por causa da derivação ventricular, mas os conteúdos podem ser bastante viscosos,[16] e a cápsula resistente pode dificultar a penetração ás cegas. A aspiração total ou mesmo subtotal pode não requerer tratamento adicional em alguns pacientes; no entanto, a taxa de recorrência é mais alta do que com remoçãocirúrgica.[17]

A morbidade precoce era relativamente alta em razão deste procedimento (não amplamente reportado na literatura) possivelmente causado pela lesão vascular ou trauma mecânico: isto foi melhorado. Pode ser mais viável com ventriculografia intraoperatória[18] ou com um ventriculoscópio[19] (alguns dizem que este é o procedimento de escolha inicial,[20] com craniotomia sendo reservada para falhas no tratamento).

Duas características que se correlacionam com uma aspiração esterotática malsucedida:[21]
1. alta viscosidade: correlaciona-se com hiperdensidade na CT (baixa viscosidade correlaciona-se com a aparência hipo ou isodensa na CT; sem achados na MRI correlacionados com a viscosidade).
2. desvio do cisto da ponta da agulha de aspiração por causa do seu tamanho pequeno

Quadro 48.4 Causas de cisto coloide na análise do particionamento recursivo

Classe	Idade	Diâmetro do cisto	Ventrículos	Pacientes sintomáticos/ % do total	Opções de tratamento
I	> 50 anos	< 10 mm	Normal	12%	Pode ser monitorado clinicamente e com imagem seriada (CT ou MRI)
II	> 50 anos	< 10 mm	Ventriculomegalia	50%	Se assintomático, pode ser monitorado clinicamente e com imagem seriada (CT ou MRI)
III	< 50 anos	> 10 mm	Ventriculomegalia	85%	É recomendada remoção cirúrgica

Técnica estereotática:[22]
1. o ponto de inserção da agulha estereotática é imediatamente anterior à sutura coronal direita
2. iniciar com sonda de 1,8 mm de ponta afiada e avançar para 3-5 mm além do ponto-alvo (para acomodar para deslocamento da parede cística)
3. usar uma seringa de 10 mL e aplicar 6-8 mL de pressão negativa de aspiração
4. se isto não produzir nenhum material, repetir com uma sonda de 2,1 mm
5. embora seja desejável a evacuação completa do cisto, um objetivo aceitável da aspiração é o restabelecimento da patência das vias ventriculares (pode ser verificado por meio da injeção de 1-2 cc de io-hexol)

48.3 Tumores epidermoides e dermoides

48.3.1 Informações gerais

Também conhecidos como cistos epidermoides ou dermoides.

Ambos são geralmente tumores benignos congênitos que podem se originar quando implantes ectodérmicos são aprisionados por duas superfícies ectodérmicas em fusão. A taxa de crescimento destes tumores é linear, como a pele (em vez de exponencial, como com tumores neoplásicos).

Podem ocorrer nas seguintes localizações:
1. calvária: ocorre envolvimento craniano (p. 776) quando restos ectodérmicos são incluídos durante o desenvolvimento do crânio; com o crescimento pode ocorrer extensão epidural
2. intracraniana: os sítios mais comuns incluem
   a) suprasselar: comumente produzem hemioplasia bitemporal e atrofia óptica, e apenas ocasionalmente sintomas hipofisários (endócrinos) (incluindo DI)
   b) fissura silviana: podem apresentar convulsões
   c) ângulo pontocerebelar (CPA): podem produzir neuralgia trigeminal, especialmente em pacientes jovens
   d) basal na fossa posterior: podem produzir sintomas de nervos cranianos baixos, disfunção cerebelar e/ou anormalidades do trato corticospinal
   e) dentro do sistema ventricular: ocorrem dentro do 4° ventrículo mais comumente do que em qualquer outro
3. couro cabeludo
4. intrarraquidiano:
   a) a maioria se origina na coluna torácica ou lombar alta
   b) epidermoides da coluna lombar baixa podem ocorrer iatrogenicamente depois de LP; ver Punção lombar (p. 1504)
   c) dermoides do canal vertebral estão usualmente associados a um seio dermal (p. 270) e podem produzir crises recorrentes de meningite espinal

48.3.2 Comparação de dermoides e epidermoides

As características distintivas entre os dois tumores são apresentadas no ▶ Quadro 48.5.

Quadro 48.5 Comparação entre epidermoides e dermoides		
Característica	**Epidermoide**	**Dermoide**
Frequência	0,5-1,5% dos tumores cerebrais	0,3% dos tumores cerebrais
Revestimento	epitélio escamoso estratificado	também inclui órgãos de origem dermal (folículos pilosos e glândulas sebáceas)
Conteúdo	queratina, *debris* celulares e colesterol, pelos ocasionais	o mesmo que o epidermoide, mais pelos e sebo
Localização	mais comum lateralmente (p. ex., ângulo CP)	mais comumente próximo à linha média
Anomalias associadas	tende a ser isolado	associado a outras anomalias congênitas em até 50% dos casos
Meningite	pode ter meningite asséptica recorrente, incluindo meningite de Mollaret (p. 762)	pode ter crises repetidas de meningite bacteriana

48.3.3 Cistos epidermoides

Informações gerais

Conceitos-chave

- usualmente se originam do ectoderma aprisionado dentro do CNS ou deslocado para dentro do CNS
- predileção por: ângulo pontocerebelar, 4º ventrículo, região suprasselar, medula espinal
- algumas vezes conhecidos como colesteatoma (não confundir com granuloma de colesterol)
- crescimento em ritmo linear (ao contrário do ritmo exponencial das neoplasias verdadeiras)
- imagem: massa semelhante ao CSF (sinal alto na MRI em difusão é o melhor teste para diferenciar)
- podem produzir meningite asséptica (meningite de Mollaret é uma forma)
- tratamento: excisão cirúrgica. XRT não tem uma indicação

Também conhecido como colesteatoma (não granuloma de colesterol, (ver abaixo), também conhecido como tumor perolado, cisto de inclusão ectodérmica (ver o ▶ Quadro 48.5 para comparação à dermoide). Embora os epidermoides e colesteatomas sejam histologicamente idênticos (ambos se originam do epitélio aprisionado numa localização anormal, os epidermoides são intradurais, e os colesteatomas são extradurais), o termo colesteatoma é mais frequentemente usado para descrever a lesão no ouvido médio onde o epitélio aprisionado geralmente se origina de infecções crônicas do ouvido médio, que leva a um bolsão da retração (raramente pode ser congênito).

▶ Pode-se originar de um dos seguintes:[23]

1. restos de células ectodérmicas da linha mediana dorsal deslocados e aprisionadas durante o fechamento do tubo neural entre as semanas gestacionais 3-5
2. restos de células embrionárias pluripotentes
3. restos de células epiteliais transportadas até o ângulo pontocerebelar durante o desenvolvimento da vesícula óptica
4. células epidérmicas deslocadas para dentro do CNS, por exemplo, por LP – ver Punção lombar (p. 1504) – ou punções percutâneas subdurais cranianas de repetição[24]

Epidemiologia

Os epidermoides compreendem 1% dos tumores intracranianos e ≈ 7% dos tumores do ângulo pontocerebelar. Idade de pico de ocorrência: 40 anos. Sem diferença de incidência por gênero.

Histologia

Os epidermoides são revestidos por epitélio estratificado escamoso e contêm queratina (do epitélio descamado), *debris* celulares e colesterol.[25] O crescimento ocorre em ritmo linear como a pele normal, ao contrário do crescimento exponencial das verdadeiras neoplasias.[26] O conteúdo dos cistos pode ser líquido ou pode ter uma consistência escamosa. Eles tendem a se espalhar ao longo dos planos de clivagem normais e em torno de estruturas vitais (nervos cranianos, ICA...). Ocorre destruição óssea numa minoria, geralmente com tumores maiores. Degeneração rara para câncer de células escamosas,[27] sobretudo em casos de recorrências repetidas depois de múltiplas cirurgias.

Distinção de granuloma de colesterol

Os cistos epidermoides são algumas vezes confundidos com granulomas de colesterol,[28] possivelmente decorrente da semelhança entre os termos colesteatoma e granuloma de colesterol. No entanto, estas são lesões distintas.[29] Os granulomas de colesterol geralmente ocorrem depois de inflamação crônica (geralmente em porções pneumatizadas do osso temporal: ápice petroso, células aéreas da mastoide, espaço aéreo do ouvido médio). Algumas diferenças são delineadas no ▶ Quadro 48.6.

Apresentação

1. podem-se apresentar como uma lesão de massa na mesma localização
2. lesões no CPA podem produzir neuropatias em V, VII ou VIII
3. episódios recorrentes de meningite asséptica causada pela ruptura do conteúdo cístico, o que também pode levar à hidrocefalia
   a) Os sintomas incluem febre e irritação meningea

Quadro 48.6 Características de epidermoide e colesteatoma *vs.* granuloma de colesterol

Característica	Epidermoide	Colesteatoma	Granuloma de colesterol
origem	células ectodérmicas em localização anormal		células inflamatórias crônicas circundando cristais de colesterol (Por causa da quebra das membranas das hemácias?)
	(dentro do CNS, intradural)	(dentro do ouvido, extradural)	
precursor	geralmente congênito, ocasionalmente adquirido, por exemplo, depois de LP (p. 1507)	geralmente adquirido (depois de infecção crônica por células epiteliais da membrana timpânica?), ocasionalmente congênito	infecção crônica no ouvido médio ou hemotímpano idiopático
sintomas	variam dependendo da localização	perda auditiva crônica, drenagem do ouvido, dor ou insensibilidade em torno do ouvido	geralmente envolve disfunção vestibular ou coclear
imagem (pode não distinguir entre eles com confiabilidade)	**CT:** baixa densidade; sem realce; erosão óssea em somente 33% **MRI:** T1WI: intensidade levemente > CSF; T2WI: tumor e CSF com intensidade alta similar		**CT:** homogêneo e isodenso; realce da borda; destruição extensa do osso petroso **MRI:** sinal aumentado em ambos, T1WI e T2WI
aparência grosseira	branco perolado		castanho (decorrente da hemossiderina)
patologia microscópica[32]	cisto hiperqueratótico recoberto por epitélio escamoso estratificado		proliferação fibroblástica, macrófagos carregados de hemossiderina, fendas de colesterol, reação de células gigantes
tratamento ideal	excisão agressiva quase total		ressecção subtotal seguida de drenagem e restauração da pneumatização[33]

b) o CSF apresenta pleocitose, hipoglicorraquia, elevação de proteínas e culturas negativas. Podem ser vistos cristais de colesterol, e estes podem ser reconhecidos pela sua aparência birrefringente amorfa

c) meningite de Mollaret é uma variante rara da meningite asséptica, que inclui o achado de células grandes no CSF parecidas com células endoteliais (que podem ser macrófagos) e pode ser visto em alguns pacientes com cistos epidermoides[30,31]

Exames de imagem

MRI ▶ Fig. 48.1: imita o CSF em T1WI (hipossinal, pode ser levemente > CSF) e T2WI (sinal alto). Os tumores geralmente apresentam hipersinal em T2WI, porém a maioria capta contraste em T1WI (os epidermoides não captam). Um epidermoide pode passar da fossa posterior através da incisura tentorial até a fossa média.

MR com difusão (DWI) é o melhor teste para diferenciar epidermoides de CSF (p. ex., como em cisto aracnoide de aparência similar). Epidermoides apresentam sinal intenso em DWI como consequência da restrição no movimento da água.

Tratamento

Deve haver cautela quando é feita a remoção de cistos epidermoides para minimizar o derramamento de conteúdos, uma vez que eles são consideravelmente irritantes e podem causar meningite química grave (meningite de Mollaret, ver acima). Berger[23] defende irrigação intraoperatória com hidrocortisona (100 mg/L ou LR) para reduzir o risco de hidrocefalia comunicante pós-operatória. Esteroides IV perioperatórios e irrigação salina generosa durante a cirurgia proporcionam resultados similares. O tumor não está na parede cística, e o plano cirúrgico é geralmente remover o máximo possível, mas deixar a cápsula aderente a estruturas críticas, como o tronco cerebral e vasos sanguíneos, já que a morbidade da remoção é alta, e um resíduo pequeno não impede resultados satisfatórios.

Apesar da remoção adequada, não é incomum ver distorção persistente do tronco encefálico no exame de imagem pós-operatório.[29] Radiação pós-operatória não é indicada, pois o tumor é benigno, e XRT não previne recorrência.[34]

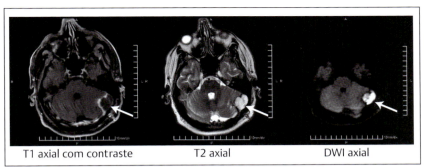

Fig. 48.1 MRI demonstrando epidermoide do ângulo pontocerebelar. Observe que o CSF é escuro no DWI.

48.4 Craniofaringioma

48.4.1 Informações gerais

Craniofaringiomas (**CP**) são tumores que se desenvolvem a partir de células residuais da bolsa de Rathke (p. 149) e tendem a se originar da margem superior anterior da hipófise. São recobertos com células do epitélio escamoso estratificado. Alguns CPs se originam primariamente dentro do terceiro ventrículo.[35] Quase todos os CPs possuem componentes sólidos e císticos: o fluido nos cistos varia, mas geralmente contém cristais de colesterol. Os CPs não passam por degeneração maligna; porém a dificuldade na cura os torna malignos no comportamento,[36 (p 905-15)] Os CPs são distintos de cisto da fenda de Rathke, mas compartilham algumas semelhanças (ver abaixo).

Calcificação: microscopicamente 50%. Raios X simples: 85% na infância, 40% em adultos.

48.4.2 Epidemiologia

Incidência: 2,5-4% de todos os tumores cerebrais; aproximadamente 50% ocorrem na infância (9% da série de Matson). Pico de incidência: 5-10 anos de idade.

48.4.3 Anatomia

Suprimento arterial: geralmente supridos por pequenos ramos da ACA e A-comm ou da ICA e P-comm (não recebem sangue do PCA ou bifurcação BA, a não ser que o suprimento sanguíneo do assoalho do terceiro ventrículo seja parasitado).

48.4.4 Tratamento cirúrgico

Avaliação endocrinológica pré-operatória

Como para tumor hipofisário (p. 730). Hipoadrenalismo deve ser corrigido rapidamente, mas hipotireoidismo leva mais tempo; estas condições podem aumentar a mortalidade cirúrgica.

Abordagem

Usualmente via craniotomia frontotemporal direita o mais baixo possível ao longo da base da fossa frontal (asa do esfenoide removida com goivas ou motor). A abordagem do tumor é extra-axial, seja subfrontal ou frontotemporal. *Todos* os tumores devem ser aspirados (mesmo que pareçam sólidos radiograficamente). Então, com microscópio, as abordagens possíveis incluem:
1. subquiasmática: através do espaço entre os nervos ópticos e anterior ao quiasma. Acreditava-se que um "quiasma prefixado" (isto é, nervos ópticos congenitamente pequenos com quiasma incomumente próximo ao plano esfenoidal) era mais comum em pacientes com CP, tornando esta abordagem mais difícil. No entanto, na realidade o quiasma é provavelmente curvado anteriormente pelo tumor dentro do terceiro ventrículo dando a ilusão de um quiasma prefixado na maioria dos casos
2. optocarotídea (entre a ICA direita e o nervo/trato óptico direito)
3. lâmina terminal (o tumor frequentemente precisa ser trazido para baixo e removido subquiasmaticamente)[35,37]

4. lateral à artéria carótida interna
5. transfrontal-transesfenoidal: remover o tubérculo da sela

Abordagens alternativas à frontotemporal
1. transesfenoidal pura: se for aspirado fluido escuro sem CSF evidente, é possível deixar um *stent* da cavidade do tumor até o seio esfenoidal para permitir drenagem contínua
2. transcalosa: estritamente para tumores limitados ao terceiro ventrículo
3. uma abordagem subfrontal/pterional combinada capitaliza as vantagens de cada uma (a cabeça é posicionada com leve rotação lateral)

Preservar as seguintes estruturas: artérias perfurantes *abaixo da superfície* do quiasma e trato óptico (suprimento principal); pelo menos um remanescente da haste hipofisária (reconhecida pelo padrão único de estriações longitudinais, que são as veias portais longas). Se o tumor for facilmente tracionado para baixo, então isto é possível; no entanto não puxar com muita força ou o resultado poderá ser lesão hipotalâmica.

Pós-operatório
1. esteroides: estes pacientes são todos considerados hipossuprarrenais. Dar hidrocortisona em doses fisiológicas (para atividade mineralocorticoide) além da dexametasona (glicocorticoide que trata edema). Diminuir os esteroides lentamente para evitar meningite asséptica (química)
2. diabetes insipidus (DI) (p. 752): frequentemente surge cedo. Pode fazer parte de uma "resposta trifásica." Mais bem manejada inicialmente com reposição de fluidos. Se necessário, usar vasopressina de curta duração (previne paralisação renal iatrogênica caso se desenvolva uma fase semelhante a SIADH durante terapia com vasopressina)

48.4.5 Radiação

Controversa. **Efeitos colaterais:** incluem disfunção endócrina, neurite óptica, demência. XRT pós-operatória provavelmente ajuda a prevenir recorrência quando um tumor residual fica para trás;[38] no entanto, em casos pediátricos pode ser melhor adiar a XRT (para minimizar o efeito deletério no IQ), reconhecendo que poderá ser necessária reoperação para recorrência.

48.4.6 Resultados

5-10% de mortalidade na maioria das séries, a maioria por lesão hipotalâmica (lesões hipotalâmicas unilaterais raramente são evidentes clinicamente; lesões bilaterais podem produzir hipotermia e sonolência, danos aos osmorreceptorres anteriores → perda da sensação de sede). A sobrevivência em 5 anos é ≈ 55-85% (foi reportada variação de 30-93%).

48.4.7 Recorrência

A maioria das recorrências ocorre em < 1 ano, poucas em > 3 anos (recorrência muito retardada geralmente ocorre depois do que era considerado como remoção "total"). A morbidade/mortalidade é mais alta com reoperação.

Referências

[1] Maggio WW, Cail WS, Brookeman JR, et al. Rathke's Cleft Cyst: Computed Tomographic and Magnetic Resonance Imaging Appearances. Neurosurgery. 1987; 21:60–62

[2] Nishio S, Mizuno J, Barrow DL, Takei Y, Tindall GT. Pituitary Tumors Composed of Adenohypophysial Adenoma and Rathke's Cleft Cyst Elements: A Clinicopathological Study. Neurosurgery. 1987; 21:371–377

[3] Voelker JL, Campbell RL, Muller J. Clinical, Radiographic, and Pathological Features of Symptomatic Rathke's Cleft Cysts. J Neurosurg. 1991; 74:535–544

[4] Little JR, MacCarty CS. Colloid Cysts of the Third Ventricle. J Neurosurg. 1974; 39:230–235

[5] Ciric I, Zivin I. Neuroepithelial (Colloid) Cysts of the Septum Pellucidum. J Neurosurg. 1975; 43:69–73

[6] Guner M, Shaw MDM, Turner JW, et al. Computed Tomography in the Diagnosis of Colloid Cyst. Surg Neurol. 1976; 6:345–348

[7] Ryder JW, Kleinschmidt BK, Keller TS. Sudden Deterioration and Death in Patients with Benign Tumors of the Third Ventricle Area. J Neurosurg. 1986; 64:216–223

[8] Tatter SB, Ogilvy CS, Golden JA, Ojemann RG, Louis DN. Third ventricular xanthogranulomas clinically and radiologically mimicking colloid cysts. Report of two cases. J Neurosurg. 1994; 81:605–609

[9] Mamourian AC, Cromwell LD, Harbaugh RE. Colloid Cyst of the Third Ventricle: Sometimes More Conspicuous on CT Than MR. AJNR. 1998; 19:875–878

[10] Pollock BE, Schreiner SA, Huston J, III. A theory on the natural history of colloid cysts of the third ventricle. Neurosurgery. 2000; 46:1077–81; discussion 1081-3

[11] El Khoury C, Brugieres P, Decq P, Cosson-Stanescu R, Combes C, Ricolfi F, Gaston A. Colloid cysts of the third ventricle: are MR imaging patterns predictive of difficulty with percutaneous treatment? AJNR Am J Neuroradiol. 2000; 21:489–492

[12] Torkildsen A. Should Extirpation be Attempted in Cases of Neoplasm in or Near the Third Ventricle of the Brain? Experiences with a Palliative Method. J Neurosurg. 1948; 5:249–275

[13] Sheikh AB, Mendelson ZS, Liu JK. Endoscopic versus microsurgical resection of colloid cysts: a systematic

review and meta-analysis of 1,278 patients. World Neurosurg. 2014; 82:1187–1197

[14] Pollock BE, Huston J, III. Natural history of asymptomatic colloid cysts of the third ventricle. J Neurosurg. 1999; 91:364–369

[15] Bosch DA, Rahn T, Backlund EO. Treatment of Colloid Cyst of the Third Ventricle by Stereotactic Aspiration. Surg Neurol. 1978; 9:15–18

[16] Rivas JJ, Lobato RD. CT-Assisted Stereotaxic Aspiration of Colloid Cysts of the Third Ventricle. J Neurosurg. 1985; 62:238–242

[17] Mathiesen T, Grane P, Lindquist C, von Holst H. High Recurrence Rate Following Aspiration of Colloid Cysts in the Third Ventricle. J Neurosurg. 1993; 78:748–752

[18] Musolino A, Fosse S, Munari C, et al. Diagnosis and Treatment of Colloid Cysts of the Third Ventricle by Stereotactic Drainage. Report on Eleven Cases. Surg Neurol. 1989; 32:294–299

[19] Apuzzo MLJ, Chandrasoma PT, Zelman V, Giannotta SL, et al. Computed Tomographic Guidance Stereotaxis in the Management of Lesions of the Third Ventricular Region. Neurosurgery. 1984; 15:502–508

[20] Apuzzo MLJ. Comment on Garrido E, et al.: Cerebral Venous and Sagittal Sinus Thrombosis After Transcallosal Removal of a Colloid Cyst of the Third Ventricle: Case Report. Neurosurgery. 1990; 26

[21] Kondziolka D, Lunsford LD. Stereotactic Management of Colloid Cysts: Factors Predicting Success. J Neurosurg. 1991; 75:45–51

[22] Hall WA, Lunsford LD. Changing Concepts in the Treatment of Colloid Cysts. An 11-Year Experience in the CT Era. J Neurosurg. 1987; 66:186–191

[23] Berger MS, Wilson CB. Epidermoid Cysts of the Posterior Fossa. J Neurosurg. 1985; 62:214–219

[24] Gutin PH, Boehm J, Bank WO, Edwards MS, Rosegay H. Cerebral convexity epidermoid tumor subsequent to multiple percutaneous subdural aspirations. Case report. J Neurosurg. 1980; 52:574–577

[25] Fleming JFR, Botterell EH. Cranial Dermoid and Epidermoid Tumors. Surg Gynecol Obstet. 1959; 109:57–79

[26] Alvord EC. Growth Rates of Epidermoid Tumors. Ann Neurol. 1977; 2:367–370

[27] Link MJ, Cohen PL, Breneman JC, Tew JM, Jr. Malignant squamous degeneration of a cerebellopontine angle epidermoid tumor. Case report. J Neurosurg. 2002; 97:1237–1243

[28] Sabin HI, Bardi LT, Symon L. Epidermoid Cysts and Cholesterol Granulomas Centered on the Posterior Fossa: Twenty Years of Diagnosis and Management. Neurosurgery. 1987; 21:798–803

[29] Altschuler EM, Jungreis CA, Sekhar LN, Jannetta PJ, et al. Operative Treatment of Intracranial Epidermoid Cysts and Cholesterol Granulomas: Report of 21 Cases. Neurosurgery. 1990; 26:606–614

[30] Abramson RC, Morawetz RB, Schlitt M. Multiple Complications from an Intracranial Epidermoid Cyst: Case Report and Literature Review. Neurosurgery. 1989; 24:574–578

[31] Szabo M, Majtenyi C, Gusea A. Contribution to the Background of Mollaret's Meningitis. Acta Neuropathol. 1983; 59:115–118

[32] Friedman I. Epidermoid Cholesteatoma and Cholesterol Granuloma: Experimental and Human. Ann Otol Rhinol Laryngol. 1959; 68:57–79

[33] Chang P, Fagan PA, Atlas MD, Roche J. Imaging destructive lesions of the petrous apex. Laryngoscope. 1998; 108:599–604

[34] Keville FJ, Wise BL. Intracranial Epidermoid and Dermoid Tumors. J Neurosurg. 1959; 16:564–569

[35] Klein HJ, Rath SA. Removal of Tumors of the III Ventricle Using Lamina Terminalis Approach: Three Cases of Isolated Growth of Craniopharyngiomas in the III Ventricle. Childs Nerv Syst. 1989; 5:144–147

[36] Wilkins RH, Rengachary SS. Neurosurgery. New York 1985

[37] Patterson RH, Denylevich A. Surgical Removal of Craniopharyngiomas by a Transcranial Approach through the Lamina Terminalis and Sphenoid Sinus. Neurosurgery. 1980; 7:111–117

[38] Manaka S, Teramoto A, Takakura K. The Efficacy of Radiotherapy for Craniopharyngioma. J Neurosurg. 1985; 62:648–656

49 Pseudotumor Cerebral e Síndrome da Sela Vazia

49.1 Pseudotumor cerebral

49.1.1 Informações gerais

> **Conceitos-chave**
>
> - papiledema e elevação sintomática da ICP > 20 cm H₂O na ausência de massa intracraniana ou infecção. Frequentemente associado à trombose de seio venoso dural
> - uma causa evitável (frequentemente permanente) de cegueira decorrente da atrofia óptica
> - mais comum em mulheres obesas em idade reprodutiva do que na população em geral
> - exames recomendados:
>   - estudos de imagem indicados: ✓ MRI cerebral (sem e com contraste) e MRV. A imagem deve ser normal (exceção permitida: ventrículos em fenda)
>   - ✓ LP. Achados: pressão de abertura (> 25 cm H₂O) e análise laboratorial normal do CSF
>   - ✓ avaliação oftalmológica: testar os campos visuais, acuidade e checar papiledema
> - geralmente autolimitado, a recorrência é comum, crônico em alguns pacientes
> - risco de cegueira não está correlacionado com a duração dos sintomas, papiledema, H/A, teste de acuidade visual de Snellen ou número de recorrências
> - tratamento para pacientes com insucesso na terapia medicamentosa (perda de peso, Diamox...):
>   - frenestração da bainha do nervo óptico (ONSF) é melhor para casos de perda visual sem HA
>   - derivação ventricular pode ser melhor do que ONSF para H/A associada à perda visual

Pseudotumor cerebral (PTC), também conhecido como hipertensão intracraniana idiopática (IIH), hipertensão intracraniana benigna, (mais inúmeros outros termos obsoletos[1]) é uma condição (ou talvez um grupo heterogêneo de condições) caracterizada por aumento na pressão intracraniana sem evidência de massa intracraniana, hidrocefalia, infecção (p. ex., meningites, especialmente as crônicas, como meningite fúngica) ou encefalopatia hipertensiva. Alguns, mas nem todos os autores, excluem pacientes com hipertensão intracraniana na presença de trombose do seio dural. PTC, assim sendo, é um diagnóstico de *exclusão*. Existe uma forma juvenil e uma forma adulta.

Em geral, o termo pseudotumor cerebral é preferido (o que era antigo agora é novo!) porque abrange casos em que há uma etiologia desconhecida, além de casos idiopáticos (o conceito de "hipertensão intracraniana idiopática secundária" é um oximoro).

49.1.2 Epidemiologia

1. a proporção entre mulheres e homens varia de 2:1 a 8:1 (sem diferença de gênero na forma juvenil)
2. é reportada obesidade em 11-90% dos casos, e não é tão prevalente em homens[2]
3. incidência entre mulheres obesas em idade reprodutiva:[3,4] 19-21/100.000, (enquanto a incidência na população em geral[1] é: 1-2/100.000)
4. pico de incidência na 3ª década (variação: 1-55 anos). 37% dos casos são em crianças, 90% destes têm 5-15 anos. Muito raro na primeira infância
5. frequentemente autolimitado (taxa de recorrência: 9-43%)
6. déficits visuais obsoletos se desenvolvem em 4-12%, não relacionados com a duração dos sintomas, grau de papiledema, cefaleia, obscurecimento visual e inúmeras recorrências.[5] Perimetria é o melhor meio de detectar e acompanhar a perda visual

49.1.3 Patogênese

A patogênese não é completamente compreendida. Edema cerebral, volume de água cerebral aumentado, pressão venosa, volume sanguíneo cerebral aumentado e absorção reduzida no CSF foram todos demonstrados. As teorias também explicam a alta prevalência em mulheres obesas:

1. teoria mecânica: obesidade → ↑ pressão intra-abdominal → ↑ pressão venosa central → ↑ reabsorção no CSF → ↑ ICP (contudo, outros estudos indicaram que a pressão venosa elevada pode na verdade ser um epifenômeno de um aumento primário na ICP[6])
2. teoria hormonal: adipócitos convertem androstenediona → estrona → ↑ produção do CSF

Quadro 49.1 Critérios de Dandy modificados para PT

- sinais e sintomas de ICP aumentada
- sem sinais localizadores além de paralisia do VI nervo craniano[a] em um paciente desperto e atento
- pressão aumentada no CSF sem anormalidades químicas ou citológicas
- ventrículos normais a pequenos e sem massa intracraniana

[a]Pode resultar de ↑ ICP (p. 567).

49.1.4 Critérios diagnósticos

Os critérios modificados de Dandy são apresentados no ► Quadro 49.1.

Mais especificamente, quatro critérios diagnósticos[7]:

1. pressão no CSF: > 20 cm H_2O (pressões > 40 não são incomuns). Alguns recomendam que a pressão deva ser > 25 para excluir normais.[8] **Nota**: variações diurnas na pressão do CSF podem ocasionalmente causar uma leitura falsamente baixa (isto é, normal). ∴. Se a suspeita clínica for alta, poderá ser necessária uma LP em uma hora diferente do dia ou monitoramento contínuo da ICP.
2. composição do CSF: glicose e contagem de células normais. A proteína é normal ou em ≈ dois terços dos casos é baixa (< 20 mg%)
3. os sintomas e sinais são de ICP elevada isolada (isto é, papiledema e H/A) sem déficits focais. Exceção permitida: paralisia do nervo abducente que pode ser decorrente da ICP aumentada (p. 567)
4. estudos radiológicos normais do cérebro (CT ou MRI) com a exceção permitida de:
   a) ventrículos em fenda ocasionalmente encontrados (a incidência pode não ser mais alta em PTC do que nos respectivos controles[9]) ou sela vazia
   b) a forma infantil pode ter ventrículos alargados e grandes coleções fluidas sobre o cérebro
   c) podem ser vistas anormalidades intraorbitarias: ver abaixo

49.1.5 Clínica

Sintomas

Ver as referências.[7,10]

1. sintomas clássicos (principais)
   a) H/A (o sintoma mais comum): 94-99%. Tipicamente retro-ocular e pulsátil. Pode ↑ com a movimentação ocular. A gravidade não está relacionada com o grau de elevação da pressão do CSF. Ocasionalmente pior pela manhã
   b) náusea: 32% (vômito real é menos comum)
   c) perda visual (PTC abaixo):
      • obscurecimento visual transitório (TVO)
      • lesão permanente na via visual aferente
   d) diplopia (mais comum em adultos, geralmente decorrente da paralisia do VI nervo): 30%
2. sintomas menores[11]
   a) rigidez nucal: 30-50%
   b) zumbido (a relação causal com IIH foi demonstrada pela resolução destes sintomas com a redução da pressão no CSF): até 60%. Usualmente pulso sincrônico. Descrito como barulho apressado. Pode ser unilateral (nestes, pode ser reduzido por compressão da veia jugular ipsolateral + rotação ipsolateral da cabeça)
   c) ataxia: 4-11%
   d) parestesias acrais (vasomotora): 25%
   e) dor ocular retrobulbar à movimentação ocular
   f) artralgia: 11-18%
   g) tontura: 32%
   h) fadiga
   i) redução da percepção olfatória

Sinais

Os sinais estão em geral restritos ao sistema visual:

Patentemente *ausentes*: nível alterado de consciência apesar da ICP alta
1. achados oculares – ver também PTC abaixo
   a) papiledema:
      • presente em quase ≈ 100%

- hipertensão intracraniana idiopática sem papiledema (**IIHWOP**):[12] uma variante de IIH. Perda visual tende a não ocorrer
- geralmente bilateral, ocasionalmente unilateral[13]
- pode ser leve (elevação súbita da fibra nervosa)

b) paralisia do nervo abducente (Cr. N. VI): 20%; um falso sinal localizatório (p. 567). A esotropia varia de < 5 dioptrias prismáticas de ângulo desconjugado em olhar primário a > 50[14]

c) acuidade visual: avaliação insensível da função visual

d) defeito no campo visual: 9%
- mudanças iniciais: defeito nos campos periféricos e quadrante nasal
- ponto cego alargado (66%) e constrição concêntrica dos campos periféricos (cegueira é muito rara na apresentação)

2. a forma infantil pode ter apenas OFC aumentado, frequentemente autolimitada e geralmente requer apenas acompanhamento sem tratamento específico

▶ **Nota:** a piora de algum dos sintomas acima com alterações posturais que aumentam a ICP (flexão sobre o corpo, manobra de Valsalva...) é característica em hipertensão idiopática intracraniana.

Perda visual em PTC

Informações gerais

Prevalência em PTC: 48-68% (números mais baixos geralmente são provenientes de amostras baseadas na população). Um estudo prospectivo encontrou alterações no campo visual de Goldman em 96% dos 50 pacientes.[15] O único parâmetro associado à piora na visão é ganho de peso recente.

Fisiopatologia

A ICP aumentada é transmitida ao longo da bainha do nervo óptico → compressão circunferencial dos axônios das células ganglionares da retina no nível da lâmina cribrosa.[14]

Manifestações

1. obscurecimento visual transitório (TVO): visão acinzentada ou turva. Dura ≈ 1 segundo. Unilateral ou bilateral. Tipicamente ocorre com o movimento ocular, curvatura do corpo ou manobra de Valsalva. Diretamente proporcional à intensidade do papiledema. A frequência das TVOs corresponde à elevação da ICP, mas não se correlaciona com perda visual permanente

2. perda visual em PTC pode ocorrer precocemente ou tardiamente, pode ser repentina ou gradualmente progressiva, e não está relacionada com a duração dos sintomas, papiledema, H/A, teste visual de Snellen ou o número de recorrências. Pode escapar à detecção até que seja profunda
   a) precoce: usualmente constrição dos campos e perda da cor (∴ perimetria é o melhor teste para acompanhamento da visão em PTC)
   b) tardia: a visão central é afetada. Os achados incluem: constrições concêntricas, alargamento do ponto cego, defeitos nasais inferiores, defeitos arqueados, escotomas cecocentrais...

49.1.6 Condições associadas

Informações gerais

Alguns casos de PTC são idiopáticos (IIH). Entretanto, o que frequentemente é considerado "IIH" pode na verdade ser secundário a alguma outra condição (p. ex., trombose do seio transverso, ver abaixo). Muitas condições citadas como associadas a PTC podem ser coincidentes. Quatro critérios sugeridos para estabelecer uma relação de causa e efeito são apresentados no ▶ Quadro 49.2.[10]

O ▶ Quadro 49.3 mostra uma escala[16] para classificar a probabilidade de associação entre várias condições e IIH baseada no número de critérios satisfeitos no ▶ Quadro 49.2.

Outras condições não incluídas nesta lista que satisfazem os critérios mínimos, mas não são confirmadas em estudos caso-controle[1] incluem:

1. outras drogas: isotretinoína (Accutane®), trimetoprima-sulfametoxazol, cimetidina, tamoxifeno
2. lúpus eritematoso sistêmico (SLE)

Quadro 49.2 Critérios para causalidade de PTC por outra condição[10]

- satisfaz os critérios de Dandy (▶ Quadro 49.1)
- deve ser comprovado que a condição aumenta a ICP
- o tratamento da condição deve melhorar a IIH
- estudos apropriadamente controlados devem apresentar uma associação entre a condição e IIH

Quadro 49.3 Condições que podem estar associadas a PTC[16]

Associação comprovada

Satisfaz 4 critérios do ▶ Quadro 49.2

- obesidade

Associação muito provável

Satisfaz 3 critérios do ▶ Quadro 49.2

- drogas: seprona, lindano
- hipervitaminose A

Associação provável

Satisfaz 2 critérios do ▶ Quadro 49.2

- suspensão de esteroides[a]
- reposição da tireoide em crianças
- cetoprofeno e indometacina na síndrome de Bartter
- hipoparatireoidismo
- doença de Addison[a]
- uremia
- anemia por deficiência de ferro
- drogas: tetraciclina, ácido nalidíxico, Danazol, lítio, amiodarona, fenitoína, nitrofurantoína, ciprofloxacina, nitroglicerina

Associação possível

Satisfaz 1 critério do ▶ Quadro 49.2

- irregularidade menstrual
- uso de contraceptivo oral[b]
- síndrome de Cushing
- deficiência de vitamina A
- trauma encefálico menor
- síndrome de Behçet

Associação improvável

Não satisfaz nenhum dos critérios do ▶ Quadro 49.2

- hipertireoidismo
- uso de esteroides
- imunização

Associação não apoiada

- gravidez
- menarca

[a]Pode responder a esteroides.
[b]Pode estar associado à trombose do seio dural, ver o texto.

Condições que podem estar relacionadas por causa da pressão aumentada nos seios durais (ver abaixo):
1. otite média com extensão petrosa (assim chamada hidrocefalia otítica)
2. cirurgia radical de pescoço com ressecção da veia jugular
3. estados de hipercoagulabilidade

Hipertensão venosa e anormalidades sinovenosas

Hipertensão venosa frequentemente tem sido proposta como causadora de PTC. Anormalidades dos seios durais, incluindo trombose, estenose,[17] obstrução ou pressão elevada (atingindo um nível de 40 mmHg) foram demonstradas em inúmeros estudos. Embora estes achados possam estar concomitantes a um número significativo de casos, eles podem na verdade ser epifenômenos (p. ex., hipertensão venosa pode ser causada por compressão dos seios transversos pela pressão intracraniana elevada[6]) e é improvável que tais anormalidades expliquem todos os casos.

Estenose sinovenosa bilateral foi vista (usando um teste sofisticado, mas sensível de venografia por MRI realçada com gadolínio 3D de orientação elíptica-central) em 27 de 29 pacientes com PTC e em apenas 4 dos 59 controles.[17]

49.1.7 Diagnóstico diferencial

1. lesões com efeito de massa verdadeiro: tumor, abscesso cerebral, hematomas subdurais, raramente gliomatose cerebral podem ser indetectáveis na CT e serão diagnosticados erroneamente como PTC
2. deficiência na drenagem venosa craniana (alguns autores consideram estes como IIH)[18]
   a) trombose do seio dural (p. 1308)
   b) insuficiência cardíaca congestiva
   c) síndrome da veia cava superior
   d) obstrução da veia jugular unilateral ou bilateral ou do seio sigmoide[19]
   e) síndromes de hiperviscosidade
   f) hemangioendotelioma intravascular vegetativo de Masson:[20] uma lesão incomum, geralmente benigna que pode raramente envolver o neuroeixo (incluindo ocorrência intracraniana). Não definidamente neoplásico. A organização dos trombos desenvolve projeções endotelializadas no lúmen dos vasos. Deve ser distinguido de outras condições como angiossarcoma
3. malformação de Chiari I (CIM): pode produzir achados similares a PTC. 6% dos pacientes com PTC têm ectopia tonsilar significativa, e ≈ 5% dos pacientes com CIM têm papiledema[14]
4. infecção (CSF será anormal na maioria destes); encefalite, aracnoidite, meningite (especialmente meningite junto à base do crânio ou infecções granulomatosas, por exemplo, meningite sifilítica, meningite criptocócica crônica), brucelose crônica
5. condições inflamatórias: por exemplo, neurossarcoidose (p. 189), SLE
6. vasculite: por exemplo, síndrome de Behçet
7. condições metabólicas: por exemplo, envenenamento por chumbo
8. pseudopapiledema (elevação anômala da cabeça do nervo óptico) associado à hiperopia e drusas. Pulsações venosas retinianas estão usualmente presentes. Especialmente enganoso quando um paciente com enxaquecas tem pseudopapiledema: tratar a cefaleia
9. hipertensão maligna: pode produzir cefaleia e edema bilateral do disco óptico que pode ser indistinguível de papiledema. Também pode produzir encefalopatia hipertensiva (p. 194). Checar BP em todos os suspeitos de PTC
10. carcinomatose meníngea
11. síndrome de Guillain-Barré (p. 184): a proteína no CSF é geralmente elevada
12. depois de traumatismo craniano

49.1.8 Recomendações para propedêutica

Visão geral

A maioria dos testes tem a intenção de excluir condições que podem simular (ou produzir) PTC:
1. imagem cerebral: CT ou MRI cerebral (ver abaixo) sem e com contraste
2. LP:
   a) medir a pressão da abertura (OP) com o paciente na posição em decúbito lateral
   b) análise do CSF para excluir infecção (p. ex., fungo, TB ou doença de Lyme), inflamação (p. ex., sarcoidose, SLE) ou neoplasia (p. ex., meningite carcinomatosa)
      • proteína/glicose
      • contagem de células
      • culturas de rotina e fúngicas
      • citologia se houver suspeita de meningite carcinomatosa
3. exames laboratoriais de rotina: CBC, eletrólitos, PT/PTT
4. W/U para sarcoidose ou SLE se houver outros achados sugestivos (p. ex., nódulos cutâneos, estado hipercoagulável...)
5. avaliação neuro-oftalmológica é recomendada. Inclui: teste do campo visual usando perimetria quantitativa, com avaliação do tamanho do ponto cego, exame com lâmpada de fenda ± fotografias do fundo do olho
6. checar BP para R/O HTN maligna → encefalopatia hipertensiva (p. 770)

CT

CT sem e com contraste é geralmente adequada para excluir massa intracraniana como uma possível causa de hipertensão intracraniana, mas pode não detectar casos de trombose do seio dural. MRI e MRV são preferíveis.

MRI

Anormalidades intracranianas geralmente são ausentes ou mínimas (ventrículos em fenda, sela vazia em 30-70%). Entretanto, achados intraorbitais podem ser mais substanciais e incluem:[14]
1. achatamento da esclera posterior: ocorre em 80%
2. realce do nervo óptico pré-laminar: em 50%
3. distensão do espaço subaracnoide perióptico: em 45%
4. tortuosidade vertical do nervo óptico orbital: em 40%
5. protrusão intraocular do nervo óptico pré-laminar: em 30%

Venografia

Venografia MR (MRV) em grande parte substituiu a venografia convencional para excluir trombose no seio dural ou trombose venosa.

49.1.9 Tratamento e manejo

História natural

Resolução espontânea é comum, algumas vezes dentro de meses, mas geralmente depois de ≈ 1 ano. Papiledema persiste em ≈ 15%. Ocorre perda visual *permanente* em 2-24% (dependendo dos critérios usados e do grau em que é investigado). Cefaleia persistente pode ocorrer em alguns. Recorre em ≈ 10% depois da resolução inicial.[14]

Intervenções

49

Visão geral

Os estudos são frequentemente difíceis de interpretar, especialmente porque é comum remissão espontânea.
1. todos os pacientes devem repetir todos os exames oftalmológicos (ver acima)
2. interromper possíveis drogas que agravem a condição
3. perda de peso: perda de peso de 6% geralmente resulta na resolução completa do papiledema.[21] Contudo, a resolução pode ser muito lenta para uma visão agudamente afetada. A perda de peso também está associada à redução de outros riscos à saúde por obesidade. Os sintomas recorrem, se o peso for recuperado
    a) dieta: estudos não controlados[22] sugerem que fazer dieta é eficaz, mas isto raramente é atingido ou mantido
    b) cirurgia bariátrica: *bypass* gástrico, anel laparoscópico...
4. o tratamento de pacientes com PTC assintomático é controverso, já que não há um previsor confiável para perda visual. É necessário acompanhamento de perto com avaliação seriada do campo visual. Recomenda-se intervenção em pacientes não confiável em seguir a terapia ou sempre que os campos visuais deteriorarem. É possível perder visão sem cefaleia ou papiledema
5. a maioria dos casos apresenta remissão em 6-15 semanas; no entanto, a recaída é comum
6. tratamento medicamentoso
    a) restrição de líquidos e sal
    b) diuréticos (diminuem o ritmo da produção de CSF) – ver abaixo
    c) se ineficaz, acrescentar esteroides (opções: dexametasona (Decadron®) 12 mg/dia, prednisona 40-60 mg/dia ou metilprednisona 250 mg IV q 6 h). Pode ↑ reabsorção do CSF em casos de inflamação ou trombose venosa. Podem ser usadas como agentes retardantes para pacientes que estão aguardando cirurgia. Deve ocorrer uma redução nos sintomas em 2 semanas, depois os esteroides devem ser reduzidos por 2 semanas. O uso a longo prazo não é recomendado em razão de, entre outras coisas, ganho de peso associado
7. *terapia cirúrgica*[23 (p 250-3)] somente para casos refratários ao exposto acima ou quando a perda visual é progressiva, inicialmente grave ou o paciente é não confiável em seguir a terapia:
    a) LPs seriais até a remissão (25% têm remissão depois da primeira LP[24]): remover até 30 mL para reduzir a pressão de abertura à metade, realizar até que pressão de abertura < 20 cm H_2O, depois reduzir para cada semana (nenhum paciente que teve remissão na 2ª LP tinha pressão de abertura > 350 na 1ª LP). Usar uma agulha de calibre grosso (p. ex., 18 Ga), o que pode ajudar a promover uma drenagem pós-LP do CSF nos tecidos subcutâneos. LPs podem ser difíceis em pacientes obesos. Podem ser necessárias revisões em até 50%. **Efeitos colaterais:** incluem ciática decorrente da irritação na raiz nervosa, herniação tonsilar cerebelar (p. 418), cefaleia pós-punção espinal (por hipotensão intracraniana)
    b) derivações Ventriculares: ver abaixo
    c) fenestração da bainha do nervo óptico: ver abaixo
    d) tratamentos mais antigos pouco usados hoje em dia: descompressão subtemporal (defendida por Dandy) ou descompressão suboccipital. Realizadas craniectomias bilaterais do tamanho de uma

moeda de dólar sob o músculo temporal, estendidas até o assoalho da fossa média. Dura é aberta, e o cérebro coberto com esponja absorvível. Fáscia e musculatura fechados hermeticamente. Anticonvulsivantes são usados por causa do risco de convulsões pós-operatórias

8. procedimentos intervencionistas: *stenting* do seio venoso pode ser considerado para casos refratários.[25]
9. os pacientes devem ser acompanhados por pelo menos dois anos (com repetição do exame de imagem, por exemplo, MRI) para excluir tumor oculto

Diuréticos

1. inibidores da anidrase carbônica (CA):
   a) *acetazolamida* (Diamox®): R iniciar com 125-250 mg PO q 8-12 h ou Diamox Dequels® 500 mg PO BID de ação prolongada. Aumentar 250 mg/dia até que os sintomas melhorem, ocorram efeitos colaterais ou sejam atingidos 2 g/dia. **Efeitos colaterais**: (em altas doses): parestesias acrais, náusea, acidose metabólica, distúrbio do, paladar, cálculos renais, sonolência. Raro: síndrome de Stevens-Johnson, necrólise epidérmica tóxica, agranulocitose. ✖ Contraindicada com alergia à sulfa ou uma história de cálculos renais
   b) metazolamida (Neptazane®): mais bem tolerada, porém menos eficaz. R 50-100 mg PO BID-TID. Esta marca de produto já não se encontra mais no mercado. **Efeitos colaterais:** similares à acetazolamida
   c) topiramato (Topamax®): anticonvulsivante com inibição secundária da CA. R 200 mg PO BID. **Efeitos colaterais:** similares à acetazolamida, mas pode ser usado em pacientes alérgicos à sulfa
2. *furosemida* (Lasix®)
   a) iniciar: 160 mg por dia em adultos, ajustar pelos sintomas e exame ocular (não à pressão no CSF)
   b) se ineficaz, dobrar (320 mg/dia)
   c) monitorar os níveis de K^+ e suplementar quando necessário

Derivações

1. derivação lombar: geralmente lomboperitoneal; ver a técnica de inserção (p. 1517). Pode ser difícil em pacientes obesos. Pode precisar de uma válvula horizontal-vertical (p. 418) para prevenir cefaleia pela hipotensão intracraniana. Alternativa: *shunt* lombo-pleural
2. outras derivações podem ser usadas, especialmente quando aracnoidite impede o uso do espaço subaracnoide lombar, por exemplo:
   a) derivação ventriculoperitoneal: frequentemente difícil, uma vez que os ventrículos são frequentemente pequenos ou semelhantes em fenda.[26] Técnicas estereotáxicas podem tornar isto mais tecnicamente viável
   b) derivação da cisterna magna: pode desviar para o sistema vascular

Fenestração da bainha do nervo óptico (ONSF)

Ver as referências.[27,28,29]

De um modo geral melhor para a proteção da visão e reversão de papiledema do que para outros sintomas (p. ex., cefaleia). Realizado por meio de uma abordagem orbitária medial ou menos comumente uma orbitotomia lateral ou medial transconjuntival. Pode reverter ou estabilizar a deterioração visual[30] e algumas vezes (mas nem sempre) reduz a ICP (pela filtragem continuada do CSF) além de proteger o olho contralateral (caso contrário, deve ser realizada ONSF). Obteve sucesso nos casos em que a perda visual progrediu depois de derivação lomboperitoneal,[31] possivelmente por causa da comunicação deficiente entre o espaço subaracnoide orbital e intracraniano. **Efeitos colaterais:** os efeitos adversos potenciais incluem: disfunção pupilar, hemorragia peripapilar, hemorragia, quemose, cicatriz coriorretiniana,[32] diplopia (usualmente autolimitada) pela perturbação do músculo reto medial. É necessária a repetição da fenestração em 0-6%.[14]

Recomendações de tratamento em situações específicas

Deve ser tentada perda de peso em todos.

1. em pacientes com PTC com cefaleia e sem perda visual: terapia medicamentosa para controlar ↑ ICP e cefaleia. ONSF *não* é recomendada. Derivação é uma opção, se o tratamento medicamentoso falhar
2. PTC com perda visual sem cefaleia:
   a) perda visual leve: acetazolamida 500-1.500 mg/d, acompanhamento q 2 semanas
   b) perda visual moderada: acetazolamida 2.000-3.000 mg/d, acompanhamento q semana
   c) perda visual grave, perda visual moderada que não responde à acetazolamida ou disco óptico em risco:
      • metilprednisolona 250 mg IV q 6 h + acetazolamida 1.000 mg PO BID
      • se não houver melhora: ONSF. Considerar *shunt* se ICP > 300 mmH$_2$O
   d) PTC com perda visual E cefaleia: para pacientes com indicações cirúrgicas, qualquer um dos procedimentos cirúrgicos é apropriado. Derivação pode aliviar os dois problemas simultaneamente. ONSF pode ser mais confiável para aliviar os problemas visuais (a taxa de insucesso pode ser mais baixa do que a taxa de mau funcionamento da derivação), mas não é tão boa para cefaleia

3. IIHWOP: tratamento sintomático para cefaleia, diuréticos
4. PTC em crianças e adolescentes:
    a) pode ser visto com a retirada de esteroides usados para asma
    b) busca e correção da etiologia subjacente (drogas suscetíveis listadas abaixo, hipercalcemia, câncer...)
    c) acetazolamida já foi usada com sucesso
5. PTC na gravidez:
    a) mulheres que apresentam PTC pela primeira vez durante a gravidez: é comum a resolução do PTC depois do parto
    b) mulheres que ficam grávidas durante a terapia:
        • 1º trimestre: observação, limitação do ganho de peso, LPs seriadas. ✖ Acetazolamida deve ser evitada decorrente da teratogenicidade
        • 2º e 3º trimestres: acetazolamida já foi usada com segurança, mas é aconselhável o envolvimento de obstetra especialista em alto risco
6. pseudopapiledema (associado a drusas, etc., na ausência de hipertensão intracraniana): sem intervenções.[14] Tratamento da cefaleia é empregado

49.2 Síndrome da sela vazia

49.2.1 Informações gerais

A síndrome da sela vazia (ESS) pode ser "primária" ou "secundária."

49.2.2 Síndrome da sela vazia primária

Informações gerais

Ocorre na ausência de tratamento prévio de um tumor hipofisário (médico, cirúrgico ou XRT). Herniação da membrana aracnoide para dentro da sela túrcica[33] provavelmente como resultado de pulsação repetida do CSF pode atuar como uma massa. A sela pode aumentar (ver Sela túrcica (p. 216), para as dimensões normais), e a glândula hipofisária pode ficar comprimida contra o assoalho.

Associação frequente: sexo feminino (proporção entre mulheres e homens = 5:1), obesidade e HTN. A frequência de herniação aracnoide intrasselar é mais alta em pacientes com tumores hipofisários e naqueles com aumento da pressão intracraniana por qualquer razão – incluindo hipertensão intracraniana idiopática (p. 766) – do que na população em geral.

Estes pacientes geralmente apresentam sintomas que não sugerem uma anormalidade intrasselar incluindo: dor de cabeça (o sintoma mais comum), tontura, convulsões... Ocasionalmente os pacientes podem desenvolver rinorreia na rinoliquorreia,[34] deterioração da visão (acuidade ou déficit do campo resultante de dobradura do quiasma óptico decorrente da herniação da sela) ou síndrome de amenorreia-galactorreia.

Distúrbios endócrinos clinicamente evidentes são raros com ESS primária; no entanto, até 30% têm testes da função hipofisária anormais, mais comumente secreção reduzida do hormônio do crescimento após estimulação. Pode ocorrer pequena elevação da prolactina (PRL) e redução do ADH, provavelmente por compressão da haste. Estes pacientes apresentam uma elevação da PRL normal com estimulação de TRH (enquanto os pacientes com prolactinomas não).

Tratamento

O tratamento cirúrgico geralmente não é indicado, exceto no caso de rinoliquorreia. Neste contexto, é necessário determinar se há ICP aumentada e, em caso afirmativo, se existe uma causa identificável. Derivação simples para hidrocefalia corre o risco de produzir pneumocéfalo hipertensivo pelo ar aspirado pelo local de vazamento anterior. Poderá ser necessário fechamento transesfenoidal do defeito com drenagem lombar externa simultânea, para ser convertido em uma derivação permanente logo em seguida. Hiperprolactinemia pode ser tratada, por exemplo, com bromocriptina (p. 740) se interferir na função gonadal.

49.2.3 Síndrome da sela vazia secundária

Entidades associadas à síndrome da sela vazia secundária:
1. depois de trauma[35]
2. depois de remoção transesfenoidal de sucesso ou XRT para tumor hipofisário[35]
3. qualquer causa de hipertensão intracraniana, incluindo: hipertensão intracraniana idiopática (pseudotumor cerebral), malformação de Chiari

Frequentemente apresenta deterioração visual por causa da herniação do quiasma óptico para a sela vazia. Pode haver hipopituitarismo pela causa subjacente.

A deterioração visual pode ser tratada com quiasmapexia (elevação do quiasma) geralmente pela via transesfenoidal e compactando a sela com gordura, músculo ou cartilagem. Pode ser feita endoscopicamente.[36] Parece ser melhor para melhorar déficits do campo visual do que para perda da acuidade visual.[37]

Referências

[1] Radhakrishnan K, Ahlskog JE, Garrity JA, Kurland LT. Idiopathic Intracranial Hypertension. Mayo Clin Proc. 1994; 69:169–180

[2] Digre KB, Corbett JJ. Pseudotumor Cerebri in Men. Arch Neurol. 1988; 45:866–872

[3] Durcan FJ, Corbett JJ,Wall M. The Incidence of Pseudotumor Cerebri: Population Studies in Iowa and Louisiana. Arch Neurol. 1988; 45:875–877

[4] Radhakrishnan K, Ahlskog JE, Cross SA, Kurland LT, et al. Idiopathic Intracranial Hypertension (Pseudotumor Cerebri): Descriptive Epidemiology in Rochester, Minn, 1976 to 1990. Arch Neurol. 1993; 50:78–80

[5] Rush JA. Pseudotumor Cerebri: Clinical Profile and Visual Outcome in 63 Patients. Mayo Clin Proc. 1980; 55:541–546

[6] King JO, Mitchell PJ, Thomson KR, Tress BM. Manometry combined with cervical puncture in idiopathic intracranial hypertension. Neurology. 2002; 58:26–30

[7] Ahlskog JE, O'Neill BP. Pseudotumor Cerebri. Ann Int Med. 1982; 97:249–256

[8] Corbett JJ, Mehta MP. Cerebrospinal fluid pressure in normal obese subjects and patients with pseudotumor cerebri. Neurology. 1983; 33:1386–1388

[9] Jacobson DM, Karanjia PN, Olson KA, Warner JJ. Computed Tomography Ventricular Size has no Predictive Value in Diagnosing Pseudotumor Cerebri. Neurology. 1990; 40:1454–1455

[10] Giuseffi V, Wall M, Siegel PZ, Rojas PB. Symptoms and disease associations in idiopathic intracranial hypertension (pseudotumor cerebri): a case-control study. Neurology. 1991; 41:239–244

[11] Round R, Keane JR. The minor symptoms of increased intracranial hypertension: 101 patients with benign intracranial hypertension. Neurology. 1988; 38:1461–1464

[12] Wang SJ, Silberstein SD, Patterson S, Young WB. Idiopathic intracranial hypertension without papilledema: a case control study in a headache center. Neurology. 1998; 51:245–249

[13] Sher NA, Wirtschafter J, Shapiro SK, et al. Unilateral Papilledema in 'Benign' Intracranial Hypertension (Pseudotumor Cerebri). JAMA. 1983; 250:2346–2347

[14] Bejjani GK, Cockerham KP, Pless M, Rothfus WE. Idiopathic intracranial hypertension. Contemp Neurosurg. 2002; 24:1–8

[15] Wall M, George D. Idiopathic Intracranial Hypertension: A Prospective Study of 50 Patients. Brain. 1991; 114:155–180

[16] Digre KB. Epidemioligy of idiopathic intracranial hypertension. 1992

[17] Farb RI, Vanek I, Scott JN, Mikulis DJ, Willinsky RA, Tomlinson G, TerBrugge KG. Idiopathic intracranial hypertension: The prevalence and morphology of sinovenous stenosis. Neurology. 2003; 60:1418–1424

[18] Johnston I, Hawke S, Halmagyi M, Teo C. The Pseudotumor Syndrome: Disorders of Cerebrospinal Fluid Circulation Causing Intracranial Hypertension Without Ventriculomegaly. Arch Neurol. 1991; 48:740–747

[19] Powers JM, Schnur JA, Baldree ME. Pseudotumor Cerebri due to Partial Obstruction of the Sigmoid Sinus by a Cholesteatoma. Arch Neurol. 1986; 43:519–521

[20] Wen DY, Hardten DR, Wirtschafter JD, et al. Elevated Intracranial Pressure from Cerebral Venous Obstruction by Masson's Vegetant Intravascular Hemangioendothelioma. J Neurosurg. 1991; 75:787–790

[21] Johnson LN, Krohel GB, Madsen RW, March GA,Jr. The role of weight loss and acetazolamide in the treatment of idiopathic intracranial hypertension (pseudotumor cerebri). Ophthalmology. 1998; 105:2313–2317

[22] Newberg B. Pseudotumor Cerebri Treated by Rice/ Reduction Diet. Arch Intern Med. 1974; 133:802–807

[23] Wilkins RH, Rengachary SS. Neurosurgery. New York 1985

[24] Weisberg LA. Benign Intracranial Hypertension. Medicine (Baltimore). 1975; 54:197–207

[25] Higgins JN, Owler BK, Cousins C, Pickard JD. Venous sinus stenting for refractory benign intracranial hypertension. Lancet. 2002; 359:228–230

[26] Hahn FJ, McWilliams FE. The Small Ventricle in Pseudotumor Cerebri: Demonstration of the Small Ventricle in Benign Intracranial Hypertension. CT. 1978; 2:249–253

[27] Brourman ND, Spoor TC, Ramocki JM. Optic Nerve Sheath Decompression for Pseudotumor Cerebri. Arch Ophthalmol. 1988; 106:1384–1390

[28] Sergott RC, Savino PJ, Bosley TM. Modified Optic Nerve Sheath Decompression Provides Long-Term Visual Improvement for Pseudotumor Cerebri. Arch Ophthalmol. 1988; 106:1384–1390

[29] Corbett JJ, Nerad JA, Tse D, et al. Optic Nerve Sheath Fenestration for Pseudotumor Cerebri: The Lateral Orbitotomy Approach. Arch Ophthalmol. 1988; 106:1391–1397

[30] Kelman SE, Heaps R, Wolf A, Elman MJ. Optic Nerve Decompression Surgery Improves Visual Function in Patients with Pseudotumor Cerebri. Neurosurgery. 1992; 30:391–395

[31] Kelman SE, Sergott RC, Cioffi GA, et al. Modified Optic Nerve Decompression in Patients with Functioning Lumboperitoneal Shunts and Progressive Visual Loss. Ophthalmology. 1991; 98:1449–1453

[32] Spoor TC, Ramocki JM, Madion MP, et al. Treatment of Pseudotumor Cerebri by Primary and Secondary Optic Nerve Sheath Decompression. Am J Ophthalmol. 1991; 112:177–185

[33] Kaufman B. The "empty" sella turcica - A manifestation of the intrasellar subarachnoid space. Radiology. 1968; 90:931–941

[34] Perani D, Scotti G, Colombo N, Sterzi R, Castelli A. Spontaneous CSF rhinorrhea through the lamina cribrosa associated with primary empty sella. Ital J Neurol Sci. 1984; 5:167–172

[35] Lee WM, Adams JE. The Empty Sella Syndrome. J Neurosurg. 1968; 28:351–356

[36] Alvarez Berastegui GR, Raza SM, Anand VK, Schwartz TH. Endonasal endoscopic transsphenoidal chiasmapexy using a clival cranial base cranioplasty for visual loss from massive empty sella following macroprolactinoma treatment with bromocriptine: case report. J Neurosurg. 2015:1–7

[37] Fouad W. Review of empty sella syndrome and its surgical mangement. Alexandria Journal of Medicine. 2011; 47:139–147

50 Tumores e Lesões que se Assemelham a Tumores no Crânio

50.1 Tumores cranianos

50.1.1 Informações gerais

Ver lesões cranianas (p. 1376) para um diagnóstico diferencial e propedêutica (incluindo lesões não neoplásicas). Considerando apenas tumores, o diagnóstico diferencial inclui:

1. tumores benignos
   a) osteoma: ver abaixo
   b) hemangioma: ver abaixo
   c) tumores dermoide e epidermoide: ver abaixo
   d) condroma: ocorre principalmente em conjunto com sincondrose da base do crânio
   e) meningioma
   f) cisto ósseo aneurismático
2. tumores malignos: a malignidade é sugerida por lesão volumosa osteolítica solitária ou múltipla (> 6) e pequena com margens que são irregulares, pouco definidas e com a ausência de esclerose[1]
   a) metástase óssea do crânio. Os casos comuns incluem:
      - próstata
      - mama
      - pulmão
      - rim
      - tireoide
      - linfoma
      - mieloma múltiplo/plasmocitoma (p. 714)
   b) condrossarcoma
   c) sarcoma osteogênico
   d) fibrossarcoma

50.1.2 Osteoma

Informações gerais

Osteomas são os tumores ósseos primários mais comuns da calvária. Eles são benignos, de crescimento lento, e ocorrem, normalmente, na abóbada craniana, mastoide, seios paranasais e na mandíbula. As lesões dentro dos seios nasais podem-se apresentar como uma sinusite recorrente. Elas são mais comuns em mulheres, com a maior incidência a partir da sexta década de vida. Tríade da síndrome de Gardner: osteomas cranianos múltiplos (da calvária, seios nasais e mandíbula), polipose colônica e tumores de tecidos moles.

Ver aumento da densidade localizada ou hiperostose da calvária (p. 1379) para um diagnóstico diferencial.

Patologia

Consiste em tecido osteoide dentro do tecido osteoblástico cercado por osso reativo. É difícil de distingui-lo da displasia fibrosa.

Avaliação radiográfica

Raios X do crânio: circular, esclerótico, bem demarcado, projeção densa homogênea. Geralmente, surge na tábua óssea externa do crânio (menos comum na tábua óssea interna). Pode ser compacta ou esponjosa (o osteoma esponjoso pode ser radiolucente). Diferentemente dos meningiomas, a díploe é preservada, e os seios venosos diploicos não aumentam. Os osteomas são "quentes" nos exames de medicina nuclear.

Tratamento

Lesões assintomáticas podem ser apenas acompanhadas. A cirurgia pode ser levada em consideração por razões estéticas ou se a pressão nos tecidos adjacentes causar desconforto. As lesões que envolvem apenas a tábua óssea externa podem ser removidas deixando a tábua óssea interna intacta.

50.1.3 Hemangioma

Informações gerais

Engloba ≈ 7% dos tumores cranianos.[1] Esses tumores benignos ocorrem normalmente no crânio (discutido aqui) e na coluna vertebral (p. 794). Dois tipos: cavernoso (mais comum) e capilar (raro).

Avaliação radiográfica

Raios X do crânio: caracteristicamente apresenta um círculo lucente com um padrão de alveolar ou trabecular (visto em ≈ 50% dos casos) ou trabeculações radiais produzindo um padrão em raios de sol (visto em ≈ 11% dos casos).[1] Margens escleróticas são evidentes em apenas ≈ 33%.

CT: são lesões hipodensas com trabeculações escleróticas espaçadas. Sem captação de contraste.

Exames de medicina nuclear: tipicamente quente.

Tratamento

Lesões acessíveis podem ser curadas por meio da excisão em bloco ou curetagem. A aparência macroscópica é de uma massa azul-cúpula endurecida sob o pericrânio. A radioterapia pode ser considerada para tumores inacessíveis.

50.1.4 Tumores epidermoides e dermoides do crânio

Informações gerais

Ver também epidermoides e dermoides em geral (p. 776).

Dermoides e epidermoides são cistos de inclusão benignos da ectoderme, que podem envolver o crânio, estruturas venosas durais ou cérebro. Eles podem infectar. O envolvimento primário do crânio é raro, e ocorre quando restos ectodérmicos são incorporados ao desenvolvimento do crânio, causando tumores que surgem dentro da díploe e se expandem tanto para a tábua óssea externa quanto para tábua óssea interna. Por causa do fato de não serem neoplásicos, eles crescem em uma taxa linear (em vez de exponencial). Geralmente, linha mediana.

Os tumores epidermoides contêm apenas a camada externa da pele, e são, portanto, cobertos por células escamosas do epitélio e do seu subproduto, queratina.

Os tumores dermoides contêm todos os elementos da pele, incluindo os folículos capilares (que podem produzir pelos nos tumores) glândulas sudoríparas (glândulas sebáceas (aprócrina) e glândulas sudoríparas (écrina)).[2]

Os teratomas são neoplasias que podem conter ossos, cartilagem, dentes e unhas.

Apresentação

Em razão do crescimento contínuo, essas lesões podem-se apresentar como uma massa.

Eles podem romper (mais comum com dermoides do que com epidermoides), e causar meningite química (a partir das propriedades irritativas da gordura e/ou da queratina), se infectado, pode causar meningite bacteriana.

Avaliação radiográfica

1. raios X do crânio: lesões osteolíticas com margens escleróticas bem definidas
2. algumas imagens são exigidas para avaliar possíveis envolvimentos intracranianos
   a) CT: as lesões são hipodensas (queratina contém gordura), e sem captação de contraste
   b) MRI: da mesma forma que o CSF são hipointensos no T1WI tem sinal alto no T2WI, mas diferentemente do CSF, eles são hiperintensos no DWI > MRI (p. 762)

Tratamento

O tratamento é cirúrgico. Radioterapia e quimioterapia não são indicadas.

Quando possível, o objetivo é evitar a ruptura durante a remoção, no intuito de evitar uma meningite química e/ou bacteriana.

As margens ósseas devem ser curetadas. Investigar canais cranianos comunicantes com a cavidade intracraniana, estes devem ser acompanhados e tratados caso sejam encontrados. A preparação para reparo dos seios durais deve ser feita para lesões acometendo o seio sagital (incluindo a confluência dos seios).

A cirurgia endoscópica pode ser a opção para algumas lesões na base do crânio.

50.1.5 Histiocitose de células de Langerhans

Informações gerais

Doenças histiocíticas podem ser classificadas da seguinte forma:
1. maligna (linfoma histiocítico verdadeiro)
2. reativa (histiocitose benigna)
3. histiocitose de células de Langerhans (LCH)
   a) unifocal: conhecido como granuloma eosinofílico: raro (1/1.200 novos casos por ano nos EUA). É mais comum em crianças. É uma doença de progressão demorada. Pode ocorrer nos ossos, pele, pulmão ou estômago
   b) multifocal unissistêmica: muito mais visto em crianças. Febre, osso e lesões na pele
   c) multifocal multissistêmico: conhecido como doença de Letterer-Siwe (um linfoma maligno fulminante da infância).[3] Síndrome de Hand-Schuller-Christian: DI (da invasão da haste hipofisária), exoftalmia (por tumor intraorbitário) e lesão óssea lítica (particularmente crânio)

Essa seção lida com a histiocitose de células de Langerhans unifocais, formalmente conhecido como granuloma eosinofílico

Aspecto clínico

Geralmente, condição da infância; e adolescência, 70% dos pacientes de < 20 anos. Em uma série de 26 pacientes,[3] a faixa de idade era entre 18 meses a 49 anos. (média: 16 anos).

Sintomas mais comuns apresentados: massa craniana macia e crescente (> 90%). Pode não ter sintomas e ser descoberto acidentalmente com raios X do crânio, realizado por outras razões. Exames de sangue deram resultado normal em todos, exceto em um paciente que tinha eosinofilia de 23%.

O osso parietal foi a localização mais comum (42%), seguido do osso frontal (31%)[3] (algumas séries mostraram que o osso frontal era o mais afetado).

Avaliação

Raios X do crânio

Descoberta radiográfica clássica: lesão no crânio não esclerótica saliente, circular ou oval com margens bem definidas, envolvendo tanto a tábua óssea interna quanto a tábua óssea externa (a doença inicia díploe) sempre com margem chanfrada. Uma densidade no centro do osso é raramente notada (raro, mas diagnostico). Não ocorre vascularização anomala no osso adjacente. Não há reação periosteal. É diferenciado do hemangioma pela ausência de aparência em raios de sol.

CT

Dentro da área de destruição óssea, presença de uma massa de tecidos moles, contendo densidade central.[4] Diferenciada do epidermoide que é cercado de esclerose densa.

Patologia

Macroscopia: lesão com tonalidade de cinza rosado a roxo estendendo-se até o osso e envolvendo o pericrânio. O envolvimento dural acontece apenas em um dos 26 pacientes, mas não há penetração dural.

Microscópico: histiócitos numerosos, eosinofilos e células multinucleadas na rede de fibras reticulares. Não há evidência de que isso seja o resultado de uma infecção.

Tratamento

Tendência a seguir uma regressão espontânea, entretanto, muitas lesões únicas são tratadas por curetagem. As lesões múltiplas são associadas ao envolvimento de óssos que não a calvária e são sempre tratadas com quimioterapia e/ou radioterapida em baixa dose. Bastante radiossensíveis.

Resultado

Após um acompanhamento de oito anos, oito pacientes (31%) desenvolveram lesões adicionais, cinco deles tinham ≤ 3 anos de idade (todos os cinco pacientes tinham < 3 anos de idade)[3] (pode sugerir uma forma de LCH multifocal, portanto, pacientes jovens devem ser acompanhados de perto). A recorrência em um mesmo local foi encontrada em um caso, e em outros envolveram outros ossos (incluindo o crânio, fêmur, coluna lombar) ou cérebro (incluindo hipotálamo, apresentando-se com diabetes insípido e retardo no crescimento).

50.1.6 Cordoma

Informações gerais

> ### Conceitos-chave
>
> - tumor maligno primário, geralmente do clivo ou sacro, com alta taxa de recorrência
> - histologia: células fisalíforas características (contendo mucina intracelular)
> - geralmente tem baixo crescimento e são radiorresistentes
> - tratamento de escolha: ampla ressecção em bloco quando possível (a remoção fragmentada leva o risco de causar metástase), a radioterapia com feixes de prótons pode ajudar

Tumores raros (incidência de ≈ 0,51 casos/milhão), derivados dos resíduos da notocorda primitiva (que normalmente se diferenciam em núcleo pulposo do disco intervertebral). Pode surgir em qualquer lugar junto ao neuroeixo, onde houver resíduos de notocorda, entretanto, alguns casos tendem a agrupar-se em ambas as extremidades da notocorda primitiva: 35% craniano[5] na região esfeno-occipital (clivo), e 53%[5] na coluna sacrococcígea.[6] De uma forma menos comum, eles podem ocorrer na coluna acima do sacro.[7] Eles representam menos de 1% dos tumores intracranianos e 3% dos tumores primários de coluna.[8] A taxa é baixa de metástase (5-20%),[9] mas há uma taxa alta de recorrência de 85% após cirurgia, e, portanto, RTX agressiva é geralmente empregada no pós-operatório.

Patologia

Histologicamente, esses tumores são considerados de baixo grau de malignidade. Entretanto, o comportamento deles é mais maligno por causa da dificuldade de removê-los totalmente, da alta taxa de recorrência, e do fato de que eles podem metastatizar (geralmente tarde). Eles têm um crescimento demorado, localmente agressivo e ósseo-destrutivo. As metástases ocorrem em aproximadamente 10% dos tumores sacrais, geralmente tardias e após múltiplas ressecções; mais comuns no pulmão, fígado e ossos. A transformação maligna em fibrossarcoma ou histiocitoma fibroso maligno é rara. As células fisalíforas são células vacuoladas na histologia, bastante evidentes e que provavelmente representam vacúolos de muco citoplasmático visto em ultraestrutura.

Aparência radiográfica

Geralmente, lítico com frequentes calcificações.[10] Captantes na CT com contraste.[10] Raramente, pode aparecer como uma vértebra esclerótica[11] ("vértebra marfim").

Cordomas cranianos

O pico de incidência de cordomas cranianos é de 50-60 anos de idade. Esses tumores são raros em pacientes < 30 anos.[12] A distribuição masculina: feminina é ≈ igual.

Diagnóstico diferencial: primariamente com outros tumores cartilaginosos da base do crânio; ver diagnóstico diferencial de tumores de outra região do forame magno (p. 1367):
1. condrossarcomas
2. condromas

Apresentação: geralmente, produz paralisia de nervos cranianos (geralmente nos nervos oculomotores e abducentes).

Cordomas vertebrais

Informações gerais

Ocorre primariamente na região sacrococcígea. Diferentemente dos cordomas cranianos, os cordomas sacrococcígeos apresentam uma predominância masculina,[5] e esses pacientes tendem a ser mais velhos. Também pode surgir em C2. Os cordomas constituem cerca de 50% dos tumores ósseos primários do sacro. Eles podem produzir dor, distúrbios esfincterianos ou sintomas nas raízes nervosas da compressão da raiz nervosa local. Pode raramente estender-se superiormente para o canal vertebral da lombar. É geralmente limitado anteriormente pela fáscia pré-sacral e raramente invade a parede do reto.[13] Uma massa fixa firme pode ser palpável entre o sacro e o reto em um exame de toque retal.

Avaliação

Aspectos radiográficos característicos: destruição localizada no centro de alguns segmentos sacrais, com massa de tecido mole anterior apresentando, ocasionalmente, calcificações pequenas. CT e MRI mostram a destruição óssea. Isto é geralmente difícil de ver em uma radiografia simples. MRI também mostra a massa de tecido mole.

Uma biópsia percutânea via posterior guiada por CT ou aberta pode confirmar o diagnóstico. Uma biópsia transretal pode ser evitada por causa do potencial de implante retal.[14]

CT do tórax e exames de medicina nuclear óssea: para descartar metástases durante o estadiamento da doença.

Tratamento

Cirurgia

Excisão cirúrgica ampla, se possível, em bloco, com radioterapia pós-operatória é geralmente a melhor opção, embora isto possa ter efeito temporário. A descompressão deve ser evitada já que a ressecção por pedaços pode espalhar o tumor (metástase induzida cirurgicamente) aumentando o risco de recidiva. Os cordomas localizados em C2 não são geralmente passíveis de ressecção em bloco.[15]

Cordomas sacrais: as nuances do procedimento cirúrgico são altamente dependentes da extensão da lesão. Esses tumores podem-se espalhar pela musculatura glútea, e, se for necessária uma excisão significativa desta musculatura, poderá ser empregado enxerto pediculado de músculo reto do abdome. Colostomia pode ser necessário, caso ressecção do reto ou sacral em direção cefálica for antecipada.[16]

Para cordomas caudais do terceiro segmento sacral, muitos acreditam que a abordagem posterior é satisfatória. Para lesões rostrais, alguns defendem uma abordagem anterior e posterior combinadas. Entretanto, a abordagem posterior tem sido usada.[16]

Efeitos adversos da sacrectomia: se a raiz do nervo S2 for a raiz mais caudal poupada, há ≈ 50% de chances de preservação do controle de bexiga e intestino.[16] Se as raízes de S1 ou mais cefálicas forem as poupadas, a maioria terá distúrbio do controle vesical e intestinal.[16]

Radioterapia (XRT)

Os melhores resultados foram obtidos com a excisão em bloco (até mesmo marginal), seguida, algumas vezes de altas doses de XRT[7,17] (A XRT não previne a recorrência quando feita após cirurgia paliativa,[7] porém, prolonga o intervalo de recorrência[17]). Radioterapia precoce foi associada à maior sobrevivência.[18] Doses mais altas de XRT podem ser usadas na região sacrococcígea (4.500-8.000 rads) se comparadas às doses usadas na coluna cervical (4.500-5.500 rads) em razão dos riscos de danos sobre a medula espinal secundárias à radioterapia. IMRT e radiocirurgia estereotáxica também têm sido usados.[15]

A terapia com feixes de prótons, sozinha[9] ou combinada com terapia[19,20] de raios X de alta energia (phóton), pode ser mais efetiva que a convencional XRT sozinha. Entretanto, a terapia de feixes de prótons requer viagem para centros com cíclotron (nos EUA: Boston, ou Loma Linda, Califórnia), o que pode ser difícil de arrumar por ser tipicamente decorrente das ≈ sete semanas de tratamentos fracionado.

Quimioterapia

Imatinibe (Gleevec®) (um inibidor de tirosina quinase) tem alguns efeitos antitumorais em cordoma.[21]

Resultado

A média de sobrevivência é de 6,3 anos.[15]

50.2 Lesões no crânio não neoplásicas

50.2.1 Informações gerais

Inclui:
1. osteopetrose (p. 1401)
2. doença de Paget no crânio
3. hiperostose frontal interna (ver abaixo)
4. displasia fibrosa (p. 780)

50.2.2 Hiperostose frontal interna

Informações gerais

Ver diagnóstico diferencial (p. 1379). Hiperostose frontal interna (HFI) é um espessamento nodular irregular benigno da tábua óssea interna do osso frontal que é quase sempre bilateral. A linha mediana é poupada na inserção da foice. Casos unilaterais têm sido relatados,[22] e nesses casos deve-se prevenir outras etiologias como meningioma, hematoma epidural calcificado, osteoma, displasia fibrosa, um tumor fibroso epidural,[23] ou a doença de Paget.

Epidemiologia

A incidência de HFI na população em geral é de ≈ 1,4-5%.[22] A HFI é mais comum em mulheres (porcentagem feminino: masculino pode ser tão alta quanto 9:1) com a incidência de 15-72% em mulheres idosas. Um número possível de condições associadas tem sido descritas, sendo a maioria sugestiva de causa metabólica, (a maioria não foi provada), ganhando o pseudônimo de craniopatia metabólica. As condições associadas incluem:

1. síndrome de Morgagni (Síndrome Morgagni-Stewart-Morel AKA): dor de cabeça, obesidade, virilismo e neuropsiquiátricos (incluindo retardo mental)
2. anomalias endocrinológicas
   a) acromegalia (p. 725)[24] (níveis elevados de crescimento hormonal)
   b) hiperprolactinemia[24]
3. anomalias metabólicas
   a) hiperfosfatemia
   b) obesidade
4. hiperostose esquelética idiopática difusa (DISH) (p. 1129)

Aspecto clínico

HFI pode aparecer sem sintomas e ser descoberta acidentalmente em um exame radiográfico feito por outras razões. Alguns sinais e sintomas têm sido atribuídos à HFI, incluindo: hipertensão, convulsões, dor de cabeça, déficit de nervo craniano, demência, irritabilidade, depressão, histeria, fadiga e lentidão mental. A incidência de cefaleia pode ser estatisticamente maior em pacientes com HFI do que na população em geral.[25]

Avaliação

Exames de sangue para descartar algumas das condições descritas anteriormente podem ser solicitados em casos apropriados: avaliar hormônio de crescimento, prolactina, fosfato, fosfatase alcalina (para prevenir a doença de Paget).

A radiografia simples do crânio mostra o espessamento do osso frontal com preservação característica da linha mediana. Raramente, acomete os ossos parietal e occipital.

A CT demonstra lesão que geralmente causa 5-10 mm do espessamento ósseo, mas foram descritos casos de mais de 4 cm de espessura.

Exames de Medicina Nuclear: geralmente, mostra uma captação moderada em HFI (geralmente não tão intensa quanto com metástase óssea).

Além disso, o exame de leucócitos com índio-111 (comumente utilizado para detectar infecções ocultas) mostrará a acumulação na HFI (um falso positivo).[26,27]

Tratamento

Apesar de existir um grande número de publicações na literatura médica (especialmente durante o meio do século 20), pouco foi escrito sobre o tratamento de casos sob suspeita de que os sintomas são resultantes de HFI. Em um relato, a remoção do osso espessado sem a evidência de adesão dural foi realizada, com melhora na histeria apresentada.[22]

Técnica cirúrgica

Uma técnica descrita consiste em usar o craniótomo para remover a porção espessa do osso (radiografia simples do osso pode ser usada para fazer um molde), e então o osso é afinado com uma broca de alta velocidade, e recolocado. Outra alternativa é a cranioplastia com metilmetacrilato ou implante feito sob medida, fabricado, usando dados da CT.

50.2.3 Displasia fibrosa

Informações gerais

Geralmente, uma condição benigna em que o tecido ósseo normal é substituído por tecido conectivo fibroso (a transformação maligna ocorre em < 1%). Não tende a ser hereditária. Muitas lesões ocorrem nas costelas ou nos ossos craniofaciais, principalmente maxila.

Padrões de envolvimento

1. monostótico: mais comum
2. polistótico: 25% com essa forma tem > 50% do esqueleto envolvido com fraturas associadas e deformidades esqueléticas

3. como parte da síndrome de McCune-Albright (disfunção endócrina, manchas café com leite que tendem a ocorrer paramedianas e tendem a ser mais protrusas do que aquelas vistas em neurofibromatose [p. 604], displasia fibrosa, e puberdade precoce primeiramente em mulheres) e suas variantes

Aspecto clínico

Manifestações clínicas das lesões de displasia fibrosa (FD) incluem:
1. descoberta acidental (isto é, assintomático)
2. dor local
3. inchaços locais (raramente podem ocorrer distorções semelhantes ao cisto ósseo aneurismático) ou deformidade
4. pode predispor a fraturas patológicas quando ocorrem em ossos longos
5. envolvimento de nervo craniano: incluindo perda de audição, quando o osso temporal está envolvido, como resultado da estenose do meato auditivo externo
6. convulsões
7. fosfatase alcalina sérica é elevada em torno de 33%, níveis de cálcio são normais
8. pigmentação escura do cabelo sobreposta à lesão do crânio
9. hemorragia espontânea no couro cabeludo
10. raramente associado à síndrome de Cushing, acromegalia

3 formas das lesões de FD
1. cística (as lesões não são na realidade cistos no sentido estrito da palavra): aumento da espessura da díploe geralmente com a tábua óssea externa afinada e pouco envolvimento da tábua óssea interna. Normalmente, ocorre no alto da calvária
2. esclerótica: geralmente, envolve a base do crânio (principalmente o osso esfenoide) e ossos da face
3. mista: a aparência é similar a um tipo cístico com pedaços de densidade aumentada dentro das lesões lucentes

Aparência de vidro moído na radiografia é graças às espículas de tecido ósseo.

Tratamento

Não há cura para FD. Procedimentos locais (comumente ortopédicos) são usados para deformidades ou dor óssea refratária a outro tratamento. O envolvimento neurocirúrgico pode ser exigido para lesões no crânio, produzindo dor refratária ou sintoma neurológico. Lesões calvariais podem ser tratadas com curetagem e cranioplastia. Calcitonina pode ser usada para generalizar lesões com dor no osso e/ou níveis de fosfotase alcalina sérica.

Referências

[1] Thomas JE, Baker HL. Assessment of Roentgenographic Lucencies of the Skull: A Systematic Approach. Neurology. 1975; 25:99–106

[2] Smirniotopoulos JG, Chiechi MV. Teratomas, dermoids, and epidermoids of the head and neck. Radiographics. 1995; 15:1437–1455

[3] Rawlings CE, Wilkins RH. Solitary Eosinophilic Granuloma of the Skull. Neurosurgery. 1984; 15:155–161

[4] Mitnick JS, Pinto RS. CT in the Diagnosis of Eosinophilic Granuloma. J Comput Assist Tomogr. 1980; 4:791–793

[5] O'Neill P, Bell BA, Miller JD, Jacobson I, Guthrie W. Fifty Years of Experience with Chordomas in Southeast Scotland. Neurosurgery. 1985; 16:166–170

[6] Heffelfinger MJ, Dahlin DC, MacCarty CS, et al. Chordomas and Cartilaginous Tumors at the Skull Base. Cancer. 1973; 32:410–420

[7] Boriani S, Chevalley F,Weinstein JN, et al. Chordoma of the Spine Above the Sacrum. Treatment and Outcome in 21 Cases. Spine. 1996; 21:1569–1577

[8] Wright D. Nasopharyngeal and Cervical Chordoma – Some Aspects of the Development and Treatment. J Laryngol Otol. 1967; 81:1335–1337

[9] Hug EB, Loredo LN, Slater JD, et al. Proton Radiation Therapy for Chordomas and Chondrosarcomas of the Skull Base. J Neurosurg. 1999; 91:432–439

[10] Meyer JE, Lepke RA, Lindfors KK, et al. Chordomas: Their CT Appearance in the Cervical, Thoracic and Lumbar Spine. Radiology. 1984; 153:693–696

[11] Schwarz SS, Fisher WS, Pulliam MW, Weinstein ZR. Thoracic Chordoma in a Patient with Paraparesis and Ivory Vertebral Body. Neurosurgery. 1985; 16:100–102

[12] Wold LE, Laws ER. Cranial Chordomas in Children and Young Adults. J Neurosurg. 1983; 59:1043–1047

[13] Azzarelli A, Quagliuolo V, Cerasoli S, et al. Chordoma: Natural History and Treatment Results in 33 Cases. J Surg Oncol. 1988; 37:185–191

[14] Mindell ER. Current Concepts Review. Chordoma. J Bone Joint Surg. 1981; 63A:501–505

[15] Jiang L, Liu ZJ, Liu XG, Ma QJ, Wei F, Lv Y, Dang GT. Upper cervical spine chordoma of C2-C3. Eur Spine J. 2009; 18:293–298; discussion 298-300

[16] Samson IR, Springfield DS, Suit HD, Mankin HJ. Operative Treatment of Sacrococcygeal Chordoma. A Review of Twenty-One Cases. J Bone Joint Surg. 1993; 75:1476–1484

[17] Klekamp J, Samii M. Spinal Chordomas - Results of Treatment Over a 17-Year Period. Acta Neurochir (Wien). 1996; 138:514–519

[18] Cheng EY, Özerdemoglu RA, Transfeldt EE, Thompson RC. Lumbosacral Chordoma. Prognostic Factors and Treatment. Spine. 1999; 24:1639–1645

[19] Suit HD, Goitein M, Munzenrider J, et al. Definitive Radiation Therapy for Chordoma and Chondrosarcoma of Base of Skull and Cervical Spine. J Neurosurg. 1982; 56:377–385

[20] Rich TA, Schiller A, Mankin HJ. Clinical and Pathologic Review of 48 Cases of Chordoma. Cancer. 1985; 56:182–187

[21] Magenau JM, Schuetze SM. New targets for therapy of sarcoma. Curr Opin Oncol. 2008; 20:400–406

[22] Hasegawa T, Ito H, Yamamoto S, et al. Unilateral Hyperostosis Frontalis Interna: Case Report. J Neurosurg. 1983; 59:710–713

[23] Willison CD, Schochet SS, Voelker JL. Cranial Epidural Fibrous Tumor Associated with Hyperostosis: A Case Report. Surg Neurol. 1993; 40:508–511

[24] Fulton JD, Shand J, Ritchie D, McGhee J. Hyperostosis frontalis interna, acromegaly and hyperprolactinemia. Postgrad Med J. 1990; 66:16–19

[25] Bavazzano A, Del Bianco PL, Del Bene E, Leoni V. A statistical evaluation of the relationships between headache and internal frontal hyperostosis. Res Clin Stud Headache. 1970; 3:191–197

[26] Floyd JL, Jackson DE, Carretta R. Appearance of Hyperostosis Frontalis Interna on Indium-111 Leukocyte Scans: Potential Diagnostic Pitfall. J Nucl Med. 1986; 27:495–497

[27] Oates E. Spectrum of Appearance of Hyperostosis Frontalis Interna on In-111 Leukocyte Scans. Clin Nucl Med. 1988; 13:922–923

51 Tumores da Coluna Vertebral e Medula Espinal

51.1 Informações gerais

15% dos tumores do CNS primários são intraespinais (o intracranial:relação da coluna para astrocitoma é 10:1; ependimomas é 3-20:1).[1] Há uma discordância acerca da predominância, prognóstico e tratamento ideal. A maioria dos tumores primários espinais do CNS são benignos (diferente dos tumores intracranianos). A maioria é diagnosticada por compressão de estruturas neurais em vez de invasão.[2]

51.2 Localização compartimental dos tumores da coluna

Podem ser classificados em três grupos, baseando-se no compartimento envolvido. Apesar de as metástases poderem ser encontradas em cada área, normalmente, elas são mais extradurais. As frequências citadas abaixo são de um hospital geral. As lesões extradurais são menos comuns em clínicas de neurocirurgia, porque muitos desses tumores são acompanhados por oncologistas sem exigência de um envolvimento neurocirúrgico.
1. extradural (ED) (55%): surge fora da medula no corpo vertebral ou no tecido epidural
2. extramedular intradural (ID-EM) (40%): surge nas leptomeninges ou raízes. Primeiramente, meningiomas e neurofibromas (juntos = 55% dos tumores ID-EM)
3. tumores intramedulares (IMSCT) (p. 787), 5% surgem dentro da medula espinal, invadem e destroem os tratos e a substância cinzenta

51.2.1 Linfoma da coluna

O linfoma pode ocorrer em qualquer um dos três compartimentos.
1. epidural
   a) linfoma metastático ou secundário: a forma mais comum de linfoma na coluna. O envolvimento na coluna acontece em 0,1-10% dos pacientes com linfoma não Hodgkin
   b) linfoma não Hodgkin epidural primário da coluna: raro. Completamente epidural sem envolvimento ósseo. A existência dessa forma é controversa, e alguns pesquisadores consideram que representa uma extensão do linfoma retroperitoneal indetectável ou do linfoma de corpo vertebral. Ele pode ter um melhor prognóstico do que o linfoma secundário[3]
2. intramedular
   a) secundário (p. 789)
   b) primário: muito raro (ver abaixo)

51.3 Diagnóstico diferencial: tumores da coluna e da medula espinal

51.3.1 Informações gerais

Ver também mielopatia (p. 1407) para uma lista que inclui não apenas tumores, mas também causas não neoplásicas da disfunção da medula espinal (p. ex., cisto meníngeo da coluna, hematoma epidural, mielite transversa...).

51.3.2 Tumores da medula espinal extradurais (55%)

Surgem no corpo vertebral ou no tecido epidural.
1. metastático: abrange a maioria dos tumores ED
   a) a maioria é osteolítica (causa destruição óssea): ver metástases epidurais da coluna (p. 814). Os mais comuns são:
      • linfoma: muitos dos casos representam a disseminação da doença sistêmica (linfoma secundário); alguns casos podem ser primários (ver abaixo)
      • pulmão
      • mama
      • próstata
   b) metástases que podem ser osteoblásticas:
      • em homens: câncer de próstata é o mais comum
      • em mulheres: câncer de mama é o mais comum
2. tumores primários da coluna (muito raro)
   a) cordomas (p. 778)
   b) osteoma osteoide (p. 792)
   c) osteoblastoma (p. 792)

d) **cisto ósseo aneurismático (ABC)**: lesão osteolítica expansiva consistindo em uma cavidade sanguínea de alta vascularização em forma alveolar, separado por septos de tecido conectivo, cercado por uma fina concha de osso cortical que pode se expandir. Abrange 15% dos tumores de coluna.[4] A etiologia é controversa. Pode surgir de um tumor preexistente (incluindo: osteoblastoma, tumor de célula gigante, displasia fibrosa, condrossarcoma) ou acompanhar uma fratura grave. Na coluna, há uma tendência para envolver, primeiramente, os elementos posteriores. O pico de incidência ocorre na segunda década de vida. O tratamento geralmente consiste na curetagem da lesão. Alta taxa de recorrência (25-50%), se não for completamente excisado
e) condrossarcoma: um tumor maligno de cartilagem. Tumor de aspecto lobular com áreas de calcificação
f) osteocondroma (condroma): tumores benignos do osso que surgem da cartilagem hialina madura. É muito comum durante a adolescência. O condroma é um tumor similar que cresce dentro da cavidade medular
g) hemangioma vertebral (p. 794)
h) **tumor de células gigantes do osso (GCT)**: também conhecido como osteoclastoma (p. 797)
i) granuloma de célula gigante (reparativo): também conhecido como uma sólida variante do ABC.[5] Relacionado com o GCT. Ele ocorre primeiramente na mandíbula, maxila, mãos e pés, mas há casos relatados de envolvimento da coluna.[5,6] Não é uma neoplasia verdadeira – é mais um processo reativo. Tratamento: curetagem. Taxa de recorrência: 22-50%, tratado com reexcisão
j) tumor marrom do hiperparatireoidismo
k) sarcoma osteogênico: raro na coluna
3. variados
a) plasmacitoma (p. 716)
b) mieloma múltiplo (p. 714)
c) **histiocitose de células de Langerhans unifocal (LHC), conhecido como granuloma eosinofílico**: defeito osteolítico com colapso vertebral progressivo; o LHC é uma das causas de **vértebra plana** (p. 1392). A coluna vertebral é a região mais afetada. LHCs individuais associadas a condições sistêmicas (Leterer-Siwe ou doença de Hand-Schüller-Christian) são tratadas com biópsia e imobilização. O colapso ou déficit neurológico vindo da compressão pode exigir descompressão e/ou fusão. Uma baixa dose de RTX pode ser efetiva[7,8]
d) sarcoma de Ewing: tumor maligno agressivo com alta incidência durante a segunda década de vida. Metástases na coluna são mais comuns do que lesões primárias. O tratamento é paliativo: excisão radical acompanhada de RTX (bastante radiossensível) e quimioterapia[9]
e) cloroma: infiltração focal de células leucêmicas
f) angiolipoma: ≈ 60 casos reportados na literatura
g) neurofibromas (p. 786): a maioria são intradurais, mas alguns são extradurais, geralmente dilatam o forame neural (tumores em forma de halteres)
h) hemangioendotelioma intravascular vegetante de Masson (p. 770)[10]

51.3.3 Tumores da medula espinal extramedulares intradurais (40%)

1. meningiomas: geralmente intradurais, mas podem ser parcialmente (em 15%) ou, completamente extradurais. Ver abaixo
2. neurofibromas: geralmente intradurais, mas podem ser parcial ou completamente extradurais
3. muitos lipomas são extramedulares com extensão intramedular
4. variados: apenas ≈ 4% das metástases da coluna envolvem esse compartimento

51.3.4 Tumores da medula espinal intramedulares

1. astrocitoma (p. 789): 30%
2. ependimoma (p. 788) 30%, incluindo Ependimoma mixopapilar (p. 789)
3. variados: 30%, incluem:
a) glioblastoma maligno
b) dermoide. Além da população em geral, os dermoides se apresentam de forma tardia acompanhando ≈ 16% de fechamentos de mielomeningocele (MM).[11] A etiologia iatrogênica tem sido debatida,[12] entretanto, um caso de dermoide congênito em recém-nascido com MM[13] indicou que a origem nem sempre se deve a elementos dérmicos removidos incompletamente na hora do fechamento da MM
c) epidermoide
d) teratoma
c) lipoma
f) hemangioblastoma (p. 789)
g) neuroma (intramedular muito raro)
h) siringomielia (não neoplásico)
4. tumores extremamente raros
a) linfoma

Tumores da Coluna Vertebral e Medula Espinal **785**

b) oligodendroglioma
c) colesteatoma
d) metástases intramedulares: abrangem apenas ≈ 2% das metástases da coluna
e) tumores fibrosos solitários da medula espinal: reconhecido em 1996. Origem mesenquimal provável. Também tem ocorrência extramedular (menos comum). O tratamento é a excisão cirúrgica
completa. O prognóstico é incerto[14]

51.4 Tumores na medula espinal extramedulares intradurais

51.4.1 Meningiomas espinais

Ver referência.[15]

Epidemiologia

Pico de incidência: 40-70 anos de idade. Mulheres:homens proporção = 4:1 em geral, mas a proporção é
1:1 na região lombar. 82% torácica, 15% cervical, 2% lombar. 90% são completamente intradurais, 5% são
extradurais, e 5% tanto intra quanto extradurais. 68% estão na lateral da medula espinal, 18% na parte posterior, 15% na parte anterior. Os meningiomas espinais múltiplos ocorrem raramente.

Aspecto Clínico

Sintomas
    Sinais pré-operatórios (apenas um de 174 pacientes assintomáticos):[15]
1. motores
    a) apenas sinais de síndrome piramidal: 26%
    b) caminhar com auxílio: 41%
    c) força antigravitacional: 17%
    d) flexão e extensão sem gravidade: 6%
    e) paralisia: 9%
2. sensitivos
    a) radicular: 7%
    b) trato longo: 90%
3. déficit de esfíncter: 51%

51

Conclusão

A taxa de recorrência com a excisão completa é de 7% com um mínimo de seis anos de acompanhamento
(as recidivas ocorreram entre 4 e 17 anos após a cirurgia).[15]

51.4.2 Schwannomas espinais

Informações gerais

Conceitos-chave
• tumores benignos de crescimento lento
• a maioria (75%) surge de raízes dorsais (sensorial)
• os primeiros sintomas são sempre radiculares
• a recorrência é rara após a excisão completa (com exceção para neurofibromatoses)

Quadro 51.1 Sintomas de meningiomas espinais

	No início	Na época da primeira cirurgia
dor radicular ou local	42%	53%
déficit motor	33%	92%
sintomas sensitivos	25%	61%
distúrbio esfincteriano		50%

Incidência: 0,3-0,4/100.000/ano. A maioria dos Schwannomas ocorre esporadicamente e eles são únicos, mas também podem ser associados a neurofibromatoses (p. 603), especialmente do tipo 2 (NF2), mas podem acontecer com tipo 1.

Configurações

As configurações, na sua maioria, são totalmente intradurais, mas 8-32% podem ser completamente extradurais,[16,17] 1-19% são uma combinação, 6-23% apresentam forma de halteres, e 1% é intramedular.

Tumores com forma de halteres. Definição: tumores que se desenvolvem em um formato de "ampulheta" decorrente de uma barreira anatômica encontrada durante o crescimento. Nem todos os tumores halteres são Schwannomas, p. ex. Neuroblastomas (p. 603). A maioria tem componentes intraespinais, foraminais (geralmente estreitado) e extraforaminais (o alargamento do forame neural é achado característico, pode ser reconhecido até raios X simples, e confirma a natureza benigna e de desenvolvimento lento da lesão). O colo estreitado do tumor pode ser decorrente da constrição dural na transição dos componentes intra e extradurais.

A classificação de Asazuma et al.[18] para Schwannomas espinais em halteres é vista na ▶ Fig. 51.1.

Os tumores de tipo I são intradurais e extradurais e são restritos ao canal espinal. A constrição ocorre na dura.

Os de tipo II são todos extradurais, e são subclassificados como: IIa não se estende além do forame neural, IIb = dentro do cana espinal + paravertebral, IIc = foraminal + paravertebral.

Tipo IIIa são foraminais intradurais e extradurais, IIIb são paravertebrais intradurais e extradurais.

Tipo IV são extradurais e intravertebrais. Tipo V são extradurais e extralaminares com invasão laminar. Tipo VI mostra a erosão óssea difusa.

Expansão craniocaudal: IF e TF designam o número do forame invertebral e forame transverso envolvido, respectivamente (p. ex., IF estágio 2 = 2 forames).

Schwannomas envolvendo C1 e C2: pode envolver artérias vertebrais e exigir cuidados adicionais.

Aspecto clínico

Pacientes normalmente apresentam dor local.

Os déficits neurológicos desenvolvem-se tardiamente. Os tumores podem causar radiculopatia (da compressão da raiz do nervo), mielopatia (da compressão da medula espinal), radiculomielopatia (da compressão de ambos), ou síndrome da cauda equina (para os tumores abaixo do cone medular).

Patologia

Composto de fibras Antoni A (compactos agrupamentos de longas e espichadas células de Schwann) e fibras Antoni B (áreas escassas de células de Schwann em matriz eosinofílica frouxa).

Abordagens cirúrgicas

Ver referências.[19]

Abordagem posterior: os tipos I, IIa, IIIa, algumas cervicais superiores IIIb e alguns VI são geralmente suscetíveis à abordagem posterior. IIa e IIIa geralmente exigem facetectomia total para uma remoção completa.[18] A reconstrução com instrumentação pode ser necessária se ocorrer uma destruição dos elementos posteriores.

Abordagens anterior e anterior/posterior combinadas: Asazuma et al.[18] recomenda a abordagem combinada para lesões dos tipos IIb, IIc e IIIb, onde a extensão extraforaminal é grande (viz. além das artérias vertebrais). A reconstrução por instrumentação foi exigida em alguns tumores (≈ 10% de todos os pacientes tratados) que foram do tipo IV (dois pacientes), IIIb (um paciente) e VI (um paciente).

Sacrifício do nervo

Geralmente, é possível preservar alguns fascículos da raiz do nervo, apesar de, às vezes, a remoção inteira da raiz do nervo ser exigida. Novos déficits podem não ocorrer desde que os fascículos envolvidos sejam sempre não funcionais, e a raiz adjacente pode compensar. O risco de déficit motor é mais alto para Schwannomas do que para neurofibromas, se comparados tumores cervicais *versus* tumores lombares, e para tumores cervicais com extensão extradural.

Conclusão

A recorrência é rara nos casos de ressecção completa, com exceção na localização da NF2.

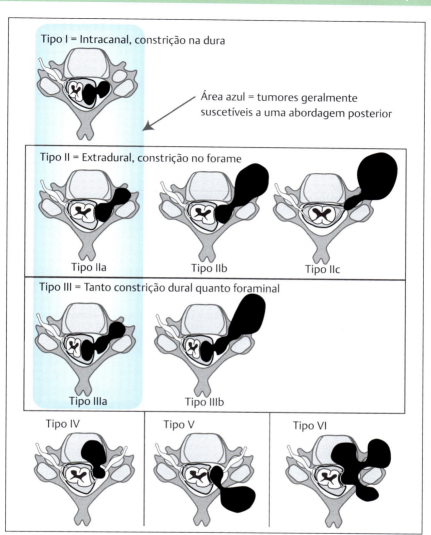

Fig. 51.1 Classificação dos tumores espinais em haltere (modificada com permissão de Asazuma T, Yoshiaki T, Hirofumi M, et al.: Surgical strategy for cervical dumbbell tumors based on a three-dimensional classification. Spine 29 (1): E10-4, 2003).

51.5 Tumores intramedulares da medula espinal

51.5.1 Tipos de tumores intramedulares da medula espinal

A lista a seguir exclui metástases (ver abaixo) e lipomas (de origem neoplásica questionável,[20] e a maioria é, na realidade, intradural extramedular, ver abaixo). **Nota**: em crianças, astrocitomas e epedimomas constituem 90% dos tumores da medula espinal intramedulares (IMSCT).

1. astrocitoma (não maligno): 30%, (o IMSCT mais comum fora do filamento terminal[2]) tende a ser excêntrico
2. ependimoma: 30%, tende a ser mais central, com captação densa e uniforme de contrate
3. mistos: 30%, incluem:
    a) glioblastoma maligno
    b) dermoide
    c) epidermoide (incluindo o iatrogênico derivado de LP sem o guia)[21,22]
    d) teratoma
    e) hemangioblastoma (ver abaixo)
    f) hemangioma
    g) neuroma (extramedular muito raro)
    h) tumores extremamente raros
        • linfoma primário (apenas 6 casos relatados, todos do tipo não Hodgkin[23])
        • oligodendroglioma, apenas 38 casos na literatura mundial[24]
        • colesteatoma
        • paraganglioma
        • tumor embrionário espinal primário ("PNET espinal") (p. 663)[25]
        • astrocitoma pilomixoide (p. 632)
        • metástases

51.5.2 Diagnóstico diferencial

Ver também DDx para Mielopatia (p. 1407).
1. neoplasma (tumor): (ver acima na lista). Captação de contraste: 91% de captantes;[26] dos 9% que não captam, a maioria era astrocitoma, 1 era subempendimoma; a captação não está relacionada com o grau
2. lesões *não neoplásicas*
    a) lesões vasculares (p. ex., AVM): *flow-voids* (fluxos vazias) serpiginosos ou lineares. A angiografia espinal pode ser útil[2]
    b) doenças desmielinizantes (p. ex., esclerose múltipla):
        • geralmente não se estende > dois níveis de vertebrais
        • lesões medulares na MS não são comuns na região cervical
    c) mielite inflamatória
    d) mielopatia paraneoplásica
    e) doenças que causam dor em certos segmentos do corpo. (p. ex., colecistite, pielonefrite, doença intestinal). Para diferenciar dessas, procure pela distribuição em dermátomos, piora com manobra de Valsalva, e acompanhando as mudanças sensoriais e/ou motoras em LEs que sugerem lesão medular ou radicular. Estudos radiográficos são frequentemente solicitados para diferenciação
    f) doenças estruturais vertebrais, p. ex. doença de Paget, tumores de células gigantes do osso (p. 797), etc.

51.5.3 Tipos específicos de tumores da medula espinal intramedulares

Ependimoma

Informações gerais

> ## Conceitos-chave
>
> • os gliomas mais comuns da coluna lombar, cone e filamento (a maioria dos ependimomas no cone e filamento terminal são ependimomas mixopapilares). Mais comum em adultos
> • propedêutica: inclui imagem de toda o neuroeixo (geralmente MRI: cervical torácica, lombar e cerebral) decorrente do potencial para espalhar-se pelo CSF
> • cistos associados são comuns
> • tratamento: excisão cirúrgica (a maioria são encapsulados)

Os gliomas mais comuns da medula espinal caudal, cone e *filum* terminal (abaixo). Crescimento lento. Benigno. Leve predominância masculina; incidência um pouco maior entre a terceira e a sexta décadas de vida. Acima de 50% no *filum* terminal, o local mais comum a seguir é cervical. Histologicamente: papilar, celular, epitelial ou misto (no *filum*, o ependimoma mixopapilar é o mais comum, ver abaixo). Degeneração cística em 46%. Pode expandir o canal vertebral junto ao *filum*.[27] Geralmente, encapsulado e minimamente vascular (papilar: pode ser altamente vascular; pode causar SAH). Sintomas presentes > um ano antes do diagnóstico em 82% dos casos.[28]

Ependimoma mixopapilar

Os ependimomas do cone medular e do filamento terminal são geralmente do subtipo mixopapilar. WHO grau um. Geralmente, solitário. Histologia: papilar, com vacúolos microcísticos, mucossubstância; tecido conectivo. Sem anaplasia, mas a disseminação através do CSF ocorre raramente (pode disseminar intracranialmente após a remoção do tumor espinal[29]). Uma nova lesão intracraniana concomitante também ocorre raramente. Há raros relatórios de metástases sistêmicas.[1] Fora do CNS, pode ocorrer no tecido subcutâneo sacrococcígeo oriundo dos restos heretópicos das células ependimárias.[30]

A remoção cirúrgica dos tumores do *filum* terminal consiste na coagulação e divisão do filamento terminal apenas acima e abaixo da lesão – ver as características que distinguem o filamento terminal intraoperatório (p. 273) – e a excisão total dele. O filamento é primeiro cortado acima da lesão para prevenir uma retração ascendente.

Astrocitoma

Incomum no primeiro ano. Pico de incidência: terceira a quinta década de vida. Relação homen:mulher = 1,5:1. Razão entre baixo: alto grau = 3:1 em todas as idades.[27] Ocorre em todos os níveis, o torácico é o mais comum, depois cervical. 38% são císticos; o fluido do cisto geralmente tem alta quantidade de proteína.

Dermoide e Epidermoide

O tumor epidermoide é raro antes do final da infância. Há uma leve predominância em mulheres. É raro nas medulas cervical e torácica superior; é comum no cone. Geralmente, ID-EM, mas o cone e a cauda equina podem ter um componente IM (lesões completamente IM são raras).

Lipoma

Pode ocorrer em conjunto com disrafismo espinal, ver lipomielosquise (p. 269). Nesta seção são considerados os lipomas que ocorrem na ausência do disrafismo espinal.

Incidência de ocorrência: segunda, terceira e quinta décadas de vida. São tecnicamente hamartomas. Sem predominância de gênero. Geralmente, ID-EM (um subtipo é verdadeiramente IM e essencialmente substitui a medula[31]), a região cervicotorácica é o local mais comum. Nota: diferentemente de outros IMSCTs, o sintoma mais comum é a mono ou paraparesia. (c.f. dor). Distúrbio esfincteriano é comum em lesões caudais. Massas subcutâneas locais ou abaulamentos cutâneos são frequentes. Malis recomenda uma remoção subtotal precoce em pacientes assintomáticos com cerca de um ano de idade.[31] A remoção extrassacral superficial é inadequada, já que os pacientes desenvolvem uma densa cicatrização intraespinal, levando a um dano neurológico rápido e grave, com poucas chances de melhora após o procedimento definitivo.

Hemangioblastoma

Normalmente, sem infiltração, bem delimitado e pode ter áreas císticas. 33% dos pacientes com hemangioblastoma espinal terão a doença de Von Hipel-Lindau (p. 703). Não pode ser incisado nem removido por causa da alta vascularidade. Requer uma abordagem microcirúrgica similar a AVM, possivelmente com hipotensão intraoperatória.

Metástases

A maioria das metástases espinais são extradurais, metástases intramedulares são raras,[32] contabilizando cerca de 3,4% das lesões mestastáticas sintomáticas da medula espinal.[33] Dentre os primários incluem: câncer pulmonar de pequenas células,[34] câncer de mama, melanoma maligno, linfoma e câncer de cólon.[33,35] O câncer raramente se apresenta primeiramente como metástase espinal intramedular.

51.5.4 Apresentação

1. dor: a queixa mais comum. Quase sempre se apresenta nos tumores do *filum terminale* (exceção: lipomas).[21] Possíveis padrões de dores:
   a) radicular: aumenta com a manobra de Valsalva e com o movimento da coluna. Suspeita de SCT, caso o dermátomo seja incomum para hérnia de disco
   b) local: pescoço ou dorso enrijecidos, a manobra de Valsalva aumenta a dor
      ✱ *Dor durante a inclinação ("dor noturna") é clássica para SCT*
   c) medular (como em *syrinx* [siringe]): opressiva, ardência, disestésica, não radicular, sempre bilateral, não afetada pela manobra de Valsalva
2. distúrbios motores
   a) fraqueza é a segunda ou terceira queixa mais comum. Geralmente, acompanha sintomas sensoriais
   b) as crianças apresentam mais frequentemente distúrbio da marcha

c) síndrome siringomiélica: sugere IMSCT. Descobertas: fraqueza segmentada nas extremidades superiores, diminuição de DTR, anestesia dissociativa (ver abaixo)
d) envolvimento de trato longo → incoordenação e ataxia (distinto de fraqueza)
e) atrofia, contração muscular, fasciculações
3. distúrbios sensoriais sem dor
a) perda sensorial dissociada: diminuição da dor e temperatura, tátil preservada, como na síndrome Brown-Séquard (p. 947). Há um desacordo quanto a isso ser comum[2] ou incomum[36] em IMSCT. Disestesia ± não radicular (precoce), com extensão ascendente[37]
b) parestesia: distribuição tanto radicular quanto "medular"
4. distúrbio esfincteriano
a) geralmente urogenital (anal é menos comum) → dificuldade para evacuar, retenção, incontinência e impotência. Procede nas lesões de cone/cauda equina, principalmente lipomas (a dor não é proeminente)
b) disfunção esfincteriana é comum em idade < um ano de idade por causa da frequência de lesões lombossacrais (dermoides, epidermoides, etc.)
5. sintomas variados:
a) escoliose ou torcicolo
b) SAH
c) massa visível sobre a coluna

Curso temporal dos sintomas

Início geralmente insidioso, mas pode ocorrer abruptamente (lesões benignas em crianças podem progredir em horas). O início é sempre erroneamente atribuído a uma lesão casual. A progressão temporal tem sido dividida em quatro estágios:[38]

1. apenas dor (neurálgica)
2. síndrome de Brown-Séquard
3. disfunção por transecção incompleta
4. disfunção por transecção completa

Nota: 78% (de 23) ependimomas, 74% (de 42) gliomas, todos 7 dermoides, e 50% (de oito) lipomas atingiram os últimos dois estágios antes do diagnóstico (não afetados pela localização nem pela dimensão longitudinal da SC (exclui as lesões no cone – mais frequentemente diagnosticadas no primeiro estágio) (um estudo pré-CT).

51.5.5 Diagnóstico

É sempre difícil distinguir IMSCT, ID-EM e ED por motivos clínicos.[2] Schwannomas sempre começam com sintomas radiculares que depois progridem para o envolvimento medular. Muitos IMSCTs estão localizados posteriormente na medula, o que pode fazer com que achados sensoriais predominem nos estágios iniciais.[20]

Estudos diagnósticos

MRI: pilar do diagnóstico. Ependimomas captam contraste intensamente e são sempre associados a hemorragias e cistos. Um edema na medula pode imitar um cisto.

Radiografias simples: destruição do corpo vertebral, alargamento do forame intervertebral, ou aumento na distância interpendicular sugere ED SCT.

Punção lombar: a proteína elevada é a anomalia[1] mais comum vista em ≈ 95%. A variação do descrito com IMSCTs primários é de 50-2,240 mg%. A glicose é normal, exceto com o tumor meníngeo. O SCT pode causar bloqueio completo, indicado por:
• síndrome de Froin: coagulação (decorrente do fibronogênio) e xantocromia do CSF
• teste de Queckenstedt (falha ao aumentar a pressão do CSF quando da compressão da veia jugular, o que ocorre normalmente na ausência de bloqueio)
• impedimento ao fluxo de circulação do contraste mielográfico

Mielografia (p. 818): classicamente mostra o alargamento fusiforme da medula (pode ser normal no início). Distintos do tumor ED que produzem uma deformidade em forma de ampulheta (com bloqueio incompleto) ou efeito de pincel de pintura (com bloqueio completo), ou tumores ID-EM que produzem um efeito de coroa com recorte brusco (sinal do menisco).

CT: alguns aumentos dos IMSCTs captam contraste IV. A mielo-CT distingue o IMSCT do ID-EM (pobre na diferenciação de subtipos do IMSCT).

Angiografia: raramente indicada, exceção em hemangioblastoma (pode ser suspeito em mielografia ou MRI pela estrutura linear serpiginosa). MRI sempre previne a realização do exame.

51.5.6 Tratamento

Informações gerais

As lesões assintomáticas podem ser acompanhadas pois sempre existe risco significativo de déficit neurológico com a cirurgia. Para lesões sintomáticas, a cirurgia deve ser realizada assim que possível (geralmente não como emergência) após o diagnóstico uma vez que os resultados cirúrgicos se correlacionam com a condição neurológica pré-operatória e não faz sentido acompanhar o paciente já que ele desenvolveu um déficit[39] neurológico progressivo (alguns dos quais podem ser irreversíveis).

Astrocitomas: para lesões de baixo grau, se um plano puder ser desenvolvido entre o tumor e a medula espinal (quando isso for possível, geralmente consiste em uma fina camada gliótica atravessada por pequenos vasos sanguíneos e aderências[20]), a tentativa de excisão total é uma opção.[40] Para astrocitomas de alto grau ou para astrocitomas de baixo grau sem um plano de separação, a biópsia sozinha ou adicionada à ressecção parcial é recomendada.[40]

Para lesões de alto grau, RTX pós-operatória (± quimioterapia) é recomendada.[40] A RTX não é indicada para acompanhamento de ressecção radical de gliomas de baixo grau.[40]

Ependimomas: remoção total macroscópica deve ser tentada. XRT não é recomendada após a remoção total bruta.[40]

51.5.7 Considerações da técnica cirúrgica

1. posição: geralmente em posição prona, com áreas de contato protegidas e paciente atado à mesa com faixas para evitar movimentos indesejáveis, se o monitoramento MEP for usado. Outras opções incluem: oblíquo lateral, sentado
2. se o componente cístico for suspeitado, ao expor a medula espinal, realização de aspiração parcial com uma agulha 25 Ga poderá diminuir a pressão (evite a aspiração total que torna mais difícil a localização do tumor).[41] Se o cisto formar uma "capa" no fim do tumor, a dura não precisará ser aberta sobre o cisto, já que a drenagem pode ser realizada com a remoção do tumor
3. opções complementares incluem:
   a) monitoramento intraoperatório da medula espinal (SSEP, e potenciais motores evocados (MEPs)[42]): SEPs quase sempre diminuem com a mielotomia inicial e não se relacionam bem com o resultado[43] motor (que é crítico)[44,45] (p. ex., não é comum o sinal SEPs se perder durante a mielotomia inicial, e não ter relação com o resultado) e um déficit motor pós-operatório pode acontecer apesar do SEP[42,43] intraoperatório inalterado. Em contrapartida, SEPs podem ser perdidas sem déficit motor. Entretanto, uma comprovação de melhora nos resultados com monitoramento MEP não é comprovada[44]
   b) ultrassonografia intraoperatória: também controversa,[45] favorecida por alguns especialistas. Os astrocitomas são geralmente isoecoicos com medula espinal, enquanto os ependimomas são geralmente hiperecoicos
4. a mielotomia é realizada tanto dentro da linha mediana ou paramediana para evitar a veia posteromediana. Alternativamente, se o tumor for muito superficial na linha mediana (que pode ser confirmado por ultrassonografia), a entrada pode ser feita lá. Os tumores podem causar distorção e deslocamento da linha mediana – procure pela zona de entrada da raiz dorsal em ambos os lados para identificar a linha mediana como o ponto médio entre as zonas de entrada da raiz
5. suturas com fio de seda 6-0 são colocadas nas bordas da pia-máter para gentilmente retrair as bordas da mielotomia. Pinça baioneta de tamanho padrão (p. ex., não micro) pode ser usada para dissecar o tecido
6. irrigação abundante é usada durante a cauterização bipolar do tumor/medula espinal, a fim de minimizar a transferência de calor para a medula espinal. A cauterização monopolar não deve ser usada[41]
7. tanto o *laser* quanto a aspiração ultrassônica (USA) são usados para realizar a descompressão interna do tumor até o alcance da superfície glial. O uso do *laser* pode tornar mais difícil o reconhecimento da interface da glial/tumoral do que USA, e tende a ser mais devagar ao descomprimir tumores grandes
8. o fechamento dural hermético é fundamental

51.5.8 Prognóstico

Nenhum estudo bem conduzido mostra resultados funcionais a longo prazo com a microcirurgia, *laser* e radioterapia. Os melhores resultados acontecem na vigência de menor quantidade de déficits[20] iniciais. A recorrência depende da totalidade de remoção, e do padrão de crescimento específico do tumor.

Quadro 51.2 Conceitos-chave na remoção cirúrgica do IMSCT

- em quase todos os casos, o IMSCT deve ser submetido à descompressão interna usando o aspirador ultrassônico ou *laser* (para evitar a manipulação do tecido neural), e nenhuma tentativa deve ser feita inicialmente para desenvolver um plano entre o tumor e a medula espinal (até mesmo para ependimomas, que dos três IMSCTs mais comuns é o único que na verdade tem um plano)
- se os MEPs forem monitorados: é sugerido que a remoção do tumor deva ser descontinuada se a amplitude cair para ≤ 50% da linha base

Ependimoma: a extirpação total melhora o resultado funcional, e o ependimoma mixopapilar fará melhor do que o tipo clássico.[28] O melhor resultado final ocorre com o déficit inicial pequeno, sintomas < dois anos de duração,[46] e remoção total. A sobrevivência acontece independente da extensão da excisão.

Astrocitomas: remoção radical raramente possível (segmentação plana comum até com microscópio). Resultados funcionais a longo prazo, mais pobres do que os de ependimomas. Há uma taxa de recorrência de 50% em 4-5 anos.

51.6 Tumores ósseos primários da coluna

51.6.1 Informações gerais

Tipos de tumores
1. metastático: o maligno mais comum
   a) tumores metastáticos osteolíticos comuns (p. 814) incluem:
   - pulmão
   - mama
   - próstata
   - linfoma: a maioria dos casos representam a disseminação da doença sistêmica (linfoma secundário), entretanto alguns podem ser primários (p. 783)
   - plasmacitoma (p. 714)
   - mieloma múltiplo (p. 714)
   - histiocitose de células de Langerhans: ver elementos de diferenciação (p. 784)
   b) a metástase pode ser osteoblástica:
   - em homens: câncer de próstata é o mais comum
   - em mulheres: câncer de mama é o mais comum
   c) sarcoma de Ewing (p.784)
   d) cloroma: infiltração focal das células leucêmicas
2. tumores da coluna primários (muito raros)
   a) benigno
   - hemangioma vertebral (p. 784)
   - osteoma osteoide (p.792)
   - osteoblastoma (p.792)
   - cisto ósseo aneurismático (p. 784): cavidade de alta vascularidade em forma alveolar cercada por uma lâmina cortical fina que pode se expandir
   - osteocondroma (condroma) (p.784)
   - tumor de células gigantes do osso (p. 797): conhecido como osteoclastoma. Quase sempre benigno com comportamento pseudomaligno
   b) malignidade
   - condrossarcoma (p. 784)
   - cordomas (p. 778)
   - sarcoma osteogênico: raro na coluna

51.6.2 Osteoma osteoide e osteoblastoma

Informações gerais

> **Conceitos-chave**
>
> - ambos os tumores ósseos são benignos
> - histologicamente idênticos, a diferenciação depende do tamanho (≤ 1 cm = osteoma osteoide, > 1 cm = osteoblastoma)
> - pode ocorrer na coluna e pode causar sintomas neurológicos (esp. osteoblastoma)
> - alta taxa de cura com a excisão completa

Dois tipos de lesões osteoblásticas benignas do osso: osteoma osteoide (OO) e osteoblastoma benigno (BOB), ver o ▶ Quadro 51.3. Eles são histologicamente indistintos, e devem ser diferenciados com basea no tamanho e comportamento.

Como característica, causa dores noturnas aliviadas por aspirina (ver aspecto clínico abaixo).

O osteoblastoma é tumor raro, benigno, de recorrência local com predileção para a coluna, que pode raramente passar por transformações sarcomatosas (para osteoblastomas,[48] apenas um grupo de casos conhecidos). Mais vascularizados do que OO.[49]

Quadro 51.3 Comparação entre osteoma osteoide e osteoblastoma benigno[47]

	Osteoma osteoide	Osteoblastoma benigno
percentual de tumores ósseos primários	3,2%	
percentual de tumores vertebrais primários	1,4%	
percentual que ocorre na coluna	10%	35%
limitação de tamanho	≤ 1 cm	> 1 cm
padrão de crescimento	reduzido, autolimitado	mais extensivo, pode-se estender para dentro do canal espinal
potencial para mudança de malignidade?	não	raro
localização dentro da coluna (83 pacientes)		
• % na coluna cervical	27%	25%
• % na coluna torácica		35%
• % na região lombar	59%	35%
localização dentro da vértebra (81 pacientes)		
• apenas lâmina	33%	16%
• apenas pedículo	15%	32%
• apenas faceta articular	19%	0
• apenas corpo vertebral (VB)	7%	5%
• apenas processo transverso	6%	8%
• processo espinhoso	5%	5%
• > 1 elemento do arco neural	6%	19%
• elementos posteriores combinados e VB	0	11%

Diagnóstico diferencial

Lesões com sintomas similares e aumento na captação de radionuclídeo no escaneamento ósseo:
1. osteoblastoma benigno
2. osteoma osteoide: esclerose mais acentuada do osso adjacente do que BOB
3. sarcoma osteogênico: raro na coluna
4. cisto ósseo aneurismático (p. 784): tipicamente trabeculado no centro, região lucente
5. necrose unilateral de pedículos/lâmina

Aspecto clínico

Ver ▶ Quadro 51.4 para sinais e sintomas. Maciez limitada ao entorno da lesão ocorre em ≈ 60%. 28% dos pacientes com BOB apresentam mielopatia. OO apresentado com déficit neurológico em apenas 22%.

Propedêutica

Os escaneamentos ósseos são muito sensíveis para detectar essas lesões. Uma vez localizada, CT ou MRI podem definir melhor a lesão.

Cuidados referentes à biópsia por agulha: se a lesão revelar-se osteossarcoma, a disseminação pela passagem da agulha contaminada pode resultar em um pior prognóstico.

Osteoma osteoide

Área radiolucente com ou sem densidade, sempre isolada no pedículo ou faceta. Pode não ser mostrado em tomogramas.

Quadro 51.4 Sinais e sintomas em 82 pacientes[47]

Descoberta	Osteoma osteoide	Osteoblastoma benigno
dor na apresentação	100%	100%
aumento da dor ao se mover	49%	74%
aumento da dor pela Valsalva	17%	36%
dor noturna	46%	36%
dor aliviada por aspirina	40%	25%
dor radicular	50%	44%
escoliose	66%	36%
anomalias neurológicas	22%	54%
mielopatia	0	28%
fraqueza	12%	51%
atrofia	9%	15%

Osteoblastoma

A maioria são lesões expansíveis, destrutivas, com 17% tendo moderada esclerose. 31% têm áreas de ↑ densidade, 20% cercados por cápsula calcificada. Sempre com espondilólise colateral.[48]

Tratamento

No intuito de obter a cura, essas lesões devem ser *completamente* excisadas. A função da radioterapia é mal definida nessas lesões, mas é provavelmente ineficiente.[48]

Osteoma osteoide

O osso cortical pode ser endurecido e espessado com massa granulomatosa na cavidade subjacente.

Osteoblastoma

Hemorrágico, friável, massa avermelhada para roxa bem circunscrita do osso. Excisão completa → alívio completo da dor em 93%. Apenas curetagem → alívio da dor, com mais chance de recorrência. A taxa de recorrência com excisão total é ≈ 10%.

51.6.3 Osteossarcoma

O mais comum dos cânceres ósseos primários. Mais comum em crianças, geralmente ocorrendo próximo às extremidades dos ossos longos, mas também mandíbula, pelve e raramente na coluna.[50] O osteossarcoma da coluna geralmente ocorre na região lombossacral em homens de 40 anos, às vezes, surgindo de áreas do osteoblastoma ou doença de Paget. Se a biópsia percutânea revelar osteossarcoma, o trato da agulha contaminada pode aumentar a dificuldade de cirurgia posterior. Diagnóstico ruim, média de sobrevivência = 10 meses.[50]

51.6.4 Hemangioma vertebral

Informações gerais

Conceitos-chave

- o tumor da coluna primário mais comum. Benigno
- raramente sintomático (< 1,2%), sintomas mais comuns por fratura compressiva, hérnia de disco e, raramente, compressão neural por expansão óssea

- MRI: pequenas lesões são hiperintensas no T1WI e T2WI. As maiores podem ser hipointensas. CT ou raios X: estrias (padrão veludo) ou aparência alveolar. Escaneamento ósseo: geralmente não tem captação aumentada
- tratamento: lesões acidentais não requerem acompanhamento de rotina. Biópsia quando as metástases são altamente sugestivas. Tratamentos opcionais (quando indicados): XRT, embolização, vertebroplasia (melhor que cifoplastia), cirurgia

Hemagiomas vertebrais (VH), conhecidos como hemangiomas espinais, hemangioma cavernoso ou angioma hemangiomatoso. Lesões benignas da coluna. O tumor primário mais comum da coluna (10-12% dos tumores ósseos espinais primários). Incidência estimada: 9-12%.[51,52] 70% são solitários, 30% são múltiplos (mais de cinco níveis podem ser envolvidos, nem sempre contíguos). Colunas lombar e torácica baixas são os locais mais comuns, as lesões cervicais e sacrais são raras. As lesões envolvem apenas o corpo vertebral em ≈ 25%, o arco espinal posterior em ≈ 25%, e ambas as áreas em ≈ 50%. Casos menos frequentes de lesões puramente extradurais têm sido descritos.[53] Lesões intramedulares são menos comuns.[54] Tipicamente encontrado em mulheres pós-puberdade.

A transformação maligna não acontece. Vasos sanguíneos maduros de paredes finas, de tamanhos variados substituem a medula normal, produzindo trabeculações ósseas escleróticas hipertróficas, orientadas na direção rostral-caudal em uma das duas formas: cavernoso (venoso) ou capilar (a diferença no subtipo não acarreta significância prognóstica).

Apresentação

1. incidental: a maioria dos VHs são assintomáticos, não exigindo acompanhamento (ver abaixo)
2. sintomático: apenas 0,9-1,2% são sintomáticos. Pode ter uma influência hormonal (não provada) que pode causar sintomas que aumentam com gravidez (poderia também ser decorrente do aumento do volume sanguíneo e/ou pressão venosa)[55] ou variar com o ciclo menstrual e pode explicar por que sintomas raramente ocorrem após a puberdade
   a) dor: ocasionalmente, VH pode-se apresentar com dor local no nível de envolvimento sem radiculopatia. Entretanto, a dor é mais frequente por causa de outra patologia (fratura compressiva, hérnia de disco, estenose espinal...) em vez de VH
   b) déficit neurológico progressivo: ocorre raramente, e geralmente toma a forma de mielopatia torácica. O déficit pode ser causado pelos seguintes mecanismos:
      - crescimento subperiosteal (epidural) do tumor dentro do canal espinal
      - expansão do osso (vesícula cortical) com alargamento do pedículo e da lâmina, produzindo uma estenose espinal "óssea"
      - compressão pelos vasos que suprem ou drenam a lesão
      - fratura compressiva da vértebra envolvida (muito raro)[56]
      - hemorragia espontânea produzindo hematoma epidural espinal[57] (também muito raro)
      - isquemia da medula espinal decorrente do "roubo"

Propedêutica

Radiografia simples: apresenta classicamente estrias grossas de orientação vertical (padrão veludo) ou uma aparência alveolar. Ao menos ≈ 1/3 da VB deve ser envolvida para produzir esses achados nos raios X simples (ver ▶ Fig. 51.2 para a demonstração dos achados na CT sagital).

Escaneamento ósseo: VH, geralmente, não são quentes (a menos que tenha ocorrido fratura por compressão), o que pode ajudar a distinguir VH de doenças metastáticas (que geralmente captam).

CT: procedimento diagnóstico de escolha. "Sinal de pontinhos".[58] Múltiplos pontos de alta densidade dentro do osso representam cortes transversais através da trabécula espessa. (▶ Fig. 51.3).

MRI: os hemangiomas pequenos são focais, circulares e hiperintensos em T1WI e T2WI. Mas lesões grandes podem ser hipointensas. A MRI pode ajudar a distinguir lesões que tendem a não evoluir (aumento do sinal mosqueado em T1WI, hiperintenso em T2WI, possivelmente em razão do tecido adiposo) das que tendem a ser sintomáticas (isointensas em T1W1, hiperintensas em T2WI).

Angiografia espinal: também pode ajudar a distinguir lesões que tendem a não evoluir (aumento leve ou normal da vascularidade comparado ao osso adjacente) de sintomáticas (moderado para hipervascularidade).

Terapêutica: se a artéria nutridora também não suprir a artéria espinal anterior, isto pode ser embolizado no pré-operatório ou sacrificado na cirurgia.

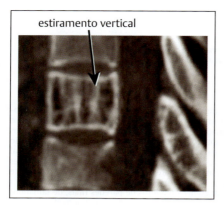

Fig. 51.2 Hemangioma vertebral. Estiramento vertebral visto na janela de reconstrução óssea na CT sagital.

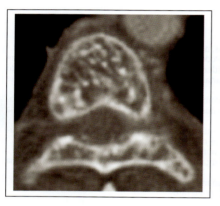

Fig. 51.3 Hemangioma vertebral. Janela na CT axial óssea demonstrando o sinal "polka-dot".

Tratamento
Ver referência.[51]
Guia de manejo:
1. VH assintomático não exige acompanhamento de rotina ou avaliação a menos que se desenvolva dor ou déficit neurológico, que são raras ocorrências em VH incidental
2. biópsia: pode ser indicada em casos em que o diagnóstico é incerto (p. ex., quando as metástases são fortemente consideradas). Apesar de uma natureza altamente vascular, não têm sido relatadas complicações hemorrágicas com a biópsia guiada por CT
3. aqueles apresentando dor ou déficit neurológico
    a) radioterapia: pode ser usada sozinha no pré-operatório para lesões dolorosas, como um complemento cirúrgico, ou pós-operatório seguindo a remoção incompleta. VH são radiossensíveis e desenvolvem obliteração esclerótica. A dosagem total deve ser ≤ 40 Gy para reduzir o risco de mielopatia por radiação. A melhora na dor pode levar meses ou anos, e pode não ocorrer evidência radiográfica de resposta
    b) embolização: fornece um alívio mais rápido da dor do que a RTX, pode também ser usada no pré-operatório como complemento cirúrgico. Risco de infarto da medula espinal se a artéria radicular importante – p. ex., artéria de Adamkiewicz (p. 87) – for embolizada
    c) vertebroplastia (p. 1011): pode ser melhor do que cifoplastia para VH porque a cifoplastia destrói o osso trabecular
    d) cirurgia: para lesões dolorosas que falham na resposta aos procedimentos acima, ou para lesões com déficit neurológico progressivo (ver abaixo)

Quadro 51.5 Recomendações para o gerenciamento cirúrgico de VH[a51]

Envolvimento de VH	Abordagem	RTX pós-operatória?
apenas elementos posteriores	excisão radical via abordagem posterior	não para excisão total
envolvimento de VB com compressão do canal anteriormente (com ou sem ST no canal)	corpectomia anterior com enxerto	
VB envolvido, mas sem expansão, ST no canal lateral	laminectomia com remoção do tecido mole	acompanhar com CT seriada, RTX em caso de expansão VB ou expansão ST
envolvimento extensivo dos elementos vertebrais anteriores e posteriores com expansão óssea circunferencial, sem compressão no ST	laminectomia	ambos RTX, ou acompanhamento de perto com CT e RTX para recorrência de ST ou expansão VB progressiva
envolvimentos anterior e posterior extensivos com ST no canal anterior	corpectomia anterior com enxerto	

[a]Abreviações: VB = corpo vertebral, ST = componente de tecido mole do VH, RTX = radioterapia.

Tratamento cirúrgico

Para indicações cirúrgicas, ver acima. As recomendações para o manejo cirúrgico são apresentadas no ▶ Quadro 51.5.

Principais riscos da cirurgia: perda de sangue, instabilidade da coluna, déficit neurológico (durante a cirurgia ou pós-operatório por hematoma epidural). A taxa de recorrência é de 20-30% após a ressecção subtotal, sempre dentro de dois anos. Pacientes com ressecção subtotal devem fazer RTX o que reduz a taxa de recorrência para ≈ 7%.

51.6.5 Tumores de células gigantes do osso

Conhecido como osteoclastoma (células que surgem no osteoclasto). Na mesma categoria do cisto ósseo aneurismático. Surge tipicamente na adolescência. Mais comum em joelhos e pulso. Aqueles que chamam a atenção dos neurocirurgiões surgem geralmente no crânio (especialmente na base do crânio, principalmente no osso esfenoide), ou na coluna vertebral (≈ 4% ocorrem no sacro).

Patologia

Lítico com colapso ósseo. Quase sempre benigno com comportamento pseudomaligno (a recorrência é comum e pode ocorrer metástase pulmonar).

Propedêutica

Tecidos moles são mais bem avaliados com MRI. CT da coluna é crítica para avaliar o grau da destruição óssea e para propósitos de planejamento cirúrgico.

A propedêutica inclui CT torácica decorrente da possibilidade de metástase pulmonar.

Tratamento

Curetagem intratumoral, possivelmente ajudado pela embolização pré-operatória. A taxa de recorrência com esse tratamento (até mesmo se a ressecção for subtotal) é apenas ≈ 20%. A função da RTX é controversa[7] por causa da possibilidade de transformação maligna (portanto, use RTX apenas para recorrência não possível de ressecção). Use medicamentos de inibição de osteoclastos – bisfosfonatos, p. ex. pamidronato (p. 1122) – tem obtido algum sucesso acompanhado de ressecção subtotal.

Para doença com resíduo macroscópico após a ressecção, reabordagem é uma opção a considerar.

Criocirurgia com nitrogênio líquido tem sido empregado em ossos longos. O uso dele é limitado em casos cirúrgicos decorrente do risco de lesão nas estruturas neurais adjacentes (cérebro, medula espinal) e fraturas induzidas por crioterapia, apesar do uso no sacro.[59]

Acompanhamento rigoroso é exigido por causa da propensão de recorrência. MRI ou CT inicialmente de três em três meses é sugerido.

Referências

[1] Kopelson G, Linggood RM, Kleinman GM, et al. Management of Intramedullary Spinal Cord Tumors. Radiology. 1980; 135:473–479

[2] Adams RD, Victor M. In: Intraspinal Tumors. Principles of Neurology. 2nd ed. New York: McGraw-Hill; 1981:638–641

[3] Lyons MK, O'Neill BP, Kurtin PJ, Marsh WR. Diagnosis and Management of Primary Spinal Epidural Non-Hodgkin's Lymphoma. Mayo Clin Proc. 1996; 71:453–457

[4] Liu JK, Brockmeyer DL, Dailey AT, Schmidt MH. Surgical management of aneurysmal bone cysts of the spine. Neurosurg Focus. 2003; 15

[5] Suzuki M, Satoh T, Nishida J, Kato S, Toba T, Honda T, Masuda T. Solid variant of aneurysmal bone cyst of the cervical spine. Spine. 2004; 29:E376–E381

[6] Neviaser JS, Eisenberg SH. Giant cell reparative granuloma of the cervical spine; case report. Bull Hosp Joint Dis. 1954; 15:73–78

[7] Dunn EJ, Davidson RI, Desai S, The Cervical Spine Research Society Editorial Committee. In: Diagnosis and Management of Tumors of the Cervical Spine. The Cervical Spine. 2nd ed. Philadelphia: JB Lippincott; 1989:693–722

[8] Menezes AH, Sato Y. Primary Tumors of the Spine in Children - Natural History and Management. Concepts Pediatr Neurosurg. 1990; 10:30–53

[9] Grubb MR, Currier BL, Pritchard DJ, et al. Primary Ewing's Sarcoma of the Spine. Spine. 1994; 19:309–313

[10] Porter DG, Martin AJ, Mallucci CL, et al. Spinal Cord Compression Due To Masson's Vegetant Intravascular Hemangioendothelioma: Case Report. J Neurosurg. 1995; 82:125–127

[11] Scott RM, Wolpert SM, Bartoshesky LE, Zimbler S, Klauber GT. Dermoid tumors occurring at the site of previous myelomeningocele repair. J Neurosurg. 1986; 65:779–783

[12] Storrs BB. Are dermoid and epidermoid tumors preventable complications of myelomeningocele repair? Pediatr Neurosurg. 1994; 20:160–162

[13] Ramos E, Marlin AE, Gaskill SJ. Congenital dermoid tumor in a child at initial myelomeningocele closure: an etiological discussion. J Neurosurg Pediatrics. 2008; 2:414–415

[14] Metellus P, Bouvier C, Guyotat J, Fuentes S, Jouvet A, Vasiljevic A, Giorgi R, Dufour H, Grisoli F, Figarella-Branger D. Solitary fibrous tumors of the central nervous system: clinicopathological and therapeutic considerations of 18 cases. Neurosurgery. 2007; 60:715–22; discussion 722

[15] Solero CL, Fornari M, Giombini S, Lasio G, Oliveri G, Cimino C, Pluchino F. Spinal meningiomas: review of 174 operated cases. Neurosurgery. 1989; 25:153–160

[16] Seppala MT, Haltia MJ, Sankila RJ, Jaaskelainen JE, Heiskanen O. Long-term outcome after removal of spinal schwannoma: a clinicopathological study of 187 cases. J Neurosurg. 1995; 83:621–626

[17] Conti P, Pansini G, Mouchaty H, Capuano C, Conti R. Spinal neurinomas: retrospective analysis and longterm outcome of 179 consecutively operated cases and review of the literature. Surg Neurol. 2004; 61:34–43; discussion 44

[18] Asazuma T, Toyama Y, Maruiwa H, Fujimura Y, Hirabayashi K. Surgical strategy for cervical dumbbell tumors based on a three-dimensional classification. Spine. 2004; 29:E10–E14

[19] Gottfried ON, Binning MJ, Schmidt MH. Surgical Approaches to Spinal Schwannomas. Contemp Neurosurg. 2005; 27:1–8

[20] Stein B. Intramedullary Spinal Cord Tumors. Clin Neurosurg. 1983; 30:717–741

[21] Stern WE. Localization and Diagnosis of Spinal Cord Tumors. Clin Neurosurg. 1977; 25:480–494

[22] DeSousa AL, Kalsbeck JE, Mealey J, et al. Intraspinal Tumors in Children. A Review of 81 Cases. J Neurosurg. 1979; 51:437–445

[23] Hautzer NW, Aiyesimoju A, Robitaille Y. Primary Spinal Intramedullary Lymphomas: A Review. Ann Neurol. 1983; 14:62–66

[24] Alvisi C, Cerisoli M, Giuloni M. Intramedullary Spinal Gliomas: Long Term Results of Surgical Treatment. Acta Neurochir. 1984; 70:169–179

[25] Kumar R, Reddy SJ, Wani AA, Pal L. Primary spinal primitive neuroectodermal tumor: case series and review of the literature. Pediatr Neurosurg. 2007; 43:1–6

[26] White JB, Miller GM, Layton KF, Krauss WE. Nonenhancing tumors of the spinal cord. J Neurosurg Spine. 2007; 7:403–407

[27] Dorwart RH, LaMasters DL, Watanabe TJ, Newton TH, Potts DG. In: Tumors. Computed Tomography of the Spine and Spinal Cord. San Anselmo: Clavadal Press; 1983:115–131

[28] Mork SJ, Loken AC. Ependymoma: A Follow-Up Study of 101 Cases. Cancer. 1977; 40:907–915

[29] Tzerakis N, Georgakoulias N, Kontogeorgos G, Mitsos A, Jenkins A, Orphanidis G. Intraparenchymal myxopapillary ependymoma: case report. Neurosurgery. 2004; 55

[30] Helwig EB, Stern JB. Subcutaneous sacrococcygeal myxopapillary ependymoma. A clinicopathologic study of 32 cases. Am J Clin Pathol. 1984; 81:156–161

[31] Malis LI. Intramedullary Spinal Cord Tumors. Clin Neurosurg. 1978; 25:512–539

[32] Smaltino F, Bernini FP, Santoro S. Computerized Tomography in the Diagnosis of Intramedullary Metastases. Acta Neurochir. 1980; 52:299–303

[33] Edelson RN, Deck MDF, Posner JB. Intramedullary Spinal Cord Metastases. Neurology. 1972; 22:1222–1231

[34] Murphy KC, Feld R, Evans WK, et al. Intramedullary Spinal Cord Metastases from Small Cell Carcinoma of the Lung. J Clin Onc. 1983; 1:99–106

[35] Jellinger K, Kothbauer P, Sunder-Plassmann, et al. Intramedullary Spinal Cord Metastases. J Neurol. 1979; 220:31–41

[36] Stein B. Surgery of Intramedullary Spinal Cord Tumors. Clin Neurosurg. 1979; 26:473–479

[37] Sebastian PR, Fisher M, Smith TW, et al. Intramedullary Spinal Cord Metastasis. Surg Neurol. 1981; 16:336–339

[38] Nittner K, Olivecrona H, Tonnis W. Handbuch der Neurochirurgie. New York: Springer-Verlag; 1972:1–606

[39] Post KD, Stein BM, Schmidek HH, Sweet WH. In: Surgical Management of Spinal Cord Tumors and Arteriovenous Malformations. Operative Neurosurgical Techniques. 3rd ed. Philadelphia: W.B. Saunders; 1995:2027–2048

[40] Nadkarni TD, Rekate HL. Pediatric Intramedullary Spinal Cord Tumors: Critical Review of the Literature. Childs Nerv Syst. 1999; 15:17–28

[41] Greenwood J. Surgical Removal of Intramedullary Tumors. J Neurosurg. 1967; 26:276–282

[42] Morota N, Deletis V, Constantini S, et al. The Role of Motor Evoked Potentials During Surgery for Intramedullary Spinal Cord Tumors. Neurosurgery. 1997; 41:1327–1336

[43] Kothbauer P, Deletis V, Epstein FJ. Intraoperative Spinal Cord Monitoring for Intramedullary Surgery: An Essential Adjunct. Pediatric Neurosurgery. 1997; 26:247–254

[44] Albright AL. Intraoperative Spinal Cord Monitoring for Intramedullary Surgery: An Essential Adjunct? Pediatric Neurosurgery. 1998; 29

[45] Albright AL. Pediatric Intramedullary Spinal Cord Tumors. Childs Nerv Syst. 1999; 15:436–437

[46] Guidetti B, Mercuri S, Vagnozzi R. Long-Term Results of the Surgical Treatment of 129 Intramedullary Spinal Gliomas. J Neurosurg. 1981; 54:323–330

[47] Janin Y, Epstein JA, Carras R, et al. Osteoid Osteomas and Osteoblastomas of the Spine. Neurosurgery. 1981; 8:31–38

[48] Amacher AL, Eltomey A. Spinal Osteoblastoma in Children and Adolescents. Childs Nerv Syst. 1985; 1:29–32

[49] Lichtenstein L, Sawyer WR. Benign Osteoblastoma. J Bone Joint Surg. 1964; 46A:755–765

[50] Shives TC, Dahlin DC, Sim FH, Pritchard DJ, Earle JD. Osteosarcoma of the spine. J Bone Joint Surg Am. 1986; 68:660–668

[51] Fox MW, Onofrio BM. The Natural History and Management of Symptomatic and Asymptomatic Vertebral Hemangiomas. J Neurosurg. 1993; 78:36–45

[52] Healy M, Herz DA, Pearl L. Spinal Hemangiomas. Neurosurgery. 1983; 13:689–691

[53] Richardson RR, Cerullo LJ. Spinal Epidural Cavernous Hemangioma. Surg Neurol. 1979; 12:266–268

[54] Cosgrove GR, Bertrand G, Fontaine S, et al. Cavernous Angiomas of the Spinal Cord. J Neurosurg. 1988; 68:31–36

[55] Tekkök IH, Açikgöz B, Saglam A, Önol B. Vertebral Hemangioma Symptomatic During Pregnancy - Report of a Case and Review of the Literature. Neurosurgery. 1993; 32:302–306

[56] Graham JJ, Yang WC. Vertebral Hemangioma with Compression Fracture and Paraparesis Treated with Preoperative Embolization and Vertebral Resection. Spine. 1984; 9:97–101

[57] Kosary IA, Braham J, Shacked I, Shacked R. Spinal Epidural Hematoma due to Hemangioma of Vertebra. Surg Neurol. 1977; 7:61–62

[58] Persaud T. The polka-dot sign. Radiology. 2008; 246:980–981

[59] Marcove RC, Sheth DS, Brien EW, Huvos AG, Healey JH. Conservative surgery for giant cell tumors of the sacrum. The role of cryosurgery as a supplement to curettage and partial excision. Cancer. 1994; 74:1253–1260

52 Metástase Cerebral

52.1 Informações gerais

> ### Conceitos-chave
>
> - metástases cerebrais são os tumores clinicamente mais comuns vistos no cérebro
> - no momento inicial dos sintomas neurológicos, 70% serão múltiplas na MRI
> - em paciente com histórico de câncer e com lesão solitária no cérebro, a biópsia deve quase sempre ser feita já que 11% dessas lesões não serão metástases
> - apesar de a média de sobrevivência com o tratamento máximo ser de apenas oito meses (similar a GBM), sobreviventes com período longo também ocorrem

52.2 Metástases do cérebro

As metástases cerebrais são os tumores cerebrais mais comuns vistos clinicamente, abrangendo um pouco mais do que a metade dos tumores cerebrais (se considerar apenas estudos de imagem, eles abrangem ≈ 30%). Nos EUA, a incidência anual de novos casos de metástases é até 170.000,[1] comparado a 17.000 de tumores primários do cérebro. 15-30% de pacientes com câncer (Ca) desenvolvem metástases cerebrais.[2] Em pacientes sem histórico de Ca, a metástase cerebral foi o sintoma presente em 15%, 43-60% terão alterações aos raios X do tórax (**CXR**)[3,4] (mostrando tumor broncogênico primário ou outras metástases do pulmão).

Em 9% dos casos, a metástase cerebral é o único local detectável de disseminação. A metástase cerebral ocorre em apenas 6% dos cânceres em pacientes pediátricos.

A rota da disseminação da metástase no cérebro é geralmente hematogênica, apesar de a extensão local também ocorrer.

Metástase solitária
- CT (p. 806): no momento do diagnóstico neurológico, 50% são solitárias na CT[5,6]
- MRI: se os mesmos pacientes tiverem uma MRI. < 30% serão solitários[7]
- Na autópsia: metástases são solitárias em um terço dos pacientes com metástase cerebral, e 1-3% das metástases solitárias ocorrem no tronco encefálico[8]

Aumento da incidência de metástase cerebral: pode ser decorrente de inúmeros fatores:
1. aumento do tempo de sobrevivência de pacientes com câncer[9] como resultado de melhora no tratamento do câncer sistêmico
2. aumento da capacidade de diagnosticar tumores do CNS por causa da disponibilidade de CT e/ou MRI
3. muitos agentes quimioterápicos usados sistematicamente não atravessam a barreira hematoencefálica (BBB), proporcionando um "paraíso" para o crescimento do tumor lá
4. alguns agentes quimioterápicos podem, transitoriamente, enfraquecer o BBB e permitir a disseminação do tumor para o CNS

52.3 Metástases dos tumores primários do CNS

52.3.1 Expansão através das vias liquóricas

Os tumores do CNS que são os mais comuns e se espalham pela via liquórica incluem os seguintes (quando esses tumores se espalham para a medula espinal, eles são sempre chamados de "metástase em gota"):
1. gliomas de alto grau (p. 619) (10-25%)
2. tumores neuroectodérmicos primitivos (PNET), principalmente meduloblastoma (p. 664)
3. ependimoma (p. 642) (11%)
4. tumores de plexo coroide (p. 648)
5. tumores da região pineal
    a) tumores de células germinativas (p. 659)
    b) pineocitoma e pineoblastoma (p. 659)
6. raramente:
    a) oligodendrogliomas (p. 638) (≈ 1%)
    b) hemangioblastomas (p. 701)
    c) melanoma primário do CNS (p. 701)

52.3.2 Expansão extraneural

Apesar de a maioria dos tumores no CNS não disseminarem sistematicamente, há um potencial para disseminação de forma extraneural com os respectivos tumores:

1. meduloblastoma (cerebelar – PNET): o primário mais comum responsável por dissemnar extraneuralmente. Pode acometer o pulmão, medula óssea, linfonodos e abdome
2. meningioma: raramente vai para o coração ou pulmão
3. astrocitomas malignos raramente metastatizam sistematicamente
4. ependimomas
5. pineoblastomas
6. sarcoma meníngeo
7. tumores de plexo coroide
8. tumores que se espalham pela via liquórica (ver acima) podem-se espalhar via derivação liquórica (p. ex., peritônio com derivação ventriculoperitoneal ou hematologicamente com derivação ventriculoatrial), entretanto, esse risco é provavelmente bastante pequeno[10]

52.4 Localização da metástase cerebral

A metástase intracraniana pode ser tanto no parênquima ($\approx$ 75%) ou pode envolver a leptomeníngle na meningite carcinomatosa (p. 811). 80% das metástases solitárias são localizadas nos hemisférios cerebrais.

A incidência mais alta de metástase em parênquima é posterior à fissura de Silvius próximo à junção dos lobos temporal, parietal e occipital (presumidamente decorrente da distribuição embólica de ramos terminais da MCA).[11] Muitas tendem a surgir na interface da substância cinzenta/branca.

O cerebelo é um local comum de metástase intracraniana, e é a localização em 16% dos casos de metástase solitária no cérebro. É o mais comum dos tumores de fossa posterior em adultos, portanto, "uma lesão solitária na fossa posterior de um adulto é considerada metástase até que se prove o contrário." A expansão para a fossa posterior pode ser via plexo venoso epidural espinal (plexo de Batson) e as veias vertebrais.

52.5 Cânceres primários em pacientes com metástases cerebrais

52.5.1 Informações gerais

Averiguar com precisão a fonte das metástases cerebrais nos EUA é difícil por causa da falta de codificação.[12] As fontes em mais de 2.700 adultos com câncer primário que passaram por autópsia em Sloan-Kettering são mostradas no ▶ Quadro 52.1. Fontes de metástase cerebral em pacientes pediátricos são mostradas no ▶ Quadro 52.2.

Em adultos, o Ca de pulmão e mama, juntos, compreendem > 50% das metástases cerebrais.

Se compararmos pacientes com tumor metastático cerebral como apresentação inicial (p. ex., primário não diagnosticado) e pacientes com um tumor primário conhecido, ambos terão aproximadamente o mesmo número de lesões cerebrais, mas haverá um aumento na frequência de metástase extracraniana nos primeiros.[14] Em até 26% dos casos, o tumor primário não foi nunca identificado.[14]

A incidência de autópsia de metástase cerebral de vários tipos de cânceres primários no Centro Sloan-Kettering de Cancer é mostrada no ▶ Quadro 52.3.

Quadro 52.1 Fontes de metástases cerebrais em adultos (dados da autópsia)

Primário	%
Ca de pulmão	44%
mama	10%
rim (célula renal)[a]	7%
GI	6%
melanoma[b]	3%
indefinido	10%

[a]Um tumor raro que metastatiza frequentemente no cérebro (em 20-25% dos casos).
[b]16% em séries mais velhas.[13]

Quadro 52.2 Fontes de metástases cerebrais em pacientes pediátricos

neuroblastoma

rabdomiossarcoma

tumor de Wilm

Quadro 52.3 Incidência de autópsia de metástases cerebrais de cânceres primários

Primário	% com metástase cerebral
pulmão	21%
mama	9%
melanoma	40%
linfoma	1%
• Hodgkin	0
• não Hodgkin	2%
GI	3%
• cólon	5%
• gástrico	0
• pancreático	2%
GU	11%
• rim (renal)	21%
• próstata[a]	0
• testículo	46%
• colo de útero	5%
• ovário	5%
osteossarcoma	10%
neuroblastoma	5%
cabeça e pescoço	6%

[a]Incomum, mas ocorre.

52.5.2 Câncer de pulmão

Os pulmões são as fontes mais comuns de metástases cerebrais, e estas são, geralmente, múltiplas. O tumor pulmonar primário pode ser tão pequeno, que o torna oculto.

A autópsia demonstra metástases cerebrais em mais de 50% dos pacientes com câncer de pulmão de pequenas células (SCLC) e câncer não escamoso, e de não pequenas células de pulmão.[15]

Câncer de pulmão de pequenas células (SCLC)

Conhecido como câncer "células de aveia". Um tumor neuroendócrino. 95% surgem nas vias aéreas proximais, nos brônquios principais ou lobares. Tipicamente em mais jovens (27-66 anos) do que os outros tipos de câncer de pulmão. Fortemente associado ao consumo de cigarros. Média de sobrevivência: 6-10 meses. É considerado uma doença sistêmica. Classificado em uma de duas categorias:
1. limitado: reduzido a uma área do tórax que pode ser tratada por um único feixe de radioterapia
2. extenso: metástase fora do tórax ou doença intratorácica que não pode ser tratada por radioterapia única

Apesar de o SCLC abranger apenas ≈ 20% dos cânceres primários de pulmão, ele é mais provável de produzir metástase cerebral do que outros tipos de célula broncogênica (metástases cerebrais são encontradas em 80% dos pacientes que sobrevivem dois anos após o diagnóstico do SCLC).[9]

Tratamento

Bastante radiossensíveis.

Sem identificação de metástase cerebral: radioterapia craniana profilática (PCI) com WBXRT reduz a incidência de metástase cerebral sintomática e aumenta a sobrevivência (doença-livre e geral).[16,17] Normalmente, 25 Gy em dez frações.

Metástase cerebral: ressecção cirúrgica considerada para lesões grandes com risco de vida, caso contrário, XRT é usada. Lesões cerebrais SCLC múltiplas: XRT (tratamento inicial 30 Gy em dez frações) + quimioterapia.

Tratamento de tumores primários: geralmente, não há ressecção. Tratado com quimioterapia ± XRT.

Metástase cerebral recorrente após a falha do tratamento inicial: 20 Gy em dez frações.

Câncer de pulmão de não pequenas células (NSCLC)

Inclui: adenocarcinoma (o NSCLC mais comum), grandes células, células escamosas, broncoalveolares. Uma análise retrospectiva do paciente com NSCLC de ressecção completa do pulmão encontrou uma taxa de primeira recorrência de 6,8% no cérebro.[15] Categorizado com o típico sistema TNM. Prognóstico melhor do que SCLC.

Tratamento de câncer de pulmão primário:
1. graus I, II, IIIA: ressecção
2. graus altos (p. ex., metástase distal, excluindo a metástase cerebral única): XRT + quimioterapia

Estudos de estadiamento para câncer de pulmões primários conhecidos

1. Exame PET: pode detectar pequenas malignidades. Útil em NSCLC para determinar a elegibilidade da ressecção do tumor primário. Não utilizável em exames iniciais de SCLC
2. CT do tórax: geralmente, inclui suprarrenais e fígado (portanto, CTs do abdome e pelve não são necessárias)
3. escaneamento ósseo
4. cérebro: CT ou MRI

Quando o câncer de pulmão metastático for a suspeita de uma lesão cerebral nova, deve-se fazer a biópsia da lesão (se for tecnicamente possível) para excluir SCLC antes de obter o tecido da massa cerebral.

52.5.3 Melanoma

Informações gerais

Melanoma: o quinto câncer mais comum em homens, sétimo em mulheres. A incidência está aumentando. Os locais mais comuns que surgem as metástases de melanoma: pele, retina, cérebro – melanoma CNS primário (p. 701) - leito ungueal. O local primário não consegue ser identificado em até ≈ 14% dos casos.[18] Extremamente difícil de localizar locais primários: intraocular, mucosa GI.

As metástases cerebrais são encontradas em 10-70% dos pacientes com melanoma metastático em estudos clínicos, e em 70-90% em autópsia dos pacientes que morreram de melanoma. Os pacientes com melanoma, que têm lesões neurocirúrgicas normalmente, apresentaram 14 meses após a lesão primária ter sido identificada. Uma vez detectada a metástase cerebral, a média de sobrevivência é ≤ seis meses,[19,20,21] e a metástase contribuiu para a morte de 94% dos casos.[22] Um pequeno grupo com sobrevivência > três anos teve uma metástase tratada cirurgicamente na ausência de lesões viscerais.

Propedêutica

O melanoma metastático no cérebro classicamente causa envolvimento pia/aracnoide na imagem. O envolvimento hemorrágico é comum.

CT: as lesões podem ser levemente hiperdensas ao cérebro na CT sem contraste, por causa da melanina. Menor captação de contraste do que outras metástases (p. ex., câncer broncogênico).

MRI: diminuição do sinal no T2WI cercado por halo intenso de edema. Captação da lesão T1WI em um paciente com melanoma é altamente sugestiva de metástases do melanoma.

Checape sistêmico: a doença sistêmica determina o tempo de sobrevivência definitivo após o tratamento do melanoma metastático no cérebro em 70% dos pacientes. ∴ Pesquisa da metástase sistêmica deve ser feita, incluindo: CT do tórax/abdome/pelve e escaneamento ósseo. O PET pode ser mais sensível para detectar a disseminação metastática do que CT quando existem sinais clínicos de que o tumor sofreu metástase;[23] com exceção para o cérebro, onde a MRI cerebral é mais sensível do que a CT ou PET.

Tratamento

▶ Indicações cirúrgicas
1. pacientes com 1-4 metástases no CNS que podem ser retiradas quando a doença sistêmica estiver ausente ou em progressão lenta: é possível sobreviver por um longo período
2. pacientes com metástases intracranianas que não podem ser completamente removidas ou com doença sistêmica descontrolada podem ser candidatos cirúrgicos para:
   a) alívio sintomático: p. ex. lesão causando compressão dolorosa
   b) lesão com risco de vida: p. ex., lesão na fossa posterior grande com a compressão do quarto ventrículo
   c) para lesão hemorrágica causando sintomas pelo efeito em massa do coágulo

▶ Radioterapia cerebral total (WBXRT).
O melanoma é normalmente radiossensível. A WBXRT dá dois a três meses de sobrevivência e pode ser considerada como método paliativo em pacientes com metástases múltiplas que não são candidatos à excisão completa ou SRS.

▶ Radiocirurgia estereotáxica (SRS).
Considerada para ≤ quatro lesões todas ≤ 3 cm de diâmetro, que são cirurgicamente inacessíveis, com envolvimento sistêmico limitado ou controlado. Contraindicação relativa: lesões hemorrágicas, lesões com edema e com efeito de massa significativo.

▶ Quimioterapia
1. agentes alquilantes:
   a) dacarbazina, antigamente, o tratamento padrão ouro para melanoma. Igualmente eficaz como seu mais novo análogo, a temozolamida (Temodar®) administrado oralmente. Taxa de resposta: 10-20%
   b) Fotemustina: promissora no teste de fase II, mas apenas 6% responderam na fase III (versus 0% de dacarbazina)[24]
2. imunoterapia:
   a) ipilimumab: anticorpo monoclonal que atua contra linfócito T citotóxico de antígeno 4 (CTLA-4). Mais eficaz em pacientes que não necessitam de corticosteroides
   b) interleucina-2 (IL-2): mostrou atividade mínima em metástase cerebral, e os testes geralmente excluíram pacientes com metástase cerebral sem tratamento ou fora de controle, por causa do risco de edema cerebral e da hemorragia por vazamento capilar[25,26,27]
3. inibidores BRAF (BRAFi): inibe a BRAF quinase (uma proteína que participa da regulação da divisão e diferenciação de células) – útil em tumores com mutação oncogênica BRAF (como contrário do tipo selvagem do BRAF) que é comum em melanoma
   a) dabrafenib: fase III do teste (NCT01266967)[28]
   b) vemurafenib: promete resultados em pacientes com tratamentos pesados. Fase II do teste (NCT01378975)[29]
4. droga anti PD-1 (anticorpo monoclonal de PD-1 para receptor programado de morte celular): pembrolizumab (Keytruda) aprovado para melanoma avançado ou que não sofreu ressecção e que não responde a outras drogas[30]

Algoritmo sugerido para pacientes com melanoma metastático no cérebro (adaptado,[31] ver ▶ Fig. 52.1). Pacientes com **pontuação da escala de *performance* Karnofsky (KPS)** (p. 1358) **< 70** são provavelmente candidatos ruins para cirurgia.
   Alguns pontos-chave:
1. pacientes com doença sistêmica rapidamente progressiva: trate a doença sistêmica primeiro, antes da metástase cerebral
2. pacientes sem doença sistêmica e 1-4 metástases são candidatos para cirurgia (baseado no artigo de Bindal et al.[32]) se elas forem todas acessíveis e puderem ser todas removidas. SRS é uma alternativa

Resultados

1. em um paciente com a metástase cerebral única (qualquer tipo) e boa pontuação na escala de Karnofsky (> 70) e sem evidência de doença extracraniana, cirurgia + XRT tiveram uma média de sobrevivência de 40 semanas versus 15 semanas para XRT sozinha[33,34]
2. para melanoma, estudos retrospectivos mostraram um benefício do tratamento tanto com cirurgia ou SRS apenas quando as lesões cerebrais estiverem completamente tratadas (seleção tendenciosa possível nesses estudos)[34,35,36,37]
3. preditores para resultado ruim em melanoma:
   a) > três metástases cerebrais[20]
   b) desenvolvimento da metástase cerebral após o diagnóstico de doença extracraniana[20]
   c) desidrogenase láctica elevada > duas vezes normal[21]

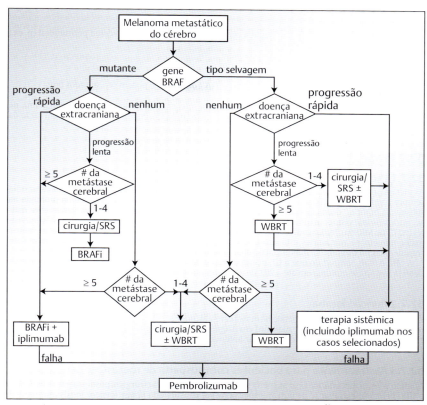

Fig. 52.1 Algoritmo sugerido para pacientes com melanoma metastático do cérebro (adaptado[31]).

d) presença de metástase óssea[21]
e) metástase cerebral múltipla e doença visceral extensiva[38]

52.5.4 Carcinoma de células renais
Conhecido como hipernefroma. Geralmente associado à disseminação para os pulmões, linfa, linfonodos, fígado, osso (alta afinidade para o osso), suprarrenais, e rins contralaterais antes de invadir o CNS (portanto, esse tumor raramente se apresenta como uma metástase cerebral isolada). Procure por hematúria, dor abdominal e/ou massa abdominal de palpação ou CT. Resposta à XRT é apenas ≈ 10%.

52.5.5 Câncer esofágico
A média de sobrevivência é de 4,2 meses, baseado em uma análise de 26 casos.[39] A metástase cerebral solitária com bom Karnofsky e tratamento cirúrgico pode promover um prognóstico melhor.

52.6 Apresentação clínica
Como a maioria dos tumores, sinais e sintomas são lentamente progressivos se comparados aos eventos vasculares (infartos isquêmicos ou hemorrágicos) que tendem a ser repentinos no inicio. Não há achados que permitam a diferenciação entre um tumor metastático e uma neoplasia primária em exames clínicos.
Sinais e sintomas incluem:
1. aqueles decorrentes do aumento de ICP por efeito em massa e/ou obstrução de drenagem do CSF (hidrocefalia):
   a) dor de cabeça (H/A): o sintoma mais comum, ocorre em ≈ 50%

b) náusea/vômito
2. déficits focais:
   a) decorrente da compressão parênquima cerebral pela massa e/ou pelo edema peritumoral (p. ex., monoparesia sem distúrbio sensorial)
   b) decorrente da compressão de nervo craniano
3. convulsões: ocorrem apenas em ≈ 15% dos casos
4. mudanças de estado mental: depressão, letargia, apatia, confusão
5. sintomas sugeridos da TIA (chamado de "tumor TIA") ou derrame podem ser causados por:
   a) oclusão de vaso pelas células tumorais
   b) hemorragia intratumoral, comum em melanoma metastático, coriocarcinoma e carcinoma de células renais;[40] ver tumores cerebrais hemorrágicos (p. 1335). Pode também ocorrer em razão da plaquetopenia

52.7 Propedêutica

52.7.1 Estudos de imagem (CT ou MRI)

As metástases geralmente aparecem como massas "não complicadas" (p. ex., circular, bem circunscrita), sempre surgindo na junção das substâncias cinzenta/branca. Caracteristicamente, edema profundo na substância branca ("dedos de edema") atinge a profundidade do interior do cérebro, geralmente mais acentuado do que visto com tumor cerebral primário (infiltrativo). Quando lesões múltiplas estão presentes (na CT ou MRI do cérebro com metástases múltiplas), a regra de Chamber se aplica: "aquele que conte o maior número de metástases está certo." As metástases geralmente captam contraste e devem ser consideradas no diagnóstico diferencial de uma lesão de captação anular.

A MRI é mais sensível do que a CT, principalmente na fossa posterior (incluindo o tronco cerebral). Detecta metástase múltipla em até ≈ 20% de pacientes que têm metástases únicas na CT.[2]

52.7.2 Punção lombar

Relativamente contraindicada quando há massa cerebral (pode ser indicado uma vez que a lesão de massa tenha sido descartada). Pode ser mais útil em diagnóstico de meningite carcinomatosa – ver meningite carcinomatosa (p. 811) – e para diagnosticar linfomas.

52.7.3 Rastreamento para pacientes com suspeita de metástase cerebral

Quando doença metastática ficar suspeita na imagem ou no tecido cirúrgico, pesquisa para identificar o sítio primário e avaliação de outras lesões pode ser considerada já que fornece locais alternativos para amostra de tecido para diagnóstico histológico, podendo guiar o tratamento (p. ex., metástase disseminada amplamente pode excluir uma terapia agressiva). Em um rastreamento metastático pode ser incluído:
1. CT do tórax (mais sensível do que CXR), abdome e pelve. Avaliação do tumor primário e metástases, além de complementar (para pulmão, suprarrenal, fígado... a CT substituiu o CXR.)
2. escaneamento ósseo com radionuclídeo: para pacientes com dores ósseas ou lesões ósseas, ou para tumores que tendem a produzir metástases ósseas (principalmente: próstata, mama, rim, tireoide e pulmão)
3. mamografia em mulheres
4. próstata: antígeno específico (PSA) em homens
5. escaneamento PET: pode detectar pequenos focos de tumores malignos

Câncer de local primário desconhecido (CUP): se o rastreamento metastático (ver acima) for negativo, a patologia da lesão cerebral metastática, determinada pela biópsia, pode implicar locais primários específicos.

Carcicoma metastático de células pequenas no cérebro é mais provável vinda do pulmão. Esses tumores apresentam coloração neuroendócrina positiva (p. 600).

Adenocarcicoma: pulmão é o sítio primário mais comum. Outras fontes: GI (maioria cólon), mama. O local primário pode permanecer oculto até mesmo após a avaliação extensiva em até 88%.[41] A imunocoloração foi tentada para identificar o local primário, mas não atingiu resultados úteis.

52.8 Tratamento

52.8.1 Informações gerais

Com o tratamento ideal, a média de sobrevivência de pacientes com metástases cerebrais ainda é de apenas ≈ 26-32 semanas, portanto, o tratamento é principalmente paliativo. Ver também resultado (p. 810) para a comparação de vários tratamentos.

52.8.2 Confirmação do diagnóstico

Nota: 11% dos pacientes com anomalias na CT ou MRI do cérebro e com histórico de câncer (nos últimos cinco anos) não têm metástases cerebrais.[33] O diagnóstico diferencial inclui: tumor cerebral primário (glioblastoma, astrocitoma de baixo grau), abscesso e reação inflamatória não específica. Se o tratamento não cirúrgico (p. ex., quimioterapia ou RTX) for contemplado, o diagnóstico deve ser confirmado por biópsia em quase todos os casos.

52.8.3 Decisões de tratamento

Prognóstico

É crítico já que muitas decisões de tratamento dependem de um diagnóstico completo.

RTOG RPA: classificação particionada recursiva do grupo de oncologia e radioterapia[42] (ver ▶ Quadro 52.4: de 1.200 pacientes com uma ou mais metástases submetidas à XRT). Conclusão: tipo específico de tumor, duração do tempo desde o diagnóstico etc. não são tão importantes prognosticamente quanto à pontuação (p. 1358) da escala de *performance* Karnofsky (KPS).

A aplicação do RPA à metástase do melanoma cerebral é controversa (ela foi tanto validada[43] quanto disputada[37]).

Pacientes RPA classe 3 têm mostrado não serem beneficiados por qualquer uma das numerosas modalidades de tratamento estudadas. Os de classe 1 são os mais prováveis para o benefício. A maioria dos pacientes são classe 2, e o benefício é incerto.

Algoritmo de tratamento

O ▶ Quadro 52.5 mostra um resumo das sugestões de tratamento (os detalhes aparecem nas seções seguintes).

Além disso, a excisão cirúrgica pode ser considerada para pacientes com metástases cerebrais passivas de ressecção completa e que são candidatos à quimioterapia com interleucina-2 (IL-2) para doença sistêmica (p. ex., câncer de células renais ou melanoma). Essas drogas, em alguns relatos, produzem edema cerebral significativo, no caso de existirem metástases cerebrais.

52.8.4 Tratamento medicamentoso

Tratamento inicial

1. anticonvulsivante: p. ex. Keppra® (levetiracetam): começar com 500 mg PO ou IV cada 12 horas. Geralmente, não é necessário para lesões na fossa posterior
2. corticosteroides: muitos dos sintomas são decorrentes do edema peritumoral (que é primariamente vasogênico) e respondem a esteroides dentro de 24-48 horas. Este aumento não é permanente, e a administração prolongada de esteroides pode produzir efeito colateral (p. 594)
Dose para paciente com sintomas significativos que ainda não estiverem em uso de esteroides: dexametasona (Decadron®) 10-20 mg IV, seguido por 6 mg IV de seis em seis horas por 2-3 dias, após o qual é convertido em ≈ 4 mg PO QID. Uma vez que os sintomas sejam controlados, o medicamento é diminuído para ≈ 2-4 mg PO TID, caso os sintomas não agravarem
3. Antagonista H2 (p. ex., ranitidina 150 mg PO de 12 em 12 horas) ou inibidor de bomba de próton (omeprazol)

Quadro 52.4 Classificação RPA para pacientes com metástases cerebrais

Classe RPA	Descrição	Média de sobrevivência (meses)[a]
1	• KPS[b] ≥ 70 e • Idade < 65 anos e • tumor primário controlado[c] ou ausente e a metástase cerebral única	7
2	• todos os outros[d]	4
3	• KPS < 70	2

[a]Para pacientes submetidos à XRT.
[b]KPS = pontuação da escala de *performance* de Karnofsky (p. 1358).
[c]Controlado = doença estável com mais de três meses de observação.
[d]P. ex., não RPA da classe 1 ou 3.

Quadro 52.5 Sugestões de tratamento para metástase cerebral[a]

Situação clínica		Tratamento
diagnóstico primário desconhecido ou não confirmado		biópsia estereotáxica para ≈ todos os pacientes, se a excisão cirúrgica não for considerada
câncer sistêmico generalizado sem controle e curta expectativa de vida e/ou *performance* de Karnofsky ruim (p. 1358) ≤ 70		(biópsia como indicada acima) + WBXRT ou sem tratamento
Doença sistêmica estável e KPS > 70		
metástase solitária	sintomático, grande ou lesão acessível	excisão cirúrgica + WBXRT
	assintomático, pequena, lesão inacessível	WBXRT ± SRS
metástase múltipla	lesão grande única com risco de vida ou produzindo efeito de massa	cirurgia para a lesão grande + WBXRT para o restante
	≤ 3 lesões: sintomáticas e que podem ser totalmente removidas	cirurgia + WBXRT ou SRS + WBXRT
	≤ 3 lesões: que não podem ser totalmente removidas	WBXRT ou SRS + WBXRT
	> 3 lesões: sem efeito de massa que exija cirurgia	WBXRT[44]

[a]Adaptado.[45] Abreviações: WBXRT = radioterapia cerebral total, SRS = radiocirurgia estereotáxica.

Quimioterapia

Ver discussão de limitações de quimioterapia no cérebro (p. 595). Se as lesões múltiplas forem advindas de câncer de pequenas células na imagem do cérebro, o tratamento de escolha é a radioterapia mais a quimioterapia.

52.8.5 Radioterapia

Informações gerais

Nota: nem todas as lesões cerebrais de pacientes com câncer são metástases (ver acima).

Em pacientes que a cirurgia não é considerada, os esteroides e a radioterapia podem ser paliativos. H/A são sempre reduzidas, e em ≈ 50% dos casos os sintomas melhoram ou são resolvidos completamente.[46] Não resulta em um controle local para a maioria desses pacientes, e estes frequentemente sucumbem de uma doença cerebral progressiva.

"Radiossensibilidade" de vários tumores metastáticos para a radioterapia de todo o cérebro (WBXRT) é mostrada no ▶ Quadro 52.6.

A dose normal é de 30 Gy em 10 frações ministradas em duas semanas. Com essa dose, 11% dos sobreviventes em um ano e 50% de sobreviventes aos dois anos desenvolvem demência grave.

Irradiação craniana profilática

A irradiação craniana profilática após a ressecção de carcinoma de pulmão de pequenas células (SCLC) reduz recorrências no cérebro, mas não afeta a sobrevivência.[47]

Radioterapia pós-operatória

A WBXRT é geralmente recomendada seguindo a craniotomia para doença metastática,[48] principalmente com SCLC, onde "micrometástases" são consideradas presentes por todo o cérebro. (**Nota:** alguns centros não administram rotineiramente WBXRT no pós-operatório ([com exceção para tumor bastante radiossensível, como SCLC]), mas em vez disso acompanham o paciente com estudos seriados de imagens e administram o XRT apenas quando as metástases forem documentadas.)

A dose ideal é controversa. Relatórios iniciais recomendaram 30-39 Gy durante 2-2,5 semanas (3 Gy fracionados) com ou sem cirurgia.[49] Isto é aceitável em pacientes que não têm expectativa de viver muito tempo para sentir os efeitos colaterais de um período longo de radioterapia. Recomendações recentes são frações diárias menores de 1,8-20 Gy para reduzir a neurotoxicidade.[50] Baixas doses também são associadas a uma taxa mais alta de recorrência de metástase cerebral.[51] Já que 50 Gy são necessários para atingir > 90% do controle das micrometástases, alguns usam 45-50 Gy na WBXRT, mais um adicional no leito do tumor para elevar a dose do tratamento total até 55 Gy, todos com baixa fração de 1,80-2,0 Gy.[52]

Quadro 52.6 "Radiossensibilidade" da metástase cerebral para WBXRT

Radiossensibilidade	Tumor
Radiossensibilidade[33]	• câncer de pulmão de pequenas células • tumores de células germinativas • linfoma • leucemia • mieloma múltiplo
Moderadamente sensível	• mama
Moderadamente resistente	• cólon • câncer de pulmão de células não pequenas
Altamente resistente[a]	• tireoide • células renais (10% respondem) • melanoma maligno • sarcoma • adenocarcinoma

[a]Para estes pode ser melhor a SRS do que WBXRT.

Radiocirurgia estereotáxica

Inconsistente em reduzir o tamanho do tumor. Alguns estudos retrospectivos mostram resultados comparáveis à cirurgia.[53] Outros não.[54] Não há a obtenção de tecido para análise histológica, e geralmente não pode ser usada para lesões > 3 cm. Ver também radiocirurgia estereotáxica (p. 811).

52.8.6 Tratamento cirúrgico

Lesões solitárias

Indicações favorecendo excisão cirúrgica de uma lesão solitária:

1. doença primária controlada
2. lesão acessível
3. a lesão é sintomática ou apresenta risco de vida
4. tumor primário conhecido por ser relativamente radiorresistente (excisão é raramente indicada por metástases cerebrais não tratadas do SCLC devido à sua radiossensibilidade)
5. para o SCLC recorrente acompanhando XRT
6. diagnóstico desconhecido: considerar biópsia como alternativa, p. ex. biópsia estereotáxica

A ressecção cirúrgica em pacientes com doença sistêmica progressiva e/ou déficit neurológico significativo é provavelmente injustificada.[55] Ademais, em pacientes com câncer diagnosticado recentemente, a craniotomia pode retardar o tratamento sistêmico por semanas, e as consequências devem ser consideradas.

Lesões múltiplas

Pacientes com metástases múltiplas geralmente têm uma sobrevida pior do que aqueles com lesões solitárias.[50] As metástases múltiplas são geralmente tratadas com XRT sem cirurgia. Entretanto, se a excisão total de toda a metástase for possível, então, até metástases múltiplas podem ser removidas com sobrevida semelhante àqueles que têm uma metástase única removida[32] (ver também ▶ Quadro 52.5 para resumo). Se apenas a excisão incompleta for possível (p. ex., não pode remover toda a metástase, ou porção de uma ou mais foram deixadas para trás) então não existe melhora na sobrevida com cirurgia, e a XRT sozinha é recomendada. A mortalidade da remoção > uma metástase em sessão única não é mais alta estatisticamente do que a remoção de uma metástase única.

Situações em que a cirurgia pode ser indicada para metástase múltipla:[56]

1. uma lesão específica e acessível é claramente sintomática e/ou com risco de vida (lesões com risco de vida incluem a fossa posterior e lesão grande no lobo temporal). Este é um tratamento paliativo para reduzir o sintoma/risco daquela lesão específica
2. lesões múltiplas que podem ser completamente removidas (ver abaixo)
3. sem diagnóstico (p. ex., sem identificação primária): considere biópsia estereotáxica

Biópsia estereotáxica

Considerada para:
1. lesões não apropriadas para cirurgia, inclui casos sem diagnóstico definido e:
   a) lesões profundas
   b) lesões pequenas múltiplas
2. pacientes que não são candidatos para ressecção cirúrgica
   a) condição médica ruim
   b) condição neurológica ruim
   c) doença sistêmica em ampla expansão ou ativa
3. para estabelecer um diagnóstico
   a) quando outro diagnóstico é possível: p. ex. não há outro local de metástase, longo intervalo entre o câncer primário e a detenção da metástase cerebral...
   b) principalmente, se as modalidades de tratamento não cirúrgico estiverem planejadas (ver acima)

Considerações intraoperatórias para remoção cirúrgica

Muitas lesões se apresentam na superfície do cérebro ou através da dura. Para lesões não visíveis na superfície ou não palpáveis imediatamente abaixo da superfície, ultrassom intraoperatório ou técnicas estereotáxicas podem ser usadas para localizar a lesão.

Metástases geralmente têm uma margem bem definida, então um plano de separação do cérebro normal pode ser aproveitado, sempre permitindo a remoção macroscópica total.

52.9 Resultado

52.9.2 Informações gerais

O ▶ Quadro 52.7 lista fatores associados à melhor sobrevivência indiferente do tratamento. Ademais, o prognóstico piora, à medida que o número de metástases aumenta.[45] A média de sobrevivência até com os melhores tratamentos em alguns estudos é de apenas ≈ 6 meses. Colocando isso em perspectiva, isto é pior do que com glioblastoma.

52.9.2 História natural

No momento em que os achados neurológicos se desenvolvem, a média de sobrevivência entre os pacientes não tratados é ≈ 1 mês.[57]

52.9.3 Esteroides

Usar apenas esteroides (para controlar o edema) dobra a sobrevivência[58] para 2 meses (**Nota:** isto é baseado amplamente em dados anteriores à era da CT, e os tumores eram, portanto, maiores do que os dos estudos atuais[59]).

52.9.4 Radioterapia cerebral total (WBXRT)

WBXRT + esteroides aumentam a sobrevida para 3-6 meses.[32] 50% das mortes são decorrentes da progressão da doença intracraniana.

52.9.5 Cirurgia ± WBXRT

A recorrência do tumor foi significativamente menos frequente e mais atrasada com o uso da WBXRT no pós-operatório.[48] A duração da sobrevivência não foi mudada com o uso complementar da WBXRT. Existe

---

Quadro 52.7 Fatores associados a melhores prognósticos para metástase cerebral (com qualquer tratamento)

- pontuação Karnofsky[a] (KPS) > 70
- idade < 60 anos
- apenas metástase no cérebro (sem metástase sistêmica)
- ausência ou doença primária controlada
- > um ano desde o diagnóstico do tumor primário
- menor número possível de metástases cerebrais
- gênero feminino

[a]KPS (p. 1358) é provavelmente o prognosticador mais importante; aquelas com uma pontuação de 100 tinha média de sobrevivência > 150 semanas.

também uma perda de função cognitiva adicional em muitos casos, e os pacientes raramente ficam independentes após a WBXRT.

Em 33 pacientes tratados com ressecção cirúrgica de metástase única e WBXRT no pós-operatório:[60] a média de sobrevivência foi de oito meses; com 44% de sobrevida em um ano. Se não houver evidência de câncer sistêmico, um ano de sobrevida em 81%. Se o câncer sistêmico estiver presente (ativo ou inativo), um ano de sobrevida em 20%. Pacientes com metástase solitária e sem evidência de tumor ativo sistêmico têm o melhor prognóstico.[46,55] Com a remoção total, não houve recorrência nem nova metástase dentro de seis meses, e a causa principal da morte foi progressão do câncer fora do CNS. Um estudo randomizado verificou uma melhora na longevidade e qualidade da sobrevida dos pacientes com metástase solitária submetidos à excisão cirúrgica mais WBXRT *versus* WBXRT sozinha (40 semanas *versus* 15 semanas de média de sobrevida).[33] A mortalidade cirúrgica foi de 4% ($\approx$ mesmo como em uma mortalidade de 30 dias no grupo que realizou apenas RTX). Mais pacientes tratados com WBXRT morreram das metástases cerebrais do que aqueles que se submeteram à cirurgia. Após remoção total e WBXRT no pós-operatório, 22% dos pacientes terão tumor cerebral recorrente em um ano.[50] Isso é melhor do que cirurgia sem XRT (com taxas de falha relatadas em 46[50] e 85%[51].)

52.9.6 Radiocirurgia estereotáxica (SRS)

Não há um estudo randomizado comparando cirurgia e SRS. Estudos retrospectivos sugerem que SRS pode ser comparável à cirurgia.[53,61] Entretanto, um estudo prospectivo (não randomizado, retrospectivamente compatível)[54] encontrou a média de sobrevivência de 7,5 meses com SRS *versus* 16,4 meses com cirurgia e mortalidade mais alta de doença cerebral no grupo SRS (com a mortalidade decorrente da lesão tratada com SRS e não novas lesões). Uma taxa de controle total de $\approx$ 88% foi relatada, com um estudo também recomendando WBXRT acompanhando a SRS para um melhor controle local.[62]

A taxa de controle em um ano após SRS + WBXRT foi de 75-80% e parece ser semelhante à cirurgia + WBXRT.[45] Entretanto, a SRS foi incerta na redução do tamanho do tumor.

52.9.7 Metástases múltiplas

Pacientes com metástases múltiplas que foram totalmente removidas têm uma sobrevivência que é semelhante àqueles que têm a metástase única cirurgicamente removida[32] (ver acima).

52.10 Meningite carcinomatosa

52.10.1 Informações gerais

A meningite carcinomatosa (CM) conhecida como carcinomatose meníngea (LMC). Encontrada em até 8% de pacientes com câncer sistêmico que sofreram autópsia. CM pode ser o achado clínico encontrado em 48% dos pacientes com câncer (antes de o diagnóstico do câncer ser conhecido). Os tumores primários que mais comumente desenvolvem CM: mama, pulmão, melanoma.[63] (p. 610-2) Sempre incluir meningite linfomatosa no diagnóstico diferencial: ver linfoma do CNS (p. 710).

52.10.2 Clínica

Início simultâneo dos achados em níveis múltiplos do neuroeixo. Os achados de nervos cranianos múltiplos são frequentes (em até 94%, mais comum: VII, III, V e VI), geralmente progressivos. Sintomas mais frequentes: H/A, mudanças no estado mental, letargia, convulsão, ataxia. Hidrocefalia não obstrutiva é também comum. Radioculopatia dolorosa pode ocorrer com a "metástase em gota".

52.10.3 Diagnóstico

Punção lombar

Fazer apenas após lesão de massa ter sido excluída na CT ou MRI do crânio. Apesar de a LP inicial poder ser normal, CSF é eventualmente anormal em > 95%.

O CSF pode ser enviado para:

1. citologia para procurar células malignas (exige $\approx$ 10 mL de avaliação adequada para CM). Repetir se negativo (45% positivo no primeiro estudo, 81% eventualmente positivo após seis LPs). Pode precisar passar o CSF através do filtro Millipore
2. culturas bacterianas e fúngicas (incluindo organismos incomuns, p. ex. criptococose)
3. marcadores tumorais: antígeno carcinoembrionário, alfafetoproteína

4. proteína/glicose: hiperproteinorraquia é a anomalia mais comum. Glicose pode ser tão baixa quanto ≈ 40 mg % em aproximadamente um terço dos pacientes

MRI

MRI captante de contraste é mais sensível para mostrar o espessamento leptomeníngeo.[64]

CT

Pode mostrar a dilatação leve ventricular, captação nas cisternas basais. Captação sulcal pode ocorrer com o envolvimento da convexidade.

Mielografia

Esfregaço da coluna ("metástase em gota") vai produzir o preenchimento do defeito na mielografia.

52.10.4 Sobrevida

Não tratada: < dois meses. Com radioterapia + quimioterapia; média de sobrevida é de 5,8 meses (intervalo 1-29). A quimioterapia pode ser administrada via intratecal. Aproximadamente, metade dos pacientes morre pelo envolvimento do CNS, e metade morre de doença sistêmica.

Referências

[1] Johnson JD, Young B. Demographics of brain metastasis. Neurosurg Clin N Am. 1996; 7:337–344

[2] Mintz AP, Cairncross JG. Treatment of a Single Brain Metastasis. The Role of Radiation Following Surgical Excision. JAMA. 1998; 280:1527–1529

[3] Voorhies RM, Sundaresan N, Thaler HT. The Single Supratentorial Lesion: An Evaluation of Preoperative Diagnosis. J Neurosurg. 1980; 53:364–368

[4] Patchell RA, Posner JB. Neurologic Complications of Systemic Cancer. Neurol Clin. 1985; 3:729–750

[5] Zimm S, Galen L, Wampler GL, et al. Intracerebral Metastases in Solid-Tumor Patients: Natural History and Results of Treatment. Cancer. 1981; 48:384–394

[6] DeAngelis LM. Management of Brain Metastases. Cancer Invest. 1994; 12:156–165

[7] Davis PC, Hudgins PA, Peterman SB, Hoffman JC. Diagnosis of Cerebral Metastases: Double-Dose Delayed CT versus Contrast-Enhanced MR Imaging. AJNR. 1991; 12:293–300

[8] Weiss HD, Richardson EP. Solitary Brainstem Metastasis. Neurology. 1978; 28:562–566

[9] Nugent JL, Bunn PA, Matthews MJ, et al. CNS Metastses in Small-Cell Bronchogenic Carcinoma: Increasing Frequency and Changing Pattern with Lengthening Survival. Cancer. 1979; 44:1885–1893

[10] Berger MS, Baumeister B, Geyer JR, Milstein J, et al. The Risks of Metastases from Shunting in Children with Primary Central Nervous System Tumors. J Neurosurg. 1991; 74:872–877

[11] Kindt GW. The Pattern of Location of Cerebral Metastatic Tumors. J Neurosurg. 1964; 21:54–57

[12] Gavrilovic IT, Posner JB. Brain metastases: epidemiology and pathophysiology. J Neurooncol. 2005; 75:5–14

[13] Vieth RG, Odom GL. Intracranial Metastases and their Neurosurgical Treatment. J Neurosurg. 1965; 23:375–383

[14] Agazzi S, Pampallona S, Pica A, Vernet O, Regli L, Porchet F, Villemure JG, Leyvraz S. The origin of brain metastases in patients with an undiagnosed primary tumour. Acta Neurochir (Wien). 2004; 146:153–157

[15] Figlin RA, Piantadosi S, Feld R, et al. Intracranial Recurrence of Carcinoma After Complete Resection of Stage I, II, and III Non-Small-Cell Lung Cancer. N Engl J Med. 1988; 318:1300–1305

[16] Auperin A, Arriagada R, Pignon JP, Le Pechoux C, Gregor A, Stephens RJ, Kristjansen PE, Johnson BE, Ueoka H, Wagner H, Aisner J. Prophylactic cranial irradiation for patients with small-cell lung cancer in complete remission. Prophylactic Cranial Irradiation Overview Collaborative Group. N Engl J Med. 1999; 341:476–484

[17] Slotman B, Faivre-Finn C, Kramer G, Rankin E, Snee M, Hatton M, Postmus P, Collette L, Musat E, Senan S. Prophylactic cranial irradiation in extensive small-cell lung cancer. N Engl J Med. 2007; 357:664–672

[18] Solis OJ, Davis KR, Adair LB, et al. Intracerebral Metastatic Melanoma: CT Evaluation. Comput Tomogr. 1977; 1:135–143

[19] Zakrzewski J, Geraghty LN, Rose AE, Christos PJ, Mazumdar M, Polsky D, Shapiro R, Berman R, Darvishian F, Hernando E, Pavlick A, Osman I. Clinical variables and primary tumor characteristics predictive of the development of melanoma brain metastases and post-brain metastases survival. Cancer. 2011; 117:1711–1720

[20] Davies MA, Liu P, McIntyre S, Kim KB, Papadopoulos N, Hwu WJ, Hwu P, Bedikian A. Prognostic factors for survival in melanoma patients with brain metastases. Cancer. 2011; 117:1687–1696

[21] Staudt M, Lasithiotakis K, Leiter U, Meier F, Eigentler T, Bamberg M, Tatagiba M, Brossart P, Garbe C. Determinants of survival in patients with brain metastases from cutaneous melanoma. Br J Cancer. 2010; 102:1213–1218

[22] Sampson JH, Carter JH, Friedman AH, Seigler HF. Demographics, Prognosis, and Therapy in 702 Patients with Brain Metastases from Malignant Melanoma. J Neurosurg. 1998; 88:11–20

[23] Swetter SM, Carroll LA, Johnson DL, Segall GM. Positron emission tomography is superior to computed tomography for metastatic detection in melanoma patients. Ann Surg Oncol. 2002; 9:646–653

[24] Avril MF, Aamdal S, Grob JJ, Hauschild A, Mohr P, Bonerandi JJ, Weichenthal M, Neuber K, Bieber T, Gilde K, Guillem Porta V, Fra J, Bonneterre J, Saiag P, Kamanabrou D, Pehamberger H, Sufliarsky J, Gonzalez Larriba JL, Scherrer A, Menu Y. Fotemustine compared with dacarbazine in patients with disseminated malignant melanoma: a phase III study. J Clin Oncol. 2004; 22:1118–1125

[25] Guirguis LM, Yang JC, White DE, Steinberg SM, Liewehr DJ, Rosenberg SA, Schwartzentruber DJ. Safety and efficacy of high-dose interleukin-2 therapy in patients with brain metastases. J Immunother. 2002; 25:82–87

[26] Lochead R, McKhann G, Hankinson T, et al. High dose systemic interleukin-2 for metastatic melanoma in patients with treated brain metastases. J Immunother. 2004; 27

[27] Majer M, Jensen RL, Shrieve DC, Watson GA, Wang M, Leachman SA, Boucher KM, Samlowski WE. Biochemotherapy of metastatic melanoma in patients with or without recently diagnosed brain metastases. Cancer. 2007; 110:1329–1337

[28] ClinicalTrials.gov identifier: NCT 01266967. A Study of GSK 2118436 in BRAF Mutant Metastatic Melanoma to the Brain (Break MB). 2014

[29] ClinicalTrials.gov identifier: NCT 01378975. A Study of Vemurafenib in Metastatic Melanoma Patients With Brain Metastases. 2015

[30] U.S. Food and Drug Administration (FDA), . FDA approves Keytruda for advanced melanoma. 2014

[31] Carlino MatteoS, Fogarty GeraldB, Long GeorginaV. Treatment of Melanoma Brain Metastases: A New Paradigm. The Cancer Journal. 2012; 18:208–212

[32] Bindal RK, Sawaya R, Leavens ME, Lee JJ. Surgical Treatment of Multiple Brain Metastases. J Neurosurg. 1993; 79:210–216

[33] Patchell RA, Tibbs PA, Walsh JW, Young B, et al. A Randomized Trial of Surgery in the Treatment of Single Metastases to the Brain. N Engl J Med. 1990; 322:494–500

[34] Vecht CJ, Haaxma-Reiche H, Noordijk EM, Padberg GW, Voormolen JH, Hoekstra FH, Tans JT, Lambooij N, Metsaars JA, Wattendorff AR, et al. Treatment of single brain metastasis: radiotherapy alone or combined with neurosurgery? Ann Neurol. 1993; 33:583–590

[35] Sampson JH, Carter JH, Jr, Friedman AH, Seigler HF. Demographics, prognosis, and therapy in 702 patients with brain metastases from malignant melanoma. J Neurosurg. 1998; 88:11–20

[36] Fife KM, Colman MH, Stevens GN, Firth IC, Moon D, Shannon KF, Harman R, Petersen-Schaefer K, Zacest AC, Besser M, Milton GW, McCarthy WH, Thompson JF. Determinants of outcome in melanoma patients with cerebral metastases. J Clin Oncol. 2004; 22:1293–1300

[37] Eigentler TK, Figl A, Krex D, Mohr P, Mauch C, Rass K, Bostroem A, Heese O, Koelbl O, Garbe C, Schadendorf D. Number of metastases, serum lactate dehydrogenase level, and type of treatment are prognostic factors in patients with brain metastases of malignant melanoma. Cancer. 2011; 117:1697–1703

[38] Gupta G, Robertson AG, MacKie RM. Cerebral metastases of cutaneous melanoma. Br J Cancer. 1997; 76:256–259

[39] Song Z, Lin B, Shao L, Zhang Y. Brain metastases from esophageal cancer: clinical review of 26 cases. World Neurosurg. 2014; 81:131–135

[40] Kondziolka D, Bernstein M, Resch L, et al. Significance of Hemorrhage into Brain Tumors: Clinicopathological Study. J Neurosurg. 1987; 67:852–857

[41] Shildt RA, Kennedy PS, Chen TT, Athens JW, O'Bryan RM, Balcerzak SP. Management of patients with metastatic adenocarcinoma of unknown origin: a Southwest Oncology Group study. Cancer Treat Rep. 1983; 67:77–79

[42] Gaspar L, Scott C, Rotman M, Asbell S, Phillips T, Wasserman T, McKenna WG, Byhardt R. Recursive partitioning analysis (RPA) of prognostic factors in three Radiation Therapy Oncology Group (RTOG) brain metastases trials. Int J Radiat Oncol Biol Phys. 1997; 37:745–751

[43] Morris SL, Low SH, A'Hern RP, Eisen TG, Gore ME, Nutting CM, Harrington KJ. A prognostic index that predicts outcome following palliative whole brain radiotherapy for patients with metastatic malignant melanoma. Br J Cancer. 2004; 91:829–833

[44] Nieder C, Andratschke N, Grosu AL, Molls M. Recursive partitioning analysis (RPA) class does not predict

survival in patients with four or more brain metastases. Strahlenther Onkol. 2003; 179:16–20

[45] Pollock BE. Management of Patients with Multiple Brain Metastases. Contemp Neurosurg. 1999; 21:1–6

[46] Horton J. Treatment of Metastases to the Brain. 1984

[47] Jackson DV, Richards F, Cooper MR, et al. Prophylactic Cranial Irradiation in Small Cell Carcinoma of the Lung: A Randomized Study. JAMA. 1977; 237:2730–2733

[48] Patchell RA, Tibbs PA, Regine WF, Dempsey RJ, Mohiuddin M, Kryscio RJ, Markesbery WR, Foon KA, Young B. Postoperative radiotherapy in the treatment of single metastases to the brain: a randomized trial. JAMA. 1998; 280:1485–1489

[49] Kramer S, Hendrickson F, Zelen M, et al. Therapeutic Trials in the Management of Metastatic Brain Tumors by Different Time/Dose Fraction Schemes. Natl Cancer Inst Monogr. 1977; 46:213–221

[50] DeAngelis LM, Mandell LR, Thaler HT, et al. The Role of Postoperative Radiotherapy After Resection of Single Brain Metastases. Neurosurgery. 1989; 24:798–804

[51] Smalley SR, Schray MF, Laws ER, O'Fallon JR. Adjuvant Radiation Therapy After Surgical Resection of Solitary Brain Metastasis: Association with Pattern of Failure and Survival. Int J Radiation Oncology Biol Phys. 1987; 13:1611–1616

[52] Shaw E. Comment on DeAngelis L M, et al.: The Role of Postoperative Radiotherapy After Resection of Single Brain Metastases. Neurosurgery. 1989; 24:804–805

[53] Sills AK. Current treatment approaches to surgery for brain metastases. Neurosurgery. 2005; 57:S24–32; discusssion S1-4

[54] Bindal AK, Bindal RK, Hess KR, Shiu A, Hassenbusch SJ, Shi WM, Sawaya R. Surgery versus Radiosurgery in the Treatment of Brain Metastasis. J Neurosurg. 1996; 84:748–754

[55] Smalley SR, Laws ER, O'Fallon JR, Shaw EG, Schray MF. Resection for Solitary Brain Metastasis: Role of Adjuvant Radiation and Prognostic Variables in 229 Patients. J Neurosurg. 1992; 77:531–540

[56] Tobler WD, Sawaya R, Tew JM. Successful Laserassisted Excision of a Metastatic Midbrain Tumor. Neurosurgery. 1986; 18:795–797

[57] Markesbery WR, Brooks WH, Gupta GD, et al. Treatment for Patients with Cerebral Metastases. Arch Neurol. 1978; 35:754–756

[58] Ruderman NB, Hall TC. Use of Glucocorticoids in the Palliative Treatment of Metastatic Brain Tumors. Cancer. 1965; 18:298–306

[59] Posner JB. Surgery for Metastases to the Brain. N Engl J Med. 1990; 322:544–545

[60] Galicich JH, Sundaresan N, Thaler HT. Surgical Treatment of Single Brain Metastasis: Evaluation of Results by CT Scanning. J Neurosurg. 1980; 53:63–67

[61] Alexander E, Moriarty TM, Davis RB, et al. Stereotactic Radiosurgery for the Definitive Noninvasive Treatment of Brain Metastases. J Natl Cancer Inst. 1995; 87:34–40

[62] Fuller BG, Kaplan ID, Adler J, Cox RS, Bagshaw MA. Stereotactic Radiosurgery for Brain Metastases: The Importance of Adjuvant Whole Brain Irradiation. Int J Radiation Oncology Biol Phys. 1992; 23:413–418

[63] Wilkins RH, Rengachary SS. Neurosurgery. New York 1985

[64] Sze G, Soletsky S, Bronen R, Krol G. MR Imaging of the Cranial Meninges with Emphasis on Contrast Enhancement and Meningeal Carcinomatosis. AJNR. 1989; 10:965–975

53 Metástases Epidurais da Coluna

53.1 Informações gerais

Conceitos-chave

- suspeitado um câncer do paciente com dores nas costas que continua deitado
- ocorre em ≈ 10% de todos os pacientes com câncer
- 80% dos locais primários: pulmão, mama, GI, próstata, melanoma e linfoma
- muitos tratamentos reduzem a dor. Cirurgia + XRT, em alguns casos, aumentam a chance de prevenir a deambulação e produz uma melhora modesta na sobrevivência
- se não houver comprometimento neurológico ou instabilidade óssea, tratamento habitual: biópsia (CT – ou guiada com fluoreto) acompanhada de XRT (indicações cirúrgicas no ▶ Quadro 53.4)
- cirurgia não é conveniente para: paralisia total > oito horas, perda de deambulação > 24 horas, e não recomendado para prognóstico < 3-4 meses de sobrevivência, condição médica ruim (PFTs ruim...), ou tumor radiossensível

As metástases epidurais da coluna (SEM) ocorrem em até 10% de pacientes com câncer,[1] e são os tumores mais comuns da coluna. 5-10% dos tumores malignos se apresentam inicialmente com compressão medular.[2] Para outras etiologias compressivas da medula espinal, ver os itens marcados com uma adaga (†) como Mielopatia (p. 1407).

Vias de disseminação da metástase espinal:
1. arterial
2. venosa: via veias epidurais da coluna (plexo de Batson)[3]
3. perinervosa (disseminação direta)

A rota habitual de expansão é a disseminação hematogênica para o corpo vertebral com erosão através dos pedículos e extensão subsequente para dentro do canal epidural (p. ex., epicentro anterior). Com menos frequência, pode metastatizar inicialmente para aspecto lateral ou posterior do canal. A maioria das metástases (mets) são epidurais, apenas 2-4% são intradurais, e apenas 1-2% são intramedulares. A distribuição entre as colunas cervical, torácica e lombar é proporcional à extensão do segmento, portanto, a coluna torácica é o local mais comum (50-60%).

53.2 Tumores primários que geram metástases para a coluna

O ▶ Quadro 53.1 mostra os tipos de tumores primários que surgem da SEM. A maioria é primária comum e tende a metastatizar para osso (pulmão, mama, próstata, células renais e tireoide). Os tumores raros que podem disseminar para o osso incluem o subtipo mixoide de lipossarcoma[4] (17% desses pacientes desenvolvem a metástase óssea, a média de sobrevivência de 5 anos é de 16%).

53.3 Apresentação

Dor: o sintoma inicial mais comum. Ocorre em até 95% dos pacientes com SEM.[6,7] Tipos de dores:
1. dor local: tipicamente em queimação no nível de envolvimento. Aumento da dor quando reclinado (principalmente à noite) é característico
2. radicular: tende a ser aguda ou em gatilho, referida dentro do dermátomo da raiz nervosa envolvida. Normalmente bilateral na região torácica
3. mecânica: geralmente agravada pelo movimento

Flexão cervical, flexão e elevação dos membros inferiores, tosse, espirros ou esforço podem também agravar a dor.

Disfunção motora ou autônoma: é a segunda forma mais comum de apresentação. Até 85% dos pacientes apresentam fraqueza a qualquer momento do diagnóstico. Rigidez dos membros inferiores pode ser o sintoma inicial. Disfunção vesical (incontinência urinária, hesitação ou retenção) é a manifestação autônoma mais comum; outras incluem constipação ou impotência.

Disfunção sensorial: anestesia, hipestesia ou parestesia geralmente ocorrem concomitantes com a disfunção motora. O envolvimento da medula cervical ou torácica pode produzir nível sensitivo.

Metástases Epidurais da Coluna 815

Quadro 53.1 Fontes de metástase epidural da coluna causando compressão na medula

Local da lesão primária	Série A	Série B[a]	Série C[b]
pulmão	17%	14%	31%
mama	16%	21%	24%
próstata	11%	19%	8%
rim (células renais)	9%		1%
local desconhecido	9%	5%	2%
sarcoma	8%		2%
linfoma	6%	12%	6%
trato GI	6%		9%
tireoide	6%		
melanoma	2%		4%
outros (incluindo o mieloma múltiplo)	13%	29%[c]	13%

[a]Série B: estudo retrospectivo de 58 pacientes submetidos ao exame de MRI para SEM.[1]
[b]Série C: 75 pacientes com SEM fora dos 140 pacientes que foram examinados prospectivamente com dor nas costas.[5]
[c]Na série B, "outros" incluem GI, GU, pele, ENT, CNS.

Outras apresentações: fratura patológica. Metástases ósseas podem, às vezes, produzir hipercalcemia (uma emergência médica).

Quanto maior o déficit neurológico ao início do tratamento, pior são as chances de recuperação da perda da função. 76% dos pacientes têm fraqueza no momento do diagnóstico.[1] 15% estão paraplégicos na apresentação inicial, e < 5% desses podem voltar a andar após o tratamento. O tempo médio do início dos sintomas até o diagnóstico é de 2 meses.[8]

53.3.1 Metástase para a coluna cervical superior

Para um diagnóstico diferencial, ver lesões do forame magno (p. 1367), e lesão do áxis (C2) (p. 1391).

Metástases na região C1-2 abrangem apenas ≈ 0,5% das metástases espinais.[9] Normalmente se apresentam inicialmente com dores cervicais posteriores e suboccipitais; e no decorrer da progressão da lesão, os pacientes desenvolvem uma dor característica que torna difícil assentar-se direito (alguns seguram a cabeça com as mãos para estabilização). Em razão de o fato do canal vertebral ser espaçoso nesse nível, apenas ≈ 11-15% dos pacientes apresentam sintomas neurológicos. 15% desenvolvem compressão medular espinal,[10] e quadriplegia decorrente da subluxação atlantoaxial ocorreu em ≈ 6%.[10]

As abordagens anteriores para estabilização nesses niveis são difíceis. Fraturas patológicas causados por tumores osteoblásticos (p. ex., próstata, alguns de mama) podem ser curados com radioterapia e imobilização. Para outros, bom alívio da dor e estabilização podem ser conseguidos com radioterapia acompanhada de fusão posterior.[10]

53.4 Avaliação e tratamento de metástases epidurais da coluna

53.4.1 Informações gerais

Não há diferença nos resultado das lesões acima ou abaixo do cone; portanto, as metástases da medula espinal, do cone medular ou da cauda equina são, aqui, consideradas juntas como compressão da medula espinal epidural (ESCC). Características que podem ajudar a distinguir as lesões no cone da cauda equina são mostradas no ▶ Quadro 53.2.

53.4.2 Escalas de função

Há significância prognóstica na condição neurológica da apresentação. Escalas de classificação, como as de Brice e McKissock (▶ Quadro 53.3), têm sido propostas, mas não são amplamente usadas. A escala de classificação ASIA é normalmente mais aplicada.

Quadro 53.2 Características que distinguem as lesões do cone das lesões da cauda equina com metástases[11]

	Lesão medular no cone	Lesão na cauda equina
dores espontâneas	raro; quando presente, é geralmente bilateral e simétrico no períneo ou coxas	Pode ser os sintomas mais proeminentes; grave; tipo radicular; no períneo, coxa e pernas, costas ou bexiga
déficit sensorial	sela; bilateral; geralmente simétrico, dissociação sensorial	sela; não há dissociação sensorial; pode ser unilateral e assimétrica
perda motora	*simétrica*; não marcado; fascículações podem estar presentes	*assimétrica*; mais marcante; pode ocorrer atrofia; rara presença de fascículações
sintomas autonômicos (incluindo a disfunção na bexiga, impotência...)	proeminente precoce	tardia
reflexos	ausência do reflexo do tornozelo (o reflexo patelar é preservado)	arco reflexo do tornozelo e patelar podem estar ausentes
início	repentino ou bilateral	gradual e unilateral

Quadro 53.3 Classificação da função da medula espinal com metástase na coluna (Brice e McKissock)[12]

Grupo	Classificação	Descrição
1	leve	consegue andar
2	moderado	consegue mover as pernas, mas não contra gravidade
3	grave	apenas motora leve e função sensorial residual
4	completa	sem função motora, sensorial, ou esfincteriana abaixo do nível da lesão

53.4.3 Exames diagnósticos

MRI ao avaliar SEM

MRI sem ou com contraste é o exame diagnóstico escolhido na maioria das situações.

Descobertas com MRI em metástases epidurais da coluna:
1. metástase vertebral é levemente hipodensa comparada à medula óssea em T1WI, e é levemente hiperintensa em T2WI
2. cortes axiais normalmente mostram a lesão envolvendo o corpo vertebral posterior com invasão para um ou ambos os pedículos
3. quando mielopatia ou radiculopatia estão presentes, há geralmente extensão de tumor no interior do canal espinal (pode não ocorrer nas lesões apenas com dor local)
4. imagens de DWI podem ajudar a diferenciar a fratura por compressão osteoporótica da fratura patológica[13]

Radiografia simples

A maioria das metástases espinais são osteolíticas, mas ao menos 50% do osso tem de estar destruido antes de os raios X simples serem anormais.[14] Não muito específico. Possíveis achados: erosão do pedículo (déficit conhecido como "olhos de coruja", "sinal da coruja piscando" no LS ou na coluna torácica em posição AP) ou fratura compressiva patológica, alargamento do corpo vertebral (VB), esclerose do VB, mudanças osteoblásticas (pode ocorrer com câncer de próstata, doença de Hodgkin, eventualmente com câncer de mama e, raramente, com mieloma múltiplo).

Tomografia simples na avaliação de SEM

Muito boa para detalhes ósseos. Sempre útil no planejamento cirúrgico. Baixa sensibilidade para compressão medular espinal pelo tumor. A sensibilidade é aumentada com o contraste intratecal (CT-mielograma).

Mielotomografia (Mielo-CT)

Indicada quando MRI não pode ser feita (contraindicações, indisponibilidade...).

Vantagens em relação à MRI:
- pode obter CSF (quando executa LP para injetar contraste) para estudo citológico
- detalhes ósseos excelentes
- pode ser executado em pacientes com marca-passo/AICD, claustrofobia, etc.

Desvantagem da mielo-CT comparada à MRI[1]:
- invasiva
- pode exigir um segundo procedimento (punção no C1-2) se houver um bloqueio completo (profissionais proficientes nessa técnica estão se tornando raros)
- risco de deterioração neurológica do LP em paciente com bloqueio completo
- pode não detectar lesão que não causa destruição óssea ou distorção do espaço subaracnoide da coluna
- até 20% dos pacientes com SEM têm ao menos dois locais de compressão na coluna, MRI pode avaliar a região entre dois bloqueios completos, a mielografia, não
- pode não demonstrar lesão paraespinal
- imagem da medula espinal não parênquima

Exame de tomografia por emissão de Pósitrons (PET)

O exame PET usando [18F]-fluordesoxiglicose pode ser usado para rastreio do corpo todo para metástase óssea em pacientes com câncer conhecido.[15] A sensibilidade é alta, mas as resoluções espacial e específica são baixas, então, sempre tem que ser usada com CT e/ou MRI.

O rastreio de pacientes metastáticos com suspeita de metástase na coluna

- CT do tórax, abdome e pelve: avalie a carga tumoral, estadiamento, prognóstico (quais fatores influenciam as decisões referentes à cirurgia). CXR para excluir a lesão pulmonar (metástase primária ou outras)
- escaneamento ósseo: procura outros lugares de envolvimento esquelético
- antígeno especifico da próstata no soro (PSA) em homens
- mamografia em mulheres
- para mieloma múltiplo (p. 715)
- exame físico cuidadoso de linfonodos

53.4.4 Algoritmo de tratamento

Informações gerais

O tratamento depende do grau e rapidez do envolvimento neurológico.[11] Pacientes podem ser alocados dentro de um dos três grupos que se seguem e que definem as etapas subsequentes. Em um paciente com suspeita de metástase na coluna, os objetivos do tratamento são:
- avaliação do envolvimento neurológico e linha do tempo das mudanças neurológicas
- definir o grau do envolvimento da coluna
- determinar um diagnóstico histológico: isto afeta o tratamento
- preservar ou restaurar a função neurológica
- preservar ou restaurar a estabilidade da coluna
- controlar a dor

As ferramentas que são empregadas nas fases de avaliação e estabilização são listadas sob os exames diagnósticos acima. A seção a seguir discute a rapidez com a qual eles devem ser implementados.

Um rastreio metastático (p. 817) é realizado enquanto o tempo permitir (um rastreio preliminar, p. ex. CXR e exame físico, pode ser tudo que será obtido inicialmente para pacientes do grupo I, enquanto um rastreio mais completo pode ser feito em outros).

Grupo I – progressão rápida ou déficit grave

Sinais/sintomas

Sinais/sintomas novos ou progressivos (horas ou dias) de compressão da medula (p. ex., incontinência urinária, dormência crescente). Esses pacientes têm um alto risco de deterioração rápida e exigem avaliação rápida.

Tratamento

1. dexametasona (DMZ) (Decadron®): reduz as dores em 85%, pode produzir melhora neurológica temporária. A dose ideal não é conhecida. Não foram encontradas diferenças comparando 100 mg IV em *bolus* a 10 mg.[16] Sugestão: 10 mg IV ou PO de seis em seis horas × 72 horas, acompanhado por uma baixa dose de 4-6 mg de seis em seis horas. Esteroides podem mascarar temporariamente o linfoma (na imagem e na cirurgia), entretanto, nesse grupo, o beneficio dos esteroides compensa
2. avaliação radiográfica
   a) STAT MRI (acima)
   b) radiografia simples de toda a coluna: 67-85% será anormal (ver abaixo)
   c) se o tempo permitir, um exame CT simples através dos níveis envolvidos e, ao menos, dois níveis acima e abaixo para avaliar o osso para o planejamento cirúrgico
   d) mielografia de **emergência**: indicado se a MRI não puder ser feita (inclui uma possível punção C1-2 com consentimento). Comece com o que é chamado de "blockgram" para excluir o bloqueio completo: incutir um volume pequeno de contraste, p. ex. io-hexol (Omnipaque™) (p. 219) via LP e deixe a coloração espalhar-se pela coluna; CSF é geralmente xantocrômico com bloqueio completo, ver a síndrome de Froin (p. 790)
      - se não houver o bloqueio completo: retirar 10 cc de CSF e enviar para citologia, proteína e glicose. Pode-se injetar mais contraste para completar o estudo
      - se houve bloqueio completo: não remova o CSF (variações de pressão via LP causa deterioração neurológica em ≈ 14% dos pacientes com bloqueio completo,[17] geralmente não há deterioração após a punção C1-2). Em alguns casos, o contraste pode ser "comprimido" por um bloqueio "completo" injetando 5-10 mL de ar ambiente através do filtro milipore,[18] alternativamente, faça uma punção lateral C1-2 (p. 1511) e injete contraste solúvel em água para delinear a extensão superior da lesão
      - com mielografia, as lesões epidurais de forma clássica produzem uma deformidade em forma de ampulheta com pontas lisas se o bloqueio estiver incompleto, efeito pincel (margens afiladas), se o bloqueio estiver completo, diferente da margem afiada (sinal de nivelamento ou menisco) da lesão extramedular intradural, ou dilatação medular fusiforme pelos tumores intramedulares
      - escaneamento ósseo se o tempo permitir. Anormal em ≈ 66% dos pacientes com metástase na coluna
3. tratamento baseado nos resultados de avaliação radiográfica:
   a) se não houver massa epidural: tratar o tumor primário (p. ex., **quimioterapia** sistêmica). Radioterapia local (XRT) para a lesão óssea se estiver presente. Analgésicos para a dor
   b) se houver lesão epidural, tanto cirurgia quanto XRT (geralmente 30-40 GY em 10 tratamentos acima de 7-10 d, com portas se estendendo dois níveis acima e abaixo da lesão). XRT é geralmente tão eficaz quanto a laminectomia e com menores complicações; para uma discussão complementar, ver tratamento para SEM (p.819). Portanto, a cirurgia em vez de XRT é considerada apenas para as indicações consideradas no ▶ Quadro 53.4
   c) **urgência** do tratamento (cirurgia ou XRT) é baseada com grau de bloqueio e rapidez da deterioração:
      - se bloqueio de 80% ou rápida progressão do déficit: tratamento emergencial o mais rápido possível (se tratar com XRT em vez da cirurgia, continue DMX no dia seguinte com 24 mg IV de seis em seis horas por dois dias, então diminua durante a XRT por duas semanas)
      - se < bloqueio de 80%: tratamento básico de rotina (para XRT, continue DMZ 4 mg IV de seis em seis horas, diminua durante o tratamento enquanto suportado)

Quadro 53.4 Indicações para cirurgia de metástases na coluna

Indicações

1. tumor primário desconhecido e sem diagnóstico histológico (biópsia por agulha guiado por CT é uma opção para lesões acessíveis). Nota: lesões, como o abscesso epidural da coluna, podem ser confundidas com metástases[21]
2. instabilidade da coluna
3. déficit decorrente da deformidade da coluna ou compressão pelo osso em vez do tumor (p. ex., causado por fratura da compressão com colapso e retropulsão do osso)
4. tumores radiorresistentes (p. ex., carcinoma de células renais, melanoma...) ou progressão durante a XRT (teste habitual: pelo menos 48 horas, a menos que haja deterioração significativa ou rápida)
5. recorrência após a XRT máxima
6. deterioração neurológica rápida

Contraindicações relativas

1. tumores muito radiossensíveis (mieloma múltiplo, linfoma...) previamente não irradiado
2. paralisia total (grupo 4 de Brice e Mickssock) > 8 horas de duração, ou falta de habilidade para caminhar (grupo BeM > 1) para > 24 horas de duração (após isso, não há nenhuma chance de recuperação, e a cirurgia não é indicada)
3. expectativa de vida: ≤ 3-4 meses
4. lesões múltiplas em níveis múltiplos
5. paciente incapaz de suportar a cirurgia: para pacientes com lesões no pulmão, verifique PFTs

Grupo II – sinais e sintomas leves e estáveis

Sinais/sintomas

Sinais/sintomas leves e estáveis de compressão medular (p. ex., Babinski isolado), ou também plexopatia ou radiculopatia sem evidência de compressão na medula. Internação e exames dentro de 24 horas.

Tratamento

1. para suspeita de ESCC, manejar como no grupo I, exceto com relação à menor emergência. Use doses baixas de dexametasona (DMZ) a menos que a avaliação radiográfica mostre bloqueio > 80% ou se a suspeita de linfoma for alta. Biópsia deverá ser obtida relativamente rápido
2. para radiculopatia apenas (dor radicular, fraqueza, mudança no reflexo em um miótomo ou mudança sensorial em um dermátomo): se a radiografia simples mostrar a lesão óssea, então 70-88% vai ter ESCC na mielo-CT. Se os RX simples forem normais, apenas 9-25% vão ter ESCC. Obtenha MRI ou mielo-CT e gerencie como suspeita de ESCC
3. para plexopatia (braquial ou lombossacral): a dor é o sintoma inicial mais comum, distribuição não limitada ao dermátomo único, geralmente referenciada no cotovelo ou calcanhar. Pode mascarar a coexistência de radiculopatia, e pode ser distinta por EMG (denervação dos músculos paraespinais ocorre na radiculopatia) ou na presença de sinais e sintomas proximais (síndrome de Horner na região cervical, obstrução ureteral na região lombar). Tratamento:
   a) MRI é o procedimento inicial diagnóstico (CT se MRI não estiver disponível): C4 até T4 para plexopatia braquial, L1 até a pelve para plexopatia lombossacral
   b) se a CT mostrar lesão óssea ou massa paraespinal (com CT negativa, os RX simples e escaneamento ósseo são raramente úteis; entretanto, se for feito, a radiografia simples mostrará a lesão óssea maligna, ou se o escaneamento ósseo mostrar anomalia vertebral, realize MRI ou mielograma dentro de 24 horas) (dexametasona, se suspeitar de ESCC ou MRI/mielograma tardios). Tratamento como no grupo I, baseado no grau de bloqueio, e XRT estendidas lateralmente para incluir qualquer massa mostrada na CT
   c) se não for encontrada lesão óssea ou paraespinal em MRI/CT, tratamento primário do tumor no plexo; analgésico para dor

Grupo III – dor sem envolvimento neurológico

Sinais/sintomas

Dores nas costas sem sinais/sintomas neurológicos. Pode ser examinado como paciente ambulatorial durante vários dias (modificado com base na habilidade do paciente para viajar, reabilitação etc.).

53.4.5 Tratamento para SEM

Objetivos do tratamento e conclusões

Não há um tratamento significativo para SEM que prolongue a vida. Os objetivos do tratamento são paliativos: controle da dor, preservação da estabilidade da coluna e manutenção do controle do esfíncter e habilidade para deambular.

O fator mais importante que afeta o prognóstico, indiferente da modalidade de tratamento, é a habilidade para deambular no momento em que inicia a radioterapia. A perda do controle do esfíncter é um prognosticador ruim e é, geralmente, irreversível.

As decisões principais ficam entre cirurgia + XRT no pós-operatório ou apenas a XRT. Até então, a quimioterapia não mostrou utilidade para SEM (pode ajudar com lesões primárias). A cirurgia sozinha aparece menos eficaz para o controle da dor (36%, comparado a 67% para cirurgia + XRT, e 76% para XRT sozinho.[19] A cirurgia tem complicações inerentes de risco anestésico, dores no pós-operatório, problemas de feridas em 11% (complicações complementares pela radioterapia),[19] e mortalidade em 5-6% após laminectomia e 10% após a abordagem anterior com estabilização.[20] Portanto, a cirurgia aparece mais adequada para as situações descritas no ▶ Quadro 53.4.

Terapia medicamentosa

Quimioterapia é ineficaz para SEM.

Bisfosfonatos reduzem o risco de fratura vertebral por compressão (VCF) em ≈ 50%, mas o efeito parece ter diminuído após ≈ 2-3 anos.

Agentes promissores submetidos a testes incluem: denosumabe, inibidor RANK-ligante (RANKL) (p. 1011) que pode neutralizar RANKL, que é expressado em resposta à metástase óssea lítica.[22] A eficácia parece melhor do que bisfosfonatos.

Vertebroplastia/cifoplastia

Vertebroplastia/cifoplastia (p. 1011) reduz dores associadas a fraturas patológicas em até 84%[23] com o aumento associado ao resultado funcional.[24] A cifoplastia veio para oferecer alívio da dor comparável com a vertebroplastia com baixa taxa de vazamento do cimento.[24]

Contraindicações relativas: compressão da medula espinal. A menos que o diagnóstico tenha sido verificado, a biópsia deve ser realizada por meio de um dos pedículos antes da injeção PMMA.

Radioterapia

Tumores radiossensíveis: o ▶ Quadro 52.6 lista a radiossensibilidade do tumor mestastático (para o cérebro ou coluna). Outros tumores radiossensíveis que metastatizam na coluna incluem: lipossarcoma mixoide.[25]

Tratamento:[26] dose: faixa = 25-40Gy. Planejamento típico: 30 GY divididos em frações de 3 GY por dez dias (duas semanas em dias úteis), englobando pelos menos uma vértebra para cima e para baixo da lesão. Duração: para o tratamento inicial, tente começar XRT dentro de 24 horas de diagnóstico; para XRT no pós-operatório, dentro de 14 dias acompanhando a cirurgia.

Há um risco hipotético de a radioterapia reduzir o edema, causando ou acelerando a deterioração. Isto não foi confirmado com estudos empíricos com frações diárias pequenas comuns utilizadas. A deterioração é mais suscetível por causa da progressão do tumor.[27] A medula espinal é geralmente a estrutura que limita a dose para tratar SEM.

Aumento das doses estão se tornando possíveis com a aplicação das técnicas da radiocirurgia estereotáxica à metástase espinal.[28]

Tratamento cirúrgico

Ver o ▶ Quadro 53.4 para as indicações para a cirurgia.

A embolização pré-operatória pelo radiologista intervencionista pode facilitar a ressecção com menos perda de sangue para tumores altamente vasculares, como: células renais, tireoide e hepatocelular. O abastecimento de sangue através da artéria intercostal, e precauções devem ser tomadas para evitar vasos embolizados fornecendo um abastecimento de sangue significativo para a medula espinal, principalmente, a artéria de Adamkiewicz (p. 87).

Abordagem

Laminectomia sozinha quando a patologia fica anterior à medula é ruim para metástases espinais, por causa do acesso ruim ao tumor e do efeito de desestabilização quando o envolvimento metastático do corpo vertebral for significativo.[29,30]

A deterioração é um dos três critérios mais importantes (dor, continência, deambulação) ocorrido em 26% dos pacientes tratados com apenas laminectomia, 20% com laminectomia + XRT, e 17% com apenas XRT (aproximadamente comparável). Há 9% de incidência de instabilidade na coluna[19] acompanhando laminectomia sem estabilização.

Em um teste controlado randomizado por Patchell et al.,[31] abordagens diretas no local do tumor (p. ex., costotransversectomia, abordagem transtorácica...) com estabilização onde for necessário, produziu melhores resultados do que a laminectomia simples, a cirurgia + XRT foi superior a apenas o uso de XRT (ver ▶ Quadro 53.5). Esse estudo encontrou um aumento modesto na sobrevida, contudo, mais significativo na manutenção ou retenção de perda de deambulação. Entretanto, a mortalidade na operação com descompressão anterior e estabilização foi ≈ o dobro (10%) do que da laminectomia com (5%) ou sem (6%) estabilização na revisão de literatura.[20]

Quadro 53.5 Comparação da cirurgia + XRT com apenas XRT[31]

Resultado	XRT	Cirurgia + XRT
Ambulatório após o tratamento	57%	84%
Dias no ambulatório após o tratamento	13	122
Ambulatório após o tratamento quando não houver ambulatório antes do tratamento	19%	62%
Média de sobrevida (dias)	100	126

A metástase espinal solitária com tumor indolente (p. ex., câncer de células renais) pode ser candidata para tentativa de cura com ressecção em bloco (espondilectomia total).[32,33]

A laminectomia é ainda apropriada com envolvimento isolado dos elementos posteriores. Para patologia anterior, se os elementos posteriores estiverem intactos, a abordagem transtorácica com corpectomia e estabilização (p. ex., com metilmetacrilato e pinos de Steinmann,[34] ou com enxerto de gaiola e placa lateral) acompanhados por melhora da função neurológica com XRT em ≈ 75% e dor em ≈ 85%. A abordagem posterolateral (p. ex., costotransversectomia) pode ser usada para o tumor anterolateral.[35] Combinar a corpectomia juntamente com remoção de pedículo e do elemento posterior desestabiliza a coluna, portanto, iniciar com a instrumentação posterior para executar a corpectomia é exigida, seguida da colocação do enxerto de gaiola.[36,37,38,39,40,41,42] Para acessar o VB via a costotransversectomia, a costela do VB numerado e uma abaixo precisa ser removida.

Referências

[1] Godersky JC, Smoker WRK, Knutzon R. Use of MRI in the Evaluation of Metastatic Spinal Disease. Neurosurgery. 1987; 21:676–680

[2] Livingston KE, Perrin RG. The neurosurgical management of spinal metastases causing cord and cauda equina compression. J Neurosurg. 1978; 49:839–843

[3] Batson OV. The Function of the Vertebral Veins and Their Role in the Spread of Metastases. Ann Surg. 1940; 112

[4] Schwab JH, Boland P, Guo T, Brennan MF, Singer S, Healey JH, Antonescu CR. Skeletal metastases in myxoid liposarcoma: an unusual pattern of distant spread. Ann Surg Oncol. 2007; 14:1507–1514

[5] Rodichok LD, Ruckdeschel JC, Harper GR, et al. Early Detection and Treatment of Spinal Epidural Metastases: The Role of Myelography. Ann Neurol. 1986; 20:696–702

[6] Bach F, Larsen BH, Rhode K, et al. Metastatic spinal cord compression. Occurrence, symptoms, clinical presentations and prognosis in 398 patients with spinal cord compression. Acta Neurochir (Wien). 1990; 107:37–43

[7] Helwig-Larsen S, Sorensen PS. Symptoms and signs in metastatic spinal cord compression: a study from first symptom until diagnosis in 153 patients. Eur J Cancer. 1994; 30A:396–398

[8] Levack P, Graham J, Collie D, et al. Don't wait for a sensory level: listen to the symptoms: a prospective audit of the delays in diagnosis of malignant cord compression. Clin Oncol (R Coll Radiol). 2002; 14:472–480

[9] Sherk HH. Lesions of the Atlas and Axis. Clin Orthop. 1975; 109:33–41

[10] Nakamura M, Toyama Y, Suzuki N, Fujimura Y. Metastases to the upper cervical spine. J Spinal Disord. 1996; 9:195–201

[11] Portenoy RK, Lipton RB, Foley KM. Back Pain in the Cancer Patient: An Algorithm for Evaluation and Management. Neurology. 1987; 37:134–138

[12] Brice J, McKissock W. Surgical Treatment of Malignant Extradural Spinal Tumors. Br Med J. 1965; 1:1341–1344

[13] Li KC, Poon PY. Sensitivity and specificity of MRI in detecting spinal cord compression and in distinguishing malignant from benign compression fractures of vertebrae. Magn Reson Imaging. 1988; 6:547–556

[14] Gabriel K, Schi D. Metastatic spinal cord compression by solid tumors. Semin Neurol. 2004; 24:375–383

[15] Francken AB, Hong AM, Fulham MJ, et al. Detection of unsuspected spinal cord compression in melanoma patients by 18F-fluorodeoxyglucose-positron emission tomography. Eur J Surg Oncol. 2005; 31:197–204

[16] Vecht CJ, Haaxma-Reiche H, van Putten WL, et al. Initial bolus of conventional versus high-dose dexamethasone in metastatic spinal cord compression. Neurology. 1989; 39:1255–1257

[17] Hollis PH, Malis LI, Zappulla RA. Neurological Deterioration After Lumbar Puncture Below Complete Spinal Subarachnoid Block. J Neurosurg. 1986; 64:253–256

[18] Lee Y-Y, Glass JP, Wallace S. Myelography in Cancer Patients: Modified Technique. AJR. 1985; 145:791–795

[19] Findlay GFG. Adverse Effects of the Management of Malignant Spinal Cord Compression. J Neurol Neurosurg Psychiatry. 1984; 47:761–768

[20] Witham TF, Khavkin YA, Gallia GL, et al. Surgery insight: current management of epidural spinal cord compression from metastatic spine disease. Nat Clin Pract Neurol. 2006; 2:87–94

[21] Danner RL, Hartman BJ. Update of Spinal Epidural Abscess: 35 Cases and Review of the Literature. Rev Infect Dis. 1987; 9:265–274

[22] Mundy GR. Metastasis to bone: causes, consequences and therapeutic opportunities. Nat Rev Cancer. 2002; 2:584–593

[23] Fourney DR, Schomer DF, Nader R, Chlan-Fourney J, Suki D, Ahrar K, Rhines LD, Gokaslan ZL. Percutaneous vertebroplasty and kyphoplasty for painful vertebral body fractures in cancer patients. J Neurosurg. 2003; 98:21–30

[24] Bouza C, Lopez-Cuadrado T, Cediel P, Saz-Parkinson Z, Amate JM. Balloon kyphoplasty in malignant spinal fractures: a systematic review and meta-analysis. BMC Palliat Care. 2009; 8. DOI: 10.1186/1472-6 84X-8-12

[25] Reitan JB, Kaalhus O. Radiotherapy of liposarcomas. Br J Radiol. 1980; 53:969–975

[26] Faul CM, Flickinger JC. The use of radiation in the management of spinal metastases. J Neurooncol. 1995; 23:149–161

[27] Rubin P. Extradural Spinal Cord Compression by Tumor: Part I. Experimental Production and Treatment Trials. Radiology. 1969; 93:1243–1248

[28] Rock JP, Ryu S, Yin FF, Schreiber F, Abdulhak M. The evolving role of stereotactic radiosurgery and stereotactic radiation therapy for patients with spine tumors. J Neurooncol. 2004; 69:319–334

[29] Onimus M, Schraub S, Bertin D, et al. Surgical Treatment of Vertebral Metastasis. Spine. 1986; 11:883–891

[30] Cooper PR, Errico TJ, Martin R, Crawford B, DiBartolo T. A Systematic Approach to Spinal Reconstruction After Anterior Decompression for Neoplastic Disease of the Thoracic and Lumbar Spine. Neurosurgery. 1993; 32:1–8

[31] Patchell RA, Tibbs PA, Regine WF, Payne R, Saris S, Kryscio RJ, Mohiuddin M, Young B. Direct decompressive surgical resection in the treatment of spinal cord compression caused by metastatic cancer: a randomized trial. Lancet. 2005; 366:643–648

[32] Fourney DR, Abi-Said D, Rhines LD, et al. Simultaneous anterior-posterior approach to the thoracic and lumbar spine for the radical resection of tumors followed by reconstruction and stabilization. J Neurosurg. 2001; 94:232–244

[33] Sakaura H, Hosono N, Mukai Y, et al. Outcome of total en bloc spondylectomy for solitary metastasis of the thoracolumbar spine. J Spinal Disord. 2004; 17:297–300

[34] Sundaresan N, Galicich JH, Lane JM, et al. Treatment of Neoplastic Epidural Cord Compression by Vertebral Body Resection and Stabilization. J Neurosurg. 1985; 63:676–684

[35] Overby MC, Rothman AS. Anterolateral Decompression for Metastatic Epidural Spinal Cord Tumors: Results of a Modified Costrotransversectomy Approach. J Neurosurg. 1985; 62:344–348

[36] Shaw B, Mansfield FL, Borges L. One-Stage Posterolateral Decompression and Stabilization for Primary and Metastatic Vertebral Tumors in the Thoracic and Lumbar Spine. J Neurosurg. 1989; 70:405–410

[37] Akeyson EW, McCutcheon IE. Single-stage posterior vertebrectomy and replacement combined with posterior instrumentation for spinal metastasis. J Neurosurg. 1996; 85:211–220

[38] Fourney DR, Abi-Said D, Lang FF, et al. Use of pedicle screw fixation in the management of malignant spinal disease: experience in 100 consecutive cases. J Neurosurg. 2001; 94:25–37

[39] Wang JC, Boland P, Mitra N, et al. Single-stage posterolateral transpedicular approach for resection of epidural metastatic spine tumors involving the vertebral body with circumferential reconstruction: results in 140 patients. J Neurosurg Spine. 2004; 1:287–298

[40] Hunt T, Shen FH, Arlet V. Expandable cage placement via a posterolateral approach in lumbar spine reconstructions: technical note. J Neurosurg Spine. 2006; 5:271–274

[41] Snell BE, Nasr FF, Wolfla CE. Single-stage thoracolumbar vertebrectomy with circumferential reconstruction and arthrodesis: surgical technique and results in 15 patients. Neurosurgery (Operative Neurosurgery). 2006; 58:263–269

[42] Sciubba DM, Gallia GL, McGirt MJ, et al. Thoracic kyphotic deformity reduction with a distractible titanium cage via an entirely posterior approach. Neurosurgery. 2007; 60:223–231

Parte XIV
Traumatismo Craniano

54	Informações Gerais, Classificação, Tratamento Inicial	824
55	Concussão, Edema Cerebral de Grande Altitude, Lesões Cerebrovasculares	841
56	Neuromonitorização	856
57	Fraturas do Crânio	882
58	Condições Hemorrágicas Traumáticas	891
59	Lesão no Cérebro por Ferimento por Arma de Fogo e sem Penetração de Projétil	908
60	Lesão na Cabeça de Pacientes Pediátricos	913
61	Lesões na Cabeça: Gerenciamento a Longo Prazo, Complicações, Resultados	918

54 Informações Gerais, Classificação, Tratamento Inicial

54.1 Informações gerais

54.1.1 Introdução

56-60% dos pacientes com pontuação GCS ≤ 8 têm um ou mais sistemas orgânicos com lesões.[1] 25% têm lesões "cirúrgicas". Há 4-5% de incidência de fraturas na coluna associadas a traumatismo craniano significativo (principalmente C1 e C3).

Quando um histórico detalhado está indisponível, lembre-se: a perda de consciência pode ter antecedido (e possivelmente ter causado) o trauma. Portanto, mantenha um índice de suspeita para, p. ex., SAH, aneurisma, hipoglicemia etc. no diagnóstico diferencial da causa do trauma e coma associado.

Lesão cerebral traumática resulta de dois processos distintos:
1. lesão cerebral primária: ocorre no momento do trauma (contusão cortical, laceração, fragmentação óssea, lesão axonal difusa e contusão do tronco cerebral
2. lesão secundária: desenvolve subsequentemente a lesão primária. Incluem-se lesões de hematomas intracranianos, edema, hipoxemia, isquemia (primeiramente, em razão da elevada pressão intracraniana (ICP) e/ou choque), vasospasmo

Já que o dano do impacto não pode ser influenciado pelo neurocirurgião responsável, um interesse intenso tem sido focado na redução da lesão secundária, que exige bons cuidados médicos gerais e um entendimento da pressão intracraniana (p. 856).

54.1.2 Deterioração tardia

≈ 15% dos pacientes que não apresentam sinais iniciais de lesão cerebral significativa podem deteriorar tardiamente, às vezes, são referidos como pacientes que "falam e deterioram" ou quando mais letal, paciente que "fala e morre".[2] Etiologia:
1. ≈ 75% vão apresentar hematoma intracraniano
   a) pode estar presente na avaliação inicial e, então, piorar
   b) pode desenvolver tardiamente
      - hematoma epidural tardio (EDH) (p. 894)
      - subdural tardio (SDH) (p. 898)
      - contusão traumática tardia (p. 892)
2. edema cerebral difuso pós-traumático (p. 848)
3. hidrocefalia
4. pneumoencéfalo hipertensivo
5. convulsão
6. anomalia metabólica, inclui:
   a) hiponatremia
   b) hipóxia: etiologia inclui pneumotórax, MI, CHF...
   c) encefalopatia hepática
   d) hipoglicemia: inclui reação da insulina
   e) insuficiência suprarrenal
   f) abstinência de álcool ou drogas
7. eventos vasculares
   a) trombose nos seios durais (p. 1308)
   b) dissecção da artéria carótida (ou raramente, vertebral) (p. 1324)
   c) SAH: decorrente da ruptura de aneurisma (espontâneo ou pós-traumático) ou fistula carótida cavernosa (CCF) (p. 1256).
   d) embolia cerebral: incluindo síndrome da embolia gordurosa (p. 835)
8. meningite
9. hipotensão (choque)

54.2 Classificação

Apesar de muitas críticas (válidas), a pontuação da escala de coma de Glasgow pós-ressuscitação inicial (GCS) (▶ Quadro 18.1) permanece a mais amplamente usada e talvez a melhor escala reproduzida empregada para a avaliação de traumatismos cranianos. O poblema com esse tipo de escala é que se trata de uma escala ordinal que não é paramétrica (p. ex., não representa a medida precisa de pequenas quantidades), é não linear, e não é uma escala de intervalo, então uma diminuição de dois pontos em um parâmetro não é necessariamente igual à diminuição em dois pontos do outro.[3] Portanto, executar manipulações matemá-

Informações Gerais, Classificação, Tratamento Inicial **825**

ticas, (p. ex., adicionando componentes, ou calculando valores principais), como frequentemente feito, não é estatisticamente correto.[4]

Há alguns esquemas que estratificam a gravidade do trauma craniano. Qualquer tipo de caracterização é arbitrário e será imperfeito. Um sistema simples baseado apenas na pontuação GCS segue:
- GCS 14-15 = leve
- GCS 9-13 = moderado
- GCS ≤ 8 = grave

Um exemplo de um sistema mais complexo[3] incorpora outros fatores em complementação à pontuação GCS como mostrado na ▶ Fig. 54.1.

54.3 Transferência de pacientes com trauma

Às vezes, é necessário, para um neurocirurgião, aceitar um paciente com trauma de outra instituição que não é equipada para cuidar de lesões neurológicas maiores, ou transferir pacientes para outras instalações por várias razões. O ▶ Quadro 54.1 lista fatores que devem ser avaliados e estabilizados (se possível) antes da transferência. Estes itens devem também ser avaliados em pacientes com trauma em que um neurocirurgião é consultado na própria sala de emergência, assim como em pacientes com outras anomalias no CNS além do trauma (p. ex., SAH).

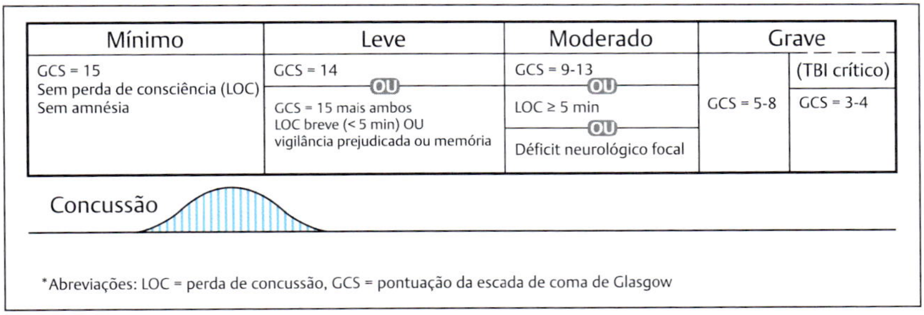

Mínimo	Leve	Moderado	Grave
GCS = 15 Sem perda de consciência (LOC) Sem amnésia	GCS = 14 **OU** GCS = 15 mais ambos LOC breve (< 5 min) OU vigilância prejudicada ou memória	GCS = 9-13 **OU** LOC ≥ 5 min **OU** Déficit neurológico focal	(TBI crítico) GCS = 5-8 / GCS = 3-4

Concussão

*Abreviações: LOC = perda de concussão, GCS = pontuação da escada de coma de Glasgow

Fig. 54.1 Categorização da gravidade da lesão na cabeça.

Quadro 54.1 Fatores para avaliar os pacientes com lesões na cabeça

Interesse clínico	Itens para verificar	Etapas para medicação
hipóxia ou hipoventilação	ABG frequência respiratória	intubar qualquer paciente em hipercarbia, hipoxemia, ou não está localizando
hipotensão ou hiperventilação	BP, Hgb/Hct	transfundir pacientes com perda significativa de volume de sangue
anemia	Hgb/Hct	transfundir pacientes com anemia significativa
convulsão	eletrólitos, níveis de AED	corrigir hiponatremia ou hipoglicemia; administrar AEDS quando apropriado[a]
infecção ou hipertermia	WBC, temperatura	LP se risco de meningite e não houver contraindicação (p. 1504)
instabilidade da coluna	raios X da coluna	imobilização da coluna (prancha, colar cervical e sacos de areia...), pacientes com imbricamento facetário devem ser reduzidos, se possível antes de transferir

[a]Veja convulsões (p. 440), assim como convulsões pós-traumáticas (p. 462).

54.4 Tratamento na sala de emergência

54.4.1 Medidas gerais

Pressão sanguínea e oxigenação

> **Guia de prática clínica: IBP e oxigenação**
>
> Nível II:[5] monitorar BP e evitar hipotensão (SBP < 90 mmHg).
> Nível III:[5] monitorar oxigenação e evitar hipóxia (PaO$_2$ < 60 mmHg ou O$_2$ saturação < 90%).

Hipotensão

Hipotensão (choque) é raramente atribuída a traumatismo craniano, exceto:
- em estágio terminal (p. ex., com disfunção medular e falência cardiovascular)
- na infância: quantidade significativa de sangue pode ser perdida intracranialmente ou dentro do espaço subgaleal para causar choque
- sangue suficiente foi perdido na lesão de couro cabeludo para causar hipovolemia (exsanguinação)

Hipotensão (definida como SBP < 90 mmHg) dobra a mortalidade, hipóxia (apneia ou cianose no campo, ou PaO$_2$ < 60 mmHg em ABG) também aumenta a mortalidade,[6] e a combinação de ambas as triplica a mortalidade e aumentos do risco de mal resultado. SBP < 90 mmHg pode prejudicar CBF e exacerbar lesões cerebrais e deve ser evitada (p. 870).

Uso prévio de relaxantes musculares e sedação (antes do monitoramento ICP)

> **Guia de prática clínica: sedação prévia e paralisia**
>
> Nível III:[7] sedação e bloqueio neuromuscular (NMB) podem ser úteis para transportar pacientes com traumatismo craniano, mas interferem com o exame neurológico.
> Nível III:7 NMB deve ser usado, quando a sedação, sozinha, for inadequada.

A rotina de uso de sedativos e relaxantes musculares em pacientes com traumas neurais pode levar a uma alta incidência de pneumonia, tempo prolongado de ICU e possivelmente sepse.[8] Esses agentes também prejudicam avaliação neurológica.[7,9] O uso, portanto, pode ser reservado para casos com evidência clínica de hipertensão intracraniana (ver ▶ Quadro 54.2), para intubação ou onde o uso for necessário para transporte ou para permitir a avaliação do paciente (p. ex., para acalmar um paciente agitado durante exame de CT).[10]

Intubação e hiperventilação

Indicações para *intubação* em trauma; também ver **Orientações práticas: intubação – indicações** (p. 827):
1. rebaixamento do nível de consciência (paciente não consegue proteger as vias aéreas): geralmente GCS ≤ 7
2. necessidade de hiperventilação (HPV): ver abaixo
3. trauma maxilofacial grave: permeabilidade das vias respiratórias baixas ou risco decorrente da falta de capacidade para manter a permeabilidade aérea pelo risco de edema tecidual ou hemorragias
4. necessidade de paralisia farmacológica para avaliação ou manejo

---

Quadro 54.2 Sinais clínicos de IC-HTN[a]

1. dilatação pupilar (unilateral ou bilateral)
2. reflexos pupilares assimétricos à luz
3. postura de decorticação ou decerebração (geralmente contralateral à pupila dilatada)
4. deterioração progressiva de exame neurológico não atribuído a fatores extracranianos

[a]Itens 1-3 representam sinais clínicos de hérnia. A evidência clínica mais convincente de IC-HTN é a evolução testemunhada de um ou mais desses sinais. IC-HTN pode produzir uma fontanela abaulada em uma criança.

Guia de prática clínica: intubação – indicações

Nível III:[11] proteja as vias aéreas (geralmente pela intubação endotraqueal) em pacientes com GCS ≤ 8 que são incapazes de manter suas vias aéreas ou que continuam com hipóxia apesar do suplemento do O_2.

Precauções referentes à intubação:
1. se fratura da lâmina cribriforme na base do crânio for uma hipótese, evite a intubação nasotraqueal (para evitar a entrada intracraniana do tubo). Use a intubação orotraqueal
2. evita a avaliação da fala de pacientes[9] p. ex. para determinar pontuação da escala de coma de Glasgow. Essa habilidade deve ser anotada antes da intubação (nenhum, incompreensível, inapropriado, confuso ou orientado)
3. risco de pneumonia: ver **Guia de prática clínica: antibióticos para intubação** (p. 827) referente a antibióticos.

Guia de prática clínica: antibióticos para intubação

Nível II:[12] antibióticos durante intubação endotraqueal reduzem o risco de pneumonia, mas não alteram a duração de permanência ou mortalidade.

Hiperventilação (HPV)

Guia de prática clínica: hiperventilação prévia ou profilática

Nível II:[13] hiperventilação profilática (PaCO₂ ≤ 25 mmHg) não é recomendado.
  Nível III
- hiperventilação (HPV) antes do monitoramento de ICP deve ser reservada como uma medida temporária[13] para pacientes com sinais de hérnia transtentorial (ver ► Quadro 54.2) ou piora neurológica não atribuída a causas extracranianas[7]
- HPV deve ser evitado durante as primeiras 24 h após TBI (quando CBF é perigosamente diminuído)[13]

1. já que a HPV pode agravar a isquemia, **HPV não deve ser usada profilaticamente** (p. 872)
2. anterior ao monitoramento ICP, HPV deve ser apenas usada temporariamente quando CT ou sinais clínicos do IC-HTN estiverem presentes[10] (ver ► Quadro 54.2 para sinais clínicos)
   a) quando há indicação precisa: HPV para *PaCO₂ = 30-35 mmHg*
   b) HPV não deve ser usada ao ponto em que PaCO₂ < 30 mmHg (esse tipo reduz CBF, mas não necessariamente reduz ICP)
3. alcalose aguda aumenta a proteína vinculada ao cálcio (diminui Ca⁺⁺ ionizado). Pacientes sendo *hiperventilados* podem desenvolver hipocalcemia ionizada com tetania (apesar do [Ca] total normal)

Manitol na sala de emergência

Guia de prática clínica: Uso prévio de manitol

Nível III:[7,14] o uso de manitol antes do monitoramento da ICP é estabelecido e deve ser reservado para pacientes que têm o volume de ressuscitação adequado com sinais de hérnia transtentorial (ver ► Quadro 54.2) ou deterioração neurológica progressiva não atribuída a causas extracranianas.

Indicações na **sala de emergência** ver também mais detalhes (p. 873):
1. evidência de hipertensão intracraniana (ver ► Quadro 54.2)
2. evidência de efeito em massa (déficit focal, p. ex. hemiparesia)
3. deterioração repentina antes da CT (incluindo dilatação da pupila)

4. após CT, se a lesão que está associada ao aumento do ICP for identificada
5. após CT, se for para o bloco cirúrgico
6. para avaliar a "salvabilidade": em paciente sem evidência de função no tronco encefálico, procure por reflexos do tronco encefálico

Contraindicação
1. administração profilática não é recomendada por causa do efeito de esgotamento de volume. Use apenas para indicações apropriadas (ver acima)
2. hipotensão ou hipovolemia: a hipotensão pode influenciar negativamente o resultado.[10] Portanto, quando a hipertensão intracraniana (IC-HTN) estiver presente, primeiramente utilize sedação e/ou relaxamento muscular e drenagem do CSF. Se medidas complementares forem necessárias, administre fluidos e equilibre o paciente antes de administrar o manitol. Use hiperventilação em pacientes hipovolêmicos até o manitol poder ser administrado
3. contraindicações relativas: manitol pode interferir levemente na coagulação
4. CHF: antes de causar diurese, manitol transitoriamente aumenta o volume intravascular. Use com precauções em CHF, pode ser necessário pré-tratamento com furosemida (Lasix®)

R: *bolus* com 0,25-1 g/kg acima < 20 min (para média de adultos: ≈ 350 mL de 20% da solução). Pico do efeito ocorre em ≈ 20 minutos (p. 873) (para definir dosagem na sequência).

Drogas antiepiléticas profiláticas (AEDs)

> ## Guia de prática clínica: anticonvulsivantes profiláticos após TBI
>
> Nível II:[15,16,17] fenitoína profilática, carbamazepina, fenobarbital ou valproato[18] não previnem PTS tardias.
> Nível II: AEDs[17] (p. ex., fenitoína, valproato ou carbamazepina[15,16,18]) podem ser usadas para diminuir a incidência de PTS prévia (dentro de sete dias de TBI) em pacientes com alto risco de convulsões após TBI (ver ▶ Quadro 54.3), entretanto, não melhora o resultado.

Uso de rotina de drogas antiepiléticas profiláticas (AEDs) em lesões cerebrais traumáticas (TBI) é ineficaz para prevenção de desenvolvimento tardio de convulsões pós-traumáticas (PTS) p. ex. epilepsia, e tem mostrado não ser útil, exceto em algumas circunstâncias.[15,16]
Ver detalhes sobre o uso (p. 463) e descontinuação (p. 463) de AEDs profiláticos acompanhando TBI. ▶ Quadro 54.3 reitera os marcadores de risco aumentado para pacientes de PTss prévios.

54.4.2 Exame neurocirúrgico no trauma

Informações gerais

Não é possível delimitar um exame físico que seja universalmente aplicável. O trauma principal deve ser avaliado rapidamente, sempre sob circunstâncias caóticas, e deve ser individualizado baseado na estabilidade médica dos pacientes, tipo da lesão, grau de agitação, uso de relaxantes musculares farmacológicos (p. 826), as necessidades de outros profissionais que avaliem outras lesões de órgãos, a necessidade de triagem no evento de múltiplos pacientes exigindo atenção simultânea...
A seguir descrevem-se algumas características que devem ser avaliadas sob o entendimento de que isso tem que *ser individualizado*. Dirige-se apenas a lesões cranioespinais, e supõe que lesões sistêmicas gerais (hemorragia interna, miocárdica e/ou pulmonar, contusão...) assim como lesões ortopédicas (ossos

---

Quadro 54.3 Condições com risco aumentado de convulsões pós-traumáticas

1. hematoma agudo subdural, epidural ou intracerebral SDH, EDH, ICH
2. fratura do crânio aberta deprimida com lesão parenquimatosa
3. convulsões dentro das primeiras 24 h após a lesão
4. pontuação da escala de coma de Glasgow < 10
5. lesão cerebral penetrante
6. histórico de abuso de álcool significativo
7. ± contusão cortical (hemorrágica) no CT

Informações Gerais, Classificação, Tratamento Inicial **829**

longos e fraturas pélvicas...) serão tratadas por outros membros da "equipe de trauma". Apesar de aqui organizado de forma esquemática, a ordem mais eficiente da examinar é geralmente ditada pelas circunstâncias singulares de cada situação.

Condição física geral (orientado em direção à neuroavaliação)

1. inspeção visual do crânio:
   a) evidência de fratura na base do crânio (p. 884):
      - olhos de guaxinim: equimose periorbitária
      - sinal de Batalha: equimose retroauricular (em volta dos seios aéreos mastoides)
      - rinorreia/ortorreia do CSF (p. 387)
      - hemotímpano ou laceração do canal auditivo externo
   b) procurar fraturas faciais
      - fratura LeFort (p. 887): palpar para instabilidade de ossos faciais, incluindo arco zigomático
      - fratura do rebordo orbitário: relevo palpável
   c) edema periorbital, proptose
2. auscultação crânio-cervical
   a) auscultar por cima da artéria carótida: sopro pode ser associado à dissecção da carótida
   b) auscultar sobre o globo ocular: sopro pode indicar fistula carótido-cavernosa traumática (CCF) (p. 1256)
3. sinais físicos de trauma na coluna: hematoma, deformidade
4. evidência de convulsão: única, múltipla, ou contínua (*status* epilético)

Exame neurológico

1. exame de nervos cranianos;
   a) função do nervo óptico (p. 836)
      - se estiver consciente: quantificação da visão de cada olho é importante.[19] Um cartão de teste de Rosembaum é o ideal (ver verso), caso contrário, use qualquer material impresso. Se o paciente não puder ver isso, confira se pode contar dedos. Não conseguindo isso, confira o movimento das mãos e percepção. As crianças podem desenvolver cegueira cortical transitória com duração de 1-2 dias, geralmente após uma pancada na nuca
      - se perder a consciência: confira defeito pupilar aferente (p. 562), melhor demonstrado com o exame da lanterna oscilante (p. 561). Indicado para possível lesão no nervo óptico
      - exame de fundo de olho: confira papiledema, hemorragia pré-retiniano, ligação retiniana, ou anomalia retiniana sugestiva de lesão anterior do nervo óptico. Se for exigido exame detalhado, a dilatação farmacológica para midríase (p. 563) pode ser empregada, entretanto, isto exclui o exame da pupila por um longo período de tempo, e deve ser realizado cautelosamente
   b) pupila: tamanho em luz ambiente; reação à luz (direta e consensual)
   c) VII: confira paralisia periférica VII (p. 884) (assimetria facial dos músculos faciais inferiores e superiores)
   d) VI: paralisia abducente (p. 567) pode ocorrer como um resultado de ↑ ICP acompanhando o trauma ou com fraturas no clivo (p. 884)
2. nível de consciência/estado mental
   a) aplicar escala de coma de Glasgow para quantificação do nível de consciência em pacientes com resposta ruim (ver ▶ Quadro 18.1)
   b) avalie orientação em pacientes que conseguem se comunicar
3. exame motor (avalia o trato piramidal da medula espinal até o córtex motor)
   a) se o paciente cooperar: confira a força muscular nas quatro extremidades
   b) se não cooperar: confira a movimentação das quatro extremidades para estímulos nociceptivos (diferenciar movimentos voluntários de reflexos medulares espinais de rigidez ou estereotipados). Também avalia a sensibilidade em um paciente arresponsivo
   c) se houver alguma dúvida sobre a integridade da medula espinal: também conferir o tônus de "repouso" do esfíncter anal ao exame retal, avalie a contração voluntária do esfíncter, caso o paciente coopere, confira a contração anal com uma agulha, e avalie o reflexo bulbocavernoso (p. 943) (ver avaliação neurológica, para detalhes)
4. exame sensorial
   a) paciente cooperativo
      - teste com agulha a sensibilidade no tronco e nas quatro extremidades, toque nos dermátomos principais (C4, C6, C7, C8, T4, T6, T10, L2, L4, L5, S1, sacrococcígeo)
      - conferir a função da coluna posterior: propriocepção de LEs

54

b) paciente não cooperativo: confira a resposta central ao estimulo nociceptivo (p. ex., careta, vocalização..., em oposição à flexão de retirada que poderia ser um reflexo mediado da medula espinal)

5. reflexos
   a) reflexos de estiramento muscular ("tendinoso profundo") se o paciente não estiver espancado: p. ex. reflexos preservados indicam que um membro flácido é causado por lesão no CNS e não uma lesão na raiz do nervo (e vice-versa)
   b) confira o reflexo plantar (sinal de Babinski)
   c) em suspeita de lesão na medula espinal: a contração anal e o reflexo bulbocavernoso são conferidos no exame retal (ver acima)

54.4.3 Indicações para CT e critérios de admissão para TBI

Informações gerais

Numerosos estratagemas têm sido criados para determinar quais exames devem ser pedidos para quais pacientes. Pacientes com lesões triviais raramente precisam de uma CT, e aqueles com lesões graves obviamente precisam. Muitos dos esforços são centrados em identificar o paciente que parece ter um traumatismo menor, mas pode estar abrigando ou desenvolvendo uma lesão intracraniana significativa. O protocolo ideal não foi desenvolvido, e uma aplicação rigorosa seguida do refinamento dos sistemas publicados não foi, infelizmente, realizada. Em razão dessa situação, o que se apresenta aqui deve ser visto como uma orientação.

Os pacientes podem ser estratificados em três grupos baseados na probabilidade de lesão intracraniana como esquematizado nas seções a seguir.[20,21]

Categoria 1. Baixo risco de lesão intracraniana

Critério

Possíveis descobertas são mostradas no ▶ Quadro 54.4.

Nesse grupo, há uma probabilidade extremamente baixa de lesão intracraniana (**ICI**) (incidência de ICI: ≤ 8,5 em 10,000 casos com 95% de nível de confianaça[20]).

Recomendação de tratamento

CT não é geralmente indicada. SXRs não são recomendados: 99,6% dos SXRs nesse grupo são normais. As fraturas no crânio lineares não afundadas não exigem tratamento nesse grupo, apesar de que a observação no hospital (ao menos durante a noite) pode ser considerada.

Pacientes que encontram critério para observação em casa, nesse grupo, mostrados no ▶ Quadro 54.5 podem ser tratados com observação em casa, e liberados com instruções sobre traumatismo craniano escritas na alta, p. ex. como ilustrado no ▶ Quadro 54.6.

Categoria 2. Risco moderado para lesão intracraniana

Critério

Possíveis achados são mostrados no ▶ Quadro 54.7.

Recomendações de tratamento

1. CT do crânio (não contrastado): avaliação clínica isolada pode deixar de diagnosticar importantes lesões nesse grupo.[22] 8–46% dos pacientes com traumatismo craniano menor (MHI) têm uma lesão intracraniana (a descoberta mais frequente foi a contusão hemorrágica)[23]
2. SXR (p. 833): não recomendado a menos que CT não esteja disponível. Desnecessário se normal. Um SXR é útil apenas se positivo (fratura de afundamento no crânio não suspeitada clinicamente pode ser importante)
3. observação
   a) em casa, se o paciente encontrar critérios esquematizados no ▶ Quadro 54.5, dê ao cuidador instruções escritas sobre traumatismo craniano (às vezes chamada de "precauções subdurais"), como mostrado no ▶ Quadro 54.6

Quadro 54.4 Achados com baixo risco de ICI

- sem sintomas
- H/A
- tontura
- hematoma no escalpo, laceração, contusão ou abrasão
- sem critério de risco alto ou moderado (ver ▶ Quadros 54.7 e ▶ Quadro 54.8, sem perda de consciência, etc.)
- sem histórico de perda de consciência

Informações Gerais, Classificação, Tratamento Inicial **831**

Quadro 54.5 Critérios para observação em casa

1. CT não indicada, ou CT normal, caso seja indicado[22]
2. GCS inicial ≥ 14
3. sem critério de alto risco
4. sem critério de risco moderado, exceto perda de consciência
5. paciente está neurologicamente intacto na hora (amnésia é aceitável para o evento)
6. presença de outro adulto sóbrio que pode observar o paciente
7. paciente tem possibilidade de retorno rápido à sala de emergência do hospital, caso necessário
8. sem fatores de complicação (p. ex., sem suspeita de violência doméstica, incluindo abuso infantil)

Quadro 54.6 Exemplos de instruções de alta para lesões na cabeça

Busque avaliação médica para qualquer uma das situações a seguir:
1. mudança no nível de consciência (incluindo dificuldade para acordar)
2. comportamento anormal
3. dor de cabeça intensa
4. fala desarticulada
5. fraqueza ou perda da sensibilidade em um braço ou perna
6. vômito persistente
7. aumento de uma ou mais pupilas (o círculo preto no meio dos olhos) que não diminui quando uma luz brilhante brilha sobre ela
8. convulsões
9. aumento significativo do edema no local da lesão
Não dê sedativos ou medicações para dor mais fortes do que acetaminofeno (paracetamol em alguns países) por 48 horas. Não dê aspirina ou outro medicamento anti-inflamatório por causa da interferência na função da plaqueta e aumento teórico do risco de hemorragia

Quadro 54.7 Achados com risco moderado de ICI

1. histórico da mudança ou perda de consciência na hora ou após a lesão
2. H/A progressivo
3. EtOH ou intoxicação por drogas
4. convulsão pós-traumática
5. histórico duvidoso ou inadequado
6. idade < 2 anos (a menos que seja lesão trivial)
7. vômito
8. amnésia pós-traumática
9. sinais de fratura na base do crânio
10. trauma múltiplo
11. lesão facial grave
12. possível penetração no crânio ou fratura afundada
13. suspeita de abuso infantil
14. edema subgaleal significativo[21]

54

b) observação no hospital para excluir deterioração neurológica se o paciente não encontrar critério no ▶ Quadro 54.5 (incluindo casos onde CT não é feito)

Tratamento de pacientes com observação hospitalar e apenas realizando CT em casos de deterioração (pontuação GCS ≤ 13) é tão sensível quanto CT para detectar hematomas intracranianos,[23,24,25,26,27] mas é menos dispendioso do que executar rotineiramente CT precoce e liberar pacientes que têm CT normal e não outra indicação para hospitalização[23]

Categoria 3. Risco alto para lesão intracraniana

Critério

Possíveis achados são mostrados no ▶ Quadro 54.8.

Recomendações de tratamento

1. internação no hospital
2. CT do crânio não contrastado
3. se houver achados focais na examinação neurológica

> **Quadro 54.8** Achados com alto risco de ICI
>
> - nível deprimido de consciência não claramente decorrente de EtOH, drogas, anomalias metabólicas, pós-ictal etc.
> - achados neurológicos focais
> - diminuição do nível de consciência
> - trauma com penetração ou fratura afundada

a) notifique a sala de operação para ficar à disposição
b) se CT ou MRI não estiver disponível, considere uma cirurgia de emergência (p. 836)
4. determine se monitoramento da pressão intracraniana (p. 856) é indicado
5. SXR geralmente não recomendado: uma fratura é raramente uma surpresa, e um SXR é inadequado para avaliar a lesão intracraniana. Um SXR é usado para localizar penetração de corpo estranho rádio-opaco (lâmina de faca, bala...) para encaminhar a sala de operação

Outros fatores de risco

Fratura occipital *versus* frontal

Pacientes com fraturas occipitais podem ter maior risco de lesão intracraniana significativa (ICI). Pode ser relacionado com o fato de que em trauma com direção anterior, o indivíduo pode-se proteger com a extensão dos braços. Além disso, os ossos faciais e seios aéreos exercem um importante efeito de absorção. Em 210 pacientes com fraturas faciais,[28] a mais alta incidência de ICI foi naqueles com fratura facial superior. Aqueles com fraturas na região mandibular e da porção média da face (sem envolvimento facial superior) tiveram uma probabilidade menor de ICI, e aqueles com trauma na região mandibular foram os menos suscetíveis a ter ICI.

54.5 Avaliação radiográfica

54.5.1 CT no trauma

Informações gerais

CT não contrastada do crânio geralmente é suficiente para pacientes vistos no departamento de emergência apresentando um novo déficit neurológico após o trauma. CT contrastada ou MRI pode ser apropriada após a CT sem contraste, mas geralmente não é requerido emergencialmente (exceções incluem: edema cerebral significativo causada por suspeita de neoplasia que não é demonstrada sem contraste).

As principais condições emergentes que se deve excluir (e breves descrições):
1. sangue (hemorragia e hematoma)
    a) sangue extra-axial: lesões cirúrgicas são geralmente ≥ 1 cm de espessura máxima
        - hematoma epidural (EDH) (p. 892): geralmente biconvexo e sempre decorrente da hemorragia arterial. Pode atravessar barreiras durais (diferente de SDH), como a foice e o tentório
        - hematoma subdural (SDH) (p. 891): geralmente crescente, comumente em razão do sangramento venoso. Pode cobrir uma área de superfície maior do que EDH (aderência dural à tábua óssea interna limita a extensão de EDH). Cronologia de SDH: aguda = alta densidade, subaguda ≈ isodensa, crônica ≈ baixa densidade
    b) sangramento subaracnoide (SAH): trauma é a causa mais comum de SAH. Diferentemente do SAH aneurismático onde o sangue é mais espesso próximo ao círculo de Willis, SAH traumático (tSAH) geralmente aparece como áreas de alta densidade espalhadas finamente por cima dos sulcos da convexidade, preenchendo sulcos ou cisternas basais. Entretanto, quando o histórico de trauma não é claro, arteriografia pode ser indicada para excluir ruptura de aneurisma (que pode ter precipitado o trauma em alguns casos)
    c) hemorragia intracerebral (ICH): densidade aumentada em parênquima cerebral
    d) contusão hemorrágica (p. 891): sempre áreas de alta densidade com característica "macia" não homogêneas dentro da parênquima cerebral, geralmente adjacente à proeminência óssea (polos frontal e occipital, asa esfenoide).Tipicamente menos bem definida do que ICH primário
    e) hemorragia intraventricular (p. 1192): se apresenta em ≈ 10% dos traumatismos graves.[29] Associado a prognóstico ruim; pode ser um preditor para lesão grave em vez da causa do resultado ruim. Uso de rt-PA intraventricular tem sido relatado para tratamento[30]
2. hidrocefalia: ventrículos aumentados às vezes podem desenvolver após trauma
3. edema cerebral: obliteração das cisternas basais (p. 921), compressão do ventrículo e sulcos...
4. evidência de anóxia cerebral: perda da interface branca-cinzenta, sinais de edema
5. fraturas no crânio:
    a) fraturas na base do crânio (incluindo fratura óssea temporal)
    b) fratura orbital
    c) fratura da calvária (CT pode não diagnosticar algumas fraturas do crânio lineares não afundadas)

- linear *versus* estrelada
- aberta *versus* fechada
- diastásica (separação de suturas)
- afundada *versus* não afundada: CT ajuda a avaliar necessidade de cirurgia
6. infarto isquêmico: achados são geralmente mínimos ou sutis se < 24 horas desde o evento
7. pneumocéfalo: pode indicar fratura no crânio (basal ou aberta da convexidade)
8. deslocamento de estruturas na linha média (decorrente dos hematomas extra ou intra-axiais ou edema cerebral assimétrico): desvios podem causar níveis alterados de consciência (p. 921)

Indicações para CT cerebral inicial

1. presença de algum critério de risco moderado[31] ou alto (▶ Quadro 54.7 e ▶ Quadro 54.8) que incluem: GCS ≤ 14, sem resposta, déficit focal, amnésia para lesão, alteração de estado mental (incluindo aqueles que estão significativamente intoxicados), estado neurológico deteriorado, sinais de fratura na calvária ou base do crânio
2. avaliação previamente à anestesia geral para outros procedimentos (exame neurológico não pode ser realizado no intuito de detectar deterioração)

Acompanhamento com CT

CT de controle de rotina (quando não há indicação para CT controle com urgência, ver abaixo):
1. muitos estabelecimentos realizam a CT de controle da cabeça após 24 horas para pacientes que são clinicamente estáveis, mas tiveram achados na CT inicial de: SAH traumático, SDH ou EDH pequeno, contusão intraparenquimatosa
2. para pacientes com lesões *graves*:
    a) para pacientes *estáveis*, CTs de controle são geralmente obtidas entre os dias três e cinco, (alguns recomendam após 24 h também) e novamente entre dias 10 e 14
    b) alguns recomendam CT de rotina de acompanhamento algumas horas após a CT "tempo zero" (p. ex., CT inicial feita dentro de horas do trauma) para excluir EDH tardio (p. 894), SDH (p. 898), ou contusões traumáticas (p. 891)[32]
3. para pacientes com lesões na cabeça leves ou moderadas:
    a) para aqueles com CT inicial anormal, a CT de controle é geralmente repetida antes da alta
    b) pacientes estáveis com lesão leve e CT inicial normal não exigem acompanhamento de CT

CT de controle urgente: realizada por deterioração neurológica (perda de dois ou mais pontos no GSC, desenvolvimento de hemiparesia ou anisocoria), vômito persistente, piora da cefaleia, convulsões ou aumento inexplicável da pressão intracraniana (**ICP**) em pacientes com monitoramento da ICP.

54.5.2 Estudos da coluna

1. coluna cervical: deve ser estudada radiograficamente desde a junção crânio-cervical até a junção C7-T1. Cuidados para lesão da coluna (colar cervical...) são continuados até a coluna cervical estar estudada e sem lesões. Os estágios para obter um filme adequado são esquematizados em *lesões da coluna*, avaliação radiográfica e imobilização inicial da coluna cervical (p. 952)
2. filme das colunas-LS torácica e lombossacral deve ser obtido baseado em achados físicos e no mecanismo da lesão; ver lesão na coluna, avaliação radiográfica e imobilização inicial da coluna cervical (p. 952)

54.5.3 Raios X de crânio

A fratura no crânio aumenta a probabilidade de uma lesão intracraniana cirúrgica (ICI) (em pacientes em coma há o aumento de vinte vezes mais, em pacientes conscientes, há o aumento de 400 vezes mais[33,34]). Entretanto, ICI significativo pode ocorrer com um raios X do crânio simples (SXR) normal (SXR estava normal em 75% dos pacientes com traumas menores na cabeça, e em que lesões foram encontradas na CT, atestando a falta de sensibilidade dos SXRs[23]). SXRs afetam o manejo de apenas 0,4-2% dos pacientes na maioria dos relatórios.[20]

SXR pode ser útil nos seguintes casos:
1. em pacientes com risco moderado de lesão intracraniana (▶ Quadro 54.7) por detectar fratura no crânio não afundada não suspeita (entretanto, a maioria desses pacientes realizará uma CT, que previnirá a necessidade de SXR)
2. se não puder ser realizada CT, um SXR pode identificar achados significativos, como desvio da pineal, pneumoencéfalo, níveis de ar ou de fluido nos seios aéreos, fratura no crânio (afundada ou linear)... (entretanto, a sensibilidade para detectar ICI é muito baixa)
3. lesões penetrantes: ajuda na visualização de alguns objetos metálicos

54.5.4 MRI no trauma

Geralmente não apropriado para lesões agudas cranianas. Deve-se ao tempo mais longo de aquisição, menos acesso ao paciente durante o estudo, dificuldade no suporte ao paciente (requer ventiladores não magnéticos especiais, não pode usar a maioria das bombas IV...) e MRI é menos sensível do que CT para detectar sangue em abundância.[35] Não houve lesões cirúrgicas demonstradas em MRI que não foram evidentes em CT em nenhum estudo.[36] Pode haver algum benefício complementar combinando CT e MRI diretamente no setor de emergência.[37]

MRI pode ser útil após o paciente ser estabilizado, p. ex., para avaliar lesões no tronco encefálico, pequenas alterações na substância branca,[38] p. ex. hemorragias puntiformes no corpo caloso visto na lesão axonal difusa (p. 848)... MRI da coluna pode ser útil para acompanhamento de pacientes pediátricos a fim de minimizar a exposição à radiação.

54.5.5 Arteriografia no trauma

Arteriografia cerebral (p. 911): útil para trauma penetrante não causado por projétil.

54.6 Orientações de internação para traumas moderados ou leves

54.6.1 Informações gerais

Tradicionalmente, trauma craniano leve tem sido definido como GCS ≥ 13. Entretanto, o aumento tanto da frequência de anomalias e de lesões cirúrgicas na CT em pacientes com GCS = 13 sugerem que estes poderiam ser mais bem classificados como lesão moderada do que leve.[22] Ver indicações para CT e critério de internação TBI (p. 830) para critério de internação.

54.6.2 Orientações de internação para traumas cranianos leves (GCS ≥ 14)

1. repouso: BR com HOB elevou 30-45º
2. reavaliação neurológica a cada duas horas (a cada uma hora se risco maior; considere ICU para esses pacientes). Entre em contato com o médico intensivista para o caso de deterioração neurológica
3. NPO até estar alerta; então, restringir o líquido, introduza avaliando tolerância
4. IVF isotônico (p. ex., NS + 20 mEq KCl/L) com dose de manutenção (p. 870): ≈ 100 cc/h para adulto de tamanho médio (crianças: 2.000 cc/m²/d). **Nota:** o conceito de "manter o paciente seco" é obsoleto
5. analgésicos leves: acetaminofeno (PO, ou PR no caso de NPO), codeína, se for necessário
6. antiemético: dado sem muita frequência para evitar a sedação excessiva, evite antieméticos fenotiazínicos (que mais abaixa o limiar convulsivo); p. ex. use trimetobenzamida (Tigan®) 200 mg IM cada oito horas PRN para adultos

54.6.3 Orientações de internação para traumas cranianos moderados (GCS 9-13)

1. orientações, como para traumas leves (ver acima) com exceção do paciente mantido em NOP para o caso de necessidade de intervenção cirúrgica (incluindo monitoramento ICP)
2. para GCS = 9-12 internação em ICU. Para GCS = 13, internação em ICU caso CT mostre alguma anomalia significativa (contusão hemorrágica muito pequena, subdural laminar...)
3. pacientes com CT normal ou próximo do normal devem melhorar dentro de horas. Qualquer paciente que falhar para atingir um GSC de 14-15 dentro de 12 horas deve ter CT repetida naquele momento[31]

54.7 Pacientes com lesão sistêmica grave associada

54.7.1 Lesão intra-abdominal

Paracentese diagnóstica (DPL) procura por fluidos sanguíneos ou US abdominal FAST com foco para o trauma são sempre pedidos pelos cirurgiões do trauma para avaliar a hemorragia intra-abdominal. Caso dê negativo e o paciente estiver hemodinamicamente estável, o paciente deve fazer CT do crânio (com DPL – se o fluido inicial não for sangue, o restante do fluido da lavagem pode ser coletado para análise quantitativa assim como a CT realizada).

Pacientes com DPL muito positivo ou FAST positivo e/ou instabilidade hemodinâmica poderão precisar ser encaminhados à sala de operação para uma laparotomia emergencial feita pelo cirurgião do trauma sem CT cerebral. O tratamento neurocirúrgico é difícil nesses pacientes e deve ser individualizado. Estas orientações são oferecidas:

✖ CUIDADO: muitos pacientes com trauma grave podem estar em DIC (tanto decorrente da lesão sistêmica, quando diretamente relacionada com a lesão grave na cabeça, possivelmente, porque o cérebro é rico em tromboplastina[39]). A operação de pacientes em DIC é geralmente desastrosa (p. 167). Pelo menos confira PT/INR/PTT

1. se GCS > 8 (que implica pelo menos localizar):
   a) intervenção operatória neurocirúrgica não é provavelmente exigida
   b) utilize boas técnicas de neuroanestesia (eleve a cabeceira da maca, administração prudente de fluido IV, evitando a hiperventilação profilática...)
   c) obtenha CT de crânio imediatamente no pós-operatório
2. se o paciente tem déficit neurológico focal, um orifício exploratório de trepanação pode ser feito na sala de operação simultaneamente com o tratamento de outras lesões. O posicionamento é orientado pelo déficit pré-operatório (p. 836)
3. se houver trauma grave (GCS ≤ 8) sem sinais de localização, ou se o orifício de trepanação inicial for negativo, ou se não houver exame neurológico pré-operatório, então:
   a) medir ICP: inserção de um cateter ventricular (se o ventrículo lateral não puder ser acessado após três passadas, pode ficar comprimido ou deslocado, e um monitoramento intraparenquimatoso por fibra óptica ou parafuso subaracnoide deve ser usado)
   - ICP normal: improvável que exista lesão cirúrgica. Trate ICP conservadoramente e, se IVC for inserido, com drenagem de CSF
   - ICP elevada (≥ 20 mmHg): injetar 3–4 cc de ar dentro dos ventrículos através do IVC, então, obter raios X do crânio AP intraoperatório (pneumoencefalograma) para determinar se há qualquer desvio de linha média. Se houver efeito em massa com ≥ 5 mm de desvio de linha média deverá ser explorado[40] com orifícios de trepanação no lado oposto à direção da mudança. Se não houver efeito em massa, hipertensão intracraniana é tratada conservadoramente e com drenagem da CSF
   b) não foi encontrada justificativa para uso rotineiro do trépano em crianças com GCS = 3[41]

54.7.2 Síndrome da Embolia Gordurosa

Informações gerais

Mais frequentemente visto após uma fratura óssea longa (geralmente no fêmur, mas pode incluir clavícula, tíbia, e até fratura do crânio isolada). Apesar de quase todos os pacientes terem embolia pulmonar gordurosa na autópsia, a síndrome é geralmente leve ou subclínica, apenas ≈ 10-20% dos casos são graves, e a forma fulminante em vários órgãos é rara. Achados clínicos geralmente aparecem dentro de 12-72 horas de lesão e não incluem a clássica clínica tríade completa de:
- insuficiência respiratória aguda (incluindo hipoxemia, taquipneia, dispneia) com infiltração pulmonar difusa (geralmente vista como infiltração bilateral macia). Pode ser a única manifestação de embolia gordurosa em até 75% dos casos
- disfunção neurológica global: pode incluir confusão (PaO_2 geralmente não baixo suficiente para responder por essas mudanças[42]) letargia, convulsão
- petéquias: vistas em ≈ 24-72 h após a fratura, geralmente acima do tórax

Outros possíveis achados incluem:
- pirexia
- embolia gordurosa retinal

Não há teste específico para síndrome da embolia gordurosa (FES). Os seguintes foram propostos, mas têm baixas sensibilidade e especificidade: glóbulos gordurosos na urina (positivo em ≈ um terço[43]) e soro, atividade de lipase sérica. Em casos de anomalias neurológicas e pulmonares, pode ser possível diagnosticar FES, se a lavagem broncoalveolar[44] > 5% de células na coloração da lavagem para gordura neutra com óleo vermelho 0. Testes não específicos ABG (descoberta: hipoxemia, hipocarbia de hiperventilação, alcalose respiratória).

Tratamento

Suporte pulmonar com oxigênio e ventilação mecânica, se necessário incluir uso de PEEP. O uso de esteroide é controverso. Álcool etílico (para diminuir a atividade de lipase sérica) e heparina não têm sido mostrados como benéficos. Cirurgia de fixação precoce de fraturas em ossos longos pode reduzir a incidência de FES.[45]

Resultado

Geralmente, relacionado mais com lesões implícitas. Apesar de o FES por si só ser geralmente compatível com boas recuperações, 10% de mortalidade é descrita.

54.7.3 Lesão indireta no nervo óptico

Informações gerais

≈ 5% dos pacientes com trauma craniano manifestam uma lesão associada de alguma porção do sistema visual. Aproximadamente, 0,5-1,5% dos pacientes com trauma craniano vão manter lesão indireta do nervo óptico (em contraposição ao trauma penetrante), mais frequente decorrente de um impacto ipsolateral da cabeça (geralmente, frontal, ocasionalmente temporal, raramente occipital).[19] O nervo óptico pode ser dividido em quatro segmentos: intraocular (1 mm de comprimento), intraorbitário (25-30 mm), intracanalicular (10 mm) e intracraniano (10 mm). O segmento intracanalicular é o mais comumente lesionado com traumas cranianos fechados. Fundoscopia alterada e visível no exame inicial indica lesão anterior (lesão no segmento intraocular (disco óptico) ou dos 10-15 mm do segmento intraorbitário imediatamente atrás do globo, onde a artéria central da retina está contida dentro do nervo óptico), enquanto as lesões posteriores (ocorrem posterior a este ponto, mas anterior ao quiasma) levam 4-8 semanas para mostrar sinais de palidez do disco e perda da camada retiniana de fibras do nervo na retina.

Tratamento

Ver referência.[19]

Nenhum estudo prospectivo foi realizado. A descompressão do nervo óptico foi proposta para lesão indireta no nervo óptico, entretanto, os resultados não foram claramente melhores do que o tratamento expectante, com a exceção de que perda visual tardia documentada parece ser uma indicação forte de cirurgia. A via transetmoidal é a aceita, e é geralmente realizada dentro de 1-3 semanas do trauma.[46] O uso de "esteroides em megadoses" pode ser apropriado como um complemento para diagnóstico e tratamento.

54.7.4 Hipopituitarismo pós-traumático

O trauma é uma causa rara do hipopituitarismo. Pode acompanhar trauma craniano fechado (com ou sem fratura na base do crânio) ou trauma penetrante.[47] Em 20 casos na literatura[48] todos tiveram deficiência do hormônio de crescimento e gonadotrofina, 95% tiveram deficiência de corticotropina, 85% tiveram o TSH reduzido, 63% tiveram PRL elevado. Apenas 40% tiveram DI transitório ou permanente.

54.8 Orifício de trepanação exploratório

54.8.1 Informações gerais

No paciente com trauma, a tríade clínica de alteração do estado de consciência, anisocoria com arreflexia fotomotora e hemiparesia contralateral é, na maioria das vezes, por causa da compressão do tronco encefálico pela hérnia transtentorial que, na maioria dos casos, é decorrente do hematoma intracraniano extra-axial. Além disso, o prognóstico de pacientes que têm hérnia traumática é ruim. O resultado pode possivelmente ser levemente melhorado pelo aumento rápido com que a descompressão é realizada. Entretanto, o limite salvável ainda é apenas ≈ 20% de resultados satisfatórios.

A trepanação exploratória é primeiramente um instrumento diagnóstico, já que não pode controlar a hemorragia e a maioria dos hematomas agudos que também são espessos para serem removidos por ela. Entretanto, se o orifício de trepanação for positivo, é possível que a descompressão inicial possa ser realizada, e a craniotomia definitiva deverá ser realizada, incorporando o orifício de trepanação.

Com a difusão da disponibilidade de acesso rápido por CT, a trepanação não é frequentemente indicada.

54.8.2 indicações

1. critério clínico: baseado na deterioração do exame neurológico. Indicações em sala de emergência (raro): paciente morrendo de hérnia transtentorial (ver abaixo) ou compressão do tronco encefálico que não melhora ou estabiliza com manitol ou hiperventilação[49]
   a) indicadores de hérnia transtentorial/compressão do tronco encefálico:
      - queda repentina na escala de pontuação de coma de Glasgow (GCS)
      - midríase fixa

- desenvolvimento de paralisia ou decerebração (geralmente controlateral à midríase)
b) situações recomendadas em que o critério deve ser aplicado:
- paciente neurologicamente estável se submete à deterioração *testemunhada* como descrito acima
- paciente consciente desenvolve o processo durante transporte e as alterações são bem documentadas pelo médico assistente ou paramédico
2. outro critério: alguns pacientes precisando de cirurgia de emergência para lesões sistêmicas (p. ex., lavagem peritoneal positiva + instabilidade hemorrágica) em que não há tempo para CT do cérebro (p. 834)

54.8.3 Tratamento

Controverso. As informações a seguir devem ser apenas usadas como orientação:
1. se o paciente se encaixar no critério acima (operação de emergência para lesões sistêmicas ou deterioração com falha na melhora com manitol e hiperventilação), e CT não puder ser realizada e interpretada imediatamente, então o tratamento não deve esperar pelo CT
   a) em geral, se a sala de operação estiver imediatamente disponível, trepanações são preferivelmente feitas lá (equipada para lidar com craniotomia, mais bem iluminada e esterilizada, instrumentadora...), principalmente em pacientes mais velhos (> 30 anos) não envolvidos em MVAs (abaixo). Isto pode diagnosticar mais rapidamente e tratar hematomas extra-axiais em pacientes com hérnia, apesar de não haver diferenças provadas no resultado
   b) se houver demora para chegar à sala de cirurgia, a trepanação na sala de emergência deve ser realizada
2. colocação do orifício de trepanação como na técnica descrita abaixo

54.8.4 Técnica

Posição

Coxim sob o ombro, cabeça girada com o lado a ser explorado para cima. Suporte de três pinos de fixação do crânio é usado, levando em consideração um possível aneurisma ou AVM (para permitir retratores e aumentar a estabilidade) ou caso a estabilidade complementar seja desejada (p. ex., com fratura cervical instável). Caso contrário o suporte de cabeça ferradura pode bastar, economizando tempo e tornando fácil virar a cabeça para acessar o lado oposto, caso seja necessário.

Escolha do lado para trepanação inicial

Comece com a trepanação temporal (ver abaixo) no lado:
1. ipsolateral a pupila midriática. Será o lado correto em > 85% de epidurais[50] e outras lesões de massa extra-axial[51]
2. se midríase bilateral, use o lado em que houve a dilatação pupilar *primeiramente* (se souber)
3. se as pupilas estiverem iguais, ou se não souber qual lado dilatou primeiro, posicione no lado mais sugestivo do trauma externo
4. se não houver dicas de localização, posicione para o lado *esquerdo* (para avaliar e descomprimir o hemisfério dominante)

Abordagem

Trepanações são posicionadas ao longo do trajeto em que podem ser conectadas para formar uma "porta do trauma", caso a craniotomia torne-se necessária (▶ Fig. 54.2). A porta do trauma é assim chamada porque ela fornece um amplo acesso para a maioria da convexidade cerebral, permitindo a evacuação completa do coágulo sanguíneo agudo e controle da maior parte da hemorragia.

Primeiros resultados da porta do trauma com um marcador de pele:
1. comece junto ao arco zigomático < 1 cm anterior ao *tragus* (poupe os ramos do nervo facial do músculo frontal e poupe os ramos anteriores à artéria temporal superficial (STA))
2. prossiga na região superior então curve posteriormente ao nível do topo da *pinna*
3. 4-6 cm atrás da *pinna* é dirigida superiormente
4. 1-2 cm ipsolateral à curva da linha média (sutura sagital) anteriormente até o fim da parte de trás da linha do cabelo

Locais de trepanação

1. primeira trepanação (temporal): por cima do meio da fossa craniana (nº 1 em ▶ Fig. 54.2) apenas superior ao arco zigomático. Fornece acesso à fossa média (local mais comum de hematoma epidural) e geralmente permite acesso à maioria dos hematomas subdurais da convexidade, assim como a proximidade à artéria meníngea média na região do ptérion

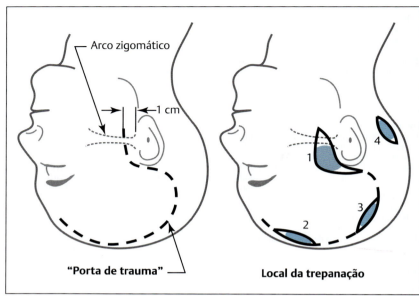

Fig. 54.2 Técnica para converter trepanação em porta de trauma (adaptada[51,52]).

2. se não houver hematoma epidural, a dura é aberta se tiver uma descoloração azulada (sugere hematoma subdural (SDH)) ou se houver uma forte suspeita de uma lesão com massa naquele lado
3. se for completamente negativa, geralmente realize trepanação temporal no lado contralateral
4. se der negativo, trepanações complementares devem ser feitas se a CT não puder ser feita na hora
5. proceder com trepanação frontal ipsolateral (n° 2 na ▶ Fig. 54.2)
6. trepanação subsequente pode ser feita na região parietal (n° 3 na ▶ Fig. 54.2) e por fim na fossa posterior (n° 4 na ▶ Fig. 54.2).

Literatura

Em 100 pacientes com trauma que sofrem de hérnia transtentorial ou compressão do tronco encefálico como é descrito acima,[51] trepanação exploratória (temporal, frontal e parietal bilateral feitas na sala de operação) foi positiva em 56%. Taxas são mais baixas em pacientes mais jovens (< 30 anos) e aqueles em MVAs (como oposto a quedas ou agressões). SDH foi a massa com lesão extra-axial mais comum (sozinho e unilateral em 70%, bilateral em 11% e em combinação com EDH ou ICH em > 9%).

Quando as trepanações forem positivas, a primeira trepanação foi no lado correto em 86% do tempo quando realizadas como sugerida acima. Seis pacientes tiveram hematomas extra-axiais significativos não diagnosticados com a trepanação exploratória (na maioria decorrente da trepanação exploratória incompleta). Apenas três pacientes tiveram os achados neurológicos acima como resultado de hematomas intraparenquimatosos.

Resultado

Acompanhamento médio: 11 meses (faixa 1-37). 70 dos 100 pacientes morreram. Não houve morbidade ou mortalidade diretamente atribuída à trepanação. Quatro pacientes com resultados bons e quatro com deficiência moderada tiveram trepanação positiva.

Referências

[1] Saul TG, Ducker TB. Effect of Intracranial Pressure Monitoring and and Aggressive Treatment on Mortality in Severe Head Injury. J Neurosurg. 1982; 56:498–503

[2] Reilly PL, Adams JH, Graham DI. Patients with Head Injury Who Talk and Die. Lancet. 1975; 2:375–377

[3] Stein SC, Narayan RK, Wilberger JE, Povlishock JT. In: Classification of Head Injury. Neurotrauma. New York: McGraw-Hill; 1996:31–41

[4] Price DJ. Is Diagnostic Severity Grading for Head Injuries Possible? Acta Neurochir. 1986; Suppl 36:67–69

[5] Brain Trauma Foundation, Povlishock JT, Bullock MR. Blood pressure and oxygenation. J Neurotrauma. 2007; 24:S7–13

[6] Chesnut RM, Marshall LF, Klauber MR, et al. The Role of Secondary Brain Injury in Determining Outcome from Severe Head Injury. J Trauma. 1993; 34:216–222

[7] The Brain Trauma Foundation. The American Association of Neurological Surgeons. The Joint Section on Neurotrauma and Critical Care. Initial management. J Neurotrauma. 2000; 17:463–469

[8] Hsiang JK, Chesnut RM, Crisp CD, et al. Early, Routine Paralysis for Intracranial Pressure Control in Severe Head Injury: Is It Necessary? Crit Care Med. 1994; 22:1471–1476

[9] Marion DW, Carlier PM. Problems with Initial Glasgow Coma Scale Assessment Caused by Prehospital Treatment of Patients with Head Injuries: Results of a National Survey. J Trauma. 1994; 36:89–95

[10] Bullock R, Chesnut RM, Clifton G, et al. Guidelines for the Management of Severe Head Injury. 1995

[11] The Brain Trauma Foundation. The American Association of Neurological Surgeons. The Joint Section on Neurotrauma and Critical Care. Resuscitation of blood pressure and oxygenation. J Neurotrauma. 2000; 17:471–478

[12] Brain Trauma Foundation, Povlishock JT, Bullock MR. Infection prophylaxis. J Neurotrauma. 2007; 24:S26–S31

[13] Brain Trauma Foundation, Povlishock JT, Bullock MR. Hyperventilation. J Neurotrauma. 2007; 24: S87–S90

[14] Brain Trauma Foundation, Povlishock JT, Bullock MR. Hyperosmolar therapy. J Neurotrauma. 2007; 24:S14–S20

[15] Bullock R, Chesnut RM, Clifton G, et al. In: The role of anti-seizure prophylaxis following head injury. Guidelines for the Management of Severe Head Injury.The Brain Trauma Foundation (New York), The American Association of Neurological Surgeons (Park Ridge, Illinois), and The Joint Section of Neurotrauma and Critical Care; 1995

[16] Chang BS, Lowenstein DH. Antiepileptic drug prophylaxis in severe traumatic brain injury. Report of the Quality Standards Subcommittee of the American Academy of Neurology. Neurology. 2003; 60:10–16

[17] Brain Trauma Foundation, Povlishock JT, Bullock MR. Antiseizure prophylaxis. J Neurotrauma. 2007; 24:S83–S86

[18] The Brain Trauma Foundation. The American Association of Neurological Surgeons. The Joint Section on Neurotrauma and Critical Care. Role of antiseizure prophylaxis following head injury. J Neurotrauma. 2000; 17:549–553

[19] Kline LB, Morawetz RB, Swaid SN. Indirect Injury of the Optic Nerve. Neurosurgery. 1984; 14:756–764

[20] Masters SJ, McClean PM, Arcarese JS, et al. Skull XRay Examination After Head Trauma. N Engl J Med. 1987; 316:84–91

[21] Arienta C, Caroli M, Balbi S. Management of Head-Injured Patients in the Emergency Department: A Practical Protocol. Surg Neurol. 1997; 48:213–219

[22] Stein SC, Ross SE. The Value of Computed Tomographic Scans in Patients with Risk Head Injuries. Neurosurgery. 1990; 26:638–640

[23] Ingebrigtsen R, Romner B. Routine Early CT-Scan is Cost Saving After Minor Head Injury. Acta Neurol Scand. 1996; 93:207–210

[24] Duus BR, Lind B, Christensen H, Nielsen OA. The Role of Neuroimaging in the Initial Management of Patients with Minor Head Injury. Ann Emerg Med. 1994; 23:1279–1283

[25] Feuerman T, Wackym PA, Gade GF, Becker DP. Value of Skull Radiography, Head Computed Tomographic Scanning, and Admission for Observation in Cases of Minor Head Injury. Neurosurgery. 1988; 22:449–453

[26] Schacford SR, Wald SR, Ross SE, et al. The Clinical Utility of Computed Tomographic Scanning and Neurologic Examination in the Management of Patients with Minor Head Injuries. J Trauma. 1992; 33:385–394

[27] Stein SC, Ross SE. Mild Head Injury: A Plea for Routine Early CT Scanning. J Trauma. 1992; 33:11–13

[28] Lee KF, Wagner LK, Lee YE, et al. The Impact-Absorbing Effects of Facial Fractures in Closed-Head Injuries. J Neurosurg. 1987; 66:542–547

[29] Le Roux PD, Haglund MM, Newell DW, Grady MS, Winn HR. Intraventricular Hemorrhage in Blunt Head Trauma: An Analysis of 43 Cases. Neurosurgery. 1992; 31:678–685

[30] Grabb PA. Traumatic intraventricular hemorrhage treated with intraventricular recombinant-tissue plasminogen activator: technical case report. Neurosurgery. 1998; 43:966–969

[31] Stein SC, Ross SE. Moderate Head Injury: A Guide to Initial Management. J Neurosurg. 1992; 77:562–564

[32] Young HA, Gleave JRW, Schmidek HH, Gregory S. Delayed Traumatic Intracerebral Hematoma: Report of 15 Cases Operatively Treated. Neurosurgery. 1984; 14:22–25

[33] Jennett B, Teasdale G. Management of Head Injuries. Philadelphia: Davis; 1981

[34] Dacey RG, Alves WM, Rimel RW, Jane JA, et al. Neurosurgical Complications After Apparently Minor Head Injury: Assessment of Risk in a Series of 610 Patients. J Neurosurg. 1986; 65:203–210

[35] Snow RB, Zimmerman RD, Gandy SE, Deck MDF. Comparison of Magnetic Resonance Imaging and Computed Tomography in the Evaluation of Head Injury. Neurosurgery. 1986; 18:45–52

[36] Wilberger JE, Deeb Z, Rothfus W. Magnetic Resonance Imaging After Closed Head Injury. Neurosurgery. 1987; 20:571–576

[37] Kesterson L, Benzel EC, Marchand EP, et al. Magnetic Resonance Imaging in Acute Cranial and Cervical Spine Trauma. Neurosurgery. 1990; 26

[38] Levin HS, Amparo EG, Eisenberg HM, et al. Magnetic Resonance Imaging After Closed Head Injury in Children. Neurosurgery. 1989; 24:223–227

[39] Kaufman HH, Hui K-S, Mattson JC, et al. Clinicopathological Correlations of Disseminated Intravascular Coagulation in Patients with Head Injury. Neurosurgery. 1984; 15:34–42

[40] Becker DP, Miller JD, Ward JD, et al. The Outcome from Severe Head Injury with Early Diagnosis and Intensive Management. J Neurosurg. 1977; 47:491–502

[41] Johnson DL, Duma C, Sivit C. The Role of Immediate Operative Intervention in Severely Head-Injured Children with a Glasgow Coma Scale Score of 3. Neurosurgery. 1992; 30:320–324

[42] Fabian TC, Hoots AV, Stanford DS, Patterson CR, et al. Fat Embolism Syndrome: Prospective Evaluation in 92 Fracture Patients. Crit Care Med. 1990; 18:42–46

[43] Dines DE, Burgher LW, Okazaki H. The Clinical and Pathologic Correlation of Fat Embolism Syndrome. Mayo Clin Proc. 1975; 50:407–411

[44] Chastre J, Fagon JY, Soler P, Fichelle A, et al. Bronchoalveolar Lavage for Rapid Diagnosis of the Fat Embolism Syndrome in Trauma Patients. Ann Intern Med. 1990; 113:583–588

[45] Riska EB, Myllynen P. Fat Embolism in Patients with Multiple Injuries. J Trauma. 1982; 22:891–894

[46] Niho S, Niho M, Niho K. Decompression of the Optic Canal by the Transethmoidal Route and Decompression of the Superior Orbital Fissure. Can J Ophthalmol. 1970; 5:22–40

[47] Vance ML. Hypopituitarism. N Engl J Med. 1994; 330:1651–1662

[48] Edwards OM, Clark JDA. Post-Traumatic Hypopituitarism: Six Cases and a Review of the Literature. Medicine (Baltimore). 1986; 65:281–290

[49] Mahoney BD, Rockswold GL, Ruiz E, Clinton JE. Emergency Twist Drill Trephination. Neurosurgery. 1981; 8:551–554

[50] McKissock W, Taylor JC, Bloom WH, et al. Extradural Hematoma: Observations on 125 Cases. Lancet. 1960; 2:167–172

[51] Andrews BT, Pitts LH, Lovely MP, et al. Is CT Scanning Necessary in Patients with Tentorial Herniation? Neurosurgery. 1986; 19:408–414

[52] Mayfield FH, McBride BH, Coates JB, Meirowsky AM. In: Differential Diagnosis and Treatment of Surgical Lesions. Neurological Surgery of Trauma. Washington D.C.: Office of the Surgeon General; 1965:55–64

55 Concussão, Edema Cerebral de Grande Altitude, Lesões Cerebrovasculares

55.1 Concussão

55.1.1 Informações gerais

> ### Conceitos-chave
>
> - um processo fisiopatológico complexo induzido por trauma biomecânico afetando o cérebro, sem anormalidades estruturais identificáveis nos estudos imagiológicos
> - concussão é um subgrupo da TBI leve (mTBI), não sendo, portanto, equivalente à mTBI
> - indicadores de concussão: alterações pós-traumáticas em: orientação, equilíbrio, velocidade de reação e/ou comprometimento da aprendizagem e memória visual em um paciente com uma GCS de 13-15[1]
> - não requer perda da consciência (LOC) ou um golpe direto à cabeça
> - escalas de classificação foram abandonadas a favor da avaliação experiente, assistida por várias ferramentas "acessórias"

Concussão ocorre em um subgrupo de pacientes com lesão cerebral traumática leve (mTBI; ▶ Fig. 54.1). É considerada "leve" porque geralmente não implica risco de vida por si só. Embora a maioria das vítimas se recupere completamente, os efeitos da concussão podem ser graves e, em alguns casos, permanentes.

Grande parte da discussão neste capítulo corresponde à concussão no esporte, que é a maior fonte de dados sobre o assunto, e generalização a outros tipos de trauma deve ser feita com cautela.

As escalas de classificação para concussão foram abandonadas, e a recomendação atual é que o diagnóstico seja determinado por um examinador experiente com o auxílio de várias ferramentas de avaliação, de preferência com a disponibilidade de fatores pré-lesão para comparação.

Concussão pode ocorrer sem um golpe direto à cabeça, p. ex., com sacudida violenta do dorso e cabeça. Os sintomas da concussão podem-se manifestar logo após um trauma ou de forma tardia.

O sujeito pode não estar ciente de que sofreu uma concussão.

55.1.2 Epidemiologia

Incidência: 1,6-3,8 milhões de concussões ocorrem por ano nos Estados Unidos, provocadas por atividades esportivas e recreacionais. Estima-se que 50% das concussões não sejam reportadas.[2]

55.1.3 Genética da concussão

Não há uma evidência clara que corrobore uma predisposição genética à concussão. A apoliproteína E4, o promotor da Apo E G-219T e o éxon tau 6 foram estudados em pequenos ensaios retrospectivos e prospectivos sem uma associação definitiva.[2,3]

55.1.4 Concussão – definição

Não há uma definição universalmente aceita para concussão.[4] Dentre as muitas definições contemporâneas,[2,3,4,5,6,7] a maioria dos elementos-chave está contida na definição consensual do *Concussion in Sport Group*[3] de 2012, resumida abaixo. No entanto, opiniões diferem, p. ex., se existe qualquer efeito a longo prazo da concussão ou se este necessita de um diagnóstico diferente.

Definição: concussão é um processo fisiopatológico complexo que afeta o cérebro, resultando em alteração da função cerebral, e é induzida por forças biomecânicas não penetrantes, sem anormalidade identificável na imagem estrutural padrão.

O *Concussion in Sport Group*[3] explica esta definição como segue:
- resulta em um conjunto graduado de sintomas neurológicos que podem ou não envolver perda da consciência (LOC)
- geralmente, os sintomas são de início rápido, curta duração e se resolvem espontaneamente. As manifestações podem incluir déficits transitórios no equilíbrio, coordenação, memória/cognição, força ou vigilância

- pode resultar em alterações neuropatológicas, mas os sintomas clínicos agudos em grande parte refletem um distúrbio funcional em vez de uma lesão estrutural
- resolução das características clínicas e cognitivas tipicamente segue um curso sequencial
- tipicamente associada a estudos neuroimagiológicos estruturais padrão macroscopicamente normais

55.1.5 Concussão *versus* mTBI

- concussão e mTBI não são intercambiáveis. Concussão pode ser considerada como uma subcategoria da mTBI na extremidade menos grave do espectro de lesões cerebrais, embora com sintomas clínicos similares[2,5,6,8] (ver ► Fig. 57.2)
- uma diferença importante entre as duas condições é que a mTBI pode demonstrar imagens estruturais anormais (como hemorragia/contusão cerebral) e a concussão, por definição, deve apresentar exames imagiológicos normais. A mTBI faz parte de um espectro de gravidade lesional baseado principalmente no escore da GCS. TBI é avaliada 6 horas após a lesão e diferenciada em leve, moderada e grave; ver Classificação (p. 824). Concussão é avaliada diretamente após o trauma e baseada em um diagnóstico clínico auxiliado por uma multitude de ferramentas padronizadas de avaliação. Para incluir a concussão no largo espectro de lesão cerebral traumática, a mesma deve se enquadrar no limite inferior da mTBI, sobrepondo-se ao subgrupo de lesão "mínima". A maioria das mTBIs com imagens negativas pode ser considerada uma concussão, mas a maioria das concussões esportivas não pode ser classificada como mTBI[5,8]

55.1.6 Fatores de risco para concussão

- história de concussão prévia aumenta o risco de uma nova concussão
- envolvimento em um acidente: ciclista, pedestre ou colisão de automóveis
- soldado de combate
- vítima de abuso físico
- queda (especialmente pacientes pediátricos ou idosos)
- homens são diagnosticados com concussão relacionado com o esporte mais do que mulheres (em razão do maior número de participação masculina nos esportes estudados), porém as mulheres apresentam um maior risco geral quando comparadas aos homens que praticam o mesmo esporte. (ou seja, futebol e basquete)[7]
- participação em esporte com alto risco de concussão:
  - Futebol americano
  - Rúgbi australiano
  - Hóquei no gelo
  - Boxe
  - Futebol é o maior risco para mulheres
- (para contraste, esportes com o menor risco de concussão: beisebol, *softbol*, voleibol e ginástica)
- BMI > 27 kg/m² e menos de 3 h de treinamento por semana aumentam o risco de concussão relacionada com o esporte[7]

55.1.7 Diagnóstico

Desencadeadores

Os achados sugestivos de concussão são apresentados no ► Quadro 55.1. O diagnóstico de concussão deve ser considerado quando qualquer um desses achados ocorre após um trauma. Em crianças pré-verbais, os achados podem incluir aqueles do ► Quadro 55.2.

Informação diagnóstica geral

Avaliação clínica

Não foi identificada nenhuma medida fisiológica que possa detectar as alterações subjacentes que resultam em manifestações da concussão. Portanto, o diagnóstico baseia-se em: relato de função anormal (sintomas), anormalidades fisiológicas observadas (sinais), incluindo uma avaliação de disfunção cognitiva,[11] ocasionalmente com a ajuda de exames imagiológicos para descartar um substrato estrutural.

Um diagnóstico clínico de concussão é estabelecido na presença de achados anormais no equilíbrio, coordenação, memória/cognição, força, velocidade de reação ou vigilância após trauma craniano. Os achados incluem confusão, amnésia, cefaleia, torpor ou LOC (LOC *não* é um requisito para o diagnóstico de concussão,[6] os próprios pacientes podem não estar cientes se tiveram ou não LOC[4]). Aspectos neurocomportamentais frequentes de concussão são exibidos no ► Quadro 55.1. Em crianças que podem não ser capazes de verbalizar seus sintomas, evidência de concussão pode incluir os achados do ► Quadro 55.2. Achados imagiológicos positivos vão recair em um diagnóstico mais grave, como contusão cerebral.

Quadro 55.1 Possíveis achados na concussão[2,9,10]

Físico	Cognitivo	Emocional	Sono
• olhar vago ou expressão atordoada • confusão ou atordoamento • cefaleia ou sensação de pressão na cabeça • náusea • vômito • fadiga • "escotomas visuais" • fotofobia • fonofobia • zumbido nos ouvidos (tinido) • respostas verbais e motoras tardias • dificuldade em se concentrar • incapacidade de realizar atividades normais • alterações de fala: enrolada ou incoerente, declarações incoerentes ou incompreensíveis • tropeços descoordenados • qualquer período de LOC, coma paralítico, sem resposta a estímulos	• sensação de estar em um nevoeiro • lentidão para responder perguntas ou seguir instruções • fácil distraibilidade • desorientação (p. ex., andar na direção errada) • desconhecimento da data, hora ou lugar • déficits de memória: amnésia do evento • perguntar repetidamente a mesma pergunta que já foi respondida	• emoção exagerada: choro inapropriado • aparência perturbada • irritabilidade • nervoso	• torpor • insônia • hipersonia • dificuldade em pegar no sono ou de permanecer dormindo

Quadro 55.2 Achados de concussão em crianças

desinteresse e fácil fatigabilidade, alteração nos padrões de sono
irritabilidade
parece atordoado
comprometimento do equilíbrio
choro excessivo
mudança nos hábitos alimentares
perda de interesse nos brinquedos favoritos

Abordagem

- realizar uma pesquisa de sintomas específicos da concussão, incluindo perguntas sobre: H/A, N/V, sensibilidade à luz, zumbido, sensação de estar obnubilado, transtornos do sono
- história de diagnósticos que possam ter um impacto sobre a avaliação de uma concussão atual
  - história de prévia concussão
  - história de H/A
  - ADD/HD
  - transtornos de aprendizagem
  - medicamentos (prescritos e outros) que possam afetar a vigilância ou a cognição
- realizar um exame neurológico geral adequado
- incluir um exame neurológico específico para concussão
  - verificar a orientação
  - avaliar a presença de amnésia e comprometimento da memória verbal
  - equilíbrio: teste de Romberg (procurar por oscilação corporal ou desequilíbrio), apoio monopodal
  - movimentos oculares: nistagmo optocinético (OKN), acompanhamento suave com olhar
  - desempenho de tarefas simultâneas: p. ex., estalar os dedos enquanto fala
- incluir testes auxiliares de avaliação ("ferramentas complementares"), conforme apropriado (ver abaixo)

Auxiliares de avaliação

- não há uma única ferramenta de avaliação validada para o diagnóstico de concussão.[4] Concussão é primeiramente um diagnóstico *clínico*, idealmente estabelecido por profissionais de saúde certificados que estejam familiarizados com o paciente. O diagnóstico baseia-se em uma história e exame físico detalhados e um *continuum* da avaliação imediata até a clínica (o diagnóstico é, de modo ideal, estabelecido dentro de um período de 24 horas da lesão)[2,3,4,5,6,7]

- o diagnóstico pode ser auxiliado por testes de avaliação de concussões, como SCAT3, ImPACT™
  - ✘ Nenhum teste demonstrou alta validade em exames independentes, e nenhum teste deve ser utilizado como o único método para diagnosticar concussão ou para determinar a adequabilidade de retorno ao jogo. Atletas também aprenderam a "usar" alguns testes basais para evitar a remoção do jogo após possível concussão
- SCAT3 (*Sports Concussion Assessment Tool* – 3ª Edição):[12] originada na conferência realizada em Zurique, em 2012.[3] A SCAT se tornou a ferramenta padronizada mais comumente utilizada para avaliação imediata de concussão relacionada com o esporte. A sensibilidade e especificidade dos testes de avaliação de concussão mudam ao longo do ciclo de uma concussão; portanto, uma ferramenta projetada para uso imediato (ou seja, SCAT3) não é adequada para uso no consultório
  - SCAT3™ é uma ferramenta com marca registrada desenvolvida pelo *Concussion in Sports Group* para uso apenas por profissionais da área médica para a avaliação de concussão relacionada com o esporte
  - pode ser encontrada na página http://bjsm.bmj.com/content/47/5/259.full.pdf
  - para ser usada em atletas de 13 ou mais anos de idade (para atletas com 12 ou menos anos de idade, usar Child SCAT3[13])
  - é uma ferramenta de avaliação multimodal, com 8 seções que incluem sintomas autorrelatados e avaliação dos domínios funcionais, como cognição, memória, equilíbrio, marcha e habilidades motoras
  - leva de 8-10 minutos para administrar
  - um SCAT3 "normal" *não* descarta uma concussão
  - não foi validada
- outros tipos de ferramentas de avaliação de concussão relacionada com o esporte (muitas podem ser visualizadas no YouTube):
  - teste neurocognitivo (pode levar até 20 minutos para administrar)
  - SAC (*Standardized Assessment of Concussion*):[14] um teste neurocognitivo que inclui testes de memória imediata, evocação tardia, 7 seriados, intervalo de dígitos
  - imPACT™ (*Immediate Post-Concussion Assessment and Cognitive Testing*): um teste de computador produzido comercialmente e amplamente utilizado (https://www.impacttest.com). Estudos independentes de validação produziram resultados conflitantes, e estes podem divergir das observações[15]
  - PCSS (Escala de Sintomas Pós-Concussão)
  - CSI (Inventário de Sintomas de Concussão)
  - BESS (Sistema de Avaliação de Erro de Equilíbrio): o sujeito fica de pé em cada uma das várias posições padronizadas por 20 segundos cada, e o número de erros é registrado (desequilíbrio, abrir os olhos, retirar as mãos do quadril...)
  - SOT (Teste de Organização Sensorial)
  - aplicativo "*Concussion Quick Check*" para dispositivos móveis, produzido pela AAN
  - teste de King-Devick: leva apenas 2-3 minutos para administrar. Em cartões impressos ou *tablets* (http://kingdevicktest.com/for-concussions/)
- avaliação neuropsicológica formal: recomenda-se que esta seja reservada para pacientes com sintomas cognitivos prolongados
- biomarcadores séricos da concussão: não foi identificado nenhum componente que possa diagnosticar concussão com confiança em testes séricos ou de saliva. Enolase neurônio-específica, S100 e proteína tau clivada foram estudadas para prognóstico após uma mTBI e concussão. A proteína S100 demonstrou uma sensibilidade de apenas 33,3% para sintomas pós-concussionais e uma sensibilidade de 93% para uma Escala Estendida de Resultados de Glasgow < 5 em 1 mês. Outro estudo envolvendo pacientes pediátricos com mTBI não demonstrou diferença nos níveis de enolase neurônio-específica ou S100B em crianças assintomáticas e sintomáticas. Um estudo prospectivo não constatou uma correlação significativa entre a proteína tau clivada e a síndrome pós-concussional em pacientes com mTBI[16]

Avaliação no local/lateral do campo

Qualquer indivíduo com suspeita de ter uma concussão (exibindo QUAISQUER achados no ▶ Quadro 55.1) deve ser removido da atividade (para atletas, parar de jogar) e avaliados por um profissional da saúde licenciado e treinado na avaliação e tratamento de concussões, com atenção para excluir uma lesão de coluna cervical.[2,3] Caso nenhum profissional esteja disponível, o retorno à atividade não é permitido, e encaminhamento urgente a um médico deve ser providenciado.

Após descartar problemas emergenciais, o profissional deve realizar uma avaliação de concussão (pode empregar ferramentas padronizadas como SCAT3™ ou outras metodologias).

O paciente não deve ser deixado sozinho, e avaliações seriadas para sinais de deterioração devem ser feitas durante as horas seguintes.

Para as diretrizes de retorno ao jogo, ver abaixo.

55.1.8 Indicações para exames imagiológicos ou outros testes diagnósticos

Na concussão, os exames imagiológicos são tipicamente usados para descartar a presença de lesões traumáticas mais graves.

Indicações[4] para CT ou MRI:
- adultos com ou sem LOC ou amnésia
  - déficit neurológico focal
  - GCS < 15
  - cefaleia intensa
  - coagulopatia
  - vômito
  - idade > 65 anos
  - convulsões
- pacientes pediátricos
  - LOC < 60 s
  - evidência de fratura craniana
  - déficit neurológico focal

Outros exames imagiológicos:
- Imagem por Tensores de Difusão (DTI): usada para quantificar a integridade do trato da substância branca em todo o cérebro com 4 tipos de métodos de análise – análise baseada em voxel, análise da região de interesse (ROI), análise do histograma e tractografia. Não existe um forte consenso com respeito ao melhor método para utilização de DTI para diagnóstico ou prognóstico no paciente *individual*, porém múltiplos estudos demonstraram diferenças *intergrupo* nos parâmetros da DTI entre a mTBI e os pacientes-controle[8]
- MRI funcional (fMRI): consiste em 2 tipos (fMRI baseada em tarefas e fMRI em estado de repouso) e é baseada no efeito do nível dependente de oxigênio no sangue (BOLD), em que sequências de MRI especiais medem/detectam regiões de fluxo aumentado de sangue rico em oxigênio para áreas de atividade neuronal positivamente regulada. Ambas as modalidades de fMRI, baseada em tarefas e em estado de repouso, demonstraram diferenças *intergrupo* entre a mTBI e os pacientes-controle (especificamente na disfunção do lobo frontal), porém estudos adicionais precisam ser realizados em um ponto temporal único e em base longitudinal antes que essas técnicas possam ser amplamente adotadas para o diagnóstico individual e orientação terapêutica[8]
- estudos imagiológicos atualmente utilizados primariamente na pesquisa de concussão: tomografia por emissão de pósitrons (PET), CT por emissão de fóton único (CT-SPECT), espectroscopia por MR (MRS)

EEG quantitativo (QEEG) é outra ferramenta de pesquisa para concussão que avalia a atividade cerebral, os padrões de ativação cortical e as redes neuronais. O conceito é que os exames pós-concussão sejam comparados aos exames basais. Atualmente em fase de avaliação para aprovação conceitual.

55.1.9 Fisiopatologia aguda

A força biomecânica resulta em um fluxo iônico (efluxo de K^+, influxo de Na^+/Ca^{2+}) irregular e liberação hiperaguda irrestrita de glutamato em consequência da poração mecânica subletal das membranas lipídicas em nível celular. Isto ativa canais iônicos regulados por voltagem/ligantes, causando um estado similar à depressão cortical alastrante que é considerado ser o substrato por trás dos sintomas pós-concussionais imediatos. Subsequentemente, bombas iônicas dependentes de ATP são amplamente reguladas positivamente para restaurar a hemostasia celular, causando depleção intracelular generalizada na reserva de energia e um aumento em ADP. As células, então, alcançam um estado de metabolismo comprometido (crise energética) que pode persistir por até 7-10 dias e pode estar associada a alterações no CBF. O estado metabólico comprometido está associado a uma vulnerabilidade à lesão repetida, bem como comprome-

Quadro 55.3 Perturbações fisiológicas e suas correspondentes sintomatologias propostas[17]

Perturbação	Sintoma
influxo iônico →	enxaqueca, fotofobia, fonofobia
crise energética →	vulnerabilidade a uma segunda lesão
lesão axonal →	cognição comprometida, processamento desacelerado, tempo de reação diminuído
neurotransmissão comprometida →	cognição comprometida, processamento desacelerado, tempo de reação diminuído
ativação de proteases, proteínas citoesqueléticas alteradas, morte celular →	atrofia crônica, comprometimentos persistentes

timentos de aprendizagem comportamental e espacial. As células também sofrem danos citoesqueléticos, disfunção axonal e neurotransmissão alterada, com a impressão ainda não comprovada de que cada um desses processos patológicos se correlaciona com uma sintomatologia separada.[17]

55.1.10 Síndrome pós-concussional (PCS)

Ocorre em 10-15% dos indivíduos que sofreram uma concussão. Tal como ocorre com a maioria das patologias relacionadas com uma concussão, existem múltiplas definições da PCS. Um amálgama de algumas definições é o seguinte: pacientes com ≥ 3 sintomas, incluindo cefaleia, fadiga, tontura, irritabilidade, dificuldade de concentração, dificuldade de memorização, insônia, e intolerância ao estresse, emoção ou álcool, com início em um período de até 4 semanas da lesão e persistência por ≥ 1 mês após o início dos sintomas.[16,18] Em um estudo retrospectivo, as seguintes conclusões foram encontradas:[18]
- > 80% dos pacientes com PCS sofreram pelo menos uma concussão prévia
- o número médio de concussões prévias foi de 3,4
- a duração média da PCS foi de 6 meses
- 50% dos pacientes tinham < 18 anos de idade
- LOC não aumenta o risco de PCS

55.1.11 Prevenção da concussão

- as diretrizes da AAN concluem que um protetor de cabeça no rúgbi é "altamente provável" de reduzir a incidência de concussão.[7] No entanto, a AMSSM (*American Medical Society for Sports Medicine*) defendeu que não existe uma evidência clara de que capacetes macios ou duros reduzem a gravidade ou a incidência da concussão (no futebol americano, lacrosse, hóquei, futebol e rúgbi).[2,3] Estudos biomecânicos demonstraram que os capacetes reduzem as forças de impacto sobre o cérebro, mas isto não se traduziu em prevenção da concussão[3]
- não há dados suficientes para determinar se um tipo de capacete de futebol americano protege melhor do que outro na prevenção de concussões[3,7]
- nenhuma evidência significativa existe de que um protetor bucal oferece proteção contra concussão[3,7]

55.1.12 Tratamento da concussão e da síndrome pós-concussional

Retorno ao jogo (RTP)

- nenhuma diretriz de sistema de retorno ao jogo (RTP) foi rigorosamente testada e cientificamente comprovada como significativa
- após uma concussão, os atletas não devem retornar ao jogo no mesmo dia.[2,3,4,5,6,7] É proibido por algumas leis estaduais
- ✘ um jogador sintomático não deve retornar à competição
- se houver incerteza: "Na dúvida, deixe-os sentados"
- a avaliação deve proceder de forma gradativa. Um jogador precisa estar completamente assintomático em repouso e com exercícios provocativos antes de ser totalmente liberado.[3] Não existe um protocolo padronizado de RTP. A progressão de cada jogador deve ser individualizada.[2] Geralmente, o nível de atividade do atleta deve ser gradualmente aumentado ao longo de 24 horas, desde a atividade aeróbica leve até a prática com contato total. O atleta é avaliado após cada progressão. Na ocorrência de sintomas pós-concussionais, o jogador retorna ao prévio nível assintomático, e outra tentativa de progressão é realizada após um período de repouso de 24 horas. 80-90% das concussões se resolvem em 7-10 dias. Este tempo de recuperação pode ser mais longo em crianças ou adolescentes[3]
- o CDC recomenda cinco etapas graduais para o retorno ao jogo de estudantes[19] atletas, como demonstrado no ▶ Quadro 55.4. O atleta deve avançar para a próxima etapa somente se não apresentar sintomas. Se os sintomas retornam ou novos sintomas se desenvolvem, atenção médica deve ser buscada e, após alta, o estudante pode retornar à prévia etapa

As contraindicações para o retorno ao jogo são exibidas no ▶ Quadro 55.5.

Tratamento da síndrome pós-concussional

Um tópico extremamente complicado, em parte decorrente do potencial de ação judicial e o fato de que os sintomas são geralmente vagos e inespecíficos, e pode não haver achados objetivos que corroborem com os sintomas subjetivos.

A maioria dos sintomas de concussão se resolve em 7-10 dias e não requer tratamento. A exceção mais comum é a cefaleia pós-traumática, o subtipo mais comum sendo a enxaqueca pós-traumática aguda.

Quadro 55.4 Progressão em 5 etapas do retorno ao jogo

Etapa	Descrição
linha de base	atleta retorna às atividades escolares regulares sem sintomas
1	atividade aeróbica leve; apenas para aumentar a frequência cardíaca por 5-10 minutos. Sem levantamento de peso
2	atividade moderada: aumento da frequência cardíaca com movimento do corpo ou cabeça. Pode incluir treinamento de intensidade moderada com peso (por menor tempo e intensidade do que a típica rotina)
3	atividade pesada, sem contato: pode incluir corrida, treinamento de alta intensidade em bicicleta ergométrica, treinamento regular com peso, treino sem contato esporte-específico
4	prática e contato total: na prática controlada
5	competição

Quadro 55.5 Contraindicações cerebrais para retorno aos esportes de contato

1. sintomas pós-concussionais persistentes
2. sequelas permanentes no CNS secundárias à lesão craniana (p. ex., demência orgânica, hemiplegia, hemianopsia homônima)
3. hidrocefalia
4. SAH espontânea de qualquer causa
5. anormalidades sintomáticas (neurológicas ou produtoras de dor) no forame magno (p. ex., malformação de Chiari)

Sintomas típicos incluem: H/A, tontura, insônia, intolerância a exercícios, depressão, irritabilidade, ansiedade, perda de memória, dificuldade em se concentrar, fadiga, hipersensibilidade à luz ou ao barulho.

Pacientes com sintomas prolongados podem necessitar de um tratamento mais direto.

- avaliação psicológica e neuropsicológica é frequentemente empregada
- tratamento farmacológico: não há evidência baseada em estudos da utilidade dos medicamentos para sintomas pós-concussionais (além da H/A)
- cefaleias intratáveis: ocorrem em ≈ 15% das concussões
  - uma consulta neurológica com especialista é geralmente necessária para cefaleias de difícil controle
  - a primeira linha de fármacos são os medicamentos OTC
  - triptanos são geralmente empregados para não respondedores
  - fármacos de terceira linha incluem cetorolaco ou DHE-45 (diidroergotamina)
  - esteroides podem ser benéficos para alguns
  - evitar: narcóticos, preparações contendo butalbital/cafeína (Fioricet, Esgic...), betabloqueadores e bloqueadores dos canais de cálcio

55.1.13 Síndrome do segundo impacto (SIS)

Uma condição rara, descrita primeiramente em atletas que sofrem uma segunda lesão craniana enquanto ainda sintomáticos de uma lesão prévia. Classicamente, o atleta sai de campo por vontade própria após a segunda lesão, e sua condição progride para coma em 1-5 minutos e, então, por causa do ingurgitamento vascular, desenvolve-se edema cerebral maligno, que é refratário a todos os tratamentos, e progride para herniação. Mortalidade: 50-100%.

Uma síndrome compatível com a SIS foi descrita pela primeira vez por Schneider,[20] em 1973, sendo posteriormente chamada de "síndrome do segundo impacto de lesão craniana catastrófica", em 1984.[21] Embora se afirme que a SIS é rara (se existir) e pode ser sobrediagnosticada,[22] sua predileção aparente por adolescentes e crianças ainda justifica precaução adicional após a concussão.

55.1.14 Encefalopatia traumática crônica (CTE)

Há um número limitado de pesquisa baseada em evidências envolvendo a fisiopatologia e história natural da CTE. Embora seja uma doença neurodegenerativa distinta (taupatia) associada ao traumatismo crania-no repetitivo, não é limitada a atletas com concussões documentadas e podem ser diagnosticadas apenas *post-mortem* com uma análise confirmada por patologia. Estudos menores demonstraram um início de idade variável, com a presença de déficits comportamentais, de humor e cognitivos variáveis no momento da morte (92% são sintomáticos no momento do óbito).[10,16]

Ver seção sobre CTE (p. 924) para maiores detalhes.

55.2 Outras definições de TBI

55.2.1 Contusão

Uma contusão é uma TBI com achados na CT que podem incluir:
- áreas hipoatenuantes: representando edema associado
- áreas hiperatenuantes (conhecidas como "contusões hemorrágicas"): geralmente produzem menor efeito de massa do que seu tamanho aparente. Mais comum em áreas onde uma desaceleração súbita da cabeça provoca um impacto do cérebro sobre as proeminências ósseas (p. ex., polos temporal, frontal e occipital). Estas áreas podem progredir (ou "florescer" no jargão neurorradiológico) para hemorragias parenquimatosas evidentes. Descompressão cirúrgica pode, ocasionalmente, ser considerada na ameaça de herniação (p. 891)

55.2.2 Lesão de contragolpe

Além da lesão potencial ao cérebro diretamente abaixo do ponto de impacto, a força transmitida à cabeça pode fazer com que o cérebro seja empurrado contra a região do crânio diretamente oposta ao golpe. Pode resultar em contusões tipicamente nos locais descritos acima.

55.2.3 Outras definições

Tumefação cerebral pós-traumática

Este termo engloba dois processos distintos:
1. volume sanguíneo cerebral aumentado: pode resultar da perda da autorregulação cerebrovascular (p. 856). Esta hiperemia pode ocasionalmente ocorrer com uma rapidez extrema, caso em que é algumas vezes referida como "edema cerebral maligno"[23] ou difuso, o que implica em uma mortalidade de quase 100% e pode ser mais comum em crianças. Tratamento consiste em medidas agressivas para manter a ICP < 20 mmHg e a CPP > 60 mmHg.[24] CPP ≥ 70 mmHg é geralmente recomendada, ver limiar de tratamento da ICP (p. 866)
2. edema cerebral verdadeiro: classicamente, esses cérebros "derramam fluido" na autópsia.[25] Pode ocorrer edema cerebral vasogênico e citotóxico (p. 90) em um período de horas após a lesão craniana[25,26] e, ocasionalmente, pode ser tratado com craniectomia descompressiva (p. 891)

Lesão axonal difusa (DAI) (conhecida como ruptura axonal difusa)

Uma lesão *primária* do traumatismo craniano por aceleração/desaceleração rotacional.[27] Em sua forma grave, focos hemorrágicos ocorrem no corpo caloso e quadrante dorsolateral da porção rostral do tronco encefálico, com evidência microscópica de lesão axonal difusa (bolas de retração axonal, estrelas microgliais e degeneração dos feixes de fibras da substância branca). Frequentemente citada como a causa de perda da consciência em pacientes que se tornaram comatosos imediatamente após uma lesão craniana na ausência de uma lesão expansiva na CT[28] (embora a DAI também possa apresentar hematomas subdurais[29] ou epidurais[30]).

Pode ser diagnosticada clinicamente quando perda da consciência (coma) persiste por > 6 h na ausência de evidência de isquemia ou massa intracraniana. Pode ser classificada como demonstrado no ▶ Quadro 55.6.

55.3 Edema cerebral de grande altitude

Doença aguda de grande altitude (AHAS) é um transtorno sistêmico que afeta indivíduos geralmente em um período de 6-48 horas após escalar em altas altitudes. Doença aguda das montanhas (AMS) é a forma mais comum da AHAS, com sintomas de náusea, cefaleia, anorexia, dispneia, insônia e fadiga,[31] e é fre-

Quadro 55.6 Classificação da DAI

Grau da DAI	Descrição
leve	coma > 6-24 h, seguido por comprometimento leve a moderado da memória, deficiências leves a moderadas
moderada	coma > 6-24 h, seguido por confusão e amnésia prolongada. Comprometimento leve a grave da memória, déficits comportamentais e cognitivos
grave	coma persistindo por meses com postura flexora ou extensora. Déficits cognitivos, de memória, fala, sensório-motores e de personalidade. Disautonomia pode ocorrer

quentemente avaliada com o uso do sistema de Lake Louise.[32] A incidência é de ≈ 25% a 2.000 metros, e ≈ 50% a 4.500 metros. Outros sintomas da AHAS incluem edema dos pés e mãos, e edema pulmonar (HAPE = edema pulmonar de grande altitude). Achados oculares incluem hemorragias retinianas,[33] infarto da camada de fibras nervosas, papiledema e hemorragia vítrea.[34] Edema cerebral (HACE = edema cerebral de grande altitude), geralmente associado ao edema pulmonar, pode ocorrer em casos graves de AHAS. Os sintomas do HACE incluem: cefaleia intensa, disfunção mental (alucinações, comportamento inapropriado, estado de consciência reduzido) e anormalidades neurológicas (ataxia, paralisia, achados cerebelares).

A hipótese não comprovada de "encaixe perfeito" postulava que indivíduos com sistemas liquóricos menos complacentes (ventrículos e espaços liquóricos menores) eram mais vulneráveis à AMS.[35] Um pequeno estudo de 10 voluntários,[36] com análise das imagens de CT e sintomas antes da subida, mostrou uma tendência que corrobora com a hipótese.

Prevenção: subida gradual, 2-4 dias de aclimatização em altitudes intermediárias (especialmente para incluir o sono nestes níveis), evitar o consumo de álcool ou hipnóticos.

Tratamento de edema cerebral: descida imediata e oxigênio (6-12 L/min por NC ou máscara facial) são recomendados. Dexametasona, 8 mg PO ou IV, seguido por 4 mg cada 6 h pode ajudar na temporização.

55.4 Dissecções traumáticas arteriais cervicais

55.4.1 Informações gerais

Dissecções arteriais cervicais representam um subgrupo das lesões cerebrovasculares cervicais, como exibido abaixo:

Lesões cerebrovasculares cervicais:
- lesão penetrante (p. 1017)
- dissecção traumática: o assunto deste capítulo
  - decorrente de um trauma contuso
  - decorrente do estiramento: p. ex., secundário à hiperextensão do pescoço ou manipulação espinal terapêutica
  - iatrogênica: dissecção causada por laceração da íntima pelos cateteres angiográficos
- compressão ou oclusão traumática
  - encurvamento secundário ao mal alinhamento: p. ex., com a fratura-luxação cervical
  - compressão por fragmentos ósseos: p. ex., por fraturas através do forame transverso

Este capítulo trata de dissecções arteriais cervicais. Há uma sobreposição significativa com as dissecções cerebrovasculares arteriais espontâneas (p. 1322), entretanto, características que são mais pertinentes à dissecção pós-traumática são abordadas aqui.

Métodos ideais de rastreio diagnóstico e terapêuticos são controversos. Uma taxa de mortalidade de 13% é considerada baixa. Quase um terço dos pacientes não é tratável.

55.4.2 Epidemiologia

Incidência: 1-2% de pacientes com trauma contuso[37] (dentre aqueles que permaneceram > 24 h em um hospital de trauma a incidência foi de 2,4%[37]).

55.4.3 Fatores de risco

Os fatores de risco para lesão cerebrovascular traumática contusa (BCVI) são exibidos no ▶ Quadro 55.7. Os fatores de risco não diretamente relacionados com o tipo de trauma incluem displasia fibromuscular, em que as dissecções podem ser provocadas por lesões menores decorrentes de maior suscetibilidade. BCVI pode ocorrer mesmo na ausência de fatores de risco identificáveis.[37]

55.4.4 Apresentação

Sinais e sintomas da BCVI são exibidos no ▶ Quadro 55.8.

55.4.5 Avaliação de pacientes com fatores de risco ou sinais/sintomas de BCVI

O que se segue é uma adaptação das diretrizes do fluxograma da Western Trauma Association[39] (incluindo notas de rodapé!) em um formato de esboço. Suas recomendações são baseadas em estudos observacionais e opinião de especialistas (dados Classe I não estavam disponíveis).

Nota: CTA em tomógrafos com ≥ 16 detectores (angiografia por CT com multidetectores de 16 fileiras, (16MD-CTA)) tem uma precisão próxima de 99%[40] e valor preditivo equivalente à angiografia cerebral. A

Quadro 55.7 Fatores de risco traumáticos para a BCVI[38,39]

- mecanismo de transferência de alta energia associado a:
  - fratura com deslocamento da linha média facial, fratura de LeForte tipo II ou III (p. 887)
  - fratura craniana basilar envolvendo o canal carotídeo

- TBI compatível com DAI e GCS < 6

- fratura do corpo vertebral cervical ou do forame transverso, subluxação ou lesão ligamentosa em qualquer nível

- qualquer fratura envolvendo C1-3

- quase enforcamento com lesão cerebral anóxica

- lesão do tipo varal de roupas ou abrasão pelo cinto de segurança, com inchaço cervical significativo, dor ou alterações no estado de consciência

Quadro 55.8 Sinais e sintomas da BCVI[39]

- hemorragia arterial no pescoço/nariz/boca (? ir a sala de cirurgia)

- sopro cervical em pacientes com < 50 anos de idade

- hematoma cervical expansivo

- déficit neurológico focal: TIA, síndrome de Horner, hemiparesia, VBI

- déficit neurológico inconsistente com a CT do crânio

- CVA na CT ou MRI

MRA[41,42] e a ultrassonografia[43,44] não são consideradas adequadas para o rastreio de BCVI. Quando indisponível, a angiografia por cateterismo deve ser empregada.

1. 16MD-CTA deve ser obtida como segue:
   a) em caráter de emergência em pacientes com sinais/sintomas de BCVI (▶ Quadro 55.8)
   b) pacientes *assintomáticos* com fatores de risco (▶ Quadro 55.7) para BCVI:
      - se a presença de BCVI puder alterar a terapia (p. ex., nenhuma contraindicação à heparina), então a MDCTA deve ser realizada dentro de 12 h, se possível
      - se heparina for contraindicada por causa de lesões associadas, o momento de realização da MDCTA é determinado pela estabilidade do paciente
2. se a MDCTA for indefinida, ou se for negativa, mas a suspeita clínica permanece alta: uma arteriografia por cateterismo deve ser realizada (caso contrário, se negativa: parar)
3. classificação: se a MDCTA ou a arteriografia exibir achados positivos (p. 1324):
   a) a lesão é classificada usando a escala exibida no ▶ Quadro 55.9[45] (ocasionalmente chamada de "escala de classificação de Denver")
   b) proceder a tratamento baseado na classificação (ver abaixo)

55.4.6 Tratamento da BCVI diagnosticada

Terapia antiplaquetária é tão eficaz em prevenir CVA quanto a anticoagulação para dissecção cerebrovascular.[46,47]

Terapia grau-específica
- graus I e II
  - a maioria se resolve sozinha
  - embora possa haver um pequeno benefício para lesões de baixo grau da heparina, quando comparada à aspirina, em razão do baixo risco, a tendência geral é a de tratar estas lesões com aspirina
- grau III
  - anticoagulação com heparina. Justificativa: heparina e aspirina são praticamente equivalentes para lesões de Grau III, entretanto, a maioria necessitará ser reexaminada em 7-10 dias
  - repetir a angiografia ou a 16MD-CTA 7-10 dias após a lesão. Ver abaixo para tratamento subsequente
- grau IV: oclusão endovascular para prevenir embolização
- grau V: lesão altamente letal
  - lesões acessíveis devem ser consideradas para reparo cirúrgico de emergência (dados esparsos)
  - lesões inacessíveis (a maioria): transecção incompleta pode ser sensível ao implante de *stent* endovascular com a administração simultânea de antitrombóticos; transecções completas devem ser ligadas (ou ocluídas endovascularmente)

Quadro 55.9 Escala de classificação da BCVI,[45] "escala de classificação de Denver"

Grau	Descrição
I	irregularidade luminal com < 25% de estenose
II	≥ 25% de estenose luminal ou trombo intraluminal ou elevação do retalho da íntima
III	pseudoaneurisma
IV	oclusão
V	transecção com extravasamento livre

Para o Grau III, repetir a MDCTA ou a angiografia 7-10 dias após a lesão para avaliar a resolução.[48] Resultados:
* lesão resolvida: descontinuar a anticoagulação
* lesões não resolvidas:
  ○ considerar o implante de *stent* endovascular "com cautela" para estenose luminal grave ou pseudoaneurisma expansivo (controverso: os resultados foram mistos – favorável[46] e desfavorável[49])
  ○ transição de heparina para tratamento apenas com aspirina (75-150 mg/d)
  ○ repetir a MDCTA ou a angiografia 3 meses após a lesão (justificativa: a maioria se resolve com canalização em 6 semanas). Resultados:
    – lesão resolvida: considerar a descontinuação de aspirina
    – não resolvida: o fármaco e a duração ideais não são conhecidos. Recomendação[39]: terapia antiplaquetária vitalícia com aspirina ou clopidogrel. Terapia dupla é usada para síndromes coronárias agudas e após a angioplastia (± *stent*), mas não é recomendada em pacientes que tenham sofrido um CVA ou TIA[50]

Heparinização:
Quando anticoagulação é empregada, realizar um PTT basal e, então, iniciar o gotejamento de heparina 15 U/kg/h. Repetir o PTT após 6 horas e titular para PTT = 40-50 segundos.

Contraindicações à anticoagulação no trauma: pacientes que estejam sangrando ativamente, apresentem potencial para sangramento ou em quem as consequências do sangramento sejam graves. Exemplos específicos incluem: lesões hepáticas e do baço, fraturas pélvicas maiores e hemorragia intracraniana.

Os riscos da anticoagulação relacionada com a dissecção incluem: extensão da hemorragia (como possível SAH) e hemorragia intracerebral (conversão de infarto isquêmico para hemorrágico).

55.4.7 Lesões contusas da artéria carótida

Informações gerais
Ver informações gerais relacionadas com as dissecções arteriais cerebrais e dissecções espontâneas (p. 1322). Para avaliação e tratamento, ver acima.

Esta seção considera lesão contusa (ou seja, não penetrante) especificamente relacionada com a dissecção da ICA. Hiperextensão do pescoço com rotação lateral é um mecanismo comum de lesão, supostamente estirando a ICA sobre os processos transversos da coluna cervical alta. Na dissecção pós-traumática, sintomas isquêmicos são os mais comuns.[51]

Etiologias:
1. após MVAs: a etiologia mais comum
2. tentativa de estrangulamento[52]
3. terapia com manipulação da coluna espinal: dissecções da VA são mais comuns do que da ICA

A maioria das dissecções da carótida começa ≈ 2 cm distal à origem da ICA.

Clínica
O risco de CVA com vários graus de dissecção da ICA é exibido no ▶ Quadro 55.10. O risco de CVA aumenta com a elevação do grau das lesões de ICA. Isto não é verdadeiro para as lesões de VA.

Lesões de Grau I: 70% se resolvem com ou sem heparina. 25% irão persistir. 4-12% irão progredir para um grau mais grave. Dados sugerem que a anticoagulação reduz o risco de progressão.[38]

Grau II: ≈ 70% progridem para um grau mais grave, mesmo com a terapia com heparina.

Grau III & IV: a maioria persiste.

Quadro 55.10 Risco de CVA com a dissecção da ICA

Grau[a]	Descrição	Risco de CVA
I	estenose < 25%	3%
II	estenose > 25%	11%
III	pseudoaneurisma	44%
IV	oclusão	uniformemente letal

[a]Para classificação, ver ▶ Quadro 55.9.

Quadro 55.11 Tempo até a apresentação após trauma não penetrante

Tempo	%
0-1 horas	6-10% dos casos
1-24 horas	57-73%
após 24 horas	17-35%

Inicialmente, pode haver sequelas neurológicas, entretanto, trombose progressiva, hemorragia intramural ou fenômeno embólico pode-se desenvolver de forma tardia. A distribuição dos tempos de retardo após o trauma até o tempo da apresentação é exibida no ▶ Quadro 55.11 (a maioria é evidente nas primeiras 24 h).

Tratamento

Ver tratamento da BCVI diagnosticada (p. 849).

Resultado

A história natural não é bem conhecida. Muitos pacientes com sintomas menores podem não manifestar e, presumivelmente, passam bem. Em uma série, 75% dos pacientes retornaram ao normal, 16% apresentaram um déficit menor, e 8% apresentaram um déficit maior ou morreram.[53]

55.4.8 Lesões contusas da artéria vertebral

Informações gerais

Ver anatomia dos segmentos da artéria vertebral (p. 80).

Lesão contusa da artéria vertebral (BVI) é muito rara, sendo encontrada em 0,5-0,7% dos pacientes com lesões contusas com uma propedêutica agressiva.[54] Pode produzir insuficiência vertebrobasilar (VBI) ou CVA na circulação posterior. Fraturas através do forame transverso, fratura-luxação da faceta ou subluxação vertebral são frequentemente identificadas em pacientes com BVI[38,55,56] (a incidência geral aumenta para 6% na presença de fratura cervical ou lesão ligamentar[54]).

Etiologias

Embora acidentes com veículo automotor sejam o mecanismo mais comum de lesão, qualquer trauma que possa lesionar a coluna cervical pode causar BVI (acidentes de mergulho, manipulação espinal...).

1. acidentes com veículo automotor
2. terapia com manipulação da coluna espinal (SMT): incluindo quiropraxia[57] ou similar, que compreende 11 de 15 relatos de casos revisados por Caplan *et al.*[58] Na análise multivariada, as dissecções da VA foram independentemente associadas à SMT dentro de um período de 30 dias (razão de chances = 6,62, CI de 95%: 1,4 a 30)[59]
3. virada subida da cabeça
4. golpes diretos na nuca[58]

CVA secundário à BVI

O grau de Denver da dissecção na BVI não se correlaciona com o risco de CVA ou mortalidade (como se correlacionada com a dissecção de ICA).[60] Ao contrário das lesões da artéria carótida, há raramente um "aviso" premonitório de TIA. Tempo que decorre desde a lesão até o CVA: média de 4 dias (varia de 8 horas a 12 dias).

Avaliação

Quando a BVI é identificada, é fundamental avaliar o estado da VA contralateral.

Guia de prática clínica: Lesões contusas da artéria vertebral

Avaliação
Nível I[61]
- pacientes que atendem os "Critérios da Triagem de Denver" (sintomas exibidos no ▶ Quadro 55.8 ou fatores de risco exibidos no ▶ Quadro 55.7) devem ser submetidos a uma 16MD-CTA para rastreio da BVI

Nível III[61]
- angiografia por cateterismo é recomendada em pacientes selecionados após um trauma cervical contuso quando a 16MD-CTA não estiver disponível, especialmente se a intervenção endovascular simultânea for uma conspiração
- MRI é recomendada para BVI após trauma cervical contuso em pacientes com SCI incompleta ou subluxação vertebral

Tratamento

Guia de prática clínica: Lesões contusas da artéria vertebral

Tratamento
Nível III[61]
- nenhuma diretriz específica foi feita entre as opções de tratamento (anticoagulação, terapia antiplaquetária ou nenhum tratamento)
- o papel da terapia endovascular para BVI não foi definido

CVAs foram mais frequentes em pacientes com BVI não tratados inicialmente com heparina IV, apesar de ser uma BVI assintomática.[38] No entanto, com base nos controles históricos, não é claro se o rastreamento ou o tratamento melhora o resultado geral.[54]

Recomendações: tratar todas as BVIs com aspirina. Reexaminar a oclusão crônica em 3 meses.

Opções terapêuticas incluem implante de *stent* endovascular quando tratável. Isto pode restaurar o fluxo quase normal, mas resultados a longo prazo são inexistentes.[62] Além disso, a colocação de *stent* requer $\geq \approx 3$ meses de terapia antiplaquetária, que é contraindicada em algumas situações.

Resultado

A mortalidade geral com a BVI unilateral varia de 8-18%,[60] que é inferior com as dissecções da ICA (17-40%). Dissecção bilateral da VA parece ser altamente fatal.

Referências

[1] Carney N, Ghajar J, Jagoda A, Bedrick S, Davis-O'Reilly C, du Coudray H, Hack D, Helfand N, Huddleston A, Nettleton T, Riggio S. Concussion guidelines step 1: systematic review of prevalent indicators. Neurosurgery. 2014; 75 Suppl 1:S3–15

[2] Harmon KG, Drezner JA, Gammons M, Guskiewicz KM, Halstead M, Herring SA, Kutcher JS, Pana A, Putukian M, Roberts WO. American Medical Society for Sports Medicine position statement: concussion in sport. Br J Sports Med. 2013; 47:15–26

[3] McCrory P, Meeuwisse WH, Aubry M, Cantu B, Dvorak J, Echemendia RJ, Engebretsen L, Johnston K, Kutcher JS, Raftery M, Sills A, Benson BW, Davis GA, Ellenbogen RG, Guskiewicz K, Herring SA, Iverson GL, Jordan BD, Kissick J, McCrea M, McIntosh AS, Maddocks D, Makdissi M, Purcell L, Putukian M, Schneider K, Tator CH, Turner M. Consensus statement on concussion in sport: the 4th International Conference on Concussion in Sport held in Zurich, November 2012. Br J Sports Med. 2013; 47:250–258

[4] Scorza KA, Raleigh MF, O'Connor FG. Current concepts in concussion: evaluation and management. Am Fam Physician. 2012; 85:123–132

[5] McCrory P, Meeuwisse WH, Echemendia RJ, Iverson GL, Dvorak J, Kutcher JS. What is the lowest threshold to make a diagnosis of concussion? Br J Sports Med. 2013; 47:268–271

[6] Putukian M, Raftery M, Guskiewicz K, Herring S, Aubry M, Cantu RC, Molloy M. Onfield assessment of concussion in the adult athlete. Br J Sports Med. 2013; 47:285–288

[7] Giza CC, Kutcher JS, Ashwal S, Barth J, Getchius TS, Gioia GA, Gronseth GS, Guskiewicz K, Mandel S, Manley G, McKeag DB, Thurman DJ, Zafonte R. Summary of evidence-based guideline update: evaluation and management of concussion in sports: report of the Guideline Development Subcommittee of the American Academy of Neurology. Neurology. 2013; 80:2250–2257

[8] Yuh EL, Hawryluk GW, Manley GT. Imaging concussion: a review. Neurosurgery. 2014; 75 Suppl 4: S50–S63

[9] Kelly JP, Rosenberg JH. Diagnosis and Management of Concussion in Sports. Neurology. 1997; 48:575–580

[10] Putukian M, Kutcher J. Current concepts in the treatment of sports concussions. Neurosurgery. 2014; 75 Suppl 4:S64–S70

[11] Carney N, Ghajar J, Jagoda A, Bedrick S, Davis-O'Reilly C, du Coudray H, Hack D, Helfand N, Huddleston A, Nettleton T, Riggio S. Executive summary of Concussion guidelines step 1: systematic review of prevalent indicators. Neurosurgery. 2014; 75 Suppl 1:S1–S2

[12] SCAT3. Br J Sports Med. 2013; 47

[13] Child SCAT3. Br J Sports Med. 2013; 47

[14] McCrea M, Kelly JP, Kluge J, et al. Standardized Assessment of Concussion in Football Players. Neurology. 1997; 48:586–588

[15] Broglio SP, Ferrara MS, Macciocchi SN, Baumgartner TA, Elliott R. Test-Retest Reliability of Computerized Concussion Assessment Programs. Journal of Athletic Training. 2007; 42:509–514

[16] Saigal R, Berger MS. The long-term effects of repetitive mild head injuries in sports. Neurosurgery. 2014; 75 Suppl 4:S149–S155

[17] Giza CC, Hovda DA. The new neurometabolic cascade of concussion. Neurosurgery. 2014; 75 Suppl 4:S24–S33

[18] Tator CH, Davis H. The postconcussion syndrome in sports and recreation: clinical features and demography in 138 athletes. Neurosurgery. 2014; 75 Suppl 4:S106–S112

[19] Centers for Disease Control and Prevention. Brain Injury Basics - Returning to Sports and Activities. 2015

[20] Schneider RC. Head and Neck Injuries in Football. Baltimore: Williams & Wilkins; 1973

[21] Saunders RL, Harbaugh RE. Second Impact in Catastrophic Contact-Sports Head Trauma. JAMA. 1984; 252:538–539

[22] McCrory PR, Berkovic SF. Second Impact Syndrome. Neurology. 1998; 50:677–683

[23] Bruce DA, Alavi A, Bilaniuk L, et al. Diffuse Cerebral Swelling Following Head Injuries in Children: The Syndrome of "Malignant Brain Edema". J Neurosurg. 1981; 54:170–178

[24] Juul N, Morris GF, Marshall SB, et al. Intracranial Hypertension and Cerebral Perfusion Pressure: Influence on Neurological Deterioration and Outcome in Severe Head Injury. J Neurosurg. 2000; 92:1–6

[25] Kimelberg H. Current Concepts of Brain Edema. J Neurosurg. 1995; 83:1051–1059

[26] Bullock R, Maxwell W, Graham D. Glial Swelling Following Cerebral Contusion: An Ultrastructural Study. J Neurol Neurosurg Psychiatry. 1991; 54:427–434

[27] Gennarelli TA, Thibault LE, Adams JH, et al. Diffuse Axonal Injury and Traumatic Coma in the Primate. Ann Neurol. 1982; 12:564–574

[28] Adams JH, Graham DI, Murray LS, Scott G. Diffuse Axonal Injury Due to Nonmissile Head Injury in Humans: An Analysis of 45 Cases. Ann Neurol. 1982; 12:557–563

[29] Sahuquillo-Barris J, Lamarca-Ciuro J, Vilalta-Castan J, Rubio-Garcia E, et al. Acute Subdural Hematoma and Diffuse Axonal Injury After Severe Head Trauma. J Neurosurg. 1988; 68:894–900

[30] Lamarca-Ciuro J, Vilalta-Castan J, et al. Epidural Hematoma and Diffuse Axonal Injury. Neurosurgery. 1985; 17:378–379

[31] Montgomery AB, Mills J, Luce JM. Incidence of Acute Mountain Sickness at Intermediate Altitude. JAMA. 1989; 261:732–734

[32] Roach RC, Bartsch P, Hackett PH, Oelz O. The Lake Louise Acute Mountain Sickness scoring system. Burlington: Queen City Printers; 1993

[33] Butler FK, Harris DJ, Reynolds RD. Altitude Retinopathy on Mount Everest, 1989. Ophthalmology. 1992; 99:739–746

[34] Frayser R, Houston CS, Bryan AC, et al. Retinal Hemorrhage at High Altitude. N Engl J Med. 1970; 282:1183–1184

[35] Ross RT. The random nature of cerebral mountain sickness. Lancet. 1985; 1:990–991

[36] Wilson MH, Milledge J. Direct measurement of intracranial pressure at high altitude and correlation of ventricular size with acute mountain sickness: Brian Cummins' results from the 1985 Kishtwar expedition. Neurosurgery. 2008; 63:970–4; discussion 974-5

[37] Stein DM, Boswell S, Sliker CW, Lui FY, Scalea TM. Blunt cerebrovascular injuries: does treatment always matter? J Trauma. 2009; 66:132–43; discussion 143-4

[38] Biffl WL, Moore EE, Elliott JP, Ray C, Offner PJ, Franciose RJ, Brega KE, Burch JM. The devastating potential of blunt vertebral arterial injuries. Ann Surg. 2000; 231:672–681

[39] Biffl WL, Cothren CC, Moore EE. Western Trauma Association critical decisions in trauma: Screening for and treatment of blunt cerebrovascular injuries. J Trauma. 2009; 67:1150–1153

[40] Eastman AL, Chason DP, Perez CL, McAnulty AL, Minei JP. Computed tomographic angiography for the diagnosis of blunt cervical vascular injury: is it ready for primetime? J Trauma. 2006; 60:925–9; discussion 929

[41] Miller PR, Fabian TC, Croce MA, Cagiannos C, Williams JS, Vang M, Qaisi WG, Felker RE, Timmons SD. Prospective screening for blunt cerebrovascular injuries: analysis of diagnostic modalities and outcomes. Ann Surg. 2002; 236:386–93; discussion 393-5

[42] Biffl WL, Ray CE, Jr, Moore EE, Mestek M, Johnson JL, Burch JM. Noninvasive diagnosis of blunt cerebrovascular injuries: a preliminary report. J Trauma. 2002; 53:850–856

[43] Cogbill TH, Moore EE, Meissner M, Fischer RP, Hoyt DB, Morris JA, Shackford SR, Wallace JR, Ross SE, Ochsner MG, et al. The spectrum of blunt injury to the carotid artery: a multicenter perspective. J Trauma. 1994; 37:473–479

[44] Mutze S, Rademacher G, Matthes G, Hosten N, Stengel D. Blunt cerebrovascular injury in patients with blunt multiple trauma: diagnostic accuracy of duplex Doppler US and early CT angiography. Radiology. 2005; 237:884–892

[45] Biffl WL, Moore EE, Offner PJ, Brega KE, Franciose RJ, Burch JM. Blunt carotid arterial injuries: implications of a new grading scale. J Trauma. 1999; 47:845–853

[46] Edwards NM, Fabian TC, Claridge JA, Timmons SD, Fischer PE, Croce MA. Antithrombotic therapy and endovascular stents are effective treatment for blunt carotid injuries: results from longterm followup. J Am Coll Surg. 2007; 204:1007–13; discussion 1014-5

[47] Markus HS, Hayter E, Levi C, Feldman A, Venables G, Norris J. Antiplatelet treatment compared with anticoagulation treatment for cervical artery dissection (CADISS): a randomised trial. Lancet Neurol. 2015; 14:361–367

[48] Biffl WL, Ray CE, Jr, Moore EE, Franciose RJ, Aly S, Heyrosa MG, Johnson JL, Burch JM. Treatment-related outcomes from blunt cerebrovascular injuries: importance of routine follow-up arteriography. Ann Surg. 2002; 235:699–706; discussion 706-7

[49] Cothren CC, Moore EE, Ray CE, Jr, Ciesla DJ, Johnson JL, Moore JB, Burch JM. Carotid artery stents for blunt cerebrovascular injury: risks exceed benefits. Arch Surg. 2005; 140:480–5; discussion 485-6

[50] Hermosillo AJ, Spinler SA. Aspirin, clopidogrel, and warfarin: is the combination appropriate and effective or inappropriate and too dangerous? Ann Pharmacother. 2008; 42:790–805

[51] Anson J, Crowell RM. Cervicocranial Arterial Dissection. Neurosurgery. 1991; 29:89–96

[52] Biller J, Hingtgen WL, Adams HP, et al. Cervicocephalic Arterial Dissections: A Ten-Year Experience. Arch Neurol. 1986; 43:1234–1238

[53] Hart RG, Easton JD. Dissections of Cervical and Cerebral Arteries. Neurol Clin North Am. 1983; 1:255–282

[54] Berne JD, Norwood SH. Blunt Vertebral Artery Injuries in the Era of Computed Tomographic Angiographic Screening: Incidence and Outcomes From 8292 Patients. J Trauma. 2009. DOI: 10.1097/TA.0b0 13e31818888c7

[55] Louw JA, Mafoyane NA, Small B, Neser CP. Occlusion of the vertebral artery in cervical spine dislocations. J Bone Joint Surg Br. 1990; 72:679–681

[56] Willis BK, Greiner F, Orrison WW, Benzel EC. The incidence of vertebral artery injury after midcervical spine fracture or subluxation. Neurosurgery. 1994; 34:435–41; discussion 441-2

[57] Mas JL, Henin D, Bousser MG, Hauw JJ. Dissecting Aneurysm of the Vertebral Artery and Cervical Manipulation: A Case Report with Autopsy. Neurology. 1989; 39:512–515

[58] Caplan LR, Zarins CK, Hemmati M. Spontaneous Dissection of the Extracranial Vertebral Arteries. Stroke. 1985; 16:1030–1038

[59] Smith WS, Johnston SC, Skalabrin EJ, Weaver M, Azari P, Albers GW, Gress DR. Spinal manipulative therapy is an independent risk factor for vertebral artery dissection. Neurology. 2003; 60:1424–1428

[60] Fusco MR, Harrigan MR. Cerebrovascular dissections: a review. Part II: blunt cerebrovascular injury. Neurosurgery. 2011; 68:517–30; discussion 530

[61] Harrigan MR, Hadley MN, Dhall SS, Walters BC, Aarabi B, Gelb DE, Hurlbert RJ, Rozzelle CJ, Ryken TC, Theodore N. Management of vertebral artery injuries following non-penetrating cervical trauma. Neurosurgery. 2013; 72 Suppl 2:234–243

[62] Lee YJ, Ahn JY, Han IB, Chung YS, Hong CK, Joo JY. Therapeutic endovascular treatments for traumatic vertebral artery injuries. J Trauma. 2007;62:886–891

56 Neuromonitorização

56.1 Informações gerais

Esta seção trata da neuromonitorização que pode ser realizada primariamente à beira do leito do paciente e, portanto, não inclui exames com perfusão por CT, PET... Grande parte da literatura em neuromonitorização aborda a pressão intracraniana (ICP). Outros parâmetros que podem ser monitorados incluem: oximetria venosa jugular (p. 865), CBF regional (p. 866), tensão de oxigênio no tecido cerebral (p. 865) e metábolitos cerebrais (piruvato, lactato, glicose...) (p. 866).

O papel da monitorização adjuvante é atualmente desconhecido. Questões não respondidas incluem: a neuromonitorização deve ser doença-específica (p. ex., a SAH é diferente da TBI), quais os monitores fornecem informações únicas adicionais, quais são os valores críticos das variáveis monitoradas, e quais intervenções deveriam ser realizadas para corrigir anormalidades?

56.2 Pressão intracraniana (ICP)

56.2.1 Justificativa

A pressão intracraniana (ICP) é discutida nesta seção de trauma, por causa da estrita ligação entre a ICP elevada e o dano cerebral provocado pelo traumatismo craniano. No entanto, fatores envolvidos no diagnóstico e tratamento da hipertensão intracraniana (IC-HTN) também podem estar ligados (com modificações) a tumores cerebrais, trombose venosa dural, etc.

56.2.2 Pressão de perfusão cerebral (CPP) e autorregulação cerebral

Lesão cerebral secundária (ou seja, após o trauma inicial) é atribuível, em parte, à isquemia cerebral; ver Lesão secundária (p. 824). O parâmetro crítico para avaliação da função cerebral e sobrevivência na verdade não é a ICP, mas sim o fluxo sanguíneo cerebral (CBF) adequado para atender as demandas da $CMRO_2$; ver discussão de CBF e $CMRO_2$ (p. 1264). CBF é difícil de quantificar e pode apenas ser mensurado continuamente à beira do leito com equipamento especializado e certo grau de dificuldade.[1] No entanto, O CBF depende da pressão de perfusão cerebral (CPP), que está relacionada com a ICP (que é mensurada mais facilmente), como demonstrado na Eq (56.1).

{pressão de perfusão cerebral} = {pressão arterial média*} – {pressão intracraniana}

ou, expressado em símbolos
(56.1)

$$CPP = MAP^* - ICP$$

*nota: a verdadeira pressão de interesse é a pressão média da artéria carótida (MCP), que pode ser aproximada como a MAP com o transdutor zerado $\approx$ no nível do forame de Monro.[2]

À medida que a ICP se torna elevada, a CPP é reduzida em qualquer MAP. A CPP normal de um adulto é > 50 mmHg. Autorregulação cerebral é um mecanismo em que, considerando-se ampla variação, grandes mudanças na BP sistêmica produzem apenas pequenas mudanças no CBF. Em razão da autorregulação, a CPP teria que cair abaixo de 40 em um cérebro normal antes que o CBF fosse comprometido.

Em um paciente com trauma craniano, as recomendações mais antigas eram de manter a CPP $\geq$ 70 mmHg decorrente da resistência vascular cerebral aumentada.[3] No entanto, evidência recente sugere que uma ICP elevada ($\geq$ 20 mmHg) pode ser mais prejudicial do que mudanças na CPP (desde que a CPP seja > 60 mmHg[4])[5] (níveis mais elevados de CPP não protegeram contra elevações significativas da ICP[5]).

56.2.3 Princípios da ICP

Os seguintes são aproximações para ajudar a simplificar o entendimento da ICP (estes são apenas modelos e, como tais, não são inteiramente precisos):

1. constituintes intracranianos *normais* (e volumes aproximados):
    a) parênquima cerebral (que também contém fluido extracelular): 1.400 mL
    b) volume sanguíneo cerebral (CBV): 150 mL
    c) líquido cefalorraquidiano (CSF): 150 mL
2. estes volumes estão contidos em um recipiente inelástico, completamente fechado (o crânio)

3. a pressão é distribuída por toda a cavidade intracraniana (na verdade, esistem gradientes de pressão[6,7])
4. a doutrina de **Monro-Kellie** modificada[8] afirma que a soma dos volumes intracranianos (CBV, cérebro, CSF e outros constituintes [p. ex., tumor, hematoma...]) é constante, e que um aumento em qualquer um destes deve ser compensado por uma redução igual no outro. O mecanismo: existe um equilíbrio das pressões no crânio. Quando a pressão de um constituinte intracraniano aumenta (como quando aquele componente aumenta em volume), ocorre aumento da pressão dentro do crânio (ICP). Quando esta ICP elevada excede a pressão necessária para forçar um dos outros constituintes para fora através do forame magno (FM) (a única abertura eficaz verdadeira no crânio intacto), aquele outro componente diminuirá de tamanho através daquela via até que um novo equilíbrio seja estabelecido. O eixo cranioespinal pode absorver pequenos aumentos de volume, sem alteração ou um aumento apenas leve na ICP. Se a expansão continua, então o novo equilíbrio será com uma ICP mais elevada. O resultado:
   a) em pressões ligeiramente acima do normal, se não houver obstrução do fluxo de CSF (hidrocefalia obstrutiva), o CSF pode ser desviado dos ventrículos e espaços subaracnóideos, abandonando o compartimento intracraniano através do FM
   b) sangue intravenoso também pode ser desviado pelo FM via IJVs
   c) à medida que a pressão continua a subir, o sangue arterial é desviado, e a CPP diminui, eventualmente produzindo isquemia cerebral difusa. Em pressões iguais à pressão arterial média, o sangue arterial será incapaz de entrar no crânio através do FM, produzindo cessação completa do fluxo sanguíneo para o cérebro, resultando em um infarto maciço
   d) edema cerebral aumentado, ou uma massa expansiva (p. ex., hematoma), pode empurrar o parênquima cerebral inferiormente, em direção ao forame magno (herniação cerebral), embora o tecido cerebral não possa de fato sair do crânio

56.2.4 ICP normal

A faixa normal de ICP varia com a idade. Os valores para pacientes pediátricos não são bem estabelecidos. As diretrizes são exibidas no ▶ Quadro 56.1.

56.2.5 Hipertensão intracraniana (IC-HTN)

Informações gerais

IC-HTN traumática pode ser decorrente de qualquer um dos seguintes (isoladamente ou em várias combinações):
1. edema cerebral
2. hiperemia: a resposta normal ao trauma craniano.[10] Possivelmente causado por paralisia vasomotora (perda da autorregulação cerebral). Pode ser mais significativa do que o edema na elevação da ICP (p. 901)[11]
3. massas induzidas traumaticamente
   a) hematoma epidural
   b) hematoma subdural
   c) hemorragia intraparenquimatosa (contusão hemorrágica)
   d) corpo estranho (p. ex., projétil)
   e) fratura com afundamento do crânio
4. hidrocefalia decorrente da obstrução da absorção ou circulação do CSF
5. hipoventilação (causando hipercarbia → vasodilatação)
6. hipertensão (HTN) sistêmica
7. trombose de seio venoso
8. aumento do tônus muscular e manobra de Valsalva como resultado da agitação ou postura → aumento da pressão intratorácica → pressão venosa jugular elevada → redução do efluxo venoso proveniente da cabeça
9. convulsões pós-traumáticas sustentadas (estado epiléptico)

Quadro 56.1 ICP normal	
Faixa etária	**Valores normais (mmHg)**
adultos e crianças mais velhas[a]	< 10-15
crianças pequenas	3-7
recém-nascidos a termo[b]	1,5-6

[a]A idade de transição de criança "nova" para "mais velha" não é definida precisamente.
[b]Pode ser subatmosférica em recém-nascidos[9].

Um *aumento secundário na ICP* é algumas vezes observado 3-10 dias após o trauma, e pode estar associado a um prognóstico mais desfavorável.[12] As possíveis causas incluem:

1. formação tardia de hematoma
   a) hematoma epidural tardio (p. 894)
   b) hematoma subdural agudo tardio (p. 898)
   c) hemorragia intracerebral traumática tardia[13] (ou contusões hemorrágicas) com edema perilesional: geralmente em pacientes mais velhos, pode causar deterioração súbita. Pode-se tornar grave o bastante para necessitar de evacuação (p. 892)
2. vasospasmo cerebral[14]
3. síndrome da dificuldade respiratória do adulto (ARDS) com hipoventilação
4. formação tardia de edema: mais comum em pacientes pediátricos
5. hiponatremia

Apresentação clínica – tríade de Cushing

A apresentação clínica clássica da IC-HTN (independente da causa) é a tríade de Cushing, que é exibida no ▶ Quadro 56.2. No entanto, a tríade completa é vista apenas em ≈ 33% dos casos de IC-HTN.

Pacientes com elevação significativa da ICP decorrente de trauma, massas cerebrais (tumor) ou hidrocefalia (paradoxicalmente, não com pseudotumor cerebral) normalmente estarão prostrados.

CT e ICP elevada

Embora os achados de CT possam estar correlacionados com um risco de IC-HTN, não foi demonstrada nenhuma combinação dos achados de CT que possibilite estimativas precisas da verdadeira ICP. 60% dos pacientes com trauma craniano fechado e uma CT anormal apresentarão IC-HTN.[15] (**Nota:** CT "anormal": demonstra hematomas (EDH, SDH ou ICH), contusões,[15] compressão das cisternas basais (p. 921), herniação ou inchaço.[16,17])

Apenas 13% dos pacientes com uma CT *normal* apresentarão IC-HTN.[15] No entanto, pacientes com uma CT normal E 2 ou mais fatores de risco identificados no ▶ Quadro 56.3 apresentarão um risco de ≈ 60% de IC-HTN. Se nenhum ou apenas 1 fator estiver presente, a ICP estará elevada em apenas 4%.

56.2.6 Monitorização da ICP

Indicações para a monitorização da ICP

Guia de prática clínica: Indicações para a monitorização da ICP

Para pacientes salváveis com lesão cerebral traumática grave (GCS ≤ 8 após ressuscitação cardiopulmonar).

Nível II:[17] com uma CT de crânio anormal na admissão (**nota**: CT "anormal": demonstra hematomas (EDH, SDH ou ICH), contusões,[15] compressão das cisternas basais (p. 921), herniação ou inchaço[16,17]).

Nível III:[17] com uma CT de crânio *normal* na admissão, porém com ≥ 2 dos fatores de risco para IC-HTN no ▶ Quadro 56.3.

---

1. ✳ critérios neurológicos: ver **Guia de prática clínica: Indicações para monitorização da ICP** (p. 858)
   a) alguns centros monitoram pacientes que não obedecem comandos. Justificativa: pacientes que obedecem comandos (GCS ≥ 9) estão em baixo risco de IC-HTN, sendo possível seguir os exames neurológicos sequenciais nestes pacientes e instituir adicional avaliação ou tratamento com base na deterioração neurológica
   b) alguns centros monitorizam pacientes que não localizam, e seguem exames neurológicos em outros

---

Quadro 56.2 Tríade de Cushing com ICP elevada

1. hipertensão
2. bradicardia
3. irregularidade respiratória

Quadro 56.3 Fatores de risco para IC-HTN com uma CT normal

- idade > 40 anos
- SBP < 90 mmHg
- postura descerebrada ou decorticada no exame motor (unilateral ou bilateral)

2. múltiplos sistemas lesionados com nível de consciência alterado (especialmente quando terapias para outras lesões possam ter efeitos prejudiciais sobre a ICP, p. ex., altos níveis de PEEP, ou a necessidade de grandes volumes de fluidos IV, ou a necessidade de sedação profunda)
3. com massa intracraniana traumática (EDH, SDH, fratura de crânio com afundamento...)
    a) um médico pode decidir monitorizar a ICP em alguns destes pacientes[16,18]
    b) pós-operatório, subsequente à remoção da massa
4. indicações não traumáticas para a monitorização da ICP:
    a) alguns centros monitorizam a ICP em pacientes com insuficiência hepática fulminante aguda com um INR > 1,5 e coma de graus III a IV. Um estudo recente mostra que um *parafuso subaracnoide* pode ser inserido após a administração IV de 40 mcg/kg do fator VII durante 1-2 minutos (o parafuso é inserido o mais rápido possível (geralmente dentro de 15 minutos e não mais do que 2 horas após a administração)), sem risco significativo de hemorragia. Todos os pacientes foram tratados com hipotermia; outras medidas de tratamento da ICP foram usadas para IC-HTN refratária

Contraindicações (relativas)

1. paciente "acordado": monitor geralmente não é necessário, pode ser acompanhado com exames neurológicos
2. coagulopatia (incluindo DIC): frequentemente observada no trauma craniano grave. Se um monitor de ICP for essencial, tomar medidas para corrigir coagulopatia (FFP, plaquetas...) e considerar o uso de *parafuso subaracnoide* ou *monitor epidural* (um IVC ou monitor intraparenquimatoso é contraindicado). Ver limite recomendado de PT ou INR (p. 157)

Duração da monitorização

D/C a monitorização quando a ICP permanecer normal por 48-72 horas após interrupção da terapia para ICP. Cuidado: a IC-HTN pode ter início tardio (geralmente começa nos dias 2-3 e dias 9-11 é um segundo pico comum, especialmente em pacientes pediátricos).
    Ver também deterioração tardia (p. 824). Evitar um falso sentimento de segurança proporcionado por uma ICP inicial normal.

Complicações dos monitores de ICP

Informações gerais

▶ Quadro 56.4 para um resumo das taxas de complicação para vários tipos de monitores.[3]
1. infecção: ver abaixo
2. hemorragia:[3] incidência geral é de 1,4% para todos os dispositivos (ver ▶ Quadro 56.4 para os valores). Definição de hemorragia do *Angioma Alliance:*[21] sintomas agudos ou subagudos (cefaleia, convulsão, percepção prejudicada ou déficit neurológico focal novo/exacerbado atribuível à localização anatômica da CM), acompanhados por evidência radiológica, patológica, cirúrgica ou, raramente, apenas liquórica, de recente hemorragia extra ou intralesional. Esta definição não inclui um aumento no diâmetro da CM sem outra evidência de hemorragia recente, nem a presença de um halo de hemossiderina. O risco de hematoma significativo necessitando evacuação cirúrgica é de ≈ 0,5-2,5%[15,22,23]
3. mau funcionamento ou obstrução: dispositivos acoplados a um sistema de drenagem externa, maiores taxas de obstrução ocorrem com ICPs > 50 mmHg
4. mau posicionamento: 3% dos IVCs requerem reposicionamente operatório

Quadro 56.4 Taxas de complicação com vários tipos de monitores de ICP

Tipo de monitor	Colonização bacteriana[a]	Hemorragia	Mau funcionamento ou obstrução
IVC	média: 10-17% faixa:[19,20] 0-40%	1,1%	6,3%
parafuso subaracnoide	média: 5% faixa: 0-10%	0	16%
subdural	média: 4% faixa: 1-10%	0	10,5%
parenquimatoso	média: 14% (dois artigos, 12 e 17%)	2,8%	9-40%

[a]Alguns estudos relatam isto como infecção, mas não diferenciam entre infecção clinicamente significativa e colonização do monitor de ICP.

Infecção com monitores de ICP

Colonização do dispositivo de monitorização é muito mais comum do que infecção clinicamente significativa (ventriculite ou meningite). Ver ▶ Quadro 56.4 para taxas de colonização. Febre, leucocitose e pleocitose liquórica têm um baixo valor preditivo (culturas do CSF são mais úteis). Faixa das taxas de infecção relatadas: 1-27%.[24]

> ## Guia de prática clínica: Profilaxia da infecção com monitores de ICP
>
> **Nível III:**[25] nem antibióticos profiláticos nem a troca de rotina de cateter ventricular são recomendados para reduzir infecção.

Fatores de risco identificados para infecção incluem:[20,24,26,27]
1. hemorragia intracerebral, subaracnoide ou intraventricular
2. ICP > 20 mmHg
3. duração da monitorização: resultados contraditórios na literatura. Um estudo prospectivo, em 1984, constatou um maior risco com uma monitorização > 5 dias (risco de infecção alcança 42% no 11º dia).[22,26] Outro estudo não constatou nenhuma correlação com a duração da monitorização.[28] Uma análise retrospectiva[20] demonstrou um aumento não linear do risco durante os primeiros 10-12 dias, após o qual a taxa diminuiu rapidamente
4. operação neurocirúrgica: incluindo cirurgias para fratura com afundamento craniano
5. irrigação do sistema
6. extravasamento em torno dos IVCs
7. fraturas cranianas abertas (incluindo fraturas cranianas basilares com fístula liquórica)
8. outras infecções: septicemia, pneumonia

Fatores não associados à maior incidência de infecção:
1. inserção de IVC na unidade de terapia intensiva neurológica (em vez do pronto-socorro)
2. prévio IVC
3. drenagem do CSF
4. uso de esteroides

Tratamento da infecção

Remoção do dispositivo, quando possível (se a monitorização continuada da ICP for necessária, deve-se considerar a inserção de um monitor em outro sítio), e antibióticos apropriados.

Tipos de monitores

1. cateter intraventricular (IVC): conhecido como drenagem ventricular externa (EVD), conectada a um transdutor de pressão externo através de um tubo preenchido com fluido. O padrão pelo qual outros são julgados (também abaixo; **nota:** outras opções de IVCs utilizam transdutores com ponta de fibra óptica ou dispositivos conectados a um elatromanômetro, que estão localizados no interior do cateter intraventricular; nesta discussão, "IVC" não se refere a este tipo)
   a) vantagens:
      - mais preciso (pode ser recalibrado para minimizar o desvio de medição)[29]
      - menor custo
      - além de medir a pressão, possibilita a drenagem terapêutica de CSF (pode ajudar a reduzir a ICP diretamente, e pode drenar matéria particulada, p. ex., produtos da degradação sanguínea após a SAH, que poderiam ocluir as granulações aracnoides[30])
   b) desvantagens
      - a inserção pode ser difícil em ventrículos comprimidos ou deslocados
      - obstrução da coluna líquida (p. ex., coágulo sanguíneo, ou pela coaptação do revestimento ependimário sobre o cateter à medida que o ventrículo colaba com a drenagem) pode causar imprecisão
      - algum esforço é necessário para verificar e manter a função, p. ex., problemas do IVC (p. 862) e solução de problemas do IVC (p. 863)
      - o transdutor deve ser consistentemente mantido em um ponto de referência fixo em relação à cabeça do paciente (deve ser movido à medida que a HOB seja elevada/abaixada)
2. monitor intraparenquimatoso (p. ex., Camino labs ou Honeywell/Phillips[31,32]): similar ao IVC, porém mais caro. Alguns estão sujeitos a desvios da medição,[33,34] outros podem não estar[35]
3. monitores *menos precisos*
   a) parafuso subaracnoide: risco de infecção de 1% aumenta após 3 dias. Na presença de ICPs elevadas (frequentemente quando é mais necessário), a superfície do cérebro pode ocluir o lúmen → leituras falsas (geralmente inferior à verdadeira, pode ainda exibir ≈ forma de onda normal)

b) subdural: pode utilizar um cateter acoplado a um sistema de drenagem (p. ex., cateter Cordis Cup), cateter com ponta de fibra óptica ou cateter conectado a um elatromanômetro
c) epidural: pode utilizar um cateter acoplado a um sistema de drenagem ou um cateter com ponta de fibra óptica (p. ex., fibra óptica Ladd). A precisão é questionável
d) em recém-nascidos, pode-se utilizar uma fontanela anterior (AF) aberta:
- fontanometria:[36] provavelmente não muito precisa
- princípio do aplanamento: pode ser usado em circunstâncias adequadas (isto é, se a fontanela for côncava com um recém-nascido em posição ereta, e convexa quando deitado ou com a cabeça abaixada) para estimar a ICP em uma coluna de H_2O de 1 cm.[9] O bebê é colocado na posição em decúbito ventral, e a AF é visualizada e palpada, enquanto a cabeça é elevada e abaixada. Quando a AF estiver plana, a ICP é igual à pressão atmosférica e pode ser estimada em cm H_2O como a distância desde a AF até o ponto em que a pressão venosa for 0 (para um bebê reclinado, o ponto médio da clavícula é geralmente o suficiente). Se a AF não for côncava com o bebê ereto, então este método não pode ser usado, pois a ICP excede a distância da AF até o ponto zero venoso, ou o couro cabeludo pode ser muito espesso

Fatores de conversão: entre mmHg e cm H_2O são exibidos na Eq (56.2) e Eq (56.3) (a densidade do mercúrio é 13,6 vezes àquela da água, e a do CSF é relativamente próxima à da água.

$$1 \text{ mmHg [torr]} = 1,36 \text{ cm } H_2O \tag{56.2}$$

$$1 \text{ cm } H_2O = 0,735 \text{ mmHg [torr]} \tag{56.3}$$

Cateter intraventricular (IVC)

Técnica de inserção

Para a técnica de inserção do cateter no corno frontal, ver o ponto de Kocher (p. 1512). O lado direito é geralmente utilizado, a menos que razões específicas para utilizar o esquerdo estejam presentes (p. ex., coágulo sanguíneo no ventrículo lateral direito, que pode ocluir o IVC).

Configuração

A ▶ Fig. 56.1 exibe um monitor de ICP típico de ventriculostomia/ sistema de drenagem ventricular externa (EVD). Nem todos os sistemas terão os mesmos componentes (alguns podem ter menos e outros mais). Note que o efeito de uma abertura no topo da câmara de gotejamento (através de um filtro de ar) é o mesmo que de uma cânula de gotejamento aberta ao ar ambiente e, portanto, desde que este filtro não esteja úmido ou conectado à pressão no IVC, é regulado pela altura da cânula (como lido na escala de pressão; note que "0" está nivelado com cânula.

O canal auditivo externo (EAC) é frequentemente usado como uma referência externa conveniente para "0" (aproxima o nível do forame de Monro). Na ▶ Fig. 56.1, a câmara de gotejamento é ilustrada 8 cm acima do EAC.

Funcionamento normal do sistema do IVC

O sistema deve ser verificado para funcionamento adequado pelo menos a cada 2-4 horas, e em qualquer momento em que possa haver uma alteração em: ICP (elevação ou redução), exame neurológico ou saída de CSF.
1. verificar a presença de uma forma de onda apropriada com as variações respiratórias e pressões de pulso transmitidas
2. IVCs: verificar a patência, abrir o sistema para drenar e abaixar a câmara de gotejamento abaixo do nível da cabeça e observar por 2-3 gotas de CSF (normalmente não permitir uma drenagem maior do que essa quantidade)
3. para sistemas abertos para drenagem:
   a) o volume do CSF na câmara de gotejamento deve ser indicado cada hora com uma marca em um pedaço de fita colocado sobre a câmara de gotejamento, e o volume deve aumentar com o tempo, a menos que o ICP seja menor que a altura da câmara de gotejamento (na prática, sob estas circunstâncias, o sistema normalmente não seria deixado aberto para drenar).
   Nota: a saída máxima esperada a partir de uma ventriculostomia seria ≈ 450-700 mL por dia, em uma situação em que nenhum do CSF produzido é absorvido pelo paciente. Isto normalmente não é encontrado. Uma quantidade típica de drenagem seria de ≈ 75 mL cada 8 h
   b) a câmara de gotejamento deve ser regularmente esvaziada na bolsa de drenagem (p. ex., cada 4 ou 8 horas), e em qualquer momento em que a câmara começa a ficar cheia (registrar o volume)

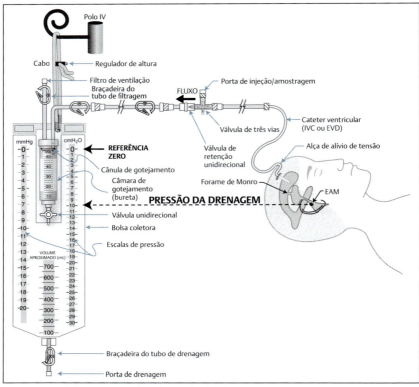

Fig. 56.1 Sistema de drenagem ventricular Medtronic®/monitor de ICP.

4. nos casos em que há dúvida se um monitor está realmente refletindo a ICP, o abaixamento da HOB para 0° deve aumentar a ICP. Pressão suave em ambas as veias jugulares simultaneamente também deve causar uma elevação gradual na ICP durante 5-15 segundos, que deve cair novamente à linha de base após liberação da pressão

Problemas do IVC

O seguinte representa alguns dos erros ou armadilhas que comumente ocorrem com a drenagem ventricular externa. Alguns também se aplicam à monitorização da ICP em geral.
1. umedecimento do filtro de ar da câmara de gotejamento (evita o ar de passar através do filtro)
    a) resultado: não é possível drenar o líquido livremente para a câmara de gotejamento (a pressão não é mais regulada pela altura da cânula de gotejamento)
        - se o fluxo de saída da câmara de gotejamento estiver travado, nenhum fluxo é possível
        - se a braçadeira sobre o orifício de saída da câmara de gotejamento estiver aberta, então a pressão é regulada pela altura da cânula na *bolsa coletora* e não pela cânula na câmara de gotejamento
    b) solução: se um filtro limpo estiver disponível, substituir o úmido. Caso contrário, é necessário improvisar (com o risco de expor o sistema à contaminação): p. ex., substituir o filtro úmido pelo filtro de um equipo, ou com uma gaze esterelizada presa com fita adesiva sobre a abertura
2. umedecimento do filtro de ar na bolsa coletora: isto dificultará o esvaziamento da câmara de gotejamento na bolsa

a) geralmente, este não é um problema urgente, a menos que a câmara de gotejamento esteja cheia e a bolsa coletora tensamente distendida com ar
b) o filtro secará com o tempo e, normalmente, começará a funcionar novamente
c) se for necessário esvaziar a câmara de gotejamento antes que o filtro esteja seco, utilizar uma técnica estéril, inserindo uma agulha na porta de drenagem da bolsa e descomprimindo a bolsa de líquido e ar
3. conexões inadequadas: uma bolsa de irrigação pressurizada com ou sem solução heparinizada *nunca* deve ser conectada ao monitor de ICP
4. alterar a posição da cabeceira da cama: a câmara de gotejamento deve ser elevada ou abaixada para mantê-la nivelada às referências externas (p. ex., nível do canal auditivo):
a) ao abrir a drenagem, isto garantirá que a pressão correta seja mantida
b) quando aberta para o transdutor de pressão, manterá o zero correto
5. ao abrir para drenar, a leitura de pressão obtida do transdutor não é relevante: a pressão não pode exceder a altura da câmara de gotejamento nesta situação (pois, naquele ponto, o líquido escorrerá), e a abertura para a "atmosfera" na câmara de gotejamento atenuará a forma de onda
6. câmara de gotejamento cai no chão:
a) hiperdrenagem, possíveis convulsões e/ou formação de hematoma subdural
b) solução: prender firmemente, com fita adesiva, a câmara à haste, grade da cama..., verificar a posição regularmente

Solução de problemas do IVC

Ver também problemas do IVC acima.

▶ **IVC não funciona mais:**
1. manifestação do problema:
a) umedecimento ou perda da forma de onda normal
b) nenhum fluido drena para a câmara de gotejamento (aplica-se somente quando o cateter tiver sido aberto para drenar)
2. possíveis causas:
a) oclusão do cateter proximal ao transdutor
   • conexões de deslizamento fechada ou válvula fechada
   • cateter ocluído por partículas cerebrais, células sanguíneas, proteínas
b) IVC removido do ventrículo
   • teste: rebaixar temporariamente a cânula de gotejamento e esperar-por 2-3 gotas de CSF
   • solução:
c) verificar se todas as conexões estão abertas
d) lavar o cateter ventricular com até 1,5 mL de solução salina não bacteriostática (conhecida como salina sem conservante) com uma pressão muito gentil (Nota: na ICP elevada, a complacência do cérebro é anormalmente baixa, e pequenos volumes podem causar grandes alterações na pressão)
   • na ausência de retorno, o cérebro ou um coágulo está provavelmente obstruindo o cateter. Se for sabido que os ventrículos estão ≈ completamente colapsados, então o IVC pode estar OK, e o CSF deve drenar ao longo do tempo. Caso contrário, este é um cateter não funcionante, e se um monitor/dreno ainda é indicado, então pode ser necessária a inserção de um novo cateter (CT pode ser considerada primeiro, se o estado dos ventrículos for desconhecido). Se o cateter estiver obstruído por coágulo secundário a uma hemorragia intraventricular, rt-PA pode ocasionalmente ser utilizado (p. 1344)[37]

▶ **Atenuação da forma de onda da ICP:**
1. possíveis causas:
a) oclusão do cateter proximal ao transdutor: ver acima
b) IVC removido do ventrículo: não haverá drenagem de líquido
c) ar no sistema:
   • solução: possibilita que o CSF drene e expulse ar
   • cuidado: não permitir a drenagem de uma quantidade excessiva de CSF (pode causar obstrução do cateter, formação subdural...). Não injetar líquido para expulsar o ar para o interior do cérebro
d) após craniectomia descompressiva: visto que o monitor não está mais em um espaço fechado, este é um achado normal neste cenário

Tipos de formas de onda da ICP

Formas de onda normais

A forma de onda normal da ICP (como ocorre com a pressão sanguínea normal e na ausência de IC-HTN, como ilustrada na ▶ Fig. 56.2, é raramente observada, visto que a ICP é geralmente monitorada apenas quando está elevada. Há controvérsia em relação à origem das variações observadas no traçado normal. Uma explicação descreve esses dois tipos de formas de onda:[38]

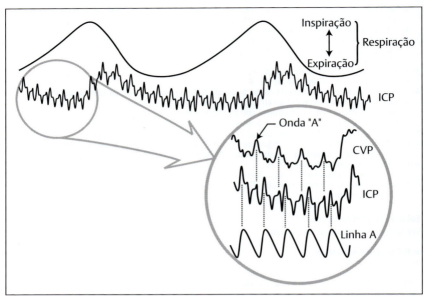

Fig. 56.2 Forma de onda normal da ICP.

1. pequenas pulsações transmitidas da pressão arterial sistêmica para a cavidade intracraniana
   a) pico grande (1-2 mmHg), correspondendo à onda de pressão sistólica arterial, com um pequeno pulso dicrótico
   b) este pico é seguido por picos menores e menos distintos
   c) seguido por um pico que corresponde à onda "A" venosa central proveniente do átrio direito
2. pulsações da pressão sanguínea são sobrepostas às variações repiratórias mais lentas. Durante a expiração, a pressão na veia cava superior aumenta, o que reduz o efluxo de saída proveniente do crânio, causando uma elevação na ICP. Isto pode ser revertido em um paciente mecanicamente ventilado e é oposto àquele no espaço subaracnóideo lombar, que segue a pressão na veia cava *inferior*

Formas de onda patológicas

Conforme a ICP aumenta, e a complacência cerebral diminui, os componentes venosos desaparecem, e os pulsos arteriais se tornam mais pronunciados. Na insuficiência cardíaca atrial direita, a CVP aumenta, a forna de onda da ICP assume uma aparência mais "venosa" ou arredondada, e a onda "A" venosa começa a predominar.

Várias "ondas de pressão" que são mais ou menos patológicas foram descritas. Atualmente, esta classificação não é considerada ser de grande utilidade clínica, com mais ênfase sendo dada ao reconhecimento e tratamento bem-sucedido das elevações da ICP. Ondas de platô raramente serão observadas, pois são geralmente interrompidas no início pela instiução de tratamentos descritos aqui (p. 866). Uma breve descrição de algumas dessas formas de onda é incluída aqui para fins de informação geral:[39]

1. ondas A de Lundberg conhecidas como ondas de platô (de Lundberg, ▶ Fig. 56.3): elevações da ICP ≥ 50 mmHg por 5-20 minutos. Geralmente acompanhado por um aumento simultâneo na MAP (é questionado se o último é a causa ou o efeito)
2. ondas B de Lundberg conhecidas como pulsos de pressão: amplitude de 10-20 mmHg é menor que o das ondas A. Variação com tipos de respiração periódica. Dura 30 s–2 min
3. ondas C de Lundberg: frequência de 4-8/min. Ondas C de baixa amplitude (conhecidas como ondas de Traube-Hering) podem ocasionalmente ser vistas na forma de onda normal da ICP. Ondas C de alta amplitude podem ser pré-terminais e ser ocasionalmente observadas no topo das ondas de platô

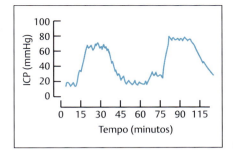

Fig. 56.3 Ondas de platô (ondas A de Lundberg).

56.3 Adjuvantes da monitorização da ICP

56.3.1 Monitorização da oximetria venosa jugular

Indicações para a monitorização de $SjVO_2$ ou $pBtO_2$ incluem a necessidade de um aumento da hiperventilação (PCO_2 = 20-25) para controlar a ICP. Parâmetros relacionados com o teor de oxigênio do sangue nas veias jugulares são de natureza global e insensíveis à patologia focal. Requer a colocação retrógrada de cateter próximo da origem da veia jugular interna na base do crânio. Parâmetros que podem ser medidos:
1. saturação venosa jugular de oxigênio ($SjVO_2$): medida continuamente por cateter de fibra óptica especial. $SjVO_2$ normal: ≥ 60%. Dessaturações < 50% sugerem isquemia. Múltiplas dessaturações (< 50%), episódios prolongados (≥ 10 minutos) ou episódios de saturação profunda estão associados a um prognóstico desfavorável.[40,41] Dessaturações prolongadas devem incitar uma avaliação para etiologias corrigíveis: angulações da veia jugular, anemia, ICP elevada, mau posicionamento do cateter, CPP < 60 mmHg, vasoespasmo, lesão cirúrgica, $PaCO_2$ < 28 mmHg. Uma $SjVO_2$ elevada > 75% pode indicar hiperemia ou tecido infartado, e também está associada a um prognóstico desfavorável[42]
2. teor de oxigênio na veia jugular (CVO_2). Requer amostras intermitentes de sangue
3. diferença arteriovenosa de oxigênio ($AVdO_2$) na jugular:[43] $AVdO_2$ > 9 mL/dL (vol%) provavelmente indica isquemia cerebral global,[44,45] enquanto que valores < 4 mL/dL indicam hiperemia cerebral[46] ("perfusão de luxo" em excesso da necessidade metabólica do cérebro[45])

56.3.2 Monitorização da tensão de oxigênio no tecido cerebral ($pBtO_2$)

Indicações para a monitorização de $SjVO_2$ ou $pBtO_2$ incluem a necessidade de um aumento da hiperventilação (PCO_2 = 20-25) para controlar a ICP. Monitorizada, p. ex., com a sonda Licox®. A probabilidade de morte aumenta com tempos mais prolongados de tensão de oxigênio do tecido cerebral ($pBtO_2$) < 15 mmHg ou mesmo com uma breve queda da $pBtO_2$ < 6.[47] Uma $pBtO_2$ inicial < 10 mmHg por > 30 minutos está correlacionada com um maior risco de morte ou resultado desfavorável.[48] Ver também **Guia de prática clínica: Monitorização do oxigênio cerebral** (p. 867).

Colocação da sonda:
1. TBI: supostamente um processo difuso, geralmente colocada no lado *menos* lesionado
2. SAH: colocada nas distribuições vasculares em maior risco de vasoespasmo
    a) ACA (com aneurisma da ACA ou a-comm): colocação frontal padrão (≈ 2-3 cm de distância da linha média no lado apropriado)
    b) MCA (com aneurisma da ICA ou MCA): 4,5-5,5 cm de distância da linha média
    c) zona limítrofe entre ACA-MCA: 3 cm lateral à linha média
3. ICH: geralmente colocada próximo do sítio de hemorragia

Efeito da monitorização/intervenção da $pBtO_2$ sobre o resultado: ausência de estudos randomizados
1. na TBI:[49] o objetivo era o de manter a $pBtO_2$ > 25 mmHg. A adição da monitorização de $pBtO_2$ resultou em um melhor resultado. Isto pode ter sido decorrente de maior atenção ("efeito de Hawthorne")
2. na SAH:[50] um coeficiente de correlação de movimento (ORx) entre a CPP e a $pBtO_2$ foi usado para rotular um ORx alto como autorregulação alterada, e este valor nos dias 5 e 6 pós-SAH tiveram um valor preditivo para infarto tardio

Sugestões de tratamento para uma $pBtO_2$ < 15-20 mmHg:
1. considerar a monitorização da saturação venosa jugular de O_2 ou da microdiálise do lactato para confirmação

2. considerar o exame de CBF para determinar a generalização da leitura de $pBtO_2$
3. tratamento: proceder para cada nível, conforme necessário
    a) nível 1
        - manter a temperatura corporal < 37,5° C
        - aumentar a CPP para > 60 mmHg (usar fluidos preferencialmente a vasopressores, até uma CVP > 8 cm H_2O e, então usar vasopressores)
    b) nível 2
        - aumentar a FiO_2 para 60%
        - aumentar a $paCO_2$ para 45-50 mmHg
        - transfundir PRBCs até uma Hgb > 10 g/dL
    c) nível 3
        - aumentar a FiO_2 para 100%
        - considerar aumentar a PEEP para elevar a PaO_2 se a FiO_2 estiver em 100%
        - reduzir a ICP para < 10 mmHg (drenar CSF, manitol, sedação...)

56.3.3 Monitorização à beira do leito do CBF regional (rCBF)

Fluxometria de difusão térmica possibilita a monitorização contínua do rCBF por meio da análise da convecção térmica decorrente do fluxo sanguíneo tecidual. A ponta da sonda é inserida na *substância branca* do cérebro. Sistemas comercialmente disponíveis incluem o sistema de monitorização Hemedex® (Codman), que utiliza a sonda QFLOW 500® ✖ não é compatível com a MRI.

Colocação da sonda: problemas similares àqueles discutidos para $pBtO_2$ (ver acima).

Leitura:

1. valor K (condução térmica): a faixa para a substância branca é de 4,9-5,8 mW/cm-°C (o monitor suprime as leituras de CBF, se o valor K estiver fora desta faixa)
    a) K < 4,9: a ponta da sonda está provavelmente fora do tecido cerebral ou substância branca – a sonda deve ser *avançada* 1-2 mm
    b) K > 5,8: a ponta está provavelmente muito profunda, próxima de um vaso sanguíneo, ou no ventrículo ou espaço epidural ou subdural – a sonda deve ser *retraída* 1-2 mm
2. CBF
    a) substância branca normal: 18-25 mL/100 g-min
        - CBF na substância branca < 15: pode indicar vasospasmo ou isquemia
        - CBF na substância branca < 10: pode indicar infarto
    b) substância cinzenta normal: 67-80 mL/100 g-min

Dados observacionais: em um pequeno estudo de SAH (n = 5) e TBI (n = 3),[51] houve uma boa correlação entre o rCBF e a $pBtO_2$ em 91% dos casos. Monitorização não foi possível em 36% dos casos em razão da febre do paciente (em que o sistema previne a monitorização).

56.3.4 Microdiálise cerebral

Os compostos analisados incluem: lactato, piruvato, razão lactato/piruvato, glicose, glutamato, ureia e eletrólitos, incluindo K^+ e cálcio. Alguns dados observacionais:

1. níveis de lactato aumentam durante episódio de dessaturação $SJVO_2$[52]
2. glicose extracelular reduzida foi associada a um aumento da mortalidade[53]

56.4 Medidas terapêuticas para a ICP elevada

56.4.1 Informações gerais

Esta seção apresenta um protocolo geral para o tratamento de hipertensão intracraniana (IC-HTN) documentada (ou, algumas vezes, clinicamente suspeita). As diretrizes promulgadas pela *Brain Trauma Foundation*[3,54,55,56] são geralmente seguidas. Salvo indicações em contrário, as diretrizes são para pacientes adultos (≥ 18 anos de idade).

56.4.2 Limiares terapêuticos

Limiares terapêuticos da pressão intracraniana

A ICP ideal para iniciar tratamento não é conhecida. Diversos valores de corte são usados em diferentes centros, acima dos quais as medidas terapêuticas para hipertensão intracraniana (IC-HTN) são iniciadas.

Embora os valores de 15, 20 e 25 tenham sido citados, a diretriz da *Brain Trauma Foundation* é de uma ICP > 20 mmHg,[57] como demonstrado no **Guia de prática clínica: Limiar terapêutico da ICP** (p. 867). ✖ Cuidado: pacientes podem herniar mesmo na ICP < 20[58] (depende do local da massa intracraniana).

Justificativa: há uma alta mortalidade e prognóstico mais desfavorável[5] entre pacientes com ICP persistentemente > 20, comparado a 20% daqueles em que a ICP poderia ser mantida a < 20.[59] Um melhor controle pode ser possível por meio do tratamento precoce, em vez de esperar e tentar controlar altas ICPs, ou quando as ondas de platô ocorrem.[60]

Guia de prática clínica: Limiar terapêutico da ICP

Nível II:[57] tratamento para IC-HTN deve ser iniciado na ICP > 20 mmHg.
Nível III:[57] a necessidade de tratamento deve ser baseada na ICP em combinação com o exame clínico e os achados na CT de crânio.

Pressão de perfusão cerebral (CPP)

O valor ideal da CPP ainda deve ser determinado. O limiar para isquemia está na faixa de CPP < 50-60 mmHg. Por causa dos efeitos sistêmicos prejudiciais, paradigmas de manter a CPP > 70 mmHg foram substituídos. O **Guia de prática clínica: Problemas relacionados com a pressão de perfusão cerebral** (p. 867) descreve as atuais recomendações em relação à CPP.

Guia de prática clínica: Problemas relacionados com a pressão de perfusão cerebral

Nível II:[61] ✖ evitar o uso agressivo de fluidos e vasopressores para manter a CPP > 70 mmHg (decorrente do risco de síndrome da dificuldade respiratória do adulto [ARDS]).
Nível III:[61] ✖ evitar CPP < 50 mmHg.
Nível III:[61] monitorização adicional do CBF, oxigenação ou metabolismo ajuda no controle do CPP.

Parâmetros da oxigenação cerebral

Sugestões para os limiares terapêuticos são mostradas no **Guia de prática clínica: Monitorização do oxigênio cerebral** (p. 867). Ainda não foi determinado quais intervenções são úteis para alcançar estes limiares, e se estes melhoram o resultado.

Guia de prática clínica: Monitorização do oxigênio cerebral

Nível III:[62] saturação venosa jugular de O_2 < 50% ou tensão de oxigênio no tecido cerebral (pBtO_2) < 15 mmHg representam limiares terapêuticos.

56.4.3 Protocolo de tratamento da ICP: Breve resumo de referências

▶ Quadro 56.5 resume um protocolo para o controle de IC-HTN (ver abaixo para detalhes).

As doses são para um adulto médio, salvo quando especificadas como mg/kg. Tratamento pode ser iniciado antes da inserção de um monitor se houver deterioração neurológica aguda ou sinais clínicos de IC-HTN, mas um tratamento contínuo requer documentação de IC-HTN persistente.

Para IC-HTN persistente, considerar as terapias de "nível 2" (p. 871).

Medidas temporárias que podem ser utilizadas para tratar rapidamente uma ICP aguda são exibidas no ▶ Quadro 56.6.

Quadro 56.5 Resumo das medidas de controle da IC-HTN[a] Objetivos: manter a ICP < 20 mmHg e a CPP ≥ 50 mmHg[57,61]

Etapa	Justificativa/Medicamento
MEDIDAS GERAIS (devem ser utilizadas regularmente)	
elevar a HOB para 30-45°	↓ ICP por meio do aumento do efluxo venoso, porém também reduz a pressão média da artéria carótida → nenhuma mudança nítida no CBF
manter o pescoço reto, evitar constrições cervicais (colar para traqueostomia apertado, colar cervical apertado...)	constrição do efluxo venoso da jugular causa ↑ ICP
evitar hipotensão arterial (SBP < 90 mmHg)	• hipotensão reduz o CBF • R: normalizar o volume intravascular, usar vasopressores se necessário
controle da hipertensão, quando presente	• R: nicardipina quando não taquicárdico • R: betabloqueador quando taquicárdico (labetalol, esmolol...) • ✖ evitar sobretratamento → hipotensão
evitar hipóxia (PaO_2 < 60 mmHg ou sat O_2 < 90%)	hipóxia pode causar lesão cerebral isquêmica R: manter as vias aéreas e oxigenação adequada
ventilar até normocarbia ($PaCO_2$ = 35-40 mmHg)	✖ evitar hiperventilação profilática (p. 872)
sedação leve: p. ex., codeína, 30-60 mg IM, cada 4 h PRN	(mesmo que sedação profunda, ver abaixo)
controverso: hipotermia profilática. quando usada, manter na temperatura-alvo > 48 h	hipotermia → ↓ $CMRO_2$ – eficácia não comprovada rigorosamente (p. 872)
CT de crânio sem contraste para problemas de ICP[b]	descartar condição cirúrgica
MEDIDAS ESPECÍFICAS PARA IC-HTN	
proceder para as etapas sucessivas se a IC-HTN documentada persistir – cada etapa é ADICIONADA à medida anterior	
sedação profunda (p. ex., 1-2 mL de fentanil ou 2-4 mg IV de MSO4 cada 1 h) e/ou paralisia (p. ex., 8-10 mg de vecurônio IV)	reduz tônus simpático elevado e HTN induzida pelo movimento, distensão da musculatura abdominal...
drenar 3-5 mL de CSF se um IVC estiver presente	reduz o volume intracraniano
hiperventilar até uma $PaCO_2$ = 30-35 mmHg ("alívio" de CO_2)	CO_2 é um potente vasodilatador hiperventilação → ↓ $PaCO_2$ → ↓ CBV → ↓ ICP ✖ hiperventilação também → ↓ CBF
0,25-1 g/kg de manitol e, então, 0,25 mg/kg cada 6 h, aumentar a dose se a IC-HTN persistir e osmolalidade sérica ≤ 320 (Nota: pular esta etapa na presença de hipovolemia ou hipotensão)	Manitol → inicialmente ↑ volume plasmático e ↑ tonicidade sérica, o que remove fluido do cérebro → ↓ volume intracraniano, pode também aumentar as propriedades reológicas do sangue ✖ Manitol é um diurético osmótico e, eventualmente → ↓ volume plasmático
se não houver "espaço osmótico" (ou seja, osmolalidade sérica < 320), bolus com 10-20 mL de salina hipertônica (HS) a 23,4%	alguns pacientes refratários ao manitol responderão à HS
aumentar hiperventilação para ↓ $PaCO_2$ para 25-30 mmHg	em razão do risco de isquemia cerebral secundária à ↓ CBF, monitorar o $SjVO_2$ (p. 865) ou o CBF, se possível
na persistência de IC-HTN, considerar a realização de uma CT de crânio sem contraste[b] e um EEG[c]. Proceder à terapia de "nível 2" (p. 871)	

[a]Ver texto para detalhes (p. 870). Conforme a IC-HTN diminui, descontinuar com cautela o tratamento.
[b]Se a IC-HTN persistir, e especialmente para uma elevação súbita inexplicável na ICP ou perda de uma ICP previamente controlada, repetir a CT de crânio para descartar uma condição cirúrgica, ou seja, "coágulo" (SDH, EDH ou ICH) ou hidrocefalia.
[c]EEG para descartar estado epiléptico subclínico, que é uma causa rara de IC-HTN sustentada.

Quadro 56.6 Medidas para tratar uma crise de ICP aguda[a]

Etapa	Justificativa
Verificar o básico: verificar as vias aéreas, posição do pescoço... (ver medidas gerais no ▶ Quadro 56.5). Para IC-HTN resistente ou súbita, considerar uma CT de crânio de urgência sem contraste	
certificar-se de que o paciente esteja sedado e paralisado (▶ Quadro 56.5)	(▶ Quadro 56.5)
drenar 3-5 mL de CSF, se IVC estiver presente	↓ volume intracraniano
bolus IV de 1 g/kg de manitol[b] ou 10-20 mL de salina a 23,4%	↑ volume plasmático → ↓ CBF → ↓ ICP, também ↑ osmolalidade sérica → ↓ água extracelular cerebral
hiperventilar com bolsa Ambu® (✘ não reduzir a $PaCO_2$ para < 25 mmHg)	"aliviar" (reduzir) a $PaCO_2$ → ↓ CBV → ↓ ICP. ✘ CUIDADO: devido ao CBF reduzido, não usar por mais de alguns minutos (p. 872)
pentobarbital[c] administração IV lenta de 100 mg ou administração IV de 2,5 mg/kg de tiopental durante 10 minutos	sedação, ↓ ICP, trata convulsões, pode ser neuroprotetor ✘ também um depressor do miocárdio → ↓ MAP

[a]Para medidas de tratamento de uma ICP elevada por períodos mais prolongados, ver ▶ Quadro 56.5 ou informação iniciais.
[b]Pular esta etapa e ir para hiperventilação se hipotensivo, volume depletado ou se osmolalidade sérica > 320 mOsm/L.
[c]A disponibilidade de pentobarbital nos EUA foi reduzida, e pode haver a necessidade de substituir outros sedativos (p. 876).

56.4.4 Detalhes do protoloco de tratamento da ICP

Objetivos da terapia

1. manter a ICP ≤ 20 mmHg (evita que as "ondas de platô" comprometam o fluxo sanguíneo cerebral (CBF) e cause isquemia cerebral e/ou morte cerebral[30])
2. manter a CPP ≥ 50 mmHg.[61] O objetivo primário é o de controlar a ICP. Simultaneamente, a CPP deve ser suportada sustentada por meio da manutenção de uma MAP adequada[63] (nenhum estudo mostra qualquer efeito deletério sobre a ICP, morbidade ou mortalidade como resultado da normalização do volume intravascular ou indução de hipertensão sistêmica para alcançar a CPP desejada)

Tratamento cirúrgico

1. massas intracranianas traumáticas devem ser tratadas, conforme indicado. Ver indicações cirúrgicas para hematoma subdural (p. 895), epidural (p. 893) ou intraparenquimatoso (p. 891), ou lesões expansivas da fossa posterior (p. 905)
2. pacientes com contusões hemorrágicas ("cérebro destruído") exibindo deterioração progressiva podem-se beneficiar da excisão cirúrgica de porções do tecido cerebral contundido, especialmente em áreas não eloquentes do cérebro (p. 871)
3. craniectomia descompressiva pode ser considerada na IC-HTN não controlável clinicamente

Cuidados gerais

Principais objetivos

1. evitar hipóxia (pO_2 < 60 mmHg)
2. evitar hipotensão (SBP ≤ 90 mmHg): valor preditivo positivo (PPV) de 67% para prognóstico desfavorável (PPV de 79% quando combinado com hipóxia)[64]

Detalhes das medidas terapêuticas gerais

1. profilaxia contra úlceras induzidas por esteroides (se esteroides forem utilizados) e úlceras de Cushing (estresse) (observadas no trauma craniano grave e na ICP elevada, acompanhada por hipergastrinemia)[65,66,67,68,69] para todos os pacientes, incluindo pediátricos; ver Profilaxia para úlceras de estresse (p. 129)
   a) elevação do pH gástrico: titulação do antiácido e/ou antagonistas do receptor H2 (p. ex., ranitidina, 50 mg IV, cada 8 h) ou inibidor da bomba de prótons. Ver discussão do possível aumento de mortalidade como resultado do aumento do pH gástrico (p. 129)
   b) sucralfato

870 Traumatismo Craniano

2. controle agressivo da febre (febre é um estímulo potente para o aumento de CBF, podendo também aumentar as ondas de platô)[30]
3. cateter arterial para monitorização da BP e ABGs frequentes
4. CVP ou cateter de PA quando altas doses de manitol forem necessárias (objetivo: manter o paciente euvolêmico)
5. fluidos IV
   a) escolha dos fluidos:
      - trauma craniano isolado: IVF de escolha é isotônico (p. ex., NS + 20 mEq KCl/L)
      - evitar soluções hipotônicas (p. ex., Ringer lactato), que podem comprometer a complacência cerebral[70]
   b) volume do fluido:
      - fornecer ressuscitação volêmica adequada para evitar hipotensão
      - normalização da volemia intravascular não é preudicial à ICP
      - embora a restrição de líquidos reduza a quantidade de manitol necessária para controlar a ICP,[71] o conceito de "deixando os pacientes secos" é obsoleto[72]
      - se manitol for necessário, o paciente deve ser mantido em euvolemia
      - usar também de prudência na restrição de líquidos após a SAH: ver Perda cerebral de sal (p. 118)
      - se lesões em outros sistemas estiverem presentes (p. ex., víscera perfurada), essas podem determinar o controle de fluidos
   c) vasopressores (p. ex., dopamina) são preferíveis à administração IV de fluidos em *bolus* no trauma craniano

Medidas para reduzir a ICP

Medidas gerais que devem ser rotina
1. posicionamento:
   a) elevar a HOB a 30-45° (ver abaixo)
   b) manter a cabeça na linha média (para evitar tortuosidades das veias jugulares)
2. sedação leve: codeína, 30-60 mg IM, cada 4 h PRN, ou lorazepam (Ativan®), 1-2 mg IV, cada 4-6 h PRN
3. evitar hipotensão (SBP < 90 mmHg): normalizar o volume intravascular, suporte com vasopressores se necessário
4. controlar a HTN; na ICH, visar à linha de base do paciente, ver Tratamento inicial da ICH (p. 1339)
5. prevenir hiperglicemia: (agrava o edema cerebral) geralmente presente no trauma craniano,[73,74] pode ser exacerbada por esteroides
6. intubação: para GCS ≤ 8 ou desconforto respiratório. Fornecer primeiro lidocaína IV (abaixo) e antibióticos (p. 827)
7. evitar hiperventilação: manter a $PaCO_2$ no limite inferior da eucapnia (35 mmHg)
8. hipotermia profilática: tendência não significativa estatisticamente sugere mortalidade reduzida.[75] Manter a temperatura-alvo por > 48 horas

Medidas para usar na IC-HTN documentada
Primeiro, verificar acima as Medidas gerais que deveriam ser rotina. Proceder cada etapa no caso de a IC-HTN persistir.
1. sedação profunda e/ou paralisia, quando necessário (também auxilia no tratamento de HTN), p. ex., quando o paciente está agitado, ou para amenizar a elevação da ICP que ocorre com determinadas manobras, como movimentar o paciente para a mesa de CT. Cuidado: com a sedação pesada ou paralisia, a capacidade de seguir o exame neurológico é perdida (seguir ICPs)
   a) para sedação profunda (recomenda-se intubação para evitar depressão respiratória → elevação da $PaCO_2 → ↑ ICP$): p. ex., um dos seguintes:
      - MSO4: R 2-4 mg/h por gotejamento IV
      - fentanil: R 1-2 mL IV cada hora (ou 2-5 mcg/kg/h por gotejamento IV)
      - sufentanil: R dose teste de 10-30 mcg e, então, 0,05-2 mcg/kg/h por gotejamento IV
      - midazolam (Versed®): R dose teste de 2 mg e, então, 2-4 mg/h por gotejamento IV
      - gotejamento de propofol (p. 106): dose teste de 0,5 mg/kg e, então, 20-75 mcg/kg/min por gotejamento IV ✖ evitar altas doses de propofol (não exceder 83 mcg/kg/min)
      - "baixa dose" de pentobarbital (adulto: 100 mg IV cada 4 h; pacientes pediátricos: 2-5 mg/kg/IV cada 4 h)
   b) paralisia (intubação é mandatória): p. ex., vecurônio, 8-10 mg IV, cada 2-3 h
2. drenagem de CSF (quando IVC estiver sendo utilizado para medir a ICP): 3-5 mL de CSF devem ser drenados com a câmara de gotejamento situada ≤ 10 cm acima do EAC. Funcionamento imediato pela remoção de CSF (reduzindo o volume intracraniano) e, possivelmente, por possibilitar a drenagem do fluido edematoso para os ventrículos[76] (o último ponto é controverso)
3. "terapia osmótica" quando houver evidência de IC-HTN:
   a) *manitol* (também ver abaixo), *bolus* de 0,25-1 g/kg (durante < 20 min), seguido por IVP de 0,25 g/kg (durante 20 min), cada 6 h PRN, para uma ICP > 20. As publicações mais recentes sugerem que uma dose inicial de 1,4 g/kg é mais eficaz. Pode "alternar" com:

furosemida (Lasix®) (ver abaixo também): adulto: 10-20 mg IV cada 6 h PRN para uma ICP > 20. Pacientes pediátricos: 1 mg/kg, máximo de 6 mg IV cada 6 h PRN, para uma ICP > 20
b) manter o paciente euvolêmico a levemente hipervolêmico
c) se a IC-HTN persiste, e a osmolaridade sérica for < 320 mOsm/L, aumentar a dose de manitol para até 1 g/kg, e diminuir o intervalo entre as doses
d) se a ICP permanecer refratória ao manitol, considerar a administração de solução salina hipertônica, por infusão contínua solução de salina a 3% ou infusão em *bolus* de 10-20 mL de solução salina a 23,4%
(D/C após ≈ 72 horas para evitar edema de rebote)
e) interromper a terapia osmótica se a osmolaridade sérica for ≥ 320 mOsm/L (maior tonicidade pode não ser vantajosa e apresentar o risco de disfunção renal; ver abaixo) ou a SBP < 100
4. hiperventilação (HPV) para $PaCO_2$ = 30-35 mmHg (para detalhes, ver abaixo)
a) ✖ não usar profilaticamente
b) ✖ evitar HPV agressiva ($PaCO_2 \leq 25$ mmHg) em todas as circunstâncias
c) usar apenas por
• curtos períodos para deterioração neurológica aguda
• ou cronicamente para IC-HTN documentada e irresponsiva à sedação, paralíticos, drenagem de CSF e terapia osmótica
d) evitar HPV durante as primeiras 24 h após a lesão, se possível
5. ✖ esteroides: o uso regular de glicocorticoides não é recomendado para o tratamento de pacientes com traumas cranianos (ver abaixo)

Terapia "nível 2" para IC-HTN persistente

Se a IC-HTN permanecer refratária às medidas acima e, especialmente, se houver perda da ICP previamente controlada, deve-se considerar a repetição da CT de crânio para descartar uma condição cirúrgica antes de proceder às terapias "nível 2" , que são eficazes, porém apresentam riscos significativos (p. ex., altas doses de barbitúricos) ou não são comprovadas em termos de benefícios sobre o resultado. Considerar também uma EEG para descartar estado epiléptico subclínico (convulsões que não são clinicamente evidentes); ver medidas terapêuticas para estado epilético (p. 471); alguns medicamentos são eficazes para convulsões e IC-HTN, p. ex., pentobarbital, propofol...
1. terapia com altas doses de babitúricos (p. 875): iniciar se a ICP permanecer > 20-25 mmHg
2. hiperventilar para $PaCO_2$ = 25-30 mmHg. Recomenda-se a monitorização de $SjVO_2$, $AVdO_2$ e/ou CBF (ver abaixo)
3. hipotermia:[77,78] pacientes devem ser monitorizados para uma queda no índice cardíaco, trombocitopenia, depuração elevada da creatinina e pancreatite. Evitar tremores, que elevam a ICP[78]
4. cirurgia descompressiva:
a) craniectomia descompressiva com remoção da porção da calota craniana.[79] Controverso (pode intensificar a formação de edema cerebral[80]). A craniectomia diminuiu a ICP para < 20 mmHg em 85%,[81] independente da resposta pupilar à luz, momento da craniectomia, deslocamento do cérebro e idade. Os resultados melhoraram quando houve resposta da IC-HTN ao tratamento.[81,82,17] Ensaios randomizados adicionais são indicados. Craniectomia descompressiva precoce pode ser considerada em pacientes sendo submetidos a uma cirurgia de emergência (para fratura, EDH, SDH...),[83] O retalho deve ter um diâmetro de, no mínimo, 12 cm, e duraplastia é mandatória. Além disso, ver Hemicraniectomia para infarto maligno da MCA (p. 1303)
b) remoção de grandes áreas de cérebro hemorrágico contundido (cria espaço imediatamente; remove a região da BBB rompida). Quando contundido, considerar lobectomia da ponta do temporal (não mais do que 4-5 cm no lado dominante, 6-7 cm no lado não dominante) (lobectomia temporal total[84] é provavelmente um procedimento muito agressivo) ou lobectomia frontal. Não mostrou ser um tratamento muito promissor
5. drenagem lombar: mostrou-se promissor. Procurar por "afundamento cerebral"
6. terapia hipertensiva

Medidas adjuvantes

1. *lidocaína:* 1,5 mg/kg IVP (observar a ocorrência de hipotensão, reduzir a dose, se necessário) pelo menos um minuto antes da intubação ou aspiração endotraqueal. Contém a elevação da ICP, bem como a taquicardia e HTN sistêmica (baseado em pacientes com tumores cerebrais sendo submetidos à intubação sob anestesia leve com barbitúrico-óxido nitroso; extrapolação para pacientes com trauma não é comprovada)[85]
2. ventilação de alta frequência (jato): considerar quando altos níveis de pressão positiva expiratória final (PEEP) forem necessários[86] (Nota: pacientes com complacência pulmonar reduzida, p. ex., edema pulmonar, transmitem mais PEEP através dos pulmões para os vasos torácicos e pode elevar a ICP). PEEP ≤ 10 cm H_2O não causa elevações clinicamente significativas na ICP.[87] Níveis mais elevados de PEEP > 15-20 não são recomendados. Além disso, rápida eliminação da PEEP pode causar um aumento súbito no volume sanguíneo circulante, o que pode exacerbar edema cerebral e também elevar a ICP

Detalhes de algumas medidas empregadas no tratamento de ICP elevada

Elevação da cabeceira da cama (HOB)

Aparentemente simples, porém ainda há uma certa controvérsia. Dados iniciais, obtidos a partir de estudos realizados com cães, indicaram que a manutenção da HOB a 30-45° otimizava o dilema entre os seguintes dois fatores à medida que a HOB é elevada: redução da ICP (ao aumentar o efluxo venoso e promover o deslocamento do CSF do compartimento intracraniano para o compartimento espinal) e redução da pressão arterial (e, consequentemente, da CPP) no nível das artérias carótidas. Alguns estudos demonstraram um efeito prejudicial da elevação da HOB e foram usados para justificar o cuidado desses pacientes com a HOB plana.[2]

Dados recentes[88] indicam que, embora a pressão média da artéria carótida (MCP) seja reduzida, a ICP também é reduzida, e o CBF não é afetado pela elevação da HOB em 30°. O início de ação da elevação da HOB é imediato.

Hipotermia profilática

Guia de prática clínica: Hipotermia profilática

Nível III:[75] hipotermia profilática:
- aumenta a probabilidade de um resultado moderado a bom – 4-5 no Escore da Escala de Resultado de Glasgow ▶ Quadro 88.5 – no final do período de seguimento, quando temperaturas-alvo de 32-35° C (91,4-95° F) foram utilizadas (**nota:** nenhuma relação clara foi encontrada com a duração do resfriamento ou a taxa de reaquecimento)
- exibiu uma tendência não significativa sugerindo que reduz a *mortalidade* quando a temperatura-alvo é mantida por > 48 horas (**nota:** a temperatura-alvo real e a taxa de reaquecimento não influenciaram na mortalidade)

Hiperventilação

Dióxido de carbono intra-arterial ($PaCO_2$) é o vasodilatador cerebrovascular mais potente, o efeito do qual sendo provavelmente mediado por alterações no pH causadas pela rápida difusão de CO_2 através da BBB.[89] Hiperventilação (HPV) diminui a ICP por meio da redução da $PaCO_2$, que causa vasoconstrição cerebral, reduzindo, desse modo, o volume sanguíneo cerebral (intracraniano) (CBV).[90] A vasoconstrição também diminui o fluxo sanguíneo cerebral (CBF), o que pode produzir isquemia focal em áreas com autorregulação cerebral preservada como resultado do desvio de sangue.[91,92] No entanto, a isquemia não necessariamente ocorre, visto que a fração de extração de O_2 cerebral (OEF) também pode aumentar, até certo ponto.[93]

Guia de prática clínica: Hiperventilação para o controle da ICP[a]

Nível I:[94] na ausência de IC-HTN, hiperventilação (HPV) crônica prolongada ($PaCO_2 \leq 25$ mmHg) deve ser evitada.
    Nível II:[95] hiperventilação profilática ($PaCO_2 \leq 25$ mmHg) não é recomendada.
    Nível III.
- HPV pode ser necessária por breves períodos quando houver deterioração neurológica aguda, ou por períodos mais prolongados na presença de IC-HTN refratária à sedação, paralíticos, drenagem de CSF e diuréticos osmóticos[94]
- HPV deve ser evitada ≤ 24 horas após o trauma craniano[95]
- se HPV for usada, a saturação venosa jugular de oxigênio ($SjVO_2$) (p. 865) ou $PbrO_2$ (p. 865) deve ser medida para monitorizar o fornecimento de O_2 ao cérebro[95]

[a]Ver também **Guia de prática clínica: Hiperventilação precoce/profilática** (p. 827).

✖ Hiperventilação (HPV) deve ser usada com moderação apenas em situações específicas[3] (ver abaixo). HPV profilática pode, na verdade, estar associada a um prognóstico *mais desfavorável*[96] (**nota:** HPV profilática implica em casos que não há sinais clínicos de IC-HTN e em que a IC-HTN irresponsiva a outras medidas não tenha sido documentada pela monitorização da ICP). Quando indicado, utilizar HPV apenas para $PaCO_2$ = 30-35 mmHg (ver Advertências para hiperventilação abaixo). O CBF em pacientes com trauma craniano grave já é cerca da metade do normal durante as primeiras 24 h após a lesão (tipicamente < 30 cc /100 g/min durante as primeiras 8 horas, e pode ser < 20 durante as primeiras 4 horas em pacientes com as piores lesões),[97,98,99,100] Em um estudo, o uso de HPV para uma $PaCO_2$ = 30 mmHg dentro de um período de

Quadro 56.7 Resumo das recomendações para $PaCO_2$ após um trauma craniano (ver texto para detalhes)

PaCO₂ (mmHg)	Descrição
35-40	normocarbia. Usar rotineiramente
30-35	hiperventilação. Não usar profilaticamente. Usar apenas como segue: brevemente para evidência clínica de IC-HTN (deterioração neurológica) ou cronicamente para IC-HTN documentada irresponsiva a outras medidas
25-30	aumento da hiperventilação. Um tratamento nível dois. Usar apenas quando outros métodos fracassarem em controlar a IC-HTN. Monitorização adicional é recomendada para descartar isquemia cerebral
< 25	hiperventilação agressiva. Nenhum benefício documentado. Potencial significativo para isquemia

8-14 horas do trauma craniano grave não comprometeu o metabolismo cerebral global,[93] porém alterações focais não foram estudadas. A hiperventilação para uma $PaCO_2 < 30$ mmHg reduz ainda mais o CBF, mas não reduz de forma consistente a ICP e pode causar perda da autorregulação cerebral.[45] Se monitorizada rigorosamente, pode haver indicação para seu uso. Não existem estudos mostrando qualquer melhora no prognóstico com a HPV agressiva ($PaCO_2 \leq 25$ mmHg), que pode causar isquemia cerebral difusa.[45] Um resumo das faixas de valores da $PaCO_2$ e das recomendações é exibido no ▶ Quadro 56.7.

Reduzindo a $PaCO_2$ de 35 para 29 mmHg, diminui a ICP em 25-30% na maioria dos pacientes. Início de ação: ≤ 30 segundos. Pico do efeito em ≈ 8 minutos. A duração do efeito é, ocasionalmente, apenas de 15-20 min. O efeito pode ser diminuído por 1 hora (baseado em pacientes com tumores intracranianos), após o qual é difícil retornar à normocarbia sem elevação rebote da ICP.[101,102] Portanto, a HPV deve sofrer desmame lento.[30]

Indicações para hiperventilação (HPV)

1. HPV por breves períodos (minutos) nos seguintes tempos
   a) antes da inserção do monitor de ICP: se houver sinais clínicos de IC-HTN (▶ Quadro 54.2)
   b) após inserção de um monitor: se houver um aumento súbito na ICP e/ou deterioração neurológica aguda, a HPV pode ser usada enquanto o paciente é avaliado para uma condição tratável (p. ex., hematoma intracraniano tardio)
2. HPV por períodos mais prolongados: quando há IC-HTN documentada irresponsiva à sedação, curarização, drenagem de CSF (quando disponível) e diuréticos osmóticos
3. HPV pode ser apropriada na IC-HTN, resultando primeiramente de hiperemia (p. 901)

Advertências para hiperventilação

1. evitar durante os primeiros 5 dias após o trauma craniano, se possível (especialmente as primeiras 24 horas)
2. não usar profilaticamente (ou seja, sem indicações apropriadas, ver acima)
3. se a IC-HTN documentada for irresponsiva a outras medidas, hiperventilar apenas até uma $PaCO_2 = 30$-35 mmHg
4. se HPV prolongada até uma $PaCO_2$ de 25-30 mmHg for julgada necessária, considerar a monitorização de $SjVO_2$, $AVdO_2$ ou CBF para descartar isquemia cerebral (p. 865)
5. não abaixar a $PaCO_2$ para < 25 mmHg (exceto por períodos muito breves de alguns minutos)

Manitol

Guia de prática clínica: Manitol na lesão cerebral traumática grave

Nível II[103,104]
manitol é eficaz no controle de IC-HTN após uma TBI grave (**nota:** as informações atuais não possibilitaram que recomendações referentes à solução salina hipertônica fossem feitas).[104]
- *bolus* intermitentes podem ser mais eficazes do que a infusão contínua
- doses eficazes variam de 0,25-1 g/kg de peso corporal
- evitar hipotensão (SBP < 90 mmHg), que pode resultar do efeito diurético do manitol, que pode levar a uma ↓ do volume de fluido circulante

Nível III[103]
- indicações: sinais de herniação transtentorial ou deterioração neurológica progressiva não atribuível à patologia sistêmica
- euvolemia deve ser mantida (hipovolemia deve ser evitada) por meio da reposição de fluidos. Um cateter urinário de demora é essencial
- a osmolaridade sérica deve ser mantida a < 320 mOsm quando houver preocupação de insuficiência renal

Um ensaio clínico não controlado foi conduzido para demonstrar os benefícios do manitol quando comparado ao placebo.[3] O mecanismo exato pelo qual o manitol proporciona seus efeitos benéficos ainda é controverso, mas provavelmente inclui alguma das seguintes combinações

1. redução da ICP
   a) expansão plasmática imediata:[105,106,107] reduz o hematócrito e a viscosidade sanguínea (melhor reologia), o que aumenta o CBF e o fornecimento de O_2. Isto reduz a ICP em alguns minutos, sendo mais pronunciado em pacientes com CPP < 70 mmHg
   b) efeito osmótico: aumento da tonicidade sérica remove fluido edematoso do parênquima cerebral. Leva de 15 a 30 minutos até que os gradientes sejam estabelecidos.[105] O efeito dura 1,5-6 h, dependendo da condição clínica[108,109,3]
2. suporte da microcirculação por meio do aumento da reologia sanguínea (ver acima)
3. possível atividade sequetradora de radicais livres[110]

Com a administração em *bolus*, o início do efeito de redução da ICP ocorre em 1-5 minutos: atinge o pico em 20-60 minutos. Quando redução urgente da ICP é necessária, uma dose inicial de 1 g/kg deve ser administrada durante 30 minutos. Quando uma redução a longo prazo da ICP é pretendida, o tempo de infusão deve ser aumentado para 60 minutos,[111] e a dose reduzida (p. ex., 0,25-0,5 g/kg a cada 6 h). Uma alta dose anterior reduz a eficácia das doses subsequentes;[71] portanto, é desejável *usar a menor dose eficaz* (pequenas doses frequentes podem ser preferíveis, p. ex., 0,25 mg/kg a cada 2-3 h; também resulta em um número menor de picos à medida que as "depressões" de manitol são suavizadas). Titulação para a ICP (em vez da dose em intervalos regulares) resulta no fornecimento de uma menor quantidade de manitol.[71,112] A eficácia do manitol pode ser sinergeticamente aumentada quando combinado ao uso de diuréticos de alça (p. ex., furosemida, ver abaixo),[113] e a alternância desses medicamentos foi sugerida.[71]

Cuidados com o manitol

1. o manitol abre a BBB, e o manitol que atravessa a BBB pode drenar fluido para o interior do CNS (isto pode ser minimizado pela administração em *bolus* repetida *versus* infusão contínua[106,114]), o que pode agravar o edema cerebral vasogênico.[115] Portanto, quando chegar a hora de o manitol D/C, este deve ser reduzido gradualmente para evitar uma elevação rebote da ICP[111]
2. cuidado: corticosteroides + fenitoína + manitol pode causar um estado hiperosmolar não cetótico com alta mortalidade[30]
3. administração em *bolus* excessivamente vigorosa pode → HTN, e se a autorregulação for comprometida → aumento da CBF, que pode promover herniação, em vez de preveni-la[116]
4. altas doses de manitol comportam um risco de insuficiência renal aguda (necrose tubular aguda), especialmente no seguinte:[10,117] osmolaridade sérica > 320 mOsm/L, uso de outros fármacos potencialmente nefrotóxicos, septicemia, doença renal preexistente
5. altas doses previnem o diagnóstico de DI por meio do uso de osmóis urinários ou SG (p. 121)
6. pelo fato de poder aumentar ainda mais o CBF,[118] o uso de manitol pode ser prejudicial quando a IC-HTN for decorrente da hiperemia (p. 901)

Furosemida

O uso de furosemida (Lasix®) foi defendido, porém existem poucos dados que corroborem isto.[3] Diuréticos de alça podem reduzir a ICP[119] por meio da redução do edema cerebral[120] (possivelmente pelo aumento da tonicidade sérica), e podem também desacelerar a produção de CSF.[121] Eles também atuam sinergeticamente com o manitol[122] (acima).

R: 10-20 mg IV cada 6 h, pode ser alternado com o manitol, de modo que o paciente receba um ou o outro cada 3 h. Suspender se a osmolaridade sérica for > 320 mOsm/L

Salina hipertônica (HS)

Pode reduzir a ICP em pacientes refratários ao manitol,[123,124] embora nenhuma melhora no resultado, quando comparado ao manitol, foi demonstrada.[124,125] Efeito potencialmente prejudicial na zona de penumbra isquêmica em estudos realizados com animais. Estudos[126,127] não são adequados para fazer recomendações com respeito ao uso.[104]

R: infusão contínua: salina a 3%, a 25-50 mL/h, pode ser fornecida por um acesso IV periférico. *Bolus*: 10-20 mL de salina a 7,5-23,4% devem ser administrados por um cateter central. HS deve ser descontinuada após ≈ 72 h para evitar edema de rebote.[124] Suspender se a osmolaridade sérica for > 320 mOsm/L.

Esteroides

Guia de prática clínica: Glicocorticoides no trauma craniano grave

Nível I:[128] o uso de glicocorticoides (esteroides) não é recomendado para melhorar o resultado ou reduzir a ICP em pacientes com TBI grave (exceto em pacientes com depleção conhecida de hormônios suprarrenais endógenos[129,130]). Alta dose de metilprednisolona está associada a um aumento na mortalidade e é contraindicada.[128]

Embora os glicocorticoides reduzam o edema cerebral vasogênico (p. ex., envolvendo os tumores cerebrais) e possam ser eficazes na redução da ICP no pseudotumor cerebral, eles possuem pouco efeito sobre o edema cerebral citotóxico, que é o desarranjo mais prevalente após um trauma; ver Edema cerebral (p. 90).

Efeitos colaterais significativos podem ocorrer com os esteroides,[131] incluindo coagulopatias, hiperglicemia[132] com seu efeito indesejável sobre o edema cerebral – ver Possíveis efeitos colaterais deletérios dos esteroides (p. 594) – e aumento na incidência de infecção (decorrente da imunossupressão). Alta dose de metilprednisolona está associada a um aumento na mortalidade.[133]

Esteroides não glicocorticoides (p. ex., 21-aminoesteroides, conhecidos como lazaroides, incluindo tirilazade[134,135]) e o glicocorticoide sintético triancinolona[136] também fracassaram em exibir um benefício geral.

Terapia com barbitúricos em alta dose

Guia de prática clínica: Barbitúricos no trauma craniano grave

Nível II:[137] ✘ uso profilático de barbitúricos em uma EEG com padrão de surto-supressão não é recomendado.

Nível II:[137] altas doses de barbitúricos são recomendadas para a IC-HTN refratária às terapias cirúrgica e médica máximas de redução da ICP. Os pacientes devem ser hemodinamicamente estáveis antes e durante o tratamento.

Benefícios teóricos dos barbitúricos no trauma craniano derivam da vasoconstrição em áreas normais (desviando o sangue para o tecido cerebral isquêmico), redução da demanda metabólica para O_2 (CMRO$_2$) com redução associada do CBF, atividade sequestradora de radicais livres, redução de cálcio intracelular e estabilização lisossômica.[138] Ainda há dúvidas de que os barbitúricos possam reduzir a ICP, mesmo quando outros tratamentos tenham falhado,[139] porém com respeito ao resultado, estudos demonstraram tanto benefícios[140,141] como a falta dos mesmos.[142,143] Um subgrupo de pacientes com vasorreatividade preservada pode-se beneficiar do uso de barbitúricos;[144] e quando reservado para uso em pacientes que falharam em responder suficientemente a outras medidas, foi demonstrado que os barbitúricos reduzem a ICP.[145] Pacientes que respondem apresentam uma menor mortalidade (33%) do que aqueles em que o controle da ICP não pôde ser conquistado (75%).[141]

O fator limitante para a terapia é geralmente a *hipotensão* decorrente da diminuição do tônus simpático induzida por barbitúricos do tônus simpático[146 (p. 354)] (causando vasodilatação periférica) e depressão miocárdica leve direta. Hipotensão ocorre em ≈ 50% dos pacientes, apesar do volume sanguíneo adequado e uso de dopamina.[147]

Nota: a capacidade de seguir o exame neurológico é perdida com altas doses de barbitúricos, sendo necessário seguir a ICP.

"Coma barbitúrico" *versus* **terapia em alta dose:** se barbitúricos forem fornecidos até que ocorra surto-supressão na EEG, isto é considerado "coma barbitúrico verdadeiro". Isto resulta em reduções próximas da máxima em CMRO$_2$ e CBF.[3] No entanto, a maioria dos regimes deve tecnicamente ser chamada de "terapia intravenosa em alta dose", visto que simplesmente tentam estabelecer níveis séricos alvo de barbitúricos (p. ex., 3-4 mg% para pentobarbital), embora haja uma baixa correlação entre o nível sérico, o benefício terapêutico e as complicações sistêmicas.[3]

Medidas adjuvantes para a administração de altas doses de barbitúricos:
1. considetar um cateter de Swan-Ganz (PA), inserido durante a primeira hora da dose de carga
2. altas doses de barbitúricos frequentemente causam íleo paralítico: portanto, sonda NG para aspirar e hiperalimentação IV são geralmente necessárias

Indicações

O uso de barbitúricos deve ser reservado para situações em que a ICP não pode ser controlada pelas medidas previamente descritas,[141] visto que haja evidência de que barbitúricos *profiláticos* não alteram o resultado de forma favorável, e estão associados a efeitos colaterais significativos, principalmente hipotensão,[147] que podem causar deterioração neurológica.

Escolha de agentes

Diversos agentes foram estudados, no entanto, há dados inadequados para recomendar qualquer fármaco em relação a outro (um fármaco em especial, um fármaco em detrimento do outro). A maioria das informações está disponível sobre o pentobarbital (ver abaixo). Agentes alternativos, que não foram tão bem estudados: tiopental (ver abaixo), fenobarbital (p. 451) & propofol (p. 877).

Informações do fármaco: Pentobarbital (Nembutal®)

Pentobarbital tem um início rápido (efeito total em ≈ 15 minutos), curta duração de ação (3-4 h) e uma meia-vida de 15-48 h.

Protocolos para terapia com pentobarbital em adultos

Existem muitos protocolos. Um simples de um ensaio clínico randomizado:[145]
1. dose de carga:
   a) 10 mg/kg de pentobarbital IV durante 30 minutos
   b) então, 5 mg/kg cada hora × 3 doses
2. manutenção: 1 mg/kg/h

Um protocolo mais elaborado:
1. *dose de carga*: 10 mg/kg/h de pentobarbital IV durante 4 horas, como segue:
   a) *PRIMEIRA HORA*: administração IVP lenta de 2,5 mg/kg cada 15 min × 4 doses (total: 10 mg/kg na primeira hora), acompanhar de perto a BP
   b) *próximas 3 horas:* infusão contínua de 10 mg/kg/h (adicionar 2.500 mg em 250 mL de um IVF apropriado, infundir a **K** mL/h × 3 h (**K** = peso do paciente em kg))
2. manutenção: infusão de 1,5 mg/kg/h (adicionar 250 mg em 250 mL de IVF e infundir a 1,5 × **K** mL/h)
3. verificar o nível sérico de pentobarbital 1 h após o término da dose de carga; geralmente 3,5-5,0 mg%
4. após, verificar o nível sérico de pentobarbital todos os dias
5. se o nível for > 5 mg% e a ICP aceitável, reduzir a dose
6. potencial evocado auditivo de tronco encefálico (BAER) no início do tratamento. Pode ser omitido segundo bases clínicas. Repetir o BAER se o nível de pentobarbital for > 6 mg%. Reduzir a dose, se o BAER se deteriorar (Nota: hemotímpano pode interferir com o BAER)
7. objetivo: ICP < 24 mmHg e nível de pentobarbital de 3-5 mg%. Considerar a descontinuação do pentobarbital em razão da ineficácia, se a ICP ainda estiver > 24 com níveis adequados de fármaco × 24 h
8. Se ICP for < 20 mmHg, continuar o tratamento x 48 h e, então, reduzir a dose gradualmente. Recuar, se a ICP aumentar

O retorno da função neurológica leva ≈ 2 dias sem o pentobarbital, ▶ Quadro 56.8). Se a realização de um exame para determinação de morte encefálica for desejada, o nível de pentobarbital precisa ser ≈ ≤ 10 mcg/mL antes que o exame seja válido.

Quadro 56.8 Efeitos no CNS dos vários níveis de pentobarbital[a]

Grau de depressão do CNS	mg%	mcg/mL
nível para um exame de morte encefálica válido	≤ 1	≤ 10
sedado, relaxado, facilmente despertado	0,05-0,3	0,5-3
sedação profunda, dificuldade em despertar, depressão respiratória	2	20
nível de "coma" (surto-supressão ocorre na maioria dos pacientes)	5	50

[a]Os níveis relatados são para pacientes intolerantes; existe uma variabilidade significativa entre os pacientes, e pacientes tolerantes podem não ser sedados mesmo com níveis de até 100 mcg/mL.

Informações do fármaco: Tiopental (Pentothal®)

Pode ser útil quando um barbitúrico de ação rápida for necessário (p. ex., intraoperatório) ou quando altas doses de pentobarbital não estiverem disponíveis. Segue um dos muitos protocolos (nota: tiopental não foi tão bem estudado para esta indicação, porém é teoricamente similar ao pentobarbital[148,149]):

1. dose de carga: 5 mg/kg de tiopental (faixa: 3-5) IV durante 10 minutos → surto-supressão transitório (< 10 minutos) e níveis sanguíneos de tiopental de 10-30 mcg/mL. Doses mais elavadas (≈ 35 mg/kg) têm sido utilizadas na ausência de hipotermia para produzir surto-supressão mais prolongado para circulação extracorpórea
2. continuar com infusão contínua de 5 mg/kg/h (faixa: 3-5) por 24 horas
3. repetição do *bolus* pode ser necessária com 2,5 mg/kg, conforme necessário para controle da ICP
4. após 24 horas, depósitos de gordura tornam-se saturados, reduzir infusão para 2,5 mg/kg/h
5. titular para controle da ICP ou usar EEG para monitorizar o silêncio elétrico cerebral
6. nível sérico "terapêutico": 6-8,5 mg/dL

Informações do fármaco: Propofol (Diprivan®)

Nível II:[137] propofol pode controlar a ICP após várias horas da dose, mas não melhora a mortalidade ou o resultado em 6 meses. ✖ Cuidado: dose alta de propofol (dose total > 100 mg/kg por > 48 h) pode causar morbidade significativa (ver síndrome da infusão do propofol).

R: dose teste de 0,5 mg/kg e, então, infusão de 20-75 mcg/kg/min. Aumentar 5-10 mcg/kg/min cada 5-10 minutos PRN para controle da ICP (não exceder 83 mcg/kg/min = 5 mg/kg/h).

Efeitos colaterais: incluir a Síndrome da Infusão do Propofol (p. 133). Usar com cautela em doses > 5 mg/kg/h ou em qualquer dose por > 48 h.

Referências

[1] Sioutos PJ, Orozco JA, Carter LP, et al. Continuous Regional Cerebral Cortical Blood Flow Monitoring in Head-Injured Patients. Neurosurgery. 1995; 36:943–950

[2] Rosner MJ, Coley IB. Cerebral Perfusion Pressure, Intracranial Pressure, and Head Elevation. J Neurosurg. 1986; 65:636–641

[3] Bullock R, Chesnut RM, Clifton G, et al. Guidelines for the Management of Severe Head Injury. 1995

[4] Unterberg AW, Kienning KL, Hartl R, et al. Multimodal Monitoring in Patients with Head Injury: Evaluation of the Effects of Treatment on Cerebral Oxygenation. J Trauma. 1997; 42:S32–S37

[5] Juul N, Morris GF, Marshall SB, et al. Intracranial Hypertension and Cerebral Perfusion Pressure: Influence on Neurological Deterioration and Outcome in Severe Head Injury. J Neurosurg. 2000; 92:1–6

[6] Yano M, Ikeda Y, Kobayashi S, et al. Intracranial Pressure in Head-Injured Patients with Various Intracranial Lesions is Identical Throughout the Supratentorial Intracranial Compartment. Neurosurgery. 1987; 21:688–692

[7] Takizawa H, Gabra-Sanders T, Miller JD. Analysis of Changes in Intracranial Pressure and Pressure-Volume Index at Different Locations in the Craniospinal Axis During Supratentorial Epidural Balloon Inflation. Neurosurgery. 1986; 19:1–8

[8] Mokri B. The Monro-Kellie hypothesis: applications in CSF volume depletion. Neurology. 2001; 56:1746–1748

[9] Welch K. The Intracranial Pressure in Infants. J Neurosurg. 1980; 52:693–699

[10] Mendelow AD, Teasdale GM, Russell T, et al. Effect of Mannitol on Cerebral Blood Flow and Cerebral Perfusion Pressure in Human Head Injury. J Neurosurg. 1985; 63:43–48

[11] Bruce DA, Alavi A, Bilaniuk L, et al. Diffuse Cerebral Swelling Following Head Injuries in Children: The Syndrome of "Malignant Brain Edema". J Neurosurg. 1981; 54:170–178

[12] Unterberg A, Kiening K, Schmiedek P, Lanksch W. Long-Term Observations of Intracranial Pressure After Severe Head Injury. The Phenomenon of Secondary Rise of Intracranial Pressure. Neurosurgery. 1993; 32:17–24

[13] Young HA, Gleave JRW, Schmidek HH, Gregory S. Delayed Traumatic Intracerebral Hematoma: Report of 15 Cases Operatively Treated. Neurosurgery. 1984; 14:22–25

[14] Taneda M, Kataoka K, Akai F, et al. Traumatic Subarachnoid Hemorrhage as a Predictable Indicator of Delayed Ischemic Symptoms. J Neurosurg. 1996; 84:762–768

[15] Narayan RK, Kishore PRS, Becker DP, et al. Intracranial Pressure: To Monitor or Not to Monitor? A Review of Our Experience with Severe Head Injury. J Neurosurg. 1982; 56:650–659

[16] The Brain Trauma Foundation. The American Association of Neurological Surgeons. The Joint Section on Neurotrauma and Critical Care. Indications for intracranial pressure monitoring. J Neurotrauma. 2000; 17:479–491

[17] Brain Trauma Foundation, Povlishock JT, Bullock MR. Indications for intracranial pressure monitoring. J Neurotrauma. 2007; 24:S37–S44

[18] Bullock R, Chesnut RM, Clifton G, et al. In: Indications for intracranial pressure monitoring. Guidelines for the Management of Severe Head Injury. The Brain Trauma Foundation (New York), The American Association of Neurological Surgeons (Park Ridge, Illinois), and The Joint Section of Neurotrauma and Critical Care; 1995

[19] Smith RW, Alksine JF. Infections Complicating the Use of External Ventriculostomy. J Neurosurg. 1976; 44:567–570

[20] Holloway KL, Barnes T, Choi S, et al. Ventriculostomy Infections: The Effect of Monitoring Duration and Catheter Exchange in 584 Patients. J Neurosurg. 1996; 85:419–424

[21] Al-Shahi Salman R, Berg MJ, Morrison L, Awad IA. Hemorrhage from cavernous malformations of the brain: definition and reporting standards. Angioma

Alliance Scientific Advisory Board. Stroke. 2008; 39:3222–3230

[22] Paramore CG, Turner DA. Relative Risks of Ventriculostomy Infection and Morbidity. Acta Neurochir. 1994; 127:79–84

[23] Maniker AH, Vaynman AY, Karimi RJ, Sabit AO, et al. Hemorrhagic complications of external ventricular drainage. Operative Neurosurgery. 2006; 59:419–425

[24] Lozier AP, Sciacca RR, Romanoli M, et al. Ventriculostomy-related infection: a critical review of the literature. Neurosurgery. 2002; 51:170–182

[25] Brain Trauma Foundation, Povlishock JT, Bullock MR. Infection prophylaxis. J Neurotrauma. 2007; 24:S26–S31

[26] Mayhall CG, Archer NH, Lamb VA, Spadora AC, Baggett JW, Ward JD, Narayan RK. Ventriculostomyrelated infections. A prospective epidemiologic study. N Engl J Med. 1984; 310:553–559

[27] Lyke KE, Obasanjo OO, Williams MA, et al. Ventriculitis complicating use of intraventricular catheters in adult neurosurgical patients. Clin Infect Dis. 2001; 33:2028–2033

[28] Winfield JA, Rosenthal P, Kanter R, et al. Duration of intracranial pressure monitoring does not predict daily risk of infections complications. Neurosurgery. 1993; 33:424–431

[29] Brain Trauma Foundation, Povlishock JT, Bullock MR. Intracranial pressure monitoring technology. J Neurotrauma. 2007; 24:S45–S54

[30] Ropper AH. Raised Intracranial Pressure in Neurologic Disease. Sem Neurology. 1984; 4:397–407

[31] Sundbarg G, Nordstrom C-H, Messetter K, et al. A Comparison of Intraparenchymatous and Intraventricular Pressure Recording in Clinical Practice. J Neurosurg. 1987; 67:841–845

[32] Crutchfield JS, Narayan RK, Robertson CS, Michael LH. Evaluation of a Fiberoptic Intracranial Pressure Monitor. J Neurosurg. 1990; 72:482–487

[33] Ostrup RC, Luerssen TG, Marshall LF, et al. Continuous Monitoring of Intracranial Pressure with a Miniaturized Fiberoptic Device. J Neurosurg. 1987; 67:206–209

[34] Piek J, Bock WJ. Continuous Monitoring of Cerebral Tissue Pressure in Neurosurgical Practice - Experience with 100 Patients. Intens Care Med. 1990; 16:184–188

[35] Gopinath SP, Robertson CS, Contant CF, et al. Clinical Evaluation of a Miniature Strain-Gauge Transducer for Monitoring Intracranial Pressure. Neurosurgery. 1995; 36:1137–1141

[36] Salmon JH, Hajjar W, Bada HS. The Fontogram: A Noninvasive Intracranial Pressure Monitor. Pediatrics. 1977; 60:721–725

[37] Grabb PA. Traumatic intraventricular hemorrhage treated with intraventricular recombinant-tissue plasminogen activator: technical case report. Neurosurgery. 1998; 43:966–969

[38] Hamer J, Alberti E, Hoyer S, Wiedemann K. Factors Influencing CSF Pulse Waves. J Neurosurg. 1977; 46:36–45

[39] Lundberg N. Continuous Recording and Control of Ventricular Fluid Pressure in Neurosurgical Practice. Acta Psych Neurol Scand. 1960; 36S:1–193

[40] Cruz J. On-Line Monitoring of Global Cerebral Hypoxia in Acute Brain Injury. Relationship to Intracranial Hypertension. J Neurosurg. 1993; 79:228–233

[41] Sheinberg M, Kanter MJ, Robertson CS, et al. Continuous Monitoring of Jugular Venous Oxygen Saturation in Head-Injured Patients. J Neurosurg. 1992; 76:212–217

[42] Cormio M, Valadka AB, Robertson CS. Elevated jugular venous oxygen saturation after severe head injury. J Neurosurg. 1999; 90:9–15

[43] Robertson CS, Narayan RK, Gokaslan ZL, et al. Cerebral Arteriovenous Oxygen Difference as an Estimate of Cerebral Blood Flow in Comatose Patients. J Neurosurg. 1989; 70:222–230

[44] Gotoh F, Meyer JS, Takagi Y. Cerebral Effects of Hyperventilation in Man. Arch Neurol. 1965; 12:410–423

[45] Obrist WD, Langfitt TW, Jaggi JL, et al. Cerebral Blood Flow and Metabolism in Comatose Patients with Acute Head Injury. Relationship to Intracranial Hypertension. J Neurosurg. 1984; 61:241–253

[46] Pickard JD, Czosnyka M. Management of Raised Intracranial Pressure. J Neurol Neurosurg Psychiatry. 1993; 56:845–858

[47] Valadka AB, Gopinath SP, Contant CF, Uzura M, Robertson CS. Relationship of brain tissue PO2 to outcome after severe head injury. Crit Care Med. 1998; 26:1576–1581

[48] van den Brink WA, van Santbrink H, Steyerberg EW, Avezaat CJ, Suazo JA, Hogesteeger C, Jansen WJ, Kloos LM, Vermeulen J, Maas AI. Brain oxygen tension in severe head injury. Neurosurgery. 2000; 46:868–76; discussion 876-8

[49] Stiefel MF, Spiotta A, Gracias VH, Garuffe AM, Guillamondegui O, Maloney-Wilensky E, Bloom S, Grady MS, LeRoux PD. Reduced mortality rate in patients with severe traumatic brain injury treated with brain tissue oxygen monitoring. J Neurosurg. 2005; 103:805–811

[50] Jaeger M, Schuhmann MU, Soehle M, Nagel C, Meixensberger J. Continuous monitoring of cerebrovascular autoregulation after subarachnoid hemorrhage by brain tissue oxygen pressure reactivity and its relation to delayed cerebral infarction. Stroke. 2007; 38:981–986

[51] Jaeger M, Soehle M, Schuhmann MU, Winkler D, Meixensberger J. Correlation of continuously monitored regional cerebral blood flow and brain tissue oxygen. Acta Neurochir (Wien). 2005; 147:51–6; discussion 56

[52] Goodman JC, Valadka AB, Gopinath SP, Uzura M, Robertson CS. Extracellular lactate and glucose alterations in the brain after head injury measured by microdialysis. Crit Care Med. 1999; 27:1965–1973

[53] Vespa PM, McArthur D, O'Phelan K, Glenn T, Etchepare M, Kelly D, Bergsneider M, Martin NA, Hovda DA. Persistently low extracellular glucose correlates with poor outcome 6 months after human traumatic brain injury despite a lack of increased lactate: a microdialysis study. J Cereb Blood Flow Metab. 2003; 23:865–877

[54] Bullock R, Chesnut RM, Clifton G, et al. Guidelines for the Management of Severe Head Injury. J Neurotrauma. 1996; 13:639–734

[55] Bullock R, Chestnut R, Ghajar J, et al. Guidelines for the management of severe traumatic brain injury. Neurotrauma. 2000; 17:449–454

[56] Brain Trauma Foundation, Povlishock JT, Bullock MR. Blood pressure and oxygenation. J Neurotrauma. 2007; 24:S7–13

[57] Brain Trauma Foundation, Povlishock JT, Bullock MR. Intracranial pressure thresholds. J Neurotrauma. 2007; 24:S55–S58

[58] Marshall LF, Barba D, Toole BM, Bowers SA. The oval pupil: clinical significance and relationship to intracranial hypertension. J Neurosurg. 1983; 58:566–568

[59] Miller JD, Butterworth JF, Gudeman SK, et al. Further Experience in the Management of Severe Head Injury. J Neurosurg. 1981; 54:289–299

[60] Saul TG, Ducker TB. Effect of Intracranial Pressure Monitoring and and Aggressive Treatment on Mortality in Severe Head Injury. J Neurosurg. 1982; 56:498–503

[61] Brain Trauma Foundation, Povlishock JT, Bullock MR. Cerebral perfusion thresholds. J Neurotrauma. 2007; 24:S59–S64

[62] Brain Trauma Foundation, Povlishock JT, Bullock MR. Brain oxygen monitoring and thresholds. J Neurotrauma. 2007; 24:S65–S70

[63] Bouma GJ, Muizelaar JP. Relationship between Cardiac Output and Cerebral Blood Flow in Patients with Intact and with Impaired Autoregulation. J Neurosurg. 1990; 73:368–374

[64] The Brain Trauma Foundation. The American Association of Neurological Surgeons. The Joint Section on Neurotrauma and Critical Care. Hypotension. J Neurotrauma. 2000; 17:591–595

[65] Larson DE, Farnell MB. Upper Gastrointestinal Hemorrhage. Mayo Clin Proc. 1983; 58:371–387

[66] Grosfeld JL, Shipley F, Fitzgerald JF, et al. Acute Peptic Ulcer in Infancy and Childhood. Am Surgeon. 1978; 44:13–19

[67] Curci MR, Little K, Sieber WK, et al. Peptic Ulcer Disease in Childhood Reexamined. J Ped Surg. 1976; 11:329–335

[68] Krasna IH, Schneider KM, Becker JM. Surgical Management of Stress Ulcerations in Childhood. J Ped Surg. 1971; 6:301–306

[69] Chan K-H, Lai ECS, Tuen H, et al. Prospective Double-Blind Placebo-Controlled Randomized Trial on the Use of Ranitidine in Preventing Postoperative Gastroduodenal Complications in High-Risk Neurosurgical Patients. J Neurosurg. 1995; 82:413–417

[70] Shackford SR, Zhuang J, Schmoker J. Intravenous Fluid Tonicity: Effect on Intracranial Pressure, Cerebral Blood Flow, and Cerebral Oxygen Delivery in Focal Brain Injury. J Neurosurg. 1992; 76:91–98

[71] Garretson HD, McGraw CP, O'Connor C, Howard G, et al. Ishii S, Nagai H, Brock M. In: Effectiveness of Fluid Restriction, Mannitol and Furosemide in Reducing ICP. Intracranial Pressure V. Berlin: Springer-Verlag; 1983:742–745

[72] Ward JD, Moulton RJ, Muizelaar PJ, Marmarou AM, Wirth FP, Ratcheson RA. In: Cerebral Homeostasis. Neurosurgical Critical Care. Baltimore: Williams and Wilkins; 1987:187–213

[73] De Salles AAF, Muizelaar JP, Young HF. Hyperglycemia, Cerebrospinal Fluid Lactic Acidosis, and Cerebral Blood Flow in Severely Head-injurred Patients. Neurosurgery. 1987; 21:45–50

[74] Kaufman HH, Bretaudiere J-P, Rowlands BJ, et al. General Metabolism in Head Injury. Neurosurgery. 1987; 20:254–265

[75] Brain Trauma Foundation, Povlishock JT, Bullock MR. Prophylactic hypothermia. J Neurotrauma. 2007; 24:S21–S25

[76] Cao M, Lisheng H, Shouzheng S. Resolution of Brain Edema in Severe Brain Injury at Controlled High and Low ICPs. J Neurosurg. 1984; 61:707–712

[77] Metz C, Holzschuh M, Bein T, et al. Moderate Hypothermia in Patients with Severe Head Injury: Cerebral and Extracerebral Effects. J Neurosurg. 1996; 85:533–541

[78] Mild therapeutic hypothermia to improve the neurologic outcome after cardiac arrest. N Engl J Med. 2002; 346:549–556

[79] Polin RS, Shaffrey ME, Bogaev CA, et al. Decompressive Bifrontal Craniectomy in the Treatment of Severe Refractory Posttraumatic Cerebral Edema. Neurosurgery. 1997; 41:84–94

[80] Cooper PR, Hagler H, Clark W, Shulman K, Marmarou A. Intracranial Pressure IV. New York: Springer Verlag; 1980:277–279

[81] Aarabi B, Hesdorffer DC, Ahn ES, Aresco C, Scalea TM, Eisenberg HM. Outcome following decompressive craniectomy for malignant swelling due to severe head injury. J Neurosurg. 2006; 104:469–479

[82] Timofeev I, Kirkpatrick PJ, Corteen E, Hiler M, Czosnyka M, Menon DK, Pickard JD, Hutchinson PJ. Decompressive craniectomy in traumatic brain injury: outcome following protocol-driven therapy. Acta Neurochir Suppl. 2006; 96:11–16

[83] Holland M, Nakaji P. Craniectomy: Surgical indications and technique. Operative Techniques in Neurosurgery. 2004; 7:10–15

[84] Nussbaum ES, Wolf AL, Sebring L, Mirvis S. Complete Temporal Lobectomy for Surgical Resuscitation of Patients with Transtentorial Herniation Secondary to Unilateral Hemispheric Swelling. Neurosurgery. 1991; 29:62–66

[85] Hamill JF, Bedford RF, Weaver DC, et al. Lidocaine before Endotracheal Intubation: Intravenous or Laryngotracheal? Anesthesiology. 1981; 55:578–581

[86] Hurst JM, Saul TG, DeHaven CB, et al. Use of High Frequency Jet Ventilation during Mechanical Hyperventilation to Reduce ICP in Patients with Multiple Organ System Injury. Neurosurgery. 1984; 15:530–534

[87] Cooper KR, Boswell PA, Choi SC. Safe Use of PEEP in Patients with Severe Head Injury. J Neurosurg. 1985; 63:552–555

[88] Feldman Z, Kanter MJ, Robertson CS, Contant CF, et al. Effect of Head Elevation on Intracranial Pressure, Cerebral Perfusion Pressure, and Cerebral Blood Flow in Head-Injured Patients. J Neurosurg. 1992; 76:207–211

[89] Raichle ME, Plum F. Hyperventilation and cerebral blood flow. Stroke. 1972; 3:566–575

[90] Grubb RL, Raichle ME, Eichling JO, et al. The Effects of Changes in PaCO2 on Cerebral Blood Volume, Blood Flow, and Vascular Mean Transit Time. Stroke. 1974; 5:630–639

[91] Darby JM, Yonas H, Marion DW, Latchaw RE, et al. Local 'Inverse Steal' Induced by Hyperventilation in Head Injury. Neurosurgery. 1988; 23:84–88

[92] Fleischer AS, Patton JM, Tindall GT. Monitoring Intraventricular Pressure Using an Implanted Reservoir in Head Injured Patients. Surg Neurol. 1975; 3:309–311

[93] Diringer MN, Yundt K, Videen TO, et al. No Reduction in Cerebral Metabolism as a Result of Early Moderate Hyperventilation Following Severe Traumatic Brain Injury. J Neurosurg. 2000; 92:7–13

[94] Bullock R, Chesnut RM, Clifton G, et al. In: The use of hyperventilation in the acute management of severe traumatic brain injury. Guidelines for the Management of Severe Head Injury.The Brain Trauma Foundation (New York), The American Association of Neurological Surgeons (Park Ridge, Illinois), and The Joint Section of Neurotrauma and Critical Care; 1995

[95] Brain Trauma Foundation, Povlishock JT, Bullock MR. Hyperventilation. J Neurotrauma. 2007; 24: S87–S90

[96] Muizelaar JP, Marmarou A, Ward JD, et al. Adverse Effects of Prolonged Hyperventilation in Patients with Severe Head Injury: A Randomized Clinical Trial. J Neurosurg. 1991; 75:731–739

[97] Bouma GJ, Muizelaar JP, Choi SC, et al. Cerebral Circulation and Metabolism After Severe Traumatic Brain Injury: The Elusive Role of Ischemia. J Neurosurg. 1991; 75:685–693

[98] Bouma GJ, Muizelaar JP, Stringer WA, et al. Ultra Early Evaluation of Regional Cerebral Blood Flow in Severely Head Injured Patients using Xenon Enhanced Computed Tomography. J Neurosurg. 1992; 77:360–368

[99] Fieschi C, Battistini N, Beduschi A, et al. Regional Cerebral Blood Flow and Intraventricular Pressure in Acute Head Injuries. J Neurol Neurosurg Psychiatry. 1974; 37:1378–1388

[100] Schroder ML, Muizelaar JP, Kuta AJ. Documented Reversal of Global Ischemia Immediately After Removal of an Acute Subdural Hematoma. Neurosurgery. 1994; 80:324–327

[101] James H, Langfitt T, Kumar V, et al. Treatment of Intracranial Hypertension; Analysis of 105 Consecutive Continuous Recordings of ICP. Acta Neurochir. 1977; 36:189–200

[102] Lundberg N, Kjallquist A. A Reduction of Increased ICP by Hyperventilation, a Therapeutic Aid in Neurological Surgery. Acta Psych Neurol Scand (Suppl). 1958; 139:1–64

[103] Bullock R, Chesnut RM, Clifton G, et al. In: The use of mannitol in severe head injury. Guidelines for the Management of Severe Head Injury.The Brain Trauma Foundation (New York), The American Association of Neurological Surgeons (Park Ridge, Illinois), and The Joint Section of Neurotrauma and Critical Care; 1995

[104] Brain Trauma Foundation, Povlishock JT, Bullock MR. Hyperosmolar therapy. J Neurotrauma. 2007; 24:S14–S20

[105] Barry KG, Berman AR. Mannitol Infusion. Part III. The Acute Effect of the Intravenous Infusion of Mannitol

on Blood and Plasma Volume. N Engl J Med. 1961; 264:1085–1088

[106] James HE. Methodology for the Control of Intracranial Pressure with Hypertonic Mannitol. Acta Neurochir. 1980; 51:161–172

[107] McGraw CP, Howard G. The Effect of Mannitol on Increased Intracranial Pressure. Neurosurgery. 1983; 13:269–271

[108] Cruz J, Miner ME, Allen SJ, et al. Continuous Monitoring of Cerebral Oxygenation in Acute Brain Injury: Injection of Mannitol During Hyperventilation. J Neurosurg. 1990; 73:725–730

[109] Marshall LF, Smith RW, Rauscher LA, Shapiro HM. Mannitol Dose Requirements in Brain-Injured Patients. J Neurosurg. 1978; 48:169–172

[110] Takagi H, Saito T, Kitahara T, Ishii S, Nagai H, Brock M. In: The Mechanism of the ICP Reducing Effect of Mannitol. ICP V. Berlin: Springer-Verlag; 1993:729–733

[111] Node Y, Yajima K, Nakazawa S, Ishii S, Nagai H, Brock M. In: A Study of Mannitol and Glycerol on the Reduction of Raised Intracranial Pressure on Their Rebound Phemonenon. Intracranial Pressure V. Berlin: Springer-Verlag; 1983:738–741

[112] Smith HP, Kelly DL, McWhorter JM. Comparison of Mannitol Regimens in Patients with Severe Head Injury Undergoing Intracranial Monitoring. J Neurosurg. 1986; 65:820–824

[113] Pollay M, Roberts PA, Fullenwider C, Stevens FA, Ishii S, Nagai H, Brock M. In: The Effect of Mannitol and Furosemide on the Blood-Brain Osmotic Gradient and Intracranial Pressure. Intracranial Pressure V. Berlin: Springer-Verlag; 1983:734–736

[114] Cold GE. Cerebral Blood Flow in Acute Head Injury: The Regulation of Cerebral Blood Flow and Metabolism During the Acute Phase of Head Injury, and Its Significance for Therapy. Acta Neurochir. 1990; Suppl 49:1–64

[115] Kaufmann AM, Cardoso ER. Aggravation of Vasogenic Cerebral Edema by Multiple Dose Mannitol. J Neurosurg. 1992; 77:584–589

[116] Ravussin P, Abou-Madi M, Archer D, et al. Changes in CSF Pressure After Mannitol in Patients With and Without Elevated CSF Pressure. J Neurosurg. 1988; 69:869–876

[117] Feig PU, McCurdy DK. The Hypertonic State. N Engl J Med. 1977; 297:1444–1454

[118] Muizelaar JP, Lutz HA, Becker DP. Effect of Mannitol on ICP and CBF and Correlation with Pressure Autoregulation in Severely Head-Injured Patients. J Neurosurg. 1984; 61:700–706

[119] Cottrell JE, Robustelli A, Post K, et al. Furosemide and Mannitol-Induced Changes in Intracranial Pressure and Serum Osmolality and Electrolytes. Anesthesiology. 1977; 47:28–30

[120] Tornheim PA, McLaurin RL, Sawaya R. Effect of Furosemide on Experimental Cerebral Edema. Neurosurgery. 1979; 4:48–52

[121] Buhrley LE, Reed DJ. The Effect of Furosemide on Sodium-22 Uptake into Cerebrospinal Fluid and Brain. Exp Brain Res. 1972; 14:503–510

[122] Marion DW, Letarte PB. Management of Intracranial Hypertension. Contemp Neurosurg. 1997; 19:1–6

[123] Doyle JA, Davis DP, Hoyt DB. The use of hypertonic saline in the treatment of traumatic brain injury. J Trauma. 2001; 50:367–383

[124] Ogden AT, Mayer SA, Connolly ES. Hyperosmolar agents in neurosurgical practice: The evolving role of hypertonic saline. Neurosurgery. 2005; 57:207–215

[125] Vialet R, Albanese J, Thomachot L, Antonini F, Bourgouin A, Alliez B, Martin C. Isovolume hypertonic solutes (sodium chloride or mannitol) in the treatment of refractory posttraumatic intracranial hypertension: 2 mL/kg 7.5% saline is more effective than 2 mL/kg 20% mannitol. Crit Care Med. 2003; 31:1683–1687

[126] Shackford SR, Bourguignon PR, Wald SL, Rogers FB, Osler TM, Clark DE. Hypertonic saline resuscitation of patients with head injury: a prospective, randomized clinical trial. J Trauma. 1998; 44:50–58

[127] Qureshi AI, Suarez JI, Castro A, Bhardwaj A. Use of hypertonic saline/acetate infusion in treatment of cerebral edema in patients with head trauma: experience at a single center. J Trauma. 1999; 47:659–665

[128] Brain Trauma Foundation, Povlishock JT, Bullock MR. Steroids. J Neurotrauma. 2007; 24:S91–S95

[129] Bullock R, Chesnut RM, Clifton G, et al. In: The role of glucocorticoids in the treatment of severe head injury. Guidelines for the Management of Severe Head Injury.The Brain Trauma Foundation (New York), The American Association of Neurological Surgeons (Park Ridge, Illinois), and The Joint Section of Neurotrauma and Critical Care; 1995

[130] The Brain Trauma Foundation. The American Association of Neurological Surgeons. The Joint Section on Neurotrauma and Critical Care. Role of steroids. J Neurotrauma. 2000; 17:531–535

[131] Braughler JM, Hall ED. Current Application of "High-Dose" Steroid Therapy for CNS Injury: A Pharmacological Perspective. J Neurosurg. 1985; 62:806–810

[132] Lam AM, Winn HR, Cullen BF, et al. Hyperglycemia and Neurologic Outcome in Patients with Head Injury. J Neurosurg. 1991; 75:545–551

[133] Roberts I, Yates D, Sandercock P, et al. Effects of intravenous corticosteroids on death within 14 days in 10,008 adults with clinically significant head injury (MRC CRASH trial): randomized placebo controlled trial. Lancet. 2004; 364

[134] Doppenberg EMR, Bullock R. Clinical neuro-protection trials in severe traumatic brain injury: lessons from previous studies. J Neurotrauma. 1997; 14:71–80

[135] Marshall LF, Maas AL, Marshall SB, et al. A multicenter trial on the efficacy of using tirilazad mesylate in cases of head injury. J Neurosurg. 1998; 89:519–525

[136] Grumme T, Baethmann A, Kolodziejczyk D, et al. Treatment of patients with severe head injury by triamcinolone: a prospective, controlled multicenter clinical trial of 396 cases. Res Exp Med (Berl). 1995; 195:217–229

[137] Brain Trauma Foundation, Povlishock JT, Bullock MR. Anesthetics, analgesics, and sedatives. J Neurotrauma. 2007; 24:S71–S76

[138] Lyons MK, Meyer FB. Cerebrospinal Fluid Physiology and the Management of Increased Intracranial Pressure. Mayo Clin Proc. 1990; 65:684–707

[139] Shapiro HM, Wyte SR, Loeser J. Barbiturate Augmented Hypothermia for Reduction of Persistent Intracranial Hypertension. J Neurosurg. 1979; 40:90–100

[140] Marshall LF, Smith RW, Shapiro HM. The Outcome with Aggressive Treatment in Severe Head Injuries. Part II: Acute and Chronic Barbiturate Administration in the Management of Head Injury. J Neurosurg. 1979; 50:26–30

[141] Rea GL, Rockswold GL. Barbiturate Therapy in Uncontrolled Intracranial Hypertension. Neurosurgery. 1983; 12:401–404

[142] Ward JD, Becker DP, Miller JD, et al. Failure of Prophylactic Barbiturate Coma in the Treatment of Severe Head Injury. J Neurosurg. 1985; 62:383–388

[143] Schwartz M, Tator C, Towed D, et al. The University of Toronto Head Injury Treatment Study: A Prospective Randomized Comparison of Pentobarbital and Mannitol. Can J Neurol Sci. 1984; 11:434–440

[144] Nordstrom C-H, Messeter K, Sundbarg G, et al. Cerebral Blood Flow, Vasoreactivity, and Oxygen Consumption During Barbiturate Therapy in Severe Traumatic Brain Lesions. J Neurosurg. 1988; 68:424–431

[145] Eisenberg HM, Frankowski RF, Contant CF, Marshall LF, et al. High-Dose Barbiturate Control of Elevated Intracranial Pressure in Patients with Severe Head Injury. J Neurosurg. 1988; 69:15–23

[146] Gilman AG, Goodman LS, Gilman A. Goodman and Gilman's The Pharmacological Basis of Therapeutics. New York 1980

[147] Ward JD, Becker DP, Miller JD, et al. Failure of Prophylactic Barbiturate Coma in the Treatment of Severe Head Injury. J Neurosurg. 1985; 62:383–388

[148] Boarini DJ, Kassell NF, Coester HC. Comparison of Sodium Thiopental and Methohexital for High-Dose Barbiturate Anesthesia. J Neurosurg. 1984; 60:602–608

[149] Spetzler RF, Martin N, Hadley MN, et al. Microsurgical Endarterectomy Under Barbiturate Protection: A Prospective Study. J Neurosurg. 1986; 65:63–73

57 Fraturas do Crânio

57.1 Informações gerais

Classificadas tanto fechadas (fraturas simples) quanto abertas (fraturas compostas).
Fraturas diastásicas se estendem dentro e separam suturas. Mais comum em crianças pequenas.[1]

57.2 Fraturas do crânio linear sobre a convexidade

Noventa por cento dos pacientes pediátricos são lineares e envolvem a calvária.
▶ Quadro 57.1 mostra alguns elementos de diferenciação para distinguir fraturas do crânio linear. Ver também indicações para escaneamento por CT é critério de internação para TBI (p. 830).
Por elas mesmas, fraturas do crânio lineares sobre a convexidade raramente exigem intervenção cirúrgica.

57.3 Fraturas do crânio comprimidas

Para considerações especiais em pediatria, ver Fratura do crânio depressivas (p. 915) na seção pediátrica.

57.3.1 Indicações para cirurgia

Ver **Guia de práticas clínicas: gerenciamento cirúrgico de fraturas do crânio comprimidas** (p. 882).
Algumas observações complementares acerca da cirurgia para elevar a fratura do crânio em um adulto:
1. considerar cirurgia para fratura do crânio comprimida com deficit atribuível ao cérebro
2. ✖ tratamento mais conservador é recomendado para fraturas sobrepostas aos principais seios venosos durais (**nota**: exceção: fratura comprimida sobrejacente e comprimindo um dos seios durais pode ser perigosa para elevar, e se o paciente for neurologicamente intacto, e sem indicação para operação (p. ex., fístula liquórica torna a cirurgia mandatória) pode ser mais bem gerenciado de forma conservadora)

Guia de prática clínica: gerenciamento cirúrgico de fraturas do crânio comprimidas

Indicações para cirurgia
Nível III:[2]
1. fratura aberta (composta)
   a) cirurgia de fratura comprimida > espessura da calvária e aqueles sem critérios encontrados para gerenciamento não cirúrgico listados abaixo
   b) o gerenciamento não cirúrgico pode ser considerado se:
      • não houver evidências (clínica ou CT) de penetração dural (vazamento de CSF, pneumoencéfalo intradural na CT...)
      • e sem hematoma intracraniano significativo
      • e compressão é < 1 cm
      • e sem envolvimento frontal dos seios frontais
      • e sem infecção na lesão ou contaminação grave
      • e sem deformidade estética grave
2. fratura comprimida fechada (simples): pode ser gerenciada cirurgicamente ou não cirurgicamente

Tempo de cirurgia
Nível III:[2] Cirurgia precoce para reduzir os riscos de infecção.

Método cirúrgico
Nível III:[2]
1. elevação e desbridamento são recomendados
2. opção: se não houver evidência de infecção na lesão, recolocação do osso primário
3. antibióticos devem ser usados para todas as fraturas comprimidas compostas

Quadro 57.1 Diferenciação das fraturas de crânio lineares a partir de resultados normais de filme simples

Característica	Fratura do crânio linear	Ranhura dos vasos	Linha da sutura
densidade	preto	cinza	cinza
curso	reto	curvo	acompanha o curso das linhas da sutura conhecidas
ramificação	geralmente não	sempre ramificado	adere outras linhas de sutura
largura	muito fino	mais espesso do que a fratura	recortado, amplo

Não há evidência que elevar a fratura do osso comprimida vá reduzir o desenvolvimento subsequente de convulsões pós-traumáticas,[3] que são provavelmente mais relacionadas com a lesão cerebral inicial.

57.3.2 Tratamento cirúrgico para fraturas no crânio comprimidas

Informações gerais

Agendando o caso: craniotomia para fratura no crânio comprimida

Ver também (padrão e ressalvas) (p. 27)
1. posição: (depende do local da fratura)
2. pós-operatório: ICU
3. sangue: análise e tipagem (para fraturas graves: tipo e amostra cruzada 2 U PRBC)
4. concordar (nos termos leigos do paciente – nem tudo incluído):
   a) procedimento: cirurgia na área da fratura do crânio para os fragmentos ósseos que podem ter sido deslocados, para reparar a cobertura do cérebro, para remover qualquer material estranho que pode ser identificado e qualquer dano permanente do tecido cerebral (p. ex., tecido cerebral morto), remova qualquer coágulo sanguíneo e pare qualquer hemorragia identificada, possível colocação de monitorização de pressão intracraniana. Se uma abertura grande for deixada no crânio, pode-se requerer cirurgia para corrigir em alguns meses (três ou mais)
   b) alternativos: gerenciamento não cirúrgico
   c) complicações – complicações normais da craniotomia (p. 28) – adicione qualquer lesão cerebral permanente que já tenha acontecido sem provável recuperação, convulsões podem ocorrer (com ou sem cirurgia), hidrocéfalo, infecção (incluindo infecção ou abscesso atrasado)

Considerações técnicas da cirurgia

Objetivos cirúrgicos (modificado[4])

1. desbridamento da borda da pele
2. remoção dos fragmentos ósseos
3. reparação da laceração dural
4. desbridamento do cérebro desvitalizado
5. reconstrução do crânio
6. fechamento da pele

Técnicas
1. com a fratura contaminada aberta (composta) pode ser necessário a remoção do osso afundado. Nesses casos, ou quando os seios aéreos estão envolvidos, para minimizar o risco de infecção do osso, alguns cirurgiões acompanham o paciente por 6 a 12 meses para excluir infecção antes de realizar uma cranioplastia cosmética. Não houve menor índice de infecção, conforme documentado, com a reposição de fragmentos ósseos; a imersão dos fragmentos em iodopovidona foi recomendada[4]
2. a elevação do osso pode ser facilitada pela perfuração de orifícios de trépano em volta do afundamento, utilizando tanto goivas como craniótomo para excisar a porção deprimida
3. em casos em que a laceração de seios durais mais importantes é suspeita, e a cirurgia é imposta, a preparação adequada deve ser feita pelo reparo dos seios durais;[5] Nota: o SSS frequentemente localiza-se à direita da sutura sagital (p. 61)

a) prepare para a grande perda de sangue
b) tenha um pequeno cateter de Fogarty pronto para temporariamente ocluir os seios
c) tenha um *shunt* dural pronto (*shunt* de Kapp-Gielchinsky, caso disponível, possui um balão inflável em ambas as extremidades)
d) preparar a área da veia safena para o enxerto
e) fragmentos ósseos que podem ter lacerado os seios devem ser removidos por último

57.4 Fraturas da base do crânio

57.4.1 Informações gerais

A maioria das fraturas da base (conhecidas como basilar) do crânio (BSF) são extensões das fraturas através da abóbada craniana.

Fraturas graves da base do crânio podem produzir lesões com tosquia da glândula hipofisária.

BSF, principalmente aqueles envolvendo o clivo, podem estar associadas a aneurisma traumático. Isto raramente ocorre em pacientes pediátricos.[6]

57.4.2 Alguns tipos específicos de fraturas

Fraturas ósseas temporais

Informações gerais

Apesar de sempre mescladas, existem dois tipos básicos de fraturas ósseas temporais:
- fratura longitudinal: mais comum (70-90%). Geralmente através da sutura petroescamosa paralela à e através de EAC. Geralmente pode ser diagnosticada em inspeção otoscópica do EAC. Geralmente passa entre a cóclea e os canais semicirculares (SCC) preservando os VII e VIII nervos, mas pode desarticular os ossículos do ouvido médio
- fratura transversa: perpendicular ao EAC. Frequentemente passa pela cóclea e pode causar estiramento do gânglio geniculado, resultando em déficits nos VIII e VII nervos, respectivamente.

Paralisia facial pós-traumática

A paralisia pós-traumática do nervo facial periférico unilateral pós-traumático pode ser associado com fraturas ósseas petrosas transversas, como notado acima.

Tratamento

O tratamento é sempre complicado pela multiplicidade das lesões (incluindo a lesão na cabeça que exige intubação endotraqueal) tornando difícil de determinar o começo da paralisia facial. Orientações:
1. independentemente do tempo de início:
   a) esteroides (glicocorticoide) são geralmente utilizados (eficácia não provada)
   b) consulta com médico ENT é geralmente indicada
2. início imediato da paralisia facial periférica unilateral: EMG facial (conhecida como eletroneuromiografia[7] ou ENOG) leva ao menos 72 horas para se tornar anormal. Esses casos são geralmente acompanhados e são possíveis candidatos para cirurgia de descompressão do VII nervo se não ocorrer melhora com esteroides (tempo de cirurgia é controverso, mas não é geralmente feito de modo emergencial)
3. início tardio da paralisia facial periférica unilateral: acompanhar com ENOGs em série, se a deterioração continuada do nervo ocorrer enquanto o uso de esteroides, e a atividade do ENOG reduzir para menos do que 10% do lado contralateral, a descompressão cirúrgica pode ser considerada (controversa apesar da melhora na recuperação de ≈ 40% para ≈ 75% dos casos)

Fraturas de clivo

Ver referência.[8]

Três categorias (75% são longitudinais ou transversas):
1. longitudinal: pode ser associada a lesões nos vasos vertebrobasilares, incluindo:
   a) dissecção ou oclusão: pode causar infarto do tronco cerebral
   b) aneurisma traumático
2. transversa: pode ser associada a lesões da circulação anterior
3. oblíqua

Fraturas de clivo são altamente letais e podem estar associadas a:
1. déficit no nervo craniano: principalmente III até o VI; hemianopsia bitemporal
2. fístula de CSF

3. diabetes insípido
4. desenvolvimento tardio do aneurisma traumático[9]

Fraturas do côndilo occipital

Essas são consideradas na sessão de Fraturas espinais (p. 966).

57.4.3 Diagnóstico radiográfico

BSF aparece como luzes lineares através da base do crânio.

O escaneamento por CT com projeções multiplanares é o meio mais sensível para demonstrar BSF diretamente.

Raios X do crânio simples e critério clínico (ver abaixo) podem também ser capazes de fazer o diagnóstico.

Descobertas radiográficas indiretas (na CT ou filme simples) que sugerem BSF incluem: pneumocéfalo (diagnóstico de BSF na ausência de uma fratura aberta da abóbada craniana), níveis de ar/ fluidos dentro ou opacificação dos seios aéreos com fluidos (sugestivo).

57.4.4 Diagnóstico clínico

Alguns desses sinais podem levar algumas horas para se desenvolverem. Os sinais incluem:
1. otorreia ou rinorreia do CSF
2. hemotímpano ou laceração do canal auditivo externo
3. equimoses pós-auricular (sinal de Battle)
4. equimose periorbitária (olhos de Guaxinim) na ausência do trauma orbital direto, principalmente se for bilateral
5. lesão do nervo craniano:
    a) VII e/ou VIII: geralmente associado à fratura óssea temporal
    b) lesão do nervo olfatório (Cr. N. I): geralmente ocorre com a fossa anterior BSF e resulta em anosmia, essa fratura pode-se estender ao canal óptico e causar lesão no nervo óptico (Cr. N. II)
    c) lesão do VI: pode ocorrer com fraturas através do clivo (ver abaixo)

57.4.5 Tratamento

Tubos NG

✖ Precauções: casos têm sido relatados com BSF onde o tubo NG passou intracranianamente através da fratura[10,11,12] e é associado a resultado fatal em 64% dos casos. Mecanismos possíveis incluem: placa cribriforme que é fina (congênita ou decorrente da sinusite crônica) ou fraturada (decorrente da fratura da base do crânio frontal ou da fratura cominutiva através da base do crânio).

Contraindicações sugeridas para inserção às cegas do tubo NG incluem: trauma com possível fratura na base do crânio, presença de rinoliquorreia*, meningite com sinusite crônica.

Antibióticos profiláticos

O uso de rotina de antibióticos profiláticos é controverso. Isto permanece verdadeiro até na presença da fístula do CSF; ver fístula do CSF (craniana) (p. 384). Entretanto, a maioria dos médicos ENT recomendam tratar as fraturas através dos seios nasais como fraturas contaminadas abertas, e eles usam antibióticos de amplo espectro (p. ex., ciprofloxacino) por 7-10 dias.

Tratamento de BSF

A maioria não requer tratamento. Entretanto, condições que podem ser associadas com BSF que podem exigir tratamento específico incluem:
1. aneurisma traumático (p. 1227)[13]
2. fístula carótico-cavernosa pós-traumática (p. 1256)
3. fístula do CSF: tratamento operatório pode ser requerido em casos de rinoliquorreia persistente; ver fístula do CSF (craniana) (p. 384)
4. meningite ou abscesso cerebral: pode ocorrer com BSF dentro dos seios aéreos (frontal ou mastoide) até na ausência de vazamento do CSF identificável. Pode até ocorrer muitos anos após o BSF ter sido mantido; ver meningite traumática pós-cranioespinal/ meningite pós-traumática (p. 318)
5. deformidades cosméticas
6. paralisia facial pós-traumática (abaixo)

---

*N. do RT.: não há tradução de CSF rhinorrhea para o português.

57.5 Fraturas craniofaciais

57.5.1 Fraturas nos seios frontais

Informações gerais

Fraturas nos seios frontais são responsabilizadas por 5-15% de fraturas faciais.

Na presença de fraturas nos seios frontais aéreos cranianos (pneumoencéfalo) na CT até sem evidência clínica de vazamento do CSF, deve ser presumido devido à laceração dural (apesar de isso também poder ser decorrente da fratura na base do crânio, abaixo).

Anestesia na testa pode ocorrer em decorrência do envolvimento do nervo supratroclear e/ou supraorbital.

Os riscos de fraturas na parede posterior não são imediatos, mas podem ser retardados (algumas até por meses ou anos) e incluem:
1. abscesso cerebral
2. vazamento de CSF com risco de meningite
3. formação de cisto ou mucocele: lesão na mucosa dos seios frontais tem uma predileção mais alta para formação de mucocele do que outros seios.[14] Mucoceles podem também se desenvolver como resultado de obstrução do ducto frontonasal decorrente da fratura ou inflamação crônica. Mucoceles são propensas à infecção (mucopiocele) que podem desgastar o osso e expor a dura com risco de infecção

Considerações anatômicas dos seios frontais

Os seios frontais começam a aparecer em torno dos dois anos de idade e tornam-se radiograficamente visíveis pelos oito anos, quando se estendem acima da lâmina orbital superior.[15] Os seios são alinhados com o epitélio respiratório, a secreção mucosa que drena através do ducto frontonasal medial e inferiormente, no meato nasal médio.

Considerações cirúrgicas

Indicações

Fraturas lineares da parede anterior dos seios frontais são tratadas de modo conservador.

Indicações para exploração das fraturas da parede posterior são *controversas*.[16] Alguns discutem que poucos mm de deslocamento, ou que a fístula do CSF que resolve, pode não exigir exploração. Outros veementemente discordam.

Técnica

Na presença de laceração na testa traumática, os seios frontais podem ficar expostos pela incorporação criteriosa da laceração na incisão da testa. Sem tal laceração, tanto a incisão da pele bicoronal (Souttar) quanto a incisão em borboleta (através da parte mais baixa da sobrancelha atravessando próximo à linha média da glabela) é usada.

Na presença de pneumoencéfalo, se nenhuma laceração evidente for encontrada, a dura sob a superfície do lobo frontal deve ser conferida pelos vazamentos. Inspeção extradural e reparo são raramente indicados; o ato de levantar a dura da superfície da fossa frontal na região dos seios etmodais geralmente cria lacerações.[17] A reparação intradural é realizada usando um enxerto (fáscia lata é mais desejável; periósteo é mais fino mas é sempre aceitável) que é realizado no local com sutura e deve-se estender por todo o caminho das costas da crista da asa esfenoide (selante de fibrina pode ser um complemento útil).

A lâmina periosteal é colocada transversalmente à superfície da fossa frontal para ajudar a isolar a dura dos seios frontais e prevenir a fístula do CSF.

Lidando com seios frontais

✖ O enchimento simples dos seios (com cera óssea, Gelfoam®, músculo ou gordura) aumenta a possibilidade de infecção ou formação de mucocele.

A parede posterior dos seios é removida (assim chamada de cranialização dos seios frontais). Os seios então são tratados (a mucosa é arrancada das paredes dos seios até o ducto nasofrontal, a mucosa é invertida sobre ela mesma na região do ducto e é então preenchida dentro do ducto, tampões de músculo temporal são então colocados tamponando o do ducto frontonasal[16]), então a parede óssea dos seios é perfurada com uma broca de diamante para remover pequenos resquícios de mucosa encontrados na superfície do osso que pode proliferar e formar uma mucocele.[14] Se houver qualquer resquício de seios, isto pode então ser preenchido com gordura abdominal que preenche todos os cantos da cavidade. Riscos pós-operatórios relacionados com a lesão dos seios frontais incluem: infecção, formação de mucocele e vazamento de CSF.

57.5.2 Fraturas de Le Fort

Complexas fraturas através de "planos de clivagem" inerentemente fracos, resultando em um segmento instável ("face oscilante"). Mostrado na ▶ Fig. 57.1 (geralmente ocorre como variantes desse esquema básico).
- Le Fort I: fratura transmaxilar conhecida como *transversa*. A linha da fratura atravessa a placa pterigoide e maxila apenas acima do ápice dos dentes superiores. Pode adentrar os seios maxilares
- Le Fort II: piramidal. A fratura se estende para cima pela lâmina orbital inferior e da superfície orbital para a parede orbital média, então atravessa a sutura nasofrontal. sempre do inferior para área nasal
- Le Fort III: deslocamento craniofacial. Envolve o arco zigomático, sutura zigomática-frontal, sutura nasofrontal, placas pterigoides e superfície orbital (separando maxila do crânio). Requer força significativa; portanto, é frequentemente associada a outras lesões incluindo lesões cerebrais

57.6 Pneumoencéfalo

57.6.1 Informações gerais

Conhecida como aerocele (intra) cranial, pneumatocele, é definida como a presença de gás intracraniano. É fundamental distinguir isto do pneumocéfalo hipertensivo que é gás sob pressão (ver abaixo). O gás pode estar localizado em qualquer um dos seguintes componentes: epidural, subdural, subaracnoide, intraparenquimatoso, intraventricular.

57.6.2 Etiologias do pneumoencéfalo

Qualquer coisa que pode causar vazamento no CSF pode produzir pneumoencéfalo associado (p. 386).
1. defeitos no crânio
   a) procedimento pós-neurocirúrgico
      - craniotomia: risco é mais alto quando o paciente é operado na posição sentada[18]
      - Inserção de manobra[19,20]
      - drenagem por trepanação de hematoma subdural crônico:[21,22] incidência é provavelmente < 2,5%[22] apesar de taxas mais altas terem sido relatadas
   b) pós-traumático
      - fratura através dos seios aéreos (frontal, etmoide...): incluindo fratura da base do crânio
      - fratura aberta sobre convexidade (geralmente com laceração dural)
   c) defeitos congênitos no crânio: incluindo defeito na membrana do tímpano[23]
   d) neoplasia (osteoma,[24] epidermoide,[25] tumor hipofisário): geralmente causada pela erosão do tumor através da superfície da sela rumo aos seios esfenoides.
2. infecção
   a) com organismos produtores de gás
   b) mastoidite

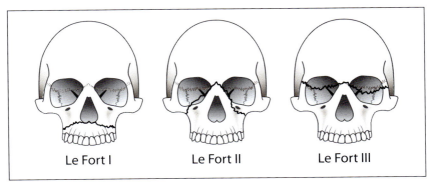

Fig. 57.1 Fraturas tipo Le Fort.

3. procedimento pós-invasivo:
   a) punção lombar
   b) ventriculostomia
   c) anestesia espinal[26]
4. trauma espinal (LP pode também ser incluída aqui)
5. barotrauma:[27] p. ex. com mergulhadores (possivelmente através de um defeito no tégmen tímpânico*)
6. pode ser potencializado por um dispositivo de drenagem na presença do vazamento de CSF[28]

57.6.3 Apresentação
H/A em 38%, N/V, convulsões, vertigem e obnubilação.[29] A ausculta de gás e líquido intracraniano é rara (ocorrendo em ≈ 7%), mas achado patognomônico. Pneumocéfalo hipertensivo pode ainda causar sinais e sintomas, assim como qualquer outra massa (pode causar déficit focal ou ICP aumentada).

57.6.4 Diagnóstico diferenciado (coisas que podem imitar pneumoencéfalo)
Apesar da baixa densidade intracraniana na CT, pode ser associado a epidermoide, lipoma ou CSF, nada é tão intensivamente escuro quanto o ar. Isto pode sempre ser mais bem apreciado nas janelas ósseas do que nas janelas do tecido mole.

57.6.5 Tensão pneumoencefálica
O gás intracraniano pode desenvolver pressão elevada nos seguintes casos:
1. quando a anestesia de óxido nitroso não é descontinuada antes do fechamento da dura[30]; ver óxido nitroso, N_2O (p. 105)
2. quando um efeito de válvula esférica ocorre decorrente da abertura do compartimento intracraniano com tecido mole (p. ex., cérebro) que pode permitir a entrada de ar, mas evita a saída de ar ou CSF
3. quando o ar encurralado à temperatura ambiente se expande com o aquecimento da temperatura corporal: um aumento modesto de apenas ≈ 4% resulta deste efeito[31]
4. na presença de produção continuada pelos organismos produtores de gás

57.6.6 Diagnóstico
Pneumoencéfalo é o mais fácil de ser diagnosticado na CT[32] que pode detectar quantidades de ar tão baixas quanto 0,5 mL. O ar aparece com preto escuro (mais escuro do que CSF) e tem um coeficiente Hounsfield de – 1.000. Uma característica encontrada com o pneumoencéfalo bilateral é o sinal de Mt. Fuji em que dois polos frontais aparecem no topo e são cercados e separados por ar, semelhante à silhueta dos picos gêmeos do Mt. Fuji[22] (ver ▶ Fig. 57.2). Gás intracraniano pode também ser evidente nos raios X simples do crânio.

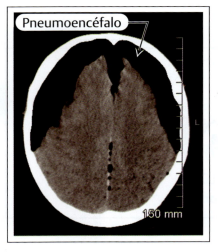

Fig. 57.2 Sinais do Mt. Fuji com pneumoencéfalo bilateral. Escaneamento de CT sem contraste axial.

---

*N. do RT.: é correto a nomenclatura de tégmen timpânico em anatomia.

Já que o pneumoencéfalo simples geralmente não exige tratamento, é importante diferenciá-lo do pneumoencéfalo hipertensivo, que pode precisar ser removido caso seja sintomática. Pode ser um pouco difícil distinguir os dois; o cérebro reduzido p. ex. pelo hematoma subdural crônico pode não expandir imediatamente ao pós-operatório, e o buraco de gás pode imitar a aparência do gás sob pressão.

57.6.7 Tratamento

Quando o pneumoencéfalo é causado pelo organismo produtor de gás, o tratamento de infecção primária é iniciado, e o pneumoencéfalo é geralmente acompanhado.

O tratamento de pneumoencéfalo não infeccioso depende de se há ou não a suspeita da presença de vazamento de CSF. Se não houver vazamento, o gás vai ser reabsorvido com o tempo e se o efeito em massa não for grave, ele vai ser simplesmente acompanhado. Se o vazamento de CSF for suspeito, o gerenciamento é como em qualquer fístula de CSF, ver fístula de CSF (craniana) (p. 384).

O tratamento de pneumoencéfalo no pós-operatório sintomático ou significativo pela respiração de 100% de O_2 via uma máscara respiratória aumenta a taxa de reabsorção[33] (100% FiO_2 pode ser tolerado para 24-48 horas sem toxidade pulmonar séria[34]).

Pneumoencéfalo hipertensivo produzindo sintomas significativos deve ser removido. A urgência é semelhante à do hematoma intracraniano. A melhora rápida e drástica pode ocorrer com a liberação de gás sob pressão. As opções incluem recolocação de uma nova broca helicoidal ou trepanação, ou inserção de uma agulha espinal através da trepanação já preexistente (p. ex., acompanhando uma craniotomia).

Referências

[1] Mealey J, Section of Pediatric Neurosurgery of the American Association of Neurological Surgeons. In: Skull Fractures. Pediatric Neurosurgery. 1st ed. New York: Grune and Stratton; 1982:289–299

[2] Bullock MR, Chesnut RM, Ghajar J, et al. Surgical management of depressed cranial fractures. Neurosurgery. 2006; 58:S56–S60

[3] Jennett B. Epilepsy after Non-Missile Head Injuries. 2nd ed. London: William Heinemann; 1975

[4] Raffel C, Litofsky NS, Cheek WR, Marlin AE, McLone DG, Reigel DH, Walker ML, American Society of Pediatric Neurosurgeons Section of Pediatric Neurosurgery of the A.A.N.S.. In: Skull fractures. Pediatric Neurosurgery: Surgery of the Developing Nervous System. 3rd ed. Philadelphia: W.B. Saunders; 1994:257–265

[5] Kapp JP, Gielchinsky I, Deardourff SL. Operative Techniques for Management of Lesions Involving the Dural Venous Sinuses. Surg Neurol. 1977; 7:339–342

[6] Buckingham MJ, Crone KR, Ball WS, Tomsick TA, Berger TS, Tew JM. Traumatic Intracranial Aneurysms in Childhood: Two Cases and a Review of the Literature. Neurosurgery. 1988; 22:398–408

[7] Esslen E, Miehlke A. In: Electrodiagnosis of Facial Palsy. Surgery of the Facial Nerve. 2nd ed. Philadelphia: W. B. Saunders; 1973:45–51

[8] Feiz-Erfan I, Ferreira MAT, Rekate HL, Petersen SR. Longitudinal clival fracture: A lethal injury survived. BNI Quarterly. 2001; 17

[9] Meguro K, Rowed DW. Traumatic aneurysm of the posterior inferior cerebellar artery caused by fracture of the clivus. Neurosurgery. 1985; 16:666–668

[10] Seebacher J, Nozik D, Mathieu A. Inadvertend Intracranial Introduction of a Nasogastric Tube. A Complication of Severe Maxillofacial Trauma. Anesthesia. 1975; 42:100–102

[11] Wyler AR, Reynolds AF. An Intracranial Complication of Nasogastric Intubation: Case Report. J Neurosurg. 1977; 47:297–298

[12] Baskaya MK. Inadvertend Intracranial Placement of a Nasogastric Tube in Patients with Head Injuries. Surg Neurol. 1999; 52:426–427

[13] Benoit BG, Wortzman G. Traumatic Cerebral Aneurysms: Clinical Features and Natural History. J Neurol Neurosurg Psychiatry. 1973; 36:127–138

[14] Donald PJ. The Tenacity of the Frontal Sinus Mucosa. Otolaryngol Head Neck Surg. 1979; 87:557–566

[15] El-Bary THA. Neurosurgical Management of the Frontal Sinus. Surg Neurol. 1995; 44:80–81

[16] Robinson J, Donald PJ, Pitts LH, Wagner FC. In: Management of Associated Cranial Lesions.

Craniospinal Trauma. New York: Thieme Medical Publishers, Inc.; 1990:59–87

[17] Lewin W. Cerebrospinal Fluid Rhinorrhea in Closed Head Injuries. Br J Surgery. 1954; 17:1–18

[18] Lunsford LD, Maroon JC, Sheptak PE, et al. Subdural Tension Pneumocephalus: Report of Two Cases. J Neurosug. 1979; 50:525–527

[19] Little JR, MacCarty CS. Tension Pneumocephalus After Insertion of Ventriculoperitoneal Shunt for Aqueductal Stenosis: Case Report. J Neurosurg. 1976; 44:383–385

[20] Pitts LH, Wilson CB, Dedo HH, Anderson RE. Pneumocephalus Following Ventriculoperitoneal Shunt: Case Report. J Neurosurg. 1975; 43:631–633

[21] Caron J-L, Worthington C, Bertrand G. Tension Pneumocephalus After Evacuation of Chronic Subdural Hematoma and Subsequent Treatment with Continuous Lumbar Subarachnoid Infusion and Craniostomy Drainage. Neurosurgery. 1985; 16:107–110

[22] Ishiwata Y, Fujitsu K, Sekino T, et al. Subdural Tension Pneumocephalus Following Surgery for Chronic Subdural Hematoma. J Neurosurg. 1988; 68:58–61

[23] Dowd GC, Molony TB, Voorhies RM. Spontaneous Otogenic Pneumocephalus: Case Report and Review of the Literature. J Neurosurg. 1998; 89:1036–1039

[24] Mendelsohn DB, Hertzanu Y, Friedman R. Frontal Osteoma with Spontaneous Subdural and Intracerebral Pneumatacele. J Laryngol Otol. 1984; 98:543–545

[25] Clark JB, Six EG. Epidermoid Tumor Presenting as Tension Pneumocephalus. J Neurosurg. 1984; 60:1312–1314

[26] Roderick L, Moore DC, Artru AA. Pneumocephalus with Headache During Spinal Anesthesia. Anesthesiology. 1985; 62:690–692

[27] Goldmann RW. Pneumocephalus as a Consequence of Barotrauma: Case Report. JAMA. 1986; 255:3154–3156

[28] Black PM, Davis JM, Kjellberg RN, et al. Tension Pneumocephalus of the Cranial Subdural Space: A Case Report. Neurosurgery. 1979; 5:368–370

[29] Markham TJ. The Clinical Features of Pneumocephalus Based on a Survey of 284 Cases with Report of 11 Additional Cases. Acta Neurochir. 1967; 15:1–78

[30] Raggio JF, Fleischer AS, Sung YF, et al. Expanding Pneumocephalus due to Nitrous Oxide Anesthesia: Case Report. Neurosurgery. 1979; 4:261–263

[31] Raggio JF. Comment on Black P M, et al.: Tension Pneumocephalus of the Cranial Subdural Space: A Case Report. Neurosurgery. 1979; 5

[32] Osborn AG, Daines JH, Wing SD, et al. Intracranial Air on Computerized Tomography. J Neurosurg. 1978; 48:355–359

[33] Gore PA, Maan H, Chang S, Pitt AM, Spetzler RF, Nakaji P. Normobaric oxygen therapy strategies in the treatment of postcraniotomy pneumocephalus. J Neurosurg. 2008; 108:926–929

[34] Klein J. Normobaric pulmonary oxygen toxicity. Anesth Analg. 1990; 70:195–207

58 Condições Hemorrágicas Traumáticas

58.1 Lesões parenquimatosas pós-traumáticas

58.1.1 Edema cerebral

Descompressão cirúrgica é ocasionalmente uma opção; ver **Guia de prática clínica: Edema cerebral pós-traumático** (p. 891).

Guia de prática clínica: Edema cerebral pós-traumático

Indicações e momento da cirurgia
Nível III:[1] craniectomia descompressiva bifrontal em até 48h da lesão é a opção terapêutica para pacientes com edema cerebral difuso pós-traumático, clinicamente refratário e associado à IC-HTN.

58.1.2 Lesões difusas

Pacientes com lesões difusas graves ocasionalmente podem ser considerados para craniectomia descompressiva: ver **Guia de prática clínica: Lesões difusas** (p. 891).

Guia de prática clínica: Lesões difusas

Indicações para cirurgia
Nível III:[1] craniectomia descompressiva é uma opção para pacientes com IC-HTN refratária e lesão parenquimatosa difusa, com evidência clínica e radiográfica de herniação transtentorial iminente.

58.2 Contusão hemorrágica

58.2.1 Informações gerais

Conhecida como hemorragia intracerebral traumática (TICH). A definição não foi uniformemente acordada. Frequentemente considerada como áreas de alta densidade na CT (alguns excluem áreas < 1 cm de diâmetro[2]). TICH geralmente produz um efeito de massa muito menor do que seu tamanho aparente. Ocorre mais comumente em áreas onde a desaceleração súbita da cabeça provoca impacto do cérebro contra as proeminências ósseas (p. ex., polos temporal, frontal e occipital) em forma de golpe ou contragolpe.

TICH geralmente aumenta e/ou coalesce com o tempo, como observado em CTs seriadas. Também podem aparecer de forma tardia (abaixo). Hipodensidade adjacente pode representar edema cerebral associado. Geralmente, uma CT realizada meses depois surpreendentemente exibe mínima ou nenhuma encefalomalacia.

58.2.2 Tratamento

Guia de prática clínica: Controle cirúrgico da TICH

- Nível III:[1] Indicações para evacuação cirúrgica da TICH:
  - deterioração neurológica progressiva atribuível à TICH, IC-HTN clinicamente refratária ou sinais de efeito de massa na CT
  - ou volume da TICH > 50 cm^3 cc ou mL
  - ou GCS = 6-8, com um volume de TICH frontal ou temporal > 20 cm^3, com desvio da linha média (MLS) ≥ 5 mm (p. 921) e/ou cisternas basais comprimidas na CT (p. 921)
- tratamento não operatório com monitorização intensiva e imagens seriadas: pode ser usado para TICH sem comprometimento neurológico, sem um efeito de massa significativo na CT e ICP controlada

58.2.3 Hemorragia intracerebral traumática tardia (DTICH)

TICH demonstrada nas imagens e que não foi evidenciada na CT realizada no início da internação.

Incidência de DTICH em pacientes com GCS ≤ 8: ≈ 10%[3,4] (a incidência relatada varia com a resolução do tomógrafo,[5] momento de varredura e definição). A maioria das DTICH ocorre em até 72 horas do trauma.[4] Alguns pacientes parecem estar bem e, então, apresentam um evento apoplético (embora a DTICH seja responsável por apenas 12% dos pacientes que "falam e deterioram"[6]).

Fatores que contribuem com a formação de DTICH incluem coagulopatia local ou sistêmica, hemorragia na área de amolecimento de tecido necrótico cerebral, coalescência de micro-hematomas extravasados.[7]

O tratamento é o mesmo que para TICH (ver acima).

O prognóstico descrito na literatura para pacientes com DTICH é geralmente desfavorável, com uma mortalidade variando de 50-75%.[7]

58.3 Hematoma epidural

58.3.1 Informações gerais

Incidência de hematoma epidural (EDH): 1% das internações por trauma craniano (o que representa ≈ 50% da incidência de hematomas subdurais agudos). Razão homem:mulher = 4:1. Geralmente ocorre em adultos jovens, e é raro antes de 2 anos ou após 60 anos de idade (talvez porque a dura seja mais aderente à tábua interna nesses grupos).

O dogma era de que uma fratura craniana temporoparietal rompe a artéria meníngea média à medida que esta abandona seu sulco ósseo para entrar no crânio na região do ptérion, causando sangramento arterial que gradualmente separa a dura da tábua interna, o que resulta em uma deterioração tardia. Hipótese alternativa: dissecção da dura da tábua interna ocorre primeiramente, seguido pelo sangramento no interior do espaço criado.

Fonte do sangramento: 85% = sangramento arterial (a artéria meníngea média é a fonte mais comum dos EDHs da fossa média). Muitos dos casos restantes ocorrem por causa do sangramento da veia meníngea média ou seio dural.

70% ocorrem lateralmente sobre os hemisférios, com seus epicentros no ptérion, e o restante ocorre nas fossas frontal, occipital e posterior (5-10% cada).

58.3.2 Apresentação com EDH

Apresentação "de livro-texto" (< 10%-27% têm esta apresentação clássica[8]):
- breve perda da consciência (LOC) pós-traumática: **por causa do impacto inicial**
- seguida por um "intervalo lúcido" por várias horas
- em seguida, prostração, hemiparesia contralateral, dilatação pupilar ipsolateral em consequência do efeito compressivo do hematoma

Deterioração geralmente ocorre ao longo de algumas horas, porém pode levar dias e, raramente, semanas (intervalos mais longos podem estar associados a um sangramento venoso).

Outros achados: H/A, vômito, convulsão (pode ser unilateral), hemi-hiper-reflexia + sinal de Babinski unilateral e pressão liquórica elevada (atualmente, a LP é raramente usada). Bradicardia é geralmente um achado tardio. Em pacientes pediátricos, deve-se suspeitar de EDH se houver uma queda de 10% no hematócrito após a internação.

Hemiparesia contralateral não é uniformemente observada, especialmente quando o EDH ocorre em outros locais que não lateralmente sobre o hemisfério. Deslocamento do tronco encefálico para longe da massa pode produzir compressão do pedúnculo cerebral oposto sobre a fossa tentorial, o que pode causar hemiparesia ipsolateral (chamada de fenômeno de Kernohan ou fenômeno da fossa de Kernohan),[9] um sinal de localização falso.

60% dos pacientes com EDH têm uma pupila dilatada, 85% das quais são *ipsolaterais*.

Nenhuma perda inicial da consciência ocorre em 60%. Nenhum intervalo lúcido em 20%. Nota: um intervalo lúcido também pode ser observado em outras condições (incluindo hematoma subdural).

58.3.3 Diagnóstico diferencial

- hematoma subdural
- um distúrbio pós-traumático descrito por Denny-Brown, consistindo em um "intervalo lúcido" seguido por bradicardia, breves períodos de inquietação e vômito, sem massa ou hipertensão intracraniana. Crianças, especialmente, podem apresentar H/A e podem-se tornar sonolentas e confusas. Teoria: uma forma de síncope vagal. CT deve ser realizada para descartar EDH

58.3.4 Avaliação

Radiografias simples do crânio

Geralmente não são úteis. Nenhuma fratura é identificada em 40% dos EDHs. Nestes casos, a idade do paciente era quase sempre < 30 anos.

CT no EDH

Aparência "clássica" na CT ocorre em 84% dos casos: formato biconvexo (lenticular) de alta densidade adjacente ao crânio. Em 11%, o lado contrário ao crânio é convexo, e aquele ao longo do cérebro é reto e, em 5%, o formato é de crescente (semelhante ao hematoma subdural).[10] Um EDH pode atravessar a foice cerebral (diferente da hemorragia subdural, que é limitada a um lado da foice), mas é geralmente limitado às suturas cranianas. O EDH normalmente tem uma densidade uniforme, bordas bem definidas em múltiplos cortes, hiperatenuação (sangue não diluído), encontra-se adjacente à tábua interna, geralmente confinado a um pequeno segmento da calota craniana. Efeito compressivo é frequente. Ocasionalmente, um hematoma epidural pode ser isodenso em relação ao cérebro, e não aparecer, a menos que um meio de contraste IV seja administrado.[10] Padrões mosqueado de densidade foram descritos como um achado no EDH hiperagudo.[11]

58.3.5 Mortalidade no EDH

Geral: 20-55% (taxas mais elevadas em séries mais antigas). Um diagnóstico adequado e um tratamento dentro de algumas horas resultam em uma mortalidade estimada em 5-10% (12% em uma recente série com CT[12]). A ausência de intervalo lúcido duplica essa mortalidade. Sinal de Babinski ou descerebração bilateral no pré-operatório → prognóstico mais desfavorável. Morte geralmente resulta de parada respiratória secundária a uma herniação uncal, causando lesão ao mesencéfalo.

20% dos pacientes com EDH na CT também apresentam ASDH na autópsia ou cirurgia. A mortalidade na presença simultânea de ambas as lesões é mais elevada, com uma taxa relatada de 25-90%.

58.3.6 Tratamento do EDH

Clínico

A CT é capaz de detectar pequenos EDHs e pode ser usada para acompanhá-los. No entanto, na maioria dos casos, o EDH é uma condição cirúrgica (abaixo).

O tratamento não cirúrgico pode ser tentado nas seguintes situações:

EDH crônico ou subagudo pequeno (espessura máxima ≤ 1 cm),[13] com mínimos sinais/sintomas neurológicos (p. ex., leve letargia, H/A) e nenhuma evidência de herniação. Embora o controle clínico de EDHs da fossa posterior tenha sido relatado, estes são mais perigosos, e a cirurgia é recomendada.

Em 50% dos casos, haverá um leve aumento transitório no tamanho entre os dias 5-16, e alguns pacientes necessitaram de uma craniotomia de emergência, quando havia sinais de herniação.[14]

Controle

O controle inclui: internar, observar (em cama monitorizada, se possível). Opcional: esteroides por vários dias e, então, redução gradual da dose. CT de seguimento: em 1 semana quando clinicamente estável. Repetir em 1-3 meses se o paciente se tornar assintomático (para documentar a resolução). Cirurgia imediata na presença de sinais de efeito de massa local, sinais de herniação (aumento do torpor, alterações pupilares, hemiparesia...) ou anormalidades cardiorrespiratórias.

Cirúrgico

Indicações e momento da cirurgia

Ver também mais detalhes (p. 893). EDH em pacientes pediátricos é mais arriscado do que em adultos, visto que há menos espaço para coágulo. O limiar para cirurgia em pacientes pediátricos deve ser bastante baixo.

Guia de prática clínica: Tratamento cirúrgico do EDH

Indicações para cirurgia

Nível III:[15]

1. EDH de volume > 30 cm³ deve ser evacuado, independente do GCS
2. EDH com todas as características abaixo pode ser controlado sem cirurgia, com imagens seriadas de CT e observação neurológica rigorosa em um centro neurocirúrgico:
   a) volume < 30 cm³
   b) e espessura < 15 mm

c) e com desvio da linha média (MLS) < 5 mm (p. 921)
d) e GCS > 8
e) e ausência de déficit neurológico focal

Momento da cirurgia

Nível III:[15] é altamente recomendável que os pacientes com um EDH agudo, GCS < 9 e anisocoria sejam submetidos a uma evacuação cirúrgica o mais rápido possível.
(Nota: Volume de uma lente = $1,6$ a $2 \times r^2 t = 0,4$ a $0,5 \times d^2 t \approx (A \times B \times T)/2$ como em um elipsoide, 1/2 do produto do tempo vezes o diâmetro AP e a espessura T. Para um EDH de 1,5 cm de espessura ser < 30 cc, teria que ter um diâmetro (não o raio) < 6,3–7 cm. Para um EDH de 1 cm de espessura ser < 30 cc, teria que ter um diâmetro < 7,7–8,6 cm.)

Agendando o caso: Craniotomia para EDH/SDH agudo

Ver também negligências e isenções de responsabilidade (p. 27)
1. posição: (depende do local de sangramento, geralmente em decúbito dorsal)
2. sangue: tipagem sanguínea e fator Rh (para SDH grave: T e C 2 U PRBC)
3. pós-operatório: ICU
4. consentimento (em termos leigos para o paciente - não completamente abrangentes):
   a) procedimento: cirurgia através do crânio para remover coágulo sanguíneo, interromper qualquer sangramento, possível colocação de monitor de pressão intracraniana
   b) alternativas: controle não cirúrgico
   c) complicações: complicações usuais da craniotomia (p. 28) mais sangramento adicional, o que pode causar problemas (especialmente em pacientes sendo tratados com anticoagulantes, antiplaquetários incluindo aspirina, ou aqueles com anormalidades da coagulação ou prévios sangramentos) e pode necessitar de cirurgia adicional, qualquer lesão cerebral permanente ocorrida anteriormente não é provável de se recuperar, hidrocefalia

Problemas técnicos cirúrgicos

Evacuação é realizada na sala de cirurgia, a menos que ocorra uma hérnia no pronto-socorro e o acesso à sala de cirurgia não esteja dentro de um prazo aceitável. Objetivos:
1. remoção do coágulo: diminui a ICP e elimina o efeito compressivo focal. O sangue é geralmente um coágulo espesso e, portanto, a exposição deve fornecer acesso à grande parte do coágulo. Craniotomia possibilita uma evacuação mais completa do hematoma do que, p. ex., os orifícios de trepanação[15]
2. hemostasia: tecido mole com sangramento coagulado (veias e artérias durais). Aplicar cera óssea aos sangrantes intradiploicos (p. ex., artéria meníngea média). Também requer uma exposição grande
3. prevenção de reacúmulo: (algum sangramento pode recorrer, e a dura está agora descolada da tábula interna) colocar suturas durais nas bordas da craniotomia e usar uma sutura central "em tenda"

58.3.7 Casos especiais de hematoma epidural

Hematoma epidural tardio (DEDH)

Definição: um EDH que não está presente na CT inicial, mas é encontrado na CT subsequente. Compreende 9-10% de todos os EDHs em diversas séries.[16,17]
Os fatores de risco teóricos para DEDH incluem os seguintes (Nota: muitos destes fatores de risco podem ocorrer *após* o paciente ser internado e depois de uma CT inicial negativa):
1. redução da ICP por medicamentos (p. ex., diuréticos osmóticos) e/ou cirurgicamente (p. ex., evacuando o hematoma contralateral), o que reduz o efeito de tamponamento
2. correção rápida do choque ("pico" hemodinâmico pode causar DEDH)[18]
3. coagulopatias

A observação concorda com o que se poderia prever com base no anterior, em que o DEDH tende a ocorrer em pacientes com trauma craniano grave e lesões sistêmicas associadas. No entanto, o DEDH já foi algumas vezes relatado em trauma craniano *leve* (GCS > 12).[19] Presença de uma fratura craniana foi identificada como uma característica comum do DEDH.[19]
Chave para o diagnóstico: alto índice de suspeita. Evitar uma falsa sensação de segurança conferida por uma CT "não cirúrgica" inicial. 6 de 7 pacientes em uma série melhoraram ou permaneceram inalterados

Condições Hemorrágicas Traumáticas **895**

neurologicamente apesar do aumento de volume do EDH (a maioria se deteriora eventualmente). 1 de cada 5 pacientes com um monitor de ICP não apresentou um aumento anunciado na ICP. Pode-se desenvolver uma vez que uma lesão intracraniana é cirurgicamente tratada, como ocorreu em 5 de 7 pacientes dentro de um período de 24 h da evacuação de outro EDH. 6 de 7 pacientes tinham fraturas cranianas na região em que o EDH tardio se desenvolveu,[17] mas nenhum dos 3 tinha uma fratura craniana em outro artigo.[18]

Hematoma epidural da fossa posterior

Compreende ≈ 5% dos EDHs.[20,21] Mais comum nas primeiras duas décadas de vida. Embora até 84% apresentem fraturas cranianas occipitais, apenas ≈ 3% das crianças com fraturas cranianas occipitais desenvolvem EDH da fossa posterior. A fonte de sangramento geralmente não é encontrada, mas há uma alta incidência de lacerações dos seios durais. Supreendentemente, sinais cerebelares estão ausentes ou são discretos na maioria. Ver indicações cirúrgicas (p. 905). A mortalidade geral é de ≈ 26% (mortalidade foi mais elevada em pacientes com uma lesão intracraniana associada).

58.4 Hematoma subdural agudo

58.4.1 Informações gerais

A magnitude dos **danos por impacto**, em contraste com a lesão secundária (p. 824), é geralmente muito mais elevada no hematoma subdural agudo (ASDH) do que nos hematomas epidurais, que geralmente tornam essa lesão menos letal. Geralmente, há uma lesão cerebral subjacente associada, o que pode ser menos comum no EDH. Os sintomas podem ser causados pela compressão do cérebro subjacente com desvio da linha média, além da lesão cerebral parenquimatosa e, possivelmente, edema cerebral.[22,23]

Duas causas comuns do ASDH traumático:
1. acúmulo ao redor da laceração parenquimatosa (geralmente no lobo frontal ou temporal). Há normalmente uma lesão cerebral primária subjacente grave. Frequentemente, não há um "intervalo lúcido". Os sinais focais geralmente ocorrem mais tardiamente e são menos proeminentes do que com o EDH
2. laceração do vaso superficial ou em ponte decorrente da aceleração-desaceleração cerebral durante o movimento violento da cabeça. Com esta etiologia, a lesão cerebral primária pode ser menos grave, e um intervalo lúcido pode ocorrer com posterior deterioração rápida

O ASDH também pode ocorrer em pacientes recebendo terapia anticoagulante,[24,25] geralmente com, mas ocasionalmente sem, um histórico de trauma (o trauma pode ser menor). A administração de terapia anticoagulante aumenta em 7 vezes o risco de ASDH em homens e em 26 vezes em mulheres.[24]

58.4.2 CT no ASDH

Massa crescente de densidade aumentada, adjacente à tábua interna. Edema está frequentemente presente.
Localizações:
- geralmente sobre uma convexidade
- inter-hemisférico
- sobreposto ao tentório
- na fossa posterior

Alterações com o tempo na CT (ver ▶ Quadro 58.1): isodenso após ≈ 2 semanas, e os únicos indícios podem ser de obliteração dos sulcos e desvio lateral, o último podendo estar ausente quando bilateral. Subsequentemente, torna-se hipodenso em relação ao cérebro (p. 898). Formação de membrana começa em aproximadamente 4 dias após a lesão.[26]

58

Quadro 58.1 Alterações na densidade do ASDH na CT ao longo do tempo

Categoria	Período	Densidade na CT
aguda	1 a 3 dias	hiperdenso
subaguda	4 dias a 2 ou 3 semanas	≈ isodenso
crônica	geralmente > 3 semanas e < 3-4 meses	hipodenso (aproximando-se da densidade do CSF)
	após cerca de 1-2 meses	pode adquirir um formato lenticular (similar ao hematoma epidural), com densidade > CSF e < sangue fresco

Diferenças do EDH: SDH é mais difuso, menos uniforme, geralmente *côncavo* sobre a superfície cerebral, frequentemente menos denso (por causa da mistura com o CSF), e veias subdurais em ponte (da superfície cerebral ao crânio) podem ser observadas (sinal da veia cortical).

58.4.3 Tratamento

Indicações para cirurgia

Indicações cirúrgicas nível III são exibidas em **Guia de prática clínica: Controle cirúrgico do ASDH** (p. 896). Outros fatores que devem ser considerados:

1. presença de anticoagulantes ou inibidores plaquetários: pacientes em uma boa condição neurológica podem ser mais beneficiados pela reversão destes agentes antes da cirurgia (para aumentar a segurança da cirurgia)
2. localização do hematoma: em geral, um SDH sobre a convexidade é menos ameaçador do que um SDH temporal/parietal de mesmo volume que também apresente MLS
3. nível de função basal do paciente, estado da DNR...
4. embora as diretrizes sugiram a evacuação de SDH de espessura < 10 mm em algumas circunstâncias, coágulos menores que isto podem não estar causando problemas, sendo simplesmente um epifenômeno

---

Guia de prática clínica: Controle cirúrgico do ASDH

Indicações para cirurgia
Nível III:[27]
1. ASDH com espessura > 10 mm ou desvio da linha média (MLS) > 5 mm (na CT) deve ser evacuado independente da GCS
2. ASDH com espessura < 10 mm e MLS < 5 mm (ver texto referente à evacuação do ASDH com espessura < 10 mm) deve ser submetido à evacuação cirúrgica se:
   a) GCS cai ≥ 2 pontos desde a lesão até a internação
   b) e/ou as pupilas são assimétricas ou fixas ou dilatadas
   c) e/ou a ICP é > 20 mmHg
3. monitorar a ICP em todos os pacientes com ASDH e GCS < 9

Momento da cirurgia
Nível III:[27] ASDH atendendo os critérios cirúrgicos deve ser evacuado o mais rápido possível (para questões referentes ao momento de cirurgia, ver texto).

Métodos cirúrgicos
Nível III:[27] ASDH atendendo os critérios acima para cirurgia deve ser evacuado via craniotomia, com ou sem remoção de retalho ósseo e duraplastia (um retalho de craniotomia grande é frequentemente necessário para evacuar o coágulo espesso ou para ganhar acesso a possíveis sítios sangrantes).

Momento da cirurgia

O momento da cirurgia para ASDH é controverso. Como princípio geral, quando uma cirurgia para ASDH é indicada, deve ser realizada o mais rápido possível.

"Regra das quatro horas"

Esta "regra" foi baseada em uma série de 82 pacientes com ASDH realizada, em 1981,[28] que defendia:
1. pacientes operados em até 4 horas da lesão apresentavam uma mortalidade de 30%, comparado a uma mortalidade de 90% se a cirurgia fosse adiada por > 4 h
2. taxa de sobrevida funcional (Escala de Resultado de Glasgow ≥ 4, ver ▶ Quadro 88.5) de 65% poderia ser alcançada com cirurgia realizada em até 4 horas
3. outros fatores relacionados com o resultado nesta série incluíram:
   a) ICP pós-operatória: 79% dos pacientes com recuperação funcional apresentaram ICPs pós-operatórias que não excederam 20 mmHg, enquanto que apenas 30% dos pacientes que morreram apresentaram ICP < 20 mmHg
   b) exame neurológico inicial
   c) a idade *não* foi um fator neste estudo (ASDH tende a ocorrer em pacientes mais velhos do que no EDH)

Condições Hemorrágicas Traumáticas **897**

No entanto, um estudo subsequente de 101 pacientes com ASDH constatou que um atraso na cirurgia (atrasos > 4 horas após a lesão) exibiu uma tendência não significativa estatisticamente, com um aumento na mortalidade de 59% para 69% e uma redução na sobrevida funcional (Escala de Resultado de Glasgow ≤ 4, ver ▶ Quadro 88.5) de 26 para 16%.[29]

Agendando o caso: Hematoma subdural agudo

O mesmo que para hematoma epidural agudo (p. 894).

Considerações técnicas

A cirurgia pode ser iniciada com uma pequena incisão dural linear para efetuar a remoção do coágulo, aumentando a incisão conforme necessário e apenas se o inchaço cerebral parecer controlável. O sítio de sangramento real geralmente não é identificado no momento da cirurgia.

58.4.4 Morbidade e mortalidade com o ASDH

Faixa de mortalidade: 50-90% (uma porcentagem significativa desta mortalidade é provocada pela lesão cerebral subjacente, e não pelo próprio ASDH).

A mortalidade é tradicionalmente considerada ser mais elevada em pacientes idosos (60%), sendo de 90-100% nos pacientes tratados com anticoagulantes.[25]

Em uma série de 101 pacientes com ASDH, a recuperação funcional foi de 19%.[29] Convulsões pós-operatórias ocorreram em 9% e não se correlacionaram com o prognóstico. As seguintes variáveis foram identificadas como fortes influenciadores do prognóstico:

- mecanismo da lesão: o prognóstico mais desfavorável foi com acidentes de motocicleta, com mortalidade de 100% em pacientes sem capacete, 33% nos pacientes com capacete
- idade: correlacionou-se com o prognóstico apenas idades > 65 anos, com mortalidade de 82% e sobrevida funcional de 5% neste grupo (outras séries obtiveram resultados similares[30])
- condição neurológica na admissão hospitalar: a razão entre a mortalidade e a taxa de sobrevida funcional, relacionada com a Escala de Coma de Glasgow (**GCS**) na admissão, é demonstrada no ▶ Quadro 58.2
- ICP pós-operatória: pacientes com picos de ICP < 20 mmHg apresentaram uma mortalidade de 40%, e nenhum paciente com ICP > 45 teve uma sobrevida funcional

De todos os fatores acima, apenas o momento da cirurgia e a ICP pós-operatória podem ser diretamente influenciados pelo neurocirurgião responsável.

58.4.5 Casos especiais de hematoma subdural agudo

Hematoma subdural inter-hemisférico

Informações gerais

Hematoma subdural ao longo da foice cerebral, entre os dois hemisférios cerebrais (termo mais antigo: fissura inter-hemisférica).

Pode ocorrer em crianças,[31] possivelmente associado ao abuso infantil.[32]

Em adultos, uma consequência de: trauma craniano em 79-91%, aneurisma roto[33] em ≈ 12%, cirurgia na proximidade do corpo caloso e, raramente, espontaneamente.[34]

A incidência é desconhecida. Casos espontâneos devem ser investigados para possível aneurisma subjacente. Ocasionalmente, pode ser bilateral e, algumas vezes, tardio (ver abaixo).

58

Quadro 58.2 Prognóstico em relação à GCS na admissão		
GCS na admissão	**Mortalidade**	**Sobrevida funcional**
3	90%	5%
4	76%	10%
5	62%	18%
6 e 7	51%	44%

Frequentemente assintomático, ou pode-se manifestar com a chamada "síndrome da foice cerebral" – paresia ou convulsões focais contralaterais ao hematoma. Outras apresentações: ataxia de marcha, demência, transtornos de linguagem, paralisias oculomotoras.

Tratamento

Controverso. Pequenos casos assintomáticos podem ser tratados de forma expectante. Cirurgia deve ser considerada se deterioração neurológica progressiva com lesões maiores. Abordado por uma craniotomia parassagital. ✖ Cirurgia para estas lesões pode ser traiçoeira – há risco de infarto venoso e o cirurgião muitas vezes descobre que está lidando com uma lesão do seio sagital superior.

Resultado

Mortalidade relatada: 25-42%. A mortalidade é mais elevada na presença de níveis alterados da consciência. A taxa de mortalidade pode, na realidade, ser menor (24%) do que com todos os outros.[34] Isto é significativamente inferior ao SDH em outros sítios (ver acima).

Hematoma subdural agudo tardio (DASDH)

DASDHs receberam menos atenção do que os hematomas intraparenquimatosos ou epidurais tardios. A incidência é de ≈ 0,5% dos ASDHs tratados cirurgicamente.[7]

Definição: ASDH não presente em uma CT (ou MRI) inicial que aparece em um exame subsequente. As indicações para o tratamento são as mesmas que para o ASDH. Pacientes neurologicamente estáveis, com um DASDH pequeno e ICP clinicamente controlada, são tratados de forma expectante.

Hematoma subdural agudo infantil

Informações gerais

Hematoma subdural agudo infantil (IASDH) é frequentemente considerado como um caso especial de SDH. Grosseiramente definido como um SDH agudo em um bebê, provocado por um trauma craniano menor sem perda inicial da consciência ou contusão cerebral,[35] possivelmente por causa da ruptura de uma veia-ponte. O trauma mais comum é uma queda para trás da posição sentada ou ortostática. Normalmente, os bebês irão chorar imediatamente e, então (normalmente dentro de alguns minutos a 1 hora), desenvolver uma convulsão generalizada. Os pacientes são geralmente < 2 anos de idade (a maioria tem entre 6-12 meses, a idade que começam a levantar sozinhos ou a andar).[36]

Estes coágulos são raramente de sangue puro, sendo geralmente misturados com fluido. 75% são bilaterais ou têm coleções líquidas subdurais contralaterais. Especula-se que o IASDH possa representar sangramento agudo em uma coleção líquida preexistente.[36]

Fraturas cranianas são raras. Em uma série, hemorragias retinianas e pré-retinianas foram observadas em todos os 26 pacientes.[35]

Tratamento

O tratamento é guiado pela condição clínica e tamanho do hematoma. Casos minimamente sintomáticos (vômito, irritabilidade, nível de consciência inalterado e ausência de distúrbio motor) com hematoma liquefeito podem ser tratados com punção subdural percutânea, que pode ser repetida várias vezes, conforme necessário. Casos cronicamente persistentes podem necessitar de uma derivação subdural-peritoneal.

Casos mais sintomáticos, com coágulo hiperdenso na CT, requerem craniotomia. Uma membrana subdural similar àquelas observadas no SDH crônico de adultos não é incomum.[36] *Cuidado:* estes pacientes correm o risco de desenvolver choque hipovolêmico intraoperatório.

Resultado

Taxa de morbidade e mortalidade de 8% em uma série.[35] Prognóstico muito mais favorável do que o ASDH de todas as idades, provavelmente por causa da ausência de contusão cerebral no IASDH.

58.5 Hematoma subdural crônico

58.5.1 Informações gerais

Originalmente chamado de "paquimeningite hemorrágica interna" por Virchow,[37] em 1857. Hematomas subdurais crônicos (CSDH) geralmente ocorrem no idoso, com a idade média sendo de ≈ 63 anos; exceção: coleções subdurais da infância (p. 903). Trauma craniano é identificado em < 50% (ocasionalmente, um trauma bastante trivial pode produzir estas lesões). Outros fatores de risco: uso abusivo de álcool, convul-

Condições Hemorrágicas Traumáticas **899**

sões, derivações liquóricas, coagulopatias (incluindo anticoagulação terapêutica[25]), e pacientes em risco de quedas (p. ex., com hemiplegia causada por um prévio AVE). CSDHs são bilaterais em ≈ 20-25% dos casos.[38,39]

A espessura do hematoma tende a ser maior em pacientes mais velhos em razão de uma redução no peso cerebral e aumento no espaço subdural que ocorre com a idade.[40]

Classicamente, os CSDHs contêm um líquido escuro semelhante a "óleo de motor" que não coagula.[41] Quando o líquido subdural é claro (CSF), a coleção é chamada de higroma subdural (p. 902).

58.5.2 Fisiopatologia

Muitos CSDHs provavelmente começam como hematomas subdurais agudos. O sangue no interior do espaço subdural evoca uma resposta inflamatória. Em alguns dias, os fibroblastos invadem o coágulo e formam neomembranas sobre a superfície interna (cortical) e externa (dural). Isto é seguido pelo crescimento interno de neocapilares, fibrinólise enzimática e liquefação do coágulo sanguíneo. Os produtos de degradação da fibrina são reincorporados nos novos coágulos e inibem a hemostasia. O curso do CSDH é determinado, por um lado, pelo balanço da efusão plasmática e/ou ressangramento proveniente das neomembranas e, por outro lado, pela reabsorção do líquido.[42,43]

58.5.3 Apresentação

Pacientes podem apresentar sintomas menores de dor de cabeça, confusão, dificuldades de linguagem (p. ex., dificuldades em encontrar as palavras ou bloqueio da fala, geralmente com lesões no hemisfério dominante), ou sintomas similares ao do TIA (p. 1398). Ou, eles podem desenvolver graus variados de coma, hemiplegia ou convulsões (focais ou, em menor frequência, generalizadas). Frequentemente, o diagnóstico pode ser inesperado antes da obtenção de imagens.

58.5.4 Tratamento

Conduta geral

1. profilaxia da convulsão: utilizada por alguns. Pode ser seguro descontinuar após cerca de uma semana na ausência de convulsões. Na ocorrência de convulsão tardia, com ou sem o prévio uso de AEDs, terapia a longo prazo é necessária
2. coagulopatias (incluindo anticoagulação iatrogênica) devem ser revertidas
3. indicações da evacuação cirúrgica do hematoma como segue
   a) lesões sintomáticas: incluindo déficit focal, alterações no estado de consciência...
   b) ou subdurais com espessura máxima superior a ≈ 1 cm
   c) ou aumento progressivo do tamanho na imagem seriada (CT ou MRI)

Considerações cirúrgicas

Agendando o caso: Craniotomia: para hematoma subdural crônico

Ver também negligências e isenções de responsabilidade (p. 27)
1. posição: (geralmente decúbito dorsal), suporte craniano em forma de ferradura
2. pós-operatório: ICU
3. consentimento (em termos leigos para o paciente – não completamente abrangentes):
   a) procedimento: cirurgia através do crânio para remover coágulo sanguíneo, interromper qualquer sangramento identificado, colocação de um dreno por um ou mais dias para possibilitar a drenagem de líquido adicional após a cirurgia
   b) alternativas: tratamento não cirúrgico
   c) complicações: complicações usuais da craniotomia (p. 28) mais sangramento adicional, o que pode causar problemas (especialmente em pacientes sendo tratados com anticoagulantes, antiplaquetários, incluindo aspirina, ou aqueles com anormalidades da coagulação ou prévios sangramentos) e pode necessitar de cirurgia adicional, hidrocefalia

58

Opções cirúrgicas

Não existe um consenso uniforme sobre o melhor método de tratamento de CSDHs. Para detalhes das técnicas (trepanação, se usar ou não dreno subdural...), ver abaixo.
1. colocar dois orifícios de trepanação e irrigar totalmente com solução salina morna até que o líquido saia claro
2. único orifício de trepanação "grande", com irrigação e aspiração: ver abaixo

3. drenagem por trepanação única com a inserção de um dreno subdural, mantido por 24-48 h (removi-do quando a saída torna-se insignificante)
4. craniotomia com broca espiral: ver abaixo (note que uma drenagem com "broca espiral" pequena sem dreno subdural tem uma taxa de recidiva maior do que, p. ex., os "orifícios de trepanação")
5. craniotomia formal com excisão da membrana subdural (pode ser necessária em casos em que recor-rem persistentemente após os procedimentos acima, possivelmente por causa da infiltração proveni-ente da membrana subdural). Ainda uma técnica segura e válida.[44] *Nenhuma* tentativa deve ser feita para remover a membrana profunda aderida à superfície do cérebro

Técnicas que promovem a drenagem contínua após o procedimento imediato e que podem, portanto, reduzir líquido residual e prevenir reacúmulo:
1. uso de um dreno subdural: (ver abaixo)
2. uso de um orifício de trepanação generoso, abaixo do músculo temporal: (ver abaixo)
3. repouso em cama, com a cabeceira da cama plana (1 travesseiro é permitido), com hiper-hidratação leve por 24-48 horas no pós-operatório (ou, quando um dreno é utilizado, até 24-48 horas após ser removido). Pode promover expansão do cérebro e expulsão do líquido subdural residual. Colocar os pacientes sentados a 30-40° imediatamente após a cirurgia foi associado a uma maior taxa de recidiva radiográfica (2,3% para aqueles mantidos em posição plana *versus* 19% para aqueles que sentaram), mas geralmente uma reoperação não foi necessária[45]
4. alguns defendem a infusão subaracnóidea lombar contínua, quando o cérebro não expande, porém há possíveis complicações[46]

Craniotomia com broca espiral para hematomas subdurais crônicos

Estima-se que este método descomprima o cérebro mais lentamente e evite os supostos desvios rápidos de pressão que ocorrem após outros métodos, que podem estar associados a complicações como a hemor-ragia intraparenquimatosa (intracerebral). Pode até mesmo ser realizada à beira do leito com anestesia local.

Uma incisão de 0,5 cm é realizada no couro cabeludo, na porção rostral do hematoma e, então, um ori-fício criado com uma broca espiral é feito em um ângulo de 45° ao crânio, apontado na direção do eixo longitudinal da coleção. Se a broca não penetra na dura, uma agulha espinal calibre 18 é usada. Um cate-ter ventricular é inserido no espaço subdural e drenado para uma bolsa de drenagem de ventriculostomia padrão mantida 20 cm *abaixo* do nível do sítio da craniotomia[47,48,49] (abaixo). O paciente é mantido em uma posição plana na cama (ver acima). CTs seriadas avaliam a adequabilidade da drenagem. O cateter é removido quando pelo menos ≈ 20% da coleção forem drenadas, e quando o paciente mostrar sinais de melhora, que ocorre em um intervalo de 1-7 dias (média de 2,1 dias). Alguns incluem uma válvula de bai-xa pressão no sistema para prevenir o refluxo de fluido ou ar.

Orifícios de trepanação para hematomas subdurais crônicos

Para prevenir recidiva, o uso de *pequenos* orifícios de trepanação (sem um dreno subdural) não é reco-mendado. Uma craniectomia subtemporal generosa (> 2,5 cm de diâmetro – recomenda-se que esse diâ-metro seja de fato medido) deve ser realizada, e coagulação bipolar é usada para contrair as bordas da dura e membrana subdural de volta para a largura total da abertura óssea (não tentar separar essas duas cama-das, visto que isto pode promover sangramento). Isso possibilita a drenagem contínua de fluido para o in-terior do músculo temporal, onde pode ser reabsorvido. Um pedaço de Gealfoam® pode ser colocado sobre a abertura para ajudar a evitar o escoamento de sangue fresco para dentro da abertura.

Dreno subdural

O uso de um dreno subdural está associado a uma redução na necessidade de repetir a cirurgia de 19% para 10%.[50] Se um dreno subdural é utilizado, um sistema de drenagem fechado é recomendado. Difi-culdades podem ocorrer com cateteres de ventriculostomia, pois os orifícios são pequenos e limitados à região da ponta (projetado para evitar que o plexo corioide oclua o cateter quando inserido nos ven-trículos, ao serem usados como uma derivação liquórica), especialmente com líquidos "oleosos" espessos (no lado oposto, drenagem lenta pode ser desejável). A bolsa de drenagem é mantida ≈ 50-80 cm abaixo do nível da cabeça.[49,51] Uma alternativa é um dreno de Jackson-Pratt® pequeno, usando endentação em "impressão digital" da pera de sucção, que fornece boa drenagem com uma válvula unidirecional autônoma (entretanto, pode haver um risco de pressão negativa excessiva com a sobre-compressão da pera).

No pós-operatório, o paciente é mantido em posição plana (ver acima). Antibióticos profiláticos podem ser administrados em até ≈ 24-48 h depois da remoção do dreno, período em que a HOB é gradu-almente elevada. CT antes da remoção do dreno (ou logo após a remoção) pode ser útil para estabelecer uma linha de base para posterior comparação no evento de deterioração.

Há um relato de caso de administração de uroquinase através de um dreno subdural para tratar o reacúmulo de coágulo após a evacuação.[52]

58.5.5 Resultado

Informações gerais

Há melhora clínica quando a pressão subdural é reduzida para quase zero, o que geralmente ocorre após a remoção de ≈ 20% da coleção líquida.[49]

Pacientes com um líquido subdural de alta pressão tendem a ter uma expansão cerebral e melhora clínica mais rápida do que os pacientes com baixas pressões.[51]

Coleções líquidas subdurais residuais após o tratamento são comuns, porém a melhora clínica não requer completa resolução da coleção líquida na CT. CTs exibiram líquido persistente em 78% dos casos no dia 10 do pós-operatório, e em 15% após 40 dias,[51] e podem levar até 6 meses para resolução completa. Recomendação: *não* tratar coleções líquidas persistentes evidentes na CT (especialmente antes ≈ 20 dias do pós-operatório), a menos que aumente de tamanho na CT, ou na ausência de recuperação ou presença de deterioração na condição do paciente.

76% dos 114 pacientes foram tratados com sucesso com um único procedimento de drenagem por meio de uma craniotomia com broca espiral e cateter ventricular em posição subdural, e 90% com um ou dois procedimentos.[47] Estas estatísticas são ligeiramente melhores do que a craniotomia com broca espiral apenas com aspiração (ou seja, sem dreno).

Complicações do tratamento cirúrgico

Embora estas coleções frequentemente pareçam ser inócuas, complicações graves podem ocorrer, incluindo:
1. convulsões (incluindo estado epiléptico intratável)
2. hemorragia intracerebral (ICH): ocorre em 0,7-5%.[53] Muito devastadora neste contexto: um terço desses pacientes morre, e um terço é gravemente incapacitados (ver abaixo também)
3. falha de reexpansão do cérebro e/ou de reacúmulo do líquido subdural
4. pneumocefalia tensional
5. empiema subdural: também pode ocorrer com subdurais não tratados[54]

Em 60% dos pacientes com ≥ 75 anos de idade (e em nenhum paciente com < 75 anos), rápida descompressão está associada à hiperemia no córtex, imediatamente abaixo do hematoma, o que pode estar relacionada com complicações de ICH ou convulsões.[53] Todas as complicações são mais comuns no idoso ou em pacientes debilitados.

A mortalidade geral com o tratamento cirúrgico do CSDH é de 0-8%.[53] Em uma série de 104 pacientes tratados principalmente com craniotomia,[55] a mortalidade foi de ≈ 4%, todas das quais ocorreram em pacientes com > 60 anos de idade e foram decorrente de uma doença associada. Outra grande série pessoal relatou uma mortalidade de 0,5%.[56] Piora da condição neurológica após a drenagem ocorreu em ≈ 4%.[55]

58.6 Hematoma subdural espontâneo

58.6.1 Informações gerais

Ocasionalmente, os pacientes sem um trauma identificável apresentarão H/A grave, com ou sem achados associados (náusea, convulsões, letargia, achados focais, incluindo possível hemiparesia ipsilateral[57]...), e a CT ou a MRI revelará um hematoma subdural que pode ser de aspecto agudo, subagudo ou crônico. O início dos sintomas é frequentemente súbito.[57]

58.6.2 Fatores de risco

Os fatores de risco identificados em uma revisão de 21 casos na literatura[58] incluem:
1. hipertensão: presente em 7 casos
2. anormalidades vasculares: malformação arteriovenosa (AVM), aneurisma[59]
3. neoplasia
4. infecção: incluindo meningite, tuberculose
5. abuso de substâncias: alcoolismo, cocaína[60]
6. hipovitaminose: especialmente deficiência de vitamina C[37]
7. coagulopatias, incluindo:
    a) iatrogênica (anticoagulação, p. ex., com varfarina)
    b) extrato de Ginkbo biloba (GB): EGb761 e LI1379. Contém ginkgolídeos (especialmente o Tipo B), que são inibidores do fator de ativação plaquetária (PAF) em altas concentrações,[61] também cau-

sam vasodilatação e redução da viscosidade sanguínea. Houve relatos de casos exibindo uma relação temporal entre a hemorragia e a ingestão de GB,[62] especialmente em doses mais elevadas durante longos períodos de tempo. No entanto, nenhuma alteração consistente foi demonstrável em 29 variáveis mensuráveis de coagulação/formação de coágulo após 7 dias[63] (tempo de sangramento foi levemente prolongado em alguns relatos de casos[62,64]). Alguns indivíduos podem, possivelmente, ser mais suscetíveis ao suplemento, podendo ocorrer interações ainda não caracterizadas com outras entidades (como álcool, aspirina...), mas os estudos realizados até agora não são esclarecedores[65]

c) deficiência do fator XIII (protransglutaminase).[66,67] Em pacientes pediátricos: a história pode incluir relato de sangramento pelo cordão umbilical ao nascimento. Verificar os níveis do fator XIII, visto que os parâmetros de coagulação podem estar normais ou apenas levemente elevados

8. danos aparentemente inócuos (p. ex., inclinar) ou lesões que não resultam em um trauma direto à cabeça (p. ex., lesões por chicotada)

9. hipotensão intracraniana: espontânea, após anestesia epidural, punção lombar ou derivação da VP[68,69]

58.6.3 Etiologia

O sítio hemorrágico foi determinado em 14 dos 21 casos, e era *arterial* em cada, tipicamente envolvendo um ramo cortical da MCA na área da fissura silviana,[58] onde há um grande número de ramos para uma ampla área cortical.

Os possíveis mecanismos para ruptura arterial no hematoma subdural agudo idiopático (ASDH) incluem lacerações que ocorrem secundárias a movimentos súbitos da cabeça ou trauma craniano trivial dos seguintes:[70,71]

1. artéria pequena no ramo perpendicular de uma artéria cortical
2. artéria pequena conectando a dura e o córtex
3. aderências entre a artéria cortical e a dura

58.6.4 Tratamento

O mesmo que para o SDH traumático. Quando sintomático e/ou > ≈ 1 cm de espessura , a evacuação cirúrgica é o tratamento de escolha. Para hematomas subdurais subagudos ou crônicos, uma evacuação por meio de um orifício de trepanação é geralmente adequada (ver acima). Para o SDH agudo, uma craniotomia é geralmente necessária e deve expor a fissura silviana para identificar ponto(s) de sangramento. Reparo microcirúrgico da parede arterial foi descrito.[71]

58.7 Higroma subdural traumático

58.7.1 Informações gerais

Do grego *hygros*, significando úmido. Conhecido como efusão subdural traumática, hidroma. Excesso de líquido no espaço subdural (pode ser transparente, com estrias de sangue ou xantocrômico, e sob pressão variável), está quase sempre associado a um trauma craniano, especialmente quedas relacionadas com o consumo de álcool ou agressões.[72] Fraturas cranianas foram encontradas em 39% dos casos. Diferente do hematoma subdural crônico, que está normalmente associado a uma contusão cerebral subjacente, geralmente contém coágulos mais escuros ou líquido acastanhado (líquido semelhante a "óleo de motor") e pode exibir formação membranosa adjacente à superfície interna da dura (higromas não possuem membrana).

"Higroma simples" se refere a um higroma sem condições associadas significativas. "Higroma complexo" se refere a higromas com hematoma subdural, hemorragia intracerebral ou hematoma epidural significativo associado.

58.7.2 Patogênese

O mecanismo de formação de higroma é provavelmente o de uma laceração na membrana aracnoide, com resultante fístula liquórica no compartimento subdural. Líquido de higroma contém pré-albumina, que também é encontrada no CSF, mas não nos hematomas subdurais. As localizações mais prováveis das lacerações aracnoides são a fissura silviana ou a cisterna quiasmática. Outro possível mecanismo é a efusão pós-meningite (especialmente meningite por *influenza*).

Pode estar sob alta pressão. Pode aumentar de tamanho (possivelmente por causa de um mecanismo de válvula unidirecional) e manifestar efeito de massa, com a possibilidade de uma morbidade significativa. Atrofia cerebral estava presente em 19% dos pacientes com higromas simples.

58.7.3 Apresentação

O ▶ Quadro 58.3 exibe achados clínicos de higromas subdurais. Muitos se apresentam sem achados focais. Higromas complexos geralmente se manifestam mais agudamente e requerem tratamento mais urgente.

Quadro 58.3 Principais aspectos clínicos dos higromas subdurais traumáticos[72]

Tipo de higroma	Simples	Complexo	Total
número de pacientes	66	14	80
abertura ocular espontânea	74%	57%	71%
desorientação ou estupor	65%	57%	64%
alteração do estado de consciência sem sinais focais	52%	50%	51%
platô neurológico com déficit ou deterioração tardia	42%	7%	36%
convulsões (geralmente generalizadas)	36%	43%	38%
hemiparesia	32%	21%	30%
rigidez cervical	26%	14%	24%
anisocoria (reflexo luminoso mantido)	15%	7%	14%
cefaleia	14%	14%	14%
alerta (ausência de alteração do estado de consciência)	8%	0%	6%
hemiplegia	6%	14%	8%
comatose (responsiva apenas à dor)	3%	43%	10%

58.7.4 Exames imagiológicos

Na CT, a densidade do líquido é similar àquela do CSF.

As características do sinal na MRI seguem aquelas do CSF.

58.7.5 Tratamento

Higromas assintomáticos não requerem tratamento. Recidiva após uma drenagem simples por orifício de trepanação é comum. Muitos cirurgiões mantêm um dreno subdural por 24-48 h no pós-operatório. Casos recorrentes podem necessitar de uma craniotomia para localizar o sítio da fístula liquórica (pode ser muito difícil), ou um *shunt* subdural-peritoneal pode ser inserido.

58.7.6 Resultado

O resultado pode estar mais relacionado com as lesões associadas do que ao próprio higroma.

Cinco dos 9 pacientes com higromas complexos e hematoma subdural vieram a óbito. Para higromas simples, a morbidade foi de 20% (12% para estado de consciência reduzido sem achados focais, 32% quando hemiparesia/hemiplegia estava presente).

58.8 Coleções líquidas extra-axiais em crianças

58.8.1 Diagnóstico diferencial

1. coleção subdural benigna em lactentes (ver abaixo)
2. efusões ou coleções hídricas extra-axiais crônicas *sintomáticas*
3. atrofia cerebral: não deve conter líquido xantocrômico com proteína elevada
4. "hidrocefalia externa": ventrículos geralmente aumentados, o líquido é o CSF (p. 400)
5. variante normal dos espaços subaracnóideos aumentados e fissura inter-hemisférica
6. hematoma subdural agudo: alta densidade (sangue fresco) na CT (ocasionalmente, esses hematomas aparecerão como coleções hipodensas em crianças com baixos níveis de hemoglobina). Geralmente será unilateral (os outros acima são geralmente bilaterais). Estas lesões podem ocorrer como lesões de nascimento e, tipicamente, se apresentam com convulsões, palidez, fontanela tensa, respirações fracas, hipotensão e hemorragias retinianas
7. "desproporção craniocerebral" (cabeça muito grande para o cérebro):[73] espaços extracerebrais com aumentos de até 1,5 cm na espessura e preenchidos por líquido de aspecto similar ao CSF (possivelmente CSF), ventrículos nos limites superiores dos sulcos profundos normais, fissura inter-hemisférica ampliada, pressão intracraniana normal. Os pacientes apresentam um desenvolvimento normal. Pode ser o mesmo que líquido extra-axial benigno da infância (ver baixo). O estabelecimento seguro deste diagnóstico é difícil nos primeiros meses de vida

58.8.2 Coleções subdurais benignas da infância

Informações gerais

Coleções (ou efusões) subdurais benignas da infância[74,75] são, talvez, mais bem caracterizadas pelo termo coleções líquidas extra-axiais benignas da infância, visto que é difícil distinguir se são subdurais ou subaracnóideas.[76] Essas coleções aparecem na CT como hipodensidades periféricas sobre os lobos frontais em lactentes. A imagem também pode exibir dilatação da fissura inter-hemisférica, dos sulcos corticais[77] e da fissura silviana. Os ventrículos geralmente estão normais ou ligeiramente aumentados, sem evidência de absorção transependimária. O tamanho do cérebro é normal. Transiluminação está aumentada sobre ambas as regiões frontais. O líquido é geralmente amarelo claro (xantocrômico), com alto teor proteico. A etiologia dessas coleções é incerta, alguns casos podem ser decorrentes de um trauma perinatal. São mais comuns em bebês nascidos a termo do que em prematuros. Devem ser diferenciadas da hidrocefalia externa (p. 400).

Apresentação

A idade média de apresentação é de ≈ 4 meses.[76]

Pode exibir: sinais de pressão intracraniana elevada (fontanela tensa ou grande, crescimento do perímetro cefálico acelerado, ultrapassando as curvas de percentil), atraso no desenvolvimento normalmente como resultado de baixo controle da cabeça por causa do grande tamanho (Carolan *et al.* acreditam que o atraso no desenvolvimento sem macrocrania contraria o conceito de coleções "benignas"[76]), fronte ampla, tremores fisiológicos. O baixo controle da cabeça pode resultar em achatamento posicional. Outros sintomas, como convulsões (possivelmente focal), são indicativos de coleções sintomáticas (ver adiante). Coleções grandes na ausência de macrocrania são mais sugestivas de atrofia cerebral.

Tratamento

A maioria dos casos gradualmente se resolve espontaneamente, geralmente em 8-9 meses. Uma única punção subdural (p. 1504) para fins diagnósticos (para diferenciar da atrofia cortical e descartar infecção) pode ser realizada, e é capaz de acelerar a taxa de desaparecimento. Exames clínicos repetidos, com medidas da OFC, devem ser realizados em intervalos de ≈ 3-6 meses. O crescimento do perímetro cefálico geralmente corresponde ou aproxima-se das curvas normais em ≈ 1-2 anos de idade, e aos 30-36 meses, a circunferência occipitofrontal (OFC) aproxima-se dos percentis normais para altura ou peso. Geralmente, o desenvolvimento é recuperado à medida que a OFC normaliza.

58.8.3 Coleções líquidas extra-axiais crônicas sintomáticas em crianças

Informações gerais

Diversamente classificadas como hematomas (hematoma subdural crônico), efusões ou higromas, com definições diferentes associadas a cada classificação. Visto que o aspecto nas imagens e o tratamento são similares, Litofsku *et al.* propuseram que todas sejam classificadas como coleções líquidas extra-axiais.[78] A diferença entre lesões e efusões subdurais "benignas" (ver acima) pode simplesmente ser o grau da manifestação clínica.

Etiologias

As seguintes etiologias foram mencionadas em uma série de 103 casos:[78]
1. 36% foram consideradas ser o resultado de trauma (22 foram vítimas de abuso infantil)
2. 22% ocorreram após uma meningite bacteriana (pós-infecciosa)
3. 19 ocorreram após a inserção ou revisão de uma derivação (p. 425)
4. nenhuma causa pôde ser identificada em 17 pacientes

Outras causas incluem:[73]
1. tumores: extracerebral ou intracerebral
2. pós-asfixia com lesão cerebral hipóxica e atrofia cerebral
3. defeitos da hemostasia: deficiência de vitamina K...

Sinais e sintomas

Os sintomas incluem: convulsão (26%), macrocrania (22%), vômito (20%), irritabilidade (13%), letargia (13%), cefaleia (crianças mais velhas), má alimentação, parada respiratória...

Os sinais incluem: fontanela tensa (30%), macrocrania (25%), febre (17%), letargia (13%), hemiparesia (12%), hemorragias retinianas, coma, papiledema, atraso no desenvolvimento...

Avaliação

CT/MRI geralmente exibe compressão ventricular e obliteração dos sulcos cerebrais, ao contrário do que ocorre nas coleções subdurais benignas. O "sinal da veia cortical" (p. 401) ajuda a diferenciar esta condição da hidrocefalia externa.

Tratamento

As opções incluem:
1. observação: seguimento com medidas seriadas da OFC, ultrassonografia e CT/MRI
2. punções subdurais percutâneas seriadas (p. 1504): alguns pacientes requerem até 16 punções.[79] Algumas séries mostram bons resultados, e outras mostram uma baixa taxa de sucesso[80,81]
3. drenagem por orifício de trepanação: pode incluir drenagem externa a longo prazo. Drenagem simples por orifício de trepanação pode não ser eficaz na desproporção cranioencefálica grave, visto que o cérebro não irá expandir para obliterar o espaço extra-axial
4. derivação subdural-peritoneal: derivação unilateral é geralmente adequada mesmo para efusões bilaterais[78,81,82] (recentes recomendações: nenhum estudo é necessário para demonstrar a comunicação entre os dois lados[78,83]). Um sistema de pressão extremamente baixa deve ser utilizado. A prática geral é a de remover a derivação após 2-3 meses de drenagem (uma vez que as coleções sejam obliteradas) para reduzir o risco de mineralização associada da dura e aracnoide, e possível risco de convulsões (estas derivações são facilmente removidas neste momento, mas podem ser mais difíceis de remover em uma data posterior)[84]

Outras recomendações:
Pelo menos uma punção percutânea deve ser realizada para descartar infecção.
Muitos autores recomendam observação para o paciente sem sintomas ou com apenas um perímetro cefálico aumentado e atraso no desenvolvimento.

58.9 Lesões expansivas traumáticas da fossa posterior

Menos de 3% dos traumas cranianos envolvem lesões expansivas traumáticas da fossa posterior.[85] Hematomas epidurais constituem a maioria destas (p. 894). Outras entidades (hematoma subdural, hematoma intraparenquimatoso[86]) compreendem a pequena fração restante. Ver **Guia de prática clínica: Tratamento cirúrgico das lesões expansivas traumáticas da fossa posterior** (p. 905) para as recomendações do tratamento cirúrgico. Qualquer um destes é capaz de causar hidrocefalia.[85]

Guia de prática clínica: Tratamento cirúrgico das lesões expansivas traumáticas da fossa posterior

Indicações para cirurgia

Nível III:[87] lesões expansivas sintomáticas da fossa posterior ou aquelas com efeito compressivo na CT devem ser removidas cirurgicamente. **Nota:** efeito de massa na CT: definida como deslocamento, compressão ou obliteração do 4º ventrículo; compressão ou perda das cisternas basais (p. 921) ou a presença de hidrocefalia obstrutiva.
• lesões assintomáticas sem efeito de massa na CT podem ser controladas por observação e imagens seriadas

Momento da cirurgia

Nível III:[87] lesões expansivas da fossa posterior atendendo os critérios cirúrgicos devem ser evacuadas o mais rápido possível em razão do potencial de rápida deterioração.

Métodos cirúrgicos

Nível III:[87] craniectomia suboccipital é o procedimento recomendado.

A maioria das hemorragias parenquimatosas controladas não cirurgicamente era < 3 cm de diâmetro.

Referências

[1] Bullock MR, Chesnut RM, Ghajar J, et al. Surgical management of traumatic parenchymal lesions. Neurosurgery. 2006; 58:S25–S46

[2] Lipper MH, Kishore PRS, Girevendulis AK, et al. Delayed Intracranial Hematoma in Patients with Severe Head Injury. Neuroradiology. 1979; 133:645–649

[3] Cooper PR, Maravilla K, Moody S, Clark WK. Serial Computerized Tomographic Scanning and the Prognosis of Severe Head Injury. Neurosurgery. 1979; 5:566–569

[4] Gudeman SK, Kishore PR, Miller JD, Girevendulis AK. The Genesis and Significance of Delayed Traumatic Intracerebral Hematoma. Neurosurgery. 1979; 5:309–313

[5] Young HA, Gleave JRW, Schmidek HH, Gregory S. Delayed Traumatic Intracerebral Hematoma: Report of 15 Cases Operatively Treated. Neurosurgery. 1984; 14:22–25

[6] Rockswold GL, Leonard PR, Nagib M. Analysis of Management in Thirty-Three Closed Head Injury Patients Who "Talked and Deteriorated". Neurosurgery. 1987; 21:51–55

[7] Cohen TI, Gudeman SK, Narayan RK, Wilberger JE, Povlishock JT. In: Delayed Traumatic Intracranial Hematoma. Neurotrauma. New York: McGraw-Hill; 1996:689–701

[8] McKissock W, Taylor JC, Bloom WH, et al. Extradural Hematoma: Observations on 125 Cases. Lancet. 1960; 2:167–172

[9] Kernohan JW, Woltman HW. Incisura of the Crus due to Contralateral Brain Tumor. Arch Neurol Psychiatr. 1929; 21

[10] Tsai FY, Teal JS, Hieshima GB. Neuroradiology of Head Trauma. Baltimore: University Park Press; 1984

[11] Greenberg JJ, Cohen WA, Cooper PR. The "hyperacute" extraaxial intracranial hematoma: computed tomographic findings and clinical significance. Neurosurgery. 1985; 17:48–56

[12] Rivas JJ, Lobato RD, Sarabia R, et al. Extradural Hematoma: Analysis of Factors Influencing the Courses of 161 Patients. Neurosurgery. 1988; 23:44–51

[13] Kaye EM, Cass PR, Dooling E, et al. Chronic Epidural Hematomas in Childhood: Increased Recognition and Nonsurgical Management. Pediat Neurol. 1985; 1:255–259

[14] Pang D, Horton JA, Herron JM, et al. Nonsurgical Management of Extradural Hematomas in Children. J Neurosurg. 1983; 59:958–971

[15] Bullock MR, Chesnut RM, Ghajar J, et al. Surgical management of acute epidural hematomas. Neurosurgery. 2006; 58:S7–15

[16] Piepmeier JM, Wagner FC. Delayed Post-Traumatic Extracerebral Hematoma. J Trauma. 1982; 22:455–460

[17] Borovich B, Braun J, Guilburd JN, et al. Delayed Onset of Traumatic Extradural Hematoma. J Neurosurg. 1985; 63:30–34

[18] Bucci MN, Phillips TW, McGillicuddy JE. Delayed Epidural Hemorrhage in Hypotensive Multiple Trauma Patients. Neurosurgery. 1986; 19:65–68

[19] Riesgo P, Piquer J, Botella C, et al. Delayed Extradural Hematoma After Mild Head Injury: Report of Three Cases. Surg Neurol. 1997; 48:226–231

[20] Zuccarello M, Pardatscher K, Andrioli GC, Fiore DL, Iavicoli R, Cervellini P. Epidural hematomas of the posterior cranial fossa. Neurosurgery. 1981; 8:434–437

[21] Roda JM, Giminez D, Perez-Higueras A, et al. Posterior Fossa Epidural Hematomas: A Review and Synthesis. Surg Neurol. 1983; 19:419–424

[22] Aoki N, Oikawa A, Sakai T. Symptomatic Subacute Subdural Hematoma Associated with Cerebral Hemispheric Swelling and Ischemia. Neurol Res. 1996; 18:145–149

[23] Nishio M, Akagi K, Abekura M, Matsumoto K. [A Case of Traumatic Subacute Subdural Hematoma Presenting Symptoms Arising from Cerebral Hemisphere Edema]. No Shinkei Geka. 1998; 26:425–429

[24] Wintzen AR, Tijssen JGP. Subdural Hematoma and Oral Anticoagulation Therapy. Ann Neurol. 1982; 39:69–72

[25] Kawamata T, Takeshita M, Kubo O, et al. Management of Intracranial Hemorrhage Associated with Anticoagulant Therapy. Surg Neurol. 1995; 44:438–443

[26] Munro D, Merritt HH. Surgical Pathology of Subdural Hematoma: Based on a Study of One Hundred and Five Cases. Arch Neurol Psychiatry. 1936; 35:64–78

[27] Bullock MR, Chesnut RM, Ghajar J, et al. Surgical management of acute subdural hematomas. Neurosurgery. 2006; 58:S16–S24

[28] Seelig JM, Becker DP, Miller JD, et al. Traumatic Acute Subdural Hematoma: Major Mortality Reduction in Comatose Patients Treated within Four Hours. N Engl J Med. 1981; 304:1511–1518

[29] Wilberger JE, Harris M, Diamond DL. Acute Subdural Hematoma: Morbidity, Mortality, and Operative Timing. J Neurosurg. 1991; 74:212–218

[30] Howard MA, Gross AS, Dacey RG, Winn HR. Acute Subdural Hematomas: An Age-Dependent Clinical Entity. J Neurosurg. 1989; 71:858–863

[31] Houtteville JP, Toumi K, Theoron J, Derlon JM, Benazza A, Hubert P. Interhemispheric subdural hematoma: seven cases and review of the literature. Br J Neurosurg. 1988; 2:357–367

[32] Duhaime A-C, Gennarelli TA, Thibault LE, Bruce DA, et al. The Shaken Baby Syndrome: A Clinical, Pathological, and Biomechanical Study. J Neurosurg. 1987; 66:409–415

[33] Fein JM, Rovit RL. Interhemispheric subdural hematoma secondary to hemorrhage from a calloso-marginal artery aneurysm. Neuroradiology. 1970; 1:183–186

[34] Rapana A, Lamaida E, Pizza V, et al. Inter-hemispheric scissure, a rare location for a traumatic subdural hematoma, case report and review of the literature. Clin Neurol Neurosurg. 1997; 99:124–129

[35] Aoki N, Masuzawa H. Infantile Acute Subdural Hematoma. J Neurosurg. 1984; 61:273–280

[36] Ikeda A, Sato O, Tsugane R, Shibuya N, et al. Infantile Acute Subdural Hematoma. Childs Nerv Syst. 1987; 3:19–22

[37] Scott M. Spontaneous Nontraumatic Subdural Hematomas. JAMA. 1949; 141:596–602

[38] Robinson RG. Chronic Subdural Hematoma: Surgical Management in 133 Patients. J Neurosurg. 1984; 61:263–268

[39] Wakai S, Hashimoto K, Watanabe N, et al. Efficacy of Closed-System Drainage in Treating Chronic Subdural Hematoma: A Prospective Comparative Study. Neurosurgery. 1990; 26:771–773

[40] Fogelholm R, Heiskanen O, Waltimo O. Influence of Patient's Age on Symptoms, Signs, and Thickness of Hematoma. J Neurosurg. 1975; 42:43–46

[41] Weir BK, Gordon P. Factors Affecting Coagulation, Fibrinolysis in Chronic Subdural Fluid Collection. J Neurosurg. 1983; 58:242–245

[42] Labadie EL, Sawaya R. In: Fibrinolysis in the Formation and Growth of Chronic Subdural Hematomas. Fibrinolysis and the Central Nervous System. Philadelphia: Hanley and Belfus; 1990:141–148

[43] Drapkin AJ. Chronic Subdural Hematoma: Pathophysiological Basis of Treatment. Br J Neurosurg. 1991; 5:467–473

[44] Hamilton MG, Frizzell JB, Tranmer BI. Chronic Subdural Hematoma: The Role for Craniotomy Reevaluated. Neurosurgery. 1993; 33:67–72

[45] Abouzari M, Rashidi A, Rezaii J, Esfandiari K, Asadollahi M, Aleali H, Abdollahzadeh M. The role of postoperative patient posture in the recurrence of traumatic chronic subdural hematoma after burrhole surgery. Neurosurgery. 2007; 61:794–7; discussion 797

[46] Caron J-L, Worthington C, Bertrand G. Tension Pneumocephalus After Evacuation of Chronic Subdural Hematoma and Subsequent Treatment with Continuous Lumbar Subarachnoid Infusion and Craniostomy Drainage. Neurosurgery. 1985; 16:107–110

[47] Camel M, Grubb RL. Treatment of Chronic Subdural Hematoma by Twist-Drill Craniostomy with Continuous Catheter Drainage. J Neurosurg. 1986; 65:183–187

[48] Hubschmann OR. Twist Drill Craniostomy in the Treatment of Chronic and Subacute Hematomas in Severely Ill and Elderly Patients. Neurosurgery. 1980; 6:233–236

[49] Tabaddor K, Shulman K. Definitive Treatment of Chronic Subdural Hematoma by Twist-Drill Craniostomy and Closed-System Drainage. J Neurosurg. 1977; 46:220–226

[50] Lind CR, Lind CJ, Mee EW. Reduction in the number of repeated operations for the treatment of subacute and chronic subdural hematomas by placement of subdural drains. J Neurosurg. 2003; 99:44–46

[51] Markwalder T-M, Steinsiepe KF, Rohner M, et al. The Course of Chronic Subdural Hematomas After Burr-Hole Craniostomy and Closed-System Drainage. J Neurosurg. 1981; 55:390–393

[52] Arginteanu MS, Byun H, King W. Treatment of a recurrent subdural hematoma using urokinase. J Neurotrauma. 1999; 16:1235–1239

[53] Ogasawara K, Koshu K, Yoshimoto T, Ogawa A. Transient Hyperemia Immediately After Rapid Decompression of Chronic Subdural Hematoma. Neurosurgery. 1999; 45:484–489

[54] Dill SR, Cobbs CG, McDonald CK. Subdural Empyema: Analysis of 32 Cases and Review. Clin Inf Dis. 1995; 20:372–386

[55] Ernestus R-I, Beldzinski P, Lanfermann H, Klug N. Chronic Subdural Hematoma: Surgical Treatment and Outcome in 104 Patients. Surg Neurol. 1997; 48:220–225

[56] Sambasivan M. An Overview of Chronic Subdural Hematoma: Experience with 2300 Cases. Surg Neurol. 1997; 47:418–422

[57] Talalla A, McKissock W. Acute 'Spontaneous' Subdural Hemorrhage: An Unusual Form of Cerebrovascular Accident. Neurology. 1971; 21:19–25

[58] Hesselbrock R, Sawaya R, Means ED. Acute Spontaneous Subdural Hematoma. Surg Neurol. 1984; 21:363–366

[59] Korosue K, Kondoh T, Ishikawa Y, Nagao T, et al. Acute Subdural Hematoma Associated with Nontraumatic Middle Meningeal Artery Aneurysm: Case Report. Neurosurgery. 1988; 22:411–413

[60] Keller TM, Chappell ET. Spontaneous acute subdural hematoma precipitated by cocaine abuse: case report. Surg Neurol. 1997; 47:12–4; discussion 14-5

[61] Koch E. Inhibition of platelet activating factor (PAF)-induced aggregation of human thrombocytes by ginkgolides: considerations on possible bleeding complications after oral intake of Ginkgo biloba extracts. Phytomedicine. 2005; 12:10–16

[62] Rowin J, Lewis SL. Spontaneous bilateral subdural hematomas associated with chronic Ginkgo biloba ingestion. Neurology. 1996; 46:1775–1776

[63] Kohler S, Funk P, Kieser M. Influence of a 7-day treatment with Ginkgo biloba special extract EGb 761 on bleeding time and coagulation: a randomized, placebo-controlled, double-blind study in healthy volunteers. Blood Coagul Fibrinolysis. 2004; 15:303–309

[64] Vale S. Subarachnoid haemorrhage associated with Ginkgo biloba. Lancet. 1998; 352

[65] Wolf HR. Does Ginkgo biloba special extract EGb 761 provide additional effects on coagulation and bleeding when added to acetylsalicylic acid 500mg daily? Drugs R D. 2006; 7:163–172

[66] Albanese A, Tuttolomondo A, Anile C, Sabatino G, Pompucci A, Pinto A, Licata G, Mangiola A. Spontaneous chronic subdural hematomas in young adults with a deficiency in coagulation factor XIII. Report of three cases. J Neurosurg. 2005; 102:1130–1132

[67] Vural M, Yarar C, Durmaz R, Atasoy MA. Spontaneous Acute Subdural Hematoma and Chronic Epidural Hematoma in a Child with F XIII Deficiency. J Emerg Med. 2008. DOI: 10.1016/j.jemermed.2007.1 1.041

[68] de Noronha RJ, Sharrack B, Hadjivassiliou M, Romanowski CA. Subdural haematoma: a potentially serious consequence of spontaneous intracranial hypotension. J Neurol Neurosurg Psychiatry. 2003; 74:752–755

[69] Chung SJ, Lee JH, Kim SJ, Kwun BD, Lee MC. Subdural hematoma in spontaneous CSF hypovolemia. Neurology. 2006; 67:1088–1089

[70] McDermott M, Fleming JF, Vanderlinden RG, Tucker WS. Spontaneous arterial subdural hematoma. Neurosurgery. 1984; 14:13–18

[71] Matsuyama T, Shimomura T, Okumura Y, Sakaki T. Acute subdural hematomas due to rupture of cortical arteries: a study of the points of rupture in 19 cases. Surg Neurol. 1997; 47:423–427

[72] Stone JL, Lang RGR, Sugar O, et al. Traumatic Subdural Hygroma. Neurosurgery. 1981; 8:542–550

[73] Strassburg HM. Macrocephaly is Not Always Due to Hydrocephalus. J Child Neurol. 1989; 4:S32–S40

[74] Briner S, Bodensteiner J. Benign Subdural Collections of Infancy. Pediatrics. 1980; 67:802–804

[75] Robertson WC, Chun RWM, Orrison WW, et al. Benign Subdural Collections of Infancy. J Pediatr. 1979; 94

[76] Carolan PL, McLaurin RL, Towbin RB, Towbin JA, Egelhoff JC. Benign Extraaxial Collections of Infancy. Pediatr Neurosci. 1986; 12:140–144

[77] Mori K, Handa H, Itoh M, Okuno T. Benign Subdural Effusion in Infants. J Comput Assist Tomogr. 1980; 4:466–471

[78] Litofsky NS, Raffel C, McComb JG. Management of Symptomatic Chronic Extra-Axial Fluid Collections in Pediatric Patients. Neurosurgery. 1992; 31:445–450

[79] McLaurin RL, Isaacs E, Lewis HP. Results of Nonoperative Treatment in 15 Cases of Infantile Subdural Hematoma. J Neurosurg. 1971; 34:753–759

[80] Herzberger E, Rotem Y, Braham J. Remarks on Thirty-Three Cases of Subdural Effusions in Infancy. Arch Dis Childhood. 1956; 31:44–50

[81] Moyes PD. Subdural Effusions in Infants. Can Med Assoc J. 1969; 100:231–234

[82] Aoki N, Miztani H, Masuzawa H. Unilateral Subdural-Peritoneal Shunting for Bilateral Chronic Subdural Hematomas in Infancy. J Neurosurg. 1985; 63:134–137

[83] Aoki N. Chronic Subdural Hematoma in Infancy. Clinical Analysis of 30 Cases in the CT Era. J Neurosurg. 1990; 73:201–205

[84] Johnson DL. Comment on Litofsky N S, et al.: Management of Symptomatic Chronic Extra-Axial Fluid Collections in Pediatric Patients. Neurosurgery. 1992; 31

[85] Karasawa H, Furuya H, Naito H, Sugiyama K, Ueno J, Kin H. Acute hydrocephalus in posterior fossa injury. J Neurosurg. 1997; 86:629–632

[86] d'Avella D, Servadei F, Scerrati M, Tomei G, Brambilla G, Angileri FF, Massaro F, Cristofori L, Tartara F, Pozzati E, Delfini R, Tomasello F. Traumatic intracerebellar hemorrhage: clinicoradiological analysis of 81 patients. Neurosurgery. 2002; 50:16–25; discussion 25-7

[87] Bullock MR, Chesnut RM, Ghajar J, et al. Surgical management of posterior fossa mass lesions. Neurosurgery. 2006; 58:S47–S55

59 Lesão no Cérebro por Ferimento por Arma de Fogo e sem Penetração de Projétil

59.1 Ferimento à bala na cabeça

59.1.1 Informações gerais

Ferimentos por arma de fogo na cabeça (GSWH) são os responsáveis pela maioria das lesões cerebrais com penetração, e abrangem ≈ 35% de mortes de lesões cerebrais em pessoas < 45 anos de idade. GSWH são os tipos mais letais de lesões na cabeça, ≈ 2/3 morrem na cena do crime, e GSWH são, basicamente, as causas próximas de morte em > 90% das vítimas.[1]

59.1.2 Lesões primárias

A lesão primária de GSWH resulta de um número de fatores que incluem:
1. lesão no tecido mole
   a) escalpo direto e/ou lesões faciais
   b) o tecido mole e a bactéria podem ser arrastados intracranialmente, o tecido desvitalizado pode também, então, suportar o crescimento da bactéria
   c) ondas de pressão de gás de combustão podem causar lesão, se a arma estiver fechada
2. fratura cominutiva do osso: pode lesionar os tecidos vasculares subjacentes e/ou tecido cortical (fratura craniana com depressão). Pode atuar como projéteis secundários
3. lesões cerebrais com projéteis
   a) lesão direta no tecido cerebral no caminho da bala, agravada pelo:
      • fragmento da bala
      • ricochete do osso
      • desvio da bala do caminho em que estava sendo dirigida: tombar (rotação alcançada – arremesso) guinada (rotação sobre o eixo vertical), rotação (giro), nutação
      • deformação da bala com o impacto: p. ex. proliferação
   b) lesão no tecido pela onda de choques, cavitação
4. lesão de golpe + contragolpe do impacto do projétil na cabeça (pode causar lesões distantes do caminho da bala)

Em razão da complexidade balística (alguns dos que foram descritos acima) há sempre mais danos distais do que no local de entrada, apesar de a bala desacelerar (perdendo energia cinética).

A extensão da lesão primária é relacionada com a velocidade de impacto:
• velocidade de impacto > 100 m/s: causa lesão intracraniana explosiva que é homogeneamente fatal (Nota: a velocidade do impacto é menor do que a velocidade do cano)
• projéteis que não são balas (p. ex., fragmentos de granada) são considerados de baixa velocidade
• balas de velocidade de cano baixa (≈ < 250 m/s): como a maioria das armas de punho. A lesão no tecido é causada primeiramente pela laceração e maceração ao longo do caminho levemente mais largo do que o diâmetro do projétil
• balas de velocidade de cano alta (≈ 600-750 m/s): de armas militares e rifles de caça. Causa dano adicional pelas ondas de choque e cavitação temporária (o tecido afastado do projétil causa uma lesão de cavidade cônica que pode ultrapassar o diâmetro, e causar pressão baixa na região que pode desenhar os fragmentos na superfície dentro da ferida)

59.1.3 Lesão secundária

O edema cerebral ocorre de forma semelhante à lesão na cabeça fechada. ICP pode subir rapidamente dentro de minutos (ICPs altas resultam de uma velocidade de impacto alta). O débito cardíaco também pode cair inicialmente. Juntos, ↑ ICP e ↓ MAP afeta negativamente a pressão de perfusão cerebral.

Outros fatores de complicação comuns incluem: DIC, hemorragia intracraniana de vasos sanguíneos lacerados.

59.1.4 Complicações tardias

As complicações tardias incluem:
1. abscesso cerebral: a migração da bala pode ser um aviso (ver abaixo). Geralmente associada ao material contaminado retido (bala, osso, pele...), mas também pode resultar de uma comunicação persistente com os seios nasais

2. aneurisma traumático[2]
3. convulsões
4. migração fragmentada
   a) migração da bala: sempre indica abscesso[3] ou, menos frequente, a cavidade do hematoma. Pode também migrar dentro dos ventrículos
   b) os fragmentos intraventriculares podem migrar e causar hidrocefalia obstrutiva[4]
5. leva à toxicidade: mais uma questão com bala no espaço do disco (p. 1017)

59.1.5 Avaliação

Exame físico

O exame deve descrever a entrada e a saída visível do ferimento. Em completamente todo o ferimento do crânio causado pelo projétil, a entrada do ferimento é tipicamente menor do que a saída em razão da proliferação da bala. A entrada do ferimento pode ser particularmente menor com o contato direto do cano com a cabeça. Na cirurgia ou na autópsia, a entrada do ferimento vai mostrar chanfrando a tábua óssea interna, enquanto a saída do ferimento tem a tábua óssea externa chanfrada.

Imagem

Raios X do crânio lateral e AP

Esta é uma situação onde os raios X do crânio ainda podem fornecer informações úteis, já que eles são menos suscetíveis ao artefato da bala do que o escaneamento ósseo. Ajuda a localizar fragmentos ósseos e metais, e ajuda a identificar o local de entrada/saída (omitir se não houver tempo disponível).

Exame de CT da cabeça sem contraste

Ferramenta principal de avaliação. Ele demonstra a localização do osso e do metal. Delimita a trajetória da bala: avalia se a bala passou através do ventrículo e como muitos quadrantes do hemisfério têm sido atravessados. Mostra a quantidade de sangue no cérebro e avalia o hematoma intracraniano (epidural, subdural ou intraparenquimatoso).

Angiografia em GSWH

Raramente atua emergencialmente. Quando pronto, geralmente atua em ≈ 2-3 dias.
   Indicações para a angiografia[5]
- hemorragia tardia inesperada
- a trajetória que envolveria vasos nomeados em pacientes salváveis
- hemorragia intraparenquimatosa ampla em pacientes salváveis

59.1.6 Tratamento

Tratamento inicial

Medidas gerais

1. CPR como exigência: intubação endotraqueal se estiver em estupor ou com a passagem de ar comprometida
2. lesões adicionais (p. ex., ferimento no peitoral) apropriadamente identificado e tratado
3. precauções comuns feitas para lesões da coluna
4. fluidos como necessários para repor a perda estimada de sangue que pode ser variável; exercite a retenção para evitar a hidratação excessiva (para minimizar o edema cerebral)
5. vasopressores para auxiliar a MAP durante e depois do fluido de ressuscitação

Tratamento específico para a lesão

Avaliação neurológica o mais rápido possível e tão completa quanto o tempo permitir.
   A escala de coma de Glasgow é ainda o sistema de graduação mais usado e permite uma melhor comparação entre as séries do que a escala especializada para GSWHs.
   Optar por um neurocirurgião experiente considerando o tratamento mais recente do paciente vai determinar os passos apropriados a serem dados. Pacientes com pequena função no CNS (na ausência do choque) são improváveis de se beneficiarem com a craniotomia. Medidas de apoio são indicadas na maioria dos casos (por possibilidade de doação de órgãos, oportunidade para a família se adaptar à situação, e exigências do período de observação para determinar a real morte cerebral).
   Em pacientes considerados para tratamentos adicionais, a rápida deterioração de qualquer ponto com sinais de hérnia requer intervenção cirúrgica imediata. Havendo tempo suficiente, o acompanhamento deve ser realizado:

1. etapas iniciais
   a) controle de sangramento do escalpo e ferimentos associados (hemostática dos vasos do escalpo)
   b) raspe o escalpo para identificar os locais de entrada/saída e para ganhar tempo no centro cirúrgico
2. tratamento médico (semelhante à lesão de cabeça fechada)
   a) presumir ICP é elevado:
      - elevar HOB 30-45° com a linha mediana da cabeça (evite dobrar a veia jugular)
      - manitol (1g/kg *bolus*) conforme a pressão sanguínea tolerar
      - hiperventilado para $PaCO_2$ = 30-35 mmHg se indicações forem encontradas (p. 873)
      - esteroides: (eficácia não provada) 10 mg dexametasona IVP
   b) profilaxia contra úlceras GI: antagonista H2 (p. ex., ranitidina 50 mg IVPB cada oito horas) inibidor de bomba de próton, sonda NG de sucção
   c) começar anticonvulsivantes (não reduz a incidência de convulsões tardias)
   d) antibióticos: geralmente usado apesar de não haver um estudo controlado que demonstre a eficácia em prevenir meningite ou abscesso. Muitos organismos são sensíveis a agentes resistentes da penicilinase, p. ex. *nafcilina*, recomendada por ≈ 5 dias
   e) administração de toxoide tetânico

Tratamento cirúrgico

Indicações para cirurgias são controversas. Alguns autores sugerem que o melhor resultado pode ocorrer com gerenciamento mais agressivo, e que o resultado fraco pode ser uma profecia que se cumpriu.[6] Pacientes com funções neurológicas reduzidas, p. ex. pupilas fixas, maneirismo de descerebração ou descascado... (quando não estiver em choque e com boa oxigenação) não deve ser operado após, porque a chance de recuperação significativa é próxima de zero. Pacientes com lesões menos severas devem ser considerados para operação urgente.

Objetivos da cirurgia

1. desbridamento de tecido desvitalizado: menos tecido é lesionado na GSWH de civis, mas a elevação de ICP no pós-operatório pode implicar em mais desbridamento vigoroso, principalmente de cérebro não eloquente (p. ex., extremidade temporal)
2. evacuação dos hematomas: subdural, intraparenquimatoso...
3. remoção dos fragmentos *acessíveis* do osso
4. recuperação do fragmento da bala para propósito forense (nota: qualquer um que manusear os fragmentos pode ser intimado a depor referente à "cadeia de custódia"). Grandes fragmentos intactos devem ser vistos conforme tendem a migrar (**nota:** o risco de convulsão e retenção dos fragmentos da bala não é alto em civis com GSWH, portanto, apenas fragmentos acessíveis devem ser vistos e removidos)
5. obter hemóstase
6. estancar o fechamento dural (geralmente requer enxerto)
7. separação do compartimento intracraniano dos seios aéreos atravessados pela bala
8. identificação da entrada e saída do ferimento para propósito forense; ver avaliação (p. 900)

Técnica cirúrgica

Alguns pontos-chave das técnicas cirúrgicas:[7 (p. 2098-104)]
- posicionar e cobrir devem tornar tanto a entrada quanto a saída do ferimento acessível
- o tecido desvitalizado que está em volta da entrada e da saída do ferimento deve ser excisado
- o osso fraturado deve ser excisado por uma craniectomia circunferencial (a craniotomia pode ser usada em alguns civis com GSWH, o local da entrada dentro da craniotomia deve ser aberto por *rongeur* ou broca por trás do osso limpo)
- os seios aéreos que forem atravessados devem ter a mucosa removida, e são, então, acumulados com músculo, e cobertos com enxerto (p. ex., periósteo ou fáscia lata) para separá-los do compartimento intracraniano
- a dura é aberta em uma forma estrelada
- o cérebro desvitalizado é removido de dentro usando sucção e bipolar em um alargamento do cone até o tecido saudável ser encontrado (a lesão adicional à estrutura profunda da linha mediana deve ser evitada, aqui, fica dentro do trato da bala)
- fragmentos colaterais sem saída do ferimento apenas devem ser removidos, caso estejam acessíveis
- fragmentos intraventriculares podem apresentar um risco significativo. A ventriculoscopia (se necessária) pode ser adequada para remover esses
- o fechamento dural deve ser impermeável; enxertos do pericrânio, fáscias temporais, ou enxerto da fáscia lata podem ser usados; evite substitutos para dura

- a cranioplastia pode ser atrasada entre 6-12 meses para reduzir o risco de infecção
- um pós-operatório da fístula de CSF que persiste > 2 semanas deve ser corrigido

Monitoramento da ICP

A ICP é sempre elevada após o desbridamento cirúrgico,[6] e o monitoramento pode ser garantido.

Resultado

Fatores prognósticos:

1. o nível de consciência é o fator prognóstico mais importante: ≈ 94% dos pacientes que estão em coma com resposta inapropriada ou ausente aos estímulos nocivos da internação morrem, e metade dos sobreviventes fica com deficiências graves[8]
2. como inicialmente defendido por Cushing, o caminho da bala é também um fator prognóstico importante. Principalmente o *prognóstico ruim* é associado à:
   a) projéteis que atravessam a linha mediana
   b) projéteis que passam através do centro geográfico do cérebro
   c) projéteis que entram ou atravessam os ventrículos
   d) mais lobos atravessados pelos projéteis
3. hematomas vistos na CT são descobertas prognósticas ruins
4. tentativas de suicídio são mais prováveis de serem fatais

59.2 Trauma sem a penetração de projétil

59.2.1 Informações gerais

Esta seção lida com lesões no cérebro com penetração (e com algumas extensões para a medula espinal) excluindo lesões com projéteis, p. ex. ferimento à bala (p. 908). A seção inclui traumas causados por: facas, flechas, dardos... As lesões no tecido neural tendem a ser mais limitadas do que com projéteis, porque muitos dos aspectos associados à lesão do projétil são ausentes (p. 908).

59.2.2 Lesões com flechas

Como resultado da baixa velocidade (p. ex., 58 m/s) comparado a armas de fogo e pontas afiadas, a lesão é geralmente limitada ao tecido incisado diretamente pela ponta da flecha.[9]

59.2.3 Casos com o corpo estanho ainda incorporado

Em traumas com penetração, geralmente, não é apropriado remover qualquer parte saliente do corpo estranho até o paciente chegar à sala de cirurgia, a menos que seja inevitável. Se possível, ajuda ter outro objeto idêntico para comparar no momento de planejar a remoção do objeto incorporado.[10] Para minimizar a extensão do trauma para o CNS, o objeto saliente deve ser estabilizado de alguma forma durante o transporte e análise. Intraoperativamente, dispositivos, como o retractor Greenberg pode ser usado para estabilizar o objeto durante a preparação e a abordagem inicial.

59.2.4 Indicação para a angiografia pré-operatória

1. objeto passa na região da grande artéria nomeada
2. objeto passa próximo aos seios durais
3. evidência visível de sangramento arterial: a angiografia não é apropriada, se a hemorragia não puder ser controlada

59.2.5 Técnicas cirúrgicas

É impossível dar detalhes que cubram todas as situações. Algumas orientações:

1. cobertura antibiótica empírica é apropriada; ver meningite pós-traumática cranioespinal. Pegue culturas do ferimento e do corpo estranho para guiar após a antibioticoterapia
2. o controle perfeito geralmente pode ser obtido pela atuação da craniotomia até e, se possível, em volta do objeto, tão quanto a remoção do osso não atrapalhar o objeto. Os últimos vestígios do osso podem, então, ser removidos com o *rongeur*

3. se possível, abra a dura antes de remover o objeto, caso a remoção com a dura fechada não permitir o controle adequado da hemorragia no cérebro
4. a remoção ideal do objeto deve acompanhar a entrada da trajetória, se possível
5. apesar dos ferimentos à bala não serem estéreis, como uma vez pensado, eles provavelmente contaminam menos do que ferimentos com penetração. Este deve desbridar facilmente qualquer osso impactado acessível e outro tecido extracraniano e material ao logo do trato

59.2.6 Cuidado pós-operatório

1. o uso de antibióticos é geralmente apropriado já que a infecção é comum
2. considerar o arteriografia pós-operatória para excluir o aneurisma traumático

Referências

[1] Kaufman HH. Civilian GunshotWounds to the Head. Neurosurgery. 1993; 32:962–964

[2] Kaufman HH, Moake JL, Olson JD, et al. Delayed Intracerebral Hematoma due to Traumatic Aneurysm caused by a ShotgunWound: A Problem in Prophylaxis. Neurosurgery. 1980; 6:181–184

[3] DesChamps GT, Jr, Morano JU. Intracranial bullet migration - a sign of brain abscess: case report. J Trauma. 1991; 31:293–295

[4] Sternbergh WC, Jr, Watts C, Clark K. Bullet within the fourth ventricle. Case report. J Neurosurg. 1971; 34:805–807

[5] Miner ME. Comment on Benzel EC, et al. Civilian Craniocerebral Gunshot Wounds. Neurosurgery. 1991; 29

[6] Kaufman HH, Makela ME, Lee KF, et al. Gunshot Wounds to the Head: A Perspective. Neurosurgery. 1986; 18:689–695

[7] Youmans JR. Neurological Surgery. Philadelphia 1990

[8] Benzel EC, Day WT, Kesterson L, Willis BK, et al. Civilian Craniocerebral GunshotWounds. Neurosurgery. 1991; 29:67–72

[9] Karger B, Sudhues H, Kneubuehl BP, Brinkmann B. Experimental arrow wounds: ballistics and traumatology. J Trauma. 1998; 45:495–501

[10] Salvino CK, Origitano TC, Dries DJ, Shea JF. Transoral Crossbow Injury to the Cervical Spine: An Unusual Case of Penetrating Cervical Spine Injury. Neurosurgery. 1991; 28:904–907

60 Lesão na Cabeça de Pacientes Pediátricos

60.1 Informações gerais

Setenta e cinco por cento das crianças hospitalizadas por trauma têm lesões na cabeça. Apesar de a maioria das lesões na cabeça de pacientes pediátricos ser leve e envolver apenas exames ou pequeno tempo de internação, as lesões no CNS são as causas mais comuns de morte traumática em pacientes pediátricos.[1] A mortalidade em geral por lesões na cabeça de pacientes pediátricos que exigem hospitalização tem sido relatada entre 10-13%,[2] enquanto a mortalidade associada a lesões na cabeça graves de pacientes pediátricos apresentando com postura de descerebração tem sido relatada tão alta quanto 71%.[3]

Diferenças entre lesões na cabeça de adultos e crianças:
1. epidemiologia:
   a) crianças sempre têm lesões mais brandas do que adultos
   b) menor chance de lesão cirúrgica em criança em estado de coma do que em adultos[4]
2. tipos de lesão: lesões específicas de pacientes pediátricos:
   a) lesões de nascimento: fratura no crânio, céfalo-hematoma (ver abaixo), hematoma subdural ou epidural, lesão do plexo braquial (p. 550)
   b) lesão na caminhada
   c) abuso de criança (ver abaixo): síndrome do bebê sacudido...
   d) lesões com skate, patinete, etc
   e) dardos
   f) céfalo-hematoma: ver abaixo
   g) cisto leptomeníngeo, também conhecido como "fratura do crânio em crescimento" (p. 915)
3. resposta à lesão:
   a) resposta à lesão na cabeça de adolescentes mais velhos é similar à de adultos
   b) "edema cerebral maligno": início agudo do inchaço cerebral grave (provavelmente decorrente da hiperemia[5,6]) acompanhando lesões na cabeça, principalmente em crianças mais novas (pode não ser tão comum quanto previamente pensado[7])
   c) convulsões pós-traumáticas: mais provável de ocorrer dentro das primeiras 24 horas em crianças do que em adultos (p. 462)[8]

60.2 Gerenciamento

60.2.1 Estudos de imagem

As indicações para CT são mostradas abaixo

Quando não contraindicado, uma sequência rápida de MRI pode ser usada (evite radioterapia complementar em crianças em crescimento), principalmente para acompanhamento de imagem.

Guia de prática clínica: imagem da lesão na cabeça de pacientes pediátricos menores

- recomendações:[9] escaneamento de CT para crianças com disfunção neurológica ou cognitiva, ou suspeita de uma fratura no crânio basilar ou deprimida
- recomendações:[9] quando o escaneamento de CT não for feito em uma criança de ≤ a 1 ano de idade encontrando o critério acima (p. ex., decorrente das questões da sedação), um filme do crânio pode ser considerado

Baseado principalmente em experimentos prospectivos (não randomizado) série de caso grande.

Definições: pediátrico = anos um mês-17anos de idade. Lesões da cabeça menores: GCS ≥ 13 (exclui: suspeita ou prova de abuso de criança, pacientes exigindo internação por outras razões).

≈ 22% desses com um histórico de diminuição do nível de consciência (LOC) > cinco minutos têm uma lesão cerebral, enquanto 92% sem diminuição do LOC > cinco minutos não terão lesão cerebral.[9]

60.2.2 Observações em casa

Guia de prática clínica: observações em casa em pacientes pediátricos menores com lesões na cabeça

Recomendações:[9] uma criança com GCS = 14-15 e escaneamento da CT normal podem ser considerados para observação em casa, se estiver neurologicamente estável (esses pacientes têm quase nenhuma chance de ter uma lesão oculta no cérebro).

Baseado principalmente em experimentos prospectivos (não randomizados) ou série de caso grande.

Definições: paciente pediátrico = idades um mês-17 anos de idade. Lesões na cabeça menores: GCS ≥ 13 (exclui: suspeita ou prova de abuso de criança, pacientes que requerem hospitalização por outras razões).

60.3 Resultados

Como um grupo, crianças apresentam melhores resultados do que adultos com lesões na cabeça.[10] Entretanto, crianças muito jovens não reagem tão bem quanto crianças em idade escolar.[11]

Todos os aspectos de disfunção neuropsicológica que acompanham lesões na cabeça podem nem sempre ser relatadas como traumas, assim como crianças que têm lesão podem ter problemas preexistentes que aumentam a propensão delas para se ferir[12] (isto é controverso[13]).

60.4 Céfalo-hematoma

60.4.1 Informações gerais

Acúmulo de sangue embaixo do escalpo. Ocorre quase exclusivamente em crianças.

Dois tipos:

1. hematoma subgaleal: pode ocorrer sem trauma ósseo, ou pode ser associado a uma fratura no crânio não deslocada linear (principalmente em idade < um ano). O sangramento no tecido conectivo perdido separa a gálea do periósteo. Pode atravessar estruturas. Geralmente, começa como um pequeno hematoma localizado, e pode tornar-se grande (com perda significativa de volume de sangue circulando em idade < um ano, a transfusão pode ser necessária). Clínicos inexperientes podem suspeitar de CSF abaixo do escalpo, o que não ocorre. Geralmente, apresentada como uma massa macia e flutuante. Eles não calcificam

2. hematoma subperiosteal (alguns se referem a isso como céfalo-hematoma): mais comumente visto em recém-nascidos (associado ao parto, pode também ser associado ao monitoramento do escalpo no neonatal[14,15]). O sangramento eleva o periósteo, a extensão é limitada pela sutura. Mais firme e menos flutuante do que o hematoma subgaleal;[16 (p 312)] o escalpo se move livremente por cima da massa. Oitenta por cento reabsorvem, geralmente dentro de duas a três semanas. Eventualmente, pode calcificar

As crianças podem desenvolver icterícia (hiperbilirrubinemia), enquanto o sangue é reabsorvido, eventualmente, tão tarde quanto dez dias após o início.

60.4.2 Tratamento

O tratamento além dos analgésicos é quase nunca exigido, e a maioria geralmente resolve dentro de duas a quatro semanas. Evite a tentação de percutaneamente aspirar esses como risco de a infecção exceder o risco de acompanhá-los ansiosamente, e, nos recém-nascidos, a remoção do sangue pode torná-los anêmicos. Acompanhe a série de hemoglobina e hematócrito em grandes lesões. Se o hematoma subperiosteal persistir > seis semanas, obtenha um filme do crânio. Se a lesão estiver calcificada, a remoção cirúrgica pode ser indicada por razões estéticas (apesar de que com a maioria desses o crânio vai retornar ao contorno normal entre três e seis meses.[16 (p 315)]

60.5 Fraturas no crânio em pacientes pediátricos

60.5.1 Informações gerais

Esta seção lida com algumas questões especiais de fraturas no crânio em pacientes pediátricos. Também ver abuso de criança (p. 916).

60.5.2 Cisto leptomeníngeo pós-traumático (fraturas no crânio em crescimento)

Informações gerais

O cisto leptomeníngeo pós-traumático (PTLMC) (às vezes, apenas cisto leptomeníngeo traumático) fraturas como a também conhecida fratura craniana em crescimento não devem ser confundidas com os cistos aracnoides (também conhecido como cistos leptomeníngeos, que não são pós-traumáticos). PTLMC consiste em uma fratura linear que aumenta com o tempo. Apesar de geralmente ser assintomático, o cisto pode causar efeito em massa com o déficit neurológico.

PTLMCs foram descritos primeiro em 1816[17] e são muito raros, ocorrendo em 0,05-0,6% das fraturas de crânio.[18,19] Geralmente, exige uma fratura separada aumentada E uma laceração dural. Idade média da lesão: < um ano, acima de 90% ocorrem antes dos três anos[20] (a formação pode exigir a presença de um cérebro em crescimento rapidamente[21]) apesar de raros casos de adultos terem sido descritos[22,23,17] (um total de cinco casos na literatura a partir de 1998[17]). PTLMC raramente ocorre > seis meses sem a lesão. Algumas crianças podem desenvolver uma fratura no crânio que parece crescer durante as primeiras semanas, que *não* é acompanhada pela massa subgaleal, e que cicatriza espontaneamente dentro de alguns meses: o termo "fratura pseudocrescida" tem sido sugerido para isso.[24]

Apresentação

A maioria sempre se apresenta como massa no escalpo (geralmente subgaleal), apesar de existirem relatórios de apresentação com dores de cabeça solitárias.[22]

Diagnóstico

Descobertas radiográficas: aumento progressivo da fratura e escalpelamento das bordas.

Análise do desenvolvimento de PTLMC

Se o crescimento precoce da fratura linear sem massa subgaleal for notado, repita o filme do crânio um ou dois meses antes de operar (para excluir a fratura pseudocrescida). Em pacientes jovens com fraturas de crânio separadas (a amplitude da fratura é raramente mencionada), considere pedir um acompanhamento com o filme do crânio 6-12 meses pós-trauma. Entretanto, visto que a maioria dos PTLMCs é trazida para a atenção médica quando a massa palpável é notada, a rotina de acompanhamento com raios X pode não ser rentável.

Tratamento

O tratamento do verdadeiro PTLMC é cirúrgico, com fechamento dural obrigatório. Desde que a falha dural é geralmente maior do que o dano ósseo, isto pode ser vantajoso para realizar uma craniotomia em volta do local da fratura, corrija o dano dural e reponha o osso.[23] As fraturas pseudocrescidas devem ser acompanhadas com raios X e operadas apenas se a expansão persistir além de alguns meses ou se a massa subgaleal estiver presente.

60.5.3 Fraturas do crânio depressivas em pacientes pediátricos

Ver referência.[25]

Informações gerais

Mais comuns em ossos frontais e parietais. Um terço é fechado, e esses tendem a ocorrer em crianças mais novas (3,4 ± 4,2 anos, *versus* 8,0 ± 4,5 anos para fraturas expostas) como um resultado de crânio mais fino, mais deformável. Fraturas expostas tendem a ocorrer com acidentes automobilísticos, fraturas fechadas tendem a acompanhar acidentes domésticos. A laceração dural é mais comum em fraturas expostas.

Fraturas expostas depressivas simples do crânio

Não houve diferença no resultado (convulsões, disfunção neurológica, ou aparência estética) em tratamento cirúrgico ou não cirúrgico em 111 pacientes < 16 anos. Em crianças mais novas, remodelar o crânio como um resultado do crescimento do cérebro tende a regularizar a deformidade.

Indicações para a cirurgia de fratura depressiva simples no crânio de pacientes pediátricos:
1. evidência definitiva da penetração dural
2. efeito estético persistente em crianças mais velhas após o inchaço diminuir
3. déficit neurológico focal ± relacionado com a fratura (este grupo tem uma incidência mais alta de laceração dural, apesar de ser geralmente trivial)

Fratura em "bola de pingue-pongue"

Ver referência.[26]

Uma fratura de tipo galho verde → afundamento da área focal do crânio como em uma área prensada por uma bola de pingue-pongue. Geralmente, visto apenas em recém-nascidos em razão da plasticidade do crânio.

Indicações para cirurgia

Nenhum tratamento é necessário quando isto ocorre na região temporoparietal, na ausência de uma lesão cerebral subjacente já que a deformidade será geralmente corrigida conforme o crânio cresce.
- evidência radiográfica dos fragmentos ósseos intraparenquimatosos
- déficit neurológico associado (raro)
- sinais de aumento da pressão intracraniana
- sinais de vazamento profundo de CSF para a gálea
- situações em que o paciente vai ter dificuldade para ter um acompanhamento de longo período

Técnica

Lesões localizadas frontalmente podem ser corrigidas por estética por meio de uma pequena incisão linear entre o contorno do couro cabeludo, abrindo o crânio adjacente à depressão, e empurrando para retirar, p. ex. com um dissector de Penfield número 3.

60.6 Trauma não acidental (NAT)

60.6.1 Informações gerais

Também conhecido como abuso infantil. Ao menos 10% das crianças < 10 anos que são trazidas à emergência com alegação de acidente são vitimas de abuso.[27] A incidência de trauma acidental na cabeça de consequência significativa abaixo de três anos é baixa, enquanto essa é a idade em que o espancamento é mais alto.[28]

Não há evidências de que são patognomônicos por abuso infantil. Os fatores que aumentam o índice de suspeita incluem:
1. hemorragia retiniana (ver abaixo)
2. hematomas subdurais crônicos bilaterais em criança < 2 anos (p. 904)
3. fraturas múltiplas do crânio (ver abaixo) ou aquelas que são associadas à lesão intracraniana
4. lesão neurológica significativa com sinais mínimos de trauma externo

60.6.2 Síndrome do bebê sacudido

Uma sacudida forte na criança produz um violento movimento que se assemelha a um chicote de aceleração e desaceleração da cabeça (a cabeça da criança é relativamente grande em proporção com o corpo, e os músculos do pescoço são comparativamente fracos),[29] o que pode levar a uma lesão cerebral significativa. Alguns pesquisadores acreditam que sacudir sozinho pode ser inadequado para produzir lesões severas vistas, e aquele impacto é também sempre envolvido.[30]

Entre as características encontradas, há hemorragia retiniana (ver abaixo), hematoma subdural (bilateral em 80%) e/ou hemorragia subaracnóidea (SAH). Geralmente, há poucos ou nenhum sinal externo do trauma (incluindo casos com impacto, apesar de evidências poderem ser aparentes na autópsia). Em alguns casos, há marcas de dedos no peitoral, fraturas múltiplas na costela e/ou compressão pulmonar ± hemorragia pulmonar parenquimatosa. As mortes nesses casos são quase todas decorrente da hipertensão intracraniana incontrolável. Pode existir lesão da junção cervicomedular.[31]

60.6.3 Hemorragia retiniana (RH) em abuso infantil

"Em crianças com traumatismo de múltiplas lesões e um histórico inconsistente, a presença de RH é patognomônica de espancamento".[28] Entretanto, RH também pode ocorrer em ausência de qualquer evidência de abuso. As 16/26 crianças espancadas < 3 anos tiveram RH na fundoscopia, enquanto 1/32 crianças com traumatismo sem espancamento com lesão na cabeça tiveram RH (o único falso positivo: parto traumático, em que a incidência de RH é de 15-30%).

Diagnóstico diferencial de etiologia de hemorragia retiniana:
1. abuso infantil (incluindo "síndrome do bebê sacudido", ver acima)
2. derrame subdural benigno em crianças (p. 904)
3. doença de altitude alta aguda (p. 848)
4. aumento agudo em ICP: p. ex. com convulsões (pode ser semelhante à retinopatia de Purtscher – ver abaixo)

5. retinopatia de Purtscher:[32] perda de visão acompanhada de trauma grave (esmagamento do peitoral, acionamento do *airbag*[33]...), pancreatite, falha renal ou no parto, entre outras. Isquemia do polo posterior com exsudatos de algodão e hemorragia em volta do disco óptico por causa da microembolia de possível gordura, ar, coágulo de fibrina, complementos mediados agregados ou plaquetas maciças. Não há tratamento conhecido

60.6.4 Fraturas do crânio em abuso de crianças

Uma série comparando 39 casos documentados de fraturas no crânio de abuso infantil para 95 casos de provável lesão acidental[27] mostrou o seguinte:
1. o osso parietal foi o local mais comum de fratura em ambos os grupos ($\approx 90\%$)
2. a depressão da fratura do crânio foi frequentemente esquecida clinicamente por causa do hematoma sobreposto
3. aspectos clínicos em pacientes com fratura no crânio não diferenciaram muito abuso infantil de trauma (hemorragias retinianas (RH) foram vistas em um abuso de criança e um paciente de trauma acidental: note que RH é mais comum em síndrome da "criança sacudida" que não é comumente associada à fratura de crânio)
4. três características mais frequentemente vistas após o abuso da criança do que em outro trauma:
   a) fraturas múltiplas
   b) fraturas bilaterais
   c) fraturas que cortam a sutura

Referências

[1] Ward JD, Narayan RK, Wilberger JE, Povlishock JT. In: Pediatric Head Injury. Neurotrauma. New York: McGraw-Hill; 1996:859–867

[2] Zuccarello M, Facco E, Zampieri P, et al. Severe Head Injury in Children: Early Prognosis and Outcome. Childs Nerv Syst. 1985; 1:158–162

[3] Bruce DA, Raphaely RC, Goldberg AI, et al. Pathophysiology, Treatment and Outcome following Severe Head Injury in Children. Childs Brain. 1979; 5:174–191

[4] Alberico AM, Ward JD, Choi SC, et al. Outcome After Severe Head Injury: Relationahip to Mass Lesions, Diffuse Injury, and ICP Course in Pediatric and Adult Patients. J Neurosurg. 1987; 67:648–656

[5] Bruce DA, Alavi A, Bilaniuk L, et al. Diffuse Cerebral Swelling Following Head Injuries in Children: The Syndrome of "Malignant Brain Edema". J Neurosurg. 1981; 54:170–178

[6] Humphreys RP, Hendrick EB, Hoffman HJ. The Head Injured Child Who "Talks and Dies". Childs Nerv Syst. 1990; 6:139–142

[7] Muizelaar JP, Marmarou AM, DeSalles AA, et al. Cerebral Blood Flow in Severely Head-Injured Children: Part I. Relationship with GCS Score, Outcome, ICP, and PVI. J Neurosurg. 1989; 71:63–71

[8] Hahn YS, Fuchs S, Flannery AM, Barthel MJ, McLone DG. Factors Influencing Posttraumatic Seizures in Children. Neurosurgery. 1988; 22:864–867

[9] Health Policy & Clinical Effectiveness Program. Evidence Based Clinical Practice Guideline for Management of Children with Mild Traumatic Head Injury. Cincinnati, Ohio 2000

[10] Luerson TG, Klauber MR, Marshall LF. Outcome from Head Injury Related to Patient's Age: A Longitudinal Prospective Study of Adult and Pediatric Head Injury. J Neurosurg. 1988; 68:409–416

[11] Kriel RL, Krach LE, Panser LA. Closed Head Injury: Comparison of Children Younger and Older Than 6 Years of Age. Pediatr Neurol. 1989; 5:296–300

[12] Bijur PE, Haslum M, Golding J. Cognitive and Behavioral Sequelae of Mild Head Injury in Children. Pediatrics. 1990; 86:337–344

[13] Pelco L, Sawyer M, Duffielf G, et al. Premorbid Emotional and Behavioral Adjustment in Children with Mild Head Injury. Brain Inj. 1992; 6:29–37

[14] Listinsky JL, Wood BP, Ekholm SE. Parietal Osteomyelitis and Epidural Abscess: A Delayed Complication of Fetal Monitoring. Pediatr Radiol. 1986; 16:150–151

[15] Kaufman HH, Hochberg J, Anderson RP, et al. Treatment of Calcified Cephalhematoma. Neurosurgery. 1993; 32:1037–1040

[16] Matson DD. Neurosurgery of Infancy and Childhood. 2nd ed. Springfield: Charles C Thomas; 1969

[17] Britz GW, Kim K, Mayberg MR. Traumatic Leptomeningeal Cyst in an Adult: A Case Report and Review of the Literature. Surg Neurol. 1998; 50:465–469

[18] Ramamurthi B, Kalyanaraman S. Rationale for Surgery in Growing Fractures of the Skull. J Neurosurg. 1970; 32:427–430

[19] Arseni CS. Growing Skull Fractures of Children. A Particular Form of Post-Traumatic Encephalopathy. Acta Neurochir. 1966; 15:159–172

[20] Lende R, Erickson T. Growing Skull Fractures of Childhood. J Neurosurg. 1961; 18:479–489

[21] Gadoth N, Grunebaum M, Young LW. Leptomeningeal Cyst After Skull Fracture. Am J Dis Child. 1983; 137:1019–1020

[22] Halliday AL, Chapman PH, Heros RC. Leptomeningeal Cyst Resulting from Adulthood Trauma: Case Report. Neurosurgery. 1990; 26:150–153

[23] Iplikciglu AC, Kokes F, Bayar A, Buharali Z. Leptomeningeal Cyst. Neurosurgery. 1990; 27:1027–1028

[24] Sekhar LN, Scarff TB. Pseudogrowth in Skull Fractures of Childhood. Neurosurgery. 1980; 6:285–289

[25] Steinbok P, Flodmark O, Martens D, Germann ET. Management of Simple Depressed Skull Fractures in Children. J Neurosurg. 1987; 66:506–510

[26] Loeser JD, Kilburn HL, Jolley T. Management of depressed skull fracture in the newborn. J Neurosurg. 1976; 44:62–64

[27] Meservy CJ, Towbin R, McLaurin RL, et al. Radiographic Characteristics of Skull Fractures Resulting from Child Abuse. AJR. 1987; 149:173–175

[28] Eisenbrey AB. Retinal Hemorrhage in the Battered Child. Childs Brain. 1979; 5:40–44

[29] Caffey J. On the Theory and Practice of Shaking Infants. Its Potential Residual Effects of Permanent Brain Damage and Mental Retardation. Am J Dis Child. 1972; 124:161–169

[30] Duhaime A-C, Gennarelli TA, Thibault LE, Bruce DA, et al. The Shaken Baby Syndrome: A Clinical, Pathological, and Biomechanical Study. J Neurosurg. 1987; 66:409–415

[31] Hadley MN, Sonntag VKH, Rekate HL, Murphy A. The Infant Whiplash-Shake Injury Syndrome: A Clinical and Pathological Study. Neurosurgery. 1989; 24:536–540

[32] Buckley SA, James B. Purtscher's retinopathy. Postgrad Med J. 1996; 72:409–412

[33] Shah GK, Penne R, Grand MG. Purtscher's retinopathy secondary to airbag injury. Retina. 2001; 21:68–69

61 Lesões na Cabeça: Gerenciamento a Longo Prazo, Complicações, Resultados

61.1 Gerenciamento de vias aéreas

Guia de prática clínica: Tempo de traqueostomia

Nível II:[1] a traqueostomia no início reduz o número de dias de ventilação mecânica, mas não afeta a mortalidade ou incidência de pneumonia.

Guia de prática clínica: Tempo de extubação

Nível III:[1] a extubação cedo para pacientes com critérios de extubação não aumenta o risco de pneumonia.

61.2 Trombose venosa profunda

Também ver detalhes mais profundos sobre tromboembolismo (p. 167) em pacientes neurocirúrgicos. O risco de desenvolver DVT é ≈ 20% no TBI grave não tratável.[2] Ver também **Guia de prática clínica: profilaxia DVT em TBI grave** (p. 918).

Guia de prática clínica: profilaxia DVT em TBI grave

Nível III:[3]
- a menos que seja contraindicado, as meias de compressão graduada ou bota de compressão intermitente são recomendadas até o paciente estar no ambulatório
- heparina de baixo peso molecular (LMWH) (p. 164) ou baixa dose de heparina não fracionada, em conjunto com medidas mecânicas baixam o risco de DVT, mas uma tendência sugere que aumentam o risco de expansão da hemorragia intracraniana (**nota**: não há evidências suficientes: que defendam o uso de um agente farmacológico em cima de outro, ou que definam a dose ideal ou tempo do agente[3]

61.3 Nutrição em pacientes com lesões na cabeça

61.3.1 Resumo de recomendações (ver o texto para ter detalhes)

Guia de prática clínica: nutrição

Nível II:[4] a reposição calórica deve ser realizada pelo sétimo dia de pós-trauma.

Σ

1. pelo sétimo dia de pós-trauma, reponha pelo seguinte (enteral ou parenteral):
   a) pacientes não paralisados: 140% de gastos de energia basal previsível (BEE)
   b) pacientes paralisados: 100% de BEE previsível
2. fornece ≥ 15% de calorias como proteína
3. a reposição nutricional deve começar dentro de 72 h de lesão na cabeça, no intuito de atingir o objetivo # 1 pelo sétimo dia
4. a rota enteral é preferencial (hiperalimentação IV é preferencial se houver maior ingestão de nitrogênio é desejável ou se houver uma diminuição do esvaziamento gástrico)

61.3.2 Exigências calóricas

Pacientes em estado de coma com lesão na cabeça isolada têm gastos calóricos que são 140% do normal para pacientes (faixa: 120-250%).[5,6,7,8] Paralisia com bloqueio muscular ou coma barbitúrico reduz o gasto excessivo na maioria dos pacientes para ≈ 100-120% do normal, mas alguns permanecem elevados por 20-30%.[9] As exigências a cerca de energia surgem durante as primeiras duas semanas após a lesão, mas não se sabe por quanto tempo essa elevação continua. A mortalidade é reduzida em pacientes que recebem a reposição calórica total pelo sétimo dia após o trauma[10] (um efeito benéfico com um objetivo prévio de reposição por três dias pós-trauma não foi encontrado[11]). Visto que geralmente leva 2-3 dias para realizar a reposição nutricional até velocidade se a rota enteral ou parenteral estiver utilizada,[8] é recomendável que a suplementação nutricional comece dentro de 72 horas após a lesão na cabeça.

61.3.3 Enteral *versus* hiperalimentação IV

A substituição calórica que pode ser atingida é semelhante entre as rotas enteral e parenteral.[12] A rota enteral é preferível em razão do risco reduzido de hiperglicemia, infecção e gasto.[13] Hiperalimentação IV pode ser utilizada se a ingestão de nitrogênio mais alto for pretendida ou se houver diminuição do esvaziamento gástrico. Não há diferença significativa na albumina no soro, perda de peso, equilíbrio do nitrogênio, ou resultado final foi encontrado entre nutrições enteral e parental.[12]

Estimativas de gasto de energia basal (BEE) podem ser obtidas com a equação Harris-Benedict,[14] mostrado em Eq (61.1), (61.2) e (61.3), onde W é em Kg, H é altura em cm, e A é duração em anos.

$$\text{Homens: BEE} = 66{,}47 \; 13{,}75 \times W \; 5{,}0 \times H - 6{,}76 \times A \tag{61.1}$$

$$\text{Mulheres: BEE} = 65{,}51 \; 9{,}56 \times W \; 1{,}85 \times H - 4{,}68 \times A \tag{61.2}$$

$$\text{Crianças: BEE} = 22{,}1 \; 31{,}05 \times W \; 1{,}16 \times H \tag{61.3}$$

61.3.4 Nutrição enteral

Soluções isotônicas (como Isocal® ou Osmolyte®) devem ser usadas com força total começando a 30 mL/hora. Confira resíduos gástricos de quatro em quatro horas e segure a alimentação se os resíduos excederem ≈ 125 mL em um adulto. Aumente a taxa para ≈ 15-25 mL/hora cada 12-24 horas como tolerado até a taxa desejada ser alcançada.[15] A diluição não é recomendada (pode demorar o esvaziamento gástrico), mas se for desejável, dilua com solução salina normal para reduzir a ingestão de água livre.

Precauções:

Tubo de alimentação NG pode interferir com a absorção de fenitoína (PHT, Dilantin®) (p. 446). Esvaziamento gástrico reduzido pode ser visto acompanhando lesão na cabeça[16] (Nota: alguns podem ter esvaziamento temporariamente elevado) assim como em coma pentobarbital, pacientes podem precisar de hiperalimentação IV até a rota entérica estar utilizável. Outros têm descrito melhor tolerância da alimentação enteral, usando administração jejunal.[17]

61.3.5 Equilíbrio de nitrogênio

Um assunto normal alimentou uma dieta livre de proteínas por três dias vai excretar 85 mg de nitrogênio/kg/d. Essas perdas aumentam com a lesão. O surgimento em N urinário é decorrente, primeiramente, do aumento de ureia (abrange 80-90% de N urinário). Isto é pensado para representar um aumento na mobilização e degradação de aminoácidos, que são sentidos para originar principalmente do músculo esquelético.[18] Alguns desses representam uma reação primária à lesão, em que certos órgãos vitais parecem ser mantidos nos gastos de órgãos menos ativos, e um equilíbrio de nitrogênio mais elevado significativamente não pode ser atingido pelo aumento da quantidade de calorias utilizadas como proteína além de um certo nível.[12,15] O catabolismo da proteína rende 4 kcal/g (comparado a 1 kcal/g para carboidratos e 9 kcal/g por gordura), e em adultos não lesionados normalmente suprem apenas ≈ 10% das necessidades energéticas.[19]

Como uma estimativa, para cada grama de N excretado (principalmente pela urina, entretanto, algumas também são perdidas nas fezes), 6,25 g de proteínas têm sido catabolizados. É recomendado que ao menos 15% das calorias sejam supridas como proteína. A porcentagem de calorias consumidas (PCC) derivada de proteína pode ser calculada da Eq (61.4) onde N é nitrogênio em gramas, e BEE é o gasto de energia basal[5] (ver Eq (61.1), (61.2) e (61.3)).

$$\text{PCC (de proteína)} = \frac{N\,(g\,N) \times \dfrac{6{,}25\text{ g proteína}}{g\,N} \times \dfrac{4{,}0\text{ kcal}}{g\text{ proteína}}}{BEE} \times 100 \tag{61.4}$$

Portanto, para suprir PCC (proteína) = 15% uma vez que BEE é conhecido, use a Eq (61.5). Algumas formulações enterais incluem Magnacal® (PCC = 14%) e TraumaCal® (PCC= 22%).

$$N\,(gm\,N) = 0{,}006 \times BEE \tag{61.5}$$

61.4 Hidrocefalia pós-traumática

61.4.1 Informações gerais

A hidrocefalia foi encontrada em 40% dos 61 pacientes com lesão na cabeça grave (GCS = 3-8) e em 27% de 34 pacientes com lesão na cabeça moderada (GCS = 9-13%).[20] A hidrocefalia desenvolvida por quatro semanas após a lesão em 58% e por dois meses em 70%.[20] Não houve relação significativa estatisticamente entre hidrocefalia pós-traumática e idade, a presença de SAH, ou tipo de lesão (focal ou difusa). Hidrocefalia pós-traumática foi associada a resultados piores.[20]

Hidrocefalia após hemorragia subaracnoide traumática

Incidência de hidrocefalia clinicamente **sintomática** dentro de três meses de hemorragia subaracnoide traumática (tSAH) é ≈ 12%.[21] Nesta série de 301 pacientes com tSAH, uma análise multivariada mostrou o risco de desenvolver hidrocefalia aumentada com a idade, hemorragia intraventricular, espessamento do sangue ≥ 5 mm, e distribuição difusa do sangue (*versus* distribuição focal). Não houve relação com gênero, pontuação de GCS na internação, localização fundamental de tSAH, ou uso de craniotomia comprimida.[21] Nota: isto é potencialmente confuso, uma análise univariada mostra o risco de a hidrocefalia aumentar com o aumento da gravidade de TBI.

61.4.2 Diferenciando hidrocefalia verdadeira de hidrocefalia ex-vácuo

Aumento ventricular atrasado de meses a anos após TBI pode, em vez de ser decorrente da atrofia (hidrocefalia ex-vácuo) secundária à lesão axonal difusa, e pode não representar a hidrocefalia verdadeira. Isto pode não ser possível para diferenciar precisamente essas duas condições, e a decisão de desviar pode ser, portanto, difícil (semelhante ao dilema em pacientes com NPH *vs*. atrofia.

61.4.3 Indicações para o tratamento cirúrgico

Fatores que favorecem a hidrocefalia, pelos quais o desvio deve ser considerado:
1. pressão elevada em um ou mais LPs
2. exame de papiledema do fundo de olho
3. sintomas de dor de cabeça/pressão
4. descobertas de absorção transependimária na CT ou MRI T2WI (p. 406)
5. ± pacientes cuja recuperação neurológica pareceu pior do que esperada
6. testes provocativos têm sido recomendados (p. 255) [22]

Pacientes com aumento do ventrículo que são assintomáticos e têm a lesão bem acompanhada devem ser gerenciados ansiosamente.

61.5 Resultados do trauma da cabeça

61.5.1 Idade

Geralmente, o grau de recuperação da lesão na cabeça fechada é melhor em crianças do que em adultos. Em adultos, a postura de descerebração ou flacidez com perda de pupila ou reflexo oculovestibular é associada a resultados ruins, na maioria dos casos, essas descobertas não são tão ameaçadoras em pacientes pediátricos.

61.5.2 Resultados prognosticadores

Informações gerais
A frequência de resultados ruins da lesão de cabeça fechada é aumentada com ICP persistente > 20 mmHg após a hiperventilação, aumentando idade, resposta pupilar ausente ou com dano ou movimento dos olhos, hipotensão (SBP < 90), hipercarbia, hipoxemia, ou anemia.[23] Isto é provavelmente decorrente, pelo menos em parte, do fato de alguns desses estarem marcados por lesão significativa a outro sistema do corpo. Um dos mais importantes indicadores para resultado ruim é a presença de uma lesão de massa exigindo remoção cirúrgica.[24] ICP alta durante as primeiras 24 horas é também prognosticador ruim.

Obliteração das cisternas basais na CT
O *status* de cisternas basais (BCs) é avaliado no escaneamento da CT axial no nível do mesencéfalo (▶ Fig. 61.1) onde eles são divididos em três membros[25] (um membro posterior = cisterna quadrigeminal, dois membros laterais = porção posterior da cisterna *ambiens*). **Nota**: "cisternas basais" na literatura sobre trauma são um subconjunto de cisternas perimesencefálicas (p. 1232). Possíveis descobertas:
1. aberto: todos os três membros abertos
2. parcialmente fechados: um ou dois membros obliterados
3. completamente fechados: três membros obliterados

A compressão ou ausência de BCs carrega um risco triplo de ICP aumentado, e o *status* das BCs relacionado com o resultado.[25]
Em um estudo de 218 pacientes com GCS ≤ 8, as BCs foram classificadas na CT inicial (dentro de 48 horas de internação) como: ausência, comprimido, normal, ou não visualizado (qualidade da CT muito ruim para dizer).[26] A relação das BCs com o resultado é mostrada no ▶ Quadro 61.1.
18 pacientes tiveram um desvio na estrutura cerebral > 15 mm associada à ausência de BCs, todos morreram. O *status* das BCs foram mais importantes dentro de cada pontuação GOS do que nas pontuações atravessadas. Além disso, ver o ▶ Quadro 58.3 para mais informações na CT.

Desvio da linha média (MLS)
A presença de MLS relacionada com o resultado pior. Para o propósito de padronizar mensurações no trauma, o MLS é definido no nível do forame de Monro[25] como mostrado na ▶ Figura 61.2, e é calculado usando Eq (61.6).

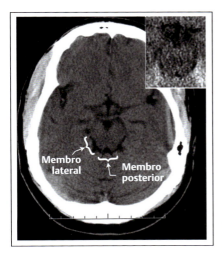

Fig. 61.1 CT de cisternas basais demonstrando as cisternas basais abertas (inserção: exemplo de ≈ obliteração completa das BCs).

Quadro 61.1 Correlação de GOS[a] com cisternas basais

Cisterna Basal	Resultado[a]				
	Mortalidade	Vegetativo	Deficiência grave	Deficiência moderada	Bom
	(GOS 1)	(GOS 2)	(GOS 3)	(GOS 4)	(GOS 5)
normal	22%	6%	16%	21%	35%
comprimido	39%	7%	18%	17%	19%
ausente	77%	2%	6%	4%	11%
não visualizado	68%	0%	11%	9%	12%

[a]GOS = escala de resultado de Glasgow, ver o ▶ Quadro 88.4.

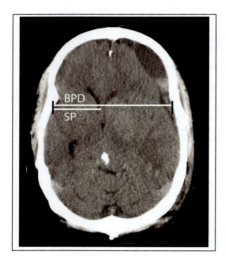

Fig. 61.2 Mensuração da mudança da linha média (CT axial sem contraste do cérebro com um hematoma subdural crônico com início agudo no lado esquerdo).

$$\text{Desvio da linha média (MLS)} = \frac{BPD}{2} - SP \qquad (61.6)$$

onde a linha média é encontrada dividindo o diâmetro biparietal (BPD) (a amplitude do compartimento intracraniano nesse local) por dois, e subtraindo SP (a distância da tábua óssea interna do septo pelúcido no lado da mudança). Mensurações podem ser imprecisas, se o eixo vertical da cabeça do paciente não for paralelo ao longo do eixo do scanner da CT.

A mudança de linha média pode ser associada a níveis alterados de consciência (p. 298).

Apolipoproteína E (apoE) alelo ε4

A presença desse genótipo prevê um prognóstico pior acompanhando uma lesão cerebral traumática.[27] Além disso, a incidência da lesão cerebral grave em indivíduos com o alelo apoE-4 excederá fortemente a taxa do elelo na população em geral.[28] Esse alelo é também um fator de risco para doença de Alzheimer (ver abaixo) bem como a encefalopatia traumática crônica (p. 924).

61.6 Complicações tardias da lesão cerebral traumática

61.6.1 Informações gerais

As complicações a longo prazo incluem:
1. convulsões pós-traumáticas (p. 462)
2. comunicar hidrocefalia: incidência ≈ 3,9% de lesões na cabeça graves
3. síndrome pós-traumática (ou síndrome pós-concussional): ver abaixo
4. hipogonadismo hipogonadotrófico (p. 836) [29]
5. encefalopatia traumática crônica (p. 924)
6. doença de Alzheimer (AD): lesão na cabeça (principalmente se for grave) promove a deposição de proteína amiloide, principalmente em indivíduos que possuem apolipoproteína E (apoE) alelo ε4,[28] que pode ser relatado ao desenvolvimento da AD.[30,31,32]

61.6.2 Sindrome pós-concussional

Informações gerais

Coleção variadamente definida dos sintomas (ver abaixo) que é geralmente considerada como uma possível sequela ao trauma da cabeça menor (apesar de algumas dessas características poderem certamente ser vistas acompanhando traumas na cabeça mais sérios). Perda de consciência *não* é pré-requisito para o desenvolvimento da síndrome.

A controvérsia existe além das contribuições relativas da disfunção orgânica real *versus* fatores psicológicos (incluindo reação de conversão, ganho secundário que pode ser por atenção, premiação financeira, buscando drogas...). Além disso, a presença de alguns desses sintomas podem indubitavelmente levar ao desenvolvimento de outros (p. ex., dor de cabeça pode causar dificuldade de concentração e, portanto, o desempenho de trabalho ruim e depressão a partir daí).

Apresentação

Um paradoxo tem sido notado pelos clínicos que as reclamações que acompanham as lesões na cabeça menores parecem fora de proporção quando consideradas no contexto de frequência de reclamações após sérias lesões na cabeça. Também tem sido notado que pacientes com reclamações pós-traumáticas cedo geralmente melhoram com o tempo, enquanto o desenvolvimento tardio dos sintomas é sempre associado a curso mais prolongado e fulminante.

Os sintomas comumente considerados como parte da síndrome incluem o acompanhamento (com dor de cabeça, tontura e dificuldades de memória sendo o mais frequente):
1. somático
   a) dor de cabeça
   b) tontura ou atordoamento
   c) distúrbios visuais: desfocagem é uma reclamação comum
   d) anosmia
   e) dificuldades para ouvir: zumbido, acuidade auditiva reduzida
   f) dificuldade de equilíbrio
2. cognitiva
   a) dificuldade de concentração
   b) demência: mais comum com lesões múltiplas do cérebro do que com concussão única (p. 924)
      - perda de habilidade intelectual
      - problemas de memória: geralmente, prejudica memória a curto prazo mais do que a de longo prazo
   c) capacidade de discernimento
3. psicossocial
   a) dificuldade emocional: incluindo depressão, mudança de humor (labilidade emocional), euforia/tontura, irritabilidade fácil, falta de motivação, abulia
   b) mudanças de personalidade
   c) perda de libido
   d) interrupção de sono/ciclo de sono, insônia
   e) fatigabilidade fácil
   f) intolerância à luz (fotofobia) e/ou barulho alto (ou até moderado)
   g) aumento da taxa de perda de emprego de divórcio (pode ser relatado aos de cima)

Praticamente, qualquer sintoma pode ser atribuído à condição. Outros sintomas que podem ser descritos por pacientes que não são geralmente incluídos na definição:
1. desmaio (episódio vasovagal): pode precisar excluir convulsões pós-traumáticas, assim como outras causas de síncope

2. senso de gosto alterado
3. distonia

Tratamento

O tratamento para sintomas atribuídos à síndrome tende a ser mais favorável e tranquilizador do que outros. Muitas vezes, esses pacientes obtêm tratamento de primeiros cuidados de clínicos, neurologistas, fisiatras e/ou psiquiatras/psicólogos. O envolvimento neurocirúrgico nos cuidados continuados é geralmente critério de clínicos individuais, baseados nos padrões de prática deles. A recuperação acompanha um curso altamente variável.

Cuidado precoce (consistindo, principalmente, em garantia, fornecendo informações e avaliação neuropsicológica e aconselhamento) foi descoberto para reduzir os sintomas pós-concussão em seis meses de pacientes com amnésia pós-traumática durando ≥ uma hora ou aqueles que exigem hospitalização, mas não há benefício naqueles que não exigem hospitalização ou tem amnésia < uma hora.[34]

Alguns sintomas podem precisar ser avaliados para possíveis complicações tardias relacionadas (convulsões, hidrocefalia, vazamento CSF...). Alves e Jane[35] realizam CT da cabeça, MRI BAER e bateria neuropsicológica se os sintomas após a lesão da cabeça menor persistir > três meses. Um EEG pode ser apropriado nos casos em que há uma questão de convulsões. Se todos os estudos forem negativos, "o autor diz ao paciente (e ao advogado) que não há evidência objetiva para doença, e a avaliação psiquiátrica é assegurada." Anomalia não relacionada com esses estudos rapidamente garante que sintomas significativos devem diminuir por um ano, e que não há tratamento específico, outros do que aconselhamento psicológico é útil.

61.6.3 Encefalopatia traumática crônica

Informações gerais

Sempre descrita em boxeadores aposentados, a encefalopatia traumática crônica (CTE) abrange uma gama de sintomas que se estendem da forma leve até a grave, conhecida como demência pungilística,[36] ou síndrome bêbado por soco" (entre outras). Os sintomas envolvem os sistemas motor, cognitivo e psiquiátrico. CTE é diferente da demência pós-traumática (que pode acompanhar uma lesão única na cabeça fechada) ou de uma síndrome de Alzheimer pós-traumática. Apesar de geralmente aceita, nem todas as autoridades concordam que concussões repetidas têm alguma sequela a longo prazo.[37]

Há algumas semelhanças com a doença de Alzheimer (AD), incluindo a presença de emaranhados neurofibrilares tendo características microscópicas semelhantes (a diferença principal é que eles tendem a ser mais superficiais no CTE do que em AD[38]) e o desenvolvimento da angiopatia amiloide com o risco de hemorragia intracerebral.[39] Mudanças no EEG ocorrem em um terço a um meio de profissionais do boxe (difuso desacelerando ou histórico de baixa voltagem).

Neuropatologia

As descobertas incluem:
1. atrofias cerebral e cerebelar
2. degeneração neurofibrilar das áreas cortical e subcortical
3. deposição da proteína β-amiloide
   a) formando placas de amiloide difuso
   b) em um subgrupo de pacientes CTE, isto envolve as paredes dos vasos dando vida à angiopatia amiloide

Aspectos clínicos

As características clínicas do CTE são mostradas no ► Quadro 61.2[36] e inclui[36]
1. cognitivo: retardo mental é déficit de memória (demência)
2. mudanças de personalidade: comportamento explosivo, ciúme mórbido, intoxicação patológica com álcool e paranoia
3. motor: disfunção cerebelar, sintomas da doença de Parkinson, disfunção no trato piramidal

Escalas de pontuação têm sido idealizadas para classificar pacientes como tendo CTE provável, possível e improvável.

A escala de lesão cerebral crônica (CBIS) avalia o envolvimento dos eixos motores, cognitivos e psicológicos, como mostrado no ► Quadro 61.3.

Quadro 61.2 Encaixotamento de CTE[a]

Motor	Cognitivo	Psiquiátrico
Cedo (≈ 57%)		
disartria tremores principalmente, incoordenação leve mão não dominante	complexo diminuído atenção	instabilitadade emocional euforia/hipomania irritabilidade, desconfiança agride com facilidade e tagarela
Médio (≈ 17%)		
parkinsonismo disartria aumentada, tremores e incoordenação	velocidade de raciocínio lento déficits leves de memória, atenção e habilidade executiva	personalidade engrandecida espontaneidade diminuída paranoia, ciúme inapropriação surto violento
Tarde (< 3%)		
sinais piramidais parkinsonismo proeminente disartria proeminente, tremores e ataxia	lentidão proeminente do pensamento/fala amnésia déficit de atenção disfunção executiva	risonho/bobo percepção diminuída paranoia, psicótico desinibido, violento possível Klüver-Bucy

[a]Em boxeadores profissionais com ≥ 20 assaltos.

Quadro 61.3 Escala de lesão cerebral crônica

Grau de envolvimento de cada um dos seguintes eixos separadamente:	Pontuação para cada eixo:
• motor • cognitivo • psicológico	• 0 = nenhum • 1 = leve • 2 = moderado • 3 = grave
Total de pontos	**Gravidade**
0	normal
1-2	leve
3-4	moderado
> 4	grave

Fatores de risco para demência pungilística em boxeadores:

Ver referência.[36]
- o risco aumenta com a duração da carreira de boxeador, principalmente > 10 anos
- idade na aposentadoria: o risco aumenta após os 28 anos
- número de assaltos: principalmente ≥ 20 (mais importante do que o número de nocautes)
- tipo de boxe: risco aumentado em desempenhos ruins, aqueles conhecidos como boxeadores "de difícil queda" mais do que científicos, aqueles conhecidos por serem difíceis de nocautear ou serem conheci-dos por levar um soco e continuarem
- idade no exame: longa latência causa predomínio aumentado com a idade
- e, possivelmente, o número de golpes na cabeça
- o risco aumenta em pacientes com apolipoproteína E (apo E) alelo ε4 (como nas doenças de Alzheimer) como mostrado no ▶ Quadro 61.4
- boxeadores profissionais (mais risco do que em amadores)

Traumatismo Craniano

Quadro 61.4 Probabilidade de desenvolver a doença de Alzheimer

Lesão na cabeça	Apo-E Alelo ε4	Probabilidade
–	–	1
–	+	2
+	–	1
+	+	10

Neuroimagem

A descoberta mais comum é a atrofia cerebral. O cavo do septo pelúcido (CSP) é observado em 13% dos boxeadores.[40] CSP nessa configuração provavelmente representa uma condição adiquirida[41] e relacionada com atrofia cerebral.

Referências

[1] Brain Trauma Foundation, Povlishock JT, Bullock MR. Infection prophylaxis. J Neurotrauma. 2007; 24:S26–S31

[2] Kaufman HH, Slatterwhite T, McConnell BJ, et al. Deep vein thrombosis and pulmonary embolism in head-injured patients. Angiology. 1983; 34:627–638

[3] Brain Trauma Foundation, Povlishock JT, Bullock MR. Deep vein thrombosis prophylaxis. J Neurotrauma. 2007; 24:S32–S36

[4] Brain Trauma Foundation, Povlishock JT, Bullock MR. Nutrition. J Neurotrauma. 2007; 24:S77–S82

[5] Clifton GL, Robertson CS, Grossman RG, et al. The Metabolic Response to Severe Head Injury. J Neurosurg. 1984; 60:687–696

[6] Young B, Ott L, Norton J, et al. Metabolic and Nutritional Sequelae in the Non-Steroid Treated Head Injury Patient. Neurosurgery. 1985; 17:784–791

[7] Deutschman CS, Konstantinides FN, Raup S, et al. Physiological and Metabolic Response to Isolated Closed Head Injury. J Neurosurg. 1986; 64:89–98

[8] Bullock R, Chesnut RM, Clifton G, et al. Guidelines for the Management of Severe Head Injury. 1995

[9] Clifton GL, Robertson CS, Choi SC. Assessment of Nutritional Requirements of Head Injured Patients. J Neurosurg. 1986; 64:895–901

[10] Rapp RP, Young B, Twyman D, et al. The Favorable Effect of Early Parenteral Feeding on Survival in Head Injured Patients. J Neurosurg. 1983; 58:906–912

[11] Young B, Ott L, Twyman D, et al. The Effect of Nutritional Support on Outcome from Severe Head Injury. Neurosurgery. 1987; 67:668–676

[12] Hadley MN, Grahm TW, Harrington T, et al. Nutritional Support and Neurotrauma: A Critical Review of Early Nutrition in Forty-Five Acute Head Injury Patients. Neurosurgery. 1986; 19:367–373

[13] The Brain Trauma Foundation. The American Association of Neurological Surgeons. The Joint Section on Neurotrauma and Critical Care. Nutrition. J Neurotrauma. 2000; 17:539–547

[14] Harris JA, Benedict FG. Biometric Studies of Basal Metabolism in Man.Washington, D.C. 1919

[15] Clifton GL, Robertson CS, Contant CF, et al. Enteral Hyperalimantation in Head Injury. J Neurosurg. 1985; 62:186–193

[16] Ott L, Young B, Phillips R, et al. Altered Gastric Emptying in the Head-Injured Patient: Relationship to Feeding Intolerance. J Neurosurg. 1991; 74:738–742

[17] Grahm TW, Zadrozny DB, Harrington T. Benefits of Early Jejunal Hyperalimantation in the Head-Injured Patient. Neurosurgery. 1989; 25:729–735

[18] Gadisseux P, Ward JD, Young HF, Becker DP. Nutrition and the Neurosurgical Patient. J Neurosurg. 1984; 60:219–232

[19] Duke JH, Jorgensen SB, Broell JR, et al. Contribution of Protein to Caloric Expenditure Following Injury. Surgery. 1970; 68:168–174

[20] Poca MA, Sahuquillo J, Mataro M, Benejam B, Arikan F, Baguena M. Ventricular enlargement after moderate or severe head injury: a frequent and neglected problem. J Neurotrauma. 2005; 22:1303–1310

[21] Tian HL, Xu T, Hu J, Cui YH, Chen H, Zhou LF. Risk factors related to hydrocephalus after traumatic subarachnoid hemorrhage. Surg Neurol. 2008; 69:241–6; discussion 246

[22] Marmarou A, Foda MA, Bandoh K, Yoshihara M, Yamamoto T, Tsuji O, Zasler N, Ward JD, Young HF. Posttraumatic ventriculomegaly: hydrocephalus or atrophy? A new approach for diagnosis using CSF dynamics. J Neurosurg. 1996; 85:1026–1035

[23] Miller JD, Butterworth JF, Gudeman SK, et al. Further Experience in the Management of Severe Head Injury. J Neurosurg. 1981; 54:289–299

[24] Stablein DM, Miller JD, Choi SC, et al. Statistical Methods for Determining Prognosis in Severe Head Injury. Neurosurgery. 1980; 6:243–248

[25] Bullock MR, Chesnut RM, Ghajar J, et al. Appendix II: Evaluation of relevant computed tomographic scan findings. Neurosurgery. 2006; 58

[26] Toutant SM, Klauber MR, Marshall LF, et al. Absent or Compressed Basal Cisterns on First CT Scan: Ominous Predictor of Outcome in Severe Head Injury. J Neurosurg. 1984; 61:691–694

[27] Friedman G, Froom P, Sazbon L, et al. Apolipoprotein E-e4 Genotype Predicts a Poor Outcome in Survivors of Traumatic Injury. Neurology. 1999; 52:244–248

[28] Nicoll JAR, Roberts GW, Graham DI. Apolipoprotein E e4 Allele is Associated with Deposition of Amyloid ß-Protein Following Head Injury. Nature Med. 1995; 1:135–137

[29] Clark JDA, Raggatt PR, Edward OM. Hypothalamic Hypogonadism Following Major Head Injury. Clin Endocrin. 1988; 29:153–165

[30] Mayeux R, Ottman R, Tang MX, et al. Genetic Susceptibility and Head Injury as Risk Factors for Alzheimer's Disease Among Community-Dwelling Elderly Persons and Their First Degree Relatives. Ann Neurol. 1993; 33:494–501

[31] Roberts GW, Gentleman SM, Lynch A, et al. ß Amyloid Protein Deposition in the Brain After Severe Head Injury: Implications for the Pathogenesis of Alzheimer's Disease. J Neurol Neurosurg Psychiatry. 1994; 57:419–425

[32] Mayeux R, Ottman R, Maestre G, et al. Synergistic Effects of Traumatic Head Injury and Apolipoprotein-e4 in Patients with Alzheimer's Disease. Neurology. 1995; 45:555–557

[33] Lee MS, Rinne JO, Ceballos-Bauman A, et al. Dystonia After Head Trauma. Neurology. 1994; 44:1374–1378

[34] Wade DT, Crawford S, Wenden FJ, et al. Does Routine Follow Up After Head Injury Help? A Randomized Controlled Trial. J Neurol Neurosurg Psychiatry. 1997; 62:478–484

[35] Alves WM, Jane JA, Youmans JR. In: Post-Traumatic Syndrome. Neurological Surgery. 3rd ed. Philadelphia: W. B. Saunders; 1990:2230–2242

[36] Mendez MF. The Neuropsychiatric Aspects of Boxing. Int'l J Psychiatry in Medicine. 1995; 25:249–262

[37] Parkinson D. Evaluating Cerebral Concussion. Surg Neurol. 1996; 45:459–462

[38] Hof PR, Bouras C, Buee L, et al. Differential Distribution of Neurofibrillary Tangles in the Cerebral Cortex of Dementia Pugilistica and Alzheimer's Disease Cases. Acta Neuropathol. 1992; 85:23–30

[39] Jordan BD, Kanik AB, Horwich MS, et al. Apolipoprotein E e4 and Fatal Cerebral Amyloid Angiopathy Associated with Dementia Pugilistica. Ann Neurol. 1995; 38:698–699

[40] Jordan BD, Jahre C, Hauser WA, et al. CT of 338 Active Professional Boxers. Radiology. 1992; 185:509–512

[41] Jordan BD, Jahre C, Hauser WA. Serial Computed Tomography in Professional Boxers. J Neuroimaging. 1992; 25:249–262

Parte XV

Traumatismo Medular

62 Informação Geral, Avaliação Neurológica, Lesões Relacionadas com o Esporte e com o Efeito Chicote, Lesões da Coluna Vertebral em Crianças   930

63 Conduta na Lesão da Medula Espinal   949

64 Lesões Occipitoatlantoaxiais (do Occipital ao C2)   963

65 Lesões/Fraturas Subaxiais (C3 até C7)   986

66 Fraturas das Colunas Torácica, Lombar e Sacra   1002

67 Lesões Penetrantes na Coluna Vertebral e Conduta/Complicações a Longo Prazo   1017

62 Informações Gerais, Avaliação Neurológica, Lesões Relacionadas com o Esporte e com o Efeito Chicote, Lesões da Coluna Vertebral em Crianças

62.1 Introdução

Vinte por cento dos pacientes com lesão da coluna vertebral terão uma segunda lesão em outro nível, que pode não ser contígua. Esses pacientes frequentemente apresentam traumas simultâneos, mas não relacionados (p. ex., trauma torácico, TBI...). Lesões diretamente associadas aos traumas da medula espinal incluem as dissecções arteriais (artérias carótida e/ou vertebral).

62.2 Terminologia

62.2.1 Estabilidade da coluna vertebral

Muitas definições foram propostas. Uma definição conceitual de estabilidade clínica foi descrita por White and Panjabi:[1] a capacidade da coluna vertebral, sob cargas fisiológicas, de limitar o deslocamento de forma a prevenir lesão ou irritação da medula espinal e das raízes nervosas (incluindo a cauda equina) e, de prevenir a deformidade incapacitante ou a dor ocasionada por alterações estruturais.

A estabilidade biomecânica refere-se à capacidade da coluna vertebral *ex vivo* de resistir às forças.

Prever a estabilidade da coluna vertebral é muitas vezes difícil e para este fim, vários modelos foram desenvolvidos, porém, nenhum deles é perfeito. Ver modelos de estabilidade para lesões da coluna cervical (p. 987) e fraturas toracolombares (p. 1002).

62.2.2 Nível de lesão

Há discordância sobre o que deveria ser definido como "o nível" de lesão da medula espinal. Alguns definem o "nível" de trauma da medula espinal como o menor nível de função completamente *normal* (assim, um paciente seria classificado como quadriplégico C5 mesmo com menor função motora de C6). Entretanto, a maioria das fontes define o "nível" como o segmento mais caudal com função motora de pelo menos 3 de 5 e se a sensação de dor e de temperatura está presente.

62.2.3 Integridade da lesão

A categorização é importante para as decisões no tratamento e prognóstico.

Lesão incompleta

Definição: qualquer função motora ou sensorial residual que envolva mais do que três segmentos abaixo do nível da lesão.[2] Buscar sinais de função do trato longo preservada.

Sinais de lesão incompleta:
1. sensação (incluindo o senso de posição) ou movimento voluntário nas extremidades inferiores na presença de uma lesão medular cervical ou torácica
2. "preservação sacral": sensação preservada ao redor do ânus, contração voluntária do esfíncter retal ou flexão voluntária do dedo do pé
3. um trauma não se qualifica como incompleto apenas na presença de reflexos sacrais preservados (p. ex., bulbocavernoso)

Tipo de lesão incompleta:
1. síndrome medular central (p. 944)
2. síndrome de Brown-Séquard (hemisecção medular) (p. 947)
3. síndrome medular anterior (p. 946)
4. síndrome medular posterior (p. 947): rara

Lesão completa

Sem preservação de qualquer função motora e/ou sensorial com mais do que três segmentos abaixo do nível da lesão na ausência do choque na medula espinal. Cerca de 3% dos pacientes com lesões completas no exame inicial terão alguma recuperação em 24 horas. A recuperação é essencialmente nula, se o trauma da medula espinal permanece completo depois de 72 horas.

Choque medular

62

Este termo é frequentemente utilizado em dois sentidos completamente diferentes:

1. hipotensão (choque) que segue a lesão da medula espinal (SBP geralmente ≈ 80 mmHg). Ver Hipotensão (p. 950) para tratamento. Causada por diversos fatores:
   a) interrupção do sistema nervoso simpático: implica a lesão da medula espinal acima de T1
      - perda do tônus vascular (vasoconstritores) abaixo do nível do trauma
      - deixa o sistema parassimpático relativamente sem resistência, causando a *bradicardia*
   b) perda de tônus muscular causada pela paralisia muscular esquelética abaixo do nível do trauma resulta em *pooling* venoso e, desse modo, uma hipovolemia relativa
   c) perda sanguínea de feridas associadas → hipovolemia verdadeira
2. perda transitória de toda função neurológica (incluindo a atividade reflexa segmentar e polissináptica e a função autonômica) abaixo do nível de SCI[3,4] → paralisia flácia e arreflexia
   a) duração: pode diminuir em menos de 72 horas, mas geralmente persiste 1-2 semanas, ocasionalmente vários meses
   b) acompanhada pela perda de reflexo bulbocavernoso
   c) reflexos da medula espinal imediatamente acima da lesão também podem ser deprimidos na base do fenômeno de Schiff-Sherrington
   d) quando o choque medular se resolve, haverá espasticidade abaixo do nível da lesão e retorno do reflexo bulbocavernoso
   e) um mau sinal prognóstico

62.3 Distúrbios associados ao efeito chicote

62.3.1 Informação geral

O "efeito chicote" era inicialmente um termo leigo, mas que é atualmente definido como lesão traumática em estruturas de tecido mole na região da coluna cervical (incluindo: músculos cervicais, ligamentos, discos intervertebrais, faceta articular...), causada por hiperflexão, hiperextensão ou lesão rotacional do pescoço na ausência de fraturas, deslocamentos ou hérnia do disco intervertebral.[5] É a lesão automobilística não fatal mais comum.[6] Os sintomas podem iniciar imediatamente, mas são mais tardios em várias horas ou dias. Além dos sintomas relacionados com a coluna cervical, queixas comuns associadas incluem cefaleias, deficiência cognitiva e lombalgia.

62.3.2 Classificação clínica

Um sistema de classificação clínica proposto por WAD é apresentado no ▶ Quadro 62.1.[7]

62.3.3 Avaliação e tratamento

Um consenso[8] em relação ao diagnóstico e tratamento dessas lesões é mostrado no ▶ Quadro 62.2 e no ▶ Quadro 62.3. Manter em mente que condições como neuralgia occipital podem ocasionalmente seguir as lesões do tipo efeito chicote e devem ser tratadas adequadamente (▶ Quadro 62.3).

Quadro 62.1 Classificação clínica da gravidade de WAD

Grau		Descrição
	0	sem queixas, sem sinais[a]
	1	dor no pescoço ou rigidez ou sensibilidade, sem sinais
Efeito chicote	2	sintomas acima com um conjunto de movimentos ou sensibilidade pontual
	3	sintomas acima com fraqueza, déficit sensorial ou reflexos do tendão profundo ausentes
	4	sintomas acima com fratura ou deslocamento[a]

[a]Definição de efeito chicote exclui esses pacientes.[5]

Quadro 62.2 Avaliação de WAD

Pacientes com grau 1 com condição mental normal e exame físico não necessitam de radiografia simples na apresentação
Pacientes com graus 2 e 3: raios X da coluna cervical, possivelmente com vistas de flexão-extensão. Estudos de imagens especiais (MRI, CT, mielografia...) não são indicados
Pacientes com graus 3 e 4: esses pacientes devem ser tratados quando houver suspeita de lesão da medula espinal; ver o tratamento inicial de lesão da medula espinal (p. 949) e seções que seguem

Quadro 62.3 Tratamento de WAD[8a]

Efeito tipo chicote geralmente é uma condição benigna que requer mínimo tratamento e normalmente se resolve em dias a algumas semanas na maioria dos casos.

Recomendação	Grau		
	1	2	3
Variedade de exercícios de movimento	deve ser iniciado imediatamente em todos		
Incentivar o retorno precoce às atividades regulares	imediatamente	o mais rápido possível	
Colares cervicais e repouso[b]	não	não por > 72 horas	não por > 96 horas
Modalidades de terapias passivas: calor, gelo, massagem, TENS, ultrassom, técnicas de relaxamento, acupuntura e mudança de trabalho	não	opcional, se os sintomas duram > 3 semanas	
Medicamentos: uso opcional de NSAIDs e analgésicos não narcóticos? (recomendados por ≤ 3 semanas)	não	sim	sim. Narcóticos limitados também podem ser ocasionalmente necessários
Cirurgia	não	não	apenas para déficit neurológico ou dor persistente no braço

✖ *Não* recomendado: travesseiros cervicais e colares macios, repouso no leito, *spray* e exercícios de resistência, medicamento relaxante muscular, TENS, reflexologia, colares magnéticos, remédios fitoterápicos, homeopatia, medicamentos opioides (exceto NSAIDS, ver acima) e injeções de esteroides nos pontos de gatilho, intrarticulares ou intratecais.

[a]Exclusão de pacientes com fraturas, deslocamentos ou lesões da medula espinal.
[b]Colares macios de espuma geralmente são desaconselhados; se eles são empregados, a parte estreita deve ser colocada na frente para evitar a extensão do pescoço.[5]

62.3.4 Desfecho

Em um estudo conduzido na Suíça[9] (onde todos os custos médicos foram pagos pelo estado e não havia oportunidade de litigação e sem compensação da dor e sofrimento, apesar da possibilidade de incapacidade permanente) com 117 pacientes < 56 anos de idade que desenvolveram WAD causados por acidentes automobilísticos (excluindo aqueles com fraturas cervicais, deslocamentos ou lesões em qualquer local do corpo), a taxa de recuperação foi analisada conforme demonstrada no ▶ Quadro 62.4. Dos 21 pacientes com sintomas permanentes por 2 anos, somente cinco foram limitados em relação ao trabalho (três reduzidos a um trabalho de meio período, dois à incapacitação física). Pacientes com sintomas persistentes eram mais velhos, apresentaram queixas mais variadas no exame inicial, tiveram uma posição da cabeça mais rotacionada ou inclinada durante o impacto, maior incidência de cefaleias pré-traumáticas e maior incidência de alguns achados preexistentes (tais como evidência radiológica de osteoartrite cervical). A quantidade de dano ao automóvel e a velocidade dos carros tiveram pouca relação ao grau de lesão, e o desfecho não foi influenciado pelo gênero, vocação ou fatores psicológicos.

Quadro 62.4 Recuperação de pacientes com WAD

Tempo (meses)	Porcentagem de recuperação
3	56%
6	70%
12	76%
24	82%

62.4 Lesões da coluna vertebral em crianças

62.4.1 Informação geral

A lesão da medula espinal é muito incomum em crianças, com a proporção de lesões da cabeça em relação às lesões da medula espinal sendo de ≈ 30:1 em crianças. Apenas ≈ 5% das lesões da medula espinal ocorrem em crianças. Em razão da frouxidão ligamentar junto à proporção elevada da cabeça em relação ao peso corporal, imaturidade dos músculos paraespinais e os processos uncinados subdesenvolvidos, essas condições tendem a envolver as lesões ligamentares em vez das lesões ósseas, consultar lesão medular sem anormalidade radiográfica SCIWORA (p. 999). Existe o potencial para a separação fisária (placa de crescimento) em crianças pequenas, que podem ter um bom potencial para cura. A coluna cervical é o segmento mais vulnerável (com lesões subaxiais sendo mais incomuns), envolvendo 42% dos casos, 31% torácicos e 27% lombares. A taxa de fatalidade é maior com lesões da coluna vertebral em crianças do que em adultos (contrária à situação de lesão na cabeça), com a causa de morte mais frequentemente relacionada com outras lesões graves comparadas à lesão da coluna vertebral.[10]

62.4.2 Avaliação

As diretrizes práticas para o exame diagnóstico são apresentadas a seguir (ver Diretrizes práticas: Avaliação de lesões da coluna cervical em crianças [p. 934]).

62.4.3 Lesões da coluna cervical e análogos em crianças

Informação geral

Consultar anatomia da coluna cervical em crianças (p. 214). No grupo etário ≤ 9 anos, 67% das lesões cervicais ocorrem nos três segmentos superiores da coluna cervical (occipício-C2).[11]

Sincondroses

As sincondroses normais (p. 215) podem ser confundidas com fraturas, principalmente a sincondrose dentocentral do atlas (p. 214) que pode ser confundida com uma fratura odontoide. Por outro lado, as fraturas verdadeiras podem ocorrer por meio das sincondroses.[12,13] Tratamento recomendado de fraturas pelas sincondroses: a tendência para a fusão das sincondroses sugere que a redução de emergência, seguida por imobilização externa, deve ser realizada. A imobilização/fusão interna deve ser reservada para a instabilidade persistente.[13]

Pseudopropagação do atlas

Ver referência.[14]

A pseudopropagação do atlas (definida como > 2 mm de sobreposição total das duas massas laterais de C1 sobre C2 na visão AP da boca aberta) está presente na maioria das crianças entre 3 meses e 4 anos de idade. A prevalência é de 91-100% durante o segundo ano de vida. O exemplo mais jovem é aos 3 meses, e o mais velho aos 5,75 anos. O deslocamento total normal é geralmente de 2 mm durante o primeiro ano, de 4 mm durante o segundo, 6 mm durante o terceiro e diminui posteriormente. O máximo atingido é de 8 mm. O trauma não é um fator contribuinte.

A pseudopropagação é provavelmente resultante do crescimento desproporcional do atlas no eixo. Isto poderia ser diagnosticado incorretamente como *fratura de Jefferson* (p. 971), que raramente ocorre antes da adolescência (em razão do baixo peso das crianças, pescoços mais flexíveis, plasticidade aumentada do crânio e sincondrose de absorção do choque de C1).

A rotação do pescoço também pode simular às vezes o aspecto de uma fratura de Jefferson.

Quando a suspeita de fratura for alta: o exame de CT em C1 pode resolver a questão se existe ou não uma fratura.

Pseudossubluxação

Ocorre tanto o deslocamento anterior de C2 (eixo) sobre C3 e/ou angulação significativa neste nível. Observada em crianças (até 10 anos de idade) nos raios X lateral da coluna cervical (C) após o trauma. Até os 10 anos de idade, a flexão e a extensão estão centradas em C2-3; depois dessa idade, move-se para baixo em C4-5 ou C5-6. A C2 normalmente se move em direção a C3 até 2-3 mm em casos pediátricos.[15] Quando a cabeça está flexionada, o deslocamento é esperado; pode ser exacerbada pelo espasmo.[16] Não representa instabilidade patológica. As fraturas e deslocamentos são incomuns em crianças e quando ocorrem, lembram aqueles observados em adultos.

Dez casos relatados entre 4-6 anos de idade:[17] a dor não foi incomum. Em cada caso, tanto a cabeça ou o pescoço foi flexionado (algumas vezes minimamente); a pseudossubluxação foi corrigida quando os raios X foram repetidos com a cabeça em posição neutra.

Recomendação: tratar o paciente com lesão do tecido mole e não para subluxação.

Tratamento

Guia de prática clínica: Avaliação das lesões na coluna cervical (C) em crianças

Nível I:[18]
- Utilizar a CT para examinar o intervalo côndilo-C1 (CCI) em pacientes pediátricos com potencial deslocamento atlantoccipital (AOD)

Nível II:[18]
- Não realizar a imagem da coluna cervical em crianças > 3 anos de idade com trauma que estão:
  - alerta
  - neurologicamente intactas
  - com ausência de sensibilidade cervical na linha média posterior (sem dor perturbadora)
  - não hipotensivas sem explicação
  - não intoxicadas
- Não realizar a imagem da coluna cervical em crianças < 3 anos de idade com trauma que apresentam todas as seguintes condições:
  - ter um GCS > 13
  - são neurologicamente intactas
  - não apresentar sensibilidade cervical na linha média (sem lesão perturbadora)
  - não são intoxicadas
  - não apresentam hipotensão inexplicada
  - não estavam em uma colisão de veículo motor, uma queda > 3,05 metros ou trauma não acidental (NAT), quando o mecanismo de lesão é conhecido ou suspeito
- Obter imagens de raios X da coluna cervical ou CT cervical de alta resolução em vítimas de trauma pediátricas que não apresentam o conjunto de critérios descritos acima
- Obter a CT de três posições com análise do movimento C1-C2 para confirmar e classificar o diagnóstico em crianças com suspeita de desenvolverem fixação rotatória atlantoaxial (AARF)

Nível III:[18]
- crianças < 8 anos de idade: quando contida, imobilizar com elevação torácica ou um recesso occipital (permite alinhamento mais neutro por causa da cabeça relativamente grande)
- crianças < 7 anos de idade com lesões de sincondrose em C2 (p. 215): redução fechada e imobilização do halo
- pacientes com AARF:
  - AARF aguda (< 4 semanas de duração) que não reduz espontaneamente: redução com manipulação ou tração de halteres
  - AARF crônica (> 4 semanas de duração): redução com tração de halter ou alicate/halo
  - AARF recorrente ou irredutível: fixação interna e fusão
- para lesões ligamentares da coluna cervical isoladas e fraturas instáveis ou irredutíveis de deslocamentos com deformidade associada: considerar o tratamento operatório primário
- para lesões da coluna cervical que falham no tratamento não operatório: tratamento operatório

Nível III:[19]
- crianças < 8 anos de idade: imobilização com elevação torácica ou um recesso occipital (permite alinhamento mais neutro em razão da cabeça relativamente grande)

- crianças < 7 anos de idade com lesões da sincondrose dentocentral em C2 (p. 215): redução fechada e imobilização com halo
- considerar: tratamento operatório primário para lesões ligamentares da coluna cervical com deformidade associada

62.5 Órtese cervical

62.5.1 Colares macios

Colar macio de espuma (esponja de borracha): não imobiliza a coluna cervical a qualquer grau significativo. Sua função é principalmente lembrar o paciente de reduzir os movimentos do pescoço.

62.5.2 Colares cervicais rígidos

Inadequados para estabilizar a coluna cervical superior e média e para prevenir a rotação.
Colares rígidos comuns:
- colar Miami-J e colar de Aspen: têm almofadas removíveis
- colar Filadélfia: sem almofadas removíveis. Sensação de mais calor com o uso

62.5.3 Órteses poster

Diferenciadas das órteses cervicotorácicas (ver abaixo) pela falta de faixas abaixo da axila. Inclui a órtese com 4-poster. Geralmente boas para prevenir a flexão em níveis cervicais médios.

62.5.4 Órteses cervicotorácicas

As órteses cervicotorácicas (CTO) incorporam algumas formas de colete corporal para imobilizar a coluna cervical. A seguir são apresentadas em grau crescente de imobilização.

Órtese de Guilford: essencialmente um anel ao redor do occipício e queixo conectados por duas faixas às almofadas torácicas em posições anterior e posterior.

Órtese SOMI: acrônimo de Imobilização Esterno-Occipitomandibular. Boa para órtese contra flexão (principalmente na coluna cervical superior). Inadequada para lesões do tipo hiperextensão por causa do fraco suporte occipital. Possui uma fixação especial para a testa que permite ao paciente se alimentar confortavelmente sem suporte mandibular.

"Órtese de Yale": um tipo de colar de Filadélfia estendido. A CTO mais eficaz contra a flexão-extensão e rotação. A principal limitação é a baixa prevenção da flexão lateral (apenas ≈ 50% reduzida).

62.5.5 Órtese do tipo halo-colete

Pode imobilizar a coluna cervical superior ou inferior, não muito boa para a coluna cervical média (ocasionada pelo movimento serpenteante dessa porção da coluna). Incapaz de fornecer o suporte de desvio adequado após a ressecção do corpo vertebral quando o paciente adota a posição ereta (p. ex., *não* é um aparelho de tração cervical portátil). A redução total da flexão/extensão, bem como da flexão lateral, é de ≈ 90-95%, a rotação é reduzida em 98%. Ver colocação (p. 958).

62.6 Programa de acompanhamento

Após o tratamento inicial (cirúrgico ou não cirúrgico) dos problemas da coluna cervical (estável ou instável), o programa de acompanhamento apresentado no ▶ Quadro 62.5 é sugerido, permitindo o reconhecimento de problemas no tempo de tratamento[1] (iniciar em 3 semanas e manter o dobro do intervalo para 1 ano).

62.7 Lesões da coluna cervical relacionadas com o esporte

62.7.1 Informação geral

Quaisquer das lesões da coluna descritas neste livro podem ser relacionadas com atividades esportivas. Esta seção considera algumas lesões peculiares aos esportes.

Quadro 62.5 Cronograma de visita clínica da coluna cervical

Tempo pós-operatório	Programa
7-10 d	(apenas para pacientes no pós-operatório) examinar a ferida, suturas D/C e grampos, se utilizados
4-6 semanas	raios X da coluna cervical AP e lateral na órtese
10-12 semanas	• raios X da coluna cervical AP e lateral com vistas de flexão/extensão fora da órtese • se os exames de raios X apresentarem bom aspecto e o paciente estiver bem, iniciar a remoção da órtese
6 meses	• raios X da coluna cervical AP e lateral com vistas de flexão/extensão • alguns cirurgiões liberam os pacientes neste período, na presença de bons resultados
1 ano (opcional)	• raios X da coluna cervical AP e lateral com vistas de flexão/extensão • liberar o paciente, na presença de bons resultados

Quadro 62.6 Lesões da medula espinal relacionadas com os esportes

Tipo	Descrição
I	SCI permanente
II	SCI transitória sem anormalidade radiológica
III	anormalidade radiológica sem déficit neurológico

Bailes *et al.*[20] classificaram as lesões da medula espinal relacionadas com o esporte (SCI) como apresentado no ▶Quadro 62.6. As lesões do tipo I podem ser completas ou podem ter características das síndromes incompletas do SCI (frequentemente nas formas mistas ou parciais). As lesões do tipo II incluem concussão espinal, neuropraxia espinal (ver a seguir) e a síndrome da sensação de queimação das mãos (ver posteriormente), todas na ausência de anormalidades radiológicas e todas com resolução completa dos sintomas. Pacientes devem ser cuidadosamente avaliados, e o retorno à competição não deve ser permitido na presença de déficit neurológico, lesão demonstrada radiologicamente, algumas anormalidades congênitas da coluna cervical e possivelmente por "agressões reincidentes" (p. 937). As lesões do tipo III são as mais comuns. As lesões instáveis devem ser tratadas adequadamente (p. 997).

62.7.2 Lesões da coluna cervical relacionadas com o futebol americano

Informação geral

✖ Os jogadores de futebol americano com suspeita de lesão da coluna cervical não devem remover o capacete no campo (p. 949).

Terminologia

Os seguintes termos provavelmente tiveram origem como jargões de vestiário para várias lesões relacionadas com a coluna cervical geralmente sofridas no jogo de futebol americano. As definições médicas foram posteriormente aplicadas para cada um dos termos. Como consequência, as definições precisas podem não estar em concordância. Embora a semântica possa diferir, é mais importante dos pontos de vista diagnóstico e terapêutico para distinguir as lesões da raiz nervosa, do plexo braquial e da medula espinal.
1. neuropraxia da medula cervical[21] (CCN): alterações sensoriais que podem envolver dormência, formigamento ou queimação. Pode estar associada ou não aos sintomas motores de fraqueza ou paralisia completa. Normalmente dura < 15 minutos (embora possa persistir até 48 horas), envolve todas as quatro extremidades em 80% dos casos. O estreitamento do diâmetro sagital do canal na medula cervical é ≈ 56%, com riscos maiores de recorrência entre aqueles com menores diâmetros dos canais. A avaliação deve incluir a MRI cervical. Torg *et al.*[21] consideram que os casos não complicados de CCN (sem instabilidade da coluna e sem evidência na MRI de defeito ou edema da medula espinal) têm um risco baixo de lesão permanente e não recomendam restrições de atividade
2. "ferrão" ou "queimador": diferente da síndrome de queimação das mãos. Dor disestésica com queimação e bilateral, irradiando para baixo do braço a partir do ombro, às vezes associada à fraqueza envolvendo as raízes nervosas de C5 ou C6. Geralmente ocorre após esforço. Pode resultar da tração para baixo no tronco superior do plexo braquial (quando o ombro é fortemente pressionado com o

pescoço flexionado para o lado contralateral) ou pela compressão direta da raiz nervosa no forame neural (não é uma SCI)

3. síndrome de queimação das mãos:[22] semelhante ao ferrão, mas bilateral. Provavelmente representa uma *SCI*; possivelmente uma variante leve da síndrome da medula central (p. 944)

4. outras lesões neurológicas incluem: lesão vascular nas artérias carótida ou vertebral. Geralmente relacionadas com a dissecção da íntima (p. 1018), seguida por um golpe direto no pescoço ou por movimentos extremos. Os sintomas são aqueles observados em TIA ou acidente vascular cerebral

Coluna do atacante de lança

A mudança de regras, em 1976, proibiu o lançamento (a prática de usar o capacete de futebol americano como um aríete para enfrentar um adversário) e resultou em redução do número de ocorrências de fraturas da coluna cervical relacionadas com o futebol americano e quadriplegia.[23]

Quatro características de Coluna do atacante de lança:

1. estenose do canal vertebral cervical
2. perda de lordose cervical normal: como consequência, a tensão de carregamento axial é mais provável de ser transmitida aos corpos vertebrais, em vez de ser absorvida pela musculatura e ligamentos cervicais, aumentando o risco de fraturas do tipo explosão e quadriplegia
3. evidência de anormalidades traumáticas preexistentes
4. técnica do atacante de lança documentada

Tratamento sugerido:

O atleta é removido da competição até a lordose cervical voltar e o jogador aprender a usar outras técnicas do enfrentamento. Esta técnica do **enfrentamento** foi proibida desde 1976.

62.7.3 Retorno ao jogo e diretrizes de pré-participação

O retorno ao jogo (RTP) e as diretrizes de avaliação pré-participação relacionadas com a coluna cervical são apresentados no ▶ Quadro 62.7 (modificada[24]). Estas são apenas diretrizes e não garantem segurança. O julgamento clínico deve ser sempre empregado.

Quadro 62.7 Contraindicações para a participação em esportes de contato, relacionadas com a coluna cervical[a]

Condição[b]			CI[c]
Congênita[d]			
1.	anormalidades odontoides (lesões graves podem resultar de instabilidade atlantoaxial)		
	a.	aplasia completa (rara)	absoluta
	b.	hipoplasia (observada em conjunto com a acondroplasia e displasia espondiloepifisária)	absoluta
	c.	os *odontoideum* (provavelmente de origem traumática)	absoluta
2.	fusão atlantoccipital (fusão parcial ou completa do atlas com o occipício): aparecimento súbito de sintomas e morte súbita foram relatados		absoluta
3.	anomalia de Klippel-Fell (fusão congênita de duas ou mais vértebras)[e]		
	a.	Tipo I: fusão em massa da coluna cervical com a coluna torácica	absoluta
	b.	Tipo II: fusão de apenas um ou dois intervalos	
		• associada à amplitude de movimento limitada, anomalias occipitocervicais, instabilidade, doença discal ou alterações degenerativas	absoluta
		• associada à amplitude de movimento total e nenhuma das anteriores	nenhuma
Adquirida			
1.	estenose da coluna vertebral cervical[f]		
	a.	assintomática	nenhuma
	b.	com um episódio de neuropraxia medular	relativa

(Continua)

Quadro 62.7 Contraindicações para a participação em esportes de contato, relacionadas com coluna cervical *(Cont.)*

Condição[b]	CI[c]
c. neuropraxia medular + evidência de MRI de defeito medular ou edema	absoluta
d. neuropraxia medular + instabilidade ligamentar, sintomas ou achados neurológicos > 36 horas ou múltiplos episódios	absoluta
2. Coluna do atacante de lança (ver texto)	absoluta
3. espinha bífida oculta; achado radiológico raro, incidental	nenhuma
Coluna vertebral cervical superior pós-traumática	
1. instabilidade atlantoaxial (ADI > 3 mm em adultos, > 4 mm em crianças	absoluta
2. fixação rotatória atlantoaxial (pode estar associada à ruptura do ligamento transverso)	absoluta
3. fraturas	
a. cura, livre de dor, amplitude de movimento total e sem achados neurológicos com quaisquer das seguintes fraturas: fratura de Jefferson não deslocada; fratura odontoide; ou fratura da massa lateral no eixo	nenhuma
b. todas as outras	absoluta
4. fusão atlantoaxial pós-cirúrgica	absoluta
Coluna vertebral cervical subaxial pós-traumática	
1. lesões ligamentares: > 3,5 mm subluxação ou > 11° angulação nas vistas de flexão-extensão	absoluta
2. fraturas	
a. cura, fraturas estáveis listadas aqui com exame normal: fratura por compressão de VB sem envolvimento posterior; fraturas do processo espinhoso	nenhuma
b. fraturas do VB com envolvimento do componente sagital ou ósseo posterior ou ligamentar	absoluta
c. fratura cominutiva com deslocamento na medula espinal	absoluta
d. fratura da massa lateral produzindo incongruência da faceta	absoluta
3. lesão do disco intervertebral	
a. cura do disco herniado tratado de forma conservadora	nenhuma
b. ACDF com fusão sólida, sem sintomas, exame normal e amplitude de movimento total livre de dor	nenhuma
c. hérnia de disco crônica com dor, achados neuro ou ↓ amplitude de movimento	absoluta
4. S/P fusão	
a. fusão estável de um nível	nenhuma
b. fusão estável de dois níveis	relativa
c. fusão > dois níveis	absoluta

[a]Esporte de contato organizado inclui:[24] boxe, futebol americano, hóquei no gelo, lacrosse, rúgbi e luta livre.
[b]Ver também condições relacionadas com o crânio (e craniocervical) (p. 1151) (p. ex., malformação de Chiari tipo I...).
[c]CI = contraindicações, classificada como absoluta, relativa (p. ex., incerta) ou nenhuma.
[d]Anormalidades congênitas podem ter relevância particular nas Paralimpíadas.
[e]NB: Klippel-Feil pode estar associada a anormalidades em outros sistemas de órgãos (p. ex., cardíaco) que pode ter impacto na participação em esportes de contato (p. 271).
[f]A razão de Pavlov (p. 1088) tem um valor preditivo positivo baixo para lesões em esportes de contato e, dessa forma, não é um teste de triagem útil (p. ex., uma razão de Pavlov assintomática < 0,8 não é uma contraindicação para a participação).

62.8 Avaliação neurológica
62.8.1 Informação geral
Avaliação do nível da lesão requer familiaridade com os seguintes conceitos sobre a relação entre o canal do corpo vertebral e a medula espinal e os nervos (▶ Fig. 62.1).

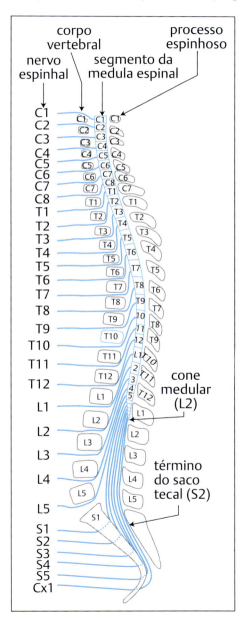

Fig. 62.1 Relação entre medula espinal, raízes nervosas e coluna vertebral óssea.

1. uma vez que existam oito pares de nervos cervicais e apenas sete vértebras cervicais
   a) nervos cervicais de 1 ao 8 saem *acima* dos pedículos de suas vértebras enumeradas
   b) nervos torácicos, lombares e sacrais saem *abaixo* dos pedículos de suas vértebras enumeradas
2. por causa do crescimento desproporcionalmente maior da coluna vertebral do que da medula espinal durante o desenvolvimento, as seguintes relações da *medula* espinal com a coluna vertebral existem:
   a) para determinar qual segmento da medula é subjacente a uma determinada vértebra:
      • de T2 a T10: adicionar 2 ao número do processo espinhoso
      • para T11, T12 e L1, lembrar que esses segmentos cobrem os 11 segmentos vertebrais mais baixos (L1 a L5, S1 a S5 e coccígeo-1)
   b) o cone medular no adulto encontra-se aproximadamente em L1 ou L2 da coluna vertebral

62.8.2 Avaliação do nível motor

Informação geral

As tabelas a seguir são para rápida avaliação (ver ▶ Quadro 29.5 e ▶ Quadro 29.7 para tabelas detalhadas de inervação motora).

Sistema de escore motor ASIA (Associação Americana de Lesão da Coluna Vertebral)

Um sistema[25,26] que pode ser rapidamente aplicado para graduar os dez segmentos motores-chave utilizando a Escala de Classificação do MRC (▶ Quadro 29.2) de 0-5 da esquerda e da direita, para um escore total de 100 pontos possíveis (ver ▶ Quadro 62.8). Nota: a maioria dos músculos recebe inervação de dois níveis vertebrais adjacentes, os níveis listados no ▶ Quadro 62.8 são os mais baixos dos dois. O padrão considera um segmento intacto, se o grau motor for aceitável (≥ 3). Para informação adicional, ver www.asia-spinalinjury.org.

Quadro 62.8 Músculos-chave para classificação do nível motor (EXTREMIDADES)

Grau DIREITO	Segmento	Músculo	Ação para testar	Grau ESQUERDO
0-5	C5	bíceps	flexão do cotovelo	0-5
0-5	C6	extensores de pulso	estabilização de punho	0-5
0-5	C7	tríceps	extensão do cotovelo	0-5
0-5	C8	flexor profundo dos dedos	flexão da falange distal média	0-5
0-5	T1	intrínsecos da mão	abdutor do dedo mínimo	0-5
0-5	L2	iliopsoas	flexão do quadril	0-5
0-5	L3	quadríceps	endireitar o joelho	0-5
0-5	L4	tibial anterior	dorsiflexão do pé	0-5
0-5	L5	EHL	dorsiflexão do hálux	0-5
0-5	S1	gastrocnêmio	flexão plantar do pé	0-5
50	← PONTOS TOTAIS POSSÍVEIS →			50
	TOTAL GERAL: 100			

Quadro 62.9 Avaliação do músculo axial[27]

Nível	Músculo	Ação para testar
C4	diafragma	volume corrente (TV), FEV1 e capacidade vital (VC)
T2-9 T9-10 T11-12	Intercostais abdominais superiores abdominais inferiores	uso do nível sensorial, reflexos abdominais e sinal de Beevor

Avaliação motora mais detalhada

Quadro 62.10 Músculos esqueléticos e sua principal inervação espinal (o segmento de maior contribuição é mostrado em negrito)

Segmento	Músculo	Ação para testar	Reflexo
C1-4	músculos do pescoço		
C3, 4, 5	diafragma	inspiração, TV, FEV1, VC	
C5, 6	deltoide	abdutor do braço > 90°	
C5, 6	bíceps	flexão do cotovelo	bíceps
C6, 7	extensor radial do carpo	extensão do punho	supinador
C7, 8	tríceps, extensor digital	extensão do cotovelo e do dedo	tríceps
C8, T1	flexor profundo dos dedos	segurar (flexão das falanges distais)	
C8, T1	intrínsecos da mão	abdutor do dedo mínimo, abdutor do polegar	
T2-9	intercostais[a]		
T9-10	abdominais superiores[a]	sinal de Beevor[b]	reflexo cutâneo abdominal[c]
T11, 12	abdominais inferiores[a]		
L2, 3	iliopsoas, adutores	flexão do quadril	reflexo cremastérico[d]
L3, 4	quadríceps	extensão dos joelhos	infrapatelar (automático)
L4, 5	isquiotibial médio, tibial anterior	dorsiflexão do tornozelo	isquiotibial médio
L5, S1	isquiotibial lateral, tibial posterior, fíbulas	flexão dos joelhos	
L5, S1	extensor digital, EHL	extensão do hálux	
S1, 2	gastrocnêmio, sóleo	flexão plantar do tornozelo	tendão calcâneo (puxão do tornozelo)
S2, 3	flexor digital, flexor do hálux		
S2, 3, 4	bexiga, intestino grosso, esfíncter anal	avaliar durante o exame retal	reflexo cutâneo-anal[e], bulbocavernoso e priapismo

[a]Também utiliza o nível sensorial para avaliar esses segmentos.
[b]Sinal de Beevor: utilizado para avaliar a musculatura abdominal quanto ao nível de lesão. O paciente levanta a cabeça da cama pela flexão do pescoço; se os músculos abdominais inferiores (abaixo de ≈ T9) estiverem mais enfraquecidos do que os abdominais superiores, então o umbigo se move em posição cefálica. Não é útil se tanto o abdominal superior quanto o inferior estão fracos.
[c]O reflexo cutâneo abdominal: arranhando um quadrante do abdome com objeto pontiagudo causa contração da musculatura subjacente, levando o umbigo a migrar em direção àquele quadrante. Reflexo abdominal superior: T8-9. Reflexo abdominal inferior: T10-12. Isto é um reflexo cortical (p. ex., o arco reflexo ascende para o córtex e depois desce para os músculos abdominais). A presença dessa resposta indica uma lesão incompleta para traumas medulares acima do nível torácico inferior.
[d]Reflexo cremastérico: reflexo superficial de L1-2.
[e]**Reflexo cutâneo-anal**: conhecido como reflexo anal. Reflexo normal: estímulo nocivo leve (p. ex., picada de agulha aplicada na região do ânus resulta em contração anal involuntária. **Reflexo bulbocavernoso (BC):** ver seção 62.8.5.

Quadro 62.11 Principais marcos sensoriais

Nível	Dermátomo
C2	**protuberância occipital**
C3	fossa supraclavicular
C4	parte superior da articulação acromioclavicular
C5	porção lateral da fossa antecubital
C6	polegar, superfície dorsal, falange proximal
C7	dedo médio, superfície dorsal, falange proximal
C8	dedo mínimo, superfície dorsal, falange proximal
T1	lado medial (ulnar) da fossa antecubital
T2	ápice axilar
T3	terceiro espaço intercostal (IS)
T4	quarto IS (linha do mamilo)
T5	quinto IS (intermediário entre T6 e T8)
T6	sexto IS (processo xifoide)
T7	sétimo IS (intermediário entre T6 e T8)
T8	oitavo IS (intermediário entre T6 e T10)
T9	nono IS (intermediário entre T8 e T10)
T10	décimo IS (umbigo)
T11	décimo primeiro IS (intermediário entre T10 e T12)
T12	ligamento inguinal no ponto médio
L1	metade da distância entre T12 e L2
L2	coxa média anterior
L3	côndilo femoral medial
L4	maléolo medial
L5	dorso do pé na 3ª articulação MTP (metatarsofalangiana)
S1	calcanhar lateral
S2	fossa poplítea na linha média
S3	tuberosidade isquiática
S4-5	área perianal (considerada como nível 1)

62.8.3 Avaliação do nível sensorial (dermátomos e nervos sensoriais)

Padrões ASIA.[25]

Vinte e oito pontos-chave identificados no ▶ Quadro 62.11 são pontuados separadamente para picada e toque leve nos lados esquerdo e direito, utilizando a escala de graduação mostrada no ▶ Quadro 62.12, para um total máximo possível de 112 pontos para picada (esquerda e direita) e 112 pontos para toque leve (esquerda e direita).

Informações Gerais, Avaliação Neurológica, Lesões Relacionadas com o Esporte ...

Quadro 62.12 Escala de classificação sensorial

Grau	Descrição
0	ausente
1	deficiente (apreciação parcial ou alterada)
2	normal
NT	não testada

Nota: considerando a região "Capa de C4" conhecida como região do "babador" em toda a parte superior do tórax e das costas: os segmentos sensoriais "pulam" de C4 a T2 com os níveis intermediários distribuídos exclusivamente extremidades superiores UEs (▶ Fig. 1.14). A localização dessa transição não é constante de pessoa para pessoa.

62.8.4 Exame retal

1. esfíncter anal externo é testado pela inserção do dedo do examinador com luvas
   a) a sensação detectada é registrada como presente ou ausente. Qualquer sensação sentida pelo paciente indica que a lesão é sensorial incompleta
   b) registrar o tônus do esfíncter em repouso e qualquer contração voluntária do esfíncter
2. reflexo bulbocavernoso (BC) (p. 941); ver também abaixo: Ausência sugere a presença de choque da coluna vertebral e pode não ser possível declarar uma SCI suprassacral como completa, porque pode haver choque espinal que poderia transitoriamente suprimir a função da medula espinal

62.8.5 Reflexo bulbocavernoso (BC)

Um reflexo polissináptico mediado pela medula espinal retransmitido pelas raízes dos nervos em S2-S4. A contração do esfíncter anal em resposta à compressão da glande do pênis em homens ou pelo puxão no cateter de Foley em ambos os gêneros é uma resposta normal (deve ser diferenciada do movimento do balão do cateter de Foley).

A perda de reflexo pode ocorrer com:
1. choque da coluna vertebral: o reflexo BC pode ser perdido com o choque da coluna vertebral, como pode ocorrer com as lesões suprassacrais. Segundo as informações recebidas, o retorno do reflexo BC pode ser o indicador clínico mais precoce de que o choque espinal diminuiu
2. lesões envolvendo a cauda equina ou cone medular

A presença de reflexo BC costumava ser tomada como um indicador de uma lesão incompleta, mas sua presença sozinha não é mais considerada ser um bom prognóstico de recuperação.

62.8.6 Exame sensorial adicional

Os seguintes elementos são considerados opcionais, mas recomenda-se que sejam graduados como ausentes, deficientes ou normais:
1. sentido de posição: teste do dedo indicador e dedão em ambos os lados
2. consciência de pressão intensa/dor intensa

62.8.7 Escala de deficiência da ASIA

A escala de deficiência da ASIA[*25] é apresentada no ▶ Quadro 62.13 (uma escala de Desempenho Neurológico de Frankel modificada[28]).
*Nota: esta escala indica a integridade da lesão da medula espinal e é distinta de outras escalas de graduação ASIA; ver também as pontuações motora e sensorial (p. 940).

62.9 Lesões da medula espinal

62.9.1 Lesões completas da medula espinal

Ver definição de lesão completa *vs.* incompleta da medula espinal (p. 930).
Além da perda de movimento voluntário, controle do esfíncter e sensação abaixo do nível da lesão, pode haver priapismo. Hipotensão e bradicardia (p. 931) (choque espinal) também podem estar presentes.

Quadro 62.13 Escala de deficiência da ASIA

Classe	Descrição
A	Completa: sem função motora ou sensorial preservada
B	Incompleta: sensorial, mas sem função motora preservada abaixo do nível neurológico (inclui os segmentos sacrais S4-5)
C	Incompleta: função motora preservada abaixo do nível neurológico (mais do que metade dos principais músculos abaixo do nível neurológico têm uma força muscular de grau < 3)[a]
D	Incompleta: função motora preservada abaixo do nível neurológico (mais do que metade dos principais músculos abaixo do nível neurológico têm uma força muscular de grau ≥ 3)
E	Normal: função sensorial e motora normal

[a]Para classificação de força muscular, ver ▶ Quadro 29.2.

62.9.2 Dissociação bulbocervical

Ocorre como resultado da lesão na medula espinal em ou acima ≈ C3 (inclui SCI a partir do deslocamento atlantoccipital e atlantoaxial). A dissociação bulbocervical produz parada respiratória e, frequentemente, parada cardíaca. A não instituição de ressuscitação cardiorrespiratória (CPR) em poucos minutos resulta em morte. Os pacientes geralmente são quadriplégicos e dependentes de ventilação (estimulação do nervo frênico pode eventualmente permitir a independência da ventilação).

62.9.3 Lesões medulares incompletas

Síndrome medular central

Informação geral

Conceitos-chave

- déficit motor desproporcionalmente maior nas extremidades superiores do que nas inferiores
- geralmente resulta de lesão de hiperextensão na presença de esporão osteofítico
- cirurgia frequentemente empregada para compressão contínua, geralmente em uma base não emergencial, exceto em casos raros de deterioração progressiva

Originalmente descrita por Schneider *et al.*[29] em 1954. A síndrome medular central (CCS) é o tipo mais comum de síndrome da lesão medular incompleta. Geralmente observada após hiperextensão aguda em um paciente mais velho com estenose adquirida preexistente resultante de hipertrofia óssea (esporão anterior) e dobramento do ligamento amarelo redundante (posteriormente), às vezes sobreposto na estenose congênita do canal vertebral. O movimento translacional de uma vértebra sobre outra também pode contribuir. Um golpe na face superior ou na testa é muitas vezes registrado no histórico ou é sugerido no exame (p. ex., lacerações ou abrasões na face e/ou testa). Isto ocorre muitas vezes em situações relacionadas com acidentes automobilísticos ou com queda para frente, com frequência no indivíduo embriagado. Pacientes mais jovens também podem sustentar a CCS nas lesões desportivas; ver síndrome de queimação das mãos (p. 1421). A CCS pode ocorrer com ou sem fratura ou deslocamento cervical.[30] A CCS pode estar associada à hérnia traumática aguda do disco cervical. A CCS também pode ocorrer na artrite reumatoide.

Patomecânica

Teoria: a região mais central da medula central é uma zona vascular divisória que a torna mais suscetível à lesão por causa do edema. As fibras de trato longo atravessando a medula cervical são somatotopicamente organizadas, como aquelas fibras cervicais localizadas mais medialmente do que as fibras atendendo as extremidades inferiores (▶ Fig. 1.13).

Apresentação

Ver referência.[29]

A síndrome clínica é relativamente semelhante àquela vista na siringomielia.
1. motora: fraqueza das extremidades superiores com menor efeito nas extremidades inferiores
2. sensorial: graus variáveis de distúrbio abaixo do nível da lesão podem ocorrer
3. achados mielopáticos: disfunção do esfíncter (geralmente retenção urinária)

A hiperpatia aos estímulos nocivos e não nocivos também é comum, principalmente nas porções proximais das extremidades superiores e é frequentemente tardia no início e extremamente angustiante para o paciente.[31] O sinal de Lhermitte ocorre em ≈ 7% dos casos.

História natural
Frequentemente, observa-se uma fase inicial de melhora (caracteristicamente: extremidades inferiores se recuperam primeiro, depois a função vesical, a força das extremidades superiores e a seguir, finalmente retornam os movimentos dos dedos das mãos; a recuperação sensorial não apresenta um padrão) seguida por uma fase platô e, por fim, a deterioração tardia.[32] Noventa por cento dos pacientes são capazes de caminhar com assistência em 5 dias.[33] A recuperação geralmente é incompleta, e a quantidade de recuperação está relacionada com a gravidade da lesão e com a idade do paciente.[34]
Se a CCS resultar de hematomielia com destruição medular (em vez da contusão), então poderá haver extensão (para cima ou para baixo).

Avaliação
Achados: pacientes jovens tendem à protrusão discal, subluxação, deslocamento ou fraturas.[33] Pacientes mais velhos tendem a apresentar estreitamento do canal multissegmentar decorrente das barras e discos osteofíticos e a torção do ligamento amarelo.[33]
Raios X da coluna cervical: podem demonstrar estreitamento congênito, esporão osteofítico sobreposto, fratura/deslocamento traumático. Ocasionalmente, o estreitamento AP sozinho sem o esporão pode ser observado.[30] O exame simples de raios X falhará em mostrar o estreitamento do canal em razão do: espessamento ou torção do ligamento amarelo, hipertrofia das facetas articulares e esporões pouco calcificados.[30]
Exame de CT cervical: útil também no diagnóstico de fraturas e esporões osteofíticos. Não tão bom quanto a MRI para avaliar a condição dos discos, medula espinal e nervos.
MRI: revela o comprometimento do canal vertebral anterior pelos discos ou osteófitos (quando combinada com os exames de raios X da medula cervical, aumenta a capacidade para diferenciar osteófitos da hérnia traumática dos discos). Exame adequado também para avaliar o ligamento amarelo. A T2WI pode mostrar perfeitamente o edema da medula espinal[35] e pode detectar a hematomielia. A MRI é inadequada para a identificação de fraturas.

Tratamento
As indicações, tempo e melhor método de tratamento para CCS permanecem controversos.

Guia de prática clínica: Lesões traumáticas agudas da medula central (ATCCS)

Nível III[34,36]
- tratamentoICU de pacientes com síndrome traumática aguda da medula central, principalmente para aqueles com déficits neurológicos graves (por causa dos possíveis distúrbios cardíacos, pulmonares e de pressão arterial)
- tratamento médico a ser realizado inclui: monitoramento cardíaco, hemodinâmico e respiratório, além de manutenção da MAP 85-90 mmHg (utilizar o aumento da pressão arterial, se necessário) na primeira semana após a lesão para melhorar a perfusão da medula espinal
- redução precoce de lesões com fratura-deslocamento
- descompressão cirúrgica da medula espinal comprimida, particularmente se a compressão for focal e anterior. Sem resolução: o papel da cirurgia em ATCCS com compressão do segmento medular longo ou com estenose espinal sem lesão óssea[36] (ver texto para detalhes)

Indicações de cirurgia
1. compressão contínua da medula espinal[37] (p. 1010) que se correlaciona ao nível de déficit com qualquer das seguintes condições:
   a) déficit motor persistente considerável após um período variável de recuperação (abaixo)
   b) deterioração da função
   c) dor disestésica contínua significativa
2. instabilidade da coluna vertebral

Melhora tem sido demonstrada em seguimentos a curto e longo prazos com descompressão subaguda da lesão ofensiva.[33] O tratamento não cirúrgico resulta em um período mais longo de dor e fraqueza em muitos casos.

Momento da cirurgia: um ponto permanente de controvérsia. O ensino clássico foi que a cirurgia precoce para essa condição é *contraindicada*, pois pode agravar o déficit. Na ausência de instabilidade da coluna vertebral, o manejo tradicional consistia em repouso no leito com uso de colar macio por ≈ 3-4 semanas, com consideração para a cirurgia depois desse período ou, então, a mobilização gradual no mesmo colar por mais 6 semanas. Entretanto, a base para essa recomendação foi pelo menos em parte derivada de um relato anterior de apenas oito pacientes com CCS, dois dos quais foram submetidos à cirurgia, com um sendo grave no pós-operatório (a operação consistiu em laminectomia, abertura da dura-máter, secção do ligamento denteado e manipulação da medula espinal, a fim de examinar o canal vertebral anterior).[29] É atualmente perceptível que não haja evidência sólida de que a cirurgia descompressiva precoce (sem manipulação medular) seja realmente prejudicial, mas também não há evidência de que seja útil. Pode haver uma boa justificativa para a cirurgia precoce no paciente em condição rara que está melhorando e depois piora,[38] contudo, maior restrição deve ser dada para evitar o que seria uma operação inadequada em muitos pacientes.[39] A cirurgia pode melhorar a taxa e o grau de recuperação em pacientes selecionados.[40] A cirurgia foi recomendada para pacientes com grande instabilidade da coluna vertebral ou para pacientes com compressão medular persistente considerável (p. ex., por esporão osteofítico) que falha em progredir consistentemente após um período inicial de melhora,[35] frequentemente dentro de 2-3 semanas após o trauma. Melhores resultados ocorrem com a descompressão nas primeiras poucas semanas ou meses em vez de períodos muito tardios (p. ex., ≥ 1-2 anos).[37](p. 1010)

> Σ
>
> Não existe papel da cirurgia sem a compressão ou instabilidade contínua. Em casos raros de pacientes com compressão contínua, sofrendo deterioração *progressiva* documentada, deve ser descomprimido o mais rápido possível. Pacientes com melhora devem ser acompanhados, e a descompressão pode ser realizada eletivamente na compressão permanente. Existem controvérsias em relação ao tempo de cirurgia para CCS estável e compressão contínua: enquanto os dados de Classe I ou II estão ausentes, parece haver uma tendência para descomprimir esses pacientes assim que são clinicamente estáveis sem um período de espera arbitrário.

Considerações técnicas: o procedimento mais rápido para descomprimir a medula é frequentemente uma laminectomia em vários níveis. É muitas vezes acompanhada pela migração dorsal da medula espinal que pode ser observada na MRI.[32] Com a mielopatia, em pacientes com a fusão têm melhores resultados do que aqueles que foram submetidos à descompressão sem fusão. No momento da descompressão, a fusão pode ser realizada posteriormente (p. ex., com parafusos e hastes na massa lateral) ou anteriormente (p. ex., discectomia em vários níveis ou corpectomia com enxerto de suporte e chapeamento cervical anterior) na mesma sessão, como a laminectomia ou em estágios numa data posterior.

Prognóstico

Em pacientes com contusão medular sem hematomielia, ≈ 50% terão recuperação da força LE suficiente e sensação de movimentar-se independentemente, embora geralmente com espasticidade significativa. A recuperação da função de UE geralmente não é tão boa, e o controle motor fino normalmente é deficiente. O controle intestinal e vesical muitas vezes se recupera, contudo, a espasticidade vesical é comum. Pacientes idosos com essa condição geralmente não se recuperam tão bem quanto os pacientes mais jovens, com ou sem tratamento cirúrgico (apenas 41% com mais de 50 anos tornam-se pacientes ambulatoriais, *versus* 97% de pacientes mais jovens[41]).

Síndrome medular anterior

Informação geral

Conhecida como síndrome da artéria espinal anterior. O infarto medular no território fornecido pela artéria espinal anterior. Alguns dizem que é mais comum do que a síndrome medular central.

Pode resultar de oclusão da artéria espinal anterior ou da compressão medular anterior, *p. ex.* pelo fragmento ósseo deslocado ou pela hérnia de disco traumática.

Apresentação

1. paraplegia ou (se maior do que ≈ C7) quadriplegia
2. perda sensorial dissociada abaixo da lesão:
   a) perda de dor e sensação de temperatura (lesão do trato espinotalâmico)
   b) discriminação preservada entre dois pontos, senso de posição articular, sensação de pressão profunda (função da coluna posterior)[42]

Avaliação

É vital diferenciar uma condição não cirúrgica (p. ex., oclusão da artéria espinal anterior) a partir de uma condição cirúrgica (p. ex., fragmento ósseo anterior). Isto requer um ou mais de: mielografia, CT ou MRI.

Tratamento

A intervenção cirúrgica é indicada para pacientes com evidência de compressão medular (p. ex., por hérnia de disco central intensa) ou por instabilidade espinal (ligamentos ou óssea).

Prognóstico

O pior prognóstico das lesões incompletas. Apenas ≈ 10-20% têm recuperação do controle motor funcional. A sensação pode retornar de forma suficiente para ajudar na prevenção de lesões (queimaduras, úlceras por decúbito...).

Síndrome de Brown-Séquard

Informação geral

Hemissecção da medula espinal. Primeiramente descrita, em 1849, por Brown-Séquard.[43]

Etiologias

Geralmente resultante do trauma penetrante, é observada em 2-4% das lesões traumáticas da medula espinal.[44] Também pode ocorrer com a mielopatia por radiação, compressão medular por hematoma epidural da coluna vertebral, hérnia de disco cervical extensa[45,46,47] (rara), tumores da medula espinal, AVMs espinais, espondilose cervical e herniações medulares (p. 1150).

Apresentação

Achados clássicos (raramente encontrados nesta forma pura):
1. achados *ipsolaterais*:
   a) paralisia motora (ocasionada por lesão do trato corticospinal) abaixo da lesão
   b) perda de função da coluna posterior (propriocepção e senso vibratório)
2. achados *contralaterais*: perda sensorial dissociada
   a) perda de dor e sensação de temperatura inferior à lesão começando 1-2 segmentos abaixo (lesão do trato espinotalâmico)
   b) toque leve preservado (natural) decorrente dos caminhos ipsolaterais e contralaterais redundantes (tratos espinotalâmicos anteriores)

Prognóstico

Esta síndrome apresenta o melhor prognóstico de qualquer das lesões incompletas da medula espinal. ≈ 90% dos pacientes com essa condição vão recuperar a capacidade de andar independentemente, assim como o controle dos esfíncteres anal e urinário.

Síndrome medular posterior

Conhecida como contusão cervical posterior. Relativamente rara. Produz dor e parestesias (frequentemente com uma qualidade de queimação) no pescoço, braços e tronco. Pode haver paresia leve das UEs. Achados de trato longo são mínimos.

Referências

[1] White AA, Panjabi MM. In: The Problem of Clinical Instability in the Human Spine: A Systematic Approach. Clinical Biomechanics of the Spine. 2nd ed. Philadelphia: J.B. Lippincott; 1990:277–378

[2] Waters RL, Adkins RH, Yakura J, Sie I. Profiles of Spinal Cord Injury and Recovery After Gunshot Injury. Clin Orthop. 1991; 267:14–21

[3] Atkinson PP, Atkinson JLD. Spinal Shock. Mayo Clin Proc. 1996; 71:384–389

[4] Chesnut RM, Narayan RK, Wilberger JE, Povlishock JT. In: Emergency Management of Spinal Cord Injury. Neurotrauma. New York: McGraw-Hill; 1996:1121–1138

[5] Hirsch SA, Hirsch PJ, Hiramoto H,Weiss A. Whiplash Syndrome: Fact or Fiction? Orthop Clin North Am. 1988; 19:791–795

[6] Riley LH, Long D, Riley Jr. LH. The Science of Whiplash. Medicine (Baltimore). 1995; 74:298–299

[7] Spitzer WO, LeBlanc FE, Dupuis M, et al. Scientific Approach to the Assessment and Management of Activity-Related Spinal Disorders: A Monograph for Clinicians: Report of the Quebec Task Force on Spinal Disorders. Chapter 3: Diagnosis of the Problem (The Problem of Diagnosis). Spine. 1987; 12:S16–S21

[8] Spitzer WO, Skovron ML, Salmi LR, et al. Scientific Monograph of the Quebec Task Force on Whiplash-Associated Disorders: Redefining "Whiplash" and Its Management. Spine. 1995; 20:1S–73S

[9] Radanov BP, Sturzenegger M, Di Stefano G. Long-Term Outcome After Whiplash Injury. Medicine (Baltimore). 1995; 74:281–297

[10] Hamilton MG, Myles ST. Pediatric Spinal Injury: Review of 61 Deaths. J Neurosurg. 1992; 77:705–708

[11] Hamilton MG, Myles ST. Pediatric Spinal Injury: Review of 174 Hospital Admissions. J Neurosurg. 1992; 77:700–704

[12] Mandabach M, Ruge JR, Hahn YS, et al. Pediatric axis fractures: early halo immobilization, management and outcome. Pediatric Neurosurgery. 1993; 19:225–232

[13] Garton HJL, Park P, Papadopoulos SM. Fracture dislocation of the neurocentral synchondroses of the axis. Case illustration. J Neurosurg. 2002; (Spine 3) 96

[14] Suss RA, Zimmerman RD, Leeds NE. Pseudospread of the Atlas: False Sign of Jefferson Fracture in Young Children. AJR. 1983; 140:1079–1082

[15] Bailey DK. The Normal Cervical Spine in Infants and Children. Radiology. 1952; 59:712–719

[16] Townsend EH, Rowe ML. Mobility of the Upper Cervical Spine in Health and Disease. Pediatrics. 1952; 10:567–574

[17] Jacobson G, Bleeker HH. Pseudosubluxation of the Axis in Children. Am J Roentgenol. 1959; 82:472–481

[18] Rozzelle CJ, Aarabi B, Dhall SS, Gelb DE, Hurlbert RJ, Ryken TC, Theodore N, Walters BC, Hadley MN. Management of pediatric cervical spine and spinal cord injuries. Neurosurgery. 2013; 72 Suppl 2:205–226

[19] Section on Disorders of the Spine and Peripheral Nerves of the American Association of Neurological Surgeons and the Congress of Neurological Surgeons. Management of pediatric cervical spine and spinal cord injuries. Neurosurgery. 2002; 50 Supplement: S85–S99

[20] Bailes JE, Hadley MN, Quigley MR, Sonntag VKH, Cerullo LJ. Management of Athletic Injuries of the Cervical Spine and Spinal Cord. Neurosurgery. 1991; 29:491–497

[21] Torg JS, Corcoran TA, Thibault LF, et al. Cervical Cord Neuropraxia: Classification, Pathomechanics, Morbidity, and Management Guidelines. J Neurosurg. 1997; 87:843–850

[22] Maroon JC. "Burning Hands" in Football Spinal Cord Injuries. JAMA. 1977; 238:2049–2051

[23] Cantu RC, Mueller FO. Catastrophic Spine Injuries in Football. J Spinal Disord. 1990; 3:227–231

[24] Torg JS, Ramsey-Emrhein JA. Management Guidelines for Participation in Collision Activities with Congenital, Developmental, or Post-Injury Lesions Involving the Cervical Spine. Clin Sports Med. 1997; 16:501–531

[25] American Spinal Injury Association. International Standards for Neurological Classification of Spinal Cord Injury, Revised 2000. 6th ed. Chicago, IL: American Spinal Injury Association; 2000

[26] Ditunno JF, Jr. New spinal cord injury standards, 1992. Paraplegia. 1992; 30:90–91

[27] Lucas JT, Ducker TB. Motor Classification of Spinal Cord Injuries with Mobility, Morbidity and Recovery Indices. Am Surg. 1979; 45:151–158

[28] Frankel HL, Hancock DO, Hyslop G, et al. The Value of Postural Reduction in the Initial Management of Closed Injuries of the Spine with Paraplegia and Tetraplegia. Part I. Paraplegia. 1969; 7:179–192

[29] Schneider RC, Cherry G, Pantek H. The Syndrome of Acute Central Cervical Spinal Cord Injury. J Neurosurg. 1954; 11:546–577

[30] Epstein N, Epstein JA, Benjamin V, Ransohoff J. Traumatic Myelopathy in Patients With Cervical Spinal Stenosis Without Fracture or Dislocation: Methods of Diagnosis, Management, and Prognosis. Spine. 1980; 5:489–496

[31] Merriam WF, Taylor TKF, Ruff SJ, McPhail MJ. A Reappraisal of Acute Traumatic Central Cord Syndrome. J Bone Joint Surg. 1986; 68B:708–713

[32] Levi L, Wolf A, Mirvis S, Rigamonti D, et al. The Significance of Dorsal Migration of the Cord After Extensive Cervical Laminectomy for Patients with Traumatic Central Cord Syndrome. J Spinal Disord. 1995; 8:289–295

[33] Chen TY, Lee ST, Lui TN, et al. Efficacy of Surgical Treatment in Traumatic Central Cord Syndrome. Surg Neurol. 1997; 48:435–440

[34] Section on Disorders of the Spine and Peripheral Nerves of the American Association of Neurological Surgeons and the Congress of Neurological Surgeons. Management of acute central spinal cord injuries. Neurosurgery. 2002; 50 Supplement:S166–S172

[35] Massaro F, Lanotte M, Faccani G. Acute Traumatic Central Cord Syndrome. Acta Neurol (Napoli). 1993; 15:97–105

[36] Aarabi B, Hadley MN, Dhall SS, Gelb DE, Hurlbert RJ, Rozzelle CJ, Ryken TC, Theodore N, Walters BC. Management of acute traumatic central cord syndrome (ATCCS). Neurosurgery. 2013; 72 Suppl 2:195–204

[37] Rothman RH, Simeone FA. The Spine. Philadelphia 1992

[38] Fox JL, Wener L, Drennan DC, Manz HJ, Won DJ, Al-Mefty O. Central spinal cord injury: magnetic resonance imaging confirmation and operative considerations. Neurosurgery. 1988; 22:340–347

[39] Ducker TB. Comment on Fox J L, et al.: Central spinal cord injury: magnetic resonance imaging confirmation and operative considerations. Neurosurgery. 1988; 22:346–347

[40] Bose B, Northrup BE, Osterholm JL, et al. Reanalysis of Central Cervical Cord Injury Management. Neurosurgery. 1984; 15:367–372

[41] Penrod LE, Hegde SK, Ditunno JF. Age Effect on Prognosis for Functional Recovery in Acute, Traumatic Central Cord Syndrome. Arch Phys Med Rehabil. 1990; 71:963–968

[42] Schneider RC. The Syndrome of Acute Anterior Spinal Cord Injury. J Neurosurg. 1955; 12:95–122

[43] Brown-Sequard CE. De la transmission des impressions sensitives par la moelle epiniere. C R Soc Biol. 1849; 1

[44] Roth EJ, Park T, Pang T, Yarkony GM, Lee MY. Traumatic Cervical Brown-Sequard and Brown-Sequard Plus Syndromes: The Spectrum of Presentations and Outcomes. Paraplegia. 1991; 29:582–589

[45] Rumana CS, Baskin DS. Brown-Sequard Syndrome Produced by Cervical Disc Herniation: Case Report and Literature Review. Surg Neurol. 1996; 45:359–361

[46] Kobayashi N, Asamoto S, Doi H, Sugiyama H. Brown-Sequard syndrome produced by cervical disc herniation: report of two cases and review of the literature. Spine J. 2003; 3:530–533

[47] Kim JT, Bong HJ, Chung DS, Park YS. Cervical disc herniation producing acute Brown-Sequard syndrome. J Korean Neurosurg Soc. 2009; 45:312–314

63 Conduta na Lesão da Medula Espinal

63.1 Informações gerais

As principais causas de morte por lesão da medula espinal (SCI) são aspiração e choque.[1] Investigação inicial de acordo com o protocolo ATLS: a avaliação das vias respiratórias tem prioridade, seguida pela respiração e depois a circulação e o controle da hemorragia ("ABC's"). É seguida por um breve exame neurológico.

Nota: outras lesões (p. ex., lesões abdominais) podem ser mascaradas abaixo do nível da SCI.

Qualquer dos seguintes pacientes deve ser tratado como tendo uma SCI até que seja provado o contrário:
1. todas as vítimas com trauma significativo
2. pacientes com lesão traumática manifestando perda de consciência
3. vítimas com pequenos traumas apresentando queixas referentes à coluna vertebral (pescoço ou dor nas costas ou sensibilidade) ou medula espinal (dormência ou formigamento em uma extremidade, fraqueza, paralisia)
4. achados associados sugestivos de SCI incluem
   a) respiração abdominal
   b) priapismo (disfunção autonômica)

Pacientes com traumatismo são triados como descrito a seguir:
1. sem história de trauma considerável, completamente alertas, orientados e sem sinais de intoxicação por drogas ou álcool, sem queixas referentes à coluna vertebral: a maioria deles pode ser liberada sem a necessidade de raios X da coluna cervical; ver Avaliação radiológica (p. 952)
2. trauma significativo, mas sem forte evidência de lesão da coluna vertebral ou medula espinal: a ênfase aqui é excluir uma lesão óssea e prevenir a lesão
3. pacientes com déficit neurológico: a ênfase aqui é definir a lesão esquelética e tomar medidas para a prevenção de maior lesão medular e perda de função, além de minimizar ou reverter o déficit presente. Os prós e os contras do protocolo com alta dose de metilprednisolona (p. 951) devem ser pesados, se o déficit neurológico for identificado

63.2 Conduta terapêutica no local do acidente

1. Imobilização da coluna antes e durante o desencarceramento do veículo e transporte para evitar movimentos ativos ou passivos da coluna vertebral.
   a) para possíveis lesões da coluna cervical em jogadores de futebol americano, ver ▶ Quadro 63.1 que apresenta as diretrizes da National Athletic Trainer's Association (NATA) para remoção do capacete. Quando a CPR é necessária, tem prioridade. Cuidado com intubação (ver a seguir)
   b) colocar o paciente sobre uma tala vertical de imobilização

---

Quadro 63.1 Diretrizes para remoção do capacete pela NATA[a]

✗ Nota: não remover o capacete no local do acidente

- maioria das lesões pode ser visualizada com o capacete colocado
- exame neurológico pode ser realizado com o capacete colocado
- o paciente pode ser imobilizado sobre uma tala para a coluna com o capacete colocado
- a máscara facial pode ser removida com ferramentas especiais para acessar as vias respiratórias
- a hiperextensão deve ser prevenida após remoção do capacete e almofadas para o ombro

Em um quadro controlado (geralmente após os exames de raios X), o capacete e as almofadas de ombro são removidas em conjunto como uma unidade para evitar a flexão ou extensão do pescoço

Possíveis indicações para remoção do capacete

- a máscara facial não pode ser removida em um período de tempo razoável
- as vias aéreas respiratórias não podem ser examinadas mesmo com a remoção da máscara facial
- hemorragia de risco à vida sob o capacete, que pode ser controlada apenas pela remoção
- capacete e colete não seguram a cabeça com segurança, de modo que imobilizar o capacete não impede adequadamente o movimento da coluna vertebral (p. ex., mau encaixe ou capacete danificado)
- o capacete previne a imobilização para o transporte em uma posição apropriada
- determinadas situações onde o paciente é instável (decisão do M.D.)

[a]Para mais detalhes, ver http://www.nata.org.

Traumatismo Medular

c) sacos de areia em ambos os lados da cabeça com uma tira de fita adesiva de 7,62 cm de um lado da tala vertical para o outro pela testa imobiliza a coluna vertebral, assim como uma órtese rígida,[2] mas permite o movimento da mandíbula e o acesso às vias respiratórias

d) um colar cervical rígido (p. ex., colar de Filadélfia) pode ser utilizado para complementar

2. manter a pressão sanguínea, ver abaixo sobre Hipotensão (p. 950)

a) vasopressores tratam o problema subjacente (SCI é essencialmente uma simpatectomia traumática). A dopamina é o agente de escolha e é preferida em relação aos fluidos (exceto quando necessário para a reposição de perdas); ver Agentes cardiovasculares para choque (p. 127) para vasopressores. ✖ Evitar fenilefrina (ver a seguir)

b) fluidos quando necessários para a reposição de perdas

c) calças militares antichoque (MAST): imobiliza a coluna inferior, compensa o tônus muscular perdido nas lesões medulares (previne o *pooling* venoso)

3. manter a oxigenação (FIO_2 e ventilação adequadas)

a) se não houver indicação de intubação: utilizar o NC ou máscara facial

b) intubação: pode ser necessária para o comprometimento das vias aéreas respiratórias ou para hipopneia. Em SCI, a hipopneia pode ser causada por: músculos intercostais paralisados, paralisia do diafragma (nervo frênico = C3, 4 e 5). A hipopneia também pode ser ocasionada pelo LOC baixo na TBI

c) cuidado com intubação se lesão de coluna vertebral cervical não estiver totalmente descartada
  - utilizar o levantador de queixo (não a pressão mandibular) sem a extensão do pescoço
  - a intubação nasotraqueal pode evitar o movimento da coluna cervical, mas o paciente deve manifestar respirações espontâneas
  - evitar a traqueostomia ou cricotireoidostomia, se possível (pode comprometer as abordagens cirúrgicas da coluna cervical anterior mais tarde)

4. breve exame *motor* para identificar possíveis déficits (também documentar deterioração tardia); pedir ao paciente para:

a) movimentar os braços

b) movimentar as mãos

c) movimentar as pernas

d) movimentar os dedos dos pés

63.3 Conduta hospitalar

63.3.1 Estabilização e avaliação inicial

1. imobilização: manter a tala de imobilização/tira da cabeça (ver anteriormente) para facilitar a transferência para a mesa de CT etc. Rotacionar o paciente para virá-lo. Com a conclusão dos estudos, remover o paciente com a tala vertical ASAP (remoção precoce da tala reduz o risco de úlceras de decúbito)

2. *hipotensão* (choque espinal): manter a SBP ≥ 90 mmHg. As lesões da medula espinal causam hipotensão por uma combinação de fatores (p. 931) que podem lesionar mais ainda a medula[3] ou outros órgãos e sistemas

a) vasopressores, se necessário: dopamina é o agente de escolha (✖ evitar a fenilefrina: não inotrópica e possível aumento do reflexo no tônus vagal → bradicardia)

b) hidratação cuidadosa (hemodinâmica anormal → propensão para edema pulmonar)

c) atropina para bradicardia associada à hipotensão

3. oxigenação (ver acima)

4. tubo NG para sucção: previne o vômito e a aspiração e descomprime o abdome que pode interferir nas respirações, se distendido (íleo paralítico é comum e geralmente dura vários dias)

5. cateter urinário de demora (Foley): para I's e O's e para prevenir a distensão por retenção urinária

6. profilaxia para DVT: ver acima

7. regulação térmica: a paralisia vasomotora pode produzir poiquilotermia (perda do controle de temperatura), que deveria ser tratada quando necessário com cobertores de resfriamento

8. eletrólitos: hipovolemia e hipotensão causam aumento de aldosterona plasmática que pode levar à hipocalemia

9. avaliação neurológica mais detalhada (p. 939). Pacientes podem ser estratificados utilizando a escala de deficiência da ASIA (▶ Quadro 62.13)

a) história dirigida especificamente: questões-chave devem focar em:
  - mecanismo de lesão (hiperflexão, extensão, carga axial...)
  - história sugestiva de perda de consciência
  - história de fraqueza nos braços ou pernas após o trauma
  - ocorrência de dormência ou formigamento em qualquer momento depois da lesão

b) palpação da coluna vertebral para detecção de sensibilidade pontual, uma "deformidade" ou alargamento do espaço interespinhoso

c) avaliação do nível motor
  • exame do músculo esquelético (pode localizar o miótomo)
  • exame retal para contração voluntária do esfíncter anal
d) avaliação do nível sensorial
  • sensação de picada de agulha (teste do trato espinotalâmico, pode localizar o dermátomo): certifi-que-se de testar a sensação na face também (o trato espinal trigeminal pode às vezes descer abaixo ≈ C4)
  • toque leve (natural): testar a medula anterior (trato espinotalâmico anterior)
  • senso de posição articular/propriocepção (testar as colunas posteriores)
e) avaliação de reflexos
  • reflexos de estiramento muscular: geralmente ausentes inicialmente na lesão medular
  • reflexos cutâneos abdominais
  • reflexo cremastérico
  • sacral: reflexo bulbocavernoso (p. 941), cutâneo-anal
f) examinar em busca de sinais de disfunção autonômica
  • padrões alterados de transpiração (pele abdominal pode ter baixo coeficiente de fricção acima da lesão e pode ser áspero abaixo decorrente da falta de transpiração)
  • incontinência intestinal ou vesical
  • priapismo: ereção peniana persistente
10. avaliação radiológica: ver abaixo
11. abordagem médica específica para lesão da medula espinal:
  a) metilprednisolona (ver abaixo)
  b) fármacos experimentais/investigacionais: nenhum desses agentes demonstrou ter benefício ine-quívoco no homem: naloxona, DMSO, Lazaroid®. Tirilazad mesilato (Freedox®) foi menos benéfico do que a metilprednisolona[4]

63.3.2 Informação geral

Guia de prática clínica: Avaliação hospitalar de SCI

Avaliação clínica
Nível III:[5] o padrão internacional da ASIA para avaliações neurológica e funcional de lesão da medula espinal (SCI) é recomendado (p. 940).

Avaliação dos resultados funcionais
Nível II:[5] a Medida de Deficiência Funcional™ (FIM™) é recomendada (ver ▶ Quadro 88.7).
  Nível III:[5] o índice modificado de Barthel é recomendado (▶ Quadro 88.6).

Guia de prática clínica: Conduta em cuidados intensivos hospitalares para SCI

Nível III:[6] monitorar pacientes com SCI aguda (principalmente aqueles com lesões graves em nível cervical) em uma ICU ou unidade de monitoramento similar.
  Nível III:[6] recomendam-se os monitoramentos cardíaco, hemodinâmico e respiratório após a SCI aguda.
  Nível III:[7] a hipotensão (SBP < 90 mmHg) deve ser evitada ou ASAP corrigida.
  Nível III:[7] manter MAP em 85-90 mmHg nos primeiros 7 dias após SCI para melhorar a perfusão da medula espinal.

63.3.3 Metilprednisolona

Guia de prática clínica: Metilprednisolona na SCI

Nível I[8]
• a metilprednisolona (MP) para o tratamento de SCI aguda não é recomendada
• o gangliosídeo GM-1 (Sygen®) para o tratamento de SCI aguda não é recomendada

A MP não é aprovada pela FDA para o tratamento de SCI aguda. Não há evidência de benefício de Classe I ou II que sustente a administração de MP. Os dados de classe III foram utilizados para substanciar o seu uso, mas os benefícios foram provavelmente decorrentes do acaso e/ou por viés de seleção.[8] Por outro lado, há evidência de nível Classes I, II e III demonstrando que altas doses de esteroides estão associadas aos efeitos adversos deletérios e até mesmo a morte.[8] O uso de alta dose de MP entre cirurgiões da coluna vertebral demonstrou um declínio constante,[9] porém, foi ainda empregado por até 56% dos entrevistados de uma pesquisa.[9]

63.3.4 Hipotermia na lesão da medula espinal

A declaração de posição das seções conjuntas da AANS e do CNS reporta que não há evidência suficiente para recomendar a favor ou contra a hipotermia local ou sistêmica para SCI aguda e que deve ser observado que a hipotermia sistêmica está associada às complicações médicas na TBI.[10]

63.3.5 Trombose venosa profunda nas lesões da medula espinal

Informação geral

Consultar também Tromboembolismo na neurocirurgia (p. 167). A incidência de DVT pode ser tão alta quanto 100% quando o fibrinogênio marcado com I-125 (Iodo-125) é utilizado.[11] A mortalidade geral por DVT é de 9% em pacientes com SCI.

Guia de prática clínica: DVT em pacientes com SCI cervical

Profilaxia
Nível I:[12]
- tratamento profilático de tromboembolismo venoso (VTE) em pacientes com déficits motores graves ocasionados por SCI. Escolhas incluem:
  - heparina LMW, camas giratórias, heparina em dose ajustada ou alguma combinação dessas medidas
  - ou baixa dose de heparina + meias de compressão pneumática ou estimulação elétrica

Nível II:[12]
- administração precoce de profilaxia para VTE (dentro de 72 horas)
- tratar por 3 meses
  - ✘ dose baixa de heparina não deve ser utilizada sozinha
  - ✘ anticoagulação oral não deve ser utilizada sozinha

Nível III:[12]
- filtros para interrupção da veia cava não devem ser utilizados na profilaxia de rotina; podem ser utilizados para selecionar pacientes que falham na anticoagulação ou não são candidatos à anticoagulação

Diagnóstico
Nível III:[12]
- ultrassom *doppler* dúplex, pletismografia de impedância, venografia e exame clínico são recomendados como testes diagnósticos para DVT em pacientes com SCI

Profilaxia

Um estudo realizado com 75 pacientes observou que a titulação da dose de heparina SQ a cada 12 horas para um PTT de 1,5 vez em relação ao controle resultou em menor incidência de eventos tromboembólicos (DVT, PE) do que uma "minidose" de heparina (5.000 U a cada 12 horas) (7% *vs.* 31%).[13] A heparina pode causar trombose e trombocitopenia, e a terapia crônica pode levar à osteoporose; ver heparina (p. 164).

63.4 Avaliação radiológica e imobilização inicial da coluna cervical

63.4.1 Critérios clínicos para excluir a instabilidade da coluna cervical

Há pouca chance de lesão significativa oculta na coluna cervical[14,15] no paciente com trauma que preenche todos os critérios na Diretriz Prática descrita a seguir. (**Nota:** embora os relatos de anormalidades ósseas ou ligamentares sejam descritos como ocorrendo possivelmente nesses pacientes, não há relato de paciente com manifestação de lesão neurológica resultante dessas anormalidades).

Guia de prática clínica: Avaliação radiológica em pacientes com lesão traumática, assintomáticos e acordados

63

Nível I[16] e Nível II:[17,18] estudos radiológicos não são indicados em pacientes que preenchem todos os critérios descritos a seguir (são basicamente os critérios da NEXUS[19]):

- sem alterações do estado mental (e sem evidência do consumo de álcool ou drogas). Nota: o estado mental alterado pode incluir GCS ≤ 14; desorientação em relação às pessoas, lugares, tempo ou eventos; incapacidade para lembrar três objetos em 5 minutos; resposta tardia aos estímulos externos. Evidência do uso de álcool ou drogas inclui informação da história, achados físicos (fala arrastada, ataxia, odor de álcool na respiração) ou testes de sangue ou urina positivos
- sem dor no pescoço ou sensibilidade na linha média posterior (e sem dor perturbadora)
- déficit neurológico focal ausente (no exame motor ou sensorial)
- sem manifestação de lesões associadas significativas que possam diminuir/desviar de sua avaliação

A imobilização cervical pode ser descontinuada sem a imagem da coluna cervical nesses pacientes.

A Canadian C-Spine Rule (CCR) foi demonstrada ser mais sensível e específica,[20] mas a EAST não adotou essa regra como no presente texto.[17]

63.4.2 Imobilização cervical

Informação geral

Colares cervicais devem ser removidos assim que for determinado que é seguro fazê-lo. Os benefícios da remoção precoce do colar incluem: redução de ruptura da pele,[21] poucos dias de ventilação mecânica,[22] permanência mais curta em ICU,[22] redução de ICP.[23,24]

Diretrizes

As diretrizes para “liberar” a coluna cervical e remover o colar cervical são apresentadas em **Guia de prática clínica: Imobilização cervical em pacientes com lesão traumática** (p. 953).

Guia de prática clínica: Imobilização cervical em pacientes com lesão traumática

O colar cervical não é necessário em pacientes com lesão traumática que preenchem estes critérios

- pacientes assintomáticos como em **Guia de prática clínica: Avaliação radiológica em pacientes com lesão traumática** (p. 953): pacientes alertas, sem déficit neurológico ou lesão significativa que não manifestam sensibilidade ou *dor no pescoço* e ROM total da coluna cervical (Nível II[17])
- trauma cerebral penetrante: a menos que a trajetória indique lesão direta da coluna cervical (Nível III[17])
- **Nível III**[25] e **Nível III:**[17] pacientes que estão acordados *com* sensibilidade ou dor no pescoço e exame CT cervical normal após ambos (esses testes são realizados na ausência de uma fratura identificável ou luxação evidentemente instável para excluir lesão ligamentar ou de outros tecidos moles que poderiam estar ocultos e instáveis)
  - raios X da coluna cervical em flexão-extensão dinâmica normal e adequada
  - ou obtenção de uma MRI cervical normal. **Nota:** as diretrizes da AANS/CNS de 2002 recomendaram o exame de MRI dentro de 48 horas.[25] A MRI geralmente é empregada nessa condição quando o paciente é instável para cooperar nos exames de raios X em flexão-extensão; avaliar os achados de MRI e problemas relacionados com o tempo (p. 957) etc.

Em pacientes *obnubilados* com exame de CT cervical normal e movimento bruto em todas as quatro extremidades

- ✖ exames de raios X da coluna cervical em flexão-extensão *não* devem ser realizados (Nível II[17])
- opções:
  - manter o colar cervical até que o exame clínico possa ser realizado[17]

- remover o colar com base no exame de CT normal apenas[17] (a incidência de lesão ligamentar com CT negativo é < 5% e a incidência de lesão clinicamente significativa é desconhecida, mas é muito < 1%[17])
- obter MRI cervical (diretrizes da AANS/CNS de 2002 recomendaram realizar a MRI dentro de 48 horas[25]):
  - Nível III:[17] o risco e o benefício da MRI cervical em conjunto com a CT são incertos e devem ser individualizados
  - Nível II:[17] se a MRI for normal, o colar pode ser seguramente removido

63.4.3 Avaliação radiológica simples

Informação geral

Há controvérsia quanto ao que constitui uma avaliação radiológica simples da coluna cervical em paciente com traumatismo múltiplo. Nenhuma modalidade de imagem é 100% precisa.

Pacientes assintomáticos – que atendem os critérios descritos em **Guia de prática clínica: Avaliação radiológica em pacientes acordados, assintomáticos com lesão traumática** (p. 953) – podem ser considerados como tendo uma coluna cervical estável, e estudos radiológicos da coluna cervical não são indicados.[17,25] Fatores associados ao risco aumentado de falha para reconhecer lesões na coluna vertebral incluem: nível reduzido de consciência (por causa da lesão ou uso de drogas/álcool), lesões múltiplas, exames de raios X tecnicamente inadequados (p. 1019).[26]

Principais recomendações de imagem

> ## Guia de prática clínica: Imagem radiológica em pacientes com lesão traumática que são obnubilados ou não avaliável
>
> Inclui pacientes irresponsivos ou com exame não confiável (estado mental alterado, dor ou lesões perturbadoras).
> - Nível I[18]
>   - imagem de tomografia computadorizada (CT) em alta qualidade é a modalidade de escolha
>   - ✗ se a imagem de CT de alta qualidade estiver disponível, os exames de rotina de raios X da coluna cervical em três planos não são recomendados
>   - se a imagem de CT de alta qualidade não estiver disponível, os exames de raios X em três planos (incidência AP, lateral e odontoide de boca aberta) são recomendados. Complementar com CT, quando disponível, se necessário definir mais áreas que estão sob suspeita ou são mal visualizadas nos raios X
> - Nível II[18]
>   - se a imagem de CT de alta qualidade for normal, mas o índice de suspeita for alto, a abordagem adicional deve ser realizada por médicos treinados no diagnóstico e tratamento de lesões da coluna vertebral
> - Nível III[18]
>   - se a imagem de CT de alta qualidade for normal, opções incluem:
>   - continuar a imobilização cervical até se tornar assintomático*
>   - obter a MRI cervical dentro de 48 horas de lesão e, se normal, imobilização cervical D/C*
>   - imobilização cervical D/C a critério do médico que está tratando
>   - ✗ o uso de rotina da imagem dinâmica (flexão-extensão) é de benefício mínimo e não é recomendado nessa situação
>
> *evidência médica de Classes II e III limitadas e conflitantes

O exame de CT, embora extremamente sensível para lesões ósseas, não é adequado para avaliar tecidos moles (p. ex., hérnia de disco traumático, contusão da medula espinal...) ou lesões ligamentares (pode necessitar de exames de raios X em flexão-extensão (ver a seguir) e/ou MRI).

Quando o exame de CT não é apropriado/disponível como o exame radiológico inicial

Quando a CT não pode ser realizada, as seguintes diretrizes são oferecidas:

Ver **exames de raios X**, Coluna cervical (p. 212) para achados normais *vs.* anormais. ▶ Quadro 63.2 lista alguns indicadores que devem alertar o avaliador de que pode haver traumatismo significativo da coluna cervical (*não* indicam instabilidade definitiva por eles mesmos).

1. coluna cervical: deve ser radiotransparente da junção craniocervical para baixo através de e incluindo a junção C7-T1 (incidência de patologia na junção C7-T1 pode ser acima de 9%[27]):
   a) raios X laterais portáteis da coluna cervical durante o uso do colar rígido: este estudo por si só perderá ≈ 15% das lesões[28]
   b) se todas as sete vértebras cervicais *E* a junção C7-T1 são adequadamente visualizadas e são normais e se o paciente não apresenta dor ou sensibilidade no pescoço e é neurologicamente intacto (neurologicamente intacto implica o paciente estar alerta, não drogado/intoxicado e capaz de relatar de modo confiável a dor), então poderá remover o colar cervical e completar o restante das séries da coluna vertebral (incidência AP e com o odontoide de boca aberta (OMO)). As incidências lateral, AP e OMO juntas para detectar essencialmente todas as fraturas instáveis em pacientes neurologicamente intactos[29] (embora a incidência AP raramente forneça informação única[30]). Em um paciente gravemente lesionado, a limitação para a incidência AP e lateral geralmente é suficiente para a avaliação *aguda* (mas não completa)[31]
   c) se os estudos anteriores são normais, mas a dor no pescoço, sensibilidade ou achados neurológicos são observados (pode haver lesão da medula espinal mesmo com os exames de raios X normais) ou se o paciente for instável para verbalizar de forma confiável a dor no pescoço ou não pode ser examinado para déficit neurológico, então, estudos adicionais são indicados, que podem incluir qualquer das condições a seguir:
      * incidências oblíquas (alguns autores incluem incidências oblíquas em uma avaliação "mínima",[31] outros não[29]): demonstra o forame neural – pode ser bloqueado com uma faceta bloqueada unilateral (p. 992) –, mostra uma projeção diferente de processos uncinados em comparação à incidência AP e auxilia na avaliação da integridade das massas articulares e da lâmina (as lâminas devem se alinhar como telhas em um telhado)[31]
      * incidências em flexão-extensão: ver a seguir
      * exame de CT: útil para identificar lesões ósseas, principalmente em áreas difíceis de visualizar as radiografias simples. No entanto, a CT não pode excluir lesão evidente do tecido mole ou ligamentar[32]
      * MRI: utilidade limitada para situações específicas (p. 957), e a acurácia ainda não foi determinada
      * politomogramas: tornando-se menos disponíveis
      * vista em pilastra: desenvolvida para demonstrar as massas articulares cervicais de frente (reservadas para casos de suspeita de fratura na massa articular):[33] a cabeça é rotacionada para um lado (requer que a lesão da coluna cervical superior tenha sido excluída por radiografias prévias), o tubo de raios X está fora do centro a 2 cm da linha mediana em direção oposta, e o feixe está posicionado em ângulo de 25° em localização caudal, centralizado na margem superior da cartilagem tireoide

---

Quadro 63.2 Sinais radiográficos de traumatismo da coluna cervical (modificado[34])

Tecidos moles

* espaço retrofaríngeo > 7 mm ou espaço retrotraqueal > 14 mm (adulto) ou 22 mm (crianças), ver ▶ Quadro 12.2 para detalhes)
* faixa de gordura pré-vertebral deslocada
* desvio da traqueia e deslocamento laríngeo

Alinhamento vertebral

* perda de lordose
* angulação cifótica aguda
* torcicolo
* espaço interespinhoso aumentado (queimação)
* rotação axial da vértebra
* descontinuidade nas linhas de contorno (p. 212)

Articulações anormais

* ADI: > 3 mm (adulto) ou > 4 mm (criança) (ver ▶ Quadro 12.1 para detalhes)
* espaço discal estreito ou alargado
* alargamento das articulações apofisárias

d) se a subluxação estiver presente em qualquer nível e for ≤ 3,5 mm e o paciente neurologicamente intacto (neurologicamente intacto implica o paciente estar alerta, não drogado/intoxicado e capaz de relatar de modo confiável a dor), então obter radiografia em flexão-extensão (ver a seguir)
- se nenhum movimento patológico for observado, pode interromper o uso do colar cervical
- mesmo na ausência de instabilidade, pode ser necessário examinar radiografias realizadas posteriormente, uma vez que a dor e os espasmos musculares tenham se resolvido para revelar a instabilidade

e) se a coluna cervical *inferior* (e/ou junção cervical-torácica) não são bem visualizadas
- repetir os raios X laterais da coluna cervical com tração caudal nos braços (se não contraindicado com base em outras lesões, p. ex. dos ombros)
- se ainda não visualizada, então obter uma vista em posição de "nadador" (Twining): o tubo de raios X é posicionado acima do ombro, o mais distante do filme radiográfico e voltado para a axila mais próximo ao filme com o tubo posicionado em ângulo de 10-15° em direção à cabeça, enquanto o braço é elevado acima da cabeça
- se ainda não visualizada: exame de CT em níveis não visualizados (CT é insatisfatória para avaliar o alinhamento e para fraturas no plano horizontal, cortes finos com reconstruções amenizam esta limitação)

f) ver questões considerando a estabilidade do segmento subaxial da coluna (p. 987)

g) pacientes com fraturas ou luxações da coluna cervical devem realizar diariamente exames de raios X da coluna cervical durante a tração ou imobilização inicial

2. coluna vertebral torácica e lombossacral LS: exames de raios X AP e lateral para todos os pacientes com lesão traumática que:
a) foram jogados de um veículo ou caíram no chão ≥ 182,88 cm (6 pés) de altura
b) tiveram queixa de dor nas costas
c) estão inconscientes
d) são incapazes de descrever confiavelmente a dor nas costas ou apresentam condição mental alterada que impedem o exame adequado (incluindo incapacidade para verbalizar sobre a dor nas costas/sensibilidade)
e) apresentam um mecanismo desconhecido de lesão ou outras lesões que levam à suspeita de lesão da coluna

3. lembrete: quando anormalidades de idade questionável são identificadas, uma cintilografia óssea pode ser útil para distinguir uma lesão antiga de uma forma aguda (menos útil em idosos; em um adulto, a cintilografia se tornará "quente" dentro de 24-48 horas do surgimento da lesão e permanecerá importante por até um ano; em idosos, o exame pode não se tornar relevante em 2-3 semanas e pode permanecer assim por mais de um ano)

4. se uma anormalidade óssea for identificada ou se existir um nível de déficit neurológico atribuído a um nível específico da coluna, tanto a CT ou MRI deve ser feita naquela área, se possível

Exames de raios X da coluna cervical em flexão-extensão

Finalidade: revelar a instabilidade ligamentar oculta.

Fundamentação: é possível ter uma lesão totalmente ligamentar envolvendo o complexo ligamentar posterior sem qualquer fratura óssea (p. 991). As incidências laterais em flexão-extensão ajudam na detecção dessas lesões e também avaliam outras lesões (p. ex., fratura por compressão) para avaliar a estabilidade. Para pacientes com flexão limitada por causa do espasmo muscular paraespinal (às vezes resultante da dor), um colar rígido deve ser prescrito, e, se a dor persistir por mais 2-3 semanas,[35] as radiografias em flexão-extensão devem ser repetidas.

Opções: uma MRI cervical feita em 48-72 horas do traumatismo (pode ser mais sensível com sequências STIR ou equivalente) pode identificar a lesão ligamentar ou outra lesão do tecido mole, principalmente em pacientes que não podem cooperar para a radiografia em flexão-extensão.

✖ Contraindicações
- o paciente deve ser cooperativo e livre de déficit mental (p. ex., sem lesão na cabeça, uso de drogas ilícitas ou medicamentos prescritos, álcool...)
- não deve haver qualquer subluxação > 3,5 mm em qualquer nível nos raios X laterais da coluna cervical, que é um marcador de possível instabilidade (p. 991)
- o paciente deve ser neurologicamente intacto (se houver qualquer grau de lesão da medula espinal, prosseguir primeiramente com estudos de imagem, p. ex. MRI)
- exames de raios X em flexão/extensão não são mais recomendados em pacientes obnubilados em razão do baixo rendimento, baixo custo-eficácia e podem ser prejudiciais[17]

Técnica

O paciente deve estar sentado e é instruído para flexionar a cabeça lentamente e interromper o procedimento se sentir dor. Os exames de raios X seriados são realizados em aumentos de 5-10° (ou monitorados pela fluoroscopia com radiografia instantânea localizada, realizada no final do movimento) e, se normal, o paciente pode ser incentivado a realizar mais movimentos de flexão. Isto é repetido até que se evidencie instabilidade ou até o paciente sentir dor ou não mais conseguir fletir o pescoço. O processo é, em seguida, repetido para o movimento de extensão.

Achados

As incidências *normais* em flexão-extensão demonstram subluxação anterior leve distribuída em todos os níveis cervicais com preservação das linhas normais de contorno (▶ Fig. 12.1). Achados anormais incluem: "queima" dos processos espinhosos, e observa-se alargamento exagerado (p. 214).

MRI emergencial (ou mielograma)

Informação geral

Indicações para MRI *emergente* na lesão da medula espinal (SCI) são listadas abaixo.

Quando uma MRI não pode ser realizada, um *mielograma* é necessário (empregando o contraste intratecal com CT para acompanhar) ✖ Cuidado: o mielograma cervical em pacientes com lesões da coluna cervical geralmente necessita de punção em C1-2 para atingir a concentração adequada de corante na região cervical sem extensão exagerada do pescoço ou inclinação do paciente, quando o corante é injetado pela LP. Além disso, alterações de pressão com a LP agravam o déficit em 14% dos casos com bloqueio completo.[36]

Indicações

1. SCI incompleta (verificar para descartar compressão medular pelo tecido mole) com o alinhamento normal: para investigar o tecido mole comprimindo a medula
2. deterioração neurológica (agravamento do déficit ou elevação do nível), incluindo após a redução fechada
3. déficit neurológico não explicado pelos achados radiográficos, incluindo:
   a) nível de fratura diferente do nível de déficit
   b) sem lesão óssea identificada: imagem adicional realizada para R/O (excluir) a compressão do tecido mole (hérnia de disco, hematoma...) que necessitaria de cirurgia
   c) sempre manter em mente a possibilidade de dissecção arterial nessa condição (p. 1322)

MRI (não emergencial)

Informação geral

A MRI pode ser usada para identificar lesões ligamentares ou do tecido mole ocultas e potencialmente instáveis. Nota: o sinal anormal na MRI não está sempre associado à instabilidade nas radiografias em flexão-extensão.[37] É recomendado que esta MRI deva ser feita em 48 horas[25] ou 72 horas[38] do surgimento da lesão. A MRI não é confiável para identificação de lesão óssea.

Indicações para MRI não emergencial (modificada):

Ver referência[39]
1. radiografia inconclusiva da coluna cervical, incluindo fraturas questionáveis
2. sensibilidade paraespinal significativa na linha média e paciente incapaz de realizar o exame de raios X em flexão-extensão
3. pacientes obnubilados ou comatosos

T2WI e STIR são as sequências mais úteis. Achados anormais significativos:
1. anormalidades do sinal ventral com inchaço pré-vertebral
2. anormalidades do sinal dorsal. Sinal anormal limitado para o interespinhoso provavelmente não é tão instável quando há extensão para o ligamento amarelo.[39] Esses pacientes foram tratados com colares rígidos ou coletes Minerva por 1-3 meses e um que foi considerado ser muito instável sofreu fusão
3. ruptura do disco indicada pela intensidade anormal do sinal dentro do disco, aumento da altura do disco ou protrusões discais evidentes

63.5 Tração/redução das lesões da coluna cervical

63.5.1 Informação geral

Finalidade

Reduzir fratura-luxações, manter o alinhamento normal e/ou imobilizar a coluna cervical para prevenir mais lesão medular. A redução descomprime a medula espinal e as raízes e pode facilitar a cicatrização óssea.

Diretrizes práticas

> ## Guia de prática clínica: Redução fechada inicial da fratura/luxação na SCI cervical
>
> Nível III[40,41]
> * redução fechada precoce das lesões cervicais por fratura/luxação com tração craniocervical para restaurar o alinhamento anatômico em pacientes acordados
> * ✗ *não* recomendada: redução fechada em pacientes com uma lesão rostral adicional
> * pacientes com fratura-luxação da coluna cervical, que não podem ser examinados durante a tentativa de redução fechada ou antes da redução posterior aberta, devem ser submetidos à MRI cervical antes da tentativa de redução (ver nota a seguir). A presença de uma hérnia de disco evidente nesse quadro é uma indicação relativa de descompressão anterior (p. ex., por uma discectomia e fusão cervical anterior – ACDF) antes da redução
> * MRI cervical também é recomendada para pacientes que falharam nas tentativas de redução fechada (ver nota a seguir).

Controvérsias
1. a rapidez com a qual a redução deve ser feita[1]
2. se a MRI deve ser realizada antes da tentativa de redução fechada (MRI prévia à redução [p. 958], mostrará rupturas ou hérnias dos discos em 33-50% dos pacientes com subluxação das facetas. Esses achados não parecem influenciar significativamente o desfecho após a redução fechada em pacientes acordados; ∴ a utilidade da MRI prévia à redução nesse quadro é incerta)
   a) em pacientes intactos, para excluir (R/O) uma condição que poderia causar a piora da condição neurológica com a redução (p. ex., hérnia de disco traumática) – deve ser balanceada contra os riscos de transferir os pacientes para a MRI
   b) em pacientes com déficit neurológico (SCI completa ou parcial)

✗ Contraindicações
1. luxação atlantoccipital (p. 963): a tração pode agravar o déficit. Se a imobilização com pinças/halo for desejada, utilizar não mais do que ≈ 4 lbs (1,81 kg)
2. fratura de hangman tipos IIA ou III (p. 973)
3. defeito/fratura do crânio no local indicado para inserção dos pinos: pode necessitar de sítio alternativo para colocação do pino
4. utilizar com cuidado na faixa etária pediátrica (não utilizar, se a idade ≤ 3 anos)
5. pacientes muito idosos
6. crânio desmineralizado: alguns pacientes idosos, osteogênese imperfeita...
7. pacientes com lesão rostral adicional
8. pacientes com transtornos do movimento: movimento constante pode causar a erosão do crânio pelo pino

63.5.2 Aplicação de pinças ou halo circular

Informação geral
Suprimentos: luvas, anestésico local (tipicamente 1% de lidocaína com adrenalina), pomada de Betadine®. Equipamento opcional: lâmina ou cortador de cabelo, bisturi.

Escolha do dispositivo: diversas "pinças" cranianas estão disponíveis. As pinças de Crutchfield necessitam de perfuração prévia no crânio. As pinças de Gardner-Wells são as pinças mais comuns em uso. Se, após a estabilização aguda, o uso posterior de imobilização com halo-colete é esperado, um halo circular pode ser utilizado para a tração cervical inicial e depois convertido para tração do colete no momento apropriado (p. ex., pós-fusão).

Preparação: paciente posicionado em decúbito dorsal sobre uma maca ou cama. Opção: raspar o cabelo em torno dos locais propostos para colocação do pino (ver abaixo). Preparação da pele com Betadine® e, em seguida, infiltrar o anestésico local. Opção: realizar uma incisão da pele com bisturi (impede a condução dos pinos em contaminantes de superfície).

Pinças de Gardner-Wells
Locais de aplicação do pino: os pinos são colocados na crista temporal (acima do músculo temporal), 2-3 extensões dos dedos (3-4 cm) acima do pavilhão auricular. Colocar diretamente acima do meato acústico externo para a tração em posição *neutra*; 2-3 cm posterior para *flexão* (p. ex., para facetas bloqueadas);

Conduta na Lesão da Medula Espinal **959**

2-3 cm anterior para a *extensão*. Um pino tem um acionador por mola central que indica força aplicada. Apertar os pinos até que o indicador se projete em 1 mm além da superfície plana. Voltar a apertar os pinos diariamente até a projeção do indicador em 1 mm por 1 ou 2 dias somente, depois interromper.

Halo circular

Suprimentos (além do descrito anteriormente): "pá" conhecida como colher para apoiar a cabeça além da borda da cama, adaptador de tração (chamado de "alça de tração" a partir da alça circular de um balde, antiga palavra francesa para balde). Ler todos esses conceitos (incluindo os indicadores) antes de começar

1. tamanho do anel: escolher um anel de tamanho apropriado que deixe uma lacuna de ≈ 1-2 cm entre o couro cabeludo e o anel ao redor
2. posição do anel: geralmente colocado no ou logo abaixo da parte mais larga do crânio (o "Equador"), mas a frente deve ser ≈ 1 cm acima da borda orbital e a parte de trás deve ser ≈ 1 cm acima do pavilhão auricular.[42] O anel geralmente é estabilizado com pinos temporários que possuem discos plásticos onde entram em contato com o crânio
3. locais de colocação do pino: escolher os orifícios rosqueados no anel que colocam os pinos como perpendiculares ao crânio conforme descrito a seguir:
   a) pinos anteriores: acima de dois terços *laterais* da órbita
   b) pinos posteriores: logo atrás das orelhas
   c) em crianças, pinos adicionais podem ser colocados para distribuir ainda mais a carga sobre o crânio mais fino
4. inserção do pino: os pinos são gradualmente aproximados junto ao couro cabeludo, que é então anestesiado localmente. Os pinos são então sequencialmente apertados, começando com qualquer pino, depois seguindo para o pino do lado oposto, posteriormente, um terceiro pino e finalmente seu oposto. A maioria dos halos fornece algum tipo de torquímetro que permite aproximadamente 8 in-lb (0,9 N-m) de torque na maioria dos adultos; 2-5 in-lb (0,23-0,56 N-m) em crianças
5. indicadores de colocação
   a) o colar cervical é deixado no local até que a tração/imobilização seja estabelecida
   b) tentar colocar o halo no nível da esquerda para a direita quando possível. Embora uma colocação enviesada seja possivelmente compensada quando associada ao colete, parece ruim
   c) antes de penetrar a pele da testa com pinos anteriores, o paciente deve fechar os olhos e mantê-los fechados enquanto os pinos forem colocados (isso evita "manter os olhos abertos")
   d) evitar a colocação de pinos no músculo temporal ou porção escamosa do osso temporal
   e) não colocar os pinos acima do terço médio da órbita para evitar os nervos supraorbitais e supratrocleares e para, em teoria, evitar a penetração da parede anterior do seio frontal relativamente fina

Aplicação de tração

Para tração, transferir para uma cama com a cabeceira apropriada com a pinça ou halo circular aplicado no local. Amarrar uma corda na pinça/halo e sustentar por meio de uma polia na cabeceira da cama. Uma ligeira flexão ou extensão é alcançada alterando a altura da polia em relação ao eixo longitudinal do paciente.

Exames de raios X: os exames de raios X da coluna cervical lateral *imediatamente* após a aplicação de tração e em intervalos regulares e depois de cada alteração nos pesos e a cada movimento da cama. Verificar o alinhamento e excluir o excesso de desvio em qualquer nível e a luxação atlantoccipital; BDI deve ser ≤ 12 mm (p. 963).

Peso: se não houver mau alinhamento e a tração estiver sendo empregada apenas para estabilizar a lesão e para compensar a instabilidade ligamentar, utilizar 5 lbs (2,3 kg) para a coluna cervical superior ou 10 lbs (4,5 kg) para os níveis inferiores. Ver a informação sobre a redução das facetas bloqueadas (p. 992). Pode remover o colar cervical quando o paciente estiver em tração com redução ou estabilização adequada.

Cuidado pós-colocação

Aperto para fixação do pino: é realizado o torque dos pinos novamente em 24 horas. Alguns autores fazem uma fixação adicional no dia seguinte. Evitar apertos adicionais que podem penetrar no crânio.

Cuidado com o pino: limpar (p. ex., água oxigenada diluída a 50%), em seguida, aplicar pomada de povidona-iodo. Frequência no hospital: cada mudança. Em casa após alta hospitalar: 2 vezes ao dia.

Alternativamente, é aceitável a simples limpeza com sabão e água 2 vezes ao dia.

Aplicação do halo-colete

Para a colocação do colete (p. ex., pacientes que não permanecem em tração) depois que o halo circular seja colocado (ver acima), é preciso estar fixado ao colete por colunas. O mecanismo varia entre os fabricantes. Se possível, ter o paciente vestido com camiseta de algodão antes de colocar o colete (isto pode exigir o corte da abertura no pescoço para acomodar o anel).

O colete deve ser confortável, mas bem apertado de forma a restringir a respiração. As alças de ombro devem estar em contato com os ombros (o colete tende a subir quando o paciente está sentado). A maioria dos coletes vem com uma chave que é fixada ao colete para a remoção de emergência, p. ex., para ressuscitação cardiopulmonar.

Redução das facetas bloqueadas

Ver Guia de prática clínica: Redução fechada inicial na fratura/luxação da SCI cervical (p. 958) para informação geral e Redução das facetas bloqueadas (p. 992) para a técnica.

Complicações

1. penetração do crânio pelos pinos. Pode ser ocasionada por:
   a) pinos firmemente apertados e fixados
   b) pinos colocados sobre o osso fino: porção escamosa do osso temporal ou sobre o seio frontal
   c) pacientes idosos, pacientes pediátricos ou aqueles com crânio osteoporótico
   d) invasão óssea com tumor: p. ex., mieloma múltiplo
   e) fratura no local do pino
2. redução de luxações cervicais pode estar associada à deterioração neurológica que geralmente é ocasionada por retropulsão do disco[43] e requer investigação imediata por MRI ou mielograma/CT
3. desvio extenso por peso excessivo (principalmente com lesões da coluna cervical superior) também pode comprometer os tecidos de sustentação
4. cuidado com a lesão em C1-C3, particularmente com a fratura do elemento posterior (a tração pode puxar fragmentos em direção ao canal)
5. infecção:
   a) osteomielite nos sítios de colocação do pino: o risco é reduzido com o cuidado adequado dos pinos
   b) empiema subdural (p. 327): raro[44,45]

63.6 Indicações para cirurgia descompressiva de emergência

63.6.1 Cuidados e contraindicações

✖ Precaução: a laminectomia diante da lesão medular aguda está associada à deterioração neurológica em alguns casos. Quando a descompressão de emergência é indicada, geralmente é combinada com o procedimento de estabilização.
Contraindicações da operação de emergência
- lesão medular *completa* ≥ 24 horas (sem função motora ou sensorial abaixo do nível de lesão) na ausência de choque espinal (p. ex., o déficit é atribuído a uma lesão medular completa e não a uma condição temporária por causa do choque espinal). O reflexo bulbocavernoso geralmente é utilizado como guia para detectar a presença de choque espinal (ver Reflexo bulbocavernoso)
- paciente clinicamente instável
- síndrome medular central (p. 944): controversa

63.6.2 Recomendações modificadas de Schneider

Ver referência.[46]
Em pacientes com lesões medulares *completas*, nenhum estudo tem demonstrado melhora no desfecho neurológico tanto com a descompressão aberta ou a redução fechada.[47] De modo geral, a cirurgia é reservada para lesões *incompletas* – possivelmente excluindo a síndrome medular central (p. 944) – com compressão extrínseca que, após redução máxima possível de subluxação, mostra:
1. progressão de sinais neurológicos
2. bloqueio subaracnóideo completo pelo teste de Queckenstedt ou por radiografia (na mielografia ou MRI)
3. compressão da medula espinal (na CT/mielograma, CT ou MRI), p. ex., por fragmentos ósseos ou elementos do tecido mole (p. ex., hérnia de disco traumática)
4. necessidade de descompressão de uma raiz cervical vital
5. fratura exposta ou trauma penetrante da coluna vertebral
6. síndrome medular anterior aguda (p. 946)
7. fratura-luxações não redutíveis a partir de facetas bloqueadas, causando compressão da medula espinal

Referências

[1] Chesnut RM, Narayan RK, Wilberger JE, Povlishock JT. In: Emergency Management of Spinal Cord Injury. Neurotrauma. New York: McGraw-Hill; 1996:1121–1138

[2] Podolsky SM, Baraff LJ, Simon RR, et al. Efficacy of Cervical Spine Immobilization Methods. J Trauma. 1983; 23:687–690

[3] Meguro K, Tator CH. Effect of Multiple Trauma on Mortality and Neurological Recovery After Spinal Cord or Cauda Equina Injury. Neurol Med Chir. 1988; 28:34–41

[4] Bracken MB, Shepard MJ, Holford TR, et al. Administration of Methylprednisolone for 24 or 48 Hours or Tirilazad Mesylate for 48 Hours in the Treatment of Acute Spinal Cord Injury. JAMA. 1997; 277:1597–1604

[5] Section on Disorders of the Spine and Peripheral Nerves of the American Association of Neurological Surgeons and the Congress of Neurological Surgeons. Clinical assessment after acute cervical spinal cord injury. Neurosurgery. 2002; 50 Supplement: S21–S29

[6] Section on Disorders of the Spine and Peripheral Nerves of the American Association of Neurological Surgeons and the Congress of Neurological Surgeons. Management of acute spinal cord injuries in an intensive care unit or other monitored setting. Neurosurgery. 2002; 50 Supplement:S51–S57

[7] Section on Disorders of the Spine and Peripheral Nerves of the American Association of Neurological Surgeons and the Congress of Neurological Surgeons. Blood pressure management after acute spinal cord injury. Neurosurgery. 2002; 50 Supplement: S58–S62

[8] Hurlbert RJ, Hadley MN, Walters BC, Aarabi B, Dhall SS, Gelb DE, Rozzelle CJ, Ryken TC, Theodore N. Pharmacological therapy for acute spinal cord injury. Neurosurgery. 2013; 72 Suppl 2:93–105

[9] Schroeder GD, Kwon BK, Eck JC, Savage JW, Hsu WK, Patel AA. Survey of Cervical Spine Research Society members on the use of high-dose steroids for acute spinal cord injuries. Spine (Phila Pa 1976). 2014; 39:971–977

[10] Resnick DK, Kaiser MG, Fehlings M, McCormick PC. Hypothermia and human spinal cord injury: Position statement and evidence based recommendations from the AANS/CNS Joint Section on Disorders of the Spine and the AANS/CNS Joint Section on Trauma. 2007

[11] Hamilton MG, Hull RD, Pineo GF. Venous Thromboembolism in Neurosurgery and Neurology Patients: A Review. Neurosurgery. 1994; 34:280–296

[12] Dhall SS, Hadley MN, Aarabi B, Gelb DE, Hurlbert RJ, Rozzelle CJ, Ryken TC, Theodore N,Walters BC. Deep venous thrombosis and thromboembolism in patients with cervical spinal cord injuries. Neurosurgery. 2013; 72 Suppl 2:244–254

[13] Green D, Lee MY, Ito VY, et al. Fixed-vs Adjusted-Dose Heparin in the Prophylaxis of Thromboembolism in Spinal Cord Injury. JAMA. 1988; 260:1255–1258

[14] Bachulis BL, Hynes GD, et al. Clinical indications for cervical spine radiographs in the traumatized patient. Am J Surg. 1987; 153:473–478

[15] Harris MB, Waguespack AM, Kronlage S. 'Clearing' Cervical Spine Injuries in Polytrauma Patients: Is It Really Safe to Remove the Collar? Orthopedics. 1997; 20:903–907

[16] Section on Disorders of the Spine and Peripheral Nerves of the American Association of Neurological Surgeons and the Congress of Neurological Surgeons. Radiographic assessment of the cervical spine in asymptomatic trauma patients. Neurosurgery. 2002; 50 Supplement:S30–S35

[17] Como JJ, Diaz JJ, Dunham CM, et al. Practice management guidelines for identification of cervical spine injuries following trauma: update from the Eastern Association for the Surgery of Trauma Practice Management Guidelines Committee. J Trauma. 2009; 67:651–659

[18] Ryken TC, Hadley MN, Walters BC, Aarabi B, Dhall SS, Gelb DE, Hurlbert RJ, Rozzelle CJ, Theodore N. Radiographic assessment. Neurosurgery. 2013; 72 Suppl 2:54–72

[19] Hoffman JR, Mower WR, Wolfson AB, Todd KH, Zucker MI. Validity of a set of clinical criteria to rule out injury to the cervical spine in patients with blunt trauma. National Emergency X-Radiography Utilization Study Group. N Engl J Med. 2000; 343:94–99

[20] Stiell IG, Clement CM, McKnight RD, Brison R, Schull MJ, Rowe BH, Worthington JR, Eisenhauer MA, Cass D, Greenberg G, MacPhail I, Dreyer J, Lee JS, Bandiera G, Reardon M, Holroyd B, Lesiuk H, Wells GA. The Canadian C-spine rule versus the NEXUS lowrisk criteria in patients with trauma. N Engl J Med. 2003; 349:2510–2518

[21] Chendrasekhar A, Moorman DW, Timberlake GA. An evaluation of the effects of semirigid cervical collars in patients with severe closed head injury. Am Surg. 1998; 64:604–606

[22] Stelfox HT, Velmahos GC, Gettings E, Bigatello LM, Schmidt U. Computed tomography for early and safe discontinuation of cervical spine immobilization in obtunded multiply injured patients. J Trauma. 2007; 63:630–636

[23] Hunt K, Hallworth S, Smith M. The effects of rigid collar placement on intracranial and cerebral perfusion pressures. Anaesthesia. 2001; 56:511–513

[24] Mobbs RJ, Stoodley MA, Fuller J. Effect of cervical hard collar on intracranial pressure after head injury. ANZ J Surg. 2002; 72:389–391

[25] Section on Disorders of the Spine and Peripheral Nerves of the American Association of Neurological Surgeons and the Congress of Neurological Surgeons. Radiographic assessment of the cervical spine in symptomatic trauma patients. Neurosurgery. 2002; 50 Supplement:S36–S43

[26] Walter J, Doris P, Shaffer M. Clinical Presentation of Patients with Acute Cervical Spine Injury. Ann Emerg Med. 1984; 13:512–515

[27] Nichols CG, Young DH, Schiller WR. Evaluation of Cervicothoracic Junction Injury. Ann Emerg Med. 1987; 16:640–642

[28] Shaffer M, Doris P. Limitation of the Cross Table Lateral View in Detecting Cervical Spine Injuries: A Retrospective Analysis. Ann Emerg Med. 1981; 10:508–513

[29] MacDonald RL, Schwartz ML, Mirich D, et al. Diagnosis of Cervical Spine Injury in Motor Vehicle Crash Victims: How Many X-Rays Are Enough? J Trauma. 1990; 30:392–397

[30] Holliman C, Mayer J, Cook R, et al. Is the AP Radiograph of the Cervical Spine Necessary in Evaluation of Trauma? Ann Emerg Med. 1990; 19:483–484

[31] Harris JH. Radiographic Evaluation of Spinal Trauma. Orthop Clin North Am. 1986; 17:75–86

[32] Tehranzedeh J, Bonk T, Ansari A, Mesgarzdeh M. Efficacy of Limited CT for Non-Visualized Lower Cervical Spine in Patients with Blunt Trauma. Skeletal Radiol. 1994; 23:349–352

[33] Miller MD, Gehweiler JA, Martinez S, et al. Significant new observations on cervical spine trauma. AJR. 1978; 130:659–663

[34] Clark WM, Gehweiler JA, Laib R. Twelve Significant Signs of Cervical Spine Trauma. Skeletal Radiol. 1979; 3:201–205

[35] Wales L, Knopp R, Morishima M. Recommendations for Evaluation of the Acutely Injured Spine: A Clinical Radiographic Algorithm. Ann Emerg Med. 1980; 9:422–428

[36] Hollis PH, Malis LI, Zappulla RA. Neurological Deterioration After Lumbar Puncture Below Complete Spinal Subarachnoid Block. J Neurosurg. 1986; 64:253–256

[37] Horn EM, Lekovic GP, Feiz-Erfan I, Sonntag VK, Theodore N. Cervical magnetic resonance imaging abnormalities not predictive of cervical spine instability in traumatically injured patients. J Neurosurg Spine. 2004; 1:39–42

[38] Schuster R, Waxman K, Sanchez B, Becerra S, Chung R, Conner S, Jones T. Magnetic resonance imaging is not needed to clear cervical spines in blunt trauma patients with normal computed tomographic results and no motor deficits. Arch Surg. 2005; 140:762–766

[39] Benzel EC, Hart BL, Ball PA, Baldwin NG, Orrison WW, Espinosa MC. Magnetic resonance imaging for the evaluation of patients with occult cervical spine injury. J Neurosurg. 1996; 85:824–829

[40] Section on Disorders of the Spine and Peripheral Nerves of the American Association of Neurological Surgeons and the Congress of Neurological Surgeons. Initial closed reduction of cervical spine fracture-dislocation injuries. Neurosurgery. 2002; 50 Supplement:S44–S50

[41] Gelb DE, Aarabi B, Dhall SS, Hurlbert RJ, Rozzelle CJ, Ryken TC, Theodore N, Walters BC, Hadley MN. Treatment of subaxial cervical spinal injuries.. Neurosurgery. 2013; 72 Suppl 2:187–194

[42] Botte MJ, Byrne TP, Abrams RA, Garfin SR. Halo Skeletal Fixation: Techniques of Application and Prevention of Complications. J Am Acad Orthop Surg. 1996; 4:44–53

[43] Robertson PA, Ryan MD. Neurological Deterioration After Reduction of Cervical Subluxation: Mechanical Compression by Disc Material. J Bone Joint Surg. 1992; 74B:224–227

[44] Garfin SR, Botte MJ, Triggs KJ, Nickel VL. Subdural Abscess Associated with Halo-Pin Traction. J Bone Joint Surg. 1988; 70A:1338–1340

[45] Dill SR, Cobbs CG, McDonald CK. Subdural Empyema: Analysis of 32 Cases and Review. Clin Inf Dis. 1995; 20:372–386

[46] Schneider RC, Crosby EC, Russo RH, et al. Traumatic Spinal Cord Syndromes and Their Management. Clin Neurosurg. 1972; 20:424–492

[47] Wagner FC, Chehrazi B. Early Decompression and Neurological Outcome in Acute Cervical Spinal Cord Injuries. J Neurosurg. 1982; 56:699–705

64 Lesões Occipitoatlantoaxiais (do Occipital ao C2)

64.1 Luxação atlanto-occipital

64.1.1 Informações gerais

Ver anatomia do complexo occipitoatlantoaxial (p. 68) para anatomia relevante.

Luxação atlantoccipital (AOD), conhecida como luxação da junção craniocervical. Rompimento da estabilidade da junção craniocervical (decorrente de lesões *ligamentares*). Provavelmente subdiagnosticada, pode estar presente em ≈ 1% dos pacientes com "lesões da coluna cervical"[1] (a definição de lesões da coluna cervical não é especificada), encontrada em 8-19% das autópsias de lesão da coluna cervical fatal.[2,3] Mais de duas vezes mais comum em pacientes pediátricos do que em adultos, possivelmente por causa dos côndilos mais achatados (ou seja, menos proeminentes) nos pacientes pediátricos, a maior relação do crânio em relação ao peso corporal e a maior frouxidão ligamentar. Os pacientes geralmente têm mínimo déficit neurológico ou exibem dissociação bulbocervical (BCD) (p. 944). Alguns podem exibir paralisia do cruzado (p. 1419). Grande parte da mortalidade decorre da anóxia causada pela parada respiratória secundária à BCD.

Classificação

Ver referência.[4]
Para ilustração, ver ▶ Fig. 64.1.

- ▶ **Tipo I.** Deslocamento anterior do occipital sobre o atlas
- ▶ **Tipo II.** Deslocamento longitudinal (distração)
- ▶ **Tipo III.** Deslocamento posterior do occipital

Combinações (p. ex., AOD anterior-distração[5]) também podem ocorrer.

Guia de prática clínica: Diagnóstico da luxação atlantoccipital

Nível I[6]
- em pacientes pediátricos, CT para analisar o intervalo côndilo-C1 (CCI) é recomendada para diagnosticar AOD

Nível III[6]
- em pacientes pediátricos, o CCI medido na CT apresenta a maior sensibilidade e especificidade para a AOD. A utilidade em adultos não foi relatada
- uma radiografia lateral da coluna cervical é recomendada para diagnosticar AOD. É desejável empregar um método radiológico de medida, e o método BAI-BDI é recomendado (ver ▶ Quadro 64.1). Inchaço do tecido mole pré-vertebral na coluna cervical superior em uma radiografia não diagnóstica deve ser seguido com uma CT cervical para descartar AOD

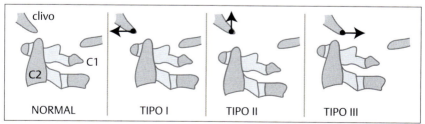

Fig. 64.1 Classificação da luxação atlantoccipital.

Quadro 64.1 Avaliação radiográfica da luxação atlantoccipital (AOD)

Método	Comentários	Valores normais	
		Radiografia simples	**CT**
Método BAI-BDI[8a] Tanto a BAI como a BDI devem ser mensuradas em adultos	BAI[9] (distância básio-axial) = distância do básio (ponta inferior do clivo) até a extensão rostral da linha posterior do áxis (PAL) (a margem cortical posterior do corpo de C2). Conhecido como linha de Harris. Melhor para uma AOD *anterior* ou *posterior*	Adultos: -4 ≤ BAI ≤ 12 mm. Normal: BAI e BDI ≤ 12 mm cada	Pode ser usada,[10] mas não foi confiavelmente reprodutível na CT[11]
		Pacientes pediátricos: 0-12 mm (BAI nunca deve ser negativa)	
	BDI (distância básio-odontoide) = distância do básio até o ponto mais próximo na ponta do odontoide. Mais adequada para a AOD por *distração*	Adultos: ≤ 12 mm (faixa: 2-15 mm) (média: 7,5 ± þ4,3)	Adulto: < 8,5 mm (faixa: 1,4-9 mm)[11]
		Pacientes pediátricos: não confiável em pacientes < 13 anos de idade por causa da idade variável de ossificação e fusão da ponta do odontoide (os)	Pacientes pediátricos[12b]: < 10,5 mm (percentil 95). Com os[c]: < 9,5 mm Sem os[c]: < 11,5 mm
Intervalo atlantoccipital (AOI)	Conhecida como espaço condilar.[13] Distância entre o côndilo occipital e a superfície articular superior de C1 medida na radiografia lateral ou nas reconstruções sagitais de CT através da junção O-C1. Pang[14] calculou a média do intervalo entre o côndilo e C1 em 4 pontos equidistantes na imagem sagital e 4 imagens coronais (8 pontos no total)	Adulto[d]: ≤ 2 mm[13]	Adulto: < 1,4 mm (percentil 95) (baseado em uma única medida)[11]
		Pacientes pediátricos: ≤ 5 mm (para todas as 5 medidas igualmente espaçadas[15])	Pacientes pediátricos: < 2,5 mm (medida única),[12] ou < 4 mm (média de 8 medidas em 2 planos)[16]
Relação de Powers e medida de Dublin RELAÇÃO DE POWERS ······· MEDIDA DE DUBLIN ——	Relação de Powers: não pode ser usada com fraturas de C1 ou do forame magno. Apenas para a AOD *anterior* (ver texto). Requer identificação de 4 pontos de referência: B = básio, A = arco anterior de C1, C = arco posterior de C1, O = opístio[e]	Adulto: < 1 (faixa: 0,5 – 1,2) (percentil 95 = 0,6-0,9) (ver texto para detalhes)	Mesmo que para a radiografia simples[11]
		Pacientes pediátricos: < 0,9[f]	
	Medida de Dublin[17] 25% sensível[18]	Mandíbula ao atlas anterior: ≤ 13 mm. Mandíbula posterior ao odontoide: ≤ 20 mm	
Método da linha X	Conhecido como método das linhas occipitoaxiais.[18] Requer a identificação de 6 pontos de referência e 2 linhas (sensibilidade de 75%).[18] Utiliza uma distância alvo-filme de 180 cm em um paciente sentado[19], o que nem sempre é prático na E/R[5] • linha C2O: do canto posteroinferior do corpo do áxis ao opístio Δ. Deve intersectar tangencialmente com o ponto mais alto na linha espinolaminar de C1 • linha BC2SL: do básio até o ponto médio na linha espinolaminar de C2. Deve intersectar tangencialmente com o odontoide posterossuperior		

Quadro 64.1 Avaliação radiográfica da luxação atlantoccipital (AOD) *(Cont.)*

Método	Comentários	Valores normais	
		Radiografia simples	CT
MRI	Achados anormais na MRI incluem: hipersinal na T2WI nas articulações atlantoccipitais ou nos ligamentos atlantoccipitais posteriores (O-C1). Muito sensível (≈ 100%), mas inespecífica para AOD *instável*			
	A figura à esquerda mostra um sinal anormal nos ligamentos O-C1 posteriores (seta 1) e no ligamento flavo (seta 2)			

[a]Estudo original da radiografia lateral em um paciente em supina com uma distância alvo-filme de 100 cm (1 m). A sensibilidade do método BAI-BDI para a AOD é boa quando todas as referências anatômicas podem ser identificadas, mas ainda pode ser de apenas ≈ 75%.[10]
[b]Para este estudo, pacientes pediátricos são definidos até a idade de 10 anos. Aproximadamente aos ≈ 8-10 anos, a coluna cervical alcança proporções adultas (não necessariamente o tamanho).
[c]Oos = ossículo terminal (p. 981).
[d]O processo articular de C1 é frequentemente obscurecido pela ponta do processo mastoide nas radiografias simples.
[e]O opístio não pode ser identificado em ≈ 56% das radiografias de coluna cervical.[9]
[f]Não pode ser mensurado em muitos casos pediátricos, frequentemente por causa da falta de ossificação (geralmente do arco posterior de C1).

64.1.2 Apresentação clínica
1. pode estar intacto neurologicamente, portanto deve ser descartado em qualquer trauma maior
2. dissociação bulbocervical (p. 944)
3. pode apresentar déficits de nervos cranianos inferiores (bem como paralisias do VI nervo) ± lesão da medula cervical
4. piora do déficit neurológico com a aplicação de tração cervical: verificar os filmes laterais da coluna cervical imediatamente após a aplicação de tração (p. 959)

64.1.3 Avaliação radiográfica
Várias metodologias foram elaboradas para diagnosticar radiograficamente a AOD. A maioria utiliza *marcadores indiretos* para auxílio diagnóstico: ou seja, instabilidade da junção occipitocervical. Nenhuma é completamente confiável.[7] Medidas na CT são mais precisas do que nas radiografias simples (as referências anatômicas são mais fáceis de serem identificadas, não há erro de magnificação ou rotação) – no entanto, os valores normais diferem das radiografias simples. Alguns métodos são exibidos no ▶ Quadro 64.1. O método BAI-BDI e o método AOI são recomendados.

Uma regra prática útil: a ponta inferior do clivo deve apontar diretamente para a ponta do odontoide (isto pode ser obscurecido nos raios X).

Pistas adicionais na CT: pode haver sangue nas cisternas basais (um sinal indireto). Na CT axial de corte fino, pode haver um ou mais cortes exibindo ausência de osso por causa do espaço entre o occipital e C1.

64.1.4 Sugestões técnicas para a avaliação radiográfica
1. raios X: verificar se a imagem é uma vista em perfil verdadeira (p. ex., verificar o alinhamento dos dois ramos mandibulares, bem como dos clinoides posteriores)
2. CT: sensibilidade, especificidade e valores preditivos positivos/negativos da maioria dessas medidas aumenta quando as reconstruções sagitais de CT são usadas, em vez de radiografias simples[20] (referências anatômicas relevantes puderam ser identificadas em > 99% das CTs, *versus* 39-84% na radiografia)

Índice de Powers: distância **BC** (básio ao arco posterior do atlas) é dividida pela distância **AO** (opístio ao arco anterior do atlas), ver ▶ Quadro 64.1. Interpretação é exibida no ▶ Quadro 64.2.

✘ não pode ser utilizada com qualquer fratura envolvendo o atlas ou o forame magno, ou com anormalidades anatômicas congênitas. Aplica-se apenas à AOD *anterior* (ou seja, não aplicada à AOD posterior ou por distração).

64.1.5 Controle

Controle inicial
Na suspeita de AOD, imobilizar o pescoço imediatamente com órtese do tipo Halo ou com sacos de areia.
✘ Não aplicar tração cervical em uma tentativa de reduzir a AOD, pois haverá um risco de 10% de deterioração neurológica com o uso de tração na AOD.

Quadro 64.2 Relação de Powers

Relação BC/AO	Interpretação	Comentário
< 0,9	normal	1 desvio-padrão abaixo do caso mais inferior de AOD
≥ 0,9 e < 1	"zona cinza" (indeterminada)	incluiu 7% dos normais e nenhum dos casos de AOD
≥ 1	AOD	abrangeu todos os casos de AOD

Quadro 64.3 Classificação e tratamento da AOD[10]

Grau	Definição	Tratamento
I	ausência de critérios anormais na CT[a], com uma MRI apenas moderadamente anormal (hipersinal nos ligamentos posteriores ou articulações atlantoccipitais)	órtese externa (halo ou colar)
II	≥ 1 critério anormal na CT[a] ou achados grosseiramente anormais na MRI nas articulações atlantoccipitais, membrana tectorial, ou ligamentos alar ou cruzado	estabilização cirúrgica

[a]Critérios de CT usados: relação de Power, BAI-BDI, linha X.

Controle subsequente

Controverso se a fusão cirúrgica *versus* imobilização prolongada (4-12 meses) com halo é necessária. No entanto, a fusão occipitocervical posterior é geralmente recomendada (p. 1138).

Guia de prática clínica: Tratamento da luxação atlantoccipital

Nível III[6]
- fixação interna e artrodese (fusão) usando uma variedade de métodos
- ✗ CUIDADO: tração não é recomendada no tratamento da AOD

Horn *et al.*[10] sugeriram que os pacientes fossem agrupados e, então, tratados como demonstrado no ▶ Quadro 64.3.
Em crianças: reduzir na OR e unir (geralmente com parafusos transarticulares).

64.1.6 Prognóstico

O indicador mais importante do resultado é a gravidade das lesões neurológicas no momento da apresentação.[10] Entre os pacientes com AOD que sobreviveram à lesão inicial, aqueles com TBI grave e disfunção do tronco cerebral ou dissociação bulbocervical completa apresentaram um prognóstico desfavorável.[10] Aqueles com SCI incompleta ou TBI não grave podem melhorar.

64.2 Fraturas do côndilo occipital

64.2.1 Informações gerais

Conceitos-chave

- incomum (0,4% dos pacientes de trauma)
- pode se manifestar com déficits de nervos cranianos inferiores, que podem ser de início tardio (p. ex., paralisia do nervo hipoglosso), monoparesia, paraparesia, ou quadriparesia ou plegia
- W/U: ✓ CT com reconstruções (raramente detectado em radiografias simples)

Lesões Occipitoatlantoaxiais (do Occipital ao C2)

- Tx: geralmente tratados com colar rígido. Indicações para fusão occipitocervical ou imobilização com halo: desalinhamento craniocervical (intervalo occipital-C1 > 2,0 mm)

Fraturas de côndilo occipital (OCF) foram descritas pela primeira vez, em 1817, por Bell.[21]
    Raro. Incidência: 0,4% (em uma série de 24.745 pacientes consecutivos com trauma que sobreviveram até chegar à E/R[22]).

64.2.2 Diagnóstico

Suspeita clínica de fratura de côndilo occipital (OCF) deve ser elevada pela presença de ≥ 1 dos seguintes:[23]
- trauma contuso de alta energia
- lesões craniocervicais
- consciência alterada
- dor ou sensibilidade occipital
- movimento cervical comprometido
- paralisias de nervos cranianos inferiores
- inchaço do tecido mole retrofaríngeo

Guia de prática clínica: Diagnóstico das fraturas de côndilo occipital

Nível II[24]
- CT para estabelecer o diagnóstico de fratura de côndilo occipital (OCF)

Nível III[24]
- MRI para avaliar a integridade dos ligamentos do complexo craniocervical

64.2.3 Classificação

Um sistema de classificação amplamente utilizado é aquele de Anderson e Montesano,[25] como exibido no
▶ Quadro 64.4.
    Maserati *et al.*[22] classificaram os pacientes simplesmente com base na presença ou ausência de desalinhamento craniocervical na CT com reconstruções (eles definiram desalinhamento craniocervical como um intervalo côndilo-occipital-C1 > 2,0 mm). Eles consideraram os outros sistemas de classificação supérfluos, visto que não afetaram o resultado em sua revisão retrospectiva (ver Tratamento abaixo).

64.2.4 Tratamento

Controverso. Déficits de nervos cranianos inferiores geralmente se desenvolvem em casos de OCF não tratada e podem se resolver ou melhorar com a imobilização externa. Fraturas Tipos I e II de Anderson e Montesano têm sido tratadas com ou sem imobilização externa (colar cervical ou, ocasionalmente, halo), sem uma diferença óbvia. Imobilização externa × 6-8 semanas é sugerida para fraturas Tipo III, por causa do maior risco de déficits tardios.

Quadro 64.4 Classificação de Anderson e Montesano das fraturas de côndilo occipital

I	fratura cominutiva causada por um impacto: pode ocorrer decorrente da carga axial
II	extensão da fratura craniana basilar linear[26]
III	*avulsão* do fragmento condilar (lesão por tração): pode ocorrer durante a rotação, inclinação lateral ou uma combinação de mecanismos. Considerada instável por muitos

Guia de prática clínica: Tratamento das fraturas de côndilo occipital

Nível III:[24]
- para a OCF com lesão ligamentar atlantoccipital associada ou evidência de instabilidade: imobilização com halo ou estabilização (fusão) occipitocervical
- para OCFs bilaterais, considerar o uso de halo em vez de um colar para fornecer uma maior imobilização
- imobilização cervical externa para todas as outras OCFs

64.2.5 Resultado

Em uma revisão retrospectiva de 100 pacientes com OCF,[22] 3 pacientes foram submetidos à fusão occipitocervical (p. 1474) para desalinhamento craniocervical (2) ou fratura de C1-2 não relacionada (1). O restante (sem desalinhamento craniocervical) foi tratado com um colar rígido e seguimento radiográfico e clínico tardio. Nenhum de seus pacientes não operados apresentou déficit neurológico, e nenhum desenvolveu instabilidade, desalinhamento ou déficit neurológico tardio (independente de sua classificação nos outros sistemas em uso).

64.3 Luxação/subluxação atlantoaxial

64.3.1 Informações gerais

Morbidade e mortalidade mais baixas do que na luxação atlantoccipital.[27] Ver anatomia do complexo occipitoatlantoaxial (p. 68) para anatomia relevante.
Tipos de subluxação atlantoaxial:
1. rotatória: (ver abaixo) geralmente observada em crianças após uma queda ou trauma menor
2. anterior: mais trabalhoso (ver abaixo)
3. posterior: raro: geralmente provocada por erosão do odontoide. Instável. Requer fusão

64.3.2 Subluxação rotatória atlantoaxial

Informações gerais

Conceitos-chave

- tipicamente observada em crianças
- associações: trauma, RA, infecções do trato respiratório em pacientes pediátricos (síndrome de Grisel)
- geralmente presente com a posição de *Cock-Robin* da cabeça (inclinação, rotação, discreta flexão)
- classificação: Fielding e Hawkins (▶ Quadro 64.5)
- Tx: tração precoce geralmente bem-sucedida. Tratar a infecção na síndrome de Grisel. Subluxação irredutível na tração pode necessitar de liberação transoral e, então, fusão posterior

Quadro 64.5 Classificação de Fielding e Hawkins da subluxação atlantoaxial rotatória

Tipo	Descrição		AD (mm)	Comentário
	TAL[a]	lesão da faceta		
I	intacto	bilateral	≤ 3	odontoide atua como pivô
II	lesionado	unilateral	3,1-5	articulação intacta atua como pivô
III	lesionado	bilateral	> 5	raro. Muito instável
IV	incompetência do odontoide com deslocamento *posterior*			raro. Muito instável

[a]TAL = ligamento transverso do atlas, AD = deslocamento anterior de C1 sobre C2.

Deformidade rotacional na junção atlantoaxial é geralmente de curta duração e corrigida facilmente. Raramente, a articulação atlantoaxial trava em rotação (conhecida como fixação rotatória atlantoaxial[28]). Geralmente observada em crianças. Pode ocorrer espontaneamente (com artrite reumatoide[29] ou com anomalias congênitas do odontoide), após um trauma maior ou menor (incluindo manipulação do pescoço, ou mesmo com a rotação do pescoço ao bocejar[28]), ou com uma infecção da cabeça ou pescoço, incluindo o trato respiratório superior (conhecida como síndrome de Grisel:[30] inflamação pode causar lesão mecânica ou química das facetas e/ou ligamento transverso do atlas (TAL)).

As artérias vertebrais (VA) podem ser comprometidas na rotação excessiva, especialmente se a rotação ocorrer junto com o deslocamento anterior.

Mecanismo da subluxação

O deslocamento pode ser na articulação atlantoccipital e/ou atlantoaxial.[31] O mecanismo de não redução é pouco compreendido. Com um TAL intacto, a rotação ocorre sem deslocamento anterior. Se o TAL for incompetente como resultado de trauma ou infecção, também pode haver o deslocamento anterior com potencial de lesão neurológica. Deslocamento posterior ocorre apenas raramente.[28]

Classificação

A classificação de Fielding e Hawkins[28] é demonstrada no ▶ Quadro 64.5.

Achados clínicos

Os pacientes são geralmente jovens. Déficit neurológico é raro. Os achados podem incluir: dor cervical, cefaleia, torcicolo – posição da cabeça característica em *Cock-Robin* com uma inclinação lateral de ≈ 20° para um lado, rotação de 20° para o outro e leve flexão (≈ 10°), ver DDx (p. 1390) -, amplitude de movimento reduzida e achatamento facial.[28] Embora os pacientes não sejam capazes de reduzir o deslocamento, eles podem aumentá-lo girando a cabeça na direção da articulação subluxada, com potencial lesão da medula cervical alta.

Infarto do tronco cerebral e cerebelar, e até mesmo morte, pode ocorrer com o comprometimento da circulação através das VAs.[32]

Avaliação radiográfica

Raios X: Os achados incluem (podem ser confusos):
- achado patognomônico na radiografia AP da coluna cervical em casos graves: projeção frontal de C2, com projeção oblíqua simultânea de C1.[33(p 124)] Em casos menos graves, a massa lateral de C1 que está deslocada para a frente aparece maior e mais próxima da linha média do que a outra
- assimetria da articulação atlantoaxial que não é corrigível com a rotação da cabeça, que pode ser demonstrada pela persistência da assimetria nas incidências odontoide com a boca aberta, com a cabeça em posição neutra e, então, virada 10-15° para cada lado
- o processo espinhoso do áxis é inclinado em uma direção e girado para a outra (pode ocorrer no torcicolo de qualquer etiologia)

CT: demonstra rotação do atlas.[31]

MRI: pode avaliar a competência do ligamento transverso.

Tratamento

Síndrome de Grisel

Antibióticos específicos para o patógeno causal com tração (ver abaixo) e, então, imobilização para a subluxação como segue:[30] Fielding (▶ Quadro 64.5) Tipo I: colar macio, Tipo II: colar Philadelphia ou SOMI, tipo III ou IV: halo. Após 6-8 semanas de imobilização, verificar a estabilidade com raios X em extensão-flexão. Fusão cirúrgica para instabilidade residual.

Tração

Quando tratada nos primeiros meses,[34] a subluxação pode geralmente ser reduzida com tração suave (em crianças, começar com 3-3,5 kg e, gradualmente, aumentar até 7 kg ao longo de vários dias; em adultos, começar com 7 kg e, gradualmente, aumentar até 9 kg). Se a subluxação estiver presente por > 1 mês, a tração é menos bem-sucedida. Rotação ativa do pescoço da esquerda para a direita é aconselhada na tração.

Se redutível, a imobilização na tração ou o halo é mantido × 3 meses[28] (faixa: 6-12 meses).

Fusão cirúrgica

Subluxação que não pode ser reduzida ou que recorre após a imobilização pode ser tratada por artrodese cirúrgica após 2-3 semanas da tração para obter máxima redução. A fusão usual é realizada entre C1 e C2 (p. 1479), a menos que outras fraturas ou condições estejam presentes.[28] A fusão pode ser realizada mesmo quando a rotação entre C1 e C2 não é completamente reduzida. Para fixação irredutível, um procedimento estadiado pode ser realizado com a liberação transoral anterior do complexo atlantoaxial (a exposição é feita lateralmente para expor as articulações atlantoaxiais e deve ser realizada cuidadosamente para evitar lesão das VAs, o tecido mole é cuidadosamente removido das articulações e do intervalo atlanto-odontoide, nenhuma tentativa de redução foi feita durante este primeiro estágio), seguido pela tração gradual do crânio e, então, um segundo estágio de fusão posterior de C1-2.[34]

64.3.3 Subluxação atlantoaxial posterior (AAS)

Ver referência.[27]

Informações gerais

Um terço dos pacientes com AAS tem déficit neurológico ou vai a óbito. Para anatomia relevante, ver Anatomia do complexo occipitoatlantoaxial (p. 68).

A subluxação pode ser decorrente de:
1. rompimento (ruptura) do ligamento transverso (do atlas) (TAL): o intervalo atlantodontoide (ADI) (ver abaixo) estará aumentado
    a) os pontos de inserção do TAL podem estar enfraquecidos na artrite reumatoide (p. 1479)
    b) trauma: pode causar ruptura anatômica ou funcional do ligamento (ver a seguir)
2. incompetência do processo odontoide: ADI estará normal
    a) fratura do odontoide
    b) hipoplasia congênita, p. ex., síndrome de Morquio (p. 1151)

Apresentação

Dor cervical é comum. Não existem padrões específicos para a dor que sejam característicos.

Espaço pré-odontoide em forma de "V"

Ver referência.[35]

Ampliação do espaço superior entre o arco anterior de C1 e o odontoide, observada na radiografia de coluna cervical na incidência lateral em flexão. Não é claro se esta mobilidade aumentada representa alongamento ou frouxidão do ligamento transverso e/ou do complexo ligamentar posterior. Isto também pode ser um achado normal na flexão em pacientes pediátricos.

Subluxação verdadeira resultará em desalinhamento entre C1 e C2. A principal característica que diferencia é se o ADI está aumentado ou normal, como indicado acima.

Avaliação e classificação

CT e MRI são recomendadas para avaliar fraturas, TAL e suas inserções ósseas.

Avaliando a integridade do ligamento transverso

1. ruptura do TAL pode ser inferida *indiretamente* por meio de
    a) regra de Spence: uma radiografia na incidência odontoide com a boca aberta, se a saliência total de ambas as massas laterais de C1 sobre C2 for ≥ 7 mm
    b) intervalo atlantodontoide (ADI) (p. 213): > 3 mm em adultos, > 4 mm em pacientes pediátricos
2. MRI pode ser capaz de obter uma imagem do TAL diretamente: achados de ruptura (MRI axial): hipersinal no TAL na sequência gradiente eco, perda de continuidade do TAL, sangue no sítio de inserção[36]
3. a CT demonstra lesões ósseas nas regiões de inserção do TAL sobre os tubérculos de C1

Classificação da ruptura do TAL

Ver referência.[37]

▶ **Tipo I.** Ruptura anatômica. Ruptura do próprio TAL. Raro (o odontoide geralmente sofre fratura antes das lacerações do TAL). Resolução improvável. Requer estabilização cirúrgica

► **Tipo II.** Ruptura fisiológica. Desinserção do tubérculo de C1, a que o TAL está inserido (► Fig. 1.12), como pode ocorrer nas fraturas cominutivas da massa lateral de C1. Probabilidade de 74% de resolução com a imobilização (halo é recomendado[37])

Tratamento

- para ruptura do TAL: uma abordagem é a fusão de todas as lesões Tipo I do TAL, e todas aquelas lesões Tipo II do TAL que ainda estão instáveis após 3-4 meses de imobilização.[37] Fusão também é recomendada nas subluxações irredutíveis. Se C1 estiver intacto, uma fusão C1-C2 é geralmente adequada. Para situações envolvendo fraturas de C1, ver abaixo
- fraturas do odontoide com TAL intacto são tratadas como descrito (p. 979)

64.4 Fraturas do atlas (C1)

64.4.1 Informações gerais

Fraturas agudas de C1 representam 3-13% das fraturas de coluna cervical.[38] 56% dos 57 pacientes apresentaram fraturas isoladas de C1; 44% apresentaram fraturas combinadas de C1-2; 9% apresentaram fraturas não contíguas adicionais da coluna cervical. 21% apresentaram lesões cranianas associadas.[38]

64.4.2 Classificação das fraturas de C1

Ver referência.[39]
   Tipo I: fraturas envolvendo um único arco (31-45% das fraturas de C1)
   Tipo II: fratura por explosão (37-51%): a clássica fratura de Jefferson (ver abaixo)
   Tipo III: fraturas da massa lateral do atlas (13-37%)

64.4.3 Fratura de Jefferson

Descrita por Sir Geoffrey Jefferson.[40] Classicamente, uma fratura em quatro pontos (explosão) do anel de C1,[41] mas o termo é agora frequentemente usado para incluir as fraturas mais comuns em três ou dois pontos,[42] a última através dos arcos de C1 (porção mais delgada). Geralmente provocada por uma carga *axial* (uma fratura "explosiva"). Chance de 41% de uma fratura de C2 associada.

   Em pacientes pediátricos, é crucial diferenciar uma fratura de C1 das sincondroses normais (p. 214) e pseudodispersão do atlas (p. 933). Uma fratura também pode ocorrer através de sincondroses não consolidadas.

64.4.4 Estabilidade

Para reiterar: a estabilidade do complexo occipito-tlantoaxial é primeiramente fornecida pelos ligamentos, com pouca contribuição das articulações ósseas; ver anatomia do complexo occipitoatlantoaxial (p. 68). ✳ Integridade do ligamento transverso (TAL) é o determinante mais importante da estabilidade (ver acima Avaliando a integridade do ligamento transverso).

   As fraturas de Jefferson são instáveis, entretanto, geralmente não há déficit neurológico nas fraturas de Jefferson isoladas (decorrente do grande diâmetro do canal neste nível, além da tendência dos fragmentos de serem forçados para fora da medula espinal).

64.4.5 Clínica

Déficit neurológico é raro, 3 de 25 pacientes com fraturas de Jefferson sofreram lesões neurológicas (1 lesão completa, 2 síndromes medulares centrais) em uma série.

64.4.6 Avaliação

CT de alta resolução e corte fino é o exame diagnóstico de escolha. É crucial avaliar desde C1 até C3 para delinear os detalhes da fratura de C1 e para verificar a presença de lesão de C2 associada.

   A MRI pode ser capaz de avaliar a integridade do TAL, mas as imagens desta condição são geralmente difíceis de interpretar.

64.4.7 Tratamento

As opções terapêuticas dependem muito do estado do TAL. Guias para prática clínica são exibidos aqui. Os detalhes são definidos no ▶ Quadro 64.6.[43] Quando imobilização externa é empregada, é usada por 8-16 semanas (média = 12).

Guia de prática clínica: Tratamento das fraturas isoladas do atlas

Nível III:[44] para fraturas isoladas do atlas:
- o tratamento é baseado no tipo de fratura e na integridade do ligamento transverso do atlas
- se o ligamento transverso estiver intacto: emprego isolado de imobilização cervical
- se o ligamento transverso estiver rompido: (nota: ruptura do TAL pode ser anatômica ou fisiológica: ver texto para detalhes)
  a) imobilização cervical, empregada isoladamente
  b) ou, fusão e fixação cirúrgica

Opções de fusão quando a cirurgia é indicada:[37]
1. fraturas unilaterais do anel ou do arco anterior de C1: fusão C1-2
2. múltiplas fraturas do anel ou fraturas do arco posterior de C1: fusão occipitocervical

Opções cirúrgicas: 1. fusão A. unilateral do anel..., B. múltiplas do anel... 2. Opções cirúrgicas que não envolvem a artrodese incluem: inserção de parafuso no C1 posterior, inserção de placa anterior ou parafuso transoral.

64.4.8 Resultado

Em muitas séries,[38,45] o tratamento sem cirurgia resulta em um resultado satisfatório quando o TAL não está rompido.

64.5 Fraturas do áxis (C2)

64.5.1 Informações gerais

Fraturas agudas do áxis representam ≈ 20% das fraturas de coluna cervical. Lesão neurológica é incomum e ocorre em < 10% dos casos. A maioria das lesões pode ser tratada por imobilização rígida.

A regra dos terços de Steele: cada um dos seguintes ocupa um terço da área do canal no nível do atlas: odontoide, espaço, medula espinal.[46]

64.5.2 Tipos de fraturas de C2

1. fraturas do odontoide (p. 978): fratura de odontoide tipo II é a lesão mais comum do áxis
2. fratura do enforcado: ver abaixo
3. fraturas diversas de C2 (p. 982)

Quadro 64.6 Opções terapêuticas para fraturas isoladas de C1

Tipo de fratura	Opções terapêuticas
arco anterior ou posterior	colar ou SOMI
arco anterior E posterior (explosão)	
• estável (TAL[a] intacto)	colar ou SOMI, halo
• instável (TAL rompido)	halo, estabilização e fusão de C1-2
fraturas da massa lateral	
• fratura cominutiva	colar ou SOMI, halo
• fratura do processo transverso	colar ou SOMI

[a]Abreviações: TAL = ligamento transverso do atlas.

64.5.3 Fratura do enforcado

Informações gerais

> **Conceitos-chave**
>
> - fratura bilateral através da *pars interarticularis* de C2, com subluxação traumática de C2 sobre C3, frequentemente devido à hiperextensão + carga axial
> - a maioria é estável sem déficit neurológico
> - classificação: sistema Levine (▶ Quadro 64.7). Linha de divisão crítica: ruptura do disco C2-3 (Tipos II e superiores), que pode causar instabilidade da fratura
> - W/U: ✓ CT cervical com reconstruções sagital e coronal para todos os tipos. ✓ MRI cervical para avaliar a ruptura do disco de C2-C3 (Levine II). ✓ CTA para dissecção, se a fratura atravessar forame transverso (considerar para todas as fraturas de C2 – ver ▶ Quadro 55.7)
> - a imobilização sem halo × 8-14 semanas é apropriada para a maioria. Exceções: fraturas graves/instáveis (p. 975) ou aquelas que não permanecem alinhadas com uso de imobilização

Conhecido como espondilolistese traumática do áxis (um termo usado pela primeira vez, em 1964[47]).
Descrição: fratura bilateral através da *pars interarticularis* (istmo) do pedículo de C2 (▶ Fig. 64.2; a configuração de C2 é única, e a distinção entre a *pars* e o pedículo é ambígua). Geralmente, há uma subluxação anterior de C2 sobre C3.

O termo "fratura do enforcado" (HF) foi criado por Schneider et al.[48], embora o mecanismo das HFs mais modernas (hiperextensão e *carga axial*, por MVAs ou acidentes de mergulho) diferem daqueles sustentados nos enforcamentos judiciais (em que a colocação submental do nó resulta em hiperextensão e distração[49]). Alguns casos podem ser decorrentes da flexão forçada ou compressão do pescoço enquanto em extensão.

Pacientes pediátricos: raro em crianças < 8 anos de idade, em que as forças tendem a fraturar o odontoide incompletamente unido, ver fratura epifisária (p. 214). Em pacientes pediátricos, considerar pseudosubluxação no diagnóstico diferencial (p. 934).

Geralmente *estável*. Déficit é raro. Não consolidação é rara. 90% se resolvem apenas com imobilização. Fusão cirúrgica é raramente necessária. Fraturas de C2 que não atravessam o istmo não são fraturas do enforcado verdadeiras e podem necessitar de um tratamento diferente (p. 982).

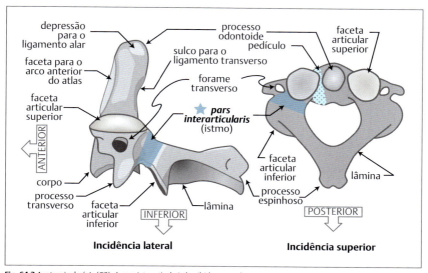

Fig. 64.2 Anatomia do áxis (C2). A *pars interarticularis* é exibida em azul escuro.

Classificação

Classificação de Levine/Effendi

O sistema de Effendi *et al.*,[50] modificado por Levine[51] e outros (▶ Quadro 64.7), é amplamente usado na classificação de HF em adultos (não aplicável a pacientes pediátricos). A angulação é medida como o ângulo entre as placas terminais inferiores de C2 e C3. Subluxação anterior de C2 sobre C3 > 3 mm (Tipo II) é um marcador indireto para ruptura de disco de C2-C3, que pode ser avaliado mais diretamente com a MRI cervical.

Sistema de classificação de Frances *et al.*

O sistema de classificação[54] é demonstrado no ▶ Quadro 64.8.
A metodologia das medidas é ilustrada na ▶ Fig. 64.3.

Correlação Levine/Francis

Em uma série de 340 fraturas do áxis,[55] o tipo de fratura mais comum foi o Tipo I no sistema Levine (72%) e Grau I no sistema Francis (65%); e houve uma estreita correlação como segue:
Levine Tipo I ≈ Francis Grau I
Levine Tipo III ≈ Francis Grau IV

Quadro 64.7 Classificação de Levine das fraturas do enforcado (sistema de Effendi modificado)[a]

Tipo	Descrição	Achados radiográficos	Mecanismo	Comentário
I	fratura da *pars* vertical, imediatamente posterior ao VB	subluxação ≤ 3 mm de C2 sobre C3 e *ausência* de angulação	carga axial e extensão	estável nas radiografias em flexão/extensão. Déficit neurológico é raro
IA	linhas de fratura em cada lado não são paralelas. A fratura pode atravessar o *forame transversário* em um lado	linha de fratura pode não ser visível na radiografia. VB da parte *anterior* de C2 pode estar subluxado 2-3 mm anteriormente sobre o C3 e o VB de C2 pode parecer alongado	pode ser por hiperextensão + dobra lateral	"fratura do enforcado atípica".[52] Canal medular pode estar estreitado. Incidência de 33% de paralisia
II	fratura vertical através da *pars. Ruptura do disco de C2-3* e ligamento longitudinal posterior	subluxação de C2 sobre C3 > 3 mm e/ou angulação[b]. Leve compressão anterior de C3 possível	carga axial e extensão com flexão de rebote	pode resultar em instabilidade precoce. Déficit neurológico é raro. Geralmente reduz com a tração
IIA	fratura oblíqua (geralmente anterior-inferior a posterior-superior) pequena subluxação (geralmente ≤ 3 mm), porém maior angulação (pode ser > 15°)		flexão-distração (arco posterior falha na tensão)	raro (< 10%). Instável. ✗ Tração → angulação aumentada e ampliação do espaço discal ∴ *não usar* tração
III	Tipo II + ruptura bilateral da cápsula da faceta de C2-3. Arco posterior de C2 está flutuando livremente. Ligamento longitudinal anterior pode estar rompido ou arrancado de C3	facetas de C2/C3 podem estar subluxadas ou travadas	incerto, pode ser por flexão (ruptura da cápsula), seguido por compressão (fratura do istmo)	raro. Déficit neurológico pode ocorrer e pode ser fatal. Luxação da faceta geralmente não pode ser reduzida por redução fechada. ✗ Tração pode ser perigosa (ver texto)

[a]Effendi *et al.*,[50] Levine e Edwards,[51] Sonntag e Dickman[27] e Levine.[53]
[b]Grau da angulação não foi especificada no artigo original, mas > 10° foi sugerido por alguns.

Outros tipos de fraturas

Nem todas as fraturas se enquadram em um ou ambos os sistemas de classificação.[56] Exemplo: fratura orientada coronalmente, estendendo-se pela porção posterior do corpo vertebral de C2.

Apresentação

A maioria (≈ 95%) está neurologicamente intacta e, aqueles poucos com déficits, são déficits geralmente menores (parestesia, monoparesia...), e muitos se recuperam dentro de um período de um mês.[54] Quase todos os pacientes conscientes apresentarão dor cervical, normalmente na região cervical posterior superior, e neuralgia occipital não é incomum.[57] Há uma alta incidência de trauma craniano associado e haverá outras lesões de coluna cervical associadas – p. ex., fratura de C1 (ver acima) ou fratura do escavador de argila (p. 988) – em ≈ um terço, com a maioria ocorrendo nos 3 níveis cervicais superiores. Geralmente, há sinais externos de lesão na face e cabeça associados à hiperextensão e força axial.

Avaliação

CT cervical: com reconstruções sagitais e coronais, deve ser realizada para avaliar completamente a fratura.

CTA: deve ser realizada para avaliar as artérias vertebrais quando a fratura atravessa o forame transverso (especialmente Levine Tipo IA) e em pacientes com sintomas sugestivos de CVA. Alguns recomen-

Quadro 64.8 Sistema de classificação de Francis[a] para a fratura do enforcado

Grau	Angulação θ	Deslocamento
I	< 11°	d < 3,5 mm
II	> 11°	
III	< 11°	d > 3,5 mm e d/b < 0,5
IV	> 11°	
V		ruptura do disco

[a]Ver ▶ Fig. 64.3 para definições.

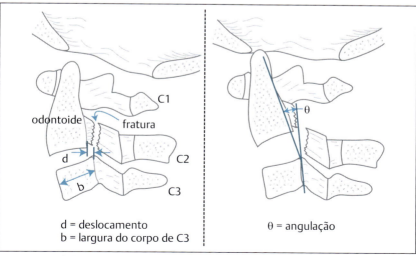

d = deslocamento
b = largura do corpo de C3

θ = angulação

Fig. 64.3 Sistema de classificação de Francis.

dam a CTA para todas as fraturas de C2 – ► Quadro 55.7. Angiografia ou MRA pode ser realizada como uma alternativa à CTA.

✳ MRI: MRI cervical deve ser realizada para procurar por ruptura do disco de C2-3 (um marcador para instabilidade [Levine grau II] que geralmente requer estabilização cirúrgica). Os achados podem incluir sinal hiperintenso anormal na MRI (mais bem observado nas sequências FLAIR no plano sagital ou em sequências T2WI).

Raios X: radiografias laterais da coluna cervical mostram a fratura em 95% dos casos. Também demonstram a angulação e/ou subluxação de C2. A maioria das fraturas atravessa a *pars* ou o forame transverso,[54] 7% passa pelo corpo de C2 (p. 982). Instabilidade pode geralmente ser identificada como uma luxação anterior acentuada de C2 sobre C3 (diretriz:[54] instável se o deslocamento excede 50% do diâmetro AP do corpo vertebral de C3), angulação excessiva de C2 sobre C3 ou por movimento excessivo nas radiografias em flexão-extensão.

Pacientes com suspeita de fraturas Levine Tipo I e que estejam neurologicamente intactos devem ser submetidos a radiografias em flexão-extensão supervisionadas pelo médico para descartar uma fratura tipo II reduzida.

Tratamento

Informações gerais

O tratamento não cirúrgico produz redução adequada em 97-100% e resulta em uma taxa de fusão de 93-100%[27,58,59] se a imobilização externa for adequadamente mantida por 8-14 semanas[60] (tempo médio de resolução é de ≈ 11,5 semanas[54]). Tratamento específico depende da confiabilidade do paciente e no grau de estabilidade, como descrito abaixo. A maioria dos casos se resolve com imobilização sem halo.[59] Guias de prática clínica são exibidos aqui. Seguem-se os detalhes.

> ## Guia de prática clínica: Tratamento da fratura do enforcado isolada
>
> Nível III[61,62]
> - fraturas do enforcado podem inicialmente ser tratadas com imobilização externa na maioria dos casos (halo ou colar)
> - estabilização cirúrgica deve ser considerada em casos de:
>   a) angulação grave de C2 sobre C3 (Levine II, Francis II e IV)
>   b) ruptura do espaço discal C2-3 (Levine II, Francis V)
>   c) ou incapacidade de estabelecer ou manter alinhamento com a imobilização externa

Fraturas estáveis (Levine Tipos I ou IA, ou Francis Graus I ou II)

Tratar com imobilização (colar Aspen ou Philadelphia,[63(p 2326)] ou órtese cervicotorácica (CTO) (p. ex., SOMI) é geralmente adequado) x 3 meses.[53] Halo-colete pode ser necessário em pacientes pouco confiáveis quanto ao tratamento ou para fraturas de C1-C2 combinadas. Schneider relatou 50 casos de fratura Tipo I tratados com fixação sem halo, apenas 1 foi encaminhado para a cirurgia e constatado já estar unido.

Fraturas instáveis

Levine Tipo II

Reduzida com *tração cervical* suave (a maioria reduz com ≤ 13,5 kg[53]), com a cabeça em leve extensão (preferencialmente em um halo circular) sob monitorização radiográfica para prevenir "enforcamento iatrogênico" em casos com instabilidade ligamentar.[54] Aplicar o halo-colete × 3 meses. Acompanhar os pacientes com radiografias seriadas. Estabilizar cirurgicamente se a fratura se movimentar.

Fraturas tipo II com subluxação ≤ 5 mm e angulação < 10°

Uma vez reduzida, aplicar o halo-colete e iniciar a imobilização (geralmente dentro de 24 h da lesão). Verificar a adequabilidade da imobilização no halo com uma radiografia da coluna cervical na posição lateral ereta; operar, se inadequada. Após 8-12 semanas, mudar para o colar Philadelphia ou CTO até que a fusão esteja definitivamente completa (geralmente 3-4 meses).

Fraturas tipo II com subluxação > 5 mm ou angulação ≥ 10°

Recomenda-se a fixação cirúrgica nesses pacientes, por causa das seguintes preocupações:
1. risco de manutenção inadequada se imediatamente mobilizada no halo-colete
2. resolução com angulação significativa pode resultar em dor crônica
3. se não reduzido, a lacuna pode ser muito grande para ponte óssea usando apenas tração

Alternativamente, tração cervical pode ser mantida por ≈ 4 semanas. Em seguida, a redução deve ser reavaliada 1 hora após a remoção do peso com tração e, se estável, novamente 24 horas após mobilização em um halo-colete. Se instável, retornar à tração e repetir o teste em 5 e 6 semanas. Caso ainda esteja instável em 6 semanas, fusão cirúrgica é recomendada.[53]

Levine Tipo IIA

✖ Tração acentuará a deformidade.[53] Fraturas devem ser reduzidas pela inserção imediata no halo-colete (contornando a tração), com extensão e *compressão* aplicada. Imobilização com halo-colete × 3 meses produz uma taxa de fusão de ≈ 95%.

Levine tipo III

✖ Redução com tração pode ser perigosa com facetas travadas. ORIF é recomendada.[27] MRI antes da cirurgia é recomendada para avaliar o disco C2-3. A redução pode seguir a ORIF com halo-colete para a fratura, ou a união pode ser realizada simultaneamente à ORIF.

Tratamento cirúrgico

Indicações

Poucos pacientes têm indicações para tratamento cirúrgico de HF, e incluem aqueles com:
1. incapacidade de reduzir a fratura (inclui a maioria das fraturas Levine Tipo III e algumas tipo II)
2. falha da imobilização externa para prevenir movimento no sítio de fratura
3. hérnia discal traumática em C2-3, com comprometimento da medula espinal[64]
4. não consolidação estabelecida: evidenciada pelo movimento na imagem em flexão-extensão (p. 956);[54] todas as falhas de tratamento não cirúrgico apresentaram uma luxação > 4 mm[27]

Fraturas do enforcado que provavelmente necessitam de cirurgia:[55]
1. Levine Tipo II ou III
2. ou Francis grau II, IV ou V
3. ou quando:
   a) luxação anterior do VB de C2 é > 50% do diâmetro AP do VB de C3
   b) ou se a angulação produz uma ampliação das bordas anteriores ou posteriores do espaço discal C2-3 > que a altura do disco C3-4 normal abaixo

Opções cirúrgicas

1. técnicas de fixação:
   a) abordagem posterior: se a fratura não for transfixada (osteossíntese – ver abaixo), então uma fusão C1-2 é necessária. Isto depende da integridade do disco C2-3 e das cápsulas da faceta articular, caso contrário uma fusão C1-3 é necessária. Ocasionalmente, o occipital também é incorporado. Opções para a fusão C1-2:
      • fixação e fusão de C1-2
      • parafusos/hastes de massa lateral de C1-2 (p. 1481)
   b) discectomia anterior de C2-3[54] com fusão. Fixação anterior com placa opcional ou enxerto/placa de perfil zero. Realizada por uma incisão cervical anterior transversa no ponto médio entre o ângulo da mandíbula e a cartilagem tireoide[58,64]
      • preserva maior movimento por meio da exclusão de C1
      • esta abordagem também é recomendada para não consolidação estabelecida[54]
      • não é ideal para Levine Tipo III, necessitando de ORIF para facetas travadas
      • também utilizada quando uma redução pelo menos parcial não pode ser alcançada
      • técnica: para considerações especiais para a abordagem da junção de C2-3, ver a seção sobre técnicas cirúrgicas
2. osteossíntese: inserção de parafuso por via posterior, através do fragmento da fratura do pedículo de C2.[53 (p. 443)] Redução deve ser alcançada antes que os orifícios do parafuso sejam perfurados.[65] A técnica para parafusos pediculares em C2 (p. 1481) é utilizada. O fragmento posterior da fratura pode ser excessivamente perfurado com uma broca de 3,5 mm. Um "chapéu superior" é colocado no orifício, e uma broca de 2,7 mm é usada para perfurar o VB.
   Comprimento do parafuso: 30-35 mm para adultos medianos. Alternativamente, um parafuso de atraso pode ser utilizado (com 20 mm não rosqueado).

Objetivo final do tratamento

Radiografias simples devem exibir trabeculação através do sítio de fratura ou fusão intersomática de C2 a C3. Radiografias laterais em flexão-extensão e não podem evidenciar movimento no sítio de fratura.

64.5.4 Fraturas do odontoide

Informações gerais

> ## Conceitos-chave
>
> - 10-15% das fraturas de coluna cervical. Pode ocorrer em pacientes mais longevos com trauma menor (GLF), ou em pacientes mais jovens tipicamente após um MVA, quedas em altura, esqui...
> - pode ser fatal no momento da lesão, a maioria dos sobreviventes está intacta. Dor cervical é comum
> - classificação: Anderson e D'Alonzo (▶ Quadro 64.9). Tipo II (na base) é o mais comum
> - Tx: cirurgia é considerada para: Tipo II quando > 50 anos de idade, Tipo IIA ou Tipo II e III se a luxação for ≥ 5 mm ou se o alinhamento não puder ser mantido com o halo

Uma força significativa é necessária para produzir uma fratura do odontoide em um indivíduo jovem, sendo geralmente provocada por um acidente com veículo automotor (MVA), uma queda em altura, um acidente de esqui, etc. Em pacientes com > 70 anos de idade, quedas simples da própria altura (GLF) com trauma craniano podem produzir a fratura. Fraturas do odontoide compreendem ≈ 10-15% de todas as fraturas de coluna cervical.[66] Essas fraturas passam facilmente despercebidas na avaliação inicial, especialmente porque lesões significativas associadas são frequentes e podem mascarar os sintomas. Fraturas patológicas também podem ocorrer, p. ex., com envolvimento metastático (p. 1391).

Flexão é o mecanismo mais comum de lesão, com resultante luxação anterior de C1 sobre C2 (subluxação atlantoaxial). Extensão apenas ocasionalmente produz fraturas do odontoide, geralmente associadas à luxação posterior.

Sinais e sintomas

A frequência das fatalidades no momento do acidente, que resultam diretamente de fraturas do odontoide, é desconhecida, porém foi estimada como sendo entre 25-40%.[67] 82% dos pacientes com fraturas Tipo II, em uma revisão de 7 artigos na literatura, estavam neurologicamente intactos, 8% apresentavam déficits menores de sensação no couro cabeludo ou nos membros, e 10% apresentavam déficit significativo (variando de monoparesia à quadriplegia).[68] Fraturas Tipo III estão raramente associadas à lesão neurológica.

Os sintomas comuns incluem dor na região cervical posterior alta, com ocasional irradiação na distribuição do nervo occipital maior (neuralgia occipital). Quase todos os pacientes com dor na região cervical posterior alta também apresentarão espasmo do músculo paraespinal, redução da amplitude de movimento do pescoço e sensibilidade à palpação na região sobre a coluna cervical superior. Um achado muito sugestivo é a tendência de sustentar a cabeça com as mãos quando muda da posição ereta para a posição em decúbito dorsal. Parestesias nas extremidades superiores e leve exagero dos reflexos miotáticos também podem ocorrer. Mielopatia pode-se desenvolver em pacientes com fraturas não consolidadas (p. 980).

Classificação

O sistema de classificação mais amplamente utilizado de Anderson e D'Alonzo é demonstrado na ▶ Fig. 64.4 e no ▶ Quadro 64.9.

Fraturas tipo I decorrem da avulsão da inserção do ligamento alar. São muito raras. Embora há muito consideradas uma lesão estável, podem não ocorrer como uma fratura isolada e podem ser uma manifes-

Quadro 64.9 Classificação de Anderson e D'Alonzo das fraturas do odontoide

Tipo	Características	Estabilidade
I	através do ápice (acima do ligamento transverso), raro	instável[a]
II	através da base do pescoço, a fratura do odontoide mais comum (pode ser mais bem visualizada na radiografia AP)	geralmente *instável*
IIA	similar ao tipo II, mas com grandes lascas ósseas no sítio de fratura,[70] compreende ≈ 3% das fraturas do odontoide tipo II. Diagnosticada por radiografias simples e/ou CT	geralmente *instável*
III	através do corpo de C2 (geralmente envolve o espaço medular). Pode envolver a superfície articular superior	geralmente estável

[a]Controverso, ver texto.

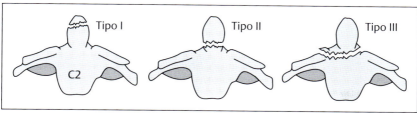

Fig. 64.4 Principais tipos de fraturas do odontoide (incidência AP).

tação da luxação atlantoccipital.[71] Além disso, podem ser um marcador de uma possível ruptura do ligamento transverso,[72] o que pode resultar em instabilidade atlantoaxial.

▶ **Pérolas conforme vistas à imagem.** Uma fratura do odontoide tipo III pode ser erroneamente interpretada como tipo II nas reconstruções sagitais da CT, pois a fratura parece se situar acima do VB. Sempre verificar a reconstrução coronal, que demonstra mais facilmente a relação da fratura com o VB.

Tratamento

Guias de prática clínica

Os guias de prática clínica são demonstrados abaixo. Os detalhes são exibidos nas seções seguintes.

> **Guia de prática clínica: Tratamento das fraturas isoladas do odontoide**
>
> - Nível II:[62] fraturas isoladas do odontoide Tipo II em adultos com ≥ 50 anos de idade devem ser consideradas para estabilização e fusão cirúrgica
> - Nível III[62]
>   - fraturas não deslocadas tipos I, II e III podem ser inicialmente tratadas com imobilização cervical externa, reconhecendo que as fraturas de odontoide tipo II têm uma maior taxa de não consolidação
>   - tipos II e III: considerar fixação cirúrgica para:
>   a) luxação do odontoide ≥ 5 mm
>   b) ou fratura Tipo IIA (fratura cominutiva)
>   c) ou incapacidade de manter ou alcançar o alinhamento com a imobilização externa
>   - para intervenção cirúrgica, uma abordagem anterior ou posterior pode ser utilizada

Imobilização

Para aqueles que não atendem as indicações cirúrgicas, recomendam-se 10-12 semanas de imobilização, como sugerido no ▶ Quadro 64.10. Não há evidência médica de Classe I comparando as opções de imobilização.

Halo-colete: taxa de fusão = 72%,[73] parece ser superior a um SOMI. Se um halo é utilizado, obter radiografias laterais da coluna cervical na posição supina ou ereta. Se houver movimento no sítio de fratura, então a estabilização cirúrgica é recomendada.

Colar rígido:[73,74] taxa de fusão = 53%.

Em pacientes que são maus candidatos para cirurgia, existe uma fundamentação teórica e anedótica que considera a terapia com calcitonina (p. 1010), juntamente com uma órtese cervical rígida.[75]

Tipo I

Tão rara que uma análise profunda é difícil. Na presença de instabilidade atlantoaxial associada, a fusão cirúrgica pode ocasionalmente ser necessária.

Tipo II

Informações gerais

Tratamento permanece controverso. Um acordo não foi alcançado após muitas tentativas de identificar fatores que preveem quais fraturas tipo II são mais prováveis de se resolver com a imobilização e quais pre-

Quadro 64.10 Imobilização para fraturas do odontoide

Tipo de fratura	Opção
Tipo I	colar, halo
Tipo II[a]	halo, colar[a]
Tipo IIA[a]	halo[a]
Tipo III[a]	colar, halo[a]

[a]Considerar cirurgia para estes tipos, usar órtese indicada quando a cirurgia não for considerada apropriada.

cisarão de fusão cirúrgica. Uma revisão crítica da literatura revela uma escassez de estudos bem delineados. Uma ampla variedade de taxas de não consolidação com o uso isolado de imobilização (5-76%) é citada: 30% é provavelmente uma estimativa razoável para a taxa geral de não consolidação, com uma taxa de 10% de não consolidação para aqueles com luxações < 6 mm.[73] Possíveis fatores-chave na predição de não consolidação incluem:
1. grau de luxação: provavelmente o fator mais importante
   a) alguns autores consideram que uma luxação > 4 mm aumenta a probabilidade de não consolidação[69,76]
   b) alguns autores usam ≥ 6 mm como o valor crítico, citando uma taxa de 70% de não consolidaçao[60] nestes casos, independente da idade ou direção da luxação
2. idade:
   a) resolução sempre ocorre em crianças < 7 anos de idade apenas com a imobilização
   b) alguns consideram que existe uma idade crítica, acima da qual a taxa de não consolidação aumenta, e as seguintes idades foram citadas: idade > 40 anos (possivelmente ≈ a taxa de não consolidação duplica),[76] idade > 55 anos,[77] idade > 65 anos,[78] porém outros não consideram o aumento da idade como sendo um fator[73]

Indicações para cirurgia de fraturas do odontoide Tipo II

Tendo em conta as considerações acima, não pode haver regras rigorosas. O seguinte é oferecido como um guia (também, acima).
✱ Tratamento cirúrgico (em vez de imobilização externa) é recomendado para fraturas do odontoide Tipo II em pacientes com ≥ 7 anos de idade com qualquer um dos seguintes:
1. luxação ≥ 5 mm
2. instabilidade no sítio de fratura no halo-colete (ver abaixo)
3. idade ≥ 50 anos: aumenta em 21 vezes a taxa de não consolidação (com halo)[79]
4. não consolidação (ver ▶ Quadro 64.11 para critérios radiográficos), incluindo união fibrosa firme,[80] especialmente se acompanhado de mielopatia[57]
5. ruptura do ligamento transverso: associado à instabilidade tardia[37]

Opções cirúrgicas

1. parafuso de compressão de odontoide (p. 1480): apropriado para fraturas agudas tipo II, com ligamento transverso intacto e inserido
2. artrodese C1-2 (p. 1479): para opções incluindo fixação/fusão, parafusos transarticulares, grampos Halifax...

Tipo IIA

Cirurgia precoce é recomendada para todos os tipos de fraturas tipo IIA.[70]

Tipo III

≈ 90% se resolvem com imobilização externa (e analgésicos), quando esta é adequadamente mantida por 8-14 semanas.[60] Halo-colete é provavelmente o mais adequado,[74] taxa de fusão ≈ 100% em uma série.[73] Colar rígido: taxa de fusão = 50-70%; se usado, monitorar o paciente com frequentes radiografias da coluna cervical para descartar não consolidação.

Opções de tratamento cirúrgico

Ver fusão atlantoaxial (artrodese C1-2) (p. 1479) e fixação anterior do odontoide com parafuso (p. 1476) para opções cirúrgicas e detalhes operatórios.

Não consolidação

Os critérios radiográficos para não consolidação são exibidos no ▶ Quadro 64.11.

> **Quadro 64.11** Critérios radiográficos de não consolidação das fraturas do odontoide
>
> - defeito no odontoide, com esclerose adjacente de ambos os fragmentos (pseudoartrose vascular)
> - defeito no odontoide, com reabsorção adjacente de ambos os fragmentos (osteíte rarefaciente ou pseudoartrose atrófica)
> - defeito no odontoide, com perda definitiva da continuidade cortical
> - movimento do fragmento do odontoide demonstrado nas radiografias em flexão-extensão

O sintoma mais comum de não consolidação é de dor contínua na região cervical posterior alta além do tempo em que a órtese é removida. Mielopatia tardia pode-se desenvolver em até 77% das não consolidações móveis[67,81] como resultado do movimento e proliferação de tecido mole ao redor do sítio da fratura instável.

Os odontoideum

Informações gerais

Um ossículo separado de tamanho variável, com bordas corticais *lisas* separadas de um espigão odontoide encurtado, ocasionalmente pode se unir com o clivo. Pode imitar uma fratura do odontoide Tipo 1 ou 2. A etiologia é controversa com evidências que corroboram ambos os seguintes (o diagnóstico e tratamento não dependem de qual etiologia está correta).

1. congênita: anomalia do desenvolvimento (não união do odontoide ao corpo do áxis). No entanto, não resulta de centros de ossificação conhecidos (▶ Fig. 12.4) e foi demonstrada em 9 pacientes com processos odontoides previamente normais[82]
2. adquirida: supostamente representa uma fratura não consolidada antiga ou uma lesão ao suprimento vascular do odontoide em desenvolvimento[82,83]

Os odontoideum verdadeiro é raro. Ossículo terminal: não união do ápice no centro de ossificação secundário, é mais comum.

Dois tipos anatômicos:

1. ortopédico: ossículo se movimenta com o arco anterior de C1
2. distópico: ossículo está funcionalmente unido ao básio. Pode subluxar anteriormente ao arco de C1

Apresentação

Principais grupos identificados na literatura:[84]

1. dor occipitocervical/cervical
2. mielopatia: adicionalmente subdividida[82]
   a) mielopatia transitória: comum após trauma
   b) mielopatia estática
   c) mielopatia progressiva
3. sinais e sintomas intracranianos: causados por isquemia vertebrobasilar
4. achado incidental

A maioria dos pacientes é neurologicamente intacta e apresenta instabilidade atlantoaxial, que pode ser descoberta incidentalmente. Muitos pacientes sintomáticos e assintomáticos foram relatados sem problemas novos durante muitos anos de acompanhamento.[85] Por outro lado, casos de lesão súbita de medula espinal, após um trauma aparentemente menor, foram relatados.[86]

> ∑
>
> A história natural é variável, e fatores preditivos para deterioração, especialmente em pacientes assintomáticos, não foram identificados.[87]

Avaliação

Guia de prática clínica: Diagnóstico do os odontoideum

Nível III[88]
- recomendado: as seguintes radiografias simples da coluna cervical: AP, odontoide com a boca aberta, lateral (estática e em flexão-extensão) com ou sem tomografia (CT ou simples) e/ou MRI da junção craniocervical

982 Traumatismo Medular

É fundamental descartar a presença de instabilidade C1-2. No entanto, mielopatia não se correlaciona com o grau de instabilidade C1-2. Um diâmetro AP do canal < 13 mm não se correlaciona com a presença de mielopatia.

Tratamento

Independente se *os odontoideum* é congênito ou uma fratura não consolidada antiga, imobilização é improvável de resultar em fusão. Portanto, quando o tratamento é escolhido, cirurgia – geralmente artrodese atlantoaxial (p. 1479) – é necessária.

Guia de prática clínica: Tratamento do os odontoideum

Nível III[88]
- pacientes sem sinais ou sintomas neurológicos:
  - podem ser acompanhados com vigilância clínica e radiográfica
  - ou fusão posterior de C1-2 pode ser realizada
- pacientes com sinais ou sintomas neurológicos, ou instabilidade C1-2: fixação e fusão interna posterior de C1-2
- se cirurgia for realizada: imobilização pós-operatória com halo é recomendada (p. ex., após fixação e fusão posterior), a menos que uma instrumentação interna rígida for utilizada
- para pacientes com compressão cervicomedular não redutível e/ou evidência de instabilidade atlantoccipital associada: fusão occipitocervical ± laminectomia de C1
- para pacientes com compressão cervicomedular não redutível, considerar uma descompressão ventral

64.5.5 Fraturas diversas de C2

Compreendem ≈ 20% das fraturas de C2.[27] Incluem fraturas do processo espinhoso, lâmina, facetas, massa lateral ou corpo vertebral de C2. Fraturas do processo espinhoso ou lâmina podem ser tratadas com colar Philadelphia ou órtese cervicotorácica (CTO). Fraturas que comprometem as colunas anterior ou média (ou seja, fraturas das facetas, corpo de C2 ou massa lateral) requerem CTO ou halo-colete quando não deslocadas, ou halo quando deslocadas.

Guia de prática clínica: Tratamento de fraturas do corpo do áxis (C2)

Nível III:[61,62]
- fraturas podem inicialmente ser tratadas com imobilização externa na maioria dos casos (halo ou colar)
- estabilização cirúrgica deve ser considerada em casos de:
  a) instabilidade ligamentar grave
  b) ou incapacidade de estabelecer ou manter o alinhamento com a imobilização externa
- avaliar a presença de lesão da artéria vertebral em casos de fratura cominutiva do corpo do áxis

64.6 Lesões combinadas de C1-2

64.6.1 Informações gerais

Lesões combinadas de C1-2 são relativamente comuns e podem implicar em lesão estrutural ou mecânica mais significativa do que as fraturas isoladas de C1 ou C2. A frequência das fraturas de C2 nas lesões combinadas de C1-2 é exibida no ▶ Quadro 64.12. 5-53% dos pacientes com fraturas do odontoide Tipo II ou III e 6-26% de fraturas do enforcado foram associadas à fratura de C1.[89]

Quadro 64.12 Lesões associadas de C2

Lesão	%
Fratura do odontoide tipo II	40%
Fratura do odontoide tipo III	20%
Fratura do enforcado	12%
outras	28%

Quadro 64.13 Opções terapêuticas para lesões combinadas de C1-C2

Lesão	Opções terapêuticas
C1 + fratura do enforcado	
• estável	colar, halo, cirurgia[a]
• instável (angulação de C2-3 ≥ 11°)	halo, cirurgia
C1 + fratura do odontoide tipo II	
• estável (ADI[a] < 5 mm)	colar, halo cirurgia
• instável (ADI ≥ 5 mm)	halo, cirurgia
C1 + fratura do odontoide tipo III	halo
C1 + fraturas diversas de C2	colar, halo

[a]Abreviações: ADI = intervalo atlantodontoide; cirurgia = fixação e fusão cirúrgica.

64.6.2 Tratamento

Guia de prática clínica: Tratamento das fraturas combinadas do atlas e áxis

Nível III[89]
1. recomendado: o tratamento de base enfatiza primariamente no tipo de lesão de C2
2. recomendado: imobilização externa da maioria das fraturas de C1-2
3. considerar estabilização cirúrgica para estas situações: **Nota:** perda da integridade do anel de C1 pode necessitar de modificação da técnica cirúrgica; estas lesões são potencialmente instáveis: ver Fraturas do áxis (C2) (p. 972):
   a) fraturas combinadas de C1-odontoide tipo II, com um ADI ≥ 5 mm
   b) fraturas combinadas de C1-enforcado, com angulação C2-3 ≥ 11°

As opções terapêuticas são resumidas no ▶ Quadro 64.13.[89]

64.6.3 Resultado

Apenas 1 não consolidação (C1 + odontoide tipo II, tratada inicialmente com halo). Ausência de novos déficits neurológicos.

Referências

[1] Powers B, Miller MD, Kramer RS, et al. Traumatic Anterior Atlanto-Occipital Dislocation. Neurosurgery. 1979; 4:12–17

[2] Alker GJ, Leslie EV. High Cervical Spine and Craniocervical Junction Injuries in Fatal Traffic Accidents: A Radiological Study. Orthop Clin North Am. 1978; 9:1003–1010

[3] Bucholz RW, Burkhead WZ, Graham W, Petty C. Occult Cervical Spine Injuries in Fatal Traffic Accidents. J Trauma. 1979; 19:768–771

[4] Traynelis VC, Marano GD, Dunker RO, et al. Traumatic Atlanto-Occipital Dislocation. Case Report. J Neurosurg. 1986; 65:863–870

[5] Harris JH, Jr, Carson GC, Wagner LK, Kerr N. Radiologic diagnosis of traumatic occipitovertebral dissociation: 2. Comparison of three methods of detecting occipitovertebral relationships on lateral radiographs of supine subjects. AJR Am J Roentgenol. 1994; 162:887–892

[6] Theodore N, Aarabi B, Dhall SS, Gelb DE, Hurlbert RJ, Rozzelle CJ, Ryken TC, Walters BC, Hadley MN. The diagnosis and management of traumatic atlanto-occipital dislocation injuries. Neurosurgery. 2013; 72 Suppl 2:114–126

[7] Przybylski GJ, Clyde BL, Fitz CR. Craniocervical junction subarachnoid hemorrhage associated with atlanto-occipital dislocation. Spine. 1996; 21:1761–1768

[8] Section on Disorders of the Spine and Peripheral Nerves of the American Association of Neurological Surgeons and the Congress of Neurological Surgeons. Diagnosis and management of traumatic atlanto-occipital dislocation injuries. Neurosurgery. 2002; 50 Supplement:S105–S113

[9] Harris JH, Carson GC, Wagner LK. Radiologic diagnosis of traumatic occipitovertebral dissociation: 1. Normal occipitovertebral relationships on lateral radiographs of supine subjects. AJR Am J Roentgenol. 1994; 162:881–886

[10] Horn EM, Feiz-Erfan I, Lekovic GP, Dickman CA, Sonntag VK, Theodore N. Survivors of occipitoatlantal dislocation injuries: imaging and clinical correlates. J Neurosurg Spine. 2007; 6:113–120

[11] Rojas CA, Bertozzi JC, Martinez CR, Whitlow J. Reassessment of the craniocervical junction: normal values on CT. AJNR Am J Neuroradiol. 2007; 28:1819–1823

[12] Bertozzi JC, Rojas CA, Martinez CR. Evaluation of the pediatric craniocervical junction on MDCT. AJR Am J Roentgenol. 2009; 192:26–31

[13] Werne S. Studies in spontaneous atlas dislocation. Acta Orthop Scand Suppl. 1957; 23:1–150

[14] Pang D, Nemzek WR, Zovickian J. Atlanto-occipital dislocation: part 1–normal occipital condyle–C1 interval in 89 children. Neurosurgery. 2007; 61:514–21; discussion 521

[15] Kaufman RA, Carroll CD, Buncher CR. Atlantooccipital junction: standards for measurement in normal children. AJNR Am J Neuroradiol. 1987; 8:995–999

[16] Pang D, Nemzek WR, Zovickian J. Atlanto-occipital dislocation–part 2: The clinical use of (occipital) condyle–C1 interval, comparison with other diagnostic methods, and the manifestation, management, and outcome of atlanto-occipital dislocation in children. Neurosurgery. 2007; 61:995–1015; discussion 1015

[17] Dublin AB, Marks WM, Weinstock D, Newton TH. Traumatic dislocation of the atlanto-occipital articulation (AOA) with short-term survival. With a radiographic method of measuring the AOA. J Neurosurg. 1980; 52:541–546

[18] Lee C, Woodring JH, Goldstein SJ, Daniel TL, Young AB, Tibbs PA. Evaluation of traumatic atlantooccipital dislocations. AJNR Am J Neuroradiol. 1987; 8:19–26

[19] Wholey MH, Bruwer AJ, Baker HL. The lateral roentgenogram of the neck; with comments on the atlanto-odontoid-basion relationship. Radiology. 1958; 71:350–356

[20] Dziurzynski K, Anderson PA, Bean DB, Choi J, Leverson GE, Marin RL, Resnick DK. A blinded assessment of radiographic criteria for atlanto-occipital dislocation. Spine. 2005; 30:1427–1432

[21] Bell CL. Surgical Observations. Middlesex Hosp J. 1817; 4

[22] Maserati MB, Stephens B, Zohny Z, Lee JY, Kanter AS, Spiro RM, Okonkwo DO. Occipital condyle fractures: clinical decision rule and surgical management. J Neurosurg: Spine. 2009; 11:388–395

[23] Section on Disorders of the Spine and Peripheral Nerves of the American Association of Neurological Surgeons and the Congress of Neurological Surgeons. Occipital condyle fractures. Neurosurgery. 2002; 50 Supplement:S114–S119

[24] Theodore N, Aarabi B, Dhall SS, Gelb DE, Hurlbert RJ, Rozzelle CJ, Ryken TC, Walters BC, Hadley MN. Occipital condyle fractures. Neurosurgery. 2013; 72 Suppl 2:106–113

[25] Anderson PA, Montesano PX. Morphology and treatment of occipital condyle fractures. Spine. 1988; 13:731–736

[26] Jacoby CG. Fracture of the occipital condyle. AJR Am J Roentgenol. 1979; 132

[27] Sonntag VKH, Dickman CA, Rea GL, Miller CA, . In: Treatment of Upper Cervical Spine Injuries. Spinal Trauma: Current Evaluation and Management. American Association of Neurological Surgeons; 1993:25–74

[28] Fielding JW, Hawkins RJ. Atlanto-Axial Rotatory Fixation. (Fixed Rotatory Subluxation of the Atlanto-Axial Joint). J Bone Joint Surg. 1977; 59A:37–44

[29] Lourie H, Stewart WA. Spontaneous atlantoaxial dislocation: a complication of rheumatic disease. N Engl J Med. 1961; 265:677–681

[30] Wetzel FT, La Rocca H. Grisel's syndrome. Clin Orthop. 1989:141–152

[31] Fielding JW, Stillwell WT, Chynn KY, Spyropoulos EC. Use of computed tomography for the diagnosis of atlanto-axial rotatory fixation. J Bone Joint Surg. 1978; 60A:1102–1104

[32] Schneider RC, Schemm GW. Vertebral artery insufficiency in acute and chronic spinal trauma. With special reference to the syndrome of acute central cervical spinal cord injury. J Neurosurg. 1961; 18:348–360

[33] Banna M. In: Spinal Fractures and Dislocations. Clinical Radiology of the Spine and the Spinal Cord. Rockville, Maryland: Aspen Systems Corporation; 1985:102–159

[34] Govender S, Kumar KP. Staged reduction and stabilisation in chronic atlantoaxial rotatory fixation. J Bone Joint Surg Br. 2002; 84:727–731

[35] Bohrer SP, Klein MD, Martin W. "V" shaped predens space. Skeletal Radiol. 1985; 14:111–116

[36] Dickman CA, Mamourian A, Sonntag VK, Drayer BP. Magnetic resonance imaging of the transverse atlantal ligament for the evaluation of atlantoaxial instability. J Neurosurg. 1991; 75:221–227

[37] Dickman CA, Greene KA, Sonntag VK. Injuries involving the transverse atlantal ligament: classification and treatment guidelines based upon experience with 39 injuries. Neurosurgery. 1996; 38:44–50

[38] Hadley MN, Dickman CA, Browner CM, et al. Acute Traumatic Atlas Fractures: Management and Long-Term Outcome. Neurosurgery. 1988; 23:31–35

[39] Landells CD, Van Peteghem PK. Fractures of the atlas: classification, treatment and morbidity. Spine. 1988; 13:450–452

[40] Jefferson G. Fractures of the atlas vertebra: report of four cases, and a review of those previously recorded. Br J Surg. 1920; 7:407–422

[41] Papadopoulos SM, Rea GL, Miller CA. In: Biomechanics of Occipito-Atlanto-Axial Trauma. Spinal Trauma: Current Evaluation and Management. American Association of Neurological Surgeons; 1993:17–23

[42] Alker GJ, Oh YS, Leslie EV, et al. Postmortem Radiology of Head and Neck Injuries in Fatal Traffic Accidents. Radiology. 1975; 114:611–617

[43] Section on Disorders of the Spine and Peripheral Nerves of the American Association of Neurological Surgeons and the Congress of Neurological Surgeons. Isolated fractures of the atlas in adults. Neurosurgery. 2002; 50 Supplement: S120–S124

[44] Ryken TC, Aarabi B, Dhall SS, Gelb DE, Hurlbert RJ, Rozzelle CJ, Theodore N, Walters BC, Hadley MN. Management of isolated fractures of the atlas in adults. Neurosurgery. 2013; 72 Suppl 2:127–131

[45] Levine AM, Edwards CC. Fractures of the atlas. J Bone Joint Surg Am. 1991; 73:680–691

[46] Spence KF, Decker S, Sell KW. Bursting Atlantal Fracture Associated with Rupture of the Transverse Ligament. J Bone Joint Surg. 1970; 52A:543–549

[47] Garber J. Abnormalities of the atlas and axis vertebrae: Congenital and traumatic. J Bone Joint Surg Am. 1964; 46A:1782–1791

[48] Schneider RC, Livingston KE, Cave AJE, Hamilton G. 'Hangman's Fracture' of the Cervical Spine. J Neurosurg. 1965; 22:141–154

[49] Wood-Jones F. The Ideal Lesion Produced by Judicial Hanging. Lancet. 1913; 1

[50] Effendi B, Roy D, Cornish B, Dussault RG, Laurin CA. Fractures of the Ring of the Axis: A Classification Based on the Analysis of 131 Cases. J Bone Joint Surg. 1981; 63B:319–327

[51] Levine AM, Edwards CC. The Management of Traumatic Spondylolisthesis of the Axis. J Bone Joint Surg. 1985; 67A:217–226

[52] Starr JK, Eismont FJ. Atypical hangman's fractures. Spine. 1993; 18:1954–1957

[53] Levine AM, The Cervical Spine Research Society Editorial Committee. In: Traumatic Spondylolisthesis of the Axis: "Hangman's Fracture". The Cervical Spine. 3rd ed. Philadelphia: Lippincott-Raven; 1998:429–448

[54] Francis WR, Fielding JW, Hawkins RJ, Pepin J, et al. Traumatic Spondylolisthesis of the Axis. J Bone Joint Surg. 1981; 63B:313–318

[55] Greene KA, Dickman CA, Marciano FF, et al. Acute axis fractures. Analysis of management and outcome in 340 consecutive cases. Spine. 1997; 22:1843–1852

[56] Burke JT, Harris JH, Jr. Acute injuries of the axis vertebra. Skeletal Radiol. 1989; 18:335–346

[57] The Cervical Spine Research Society Editorial Committee. The Cervical Spine. Philadelphia 1989

[58] Tuite GF, Papadopoulos SM, Sonntag VKH. Caspar plate fixation for the treatment of complex hangman's fractures. Neurosurgery. 1992; 30:761–765

[59] Coric D, Wilson JA, Kelly DL. Treatment of Traumatic Spondylolisthesis of the Axis with Nonrigid Immobilization: A Review of 64 Cases. J Neurosurg. 1996; 85:550–554

[60] Sonntag VKH, Hadley MN. Nonoperative Management of Cervical Spine Injuries. Clin Neurosurg. 1988; 34:630–649

[61] Section on Disorders of the Spine and Peripheral Nerves of the American Association of Neurological Surgeons and the Congress of Neurological Surgeons. Isolated fractures of the axis in adults. Neurosurgery. 2002; 50 Supplement:S125–S139

[62] Ryken TC, Hadley MN, Aarabi B, Dhall SS, Gelb DE, Hurlbert RJ, Rozzelle CJ, Theodore N, Walters BC. Management of isolated fractures of the axis in adults. Neurosurgery. 2013; 72 Suppl 2:132–150

[63] Youmans JR. Neurological Surgery. Philadelphia 1982

[64] Hadley MN. Comment on Tuite G F, et al.: Caspar plate fixation for the treatment of complex hangman's fractures. Neurosurgery. 1992; 30:761–765

[65] ElMiligui Y, Koptan W, Emran I. Transpedicular screw fixation for type II Hangman's fracture: a motion preserving procedure. Eur Spine J. 2010; 19:1299–1305

[66] Husby J, Sorensen KH. Fracture of the Odontoid Process of the Axis. Acta Orthop Scand. 1974; 45:182–192

[67] Crockard HA, Heilman AE, Stevens JM. Progressive myelopathy secondary to odontoid fractures: clinical, radiological, and surgical features. J Neurosurg. 1993; 78:579–586

[68] Przybylski GJ. Management of Odontoid Fractures. Contemp Neurosurg. 1998; 20:1–6

[69] Anderson LD, D'Alonzo RT. Fractures of the Odontoid Process of the Axis. J Bone Joint Surg. 1974; 56A:1663–1674

[70] Hadley MN, Browner CM, Liu SS, Sonntag VKH. New Subtype of Acute Odontoid Fractures (Type IIA). Neurosurgery. 1988; 22:67–71

[71] Scott EW, Haid RW, Peace D. Type I Fractures of the Odontoid Process: Implications for Atlanto-Occipital Instability: Case Report. J Neurosurg. 1990; 72:488–492

[72] Naim-ur-Rahman, Jamjoom ZA, Jamjoom AB. Ruptured transverse ligament: an injury that is often forgotten. Br J Neurosurg. 2000; 14:375–377

[73] Hadley MN, Dickman CA, Browner CM, Sonntag VKH. Acute Axis Fractures: A Review of 229 Cases. J Neurosurg. 1989; 71:642–647

[74] Polin RS, Szabo T, Bogaev CA, et al. Nonoperative Management of Types II and III Odontoid Fractures: The Philadelphia Collar versus the Halo Vest. Neurosurgery. 1996; 38:450–457

[75] Darakchiev BJ, Bulas RV, Dunsker S. Use of Calcitonin for the Treatment of an Odontoid Fracture: Case Report. J Neurosurg. 2000; (Spine 1) 93:157–160

[76] Apuzzo MLJ, Heiden JS, Weiss MH, et al. Acute Fractures of the Odontoid Process. An Analysis of 45 Cases. J Neurosurg. 1978; 48:85–91

[77] Ekong CEU, Schwartz ML, Tator CH, et al. Odontoid Fracture: Management with Early Mobilization Using the Halo Device. Neurosurgery. 1981; 9:631–637

[78] Dunn ME, Seljeskog EL. Experience in the Management of Odontoid Process Injuries: An Analysis of 128 Cases. Neurosurgery. 1986; 18:306–310

[79] Lennarson PJ, Mostafavi H, Traynelis VC, Walters BC. Management of type II dens fractures: a case-control study. Spine. 2000; 25:1234–1237

[80] Bohler J. Anterior Stabilization for Acute Fractures and Non-Unions of the Dens. J Bone Joint Surg. 1982; 64:18–28

[81] Paridis GR, Janes JM. Posttraumatic Atlanto-Axial Instability: The Fate of the Odontoid Process Fracture in 46 Cases. J Trauma. 1973; 13:359–367

[82] Fielding JW, Hensinger RN, Hawkins RJ. Os Odontoideum. J Bone Joint Surg. 1980; 62A:376–383

[83] Ricciardi JE, Kaufer H, Louis DS. Acquired Os Odontoideum Following Acute Ligament Injury. J Bone Joint Surg. 1976; 58A:410–412

[84] Clements WD, Mezue W, Mathew B. Os odontoideum: congenital or acquired? That's not the question. Injury. 1995; 26:640–642

[85] Spierings EL, Braakman R. The management of os odontoideum. Analysis of 37 cases. J Bone Joint Surg Br. 1982; 64:422–428

[86] Menezes AH, Ryken TC. Craniovertebral abnormalities in Down's syndrome. Pediatr Neurosurg. 1992; 18:24–33

[87] Section on Disorders of the Spine and Peripheral Nerves of the American Association of Neurological Surgeons and the Congress of Neurological Surgeons. Os odontoideum. Neurosurgery. 2002; 50 Supplement:S148–S155

[88] Rozzelle CJ, Aarabi B, Dhall SS, Gelb DE, Hurlbert RJ, Ryken TC, Theodore N, Walters BC, Hadley MN. Os odontoideum. Neurosurgery. 2013; 72 Suppl 2:159–169

[89] Section on Disorders of the Spine and Peripheral Nerves of the American Association of Neurological Surgeons and the Congress of Neurological Surgeons. Management of combination fractures of the atlas and axis in adults. Neurosurgery. 2002; 50 Supplement:S140–S147

65 Lesões/Fraturas Subaxiais (C3 até C7)

65.1 Sistemas de classificação

65.1.1 Informações gerais

Vários sistemas foram propostos para ajudar a avaliar a estabilidade e/ou orientar o tratamento. O sistema de Allen e Ferguson (p. 987) é baseado no mecanismo da lesão. As tentativas de quantificar a estabilidade biomecânica incluem o sistema de White e Panjabi (p. 987) e a mais recente classificação das lesões subaxiais (SLIC) (ver abaixo). As medidas das lesões da coluna estão baseadas nos métodos descritos por Bono *et al.*[1]

> ## Guia de prática clínica: Classificação das lesões subaxiais da coluna cervical
>
> Nível I[2]
> - usar a Classificação das Lesões Subaxiais (SLIC) e a escala de gravidade para SCI (ver a seção 65.1.2)
> - classificar a estabilidade e o padrão da fratura usando o Escore de Severidade de Lesão da Coluna Cervical (CSISS): o CSISS é um algo complicado e pode ser mais adequado para utilização em ensaios clínicos do que na prática diária (ver as referências[2])

65.1.2 Classificação das lesões subaxiais (SLIC) da coluna cervical do Grupo de Estudos de Traumas da Coluna

▶ **Informações gerais.** A classificação das lesões subaxiais (SLIC)[3] é apresentada no (▶ Quadro 65.1) e avalia lesões no complexo disco-ligamentar (DLC) além das lesões neurológicas e ósseas. O coeficiente de correlação intraclasse de confiabilidade entre os avaliadores é 0,71.

Quadro 65.1 Classificação das lesões subaxiais (SLIC)[3]

Lesão (classificar *a lesão mais severa* nesse nível)	Pontos
Morfologia	
Sem anormalidades	0
Compressão simples (fratura por compressão, rompimento da placa terminal, fratura do VB no plano sagital ou coronal)	1
Fratura do tipo explosão	2
Distração (faceta empoleirada, fratura do elemento posterior)	3
Rotação/translação (deslocamento facetário, fratura em lágrima, lesão por compressão avançada, fratura do pedículo bilateral, massa lateral flutuante (p. 994)) Diretrizes: rotação axial relativa ≥ 11°[4] ou uma translação não relacionada com causas degenerativas	4
Complexo disco-ligamentar (DLC)	
Intacto	0
Indeterminado (alargamento interespinhoso isolado com < 11° em relação à angulação e sem alinhamento facetário anormal, ↑ do sinal na MRI de T2WI nos ligamentos...)	1
Rompido (faceta empoleirada ou deslocada, < 50% de aposição articular, diástase facetária > 2 mm, espaço discal anterior alargado, ↑ do sinal na MRI pelo disco inteiro...)	2
***Status* neurológico**	
Intacto	0
Lesão na raiz	1
Lesão medular completa	2
Lesão medular incompleta	3
• Compressão medular contínua com déficit neuronal	+1

▶ Integridade do DLC.[3] O DLC inclui: ligamento longitudinal anterior (o componente mais forte do DLC anterior), o ligamento longitudinal posterior, o ligamento flavo, a cápsula facetária (o componente mais forte do DLC posterior), e os ligamentos interespinhoso e supraespinhoso. O DLC é o parâmetro mais difícil de avaliar. De maneira ampla, é inferido indiretamente a partir de achados na MRI. A cicatrização é menos previsível do que a cicatrização óssea no adulto. Mais dados precisam ser acumulados antes que este parâmetro possa ser quantificado com confiabilidade.

▶ O manejo baseado no escore total na SLIC é apresentado no ▶ Quadro 65.2.

▶ Uma dada lesão pode ser descrita por meio da SLIC da seguinte forma:
1. nível espinal
2. *morfologia segundo a SLIC* (segundo o ▶ Quadro 65.1): usar o tipo de lesão mais severa neste nível
3. descrição da lesão óssea: por exemplo, fratura ou deslocamento do processo transverso, pedículo, placa terminal, processo articular superior ou inferior, massa lateral...
4. *status da SLIC DLC* (segundo o ▶ Quadro 65.1) com denominadores: por exemplo, hérnia discal...
5. *status neurológico segundo a SLIC* (segundo o ▶ Quadro 65.1)
6. fatores de confusão: por exemplo, presença de espondilite anquilosante, DISH, osteoporose, cirurgia prévia, doença degenerativa...

65.1.3 Classificação das lesões da coluna cervical com base no mecanismo do trauma

Uma modificação do sistema de Allen e Ferguson[5] divide as fraturas/deslocamentos da coluna cervical em 8 grupos principais com base na força da carga dominante e a posição do pescoço no momento da lesão, conforme apresentado no ▶ Quadro 65.3. São descritos os graus de gravidade dentro de cada grupo, e qualquer uma destas fraturas também pode estar associada a lesão por cargas rotatórias.

Detalhes sobre alguns destes tipos de fraturas são apresentados mais à frente.

65.1.4 Modelo de estabilidade de White e Panjabi

As diretrizes para determinação da instabilidade clínica (p. 930) da coluna cervical subaxial publicadas por White e Panjabi[6 (p. 314)] são apresentadas no ▶ Quadro 65.4. Em geral, considerando-se todo o restante

Quadro 65.2 Tratamento baseado no escore total no SLIC

Escore no SLIC	Tratamento
1-3	não cirúrgico
4	não especificado
≥ 5	cirúrgico

Quadro 65.3 Exemplos de tipos de lesões na coluna cervical[a]

Carga de força maior	Ação isolada	Com compressão	Com distração
Flexão (p. 989)	deslocamento facetário unilateral ou bilateral (p. 992)	• fratura do VB anterior com cifose • rompimento do ligamento interespinhoso • fratura em lágrima (p. 989)	• ligamentos posteriores rompidos (pode estar oculto) • facetas deslocadas ou bloqueadas (p. 992)
Extensão[b] (p. 994)	processo espinhoso fraturado e possivelmente a lâmina[b]	fratura através da massa lateral ou faceta[b], incluindo horizontalização da faceta (p. 994)	rompimento do ALL com retrolistese da vértebra superior na vértebra inferior[b]
Posição neutra		fratura em explosão (p. 989)	rompimento ligamentar completo (muito instável)

[a]Abreviações: ALL = ligamento longitudinal anterior; VB = corpo vertebral; os números entre parênteses são os números das páginas referentes àquele tópico.
[b]Qualquer lesão por extensão pode produzir SCIWORA em pacientes jovens, ou síndrome medular central na presença de estenose.

Lesões/Fraturas Subaxiais (C3 até C7)   987

▶ **Integridade do DLC.[3]** O DLC inclui: ligamento longitudinal anterior (o componente mais forte do DLC anterior), o ligamento longitudinal posterior, o ligamento flavo, a cápsula facetária (o componente mais forte do DLC posterior), e os ligamentos interespinhoso e supraespinhoso. O DLC é o parâmetro mais difícil de avaliar. De maneira ampla, é inferido indiretamente a partir de achados na MRI. A cicatrização é menos previsível do que a cicatrização óssea no adulto. Mais dados precisam ser acumulados antes que este parâmetro possa ser quantificado com confiabilidade.

▶ **O manejo baseado no escore total na SLIC é apresentado no** ▶ **Quadro 65.2.**

▶ **Uma dada lesão pode ser descrita por meio da SLIC da seguinte forma:**
1. nível espinal
2. *morfologia segundo a SLIC* (segundo o ▶ Quadro 65.1): usar o tipo de lesão mais severa neste nível
3. descrição da lesão óssea: por exemplo, fratura ou deslocamento do processo transverso, pedículo, placa terminal, processo articular superior ou inferior, massa lateral...
4. *status da SLIC DLC* (segundo o ▶ Quadro 65.1) com denominadores: por exemplo, hérnia discal...
5. *status neurológico segundo a SLIC* (segundo o ▶ Quadro 65.1)
6. fatores de confusão: por exemplo, presença de espondilite anquilosante, DISH, osteoporose, cirurgia prévia, doença degenerativa...

65.1.3 Classificação das lesões da coluna cervical com base no mecanismo do trauma

Uma modificação do sistema de Allen e Ferguson[5] divide as fraturas/deslocamentos da coluna cervical em 8 grupos principais com base na força da carga dominante e a posição do pescoço no momento da lesão, conforme apresentado no ▶ Quadro 65.3. São descritos os graus de gravidade dentro de cada grupo, e qualquer uma destas fraturas também pode estar associada a lesão por cargas rotatórias.

Detalhes sobre alguns destes tipos de fraturas são apresentados mais à frente.

65.1.4 Modelo de estabilidade de White e Panjabi

As diretrizes para determinação da instabilidade clínica (p. 930) da coluna cervical subaxial publicadas por White e Panjabi[6 (p. 314)] são apresentadas no ▶ Quadro 65.4. Em geral, considerando-se todo o restante

Quadro 65.2 Tratamento baseado no escore total no SLIC

Escore no SLIC	Tratamento
1-3	não cirúrgico
4	não especificado
≥ 5	cirúrgico

Quadro 65.3 Exemplos de tipos de lesões na coluna cervical[a]

Carga de força maior	Ação isolada	Com compressão	Com distração
Flexão (p. 989)	deslocamento facetário unilateral ou bilateral (p. 992)	• fratura do VB anterior com cifose • rompimento do ligamento interespinhoso • fratura em lágrima (p. 989)	• ligamentos posteriores rompidos (pode estar oculto) • facetas deslocadas ou bloqueadas (p. 992)
Extensão[b] (p. 994)	processo espinhoso fraturado e possivelmente a lâmina[b]	fratura através da massa lateral ou faceta[b], incluindo horizontalização da faceta (p. 994)	rompimento do ALL com retrolistese da vértebra superior na vértebra inferior[b]
Posição neutra		fratura em explosão (p. 989)	rompimento ligamentar completo (muito instável)

[a]Abreviações: ALL = ligamento longitudinal anterior; VB = corpo vertebral; os números entre parênteses são os números das páginas referentes àquele tópico.
[b]Qualquer lesão por extensão pode produzir SCIWORA em pacientes jovens, ou síndrome medular central na presença de estenose.

Quadro 65.4 Diretrizes para diagnóstico da instabilidade clínica da espinha C média e inferior[6]

Item	Pontos[a]
elementos anteriores[b] destruídos ou incapazes de funcionar	2
elementos posteriores[b] destruídos ou incapazes de funcionar	2
teste de extensão positivo[c]	2
lesão medular	2
lesão na raiz nervosa	1
estreitamento anormal do disco	1
canal espinal de desenvolvimento estreito • diâmetro sagital < 13 mm, OU • índice de Pavlov[d] < 0,8	1
carga perigosa prevista[e]	1
Critérios radiográficos	
raios X em posição neutra	
• deslocamento do plano sagital > 3,5 mm ou 20%	2
• angulação plana sagital relativa > 11°	2
OU	
raios X em flexão-extensão	
• translação do plano sagital > 3,5 mm ou 20%	2
• rotação do plano sagital > 20°	2
Instável se total ≥ 5	

[a]Se houver informações inadequadas para algum item, adicionar metade do valor desse item ao total.
[b]Na espinha C elementos posteriores = componentes anatômicos posteriores ao ligamento longitudinal posterior.
[c]Teste de extensão: aplicar cargas adicionais de tração cervical de 10 lbs q 5 min até 33% do peso corporal (máximo de 65 lbs). Checar raios X e exame neurológico depois de cada ≈. Positivo se ≈ em separação > 1,7 mm ou ≈ ângulo > 7,5° em raios X ou alteração no exame neurológico. Este teste é contraindicado se houver instabilidade óbvia.
[d]Índice de Pavlov = relação da (distância do nível médio do VB posterior ao ponto mais próximo na linha espinolaminar): (o diâmetro AP da metade do VB).
[e]P. ex., operários, atletas de esportes de contato, motociclistas.

igual, o comprometimento dos elementos anteriores produz mais instabilidade em extensão, enquanto o comprometimento dos elementos posteriores produz mais instabilidade em flexão (importante em transferências e imobilização de pacientes). Nota: certas condições, como espondilite anquilosante (p. 1123), podem fazer com que uma lesão estável em outros aspectos seja instável.

Teste de extensão: o teste de extensão cervical pode ser útil nos casos em que a estabilidade é difícil de ser determinada com base em outros fatores. Também pode ser útil na detecção de instabilidade em casos como o de um atleta sem nenhum rompimento ósseo ou ligamentar óbvio. É realizado com a aplicação de tração cervical gradual com o paciente na posição supina sobre uma mesa de raios X. O exame neurológico e radiografias cervicais laterais seriadas são realizados conforme descrito na nota de rodapé do
► Quadro 65.4.

65.2 Fratura do cavador de barro

Avulsão dos processos espinhosos (geralmente C7) descrita inicialmente em Perth, Austrália (patomecânica: durante a fase de lançamento da pá na escavação, o barro pode aderir à pá repuxando o trapézio e outros músculos que estão ligados aos processos espinhosos cervicais).[7] Também pode ocorrer com: lesão em chicote,[8] lesões que repuxam os braços para cima (p. ex., segurando-se ao cair), hiperflexão do pescoço ou um trauma direto no processo espinhoso.

Esta fratura é estável e por si só representa pouco risco. Se ileso, o paciente deverá ser submetido a estudo adicional (raios X ou CT da coluna espinal em flexão-extensão no nível afetado) para descartar fraturas ocultas. Um colar rígido é usado para alívio de possível dor.

65.3 Lesões por compressão vertical

Para aplicar uma força puramente compressiva à coluna cervical sem flexão ou extensão, é necessária a inversão da lordose cervical normal, como pode ocorrer em uma postura levemente flexionada. Fraturas do tipo explosão são o resultado mais comum, com a possibilidade de retropulsão do osso no canal espinal com déficit neurológico.

65.4 Lesões de flexão da coluna cervical subaxial

65.4.1 Informações gerais

Constituem até 15% dos traumas na coluna cervical. As causas comuns incluem: acidentes automobilísticos, quedas de altura e mergulho em águas rasas.[9]

65.4.2 Lesões de compressão-flexão

A lesão clássica causada por mergulho é o exemplo típico. Ocorrem fraturas dos elementos posteriores em até 50% das lesões de compressão-flexão.[10] Embora lesões de compressão-flexão estirem os elementos posteriores até certo ponto, a maioria delas não produz lesões ligamentares posteriores. Os subtipos de fraturas por compressão-flexão incluem: fraturas em lágrima (ver abaixo), fraturas quadrangulares (p. 991).

Tratamento: fraturas por compressão cervical leve sem déficit neurológico ou retropulsão óssea no canal espinal usualmente são tratadas com uma órtese rígida até que os raios X mostrem que ocorreu cicatrização (geralmente 6-12 semanas). A estabilidade é avaliada com imagens dos raios X em flexão-extensão (p. 956) antes de descontinuar completamente o colete. Fraturas por compressão mais graves cicatrizam com o uso de um halo-colete com uma taxa de ≈ 90% de fusão.

65.4.3 Fraturas em lágrima

Informações gerais

Foram originalmente descritas por Schneider e Kahn.[11] Resultam de hiperflexão ou carga axial no vértice do crânio com o pescoço flexionado (eliminando a lordose cervical normal)[12] (frequentemente erroneamente atribuído à hiperextensão decorrente da retrolistese). Duas forças estão envolvidas: 1) compressão da coluna anterior e 2) tensão no DLC. Ocorrem graus variados de severidade. Na sua forma mais severa, a lesão consiste no rompimento completo de todos os ligamentos, das articulações facetárias e do disco invertebral[13] e ≥ 3 mm de deslocamento posterior do corpo para dentro do canal. Conforme descrito originalmente, uma característica importante é o deslocamento da margem inferior do corpo vertebral fraturado posteriormente para dentro do canal espinal.[11] É, geralmente, instável.

Vistas em ≈ 5% dos pacientes em uma grande série de pacientes com evidências em raios X de trauma da coluna cervical.[14] Os pacientes são frequentemente quadriplégicos, embora alguns possam estar intactos e alguns possam ter síndrome na coluna cervical anterior (p. 947).

Achados

As possíveis lesões associadas e os achados radiográficos incluem:[13,15]
1. uma pequena lasca de osso (a "gota de lágrima") pouco além da borda inferior anterior do corpo vertebral envolvido (VB) no filme da coluna cervical lateral
2. frequentemente associadas a uma fratura no plano sagital do VB (divisão sagital) que pode quase sempre ser vista em visão AP (pode ser na linha mediana ou fora do centro). CT com corte fino é mais sensível
3. um grande fragmento triangular do VB inferior anterior
4. também podem ocorrer outras fraturas no corpo vertebral
5. a vertebra fraturada é geralmente deslocada *posteriormente* sobre a vertebra abaixo (facilmente observada em raios X oblíquos, ▶ Fig. 65.1). No entanto, casos sem retrolistese também são descritos[10]
6. o corpo fraturado é frequentemente forçado anteriormente (cifose) e também pode ser forçado possivelmente lateralmente
7. ruptura das articulações facetárias que pode ser visualizada como separação das articulações em raios X lateral, frequentemente desmascarado pela tração cervical

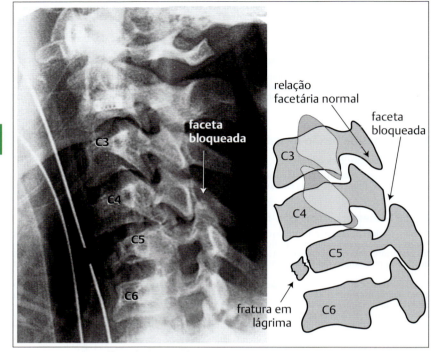

Fig. 65.1 Facetas unilaterais bloqueadas (C4 esquerda em C5) e fratura em lágrima em C5 (p. 989). Raios X da espinha C 60° LAO à esquerda e esquemático à direita (fratura do VB orientada sagitalmente por C5 vista na CT, não apresentado). Observe a subluxação anterior de C4 em C5 e a retrolistese leve de C5 em C6.

8. inchaço dos tecidos moles da área pré-vertebral, ver para medidas (p. 214)
9. estreitamento do disco intervertebral abaixo da fratura (indicando ruptura)

Distinção entre fratura em lágrima e fratura por avulsão

Justificativa: fraturas em lágrima devem ser distinguidas de uma fratura por avulsão simples que também pode resultar em uma pequena lasca do osso do VB inferior anterior, geralmente extraída por tração do ligamento longitudinal anterior (ALL) em hiperextensão. Embora possa haver rompimento do ALL nestes casos, isto geralmente não causa instabilidade.

Metodologia: em um paciente com uma pequena lasca de osso do VB anterior inferior, deve ser excluída uma fratura "em lágrima". Determinar se os seguintes critérios são satisfeitos:
- neurologicamente intacto (por causa da necessidade de cooperação; isto inclui o estado mental e exclui o paciente embriagado ou com concussão)
- o tamanho do fragmento ósseo é pequeno
- sem mau alinhamento dos corpos vertebrais
- sem evidência se fratura do VB no plano sagital em raios X AP ou CT da espinha C
- sem fratura do elemento posterior em raios X ou CT
- sem inchaço do tecido mole pré-vertebral (p. 214) no nível do fragmento
- e sem perda da altura do corpo vertebral ou altura do espaço do disco

Se os critérios acima forem satisfeitos, obter raios X da espinha C em extensão-flexão (p. 956). Se não ocorrer movimento anormal, dar alta para o paciente com colar rígido (p. ex., colar Philadelphia) e repetir os filmes em 4-7 dias (isto é, depois que a dor aliviou para ter certeza de que o alinhamento não está sendo mantido pelo espasmo do músculo cervical decorrente da dor), colar D/C se o segundo conjunto de filmes for normal.

Se o paciente não satisfizer os critérios acima, tratá-lo como uma fratura instável e obter uma CT das vértebras fraturadas para avaliar fraturas associadas (p. ex., fratura no plano sagital pode não ser aparente em raios X simples).

MRI avalia a integridade do disco e fornece algumas informações sobre os ligamentos posteriores.

65.4.4 Tratamento de fratura em lágrima

Se o disco e os ligamentos estiverem intactos (determinado por MRI), uma opção será empregar um halo-colete até que o fragmento esteja cicatrizado (realizar raios X em flexão-extensão depois de remover o halo para excluir instabilidade persistente). Ou então pode ser realizada estabilização cirúrgica, especialmente se for vista na MRI lesão ligamentar ou no disco. Quando a lesão for principalmente posterior decorrente do rompimento dos ligamentos posteriores e articulações facetárias, e se não houver comprometimento anterior do canal espinal, será suficiente a fusão posterior (p. 998). Lesões severas com comprometimento do canal frequentemente requerem uma descompressão e fusão combinadas (realizadas primeiro) seguidas pela fusão posterior usando uma técnica de Bohlman do triplo fio modificada ou parafusos e hastes na massa lateral.

65.4.5 Fraturas quadrangulares

Ver as referências.[16]

Quatro características:
1. fratura oblíqua no corpo vertebral (VB) passando da margem cortical anterior-superior até a placa terminal inferior
2. subluxação posterior do VB superior no VB inferior
3. cifose angular
4. rompimento do disco e ligamentos anterior e posterior

Tratamento:
Pode requerer fusões combinadas anterior e posterior.

65.5 Lesões por flexão-distração

65.5.1 Informações gerais

Varia desde distensão por hiperflexão (leve, ver abaixo), subluxação menor (moderada) até facetas bilaterais travadas (severo, ver abaixo). Os ligamentos posteriores são lesionados precocemente e geralmente são evidenciados pelo estreitamento da distância interespinhosa (p. 214).

65.5.2 Distensão por hiperflexão

Uma lesão puramente ligamentosa que envolve o rompimento do complexo ligamentar posterior sem fratura óssea. Pode passar despercebida em raios X da espinha C lateral simples se forem obtidos em alinhamento normal; requer imagens de flexão-extensão (p. 956). A instabilidade pode estar oculta quando os filmes são obtidos logo após a lesão se o espasmo dos músculos paraespinais cervicais entalar o pescoço e impedir verdadeira flexão.[17] Para pacientes com flexão limitada, deve ser prescrito um colar rígido, e se a dor persistir 1-2 semanas depois, os filmes devem ser repetidos (incluindo flexão-extensão).

Sinais radiográficos de distensão por hiperflexão[18] (os raios X também podem ser normais):
1. angulação cifótica
2. rotação anterior e/ou leve subluxação (1-3 mm)
3. estreitamento anterior e alargamento posterior do espaço discal
4. distância aumentada entre o córtex posterior do corpo vertebral subluxado e o córtex anterior das massas articulares da vertebra subjacente
5. deslocamento anterior e superior das facetas superiores (causando alargamento da articulação facetária)
6. expansão (alargamento anormal) do espaço interespinhoso em raios X da espinha C lateral ou distância interespinhosa aumentada em AP; ver Distâncias interespinhosas (p. 214)

65.5.3 Subluxação

Estudos com cadáveres mostraram que subluxação horizontal > 3,5 mm de um corpo vertebral sobre outro, ou > 11° de angulação de um corpo vertebral em relação ao seguinte indica instabilidade ligamentar[19,20] (▶ Quadro 65.4). Assim sendo, se for vista subluxação ≤ 3,5 mm em filmes simples e não houver déficit neurológico, obtenha imagens de flexão-extensão; ver Raios X da coluna cervical em extensão-flexão (p. 956). Se não houver movimento anormal, remova o colar cervical.

65.5.4 Facetas bloqueadas

Informações gerais

Lesões por flexão severa podem resultar em facetas bloqueadas (também conhecido como facetas "suspensas" ou facetas "saltadas") com inversão da relação "em telhas" normal entre as facetas (normalmente a faceta inferior do nível acima é posterior à faceta superior do nível abaixo). Envolve ruptura da cápsula facetária. As facetas que não foram travadas completamente, mas tiveram ruptura ligamentar significativo permitindo a distração muito próxima do ponto de travamento são conhecidas como "facetas empoleiradas."

Flexão + rotação → facetas unilaterais bloqueadas. Hiperflexão → facetas bilaterais bloqueadas.

Facetas unilaterais bloqueadas

25% dos pacientes são neurologicamente intactos, 37% têm déficit na raiz, 22% têm lesões incompletas na medula e 15% são quadriplégicos completos.[21]

Facetas bilaterais bloqueadas

Ocorrem com ruptura dos ligamentos das articulações apofisárias, ligamento flavo, ligamentos longitudinais e interespinhosos e o ânulo. Raro. Mais comum em C5-6 ou C6-7. 65-87% têm quadriplegia completa, 13-25% incompleta, ≤ 10% são intactos. Fraturas adjacentes (VB, faceta, lâmina, pedículo...) ocorrem em 40-60%.[5,22] Também podem ocorrer déficits na raiz nervosa.

Diagnóstico

CT sagital: geralmente a maneira ideal de identificar facetas bloqueadas.

Raios X da espinha C: faceta unilateral bloqueada (ULF) e bilateral bloqueada (BLF) produzirão subluxação (ULF → subluxação rotatória).

BLF: usualmente produz > 50% de subluxação em raios X lateral da coluna C.

ULF:
1. AP: os processos espinhosos acima da subluxação rotam para o mesmo lado que a faceta bloqueada (em relação aos que estão abaixo)
2. lateral: "sinal tipo gravata borboleta" (visualização das facetas esquerda e direita no nível da lesão em vez da posição sobreposta normal[21]). Pode ser vista subluxação. A ruptura do complexo ligamentar posterior pode produzir alargamento do interespaço entre os processos espinhosos
3. oblíquo: (▶ Fig. 65.1): pode demonstrar a faceta bloqueada, que será vista bloqueando o forame neural (usar ≈ 60° LAO para a faceta travada esquerda, 60° RAO para a direita; LAO = oblíquo anterior esquerdo, RAO = oblíquo anterior direito: p. ex., com RAO o paciente é angulado com o ombro direito mais próximo do filme)

CT axial: "sinal da faceta nua": a superfície articular da faceta será vista com seu par articulador apropriado ausente ou no lado errado da faceta (▶ Fig. 65.2). Com ULF, a CT também pode demonstrar a rotação do nível acima anteriormente no nível abaixo no lado da faceta bloqueada.

MRI: o melhor teste para excluir hérnia de disco traumática (encontrada em 80% das BLFs).[23]

Tratamento

Diretrizes para a prática

Ver Guia de prática clínica: redução fechada inicial em fratura/deslocamento em SCI (p. 958).

Redução fechada das facetas bloqueadas

✖ Contraindicada se hérnia de disco traumática for demonstrada na MRI. Pacientes que não podem ser avaliados neurologicamente podem ser avaliados com o uso de monitoramento SSEP/MEP. Dois métodos de redução fechada:
1. tração: mais comumente empregada nos Estados Unidos
   a) peso inicial (em libras) ≈ 3 vezes o nível vertebral cervical, aumentar com o acréscimo de 5-10 libras geralmente a intervalos de 10-15 minutos até que seja atingido o alinhamento desejado (avaliar o exame neurológico (ou SSEP/MEP) e raios X da espinha C ou fluoroscopia depois de cada ≈ para evitar distração excessiva)
   b) pontos terminais (isto é, interromper o procedimento):

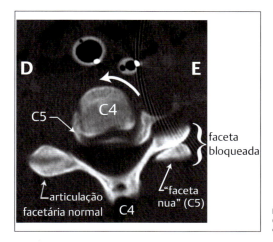

Fig. 65.2 Faceta bloqueada (C4-5 esquerda). (varredura com CT). Observe a rotação do corpo vertebral C4 em C5 (flecha em curva).

- não ultrapassar 10 libras por nível vertebral (aproximadamente 5 libras/nível) na maior parte das circunstâncias. Esta é uma diretriz – você está tentando evitar a distração excessiva no nível índice e nos níveis normais
- distração da faceta empoleirada/bloqueada ou redução desejada é atingida
- caso se desenvolva instabilidade occiptocervical
- se a altura do espaço de um disco exceder 10 mm (distração excessiva)
- se deterioração neurológica ou deterioração de SSEP/MEP
  c) com facetas unilaterais bloqueadas, pode-se acrescentar torção manual suave *na direção* das facetas bloqueadas. Com facetas bilaterais bloqueadas, pode-se acrescentar tensão manual posterior suave (p. ex., com uma toalha enrolada abaixo do occípito)
  d) depois que as facetas estão empoleiradas ou distraídas, a redução gradual dos pesos geralmente resultará em redução – verificar com raios X (colocando o pescoço em leve extensão, p. ex., com pequeno rolo sob o ombro, pode ajudar a manter a redução)
2. manipulação (usualmente sob anestesia): menos comumente empregada,[21] mais frequentemente usada na Europa. Envolve a aplicação manual de tração axial e angulação sagital algumas vezes com rotação e pressão direta no nível da fratura com fluoroscopia

A relaxação muscular paraespinal (mas não o suficiente para causar obnubilação) pode auxiliar na redução. Usar diazepam (Valium®) IV e/ou narcótico. Pode ser usada anestesia geral em casos difíceis (com monitorização de SSEP/MEP).
Depois de atingida a redução, o paciente é deixado em 5-10 libras de tração para estabilização.
Desvantagens da redução fechada
1. falha na redução em ≈ 25% dos casos de BLF
2. riscos de distração excessiva em níveis mais elevados ou piora de outras fraturas
3. pode ocorrer piora neurológica após redução fechada com hérnia discal traumática[22,24] e deve ser avaliada imediatamente com MRI e, se confirmada, tratada com pronta discectomia
4. acrescenta tempo e potencialmente dor aos cuidados do paciente, especialmente porque muitos continuarão a precisar de fusão cirúrgica de qualquer forma

Após redução fechada, a necessidade de estabilização interna (operativa) *versus* estabilização externa (ou seja, colete) pode receber atenção (abaixo).
Geralmente é necessária redução aberta e fixação se não for obtida redução. A redução fechada é frequentemente mais difícil com facetas bloqueadas bilaterais do que com unilaterais.

Redução aberta de facetas bloqueadas

1. abordagem posterior: a abordagem mais comum. Embora rara, ainda sujeita o paciente ao risco de deterioração decorrente de disco herniado traumaticamente. Assim sendo, deve ser feita uma MRI

pré-operatória, se possível. Frequentemente requer perfuração do aspecto posterior da faceta articular do nível abaixo. É recomendada uma foraminotomia quando houver sintomas na raiz para visualizar e descomprimir a raiz

2. abordagem anterior: removendo o disco no nível subluxado e explorando o espaço epidural anterior, o risco de piorar o déficit decorrente de uma hérnia discal traumática é teoricamente reduzido. A redução pode ser atingida com o acréscimo de tração manual simultânea

3. abordagem anterior/posterior combinada (360°): o uso de parafusos/hastes na placa anterior e massa lateral posterior elimina a necessidade de imobilização externa pós-operatória

Estabilização

Comumente é realizada fusão cirúrgica após redução fechada bem-sucedida, redução fechada falha ou após redução aberta.

Se houver fragmentos de fratura sobre superfícies articulares, pode ocorrer cicatrização satisfatória com imobilização com colete em halo (por 3 meses) depois de atingida a redução fechada.[25] Raios X frequentes são necessários para excluir redeslocamento.[26] Raios X de flexão-extensão são obtidos com a remoção do halo, e é necessária cirurgia para instabilidade continuada. Até 77% dos pacientes com deslocamento facetário unilateral ou bilateral (com ou sem fragmentos de fratura facetária) terão fracos resultados anatômicos somente com colete em halo (embora instabilidade tardia seja incomum), sugerindo que deve ser considerada cirurgia para todos estes pacientes.[27] Fusão cirúrgica é mais claramente indicada em casos sem fragmentos de fratura facetária (instabilidade ligamentar isolada pode não cicatrizar) ou se for necessária redução aberta.

Se for indicada cirurgia, uma MRI deve ser feita previamente, se possível. Uma abordagem posterior é preferível se não houver massas anteriores (como hérnia discal traumática ou esporões osteofíticos grandes), se a subluxação dos corpos for > um terço da largura do VB (sugerindo lesão ligamentar posterior severa) ou para fraturas dos elementos posteriores. Uma abordagem posterior será obrigatória se houver um deslocamento irredutível. Ver também Opções para abordagem posterior (p. 998).

65.6 Lesões por extensão da coluna cervical subaxial

65.6.1 Lesão por extensão sem lesão óssea

Lesões por extensão podem produzir lesão na medula espinal (SCI) sem evidência de lesão óssea. Os padrões de lesão incluem síndrome medular central (p. 944) geralmente em um adulto mais velho com espondilose cervical, e SCIWORA (ver abaixo) geralmente em crianças pequenas. Adultos de meia-idade com deslocamentos por hiperextensão que reduzem espontaneamente imediatamente podem estar presentes com SCI e sem anormalidade óssea em raios X, mas pode haver ruptura do ligamento longitudinal anterior, ALL, e/ou disco invertebral na MRI ou na autópsia. Forças de extensão também podem estar associadas a dissecções da artéria carótida (p. 1324).

65.6.2 Lesões por extensão menores

Resultam da ação da extensão isoladamente. Incluem fraturas do processo espinhoso e da lâmina. Por si só, são estáveis.

65.6.3 Lesão por compressão-extensão

Este é o mecanismo mais comum da massa lateral/fraturas facetárias (ver abaixo).

65.6.4 Massa lateral e fraturas facetárias da coluna cervical

Informações gerais

Frequentemente resulta de extensão combinada com compressão.

Classificação das fraturas da massa lateral cervical e facetárias

Os quatro padrões identificados em fraturas da massa lateral e facetárias[28] são apresentados no ▶ Quadro 65.5.

Foi observada subluxação anterior da vertebra fraturada em 77% de todas as fraturas da massa lateral.[28]

Faceta horizontal ou fratura com separação da massa articular

Extensão combinada com compressão e rotação pode produzir fratura de um pedículo e lâmina ipsolateral que permite que a massa articular desprendida (massa lateral "flutuante") rode par a frente para uma

Quadro 65.5 Classificação de fraturas da massa lateral cervical e facetárias[28]

Designação	Diagrama	Descrição
fratura com separação		fraturas na lâmina e pedículo ipsolateral. Permite *horizontalização* facetária[29] (ver texto)
fratura cominutiva		fraturas múltiplas. Frequentemente associada à deformidade da angulação lateral
fratura dividida		fratura vertical coronalmente orientada em 1 massa lateral, com invaginação da faceta articular superior do nível abaixo
espondilólise traumática		fraturas *bilaterais* horizontais na *pars interarticularis*, separando elementos espinais anteriores dos posteriores

orientação mais horizontal[29] (horizontalização da faceta) (▶ Quadro 65.5). Pode estar associada à ruptura do ligamento longitudinal anterior (ALL) e fissura discal em um ou dois níveis. Déficit neurológico é comum. Instável.

Falha do tratamento não operatório

Um estudo de *CTs* de 26 fraturas facetárias cervicais *unilaterais*[30] identificou os fatores de risco apresentados abaixo para falha do tratamento não operatório (▶ Fig. 65.3 para ilustração das definições das medidas): onde a altura do fragmento da fratura (FF) foi definida como a altura cefalocaudal máxima de ponta a ponta nas reconstruções sagitais sequenciais.

O manejo não operatório provavelmente falhará se FF for:
1. > 1 cm, ou
2. > 40% da LM (a altura da massa lateral contralateral intacta no mesmo nível, definida como a altura cefalocaudal máxima de ponta a ponta nas reconstruções sagitais sequenciais)

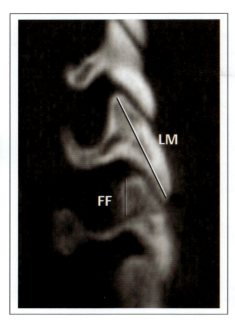

Fig. 65.3 Medições do fragmento de fratura facetária. CT sagital reconstruída. FF = altura do fragmento da fratura, LM = altura da massa lateral (medida no lado contralateral no mesmo nível que a fratura (não como mostrado aqui, que apenas ilustra a técnica usada para medir LM).

Tratamento cirúrgico de fraturas de massa cervical lateral e facetárias

A maioria dos casos pode ser tratada com uma abordagem posterior usando parafusos de fixação (parafusos para massa lateral ou parafusos para pedículo[28]) e hastes que se estendem no mínimo 1 nível acima e abaixo do nível da fratura (usualmente omitindo um parafuso no lado da fratura no nível do índice). Quando necessário, é realizada descompressão neural simultânea. Poderá ser necessário tratamento adicional com uma abordagem anterior para liberação de deformidade rígida ou para apoio adicional da coluna anterior.[28] Algumas fraturas com separação podem ser candidatas à osteossíntese (para preservar o movimento) com a utilização de um parafuso pedicular cervical[28] que atravessa a fratura.

Uma alternativa é a abordagem anterior. Vantagem: geralmente apenas 1 nível precisa ser fundido. Desvantagens: a descompressão dos fragmentos comprimidos nem sempre pode ser atingida e requer a desestabilização de uma área que pode não estar comprometida (se houver subluxação, a coluna anterior provavelmente estará comprometida).

65.7 Tratamento de fraturas da coluna cervical subaxial

65.7.1 Informações gerais

> **Guia de prática clínica: Tratamento de fraturas ou deslocamento da coluna cervical subaxial**
>
> Nível III[31]
> - redução fechada ou aberta de fraturas subaxiais ou deslocamentos com o objetivo de descompressão da coluna cervical e restauração do canal espinal
> - imobilização estável por fixação interna ou por imobilização externa para facilitar a mobilização e reabilitação precoces do paciente. Se for empregado tratamento cirúrgico, é aceitável fixação anterior ou posterior, quando uma abordagem particular para descompressão da coluna cervical não for necessária
> - tratamento com repouso prolongado no leito com tração, se opções de tratamento modernas não estiverem disponíveis
> - para pacientes com espondilite anquilosante

- o uso de rotina de CT e MRI é recomendado mesmo depois de trauma menor
- quando é necessária estabilização cirúrgica, instrumentação e fusão do segmento longo posterior ou um procedimento anterior/posterior combinado (fusão de 360°). Instrumentação independente anterior e procedimentos de fusão estão associados a uma taxa de fracasso de até 50% nestes pacientes

65.7.2 Visão geral do tratamento

O tratamento de alguns tipos específicos de fraturas da espinha C é abordado nas seções anteriores correspondentes. Para lesões não abordadas especificamente, os princípios gerais de tratamento são os seguintes:[6]

1. imobilizar e reduzir externamente (se possível): pode-se usar tração por 0-7 dias
2. determinar se existe uma indicação para descompressão assim que possível (as condições clínicas permitindo) e descomprimir, se necessário. Embora controversas, as indicações a seguir são geralmente aceitas para descompressão *aguda* em pacientes sem lesão medular completa:
   a) evidências radiográficas de osso ou material estranho no canal espinal com sintomas medulares associados
   b) bloqueio completo na CT, mielografia ou MRI
   c) julgamento clínico: p. ex., uma lesão incompleta progressiva na medula, onde o cirurgião acredita que seria benéfico descompressão
3. determinar a estabilidade da lesão (ver o ▶ Quadro 65.4)
   a) fraturas estáveis: tratar com órtese não halo por 1-6 semanas (p. 935)
   b) fraturas instáveis: todas as opções a seguir são apropriadas, com poucas evidências (baseadas na estabilidade espinal a longo prazo) para recomendar um esquema em detrimento de outro na maioria dos casos
      - tração por 7 semanas, seguida de órtese por 8 semanas
      - halo por 11 semanas, seguido de órtese por 4 semanas
      - fusão cirúrgica, seguida de órtese por 15 semanas
      - fusão cirúrgica com imobilização interna (parafusos e hastes na massa lateral...) ± órtese por um curto período de tempo (≈ várias semanas)

65.7.3 Tratamento cirúrgico

Em pacientes com lesões medulares completas

Operar um paciente com uma lesão medular completa (ASIA A e não em choque espinal) não resulta em recuperação significativa da função neurológica.[32] Se houver compressão contínua da medula e o reflexo bulbocavernoso estiver ausente, o paciente poderá estar em choque espinal – operar o mais cedo possível quando houver segurança na sua instituição. No entanto, redução não cirúrgica agressiva de subluxação traumática deve ser considerada.

O objetivo principal da cirurgia neste contexto é a estabilização espinal, permitindo que o paciente possa ficar sentado para melhorar a função pulmonar, permitindo, assim, o início da reabilitação. Embora a espinha vá se fundir espontaneamente em muitos casos (levando ≈ 8-12 semanas), a *estabilização* cirúrgica acelera o processo de mobilização e reduz o risco de deformidade cifótica de angulação tardia. Cirurgia precoce pode levar à maior lesão neurológica e deve ser adiada até que o paciente tenha se estabilizado medicamente e neurologicamente. Na maioria dos casos, a realização de cirurgia dentro de 4-5 dias (se o paciente estiver estável em outros aspectos) é provavelmente suficientemente cedo para ajudar a reduzir complicações pulmonares.

Em pacientes com lesões incompletas

Pacientes com lesões medulares incompletas que têm comprometimento do canal espinal (por osso, disco, subluxação irredutível ou hematoma) e não melhoram com terapia não operatória ou deterioram neurologicamente devem-se submeter à descompressão cirúrgica e estabilização.[32] Isto pode facilitar algum retorno da função medular. Uma exceção pode ser a síndrome medular central (p. 944).

Anterior ou posterior?

A escolha da técnica depende em grande parte do *mecanismo* da lesão, pois o tratamento tende a combater a instabilidade e idealmente não deve comprometer estruturas que ainda estão funcionando. Instrumentação (fios/cabos, parafusos e hastes para massa lateral, grampos...) imobiliza a área de instabilidade, enquanto está ocorrendo a fusão óssea. Na ausência de fusão óssea, todos os dispositivos mecânicos eventualmente falharão, e então isto se transforma numa "corrida" entre a fusão e a falha do instrumento.

Lesões extensas (incluindo fraturas em lágrima [p. 989] e fraturas por compressão em explosão) podem requerer uma abordagem combinada anterior e posterior (em estágios ou em uma única sessão: a descompressão anterior precede a fusão posterior).

Imobilização posterior e fusão

Indicações: procedimento de escolha para a maioria das lesões por *flexão*. Útil quando ocorre lesão mínima dos corpos vertebrais e na ausência de compressão anterior da medula e nervos. Incluindo: instabilidade ligamentar posterior, subluxação traumática, facetas bloqueadas unilaterais ou bilaterais, fraturas em cunha por compressão simples.

A técnica mais comum consiste em redução aberta ou fechada, seguida por parafusos e hastes para massa lateral (p. 972). Grampos Halifax são uma alternativa.[33] Embora tenham sido reportados sucessos com o uso de metil metacrilato,[34] ele não se liga ao osso e enfraquece com a idade, e assim seu uso no contexto de lesão traumática é *desencorajado*.[35]

Escolha de técnica posterior: se a coluna anterior que suporta o peso estiver significativamente danificada ou se houver ausência ou comprometimento da lâmina ou dos processos espinhosos, então será necessária uma abordagem anterior-posterior combinada ou será recomendada instrumentação rígida posterior (p. ex., placa e parafuso ou fixação com haste da massa lateral) com fusão.[36]

Abordagem anterior

Não depende da integridade dos elementos posteriores para atingir estabilidade.

Indicações:
1. corpo vertebral fraturado com osso retropulsado no canal espinal (fratura em explosão)
2. maioria das lesões por *extensão*
3. fraturas severas dos elementos posteriores que impedem estabilização e fusão posterior
4. pode ser usada para subluxação traumática da coluna cervical

Usualmente consiste em:
1. corpectomia: descomprime os elementos neurais (se necessário) e remove o osso fraturado e estruturalmente comprometido
   a) descompressão geralmente requer corpectomia ampla, de pelo menos ≈ 16 mm (palpar a superfície anterior do corpo vertebral para determinar a largura; observar a posição das artérias vertebrais na CT pré-operatória). Nota: é sugerido realizar corpectomia não maior do que 3 mm lateral à borda medial do músculo longo do colo; isto deixa ≈ 5 mm de margem de segurança para o forame transverso[37]
   b) se não for necessária descompressão, ≈ 12 mm de corpectomia será suficiente (isto é, aproximadamente a largura de um cotonoide de meia polegada)
2. E
   a) fusão com enxerto autólogo: substitui o corpo ou corpos envolvidos por:
      • osso (usualmente crista ilíaca, costela ou fíbula, homóloga ou cadavérica)
      • ou cage sintético (p. ex., titânio ou PEEK)
   b) geralmente acompanhada de placas de compressão
   c) geralmente acompanhada de imobilização externa
   d) corpectomia de > 1 nível ou presença de lesão nos elementos posteriores é usualmente uma indicação para aumento com instrumentação posterior

Complicações do tratamento cirúrgico

1. problemas com o equipamento
   a) problemas com o cage anterior
      • deslocamento/extrusão do cage
      • diminuição/telescopismo do cage na placa terminal
      • fratura do corpo vertebral
   b) problemas com as placas
      • retirada, afrouxamento ou rompimento dos parafusos
      • fratura da placa por fadiga
      • lesão pelo parafuso: raiz nervosa, medula ou artéria vertebral
2. imobilização pós-operatória inadequada
   a) escolha imprópria do colete
   b) baixa adesão do paciente ao dispositivo de imobilização
3. falha do enxerto (não união)

4. erro de julgamento
   a) falha em incorporar todos os níveis instáveis
   b) abordagem cirúrgica imprópria

65.8 Lesão medular sem anormalidades radiográficas (SCIWORA)

65.8.1 Informações gerais

Embora lesões medulares sejam incomuns em crianças, existe um subgrupo destas em que não pode ser demonstrada evidência radiográfica de rompimento ósseo ou ligamentoso (inclusive em raios X em flexão-extensão dinâmico). Isto é atribuído à elasticidade normalmente aumentada dos ligamentos espinhosos e tecido mole paravertebral na população jovem[38] e foi denominado SCIWORA (um acrônimo para "Lesão Medular Sem Anormalidades Radiográficas"). A faixa etária de crianças com SCIWORA é de 1,5-16 anos, e tem uma incidência muito maior em ≤ 9 anos de idade.[39] A medula pode passar por contusão, transecção, infarto, lesões por estiramento ou ruptura meníngea. As etiologias adicionais incluem: trauma abdominal fechado com interrupção do fluxo sanguíneo da aorta ou ramos segmentários, hérnia discal traumática. Pode haver um risco aumentado de SCIWORA entre crianças pequenas com malformação de Chiari I assintomática.[40]

54% das crianças com SCIWORA tinham um retardamento entre a lesão (em cujo momento algumas crianças experimentam dormência transitória, parestesias, sinal de Lhermitte ou um sentimento de fraqueza corporal total) e o início da disfunção sensorimotora *objetiva* ("período de latência") variando de 30 minutos a 4 dias.

Guia de prática clínica: Diagnóstico de SCIWORA

Nível III[41]
- MRI da região com suspeita de lesão
- varredura radiográfica de toda a coluna
- avaliar a estabilidade espinal com raios X em flexão-extensão no contexto agudo e em acompanhamento tardio, mesmo que a MRI seja negativa para lesão extraneural

✖ *não* recomendado: angiografia espinal ou mielografia

65.8.2 Avaliação radiográfica

Além de radiografias simples (para identificar instabilidade evidente que exigiria fusão cirúrgica), deve-se incluir MRI, que pode apresentar sinal aumentado dentro do parênquima medular em T2WI. Não havia espaço interespinal ocupando lesões em 13 pacientes estudados com mielografia/CT.[38]

65.8.3 Tratamento

Guia de prática clínica: Tratamento de SCIWORA

Nível III[41]
- imobilização externa do segmento espinal lesionado por até 12 semanas
- descontinuação precoce da imobilização externa para pacientes que se tornam assintomáticos e são confirmados como sem instabilidade em raios X em flexão-extensão
- evitar atividades de "alto risco" por até 6 meses depois de SCIWORA

Intervenção cirúrgica, incluindo laminectomia, não demonstrou benefício nos poucos casos em que foi tentada.[43]

Em razão de uma taxa de 20% de repetição da lesão (algumas decorrentes de trauma comum e algumas sem trauma identificável) no espaço de 10 semanas do trauma original quando tratada somente com

> **Quadro 65.6** Protocolo de tratamento para SCIWORA (modificado[42])
>
> - hospitalizar o paciente (ajuda a enfatizar a gravidade da lesão)
> - BR com colar cervical rígido até que as radiografias em flexão-extensão sejam normais
> - MRI da coluna cervical para documentar a presença de lesão medular
> - discussão detalhada com o paciente e a família sobre a gravidade da lesão e justificativa para o tratamento aqui descrito
> - imobilização em colete Guilford por 3 meses[a]
> - proibição de esportes de contato e sem contato
> - consultas regulares de acompanhamento para monitorização da condição e adesão
> - liberar as atividades aos 3 meses se as radiografias em flexão-extensão forem normais
>
> [a]Esta representa uma recomendação extremamente conservadora; uma recomendação menos restritiva é imobilização por 1-3 semanas;[43] ver **Guia de prática clínica: SCIWORA** (p. 999).

um colar rígido e restrição de esportes de contato (ambos por 2 meses), medidas mais agressivas foram inicialmente recomendadas (▶ Quadro 65.6).

Referências

[1] Bono CM, Vaccaro AR, Fehlings M, et al. Measurment techniques for lower cervical spine injuries: consensus statement of the Spine Trauma Study Group. Spine. 2006; 31:603–609

[2] Aarabi B, Walters BC, Dhall SS, Gelb DE, Hurlbert RJ, Rozzelle CJ, Ryken TC, Theodore N, Hadley MN. Subaxial cervical spine injury classification systems. Neurosurgery. 2013; 72 Suppl 2:170–186

[3] Vaccaro AR, Hulbert RJ, Patel AA, Fisher C, Dvorak M, Lehman RA,Jr, Anderson P, Harrop J, Oner FC, Arnold P, Fehlings M, Hedlund R, Madrazo I, Rechtine G, Aarabi B, Shainline M. The subaxial cervical spine injury classification system: a novel approach to recognize the importance of morphology, neurology, and integrity of the disco-ligamentous complex. Spine. 2007; 32:2365–2374

[4] White AA, III, Panjabi MM. Update on the evaluation of instability of the lower cervical spine. Instr Course Lect. 1987; 36:513–520

[5] Allen BL, Ferguson RL, Lehmann TR, O'Brieng RP. A Mechanistic Classification of Closed, Indirect Fractures and Dislocations of the Lower Cervical Spine. Spine. 1982; 7:1–27

[6] White AA, Panjabi MM. In: The Problem of Clinical Instability in the Human Spine: A Systematic Approach. Clinical Biomechanics of the Spine. 2nd ed. Philadelphia: J.B. Lippincott; 1990:277–378

[7] Hall RDM. Clay-Shoveller's Fracture. J Bone Joint Surg. 1940; 22:63–75

[8] Gershon-Cohen J, Budin E, Glauser F. Whiplash Fractures of Cervicodorsal Spinous Processes. JAMA. 1954; 155:560–561

[9] Abitbol J-J, Kostuik JP, The Cervical Spine Research Society Editorial Committee. In: Flexion Injuries to the Lower Cervical Spine. The Cervical Spine. 3rd ed. Philadelphia: Lippincott-Raven; 1998:457–464

[10] Fuentes J-M, Bloncourt J, Vlahovitch B, Castan P. La Tear Drop Fracture: Contribution à l'étude du Mécanisme et des Lésions Ostéo-Disco-Ligamentaires. Nirochirurgie. 1983; 29:129–134

[11] Schneider RC, Kahn EA, Arbor A. Chronic Neurologic Sequelae of Acute Trauma to the Spine and Spinal Cord. The Significance of Acute Flexion or Teardrop Cervical Fracture-Dislocation of the Cervical Spine. J Bone Joint Surg. 1956; 38A

[12] Torg JS, Vegso JJ, Sennett B. The national football head and neck injury registry: 14-year report of cervical quadriplegia (1971-1984). Clin Sports Med. 1987; 6:61–72

[13] Harris JH, Edeiken-Monroe B, Kopaniky DR. A Practical Classification of Acute Cervical Spine Injuries. Orthop Clin North Am. 1986; 17:15–30

[14] Gehweiler JA, Clark WM, Schaaf RE, Powers B, et al. Cervical Spine Trauma: The Common Combined Conditions. Radiology. 1979; 130

[15] Gehweiler JA, Osborne RL. The Radiology of Vertebral Trauma. Philadelphia: W. B. Saunders; 1980

[16] Favero KJ, VanPeteghem PK. The Quadrangular Fragment Fracture: Roentgenographic Features and Treatment Protocol. Clin Orthop. 1989; 239:40–46

[17] Webb JK, Broughton RBK, McSweeney T, et al. Hidden Flexion Injury of the Cervical Spine. J Bone Joint Surg. 1976; 58B:322–327

[18] Fazl M, LaFebvre J, Willinsky RA, et al. Posttraumatic Ligamentous Disruption of the Cervical Spine, an Easily Overlooked Diagnosis: Presentation of Three Cases. Neurosurgery. 1990; 26:674–677

[19] White AA, Johnson RM, Panjabi MM, et al. Biomechanical Analysis of Clinical Stability in the Cervical Spine. Clin Orthop. 1975; 109:85–96

[20] White AA, Southwick WO, Panjabi MM. Clinical Instability in the Lower Cervical Spine - A Review of Past and Current Concepts. Spine. 1976; 1:15–27

[21] Andreshak JL, Dekutoski MB. Management of Unilateral Facet Dislocations: A Review of the Literature. Orthopedics. 1997; 20:917–926

[22] Payer M, Schmidt MH. Management of traumatic bilateral locked facets of the subaxial cervical spine. Contemp Neurosurg. 2005; 27:1–4

[23] Rizzolo SJ, Piazza MR, Cotler JM, Balderston RA, Schaefer D, Flanders A. Intervertebral disc injury complicating cervical spine trauma. Spine. 1991; 16:S187–S189

[24] Doran SE, Papadopoulos SM, Ducker TB, et al. Magnetic Resonance Imaging Documentaticn of Coexistent Traumatic Locked Facets of the Cervical Spine and Disc Herniation. J Neurosurg. 1993; 79:341–345

[25] Sonntag VKH. Management of Bilateral Locked Facets of the Cervical Spine. Neurosurgery. 1981; 8:150–152

[26] Glasser JA, Whitehall R, Stamp WG, Jane JA. Complications Associated with the Halo Vest. J Neurosurg. 1986; 65:76–79

[27] Sears W, Fazl M. Prediction of Stability of Cervical Spine Fracture Managed in the Halo Vest and Indications for Surgical Intervention. J Neurosurg. 1990; 72:426–432

[28] Kotani Y, Abumi K, Ito M, Minami A. Cervical spine injuries associated with lateral mass and facet joint fractures: New classification and surgical treatment with pedicle screw fixation. Eur Spine J. 2005; 14:69–77

[29] Roy-Camille R, Saillant G. Osteosyrthese des fractures du rachis cervical. Actual Chir Orthop Hop R Poincarré Mason, Paris. 1970; 8:175–194

[30] Spector LR, Kim DH, Affonso J, Albert TJ, Hilibrand AS, Vaccaro AR. Use of computed tomography to predict failure of nonoperative treatment of unilateral facet fractures of the cervical spine. Spine (Phila Pa 1976). 2006; 31:2827–2835

[31] Gelb DE, Aarabi B, Dhall SS, Hurlbert RJ, Rozzelle CJ, Ryken TC, Theodore N, Walters BC, Hadley MN. Treatment of subaxial cervical spinal injuries. Neurosurgery. 2013; 72 Suppl 2:187–194
[32] Sonntag VKH, Hadley MN. Nonoperative Management of Cervical Spine Injuries. Clin Neurosurg. 1988; 34:630–649
[33] Aldrich EF, Crow WN, Weber PB, Spagnolia TN. Use of MR Imaging-Compatible Halifax Interlaminar Clamps for Posterior Cervical Fusion. J Neurosurg. 1991; 74:185–189
[34] Branch CL, Kelly DL, Davis CH, McWhorter JM, et al. Fixation of Fractures of the Lower Cervical Spine Using Methylmethacrylate and Wire: Technique and Results in 99 Patients. Neurosurgery. 1989; 25:503–513
[35] Cooper PR. Comment on Branch C L, et al.: Fixation of Fractures of the Lower Cervical Spine Using Methylmethacrylate and Wire. Neurosurgery. 1989; 25:512–513
[36] McGuire RA, The Cervical Spine Research Society Editorial Committee. In: Cervical Spine Arthrodesis. The Cervical Spine. 3rd ed. Philadelphia: Lippincott-Raven; 1998:499–508

[37] Vaccaro A, Ring D, Seuderi G, Garfin S. Vertebral artery location in relation to the vertebral body as determined by two-dimensional computed tomography evaluation. Spine. 1994; 19
[38] Pang D, Wilberger JE. Spinal Cord Injury without Radiographic Abnormalities in Children. J Neurosurg. 1982; 57:114–129
[39] Hamilton MG, Myles ST. Pediatric Spinal Injury: Review of 174 Hospital Admissions. J Neurosurg. 1992; 77:700–704
[40] Bondurant CP, Oró JJ. Spinal Cord Injury without Radiographic Abnormality and Chiari Malformation. J Neurosurg. 1993; 79:833–838
[41] Rozzelle CJ, Aarabi B, Dhall SS, Gelb DE, Hurlbert RJ, Ryken TC, Theodore N, Walters BC, Hadley MN. Spinal cord injury without radiographic abnormality (SCIWORA). Neurosurgery. 2013; 72 Suppl 2:227–233
[42] Pollack IF, Pang D, Sclabassi R. Recurrent Spinal Cord Injury without Radiographic Abnormalities in Children. J Neurosurg. 1988; 69:177–182
[43] Madsen JR, Freiman T. Cervical Spinal Cord Injury in Children. Contemp Neurosurg. 1998; 20:1–5

66 Fraturas das Colunas Torácica, Lombar e Sacra

66.1 Avaliação e tratamento de fraturas toracolombares

66.1.1 Informações gerais
Um modelo amplamente usado para estabilidade da coluna toracolombar é o modelo de 3 colunas de Denis (ver abaixo). Ver também o sistema TLICS proposto mais recentemente (p. 1006).

66.1.2 Modelo de três colunas

Informações gerais
O modelo de 3 colunas da espinha de Denis (▶ Fig. 66.1) procura identificar os critérios da *CT* de instabilidade de fraturas da coluna *toracolombar*.[1] Este modelo tem, de um modo geral, um bom valor preditivo; no entanto, qualquer tentativa de criar "regras" de instabilidade terá alguma imprecisão inerente.

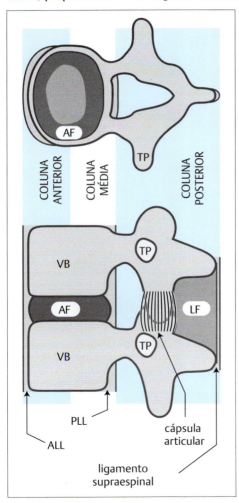

Fig. 66.1 Modelo de três colunas da espinha (TP = processo transverso, ver o texto para outras abreviações). (Adaptada de Spine, Denis F, Vol. 8, pp. 317-31, 1983, com permissão.)

Definições

- coluna anterior: metade anterior do disco e corpo vertebral (VB) (inclui o ânulo fibroso anterior [AF]) mais o ligamento longitudinal anterior (ALL)
- coluna média: metade posterior do disco e corpo vertebral (VB) (inclui a parede posterior do corpo vertebral e AF posterior), ligamento longitudinal posterior (PLL) e os pedículos
- coluna posterior: complexo ósseo posterior (arco posterior) com complexo ligamentar posterior interposto (ligamento supraespinal e interespinhoso, articulações facetárias e ligamento amarelo (LF)). Lesão isolada nesta coluna *não* causa instabilidade

Classificação em lesões maiores e menores

Lesões menores

Envolvem apenas uma parte de uma coluna e não levam à instabilidade aguda (quando não acompanhadas de lesões maiores). Incluem:

1. fratura do processo transverso: geralmente neurologicamente intacta, exceto em duas áreas:
   a) L4-5 → lesões do plexo lombossacral (pode haver lesões renais associadas, checar U/A para sangue)
   b) T1-2 → lesões de plexo braquial
2. fratura ou processo articular ou partes interarticulares
3. fraturas isoladas do processo espinhoso: na coluna TL: geralmente se devem a trauma direto. Frequentemente difíceis de detectar em raios X simples
4. fratura laminar isolada: rara. Deve ser estável

Lesões maiores

A classificação de McAfee descreve 6 tipos principais de fraturas.[2] Um sistema simplificado com quatro categorias, é apresentado (ver também o ▶ Quadro 66.1):

Tipo 1: fratura por compressão: falha na compressão da coluna anterior. Coluna média *intacta* (diferente das outras 3 lesões maiores abaixo) agindo como um fulcro.

1. 2 subtipos:
   a) anterior: mais comum entre T6-T8 e T12-L3
      - raios X laterais: acunhamento do VB anteriormente, sem perda da altura do VB posterior, sem subluxação
      - CT: canal espinal intacto. Rompimento da placa terminal anterior
   b) lateral (raro)
2. clínica: sem déficit neurológico

Tipo 2: fratura do tipo explosão: carga axial pura → compressão do corpo vertebral → falha na compressão das colunas anterior e média. Ocorre principalmente na junção TL, usualmente entre T10 e L2.

1. 5 subtipos; fraturas do tipo explosão em L5 podem constituir um subtipo raro (p. 1006)
   a) fratura das duas placas terminais: visto na região lombar inferior (onde a carga axial → extensão aumentada, ao contrário da coluna T onde a carga axial → flexão)
   b) fratura da placa terminal superior: a fratura do tipo explosão mais comum. Vista na junção TL. Mecanismo = carga axial + flexão
   c) fratura da placa terminal inferior: rara

Quadro 66.1 Falha na coluna nos quatro tipos principais de lesões medulares toracolombares

Tipo de fratura	Coluna		
	Anterior	Média	Posterior
compressão	compressão	intacta	intacta ou distração, se grave
explosão	compressão	compressão	intacta
cinto de segurança	intacta ou compressão leve de 10-20% do VB anterior	distração	
fratura-deslocamento	compressão, rotação, ruptura	distração, rotação, ruptura	

[a]Adaptado[1] com permissão.

d) rotação do tipo explosão: usualmente lombar média. Mecanismo = carga axial + rotação

e) flexão lateral do tipo explosão: mecanismo = carga axial + flexão lateral

2. avaliação radiográfica

a) raios X laterais: fratura cortical da parede posterior do VB, perda da altura posterior do VB, retropulsão do fragmento ósseo da(s) placa(s) terminal(ais) no canal

b) raios X AP: aumento da distância interpedicular (IPD), fratura vertical da lâmina, separação das articulações facetárias: ↑ IPD indica falha da coluna *média*

c) CT: demonstra quebra na parede posterior do VB com osso retropulsado no canal espinal (média: 50% de obstrução da área do canal), aumento na IPD com separação do arco posterior (incluindo as facetas)

d) MRI: comprometimento do canal anterior pelo fragmento ósseo; possível compressão da medula geralmente com os fragmentos ocupando > 50% do diâmetro do canal

e) MRI ou mielografia: compressão no canal espinal

3. clínica: depende do nível (medula torácica mais sensível e menos espaço no canal do que a região do cone), do impacto no momento do rompimento e da extensão da obstrução do canal

a) ≈ 50% intactos no exame inicial (metade destes recordou dormência, formigamento e/ou fraqueza nas pernas inicialmente após o trauma, que se dissiparam)

b) dos pacientes com déficits, apenas 5% tinham paraplegia *completa*

Tipo 3: fratura do cinto de segurança **(alguns denominam como fratura de flexão-distração, mas esse termo também é usado para um subtipo de fratura-deslocamento):** flexão em um fulcro anterior à coluna anterior (p. ex., cinto de segurança) → compressão da coluna anterior e falha na distração das colunas média e posterior. Pode ser óssea ou ligamentar.

1. 4 subtipos

a) fratura de Chance (nomeada por G. Q. Chance, 1948): um nível, totalmente através do osso

b) um nível, através dos ligamentos

c) dois níveis, através do osso na coluna média, e através do ligamento nas colunas anterior e posterior

d) dois níveis, através do ligamento em todas as 3 colunas

2. avaliação radiográfica

a) raios X simples: ↑ distância interespinhosa, fraturas nas partes interarticulares e divisão horizontal dos pedículos e processo transverso. Sem subluxação

b) CT: cortes axiais são ruins para este tipo (a maior parte da fratura é no plano dos cortes na CT axial). As reconstruções sagitais e coronais demonstram bem. Podem demonstrar partes com fratura

3. clínica: sem déficit neurológico

Tipo 4: fratura-deslocamento: falha de todas as 3 colunas decorrente da compressão, tensão, rotação ou ruptura → subluxação ou deslocamento.

1. raios X: ocasionalmente, pode ser reduzida quando é feita imagem. Procurar outros marcadores de trauma significativo (fraturas múltiplas das costelas, fraturas unilaterais do processo articular, fraturas do processo espinhoso, fraturas laminares horizontais)

2. 3 subtipos

a) rotação por flexão: colunas posterior e média totalmente rompidas, anteriormente comprimidas → acunhamento anterior

• raios X laterais: subluxação ou deslocamento. Parede posterior dos VBs preservada. Distância interespinhosa aumentada

• CT: rotação e compensação dos VBs com → diâmetro do canal. Facetas saltadas

• clínica: 25% neurologicamente intactos. 50% destes com déficits eram paraplégicos completos

b) ruptura: todas as 3 colunas rompidas (incluindo ALL)

• quando a força do trauma é direcionada posteriormente para anteriormente (mais comum) o VB acima se rompe fraturando o arco posterior (→ lâmina com flutuação livre) e a faceta superior da vértebra inferior

• clínica: todos os 7 casos eram de paraplégicos completos

c) distração por flexão

• radiograficamente se parece com o tipo cinto de segurança com adição de subluxação ou com compressão da coluna anterior > 10-20%

• clínica: déficit neurológico (incompleto em 3 casos, completo em 1)

Lesões associadas

Além do apresentado acima, as lesões associadas incluem: avulsão da placa terminal vertebral, lesões ligamentares e fratura no quadril e pélvica. Fraturas toracolombares podem estar associadas à instabilidade hemodinâmica em consequência de hemotórax ou lesão aórtica. Fraturas do processo transverso podem estar associadas a trauma abdominal (p. ex., lesões renais em L4-5).

Estabilidade e tratamento de fraturas da coluna toracolombar

Lesões menores

Fraturas *isoladas* no processo transverso toracolombar (conforme demonstrado na CT espinal) não requerem intervenção ou consulta em um serviço de doenças da coluna.[3,4]

Lesões espinais maiores

Denis classificou a instabilidade como:
- 1º grau: instabilidade mecânica
- 2º grau: instabilidade neurológica
- 3º grau: instabilidade mecânica e neurológica

Lesão da coluna anterior

Lesões isoladas na coluna anterior são geralmente estáveis e são tratadas conforme descrito no ▶ Quadro 66.2.

As seguintes exceções podem ser *instáveis* (1º grau) e frequentemente requerem cirurgia:[1,5]

Fraturas instáveis por compressão

1. uma fratura única por compressão com:
   a) perda de > 50% da altura com angulação (particularmente se a parte anterior da cunha chega a um ponto)
   b) angulação cifótica excessiva em um segmento (são usados vários critérios, nenhum é absoluto. Valores mencionados: > 30°, > 40°)
2. 3 ou mais fraturas por compressão contíguas
3. déficit neurológico (geralmente não ocorre com fratura por compressão pura)
4. coluna posterior rompida ou mais do que falha mínima na coluna média
5. cifose progressiva: o risco de cifose progressiva é aumentado quando a perda da altura do corpo vertebral anterior é > 75%. O risco é mais alto para fraturas por compressão lombar do que torácica

Falhas na coluna média

São instáveis (frequentemente requerendo cirurgia) com as seguintes exceções que devem ser estáveis (lesões estáveis podem ser tratadas conforme descrito no ▶ Quadro 66.2).

Fraturas estáveis na coluna média

- acima de T8 se as costelas e esterno estiverem intactos (proporciona estabilização anterior)
- abaixo de L4 se os elementos posteriores estiverem intactos
- fratura de Chance (compressão da coluna anterior, distração da coluna média)
- ruptura da coluna anterior com fratura mínima na coluna média

Ruptura da coluna posterior

Não *agudamente* instável, a menos que acompanhada de falha na coluna média (ligamento longitudinal posterior e ânulo fibroso posterior). No entanto, pode-se desenvolver instabilidade *crônica* com deformidade cifótica (especialmente em crianças).

Lesões tipo cinto de segurança sem déficit neurológico

Sem perigo imediato de lesão neurológica. Tratar a maioria com imobilização externa em extensão (p. ex., colete de hiperextensão Jewet ou TLSO moldada).

Quadro 66.2 Tratamento de lesões estáveis anteriores ou médias na coluna toracolombar

- tratar inicialmente com analgésicos e posição reclinada (repouso no leito) para conforto por 1-3 semanas
- a diminuição da dor é uma boa indicação para começar a mobilização com ou sem imobilização externa (cinta ou colete Boston ou extensão com TLSO por ≈ 12 semanas) dependendo do grau de cifose
- vertebroplastia (± cifoplastia) pode ser uma opção (p. 1011)
- raios X seriados para excluir deformidade progressiva

Fratura-deslocamento

Instável. Opções de tratamento:
1. descompressão cirúrgica e estabilização: geralmente necessárias em casos com
   a) compressão com > 50% de perda da altura com angulação
   b) ou angulação cifótica > 40° (ou > 25%)
   c) ou déficit neurológico
   d) ou desejo de encurtar o tempo de repouso no leito
2. repouso no leito prolongado: uma opção se nenhum dos acima estiverem presentes

Quando é realizada ressecção do corpo vertebral (coperctomia vertebral), opções para acesso: abordagem transtorácica ou transabdominal (ou combinada), abordagem transpedicular (para coluna torácica), lateral retroperitoneal/retropleural). Fratura e compressão usualmente ocorrem na margem superior do corpo vertebral, assim iniciando a ressecção no interespaço do disco *inferior*. Acompanhada de enxerto de suporte (cage ou osso: crista ilíaca ou fíbula ou tíbia). Geralmente é necessária instrumentação posterior; ver Instrumentação espinal (p. 1007).

Fraturas do tipo explosão

Nem todas as fraturas do tipo explosão são semelhantes. Algumas fraturas do tipo explosão podem eventualmente causar déficit neurológico (mesmo que não tenha havido déficit inicialmente). Fragmentos da coluna média no canal colocam em perigo os elementos neurológicos. Foram propostos critérios para diferenciar fraturas do tipo explosão leves das graves. Não há um sistema aceito uniformemente. Recomendações.[1,6]

Indicações cirúrgicas para fraturas do tipo explosão: fratura do tipo explosão com algum dos seguintes:
- altura anterior do corpo vertebral ≤ 50% da altura posterior
- diâmetro do canal residual ≤ 50% do normal (nota: osso retropulsado no canal é frequentemente reabsorvido com colete ou cirurgia e é, portanto, controverso como uma indicação isolada para cirurgia[7,8])
- angulação cifótica ≥ 20°
- quando a distância interpedicular aumentada usualmente presente na radiografia inicial aumenta mais nos raios X AP quando de pé com colete/gesso
- déficit neurológico (incompleto)
- cifose progressiva

Opções cirúrgicas comuns para fraturas do tipo explosão ou por compressão severa:
1. se apenas instrumentação for necessária
   a) podem-se colocar parafusos pediculares em 2 níveis acima e 2 níveis abaixo da fratura
   b) se o nível da lesão puder ser incluído (isto é, se os pedículos estiverem suficientemente intactos para suportarem parafusos menores), poderá ser obtida estabilidade mecânica similar com a colocação de parafusos no nível índice (o nível fraturado) e depois 1 logo acima e 1 logo abaixo[9]
2. se for necessária descompressão do canal espinal e/ou apoio anterior, pode ser usada corpectomia e enxerto de suporte (p. ex., com cage expansível) com parafusos pediculares percutâneos. Abordagens:
   a) por abordagem posterior, p. ex., laminectomia com abordagem transpedicular e impactando o osso anteriormente fora do canal com um martelo e cureta angulada Scoville inversa, ou
   b) corpectomia lateral e remoção do osso do canal

Para aqueles que não passaram por cirurgia (isto é, cirurgia não é necessária ou é contraindicada), uma opção é tratar com posição reclinada de 1-6 semanas (a duração depende da dor e do grau de deformidade).[6] Evitar deambulação precoce → maior carga axial (mesmo com gesso). Quando apropriado, iniciar deambulação com uma órtese (p. ex., órtese toracolombar sacra [TLSO] moldada ou um colete Jewett) e acompanhar o paciente por 3-5 meses com raios X seriados para detectar colapso progressivo ou angulação, o que pode precisar de intervenção adicional. Fraturas do tipo explosão em L5 podem ser uma exceção ao tratamento usual (ver abaixo).

66.1.3 Classificação e severidade de lesão toracolombar (TLICS)

O sistema TLICS foi proposto para simplificar a classificação e discussão das fraturas toracolombares.[10,11] Os pontos são atribuídos conforme mostra o ▶ Quadro 66.3. Os escores são somados, e as guias de tratamentos são fornecidas no ▶ Quadro 66.4.

Déficit neurológico, especialmente quando parcial, favorece a cirurgia.

Fraturas das Colunas Torácica, Lombar e Sacra

Quadro 66.3 Classificação e severidade de lesão toracolombar (TLICS)

Categoria	Achado	Pontos
Achados radiográficos	fratura por compressão	1
	componente de explosão ou angulação > 15°	1
	lesão por distração	2
	lesão translacional/rotacional	3
Estado neurológico	Intacto	0
	lesão na raiz	2
	SCI completa	2
	SCI incompleta	3
	síndrome da cauda equina	3
Integridade do complexo ligamentar posterior	intacta	0
	indeterminada	2
	lesão definida	3
TLICS = Total de Pontos →		

Quadro 66.4 Conduta baseada na TLICS

TLICS	Tratamento
≤ 3	candidatos não operatórios
4	"zona cinza" pode ser considerada para tratamento operatório ou não operatório
≥ 5	candidatos cirúrgicos

66.2 Tratamento cirúrgico

66.2.1 Ligamentotaxia

Pode funcionar com fragmentos retropulsados no canal anterior se o PLL estiver intacto (pode não ser o caso com falha na coluna média), distração pode ser capaz de "puxar" os fragmentos de volta à sua posição normal (ligamentotaxia), embora isto não esteja assegurado.[12] A ligamentotaxia tem uma melhor chance de sucesso se realizada no espaço de 48 horas da lesão. Por uma abordagem posterior com laminectomia: ultrassom intraoperatório pode demonstrar fragmentos residuais no canal,[13] e se necessário os fragmentos podem ser impactados anteriormente fora do canal, p. ex., usando preenchimento como impactadores espinais Sypert. É importante não distrair excessivamente para evitar lesão neural.

66.2.2 Escolha da abordagem cirúrgica

A abordagem posterior é preferida quando não há uma necessidade específica de ir pela frente.

66.2.3 Instrumentação espinal

A instrumentação anterior da coluna lombar inferior é difícil, e geralmente não é recomendada abaixo de ≈ L4.

66.2.4 Fraturas do tipo explosão

Escolha da abordagem

Considerações cirúrgicas: uma abordagem posterior é preferível se houver uma ruptura dural, enquanto uma fratura do tipo explosão com déficit parcial e comprometimento do canal pode ser tratada mais efetivamente com uma abordagem anterior.[2] Pode ocorrer uma pequena progressão na deformidade angular quando é realizada estabilização posterior isolada (já que a lesão da coluna anterior não é corrigida), mas por si só geralmente não requer intervenção.

Para uma abordagem posterior

Numa situação ideal (boa qualidade óssea, o parafuso pedicular funciona bem [isto é, sem fratura, sem rompimento] e paciente não fumante) pode-se fundir/colocar haste uma acima e uma abaixo da fratura (usando parafusos pediculares; construtos mais longos são necessários com ganchos laminares). Com a fusão de um segmento curto como este, aproximadamente 10° de lordose podem ser perdidos com o tempo. Portanto, deve-se tentar hipercorrigir um pouco para acomodar a estabilização prevista. Se o paciente não satisfizer os critérios acima (p. ex., baixa qualidade óssea), uma opção é "haste longa/fusão curta" (p. ex., haste 2 níveis acima e abaixo da fratura, mas fundir apenas um nível acima e abaixo) e então remover o equipamento, quando a fusão estiver sólida (p. ex., aos 8-12 meses) – isto evita a fusão de um segmento não patológico só para obter uma melhor ancoragem. Uma deterioração da junção até ponto de ser necessária outra cirurgia frequentemente ocorre aos 3 anos quando 4 segmentos são fundidos, enquanto ocorre aos 8-9 anos quando apenas 3 níveis são fundidos. A fusão em níveis críticos (isto é, junção toracolombar com fraturas por compressão em T11 ou L1) requer que a fusão incorpore 2-3 níveis em cada lado da junção (as forças do segmento longo da coluna torácica relativamente imóvel com a coluna lombar na junção T-L aumentam o risco de não união).

Para fraturas torácicas que não são severas e não requerem descompressão, uma opção é colocar parafusos e hastes pediculares (o que pode ser feito percutaneamente) sem colocação de algum enxerto. O conceito é que as costelas, anteriormente, e os parafusos/hastes, posteriormente, proporcionem estabilização adequada, enquanto o VB fraturado cicatriza. O equipamento pode ser removido eletivamente depois que a fusão estiver sólida (geralmente aos 8-12 meses). Isto é mais comumente praticado na Europa do que nos Estados Unidos.

66.2.5 Infecções na ferida

As infecções pós-operatórias na ferida com instrumentação espinal são usualmente decorrentes de estafilococo *aureus*. Com equipamento de titânio, pode responder ao desbridamento do tecido desvitalizado (p. ex., enxerto ósseo sobreposto) e lavagem exaustiva (tipicamente com 3L de irrigação com antibiótico descarregada na ferida usando um aparelho de lavagem por pulso – evitando a irrigação direta da dura exposta) sem remoção da instrumentação, seguido de antibióticos.[2] Infecção persistente pode responder. Se isto for inadequado, ocasionalmente poderá ser necessária a remoção da instrumentação.

66.3 Fraturas osteoporóticas da coluna

66.3.1 Informações gerais

Osteoporose é definida como uma condição da fragilidade esquelética em consequência da baixa massa óssea, deterioração microarquitetônica do osso, ou ambas.[14] É encontrada mais comumente em mulheres brancas pós-menopausa, e é rara antes da menopausa. O risco ao longo da vida de fraturas osteoporóticas por compressão do corpo vertebral (VB) sintomáticas é de 16% para mulheres e 5% para homens. Ocorrem ≈ 700.000 fraturas do VB por compressão por ano nos Estados Unidos.

Observa-se que estes pacientes frequentemente têm fraturas significativas do VB por compressão em radiografias simples depois de apresentarem dor nas costas após uma queda aparentemente sem importância. A CT frequentemente mostra uma quantidade de osso retropulsado no canal de aparência impressionante.

66.3.2 Fatores de risco

Os fatores que aumentam o risco de osteoporose incluem:
1. peso < 58 kg
2. tabagismo[15]
3. fratura no VB de baixo trauma no paciente ou em um parente em primeiro grau
4. drogas
   a) consumo pesado de álcool
   b) AEDs (especialmente fenitoína)

Fraturas das Colunas Torácica, Lombar e Sacra — 1009

c) varfarina

d) uso de esteroides:

- alterações ósseas podem ser vistas com 7,5 mg/d de prednisona por > 6 meses
- fraturas no VB ocorrem em 30-50% dos pacientes com glicocorticoides prolongados

5. mulheres na pós-menopausa

6. homens que estão se submetendo à terapia de privação androgênica (p. ex., para Ca de próstata). Orquiectomia ou $\geq$ 9 doses de agonistas do hormônio liberador de gonadotrofina aumentaram em 1,5 vez o risco de todas as fraturas[16]

7. inatividade física

8. baixa ingestão de cálcio

9. baixos níveis séricos de vitamina D (o que diminui a absorção de cálcio – ver abaixo). Exames laboratoriais: hidroxivitamina D [25(OH)D] sérica, também conhecida como calcidiol, é o melhor indicador do *status* da vitamina D (▶ Quadro 66.5)

Os fatores que protegem contra osteoporose incluem exercícios de impacto e excesso de gordura corporal.

66.3.3 Considerações diagnósticas

Para diferenciar fraturas osteoporóticas por compressão de outras fraturas patológicas, ver Fraturas patológicas da coluna (p. 1391).

Diagnóstico pré-fratura

1. medir a fragilidade óssea não é possível
2. o melhor correlato da fragilidade óssea é a medição radiográfica da densidade óssea mineral (BMD) usando densitometria por DEXA (ver abaixo)
3. pacientes com fraturas de baixo impacto ou fraturas por fragilidade são considerados osteoporóticos mesmo que sua BMD seja maior do que estes cortes

Densitometria por DEXA (absorção de raios X de dupla energia): a forma preferida de medir a BMD.

1. fêmur proximal: a medida da BMD nesta localização é o melhor previsor de fraturas futuras
2. coluna LS: melhor localização para avaliar a resposta ao tratamento (precisa de imagens AP *e* laterais, uma vez que AP frequentemente superestima a BMD em razão da sobreposição de elementos posteriores e calcificações aórticas)
3. a BMD do antebraço pode ser usada, se o quadril ou coluna forem impróprios

Resultados da interpretação da densitometria por DEXA:

1. os achados são reportados como
   a) escore T: normas para *adultos jovens* saudáveis
   b) escore Z: normas de sujeitos da *mesma idade* e sexo que o paciente
2. critérios diagnósticos: definições da WHO (com uma distribuição normal 1 SD abaixo da média é percentil 25 mais baixo, 2 SD abaixo é percentil 2,5)
   a) normal: > -1 desvio-padrão (SD)
   b) osteopenia: de -1 a -2,5 SD
   c) osteoporose: < do que -2,5 SD[17]

Considerações pós-fratura

1. outras causas de fratura patológica, especialmente neoplásicas (p. ex., mieloma múltiplo, câncer de mama metastático), devem ser excluídas

Quadro 66.5 Níveis séricos de 25-hidroxivitamina D

ng/mL[a]	nmol/L[a]	Interpretação
< 10-11	< 25-27,5	deficiência de vitamina D → raquitismo (em crianças) e osteomalacia (em adultos)
< 10-15	< 25-37,5	inadequado para a saúde óssea e global
$\geq$ 15	$\geq$ 37,5	adequado para a saúde óssea e global
consistentemente > 200	consistentemente > 500	potencialmente tóxico → hipercalcemia e hiperfosfatemia

[a]1 ng/mL = 2,5 nmol/L

2. pacientes mais jovens com osteoporose requerem avaliação para uma causa remediável de osteoporose (hipertireodismo, abuso de esteroides, hiperparatireoidismo, osteomalacia, síndrome de Cushing)

66.3.4 Tratamento

Ver as referências.[18,19,20,21]

Prevenção de osteoporose

A alta ingestão de cálcio durante a infância pode aumentar o pico da massa óssea. Exercícios de levantamento de peso na idade adulta ajudam a diminuir o ritmo da perda de cálcio dos ossos. Também é efetivo: estrogênio (ver abaixo), bifosfonatos (alendronato e risedronato) e raloxifeno.

Tratamento de osteoporose estabelecida

As drogas que aumentam a formação óssea incluem:
1. hormônio da paratireoide em baixa dose intermitente: ainda experimental
2. fluoreto de sódio: 75 mg/d aumenta a massa óssea, mas *não* reduziu significativamente a taxa de fraturas. 25 mg PO BID de uma formulação com liberação retardada (Slow Fluoride®) reduziu a taxa de fraturas, mas pode tornar o osso mais frágil e pode aumentar o risco de fraturas de quadril. O fluoreto aumenta a demanda de Ca^{++}; assim sendo, suplementar com 800 mg/d Ca^{++} e 400 IU/d de vitamina D. Não recomendado para uso por > 2 anos

As drogas que reduzem a reabsorção óssea são menos efetivas em ossos esponjosos (encontrados principalmente na coluna e na extremidade dos ossos longos[19]). A melhora na densidade mineral da coluna é responsável por apenas uma pequena parte da redução observada no risco de fratura vertebral.[22] As medicações incluem:
1. estrogênio: não pode ser usado em homens. Estudos da terapia de reposição hormonal de estrogênio (HRT) demonstraram aumento de > 5% da massa óssea vertebral e taxa de fraturas vertebrais reduzida em 50%. Também alivia os sintomas pós-menopausa e reduz o risco de CAD. No entanto, como a HRT aumenta o risco de câncer de mama[23] e a recorrência de câncer de mama,[24] além de DVT, seu uso foi diminuído substancialmente
2. cálcio: recomendação atual para mulheres na pós-menopausa: 1.000-1.500 mg/d ingerido com as refeições[25]
3. vitamina D ou análogos: promove a absorção do cálcio do trato GI. Tipicamente administrada com terapia de cálcio (cálcio ou vitamina D isoladamente são menos efetivos). Vitamina D 400-800 IU/d é geralmente suficiente. Se o Ca^{++} urinário permanecer baixo, poderá ser tentado vitamina D em alta dose (50.000 IU q 7-10d). Como as formulações em alta dose foram descontinuadas nos Estados Unidos, análogos como calcifediol (Calderol®) 50 mg/d ou calcitriol (Rocaltrol®) até 0,25 mcg/d podem ser tentados com suplementação de Ca^{++}. Os níveis séricos da 25-hidroxivitamina D [25(OH)D], também conhecida como calcidiol, são o melhor indicador do *status* da vitamina D. A importância dos níveis de vitamina D é apresentada no ▶ Quadro 66.5.[25] Com alta dose de vitamina D ou análogos, monitorar o Ca^{++} sérico e urinário
4. calcitonina: um hormônio sintetizado pela glândula tireoide que diminui a reabsorção óssea pelos osteoclastos. Pode ser derivada de inúmeras fontes, sendo o salmão uma das mais comuns. A resposta esquelética é máxima durante os primeiros 18-24 meses de terapia. O benefício na prevenção de fraturas não está bem estabelecido[21]
   a) calcitonina de salmão parenteral (Calcimar®, Miacalcin®): indicada para pacientes para quem estrogênio é contraindicado. É cara ($1.500-3.000/ano) e deve ser ministrada IM ou subQ. 30-60% dos pacientes desenvolvem anticorpos para a droga, o que anula seu efeito. R: 0,5 mL (100 U) de calcitonina (ministrada com suplementos de cálcio para prevenir hiperparatireoidismo) SQ q d
   b) formas intranasais (Miacalcina *spray* nasal): menos potente (funciona melhor em mulheres mais velhas > 5 anos pós-menopausa). 200-400 IU/d ministrados em uma narina (alternar as narinas diariamente) mais Ca^{++} 500 mg/d e vitamina D
5. biofosfonatos: análogos de pirofosfato substituídos pelo carbono têm uma alta afinidade para ossos e inibem a reabsorção óssea destruindo os osteoclastos. Não metabolizados. Permanecem ligados aos ossos por várias semanas
   a) etidronato (Didronel®), uma droga de primeira geração. Não aprovada pela FDA para osteoporose. Pode reduzir as taxas de fraturas do VB, não confirmado em F/U. Possível risco aumentado para fraturas do quadril decorrente da inibição da mineralização óssea que pode não ocorrer com as drogas de segunda e terceira gerações listadas abaixo. R: 400 mg PO diariamente 2 vezes por semana, seguido de 11-13 semanas de suplementação de Ca^{++}
   b) alendronato (Fosamax®): pode causar úlceras esofágicas. R Prevenção: 5 mg PO diariamente; tratamento 10 mg PO diariamente; ingerido de pé com água e o estômago vazio pelo menos 30 minutos antes de comer ou beber qualquer coisa. Dosagem de uma vez por semana de 35 mg para prevenção e 70 mg para tratamento.[21,26] Tomado atualmente com 1.000-1.500 mg/d Ca^{++} e 400/d IU de vitamina D

c) risedronato (Actonel®): R Prevenção ou tratamento: 5 mg PO diariamente ou 35 mg uma vez/semana com o estômago vazio (como para alendronato, ver acima)
6. análogos do estrogênio:
   a) tamoxifeno (Nolvadex®), um antagonista do estrogênio para o tecido da mama, mas um agonista do estrogênio para os ossos, tem um efeito agonista parcial no útero associado a uma incidência aumentada de câncer do endométrio
   b) raloxifeno (Evista®): similar ao tamoxifeno, porém é um antagonista do estrogênio para o útero.[27] Diminui o efeito da varfarina (Coumadin®)
      R: 60 mg PO q d. **Apresentação**: comprimidos de 60 mg
7. inibidores do ligante de RANK (RANKL): RANKL se liga aos receptores de RANK e estimula as células precursoras a amadurecerem e se transformarem em osteoclastos e inibe sua apoptose.[28] Os agentes que estão sendo investigados incluem denosumab (Prolia®) 60 mg SQ q 6 meses, que parece ser mais efetivo do que o alendronato[29]

Tratamento de fraturas osteoporóticas por compressão

Os pacientes raramente têm déficit neurológico. Também são geralmente mulheres idosas frágeis que geralmente não toleram bem grandes procedimentos cirúrgicos e o restante dos seus ossos também é, osteoporótico, sendo ruins para fixação interna.

O manejo consiste principalmente em analgésicos e repouso no leito com mobilização progressiva, frequentemente com um colete externo (frequentemente não é bem tolerado). Raramente é empregada cirurgia. Nos casos em que é difícil obter o controle da dor ou em que a compressão neural causa déficits, pode ser considerada descompressão óssea limitada. Vertebroplastia percutânea (ver abaixo) é uma opção mais recente.

Curso de tempo típico do tratamento conservador:
1. inicialmente, dor grave pode requerer hospitalização, admissão em instituição para cuidados mediatos para o controle adequado da dor utilizando
   a) medicação suficiente para a dor
   b) repouso no leito por aproximadamente 7-10 dias (recomendada profilaxia para DVT)
2. iniciar fisioterapia (PT) depois de ≈ 7-10 dias à medida que o paciente tolerar (o repouso prolongado no leito pode promover "osteoporose por desuso")
   a) o controle da dor quando o paciente é mobilizado pode ser melhorado por meio de *colete lombar*, que pode trabalhar reduzindo o movimento que causa "microfraturas" repetitivas
   b) alta do hospital com colete lombar para PT ambulatorial
3. a dor cede em média após 4-6 semanas (variação de 2-12 semanas)

Aumento do corpo vertebral

Vertebroplastia percutânea (PVP)

Injeção transpedicular de polimetilmetacrilato (PMMA), também conhecido como "cimento de metilmetacrilato" dentro do osso comprimido com os seguintes objetivos (nota: a injeção de PMMA é aprovada pela FDA para o tratamento de fraturas por compressão por causa de osteoporose ou tumor, mas não para trauma, pois PMMA impediria a cicatrização da fratura):
1. encurtar a duração da dor (algumas vezes proporcionando o alívio da dor dentro de poucos minutos até algumas horas). Lembre-se: a história natural é que a dor acabará diminuindo em essencialmente todos estes pacientes. O mecanismo de alívio da dor pode ser decorrente da estabilização do osso e/ou da interrupção da transmissão da dor através do nervo pelo calor liberado durante a ação exotérmica do cimento
2. tentar estabilizar o osso: pode impedir a progressão da cifose

Estudos randomizados publicados, em 2009, não encontraram benefício na vertebroplastia em comparação a um procedimento fictício no 1º mês[30] ou em qualquer momento até 6 meses após o procedimento.[31] Nota: cifoplastia (ver abaixo) não foi estudada; o uso com tumores metastáticos da coluna também não foi avaliado. Problemas na seleção do paciente podem tornar estes resultados mais ou menos aplicáveis a um paciente específico.

Cifoplastia

Similar a PVP, exceto primeiro, um balão é inserido no VB comprimido pelo pedículo. O balão é inflado e, então, desinflado e removido. É injetado PMMA no defeito assim criado. Benefícios potenciais deste procedimento em relação à vertebroplastia: pode haver alguma recuperação da altura e menos tendência a extravasamento/embolização do PMMA (pour causa da criação da cavidade e do PMMA mais espesso utilizado). No estudo FREE aleatório não encoberto (patrocinado pela indústria)[32] houve uma diferença positiva significativa na redução da dor e melhora na qualidade de vida no grupo com cifoplastia comparado ao grupo não operado em 1 mês, que diminuiu 1 ano após a operação.

Indicações

1. fraturas osteoporóticas por compressão dolorosas:
   a) geralmente não tratar fraturas que produzem < 5-10% de perda da altura
   b) dor severa que interfere na atividade do paciente
   c) ineficácia no controle adequado da dor com medicação analgésica oral
   d) ✱ dor localizada no nível da fratura
   e) fraturas agudas: o procedimento não é efetivo para fraturas cicatrizadas. Em casos questionáveis, procurar alterações em STIR MRI (ver abaixo)
2. níveis: a FDA aprovou para uso de T5 até L5; no entanto, tem sido usado *off label* (principalmente para tumor, p. ex., mieloma múltiplo) de T1 até o sacro, e foi descrito (para tumor) na coluna cervical por uma abordagem anterior
3. hemangiomas vertebrais que causam colapso vertebral ou déficit neurológico em consequência de extensão até o canal espinal (não para hemangiomas incidentais) (p. 795): a primeira indicação para PVP[33]
4. metástases osteolíticas e mieloma múltiplo:[34] alívio da dor e estabilização
5. fraturas patológicas por compressão[35] por causa de metástases: PVP não proporciona alívio tão rápido da dor quanto com fraturas osteoporóticas por compressão (na verdade, poderá ser necessário aumentar a medicação para dor durante 7-10 dias depois de PVP)
6. salvamento de parafuso pedicular quando fraturas de pedículo ou parafusos se expõem durante a colocação de parafusos pediculares

Contraindicações

1. coagulopatia
2. fraturas completamente cicatrizadas (sem edema na MRI ou frias no exame ósseo)
3. infecções ativas: sepse, osteomielite, discite e abscesso epidural
4. instabilidade espinal
5. exame neurológico focal: pode indicar hérnia de disco, fragmento retropulsado no canal. Realizar CT ou MRI para excluí-los
6. contraindicações relativas:
   a) fraturas com > 80% de perda da altura do VB (tecnicamente desafiadoras)
   b) fraturas agudas do tipo explosão
   c) comprometimento significativo do canal decorrente de tumor ou osso retropulsado
   d) destruição parcial ou total da parede posterior do VB: não uma contraindicação absoluta
7. alergia a iodo: há um pequeno risco de ruptura de um balão com vazamento do contraste iodado usado para encher os balões antes de injetar PMMA. As opções incluem: preparado para alergia a iodo (p. 221), uso de gadolínio em vez de contraste iodado

Complicações

Taxa de complicações: 1-9%. Mais baixa quando usado para tratar fraturas osteoporóticas por compressão, mais elevada com hemangiomas vertebrais, a mais alta com fraturas patológicas
1. vazamento de metacrilato:
   a) nos tecidos moles: usualmente com poucas consequências
   b) no canal espinal: a compressão sintomática da medula é muito rara
   c) no forame neural: pode causar radiculopatia
   d) no espaço discal
   e) venoso: pode entrar no plexo venoso espinal ou na veia cava com risco de ≈ 0,3-1% de embolia pulmonar (PE) por metacrilato clinicamente significativa[36]
2. radiculopatia: 5-7% de incidência. Alguns casos podem ser decorrentes do calor liberado durante a secagem do cimento. Frequentemente tratada conservadoramente: esteroides, medicamentos para dor, bloqueio nervoso...
3. fratura pedicular
4. fratura da costela
5. fratura do processo transverso
6. penetração anterior com agulha: punção dos grandes vasos, pneumotórax...
7. aumento na incidência de futuras fraturas por compressão do VB nos níveis adjacentes

Tratamento de alguns desenvolvimentos associados
1. dor torácica
   a) obter raios X das costelas
   b) varredura da VQ, se indicado
2. o paciente começa a tossir durante a injeção: bastante comum. Pode ser reação à dor na costela ou ao odor do PMMA; também pode indicar solvente nos pulmões. Interromper a injeção
3. dor nas costas: realizar raios X para excluir fratura nova ou PMMA nas veias
4. sintomas neurológicos: realizar CT

Avaliação antes do procedimento

1. raios X simples: exigência mínima, a maioria dos profissionais realiza MRI ou varredura óssea
2. CT: ajuda a excluir comprometimento *ósseo* do canal espinal que pode indicar risco aumentado de vazamento do PMMA no canal durante o procedimento
3. MRI: não obrigatório, pode ser útil em alguns casos
   a) imagens de inversão-recuperação com tempo de inversão curto (STIR) demonstram edema ósseo indicativo de fraturas agudas (não tão bom para diferenciação da patologia)[37]
   b) a MRI também pode exibir compressão neurológica pelo tecido *mole* (p. ex., tumor)
4. pacientes com fraturas múltiplas por compressão: considerar a realização de varredura óssea e realizar PVP no VB perto do nível da dor que mais se destaca ($\uparrow$ de atividade na varredura óssea correlaciona-se fortemente com bons resultados da PVP)

Agendando o caso: Cifoplastia

66

Ver também valores propostos (p. 27).

1. posição: prona
2. anestesia: pode ser feita com anestesia geral ou com MAC
3. equipamento: 2 braços do tipo C para fluoroscopia biplanos
4. implantes:
   a) conjunto para cifoplastia
   b) contraste iodado de radiologia para preencher os balões
5. consentimento (em termos leigos para o paciente – nem tudo incluído):
   a) procedimento: inserção de uma agulha na fratura/osso anormal, algumas vezes também obtendo uma biópsia, e depois inflando um balão dentro do osso para tentar trazê-lo de volta para um tamanho mais normal e a seguir injetar um cimento líquido que endurecerá na parte interna do osso para fortalecê-lo
   b) alternativas: tratamento não cirúrgico, cirurgia aberta, em casos de tumor, algumas vezes pode ser feita radioterapia
   c) complicações: vazamento do cimento, que pode comprimir os nervos e precisar ser removido cirurgicamente, se possível, fratura de costela (por posicionamento), lesão de grande vaso sanguíneo ou do pulmão pela agulha, falha em atingir o alívio da dor desejado

Procedimento

1. medicação para a dor
   a) lembre-se, este procedimento é realizado com o paciente deitado sobre o estômago e é geralmente realizado em mulheres idosas frágeis que fumam. Portanto, deve-se tomar cuidado para evitar sedação excessiva com comprometimento respiratório
   b) sedação e medicação para dor
   c) uso de anestésico local durante a colocação da agulha
   d) medicação adicional para dor um pouco antes da injeção
2. use fluoroscopia biplanar para passar a agulha através do pedículo para entrar no VB – ver Parafusos pediculares percutâneos (p. 1495) – e coloque a ponta $\approx$ 1/2 a 2/3 do caminho até o VB
3. teste injeção com contraste, p. ex., io-hexol (Omnipaque 300) (p. 219); realize estudo de subtração digital se houver equipamento disponível. Para cifoplastia, o balão é inflado neste momento
   a) um pequeno realce venoso é aceitável
   b) se você visualizar a veia cava
      - não puxe a agulha de volta (a fístula já foi criada)
      - empurre a agulha mais um pouco, ou
      - empurre um fragmento de gelfoam (embebido em contraste) através da agulha, ou
      - injete uma quantidade muito pequena de PMMA com visualização e faça com que se adapte para bloquear a fístula
4. injete PMMA (que foi opacificado com tântalo ou sulfato de bário) com visualização fluoroscópica até:
   a) 3-5 cc injetados (fraturas por compressão mínima aceitam mais cimento, algumas vezes até $\approx$ 8 cc). Não há correlação entre a quantidade de PMMA injetado e o alívio da dor[34]
   b) PMMA se aproxima da parede posterior do VB. Interromper se o cimento entrar no espaço discal, veia cava, pedículo ou canal espinal

Pós-procedimento

1. PVP é frequentemente um procedimento ambulatorial, porém algumas vezes é usada a internação por uma noite
2. preste atenção a
   a) dor torácica ou nas costas (pode indicar fratura de costela)
   b) febre: pode ser uma reação ao cimento
   c) sintomas neurológicos
3. atividade
   a) mobilização gradual depois de ≈ 2 horas
   b) ± fisioterapia
   c) ± uso a curto prazo de colete externo (a maioria dos centros não usa)
4. dê início ao tratamento médico para osteoporose: lembre-se de que o paciente com fraturas por fragilidade tem por definição osteoporose com risco de fraturas futuras

66.4 Fraturas sacras

66.4.1 Informações gerais

Incomuns. Geralmente causadas por forças de cisalhamento. Identificadas em 17% dos pacientes com fraturas pélvicas[38] (∴ tenha em mente que déficits neurológicos em pacientes com fraturas pélvicas podem ser decorrentes de fraturas sacras associadas). Ocorrem lesões neurológicas em 22-60%.[38]

O sacro abaixo de S2 não é essencial para a deambulação ou para apoio da coluna vertebral, mais ainda pode ser instável, já que pode ocorrer pressão na área quando em posição supina ou sentada.

66.4.2 Classificação

Três apresentações clínicas características baseadas na zona de envolvimento,[38,39] conforme mostrado no ▸ Quadro 66.6.

Quadro 66.6 Classificação das fraturas sacras

Zona I	Zona II	Zona III Vertical	Zona III Transversal
Zona 1: região de asa preservando o canal central e o forame neural. Ocasionalmente associada à lesão parcial na raiz de L5 possivelmente em consequência de aprisionamento da raiz de L5 entre o fragmento de fratura migrado ascendentemente e o processo transverso da vértebra L5	Zona II: região do forame sacro (preservando o canal central). Uma fratura vertical que pode estar associada a envolvimento unilateral da raiz nervosa de L5, S1 e/ou S2 (produzindo ciática). Disfunção da bexiga é raro	Zona III: região do canal sacro. Frequentemente associada à disfunção esfincteriana (ocorre somente com lesões bilaterais na raiz) e anestesia em sela. Subdividida:[38]	
		Vertical: quase sempre associada à fratura do anel pélvico	Transversal (horizontal): rara. Frequentemente decorrente de uma pancada direta no sacro, como em queda de uma grande altura. O deslocamento acentuado do fragmento da fratura pode produzir déficit severo[a] (incontinência do intestino e da bexiga)

[a]Déficit significativo é raro em fraturas em ou abaixo de S4.

66.4.3 Tratamento

Em uma série,[40] todas as 35 fraturas foram tratadas sem cirurgia, e apenas 1 paciente com uma síndrome da cauda equina completa não melhorou. Outros acham que a cirurgia pode ter um papel útil:[38]
1. redução operatória e fixação interna de fraturas instáveis podem auxiliar no controle da dor e promover a deambulação precoce
2. descompressão e/ou redução/fixação cirúrgica podem possivelmente melhorar déficits radiculares ou esfincterianos

Algumas observações:[38]
1. a redução da asa pode promover recuperação de L5 com fraturas na Zona I
2. fraturas na Zona II com envolvimento neurológico podem-se recuperar com ou sem redução e fixação cirúrgica
3. Zona III horizontal com déficit grave: controversa. Redução e descompressão não asseguram a recuperação, que pode ocorrer com tratamento não operatório

Referências

[1] Denis F. The Three Column Spine and Its Significance in the Classification of Acute Thoracolumbar Spinal Injuries. Spine. 1983; 8:817–831

[2] Chedid MK, Green C. A Review of the Management of Lumbar Fractures With Focus on Surgical Decision-Making and Techniques. Contemp Neurosurg. 1999; 21:1–5

[3] Homnick A, Lavery R, Nicastro O, Livingston DH, Hauser CJ. Isolated thoracolumbar transverse process fractures: call physical therapy, not spine. J Trauma. 2007; 63:1292–1295

[4] Bradley LH, Paullus WC, Howe J, Litofsky NS. Isolated transverse process fractures: spine service management not needed. J Trauma. 2008; 65:832–6; discussion 836

[5] Hitchon PW, Jurf AA, Kernstine K, Torner JC. Management options in thoracolumbar fractures. Contemp Neurosurg. 2000; 22:1–12

[6] Hitchon PW, Torner JC, Haddad SF, Follett KA. Management Options in Thoracolumbar Burst Fractures. Surg Neurol. 1998; 49:619–627

[7] Klerk LWL, Fontijne PJ, Stijnen T, et al. Spontaneous remodeling of the spinal canal after conservative management of thoracolumbar burst fractures. Spine. 1998; 23:1057–1057

[8] Dai LY. Remodeling of the spinal canal after thoracolumbar burst fractures. Clin Orthop. 2001; 382:119–119

[9] Baaj AA, Reyes PM, Yaqoobi AS, Uribe JS, Vale FL, Theodore N, Sonntag VK, Crawford NR. Biomechanical advantage of the index-level pedicle screw in unstable thoracolumbar junction fractures. J Neurosurg Spine. 2011; 14:192–197

[10] Vaccaro AR, Zieller SC, Hulbert RJ, et al. The thoracolumbar injury severity score: a proposed treatment algorithm. Journal of Spinal Disorders Tech. 2005; 18:209–215

[11] Vaccaro AR, Lehman RA, Jr, Hurlbert RJ, Anderson PA, Harris M, Hedlund R, Harrop J, Dvorak M, Wood K, Fehlings MG, Fisher C, Zeiller SC, Anderson DG, Bono CM, Stock GH, Brown AK, Kuklo T, Oner FC. A new classification of thoracolumbar injuries: the importance of injury morphology, the integrity of the posterior ligamentous complex, and neurologic status. Spine. 2005; 30:2325–2333

[12] Bose B, Osterholm JL, Northrup BE, et al. Management of Lumbar Translocation Injuries: Case Reports. Neurosurgery. 1985; 17:958–961

[13] Blumenkopf B, Daniels T. Intraoperative Ultrasonography (IOUS) in Thoracolumbar Fractures. J Spinal Disord. 1988; 1:86–93

[14] Consensus Development Conference. Prophylaxis and Treatment of Osteoporosis. Am J Med. 1991; 90:107–110

[15] Daniell HW. Osteoporosis of the Slender Smoker: Vertebral Compression Fracture and Loss of Metacarpal Cortex in Relation to Postmenopausal Cigarette Smoking and Lack of Obesity. Arch Int Med. 1976; 136:298–304

[16] Shahinian VB, Kuo YF, Freeman JL, Goodwin JS. Risk of fracture after androgen deprivation for prostate cancer. N Engl J Med. 2005; 352:154–164

[17] Kanis JA, Melton J, Christiansen C, et al. The Diagnosis of Osteoporosis. J Bone Miner Res. 1994; 9:1137–1141

[18] Choice of Drugs for Postmenopausal Osteoporosis. Med Letter. 1992; 34:101–102

[19] Riggs BL, Melton LJ. The Prevention and Treatment of Osteoporosis. N Engl J Med. 1992; 327:620–627

[20] Khosla S, Riggs BL. Treatment Options for Osteoporosis. Mayo Clin Proc. 1995; 70:978–982

[21] Drugs for Prevention and Treatment of Postmenopausal Osteoporosis. Med Letter. 2000; 42:97–100

[22] Cummings SR, Karpf DB, Harris F, Genant HK, Ensrud K, LaCroix AZ, Black DM. Improvement in spine bone density and reduction in risk of vertebral fractures during treatment with antiresorptive drugs. Am J Med. 2002; 112:281–289

[23] Rossouw JE, Anderson GL, Prentice RL, LaCroix AZ, Kooperberg C, Stefanick ML, Jackson RD, Beresford SA, Howard BV, Johnson KC, Kotchen JM, Ockene J. Writing Group for the Women's Health Initiative Investigators. Risks and benefits of estrogen plus progestin in healthy postmenopausal women: principal results From the Women's Health Initiative randomized controlled trial. JAMA. 2002; 288:321–333

[24] Holmberg L, Anderson H. Data monitoring committees. HABITS (hormonal replacement therapy after breast cancer–is it safe?), a randomised comparison: trial stopped. Lancet. 2004; 363:453–455

[25] Office of Dietary Supplement - National Institutes of Health. Dietary supplement fact sheet: Vitamin D. 2009

[26] Once-A-Week Risedronate (Actonel). Med Letter. 2002; 44:87–88

[27] Raloxifene for Postmenopausal Osteoporosis. Med Letter. 1998; 40:29–30

[28] Bell NH. RANK ligand and the regulation of skeletal remodeling. J Clin Invest. 2003; 111:1120–1122

[29] McClung MR, Lewiecki EM, Cohen SB, Bolognese MA, Woodson GC, Moffett AH, Peacock M, Miller PD, Lederman SN, Chesnut CH, Lain D, Kivitz AJ, Holloway DL, Zhang C, Peterson MC, Bekker PJ. Denosumab in postmenopausal women with low bone mineral density. N Engl J Med. 2006; 354:821–831

[30] Kallmes DF, Comstock BA, Heagerty PJ, Turner JA, Wilson DJ, Diamond TH, Edwards R, Gray LA, Stout L, Owen S, Hollingworth W, Ghdoke B, Annesley-Williams DJ, Ralston SH, Jarvik JG. A randomized trial of vertebroplasty for osteoporotic spinal fractures. N Engl J Med. 2009; 361:569–579

[31] Buchbinder R, Osborne RH, Ebeling PR, Wark JD, Mitchell P, Wriedt C, Graves S, Staples MP, Murphy B. A randomized trial of vertebroplasty for painful osteoporotic vertebral fractures. N Engl J Med. 2009; 361:557–568

[32] Wardlaw D, Cummings SR, Van Meirhaeghe J, Bastian L, Tillman JB, Ranstam J, Eastell R, Shabe P, Talmadge K,

Boonen S. Efficacy and safety of balloon kyphoplasty compared with non-surgical care for vertebral compression fracture (FREE): a randomised controlled trial. Lancet. 2009; 373:1016–1024

[33] Deramond H, Depriester C, Galibert P, Le Gars D. Percutaneous Vertebroplasty with Polymehtylmethacrylate. Radiol Clin North Am. 1998; 36:533–546

[34] Cotten A, Dewatre F, Cortet B, Assaker R, Leblond D, Duquesnoy B, Chastanet P, Clarisse J. Percutaneous vertebroplasty for osteolytic metastases and myeloma: effects of the percentage of lesion filling and the leakage of methyl methacrylate at clinical follow-up. Radiology. 1996; 200:525–530

[35] Fourney DR, Schomer DF, Nader R, Chlan-Fourney J, Suki D, Ahrar K, Rhines LD, Gokaslan ZL. Percutaneous vertebroplasty and kyphoplasty for painful vertebral body fractures in cancer patients. J Neurosurg. 2003; 98:21–30

[36] Choe DH, Marom EM, Ahrar K, et al. Pulmonary embolism of polymethyl methacrylate during percutaneous vertebroplasty and kyphoplasty. Am J Roentgenol. 2004; 183:1097–1102

[37] Bendok BR, Halpin RJ, Rubin MN. Boco T, Przybylo JH, Liu JC. Percutaneous vertebroplasty. Contemp Neurosurg. 2004; 26:1–6

[38] Gibbons KJ, Soloniuk DS, Razack N. Neurological injury and patterns of sacral fractures. J Neurosurg. 1990; 72:889–893

[39] Denis F, Davis S, Comfort T. Sacral fractures: An important problem. Retrospective analysis of 236 cases. Clin Orthop. 1988; 227:67–81

[40] Sabiston CP, Wing PC. Sacral fractures: classification and neurologic implications. J Trauma. 1986; 26:1113–1115

67 Lesões Penetrantes na Coluna Vertebral e Conduta/Complicações a Longo Prazo

67.1 Ferimentos de arma de fogo na coluna vertebral

67.1.1 Informação geral

A maioria ocorre em decorrência de agressões com armas de fogo. Distribuição: cervical 19-37%, torácica 48-64% e lombossacral 10-29% (aproximadamente proporcional ao comprimento de cada segmento). Lesões da medula espinal causadas por GSWs civis são principalmente decorrentes de lesão direta por projétil (ao contrário das armas militares que podem criar lesões por ondas de choque e cavitação). Esteroides não são indicados (p. 951).

67.1.2 Indicações para cirurgia

1. lesão na cauda equina (se completa ou incompleta), se a compressão da raiz nervosa for demonstrada[1]
2. deterioração neurológica: sugerindo possibilidade de hematoma epidural espinal
3. compressão de uma raiz nervosa
4. extravasamento de CSF
5. instabilidade da coluna vertebral: muito rara com o GSW isolado na coluna vertebral
6. remover um projétil revestido com cobre: o cobre pode causar reação local intensa[2]
7. lesões incompletas: muito controverso. Algumas séries mostram melhora com a cirurgia,[3] outras mostram nenhuma diferença em relação aos pacientes não operados
8. desbridamento para reduzir o risco de infecção: mais importante para GSW *militar* onde há lesão tecidual intensa, não um problema para a maioria dos GSWs civis, exceto em casos em que a bala atravessou o trato GI ou respiratório
9. lesões vasculares
10. cirurgia para complicações tardias:
    a) migração do projétil
    b) toxicidade por chumbo[4] (plumbismo): absorção do chumbo de um projétil ocorre apenas quando se aloja nas articulações, bursa ou *espaço discal*. Achados incluem: anemia, encefalopatia, neuropatia motora, nefropatia, cólica abdominal
    c) instabilidade tardia da coluna vertebral: principalmente após a cirurgia

67.2 Trauma penetrante no pescoço

67.2.1 Informação geral

Na maioria das vezes, pacientes com lesões nos tecidos moles do pescoço são atendidos por cirurgiões gerais/traumas e/ou cirurgiões vasculares. Entretanto, dependendo dos padrões de práticas locais, os neurocirurgiões podem participar no cuidado dessas lesões ou podem estar envolvidos em razão de lesões associadas da coluna vertebral (p. 1017).

A taxa de mortalidade para lesão penetrante no pescoço é $\approx$ 15%, com as mortes mais precoces ocasionadas pela asfixia, por comprometimento das vias respiratórias ou exsanguinação externamente ou no tórax ou vias respiratórias superiores. A morte tardia geralmente ocorre em razão de isquemia cerebral ou complicações por lesão medular.

67.2.2 Lesões vasculares

As lesões venosas ocorrem em $\approx$ 18% das feridas penetrantes do pescoço e as lesões arteriais em $\approx$ 12%. Das artérias cervicais, a artéria carótida comum é geralmente a mais envolvida, seguida pela ICA, a ECA e depois pela artéria vertebral. O desfecho provavelmente está correlacionado intimamente com a condição neurológica na admissão, independente do tratamento.

Artéria vertebral (VA): a maioria das lesões é penetrante. Em razão da proximidade de outros vasos, da medula espinal e raízes nervosas, as lesões são raramente isoladas para a VA. Setenta e dois por cento de lesões da VA documentadas não apresentaram achados físicos relacionados no exame.[5]

67.2.3 Classificação

Cirurgiões de trauma tradicionalmente dividem as lesões penetrantes do pescoço em três zonas,[6] e, embora as definições variem, o esquema geral é descrito a seguir:[7]

Zona I: inferiormente a partir da cabeça da clavícula para incluir a saída torácica
Zona II: da clavícula para o ângulo da mandíbula
Zona III: do ângulo da mandíbula para a base do crânio

67.2.4 Avaliação

Exame neurológico: déficits globais podem ser ocasionados pelo choque ou hipoxemia decorrente da asfixia. Déficits neurológicos cerebrais geralmente ocorrem em razão da lesão vascular com isquemia cerebral. Os achados locais podem estar relacionados com a lesão do nervo craniano. Déficits unilaterais nas UEs podem ser ocasionados por envolvimento da raiz nervosa ou do plexo braquial. A disfunção do nervo mediano ou ulnar pode ocorrer por compressão em razão de um pseudoaneurisma da artéria axilar proximal. O envolvimento da medula espinal pode apresentar-se com lesão completa ou com uma síndrome de lesão medular incompleta (p. 944). O choque decorrente de lesão da medula espinal geralmente é acompanhado por bradicardia (p. 931), em oposição à taquicardia vista com choque hipovolêmico.

Exames de raios X da coluna cervical: avalia a trajetória da lesão e integridade da coluna cervical.

Angiografia: indicada na maioria dos casos, se o paciente estiver estável (principalmente para lesões da zona I ou III e para pacientes da zona II sem outra indicação para investigação ou para pacientes com penetração do triângulo posterior ou feridas próximas aos processos transversos, onde a VA pode ser lesionada). Pacientes com hemorragia ativa precisam ser encaminhados para a OR sem angiografia pré-operatória. Anormalidades angiográficas incluem:

1. extravasamento de sangue
   a) hematoma expansivo nos tecidos moles: podem comprometer as vias respiratórias
   b) pseudoaneurisma
   c) fístula AV
   d) sangramento nas vias respiratórias
   e) hemorragia externa
2. dissecção da íntima, com
   a) oclusão ou
   b) estreitamento luminal (incluindo possível "sinal em cordão")
3. oclusão pelo tecido mole ou ossos

67.2.5 Tratamento

Vias aéreas respiratórias

Pacientes estáveis sem comprometimento das vias respiratórias não devem ser submetidos à intubação "profilática" para proteger as vias respiratórias. A intubação imediata é indicada para pacientes com instabilidade hemodinâmica ou com comprometimento das vias respiratórias. Opções:
- endotraqueal: preferida
- cricotireoidostomia: se a intubação endotraqueal não pode ser realizada (p. ex., por causa do desvio da traqueia ou agitação do paciente) ou se houver evidência de lesão da coluna cervical e a manipulação do pescoço é contraindicada, assim, a cricotireoidostomia é realizada com a colocação de um tubo endotraqueal com balonete #6 ou 7 (seguida por uma traqueostomia padrão na OR, uma vez que o paciente esteja estabilizado)
- nasotraqueal acordado: pode ser considerado no quadro de possível lesão da coluna vertebral

Indicações para exploração cirúrgica

As explorações cirúrgicas são indicadas para todas as feridas que perfuram o platisma e entram nos triângulos anteriores do pescoço,[8] porém, 40-60% dessas explorações serão negativas. Embora uma abordagem seletiva possa ser baseada na angiografia, os falso-negativos foram observados por alguns autores que recomendaram a exploração de todas as lesões da zona II.[9]

Tratamento cirúrgico para lesões vasculares

As técnicas endovasculares podem ser adequadas para casos selecionados, particularmente para pacientes que já estão em ambiente endovascular para a angiografia. No entanto, os pacientes que estão com hemorragia ativa geralmente acabam na OR com um procedimento aberto.

Artéria carótida: as escolhas incluem a reparação primária, interposição de enxerto ou ligadura. Pacientes em coma ou aqueles com acidente vascular cerebral grave causado por oclusão vascular da artéria carótida são maus candidatos cirúrgicos para reconstrução vascular em razão da taxa de mortalidade elevada ≥ 40%,[7] contudo, o desfecho com ligadura é pior. O reparo de lesões é recomendado em pacientes sem déficit ou com pequeno déficit neurológico. A ligadura de ICA é recomendada para sangramento que não pode ser controlado e foi utilizada para o extravasamento do contraste na base do crânio em um paciente.[10]

Artéria vertebral: as lesões são tratadas com mais frequência pela ligadura do que pela reparação direta,[11] principalmente quando a hemorragia ocorre durante a exploração. Condições menos urgentes (p. ex., fístula AV) necessitam do conhecimento da permeabilidade da VA contralateral e a capacidade de preencher o PICA ipsolateral por fluxo retrógrado através da BA antes que a ligadura seja considerada (anomalias arteriográficas contraindicam a ligadura em 15% dos casos). A oclusão proximal pode ser efetuada com uma abordagem anterior após a separação entre o esternocleidomastóideo e o esterno. A VA é normalmente o primeiro ramo da artéria subclávia. Alternativamente, as técnicas endovasculares podem ser utilizadas, p. ex. balões removíveis para oclusão proximal ou espirais trombogênicas para pseudoaneurismas. A interrupção distal também pode ser necessária, e isto exige a exposição cirúrgica e a ligadura. O tratamento ideal de uma VA lesionada com trombose em um forame transverso é desconhecido e pode necessitar de *bypass* arterial, se a ligadura não for uma opção viável.

67.3 Instabilidade cervical tardia

67.3.1 Informação geral

Definição (adaptada[12]): instabilidade cervical que não é reconhecida até depois de 20 dias após a lesão (p. 930). A própria instabilidade pode ser retardada, ou o reconhecimento pode ser tardio.

67.3.2 Etiologias

Razões para instabilidade cervical tardia:
1. avaliação radiológica inadequada[13]
   a) estudos falhos (p. ex., deve visualizar todo o percurso descendente para a junção C7-T1)
   b) estudos subótimos: artefato de movimento, posicionamento incorreto...Etiologias incluem: pouca cooperação do paciente resultante de agitação/intoxicação, filmes de raios X portáteis, técnica inadequada...
2. anormalidade não detectada nos raios X
   a) fratura negligenciada, subluxação
   b) lesão impossível de ser demonstrada, apesar de exames de raios X satisfatoriamente adequados;[12] ver recomendações de extensão da análise radiológica (p. 1088)
      • tipo de fratura não mostrado nas radiografias obtidas
      • posicionamento do paciente (p. ex., posição em decúbito ventral) pode reduzir algum mau alinhamento
      • espasmo de músculos cervicais pode reduzir e/ou estabilizar a lesão
      • microfraturas
3. modelos inadequados: alguns achados podem ser considerados instáveis, utilizando determinados modelos, mas a longo prazo pode confirmar ser instável (não existe modelo perfeito para instabilidade)

67.3.3 Indicações para estudos adicionais

Estudos adicionais ou a repetição dos exames de raios X após várias semanas do traumatismo devem ser considerados em pacientes com déficit neurológico, dor persistente, alterações degenerativas significativas, quando os filmes radiográficos originais foram inconclusivos, subluxações < 3 mm ou quando a cirurgia é considerada.[14]

67.4 Deterioração tardia após lesões da medula espinal

Etiologias incluem:
1. siringomielia pós-traumática (p. 1148). Latência para os sintomas: 3 meses-34 anos
2. mielopatia ascendente progressiva subaguda (SPAM): rara. Tempo médio de ocorrência: 13 dias após lesão (varia de 4-86 dias).[15] Alterações dos sinais estendendo-se para ≥ quatro níveis acima da lesão original
3. instabilidade da coluna vertebral desconhecida[16]: média de diagnóstico tardio foi de 20 dias
4. medula espinal ancorada: pode ser causada por tecido de cicatrização no sítio da lesão
5. hematoma epidural espinal tardio (SEH): SEH mais sintomático ocorre dentro de 72 horas da cirurgia, porém, atrasos maiores foram relatados[17]
6. apoptose de neurônios, oligodendrogliócitos e astrócitos:[18] iniciada durante fase aguda, a deterioração ocorre durante a fase crônica de SCI (meses a anos depois da SCI)
7. formação de cicatriz da glia: efeito compressivo, bem como a liberação de fatores que podem danificar os neurônios sobreviventes[19 (p. 43-5)]

67.5 Questões relacionadas com o tratamento crônico das lesões da medula espinal

67.5.1 Visão geral

Grande parte dos tópicos seguintes é discutida em outros lugares deste manual, mas é pertinente para os pacientes com lesão da medula espinal (SCI), e referência para a seção específica é feita.
- hiper-reflexia autonômica: ver a seguir
- osso ectópico, inclui ossificação heterotrópica para-articular: ossificação de algumas articulações que ocorrem em 15-20% dos pacientes com paralisia
- osteoporose e fratura patológica (p. 1009)
- espasticidade (p. 1528)
- siringomielia (p. 1144)
- trombose venosa profunda (p. 952): ver a seguir
- síndrome ombro-mão: possivelmente mantida por via simpática

67.5.2 Problemas no tratamento respiratório de lesões da medula espinal

Na tentativa de retirar os pacientes com SCI intensa da ventilação, pode ser útil mudar os tubos de alimentação para o Pulmonaid® que reduz a carga de CO_2.

Pacientes com SCIs cervicais são mais propensos à pneumonia devido ao fato de a maior parte dos esforços para a tosse normal origina-se nos músculos abdominais que estão paralisados.

67.5.3 Hiper-reflexia autonômica

Informação geral

> ### Conceitos-chave
>
> - resposta autonômica exagerada aos estímulos normalmente inócuos
> - na lesão da medula espinal, ocorre apenas em pacientes com lesões acima ≈ T6
> - pacientes se queixam de cefaleia latejante, rubor e sudorese acima da lesão
> - pode ser de risco à vida, requer controle rápido da hipertensão e a pesquisa para eliminação de estímulos desencadeantes

Conhecida como disrreflexia autonômica. Hiper-reflexia autonômica[20,21] (AH) é uma resposta autonômica exagerada (via simpática geralmente predomina) secundária a estímulos que seriam apenas levemente nocivos sob circunstâncias normais. Ocorre em ≈ 30% dos pacientes quadriplégicos e paraplégicos de alto grau (faixa relatada é tão alta quanto 66-85%), mas não ocorre em pacientes com lesões abaixo de T6 (apenas pacientes com lesões acima da origem do efluxo esplâncnico são propensos a desenvolver AH, e a origem é geralmente em T6 ou abaixo). É rara nas primeiras 12-16 semanas pós-lesão.

Durante os ataques, a noradrenalina (NE) (mas não a adrenalina) é liberada. A hipersensibilidade à NE pode ser parcialmente causada por níveis de repouso subnormais das catecolaminas. As respostas homeostáticas incluem vasodilatação (acima do nível da lesão) e bradicardia (contudo, a estimulação simpática também pode causar taquicardia).

Fontes de estímulos

Fontes de estímulos que causam episódios de hiper-reflexia autonômica:
1. bexiga: 76% (distensão 73%, UTI 3%, pedras na bexiga...)
2. colorretal: 19% (impactação fecal 12%, administrando enema ou supositório 4%)
3. úlceras de decúbito/infecção cutânea: 4%
4. DVT
5. diversas: roupa apertada ou enfaixamento das pernas, procedimentos como cistoscopia ou úlceras de decúbito com desbridamento, relato de caso de tubos suprapúbicos

Apresentação

1. HTN paroxística: 90%
2. ansiedade
3. sudorese

Lesões Penetrantes na Coluna Vertebral e Conduta/Complicações a Longo Prazo

4. piloereção
5. taquicardia
6. achados oculares:
   a) midríase
   b) visão turva
   c) retração da pálpebra ou retração palpebral
7. eritema facial, do pescoço e tronco: 25%
8. palidez facial abaixo da lesão (decorrente da vasoconstrição)
9. frequência de pulso: taquicardia (38%) ou elevação branda sobre a linha basal, bradicardia (10%)
10. "manchas" sobre o rosto e pescoço: 3%
11. fasciculações musculares
12. espasticidade aumentada
13. ereção peniana
14. síndrome de Horner
15. tríade observada em 85%: cefaleia (H/A), hiperidrose, vasodilatação cutânea

Avaliação

Na condição apropriada (p. ex., um paciente quadriplégico com uma bexiga agudamente distendida), os sintomas são adequadamente diagnósticos.

Muitos aspectos também são comuns ao feocromocitoma. Estudos sobre os níveis de catecolaminas são inconsistentes, porém, podem estar levemente elevados na AH. A característica distintiva da AH é a presença de hiperidrose e rubor da face na presença de palidez e vasoconstrição em qualquer lugar do corpo (que seria incomum para o feocromocitoma).

Tratamento

1. imediatamente elevar a HOB (para reduzir a ICP), verificar a BP q 5 minutos
2. tratamento de escolha: identificar e eliminar o estímulo nocivo
   a) ter certeza de que a bexiga está vazia (se cateterizada, verificar torções ou obstrução por tampões de sedimentos). Cuidado: irrigar a bexiga pode exacerbar a AH (considerar a aspiração suprapúbica)
   b) investigar o intestino (evitar o exame retal, pode exacerbar). Apalpar o abdome ou examinar os raios X abdominais (a AH atribuída geralmente se resolve espontaneamente sem necessidade de retirada manual de fecaloma)
   c) avaliar a pele e as unhas dos pés para detectar a presença de ulceração ou infecção
   d) remover roupas apertadas
3. A HTN que é extrema ou que não responde rapidamente pode necessitar de tratamento para prevenir convulsões e/ou hemorragia cerebral/encefalopatia hipertensiva. Deve-se ter cuidado para prevenir a hipotensão após o episódio. Os agentes usados incluem: nifepidina sublingual[22] 10 mg SL, fentolamina IV – bloqueador alfacolinérgico (p. 655) – ou nicardipina (p. 126)
4. considerar o diazepam (Valium®) 2-5 mg IVP (dosagem de < 5 mg/min). Alivia o espasmo dos músculos esquelético e liso (incluindo o músculo esfincter da bexiga). Também é ansiolítico

Prevenção

Cuidados adequados da bexiga/intestino e da pele são as melhores medidas preventivas.

Profilaxia em pacientes com episódios recorrentes:

- *fenoxibenzamina* (Dibenzilina®): um bloqueador alfa. Não é útil durante a crise aguda. Pode não ser tão eficaz para a estimulação alfa a partir dos gânglios simpáticos quanto às catecolaminas circulantes.[23] O paciente também pode desenvolver hipotensão após a diminuição do efluxo simpático. Portanto, isto é utilizado apenas para casos resistentes (nota: não afetará a transpiração que é mediada pela acetilcolina)
  R Adulto: vasta gama citada na literatura: média de 20-30 mg PO BID
- beta-bloqueadores: podem ser necessários em conjunto com os α-bloqueadores para evitar possível hipotensão por estimulação do receptor-β_2 (uma questão teórica)
- fenazopiridina (Pyridium®): um anestésico tópico que é excretado na urina. Pode reduzir a irritação da parede vesical, porém, a causa principal de irritação deve ser tratada, se possível
  R Adulta: 200 mg PO TID após as refeições. **Apresentação:** 100, 200 mg comprimido
- "medidas radicais" como simpatectomia, secção do nervo pélvico ou pudendo, cordectomia ou injeção intratecal de álcool foram indicadas no passado, mas são raramente necessárias e podem comprometer o reflexo de micção
- o tratamento profilático antes dos procedimentos pode empregar os anestésicos, mesmo em regiões em que não deveria haver sensibilidade decorrente da lesão medular. A nifedipina 10 mg SL também tem sido eficaz para a AH durante a cistoscopia e profilaticamente[22]

Referências

[1] Robertson DP, Simpson RK. Penetrating Injuries Restricted to the Cauda Equina: A Retrospective Review. Neurosurgery. 1992; 31:265–270

[2] Messer HD, Cereza PF. Copper Jacketed Bullets in the Central Nervous System. Neuroradiology. 1976; 12:121–129

[3] Benzel EC, Hadden TA, Coleman JE. Civilian Gunshot Wounds to the Spinal Cord and Cauda Equina. Neurosurgery. 1987; 20:281–285

[4] Linden MA. Manton WI, Stewart RM, et al. Lead Poisoning from Retained Bullets. Pathogenesis, Diagnosis, and Management. Ann Surg. 1982; 195:305–313

[5] Reid JDS, Weigelt JA. Forty-Three Cases of Vertebral Artery Trauma. J Trauma. 1988; 28:1007–1012

[6] Monson DO, Saletta JD, Freeark RJ. Carotid Vertebral Trauma. J Trauma. 1969; 9:987–989

[7] Perry MO, Rutherford RB. In: Injuries of the Brachiocephalic Vessels. Vasc Surg. 4th ed. Philadelphia: W.B. Saunders; 1995:705–713

[8] Fogelman MJ, Stewart RD. Penetrating Wounds of the Neck. Am J Surg. 1956; 91:581–596

[9] Meyer JP, Barrett JA, Schuler JJ, Flanigan DP. Mandatory versus Selective Exploration for Penetrating Neck Trauma. A Prospective Assessment. Arch Surg. 1987; 122:592–597

[10] Ledgerwood AM, Mullins RJ, Lucas CE. Primary Repair vs Ligation for Carotid Artery Injuries. Arch Surg. 1980; 115:488–493

[11] Meier DE, Brink BE, Fry WJ. Vertebral Artery Trauma: Acute Recognition and Treatment. Arch Surg. 1981; 116:236–239

[12] Herkowitz HN, Rothman RH. Subacute Instability of the Cervical Spine. Spine. 1984; 9:348–357

[13] Walter J, Doris P, Shaffer M. Clinical Presentation of Patients with Acute Cervical Spine Injury. Ann Emerg Med. 1984; 13:512–515

[14] Delfini R, Dorizzi A, Facchinetti G, et al. Delayed Post-Traumatic Cervical Instability. Surg Neurol. 1999; 51:588–595

[15] Planner AC, Pretorius PM, Graham A, Meagher TM. Subacute progressive ascending myelopathy following spinal cord injury: MRI appearances and clinical presentation. Spinal Cord. 2008; 46:140–144

[16] Levi AD, Hurlbert RJ, Anderson P, Fehlings M, et al. Neurologic deterioration secondary to unrecognized spinal instability following trauma - a multicenter trial. Spine. 2006; 41:451–458

[17] Parthiban CJKB, Majeed SA. Delayed spinal extradural hematoma following thoracic spine surgery and resulting in paraplegia: a case report. 2008

[18] Liu XZ, Xu HM, Hu R, Du C, et al. Neuronal and glial apoptosis after traumatic spinal cord injury. J Neurosci. 1997; 17:5395–5406

[19] Liverman CT, Altevogt BM, Joy JE, Johnson RT. Spinal cord injury: progress, promise and priorities.Washington, D.C. 2005

[20] Erickson RP. Autonomic Hyperreflexia: Pathophysiology and Medical Management. Arch Phys Med Rehabil. 1980; 61:431–440

[21] Kewalramani LS, Orth MS. Autonomic Dysreflexia in Traumatic Myelopathy. Am J Phys Med. 1980; 59:1–21

[22] Dykstra DD, Sidi AA, Anderson LC. The Effect of Nifedipine on Cyctoscopy-Induced Autonomic Hyperreflexia in Patients with High Spinal Cord Injuries. J Urol. 1987; 138:1155–1157

[23] Sizemore GW, Winternitz WW. Autonomic Hyper-Reflexia - Suppression with Alpha-Adrenergic Blocking Agents. N Engl J Med. 1970; 282

Parte XVI

Coluna Vertebral e Medula Espinal

68	Lombalgia e Radiculopatia	1024
69	Hérnia Discal Intervertebral/ Radiculopatias Lombar e Torácica	1046
70	Hérnia de Disco Cervical	1069
71	Doença Degenerativa dos Discos Cervical e Mielopatia Cervical	1083
72	Doença Degenerativa dos Discos Torácico e Lombar	1096
73	Deformidade da Coluna Vertebral e Escoliose Degenerativa em Adultos	1111
74	Condições Especiais que Afetam a Coluna Vertebral	1120
75	Outras Condições Não Medulares com Implicações na Coluna Vertebral	1134
76	Condições Especiais que Afetam a Medula Espinal	1140

68 Lombalgia e Radiculopatia

68.1 Informações gerais

Conceitos-chave

Ver referência.[1]
- a lombalgia é uma queixa extremamente comum e em ≈ 85% dos casos nenhum diagnóstico específico pode ser realizado
- a avaliação inicial é voltada para detectar "sinais de alerta" (indicando patologia potencialmente grave) e, na ausência destes, estudos de imagem e testes complementares dos pacientes geralmente não são úteis nas primeiras 4 semanas de sintomas de lombalgia
- alívio do desconforto é geralmente obtido com analgésicos e/ou fisioterapia da coluna vertebral
- enquanto houver a necessidade de mudanças nas atividades, o repouso por mais de 4 dias pode ser mais prejudicial do que útil, e os pacientes devem ser incentivados a retornar ao trabalho ou suas atividades diárias normais assim que possível
- 89-90% dos pacientes com problemas de lombalgia melhorarão dentro de 1 mês mesmo sem qualquer tratamento específico (incluindo pacientes com dor no nervo ciático secundária à hérnia de disco)

A lombalgia (LBP) é extremamente prevalente e é o segundo motivo mais comum para as pessoas buscarem cuidados médicos.[2] Após o resfriado comum, é a segunda causa de afastamento do trabalho. A LBP é responsável por ≈ 15% de todas as licenças médicas em caso de doença relacionada com o trabalho e é a causa mais comum de incapacidade para pessoas com < 45 anos de idade.[3] As estimativas de prevalência de tempo de vida variam entre 60 a 90%, e a incidência anual é de 5%.[4] Apenas 1% dos pacientes terão sintomas relacionados com a raiz nervosa, e apenas 1-3% tem hérnia de disco lombar. O prognóstico para a maioria dos casos de LBP é bom, e a melhora geralmente ocorre com pouca ou nenhuma intervenção médica.

68.2 Disco intervertebral

68.2.1 Informação geral

A função do disco intervertebral é permitir o movimento estável da coluna vertebral durante a sustentação e distribuição de cargas sob movimento. O disco intervertebral é a maior estrutura não vascularizada no corpo humano.

68.2.2 Anatomia

O anel fibroso (o anel pode alternativamente ser soletrado como ânulo, mas o termo fibroso é a grafia correta e é distinto de fibrose):[5] o ligamento multilaminado que abrange a periferia do espaço discal. Liga-se à cartilagem da placa terminal e ao anel apofisário; Une-se centralmente com o núcleo pulposo.

Núcleo pulposo: a porção central do disco. Um remanescente da notocorda embrionária.

Cápsula:[5] fibras combinadas do anel fibroso e do ligamento longitudinal posterior (este termo é útil porque essas duas estruturas podem ser indistinguíveis nos estudos de imagem).

68.3 Nomenclatura para as doenças do disco

Historicamente, a terminologia para as doenças do disco lombar tem sido controversa e não padronizada. Um comitê encarregado de padronizar a nomenclatura emitiu a versão 2.0 de suas recomendações.[6] Algumas dessas padronizações são úteis principalmente pela consistência relacionada com os relatórios radiográficos e no âmbito acadêmico, mas podem não ser tão úteis nas práticas clínicas diárias. Um subconjunto de recomendações é mostrado no ▶ Quadro 68.1.

Disco degenerado: (ver ▶ Quadro 68.1 para definição) alguns relatos indicam que pode causar dor radicular possivelmente por um mecanismo inflamatório,[7] mas isto não é universalmente aceito e bastante questionado.

Disco a vácuo: gás no espaço discal, geralmente corresponde à degeneração discal e não à infecção.

Quadro 68.1 Nomenclatura para patologia do disco lombar[6]

Termo	Descrição
lacerações anulares conhecidas como fissuras anulares	separações entre as fibras anulares, avulsões de fibras a partir de suas inversões VB ou rupturas pelas fibras que se estendem radialmente, transversalmente ou concentricamente
degeneração	dissecção, fibrose, estreitamento do espaço discal, abaulamento difuso do anel além do espaço discal, extensa fissura (inúmeras lacerações anelares, degeneração mucinosa do anel, defeitos e esclerose das placas terminais e osteófitos nas apófises vertebrais
doença degenerativa discal	síndrome clínica com sintomas relacionados com alterações degenerativas no disco intervertebral (descritas anteriormente), também consideradas frequentemente por incluir alterações degenerativas fora do disco
abaulamento do disco	deslocamento generalizado do material discal (arbitrariamente definido como > 50% ou 180°) além dos limites periféricos do espaço discal[a]. Não considerado uma forma de hérnia. Pode ser um achado normal, geralmente não sintomático
herniação	deslocamento localizado do material discal (< 50% ou 180°) além dos limites do espaço no disco intervertebral[a]
	focal: < 25% da circunferência discal
	ampla: 25-50% da circunferência do disco
	protrusão: o fragmento não tem uma base que é mais estreita do que o fragmento em qualquer dimensão
	extrusão: o fragmento tem uma base que é mais estreita do que o fragmento em pelo menos uma dimensão. Dois subtipos a) sequestro: o fragmento perdeu continuidade com o disco de origem (conhecido como fragmento livre) b) migração: o fragmento é deslocado longe do local da extrusão, independentemente se sequestrado ou não
	herniação intravertebral (conhecida como nódulo de Schmorl (p. 1060): hérnia de disco na direção craniocaudal por meio da placa terminal cartilaginosa para o VB

Quadro 68.2 Classificação de Modic

Tipo Modic	Alterações em intensidade		Descrição	
	T1WI	T2WI		
1[a]	↓	↑	edema da medula óssea associada à inflamação aguda ou subaguda	
2	↑	iso ou ↑	alterações crônicas	substituição de medula óssea por gordura
3	↓	↑		osteosclerose reativa

[a]Alterações de Modic do tipo 1 desaparecem nas imagens de STIR (os sinais característicos mimetizam CSF/água). A dor nas costas neste grupo pode eventualmente ter melhora com à fusão lombar [p. 1036]).

68.4 Alterações da medula do corpo vertebral

Associada a alterações degenerativas ou inflamatórias. A classificação de Modic[8] de características da MRI é mostrada no ▶ Quadro 68.2.

68.5 Termos clínicos

▶ **Radiculopatia.** Disfunção de uma raiz nervosa; sinais e sintomas podem incluir: a dor na distribuição no território inervado pela raiz nervosa, distúrbios sensoriais em dermátomos, fraqueza dos músculos inervados por aquela raiz nervosa e reflexos hipoativos de estiramento muscular dos mesmos músculos.

▶ **Lombalgia mecânica** (p. 1024). Conhecida como lombalgia "musculoesquelética" (ambos os termos são inespecíficos). A forma mais comum de lombalgia. Pode resultar da tensão dos músculos paraespinais e/ou ligamentos e irritação/inflamação das facetas articulares. Exclui causas anatomicamente identificáveis (p. ex., tumor, hérnia de disco...)

▶ **Dor no nervo isquiático.** Dor ao longo do curso do nervo isquiático, geralmente resultando do comprometimento da raiz nervosa (o nervo isquiático é geralmente constituído por raízes nervosas de L1 a L5).

68.6 Incapacidade, dor e determinações de desfecho

As escalas de incapacidade para lombalgia foram desenvolvidas para avaliar os desfechos para propósitos de pesquisa e seguimento clínico. Algumas medidas amplamente utilizadas:

1. escala visual analógica: utilizada para qualquer tipo de dor. É solicitado ao paciente que marque o seu nível de dor em uma linha dividida em segmentos com marcações sequenciais de 0 (nenhuma dor) a 10 (a pior dor)
2. índice de incapacidade de Oswestry (ODI):[9] uma escala categórica ordinal que é utilizada para lombalgia. Existem quatro versões em inglês em amplo uso,[10] a versão 2.0[11] é a recomendada.[10]
   Consiste em dez questões relacionadas com atividades de vida diária. Cada item é pontuado de 0-5 (5 sendo a maior incapacidade) e o total é multiplicado por 2% para obter o escore final (faixa: 0-100%). A interpretação do escore final é mostrada no ▶ Quadro 68.3. Um escore > 45% indica essencialmente incapacitação completa
3. questionário de incapacidade de Roland-Morris[12]
4. questionário Short Form 36 (SF36)[13]

68.7 Diagnóstico diferencial de lombalgia

O diagnóstico diferencial de lombalgia (p. 1024) sobrepõe-se ao da mielopatia. Em ≈ 85% dos casos de LBP, nenhum diagnóstico específico pode ser feito,[14] contudo, condições graves e/ou prejudiciais podem, de forma geral, ser confiavelmente excluídas (como tumores, traumatismos, infecções, etc).

68.8 Avaliação inicial do paciente com lombalgia

68.8.1 Visão geral

A avaliação inicial consiste em história e exame físico focados na identificação de condições subjacentes graves, como: fratura, tumor, infecção ou síndrome da cauda equina (p. 1050). Condições graves que se manifestam como problemas de lombalgia são relativamente raras.

68.8.2 História

As informações a seguir foram encontradas como sendo úteis na identificação de pacientes com condições subjacentes graves, como câncer e infecção da coluna vertebral.[1] O ▶ Quadro 68.4 mostra a sensibilidade e especificidade de algumas características da história para várias condições.

1. idade
2. história de câncer (principalmente neoplasias que são propensas a metástases esqueléticas: próstata, mama, rim, tireoide, pulmão, linfoma/mieloma)
3. perda de peso inexplicável

Quadro 68.3 Escore para índice de incapacidade de Oswestry

Escore	Interpretação
0-20%	incapacidade mínima: pode lidar com a maioria das atividades diárias
21-40%	incapacidade moderada: dor e dificuldade para sentar, levantar e ficar de pé. O paciente pode estar impossibilitado de trabalhar
41-60%	incapacidade grave: dor é o principal problema, mas outras áreas são afetadas
61-80%	incapacitado: dor nas costas afeta todos os aspectos de vida do paciente
81-100%	estes pacientes estão acamados ou então estão exagerando os sintomas

Lombalgia e Radiculopatia **1027**

Quadro 68.4 Sensibilidade e especificidade dos achados históricos em pacientes com problemas de lombalgia[1]

Condição	História	Sensibilidade	Especificidade
câncer	idade ≥ 50 anos	0,77	0,71
	Ca prévio	0,31	0,98
	perda de peso inexplicável	0,15	0,94
	falha para melhora após terapia conservadora × 1 mês	0,31	0,90
	qualquer um descrito acima	1,00	0,60
	dor > 1 mês	0,50	0,81
osteomielite espinal	consumo abusivo de drogas IV, UTI ou infecção cutânea	0,40	NA
fratura por compressão	idade ≥ 50 anos	0,84	0,61
	idade ≥ 70 anos	0,22	0,96
	trauma	0,30	0,85
	uso de esteroides	0,06	0,995
HLD	dor no nervo isquiático	0,95	0,88
estenose espinal	pseudoclaudicação	0,60	NA
	idade ≥ 50 anos	0,90[a]	0,70
espondilite anquilosante	resposta positiva para quatro dos cinco fatores descritos a seguir	0,23	0,82
	idade no início ≤ 40 anos	1,00	0,07
	dor não aliviada em posição supina	0,80	0,49
	rigidez matinal nas costas	0,64	0,59
	dor ≥ 3 meses de duração	0,71	0,54

[a]Estimativa.

4. imunossupressão: por esteroides, medicamentos imunosupressores usados em pacientes transplantados ou com HIV
5. uso prolongado de esteroides
6. duração dos sintomas
7. responsividade à terapia prévia
8. dor que se agrava em repouso
9. história de infecção cutânea: principalmente furúnculo
10. história de consumo de drogas IV
11. UTI ou outra infecção
12. dor irradiando abaixo do joelho
13. dormência persistente ou fraqueza nas pernas
14. história de trauma significativo. Em um paciente jovem: geralmente envolve MVA, uma queda de altura ou um golpe direto nas costas. Em um paciente mais velho: quedas menores, levantamento de peso ou até mesmo um episódio de tosse intensa pode causar uma fratura, principalmente na presença de osteoporose
15. achados consistentes com síndrome da cauda equina (p. 1050):
    a) disfunção vesical (geralmente retenção urinária ou incontinência por extravasamento) ou incontinência fecal
    b) anestesia em sela (p. 1050)
    c) fraqueza ou dor unilateral ou bilateral das pernas
16. fatores psicológicos ou socioeconômicos podem influenciar o relato de sintomas do paciente (p. 1033) e devem-se investigar:
    a) situação laboral
    b) atividades de trabalho típicos
    c) nível educacional

d) litígio pendente
e) problemas de incapacidade ou compensação do trabalhador
f) falha dos tratamentos prévios
g) consumo abusivo de drogas
h) depressão

68.8.3 Exame físico

Menos útil do que a história na identificação dos pacientes que podem ser portadores de doenças, como o câncer, mas pode ser mais útil na detecção de infecções da coluna vertebral.

1. infecção da coluna vertebral (p. 349): achados que sugerem essa condição como possibilidade (mas também podem ser comuns em outras situações clínicas)
   a) febre: comum no abscesso epidural e osteomielite vertebral, menos comum na discite
   b) sensibilidade vertebral
   c) faixa muito limitada de movimento da coluna vertebral
2. achados de possível comprometimento neurológico: os seguintes achados físicos identificarão a maioria dos casos de comprometimento clinicamente significativo da raiz nervosa ocasionado por HLD de L4-5 ou L5-S1 que compreendem > 90% dos casos de radiculopatia decorrente da HLD; limitar o exame nas seguintes condições poderia não detectar as hérnias de disco de região lombar superior muito menos comuns, que pode ser dificultar a detecção de PE (p. 1057)
   a) extensão do tornozelo e do hálux por dorsiflexão: fraqueza sugere L5 e alguma disfunção de L4
   b) reflexo calcâneo: diminuição do reflexo sugere disfunção da raiz de S1
   c) sensação de toque leve do pé:
      - diminuída ao longo do maléolo medial e região medial do pé: sugere envolvimento da raiz do nervo em L4
      - diminuída ao longo do dorso do pé: sugere L5
      - diminuída ao longo do maléolo lateral e região lateral do pé: sugere S1
   d) elevação da perna estendida (SLR); verificar também se há SLR cruzada (p. 1048)

68.8.4 "Sinais de alerta" na história e exame físico para problemas de lombalgia

Com base na história acima e exame físico, os achados no ▶ Quadro 68.5 podem sugerir a possibilidade de uma doença subjacente grave como a causa do problema de lombalgia. Além disso, dor na região torácica é relativamente incomum e deve aumentar o índice de suspeita.

68.8.5 Testes diagnósticos específicos

Para pacientes sem características sugerindo uma condição grave subjacente, os testes diagnósticos específicos não são necessários durante o primeiro mês de sintomas. Isto inclui aproximadamente 95% dos pacientes com problemas de lombalgia.[1]

Quadro 68.5 "Sinais de alerta" para pacientes com problemas de lombalgia	
Condição	**Sinais de alerta**
câncer ou infecção	1. idade > 50 ou < 20 anos 2. história de câncer 3. perda de peso inexplicável 4. imunossupressão (ver texto) 5. UTI, uso abusivo de drogas IV, febre ou calafrios 6. dor nas costas sem melhoria com o repouso
fratura da coluna vertebral	1. história de trauma significativo (ver texto) 2. uso prolongado de esteroides 3. idade > 70 anos
síndrome da cauda equina ou comprometimento neurológico grave	1. início agudo de retenção urinária ou incontinência por extravasamento 2. incontinência fecal ou perda de tônus do esfíncter anal 3. anestesia em sela 4. fraqueza global ou progressiva nas LEs

68.9 Avaliação radiográfica

68.9.1 Informação geral

O diagnóstico de estenose espinal lombar ou a hérnia de disco intervertebral é geralmente útil apenas em candidatos com potencial necessidade de tratamento cirúrgico.[15] Isto inclui pacientes com síndromes clínicas adequadas que não responderam satisfatoriamente ao tratamento clínico adequado ao longo de um período de tempo suficiente e que não apresentam contraindicações médicas para cirurgia. A confirmação radiológica desses diagnósticos geralmente requer CT, mielografia, MRI ou alguma combinação (ver a seguir). Nota: mielografia,[16] CT[17] ou MRI[18] também podem mostrar abaulamento ou hérnias de disco lombar (HLD) ou estenose da coluna vertebral em pacientes *assintomáticos* (p. ex., 24% dos pacientes assintomáticos têm hérnias de disco observadas na MRI e 4% têm estenose espinal; em pacientes de 60-80 anos de idade, estes números tornam-se 36 e 21% respectivamente).[19] Assim, estes testes devem ser interpretados à luz dos achados clínicos, bem como o nível e o lado anatômico devem corresponder à história, exame e/ou outros dados fisiológicos. A radiologia diagnóstica é um benefício limitado como a avaliação inicial na maioria dos distúrbios da coluna vertebral.[20]

Na ausência de sinas de alerta para doenças graves, estudos de imagem não são recomendados no primeiro mês de sintomas.[1] Para pacientes que tiveram cirurgia anterior da coluna, a MRI com contraste é provavelmente o melhor teste. A mielografia (com ou sem CT) é invasiva e aumenta o risco de complicações e, portanto, é indicada apenas em situações onde MRI não pode ser feita ou é inadequada, e a possibilidade de cirurgia é esperada.

Σ

Pacientes para os quais exames de imagem radiológica são recomendados são aqueles com:
1. condições *benignas* suspeitas com sintomas persistindo > 4 semanas e com gravidade grande o suficiente para se considerar a cirurgia, incluindo:
   a) sintomas na perna relacionadas com a coluna e sinais clinicamente específicos de comprometimento da raiz nervosa
   b) uma história de claudicação neurogênica (p. 1100) ou outro achado sugestivo de estenose espinal lombar
   c) sintomas relacionados com a deformidade/desequilíbrio espinal, principalmente dor lombar posicional que aumenta com o tempo gasto em pé
2. sinais de alerta: exame físico ou outros resultados de testes que sugerem outras condições graves afetando a coluna vertebral (p. ex., síndrome da cauda equina, fratura, infecção, tumor, ou outras lesões ou defeitos de massa)

Recomendações para o uso de MRI e discografia para selecionar pacientes para **fusão** são mostradas no Guia de Prática Clínica (p. 1029).

Guia de prática clínica: MRI e discografia para seleção do paciente para fusão lombar*

1. **Nível II:**[21]
   a) MRI é recomendada como o teste diagnóstico inicial
   b) discos normais que aparecem na MRI não devem ser considerados para tratamento ou discografia
   c) a discografia lombar não deve ser utilizada como um teste individual
   d) considerar um nível discal para tratamento, se a discografia for utilizada, deve haver uma resposta de dor concordante[a] e anormalidades associadas na MRI[b]
2. **Nível III:**[21] discografia deve ser reservada para achados de MRI ambíguos, principalmente em níveis adjacentes aos níveis inequivocamente anormais

Notas:
*ver também recomendações sobre o uso de injeções na faceta (p. 1036).
[a]resposta de dor concordante: dor idêntica ou muito similar às queixas comuns de dor no paciente (Nota: discografia pode produzir LBP grave em pacientes sem queixas prévias[22,23]).
[b]morfologia anormal do disco na MRI: perda de intensidade do sinal em T2WI ("disco preto"), colapso do espaço discal, alterações de Modic (ver ▶ Quadro 68.2) e zonas de alta intensidade (esses achados também ocorrem com frequência em pacientes assintomáticos[24]).

68.9.2 Radiografias simples lombossacrais

Informação geral

Achados inesperados ocorrem em apenas 1 em 2.500 adultos < 50 anos de idade.[25] O diagnóstico das condições cirúrgicas de hérnia de disco e estenose espinal não pode ser feito a partir de radiografia simples (embora possam ser inferidas, um estudo mais aprofundado seria necessário). Várias anormalidades congênitas de significado incerto podem ser identificadas (p. ex., espinha bífida oculta) e evidência de alterações degenerativas (incluindo osteófitos) são tão frequentes em pacientes sintomáticos quanto assintomáticos. Raramente indicada durante a gravidez.

Recomendação

Não recomendado para avaliação de rotina de pacientes com problemas de lombalgia aguda durante o primeiro mês de sintomas, a menos que um "sinal de alerta" esteja presente (ver abaixo). Reservar os exames de raios X LS para pacientes com uma probabilidade de ter neoplasia da coluna vertebral, infecção, espondilite inflamatória ou fratura clinicamente significativa. Nesses casos, as radiografias simples são frequentemente apenas um exame inicial e um estudo mais aprofundado (CT, MRI...) pode ser indicado mesmo que as radiografias simples sejam normais. "Sinais de alerta" para essas condições incluem o seguinte:
- idade > 70 anos ou < 20 anos
- pacientes com doença sistêmica
- temperatura > 100° F (ou > 38° C)
- história prévia de neoplasia
- infecção recente
- pacientes com déficits neurológicos sugerindo síndrome da cauda equina (anestesia em sela, incontinência ou retenção urinária, fraqueza de LE) (p. 1050)
- usuários de drogas IV ou consumo abusivo de álcool
- diabético
- pacientes imunossuprimidos (incluindo tratamento prolongado com corticosteroides)
- cirurgia recente da coluna vertebral ou do trato urinário
- trauma *recente*: qualquer idade com trauma significativo ou > 50 anos de idade com trauma leve
- dor constante em repouso
- dor persistente por mais de ≈ 4 semanas
- perda de peso inexplicável

Quando as radiografias da coluna vertebral são indicadas, as vistas AP e lateral geralmente são adequadas.[26] As incidências oblíquas em L5-S1 mais do que dobram a exposição radioativa e adicionam informação adicional em apenas 4-8% dos casos,[27] podendo ser obtidas em ocasiões específicas, quando justificado (p. ex., para diagnosticar espondilólise, quando a espondilolistese é encontrada na radiografia lateral).

68.9.3 MRI

A menos que contraindicada, a MRI sem contraste é o teste diagnóstico inicial de escolha para diagnosticar a maioria dos casos de hérnia de disco e estenose espinal. A especificidade e sensibilidade para HLD estão na mesma ordem que a CT/mielografia, que é melhor do que a mielografia sozinha.[1,28,29]
Vantagens:
- fornece mais informações sobre os tecidos moles (discos intervertebrais, medula espinal, inflamação...) do que qualquer outro teste diagnóstico disponível
- fornece informação sobre o tecido fora do canal vertebral, p. ex. hérnia de disco lateral extrema (p. 1058), tumores...
- não invasiva e não emprega radiação ionizante

Desvantagens
- pacientes com dor intensa ou claustrofobia podem ter dificuldade em manter-se parados
- não visualiza bem o osso
- inacurada para estudar o sangue inicialmente (p. ex., hematoma epidural espinal)
- de maior custo
- interpretação de escoliose é mais difícil, pode ser parcialmente compensada pelo contorno do plano de visualização por meio do centro do canal
- várias contraindicações: ver Contraindicações para MRI (p. 230)

Achados:

Além de mostrar a hérnia de disco lombar (HLD) fora do interespaço discal comprimindo a raiz nervosa ou o saco tecal, a MRI pode mostrar alterações do sinal dentro do interespaço sugerindo degeneração discal[30] (perda de intensidade de sinal em T2WI, perda de altura do espaço discal) e é útil no diagnóstico de infecções e tumores.

68.9.4 CT lombossacral

Se imagens tecnicamente adequadas podem ser obtidas (p. ex., boa qualidade do *scanner*, imagens não obscurecidas por artefato por movimento ou obesidade do paciente), a CT pode demonstrar que acomete a coluna vertebral. Para HLD, a sensibilidade é de 80-95% e a especificidade é 68-88%.[31,32] No entanto, até mesmo grandes hérnias de discos podem não ser visualizadas com CT simples. Estudos de CT para HLD tendem a ser menos satisfatórios em idosos. Quando a MRI é uma opção, a principal utilidade da CT é fornecer imagens ósseas para avaliar fraturas ou demonstrar detalhes da anatomia óssea para a cirurgia.

Material do disco tem densidade (unidades de Hounsfield) ≈ duas vezes do observado no saco tecal. Achados associados de hérnia discal incluem:
- perda de gordura epidural (normalmente vista como baixa densidade)
- perda de "convexidade" normal do saco tecal (indentação ocasionada pela hérnia de disco)

Vantagens:
- excelente detalhamento ósseo
- não invasiva
- avaliação ambulatorial
- avalia o tecido mole paraespinal (p. ex., para excluir o tumor, abscesso paraespinal...)
- vantagens sobre a MRI: digitalização mais rápida (significativa em pacientes que têm dificuldade em ficar imóvel por longo tempo), menos cara, menos claustrofóbica, menos contraindicações, ver Contraindicações da MRI (p. 230)

Desvantagens:
- envolve radiação ionizante (raios X)
- sensibilidade é significativamente menor do que a MRI ou mielograma/CT

68.9.5 Mielografia

Com o contraste intratecal hidrossolúvel introduzido por punção lombar, a sensibilidade (62–100%) e especificidade (83-94%)[33,34,35,36] são semelhantes à CT para a deteção de HLD. Geralmente combinada com a CT pós-mielográfica (mielograma/CT), que aumenta a sensibilidade e, sobretudo, a especificidade.[37] Uma hérnia de disco no espaço entre o saco tecal e a borda posterior dos corpos vertebrais em L5-S1 (espaço insensível) pode não ser detectada na mielografia isolada (CT ou MRI geralmente são melhores para demonstrar tal hérnia).

Vantagens:
1. avalia a cauda equina melhor do que a CT sem contraste
2. fornece informações "funcionais" sobre o grau de estenose (um bloqueio de grau elevado permitirá o fluxo de contraste somente após algumas alterações na posição)
3. quando combinada à CT, pode mostrar melhor a anatomia obscurecida por próteses ou objetos metálicos na MRI em pacientes com instrumentação prévia

Desvantagens:
1. pode não visualizar a doença extradural (incluindo a hérnia de disco foraminal ou lateral), a sensibilidade é melhorada com a CT pós-mielográfica
2. invasiva
   a) administração de medicamentos, p. ex. de varfarina, deve ser interrompida
   b) com efeitos adversos ocasionais (herniação pós-LP, N/V, convulsões raras)
3. pacientes alérgicos ao iodo
   a) requer preparação para alergia ao iodo
   b) pode ainda ser de risco (principalmente em pacientes intensamente alérgicos ao iodo)

Achados:

A HLD produz defeito de enchimento extradural em nível de disco intervertebral. A hérnia de disco maciça ou estenose lombar grave pode produzir um bloqueio total ou quase total. Em alguns casos de HLD, o achado pode ser muito sutil e pode consistir em um corte do enchimento (com contraste) do manguito da raiz nervosa (em comparação a nervo(s) normais no lado contralateral ou em outros níveis). Outro achado sutil pode ser uma "sombra dupla" na vista lateral.

68.9.6 Cintilografia óssea

Ver Cintilografia óssea para problemas de lombalgia (p. 1032).

68.9.7 Discografia

Injeção de agente de contraste hidrossolúvel diretamente no núcleo pulposo do disco intervertebral sendo avaliado por acesso percutâneo com agulha por intermédio do triângulo de Kambin em um paciente acordado. Resultados do teste dependem do volume de contraste aceitado no disco, a pressão necessária para injetar o contraste, a configuração do contraste (incluindo o extravasamento dos limites do espaço discal) na imagem radiográfica (exames de raios X simples produzem o chamado "discograma", o exame de CT também é frequentemente utilizado) e a reprodução da dor do paciente com a injeção. Alguma base para realizar um discograma é identificar níveis que possam produzir "dor discogênica" ou "síndrome do disco doloroso" (p. 1032), um ponto controverso. Quando a dor produzida mimetiza a dor manifestada pelo paciente, a dor é considerada ser "concordante".

Crítica:

Invasiva. Interpretação é ambígua, e complicações podem ocorrer (infecção do espaço discal, hérnia de disco e significativa exposição radioativa com a CT-discografia). Pode ser anormal em pacientes assintomáticos[22,23] (como qualquer um dos testes acima pode ser), embora a taxa de falsos positivos pode não ser tão alta.[38] Ver **Guia de prática clínica: MRI e discografia para seleção dos pacientes por fusão lombar** (p. 1029) para recomendações.

68.10 Eletrodiagnóstico para problemas de lombalgia

Se o diagnóstico de radiculopatia parece provável por motivos clínicos, testes eletrofisiológicos não são recomendados.[1]

1. EMG (p. 242): pode avaliar disfunção de raízes nervosas aguda e crônica, mielopatia e miopatia e pode ser útil para pacientes com suspeita de outras condições (p. ex., neuropatia), ou quando um exame confiável de resistência da força muscular não é possível. O recrutamento reduzido pode ser visto nos primeiros dias de início da dor, no entanto, a atividade espontânea leva 10-21 dias para se desenvolver (p. 242) (∴ menos útil nas primeiras ≈ 3 semanas). Não é útil com o exame de força muscular normal. A acurácia é altamente dependente do operador e melhora com conhecimento sobre estudos de imagem e informação clínica.[39] Ver resultados na radiculopatia (p. 243)
2. reflexo-H (p. 243): medidas de condução sensorial nas raízes nervosas. O uso é limitado para avaliar a radiculopatia em S1.[40] Correlaciona-se com o reflexo do calcâneo
3. SSEPs (p. 239): avalia as fibras secretas que percorrem o nervo periférico e a coluna posterior da medula espinal. Pode ser anormal em condições que afetam as colunas dorsais com posição articular e propriocepção deficientes (p. ex., mielopatia espinal espondilótica cervical)
4. estudos de condução nervosa (incluindo NCVs): ajuda a identificar neuropatias de compressão aguda e crônica que podem imitar a radiculopatia
5. ✘ não recomendada para avaliar problemas de lombalgia aguda[1]
   a) resposta de onda-F (p. 243): medir a condução motora pelas raízes nervosas, utilizada para examinar neuropatias proximais
   b) EMG de superfície: avalia os padrões de recrutamento agudo e crônico durante as atividades estáticas ou dinâmicas utilizando eletrodos de superfície (em vez de agulha)

68.11 Cintilografia para pacientes com lombalgia

Descrição: injeção de um composto radiomarcado (geralmente tecnécio 99m) que é incorporado pelo osso metabolicamente ativo. Uma câmera gama localiza regiões de incorporação. A dose total de radiação é ≈ semelhante a um conjunto de radiografias da coluna lombar.[1] Contraindicada durante a gravidez. O aleitamento materno deve ser momentaneamente suspenso após cintilografia óssea por causa da presença de radiomarcadores no leite materno.

Um teste moderadamente sensível que pode ser usado na avaliação da lombalgia potencialmente causada por tumor espinal,[41] infecção,[42] ou fratura oculta que é suspeita de "sinais de alerta" (ver ▶ Quadro 68.5) na história ou exame, ou nos resultados laboratoriais ou radiografias simples. Não muito específico, mas pode localizar lesões ocultas e ajudar a diferenciar essas condições de alterações degenerativas. Uma cintilografia óssea positiva sugerindo uma dessas condições geralmente deve ser confirmada por outros testes ou procedimentos diagnósticos (nenhum estudo comparou as cintilografias ósseas à CT ou MRI).

Baixo eficácia em pacientes com problemas lombares crônicos, bem como radiografias simples e exames laboratoriais (principalmente ESR ou CRP).[41]

O exame SPECT pode fornecer informação adicional à cintilografia óssea.

68.12 Termografia para problemas de lombalgia

✖ Não recomendada.[1] Não prediz de forma precisa a ausência ou presença de compressão da raiz nervosa observada na cirurgia[43] e pode ser positiva em uma porcentagem significativa de pacientes assintomáticos.[44]

68.13 Fatores psicossociais

Embora alguns pacientes com LPB crônica (> 3 meses de duração) possam ter começado a ter dor por um fator precipitante (trauma leve, esforço físico, etc), fatores psicológicos e socioeconômicos (como a depressão, o ganho secundário...) podem vir a desempenhar um papel significativo em perpetuar ou amplificar a dor. Fatores psicológicos, particularmente escalas elevadas de histeria ou hipocondria no Minnesota Multiphasic Personality Inventory (MMPI) foram encontradas como um melhor preditor prognóstico do que os resultados de imagens radiográficas em um estudo.[39] Uma escala de triagem de cinco fatores foi proposta[45] (achados positivos em qualquer dos três, sugerem distúrbio psicológico positivo):

1. Esses itens são potencialmente confiáveis[46]
   a) dor em carga axial simulada: pressionar a parte superior da cabeça
   b) desempenho inconsistente: p. ex. dificuldade em tolerar a elevação da perna estendida (SLR) durante a posição supina, mas nenhuma dificuldade quando sentado
   c) reação exagerada durante o exame físico
2. Esses itens podem não ser confiáveis[46]
   a) sensibilidade inadequada que é superficial ou generalizada
   b) anormalidades motoras ou sensoriais que não correspondem aos limites anatômicos (p. ex., para sensação: dermátomos, distribuição do nervo periférico...)

Entretanto, a utilidade dessa informação é limitada, e nenhuma intervenção efetiva foi identificada para abordar esses fatores. Portanto, o painel de AHCPR foi instável em recomendar ferramentas ou intervenções de avaliação específicas.[1]

68.14 Tratamento

68.14.1 Informação geral

Um período inicial de manejo não cirúrgico (abaixo) é indicado, exceto nas seguintes circunstâncias, em que a cirurgia de urgência é indicada:

Situações cujo tratamento conservador não é indicado:

- sintomas de síndrome da cauda equina: retenção urinária, anestesia em sela...(p. 1050)
- déficit neurológico progressivo ou grave fraqueza motora
- uma indicação relativa para proceder à cirurgia urgente sem tratamento conservador é a dor intensa, que não pode ser suficientemente controlada com analgésicos adequados (rara)

Se diagnósticos específicos forem realizados, como de uma hérnia do disco intervertebral lombar ou estenose lombar sintomática, o tratamento cirúrgico para estas condições pode ser considerado se o paciente não conseguir melhorar satisfatoriamente. Em casos onde o diagnóstico específico não pode ser feito, o tratamento consiste em tratamento conservador e o monitoramento do paciente para descartar o possível desenvolvimento de sintomas sugestivos de um diagnóstico mais grave, que talvez não tenha sido inicialmente evidente.

68.14.2 Tratamento "conservador"

Lamentavelmente, este termo chegou a ser usado para tratamento não cirúrgico. Com uma pequena modificação, abordagens similares podem ser usadas para lombalgia mecânica, bem como para radiculopatia aguda causada por hérnia de disco.

Recomendações (baseadas nos achados de AHCPR[1] na ausência de "sinais de alerta"; nota: algumas citações-chave da literatura são dadas aqui, principalmente aquelas derivadas dos melhores estudos que dão suporte às recomendações do painel da Agency for Health Care Policy and Research [AHCPR]. No entanto, referir-se a Bigos *et al.*[1] para análise completa e a lista de referências):

1. modificações da atividade: não foram encontrados estudos que preencham os critérios de avaliação dos painéis para evidência adequada. No entanto, as seguintes informações foram consideradas úteis:
   a) repouso no leito: 2-3 dias no máximo
      - o objetivo teórico é reduzir os sintomas pela diminuição da pressão nas raízes nervosas e/ou pressões intradiscais que é menor na posição supina de semi-Fowler[47] e também para reduzir movimentos que são considerados dolorosos pelo paciente
      - desativação por repouso prolongado (> 4 dias) parece ser pior para os pacientes (produzindo fraqueza, rigidez e dor intensa) do que um retorno gradual às atividades normais[48]
      - recomendações: a maioria dos pacientes com problemas de lombalgia não precisará de repouso na cama. O repouso por 2-4 dias pode ser uma opção para aqueles com graves sintomas radiculares iniciais, no entanto, isto pode não ser melhor do que o acompanhamento cuidadoso[49] e pode ser prejudicial[50]
   b) modificação de atividades
      - o objetivo é alcançar um nível tolerável de desconforto durante atividade física suficiente para minimizar a interrupção das atividades diárias
      - fatores de risco: embora não haja concordância do seu exato papel, a seguir foram identificados como tendo um aumento da incidência de problemas de lombalgia. Empregos que exigem trabalho pesado ou repetitivo, vibração total do corpo (com veículos ou máquinas industriais), posturas assimétricas ou posturas mantidas por longos períodos (incluindo posição sentada prolongada)
      - recomendações: limitar temporariamente o trabalho pesado, tempo prolongado sentado e flexão ou torção das costas. Estabelecer metas de atividade para ajudar a centrar a atenção no retorno esperado do estado funcional completo
   c) exercícios (pode ser parte do programa de *fisioterapia*):
      - durante o primeiro mês de sintomas, exercício aeróbico de baixa tensão pode minimizar a debilidade causada pela inatividade. Nas primeiras 2 semanas, utilizar exercícios que tensionam minimamente as costas: caminhar, andar de bicicleta ou nadar
      - exercícios de condicionamento para os músculos do tronco (principalmente os extensores das costas e possivelmente os músculos abdominais) são úteis, se os sintomas persistem (durante as primeiras 2 semanas, esses exercícios podem agravar os sintomas)
      - não há evidência para apoiar o alongamento dos músculos das costas ou recomendar aparelhos de exercícios específicos para as costas em vez dos exercícios tradicionais
      - quantidades de exercícios recomendados que são gradualmente intensificados resultam em melhor resultado do que simplesmente a interrupção com o surgimento de dor[51]
2. analgésicos:
   a) para o período inicial a curto prazo, paracetamol (APAP) ou NSAIDs (p. 137) pode ser usado. Em um estudo[52] de LBP aguda, os NSAIDs não acrescentaram qualquer benefício ao tratamento com APAP + educação padrão (ver abaixo)
   b) analgésicos mais fortes – maioria dos opioides (p. 138) – podem ser necessários para a dor intensa, dor radicular geralmente acentuada. Para dor inespecífica nas costas, não há nenhum retorno anterior à plena atividade do que com NSAIDs ou APAP.[1] Os opioides não devem ser usados > 2-3 semanas, momento em que os NSAIDs devem ser instituídos a menos que contraindicados
3. relaxantes musculares
   a) o objetivo terapêutico é reduzir a dor pelo alívio do espasmo muscular. Entretanto, os espasmos musculares não provaram ser causadores de dor, e os relaxantes musculares mais comumente utilizados não têm efeito periférico no espasmo muscular
   b) provavelmente mais eficazes do que o placebo, mas não foram demonstrados serem mais eficazes do que os NSAIDs. Além disso, o seu uso em combinação com os NSAIDs não foi demonstrado ser mais eficaz do que o uso de NSAIDs sozinhos
   c) potenciais efeitos adversos: sonolência (em até 30%). A maioria dos fabricantes recomenda o uso para < 2-3 semanas. Agentes como clorzoxazona (Parafon Forte® e outros) podem estar associados ao risco de hepatotoxicidade grave e potencialmente fatal[53]
4. educação: (pode ser fornecida como parte de um programa de *fisioterapia*)
   a) explicação da condição ao paciente[54] em termos compreensíveis e a confirmação positiva de que a condição certamente irá quase diminuir[55] foram demostradas como sendo mais eficazes do que muitas outras formas de tratamento
   b) postura apropriada, posições adotadas ao dormir e técnicas adequadas de levantamento devem ser transmitidas ao paciente. A "escola de coluna" formal parece ser marginalmente efetiva.[56] Pode haver algum benefício inicial, mas a eficácia a longo prazo não pode ser demonstrada.[57] A qualidade e o custo de tais programas variam amplamente[1]
5. terapia de manipulação espinal (SMT): definida como terapia manual em que cargas são aplicadas à coluna vertebral utilizando métodos de alavanca longa ou curta com articulação selecionada sendo

levada para sua amplitude final de movimento voluntário, seguida por aplicação de uma descarga de impulso (pode ser parte de um programa de *fisioterapia*)

   a) pode ser útil para os pacientes com problemas de lombalgia aguda sem radiculopatia quando utilizada no primeiro mês de sintomas (eficácia após 1 mês não é comprovada) por um período inferior a 1 mês. Um estudo[52] não observou benefício adicional para o APA + educação padrão

   b) há evidência insuficiente para recomendar a SMT na presença de radiculopatia

   c) a SMT não deve ser utilizada diante do déficit neurológico grave ou progressivo até que condições sérias tenham sido excluídas

   d) ✖ relatos de dissecção arterial: principalmente da artéria vertebral (p. 1325) e acidente vascular cerebral, mielopatia e hematoma subdural com SMT *cervical* e síndrome da cauda equina com SMT lombar[58,59,60] e a incerteza dos benefícios têm levado ao questionamento do uso de SMT[58] (principalmente cervical)

6. injeções epidurais:

   a) injeções epidurais de (cortico)esteroides (ESI): não há evidência de que seja eficaz no tratamento de radiculopatia.[61] A maioria dos estudos que indica benefício dessa terapia é retrospectiva e não controlada. Estudos prospectivos produziram resultados variáveis.[62] Alguma melhora em 3 a 6 semanas pode ocorrer (mas sem benefício funcional e sem alteração na necessidade de cirurgia), sem benefício em 3 meses.[63] A resposta na dor crônica das costas é baixa em comparação à dor aguda. A ESI pode ser uma opção para alívio a *curto prazo* da dor radicular, quando o controle sobre os medicamentos por via oral é insuficiente ou para pacientes que não são candidatos para cirurgia

   b) não há provas para apoiar o uso de injeções epidurais de esteroides, anestésicos locais e/ou opioides para LBP sem radiculopatia

   c) relatos sobre a eficácia em condições, como estenose espinal lombar, são conflitantes,[62] o alívio é quase uniformemente temporário (4-6 semanas com injeção inicial, tempos mais curtos nos tempos subsequentes)

✖ *Não* recomendado pelo painel da AHCPR[1] para o tratamento de problemas de lombalgia aguda na ausência de "sinais de alerta" (▷ Quadro 68.5):

1. medicamentos

   a) esteroides orais: diferenças não foram observadas em uma semana e 1 ano após randomização para receber a terapia com dexametasona ou placebo por 1 semana[64]

   b) colchicina: evidências conflitantes mostram algum benefício terapêutico[65] ou benefício ausente[66]. Efeitos adversos de N/V e diarreia foram comuns[1]

   c) medicamentos antidepressivos: a maioria dos estudos sobre esses medicamentos foi realizada para lombalgia crônica. Alguns estudos metodologicamente falhos não demonstraram benefícios quando comparados a placebo para a LBP crônica (não aguda)[67]

2. tratamentos físicos

   a) TENS (estimulação elétrica nervosa transcutânea): *não* estatisticamente mais significativa que o placebo e não adicionou nenhum benefício para o exercício sozinho[68]

   b) tração (incluindo tração pélvica): não demonstrou ser eficaz.[69] Uma explicação possível por falta de benefício que, por causa dos ligamentos e músculos paraespinais consideráveis (em comparação à coluna cervical), a quantidade de peso necessária para desviar o espaço do disco intervertebral é aproximadamente ≥ 2/3 do peso corporal do paciente, que é doloroso e/ou puxa o paciente para o pé da cama

   c) agentes físicos e modalidades: incluindo calor (como diatermia), gelo, ultrassom. O benefício é pouco comprovado, contudo, programas domiciliares autoadministrados para aplicação de calor ou frio podem ser considerados. O ultrassom e a diatermia não devem ser utilizados na gravidez

   d) coletes lombares e cintas de suporte: não comprovado benefício para problemas de lombalgia. Uso profilático tem sido defendido para reduzir o tempo perdido de trabalho por indivíduos com levantamento frequente como parte de seu trabalho, mas isto é controverso[70]

   e) *biofeedback*: não tem sido estudado por problemas agudos nas costas. Defendida principalmente para LBP crônica, cuja eficácia é controversa[71]

3. terapia de injeção

   a) injeções nos pontos de gatilho e nos ligamentos: a teoria de que os pontos de gatilho causam ou perpetuam a LBP é controversa e contestada por muitos especialistas. Injeções de anestésico local são de eficácia ambígua (salina pode ser eficaz[72]) e são levemente invasivas

   b) injeções na faceta articular (zigapofisária): a base teórica é que existe uma "síndrome da faceta" produzindo LBP que é agravada pela extensão espinal, sem sinais de tensão da raiz nervosa (p. 1047). Não existem estudos que investigaram adequadamente as injeções para dor < 3 meses de duração. Para LBP crônica, nem o agente e nem o local (intrafacetária ou pericapsular) tiveram uma diferença significativa nos resultados[73,74]

c) injeções epidurais na ausência de radiculopatia: ver a seguir
d) acupuntura: não foram encontrados estudos que avaliaram o seu uso em problemas de lombalgia. Todos os ensaios clínicos randomizados foram realizados para pacientes com LB crônica, e mesmo os melhores estudos foram considerados medíocres e contraditórios. A metanálise demonstrou que a acupuntura foi mais eficaz no alívio de LBP crônica do que o placebo ou nenhum tratamento,[75] mas não há nenhuma comparação a outras terapias

Guia de prática clínica: Terapia de injeção para lombalgia

Recomendações terapêuticas
Nível III:[76] injeções epidurais lombares ou injeções nos pontos de gatilho não são recomendadas para o alívio a longo prazo da LBP crônica. Essas técnicas ou as injeções em facetas podem ser empregadas para fornecer alívio temporário em pacientes selecionados.

Recomendações diagnósticas
Nível III:[76] injeções nas facetas lombares
- pode prever a resposta à ablação de faceta por radiofrequência
- ✖ não recomendada como ferramenta diagnóstica para predizer a resposta à fusão lombar

68.14.3 Tratamento cirúrgico

Indicações para cirurgia da hérnia de disco lombar
Ver a seção sobre **hérnias de disco lombar** (p. 1049).

Indicações de fusão para LBP crônica sem estenose ou espondilolistese
Muito controversa.

Guia de prática clínica: Fusão lombar para LBP sem estenose ou espondilolistese

Nível I:[77] a fusão lombar pode ser eventualmente recomendada para pacientes selecionados cuidadosamente com LBP incapacitante ocasionada por uma doença degenerativa de nível um ou dois sem estenose ou espondilolistese (no estudo primário citado,[78] pacientes desenvolveram LBP crônica por ≥ 2 anos e apresentaram evidência radiológica de degeneração discal em L4-L5, L5-S1 ou ambas e falharam no melhor tratamento clínico).
Nível III:[77,79] um período intensivo de PT e terapia cognitiva é recomendado como uma opção para pacientes com LB, que falharam no tratamento médico convencional.

Guia de prática clínica: Escolha de técnica de fusão

Nível II:[80] para ALIF ou ALIF + instrumentação posterior complementar, a adição de uma fusão posterolateral não é recomendada (o benefício demonstrado não compensa o tempo adicional e a perda de sangue envolvida).
Nível III:[80]
- fusão posterolateral ou uma fusão intersomática (PLIF, TLIF ou ALIF) são opções para pacientes com LBP em razão do DDD em um ou dois níveis
- técnicas com fusão intersomática é uma opção para melhorar as taxas de fusão e o desfecho funcional (atenção: a melhoria na taxa de fusão e do desfecho é marginal, e a fusão intersomática está associada a uma taxa de complicação maior, principalmente com abordagens combinadas, *p. ex.* fusão de 360°)

✖ o uso de múltiplas abordagens (anterior + posterior) não é recomendado como uma opção de rotina para LBP sem deformidade

Opções de tratamento cirúrgico

O tipo de procedimento cirúrgico escolhido é adaptado à condição específica identificada. Exemplos são mostrados no ▶ Quadro 68.6. A discussão de algumas opções também é fornecida a seguir.

Fusão espinal lombar

Embora não haja consenso nas indicações,[81] a fusão espinal lombar (LSF) é o tratamento aceito para fratura/luxação ou instabilidade resultante do tumor ou infecção.

Para doença degenerativa espinal, parâmetros práticos foram desenvolvidos e são incluídos aqui. A dor associada às alterações de Modic do tipo 1 (ver ▶ Quadro 68.2) pode responder aos procedimentos de estabilização, os outros tipos de Modic não apresentam esta associação.

Guia de prática clínica: Fusão lombar da hérnia de disco

Nível III:[82]
1. fusão lombar não é rotineiramente recomendada após excisão discal em pacientes com HLD ou primeira recorrência de HLD causando radiculopatia
2. fusão lombar é um adjunto potencial para a excisão discal em casos de HLD ou HLD recorrente:
   a) com evidência de instabilidade ou deformidade espinhal lombar pré-operatória
   b) em pacientes com LBP axial crônica associada à radiculopatia

Instrumentação como um complemento para fusão

Guia de prática clínica: Fixação do parafuso pedicular

Nível III:[83] a fixação do parafuso pedicular é recomendada como opção de tratamento para pacientes com LBP tratada com fusão posterolateral, que estão em alto risco de falha na fusão (uso de rotina dos parafusos pediculares não é recomendado por causa de evidências conflitantes de benefício, em conjunto com consideráveis evidências de aumento dos custos e complicações).

O uso de instrumentação aumenta a taxa de fusão.[84] O dispositivo utilizado na ausência de fusão eventualmente sofrerá fadiga, particularmente na região da lordose lombar. Portanto, a instrumentação deve ser vista como uma medida temporária de estabilização interna, enquanto se aguarda o processo de fusão óssea completa.

68.15 Lombalgia crônica

Raramente, o diagnóstico anatômico pode ser feito em pacientes com LBP crônica ≥ 3 meses de duração.[85] Também, ver Fatores psicossociais (p. 1033). Pacientes com síndromes de dor crônica (CPS) queixam-se de seus problemas com termos afetivos ou emocionais com uma maior frequência do que aqueles com dor aguda.[86] A quantidade de tempo que um paciente encontra-se fora do trabalho, por causa de

Quadro 68.6 Opções cirúrgicas para problemas de lombalgia

Condição	Opções de tratamento cirúrgico
HLD de "rotina" ou recorrência inicial de HLD	<ul><li>discectomia e microdiscectomia padrão são de eficácia similares</li><li>✖ procedimentos intradiscais: nucleótomo, descompressão do disco a *laser* não são recomendados (p. 1052)</li></ul>
HDL do forame ou lateral extremo	<ul><li>facetectomia parcial ou total (p. 1059)</li><li>abordagem extracanal (p. 1059)</li><li>técnicas endoscópicas</li></ul>
estenose espinhal lombar	<ul><li>laminectomia descompressiva simples</li><li>laminectomia mais fusão: pode ser indicada para pacientes com espondilolistese degenerativa, estenose e radiculopatia, escoliose degenerativa do adulto (ADS) ou instabilidade</li></ul>

Quadro 68.7 Chances de retorno do paciente ao trabalho	
Tempo fora do trabalho	**Chances de retorno ao trabalho**
< 6 meses	50%
1 ano	20%
2 anos	< 5%

problemas de lombalgia, está relacionada com as chances de o paciente voltar ao trabalho, como mostrado no ▶ Quadro 68.7.

68.16 Coccidínia

68.16.1 Informação geral

Também conhecida como coccigodínia. Dor e sensibilidade em torno do cóccix. Um sintoma, não um diagnóstico. Normalmente, o desconforto é observado em posição sentada ou ao levantar da posição sentada. Mais comum em mulheres, possivelmente decorrente de um cóccix mais proeminente. A condição é mais incomum em homens que, na ausência de trauma local, devem considerar fortemente uma condição subjacente.

68.16.2 Etiologias

Para o diagnóstico diferencial, consultar Lombalgia aguda (p. 1416). Etiologias mais bem aceitas incluem:[87]
1. trauma local (pode estar associado à fratura ou luxação):
    a) 25% dos pacientes comentam uma história de queda
    b) 12% tiveram trauma repetitivo (aparelho de remo, andar de bicicleta por tempo prolongado...)
    c) 12% iniciaram com o parto
    d) 5% começaram após um procedimento cirúrgico (metade dos quais estava em posição de litotomia)
2. idiopática: excluindo casos traumáticos, nenhuma etiologia pode ser identificada na maioria dos casos
3. neoplasias
    a) cordoma
    b) tumor de célula gigante
    c) schwannoma intradural
    d) cisto perineural
    e) lipoma intraósseo
    f) carcinoma do reto
    g) hemangioma sacral[88]
    h) metástases pélvicas (p. ex., do câncer da próstata)
4. prostatite

Etiologias controversas incluem:[87,89]
1. pressão local sobre um cóccix proeminente
2. dor mencionada:
    a) doença espinal
        • hérnia de disco lombossacral
        • síndrome da cauda equina
        • aracnoidite
    b) doença pélvica/visceral
        • doença inflamatória pélvica (PID)
        • abscesso perirretal
        • fístula perirretal
        • cisto pilonidal
3. inflamação de vários ligamentos inseridos ao cóccix
4. neurose ou histeria verdadeira

A avaliação histológica do cóccix não ajuda a delinear a causa, mesmo sugerindo-se a presença de necrose avascular.[90]

68.16.3 Avaliação

MRI: eficaz para detectar massas de tecidos moles, incluindo massas pressacrais

CT: sem achado característico nos estudos da coccidínia. Muito sensível para a detecção de patologia óssea (fratura, lesão destrutiva...).

Filmes radiográficos sacrococcígeos muitas vezes são realizados para excluir uma lesão óssea destrutiva. Muitas vezes, a questão de uma fratura será levantada e muitas vezes não pode ser definitivamente incluída ou excluída com base neste estudo. Pode ou não haver qualquer significado de tal fratura.

Os exames de cintilografia nuclear não foram úteis em 50 pacientes com coccidínia.[87]

68.16.4 Tratamento

Inúmeros tratamentos foram propostos e alguns são oferecidos aqui para propósitos históricos[87] (e para dissuadir tentativas casuais para efetuar uma "nova" cura que na realidade já está sendo buscada):
1. coletes de gesso
2. banhos quentes (banhos de assento), almofadas térmicas
3. massagem terapêutica
4. XRT
5. psicoterapia

A maioria dos casos se resolve dentro de ≈ 3 meses de tratamento conservador consistindo em NSAIDs, analgésicos leves e medidas para reduzir a pressão no cóccix (p. ex., um anel de borracha ("donut"), suportes lombares para manter a lordose lombar na posição sentada para mudar o peso do cóccix às coxas posteriores).[91]

Recomendações de tratamento para casos refratários.[87,91]
1. injeção local: 60% respondem aos corticosteroides + anestésico local (40 mg Depo-Medrol® em 10 cc de 0,25% bipuvicaína). Recomendada como tratamento inicial; a resposta deve ser alcançada por duas injeções
2. manipulação do cóccix: geralmente sob anestesia geral. ≈ 85% de sucesso quando combinada com injeção local
3. ± fisioterapia (diatermia e ultrassom): encontrada ser benéfica apenas em ≈ 16% (pode ser mais eficaz com a adição de manipulação suave do cóccix *sem* anestesia geral[92])
4. injeção epidural caudal de esteroides
5. bloqueio ou neurólise (com produtos químicos ou por crioablação[93]) do gânglio impar (conhecido como gânglio de Walther, o menor gânglio da cadeia simpática paravertebral pareada, localizada logo anteriormente à junção sacrococcígea): algum sucesso tem sido descrito com esta técnica (tradicionalmente usada para dor perineal simpática intratável de etiologia neoplásica[94])
6. técnicas neurolíticas direcionadas para S4, S5 e nervos coccígeos
7. coccigectomia (remoção cirúrgica da porção móvel do cóccix, seguida de suavização da proeminência óssea residual no sacro): foi necessária em ≈ 20% dos pacientes em uma série,[87] com uma taxa de sucesso relatada de 90%. No entanto, muitos profissionais médicos não acreditam que isto seja um tratamento altamente eficaz e sentem que a maior contenção deve ser usada ao considerar essa forma de terapia

68.16.5 Recorrência

Ocorre em ≈ 20% dos casos com tratamento conservador, geralmente dentro do primeiro ano. Repetição da terapia foi frequentemente bem-sucedida em fornecer alívio permanente. O tratamento mais agressivo pode ser considerado para casos refratários.

68.17 Síndrome pós-laminectomia

68.17.1 Informação geral

Definição: falha ao melhorar satisfatoriamente a lombalgia ou radiculopatia após cirurgia na coluna. Estes pacientes muitas vezes necessitam de analgésicos e são incapazes de retornar ao trabalho. A taxa de falha da discectomia lombar em fornecer alívio satisfatório da dor a longo prazo é ≈ 8-25%.[95] Pedidos de indenização do trabalhador ou ações pendentes foram os impedimentos mais frequentes para um bom desfecho.[96]

68.17.2 Etiologias

Fatores que podem causar ou contribuir para a síndrome pós-laminectomia:
1. diagnóstico inicial incorreto
   a) imagens pré-operatórias inadequadas
   b) achados clínicos não correlacionados com a anormalidade demonstrada na imagem
   c) outras causas de sintomas (às vezes na presença do que foi considerada uma lesão apropriada nos estudos de imagem que podem ter sido assintomáticos): p. ex. bursite trocantérica, amiotrofia diabética...
2. compressão contínua da raiz nervosa ou cauda equina causada por:
   a) compressão residual (material retido do disco, osteófitos...)
   b) patologia recorrente no mesmo nível: re-herniação do disco no mesmo nível, geralmente têm intervalo livre de dor > 6 meses do pós-operatório (p. 1061); ou reestenose (ao longo de muitos anos[97] – foi mais comum com fusões da linha média)
   c) patologia de nível adjacente: hérnia de disco ou estenose[97]
   d) compressão da raiz nervosa pelo tecido de cicatrização peridural (granulação) (ver abaixo)
   e) pseudomeningocele
   f) hematoma epidural
   g) raízes nervosas unidas com compressão em outro nível ou em localização atípica
   h) instabilidade segmentar: três padrões,[98] 1) instabilidade rotacional lateral, 2) espondilolistese pós-operatória, 3) escoliose pós-operatória
3. lesão permanente da raiz nervosa derivada da hérnia de disco original ou de uma cirurgia, inclui dor por desaferentação, que geralmente é constante e ardente ou gelada
4. aracnoidite adesiva: responsável por 6-16% dos sintomas permanentes em pacientes no pós-operatório[99]
5. discite (p. 356): geralmente produz dor considerável nas costas 2-4 semanas do pós-operatório
6. espondilose
7. outras causas de dor nas costas não relacionada com a condição original: espasmo muscular paraespinal, síndrome miofascial...Procurar pontos de gatilho, evidência de espasmo
8. distrofia simpático-reflexa pós-operatória, RSD (p. 1054)
9. "fatores não anatômicos": baixa motivação do paciente, ganhos secundários, toxicodependência, problemas psicológicos (p. 1053)...

68.17.3 Aracnoidite (conhecida como aracnoidite adesiva)

Informação geral

Condição inflamatória das raízes nervosas lombares. Na verdade um nome impróprio, visto que a aracnoidite adesiva é realmente um processo inflamatório ou fibrose que envolve todas as três camadas meníngeas (pia, aracnoide e dura-máter).

Etiologias/fatores de risco

Muitos "fatores de risco" hipotéticos foram descritos para o desenvolvimento de aracnoidite, incluindo:[100]
1. anestesia espinal: tanto causada por agentes anestésicos ou por contaminantes detergentes nas seringas utilizadas para esse procedimento
2. meningite espinal: piogênica, sifilítica, tuberculosa
3. neoplasias
4. agentes de contraste mielográfico: menos comuns com agentes de contraste hidrossolúveis não iônicos atualmente disponíveis
5. trauma
   a) pós-cirúrgica: principalmente após múltiplas operações
   b) trauma externo
6. hemorragia
7. idiopático

Achados radiográficos na aracnoidite

Nota: Evidência radiográfica de aracnoidite também pode ser encontrada em pacientes *assintomáticos*.[100]
A aracnoidite deve ser diferenciada do tumor: o tipo adesivo central (ver a seguir) pode lembrar o CSF que nutre o tumor, e o bloqueio mielográfico pode mimetizar o tumor intratecal.

Quadro 68.8 Classificação mielográfica de aracnoidite

Tipo	Descrição
1	defeito de preenchimento focal unilateral centrado no manguito da raiz do nervo adjacente ao espaço discal
2	constrição circunferencial ao redor do saco tecal
3	obstrução completa com "estalactites" ou "gotas de velas", "pincel" enchendo os defeitos
4	fundo cego infundibular com perda de estriações radiculares

MRI
Três padrões na MRI[101,102]
1. adesão central das raízes nervosas nas "cordas" centrais 1 ou 2
2. padrão de "saco tecal vazio": raízes aderem às meninges ao redor da periferia, apenas o sinal do CSF é visível por via intratecal
3. saco tecal cheio com tecido inflamatório, nenhum sinal do CSF. Corresponde ao bloqueio mielográfico e aparência de *gotas de vela*

Realce: aracnoidite aguda pode ter realce. Aracnoidite crônica geralmente não tem realce com gadolínio, tanto quanto p. ex., o tumor.

Mielograma
Pode mostrar o bloqueio completo ou aglomeração das raízes nervosas. Um dos muitos sistemas de classificação mielográficos[103] para aracnoidite é mostrado no ▶ Quadro 68.8.

68.17.4 Cicatrização peridural
Informação geral
Embora o tecido de cicatrização peridural seja frequentemente responsável por causar sintomas recorrentes,[104,105] não há evidência de correlação entre os dois.[106] A fibrose peridural é uma sequela inevitável na cirurgia do disco lombar, assim como a fibrose pós-operatória é uma consequência de qualquer procedimento cirúrgico. Mesmo os pacientes com alívio das dores após discectomia desenvolvem algum tecido de cicatrização pós-operatória.[107] Embora tenha sido demonstrado que, se um paciente tem dor radicular recorrente após discectomia lombar, existe uma chance de 70% de cicatriz peridural extensa que será encontrada na MRI,[106] e este estudo também demonstrou que nas MRIs realizadas no pós-operatório aos 6 meses, 43% dos pacientes tinham extensa cicatriz, mas 84% das vezes isto será assintomático.[108] Portanto, devem-se utilizar motivos clínicos para determinar se um paciente com extensa cicatriz na MRI está presente em uma minoria de 16% dos pacientes com sintomas radiculares atribuídos à cicatrização.[108]

Ver uma discussão das medidas para reduzir a cicatrização peridural (p. 1053).

Avaliação radiológica

Informação geral

Pacientes apresentando apenas lombalgia persistente ou dor no quadril sem um forte componente radicular, com um exame neurológico que é normal ou inalterado a partir do pré-operatório, devem ser tratados sintomaticamente. Pacientes com sinais ou sintomas de radiculopatia recorrente (SLR positivo é um teste sensível para compressão da raiz nervosa), particularmente se estes seguirem um período de recuperação aparente, devem ser submetidos à avaliação adicional.

É essencial diferenciar a hérnia de disco residual/recorrente de tecido cicatricial e aracnoidite adesiva, visto que o tratamento cirúrgico tem geralmente maus resultados com as duas últimas condições descritas (abaixo).

MRI sem e com gadolínio IV
Teste diagnóstico *de escolha*. O melhor exame para a detecção de hérnia de disco residual ou recorrente e para diferenciar confiavelmente disco de tecido cicatricial. Estudos pré-contraste com imagens em T1WI e T2WI revelam uma acurácia de ≈ 83%, comparável à CT com realce IV.[109,110] Com adição de gadolínio, utilizando o protocolo abaixo produz 100% de sensibilidade, 71% de especificidade e 89% de acurácia.[111] Pode também detectar a aracnoidite adesiva (ver a seguir). Como a cicatriz se torna mais fibrótica e calcificada com o tempo, o realce diferencial em relação ao material do disco atenua e pode tornar-se indetectável em algum ponto, ≈ 1-2 anos do pós-operatório[110] (alguma cicatriz continua a ter realce por > 20 anos).

Protocolo recomendado de MRI

Ver referência.[111]

Obter o pré-contraste para T1WI e T2WI. Aplicar 0,1 mmol/kg de gadolínio por via IV. Obter imagens T1WI dentro de 10 minutos (início do pós-contraste). Nenhum benefício de T2WI pós-contraste.

Achados na MRI sem realce

O sinal de um HLD torna-se mais intenso, à medida que a sequência varia de T1WI → T2WI, enquanto que a cicatriz torna-se menos intensa com essa transição. Sinais indiretos (também aplicáveis à CT):
1. efeito de massa: uma raiz nervosa é deslocada para fora do material discal, enquanto pode ser retraída em direção ao tecido cicatricial pela aderência a ela
2. localização: material discal tende a ser contíguo com o espaçador discal (melhor visto na MRI sagital)

Achados na MRI com contraste

Nas imagens iniciais (≤ 10 minutos pós-contraste) em T1WI: a cicatriz tem realce não homogêneo, enquanto o disco não possui realce. Uma área central sem realce circundada por material com realce irregular provavelmente representa o disco envolvido na cicatriz. O plexo venoso também realça e pode ser mais evidente quando está distorcido pelo material discal, mas a morfologia é facilmente diferenciada do tecido cicatricial nesses casos.

Nas imagens T1WI (> 30 minutos pós-contraste) tardias: cicatriz realça homogeneamente, o disco apresenta realce variável ou ausente. As raízes nervosas normais não têm realce mesmo nas imagens tardias.

Exame de CT sem e com contraste IV (com iodo)

Medidas de densidade na CT sem realce não são confiáveis no estudo da coluna no pós-operatório.[112] A CT com realce só é razoavelmente boa na diferenciação entre a cicatriz (com realce) e o disco (sem realce com possível realce de borda). A acurácia é aproximadamente igual à MRI *sem realce*.

Mielografia, com CT pós-mielográfica

Critérios mielográficos pós-operatórios sozinhos não são confiáveis para distinguir o material do disco da cicatriz.[100,113] Com a adição do exame de CT, a compressão neural é claramente demonstrada, mas a cicatriz ainda não pode ser confiavelmente diferenciada do disco.

A mielografia (principalmente com a CT pós-mielográfica) é consideravelmente capaz de demonstrar a aracnoidite[113] (ver acima).

Radiografias simples LS

Geralmente útil apenas em casos de instabilidade, mau alinhamento ou espondilose.[113] Vistas de flexão/extensão são mais úteis ao tentar demonstrar instabilidade.

68.17.5 Tratamento da síndrome pós-laminectomia

Discite pós-operatória

Para tratamento de infecção do espaço discal intervertebral, ver Discite (p. 356).

Tratamento sintomático

Recomendado para pacientes que não apresentam sinais e sintomas radiculares ou para a maioria dos pacientes que apresentou tecido de cicatrização ou aracnoidite adesiva na imagem. Como em outros casos de LBP inespecífica, o tratamento inclui: repouso a curto prazo, analgésicos (não narcóticos na maioria dos casos), medicação anti-inflamatória (não esteroide e ocasionalmente um período curto de esteroides) e fisioterapia.

Cirurgia

Geralmente reservada para aqueles com hérnia de disco recorrente ou residual, instabilidade segmentar ou pacientes com pseudomeningocele. Pacientes com instabilidade da coluna vertebral no pós-operatório devem ser considerados a serem submetidos à fusão da coluna (p. 1037).[98]

Na maioria das séries com acompanhamento adequado, as taxas de sucesso após a reoperação são menores em pacientes apresentando apenas cicatriz peridural (inferior a 1%), comparados àqueles pacientes com disco e cicatriz (≈ ainda apenas 37%),[95]

Uma taxa de sucesso geral (> 50% alívio da dor para > 2 anos) de ≈ 34% foi vista em uma série,[105] com melhores resultados em pacientes jovens, do gênero feminino, com bons resultados após cirurgia prévia, um pequeno número de operações anteriores, trabalho antes da cirurgia, dor predominantemente radicular (cf axial) e ausência de cicatriz, exigindo a lise.

Além da ausência de material do disco, fatores associados ao pior prognóstico foram: perda sensorial envolvendo mais de um dermátomo e pacientes com queixas de compensação pendentes ou anteriores.[95,114]

Aracnoidite:

A cirurgia de pacientes cuidadosamente selecionados com aracnoidite (aqueles com leve envolvimento radiográfico [Tipos 1 e 2 no ▶ Quadro 68.8] e < 3 operações prévias da coluna)[103] reúne sucesso moderado (embora nesta série, nenhum paciente retornou ao trabalho). Taxa de sucesso aproximada em outras séries:[115,116] 50% de falha, 20% capazes de trabalhar, mas com sintomas, 10-19% sem sintomas. A cirurgia consiste em remoção da cicatriz extradural que envelopa o saco tecal, removendo quaisquer fragmentos da hérnia de disco e realizando foraminotomias quando indicadas. A lise intradural das adesões não é indicada desde que nenhum método de prevenção de nova formação de cicatriz foi identificado.[116]

Referências

[1] Bigos S, Bowyer O, Braen G, et al. Acute Low Back Problems in Adults. Clinical Practice Guideline No.14. AHCPR Publication No. 95-0642. Rockville, MD: Agency for Health Care Policy and Research, Public Health Service, U.S. Department of Health and Human Services; 1994

[2] Cypress BK. Characteristics of Physician Visits for Back Symptoms: A National Perspective. Am J Public Health. 1983; 73:389–395

[3] Cunningham LS, Kelsey JL. Epidemiology of Musculoskeletal Impairments and Associated Disability. Am J Public Health. 1984; 74:574–579

[4] Frymoyer JW. Back Pain and Sciatica. N Engl J Med. 1988; 318:291–300

[5] Fardon DF, Milette PC. Nomenclature and classification of lumbar disc pathology. Recommendations of the Combined task Forces of the North American Spine Society, American Society of Spine Radiology, and American Society of Neuroradiology. Spine. 2001; 26:E93–E113

[6] Fardon DF, Williams AL, Dohring EJ, Murtagh FR, Gabriel Rothman SL, Sze GK. Lumbar disc nomenclature: version 2.0: Recommendations of the combined task forces of the North American Spine Society, the American Society of Spine Radiology and the American Society of Neuroradiology. Spine J. 2014. DOI: 10.1016/j.spinee.2014.04.022

[7] McCarron RF, Wimpee MW, Hudkins PG, Laros GS. The Inflammatory Effect of Nucleus Pulposus: A Possible Element in the Pathogenesis of Low-Back Pain. Spine. 1987; 12:760–764

[8] Modic MT. In: Degenerative disorders of the spine. Magnetic Resonance Imaging of the Spine. New York: Yearbook Medical; 1989:83–95

[9] Fairbank JC, Couper J, Davies JB, O'Brien JP. The Oswestry low back pain disability questionnaire. Physiotherapy. 1980; 66:271–273

[10] Fairbank JC, Pynsent PB. The Oswestry Disability Index. Spine. 2000; 25:2940–52; discussion 2952

[11] Baker D, Pynsent P, Fairbank J, Roland M, Jenner J. In: The Oswestry Disability Index revisited. Back pain: New approaches to rehabilitation and education. Manchester: Manchester University Press; 1989:174–186

[12] Roland M, Morris R. A study of the natural history of back pain. Part I: development of a reliable and sensitive measure of disability in low-back pain. Spine (Phila Pa 1976). 1983; 8:141–144

[13] Grevitt M, Khazim R, Webb J, Mulholland R, Shepperd J. The short form-36 health survey questionnaire in spine surgery. J Bone Joint Surg Br. 1997; 79:48–52

[14] Kelsey JL, White AA, Gordon SL. Idiopathic Low Back Pain: Magnitude of the Problem. 1982

[15] Deyo RA, Bigos SJ, Maravilla KR. Diagnostic Imaging Procedures for the Lumbar Spine. Ann Intern Med. 1989; 111:865–867

[16] Hitselberger WE, Witten RM. Abnormal Myelograms in Asymptomatic Patients. J Neurosurg. 1968; 28:204–206

[17] Wiesel SW, Tsourmas N, Feffer HL, Citrin CM, Patronas N. A Study of Computer-Assisted Tomography. I. The Incidence of Positive CAT Scans in an Asymptomatic Group of Patients. Spine. 1984; 9:549–551

[18] Jensen MC, Brant-Zawadzki MN, Obuchowski N, et al. Magnetic Resonance Imaging of the Lumbar Spine in People Without Back Pain. N Engl J Med. 1994; 331:69–73

[19] Boden SD, Davis DO, Dina TS, Patronas NJ, Wiesel SW. Abnormal Magnetic-Resonance Scans of the Lumbar Spine in Asymptomatic Subjects. J Bone Joint Surg. 1990; 72A:403–408

[20] Spitzer WO, LeBlanc FE, Dupuis M, et al. Scientific Approach to the Assessment and Management of Activity-Related Spinal Disorders: A Monograph for Clinicians: Report of the Quebec Task Force on Spinal Disorders. Chapter 3: Diagnosis of the Problem (The Problem of Diagnosis). Spine. 1987; 12: S16–S21

[21] Resnick DK, Choudhri TF, Dailey AT, Groff MW, Khoo L, Matz PG, Mummaneni P, Watters WC, Wang J, Walters BC, Hadley MN. Part 6: Magnetic resonance imaging and discography for patient selection for lumbar fusion. J Neurosurg Spine. 2005; 2:662–669

[22] Holt EP. The Question of Lumbar Discography. J Bone Joint Surg. 1968; 50A:720–726

[23] Carragee EJ, Tanner CM, Khurana S, Hayward C, Welsh J, Date E, Truong T, Rossi M, Hagle C. The rates of false-positive lumbar discography in select patients without low back symptoms. Spine. 2000; 25:1373–80; discussion 1381

[24] Carragee EJ, Paragioudakis SJ, Khurana S. 2000 Volvo Award winner in clinical studies: Lumbar highintensity zone and discography in subjects without low back problems. Spine. 2000; 25:2987–2992

[25] Nachemson AL. The Lumbar Spine: An Orthopedic Challenge. Spine. 1976; 1:59–71

[26] World Health Organization. A Rational Approach to Radiodiagnostic Investigations. 1983

[27] Scavone JG, Latschaw RF, Rohrer GV. Use of Lumbar Spine Films: Statistical Evaluation of a University Teaching Hospital. JAMA. 1981; 246:1105–1108

[28] Modic MT, Masaryk T, Boumphrey F, et al. Lumbar Herniated Disk Disease and Canal Stenosis: Prospective Evaluation by Surface Coil MR, CT, and Myelography. AJR. 1986; 147:757–765

[29] Jackson RP, Cain JE, Jacobs RR, Cooper BR, McManus GE. The Neuroradiologic Diagnosis of Lumbar Herniated Nucleus Pulposus: II. A Comparison of Computed Tomography (CT), Myelography, CT-Myelography, and Magnetic Resonance Imaging. Spine. 1989; 14:1362–1367

[30] Modic MT, Pavlicek W, Weinstein MA, Hardy R, et al. Magnetic Resonance Imaging of Intervertebral Disk Disease. Radiology. 1984; 152:103–111

[31] Bosacco SJ, Berman AT, Garbarino JL, et al. A Comparison of CT Scanning and Myelography in the Diagnosis of Lumbar Disc Herniation. Clin Orthop. 1984; 190:124–128

[32] Moufarrij NA, Hardy RW, Weinstein MA. Computed Tomographic, Myelographic, and Operative Findings in Patients with Suspected Herniated Lumbar Discs. Neurosurgery. 1983; 12:184–188

[33] Aejmelaeus R, Hiltunen H, Härkönen M, et al. Myelographic Versus Clinical Diagnostics in Lumbar Disc Disease. Arch Orthop Trauma Surg. 1984; 103:18–25

[34] Herron LD, Turner J. Patient Selection for Lumbar Laminectomy and Discectomy with a Revised Objective Rating System. Clin Orthop. 1985; 199:145–152

[35] Kortelainen P, Puranen J, Koivisto E, Lähde S. Symptoms and Signs of Sciatica and their Relation to the Localization of the Lumbar Disc Herniation. Spine. 1985; 10:88–92

[36] Hirsch C, Nachemson A. The Reliability of Lumbar Disk Surgery. Clin Orthop. 1963; 29

[37] Slebus FG, Braakman R, Schipper J, et al. Non-Corresponding Radiological and Surgical Diagnoses in Patients Operated for Sciatica. Acta Neurochir. 1988; 94:137–143

[38] Walsh TR, Weinstein JN, Spratt KF, et al. Lumbar Discography in Normal Patients. A Controlled, Prospective Study. J Bone Joint Surg. 1990; 72A:1081–1088

[39] Spengler DM, Ouellette EA, Battié M, Zeh J. Elective Discectomy for Herniation of a Lumbar Disc. Additional Experience with an Objective Method. J Bone Joint Surg. 1990; 72A:230–237

[40] Braddom RL, Johnson EW. Standardization of H Reflex and Diagnostic Use in S1 Radiculopathy. Arch Phys Med Rehabil. 1974; 55:161–166

[41] Schütte HE, Park WM. The Diagnostic Value of Bone Scintigraphy in Patients with Low Back Pain. Skeletal Radiol. 1983; 10:1–4

[42] Whalen JL, Brown ML, McLeod R, Fitzgerald RH. Limitations of Indium Leukocyte Imaging for the Diagnosis of Spine Infections. Spine. 1991; 16:193–197

[43] Mills GH, Davies GK, Getty CJM, Conway J. The Evaluation of Liquid Crystal Thermography in the Investigation of Nerve Root Compression due to Lumbosacral Lateral Spinal Stenosis. Spine. 1986; 11:427–432

[44] Harper CM, Low PA, Fealy RD, et al. Utility of Thermography in the Diagnosis of Lumbosacral Radiculopathy. Neurology. 1991; 41:1010–1014

[45] Waddell G, McCulloch JA, Kummel E, Vernner RM. Nonorganic Physical Signs in Low Back Pain. Spine. 1980; 5:117–125

[46] McCombe PF, Fairbank JCT, Cockersole BC, Pynsent PB. Reproducibility of Physical Signs in Low-Back Pain. Spine. 1989; 14:908–918

[47] Nachemson AL. Newest Knowledge of Low Back Pain. A Critical Look. Clin Orthop. 1992; 279:8–20

[48] Deyo RA, Diehl AK, Rosenthal M. How Many Days of Bed Rest for Acute Low Back Pain? A Randomized Clinical Trial. N Engl J Med. 1986; 315:1064–1070

[49] Vroomen PCAJ, de Krom MCTFM, Wilmink JT, et al. Lack of Effectiveness of Bed Rest for Sciatica. N Engl J Med. 1999; 340:418–423

[50] Allen C, Glasziou P, Del Mar C. Bed Rest: A Potentially Harmful Treatment Needing More Careful Evaluation. Lancet. 1999; 354:1229–1233

[51] Lindström I, Ohlund C, Eek C, Wallin L, Peterson L, Fordyce WE, Nachemson AL. The Effect of Graded Activity on Patients with Subacute Low Back Pain: A Randomized Prospective Clinical Study with an Operant-Conditioning Behavioral Approach. Phys Ther. 1992; 72:279–293

[52] Hancock MJ, Maher CG, Latimer J, McLachlan AJ, Cooper CW, Day RO, Spindler MF, McAuley JH. Assessment of diclofenac or spinal manipulative therapy, or both, in addition to recommended first-line treatment for acute low back pain: a randomised controlled trial. Lancet. 2007; 370:1638–1643

[53] Chlorzoxazone Hepatotoxicity. Med Letter. 1996; 38

[54] Deyo RA, Diehl AK. Patient Satisfaction with Medical Care for Low-Back Pain. Spine. 1986; 11:28–30

[55] Thomas KB. General Practice Consultations: Is There Any Point in Being Positive? Br Med J. 1987; 294:1200–1202

[56] Keijsers JFEM, Bouter LM, Meertens RM. Validity and Comparability of Studies on the Effects of Back Schools. Physiother Theory Pract. 1991; 7:177–184

[57] Bergquist-Ullman M, Larsson U. Acute Low Back Pain in Industry. A Controlled Prospective Study with Special Reference to Therapy and Confounding Factors. Acta Orthop Scand. 1977; 170:1–117

[58] Di Fabio RP. Manipulation of the cervical spine: risks and benefits. Phys Ther. 1999; 79:50–65

[59] Ernst E. Life-threatening complications of spinal manipulation. Stroke. 2001; 32:809–810

[60] Stevinson C, Honan W, Cooke B, Ernst E. Neurological complications of cervical spine manipulation. J R Soc Med. 2001; 94:107–110

[61] Cuckler JM, Bernini PA, Wiesel SW, et al. The Use of Epidural Steroids in the Treatment of Lumbar Radicular Pain. A Prospective, Randomized, Double-Blind Study. J Bone Joint Surg. 1985; 67A:63–66

[62] Spaccarelli KC. Lumbar and Caudal Epidural Corticosteroid Injections. Mayo Cln Proc. 1996; 71:169–178

[63] Carette S, Leclaire R, Marcoux S, et al. Epidural Corticosteroid Injections for Sciatica due to Herniated Nucleus Pulposus. N Engl J Med. 1997; 336:1634–1640

[64] Haimovic IC, Beresford HR. Dexamethasone is Not Superior to Placebo for Treating Lumbosacral Radicular Pain. Neurology. 1986; 36:1593–1594

[65] Meek JB, Giudice VW, McFadden JW, Key JD. Colchicine Confirmed as Highly Effective in Disk Disorders. Final Results of a Double-Blind Study. J Neuro & Orthop Med & Surg. 1985; 6:211–218

[66] Schnebel BE, Simmons JW. The Use of Oral Colchicine for Low-Back Pain. A Double-Blind Study. Spine. 1988; 13:354–357

[67] Goodkin K, Gullion CM, Agras WS. A Randomized, Double-Blind, Placebo-Controlled Trial of Trazodone Hydrochloride in Chronic Low Back Pain Syndrome. J Clin Psychopharmacol. 1990; 10:269–278

[68] Deyo RA, Walsh NE, Martin DC, et al. A Controlled Trial of Transcutaneous Electrical Stimulation (TENS) and Exercise for Chronic Low Back Pain. N Engl J Med. 1990; 322:1627–1634

[69] Mathews JA, Hickling J. Lumbar Traction: A Double-Blind Controlled Study for Sciatica. Rheumatol Rehabil. 1975; 14:222–225

[70] van Poppel NNM, Koes BW, van der Ploeg T, et al. Lumbar Supports and Education for the Prevention of Low Back Pain in Industry: A Randomized Controlled Study. JAMA. 1998; 279:1789–1794

[71] Bush C, Ditto B, Feuerstein M. A Controlled Evaluation of Paraspinal EMG Biofeedback in the Treatment of Chronic Low Back Pain. Health Psychol. 1985; 4:307–321

[72] Frost FA, Jessen B, Siggaard-Andersen J. A Control, Double-Blind Comparison of Mepivicaine Injection Versus Saline Injection for Myofascial Pain. Lancet. 1980; 1:499–501

[73] Carette S, Marcoux S, Truchon R, et al. A Controlled Trial of Corticosteroid Injections into Facet Joints for Chronic Low Back Pain. N Engl J Med. 1991; 325:1002–1007

[74] Jackson RP. The Facet Syndrome. Myth or Reality? Clin Orthop Rel Res. 1992; 279:110–121

[75] Manheimer E, White A, Berman B, Forys K, Ernst E. Meta-analysis: acupuncture for low back pain. Ann Intern Med. 2005; 142:651–663

[76] Resnick DK, Choudhri TF, Dailey AT, Groff MW, Khoo L, Matz PG, Mummaneni P, Watters WC, Wang J, Walters BC, Hadley MN. Part 13: Injection therapies, low-back pain, and lumbar fusion. J Neurosurg: Spine. 2005; 2:707–715

[77] Resnick DK, Choudhri TF, Dailey AT, Groff MW, Khoo L, Matz PG, Mummaneni P, Watters WC, Wang J, Walters BC, Hadley MN. Part 7: Intractable low-back pain without stenosis or spondylolisthesis. J Neurosurg Spine. 2005; 2:670–672

[78] Fritzell P, Hagg O, Wessberg P, Nordwall A. 2001 Volvo Award Winner in Clinical Studies: Lumbar fusion versus nonsurgical treatment for chronic low back pain: a multicenter randomized controlled trial from the Swedish Lumbar Spine Study Group. Spine. 2001; 26:2521–32; discussion 2532-4

[79] Ivar Brox J, Sorensen R, Friis A, Nygaard O, Indahl A, Keller A, Ingebrigtsen T, Eriksen HR, Holm I, Koller AK, Riise R, Reikeras O. Randomized clinical trial of lumbar instrumented fusion and cognitive intervention and exercises in patients with chronic low back pain and disc degeneration. Spine. 2003; 28:1913–1921

[80] Resnick DK, Choudhri TF, Dailey AT, Groff MW, Khoo L, Matz PG, Mummaneni P, Watters WC, Wang J,Walters BC, Hadley MN. Part 11: Interbody techniques for lumbar fusion. J Neurosurg Spine. 2005; 2:692–699

[81] Turner JA, Ersek M, Herron L, et al. Patient Outcomes After Lumbar Spinal Fusions. JAMA. 1992; 268:907–911

[82] Resnick DK, Choudhri TF, Dailey AT, Groff MW, Khoo L, Matz PG, Mummaneni P, Watters WC, Wang J, Walters BC, Hadley MN. Part 8: Lumbar fusion for disc herniation and radiculopathy. J Neurosurg Spine. 2005; 2:673–678

[83] Resnick DK, Choudhri TF, Dailey AT, Groff MW, Khoo L, Matz PG, Mummaneni P, Watters WC, Wang J, Walters BC, Hadley MN. Part 12: Pedicle screw fixation as an adjunct to posterolateral fusion for low-back pain. J Neurosurg Spine. 2005; 2:700–706

[84] Lorenz M, Zindrick M, Schwaegler P, et al. A Comparison of Single-Level Fusions With and Without Hardware. Spine. 1991; 16:S455–S458

[85] Gatchel RJ, Mayer TG, Capra P, et al. Quantification of Lumbar Function, VI: The Use of Psychological Measures in Guiding Physical Functional Restoration. Spine. 1986; 11:36–42

[86] Morley S, Pallin V. Scaling the Affective Domain of Pain: A Study of the Dimensionality of Verbal Descriptors. Pain. 1995; 62:39–49

[87] Wray CC, Easom S, Hoskinson J. Coccydynia. Etiology and Treatment. J Bone Joint Surg. 1991; 73B:335–338

[88] Lath R, Rajshekhar V, Chacko G. Sacral Hemangioma as a Cause of Coccydynia. Neuroradiology. 1998; 40:524–526

[89] Thiele GH. Coccydynia: Cause and Treatment. Dis Colon Rectum. 1963; 6:422–435

[90] Lourie J, Young S. Avascular Necrosis of the Coccyx: A Cause of Coccydynia? Case Report and Histological Findings in Sixteen Patients. Br J Clin Pract. 1985; 39:247–248

[91] Raj PP, Raj PP. In: Miscelleneous Pain Disorders. Pain Medicine: A Comprehensive Review. St. Louis: C V Mosby; 1996:492–501

[92] Boeglin ER. Coccydynia. J Bone Joint Surg. 1991; 73B

[93] Loev MA, Varklet VL, Wilsey BL, Ferrante FM. Cryoablation: A Novel Approach to Neurolysis of the Ganglion Impar. Anesthesiology. 1998; 88:1391–1393

[94] Plancarte R, Amescua C, Patt RB, Aldrette JA. Superior Hypogastric Plexus Block for Pelvic Cancer Pain. Anesthesiology. 1990; 73:236–239

[95] Law JD, Lehman RAW, Kirsch WM, et al. Reoperation After Lumbar Intervertebral Disc Surgery. J Neurosurg. 1978; 48:259–263

[96] Davis RA. A Long-Term Outcome Analysis of 984 Surgically Treated Herniated Lumbar Discs. J Neurosurg. 1994; 80:415–421

[97] Caputy AJ, Luessenhop AJ. Long-Term Evaluation of Decompressive Surgery for Degenerative Lumbar Stenosis. J Neurosurg. 1992; 77:669–676

[98] Markwalder TM, Battaglia M. Failed Back Surgery Syndrome. Part 1: Analysis of the Clinical Presentation and Results of Testing Procedures for Instability of the Lumbar Spine in 171 Patients. Acta Neurochir. 1993; 123:46–51

[99] Burton CV, Kirkaldy-Willis WH, Yong-Hing K, Heithoff KB. Causes of Failure of Surgery on the Lumbar Spine. Clin Orthop. 1981; 157:191–199

[100] Quencer RM, Tenner M, Rothman L. The Postoperative Myelogram: Radiographic Evaluation of Arachnoiditis and Dural/Arachnoidal Tears. Radiology. 1977; 123:667–669

[101] Ross JS, Masaryk TJ, Modic MT, et al. MR Imaging of Lumbar Arachnoiditis. AJNR. 1987; 8:885–892

[102] Delamarter RB, Ross JS, Masaryk TJ, Modic MT, Bohlman HH. Diagnosis of Lumbar Arachnoiditis by Magnetic Resonance Imaging. Spine. 1990; 15:304–310

[103] Roca J, Moreta D, Ubierna MT, et al. The Results of Surgical Treatment of Lumbar Arachnoiditis. Int Orthop. 1993; 17:77–81

[104] Martin-Ferrer S. Failure of Autologous Fat Grafts to Prevent Post Operative Epidural Fibrosis in Surgery of the Lumbar Spine. Neurosurgery. 1989; 24:718–721

[105] North RB, Campbell JN, James CS, et al. Failed Back Surgery Syndrome: 5-Year Follow-Up in 102 Patients Undergoing Repeated Operations. Neurosurgery. 1991; 28:685–691

[106] Ross JS, Robertson JT, Frederickson RCA, et al. Association Between Peridural Scar and Recurrent Radicular Pain After Lumbar Discectomy: Magnetic Resonance Evaluation. Neurosurgery. 1996; 38:855–863

[107] Cooper PR. Comment on Ross JS, et al. Association Between Peridural Scar and Recurrent Radicular Pain After Lumbar Discectomy. Neurosurgery. 1996; 38

[108] Sonntag VKH. Comment on Ross JS, et al. Association Between Peridural Scar and Recurrent Radicular Pain After Lumbar Discectomy. Neurosurgery. 1996; 38

[109] Bundschuh CV, Modic MT, Ross JS, Masaryk TJ, et al. Epidural Fibrosis and Recurrent Disc Herniation in the Lumbar Spine: Assessment with Magnetic Resonance. AJNR. 1988; 9:169–178

[110] Sotiropoulos S, Chafetz NE, Lang P, Winkler M, et al. Differentiation Between Postoperative Scar and Recurrent Disk Herniation: Prospective Comparison of MR, CT, and Contrast-Enhanced CT. AJNR. 1989; 10:639–643

[111] Hueftle MG, Modic MT, Ross JS, Masaryk TJ, et al. Lumbar Spine: Postoperative MR Imaging with Gd-DPTA. Radiology. 1988; 167:817–824

[112] Braun IF, Hoffman JC, Davis PC, Tindall GT, et al. Contrast Enhancement in CT Differentiation between Recurrent Disk Herniation and Postoperative Scar: Prospective Study. AJR. 1985; 145:785–790

[113] Byrd SE, Cohn ML, Biggers SL, Huntington CT, et al. The Radiologic Evaluation of the Symptomatic Postoperative Lumbar Spine Patient. Spine. 1985; 10:652–661

[114] Greenwood J, McGuire TH, Kimbell F. A Study of the Causes of Failure in the Herniated Intervertebral Disc Operation. An Analysis of Sixty-Seven Reoperated Cases. J Neurosurg. 1952; 9:15–20

[115] Jorgensen J, Hansen PH, Steenskov V, Ovesen N. A Clinical and Radiological Study of Chronic Lower Spinal Arachnoiditis. Neuroradiology. 1975; 9:139–144

[116] Johnston JDH, Matheny JB. Microscopic Lysis of Lumbar Adhesive Arachnoiditis. Spine. 1978; 3:36–39

69 Hérnia Discal Intervertebral/Radiculopatias Lombar e Torácica

69.1 Hérnia discal lombar e radiculopatia lombar

69.1.1 Informações gerais

> **Conceitos-chave**
>
> - radiculopatia: dor e/ou alterações sensoriais subjetivas (dormência, formigamento...) na distribuição do dermátomo de uma raiz nervosa, possivelmente acompanhadas de fraqueza e alterações nos reflexos dos músculos inervados por aquela raiz nervosa
> - hérnia discal típica → radiculopatia no nervo que tem saída no nível abaixo
> - hérnias discais massivas podem → síndrome da cauda equina (uma emergência médica). Sintomas típicos: anestesia em sela, retenção urinária, fraqueza nas LEs (p. 1050)
> - a maioria dos pacientes apresenta bons resultados tanto com tratamento conservador quanto com cirurgia: ∴ tratamento não cirúrgico inicial (conservador) deve ser tentado para a grande maioria
> - indicações de cirurgia: síndrome da cauda equina, sintomas progressivos ou déficits neurológicos apesar do tratamento conservador ou dor radicular grave > ≈ 6 semanas

69.1.2 Fisiopatologia

Os discos invertebrais podem passar por alterações degenerativas (p. 1096); ver ▶ Quadro 68.1 para descrição: inclui dissecção (ou desidratação) e fibrose, o que origina fissura e ruptura o que, por sua vez, aumenta o risco de hérnia do material discal fora dos limites normais do espaço discal (ver o mesmo quadro para definições).

As hérnias discais podem comprimir uma ou mais raízes nervosas, produzindo radiculopatia lombar ou, menos frequentemente, síndrome da cauda equina.

69.1.3 Zonas de herniação

Hérnias discais centrais e paramedianas

O ligamento longitudinal posterior é mais forte na linha média, e o ânulo posterolateral pode suportar uma parte desproporcional de carga exercida pelo peso vindo de cima. Isto pode explicar por que a maior parte das hérnias discais lombares (HLD) ocorre posteriormente, um pouco fora de um dos lados dentro da zona do canal central ou na zona subarticular, conforme ilustrado na ▶ Fig. 69.1. Na coluna lombar ela caracteristicamente comprime a raiz nervosa na passagem (ou seja, o nervo lateral que entra no recesso lateral um pouco antes de sair através do forame neural do nível *abaixo*).

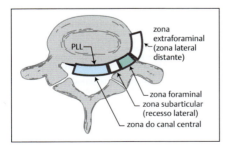

Fig. 69.1 Zonas de hérnia discal lombar.

Hérnia discal lateral extrema

As hérnias discais também podem ocorrer na zona foraminal, o que tipicamente envolve a raiz nervosa com saída nesse nível.

As hérnias discais na zona extraforaminal ocasionalmente envolvem a raiz nervosa saindo nesse nível; entretanto, a hérnia discal nesta localização e as herniações anteriores à coluna podem não resultar em qualquer envolvimento da raiz nervosa.

69.1.4 Outras variantes da hérnia discal

1. hérnia discal intravertebral: também conhecida como nódulo de Schmorl. Ver Hérnia através da placa terminal do corpo vertebral (p. 1060).
2. hérnia discal intradural (p. 1060)
3. fratura do limbo: separação traumática de um segmento do osso na borda da apófise do anel vertebral no ponto de inserção anular. Pode acompanhar HLD

69.1.5 Achados característicos na história

- os sintomas podem iniciar com dores nas costas, o que, depois de alguns dias ou semanas gradualmente, ou algumas vezes abruptamente, produz dor radicular frequentemente com redução da dor nas costas
- fatores precipitantes: vários fatores são responsabilizados com frequência, mas raramente são identificados[1] com certeza
- alívio da dor com a flexão do joelho e coxa (p. ex., deitado em posição supina com os joelhos apoiados sobre um travesseiro)
- os pacientes geralmente evitam movimentos excessivos; no entanto, permanecer em uma mesma posição (sentado, de pé ou deitado) por muito tempo também exacerba a dor, algumas vezes necessitando de mudanças de posição a intervalos que variam de poucos minutos até cada 10-20 minutos. Isto é distinto da contorção constante na dor, p. ex., com obstrução da uretra
- "efeito da tosse": ↑ da dor com tosse, espirro ou com esforço para defecar. Ocorreu em 87% dos pacientes com HLD em uma série[2]
- sintomas de bexiga: a incidência de disfunção do esvaziamento é de 1-18%[3(p.966)] Mais comum: dificuldade de esvaziamento, esforço ou retenção urinária. Sensação reduzida na bexiga pode ser o achado mais precoce
  As possíveis causas são perda sensorial ou interrupção incompleta das fibras parassimpáticas pré-ganglionares. Posteriormente não é incomum ver sintomas "irritativos" que incluem urgência urinária, frequência urinária aumentada (incluindo noctúria), aumento residual pós-esvaziamento. Menos comuns: enurese e incontinência com gotejamento;[4] Nota: franca retenção urinária pode indicar síndrome da cauda equina (p. 1050). Ocasionalmente uma HLD pode apresentar somente sintomas de bexiga que podem melhorar depois da cirurgia.[5] Discectomia pode melhorar a função da bexiga, mas isto não pode ser assegurado.

Dor nas costas por si só é geralmente um componente de menos importância (apenas 1% dos pacientes com dor aguda nas costas têm ciática[6]), e quando este é o único sintoma presente, outras causas devem ser procuradas; ver Lombalgia (p. 1024). A ciática tem uma sensibilidade tão alta para hérnia discal que a probabilidade de uma hérnia discal clinicamente significativa[7] na ausência de ciática é de ≈ 1 em 1.000. As exceções incluem uma hérnia discal central que pode causar sintomas de estenose lombar (isto é, claudicação neurogênica) ou uma síndrome da cauda equina.

69.1.6 Achados físicos em radiculopatia

Informações gerais

Pinçamento na raiz nervosa origina um conjunto de sinais e sintomas presentes em graus variáveis. Síndromes características são descritas para a maioria das raízes nervosas comuns envolvidas; ver Síndromes da raiz nervosa (p. 1049).

Em uma série de pacientes encaminhados a clínicas neurocirúrgicas de atendimento ambulatorial decorrente de dor nas pernas irradiada, 28% tiveram perda motora (no entanto, apenas 12% listaram fraqueza motora como uma queixa presente), 45% tiveram distúrbios sensoriais, e 51% tiveram alterações nos reflexos.[8]

Os achados sugestivos de pinçamento da raiz nervosa incluem os seguintes. O ▶ Quadro 69.1 mostra a sensibilidade e especificidade de alguns achados no exame entre pacientes com ciática.

1. sinais/sintomas de radiculopatia (▶ Quadro 69.1)
   a) dor irradiando para baixo nas LEs
   b) fraqueza motora
   c) alterações sensoriais no dermátomo
   d) alterações nos reflexos: fatores mentais podem influenciar a simetria[9]
2. sinal(ais) de tensão positiva na raiz nervosa: incluindo o sinal de Lasègue (ver abaixo)
3. sensibilidade na fenda dolorida

Quadro 69.1 Sensibilidade e especificidade dos achados físicos para HLD em pacientes com ciática[10]

Teste	Comentário	Sensibilidade	Especificidade
SLR ipsolateral	resultado positivo: dor a < 60° de elevação	0,80	0,40
SLR cruzada	reprodução de dor contralateral	0,25	0,90
↓ contração do tornozelo	HLD geralmente em L5-S1 (a ausência total aumenta a especificidade)	0,50	0,60
perda sensorial	a área de perda é fraca na localização do nível de HLD	0,50	0,50
↓ reflexo patelar	sugere HLD superior	0,50	NA
Fraqueza			
extensão do joelho (quadríceps)	HLD geralmente em L3-4	< 0,01	0,99
dorsiflexão do tornozelo (tíbia anterior)	HLD geralmente em L4-5	0,35	0,70
flexão plantar do tornozelo (gastrocnêmio)	HLD geralmente em L5-S1	0,06	0,95
extensão do dedo grande do pé (EHL)	HLD em L5-S1 em 60%, em L4-5 em 30%	0,50	0,70

Sinais de tensão na raiz nervosa

Incluem:[11]

1. sinal de Lasègue: também conhecido como teste de elevação da perna estendida (SLR). Ajuda a diferenciar ciática de dor provocada por patologia no quadril. Teste: com o paciente em posição supina, elevar o membro afetado pelo tornozelo até que seja provocada dor[12] (deve ocorrer a < 60°, a tensão no nervo aumenta pouco acima deste ângulo). Um teste positivo consiste em dor nas pernas ou parestesias na distribuição da dor (dor nas costas isoladamente não qualifica). O paciente também pode estender o quadril (elevando-o acima da mesa) para reduzir o ângulo. Embora não faça parte do sinal de Lasègue, a dorsiflexão do tornozelo com o SLR usualmente aumenta a dor por causa da compressão nervosa. SLR tensiona preponderantemente L5 e S1, L4 um pouco menos e as raízes mais proximais muito pouco. A compressão da raiz nervosa produz um sinal de Lasègue positivo em ≈ 83% dos casos[2] (mais provavelmente positivos em pacientes com < 30 anos com HLD[13]). Pode ser positivo em plexopatia lombossacral (p. 544). Nota: a flexão de ambas as coxas com os joelhos estendidos ("long sitting" ou sentado com os joelhos estendidos) pode ser tolerada mais do que flexionando somente o lado sintomático
2. teste de Cram: com o paciente em posição supina, eleve a perna sintomática com o joelho ligeiramente flexionado. A seguir, estenda o joelho. Resultados similares a SLR
3. teste de elevação das pernas estendidas cruzadas, também conhecido como sinal de Fajersztajn: SLR na perna não afetada provoca dor no membro contralateral (geralmente é necessário um grau maior de elevação do que o do lado afetado). Mais específico, porém menos sensível do que o SLR (97% dos pacientes que se submetem à cirurgia com este sinal têm HLD confirmada[14]). Pode estar correlacionada com uma hérnia de disco mais *central*
4. teste do estiramento femoral,[15] também conhecido como teste de elevação reversa da perna estendida: paciente em posição pronada, palma do examinador na fossa poplítea, o joelho é dorsiflexionado. Frequentemente positivo com compressão da raiz nervosa de L2, L3 ou L4 (p. ex., em hérnia discal lombar superior) ou com hérnia discal lombar lateral extrema (também pode ser positivo em neuropatia femoral diabética ou hematoma do psoas); nestas situações SLR (sinal de Lasègue) é frequentemente negativo (uma vez que L5 e S1 não estejam envolvidos)
5. "sinal da corda de arco" (*bowstring*): depois que ocorrer dor com SLR, abaixar o pé até a cama flexionando o joelho, mantendo o quadril flexionado. A dor ciática cessa com esta manobra, mas dor de quadril persiste
6. teste de extensão do joelho sentado: com o paciente sentado e ambos os quadris e joelhos flexionados 90°, estender lentamente um dos joelhos. Estira as raízes nervosas tanto quanto um grau moderado de SLR

Outros sinais úteis na avaliação de radiculopatia lombar

1. FABER: acrônimo para flexão, abdução e rotação externa, também conhecido como teste FABERE (o último "e" se refere à extensão), teste de Patrick (referindo-se a Hugh Talbot Patrick). Um teste de movimentação do quadril. Método: o quadril e o joelho são flexionados, e o maléolo é posicionado sobre o joelho contralateral. O joelho ipsolateral é gentilmente deslocado para baixo na direção da mesa de exame. Isto tensiona a articulação do quadril e geralmente não exacerba a verdadeira compressão da raiz nervosa. Com frequência notadamente positivo na presença de doença articular do quadril – p. ex., bursite trocantérica (p. 1101) – sacroileíte ou lombalgia mecânica

Hérnia Discal Intervertebral/Radiculopatias Lombar e Torácica   **1049**

2. sinal de Trendelenburg: o examinador observa a pelve por trás, enquanto o paciente eleva uma perna estando de pé. Normalmente a pelve permanece horizontal. Ocorre um sinal positivo quando a pelve se inclina para baixo na direção da perna elevada, indicando fraqueza dos adutores da coxa contralateral (principalmente inervado por L5)
3. adutores cruzados: ao provocar o reflexo patelar (estiramento do joelho (KJ)), os adutores da coxa contralateral se contraem. Na presença de um KJ ipsolateral hiperativo, pode indicar uma lesão neuronal motora superior, a presença de um KJ ipsolateral hipoativo pode ser uma forma de disseminação patológica, indicando irritabilidade da raiz nervosa
4. sinal de Hoover:[16] distinguir fraqueza funcional unilateral do iliopsoas de fraqueza orgânica usando contração sinérgica do glúteo médio contralateral. O paciente em posição supina deve elevar uma das pernas para fora da cama contra a resistência da mão do examinador. O examinador simultaneamente coloca a palma da sua outra mão sob o calcanhar da perna que não foi elevada e gentilmente a eleva. Teste 1: quando o paciente eleva a perna normal, se a perna parética empurra para baixo com mais força do que foi exibida no teste manual do membro anteriormente, a fraqueza é julgada funcional; se a força for igualmente fraca, a fraqueza é julgada orgânica. O Teste 1 não pode ser usado se o extensor do quadril era normal anteriormente. Teste 2: (o teste mais conhecido) o paciente deve elevar a perna fraca. Se o calcanhar do lado normal se elevar passivamente pelo examinador, isto sugere que a fraqueza é funcional (isto é, o paciente não está tentando). Não totalmente confiável[17,18]
5. sinal do abdutor: uma alternativa para o teste de Hoover para diferenciar fraqueza funcional de orgânica nos abdutores da coxa usando contração sinérgica dos abdutores da coxa contralateral.[18] Com o paciente na posição supina, o examinador coloca uma das mãos na superfície lateral de ambas as pernas. O paciente deve abduzir uma das pernas e depois a outra, enquanto o examinador aplica resistência com a mão. O examinador percebe mentalmente a resposta da LE que não abduz. Os resultados são conforme anotado no ▶ Quadro 69.2

69

Síndromes da raiz nervosa

Por causa dos fatos listados abaixo, uma hérnia de disco lombar (HLD) geralmente preserva a raiz nervosa com saída naquele interespaço e pinça o nervo que sai do forame neural um nível *abaixo* (p. ex., uma HLD em L5-S1 usualmente causa radiculopatia em S1). Isto origina as características síndromes da raiz nervosa lombar apresentadas no ▶ Quadro 69.3.

Importante anatomia aplicada em doença discal lombar:

1. na região lombar, a raiz nervosa sai *abaixo* e em grande proximidade com o pedículo da sua vértebra de mesmo número
2. o espaço discal intervertebral está localizado logo abaixo do pedículo
3. nem todos os pacientes têm 5 vértebras lombares; ver Níveis de localização em cirurgia espinal (p. 1436)

69.1.7 Avaliação radiográfica

Ver Avaliação radiográfica dentro da seção Lombalgia (p. 1416). 70% das hérnias discais que migram o fazem *inferiormente*.

69.1.8 Tratamento não cirúrgico

Ver as medidas de tratamento não cirúrgico (p. 1033).

69.1.9 Tratamento cirúrgico

Indicações para cirurgia

Não foram identificados fatores preditivos que possam identificar quais pacientes provavelmente melhorarão sozinhos ou quais se beneficiariam mais com cirurgia.

Quadro 69.2 Sinal do abdutor

LE abducentes	LE contralaterais (não abducentes)	
	Fraqueza orgânica	Fraqueza funcional
LE fracas	mantém a posição	hiperabdução
LE normais	hiperabdução	mantém a posição

Quadro 69.3 Síndromes do disco lombar

Síndrome	Nível da hérnia de disco lombar		
	L3-4	L4-5	L5-S1
raiz geralmente comprimida	L4	L5	S1
% de discos lombares	3-10% (média de 5%)	40-45%	45-50%
reflexo diminuído	contração do joelho[a] (sinal de Westphal)	isquiotibial medial[b]	Aquiles[c] (contração do tornozelo)
fraqueza motora	quadríceps femoral (extensão do joelho)	tibial anterior (pé caído) e EHL[c]	gastrocnêmio (flexão plantar) ± EHL[c]
sensibilidade reduzida[d]	maléolo medial e pé medial	teia no dedo grande do pé e dorso do pé	maléolo lateral e lateral do pé
distribuição da dor	coxa anterior	LE posteriores	LE posteriores, frequentemente até o tornozelo

[a]**Manobra de Jendrassik** pode reforçar (ver o ▶ Quadro 29.2).
[b]Reflexo isquiotibial é inconfiável (nem sempre L5 puro), também pode estimular os adutores quando desencadeia.
[c]Veja FRAQUEZA no ▶ Quadro 69.1 para ruptura.
[d]Deficiência sensorial é mais comum nas extremidades distais do dermátomo.[19]

Indicações cirúrgicas em pacientes com uma hérnia discal identificada radiograficamente que correlaciona-se com achados na história e no exame físico:

1. falha do tratamento não cirúrgico para controlar a dor depois de 5-8 semanas: mais de 85% dos pacientes com hérnia discal aguda melhorarão *sem* intervenção cirúrgica em uma média de 6 semanas[20] (70% dentro de 4 semanas[21]). A maioria dos clínicos defende que se deve esperar entre 5-8 semanas desde o início da radiculopatia antes de considerar cirurgia (presumindo que não se aplique nenhum dos itens listados abaixo)
2. "CIRURGIA DE EMERGÊNCIA": (isto é, antes de terem se passado 5-8 semanas dos sintomas). Indicações:
   a) síndrome da cauda equina (CES): (ver abaixo)
   b) déficit motor progressivo (p. ex., pé caído). Nota: paresia de duração desconhecida é uma indicação duvidosa para cirurgia[1,22,23] (nenhum estudo documentou que haja menos déficit motor em pacientes tratados cirurgicamente com este achado[24]). Entretanto, o desenvolvimento agudo ou progressão da fraqueza motora é considerado uma indicação para descompressão cirúrgica rápida
   c) pode ser indicada cirurgia "urgente" para pacientes cuja dor continua intolerável apesar dos analgésicos narcóticos adequados
3. ± pacientes que não querem investir seu tempo em um ensaio de tratamento não cirúrgico, caso haja possibilidade de ainda precisarem de cirurgia no final do ensaio

Síndrome da cauda equina

Condição clínica originária da disfunção de múltiplas raízes nervosas lombares e sacras dentro do canal espinal lombar. Geralmente em razão da compressão da cauda equina (feixe de raízes nervosas abaixo do cone medular originário da expansão lombar e cone). Ver o ▶ Quadro 53.2 para as características que ajudam a diferenciar CES de uma lesão no cone.

Achados possíveis na CES:

1. distúrbio esfincteriano:
   a) retenção urinária: o achado mais consistente. Sensibilidade ≈ 90% (em algum ponto no tempo durante seu curso).[25,26] Para avaliar agudamente: o paciente esvazia a bexiga e é checado o resíduo pós-esvaziamento (por cateterização ou com ultrassonografia da bexiga). Em um paciente sem retenção, apenas 1 em 1.000 terá uma CES. O cistometograma (quando feito) apresenta uma bexiga hipotônica com sensibilidade diminuída e capacidade aumentada
   b) incontinência urinária e/ou fecal:[27] alguns pacientes com retenção urinária apresentarão incontinência por transbordamento
   c) tônus esfincteriano anal: diminuído em 60-80%
2. "anestesia em sela": o déficit sensorial mais comum. Distribuição: região do ânus, genitália inferior, períneo, sobre as nádegas, coxas posteriores-superiores. Sensibilidade ≈ 75%. Depois que se desenvolve anestesia perineal total, os pacientes tendem a ter paralisia permanente da bexiga[28]

3. fraqueza motora significativa: usualmente envolve mais de uma raiz nervosa (se não tratada, pode progredir para paraplegia)
4. lombalgia e/ou dor ciática (a ciática é geralmente bilateral, mas pode ser unilateral ou inteiramente ausente; o prognóstico pode ser pior quando ausente ou bilateral[26])
5. foi observada ausência bilateral do reflexo de Aquiles[29]
6. disfunção sexual (geralmente só detectada mais tarde)

As etiologias da CES incluem:
1. compressão da cauda equina
   a) hérnia discal lombar massiva: ver abaixo
   b) tumor
      • por compressão: p. ex., com doença metastática da coluna com extensão epidural
      • linfomatose intravascular (linfoma de células B) (p. 711): um linfoma circulante sem massa sólida. Frequentemente presente com achados no CNS: demência, meninges realçadas na MRI, células de linfoma no CSF e CES
   c) enxerto de gordura livre após discectomia[30]
   d) trauma: fragmentos da fratura comprimindo a cauda equina
   e) hematoma espinal epidural
2. infecção: pode causar déficit neurológico por
   a) compressão: tipicamente por abscesso espinal epidural complicando discite e osteomielite vertebral
   b) um número significativo de casos de CES por infecção pode ser decorrente do comprometimento vascular resultante *de tromboflebite séptica* local. Isto pode acarretar um pior prognóstico, uma vez que a descompressão cirúrgica não consiga corrigir este mecanismo
3. neuropatia:
   a) isquêmica
   b) inflamatória
4. espondilite anquilosante: a etiologia é frequentemente obscura (p. 1123)

CES decorrente de HLD: Pode ser causado por hérnia discal massiva, geralmente na linha mediana, mais comum em L4-5, frequentemente sobreposta a uma condição preexistente (estenose espinal, medula ancorada...)[27]

Prevalência da CES
1. 0,0004 em todos os pacientes com LBP[7]
2. apenas ≈ 1-2% da HLD que chega à cirurgia[7]

Decurso temporal: CES tende a se desenvolver de forma aguda ou (menos tipicamente) lentamente (o prognóstico é pior no grupo com início agudo, especialmente para o retorno da função urinária, que ocorreu em somente ≈ 50%).[25] Três padrões:[31]
• Grupo I – início abrupto dos sintomas de CES sem sintomas prévios de lombalgia
• Grupo II – história prévia de lombalgia e ciática recorrente, o último episódio combinado com CES
• Grupo III – apresentação com dor nas costas e ciática bilateral que posteriormente desenvolve CES

Aspectos cirúrgicos: alguns recomendam laminectomia bilateral[27] (mas isto não é obrigatório). Ocasionalmente, quando é difícil remover um disco muito tenso na linha mediana, a remoção transdural pode ser útil.[29]

Momento da discectomia na CES: é controverso e um ponto de disputa em inúmeros processos judiciais. Apesar dos relatos iniciais enfatizando uma descompressão rápida,[29] outros relatos não encontraram correlação entre o momento da cirurgia decorrido depois da apresentação e o retorno da função.[25,26] Algumas evidências apoiam o objetivo de realizar cirurgia dentro de 48 horas (embora a realização de cirurgia dentro de 24 horas seja recomendável, se possível, não há provas estatisticamente significativas de que retardá-la até 48 horas possa ser seja prejudicial).[32,33]

Agendando o caso: discectomia lombar

Ver também padrões e advertências (p. 27).
1. posição: prona
2. equipamento: microscópio (se usado), retratores minimamente invasivos (se usados)
3. consentimento (em termos leigos para o paciente – nem tudo incluído):
   a) procedimento: por via posterior, passar entre os ossos e remover a peça de disco que está pressionando o(s) nervo(s)

b) alternativas: tratamento não cirúrgico
c) complicações: as complicações usuais da cirurgia espinal (p. 1018) mais disco podem herniar novamente no mesmo lugar em ≈ 6% dos casos; é possível que um fragmento de disco possa passar despercebido na hora da cirurgia, pode não haver a quantidade desejada de alívio da dor (lombalgia não responde tão bem a cirurgia quanto dor na raiz nervosa)

Opções cirúrgicas para radiculopatia lombar

Depois da decisão de tratar cirurgicamente, as opções incluem:
1. abordagens transcanais
   a) laminectomia e discectomia lombar aberta padrão: 65-85% não reportaram ciática um ano após a operação comparados a 36% com tratamento conservador.[34] Os resultados de longo prazo (> 1 ano) foram similares. 10% dos pacientes se submeteram a outra cirurgia lombar durante o primeiro ano[34]
   b) "microdiscectomia":[35,36] semelhante ao procedimento padrão; no entanto, é utilizada incisão menor. As vantagens podem ser estéticas, a permanência no hospital reduzida, menos perda sanguínea. Pode ser mais difícil recuperar alguns fragmentos.[37(p 1319),38] A eficácia geral é similar à discectomia padrão[39]
   c) sequestrectomia: remoção de apenas uma porção da hérnia discal sem entrar no espaço do disco para remover de lá o material discal
2. procedimentos intradiscais (ver abaixo): inúmeros procedimentos foram idealizados ao longo dos anos para tratar percutaneamente HLD criando uma cavidade dentro do disco. Alguns foram abandonados por vários motivos, não sendo menos importante a controvérsia relacionada com a validade da premissa de que isto possa funcionar
   a) quimionucleólise: usando quimiopapaína para dissolver o disco enzimaticamente (não mais usada)
   b) discectomia lombar percutânea automatizada: utiliza um nucleótomo
   c) discectomia intradiscal endoscópica percutânea: ver abaixo
   d) terapia endotérmica intradiscal (IDET ou IDTA) ver abaixo
   e) descompressão de disco a *laser*

Procedimentos cirúrgicos intradiscais (ISP)

Os ISPs (ver abaixo para procedimentos específicos) estão entre os procedimentos mais controversos para cirurgia da coluna lombar. A vantagem teórica é que é evitada a cicatriz epidural e que é usada uma incisão menor ou mesmo um ponto de punção. Isto também visa a reduzir a dor pós-operatória e o tempo de permanência no hospital (frequentemente realizado como um procedimento ambulatorial). O problema conceitual com os ISPs é que eles são direcionados para a remoção do material do disco do centro do espaço discal (que não está produzindo sintomas) e depende da pressão intradiscal reduzida para descomprimir a porção herniada do disco sobre a da raiz nervosa. Apenas ≈ 10-15% dos pacientes considerados para tratamento cirúrgico de doença discal são candidatos para um ISP. Os ISPs são geralmente realizados com anestesia local para permitir que o paciente reporte dor na raiz nervosa para identificar pinçamento de uma raiz nervosa pelo instrumento ou agulha. De um modo geral, os ISPs não são recomendados até que ensaios controlados rigorosos comprovem sua eficácia.[10]

Indicações utilizadas pelos proponentes de procedimentos intradiscais:
1. tipo de hérnia discal: apropriado somente para hérnia discal "contida" (isto é, margem externa do ânulo fibroso intacta)
2. nível apropriado: melhor para HLD em L4-5. Também pode ser usado em L3-4. Difícil, mas frequentemente factível (utilizando instrumentos angulados ou outras técnicas) em L5-S1 decorrente do ângulo necessário e da interferência pela crista ilíaca
3. não recomendado na presença de déficit neurológico grave[40]

Resultados:
A taxa de "sucesso" (≈ livre de dor e retorno ao trabalho quando apropriado) reportada varia de 37-75%.[41,42,43]

Discectomia lombar percutânea automatizada: também conhecida como nucleoplastia. Utiliza um nucleótomo[44] para remover o material do disco do centro do espaço discal intervertebral. A taxa de sucesso em 1 ano é de 37%. As complicações incluem síndrome da cauda equina decorrente da colocação imprópria do nucleótomo.[45] Em outro estudo, nucleoplastia (com ou sem IDET (ver abaixo)) para HLD apresentou apenas redução modesta na dor em 9 meses.[46]

Descompressão discal a *laser*: Inserção de uma agulha no disco e introdução de um cabo de fibra óptica a *laser* através da agulha para permitir que o *laser* queime um orifício no centro do disco[47,48] (com ou sem visualização endoscópica).

Declaração de posição do North American Spine Society Coverage Committee[49] de 2014:

"A **cirurgia de coluna a *laser*** na coluna **cervical** ou **lombar** NÃO é indicada neste momento. Em razão da ausência de ensaios clínicos de alta qualidade referentes à cirurgia de coluna a *laser* com a coluna cervical ou lombar, ela não pode ser endossada como um adjunto para técnicas cirúrgicas abertas, minimamente invasivas ou percutâneas."

Discectomia percutânea endoscópica lombar (PELD): este termo se refere a um procedimento essencialmente intradiscal indicado primariamente para hérnias discais contidas, embora alguns pequenos fragmentos "não contidos" possam ser tratáveis.[50] Não foi realizado nenhum grande estudo randomizado para comparar a técnica com o padrão aceito, discectomia aberta (com ou sem microscópio). Em um relatório[51] de 326 pacientes com HLD em L4-5, apenas 8 (2,4%) satisfizeram os critérios do estudo (sem operação prévia, falha do tratamento conservador, estudo de imagem comprovando protrusão discal seguida de discografia para R/O "perfuração de disco") para PELD. Destes 8, apenas 3 foram relatados como tendo um bom resultado. Este estudo não é adequado para avaliação da técnica.

Terapia endotérmica intradiscal (IDET): também conhecida como anuloplastia (eletro)térmica intradiscal (IDTA). Eficácia: 23-60% em 1 ano para tratamento de "rompimento discal interno"[52] (fissuras radiais no núcleo pulposo, estendendo-se até o ânulo fibroso) que supostamente representa 40% dos pacientes com lombalgia inferior crônica de etiologia desconhecida.[53]

Tratamento adjuvante em laminectomia lombar

Esteroides epidurais após discectomia

Esteroides epidurais perioperatórios após cirurgia de rotina para doença degenerativa lombar podem resultar em uma pequena redução na dor pós-operatória, no tempo de permanência no hospital e no risco de não retornar ao trabalho em 1 ano, porém a maioria das evidências se origina de estudos que não usam avaliação dos resultados validada que favoreça resultados positivos, sendo recomendado estudos adicionais (vários agentes, dosagens, drogas coadministradas, e métodos de aplicação foram reportados).[54] No entanto, a combinação de esteroides sistêmicos no começo do caso (Depo-Medrol® 160 mg IM e succinato sódico de metilprednisolona (Solu-Medrol® 250 mg IV) combinada com infiltração de 30 mL de 0,25% bupivacaína (Marcaine®) nos músculos paraespinais na incisão e fechamento, pode reduzir o tempo de permanência no hospital e a necessidade de narcóticos no pós-operatório.[55]

Métodos para reduzir a formação de cicatriz

Enxerto epidural de gordura livre

O uso de um enxerto de gordura livre autógeno no espaço epidural foi empregado numa tentativa de reduzir a formação de cicatriz no pós-operatório. As opiniões variam amplamente quanto à sua eficácia; alguns acham que é útil, outros que na verdade exacerbam a formação de cicatriz.[56] Em alguns pacientes não será encontrada nenhuma evidência de nova operação anos mais tarde. O enxerto de gordura pode muito raramente ser uma causa de compressão da raiz nervosa[57] ou de síndrome da cauda equina[30] nos primeiros dias pós-operatórios, e há um relato de caso de compressão 6 anos após a cirurgia.[58]

Outras medidas

Outras medidas incluem a colocação de barreira com filmes ou géis. Existem inúmeros produtos disponíveis; no entanto, nenhum deles demonstrou ter benefícios reproduzíveis.

Riscos de laminectomia lombar

Informações gerais

Risco global de mortalidade em grandes séries:[59,60] 6 por 10.000 (ou seja, 0,06%), mas frequentemente decorrente da septicemia, MI ou PE. As taxas de complicação são muito difíceis de ser determinadas com precisão,[34] mas os itens a seguir são incluídos como ponto de referência.

Complicações comuns

1. infecção:
    a) infecção superficial na ferida: 0,9-5%[61] (o risco é aumentado com a idade, esteroides a longo prazo, obesidade, ? DM): a maioria é causada por *S. aureus*; ver Infecção da ferida decorrente de laminectomia (p. 345) para orientações de tratamento
    b) infecção profunda: < 1% (ver abaixo em Complicações incomuns)
2. déficit motor aumentado: 1-8% (alguns transitórios)
3. durotomia "incidental" não intencional (o termo "durotomia não intencional" foi recomendado em vez de "lesão dural", ver abaixo): a incidência é de 0,3-13% (o risco aumenta para ≈ 18% quando é refeita a operação).[62] As sequelas possíveis incluem as listadas no ▶ Quadro 69.4

Quadro 69.4 Sequelas possíveis de abertura dural

Bem documentadas

1. vazamento de CSF
   a) contido: pseudomeningocele
   b) externo: fístula no CSF
2. herniação das raízes nervosas através da abertura
3. contusão associada da raiz nervosa, laceração ou lesão da cauda equina
4. o vazamento de CSF colaba o saco dural e pode aumentar o sangramento pelo espaço epidural

Menos documentadas

1. aracnoidite
2. dor crônica
3. disfunção da bexiga, intestinal e/ou sexual

---

a) fístula no CSF (vazamento externo de CSF): o risco de uma fístula no CSF exigindo reparo operatório é de ≈ 10 por 10.000[59]

b) pseudomeningocele: 0,7-2%[62] (radiograficamente, pode parecer semelhante a abscesso espinal epidural (SEA); no entanto, SEA pós-operatório frequentemente realça, é mais regular e está associado a edema muscular)

4. hérnia discal lombar recorrente (do mesmo nível em cada um dos lados) (p. 1061): 4% (com 10 anos de acompanhamento)[63]

5. Retenção unrinária pós-opeatória (POUR): geralmente temporária, mas pode retardar a alta hospitalar

Complicações incomuns

1. lesão direta de estruturas neurais. Para hérnias discais grandes, considerar uma exposição bilateral para reduzir o risco

2. lesão de estruturas anteriores aos corpos vertebrais (VB): lesionados por rompimento do ligamento longitudinal anterior (ALL) através do espaço discal, p. ex., com rugina para hipófise. A profundidade da penetração com instrumentos no espaço discal deve ser mantida a ≤ 3 cm, uma vez que 5% dos discos lombares tenham diâmetro de até 3,3 cm.[64] Ocorrem perfurações assintomáticas do ALL em até 12% das discectomias. O rompimento do ALL apresenta riscos potenciais a:

   a) grandes vasos:[65] os riscos incluem hemorragia potencialmente fatal e fístula arteriovenosa pode se apresentar anos mais tarde. Muitas dessas lesões ocorrem com discectomias em L4-5. Apenas ≈ 50% sangram no espaço discal intraoperatoriamente, com o restante sangrando para dentro do retroperitônio. É indicado laparotomia ou tratamento endovascular,[66] preferencialmente por um cirurgião com experiência em cirurgia vascular, se disponível. A taxa de mortalidade é de 37-67%
   - aorta: a bifurcação aórtica se encontra no lado esquerdo da parte inferior do VB de L4, assim sendo, a aorta pode ser lesionada acima deste nível
   - abaixo de L4, as artérias ilíacas comuns podem ser lesionadas
   - veias (mais comuns do que lesões arteriais): veia cava em e acima de L4, veias ilíacas comuns abaixo de L4

   b) ureteres

   c) intestino: em L5-S1 o íleo é a víscera mais provável de ser lesionada

   d) tronco simpático

3. cirurgia no lado errado: a incidência em um levantamento com autorrelato foi de 4,5 recorrências por 100.000 operações da coluna lombar.[67] Fatores identificados como contribuintes potenciais para o erro: anatomia incomum do paciente, a não realização de radiografia para localização. 32% dos neurocirurgiões respondentes indicaram que já removeram o material discal do nível errado em algum momento em sua carreira

4. infecções raras:
   a) meningite
   b) infecção profunda: < 1%, incluindo:
   - discite (p. 356): 0,5%
   - abscesso espinal epidural (SEA) (p. 349): 0,67%

5. síndrome da cauda equina: pode ser causada por hematoma espinal epidural pós-operatório (ver abaixo). A incidência foi de 0,21% em uma série de 2.842 discectomias lombares,[68] e 0,14% em uma série de 12.000 operações da coluna.[69] Bandeiras vermelhas: retenção urinária, anestesia que pode ser em sela ou LE *bilateral*

6. perda visual pós-operatória (POVL):[70] (ver abaixo)

7. complicações de posicionamento:
   a) neuropatias por compressão: ulnar, nervos fibulares. Usar uma almofada sobre os cotovelos e evitar pressão na fossa poplítea posterior

Hérnia Discal Intervertebral/Radiculopatias Lombar e Torácica   1055

b) síndrome compartimental tibial anterior: por causa da pressão no compartimento anterior da perna (reportado com a estrutura de Andrew). Uma emergência ortopédica que pode requerer fasciotomia de emergência

c) pressão no olho: abrasões corneanas, danos à câmara anterior

d) lesões na coluna cervical durante o posicionamento decorrente dos músculos relaxados com a anestesia

8. aracnoidite pós-operatória (p. 1040): os fatores de risco incluem hematoma epidural, pacientes com tendência a desenvolver cicatriz hipertrófica, discite pós-operatória e injeções intratecais de agentes anestésicos ou esteroides. O tratamento cirúrgico para isto é desanimador. Depo-Medral intratecal pode oferecer alívio a curto prazo (apesar do fato de que os esteroides são um fator de risco para o desenvolvimento de aracnoidite)

9. tromboflebite e trombose venosa profunda com risco de embolia pulmonar (PE):[59] 0,1%; ver Tromboembolia em neurocirurgia (p. 167)

10. síndrome dolorosa complexa regional, também conhecida como distrofia simpática reflexa (RSD) (p. 497): reportada em até 1,2% dos casos, usualmente depois de descompressão posterior com fusão, frequentemente após reoperações[71] com início 4 dias a 20 semanas pós-operatório. Ver também a crítica de RSD (p. 497). O tratamento inclui alguns ou todos: PT, bloqueio simpático, metilprednisolona oral, remoção de equipamento, se houver

11. muito rara: síndrome de Ogilvie (pseudo-obstrução ["íleo"] do cólon). Geralmente vista em pacientes hospitalizados/debilitados. Pode estar relacionada com narcóticos, deficiências de eletrólitos, possivelmente em razão da constipação crônica. Também reportada após cirurgia/trauma espinal, anestesia espinal/epidural, metástases espinais e mielografia[72]

Durotomia não intencional

A abertura não intencional da dura durante cirurgia da coluna tem uma incidência de 0-14%.[73]

Terminologia: os termos "durotomia não intencional", "durotomia incidental",[73] ou mesmo "abertura dural", têm sido recomendados em vez de "lesão dural", que pode implicar descuido[62] quando ninguém estava presente. As aberturas durais têm sido associadas a uma ou mais complicações ou sequelas alegadas em processos judiciais por imperícia médica envolvendo cirurgia da coluna lombar.

A lesão: por si só, não é esperado que a abertura da dura não intencional ou de outra forma tenha um efeito prejudicial no paciente.[62,74] Na verdade, a abertura dural é frequentemente uma parte padrão da operação para hérnia discal intradural,[75] tumores, etc. Embora não seja frequente, (para incidência, ver acima) a durotomia não intencional não é uma ocorrência incomum e, isoladamente, não é considerada um ato de imperícia. No entanto, ela pode resultar de um evento ou eventos que produzem lesões mais graves. Estes eventos e lesões devem ser tratados segundo seus próprios méritos.

No estudo SPORT, houve uma incidência de 9% de durotomia não intencional em pacientes que se submeteram à laminectomia aberta pela primeira vez.[76] Não houve diferenças a longo prazo nas lesões da raiz nervosa, mortalidade, operações adicionais ou nas medidas dos resultados. As diferenças a curto prazo incluíram maior permanência na internação, aumento na perda de sangue e duração da cirurgia.[76]

As sequelas possíveis incluem aquelas listadas no ▶ Quadro 69.4. Um vazamento no CSF pode produzir "cefaleia espinal" (p. 1508) com seus sintomas associados e se romper a barreira cutânea pode ser um fator de risco para meningite. Dor ou déficits sensoriais/motores podem estar associados a lesões nas raízes nervosas ou herniação retardada das raízes nervosas através da abertura dural.

Etiologias: as causas potenciais são muitas e incluem:[62] variações anatômicas imprevistas, adesão da dura ao osso removido, deslizamento de um instrumento, uma prega oculta da dura é capturada em uma rugina ou cureta, afinamento da dura em casos de estenose duradoura e a possibilidade de um vazamento retardado no CSF causado por perfuração da dura quando ela se expande até uma espícula do osso criada cirurgicamente.[77] O risco pode ser aumentado com descompressão anterior do OPLL, com cirurgia de revisão e com o uso de motores de alta velocidade.[73]

Tratamento: se a abertura for reconhecida na hora da cirurgia, deve ser tentado fechamento primário hermético (com ou sem enxerto heterólogo) com sutura não absorvível e se for possível prevenir pseudomeningocele e/ou fístula de CSF. Um cotonoide colocado sobre a abertura impede a aspiração das raízes nervosas.[78] É preciso cuidado para evitar a incorporação de uma raiz nervosa ao fechamento. A maioria dos reparos será concluída sem nenhuma complicação ou sequela para o paciente. Quando a abertura estiver no lado distante (anterior) da dura, deve ser dada atenção ao reparo intradural acessado por uma durotomia posterior que será posteriormente fechada (isto pode arriscar uma lesão adicional nas raízes nervosas). Fixantes biocompatíveis (p. ex., cola de fibrina[73]) podem ser usados para complementar o fechamento primário.

O reparo primário pode ser impossível em algumas situações (p. ex., quando a abertura não pode ser encontrada ou acessada, como é algumas vezes o caso quando ocorre na bainha da raiz nervosa) e as alternativas aqui incluem a colocação de um enxerto de gordura ou músculo sobre o local suspeito de vazamento, o uso do sangue do próprio paciente para um "adesivo de sangue" (uma técnica é fazer o anestesista retirar ≈ 5-10 mL de sangue do paciente de uma veia do braço, conservando-o na seringa por vários minutos até que comece a coagular e depois injetar o sangue na dura), uso de esponja de gel, cola de fibrina... Alguns recomendam que a ferida não seja drenada pós-operatoriamente, com um fechamento estanque da fáscia, gordura e pele para se somar à barreira. Outros usam um dreno subcutâneo ou cateter epidural. Procedimentos de desvio do CSF (p. ex., através de um dreno inserido 1 ou mais níveis além) também podem ser usados.

Embora repouso no leito por 4-7 dias seja frequentemente advogado para reduzir os sintomas e facilitar a cicatrização, quando o fechamento hermético foi conseguido, a mobilização pós-operatória normal não está associada a uma alta taxa de insucesso (é recomendado repouso no leito, caso se desenvolvam sintomas).[73]

Em um relato de 8 pacientes com fístula que apareceu pós-operatoriamente, a reoperação foi evitada quando tratado por uma nova sutura da pele com anestesia local, seguida de repouso no leito em leve posição de Trendelenburg (para reduzir a pressão no local do vazamento), antibióticos de amplo espectro e pomada antibiótica sobre a incisão na pele, e diariamente punção e drenagem da coleção subcutânea.[79]

Ver outras medidas de tratamento para H/A associada a vazamento de CSF (p. 1049).

Perda visual pós-operatória

1. neuropatia óptica isquêmica:[80] a causa mais comum da muito incomum perda da visão pós-operatória. Frequentemente bilateral. Geralmente associada à perda de sangue significativa (média: 2 L) e/ou tempo operatório prolongado ($\geq$ 6 h). Todos os casos tinham tempo anestésico > 5 h ou perda de sangue > 1 L. A perda de sangue pode causar hipotensão (pode causar liberação de vasoconstritores endógenos, além do fluxo sanguíneo reduzido em razão da baixa pressão hemodinâmica) e agregação plaquetária aumentada. Não se deve à pressão direta sobre o globo ocular na maioria dos casos e pode ocorrer em qualquer idade e até mesmo em pacientes saudáveis em outros aspectos. Sem associação à idade, HTN, arteriosclerose, tabagismo ou DM.

   A cegueira pode ser extensa e é frequentemente permanente. A prevenção é essencial, já que não existe um tratamento efetivo conhecido.[81]

   a) neuropatia óptica isquêmica posterior (PION):[80] pode ocorrer após cirurgia (PION cirúrgica). Fatores de risco conforme acima, mais:
      - cirurgia em posição *prona* (decúbito ventral)* (pode causar edema periorbital e, raramente, pressão direta sobre a órbita)
      - ausência de controle glicêmico rígido
      - uso da posição de Trendelenburg
      - hemodiluição ou uso excessivo de cristaloide *vs.* reposição de fluido coloidal (sangue)
      - hipotensão prolongada
      - hipóxia celular
      - perfusão renal reduzida

   b) 6 fatores de risco independentes para POVL[81]
      - sexo masculino: razão de probabilidade (OR) = 2,53
      - obesidade: por avaliação clínica ou BMI $\geq$ 30 OR = 2,83
      - uso dos apoios cirúrgicos de Wilson: OR = 4,30
      - duração da anestesia: OR = 1,39 por hora
      - EBL: OR = 1,34 por litro
      - uso de coloide como uma porcentagem de reposição substituta do sangue: menos certo (pequena diferença). OR = 0,67 por 5% coloide

   c) neuropatia óptica isquêmica anterior (AION): dividida em arterítica (como com GCA) e não arterítica (comum com DM)

2. oclusão da artéria central da retina
3. cegueira cortical: por infarto do lobo occipital possivelmente decorrente da embolia

Cuidados pós-operatórios

Instruções pós-operatórias

A seguir encontram-se as guias para instruções pós-operatórias para uma laminectomia lombar sem complicações intraoperatórias; as variações entre cirurgiões e entre instituições devem ser levadas em consideração:

1. admitir à unidade de cuidados pós-anestesia (PACU)
2. sinais vitais na unidade de enfermagem: q 2° × 4 h, q 4° × 24 h, depois q 8°
3. atividade: levantar com auxílio, progredir conforme tolerado
4. cuidados de enfermagem
   - I's e O's
   - cateterização intermitente q 4-6° PRN sem esvaziamento
   - opcional: meias de compressão TED (pode reduzir o risco de DVT) ou PCB
   - opcional (se usado dreno): esvaziar dreno q 8° e PRN
5. dieta: líquidos claros, progredir quando tolerado
6. IV: D5 1/2 NS + 20 mEq KCl/L em 75 mL/h, D/C quando PO bem tolerado (após antibióticos D/C se forem usados antibióticos profiláticos)

---

*N. do RT: Não se usa a nominação de posição prona em neurocirurgia, e sim a de decúbito ventral. Posição supina: decúbito dorsal.

7. medicações
- laxativo de escolha (LOC) PRN
- docusato de sódio (p. ex., Colace®) 100 mg PO BID quando tolerado PO (amaciante de fezes, não substituir por LOC)
- opcional: antibióticos profiláticos se usados na sua instituição
- acetaminofeno (Tylenol®) 325 mg 1-2 PO ou PR q 6° PRN
- analgésico narcótico
- opcional: esteroides são usados por alguns cirurgiões para reduzir irritação na raiz nervosa por causa da manipulação cirúrgica
8. exames laboratoriais
- opcional (se houver perda de sangue significativa durante a cirurgia): CBC

Checagem pós-operatória

Além da rotina, os seguintes itens devem ser checados:
1. força das extremidades inferiores, especialmente os músculos relevantes para a raiz nervosa, p. ex., gastrocnêmio para cirurgia em L5-S1, EHL para cirurgia em L4-5...
2. aparência do curativo: procurar sinais de sangramento excessivo, vazamento de CSF...
3. sinais de síndrome da cauda equina (p. 1050), p. ex., por hematoma espinal epidural
   a) perda da sensação perineal ("anestesia em sela")
   b) incapacidade de esvaziamento vesical: pode não ser incomum após laminectomia lombar, mais preocupante se acompanhada de perda da sensação perineal
   c) dor fora do comum durante o período pós-operatório
   d) fraqueza de múltiplos grupos musculares

Qualquer novo déficit neurológico deve motivar pronta avaliação para hematoma espinal peridural[69] (EDH). Os déficits tardios podem ser decorrente de EDH ou abscesso epidural. Radiografias no período pós-operatório na sala de recuperação podem ajudar a excluir enxerto ou má posição do equipamento para fusões ou procedimentos de instrumentação, ou alterações no alinhamento. O teste diagnóstico de escolha é MRI. Se contraindicado ou não disponível, poderá ser indicada CT/mielografia. Um defeito extradural imediatamente pós-operatório sugere EDH.

Resultados do tratamento cirúrgico

Em uma série de 100 pacientes que se submeteram à discectomia, em 1 ano após a cirurgia 73% tiveram alívio completo das dores nas pernas, e 63% tiveram alívio completo das dores nas costas; aos 5-10 anos, os números eram 62% para cada categoria.[2] Aos 5-10 anos pós-operatórios, apenas 14% achavam que a dor era a mesma ou pior do que no período pré-operatório (isto é, 86% sentiam melhora) e 5% qualificavam como tendo síndrome de cirurgia lombar falhada (um termo heterogêneo não definido precisamente; aqui significando que não retornaram ao trabalho, necessitavam de analgésicos, recebiam auxílio doença. Ver Síndrome pós-laminectomia (p. 1039).

As tentativas de mensurar os méritos relativos do tratamento conservador em comparação à cirurgia falharam. O recente estudo REPORT[82,83] sofreu um viés de seleção significativo já que foi permitido que os pacientes atravessassem para o outro braço do estudo e, assim, se aproximou mais da metodologia atual de seleção cirúrgica do que o verdadeiro RCT.[84] As tentativas iniciais de ensaios randomizados também sofreram de falhas metotodológicas.[1] Conclusões que podem ser tiradas destes estudos:[84] a maioria dos pacientes com dor tratável ou melhorando e menos incapacidade tipicamente opta por tratamento conservador, e a maioria tem melhora nos sintomas, enquanto os pacientes com dor grave, persistente ou piorando e/ou déficit neurológico têm maior probabilidade de optar por cirurgia com excelentes resultados.

Em pacientes com reflexo patelar ou reflexo aquiliano diminuídos no pré-operatório, 35 e 43%, respectivamente, ainda tinham reflexos reduzidos 1 ano após a operação;[8] os reflexos foram perdidos pós-operatoriamente em 3 e 10%, respectivamente. O mesmo estudo encontrou que a perda motora havia melhorado em 80%, agravado em 3% e estava recentemente presente em 5% no pós-operatório; e que a perda da sensibilidade havia melhorado em 69% e piorado em 15% no pós-operatório.

Pé caído: ocorre paralisia severa ou completa da dorsiflexão do tornozelo em 5-10% das HLD e aproximadamente 50% dos casos apresentam recuperação com ou sem tratamento. Discectomia não melhora os resultados, especialmente em casos de pé caído sem dor.[24]

Ver Hérnia discal recorrente (p. 1061).

69.1.10 Hérnias discais lombares superiores (níveis L1-2, L2-3 e L3-4)

Informações gerais

As hérnias lombares (HLD) superiores em L4-5 e L5-S1 representam a maioria dos casos de HLD (realisticamente ≈ 90%, possivelmente até 98%[7]). 24% dos pacientes com HLD em L3-4 têm história passada de uma

HLD em L4-5 ou L5-S1, sugerindo uma tendência generalizada para hérnia discal. Em uma série de 1.395 HLDs, havia 4 em L1-2 (incidência de 0,28%), 18 em L2-3 (1,3%) e 51 em L3-4 (3,6%).[85]

Apresentação

Tipicamente apresenta LBP, com início após trauma ou esforço em 51%. Com a progressão, ocorrem parestesias e dor na coxa anterior, com queixas de fraqueza nas pernas (especialmente ao subir escadas).

Sinais

O quadríceps femoral foi o músculo mais comumente acometido, demonstrando fraqueza e algumas vezes atrofia.

O teste de elevação da perna estendida era positivo em apenas 40%. O teste de alongamento do psoas foi positivo em 27%. O teste do alongamento femoral pode ser positivo (p. 1048).

50% tinham reflexo patelar reduzido ou ausente; 18% tinham anormalidades na contração do tornozelo; as alterações nos reflexos eram mais comuns com L3-4 HLD (81%) do que em L1-2 (nenhuma) ou L2-3 (44%).

69.1.11 Hérnias discais lombares laterais extremas

Informações gerais

Definição: hérnia de um disco na (hérnia discal foraminal) ou distal (hérnia discal extraforaminal) à faceta (alguns autores não consideram hérnia discal foraminal como sendo "lateral extrema"). Ver a ▶ Figura 69.1.

Incidência (▶ Quadro 69.5): 3-10% das hérnias discais lombares (HLD) (séries com números mais altos[86] incluem algumas HLDs que não são verdadeiramente laterais extremas).

Ocorre mais comumente em *L4-5* e próximo a L3-4 (ver o ▶ Quadro 69.5), portanto, L4 é o nervo mais comum envolvido, e L3 é o seguinte. Com o quadro clínico de uma compressão da raiz nervosa lombar superior (isto é, radiculopatia com SLR negativo), as chances são de ≈ 3 para 1 de que seja uma HLD extremamente lateral em vez de uma hérnia discal lombar superior.

Difere da HLD central e subarticular mais comum nos seguintes aspectos:

- a raiz nervosa envolvida é geralmente a que está saindo *naquele* nível (c.f. a raiz com saída no nível abaixo)
- o teste de elevação da perna estendida (SLR) (p. 1048) é negativo em 85-90% dos casos ≥ 1 semana após o início (excluindo hérnias duplas; ≈ 65% serão negativos se forem incluídas as hérnias duplas); podem ter teste de distensão femoral positivo
- a dor é reproduzida pela flexão lateral da coluna para o mesmo lado da hérnia em 75%
- maior incidência de fragmentos extrusos (60%)
- maior incidência de hérnia dupla no mesmo lado no mesmo nível (15%)
- a dor tende a ser mais grave (pode-se dever ao fato de que o gânglio da raiz dorsal esteja comprimido diretamente) e frequentemente tem qualidade mais disestésica e em queimação

Apresentação

Fraqueza no quadríceps, redução do reflexo patelar e sensibilidade diminuída no dermátomo L3 ou L4 são os achados mais comuns.

Diagnóstico diferencial

1. estenose do recesso lateral ou hipertrofia facetária articular superior
2. hematoma ou tumor retroperitoneal

Quadro 69.5 Incidência de HLD lateral extrema por nível[a]

Nível do disco	Nº	%
L1-2	1	1%
L2-3	11	8%
L3-4	35	24%
L4-5	82	60%
L5-S1	9	7%

[a]Série de 138 casos.[86]

Hérnia Discal Intervertebral/Radiculopatias Lombar e Torácica — 1059

3. neuropatia diabética (amiotrofia) (p. 545)
4. tumor espinal
   a) benigno (schwannoma ou neurofibroma)
   b) tumores malignos
   c) linfoma
5. infecção
   a) localizada (abscesso espinal epidural)
   b) abscesso no músculo psoas
   c) doença granulomatosa
6. espondilolistese (com defeito na *pars interarticularis*)
7. compressão da raiz nervosa conjunta
8. na MRI, as veias foraminais aumentadas podem imitar hérnia discal lateral extrema

Diagnóstico radiográfico

Nota: Se procuradas ativamente, muitas hérnias discais laterais distantes *assintomáticas* podem ser demonstradas na MRI ou CT. Geralmente é necessária correlação clínica cuidadosa.

MRI: teste diagnóstico de escolha. Vistas sagitais através do forame neural podem ajudar a demonstrar a hérnia discal.[87] MRI pode ter taxa de ≈ 8% de falso positivo devido à presença de veias foraminais alargadas que simulam HLD lateral.[88]

Mielografia: mielografia isoladamente é raramente diagnóstica (usualmente requer CT pós-mielografia).[89,90] Falha em exibir a patologia em 87% dos casos por causa do fato de que a compressão da raiz nervosa ocorre distal à bainha da raiz nervosa (e, portanto, além do alcance do contraste).[91]

Varredura com CT:[90] revela uma massa deslocando a gordura epidural e invadindo o forame intervertebral ou o recesso lateral, comprometendo a raiz emergente. Ou pode ser lateral ao forame. A sensibilidade é de ≈ 50% e é semelhante à CT pós-mielográfica.[91] CT pós-discografia[91,92] também tem sido capaz de demonstrar

Tratamento cirúrgico

Nota: a compressão ganglionar da raiz dorsal pode resultar em uma recuperação mais lenta da discectomia e, de um modo geral, resultados menos satisfatórios do que com a hérnia discal paramediana mais comum.

Discos foraminais

Geralmente requer facetectomia medial para obter acesso à região lateral ao saco dural sem retração indevida da raiz nervosa ou cauda equina. Alerta: facetectomia total combinada com discectomia pode resultar em uma alta incidência de instabilidade (facetectomia total isolada causa uma taxa de ≈ 10% de deslizamento), embora outras séries tenham identificado este risco com mais baixo (≈ 1 em cada 33[93,94]). Uma técnica alternativa é remover apenas a porção lateral da faceta articular superior abaixo.[95] Técnicas endoscópicas podem ser adequadas para hérnias discais nesta localização.[96]

Hérnia discal além (lateral ao) do forame

São usadas inúmeras abordagens, incluindo:
1. hemilaminectomia na linha média tradicional: a faceta ipsolateral deve ser parcialmente ou completamente removida. A maneira mais segura de encontrar a raiz nervosa que está saindo é realizar a laminectomia da porção inferior do nível vertebral superior (p. ex., L4 para uma HLD em L4-5) alta o suficiente para expor a axila da raiz nervosa e então acompanhar o nervo lateralmente através do forame neural removendo a faceta até que a HLD seja identificada
2. abordagem lateral (isto é, extracanal) através de uma incisão paramediana.[97] Vantagens: a articulação facetária é preservada (a remoção da faceta combinada com discectomia pode causar instabilidade), a retração muscular é mais fácil. Desvantagens: a maioria dos cirurgiões não está familiarizada com a abordagem, e o nervo não pode ser acompanhado medial à lateral. É feita a localização por raios X com uma agulha espinal. Uma incisão cutânea vertical de 4-5 cm é feita 3-4 cm lateral à linha média no lado da hérnia discal. A incisão é feita descendo até a fáscia toracolombar, e o tecido subcutâneo é dissecado da fáscia. Acima de L4, é possível palpar o sulco entre multífido (medial) e longuíssimo (lateral), onde a fáscia recebe a incisão. A articulação facetária é palpada e é usada dissecção cega para obter acesso à articulação facetária lateral e processos transversos acima e abaixo do nível da hérnia discal. O nível correto é confirmado com raios X usando uma sonda como marcador. O músculo intertransversário e a fáscia são divididos. Deve-se tomar cuidado para evitar lesão mecânica e com o eletrocautério do nervo e do gânglio da raiz dorsal (que se localiza imediatamente abaixo do ligamento intertransversal). A artéria radicular, veia e raiz nervosa estão localizadas logo abaixo dos processos

transversos, em geral levemente medial a esta posição. A raiz nervosa abraça o pedículo do nível acima quando ele sai do forame neural (sua palpação, p. ex., com um dissector dental, ajuda a localizá-lo) e pode estar alargado sobre o fragmento do disco herniado. Caso seja necessária exposição mais medial, a articulação facetária lateral pode ser ressecada. A HLD é removida. A remoção adicional do material do disco do espaço discal pode ser realizada com saca-bocados hipofisários voltados para baixo. A abordagem extracanal de L5-S1 requer a remoção de parte da asa do sacro para acessar o espaço caudal do processo transverso de L5.

69.1.12 Hérnia discal lombar em pediatria

Menos de um por cento das cirurgias para hérnia discal lombar é realizada em pacientes entre 10 e 20 anos (uma série na clínica Mayo encontrou 0,4% de HLD operadas em pacientes com < 17 anos[98]). Estes pacientes frequentemente têm poucos achados neurológicos, exceto por um teste de elevação da perna estendida consistentemente positivo.[99] O material da hérnia discal em jovens tende a ser firme, fibroso e fortemente preso à placa terminal cartilaginosa, ao contrário do material degenerado geralmente extruso na hérnia discal adulta. Radiografias simples exibiram uma frequência incomumente alta de anomalias congênitas na coluna (vértebra transicional, hiperlordose, espondilolistese, espinha bífida...). 78% tiveram bons resultados depois da primeira operação.[98]

69.1.13 Hérnia discal intradural

A herniação de um fragmento de disco no saco tecal ou na bainha da raiz nervosa (esta última algumas vezes referida como hérnia discal "intrarradicular") tem sido reconhecida, com uma incidência relatada de 0,04-1,1% das hérnias discais.[75,100] Embora possa haver suspeita com base na MRI ou mielografia pré-operatória, o diagnóstico raramente é feito pré-operatoriamente.[100] Intraoperatoriamente, o diagnóstico pode ser sugerido pela apreciação de uma massa firme e tensa dentro da bainha da raiz nervosa ou pela exploração negativa de um nível com sinais clínicos óbvios e anormalidades radiográficas evidentes (após a verificação de que o nível correto está exposto).

Tratamento cirúrgico:

Embora possa ser utilizada uma abertura dural cirúrgica,[75] outros a consideraram necessária em uma minoria dos casos.[101]

69.1.14 Hérnia discal intravertebral

Informação geral

Também conhecida como nodo ou nódulo de Schmorl. Recebendo o nome do patologista alemão Christian Georg Schmorl (1861-1932), o termo foi usado pela primeira vez em 1971.[102] Também conhecida como nódulo de Schmor (sem o "l") ou hérnia de Geipel.[103] Hérnia discal através da placa terminal cartilaginosa até o osso esponjoso do corpo vertebral (VB) (também conhecida como hérnia discal intraesponjosa). Frequentemente um achado incidental em raios X ou MRI. A importância clínica é controversa. Pode produzir lombalgia inicialmente, durando ≈ 3-4 meses após o início. O deslocamento difuso (como pode ser visto na osteoporose) é algumas vezes referido como disco balão.[104]

Achados clínicos

Durante a fase aguda (sintomática), os pacientes podem exibir LBP que é agravada por carregar peso e movimentar. Pode haver sensibilidade à percussão ou compressão manual sobre o segmento envolvido.

Achados radiográficos

MRI: a extrusão do material discal no VB é facilmente visualizada nas imagens sagitais. Foi sugerido[105] que lesões agudas (sintomáticas) podem aparecer diferenciadas de lesões crônicas (assintomáticas) pela presença de achados na MRI de inflamação na medula óssea imediatamente circundando o nodo, conforme descrito no ▶ Quadro 69.6.

CT: demonstra defeito na placa terminal e corpo vertebral, uma vez que o material discal tenha uma densidade significativamente mais baixa do que o osso.

Raios X simples: ≤ 33% podem ser vistos em raios X simples.[106] Podem não ser detectáveis agudamente até que se desenvolva deposição óssea de osso esclerótico.

Tratamento

É indicado tratamento conservador, usualmente consistindo em drogas anti-inflamatórias não esteroides (NSAIDs). Ocasionalmente podem ser necessários analgésicos mais fortes e/ou colete lombar. Cirurgia é raramente indicada.

Quadro 69.6 Intensidade do sinal na MRI em nodos de Schmorl[a]

Lesão	T1WI	T2WI
sintomática (aguda)	baixo	alto
assintomática (crônica)	alto[b]	baixo[b]

[a]Intensidade do sinal na medula circundante.
[b]O mesmo que a medula normal.

Resultados

Com tratamento conservador, os sintomas geralmente se resolvem dentro de 3-4 meses após o início (como ocorre com a maioria das fraturas do corpo vertebral).

69.1.15 Hérnia discal lombar recorrente

Informações gerais

As taxas mencionadas na literatura variam de 3-19%, com as taxas mais elevadas geralmente em séries com acompanhamento mais longo.[107] Em uma série individual com média de 10 anos de F/U, a taxa de hérnia discal recorrente foi de 4% (mesmo nível, cada lado), um terço das quais ocorreu durante o 1º ano pós-operatório (média: 4,3 anos).[63] Uma *segunda* recorrência no mesmo local ocorreu em 1% em outra série[107] com F/U médio de 4,5 anos. Nesta série,[107] os pacientes que apresentavam hérnia discal pela segunda vez tiveram uma recorrência no mesmo nível em 74%, mas 26% tiveram uma HLD em outro nível. Ocorreu HLD recorrente em L4-5 duas vezes mais do que a ocorrência em L5-S1.[107]

Com frequência é possível que uma pequena quantidade de hérnia discal recorrente cause sintomas do que em "costas virgens", em razão do fato de que a raiz nervosa está frequentemente fixada pelo tecido da cicatriz e tem pouca habilidade para desviar do fragmento.[56]

Tratamento

O tratamento inicial recomendado é como com uma HLD pela primeira vez. Deve ser utilizado tratamento não cirúrgico na ausência de déficit neurológico progressivo, síndrome da cauda equina (CES) ou dor intratável.

69.1.16 Tratamento cirúrgico

Existe discordância em relação ao tratamento ideal. Ver **Guia de prática clínica: Fusão lombar para hérnia discal** (p. 1037).

Resultado cirúrgico:

Como com HLD pela primeira vez, o resultado do tratamento cirúrgico é pior nos casos de auxílio-doença e em pacientes que estão passando por litígio, apenas ≈ 40% destes se beneficiam.[107,108] Um pior prognóstico também está associado a: pacientes com < 6 meses de alívio depois da primeira operação, casos em que é encontrada na operação de fibrose sem HLD recorrente.

69.1.17 Estimulação da coluna vertebral

Um estudo mostrou efetivamente uma melhor taxa de resposta à estimulação da medula espinal do que à reoperação.[109] Como a cirurgia para HLD recorrente acarreta um risco maior de lesão dural e à raiz nervosa, e uma taxa de sucesso mais baixa do que a primeira operação, esta pode ser uma opção viável para alguns pacientes.

69.2 Hérnia discal torácica

69.2.1 Informações gerais

Conceitos-chave

- abrange apenas 0,25% das hérnias discais e < 4% das operações de hérnia discal
- usualmente ocorre em ou abaixo de T8 (a porção mais móvel da coluna torácica)
- frequentemente calcificada: ∴ obter CT do disco (pode afetar a escolha da abordagem cirúrgica)

- indicações principais para cirurgia: dor refratária, mielopatia progressiva
- tratamento cirúrgico: laminectomia geralmente não é apropriada

Representa 0,25-0,75% de todos os discos protrusos.[110] 80% ocorrem entre a 3ª e 5ª décadas de vida. 75% estão abaixo de T8 (a porção mais móvel da coluna torácica), com um pico de 26% em T11-12. 94% eram centrolaterais, e 6% eram laterais.[111] Pode ser encontrada uma história de trauma em 25% dos casos.

Sintomas mais comuns: dor (60%), alterações sensoriais (23%), alterações motoras (18%). Com radiculopatia torácica, distúrbios doloroso e sensorial estão em uma distribuição similar a bandas irradiando anteriormente e inferiormente ao longo do dermátomo da raiz envolvida. O envolvimento motor é difícil de documentar.

69.2.2 Avaliação

MRI é a base do diagnóstico. No entanto, é quase sempre obrigatório também obter uma varredura com CT para determinar se o disco é macio ou calcificado ("disco rígido"), o que pode ter um efeito profundo na abordagem. A CT também é útil para demonstrar detalhes do osso se for necessária instrumentação.

69.2.3 Indicações para cirurgia

Hérnias discais torácicas que necessitam de cirurgia são raras.[111] Indicações: dor refratária (usualmente radicular, similar a bandas) ou mielopatia progressiva. Incomum: siringomielia sintomática no nível da hérnia discal.

69.2.4 Abordagens cirúrgicas

Cirurgia para doença discal torácica é problemática em razão de: dificuldade de abordagens anteriores, o espaço proporcionalmente apertado entre a medula e o canal comparado às regiões cervical e lombar, e o suprimento sanguíneo "watershed" que cria um risco significativo de lesão medular com tentativas de manipular a medula ao tentar trabalhar anteriormente nela a partir de uma abordagem posterior. As hérnias discais torácicas são calcificadas em 65% dos pacientes considerados para cirurgia[111] (mais difícil de remover por uma abordagem posterior ou lateral do que discos não calcificados).

Abordagens cirúrgicas abertas:[111,112]
1. posterior (laminectomia da linha média): a indicação primária é de descompressão da patologia intracanalicular situada posteriormente (p. ex., tumor metastático), especialmente sobre múltiplos níveis. Ocorre uma alta taxa de falhas e complicações quando usada para patologia anterior de um único nível (p. ex., hérnia discal da linha média)
2. posterolateral
   a) recesso lateral: laminectomia mais remoção do pedículo
   b) abordagem transpedicular[113]
   c) costotransversectomia (ver abaixo)
   d) transfacetário com preservação do pedículo
3. anterolateral (transtorácica): geralmente através do espaço pleural
4. lateral extracavitária (retrocólica)[114] permanecendo externa ao espaço pleural

Cirurgia toracoscópica é uma alternativa para cirurgia aberta.

69.2.5 Escolhendo a abordagem

Informações gerais

Ver abordagens anteriores da coluna torácica (p. 1489).

SSEPs e MEPs intraoperatórios podem ser úteis para pacientes com mielopatia.

Para um disco torácico lateralmente herniado sem mielopatia: a abordagem posterolateral com facetectomia medial é tecnicamente simples e tem geralmente bons resultados. Para uma hérnia discal central ou quando estiver presente mielopatia: a abordagem transtorácica tem a menor incidência de lesão medular com os melhores resultados operatórios (▶ Quadro 69.7). Para acesso anterior, a não ser que a patologia seja predominantemente no lado esquerdo, é preferível uma toracotomia no lado direito, porque o coração não impede o acesso.

Costotransversectomia

Indicações: no passado, era usada com frequência para drenar abscesso tuberculoso na coluna. Pode ser usada para hérnia discal lateral, biópsia do VB ou pedículo, descompressão limitada unilateral da medula

Quadro 69.7 Resultados com várias abordagens para patologia da coluna torácica[115]

Abordagem	Indicação	Nº total	Resultado			
			Normal	Melhor	Igual	Pior
laminectomia	tumor localizado posteriormente	129	15%	42%	11%	32%
posterolateral (transpedicular)	dor radicular com hérnia discal lateral; biópsia do tumor	27	37%	45%	11%	7%
Lateral (costotransvers ectomia)	razoável para disco na linha média; bom acesso lateral, pouco acesso para o lado oposto	43	35%	53%	12%	0
transtorácica	melhor para lesões na linha média, especialmente para alcançar os dois lados da medula	12	67%	33%	0	0

por tumor ou fragmentos ósseos, ou simpatectomia. Pode ser usada em ≈ qualquer nível da coluna torácica. Limitações: dificuldade de visualizar o canal anterior para acessar patologia anterior na linha média. Melhor para disco macio do que para disco central calcificado.

Envolve ressecção do processo transverso e pelo menos ≈ 4-5 cm da costela posterior. Um sério risco desta abordagem é a interrupção significativa de uma artéria radicular, o que pode comprometer o suprimento sanguíneo para a medula; ver Vasculatura da medula (p. 87). Também existe o risco de pneumotórax, que é menos grave.

Agendando o caso: Costotransversectomia

Ver também padrões e advertências (p. 27).
1. posição: decúbito ventral, geralmente sobre almofadas torácicas
2. equipamento:
   a) microscópio (não usado para todos os casos)
   b) braço tipo C
3. implantes: se for prevista instabilidade pós-operatória, parafusos no pedículo torácico e possivelmente uma *cage* (p. ex., para fratura ou tumor, não tipicamente para hérnia discal)
4. neuromonitoramento: SSEP/MEP
5. disponibilidade de sangue: tipo e compatibilidade 2 U PRBC
6. consentimento (em termos leigos para o paciente – nem tudo incluído):
   a) procedimento: cirurgia pela parte de trás do tórax para remover um pequeno pedaço da costela para que seja possível a remoção do disco herniado/calcificado
   b) alternativas: tratamento não cirúrgico, cirurgia pelo lado até o tórax
   c) complicações: lesão medular com paralisia, complicações pulmonares, incluindo pneumotórax ou hemotórax (sangue ou ar fora dos pulmões), possíveis convulsões com MEPs

69.2.6 Técnica cirúrgica

A abordagem pode ser um pouco difícil devido ao contato pouco frequente com a anatomia pela maioria dos neurocirurgiões. Esteja preparado para um "buraco vermelho e profundo onde tudo inicialmente parece ser a mesma coisa, e a anatomia óssea não é fácil de definir." Com paciência e persistência e a ajuda de um modelo anatômico na OR, o cirurgião pode ter um ponto de partida. Um dos pontos de referência mais útil é acompanhar o NVB (ou apenas a raiz nervosa) medialmente até o forame neural.

Na OR, antes do preparo e incisão cutânea, são realizados raios X para localização; uma agulha espinal inserida entre 2 processos espinhosos pode ser usada como marcador.

Posição do paciente: a abordagem é pelo lado onde se encontra a patologia/sintomas; para hérnias discais centrais, uma abordagem pelo lado direito reduz o risco de lesão da artéria de Adamkiewicz (localizada à esquerda em 80% (p. 87)). Opções:
1. lateral oblíqua, ≈ 30° elevada da posição de decúbito ventral, um "saco de feijão" é utilizado para estabilização. Para um paciente magro, o cirurgião pode ficar de pé em *frente* ao paciente (isto fornece um ângulo de visão mais horizontal – não funciona tão bem com pacientes mais pesados em razão da massa de pele/músculo no caminho lateralmente)

2. decúbito ventral sobre rolos de peito: o rolo de peito no lado da patologia deve estar mais medial para permitir que o ombro e a escápula caiam para a frente e fiquem fora do caminho

Opções para incisão cutânea:
1. incisão cutânea paramediana curvada: ápice afastando-se da linha média ao longo da leve depressão que demarca a junção da borda lateral dos músculos paraespinais com as costelas ($\approx$ 6-7 cm lateral à linha média) centralizada sobre o interespaço de interesse, estendendo-se por $\approx$ 3 corpos vertebrais (VB) acima e abaixo. A incisão é feita atravessando a pele, gordura subcutânea, o m. trapézio e (por 6 níveis torácicos inferiores, onde ocorre a maioria das hérnias discais torácicas) o m. latíssimo do dorso, descendo até as costelas, e esta aba musculocutânea pode ser refletida medialmente como uma unidade
2. incisão na linha média: precisa-se estender por 3-4 níveis acima e abaixo do nível da patologia para obter um ângulo suficientemente baixo para visualização posterior à faceta e seja possível acessar o corpo vertebral posterior. O aspecto inferior pode ser curvado lateralmente em direção ao nível da patologia. Vantagem: uma laminectomia pode ser realizada mais facilmente, se necessário (se o ângulo não oferecer visualização adequada, como uma contingência de "salvamento", pode ser realizada uma facetectomia, e o pedículo pode até mesmo ser removido para acesso inferior ao espaço discal. Isto usualmente permite fácil descompressão do saco tecal inteiro. Na coluna torácica, a estabilização é opcional e, se escolhida, parafusos no pedículo e fusão unilateral são geralmente adequados)

Remoção de costela e exposição torácica: para uma biópsia simples ou drenagem de um pequeno abscesso, a remoção de apenas uma costela pode ser suficiente. ✳ A costela a ser removida localiza-se no nível *inferior* do espaço discal a ser acessado[116] (p. ex., remova a costela T5 para acessar o espaço discal T4-5). Para a maioria das outras patologias, frequentemente são removidas 2 ou 3 costelas.[117] Para acessar um VB, a costela com o mesmo número *e* a costela abaixo são removidas.

Há inúmeros ligamentos unidos à costela: o feixe neurovascular (NVB) intercostal segue um curso medial até o ligamento costotransverso superior, que se estende desde o aspecto superior da costela até o processo transverso do nível acima. Este ligamento e o ligamento costotransverso lateral são divididos, e o processo transverso é removido (a base do qual repousa sobre a lâmina diretamente posterior ao pedículo). Isto expõe a costela anterior ao processo transverso. O periósteo recebe a incisão na costela a partir do ângulo da costela até a articulação costovertebral, e por dissecção subperióstea em torno da sua circunferência a pleura é dissecada da superfície anterior da costela. O NVB é dissecado a partir da superfície inferior profunda juntamente com o periósteo. A costela é, então, seccionada lateralmente em seu ângulo ($\approx$ 5 cm lateral à cabeça da costela) com cinzel de costela, é presa com um grampo e é rotada, enquanto os ligamentos (incluindo os ligamentos radiados que ligam a costela ao VB acima e abaixo do espaço discal nas facetas costais superior e inferior, respectivamente, exceto T1, 11 e 12, que apenas se articulam com seu VB de mesmo número) são *totalmente* dissecados da costela, que é então removida. O material da costela removida pode ser usado para o substrato da fusão, exceto em casos de tumor ou infecção. A pleura é então dissecada da superfície profunda das costelas adjacentes e do VB (tomando cuidado para não lesionar os vasos segmentares e dissecar o tronco simpático do VB com a pleura). A pleura é, então, retraída lateralmente com uma fita maleável ou um retrator de Deaver.

O forame intervertebral de interesse pode ser localizado acompanhando o NVB da costela *acima* proximalmente, o nervo intercostal (o ramo ventral da raiz nervosa naquele nível) ingressa entre os dois pedículos. A dura pode então ser exposta pelo alargamento do forame neural removendo parte dos pedículos com uma broca de alta velocidade ou pinças do tipo de Kerrison.

Instrumentação/fusão são raramente necessárias para discetomia simples. Instabilidade decorrente da fratura, tumor ou ressecção extensa (p. ex., com retirada total da faceta) necessita estabilização cirúrgica, tipicamente com parafusos/hastes pediculares se estendendo 2 níveis acima e 2 níveis abaixo. Antes do fechamento, procure por vazamento de ar enchendo a abertura com solução salina e pedindo ao anestesista para aplicar uma manobra de Valsalva. Se for identificado um vazamento de ar, um cateter de Cook pode ser colocado no espaço pleural pela exposição cirúrgica, ou então uma sonda torácica é colocada por uma incisão intercostal separada depois que a ferida da laminectomia está fechada. Uma CXR pós-operatória é obtida independentemente de ser identificado um vazamento de ar.

Abordagem transpedicular

Perfurando o pedículo e removendo uma pequena quantidade de osso do corpo vertebral, depois empurrando o material do espaço peridural até o defeito criado e removendo-o. Requer apenas remoção da cabeça de uma costela. Vantagens: risco mínimo de pneumotórax, anatomia mais familiar. Desvantagens: requer instrumentação, especialmente se feita bilateralmente, o ângulo não é muito oblíquo, portanto, a visualização do espaço epidural é mínima e pode precisar ser feita bilateralmente se houver componentes bilaterais extensos da patologia.

Agendando o caso: Abordagem transpedicular

A mesma que para costotransversectomia (p. 1062).

Abordagem transtorácica

Indicações: doença discal torácica com fragmento central ou disco calcificado, fratura em explosão da coluna torácica, etc.

Vantagens:[118]
- exposição anterior excelente (especialmente vantajosa para múltiplos níveis)
- pouco comprometimento da estabilidade (decorrente do efeito apoiador da *cage* da costela)
- baixo risco de lesão medular

Desvantagens:
- requer cirurgião torácico (ou familiaridade com cirurgia torácica)
- algum risco de lesão medular vascular (por causa do sacrifício das artérias intercostais)
- o diagnóstico definitivo pode não ser possível se for incerto antes do procedimento

Complicações possíveis:
- complicações pulmonares: efusão pleural, atelectasia, pneumonia, empiema, hipoventilação
- fístula pleuroliqórica (CSF)

Agendando o caso: Cirurgia espinal transtorácica

Ver também padrões e advertências (p. 27).
1. posição: tipicamente de lado, frequentemente sobre uma almofada
2. equipamento:
   a) microscópio (não usado para todos os casos)
   b) braço tipo C
3. anestesia: sonda com duplo lúmen
4. implantes: se for prevista instabilidade pós-operatória, parafuso pediculares torácicos e possivelmente uma *cage* (p. ex., para fratura ou tumor, não tipicamente para hérnia discal)
5. neuromonitoramento: SSEP/MEP
6. disponibilidade de sangue: tipo e compatibilidade 2 U PRBC
7. alguns cirurgiões usam cirurgião torácico para a abordagem, fechamento e acompanhamento
8. consentimento (em termos leigos para o paciente – nem tudo incluído):
   a) procedimento: cirurgia feita pelo tórax com remoção de um pequeno pedaço da costela para permitir a remoção do disco herniado/calcificado
   b) alternativas: manejo não cirúrgico, cirurgia pelo lado ou pelas costas
   c) complicações: lesão medular com paralisia, pneumotórax, possíveis convulsões com MEPs

Principais pontos técnicos

1. o auxílio de um cirurgião torácico experiente é geralmente requerido
2. posição: lateral verdadeira (facilita raios X localizadores intraoperatoriamente); abordado pelo lado mais envolvido. Para a região da *linha média* torácica superior, alguns preferem o lado direito para eliminar a aorta torácica da exposição obstrutiva e para reduzir a possibilidade de encontrar a artéria de Adamkiewicz;[119] outros preferem o lado esquerdo para usar a aorta como ponto de referência[118] (para níveis abaixo do ângulo cardiofrênico, uma abordagem pelo lado esquerdo é preferível porque a veia cava inferior é difícil de ser mobilizada)
3. geralmente uma costela é ressecada: mais frequentemente a costela da vértebra imediatamente *acima* do espaço discal desejado (facilita a exposição). Múltiplas costelas podem ser ressecadas para aumentar a exposição
4. quando é removido o corpo vertebral (VB) (corpectomia, p. ex., para osteomielite, especialmente doença de Pott ou para cifoescoliose)

a) o córtex posterior do VB deve ser puxado anteriormente (p. ex., com curetas anguladas) para evitar trauma medular mecânico

b) pode ser realizada fusão anterior usando a costela removida. Se inadequado, a fíbula ou crista ilíaca deve ser usada

5. as artérias radiculares calibrosas são preservadas. O nervo intercostal é usado como um guia para o forame intervertebral (o nervo entra no forame superior e posteriormente)
6. o espaço discal está situado fora do aspecto caudal do forame intervertebral para a maioria dos níveis torácicos
7. uma ou duas artérias e veias intervertebrais geralmente têm que ser sacrificadas; para minimizar o risco de lesão medular isquêmica, corte-as o mais próximo possível da coluna (os colaterais tendem a se localizar sobre o aspecto lateral da coluna)
8. a cadeia simpática é dissecada dos VBs e empurrada posteriormente

Abordagem lateral (retrocólica)

Ver as referências.[114]

A mesma instrumentação usada por fusão lombar lateral entre os corpos (p. 1498) pode ser usada para acessar os corpos torácicos laterais para hérnia discal torácica.

Verifique a MRI pré-operatória para a localização da aorta e para excluir aneurisma da aorta. Acima de T11, entre no lado direito. O retrator de acesso é "invertido" de modo que a lâmina central esteja posicionada *anteriormente*, e o calço seja colocado de modo que o retrator seja expandido na direção AP, e as lâminas laterais se movam posteriormente, dando mais acesso ao espaço discal posterior. Em geral, não penetre no ânulo contralateral em razão da proximidade da aorta. Em ou logo acima de L12-L1, o diafragma se fixa ao VB. Uma sonda endotraqueal de duplo lúmen *não* é necessária. Uma sonda torácica é obrigatória se houver um vazamento de ar, caso contrário, é opcional (um cateter tipo rabo de porco ou "J" pode ser suficiente).

Referências

[1] Weber H. Lumbar Disc Herniation. A Controlled, Prospective Study with Ten Years of Observation. Spine. 1983; 8:131–140

[2] Lewis PJ, Weir BKA, Broad R, et al. Long-Term Prospective Study of Lumbosacral Discectomy. J Neurosurg. 1987; 67:49–53

[3] Wein AJ, Walsh PC, Retik AB, Vaughan ED, Wein AJ. In: Neuromuscular Dysfunction of the Lower Urinary Tract and Its Treatment. Campbell's Urology. 7th ed. Philadelphia: W.B. Saunders; 1998:953–1006

[4] Jones DL, Moore T. The Types of Neuropathic Bladder Dysfunction Associated with Prolapsed Lumbar Intervertebral Discs. Br J Urol. 1973; 45:39–43

[5] Ross JC, Jameson RM. Vesical Dysfunction Due to Prolapsed Disc. Br Med J. 1971; 3:752–754

[6] Frymoyer JW. Back Pain and Sciatica. N Engl J Med. 1988; 318:291–300

[7] Deyo RA, Rainville J, Kent DL. What Can the History and Physical Examination Tell Us About Low Back Pain? JAMA. 1992; 268:760–765

[8] Blaauw G, Braakman R, Gelpke GJ, Singh R, et al. Changes in Radicular Function Following Low-Back Surgery. J Neurosurg. 1988; 69:649–652

[9] Stam J, Speelman HD, van Crevel H. Tendon Reflex Asymmetry by Voluntary Mental Effort in Healthy Subjects. Arch Neurol. 1989; 46:70–73

[10] Bigos S, Bowyer O, Braen G, et al. Acute Low Back Problems in Adults. Clinical Practice Guideline No.14. AHCPR Publication No. 95-0642. Rockville, MD: Agency for Health Care Policy and Research, Public Health Service, U.S. Department of Health and Human Services; 1994

[11] Scham SM, Taylor TKF. Tension Signs in Lumbar Disc Prolapse. Clin Orthop. 1971; 75:195–204

[12] Dyck P. Lumbar Nerve Root: The Enigmatic Eponyms. Spine. 1984; 9:3–6

[13] Spangfort EV. The Lumbar Disc Herniation. A Computer-Aided Analysis of 2,504 Operations. Acta Orthop Scand. 1972; 142:1–93

[14] Rothman RH, Simeone FA. The Spine. Philadelphia 1992

[15] Estridge MN, Rouhe SA, Johnson NG. The Femoral Stretch Test: A Valuable Sign in Diagnosing Upper Lumbar Disc Herniations. J Neurosurg. 1982; 57:813–817

[16] Hoover CF. A new sign for the detection of malingering and functional paresis of the lower extremities. JAMA. 1908; 51:746–747

[17] Archibald KC, Wiechec F. A reappraisal of Hoover's test. Arch Phys Med Rehabil. 1970; 51:234–238

[18] Sonoo M. Abductor sign: A reliable new sign to detect unilateral non-organic paresis of the lower limb. J Neurol Neurosurg Psychiatry. 2004; 75:121–125

[19] Keegan JJ. Dermatome Hypalgesia Associated with Herniation of Intervertebral Disk. Arch Neurol Psychiatry. 1943; 50:67–83

[20] Fager CA. Observations on Spontaneous Recovery from Intervertebral Disc Herniation. Surg Neurol. 1994; 42:282–286

[21] Weber H, Holme I, Amlie E. The Natural Course of Acute Sciatica, with Nerve Root Symptoms in a Double Blind Placebo Controlled Trial Evaluating the Effect of Piroxicam (NSAID). Spine. 1993; 18:1433–1438

[22] Weber H. The Effect of Delayed Disc Surgery on Muscular Paresis. Acta Orthop Scand. 1975; 46:631–642

[23] Saal JA, Saal JS. Nonoperative Treatment of Herniated Lumbar Intervertebral Disc with Radiculopathy: An Outcome Study. Spine. 1989; 14:431–437

[24] Marshall RW. The functional relevance of neurological recovery 20 years or more after lumbar discectomy. J Bone Joint Surg Br. 2008; 90:554–555

[25] Kostuik JP, Harrington I, Alexander D, Rand W, et al. Cauda Equina Syndrome and Lumbar Disc Herniation. J Bone Joint Surg. 1986; 68A:386–391

[26] O'Laoire SA, Crockard HA, Thomas DG. Prognosis for Sphincter Recovery After Operation for Cauda Equina Compression Owing to Lumbar Disc Prolapse. Br Med J. 1981; 282:1852–1854

[27] Shapiro S. Cauda Equina Syndrome Secondary to Lumbar Disc Herniation. Neurosurgery. 1993; 32:743–747

[28] Scott PJ. Bladder Paralysis in Cauda Equina Lesions from Disc Prolapse. J Bone Joint Surg. 1965; 47B:224–235

[29] Tay ECK, Chacha PB. Midline Prolapse of a Lumbar Intervertebral Disc with Compression of the Cauda Equina. J Bone Joint Surg. 1979; 61B:43–46

[30] Prusick VD, Lint DS, Bruder J. Cauda Equina Syndrome as a Complication of Free Epidural Fat-Grafting. J Bone Joint Surg. 1988; 70A:1256–1258

[31] Tandon PN, Sankaran B. Cauda Equina Syndrome due to Lumbar Disc Prolapse. Indian J Orthopedics. 1967; 1:112–119

[32] Shapiro S. Medical Realities of Cauda Equina Syndrome Secondary to Lumbar Disc Herniation. Spine. 2000; 25:348–351

[33] Kostuik JP. Point of View: Comment on Shapiro, S: Medical Realities of Cauda Equina Syndrome Secondary to Lumbar Disc Herniation. Spine. 2000; 25

[34] Hoffman RM, Wheeler KJ, Deyo RA. Surgery for herniated lumbar discs: a literature synthesis. J Gen Intern Med. 1993; 8:487–496

[35] Williams RW. Microlumbar Discectomy: A Conservative Surgical Approach to the Virgin Herniated Lumbar Disc. Spine. 1978; 3:175–182

[36] Caspar W, Campbell B, Barbier DD, et al. The Caspar Microsurgical Discectomy and Comparison with a Conventional Lumbar Disc Procedure. Neurosurgery. 1991; 28:78–87

[37] Schmidek HH, Sweet WH. Operative Neurosurgical Techniques. New York 1982

[38] Fager CA. Lumbar Discectomy: A Contrary Opinion. Clin Neurosurg. 1986; 33:419–456

[39] Tulberg T, Isacson J, Weidenhielm L. Does Microscopic Removal of Lumbar Disc Herniation Lead to Better Results than the Standard Procedure? Results of a One-Year Randomized Study. J Neurosurg. 1993; 70:869–875

[40] Hoppenfield S. Percutaneous Removal of Herniated Lumbar Discs. 50 Cases with Ten-Year Follow-Up Periods. Clin Orthop. 1989; 238:92–97

[41] Kahanovitz N, Viola K, Goldstein T, et al. A Multicenter Analysis of Percutaneous Discectomy. Spine. 1990; 15:713–715

[42] Davis GW, Onik G. Clinical Experience with Automated Percutaneous Lumbar Discectomy. Clin Orthop. 1989; 238:98–103

[43] Revel M, Payan C, Vallee C, et al. Automated Percutaneous Lumbar Discectomy Versus Chemonucleolysis in the Treatment of Sciatica. Spine. 1993; 18:1–7

[44] Maroon JC, Onik G, Sternau L. Percutaneous automated discectomy. A new method for lumbar disc removal. Technical note. J Neurosurg. 1987; 66:143–146

[45] Onik G, Maroon JC, Jackson R. Cauda Equina Syndrome Secondary to an Improperly Placed Nucleotome Probe. Neurosurgery. 1992; 30:412–415

[46] Cohen SP, Williams S, Kurihara C, Griffith S, Larkin TM. Nucleoplasty with or without intradiscal electrothermal therapy (IDET) as a treatment for lumbar herniated disc. J Spinal Disord Tech. 2005; 18 Suppl:S119–S124

[47] Yonezawa T, Onomura T, Kosaka R, et al. The System and Procedures of Percutaneous Intradiscal Laser Nucleotomy. Spine. 1990; 15:1175–1185

[48] Choy DSJ, Ascher PW, Saddekni S, et al. Percutaneous laser disc decompression: A new therapeutic modality. Spine. 1992; 17:949–956

[49] North American Spine Society Coverage Committee. Laser Spine Surgery. Burr Ridge, IL 2014

[50] Mayer HM, Brock M. Percutaneous Endoscopic Discectomy: Surgical Technique and Preliminary Results Compared to Microsurgical Discectomy. J Neurosurg. 1993; 78:216–225

[51] Kleinpeter G, Markowitsch MM, Bock F. Percutaneous Endoscopic Lumbar Discectomy: Minimally Invasive, But Perhaps Only Minimally Useful? Surg Neurol. 1995; 43:534–541

[52] Karasek M, Bogduk N. Twelve-month follow-up of a controlled trial of intradiscal thermal anuloplasty for back pain due to internal disc disruption. Spine. 2000; 25:2601–2607

[53] Schwarzer AC, Aprill CN, Derby R, Fortin J, Kine G, Bogduk N. The prevalence and clinical features of internal disc disruption in patients with chronic low back pain. Spine. 1995; 20:1878–1883

[54] Ranguis SC, Li D, Webster AC. Perioperative epidural steroids for lumbar spine surgery in degenerative spinal disease. J Neurosurg Spine. 2010; 13:745–757

[55] Glasser RS, Knego RS, Delashaw JB, Fessler RG. The Perioperative Use of Corticosteroids and Bipuvicaine in the Management of Lumbar Disc Disease. J Neurosurg. 1993; 78:383–387

[56] Dunsker SB. Comment on Cobanoglu S, et al.: Complication of Epidural Fat Graft in Lumbar Spine Disc Surgery: Case Report. Surg Neurol. 1995; 44:481–482

[57] Cabezudo JM, Lopez A, Bacci F. Symptomatic Root Compression by a Free Fat Transplant After Hemilaminectomy: Case Report. J Neurosurg. 1985; 63:633–635

[58] Cobanoglu S, Imer M, Ozylmaz F, Memis M. Complication of Epidural Fat Graft in Lumbar Spine Disc Surgery: Case Report. Surg Neurol. 1995; 44:479–482

[59] Ramirez LF, Thisted R. Complications and Demographic Characteristics of Patients Undergoing Lumbar Discectomy in Community Hospitals. Neurosurgery. 1989; 25:226–231

[60] Deyo RA, Cherkin DC, Loeser JD, Bigos SJ, et al. Morbidity and mortality in association with operations on the lumbar spine. The influence of age, diagnosis, and procedure. J Bone Joint Surg. 1992; 74A:536–543

[61] Shektman A, Granick MS, Solomon MP, et al. Management of Infected Laminectomy Wounds. Neurosurgery. 1994; 35:307–309

[62] Goodkin R, Laska LL. Unintended 'Incidental' Durotomy During Surgery of the Lumbar Spine: Medicolegal Implications. Surg Neurol. 1995; 43:4–14

[63] Davis RA. A Long-Term Outcome Analysis of 984 Surgically Treated Herniated Lumbar Discs. J Neurosurg. 1994; 80:415–421

[64] Bilsky MH, Shields CB. Complications of Lumbar Disc Surgery. Contemp Neurosurg. 1995; 17:1–6

[65] DeSaussure RL. Vascular Injuries Coincident to Disc Surgery. J Neurosurg. 1959; 16:222–239

[66] Nam TK, Park SW, Shim HJ, Hwang SN. Endovascular treatment for common iliac artery injury complicating lumbar disc surgery: limited usefulness of temporary balloon occlusion. J Korean Neurosurg Soc. 2009; 46:261–264

[67] Jhawar BS, Mitsis D, Duggal N. Wrong-sided and wrong-level neurosurgery: a national survey. J Neurosurg Spine. 2007; 7:467–472

[68] Mclaren AC, Bailey SI. Cauda Equina Syndrome: A Complication of Lumbar Discectomy. Clin Orthop. 1986; 204:143–149

[69] Porter RW, Detwiler PW, Lawton MT, Sonntag VKH, Dickman CA. Postoperative Spinal Epidural Hematomas: Longitudinal Review of 12,000 Spinal Operations. BNI Quarterly. 2000; 16:10–17

[70] Lee LA, Roth S, Posner KL, Cheney FW, Caplan RA, et al. The American Society of Anesthesiologists Postoperative Visual Loss Registry: analysis of 93 spine surgery cases with postoperative visual loss. Anesthesiology. 2006; 105:652–659

[71] Sachs BL, Zindrick MR, Beasley RD. Reflex Sympathetic Dystrophy After Operative Procedures on the Lumbar Spine. J Bone Joint Surg. 1993; 75A:721–725

[72] Feldman RA, Karl RC. Diagnosis and Treatment of Ogilvie's Syndrome After Lumbar Spinal Surgery. J Neurosurg. 1992; 76:1012–1016

[73] Hodges SD, Humphreys C, Eck JC, Covington LA. Management of Incidental Durotomy Without Mandatory Bed Rest. Spine. 1999; 24:2062–2064

[74] Fink LH. Unintended 'incidental' durotomy. Surg Neurol. 1996; 45

[75] Ciappetta P, Delfini R, Cantore GP. Intradural Lumbar Disc Hernia: Description of Three Cases. Neurosurgery. 1981; 8:104–107

[76] Desai A, Ball PA, Bekelis K, Lurie J, Mirza SK, Tosteson TD, Weinstein JN. SPORT: Does incidental durotomy affect longterm outcomes in cases of spinal stenosis? Neurosurgery. 2015; 76 Suppl 1:S57–63; discussion S63

[77] Horwitz NH, Rizzoli HV, Horwitz NH, Rizzoli HV. In: Herniated Intervertebral Discs and Spinal Stenosis. Postoperative Complications of Extracranial Neurological Surgery. Baltimore: Williams and Wilkins; 1987:1–72

[78] Eismont FL, Wiesel SW, Rothman RH. Treatment of Dural Tears Associated with Spinal Surgery. J Bone Joint Surg. 1981; 63A:1132–1136

[79] Waisman M, Schweppe Y. Postoperative Cerebrospinal Fluid Leakage After Lumbar Spine Operations. Conservative Treatment. Spine. 1991; 15:52–53

[80] Hayreh SS. Ischemic optic neuropathy. Prog Retin Eye Res. 2009; 28:34–62

[81] Postoperative Visual Loss Study Group. Risk factors associated with ischemic optic neuropathy after spinal fusion surgery. Anesthesiology. 2012; 116:15–24

[82] Weinstein JN, Tosteson TD, Lurie JD, Tosteson AN, Hanscom B, Skinner JS, Abdu WA, Hilibrand AS, Boden SD, Deyo RA. Surgical vs nonoperative treatment for lumbar disk herniation: the Spine Patient Outcomes Research Trial (SPORT): a randomized trial. JAMA. 2006; 296:2441–2450

[83] Weinstein JN, Lurie JD, Tosteson TD, Skinner JS, Hanscom B, Tosteson AN, Herkowitz H, Fischgrund J, Cammisa FP, Albert T, Deyo RA. Surgical vs nonoperative treatment for lumbar disk herniation: the Spine Patient Outcomes Research Trial (SPORT) observational cohort. JAMA. 2006; 296:2451–2459

[84] McCormick PC. The Spine Patient Outcomes Research Trial results for lumbar disc herniation: a critical review. J Neurosurg Spine. 2007; 6:513–520

[85] Aronson HA, Dunsmore RH. Herniated Upper Lumbar Discs. J Bone Joint Surg. 1963; 45:311–317

[86] Abdullah AF, Wolber PGH, Warfield JR, et al. Surgical Management of Extreme Lateral Lumbar Disc Herniations: Review of 138 Cases. Neurosurgery. 1988; 22:648–653

[87] Osborn AG, Hood RS, Sherry RG, et al. CT/MR Spectrum of Far Lateral and Anterior Lumbosacral Disk Herniations. AJNR. 1988; 9:775–778

[88] Grenier N, Greselle J-F, Douws C, et al. MR Imaging of Foraminal and Extraforaminal Lumbar Disk Herniations. J Comput Assist Tomogr. 1990; 14:243–249

[89] Godersky JC, Erickson DL, Seljeskog EL. Extreme Lateral Herniation: Diagnosis by CT Scanning. Neurosurgery. 1984; 14:549–552

[90] Osborne DR, Heinz ER, Bullard D, et al. Role of CT in the Radiological Evaluation of Painful Radiculopathy After Negative Myelography. Neurosurgery. 1984; 14:147–153

[91] Jackson RP, Glah JJ. Foraminal and Extraforaminal Lumbar Disc Herniation: Diagnosis and Treatment. Spine. 1987; 12:577–585

[92] Angtuaco EJC, Holder JC, Boop WC, Binet EF. Computed Tomography Discography in the Evaluation of Extreme Lateral Disc Herniation. Neurosurgery. 1984; 14:350–362

[93] Garrido E, Connaughton PN. Unilateral Facetectomy Approach for Lateral Lumbar Disc Herniation. J Neurosurg. 1991; 74:754–756

[94] Epstein NE, Epstein JA, Carras R, et al. Far Lateral Lumbar Disc Herniations and Associated Structural Abnormalities. An Evaluation in 60 Patients of the Comparative Value of CT, MRI, and Myelo-CT in Diagnosis and Management. Spine. 1990; 15:534–539

[95] Jane JA, Haworth CS, Broaddus WC, Lee JH, Malik J. A Neurosurgical Approach to Far-Lateral Disc Herniation. J Neurosurg. 1990; 72:143–144

[96] Ditsworth DA. Endoscopic Transforaminal Lumbar Discectomy and Reconfiguration: A Posterolateral Approach into the Spinal Canal. Surg Neurol. 1998; 49:588–598

[97] Maroon JC, Kopitnik TA, Schulhof LA, et al. Diagnosis and Microsurgical Approach to Far-Lateral Disc Herniation in the Lumbar Spine. J Neurosurg. 1990; 72:378–382

[98] Ebersold MJ, Quast LM, Bianco AJ. Results of Lumbar Discectomy in the Pediatric Patient. J Neurosurg. 1987; 67:643–647

[99] Epstein JA, Epstein NE, Marc J, Rosenthal AD, et al. Lumbar Intervertebral Disk Herniation in Teenage Children: Recognition and Management of Associated Anomalies. Spine. 1984; 9:427–432

[100] Kataoka O, Nishibayashi Y, Sho T. Intradural Lumbar Disc Herniation: Report of Three Cases with a Review of the Literature. Spine. 1989:529–533

[101] Schisano G, Franco A, Nina P. Intraradicular and Intradural Lumbar Disc Herniation: Experience with Nine Cases. Surg Neurol. 1995; 44:536–543

[102] Schmorl G, Junghanns H. The Human Spine in Health and Disease. New York: Grune & Stratton; 1971

[103] Deeg HJ. Schmorl's nodule. N Engl J Med. 1978; 298

[104] Fardon DF, Milette PC. Nomenclature and classification of lumbar disc pathology. Recommendations of the Combined task Forces of the North American Spine Society, American Society of Spine Radiology, and American Society of Neuroradiology. Spine. 2001; 26 E93–E113

[105] Takahashi K, Miyazaki T, Ohnari H, Takino T, Tomita K. Schmorl's nodes and low-back pain. Analysis of magnetic resonance imaging findings in symptomatic and asymptomatic individuals. Eur Spine J. 1995; 4:56–59

[106] Hamanishi C, Kawabata T, Yosii T, Tanaka S. Schmorl's nodes on magnetic resonance imaging. Spine. 1994; 19:450–453

[107] Herron L. Recurrent Lumbar Disc Herniation: Results of Repeat Laminectomy and Discectomy. J Spinal Disord. 1994; 7:161–166

[108] Waddell G, Crummel EG, Solts WN, Graham JD, Hall H, McCulloch JA. Failed Lumbar Disc Surgery and Repeat Surgery Following Industrial Injuries. J Bone Joint Surg. 1979; 61A:201–207

[109] Bell GK, Kidd D, North RB. Cost-effectiveness analysis of spinal cord stimulation in treatment of failed back surgery syndrome. J Pain Symptom Manage. 1997; 13:286–295

[110] El-Kalliny M, Tew JM, van Loveren H, Dunsker S. Surgical approaches to thoracic disk herniations. Acta Neurochir. 1991; 111:22–32

[111] Stillerman CB, Chen TC, Couldwell WT, Zhang W, Weiss MH. Experience in the surgical management of 82 symptomatic herniated thoracic discs and review of the literature. J Neurosurg. 1998; 88:623–633

[112] Dohn DF. Thoracic Spinal Cord Decompression: Alternative Surgical Approaches and Basis of Choice. Clin Neurosurg. 1980; 27:611–623

[113] Le Roux PD, Haglund MM, Harris AB. Thoracic Disc Disease: Experience with the Transpedicular Approach in Twenty Consecutive Patients. Neurosurgery. 1993; 33:58–66

[114] Uribe JS, Smith WD, Pimenta L, Hartl R, Dakwar E, Modhia UM, Pollock GA, Nagineni V, Smith R, Christian G, Oliveira L, Marchi L, Deviren V. Minimally invasive lateral approach for symptomatic thoracic disc herniation: initial multicenter clinical experience. J Neurosurg Spine. 2012; 16:264–279

[115] Arce AC, Dohrmann GJ. Thoracic Disc Herniation. Surg Neurol. 1985; 23:356–361

[116] Ahlgren BD, Herkowitz HN. A modified posterolateral approach to the thoracic spine. J Spinal Disord. 1195; 8:69–75

[117] O'Leary ST, Ganju A, Rauzzino MJ, et al. Fessler RG, Sekhar L. In: Costotransversectomy. Atlas of Neurosurgical Techniques. New York: Thieme Medical Publishers, Inc.; 2006:441–447

[118] Chou SN, Seljeskog EL. Alternative Surgical Approaches to the Thoracic Spine. Clin Neurosurg. 1972; 20:306–321

[119] Perot PL, Munro DD. Transthoracic Removal of Midline Thoracic Disc Protrusions Causing Spinal Cord Compression. J Neurosurg. 1969; 31:452–461

70 Hérnia de Disco Cervical

70.1 Informações Gerais

Anatomia aplicada importante na hérnia de disco cervical (HCD):
1. na região cervical, a raiz nervosa sai acima do pedículo de sua vértebra de mesmo número (ao contrário do que é observado na coluna lombar, pois há 8 raízes nervosas cervicais e apenas 7 vértebras cervicais)
2. cada raiz, ao sair, passa por seu forame neural, bastante próximo à superfície inferior do pedículo
3. o espaço do disco intervertebral é muito próximo à porção inferior do pedículo (diferentemente do que ocorre na região lombar)

70.2 Síndromes da raiz nervosa cervical (radiculopatia cervical)

70.2.1 Informações Gerais

Por causa dos fatos listados acima, a HCD geralmente afeta o nervo que sai do forame neural à altura da hérnia (p. ex., a HCD em C6-7 geralmente causa radiculopatia C7). Isto dá origem às características síndromes da raiz nervosa cervical mostradas no ▶ Quadro 70.1.

70.2.2 Alguns fatos clínicos

A radiculopatia C4 não é comum e pode causar dor sem irradiação na região axial do pescoço.

A radiculopatia C6 esquerda (p. ex., HCD de C5-6) às vezes causa dor que simula um infarto do miocárdio (MI; pseudoangina).

O acometimento das raízes nervosas de C8 e T1 pode provocar síndrome de Horner parcial.

O quadro mais comum em pacientes com hérnia de disco cervical é a presença de sintomas ao acordar pela manhã, sem trauma ou estresse identificáveis.[1]

70.3 Mielopatia cervical e lesão do cordão medular (SCI) decorrente da hérnia de disco cervical

A compressão aguda do cordão que causa mielopatia ou SCI (incluindo síndromes completas e incompletas de SCI, principalmente a **síndrome do cordão central** [p. 944] e, às vezes, síndrome de Brown-Sequard [p. 947][2] é bem descrita em associação à hérnia traumática de disco cervical.[3] Com menor frequência, estes achados podem ocorrer na hérnia não traumática de disco cervical.

Quadro 70.1 Síndromes de disco cervical

Síndrome	Síndromes de disco cervical			
	C4-5	C5-6	C6-7	C7-T1
% dos discos cervicais	2%	19%	69%	10%
compressão da raiz	C5	C6	C7	C8
redução de reflexo	deltoide e peitoral	bíceps e braquiorradial	tríceps	espasmo digital[a]
fraqueza motora	deltoide	flexão do antebraço	extensão do antebraço (queda do punho)	movimentação intrínseca da mão
parestesia e hipestesia	ombro	parte superior do braço, polegar, radial do antebraço	dedos 2 e 3, todas as pontas dos dedos	dedos 4 e 5

[a]Nem todos os pacientes apresentam reflexo de flexão do dedo. Descrição: com delicadeza, eleve as pontas dos dedos da mão aberta do paciente e bata na superfície inferior dos dedos com um martelo de reflexo. Quando presente, há flexão dos dedos em resposta ao estímulo.

70.4 Diagnóstico diferencial

Ver Diagnóstico diferencial (p. 1420).

70.5 Exame físico na hérnia de disco cervical

70.5.1 Introdução

1. avaliação da radiculopatia
   a) achados relacionados com o neurônio motor inferior
      - fraqueza, geralmente em um grupo de miótomos em um dos lados
      - massa e tônus muscular: atrofia e fasciculações podem ser observadas
   b) sensibilidade: com a compressão da raiz nervosa, há perda sensorial acompanhando o padrão dos dermátomos e na mesma distribuição da raiz nervosa que a fraqueza
   c) reflexos de distensão muscular diminuídos
   d) sinais mecânicos: reprodução dos sintomas radiculares com carga axial da cabeça
2. evidência de acometimento do cordão medular (mielopatia)
   a) achados relacionados com o neurônio motor superior, geralmente nos membros inferiores
      - a fraqueza pode ocorrer sem atrofia ou fasciculações
      - espasticidade: mau controle das pernas ao caminhar, trançar de pernas
   b) sensibilidade: qualquer perda abaixo do nível de acometimento segue os padrões do cordão medular
      - perda completa
      - padrão de Brown-Sequard: perda unilateral de sensibilidade ao estímulo com agulhas, com perda contralateral de sensação de vibração e propriocepção
      - síndrome do cordão central: perda sensorial temporária nos membros superiores, menor acometimento abaixo
      - reflexos patológicos: reflexo de Hoffmann, sinal de Babinski, clônus do tornozelo

70.5.2 Sinais importantes na avaliação da radiculopatia cervical

Informações Gerais

Quase todos os discos cervicais herniados causam limitação dolorosa da movimentação do pescoço. A *extensão* do pescoço tende a agravar a dor caso haja doença do disco cervical (por outro lado, uma pequena parte dos pacientes apresenta dor à flexão). Em alguns pacientes, há melhora da dor ao elevar o braço e apoiar a porção posterior ou superior da cabeça com a mão (sinal de alívio à abdução; ver o teste de abdução do ombro, a seguir). O sinal de Lhermitte (sensibilidade similar a um choque elétrico que se irradia pela coluna em sentido descendente) pode ser observado; ver o Diagnóstico Diferencial (p. 1421).

Outras informações

Os seguintes exames são considerados específicos, mas não são particularmente sensíveis na detecção da compressão da raiz cervical:[4]
1. sinal de Spurling:[5] a dor radicular é reproduzida quando o examinador exerce pressão descendente no vértice, ao mesmo tempo em que inclina a cabeça para o lado sintomático (às vezes, com *extensão* do pescoço). Isto provoca estreitamento do forame intervertebral e, talvez, aumenta a protuberância do disco. É usado como "sinal mecânico" análogo ao exame com elevação da perna em posição reta (SLR) para diagnóstico da hérnia de disco lombar
2. tração manual axial: 10-15 kg de tração axial são aplicados ao paciente com sintomas radiculares em decúbito dorsal (tracione a mandíbula e o occipício do paciente). A redução ou o desaparecimento dos sintomas radiculares é um achado positivo
3. exame de abdução do ombro:[6] o paciente com sintomas radiculares permanece sentado e eleva a mão acima da cabeça. A redução ou o desaparecimento dos sintomas radiculares é um achado positivo. Este exame apresenta sensibilidade moderada e boa especificidade[7]

70.6 Avaliação radiológica

70.6.1 Ressonância magnética (MRI)

A MRI é a técnica de escolha para a primeira avaliação do disco cervical herniado (HCD). A precisão é menor do que a do mielograma com contraste hidrossolúvel/tomografia computadorizada (CT) (a precisão da MRI é de aproximadamente 85-90% decorrente da visualização apenas moderada à boa do forame neural), mas a técnica é não invasiva. A eficácia da MRI no diagnóstico da *mielopatia* é > 95%.
   Protocolo:
1. sagital, imagem ponderada em T1 (T1WI)
2. múltiplas imagens sagitais em eco e *gate* cardíaco (tempo de repetição [Tr] = 1.560, tempo de eco [Te] = 25, 4° eco)

Hérnia de Disco Cervical

3. imagem GRASS: *scan* rápido parcial axial com ângulo de giro (Tr = 25, Te = 13, ângulo = 8°). O material escuro adjacente ao espaço discoide é composto por osso, o disco é o maior sinal, o líquor e o fluxo sanguíneo têm sinal alto.

70.6.2 CT e mielograma/CT

Indicações: estas técnicas são usadas quando a MRI não pode ser feita ou há necessidade de mais detalhes ósseos do que a MRI é capaz de mostrar. Avaliam a ossificação do ligamento longitudinal posterior (OPLL) em caso de suspeita.

CT simples: é geralmente boa em C5-6, variável em C6-7 (em razão do artefato causado pelos ombros do paciente, dependendo de sua constituição física) e tende a ser ruim em C7-T1.

Mielograma/CT (contraste intratecal hidrossolúvel): é uma técnica invasiva e, em raros casos, exige hospitalização por uma noite. Sua precisão na doença do disco cervical é de aproximadamente 98%.

70.6.3 Eletrodiagnóstico (eletromiografia [EMG] e velocidade de condução nervosa [NCV])

A compressão pode ocorrer à altura da raiz sensorial dorsal (pré-ganglionar) (que, se isolada, provoca radiculopatia apenas sensorial) e/ou na raiz ventral (motora). Quando o exame motor é normal, é improvável que a EMG mostre uma anomalia. O parâmetro prático da *American Association of Neuromuscular Electrodiagnostic Medicine* (AANEM) para a radiculopatia cervical[8,9,10] relata sensibilidade de 50-71% na EMG com agulha e correlação entre esta técnica e os achados radiológicos de 65-85%.

A EMG também pode ser normal na radiculopatia apenas sensorial, que ocasionalmente ocorre na coluna cervical, mas não na coluna lombar. Uma vez que a maioria dos músculos apresente inervação pelo menos dupla, isto gera um desafio especial nas radiculopatias cervicais proximais, onde muitos músculos compartilham a mesma inervação; o bíceps, o deltoide, o braquiorradial, o infraespinhoso e o supraespinhoso, por exemplo, são inervados por C5-C6.

Na radiculopatia cervical e lombossacra, o exame dos seis músculos que representam todos os níveis radiculares, inclusive dos músculos paraespinais, tem taxas de identificação consistentemente elevadas.[11]

Os músculos com fibrilações e ondas positivas apresentam perda de axônios nos nervos motores que os suprem. Estes músculos perdem a inervação em 1 a 2 semanas, dependendo da distância entre o nervo e o tecido muscular.

A NCV auxilia na avaliação das neuropatias periféricas que podem ter sintomas similares à radiculopatia (p. ex., síndrome do túnel do carpo *vs.* radiculopatia C6; neuropatia ulnar *vs.* radiculopatia C8). Na maioria dos casos, o bom exame físico pode diferenciar estas doenças.

Guia de prática clínica: Orientações para realização de técnicas eletrodiagnósticas em pacientes com radiculopatia cervical

Ver a referência.[10]

1. guia: EMG com agulha:
   a) exame com agulha de pelo menos um músculo inervado pelas raízes espinais C5, C6, C7, C8 e T1 no membro sintomático
   b) músculos paraespinais cervicais em um ou mais níveis (exceto em pacientes já submetidos à cirurgia cervical por abordagem posterior
   c) em caso de identificação de anomalias, realizar estudos em um ou dois outros músculos inervados pela raiz suspeita e por um nervo periférico diferente
2. guia: estudo de condução nervosa (NCS) em pelo menos 1 nervo motor e 1 nervo sensorial no membro clinicamente acometimento para determinação da ocorrência concomitante de polineuropatia ou aprisionamento do nervo. A NCS motora e sensorial dos nervos mediano e ulnar deve ser realizada em caso de presença de sintomas e sinais sugestivos de síndrome de túnel do carpo (CTS) ou neuropatia ulnar. Em caso de anomalia em um ou mais NCS ou se as características clínicas sugerirem o diagnóstico de polineuropatia, a avaliação posterior pode incluir o NCS de outros nervos nos membros ipsolateral e contralateral

70.7 Tratamento

70.7.1 Informações Gerais

Mais de 90% dos pacientes com radiculopatia cervical aguda decorrente da hérnia de disco cervical podem melhorar sem cirurgia,[12] e a regressão de um disco cervical extruído foi radiograficamente demonstrada por CT e MRI.[13,14,15] O período de recuperação pode ficar mais tolerável com a administração dos medicamentos adequados analgésicos e anti-inflamatórios (anti-inflamatórios não esteroides [NSAIDs] ou tratamentos curtos com corticosteroides) e tração cervical intermitente (p. ex., elevação gradual até 4,5-6,8 kg por 10-15 minutos, 2-3 vezes ao dia).

A cirurgia é indicada aos pacientes que não melhoram ou apresentam déficit neurológico progressivo durante o tratamento não cirúrgico.

O tratamento da mielopatia/síndrome do cordão central associado à hérnia de disco cervical aguda é controverso, já que a história natural é favorável na maioria dos casos. No entanto, alguns pacientes recuperam-se mal e apresentam déficits permanentes mesmo com a cirurgia de emergência.[16]

70.7.2 Tratamento conservativo

As modalidades incluem:
1. fisioterapia, que pode também incluir tração cervical
2. tratamento intervencionista da dor
   a) injeções em ponto de desencadeamento
   b) bloqueios facetários
   c) injeção epidural de corticosteroide: não é usado com frequência e com coluna lombar

70.7.3 Cirurgia

Opções cirúrgicas

1. discectomia cervical anterior: ver a seguir
   a) sem qualquer prótese ou fusão: hoje é raramente realizada
   b) combinada à fusão intercorpórea: é a abordagem mais comum
      • sem placa cervical anterior
      • com placa cervical anterior ou perfil zero
   c) com disco artificial, também chamada artroplastia do disco cervical
2. abordagens posteriores
   a) laminectomia cervical: é pouco usada no disco cervical herniado; é mais comumente realizada em casos de estenose da coluna cervical e OPLL
      • sem fusão posterior
      • com fusão lateral em massa
   b) laminotomia minimamente invasiva (*keyhole*): ocasionalmente, permite a remoção do fragmento discal

Ver as guias práticas sobre a eletrofisiologia intraoperatória na seção de monitoramento da cirurgia de radiculopatia cervical (p. 1090).

Discectomia cervical anterior com fusão (ACDF)

Sem modificações especiais, a abordagem anterior de rotina geralmente permite o acesso aos níveis C3-7. Em pacientes com pescoços curtos e grossos, o acesso pode ser ainda mais limitado. Em alguns casos, em pessoas com pescoços longos e finos, é possível chegar a C2-3 ou até C7-T1 com a abordagem anterior.

Vantagens em relação à abordagem posterior (sem fusão):
1. remoção segura dos osteófitos anteriores
2. a fusão do espaço discoide causa imobilidade (até 10% de incidência de subluxação com a abordagem posterior extensa)
3. única maneira viável de tratamento direto de um disco com hérnia central

Desvantagens em relação à abordagem posterior: a imobilidade no nível de fusão pode aumentar o estresse nos espaços discoides adjacentes. Em caso de realização de fusão, alguns cirurgiões prescrevem um colar rígido (p. ex., Filadélfia) por 6-12 semanas. A ACDF em múltiplos níveis pode provocar a perda da vascularização do corpo vertebral (ou dos corpos vertebrais) entre as discectomias.

Agendando o caso cirúrgico: ACDF

Ver também padrões e dizeres legais (p. 27).
1. posição: decúbito dorsal; alguns cirurgiões usam o *kit* de tração cervical
2. equipamento:
   a) microscópio (não é empregado por todos os cirurgiões)
   b) arco em C
3. implantes: enxerto (p. ex., poliéter éter cetona [PEEK], osso de cadáver, gaiola de titânio…) e placa cervical anterior (opcional, principalmente na ACDF em um único nível)

4. monitoramento neurológico (opcional): alguns cirurgiões usam potencial evocado somatossensorial de latência curta (SSEP)/potencial evocado motor (MEP)
5. termo de consentimento livre e esclarecido (em termos leigos para o paciente – não inclui todos os aspectos necessários):
   a) procedimento: cirurgia pela região anterior do pescoço para remoção do disco degenerado e de esporões ósseos e para colocação do enxerto no local anteriormente ocupado pelo disco e, talvez, de uma placa metálica em frente à coluna. Alguns cirurgiões usam osso do quadril para repor o disco removido
   b) alternativas: tratamento não cirúrgico, cirurgia pela porção posterior do pescoço, disco artificial (em alguns casos)
   c) complicações: as dificuldades de deglutição são comuns, mas geralmente se resolvem; rouquidão (menos de 4% de chance de ser permanente), lesão de: sistema digestório superior (esôfago), vias aéreas superiores (traqueia), artérias que seguem para o cérebro (carótida), cordão medular com paralisia, raiz nervosa com paralisia, possibilidade de convulsões com MEPs

Técnica

As etapas são resumidamente descritas a seguir. Para C5-6, a incisão cutânea é feita à altura da cartilagem cricoide; para outros níveis, os ajustes adequados para cima ou para baixo podem ser realizados, às vezes, com auxílio fluoroscópico. A incisão tem aproximadamente 4-5 cm em sentido horizontal e é centralizada no músculo esternocleiodomastóideo (SCM). Muitos cirurgiões destros preferem operar do lado direito do pescoço, embora o risco de lesão ao nervo laríngeo recorrente (RLN) seja menor na abordagem esquerda (o RLN repousa em um sulco entre o esôfago e a traqueia). A pele pode ser separada do músculo subcutâneo do pescoço (platisma) para permitir a incisão vertical deste músculo na mesma orientação das fibras musculares. Alternativamente, alguns fazem uma incisão horizontal, com tesoura, no músculo subcutâneo do pescoço.

A dissecção é feita no plano tecidual medial ao SCM. O acesso ao interespaço C5-6 requer a dissecção em ângulo ligeiramente cranial. Para acessar o disco C6-7, siga de forma quase reta pela coluna. Afaste o músculo omo-hioide em direção medial (para não o atingir e proteger o RLN). A traqueia e o esôfago são afastados em direção medial. A bainha carotídea + o SCM são afastados lateralmente.

Após a verificação do nível por meio de radiografias da coluna cervical lateral com uma agulha medular no interespaço, separe os dois polos da fáscia pré-vertebral e das bordas mediais dos músculos longos do pescoço de forma longitudinal, em sua linha média. Insira afastadores autoestáticos abaixo da fáscia para retração lateral dos músculos longos do pescoço. Peça para o anestesista desinflar a bainha do tubo endotraqueal e tornar a inflá-la por meio da técnica de extravasamento mínimo para redução do risco de lesão por compressão causada pelo afastador. Um bisturi de lâmina 15 é usado para fazer a incisão no espaço discal. A discectomia é realizada com curetas e pinças hipofisárias; um afastador de corpo vertebral auxilia a exposição. O ligamento longitudinal posterior é incisado; uma técnica é levá-lo com um afastador para nervo de ponta fina e, então, incisá-lo com uma lâmina n° 11. O espaço subligamentar é abordado com um afastador para nervo de ponta romba. A borda posterior do corpo vertebral acima e abaixo é removida com uma pinça de Kerrison com placa inferior pequena. A descompressão das raízes é verificada com um afastador para nervo de ponta romba. A fusão é realizada neste momento, caso desejado, por meio da colocação do enxerto no interespaço.

Nas reintervenções (mesmos níveis ou níveis diferentes): a abordagem geralmente é feita no mesmo lado da(s) cirurgia(s) anterior(es), já que muitos pacientes apresentam problemas de deglutição no pós-operatório que, em alguns, pode ser decorrente da lesão parcial do nervo laríngeo recorrente (inclusive subclínica) e levar à necessidade permanente de uso de sonda alimentar em caso de lesão contralateral. Se, por algum motivo, a intervenção do lado oposto for necessária, a avaliação por um otorrinolaringologista é recomendada e deve incluir a realização de laringoscopia para descartar alterações subclínicas que podem se agravar em caso de acometimento bilateral.

Escolha do material do enxerto

Osso autólogo (geralmente obtido da crista ilíaca), osso não autólogo (cadavérico), substitutos ósseos (p. ex., hidroxilapatita[17]) ou materiais sintéticos (p. ex., PEEK ou gaiola de titânio) contendo material osteogênico. Os substitutos de osso autólogo eliminam problemas relacionados com o sítio doador (p. 1075), mas podem apresentar maior taxa de absorção. Houve também casos de transmissão do vírus da imunodeficiência humana por enxertos ósseos cadavéricos, em 1985; no entanto por causa da maior consciência sobre a síndrome da imunodeficiência humana (AIDS) desde então, bem como de avanços sorológicos significativos e seleção cuidadosa dos doadores, nenhum outro caso foi relatado.

Colocação de placa cervical anterior

As recomendações para colocação de placa após a ACDF são mostradas em **Guia de prática clínica: Placa cervical anterior** (p. 1074).

Guia de prática clínica: Placa cervical anterior

ADCF em 1 nível: A adição de uma placa anterior à ACDF é recomendada para redução da taxa de pseudoartrose e de problemas relacionados com o enxerto (evidência de Nível D, Classe III) e para manutenção da lordose (evidência de Nível C, Classe II), mas, sozinha, não é capaz de melhorar o resultado clínico (evidência de Nível B, Classe II).[18]

ADCF em 2 níveis: A colocação de placa é recomendada para melhora da dor no braço. A placa não melhora outros parâmetros de resultado (evidência de Nível C, Classe II).[18]

Uso de proteínas morfogênicas ósseas (BMP).

Guia de prática clínica: Uso de BMP no enxerto intercorpóreo cervical

As atuais evidências não apoiam o uso de rotina de rhBMP-2 na artrodese cervical (evidência de Nível C, Classe II)[19] (**observação:** com restrições. O uso com precauções (ver o texto) pode ser indicado em casos com alto risco de má união).

O uso de BMP nas discectomias cervicais anteriores não é aprovado pela *Food and Drug Administration* (FDA) dos Estados Unidos, mas tem sido feito extraoficialmente. Taxas elevadas de complicação, de até 23-27%, foram relatadas (incluindo dificuldades de deglutição ou respiração causadas pelo edema, que geralmente é temporário), em comparação a 3% sem BMP.[19] Em caso de utilização de BMP, recomenda-se a administração de doses menores do que as empregadas na coluna lombar (sugere-se 25%) e evitar o contato do produto com os tecidos moles do pescoço.

Exame pós-operatório

Além dos exames de rotina, devem-se observar também:
1. evidências de obstrução das vias aéreas – hematoma da ferida pós-operatória: devem ser a primeira consideração. A abertura emergencial da ferida à beira do leito pode ser necessária (antes da ida ao centro cirúrgico) em caso de comprometimento das vias aéreas; ver Endarterectomia carotídea, ruptura do fechamento da arteriotomia, tratamento (p. 1294). Considere também o aumento de volume por trombose da veia jugular interna (rara) no diagnóstico diferencial (ver abaixo)
   a) desconforto respiratório
   b) dificuldade extrema de deglutição: alternativamente, pode indicar a extrusão anterior do enxerto ósseo, que encosta no esôfago (ver a radiografia lateral da coluna cervical)
   c) desvio de traqueia: pode ser visível ou observado em radiografia anterior-posterior da coluna cervical
2. fraqueza da raiz nervosa do nível operado: p. ex., bíceps em C5-6, tríceps em C6-7
3. sinais de tratos longos (sinal de Babinski etc..), que podem indicar compressão medular pelo hematoma epidural
4. rouquidão: pode indicar paresia das pregas vocais por lesão do nervo laríngeo recorrente; interrompa a alimentação por via oral até a maior avaliação

Complicações da ACDF

Informações Gerais

As mais comuns são listadas abaixo; ver mais detalhes nas referências.[20,21] A complicação mais comum após a ACDF é a dificuldade de deglutição (que pode ser multifatorial).
1. lesão por exposição
   a) perfuração de víscera: minimize o risco com retração romba até a separação do músculo longo do pescoço de sua inserção nas vértebras
      • faringe
      • esôfago: seu tratamento é difícil e requer esforço multidisciplinar, com inclusão de otorrrinolaringologistas.[22] A incidência pode ser maior com o uso de placa cervical anterior, e a lesão pode não se manifestar por anos após a fusão (pode ser decorrente da movimentação repetitiva do esôfago sobre a placa). A remoção da placa geralmente facilita o tratamento da perfuração esofágica
      • traqueia
   b) paresia de pregas vocais: causada por lesão do nervo laríngeo recorrente (RLN) ou do nervo vago. Incidência: 11% de paresia temporária, 4% de paresia permanente. Os sintomas incluem: rouquidão, respiração ruidosa, tosse, aspiração, tosse, sensação de massa, disfagia e fadiga das pregas vocais.[23] Evite a dissecção aguda dos músculos paratraqueais. Alguns casos podem ser causados pela retração prolongada contra a traqueia e não pela divisão do nervo; para reduzir este risco, após a colocação do afastador autoestático, peça para o anestesista desinflar a bainha do tubo endotraqueal e tornar a

inflá-la por meio da técnica de extravasamento mínimo. É mais comum nas abordagens do lado direito principalmente na porção inferior da coluna cervical (C5-6 e abaixo), onde o RLN é mais vulnerável[23]

c) lesão da artéria vertebral: trombose ou laceração. Incidência de 0,3%.[21] As alternativas terapêuticas incluem: uso de compressa, reparo direto com colocação temporária de pinças de aneurisma e reparo com prolene 8-0[24] e *trapping* endovascular. Os riscos do tratamento das complicações hemorrágicas com compressas incluem: sangramento recorrente, fístula arteriovenosa, pseudoaneurisma, trombose arterial,[21] derrame embólico distal (principalmente no cerebelo)

d) lesão da artéria carótida: trombose, oclusão ou laceração (geralmente por retração)

e) fístula liquórica: seu reparo direto geralmente é difícil. Coloque o enxerto fascial abaixo do *plug* ósseo. Mantenha a cabeceira do leito elevada durante o pós-operatório. Considere o uso de um selante de dura-máter (cola de fibrina, DuraSeal®...) e drenagem lombar

f) síndrome de Horner: o plexo simpático repousa no músculo longo do pescoço; por isso, a dissecção não deve ser muito estendida em direção lateral nestes músculos

g) lesão do ducto torácico: ao expor a porção inferior da coluna cervical, principalmente do lado esquerdo

h) trombose da veia jugular interna:[25] rara. O risco de embolia pulmonar (PE) é de 2-3%.[26] Opções terapêuticas: a anticoagulação (oral ou intravenosa [IV]) pode reduzir a mortalidade;[27] se a anticoagulação for contraindicada, um filtro na veia cava superior (SVC) pode ser usado;[28] trombectomia percutânea[29]

2. lesões do cordão medular ou da raiz nervosa
a) lesão do cordão medular: é um risco principalmente na mielopatia, decorrente da estenose do canal. Minimize o risco por meio da penetração do osteófito na margem lateral do espaço discal (no entanto, isto aumenta o risco de lesão da raiz nervosa)

b) evite a hiperextensão durante a intubação: o anestesista pode precisar determinar a tolerância pré-operatória do paciente. Nos casos de estenose extrema, considere a intubação nasotraqueal guiada por fibra óptica ou sem sedação

c) o enxerto ósseo deve ser mais curto do que a profundidade do interespaço. Tenha cuidado durante o posicionamento do enxerto

d) apneia do sono: é uma complicação rara, mas grave, da cirurgia em C3-4.[30] Pode ser associada à bradicardia e à instabilidade cardiorrespiratória. Talvez seja causada por uma alteração no componente aferente do mecanismo de controle respiratório central

3. problemas de fusão óssea
a) ausência de fusão (pseudartrose): ver abaixo

b) deformidade de angulação anterior (cifótica): pode ocorrer em até 60% dos casos submetidos à técnica de Cloward (a incidência pode ser reduzida pela imobilização com remoção óssea excessiva)

c) extrusão do enxerto: incidência de 2% (raramente requer a repetição da cirurgia, a não ser que haja compressão posterior do cordão ou do esôfago ou ainda compressão anterior da traqueia)

d) complicações do sítio doador: hematoma/seroma, infecção, fratura de ílio, lesão do nervo cutâneo femoral lateral, dor persistente decorrente da formação de cicatriz, perfuração intestinal

4. outras complicações
a) infecção da ferida: incidência inferior a 1%

b) hematoma pós-operatório: ver acima. A colocação de um colar cervical no centro cirúrgico pode retardar seu reconhecimento

c) disfagia e rouquidão: comuns e geralmente transientes (ver abaixo)

d) degeneração do nível adjacente: não se sabe se representa uma sequela da alteração biomecânica decorrente da cirurgia ou uma predisposição à espondilose cervical.[31] Muitos casos (aproximadamente 70%) são assintomáticos[32]

e) desconforto pós-operatório:
- *bolus* histérico: sensação de uma massa na garganta (ver abaixo)
- desconforto grave no pescoço, no ombro e, com muita frequência, nas regiões interescapulares (pode perdurar por meses). Pode ser correlacionado com a quantidade de movimentação do espaço discal

f) síndrome de dor regional complexa (CRPS), também chamada distrofia simpática reflexa (RSD): é raramente descrita na literatura[33] e pode ser causada por lesão do gânglio estrelado; ver a discussão sobre RSD (p. 497)

g) angioedema: edema extenso da língua e do pescoço.[34] Uma reação dramática de hipersensibilidade (na verdade, não uma complicação direta da ACDF, mas, superficialmente, pode mimetizar alguns achados do hematoma pós-operatório). Se limitado à língua, não há comprometimento das vias aéreas. Ver o tratamento (p. 222)

h) pneumotórax ou hemotórax:[35] o acesso a C7-T1 ou níveis inferiores pode expor o ápice pleural

Disfagia após a ACDF

Sintomas: Incluem dificuldade de deglutição (de sólidos e líquidos, inclusive de saliva), dor à deglutição (odinofagia), *bolus* histérico (sensação de uma massa na garganta) e comprometimento da proteção contra a aspiração. O alimento pode ficar preso na garganta (ou o paciente pode ter essa sensação) e ocorrer tosse ou engasgo.

Incidência: A disfagia precoce é comum. Incidência: 60%[36] em um estudo retrospectivo após a fusão sem instrumentação (a disfagia ocorreu em 23% dos pacientes do grupo-controle, submetidos à cirurgia não relacionada na coluna lombar[36]) e 50% em um estudo prospectivo.[37] Aos 6 meses, apenas aproximadamente 5% dos pacientes relataram disfagia moderada ou grave.[37] A cirurgia em múltiplos níveis aumentou o risco em 1 e 2 meses.[37] Na maioria dos casos, houve redução significativa em 6 meses.[37]

Etiologias: As etiologias da disfagia pós-operatória incluem:
1. hematoma pós-operatório. Se grave, pode causar obstrução traqueal (ver acima)
2. edema pós-operatório, em parte provocado pela retração do esôfago
3. efeitos da anestesia geral: p. ex., irritação pelo tubo endotraqueal. Estes efeitos são responsáveis por até 23% dos primeiros sintomas (a disfagia ocorreu em 23% dos pacientes do grupo-controle, submetidos à cirurgia não relacionada na coluna lombar[36]). De modo geral, desaparecem em aproximadamente 24-72 horas
4. disfunção do nervo laríngeo recorrente:
   a) temporária: geralmente causada pela tração do nervo
   b) permanente: 1,3% em 12 meses[37]
5. lesão esofágica
   a) durante a cirurgia
   b) tardia: pode ser causada pela abrasão repetitiva no sítio cirúrgico/pela instrumentação ou por uma lesão esofágica não observada durante a cirurgia[22]
6. colar cervical
   a) impede que o paciente abaixe a mandíbula durante a fase de deglutição, o que compromete o fechamento efetivo da glote das vias aéreas
   b) se muito apertado, pode apertar diretamente a garganta
7. protrusão do enxerto/instrumentação anterior dos corpos vertebrais
   a) há certa protrusão com a instrumentação mais anterior. Esta protrusão pode ser minimizada pelo uso de instrumentos com "perfil zero"
   b) falha de instrumentação (deslizamento/deslocamento/fratura do parafuso, deslizamento da placa)
   c) migração do enxerto: sem placa anterior ou concomitante ao deslocamento da placa anterior
8. aderências em excesso[38]
9. desnervação do plexo faríngeo[38]
10. alterações raras: aumento de volume por trombose da veia jugular interna, angioedema

Tratamento:
1. tratamento inicial: descartar doenças emergenciais/graves (edema grave, hematoma com comprometimento das vias aéreas, risco de aspiração)
   a) em caso de estridor ou disfonia significativa, principalmente se o desvio traqueal for óbvio, alguém deve ficar com o paciente enquanto todo o possível é feito para levá-lo para o centro cirúrgico para exploração e evacuação do hematoma. Considere a abertura da ferida à beira do leito em caso de demora ou sintomas graves; ver Endarterectomia carotídea, ruptura do fechamento da arteriotomia, tratamento (p. 1294). Consulta emergencial com anestesista para proteção das vias aéreas – alerte-o sobre a probabilidade de desvio de traqueia, que dificulta a intubação mesmo por mãos experientes
2. após o descarte das emergências, o tratamento inicial é direcionado à melhora dos sintomas
   a) aconselhe o paciente a ingerir alimentos mais macios (evitar, temporariamente, o consumo de carne ou pão), mastigar bem o alimento e ingerir bebidas após o consumo de alimentos secos. Tranquilize o paciente, informando que a maioria dos casos se resolve em 6 meses[37]
   b) em caso de persistência de sintomas significativos por mais de 2 semanas
      • encaminhe o paciente para um otorrinolaringologista para realização de laringoscopia e descarte de paralisia das pregas vocais (causada pela lesão do RLN) ou outras etiologias. Ver informações sobre o RLN abaixo
      • deglutição modificada de bário
3. os sintomas persistentes podem ser passíveis de intervenção cirúrgica, incluindo remoção do instrumental e lise das aderências.[38] O tratamento da perfuração esofágica geralmente requer consulta com um otorrinolaringologista

Tratamento da perfuração esofágica:
Não há consenso sobre o tratamento ideal. Sugere-se uma abordagem multidisciplinar com cirurgiões de cabeça e pescoço e especialistas em coluna, com o seguinte:[22]
• fechamento com *flap* de músculo esternocleidomastóideo ou mesmo um *flap* em pedículo
• remoção de toda a instrumentação anterior. Caso haja evidências de que a fusão não é sólida, a instrumentação posterior pode ser necessária

Paralisia do nervo laríngeo recorrente

Precedida por murmúrio, rouquidão ou aspiração. Encaminhe o paciente para um otorrinolaringologista para realização de laringoscopia e determinar a ocorrência de paralisia das pregas vocais e sua posição. Quatro possíveis posições: 1) mediana, 2) paramediana, 3) intermediária, 4) lateral (cadavérica). Muitos pacientes podem compensar a posição mediana ou paramediana. Os pacientes que precisam de intervenção geralmente são submetidos à técnica de medialização, por 1) injeção ou 2) tiroplastia com implante. Nas injeções, diferentes materiais podem ser escolhidos conforme a duração ou o efeito desejado (o Teflon era o único agente disponível e era praticamente permanente) e, assim, a intervenção precoce pode ser feita com materiais temporários (em vez de esperar por 1 ano, como no paradigma anterior).

Pseudoartrose (ou pseudartrose) após a ACDF

A pseudoartrose pode ocorrer na presença ou não de placa cervical anterior suplementar.

Guia de prática clínica: Avaliação da fusão subaxial

A movimentação inferior a 2 mm entre os processos espinhosos em radiografias dinâmicas (flexão-extensão) da coluna cervical é recomendada como critério de pseudoartrose (evidência de Nível B, Classe II). Esta medida não é confiável quando realizada pelo cirurgião responsável pelo tratamento (evidência de Nível C, Classe II).[39]

A visualização da trabeculação óssea em toda a fusão em radiografias estáticas é um marcador menos confiável da fusão (evidência de Nível D, Classe III) (a CT bidimensional reformatada aumenta a precisão [evidência de Nível D, Classe III]).[39]

Incidência: sua avaliação é difícil, já que não há critérios validados. Estimativa: 2-20%. É maior com a técnica de Cloward do que com a técnica de Bailey e Badgley ou com o método intercorpóreo de Smith-Robinson (10%) ou a não fusão recomendada por Hirsch. Um critério: movimentação > 2 mm entre as pontas dos processos espinhosos em radiografias laterais em flexão/extensão.[40,41] Outro critério: radiotransparências ao redor dos parafusos da placa anterior, deslocamento dos parafusos em radiografias em flexão/extensão.

Apresentação: não é uniformemente associada a sintomas ou problemas.[40,42] Alguns pacientes podem apresentar dor crônica ou recorrente no pescoço e outros, sintomas radiculares. (Observação: dados de DePalma analisados com os pacientes reclassificados como falência: em caso de persistência de sintomas em pescoço e/ou braço, a taxa de sucesso da cirurgia é menor na presença de pseudoartrose[43]).

Tratamento: as orientações são mostradas em **Guia de prática clínica: Tratamento da pseudoartrose cervical anterior** (p. 1077). A pseudoartrose *assintomática* não requer tratamento. Em pacientes sintomáticos, as opções incluem a nova ressecção do enxerto ósseo com repetição da fusão[44] (alguns recomendam o uso de osso autólogo em caso de utilização prévia de aloenxerto; a colocação de uma placa pode ser considerada se ainda não realizada), corpectomia cervical com fusão[44] ou fusão cervical posterior.

Guia de prática clínica: Tratamento da pseudoartrose cervical anterior

A revisão da pseudoartrose sintomática deve ser considerada (evidência de Nível D, Classe III).[45] As abordagens posteriores podem ser associadas a maiores taxas de fusão à revisão do que as abordagens anteriores (evidência de Nível D, Classe III).[45]

Artroplastia do disco cervical

É uma alternativa à fusão. Usa um disco artificial para preservar a movimentação ao nível da discectomia. Alguns modelos de substituto de disco cervical (CDR) são mostrados no ▶ Quadro 70.2.[46]

As contraindicações descritas pela FDA incluem: dor axial isolada no pescoço, espondilite anquilosante ou gestação, artrite reumatoide, doença autoimune, hiperostose esquelética idiopática difusa, espondilose grave com osteófitos cruzados ou ossificação do ligamento longitudinal posterior, perda da altura do disco superior a 50%, infecção medular, alergia ao metal de componentes da prótese, osteoporose/osteopenia grave, câncer ativo, doença óssea metabólica, trauma, instabilidade segmentar, necessidade de tratamento em três ou mais níveis, diabetes melito dependente de insulina, infecção pelo HIV, hepatites B/C, obesidade mórbida, ausência de movimentação (< 2 graus) e artrose em faceta posterior.

Quadro 70.2 Discos cervicais artificiais

Nome comercial	Fabricante	Material	IAR[a]	Comentário
Prestige®	Medtronic	MOM[a] (aço inoxidável com cromo e cobalto)	esfera em calha variável	1º CDR aprovado pela FDA; muitos artefatos à MRI
Bryan®	Medtronic	núcleo elástico lubrificado selado em uma membrana flexível	variável no centro do espaço discoide	
Advent®	Blackstone (Orthofix)	centro elastomérico flexível		retirado do mercado
ProDisc-C	Synthes	metal em polietileno	parte posterior do corpo vertebral inferior	a quilha medial se insere no disco vertebral; muitos artefatos à MRI
Mobi-C®	LDR Spine	metal em polietileno	variável no centro do espaço discoide	aprovado em 1 ou 2 níveis
PCM®	Cervitech	metal em polietileno	movimento deslizante	contorna as placas terminais

[a]Abreviações: IAR = eixo de rotação instantânea, FDA = *Food and Drug Administration*, MOM = metal em metal, MRI = ressonância magnética; PCM = movimento com revestimento poroso.

Guia de prática clínica: Artroplastia do disco cervical

A artroplastia cervical é uma alternativa recomendada à ACDF em alguns pacientes para controle da dor no braço e no pescoço (evidência de Nível B, Classe II).[18]

Agendando o caso: Artroplastia do disco cervical

Ver também padrões e dizeres legais e/ou aspectos mais significativos (p. 27).
1. posição: decúbito dorsal; alguns cirurgiões usam o *kit* de tração cervical
2. equipamento:
   a) microscópio (não é empregado por todos os cirurgiões)
   b) arco em C
3. implantes: entre em contato com o fornecedor para obter o disco artificial desejado
4. monitoramento neurológico (opcional): alguns cirurgiões usaram SSEP/MEP
5. termo de consentimento livre e esclarecido (em termos leigos para o paciente – não inclui todos os aspectos necessários):
   a) procedimento: cirurgia pela porção frontal do pescoço para remoção do disco degenerado e de esporões ósseos e colocação de um disco artificial
   b) alternativas: tratamento não cirúrgico, fusão cirúrgica (pela porção anterior ou posterior do pescoço)
   c) complicações: as dificuldades de deglutição são comuns, mas geralmente se resolvem; rouquidão (menos de 4% de chance de ser permanente), lesão de: sistema digestório superior (esôfago), vias aéreas superiores (traqueia), artérias que seguem para o cérebro (carótida) com derrame, cordão medular com paralisia, raiz nervosa com paralisia, possibilidade de convulsões com MEPs (se usados). O disco pode apresentar desgaste, com necessidade de outra cirurgia

Ordens pós-operatórias:
1. não usar colar cervical (o objetivo é preservar a movimentação no local operado)
2. administração constante de NSAIDs por aproximadamente 2 semanas (para inibir o crescimento ósseo, o que, teoricamente, ajuda a evitar fusão indesejada no local operado)

Descompressão cervical posterior (laminectomia cervical)

Não é necessária na radiculopatia unilateral (faça a discectomia cervical anterior [ACD] ou a laminotomia minimamente invasiva [*keyhole*]). Consiste na remoção da lâmina cervical (laminectomia) e dos processos espinhosos para conversão do canal medular de formato de um "tubo" para o de uma "calha".

De modo geral, é reservada às seguintes condições:
1. múltiplos discos cervicais ou osteófitos (a ACD é geralmente usada no tratamento de apenas 2, ou talvez 3, níveis sem mielopatia) com mielopatia
2. onde a patologia anterior é sobreposta à estenose cervical e esta última é mais difusa e/ou mais significativa (p. 1083)
3. em palestrantes ou cantores profissionais, onde o risco de 4% de alteração permanente da voz por lesão do nervo laríngeo recorrente durante a ACD pode ser inaceitável

Agendando o caso: Laminectomia cervical

Ver também padrões e dizeres legais (p. 27).
1. posição: decúbito ventral, alguns usam um fixador craniano
2. equipamento:
   a) braço em C
   b) broca de alta rotação
3. implantes: parafusos e hastes de massa lateral cervical em caso de realização de fusão
4. monitoramento neurológico: alguns cirurgiões usaram SSEP/MEP
5. termo de consentimento livre e esclarecido (em termos leigos para o paciente – não inclui todos os aspectos necessários):
   a) procedimento: cirurgia pela porção posterior do pescoço para remoção de osso sobre o cordão medular e os nervos comprimidos, com possibilidade de colocação de parafusos e hastes para fusão óssea
   b) alternativas: tratamento não cirúrgico, cirurgia pela porção anterior do pescoço, cirurgia posterior sem fusão, laminoplastia
   c) complicações: lesão da raiz nervosa (principalmente de C5), possibilidade de não resolução dos sintomas e necessidade de nova cirurgia, possibilidade de convulsões com MEPs. Caso a fusão não seja realizada, há risco de deslizamento ósseo progressivo, com necessidade de nova cirurgia

Laminotomia posterior minimamente invasiva (*keyhole*)

Também chamada "foraminotomia minimamente invasiva (*keyhole*)". Foi descrita pela primeira vez, em 1951.[47] Técnica para descompressão apenas de raízes nervosas individuais (mas não do cordão medular) por meio da criação de um pequeno orifício na lâmina para acesso à raiz nervosa.

Guia de prática clínica: Laminoforaminotomia cervical

A laminoforaminotomia cervical é recomendada como opção terapêutica cirúrgica nos casos de radiculopatia cervical sintomática causada por hérnia de disco ou estenose do recesso lateral (evidência de Nível D, Classe III).[48]

Indicações para a abordagem minimamente invasiva (*keyhole*) (em comparação à discectomia anterior):
1. monorradiculopatia com sequestro posterolateral do disco *mole* (pequenos esporões de osteófitos *laterais* também podem ser tratados). Esta abordagem *não* faz a descompressão adequada da hérnia de disco central ou de base ampla ou ainda da estenose do canal medular
2. radiculopatia em pacientes que são palestrantes ou cantores profissionais, onde o risco de lesão do nervo laríngeo recorrente é inaceitável (ver acima)
3. na compressão da raiz nervosa cervical inferior (p. ex., C7, C8 ou T1) ou superior (p. ex., C3 ou C4), principalmente em pacientes com pescoços curto e grosso, dificultando a abordagem anterior
4. em pacientes com disco herniado quando se deseja evitar a fusão (que seria realizada com a abordagem anterior)

Agendando o caso: Laminectomia cervical minimamente invasiva (*keyhole*)

Ver também padrões e dizeres legais (p. 27).
1. posição: decúbito ventral; alguns cirurgiões usam fixador craniano
2. equipamento:
   a) microscópio (não é empregado por todos os cirurgiões)
   b) arco em C

3. instrumentação: alguns cirurgiões usam um sistema de tubos retráteis
4. monitoramento neurológico: alguns cirurgiões usaram SSEP/MEP
5. termo de consentimento livre e esclarecido (em termos leigos para o paciente – não inclui todos os aspectos necessários):
   a) procedimento: cirurgia pela porção posterior do pescoço para remoção de osso sobre a raiz nervosa comprimida e, talvez, remoção do fragmento de disco herniado
   b) alternativas: tratamento não cirúrgico, cirurgia pela porção anterior do pescoço, cirurgia posterior com fusão
   c) complicações: lesão da raiz nervosa; possibilidade de não resolução dos sintomas e necessidade de nova cirurgia, possibilidade de convulsões com MEPs

Técnica

Ver as referências.[49,50,51]

Posição:
a) decúbito ventral, sobre coxins torácicos. Os ombros são retraídos com fita adesiva para realização de cirurgia em qualquer nível abaixo de C4-5. A cabeça é estabilizada em um suporte em ferradura ou Mayfield
b) posição sentada: de modo geral, foi abandonada. No entanto, pode ser usada com as precauções adequadas (p. 1445)

Foraminotomia minimamente invasiva (*keyhole*) "aberta"

O nível desejado é localizado por meio da fluoroscopia intraoperatória antes da incisão cutânea, que deve ser realizada na linha média e ter entre 2 e 3 cm. A exposição unilateral é suficiente. Elevadores periósteos são usados na dissecção dos músculos da lâmina e da articulação facetária no plano subperiósteo. Uma pinça de Kocher pode ser colocada nos processos espinhosos para a confirmação do nível correto à radiografia intraoperatória. Um afastador de Scoville ou equivalente é empregado.

Uma broca de alta rotação (p. ex., com ponta de diamante) é usada para fazer uma abertura no terço medial ou na metade da faceta inferior da vértebra, acima do espaço discal desejado, com leve extensão medial até a junção com a lâmina. Após a penetração da faceta inferior, a faceta superior do nível vertebral inferior é visualizada. Este local também é adelgaçado com a broca (é essencial remover o osso da faceta superior do nível abaixo, em sentido caudal, onde encontra o pedículo). Uma pequena pinça de Kerrison pode ser usada para aumentar um pouco a laminectomia. Uma abertura é feita no ligamento flavo que se sobrepõe ao aspecto lateral da dura-máter medular. A raiz nervosa pode ser identificada ao sair do saco tecal e acompanhada em seu trajeto entre os pedículos das vértebras acima e abaixo. Os tecidos moles (inclusive o ligamento flavo) formam bandas fibrosas pelo dorso do nervo e são removidos para maior exposição da dura-máter da raiz nervosa. O plexo venoso ao redor da raiz nervosa é coagulado com cauterizador bipolar e, então, dividido para mobilização do nervo. O nervo pode, então, ser delicadamente deslocado alguns milímetros em direção rostral, usando um microgancho. A dura-máter que reveste o cordão medular não deve ser manipulada e não há necessidade de acesso ao espaço discal. A inspeção à procura de fragmentos livres do disco deve começar na cavidade da raiz nervosa, com uso de uma sonda (p. ex., gancho de nervo com ponta romba). A seguir, o espaço anterior à raiz (a região do disco) pode ser palpado. Quaisquer fragmentos de disco que estejam deslocados são removidos com uma pequena pinça hipofisária. Caso o fragmento de disco esteja em um local anterior ao ligamento longitudinal posterior (PLL), esta estrutura pode ser incisada na região da cavidade da raiz nervosa com bisturi e lâmina n° 11 em movimentos direcionados para baixo e laterais, distantes da raiz nervosa e do cordão medular. A foraminotomia pode ser ligeiramente estendida em direção lateral, caso o forame ainda pareça apertado à passagem da sonda. Pequenos osteófitos podem ser reduzidos com uma cureta pequena de ângulo reverso, embora alguns cirurgiões considerem esta etapa desnecessária em razão da descompressão obtida com a abertura em *keyhole*. Em alguns casos, a simples descompressão posterior da raiz nervosa (sem remoção do fragmento do disco) pode ser adequada ao alívio da compressão. A estabilidade da coluna tende a ser preservada caso menos de metade da articulação facetária seja removida.

Foraminotomia minimamente invasiva (*keyhole*)

Posicionamento como anteriormente descrito.
1. incisão cutânea
   a) use a fluoroscopia para localizar o nível correto da incisão
   b) incisão a 1 cm da linha média, do lado da patologia e à altura do espaço discoide
   c) remova a barreira plástica adesiva (p. ex., Ioban®) ao redor da abertura para impedir que pedaços entrem na incisão

Hérnia de Disco Cervical

2. evite usar um fio-guia, reduzindo o risco de penetração do espaço interlaminar. FIQUE LATERAL-MENTE e insira o dilatador mais delgado. Acople o dilatador na massa lateral e insira dilatadores progressivamente maiores
3. use o aspirador-cautério de Bovie para expor a lâmina lateral e a articulação facetária medial. Comece lateralmente, onde é mais fácil sentir o osso e há pouco perigo de penetrar o espaço interlaminar e lesionar o cordão medular
4. use uma cureta reta para expor a borda inferior da lâmina lateral superior e a articulação facetária medial
5. use a broca na faceta inferior medial, para expor a faceta superior do nível abaixo
6. use a broca na faceta superior medial até chegar ao aspecto superior do pedículo abaixo
7. isto termina o trabalho ósseo; o trabalho no tecido mole continua como anteriormente descrito para a foraminotomia minimamente invasiva (*keyhole*) aberta

Resultado

Diversos estudos de grande porte relataram resultados bons ou excelentes em 90-96% dos casos.[50]

Referências

[1] Mayfield FH. Cervical Spondylosis: A Comparison of the Anterior and Posterior Approaches. Clin Neurosurg. 1966; 13:181–188

[2] Kobayashi N, Asamoto S, Doi H, Sugiyama H. Brown-Sequard syndrome produced by cervical disc herniation: report of two cases and review of the literature. Spine J. 2003; 3:530–533

[3] Dai Liyang, Jia Lianshun. Central Cord Injury Complicating Acute Cervical Disc Herniation in Trauma. Spine. 2000; 25:331–336

[4] Viikari-Juntura E, Porras M, Laasonen EM. Validity of Clinical Tests in the Diagnosis of Root Compression in Cervical Disc Disease. Spine. 1989; 14:253–257

[5] Spurling RG, Scoville WB. Lateral Rupture of the Cervical Intervertebral Discs: A Common Cause of Shoulder and Arm Pain. Surg Gynecol Obstet. 1944; 78:350–358

[6] Davidson RI, Dunn EJ, Metzmaker JN. The shoulder abduction test in the diagnosis of radicular pain in cervical extradural compressive miniradiculopathies. Spine. 1981; 6:441–446

[7] Rubinstein SM, Pool JJ, van Tulder MW, Riphagen II, de Vet HC. A systematic review of the diagnostic accuracy of provocative tests of the neck for diagnosing cervical radiculopathy. Eur Spine J. 2006; 16:307–319

[8] Jablecki CK, Andary MT, Floeter MK, Miller RG, Quartly CA, Vennix MJ, Wilson JR, American Association of Electrodiagnostic Medicine, American Academy of Neurology, American Academy of Physical Medicine, Rehabilitation. Practice parameter: Electrodiagnostic studies in carpal tunnel syndrome. Report of the American Association of Electrodiagnostic Medicine, American Academy of Neurology, and the American Academy of Physical Medicine and Rehabilitation. Neurology. 2002; 58:1589–1592

[9] Campbell WW. Guidelines in electrodiagnostic medicine. Practice parameter for electrodiagnostic studies in ulnar neuropathy at the elbow. Muscle Nerve Suppl. 1999; 8:S171–S205

[10] American Association of Electrodiagnostic Medicine. Chapter 9: Practice parameter for needle electromyographic evaluation of patients with suspected cervical radiculopathy: Summary statement. Muscle Nerve. 1999; 22:S209–S211

[11] Dillingham TR. Evaluating the patient with suspected radiculopathy. PM R. 2013; 5:S41–S49

[12] Saal J, Saal Y, Yurth E. Nonoperative Management of Herniated Cervical Intervertebral Disc with Radiculopathy. Spine. 1996; 21:1877–1883

[13] Maigne JY, Deligne L. Computed tomographic follow-up study of 21 cases of nonoperatively treated cervical intervertebral soft disc herniation. Spine (Phila Pa 1976). 1994; 19:189–191

[14] Mochida K, Komori H, Okawa A, Muneta T, Haro H, Shinomiya K. Regression of cervical disc herniation observed on magnetic resonance images. Spine (Phila Pa 1976). 1998; 23:990–5; discussion 996-7

[15] Bush K, Chaudhuri R, Hillier S, Penny J. The pathomorphologic changes that accompany the resolution of cervical radiculopathy. A prospective study with repeat magnetic resonance imaging. Spine (Phila Pa 1976). 1997; 22:183–6; discussion 187

[16] Joanes V. Cervical disc herniation presenting with acue myelopathy. Surg Neurol. 2000; 54

[17] Senter HJ, Kortyna R, Kemp WR. Anterior Cervical Discectomy with Hydroxylapatite Fusion. Neurosurgery. 1989; 25:39–43

[18] Matz PG, Ryken TC, Groff MW, Vresilovic EJ, Anderson PA, Heary RF, Holly LT, Kaiser MG, Mummaneni PV, Choudhri TF, Resnick DK. Techniques for anterior cervical decompression for radiculopathy. J Neurosurg: Spine. 2009; 11:183–197

[19] Ryken TC, Heary RF, Matz PG, Anderson PA, Groff MW, Holly LT, Kaiser MG, Mummaneni PV, Choudhri TF, Vresilovic EJ, Resnick DK. Techniques for cervical interbody grafting. J Neurosurg: Spine. 2009; 11:203–220

[20] Tew JM, Mayfield FH. Complications of Surgery of the Anterior Cervical Spine. Clin Neurosurg. 1976; 23:424–434

[21] Taylor BA, Vaccaro AR, Albert TJ. Complications of Anterior and Posterior Surgical Approaches in the Treatment of Cervical Degenerative Disc Disease. Semin Spine Surg. 1999; 11:337–346

[22] Dakwar E, Uribe JS, Padhya TA, Vale FL. Management of delayed esophageal perforations after anterior cervical spinal surgery. J Neurosurg Spine. 2009; 11:320–325

[23] Netterville JL, Koriwchak MJ, Winkle M et al. Vocal Fold Paralysis Following the Anterior Approach to the Cervical Spine. Ann Otol Rhinol Laryngol. 1996; 105:85–91

[24] Pfeifer BA, Freidberg SR, Jewell ER. Repair of Injured Vertebral Artery in Anterior Cervical Procedures. Spine. 1994; 19:1471–1474

[25] Karim A, Knapp J, Nanda A. Internal jugular venous thrombosis as a complication after an elective anterior cervical discectomy: case report. Neurosurgery. 2006; 59

[26] Ascher E, Salles-Cunha S, Hingorani A. Morbidity and mortality associated with internal jugular vein thromboses. Vasc Endovascular Surg. 2005; 39:335–339

[27] Sheikh MA, Topoulos AP, Deitcher SR. Isolated internal jugular vein thrombosis: risk factors and natural history. Vasc Med. 2002; 7:177–179

[28] Ascher E, Hingorani A, Mazzariol F, Jacob T, Yorkovich W, Gade P. Clinical experience with superior vena caval Greenfield filters. J Endovasc Surg. 1999; 6:365–369

[29] Tajima H, Murata S, Kumazaki T, Ichikawa K, Tajiri T, Yamamoto Y. Successful interventional treatment of acute internal jugular vein thrombosis. AJR Am J Roentgenol. 2004; 182:467–469

[30] Krieger AJ, Rosomoff HL. Sleep-Induced Apnea. Part 2: Respiratory Failure After Anterior Spinal Surgery. J Neurosurg. 1974; 39:181–185

[31] Truumees E, Herkowitz HN. Adjacent Segment Degeneration in the Cervical Spine: Incidence and Management. Semin Spine Surg. 1999; 11:373–383

[32] Gore DR, Sepic SB. Anterior Cervical Fusion for Degenerated or Protruded Discs. A Review of One Hundred and Fifty-Six Patients. Spine. 1984; 9:667–671

[33] Hawkins RJ, Bilco T, Bonutti P. Cervical Spine and Shoulder Pain. Clin Orthop Rel Res. 1990; 258:142–146

[34] Krnacik MJ, Heggeness MH. Severe angioedema causing airway obstruction after anterior cervical surgery. Spine. 1997; 22:2188–2190

[35] Harhangi BS, Menovsky T, Wurzer HA. Hemothorax as a complication after anterior cervical discectomy: case report. Neurosurgery. 2005; 56

[36] Winslow CP, Winslow TJ, Wax MK. Dysphonia and dysphagia following the anterior approach to the cervical spine. Arch Otolaryngol Head Neck Surg. 2001; 127:51–55

[37] Bazaz R, Lee MJ, Yoo JU. Incidence of dysphagia after anterior cervical spine surgery: a prospective study. Spine. 2002; 27:2453–2458

[38] Fogel GR, McDonnell MF. Surgical treatment of dysphagia after anterior cervical interbody fusion. Spine J. 2005; 5:140–144

[39] Kaiser MG, Mummaneni PV, Matz PG, Anderson PA, Groff MW, Heary RF, Holly LT, Ryken TC, Choudhri TF, Vresilovic EJ, Resnick DK. Radiographic assessment of cervical subaxial fusion. J Neurosurg: Spine. 2009; 11:221–227

[40] Phillips FM, Carlson G, Emery SE *et al.* Anterior Cervical Pseudarthrosis: Natural History and Treatment. Spine. 1997; 22:1585–1589

[41] Cannada LK, Scherping SC, Yoo JU, Jones PK, Emery SE. Pseudoarthrosis of the cervical spine: a comparison of radiographic diagnostic measures. Spine (Phila Pa 1976). 2003; 28:46–51

[42] DePalma AF, Cooke AJ. Results of Anterior Interbody Fusion of The Cervical Spine. Clin Orthop. 1968; 60:169–185

[43] Puschak TJ, Anderson PA. Pseudarthrosis After Anterior Fusion: Treatment Options and Results. Semin Spine Surg. 1999; 11:312–321

[44] Zdeblick TA, Hughes SS, Riew KD, Bohlman HH. Failed anterior cervical discectomy and arthrodesis. Analysis and treatment of thirty-five patients. J Bone Joint Surg. 1997; 79:523–532

[45] Kaiser MG, Mummaneni PV, Matz PG, Anderson PA, Groff MW, Heary RF, Holly LT, Ryken TC, Choudhri TF, Vresilovic EJ, Resnick DK. Management of anterior cervical pseudarthrosis. J Neurosurg: Spine. 2009; 11:228–237

[46] Yi S, Lee DY, Kim DH, Ahn PG *et al.* Cervical artificial disc replacement. Part 1: History, design, and overview of the cervical artificial disc. Neurosurg Q. 2008; 18

[47] Scoville WB, Whitcomb BB, McLaurin RL. The Cervical Ruptured Disc: Report of 115 Operative Cases. Trans Am Neurol Assoc. 1951; 76:222–224

[48] Heary RF, Ryken TC, Matz PG, Anderson PA, Groff MW, Holly LT, Kaiser MG, Mummaneni PV, Choudhri TF, Vresilovic EJ, Resnick DK. Cervical laminoforaminotomy for the treatment of cervical degenerative radiculopathy. J Neurosurg: Spine. 2009; 11:198–202

[49] Aldrich F. Posterolateral Microdiscectomy for Cervical Monoradiculopathy Caused by Posterolateral Soft Cervical Disc Sequestration. J Neurosurg. 1990; 72:370–377

[50] Zeidman SM, Ducker TB. Posterior Cervical Laminoforaminotomy for Radiculopathy: Review of 172 Cases. Neurosurgery. 1993; 33:356–362

[51] Collias JC, Roberts MP, Schmidek HH, Sweet WH. In: Posterior Surgical Approaches for Cervical Disc Herniation and Spondylotic Myelopathy. Operative Neurosurgical Techniques. 3rd ed. Philadelphia: W. B. Saunders; 1995:1805–1816

71 Doença Degenerativa do Disco Cervical e Mielopatia Cervical

71.1 Informações Gerais

A doença degenerativa do disco cervical é geralmente discutida como "espondilose cervical", um termo ocasionalmente empregado como sinônimo de "estenose da coluna cervical". A espondilose tende a indicar uma doença degenerativa mais disseminada, relacionada com a idade, da coluna cervical, incluindo diversas combinações de:

1. estenose congênita da coluna (o "canal cervical estreito"[1])
2. degeneração do disco intervertebral, com produção de estenose focal decorrente de uma "barra cervical", que geralmente é uma combinação de:
   a) esporões osteofíticos ("disco duro" no jargão neurocirúrgico)
   b) e/ou protrusão do material do disco intervertebral ("disco mole")
3. hipertrofia de qualquer uma das seguintes estruturas (que também contribuem para a estenose do canal):
   a) lâmina
   b) dura-máter
   c) facetas articulares
   d) ligamentos, incluindo
      - a maior estenose em extensão é mais comum do que em flexão (com base em estudos de ressonância magnética [MRI][2] e em cadáveres), principalmente por causa do relaxamento posterior do ligamento flavo[3]
      - ligamento longitudinal posterior: pode haver ossificação segmentar ou difusa do ligamento longitudinal posterior (OPLL) (p. 1127).[4] Tende a aderir à dura-máter
      - ossificação do ligamento flavo[5] (ligamento amarelo)
4. subluxação: decorrente da degeneração do disco e da articulação facetária
5. alteração de mobilidade: os níveis com espondilose grave podem-se fundir e tendem a ser estáveis; no entanto, de modo geral, há hipermotilidade dos segmentos adjacentes ou de outros segmentos
6. compactação da coluna decorrente da perda de altura dos corpos vertebrais (VBs), que leva à "sobreposição" das lâminas
7. alteração da curvatura lordótica normal[6] (Observação: a magnitude da curvatura anormal não está correlacionada com o grau de mielopatia)
   a) redução da lordose: incluindo
      - retificação
      - reversão da curvatura (cifose): pode causar o "estrangulamento" da medula por osteófitos
   b) lordose exagerada (hiperlordose): a variante menos comum (também pode causar estenose)

Embora a maioria dos indivíduos com mais de 50 anos de idade apresente evidências radiológicas de doença degenerativa significativa da coluna cervical, apenas uma pequena porcentagem tem sintomas neurológicos.[7]

71.2 Fisiopatologia

A patogênese é controversa. As teorias são as seguintes, sozinhas ou combinadas:

1. compressão direta do cordão entre as barras osteofíticas e hipertrofia ou dobramento do ligamento flavo, principalmente em caso de sobreposição à estenose congênita ou subluxações cervicais
2. isquemia decorrente da compressão de estruturas vasculares[8] (ausência de fluxo arterial[9] e/ou estase venosa[10])
3. trauma medular local repetido, causado por movimentos normais, na presença de protrusão de discos e/ou barras osteofíticas (espondilóticas) (lesões da medula e da raiz[11])
   a) movimento cranial/caudal durante a flexão e a extensão[12]
   b) tração anterior/posterior da medula pelos ligamentos dentados[13] e pelas raízes nervosas
   c) o diâmetro do canal medular varia durante a flexão e a extensão
      - o aumento da estenose é mais comum durante a extensão (ver acima)
      - os segmentos instáveis podem sofrer subluxação (o chamado mecanismo de pinça)[14]

Histologicamente,[15] há degeneração da matéria cinzenta central à altura da compressão, degeneração das colunas posteriores acima da lesão (principalmente na porção anteromedial) e desmielinização das colunas laterais (em especial dos tratos corticospinais) abaixo da lesão. Os tratos espinais anteriores são relativamente poupados. Alterações atróficas podem ser observadas nas raízes ventrais e dorsais, além de neurofagia das células do corno anterior.

71.3 Clínica

71.3.1 Informações Gerais

A espondilose cervical pode causar diversos tipos de problemas clínicos[16]:
1. Mielorradiculopatia: alguma combinação de
   a) radiculopatia: a compressão da raiz nervosa pode causar queixas relacionadas com a raiz nervosa (radiculares)
   b) a compressão da medula pode causar mielopatia. Algumas síndromes estereotípicas são mostradas abaixo (ver Mielopatia espondilótica cervical (CSM), abaixo)
2. dor e parestesias em cabeça, pescoço e ombros, com pouca ou nenhuma sugestão de radiculopatia e sem achados físicos anormais. O diagnóstico e tratamento deste grupo são os mais difíceis e, de modo geral, a relação médico-paciente deve ser boa para decidir se o tratamento cirúrgico deve ser realizado na tentativa de alívio

A espondilose cervical é a causa mais comum de mielopatia em pacientes com mais de 55 anos de idade.[17] A CSM é rara em pacientes com menos de 40 anos de idade.

O desenvolvimento de mielopatia espondilótica cervical (CSM) ocorre em quase todos os pacientes com estenose maior ou igual a 30% da área transversal do canal medular cervical[18] (embora alguns pacientes com compressão medular mais grave não apresentem mielopatia[19,20]).

Alterações de marcha, geralmente com fraqueza ou rigidez dos membros inferiores, são um achado inicial comum na CSM.[21] A ataxia pode ser provocada pela compressão do trato espinocerebelar. A princípio, os pacientes podem apresentar dificuldades ao correr. A dor cervical e os sinais mecânicos são incomuns em casos de mielopatia pura. Ver frequência de sintomas de CMS em um estudo no ▶ Quadro 71.1. Na maioria dos casos, a deficiência é branda, e o prognóstico é bom.

71.3.2 Alterações motoras

Os achados podem ser decorrentes da compressão da medula (neurônio motor superior [UMN]) e/ou da raiz (neurônio motor inferior [LMN]). Os primeiros achados motores geralmente são fraqueza no tríceps e nos músculos intrínsecos da mão.[23] Pode haver degeneração dos músculos da mão.[24] A abertura e o fechamento dos punhos podem ficar lentos e rígidos.[25] A alteração das habilidades motoras finas (escrever, abotoar roupas ...) é comum.

De modo geral, há fraqueza *proximal* dos membros inferiores (a fraqueza branda à moderada do iliopsoas ocorre em 54% dos casos) e espasticidade dos membros inferiores.

71.3.3 Alterações sensoriais

As alterações sensoriais podem ser mínimas e, quando presentes, tendem a não apresentar distribuição radicular. A perda sensorial nas mãos pode ter distribuição em luva.[26] O nível sensorial pode ocorrer vários níveis abaixo da área da compressão medular.

Os membros inferiores geralmente apresentam ausência de sensibilidade à vibração (em até 82% dos casos) e, ocasionalmente, redução da sensibilidade ao estímulo com agulhas (9%) (quase sempre restrita à região abaixo do tornozelo). A compressão do trato espinocerebelar pode dificultar a corrida. O sinal de Lhermitte estava presente em apenas 2 de 37 casos. Alguns pacientes podem apresentar proeminência da disfunção da coluna posterior (alteração da propriocepção articular e da discriminação entre dois pontos).[27]

71.3.4 Reflexos

Em 72-87% dos casos, os reflexos são hiperativos em uma distância variável abaixo do nível de estenose. Clônus, sinal de Babinski (p. 90) ou sinal de Hoffman (p. 90) também podem ser observados. O sinal dinâmico de Hoffman[28] pode ser mais sensível: teste-o durante múltiplos movimentos de flexão e extensão cervical, conforme a tolerância do paciente. Dentre os pacientes assintomáticos com reflexo de Hoffman, 94% apresentam compressão significativa da medula à MRI.[29] Reflexo radial invertido: a flexão dos dedos em resposta ao estímulo do reflexo braquiorradial, considerado patognomônico da CSM.[30]

O reflexo hiperativo da mandíbula indica lesão do neurônio motor superior acima do núcleo pontino e diferencia os achados de tratos longos causados pela patologia acima do forame magno daqueles abaixo (p. ex., mielopatia cervical): não tem valor caso ausente (uma variante normal). Os reflexos primitivos (preensão, orbicular dos lábios [*snout*], sucção) não são sinais localizadores confiáveis (à exceção, talvez, do reflexo de preensão) de patologia no lobo frontal.

71.3.5 Esfíncter

A urgência e a frequência urinária são comuns na CSM; no entanto, estas queixas também são multiformes na população idosa. A incontinência urinária é rara. Os distúrbios do esfíncter anal são incomuns.

Quadro 71.1 Frequência dos sintomas na CSM (37 casos[22])

Achado	%
mielopatia pura	59%
mielopatia + radiculopatia	41%
reflexos	
• hiper-reflexia	87%
• Babinski	54%
• Hoffman	13%
déficits sensoriais	
• nível sensorial	41%
• coluna posterior	39%
• dermátomo do braço	33%
• parestesias	21%
• Romberg positivo	15%
déficits motores	
• fraqueza no braço	31%
• paraparesia	21%
• hemiparesia	18%
• quadriparesia	10%
• Brown-Séquard	10%
• atrofia muscular	13%
• fasciculações	13%
dor	
• radicular no braço	41%
• radicular na perna	13%
• cervical	8%
espasticidade	54%
alteração de esfíncter	49%
sinais mecânicos cervicais	26%

71.3.6 Síndromes

O agrupamento da CSM nestas cinco síndromes clínicas foi descrito:[25]

1. síndrome de lesão transversal: acometimento de tratos corticospinais e espinotalâmicos e das colunas posteriores, com acometimento *segmentar* das células do corno anterior. É a síndrome mais frequente e talvez seja o "estágio final" da doença
2. síndrome sistêmica motora: acometimento primário do trato corticospinal e do corno anterior, com déficit sensorial mínimo ou ausente. Isto cria uma mistura de achados relacionados com o neurônio motor inferior nos membros superiores e achados relacionados com o neurônio motor superior (mielopatia) nos membros inferiores que pode mimetizar a esclerose amiotrófica lateral (ALS) (ver abaixo). Os reflexos podem ser hiperativos abaixo da área de estenose máxima (incluindo os membros superiores) e, ocasionalmente, começam vários níveis abaixo da estenose
3. síndrome medular central: déficit motor e sensorial com maior acometimento dos membros superiores em comparação aos membros inferiores. Esta síndrome é caracterizada pela disfunção de áreas

irrigadas por fluido localizadas na porção central da medula, que pode ser responsável pela proeminência de sintomas manuais[31] (provoca dormência e alteração motora nas mãos[32]). O sinal de Lhermitte pode ser mais comum neste grupo

4. síndrome de Brown-Séquard: é geralmente observada na presença de estenose assimétrica do canal, onde o lado de maior estenose provoca disfunção do trato corticospinal ipsolateral (fraqueza do neurônio motor superior) e da coluna posterior, com perda contralateral da sensibilidade à dor e à temperatura

5. braquialgia e síndrome medular: dor radicular nos membros superiores, com fraqueza do neurônio motor inferior e algum acometimento do trato longo associado (motor e/ou sensorial)

71.3.7 Classificação

1. a escala modificada da *Japanese Orthopaedic Association* (mJOA) (▶ Quadro 71.2) é um sistema válido e confiável de classificação, embora não seja específica
2. Índice de Incapacidade do Pescoço[33]: uma pesquisa com 10 perguntas similar ao Índice de Incapacidade de Oswestry para a coluna lombar (ver o ▶ Quadro 68.3). A incapacidade branda é definida como a pontuação de 10-28%; moderada, 30-48%; grave, 50-68%; completa, maior ou igual a 72%
3. outras escalas comumente usadas (sua validade e confiabilidade não foram analisadas):
   a) Nurick[34] (ver o ▶ Quadro 74.2)
   b) Harsh

71.3.8 História natural

A progressão temporal dos sintomas é altamente variável e imprevisível. Em aproximadamente 75% dos casos de CSM, a progressão ocorre em incrementos (em um terço) ou é gradual (dois terços).[35] Em alguns estudos, o padrão mais comum é uma fase inicial de deterioração, seguida por estabilização por anos e com possibilidade de ausência de alteração futura.[36,37] Nestes casos, o grau de incapacidade pode ser estabelecido no começo da progressão da CSM. Outros autores discordam desta perspectiva "benigna" e citam que mais de 50% dos casos continuam a deteriorar com o tratamento conservador.[7] É provável que a melhora espontânea contínua seja rara.[17]

Em pacientes < 75 anos de idade e pontuação mJOA superior a 12 (mielopatia branda), a condição clínica continuou estável durante 3 anos de acompanhamento (Classe I)[38] (no entanto, estes pacientes ainda apresentam incapacidade significativa que pode responder à cirurgia). Os pacientes com estenose sem mielopatia e que apresentam anomalias eletrodiagnósticas ou radiculopatia clínica são suscetíveis ao desenvolvimento de mielopatia (Classe I).[38] A estenose grave e prolongada, por muitos anos, pode causar déficit irreversível decorrente da necrose da substância cinzenta e da substância branca (Classe III).[38]

71.4 Diagnóstico diferencial

71.4.1 Informações Gerais

Ver outras possíveis causas em Mielopatia (p. 1407). Algumas destas doenças (p. ex., tumor medular, OPLL) podem ser demonstradas radiograficamente. A espondilose cervical assintomática é muito comum e aproximadamente 12% dos casos de mielopatia cervical atribuídos à espondilose são posteriormente associados a outra doença, incluindo:

1. ALS: ver abaixo
2. esclerose múltipla (MS): a desmielinização da cordão medular pode mimetizar a CSM. Na MS, as remissões e exacerbações são comuns, e os pacientes tendem a ser mais jovens
3. hérnia de disco cervical (disco mole): os pacientes tendem a ser mais jovens do que os indivíduos com CSM. A progressão é mais rápida
4. doença sistêmica combinada subaguda: nível anormal de vitamina B12 e possível anemia macrocítica (p. 1409)
5. paraplegia espástica hereditária: o histórico familiar é essencial. Diagnóstico de exclusão[39]
6. hipotensão intracraniana (espontânea) (p. 178)

71.4.2 Esclerose lateral amiotrófica (ALS)

Também chamada doença do neurônio motor (corno anterior); ver também Esclerose lateral amiotrófica (p. 183). Pode mimetizar a síndrome sistêmica motora da CSM (ver acima), e a compressão do cordão medular pode ser vista à MRI em mais de 60% dos pacientes com ALS.[40]

"*Tríade*" da ALS:
1. fraqueza com atrofia das mãos e dos antebraços (inicial) – achado relacionado com o LMN
2. espasticidade branda dos membros inferiores – achado relacionado com o UMN
3. hiper-reflexia difusa – achado relacionado com o UMN

Quadro 71.2 Pontuação modificada JOA de mielopatia cervical[23a]

Pontuação	Descrição	
Disfunção motora do membro superior (UE)		
0	incapaz de se alimentar sozinho	
1	incapaz de usar garfo e faca; pode comer com colher	
2	pode usar garfo e faca com grande dificuldade	
3	pode usar garfo e faca com ligeira dificuldade	
4	ausente (normal)	
Disfunção motora do membro inferior (LE)		
0	incapaz de andar	
1	pode andar em superfície plana com auxílio	
2	pode subir e/ou descer escadas com corrimão	
3	ausência de marchas regular e estável	
4	ausente (normal)	
Déficit sensorial		
0		grave perda sensorial ou dor
1	membro superior	perda sensorial branda
2		ausente (normal)
0		grave perda sensorial ou dor
1	membro inferior	perda sensorial branda
2		ausente (normal)
0		grave perda sensorial ou dor
1	tronco	perda sensorial branda
2		ausente (normal)
Disfunção de esfíncter		
0	incapaz de urinar	
1	grande dificuldade de micção (retenção)	
2	certa dificuldade de micção (urgência ou hesitação)	
3	ausente (normal)	

[a]A pontuação total varia de 0 a 17 (normal).

Inevitavelmente, alguns casos de doença desmielinizante são, a princípio, erroneamente diagnosticados como CSM até a ocorrência de algumas características sugestivas de ALS (em um estudo com 1.500 pacientes com ALS, 4% foram submetidos à cirurgia de coluna [56% cervical, 42% lombar, 2% torácica][40] antes do diagnóstico correto de ALS).

Características que podem ajudar a diferenciação entre ALS e CSM:
1. ALS: as alterações sensoriais são visivelmente ausentes
2. ALS: sintomas bulbares (disartria, reflexo mandibular hiperativo...)[41]

3. ALS: fraqueza/atrofia muscular extensa das mãos, geralmente com fasciculações[42]
4. ALS: achados relacionados com o neurônio motor inferior (LMN) na língua (fasciculações visíveis ou ondas positivas à eletromiografia [EMG]) ou nos membros inferiores (p. ex., fasciculações e atrofia) favorecem o diagnóstico de ALS em comparação a CSM (no entanto, os achados relacionados com o LMN nos membros inferiores podem ser observados na CSM caso haja radiculopatia lombar coincidente)
5. CSM ou hérnia de disco cervical: geralmente inclui dor em pescoço e ombro, limitação da movimentação do pescoço, alterações sensoriais e achados relacionados com o LMN restritos a um ou dois segmentos medulares

71.5 Avaliação

71.5.1 Radiografias sem contraste

Informações Gerais

A avaliação mínima é composta por projeções anterior-posterior (AP), lateral (posição neutra) e odontoide com a boca aberta. Se desejado, projeções em flexão-extensão e/ou oblíquas podem ser obtidas, mas há necessidade de solicitação específica.

Em caso de disponibilidade de MRI, as informações adicionais fornecidas pela radiografia simples da coluna cervical em pacientes com CSM são limitadas. Nestes casos, as radiografias podem ser melhores pelas seguintes razões:
1. a demonstração da instabilidade dinâmica nas projeções em flexão-extensão (ver abaixo)
2. o equilíbrio sagital medido nas radiografias laterais do paciente em pé pode trazer informações prognósticas[43]
3. as radiografias podem compensar as deficiências da MRI, mas a tomografia computadorizada (CT) cervical é muito melhor
   a) diferenciação dos discos calcificados ou esporões ósseos de "discos moles"
   b) diferenciação da OPLL do espessamento do ligamento longitudinal posterior
   c) anomalias ósseas: fraturas, lesões líticas ósseas

Estenose da coluna cervical

A estenose da coluna cervical pode ser diagnosticada em radiografias sem contraste. ✱ Observação: Os diâmetros do canal medidos às radiografias são, na verdade, marcadores substitutos para a doença de interesse, que é o estreitamento do canal medular suficiente à produção de compressão medular e, portanto, seus sintomas. Isto pode ser diretamente demonstrado à MRI ou CT/mielografia; além disso, a MRI também pode detectar anomalias intrínsecas no sinal do cordão medular.

Ver as dimensões normais e as técnicas de mensuração em Diâmetro do canal (p. 214). Os pacientes com CSM apresentam, em projeções AP, diâmetro mínimo do canal de, em média, 11,8 mm[44] e valores maiores ou iguais a 10 mm são provavelmente associados à mielopatia.[45] Pacientes com diâmetro inferior a 14 mm em projeções AP podem ser mais suscetíveis,[46] e a CSM é rara em pacientes com diâmetro superior a 16 mm, mesmo na presença de esporões significativos.[17]

A estenose da coluna cervical é também sugerida por radiografias simples, quando a linha espinolaminar é próxima à margem posterior das massas laterais.

Razão de Pavlov (também chamada razão de Torg[47,48]): a razão do diâmetro AP do canal medular da metade da altura do corpo vertebral ao corpo vertebral do mesmo local. A razão inferior a 0,8 é sensível no diagnóstico da neuropraxia transiente, mas apresenta baixo valor preditivo positivo para a CSM.

Projeções oblíquas

As projeções oblíquas podem delinear o comprometimento de forames causado por esporões osteofíticos.

Projeções em flexão-extensão

As radiografias laterais em flexão/extensão podem trazer informações valiosas, detectando a instabilidade dinâmica (anomalias que se manifestam com a movimentação) que pode não ser visualizada à CT ou MRI (estática), incluindo o alargamento do intervalo atlantodental à flexão (p. 213).

71.5.2 MRI

A MRI traz informações acerca do canal medular e também pode mostrar anomalias intrínsecas da medula (desmielinização, siringomielia, atrofia, edema…). A MRI também descarta outras possibilidades diagnósticas (malformação de Chiari, tumor medular…).

As imagens de estruturas ósseas e ligamentos calcificados são de baixa qualidade. Este problema e as dificuldades de diferenciação entre osteófitos e discos herniados à MRI são superados por meio da adição de radiografias simples da coluna cervical[49] ou, ainda melhor, da CT em cortes finos com janelas ósseas.

Achados correlacionados ao desfecho desfavorável (Classe III):[50]
1. hiperintensidade em imagens ponderadas em T2 (T2WI) em *múltiplos níveis* no parênquima do cordão medular

2. hiperintensidade em T2WI em um *único* nível com hipointensidade correspondente em imagens ponderadas em T1 (T1WI) (a hiperintensidade em T2WI em um único nível sem alterações em T1WI tem significado prognóstico incerto)
 3. atrofia medular (área transversal < 45 mm²)

Outros achados à MRI em pacientes com CSM:
 1. redução da área transversal da medula (TASC) ao nível da compressão máxima. O formato de "banana" do cordão em imagens axiais é altamente correlacionado com a presença de CSM.[46] Há evidências conflitantes se o grau de estenose do canal prevê o resultado.[50] Imagens sagitais em T2WI tendem a exagerar a magnitude da compressão do cordão medular por osteófitos e/ou discos e, assim, imagens axiais e em T1WI também precisam ser consideradas na avaliação. O estreitamento não é específico da CSM: aproximadamente 26% dos indivíduos *assintomáticos* com mais de 64 anos de idade apresentam compressão medular à MRI[51]
 2. os "olhos de serpente" (também chamados "olhos de coruja") no cordão medular em imagens axiais em T2WI (▶ Fig. 71.1) podem ser associados à necrose cística do cordão[52] correlacionados com o desfecho desfavorável (Classe III)[50]

71.5.3 CT e CT/mielograma

As imagens de CT sem contraste podem mostrar o canal estreito, mas não dão informações adequadas sobre tecidos moles (discos, ligamentos, medula e raízes nervosas). No entanto, os detalhes ósseos podem ser muito valiosos no tratamento cirúrgico da CSM.

A mielografia cervical seguida pela CT em alta resolução traz informações sagitais e axiais (inclusive sobre a atrofia medular) e delineia os detalhes ósseos melhor do que a MRI.[49] Diferentemente da MRI, a CT/mielograma é invasiva (requer punção lombar [LP]), envolve radiação ionizante e não traz informações sobre alterações no parênquima do cordão medular.

71.5.4 EMG

Não é utilizada de forma rotineira na CSM. A EMG apresenta má sensibilidade na radiculopatia cervical e não é confiável na previsão do desfecho da cirurgia para tratamento da CSM (Classe III).[50] A EMG é mais usada em casos suspeitos, para eliminação de etiologias, como a neuropatia periférica ou a ALS.

71.5.5 Potenciais evocados sensoriais (SEPs)

Os potenciais evocados somatossensoriais (SSEPs) têm utilidade limitada; no entanto, o SEP normal pré-operatório ou a normalização dos SEPs no início do período pós-operatório são associados a resultados melhores.[53]

Guia de prática clínica: SEPs pré-operatórios na CSM

Os SEPs pré-operatórios devem ser considerados, caso novas informações prognósticas ajudem as decisões terapêuticas (evidência de Nível B, Classe II).[53]

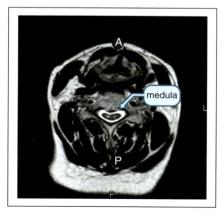

Fig. 71.1 Olhos de serpente (dois focos com sinal alto) em uma medula com achatamento discreto e atrofia branda à MRI T2WI axial.

71.6 Tratamento

71.6.1 Tratamento não cirúrgico

As medidas incluem: imobilização prolongada com cinta cervical rígida, na tentativa de reduzir a movimentação e, assim, os efeitos cumulativos do trauma ao cordão medular, atividade modificada para eliminação de atividades de "alto risco" ou repouso em leito e medicamentos e anti-inflamatórios.[54]

71.6.2 Tratamento cirúrgico

Indicações para a cirurgia

Ver **Guia de prática clínica: Tratamento cirúrgico *versus* tratamento não cirúrgico** (p. 1090).

Guia de prática clínica: Tratamento cirúrgico *versus* tratamento não cirúrgico

Mielopatia leve (pontuação mJOA > 12): a curto prazo (3 anos), a opção da descompressão cirúgica ou tratamento não cirúrgico (imobilização prolongada com colar cervical rígido, medicamentos anti-inflamatórios e atividades de "baixo risco" ou repouso em leito [evidência de Nível C, Classe II]) pode ser oferecida aos pacientes.[55] Observação: os pacientes com pontuações mJOA > 12 (ver o ▶ Quadro 71.2) nem sempre apresentam incapacidade leve e podem apresentar melhora significativa após a cirurgia; além disso, depois deste ponto, a deterioração pode ser grave.

Mielopatia mais grave: deve ser tratada com a descompressão cirúrgica, com manutenção dos benefícios em 5 e 15 anos após o procedimento (evidência de Nível D, Classe III).[55]

Radiculopatia cervical degenerativa (evidência de Nível B, Classe I):[56] o resultado é melhor quando os pacientes são submetidos à descompressão anterior ± fusão (em comparação ao tratamento conservativo) quanto ao
- alívio rápido (em 3-4 meses) da dor e da perda sensorial no braço e no pescoço
- alívio a longo prazo (≥ 12 meses) dos sintomas de fraqueza da extensão do punho, extensão do cotovelo, abdução do ombro e rotação interna

---

Monitoramento eletrofisiológico intraoperatório

Guia de prática clínica: Monitoramento eletrofisiológico intraoperatório durante a cirurgia para tratamento de CSM ou radiculopatia

O uso intraoperatório do monitoramento de potenciais evocados (EP) durante a cirurgia de rotina para tratamento de CSM ou radiculopatia cervical não é recomendado como indicação para alteração do plano cirúrgico ou administração de corticosteroides, já que este paradigma não reduziu a incidência de lesão neurológica (evidência de Nível D, Classe III).[57]

Escolha da abordagem

Informações Gerais

O debate entre as abordagens anteriores (discectomia ou corpectomia cervical anterior) e as abordagens posteriores (laminectomia ou laminoplastia de descompressão cervical) ocorre desde que começaram a ser amplamente realizadas.[16] De modo geral, a doença anterior ao nível do disco (p. ex., barra osteofítica, disco herniado…) ≤ 3 níveis (ou, ocasionalmente, 4) é tratada com a abordagem anterior, e a abordagem posterior é usada como procedimento inicial nas situações descritas abaixo. A curvatura da coluna precisa ser considerada na decisão.

Guia de prática clínica: Escolha da abordagem cirúrgica para tratamento da CSM

Não há evidências suficientes para recomendar quaisquer das seguintes técnicas em detrimento de outra (quanto ao sucesso a curto prazo no tratamento da CSM): ACDF, corpectomia anterior e fusão, laminectomia (com ou sem fusão) e laminoplastia (evidência de **Nível D, Classe III**).[58]

A laminectomia sem fusão, no entanto, é associada à maior incidência de deformidade cifótica tardia (evidência de **Nível D, Classe III**; incidência de 14-47%, nem todos os casos são sintomáticos e nem todos precisam de tratamento: ver o texto).[58]

Abordagem posterior

As opções incluem:

1. laminectomia isolada, laminectomia/artrodese (ou seja, laminectomia + fusão da massa lateral): Classe III (este procedimento foi eficaz; a classe mostra a força das evidências)[59]
2. laminoplastia (Classe III; este procedimento foi eficaz; a classe mostra a força das evidências[60]): os métodos incluem o aumento de volume unilateral ("porta aberta") e medial ("porta dupla")
3. foraminotomias em múltiplos níveis: de modo geral, não são adequadas no tratamento da estenose central do canal

As situações em que a abordagem posterior seria, a princípio, utilizada são:

1. estenose cervical congênita, em que a remoção de osteófitos ainda não fará com que o diâmetro AP do canal seja de, pelo menos, cerca de 12 mm
2. doença ≥ 3 níveis (embora até 4 possam ser ocasionalmente tratados com a abordagem anterior)
3. patologia posterior primária (p. ex., dobramento do ligamento flavo)
4. alguns casos de OPLL (a abordagem anterior é associada ao maior risco de laceração da dura-máter)

Desvantagens da abordagem posterior:

1. laminectomia *sem* fusão
   a) progressão contínua da degeneração e da formação de osteófitos após a cirurgia
   b) risco de subluxação subsequente ou angulação cifótica progressiva (deformidade em "pescoço de cisne") (ironicamente chamada "espinha bífida neurocirúrgica")
      - incidência relatada: 14-47%[61,62,63] (o risco pode ser minimizado pela preservação cuidadosa das articulações facetárias)
      - nem todos os casos precisam ser tratados: em um estudo, 31% (18/58) dos pacientes desenvolveram cifose pós-operatória, e 16% destes (3/18) precisaram de estabilização cirúrgica[64]
      - o desenvolvimento da deformidade cifótica não parece diminuir o resultado clínico[63] e não é correlacionado com a deterioração neurológica quando há piora[65]
2. o pós-operatório inicial tende a ser mais doloroso e, às vezes, a reabilitação é mais longa
3. as queixas a longo prazo de sentir a cabeça pesada talvez sejam associadas à atrofia dos músculos paraespinais
4. ✖ contraindicada em pacientes com deformidade preexistente em pescoço de cisne e não recomendada na presença de reversão da lordose cervical normal (ou seja, curva cifótica)[66] quando o cordão medular não tende a se distanciar da compressão anterior ou na presença de subluxação ≥ 3,5 mm ou rotação > 20° no plano sagital;[46] deve-se ter cuidado em pacientes com hiperlordose (ver abaixo)

Abordagem anterior

É também eficaz (Classe III[55]).

Opções de instrumentação: em termos de taxas de fusão das cirurgias anteriores em 2 níveis (ou seja, 2 espaços discoides) (Classe III):[58]

$$\begin{array}{ccccc} \text{ACDF com placa} & & \text{corpectomia com placa} & & \text{corpectomia sem placa} & & \text{ACDF sem placa} \\ \text{anterior em 2 níveis} & = & \text{em 1 nível} & > & \text{em 1 nível}^* & > & \text{em 2 níveis} \end{array}$$

*no entanto, a taxa de extrusão do enxerto é maior com a corpectomia do que com a ACDF

A piora da mielopatia foi relatada em 2-5% dos pacientes após a descompressão anterior[67,68] (o monitoramento intraoperatório de SSEP pode reduzir esta taxa[68]), com possível desenvolvimento de radiculopatia C5 (ver abaixo).

Placa cervical anterior

Existem muitos sistemas, com mais semelhanças do que diferenças. Todos contam com algum método para impedir o escape do parafuso. Algumas informações gerais:

1. na fusão em um único nível, o comprimento normal da placa é de 22-24 mm
2. comprimento do parafuso: de modo geral, 12 mm em mulheres e 14 mm em homens
3. não aperte um parafuso até o fim (impedindo o deslocamento da placa) até a colocação dos parafusos na diagonal oposta
4. a maioria dos sistemas possui parafusos de ângulo fixo e variável. Os parafusos de ângulo variável permitem a divisão da carga com o enxerto (aqui, a lei modificada de Wolff costuma ser invocada: a divisão do peso ajuda a estimular a fusão). Evite colocar os parafusos em ângulos maiores, o que pode impedir o funcionamento adequado do mecanismo de travamento

5. a colocação ideal da placa permite seu contato com o corpo vertebral nos locais em que há parafusos. Isto pode exigir
   a) o contorno da placa para acompanhar a lordose da coluna cervical
   b) a redução de osteófitos anteriores

Abordagem posterior

Para a descompressão, alguns recomendam a realização da laminectomia cervical com extensão um ou dois níveis acima ou abaixo da estenose.[69,70] A laminectomia C3-6 é geralmente considerada o "padrão". A "laminectomia estendida" inclui C7 e/ou C2.

Considerações acerca da curvatura: a extensão da laminectomia com inclusão de C2 e, às vezes, C1 foi recomendada em pacientes com retificação da curvatura cervical.[6] Em casos de hiperlordose, a migração posterior da medula após a laminectomia extensa pode aumentar a tensão sobre as raízes nervosas e os vasos sanguíneos (com possível piora neurológica), e a laminectomia limitada ao local de compressão da medula é geralmente recomendada (abaixo).

As "foraminotomias minimamente invasivas (*keyhole*)" ou a facetectomia medial com secção das facetas podem ser realizadas em níveis acometidos pela radiculopatia.

Posição: as escolhas são, principalmente: decúbito ventral, oblíquo lateral ou sentado. O decúbito ventral tem a grande desvantagem de dificultar a elevação da cabeça acima do coração, causando ingurgitamento venoso e sangramento intraoperatório significativo. A posição sentada é relacionada com diversos riscos inerentes (p. 1445), incluindo hipoperfusão medular[68] e embolia aérea. O decúbito oblíquo lateral pode causar certa distorção da anatomia por causa do posicionamento assimétrico.

A taxa relatada de deformidade pós-operatória da coluna é de 25-42%. A piora neurológica foi relatada em 2% dos casos em alguns estudos e em porcentagens maiores em outras pesquisas. A radiculopatia C5 pode ser observada (ver abaixo).

Para evitar a desestabilização significativa da coluna cervical:
1. durante a dissecção, não remova o tecido mole sobrejacente às articulações facetárias (para preservar o suprimento sanguíneo)
2. faça a laminectomia apenas lateral à extensão do canal medular, com cuidado para preservar as articulações facetárias[7] (quando necessário, use as laminotomias minimamente invasivas [*keyhole*])
3. evite remover uma faceta inteira em qualquer nível

Resultado

Informações Gerais

Mesmo excluindo os casos que, mais tarde, são comprovadamente doenças de desmielinização, o resultado do tratamento cirúrgico da CSM geralmente é decepcionante. Quando a CSM é clinicamente aparente, quase nunca há remissão completa. O prognóstico com a cirurgia é pior, caso haja maior gravidade de acometimento à apresentação[69] e se os sintomas forem prolongados (48% dos casos apresentaram melhora clínica ou cura se operados em até 1 ano após o aparecimento, enquanto apenas 16% responderam após 1 ano[7]). O sucesso da cirurgia também é menor em pacientes com outras doenças degenerativas do sistema nervoso central (CNS) (ALS, MS...).

A *progressão* da mielopatia pode ser retardada pela descompressão cirúrgica. Isto nem sempre ocorre, e alguns estudos antigos[34,37] mostraram resultados similares com o tratamento conservador e a laminectomia, com melhora em 56% dos casos, ausência de alteração em 25% e piora em 19%. Além disso, como já discutido, em alguns casos de CSM, a maior parte dos déficits se desenvolve de forma precoce e, então, há estabilização da doença (p. 1086).

Alguns estudos mostram bons resultados, com melhora da CMS em aproximadamente 64-75% dos pacientes após a cirurgia.[22] No entanto, outros autores são menos entusiastas. A avaliação num questionário de 32 pacientes submetidos ao procedimento com abordagem anterior, 66% apresentaram alívio da dor radicular e somente 33% apresentaram melhora das queixas sensoriais ou motoras.[22] Em um estudo, metade dos pacientes apresentou melhora na função motora fina das mãos, mas, na outra metade, houve piora pós-operatória.[71] A atrofia medular em decorrência da pressão ou isquemia contínua pode ser parcialmente responsável pela má recuperação. Os pacientes com mielopatia grave e confinados ao leito raramente recuperam funções úteis.

Paralisia C5 pós-operatória

Critérios: fraqueza do deltoide e/ou do bíceps sem piora da mielopatia. Ocorre após aproximadamente 3-5% da descompressão anterior ou posterior extensa (incluindo laminoplastia).[67,72] Cinquenta por cento dos pacientes apresentam acometimento apenas motor (deltoide > bíceps) e 50% também têm perda sensorial e/ou dor no dermátomo C5 (ombro). A maioria dos casos ocorre na primeira semana após a cirurgia.[72] Noventa e dois por cento dos casos são unilaterais.[72] Nenhum fator de risco pré-operatório foi identificado.[73] Etiologia: não comprovada; pode ser relacionada com a tração na raiz nervosa por causa da migração posterior da medula após a descompressão ou do deslocamento do enxerto ósseo. O prognóstico de recuperação espontânea tende a ser bom; o tempo até a resolução de déficits mais graves pode ser maior.[72]

Ocorrências tardias

Alguns pacientes com melhora inicial apresentam deterioração posterior (7-12 anos após a estabilização),[46] sem explicação radiograficamente aparente em até 20% destes casos.[74] Em outros, a degeneração em níveis adjacentes aos segmentos operados pode ser demonstrada.

Doença do segmento adjacente (ASD): desenvolvimento de degeneração em um segmento móvel adjacente à fusão anterior. Os achados incluem: degeneração discoide, estenose, hipertrofia facetária, escoliose, listese e instabilidade. Após a ACDF, a ASD ocorreu em taxa de 2,9% por ano durante 10 anos de observação.[75] Estimativa: 25% dos pacientes desenvolvem alterações sintomáticas no nível adjacente em 10 anos de cirurgia.[75] Esta taxa foi maior com a fusão em nível único em C5-6 ou C6-7 do que na fusão em múltiplos níveis, e a progressão natural da doença foi considerada um fator contribuinte significativo[75] (ou seja, não era totalmente atribuída à fusão). A maioria dos casos de ASD radiograficamente observados é assintomática.

71.7 Estenose medular cervical e lombar concomitante

Em 5% dos casos, as estenoses lombares e cervicais são simultaneamente sintomáticas.[76]

A estenose medular cervical e lombar sintomática concomitantes geralmente é abordada com descompressão da região cervical e, depois, cirurgia da região lombar (a não ser na predominância de claudicação neurogênica grave). Também é possível, em alguns casos, fazer a cirurgia cervical e lombar ao mesmo tempo.[76,77]

Referências

[1] Miller CA. Shallow Cervical Canal: Recognition, Clinical Symptoms, and Treatment. Contemp Neurosurg. 1985; 7:1–5

[2] Muhle C, Weinert D, Falliner A et al. Dynamic changes of the spinal canal in patients with cervical spondyolosis at flexion and extension using mangnetic resonance imaging. Invest Radiol. 1998; 33:444–449

[3] Shedid D, Benzel EC, Benzel EC, Stewart TJ. Cervical spondylosis anatomy: pathophysiology and biomechanics. Neurosurgery. 2007; 60:S1–1–11

[4] Nagashima C. Cervical Myelopathy due to Ossification of the Posterior Longitudinal Ligament. J Neurosurg. 1972; 37:653–660

[5] Miyazawa N, Akiyama I. Ossification of the ligamentum flavum of the cervical spine. J Neurosurg Sci. 2007; 51:139–144

[6] Batzdorf U, Batzdorf A. Analysis of Cervical Spine Curvature in Patients with Cervical Spondylosis. Neurosurgery. 1988; 22:827–836

[7] Cusick JF. Pathophysiology and Treatment of Cervical Spondylotic Myelopathy. Clin Neurosurg. 1989; 37:661–681

[8] Taylor AR. Vascular Factors in the Myelopathy Associated with Cervical Spondylosis. Neurology. 1964; 14:62–68

[9] Bohlman HH, Emery JL. The pathophysiology of cervical spondylosis and myelopathy. Spine. 1988; 13:843–846

[10] Kim RC, Nelson JS, Parisi JE, Schochet SS. In: Spinal cord pathology. Principals and Practice of Neuropathology. St. Louis: C V Mosby; 1993:398–435

[11] Jeffreys RV. The Surgical Treatment of Cervical Myelopathy Due to Spondylosis and Disc Degeneration. J Neurol Neurosurg Psychiatry. 1986; 49:353–361

[12] Adams CBT, Logue V. Studies in Cervical Spondylotic Myelopathy: I. Movement of the Cervical Roots, Dura and Cord, and their Relation to the Course of the Extrathecal Roots. Brain. 1971; 94:557–568

[13] Levine DN. Pathogenesis of Cervical Spondylotic Myelopathy. J Neurol Neurosurg Psychiatry. 1997; 62:334–340

[14] Benzel EC. Biomechanics of Spine Stabilization. Rolling Meadows, IL: American Association of Neurological Surgeons Publications; 2001

[15] Ogino H, Tada K, Okada K et al. Canal Diameter, Anteroposterior Compression Ratio, and Spondylotic Myelopathy of the Cervical Spine. Spine. 1983; 8:1–15

[16] Mayfield FH. Cervical Spondylosis: A Comparison of the Anterior and Posterior Approaches. Clin Neurosurg. 1966; 13:181–188

[17] Cooper PR. Cervical Spondylotic Myelopathy. Contemp Neurosurg. 1997; 19:1–7

[18] Yu YL, du Boulay GH, Stevens JM, Kendall BE. Computed Tomography in Cervical Spondylotic Myelopathy and Radiculopathy: Visualization of Structures, Myelographic Comparison, Cord Measurements and Clinical Utility. Neuroradiology. 1986; 28:221–236

[19] Epstein JA, Marc JA, Hyman RA, Khan A et al. Total Myelography in the Evaluation of Lumbar Disks. Spine. 1979; 4:121–128

[20] Houser OW, Onofrio BM, Miller GM et al. Cervical Spondylotic Stenosis and Myelopathy: Evaluation with Computed Tomographic Myelography. Mayo Clin Proc. 1994; 69:557–563

[21] Emery SE. Cervical spondylotic myelopathy: diagnosis and treatment. J Am Acad Orthop Surg. 2001; 9:376–388

[22] Lunsford LD, Bissonette DJ, Zorub DS. Anterior Surgery for Cervical Disc Disease. Part 2: Treatment of Cervical Spondylotic Myelopathy in 32 Cases. J Neurosurg. 1980; 53:12–19

[23] Chiles BW, III, Leonard MA, Choudhri HF, Cooper PR. Cervical spondylotic myelopathy: Patterns of neurological deficit and recovery after anterior cervical decompression. Neurosurgery. 1999; 44:762–769

[24] Ebara S, Yonenobu K, Fujiwara K, Yamashita K, Ono K. Myelopathy hand characterized by muscle wasting: A different type of myelopathy hand in patients with cervical spondylosis. Spine. 1988; 13:785–791

[25] Crandall PH, Batzdorf U. Cervical Spondylotic Myelopathy. J Neurosurg. 1966; 25:57–66

[26] Voskuhl RR, Hinton RC. Sensory Impairment in the Hands Secondary to Spondylotic Compression of the Cervical Spinal Cord. Arch Neurol. 1990; 47:309–311

[27] MacFadyen DJ. Posterior Column Dysfunction in Cervical Spondylotic Myelopathy. Can J Neurol Sci. 1984; 11:365–370

[28] Denno JJ, Meadows GR. Early diagnosis of cervical spondylotic myelopathy. A useful clinical sign. Spine. 1991; 16:1353–1355

[29] Sung RD, Wang JC. Correlation between a positive Hoffmann's reflex and cervical pathology in asymptomatic individuals. Spine. 2001; 26:67–70

[30] Wiggins GC, Shaffrey CI. Laminectomy in the Cervical Spine: Indications, Surgical Technniques, and Avoidance of Complications. Contemp Neurosurg. 1999; 21:1–10

[31] England JD, Hsu CY, Vera CL et al. Spondylotic High Cervical Spinal Cord Compression Presenting with Hand Complaints. Surg Neurol. 1986; 25:299–303

[32] Good DC, Couch JR, Wacasser L. "Numb, Clumsy Hands" and High Cervical Spondylosis. Surg Neurol. 1984; 22:285–291

[33] Vernon H, Mior S. The Neck Disability Index: a study of reliability and validity. J Manipulative Physiol Ther. 1991; 14:409–415

[34] Nurick S. The Pathogenesis of the Spinal Cord Disorder Associated with Cervical Spondylosis. Brain. 1972; 95:87–100

[35] Clarke E, Robinson PK. Cervical Myelopathy: A Complication of Cervical Spondylosis. Brain. 1956; 79:483–485

[36] Lees F, Aldren Turner JS. Natural History and Prognosis of Cervical Spondylosis. Br Med J. 1963; 2:1607–1610

[37] Nurick S. The Natural History and the Results of Surgical Treatment of the Spinal Cord Disorder Associated with Cervical Spondylosis. Brain. 1972; 95:101–108

[38] Matz PG, Anderson PA, Holly LT, Groff MW, Heary RF, Kaiser MG, Mummaneni PV, Ryken TC, Choudhri TF, Vresilovic EJ, Resnick DK. The natural history of cervical spondylotic myelopathy. J Neurosurg: Spine. 2009; 11:104–111

[39] Ungar-Sargon JY, Lovelace RE, Brust JC. Spastic paraplegia-paraparesis: A Reappraisal. J Neurol Sci. 1980; 46:1–12

[40] Yoshor D, Klugh A, III, Appel SH, Haverkamp LJ. Incidence and characteristics of spinal decompression surgery after the onset of symptoms of amyotrophic lateral sclerosis. Neurosurgery. 2005; 57:984–9; discussion 984-9

[41] Campbell AMG, Phillips DG. Cervical Disk Lesions with Neurological Disorder. Differential Diagnosis, Treatment, and Prognosis. Br Med J. 1960; 2:481–485

[42] Rowland LP. Diagnosis of amyotrophic lateral sclerosis. J Neurol Sci. 1998; 160:S6–24

[43] Roguski M, Benzel EC, Curran JN, Magge SN, Bisson EF, Krishnaney AA, Steinmetz MP, Butler WE, Heary RF, Ghogawala Z. Postoperative cervical sagittal imbalance negatively affects outcomes after surgery for cervical spondylotic myelopathy. Spine (Phila Pa 1976). 2014; 39:2070–2077

[44] Adams CBT, Logue V. Studies in Cervical Spondylotic Myelopathy: II. The Movement and Contour of the Spine in Relation to the Neural Complications of Cervical Spondylosis. Brain. 1971; 94:569–586

[45] Wolf BS, Khilnani M, Malis L. The Sagittal Diameter of the Bony Cervical Spinal Canal and its Significance in Cervical Spondylosis. J of Mount Sinai Hospital. 1956; 23:283–292

[46] Krauss WE, Ebersold MJ, Quast LM. Cervical Spondylotic Myelopathy: Surgical Indications and Technique. Contemp Neurosurg. 1998; 20:1–6

[47] Pavlov H, Torg JS, Robie B, Jahre C. Cervical Spinal Stenosis: Determination with Vertebral Body Ratio Method. Radiology. 1987; 164:771–775

[48] Torg JS, Naranja RJ, Pavlov H et al. The Relationship of Developmental Narrowing of the Cervical Spinal Canal to Reversible and Irreversible Injury of the Cervical Spinal Cord in Football Players. J Bone Joint Surg. 1996; 78A:1308–1314

[49] Brown BM, Schwartz RH, Frank E, Blank NK. Preoperative Evaluation of Cervical Radiculopathy and Myelopathy by Surface-Coil MR Imaging. AJNR. 1988; 9:859–866

[50] Mummaneni PV, Kaiser MG, Matz PG, Anderson PA, Groff M, Heary R, Holly L, Ryken T, Choudhri T, Vresilovic E, Resnick D. Preoperative patient selection with magnetic resonance imaging, computed tomography, and electroencephalography: does the test predict outcome after cervical surgery? J Neurosurg: Spine. 2009; 11:119–129

[51] Teresi LM, Lufkin RB, Reicher MA, Moffitt BJ et al. Asymptomatic degenerative disk disease and spondylosis of the cervical spine: MR imaging. Radiology. 1987; 164:83–88

[52] Mizuno J, Nakagawa H, Inoue T, Hashizume Y. Clinicopathological study of "snake-eye appearance" in compressive myelopathy of the cervical spinal cord. J Neurosurg. 2003; 99:162–168

[53] Holly LT, Matz PG, Anderson PA, Groff MW, Heary RF, Kaiser MG, Mummaneni PV, Ryken TC, Choudhri TF, Vresilovic EJ, Resnick DK. Clinical prognostic indicators of surgical outcome in cervical spondylotic myelopathy. J Neurosurg: Spine. 2009; 11:112–118

[54] Kadanka Z, Bednarik J, Vohanka S et al. Conservative tratment versus surgery in spondyotic cervical myelopathy treated conservatively or surgically. Eur Spine J. 2000; 9:538–544

[55] Matz PG, Holly LT, Mummaneni Pv, Anderson PA, Groff MW, Heary RF, Kaiser MG, Ryken TC, Choudhri TF, Vresilovic EJ, Resnick DK. Anterior cervical surgery for the treatment of cervical degenerative myelopathy. J Neurosurg: Spine. 2009; 11:170–173

[56] Matz PG, Holly LT, Groff MW, Vresilovic EJ, Anderson PA, Heary RF, Kaiser MG, Mummaneni PV, Ryken TC, Choudhri TF, Resnick DK. Indications for anterior cervical decompression for the treatment of cervical degenerative radiculopathy. J Neurosurg: Spine. 2009; 11:174–182

[57] Resnick DK, Anderson PA, Kaiser MG, Groff MW, Heary RF, Holly LT, Mummaneni PV, Ryken TC, Choudhri TF, Vresilovic EJ, Matz PG. Electrophysiological monitoring during surgery for cervical degenerative myelopathy and radiculopathy. J Neurosurg: Spine. 2009; 11:245–252

[58] Mummaneni PV, Kaiser MG, Matz PG, Anderson PA, Groff MW, Heary RF, Holly LT, Ryken TC, Choudhri TF, Vresilovic EJ, Resnick DK. Cervical surgical techniques for the treatment of cervical spondylotic myelopathy. J Neurosurg: Spine. 2009; 11:130–141

[59] Anderson PA, Matz PG, Groff MW, Heary RF, Holly LT, Kaiser MG, Mummaneni PV, Ryken TC, Choudhri TF, Vresilovic EJ, Resnick DK. Laminectomy and fusion for the treatment of cervical degenerative myelopathy. J Neurosurg: Spine. 2009; 11:150–156

[60] Matz PG, Anderson PA, Groff MW, Heary RF, Holly LT, Kaiser MG, Mummaneni PV, Ryken TC, Choudhri TF, Vresilovic EJ, Resnick DK. Cervical laminoplasty for the treatment of cervical degenerative myelopathy. J Neurosurg: Spine. 2009; 11:157–169

[61] Hamanishi C, Tanaka S. Bilateral multilevel laminectomy with or without posterolateral fusion for cervical spondylotic myelopathy: relationship to type of onset and time until operation. J Neurosurg. 1996; 85:447–451

[62] Matsunaga S, Sakou T, Nakanisi K. Analysis of the cervical spine alignment following laminoplasty and laminectomy. Spinal Cord. 1999; 37:20–24

[63] Ryken TC, Heary RF, Matz PG, Anderson PA, Groff MW, Holly LT, Kaiser MG, Mummaneni PV, Choudhri TF, Vresilovic EJ, Resnick DK. Cervical laminectomy for the treatment of cervical degenerative myelopathy. J Neurosurg: Spine. 2009; 11:142–149

[64] Guigui P, Benoist M, Deburge A. Spinal deformity and instability after multilevel cervical laminectomy for spondylotic myelopathy. Spine. 1998; 23:440–447

[65] Kaptain GJ, Simmons NE, Replogle RE, Pobereskin L. Incidence and outcome of kyphotic deformity following laminectomy for cervical spondylotic myelopathy. J Neurosurg. 2000; 93:199–204

[66] Benzel EC, Lancon J, Kesterson L, Hadden T. Cervical laminectomy and dentate ligament section for cervical spondylotic myelopathy. J Spinal Disord. 1991; 4:286–295

[67] Yonenobu K, Hosono N, Iwasaki M, et al.. Neurologic Complications of Surgery for Cervical Compression Myelopathy. Spine. 1991; 16:1277–1282

[68] Epstein NE, Danto J, Nardi D. Evaluation of Intraoperative Somatosensory-Evoked Potential Monitoring During 100 Cervical Operations. Spine. 1993; 18:737–747

[69] Epstein J, Janin Y, Carras R, Lavine LS. A Comparative Study of the Treatment of Cervica Spondylotic Myeloradiculopathy: Experience with 50 Cases Treated by Means of Extensive Laminectomy, Foraminotomy, and Excision of Osteophytes During the Past 10 Years. Acta Neurochir. 1982; 61

[70] Epstein NE, Epstein JA, The Cervical Spine Research Society Editorial Committee. In: Operative Management of Cervical Spondylotic Myelopathy: Technique and Result of Laminectomy. The Cervical Spine. 3rd ed. Philadelphia: Lippincott-Raven; 1998:839–848

[71] Gregorius FK, Estrin T, Crandall PH. Cervical Spondylotic Radiculopathy and Myelopathy. A Long-Term Follow-Up Study. Arch Neurol. 1976; 33:618–625

[72] Sakaura H, Hosono N, Mukai Y, Ishii T, Yoshikawa H. C5 palsy after decompression surgery for cervical myelopathy: review of the literature. Spine. 2003; 28:2447–2451

[73] Komagata M, Nishiyama M, Endo K, Ikegami H, Tanaka S, Imakiire A. Prophylaxis of C5 palsy after cervical expansive laminoplasty by bilateral partial foraminotomy. Spine J. 2004; 4:650–655

[74] Ebersold MJ, Pare MC, Quast LM. Surgical Treatment for Cervical Spondylitic Myelopathy. J Neurosurg. 1995; 82:745–751

[75] Hilibrand AS, Carlson GD, Palumbo MA, Jones PK, Bohlman HH. Radiculopathy and myelopathy at segments adjacent to the site of a previous anterior cervical arthrodesis. J Bone Joint Surg Am. 1999; 81:519–528

[76] Epstein NE, Epstein JA, Carras R *et al.* Coexisting Cervical and Lumbar Spinal Stenosis: Diagnosis and Management. Neurosurgery. 1984; 15:489–496

[77] Dagi TF, Tarkington MA, Leech JJ. Tandem Lumbar and Cervical Spinal Stenosis. J Neurosurg. 1987; 66:842–849

72 Doença Degenerativa dos Discos Torácico e Lombar

72.1 Informações gerais sobre a doença degenerativa do disco (DDD)

Uma vez que as estruturas externas do disco geralmente são acometidas, o termo doença degenerativa da coluna (DSD) pode ser preferível à doença degenerativa do disco. Espondilose é um termo não específico que pode incluir a doença degenerativa da coluna. "Espondilose cervical" é ocasionalmente usado como sinônimo de estenose cervical (p. 1083).

A estenose sintomática da coluna na região torácica é rara[1] e tende a ser observada em casos de calcificação do disco. Grande parte deste capítulo trata da DSD lombar. A doença da região cervical é discutida em outro capítulo (p. 1083).

72.2 Substrato anatômico

72.2.1 Informações gerais

A DSD é uma deterioração progressiva das estruturas da coluna, incluindo:
1. anomalias do disco:
    a) a quantidade de proteoglicanas no núcleo do disco diminui com a idade
    b) o disco sofre dissecção (perda de hidratação)
    c) desenvolvimento de lacerações no ânulo do disco, que progridem até a perda interna da arquitetura lamelar. O aumento da pressão nuclear sob cargas mecânicas pode provocar hérnia de núcleo
    d) há degeneração mucoide e crescimento interno de tecido fibroso (fibrose do disco)
    e) subsequentemente, o disco é reabsorvido
    f) há perda da altura do espaço discoide e aumento da suscetibilidade à lesão
2. anomalias da articulação facetária: hipertrofia e lassidão capsular
3. a formação de osteófitos geralmente ocorre nas bordas do corpo vertebral que delimitam o disco degenerado
4. espondilolistese: subluxação de um corpo vertebral em outro (ver Espondilolistese abaixo)
5. hipertrofia do ligamento flavo

O acometimento neurológico na estenose da coluna lombar pode ocorrer em um ou mais dos três seguintes locais:
1. estenose do canal central: estreitamento da dimensão anterior-posterior (AP) do canal medular abaixo de um valor crítico. A redução do tamanho do canal pode causar compressão nervosa local e/ou comprometer o fluxo sanguíneo para a medula (cervical) ou a cauda equina (lombar)
    a) congênita (como no *nanismo acondroplásico*)
    b) adquirida: como na hipertrofia das facetas e do ligamento flavo
    c) mais comumente – adquirida e sobreposta ao estreitamento congênito
2. estenose do forame: estreitamento do forame neural. Pode ser decorrente de qualquer combinação de: protrusão do disco pelo forame, espondilolistese, hipertrofia da faceta, colapso do espaço discoide, hipertrofia das articulações uncovertebrais (cervicais), cisto sinovial
3. estenose do recesso lateral; apenas na coluna lombar (p. 1097)

72.2.2 Estenose da coluna lombar

Conceitos-chave

- causada por hipertrofia das facetas e do ligamento flavo; pode ser exacerbada pela protrusão do disco ou espondilolistese e se sobrepor ao estreitamento congênito
- mais comum em L4-5 e, a seguir, em L3-4
- a estenose sintomática causa dor gradualmente progressiva nas costas e nas pernas quando o paciente está em pé ou andando; há alívio da dor quando o paciente se senta ou deita (claudicação neurogênica)
- os sintomas são diferentes da claudicação vascular, onde há alívio ao repouso independentemente da posição
- de modo geral, responde à cirurgia de descompressão (às vezes, com fusão) ou colocação de espaçador interespinhoso

A estenose lombar sintomática é mais comum em L4-5, depois L3-4, L2-3 e, por fim, L5-S1.[2] É rara em L1-2. De modo geral, ocorre em pacientes com estreitamento congênito do canal lombar – ver Medidas normais da coluna lombossacra (p. 1102) – com sobreposição à degeneração adquirida na forma de alguma combinação de hipertrofia da faceta, hipertrofia do ligamento flavo, protrusão (e, com frequência, calcificação) dos discos intervertebrais e espondilolistese. Começou a ser reconhecida como uma doença clínica distinta que causa sintomas característicos nas décadas de 1950 e 1960.[3,4]

Pode ser classificada como:[5]
1. forma estável da estenose da coluna lombar: hipertrofia das facetas e do ligamento flavo acompanhada por degeneração e colapso do disco
2. instável: as características acima e sobreposição de
   a) espondilolistese degenerativa (p. 1098), a forma unissegmentar
   b) escoliose degenerativa: a forma multissegmentar

72.2.3 Estenose do canal central

O canal central pode ser estenosado por uma combinação de quaisquer dos seguintes:
- hipertrofia do ligamento flavo
- hipertrofia das articulações facetárias
- pedículos curtos (alteração congênita)
- protrusão de discos intervertebrais
- osteófitos no corpo vertebral posterior
- cistos justafacetários
- espondilolistese

72.2.4 Síndrome do recesso lateral

O recesso lateral é uma "vala" ao lado do pedículo, onde a raiz nervosa entra em direção proximal ao sair pelo forame neural (▶ Fig. 72.1). É limitado, anteriormente, pelo corpo vertebral, lateralmente, pelo pedículo e, posteriormente, pela faceta articular superior do corpo vertebral inferior. A hipertrofia de sua faceta articular superior comprime a raiz nervosa. A estenose do recesso lateral é observada em praticamente todos os casos de estenose do canal central, mas pode ser sintomática por si só.[6] A faceta L4-5 é a mais comumente acometida.

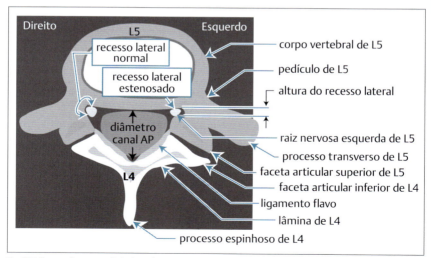

Fig. 72.1 Tomografia computadorizada axial esquemática pela articulação facetária L4-5, mostrando os recessos laterais (normal do lado direito do paciente, estenótico do lado esquerdo). AP, anterior-posterior.

72.2.5 Espondilolistese

Informações gerais

Corresponde à subluxação anterior de um corpo vertebral em outro; geralmente, o corpo vertebral superior é anterior ao inferior. O mais comum é L5 em S1, seguido por L4 em L5.

Hérnia de disco e compressão da raiz nervosa com espondilolistese: A ocorrência de um disco herniado lombar à altura da listese é rara; no entanto, o disco pode "rolar" ao ficar descoberto e gerar achados à ressonância magnética (MRI) que lembram o disco herniado chamado pseudodisco". É mais comum observar o disco herniado em nível acima da listese.

Caso a listese provoque compressão da raiz nervosa, geralmente há acometimento do nervo que sai abaixo do pedículo da vértebra superior com subluxação anterior (p. ex., se uma espondilolistese em L4-5 causar compressão da raiz nervosa, a raiz L4 tende a ser acometida). A compressão geralmente se deve ao deslocamento para cima da faceta articular superior e do material discoide do nível abaixo; os sintomas são similares aos da claudicação neurogênica, embora, às vezes, haja radiculopatia verdadeira. Pode também haver uma contribuição da massa fibrosa/inflamatória decorrente da ausência de união.

A espondilolistese ístmica raramente causa estenose do canal central, já que somente a parte anterior do corpo vertebral se desloca para frente. Os pacientes podem apresentar radiculopatia ou claudicação neurogênica causada pela compressão no forame neural; o nervo que sai sob o pedículo daquele nível é o mais vulnerável. Os indivíduos acometidos também podem apresentar dor na porção inferior das costas. Muitos casos são assintomáticos.

Espondilolistese em adolescentes

Em adolescentes, a espondilolistese geralmente é observada em atletas submetidos à hiperextensão repetitiva da coluna lombar. Em meninas, é frequentemente observada em ginastas e praticantes de softbol.

Os meninos acometidos geralmente jogam futebol.

Nos mais jovens, a interrupção da prática de esportes por vários meses comumente leva à resolução dos sintomas.

A cirurgia é, às vezes, realizada em pacientes que não desejam interromper a prática esportiva.

Classificação da espondilolistese

A classificação da subluxação Meyerding[7,8] no plano sagital é mostrada no ▶ Quadro 72.1.

Tipos de espondilolistese

1. Tipo 1: displásica: congênita. A parte superior do sacro ou o arco de L5 permite a espondilolistese. Não há defeito na *pars interarticularis* (espondilólise). Noventa e quatro por cento dos casos são associados à espinha bífida oculta. Alguns destes casos podem progredir (não há como identificar precisamente quais progredirão)
2. Tipo 2: espondilolistese ístmica, também chamada espondilólise: um problema no arco neural causado por um defeito na *pars interarticularis* (identificado como uma descontinuidade do pescoço [sinal em "Scotty dog"] em radiografias oblíquas da coluna lombossacral). Pode ser observada em 5-20% das radiografias de coluna.[9] Raramente causa estenose do canal central, uma vez que apenas a parte anterior do corpo vertebral se desloque para frente. Pode causar estreitamento do forame neural. Há três subtipos:
   a) lítica: fratura por fadiga ou fratura por insuficiência da parte interarticular. Na faixa etária pediátrica, pode ocorrer em atletas (principalmente ginastas ou jogadores de futebol); em alguns pacientes, pode ser uma exacerbação de um defeito preexistente e, em outros, o resultado de trauma repetitivo
   b) *pars interarticularis* alongada, mas intacta: talvez decorrente de fraturas e cicatrizações repetitivas
   c) fratura aguda da *pars interarticularis*

Quadro 72.1 Graus de espondilolistese

Grau	% subluxação[a]
I	< 25%
II	25-50%
III	50-75%
IV	75%-completa
espondiloptose	> 100%

[a]% do diâmetro anterior-posterior do corpo vertebral.

Doença Degenerativa dos Discos Torácico e Lombar   1099

3. Tipo 3: degenerativa: causada pela instabilidade intersegmentar prolongada, geralmente em L4-5. Não há fratura da parte interarticular. Este tipo é observado em 5,8% dos homens e 9,1% das mulheres (dos quais muitos são assintomáticos)[9]
4. Tipo 4: traumática: decorrente de fraturas, geralmente em áreas que não a *pars interarticularis*
5. Tipo 5: patológica: doença óssea generalizada ou local, p. ex., osteogênese imperfeita

História natural

A progressão da espondilolistese pode ocorrer na ausência de intervenção cirúrgica, mas é mais comum após a cirurgia.[10]

72.2.6 Escoliose degenerativa

Na escoliose degenerativa, diferentemente da escoliose juvenil, os espaços discoides apresentam estreitamento assimétrico no plano coronal, e os corpos vertebrais tendem a manter uma configuração mais normal.

72.3 Fatores de risco

1. O risco de desenvolvimento de DSD é multifatorial e inclui:
2. ✷ O principal determinante no desenvolvimento de DSD em um estudo com gêmeos foi a influência genética e, talvez, outros fatores não identificados.[11] Os fatores ambientais estudados (incluindo estilo de vida sedentário ou ativo, ocupação, tabagismo…) exerceram influência apenas modesta, o que pode explicar os achados conflitantes relatados
3. efeitos cumulativos de microtraumas e macrotraumas à coluna
4. osteoporose
5. tabagismo: diversos estudos epidemiológicos mostraram que a incidência de dor nas costas, ciática e doença degenerativa da coluna é maior entre fumantes do que não fumantes[12,13]
6. na coluna lombar:
   a) estresses da coluna, incluindo os efeitos do excesso de peso corpóreo
   b) perda de tônus muscular (ocasionalmente dos músculos abdominais e paraespinais), que aumenta a dependência na coluna óssea para suporte estrutural

72.4 Doenças associadas

1. congênitas:
   a) acondroplasia
   b) estenose congênita do canal
2. adquiridas:
   a) espondilolistese
   b) acromegalia
   c) pós-traumática
   d) doença de Paget (p. 1120)
   e) espondilite anquilosante (p. 1123)
   f) ossificação do ligamento flavo: mais comum em indivíduos do leste da Ásia, rara em caucasianos.[14] De modo geral, mas nem sempre, é associada à OPLL[15]

72.5 Apresentação clínica

72.5.1 Informações gerais

1. as anomalias degenerativas podem causar estenose da medula, que pode provocar comprometimento nervoso e, consequentemente, os seguintes sintomas
   a) sintomas radiculares (mais comuns na coluna cervical do que na lombar)
   b) claudicação neurogênica (lombar) ou mielopatia da coluna (cervical)
2. o desequilíbrio sagital e a escoliose, decorrentes das alterações degenerativas, podem causar estresse focal em estruturas específicas da coluna, provocando dor. Além disso, os músculos usados para compensar o desequilíbrio podem causar dor decorrente da fadiga por excesso de uso
3. a dor discogênica (controversa) pode ser menos prevalente nos últimos estágios da DSD. Pode contribuir para a "dor musculoesquelética nas costas", mas os reais responsáveis pela dor ainda não foram identificados

4. Muitos casos de DSD (incluindo estenose medular e espondilolistese) são assintomáticos, e as alterações degenerativas são descobertas de forma incidental

72.5.2 Claudicação neurogênica

A estenose da coluna lombar geralmente provoca claudicação neurogênica (NC) (claudicar: do latim, *claudico*, mancar), também chamada pseudoclaudicação. Deve ser diferenciada da claudicação vascular (também chamada claudicação intermitente), que é decorrente da isquemia dos músculos em exercício (ver as *características de diferenciação* no ▶ Quadro 72.2).

Características da NC: desconforto unilateral ou bilateral nas nádegas, nos quadris, nas coxas ou nas pernas que é desencadeado quando o paciente está em pé ou andando e, normalmente, passa com a mudança de postura (sentar com a cintura flexionada, agachar ou deitar em posição fetal). Parestesias dolorosas e com sensação de queimação nos membros inferiores também são descritas. As manobras de Valsalva geralmente não exacerbam a dor. Muitos pacientes relatam aumento da dor logo pela manhã, com melhora cerca de uma hora após se levantarem.

Este período tende a ser gradualmente progressivo ao longo de meses a anos. Com a progressão da doença, a capacidade de alívio pela mudança de posição diminui. No entanto, a dor aguda e sem resolução não é característica, e outras causas devem ser pesquisadas.

Comparativamente, a hérnia de disco lombar (HLD) geralmente provoca aumento da dor quando o paciente está sentado, tem aparecimento mais abrupto, causa dor com a elevação da perna reta e piora com a manobra de Valsalva.

Acredita-se que a NC seja decorrente da isquemia das raízes nervosas lombossacras, por causa do aumento da demanda metabólica pelo exercício, associada ao comprometimento vascular da raiz nervosa pela pressão das estruturas adjacentes. A NC é apenas moderadamente sensível (aproximadamente 60%), mas é altamente específica para a estenose lombar.[17] A dor pode não ser a queixa principal; em vez disso, alguns pacientes apresentam parestesias ou fraqueza dos membros anteriores ao caminharem. Alguns podem-se queixar de cãibras musculares, principalmente nas panturrilhas.

Resolução dos sintomas: ocorre em posições que diminuem a lordose lombar, o que aumenta o diâmetro do canal central (reduzindo a curvatura interna do ligamento flavo) e desvia as articulações facetárias (o que alarga o forame neural). As posições favoritas incluem sentar, agachar e deitar. Os pacientes podem desenvolver a "postura antropoide" (flexão exagerada da cintura). Os pacientes com "sinal do carrinho de compras" tendem a conseguir andar mais rápido quando inclinados para a frente, por exemplo, quando se apoiam no carrinho. Além disso, andar de bicicleta geralmente é bem tolerado.

Quadro 72.2 Características clínicas que diferenciam a claudicação neurogênica e a claudicação vascular[16]

Característica	Claudicação neurogênica	Claudicação vascular
distribuição da dor	na distribuição do nervo (dermátomo)	na distribuição do grupo muscular com suprimento vascular comum (esclerótomo)
perda sensorial	distribuição de dermátomo	distribuição em meia
fatores desencadeantes	quantidades variáveis de exercício, também com manutenção prolongada de uma determinada postura (65% apresentam dor ao ficar em pé em repouso); a tosse provoca dor em 38%	reproduzida de forma confiável com uma quantidade fixa de exercício (p. ex., caminhar por certa distância), que diminui com a progressão da doença; rara em repouso (27% apresentam dor em pé em repouso)
alívio com repouso	lento (de modo geral, > 30 minutos), variável, frequentemente associado à postura (é necessário curvar as costas ou sentar-se; ✱ ficar em pé e descansar não costuma ser suficiente)	quase imediato; não depende da postura (alívio dos sintomas induzidos pelo caminhar ao parar é uma importante característica de diferenciação)
distância à claudicação	variável no dia a dia em 62%	constante no dia a dia em 88%
desconforto ao carregar peso ou se abaixar	comum (67%)	infrequente (15%)
palidez dos pés à elevação	ausente	intensa
pulsos periféricos	normais; ou, em caso de redução, esta tende a ser apenas unilateral	menores ou ausentes; ruídos femorais são comuns
temperatura da pele dos pés	normal	menor

72.5.3 Exame neurológico

O exame neurológico é normal em aproximadamente 18% dos casos (incluindo reflexos de distensão muscular normais e elevação negativa da perna reta). A fraqueza no músculo tibial anterior e/ou músculo extensor longo do hálux extensor pode ser observada em alguns casos de estenose do canal central em L4-5 ou estenose do forame em L5-S1. A ausência ou redução dos reflexos do tornozelo e a diminuição dos reflexos do joelho são comuns;[17] no entanto, estes achados também são prevalentes na população idosa. A dor pode ser reproduzida pela extensão lombar.

72.6 Diagnóstico diferencial

72.6.1 Considerações gerais

1. insuficiência vascular (também chamada claudicação vascular ou intermitente): ver acima
2. doença do quadril: bursite trocantérica (ver abaixo), doença articular degenerativa
3. hérnia de disco (lombar ou torácica)
4. na dor articulação facetária (controversa): pode responder ao bloqueio do ramo medial (terapêutico e diagnóstico)
5. síndrome de Baastrup:[18] também chamada artrose interespinhosa. Radiograficamente: contato de processos espinhosos adjacentes ("beijo") com aumento de volume, achatamento e esclerose reativa das superfícies interespinhosas opostas. Produz dor localizada na linha média lombar e sensibilidade à extensão das costas, que melhora com a flexão, injeção de anestésico local ou excisão parcial dos processos espinhosos acometidos
6. cisto justafacetário (p. 1143)
7. aracnoidite
8. tumor intramedular
9. Malformação arteriovenosa (AVM) da coluna de tipo I (AVM da dura-máter da coluna) (p. 1140)
10. neurite diabética: nesta doença, a planta do pé geralmente é muito sensível à pressão do polegar do examinador
11. sensibilidade muscular de aparecimento tardio (DOMS): surge 12-48 horas *após* o início de uma nova atividade ou a mudança de atividades (a NC ocorre durante a atividade). Os sintomas geralmente atingem seu ápice em 2 dias e diminuem ao longo de vários dias
12. hérnia inguinal: tende a causar dor na virilha
13. etiologias funcionais

Doença degenerativa do quadril

A bursite trocantérica (TBS) e a artrite degenerativa do quadril também estão incluídas no diagnóstico diferencial da NC.[19,20] Embora a TBS possa ser primária, também pode ser secundária a outras doenças, incluindo estenose lombar, artrite degenerativa da coluna lombar ou discrepância do comprimento do joelho e da perna. A TBS produz dor intermitente no aspecto lateral do quadril. Apesar de geralmente crônica, às vezes seu aparecimento é agudo ou subagudo. A dor irradia para o aspecto lateral da coxa em 20-40% dos casos (chamada "pseudorradiculopatia"), mas raramente se estende à porção posterior da coxa ou, em direção distal, ao joelho. Dormência e sintomas similares à parestesia podem ser observados na porção superior da coxa, geralmente sem distribuição em dermátomo. Como na NC, a dor pode ser desencadeada por ficar muito tempo em pé, andar e subir escadas, mas, diferentemente da NC, também há dor quando o paciente se deita do lado afetado. A sensibilidade localizada sobre o trocânter maior pode ser induzida em praticamente todos os pacientes, com sensibilidade máxima na junção entre a porção superior da coxa e o trocânter maior. A dor aumenta quando o paciente carrega peso (e normalmente está presente desde o primeiro passo, diferentemente da NC) e realiza certos movimentos do quadril, principalmente rotação externa (mais de metade dos pacientes apresenta resultado positivo no teste de Patrick-FABERE (p. 1048) e, em raros casos, à flexão/extensão do quadril. O tratamento inclui anti-inflamatórios não esteroides (NSAIDs), injeção local de glicocorticoides (geralmente com anestésico local), fisioterapia (com exercícios de alongamento e fortalecimento muscular) e aplicação local de gelo. Nenhum estudo controlado comparou estas modalidades.

72.7 Avaliação diagnóstica

72.7.1 Avaliação radiográfica

Comparação das modalidades

MRI: demonstra a compressão de estruturas neurais e a perda do sinal de liquor em imagens ponderadas em T2 (T2WI) decorrente da estenose do canal central, estenose do recesso lateral, estenose do forame e presença de cistos justafacetários. O aumento da quantidade de fluido na articulação facetária e o fenômeno de vácuo discoide fazem com que a MRI seja ruim para visualização do osso que contribui de forma significativa para a patologia. Anomalias assintomáticas são observadas em até 33% dos pacientes com 50-70 anos de idade sem problemas relacionados com a coluna.[2]

Radiografias da coluna lombossacra: podem revelar a presença de espondilolistese. O diâmetro AP do canal geralmente é menor (alteração congênita ou adquirida)(abaixo), enquanto a distância interpedicular (IPD) pode ser normal.[16] As projeções oblíquas podem mostrar defeitos na parte interarticular. A adição de projeções em flexão/extensão pode avaliar a instabilidade "dinâmica".

Radiografias em posição ereta para avaliação da escoliose: trazem informações sobre a escoliose e o equilíbrio sagital. Ver a técnica e as medidas em Escoliose degenerativa do adulto.

Tomografia computadorizada (CT)(de rotina ou após a mielografia com contraste hidrossolúvel): classicamente mostra o canal em "trevo" (com formato em trevo de três folhas). A CT também mostra o diâmetro do canal AP, a hipertrofia de ligamentos, a artropatia facetária, a fratura da *pars interarticularis* e, às vezes, a protrusão do ânulo ou a hérnia de disco.

Mielograma: as projeções laterais geralmente mostram o "padrão em tábua de lavar roupas" (múltiplos defeitos anteriores) e as projeções AP, a "cintura de vespa" (estreitamento da coluna de contraste) e o bloqueio parcial ou completo (principalmente em decúbito ventral). A realização de punção lombar (LP) pode ser difícil, se a estenose for grave (mau fluxo de liquor e dificuldade para não atingir as raízes nervosas com a agulha específica).

Medidas normais da coluna lombossacra

As dimensões normais da coluna lombar em radiografias simples são mostradas no ▶ Quadro 72.3 e à CT no ▶ Quadro 72.4.

72.7.2 Adjuntos à avaliação radiográfica

"Teste da bicicleta": os pacientes com NC geralmente toleram períodos maiores de exercício em bicicleta do que os indivíduos com claudicação intermitente (vascular), já que o posicionamento na bicicleta flexiona a cintura.

Estudos não invasivos para descartar a presença de insuficiência vascular: A razão entre a pressão arterial no tornozelo e braquial (razão A:B) maior do que 1,0 é normal; em média, esta razão é de 0,59 em pacientes com claudicação intermitente e 0,26 em pacientes com dor ao repouso. A razão inferior a 0,05 indica gangrena iminente.

A eletromiografia (EMG) com velocidade de condução nervosa (NCV) pode mostrar a presença de múltiplas anomalias bilaterais da raiz nervosa.

Quadro 72.3 Diâmetro anterior-posterior normal do canal medular lombar em *radiografias simples* laterais (da linha espinolaminar ao corpo vertebral posterior)[21]

médio (normal)	22-25 mm
limites inferiores da normalidade	15 mm
estenose lombar grave	< 11 mm

Quadro 72.4 Medidas normais da coluna lombar à tomografia computadorizada[22]

diâmetro anterior-posterior	≥ 11,5 mm
distância interpedicular (IPD)	≥ 16 mm
área transversal do canal	≥ 1,45 cm^2
espessura do ligamento flavo[23]	≤ 4-5 mm
altura do recesso lateral (ver abaixo)	≥ 3 mm

Quadro 72.5 Dimensões do recesso lateral à tomografia computadorizada (janelas ósseas)

Altura do recesso lateral	Grau de estenose do recesso lateral
3-4 mm	limítrofe (sintomático em caso de coexistência de outra lesão, por exemplo, protuberância do disco)
< 3 mm	sugestivo de síndrome do recesso lateral
< 2 mm	diagnóstico de síndrome do recesso lateral

72.8 Tratamento

72.8.1 Informações gerais

Em um estudo com 27 pacientes não submetidos à cirurgia, 19 não apresentaram mudanças, 4 melhoraram e 4 pioraram (acompanhamento médio: 49 meses; variação: 10-103 meses).[24]

Os NSAIDs (o acetaminofeno pode ser eficaz) e a fisioterapia geralmente são as primeiras medidas do tratamento não cirúrgico. Diferentemente do que ocorre com a coluna cervical, a tração tem pouca utilidade.

A terapia de apoio, p. ex., com uma órtese lombossacral, pode ser tentada. As orientações são mostradas abaixo.

Guia de prática clínica: Terapia de apoio

Nível II:[25]
- o uso a curto prazo (1-3 semanas) de um suporte lombar rígido é recomendado para o tratamento de dor lombar de duração relativamente curta (< 6 meses)
- a terapia de apoio em pacientes com dor lombar há mais de 6 meses não é recomendada, já que o benefício a longo prazo não foi demonstrado

Nível III:[25]
- os suportes lombares podem reduzir o número de dias de licença médica por dor lombar em trabalhadores com lesão lombar prévia. Os suportes não são recomendados no tratamento da dor lombar na população em geral de trabalhadores
- o uso pré-operatório da terapia de apoio ou da fixação externa transpedicular como ferramentas para previsão do resultado da fusão lombar não é recomendado

O tratamento intervencionista da dor é uma opção nos casos de dor persistente. A administração epidural de corticosteroides pode trazer alívio temporário (geralmente por dias, no máximo por semanas). Os bloqueios facetários, e, se eficazes, as rizotomias (para alívio por períodos maiores) podem ser empregados.

72.8.2 Tratamento da espondilolistese ístmica

Ver a referência.[9]

Algumas considerações terapêuticas especiais em relação à espondilolistese ístmica como subtipo de estenose medular.
1. as lesões com bordas escleróticas geralmente são bem estabelecidas, com pouca chance de cura.
2. a cirurgia é reservada aos pacientes com déficit neurológico, sintomas incapacitantes ou progressão da espondilolistese
3. as lesões sem esclerose que apresentam maior incorporação ao escaneamento ósseo (indicando lesão ativa com possibilidade de cicatrização) ou alterações com sinal alto à MRI em T2WI[26] ou recuperação da inversão com tempo curto (STIR) podem cicatrizar com o uso de órtese rígida, como **Boston**, por um período igual ou superior a 3 meses
4. tratamento dos sintomas:
   a) apenas dor lombar: tratamento com NSAIDs, fisioterapia
   b) dor lombar com mielopatia, radiculopatia ou claudicação neurogênica: tratamento cirúrgico[27] (ver as opções cirúrgicas no ▶ Quadro 72.6)

Quadro 72.6 Recomendações cirúrgicas para realização da espondilolistese

Natureza da espondilolistese	Natureza do problema	Tipo de procedimento necessário
degenerativa	compressão da raiz nervosa no interior do canal medular	descompressão (com preservação das facetas)
	estenose medular ao nível da espondilolistese	descompressão; alguns recomendam a realização conjunta da fusão do processo intertransverso[29]
	compressão da raiz nervosa em sítio bem lateral, fora do canal medular	descompressão radical (procedimento de Gill; ver abaixo) mais fusão
traumática	(não importa)	descompressão mais fusão

5. em pacientes pediátricos: o tratamento dos sintomas pode ser feito com órtese toracolombossacral (TLSO) e longos períodos de fisioterapia (p. ex., 6-9 meses). O retorno à prática de esportes pode ser considerado quando os sintomas desaparecerem, mas a recidiva deve levar à pronta interrupção das atividades esportivas ou à consideração da cirurgia

72.8.3 Indicações para a cirurgia

A intervenção cirúrgica é realizada em caso de agravamento dos sintomas apesar do tratamento conservativo. Os objetivos da cirurgia são o alívio da dor, a interrupção da progressão dos sintomas e, talvez, a reversão de algum déficit neurológico existente. A maioria dos autores não considera a realização de cirurgia a não ser que os sintomas ocorram há mais de 3 meses; grande parte dos pacientes submetidos à cirurgia apresenta sintomas há mais de 1 ano.

72.8.4 Cirurgia

Opções cirúrgicas

1. laminectomia: a descompressão posterior (*direta*) do canal central e dos forames neurais, com ou sem fusão. As opções de fusão são:
   a) fusão posterolateral ± fixação do pedículo com parafusos e hastes
   b) fusão intercorpórea: de modo geral, não é realizada de forma isolada (ou seja, requer maior estabilização; para tanto, as opções incluem a colocação de parafusos no pedículo e nas facetas, parafusos facetários ...)
      • fusão intercorpórea lombar posterior (PLIF) (p. 1497): geralmente realizada com colocação bilateral de enxerto no espaço discal
      • fusão intercorpórea lombar transforaminal (TLIF) (p. 1497): colocação unilateral de enxerto, após facectomia
2. procedimentos para aumento da altura do espaço discal e, portanto, obter a descompressão indireta dos forames neurais sem descompressão direta
   a) fusão intercorpórea lombar anterior (ALIF) (p. 1493): por meio de laparotomia
   b) fusão intercorpórea lombar lateral (p. 1498): algumas técnicas foram patenteadas, como a fusão intercorpórea lateral extrema (XLIF™) ou lateral direta (DLIF™)
   c) fusão intercorpórea lombar axial (Ax-LIF): apenas em L5-S1
3. limitação da extensão do espaçador interespinhoso: p. ex., X-Stop® (ver abaixo)

Escolha do procedimento a ser utilizado

Os itens a serem considerados na escolha do procedimento a serem utilizados incluem:
1. considerar a descompressão indireta (fusão intercorpórea lateral (p. ex., XLIF® ou DLIF®), ALIF, descompressão interespinhosa (p. ex., X-Stop®):
   a) quando a estenose do forame parece ser o problema dominante (p. ex., com perda da altura do espaço discal, hipertrofia facetária ou lado côncavo da curva escoliótica)
   b) cirurgia prévia da coluna que pode dificultar ou tornar arriscada a exposição dos nervos
   c) em caso de compressão do espaço discal (o desvio é mais difícil em um espaço discal já elevado do que no disco normal)
2. considerar a descompressão direta (p. ex., laminectomia)
   a) estenose "puntiforme" do canal central, principalmente quando a altura do disco e os forames neurais são bem preservados
   b) quando um contribuinte significativo à compressão é uma lesão focal e passível de correção, p. ex., disco herniado, cisto sinovial, tumor intraespinal
   c) para evitar a fusão (em alguns casos)
3. considere a cirurgia com preservação de movimento quando a fusão é realizada em um nível, e o nível adjacente já começa a apresentar algumas alterações degenerativas que ainda não atingiram magnitude cirúrgica. A preservação da movimentação neste segmento adjacente teoricamente a protege de parte dos estresses transmitidos pelo nível fundido
4. as situações em que a fusão deve ser considerada em adição à descompressão direta ou indireta dos nervos são:
   a) espondilolistese (principalmente > Grau I)
   b) desequilíbrio sagital sintomático ou escoliose degenerativa
   c) instabilidade dinâmica em radiografias laterais da coluna lombar em flexão/extensão
   d) expectativa de que a descompressão desestabilize a coluna (p. ex., facectomia na TLIF)
   e) hérnias múltiplas e recorrentes de disco (quando este é a terceira cirurgia ou mais no mesmo disco)
   f) controvérsia: "disco preto" à MRI, com discograma concordante positivo neste nível: a fusão sem descompressão foi recomendada, caso não haja compressão nervosa

Na presença de espondilolistese

Pode ocorrer sem descompressão, mas é mais comum após a cirurgia.[10] No entanto, a instabilidade lombar após a laminectomia descompressiva é rara (apenas cerca de 1% de todas as laminectomias realizadas decorrente da estenose apresentam subluxação progressiva subsequente). A fusão raramente é necessária para impedir a progressão da subluxação com estenose degenerativa.[28]

Na espondilolistese de Graus I e II baixo, a laminectomia sem fusão pode ser considerada. Acredita-se que a estabilidade (sem necessidade de instrumentação) seja mantida caso mais de 50-66% das facetas sejam preservadas durante a cirurgia, e o espaço discal não seja violado (manutenção da integridade da coluna anterior e medial). Pacientes mais jovens ou mais ativos são mais suscetíveis à subluxação. Os indivíduos com espaço discal alto (normal) são mais suscetíveis à subluxação do que aqueles com colapso do espaço discal.

Uma abordagem é a realização pré-operatória de radiografias em flexão/extensão e o acompanhamento dos pacientes após a descompressão. Os indivíduos que apresentarem deslizamento sintomático no período pós-operatório são submetidos à fusão, que pode ser associada à instrumentação da coluna.

Em caso de indicação de cirurgia, o ▶ Quadro 72.6 orienta o tipo de procedimento a ser realizado.

Laminectomia/laminotomia – técnica cirúrgica

Abordagem posterior com remoção dos processos espinhosos e das lâminas dos níveis afetados ("fenestração" cirúrgica) e também do ligamento flavo associado. Cada raiz nervosa é palpada para detecção de compressão no interior de seu forame neural, e as foraminotomias são realizadas nos níveis adequados. A realização da laminectomia total em L4 para resolução da estenose permite o acesso ao forame L4-5 e à parte superior do forame L5-S1. Se, além disso, a parte inferior de L3 também for removida, o acesso é obtido pelo pedículo inferior de L3 e, então, forame neural L3-4. A secção da faceta articular superior geralmente é necessária para a descompressão de nervos no recesso lateral e no forame neural (p. 1097). O tratamento da estenose moderada em níveis adjacentes parece justificado, já que estes locais apresentam probabilidade significativa de se tornarem sintomáticos no futuro.[30]

Alternativamente, as laminotomias (diferentemente das laminectomias) podem ser realizadas em casos em que o canal central tem diâmetro AP normal, mas o canal lateral apresenta estenose.[31,32] As fenestrações subarticulares em múltiplos níveis são outra pequena variação deste tema.[33]

Posição: qualquer um dos seguintes é aceitável
1. decúbito ventral: em estrutura ou rolos torácicos ou ainda com os joelhos encostados no tórax para descompressão do abdome e, assim, redução da pressão venosa e do sangramento
2. decúbito lateral: caso não haja lateralidade dos sintomas, o decúbito lateral direito (com o lado esquerdo para cima) é mais fácil para a maioria dos cirurgiões destros que usam pinças angulares de Kerrison paralelas às raízes nervosas

---

Agendando o caso: Laminectomia lombar

Ver também padrões e dizeres legais (p. 27).
1. posição: decúbito ventral
2. implantes: para a realização de fusões, solicite os implantes desejados e a instrumentação associada ao fornecedor
3. termo de consentimento livre e esclarecido (em termos leigos para o paciente - não inclui todos os aspectos necessários):
   a) procedimento: abordagem posterior para remoção de osso, ligamento e qualquer outro tecido que esteja pressionando o(s) nervo(s). As fusões são geralmente feitas com parafusos, hastes e gaiolas pequenas, como necessário
   b) alternativas: tratamento não cirúrgico
   c) complicações: complicações usuais da cirurgia de coluna (p. 28); além disso, a quantidade desejada de alívio da dor pode não ser obtida (a dor nas costas não responde tão bem quanto a dor associada à raiz nervosa). A cirurgia enfraquece um pouco a coluna e, por isso, cerca de 15% dos pacientes precisam ser submetidos à fusão no futuro

---

Descompressão por cirurgia minimamente invasiva de coluna (MISS)

De modo geral, utiliza incisões de cerca de 1 polegada (2,5 cm) e afastadores expansíveis.
1. as opções incluem as laminotomias bilaterais (ver acima)
2. descompressão bilateral por meio de laminotomia unilateral
   a) sítio de entrada: 3,5-4 cm da linha média, permitindo a angulação necessária

b) ao usar um afastador de "lado aberto", oriente-o com este lado em direção lateral (p. ex., com o Nuvasive Maxcess®, coloque os cabos em posição medial) para permitir a angulação necessária para a descompressão contralateral
c) a laminectomia e a facectomia (geralmente para TLIF) são realizadas
d) abra o ligamento flavo do lado em que você está trabalhando para visualizar a extensão posterior do canal medular, permitindo o achado do plano entre a parte posterior do ligamento flavo e a superfície inferior do osso
e) o ligamento flavo é deixado no lado contralateral para proteção da dura-máter durante o uso da broca
f) termine a descompressão e a remoção do disco do lado em que você está trabalhando
g) a superfície inferior do osso (processo espinhoso e lâmina contralateral) é, então, perfurada para descompressão do lado contralateral
h) após a perfuração da superfície inferior do canal posterior contralateral, o ligamento flavo é removido com pinças hipofisárias. É possível fazer a foraminotomia contralateral neste ponto (pinças curvas de Kerrison são muito utilizadas neste procedimento)
i) os parafusos pediculares são colocados do lado aberto e, então, de forma percutânea pelo lado contralateral
j) a seguir, de modo geral, a fusão intercorpórea lombar transforaminal (TLIF) é realizada

Descompressão/estabilização/fusão do processo interespinhoso

Os espaçadores interespinhosos (p. ex., X-Stop™ [Medtronic]) limitam a extensão em um ou dois níveis (sem fusão), impedindo o estreitamento do forame neural associado, e também podem reduzir a carga sobre as articulações facetárias e até mesmo sobre o disco. As "taxas de sucesso" são de 63% em 2 anos. Estes dispositivos podem ser usados sozinhos.

As placas interespinhosas (p. ex., Aspen® [Lanx], Affix™ [Nuvasive], Spire® [Medtronic]) pinçam dois processos espinhosos para fixá-los (diferentemente do X-Stop™, que apenas limita a extensão). As pinças Aspen® têm um espaço para o enxerto que, idealmente, é usado para promover a fusão entre os processos espinhosos. As placas interespinhosas podem ser usadas para aumentar outros construtos, como a fusão intercorpórea lateral,[34] mas não são destinadas ao uso isolado. A estabilidade biomecânica é relatada como similar à obtida com parafusos pediculares bilaterais na flexão e os parafusos pediculares unilaterais em inclinação lateral.[35]

Contraindicações (incluem os critérios de exclusão do estudo IDE):
1. instabilidade em nível considerado para o procedimento: espondilolistese > Grau 1 ou escoliose com ângulo de Cobb $\geq 25°$
2. síndrome da cauda equina
3. fratura aguda do processo espinhoso
4. defeitos bilaterais da parte interarticular (desconecta o processo espinhoso dos elementos anteriores)
5. osteoporose. Contraindicações segundo o estudo IDE: densitometria óssea por absorciometria por raios X com energia dupla (DEXA) (p. 1009) com pontuação T na coluna ou no quadril inferior a -2,5 (ou seja, mais de 2,5 desvios-padrão abaixo da média para adultos normais) na presença de uma ou mais fraturas por fragilidade. Preocupações: fratura do processo espinhoso no momento da inserção ou redução tardia provocada por microfraturas. No entanto, Kondrashov[36] interpreta a pontuação T inferior a -2,5 em qualquer local como indicativo de osteoporose (mesmo sem fraturas por fragilidade). As opções incluem:
   a) aumento dos processos espinhosos por meio da injeção de aproximadamente 0,5–1 mL de polimetilmetacrilato (PMMA) em cada processo espinhoso (SP) com uma agulha de calibre 13 inserida em cerca da metade do SP à fluoroscopia lateral[36] antes da dilatação do interespaço ou colocação de X-Stop. Verifique a posição central no SP à fluoroscopia AP e monitore a injeção à fluoroscopia
   b) X-StopPK® composto por titânio e poliéter éter acetona (PEEK) (o módulo de elasticidade do PEEK é mais próximo do osso do que aquele do titânio)
6. nível anquilosado (ou seja, já fundido)
7. nível L5-S1: o processo espinhoso de S1 tende a ser muito pequeno (o que geralmente não é um problema, já que a estenose sintomática em L5-S1 é rara)
8. idade < 50 anos: não estudada no estudo IDE

Indicadores cirúrgicos:
1. é essencial que o espaçador fique no terço anterior do processo espinhoso
2. os resultados podem ser melhores com o paciente desperto, sob anestesia local, deitado de lado em uma posição que alivie a dor (abrindo, assim, os níveis críticos). Isto pode reduzir o risco de subestimar o tamanho da prótese

Pós-operatório (com base nas recomendações do fabricante):
1. para evitar fratura por estresse do processo espinhoso: aumento gradativo da atividade física
2. seis primeiras semanas pós-operatórias: não estender a coluna de forma excessiva, não carregar peso. Minimizar o uso de escadas
3. a princípio, recomenda-se caminhar (por menos de 1 hora), desde que seja confortável
4. duas semanas pós-operatórias: pode-se adicionar andar de bicicleta (ergométrica ou comum)
5. seis meses pós-operatórios: é possível adicionar esportes, como natação, golfe, raquetebol, tênis, corrida ou caminhada

Procedimento de Gill

Este procedimento e suas modificações[37] consistem na descompressão radical das raízes nervosas, incluindo a remoção dos elementos posteriores frouxos e facetectomia total. A seguir, de modo geral, a fusão (posterolateral ou intercorpórea) é realizada. A taxa de fusão pode ser aumentada com o uso de fixação interna (p. ex., fixação com parafuso e haste transpedicular).[38]

Redução da espondilolistese

A redução da espondilolistese pode ser realizada com instrumentação e requer uma fusão.
O risco de lesão da raiz nervosa com a redução da espondilolistese de grau I ou II é baixo.
A redução da espondilolistese de alto grau (grau III ou IV) é associada ao risco de radiculopatia (p. ex., radiculopatia em L5 em casos de espondilolistese em L5-S1) em 50% dos casos (alguns permanentes) e pode levar ao desenvolvimento de síndrome da cauda equina, talvez pela distensão das raízes nervosas pelo desvio. Alguns recomendaram a estimulação intraoperatória do nervo durante o registro de EMG enquanto a listese é gradualmente reduzida e a interrupção do procedimento, caso a corrente necessária para a estimulação fique 50% acima do basal.

Espondilolistese ístmica (espondilólise) – defeito na pars interarticularis

Instrumentação e/ou fusão

Guia de prática clínica: Fusão em pacientes com estenose lombar sem espondilolistese

72

Nível III:[39]
- a fusão posterolateral *in situ* após a descompressão não é recomendada a pacientes com estenose lombar e ausência de evidências de instabilidade preexistente da coluna ou provável instabilidade iatrogênica decorrente da facetectomia
- a fusão posterolateral *in situ* é recomendada a pacientes com estenose lombar e evidências de instabilidade da coluna
- a adição da instrumentação pedicular com parafusos à fusão posterolateral não é recomendada após a descompressão

---

Guia de prática clínica: Fusão em pacientes com estenose lombar e espondilolistese

Nível II:[40] a fusão posterolateral é recomendada a pacientes com estenose e espondilolistese degenerativa associada à necessidade de descompressão.
Nível III:[40] a fixação com parafusos pediculares como adjunto à fusão posterolateral deve ser considerada em pacientes com estenose e espondilolistese quando houver evidências pré-operatórias de instabilidade da coluna ou cifose ao nível da espondilolistese ou ainda quando a instabilidade iatrogênica for esperada (observação: a definição de "instabilidade", e "cifose" é variável e não foi padronizada).

A fusão pode acelerar as alterações degenerativas nos níveis adjacentes. Alguns cirurgiões recomendam a fusão nos níveis da estenose com espondiloslistese.[5,30] Os pacientes com espondilolistese degenerativa, estenose e radiculopatia combinadas podem ser bons candidatos à fusão.[41]

> ## Agendando o caso: Laminectomia lombar ± fusão para tratamento da estenose
>
> Ver também padrões e dizeres legais (p. 27).
> 1. posição: decúbito ventral
> 2. implantes: para a realização de fusões, solicite os implantes desejados e a instrumentação associada ao fornecedor
> 3. termo de consentimento livre e esclarecido (em termos leigos para o paciente - não inclui todos os aspectos necessários):
>   a) procedimento: abordagem posterior para remoção de osso, ligamento e qualquer outro tecido que esteja pressionando o(s) nervo(s). As fusões são geralmente feitas com parafusos, hastes e gaiolas pequenas, como necessário
>   b) alternativas: tratamento não cirúrgico
>   c) complicações: complicações usuais da cirurgia de coluna (p. 28); além disso, a quantidade desejada de alívio da dor pode não ser obtida (a dor nas costas não responde tão bem quanto a dor associada à raiz nervosa). Problemas relativos aos implantes podem ser observados, incluindo fratura, migração (deslizamento) ou posicionamento indesejado com necessidade de nova cirurgia

72.9 Desfecho

72.9.1 Morbidade/mortalidade

O risco de mortalidade hospitalar é de 0,32%.[17] Outros riscos incluem: durotomia não intencional (p. 1055) (0,32%[17] a aproximadamente 13%[28,42]), infecção profunda (5,9%), infecção superficial (2,3%) e trombose em veia profunda (DVT) (2,8%); ver também Riscos da laminectomia lombar (p. 1053).

72.9.2 Ausência de união

Os fatores de risco para a ausência de união nas cirurgias de fusão (não necessariamente correlacionados com o sucesso do procedimento) são:
1. o tabagismo retarda a cicatrização óssea e aumenta o risco de pseudoartrose após os procedimentos de fusão da coluna, principalmente na região lombar[12]
2. número de níveis: nas fusões lombares, a fusão de dois níveis é associada a maiores taxas de pseudoartrose do que a fusão de um nível[43]
3. NSAIDs: papel controverso
   a) uso no período pós-operatório imediato (≤ 5 dias): o cetorolaco em altas doses (120-240 mg/d) foi associado ao maior risco de pseudoartrose, mas não o cetorolaco em baixas doses (≤ 110 mg/d), o celecoxib (200-600 mg/d) e o rofecoxib (50 mg/d)[43]
   b) alguns acreditam que o uso prolongado de NSAID reduz a taxa de fusão[44]

72.9.3 Sucesso da cirurgia

Informações gerais

Os pacientes com um componente postural em sua dor apresentaram resultados muito melhores (96% de bons resultados) do que aqueles sem componente postural (50% de bons resultados), e o alívio de sua dor nas pernas foi muito maior do que o alívio da dor nas costas.[45] A cirurgia é o tratamento que mais reduz a dor nos membros inferiores e melhora a tolerância ao exercício.[41]

Estudos de Desfecho

Estudo SPORT

Há muitas tentativas de determinação dos benefícios da cirurgia, incluindo o estudo SPORT de 13,5 milhões de dólares. Os problemas observados no estudo incluíram: a possibilidade de os pacientes recusarem a randomização e sua inserção em uma coorte observacional, o que pode ter tornado os grupos tendenciosos; a permissão de transferências entre os pacientes randomizados à cirurgia e aqueles randomizados ao tratamento não cirúrgico (degradando a análise de "intenção de tratamento"); a ausência de padronização da técnica cirúrgica ou não cirúrgica; o acompanhamento a longo prazo relativamente baixo (52% em 8 anos); a mudança de paradigma da análise de intenção de tratamento para análise conforme o tratamento.

Os resultados indicaram um forte benefício da cirurgia em 4 anos de acompanhamento,[46] que pareceu diminuir aos 8 anos na coorte randomizada, mas persistiu na coorte observacional.[47]

Outros estudos a longo prazo

A revisão da literatura[17] sobre o acompanhamento a longo prazo mostrou resultados bons ou excelentes após a cirurgia e, em média, 64% dos casos (variação: 26-100%). Uma pesquisa de satisfação do paciente indicou que 37% melhoraram muito e 29% melhoraram um pouco (total: 66%) após a cirurgia.[48] Um estudo prospectivo mostrou taxa de sucesso de 78-88% em 6 semanas e 6 meses, que caiu a aproximadamente 70% em 1 e 5 anos.[49] As taxas de sucesso foram ligeiramente menores em pacientes com síndrome do recesso lateral.

Motivos do insucesso cirúrgico

O insucesso cirúrgico pode ser dividido em dois grupos:
1. pacientes com melhora inicial que desenvolvem dificuldades recorrentes. Embora a melhora a curto prazo após a cirurgia seja comum,[46] muitos pacientes apresentam deterioração progressiva com o passar do tempo.[47,50] Um estudo mostrou 27% de recorrência de sintomas após 5 anos de acompanhamento[30] (30% decorrente da restenose no nível operado e 30% por estenose em um novo nível ["falência do segmento adjacente"]; 75% destes pacientes respondem à nova cirurgia). Outras etiologias incluem: o desenvolvimento de hérnia de disco lombar, o desenvolvimento de instabilidade tardia, inclusive cifose ("cifose da junção proximal" – PJK) e doenças preexistentes
2. pacientes que não apresentam qualquer alívio pós-operatório da dor (insucessos terapêuticos precoces). Em um estudo com 45 destes pacientes:[51]
   a) o achado mais comum foi a ausência de indicações clínicas e radiográficas sólidas para a cirurgia (p. ex., dor lombar não radicular associada à estenose modesta)
   b) os fatores técnicos da cirurgia tiveram menor influência sobre o desfecho; o achado mais comum foi a ausência de descompressão do recesso lateral (que, nos casos de ausência de fusão, requer a ressecção criteriosa da faceta medial ou a secção da faceta articular superior)
   c) outros diagnósticos (p. ex., aracnoidite), perda de diagnóstico (p. ex., AVM da coluna)

Referências

[1] Yamamoto I, Matsumae M, Ikeda A et al. Thoracic Spinal Stenosis: Experience with Seven Cases. J Neurosurg. 1988; 68:37–40

[2] Epstein NE. Symptomatic Lumbar Spinal Stenosis. Surg Neurol. 1998; 50:3–10

[3] Verbiest H. A Radicular Syndrome from Developmental Narrowing of the Lumbar Canal. J Bone Joint Surg. 1954; 36B:230–237

[4] Epstein JA, Epstein BS, Lavine L. Nerve Root Compression Associated with Narrowing of the Lumbar Spinal Canal. J Neurol Neurosurg Psychiatry. 1962; 25:165–176

[5] Duggal N, Sonntag VKH, Dickman CA. Fusion options and indications in the lumbosacral spine. Contemp Neurosurg. 2001; 23:1–8

[6] Ciric I, Mikhael MA, Tarkington JA et al. The Lateral Recess Syndrome. J Neurosurg. 1980; 53:433–443

[7] Meyerding HW. Spondylolisthesis. Surg Gynecol Obstet. 1932; 54:371–377

[8] Rothman RH, Simeone FA. The Spine. Philadelphia 1982

[9] Frymoyer JW. Back Pain and Sciatica. N Engl J Med. 1988; 318:291–300

[10] Tuite GF, Doran SE, Stern JD et al. Outcome After Laminectomy for Lumbar Spinal Stenosis. Part II: Radiographic Changes and Clinical Correlations. J Neurosurg. 1994; 81:707–715

[11] Battie MC, Videman T, Gibbons LE, Fisher LD, Manninen H, Gill K. 1995 Volvo Award in clinical sciences: determinants of lumbar disc degeneration. A study relating lifetime exposures and magnetic resonance imaging findings in identical twins. Spine. 1995; 20:2601–2612

[12] Hadley MN, Reddy SV. Smoking and the Human Vertebral Column: A Review of the Impact of Cigarette Use on Vertebral Bone Metabolism and Spinal Fusion. Neurosurgery. 1997; 41:116–124

[13] Fogelholm RR, Alho AV. Smoking and intervertebral disc degeneration. Med Hypotheses. 2001; 56:537–539

[14] Xu R, Sciubba DM, Gokaslan ZL, Bydon A. Ossification of the ligamentum flavum in a Caucasian man. J Neurosurg Spine. 2008; 9:427–437

[15] Miyazawa N, Akiyama I. Ossification of the ligamentum flavum of the cervical spine. J Neurosurg Sci. 2007; 51:139–144

[16] Hawkes CH, Roberts GM. Neurogenic and Vascular Claudication. J Neurol Sci. 1978; 38:337–345

[17] Turner JA, Ersek M, Herron L, Deyo R. Surgery for Lumbar Spinal Stenosis: Attempted Meta-Analysis of the Literature. Spine. 1992; 17:1–8

[18] Kota GK, Kumar NKS, Thomas R. Baastrups Disease An Unusual Cause Of Backpain: A Case Report. 2005

[19] Shbeeb MI, Matteson EL. Trochanteric Bursitis (Greater Trochanter Pain Syndrome). Mayo Clin Proc. 1996; 71:565–569

[20] Deen HG. Diagnosis and Management of Lumbar Disk Disease. Mayo Clin Proc. 1996; 71:283–287

[21] Ehni G. Significance of the Small Lumbar Spinal Canal. J Neurosurg. 1969; 31:490–494

[22] Ullrich CG, Binet EF, Sanecki MG et al. Quantitative Assessment of the Lumbar Spinal Canal by CT. Radiology. 1980; 134:137–143

[23] Post MJD. Computed Tomography of the Spine. Baltimore 1984

[24] Johnsson KE, Rosén I, Udén A. The Natural Course of Lumbar Spinal Stenosis. Acta Orthop Scand. 1990; 61

[25] Resnick DK, Choudhri TF, Dailey AT, Groff MW, Khoo L, Matz PG, Mummaneni P,Watters WC,Wang J, Walters BC, Hadley MN. Part 14: Brace therapy as an adjunct to or substitute for lumbar fusion. J Neurosurg: Spine. 2005; 2:716–724

[26] Sairyo K, Katoh S, Takata Y, Terai T, Yasui N, Goel VK, Masuda A, Vadapalli S, Biyani A, Ebraheim N. MRI signal changes of the pedicle as an indicator for early diagnosis of spondylolysis in children and adolescents: a clinical and biomechanical study. Spine. 2006; 31:206–211

[27] Weinstein JN, Lurie JD, Tosteson TD, Hanscom B, Tosteson AN, Blood EA, Birkmeyer NJ, Hilibrand AS, Herkowitz H, Cammisa FP, Albert TJ, Emery SE, Lenke LG, Abdu WA, Longley M, Errico TJ, Hu SS. Surgical versus nonsurgical treatment for lumbar degenerative spondylolisthesis. N Engl J Med. 2007; 356:2257–2270

[28] Silvers HR, Lewis PJ,. Decompressive Lumbar Laminectomy for Spinal Stenosis. J Neurosurg. 1993; 78:695–701

[29] Herkowitz HN, Kurz LT. Degenerative Lumbar Spondylolisthesis with Spinal Stenosis: A Prospective Study Comparing Decompression with Decompression and Intertransverse Process Arthrodesis. J Bone Joint Surg. 1991; 73A:802–808

[30] Caputy AJ, Luessenhop AJ. Long-Term Evaluation of Decompressive Surgery for Degenerative Lumbar Stenosis. J Neurosurg. 1992; 77:669–676

[31] Aryanpur J, Ducker T. Multilevel Lumbar Laminotomies for Focal Spinal Stenosis: Case Report. Neurosurgery. 1988; 23:111–115

[32] Aryanpur J, Ducker T. Multilevel Lumbar Laminotomies: An Alternative to Laminectomy in the Treatment of Lumbar Stenosis. Neurosurgery. 1990; 26:429–433

[33] Young S, Veeraoen R, O'Laoire SA. Relief of Lumbar Canal Stenosis Using Multilevel Subarticular Fenestrations as an Alternative to Wide Laminectomy: Preliminary Report. Neurosurgery. 1988; 23:628–633

[34] Wang JC, Haid RW, Jr, Miller JS, Robinson JC. Comparison of CD HORIZON SPIRE spinous process plate stabilization and pedicle screw fixation after anterior lumbar interbody fusion. J Neurosurg Spine. 2006; 4:132–136

[35] Wang JC, Spenciner D, Robinson JC. SPIRE spinous process stabilization plate: biomechanical evaluation of a novel technology. J Neurosurg Spine. 2006; 4:160–164

[36] Kondrashov Dimitriy. 2007

[37] Rombold C. Teatment of Spondylolisthesis by Posterolateral Fusion, Resection of the Pars Interarticularis, and Prompt Mobilization of the Patient: An End-Result Study of Seventy-Three Patients. J Bone Joint Surg. 1966; 48A:1282–1300

[38] Dickman CA, Fessler RG, MacMillan M, Haid RW. Transpedicular Screw-Rod Fixation of the Lumbar Spine: Operative Technique and Outcome in 104 Cases. J Neurosurg. 1992; 77:860–870

[39] Resnick DK, Choudhri TF, Dailey AT, Groff MW, Khoo L, Matz PG, Mummaneni P,Watters WC,Wang J, Walters BC, Hadley MN. Part 10: Fusion following decompression in patients with stenosis without spondylolisthesis. J Neurosurg Spine. 2005; 2:686–691

[40] Resnick DK, Choudhri TF, Dailey AT, Groff MW, Khoo L, Matz PG, Mummaneni P,Watters WC,Wang J, Walters BC, Hadley MN. Part 9: Fusion in patients with stenosis and spondylolisthesis. J Neurosurg Spine. 2005; 2:679–685

[41] Bigos S, Bowyer O, Braen G et al. Acute Low Back Problems in Adults. Clinical Practice Guideline No.14. AHCPR Publication No. 95-0642. Rockville, MD: Agency for Health Care Policy and Research, Public Health Service, U.S. Department of Health and Human Services; 1994

[42] Deburge A, Lassale B, Benoist M et al. Le Traitment Chirurgical des Stenosis Lombaires et ses Resultats a Propos d'Une Serie de 163 Cas Operes. Rev Rheum Mal Osteoartic. 1983; 50:47–54

[43] Reuben SS, Ablett D, Kaye R. High dose nonsteroidal anti-inflammatory drugs compromise spinal fusion. Can J Anaesth. 2005; 52:506–512

[44] Thaller J, Walker M, Kline AJ, Anderson DG. The effect of nonsteroidal anti-inflammatory agents on spinal fusion. Orthopedics. 2005; 28:299–303; quiz 304-5

[45] Ganz JC. Lumbar Spinal Stenosis: Postoperative Results in Terms of Preoperative Posture-Related Pain. J Neurosurg. 1990; 72:71–74

[46] Weinstein JN, Tosteson TD, Lurie JD, Tosteson A, Blood E, Herkowitz H, Cammisa F, Albert T, Boden SD, Hilibrand A, Goldberg H, Berven S, An H. Surgical versus nonoperative treatment for lumbar spinal stenosis four-year results of the Spine Patient Outcomes Research Trial. Spine (Phila Pa 1976). 2010; 35:1329–1338

[47] Lurie JD, Tosteson TD, Tosteson A, Abdu WA, Zhao W, Morgan TS, Weinstein JN. Long-term outcomes of lumbar spinal stenosis: eight-year results of the Spine Patient Outcomes Research Trial (SPORT). Spine (Phila Pa 1976). 2015; 40:63–76

[48] Tuite GF, Stern JD, Doran SE et al. Outcome After Laminectomy for Lumbar Spinal Stenosis. Part I: Clinical Correlations. J Neurosurg. 1994; 81:699–706

[49] Javid MJ, Hadar EJ. Long-Term Follow-Up Review of Patients Who Underwent Laminectomy for Lumbar Stenosis: A Prospective Study. J Neurosurg. 1998; 89:1–7

[50] Katz JN, Lipson SJ, Larson MG et al. The Outcome of Decompressive Laminectomy for Degenerative Lumbar Stenosis. J Bone Joint Surg. 1991; 73A:809–816

[51] Deen HG, Zimmerman RS, Lyons MK et al. Analysis of Early Failures After Lumbar Decompressive Laminectomy for Spinal Stenosis. Mayo Clin Proc. 1995; 70:33–36

73 Deformidade da Coluna Vertebral e Escoliose Degenerativa em Adultos

73.1 Informações gerais

Conceitos-chave

- deformidade da coluna vertebral adulta (ASD) compreende a escoliose (deformidade no plano coronal) e o desequilíbrio sagital
- o equilíbrio sagital correlaciona-se com medidas de qualidade de vida
- medidas básicas da coluna vertebral necessárias: LL, PI, PT, ± SVA
- principais objetivos do alinhamento: LL = PI ± 9°, PT < 20°, SVA < 5 cm

A deformidade da coluna vertebral adulta (ASD) é um termo amplo que se refere a um grande espectro de anormalidades estruturais de uma coluna vertebral madura. A ASD compreende anormalidades no plano coronal (escoliose), bem como anormalidades no plano sagital.

O termo "escoliose degenerativa adulta" (**ADS**) (como distinta da escoliose juvenil idiopática [IJS]) é frequentemente utilizado intercambiavelmente com a ASD. A definição de escoliose degenerativa adulta: deformidade da coluna vertebral com ângulo de Cobb[1] > 10° em um indivíduo esqueleticamente maduro.[2] A ADS pode ser resultante da escoliose idiopática infantil persistindo na idade adulta ou pode ser *de novo*.

A deformidade na ASD pode ser ocasionada principalmente pela degeneração assimétrica do disco ou secundária à patologia do quadril, osteoporose e cargas assimétricas.[3] Subsequentemente envolve os elementos posteriores (incluindo as facetas articulares) e, em seguida, a rotação axial, com listese lateral e frouxidão ligamentar.[2,4] A degeneração progressiva do disco e das facetas podem levar à instabilidade segmentar e subsequente estenose do forame/central secundário à hipertrofia do ligamento amarelo e formação de osteófitos[5], bem como a espondilolistese.

Enquanto os objetivos do tratamento incluem a redução da dor, compressão neural sintomática e incapacidade decorrente da deformidade, a metodologia e a biomecânica do tratamento da ADS diferem consideravelmente do tratamento da IJS no adolescente.

A ADS tende a progredir em uma taxa média de 3° por ano (faixa: 1-6°).[4] Fatores associados a maiores taxas de progressão: ângulo de Cobb > 30°, rotação apical > Grau II (no sistema Nash-Moe,[6] que está caindo em desuso), listese lateral > 6 mm e uma linha entre cristas pela L5.[4] Fatores não correlacionados com a taxa de progressão: idade e gênero. Associações controversas: osteopenia.

73.2 Epidemiologia

A ASD é mais prevalente em pacientes com idade > 60 anos, porém, a prevalência real não é bem definida. Mais de 50% dos adultos hospitalizados com deformidade da coluna vertebral apresentam > 65 anos.[7] A incidência de escoliose assintomática varia de 1,4-32% e até 68% em pacientes com > 60 anos.[8]

73.3 Avaliação Clínica

A localização, tempo e duração da dor (perna *vs.* dorsal axial) são fatores importantes na avaliação de um paciente com ASD. Esses pacientes também podem manifestar sintomas de estenose vertebral (central ou radicular), que podem necessitar de descompressão concomitante. A capacidade do paciente de realizar atividades de vida diárias e as comorbidades médicas (p. ex., cardíaca, osteoporose etc.) devem ser consideradas para o planejamento de tratamento.

Alguns pacientes manifestam deformidade evidente da coluna (escoliose, flexão para frente na cintura, andar com os joelhos flexionados).

Como na claudicação neurogênica, os pacientes tendem a ser mais sintomáticos quando na ponta de seus pés. Uma quantidade significativa de dor pode ser gerada ao tentar corrigir o desequilíbrio da coluna vertebral usando músculos paraespinais, bem como a retroversão da pelve (girando-a para trás nos quadris) e não estendendo totalmente os joelhos. Toda essa atividade muscular extra é cansativa e começa a produzir dor muscular nas costas e coxas. Pacientes com ASD tendem a melhorar pela manhã, quando eles estão em repouso.

Ao contrário da estenose espinal lombar na ausência de escoliose, os sintomas podem não ser aliviados pela flexão.[2] Pode haver algum alívio quando sustentar o tronco com os braços.

73.4 Teste diagnóstico

▶ **CT/MRI.** Ambas são recomendadas para a avaliação da espondilose sintomática e ASD para determinar a extensão da compressão neural.

▶ **DEXA (Medida da absorção de raios X de dupla energia).** Os pacientes devem ser avaliados para osteopenia/osteoporose antes de planejar a cirurgia. O tratamento médico pode ser benéfico no período perioperatório.

Alguns cirurgiões utilizam o medicamento Forteo™ por 3 meses (uso não indicado no rótulo – controverso) em um esforço para tentar aumentar rapidamente a densidade dos ossos osteoporóticos na cirurgia.

▶ **Exames de raios X da escoliose com o paciente em pé.** Recomendados para avaliação do equilíbrio global e regional da coluna vertebral. Radiografias pré e pós-operatórias ajudam a confirmar que os objetivos de alinhamento sejam alcançados.

Medidas relacionadas com o equilíbrio sagital são realizadas a partir de exames de raios X da escoliose em pé (CT e MRI são obtidas em posição supina e não são equivalentes). Requisitos técnicos para imagem lateral:
- o exame de raios X deve obter imagens de C7 até as cabeças femorais
- o paciente precisa tentar manter os joelhos retos (estendidos)
- os braços devem ser dobrados na frente do tórax (e não devem inclinar-se ou agarrar em qualquer coisa)

Os exames de raios X dinâmicos para avaliar a escoliose ("radiografias de inclinação lateral para a flexibilidade coronal e de flexão e extensão em incidência lateral para avaliar a instabilidade sagital") ajudam a determinar o grau de rigidez da curvatura no pré-operatório.

73.5 Medidas importantes da coluna vertebral

73.5.1 Informação geral

A quantificação da gravidade da deformidade da coluna vertebral e a classificação auxiliam na escolha do tratamento mais adequado.[9,10]

73.5.2 Nomenclatura da escoliose

A escoliose é mensurada utilizando os ângulos de Cobb. Na radiografia AP, as "vértebras finais" são identificadas nas partes superior e inferior da curva escoliótica e são definidas como as vértebras com o maior ângulo em relação ao plano horizontal. Uma linha horizontal é desenhada na placa terminal superior da "vértebra final" superior, e uma segunda é desenhada na placa terminal inferior da "vértebra final" inferior. O ângulo de Cobb é o ângulo entre essas duas linhas. As curvas são nomeadas quanto à lateralidade baseadas no lado convexo (dextroescoliose = convexo para a direita; sinistroescoliose = convexo para a esquerda).

Uma curva não estrutural pode corrigir na incidência com inclinação lateral. Uma curva estrutural não é flexível.

A principal curva é a maior curva estrutural. Uma curva menor é a curva adjacente a maior.

73.5.3 Parâmetros espinopélvicos

A metodologia de mensuração e as informações relevantes são mostradas no ▶ Quadro 73.1 e ilustradas na ▶ Fig. 73.1 e ▶ Fig. 73.2. As medidas básicas que podem ser correlacionadas com a redução de dor e medidas de qualidade de vida:
- LL (lordose lombar)
- PI (incidência pélvica)
- PT (inclinação pélvica)
- ± SVA (alinhamento vertical sagital): enquanto isto pode ser útil em algumas ocasiões, também parece estar sujeito à variabilidade, dependendo de quanta dor o paciente tem estando de pé ereto. Com exceção de CSVL, as medições mostradas no ▶ Quadro 73.1 são todas retiradas de raios X laterais do paciente em pé (▶ Fig. 73.1 e ▶ Fig. 73.2)

73.6 Classificação de SRS-Schwab da deformidade da coluna vertebral adulta

A escoliose adulta é classificada pela Scoliosis Research Society **(SRS)**[16] com base em suas características radiográficas regionais/globais (uma modificação de classificações de Lenke e King/Moe previamente estabelecidas para adolescentes) e mais recentemente por parâmetros espinopélvicos no que se refere à qualidade de vida relacionada com a saúde.[17,18,19]
- tipos de curva coronal
  - T: Torácico apenas (com curva lombar < 30°)
  - L: Toracolombar/Lombar apenas (com curva torácica < 30°)
  - D: Curva dupla (ambas as curvas T e T/L > 30°)
  - N: Sem grande deformidade coronal (todas as curvas coronais < 30°)
- modificadores Sagitais
  - PI menos LL
    - 0: não patológica (PI–LL < 10°)
    - +: deformidade moderada (10° < PI-LL < 20°)
    - ++: deformidade acentuada (PI-LL > 20°)

Deformidade da Coluna Vertebral e Escoliose Degenerativa em Adultos

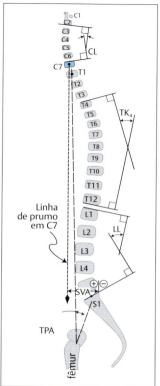

Fig. 73.1 Diagrama esquemático lateral da coluna vertebral mostrando o método para medir a CL, TK, LL SVA e TPA.

- alinhamento global (SVA)
  - 0: não patológico (SVA < 4 cm)
  - +: deformidade moderada (4 cm < SVA < 9,5 cm)
  - ++: deformidade acentuada (SVA > 9,5 cm)
- inclinação pélvica (PT)
  - 0: não patológica (PT < 20°)
  - +: deformidade moderada (20° < PT < 30°)
  - ++: deformidade acentuada (PT > 30°)

73.7 Tratamento/manejo

73.7.1 Opções

1. observação com tratamento clínico
2. descompressão focal
3. correção cirúrgica da deformidade
   a) MIS (cirurgia minimamente invasiva da coluna vertebral)
   b) híbrida (MIS + aberta)
   c) cirurgia tradicional aberta (fusão intersomática lombar transforaminal (TLIF), fusão intercorporal lombar posterior (PLIF)...)

As opções de tratamento são baseadas em sintomas clínicos (dor lombar axial ± radiculopatia *vs.* radiculopatia apenas) e grau de anormalidades no plano sagital (equilíbrio necessário para osteotomias abertas ou liberação da coluna anterior ACR). Os sintomas neuropáticos mais frequentes originam-se do forame com-

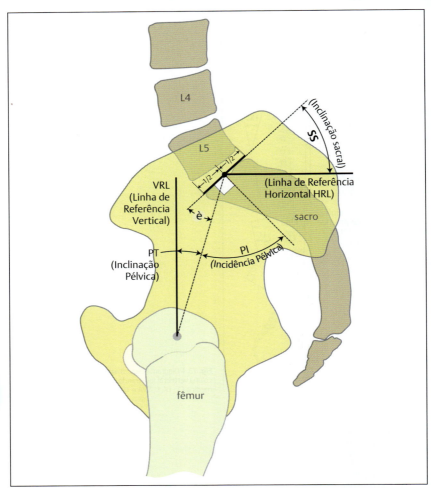

Fig. 73.2 Diagrama esquemático lateral da coluna vertebral mostrando o método para medir a PT, PI e SS.

prometido na concavidade da curva, mas pode ser visto na convexidade no quadro de hipertrofia da faceta e podem melhorar com a descompressão indireta e correção no plano coronal. A estenose central significativa (claudicação neurogênica) pode necessitar de descompressão direta concomitante além de correção da deformidade.

Objetivo da cirurgia: para melhorar as medidas de qualidade de vida, dor neuropática e axial. O arsenal do cirurgião inclui procedimentos abertos tradicionais, MIS e híbridos, que é específico para o paciente e para cada deformidade. Mais recentemente, os paradigmas de tomada de decisão cirúrgica incluíram técnicas de MIS para limitar a abordagem de morbidade relacionada. As técnicas de MIS incluem fusão intersomática lateral, ALLR, MIS-TLIF e fixação percutânea do parafuso pedicular, que podem ser usadas com osteotomias posteriores para aumentar o poder corretivo.

Quadro 73.1 Parâmetros espinopélvicos: Metodologia de medida e informações relevantes

Parâmetro	Descrição	Normal	Objetivo do alinhamento	Comentário
alinhamento vertical sagital (SVA) ou (C7-SVA)	distância horizontal da borda posterior da placa terminal S1 a uma linha de prumo retirada do centro do VB de C7	< 5 cm	< 5 cm	números são positivos, se a linha de prumo for anterior. Pode ser suscetível ao erro dependendo da postura do paciente, braços em repouso no equipamento...
inclinação pélvica (PT)	ângulo entre a linha de referência vertical (VRL) e uma linha traçada do ponto médio da cabeça femoral ao ponto médio da placa terminal de S1	10-25°[11]	< 20°	PT acima ≈ 20° indica que o paciente está tentando compensar o desequilíbrio da coluna espinal (alguns autores consideram até 25° como normal)
incidência pélvica (PI)	ângulo entre uma linha perpendicular à placa terminal de S1 e uma linha traçada do ponto médio da cabeça femoral[a] ao ponto médio da placa terminal de S1	≈ 50°	(ver lordose lombar)	PI é fixa uma vez que a maturidade esquelética é alcançada[b] Para facilitar a medida, PI = 90°-θ[12]
inclinação sacral (SS)	ângulo entre a linha de referência horizontal (HRL) e a placa terminal de S1	36-42°		SS = PI-PT
lordose lombar (LL)	ângulo entre a parte superior de S1 e a parte superior de L1	20-40°[13]	LL = PI ± 9°	LL deve estar em 9° para a "harmonia pélvica"
cifose torácica (TK)	ângulo entre a parte superior de T4 e a parte inferior de T12	41° ± 12°[14]		Visto que T1 é frequentemente difícil de visualizar, a convenção é medir a parte superior de T4 até a parte inferior de T12. Às vezes referida como TK4
TPA (Ângulo T1 Pélvico)	ângulo entre a linha traçada do centro de T1 ao centro da cabeça femoral e a linha da cabeça femoral[a] ao centro da placa terminal de S1	20°[15]		pode ser menos suscetível para influenciar do que o SVA da postura do paciente durante a radiografia
linha vertical central do sacro (CSVL)	(na radiografia da escoliose em posição AP) linha orientada verticalmente que divide em dois o sacro perpendicular a uma tangente traçada pelas cristas ilíacas	para o equilíbrio coronal, uma linha de prumo do centro da VB de C7 deve ser < 4 cm da CSVL	linha de prumo do centro da VB de C7 < 4 cm da CSVL	números positivos estão à direita, negativos à esquerda

[a]Para medidas envolvendo a cabeça femoral (PT, PI e TPA), se as duas cabeças femorais não estiverem sobrepostas, medir a um ponto que é intermediário entre os centros de duas cabeças femorais.
[b]PI não é afetada pela postura ou alterações degenerativas (p. ex., o paciente não pode compensar por essa alteração). Uma PI elevada correlaciona-se com um risco maior de progressão da espondilolistese, uma PI baixa correlaciona-se com um risco menor.

73.7.2 Correção do equilíbrio global da coluna vertebral

Indicações de cirurgia
- dor lombar axial ± sintomas neuropáticos (deletério para ADLs)
  - SVA anormal
  - normalidade ± CSVL (linha vertical sacral central)
  - ou desarranjo dos parâmetros espinopélvicos
- idade e comorbidades do paciente devem ser levadas em consideração (osteopenia, risco de anestesia e comorbidades médicas podem limitar os objetivos de correção e quantidade de cirurgia que é segura)

Resumo dos objetivos nas Relações Espinopélvicas
- LL = PI ± 9°
- PT < 20°
- SVA < 5 cm

Na maioria dos casos, a correção do desequilíbrio sagital é decorrente de uma deficiência de lordose lombar (LL) relativa à incidência pélvica (PI) – que pode ser considerada a síndrome da *flat back*. Isto é, a LL é geralmente maior do que 9° abaixo da PI.

A inclinação pélvica > 20° sugere que o paciente está tentando compensar com a retroversão da pelve (alguns autores aceitam até 25° como normal).

A quantidade mínima de correção que o cirurgião tenta alcançar, portanto, é a quantidade que a LL precisa para aumentar para trazê-lo dentro de 9° de PI e normalmente também adiciona na quantidade que o paciente está compensando (p. ex., a quantidade que o PT é maior que 20°), que produz a aproximação seguinte (aplica-se quando a LL é maior do que 9° inferior à PI, e a PT é maior do que 20°; ver Eq (73.1):

$$\text{Aumento na LL necessário} \approx (PI - LL - 9°) + (PT - 20°) \tag{73.1}$$

▶ **Equilíbrio coronal.** Medido em radiografia de escoliose AP em pé. Uma linha de prumo é delineada a partir de centro do C7 VB. Se estiver > 4 cm da linha média do sacro (onde está localizado a CSVL), há desequilíbrio coronal (é considerado positivo, se o fio de prumo cair à direita da CSVL e negativo à esquerda).

73.7.3 Opções cirúrgicas para o aumento da lordose lombar

Várias técnicas cirúrgicas podem ser utilizadas para aumentar a lordose lombar, trazendo-a para as especificações desejadas. Se necessário, essas técnicas podem ser combinadas com procedimentos para descomprimir os elementos neurais (p. ex., laminectomia). Uma comparação da quantidade aproximada de lordose que pode ser alcançada com diferentes técnicas é mostrada no ▶ Quadro 73.2.

▶ **Fusão intersomática lombar transforaminal (TLIF) e fusão intersomática lombar posterior (PLIF).** Operação tradicional. Pode ser realizada aberta ou MIS.

▶ **Fusão intersomática lombar lateral (LLIF).** Por exemplo, XLIF™, DLIF™, OLIF™. A abordagem pelo músculo psoas (XLIF, DLIF) ou anterior ao músculo psoas (OLIF), por meio de uma abordagem lateral ou anterolateral. Pode desviar os corpos vertebrais, aumentando a altura do espaço discal e, assim, indiretamente, descomprimindo os elementos neurais. Se a qualidade óssea for boa e não houver instabilidade nem espondilolistese > Grau I, o procedimento autônomo (p. ex., sem instrumentação com parafuso) pode ser uma opção, se a largura do dispositivo intersomático de pelo menos 22 mm (ou de preferência 26 mm) na dimensão de AP for usada.

Quadro 73.2 Comparação da quantidade de lordose lombar que pode ser obtida de várias técnicas cirúrgicas

Técnica	TLIF / PLIF	LLIF	ALIF	SPO + ACR	PSO
Graus de lordose lombar	< 0 (p. ex., cifose) até $2°^{20}$	$1°^{21}$	$6°^{20}$	$16°^{22}$	$30\text{-}40°^{22,23}$

Abreviações: TLIF = fusão intersomática lombar transforaminal; PLIF = fusão intersomática lombar posterior; LLIF = fusão intersomática lombar lateral; ALIF = fusão intersomática lombar anterior; SPO = osteotomia de Smith-Petersen; ACR = liberação anterior da coluna; PSO = osteotomia de subtração pedicular.

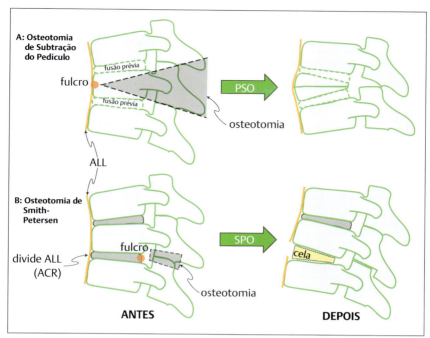

Fig. 73.3 Comparação de A: Osteotomia de subtração do pedículo e B: osteotomia de Smith-Petersen mais ACR. Abreviações: ALL = ligamento longitudinal anterior, ACR = liberação anterior da coluna.

▶ **Liberação anterior da coluna (ACR).** Envolve a divisão do ligamento longitudinal anterior (liberação ALL (ALLR) normalmente com a colocação de um dispositivo intersomático "hiperlordótica (20-30° de lordose) a partir de uma abordagem anterior (p. ex., a técnica intersomática lateral). Isto é seguido por fixação posterior, muitas vezes com uma osteotomia de Smith-Petersen (principalmente para dispositivos intersomáticos de 30°) e compressão. Pode aumentar a LL em até 12° por nível de ACR e melhora de SVA em até 3 cm (dependendo do nível pela qual é realizada).[22,24]

O risco de lesão de grandes vasos, diretamente (quando corta a ALL) ou indiretamente por alongamento da coluna anterior. É fundamental avaliar os grandes vasos na MRI ou CT axial, ou na angiografia e não fazer o procedimento, se os vasos aparecem firmemente próximos aos corpos ou aos osteófitos, a esse nível.

▶ **Osteotomia de Smith-Petersen (SPO).** Conhecida como "osteotomia de chevron ou extensão" pode aumentar a lordose em até 10° por nível. Aproximadamente um grau para cada milímetro de osso submetido à ressecção.[25,26] Envolve a remoção das facetas bilaterais superiores e inferiores, juntamente com o ligamento amarelo e a porção da lâmina acima e abaixo. A lacuna criada é, então, fechada com compressão dos elementos posteriores para dar lordose (a ressecção dos elementos posteriores e utilizando a coluna média como um apoio para a coluna anterior alongada, ▶ Fig. 73.3A).[26,27] A LL é aumentada em aproximadamente 1° para cada 1 mm de osso removido.

Quadro 73.3 Recomendações de manejo da MIS baseadas na gravidade de ASD[9] com a Classificação estimada de SRS-Schwab[17]

	Leve (equilibrada)		Moderada (compensada)		Grave (descompensada)	
	Deukmedjian et al.[9]	SRS-Schwab[17]	Deukmedjian et al.[9]	SRS-Schwab[17]	Deukmedjian et al.[9]	SRS-Schwab[17]
CCA	< 30°	N	> 30°	T, L ou D	> 30°	T, L ou D
PI – LL	< 20°	0 ou +	20–30°	+ +	> 30°	+ +
SVA	< 5 cm	0	5–9 cm	+	> 10 cm	+ +
PT[a]	< 25°	0	25–30°	+	> 30°	+ +
Recomendações para o procedimento anterior	MIS LLIF		MIS-LLIF para vértebras neutras + ACR		MIS-LLIF para vértebras neutras ± ACR	
Recomendações para o procedimento posterior	Se PT < 20°, considerar a independência[b], de outra forma a fixação percutânea		Fixação percutânea em S1 ± facetectomia(s)		Fixação aberta em S2 ou ilíaca + osteotomia(s)	

Para usar esta tabela, determinar qual categoria o paciente se encaixa (Leve, Moderada ou Grave) utilizando tanto os parâmetros de Deukmedjian (em que esta referência é baseada) ou os parâmetros de SRS-Schwab aproximadamente equivalentes mostrados.

Abreviações: CCA = ângulo coronal de Cobb; LLIF = fusão intersomática lombar lateral (p. ex., XLIF, DLIF, OLIF...); ACR = liberação anterior da coluna
[a]Na classificação de SRS-Schwab, PT < 20° é considerada normal
[b]Independência significando fixação posterior ausente pressupõe que a qualidade óssea não é osteoporótica e que a largura da cela utilizada é de pelo menos 22 mm (reduzir o risco de subsidência).

O termo "osteotomia em ponte" é frequentemente utilizado intercambiavelmente com SPO, mas a ponte foi originalmente descrita por tratar a cifoescoliose de Scheuermann.

▶ **Osteotomia de subtração pedicular (PSO).** Envolve a remoção ampla de elementos posteriores, incluindo o ligamento amarelo, lâmina e facetas, seguida por isolamento e ressecção de pedículos bilateralmente e remoção em forma de cunha do corpo vertebral, mas apenas muito pouco até o córtex ventral. A lacuna criada é, então, fechada por compressão dos elementos posteriores e subsequente estrutura do córtex ventral isolado (▶ Fig. 73.3B).[23] Pode aumentar a LL em até 30° - 40° por nível, a melhora de SVA em nível de 5 a 13 cm.[22,23]

Este procedimento é tecnicamente desafiador e está associado à perda elevada de sangue (3L em 1 série[28]) e aumento do risco de complicações (incluindo a cifose juncional proximal [PJK] em 23%[28]) em relação à SPO. Geralmente reservada à coluna vertebral previamente fundida, onde não é possível obter a quantidade de lordose necessária de níveis não fundidos. A PSO é um procedimento de "encurtamento" da coluna vertebral.

Utiliza a coluna anterior como um fulcro. Geralmente limitada em níveis abaixo do cone medular (p. ex., L1-2) em razão do risco de uma torção interna da dura-máter (L3 é o nível mais comum). O monitoramento eletrofisiológico intraoperatório é necessário. Contraindicação relativa: baixa qualidade óssea.

▶ **Fusão intersomática lombar anterior (ALIF).** Melhor para L5-S1 (onde os grandes vasos tendem a não interferir no acesso e onde cada grau de correção produz uma quantidade mais significativa de melhora na SVA do que em outros níveis, como resultado de ser o ponto mais baixo na coluna vertebral).

73.7.4 Diretrizes para o tratamento da ASD com MIS

Um algoritmo simples para o tratamento do desequilíbrio sagital com a MIS, com base em parâmetros espinopélvicos e a classe SRS-Schwab aproximada, é mostrado no ▶ Quadro 73.3[9]. Ver referências[10,29] para um protocolo mais detalhado.

Atualmente sob investigação pela SRS: quando e em que grau, a melhora do equilíbrio sagital ocorre com a simples descompressão (possivelmente com um mínimo de fusão), como resultado do alívio da dor, permitindo que o paciente fique em posição mais ereta com menos dor.

Referências

[1] Cobb JR. Outline for study of scoliosis. Am Acad Orthop Surg. 1948; 5:261–275

[2] Silva FE, Lenke LG. Adult degenerative scoliosis: evaluation and management. Neurosurg Focus. 2010; 28. DOI: 10.3171/2010.1.FOCUS09271

[3] Wiet RJ, Wiet RJ, Glasscock ME, Shambaugh GE. In: Dissection Manual. Surgical Anatomy of the Temporal Bone Through Dissection. Philadelphia: W.B. Saunders; 1980:677–725

[4] Pritchett JW, Bortel DT. Degenerative symptomatic lumbar scoliosis. Spine (Phila Pa 1976). 1993; 18:700–703

[5] Faldini C, Di Martino A, De Fine M, Miscione MT, Calamelli C, Mazzotti A, Perna F. Current classification systems for adult degenerative scoliosis. Musculoskelet Surg. 2013; 97:1–8

[6] Nash CL, Jr, Moe JH. A study of vertebral rotation. J Bone Joint Surg. 1969; 51:223–229

[7] Drazin D, Shirzadi A, Rosner J, Eboli P, Safee M, Baron EM, Liu JC, Acosta FL,Jr. Complications and outcomes after spinal deformity surgery in the elderly: review of the existing literature and future directions. Neurosurg Focus. 2011; 31. DOI: 10.3171/201 1.7.FOCUS11145

[8] Schwab F, Dubey A, Gamez L, El Fegoun AB, Hwang K, Pagala M, Farcy JP. Adult scoliosis: prevalence, SF-36, and nutritional parameters in an elderly volunteer population. Spine (Phila Pa 1976). 2005; 30:1082–1085

[9] Deukmedjian AR, Ahmadian A, Bach K, Zouzias A, Uribe JS. Minimally invasive lateral approach for adult degenerative scoliosis: lessons learned. Neurosurg Focus. 2013; 35. DOI: 1 0. 3 17 1/2 01 3. 5. FOCUS13173

[10] Haque RM, Mundis GM, Jr, Ahmed Y, El Ahmadieh TY, Wang MY, Mummaneni PV, Uribe JS, Okonkwo DO, Eastlack RK, Anand N, Kanter AS, La Marca F, Akbarnia BA, Park P, Lafage V, Terran JS, Shaffrey CI, Klineberg E, Deviren V, Fessler RG. Comparison of radiographic results after minimally invasive, hybrid, and open surgery for adult spinal deformity: a multicenter study of 184 patients. Neurosurg Focus. 2014; 36. DOI: 10.3171/2014.3.FOCUS1424

[11] Lafage V, Schwab F, Patel A, Hawkinson N, Farcy JP. Pelvic tilt and truncal inclination: two key radiographic parameters in the setting of adults with spinal deformity. Spine (Phila Pa 1976). 2009; 34: E599–E606

[12] Ryan MD. Geometry for Dummies. 2nd ed. Indianapolis, Indiana: Wiley Publishing, Inc.; 2008

[13] Tuzun C, Yorulmaz I, Cindas A, Vatan S. Low back pain and posture. Clin Rheumatol. 1999; 18:308–312

[14] Schwab F, Lafage V, Boyce R, Skalli W, Farcy JP. Gravity line analysis in adult volunteers: age-related correlation with spinal parameters, pelvic parameters, and foot position. Spine (Phila Pa 1976). 2006; 31:E959–E967

[15] Protopsaltis TS, Schwab FJ, Smith JS, et al. The T1 Pelvic Angle (TPA), a Novel Radiographic Parameter of Sagittal Deformity, Correlates Strongly with Clinical Measures of Disability. The Spine Journal. 2013; 13

[16] Lowe T, Berven SH, Schwab FJ, Bridwell KH. The SRS classification for adult spinal deformity: building on the King/Moe and Lenke classification systems. Spine (Phila Pa 1976). 2006; 31:S119–S125

[17] Schwab F, Ungar B, Blondel B, Buchowski J, Coe J, Deinlein D, DeWald C, Mehdian H, Shaffrey C, Tribus C, Lafage V. Scoliosis Research Society-Schwab adult spinal deformity classification: a validation study. Spine (Phila Pa 1976). 2012; 37:1077–1082

[18] Liu Y, Liu Z, Zhu F, Qian BP, Zhu Z, Xu L, Ding Y, Qiu Y. Validation and reliability analysis of the new SRSSchwab classification for adult spinal deformity. Spine (Phila Pa 1976). 2013; 38:902–908

[19] Ames CP, Smith JS, Scheer JK, Bess S, Bederman SS, Deviren V, Lafage V, Schwab F, Shaffrey CI. Impact of spinopelvic alignment on decision making in deformity surgery in adults: A review. J Neurosurg Spine. 2012; 16:547–564

[20] Hsieh PC, Koski TR, O'Shaughnessy BA, Sugrue P, Salehi S, Ondra S, Liu JC. Anterior lumbar interbody fusion in comparison with transforaminal lumbar interbody fusion: implications for the restoration of foraminal height, local disc angle, lumbar lordosis, and sagittal balance. J Neurosurg Spine. 2007; 7:379–386

[21] Le TV, Vivas AC, Dakwar E, Baaj AA, Uribe JS. The effect of the retroperitoneal transpsoas minimally invasive lateral interbody fusion on segmental and regional lumbar lordosis. ScientificWorldJournal. 2012; 2012. DOI: 10.1100/2012/516706

[22] Manwaring JC, Bach K, Ahmadian AA, Deukmedjian AR, Smith DA, Uribe JS. Management of sagittal balance in adult spinal deformity with minimally invasive anterolateral lumbar interbody fusion: a preliminary radiographic study. J Neurosurg Spine. 2014; 20:515–522

[23] Mummaneni PV, Dhall SS, Ondra SL, Mummaneni VP, Berven S. Pedicle subtraction osteotomy. Neurosurgery. 2008; 63:171–176

[24] Deukmedjian AR, Dakwar E, Ahmadian A, Smith DA, Uribe JS. Early outcomes of minimally invasive anterior longitudinal ligament release for correction of sagittal imbalance in patients with adult spinal deformity. ScientificWorldJournal. 2012; 2012. DOI: 10.1100/2012/789698

[25] Smith-Petersen MN, Larson CB, Aufranc OE. Osteotomy of the spine for correction of flexion deformity in rheumatoid arthritis. Clin Orthop Relat Res. 1969; 66:6–9

[26] Cho KJ, Bridwell KH, Lenke LG, Berra A, Baldus C. Comparison of Smith-Petersen versus pedicle subtraction osteotomy for the correction of fixed sagittal imbalance. Spine (Phila Pa 1976). 2005; 30:2030–7; discussion 2038

[27] La Marca F, Brumblay H. Smith-Petersen osteotomy in thoracolumbar deformity surgery. Neurosurgery. 2008; 63:163–170

[28] Hyun SJ, Rhim SC. Clinical outcomes and complications after pedicle subtraction osteotomy for fixed sagittal imbalance patients: a long-term follow-up data. J Korean Neurosurg Soc. 2010; 47:95–101

[29] Mummaneni PV, Shaffrey CI, Lenke LG, Park P,Wang MY, La Marca F, Smith JS, Mundis GM,Jr, Okonkwo DO, Moal B, Fessler RG, Anand N, Uribe JS. Kanter AS, Akbarnia B, Fu KM. The minimally invasive spinal deformity surgery algorithm: a reproducible rational framework for decision making in minimally invasive spinal deformity surgery. Neurosurg Focus. 2014; 36. DOI: 10.3171/2014.3.FOCUS1413

74 Condições Especiais que Afetam a Coluna Vertebral

74.1 Doença de Paget da coluna vertebral

74.1.1 Fisiopatologia

A doença de Paget (PD) (conhecida como *osteitis deformans*) é um distúrbio de osteoclastos (possivelmente induzido por vírus) causando o aumento da taxa de reabsorção óssea com produção excessiva de osso neoformado, mais fraco e entrelaçado por osteoblastos reativos, produzindo o "padrão de mosaico" característico.

Inicialmente, observa-se uma fase "quente" com elevada atividade osteoclástica e aumento de vascularização intraóssea. Os osteoblastos determinam um osso macio, não lamelar. Posteriormente, uma fase "fria" ocorre com o desaparecimento do estroma vascular e atividade osteoblástica deixando o osso esclerótico, radiodenso e frágil[1] ("osso de marfim").

74.1.2 Degeneração maligna

Um termo impróprio, já que na verdade as alterações malignas ocorrem nas células osteoblásticas reativas. Cerca de 1% (faixa varia: 1-14%) degenera em sarcoma (sarcoma osteogênico, sarcoma fibroso ou condrossarcoma),[2(p 2642)] com a possibilidade de metástases sistêmicas (p. ex., pulmonares). A degeneração maligna é muito menos comum na coluna vertebral do que no crânio ou fêmur.

74.1.3 Epidemiologia

Prevalência: ≈ 3% da população > 55 anos de idade nos Estados Unidos e Europa, muito menor na Ásia.[3] Ligeira predominância masculina. A história familiar de doença de Paget é encontrada em 15-30% dos casos (a acurácia é baixa, visto que a maioria dos indivíduos é assintomática).

74.1.4 Sítios comuns de envolvimento

Afinidade para esqueleto axial, ossos longos e crânio. Em ordem descendente aproximada de frequência: pelve, colunas torácica e lombar, crânio, fêmur, tíbia, fíbula e clavículas.

74.1.5 Envolvimento neurocirúrgico

A PD pode apresentar ao neurocirurgião como resultado de:
1. dor nas costas: geralmente não como um resultado direto de envolvimento ósseo vertebral (ver abaixo)
2. sintomas na medula espinal e/ou raiz nervosa
   a) compressão da medula espinal ou cauda equina (relativamente rara)
   b) compressão da raiz do nervo espinal
   c) roubo vascular decorrente da vasodilatação reativa adjacente em áreas envolvidas
3. com envolvimento do crânio:
   a) compressão de nervos cranianos quando saem pelo forame ósseo: 8° nervo é mais comum, produzindo surdez ou ataxia (p. 1400)
   b) envolvimento da base craniana → invaginação basilar
4. para verificar o diagnóstico em lesões indefinidas do osso craniano ou coluna

74.1.6 Apresentação

Informação geral

Apenas ≈ 30% das lesões de Paget são sintomáticas,[4] o restante é descoberto por acaso. A superprodução do osso fraco pode produzir dor óssea (o sintoma mais comum), predileção por fraturas e síndromes compressivas: nervos cranianos (p. 1400), raiz do nervo espinal... A curvatura indolor de um osso longo pode ser a primeira manifestação. Diversos pacientes apresentam esses sintomas por causa da dor por disfunção articular relacionada com a PD.

A grande maioria das lesões de Paget é assintomática[5(p 1413)] com lesões detectadas em radiografias ou exame ósseo obtidos por outros motivos ou como parte de uma avaliação para detecção de fosfatase alcalina elevada. Embora a queixa mais comum em pacientes com doença de Paget é de dor nas costas, isto é atribuído somente ao envolvimento da doença em apenas ≈ 12%,[6] nos demais é secundário a outros fatores, alguns dos quais são descritos a seguir.

Sintomas que podem estar relacionados com a própria doença de Paget

Sintomas a partir das seguintes condições são lentamente progressivas (geralmente presente por > 12 meses; raramente < 6 meses):
1. compressão neural
   a) causas de compressão
      - decorrente da expansão do osso entrelaçado
      - decorrente do tecido osteoide
      - extensão de Paget no ligamento amarelo e gordura epidural[7]
   b) sítios de compressão
      - medula espinal (ver a seguir)
      - raiz nervosa no forame neural
2. osteoartrite das facetas articulares (doença de Paget pode precipitar a osteoartrite[6])

Sintomas a seguir tendem a progredir mais rapidamente:
1. alteração maligna (sarcomatosa) do osso envolvido (rara, ver anteriormente)
2. fratura patológica (dor geralmente súbita no início)
3. neurovascular (comprometimento do suprimento vascular para os nervos ou medula espinal) por
   a) compressão dos vasos sanguíneos (arterial ou venosa)
   b) roubo vascular de Paget (ver a seguir)

Sintomas da medula espinal

A mielopatia ou síndrome da cauda equina pode ser ocasionada por compressão da medula espinal ou por efeitos vasculares (oclusão ou "roubo" por causa de vasodilatação reativa de vasos sanguíneos adjacentes[5(p 1415)]). Apenas ≈ 100 casos foram descritos, em 1981.[8] Caracteristicamente, 3-5 vértebras estão envolvidas,[9(p 2307)] enquanto o envolvimento monostótico geralmente é assintomático.[10] Em relatos de caso na literatura, a paraparese ou quadriparese progressiva foi a manifestação mais comum.[11] Alterações sensoriais geralmente são a primeira manifestação, progredindo para fraqueza e perturbação do esfíncter. A dor foi o único sintoma no paciente neurologicamente intacto em apenas 5,5%.

Um curso rápido (período médio de 6 semanas) com um aumento súbito de dor é mais sugestivo de degeneração maligna.

74.1.7 Avaliação

1. exame laboratorial (marcadores sorológicos podem ser normais no envolvimento monostótico):
   a) fosfatase alcalina sérica: geralmente elevada (esta enzima está envolvida na síntese óssea e, portanto, pode *não* estar elevada na doença de Paget puramente lítica;[5(p 1416)] média 380 ± 318 IU/L (faixa normal: 9-44).[6] A fosfatase alcalina específica dos ossos pode ser mais sensível e pode ser útil no envolvimento monostótico[3]
   b) cálcio: geralmente normal (se elevado, deve excluir (R/O) hiperparatireoidismo)
   c) hidroxiprolina urinária: a hidroxiprolina é encontrada quase que exclusivamente na cartilagem. Em razão da alta taxa de renovação óssea, a hidroxiprolina urinária é frequentemente aumentada na PD com uma média de 280 ± 262 mg/24 horas (faixa normal de 18-38)[6]
2. exame ósseo: ilumina em áreas de envolvimento na maioria, mas não em todos[6] os casos
3. radiografias:
   a) aumento ósseo localizado: um achado único na PD (não observado e outras doenças osteoclásticas, como metástases ósseas da próstata)
   b) espessamento cortical
   c) alterações escleróticas
   d) áreas osteolíticas (no crânio → osteoporose circunscrita; em ossos longos → lesões em forma de "V")
   e) doença de Paget da coluna vertebral frequentemente envolve *vários níveis contíguos*. Os pedículos e as lâminas são espessas, corpos vertebrais são geralmente densos e comprimidos com o aumento de largura. Discos intermediários são substituídos por osso
4. CT: alterações hipertróficas nas facetas articulares com trabeculações espessas

74.1.8 Tratamento

Tratamento médico para doença de Paget

Informação geral

Não existe cura para doença de Paget. O tratamento médico é indicado para casos que não são rapidamente progressivos, em que o diagnóstico é determinado, para pacientes que são pobres candidatos à cirurgia e o pré-operatório se a hemorragia excessiva não puder ser tolerada. A terapia médica reverte parte do déficit neurológico em 50% dos casos,[12] mas geralmente requer tratamento prolongado (≈ 6–8 meses) antes de a melhora ocorrer e pode ser necessário continuá-lo indefinidamente em razão da propensão por relapsos. Os medicamentos utilizados são descritos a seguir.

Calcitonina de salmão parenteral

A calcitonina de salmão parenteral (Calcimar®):[12] reduz a atividade osteoclástica diretamente, a hiperatividade osteoblástica diminui secundariamente. Recaídas podem ocorrer mesmo com o uso de calcitonina. Efeitos colaterais incluem náuseas, rubor facial e o desenvolvimento de anticorpos à calcitonina de salmão (estes pacientes podem-se beneficiar de uma preparação humana sintética mais cara (Cibacalcin®) começando em 0,5 mg SQ q d[13]).

R 50-100 IU (unidades do conselho de pesquisa médica) SQ q d × 1 mês, seguida por três injeções por semana por vários meses.[3] Se utilizada no pré-operatório para ajudar a diminuir a vascularização óssea, ≈ 6 meses de tratamento é o ideal. Doses abaixo ≈ 50 IU unidades 3 × por semana podem ser utilizadas indefinidamente no pós-operatório ou como um único tratamento (fosfatase alcalina e hidroxiprolina urinária declinam de 30-50% em > metade dos pacientes em 3-6 meses, mas eles raramente normalizam).

Bifosfonatos

Estes fármacos são análogos do pirofosfato que se ligam aos cristais de hidroxiapatita e inibem a reabsorção. Eles também alteram o metabolismo osteoclástico, inibem a sua atividade e reduzem seus números. São retidos no osso, até que seja reabsorvido. A absorção oral de todos é baixa (principalmente na presença de alimento). O osso formado durante o tratamento é lamelar em vez de entrelaçado.

Etidronato (Didronel®) (conhecido como EHDP): reduz a mineralização óssea normal (particularmente em doses ≥ 20 mg/kg/d) produzindo defeitos de mineralização (osteomalacia), que podem aumentar o risco de fratura, mas que tendem a curar-se entre os períodos.[14] Contraindicado em pacientes com insuficiência renal, osteomalacia ou graves lesões líticas de uma LE. R 5-10 mg/kg/PO diária (dose média: 400 mg/d ou 200-300 mg/d em pacientes idosos frágeis) por 6 meses, pode ser repetido após um hiato de 3-6 meses, se os marcadores bioquímicos indicam relapso.

Tiludronato (Skelid®): ao contrário do etidronato, parece não interferir com a mineralização óssea em doses recomendadas. Efeitos colaterais: dor abdominal, diarreia, N/V. R 400mg PO qd com 160-227 gramas (6-8 onças) de água pura > 2 horas antes ou depois de comer × 3 meses. Disponível: comprimidos de 200 mg comprimidos.

O pamidronato (Aredia®): muito mais potente que o etidronato. Pode causar uma síndrome de gripe aguda transitória. Dosagem oral é prejudicada pela intolerância GI, e formas IV podem ser necessárias. Defeitos de mineralização não ocorrem em doses < 180 mg/curso. R 90 mg/d IV × 3 dias ou como infusões semanais ou mensais.

O alendronato (Fosamax®): não produz defeitos de mineralização (p. 1010).

Clodronato (Ostac®, Bonefos®): R 400-1.600 mg/d PO × 3–6 meses. 300 mg/d IV × 5 dias (podem estar disponíveis fora dos Estados Unidos).

Risedronato (Actonel®): não interfere com a mineralização óssea em doses recomendadas.[15] R 30 mg PO q d com 6-8 oz. (160-227 gramas) de água pelo menos 30 minutos antes da primeira refeição do dia.

Tratamento cirúrgico

Informação geral

Em geral, o tratamento conservador de fraturas na PD está associado a uma alta taxa de união tardia.

Indicações cirúrgicas para doença de Paget da coluna vertebral

1. progressão rápida: indicando possível alteração maligna ou instabilidade da coluna vertebral
2. instabilidade da coluna vertebral: cifose grave ou comprometimento do canal por fragmentos ósseos derivados da fratura patológica. Embora o colapso seja normalmente gradual, pode ocorrer compressão súbita
3. diagnóstico indeterminado: principalmente para excluir (R/O) doença metastática (lesões osteoblásticas)
4. falha para melhora com os medicamentos

Considerações cirúrgicas

1. sangramento profuso é comum: se a hemorragia significativa apresentar um problema incomum, tratar desde que viável o pré-operatório com bifosfonato ou calcitonina (ver a seguir)
   a) utilizar cera óssea para ajudar a controlar o sangramento
   b) hemostasia pode ser difícil

2. para tratar a estenose espinal resultante: a laminectomia descompressiva é o procedimento padrão na região torácica.[11] No entanto, se a maior parte da patologia for anterior, deve-se considerar a abordagem anterior ou descompressão circunferencial
3. o osso é frequentemente espesso e pode ser fundido com a obliteração dos marcos espaçados. Uma broca de alta rotação geralmente é útil
4. tratamento médico pós-operatório pode ser necessário para prevenir as recorrências[12]
5. sarcoma osteogênico
   a) cirurgia e quimioterapia são utilizadas, a cura é menos provável do que no ostessarcoma primário não originado da doença de Paget
   b) biópsia provada do couro cabeludo requer excisão em bloco do couro cabeludo e do tumor

Desfecho cirúrgico

Ver referência.[11]

Em 65 pacientes tratados com laminectomia descompressiva, 55 (85%) tiveram graus definidos, mas variáveis de melhora. Os pacientes que apresentaram apenas mínima melhora foram aqueles que tiveram alterações malignas. Um paciente teve piora após a cirurgia, e a mortalidade operatória foi observada em sete pacientes (10%). A sobrevida com degeneração maligna é < 5,5 meses após admissão.

74.2 Espondilite anquilosante

74.2.1 Informação geral

Conceitos-chave

- Espondiloartrite prototípica, agora referida como espondiloartrite axial radiográfica
- Soronegativa (ausência de fator reumatoide), associada ao HLA-B27
- Começa em articulações SI (condição imperativa de envolvimento) progredindo rostralmente
- Clínica: rigidez matinal das costas, deformidade cifótica limita a expansão torácica
- Achados radiográficos: "coluna em bambu", lesões de Andersson, cifose torácica progressiva
- Coluna vertebral rígida altamente suscetível à fratura e SCI mesmo após trauma de baixa energia
- Grave deformidade, envolvimento neurológico ou fratura instável justifica a intervenção cirúrgica

Historicamente conhecida como doença de Marie-Strümpell, a espondilite anquilosante (AS) é associada ao HLA-B27 e o protótipo de um grupo de doenças conhecido como espondiloartrite (SpA). Características comuns das lombalgia inflamatória, sorologia negativa para o fator reumatoide e ausência de nódulos reumatoides, além de oligoartrite assimétrica predominantemente das extremidades inferiores. Atualmente referida na literatura como Espondiloartrite axial Radiográfica (RaxSpA), AS é considerada ser o estágio tardio de uma única entidade de doença, a Espondiloartrite axial (axSpA) distinta pela evidência definitiva de sacroileíte nas radiografias simples. Outras condições nesta rubrica incluem: artropatia psoriásica, doença de Reiter, espondiloartropatia juvenil... AS era também conhecida no passado como espondilite reumatoide ou artrite reumatoide da coluna vertebral, mas o uso desses termos é desaconselhado em razão da ausência de fator reumatoide. A coluna vertebral é o sítio esquelético principal envolvido, geralmente iniciando nas articulações sacroilíacas e coluna lombar e progredindo rostralmente.

Entesopatia: alterações inflamatórias não granulomatosas nas enteses (pontos de inserção dos ligamentos, tendões ou cápsulas nos ossos; o local de envolvimento na AS) estimulam o reposicionamento dos ligamentos pelos ossos, por fim resultando em VBs osteoporóticas, discos intervertebrais calcificados (poupando o núcleo pulposo) e os ligamentos ossificados, produzindo quadrados parecendo VBs com a aproximação dos sindesmófitos, os chamados "coluna em bambu" ou "coluna em pôquer". Manifestações extra-articulares (EAMs) incluem: uveíte anterior, doença inflamatória intestinal (IBD) e psoríase.

Envolvimento neurocirúrgico geralmente resulta das condições a seguir:

1. síndrome da cauda equina (**CES-AS**): a etiologia da CES na AS é frequentemente incerta, mas geralmente não é causada por estenose ou lesão compressiva. O início é lento e insidioso e existe uma alta incidência de ectasia dural.[16] Qualquer paciente com AS e déficit neurológico deve ser considerado apresentar CES até que se prove o contrário. Sem o tratamento, grande parte do estado neurológico do paciente continua a se deteriorar[16]
2. subluxação rotatória: nas articulações atlantoccipitais e atlantoaxiais. Pode ocorrer quando essas articulações são geralmente os últimos segmentos móveis da coluna vertebral. A incidência é menos comum do que na artrite reumatoide. Lesões que podem ser estáveis em colunas vertebrais normais, por outro lado, são frequentemente instáveis na AS
3. mielopatia secundária ao estrangulamento da medula: laminectomia pode agravar o quadro

4. lesão aguda da medula espinal (**SCI**): risco de SCI ou CES decorrente da fratura é aumentado na AS e pode ocorrer após trauma mínimo. As lesões são mais comuns na parte inferior da coluna cervical. A coluna anquilosada na AS, quando fraturada, cria braços de alavanca longos, limitando a capacidade de absorver o impacto e mesmo causando pequenas fraturas, estas são muito instáveis.[17] A deterioração tardia pode ser ocasionada por hematoma epidural da coluna vertebral[18]
5. lesão de Andersson: lesão discovertebral que resulta de inflamação ou fratura, estresses mecânicos previnem a fusão do disco, resultando em pseudoartrose[19]
6. deformidade da coluna vertebral
7. estenose da coluna vertebral: rara
8. impressão basilar

74.2.2 Epidemiologia

Incidência na população em geral é ≈ 0,44-7,3 casos por 100.000.[20] Proporção tradicionalmente relatada no gênero masculino: feminino é de 3:1, no entanto, provavelmente decorre de subdiagnóstico em mulheres e progressão mais rápida da anquilose da coluna vertebral em homens.[20] Pico de incidência: 17-35 anos de idade. Mais de 90% dos pacientes com AS são HLA-B27 positivos (apenas 8% das pessoas sem AS possuem esse antígeno), mas somente 2% das pessoas com HLA-B27 desenvolvem AS clínica. Embora a AS não seja hereditária, os parentes de primeiro grau estão em alto risco.

74.2.3 Quadro clínico

▶ **Sintomas.** A manifestação inicial característica é a dor lombar não irradiada, rigidez matinal nas costas, dor no quadril e inchaço (decorrente da intensa artrite nas articulações), agravados por inatividade e melhorado com exercícios.[21]

▶ **Sinais. Teste de Patrick** (p. 1048) geralmente positivo. A compressão da pelve com o paciente na posição em decúbito lateral produz dor.

Teste de Schober (medir o desvio entre as marcas cutâneas nas costas antes e depois da flexão para frente, na detecção de mobilidade reduzida da coluna ocasionada pela fusão). Não é específico para espondilopatias inflamatórias,[22] mas pode ser útil para monitorar a fisioterapia em curso.

74.2.4 Diagnóstico

O diagnóstico pelo reumatologista experiente é considerado padrão ouro.[23] A Assessment of SpondyloArthritis international Society (ASAS) apresentou recentemente suas recomendações para um Algoritmo modificado de Berlim[23] como uma ferramenta potencialmente útil para reumatologistas no diagnóstico de AS. O envolvimento da articulação SI é a condição imperativa para o diagnóstico definitivo. O diagnóstico é bastante necessário e inclui: lombalgia crônica, dor nas nádegas, sacroileíte, história familiar, psoríase, uma doença intestinal inflamatória ou uma artrite seguida em ≤ 1 mês com uretrite, cervicite ou diarreia aguda, entesopatia, história familiar e exames radiográficos positivos. Os critérios de Nova Iorque (obsoletos) (▶ Quadro 74.1) são apresentados aqui para fornecer uma pequena visão sobre os esforços iniciais para estabelecer os critérios diagnósticos, mas não devem ser mais utilizados para o diagnóstico definitivo.

74.2.5 Avaliação radiográfica

▶ **Exames radiográficos.** Fundamental para o diagnóstico e acompanhamento. O envolvimento da articulação sacroilíaca (SI) (nos exames de raios X AP da pelve ou nas vistas oblíquas pelo plano das articulações SI) é um dos achados mais precoces, e a osteoporose frequentemente simétrica seguida pela esclerose é característica. A "coluna em bambu" (ver a seguir) também é clássica. O exame de raios X da coluna vertebral total é recomendado uma vez que múltiplas fraturas não contíguas (e frequentemente não suspeitas) não sejam incomuns. Ver ▶ Fig. 74.1.

▶ **CT.** Útil para o diagnóstico de fraturas não evidentes nas radiografias e na avaliação pré-operatória da anatomia óssea.

▶ **MRI.** Pode excluir o hematoma epidural da coluna vertebral e a hérnia de disco ocasional. Pode demonstrar ectasia da dura-máter em casos de síndrome de CES-AS. Lesões de Andersson: alterações patológicas nos sítios de inserção dos ligamentos (anormalidades dos sinais na MRI na frente e atrás das placas terminais) são características. As alterações erosivas ocasionadas por pseudoartrose no espaço discal podem mimetizar a discite (sinal alto em T1WI e T2WI com realce).

▶ **Exame ósseo.** Proporção de captação da articulação SI para o sacro > 1,3:1 é sugestiva de AS.

Quadro 74.1 Critérios de New York modificados para AS[24] – não utilizados para o diagnóstico (obsoletos)

Diagnóstico (ver critérios abaixo)

AS definitivo: critério radiológico + ≥ um critério clínico

AS provável: critério radiológico sem critérios clínicos ou três critérios clínicos sem critério radiológico

Critérios clínicos

dor lombar > 3 meses, melhora com exercícios, não aliviada com repouso

limitação do movimento da coluna lombar nos planos sagital e frontal

limitação da expansão torácica em relação aos valores normais de idade e gênero

Critério radiológico

sacroileíte

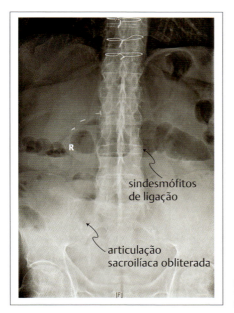

Fig. 74.1 Radiografia AP lombar/pélvica mostrando a "coluna em bambu" e a esclerose das articulações sacroilíacas.

74.2.6 Diagnóstico diferencial

1. logo no início, a AS pode assemelhar-se à artrite reumatoide. No entanto, na AS não se formam nódulos nas articulações, e o fator reumatoide está ausente no soro
2. Ca metastático na próstata em pacientes idosos do gênero masculino com dor sacroilíaca e alterações blásticas compatíveis com sacroileíte
3. doença de Forestier (p. 1130) e DISH (p. 1129): essas condições sobrepostas produzem supercrescimento ósseo exuberante anterior e lateral ao disco sem degeneração e ossificação do disco como na AS. Ambas poupam as facetas e as articulações SI, não produzem deformidade de flexão e tendem a ocorrer em homens > 50 anos de idade (mais velhos do que na AS típica)[25]
4. psoríase, Artrite Reativa (síndrome de Reiter), Artrite Enteropática (relacionada com a IBD): a espondilite com essas doenças tende a ser mais branda e menos uniforme, bem como o envolvimento da articulação SI é *assimétrico*. Achados cutâneos (eritema nodoso e pioderma gangrenoso) estão ausentes na AS[26]

74.2.7 História natural

A progressão é lenta, e os pacientes geralmente permanecem funcionalmente ativos. A cifose torácica com aumento compensatório na lordose cervical e lombar é comum. O deslocamento no centro de gravidade juntamente com a rigidez da coluna vertebral e a fragilidade predispõe a quedas frequentes e mais lesões na coluna vertebral. Eventualmente, pode progredir para o envolvimento das articulações costovertebrais, resultando em padrão de doença pulmonar restritivo. Os pacientes com AS também estão predispostos ao desenvolvimento de doença pulmonar fibrótica nos estágios tardios.

74.2.8 Tratamento

Informação geral

As recomendações combinadas da ASAS/EULAR para o tratamento da AS são as mais compreensivas dentre aquelas atualmente disponíveis (cópias disponíveis no *website* da ASAS). Multidisciplinares e coordenadas por um reumatologista.[27] O objetivo do tratamento é a qualidade de vida a longo prazo por meio do controle sintomático e a prevenção de dano estrutural progressivo. Os NSAIDs são a primeira linha de tratamento farmacológico.[27] O tratamento da própria doença pode envolver inibidores de TNF em pacientes com atividade da doença altamente persistente.[27]

Tratamento cirúrgico

Informação geral

A intervenção cirúrgica mais comum é a artroplastia ortopédica total do quadril.[27]

Fratura cervical

A coluna cervical é o sítio de fratura mais frequente em pacientes AS.[28] Os pacientes muitas vezes não podem distinguir entre a dor aguda da fratura e a dor inflamatória crônica; portanto, deve haver um limiar baixo para a obtenção de imagem. É imperativo determinar o alinhamento pré-lesão, visto que a aplicação de colar cervical pode causar lesão por hiperextensão.[29] A tração suave e de baixo peso com o vetor de força dirigido anteriormente e superiormente pode ser usada para a estabilização inicial.[30,31] Halo-colete ou cirurgia para o padrão de fratura instável.

Indicações cirúrgicas:
- deformidade irredutível clinicamente relevante
- deterioração do estado neurológico na presença de hematoma epidural ou outra fonte de compressão[32]
- fratura instável (p. ex., maioria de fraturas com três colunas que é muito instável como resultado de braços de alavanca longos de segmentos fundidos acima ou abaixo): a imobilização com halo-colete está se tornando uma opção menos frequentemente empregada nessa condição

Procedimentos: Laminectomia descompressiva, se evidência de compressão da medula espinal.[32] Dada a baixa qualidade óssea e os braços de alavanca estendidos, bom leito de fusão e um constructo estendendo vários níveis acima e abaixo da fratura são essenciais.[33] Proximalmente, colocação de parafusos da massa lateral acima de C3, parafuso pedicular possível em C2 e parafusos pediculares na coluna torácica para fixação distal.[33] A fusão de 360° pode proporcionar a estabilização ideal em alguns casos (quando viável).

Fratura toracolombar

A maioria ocorre na junção toracolombar.[33] Pode ser dividida em três tipos:[34]
1. lesão de corte: tipicamente aguda. Assemelha-se à fratura de chance, lesão das três colunas altamente instável[34]
2. compressão em cunha: tipicamente crônica
3. pseudoartrose: normalmente fratura subaguda previamente perdida

A compressão em cunha ou pseudoartrose; exclui o envolvimento do elemento posterior para determinar se a fratura é instável.[33] A fratura estável pode ser tratada com órtese externa. Fraturas instáveis, considerar as barras mais espessas ou mais rígidas para responder às forças aumentadas pela fratura e aumento com PMMA para evitar a tração do parafuso.

Deformidade cifótica

As recomendações da ASAS/EULAR incluem osteotomia corretiva para deformidade grave incapacitante.[27] Pode ser realizada por meio de osteotomia em cunha aberta, osteotomia em cunha fechada (taxa de complicação mais baixa).[35] A deformidade cervical é mais comumente abordada com a osteotomia em cunha em C7 e T1 dada a ausência de artéria vertebral no forame transverso nesses níveis. A tendência atual na literatura é abordar a deformidade simultaneamente com a fixação de fratura aguda.[31,32]

Síndrome da cauda equina

Embora a evidência seja limitada, na ausência de compressão neutra demonstrável, uma derivação lomboperitoneal (LP) pode fornecer a melhor chance de melhorar a disfunção neurológica ou progressão contida do déficit neurológico.[36]

Considerações cirúrgicas

- A equipe de anestesia deve estar atenta à deformidade cifótica e à localização da fratura: intubação nasotraqueal ou com fibras ópticas para prevenir a hiperextensão do pescoço e exacerbação da lesão neurológica[33]
- Avaliação pré-operatória extensa: padrão de fratura, restrição do ligamento posterior, compressão e função neurológica, qualidade óssea preexistente[33]
- Posicionamento cirúrgico modificado para responder à deformidade preexistente; apoio em todas as regiões para evitar a hiperextensão e exacerbação da lesão neurológica[33]
- ICBG é padrão ouro; contudo, frequentemente uma fonte de dor significativa potencialmente limitando a mobilização e aumentando a probabilidade de sequela da estase (p. ex., DVT), considera o aloenxerto[32]
- Conhecimento extenso da massa lateral e anatomia do pedículo para assegurar a colocação do implante adequado, apesar da anatomia óssea distorcida e obscurecimento dos marcos típicos[32]
- Imobilização pós-operatória com halo-colete ou TLSO[33]
- Mobilização acelerada fora do leito quando pacientes com AS estão predispostos a complicações pulmonares[33]
- Cirurgia plástica para ajudar a tratar a necrose cutânea e o fechamento de feridas[33]

74.3 Ossificação do ligamento longitudinal posterior (OPLL)

74.3.1 Informação geral

Conceitos-chave

- fibrose seguida por calcificação e depois por ossificação do ligamento longitudinal posterior. O processo pode envolver a dura-máter
- mais comum na população asiática
- maioria dos pacientes apresenta apenas queixas leves subjetivas
- 50% dos pacientes apresentam tolerância deficiente à glicose, o comprometimento respiratório pode resultar da ossificação dos ligamentos costotransversos e costovertebrais
- cirurgia é a melhor opção para o envolvimento neurológico moderado (graus de Nurick 3 e 4)

A idade dos pacientes com OPLL varia de 32-81 anos (média = 53), com uma ligeira predominância masculina. A prevalência aumenta com a idade. A duração dos sintomas varia ≈ 13 meses. É mais prevalente na população japonesa (2-3,5%).[37,38]

74.3.2 Fisiopatologia

A base patológica da OPLL é desconhecida, mas há incidência aumentada de hiperostose anquilosante que sugere uma base hereditária.

A OPLL começa com a fibrose hipervascular no LPP que é seguida por áreas focais de calcificação, proliferação de células cartilaginosas do periósteo e, finalmente, ossificação.[39] O processo frequentemente estende-se *para o interior* da dura-máter. Eventualmente a produção ativa da medula óssea pode ocorrer. O processo progride em taxas variáveis entre os pacientes, com uma taxa de crescimento anual médio de 0,67 mm na direção AP e 4,1 mm longitudinalmente.[40]

Quando hipertrofiados ou ossificados, o ligamento longitudinal posterior pode causar mielopatia (decorrente da compressão direta da medula espinal ou isquemia) e/ou radiculopatia (por compressão de raiz nervosa ou alongamento).

Alterações no interior da medula espinal envolvem a massa cinzenta posterolateral mais do que a substância branca, sugerindo uma base isquêmica de envolvimento neurológico.

74.3.3 Distribuição

Envolvimento médio: níveis de 2,7-4. Frequência de envolvimento:
1. cervical: 70-75% dos casos de OPLL. Geralmente começa em C3-4 e prossegue distalmente, muitas vezes envolvendo C4-5 e C5-6, mas normalmente poupando C6-7
2. torácica: 15-20% (geralmente superior, ≈ T4-6)
3. lombar: 10-15% (também geralmente superior, ≈ L1-3)

74.3.4 Classificação patológica

Ver referência.[41]
1. segmentar: confinada ao espaço atrás dos corpos vertebrais, não cruza os espaços discais
2. contínua: estende de VB a VB, extensão dos espaço(s) discais
3. mista: combina elementos de ambos os itens acima com áreas omitidas
4. outras variantes: inclui um tipo raro de OPLL que é contíguo com as placas terminais e é confinada ao espaço discal (envolve a hipertrofia focal do PLL com calcificação pontuada)

74.3.5 Quadro clínico

A maioria dos pacientes é assintomática ou tem apenas queixas subjetivas leves. Isto é provavelmente explicado pelo efeito protetor da fusão, resultando de OPLL e a compressão bastante gradual.

História natural: 17% dos pacientes sem mielopatia desenvolveram mielopatia em um estudo[42] com média de acompanhamento de 1,6 ano. Estatisticamente, a taxa livre de mielopatia em pacientes sem manifestar inicialmente a mielopatia foi de 71% após 30 anos.[42]

74.3.6 Avaliação

Exames radiográficos

Frequentemente falham em demonstrar OPLL. As incidências radiográficas em flexão/extensão podem ser úteis em avaliar a estabilidade.

MRI

O PLL aparece como uma área hipointensa e é difícil visualizar até que ele atinja ≈ 5mm de espessura. Em T1WI, o PLL se combina com a hipointensidade do espaço subaracnóideo ventral; em T2WI, ele permanece hipointenso, enquanto o CSF torna-se brilhante. As imagens sagitais podem ser úteis em fornecer uma visão geral da extensão do envolvimento, e T2WI pode mostrar anormalidades intrínsecas da medula espinal que podem estar associadas a um mau prognóstico.

Mielografia/CT

Mielografia com CT pós-mielográfica (principalmente com reconstruções 3D) é provavelmente a melhor opção para demonstrar e diagnosticar de forma precisa a OPLL.

74.3.7 Tratamento

Decisões de tratamento

Com base no grau clínico,[41] é descrito a seguir:
1. Classe I: evidência radiográfica sem sinais clínicos ou sintomas. A maioria dos pacientes com OPLL é assintomática.[38] Tratamento conservador, a menos que grave
2. Classe II: pacientes com mielopatia ou radiculopatia. Déficit mínimo ou estável pode ser seguido com expectativa. Déficit ou evidência significativa de progressão justifica a intervenção cirúrgica
3. Classe IIIA: mielopatia moderada à grave. Geralmente requer intervenção cirúrgica
4. Classe IIIB: quadriplegia grave à completa. A cirurgia é considerada para quadriplégicos incompletos mostrando piora lenta progressiva. A deterioração rápida ou quadriplegia completa, idade avançada ou má condição médica estão associadas a um mau prognóstico

Em pacientes com grau moderado (graus de Nurick 3 e 4,[43] (ver ► Quadro 74.2), a cirurgia forneceu uma redução estatisticamente significativa da deterioração. Não houve diferença entre a cirurgia e o tratamento conservador de grau leve (Nurick 1 ou 2) e a cirurgia foi ineficaz no grau considerado grave (Nurick 5).[42]

Quadro 74.2 Grau de Nurick de incapacitação causada por espondilose cervical[43]	
Grau	**Descrição**
0	sinais ou sintomas de comprometimento radicular sem mielopatia
1	mielopatia, mas sem dificuldade em andar
2	leve dificuldade para caminhar, capaz de trabalhar
3	dificuldade em caminhar, mas sem necessidade de assistência, incapaz de trabalhar em tempo integral
4	capaz de caminhar apenas com assistência ou com andador
5	cadeira de rodas ou acamado

Avaliação pré-operatória
Avaliação cardiorrespiratória apropriada deve ser feita, sabendo-se que:
1. comprometimento respiratório pode resultar de ossificação dos ligamentos costotransversos ou costovertebrais
2. cinquenta por cento dos pacientes apresentam tolerância deficiente à glicose com os riscos inerentes associados ao diabetes

Considerações técnicas da cirurgia
A OPLL grave aumenta o risco de lesão da medula espinal durante o posicionamento do pescoço para intubação, e marcante consideração deve ser dada para a intubação nasotraqueal com o indivíduo acordado.

Uma abordagem anterior é geralmente favorecida, embora a laminectomia possa ser aceitável. O monitoramento SSEP é recomendado por alguns.[39] O desvio deve ser evitado até a descompressão da medula espinal a partir do OPLL.

Alguns autores defendem a remoção completa do osso a partir da dura-máter, enquanto outros consideram permissível deixar uma borda fina de osso aderente à dura. Cuidado deve ser tomado na remoção óssea, pois tende a combinar-se imperceptivelmente com a dura, e a próxima coisa que se pode ver é a medula espinal exposta.

Dependendo da distância de envolvimento vertical, a corpectomia vertebral com enxertia de suporte pode ser necessária. A fixação da placa interna é frequentemente usada como um tratamento complementar. A imobilização pós-operatória de pelo menos 3 meses é empregada com colares rígidos para único nível ACDF ou corpectomias em níveis 1-2 ou tração halo-colete para corpectomias > 2 níveis.

74.3.8 Resultados com a cirurgia
A incidência de pseudoartrose após corpectomia vertebral e enxerto de suporte varia de 5-10% e aumenta com o número de níveis fundidos.

Em uma série, houve incidência de 10% de piora transitória de função neurológica seguida de cirurgia anterior[40] que pode ser relacionada com o desvio.

O risco de laceração da dura-máter com extravasamento de CSF, seguido por abordagem anterior, depende da agressividade com a qual o osso é removido da dura-máter e varia ≈ 16-25%.

Outros riscos de abordagens anteriores, p. ex. lesão esofágica (p. 1074), também são pertinentes.

74.4 Ossificação do ligamento longitudinal anterior (OALL)
A OALL da coluna cervical e/ou osteófitos hipertróficos cervicais anteriores podem produzir achados radiográficos graves e sintomas clínicos mínimos. Distinta da doença de Forestier (ver abaixo). O envolvimento cervical pode produzir disfagia.[44]

74.5 Hiperostose esquelética idiopática difusa (DISH)

Conceitos-chave
- geralmente assintomática, mas pode apresentar-se com globo
- W/U: ✓ Consulta com o fonoaudiologista para avaliação de disfagia (geralmente inclui ✓ esofagograma com bário modificado), ✓ CT de coluna cervical, ± ✓ esofagoscopia com videodigital

Conhedica como "DISH", conhedica como espondilite de ossificação ligamentar, também conhecida como hiperostose anquilosante, entre outros. Uma condição caracterizada por formação osteofítica fluida da coluna na ausência de alterações degenerativas, traumáticas ou pós-infecciosas. Afeta caucasianos e indivíduos do gênero masculino, bem como afeta geralmente pacientes com idade em torno dos 60 anos.

Noventa e sete por cento dos casos ocorrem na coluna torácica, também na coluna lombar em 90%, coluna cervical em 78% e em todos os três segmentos em 70% dos casos. As articulações sacroilíacas são *poupadas*, ao contrário da espondilite anquilosante (AS) (p. 1123). Como acontece com a AS, níveis não fundidos podem ser muito instáveis.

Fatores de risco para DISH incluem: elevado índice de massa corporal,[45] níveis elevados de ácido úrico no soro,[45] diabetes melito,[45] níveis elevados de hormônio do crescimento ou de insulina.[46]

Geralmente não produz sintomas clínicos. Os pacientes podem ter rigidez matinal precoce e limitações leves das atividades. O envolvimento cervical pode-se manifestar com disfagia ou globo faríngeo (a sensação subjetiva de um caroço na garganta não pode ser confundida com o globo histérico que se refere à sensação de um caroço na garganta, onde a patologia não é identificável) causado por compressão do esôfago entre os osteófitos e as estruturas laríngeas rígidas[47] (parte da doença de Forestier[48]).

Os exames radiográficos e a CT mostram a patologia. Em casos de disfagia, a avaliação deve incluir consulta com o fonoaudiólogo para avaliação da disfagia, esofagograma com bário para ajudar a localizar o sítio de obstrução e DVE (esofagoscopia com videodigital) para excluir a doença esofágica intrínseca.

Em casos de disfagia, a avaliação deve incluir consulta com o fonoaudiólogo para avaliação de disfagia, esofagograma com bário para ajudar a localizar o local da obstrução e DVE (esofagoscopia com videodigital) para excluir a doença esofágica intrínseca. Os exames de raios X e de CT ajudam a demonstrar a patologia. Casos que não respondem satisfatoriamente às modificações na dieta em pacientes que estão perdendo peso ou com episódios recorrentes de asfixia ou pneumonia devem ser considerados para a cirurgia. Uma abordagem cervical anterior e a utilização de uma broca de alta rotação com proteção cuidadosa de estruturas dos tecidos moles (esôfago, bainha carotídea), sem a necessidade de discectomia e nem estabilização da coluna são recomendadas.[47] Pacientes precisam estar cientes que no pós-operatório provavelmente estarão *piores* inicialmente (pela manipulação do esôfago e possivelmente rompimento de parte da inervação autonômica do esôfago) e provavelmente terão uma alimentação por tubo de gastrostomia. Após 1 ano do pós-operatório, pode haver alguma melhora.

74.6 Cifose de Scheuermann

74.6.1 Informação geral

Conhecida como cifose juvenil de Scheuermann, também conhecida como doença de Scheuermann, como osteocondrose juvenil da coluna vertebral.

Definição: encunhamento anterior de pelo menos 5° de ≥ três corpos vertebrais torácicos adjacentes.

Outros achados incluem: nodos de Schmorl (p. 1060) e estreitamento da placa terminal.

74.6.2 Apresentação

Adolescentes: frequentemente apresentam como resultado da deformidade cosmética associada à cifose progressiva que pode ser confundida com "relaxamento".

Adultos: com frequência manifestam dor.

74.6.3 Avaliação

Pacientes necessitam de exames de raios X de posição da escoliose e um cuidadoso exame neurológico.

O papel da MRI é controverso, e nem todos os profissionais solicitam esse método.

74.6.4 Achados radiográficos

Deformidades anteriores em cunha em vários níveis. Irregularidades da placa terminal e nodos de Schmorl.

74.6.5 Tratamento

A órtese pode ser utilizada em adolescentes, a menos que o paciente atenda os critérios cirúrgicos listados abaixo.

Adultos apresentando dor, muitas vezes, respondem ao tratamento não cirúrgico, incluindo: fisioterapia e NSAIDs.

A cirurgia é geralmente indicada para:
1. Curvas que excedem 70-75°
2. Aparência cosmética inaceitável
3. Dor refratária
4. Cifose progressiva
5. Déficit neurológico

74.7 Hematoma epidural da coluna vertebral

74.7.1 Informação geral

Rara. Mais de 200 casos de etiologia diferentes foram relatados,[49] embora um terço dos casos recentes seja associado à terapia com anticoagulantes.[50] NSAIDs também podem ser um fator de risco.[51] As etiologias incluem:

1. traumática: incluindo após LP ou anestesia epidural,[49,52,53,54] fratura (ver abaixo), cirurgia da coluna[55] ou manipulação quiroprática.[56] Ocorre predominantemente em paciente que é: anticoagulado,[57] trombocitopênico, ou que tenha diátese hemorrágica ou uma lesão vascular
2. espontânea:[58] rara. Etiologias: hemorragia por causa de AVM da medula espinal (p. 1140), do hemangioma vertebral (p. 794) ou tumor

Pode ocorrer em qualquer nível da coluna, porém o torácico é o mais comum. Mais frequentemente localizado posteriormente à medula espinal (exceto para hematomas que seguem procedimentos cervicais anteriores), facilitando a remoção pela laminectomia.[50]

74.7.2 Hematoma epidural traumático da coluna vertebral (TSEH) associado à fratura da coluna vertebral

Em uma série,[59] entre 74 pacientes com trauma que foram submetidos à MRI de emergência para avaliar a coluna vertebral, ≈ metade dos pacientes com fraturas vertebrais também teve TSEH. O tratamento foi baseado unicamente na fratura e o desfecho nos pacientes com déficits neurológicos não foi pior no grupo com TSEH do que no grupo sem.

74.7.3 Apresentação

O quadro clínico de hematoma epidural espinal *espontâneo* é razoavelmente consistente, mas inespecífico. Geralmente começa com dores nas costas com componente radicular. Ocasionalmente pode seguir o esforço mínimo e menos comumente é precedido por grande esforço ou trauma das costas. Os déficits neurológicos da coluna vertebral seguem, geralmente progredindo por horas, ocasionalmente por dias. A fraqueza motora pode passar despercebida, quando pacientes estão acamados com dor.

74.7.4 Tratamento

A recuperação do déficit neurológico sem cirurgia é rara (apenas um pequeno grupo de relatos de caso na literatura[51]), portanto, o tratamento ideal é a laminectomia descompressiva imediata naqueles pacientes que podem tolerar a cirurgia.[50] Em uma série, a maioria dos pacientes, que recuperaram, sofreu descompressão dentro de 72 horas do início dos sintomas.[60] Em outro estudo, a descompressão dentro de 6 horas foi associada ao melhor desfecho.[55]

Pacientes de alto risco: para pacientes clinicamente em alto risco (p. ex., MI agudo) sob tratamento com anticoagulantes, a morbidade e mortalidade na cirurgia são extremamente altas e devem ser consideradas ao tomar a decisão de operar ou não. Em pacientes não operados, os anticoagulantes devem ser interrompidos e revertidos, se possível; consultar Correção de coagulopatias ou reversão de anticoagulantes (p. 166). Considerar o uso de alta dose de metilprednisolona para minimizar a lesão medular; ver Metilprednisolona na lesão da medula espinal (p. 951). A punção percutânea aspirativa com agulha pode ser considerada em pacientes de alto risco.

74.8 Hematoma subdural da coluna vertebral

Rara. Pode ser pós-traumática (incluindo causas iatrogênicas) ou pode ocorrer espontaneamente. Os hematomas subdurais da coluna espinal (SSH) que ocorrem espontaneamente ou após punção lombar, geralmente ocorrem em pacientes com coagulopatias (primárias ou iatrogênicas).[61]

O tratamento conservador é possível em SSHs não traumáticos com mínima deficiência neurológica.[61]

Referências

[1] Walpin LA, Singer FR. Paget's Disease: Reversal of Severe Paraparesis Using Calcitonin. Spine. 1979; 4:213–219

[2] Youmans JR. Neurological Surgery. Philadelphia 1990

[3] Delmas PD, Meunier PJ. The Management of Paget's Disease of Bone. N Engl J Med. 1997; 336:558–566

[4] Meunier PJ, Salson C, Mathieu L, et al. Skeletal Distribution and Biochemical Parameters of Paget's Disease. Clin Orthop. 1987; 217:37–44

[5] Rothman RH, Simeone FA. The Spine. Philadelphia 1992

[6] Altman RD, Brown M, Gargano F. Low Back Pain in Paget's Disease of Bone. Clin Orthop. 1987; 217:152–161

[7] Hadjipavlou A, Shaffer N, Lander P, et al. Pagetic Spinal Stenosis with Extradural Pagetoid Ossification. Spine. 1988; 13:128–130

[8] Douglas DL, Duckworth T, Kanis JA, et al. Spinal Cord Dysfunction in Paget's Disease of Bone: Has Medical Treatment a Vascular Basis? J Bone Joint Surg. 1981; 63B:495–503

[9] Wilkins RH, Rengachary SS. Neurosurgery. New York 1985

[10] Dinneen SF, Buckley TF. Spinal Nerve Root Compression due to Monostotic Paget's Disease of a Lumbar Vertebra. Spine. 1987; 12:948–950

[11] Sadar ES, Walton RJ, Gossman HH. Neurological Dysfunction in Paget's Disease of the Vertebral Column. J Neurosurg. 1972; 37:661–665

[12] Chen J-R, Rhee RSC,Wallach S, et al. Neurologic Disturbances in Paget Disease of Bone: Response to Calcitonin. Neurology. 1979; 29:448–457

[13] Human Calcitonin for Paget's Disease. Med Letter. 1987; 29:47–48

[14] Tiludronate for Paget's Disease of Bone. Med Letter. 1997; 39:65–66

[15] Risedronate for Paget's Disease of Bone. Med Letter. 1998; 40:87–88

[16] Ahn NU, Ahn UM, Nallamshetty L, Springer BD, Buchowski JM, Funches L, Garrett ES, Kostuik JP, Kebaish KM, Sponseller PD. Cauda equina syndrome in ankylosing spondylitis (the CES-AS syndrome): meta-analysis of outcomes after medical and surgical treatments. J Spinal Disord. 2001; 14:427–433

[17] Caron T, Bransford R, Nguyen Q, Agel J, Chapman J, Bellabarba C. Spine fractures in patients with ankylosing spinal disorders. Spine (Phila Pa 1976). 2010; 35:E458–E464

[18] Farhat SM, Schneider RC, Gray JM. Traumatic Spinal Epidural Hematoma Associated with Cervical Fractures in Rheumatoid Spondylitis. J Trauma. 1973; 13:591–599

[19] Bron JL, de Vries MK, Snieders MN, van der Horst-Bruinsma IE, van Royen BJ. Discovertebral (Andersson) lesions of the spine in ankylosing spondylitis revisited. Clin Rheumatol. 2009; 28:883–892

[20] Stolwijk C, Boonen A, van Tubergen A, Reveille JD. Epidemiology of spondyloarthritis. Rheum Dis Clin North Am. 2012; 38:441–476

[21] Calin A. Early diagnosis of ankylosing spondylitis. Lancet. 1977; 2

[22] Rae PS, Waddell G, Venner RM. A Simple Technique for Measuring Lumbar Spinal Flexion. J R Coll Surg Edin. 1984; 29:281–284

[23] van den Berg R, de Hooge M, Rudwaleit M, Sieper J, van Gaalen F, Reijnierse M, Landewe R, Huizinga T, van der Heijde D. ASAS modification of the Berlin algorithm for diagnosing axial spondyloarthritis: results from the SPondyloArthritis Caught Early (SPACE)-cohort and from the Assessment of SpondyloArthritis international Society (ASAS)-cohort. Ann Rheum Dis. 2013; 72:1646–1653

[24] van der Linden S, Valkenburg HA, Cats A. Evaluation of diagnostic criteria for ankylosing spondylitis. A proposal for modification of the New York criteria. Arthritis Rheum. 1984; 27:361–368

[25] Bennett GJ. Ankylosing Spondylitis. Clin Neurosurg. 1991; 37:622–635

[26] Qubti MA, Flynn JA, Imboden JB, Hellmann DB, Stone JH. In: Ankylosing spondylitis & the arthritis of inflammatory bowel disease. Current rheumatology diagnosis & treatment. 1st ed. New York: McGraw-Hill; 2004

[27] Braun J, van den Berg R, Baraliakos X, Boehm H, Burgos-Vargas R, Collantes-Estevez E, Dagfinrud H, Dijkmans B, Dougados M, Emery P, Geher P, Hammoudeh M, Inman RD, Jongkees M, Khan MA, Kiltz U, Kvien T, Leirisalo-Repo M, Maksymowych WP, Olivieri I, Pavelka K, Sieper J, Stanislawska-Biernat E, Wendling D, Ozgocmen S, van Drogen C, van Royen B, van der Heijde D. 2010 update of the ASAS/EULAR recommendations for the management of ankylosing spondylitis. Ann Rheum Dis. 2011; 70:896–904

[28] Westerveld LA, Verlaan JJ, Oner FC. Spinal fractures in patients with ankylosing spinal disorders: a systematic review of the literature on treatment, neurological status and complications. Eur Spine J. 2009; 18:145–156

[29] Clarke A, James S, Ahuja S. Ankylosing spondylitis: inadvertent application of a rigid collar after cervical fracture, leading to neurological complications and death. Acta Orthop Belg. 2010; 76:413–415

[30] Detwiler KN, Loftus CM, Godersky JC. Management of Cervical Spine Injuries in Patients with Ankylosing Spondylitis. J Neurosurg. 1990; 72:210–215

[31] Schneider PS, Bouchard J, Moghadam K, Swamy G. Acute cervical fractures in ankylosing spondylitis: an opportunity to correct preexisting deformity. Spine (Phila Pa 1976). 2010; 35:E248–E252

[32] Kanter AS, Wang MY, Mummaneni PV. A treatment algorithm for the management of cervical spine fractures and deformity in patients with ankylosing spondylitis. Neurosurg Focus. 2008; 24. DOI: 10.317 1/FOC/2008/24/1/E11

[33] Chaudhary SB, Hullinger H, Vives MJ. Management of acute spinal fractures in ankylosing spondylitis. ISRN Rheumatol. 2011; 2011. DOI: 10.5402/2011/1 50484

[34] Trent G, Armstrong GW, O'Neil J. Thoracolumbar fractures in ankylosing spondylitis. High-risk injuries. Clin Orthop Relat Res. 1988; 227:61–66

[35] Van Royen BJ, De Gast A. Lumbar osteotomy for correction of thoracolumbar kyphotic deformity in ankylosing spondylitis. A structured review of three methods of treatment. Ann Rheum Dis. 1999; 58:399–406

[36] Dinichert A, Cornelius JF, Lot G. Lumboperitoneal shunt for treatment of dural ectasia in ankylosing spondylitis. J Clin Neurosci. 2008; 15:1179–1182

[37] Tsuyama N. Ossification of the Posterior Longitudinal Ligament of the Spine. Clin Orthop. 1984; 184:71–84

[38] Nakanishi T, Mannen T, Toyokura Y. Asymptomatic Ossification of the Posterior Longitudinal Ligament of the Cervical Spine. J Neurol Sci. 1973; 19:375–381

[39] Epstein N. Diagnosis and Surgical Management of Ossification of the Posterior Longitudinal Ligament. Contemp Neurosurg. 1992; 14:1–6

[40] Harsh GR, Sypert GW, Weinstein PR, et al. Cervical Spine Stenosis Secondary to Ossification of the Posterior Longitudinal Ligament. J Neurosurg. 1987; 67:349–357

[41] Hirabayashi K, Watanabe K, Wakano K, et al. Expansive Cervical Laminoplasty for Cervical Spinal Stenotic Myelopathy. Spine. 1983; 8:693–693

[42] Matsunaga S, Sakou T, Taketomi E, Komiya S. Clinical course of patients with ossification of the posterior longitudinal ligament: a minimum 10-year cohort study. J Neurosurg. 2004; 100:245–248

[43] Nurick S. The Pathogenesis of the Spinal Cord Disorder Associated with Cervical Spondylosis. Brain. 1972; 95:87–100

[44] Epstein NE, Hollingsworth R. Ossification of the Cervical Anterior Longitudinal Ligament Contributing to Dysphagia: Case Report. J Neurosurg. 1999; 90 (Spine 2):261–263

[45] Kiss C, Szilagyi M, Paksy A, Poor G. Risk factors for diffuse idiopathic skeletal hyperostosis: a case-control study. Rheumatology (Oxford). 2002; 41:27–30

[46] Denko CW, Boja B, Moskowitz RW. Growth promoting peptides in osteoarthritis and diffuse idiopathic skeletal hyperostosis–insulin, insulin-like growth factor-I, growth hormone. J Rheumatol. 1994; 21:1725–1730

[47] Burkus JK. Esophageal Obstruction Secondary to Diffuse Idiopathic Skeletal Hyperostosis. Orthopedics. 1988; 11:717–720

[48] McCafferty RR, Harrison MJ, Tamas LB, Larkins MV. Ossification of the Anterior Longitudinal Ligament and Forestier's Disease: An Analysis of Seven Cases. J Neurosurg. 1995; 83:13–17

[49] Tekkok IH, Cataltepe K, Tahta K, Bertan V. Extradural Hematoma After Continuous Extradural Anesthesia. Brit J Anaesth. 1991; 67:112–115

[50] Harik SI, Raichle ME, Reis DJ. Spontaneous Remitting Spinal Epidural Hematoma in a Patient on Anticoagulants. N Engl J Med. 1971; 284:1355–1357

[51] Silber SH. Complete Nonsurgical Resolution of a Spontaneous Spinal Epidural Hematoma. Am J Emergency Med. 1996; 14:391–393

[52] Shnider SM, Levinson G. In: Neurologic Complications of Regional Anesthesia. Anesthesia for Obstetrics. 2nd ed. Baltimore: Williams and Wilkins; 1987:319–320

[53] Sage DJ. Epidurals, Spinals and Bleeding Disorders in Pregnancy: A Review. Anaesth Intens Care. 1990; 18:319–326

[54] Gustafsson H, Rutberg H, Bengtsson M. Spinal Hematoma Following Epidural Analgesia: Report of a Patient with Ankylosing Spondylitis and a Bleeding Diathesis. Anaesthesia. 1988; 43:220–222

[55] Porter RW, Detwiler PW, Lawton MT, Sonntag VKH, Dickman CA. Postoperative Spinal Epidural Hematomas: Longitudinal Review of 12,000 Spinal Operations. BNI Quarterly. 2000; 16:10–17

[56] Domenicucci M, Ramieri A, Salvati M, Brogna C, Raco A. Cervicothoracic epidural hematoma after chiropractic spinal manipulation therapy. Case report and review of the literature. J Neurosurg Spine. 2007; 7:571–574

[57] Dickman CA, Shedd SA, Spetzler RF, Sonntag VKH, et al. Spinal Epidural Hematoma Associated with Epidural Anesthesia: Complications of Systemic Heparinization in Patients Receiving Peripheral Vascular Thrombolytic Therapy. 1990; 72

[58] Packer NP, Cummins BH. Spontaneous Epidural Hemorrhage: A Surgical Emergency. Lancet. 1978; 1:356–358

[59] Bennett DL, George MJ, Ohashi K, El-Khoury GY, Lucas JJ, Peterson MC. Acute traumatic spinal epidural hematoma: imaging and neurologic outcome. Emerg Radiol. 2005; 11:136–144

[60] Rebello MD, Dastur HM. Spinal Epidural Hemorrhage: A Review of Case Reports. Neurol India. 1966; 14:135–145

[61] Domenicucci M, Ramieri A, Ciappetta P, Delfini R. Nontraumatic Acute Spinal Subdural Hematoma. J Neurosurg. 1999; (Spine 1) 91:65–73

75 Outras Condições Não Medulares com Implicações na Coluna Vertebral

75.1 Artrite reumatoide

75.1.1 Informação geral

Mais de 85% dos pacientes com artrite reumatoide moderada ou grave (RA) apresentam evidência radiológica de comprometimento da coluna cervical.[1]

O sistema de classificação de Ranawat et al.[1] para mielopatia é mostrado no ▶ Quadro 75.1 e é utilizado na RA, assim como em outras etiologias de mielopatia.

75.1.2 Envolvimento da coluna cervical na RA

Envolvimento comum
1. coluna cervical superior: acometida em 44-88% dos casos de RA[2] (frequentemente diagnosticado juntos):
   a) subluxação atlantoaxial anterior: a manifestação mais comum de RA na coluna cervical, observada em até 25% dos pacientes com RA (ver a seguir)
   b) impressão basilar (BI): translocação ascendente do processo odontoide, encontrada em ≈ 8% dos pacientes com RA (p. 1138)
   c) *pannus* do tecido de granulação: forma-se ao redor do processo odontoide
2. subluxação da coluna cervical subaxial (p. ex., abaixo de C2) (p. 1138)

Envolvimento menos comum da coluna cervical na RA
1. subluxação posterior da articulação atlantoaxial: deve apresentar fratura associada do ou erosão artrítica quase total do odontoide
2. insuficiência da artéria vertebral secundária às alterações na junção craniocervical[3]

75.1.3 Subluxação atlantoaxial (AAS) na RA

Informação geral

O comprometimento inflamatório das articulações sinoviais atlantoaxiais causa alterações erosivas no processo odontoide (anteriormente na articulação sinovial com o arco de C1 e posteriormente na articulação sinovial com o ligamento transverso) e a descalcificação e afrouxamento da inserção do ligamento transverso no atlas. Essas mudanças levam à instabilidade, permitindo um efeito compressivo do arco posterior de C1 sobre a medula por causa da subluxação anterior de C1 sobre C2. A AAS ocorre em ≈ 25% dos pacientes com RA.[3] O tempo médio entre o início dos sintomas de RA até o diagnóstico de AAS em 15 pacientes: 14 anos.[4]

Quadro clínico

Sinais e sintomas de AAS são demonstrados no ▶ Quadro 75.2.

A AAS é de modo geral lentamente progressiva. Idade média no início dos sintomas de AAS: 57 anos.

A dor é manifestada localmente (regiões cervical superior e suboccipital, frequentemente pela compressão da raiz nervosa de C2) ou é mencionada (regiões mastoide, occipital, temporal ou frontal).

A VBI pode ocorrer a partir do envolvimento da VA (p. 1305).

Quadro 75.1 Classificação da mielopatia de acordo com Ranawat

Classe	Descrição
I	sem déficit neural
II	fraqueza subjetiva + hiper-reflexia + disestesia
III	fraqueza objetiva + sinais de trato longo III A = ambulatorial III B = quadriparética e não ambulatorial

Quadro 75.2 Sinais e sintomas de AAS[a] (15 pacientes com AAS[4])

Achado	%
dor	
• local	67%
• mencionada	27%
hiper-reflexia	67%
espasticidade	27%
paresia	27%
distúrbio sensorial	20%

[a]Outros possíveis achados não relatados nesta série: falta de habilidade, bexiga neurogênica, sinal de Babinski.

Avaliação radiográfica

Informação geral

A magnitude da AAS é geralmente aumentada com a flexão do pescoço.

Raios X lateral da coluna cervical

A ADI e PADI abaixo são marcadores alternativos de instabilidade e compressão da medula espinal. Com a disponibilidade da MRI, a capacidade para diretamente avaliar a compressão da medula espinal diminuiu a utilidade dessas medidas, principalmente para avaliar compressão medular.

Intervalo atlantodental anterior (ADI)

O ADI (p. 213) fornece apenas informação sobre a estabilidade da articulação de C1-2. O ADI normal em adultos é < 3-4 mm.[5,6] O aumento do ADI sugere possível incompetência do ligamento transverso. Entretanto, o ADI *não se correlaciona* com o risco de lesão neurológica[7,8] e não é preditivo de progressão da AAS assintomática para AAS sintomática.

Intervalo atlantodental posterior (PADI)

A quantidade de espaço disponível para a medula espinal pode variar para um determinado ADI dependendo do diâmetro AP do canal espinal e da espessura de qualquer eventual *pannus*. O PADI (p. 213) e o diâmetro AP do canal subaxial mensurados nos raios X laterais da coluna cervical correlacionam-se com a presença e gravidade da paralisia.[7]

O PADI também prediz a recuperação neurológica após a cirurgia. Pacientes com paralisia por AAS não apresentaram recuperação, se o PADI pré-operatório foi < 10 mm.[7]

O PADI ≤ 14 mm foi proposto como uma indicação de estabilização cirúrgica.

MRI

O exame radiológico ideal para se avaliar a origem e a magnitude da compressão medular superior. Demonstra a localização do processo odontoide, extensão do *pannus* e efeitos da subluxação (pode precisar ser realizada com a cabeça flexionada para a sua avaliação).

Tratamento

Informação geral

Requer conhecimento da seguinte informação:
1. história natural: AAS na maioria dos pacientes progride, com uma pequena porcentagem estabilizando ou com fusão espontânea. Em uma série[9] com 4,5 anos de acompanhamento médio, 45% dos pacientes com 3,5-5 mm de subluxação progrediram para 5-8 mm, e 10% desses progrediram para > 8 mm
2. uma vez ocorrida a mielopatia, pode ser irreversível
3. quanto mais grave a mielopatia, maior o risco de morte súbita
4. as chances de encontrar a mielopatia são significativamente aumentadas, uma vez que a subluxação atinja ≥ 9 mm[10]

5. a resolução craniana associada diminui ainda mais a tolerância à AAS
6. a expectativa de vida de pacientes com RA é 10 anos menor do que da população em geral[9]
7. a morbidade e a mortalidade do tratamento cirúrgico (ver abaixo)
8. *pannus* pode regredir de certo modo após o tratamento médico

Quando tratar?

1. pacientes sintomáticos com AAS: quase todos necessitam de tratamento cirúrgico (fusão de C1-2 na maioria dos casos). Para o tratamento, ver abaixo. Alguns cirurgiões não realizam a cirurgia, se a distância máxima odontoide-C1 é < 6 mm
2. pacientes assintomáticos: controverso
   a) alguns autores consideram que a fusão cirúrgica não é necessária em paciente assintomático, se a distância odontoide-C1 está abaixo de um determinado *cutoff* (valor de corte). Recomendações para esse *cutoff* variam de 6 a 10 mm,[11] com 8 mm sendo comumente citado (um delineamento não validado)
   b) o colar cervical rígido é frequentemente colocado nestes pacientes, p. ex. enquanto fora de casa, mesmo que seja geralmente reconhecido que um colar provavelmente não oferece significativo apoio ou proteção
   c) Nota: alguns casos de morte súbita em pacientes com RA previamente assintomáticos podem ter ocorrido em razão da AAS e, depois, podem ser erroneamente atribuídos a arritmias cardíacas etc.[12]

Abordagem cirúrgica

É necessário reduzir a subluxação ou descomprimir a medula superior antes de realizar a fusão de C1-C2 ou occipital-C1-C2.

Menezes avaliou a redutibilidade de todos os pacientes com subluxação utilizando a tração cervical do halo compatível com a MRI, como descrito a seguir: início com 5 lbs (2,3 kg) e gradualmente aumenta durante o período de uma semana. A maioria dos casos reduz em 2-3 dias. Se não houver redução após 7 dias, então provavelmente não é redutível. Apenas ≈ 20% dos casos não são redutíveis (maior parte desses apresenta odontoide > 15 mm acima do forame magno).

A maioria requer estabilização por meio de amarrilha com fios sublaminares e fusão posterior, tanto de C1 para C2 ou do occipício para C2. No último caso, é utilizado quando a fusão é combinada com a descompressão (laminectomia posterior de C1 com alargamento posterior do forame magno). Ver Fusão atlantoaxial (artrodese C1-2) (p. 1479).

A fusão posterior sozinha não fornece alívio adequado, se a subluxação for irredutível ou se o *pannus* causar compressão significativa (contudo, pode haver alguma redução do *pannus* após a fusão). Nesses casos, a odontoidectomia transoral pode ser indicada. Realizar a estabilização posterior e a descompressão inicialmente permitem que alguns pacientes evitem uma segunda operação e possibilita que os demais sejam submetidos à abordagem anterior sem tornar-se desestabilizado. Ainda, alguns cirurgiões fazem primeiramente a odontoidectomia[11] (requer que o paciente permaneça em tração contínua até a fusão).

Lembrete: o paciente deve ser capaz de abrir a boca em diâmetro maior que ≈ 25 mm com o intuito de realizar a odontoidectomia transoral sem dividir a mandíbula.

Fusão posterior

Ver Fusão atlantoaxial (artrodese C1-2) (p. 1479) para a técnica. Na RA, a erosão e a osteoporose enfraquecem o arco de C1, e o cuidado extra é necessário para prevenir a fratura dessa região.

75.1.4 Morbilidade e mortalidade associadas à cirurgia

Por causa da frequência de envolvimento simultâneo de outros sistemas na RA, incluindo os sistemas pulmonar, cardíaco e endócrino, a mortalidade operatória varia de 5-15%.[11]

A taxa de não fusão durante o procedimento de amarrilha e fusão de C1-2 é relatada ser acima de 50%,[13] enquanto as taxas típicas são mais baixas (com 18% dos pacientes em uma série com desenvolvimento de união fibrosa[11]). O local mais comum de falha da fusão óssea é a interface entre o enxerto ósseo e o arco posterior de C1.[14]

75.1.5 Cuidado pós-operatório

O paciente geralmente é imobilizado quase que imediatamente no pós-operatório na tração do halo-colete (alguns utilizam um período opcional de tração mantida antes da imobilização). A cicatrização deficiente na RA impõe que o halo seja utilizado até que a fusão esteja bem estabelecida, como visto nos raios X (normalmente 8-12 semanas). Sonntag avaliou o paciente nos exames de raios X laterais da coluna cervical em flexão-extensão desconectando o halo circular do colete.

75.1.6 Impressão basilar na artrite reumatoide

Informação geral

Também conhecido como impactação atlantoaxial. Alterações erosivas nas massas laterais de C1 → encurtamento do atlas sobre o corpo de C2 causando migração ventral de C1 com resultante ↓ no diâmetro AP do canal espinal. Há concomitante deslocamento ascendente do odontoide. O arco posterior de C1 frequentemente se projeta superiormente pelo forame magno. Todos esses fatores levam à compressão da medula e do tronco cerebral. O tecido de granulação reumatoide atrás do odontoide também contribui para a compressão do tronco cerebral. A compressão da artéria vertebral e/ou artéria espinal anterior também pode causar disfunção neurológica.

O grau de erosão de C1 correlaciona-se com a extensão da invaginação do processo odontoide.

Quadro clínico

Ver ▶ Quadro 75.3 para sinais e sintomas.

A dor pode ocorrer como resultado da compressão das raízes nervosas de C1 e/ou C2. A compressão da medula causa disfunção do nervo craniano.

O exame motor geralmente é difícil por causa da degeneração poliarticular grave e a dor associada. Os achados sensoriais (todos não localizados): vibração, posição reduzida e toque leve.

Avaliação radiográfica

Ver Invaginação basilar e impressão basilar (BI) (p. 217) para critérios radiográficos de BI. A erosão da ponta do odontoide, comumente vista na RA, elimina o uso de qualquer medida que se baseia na posição da ponta do odontoide.[15] Por esse motivo, outras medidas foram desenvolvidas, incluindo a estação de Clark,[14] critérios de Redlund-Johnell,[16] e critérios de Ranawat.[1] Mesmo que estes métodos percam até 6% dos casos de BI na RA,[15] é recomendado que os casos suspeitos sejam investigados com mais detalhes (p. ex., com a CT e/ou MRI).

MRI: ideal para demonstrar a compressão do tronco cerebral, inadequada para mostrar a anatomia óssea. Ângulo cervicomedular: o ângulo entre a linha traçada pelo eixo longo da medula na MRI sagital e a

Quadro 75.3 Sintomas e sinais de BI (45 pacientes com RA[2])

Achado	%
cefaleia	100%
dificuldade progressiva de movimentar-se	80%
hiper-reflexia + Babinski	80%
parestesias dos membros	71%
bexiga neurogênica	31%
disfunção do nervo craniano	22%
• anestesia do nervo trigeminal	20%
• glossofaríngeo	
• vago	
• hipoglosso	
achados diversos	
• oftalmoplegia internuclear	
• vertigem	
• diplopia	
• nistagmo para baixo	
• apneia do sono	
• quadriparesia espástica	

linha traçada pela medula espinal cervical. O CMA normal é de 135-170°. O CMA < 135° correlaciona-se com os sinais de compressão cervicomedular, mielopatia ou radiculopatia de C2.[17]).

CT: principalmente realizada para examinar a anatomia óssea (erosão, fraturas...).

CTA: deve ser feita quando a cirurgia é contemplada, para mostrar detalhe da anatomia da VA.

A mielografia (hidrossolúvel) com CT: boa também para delinear a patologia óssea.

Tratamento

Ver também Junção Craniocervical e anormalidades da coluna cervical (p. 1151).

Tração cervical

Pode tentar empregar as pinças de Gardner-Wells. Começar com ≈ 7 lbs (3,2 kg) e aumentar lentamente até 15 lbs (6,8 kg). Alguns podem precisar de várias semanas de tração para reduzir.

Cirurgia

Casos redutíveis: fusão occipitocervical posterior ± laminectomia descompressiva de C1.

Casos irredutíveis: requer ressecção transoral do processo odontoide. Pode realizar antes a fusão posterior (mas em seguida, deve ser mantida em tração, enquanto aguarda pela fusão posterior).

75.1.7 Subluxação subaxial na artrite reumatoide

Os efeitos diretos da RA na coluna subaxial envolvem as facetas articulares posteriormente. A doença do disco degenerativo, que é normalmente uma manifestação tardia na RA, não é resultante de sinovite.[18] O comprometimento mais comum está localizado em C2-3 e C3-4.

75.2 Síndrome de Down

75.2.1 Informação geral

A síndrome de Down está associada à frouxidão ligamentar da coluna vertebral. Isto tem implicações sempre que uma fusão é contemplada, quando a falha do segmento adjacente com cifose é muito comum. A frouxidão ligamentar também pode resultar em subluxação atlantoaxial (**AAS**).

75.2.2 Subluxação atlantoaxial (AAS) na síndrome de Down

Informação geral

Nem todos os casos de AAS são instáveis (uma coluna instável, por definição, precisa de tratamento).

A incidência de AAS na síndrome de Down (DS) é de 20%,[19] mas apenas 1-2% dos pacientes com DS apresentam AAS *sintomática*.[20] A AAS na DS parece ser ocasionada pelo afrouxamento do ligamento transverso do atlas (TAL). Esta frouxidão pode reduzir com a idade quanto o TAL endurece.

Tratamento

Controverso. Podem existir declarações de posição[21] e refutações.[20,22]

Recomendações (modificada[23]); ADI = intervalo atlantodental (p. 213), PADI = intervalo atlantodental posterior (p. 213):

1. crianças que foram examinadas na triagem e não apresentam AAS; nenhum exame adicional após 10 anos de idade (desde que a AAS não se desenvolva tardiamente; a idade limite é controversa)
2. "os odontoideum": fusão cirúrgica
3. AAS sintomática
   a) sintomas podem incluir: dificuldades de marcha, dor no pescoço, movimento limitado do pescoço, torcicolo, falta de habilidade, déficits sensoriais e outros sintomas de mielopatia
   b) para ADI > 4,5 mm ou PADI < 14 mm ou dano da medula espinal na MRI cervical: fusão cirúrgica
4. AAS assintomática observada nos raios X laterais da coluna cervical:
   a) para ADI ≤ 4,5 mm *e* PADI ≥ 14 mm: sem necessidade de mais testes
   b) para ADI > 4,5 mm ou PADI < 14 mm: MRI cervical
      - se a MRI mostrar dano na medula espinal: fusão cirúrgica
      - se a MRI mostrar ausência de dano na medula espinal: fusão cirúrgica é opcional. Se a fusão não for realizada, proibir atividades de alto risco e reavaliar em 1 ano

75.3 Obesidade mórbida

A obesidade mórbida, definida como índice de massa corporal (BMI) > 40. Aproximadamente dobram os riscos (13,6% vs. 6,9%) de complicações de todos os tipos (complicações cardíacas, renais, pulmonares, feridas...)[24] com a cirurgia da coluna vertebral. A mortalidade é triplicada (mas ainda é baixa, 0,41 no obeso mórbido vs. 0,13).[24] Os custos hospitalares e a duração da estadia também são maiores.

Referências

[1] Ranawat CS, O'Leary P, Pellicci P, et al. Cervical Spine Fusion in Rheumatoid Arthritis. J Bone Joint Surg. 1979; 61A:1003–1010

[2] Menezes AH, VanGilder JC, Clark CR, et al. Odontoid Upward Migration in Rheumatoid Arthritis. J Neurosurg. 1985; 63:500–509

[3] Rana NA, Hancock DO, Taylor AR. Atlanto-Axial Subluxation in Rheumatoid Arthritis. J Bone Joint Surg. 1973; 55B:458–470

[4] Hildebrandt G, Agnoli AL, Zierski J. Atlanto-Axial Dislocation in Rheumatoid Arthritis: Diagnostic and Therapeutic Aspects. Acta Neurochir. 1987; 84:110–117

[5] Hinck VC, Hopkins CE. Measurement of the Atlanto-Dental Interval in the Adult. Am J Roentgenol Radium Ther Nucl Med. 1960; 84:945–951

[6] Meijers KAE, van Beusekom GT, Luyendijk W, et al. Dislocation of the Cervical Spine with Cord Compression in Rheumatoid Arthritis. J Bone Joint Surg. 1974; 56B:668–680

[7] Boden SD, Dodge LD, Bohlman HH, Rechtine GR. Rheumatoid arthritis of the cervical spine. A longterm analysis with predictors of paralysis and recovery. J Bone Joint Surg. 1993; 75:1282–1297

[8] Collins DN, Barnes CL, FitzRandolph RL. Cervical spine instability in rheumatoid patients having total hip or knee arthroplasty. Clin Orthop Relat Res. 1991:127–135

[9] Smith PH, Benn RT, Sharp J. Natural History of Rheumatoid Cervical Luxations. Ann Rheum Dis. 1972; 31:431–439

[10] Weissman BNW, Aliabadi P, Weinfeld MS, et al. Prognostic Features of Atlantoaxial Subluxation in Rheumatoid Arthritis Patients. Radiology. 1982; 144:745–751

[11] Papadopoulos SM, Dickman CA, Sonntag VKH. Atlantoaxial Stabilization in Rheumatoid Arthritis. J Neurosurg. 1991; 74:1–7

[12] Mikulowski P, Wollheim FA, Rotmil P, Olsen I. Sudden death in rheumatoid arthritis with atlantoaxial dislocation. Acta Med Scand. 1975; 198:445–451

[13] Kourtopoulos H, von EssenC. Stabilization of the Unstable Upper Cervical Spine in Rheumatoid Arthritis. Acta Neurochir. 1988; 91:113–115

[14] Clark CR, Goetz DD, Menezes AH. Arthrodesis of the Cervical Spine in Rheumatoid Arthritis. J Bone Joint Surg. 1989; 71A:381–392

[15] Riew KD, Hilibrand AS, Palumbo MA, Sethi N, Bohlman HH. Diagnosing basilar invagination in the rheumatoid patient. The reliability of radiographic criteria. J Bone Joint Surg. 2001; 83-A:194–200

[16] Redlund-Johnell I, Pettersson H. Radiographic measurements of the cranio-vertebral region. Designed for evaluation of abnormalities in rheumatoid arthritis. Acta Radiol Diagn (Stockh). 1984; 25:23–28

[17] Bundschuh C, Modic MT, Kearney F, Morris R, Deal C. Rheumatoid arthritis of the cervical spine: surface-coil MR imaging. AJR Am J Roentgenol. 1988; 151:181–187

[18] Kim DH, Hilibrand AS. Rheumatoid arthritis in the cervical spine. J Am Acad Orthop Surg. 2005; 13:463–474

[19] Martel W, Tishler JM. Observations on the spine in mongoloidism. Am J Roentgenol Radium Ther Nucl Med. 1966; 97:630–638

[20] Pueschel SM. Should children with Down syndrome be screened for atlantoaxial instability? Arch Pediatr Adolesc Med. 1998; 152:123–125

[21] American Academy of Pediatrics Committee on Sports Medicine and Fitness. Atlantoaxial instability in Down syndrome: subject review. Pediatrics. 1995; 96:151–154

[22] Cohen WI. Atlantoaxial instability. What's next? Arch Pediatr Adolesc Med. 1998; 152:119–122

[23] Brockmeyer D. Down syndrome and craniovertebral instability. Topic review and treatment recommendations. Pediatr Neurosurg. 1999; 31:71–77

[24] Kalanithi PA, Arrigo R, Boakye M. Morbid obesity increases cost and complication rates in spinal arthrodesis. Spine (Phila Pa 1976). 2012; 37:982–988

76 Condições Especiais que Afetam a Medula Espinal

76.1 Malformações vasculares espinais

76.1.1 Informação geral

Muitas vezes também referido pelo termo AVMs espinais que tecnicamente se referem a um subconjunto de malformações vasculares da coluna vertebral (SVMs). A incidência de SVM é cerca de 4% das massas intraespinais primárias. Oitenta por cento dos casos ocorrem entre 20 e 60 anos de idade.[1(p 1850-3)]

76.1.2 Classificação

Para uma revisão da história dos sistemas de classificação, (consultar a revisão de Black[2]).
Existem três sistemas de classificação da era atual.

A classificação da "American/English/French Connection"

Referências para a classificação: incluem[2,3,4,5,6,7,8,9,10]
1. Tipo I: AVM da dura-máter conhecida como AV-fístula (AVF). O tipo mais comum (80%) de SMV no adulto.[11] Suprida pela artéria radicular que forma uma derivação AV (fístula) no manguito presente na raiz da dura-máter (localizada no forame intervertebral),[8] drena em uma veia vertebral ingurgitada no cordão *posterior*. Geralmente na coluna lombar ou torácica inferior. Fluxo lento. A alta pressão na veia drenante pode causar congestão venosa da medula. O envolvimento da medula pode estar distante da fístula. Sintomas: LBP e mielorradiculopatia progressiva ou síndrome da cauda equina (decorrente da congestão venosa) com retenção urinária geralmente em pacientes de meia-idade, 90% homens. Até 35% apresentam dor. Entre 15-20% estão associadas a outras AVMs (cutâneas ou outras). Raramente têm sangramento
   a) Tipo IA: suprimento arterial único
   b) Tipo IB: dois ou mais suprimentos arteriais
2. AVMs intradurais (alto fluxo): 75% apresentam início agudo dos sintomas, geralmente de hemorragia (SAH ou intramedular)
   a) Tipo II: conhecido como AVM glômica espinal. Intramedular. AVM verdadeira da medula espinal. Entre 15-20% de todas as AVMs. O agrupamento compacto suprido por artérias medulares com a derivação AV contida pelo menos em parte na medula espinal ou pia-máter. Pode estar associada ao suprimento de aneurismas arteriais. Pior prognóstico do que a AVM da dura.[8] Suprida por um ou em grande parte por 2-3 suprimentos vasculares em 80% das vezes
   b) Tipo III: conhecido como AVM espinal juvenil. Essencialmente uma AVM glômica aumentada que ocupa a secção transversal total da medula e invade o corpo vertebral que pode causar escoliose.
   c) Tipo IV:[7] AVM perimedular intradural (também denominada fístulas arteriovenosas (AVF)). Fístulas diretas entre a artéria que supre a medula espinal (geralmente a artéria espinal anterior, muitas vezes a artéria de Adamkiewicz) e as veias drenantes. Normalmente ocorre em pacientes mais jovens do que o Tipo I e podem manifestar-se catastroficamente com hemorragia no espaço subaracnóideo.[12] ▶ O Quadro 76.1 mostra os três subtipos.[9]
3. lesões vasculares espinais diversos:
   a) cavernomas da medula espinal
   b) angiomas venosos da medula espinal: extremamente raros. Difíceis de visualizar angiograficamente
   c) Hemangiomas do corpo vertebral (p. 794)

Classificação de Hôpital Bicêtre

Ver referência.[13]

Quadro 76.1 Subclassificação de Merland das fístulas AV do *Tipo IV* (perimedulares)[a]

Subtipo	Suprimento arterial	AVF	Drenagem venosa
I	simples (ASA delgada)	simples, pequena	sistema venoso perimedular lentamente ascendente
II	múltiplo (ASA e PSA dilatadas)	múltiplas, médias	
III		simples, gigante	ectasia venosa gigante, drenagem venosa metamérica rápida

[a]AVF = fístula arteriovenosa; ASA = artéria espinal anterior; PSA = artéria espinal posterior

1. AVMs
2. fístulas: micro ou macrofístulas
3. classificação genética de medula espinal

Derivações AV
a) lesões genéticas hereditárias: macrofístulas e telangiectasias hemorrágicas hereditárias
b) lesões genéticas não hereditárias: múltiplas lesões com associações metaméricas ou mieloméricas
c) lesões únicas: associações incompletas das categorias a ou b

Classificação de Spetzler e colaboradores

Ver referência.[14]
    Este sistema reincorporou as neoplasias vasculares da coluna vertebral.
1. Lesões vasculares neoplásicas
    a) hemangioblastoma
    b) malformação cavernosa
2. aneurismas espinais (raros)
3. lesões arteriovenosas
    a) AVFs
      • extradural
      • intradural: dorsal ou ventral
    b) AVMs
      • extradural-intradural
      • intradural
      • intramedular
      • intramedular-extramedular
      • cone medular

76.1.3 Apresentação

Oitenta e cinco por centro dos casos se manifestam como déficit neurológico progressivo (dor nas costas associada à perda sensorial progressiva e fraqueza do LE durante meses a anos). Ainda, as SVMs são responsáveis por < 5% das lesões presentes como "tumores" da medula espinal. Dez a vinte por cento das SVMs manifestam-se como início súbito de mielopatia, geralmente em pacientes < 30 anos,[15,16] secundárias à hemorragia (causando SAH, hematomielia, hematoma epidural ou infarto medular. Golpe de punhal de Michon = súbita dor nas costas torturante com SAH (evidência clínica de SVM).
    A síndrome de Foix-Alajouanine (mielopatia necrótica subaguda): deterioração neurológica aguda ou subguda em um paciente com SVM sem evidência de hemorragia. Manifesta-se como paraplegia espástica → flácida, com nível sensorial ascendente e perda de controle do esfíncter. Inicialmente considerada ser a trombose espontânea da AVM, causando mielopatia necrosante subaguda[17] que seria irreversível. Entretanto, evidências mais recentes sugerem que a mielopatia pode ser causada por hipertensão venosa com isquemia secundária e pode haver melhora com o tratamento.[18]

▶ **Quadro clínico.** A auscultação ao longo da coluna vertebral revela um som anormal nas artérias em 2-3% dos casos. O angioma cutâneo nas costas está presente em 3-25%; a manobra de Valsalva pode aumentar o rubor do angioma.[16]

76.1.4 Avaliação

Angiografia espinal: necessária para o planejamento do tratamento. Mais bem realizada em centros que fazem esse estudo regularmente. Para as AVMs durais do tipo I, a angiografia deve compreender todos os suprimentos vasculares durais da neuraxia, que inclui:
1. ICAs: por causa da artéria de Bernasconi e Cassinari (p. 79)
2. todas as artérias radiculares, incluindo a artéria de Adamkiewicz (p. 87)
3. artérias ilíacas internas: para os suprimentos vasculares sacrais

MRI: detecta algumas SVMs com maior sensibilidade e segurança do que a angiografia,[19] mas é insuficiente para o planejamento do tratamento. Em 82% dos casos, observam-se os fluxos extramedulares vazios. Grau variável de realce da medula (por congestão venosa ou infarto venoso). MRI negativa não exclui o diagnóstico.
    Mielograma: classicamente mostra defeitos serpiginosos de enchimento intradural. Geralmente substituído pela ressonância magnética. Se feito, o paciente deve ser fotografado em pronação e supinação (para evitar perder uma AVM dorsal) ✖ Risco de hemorragia decorrente da punção de uma veia/artéria dilatada com agulha da mielografia.

76.1.5 Tratamento

Tipo I (AVMs durais): geralmente necessitam de tratamento. Normalmente é favorável o uso de técnicas endovasculares com cola, caso em que a veia proximal deve ser tomada também. Se você não eliminar completamente uma fístula dural (espinal ou intracraniana), ela voltará!

Tipo II (AVMs glômicas espinais): podem ser passíveis aos procedimentos de intervenção neurorradiológica, incluindo a embolização,[20] principalmente tipo IIA (único suprimento). Entretanto, a recorrência pode ser maior com o tratamento endovascular do que com a cirurgia, e esta é frequentemente preferida para o Tipo IIB (≥ 2 suprimentos). Estratégia cirúrgica: similar às AVMs intracranianas, exceto que o parênquima não pode ser retraído, o sangramento é raramente fatal, e as artérias de passagem devem ser preservadas para evitar déficits devastadores. A angiografia intraoperatória com ICG é frequentemente útil. O agrupamento é compacto, e o anel de hemossiderina em torno do agrupamento na MRI muitas vezes representa um plano que pode ser explorado.

Tipo III (AVMs espinais juvenis): a história natural é provavelmente melhor do que o prognóstico com qualquer tipo de tratamento.

Tipo IV (fístulas perimedulares): o tratamento sugerido[10] é mostrado no ▶ Quadro 76.2.

76.2 Cistos meníngeos espinais

76.2.1 Informação geral

Cistos meníngeos espinais (SMC): divertículos do saco meníngeo, bainha de raiz nervosa ou aracnoide. Pode apresentar tendência familial.

Terminologia na literatura é confusa. Um sistema de classificação é mostrado no ▶ Quadro 76.3. Previamente também conhecidos como cistos perineurais de Tarlov, cistos aracnoides espinais e divertículos extradurais, sacos ou cistos. Apenas lesões congênitas são consideradas aqui.

1. SMCs de tipo I acima do sacro geralmente têm um pedículo adjacente para acesso da raiz nervosa dorsal
2. SMCs do tipo II: anteriormente chamados de cistos de Tarlov e eram diferenciados dos divertículos de raiz nervosa, porque os primeiros foram definidos pela comunicação com o espaço subaracnóideo e o último não. No entanto, a CT de contraste intratecal (ICCT) mostra que ambos se comunicam. Frequentemente múltiplos ocorrem nas raízes dorsais em qualquer lugar, mas são mais proeminentes e sintomáticos no sacro
3. SMCs do tipo III: podem também ser múltiplos e assintomáticos. Mais comum ao longo do espaço subaracnóideo posterior. Atribuído à proliferação das trabéculas aracnóideas

Quadro 76.2 Tratamento sugerido para fístulas arteriovenosas do Tipo IV[10]

Subtipo	Diagnóstico	Embolização	Cirurgia
Subtipo I	difícil; ? confiabilidade da MRI[a]; tomomielografia; angiotomomielografia	difícil	fácil no filo terminal; difícil no cone medular
Subtipo II	fácil: MRI ou mielografia	oclusão incompleta	em AVFs posterolaterais
Subtipo III		eficaz	difícil, perigosa

[a]Em razão da inexatidão, não atrasar o angiograma para obter a MRA etc.

Quadro 76.3 Tipos de cistos meníngeos espinais[21]

Tipo	Descrição
Tipo I	cistos meníngeos extradurais sem fibras da raiz do nervo espinal
IA	"cisto meníngeo/aracnóideo extradural"
IB	"meningocele sacral" (oculta)
Tipo II	cistos meníngeos extradurais com fibras da raiz do nervo espinal ("cisto perineural de Tarlov", "divertículo da raiz do nervo espinal")
Tipo III	cistos meníngeos intradurais espinais ("cisto aracnóideo intradural")

76.2.2 Apresentação

Podem ser assintomáticos (p. ex., achado incidental). Pode causar radiculopatia por pressão na raiz nervosa adjacente (pode ou não causar sintomas da raiz nervosa dos quais de fato origina-se). O complexo dos sintomas depende do tamanho do SMC e a proximidade com a medula espinal e as raízes nervosas.
1. SMCs do tipo I: nas regiões torácica e cervical, podem manifestar mielopatia aguda (espasticidade e nível sensorial); região lombar → LBP e radiculopatia; região sacral → perturbação do esfíncter
2. SMCs do tipo II: frequentemente assintomáticos, mas as lesões sacrais podem → perturbação ciática e/ou do esfíncter
3. SMCs do tipo III: podem também ser múltiplos e assintomáticos; mais comuns ao longo do espaço subaracnódeo posterior

76.2.3 Avaliação

MRI para identificar a massa, seguida por exame de ICCT solúvel em água para avaliar a comunicação do cisto com o espaço subaracnóideo.
1. SMCs do tipo II: todos os 18 casos tiveram erosão óssea (demonstrados por dilatação do canal, erosão dos pedículos, aumento do forame ou entalhamento do corpo vertebral)
2. SMCs do tipo III: podem também causar erosão óssea; aparecem no mielograma como defeito intradural, podem ser indetectáveis na ICCT, caso se comuniquem com o espaço subaracnóideo, levando à combinação com o espaço subaracnóideo adjacente

76.2.4 Tratamento

1. SMCs do tipo I: óstio próximo entre o cisto e o espaço subaracnóideo. Acima do sacro, pode geralmente ser dissecado da dura-máter; ocasionalmente as adesões fibrosas previnem essa condição
2. SMCs do tipo II: sem pedículo, portanto, parcialmente ressecca e suturar a parede do cisto, ou remove cirurgicamente o cisto e a raiz nervosa envolvida. A simples aspiração não é recomendada
3. SMCs do tipo III: excisão completa a menos que as adesões fibrosas densas previnam isso, caso em que os cistos são marsupializados. Tendem à recidiva, se não removidos completamente

76.3 Cistos justafacetários da coluna lombar

76.3.1 Informação geral

O termo cisto justafacetário (JFC) foi criado por Kao et al.,[22] em 1974, e inclui tanto os cistos sinoviais (aqueles com membrana de revestimento sinovial) e cistos ganglionares (aqueles sem revestimento sinovial) adjacentes à articulação da faceta espinal ou decorrentes do ligamento amarelo. A distinção entre esses dois tipos de cistos pode ser difícil sem a histologia (ver a seguir) e é clinicamente irrelevante.[23]

O JFC ocorre principalmente na coluna lombar (embora os cistos nas colunas cervical[24,25,26] e torácica[27] tenham sido descritos). Foram primeiramente relatados, em 1880, por Von Gruker durante uma necropsia[28] e foram clinicamente diagnosticados pela primeira vez em 1968.[29] A etiologia é desconhecida (possibilidades incluem: extrusão de fluido sinovial da cápsula articular, crescimento latente de um repouso do desenvolvimento, a degeneração mixoide e a formação de cistos no tecido conectivo colagenoso...), o movimento aumentado parece ter um papel em muitos cistos, e o papel do trauma na patogênese é discutido,[25,30] mas provavelmente tem um papel em um pequeno número ($\approx$ 14%).[31] O JFC é relativamente raro, apenas três casos foram identificados em uma série de 1.500 exames de CT espinal,[32] mas a frequência do diagnóstico pode estar no aumento causado pelo uso abrangente de MRI e uma crescente conscientização da condição.

76.3.2 Patologia

As paredes do cisto são compostas por tecido conectivo fibroso de espessura variável e celularidade. Geralmente não existem sinais de infecção ou inflamação. Pode haver revestimento sinovial[33] (cisto sinovial) ou pode estar ausente[34] (cisto ganglionar). A distinção entre os dois pode ser difícil,[23] possivelmente por causa, em parte, do fato de que os fibroblastos nos cistos ganglionares podem formar um revestimento do tipo sinovial incompleto.[35] A proliferação de pequenas vênulas é observada no tecido conectivo. A coloração de hemossiderina pode estar presente e pode ou não estar associada à história de trauma.[31]

76.3.3 Quadro clínico

A idade média foi de 63 anos em uma série[31] e de 58 anos em uma revisão de 54 casos na literatura[33] (faixa: 33-87) com ligeira predominância feminina em ambas as séries. A maioria ocorre em pacientes com espondilose grave e a degeneração articular da faceta,[34] Vinte e cinco por cento manifestaram espondilolistese degenerativa.[31] A L4-5 é o nível mais comum.[31,36] Podem ser bilaterais. A dor é o sintoma mais comum e geralmente é radicular. Alguns JFCs podem contribuir para a estenose do canal e pode produzir claudicação neurogênica (p. 1100)[37] ou às vezes a síndrome da cauda equina. Os sintomas podem ser mais intermitentes em natureza do que em lesões firmes compressivas, como a HLD. Uma exacerbação súbita na dor pode ser ocasionada por hemorragia no cisto. Alguns JFCs podem ser assintomáticos.[38]

76.3.4 Diagnóstico diferencial

Consultar também **Diagnóstico diferencial, Ciático** (p. 1410). A diferenciação de JFC de outras massas depende em grande parte da aparência e localização. Outras características distintivas incluem:
1. neurofibroma: improvável ser calcificada
2. livre fragmento de HLD: sem aparência cística
3. metástases epidurais ou da raiz nervosa: não cística
4. dilatação do manguito da raiz subaracnóidea dural (p. 1142)
5. cisto aracnóideo (a partir da hérnia de disco aracnóidea por um defeito dural): não associado à articulação das facetas, margens mais finas do que o JFC[39]
6. cistos perineurais (cisto de Tarlov): surge no espaço entre o perineuro e o endoneuro, geralmente nas raízes sacrais,[40] ocasionalmente mostram preenchimento tardio na mielografia. Geralmente associados ao remodelamento do osso adjacente

76.3.5 Avaliação

Identificar um JFC no pré-operatório ajuda o cirurgião, à medida que a abordagem difere ligeiramente daquela para HLD, e o cisto poderia de outra forma ser perdido ou inconscientemente desinflado, e o tempo desnecessariamente desperdiçado depois de tentar localizar uma lesão compressiva. Ou, o cirurgião inconsciente pode interpretar erroneamente o cisto como uma extrusão do disco "transdural" e sem necessidade de abertura da dura-máter. Os diagnósticos pré-operatórios foram incorretos em 30% dos casos operados de JFC.[31]

Mielografia: defeito de preenchimento posterolateral (enquanto a maioria dos discos está situada anteriormente, um fragmento ocasional pode migrar posterolateralmente, enquanto um JFC sempre estará posterolateral), muitas vezes com um aspecto extradural arredondado.

Exame de CT: mostra uma lesão cística epidural de baixa densidade geralmente com uma localização justa-articular posterolateral. Algumas apresentam borda calcificada[38] e outros podem ter gás em seu interior.[41] A erosão da lâmina óssea é ocasionalmente vista.[36,42]

MRI: achados variáveis (pode ser decorrente da diferente composição do fluido cístico: serosa *vs.* proteináceo[43]). O sinal sem realce característico de JFC não hemorrágico é muito semelhante ao CSF. O JFC hemorrágico é hiperintenso. A MRI geralmente perde a erosão óssea.

76.3.6 Tratamento

O tratamento ideal é desconhecido. Existe um relato de caso de um cisto que foi resolvido espontaneamente.[32] Se os sintomas persistirem com o tratamento conservador, alguns promovem a aspiração do cisto ou injeção da faceta com esteroides,[44] enquanto a maioria defenda a excisão cirúrgica do cisto.

Considerações de tratamento cirúrgico: O cisto pode estar aderido à dura-máter. O cisto também pode entrar em colapso durante a abordagem cirúrgica e pode ser perdido. Um JFC pode servir como um marcador para possível instabilidade e deve solicitar uma avaliação para o mesmo. Alguns argumentam para a realização de uma fusão desde que o JFC pode surgir de uma instabilidade, no entanto, parece que a fusão não é necessária para um bom resultado em muitos casos.[44] Portanto, sugere-se que a consideração para a fusão é feita com base em qualquer instabilidade e não meramente em função da presença de um JFC.

A cirurgia minimamente invasiva da coluna vertebral (MISS) também tem sido usada para a remoção,[45] o acompanhamento a longo prazo é perdido. Uma incisão de entrada de 15 mm é feita a 1,5 cm lateral à linha média.

Após o tratamento cirúrgico, JFCs sintomáticos podem ter recidiva ou podem desenvolver-se no lado contralateral.[31]

76.4 Siringomielia

76.4.1 Informação geral

Conceitos-chave

- Conhecida como siringe. Cavitação cística da medula espinal
- setenta por cento dos casos estão associados à malformação de Chiari I, 10% com invaginação basilar. Também podem ser pós-traumáticas ou associadas ao tumor, infecção...

Condições Especiais que Afetam a Medula Espinal — 1145

- sintomas: deterioração neurológica progressiva ao longo de meses a anos, geralmente afetando a UE primeiramente
- diâmetro > 5 mm + edema associado predizem uma deterioração mais rápida
- tratamento preferido é direcionado na correção da fisiopatologia causal

Conhecida como. Cavitação cística da medula espinal. Outros termos não definidos precisamente incluem: hidrossiringomielia, siringomielia comunicante ou não comunicante.

Siringobulbia: Extensão rostral no tronco encefálico (geralmente medula). Pode manifestar-se com (bilateral) formigamento perioral e dormência, por causa da compressão dos tratos espinais do nervo trigêmeo, quando as fibras se cruzam.

76.4.2 Etiologias

Siringomielia primária

Este termo é usado de forma distinta por diferentes autores.[46] Aqui, refere-se à siringe na ausência de causa identificável.

Siringomielia secundária

A maioria dos casos é considerada secundária à obstrução parcial do espaço subaracnóideo espinal.[46] Pergunta sem resposta: Por que então os pacientes com vários graus de estenose da coluna vertebral cervical degenerativa geralmente não desenvolvem siringomielia? Etiologias incluem:

1. malformação de Chiari I: a causa mais comum de siringe (p. 277)
2. pós-inflamatória
   a) pós-infecciosa
      - meningite granulomatosa (TB e fúngica)
      - meningite pós-operatória, principalmente após o procedimento intradural
   b) química ou outras inflamações estéreis
      - raramente após a SAH
      - após mielografia: principalmente com agentes à base de óleo mais antigos, não mais em uso
3. pós-traumático: também ver abaixo
   a) com deformidade cifótica pós-traumática grave: p. ex., com retropulsão do osso, cicatrizes...
   b) cicatrização aracnoide sem trauma reconhecido
   c) lesão grave na medula espinal e/ou suas coberturas. O sangue pode ser um fator contribuinte

✖ o conceito antigo de desenvolvimento de siringe como uma coalescência de focos da hematomielia traumática não é confirmado

1. pós-cirurgico: identificado muitos anos depois de remoção da neoplasia intradural descomplicada (p. ex., neurofibromas)
2. aracnoidite basilar:
   a) idiopática
   b) pós-infecciosa: ver acima
3. impressão basilar, com constrição do forame magno (p. 217)
4. associada a tumores espinais: isto é distinto de um cisto tumoral
5. associada à protrusão discal:
6. ectopia cerebelar
7. síndrome de Dandy Walker

76.4.3 Epidemiologia

Ver referência.[47]

Prevalência de siringomielia não pós-traumática: 8,4 casos/100.000 população. Geralmente manifesta-se entre 20-50.

Síndromes clínicas associadas são mostradas em ▶ Quadro 76.4.

76.4.4 Fisiopatologia

Principais teorias de formação do cisto:

1. teoria hidrodinâmica ("choque hidráulico") de Gardner: pulsações sistólicas são transmitidas com cada batimento cardíaco da cavidade intracraniana para o canal central. É essencialmente refutada utilizando a MRI[48]

Quadro 76.4 Condições associadas à siringomielia	
Condição	**%[a]**
malformação de Chiari do tipo 1	70
invaginação basilar	10
tumores intramedulares da medula espinal	4
[a]Porcentagem de casos de siringomielia.	

2. teoria de Williams ("dissociação cranioespinal"): manobras que elevam a pressão do CSF (Valsalva, tosse...) causam "hidrodissecção" pelo tecido da medula espinal. Pode ser mais comum na siringomielia não comunicante
3. teoria de Heiss-Oldfield: oclusão no forame magno causa pulsações do CSF durante a sístole cardíaca, sendo transmitidas pelos espaços de Virchow-Robin que aumentam o fluido extracelular que coalesce para formar uma siringe[47] (p. ex., pelo parênquima medular)

76.4.5 Quadro clínico

Apresentação: altamente variável. Geralmente progride por meses a anos, com uma deterioração mais rápida inicialmente, que gradualmente diminui.[47] Inicialmente, dor, fraqueza, atrofia e perda de dor e sensação térmica nas extremidades superiores (com siringe cervical) são comuns. É seguida por mielopatia que progride lentamente ao longo de anos.

76.4.6 Síndrome característica

(inespecífica para a patologia da medula espinal intramedular):
1. perda sensorial (similar à síndrome da medula espinal) com uma perda sensorial dissociada (perda de dor e sensação térmica com toque preservado e senso de posição articular → ulcerações dolorosas provenientes de lesões despercebidas e/ou queimaduras) suspensa ("capa")
2. dor: comumente cervical e occipital. A dor disestésica frequentemente ocorre na distribuição da perda sensorial[47]
3. fraqueza: fraqueza do motoneurônio inferior da mão e braço
4. artropatias dolorosas (neurogênicas) (articulações de Charcot) principalmente no ombro e pescoço em razão da perda de dor e sensação térmica: observadas em < 5%

76.4.7 Avaliação

Antes da era da CT/MRI, o diagnóstico era baseado na mielografia ou na necropsia.

MRI: define a anatomia no plano sagital, bem como axial. Teste de escolha. MRI das colunas cervical e torácica, e do cérebro (sem e com contraste, para incluir a junção craniocervical) deve ser obtida. Cavidades siringomiélicas podem ser complexas, com canais não comunicantes (mais comuns com a siringe pós-traumática).

CT: área de baixa atenuação dentro da medula vista na CT ou mielograma simples/CT (com contraste hidrossolúvel).

Mielograma: raramente utilizado sozinho (geralmente realizado em conjunto com a CT). Quando utilizado individualmente: frequentemente normal (falso negativo), alguns → bloqueio completo em nível de siringe; estudos empregando contraste com iodo podem mostrar a dilatação fusiforme da medula espinal, enquanto os estudos com contraste de ar demonstram colapso da medula.[49] O corante pode lentamente ser removido no cisto.

EMG: sem achados característicos, mas pode ser útil para excluir (R/O) outras condições que podem ser responsáveis pelos sintomas (p. ex., neuropatia periférica causando parestesias).

76.4.8 Distinção de entidades similares

1. cisto tumoral:
   a) principalmente com gliomas intramedulares da medula espinal. Tumores podem secretar fluidos ou podem causar microcistos que eventualmente coalescem. A maioria (mas não todos) dos tumores intramedulares terá maior realce com o contraste IV na MRI
   b) o fluido do cisto tumoral geralmente é altamente proteináceo, o fluido da siringe geralmente tem a mesma MRI característica como o CSF (Nota: a siringe verdadeira pode ocorrer com o tumor)

Condições Especiais que Afetam a Medula Espinal 1147

2. canal espinal central:
   a) canal espinal central residual: o canal central está presente na medula espinal durante o nascimento e normalmente involui gradualmente com a idade.[50] A persistência do canal é uma variante normal. Aspectos de imagem característicos:
      - linear ou fusiforme na MRI sagital
      - $\leq$ 2-4 mm de largura máxima
      - pode ser singular ou podem existir várias regiões descontínuas na direção rostral-caudal
      - perfeitamente arredondado na secção transversal e centralmente localizado na MRI axial
      - se o contraste IV é administrado, não deve haver nenhum realce
   b) dilatação simples do canal central com revestimento de células ependimárias é algumas vezes denominada hidromielia, mas esse procedimento é ambíguo

76.4.9 Tratamento

Informação geral

Para uma siringe descoberta incidentalmente (p. ex., déficit assintomático e não neurológico) sem etiologia identificada, se o tamanho permanecer estável a mais de 2-3 anos de observação, estudos de F/U em intervalos de 2-3 anos podem ser feitos, se não existirem alterações nos sintomas.

Tratamento cirúrgico

A intervenção é considerada para lesões sintomáticas (nem todos são sintomáticos). Se uma causa subjacente não puder ser determinada, pode ser muito difícil de tratar uma siringe muito pequena diretamente (no entanto, estas são suscetíveis de causar sintomas reversíveis).
Opções incluem:
1. fisiologia atual para tratar a fisiopatologia subjacente (e para usar os procedimentos de drenagem da siringe como segunda escolha, quando isto não é viável)
   a) descompressão posterior: procedimento de escolha, quando as anomalias posteriores (p. ex., malformação de Chiari) estão presentes
   b) descompressão se um sítio diferente de compressão é identificada
2. derivações:
   a) desvantagens:
      - taxa de complicação: 16%
      - taxa de estabilização clínica: 54% em 10 anos
      - pode produzir tração na medula espinal com potencial para mais lesão
      - propenso à obstrução: 50% em 4 anos
      - não corrige a fisiopatologia subjacente, e, assim, a siringe pode recorrer
   b) indicações: casos de aracnoidite difusa (p. ex., após meningite tuberculosa ou química) em que a obstrução se estende em muitos níveis, com um diâmetro > 3-4 mm
   c) drenagem com tubo em **K** ou **T**. Escolha dos sítios distais inclui:
      - peritônio[51] (difícil na região cervical): p. ex. derivação siringoperitoneal de Edwards-Barbaro (distribuída pela Integra®)
      - cavidade pleural
      - espaço subaracnóideo (p. ex., sistema de Heyer-Schulte-Pudenz): requer fluxo de CSF normal no espaço subaracnóideo, portanto, não pode usar na aracnoidite
3. aspiração percutânea do cisto[52] (pode ser utilizada repetidamente)
4. ✖ não mais recomendado:
   a) conectando o óbex com o músculo, teflon ou outro material
   b) abertura do espaço subaracnóideo e remoção das tonsilas inferiores
   c) siringostomia: geralmente falha em permanecer patente, assim, recomenda-se o uso de *stent* ou um *shunt* (siringossubaracnoide ou siringoperitoneal) é recomendado

Considerações técnicas:
1. ultrassonografia intraoperatória é frequentemente útil para:
   a) localizar o cisto
   b) avaliar a presença de septações (evitar a derivação apenas da parte com o cisto)
2. se a malformação de Chiari não estiver presente, considerar a derivação siringossubaracnóidea como o procedimento inicial. Se houver falha, a derivação siringoperitoneal pode, então, ser inserida
3. Rhoton sugere a realização de mielotomia na zona de acesso da raiz dorsal (DREZ), entre as colunas lateral e posterior (em vez da linha média como em um tumor), pois isto é consistentemente a parte mais

76

fina e geralmente já se observa um déficit proprioceptivo na extremidade superior da siringe.[53(p 1317)] Existe ≈ 10% de incidência de disfunção da coluna anterior com derivação

4. com derivações siringossubaracnóideas, esteja certo que a ponta da derivação distal é subaracnóidea (e não apenas subdural) ou, caso contrário, não funcionará
5. com a derivação siringopleural, a abertura pleural pode ser feita *posteriormente*, adjacente a uma das costelas como descrita na derivação ventriculopleural (p. 1515)
6. para a extremidade peritoneal da derivação: a derivação proximal pode ser colocada na siringe com o paciente na posição de pronação, e a extremidade peritoneal do cateter pode ser tunelizada para uma posição intermediária no flanco na linha axilar média onde pode ser enrolado em uma pequena bolsa subcutânea que pode ser temporariamente fechada com grampos e vestida com Tegaderm®. Após fechamento da incisão espinal, o paciente pode ser descoberto e rotacionado na posição supina, o Tegaderm® é removido, e o abdome e a incisão do flanco são preparados, os grampos são removidos, e o cateter é obtido da bolsa subQ, com uma formação de túnel para a abertura peritoneal que é feita neste momento. Um pequeno solavanco (chapa laminada...) para elevar o flanco pode ser empregado em ambas as partes da operação para facilitar o acesso à bolsa

76.4.10 Desfecho

Avaliar os resultados do tratamento é difícil por causa da raridade da condição, variabilidade de história natural (que pode prender espontaneamente) e acompanhamento muito curto.[54] O entusiasmo para tratamento direto (*shunts*, fenestração...) é baixo entre neurocirurgiões em razão da má resposta percebida e o risco de agravamento neurológico iatrogênico. No entanto, isto pode permanecer como a única opção para um paciente em deterioração, e desfechos positivos ocorrem.[55]

76.5 Siringomielia Pós-traumática

76.5.1 Informação geral

A siringomielia pós-traumática (PTSx) pode seguir o trauma acentuado da coluna (com ou sem lesão clínica da medula espinal). Inclui a lesão penetrante ou trauma "violento" não penetrante na medula espinal (lesões, como anestesia pós-espinal ou após hérnia de disco torácica, não são incluídas).

76.5.2 Epidemiologia

Frequentemente uma apresentação tardia após lesão da medula espinal, portanto, a incidência é mais elevada em séries com acompanhamento mais longo. A incidência crescente com sobrevida progressiva após lesão da medula espinal e com aumento do uso de MRI. Faixa: ≈ 0,3-3% dos pacientes com lesão medular (ver ▶ Quadro 76.5).

Em um grande número de pacientes acompanhados por meio de um banco de dados cooperativo multicêntrico, houve menos casos de siringe após lesões cervicais do que as lesões torácicas[57] (pode ser diferente, já que pacientes com lesões menores podem ser mais conscientes dos níveis crescentes).

Latência após lesão da medula espinal:

1. latência para os sintomas: 3 meses a 34 anos (média de 9 anos) (mais cedo em lesões medulares completas do que incompletas: média de 7,5 *vs.* 9,9 anos)
2. latência para o diagnóstico: até 12 anos (média 2,8 anos) após início dos novos sintomas

Quadro 76.5 Incidência de siringomielia pós-traumática

Tipo de lesão	Nº/risco[a]	Incidência
todos os pacientes com lesão da medula espinal	30/951	3,2%
quadriplegia completa	14/177	7,9%
quadriplegia incompleta	4/181	4,5%
paraplegia completa	4/282	1,7%
paraplegia incompleta	4/181	2,2%

[a]Número que ocorre em relação ao número em risco, incluindo 951 pacientes acompanhados por 11 anos.[56]

Quadro 76.6 Apresentação (em 30 pacientes com SCI que apresentam siringe[56])

Sintoma	Inicial	Durante o diagnóstico
dor[a]	57%	70%
dormência	27%	40%
déficit motora aumentada	23%	40%
espasticidade aumentada	10%	23%
sudorese aumentada (hiperidrose)	3%	13%
disreflexia autonômica	3%	3%
sem sintomas	7%	7%
Sinais	**Frequência**	
Nível sensorial ascendente	93%	
reflexos do tendão deprimido	77%	
déficits motores aumentados	40%	

[a]Dor é frequentemente muito grave e não aliviada com analgésicos.[59]

76.5.3 Quadro clínico

A apresentação dos pacientes com PTSx é mostrada no ▶ Quadro 76.6. A aparência final dos sintomas da extremidade *superior* em um paciente paraplégico deve levantar um alto índice de suspeita de siringomielia pós-traumática.[58]

A hiperidrose pode ser o único achado de siringomielia *descendente* em pacientes com lesões medulares completas.[60] Para o diagnóstico diferencial, observar a Deterioração tardia após lesões da medula espinal (p. 1019).

76.5.4 Avaliação

Uma extremidade da cavidade é frequentemente encontrada em um sítio de fratura da coluna vertebral ou angulação anormal.

76.5.5 Tratamento

Informação geral

Muitos autores defendem a drenagem cirúrgica precoce do cisto como uma forma de amenizar a deficiência tardia aumentada.[61] Alguns autores consideram que, além dos sintomas sensoriais perturbadores, a perda motora foi incomum e, portanto, o tratamento conservador é indicado na maioria dos casos.[62]

Conduta médica

Abordagem não cirúrgica: 31% permaneceram estáveis, 68% progrediram ao longo dos anos (acompanhamento mais longo (F/U) no último caso).

Abordagem cirúrgica

Sem provável benefício na operação de um paciente com pequena siringe.[56]
Opções cirúrgicas:
São as mesmas da Siringomielia comunicante, com as seguintes diferenças:
1. transecção da medula (cordotomia):[63] uma opção em lesões completas apenas
2. conexão do óbex provavelmente *não* é indicada (controverso na siringe congênita)

Desfecho

Em nove pacientes PTSx tratados com derivação siringossubaracnóidea:[56] alívio da dor em todos os nove pacientes (um apenas levemente), recuperação motora em 5/8, melhora do reflexo do tendão em 1/10. Algumas complicações pós-operatórias em nove pacientes incluíram: uma lesão incompleta tornou-se completa, uma deterioração sensorimotora e dor transitória em três casos.

Na maioria dos resultados, apresenta bons resultados para os sintomas radiculares, com eficácia duvidosa para sintomas autonômicos ou espasticidade.

76.6 Hérnia da medula espinal (idiopática)

76.6.1 Informação geral

Rara. A medula espinal sofre herniação, embora seja um defeito na dura-máter geralmente localizado anteriormente ou anterolateralmente entre T2-8.[64] A erosão óssea, anterior ao defeito dural, pode ser ocasionalmente detectada. Frequentemente está associada a um fragmento de disco calcificado, que teoricamente pode sofrer erosão gradual pela dura-máter.

76.6.2 Diagnóstico diferencial

O DDx principal é determinado com o cisto aracnóideo dorsal (p. 1407). Ambos resultam em aumento do espaço subaracnóideo posterior à medula e também na torção ventral da medula espinal. O artefato de pulsação de CSF contíguo na MRI pode ser visto com a hérnia medular, enquanto um cisto aracnóideo tende a interromper essa condição.

76.6.3 Apresentação

Comumente manifesta-se como uma síndrome de Brown-Séquard incompleta (colunas posteriores relativamente poupadas). Os sintomas podem ser causadas pela distorção da medula espinal, mas a lesão vascular também pode desempenhar um papel.

76.6.4 Cirurgia

Requer uma abordagem lateral ou anterolateral para minimizar a manipulação da medula espinal (p. 1061). O aumento do defeito dural resulta na redução da hérnia da medula espinal. Um *sling* do substituto dural pode então deslizar anteriormente à medula para prevenir a re-herniação.

76.7 Lipomatose epidural espinal (SEL)

76.7.1 Informação geral

Hipertrofia da gordura epidural. Mais comumente vista com terapia prolongada com esteroides exógenos (em 75% dos casos[65]) geralmente utilizando dosagem moderada à alta por anos,[66] mas também podem estar associada à: doença de Cushing, síndrome de Cushing, obesidade,[67] hipotireoidismo ou pode ser idiopática.[68] Gênero masculino:gênero feminino = 3:1.[66]

Dor nas costas geralmente precede todos os outros sintomas. Fraqueza progressiva da LE e alterações sensoriais são comuns. Os distúrbios de esfíncter ocorrem, mas são raros. A SEL é mais comum na coluna torácica ($\approx$ 60% dos casos), os demais envolvem a coluna lombar (não há casos relatados na coluna cervical).

Com frequência é muito difícil diferenciar o paciente com aumento da gordura epidural (até ao ponto que o CSF pode ser obliterado em níveis de comprometimento) que não está causando sintomas, desde aqueles casos em que a gordura exuberante é responsável pelos achados.

76.7.2 Avaliação

CT: densidade do tecido adiposo é extremamente baixa (-80 a -120 unidades de Hounsfield)[69] que distingue a SEL da maioria das outras lesões (exceto o lipoma).

MRI: o sinal segue a gordura (sinal elevado em T1WI, intermediário em T2WI). Critérios diagnósticos sugeridos: epidural adiposa deve ser > 7 mm de espessura para que a SEL seja considerada.[67,70]

76.7.3 Tratamento

Naqueles pacientes que podem ser retirados os esteroides e a perda de peso, a cirurgia pode ser evitada em alguns casos.[71] Se a SEL estiver relacionada com a obesidade, a perda de peso somente pode ser bem-sucedida.

A cirurgia é indicada para pacientes sintomáticos em que intervenções acima são malsucedidas ou não viáveis. Esforços para normalizar os níveis de cortisol em pacientes com hipercortisolismo endógeno (doença de Cushing...) devem ser feitos antes da laminectomia ser executada. Por causa de possíveis complicações e o lento crescimento do tecido, a decisão de operar deve ser feita com precaução.

Condições Especiais que Afetam a Medula Espinal **1151**

A cirurgia geralmente consiste em laminectomia com remoção de tecido adiposo. Ocasionalmente, a cirurgia deve ser repetida para evitar a reacumulação de tecido adiposo.

76.7.4 Desfecho

A cirurgia geralmente resulta em melhora significativa.[70] Os casos idiopáticos podem ter resultados melhores do que aqueles com excesso de esteroides. A compressão da cauda equina responde melhor do que a mielopatia torácica.

Taxas de complicações podem ser maiores do que o esperado, em parte por causa das comorbidades médicas. Fessler *et al.*[72] relataram mortalidade de 1 ano em 22% dos casos.

76.8 Junção craniocervical e anormalidades da coluna cervical

76.8.1 Condições associadas

Também ver Lesões vertebrais axiais (C2) (p. 1391).

Anormalidades nessa região são detectadas em diversas condições incluindo:
1. artrite reumatoide (p. 1134)
2. traumática e pós-traumática: incluindo fraturas do odontoide, côndilos occipitais...
3. espondilite anquilosante (p. 1123): pode resultar em fusão da coluna inteira que poupa as articulações occipitoatlantais e/ou atlantoaxiais que podem levar à instabilidade
4. condições congênitas:
   a) malformações de Chiari (p. 277)
   b) síndrome de Klippel-Feil (p. 271)
   c) síndrome de Down
   d) luxação atlantoaxial (AAD)
   e) occipitalização do atlas: observada em 40% dos casos de AAD congênito[73]
   f) síndrome de Morquio (uma mucopolissacaridose): subluxação atlantoaxial ocorre em razão da hipoplasia do processo odontoide e frouxidão articular
5. neoplasias: metastática (p. 815) ou primária
6. infecção
7. após procedimentos cirúrgicos da base do crânio ou coluna cervical: p. ex. ressecção transoral do odontoide

76.8.2 Tipos de anormalidades

Anormalidades incluem:
1. impressão/invaginação basilar: como na doença de Paget
2. luxação atlantoccipital
3. luxação atlantoaxial
4. occipitalização do atlas ou arco posterior delgado ou deficiente do atlas[74]

76.8.3 Tratamento

Fraturas dos côndilos occipitais, atlas ou eixo são geralmente tratadas de forma adequada com imobilização externa; consultar também Fraturas do côndilo occipital (p. 966). Como as luxações traumáticas occipitocervicais são geralmente fatais, o tratamento ideal não é bem definido. A occipitalização do atlas pode ser tratada pela criação de um "atlas artificial" da base do occipício e ligação a ela.[74]

Indicações e técnicas são descritas em Fusão atlantoaxial (artrodese C1-2) (p. 1479).

76

Referências

[1] Youmans JR. Neurological Surgery. Philadelphia 1982
[2] Black P. Spinal vascular malformations: an historical perspective. Neurosurg Focus. 2006; 21
[3] Di Chiro G, Doppman J, Ommaya AK. Selective arteriography of arteriovenous aneurysms of spinal cord. Radiology. 1967; 88:1065–1077
[4] Djindjian R. Embolization of angiomas of the spinal cord. Surg Neurol. 1975; 4:411–420
[5] Kendall BE, Logue V. Spinal epidural angiomatous malformations draining into intrathecal veins. Neuroradiology. 1977; 13:181–189
[6] Oldfield EH, Di Chiro G, Quindlen EA, Rieth KG, Doppman JL. Successful treatment of a group of spinal cord arteriovenous malformations by interruption of dural fistula. J Neurosurg. 1983; 59:1019–1030

[7] Heros RC, Debrun GM, Ojemann RG, Lasjaunias PL, Naessens PJ. Direct spinal arteriovenous fistula: a new type of spinal AVM. Case report. J Neurosurg. 1986; 64:134–139
[8] Rosenblum B, Oldfield EH, Doppman JL, Di Chiro G. Spinal Arteriovenous Malformations: A Comparison of Dural Arteriovenous Fistulas and Intradural AVM's in 81 Patients. J Neurosurg. 1987; 67:795–802
[9] Gueguen B, Merland JJ, Riche MC, Rey A. Vascular Malformations of the Spinal Cord: Intrathecal Perimedullary Arteriovanous Fistulas Fed by Medullary Arteries. Neurology. 1987; 37:969–979
[10] Mourier KL, Gobin YP, George B, et al. Intradural Perimedullary Arteriovenous Fistulae: Results of Surgical and Endovascular Treatment in a Series of 35 Cases. Neurosurgery. 1993; 32:885–891

[11] Strugar J, Chyatte D. In Situ Photocoagulation of Spinal Dural Arteriovenous Malformations Using the Nd:YAG Laser. J Neurosurg. 1992; 77:571–574

[12] Bederson JB, Spetzler RF. Pathophysiology of Type I Spinal Dural Arteriovenous Malformations. BNI Quarterly. 1996; 12:23–32

[13] Rodesch G, Hurth M, Alvarez H, Tadie M, Lasjaunias P. Classification of spinal cord arteriovenous shunts: proposal for a reappraisal–the Bicetre experience with 155 consecutive patients treated between 1981 and 1999. Neurosurgery. 2002; 51:374–9; discussion 379-80

[14] Spetzler RF, Detwiler PW, Riina HA, Porter RW. Modified classification of spinal cord vascular lesions. J Neurosurg. 2002; 96:145–156

[15] Aminoff MJ, Logue V. The Prognosis of Patients with Spinal Vascular Malformations. Brain. 1974; 97:211–218

[16] Tobin WD, Layton DD. The Diagnosis and Natural History of Spinal Cord Arteriovenous Malformations. Mayo Clin Proc. 1976; 51:637–646

[17] Wirth FP, Post KD, Di Chiro G, et al. Foix-Alajouanine Disease. Spontaneous Thrombosis of a Spinal Cord Arteriovenous Malformation: A Case Report. Neurology. 1970; 20:1114–1118

[18] Criscuolo GR, Oldfield EH, Doppman JL. Reversible Acute and Subacute Myelopathy in Patients with Dural Arteriovenous Fistulas: Foix-Alajouanine Syndrome Reconsidered. J Neurosurg. 1989; 70:354–359

[19] Barnwell SL, Dowd CF, Davis RL, Wilson CB, et al. Cryptic Vascular Malformations of the Spinal Cord: Diagnosis by Magnetic Resonance Imaging and Outcome of Surgery. J Neurosurg. 1990; 72:403–407

[20] Anson JA, Spetzler RF. Interventional Neuroradiology for Spinal Pathology. Clin Neurosurg. 1991; 39:388–417

[21] Nabors MW, Pait TG, Byrd EB, et al. Updated Assessment and Current Classification of Spinal Meningeal Cysts. J Neurosurg. 1988; 68:366–377

[22] Kao CC, Winkler SS, Turner JH. Synovial Cyst of Spinal Facet. Case Report. J Neurosurg. 1974; 41:372–376

[23] Freidberg SR, Fellows I, Thomas CB, Mancall AC. Experience with Symptomatic Epidural Cysts. Neurosurgery. 1994; 34:989–993

[24] Cartwright MJ, Nehls DG, Carrion CA, Spetzler RF. Synovial Cyst of a Cervical Facet Joint: Case Report. Neurosurgery. 1985; 16:850–852

[25] Onofrio BM, Mih AD. Synovial Cysts of the Spine. Neurosurgery. 1988; 22:642–647

[26] Goffin J, Wilms G, Plets C, et al. Synovial Cyst at the C1-C2 Junction. Neurosurgery. 1992; 30:914–916

[27] Lopes NMM, Aesse FF, Lopes DK. Compression of Thoracic Nerve Root by a Facet Joint Synovial Cyst: Case Report. Surg Neurol. 1992; 38:338–340

[28] Heary RF, Stellar S, Fobben ES. Preoperative Diagnosis of an Extradural Cyst Arising from a Spinal Facet Joint: Case Report. Neurosurgery. 1992; 30:415–418

[29] Kao CC, Uihlein A, Bickel WH, et al. Lumbar Intraspinal Extradural Ganglion Cyst. J Neurosurg. 1968; 29:168–172

[30] Franck JI, King RB, Petro GR, Kanzer MD. A Posttraumatic Lumbar Spinal Synovial Cyst. Case Report. J Neurosurg. 1987; 66:293–296

[31] Sabo RA, Tracy PT, Weinger JM. A Series of 60 Juxtafacet Cysts: Clinical Presentation, the Role of Spinal Instability, and Treatment. J Neurosurg. 1996; 85:560–565

[32] Mercader J, Gomez JM, Cardenal C. Intraspinal Synovial Cyst: Diagnosis by CT. Follow-Up and Spontaneous Remission. Neuroradiology. 1985; 27:346–348

[33] Liu SS, Williams KD, Drayer BP, Spetzler RF, Sonntag VKH. Synovial Cysts of the Lumbosacral Spine: Diagnosis by MR Imaging. AJNR. 1989; 10:1239–1242

[34] Silbergleit R, Gebarski SS, Brunberg JA, McGillicuddy J, Blaivas M. Lumbar Synovial Cysts: Correlation of Myelographic, CT, MR, and Pathologic Findings. AJNR. 1990; 11:777–779

[35] Soren A. Pathogenesis and Treatment of Ganglion. Clin Orthop. 1966; 48:173–179

[36] Gorey MT, Hyman RA, Black KS, et al. Lumbar Synovial Cysts Eroding Bone. AJNR. 1992; 13:161–163

[37] Conrad M, Pitkethly D. Bilateral Synovial Cysts Creating Spinal Stenosis. J Comput Assist Tomogr. 1987; 11:196–197

[38] Hemminghytt S, Daniels DL, Williams ML, et al. Intraspinal Synovial Cysts: Natural History and Diagnosis by CT. Radiology. 1982; 145:375–376

[39] Budris DM. Intraspinal Lumbar Synovial Cyst. Orthopedics. 1991; 14:618–620

[40] Tarlov IM. Spinal Perineurial and Meningeal Cysts. J Neurol Neurosurg Psychiatry. 1970; 33:833–843

[41] Schulz EE, West WL, Hinshaw DB, Johnson DR. Gas in a Lumbar Extradural Juxtaarticular Cyst: Sign of Synovial Origin. Am J Radiol. 1984; 143:875–876

[42] Munz M, Tampieri D, Robitaille Y, Bertrand G. Spinal Synovial Cyst: Case Report Using Magnetic Resonance Imaging. Surg Neurol. 1990; 34:431–434

[43] Martin D, Awwad E, Sundaram M. Lumbar Ganglion Cyst Causing Radiculopathy. Orthopedics. 1990; 13:1182–1183

[44] Kurz LT, Garfin SR, Unger AS, et al. Intraspinal Synovial Cyst Causing Sciatica. J Bone Joint Surg. 1985; 67A:865–871

[45] Sehati N, Khoo LT, Holly LT. Treatment of lumbar synovial cysts using minimally invasive surgical techniques. Neurosurg Focus. 2006; 20:E2–E6

[46] Batzdorf U. Primary spinal syringomyelia. Invited submission from the joint section meeting on disorders of the spine and peripheral nerves, March 2005. J Neurosurg Spine. 2005; 3:429–435

[47] Heiss JD, Oldfield EH. Pathophysiology and treatment of syringomyelia. Contemp Neurosurg. 2003; 25:1–8

[48] Oldfield EH, Muraszko K, Shawker TH, Patronas NJ. Pathophysiology of Syringomyelia Associated with Chiari I Malformation of the Cerebellar Tonsils. J Neurosurg. 1994; 80:3–15

[49] Williams B, Terry AF, Jones F, et al. Syringomyelia as a Sequel to Traumatic Paraplegia. Paraplegia. 1981; 19:67–80

[50] Yasui K, Hashizume Y, Yoshida M, Kameyama T, Sobue G. Age-related morphologic changes of the central canal of the human spinal cord. Acta Neuropathol (Berl). 1999; 97:253–259

[51] Suzuki M, Davis C, Symon L, et al. Syringoperitoneal Shunt for Treatment of Cord Cavitation. J Neurol Neurosurg Psychiatry. 1985; 48:620–627

[52] Booth AE, Kendall BE. Percutaneous Aspiration of Cystic Lesions of the Spinal Cord. J Neurosurg. 1970; 33:140–144

[53] Schmidek HH, Sweet WH. Operative Neurosurgical Techniques. New York 1982

[54] Logue V, Edwards MR. Syringomyelia and its Surgical Treatment. J Neurol Neurosurg Psychiatry. 1981; 44:273–284

[55] Phillips TW, Kindt GW. Syringoperitoneal shunt for syringomyelia: a preliminary report. Surg Neurol. 1981; 16:462–466

[56] Rossier AB, Foo D, Shillito J, et al. Posttraumatic Cervical Syringomyelia. Brain. 1985; 108:439–461

[57] Vernon JD, Chir B, Silver JR, et al. Posttraumatic Syringomyelia. Paraplegia. 1982; 20:339–364

[58] Griffiths ER, McCormick CC. Posttraumatic Syringomyelia (Cystic Myelopathy). Paraplegia. 1981; 19:81–88

[59] Shannon N, Symon L, Logue V, et al. Clinical Features, Investigation and Treatment of Posttraumatic Syringomyelia. J Neurol Neurosurg Psychiatry. 1981; 44:35–42

[60] Stanworth PA. The Significance of Hyperhidrosis in Patients with Posttraumatic Syringomyelia. Paraplegia. 1982; 20:282–287

[61] Dworkin GE, Staas WE. Posttraumatic Syringomyelia. Arch Phys Med Rehabil. 1985; 66:329–331

[62] Watson N. Ascending Cystic Degeneration of the Cord After Spinal Cord Injury. Paraplegia. 1981; 19:89–95

[63] Durward QJ, Rice GP, Ball MJ, et al. Selective Spinal Cordectomy: Clinicopathological Correlation. J Neurosurg. 1982; 56:359–367

[64] Darbar A, Krishnamurthy S, Holsapple JW, Hodge CJ,Jr. Ventral thoracic spinal cord herniation: frequently misdiagnosed entity. Spine. 2006; 31: E600–E605

[65] George WE, Wilmot M, Greenhouse A, et al. Medical Management of Steroid-Induced Epidural Lipomatosis. N Engl J Med. 1983; 308:316–319

[66] Fassett DR, Schmidt MH. Spinal epidural lipomatosis: a review of its causes and recommendations for treatment. Neurosurg Focus. 2004; 16

[67] Kumar K, Nath RK, Nair CPV, Tchang SP. Symptomatic Epidural Lipomatosis Secondary to Obesity: Case Report. J Neurosurg. 1996; 85:348–350

[68] Haddad SF, Hitchon PW, Godersky. Idiopathic and Glucocorticoid-Induced Spinal Epidural Lipomatosis. J Neurosurg. 1991; 74:38–42

[69] Roy-Camille R, Mazel C, Husson JL, et al. Symptomatic spinal epidural lipomatosis induced by a long-term steroid treatment. Review of the iterature and report of two additional cases. Spine. 1991; 16:1365–1371

[70] Robertson SC, Traynelis VC, Follett KA, et al. Idiopathic spinal epidural lipomatosis. Neurosurgery. 1997; 41:68–75

[71] Beges C, Rousselin B, Chevrot A, Godefroy D, Vallee C, Berenbaum F, Deshays C, Amor B. Epidural lipomatosis. Interest of magnetic resonance imaging in a weight-reduction treated case. Spine. 1994; 19:251–254

[72] Fessler RD, Johnson DL, Brown FD, et al. Epidural lipomatosis in steroid-treated patients. Spine. 1992; 17:183–188

[73] Sinh G. Congenital Atlanto-Axial Dislocation. Neurosurg Rev. 1983; 6:211–220

[74] Jain VK, Mittal P, Banerji D, et al. Posterior Occipitoaxial Fusion for Atlantoaxial Dislocation Associated with Occipitalized Axis. J Neurosurg. 1996; 84:559–564

Parte XVII

SAH e Aneurismas

77	Introdução e Informações Gerais, Graduação, Tratamento Médico, Condições Especiais	1156
78	Cuidados Críticos aos Pacientes com Aneurisma	1177
79	SAH por Ruptura de Aneurisma Cerebral	1191
80	Tipo de Aneurisma por Localização	1210
81	Aneurismas Especiais e SAH Não Aneurismática	1222

77 Introdução e Informações Gerais, Graduação, Tratamento Médico, Condições Especiais

77.1 Introdução e visão geral

77.1.1 Definição

Sangue no espaço subaracnóideo, isto é, entre a membrana aracnoide e a pia-máter.

77.1.2 Fatos diversos sobre SAH

1. pode ser pós-traumática ou espontânea. O trauma é a causa mais comum
2. a maioria dos casos de hemorragia subaracnóidea (SAH) espontânea se deve à ruptura de aneurisma
3. a idade de pico da SAH aneurismática é 55-60 anos, ≈ 20% dos casos ocorrem entre 15 e 45 anos de idade[1]
4. 30% das SAHs aneurismáticas ocorrem durante o sono
5. cefaleias sentinela que precedem o *ictus* associado à SAH têm sido relatadas em 10-50% dos pacientes e ocorrem com mais frequência em 2-8 semanas antes da SAH manifesta[2,3,4]
6. a cefaleia é lateralizada em 30%, a maioria no lado do aneurisma
7. SAH é complicada por hemorragia intracerebral em 20-40%, por hemorragia intraventricular em 13-28% (p. 1192) e sangue subdural em 2-5%; geralmente é decorrente de um aneurisma de artéria comunicante posterior (Pcom) quando sobre uma convexidade, ou de um aneurisma de artéria cerebral anterior distal (DACA) com subdural inter-hemisférica (p. 1211)
8. a evidência subjetiva sugere que a incidência de ruptura é mais alta na primavera e outono
9. pacientes ≥ 70 anos têm maior proporção com um grau neurológico severo[5]
10. podem ocorrer convulsões em até 20% dos pacientes após SAH, em geral a maioria ocorre nas primeiras 24 horas e está associada à hemorragia intracerebral (ICH), hipertensão arterial sistêmica (HTN) e localização do aneurisma (artéria cerebral média [MCA] e artéria comunicante anterior [Acom])[6,7]

77.1.3 Resultado de SAH aneurismática

1. de 10 a15% dos pacientes morrem antes de obterem cuidados médicos
2. a mortalidade é de 10% nos primeiros dias
3. a taxa de mortalidade em 30 dias foi de 46% em uma série,[8] e em outra série mais da metade dos pacientes morrem dentro de 2 semanas das SAH[9]
4. a taxa de mortalidade média em estudos epidemiológicos nos EUA foi de 32% *versus* 44% na Europa e 27% no Japão (pode ser subestimada com base em morte pré-hospitalar sub-relatada)[10]
5. causas de mortalidade
   a) 25% morrem em consequência de complicações médicas de SAH[11]
      - edema pulmonar neurogênico (p. 1178)
      - miocárdio atordoado neurogênico (p. 1177)
   b) cerca de 8% morrem por causa da deterioração progressiva da hemorragia inicial[12 (p. 27)]
6. entre os pacientes que sobrevivem à hemorragia inicial tratada sem cirurgia, o ressangramento é a principal causa de morbidade e mortalidade (p. 1167), o risco é ≈ 15-20% em 2 semanas. O objetivo da cirurgia precoce é reduzir este risco (p. 1200)
7. dentre aqueles que obtêm cuidados neurocirúrgicos, o vasoespasmo (p. 1178) mata 7% e causa grave déficit em outros 7%[13]
8. em aproximadamente 30% dos sobreviventes há incapacidade moderada à grave,[14] com taxas de dependência persistente estimadas entre 8 e 20% em estudos populacionais[10]
9. aproximadamente 66% daqueles submetidos à clipagem bem-sucedida de aneurisma nunca retornam à mesma qualidade de vida de antes da SAH[14,15]
10. pacientes ≥ 70 anos ficam piores a cada grau neurológico.[5] Uma análise multivariada revelou que a idade e o grau da World Federation of Neurological Surgeons (WFNS) são mais preditivos do resultado a longo prazo, independentemente da modalidade de tratamento[16]
11. a gravidade da apresentação clínica é o indicador prognóstico mais forte

77.2 Etiologias de SAH

Entre as etiologias da hemorragia subaracnóidea (SAH) estão:[17]
1. trauma: a causa mais comum de SAH.[18,19] Em toda a discussão a seguir, será considerada apenas a SAH não traumática (isto é, "espontânea")

2. "SAH espontânea"
   a) aneurismas intracranianos rotos: 75-80% das SAHs espontâneas (p. 1191)
   b) malformação arteriovenosa (AVM) cerebral: 4-5% dos casos; é mais comum que as AVMs causem ICH e hemorragia intraventricular (IVH) do que SAH (p. 1239)
   c) certas vasculites que envolvem o sistema nervoso central (CNS), ver Vasculite e vasculopatia (p. 195)
   d) raramente decorrente de tumor (muitos relatos de caso[20,21,22,23,24,25,26,27,28,29,30,31])
   e) dissecção da artéria cerebral (também pode ser pós-traumática)
      • artéria carótida (p. 1324)
      • artéria vertebral: pode causar sangramento intraventricular (especialmente o 4° e o 3° ventrículo) (p. 1325)
   f) ruptura de uma pequena artéria superficial
   g) ruptura de um infundíbulo (p. 1161)
   h) distúrbios da coagulação:
      • discrasias iatrogênicas ou hemorrágicas
      • trombocitopenia
   i) trombose do seio dural
   j) AVM espinal: geralmente cervical ou torácica superior (p. 1140)
   k) hemorragia subaracnóidea cortical
   l) SAH não aneurismática pré-truncal (p. 1231)
   m) raramente é relatada com algumas drogas: p. ex., cocaína (p. 207)
   n) anemia falciforme
   o) apoplexia hipofisária (p. 720)
   p) nenhuma causa pode ser determinada em 14-22% (p. 1230)

77.3 Incidência

A taxa anual estimada de SAH aneurismática nos Estados Unidos: 9,7-14,5 por população de 100.000.[32,33] As taxas relatadas são mais baixas nas Américas do Sul e Central,[34] e mais altas no Japão e Finlândia.[35] A incidência de SAH aumenta com o envelhecimento (média etária do início > 50;[33,36,37,38] tende a ser mais alta em mulheres (1,24 vez mais alta do que em homens),[34] e parece ser mais alta em afro-americanos e hispânicos (comparados aos caucasianos).[32,39,40]

77.4 Fatores de risco para SAH

Ver referências.[17,41]
1. comportamental
   • hipertensão
   • tabagismo[42]
   • abuso de álcool
   • drogas simpatomiméticas (p. 207)
2. gênero e etnia (ver anteriormente)
3. histórico de aneurisma cerebral
   • aneurisma roto
   • aneurisma não roto (esp. os sintomáticos, maior tamanho e localizados na circulação posterior)
   • morfologia: o formato de gargalo[43] e maior relação entre o tamanho do aneurisma e o vaso principal foram associados a risco aumentado de ruptura[44,45]
4. histórico familiar de aneurismas (pelo menos um membro da família em primeiro grau e especial-mente se ≥ 2 forem afetados)
5. síndromes genéticas
   • doença renal policística autossômica dominante
   • síndrome de Ehlers-Danlos tipo IV
6. gravidez – parece não haver aumento de risco de SAH aneurismática na gravidez, parto e puerpério[46,47]

77.5 Características clínicas

77.5.1 Sintomas de SAH

O início súbito de cefaleia (H/A) intensa (ver abaixo), geralmente com vômito, síncope (apoplexia), dor no pescoço (meningismo) e fotofobia. Se ocorrer perda súbita do nível de consciência (LOC), o paciente subse-quentemente pode recuperar a consciência.[48] Podem ocorrer déficits focais do nervo craniano (p. ex., paralisia do terceiro nervo por causa da compressão aneurismática do terceiro nervo craniano, causando diplopia e/ou ptose). Pode-se desenvolver lombalgia em razão da irritação das raízes nervosas lombares por sangue dependentes.

77.5.2 Cefaleia

É o sintoma mais comum, presente em até 97% dos casos. Geralmente intensa (a descrição clássica: "a pior cefaleia de minha vida") e de início súbito (paroxístico). A cefaleia pode desaparecer, e o paciente pode não procurar a atenção médica (referida como hemorragia ou cefaleia sentinela, ou cefaleia de aviso; a cefaleia ocorre em 30-60% dos pacientes que se apresentam com SAH). Se for grave ou acompanhada de um nível reduzido de consciência, a maioria dos pacientes apresenta-se para avaliação médica. Pacientes com H/A decorrente da hemorragias menores apresentarão sangue na tomografia computadorizada (CT) ou punção lombar (LP). No entanto, também podem ocorrer cefaleias de aviso sem SAH e serem decorrentes do aumento do aneurisma ou hemorragia confinada na parede aneurismática.[49] As cefaleias de aviso geralmente têm início súbito, são mais leves do que aquelas associadas à ruptura importante e podem durar alguns dias.

Diagnóstico diferencial da cefaleia grave, aguda, paroxística (25% terão SAH[50]):
1. hemorragia subaracnóidea, também conhecida como "cefaleia de aviso" ou cefaleia sentinela (ver anteriormente)
2. "cefaleias em trovoada" benignas (BTH) ou migrânea de início súbito (*crash*).[51] Cefaleias globais graves, de início abrupto, que atingem máxima intensidade em < 1 minuto, acompanhadas de vômito em ≈ 50%. Podem recidivar, e presumivelmente são uma forma de cefaleia vascular. Algumas podem ter sintomas focais transitórios. Não existem critérios clínicos que diferenciem, de maneira confiável, entre essas cefaleias e SAH[52] (embora convulsões e diplopia, quando de sua ocorrência, sempre foram associadas à SAH). Não há sangue subaracnóideo na CT e LP, que provavelmente serão realizadas pelo menos à primeira apresentação para descartar (R/O) SAH. As recomendações do passado para a realização de angiograma nesses indivíduos[53] desde então vêm sendo moderadas pela experiência[54,55]
3. síndrome vasoconstritiva cerebral reversível (RCVS)[56] (também conhecida como angiopatia cerebral benigna ou vasculite[57]): cefaleia grave com início paroxístico, ± déficit neurológico e à angiografia aparência de colar de contas dos vasos cerebrais que geralmente desaparece em 1-3 meses. Mais de 50% relatam o uso anterior de substâncias vasoconstritivas (cocaína, maconha, descongestionantes nasais, derivados do *ergot*, inibidores seletivos de receptação de serotonina [SSRIs], interferon, adesivos de nicotina) algumas vezes combinadas com compulsão alcoólica. Pode também ocorrer no pós-parto. Complicações ocorreram em 24%, incluindo:
    a) geralmente durante a primeira semana: SAH, ICH, convulsões, síndrome da leucoencefalopatia posterior reversível (RPLS)
    b) geralmente durante a segunda semana: eventos isquêmicos (ataque isquêmico transitório [TIA], acidente vascular transitório)
4. cefalgia orgásmica benigna: cefaleia grave, latejante, algumas vezes "explosiva" com início logo antes ou no momento do orgasmo (distinta das cefaleias pré-orgásmicas que se intensificam com a excitação sexual[58]). Em uma série de 21 pacientes[59] o exame neurológico foi normal em todos, e a angiografia realizada em 9 era normal. Em 9 pacientes ou em um membro da família havia histórico de enxaqueca. Não se desenvolveram outros sintomas em 18 pacientes acompanhados por 2-7 anos. As recomendações para a avaliação são similares às das cefaleias em trovoada mencionadas anteriormente

77.5.3 Sinais

Meningismo (ver abaixo), hipertensão, déficit neurológico focal (p. ex., paralisia oculomotora, hemiparesia), obnubilação ou coma (ver abaixo), hemorragia ocular (ver abaixo).

Meningismo

A rigidez da nuca (especialmente à flexão) geralmente se segue em 6 a 24 horas. Os pacientes podem ter um sinal de Kernig positivo (flexione a coxa a 90° com o joelho curvado, então endireite o joelho, se isto causar dor nos tendões do jarrete, o sinal é positivo) ou sinal de Brudzinski (flexione o pescoço do paciente supino, a flexão involuntária do quadril é um sinal positivo).

Coma após SAH

O coma pode se seguir à SAH por causa de qualquer um ou de uma combinação dos seguintes:[60]
1. pressão intracraniana (ICP) elevada
2. dano ao tecido cerebral decorrente de hemorragia intraparenquimal (pode também contribuir para a elevação da ICP)
3. hidrocefalia
4. isquemia difusa (pode ser secundária à ICP elevada)
5. convulsões
6. baixo fluxo sanguíneo (fluxo sanguíneo cerebral [CBF] reduzido) decorrente da diminuição do débito cardíaco (p. 1177)

Hemorragia ocular

Três tipos de hemorragia ocular (OH) podem ser associados à SAH. Ocorrem isoladamente ou em várias combinações em 20-40% dos pacientes com SAH.[61]

1. hemorragia sub-hialoide (pré-retiniana): vista por fundoscopia em 11-33% dos casos como sangue vermelho-brilhante próximo ao disco óptico obscurecendo os vasos retinianos subjacentes. Pode estar associada a uma taxa mais alta de mortalidade[62]
2. hemorragia (intra)retiniana: pode circundar a fóvea
3. hemorragia dentro do humor vítreo (síndrome de Terson). Descrita primeiramente pelo oftalmologista francês Albert Terson. Ocorre em 4-27% dos casos de SAH aneurismática,[63,64,65] geralmente bilateral. Pode ocorrer por outras causas de aumento da ICP, incluindo AVMs rotas. A fundoscopia revela opacidade vítrea. A localização da origem da hemorragia vítrea difere em vários relatos (sub-hialoide epirretiniana, membrana limitante subinterna).[66] Pode ser mais comum com aneurismas da circulação anterior (especialmente da artéria comunicante anterior – Acom), embora 1 estudo não tenha encontrado nenhuma correlação com a localização.[64] Também é relatada raramente com SDH e SAH traumática. Geralmente é omitida no exame inicial. Quando pesquisada, geralmente está presente no exame inicial, mas pode-se desenvolver tão tardiamente quanto 12 dias pós-SAH e estar associada a ressangramento.[64] A taxa de mortalidade pode ser mais alta nos pacientes com SAH com hemorragia vítrea do que naqueles sem esta. Os pacientes devem ser acompanhados para detectar complicações de OH (pressão intraocular elevada, formação de membrana retiniana → descolamento da retina, pregas retinianas[67]). A maioria dos casos se resolve espontaneamente em 6-12 meses. A vitrectomia deve ser considerada em pacientes cuja visão não melhora[65] ou quando se deseja melhora mais rápida.[68] O prognóstico a longo prazo para a visão é bom em ≈ 80% dos casos com ou sem vitrectomia[68]

A patomecânica da OH é controversa. A OH era originalmente atribuída à extensão do sangue do espaço subaracnóideo para dentro do vítreo, mas não há comunicação entre esses dois espaços. Na realidade, pode ser decorrente de compressão da veia retiniana central e das anastomoses retinocoroidais por elevada pressão do líquido cerebrospinal (CSF)[65] causando hipertensão venosa e ruptura das veias retinianas.

77.6 Exame completo para suspeita de SAH

77.6.1 Visão geral

1. testes para diagnosticar SAH
   a) CT de alta resolução sem contraste: ver adiante
   b) se a CT for negativa: LP nos casos suspeitos (pelos achados, ver adiante)
2. teste para identificar a *origem* da SAH. Opções: angiotomografia computadorizada (CTA), angiorressonância magnética (MRA), ou angiografia com cateter. A escolha deve levar em consideração a idade do paciente, a função renal e até mesmo uma boa suposição sobre a localização de um aneurisma
   a) MRA: nenhuma radiação, e angiorressonância magnética *time of flight* (2D-TOF MRA bidimensional) não usa contraste (p. 232). A precária sensibilidade para detecção de aneurisma logo após SAH (ver abaixo)
   b) CTA *versus* angiografia: é necessário contrabalançar o risco do procedimento e facilidade de obtenção contra a informação que se espera obter
      • a carga de iodo total em um adulto saudável deve ser < 90 g em 24 horas. Em pacientes idosos e/ou no possível comprometimento da função renal, esse volume deve ser menor. A CTA tipicamente usa 65-75 cc de contraste com ≈ 300 mg iodo/mL, ou ≈ 21 g de iodo. A quantidade de contraste no arteriograma cerebral é variável. Porém, se for necessário um angiograma após CTA, na maioria dos casos não é necessário esperar 24 horas
      • se houver preocupação com a função renal (p. ex., creatinina sérica > 100 mcmol/L), hidrate o paciente e opcionalmente administre Mucomyst® (p. 221)
      • a angiografia com cateter pode ser necessária após uma CTA positiva para melhor delinear a anatomia, ou determinar o enchimento dominante e fluxo cruzado, ou em casos de alta suspeita com CTA negativa (ver abaixo). Embora a CTA permita uma avaliação confiável da viabilidade do tratamento endovascular na maioria dos casos,[69] em alguns ainda é necessária a angiografia por subtração digital (DSA)
3. se CTA/angiografia forem negativas: ver SAH de etiologia desconhecida (p. 1230)

77.6.2 Achados laboratoriais/radiográficos

Imagens de CT

Uma CT de alta resolução de boa qualidade (p. ex., sem artefato de movimento) detectará SAH em ≥ 95% dos casos, se obtida dentro de 48 horas da SAH. O sangue aparece como uma alta densidade (branco) dentro dos espaços subaracnóideos. Para a SAH sutil, procure nos cornos occipitais dos ventrículos laterais e nas porções dependentes dos sulcos laterais do cérebro (fissuras de Silvius). A CT também avalia:

1. tamanho ventricular: ocorre hidrocefalia de forma aguda em 21% das rupturas aneurismáticas (p. 1170)[70]
2. hematoma: hemorragia intracerebral ou grande quantidade de sangue subdural com efeito de massa pode necessitar de evacuação de emergência
3. infarto: não é sensível nas primeiras 24 horas após o infarto (p. 1280)
4. quantidade de sangue nas cisternas e fissuras: importante prognosticador de vasoespasmo (p. 1180) e capaz de identificar hemorragia não aneurismática pré-truncal (p. 1231)
5. a CT pode predizer a localização do aneurisma com base no padrão do sangue em ≈ 78% dos casos (mas principalmente de aneurismas de MCA e A-comm)[71]
   a) o sangue predominantemente na fissura inter-hemisférica anterior (± sangue nos ventrículos laterais) ou dentro do giro reto sugere um aneurisma de A-comm
   b) o sangue predominantemente em uma fissura de Silvius é compatível com aneurisma de p-comm ou de MCA nesse lado
   c) o sangue predominantemente na cisterna pré-pontina ou pedicular sugere um aneurisma do ápice basilar ou artéria cerebelar superior (SCA)
   d) sangue predominantemente dentro dos ventrículos (p. 1192)
   - sangue primariamente no quarto e terceiro ventrículos: sugere origem na fossa posterior inferior, como o aneurisma de artéria cerebelar inferior posterior (PICA) ou dissecção de artéria vertebral (VA)
   - sangue primariamente no terceiro ventrículo sugere um aneurisma de ápice basilar
6. no caso de múltiplos aneurismas, a CT pode ajudar a identificar o que sangrou pela localização do sangue (ver acima). Ver também outras "dicas" (p. 1226)

Diagnóstico diferencial de SAH na CT

O que pode mimetizar a aparência de SAH na CT inclui:

1. pus
2. após a administração de contraste: às vezes intravenosa (IV) e especialmente intratecal
3. ocasionalmente, o espessamento paquimeníngeo visto na hipotensão intracraniana espontânea (p. 389)

Punção lombar

É o teste mais sensível para SAH. No entanto, falso-positivos – p. ex., com punções traumáticas; ver Diferencie SAH de punção traumática (p. 1506) – ocorrem com tanta frequência que esse teste está caindo em desuso para diagnóstico de SAH.

✖ Cuidado: é possível que a queda da pressão do CSF precipite ressangramento por aumentar a pressão transmural (p. 1170). Portanto, remova somente uma pequena quantidade de CSF (vários mL) e use uma agulha espinal pequena (≤ 20 Ga).

Achados (ver também, ▶ Quadro 23.4):

1. pressão de abertura: elevada
2. aparência:
   a) fluido sanguinolento não coagulativo que não é eliminado com sondas sequenciais
   b) xantocromia: coloração amarela de sobrenadante de CSF (o espécime deve ser centrifugado no laboratório) por causa dos pigmentos de heme liberados pela degradação de hemácias (RBCs). É o meio mais confiável para a diferenciação entre punção traumática e SAH. Em pacientes com CT negativa da cabeça, o tempo mínimo necessário para que a bilirrubina se torne detectável no CSF, assim como a quantidade mínima de sangue que é necessário entrar no CSF para resultar em xantocromia positiva continuam desconhecidos. No entanto, a xantocromia geralmente não é aparente até 2-4 horas após a SAH. Está presente em quase 100% durante 12 horas após o sangramento e permanece em 70% por 3 semanas, e em 40% ainda é detectável em 4 semanas. A espectrofotometria é mais sensível que a inspeção visual, mas pode não ter especificidade suficiente para justificar o uso disseminado.[72,73] Falsos-positivos: a xantocromia pode ocorrer com a icterícia ou com altos níveis de proteína no CSF
3. contagem celular: a contagem de RBC geralmente > 100.000 RBCs/mm³. Compare a contagem de hemácias do primeiro ao último tubo (não deve cair significativamente)
4. proteína: elevada em razão dos produtos de degradação do sangue
5. glicose: normal, ou reduzida (as hemácias podem metabolizar alguma glicose com o tempo)

MRI

A imagem por ressonância magnética (MRI) não é sensível para detecção de SAH de maneira nítida dentro das primeiras 24-48 horas[74] (metemoglobina [met-Hb] em pouca quantidade) especialmente com camadas finas de sangue. Melhor após ≈ 4-7 dias (excelente para SAH subaguda à remota, > 10-20 dias). A MRI de recuperação de inversão atenuada por fluido (FLAIR) é o estudo por imagem mais sensível para detectar sangue no espaço subaracnóideo. Pode ser útil na determinação de qual dentre múltiplos aneurismas sangrou (p. 1226).[75]

Angiorressonância magnética (MRA)

Com base em uma revisão sistemática, a sensibilidade é de 87%, e a especificidade de 92% para detecção de aneurismas intracranianos (IAs) (comparada ao DSA com cateter) com sensibilidade significativamente mais pobre para aneurismas com diâmetro < 3 mm.[76,77,78]

A capacidade da MRA para detecção de IAs depende do tamanho do aneurisma, velocidade e direção do fluxo sanguíneo aneurismático em relação ao campo magnético e da trombose aneurismática e calcificação. A MRA pode ser mais útil como teste de triagem em pacientes de alto risco, incluindo aquele com dois parentes em primeiro grau com IAs, especialmente aqueles que também são fumantes ou hipertensos.[79]

Angiotomografia computadorizada (CTA)

Muitos centros demonstraram bons resultados com a CTA (p. 227), e um estudo prospectivo detectou 97% dos aneurismas e demonstrou que a CTA é muito segura e eficaz quando usada como um estudo inicial único por imagens para aneurismas cerebrais rotos e não rotos.[80] A CTA mostra uma imagem tridimensional (da mesma forma que a moderna angiografia com cateter pode fazer) o que pode ajudar a diferenciar os vasos aderentes daqueles que surgem do aneurisma. A CTA também demonstra a relação com estruturas ósseas próximas que pode ser importante no planejamento cirúrgico. O uso de CTA está aumentado para avaliação de vasospasmo.[81]

Angiografia com cateter

Informações gerais

A injeção de contraste ("corante") radiopaco (iodado) em vasos seletivos usou um cateter tipicamente inserido na artéria femoral na porção superior da coxa, enquanto o paciente é submetido a raios X serial para obtenção de uma reapresentação "tipo vídeo" da vasculatura.

Padrão ouro para avaliação de aneurismas cerebrais. Atualmente se usa a inovadora angiografia por subtração digital (DSA). Esta demonstra a origem (geralmente aneurisma) em ≈ 80-85%; as restantes são chamadas de "SAH de etiologia desconhecida" (p. 1230). Mostra se o vasospasmo radiográfico está presente – o vasospasmo clínico quase nunca ocorre em < 3 dias após SAH (p. 1178) – e avalia artérias nutrícias primárias, fluxo colateral no caso de necessidade de sacrifício arterial.

Princípios gerais:
1. estude primeiramente o vaso que causa mais suspeita (se a condição do paciente mudar, é preciso descontinuar o procedimento)
2. continue a realizar angiograma completo de 4 vasos (mesmo que o(s) aneurisma(s) tenha(m) sido demonstrado(s) para descartar aneurismas adicionais e avaliar a circulação colateral
3. se houver um aneurisma ou a suspeita de um, obtenha incidências adicionais para ajudar a delinear o colo e a orientação do aneurisma (ver no índice o aneurisma específico)
4. ✱ se nenhum aneurisma for visto, antes que se possa considerar o angiograma como negativo, deve-se:
   a) visualize *as origens de ambas PICAs*: 1-2% dos aneurismas que ocorrem com têm origem em PICA. Geralmente, ambas as PICAs podem ser visualizadas com injeção na VA, se houver fluxo suficiente para refluir da VA contralateral. Ocasionalmente, é preciso visualizar mais da VA contralateral do que da parte que reflui para a PICA, podendo ser necessária a cateterização eletiva
   b) *contraste no fluxo através de AСoA*: se ambas as artérias cerebrais anteriores (ACAs) se encherem de um lado, isto geralmente é satisfatório. Pode ser necessário realizar um estudo anteroposterior (AP) de compressão cruzada com injeção na carótida (primeiramente descarte placa na carótida que será comprimida), ou use maior velocidade na injeção para facilitar o fluxo através da ACoA
   c) se um infundíbulo (ver abaixo) colocalizar para SAH, pode não ser sensato marcar o caso como angiograma-negativo, recomendando-se exploração para alguns[82]

Infundíbulo

É um segmento inicial de uma artéria em formato de funil, a ser distinguido de um aneurisma. Encontrado em 7-13% dos arteriogramas sob outros aspectos normal,[83,84] com maior incidência de casos de aneurismas múltiplos ou familiares. São bilaterais em 25%.[84] Com mais frequência é encontrado na origem das p-comms, mas raramente ocorrem em outros locais. Os critérios para diferenciar infundíbulos de aneurismas são mostrados no ▶ Quadro 77.1. Os infundíbulos podem representar restos incompletos de vasos fetais anteriores[85 (p. 272)]

Embora possam sangrar[82,87,88,89] há menos risco de ruptura do que com o aneurisma sacular (nenhum infundíbulo com tamanho < 3 mm sangrou[90] no estudo cooperativo). Porém, tem sido documentado que os infundíbulos progridem para aneurisma (isto é, são pré-aneurismáticos) que podem sangrar (13 relatos de caso na literatura a partir de 2009). Tratamento recomendado: no momento de uma cirurgia por outra

Quadro 77.1 Critérios de um infundíbulo

1. formato triangular
2. boca (porção mais larga) < 3 mm[a][86]
3. vaso no ápice

[a]Uma dimensão amplamente aceita, mas provavelmente arbitrária.

Quadro 77.2 Classificação de Hunt e Hessa[a] de SAH[94]

Grau	Descrição
1	assintomático, ou cefaleia e rigidez nucal leves
2	paralisia de nervo craniano – Cr. N. (p. ex., III, VI), cefaleia moderada a grave, rigidez da nuca
3	déficit focal leve, letargia, ou confusão
4	estupor, hemiparesia moderada à grave, rigidez descerebrada precoce
5	coma profundo, rigidez descerebrada, aparência moribunda

Adicione um grau para doença sistêmica séria (p. ex., HTN, DM, aterosclerose grave, doença pulmonar obstrutiva crônica [COPD]) ou vasospasmo grave na arteriografia.

[a]O estudo original não considerou idade do paciente, local do aneurisma ou tempo desde o sangramento; os pacientes foram graduados à admissão e no pré-operatório.

razão, considere o tratamento de um infundíbulo usando um envoltório ou com aplicação de um clipe circundante, ou se possível realize de maneira segura o seu sacrifício (os infundíbulos não possuem colo verdadeiro).

Achados angiográficos

1. características gerais a serem anotadas quando da análise de um aneurisma no angiograma (considerações especiais para aneurismas específicos são abordadas em seções designadas)
   a) tamanho da cúpula do aneurisma:
      - MRI ou CT ajuda neste sentido uma vez que o aneurisma pode estar parcialmente trombosado e a porção que está patente e se enche com contraste e, portanto, visualizada no angiograma, pode-se mostrar muito menor do que o seu tamanho real
      - aneurismas grandes (≥ 15 mm de diâmetro) estão associados a taxas mais baixas de oclusão completa com aplicação de espiral endovascular[91,92]
   b) tamanho do colo
      - colos estreitos < 5 mm são ideais para o uso de espiral[93]
      - colos largos ≥ 5 mm estão associados a maior risco de oclusão incompleta e recanalização com a espiral[92]
      - *stent* ou espiral assistida por balão podem ser necessários para aneurismas de colo largo. Os *stents* devem ser evitados, se possível (p. 1586).
   c) razão cúpula: colo ≥ 2 está associada a uma taxa mais alta de sucesso na oclusão com espiral[93]
2. para aneurismas de bifurcação da artéria basilar (p. 1218)

77.7 Graduação de SAH

77.7.1 Informações gerais

Geralmente são usadas quatro escalas de graduação. As duas escalas de graduação mais amplamente citadas são apresentadas aqui.

77.7.2 Graduação de Hunt e Hess

Ver no ▶ Quadro 77.2 e ▶ Quadro 77.3 os sistemas de graduação. Os graus 1 e 2 eram operados logo que o aneurisma era diagnosticado. O grau ≥ 3 era tratado até a condição melhorar para grau 2 ou 1. Exceção; hematoma com risco de vida ou múltiplos sangramentos (que eram operados independentemente do grau).

A análise de dados do estudo International Cooperative Aneurysm Study revelou que com consciência normal, os graus 1 e 2 de Hunt e Hess (H&H) tiveram resultado idêntico, e que a hemiparesia e/ou a afasia não tiveram efeito sobre a mortalidade.

Quadro 77.3 Classificação modificada[95] adiciona o seguinte

Grau	Descrição
0	aneurisma não roto
1 a	nenhuma reação meníngea/cerebral aguda, mas com déficit neurológico fixo

Quadro 77.4 Grau de WFNS SAH[96]

Grau WFNS	Escore GCS[a]	Déficit focal importante[b]
0[c]		
1	15	–
2	13-14	–
3	13-14	+
4	7-12	+ ou –
5	3-6	+ ou –

[a]GCS, Escala de Coma de Glasgow, ver ▶ Quadro 18.1.
[b]Afasia, hemiparesia ou hemiplegia (+ = presente, – = ausente).
[c]Aneurisma intacto.

Mortalidade:
Admissão com Grau 1 ou 2 de Hunt e Hess: 20%.
Pacientes levados à sala cirúrgica (OR; para qualquer procedimento) em H&H Grau 1 de focal ou 2:14%.
A principal causa de morte em Grau 1 ou 2 é o ressangramento.
Os sinais de irritação meníngea aumentam o risco cirúrgico.

77.7.3 Graduação de SAH da World Federation of Neurosurgical Societies/World Federation of Neurological Surgeons (WFNS)

Por causa da falta de dados sobre o significado de características, como cefaleia, rigidez da nuca e déficit neurológico focal importante, o Comitê do WFNS sobre uma Escala Universal de Graduação de SAH[96,97] desenvolveu um sistema de graduação que é mostrado no ▶ Quadro 77.4. Ela usa a Escala de Coma Glasgow (GCS) (ver ▶ Quadro 18.1) para avaliar o nível de consciência e a presença ou ausência de déficit neurológico focal importante para distinguir o grau 2 do grau 3.

77.8 Tratamento inicial de SAH

77.8.1 Informações gerais

Orientação de prática

Guia de prática clínica: Tratamento inicial de SAH aneurismática

Nível I:[41]
- administre nimodipina oral a todos os pacientes com SAH aneurismática. O valor de outros bloqueadores do canal de cálcio é incerto
- mantenha a euvolemia e volume normal de sangue circulante

Nível II:[41]
- controle da HTN: a pressão sanguínea (BP) ideal para reduzir o risco de ressangramento não foi estabelecida. Uma meta razoável é manter a pressão sanguínea sistólica (SBP) < 160 mmHg

Preocupações com o tratamento inicial

1. ressangramento: a principal preocupação durante a estabilização inicial
2. hidrocefalia: o desenvolvimento abrupto de hidrocefalia aguda pode ser obstrutivo (decorrente de bloqueio do fluxo CSF por coágulo sanguíneo), mas a presença de ventriculomegalia precocemente após SAH, assim como em estágios avançados geralmente é decorrente da hidrocefalia comunicante (p. 1170) (por causa do efeito tóxico da degradação dos produtos sanguíneos nas granulações aracnóideas)
3. déficit neurológico isquêmico atrasado (DIND), geralmente atribuído a vasospasmo. Começa a ser uma preocupação vários dias após SAH
4. hiponatremia com hipovolemia (p. 1166)
5. trombose de veia profunda (DVT) e embolia pulmonar (p. 167)
6. convulsões (p. 1167)
7. determinação da origem do sangramento: deve ser investigada precocemente com CTA ou angiografia com cateter. O momento e a escolha do estudo levam em consideração a condição do paciente (pacientes instáveis ou pré-mórbidos não são candidatos), viabilidade do tratamento precoce (ideal) e probabilidade de terapia endovascular (com base na idade do paciente e localização predita do aneurisma assim como disponibilidade)

Objetivos do tratamento médico relacionado com a lesão neurológica

Além da prevenção de hiponatremia, hipovolemia, convulsões etc. (ver acima), os objetivos de tratamento médico inicial incluem:

1. aumentar o CBF: o principal aparelho para realizar isto é a terapia hiperdinâmica (p. 1186)
   As metas são:
   a) aumentar a pressão de perfusão cerebral (CPP)
   b) melhorar a reologia do sangue: a agregabilidade das hemácias aumenta após SAH[98]
   c) manter a *euvolemia*: a maioria dos pacientes se torna hipovolêmica nas primeiras 24 horas após SAH. Também, evite hipervolemia profilática
   d) manter ICP normal
2. neuroproteção: atualmente não existem medicações que se mostrem eficazes ou sejam aprovadas para uso como agentes neuroprotetores para este ou qualquer outro tipo de lesão cefálica. Estudos em animais demonstraram que o tempo e, novamente, o conceito podem algum dia serem trasladados para a prática clínica[99]

77.8.2 Monitores/sondas

Ver também adiante.

1. linha arterial: para pacientes que estão hemodinamicamente instáveis, letárgicos ou comatosos, aqueles com dificuldade para controlar a hipertensão, ou aqueles que necessitam de uso frequente de laboratório (p. ex., pacientes em ventilador)
2. intube pacientes que estão comatosos ou incapazes de proteger a via aérea (p. ex., com estridores)
3. cateter de artéria pulmonar (cateter PA, também conhecido como cateter de Swann-Ganz): a segurança e eficácia deste dispositivo têm sido discutidas na literatura de cuidados críticos há mais de uma década, no que alguns chamam de moratória o uso do cateter PA.[100] É possível que novas tecnologias suplantem a necessidade desse procedimento invasivo, permitindo ao mesmo tempo o cuidadoso monitoramento hemodinâmico.[101] No entanto, o cateter de PA pode ser considerado para:
   a) grau de Hunt e Hess (H&H) ≥ 3 (exceto os pacientes com grau 3 favorável)
   b) pacientes com possível perda de sal cerebral (CSW) ou síndrome da secreção inapropriada de hormônio antidiurético (SIADH)
   c) pacientes hemodinamicamente instáveis
4. monitore o ritmo cardíaco: arritmias podem ocorrer após SAH (p. 1177)
5. cateter intraventricular (IVC) também conhecido como ventriculostomia. Possíveis indicações:
   a) pacientes que desenvolvem hidrocefalia aguda após SAH ou naqueles com significativo sangue intraventricular (permite a medição da ICP assim como a drenagem de CSF contendo sangue). O IVC causa melhora sintomática em quase dois terços.[70] Pode aumentar o risco de ressangramento (p. 1170), porém, provavelmente o risco de hidrocefalia não tratada é mais alto[102]
   b) grau H&H ≥ 3 (exceto pacientes com grau 3 favorável). Se um paciente com um grau alto melhorar com um IVC, o prognóstico poderá ser mais favorável. Se a ICP estiver elevada, o tratamento incluirá o uso de manitol; ver medidas de Tratamento da ICP elevada (p. 866)

77.8.3 Pedidos de internação

1. interne em unidade de cuidados intensivos (ICU; leito monitorado)
2. suporte ventilatório (VS) com checagens neurológicas de 1 em 1 h
3. atividade: repouso no leito (BR) com a cabeceira do leito (HOB) a 30°. Precauções para SAH (isto é, baixo nível de estímulo externo, visitas restritas, sem ruídos altos)
4. enfermagem
   a) entrada e saída (I&O) estritas
   b) pesagens diárias

Introdução e Informações Gerais, Graduação, Tratamento Médico, Condições Especiais **1165**

c) joelho levantado com meias de compressão TED (doença tromboembólica) e botas de compressão pneumática (PCB)

d) cateter de Foley residente, se o paciente estiver letárgico, incontinente ou incapaz de eliminar urina em urinol ou comadre. Considere um cateter com sensor de temperatura para o estrito controle da febre

5. dieta: nada por via oral – NPO (na preparação para cirurgia ou intervenção endovascular)

6. fluidos IV: fluidoterapia precoce agressiva para impedir a perda de sal cerebral

a) solução salina normal (NS) + 20 mEq cloreto de potássio (KCl)/L ≈ 2 mL/kg/h (tipicamente 140-150 mL/h)(adiante)

b) se o hematócrito (Hct) < 40%,[103] administre 500 mL de albumina a 5% durante 4 horas à admissão

7. medicações (evite medicações intramusculares [IM] para reduzir a dor)

a) anticonvulsantes profiláticos: ver adiante convulsões pós-SAH

b) sedação (supersedação): p. ex., com propofol

c) analgésicos: fentanil (ao contrário da morfina, não causa liberação de histamina. Reduz a ICP) 25-100 mcg (0,5-2 mL) IVP. Cada 1-2 horas, sempre que necessário – PRN (evite Demerol® porque pode reduzir o limiar das convulsões)

d) dexametasona (Decadron®): pode ajudar na cefaleia e dor no pescoço. O efeito sobre o edema é controverso. Geralmente é administrada no pré-operatório antes da craniotomia

e) amolecedor de fezes em pacientes capazes de ingestão por via oral – PO (docussato 100 mg PO, duas vezes ao dia [BID])

f) antieméticos: evite os fenotiazínicos (especialmente em pacientes que sofrem de convulsões) que podem reduzir o limiar das convulsões. Use p. ex., Zofran® (ondansetrona) 4 mg IV durante 2-5 minutos, pode-se repetir em 4 e 8 horas, e então cada 8 horas por 1-2 dias

g) bloqueadores do canal de cálcio (p. 1183): nimodipina (Nimotop®) 60 mg PO/NG (via sonda nasogástrica) cada 4 horas iniciada dentro 96 horas da SAH (alguns usam 30 mg cada 2 horas para evitar quedas periódicas da BP). A administração IV é igualmente eficaz[104] quando disponível. Nimodipina oral deve ser administrada a todos os pacientes com hemorragia subaracnóidea aneurismática (aSAH)

h) bloqueadores da histamina H2 (p. ex., ranitidina) ou inibidores da bomba de prótons (p. ex., Prevacid® (lansoprazol) 30 mg PO ou IV ao dia): para reduzir o risco de ulceração por estresse

i) ✘ esses agentes comprometem a coagulação e são *usados com cuidado*: ácido acetilsalicílico (ASA), dextrano,[105] heparina e administração repetida de *hetastarch* (Hespan®)[106,107] no período de alguns dias

j) estatinas: vários estudos clínicos investigaram a utilidade das estatinas, com resultados variáveis. Mais recentemente, uma metanálise relatou que não há evidência de benefício clínico.[108] Além disso, um estudo multicêntrico, randomizado, de fase 3, não detectou qualquer benefício a curto ou longo prazos com o uso da sinvastatina[109]

8. oxigenação

a) em paciente não intubado: 2 L de oxigênio (O_2) por cânula nasal (NC) PRN (baseado em gasometria arterial – ABG) e se tolerado

b) em paciente ventilado: empenhe-se em obter normocarbia e pressão parcial de oxigênio – pO_2 > 100 mmHg

9. temperatura (normotermia): medicações (Tylenol) e medidas de resfriamento (p. ex., compressas de gelo, aparelho de resfriamento externo Arctic Sun) para reduzir e prevenir a febre são incentivadas, uma vez que a febre demonstrou uma associação independente com piores resultados cognitivos e funcionais em sobreviventes de aSAH[110,111,112]

10. HTN: SBP 120-160 mmHg por manguito é uma orientação no caso de aneurisma sem clipagem (adiante)

11. exames laboratoriais

a) ABG, eletrólitos, hemograma completo (CBC), tempo de protrombina/tempo de tromboplastina parcial (PT/PTT) à admissão

b) ABG, eletrólitos, CBC a cada dia (ABG cada 6 horas, se o paciente estiver instável, eletrólitos cada 12 horas, caso se desenvolva hiponatremia, ver Hiponatremia após SAH adiante)

c) osmolalidades sérica e urinária, caso a eliminação de urina seja alta ou baixa; ver Síndrome da secreção inapropriada de hormônio antidiurético (SIADH) (p. 112)

d) hemoglobina e hematócrito: alguns estudos sugerem que valores mais altos de hemoglobina estão associados a melhores resultados após aSAH[113,114] No entanto, a transfusão liberal de hemácias tem sido associada a piores resultados na aSAH.[115,116] O objetivo ideal de hemoglobina após aSAH ainda não é conhecido, e pode depender da presença ou ausência de vasospasmo

e) glicose sérica: o controle eficaz da glicose após aSAH pode reduzir significativamente o risco de mau resultado[117]

f) radiografia de tórax (CXR) diariamente até se tornarem estáveis: os pacientes submetidos à terapia do triplo H podem desenvolver perigoso edema pulmonar à medida que "caem" na curva de Starling com expansão de volume. Os pacientes com SAH também raramente estão em risco de edema pulmonar neurogênico (p. 1178)[118]

g) se disponível, realizar doppler transcraniano para monitorar as velocidades de MCA, ACA, artéria carótida interna (ICA), VA e basilar (BA) e a razão de Lindegaard (p. 1182) às segundas, quartas e sextas-feiras

77

77.8.4 Controle de pressão e volume sanguíneos

Informações gerais

No caso de um aneurisma não preso (sem clipe ou sem espiral), a suave expansão de volume com leve hemodiluição e ligeira elevação da pressão sanguínea pode ajudar a prevenir ou minimizar os efeitos do vasospasmo[119] e da perda de sal cerebral. No entanto, deve-se evitar hipertensão extrema (para reduzir o risco de ressangramento). A hipervolemia deve ser evitada uma vez que ela atenua o vasospasmo e aumenta as complicações.[120]

Pressão sanguínea inicial

A pressão sanguínea ideal é controversa, devendo-se considerar a linha basal do paciente. A magnitude do controle da pressão sanguínea para reduzir o risco de ressangramento não foi estabelecida, mas é razoável a diminuição da pressão sanguínea sistólica para < 160 mmHg.

Se a pressão sanguínea for instável, deve-se usar labetalol ou nicardipina em conjunto com uma linha arterial. Evite a hipotensão uma vez que pode exacerbar a isquemia.

Fármacos de longa ação (p. ex., inibidores da enzima conversora de angiotensina [ACE] devem ser iniciados nos pacientes que necessitam de terapia continuada). Nos pacientes que eram normotensos antes da SAH, com hipertensão facilmente controlada, podem ser usados inibidores da ACE PRN em conjunto com um betabloqueador, p. ex., labetalol (p. 126).

77.8.5 Hiponatremia após SAH

Cenário

A hipovolemia e a hiponatremia (hipopotassemia) frequentemente acompanham a SAH como resultado de natriurese e diurese. A incidência relatada de hiponatremia na aSAH varia de 10-30%.[41] Embora a hiponatremia seja atribuída à elevação do hormônio antidiurético (ADH:[121] que supostamente produz SIADH com hipervolemia), o aumento do ADH geralmente é transitório, com duração de apenas cerca de 4 dias e sem ocorrência de hipervolemia. Outra teoria baseia-se no fato de que geralmente há um pico retardado no fator natriurético atrial (ANF) (um polipeptídeo com 28 aminoácidos) após uma elevação inicial menor[122] geralmente seguida de perda de sódio urinário (perda de sal cerebral – CSW) (p. 118), que mimetiza a SIADH e depleção de volume. Embora a CSW tenha demonstrado claramente que causa hiponatremia na maioria desses pacientes,[123] ainda há dúvidas de que o ANF seja o fator natriurético em ação na SAH.[124] A elevação do peptídeo natriurético atrial (ANP) e do peptídeo natriurético cerebral (BNP) após SAH está associada ao desenvolvimento de um equilíbrio negativo de fluidos.[125]

Os exames laboratoriais de rotina são idênticos na SIADH e CSW,[126] mas o volume de líquido extracelular (que é mais difícil de medir) é baixo na CSW e normal ou elevado na SIADH (ver ▶ Quadro 5.5 ou uma comparação entre as duas condições). Os efeitos neurológicos da hiponatremia (p. 112) pode mimetizar o déficit neurológico isquêmico retardado decorrente do vasospasmo, e os pacientes hiponatrêmicos têm incidência cerca de 3 vezes maior de infarto cerebral retardado após SAH do que os pacientes normonatrêmicos.[127] A hiponatremia tem sido cronologicamente associada a início de vasospasmo ultrassonográfico e clínico.[128,129]

Os fatores que podem aumentar o risco de hiponatremia após SAH incluem: histórico de diabetes, insuficiência cardíaca congestiva (CHF), cirrose, insuficiência suprarrenal, ou o uso de qualquer dos seguintes medicamentos: anti-inflamatórios não esteroides (NSAIDs), acetaminofeno, narcótico, diuréticos tiazídicos.[130]

Tratamento

✖ Cuidado! A restrição de líquidos, que é o tratamento para SIADH, pode ser arriscado no caso de CSW (que mais provavelmente ocorre após SAH do que a SIADH), uma vez que a desidratação aumente a viscosidade do sangue que exacerba a isquemia decorrente de vasospasmo.[127]

- trate a hipovolemia agressivamente com infusões de cristaloides (p. ex., NS), concentrado de hemácias (PRBCs), ou coloides
- a solução salina hipertônica (3%) demonstrou eficácia na correção da hiponatremia[131] e parece aumentar o fluxo sanguíneo cerebral regional, o oxigênio tecidual cerebral e o pH em pacientes com aSAH de alto grau[132]
- fludrocortisona demonstrou auxiliar na correção de hiponatremia, com reduzida necessidade de fluidos.[133,134] Similarmente, a administração de hidrocortisona tem sido associada à redução da natriurese e à baixa taxa de hiponatremia[135]

77.8.6 Convulsões pós-SAH

Informações gerais

Nenhum estudo controlado randomizado (RCT) foi realizado para ajudar a guiar as decisões sobre a profilaxia ou o tratamento das convulsões. Há também evidência conflitante sobre o início de convulsões ser ou não preditivo de convulsões tardias ou epilepsia pós-SAH.[136,137] Assim, não há consenso entre os médicos no que se refere à necessidade de drogas antiepilépticas (AEDs), ao melhor AED a usar, sobre quais pacientes devem receber AEDs profiláticas, nem sobre a dose ou duração ideal do tratamento.

Epidemiologia

▶ **Incidência.** A incidência de episódios do tipo convulsivo varia amplamente entre os estudos observacionais. Uma revisão da literatura[138] relatou que 4-26% dos pacientes com SAH tiveram convulsões inicialmente, 1-28% tiveram convulsões precoces (nas primeiras 2 semanas), e 1-35% tiveram convulsões tardias (após 2 semanas).[139] Além disso, o estado epiléptico não convulsivo tem sido relatado em 3-18% dos pacientes com SAH, e deve ser suspeitado em pacientes com exame neurológico precário ou no quadro de deterioração neurológica.[140,141]

▶ **Fatores de risco para convulsões pós-SAH**[6,41,138,139,140,142,143,144]
- idade avançada
- aneurisma de MCA
- volume de sangue subaracnóideo/espessura do coágulo
- hematoma intracerebral ou subdural associado
- grau neurológico precário
- ressangramento
- infarto cerebral
- vasospasmo
- hiponatremia
- hidrocefalia
- hipertensão
- modalidade de tratamento, ver espiral *versus* clipagem (p. 1195)

Resultados

A associação entre convulsões e resultado funcional continua não esclarecido. Um estudo[140] demonstrou que uma convulsão dentro do hospital foi independentemente preditiva de mortalidade em um ano (65% com convulsões *versus* 23% sem convulsões), mas outros demonstraram não haver associação a mau prognóstico.[138,143,145] Dois grandes estudos retrospectivos, de uma só instituição, de pacientes com aSAH descobriram que o estado epiléptico não convulsivo é um preditor muito forte de mau resultado.[41,141,146]

AEDs

Estudos avaliaram o resultado neurológico após o uso de fenitoína a curto e longo prazos, estando as doses mais altas e a duração mais longa associadas a maus resultados.[147,148] Quando o fármaco Keppra é comparado à fenitoína, Keppra está associado a uma taxa mais alta de recorrência de convulsões a curto prazo,[149] porém a melhores resultados a longo prazo e a menos efeitos colaterais.[139,150] Embora o uso de AED profilática para aSAH seja controverso, convulsões generalizadas podem ser devastadoras na presença de um frágil aneurisma. Assim, as AEDs são administradas por muitas autoridades no assunto em quadro agudo, pelo menos até que o aneurisma esteja preso. Um paradigma: Keppra® (levetiracetam) 1 g IV cada 12 horas até que o aneurisma esteja preso.

Guia de prática clínica: Convulsões pós-SAH

77

- Nível II:[41] anticonvulsantes profiláticos podem ser considerados no período pós-hemorrágico imediato.
- Nível III:[41] o uso rotineiro de anticonvulsantes a longo prazo não é recomendado.
- Nível II:[41] os anticonvulsantes a longo prazo podem ser considerados no caso de fatores de risco conhecidos para transtorno convulsivo retardado (p. ex., convulsões anteriores, hematoma intracerebral, hipertensão intratável, infarto ou aneurisma de MCA).

77.9 Ressangramento

77.9.1 Informações gerais

Aproximadamente 3.000 norte-americanos morrem ao ano por ressangramento de aneurismas cerebrais rotos.[151] Nos aneurismas rotos não tratados, a frequência máxima de ressangramento ocorre no primeiro dia (entre 4 e 13,6%),[152,153,154,155] com mais de 1/3 dos ressangramentos ocorrendo dentro de 3 horas e 1/2 dentro de 6 horas do início dos sintomas.[156] Após o primeiro dia, o risco subsequente é de 1,5% ao dia por 13 dias. Em geral, 15-20% ressangram dentro de 14 dias, 50% dentro de 6 meses e, em seguida, o risco é ≈ 3%/ano com uma taxa de mortalidade de 2%/ano.[157] (**Nota:** para entender o cálculo do risco cumulativo a longo prazo da ruptura aneurismática, ver Risco anual e vitalício de hemorragia e recidiva de hemorragia (p. 1240); essa discussão está relacionada com AVMs, porém os mesmos conceitos se referem aos aneurismas). Cinquenta por cento das mortes ocorrem no primeiro mês.

Há risco de ressangramento durante qualquer período em que o aneurisma não seja tratado. Assim, o tratamento precoce do aneurisma roto pode reduzir o risco de ressangramento[158] (ver Momento da intervenção para o aneurisma). Além disso, graus mais altos de Hunt e Hess,[159] maior tamanho do aneurisma e pressão sanguínea mal controlada (> 160 mmHg) também têm sido associados a aumento do risco de ressangramento.[154,155,160]

A ventriculostomia pré-operatória – p. ex., para hidrocefalia aguda pós-SAH (p. 1170) – e possivelmente drenagem espinal lombar (p. 1202) aumentam o risco de ressangramento.

O risco de ressangramento na SAH de etiologia desconhecida e com AVMs, assim como o risco de sangramento com múltiplos aneurismas incidentais não rotos são todos similares em ≈ 1%/ano; na realidade podem ser menores na SAH de etiologia desconhecida (p. 1230).[161]

77.9.2 Prevenção de ressangramento

O método ideal para a prevenção de ressangramento é a colocação de espiral ou a clipagem cirúrgica precoces. O repouso no leito e a terapia hiperdinâmica *não* previnem o ressangramento.[162]

77.9.3 Terapia antifibrinolítica

O papel da lise do coágulo no ressangramento precoce é incerto.

Guia de prática clínica: Terapia antifibrinolítica

Nível II:[41] para os pacientes com SAH aneurismática em que há uma demora inevitável no tratamento do aneurisma, em que há um significativo de ressangramento e nenhuma contraindicação médica obrigatória, é razoável até 72 horas de terapia com ácido tranexâmico ou ácido aminocaproico.

Informações do fármaco: Ácido tranexâmico (Cyclokapron®)

Reduz o risco de ressangramento precoce.[153]

R: 1 g IV logo que o diagnóstico de SAH seja verificado (se o paciente tiver que ser transportado para outra instituição para cuidados definitivos, a dose é administrada antes do seu transporte), seguida de 1 g a cada 6 horas até oclusão do aneurisma; este tratamento não excedeu 72 horas.

Informações do fármaco: Ácido épsilon-aminocaproico (Amicar®)

O ácido épsilon-aminocaproico (EACA) é um agente antifibrinolítico, que inibe competitivamente a ativação do plasminogênio para plasmina. A plasmina existente é neutralizada pelas antiplasminas endógenas. EACA reduz de fato o risco de ressangramento. No entanto, tem sido demonstrado que a incidência de hidrocefalia e de déficits isquêmicos retardados (vasospasmo) é maior com o seu uso prolongado.[163] Pode também haver um atraso de 24-48 horas antes de ocorrer sua eficácia.[164]

Por causa da taxa maior de infarto cerebral, descobriu-se que EACA não reduz a mortalidade precoce, e seu uso foi desencorajado.

A reavaliação em um estudo não randomizado,[165] excluindo os pacientes de graus IV e V, sugere que os problemas com EACA podem ser minimizados com o uso de uma dose de ataque IV (para eliminar o período de atraso na eficácia) e com a limitação do período de uso para aquele momento em que o paciente pode ser submetido à cirurgia. Uma investigação mais recente[166] mostrou diminuição significativa de o ressangramento nos pacientes tratados com EACA *versus* pacientes não tratados com EACA (2,7 *versus* 11,4%). Houve redução de 76% na mortalidade atribuída ao ressangramento, aumento de 13% nos resultados favoráveis em um grau favorável (I-III de Hunt Hess) nos pacientes tratados com EACA, e aumento de 6,8% nos pacientes com graus desfavoráveis (IV/V de Hunt Hess), mas esses resultados não alcançaram um significado estatístico. Apesar do aumento de 8 vezes na trombose de veia profunda (DVT) no grupo de EACA, não houve aumento na embolia pulmonar. Além disso, não houve diferença nas complicações isquêmicas entre os grupos.

R:[166] dose de ataque de EACA 4 g IV, seguida de 1 g/h com cessação da infusão por 4 horas antes da angiografia, com uma duração máxima de 72 horas após SAH.

77.10 Gravidez e hemorragia intracraniana

77.10.1 Informações gerais

A hemorragia intracraniana (subaracnóidea ou intraparenquimal) é uma ocorrência rara durante a gravidez (variação estimada de incidência: 0,01-0,05% de todas gestações[167]) e ainda é responsável para 5-12% das mortes maternas durante a gravidez.

A hemorragia intracraniana da gravidez (ICHOP) geralmente ocorre no quadro de eclâmpsia, e com mais frequência é intraparenquimal[168] e pode estar associada à perda de autorregulação cerebrovascular, síndrome da encefalopatia posterior reversível – PRES (p. 194).[169] Os sintomas de eclâmpsia com ou sem ICHOP incluem cefaleia, alterações do estado mental e convulsões.

Uma revisão de literatura de 154 casos relatados de SAH relacionada com ICHOP revelou que 77% eram aneurismáticos, e 23% decorriam de AVM rota (outra série mostra a variação da porcentagem das AVMs de 21-48%). A mortalidade é de ≈ 35% para hemorragia aneurismática e ≈ 28% para hemorragia de AVM (sendo a última mais extensa em pacientes não grávidas). Há uma tendência crescente ao sangramento com o avanço da idade gestacional, tanto em aneurismas como em AVMs (anteriormente afirmava-se que isto era verdadeiro apenas para os aneurismas[170]).

Os pacientes com ICHOP e AVMs tendem a ser mais jovens do que aqueles com aneurisma, paralelamente à ocorrência na população em geral. Um grande estudo citado com frequência demonstrou aumento de risco de hemorragia decorrente de AVMs durante a gravidez[171] (citando uma taxa de 87% de hemorragia), porém outra investigação contesta essa afirmação,[172] e verificou que o risco de hemorragia é de 3,5% durante a gravidez em pacientes sem histórico de hemorragia, ou de 5,8% naquelas com hemorragia anterior. Outro estudo avaliou o risco de ruptura de aneurisma durante a gravidez e parto a partir dos dados do Nationwide Inpatient e calculou o risco de ruptura durante a gravidez e parto como sendo de 1,4 e 0,05%, respectivamente.[173] Uma revisão de literatura[167] descobriu que o risco de hemorragia recorrente após ICHOP causado por aneurisma ou AVM durante no restante da gravidez era de 33-50%.

77.10.2 Modificações do tratamento para pacientes grávidas

Podem ser necessárias modificações das técnicas de avaliação e tratamento para a paciente grávida.
1. estudos neurorradiológicos
   a) tomografia axial computadorizada (CAT): com escudo de proteção do feto, as imagens CAT do cérebro produzem mínima exposição da criança à radiação
   b) MRI:
      - geralmente percebe-se que tem baixo potencial de complicações, porém, muitos centros não realizam MRI durante o primeiro trimestre
      - agentes de contraste à base de gadolínio (GBCAs) são teratogênicos para animais em doses altas repetidas. Não foram estudados na gravidez humana. Uma coorte de 26 mulheres que receberam GBCAs durante o primeiro trimestre mostrou não haver evidência de teratogenicidade ou mutagenicidade.[174] Também não existem relatos de problemas relacionados com a fibrose sistêmica nefrogênica. GBCAs são fármacos de Classe C da Food and Drug Administration (FDA) – não recomendados para uso durante a gravidez, mas podem ser usados se os benefícios excederem os riscos potenciais
   c) angiografia: com escudo de proteção do feto, a exposição à radiação é mínima. Agentes de contraste iodados acarretam pouco risco ao feto. A mãe deve ser bem hidratada durante e após o estudo[167]
2. drogas antiepilépticas: ver Gravidez e drogas antiepilépticas (p. 458)
3. diuréticos: o uso de manitol na gravidez deve ser evitada para prevenir desidratação fetal e hipovolemia materna com hipoperfusão uterina
4. anti-hipertensivos: nitroprussiato não deve ser usado na gravidez
5. nimodipina é potencialmente teratogênica em animais, o efeito em humanos é desconhecido. Deve ser usada, somente quando o benefício potencial justifica o risco

77.10.3 Tratamento Neurocirúrgico

O tratamento atualmente recomendado para o aneurisma roto na paciente grávida é o tratamento cirúrgico imediato para evitar ressangramento e complicações isquêmicas causadas por vasospasmo. Uma metanálise demonstrou que mãe e feto se beneficiam com o tratamento cirúrgico – com redução da mortalidade materna de 63 para 11% e da mortalidade fetal de 27% para 5%.[167,175] O tratamento endovascular bem-sucedido de aSAH tem sido relatado, mas a exposição fetal à radiação é uma preocupação. Estima-se uma variação da dose fetal absorvida de 0,17 a 2,8 mGy, correspondendo ao risco fetal de uma doença hereditária ao nascimento e ao risco cumulativo de câncer fatal aos 15 anos que são substancialmente mais baixos do que os de ocorrência natural.[176] Como o tratamento endovascular requer heparina para anticoagulação sistêmica, ele acarreta o risco de implicações hemorrágicas, quando o parto começa espontaneamente durante ou por volta da época da embolização.

77.10.4 Tratamento obstétrico após ICHOP

Vários relatos indicaram que os resultados fetal e materno não são diferentes no parto vaginal *versus* secção C, e provavelmente são mais dependentes de a lesão ofensora ter sido tratada. No entanto, não existem estudos formais para ajudar a guiar o tratamento ótimo de mulheres grávidas com aSAH. Uma estratégia[175] é realizar uma secção em C de emergência, seguida pelo tratamento do aneurisma, se o feto estiver maduro o suficiente para sobreviver fora do útero. Se o feto tiver < 24 semanas, trate o aneurisma e mantenha a gravidez. Se o feto tiver entre 24 e 28 semanas, uma estratégia deverá ser elaborada de acordo com os estados materno e fetal. A secção em C poderá ser usada para salvamento fetal para uma mãe moribunda no terceiro trimestre. Durante o parto vaginal, o risco de ressangramento pode ser reduzido com o uso de anestesia caudal ou epidural, abreviando o segundo estágio do parto, parto com fórceps baixo, se necessário.

77.11 Hidrocefalia após SAH

77.11.1 Hidrocefalia após SAH traumática

Ver também hidrocefalia pós-traumática (p. 920).

77.11.2 Hidrocefalia aguda

Informações gerais

A frequência de hidrocefalia (HCP) na CT inicial após SAH depende da definição dos critérios usados, com uma variação relatada de 9-67%.[177] Uma variação realista é ≈ 15-20% dos pacientes de SAH, com 30-60% destes não mostrando comprometimento da consciência.[177,178] Três por cento daqueles *sem* HCP na CT inicial desenvolvem HCP em 1 semana.[177]

Os fatores que notadamente contribuem para HCP aguda incluem: sangue que interfere no fluxo do CSF através do aqueduto do mesencéfalo (de Silvius), saída do quarto ventrículo ou espaço subaracnóideo e/ou com reabsorção de granulações aracnóideas.

Os achados associados à HCP aguda incluem:[178]

1. avanço da idade
2. achados de CT à internação: sangue intraventricular, sangue subaracnóideo difuso e acúmulo focal de sangue subaracnóideo (o sangue intraparenquimal *não* se correlacionava com HCP crônica, e os pacientes com CT normal tiveram baixa incidência)
3. hipertensão: à admissão, antes da admissão (pelo histórico), ou no pós-operatório
4. pela localização:
   a) aneurismas da circulação posterior apresentam maior incidência de HCP
   b) aneurismas de MCA correlacionam-se com baixa incidência de HCP
5. miscelânea: hiponatremia, pacientes que não estavam alertas à admissão, uso de agentes antifibrinolíticos no pré-operatório e baixo escore de Glasgow de resultado

Tratamento

Cerca de metade dos pacientes com HCP aguda e comprometimento da consciência tiveram melhora espontânea.[177] Os pacientes com graduação precária (IV-V H&H) com grandes ventrículos podem ser sintomáticos em decorrência de HCP, devendo-se considerar a ventriculostomia que causou a melhora em ≈ 80% dos pacientes em que foi usada.[177] Pode haver aumento no risco de ressangramento aneurismático em pacientes submetidos à ventriculostomia logo após SAH[177,179,180] especialmente se for realizada precocemente e a ICP se reduzir rapidamente. O risco de ressangramento do aneurisma com a drenagem ventricular externa (EVD) foi estudado em uma série de casos retrospectivos com resultados mistos.[181,182,183]

Introdução e Informações Gerais, Graduação, Tratamento Médico, Condições Especiais **1171**

O mecanismo é controverso, mas pode ser decorrente de aumento da pressão transmural (a pressão através da parede do aneurisma que é igual à diferença entre pressão e ICP).

Quando se usa ventriculostomia, recomenda-se manter a ICP na faixa de 15-25 mmHg[184] e evitar a rápida redução da pressão (a não ser que absolutamente necessário) para diminuir o risco de ressangramento aneurismático induzido por IVC. Um paradigma é manter a EVD aberta com um bocal da câmara de gotejamento de 15-20 cm acima do trago.

Guia de prática clínica: Hidrocefalia aguda associada à aSAH

Nível B:[41] desvio de CSF (EVD ou dreno lombar) para hidrocefalia aguda sintomática associada à aSAH.

77.11.3 HCP Crônica

Guia de prática clínica: Hidrocefalia crônica associada à aSAH

- Nível B:[41] desvio permanente do CSF (*shunt*) para hidrocefalia crônica sintomática após aSAH.
- Nível C:[41] o desmame de EVD por > 24 horas parece não reduzir a necessidade de desvio permanente do CSF.
- Nível C:[41] fenestração de rotina da lâmina terminal não é recomendada, uma vez que não reduza a necessidade de desvio permanente do CSF.

A HCP crônica se deve a adesões na pia-aracnoide ou a comprometimento permanente das granulações aracnóideas. A HCP aguda não leva inevitavelmente à HCP crônica. De 8-45% (variação relatada na literatura[185]) de todos os pacientes com aneurisma roto, e ≈ 50% daqueles com HCP aguda após SAH necessitam de desvio permanente do CSF. Uma série de estudos tentou identificar fatores preditivos de hidrocefalia crônica dependente de *shunt* associada à aSAH. O sangue intraventricular aumenta esse risco.[185] Há controvérsia sobre o uso de ventriculostomia para HCP aguda aumentar,[186] ou possivelmente até diminuir,[185] a incidência da dependência de *shunt*. Pode haver uma associação positiva entre o grau de Fisher e a probabilidade de se necessitar de desvio do CSF para hidrocefalia crônica.[187] Além disso, Hoh *et al.*[188] descobriram que a idade (aumento de 2%/ano), o escore de comorbidade (presença de diabetes melito – DM, HTN ou abuso de álcool), tipo de internação, tipo de seguro (mais alto com o Medicaid e um pagador particular) e volume de aneurismas no hospital (alto > baixo) eram preditivos de colocação de *shunt* nos pacientes com aneurisma roto. O tipo de tratamento (clipe *versus* espiral) também foi estudado sem uma clara vantagem de uma modalidade sobre a outra (p. 1195).

O método para determinar quais pacientes necessitam de colocação de *shunt* também foi estudado em um RCT de único centro.[189] não houve diferença na taxa de colocação de *shunt* entre aqueles submetidos a desmame rápido (< 24 horas) *versus* desmame gradual (96 horas) da EVD (63,4% rápido *versus* 62,5% gradual).

Referências

[1] Biller J, Toffol GJ, Kassell NF *et al.* Spontaneous Subarachnoid Hemorrhage in Young Adults. Neurosurgery. 1987; 21:664–667

[2] Okawara SH. Warning Signs Prior to Rupture of an Intracranial Aneurysm. J Neurosurg. 1973; 38:575–580

[3] de Falco FA. Sentinel headache. Neurol Sci. 2004; 25 Suppl 3:S215–S217

[4] Polmear A. Sentinel headaches in aneurysmal subarachnoid haemorrhage: what is the true incidence? A systematic review. Cephalalgia. 2003; 23:935–941

[5] Yamashita K, Kashiwagi S, Kato S *et al.* Cerebral Aneurysms in the Elderly in Yamaguchi, Japan. Analysis of the Yamaguchi Data Bank of Cerebral Aneurysm From 1985 to 1995. Stroke. 1997; 28:1926–1931

[6] Ohman J. Hypertension as a risk factor for epilepsy after aneurysmal subarachnoid hemorrhage and surgery. Neurosurgery. 1990; 27:578–581

[7] Sundaram MB, Chow F. Seizures associated with spontaneous subarachnoid hemorrhage. Can J Neurol Sci. 1986; 13:229–231

[8] Broderick JP, Brott TG, Tomsick T *et al.* Intracerebral Hemorrhage More Than Twice as Common as Subarachnoid Hemorrhage. J Neurosurg. 1993; 78:188–191

[9] Sarti C, Tuomilehto J, Salomaa V *et al.* Epidemiology of Subarachnoid Hemorrhage in Finland from 1983 to 1985. Stroke. 1991; 22:848–853

[10] Nieuwkamp DJ, Setz LE, Algra A, Linn FH, de Rooij NK, Rinkel GJ. Changes in case fatality of aneurysmal subarachnoid haemorrhage over time, according to age, sex, and region: a meta-analysis. Lancet Neurol. 2009; 8:635–642

[11] Solenski NJ, Haley EC, Kassell NF *et al.* Medical complications of aneurysmal subarachnoid hemorrhage: a report of the multicenter, cooperative aneurysm study. Participants of the Multicenter Cooperative Aneurysm Study. Crit Care Med. 1995; 23:1007–1017

[12] Sahs AL, Nibbelink DW, Torner JC. Aneurysmal Subarachnoid Hemorrhage: Report of the Cooperative Study. Baltimore-Munich 1981

[13] Kassell NF, Sasaki T, Colohan ART *et al.* Cerebral Vasospasm Following Aneurysmal Subarachnoid Hemorrhage. Stroke. 1985; 16:562–572

[14] Hop JW, Rinkel GJ, Algra A, ven Gijn J. Case-Fatality Rates and Functional Outcome After Subarachnoid Hemorrhage: A Systematic Review. Stroke. 1997; 28:660–664

[15] Drake CG. Management of Cerebral Aneurysm. Stroke. 1981; 12:273–283

[16] Park J, Woo H, Kang DH, Kim Y. Critical age affecting 1-year functional outcome in elderly patients aged >/= 70 years with aneurysmal subarachnoid hemorrhage. Acta Neurochir (Wien). 2014; 156:1655–1661

[17] Wirth FP. Surgical Treatment of Incidental Intracranial Aneurysms. Clin Neurosurg. 1986; 33:125–135

[18] Greene KA, Marciano FF, Johnson BA, Jacobowitz R, Spetzler RF, Harrington TR. Impact of Traumatic Subarachnoid Hemorrhage on Outcome in Nonpenetrating Head Injury. J Neurosurg. 1995; 83:445–452

[19] Taneda M, Kataoka K, Akai F et al. Traumatic Subarachnoid Hemorrhage as a Predictable Indicator of Delayed Ischemic Symptoms. J Neurosurg. 1996; 84:762–768

[20] Dagi TF, Maccabe JJ. Metastatic Trophoblastic Disease Presenting as a Subarachnoid Hemorrhage. Surg Neurol. 1980; 14:175–184

[21] Memon MY, Neal A, Imami R et al. Low Grade Glioma Presenting as Subarachnoid Hemorrhage. Neurosurgery. 1984; 14:574–577

[22] Miller RH. Spontaneous Subarachnoid Hemorrhage: A Presenting Symptom of a Tumor of the Third Ventricle. Surg Clin N Amer. 1961; 41:1043–1048

[23] Glass B, Abbott KH. Subarachnoid Hemorrhage Consequent to Intracranial Tumors. Arch Neurol Psych. 1955; 73:369–379

[24] Gleeson RK, Butzer JF, Grin OD. Acoustic Neurinoma Presenting as Subarachnoid Hemorrhage. J Neurosurg. 1978; 49:602–604

[25] Yasargil MG, So SC. Cerebellopontine Angle Meningioma Presenting as Subarachnoid Hemorrhage. Surg Neurol. 1976; 6:3–6

[26] Smith VR, Stein PS, MacCarty CS. Subarachnoid Hemorrhage Due to Lateral Ventricular Meningiomas. Surg Neurol. 1975; 4:241–243

[27] Ernsting J. Choroid Plexus Papilloma Causing Spontaneous Subarachnoid Hemorrhage. J Neurol Neurosurg Psychiatry. 1955; 18:134–136

[28] Simonsen J. Fatal Subarachnoid Hemorrhage Originating in an Intracranial Chordoma. Acta Pathol Microbiol Scand. 1963; 59:13–20

[29] Latchaw JP, Dohn DF, Hahn JF et al. Subarachnoid Hemorrhage from an Intracranial Meningioma. Neurosurgery. 1981; 9:433–435

[30] Fortuna A, Palma L, Ferrante L et al. Repeated Subarachnoid Hemorrhage with Vasospasm Secondary to Tuberculum Sella Meningioma. J Neurosurg Sci. 1977; 21:251–256

[31] Ellenbogen RG, Winston KR, Kupsky WJ. Tumors of the Choroid Plexus in Children. Neurosurgery. 1989; 25:327–335

[32] Labovitz DL, Halim AX, Brent B, Boden-Albala B, Hauser WA, Sacco RL. Subarachnoid hemorrhage incidence among Whites, Blacks and Caribbean Hispanics: the Northern Manhattan Study. Neuroepidemiology. 2006; 26:147–150

[33] Shea AM, Reed SD, Curtis LH, Alexander MJ, Villani JJ, Schulman KA. Characteristics of nontraumatic subarachnoid hemorrhage in the United States in 2003. Neurosurgery. 2007; 61:1131–7; discussion 1137-8

[34] de Rooij NK, Linn FH, van der Plas JA, Algra A, Rinkel GJ. Incidence of subarachnoid haemorrhage: a systematic review with emphasis on region, age, gender and time trends. J Neurol Neurosurg Psychiatry. 2007; 78:1365–1372

[35] Bederson JB, Awad IA, Wiebers DO, Piepgras D et al. Recommendations for the management of patients with unruptured intracranial aneurysms. A statement for healthcare professionals from the Stroke Council of the American Heart Association. Circulation. 2000; 102:2300–2308

[36] Ingall T, Asplund K, Mahonen M, Bonita R. A multinational comparison of subarachnoid hemorrhage epidemiology in the WHO MONICA stroke study. Stroke. 2000; 31:1054–1061

[37] Mahindu A, Koivisto T, Ronkainen A, Rinne J, Assaad N, Morgan MK. Similarities and differences in aneurysmal subarachnoid haemorrhage between eastern Finland and northern Sydney. J Clin Neurosci. 2008; 15:617–621

[38] Vadikolias K, Tsivgoulis G, Heliopoulos I, Papaioakim M, Aggelopoulou C, Serdari A, Birbilis T, Piperidou C. Incidence and case fatality of subarachnoid haemorrhage in Northern Greece: the Evros Registry of Subarachnoid Haemorrhage. Int J Stroke. 2009; 4:322–327

[39] Broderick JP, Brott T, Tomsick T, Huster G, Miller R. The risk of subarachnoid and intracerebral hemorrhages in blacks as compared with whites. N Engl J Med. 1992; 326:733–736

[40] Eden SV, Heisler M, Green C, Morgenstern LB. Racial and ethnic disparities in the treatment of cerebrovascular diseases: importance to the practicing neurosurgeon. Neurocrit Care. 2008; 9:55–73

[41] Connolly ES, Jr, Rabinstein AA, Carhuapoma JR, Derdeyn CP, Dion J, Higashida RT, Hoh BL, Kirkness CJ, Naidech AM, Ogilvy CS, Patel AB, Thompson BG, Vespa P, American Heart Association Stroke Council, Council on Cardiovascular Radiology, Intervention, Council on Cardiovascular Nursing, Council on Cardiovascular Surgery, Anesthesia, Council on Clinical Cardiology. Guidelines for the management of aneurysmal subarachnoid hemorrhage: a guideline for healthcare professionals from the American Heart Association/american Stroke Association. Stroke. 2012; 43:1711–1737

[42] Bonita R. Cigarette Smoking, Hypertension and the Risk of Subarachnoid Hemorrhage: A Population-Based Case-Control Study. Stroke. 1986; 17:831–835

[43] Hoh BL, Sistrom CL, Firment CS, Fautheree GL, Velat GJ, Whiting JH, Reavey-Cantwell JF, Lewis SB. Bottleneck factor and height-width ratio: association with ruptured aneurysms in patients with multiple cerebral aneurysms. Neurosurgery. 2007; 61:716–22; discussion 722-3

[44] Dhar S, Tremmel M, Mocco J, Kim M, Yamamoto J, Siddiqui AH, Hopkins LN, Meng H. Morphology parameters for intracranial aneurysm rupture risk assessment. Neurosurgery. 2008; 63:185–96; discussion 196-7

[45] Rahman M, Smietana J, Hauck E, Hoh B, Hopkins N, Siddiqui A, Levy EI, Meng H, Mocco J. Size ratio correlates with intracranial aneurysm rupture status: a prospective study. Stroke. 2010; 41:916–920

[46] Hirsch KG, Froehler MT, Huang J, Ziai WC. Occurrence of perimesencephalic subarachnoid hemorrhage during pregnancy. Neurocrit Care. 2009; 10:339–343

[47] Tiel Groenestege AT, Rinkel GJ, van der Bom JG, Algra A, Klijn CJ. The risk of aneurysmal subarachnoid hemorrhage during pregnancy, delivery, and the puerperium in the Utrecht population: casecrossover study and standardized incidence ratio estimation. Stroke. 2009; 40:1148–1151

[48] Mohr JP, Caplan LR, Melski JW et al. The Harvard cooperative stroke registry: A prospective study. Neurology. 1978; 28:754–762

[49] Verweij RD, Wijdicks EFM, van Gijn J. Warning Headache in Aneurysmal Subarachnoid Hemorrhage: A Case-Control Study. Arch Neurol. 1988; 45:1019–1020

[50] Linn FHH, Wijdicks EFM, van der Graaf Y et al. Prospective Study of Sentinel Headache in Aneurysmal Subarachnoid Hemorrhage. Lancet. 1994; 344:590–593

[51] Fisher CM. Painful States: A Neurological Commentary. Clin Neurosurg. 1984; 31:32–35

[52] Linn FHH, Rinkel GJE, van Gijn J. Headache Characteristics in Subarachnoid Hemorrhage and Benign Thunderclap Headache. J Neurol Neurosurg Psychiatry. 1998; 65:791–793

[53] Day JW, Raskin NH. Thunderclap Headache: Symptom of Unruptured Cerebral Aneurysm. Lancet. 1986; 2:1247–1248

[54] Wijdicks EFM, Kerkhoff H, van Gijn J. Long-Term Follow-Up of 71 Patients with Thunderclap Headache Mimicking Subarachnoid Hemorrhage. Lancet. 1988; 2:68–70

[55] Markus HS. A Prospective Follow-Up of Thunderclap Headache Mimicking Subarachnoid Hemorrhage. J Neurol Neurosurg Psychiatry. 1991; 54:1117–1118

[56] Ducros A, Boukobza M, Porcher R, Sarov M, Valade D, Bousser MG. The clinical and radiological spectrum of reversible cerebral vasoconstriction syndrome. A prospective series of 67 patients. Brain. 2007; 130:3091–3101

[57] Snyder BD, McClelland RR. Isolated benign cerebral vasculitis. Arch Neurol. 1978; 35:612–614

[58] Frese A, Eikermann A, Frese K, Schwaag S, Husstedt IW, Evers S. Headache associated with sexual activity: demography, clinical features, and comorbidity. Neurology. 2003; 61:796–800

[59] Lance JW. Headaches Related to Sexual Activity. J Neurol Neurosurg Psychiatry. 1976; 39:1226–1230

[60] Ogilvy CS, Rordorf G, Bederson JB. In: Mechanisms and Treatment of Coma After Subarachnoid Hemorrhage. Subarachnoid Hemorrhage: Pathophysiology and Management. Park Ridge, IL: American Association of Neurological Surgeons; 1997:157–171

[61] Manschot WA. Subarachnoid Hemorrhage. Intraocular Symptoms and Their Pathogenesis. Am J Ophthalmol. 1954; 38:501–505

[62] Tsementzis SA, Williams A. Ophthalmological Signs and Prognosis in Patients with a Subarachnoid Hemorrhage. Neurochirurgia. 1984; 27:133–135

[63] Vanderlinden RG, Chisholm LD. Vitreous Hemorrhages and Sudden Increased Intracranial Pressure. J Neurosurg. 1974; 41:167–176

[64] Pfausler B, Belcl R, Metzler R et al. Terson's Syndrome in Spontaneous Subarachnoid Hemorrhage: A Prospective Study in 60 Consecutive Patients. J Neurosurg. 1996; 85:392–394

[65] Garfinkle AM, Danys IR, Nicolle DA, Colohan ART et al. Terson's Syndrome: A Reversible Cause of Blindness Following Subarachnoid Hemorrhage. J Neurosurg. 1992; 76:766–771

[66] Friedman SM, Margo CE. Bilateral Subinternal Limiting Membrane Hemorrhage with Terson Syndrome. Am J Ophthalmol. 1997; 124:850–851

[67] Keithahn MAZ, Bennett SR, Cameron D, Mieler WF. Retinal Folds in Terson Syndrome. Ophthalmology. 1993; 100:1187–1190

[68] Schultz PN, Sobol WM, Weingeist TA. Long-Term Visual Outcome in Terson Syndrome. Ophthalmology. 1991; 98:1814–1819

[69] van der Jagt M, Flach HZ, Tanghe HL, Bakker SL, Hunink MG, Koudstaal PJ, van der Lugt A. Assessment of feasibility of endovascular treatment of ruptured intracranial aneurysms with 16- detector row CT angiography. Cerebrovasc Dis. 2008; 26:482–488

[70] Milhorat TH. Acute Hydrocephalus After Aneurysmal Subarachnoid Hemorrhage. Neurosurgery. 1987; 20:15–20

[71] Karttunen AI, Jartti PH, Ukkola VA, Sajanti J, Haapea M. Value of the quantity and distribution of subarachnoid haemorrhage on CT in the localization of a ruptured cerebral aneurysm. Acta Neurochir (Wien). 2003; 145:655–61; discussion 661

[72] Perry JJ, Sivilotti ML, Stiell IG, Wells GA, Raymond J, Mortensen M, Symington C. Should spectrophotometry be used to identify xanthochromia in the cerebrospinal fluid of alert patients suspected of having subarachnoid hemorrhage? Stroke. 2006; 37:2467–2472

[73] Gangloff A, Nadeau L, Perry JJ, Baril P, Emond M. Ruptured aneurysmal subarachnoid hemorrhage in the emergency department: Clinical outcome of patients having a lumbar puncture for red blood cell count, visual and spectrophotometric xanthochromia after a negative computed tomography. Clin Biochem. 2015; 48:634–639

[74] Consensus Conference. Magnetic Resonance Imaging. JAMA. 1988; 259:2132–2138

[75] Hackney DB, Lesnick JE, Zimmerman RA et al. MR Identification of Bleeding Site in Subarachnoid Hemorrhage with Multiple Intracranial Aneurysms. J Comput Assist Tomogr. 1986; 10:878–880

[76] Ross JS, Masaryk TJ, Modic MT et al. Intracranial Aneurysms: Evaluation by MR Angiography. AJNR. 1990; 11:449–456

[77] Ronkainen A, Hernesniemi J, Puranen M, Niemitukia L, Vanninen R, Ryynanen M, Kuivaniemi H, Tromp G. Familial Intracranial Aneurysms. Lancet. 1997; 349:380–384

[78] White PM,Wardlaw JM, Easton V. Can noninvasive imaging accurately depict intracranial aneurysms? A systematic review. Radiology. 2000; 217:361–370

[79] Broderick JP, Brown RD, Jr, Sauerbeck L, Hornung R, Huston J, III, Woo D, Anderson C, Rouleau G, Kleindorfer D, Flaherty ML, Meissner I, Foroud T, Moomaw EC, Connolly ES. Greater rupture risk for familial as compared to sporadic unruptured intracranial aneurysms. Stroke. 2009; 40:1952–1957

[80] Hoh BL, Cheung AC, Rabinov JD, Pryor JC, Carter BS, Ogilvy CS. Results of a prospective protocol of computed tomographic angiography in place of catheter angiography as the only diagnostic and pretreatment planning study for cerebral aneurysms by a combined neurovascular team. Neurosurgery. 2004; 54:1329–40; discussion 1340-2

[81] Chaudhary SR, Ko N, Dillon WP, Yu MB, Liu S, Criqui GI, Higashida RT, Smith WS, Wintermark M. Prospective evaluation of multidetector-row CT angiography for the diagnosis of vasospasm following subarachnoid hemorrhage: a comparison with digital subtraction angiography. Cerebrovasc Dis. 2008; 25:144–150

[82] Coupe NJ, Athwal RK, Marshman LA, Brydon HL. Subarachnoid hemorrhage emanating from a ruptured infundibulum: case report and literature review. Surg Neurol. 2007; 67:204–206

[83] Saltzman GF. Infundibular Widening of the Posterior Communicating Artery Studied by Carotid Angiography. Acta Radiol. 1959; 51:415–421

[84] Wollschlaeger G, Wollschlaeger PB, Lucas FV, Lopez VF. Experience and Results with Post-Mortem Cerebral Angiography Performed as Routine Procedure of the Autopsy. Am J Roentgenol Radium Ther Nucl Med. 1967; 101:68–87

[85] Osborn AG. Diagnostic Cerebral Angiography. Philadelphia: Lippincott, Williams and Wilkins; 1999

[86] Yoshimoto T, Suzuki J. Surgical Treatment of an Aneurysm on the Funnel-Shaped Bulge of the Posterior Communicating Artery. J Neurosurg. 1974; 41:377–379

[87] Archer CR, Silbert S. Infundibula May Be Clinically Significant. Neuroradiology. 1978; 152:247–251

[88] Trasi S, Vincent LM, Zingesser LH. Development of Aneurysm from Infundibulum of Posterior Communicating Artery with Documentation of Prior Hemorrhage. AJNR. 1981; 2:368–370

[89] Leblanc R, Worsley KJ, Melanson D, Tampieri D. Angiographic Screening and Elective Surgery of Familial Cerebral Aneurysms. Neurosurgery. 1994; 35:9–18

[90] Locksley HB. Report on the Cooperative Study of Intracranial Aneurysms and Subarachnoid Hemorrhage: Section V - Part II: Natural History of Subarachnoid Hemorrhage, Intracranial Aneurysms, and Arteriovenous Malformations - Based on 6368 Cases in the Cooperative Study. J Neurosurg. 1966; 25:321–368

[91] Henkes H, Fischer S, Weber W, Miloslavski E, Felber S, Brew S, Kuehne D. Endovascular coil occlusion of 1811 intracranial aneurysms: early angiographic and clinical results. Neurosurgery. 2004; 54:268–80; discussion 280-5

[92] Henkes H, Fischer S, Mariushi W, Weber W, Liebig T, Miloslavski E, Brew S, Kuhne D. Angiographic and clinical results in 316 coil-treated basilar artery bifurcation aneurysms. J Neurosurg. 2005; 103:990–999

[93] Debrun GM, Aletich VA, Kehrli P, Misra M, Ausman JI, Charbel F. Selection of cerebral aneurysms for treatment using Guglielmi detachable coils: the preliminary University of Illinois at Chicago experience. Neurosurgery. 1998; 43:1281–95; discussion 1296-7

[94] Hunt WE, Hess RM. Surgical Risk as Related to Time of Intervention in the Repair of Intracranial Aneurysms. J Neurosurg. 1968; 28:14–20

[95] Hunt WE, Kosnik EJ. Timing and Perioperative Care in Intracranial Aneurysm Surgery. Clin Neurosurg. 1974; 21:79–89

[96] Drake CG. Report of World Federation of Neurological Surgeons Committee on a Universal Subarachnoid Hemorrhage Grading Scale. J Neurosurg. 1988; 68:985–986

[97] Teasdale GM, Drake CG, Hunt W, Kassell N, Sano K, Pertuiset B, De Villiers JC. A universal subarachnoid hemorrhage scale: report of a committee of the World Federation of Neurosurgical Societies. J Neurol Neurosurg Psychiatry. 1988; 51

[98] Mori K, Arai H, Nakajima K, Tajima A, Maeda M. Hemorheological and Hemodynamic Analysis of Hypervolemic Hemodilution Therapy for Cerebral Vasospasm After Aneurysmal Subarachnoid Hemorrhage. Stroke. 1996; 26:1620–1626

[99] Dirnagl U, Becker K, Meisel A. Preconditioning and tolerance against cerebral ischaemia: from experimental strategies to clinical use. Lancet Neurol. 2009; 8:398–412

[100] Dalen JE, Bone RC. Is it time to pull the pulmonary artery catheter? JAMA. 1996; 276:916–918

[101] Mutoh T, Kazumata K, Ishikawa T, Terasaka S. Performance of bedside transpulmonary thermodilution monitoring for goal-directed hemodynamic management after subarachnoid hemorrhage. Stroke. 2009; 40:2368–2374

[102] Redekop G, Ferguson G, Carter LP, Spetzler RF, Hamilton MG. In: Intracranial Aneurysms. Neurovascular Surgery. New York: McGraw-Hill; 1995:625–648

[103] Vermeulen LC, Ratko TA, Erstad BL et al. The University Hospital Consortium Guidelines for the Use of Albumin, Nonprotein Colloid, and Crystalloid Solutions. Arch Intern Med. 1995; 155:373–379

[104] Kronvall E, Undren P, Romner B, Saveland H, Cronqvist M, Nilsson OG. Nimodipine in aneurysmal subarachnoid hemorrhage: a randomized study of intravenous or peroral administration. J Neurosurg. 2009; 110:58–63

[105] Nearman HS, Herman ML. Toxic Effects of Colloids in the Intensive Care Unit. Crit Care Med. 1991; 7:713–723

[106] Bianchine JR. Intracranial Bleeding During Treatment with Hydroxyethyl Starch - Letter in Reply. New Engl J Med. 1987; 317

[107] Trumble ER, Muizelaar JP, Myseros JS. Coagulopathy with the Use of Hetastarch in the Treatment of Vasospasm. J Neurosurg. 1995; 82:44–47

[108] Vergouwen MD, de Haan RJ, Vermeulen M, Roos YB. Effect of statin treatment on vasospasm, delayed cerebral ischemia, and functional outcome in patients with aneurysmal subarachnoid hemorrhage: a systematic review and meta-analysis update. Stroke. 2010; 41:e47–e52

[109] Kirkpatrick PJ, Turner CL, Smith C, Hutchinson PJ, Murray GD. Simvastatin in aneurysmal subarachnoid haemorrhage (STASH): a multicentre randomised phase 3 trial. Lancet Neurol. 2014; 13:666–675

[110] Fernandez A, Schmidt JM, Claassen J, Pavlicova M, Huddleston D, Kreiter KT, Ostapkovich ND, Kowalski RG, Parra A, Connolly ES, Mayer SA. Fever after subarachnoid hemorrhage: risk factors and impact on outcome. Neurology. 2007; 68:1013–1019

[111] Zhang G, Zhang JH, Qin X. Fever increased in-hospital mortality after subarachnoid hemorrhage. Acta Neurochir Suppl. 2011; 110:239–243

[112] Badjatia N, Fernandez L, Schmidt JM, Lee K, Claassen J, Connolly ES, Mayer SA. Impact of induced normothermia on outcome after subarachnoid hemorrhage: a case-control study. Neurosurgery. 2010; 66:696–700; discussion 700-1

[113] Naidech AM, Drescher J, Ault ML, Shaibani A, Batjer HH, Alberts MJ. Higher hemoglobin is associated with less cerebral infarction, poor outcome, and death after subarachnoid hemorrhage. Neurosurgery. 2006; 59:775–9; discussion 779-80

[114] Naidech AM, Jovanovic B, Wartenberg KE, Parra A, Ostapkovich N, Connolly ES, Mayer SA, Commichau C. Higher hemoglobin is associated with improved outcome after subarachnoid hemorrhage. Crit Care Med. 2007; 35:2383–2389

[115] Kramer AH, Gurka MJ, Nathan B, Dumont AS, Kassell NF, Bleck TP. Complications associated with anemia and blood transfusion in patients with aneurysmal subarachnoid hemorrhage. Crit Care Med. 2008; 36:2070–2075

[116] Smith MJ, Le Roux PD, Elliott JP, Winn HR. Blood transfusion and increased risk for vasospasm and poor outcome after subarachnoid hemorrhage. J Neurosurg. 2004; 101:1–7

[117] Schlenk F, Vajkoczy P, Sarrafzadeh A. Inpatient hyperglycemia following aneurysmal subarachnoid hemorrhage: relation to cerebral metabolism and outcome. Neurocrit Care. 2009; 11:56–63

[118] Ciongoli AK, Poser CM. Pulmonary Edema Secondary to Subarachnoid Hemorrhage. Neurology (NY). 1972; 22:867–870

[119] Solomon RA, Fink ME, Lennihan L. Prophylactic Volume Expansion Therapy for the Prevention of Delayed Cerebral Ischemia After Early Aneurysm Surgery. Arch Neurol. 1988; 45:325–332

[120] Egge A, Waterloo K, Sjoholm H, Solberg T, Ingebrigtsen T, Romner B. Prophylactic hyperdynamic postoperative fluid therapy after aneurysmal subarachnoid hemorrhage: a clinical, prospective, randomized, controlled study. Neurosurgery. 2001; 49:593–605; discussion 605-6

[121] Wise BL. SIADH After Spontaneous Subarachnoid Hemorrhage: A Reversible Cause of Clinical Deterioration. Neurosurgery. 1978; 3:412–414

[122] Wijdicks EFM, Ropper AH, Hunnicutt EJ, Richardson GS et al. Atrial Natriuretic Factor and Salt Wasting After Aneurysmal Subarachnoid Hemorrhage. Stroke. 1991; 22:1519–1524

[123] Harrigan MR. Cerebral Salt Wasting Syndrome: A Review. Neurosurgery. 1996; 38:152–160

[124] Kröll M, Juhler M, Lindholm J. Hyponatremia in Acute Brain Disease. J Int Med. 1992; 232:291–297

[125] Wijdicks EFM, Schievink WI, Burnett JC. Natriuretic Peptide System and Endothelin in Aneurysmal Subarachnoid Hemorrhage. J Neurosurg. 1997; 87:275–280

[126] Nelson PB, Seif SM, Maroon JC et al. Hyponatremia in Intracranial Disease. Perhaps Not the Syndrome of Inappropriate Secretion of Antidiuretic Hormone (SIADH). J Neurosurg. 1981; 55:938–941

[127] Wijdicks EFM, Vermeulen M, Hijdra A et al. Hyponatremia and Cerebral Infarction in Patients with Ruptured Intracranial Aneurysms: Is Fluid Restriction Harmful? Ann Neurol. 1985; 17:137–140

[128] Chandy D, Sy R, Aronow WS, Lee WN, Maguire G, Murali R. Hyponatremia and cerebrovascular spasm in aneurysmal subarachnoid hemorrhage. Neurol India. 2006; 54:273–275

[129] Nakagawa I, Kurokawa S, Takayama K, Wada T, Nakase H. [Increased urinary sodium excretion in the early phase of aneurysmal subarachnoid hemorrhage as a predictor of cerebral salt wasting syndrome]. Brain Nerve. 2009; 61:1419–1423

[130] Harbaugh RE. Aneurysmal Subarachnoid Hemorrhage and Hyponatremia. Contemp Neurosurg. 1993; 15:1–5

[131] Suarez JI, Qureshi AI, Parekh PD, Razumovsky A, Tamargo RJ, Bhardwaj A, Ulatowski JA. Administration of hypertonic (3%) sodium chloride/acetate in hyponatremic patients with symptomatic vasospasm following subarachnoid hemorrhage. J Neurosurg Anesthesiol. 1999; 11:178–184

[132] Al-Rawi PG, Tseng MY, Richards HK, Nortje J, Timofeev I, Matta BF, Hutchinson PJ, Kirkpatrick PJ. Hypertonic saline in patients with poor-grade subarachnoid hemorrhage improves cerebral blood

flow, brain tissue oxygen, and pH. Stroke. 2010; 41:122–128

[133] Hasan D, Lindsay KW, Wijdicks EFM et al. Effect of Fludrocortisone Acetate in Patients with Subarachnoid Hemorrhage. Stroke. 1989; 20:1156–1161

[134] Mori T, Katayama Y, Kawamata T, Hirayama T. Improved efficiency of hypervolemic therapy with inhibition of natriuresis by fludrocortisone in patients with aneurysmal subarachnoid hemorrhage. J Neurosurg. 1999; 91:947–952

[135] Katayama Y, Haraoka J, Hirabayashi H, Kawamata T, Kawamoto K, Kitahara T, Kojima J, Kuroiwa T, Mori T, Moro N, Nagata I, Ogawa A, Ohno K, Seiki Y, Shiokawa Y, Teramoto A, Tominaga T, Yoshimine T. A randomized controlled trial of hydrocortisone against hyponatremia in patients with aneurysmal subarachnoid hemorrhage. Stroke. 2007; 38:2373–2375

[136] Butzkueven H, Evans AH, Pitman A, Leopold C, Jolley DJ, Kaye AH, Kilpatrick CJ, Davis SM. Onset seizures independently predict poor outcome after subarachnoid hemorrhage. Neurology. 2000; 55:1315–1320

[137] Byrne JV, Boardman P, Ioannidis I, Adcock J, Traill Z. Seizures after aneurysmal subarachnoid hemorrhage treated with coil embolization. Neurosurgery. 2003; 52:545–52; discussion 550-2

[138] Lin CL, Dumont AS, Lieu AS, Yen CP, Hwang SL, Kwan AL, Kassell NF, Howng SL. Characterization of perioperative seizures and epilepsy following aneurysmal subarachnoid hemorrhage. J Neurosurg. 2003; 99:978–985

[139] Marigold R, Gunther A, Tiwari D, Kwan J. Antiepileptic drugs for the primary and secondary prevention of seizures after subarachnoid haemorrhage. Cochrane Database Syst Rev. 2013; 6. DOI: 10.1002/14651858.CD008710.pub2

[140] Claassen J, Mayer SA, Kowalski RG, Emerson RG, Hirsch LJ. Detection of electrographic seizures with continuous EEG monitoring in critically ill patients. Neurology. 2004; 62:1743–1748

[141] Dennis LJ, Claassen J, Hirsch LJ, Emerson RG, Connolly ES, Mayer SA. Nonconvulsive status epilepticus after subarachnoid hemorrhage. Neurosurgery. 2002; 51:1136–43; discussion 1144

[142] Ukkola V, Heikkinen ER. Epilepsy after operative treatment of ruptured cerebral aneurysms. Acta Neurochir (Wien). 1990; 106:115–118

[143] Choi KS, Chun HJ, Yi HJ, Ko Y, Kim YS, Kim JM. Seizures and Epilepsy following Aneurysmal Subarachnoid Hemorrhage: Incidence and Risk Factors. J Korean Neurosurg Soc. 2009; 46:93–98

[144] Kotila M, Waltimo O. Epilepsy after stroke. Epilepsia. 1992; 33:495–498

[145] Rhoney DH, Tipps LB, Murry KR, Basham MC, Michael DB, Coplin WM. Anticonvulsant prophylaxis and timing of seizures after aneurysmal subarachnoid hemorrhage. Neurology. 2000; 55:258–265

[146] Little AS, Kerrigan JF, McDougall CG, Zabramski JM, Albuquerque FC, Nakaji P, Spetzler RF. Nonconvulsive status epilepticus in patients suffering spontaneous subarachnoid hemorrhage. J Neurosurg. 2007; 106:805–811

[147] Chumnanvej S, Dunn IF, Kim DH. Three-day phenytoin prophylaxis is adequate after subarachnoid hemorrhage. Neurosurgery. 2007; 60:99–102; discussion 102-3

[148] Naidech AM, Kreiter KT, Janjua N, Ostapkovich N, Parra A, Commichau C, Connolly ES, Mayer SA, Fitzsimmons BF. Phenytoin exposure is associated with functional and cognitive disability after subarachnoid hemorrhage. Stroke. 2005; 36:583–587

[149] Murphy-Human T, Welch E, Zipfel G, Diringer MN, Dhar R. Comparison of short-duration levetiracetam with extended-course phenytoin for seizure prophylaxis after subarachnoid hemorrhage. World Neurosurg. 2011; 75:269–274

[150] Szaflarski JP, Sangha KS, Lindsell CJ, Shutter LA. Prospective, randomized, single-blinded comparative trial of intravenous levetiracetam versus phenytoin for seizure prophylaxis. Neurocrit Care. 2010; 12:165–172

[151] Kassell NF, Drake CG. Review of the Management of Saccular Aneurysms. Neurol Clin. 1983; 1:73–86

[152] Kassell NF, Torner JC. Aneurysmal rebleeding: a preliminary report from the Cooperative Aneurysm Study. Neurosurgery. 1983; 13:479–481

[153] Hillman J, Fridriksson S, Nilsson O, Yu Z, Saveland H, Jakobsson KE. Immediate administration of tranexamic acid and reduced incidence of early rebleeding after aneurysmal subarachnoid hemorrhage: a prospective randomized study. J Neurosurg. 2002; 97:771–778

[154] Naidech AM, Janjua N, Kreiter KT, Ostapkovich ND, Fitzsimmons BF, Parra A, Commichau C, Connolly ES, Mayer SA. Predictors and impact of aneurysm rebleeding after subarachnoid hemorrhage. Arch Neurol. 2005; 62:410–416

[155] Ohkuma H, Tsurutani H, Suzuki S. Incidence and significance of early aneurysmal rebleeding before neurosurgical or neurological management. Stroke. 2001; 32:1176–1180

[156] Tanno Y, Homma M, Oinuma M, Kodama N, Ymamoto T. Rebleeding from ruptured intracranial aneurysms in North Eastern Province of Japan. A cooperative study. J Neurol Sci. 2007; 258:11–16

[157] Winn HR, Richardson AE, Jane JA. The Long-Term Prognosis in Untreated Cerebral Aneurysms. I. The Incidence of Late Hemorrhage in Cerebral Aneurysm: A 10-Year Evaluation of 364 Patients. Ann Neurol. 1977; 1:358–370

[158] Kassell NF, Torner JC, Haley EC, Jr, Jane JA, Adams HP, Kongable GL. The International Cooperative Study on the Timing of Aneurysm Surgery. Part 1: Overall Management Results. J Neurosurg. 1990; 73:18–36

[159] Inagawa T, Kamiya K, Ogasawara H et al. Rebleeding of Ruptured Intracranial Aneurysms in the Actue Stage. Surg Neurol. 1987; 28:93–99

[160] Matsuda M, Watanabe K, Saito A, Matsumura K, Ichikawa M. Circumstances, activities, and events precipitating aneurysmal subarachnoid hemorrhage. J Stroke Cerebrovasc Dis. 2007; 16:25–29

[161] Jane JA, Kassell NF, Torner JC et al. The Natural History of Aneurysms and AVMs. J Neurosurg. 1985; 62:321–323

[162] Biller J, Godersky JC, Adams HP. Management of Aneurysmal Subarachnoid Hemorrhage. Stroke. 1988; 19:1300–1305

[163] Kassell NF, Torner JC, Adams HP. Antifibrinolytic Therapy in the Acute Period Following Aneurysmal Subarachnoid Hemorrhage: Preliminary Observations from the Cooperative Aneurysm Study. J Neurosurg. 1984; 61:225–230

[164] Glick R, Green D, Ts'ao C-H, Witt WA, Yu ATW, Raimondi AJ. High Dose e-Aminocaproic Acid Prolongs the Bleeding Time and Increases Rebleeding and Intraoperative Hemorrhage in Patients with Subarachnoid Hemorrhage. Neurosurgery. 1981; 9:398–401

[165] Leipzig TJ, Redelman K, Horner TG. Reducing the Risk of Rebleeding Before Early Aneurysm Surgery: A Possible Role for Antifibrinolytic Therapy. J Neurosurg. 1997; 86:220–225

[166] Starke RM, Kim GH, Fernandez A, Komotar RJ, Hickman ZL, Otten ML, Ducruet AF, Kellner CP, Hahn DK, Chwajol M, Mayer SA, Connolly ES,Jr. Impact of a protocol for acute antifibrinolytic therapy on aneurysm rebleeding after subarachnoid hemorrhage. Stroke. 2008; 39:2617–2621

[167] Dias MS, Sekhar LN. Intracranial Hemorrhage from Aneurysms and Arteriovenous Malformations during Pregnancy and the Puerperium. Neurosurgery. 1990; 27:855–866

[168] Crawford S, Varner MW, Digre KB, Servais G et al. Cranial Magnetic Resonance Imaging in Eclampsia. Obstet Gynecol. 1987; 70:474–477

[169] Postma IR, Slager S, Kremer HP, de Groot JC, Zeeman GG. Long-term consequences of the posterior reversible encephalopathy syndrome in eclampsia and preeclampsia: a review of the obstetric and nonobstetric literature. Obstet Gynecol Surv. 2014; 69:287–300

[170] Robinson JL, Hall CJ, Sedzimir CB. Subarachnoid Hemorrhage in Pregnancy. J Neurosurg. 1972; 36:27–33

[171] Robinson JL, Hall CS, Sedzimir CB. Arteriovenous Malformations, Aneurysms, and Pregnancy. J Neurosurg. 1974; 41:63–70

[172] Horton JC, Chambers WA, Lyons SL, Adams RD *et al.* Pregnancy and the Risk of Hemorrhage from Cerebral Arteriovenous Malformations. Neurosurgery. 1990; 27:867–872

[173] Kim YW, Neal D, Hoh BL. Cerebral aneurysms in pregnancy and delivery: pregnancy and delivery do not increase the risk of aneurysm rupture. Neurosurgery. 2013; 72:143–9; discussion 150

[174] De Santis M, Straface G, Cavaliere AF, Carducci B, Caruso A. Gadolinium periconceptional exposure: pregnancy and neonatal outcome. Acta Obstet Gynecol Scand. 2007; 86:99–101

[175] Kataoka H, Miyoshi T, Neki R, Yoshimatsu J, Ishibashi-Ueda H, Iihara K. Subarachnoid hemorrhage from intracranial aneurysms during pregnancy and the puerperium. Neurol Med Chir (Tokyo). 2013; 53:549–554

[176] Marshman LA, Rai MS, Aspoas AR. Comment to "Endovascular treatment of ruptured intracranial aneurysms during pregnancy: report of three cases". Arch Gynecol Obstet. 2005; 272. DOI: 10.1 007/s00404-004-0707-x

[177] Hasan D, Vermeulen M, Wijdicks EFM, Hijdra A, van Gijn J. Management Problems in Acute Hydrocephalus After Subarachnoid Hemorrhage. Stroke. 1989; 20:747–753

[178] Graff-Radford N, Torner J, Adams HP, Kassell NF *et al.* Factors Associated With Hydrocephalus After Subarachnoid Hemorrhage. Arch Neurol. 1989; 46:744–752

[179] Kusske JA, Turner PT, Ojemann GA, Harris AB. Ventriculostomy for the Treatment of Acute Hydrocephalus Following Subarachnoid Hemorrhage. J Neurosurg. 1973; 38:591–595

[180] van Gijn J, Hijdra A, Wijdicks EFM, Vermeulen M, van Crevel H. Acute Hydrocephalus After Aneurysmal Subarachnoid Hemorrhage. J Neurosurg. 1985; 63:355–362

[181] Hellingman CA, van den Bergh WM, Beijer IS, van Dijk GW, Algra A, van Gijn J, Rinkel GJ. Risk of rebleeding after treatment of acute hydrocephalus in patients with aneurysmal subarachnoid hemorrhage. Stroke. 2007; 38:96–99

[182] Pare L, Delfino R, Leblanc R. The relationship of ventricular drainage to aneurysmal rebleeding. J Neurosurg. 1992; 76:422–427

[183] McIver JI, Friedman JA, Wijdicks EF, Piepgras DG, Pichelmann MA, Toussaint LG, III, McClelland RL, Nichols DA, Atkinson JL. Preoperative ventriculostomy and rebleeding after aneurysmal subarachnoid hemorrhage. J Neurosurg. 2002; 97:1042–1044

[184] Voldby B, Enevoldsen EM. Intracranial Pressure Changes Following Aneurysm Rupture. 3. Recurrent Hemorrhage. J Neurosurg. 1982; 56:784–789

[185] Auer LM, Mokry M. Disturbed Cerebrospinal Fluid Circulation After Subarachnoid Hemorrhage and Acute Aneurysm Surgery. Neurosurgery. 1990; 26:804–809

[186] Connolly ES, Kader AA, Frazzini VI, Winfree CJ, Solomon RA. The Safety of Intraoperative Lumbar Subarachnoid Drainage for Acutely Ruptured Intracranial Aneurysm: Technical Note. Surg Neurol. 1997; 48:338–344

[187] Koh KM, Ng Z, Low SY, Chua HZ, Chou N, Low SW, Yeo TT. Management of ruptured intracranial aneurysms in the post-ISAT era: outcome of surgical clipping versus endovascular coiling in a Singapore tertiary institution. Singapore Med J. 2013; 54:332–338

[188] Hoh BL, Kleinhenz DT, Chi YY, Mocco J, Barker FG, II. Incidence of ventricular shunt placement for hydrocephalus with clipping versus coiling for ruptured and unruptured cerebral aneurysms in the Nationwide Inpatient Sample database: 2002 to 2007. World Neurosurg. 2011; 76:548–554

[189] Klopfenstein JD, Kim LJ, Feiz-Erfan I, Hott JS, Goslar P, Zabramski JM, Spetzler RF. Comparison of rapid and gradual weaning from external ventricular drainage in patients with aneurysmal subarachnoid hemorrhage: a prospective randomized trial. J Neurosurg. 2004; 100:225–229

78 Cuidados Críticos aos Pacientes com Aneurisma

78.1 Cardiomiopatia do estresse neurogênico (NSC)

78.1.1 Informações gerais

> ### Conceitos-chave
>
> - função cardíaca comprometida (fração de ejeção reduzida) não atribuível à doença arterial coronariana de base ou anormalidades miocárdicas. Pode ser reversível
> - as enzimas cardíacas (troponina) tendem a ser mais baixas do que o esperado para o grau de comprometimento miocárdico, distinção entre NSC e infarto do miocárdio (MI) agudo
> - mecanismo suposto: aumento súbito de catecolamina (possivelmente em nervos simpáticos miocárdicos) como resultado de estímulo hipotalâmico ou lesão de SAH
> - possíveis sequelas: hipotensão, insuficiência cardíaca congestiva (CHF), arritmias, que podem todas exacerbar mais a isquemia cerebral
> - incidência de pico: 2 dias a 2 semanas pós-SAH
> - fatores de risco: grau mais alto de Hunt e Hess
> - tratamento: pode incluir dobutamina (para pressão sanguínea sistólica – SBP < 90 e resistência vascular sistêmica – SVR baixa) e/ou milrinona (para SBP > 90 e SVR aumentada)

Termos antigos: disfunção miocárdica pós-isquêmica reversível,[1] miocárdio atordoado neurogênico. Observada classicamente em pacientes após cirurgia cardíaca, e atribuída a um defeito da troponina-I (TnI).[2] Alguns pacientes podem desenvolver hipocinesia miocárdica após hemorragia subaracnóidea (SAH).[3] Pode parecer compatível com um MI na ecocardiografia, todavia, os níveis de troponina são tipicamente mais baixos (geralmente < 2,8 ng/mL) do que seria predito em razão do nível de comprometimento miocárdico.[4] Incidência de pico: 2 dias a 2 semanas pós-SAH. A condição reverte-se completamente na maioria dos casos em cerca de 5 dias, à medida que as células do miocárdico normal são substituídas por aquelas com TnI defeituosa. No entanto, ≈ 10% dos pacientes podem progredir para um MI real.

O volume de ejeção e débito cardíaco estão reduzidos. Os fatores de risco incluem grau mais alto de Hunt e Hess (> 3),[5,6,7,8] gênero feminino,[8,9] estado de fumante e idade.[5] A hipotensão nem sempre ocorre, uma vez que o débito cardíaco (CO) reduzido possa compensar o aumento na SVR. No entanto, o CO reduzido pode comprometer a capacidade de tolerar barbitúricos administrados para proteção cerebral durante a cirurgia precoce decorrente de seu efeito supressivo miocárdico. O monitoramento intraoperatório por ecocardiografia transesofágica (TEE) pode ser um guia útil na titulação dos vasoconstritores. O CO reduzido também pode impedir o uso de terapia hiperdinâmica para vasospasmo.

78.1.2 Arritmias e alterações no eletrocardiograma (EKG)

Alterações no EKG em mais de 50% dos casos de SAH e incluem: ondas T largas ou invertidas, Q-T prolongado, elevação ou depressão do segmento S-T, ondas U, extrassístole atrial ou ventricular, taquicardia supraventricular (SVT), *flutter* V ou fibrilação ventricular (fib-V),[10] bradicardia. Em alguns casos, anormalidades no EKG podem ser indistinguíveis por causa do MI agudo.[11,12]

78.1.3 Possível mecanismo

Acredita-se que a elevação da pressão intracraniana secundaria à hemorragia subaracnóidea aneurismática (aSAH) cause ativação simpática resultando em hipercontração dos miócitos cardíacos e subsequente lesão miocárdica.[5] Uma teoria relacionada evoca a isquemia hipotalâmica, resultando em aumento do tônus simpático, pela qual a isquemia hipotalâmica resulta em aumento do tônus simpático, e o resultante aumento súbito de catecolamina pode produzir isquemia subendocárdica[13] ou vasospasmo da artéria coronária.[3] O aumento súbito da catecolamina parece ser mais focal (isto é, no coração) do que sistêmico.

78.1.4 Tratamento

As intervenções que têm sido estudadas para aumento do débito cardíaco na NSC são:[14,15]
1. milrinona: usada quando SBP > 90 mmHg e a SVR é normal, ou quando o paciente está em uso crônico de betabloqueadores
2. dobutamina: mais eficaz com a hipotensão (SBP < 90 mmHg) e SVR baixa
3. outras opções: bloqueio do gânglio estrelado, magnésio

78.2 Edema pulmonar neurogênico

78.2.1 Informações gerais

Uma condição rara associada a uma variedade de patologias intracranianas, incluindo:
- hemorragia subaracnóidea
- convulsões generalizadas
- e lesão cefálica

78.2.2 Fisopatologia

Dois mecanismos possivelmente sinergísticos. O aumento súbito da pressão intracraniana (ICP) ou uma lesão hipotalâmica podem produzir descargas simpáticas em salvas causando a redistribuição do sangue para a circulação pulmonar, resultando na elevação das pressões em cunha capilares pulmonares (PCWP) e maior permeabilidade. Em segundo lugar, o aumento súbito associado das catecolaminas rompe diretamente o endotélio capilar, o que aumenta a permeabilidade alveolar.

78.2.3 Tratamento

É de suporte, usando medidas, como ventilação à pressão positiva com baixos níveis de pressão expiratória final positiva (PEEP) (p. 871) e tratamento para normalizar a ICP.

Um cateter de artéria pulmonar (PA) geralmente é útil.

Pode haver alguma eficácia com o uso de infusão de dobutamina[16] suplementada com furosemida, se necessário. A vantagem teórica da dobutamina sobre alfa e betabloqueadores anteriormente tentados é que a dobutamina não reduz a perfusão cerebral.

78.3 Vasospasmo

78.3.1 Informações gerais

> ### Conceitos-chave
>
> - sintomas isquêmicos cerebrais retardados e/ou estenose arterial cerebral na angiografia em alguns casos subsequentes à SAH (geralmente), trauma, ou outras lesões
> - período de tempo: quase nunca antes do terceiro dia pós-SAH, incidência de pico de 6-8 dias pós-SAH, raramente começa após o 17º dia. Período de risco principal: 3-14 dias pós-SAH
> - fatores de risco: grau mais alto de SAH, maior quantidade de sangue à tomografia computadorizada (CT)
> - resultados nas alterações patológicas dentro das paredes do vaso (e não apenas vasoconstrição)
> - diagnóstico: pode ser clínico, angiográfico ou com doppler transcraniano
> - tratamento: nenhum é curativo. Bases de tratamento:
>   - euvolemia e aumento hemodinâmico (anteriormente, terapia do "triplo H")
>   - intervenção neuroendovascular: angioplastia ou verapamil intra-arterial

Vasospasmo cerebral é uma condição vista com mais frequência após alguns casos de hemorragia subaracnóidea aneurismática (SAH), mas também pode ser subsequente a outras hemorragias intracranianas (p. ex., hemorragia intraventricular decorrente de malformação arteriovenosa (AVM),[17] e SAH de etiologia desconhecida), trauma craniano (com ou sem SAH),[18] cirurgia cerebral, punção lombar, lesão hipotalâmica, infecção, e pode estar associado à pré-eclâmpsia (p. 194). O conceito de vasospasmo originou-se, em 1951, com Ecker.[19] Vasospasmo tem duas definições não necessariamente reconciliáveis (abaixo):
1. vasospasmo clínico: ver abaixo
2. vasospasmo radiográfico: ver abaixo

78.3.2 Definições

Isquemia cerebral retardada (DCI) e lesão cerebral precoce (EBI)

O pensamento de efeitos deletérios da SAH em termos de vasospasmo está sendo deixado de lado, enquanto os conceitos de DCI e EBI estão se se impondo.[20]

DCI: desenvolvimento retardado de um déficit neurológico, declínio na Escala de Coma de Glasgow de pelo menos 2 pontos e/ou infarto cerebral não relacionado com o tratamento do aneurisma ou outras causas. DCI é um termo amplo que abrange uma série de entidades clínicas, incluindo o vasospasmo sintomático, déficit neurológico isquêmico retardado (DIND) e infarto cerebral retardado assintomático.[21]

EBI: além do dano mecânico direto decorrente de SAH, EBI também se refere a uma série de outros fatores, incluindo o aumento transitório da ICP, redução do fluxo sanguíneo cerebral (CBF), apoptose e formação de edema.

Vasospasmo clínico

Algumas vezes referido como déficit neurológico isquêmico retardado (DIND), ou vasospasmo sintomático. É um déficit neurológico isquêmico *retardado* após SAH. Caracteriza-se clinicamente por confusão ou nível de consciência diminuído, algumas vezes com déficit neurológico focal (da fala ou motor). O diagnóstico é por exclusão, e algumas vezes não pode ser feito com certeza.

Ver achados clínicos (p. 1179).

Vasospasmo radiográfico (também conhecido como vasospasmo angiográfico)

É a estenose arterial demonstrada na angiografia cerebral, geralmente com lentidão no enchimento com contraste. O diagnóstico é consolidado por meio de angiogramas anteriores ou subsequentes mostrando o(s) mesmos vaso(s) com calibres normais. Em alguns casos, DIND corresponde a uma região do vasospasmo vista angiograficamente. A incidência do vasospasmo angiográfico após SAH é de cerca de 50% (variação: 20-100%).[22]

78.3.3 Características de vasospasmo cerebral

Achados clínicos

Os achados em geral se desenvolvem gradualmente e podem progredir ou flutuar. Podem incluir:
1. achados não localizadores
   a) H/A nova ou crescente
   b) alterações no nível de consciência (letargia...)
   c) desorientação
   d) meningismo
2. sinais neurológicos focais podem ocorrer incluindo paralisias de nervo craniano[23,24] e déficits motores focais. Além disso, os sintomas podem-se agrupar em uma das seguintes "síndromes" (a incidência de vasospasmo é maior na distribuição da ACA do que na da artéria cerebral média – MCA)
   a) síndrome da artéria cerebral anterior (ACA): predominam os achados do lobo frontal (abulia, reflexo de preensão palmar/sucção, incontinência urinária, sonolência, lentidão, respostas retardadas, confusão, sussurro). Os infartos bilaterais na distribuição da artéria cerebral anterior em geral se devem a vasospasmo após ruptura de aneurisma de artéria comunicante anterior (AComm)
   b) síndrome da artéria cerebral média (MCA): hemiparesia, monoparesia, afasia (ou apractagnosia do hemisfério não dominante – incapacidade de usar objetos ou realizar atividades motoras especializadas, em razão de lesões nos lobos occipitais ou parietais inferiores; subtipos: apraxia ideomotora e apraxia sensitiva)

Incidência

1. o vasospasmo cerebral (CVS) radiográfico é identificado em 20-100% dos arteriogramas realizados por volta do sétimo dia após SAH, enquanto o vasospasmo clínico associado ao CVS radiográfico ocorre em apenas ≈ 30% dos pacientes com SAH[25]
2. o CVS radiográfico pode ocorrer na ausência de déficit clínico e vice-versa

Gravidade

1. CVS é uma causa significativa de morbidade e mortalidade em pacientes que sobrevivem à SAH por tempo suficiente para obter os cuidados médicos, excedido somente pelos efeitos diretos da ruptura aneurismática e também do ressangramento[26,27]
2. a gravidade do CVS varia de disfunção leve reversível, déficits graves permanentes secundários até infarto isquêmico em até 60% dos pacientes com SAH,[28] com extensão suficiente para ser fatal em 7% das SAHs[25,28]
3. o início precoce de CVS está associado a um déficit maior

Curso do vasospasmo com o tempo

1. início: quase nunca antes do terceiro dia pós-SAH[29]
2. frequência máxima de início durante 6-8 dias pós-SAH (no entanto, raramente pode ocorrer tão tardiamente quanto no 17º dia). O período típico de risco é citado como de 3-14 dias[30]
3. o CVS clínico quase sempre se resolve no 12º dia pós-SAH. Depois que o CVS radiográfico é demonstrado, em geral se resolve lentamente durante 3-4 semanas
4. o início geralmente é insidioso, mas ≈ 10% apresentam deterioração abrupta e grave

Achados correlacionados

1. o risco é maior nas condições em que o sangue arterial em alta pressão contata os vasos na base do cérebro. O CVS raramente ocorre no quadro de hemorragia intraparenquimal ou intraventricular puro (p. ex., de AVM) ou na SAH com distribuição limitada à convexidade cerebral
2. coágulos de sangue são especialmente espasmogênicos quando em contato direto com os 9 cm proximais da ACA e da MCA
3. nem todos os pacientes com SAH desenvolvem CVS, e este pode ser seguido de outras lesões além da SAH, como ressecção em massa,[31] meningite,[32] amidalo-hipocampectomia.[33] Pode até estar associado a relações sexuais[34] e consumo excessivo de alcaçuz preto[35]
4. o grau de Hunt e Hess à admissão correlaciona-se com o risco de CVS (▸ Quadro 78.1)
5. a quantidade de sangue na CT correlaciona-se com a gravidade do CVS[36,37] (▸ Quadro 78.2; também é verdadeiro para SAH traumática[38])
6. maior incidência com o avanço da idade do paciente
7. um histórico de tabagismo ativo é um fator de risco independente[39]
8. histórico de hipertensão preexistente
9. há uma boa correlação, mas não perfeita, entre o local de grandes coágulos de sangue na CT, a natureza focal dos déficits neurológicos isquêmicos retardados, e a visualização do CVS angiográfico nas artérias correspondentes
10. intensificação pial na CT ≈ 3 dias após SAH (com administração intravenosa [IV] de contraste) pode se correlacionar a maior risco de CVS (indica aumento da permeabilidade da barreira hematencefálica – BBB),[40] mas isto é controverso[41]

Quadro 78.1 Correlação de DIND com grau de Hunt e Hess

Grau de Hunt e Hess	% DIND (vasospasmo clínico)
1	22%
2	33%
3	52%
4	53%
5	74%

Quadro 78.2 Sistema de graduação de Fisher[36] modificado[43] (correlação entre a quantidade de sangue na CT e o risco de vasospasmo)

Grupo da escala de Fisher modificada	Sangue na CT[a]	Vasospasmo sintomático
	não há SAH ou IVH	
1	SAH focal ou difusa fina, não IVH	24%
2	SAH focal ou difusa fina, com IVH	33%
3	SAH focal ou difusa espessa, não há IVH	33%
4	SAH focal ou difusa espessa, com IVH	40%

[a]Medições realizadas na maior dimensão longitudinal e transversa em uma imagem de CT do EMI (sem usar escala para a espessura real) dentro de 5 dias da SAH em 47 pacientes; a foice nunca contribuiu com mais de 1 mm de espessura para o sangue inter-hemisférico [EMI, Central Research Laboratories].

Cuidados Críticos aos Pacientes com Aneurisma   1181

11. para os pacientes submetidos à cirurgia precoce, se houver pouca SAH à esquerda na CT, obtida em 24 horas de pós-operatório, há pouco risco de vasospasmo
12. terapia antifibrinolítica reduz o *ressangramento*, mas aumenta o risco de hidrocefalia e vasospasmo (p. 1168)[42]
13. o corante angiográfico pode exacerbar o CVS
14. hipovolemia

78.3.4 Patogênese

A patogênese ainda é pouco conhecida.

Em humanos, o CVS é uma condição crônica com alterações definidas a longo prazo na morfologia dos vasos envolvidos. Grande parte do CVS é pouco conhecida pela falta de um bom modelo animal (humanos mostram uma fase aguda leve, e a maioria dos estudos em animais falha em demonstrar uma fase crônica).

As alterações patológicas observadas dentro da parede do vaso estão resumidas no ▶ Quadro 78.3.

▶ **Mediadores diretos.** O vasospasmo é causado pela contração da musculatura lisa, em razão de mediadores vasodilatadores comprometidos, mediadores vasoconstritores superativos, ou mais provavelmente, ambos.
* os componentes sanguíneos formados mostraram que contribuem para o vasospasmo
  o a oxiemoglobina na forma pura pode causar contração das artérias cerebrais ao contatar a superfície abluminal do vaso
  o a hemoglobina remove o Óxido Nitroso, um poderoso vasorrelaxante[46]
  o o fator de crescimento derivado de plaquetas induz a proliferação → vascular rigidez e capacidade prejudicada de dilatação[47]
* disfunção endotelial: as teorias incluem a diminuição da produção de Óxido Nitroso e prostaciclinas, e a superprodução de Endotelina-1
* inervação do vaso pelo sistema nervoso simpático. A interrupção da inervação simpática previne o vasospasmo em ratos[48]

▶ **Os mecanismos propostos de vasospasmo incluem**
* contração da musculatura lisa na camada média da parede do vaso, como resultado de:
  o vasoconstritores no sangue arterial hemorrágico[49] (ver abaixo)
  o substâncias vasoativas liberadas no CSF[50,51]
  o mecanismos neuronais via *nervi vasorum* (nervos na parede do vaso)
    – tônus aumentado do vasoconstritor (possivelmente decorrente da supersensibilidade da desnervação)
    – perda de tônus vasodilatador
    – desequilíbrio relativo dependente do tempo favorecendo o vasoconstritor sobre a inervação vasodilatadora[52]
    – hiperatividade simpática: p. ex., causado pela lesão hipotalâmica decorrente de ICP elevada[53]
  o comprometimento do fator relaxante derivado do endotélio (EDRF): o endotélio vascular tem um papel obrigatório na vasodilatação causada por vários agentes farmacológicos mediante a liberação de uma substância relaxante, chamada EDRF[54]
* vasculopatia proliferativa
* processo imunorreativo
* processo inflamatório
* fenômeno mecânico
  o estiramento das fibras aracnóideas
  o compressão direta por coágulo sanguíneo
  o agregação plaquetária[49]

Quadro 78.3 Alterações patológicas no vasospasmo

Período	Camada do vaso	Alteração patológica
1-8 dias	adventícia	↑ células inflamatórias (linfócitos, plasmócitos, mastócitos) e tecido conectivo
	média	necrose muscular e corrugação da elástica
	íntima	espessamento com edema endotelial e vacuolização, abertura das *tight junctions* interendoteliais[44,45]
9-60 dias	íntima	proliferação de células da musculatura lisa → espessamento progressivo da íntima

78.3.5 Diagnóstico de vasospasmo cerebral

Informações gerais
O diagnóstico requer critérios clínicos apropriados, e descartar outras condições que podem produzir deterioração neurológica retardada, como mostrado no ▶ Quadro 78.4.

Testes auxiliares para vasospasmo
Além da demonstração angiográfica do vasospasmo:
- doppler transcraniano (TCD); ver abaixo
- alterações na onda de pulso intracraniano[56]
- angiotomografia computadorizada (CTA): específica para vasospasmo, mas pode superestimar o grau de estenose[57]
- angiorressonância magnética (MRA): pode ser útil para o tratamento do vasospasmo (não é uma alternativa prática à angiografia convencional)[58]
- monitoramento contínuo por eletroencefalograma (EEG) quantitativamente analisado na unidade de cuidados intensivos (ICU):
  - o declínio da porcentagem da atividade alfa (definido aqui como 6-14 Hz) chamado de "alfa relativo" (RA) de uma média de 0,45 para 0,17 predisse o início do vasospasmo antes das alterações do TCD ou angiográficas[59]
  - o declínio da força total do EEG (amplitude) foi sensível em 91% na predição de vasospasmo[60]
- alterações no fluxo sanguíneo cerebral (CBF):
  - imagem por ressonância magnética (MRI): DWI (imagem de difusão ponderada) e PWI (imagem de perfusão ponderada) podem detectar precocemente a isquemia (p. 232)
  - estudo de perfusão por CT (p. 227)
  - CT com xenônio: pode detectar grandes alterações globais no CBF, porém é muito insensível para detectar alterações focais do fluxo sanguíneo[61,62] e não se correlaciona com o aumento das velocidades em TCD, tomografia por emissão de pósitrons (PET)[63] ou tomografia computadorizada por emissão de fóton único (SPECT; não quantitativa, e leva mais tempo que os estudos com xenônio)

Doppler transcraniano (TCD)
Um método não invasivo de medição semiquantitativa da velocidade do fluxo sanguíneo em uma artéria específica através do crânio (em regiões de osso mais fino – janelas de insonação) utilizando a fase de troca do ultrassom.

O estreitamento do lúmen arterial, como ocorre no vasospasmo, eleva a velocidade do fluxo sanguíneo que pode ser detectada por TCD.[64,65,66] Alterações detectáveis podem preceder os sintomas clínicos em até 24-48 horas. Os achados geralmente são mais úteis quando estudos de linha basal, realizados provavelmente antes do início do vasospasmo, estão disponíveis.

Valores típicos são mostrados para a MCA no ▶ Quadro 78.5. Além disso, aumentos diários > 50 cm/s podem sugerir vasospasmo. Há menos correlação entre velocidades e vasospasmo nas artérias cerebrais

---

Quadro 78.4 Diagnóstico de vasospasmo clínico[55]

- início retardado ou déficit neurológico persistente
- início 4-20 dias pós-SAH
- déficit apropriado às artérias envolvidas
- descarte outras causas de deterioração
  - ressangramento
  - hidrocefalia
  - edema cerebral
  - convulsão
  - distúrbios metabólicos: hiponatremia...
  - hipóxia
  - sepse
- testes auxiliares (ver texto)
  - doppler transcraniano
  - estudos com CBF

Quadro 78.5 Interpretação de doppler transcraniano para vasospasmo

Velocidade média da MCA (cm/s)	Razão MCA:ICA (Lindegaard)	Interpretação
< 120	< 3	normal
120-200[a]	3-6	vasospasmo leve[a]
> 200	> 6	vasospasmo grave

[a]As velocidades nesta variação são específicas para vasospasmo, mas têm apenas ≈ 60% de sensibilidade. ICA = artéria carótida interna; MCA = artéria cerebral média.

anteriores (ACA). A distinção entre vasospasmo e hiperemia (que aumenta as velocidades do fluxo sanguíneo na MCA e na ICA) é facilitada pelo uso da razão dessas velocidades (a chamada razão de Lindegaard) também mostrada no ▶ Quadro 78.5.

Depois que os valores se tornam elevados, geralmente leva várias semanas para sua queda.

Comparação das modalidades diagnósticas

A determinação das sensibilidades e especificidades para os testes mostrada no ▶ Quadro 78.6 permitiu o cálculo do valor preditivo positivo (PPV) e dos valores preditivos negativos (NPV) conforme listado.[21]

78.3.6 Tratamento do vasospasmo

Informações gerais

Ver protocolo de tratamento (p. 1185).

Numerosos tratamentos para vasospasmo cerebral (CVS) arterial foram avaliados.[67,68] O vasospasmo em humanos não responde a uma grande variedade de fármacos que revertem o vasospasmo experimental em animais modelos.

Prevenção do vasospasmo

Até o momento, não existe uma intervenção profilática eficaz para CVS.[69] Em geral, o vasospasmo pode ser atenuado prevenindo-se a hipovolemia pós-SAH e a anemia empregando hidratação e hemotransfusão. Embora o tratamento *precoce* do aneurisma (clipagem ou colocação de espiral) não previna o CVS (de fato, a manipulação dos vasos pode aumentar o risco), ele facilita o tratamento de CVS eliminando o risco de ressangramento (permitindo o uso seguro da hipertensão, se necessário), enquanto a remoção cirúrgica do coágulo (ver adiante) pode reduzir a incidência de CVS; ver em Momento da cirurgia de aneurisma (p. 1200) uma discussão sobre cirurgia precoce. A terapia hiperdinâmica *profilática* (isto é, antes do diagnóstico de vasospasmo) – terapia do triplo H (p. 1186) – não é indicada (pode causar complicações e não proporciona qualquer benefício).[70]

Opções de tratamento de vasospasmo

As opções de tratamento enquadram-se nas seguintes categorias:
1. dilatação arterial farmacológica direta
   a) relaxantes da musculatura lisa:
      - bloqueadores do canal de cálcio (geralmente aceitos para uso padrão): nimodipina não combate o vasospasmo, mas melhora os resultados neurológicos (p. 1186)
      - antagonistas do receptor da endotelina – ET (técnica experimental ou investigacional com potencial para aplicação futura): antagonistas de ET_A (clazosentan) antagonistas de $ET_{A/B}$[71,72]
      - bloqueador do receptor de rianodina: Dantrolene. Medeia a liberação de cálcio intracelular do retículo sarcoplasmático. Um dos poucos fármacos que demonstrou que previne e reverte o vasospasmo[73,74]
      - magnésio: o estudo MASH-2 demonstrou que não há melhora no resultado clínico[75]
   b) simpatolíticos (técnica aceita para uso, mas não é necessariamente um padrão ou disponibilizada em todos os centros)

Quadro 78.6 PPV e NPV de vários testes para vasospasmo cerebral

Teste		PPV (%)	NPV (%)
TCD	MCA	83-100	29-98
	ACA	41-100	37-80
	ICA	73	56
	PCA (artéria cerebral posterior)	37	78
	BA (artéria basilar)	63	88
	VA (artéria vertebral)	54	82
CTA		43-100	37-100
CT de perfusão (CTP)		71-100	27-99

c) papaverina intra-arterial:[76,77] vida curta (ver abaixo)
d) inibição de αICAM-1 (anticorpo para a molécula de adesão intracelular; técnica aceita para uso, mas não necessariamente padrão ou disponível em todos os centros)
2. dilatação arterial mecânica direta: angioplastia com balão (ver abaixo)
3. dilatação arterial indireta: utilizando terapia hiperdinâmica (geralmente aceita para uso padrão; ver adiante)
4. tratamento cirúrgico para dilatar artérias: simpatectomia cervical (técnica geralmente não usada ou não mais aceita)[78]
5. remoção de agentes potencialmente vasospasmogênicos
   a) remoção de coágulo sanguíneo: não previne completamente o vasospasmo
      • remoção mecânica no momento da cirurgia de aneurisma[79,80]
      • irrigação subaracnóidea com agentes trombolíticos no momento da cirurgia ou no pós-operatório por meio de cateteres de cisterna[81,82,83,84] (deve ser iniciada em ≈ 48 horas da clipagem) ou por via intratecal.[85] É arriscada com aneurisma com clipagem incompleta[84]
   b) drenagem de líquido cerebrospinal (CSF): via punções lombares seriais, drenagem ventricular contínua, ou drenagem cisternal pós-operatória[86]
6. proteção do sistema nervoso central (CNS) contra lesão isquêmica: bloqueadores do canal de cálcio (p. 1183) – geralmente aceito para uso padrão
7. melhora das propriedades reológicas do sangue intravascular para aumentar a perfusão das zonas isquêmicas; também é um objetivo final da terapia hiperdinâmica (p. 1185); geralmente aceita para uso padrão
   a) inclui: plasma, albumina, dextrano de baixo peso molecular (técnica geralmente não usada ou não mais aceita), perfluorocarbonos (técnica experimental ou investigacional com potencial para futura aplicação), manitol (p. 1202)
   b) o hematócrito ideal é controverso, mas ≈ 30-35% é um bom compromisso entre viscosidade reduzida sem redução excessiva da capacidade de transporte de oxigênio (O_2) (a hemodiluição é usada para reduzir o hematócrito (Hct; a flebotomia não é usada)
8. estatinas: nenhum benefício foi detectado com a sinvastatina[87]
9. *bypass* extracraniano-intracraniano em torno da zona de vasospasmo (técnica geralmente não utilizada ou não mais aceita)[88,89]

Vasodilatação por angioplastia

Angioplastia com balão direcionada por cateter dos vasos demonstrou o vasospasmo:[90,91] disponibilidade somente em centros com neurorradiologistas intervencionistas. Riscos do procedimento: oclusão arterial, ruptura arterial, deslocamento do clipe do aneurisma,[92,93] dissecção arterial. Viável somente nos grandes vasos cerebrais (artérias distais não acessíveis). A melhora clínica ocorre em ≈ 60-80% dos casos. Melhoras no diâmetro do vaso e déficits neurológicos foram observados na maioria dos estudos.[94]

TBA profilática: estudo prospectivo de fase II falhou em demonstrar um benefício com o objetivo primário (Escore de Resultados de Glasgow), porém poucos pacientes desenvolveram vasospasmo.[95]

Critérios para angioplastia com balão transluminal (TBA):
1. falha da terapia hiperdinâmica
2. aneurisma roto reparado
3. ótimos resultados quando realizada dentro de 12 horas do início dos sintomas
4. pode ser realizada imediatamente pós-clipagem para vasospasmo observado no pré-operatório
5. controvérsia: vasospasmo assintomático visto no lado contralateral durante angioplastia para vasospasmo ipsolateral. Alguns introduziriam o balão no lado assintomático, porém outros citam a taxa de complicação e só observariam
6. ✖ infarto cerebral recente (acidente vascular cerebral): uma contraindicação à TBA. Antes da TBA, realize CT ou MRI para descartá-lo

Vasodilatação com injeção de fármaco intra-arterial

A vasodilatação com injeção de fármaco intra-arterial (IAD) produz efeitos de curta duração e menos profundos em seu pico do que a angioplastia. Embora a IAD possa ser repetida, isto requer múltiplas cateterizações arteriais. A IAD também é valiosa para ajudar a abrir os vasos para permitir a introdução do balão de angioplastia, e para vasos inacessíveis à angioplastia com balão.

Agentes usados atualmente para espasmólise química (p. 1587):
1. verapamil: a droga primária empregada
2. nicardipina: um bloqueador do canal de cálcio di-hidropiridínico que age preferencialmente na musculatura lisa vascular mais do que na musculatura lisa cardíaca. Restaura os vasos a, pelo menos, 60% do diâmetro normal. Setenta por cento dos indivíduos tratados não tiveram acidente vascular cerebral na CT. Pode causar queda da SBP, mas não > 30%.[96] R terapia intra-arterial: 10-40 mg por procedimento. Três séries retrospectivas de casos relataram vasodilatação e melhora transitória dos déficits neurológicos.[94]

Cuidados Críticos aos Pacientes com Aneurisma

3. papaverina
4. nitroglicerina

78.3.7 Tratamento do vasospasmo

Orientações pertinentes

> **Guia de prática clínica: Tratamento de vasospasmo cerebral/isquemia cerebral retardada (DCI) após SAH aneurismática**
>
> - Nível I:[69] mantenha euvolemia e volume de sangue circulante normal.
> - Nível I:[69] induza hipertensão a não ser que a pressão arterial (BP) esteja elevada na linha basal ou caso esteja obstruída por *stents* cardíacos.
> - Nível II:[69] angioplastia endovascular e/ou terapia com vasodilatador intra-arterial seletivo são razoáveis para pacientes que não respondem rapidamente a, ou candidatos a, terapia hipertensiva.

Medidas específicas para vasospasmo/DCI após aSAH

Pacientes com suspeita clínica de vasospasmo (DIND), ou com aumentos em doppler transcraniano (TCD) de > 50 cm/s ou com velocidades absolutas > 200:

1. medidas de cuidados gerais
   a) exames neurológicos seriais: embora importante, a sensibilidade para CVS/DCI é limitada em pacientes com graduação precária[69]
   b) atividade: repouso no leito, cabeceira do leito (HOB) elevada a ≈ 30°
   c) meias de compressão TED (doença tromboembólica) e/ou botas de compressão sequencial
   d) medidas estritas de entrada e saída (I e O)
2. medidas diagnósticas (primariamente para descartar outras causas de déficit)
   a) CT sem contraste STAT (imediatamente) para descartar hidrocefalia, edema, infarto ou ressangramento
   b) opção: CT de perfusão ou MRI (se disponível)
   c) exame de sangue STAT
      - eletrólitos para descartar hiponatremia[97]
      - hemograma completo (CBC) para avaliar a reologia e descartar sepse ou anemia
      - gasometria arterial (ABG) para descartar hipoxemia
   d) repita o TCD, se disponível, para detectar alterações indicativas de vasospasmo
3. monitore
   a) linha arterial para monitorar BP
   b) cateter de Swan-Ganz para monitorar PCWP e débito cardíaco quando possível (acesso central para monitorar a pressão venosa central (CVP), quando não for possível colocar cateter PA)
   c) insira monitor ICP caso se note que a ICP será problemática, trate ICP elevada com manitol ou drenagem de CSF antes da instituição de aumento hemodinâmico (cuidado: a diurese do manitol para tratamento de ICP pode produzir hipovolemia: além disso, tenha o cuidado de reduzir a ICP com aneurisma não preso)
4. medidas de tratamento
   a) terapia contínua com nimodipina. Administre via sonda nasogástrica (NG), se o paciente não puder engolir
   b) administre O_2 para manter a pressão parcial de oxigênio (pO_2) > 70 mmHg
5. assegure a euvolemia: os pacientes com SAH geralmente desenvolvem hipovolemia no início de seu curso.[98,99,100]
   a) o fluido intravenoso (IV primário) é cristaloide, geralmente isotônico (p. ex., solução salina normal [NS])
   b) sangue (total ou concentrado de hemácias [PRBC]) quando o Hct cair < 40%
   c) fração de coloide plasmático ou albumina a 5% (a 100 mL/h) para manter o Hct a 40% (se o Hct estiver > 40%, use cristaloides[101])
   d) manitol a 20% 0,25 g/kg/h em gotejamento pode melhorar as propriedades reológicas do sangue na microcirculação (evite a hipovolemia da diurese resultante)
   e) reponha a eliminação urinária (UO) com cristaloide (se o Hct < 40%, então use albumina a 5%, geralmente até ≈ 20-25 mL/h)
   f) evite o *hetastarch* (Hespan®) (p. 1165) e dextrano que comprometem a coagulação
6. monitoramento com exames de laboratórios
   a) ABG e hemoglobina/hematócrito (H/H) diariamente
   b) eletrólitos séricos e urinários e osmolalidades a cada 12 h (elevações da creatinina podem indicar isquemia periférica decorrente de vasopressores)

c) radiografia de tórax (CXR) diariamente
d) EKG frequente
7. inicie terapia hiperdinâmica (triplo H) (ver abaixo), a não ser que a BP esteja elevada na linha basal ou *stents* cardíacos a impeçam) por 6 horas
8. se não houver resposta a 6 horas de terapia do triplo H, ou o doppler ou CT de perfusão ou MRI sugerirem vasospasmo, o paciente deve realizar angiografia para confirmar a presença de vasospasmo e para tratamento neurorradiológico intervencional (verapamil intra-arterial, angioplastia...)
1. mova o paciente para a ICU e coloque-o sob terapia do triplo H por 6 horas, se esta ainda não foi instituída
2. opção: CT de perfusão ou MRI (se disponível)
3. se não houver resposta a 6 horas de terapia do triplo H, ou a CT de perfusão sugerir vasospasmo, o paciente deve realizar angiografia para confirmar a presença de vasospasmo e para tratamento neurorradiológico intervencional (verapamil intra-arterial, angioplastia...)

▶ **Aumento hemodinâmico (anteriormente terapia do "TRIPLO H").** Muitos esquemas de tratamento para CVS incluíram a chamada terapia do "triplo H" (para: Hipervolemia, Hipertensão e Hemodiluição).[102] Esta terapia deu lugar ao "aumento hemodinâmico", que consiste na manutenção da euvolemia e em hipertensão arterial induzida.[103] Embora seja potencialmente confuso, atualmente este é referido algumas vezes como terapia do triplo H.[69]

A indução de hipertensão (HTN) pode ser arriscada no caso de um aneurisma roto não clipado. Depois que o aneurisma é tratado, iniciar a terapia antes que o CVS seja aparente, pode minimizar a morbidade do CVS.[104,105] Use fluidos para manter a euvolemia.

Administre pressores para aumentar a SBP em incrementos de 15% até a melhora neurológica ou ser alcançada uma SBP de 220 mmHg. Os agentes incluem:
- dopamina (p. 128)
  - inicie a 2,5 mcg/kg/min (dose renal)
  - titule até 15-20 mcg/kg/min
- levophed
  - inicie a 1-2 mcg/min
  - titule a cada 2-5 min: duplique a velocidade para até 64 mcg/min, depois aumente para 10 mcg/min
- neossinefrina (fenilefrina): não exacerba a taquicardia
  - inicie a 5 mcg/min
  - titule a cada 2-5 minutos: duplique a velocidade para até 64 mcg/min, depois aumente para 10 mcg/min até um máximo de 10 mcg/kg
- dobutamina: inotrópico positivo
  - inicie a 5 mcg/kg/min
  - aumente a dose para 2,5 mcg/kg/min até um máximo de 20 mcg/kg/min

Complicações do aumento hemodinâmico:
- complicações intracranianas[106]
  - pode exacerbar o edema cerebral e aumentar a ICP
  - pode produzir infarto hemorrágico em uma área de isquemia prévia
- complicações extracranianas
  - edema pulmonar em 17%
  - 3 ressangramentos (1 fatal)
  - MI em 2%
  - complicações de cateter PA:[107]
    - sepse relacionada com cateter: 13%
    - trombose de veia subclávia: 1,3%
    - pneumotórax: 1%
    - hemotórax: pode ser promovido por coagulopatia de dextrano[106]

78.4 Pedidos pós-operatórios de clipagem do aneurisma
- admita em sala de recuperação pós-anestésica (PACU), transfira para ICU (unidade neurológica, se disponível), quando estável
- sinais vitais (VS): a cada 15 min × 4 h, depois cada 1 hora. Temperatura a cada 4 h × 3 ao dia, então cada 8 horas. Verificação neurológica a cada 1 hora
- atividade: repouso no leito (BR) com HOB elevada 20-30°
- joelho levantado com meias de compressão TED e botas de compressão pneumática
- I e O cada 1 h (se não houver cateter de Foley: cateter reto cada 4 h, sempre que necessário – PRN para distensão da bexiga)
- incentive a espirometria cada 2 h, enquanto desperto (não use após cirurgia transesfenoidal)
- fluidos intravenosos (IVF): NS + 20 mEq cloreto de potássio (KCl)/L até 90 mL/h

Para pacientes extubados:
- dieta: nada por via oral (NPO) exceto mínimas lascas de gelo e medicações, se solicitado
- O_2: 2 L por cânula nasal (NC)

Para pacientes intubados:
- dieta: NPO. Sonda NG para sucção intermitente. Pode-se clampear por 1 hora após administração de medicações
- pedidos de ventilador

Para todos os pacientes:
- medicações:
  a) antagonista do receptor de histamina H2, p. ex., ranitidina 50 mg, administração IV *piggy back* (IVPB) cada 8 h
  b) Keppra® (levetiracetam): 500 mg PO ou IV a cada 12 horas. Mantenha níveis terapêuticos de droga antiepiléptica (AED) por 2-3 meses de pós-operatório para a maioria das craniotomias supratentoriais
  c) gotejamento de Cardene®: titule para manter SBP < 160 mmHg e/ou pressão sanguínea diastólica (DBP) < 100 mmHg (use pressões de manguito, podem-se usar pressões de linha arterial, caso se correlacionem com as pressões de manguito)
  d) analgésicos: fentanil (ao contrário da morfina, não causa liberação de histamina. Reduz a ICP) 25-100 mcg (0,5-2 mL) *push* intravenoso (IVP), cada 1-2 h PRN
  e) acetaminofeno (Tylenol®) 650 mg PO/via retal (PR) cada 4 h PRN temperatura T > 38°C (100,5° F)
  f) minidose de heparina ou enoxaparina (para profilaxia de trombose de veia profunda – DVT; nenhuma diferença na trombocitopenia induzida por heparina com esses 2 agentes[108])
  g) bloqueadores do canal de cálcio; ver pedidos de internação (p. 1165): nimodipina (Nimotop®) 60 mg PO/NG cada 4 h ou 30 mg cada 2 h para evitar quedas na BP. Podem ser administrados IV, quando disponíveis
  h) continue os antibióticos profiláticos, se usados; (p. ex., cefazolina (Kefzoi®) 500-1.000 mg IVPB cada 6 h × 24 h, então descontinue – D/C)
- se disponível, doppler transcraniano (p. 1182) para monitorar velocidades de MCA, ACA, ICA, VA e BA e razão de Lindegaard (o protocolo típico é 3 × por semana)
- exames laboratoriais:
  a) CBC depois de estabilizado na ICU e, em seguida, diariamente
  b) perfil renal depois de estabilizado na ICU e em seguida cada 12 h
  c) ABG depois de estabilizado na ICU e cada 12 h × 2 dias, depois D/C (verifique também a ABG após qualquer mudança no ventilador, se o paciente estiver no ventilador)
- chame o médico se houver qualquer deterioração nas verificações cranianas, para Temperatura > 38,5° C (101° F), aumento súbito da SBP, SBP < 120, UO < 60 mL/2 h

Referências

[1] Braunwald E, Kloner RA. The Stunned Myocardium: Prolonged Postischemic Ventricular Dysfunction. Circulation. 1982; 66:1146–1149

[2] Murphy AM, Kögler H, Georgakopoulos D et al. Transgenic Mouse Model of Stunned Myocardium. Science. 2000; 389:491–495

[3] Yuki K, Kodama Y, Onda J et al. Coronary Vasospasm Following Subarachnoid Hemorhage as a Cause of Stunned Myocardium. J Neurosurg. 1991; 75:308–311

[4] Bulsara KR, McGirt MJ, Liao L et al. Use of the peak troponin value to differentiate myocardial infarction from reversible neurogenic left ventricual dysfunction associated with aneurysmal subarachnoid hemorrhage. J Neurosurg. 2003; 98:524–528

[5] Malik AN, Gross BA, Rosalind Lai PM, Moses ZB, Du R. Neurogenic Stress Cardiomyopathy After Aneurysmal Subarachnoid Hemorrhage. World Neurosurg. 2015; 83:880–885

[6] Hravnak M, Frangiskakis JM, Crago EA, Chang Y, Tanabe M, Gorcsan J,3rd, Horowitz MB. Elevated cardiac troponin I and relationship to persistence of electrocardiographic and echocardiographic abnormalities after aneurysmal subarachnoid hemorrhage. Stroke. 2009; 40:3478–3484

[7] Kilbourn KJ, Levy S, Staff I, Kureshi I, McCullough L. Clinical characteristics and outcomes of neurogenic stress cadiomyopathy in aneurysmal subarachnoid hemorrhage. Clin Neurol Neurosurg. 2013; 115:909–914

[8] Tung P, Kopelnik A, Banki N et al. Predictors of neurocardiogenic injury after subarachnoid hemorrhage. Stroke. 2004; 35:548–551

[9] Mayer SA, Lin J, Homma S, Solomon RA, Lennihan L, Sherman D, Fink ME, Beckford A, Klebanoff LM. Myocardial injury and left ventricular performance after subarachnoid hemorrhage. Stroke. 1999; 30:780–786

[10] Harries AD. Subarachnoid Hemorhage and the Electrocardiogram: A Review. Postgrad Med J. 1981; 57:294–296

[11] Beard EF, Robertson JW, Robertson RCL. Spontaneous Subarachnoid Hemorhage Simulating Acute Myocardial Infarction. Am Heart J. 1959; 58:755–759

[12] Gascon P, Ley TJ, Toltzis RJ et al. Spontaneous Subarachnoid Hemorhage Simulating Acute Transmural Myocardial Infarction. Am Heart J. 1983; 105:511–513

[13] Marion DW, Segal R, Thompson ME. Subarachnoid hemorrhage and the heart. Neurosurgery. 1986; 18:101–106

[14] DiDomenico RJ, Park HY, Southworth MR et al. Guidelines for acute decompensated heart failure treatment. Ann Pharmacother. 2004; 38:649–660

[15] Naidech A, Du Y, Kreiter KT, Parra A, Fitzsimmons BF, Lavine SD, Connolly ES, Mayer SA, Commichau C. Dobutamine versus milrinone after subarachnoid hemorrhage. Neurosurgery. 2005; 56:21–27

[16] Knudsen F, Jensen HP, Petersen PL. Neurogenic Pulmonary Edema: Treatment with Dobutamine. Neurosurgery. 1991; 29:269–270

[17] Maeda K, Kurita H, Nakamura T *et al.* Occurrence of Severe Vasospasm Following Intraventricular Hemorrhage from an Arteriovenous Malformation. J Neurosurg. 1997; 87:436–439

[18] Martin NA, Doberstein C, Zane C *et al.* Posttraumatic Cerebral Arterial Spasm: Transcranial Doppler Ultrasound, Cerebral Blood Flow, and Angiographic Findings. J Neurosurg. 1992; 77:575–583

[19] Ecker A, Riemenschneider PA. Arteriographic Demonstration of Spasm of the Intracranial Arteries: With Special Reference to Saccular Aneurysms. J Neurosurg. 1951; 8:660–667

[20] Etminan N. Aneurysmal subarachnoid hemorrhage–status quo and perspective. Transl Stroke Res. 2015; 6:167–170

[21] Washington CW, Zipfel GJ. Detection and monitoring of vasospasm and delayed cerebral ischemia: a review and assessment of the literature. Neurocrit Care. 2011; 15:312–317

[22] Dorsch N. A clinical review of cerebral vasospasm and delayed ischaemia following aneurysm rupture. Acta Neurochir Suppl. 2011; 110:5–6

[23] Wedekind C, Hildebrandt G, Klug N. A case of delayed loss of facial nerve function after acoustic neuroma surgery. Zentralbl Neurochir. 1996; 57:163–166

[24] Kudo T. Postoperative oculomotor palsy due to vasospasm in a patient with a ruptured internal carotid artery aneurysm: a case report. Neurosurgery. 1986; 19:274–277

[25] Kassell NF, Sasaki T, Colohan ART *et al.* Cerebral Vasospasm Following Aneurysmal Subarachnoid Hemorrhage. Stroke. 1985; 16:562–572

[26] Awad IA, Carter LP, Spetzler RF, Medina M, Williams FC, Jr. Clinical Vasospasm After Subarachnoid Hemorrhage: Response to Hypervolemic Hemodilution and Arterial Hypertension. Stroke. 1987; 18:365–372

[27] Broderick JP, Brott TG, Duldner JE, Tomsick T, Leach A. Initial and recurrent bleeding are the major causes of death following subarachnoid hemorrhage. Stroke. 1994; 25:1342–1347

[28] Alaraj A, Wallace A, Mander N, Aletich V, Charbel FT, Amin-Hanjani S. Outcome following symptomatic cerebral vasospasm on presentation in aneurysmal subarachnoid hemorrhage: coiling vs. clipping.World Neurosurg. 2010; 74:138–142

[29] Weir B, Grace M, Hansen J *et al.* Time Course of Vasospasm in Man. J Neurosurg. 1978; 48:173–178

[30] Pasqualin A. Epidemiology and pathophysiology of cerebral vasospasm following subarachnoid hemorrhage. J Neurosurg Sci. 1998; 42:15–21

[31] Bejjani GK, Sekhar LN, Yost AM, Bank WO, Wright DC. Vasospasm after cranial base tumor resection: pathogenesis, diagnosis, and therapy. Surg Neurol. 1999; 52:577–83; discussion 583-4

[32] Popugaev KA, Savin IA, Lubnin AU, Goriachev AS, Kadashev BA, Kalinin PL, Pronin IN, Oshorov AV, Kutin MA. Unusual cause of cerebral vasospasm after pituitary surgery. Neurol Sci. 2011; 32:673–680

[33] Mandonnet E, Chassoux F, Naggara O, Roux FX, Devaux B. Transient symptomatic vasospasm following antero-mesial temporal lobectomy for refractory epilepsy. Acta Neurochir (Wien). 2009; 151:1723–1726

[34] Valenca MM, Valenca LP, Bordini CA, da Silva WF, Leite JP, Antunes-Rodrigues J, Speciali JG. Cerebral vasospasm and headache during sexual intercourse and masturbatory orgasms. Headache. 2004; 44:244–248

[35] Chatterjee N, Domoto-Reilly K, Fecci PE, Schwamm LH, Singhal AB. Licorice-associated reversible cerebral vasoconstriction with PRES. Neurology. 2010; 75:1939–1941

[36] Fisher CM, Kistler JP, Davis JM. Relation of Cerebral Vasospasm to Subarachnoid Hemorrhage Visualized by CT Scanning. Neurosurgery. 1980; 6:1–9

[37] Kistler JP, Crowell RM, Davis KR *et al.* The Relation of Cerebral Vasospasm to the Extent and Location of Subarachnoid Blood Visualized by CT. Neurology. 1983; 33:424–426

[38] Taneda M, Kataoka K, Akai F *et al.* Traumatic Subarachnoid Hemorrhage as a Predictable Indicator of Delayed Ischemic Symptoms. J Neurosurg. 1996; 84:762–768

[39] Lasner TM,Weil RJ, Riina HA *et al.* Cigarette Smoking-Induced Increase in the Risk of Symptomatic Vasospasm After Aneurysmal Subarachnoid Hemorrhage. J Neurosurg. 1997; 87:381–384

[40] Fox JL, Ko JP. Cerebral Vasospasm: A Clinical Observation. Surg Neurol. 1978; 10

[41] Davis JM, Davis KR, Crowell RM. Subarachnoid Hemorrhage Secondary to Ruptured Intracranial Aneurysm: Prognostic Significance of Cranial CT. AJNR. 1980; 1:17–21

[42] Kassell NF, Torner JC, Adams HP. Antifibrinolytic Therapy in the Acute Period Following Aneurysmal Subarachnoid Hemorrhage: Preliminary Observations from the Cooperative Aneurysm Study. J Neurosurg. 1984; 61:225–230

[43] Frontera JA, Claassen J, Schmidt JM, Wartenberg KE, Temes R, Connolly ES,Jr, MacDonald RL, Mayer SA. Prediction of symptomatic vasospasm after subarachnoid hemorrhage: the modified fisher scale. Neurosurgery. 2006; 59:21–7; discussion 21-7

[44] Sasaki T, Kassell NF, Zuccarello M *et al.* Barrier Disruption in the Major Cerebral Arteries During the Acute Stage After Experimental Subarachnoid Hemorrhage. Neurosurgery. 1986; 19:177–184

[45] Sasaki T, Kassell NF, Yamashita M *et al.* Barrier Disruption in the Major Cerebral Arteries Following Experimental Subarachnoid Hemorrhage. J Neurosurg. 1985; 63:433–440

[46] Pluta RM, Thompson BG, Afshar JK, Boock RJ, Iuliano B, Oldfield EH. Nitric oxide and vasospasm. Acta Neurochir Suppl. 2001; 77:67–72

[47] Borel CO, McKee A, Parra A, Haglund MM, Solan A, Prabhakar V, Sheng H, Warner DS, Niklason L. Possible role for vascular cell proliferation in cerebral vasospasm after subarachnoid hemorrhage. Stroke. 2003; 34:427–433

[48] Svendgaard NA, Brismar J, Delgado TJ *et al.* Subarachnoid Hemorrhage in the Rat: Effect on the Development of Vasospasm of Selective Lesions of the Catecholamine Systems in the Lower Brain Stem. Stroke. 1985; 16:602–608

[49] Honma Y, Clower BR, Haining JL *et al.* Comparison of Intimal Platelet Accumulation in Cerebral Arteries in Two Experimental Models of Subarachnoid Hemorrhage. Neurosurgery. 1989; 24:487–490

[50] Allen GS, Gross CJ, French LA *et al.* Cerebral Arterial Spasm. Part 5: In Vitro Contractile Activity of Vasoactive Agents Including Human CSF on Human Basilar and Anterior Cerebral Artery. J Neurosurg. 1976; 44:596–600

[51] Sasaki T, Asano T, Takakura K *et al.* Nature of the Vasoactive Substance in CSF from Patients with Subarachnoid Hemorrhage. J Neurosurg. 1984; 60:1186–1191

[52] Tew J, Tsai S-H, Greenberg M, Shipley M. Disturbance of Cerebrovascular Innervation After Experimental Subarachnoid Hemorrhage. Baltimore 1987

[53] Wilkins RH. Cerebral Vasospasm. Contemp Neurosurg. 1988; 10-4:1–6

[54] Nakagomi T, Kassell NF, Sasaki T *et al.* Effect of Subarachnoid Hemorrhage on Endothelium-Dependent Vasodilatation. J Neurosurg. 1987; 66:915–923

[55] Findlay JM. Current Management of Cerebral Vasospasm. Contemp Neurosurg. 1997; 19:1–6

[56] Cardoso ER, Reddy K, Bose D. Effect of Subarachnoid Hemorrhage on Intracranial Pulse Waves in Cats. J Neurosurg. 1988; 69:712–718

[57] Greenberg ED, Gold R, Reichman M, John M, Ivanidze J, Edwards AM, Johnson CE, Comunale JP, Sanelli P. Diagnostic accuracy of CT angiography and CT perfusion for cerebral vasospasm: a metaanalysis. AJNR Am J Neuroradiol. 2010; 31:1853–1860

[58] Tamatani S, Sasaki O, Takeuchi S, Fujii Y, Koike T, Tanaka R. Detection of delayed cerebral vasospasm, after rupture of intracranial aneurysms, by magnetic resonance angiography. Neurosurgery. 1997; 40:748–53; discussion 753-4

[59] Vespa PM, Nuwer MR, Juhász C *et al.* Early Detection of Vasospasm After Acute Subarachnoid Hemorrhage

Using Continuous EEG ICU Monitoring. EEG Clin Neurophys. 1997; 103:607–615

[60] Labar DR, Fisch BJ, Pedley TA, Fink ME, Solomon RA. Quantitative EEG Monitoring for Patients with Subarachnoid Hemorrhage. EEG Clin Neurophys. 1991; 78:325–332

[61] Weir B, Menon D, Overton T. Regional Cerebral Blood Flow in Patients with Aneurysms: Estimation by Xenon 133 Inhalation. Can J Neurol Sci. 1978; 5:301–305

[62] Knuckney NW, Fox RA, Surveyor I et al. Early Cerebral Blood Flow and CT in Predicting Ischemia After Cerebral Aneurysm Rupture. J Neurosurg. 1985; 62:850–855

[63] Powers WJ, Grubb RL, Baker RP et al. Regional Cerebral Blood Flow and Metabolism in Reversible Ischemia due to Vasospasm: Determination by Positron Emission Tomography. J Neurosurg. 1985; 62:539–546

[64] Seiler RW, Grolimund P, Aaslid R et al. Cerebral Vasospasm Evaluated by Transcranial Ultrasound Correlated with Clinical Grade and CT-Visualized Subarachnoid Hemorrhage. J Neurosurg. 1986; 64:594–600

[65] Lindegaard KF, Nornes H, Bakke SJ et al. Cerebral Vasospasm After Subarachnoid Hemorrhage Investigated by Means of Transcranial Doppler Ultrasound. Acta Neurochir. 1988; 42:81–84

[66] Sekhar LN, Wechsler LR, Yonas H et al. Value of Transcranial Doppler Examination in the Diagnosis of Cerebral Vasospasm After Subarachnoid Hemorrhage. Neurosurgery. 1988; 22:813–821

[67] Wilkins RH. Attempted Prevention or Treatment of Intracranial Arterial Spasm: A Survey. Neurosurgery. 1980; 6:198–210

[68] Wilkins RH. Attempts at Prevention or Treatment of Intracranial Arterial Spasm: An Update. Neurosurgery. 1986; 18:808–825

[69] Connolly ES, Jr, Rabinstein AA, Carhuapoma JR, Derdeyn CP, Dion J, Higashida RT, Hoh BL, Kirkness CJ, Naidech AM, Ogilvy CS, Patel AB, Thompson BG, Vespa P, American Heart Association Stroke Council, Council on Cardiovascular Radiology, Intervention, Council on Cardiovascular Surgery, Anesthesia, Council on Clinical Cardiology. Guidelines for the management of aneurysmal subarachnoid hemorrhage: a guideline for healthcare professionals from the American Heart Association/american Stroke Association. Stroke. 2012; 43:1711–1737

[70] Egge A, Waterloo K, Sjoholm H, Solberg T, Ingebrigtsen T, Romner B. Prophylactic hyperdynamic postoperative fluid therapy after aneurysmal subarachnoid hemorrhage: a clinical, prospective, randomized, controlled study. Neurosurgery. 2001; 49:593–605; discussion 605-6

[71] Foley PL, Caner HH, Kassell NF, Lee KS. Reversal of Subarachnoid Hemorrhage-Induced Vasoconstriction with an Endothelin Receptor Antagonists. Neurosurgery. 1994; 34:108–113

[72] Zuccarello M, Soattin GB, Lewis AI, Breu V, Hallak H, Rapoport RM. Prevention of Subarachnoid Hemorrhage-Induced Cerebral Vasospasm by Oral Administration of Endothelin Receptor Antagonists. J Neurosurg. 1996; 84:503–507

[73] Muehlschlegel S, Rordorf G, Sims J. Effects of a single dose of dantrolene in patients with cerebral vasospasm after subarachnoid hemorrhage: a prospective pilot study. Stroke. 2011; 42:1301–1306

[74] Majidi S, Grigoryan M, Tekle WG, Qureshi AI. Intra-arterial dantrolene for refractory cerebral vasospasm after aneurysmal subarachnoid hemorrhage. Neurocrit Care. 2012; 17:245–249

[75] Mees SMD, Algra A, Vandertop WP, van Kooten F, Kuijsten HAJM, Boiten J, van Oostenbrugge RF, Salman R, Lavados PM, Rinkel GJE, van den Bergh WM. Magnesium for aneurysmal subarachnoid haemorrhage (MASH-2): a randomised placebocontrolled trial. The Lancet. 2012; 380:44–49

[76] Kaku Y, Yonekawa Y, Tsukahara T, Kazekawa K. Superselective Intra-Arterial Infusion of Papaverine for the Treatment of Cerebral Vasospasm After Subarachnoid Hemorrhage. J Neurosurg. 1992; 77:842–847

[77] Kassell NF, Helm G, Simmons N et al. Treatment of Cerebral Vasospasm with Intra-Arterial Papaverine. J Neurosurg. 1992; 77:848–852

[78] Hori S, Suzuki J. Early Intracranial Operations for Ruptured Aneurysms. Acta Neurochir. 1979; 46:93–104

[79] Mitzukami M, Kawase T, Tazawa T. Prevention of Vasospasm by Early Operation with Removal of Subarachnoid Blood. Neurosurgery. 1982; 10:301–306

[80] Nosko M, Weir BKA, Lunt A et al. Effect of Clot Removal at 24 Hours on Chronic Vasospasm After Subarachnoid Hemorrhage in the Primate Model. J Neurosurg. 1987; 66:416–422

[81] Findlay JM, Weir BKA, Steinke D et al. Effect of Intrathecal Thrombolytic Therapy on Subarachnoid Clot and Chronic Vasospasm in a Primate. J Neurosurg. 1988; 69:723–735

[82] Findlay JM, Weir BKA, Kanamaru K et al. Intrathecal Fibrinolytic Therapy After Subarachnoid Hemorrhage: Dosage Study in a Primate Model and Review of Literature. Can J Neurol Sci. 1989; 16:28–40

[83] Findlay JM, Weir BKA, Gordon P et al. Safety and Efficacy of Intrathecal Thrombolytic Therapy in a Primate Model of Cerebral Vasospasm. Neurosurgery. 1989; 24:491–498

[84] Findlay JM, Kassell NF, Weir BKA et al. A Randomized Trial of Intraoperative, Intracisternal Tissue Plasminogen Activator for the Prevention of Vasospasm. Neurosurgery. 1995; 37:168–178

[85] Mizoi K, Yoshimoto T, Fujiwara S, Takahashi A et al. Prevention of Vasospasm by Clot Removal and Intrathecal Bolus Injection of Tissue-Type Plasminogen Activator: Preliminary Report. Neurosurgery. 1991; 28:807–813

[86] Ito U, Tomita H, Yamazaki S et al. Enhanced Cisternal Drainage and Cerebral Vasospasm in Early Aneurysm Surgery. Acta Neurochir. 1986; 80:18–23

[87] Kirkpatrick PJ, Turner CL, Smith C, Hutchinson PJ, Murray GD. Simvastatin in aneurysmal subarachnoid haemorrhage (STASH): a multicentre randomised phase 3 trial. Lancet Neurol. 2014; 13:666–675

[88] Benzel EC, Kesterson L. Extracranial-Intracranial Bypass Surgery for the Management of Vasospasm After Subarachnoid Hemorrhage. Surg Neurol. 1988; 30:231–234

[89] Batjer H, Samson D. Use of Extracranial-Intracranial Bypass in the Management of Symptomatic Vasospasm. Neurosurgery. 1986; 19:235–246

[90] Hieshima GB, Higashida RT, Wapenski J et al. Balloon Embolization of a Large Distal Basilar Artery Aneurysm: Case Report. J Neurosurg. 1986; 65:413–416

[91] Zubkov YN, Nikiforov BM, Shustin VA. Balloon Catheter Technique for Dilatation of Constricted Cerebral After Aneurysmal Subarachnoid Hemorrhage. Acta Neurochir. 1984; 70:65–79

[92] Newell DW, Eskridge JM, Mayberg MR, Grady MS et al. Angioplasty for the Treatment of Symptomatic Vasospasm Following Subarachnoid Hemorrhage. J Neurosurg. 1989; 71:654–660

[93] Linskey ME, Horton JA, Rao GR, Yonas H. Fatal Rupture of the Intracranial Carotid Artery During Transluminal Angioplasty for Vasospasm Induced by Subarachnoid Hemorrhage. J Neurosurg. 1991; 74:985–990

[94] Kimball MM, Velat GJ, Hoh BL. Critical care guidelines on the endovascular management of cerebral vasospasm. Neurocrit Care. 2011; 15:336–341

[95] Zwienenberg-Lee M, Hartman J, Rudisill N, Madden LK, Smith K, Eskridge J, Newell D, Verweij B, Bullock MR, Baker A, Coplin W, Mericle R, Dai J, Rocke D, Muizelaar JP. Effect of prophylactic transluminal balloon angioplasty on cerebral vasospasm and outcome in patients with Fisher grade III subarachnoid hemorrhage: results of a phase II multicenter, randomized, clinical trial. Stroke. 2008; 39:1759–1765

[96] Tejada JG, Taylor RA, Ugurel MS, Hayakawa M, Lee SK, Chaloupka JC. Safety and feasibility of intraarterial nicardipine for the treatment of subarachnoid hemorrhage-associated vasospasm: initial clinical experience with high-dose infusions. AJNR Am J Neuroradiol. 2007; 28:844–848

[97] Wise BL. SIADH After Spontaneous Subarachnoid Hemorrhage: A Reversible Cause of Clinical Deterioration. Neurosurgery. 1978; 3:412–414

[98] Maroon JC, Nelson PB. Hypovolemia in Patients with Subarachnoid Hemorrhage: Therapeutic Implications. Neurosurgery. 1979; 4:223–226

[99] Wijdicks EFM, Vermeulen M, Hijdra A et al. Hyponatremia and Cerebral Infarction in Patients with Ruptured Intracranial Aneurysms: Is Fluid Restriction Harmful? Ann Neurol. 1985; 17:137–140

[100] Wijdicks EFM, Vermeulen M, ten Haaf JA et al. Volume Depletion and Natriuresis in Patients with a Ruptured Intracranial Aneurysm. Ann Neurol. 1985; 18:211–216

[101] Vermeulen LC, Ratko TA, Erstad BL et al. The University Hospital Consortium Guidelines for the Use of Albumin, Nonprotein Colloid, and Crystalloid Solutions. Arch Intern Med. 1995; 155:373–379

[102] Origitano TC, Wascher TM, Reichman OH, Anderson DE. Sustained Increased Cerebral Blood Flow with Prophylactic Hypertensive Hypervolemic Hemodilution ("Triple-H" Therapy) After Subarachnoid Hemorrhage. Neurosurgery. 1990; 27:729–740

[103] Dankbaar JW, Slooter AJ, Rinkel GJ, Schaaf IC. Effect of different components of triple-H therapy on cerebral perfusion in patients with aneurysmal subarachnoid haemorrhage: a systematic review. Crit Care. 2010; 14. DOI: 10.1186/cc8886

[104] Solomon RA, Fink ME, Lennihan L. Prophylactic Volume Expansion Therapy for the Prevention of Delayed Cerebral Ischemia After Early Aneurysm Surgery. Arch Neurol. 1988; 45:325–332

[105] Solomon RA, Fink ME, Lennihan L. Early Aneurysm Surgery and Prophylactic Hypervolemic Hypertensive Therapy for the Treatment of Aneurysmal Subarachnoid Hemorrhage. Neurosurgery. 1988; 23:699–704

[106] Shimoda M, Oda S, Tsugane R, Sato O. Intracranial Complications of Hypervoemic Therapy in Patients with a Delayed Ischemic Deficit Attributed to Vasospasm. J Neurosurg. 1993; 78:423–429

[107] Rosenwasser RH, Jallo JI, Getch CC, Liebman KE. Complications of Swan-Ganz Catheterization for Hemodynamic Monitoring in Patients with Subarachnoid Hemorrhage. Neurosurgery. 1995; 37:872–876

[108] Kim GH, Hahn DK, Kellner CP, Komotar RJ, Starke R, Garrett MC, Yao J, Cleveland J, Mayer SA, Connolly ES. The incidence of heparin-induced thrombocytopenia Type II in patients with subarachnoid hemorrhage treated with heparin versus enoxaparin. J Neurosurg. 2009; 110:50–57

79 SAH por Ruptura de Aneurisma Cerebral

79.1 Epidemiologia de aneurismas cerebrais

A incidência de aneurismas cerebrais é difícil de estimar. Faixa de prevalência de aneurismas em autópsia: 0,2-7,9% (a variabilidade depende do uso de microscópio de dissecção, encaminhamento para o hospital e padrão de autópsia, interesse geral). A prevalência estimada de aneurismas incidentais varia de 1-5% da população,[1,2,3,4,5] e cada vez mais eles estão sendo detectados na prática clínica, uma vez que o uso de tomografia computadorizada (CT) e imagem por ressonância magnética (MRI) esteja se tornando mais comum.[6] A razão de aneurisma roto:não roto (incidental) é de 5:3 a 5:6 (a estimativa aproximada é 1:1, isto é, 50% dessas rupturas de aneurismas).[7] Aneurismas intracranianos não rotos são mais comuns em mulheres (razão ≈ 3:1)[8,9] e nos idosos,[10] e apenas 2% dos aneurismas se apresentam durante a infância.[11] Quando presentes em crianças, tendem a ocorrer mais frequentemente em homens (2:1) e em grau maior na circulação posterior (40-45%).[12,13]

79.2 Etiologia de aneurismas cerebrais

A fisiopatologia exata do desenvolvimento de aneurismas ainda é controversa. Em contraste com os vasos sanguíneos extracranianos, há menos elasticidade nas túnicas média e adventícia dos vasos sanguíneos cerebrais, a média tem menos músculo, a adventícia é mais fina, e a lâmina interna elástica é mais proeminente.[14,15] Isto, juntamente com o fato de que grandes vasos sanguíneos cerebrais situam-se no espaço subaracnóideo com pouco tecido conectivo de suporte,[16 (p. 1644)] pode predispor esses vasos ao desenvolvimento de aneurismas saculares. Os aneurismas tendem a surgir em áreas onde há uma curva na artéria de origem, no ângulo entre ela e uma significativa ramificação arterial, e aponta na direção em que a artéria teria continuado se a curva não estivesse presente.[17]

A etiologia dos aneurismas pode ser:
1. predisposição congênita (p. ex., defeito na camada muscular da parede arterial, referida como um intervalo medial)
2. "aterosclerótica" ou hipertensiva: a etiologia presumida dos aneurismas mais saculares provavelmente interage com a predisposição congênita descrita anteriormente
3. embólica: como no mixoma atrial
4. infecciosa – os chamados "aneurismas micóticos" (p. 1228)
5. traumática; ver Aneurismas traumáticos (p. 1227)
6. associada a outras condições (ver abaixo)

79.3 Localização dos aneurismas cerebrais

Os aneurismas saculares, também conhecidos como aneurismas em amora, geralmente localizados nas principais artérias cerebrais denominadas no ápice de pontos de ramos que são o local de máximo estresse hemodinâmico em um vaso.[18] Aneurismas mais periféricos de fato ocorrem, mas tendem a estar associados à infecção (aneurismas micóticos) ou trauma. Aneurismas fusiformes são mais comuns no sistema vertebrobasilar. Aneurismas dissecantes devem ser classificados com dissecção arterial (p. 1323).

Localização dos aneurismas saculares:
1. 85-95% no sistema carotídeo, sendo as 3 seguintes as localizações mais comuns:
   a) ACoA (única mais comum): 30% (ACoA e ACA mais comuns em homens)
   b) artéria comunicante posterior (p-comm): 25%
   c) artéria cerebral média (MCA): 20%
2. 5-15% na circulação posterior (vertebrobasilar)
   a) ≈ 10% na artéria basilar: bifurcação basilar, ou extremidade basilar, é a mais comum, seguida pela artéria basilar (BA)-artéria cerebelar superior (SCA), junção BA-artéria vertebral (VA), artéria cerebelar inferior anterior (AICA)
   b) ≈ 5% na artéria vertebral: junção VA-artéria cerebelar inferior posterior (PICA) é a mais comum
3. 20-30% dos pacientes com aneurisma têm múltiplos aneurismas (p. 1226)[19]

79.4 Apresentação dos aneurismas cerebrais

79.4.1 Ruptura importante

A apresentação mais frequente
1. com mais frequência produz apenas hemorragia subaracnóidea – SAH (p. 1167), que pode ser acompanhada de:
2. hemorragia intracerebral: ocorre em 20-40% (mais comum nos aneurismas distais ao Círculo Arterial do Cérebro [de Willis], p. ex., aneurismas da MCA)

3. hemorragia intraventricular: ocorre em 13-28%[20] (ver abaixo)
4. sangue subdural ocorre em 2-5%

79.4.2 Hemorragia intraventricular

Ver também outras etiologias de hemorragia intraventricular (IVH) (p. 1386).

A IVH ocorre em 13-28% dos aneurismas rotos em séries clínicas (mais alto em séries de autópsia)[20] e parece acarretar um pior prognóstico (mortalidade de 64%).[20] O tamanho dos ventrículos à admissão foi o mais importante prognosticador (sendo piores as grandes aberturas). Padrões que podem ocorrer:

1. aneurismas de PICA distal: podem romper-se diretamente no quarto ventrículo através da abertura lateral (forame de Luschka)[21]
2. aneurisma de artéria comunicante (a-comm): afirma-se que a IVH ocorre por ruptura através da lâmina terminal dentro do terceiro ventrículo anterior ou lateral, no entanto, isto nem sempre é confirmado no momento da cirurgia
3. artéria basilar distal ou aneurisma *terminus* da carótida: pode-se romper pelo assoalho do terceiro ventrículo (raro)

79.4.3 Outra apresentação além da grande ruptura

Informações gerais

Podem ser considerados como possíveis "sinais de aviso".

1. efeito de massa
   a) aneurismas gigantes: incluindo compressão do tronco encefálico, produzindo hemiparesia e neuropatias cranianas
   b) neuropatia craniana (a latência média do sintoma para SAH foi 110 dias; **nota:** a latência média mencionada para alguns desses sintomas é proveniente de um estudo retrospectivo de pacientes que apresentavam SAH que foram identificados como tendo um sintoma de aviso[22]). Ver abaixo:
   c) aneurisma intra ou suprasselar produzindo distúrbio endócrino[23] por causa da compressão da glândula ou do pedículo hipofisário
2. hemorragia menor: hemorragia de aviso ou sentinela: ver Cefaleia (p. 1158). Este grupo teve a latência mais curta (10 dias) entre sintoma e SAH (**nota:** a latência média mencionada para alguns desses sintomas é proveniente de um estudo retrospectivo de pacientes com SAH que foram identificados como tendo um sintoma de aviso[22])
3. pequenos infartos ou isquemia transitória decorrente da embolização distal (incluindo amaurose fugaz, hemianopsia homônima...):[24] a latência média do sintoma para SAH foi de 21 dias
4. convulsões: à cirurgia, uma área adjacente de encefalomalacia pode ser encontrada.[24] As convulsões podem surgir como resultado de gliose localizada e não necessariamente representam expansão aneurismática, uma vez que não haja dados para indicar aumento de risco de hemorragia nesse grupo
5. cefaleia[24] sem hemorragia: cede após tratamento na maioria dos casos
   a) aguda: pode ser intensa e de natureza "em trovoada",[25] alguns a descrevem como "a pior cefaleia de minha vida". É atribuída à expansão aneurismática, trombose, ou sangramento intramural,[26] todos sem ruptura
   b) presente por ≥ 2 semanas: unilateral em cerca da metade (geralmente retro-orbital ou periorbital), possivelmente causada por irritação da dura sobrejacente. É difusa ou bilateral na outra metade, possivelmente em razão do efeito de massa → pressão intracraniana (ICP) aumentada
6. descoberta incidentalmente (isto é, assintomática, p. ex., aquelas encontradas à angiografia, CT ou MRI obtida por outras razões)

Neuropatias cranianas decorrentes de compressão aneurismática

1. paralisia oculomotora (terceiro nervo) (ONP): ocorre em ≈ 9% dos aneurismas de p-comm[27] (rotos e não rotos), menos comum com o aneurisma de ápice basilar. Os sintomas de ONP podem incluir:
   a) paralisia do músculo extraocular (desvio ocular para "baixo e para fora" → diplopia
   b) ptose
   c) pupila dilatada não reativa (✱ a paralisia do terceiro nervo que não poupa a pupila é o achado clássico da compressão do terceiro nervo – p. 562)
2. perda visual decorrente de[24]
   a) neuropatia óptica compressiva com aneurismas da artéria oftálmica: caracteristicamente produz quadrantanopsia nasal
   b) síndromes quiasmáticas causadas por aneurismas das artérias oftálmica, a-comm, ou ápice basilar
3. síndromes de dor facial na distribuição oftálmica ou do nervo maxilar que podem mimetizar neuralgia do trigêmeo podem ocorrer com aneurismas intracavernosos ou supraclinoides[24,28]

> ▶ **Nota.** O desenvolvimento de uma paralisia do terceiro nervo em um paciente com um aneurisma não roto é uma emergência médica, uma vez que provavelmente resulta de expansão aneurismática e pode prenunciar ruptura iminente.

79.5 Condições associadas a aneurismas

79.5.1 Visão geral

1. doença renal policística autossômica dominante: (ver abaixo)
2. displasia fibromuscular (**FMD**): prevalência de aneurismas na FMD renal é de 7%, na FMD aortocraniana é de 21%
3. malformações arteriovenosas (AVM), incluindo doença moyamoya; ver AVMs e aneurismas (p. 1241)
4. distúrbios do tecido conectivo:[29]
   a) Ehlers-Danlos, especialmente tipo IV (colágeno deficiente tipo III) que também tem alta taxa de dissecção arterial, incluindo com a angiografia ou colocação de espiral
   b) síndrome de Marfan (p. 1322)
   c) pseudoxantoma elástico
5. múltiplos outros membros da família com aneurismas intracranianos. A síndrome do aneurisma intracraniano familiar (FIA): 2 ou mais parentes, em terceiro grau ou mais próximos, têm aneurismas intracranianos comprovados por radiografia. Além disso, ver Aneurismas familiares (p. 1226)
6. coarctação da aorta[30]
7. síndrome de Osler-Weber-Rendu
8. aterosclerose[31]
9. endocardite bacteriana
10. Neoplasia Endócrina múltipla tipo I[32]
11. telangiectasia hemorrágica hereditária[33]
12. neurofibromatose tipo I[34]

79.5.2 Doença renal policística autossômica dominante

Informações gerais

A doença renal policística do adulto é vista em 1 de cada 500 autópsias, e aproximadamente 500.000 pessoas nos EUA são portadoras de gene mutante para doença renal policística autossômica dominante (ADPKD; também há uma doença renal policística autossômica recessiva). A função renal geralmente é normal durante as primeiras décadas de vida, seguindo-se insuficiência renal crônica progressiva. A HTN é uma sequela comum. A transmissão é autossômica dominante, com penetrância de 100% aos 80 anos de idade.[35] A doença cística de outros órgãos pode ocorrer (isto é: fígado em ≈ 33% e ocasionalmente pulmão, pâncreas).[36]

A primeira associação entre ADPKD e aneurismas cerebrais é atribuída a Dunger, em 1904. A prevalência relatada de aneurismas intracranianos com ADPKD: 10-30%,[37] sendo 15% uma estimativa razoável.[38] A maioria localiza-se na MCA, com múltiplos aneurismas presentes em 31%.[39] Além da maior incidência de aneurismas, parece haver aumento do risco de ruptura,[40] com ocorrência de 64% antes dos 50 anos. Consequentemente, os pacientes com ADPKD acarretam um risco de 10-20 vezes maior de SAH comparados à população em geral.[41] Os aneurismas raramente são detectáveis antes dos 20 anos. A taxa média de ruptura de incidental de aneurismas é ≈ 2%/ano (p. 1167).

Recomendações

Usando as estatísticas apresentadas anteriormente, junto com a expectativa de vida dos pacientes com ADPKD, e outras estimativas (de morbidade e mortalidade operatórias etc.), os resultados da análise de decisão são de que a arteriografia *não* deve ser empregada rotineiramente em pacientes com mais de 25 anos.[37] No entanto, os pacientes com sintomas possivelmente por causa de aneurismas não rotos e aqueles com SAH devem ser submetidos à angiografia e subsequente tratamento de quaisquer aneurismas descobertos (especialmente aqueles com > 1 cm de diâmetro). Um estudo de análise de decisão[38] determinou que a triagem com angiorressonância magnética (MRA) foi benéfica comparada ao tratamento dos pacientes depois que eles se tornaram sintomáticos. A repetição da triagem com MRA pode ser realizada efetivamente como segue:

1. cada ≈ 2-3 anos no caso de um paciente jovem com ADPKD com:
   a) um histórico de aneurismas, ou
   b) um parente com ADPKD com aneurismas
2. cada 5-20 anos para um paciente com ADPKD, em um parente com ADPKD sem histórico de aneurismas[38]

79.6 Opções de tratamento de aneurismas

79.6.1 Informações gerais

O tratamento ideal de um aneurisma depende da idade e condição do paciente, da anatomia do aneurisma e vasculatura associada, da capacidade do cirurgião e da disponibilidade de opções de tratamento endovascular, e deve ser contrabalançado com a história natural da condição. Além disso, o tratamento do aneurisma facilita o tratamento do vasospasmo, se ocorrer.

História natural:
1. risco de sangramento no espaço subaracnóideo
   a) em aneurismas rotos: este é o risco de ressangramento (p. 1170)
   b) em aneurismas não rotos (p. 1222)
   c) em aneurismas cavernosos da artéria carótida: este risco é baixo (p. 1225)
2. a trombose espontânea de um aneurisma é uma ocorrência rara[42,43,44] (estimada em série de autópsia é de 9-13%[44]). No entanto, podem reaparecer,[45,46] e algumas vezes a ruptura retardada pode ocorrer até anos depois
3. aumento de tamanho do aneurisma causando efeito de massa: alguns aneurismas continuam crescendo até se tornarem aneurismas gigantes e podem causar efeito de massa com ou sem ruptura

Embora ainda controverso, inicialmente o tratamento endovascular deve ser considerado para os aneurismas rotos passíveis de tratamento. Ver também aneurismas não rotos (p. 1225).

79.6.2 Terapias que não abordam diretamente o aneurisma

A expectativa neste caso é de que o aneurisma não venha a sangrar e que trombosará (ver acima).
1. continue o tratamento médico iniciado à internação: isto é, controle da HTN, continue os bloqueadores do canal de cálcio, amolecedores de fezes, restrições de atividade...
2. opções de tratamento geralmente *não* usadas
   a) terapia antifibrinolítica (p. ex., ácido ε-aminocaproico [EACA]): ✖ Nota: *NÃO USADA*. Reduz o ressangramento, mas aumenta a incidência de vasospasmo arterial e hidrocefalia[47]
   b) punções lombares (LPs) seriais: um tratamento histórico,[48] pode aumentar o risco de nova ruptura aneurismática

79.6.3 Técnicas endovasculares para tratar o aneurisma

1. trombosando o aneurisma:
   a) "colocação de espiral" com espirais de Guglielmi eletroliticamente destacáveis (ver abaixo)
   b) Onyx HD 500 (p. 1586) tem sido usada para aneurismas de grande colo ou gigantes de artéria carótida interna (ICA).[49] Dentre 22 pacientes, havia 1 estenose de ICA de origem e 2 oclusões de ICA causadas pela migração da Onyx
   c) "desvio de fluxo" com "*stents* cobertos" (*stents* de tecido de malha fina) que promovem a trombose do aneurisma (p. 1586)
2. isolamento segmentar (*trapping*): tratamento eficaz requer a interrupção arterial proximal E distal, geralmente por técnicas endovasculares,[50] ocasionalmente por meios cirúrgicos diretos (ligação ou oclusão com clipe), ou alguma combinação. Pode também incorporar *bypass* vascular (p. ex., *bypass* extracraniano-intracraniano – EC-IC) para manter o fluxo distal ao segmento isolado[51]
3. ligação proximal (a chamada ligação hunteriana após Hunter ter ligado a artéria poplítea proximal a um aneurisma periférico em 1784[52]): útil para aneurismas gigantes.[53,54] Para aneurismas não gigantes é de pouco benefício e acrescenta o risco de tromboembolismo (que pode ser reduzido pela oclusão da artéria carótida comum (CCA) em vez da ICA[54]). Pode também elevar o risco de desenvolver aneurismas na circulação contralateral[55]

79.6.4 Opções de tratamento de aneurismas

1. clipagem: o padrão ouro *cirúrgico*. A colocação cirúrgica de um clipe através do colo do aneurisma para excluir o aneurisma da circulação (ver abaixo) sem ocluir os vasos normais
2. envolvimento (*wrapping*) ou cobertura do aneurisma: embora isto nunca deva ser o objetivo da cirurgia, podem surgir situações em que há bem pouco a fazer (p. ex., aneurismas fusiformes de tronco basilar, aneurismas com ramos significativos surgindo da cúpula, ou parte do colo dentro do seio cavernoso)
   a) com músculo: o primeiro método usado para o tratamento cirúrgico de um aneurisma[56] (o paciente descrito morreu por ressangramento)

b) com algodão ou musselina: popularizada por Gillingham.[57] Uma análise de 60 pacientes demonstrou que 8,5% ressangrou em ≤ 6 meses, e a taxa anual de ressangramento foi 1,5% em seguida[58] (similar à história natural)

c) com resina plástica ou outro polímero: pode ser um pouco melhor do que músculo ou gaze.[59] Um estudo com longo acompanhamento não encontrou proteção contra ressangramento durante o primeiro mês, porém em seguida o risco foi ligeiramente mais baixo do que a história natural.[59] Outros estudos mostram que não há diferença do natural curso normal[60]

d) teflon e cola de fibrina[61]

79.6.5 Decisões de tratamento: espiral *versus* clipagem

Informações gerais

O uso de tratamento endovascular para aneurismas aumentou, sendo mais comum a embolização com espiral à modalidade endovascular (ver acima outras opções). De 2002-2008, a taxa de colocação de espiral em aneurisma nos EUA e Reino Unido (UK) aumentou de 17 e 35% para 58 e 68%, respectivamente.[62,63] Existem consideráveis controvérsia e discussão sobre a melhor abordagem terapêutica aos aneurismas (rotos e não rotos). Os impedimentos à resolução da discussão incluem falhas metodológicas de estudos publicados, o fato de que os métodos endovasculares ainda estão evoluindo rapidamente, o que torna muitos estudos obsoletos antes da conclusão, e a necessidade crítica de acompanhamento a longo prazo dos resultados endovasculares.

Esta seção revisa as informações disponíveis comparando o tratamento cirúrgico com a embolização com espiral.

Aneurismas intracranianos rotos

Até o momento, quatro estudos randomizados controlados foram publicados comparando o resultado funcional após embolização com espiral *versus* ligação cirúrgica com clipe para aneurismas intracranianos rotos: o "Finnish Study",[64] ISAT 2002,[65] o "Chinese Study"[66] e BRAT 2012.[67] O ▶ Quadro 79.1 resume os dados do tratamento dos 4 estudos controlados randomizados (RCTs).

▶ **ISAT.** O maior estudo, o International Subarachnoid Hemorrhage Aneurysm Trial (ISAT), inscreveu 2.143 pacientes e esteve em andamento de 1997 a 2002, e foi interrompido prematuramente por causa de uma diferença significativa no resultado entre os 2 grupos, favorecendo a embolização endovascular com espiral. Apesar das limitações do ISAT (ver abaixo), os achados geralmente foram generalizados a todos os pacientes com aneurismas, resultando em uma alteração dramática no tratamento.

Quadro 79.1 Resumo de ressangramento, taxas de oclusão completa e retratamento em função da modalidade de tratamento (clipe *versus* espiral) para 4 ensaios clínicos randomizadosw

	Ressangramento:[a] clipe	Ressangramento:[a] espiral	Oclusão completa: clipe	Oclusão completa: espiral	Retratamento: clipe	Retratamento: espiral
Finnish	0%	0%	73,7%[b]	50%[b]	7%	23,1%
ISAT	1,0%	2,6%	82%	66%	4,2%	15,1%
ISATS$_5$[c]	0,3%*	0,9%*	n/a	n/a	–	–
ISATS$_{10}$[c]	0,4%	1,6%	n/a	n/a	–	–
Chinês	3,3%	3,2%	83,7%*	64,9%*	–	–
BRAT[d]	0,8%[e]	0%	85%	58%	4,5%*	10,6%*
BRAT$_3$[d]	0%	0%	87%	52%	5%*	13%*

*Diferença estatisticamente significativa (p < 0,05).
[a]Ressangramento do aneurisma-alvo após o primeiro procedimento.
[b]Resultado alcançado após o tratamento durante a primeira hospitalização.
[c]ISAT$_5$ e ISAT$_{10}$ referem-se aos estudos de acompanhamento em 5 e 10 anos. Os resultados de ressangramento para esses estudos referem-se à SAH recorrente após o primeiro ano de seguimento.
[d]BRAT$_3$ refere-se ao estudo de acompanhamento de 3 anos. BRAT e BRAT$_3$ são resultados de "terapia efetivamente recebida".
[e]Ambos os eventos de ressangramento ocorreram durante a hospitalização inicial.

Quadro 79.2 Falhas metodológicas do ISAT

1. apenas 20% de 9.559 pacientes que apresentavam SAH foram randomizados[a]
   a) a seleção pode introduzir viés
   b) mais pacientes não randomizados foram submetidos à microcirurgia (MS) do que à colocação de espiral eletroliticamente destacável (EDC)
   c) não forma orientações fornecidas para quais pacientes considerar a EDC
2. a maioria dos centros de estudo localizava-se na Europa, Austrália e Canadá
3. a perícia dos cirurgiões e dos intervencionalistas não foi relatada e não era necessariamente comparável
4. as características a seguir não são inteiramente representativas dos pacientes com SAH em geral
   a) 80% dos pacientes estavam em boa condição clínica (grau 1 ou 2 de Hunt e Hess – H e H)
   b) 93% dos aneurismas tinham ≤ 10 mm diâmetro
   c) 97% estavam na circulação anterior
5. taxa de ressangramento: após colocação de EDC (2,4%) ou MS (1,0%) era alta em ambos os grupos, e a diferença pode ser mais significativa depois de fornecido 1 ano de seguimento

[a]A maioria dos pacientes com SAH foram encaminhados especificamente para MS ou EDC. Os únicos pacientes randomizados foram aqueles para os quais um painel decidiu que não estava claro qual seria o procedimento que seria superior. Não foram fornecidos os resultados para os pacientes não randomizados.

Resultados: em 1 ano, houve uma redução do risco absoluto de um mau resultado (isto é, escore de Rankin modificado > 2) em 7% com colocação de espiral (24%) comparada à cirurgia aberta (31%; p = 0,0019). Embora não estatisticamente significativo, o ressangramento no primeiro ano após o tratamento foi maior na colocação de espiral (2,6%) do que na clipagem (1,0%). Assim, foram questionadas a durabilidade da embolização com espiral e sua capacidade de prevenir o subsequente ressangramento do aneurisma tratado. Além disso, o ISAT teve muitas falhas importantes, conforme detalhado no ▶ Quadro 79.2.

Após o relato inicial, os resultados do seguimento a médio prazo foram publicados.[68] Na coorte endovascular, houve 10 episódios de ressangramento do aneurisma tratado após 1 ano, em 8.447 pessoas-anos de seguimento. Na coorte cirúrgica, 3 pacientes apresentaram ressangramento do aneurisma tratado após 1 ano, em 8.177 pessoas-anos de acompanhamento (um desses pacientes havia recusado a cirurgia após a randomização e, em vez disto, submeteu-se à colocação de espiral). Houve um aumento de risco não significativo de ressangramento do aneurisma tratado na coorte endovascular (p = 0,06), por uma análise de intenção de tratar, mas uma análise significativa quando realizada a análise de tratamento real (p = 0,02). A probabilidade de morte em 5 anos foi significativamente menor no grupo que recebeu espiral (11%) do que no grupo de clipagem (14%; p = 0,03). Entretanto, quando se exclui dessa análise os pacientes que morreram antes do tratamento, a diferença estatística não está mais presente (p = 0,1).[69] A probabilidade de sobrevida independente para aqueles pacientes que sobrevivem em 5 anos não foi diferente entre os grupos (espiral 83%; clipe 82%).

Os resultados em 10 anos foram relatados para a coorte do UK desde o estudo inicial.[70] Similar aos resultados em 5 anos, a proporção de pacientes com um bom resultado não diferiu entre os dois grupos, mas a probabilidade de sobreviver com um bom resultado, em comparação à morte ou dependência, foi significativamente melhor no grupo endovascular. Treze pacientes no grupo endovascular apresentaram ressangramento do aneurisma-alvo (1 por 641 pacientes-anos) comparados a 4 no grupo cirúrgico (1 por 2.041 pacientes-anos). Embora o risco de ressangramento fosse maior no grupo endovascular, o risco geral era pequeno e o risco da morte ou dependência de um ressangramento não diferiu entre os grupos.

Um estudo de acompanhamento, ISAT II (RCT multicêntrico), está sendo conduzido atualmente para ajudar a elucidar as diferenças nos resultados entre as modalidades de tratamento.[71]

▶ **Chinese Study.**[66] Foram randomizados 192 pacientes com hemorragia subaracnóidea aneurismática (aSAH) para colocação de espiral ou clipagem. A clipagem cirúrgica aumentou o risco de vasospasmo sintomático (*odds ratio*, OR – 1,24), e houve um número significativamente maior de novos infartos cerebrais no grupo da clipagem (21,7 *versus* 12,8%). A incidência de oclusão completa do aneurisma foi significativamente inferior no grupo de espiral (64,9 *versus* 83,7%. As taxas de ressangramento foram similares em ambos os grupos (≈ 3%). Em 1 ano, não houve diferença significativa na probabilidade de mortalidade (colocação de espiral: 10,6%, clipagem: 15,2%). Além disso, não houve diferença significativa na probabilidade de um bom resultado (colocação de espiral: 75%, clipagem: 67,9%).

▶ **BRAT.**[67] Iniciado no Barrow Neurologic Institute, em 2002. Foi projetado para refletir as práticas do "mundo real" de tratamento de aneurisma roto na América do Norte. Cada paciente com SAH, que concordasse em participar, foi designado aleatoriamente de maneira alternada. Um grande número de pacientes alocados para o tratamento endovascular cruzou o ramo cirúrgico porque os pacientes podem ser inscritos independentemente de se tratar de um aneurisma tratável ou não pelas duas modalidades de tratamento (75 passaram da colocação de espiral para a cirurgia; 4 passaram da cirurgia para a colocação de espiral). A proporção de pacientes com um mau resultado (isto é, escala de Rankin modificada – mRS > 2) foi de 33,7% no grupo cirúrgico *versus* 23,2% no grupo modificado (p = 0,02, análise da intenção de tratar). Uma análise "da terapia efetivamente recebida – *as treated*" produziu resultados similares (33,9 *versus* 20,4%, p = 0,01). Houve 2 episódios de ressangramento após tratamento – um designado, e tratado, com clipagem e o outro designado para espiral, mas tratado com clipagem cirúrgica. Doze pacientes (2,9%)

necessitaram de retratamento durante a hospitalização inicial (9 pacientes cirúrgicos e 3 de espiral). Em geral, durante o primeiro ano, houve um aumento significativo na probabilidade de retratamento em pacientes realmente tratados com espiral, comparados àqueles realmente tratados com clipagem (10,6% de pacientes de espiral *versus* 4,49% cirúrgicos, p = 0,03).

Em 3 anos,[72] não houve significativa diferença em mau resultado entre colocação de espiral (30%) e clipagem (35,8%). Análise de subgrupo: não houve diferenças nos escores mRS entre os grupos de tratamento, em qualquer ponto do tempo, nos pacientes com aneurismas de circulação anterior (83%). No entanto, entre os aneurismas de circulação posterior (17%), os escores mRS foram significativamente melhores após tratamento endovascular do que após tratamento cirúrgico em todos os pontos no tempo. É digno de nota, porém, que com exceção dos aneurismas de extremidade basilar, a randomização dos aneurismas de circulação posterior sofreu um inesperado viés (a grande maioria das SCA e PICA recebeu clipe, enquanto a maioria das artérias PCA, vertebral e basilar recebeu espiral). A falta de paridade anatômica entre os grupos de tratamento dificulta a extração de sólidas conclusões. Além disso, o grau de obliteração do aneurisma (87 *versus* 52%), a taxa de recorrência do aneurisma e a taxa de retratamento (5 *versus* 13%) foram significativamente melhores no grupo tratado com clipagem, em comparação ao de espiral. Entretanto, as ocorrências de ressangramento foram documentadas no segundo ou terceiro ano do BRAT.

▶ **Metanálises.** Lanzino *et al.*[73] conduziram uma metanálise nos 3 estudos controlados prospectivos (Finnish, ISAT, BRAT). Dados acumulados mostraram que o mau resultado em 1 ano foi menor no grupo de embolização; nenhuma diferença na mortalidade entre os grupos; e as taxas de ressangramento no primeiro mês foram maiores nos pacientes que receberam espiral. Entretanto, os resultados em grande parte sofreram o viés dos dados do ISAT.

Li *et al.*[74] conduziram uma metanálise nos 4 RCTs (ver acima) e 23 estudos observacionais. O resultado da análise do RCT em relação ao mau resultado em 1 ano foi paralelo aos de Lanzino *et al.* No entanto, não houve diferença no mau resultado entre os grupos na análise de estudo controlado não randomizado. A análise adicional de subgrupo mostrou maior incidência de ressangramento após colocação de espiral (≈ 2-3 *versus* 1%), correspondendo a uma taxa melhor de oclusão completa na clipagem (84 *versus* 66,5%). As taxas de complicações do procedimento e a mortalidade em 1 ano não diferiram significativamente entre os grupos.

▶ **Vasospasmo.** Se a colocação de espiral ou a clipagem têm uma correlação independente com vasospasmo sintomático é discutível. Uma metanálise[75] sugeriu tendência a um vasospasmo menos sintomático após a colocação de espiral, comparada à clipagem. No entanto, a análise teve múltiplas limitações – os dois grupos de tratamento não eram comparáveis (idade, grau clínico, localização do aneurisma); havia diferenças no projeto do estudo e nas definições de vasospasmo; e faltou o diagnóstico angiográfico de vasospasmo. No RCT Chinese Study (acima), o vasospasmo sintomático, e consequente infarto cerebral, foi mais comum no grupo da espiral. Li *et al.*[74] descobriram que o vasospasmo era mais comum após a clipagem (48,8 *versus* 43,1%), porém, o infarto isquêmico não diferiu significativamente. A escolha do tratamento também pode alterar o padrão de espasmo: em um estudo,[76] os pacientes submetidos à clipagem desenvolveram vasospasmo localizado em torno do local de ruptura, enquanto aqueles tratados com espiral demonstraram vasospasmo distal progressivo com o tempo (possivelmente relacionado com os efeitos específicos do tratamento na circulação do CSF).

▶ **Hidrocefalia dependente de *shunt*.** Um estudo demonstrou incidência menor de hidrocefalia dependente de *shunt* no grupo de tratamento cirúrgico (19,9 *versus* 47,1%),[77] porém muitos outros falharam em mostrar essa relação.[74,78,79,80,81,82,83,84,85,86] Uma sugestão de que a fenestração da lâmina terminal no momento da cirurgia possa diminuir a hidrocefalia crônica dependente de *shunt* foi refutada por uma metanálise[87] de 11 estudos não randomizados (taxas de hidrocefalia de 10% com fenestração, comparadas a 15% sem fenestração).

▶ **Convulsões.** Uma revisão da literatura[88] sobre convulsões após aSAH relatou uma taxa de ≈ 2% após clipagem neurocirúrgica ou colocação de espiral endovascular. Em contrapartida, o estudo ISAT mostrou que a intervenção endovascular tinha taxas mais baixas de convulsões (13,3 a 3,3%) comparada à clipagem cirúrgica (2,2-5,2%) no primeiro ano. Assim, não há um consenso sobre a modalidade de tratamento impactar ou não, e de maneira independente, a ocorrência de convulsões e/ou de epilepsia.

▶ **Fatores a considerar (clipagem *versus* colocação de espiral)**
- ambiente de cuidados de saúde/equipamento disponível
- habilidades e experiência do neurocirurgião e intervencionalista
  - os números anuais maiores de aneurismas tratados por médicos individuais estavam significativamente relacionados com a diminuição da morbidade[89]
- anatomia e localização do aneurisma
  - razão cúpula/colo favorável *versus* aneurismas de colo largo
  - pode ser difícil a colocação de espiral em aneurismas de MCA por causa de um ramo próximo ao pescoço
  - ápice basilar: favorece a colocação de espiral
  - hematomas intraparenquimais/subdurais (IPH/SDH) associados: a cirurgia permite tanto a evacuação de hemorragia e tratamento do aneurisma

- sintomas decorrentes de efeito de massa: a clipagem[90,91] pode ser melhor do que a colocação de espiral. Em 13 pacientes com aneurismas de p-comm e paralisia de nervo oculomotor (terceiro nervo) (ONP), 6 de 7 pacientes com clipagem *versus* 2 de 6 com espiral recuperam-se completamente.[27] A ONP parcial melhorou com ambos os tratamentos, mas houve recuperação completa de ONP em 3 de 4 pacientes com clipe *versus* 0 de 3 com espiral[27]
- idade do paciente
  - idade mais jovem: risco mais baixo de cirurgia, e risco vitalício mais baixo de recorrência do que com espiral
- estado clínico/comorbidades
  - um bom resultado é visto em 63% com clipe *versus* 46% com espiral e pontos de graduação desfavoráveis (escore de World Federation of Neurological Surgeons – WFNS IV/V) (contrário aos achados nas orientações de prática[92]), portanto, microcirurgia e tratamento endovascular, quando selecionados primariamente de acordo com características angiográficas, tinham a mesma probabilidade de alcançar um bom resultado[93]
  - pacientes sob anticoagulação (p. ex., Plavix) favorecem o tratamento endovascular

---

Guia de prática clínica: Decisões de tratamento do aneurisma

Nível C:[92] As decisões de tratamento devem ser multidisciplinares (tomadas por especialistas cerebrovasculares e endovasculares experientes) com base nas características do paciente e aneurisma.

Nível C:[92] A clipagem microcirúrgica pode receber maior consideração em pacientes que apresentam grandes hematomas intraparenquimais (> 50 mL) e aneurismas de artéria cerebral média.

Nível C:[92] A colocação de espiral endovascular pode ser mais considerada nos idosos (> 70 anos), nos pacientes que apresentam um grau precário na classificação WFNS (IV/V) para aSAH e naqueles com aneurismas do ápice basilar.

Nível B:[92] Para pacientes com aneurismas rotos considerados tecnicamente tratáveis, com espiral endovascular e clipagem neurocirúrgica, a colocação de espiral endovascular deve ser considerada.

Aneurismas intracranianos não rotos

Assim como em aneurismas rotos, há controvérsia sobre o melhor método de tratamento de aneurismas intracranianos não rotos (IUAs), e outras incertezas cercam a questão de quais IUAs necessitam de tratamento (*versus* observados). Darsaut *et al.*[94] verificaram que os médicos não concordam em relação ao tratamento de IUAs, mesmo quando partilham o conhecimento na mesma especialidade, capacidades similares no tratamento do aneurisma, ou anos de prática.

Não existem estudos prospectivos randomizados sobre intervenções de tratamento *versus* tratamento conservador,[95] ou comparando as opções de tratamento entre si. A maioria dos dados são séries pessoais ou retrospectivas.

▶ **Clipagem cirúrgica.** Um resumo de 260 pacientes (incluindo uma análise multicêntrica retrospectiva) não demonstrou mortalidade cirúrgica, e uma morbidade de 0-10,3% (morbidade maior de 6,5% e menor de 8% no estudo multicêntrico).[5] Os achados de uma metanálise de 733 pacientes submetidos à clipagem cirúrgica demonstraram uma taxa de mortalidade de 1% e a taxa de morbidade mais alta de 4%.[96] Uma metanálise de maior porte com 2.460 pacientes revelou taxas de mortalidade e morbidade de 2,6 e 10,9%, respectivamente.[97]

Os pesquisadores do ISUIA constataram uma mortalidade cirúrgica de 2,3% em 30 dias, e de 3,8% em 1 ano.[98] Além disso, descobriram morbidade e mortalidade combinadas de 12,6% em 1 ano para indivíduos sem hemorragia prévia e de 10,1% para aqueles com hemorragia subaracnóidea prévia em razão de outro aneurisma. Para os pacientes tratados com clipagem cirúrgica, a morbidade e mortalidade foram maiores naqueles com aneurismas grandes ou de circulação posterior, e em pacientes com mais de 50 anos. Em comparação, a morbidade e a mortalidade combinadas para os 451 pacientes tratados com um procedimento endovascular foram de 9,1% em 30 dias e de 9,5% em 1 ano. Os preditores de resultado adverso incluíram tamanho do aneurisma e aneurismas de circulação posterior. Além disso, a presença de calcificação (independente do tamanho do aneurisma) mostrou aumentar a probabilidade de maus resultados.[99]

▶ **Comparação entre clipagem e embolização com espiral.** Estudos retrospectivos iniciais demonstraram menor incidência de morte no hospital e à alta, em instituições de enfermagem especializadas com a terapia endovascular, em comparação ao tratamento cirúrgico.[100,101] Um estudo retrospectivo recente conduzido em um único centro demonstrou um resultado precoce e taxa de complicação mais baixos, favorecendo a clipagem, mas os resultados não permaneceram significativos a longo prazo.[102] Uma metanálise[103] mostrou que a clipagem resultou em incapacidade significativamente maior, comparada à colocação de espiral (OR 2,38-2,83). No entanto, a análise de subgrupo por tempo de medição de resultado revelou que a clipagem está associada a maior risco de incapacidade a curto prazo (< 6 meses), mas não a longo prazo (> 6 meses). Além disso, mortalidade (no hospital e geral), hemorragia e infarto não foram diferentes entre os grupos. Apesar da inclusão de um grande número de estudos e de pacientes, é um grande desafio extrair qualquer conclusão da metanálise, uma vez que todos os estudos foram observacionais (isto é, com baixos níveis de evidência), e a análise não estratificou os resultados com base no tamanho e/ou localização dos aneurismas.

Lawson *et al.*[104] comparam a história natural do risco de ruptura com o risco de tratamento nacional para a colocação de espiral e clipagem (obtidos do Nationwide Inpatient Sample de 2002-2008). A taxa geral de mortalidade para clipagem e colocação de espiral foi de 2,66 e 2,17%, respectivamente. Os maus resultados foram significativamente maiores para a clipagem (4,75%) *versus* colocação de espiral (2,16%). Os dados referentes à homogeneidade dos dois grupos quanto ao tamanho ou à localização do aneurisma não estavam disponíveis. As curvas de risco de tratamento foram geradas e comparadas contra as curvas de risco atuarial da história natural, calculadas a partir de quatro estudos proeminentes.[105,106,9,107] Em geral, a análise demonstrou o racional para a clipagem de aneurismas pequenos não rotos, em pacientes < 61-70 anos, e a colocação de espiral em aneurismas pequenos não rotos em pacientes < 70-80 anos.

Estudos adicionais focalizaram o efeito da idade sobre os resultados. Mahaney *et al.*[108] demonstraram que a morbidade e mortalidade do procedimento e no hospital aumentavam com a idade nos pacientes tratados com cirurgia, mas permaneceram relativamente constantes no tratamento endovascular. O mau resultado neurológico do aneurisma ou a morbidade e mortalidade relacionadas com o procedimento não diferiram entre os grupos de tratamento nos pacientes de 65 anos e mais jovens, mas foram significativamente maiores no grupo cirúrgico de pacientes com mais de 65 anos. A cirurgia pareceu demonstrar um benefício cirúrgico em pacientes < 50 anos em 1 ano. Outros sugeriram um benefício geral do tratamento endovascular sobre a clipagem cirúrgica, que se torna mais pronunciado com a idade.[109]

▶ **Custo.** Vários estudos compararam os custos hospitalares totais para o tratamento de aneurismas não rotos a resultados mistos. Halkes *et al.*[110] e Hoh *et al.*[111] descobriram que o tratamento endovascular estava associado a custos hospitalares totais mais altos. Um estudo tardio de Hoh *et al.*[112] verificou que, em nível nacional, a clipagem cirúrgica estava associada a custos mais altos. Um estudo de resultados a longo prazo[113] demonstrou que a clipagem estava associada a custos iniciais mais altos, porém os custos gerais em 2 e 5 anos eram similares aos da colocação de espiral (por causa do maior número de angiogramas de acompanhamento e aos custos de paciente ambulatorial). Mais recentemente, demonstrou-se que o custo hospitalar total era mais baixo na clipagem, apesar dos custos diretos e indiretos fixos mais altos.[114] Isto em função dos custos variáveis muito mais altos (isto é, o custo das espirais e dispositivos) superando qualquer redução substancial do custo em razão da hospitalização mais curta dos pacientes tratados endovascularmente.

▶ **Miscelânea.** *Paralisia do nervo oculomotor:* a recuperação completa da paralisia do nervo oculomotor associada a aneurismas de p-comm é mais comum na clipagem cirúrgica do que no tratamento endovascular (87% *versus* 44%).[115]

Gravidez: nenhum estudo comparou diretamente clipagem *versus* colocação de espiral. A clipagem pode ser preferida por alguns;[116] ver gravidez e SAH (p. 1169).

79.7 Momento da cirurgia para o aneurisma

79.7.1 Cenário

Historicamente houve controvérsia entre a chamada "cirurgia precoce" (geralmente, mas não definida com precisão como ≤ 48-96 h pós-SAH) e "cirurgia tardia" (geralmente ≥ 10-14 dias pós-SAH). É consenso atual que a intervenção para um aneurisma roto (clipagem ou colocação de espiral) deve ocorrer o mais rápido possível para prender o aneurisma e prevenir ressangramento. Em uma revisão de todos os pacientes com SAH, tratados com clipagem ou colocação de espiral no Nationwide Inpatient Sample entre 2002-2010, o tratamento em hospitais não destinados a ensino e a idade avançada (> 80) estava associado a atrasos na clipagem do aneurisma, porém não foram observadas essas associações quando o tratamento endovascular era realizado.[117] O aumento do tempo do procedimento (> 3 dias) estava significativamente associado à maior probabilidade de um déficit neurológico moderado a grave. A colocação ultraprecoce (< 24 h após SAH) de espiral em aneurismas rotos também foi associada a melhores resultados clínicos (mRS 0-2), em comparação à colocação de espiral em > 24 horas nos pacientes com SAH com graduação desfavorável (IV/V de Hunt e Hess).[118] Isto, porém, não descarta o viés da seleção. Além disso, morbidade e mortalidade maiores associadas à intervenção cirúrgica em pacientes com apresentação subaguda, com evidência de vasospasmo nas imagens, podem ser mais bem ajustadas na intervenção endovascular.

A cirurgia precoce é defendida pelas seguintes razões:
1. se bem-sucedida, praticamente elimina o risco de ressangramento que ocorre com mais frequência no período pós-SAH imediato (p. 1167)
2. facilita o tratamento de vasospasmo cujo pico de incidência ocorre entre 6-8 dias pós-SAH (nunca visto antes do terceiro dia) por permitir a indução de hipertensão arterial e expansão de volume sem risco de ruptura aneurismática
3. permite a lavagem para remoção de agentes potencialmente vasospasmogênicos do contato com os vasos, incluindo o uso de agentes trombolíticos (p. 1183)
4. embora a mortalidade operatória seja mais alta, em geral a mortalidade do paciente é mais baixa[119]

Os argumentos contra a cirurgia precoce e favorecendo a cirurgia tardia incluem:
1. inflamação e edema cerebral são mais graves imediatamente após SAH
   a) isto requer mais retração do cérebro
   b) ao mesmo tempo, isto amolece o cérebro tornando a retração mais difícil (é maior a tendência dos retratores de lacerar um cérebro mais friável)
2. a presença de um coágulo sólido que não teve tempo de lisar impede a cirurgia
3. o risco de ruptura intraoperatória é maior com a cirurgia precoce
4. possível aumento da incidência de vasospasmo após cirurgia precoce em decorrência de mecanotrauma aos vasos

Os fatores que favorecem a escolha da cirurgia precoce incluem:
1. boa condição médica do paciente
2. boa condição neurológica do paciente (grau ≤ 3 de Hunt e Hess [H&H])
3. grandes quantidades de sangue subaracnóideo, aumentando a probabilidade e a gravidade do vasospasmo subsequente (p. 1186), ▶ Quadro 78.2. Após a clipagem do aneurisma é permitido o uso de terapia hiperdinâmica para vasospasmo
4. as condições que complicam o tratamento em face do aneurisma não clipado: p. ex., pressão sanguínea instável; convulsões frequentes e/ou intratáveis
5. coágulo grande com efeito de massa associado à SAH
6. ressangramento precoce, especialmente múltiplos ressangramentos
7. indicações de ressangramento iminente: (ver abaixo)

Os fatores que favorecem a escolha da cirurgia tardia (10-14 dias pós-SAH) incluem:
1. condição médica precária e/ou idade avançada do paciente (a idade pode não ser um fator distinto relacionado com o resultado, quando os pacientes são estratificados pela graduação H&H[120])
2. má condição neurológica do paciente (grau H&H ≥ 4): *controversa*. Alguns dizem que o risco de ressangramento e sua mortalidade implica em cirurgia precoce até em pacientes com má graduação[121] porque negar a cirurgia por motivos clínicos pode resultar em negar o tratamento que faria bem a alguns pacientes (54% dos pacientes com grau IV H&H e 24% dos pacientes com grau V H&H apresentaram resultados favoráveis em uma série[120]). Alguns dados não mostram diferença nas complicações cirúrgicas em pacientes com graduações boas e más com aneurismas de circulação anterior[122]
3. aneurismas em que a clipagem é difícil por causa do grande tamanho, ou difícil localização que requerem um cérebro relaxado durante a cirurgia (p. ex., aneurismas difíceis de bifurcação basilar ou artéria basilar média, aneurismas gigantes)
4. edema cerebral significativo visto na CT
5. presença de vasospasmo ativo

79.7.2 Conclusões

> **Guia de prática clínica: Momento da intervenção para aneurisma roto**
>
> Nível B:[92] A clipagem cirúrgica ou a colocação de espiral endovascular em um aneurisma roto que causa aSAH deve ser realizada o mais breve possível na maioria dos pacientes para reduzir o risco de ressangramento.

79.7.3 Ruptura iminente de aneurisma

Os achados que podem prenunciar ruptura iminente de aneurisma e, portanto, pode aumentar a necessidade de intervenção oportuna incluem:
1. paralisia progressiva de nervo craniano, p. ex., desenvolvimento de paralisia do terceiro nervo com aneurisma e p-comm; tradicionalmente considerado uma indicação para tratamento urgente (p. 1192)
2. aumento de tamanho do aneurisma em angiografia repetida
3. sinal do batimento do aneurisma:[123] alterações pulsáteis no tamanho do aneurisma entre cortes ou fatias nas imagens (podem ser vistas em angiografia, MRA ou angiotomografia computadorizada – CTA)

79.8 Considerações técnicas gerais da cirurgia de aneurisma

79.8.1 Informações gerais

O objetivo da cirurgia de aneurisma é prevenir a ruptura ou o aumento adicional de tamanho do aneurisma, preservando ao mesmo tempo todos os vasos normais e minimizando a lesão ao tecido cerebral e aos nervos cranianos. Isto geralmente é realizado pela exclusão do aneurisma da circulação com a aplicação de um clipe através de seu colo. A colocação de um clipe muito baixo no colo do aneurisma pode ocluir o vaso principal, enquanto a colocação muito distal pode deixar o chamado "resto aneurismático" que não é benigno, uma vez que pode aumentar de tamanho (ver abaixo).

Ver em Ruptura intraoperatória de aneurisma (p. 1204) as medidas gerais para reduzir o risco dessa complicação durante cirurgia.

79.8.2 Resto aneurismático

Quando uma porção do colo do aneurisma não é ocluída por um clipe cirúrgico, isto é referido como resto aneurismático. Ocorre a "orelha de cão" quando um clipe é angulado para deixar parte do colo em uma extremidade e obliterar o colo na outra. Os restos não são inócuos, mesmo tendo apenas 1-2 mm, porque posteriormente poderão se expandir e possivelmente romper anos depois, em especial em pacientes jovens.[124] A incidência de ressangramento foi de 3,7% em um estudo, com um risco anual de 0,4-0,8% durante um período de observação de 4-13 anos.[125] Os pacientes devem ser seguidos com angiografia serial, e qualquer aumento de tamanho deve ser tratado por reoperação ou técnicas endovasculares, se possível.

Agendando o caso: Craniotomia para aneurisma

Ver padrões e isenção de responsabilidade (p. 27).
1. posição: (depende da localização do aneurisma), fixador de cabeça radiolucente
2. angiografia intraoperatória (opcional)
3. equipamento: microscópio (com capacidade para indocianina verde – ICG, se usada)
4. sangue: tipo e mistura de 2 U de concentrado de hemácias (PRBC)
5. pós-operatório: ICU
6. consentimento (em termos leigos para o paciente – não totalmente inclusivo):
    a) procedimento: cirurgia através do crânio para colocar um clipe permanente na base do aneurisma para prevenir futuro sangramento, angiograma intraoperatório, possível colocação de dreno externo (ventricular), possível dreno lombar
    b) alternativas: tratamento não cirúrgico, tratamento endovascular apenas para os aneurismas candidatos
    c) complicações: complicações usuais da craniotomia (p. 28) além de (os seguintes não são realmente complicações da cirurgia, mas são possíveis desenvolvimentos) vasoespasmo, hidrocefalia, formação de novos aneurismas no pós-operatório

---

79.8.3 Exposição cirúrgica

Informações gerais

Para evitar excessiva retração do cérebro, a exposição cirúrgica requer suficiente remoção óssea e adequado relaxamento do cérebro (ver abaixo).

Relaxamento do cérebro

Mais crítico no caso de aneurismas de ACoA e extremidade basilar do que naqueles fáceis de alcançar como os aneurismas de p-comm ou MCA.... As técnicas incluem:
1. hiperventilação
2. drenagem de CSF: proporciona relaxamento do cérebro e um campo seco de CSF, e remove sangue e produtos sanguíneos degradados juntamente com o CSF. ✖ A drenagem de CSF *antes* da abertura da dura está associada a aumento de risco de ressangramento aneurismático (p. 1167)
    a) ventriculostomia: os riscos incluem convulsões, sangramento decorrente da inserção de cateter, infecção (ventriculite, meningite), possível aumento de risco de vasoespasmo
        • colocado no pré-operatório nos casos de hidrocefalia aguda pós-SAH (p. 1170)
        • colocado no intraoperatório
    b) drenagem espinal lombar (ver abaixo)
    c) drenagem intraoperatória de CSF das cisternas
3. diuréticos: manitol e/ou furosemida. Embora faltem provas, a diminuição da ICP por este ou quaisquer meios pode, teoricamente, aumentar o risco de ressangramento[126]

Drenagem espinal lombar

Pode ser inserido com agulha Tuohy após indução de anestesia (para minimizar a pressão sanguínea – BP), antes do posicionamento final. O CSF é retirado gradualmente pelo anestesiologista só depois da abertura da dura (para minimizar as chances de sangramento aneurismático intraoperatório), geralmente um total de 30-50 cc é removido em alíquotas $\approx$ 10 cc.

Os riscos incluem:[127] ressangramento aneurismático ($\leq$ 0,3%), dor nas costas (10%, pode ser crônica em 0,6%), mau funcionamento do cateter que impede a drenagem de CSF (< 5%), fratura ou laceração do cateter, resultando em retenção de sua ponta no espaço subaracnóideo espinal, fístula pós-operatória de CSF, H/A espinal (pode ser difícil distinguir da H/A pós-craniotomia), infecção, neuropatia (de invasão da raiz nervosa com a agulha), hematoma epidural (espinal e/ou intracraniano).

Proteção cerebral durante cirurgia

Fisiopatologia da isquemia cerebral

A taxa metabólica de consumo de oxigênio ($CMRO_2$) cerebral (p. 1265) surge dos neurônios que utilizam energia para duas funções: 1) manutenção da integridade celular (homeostasia) que normalmente responde por $\approx$ 40% do consumo de energia e 2) condução de impulsos elétricos. A oclusão de uma artéria produz um núcleo central de tecido isquêmico em que o $CMRO_2$ não é alcançado. A deficiência de oxigênio impede a glicólise aeróbica e a fosforilação oxidativa. A produção de adenosina trifosfato (ATP) diminui, e a homeostasia celular não pode ser mantida, e em minutos ocorre morte celular irreversível, o chamado infarto cerebral. Circundando esse núcleo central encontra-se a penumbra, em que o fluxo colateral (geralmente através dos vasos leptomeníngeos) provê oxigenação marginal que pode comprometer a função celular sem dano irreversível imediato. As células na penumbra podem permanecer viáveis por horas.

Proteção cerebral por aumento da tolerância isquêmica do sistema nervoso central (CNS)

1. fármacos que atenuam os efeitos tóxicos da isquemia sem reduzir o $CMRO_2$
   a) bloqueadores do canal de cálcio: nimodipina, nicardipina, flunarizina
   b) varredores de radicais livres: superóxido dismutase, dimetiltioureia, lazaroides, barbitúricos. Vitamina C
   c) manitol: embora não seja um protetor cerebral por si só, pode ajudar a restabelecer o fluxo sanguíneo para o parênquima comprometido mediante melhora da perfusão microvascular pelo aumento transitório do volume sanguíneo cerebral (CBV) e diminuindo a viscosidade sanguínea
2. redução do $CMRO_2$
   a) reduzindo a atividade elétrica dos neurônios: a titulação desses agentes para eletroencefalograma (EEG) isoelétrico reduz o $CMRO_2$ até um máximo de $\approx$ 50%
      • barbitúricos: além de reduzir o $CMRO_2$, eles também redistribuem o fluxo sanguíneo para o córtex isquêmico, suprimem os radicais livres, e estabilizam as membranas celulares. Para a dosagem do tiopental, ver abaixo
      • isoflurano (p. 105): curta ação e menos depressão miocárdica que os barbitúricos
   b) reduzindo a energia de manutenção dos neurônios: nenhum fármaco desenvolvido até agora pode realizar isto, somente a hipotermia tem algum efeito sobre isto. Abaixo da hipotermia, devem-se monitorar os efeitos extracerebrais (p. 871)
      • hipotermia leve (temperaturas centrais caem para 33° C): em um RCT[128] multicêntrico, demonstrou-se que a hipotermia leve é segura, mas não melhora resultado o neurológico após craniotomia entre pacientes com aSAH com boa graduação (I-III de Hunt Hess)
      • hipotermia moderada: 32,5-33°C é usada para a lesão cefálica
      • hipotermia profunda a 18°C permite que o cérebro tolere até 1 hora de parada circulatória
      • hipotermia profunda a < 10° C possibilita várias horas de isquemia completa (sua utilidade clínica não foi justificada)

Técnicas de proteção cerebral adjuvantes usadas na cirurgia de aneurisma

1. hipotensão sistêmica
   a) geralmente usada durante a abordagem final ao aneurisma e durante manipulação do aneurisma para aplicação de clipe
   b) objetivos teóricos
      • para reduzir o turgor do aneurisma facilitando o fechamento do clipe, especialmente no caso de colo aterosclerótico
      • para diminuir a pressão transmural (p. 1170) a fim de reduzir o risco de ruptura intraoperatória
   c) um estudo retrospectivo[129] sugere que a diminuição da pressão arterial média (MAP) > 50% está associada a mau resultado. No entanto, depois de ajuste para a idade, esta associação deixava de ser estatisticamente significativa. Por causa do risco potencial de lesão hipóxica ao cérebro e outros órgãos (incluindo áreas de autorregulação comprometida assim como as áreas normais), alguns cirurgiões evitam esse método

SAH por Ruptura de Aneurisma Cerebral   **1203**

2. hipotensão "focal": com o uso de clipes temporários de aneurisma (especialmente projetado com baixa força de fechamento para evitar lesão intimal) colocados no vaso principal (pequenas perfurantes não iriam tolerar clipes temporários sem lesão)
   a) usada em conjunto com métodos de proteção cerebral contra isquemia
   b) pode ser combinada com hipertensão sistêmica para aumentar o fluxo colateral
   c) a ICA proximal pode tolerar uma hora ou mais de oclusão em alguns casos, enquanto os segmentos que contêm perfurantes da MCA e o ápice basilar podem tolerar a clipagem por apenas alguns minutos
   d) além do risco de isquemia, há o risco de trombose intravascular e subsequente liberação de êmbolos à remoção do clipe
3. parada circulatória, utilizada em conjunto com hipotermia profunda
   a) os candidatos incluem pacientes com grandes aneurismas que contêm aterosclerose significativa e/ou trombose que impede o fechamento do clipe e uma cúpula que se adere a estruturas neurais vitais
4. glicose sanguínea: hiperglicemia intraoperatória é associada ao declínio a longo prazo da cognição e função neurológica macroscópica[130] e deve ser evitada

Abordagem sistemática à proteção cerebral

Ver referência.[131]

Os seguintes fatores podem obrigar ao uso de clipes temporários (e técnicas associadas de proteção cerebral): aneurisma gigante, colo calcificado, cúpula fina/frágil, aderência da cúpula às estruturas críticas, ramos arteriais vitais próximos ao colo do aneurisma, ruptura intraoperatória. Além dos aneurismas gigantes, a maioria desses fatores pode ser difícil de identificar no pré-operatório. Portanto, Solomon fornece algum grau de proteção cerebral para todos os pacientes submetidos à cirurgia de aneurisma.

1. o resfriamento espontâneo é permitido durante a cirurgia, resultando geralmente em uma temperatura corporal de 34° C no momento em que inicia a dissecção ao redor do aneurisma
2. se for utilizada clipagem temporária
   a) se um segmento longo da ICA estiver sendo capturado, administre heparina 5.000 U intravenosa (IV) para prevenir trombose e subsequente embolia
   b) < 5 minutos de oclusão temporária do clipe: nenhuma intervenção adicional
   c) até 10 ou 15 minutos de oclusão: administre anestesia IV de proteção ao cérebro (p. ex., tiopental, propofol e/ou etomidato) e titule até a supressão da explosão no EEG
      • administração de anestesia IV de proteção ao cérebro até que a supressão da explosão tenha demonstrado diminuir significativamente a taxa de infarto com clipagem temporária dentro desse período de tempo[132]
      • a reperfusão intermitente mostrou-se vantajosa em alguns estudos,[132] enquanto outros achados foram contraditórios[133,134]
   d) > 20 minutos de oclusão: não tolerado (exceto possivelmente ICA proximal à p-comm), termine a operação, se possível e planeje repetir a cirurgia utilizando
      • parada circulatória hipotérmica profunda (ver acima)
      • técnicas endovasculares
      • enxerto de *bypass* em torno do segmento a ser ocluído

79.8.4 Angiografia pós-operatória

Por terem sido vistos achados inesperados (resto aneurismático, aneurisma não clipado ou oclusão importante de vaso) em 19% dos angiogramas pós-operatórios (o único fator preditivo identificado foi um novo déficit pós-operatório que sinalizou oclusão de vaso importante), o uso de angiografia pós-operatória de rotina é recomendado.[135]

79.8.5 Alguns fármacos úteis na cirurgia de aneurisma

79

Informação do fármaco: Propofol (Diprivan®)

Pode ser usado para alcançar a supressão da explosãoo[136] com duração de ação mais curta que a de outros barbitúricos. Os resultados são preliminares, é necessária investigação adicional para demonstrar o grau de neuroproteção. Tem sido relatado em doses de 170 mcg/kg/min para neuroproteção[137] (se tolerado), mas isto pode ser arriscado. Pode também ser usado em gotejamento contínuo para sedação (p. 133), e para controle da ICP (p. 869). Reverte-se rapidamente à descontinuação (geralmente dentro de 5-10 minutos).

Efeitos colaterais: possível reação anafilática com edema angioneurótico (angioedema) das vias aéreas,[138] síndrome da Infusão de Propofol (p. 133).

79.8.6 Ruptura Intraoperatória de aneurisma

Epidemiologia

As taxas relatadas de ruptura intraoperatória de aneurisma (IAR) variam de ≈ 18% no estudo cooperativo (1963-1978)[139] a ≈ 36% em uma série pré-microscópio[140] (Nota: esta série teve uma alta taxa inexplicada de IAR de 61% com o microscópio) e de 40% em uma série mais recente.[141] Embora a taxa de ruptura possa ser mais alta na cirurgia precoce do que na cirurgia tardia,[141] outra série não encontrou diferença entre ambas.[142]

A morbidade e mortalidade para os pacientes com IAR significativa são ≈ 30-35% (*versus* ≈ 10% na ausência dessa complicação), embora a IAR possa afetar primariamente o resultado quando ocorre durante indução de anestesia ou abertura da dura.[141]

Ver ruptura de aneurisma durante colocação de espiral (p. 1587).

Prevenção de ruptura intraoperatória

É apresentada aqui como uma lista a ser incorporada às técnicas operatórias gerais.
1. previna a hipertensão da resposta de catecolamina à dor:
   a) assegure anestesia profunda durante colocação de pino fixador da cabeça e incisão da pele
   b) considere anestésico local (sem epinefrina) nos locais do pino fixador da cabeça e ao longo da linha de incisão
2. minimize os aumentos da pressão transmural: reduza a MAP até ligeiramente abaixo da linha basal imediatamente antes da abertura dural
3. reduza as forças de cisalhamento sobre o aneurisma durante a dissecção pela minimização da retração: cerebral
   a) remoção radical da asa do esfenoide no caso de aneurismas do círculo arterial do cérebro (círculo de Willis)
   b) reduza o volume cerebral por meio de uma série de mecanismos: diuréticos (manitol, furosemida), drenagem de CSF através de dreno subaracnóideo lombar colocado no pré-operatório e aberto pelo anestesiologista no momento da incisão dural, hiperventilação
4. reduza o risco de uma grande laceração no fundo ou colo do aneurisma:
   a) utilize dissecção cortante na exposição do aneurisma e na remoção do coágulo em torno do aneurisma
   b) sempre que possível, mobilize completamente e inspecione o aneurisma antes de tentar a aplicação do clipe

Detalhes da ruptura intraoperatória

A ruptura pode ocorrer durante qualquer dos três seguintes estágios da cirurgia de aneurisma:[143]
1. exposição inicial (pré-dissecção)
   a) rara. O cérebro pode-se tornar surpreendentemente tenso, mesmo quando o sangramento parece ser no espaço subaracnóideo aberto. Geralmente acarreta mau prognóstico
   b) possíveis causas:
      • vibração do trabalho ósseo: dúbio
      • pressão transmural crescente à abertura da dura
      • hipertensão decorrente da resposta da catecolamina à dor (ver acima)
   c) táticas de tratamento:
      • o anestesiologista deve reduzir radicalmente a BP
      • controle o sangramento (no caso de aneurismas da circulação anterior) colocando clipe temporário através da ICA em sua saída do seio cavernoso, ou se não for possível então comprima a ICA no pescoço do paciente com o uso de campo cirúrgico
      • se for necessário ganhar controle, resseque porções de lobo frontal ou temporal
2. dissecção do aneurisma: responsável pela maioria das IARs, dois tipos básicos:
   a) rupturas causadas pela dissecção romba
      • tende a ser profusa, proximal ao colo e difícil de controlar
      • não tente a clipagem definitiva, a não ser que tenha alcançado uma exposição adequada (que geralmente não é o caso com essas rupturas)
      • clipagem temporária: esta etapa geralmente é necessária nessa situação, depois de posicionado o clipe temporário retorne a MAP ao normal e administre um agente neuroprotetor (p. ex., propofol)
      • depois que o clipe temporário estiver em posição, é melhor reservar alguns momentos extras para melhorar a exposição e aplicar bem um clipe permanente em vez de realizar uma clipagem apressada e tentar restaurar a circulação
      • pode ser necessária a aplicação de microssuturas para fechar qualquer porção da ruptura que se estenda sobre o vaso principal
   b) laceração por dissecção cortante
      • tende a ser pequena, em geral distalmente no fundo, e de fácil controle por meio de sucção única
      • pode responder a um delicado tamponamento com um pequeno cotonoide

Quadro 79.3 Programa de seguimento de aneurismas tratados

Realize estudo indicado os seguintes períodos após tratamento	
Aneurismas *com espiral*	**Aneurismas *com clipe***
Estudo: CTA ou gad-MRA[a]	**Estudo: CTA**
6 meses	1 ano
1,5 ano	5 anos
3,5 anos	cada 10 anos tem seguida
? a cada 5-10 anos (como no caso de aneurismas com clipe)	

[a]gad-MRA indica MRA com gadolínio que é mais sensível aqui do que a angiorressonância magnética *time of flight* (TOF-MRA) (p. 232). Use a mesma modalidade para cada acompanhamento para facilitar uma comparação acurada.

- pode encolher com repetidos golpes de corrente de baixa intensidade com a bipolar (evite a tentação de usar corrente contínua de alta intensidade)
3. aplicação de clipe: o sangramento neste ponto geralmente é por causa de
   a) exposição inadequada do aneurisma: a lâmina do clipe pode penetrar o lobo não visualizado do aneurisma. Similar às lacerações causadas pela dissecção romba (ver acima). O sangramento se agrava à medida que as lâminas do clipe se tornam aproximadas
      - a imediata abertura e remoção do clipe ao primeiro indício de sangramento pode minimizar a extensão da laceração
      - utilize 2 sugadores para determinar se é possível realizar a clipagem definitiva, ou o que é mais comum, realizar a clipagem temporária (ver acima)
   b) técnica precária de aplicação de clipe: tende a diminuir quando as lâminas do clipe se tornam aproximadas. Inspecione as extremidades da lâmina quanto ao seguinte:
      - para se certificar de que abrangem a largura do colo. Caso contrário, um segundo clipe, mais longo, geralmente é aplicado paralelo ao primeiro, que pode então ser avançado
      - para verificar se estão estritamente aproximadas. Se não estiverem, podem ser necessários dois clipes juntos, e às vezes múltiplos clipes são necessários

79.8.7 Recorrência do aneurisma após tratamento

Os aneurismas tratados de maneira incompleta podem aumentar de tamanho e/ou sangrar. Isto inclui os aneurismas que recebem clipe ou espiral onde ainda há enchimento aneurismático, assim como um resto ou colo aneurismático persistente aneurisma (p. 1201). Embora a maioria dos restos de aneurisma pareça ser estável, há um pequeno subgrupo que pode aumentar de tamanho ou se romper.[144]

Além disso, até um aneurisma que foi completamente obliterado pode recorrer, e portanto é preciso considerar a durabilidade do tratamento. O risco de recorrência de um aneurisma com clipagem completa é ≈ 1,5% em 4,4 anos.[144]

79.8.8 Acompanhamento após tratamento do aneurisma

Com base no acima, junto com o pequeno risco de formação *de novo* de um aneurisma,[144] a tendência é de acompanhar indefinidamente os pacientes com aneurismas conhecidos. Um programa de acompanhamento sugerido é apresentado no ▶ Quadro 79.3.

Referências

[1] Jellinger K. Pathology of intracerebral hemorrhage. Zentralbl Neurochir. 1977; 38:29–42

[2] Jakubowski J, Kendall B. Coincidental aneurysms with tumours of pituitary origin. J Neurol Neurosurg Psychiatry. 1978; 41:972–979

[3] Vlak MH, Algra A, Brandenburg R, Rinkel GJ. Prevalence of unruptured intracranial aneurysms, with emphasis on sex, age, comorbidity, country, and time period: a systematic review and meta-analysis. Lancet Neurol. 2011; 10:626–636

[4] Brown RD, Jr, Broderick JP. Unruptured intracranial aneurysms: epidemiology, natural history, management options, and familial screening. Lancet Neurol. 2014; 13:393–404

[5] Wirth FP. Surgical Treatment of Incidental Intracranial Aneurysms. Clin Neurosurg. 1986; 33:125–135

[6] Menghini VV, Brown RD, Jr, Sicks JD, O'Fallon WM, Wiebers DO. Incidence and prevalence of intracranial aneurysms and hemorrhage in Olmsted County, Minnesota, 1965 to 1995. Neurology. 1998; 51:405–411

[7] Fox JL. Intracranial Aneurysms. New York: Springer-Verlag; 1983

[8] Chason JL, Hindman WM. Berry aneurysms of the circle of Willis; results of a planned autopsy study. Neurology. 1958; 8:41–44

[9] Wiebers DO, Whisnant JP, Huston J, III, Meissner I, Brown RD, Jr, Piepgras DG, Forbes GS, Thielen K, Nichols D, O'Fallon WM, Peacock J, Jaeger L, Kassell

[9] NF, Kongable-Beckman GL, Torner JC, International Study of Unruptured Intracranial Aneurysms Investigators. Unruptured intracranial aneurysms: natural history, clinical outcome, and risks of surgical and endovascular treatment. Lancet. 2003; 362:103–110

[10] Inagawa T, Hirano A. Autopsy study of unruptured incidental intracranial aneurysms. Surg Neurol. 1990; 34:361–365

[11] Almeida GM, Pindaro J, Plese P, Bianco E et al. Intracranial Arterial Aneurysms in Infancy and Childhood. Childs Brain. 1977; 3:193–199

[12] Storrs BB, Humphreys RP, Hendrick EB, Hoffman HJ. Intracranial aneurysms in the pediatric agegroup. Childs Brain. 1982; 9:358–361

[13] Meyer FB, Sundt TM, Jr, Fode NC, Morgan MK, Forbes GS, Mellinger JF. Cerebral aneurysms in childhood and adolescence. J Neurosurg. 1989; 70:420–425

[14] Fang H, Wright IS, Millikan CH. In: A Comparison of Blood Vessels of the Brain and Peripheral Blood Vessels. Cerebral Vascular Diseases. New York: Grune and Stratton; 1958:17–22

[15] Wilkinson IMS. The Vertebral Artery: Extracranial and Intracranial Structure. Arch Neurol. 1972; 27:392–396

[16] Youmans JR. Neurological Surgery. Philadelphia 1990

[17] Rhoton AL. Anatomy of Saccular Aneurysms. Surg Neurol. 1981; 14:59–66

[18] Ferguson GG. Physical Factors in the Initiation, Growth, and Rupture of Human Intracranial Saccular Aneurysms. J Neurosurg. 1972; 37:666–677

[19] Nehls DG, Flom RA, Carter LP et al. Multiple Intracranial Aneurysms: Determining the Site of Rupture. J Neurosurg. 1985; 63:342–348

[20] Mohr G, Ferguson G, Khan M et al. Intraventricular Hemorrhage from Ruptured Aneurysm: Retrospective Analysis of 91 Cases. J Neurosurg. 1983; 58:482–487

[21] Yeh HS, Tomsick TA, Tew JM. Intraventricular Hemorrhage due to Aneurysms of the Distal Posterior Inferior Cerebellar Artery. J Neurosurg. 1985; 62:772–775

[22] Okawara SH. Warning Signs Prior to Rupture of an Intracranial Aneurysm. J Neurosurg. 1973; 38:575–580

[23] White JC, Ballantine HT. Intrasellar Aneurysms Simulating Hypophyseal Tumors. J Neurosurg. 1961; 18:34–50

[24] Raps EC, Galetta SL, Solomon RA et al. The Clinical Spectrum of Unruptured Intracranial Aneurysms. Arch Neurol. 1993; 50:265–268

[25] Day JW, Raskin NH. Thunderclap Headache: Symptom of Unruptured Cerebral Aneurysm. Lancet. 1986; 2:1247–1248

[26] Verweij RD, Wijdicks EFM, van Gijn J. Warning Headache in Aneurysmal Subarachnoid Hemorrhage: A Case-Control Study. Arch Neurol. 1988; 45:1019–1020

[27] Chen PR, Amin-Hanjani S, Albuquerque FC, McDougall C, Zabramski JM, Spetzler RF. Outcome of oculomotor nerve palsy from posterior communicating artery aneurysms: comparison of clipping and coiling. Neurosurgery. 2006; 58:1040–6; discussion 1040-6

[28] Sano H, Jain VK, Kato Y et al. Bilateral Giant Intracavernous Aneurysms: Technique of Unilateral Operation. Surg Neurol. 1988; 29:35–38

[29] ter Berg HWM, Bijlsma JB, Viega PiresJA et al. Familial association of intracranial aneurysms and multiple congenital anomalies. Arch Neurol. 1986; 43:30–33

[30] Bigelow NH. The association of polycystic kidneys with intracranial aneurysms and other related disorders. Am J Med Sci. 1953; 225:485–494

[31] Longstreth WT, Koepsell TD, Yerby MS, van Belle G. Risk Factors for Subarachnoid Hemorrhage. Stroke. 1985; 16:377–385

[32] Schievink WI. Genetics and aneurysm formation. Neurosurg Clin N Am. 1998; 9:485–495

[33] Maher CO, Piepgras DG, Brown RD, Jr, Friedman JA, Pollock BE. Cerebrovascular manifestations in 321 cases of hereditary hemorrhagic telangiectasia. Stroke. 2001; 32:877–882

[34] Schievink WI, Riedinger M, Maya MM. Frequency of incidental intracranial aneurysms in neurofibromatosis type 1. Am J Med Genet A. 2005; 134A:45–48

[35] Beeson PB, McDermott W. Cecil's Textbook of Medicine. Philadelphia 1979

[36] Peebles BrownR. Polycystic Disease of the Kidneys and Intracranial Aneurysms. Glasgow Med J. 1951; 32:333–348

[37] Levey AS, Pauker SG, Kassirer JP. Occult Intracranial Aneurysms in Polycystic Kidney Disease: When is Cerebral Angiography Indicated? N Engl J Med. 1983; 308:986–994

[38] Butler WE, Barker FG, Crowell RM. Patients with Polycystic Kidney Disease Would Benefit from Routine Magnetic Resonance Angiographic Screening for Intracerebral Aneurysms: A Decision Analysis. Neurosurgery. 1996; 38:506–516

[39] Chauveau D, Pirson Y, Verellen-Dumoulin C et al. Intracranial aneurysms in autosomal dominant polycystic kidney disease. Kidney Int. 1994; 45:1140–1146

[40] Schievink WI, Prendergast V, Zabramski JM. Rupture of a Previously Documented Small Asymptomatic Intracranial Aneurysm in a Patient with Autosomal Dominant Polycystic Kidney Disease. J Neurosurg. 1998; 89:479–482

[41] Schievink WI, Torres VE, Piepgras DG, Wiebers DO. Saccular Intracranial Aneurysms in Autosomal Dominant Polycystic Kidney Disease. J Am Soc Nephrol. 1992; 3:88–95

[42] Davila S, Oliver B, Molet J, Bartumeus F. Spontaneous Thrombosis of an Intracranial Aneurysm. Surg Neurol. 1984; 22:29–32

[43] Kumar S, Rao VRK, Mandalam KR, Phadke RV. Disappearance of a Cerebral Aneurysm: An Unusual Angiographic Event. Clin Neurol Neurosurg. 1991; 93:151–153

[44] Sobel DF, Dalessio D, Copeland B, Schwartz B. Cerebral Aneurysm Thrombosis, Shrinkage, Then Disappearance After Subarachnoid Hemorrhage. Surg Neurol. 1996; 45:133–137

[45] Spetzler RF, Winestock D, Newton HT, Bodrey EB. Disappearance and Reappearance of Cerebral Aneurysm in Serial Arteriograms: Case Report. J Neurosurg. 1974; 41:508–510

[46] Atkinson JLD, Lane JI, Colbassani HJ, Llewellyn DME. Spontaneous Thrombosis of Posterior Cerebral Artery Aneurysm with Angiographic Reappearance. J Neurosurg. 1993; 79:434–437

[47] Kassell NF, Torner JC, Adams HP. Antifibrinolytic Therapy in the Acute Period Following Aneurysmal Subarachnoid Hemorrhage: Preliminary Observations from the Cooperative Aneurysm Study. J Neurosurg. 1984; 61:225–230

[48] Aring CD. Treatment of Aneurysmal Subarachnoid Hemorrhage. Arch Neurol. 1990; 47:450–451

[49] Weber W, Siekmann R, Kis B, Kuehne D. Treatment and follow-up of 22 unruptured wide-necked intracranial aneurysms of the internal carotid artery with Onyx HD 500. AJNR Am J Neuroradiol. 2005; 26:1909–1915

[50] Fox AJ, Vinuela F, Pelz DM, Peerless SJ et al. Use of Detachable Balloons for Proximal Artery Occlusion in the Treatment of Unclippable Cerebral Aneurysm. J Neurosurg. 1987; 66:40–46

[51] Bey L, Connolly S, Duong H et al. Treatment of Inoperable Carotid Aneurysms with Endovascular Carotid Occlusion After Extracranial-Intracranial Bypass Surgery. Neurosurgery. 1997; 41:1225–1234

[52] Drake CG. Giant Intracranial Aneurysms: Experience with Surgical Treatment in 174 Patients. Clin Neurosurg. 1979; 26:12–95

[53] Drake CG. Ligation of the Vertebral (Unilateral or Bilateral) or Basilar Artery in the Treatment of Large Intracranial Aneurysms. J Neurosurg. 1975; 43:255–274

[54] Swearingen B, Heros RC. Common Carotid Occlusion for Unclippable Carotid Aneurysms: An Old but Still Effective Operation. Neurosurgery. 1987; 21:288–295

[55] Drapkin AJ, Rose WS. Serial Development of 'de Novo' Aneurysms After Carotid Ligation: Case Report. Surg Neurol. 1992; 38:302–308

[56] Dott NM. Intracranial Aneurysms: Cerebral Arteriography, Surgical Treatment. Trans Med Chir Soc Edin. 1933; 40:219–234

[57] Gillingham FJ. The Management of Ruptured Intracranial Aneurysms. Hunterian Lecture. Ann R Coll Surg Engl. 1958; 23:89–117

[58] Todd NV, Tocher JL, Jones PA, Miller JD. Outcome Following Aneurysm Wrapping: A 10-Year Follow-Up Review of Clipped and Wrapped Aneurysms. J Neurosurg. 1989; 70:841–846

[59] Cossu M, Pau A, Turtas S, Viola C, Viale GL. Subsequent Bleeding from Ruptured Intracranial Aneurysms Treated byWrapping or Coating: A Review of the Long-Term Results in 47 Cases. Neurosurgery. 1993; 32:344–347

[60] Minakawa T, Koike T, Fujii Y et al. Long Term Results of Ruptured Aneurysms Treated by Coating. Neurosurgery. 1987; 21:660–663

[61] Pellissou-Guyotat J, Deruty R, Mottolese C, Amat D. The Use of Teflon as Wrapping Material in Aneurysm Surgery. Neurol Res. 1994; 16:224–227

[62] Gnanalingham KK, Apostolopoulos V, Barazi S, O'Neill K. The impact of the international subarachnoid aneurysm trial (ISAT) on the management of aneurysmal subarachnoid haemorrhage in a neurosurgical unit in the UK. Clin Neurol Neurosurg. 2006; 108:117–123

[63] Smith GA, Dagostino P, Maltenfort MG, Dumont AS, Ratliff JK. Geographic variation and regional trends in adoption of endovascular techniques for cerebral aneurysms. J Neurosurg. 2011; 114:1768–1777

[64] Koivisto T, Vanninen R, Hurskainen H, Saari T, Hernesniemi J, Vapalahti M. Outcomes of early endovascular versus surgical treatment of ruptured cerebral aneurysms. A prospective randomized study. Stroke. 2000; 31:2369–2377

[65] Molyneux A, Kerr R, Stratton I, Sandercock P, Clarke M, Shrimpton J, Holman R. International Subarachnoid Aneurysm Trial (ISAT) of neurosurgical clipping versus endovascular coiling in 2143 patients with ruptured intracranial aneurysms: a randomized trial. J Stroke Cerebrovasc Dis. 2002; 11:304–314

[66] Li ZQ, Wang QH, Chen G, Quan Z. Outcomes of endovascular coiling versus surgical clipping in the treatment of ruptured intracranial aneurysms. J Int Med Res. 2012; 40:2145–2151

[67] McDougall CG, Spetzler RF, Zabramski JM, Partovi S, Hills NK, Nakaji P, Albuquerque FC. The Barrow Ruptured Aneurysm Trial. J Neurosurg. 2012; 116:135–144

[68] Molyneux AJ, Kerr RS, Birks J, Ramzi N, Yarnold J, Sneade M, Rischmiller J. Risk of recurrent subarachnoid haemorrhage, death, or dependence and standardised mortality ratios after clipping or coiling of an intracranial aneurysm in the International Subarachnoid Aneurysm Trial (ISAT): long-term follow-up. Lancet Neurol. 2009; 8:427–433

[69] Bakker NA, Metzemaekers JD, Groen RJ, Mooij JJ, Van Dijk JM. International subarachnoid aneurysm trial 2009: endovascular coiling of ruptured intracranial aneurysms has no significant advantage over neurosurgical clipping. Neurosurgery. 2010; 66:961–962

[70] Molyneux AJ, Birks J, Clarke A, Sneade M, Kerr RS. The durability of endovascular coiling versus neurosurgical clipping of ruptured cerebral aneurysms: 18 year follow-up of the UK cohort of the International Subarachnoid Aneurysm Trial (ISAT). Lancet. 2015; 385:691–697

[71] Darsaut TE, Jack AS, Kerr RS, Raymond J. International Subarachnoid Aneurysm Trial - ISAT part II: study protocol for a randomized controlled trial. Trials. 2013; 14. DOI: 10.1186/1745-6215-14-156

[72] Spetzler RF, McDougall CG, Albuquerque FC, Zabramski JM, Hills NK, Partovi S, Nakaji P,Wallace RC. The Barrow Ruptured Aneurysm Trial: 3-year results. J Neurosurg. 2013; 119:146–157

[73] Lanzino G, Murad MH, d'Urso PI, Rabinstein AA. Coil embolization versus clipping for ruptured

intracranial aneurysms: a meta-analysis of prospective controlled published studies. AJNR Am J Neuroradiol. 2013; 34:1764–1768

[74] Li H, Pan R, Wang H, Rong X, Yin Z, Milgrom DP, Shi X, Tang Y, Peng Y. Clipping versus coiling for ruptured intracranial aneurysms: a systematic review and meta-analysis. Stroke. 2013; 44:29–37

[75] de Oliveira JG, Beck J, Ulrich C, Rathert J, Raabe A, Seifert V. Comparison between clipping and coiling on the incidence of cerebral vasospasm after aneurysmal subarachnoid hemorrhage: a systematic review and meta-analysis. Neurosurg Rev. 2007; 30:22–30; discussion 30-1

[76] Jones J, Sayre J, Chang R, Tian J, Szeder V, Gonzalez N, Jahan R, Vinuela F, Duckwiler G, Tateshima S. Cerebral vasospasm patterns following aneurysmal subarachnoid hemorrhage: an angiographic study comparing coils with clips. J Neurointerv Surg. 2015; 7:803–807

[77] Dorai Z, Hynan LS, Kopitnik TA, Samson D. Factors related to hydrocephalus after aneurysmal subarachnoid hemorrhage. Neurosurgery. 2003; 52:763–9; discussion 769-71

[78] Gruber A, Reinprecht A, Bavinzski G, Czech T, Richling B. Chronic shunt-dependent hydrocephalus after early surgical and early endovascular treatment of ruptured intracranial aneurysms. Neurosurgery. 1999; 44:503–9; discussion 509-12

[79] Bae IS, Yi HJ, Choi KS, Chun HJ. Comparison of Incidence and Risk Factors for Shunt-dependent Hydrocephalus in Aneurysmal Subarachnoid Hemorrhage Patients. J Cerebrovasc Endovasc Neurosurg. 2014; 16:78–84

[80] de Oliveira JG, Beck J, Setzer M, Gerlach R, Vatter H, Seifert V, Raabe A. Risk of shunt-dependent hydrocephalus after occlusion of ruptured intracranial aneurysms by surgical clipping or endovascular coiling: a single-institution series and metaaanalysis. Neurosurgery. 2007; 61:924–33; discussion 933-4

[81] Varelas P, Helms A, Sinson G, Spanaki M, Hacein- Bey L. Clipping or coiling of ruptured cerebral aneurysms and shunt-dependent hydrocephalus. Neurocrit Care. 2006; 4:223–228

[82] Dehdashti AR, Rilliet B, Rufenacht DA, de Tribolet N. Shunt-dependent hydrocephalus after rupture of intracranial aneurysms: a prospective study of the influence of treatment modality. J Neurosurg. 2004; 101:402–407

[83] Mura J, Rojas-Zalazar D, Ruiz A, Vintimilla LC, Marengo JJ. Improved outcome in high-grade aneurysmal subarachnoid hemorrhage by enhancement of endogenous clearance of cisternal blood clots: a prospective study that demonstrates the role of lamina terminalis fenestration combined with modern microsurgical cisternal blood evacuation. Minim Invasive Neurosurg. 2007; 50:355–362

[84] Jartti P, Karttunen A, Isokangas JM, Jartti A, Koskelainen T, Tervonen O. Chronic hydrocephalus after neurosurgical and endovascular treatment of ruptured intracranial aneurysms. Acta Radiol. 2008; 49:680–686

[85] Sethi H, Moore A, Dervin J, Clifton A, MacSweeney JE. Hydrocephalus: comparison of clipping and embolization in aneurysm treatment. J Neurosurg. 2000; 92:991–994

[86] Hoh BL, Kleinhenz DT, Chi YY, Mocco J, Barker FG, II. Incidence of ventricular shunt placement for hydrocephalus with clipping versus coiling for ruptured and unruptured cerebral aneurysms in the Nationwide Inpatient Sample database: 2002 to 2007.World Neurosurg. 2011; 76:548–554

[87] Komotar RJ, Hahn DK, Kim GH, Starke RM, Garrett MC, Merkow MB, Otten ML, Sciacca RR, Connolly ES,Jr. Efficacy of lamina terminalis fenestration in reducing shunt-dependent hydrocephalus following aneurysmal subarachnoid hemorrhage: a systematic review. Clinical article. J Neurosurg. 2009; 111:147–154

[88] Lanzino G, D'Urso PI, Suarez J. Seizures and anticonvulsants after aneurysmal subarachnoid hemorrhage. Neurocrit Care. 2011; 15:247–256

[89] Brinjikji W, Rabinstein AA, Lanzino G, Kallmes DF, Cloft HJ. Patient outcomes are better for unruptured cerebral aneurysms treated at centers that preferentially treat with endovascular coiling: a study of the national inpatient sample 2001-2007. AJNR Am J Neuroradiol. 2011; 32:1065–1070

[90] Leivo S, Hernesniemi J, Luukkonen M et al. Early surgery improves the cure of aneurysm-induced oculomotor palsy. Surg Neurol. 1996; 45:430–434

[91] Feely M, Kapoor S. Third nerve palsy due to posterior communicating artery aneurysm: the importance of early surgery. J Neurol Neurosurg Psychiatry. 1987; 50:1051–1052

[92] Connolly ES, Jr, Rabinstein AA, Carhuapoma JR, Derdeyn CP, Dion J, Higashida RT, Hoh BL, Kirkness CJ, Naidech AM, Ogilvy CS, Patel AB, Thompson BG, Vespa P, American Heart Association Stroke Council, Council on Cardiovascular Radiology, Intervention, Council on Cardiovascular Nursing, Council on Cardiovascular Surgery, Anesthesia, Council on Clinical Cardiology. Guidelines for the management of aneurysmal subarachnoid hemorrhage: a guideline for healthcare professionals from the American Heart Association/american Stroke Association. Stroke. 2012; 43:1711–1737

[93] Sandstrom N, Yan B, Dowling R, Laidlaw J, Mitchell P. Comparison of microsurgery and endovascular treatment on clinical outcome following poorgrade subarachnoid hemorrhage. J Clin Neurosci. 2013; 20:1213–1218

[94] Darsaut TE, Estrade L, Jamali S, Bojanowski MW, Chagnon M, Raymond J. Uncertainty and agreement in the management of unruptured intracranial aneurysms. J Neurosurg. 2014; 120:618–623

[95] Bederson JB, Awad IA, Wiebers DO, Piepgras D et al. Recommendations for the management of patients with unruptured intracranial aneurysms. A statement for healthcare professionals from the Stroke Council of the American Heart Association. Circulation. 2000; 102:2300–2308

[96] King JT, Jr, Berlin JA, Flamm ES. Morbidity and mortality from elective surgery for asymptomatic, unruptured, intracranial aneurysms: a meta-analysis. J Neurosurg. 1994; 81:837–842

[97] Raaymakers TW, Rinkel GJ, Limburg M, Algra A. Mortality and morbidity of surgery for unruptured intracranial aneurysms: a meta-analysis. Stroke. 1998; 29:1531–1538

[98] The International Study Group of Unruptured Intracranial Aneurysms Investigators (ISUIA). Unruptured Intracranial Aneurysms - Risk of Rupture and Risks of Surgical Intervention. N Engl J Med. 1998; 339:1725–1733

[99] Bhatia S, Sekula RF, Quigley MR, Williams R, Ku A. Role of calcification in the outcomes of treated, unruptured, intracerebral aneurysms. Acta Neurochir (Wien). 2011; 153:905–911

[100] Johnston SC, Zhao S, Dudley RA, Berman MF, Gress DR. Treatment of unruptured cerebral aneurysms in California. Stroke. 2001; 32:597–605

[101] Johnston SC, Dudley RA, Gress DR, Ono L. Surgical and Endovascular Treatment of Unruptured Cerebral Aneurysms at University Hospitals. Neurology. 1999; 52:1799–1805

[102] Birski M, Walesa C, Gaca W, Paczkowski D, Birska J, Harat A. Clipping versus coiling for intracranial aneurysms. Neurol Neurochir Pol. 2014; 48:122–129

[103] Hwang JS, Hyun MK, Lee HJ, Choi JE, Kim JH, Lee NR, Kwon JW, Lee E. Endovascular coiling versus neurosurgical clipping in patients with unruptured intracranial aneurysm: a systematic review. BMC Neurol. 2012; 12: 12. DOI: 10.1186/1471-2377-1 2-99

[104] Lawson MF, Neal DW, Mocco J, Hoh BL. Rationale for treating unruptured intracranial aneurysms: actuarial analysis of natural history risk versus treatment risk for coiling or clipping based on 14,050 patients in the Nationwide Inpatient Sample database.World Neurosurg. 2013; 79:472–478

[105] Juvela S, Porras M, Poussa K. Natural history of unruptured intracranial aneurysms: probability of and risk factors for aneurysm rupture. J Neurosurg. 2000; 93:379–387

[106] Tsutsumi K, Ueki K, Morita A, Kirino T. Risk of rupture from incidental cerebral aneurysms. J Neurosurg. 2000; 93:550–553

[107] Ishibashi T, Murayama Y, Urashima M, Saguchi T, Ebara M, Arakawa H, Irie K, Takao H, Abe T. Unruptured intracranial aneurysms: incidence of rupture and risk factors. Stroke. 2009; 40:313–316

[108] Mahaney KB, Brown RD, Jr, Meissner I, Piepgras DG, Huston J, III, Zhang J, Torner JC. Age-related differences in unruptured intracranial aneurysms: 1-year outcomes. J Neurosurg. 2014; 121:1024–1038

[109] Brinjikji W, Rabinstein AA, Lanzino G, Kallmes DF, Cloft HJ. Effect of age on outcomes of treatment of unruptured cerebral aneurysms: a study of the National Inpatient Sample 2001-2008. Stroke. 2011; 42:1320–1324

[110] Halkes PH,Wermer MJ, Rinkel GJ, Buskens E. Direct costs of surgical clipping and endovascular coiling of unruptured intracranial aneurysms. Cerebrovasc Dis. 2006; 22:40–45

[111] Hoh BL, Chi YY, Dermott MA, Lipori PJ, Lewis SB. The effect of coiling versus clipping of ruptured and unruptured cerebral aneurysms on length of stay, hospital cost, hospital reimbursement, and surgeon reimbursement at the university of Florida. Neurosurgery. 2009; 64:614–9; discussion 619-21

[112] Hoh BL, Chi YY, Lawson MF, Mocco J, Barker FG, II. Length of stay and total hospital charges of clipping versus coiling for ruptured and unruptured adult cerebral aneurysms in the Nationwide Inpatient Sample database 2002 to 2006. Stroke. 2010; 41:337–342

[113] Lad SP, Babu R, Rhee MS, Franklin RL, Ugiliweneza B, Hodes J, Nimjee SM, Zomorodi AR, Smith TP, Friedman AH, Patil CG, Boakye M. Long-term economic impact of coiling vs clipping for unruptured intracranial aneurysms. Neurosurgery. 2013; 72:1000–11; discussion 1011-3

[114] Duan Y, Blackham K, Nelson J, Selman W, Bambakidis N. Analysis of short-term total hospital costs and current primary cost drivers of coiling versus clipping for unruptured intracranial aneurysms. J Neurointerv Surg. 2015; 7:614–618

[115] Khan SA, Agrawal A, Hailey CE, Smith TP, Gokhale S, Alexander MJ, Britz GW, Zomorodi AR, McDonagh DL, James ML. Effect of surgical clipping versus endovascular coiling on recovery from oculomotor nerve palsy in patients with posterior communicating artery aneurysms: A retrospective comparative study and meta-analysis. Asian J Neurosurg. 2013; 8:117–124

[116] Kataoka H, Miyoshi T, Neki R, Yoshimatsu J, Ishibashi-Ueda H, Iihara K. Subarachnoid hemorrhage from intracranial aneurysms during pregnancy and the puerperium. Neurol Med Chir (Tokyo). 2013; 53:549–554

[117] Attenello FJ, Reid P, Wen T, Cen S, Kim-Tenser M, Sanossian N, Russin J, Amar A, Giannotta S, Mack WJ, Tenser M. Evaluation of time to aneurysm treatment following subarachnoid hemorrhage: comparison of patients treated with clipping versus coiling. J Neurointerv Surg. 2015. DOI: 10.113 6/neurintsurg-2014-011642

[118] Luo YC, Shen CS, Mao JL, Liang CY, Zhang Q, He ZJ. Ultra-early versus delayed coil treatment for ruptured poor-grade aneurysm. Neuroradiology. 2015; 57:205–210

[119] Milhorat TH, Krautheim M. Results of Early and Delayed Operations for Ruptured Intracranial Aneurysms in Two Series of 100 Consecutive Patients. Surg Neurol. 1986; 26:123–128

[120] Le Roux PD, Elliott JP, Newell DW, Grady MS, Winn HR. Predicting Outcome in Poor-Grade Patients with Subarachnoid Hemorrhage: A Retrospective Review of 159 Aggressively Managed Cases. J Neurosurg. 1996; 85:39–49

[121] Disney L, Weir B, Grace M et al. Factors Influencing the Outcome of Aneurysm Rupture in Poor Grade Patients: A Prospective Series. Neurosurgery. 1988; 23:1–9

[122] Le Roux PD, Elliot JP, Newell DW *et al.* The Incidence of Surgical Complications is Similar in Good and Poor Grade Patients Undergoing Repair of Ruptured Anterior Circulation Aneurysms: A Retrospective Review of 355 Patients. Neurosurgery. 1996; 38:887–897

[123] Malek AM, Halbach VV, Holmes S, Phatouros CC, Meyers PM, Dowd CF, Higashida RT. Beating aneurysm sign: angiographic evidence of ruptured aneurysm tamponade by intracranial hemorrhage. Case illustration. J Neurosurg. 1999; 91

[124] Lin T, Fox AJ, Drake CG. Regrowth of Aneurysm Sacs from Residual Neck Following Aneurysm Clipping. J Neurosurg. 1989; 70:556–560

[125] Feuerberg I, Lindquist M, Steiner L. Natural History of Postoperative Aneurysm Rests. J Neurosurg. 1987; 66:30–34

[126] Rosenorn J, Westergaard L, Hansen PH. Mannitol-Induced Rebleeding from Intracranial Aneurysm: Case Report. J Neurosurg. 1983; 59:529–530

[127] Connolly ES, Kader AA, Frazzini VI, Winfree CJ, Solomon RA. The Safety of Intraoperative Lumbar Subarachnoid Drainage for Acutely Ruptured Intracranial Aneurysm: Technical Note. Surg Neurol. 1997; 48:338–344

[128] Todd MM, Hindman BJ, Clarke WR, Torner JC. Mild intraoperative hypothermia during surgery for intracranial aneurysm. N Engl J Med. 2005; 352:135–145

[129] Hoff RG, Mettes S, Verweij BH, Algra A, Rinkel GJ, Kalkman CJ. Hypotension in anaesthetized patients during aneurysm clipping: not as bad as expected? Acta Anaesthesiol Scand. 2008; 52:1006–1011

[130] Pasternak JJ, McGregor DG, Schroeder DR, Lanier WL, Shi Q, Hindman BJ, Clarke WR, Torner JC, Weeks JB, Todd MM. Hyperglycemia in patients undergoing cerebral aneurysm surgery: its association with long-term gross neurologic and neuropsychological function. Mayo Clin Proc. 2008; 83:406–417

[131] Solomon RA. Methods of Cerebral Protection During Aneurysm Surgery. Contemp Neurosurg. 1995; 16:1–6

[132] Lavine SD, Masri LS, Levy ML, Giannotta SL. Temporary occlusion of the middle cerebral artery in intracranial aneurysm surgery: time limitation and advantage of brain protection. J Neurosurg. 1997; 87:817–824

[133] Ogilvy CS, Carter BS, Kaplan S, Rich C, Crowell RM. Temporary vessel occlusion for aneurysm surgery: risk factors for stroke in patients protected by induced hypothermia and hypertension and intravenous mannitol administration. J Neurosurg. 1996; 84:785–791

[134] Samson D, Batjer HH, Bowman G, Mootz L, Krippner WJ,Jr, Meyer YJ, Allen BC. A clinical study of the parameters and effects of temporary arterial occlusion in the management of intracranial aneurysms. Neurosurgery. 1994; 34:22–8; discussion 28-9

[135] Macdonald RL, Wallace C, Kestle JRW. Role of Angiography Following Aneurysm Surgery. J Neurosurg. 1993; 79:826–832

[136] Ravussin P, de Tribolet N. Total Intravenous Anesthesia with Propofol for Burst Suppression in Cerebral Aneurysm Surgery: Preliminary Report of 42 Patients. Neurosurgery. 1993; 32:236–240

[137] Batjer HH, Samson DS, Bowman M. Comment on Ravussin R and de Tribolet N: Total Intravenous Anesthesia with Propofol for Burst Suppression in Cerebral Aneurysm Surgery: Preliminary Report of 42 Patients. Neurosurgery. 1993; 32

[138] Couldwell WT, Gianotta SL, Zelman V, DeGiorgio CM. Life-Threatening Reactions to Propofol. Neurosurgery. 1993; 33:1116–1117

[139] Graf CJ, Nibbelink DW, Sahs AL, Nibbelink DW. In: Randomized Treatment Study: Intracranial Surgery. Aneurysmal Subarachnoid Hemorrhage - Report of the Cooperative Study. Baltimore: Urban and Schwarzenburg; 1981:145–202

[140] Pertuiset B, Pia HW, Langmaid C. In: Intraoperative Aneurysmal Rupture and Reduction by Coagulation of the Sac. Cerebral Aneurysms - Advances in Diagnosis and Therapy. Berlin: Springer-Verlag; 1979:398–401

[141] Schramm J, Cedzich C. Outcome and Management of Intraoperative Aneurysm Rupture. Surg Neurol. 1993; 40:26–30

[142] Kassell NF, Boarini DJ, Adams HP, Sahs AL *et al.* Overall Management of Ruptured Aneurysm: Comparison of Early and Later Operation. Neurosurgery. 1981; 9:120–128

[143] Batjer H, Samson DS. Management of Intraoperative Aneurysm Rupture. Clin Neurosurg. 1988; 36:275–288

[144] David CA, Vishteh AG, Spetzler RF *et al.* Late angiographic follow-up review of surgically treated aneurysms. J Neurosurg. 1999; 91:396–401

80 Tipo de Aneurisma por Localização

80.1 Aneurismas da artéria comunicante anterior

80.1.1 Informações gerais

É o local mais comum de aneurismas que apresentam hemorragia subaracnóidea (SAH).[1] Podem também se apresentar com diabetes insípido (DI) ou outra disfunção hipotalâmica.

80.1.2 Imagens de CT

A SAH nesses aneurismas resulta em sangue na fissura inter-hemisférica anterior, essencialmente em todos os casos, e está associada a hematoma intracerebral em 63% dos casos.[2] O hematoma intraventricular é visto em 79% dos casos, em que o sangue entra nos ventrículos a partir do hematoma intracerebral em cerca de um terço desses casos. A hidrocefalia aguda estava presente em 25% dos pacientes (a hidrocefalia tardia, uma sequela comum da SAH, não foi estudada).

Infartos do lobo frontal ocorrem em 20%, geralmente, vários dias após a SAH.[2] Uma dentre algumas causas do raro achado de infartos de ACA com distribuição bilateral é o vasospasmo após hemorragia por ruptura de um aneurisma de artéria comunicante anterior (ACoA). Isto resulta em achados do tipo lobotomia pré-frontal, apatia e abulia.

80.1.3 Considerações angiográficas

Ver também ▶ Quadro 102.2 na seção Endovascular. É essencial avaliar a carótida contralateral para determinar se ambas as ACAs enchem o aneurisma. Se o aneurisma for enchido apenas por um lado, é desejável injetar o outro lado, enquanto se procede à compressão cruzada no lado que enche o aneurisma, para verificar se está presente o fluxo colateral. Além disso, determine se a carótida também enche ambas as ACAs, ou se cada ACA é enchida pela injeção da carótida ipsilateral (pode permitir a captura, ver abaixo).
▶ **Se forem necessárias vistas adicionais para demonstrar melhor o aneurisma.** Tente a incidência oblíqua a 25° de distância do local da injeção, centralize o feixe a 3-4 cm acima do aspecto lateral da margem orbital ipsilateral, oriente o tubo de raios X na incidência de Towne. Uma incidência de vértice submental pode também visualizar a área, mas a imagem pode ser degradada por grande quantidade de osso interposto.

80.1.4 Tratamento cirúrgico

Abordagens

Informações gerais

1. *abordagem pterional*: a abordagem usual (ver abaixo)
2. abordagem subfrontal: especialmente útil para aneurismas que apontam em direção superior quando há uma grande quantidade de coágulos sanguíneos frontais (permite a remoção do coágulo durante a abordagem)
3. abordagem inter-hemisférica anterior:[3] ✖ contraindicada para aneurismas que apontam em direção anterior, uma vez que a cúpula seja abordada primeiro e não seja possível obter o controle proximal (ver abaixo)
4. abordagem transcalosa

Abordagem pterional

Lado da craniotomia:
Usa-se a craniotomia pterional *direita* com as seguintes exceções (para as quais é usada craniotomia pterional esquerda):
1. grande aneurisma de ACoA apontando para a direita: a craniotomia esquerda expõe o colo antes da cúpula
2. ramo nutrício dominante esquerdo A1 do aneurisma (sem enchimento do A1 direito): a craniotomia esquerda proporciona o controle proximal
3. aneurisma adicional do lado esquerdo

Ver Craniotomia pterional (p. 1453) para posicionamento etc. (use o rolo para ombro, gire a cabeça a 60° a partir da vertical; ver ▶ Fig. 94.5). A craniotomia é conforme mostrado na ▶ Fig. 94.7 (o lobo frontal precisa ser ligeiramente mais exposto do que, p. ex., no caso de um aneurisma da artéria comunicante posterior [p-comm]).
O dreno lombar (se o cateter intraventricular [IVC] ainda não foi inserido) auxilia no relaxamento cerebral.

Dissecção microcirúrgica

Disseque o sulco lateral (fissura de Silvius) com delicada retração do lobo frontal longe da base do crânio. O nervo olfatório é visualizado primeiro, em seguida o nervo óptico. Abra a aracnoide sobre a carótida e a cisterna óptica e drene o líquido cerebrospinal (CSF). Eleve a extremidade temporal, coagule quaisquer veias-ponte da extremidade temporal presentes, e exponha a artéria carótida interna (ICA).

Acompanhe a ICA distalmente, procure pelo ramo A1 (a exposição deste permite a clipagem temporária no caso de ruptura). Se A1 originar-se muito alto, ele poderá ficar oculto e ser necessária uma excessiva retração para a sua exposição. As opções para aumentar sua exposição incluem

1. ressecção do giro reto: realiza-se cortisectomia de 1 cm de comprimento do giro reto[4] exatamente medial ao trato olfatório. É útil encontrar A1 ipsilateral e geralmente a ACoA e A2. Também é útil para aneurismas que apontam para baixo, uma vez que permita a visualização do A1 contralateral antes de expor a cúpula aneurismática (para controle proximal). Pode levar a déficits neuropsiquiátricos. A ressecção subpial é realizada com preservação do pequeno ramo arterial que está consistentemente localizado aqui
2. remoção de zigoma frontotemporal-orbital
3. divisão da fissura de Silvius: cerca de 50% dos especialistas realizam este procedimento rotineiramente
4. drenagem ventricular

Depois de encontrado, o A1 é acompanhado até que o A2 ipsilateral seja identificado. Em seguida, o A2 contralateral é identificado e é acompanhado proximalmente até que o A1 contralateral seja exposto. A artéria comunicante anterior (a-comm) geralmente é encontrada no processo.

Ramos críticos a preservar: artéria de Heubner recorrente; pequenas perfurantes da ACoA (podem estar aderidas à cúpula do aneurisma). Se não for possível a clipagem do aneurisma, ele *só* poderá ser capturado por clipagem de ambas as pontas da ACoA, se cada ACA for enchida pela carótida em seus respectivos lados.

Após a clipagem, alguns autores recomendam a fenestração da lâmina terminal na tentativa de reduzir a necessidade de *shunt* pós-operatório.

Abordagem anterior inter-hemisférica

Ver referência.[3]

Envolve mínima retração cerebral.

É mais adequada para o aneurisma que aponta diretamente para cima, porém mesmo neste caso, o controle proximal é precário.

Posição: supina com o pescoço estendido em $\approx 15°$. A incisão cutânea transversa é realizada em uma dobra de pele na porção inferior da testa. Os autores[3] a descrevem com o uso de craniotomia com trépano de 1,5 polegada (3,75 cm) na linha média exatamente superior à glabela. Alternativamente, a melhor vantagem da abertura dural é a possibilidade de ser feita com uma abertura mais retangular. O retalho dural é ligado ao seio sagital superior. A profundidade do aneurisma é ≈ 6 cm a partir da dura. O controle proximal do ramo A1 da ACA é difícil com essa abordagem.

80.2 Aneurismas da artéria cerebral anterior distal

80.2.1 Informações gerais

Os aneurismas da artéria cerebral anterior distal (DACA) (isto é, a ACA distal à ACoA) geralmente se localizam na origem da artéria frontopolar, ou na bifurcação das artérias pericalosa e calosomarginal no *genu* (joelho) do corpo caloso. Os aneurismas localizados mais distalmente em geral são pós-traumáticos, infecciosos (micóticos), ou decorrentes de êmbolo tumoral.[5] Os aneurismas de DACA em geral estão associados a hematoma intracerebral ou hematoma subdural inter-hemisférico,[6] pois aqui o espaço subaracnóideo é limitado. O tratamento conservador dos aneurismas de DACA em geral está associado a maus resultados. Os aneurismas de DACA não rotos apresentam maior incidência de sangramento do que os aneurismas não rotos em outras localizações. Esses aneurismas são frágeis e aderidos ao cérebro, o que predispõe à frequente ruptura intraoperatória prematura.

À arteriografia, se ambas as ACAs forem enchidas por injeção de um único lado da carótida, pode ser difícil fazer a importante determinação sobre qual ACA alimenta o aneurisma. Múltiplos aneurismas geralmente estão associados a aneurismas de DACA.

80.2.2 Tratamento

Aneurismas micóticos devem ser tratados conforme descrito (p. 1228).

Aneurismas da ACoA de até 1 cm podem ser abordados pela craniotomia pterional padrão com ressecção parcial do giro reto.

Aneurismas > 1 cm distais à ACoA até o *genu* do corpo caloso, incluindo aqueles da bifurcação pericalosa/calosomarginal, podem ser tratados cirurgicamente por abordagem inter-hemisférica frontal basal,[7] via craniotomia frontal, com o uso de uma incisão cutânea bicoronal. O paciente é posicionado supino com o pescoço ligeiramente estendido, em posição vertical ou apenas a alguns graus para a esquerda. A craniotomia do lado direito é preferida na maioria dos casos (exceção: quando a cúpula do aneurisma está sepultada no hemisfério cerebral direito, tornando a retração perigosa), mas deve cruzar o lado contralateral em alguns centímetros, devendo ser continuada sempre até o assoalho da fossa frontal para possibilitar a exposição da artéria cerebral anterior para controle proximal. A craniotomia estende-se a ≈ 8 cm acima da crista supraorbital para proporcionar uma margem de segurança às veias-ponte circundantes que correm para o seio sagital superior. O retalho dural baseia-se no seio sagital superior. Se for necessário mobilizar o seio, ele poderá ser dividido na porção inferior anterior.

Nos aneurismas de ACA distais ao *genu* do corpo caloso pode-se também usar a abordagem inter-hemisférica realizando uma incisão cutânea unilateral. Neste caso, o pescoço do paciente não é estendido, e emprega-se craniotomia parassagital que não precisa ser realizada tão inferiormente na fossa frontal. Pode ser difícil separar os giros cingulados e deve-se tomar cuidado porque a retração excessiva pode puxar o giro cingulado para fora da cúpula do aneurisma e produzir ruptura prematura.

Idealmente, o A2 proximal ao aneurisma deve ser identificado inicialmente para controle proximal e em seguida acompanhado distalmente até o aneurisma. Quando isto não é possível, a dissecção deve acompanhar os ramos da ACA distal proximalmente, na direção do aneurisma, tomando cuidado para não perturbar o aneurisma. Com frequência, pode ser necessário remover uma porção do giro cingulado e às vezes dividir até 1-2 cm do corpo caloso anterior.

Complicações cirúrgicas: a retração prolongada do giro do cíngulo pode produzir mutismo acinético que geralmente é temporário. As artérias pericalosas têm pequeno calibre e podem estar ateroscleróticas, o que em conjunto aumenta o risco de oclusão da artéria parental pelo clipe do aneurisma.

80.3 Aneurismas da artéria comunicante posterior

80.3.1 Informações gerais

Pode ocorrer em ambas as extremidades da p-comm; isto é, na junção com a artéria cerebral posterior (PCA), ou mais comumente na junção com a carótida (tipicamente apontando em direções lateral, posterior e inferior). Pode impactar o terceiro nervo em ambos os casos e causar a paralisia deste nervo (ptose, midríase, desvio para "baixo e para fora") que, em 99% dos casos, não poupa a pupila. A clipagem cirúrgica pode ser mais vantajosa do que a colocação de espiral endovascular para tratar as paralisias do nervo oculomotor causadas pelos aneurismas de p-comm.[8,9]

80.3.2 Considerações angiográficas

Ver também ▶ Quadro 102.2 na seção Endovascular. A injeção da artéria vertebral (VA) é necessária para ajudar na avaliação da artéria p-comm:
1. se a p-comm estiver patente: determine se há uma "circulação fetal" em que a circulação posterior é alimentada somente por esta artéria
2. determine se o aneurisma é enchido por injeção da VA

Se forem necessárias vistas adicionais para demonstrar melhor o aneurisma

Tente a incidência oblíqua paraorbital a 55° de distância do lado da injeção, centralize o feixe 1 cm posterior à porção inferior da margem lateral da órbita ipsilateral, oriente o tubo de raios X a 12° em direção cefálica.

80.3.3 Tratamento cirúrgico

Abordagem pterional

Ver Craniotomia pterional (p. 1453) para posicionamento etc. Para o aneurisma mais comum na junção ICA-p-comm, gire a cabeça do paciente a 15-30° a partir da vertical (▶ Fig. 94.5). A craniotomia é conforme o mostrado na ▶ Fig. 94.7 (é necessário menos exposição do lobo frontal do que no aneurisma de ACoA).

Dissecção microcirúrgica

Finalmente, o principal vetor da retração estará na extremidade do lobo temporal (menos no lobo frontal do que no caso do aneurisma de ACoA), mas a abordagem inicial será mais anterior para reduzir o risco de ruptura intraoperatória.
1. disseque em direção inferior na fissura de Silvius, retraia o lobo frontal e desça no nervo óptico

2. eleve cuidadosamente a extremidade temporal (o aneurisma pode estar aderido à extremidade temporal e/ou ao tentório), coagule as veias- pontes da extremidade temporal, se necessário
3. incise a membrana aracnoide ao longo do nervo óptico de anterior para posterior
4. abra a aracnoide e drene o CSF para obter relaxamento
5. comece a dissecar a carótida na margem anterior (na junção com o nervo óptico) e trabalhe na direção da margem posterior da carótida onde o aneurisma está localizado (o isolamento da carótida concede controle proximal)

A cúpula do aneurisma geralmente aponta nas direções lateral, posterior e inferior, e é encontrada antes, e geralmente bloqueia a visualização da p-comm. O aneurisma frequentemente se projeta atrás da borda tentorial que então obscurece a cúpula.

Ramos críticos a preservar: artéria coróidea anterior, artéria comunicante posterior (p-comm). Se necessário, pode-se sacrificar a p-comm (p. ex., ser incluída no clipe) sem efeito deletério na maioria dos casos, se não houver circulação fetal.

80.4 Aneurismas na bifurcação (*terminus*) da carótida

80.4.1 Considerações angiográficas

Ver ▶ Quadro 102.2 na seção Endovascular.

▶ **Se forem necessárias vistas adicionais para demonstrar melhor o aneurisma.** Tente a incidência oblíqua a 25° de distância do lado da injeção, centralize o feixe 3-4 cm acima do aspecto lateral da margem orbital ipsolateral, oriente o tubo de raios X na incidência de Towne. Pode-se também tentar a vista submentovértice.

80.4.2 Considerações cirúrgicas

Ver Craniotomia pterional (p. 1453) para posicionamento etc. (gire a cabeça a 30° a partir da vertical, Ver ▶ Fig. 94.5. A craniotomia é conforme mostrado na ▶ Fig. 94.7.

80.5 Aneurismas da artéria cerebral média (MCA)

80.5.1 Informações gerais

A seguir, são considerados os aneurismas de MCA da junção M1-M2 (referida como região de "trifurcação", embora não seja uma trifurcação verdadeira [p. 76]).

80.5.2 Tratamento cirúrgico

Abordagens

1. abordagem transilviana através de craniotomia pterional: esta é a abordagem usada com mais frequência
2. abordagem pelo giro temporal superior:[10]
    a) vantagens: minimiza a retração cerebral, com possível redução do vasoespasmo decorrente da manipulação dos vasos proximais
    b) desvantagens: controle proximal difícil, retalho ósseo ligeiramente maior, com possível aumento do risco de convulsões

Craniotomia *versus* craniectomia

A craniectomia descompressiva primária (*versus* craniotomia) para SAH de aneurisma de MCA de grau precário (IV/V da World Federation of Neurological Surgeons – WFNS) com hematoma intraparenquimal (IPH) associado (> 30 cc) não demonstrou proporcionar qualquer benefício à sobrevivência e não está associada a melhores resultados.[11]

Abordagem pterional

Ver Craniotomia pterional (p. 1453) para posicionamento etc. (gire a cabeça a 45° a partir da vertical, ▶ Fig. 94.5).

Craniotomia

A craniotomia é conforme mostrado na ▶ Fig. 94.7. É necessária menos exposição do lobo frontal do que, p. ex., no aneurisma de ACoA (a distância "B" na ▶ Fig. 94.7 precisa ser de apenas ≈ 1 cm). A altura "H" da abertura óssea deve ser ≈ 5-6 cm (maior do que para os aneurismas do círculo arterial do cérebro [polígono de Willis]).

Dissecção microcirúrgica

Disseque a fissura de Silvius com maior vetor de retração na extremidade do lobo temporal (menos no lobo frontal do que no aneurisma de ACoA). Abra a aracnoide e drene o CSF. Eleve a extremidade temporal, coagule as veias-pontes da extremidade temporal e exponha a ICA para controle proximal no caso de ruptura.

Acompanhe a ICA distalmente mediante a divisão da fissura de Silvius para expor o ramo M1 (novamente, para controle proximal). Embora seja útil obter a exposição para controle proximal como medida de contingência, é possível evitar a clipagem temporária da MCA no caso de ruptura intraoperatória por meio do controle de sangramento com o uso de uma grande sucção e subsequente colocação de clipe (uma vez que o fluxo sanguíneo através da MCA não seja tão volumoso como através da ICA, e o acesso cirúrgico a esses aneurismas geralmente é bastante irrestrito).

Ramos críticos a preservar: ramos da MCA distal, perfurantes recorrentes na origem dos principais ramos da MCA.

80.6 Aneurismas supraclinoides

Ver referência.[12]

80.6.1 Anatomia aplicada

A artéria carótida sai do seio cavernoso e entra no espaço subaracnóideo na constrição dural conhecida como anel carótido (ou anel clinoide). A porção supraclinoide da artéria carótida pode ser dividida nos seguintes segmentos:[13]

1. segmento oftálmico: é a maior porção da ICA supraclinoide. Situa-se entre a origem da artéria oftálmica e a origem da artéria comunicante posterior (PCoA). A porção proximal desta (incluindo a origem da artéria oftálmica) geralmente é obscurecida pelo processo clinoide anterior. Os ramos incluem:
   a) artéria oftálmica: geralmente se origina da ICA supracavernosa logo após a entrada da ICA no espaço subaracnóideo; ver as variantes (p. 79). Entra no canal óptico posicionado inferolateral ao nervo óptico
   b) artéria hipofisária superior: é a maior das várias perfurantes que suprem a dura do seio cavernoso bem como a hipófise superior e seu pedículo
2. segmento comunicante: da origem da PCoA até a origem da artéria coróidea anterior (AChA)
3. segmento coróideo: da origem da AChA até a bifurcação terminal da ICA

80.6.2 Aneurismas do segmento oftálmico (OSAs)

Ver referência.[14]

Informações gerais

Os aneurismas do segmento oftálmico (OSAs) incluem (Nota: a nomenclatura varia entre os autores):
1. aneurismas da artéria oftálmica:
2. aneurismas da artéria hipofisária superior:
   a) variante paraclinoide: geralmente não produz sintomas visuais
   b) variante suprasselar: quando gigante, pode mimetizar o tumor hipofisário na CT

Apresentação (excluindo a descoberta incidental)

Aneurismas da artéria oftálmica

Surgem da ICA exatamente distais à origem da artéria oftálmica. Projetam-se dorsalmente ou dorsomedialmente na direção da porção lateral do nervo óptico.

Apresentação:
1. ≈ 45% apresentam-se como SAH
2. ≈ 45% apresentam-se com defeito de campo visual:
   a) à medida que aumenta, o aneurisma impacta a porção lateral do nervo óptico → compressão da fibra temporal inferior → *quadrantanopsia nasal monocular superior* ipsolateral
   b) aumento contínuo → deslocamento para cima do nervo contra o ligamento falciforme (ou prega) → compressão da fibra temporal superior → *quadrantanopsia nasal monocular inferior*
   c) além da perda quase completa da visão no olho envolvido, a compressão do nervo óptico próximo ao quiasma pode também produzir um defeito no quadrante temporal superior no olho *contralateral* (escotoma juncional ou defeito da "torta no céu") decorrente de lesão ao *genu* anterior de Wil-

brand (fibras retinianas nasais que correm anteriormente por uma curta distância depois de formarem decussação no nervo óptico contralateral[15])

3. ≈ 10% apresentam-se como ambos

Aneurismas da artéria hipofisária superior

Origina-se na pequena bolsa subaracnóidea medial à ICA próximo ao aspecto lateral da sela. A direção da dilatação é determinada pelo aumento dessa bolsa e pela altura da parede lateral selar, resultando em duas variantes: paraclinoide e suprasselar.

A variante suprasselar pode realmente crescer o suficiente para comprimir o pedículo hipofisário e causar hipopituitarismo e os "sintomas clássicos" visuais quiasmáticos (hemianopsia temporal bilateral).

Considerações angiográficas

Ver também ▶ Quadro 102.2 na seção Endovascular. Com frequência, pode-se observar uma incisura nos aspectos anterior, superior, medial dos aneurismas gigantes da artéria oftálmica decorrente do nervo óptico.[16]

▶ **Se forem necessárias vistas adicionais para demonstrar melhor o aneurisma**. Tente a incidência oblíqua a 25° de distância do local da injeção, centralize o feixe 3-4 cm acima do aspecto lateral da margem orbital ipsolateral, oriente o tubo de raios X na incidência de Towne. Tente a incidência submento-vértice.

80.6.3 Tratamento cirúrgico

Ver referência.[12]

Aneurismas da artéria oftálmica

Se necessário, a artéria oftálmica poderá ser sacrificada sem agravar a visão na grande maioria dos pacientes. A clipagem do aneurisma de uma artéria oftálmica contralateral não é tecnicamente difícil, e não raro é necessária uma vez que os OSAs geralmente sejam múltiplos.

O aneurisma surge do aspecto superomedial da ICA, exatamente distal à origem da artéria oftálmica, e projeta-se superiormente.

A secção da prega falciforme descomprime inicialmente o nervo e ajuda a minimizar a piora do déficit visual decorrente da manipulação cirúrgica.

No caso de aneurismas não rotos, perfure o processo clinoide anterior por abordagem extradural antes da abertura da dura para abordar o colo; no caso de aneurismas rotos, isto pode não ser tão seguro.

Na maioria dos casos, pode-se colocar um clipe em ângulo lateral paralelo à artéria parental ao longo do colo do aneurisma.

Aneurismas da artéria hipofisária superior

Se necessário, pode-se fazer a clipagem da artéria hipofisária superior em um lado sem um efeito deletério demonstrável (em razão do suprimento bilateral para o pedículo e a hipófise). A clipagem de aneurismas hipofisários superiores contralaterais realmente não é viável.

Com a abordagem pterional usual, a artéria carótida geralmente é encontrada primeiro, e no caso de grandes aneurismas com frequência ela está inclinada lateralmente na direção do cirurgião. A remoção do clinoide geralmente é necessária. Aparentemente, toda a parede da ICA está envolvida, podendo ser necessária a clipagem temporária desta artéria (com proteção cerebral) para sua reconstituição, utilizando clipes circundantes paralelos ao vaso parental.

80.7 Aneurismas da circulação posterior

80.7.1 Informações gerais

Ver também aneurismas da extremidade basilar (p. 1218). A síndrome clínica de SAH na fossa posterior é indistinguível daquela decorrente de aneurismas da circulação anterior, exceto pela possibilidade de maior tendência à parada respiratória e subsequente edema pulmonar neurogênico (p. 1178).[17] É mais provável que o vasospasmo após a SAH de fossa posterior cause sintomas mesencefálicos do que o vasospasmo decorrente da SAH ocorrida em outra parte.

80.7.2 Hidrocefalia

Na série de Yamaura,[18] 12% dos pacientes necessitaram de drenagem ventricular externa (EVD) após SAH de fossa posterior para remover CSF sanguinolento causador de hidrocefalia, e em 20% eventualmente será necessário um *shunt* ventricular permanente.

80.7.3 Aneurismas da artéria vertebral

Informações gerais

Os aneurismas da artéria vertebral (VAA) traumáticos (ou aneurismas dissecantes) são mais comuns do que os VAAs não traumáticos. A discussão a seguir refere-se aos VAAs não traumáticos.

A maioria dos VAAs surge na junção VA-PICA (artéria vertebral – artéria cerebelar inferior posterior). Outros locais: VA-PICA (artéria vertebral – artéria cerebelar inferior anterior), VA-BA (artéria vertebral – artéria basilar).

Considerações angiográficas

Ver também ▶ Quadro 102.2 na seção Endovascular. A angiografia do VAA deve avaliar a permeabilidade da VA contralateral para o caso de ser necessário capturar o aneurisma. O teste de Allcock (injeção da artéria vertebral com compressão da carótida) pode ser usado para avaliação da permeabilidade do círculo de Willis. Teste a oclusão com um cateter com balão para determinar se o paciente irá tolerar a oclusão (um balão de duplo lúmen permitirá até a aferição da pressão dorsal distal).

Aneurismas da PICA

Informações gerais

Para a anatomia da PICA, ver ▶ Fig. 2.6. Para arteriograma, ver ▶ Fig. 2.7.

Compreendem ≈ 3% dos aneurismas cerebrais. Três locais comuns:

1. VA na junção VA-PICA:[19]
   a) aneurismas saculares: com mais frequência no ângulo distal (superior). Deve-se suspeitar de aneurisma nessa localização quando a CT demonstrar sangue predominantemente no quarto ventrículo[20] (a cúpula aneurismática pode-se aderir à abertura lateral do quarto ventrículo (forame de Luschka); a ruptura enche os ventrículos com pouco sangue subaracnóideo visível na CT). O nível é tão variado quanto a origem da PICA, e pode ser tão baixo quanto no forame magno e chegar a ser tão alto quanto na junção pontomedular. A maioria dos aneurismas de VA-PICA situa-se na porção anterolateral da cisterna medular,[21] anteriores ao primeiro ligamento denteado.[22] No entanto, a origem da PICA pode, às vezes, situar-se na linha média ou através dela
   b) aneurismas fusiformes: geralmente o resultado de dissecção arterial prévia (p. 1325)
2. aneurismas da PICA distal à junção de VA-PICA: tendem a ser frágeis e geralmente desenvolvem múltiplas hemorragias em um período relativamente curto, ∴ devem ser tratados imediatamente, mesmo quando descobertos incidentalmente
3. aneurismas fusiformes de VA envolvendo PICA

Considerações angiográficas

Ver ▶ Quadro 102.2 na seção Endovascular.

Tratamento

Opções:

1. a clipagem aneurismática direta é o tratamento preferido
2. embolização com espiral endovascular: não é tão eficaz quanto a clipagem para alívio dos sintomas decorrente da compressão do tronco encefálico ou do nervo craniano
3. escolhas para aneurismas não passíveis de clipagem ou colocação de espiral (p. ex., aneurismas fusiformess, gigante ou dissecantes) incluem:
   a) ligação da VA proximal (hunteriana)[23] que deve estar distal à origem da PICA para prevenir morbidade ou mortalidade severas[24]
   b) oclusão da VA distal à origem da PICA (geralmente realizada por via endovascular)
   c) oclusão da VA medial cervical (permite o fluxo colateral através dos ramos musculares suboccipitais), p.ex. tampão endovascular Amplatzer

Clipagem cirúrgica de aneurismas saculares da junção VA-PICA

Uma abordagem à junção VA-PICA é pelo extremo inferior da fossa posterior. No entanto, se o aneurisma estiver muito anterior ao tronco encefálico, ele poderá estar totalmente fora de visão ou alcance. Além disso, visto que esses aneurismas geralmente se projetam em direções posterior e superior, a PICA crítica estará diretamente situada em local sujeito a danos. A abordagem lateral direta expõe o aneurisma[25] mais diretamente pela abordagem transcondilar suboccipital lateral.

Posição: as opções incluem a posição sentada – usada com menos frequência, ver Posição sentada (p. 1445) – ou lateral oblíqua ("banco de parque").

Posição oblíqua lateral

Posição: o lado da PICA envolvida está no alto, tórax elevado ≈ 15°. Cabeça alinhada com o tórax, pescoço ligeiramente flexionado, e ligeiramente girado a 20° na direção do chão (longe do lado do aneurisma). O ombro superior é deprimido com fita adesiva. A colocação do cateter subaracnóideo espinal lombar permite a drenagem de CSF após a abertura da dura.

Opções para incisão cutânea:

Evite a abertura muito distante lateralmente, senão a massa muscular impedirá a visão do cirurgião.[26 (p. 1747)]

1. a partir de exatamente acima da linha nucal superior à vertebra C2[21]
   a) incisão vertical paramediana
   b) incisão vertical na linha média (bastão de hóquei)
2. incisão "sigmóidea" iniciando a 2 cm mediais à incisura mastóidea, e curvando para a linha média ao nível do arco C1[27]

Craniectomia: exposição lateral do osso até a base do mastoide, cruzando medialmente a linha média. Não é necessário ser tão alto quanto no seio transverso. O forame magno é removido até sua margem lateral. A remoção do arco posterior de C1 da linha média até o sulco arterial (sob a VA) pode ajudar na exposição[27] da VA proximal, mas geralmente não é necessário.[28]

Abertura dural: A abertura dural em forma de "K" com uma incisão linear através da banda no forame magno (alguns pacientes têm aqui um seio, conhecido como seio arqueado, que pode necessitar de clipes vasculares).

Abordagem: primeiramente, obtenha o controle proximal da VA onde ela se torna primeiro intradural (no caso de ruptura aneurismática). Retraia o cerebelo superiormente (cuidado: a cúpula do aneurisma pode estar aderida). Acompanhe a VA a partir do ponto onde ela entra na dura; a origem da PICA é então encontrada em geral exatamente no colo do aneurisma (a origem da PICA pode ser confundida com a continuação da VA). A dissecção deve poupar os ramos dos filamentos faríngeos do nervo acessório espinal e os filamentos inferiores do vago. Pode-se colocar um clipe temporário na VA proximal à PICA. O clipe permanente geralmente é colocado entre as fibras do IX e do X acima e abaixo do XI. É melhor deixar um pequeno aneurisma residual do que correr o risco de comprometer a PICA.[28]

Cuidados pós-operatórios: quando a neuropraxia dos nervos cranianos inferiores for provável (nos casos de difícil dissecção ou tração aplicada durante a clipagem,) o paciente é mantido intubado durante a noite. Os pacientes que nesse ponto não conseguem tolerar a extubação são imediatamente reintubados, e é programada uma traqueostomia eletiva. A traqueostomia é mantida até a resolução da neuropraxia se resolver.

Clipagem cirúrgica dos aneurismas da PICA distal

Os aneurismas distais ao segmento medular lateral são abordados por craniectomia que se estende pela linha média.

80.7.4 Aneurismas da junção vertebrobasilar

Informações gerais

Os aneurismas saculares situados onde as duas artérias vertebrais se unem geralmente se formam na localização de uma fenestração da artéria basilar (aneurisma de fenestração basilar).

Considerações angiográficas

Ver ▶ Quadro 102.2 na seção Endovascular.

O CT-angiograma pode ser útil como adjuvante, uma vez que pode opacificar ambas as artérias vertebrais simultaneamente (o que geralmente não é viável com o angiograma por cateter).

Abordagens cirúrgicas

1. abordagem suboccipital: para a maioria; é realizada na posição oblíqua lateral
2. abordagem subtemporal-transtentorial se a junção vertebrobasilar for alta; é realizada em posição supina

Abordagem suboccipital em posição oblíqua lateral

Nota: o lado da abordagem deve ser escolhido com base no angiograma, uma vez que a extrema tortuosidade das VAs pode fazer com que o aneurisma nessas artérias situe-se no lado contralateral do tronco encefálico.

Posição: tórax elevado em ≈ 15°. Cabeça alinhada com o tórax, pescoço ligeiramente flexionado e ligeiramente girado para longe do lado do aneurisma. O ombro superior é deprimido com fita adesiva tape. Coloca-se o cateter subaracnóideo espinal para drenagem de CSF, e aberto somente depois que a dura for aberta.

80.7.5 Aneurismas de AICA

Considerações angiográficas
Ver ▶ Quadro 102.2 na seção Endovascular.

80.7.6 Aneurismas de bifurcação basilar

Informações gerais
Também conhecidos como aneurismas da extremidade basilar. É o aneurisma de circulação posterior mais comum. Compreende ≈ 5% dos aneurismas intracranianos. Eram considerados inoperáveis até Drake relatar 4 casos, em 1961,[29] e relatos posteriores de séries maiores.[30]

Apresentação
A maioria apresenta-se com SAH e são indistinguíveis da SAH por causa da ruptura aneurismática na circulação anterior. Raramente, o aumento do aneurisma antes da ruptura pode comprimir o quiasma óptico ≈ corte de campo bitemporal (mimetizando o tumor hipofisário), ou ocasionalmente pode comprimir o terceiro nervo quando este sai da fossa interpedincular → paralisia do nervo oculomotor.[17]

Imagens de CT/MRI
Ocasionalmente podem ser vistos na CT ou em imagens por ressonância magnética (MRI) como uma massa redonda na região da cisterna suprasselar. Com a SAH, a tendência é a visualização de sangue na cisterna interpedincular com algum refluxo para o interior do quarto (e em menor extensão para o terceiro e o lateral) ventrículo. Algumas vezes, pode mimetizar SAH pré-truncal não aneurismática (p. 1231).

Angiografia
Ver também ▶ Quadro 102.2 na seção Endovascular. Geralmente a cúpula aponta em direção superior. Deve-se avaliar o fluxo através das artérias comunicantes posteriores (pode-se necessitar do teste de Allcock) se for exigida a captura. É preciso avaliar a altura da bifurcação basilar em relação ao dorso da sela (abaixo).

Características angiográficas críticas a avaliar: no angiograma ou CTA:
1. características gerais (p. 1162)
2. orientação: determine se a cirurgia é uma opção. Aneurismas que apontam em direção posterior obscurecem as perfurantes que podem estar aderidas a eles, tornando a cirurgia mais difícil
3. permeabilidade das PCAs e artérias cerebelares superiores (SCAs)
4. permeabilidade e tamanho das p-comms
   a) é necessário que o diâmetro da p-comm seja > 1 mm para suportar o fluxo colateral (opinião do especialista)
   b) determine se o ramo P1 pode ser sacrificado
   c) a permeabilidade e o tamanho da p-comm são importantes para o tratamento endovascular como uma via potencial para a disposição de *stent* em orientação horizontal estendendo-se de P1 até P1 contralateral[31,32]
   d) o que pode facilitar a clipagem temporária, ou o sacrifício, ou a colocação de *stents*
5. altura do aneurisma em relação ao processo clinoide posterior que afetará a seleção da abordagem cirúrgica[33,34] (a variação da altura do clinoide posterior é de 4-14 mm[34])
   a) supraclinoide: colo do aneurisma > 5 mm superiores ao processo clinoide posterior
   b) clinoide: colo do aneurisma dentro de 5 mm do processo clinoide posterior
   c) infraclinoide: colo do aneurisma > 5 mm inferiores ao processo clinoide posterior

Tratamento cirúrgico

Momento
A experiência inicial tendeu a favor de se permitir que os aneurismas de extremidade basilar "esfriem" por ≈ 10-14 dias após a SAH antes de tentar a cirurgia para possibilitar que o edema cerebral ceda. Mais recentemente, a cirurgia precoce para esses aneurismas tem sido defendida para aneurismas da circulação anterior (p. 1199).[35] No entanto, alguns cirurgiões ainda recomendam esperar ≈ 1 semana,[36] e a maioria concorda que, se houver dificuldades técnicas óbvias por causa de tamanho, configuração ou localização do aneurisma, inicialmente a cirurgia pode não ser apropriada. Além disso, se durante a craniotomia tornar-se aparente que o edema cerebral está comprometendo a exposição, a cirurgia deve ser abortada e tentada novamente em data posterior.

Abordagens
1. craniotomia subtemporal direita (abordagem clássica de Drake): abordagem através de incisura ou divisão do tentório. A abordagem à maioria dos aneurismas de extremidade basilar provavelmente é melhor via de abordagem pterional (ver adiante), exceto no caso dos aneurismas que apontam em direção posterior

a) vantagem:
- menos distância até a extremidade basilar
- pode ser melhor do que a abordagem pterional aos aneurismas que se projetam em direção posterior ou posteroinferior[36]

b) desvantagens:
- requer retração do lobo temporal (minimizada com drenagem lombar, manitol e possivelmente secção do arco zigomático[37])
- má visualização do segmento P1 contralateral e talamoperfurantes

2. abordagem pterional (descrita por Yasargil): transilviana (ver abaixo)

a) vantagens:
- pouca ou nenhuma retração no lobo temporal (ao contrário da abordagem subtemporal)
- melhor visualização de ambos os segmentos P1 e talamoperfurantes
- é possível lidar com outros aneurismas, p. ex., da circulação anterior, na mesma sessão

b) desvantagens:
- aumenta o alcance do aneurisma em ≈ 1 cm em comparação à subtemporal
- requer ampla divisão da fissura de Silvius
- o campo operatório é mais estreito do que na abordagem subtemporal
- perfurantes que surgem do aspecto posterior de P1 podem não ser visíveis

3. craniotomia pterional modificada: pode permitir a abordagem transilviana ou subtemporal.[36] A craniotomia é levada ainda mais posteriormente do que a craniotomia pterional padrão

4. abordagem orbitozigomática: permite o acesso a porções da artéria basilar abaixo da bifurcação. Pode ser aumentada pela remoção da parte superior do clivo

A ressecção opcional da extremidade temporal aumentará a exposição de ambas as abordagens. Ao contrário da maioria dos aneurismas de circulação anterior, é muito difícil assegurar o controle proximal.

Se a bifurcação basilar estiver alta, acima do dorso da sela, então será necessária mais retração em uma abordagem subtemporal do que no caso da altura normal da bifurcação (próxima ao dorso da sela). Lida-se com a bifurcação alta por meio de abordagem transilviana, abrindo-se amplamente a fissura de Silvius, ou por abordagem subfrontal através do terceiro ventrículo via lâmina terminal.[38] Uma bifurcação baixa pode necessitar de divisão do tentório atrás do quarto nervo.

Abordagem pterional

Ver referência.[39]

Os riscos incluem: paralisia oculomotora em ≈ 30% (na maioria, é mínima e temporária).

A abordagem é pela *direita*, a não ser que:

1. aneurisma adicional do lado esquerdo (p. ex., aneurisma de p-comm) que pode ser tratado simultaneamente por abordagem pelo lado esquerdo
2. o aneurisma aponte para a direita
3. o aneurisma se localize à esquerda da linha média (a cirurgia é mais difícil quando o aneurisma está a apenas 2-3 mm contralaterais à craniotomia)[36]
4. o paciente tem hemiparesia direita ou paralisia oculomotora esquerda

Ver Craniotomia pterional (p. 1453) para informações gerais. Gire a cabeça a ≈ 30° fora da vertical de modo que a eminência malar aponte diretamente para cima (▶ Fig. 94.5). Usa-se leve flexão do pescoço para os aneurismas em localização baixa, com ligeira extensão para os que se encontram em localização alta. A craniotomia é conforme mostrada na ▶ Fig. 94.7, com remoção agressiva da asa do esfenoide. A asa do esfenoide e o teto orbital podem ser reduzidos com broca. A clinoide posterior pode ser removido para melhorar a exposição.

Abordagem

A fissura de Silvius é dividida até ser identificada a origem do ramo M1 proximal da bifurcação (*terminus*) da carótida. A abordagem é medial à ICA (entre a ICA e o nervo óptico) quando esse espaço for ≥ 5-10 mm. Se a ICA estiver próxima ao nervo óptico, uma abordagem lateral a esta artéria pode ser usada, auxiliada pela retração medial do segmento ICA/M1 (▶ Fig. 94.8). Aqui, a exposição é limitada à altura do ramo M1 acima da base craniana, e se a altura da extremidade basilar for acima da base craniana este limite será muito excedido, e a clipagem por meio dessa abordagem não será viável.[18]

O terceiro nervo é identificado. Também a p-comm e a artéria coróidea anterior (AChA) são localizadas quando surgem da superfície posterior da ICA (para diferenciar entre elas: a origem da p-comm é proximal à da AChA, a p-comm corre perpendicular à membrana de Liliequist onde as AChA correm obliquamente para o interior da cisterna crural). A p-comm é acompanhada posteriormente pela membrana de Liliequist, que é aberta revelando a cisterna pré-pontina. A p-comm é acompanhada até se unir à PCA na junção P1/P2. Se a p-comm estiver ausente, acompanhe o terceiro nervo de volta para encontrar o local onde ele emerge entre a PCA e a SCA. O P1 é acompanhado proximalmente à região da bifurcação basilar, onde o P1 contralateral e ambas as SCAs são identificados. A dissecção caudal da membrana de Liliequist expõe a cisterna interpeduncular com a BA proximal (esta exposição é crítica para o controle proximal da BA, no caso de ruptura aneurismática).

As artérias talamoperfurantes (ThPAs) surgem da p-comm distal e PCA proximal, e geralmente comprometem o acesso. Os maus resultados iniciais da clipagem dos aneurismas de extremidade basilar foram atribuídos ao sacrifício desses vasos, o que produziu infartos lacunares no tálamo, mesencéfalo, regiões subtalâmicas e pré-tectais. Se a p-comm estiver hipoplásica, ela pode ser dividida entre os clipes para melhorar a exposição (preservando as ThPAs que então surgirão dos cotos). Similarmente, um P1 hipoplásico pode ser dividido, se a PCA for enchida pela p-comm. Se as ThPAs tornarem impossível a clipagem do aneurisma, pode ser necessário sacrificar algumas delas, o que é feito melhor em suas origens. Felizmente, há algumas anastamoses[40] e, desse modo, elas não são inteiramente artérias finais como se pensava originalmente.

Resultados

Se não for possível tratar o aneurisma com técnica endovascular, então se pode considerar a opção cirúrgica. A mortalidade geral é der 5%, e a morbidade de 12% (principalmente decorrente da lesão aos vasos perfurantes).[41]

80.7.7 Aneurismas do tronco basilar

A maioria dos aneurismas do tronco basilar têm morfologia fusiforme. O acesso cirúrgico a estes aneurismas é extremamente difícil.

Referências

[1] Locksley HB. Report on the Cooperative Study of Intracranial Aneurysms and Subarachnoid Hemorrhage: Section V. J Neurosurg. 1966; 25:219–239

[2] Yock DH, Larson DA. CT of Hemorrhage from Anterior Communicating Artery Aneurysms, with Angiographic Correlation. Radiology. 1980; 134:399–407

[3] Yeh H, Tew JM. Anterior Interhemispheric Approach to Aneurysms of the Anterior Communicating Artery. Surg Neurol. 1985; 23:98–100

[4] VanderArk GD, Kempe LG, Smith DR. Anterior Communicating Aneurysms: The Gyrus Rectus Approach. Clin Neurosurg. 1974; 21:120–133

[5] Olmsted WW, McGee TP. The Pathogenesis of Peripheral Aneurysms of the Central Nervous System: A Subject Review from the AFIP. Radiology. 1977; 123:661–666

[6] Fein JM, Rovit RL. Interhemispheric subdural hematoma secondary to hemorrhage from a calloso-marginal artery aneurysm. Neuroradiology. 1970; 1:183–186

[7] Becker DH, Newton TH. Distal Anterior Cerebral Artery Aneurysm. Neurosurgery. 1979; 4:495–503

[8] Tan H, Huang G, Zhang T, Liu J, Li Z,Wang Z. A retrospective comparison of the influence of surgical clipping and endovascular embolization on recovery of oculomotor nerve palsy in patients with posterior communicating artery aneurysms. Neurosurgery. 2015; 76:687–94; discussion 694

[9] Khan SA, Agrawal A, Hailey CE, Smith TP, Gokhale S, Alexander MJ, Britz GW, Zomorodi AR, McDonagh DL, James ML. Effect of surgical clipping versus endovascular coiling on recovery from oculomotor nerve palsy in patients with posterior communicating artery aneurysms: A retrospective comparative study and meta-analysis. Asian J Neurosurg. 2013; 8:117–124

[10] Heros RC, Ojemann RG, Crowell RM. Superior Temporal Gyrus Approach to Middle Cerebral Artery Aneurysms: Technique and Results. Neurosurgery. 1982; 10:308–313

[11] Zhao B, Zhao Y, Tan X, Cao Y, Wu J, Zhong M, Wang S. Primeary decompressive craniectomy for poorgrade middle cerebral artery aneurysms with associated intracerebral hemorrhage. Clin Neurol Neurosurg. 2015; 133:1–5

[12] Day AL. Clinicoanatomic Features of Supraclinoid Aneurysms. Clin Neurosurg. 1988; 36:256–274

[13] Gibo H, Lenkey C, Rhoton AL. Microsurgical Anatomy of the Supraclinoid Portion of the Internal Carotid Artery. J Neurosurg. 1981; 55:560–574

[14] Day AL. Aneurysms of the Ophthalmic Segment: A Clinical and Anatomical Analysis. J Neurosurg. 1990; 72:677–691

[15] Berson EL, Freeman MI, Gay AJ. Visual Field Defects in Giant Suprasellar Aneurysms of Internal Carotid. Arch Ophthalmol. 1966; 76:52–58

[16] Heros RC, Nelson PB, Ojemann RG et al. Large and Giant Paraclinoid Aneurysms: Surgical Techniques, Complications, and Results. Neurosurgery. 1983; 12:153–163

[17] Drake CG. The Treatment of Aneurysms of the Posterior Circulation. Clin Neurosurg. 1979; 26:96–144

[18] Yamaura A. Surgical Management of Posterior Circulation Aneurysms - Part I. Contemporary Neurosurg. 1985; 7:1–6

[19] Fox JL. Intracranial Aneurysms. New York: Springer-Verlag; 1983

[20] Yeh HS, Tomsick TA, Tew JM. Intraventricular Hemorrhage due to Aneurysms of the Distal Posterior Inferior Cerebellar Artery. J Neurosurg. 1985; 62:772–775

[21] Hammon WM, Kempe LG. The Posterior Fossa Approach to Aneurysms of the Vertebral and Basilar Arteries. J Neurosurg. 1972; 37:339–347

[22] Drake CG. The Surgical Treatment of Vertebral-Basilar Aneurysms. Clin Neurosurg. 1969; 16:114–169

[23] Friedman AH, Drake CG. Subarachnoid hemorrhage from intracraniai dissecting aneurysm. J Neurosurg. 1984; 60:325–334

[24] Yamada K, Hayakawa T, Ushio Y et al. Therapeutic Occlusion of the Vertebral Artery for Unclippable Vertebral Aneurysm. Neurosurgery. 1984; 15:834–838

[25] Sen CN, Sekhar LN. An Extreme Lateral Approach to Intradural Lesions of the Cervical Spine and Foramen Magnum. Neurosurgery. 1990; 27:197–204

[26] Youmans JR. Neurological Surgery. Philadelphia 1982

[27] Heros RC. Lateral Suboccipital Approach for Vertebral and Vertebrobasilar Artery Aneurysms. J Neurosurg. 1986; 64:559–562

[28] Getch CC, O'Shaughnessy BA, Bendok BR, Parkinson RJ, Batjer HH. Surgical management of intracranial aneurysms involving the posterior inferior cerebellar artery. Contemp Neurosurg. 2004; 26:1–7

[29] Drake CG. Bleeding Aneurysms of the Basilar Artery: Direct Surgical Management in Four Cases. J Neurosurg. 1961; 18:230–238

[30] Drake CG. Further Experience with Surgical Treatment of Aneurysms of the Basilar Artery. J Neurosurg. 1968; 29:372–392

[31] Cross DT, III, Moran CJ, Derdeyn CP, Mazumdar A, Rivet D, Chicoine MM. Neuroform stent deployment for treatment of a basilar tip aneurysm via a posterior communicating artery route. AJNR Am J Neuroradiol. 2005; 26:2578–2581

[32] Wanke I, Gizewski E, Forsting M. Horizontal stent placement plus coiling in a broad-based basilar-tip aneurysm: an alternative to the Y-stent technique. Neuroradiology. 2006; 48:817–820

[33] Friedman RA, Pensak ML, Tauber M, Tew JM, Jr, van Loveren HR. Anterior petrosectomy approach to infraclinoidal basilar artery aneurysms: the emerging role of the neuro-otologist in multidisciplinary management of basilar artery aneurysms. Laryngoscope. 1997; 107:977–983

[34] Aziz KM, van Loveren HR, Tew JM, Jr, Chicoine MR. The Kawase approach to retrosellar and upper clival basilar aneurysms. Neurosurgery. 1999; 44:1225–34; discussion 1234-6

[35] Peerless SJ, Hernesniemi JA, Gutman FB, Drake CG. Early Surgery for Ruptured Vertebrobasilar Aneurysms. J Neurosurg. 1994; 80:643–649

[36] Chyatte D, Philips M. Surgical Approaches for Basilar Artery Aneurysms. Contemp Neurosurg. 1991; 13:1–6

[37] Pitelli SD, Almeida GGM, Nakagawa EJ et al. Basilar Aneurysm Surgery: The Subtemporal Approach with Section of the Zygomatic Arch. Neurosurgery. 1986; 18:125–128

[38] Canbolt A, Önal Ç, Kiris T. A High-Position Basilar Top Aneurysm Apprached via Third Ventricle: Case Report. Surg Neurol. 1993; 39:196–199

[39] Yasargil MG, Antic J, Laciga R et al. Microsurgical Pterional Approach to Aneurysms of the Basilar Bifurcation. Surg Neurol. 1976; 6

[40] Marinkovic SV, Milisavljevic MM, Kovacevic MS. Anastamoses Among the Thalamoperforating Branches of the Posterior Cerebral Artery. Arch Neurol. 1986; 43:811–814

[41] Drake CG. Management of Cerebral Aneurysm. Stroke. 1981; 12:273–283

81 Aneurismas Especiais e SAH Não Aneurismática

81.1 Aneurismas não rotos

81.1.1 Informações gerais

Aneurismas intracranianos não rotos (UIA) incluem os aneurismas incidentais (aqueles que não produzem quaisquer sintomas e são descobertos casualmente) e os que produzem sintomas além daqueles decorrentes da hemorragia (p. ex., dilatação pupilar decorrente da compressão do terceiro nervo). UIA merece consideração para o tratamento uma vez que o resultado da SAH com ou sem cirurgia seja precário, mesmo nas melhores circunstâncias. Cerca de 65% dos pacientes morrem na primeira SAH,[1] e até em pacientes sem nenhum déficit neurológico após ruptura do aneurisma, somente 46% se recuperaram totalmente, e somente 44% voltaram às suas ocupações anteriores.[2] No entanto, o risco de ruptura de aneurisma sem intervenção deve ser contrabalançado com os riscos de clipagem cirúrgica ou tratamento endovascular. A prevalência estimada de aneurismas incidentais é de 5-10% na população.[2]

81.1.2 Apresentação

Ver outros itens além daqueles listados sob "ruptura" na apresentação dos aneurismas (p. 1191).

81.1.3 História natural

O risco de sangramento de UIA difere dos aneurismas que se romperam. O risco verdadeiro não é conhecido com certeza. Estudos iniciais descobriram uma taxa anual de sangramento de 6,25%, enquanto relatórios posteriores estimam um risco vitalício de 16% para um indivíduo de 20 anos com um UIA, risco este que cai para 5% em um indivíduo de 60 anos.[2] Um estudo[3] mais recente estima a taxa anual de ruptura em ≈ 1%. O International Study of Unruptured Aneurysms (ISUIA)[4] foi o primeiro estudo prospectivo em larga escala, avaliando a história natural de aneurismas não rotos, assim como os riscos do tratamento de aneurismas não rotos. Os autores concluíram que a taxa de ruptura relacionava-se com o tamanho e localização do aneurisma, e esse risco é maior com aSAH prévia decorrente de um aneurisma separado (ver abaixo). Contudo, existem limitações importantes de ISUIA (ver ▶ Quadro 81.1).

> ### Σ
>
> Parece haver 2 tipos distintos de aneurismas: os desta ruptura, e os que tendem a permanecer estáveis. A maioria dos UIAs vistos na clínica enquadra-se no último grupo.

Raramente, pode ocorrer trombose espontânea decorrente de aneurismas não rotos (p. 1194).

Estudos retrospectivos e prospectivos adicionais têm sido conduzidos para avaliar a história natural dos aneurismas não rotos. Em geral, diversas variáveis foram identificadas como fatores de risco de ruptura:

1. fatores do paciente
   a) história de aSAH anterior decorrente de aneurisma distinto[4,5]
   b) múltiplos aneurismas[6,7]
   c) idade: existem evidências conflitantes, uma vez que alguns estudos descobriram uma relação inversa entre idade e risco de ruptura,[7,8] enquanto outros descobriram um risco maior de ruptura para indivíduos com 40 anos ou acima,[9] ou nenhum efeito da idade sobre o risco de ruptura[10]
   d) condições médicas:
      - hipertensão[7]
      - tabagismo[8]
   e) localização geográfica: América do Norte/Europa < Japão < Finlândia[11]

Quadro 81.1 Principais limitações metodológicas do estudo ISUIA

- os pacientes não foram randomizados para a cirurgia (*versus* sem cirurgia), e houve diferenças substanciais entre os grupos tratados e não tratados
- o seguimento foi < 5 anos em 50% dos pacientes
- viés da seleção: baixos números de recrutamento de cada centro

Aneurismas Especiais e SAH Não Aneurismática **1223**

f) gênero?: O risco de ruptura foi maior entre as mulheres em comparação aos homens em um estudo, mas apenas se aproximou de um significado estatístico[9]

g) histórico familiar?: No estudo Familial Intracranial Aneurysm[12] a taxa de ruptura em pacientes com aneurisma não roto e nos parentes em primeiro grau com aneurisma intracraniano foi 17× maior do que em pacientes com aneurisma intracraniano não roto no estudo ISUIA (após comparação por tamanho e localização do aneurisma) – embora as conclusões sejam limitadas secundárias ao pequeno número de rupturas no estudo. Outros estudos falharam em demonstrar um risco aumentado nesse subgrupo

2. características do aneurisma

a) tamanho: o risco de ruptura parece ser criticamente dependente do diâmetro do aneurisma. ISUIA estimou o risco anual de ruptura dos aneurismas em < 10 mm em 0,05%/ano, porém uma série de outros estudos demonstrou um risco de ruptura mais próximo a ≈ 1%/ano para os aneurismas < 10 mm.[5,8,13,14,15] Além disso, o Small Unruptured Aneurysm Intracranial Verification Study[7] demonstrou que o risco de ruptura de aneurismas menores (< 5 mm) não é insignificante, e estimado em ≈ 0,5%/ano. Uma revisão retrospectiva mais recente demonstrou que a maioria (62% dos casos) de aneurismas rotos é < 7 mm, sendo a maior parte aneurismas de artéria comunicante anterior.[16] Alguns especulam que isto pode se dever ao encolhimento dos aneurismas após ruptura. Estima-se que o risco de aneurismas grandes (10-25 mm) é de ≈ 3-18%/ano, enquanto o risco de aneurismas gigantes (≥ 25 mm) é de ≈ 8-50%/ano

b) localização: ISUIA demonstrou aumento no risco de ruptura de aneurismas de artéria comunicante posterior (p-comm) e circulação posterior.[16] Ishibashi et al.[5] também demonstraram aumento de risco nos aneurismas de circulação posterior. Por outro lado, alguns estudos descobriram um risco maior de ruptura dos aneurismas da artéria comunicante anterior[8,16,17]

c) morfologia: a presença de um saco aneurismático,[15] formato em gargalo[18] e o aumento da proporção entre o tamanho do aneurisma e o vaso parental têm todos sido associados a aumento de risco de ruptura[19,20]

A estimativa do risco absoluto de ruptura do aneurisma em um paciente com base em uma combinação de fatores de risco é complexa. Recentemente, foi desenvolvido um sistema de pontuação (PHASES) para acumular dados do paciente de seis estudos prospectivos,[5,7,8,15,21,22] para ajudar a estimar o risco de ruptura em 5 anos pelo estado dos fatores de risco.[11] Os preditores que compreendem o escore de risco de ruptura do aneurisma do PHASES e o risco cumulativo predito de ruptura do aneurisma em 5 anos com base no escore é resumido adiante (▶ Quadro 81.2). São necessários mais estudos, porém, para validar o escore teoricamente.

81.1.4 Manejo

Risco de ruptura cumulativo

Para entender o cálculo do risco cumulativo de ruptura de aneurisma, ver a discussão dessa questão relacionada com as malformações arteriovenosas (AVMs) que também é relevante para os aneurismas (p. 1240).

Análise de decisão

Análise de decisão é um meio de modelar matematicamente os resultados de várias opções de decisão usando probabilidades e designando os resultados de "fatores de desejabilidade". Esta análise requer dados sobre a história natural (ver acima), expectativa de vida, assim como a morbidade e mortalidade de SAH e cirurgia de aneurisma. Embora seja somente um modelo, ela produz algumas percepções em algumas decisões complicadas.

Em um desses estudos,[23] usando os valores mostrados no ▶ Quadro 81.3, o resultado obtido foi que uma expectativa de vida de mais 12 anos é o ponto de equilíbrio, isto é. caso não se espere que o paciente viva por mais 12 anos, então o tratamento não cirúrgico é melhor escolha do que a cirurgia (este resultado envolve numerosas pressuposições e estimativas; p. ex., "aversão ao risco" de [intermediário] de 5% dos casos relaciona-se com os temores do paciente do risco cirúrgico *vs.* risco imediato de ruptura que se estende por muitos anos). Outra análise de vários cenários para uma mulher de 50 anos descobriu que o tratamento era custo-efetivo para UIAs que eram sintomáticos, ≥ 10 mm diâmetro, ou com a história prévia de SAH.[24]

Recomendações de tratamento

As decisões são baseadas em dados da história natural comparados à morbidade e mortalidade da intervenção (cirurgia/endovascular), sendo as recomendações baseadas principalmente na opinião do especialista, uma vez que faltem evidências de alto nível. O tamanho, a idade e a localização do paciente parecem ser os fatores mais importantes para determinar se será tratado, e por quais meios, um aneurisma não roto (em um paciente sem SAH anterior). Além disso, o tratamento deve ser recomendado para pacientes com história de aSAH, forte histórico familiar, aneurismas sintomáticos, e para aumento de tamanho ou mudança na configuração do aneurisma.[25] Numerosas recomendações têm sido feitas para um tamanho crítico acima do qual um aneurisma não roto deve ser considerado para cirurgia e incluíram 3 mm,[26]

Quadro 81.2 Preditores compreendendo o escore PHASES para risco de ruptura de aneurisma; risco de ruptura cumulativo do aneurisma predito para 5 anos com base no escore[11]

Preditor	Pontos
(P) População	
norte-americanos, europeus (além dos finlandeses)	0
japoneses	3
finlandeses	5
(H) Hipertensão	
não	0
sim	1
(A) Idade (*age*)	
< 70 anos	0
≥ 70 anos	1
(S) Tamanho (*size*)	
< 7 mm	0
7-9 mm	3
10-19,9 mm	6
20 mm	10
(E) Precoce (*earlier*) ruptura de outro aneurisma	
Não	0
Sim	1
Pontuação de risco PHASES	**Risco de ruptura do aneurisma em 5 anos**
2	0,4%
3	0,7%
4	0,9%
5	1,3%
6	1,7%
7	2,4%
8	3,2%
9	4,3%
10	5,3%
11	7,2%
12	17,8%

5 mm[27] 7 mm[28] e 9 mm.[29] As diretrizes mais recentes da American Heart Association não defenderam o reparo de aneurismas incidentais pequenos (< 10 mm) em pacientes sem história de hemorragia subaracnóidea,[25] mas este relato foi anterior aos estudos prospectivos mais recentes. Além disso, a longevidade esperada do paciente também deve ser levada em conta, e, portanto, deve-se dar especial consideração

Quadro 81.3 Dados usados na análise de decisão do tratamento dos aneurismas[23]

	Valor típico	Variação
risco anual de ruptura[a]	1%	0,5-2%
mortalidade por SAH em 3 meses	55%	50-60%
morbidade séria após SAH	15%	10-20%
morbidade e mortalidade cirúrgica	2 e 6%	4-10%

[a]Este é um risco intermediário para aneurismas de 6-10 mm de diâmetro (Nota: o tamanho pode mudar; aneurismas pequenos podem crescer).

para o tratamento em pacientes jovens deste grupo. Em todas as decisões de tratamento, também devem ser consideradas as condições médicas coexistentes.
Uma estratégia recente proposta[30] de tratamento está resumida aqui:
1. aneurismas grandes e/ou sintomáticos (especialmente em pacientes jovens) → intervenção
2. pacientes < 60 anos:
   a) < 7 mm
      - circulação anterior, NENHUM fator de risco → tratamento clínico ou intervenção
      - circulação pcomm/posterior, aneurisma sintomático, forte histórico familiar intervenção
   b) > 7 mm → intervenção (cirurgia ou endovascular baseada em tamanho, localização)
3. pacientes > 60 anos:
   a) < 7 mm
      - nenhum histórico familiar e assintomático → tratamento clínico
      - + fatores de risco → intervenção
   b) 7-12 mm
      - circulação anterior → tratamento clínico ou intervenção
      - circulação da artéria p-comm/posterior → intervenção
   c) > 12 mm → Intervenção

Acompanhamento recomendado para os UIAs tratados de maneira conservadora

O acompanhamento anual com angiorressonância magnética/angiotomografia computadorizada (MRA/CTA) é recomendado para a maioria dos aneurismas incidentais que não são tratados. A intervenção é indicada para qualquer crescimento documentado. Se não houver crescimento, pode-se considerar a repetição das imagens com frequência reduzida.

Cenário: a morbidade dos arteriogramas com cateter é provavelmente muito alta para que sejam recomendados com essa finalidade. A CTA é mais acurada do que a MRA, porém envolve contraste com iodo e radiação. Angiografia *time of flight* – ATOF-MRA (e não MRA com gadolínio) não possui riscos conhecidos e não envolve radiação, mas tem baixa resolução espacial.
Infelizmente, a maioria dos aneurismas se rompe sem aumento de tamanho demonstrável ao acompanhamento. Os aneurismas não crescem a uma velocidade constante, e pode levar vários anos para se apreciar um milímetro de aumento do tamanho à MRA.
Estudos identificaram fatores de risco de crescimento, incluindo tamanho,[31,32,33,34] localização (artéria cerebral média – MCA, bifurcação basilar),[33,34] > 1 *aneurisma*,[32,33] histórico familiar de SAH[33] e tabagismo.[31]
O risco de ruptura em situação de crescimento é difícil de estimar, porque a maioria dos aneurismas que aumentam de tamanho é tratada subsequentemente. Em um estudo, a taxa de ruptura foi de 2,4%/ano para aneurismas que mostravam crescimento (*versus* 0,2%/ano naqueles sem crescimento).[31] Em outro estudo em 18 pacientes japoneses, o risco de ruptura após o crescimento foi de 18,5%/ano.[35]

Aneurismas da artéria carótida cavernosa não rotos (CCAAs)
Os aneurismas cavernosos de artéria carótida (CCAAs) têm um perfil único de risco entre os aneurismas intracranianos. A maioria desenvolve-se no segmento horizontal da artéria.
Apresentação:
1. Os CCAAs podem ser descobertos incidentalmente
   a) à arteriografia por outra razão

b) à ressonância magnética (MR)!
c) ocasionalmente à tomografia computadorizada (CT)
2. quando sintomáticos:
 a) geralmente presentes com:
  - cefaleia
  - síndrome do seio cavernoso (p. 1401): primariamente produz diplopia (em razão da oftalmoplegia). Classicamente, a paralisia do terceiro nervo decorrente de um CCAA que aumentou de tamanho não provoca dilatação da pupila porque os nervos simpáticos que causam a dilatação da pupila também estão paralisados[36] (p.1492)
  - aqueles que se expandem pelo anel carótico dentro do espaço subaracnóideo podem causar cegueira monocular decorrente do estrangulamento do nervo óptico[37]
 b) raramente, dor (dor retrorbital ou que mimetiza neuralgia trigeminal[38,39]) ou uma fístula carótida-cavernosa (CCF) são as únicas manifestações
 c) quando os CCAAs se rompem, geralmente produzem uma CCF
 d) complicações potencialmente fatais são raras, mas podem ser mais comuns com aneurismas intracavernosos gigantes.[40] As manifestações incluem:
  - SAH:[40,41] primariamente com CCAAs que cavalgam o anel carótico (a extensão subaracnóidea dos CCAAs pode ser indicada pela "formação de cintura" do aneurisma na angiografia[42])
  - epistaxe arterial decorrente de ruptura dentro do seio esfenoide; geralmente com aneurismas traumáticos (p. 1227); extensão subaracnóidea dos CCAAs pode ser indicada pela "formação de cintura" do aneurisma na angiografia[42]
  - embolia

Indicações para tratamento:
1. CCAAs não rotos: a história natural não é conhecida de maneira precisa
 a) sintomáticos: pacientes com dor intolerável ou problemas visuais[43]
 b) aneurismas gigantes: especialmente os que cavalgam o anel clinoide (a extensão subaracnóidea dos CCAAs pode ser indicada pela "formação de cintura" do aneurisma na angiografia[42])
 c) aneurismas que aumentam de tamanho em imagens seriais
 d) controvérsia: os aneurismas incidentais na distribuição de uma artéria carótida estenótica para a qual é indicada endarterectomia carotídea. Não existe evidência de que a endarterectomia aumente o risco de ruptura, e, conforme indicado anteriormente, a maioria das rupturas não representa risco de vida e assim a doença da carótida deve ser tratada de acordo com seus próprios méritos
2. CCAAs rotos:
 a) tratamento emergente para os casos com epistaxe ou SAH
 b) tratamento urgente dos CCFs em caso de intensa dor ocular ou ameaça à visão

Opções de tratamento para CCAAs:
O tratamento de pequenos CCAAs intracavernosos incidentais geralmente não é indicado.[25]

Para outros CCAAs não rotos, as opções incluem espirais desprendíveis na tentativa de trombosar o aneurisma (p. 1194). Isto resulta em redução do efeito de massa em ≈ 50%. O tratamento cirúrgico aberto raramente é indicado. Aneurismas que se rompem e produzem uma fístula carótida-cavernosa podem ser tratados com oclusão endovascular (p. 1256).

81.2 Múltiplos aneurismas

Múltiplos aneurismas estão presentes em 15-33,5% dos casos de SAH.[2] Em um estudo de múltiplos fatores, descobriu-se que a hipertensão é o mais importante associado à multiplicidade.[44]

Quando um paciente apresenta-se com SAH e se verifica que tem múltiplos aneurismas, os seguintes indícios podem ser referentes a qual dos aneurismas sangrou:
1. epicentro (centro de maior concentração) do sangue em CT ou MRI[45,46]
2. área de vasospasmo focal no angiograma
3. irregularidades na forma do aneurisma ("mamilo de Murphy")
4. se nenhum dos anteriores auxiliar, suspeite então do aneurisma maior
5. Nota: em uma série, percebeu-se que a causa mais comum de sangramento pós-operatório em 93 pacientes com múltiplos aneurismas era o ressangramento do aneurisma original roto e que na realidade foi *omitido* no angiograma inicial[47]

81.3 Aneurismas familiares

81.3.1 Informações gerais

O papel da herança no desenvolvimento dos aneurismas intracranianos (IA) é bem estabelecido para os distúrbios, como doença renal policística, e distúrbios do tecido conectivo, como as síndromes de

Ehlers-Danlos tipo IV, de Marfan e pseudoxantoma elástico (p. 1193). Em geral, não raro os pacientes com aSAH têm um histórico familiar. Em um estudo de pacientes com hemorragia subaracnóidea,[48] 9,4% tinham um parente em primeiro grau com aSAH ou aneurisma intracraniano, e 14% tinham um parente em segundo grau com esse diagnóstico. Em famílias com dois ou mais membros mais afetados, a prevalência do aneurisma intracraniano ajustada à idade entre os parentes em primeiro grau foi de 9,2% nos indivíduos com 30 anos ou acima.[49,50]

Também existem relatos de outros casos de IAs em gêmeos idênticos,[51,52] assim como de agregações familiares de IAs sem um distúrbio herdado reconhecido, mas percebidos como raros (estima-se que < 2% dos IAs são familiares[53]). A maioria dos casos relatados consiste em apenas 2 membros da família com IAs, e estes geralmente são irmãos.[54] De fato, os irmãos de um paciente afetado por aSAH estão em maior risco de aneurisma do que os filhos desse paciente.[30] A análise dos relatos de caso revela que, quando IAs ocorrem em irmãos, esses tendem a ocorrer em locais de imagem idênticos ou espelhados, e em comparação aos IAs esporádicos, os IAs familiares tendem a se romper em tamanho menor e em idade mais jovem, e que a incidência dos aneurismas de artéria comunicante anterior é mais baixa.[55] Postula-se que os IAs que ocorrem em irmãos podem representar uma população distinta de IAs.[56]

81.3.2 Recomendações de triagem

As indicações e o melhor método de investigação dos parentes assintomáticos de um paciente em que se descobriu um aneurisma intracraniano são controversos. Estudos negativos não garantem que posteriormente não seja descoberto um aneurisma que se desenvolveu ou se expandiu subsequentemente, ou que simplesmente ele não tenha sido detectado no estudo inicial.[57,58,59] A angiografia cerebral é o estudo mais sensível, porém, o risco e o custo podem não justificar seu uso como teste de triagem em muitos casos. Além disso, há alguma evidência de que os aneurismas que se rompem tendem a fazê-lo logo após sua formação,[29] o que reduziria o valor da triagem.

81.3.3 Genética

Uma grande metanálise identificou 19 polimorfismos de nucleotídeo único associados a aneurismas intracranianos esporádicos.[60] As associações mais fortes nos cromossomos 9 (CDKN2B; gene inibidor de *antisense*), 8 (SOX17; gene regulador da transcrição) e 4 (gene EDNRA).

Tipicamente se recomenda triagem com MRA ou CTA para parentes em primeiro grau (especialmente irmãos) dos pacientes afetados quando dois ou mais membros da família têm aneurisma intracraniano ou aSAH.[30] A necessidade geral de triagem dos parentes em segundo grau é menos clara. A triagem dos parentes em primeiro grau geralmente não é recomendada se um único membro da família estiver afetado.[25,58] Em pacientes com coarctação da aorta, a triagem é tipicamente recomendada. Finalmente, os pacientes com doença renal policística (ADPKD) com histórico familiar de aneurisma intracraniano ou aSAH devem passar por triagem. Os achados suspeitos para aneurisma intracraniano devem ser acompanhados com arteriografia de quatro vasos para confirmar lesões suspeitas (a MRA apresenta uma alta taxa de falso-positivos de ≈ 16%[49]) e descartar outros aneurismas.

81.4 Aneurismas traumáticos

81.4.1 Informações gerais

Os aneurismas traumáticos (**TAs**) compreendem < 1% dos aneurismas intracranianos.[61,62] Na realidade, em sua maioria são falsos aneurismas, ou pseudoaneurismas (a ruptura de todas as camadas da parede do vaso, sendo a "parede" do aneurisma formada por estruturas cerebrais circundantes[63]). É raro, mas podem ocorrer na infância. O mecanismo de lesão geralmente se enquadra em um dos seguintes grupos:[64]

▶ **Aqueles que surgem de trauma penetrante.** Geralmente decorrentes de ferimentos por arma de fogo, embora a penetração com um objeto agudo (que é menos comum) possa ser mais propensa a causar aneurismas traumáticos.[65]

▶ **Aqueles que surgem de lesão cefálica fechada.** Mais comuns. As teorias da patogênese incluem lesão por tração à parede do vaso ou captura dentro de uma fratura. Tendem a ocorrer ou:
1. perifericamente
   a) aneurismas da artéria cerebral anterior distal: secundários ao impacto contra a borda da foice cerebral
   b) aneurismas da artéria cortical distal: geralmente associados a uma fratura craniana subjacente, às vezes uma fratura craniana crescente
2. na base craniana, geralmente envolvendo a artéria carótida interna (ICA) em um dos seguintes locais:
   a) porção petrosa (praticamente sempre associada a fraturas cranianas basais):
   b) artéria carótida cavernosa (praticamente sempre associada a fraturas cranianas basais):

- o aumento do aneurisma pode causar uma síndrome progressiva do seio cavernoso
- a ruptura pode induzir a uma fístula carótida-cavernosa pós-traumática (p. 1256) ou à epistaxe massiva na presença de uma fratura do seio esfenoidal[66,67,68]

c) artéria carótida supraclinoide

▶ **Iatrogênicos.** Após cirurgia em, ou ao redor, da base craniana, os seios, ou órbitas (incluindo após cirurgia transesfenoidal[69]). O primeiro desses casos foi descrito, em 1950

81.4.2 Apresentação

1. hemorragia intracraniana retardada (subdural, subaracnóidea, intraventricular ou intraparenquimatosa): a apresentação mais comum. Os TAs tendem a apresentar alta taxa de ruptura
2. epistaxe recorrente
3. paralisia progressiva do nervo craniano
4. aumento da fratura craniana
5. pode ser um achado incidental da CT
6. cefaleia intensa

81.4.3 Tratamento

Embora existam relatos de caso de resolução espontânea, geralmente o tratamento é recomendado. Os aneurismas de ICA na base craniana devem ser submetidos à captura ou embolização endovascular. Lesões periféricas devem ser tratadas cirurgicamente com clipagem do colo aneurismático, excisão do aneurisma, colocação de espiral, ou com envoltório do aneurisma, se nenhum outro método for viável.

81.5 Aneurismas micóticos

81.5.1 Informações gerais

O termo *"micótico"* originou-se com Osler, época em que esse termo se referia a qualquer processo infeccioso,[70] em vez do uso atual que supõe uma etiologia fúngica. A terminologia atualmente aceita favorece o aneurisma infeccioso (ou aneurisma bacteriano). No entanto, os aneurismas infecciosos podem também ocorrer por infecções fúngicas.[71] Tendem a se formar nos vasos distais (geralmente inominados).

81.5.2 Epidemiologia e fisiopatologia

1. compreendem ≈ 4% dos aneurismas intracranianos
2. ocorrem em 3-15% dos pacientes com endocardite bacteriana subaguda (SBE)
3. localização mais comum: ramos da MCA distal (75-80%)
4. pelo menos 20% têm ou desenvolvem múltiplos aneurismas
5. maior frequência em pacientes imunocomprometidos (p. ex., AIDS) e usuários de drogas
6. mais provavelmente iniciam-se na adventícia (a camada externa) e se difundem para dentro

81.5.3 Avaliação

Hemoculturas e punção lombar (LP) podem identificar o organismo infeccioso. O ▶ Quadro 81.4 mostra os patógenos típicos recuperados. Os pacientes sob suspeita de aneurisma(s) infeccioso(s) devem ser submetidos à ecocardiografia para procurar sinais de endocardite.

81.5.4 Tratamento

Esses aneurismas geralmente têm morfologia fusiforme e são muito friáveis, portanto, o tratamento cirúrgico é difícil e/ou de risco. A maioria dos casos é tratada de maneira aguda com antibióticos que são continuados por 4-6 semanas. A angiografia seriada (em 7-10 dias e em 1,5, 3, 6 e 12 meses, mesmo que os aneurismas pareçam menores, subsequentemente eles podem aumentar[73] e novos podem-se formar) ajuda a documentar a eficácia da terapia médica (a MRA serial pode ser uma alternativa viável em alguns casos). Os aneurismas podem continuar a encolher após o término da antibioticoterapia.[74] A clipagem retardada pode ser mais viável; as indicações incluem:

1. pacientes com SAH
2. tamanho crescente do aneurisma, enquanto o paciente está sob antibióticos[75] (controverso, alguns dizem que não é mandatório[74])
3. o tamanho do aneurisma não se reduz após 4-6 semanas de antibióticos[75]

Quadro 81.4 Patógenos implicados nos aneurismas micóticos[72 (p. 933-40)]

Organismo	%	Comentário
estreptococo	44%	*S. viridans* (causa clássica de SBE)
estafilococo	18%	*S. aureus* (causa de endocardite bacteriana aguda
miscelânea	6%	(*Pseudomonas*, enterococo, corinebactéria...)
múltiplos	5%	
nenhum crescimento	12%	
nenhuma informação	14%	
total	99%	

Pacientes com SBE que requerem substituição de valva devem receber valvas bioprotéticas (isto é, de tecido) em vez de mecânicas para eliminar a necessidade de uma anticoagulação arriscada.

81.6 Aneurismas gigantes

81.6.1 Informações gerais

Definição: > 2,5 cm (≈ 1 polegada) de diâmetro. Dois tipos: sacular (provavelmente um aneurisma "*berry*" aumentado) e fusiforme. Compreendem 3-5% dos aneurismas intracranianos; idade de pico de apresentação 30-60 anos; relação sexo feminino:sexo masculino = 3:1.

Série de Drake de 174 aneurismas gigantes:[76] 35% apresentaram-se como hemorragia, com 10% mostrando alguma evidência de sangramento remoto. A taxa de sangramento é desconhecida, porém provavelmente é inferior a ≈ 2%/ano para os aneurismas não gigantes.

Podem também se apresentar como ataque isquêmico transitório (TIAs; por reduzirem o fluxo ou por embolia) ou como uma massa. Em cerca de um terço o colo é tratável com clipagem.

81.6.2 Avaliação

Informações gerais

Drake afirmou que mesmo após avaliação radiográfica completa, a visualização operatória real é a única maneira de avaliar definitivamente o aneurisma e suas ramificações. A CTA tridimensional (3D) pode acrescentar informações substanciais que se rivalizam com, e podem superar, a visualização direta.

Angiograma

Geralmente subestima-se o tamanho da lesão secundária às regiões trombosadas do aneurisma que não são preenchidas com contraste. São necessárias imagens de CT ou MRI para visualizar a porção trombosada.

Imagens de CT

Frequentemente apresentam significativa quantidade de edema em torno do aneurisma. Pode-se ver a intensificação do encéfalo por contraste circundando o aneurisma: provavelmente por causa da maior vascularidade secundária à reação inflamatória ao aneurisma.

Imagens de MRI

A turbulência no interior → complicou o sinal em imagem de MRI ponderada em T1 (T1W1). O artefato de pulsação (radiação de distorção linear através do aneurisma) na MRI ajuda a diferenciar aneurismas gigantes das lesões sólidas ou císticas.

81.6.3 Tratamento

As opções incluem:
1. clipagem cirúrgica direta: geralmente possível em apenas ≈ 50% dos casos
2. desvio vascular do aneurisma com subsequente clipagem

3. captura
4. ligação arterial proximal (ligação hunteriana)
   a) para aneurismas de artérias vertebral-basilar:[77] resulta na melhora do déficit do nervo craniano em ≈ 95% dos pacientes. Uma alternativa razoável na presença de uma VA contralateral, de tamanho adequado, que é unida à VA para ser ligada
5. envoltório (p. 1194)
6. tratamento endovascular

81.7 Hemorragia subaracnóidea cortical

A SAH cortical (cSAH) aparece como SAH sobre a convexidade. Trauma é a causa mais comum. As etiologias não traumáticas são mostradas adiante.

As etiologias da cSAH[78] não traumática:
- AVMs piais
- fístulas AV durais
- dissecção arterial cerebrovascular
- trombose venosa dural ou cortical
- vasculite
- síndrome de vasoconstrição cerebral reversível (RCVS), também conhecida como síndrome de Call-Fleming,[79] um grupo de distúrbios que compartilham as características clínicas e fundamentais da vasoconstrição cerebral multifocal segmentar reversível com cefaleias intensas, isquemia focal e/ou convulsões. Pode-se apresentar como hemorragia restrita ao sulco cortical
- síndrome da encefalopatia posterior reversível (PRES)
- angiopatia amiloide cerebral (CAA)
- coagulopatias
- tumores cerebrais (primários ou metastáticos)

81.8 SAH de etiologia desconhecida

81.8.1 Informações gerais

Incidência: tradicionalmente é mencionada como 20-28% de todas as SAHs, mas isto inclui dados de séries antigas (algumas séries não realizaram pan-angiografia verdadeira, e/ou a CT não estava disponível para descartar [R/O] hemorragia intracerebral). Estimativas recentes de incidência: 7-10%. Esta é uma categoria heterogênea, e um termo melhor poderia ser "SAH negativa ao angiograma"; ver requisitos a preencher antes de considerar um arteriograma como negativo (p. 1161). A quantidade de sangue na CT pode predizer quais são as chances de um arteriograma revelar um aneurisma cerebral.[80,81,82,83]

Os pacientes com SAH negativo em angiograma tendem a ser mais jovens, menos hipertensos, e com mais frequência do sexo masculino do que aqueles com angiografia positiva.[81]

As possíveis causas de SAH com angiograma negativo incluem:

▶ **Aneurismas que não são demonstrados no angiograma inicial:**
1. angiografia inadequada, as causas incluem:
   a) angiograma incompleto: (p. 1161)
      - devem-se ver ambas as origens da artéria cerebelar inferior posterior – PICA (1-2% dos aneurismas ocorrem aqui)
      - é necessário o enchimento cruzado através da ACoA (p. 1161)
   b) degradação das imagens causada por
      - pouca cooperação do paciente (p. ex., por causa da agitação). Proceda à sedação o paciente (tenha cuidado em pacientes não intubados), ou repita o estudo posteriormente, quando o paciente estiver mais cooperativo
      - má qualidade do equipamento produzindo imagens abaixo do padrão
2. obliteração do aneurisma pela hemorragia
3. trombose do aneurisma após SAH (p. 1194)
4. aneurisma pequeno demais para ser visualizado:[84] embora os "microaneurismas" possam ser fontes de SAH, sua história natural e um tratamento ótimo são desconhecidos
5. o não enchimento do aneurisma decorrente de vasospasmo (de artéria parental ou do orifício aneurismático)

▶ **SAH não aneurismática de fonte que não é possível demonstrar na angiografia.** Examine para outras etiologias de SAH além do aneurisma (p. 1156) (muitas das quais podem não ser demonstradas na angiografia), incluindo:
1. malformação vascular (ou críptica) oculta angiograficamente (p. 1246)
2. SAH não aneurismática pré-truncal: ver abaixo

81.8.2 Risco de ressangramento

A taxa geral de ressangramento é de 0,5%/ano, que é inferior à da SAH aneurismática ou ressangramento decorrente de AVMs. Há também um risco menor de isquemia cerebral retardada (vasospasmo). O resultado neurológico é igualmente melhor.

81.8.3 Tratamento

Medidas gerais

Esses pacientes de SAH ainda estão em risco para as mesmas complicações da SAH aneurismática: vasospasmo, hidrocefalia, hiponatremia, ressangramento etc. (p. 1164) e deve ser tratada como qualquer SAH (p. 1163). Alguns subgrupos podem estar em menor risco de complicações e podem ser tratados em conformidade (p. ex., abaixo).

Repetição de angiografia

Produção de um segundo angiograma positivo após estudo negativo tecnicamente adequado: 1,8-9,8%)[85] em estudos iniciais (pré-CT), mencionaram-se 2-24% mais recentemente.[84,86,87] Os achados em imagens de CT são úteis para a decisão de repetir a angiografia.[88] Setenta por cento dos casos com SAH difusa e camada sanguínea espessa na anterior fissura inter-hemisférica estavam associados a aneurisma de artéria comunicante anterior (ACoA) que foram demonstrados em angiografia repetida.[84] É improvável que a ausência de sangue na CT (realizada dentro de 4 dias da SAH), ou o sangue espesso nas cisternas perimesencefálicas somente (ver abaixo), estejam associados a aneurisma omitido.

Recomendações referentes à repetição de angiografia:
1. repita angiografia após ≈ 10-14 dias (permita a resolução do vasospasmo e de algum coágulo; note: entre 5-10 dias é menor a possibilidade de se visualizar um aneurisma por causa do vasospasmo: a angiografia ≈ no 10º dia permite que se realize a cirurgia, se necessário ≈ no 14º dia, que é o período aproximado mais precoce após a janela "não operatória" do 3º ao 12º dia)
   a) angiograma tecnicamente adequado de quatro vasos é negativo, e a evidência de SAH é forte
   b) a angiografia original foi incompleta ou em caso de achados suspeitos
2. se a CT localizar coágulo sanguíneo em uma área em particular, dê especial atenção a essa área à repetição da angiografia
3. não repita a angiografia para SAH pré-truncal clássica (ver abaixo) ou caso não haja sangue na CT
4. os pacientes geralmente são mantidos no hospital por 10-14 dias enquanto aguardam pela repetição da angiografia (para observar e tratar a complicação de SAH ou ressangramento)

Terceiro arteriograma:
Se os dois primeiros arteriogramas forem negativos, e o histórico for sugestivo de SAH aneurismática, um terceiro arteriograma 3-6 meses após a SAH tem ≈ 1% de chance de mostrar a fonte de sangramento.

Outros estudos

1. estudos por imagem do encéfalo: MRI (com MRA, se disponível) ou CT (com angio-CT, se disponível). Estes podem visualizar um aneurisma que não é demonstrado na angiografia, e podem identificar outras fontes de SAH como as malformações vasculares angiograficamente ocultas (p. 1246), tumor...
2. testes para descartar AVM espinal: uma causa rara de SAH intracerebral (p. 1140)
   a) MRI espinal: cervical, torácica e lombar
   b) angiografia espinal: muito difícil e arriscada para ser justificada na maioria dos casos de angiografia negativa para SAH. Considere-a nos casos com alta suspeita de uma fonte espinal

Exploração cirúrgica

É defendida para alguns casos de SAH com achados de CT compatível com uma fonte aneurismática em que uma área suspeita é demonstrada angiograficamente[84] com cuidadosa explicação ao paciente e à família da possibilidade de achados operatórios negativos.

81.9 SAH não aneurismática pré-truncal (PNSAH)

81.9.1 Informações gerais

Originalmente era SAH não aneurismática perimesencefálica.[89] A sugestão para mudar a denominação para SAH não aneurismática pré-truncal foi feita porque a neuroimagem demonstrou que a verdadeira localização anatômica do sangue era na parte frontal do tronco encefálico (*truncus cerebri*), centralizada na frente da ponte, em vez de perimesencefálica.[90] A literatura existente sobre PNSAH é um tanto limitada pela falta de uma rigorosa definição anatômica, com critérios de padrão sanguíneo que diferem entre os estudos. O sangue geralmente se estende para o interior das cisternas interpedicular ou pré-medular. Às vezes, é também referida como "doença holandesa" por causa da profusão inicial de informações nessa literatura.

Uma entidade distinta considerada ser uma condição benigna com bom resultado e menos risco de ressangramento e vasospasmo do que em outros pacientes com SAH de etiologia desconhecida[91] (nenhum ressangramento ocorreu em 37 pacientes com PNSAH e acompanhamento de 45 meses em média,[92] nem em 169 pacientes com acompanhamento de 8-51 meses;[87] o vasospasmo foi relatado em apenas 3 pacientes e pode ter se relacionado com a angiografia cerebral e não à PNSAH, e embora seja baixa, a incidência de vasospasmo angiográfico pode ser mais alta do que se acreditava originalmente[93]).

A verdadeira etiologia ainda precisa ser determinada (existem 3 relatos de caso de pacientes submetidos à exploração cirúrgica sem achados anormais[87] e um caso em que foi demonstrada uma anormalidade de pontina semelhante à telangiectasia na MRI[94]), porém pode ser secundária à ruptura de uma pequena veia perimesencefálica ou capilar.[93] Estudos demonstraram uma associação à anatomia venosa anormal, incluindo variantes primitivas da veia basal de Rosenthal,[95,96] para o que alguns formularam a hipótese de que resulta em hemorragia secundária à hipertensão venosa cerebral central.[97,98] Outras etiologias propostas incluem artéria perfurante rota, malformação cavernosa, dissecção basilar intraluminal e telangiectasia capilar.[99]

81.9.2 Apresentação

Os pacientes podem-se apresentar com cefaleia (H/A) intensa paroxística, meningismo, fotofobia e náusea. A perda de consciência é rara. Esses pacientes geralmente não estão criticamente enfermos (todos eram graus 1 ou 2 [pela escala de pontuação de Hunt e Hess – H&H ou da World Federation of Neurological Surgeons – WFNS]), porém complicações como hiponatremia ou anormalidades cardíacas ainda podem ocorrer. As hemorragias pré-retinianas e H/A sentinela não ocorreram. CT e/ou MRI demonstram achados característicos (ver abaixo) embora inicialmente possam ser omitidos na CT,[93] e a LP pode produzir líquido cerebrospinal (CSF). Por definição, todos apresentam angiografia negativa.

81.9.3 Epidemiologia

Refere-se que a PNSAH compreende 20-68% dos casos de SAH negativa no angiograma[91,100] (dependendo do momento da CT, adequação de angiografia e definição de PNSAH). No entanto, a real incidência provavelmente é maior na faixa de 50-75%.[87]

A faixa etária relatada é de 3-70 anos (média; 50 anos),[87] 52-59% são do sexo masculino, e a hipertensão (HTN) preexistente estava presente em 3-20% dos pacientes.

81.9.4 Anatomia relevante

Cisternas da fossa posterior:

As cisternas perimesencefálicas incluem: cisternas interpeduncular, crural, ambiente e quadrigeminal. A cisterna pré-pontina situa-se imediatamente anterior à ponte.

Membrana de Liliequist (LM):[101]

Basicamente considera-se para a separação da cisterna interpeduncular da cisterna quiasmática[102] (formando uma barreira competente em apenas 10-30% da população). Em mais detalhes, o folheto superior da LM (membrana diencefálica) separa a cisterna interpeduncular da cisterna quiasmática medialmente e das cisternas carótidas lateralmente.[103,104] O folheto inferior (a membrana mesencefálica) separa a cisterna interpeduncular da pré-pontina.

A membrana diencefálica é mais espessa e geralmente mais competente, isolando efetivamente a cisterna quiasmática. Contudo, as cisternas carótidas em geral se comunicam com as cisternas crurais e, por sua vez, com a cisterna interpeduncular.[104]

Assim, o sangue na cisterna carótica ou pré-pontina é compatível com uma fonte de sangramento pré-truncal de baixa pressão, porém, o sangue na cisterna quiasmática deve levantar a preocupação com ruptura de aneurisma.

81.9.5 Critérios para o diagnóstico

Sem o conhecimento do real substrato da PNSAH, os seguintes critérios sugeridos para o diagnóstico devem ser vistos como empíricos (adaptados[87]):
1. imagens de CT ou MRI obtidas em ≤ 2 dias do *ictus* atendem aos critérios mostrados no ▶ Quadro 81.5 (imagens posteriores tornam o diagnóstico não confiável, p. ex., o *washout* pode causar SAH aneurismática para preencher os critérios). Esses critérios implicam que o sangue deve ser contido inferiormente à membrana de Liliequist (LM) (isto é, nas cisternas perimesencefálica e/ou pré-pontina). A extensão para o interior da cisterna suprasselar é comum. Quantidades significativas de sangue que

Quadro 81.5 Critérios de CT ou MRI para PNSAH[93,107]

1. epicentro de hemorragia imediatamente anterior ao tronco encefálico (interpeduncular ou cisterna pré-pontina)
2. pode haver extensão para dentro da parte anterior da cisterna ambiente ou parte basal do sulco lateral (fissura de Silvius)
3. não há enchimento completo da fissura inter-hemisférica anterior
4. não mais que mínimas quantidades de sangue na porção lateral da fissura de Silvius
5. ausência de franca hemorragia intraventricular (pequenas quantidades de sangue que se sedimentam nos cornos occipitais dos ventrículos laterais são permissíveis)

Quadro 81.6 Critérios anatômicos alternativos de CT para PNSAH[108]

- epicentro de sangramento localizado imediatamente anterior a, e em contato, com o tronco encefálico nas cisternas pré-pontina, interpeduncular, ou suprasselar posterior
- sangue limitado às cisternas pré-pontina, interpeduncular, suprasselar, crural, ambiente e/ou quadrigeminal e/ou cisterna magna
- NENHUMA extensão de sangue no interior da fissura de Silvius ou fissuras inter-hemisféricas
- sangue intraventricular limitado ao enchimento incompleto do quarto ventrículo e cornos occipitais dos ventrículos laterais
- nenhum sangue intraparenquimatoso

penetram na LM até as cisternas quiasmática, silviana ou inter-hemisférica devem ser vistas com suspeição
2. um angiograma cerebral de quatro vasos, de alta qualidade, negativo[105] (vasospasmo radiográfico é comum, e não impede o diagnóstico nem é obrigatório repetir angiografia). Nota: ≈ 3% dos pacientes com um aneurisma roto de bifurcação basilar atendem aos critérios do ▸ Quadro 81.5,[106] portanto, um arteriograma inicial é mandatório
3. quadro clínico apropriado: sem perda de consciência, sem H/A sentinela, SAH de graus 1 ou 2 (escala de graduação H/H ou WFNS) (p. 1162), e sem o uso de fármacos. A variação disto deve levantar a suspeita de patogênese alternativa

Recentemente, uma série mais rigorosa de critérios anatômicos (ver ▸ Quadro 81.6) foi testada e verificou-se que resulta em excelente concordância interobservadores (97,2%) na PNSAH. Além disso, não foram identificadas aneurismas na angiografia formal quando os critérios anatômicos eram atendidos.[108]

81.9.6 Repetição de angiografia

Controversa. A angiografia acarreta um risco ≈ 0,2-0,5% de déficit neurológico permanente nessa população.[87] A maioria dos especialistas concorda que não é indicada a repetição da angiografia em pacientes que atendem os critérios de PNSAH[86,105] (embora outros recomendem repetição da angiografia em todos os candidatos cirúrgicos[84,109]). Provavelmente deve-se repetir o estudo, se existir qualquer incerteza ou houver histórico de uma condição associada a aumento de risco de aneurismas cerebrais.[93]

81.9.7 Tratamento

O tratamento ideal é conhecido com certeza. O baixo risco de ressangramento e a isquemia retardada sugerem que medidas extremas não são indicadas. As seguintes recomendações[87,93] (período não especificado) são feitas:
1. tratamento sintomático
2. monitoramento cardíaco
3. monitoramento de eletrólitos para hiponatremia
4. acompanhe o paciente clinicamente (e, se apropriado, com repetição dos estudos por imagens) para descartar hidrocefalia (o aumento ventricular transitório é comum, porém, hidrocefalia requerendo *shunt* é rara [somente ≈ 1%][87])
5. ✖ *não* recomendado
   a) terapia hiperdinâmica
   b) bloqueadores do canal cálcio: o uso não foi investigado na PNSAH, mas isto provavelmente não se justifica em razão da baixa incidência de vasospasmo e deve ser descontinuado quando achados angiográficos normais[93] são documentados
   c) restrições à atividade (exceto nos casos de agravar a H/A com a mobilização)
   d) anticonvulsantes
   e) redução da pressão sanguínea abaixo do normal
   f) exploração cirúrgica

Referências

[1] Tew JM, Thompson RA, Green JR. In: Guidelines for Management and Surgical Treatment of Intracranial Aneurysms. Controversies in Neurology. New York: Raven Press; 1983:139–154

[2] Wirth FP. Surgical Treatment of Incidental Intracranial Aneurysms. Clin Neurosurg. 1986; 33:125–135

[3] Jane JA, Kassell NF, Torner JC et al. The Natural History of Aneurysms and AVMs. J Neurosurg. 1985; 62:321–323

[4] The International Study Group of Unruptured Intracranial Aneurysms Investigators (ISUIA). Unruptured Intracranial Aneurysms – Risk of Rupture and Risks of Surgical Intervention. N Engl J Med. 1998; 339:1725–1733

[5] Ishibashi T, Murayama Y, Urashima M, Saguchi T, Ebara M, Arakawa H, Irie K, Takao H, Abe T. Unruptured intracranial aneurysms: incidence of rupture and risk factors. Stroke. 2009; 40:313–316

[6] Yasui N, Suzuki A, Nishimura H et al. Long-Term Follow-Up Study of Unruptured Intracranial Aneurysms. Neurosurgery. 1997; 40:1155–1160

[7] Sonobe M, Yamazaki T, Yonekura M, Kikuchi H. Small unruptured intracranial aneurysm verification study: SUAVe study, Japan. Stroke. 2010; 41:1969–1977

[8] Juvela S, Poussa K, Lehto H, Porras M. Natural history of unruptured intracranial aneurysms: a longterm follow-up study. Stroke. 2013; 44:2414–2421

[9] Lee EJ, Lee HJ, Hyun MK, Choi JE, Kim JH, Lee NR, Hwang JS, Kwon JW. Rupture rate for patients with untreated unruptured intracranial aneurysms in South Korea during 2006-2009. J Neurosurg. 2012; 117:53–59

[10] Mahaney KB, Brown RD, Jr, Meissner I, Piepgras DG, Huston J,3rd, Zhang J, Torner JC. Age-related differences in unruptured intracranial aneurysms: 1-year outcomes. J Neurosurg. 2014; 121:1024–1038

[11] Greving JP, Wermer MJ, Brown RD, Jr, Morita A, Juvela S, Yonekura M, Ishibashi T, Torner JC, Nakayama T, Rinkel GJ, Algra A. Development of the PHASES score for prediction of risk of rupture of intracranial aneurysms: a pooled analysis of six prospective cohort studies. Lancet Neurol. 2014; 13:59–66

[12] Broderick JP, Brown RD, Jr, Sauerbeck L, Hornung R, Huston J, III, Woo D, Anderson C, Rouleau G, Kleindorfer D, Flaherty ML, Meissner I, Foroud T, Moomaw EC, Connolly ES. Greater rupture risk for familial as compared to sporadic unruptured intracranial aneurysms. Stroke. 2009; 40:1952–1957

[13] Juvela S, Porras M, Poussa K. Natural history of unruptured intracranial aneurysms: probability of and risk factors for aneurysm rupture. J Neurosurg. 2000; 93:379–387

[14] Tsutsumi K, Ueki K, Morita A, Kirino T. Risk of rupture from incidental cerebral aneurysms. J Neurosurg. 2000; 93:550–553

[15] Morita A, Kirino T, Hashi K, Aoki N, Fukuhara S, Hashimoto N, Nakayama T, Sakai M, Teramoto A, Tominari S, Yoshimoto T. The natural course of unruptured cerebral aneurysms in a Japanese cohort. N Engl J Med. 2012; 366:2474–2482

[16] Orz Y, AlYamany M. The impact of size and location on rupture of intracranial aneurysms. Asian J Neurosurg. 2015; 10:26–31

[17] Joo SW, Lee SI, Noh SJ, Jeong YG, Kim MS, Jeong YT. What Is the Significance of a Large Number of Ruptured Aneurysms Smaller than 7 mm in Diameter? J Korean Neurosurg Soc. 2009; 45:85–89

[18] Hoh BL, Sistrom CL, Firment CS, Fautheree GL, Velat GJ, Whiting JH, Reavey-Cantwell JF, Lewis SB. Bottleneck factor and height-width ratio: association with ruptured aneurysms in patients with multiple cerebral aneurysms. Neurosurgery. 2007; 61:716–22; discussion 722-3

[19] Dhar S, Tremmel M, Mocco J, Kim M, Yamamoto J, Siddiqui AH, Hopkins LN, Meng H. Morphology parameters for intracranial aneurysm rupture risk assessment. Neurosurgery. 2008; 63:185–96; discussion 196-7

[20] Rahman M, Smietana J, Hauck E, Hoh B, Hopkins N, Siddiqui A, Levy EI, Meng H, Mocco J. Size ratio correlates with intracranial aneurysm rupture status: a prospective study. Stroke. 2010; 41:916–920

[21] Wiebers DO, Whisnant JP, Huston J, III, Meissner I, Brown RD, Jr, Piepgras DG, Forbes GS, Thielen K, Nichols D, O'Fallon WM, Peacock J, Jaeger L, Kassell NF, Kongable-Beckman GL, Torner JC, International Study of Unruptured Intracranial Aneurysms Investigators. Unruptured intracranial aneurysms: natural history, clinical outcome, and risks of surgical and endovascular treatment. Lancet. 2003; 362:103–110

[22] Wermer MJ, van der Schaaf IC, Velthuis BK, Majoie CB, Albrecht KW, Rinkel GJ. Yield of short-term follow- up CT/MR angiography for small aneurysms detected at screening. Stroke. 2006; 37:414–418

[23] van Crevel H, Habbema JDF, Braakman R. Decision Analysis of the Management of Incidental Intracranial Saccular Aneurysms. Neurology. 1986; 36:1335–1339

[24] Johnston SC, Gress DR, Kahn JG. Which Unruptured Cerebral Aneurysms Should be Treated? A Cost-Utility Analysis. Neurology. 1999; 52:1806–1815

[25] Bederson JB, Awad IA, Wiebers DO, Piepgras D et al. Recommendations for the management of patients with unruptured intracranial aneurysms. A statement for healthcare professionals from the Stroke Council of the American Heart Association. Circulation. 2000; 102:2300–2308

[26] Solomon RA, Correll JW. Rupture of a Previously Documented Asymptomatic Aneurysm Enhances the Argument for Prophylactic Surgical Intervention. Surg Neurol. 1988; 30:321–323

[27] Ausman JI, Diaz FG, Malik GM, Andrews BT et al. Management of Cerebral Aneurysms: Further Facts and Additional Myths. Surg Neurol. 1989; 32:21–35

[28] Ojemann RG. Management of the Unruptured Intracranial Aneurysm. N Engl J Med. 1981; 304:725–726

[29] Wiebers DO, Whisnant JP, Sundt TM et al. The Significance of Unruptured Intracranial Saccular Aneurysms. J Neurosurg. 1987; 66:23–29

[30] Brown RD, Jr, Broderick JP. Unruptured intracranial aneurysms: epidemiology, natural history, management options, and familial screening. Lancet Neurol. 2014; 13:393–404

[31] Villablanca JP, Duckwiler GR, Jahan R, Tateshima S, Martin NA, Frazee J, Gonzalez NR, Sayre J, Vinuela FV. Natural history of asymptomatic unruptured cerebral aneurysms evaluated at CT angiography: growth and rupture incidence and correlation with epidemiologic risk factors. Radiology. 2013; 269:258–265

[32] Burns JD, Huston J, III, Layton KF, Piepgras DG, Brown RD, Jr. Intracranial aneurysm enlargement on serial magnetic resonance angiography: frequency and risk factors. Stroke. 2009; 40:406–411

[33] Miyazawa N, Akiyama I, Yamagata Z. Risk factors for growth of unruptured intracranial aneurysms: follow-up study by serial 0.5-T magnetic resonance angiography. Neurosurgery. 2006; 58:1047–53; discussion 1047-53

[34] Matsubara S, Hadeishi H, Suzuki A, Yasui N, Nishimura H. Incidence and risk factors for the growth of unruptured cerebral aneurysms: observation using serial computerized tomography angiography. J Neurosurg. 2004; 101:908–914

[35] Inoue T, Shimizu H, Fujimura M, Saito A, Tominaga T. Annual rupture risk of growing unruptured cerebral aneurysms detected by magnetic resonance angiography. J Neurosurg. 2012; 117:20–25

[36] Wilkins RH, Rengachary SS. Neurosurgery. New York 1985

[37] Day AL. Clinicoanatomic Features of Supraclinoid Aneurysms. Clin Neurosurg. 1988; 36:256–274

[38] Raps EC, Galetta SL, Solomon RA et al. The Clinical Spectrum of Unruptured Intracranial Aneurysms. Arch Neurol. 1993; 50:265–268

[39] Sano H, Jain VK, Kato Y et al. Bilateral Giant Intracavernous Aneurysms: Technique of Unilateral Operation. Surg Neurol. 1988; 29:35–38

[40] Hamada H, Endo S, Fukuda O et al. Giant Aneurysm in the Cavernous Sinus Causing Subarachnoid Hemorrhage 13 Years After Detection: A Case Report. Surg Neurol. 1996; 45:143–146

[41] Lee AG, Mawad ME, Baskin DS. Fatal Subarachnoid Hemorrhage from the Rupture of a Totally Intracavernous Carotid Artery Aneurysm: Case Report. Neurosurgery. 1996; 38:596–599

[42] White JA, Horowitz MB, Samson D. Dural Waisting as a Sign of Subarachnoid Extension of Cavernous Carotid Aneurysms: A Follow-Up Case Report. Surg Neurol. 1999; 52:607–610

[43] Kupersmith MJ, Hurst R, Berenstein A, Choi IS, Jafar J, Ransohoff J. The Benign Course of Cavernous Carotid Artery Aneurysms. J Neurosurg. 1992; 77:690–693

[44] Ostergaard JR, Hog E. Incidence of Multiple Intracranial Aneurysms. J Neurosurg. 1985; 63:49–55

[45] Hackney DB, Lesnick JE, Zimmerman RA et al. MR Identification of Bleeding Site in Subarachnoid Hemorrhage with Multiple Intracranial Aneurysms. J Comput Assist Tomogr. 1986; 10:878–880

[46] Karttunen AI, Jartti PH, Ukkola VA, Sajanti J, Haapea M. Value of the quantity and distribution of subarachnoid haemorrhage on CT in the localization of a ruptured cerebral aneurysm. Acta Neurochir (Wien). 2003; 145:655–61; discussion 661

[47] Hino A, Fujimoto M, Iwamoto Y, Yamaki T, Katsumori T. False localization of rupture site in patients with multiple cerebral aneurysms and subarachnoid hemorrhage. Neurosurgery. 2000; 46:825–830

[48] Kissela BM, Sauerbeck L, Woo D, Khoury J, Carrozzella J, Pancioli A, Jauch E, Moomaw CJ, Shukla R, Gebel J, Fontaine R, Broderick J. Subarachnoid hemorrhage: a preventable disease with a heritable component. Stroke. 2002; 33:1321–1326

[49] Ronkainen A, Hernesniemi J, Puranen M, Niemitukia L, Vanninen R, Ryynanen M, Kuivaniemi H, Tromp G. Familial Intracranial Aneurysms. Lancet. 1997; 349:380–384

[50] Ronkainen A, Miettinen H, Karkola K, Papinaho S, Vanninen R, Puranen M, Hernesniemi J. Risk of harboring an unruptured intracranial aneurysm. Stroke. 1998; 29:359–362

[51] Fairburn B. "Twin" Intracranial Aneurysms Causing Subarachnoid Hemorrhage in Identical Twins. Br Med J. 1973; 1:210–211

[52] Schon F, Marshall J. Subarachnoid Hemorrhage in Identical Twins. J Neurol Neurosurg Psychiatry. 1984; 47:81–83

[53] Toglia JU, Samii AR. Familial Intracranial Aneurysms. Dis Nerv Syst. 1972; 33:611–613

[54] Norrgard O, Angquist K-A, Fodstad H, Forsell A et al. Intracranial Aneurysms and Heredity. Neurosurgery. 1987; 20:236–239

[55] Lozano AM, Leblanc R. Familial Intracranial Aneurysms. J Neurosurg. 1987; 66:522–528

[56] Andrews RJ. Intracranial Aneurysms: Characteristics of Aneurysms in Siblings. N Engl J Med. 1977; 279

[57] Brisman R, Abbassioun K. Familial Intracranial Aneurysms. J Neurosurg. 1971; 34:678–682

[58] Schievink WI, Limburg M, Dreisen JJR, ter Berg HWM et al. Screening for Unruptured Familial Intracranial Aneurysms: Subarachnoid Hemorrhage 2 Years After Angiography Negative for Aneurysms. Neurosurgery. 1991; 29:434–438

[59] Vanninen RL, Hernesnieni JA, Puranen MI, Tonkainen A. Magnetic Resonance Angiographic Screening for Asymptomatic Intracranial Aneurysms: The Problem of False Negatives: Technical Case Report. Neurosurgery. 1996; 38:838–841

[60] Alg VS, Sofat R, Houlden H, Werring DJ. Genetic risk factors for intracranial aneurysms: a metaanalysis in more than 116,000 individuals. Neurology. 2013; 80:2154–2165

[61] Benoit BG, Wortzman G. Traumatic Cerebral Aneurysms: Clinical Features and Natural History. J Neurol Neurosurg Psychiatry. 1973; 36:127–138

[62] Parkinson D, West M. Traumatic Intracranial Aneurysms. J Neurosurg. 1980; 52:11–20

[63] Morard M, de Tribolet N. Traumatic Aneurysm of the Posterior Inferior Cerebellar Artery: Case Report. Neurosurgery. 1991; 29:438–441

[64] Buckingham MJ, Crone KR, Ball WS, Tomsick TA, Berger TS, Tew JM. Traumatic Intracranial Aneurysms in Childhood: Two Cases and a Review of the Literature. Neurosurgery. 1988; 22:398–408

[65] Kieck CF, de Villiers JC. Vascular Lesions due to Transcranial Stab Wounds. J Neurosurg. 1984; 60:42–46

[66] Handa J, Handa H. Severe Epistaxis caused by Traumatic Aneurysm of Cavernous Carotid Artery. Surg Neurol. 1976; 5:241–243

[67] Maurer JJ, Mills M, German WJ. Triad of Unilateral Blindness, Orbital Fractures and Massive Epistaxis After Head Injury. J Neurosurg. 1961; 18:937–949

[68] Ding MX. Traumatic Aneurysm of the Intracavernous Part of the Internal Carotid Artery Presenting with Epistaxis. Case Report. Surg Neurol. 1988; 30:65–67

[69] Ahuja A, Guterkman LR, Hopkins LN. Carotid Cavernouc Fistula and False Aneurysm of the Cavernous Carotid Artery: Complications of Transsphenoidal Surgery. Neurosurgery. 1992; 31:774–779

[70] Bohmfalk GL, Story JL, Wissinger JP et al. Bacterial Intracranial Aneurysm. J Neurosurg. 1978; 48:369–382

[71] Horten BC, Abbott GF, Porro RS. Fungal Aneurysms of Intracranial Vessels. Arch Neurol. 1976; 33:577–579

[72] Schmidek HH, Sweet WH. Operative Neurosurgical Techniques. New York 1982

[73] Pootrakul A, Carter LP. Bacterial Intracranial Aneurysm: Importance of Sequential Angiography. Surg Neurol. 1982; 17:429–431

[74] Morawetz RB, Karp RB. Evolution and Resolution of Intracranial Bacterial (Mycotic) Aneurysms. Neurosurgery. 1984; 15:43–49

[75] Bingham WF. Treatment of Mycotic Intracranial Aneurysms. J Neurosurg. 1977; 46:428–437

[76] Drake CG. Giant Intracranial Aneurysms: Experience with Surgical Treatment in 174 Patients. Clin Neurosurg. 1979; 26:12–95

[77] Drake CG. Ligation of the Vertebral (Unilateral or Bilateral) or Basilar Artery in the Treatment of Large Intracranial Aneurysms. J Neurosurg. 1975; 43:255–274

[78] Cuvinciuc V, Viguier A, Calviere L, Raposo N, Larrue V, Cognard C, Bonneville F. Isolated acute nontraumatic cortical subarachnoid hemorrhage. AJNR Am J Neuroradiol. 2010; 31:1355–1362

[79] Call GK, Fleming MC, Sealfon S, Levine H, Kistler JP, Fisher CM. Reversible cerebral segmental vasoconstriction. Stroke. 1988; 19:1159–1170

[80] Hayward RD, O'Reilly GVA. Intracerebral Hemorrhage: Accuracy of Computerized Transverse Axial Scanning in Predicting the Underlying Etiology. Lancet. 1976; 1:1–6

[81] Cioffi F, Pasqualin A, Cavazzani P et al. Subarachnoid Hemorrhage of Unknown Origin: Clinical and Tomographical Aspects. Acta Neurochir. 1989; 97:31–39

[82] Iwanaga H, Wakai S, Ochiai C et al. Ruptured Cerebral Aneurysms Missed by Initial Angiographic Study. Neurosurgery. 1990; 27:45–51

[83] Farres MT, Ferraz-Leite H, Schindler E et al. Spontaneous Subarachnoid Hemorrhage with Negative Angiography: CT Findings. J Comput Assist Tomogr. 1992; 16:534–537

[84] Tatter SB, Crowell RM, Ogilvy CS. Aneurysmal and Microaneurysmal 'Angiogram Negative' Subarachnoid Hemorrhage. Neurosurgery. 1995; 37:48–55

[85] Nishioka H, Torner JC, Graf CJ et al. Cooperative Study of Intracranial Aneurysms and Subarachnoid Hemorrhage: III. Subarachnoid Hemorrhage of Undetermined Etiology. Arch Neurol. 1984; 41:1147–1151

[86] Kaim A, Proske M, Kirsch E et al. Value of Repeat-Angiography in Cases of Unexplained Subarachnoid Hemorrhage (SAH). Acta Neurol Scand. 1996; 93:366–373

[87] Schwartz TH, Solomon RA. Perimesencephalic Nonaneurysmal Subarachnoid Hemorrhage: Review of the Literature. Neurosurgery. 1996; 39:433–440

[88] Rinkel GJE, van Gijn J, Wijdicks EFM. Subarachnoid Hemorrhage Without Detectable Aneurysm: A Review of the Causes. Stroke. 1993; 24:1403–1409

[89] van Gijn J, van Dongen KJ, Vermeulen M, Hijdra A. Perimesencephalic Hemorrhage. A Nonaneurysmal and Benign Form of Subarachnoid Hemorrhage. Neurology. 1985; 35:493–497

[90] Schievink WI, Wijdicks EFM. Pretruncal Subarachnoid Hemorrhage: An Anatomically Correct Description of the Perimesencephalic Subarachnoid Hemorrhage. Stroke. 1997; 28

[91] van Calenbergh F, Plets C, Goffin J, Velghe L. Nonaneurysmal Subarachnoid Hemorrhage: Prevalence of Perimesencephalic Hemorrhage in a Consecutive Series. Surg Neurol. 1993; 39:320–323

[92] Rinkel GJE, Wijdicks EFM. Outcome in Perimesencephalic (Nonaneurysmal) Subarachnoid Hemorrhage: A Follow-Up Study in 37 Patients. Neurology. 1990; 40:1130–1132

[93] Wijdicks EFM, Schievink WI, Miller GM. Pretruncal Nonaneurysmal Subarachnoid Hemorrhage. Mayo Clin Proc. 1998; 73:745–752

[94] Wijdicks EFM, Schievink WI. Perimesencephalic Nonaneurysmal Subarachnoid Hemorhage: First Hint of a Cause? Neurology. 1997; 49:634–636

[95] Buyukkaya R, Yildirim N, Cebeci H, Kocaeli H, Dusak A, Ocakoglu G, Erdogan C, Hakyemez B. The relationship between perimesencephalic subarachnoid hemorrhage and deep venous system drainage pattern and calibrations. Clin Imaging. 2014; 38:226–230

[96] Sabatino G, Della Pepa GM, Scerrati A, Maira G, Rollo M, Albanese A, Marchese E. Anatomical variants of the basal vein of Rosenthal: prevalence in idiopathic subarachnoid hemorrhage. Acta Neurochir (Wien). 2014; 156:45–51

[97] Sangra MS, Teasdale E, Siddiqui MA, Lindsay KW. Perimesencephalic nonaneurysmal subarachnoid hemorrhage caused by jugular venous occlusion: case report. Neurosurgery. 2008; 63:E1202–3; discussion E1203

[98] Mathews MS, Brown D, Brant-Zawadzki M. Perimesencephalic nonaneurysmal hemorrhage associated with vein of Galen stenosis. Neurology. 2008; 70:2410–2411

[99] Lansberg MG. Concurrent presentation of perimesencephalic subarachnoid hemorrhage and ischemic stroke. J Stroke Cerebrovasc Dis. 2008; 17:248–250

[100] Rinkel GJE, Wijdicks EFM, Hasan D et al. Outcome in Patients with Subarachnoid Hemorrhage and Negative Angiography According to Pattern of Hemorrhage on Computed Tomography. Lancet. 1991; 338:964–968

[101] Liliequist B. The Subarachnoid Cisterns: An Anatomic and Roentgenologic Study. Acta Radiol (Stockh). 1959; 185:1–108

[102] Yasargil MG. Microneurosurgery. New York: Thieme-Stratton Inc.; 1985

[103] Matsuno H, Rhoton AL, Peace D. Microsurgical Anatomy of the Posterior Fossa Cisterns. Neurosurgery. 1988; 23:58–80

[104] Brasil AVB, Schneider FL. Anatomy of Liliequist's Membrane. Neurosurgery. 1993; 32:956–961

[105] Adams HP, Gordon DL. Nonaneurysmal Subarachnoid Hemorrhage. Ann Neurol. 1991; 29:461–462

[106] Pinto AN, Ferro JM, Canhao P, Campos J. How Often is a Perimesencephalic Subarachnoid Hemorrhage CT Pattern Caused by Ruptured Aneurysms? Acta Neurochir. 1993; 124:79–81

[107] Rinkel GJE, Wijdicks EFM, Vermeulen M, Ramos LMP et al. Nonaneurysmal Perimesencephalic Subarachnoid Hemorrhage: CT and MR Patterns that Differ from Aneurysmal Rupture. AJNR. 1991; 12:829–834

[108] Wallace AN, Vyhmeister R, Dines JN, Chatterjee AR, Kansagra AP, Viets R, Whisenant JT, Moran CJ, Cross DT,3rd, Derdeyn CP. Evaluation of an anatomic definition of non-aneurysmal perimesencephalic subarachnhoid hemorrhage. J Neurointerv Surg. 2015. DOI: 10.1136/neurintsurg-2015-011680

[109] Cloft HJ, Kallmes DF, Dion JE. A Second Look at the Second-Look Angiogram in Cases of Subarachnoid Hemorrhage. Radiology. 1997; 205:323–324

Parte XVIII

Malformações Vasculares

82 Malformações Vasculares 1238

82 Malformações Vasculares

82.1 Informações gerais e classificação

Esta designação abrange muitas lesões vasculares não neoplásicas do sistema nervoso central (CNS). Os quatro tipos originalmente descritos por McCormick, em 1966, são mostrados no ▶ Quadro 82.1.[1]

Possíveis categorias adicionais:

1. fístula direta, também conhecida como fístula arteriovenosa (fístula AV e *não* AVM). Uma ou múltiplas arteríolas dilatadas que se conectam diretamente com a veia sem um *nidus*. Estes são fluxos altos, de alta pressão. Baixa incidência de hemorragia. Geralmente tratável com procedimentos neurorradiológicos intervencionais

   Os exemplos incluem:
   a) malformação da veia cerebral magna (de Galeno) (aneurisma) (p. 1255)
   b) AVM dural (p. 1251)
   c) fístula carótido-cavernosa (p. 1256)
2. angiomas mistos ou não classificados: 11% das malformações vasculares angiograficamente ocultas (AOVM)[2]

82.2 Malformação arteriovenosa (AVM)

82.2.1 Informações gerais

Conceitos-chave

- artérias e veias dilatadas com vasos displásicos. O sangue arterial flui diretamente entre elas sem leito capilar e nenhum parênquima neural intervindo no *nidus*
- AVMs são de pressão média a alta e fluxo alto
- geralmente apresentam-se com hemorragia, menos frequentemente com convulsões
- estas normalmente são lesões congênitas com risco de sangramento ao longo da vida de ≈ 2-4% ao ano
- demonstrável em angiografia, imagem por ressonância magnética (MRI) ou tomografia computadorizada – CT (especialmente com contraste)
- principais opções de tratamento: radiocirurgia estereotática (geralmente para lesões profundas < 3 cm de diâmetro) ou excisão cirúrgica

---

82.2.2 Descrição

Acúmulo anormal de vasos sanguíneos em que o sangue arterial flui diretamente para dentro das veias drenantes sem os leitos capilares normais interpostos. O *nidus* não contém parênquima cerebral. As AVMs geralmente são lesões congênitas que tendem a aumentar um pouco com o envelhecimento e muitas vezes progridem de lesões juvenis de baixo fluxo, ao nascimento, para lesões de fluxo médio a alto de alta pressão, na idade adulta. As AVMs aparecem, macroscopicamente, como um "emaranhado" de vasos, geralmente com um centro (*nidus*) bem circunscrito, e "veias vermelhas" drenantes (veias contendo sangue oxigenado). Podem ser classificadas como:

1. AVMs parenquimais (discutidas adiante). Subclassificadas como:
   a) pial
   b) subcortical
   c) paraventricular
   d) combinadas

Quadro 82.1 Quatro tipos clássicos de malformação vascular

Tipo	Prevalência %
malformação arteriovenosa (AVM)[a]	44-60%
malformação cavernosa (p. 1247)	19-31%
telangiectasia capilar (p. 1247)	4-12%
anomalia venosa do desenvolvimento (DVA) – anteriormente angioma venoso	9-10%

[a]Algumas vezes referida como "AVM pial" para distingui-la, p. ex., da AVM dural.

2. AVM dural pura (p. 1251)
3. parenquimal e dural mistas (raras)

82.2.3 Epidemiologia

Prevalência: é provável que seja ligeiramente maior do que a geralmente mencionada de 0,14%.
Ligeira preponderância em homens. Congênitas (portanto, o risco de hemorragia é vitalício).
Sabe-se que alguns tipos são hereditários. Outros tipos fazem parte de síndromes hereditárias conhecidas: 15-20% dos pacientes com síndrome de Osler-Weber-Rendu (telangiectasia hemorrágica heredi-tá-
ria) têm AVMs cerebrais.

82.2.4 Comparação com aneurismas

Ver referência.[3]
A razão AVM:aneurisma nos Estados Unidos é 1:5.3 (dados pré-era da CT). A faixa etária média dos
pacientes diagnosticados com AVMs é ≈ 33 anos, idade que é ≈ 10 anos mais jovem do que a dos pacientes
com aneurismas.[4] Em 64% dos AVMs, o diagnóstico é feito antes de 40 anos (comparado com 26% para
aneurismas).

82.2.5 Apresentação

Informações gerais

1. hemorragia (mais comum)[5]: 50% (61% mencionados em outra parte,[3] comparados com 92% for aneurismas) (ver abaixo)
2. convulsões
3. efeito de massa: p. ex., neuralgia do trigêmeo causada por AVM do ângulo cerebelopontino (CPA)
4. isquemia: por roubo
5. cefaleia (H/A): rara. AVMs podem, ocasionalmente, estar associadas a enxaquecas. AVMs occipitais
   podem-se apresentar com distúrbio visual (geralmente hemianopsia ou quadrantanopsia) e a H/As
   indistinguíveis da enxaqueca[6]
6. sopro: especialmente com as AVMs durais (p. 1251)
7. pressão intracraniana (ICP) elevada
8. achados limitados, quase exclusivamente, a pacientes pediátricos, geralmente com grandes AVMs de
   linha média que drenam em uma veia cerebral magna (de Galeno) aumentada ("malformação da veia
   cerebral magna" [p. 1255]):
   a) hidrocefalia com macrocefalia: causada por compressão do aqueduto do mesencéfalo (de Silvius)
      por veia cerebral magna aumentada ou elevação da pressão venosa
   b) insuficiência cardíaca congestiva com cardiomegalia
   c) proeminência das veias da testa (em razão do aumento da pressão venosa)

Hemorragia

Informações gerais

A idade de pico para a hemorragia é entre 15 e 20 anos.[3] A morbidade e a mortalidade relatadas decorrentes de hemorragia por AVM é amplamente variável. Uma estimativa é mortalidade de 10%, morbidade de
30-50%[7] (déficit neurológico) decorrentes de cada sangramento. Para uma discussão sobre hemorragia
durante a gravidez, ver também Gravidez e hemorragia intracraniana (p. 1169).

Localização da hemorragia com AVMs

1. intraparenquimal (hemorragia intracerebral [CH]): 82% (o local mais comum de sangramento)[8]
2. hemorragia intraventricular:
   a) geralmente acompanhada de hemorragia intracerebral (ICH) resultante de ruptura da ICH dentro
      do ventrículo
   b) hemorragia intraventricular (IVH) pura (sem ICH) pode indicar uma AVM intraventricular
3. subaracnóidea: a hemorragia subaracnóidea (SAH) também pode-se dever à ruptura de um aneurisma em uma artéria nutrícia; comum com as AVMs (p. 1156)
4. subdural: incomum. Pode-se originar de uma hemorragia subdural (SDH) espontânea (p. 904)

Taxa de hemorragia relacionada com o tamanho da AVM

As AVMs pequenas tendem a se apresentar com mais frequência como hemorragia do que as grandes.[9,10]
Postulou-se que as AVMs grandes se apresentam como convulsões com mais frequência, simplesmente,
porque seu tamanho aumentou a probabilidade de envolverem o córtex. No entanto acredita-se, atualmente, que as AVMs pequenas exerçam pressão mais alta nas artérias nutrícias[10] (ver ▶ Quadro 82.2).
Conclusão: AVMs pequenas são mais letais que as grandes.

Quadro 82.2 Risco de sangramento pelo tamanho da AVM[10]

Característica	Tamanho da AVM		
	Pequeno (< 3 cm)	Médio (3-6 cm)	Grande (> 6 cm)
número de pacientes	44	31	17
% que sangrou	82%	29%	12%
tamanho do hematoma (médio)	4,9 cm	2,7 cm	2 cm
pressão da artéria nutrícia (mmHg)	66	47	35

Quadro 82.3 Taxas médias anuais de hemorragia para vários subgrupos de AVM[12]

Drenagem venosa	Sem hemorragia anterior	Hemorragia anterior	Localização do *nidus*
nenhuma drenagem venosa	0,9%	4,5%	não profunda
	3,1%	14,8%	profunda
drenagem venosa profunda	8%	34,4%	
	2,4%	11,4%	não profunda

Taxa de hemorragia relacionada com o grau de Spetzler-Martin

Controvérsia. Alguns estudos mostram aumento de risco com as AVMs de graus 4-5 de Spetzler-Martin (S-M) (p. 1242)[11] (graus altos), outros mostram o efeito oposto como:

graus 1-3 S-M: o risco anual de hemorragia é de 3,5%.

graus 4-5 S-M: o risco anual de hemorragia é de 2,5%.

Taxa de hemorragia baseada na profundidade do *nidus*, drenagem venosa e sangramento anterior

A discriminação do risco de sangramento baseou-se no histórico de sangramento anterior, padrão de drenagem venosa e localização do *nidus* com o uso dos dados de Stapf *et al.* Mostrada no ▶ Quadro 82.3.

Riscos anual e vitalício de hemorragia e de recorrência de hemorragia

O risco médio de hemorragia decorrente de AVM é ≈ 2-4% ao ano[13] (lembrete: o risco varia conforme o tamanho da AVM, ver acima). O risco de sangramento pelo resto da vida do indivíduo é apresentado na equação – Eq (82.1); esta análise inclui uma série de pressuposições, entre elas: um risco constante de ressangramento até logo após um sangramento inicial, nenhuma alteração no risco durante o ciclo de vida (o que pode não ser verdadeiro na gravidez), nenhuma diferença no risco pelas várias AVM, localizações ou grupos etários.

$$\text{risco de sangramento (pelo menos uma vez)} = 1 - (\text{risco anual de nenhum sangramento})^{\text{expectativa de anos de vida restantes}} \tag{82.1}$$

em que o risco anual de não sangramento é igual a 1 – o risco anual de sangramento. Por exemplo, se um risco anual de sangramento de 3% for usado como média, e a expectativa de vida restante é de 25 anos, o resultado é conforme ilustrado na Eq (82.2).

$$\text{risco de sangramento (pelo menos uma vez em 25 anos)}^* = 1 - 0,97^{25} = 0,53 = 53\% \tag{82.2}$$

Uma primeira aproximação simples à Eq (82.1) é mostrada na Eq (82.3).

$$\text{risco de sangramento (pelo menos uma vez)}^* \approx 105 - \text{idade em anos} \tag{82.3}$$

*Nota: Eq (82.3) assume uma taxa de sangramento de 3% ao ano.

▶ Quadro 82.4 mostra o risco para várias idades usando a Eq (82.1) (a longevidade é extraída de tabelas de seguro de vida).

Quadro 82.4 Risco vitalício de hemorragia[a]

Idade de apresentação	Estimativa dos anos a viver[b]	Risco vitalício de hemorragia		
		Para o risco anual de 1%[c]	Para o risco anual de 2%	Para o risco anual de 3%
0	76	53%	78%	90%
15	62	46%	71%	85%
25	52	41%	65%	79%
35	43	35%	58%	73%
45	34	29%	50%	64%
55	25	22%	40%	53%
65	18	16%	30%	42%
75	11	10%	20%	28%
85	6	5,8%	11%	17%

[a]Modificada da referência.[13]
[b]Baseada nas tabelas *Preliminary Life*, de 1992, preparadas pela *Metropolitan Life Insurance Company*.
[c]O risco anual de 1% também é apresentado porque pode ser apropriado para aneurismas incidentais (p. 1222).

Um estudo de 166 AVMs *sintomáticas* com um longo acompanhamento médio (média: 23,7 anos)[4] descobriu que o risco de sangramento importante era constante a 4% ao ano, e isto independentemente de se tratar de AVM apresentando-se com ou sem hemorragia. O tempo médio entre apresentação e hemorragia foi de 7,7 anos. A taxa de mortalidade foi de 1% ao ano, e a taxa combinada de morbidade e mortalidade importantes foi de 2,7% ao ano.

Estudos antigos podem ficar em desvantagem em razão dos números menores[9] ou acompanhamento breve (média: 6,5 anos).[3,5] Esses estudos sugeriram um risco mais alto de (re)sangramento dependendo de ser a apresentação inicial uma hemorragia de ≈ 3,7% ao ano) *versus* convulsões (1-2% ao ano). Crawford descobriu que nenhuma das 8 AVMs incidentais (assintomáticas) sangrou em acompanhamento de 20 anos; todos morreram de causas não relacionadas.[9]

O risco de hemorragia (mas não a taxa) pode ser mais alto em pacientes pediátricos ou com AVMs de fossa posterior.[13]

Ressangramento

A literatura contém informações conflitantes. A taxa referida de ressangramento no primeiro ano após a hemorragia foi de 6% em uma série,[14] de 18% em outra série,[15] que diminuíram para 2% ao ano após 10 anos, e em outra grande série[4] a taxa anual foi de 4% e não variou independentemente da apresentação, conforme discutido anteriormente.

Convulsões

Quanto mais jovem for o paciente no momento do diagnóstico, maior o risco de desenvolver convulsões. Risco em 20 anos: diagnóstico aos 10-19 anos → risco de 44%; aos 20-29 anos → 31%; aos 30-60 → 6%. Os pacientes que se apresentam com hemorragia têm risco de 22% de desenvolver epilepsia em 20 anos. Nenhuma AVM descoberta casualmente ou que se apresentou com déficit neurológico desenvolveu convulsões.[9]

AVMs e aneurismas

Sete por cento dos pacientes com AVMs têm aneurismas. Setenta e cinco por cento destas AVMs estão localizadas em artéria nutrícia importante (provavelmente por aumento do fluxo).[9] Esses aneurismas podem ser classificados em 1 dos 5 tipos mostrados no ▶ Quadro 82.5. Os aneurismas também podem se formar dentro do *nidus* ou nas veias drenantes. Ao tratar simultaneamente AVMs e aneurismas, geralmente trata-se primeiro o sintomático (quando viável, ambos podem ser tratados na mesma operação).[16] Se não estiver claro qual deles sangrou, as probabilidades são de que foi o aneurisma. Embora um número significativo (≈ 66%) dos aneurismas relacionados regrida após a remoção da AVM, isto nem sempre ocorre. Em uma série, nenhum dos 9 aneurismas associados rompeu-se ou aumentou após a remoção da AVM.[16]

Quadro 82.5 Categorias de aneurismas associadas a AVMs[a][16]

Tipo	Localização do aneurisma
I	proximal à principal artéria nutrícia ipsolateral da AVM
IA	proximal à principal artéria relacionada, mas contralateral à AVM
II	distal à artéria nutrícia superficial
III	proximal ou distal à artéria nutrícia profunda ("bizarra")
IV	na artéria não relacionada com a AVM

[a]Exclui aneurismas intranidais e venosos.

82.2.6 Avaliação

CT

A CT cerebral sem contraste é o melhor estudo para descartar hemorragia aguda. Pode, também, demonstrar calcificações dentro da lesão. Acrescentar uma CT com contraste demonstrará intensificação dentro dos vasos, e poderá delinear o *nidus* (área central densa de uma AVM). Ver angiotomografia computadorizada (CTA) adiante.

MRI

Características da AVM na MRI:
1. ausência de sinal (*flow void*) em imagens ponderadas em T1 (T1WI) ou em T2 (T2WI) dentro da AVM
2. artérias nutrícias
3. veias drenantes
4. aumento da intensidade em ângulo de giro (*flip-angle*) parcial (para diferenciar a perda de sinal [*dropout*] em T1WI ou T2WI em decorrência do cálcio)
5. edema significativo em torno da lesão pode indicar um tumor que sangrou e não uma AVM
6. sequências de gradiente eco (GRASS... [*Gradient Recalled Acquisition in Steady State*]) ajudam a demonstrar hemossiderina circundante que sugere significativa hemorragia prévia
7. um anel completo de baixa densidade (provocado pela hemossiderina) em torno da lesão sugere AVM em vez de neoplasia

82.2.7 Angiotomografia computadorizada (CTA)

Angiorressonância magnética (MRA)

Angiografia

Características da AVM na angiografia:
1. emaranhado de vasos
2. grande artéria nutrícia
3. grandes veias drenantes
4. veias drenantes são visualizadas nas mesmas imagens das artérias (fase arterial)

A maioria, mas não todas as AVMs, é mostrada na angiografia; ver Malformações vasculares angiograficamente ocultas (p. 1246). Isso ocorre com poucas malformações cavernosas e angiomas venosos.

Graduação

Grau de Spetzler-Martin das AVMs

Grau = a soma dos pontos do ▶ Quadro 82.6 varia de 1 a 5. Um grau 6 separadamente se reserva às lesões não tratáveis (de forma alguma: cirurgia, radiocirurgia estereotática [SRS]...), a ressecção destes estaria, quase inevitavelmente, associada a déficit incapacitante ou morte. Essa escala demonstrou possuir boa previsibilidade prognóstica.[17] Pode não ser aplicável a pacientes pediátricos (as AVMs são imaturas e se alteram com o tempo; as AVMs maturam ≈ aos 18 anos e tendem a se tornar mais compactas).

Resultado baseado no grau de Spetzler-Martin: os resultados de 100 casos consecutivos operados por um especialista (Spetzler) são mostrados no ▶ Quadro 82.7 (sem mortes).

✱ Spetzler publicou, desde então, um esquema de recomendações de tratamento em 3 níveis,[19] como segue:
• classe A (graus I e II S-M): ressecção cirúrgica

Quadro 82.6 Sistema de graduação de AVM de Spetzler-Martin[18]

Característica graduada	Pontos
Tamanho[a]	
pequeno (< 3 cm)	1
médio (3-6 cm)	2
grande (> 6 cm)	3
Eloquência do encéfalo adjacente	
não eloquente[b]	0
eloquente[b]	1
Padrão de drenagem venosa[c]	
apenas superficial	0
profunda	1

[a]O maior diâmetro do *nidus* no angiograma não magnificado (é relacionado a, e portanto inclui implicitamente outros fatores relacionados à dificuldade da excisão da AVM, p. ex., número de artérias nutrícias, grau de roubo etc.).
[b]Encéfalo eloquente: córtex sensorimotor, da linguagem e visual; hipotálamo e tálamo; cápsula interna; tronco encefálico; pedículos cerebelares; núcleos cerebelares profundos.
[c]Considerado superficial se toda a drenagem for através do sistema venoso cortical; considerada profunda se algumas ou todas as veias profundas (p. ex., veia cerebral interna, basal veia ou veia cerebelar pré-central).

Quadro 82.7 Resultado cirúrgico pela graduação de Spetzler-Martin operados por Spetzler

Grau	N°	Nenhum déficit		Déficit menor[a]		Déficit maior[b]	
1	23	23	(100%)	0		0	
2	21	20	(95%)	1	(5%)	0	
3	25	21	(84%)	3	(12%)	1	(4%)
4	15	11	(73%)	3	(20%)	1	(7%)
5	16	11	(69%)	3	(19%)	2	(12%)

[a]Déficit menor: déficit leve do tronco encefálico, afasia leve, ataxia leve.
[b]Déficit maior: hemiparesia, aumento da afasia, hemianopsia homônima.

- classe B (grau III S-M): tratamento multimodalidade
- classe C (graus IV e V S-M): proceda ao acompanhamento clínico e repita o angiograma a cada 5 anos. Tratamento somente para déficit neurológico progressivo, sintomas relacionados com roubo, ou aneurismas identificados em angiogramas de vigilância

82.2.8 Tratamento

Informações gerais

Opções e alguns prós e contras de cada uma incluem:
1. cirurgia: o tratamento de escolha para AVMs. Quando o risco cirúrgico é inaceitavelmente alto, procedimentos alternativos (p. ex., SRS) podem ser uma opção
   a) prós: elimina o risco de sangramento quase imediatamente. O controle das convulsões melhora
   b) contras: é cirurgia invasiva, risco inerente, custo (o alto custo inicial do tratamento pode ser contrabalançado com a eficácia ou aumentado pelas complicações)
2. radioterapia
   a) radioterapia convencional: eficaz em ≈ 20% ou menos dos casos.[20,21] Portanto não é considerada uma terapia eficaz
   b) radiocirurgia estereotática (SRS): aceita para alguns *nidus* pequenos (≤ 2,5-3 cm), AVMs profundas; ver Radiocirurgia estereotática e radioterapia (p. 1564)

- prós: é realizada em regime ambulatorial, não invasiva, redução gradual do fluxo na AVM, sem período de recuperação
- contras: leva 1-3 anos para funcionar (período de latência). Durante esse tempo há risco de sangramento, sendo controverso se é maior ou menor); limitada a lesões com *nidus* ≤ 3 cm

3. técnicas endovasculares: p. ex. embolização (ver abaixo)
   a) prós: facilita a cirurgia
   b) contras: às vezes é inadequada para AVMs permanentemente obliteradas, induz alterações hemodinâmicas agudas, pode requerer múltiplos procedimentos, a embolização antes da SRS reduz a taxa de obliteração de 70% (sem embolização) a 47% (com embolização)[22]
4. combinação de técnicas: p. ex. embolização para encolher o *nidus* e, em seguida, radiocirurgia estereotática

Considerações a fazer no tratamento de AVMs:
1. aneurismas associados: nos vasos nutrícios, veias drenantes ou intranidais
2. fluxo: alto ou baixo
3. idade do paciente
4. histórico de hemorragia anterior
5. tamanho e compacidade do *nidus*
6. disponibilidade de neurorradiologista intervencional
7. condição médica geral do paciente

Embolização

Usada como um procedimento inicial, a embolização facilita a cirurgia[23] e, possivelmente, SRS. Geralmente é inadequada por si só para tratar AVMs convencionais (pode recanalizar-se posteriormente). Ver embolização de AVM (p. 1589) na seção de Neurocirurgia endovascular.

Tratamento cirúrgico

Tratamento médico pré-operatório

Antes do tratamento cirúrgico direto, idealmente o paciente deve ser pré-tratado com propranolol 20 mg via oral (PO), 4 vezes ao dia, por 3 dias para minimizar a ruptura da pressão de perfusão normal pós-operatória (causa postulada de sangramento e edema pós-operatórios,[24] ver abaixo). Labetalol também é usado no perioperatório para manter a pressão arterial média (MAP) em 70-80 mmHg.[25]

Registro de caso: Craniotomia para AVM

Ver também padrões e isenções de responsabilidade (p. 27)
1. posição: (depende da localização da AVM), fixador craniano radiotransparente
2. embolização pré-operatória (por intervencionalista neuroendovascular): geralmente 24-48 horas no pré-operatório
3. angiografia intraoperatória (opcional)
4. equipamento
   a) microscópio (com capacidade para indocianina verde – ICG, se utilizado)
   b) navegação guiada por imagem: primariamente para colocação de retalho ósseo
5. disponibilidade de sangue: tipagem e cruzamento de 2 U de concentrado de hemácias (PRBC)
6. pós-operatório: unidade de cuidados intensivos (ICU)
7. consentimento (em termos leigos para o paciente – nem tudo incluído):
   a) procedimento: cirurgia para abrir o crânio e remover o emaranhado anormal de vasos sanguíneos no encéfalo, angiografia intraoperatória
   b) alternativas: radiocirurgia estereotática, técnicas endovasculares (não são consideradas o tratamento definitivo para a maioria das AVMs, mas usadas com frequência como um adjuvante)
   c) complicações: complicações usuais da craniotomia (p. 28) somadas ao acidente vascular encefálico (a principal preocupação), sangramento intraoperatório (necessitando de transfusão) e pós-operatório, déficit neurológico relacionado com a área de localização da AVM, incapacidade de remover toda a AVM, recorrência no futuro

---

Princípios básicos da cirurgia de AVM

1. ampla exposição
2. ocluir artérias nutrícias (terminais) antes das veias drenantes (pode ser impossível lidar com lesões com uma única veia drenante se ocorrer o bloqueio prematuro da veia drenante, p. ex. por dobras, coagulação)

Malformações Vasculares **1245**

3. a excisão de todo o *nidus* é necessária para proteger contra o ressangramento (a oclusão das artérias nutrícias não é adequada)
4. identificar e poupar os vasos de passagem e artérias adjacentes (não envolvidas)
5. dissecar diretamente no *nidus* da AVM, trabalhar nos sulcos e fissuras sempre que possível
6. em lesões com alto fluxo na angiografia, considerar embolização pré-operatória
7. lesões com suprimentos de múltiplos territórios vasculares podem necessitar de estadiamento
8. clipar os aneurismas acessíveis das artérias nutrícias

82

Deterioração pós-operatória retardada
Pode decorrer de qualquer dos seguintes:
1. ruptura da pressão de perfusão normal:[24] caracterizada por edema ou hemorragia pós-operatórios. Acreditava-se que decorresse da perda de autorregulação, mas esta teoria tem sido desafiada.[26] O risco pode ser reduzido por medicação pré-operatória (ver acima)
2. hiperemia oclusiva:[27] no período pós-operatório imediato, provavelmente em razão da obstrução do fluxo venoso de saída proveniente do encéfalo adjacente normal, na apresentação retardada pode-se dever à trombose retardada da veia drenante ou seio dural.[28] O risco pode-se elevar quando se mantém o paciente "seco" no pós-operatório
3. ressangramento proveniente de *nidus* retido de AVM
4. convulsões

82.2.9 Acompanhamento de AVMs tratadas
Quando a obliteração angiográfica completa satisfatória de uma AVM é realizada, recomenda-se o acompanhamento com angiografias por cateterismo (e não por CTA ou MRA) em 1 e 5 anos após o tratamento.

82.3 Angiomas venosos

82.3.1 Informações gerais

Conceitos-chave

- malformação vascular que faz parte da drenagem venosa da área envolvida com encéfalo interveniente presente. Portanto, o tratamento direto raramente é indicado
- baixo fluxo, baixa pressão
- geralmente demonstrável em angiografia como um padrão de explosão estelar
- raramente sintomático: as convulsões são raras, a hemorragia é até mais incomum. Infartos venosos podem ocorrer (controverso)
- pode haver malformação cavernosa associada (p. 1247) que, mais provavelmente, será sintomática

Também conhecidos como malformação venosa ou anomalia (do desenvolvimento) venosa (DVA). Um tufo de veias medulares que converge para um tronco central aumentado que drena no sistema venoso profundo ou superficial. Nas veias faltam grandes quantidades de músculo liso e elástico. Não são encontradas artérias anormais. O parênquima neural entre os vasos é normal. São mais comuns em regiões supridas pela artéria cerebral média (MCA)[29] ou na região da veia cerebral magna (de Galeno). Podem estar associados à malformação cavernosa (p. 1247). Não são hereditários. Estes são de baixo fluxo e baixa pressão.

Em sua maioria são clinicamente silenciosos, porém, raramente podem ocorrer convulsões e, menos frequentemente, até hemorragia. Infartos venosos têm sido descritos, mas podem ser coincidentes. Se houver sintomas, procure por malformação cavernosa associada (imagens de MRI GRASS podem revelar algumas malformações cavernosas que, de outra forma, estariam ocultas).

82.3.2 Imagens

MRI
Pode haver alguma hiperintensidade T2 em FLAIR (imagens com recuperação de inversão atenuada por fluidos).

Angiografia
Algumas vezes podem estar angiograficamente ocultos, porém, produzem, classicamente, uma característica cabeça de medusa (outros termos descritivos incluem: hidra, raios de roda, aranha, guarda-chuva,

cogumelo, ou explosão solar ou explosão estelar).[30 (p. 1471)] Outras características angiográficas; aparece como uma longa veia drenante (mais longa que uma veia normal) drenando uma quantidade excessiva de tecido cerebral (teoriza-se que ocorre doença venosa restritiva por causa do comprimento), a fase arterial não deve mostrar *shunt* AV (característico da AVM).

82.3.3 Tratamento

Em geral, estes não devem ser tratados uma vez que são a drenagem venosa do encéfalo nessa vizinhança. Se a cirurgia for indicada para as malformações cavernosas associadas, o angioma não deve ser tocado. A cirurgia para o próprio angioma se reserva apenas ao sangramento documentado ou a convulsões intratáveis que possam ser definitivamente atribuídas à lesão.

82.4 Malformações vasculares angiograficamente ocultas

82.4.1 Informações gerais

A terminologia é controversa. O termo "malformações cerebrovasculares crípticas" era aplicado, originalmente, às lesões angiográficas e clinicamente silenciosas independentemente do tamanho.

Recomendação: o uso do termo "malformações vasculares *angiograficamente* ocultas (ou crípticas)" (AOVM) refere-se a malformações cerebrovasculares que não são demonstráveis na angiografia cerebral por cateter tecnicamente satisfatória (*i. e.*, boa qualidade dos filmes, com vistas de subtração e os seguintes, conforme for apropriado: magnificação, angiotomografia, angiogramas seriais rápidos ou filmes retardados).[31] Muitas lesões têm grandes vasos patentes à cirurgia, apesar da angiografia negativa.[32] Outras modalidades de imagens (*i. e.*, CT, MRI) podem ser capazes de revelar essas lesões. Embora geralmente seja usado de maneira intercambiável, sugere-se o uso do termo "malformação oculta" (omitindo a palavra "angiograficamente") no caso de lesões que também não aparecem nessas outras modalidades de imagens.

As razões para que uma lesão vascular seja angiograficamente crítica incluem:
1. lesão hemorrágica
   a) o sangramento pode obliterar a lesão: difícil de comprovar[33]
   b) o coágulo pode comprimir, temporariamente, a lesão,[33] que pode se reabrir após semanas a meses, à medida que o coágulo se dissolve
2. fluxo lento
3. tamanho pequeno dos vasos anormais
4. podem ser necessários filmes angiográficos muito tardios (*i. e.*, filmes retardados) para visualização em razão do enchimento tardio

82.4.2 Epidemiologia

A incidência de AOVM é estimada em ≈ 10% das malformações cerebrovasculares.[29] AOVMs foram encontradas à necropsia em 21 (4,5%) de 461 pacientes com hemorragia intracraniana (**ICH**) espontânea,[34] mas refinamentos na angiografia têm ocorrido desde esse relato de 1954.

A média etária ao diagnóstico em uma revisão da literatura[31] foi de 28 anos.

82.4.3 Apresentação

A AOVM apresenta-se, geralmente, com convulsões ou H/A. Com menos frequência podem-se apresentar com sintomas neurológicos progressivos (geralmente como resultado de ICH espontânea).[35] Também podem ser descobertos casualmente.

A história natural desse grupo de lesões não é conhecida com precisão.

82.5 Síndrome de Osler-Weber-Rendu

82.5.1 Informações gerais

Também conhecida como telangiectasia hemorrágica hereditária (HHT), ou telangiectasia capilar: capilares ligeiramente aumentados com baixo fluxo. Não é possível obter suas imagens em qualquer estudo radiográfico. Em geral são encontradas, casualmente, na necropsia sem significado clínico (o risco de hemorragia é muito baixo, exceto, possivelmente, no tronco encefálico). Tem tecido neural interveniente[29] (ao contrário das malformações cavernosas). Geralmente solitárias, mas podem ser múltiplas quando vistas como parte de uma síndrome como: Osler-Weber-Rendu (ver abaixo), Louis-Barr (ataxia-telangiectasia), Myburn-Mason, Sturge-Weber.

Malformações cerebrovasculares (CVM) associadas incluem: telangiectasias, AVMs (a CVM mais comum, vista em 5-13% dos pacientes com HHT[36]), angiomas venosos e aneurismas. Os pacientes também são propensos a fístulas arteriovenosas pulmonares com risco associado de embolia cerebral para-doxal que predispõe a acidente vascular encefálico embólico e formação de abscesso cerebral (p. 320).

82.5.2 Epidemiologia

Distúrbio autossômico dominante genético raro dos vasos sanguíneos afetando ≈ 1 em 5.000 pessoas. Em 95% ocorre epistaxe recorrente.

82.5.3 Imagens

CT

Pode mostrar alta densidade mosqueada ou homogênea bem demarcada[35] (alta densidade em decorrên-cia de hematoma, calcificação, trombose, deposição de hemossiderina, alterações na barreira hematoen-cefálica (BBB) e/ou aumento do volume sanguíneo[31]) com alguma forma de intensificação com contraste (em torno ou dentro da lesão) em 17 de 24 pacientes.[35] O edema circundante ou o efeito de massa são raros (exceto nos casos que apresentaram hemorragia recente).

MRI

Pode demonstrar hemorragia(s) anterior(es),[37] (pode ser importante quando a presença de múltiplas ocorrências afeta as escolhas terapêuticas). Achado em T2WI: núcleo reticulado de maior e menor intensi-dade, uma margem circundante proeminente de reduzida intensidade pode estar presente (em razão dos macrófagos carregados de hemossiderina das hemorragias anteriores). A imagem GRASS demonstra intensificação relacionada com fluxo em ≈ 60% dos casos, o que possibilita que a perda de sinal (*dropout*) decorrente de fluxo sanguíneo em outras sequências seja diferenciada daquela decorrente de cálcio (e, portanto, de osso) ou ar (limitações: a hemossiderina causa perda de sinal (*dropout*) e fluxo lento ao longo de um plano não se intensifica).[38]

82.5.4 Tratamento

A cirurgia é indicada principalmente para evacuação de hematoma ou diagnóstico, especialmente quando em localização favorável. Além disso, considere a cirurgia para hemorragias recorrentes (há relatos de rup-tura mesmo após angiografia normal) ou convulsões clinicamente intratáveis. A radiocirurgia estereotáti-ca não mostrou um benefício satisfatoriamente alto na razão de risco para justificar seu emprego.[39]

82.6 Malformação cavernosa

82.6.1 Informações gerais

> ## Conceitos-chave
>
> - em geral, angiograficamente oculta. Pode ser demonstrada na MRI (canais abertos → ausência de sinal (*flow void*) em T2WI, hemorragia anterior → padrão em "pipoca" especialmente em gradiente eco T2*) ou CT com contraste
> - fluxo lento. Não há parênquima neural interveniente, não há artérias. Associado à anomalia venosa (representa fluxo de saída venoso e deve ser preservado)
> - a radioterapia (XRT) é um fator de risco para o desenvolvimento de malformação cavernosa
> - apresentação: geralmente convulsões. Hemorragia: rara, o risco é difícil de predizer
> - tratamento:
>   a) ♦ cirurgia é o tratamento de escolha para lesões sintomáticas acessíveis
>   b) ✖ radiocirurgia não deve ser considerada uma opção de tratamento

Também conhecida como: hemangioma cavernoso, cavernoma, angioma cavernoso, angioma e, em jar-gão médico, "cav-mal". Um hamartoma vascular benigno, bem circunscrito, que consiste em canais vas-culares sinusoidais irregulares e com parede fina, localizado dentro do encéfalo, mas *sem parênquima neural interveniente*,[29] grandes artérias nutrícias ou grandes veias drenantes. Geralmente seu tamanho é 1-5 cm. Pode apresentar hemorragia, calcificar-se ou trombosar. Raramente ocorre na medula espinal.[40] As cavernas são preenchidas de sangue em vários estágios da formação/organização/dissolução do trombo. Frequentemente associadas a angiomas venosos (p. 1245). Podem ser encontradas telangiecta-sias capilares adjacentes às lesões e podem representar um precursor. A coloração é positiva para fator de angiogênese.[41] As lesões podem surgir *de novo*,[42] e crescer (embora mais lentamente que os heman-gioblastomas), encolher, ou permanecer inalteradas com o tempo.[43]

82.6.2 Patologia

A aparência grosseira assemelha-se a uma amora (espirituosamente apelidado de "hemorroida do cérebro"). Microscopia óptica: cora para o fator de von Willebrand. A camada de musculatura lisa está ausente (exceto no caso de algumas porções minúsculas). Microscopia eletrônica (EM): mostra intervalo anormal das *tight junctions* (junções de oclusão) entre células endoteliais[44] (pode permitir o extravasamento de sangue) e células subendoteliais da musculatura lisa, esparsas ou mal caracterizadas.[44]

82.6.3 Epidemiologia

Malformações cavernosas (CM) cerebrais compreendem 5-13% das malformações vasculares do CNS, e se desenvolvem em 0,02-0,13% da população (com base em autópsia grande[45] e série de MRI[46]). Em 48-86% são supratentoriais, em 4-35% no tronco encefálico, 5-10% nos gânglios basais.[47] São múltiplas em 23%[48] a 50%[49] dos casos, e a multiplicidade pode ser mais comum nos casos hereditários.[50]

CMs espinais: raramente as CMs podem ocorrer na medula espinal. A radioterapia (XRT) parece ser um fator de risco,[51] (p. ex. após XRT craniospinal[52] para meduloblastoma) especialmente para CMs espinais. Quarenta e dois dos pacientes com CMs espinais também apresentam ≥ 1 CM intracraniana.[53]

82.6.4 Genética

Dois tipos: esporádico e hereditário. O último pode ser herdado em um padrão autossômico dominante mendeliano com variável expressividade.[54] Parece haver pelo menos 3 lócus genéticos (ver no ▶ Quadro 82.8).

Múltiplas lesões são mais comuns na forma familiar.[46]

82.6.5 Apresentação/história natural

Ver referências.[55,56,57]

Informações gerais

Convulsões (60% dos casos), déficit neurológico progressivo (50% dos casos), hemorragia (20% dos casos, geralmente intraparenquimal; **nota:** aqui, a hemorragia é definida como sangramento extralesional sintomático, radiologicamente comprovado), hidrocefalia, ou como um achado casual (mais de 50% em uma série).

Hemorragia

O risco não está bem delineado. Até a definição de hemorragia é controversa, visto que, por definição, todas as CMs têm hemossiderina circundante indicativa de pequenos extravasamentos. Definição de hemorragia da *Angioma Alliance*:[58] sintomas agudos ou subagudos (qualquer um destes: cefaleia, convulsões, comprometimento da consciência, ou déficit neurológico focal novo/agravado referente à localização anatômica da CM) acompanhados por evidências radiológica, patológica, cirúrgica ou, raramente, apenas por líquido cerebrospinal de hemorragia recente extra ou intralesional. Esta definição não inclui aumento do diâmetro da CM sem outra evidência de hemorragia recente, nem a presença de um halo de hemossiderina. O risco de hemorragia significativa é muito menor do que nas AVMs. As CMs são propensas a pequenas hemorragias recorrentes que, raramente, são devastadoras. A taxa de hemorragia tende a ser baixa em estudos de coorte ≈ 2,6-3,1%/ano; parece mais alto em mulheres (4,2%/ano) do que em homens (0,9%/ano).[46] O risco de sangramento não se relaciona com o tamanho da CM. É controverso se a hemorragia aumenta o risco de futuro sangramento: não aumentou em um estudo[46] enquanto outro estudo[59] verificou apenas um risco de 0,6%/ano de sangramento em lesões sem hemorragia prévia. Algumas CMs comportam-se benignamente após hemorragia inicial. Outras se comportam de forma mais maligna (> 2 hemorragias), com resultados cada vez mais danosos. Não se conhecem os fatores de risco de hemorragia na gravidez e no parto.[54]

Quadro 82.8 Subtipos de CCM			
	CCM1	**CCM2**	**CCM3**
lócus	7q11-q22	7p15-13	3q25.2-q27
gene	KRIT1	MGC4607 (malcavernina)	PDCD10
traço	mais comum em hispânicos		

A taxa de sangramento é variável e os critérios para o que constitui "sangramento" não têm sido uniformes. Cada paciente parece ter sua própria história natural portanto é difícil atribuir um risco de hemorragia a qualquer paciente individual.

Convulsões
A taxa de início de novas convulsões é de 2,4%/ano.[46]

82.6.6 Avaliação

CT
Não é sensível: a CT omite muitas lesões pequenas, algumas grandes, e até algumas com sangramento. Não é específica: os achados de CT podem-se sobrepor aos tumores de graus baixos, hemorragias, granulomas.

MRI
A *MRI T2WI gradiente eco* é o teste mais sensível em razão da alta sensibilidade ao artefato de suscetibilidade. Os achados são similares aos de AOVM em geral (núcleo de sinal misto com baixa margem de sinal – às vezes descrito como padrão em "pipoca"; ver acima). O diagnóstico é sugerido fortemente pelo achado de múltiplas lesões com essas características e um histórico familiar positivo.[49] Uma malformação venosa pode ser vista adjacente a uma CM solitária, mas não com múltiplas CMs.[60] Imagens por tensor de difusão/tratografia de substância branca[61] e interferência construtiva 3D em MRI *steady-state* (CISS) pré-operatória[62] podem melhorar à localização, abordagem e resultados pós-operatórios.

Angiografia
Não demonstra a lesão. A aparência na MRI é quase patognomônica, e a angiografia não é necessária nos casos de aparência clássica. A angiografia pode ser necessária para descartar outros diagnósticos nos casos questionáveis.

Considerações familiares
Parentes em primeiro grau de pacientes com mais de um membro na família com malformação cavernosa devem submeter-se à triagem com MRI e aconselhamento genético apropriado.

82.6.7 Tratamento/manejo

Visão geral
Opções:
1. observar
2. excisão cirúrgica
3. XRT ou radiocirurgia estereotática.[63-66] Controvérsia: os resultados parecem comparáveis à história natural

Não foi realizado estudo prospectivo randomizado. A determinação da resposta ao tratamento é difícil, uma vez que nenhum estudo por imagem é capaz de comprovar a eliminação da lesão. Portanto, sugere-se que a taxa de hemorragia recorrente seja seguida por um estudo de parâmetros.

Recomendações

Lesões incidentais
CMs assintomáticas, descobertas incidentalmente, devem ser tratadas de maneira expectante com estudos por imagens seriais por cerca de 2-3 anos (para descartar sangramentos subclínicos frequentes): estudos adicionais subsequentes baseados em fundamentos clínicos. Porém, alguns especialistas recomendam a remoção de uma CM casual, de fácil acesso em um encéfalo não eloquente.[67]

✖ Uma vez que a aparência radiográfica é quase patognomônica, raramente a biópsia ou a excisão somente para verificar o diagnóstico são apropriadas.

CMs de tronco encefálico

A cirurgia quase nunca é indicada para CMs de tronco encefálico que não sangraram. Com uma taxa de sangramento de 2-6%, Gross *et al.*[68] sugerem tratamento cirúrgico para um histórico de > 2 hemorragias prévias e "representação pial/ependimal" em MRI em T1WI.

Sangramentos que não afloram à superfície não podem ser removidos sem criar déficit neurológico (a piora do resultado neurológico foi de 9% *versus* 29% em ressecções de CM superficiais *versus* profundas de tronco encefálico, respectivamente[69]). A abordagem de escolha é expor o local onde o sangramento chega próximo à superfície. Spetzler diz que as CMs de tronco encefálico quase sempre estão associadas a angioma venoso (p. 1245) (que, novamente, deve ser preservado uma vez que fornece o fluxo de saída venoso). O resultado foi pior com cirurgia através do assoalho do quarto ventrículo do que com a abordagem lateral. Espera-se um déficit neurológico significativo a curto prazo com ressecção de CM do tronco encefálico.[68]

CMs da medula espinal

O tratamento é, essencialmente, o mesmo das CMs de tronco encefálico.

CMs de nervo craniano

Muitos relatos e revisões de caso documentam CMs dos nervos cranianos (raramente extra-axiais) com várias apresentações.[70,71,72] Os relatos de caso sugerem que os pacientes podem-se beneficiar com a descompressão cirúrgica precoce dos cavernomas quiasmáticos hemorrágicos, uma vez que estão em risco de micro-hemorragias recorrentes.[73]

Cirurgia

Informações gerais

Indicações para cirurgia para CMs intracranianas:
1. lesões accessíveis com
   a) déficit focal
   b) ou hemorragia sintomática
   c) ou convulsões:
      • **início recente** de convulsões (p. 461): sugere-se que com a remoção de CMs antes de ocorrer "o início" pode haver melhor chance de prevenir convulsões futuras
      • convulsões difíceis de controlar
2. lesões menos acessíveis com repetidos sangramentos e progressiva deterioração neurológica podem ser consideradas para excisão, até em regiões delicadas como o tronco encefálico[74,75,76] ou medula espinal

Técnica cirúrgica

Objetivo da cirurgia: remoção completa da malformação. Como as CMs não são particularmente sanguinolentas, a excisão gradativa é uma opção; especialmente importante em lesões do tronco encefálico.

A localização estereotática ou o ultrassom intraoperatório podem ser particularmente úteis para essa finalidade. Ao operar CMs que sangraram, geralmente se encontra uma cavidade contendo a CM e a degradação dos produtos sanguíneos.[77] A dissecção inicial é direcionada à separação da lesão do encéfalo adjacente. Embora o sangramento geralmente não seja um problema, ocasionalmente ele pode ser vivo, se a CM for adentrada antes da dissecção e a desvascularização for completa. Depois de concluída a dissecção, os conteúdos da cápsula CM podem ser removidos gradativamente para minimizar a abertura parenquimal (especialmente importante no tronco encefálico). No caso de CMs supratentoriais que se apresentam com convulsões, é desejável, também, remover o encéfalo corado de hemossiderina que circunda imediatamente a CM.

É preciso lembrar a associação relativamente comum de CMs com angioma venoso (p. 1245), e que se for encontrado não deve ser removido, uma vez que representa a drenagem venosa da área.

CMs de tronco encefálico

O uso de retratores deve ser evitado; cotonoides e exploração da cavidade do hematoma podem ser usados para ganhar acesso. CMs de tronco encefálico podem ser extremamente aderentes ao parênquima cerebral,[76] ao contrário das CMs supratentoriais. Cautério bipolar: use em baixa voltagem com irrigação constante para reduzir a lesão térmica. Ao contrário das CMs supratentoriais com convulsões (quando se deseja remover encéfalo adjacente corado de hemossiderina), remova apenas a CM.

Acompanhamento pós-operatório

Recomenda-se MRI de acompanhamento por ≈ 3 meses no pós-operatório. Ela nunca parece "normal", mas pode determinar se a remoção foi completa.

Radiocirurgia estereotática (SRS)

Alguns estudos não controlados mostraram possível redução na taxa de hemorragia recorrente após um período de latência de 2 anos após SRS,[66] contudo, a morbidade induzida por radiação foi significativa.[78,79] Outras séries falharam em mostrar redução.[80] Os achados podem refletir a história natural das CMs com agrupamento temporal dos eventos hemorrágicos com diminuição das taxas de hemorragia após 28 meses.[81]

> Σ
>
> A SRS não é uma alternativa à cirurgia e não deve ser considerada para o tratamento de CMs.

82.6.8 Prognóstico

Quando as CMs podem ser completamente removidas, o risco de crescimento ou de hemorragias adicionais é essencialmente eliminado de modo permanente[77] (porém, a recorrência dos sintomas tem sido relatada após remoção parcial e até, aparentemente, completa[76,82]).

Para as CMs tratadas cirurgicamente, os pacientes precisam estar cientes de que a piora neurológica no pós-operatório é muito comum, especialmente nas CMs de tronco encefálico.[83] O agravamento pode ser transitório,[84] mas pode levar meses para se resolver.

82.7 Fístulas arteriovenosas durais (DAVF)

82.7.1 Informações gerais

Também conhecidas como AVMs durais (DAVM). A anormalidade vascular em que um *shunt* arteriovenoso é contido dentro dos folhetos da dura-máter, exclusivamente suprido por ramos das artérias carótidas interna/externa ou vertebral.[85] Por serem consideradas lesões adquiridas em vez de congênitas, o termo fístula é preferido à malformação, embora este último seja usado na literatura. Múltiplas fístulas podem ser encontradas em até 8% dos casos.

Geralmente são encontradas adjacentes aos seios venosos durais. Localizações comuns:
1. seio transverso/sigmoide: a mais comum[86] (63% dos casos) com ligeira predominância no lado esquerdo,[87] com o epicentro dessas fístulas quase que invariavelmente na junção dos seios transverso e sigmoide
2. tentorial/petroso
3. fossa anterior/etmoidal
4. fossa média/de Sylvius
5. seio cavernoso (fístula carótido-cavernosa – CCF)
6. seio sagital superior
7. forame magno

82.7.2 Etiologia

A evidência sugere que, em sua maioria, as DAVFs são lesões adquiridas, idiopáticas, e têm uma associação bem reconhecida com trombose do seio venoso, embora sua patogênese exata não seja completamente conhecida. As teorias incluem:
1. a oclusão do seio venoso desperta os canais durais embrionários dormentes[86]
2. a hipertensão/trombose venosa promove angiogênese local e a formação *de novo* de DAVF[88]
3. a DAVF pode surgir primeiro e, por si só, resulta em trombose do seio venoso[89]

82.7.3 Epidemiologia

As DAVFs compreendem 10-15% de todas as AVMs intracranianas.[87] De 61 a 66% dos casos ocorrem em mulheres, e os pacientes geralmente têm de 40 a 50 e poucos anos. Ocorrem, raramente, em crianças, e quando isto acontece tendem a ser malformações complexas do seio dural bilateral.[90]

82.7.4 Apresentação

Os achados comuns estão listados no ▶ Quadro 82.9. O tinido pulsátil é o sintoma de apresentação mais comum de uma DAVF. A drenagem venosa cortical com resultante hipertensão venosa pode produzir

Malformações Vasculares

Quadro 82.9 Achados clínicos em 27 pacientes com AVMs durais[91]

Sinal/sintoma	N° (%)
tinido pulsátil	25 (92%)
sopro occipital	24 (89%)
cefaleia	11 (41%)
comprometimento visual	9 (33%)
papiledema	7 (26%)

Quadro 82.10 Classificação de Borden

Tipo	Características
I	drenagem de DAVF em um seio venoso dural ou veias meníngeas, com fluxo anterógrado normal. Em geral clinicamente benigna.
II	DAVF que drena anterógrada dentro do seio venoso dural, mas com fluxo retrógrado dentro das veias corticais.
III	DAVF com fluxo retrógrado direto da fístula para dentro das veias corticais causando hipertensão venosa.

Os anteriores são, ainda, subclassificados em a: com um só orifício; e b: múltiplos orifícios.

hipertensão intracraniana (aumento da PIC), e esta é a causa mais comum de morbidade e mortalidade e, portanto, a indicação mais forte para o tratamento de DAVF. As DAVFs também podem causar edema cerebral global ou hidrocefalia em razão de uma drenagem venosa cerebral pobre ou comprometimento da função das granulações aracnóideas, respectivamente. Outros sintomas/sinais de DAVF incluem cefaleias, convulsões, paralisias do nervo craniano e congestão venosa orbital.

82.7.5 Avaliação

Informações gerais

CT ou MRI sem contraste do encéfalo geralmente são normais. A CTA pode revelar vasos tortuosos dilatados correspondendo a artérias nutrícias aumentadas ou veias drenantes ectáticas. A MRA pode revelar vasos piais dilatados, enchimento precoce de seio venoso proeminente, aumento ou oclusão do seio, e edema de substância branca relacionado com à hipertensão venosa. É necessária angiografia completa de 6 vasos cerebrais (ICAs bilaterais, ECAs bilaterais, artérias vertebrais bilaterais) para estabelecer o diagnóstico e planejar o tratamento.

Classificação angiográfica

Vários sistemas de classificação foram descritos para caracterizar DAVFs. Os sistemas de Borden[92] (▶ Quadro 82.10) e Cognard[93] (▶ Quadro 82.11) emergiram como os esquemas de graduação contemporâneos utilizados com mais frequência. Ver Quadros. A drenagem venosa cortical é a característica angiográfica definidora que distingue as fístulas benignas (grau baixo) das agressivas (grau alto). (Borden I, Cognard I e Cognard IIa são de grau baixo, todas as outras são de alto grau.)

Sistema de classificação de Borden

A classificação de Borden[92] é mostrada no ▶ Quadro 82.10.

Classificação angiográfica de Cognard

O sistema de Cognard[93] é mostrado no ▶ Quadro 82.11. Este sistema geralmente é mais aplicável a DAVFs envolvendo o seio transverso.

Cognard descobriu que 54% não tinham refluxo venoso cortical (Tipos I e IIa) e geralmente exibiam comportamento benigno.

Malformações Vasculares **1253**

✱ Determinante-chave: no Sistema de Cognard, o padrão de drenagem venosa é o fator mais crítico. Como regra geral, as lesões com fluxo retrógrado nas veias corticais (IIb, IIa+b, III & IV – molduras vermelhas no ▶ Quadro 82.11) estão em alto risco (de sangramento ou hipertensão intracraniana...).

82.7.6 História natural

O conceito de DAVF com comportamento benigno *versus* agressivo com base na ausência ou presença, respectivamente, de drenagem venosa cortical foi validado pelos dados relatados pelo grupo da Universidade de Toronto. Durante um período de 3 anos, 98% das lesões benignas (nenhuma drenagem venosa cortical) permaneceram benignas.[94] Por outro lado, por um período de 4 anos, as taxas anuais de hemorragia, o déficit neurológico não hemorrágico e a mortalidade foram de 8,1, 6,9 e 10,4% para lesões agressivas (com drenagem venosa cortical).[95]

Em metanálise de 377 casos,[96] três localizações de DAVF estavam associadas a comportamento particularmente agressivo (razão agressiva:benigna) – tentorial (31:1), fossa média/de Sylvio (2.5:1), fossa anterior/etmoidal 2.1:1).

82.7.7 Tratamento

Informações gerais

Lesões com drenagem venosa cortical, em geral, devem ser tratadas. Lesões sem drenagem venosa cortical devem ser acompanhadas radiográfica e clinicamente (2% pode evoluir para desenvolver drenagem venosa cortical). Uma alteração em um sopro (agravando-se ou desaparecendo) deve incentivar o reestudo. Indicações para intervenção:
1. presença de drenagem venosa cortical
2. disfunção neurológica
3. hemorragia
4. congestão venosa orbital
5. sintomas refratários (cefaleia, tinido pulsátil)

Autocompressão manual da carótida

Defendida por alguns, a taxa de trombose de ≈ 22% e a taxa de melhora clínica de 33%[97] podem simular o curso natural. Os pacientes são aconselhados a comprimir com a mão a carótida que parece estar afetada por isquemia, caso isto ocorra (p. ex. no caso de uma DAVF do lado esquerdo, a mão direita deve ser usada para comprimir a artéria carótida esquerda). Assim, a mão perderia a força caso se desenvolvesse isquemia. As recomendações variam, uma opção é: comece com 10 minutos uma vez ao dia, aumente gradualmente a frequência e a duração.

Embolização endovascular

Pode ser realizada de maneira transarterial ou transvenosa. Antes da disponibilização dos agentes embólicos líquidos (Onyx e NBCA), o tratamento era direcionado à drenagem venosa (ao contrário das AVMs piais) que alcançava mais sucesso, porque as espirais podiam ser implantadas para sacrificar a drenagem venosa muito próxima ao ponto do *shunt* arteriovenoso, resultando em trombose da fístula. É mais difícil implantar espirais através do ponto de *shunt* arteriovenoso do lado arterial, enquanto os agentes embólicos líquidos, particularmente Onyx, podem ser injetados a certa distância e empurrados para frente através do ponto fistuloso. O uso das abordagens transarterial, transvenosa ou combinadas dependerá da angioarquitetura exclusiva da fístula.

Cirurgia

Embora tenham surgido abordagens endovasculares como tratamento primário para a maioria das DAVFs, em certos tipos de fístula ainda se lida melhor por meio de cirurgia aberta como estratégia de primeira linha.[98] Além disso, a cirurgia é usada para tratar com sucesso as DAVFs após um tratamento endovascular anterior parcial, incompleto ou falho. Finalmente, pode-se usar a cirurgia como adjuvante em abordagem combinada para proporcionar acesso direto para embolização de DAVFs inacessíveis por via puramente endovascular.

A embolização pré-operatória pode facilitar o tratamento cirúrgico[99] por reduzir o risco de hemorragia catastrófica, que simplesmente pode ocorrer durante a realização da craniotomia.[91] O uso da craniotomia é desencorajado, uma vez que um seio ou laceração venosa podem produzir hemorragia fatal. Contingências para a rápida administração de produtos sanguíneos devem ser providenciadas (acessos centrais de grande calibre). Incisão no couro cabeludo, retalho de craniotomia e incisão dural devem ser planejados de maneira estratégica para controlar e eliminar, sequencialmente, o suprimento sanguíneo para a lesão em cada etapa, maximizando ao mesmo tempo a exposição, se necessário. As opções cirúrgicas para o tratamento de DAVFs incluem as seguintes técnicas[98]:
1. excisão radical de fístula
2. esqueletonização do seio

Quadro 82.11 Classificação angiográfica das AVMS durais[93a]

Drenagem venosa: seio

Tipo I

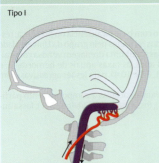

Fluxo anterógrado normal em um seio venoso dural
Curso: benigno[b]

Tipo IIa

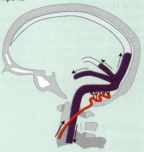

Drenagem em um seio com fluxo retrógrado dentro do seio[c]
Curso: refluxo do seio causa aumento da PIC em 20%

Tipo II b

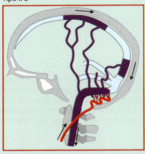

Drenagem dentro de um seio com fluxo retrógrado para dentro da(s) veia(s) cortical(is)
Curso: refluxo para dentro das veias induzido por hemorragia em 10%

Tipo IIa + b

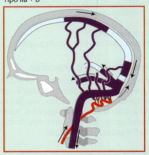

Drenagem dentro de um seio com fluxo retrógrado para dentro do seio[c] e veia(s) cortical(is)
Curso: agressivo em 66% com sangramento e/ou aumento da PIC

Drenagem venosa: diretamente dentro das veias corticais

Tipo III

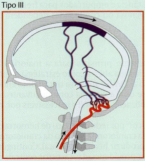

Drenagem direta dentro de uma veia cortical sem ectasia venosa
Descrição: drenagem venosa cortical direta
Curso: a hemorragia ocorre em 40%

Tipo IV

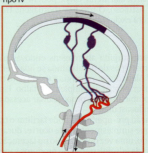

Drenagem direta dentro de uma veia cortical com ectasia venosa
Curso: a hemorragia ocorre em 65%

Drenagem venosa: espinal além de todos os anteriores

Tipo V

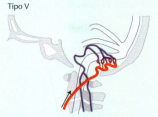

Drenagem direta dentro das veias perimedulares espinais, além de todas as anteriores
Curso: mielopatia progressiva em 50%

[a]Aqueles em quadros vermelhos estão em alto risco de sangramento ou hipertensão intracraniana.
[b]Apesar de um prognóstico geralmente bom, ≈ 2% progredirão e, portanto, podem ser indicados estudos de acompanhamento.
[c]Setas tracejadas significam fluxo retrógrado.

3. desconexão da drenagem venosa cortical
4. ligação do ponto fistuloso e/ou veia de saída
5. tamponamento do seio
6. coagulação das artérias nutrícias da lesão

Embora se possa considerar a cirurgia *versus* tratamento endovascular para todas as localizações de DAVF, duas localizações geralmente permanecem mais favoráveis para cirurgia:
1. fossa anterior/etmoidal
2. DAVFs tentoriais

A abordagem endovascular a essas fístulas é difícil, enquanto a abordagem cirúrgica geralmente é direta. A embolização cirurgicamente assistida, em que a craniotomia é realizada, seguida de punção direta para embolização do vaso-alvo, pode ser utilizada em casos selecionados.

Radiocirurgia estereotática
Pode-se usar a pós-embolização.[100] Pan *et al.*[101] relataram uma taxa de obliteração completa de 58% de fístulas de transverso/sigmoide tratadas apenas com radiocirurgia (1650-1900 cGy) ou com radiocirurgia após cirurgia/embolização falharam em produzir obliteração completa. Setenta e um por cento dos pacientes foram curados de seus sintomas.

Com a melhora contínua da tecnologia endovascular nas duas últimas décadas, o papel da radiocirurgia para tratamento de DAVF tem diminuído constantemente: porém, permanece como uma opção para as lesões difíceis em que as opções endovasculares/cirúrgicas foram exauridas.

82.8 Malformação da veia cerebral magna (de Galeno)
82.8.1 Informações gerais
Pode ocorrer aumento da veia cerebral magna (de Galeno – VOG) nas "malformações da veia cerebral magna" (de Galeno – VOGM) (alguns se referem a essas malformações como aneurismas da veia cerebral magna (de Galeno). São congênitas, desenvolvem-se antes do estágio embrionário de 3 meses e, provavelmente não consiste na veia cerebral magna, mas na veia medial do prosencéfalo) ou secundariamente a alto fluxo das AVMs parenquimatosas profundas adjacentes ou de fístulas piais. Pode-se distinguir AVMs parenquimatosas das malformações da VOG pelo seu enchimento retrógrado da veia cerebral interna.[102]

As verdadeiras malformações da VOG são, previsivelmente, alimentadas pelas artérias coriódeas medial e lateral, circunferencial, mesencefálica, coriódea anterior, pericalosa e meníngea.[102,103] A agenesia do seio reto pode ser um achado associado.

82.8.2 Apresentação
Os recém-nascidos tendem a apresentar insuficiência cardíaca congestiva nas primeiras semanas de vida (em razão do alto fluxo sanguíneo)[104] e um sopro craniano. Hidrocefalia pode resultar da obstrução do

aqueduto do mesencéfalo (de Sylvius) pela VOG aumentada, ou ser causada pela elevação da pressão venosa (que também pode produzir proeminência das veias do couro cabeludo[105]).

As AVMs parenquimatosas geralmente são diagnosticadas em fase tardia da vida em razão das manifestações neurológicas,[106] incluindo déficit neurológico focal e hemorragia.

82.8.3 Classificação

É classificada com base na localização da fístula:[107,108]
1. fístulas internas puras: única ou múltiplas
2. fístulas entre as talamoperfurantes e a VOG
3. forma mista: a mais comum
4. AVMs plexiformes

82.8.4 História natural

Malformações da VOG não tratadas têm prognóstico ruim, e os neonatos apresentam mortalidade de quase 100%, enquanto nos bebês de 1-12 meses de idade a mortalidade é de ≈ 60%, morbidade importante é de 7, e 21% são normais.[109]

As AVMs parenquimatosas se comportam de modo similar ao das outras AVMs.

82.8.5 Tratamento

Hidrocefalia

A hidrocefalia associada à VOGM é obstrutiva, em razão de varizes. Embora sejam comuns as admoestações sobre a realização de um *shunt* pelo receio de precipitar hemorragia, quando a hidrocefalia está presente, o paciente necessita de *shunt*.

Malformações da veia cerebral magna (de Galeno)

Os pacientes pediátricos geralmente estão em precária condição médica, limitando a eficácia do tratamento operatório. As opções de tratamento para essas malformações incluem embolização das principais artérias nutrícias. O prognóstico é ruim. Aqueles que apresentam hidrocefalia decorrente de obstrução aquedutal em geral o fazem no final do primeiro ano de vida. A neuroexcisão cirúrgica pode ser considerada, e o prognóstico é melhor.

Emprega-se a embolização repetida enquanto se monitora a drenagem venosa.

AVM parenquimal com aumento da VOG

A AVM é tratada pelos mesmos métodos das outras AVMs (embolização, ressecção ou radiocirurgia).

82.9 Fístula carotídeo-cavernosa

82.9.1 Informações gerais

Conceitos-chave

- direta (alto fluxo, da ICA) ou indireta (baixo fluxo, dos ramos meníngeos)
- tríade clássica (mais comum com CCF direta): quemose, proptose pulsátil, sopro ocular
- o risco de SAH é baixo. O maior risco é para a visão
- história natural de CCF de baixo fluxo é de até 50% para trombose espontânea

Ver também anatomia e fluxos venosos de entrada e saída do seio cavernoso (p. 86).

Fístula carotídeo-cavernosa (CCF): divide-se em direta (Tipo A) e indireta (Tipos B-D)[110]:
1. tipo A: *shunts* diretos de alto fluxo entre a artéria carótida interna e o seio cavernoso:
    a) traumático (incluindo o iatrogênico): ocorre em 0,2% dos pacientes com trauma craniocerebral. Iatrogênico: pode seguir-se à rizotomia trigeminal percutânea,[111] aos procedimentos endovasculares
    b) espontâneo: geralmente causado por ruptura de aneurisma de ICA cavernosa. Também pode ocorrer em pacientes com distúrbios do tecido conectivo
2. indireta (dural): a maioria são *shunts*: de artérias durais que são ramos da carótida externa (e não da ICA) (exceção: tipo B) – baixo fluxo

Malformações Vasculares **1257**

a) tipo B: dos ramos meníngeos da artéria carótida interna (ICA)
b) tipo C: dos ramos meníngeos da artéria carótida externa (ECA)
c) tipo D: dos ramos meníngeos da ICA e ECA

82.9.2 Apresentação

1. dor orbital e/ou retrorbital
2. quemose (arteriolização da conjuntiva)
3. proptose pulsátil
4. sopro ocular e/ou craniano
5. deterioração da acuidade visual: pode ser causado por retinopatia hipóxica como resultado de pressão arterial reduzida e pressão venosa aumentada e pressão intraocular elevada
6. diplopia: a paralisia do abducente (VI) é a mais comum
7. dilatação pupilar
8. oftalmoplegia (geralmente unilateral, mas pode se apresentar, inicialmente, como bilateral ou progredir para bilateral)
9. aumento da pressão intraocular
10. neovascularização da íris ou retina
11. raramente: SAH

CCFs indiretas geralmente têm início mais gradual e apresentação mais leve que as diretas.

82.9.3 Avaliação

CT ou MRI: geralmente demonstram proptose. Vasos intraoculares serpiginosos e ingurgitados, incluindo a veia oftálmica superior (vistos melhor em T2WI coronais – ajudam a diferenciar dos músculos retos) e convexidade da parede lateral do seio cavernoso.

Angiografia: *shunt* do sangue da ICA para o interior do seio cavernoso. A opacificação rápida do seio petroso e/ou veia oftálmica pode ser vista.

1. manobra de Huber: vista lateral, injete a VA e comprima a carótida afetada. Ajuda a identificar a extensão superior da fístula, múltiplas aberturas fistulosas e transecção completa da ICA
2. manobra de Mehringer-Hieshima: injete contraste a uma taxa de 2-3 mL/s na carótida afetada, comprimindo o colo desta artéria (sob a ponta do cateter) para controlar o fluxo para ajudar a demonstrar a fístula

82.9.4 Tratamento

Informações gerais

Ocorre trombose espontânea em 20 a 50% das CCFs de baixo fluxo, portanto, estas podem ser observadas enquanto a acuidade visual estiver estável e a pressão intraocular for ≈ < 25. As CCFs sintomáticas (p. ex., deterioração visual progressiva) de alto fluxo raramente se resolvem espontaneamente e, em geral, o tratamento urgente é indicado. O tratamento quase sempre é na forma de embolização feita por neurorradiologista intervencionista ou captura entre clipes colocados cirurgicamente.

Mesmo não alcançando a motilidade ocular normal no olho afetado, a preservação da visão é desejável porque:

1. para algumas anormalidades de motilidade ocular, o tratamento cirúrgico pode reduzir a diplopia
2. pode-se providenciar lente intraocular fosca para o paciente a fim de eliminar a diplopia, mas mantendo-se a visão periférica
3. no raro evento de lesão ao olho contralateral (trauma, oclusão da artéria retiniana central...) haverá visão de "reserva" no olho com motilidade reduzida (com a perda do outro olho, não haveria diplopia)

Indicações para tratamento

1. proptose
2. perda visual
3. paralisia do VI nervo craniano
4. sopro intratável
5. pressão intraocular severamente elevada
6. aumento do enchimento das veias corticais na angiografia

Tratamento endovascular

As opções incluem:
1. espirais eletroliticamente destacáveis
2. tampão vascular de Amplatzer

As vias disponíveis incluem:
1. transarterial através da carótida interna. Se isto falhar (p. ex. colo largo do aneurisma), a artéria carótida poderá ser ocluída em cada lado da fístula para capturá-la (sacrifica a artéria carótida, portanto, a oclusão de teste deve ser feita primeiro para determinar se o paciente é capaz de tolerar o procedimento; porém, **nota:** a oclusão de teste com uma fístula aberta pode provocar resultado falso-positivo porque o roubo através da fístula pode reduzir o fluxo sanguíneo cerebral (CBF) e causar sintomas neurológicos não relacionados com a oclusão agindo isoladamente). A oclusão distal precisa ser proximal à artéria oftálmica
2. transarterial através da carótida externa: útil somente para fístulas durais
3. transvenoso:
   a) atravessar o coração para entrar na veia jugular, em seguida através do seio petroso até o seio cavernoso. Taxa de sucesso menor (≈ 20%) do que pela via transarterial
   b) via veia oftálmica superior: adentrada no local onde a veia supraóptica entra na órbita para se tornar a veia oftálmica superior. Se possível, é melhor esperar para que a veia se torne arterializada pela pressão do alto fluxo. Relatos de "desastres" por lesão à veia frágil ocorridos antes da arteriolização podem ter decorrido de cateteres com balão mais primitivos que eram o padrão antes da disponibilização das versões atuais comercialmente produzidas (que são mais macios do que o original). Deve-se evitar a laceração da veia dentro da órbita, bem como evitar a ligação distal da veia sem oclusão proximal (desviando mais sangue para dentro do olho)

Escolha da técnica

Nas fístulas indiretas, é mandatório colocar espirais no lado venoso (caso contrário serão recrutados novos vasos nutrícios).

Espirais ou clipes podem ser usados para ocluir fístulas diretas.

82.10 Divertículo do seio sigmoide

Encontra-se divertículo do seio sigmoide (SSD, ver ▶ Fig. 82.1) ou deiscência do seio sigmoide em 1,2% dos pacientes assintomáticos.[112] No entanto, essas anormalidades podem ser encontradas em localização ipsolateral em até 23% dos pacientes com tinido pulsátil, presumivelmente em razão de um fluxo turbulento que pode ocorrer nessas anormalidades.[113] Os SSD são mais comuns em mulheres

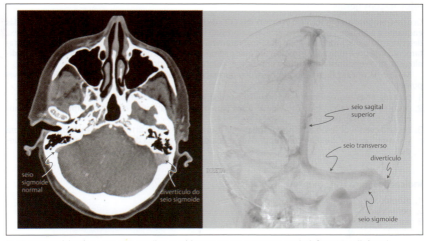

Fig. 82.1 CT axial da cabeça com contraste (à esquerda) e angiograma anteroposterior (AP), fase venosa (à direita) mostrando divertículo do seio sigmoide no lado esquerdo do paciente.

Quando os tratamentos com aparelhos mascaradores de ruído falham, pode-se considerar a intervenção cirúrgica. As opções cirúrgicas de tratamento incluem:

- colocação de espiral/*stent* endovascular
- *resurfacing* transmastoide (ver abaixo)
- craniectomia com reconstrução de clipe

O *resurfacing* transmastoide consiste em mastoidectomia parcial e obliteração subtotal da área do divertículo (chamado de *resurfacing* da parede sinusal [[113]Otto, 2007 #7186][114]) com, p. ex., lascas ósseas, cola de fibrina ou músculo.

Referências

[1] McCormick WF. The Pathology of Vascular ('Arteriovenous') Malformations. J Neurosurg. 1966; 24:807–816

[2] Lobato RD, Perez C, Rivas JJ, Cordobes F. Clinical, Radiological, and Pathological Spectrum of Angiographically Occult Intracrtanial Vascular Malformations. J Neurosurg. 1988; 68:518–531

[3] Perret G, Nishioka H. Report on the Cooperative Study of Intracranial Aneurysms and Subarachnoid Hemorrhage: Arteriovenous Malformations. J Neurosurg. 1966; 25:467–490

[4] Ondra SL, Troupp H, George ED, Schwab K. The Natural History of Symptomatic Arteriovenous Malformations of the Brain: A 24-Year Follow-Up Assessment. J Neurosurg. 1990; 73:387–391

[5] Drake CG. Cerebral AVMs: Considerations for and Experience with Surgical Treatment in 166 Cases. Clin Neurosurg. 1979; 26:145–208

[6] Kupersmith MJ, Vargas ME, Yashar A, Madrid M, Nelson K, Seton A, Berenstein A. Occipital arteriovenous malformations: visual disturbances and presentation. Neurology. 1996; 46:953–957

[7] Hartmann A, Mast H, Mohr JP et al. Morbidity of Intracranial Hemorrhage in Patients with Cerebral Arteriovenous Malformation. Stroke. 1998; 29:931–934

[8] Morgan M, Sekhon L, Rahman Z, Dandie G. Morbidity of Intracranial Hemorrhage in Patients with Cerebral Arteriovenous Malformation. Stroke. 1998; 29

[9] Crawford PM, West CR, Chadwick DW, Shaw MDM. Arteriovenous Malformations of the Brain: Natural History in Unoperated Patients. J Neurol Neurosurg Psychiatry. 1986; 49:1–10

[10] Spetzler RF, Hargraves RW, McCormick PW, Zabramski JM et al. Relationship of Perfusion Pressure and Size to Risk of Hemorrhage from Arteriovenous Malformations. J Neurosurg. 1992; 76:918– 923

[11] Jayaraman MV, Marcellus ML, Do HM, Chang SD, Rosenberg JK, Steinberg GK, Marks MP. Hemorrhage rate in patients with Spetzler-Martin grades IV and V arteriovenous malformations: is treatment justified? Stroke. 2007; 38:325–329

[12] Stapf C, Mast H, Sciacca RR, Choi JH, Khaw AV, Connolly ES, Pile-Spellman J, Mohr JP. Predictors of hemorrhage in patients with untreated brain arteriovenous malformation. Neurology. 2006; 66:1350–1355

[13] Kondziolka D, McLaughlin MR, Kestle JRW. Simple Risk Predictions for Arteriovenous Malformation Hemorrhage. Neurosurgery. 1995; 37:851–855

[14] Graf CJ, Perret GE, Torner JC. Bleeding from Cerebral Arteriovenous Malformations as Part of Their Natural History. J Neurosurg. 1983; 58:331–337

[15] Fults D, Kelly DL. Natural History of Arteriovenous Malformations of the Brain: A Clinical Study. Neurosurgery. 1984; 15:658–662

[16] Cunha MJ, Stein BM, Solomon RA, McCormick PC. The Treatment of Associated Intracranial Aneurysms and Arteriovenous Malformations. J Neurosurg. 1992; 77:853–859

[17] Hamilton MG, Spetzler RF. The Prospective Application of a Grading System for Arteriovenous Malformations. Neurosurgery. 1994; 34:2–7

[18] Spetzler RF, Martin NA. A Proposed Grading System for Arteriovenous Malformations. J Neurosurg. 1986; 65:476–483

[19] Spetzler RF, Ponce FA. A 3-tier classification of cerebral arteriovenous malformations. Clinical article. J Neurosurg. 2011; 114:842–849

[20] Laing RW, Childs J, Brada M. Failure of Conventionally Fractionated Radiotherapy to Decrease the Risk of Hemorrhage in Inoperable Arteriovenous Malformations. Neurosurgery. 1992; 30:872–876

[21] Redekop GJ, Elisevich KV, Gaspar LE, Wiese KP, Drake CG. Conventional Radiation Therapy of Intracranial Arteriovenous Malformations: Long- Term Results. J Neurosurg. 1993; 78:413–422

[22] Andrade-Souza YM, Ramani M, Scora D, Tsao MN, terBrugge K, Schwartz ML. Embolization before radiosurgery reduces the obliteration rate of arteriovenous malformations. Neurosurgery. 2007; 60:443–51; discussion 451-2

[23] Jafar JJ, Davis AJ, Berenstein A et al. The Effect of Embolization with N-Butyl Cyanoacrylate Prior to Surgical Resection of Cerebral Arteriovenous Malformations. J Neurosurg. 1993; 78:60–69

[24] Spetzler RF, Wilson CB, Weinstein P et al. Normal Perfusion Pressure Breakthrough Theory. Clin Neurosurg. 1978; 25:651–672

[25] Orlowski JP, Shiesley D, Vidt DG, Barnett GH et al. Labetalol to Control Blood Pressure After Cerebrovascular Surgery. Crit Care Med. 1988; 16:765–768

[26] Young WL, Kader A, Prohovnik I et al. Pressure Autoregulation Is Intact After Arteriovenous Malformation Resection. Neurosurgery. 1993; 32:491–497

[27] al-Rodhan NRF, Sundt TM, Piepgras DG et al. Occlusive Hyperemia: A Theory for the Hemodynamic Complications Following Resection of Intracerebral Arteriovenous Malformations. J Neurosurg. 1993; 78:167–175

[28] Wilson CB, Hieshima G. Occlusive hyperemia: A new way to think about an old problem. J Neurosurg. 1993; 78:165–166

[29] Steiger HJ, Tew JM. Hemorrhage and Epilepsy in Cryptic Cerebrovascular Malformations. Arch Neurol. 1984; 41:722–724

[30] Wilkins RH, Rengachary SS. Neurosurgery. New York 1985

[31] Cohen HCM, Tucker WS, Humphreys RP et al. Angiographically Cryptic Histologically Verified Cerebrovascular Malformations. Neurosurgery. 1982; 10:704–714

[32] Shuey HM, Day AL, Quisling RG et al. Angiographically Cryptic Cerebrovascular Malformations. Neurosurgery. 1979; 5:476–479

[33] Ropper AH, Davis KR. Lobar Cerebral Hemorrhages: Acute Clinical Syndromes in 26 Cases. Ann Neurol. 1980; 8:141–147

[34] Russell DS. The Pathology of Spontaneous Intracranial Hemorrhage. Proc R Soc Med. 1954; 47:689–693

[35] Bitoh S, Hasegawa H, Fujiwara M et al. Angiographically Occult Vascular Malformations Causing Intracranial Hemorrhage. Surg Neurol. 1982; 17:35–42

[36] Willemse RB, Mager JJ, Westermann CJ, Overtoom TT, Mauser H,Wolbers JG. Bleeding risk of cerebrovascular malformations in hereditary hemorrhagic telangiectasia. J Neurosurg. 2000; 92:779–784

[37] Lemme-Plaghos L, Kucharczyk W, Brant-Zawalski M et al. MRI of Angiographically Occult Vascular Malformations. AJNR. 1986; 7:217–222

[38] Needell WM, Maravilla KR. MR Flow Imaging in Vascular Malformations Using Gradient Recalled Acquisition. AJNR. 1988; 9:637–642

[39] Lindquist C, Guo W-Y, Kerlsson B, Steiner L. Radiosurgery for Venous Angiomas. J Neurosurg. 1993; 78:531–536

[40] Cosgrove GR, Bertrand G, Fontaine S et al. Cavernous Angiomas of the Spinal Cord. J Neurosurg. 1988; 68:31–36

[41] Uranishi R, Baev NI, Ng PY, Kim JH, Awad IA. Expression of endothelial cell angiogenesis receptors in human cerebrovascular malformations. Neurosurgery. 2001; 48:359–67; discussion 367-8

[42] Detwiler PW, Porter RW, Zabramski JM, Spetzler RF. De novo formation of a central nervous system cavernous malformation: implications for predicting risk of hemorrhage. Case report and review of the literature. J Neurosurg. 1997; 87:629–632

[43] Clatterbuck RE, Moriarity JL, Elmaci I, Lee RR, Breiter SN, Rigamonti D. Dynamic nature of cavernous malformations: a prospective magnetic resonance imaging study with volumetric analysis. J Neurosurg. 2000; 93:981–986

[44] Wong JH, Awad IA, Kim JH. Ultrastructural pathological features of cerebrovascular malformations: a preliminary report. Neurosurgery. 2000; 46:1454–1459

[45] Simard JM, Garcia-Bengochea, Ballinger WE et al. Cavernous angioma: A review of 126 collected and 12 new clinical cases. Neurosurgery. 1986; 18:162–172

[46] Moriarity JL, Wetzel M, Clatterbuck RE et al. The natural history of cavernous malformations: a prospective study of 68 patients. Neurosurgery. 1999; 44:1166–1173

[47] Gross BA, Batjer HH, Awad IA, Bendok BR. Cavernous malformations of the basal ganglia and thalamus. Neurosurgery. 2009; 65:7-18; discussion 18-9

[48] Moran NF, Fish DR, Kitchen N, Shorvon S, Kendall BE, Stevens JM. Supratentorial cavernous haemangiomas and epilepsy: a review of the literature and case series. J Neurol Neurosurg Psychiatry. 1999; 66:561–568

[49] Rigamonti D, Drayer BP, Johnson PC, Hadley MN, Zabramski J, Spetzler RF. The MRI Appearance of Cavernous Malformations (Angiomas). J Neurosurg. 1987; 67:518–524

[50] Perlemuter G, Bejanin H, Fritsch J, Prat F, Gaudric M, Chaussade S, Buffet C. Biliary obstruction caused by portal cavernoma: a study of 8 cases. J Hepatol. 1996; 25:58–63

[51] Detwiler PW, Porter RW, Zabramski JM, Spetzler RF. Radiation-induced cavernous malformation. J Neurosurg. 1998; 89:167–169

[52] Maraire JN, Abdulrauf SI, Berger S, Knisely J, Awad IA. De novo development of a cavernous malformation of the spinal cord following spinal axis radiation. Case report. J Neurosurg. 1999; 90:234–238

[53] Cohen-Gadol AA, Jacob JT, Edwards DA, Krauss WE. Coexistence of intracranial and spinal cavernous malformations: a study of prevalence and natural history. J Neurosurg. 2006; 104:376–381

[54] Hayman LA, Evans RA, Ferrell RE et al. Familial Cavernous Angiomas: Natural History and Genetic Study Over a 5-Year Period. Am J Med Genet. 1982; 11:147–160

[55] Robinson JR, Awad IA, Little JR. Natural history of the cavernous angioma. J Neurosurg. 1991; 75:709–714

[56] Del Curling O,Jr, Kelly DL, Jr, Elster AD, Craven TE. An analysis of the natural history of cavernous angiomas. J Neurosurg. 1991; 75:702–708

[57] Kim DS, Park YG, Choi JU, Chung SS, Lee KC. An analysis of the natural history of cavernous malformations. Surg Neurol. 1997; 48:9–17; discussion 17-8

[58] Al-Shahi Salman R, Berg MJ, Morrison L, Awad IA. Hemorrhage from cavernous malformations of the brain: definition and reporting standards. Angioma Alliance Scientific Advisory Board. Stroke. 2008; 39:3222–3230

[59] Kondziolka D, Lunsford LD, Kestle JRW. The natural history of cerebral cavernous malformations. J Neurosurg. 1995; 83:820–824

[60] Abdulrauf SI, Kaynar MY, Awad IA. A comparison of the clinical profile of cavernous malformations with and without associated venous malformations. Neurosurgery. 1999; 44:41–6; discussion 46-7

[61] Chen X, Weigel D, Ganslandt O, Buchfelder M, Nimsky C. Diffusion tensor imaging and white matter tractography in patients with brainstem lesions. Acta Neurochir (Wien). 2007; 149:1117– 31; discussion 1131

[62] Zausinger S, Yousry I, Brueckmann H, Schmid-Elsaesser R, Tonn JC. Cavernous malformations of the brainstem: three-dimensional-constructive interference in steady-state magnetic resonance imaging for improvement of surgical approach and clinical results. Neurosurgery. 2006; 58:322–30; discussion 322-30

[63] Kondziolka D, Lunsford LD, Flickinger JC, Kestle JR. Reduction of hemorrhage risk after stereotactic radiosurgery for cavernous malformations. J Neurosurg. 1995; 83:825–831

[64] Porter RW, Detwiler PW, Han PP, Spetzler RF. Stereotactic radiosurgery for cavernous malformations: Kjellberg's experience with proton beam therapy in 98 cases at the Harvard Cyclotron. Neurosurgery. 1999; 44:424–425

[65] Zhang N, Pan L,Wang BJ et al. Gamma knife radiosurgery for cavernous hemangiomas. J Neurosurg. 2000; 93:74–77

[66] Pollock BE, Garces YI, Stafford SL, Foote RL, Schomberg PJ, Link MJ. Stereotactic radiosurgery for cavernous malformations. J Neurosurg. 2000; 93:987–991

[67] Scott. Orlando, FL 2008

[68] Gross BA, Batjer HH, Awad IA, Bendok BR. Brainstem cavernous malformations. Neurosurgery. 2009; 64:E805–18; discussion E718

[69] Ferroli P, Sinisi M, Franzini A, Giombini S, Solero CL, Broggi G. Brainstem cavernomas: long-term results of microsurgical resection in 52 patients. Neurosurgery. 2005; 56:1203–12; discussion 1212-4

[70] Deshmukh VR, Albuquerque FC, Zabramski JM, Spetzler RF. Surgical management of cavernous malformations involving the cranial nerves. Neurosurgery. 2003; 53:352–7; discussion 357

[71] Albanese A, Sturiale CL, D'Alessandris QG, Capone G, Maira G. Calcified extra-axial cavernoma involving lower cranial nerves: technical case report. Neurosurgery. 2009; 64:135–6; discussion 136

[72] Itshayek E, Perez-Sanchez X, Cohen JE, Umansky F, Spektor S. Cavernous hemangioma of the third cranial nerve: case report. Neurosurgery. 2007; 61. DOI: 10.1227/01.NEU.0000290916.63094.8E

[73] Crocker M, Desouza R, King A, Connor S, Thomas N. Cavernous hemangioma of the optic chiasm: a surgical review. Skull Base. 2008; 18:201–212

[74] Bicknell JM. Familial Cavernous Angioma of the Brain Stem Dominantly Inherited in Hispanics. Neurosurgery. 1989; 24:102–105

[75] Ondra SL, Doty JR, Mahla ME et al. Surgical Excision of a Cavernous Hemangioma of the Rostral Brain Stem: Case Report. Neurosurgery. 1988; 23:490–493

[76] Zimmerman RS, Spetzler RF, Lee KS, Zabramski JM et al. Cavernous Malformations of the Brain Stem. J Neurosurg. 1991; 75:32–39

[77] Wascher TM, Spetzler RF, Carter LP, Spetzler RF, Hamilton MG. In: Cavernous malformations of the brain stem. Neurovascular Surgery. New York: McGraw-Hill; 1995:541–555

[78] Hasegawa T, McInerney J, Kondziolka D, Lee JY, Flickinger JC, Lunsford LD. Long-term results after stereotactic radiosurgery for patients with cavernous malformations. Neurosurgery. 2002; 50:1190–7; discussion 1197-8

[79] Liu KD, Chung WY, Wu HM, Shiau CY, Wang LW, Guo WY, Pan DH. Gamma knife surgery for cavernous hemangiomas: an analysis of 125 patients. J Neurosurg. 2005; 102 Suppl:81–86

[80] Karlsson B, Kihlstrom L, Lindquist C, Ericson K, Steiner L. Radiosurgery for cavernous malformations. J Neurosurg. 1998; 88:293–297

[81] Barker FG, II, Amin-Hanjani S, Butler WE, Lyons S, Ojemann RG, Chapman PH, Ogilvy CS. Temporal clustering of hemorrhages from untreated cavernous

malformations of the central nervous system. Neurosurgery. 2001; 49:15–24; discussion 24-5

[82] Bertalanffy H, Gilsbach JM, Eggert HR et al. Microsurgery of deep-seated cavernous angiomas: report of 26 cases. Acta Neurochir. 1991; 108:91–99

[83] Weil SM, Tew JM,Jr. Surgical management of brain stem vascular malformations. Acta Neurochir (Wien). 1990; 105:14–23

[84] Bartolomei J, Wecht DA, Chaloupka J, Fayad P, Awad IA. Occipital lobe vascular malformations: prevalence of visual field deficits and prognosis after therapeutic intervention. Neurosurgery. 1998; 43:415–21; discussion 421-3

[85] Malik GM, Pearce JE, Ausman JI. Dural Arteriovenous Malformations and Intracranial Hemorrhage. Neurosurgery. 1984; 15:332–339

[86] Graeb DA, Dolman CL. Radiological and Pathological Aspects of Dural Arteriovenous Fistulas. J Neurosurg. 1986; 64:962–967

[87] Arnautovic KI, Krisht AF. Transverse-Sigmoid Sinus Dural Arteriovenous Malformations. Contemp Neurosurg. 2000; 21:1–6

[88] Houser OW, Campbell JK, Campbell RJ, Sundt TM, Jr. Arteriovenous malformation affecting the transverse dural venous sinus–an acquired lesion. Mayo Clin Proc. 1979; 54:651–661

[89] Aminoff MJ. Vascular anomalies in the intracranial dura mater. Brain. 1973; 96:601–612

[90] Ashour R, Aziz-Sultan MA, Soltanolkotabi M, Schoeneman SE, Alden TD, Hurley MC, Dipatri AJ, Tomita T, Elhammady MS, Shaibani A. Safety and efficacy of onyx embolization for pediatric cranial and spinal vascular lesions and tumors. Neurosurgery. 2012; 71:773–784

[91] Sundt TM, Piepgras DG. The Surgical Approach to Arteriovenous Malformations of the Lateral and Sigmoid Dural Sinuses. J Neurosurg. 1983; 59:32–39

[92] Borden JA,Wu JK, Shucart WA. A proposed classification for spinal and cranial dural arteriovenous fistulous malformations and implications for treatment. J Neurosurg. 1995; 82:166–179

[93] Cognard C, Gobin YP, Pierot L, Bailly AL, Houdart E, Casasco A, Chiras J, Merland JJ. Cerebral dural arteriovenous fistulas: clinical and angiographic correlation with a revised classification of venous drainage. Radiology. 1995; 194:671–680

[94] Davies MA, Saleh J, Ter Brugge K, Willinsky R,Wallace MC. The natural history and management of intracranial dural arteriovenous fistulae. Part 1: benign lesions. Interv Neuroradiol. 1997; 3:295–302

[95] van Dijk JM, terBrugge KG, Willinsky RA, Wallace MC. Clinical course of cranial dural arteriovenous fistulas with long-term persistent cortical venous reflux. Stroke. 2002; 33:1233–1236

[96] Awad IA, Little JR, Akarawi WP, Ahl J. Intracranial dural arteriovenous malformations: factors predisposing to an aggressive neurological course. J Neurosurg. 1990; 72:839–850

[97] Halbach V, Higashida R, Hieshima G, Goto K, Norman D, Newton T. Dural fistulas involving the transverse and sigmoid sinuses: results of the treatment in 28 patients. Radiology. 1987; 163:443–447

[98] Ashour R, Morcos JJ, Spetzler RF, Kondziolka DS. In: Surgical Management of Cerebral Dural Arteriovenous Fistulae. Comprehensive Management of Arteriovenous Malformations of the Brain and Spine. Cambridge: Cambridge University Press; 2015:144–170

[99] Barnwell SL, Halbach VV, Higashida RT, Wilson CB et al. Complex Dural Arteriovenous Fistulas: Results of Combined Endovascular and Neurosurgical Treatment in 16 Patients. J Neurosurg. 1989; 71:352–358

[100] Lewis AI, Tomsick TA, Tew JM. Management of Tentorial Dural Arteriovenous Malformations: Transarterial Embolization Combined with Stereotactic Radiation or Surgery. J Neurosurg. 1994; 81:851–859

[101] Pan DH, Chung WY, Guo WY, Wu HM, Liu KD, Shiau CY, Wang LW. Stereotactic radiosurgery for the treatment of dural arteriovenous fistulas involving the transverse-sigmoid sinus. J Neurosurg. 2002; 96:823–829

[102] Khayata MH, Casaco A, Wakhloo AK, Rekate HL, Carter LP, Spetzler RF, Hamilton MG. In: Vein of Galen malformations: intravascular techniques. Neurovascular Surgery. New York: McGraw-Hill; 1995:1029–1039

[103] Lasjaunias P, Rodesch G, Pruvost P et al. Treatment of vein of Galen aneurysmal malformation. J Neurosurg. 1989; 70:746–750

[104] Cummings GR. Circulation in neonates with intracranial arteriovenous fistula and cardiac failure. Am J Cardiol. 1980; 45:1019–1024

[105] Strassburg HM. Macrocephaly is Not Always Due to Hydrocephalus. J Child Neurol. 1989; 4:S32–S40

[106] Clarisse J, Dobbelaere P, Rey C et al. Aneurysms of the great vein of Galen. Radiological-anatomical study of 22 cases. J Neuroradiol. 1978; 5:91–102

[107] Yasargil MG. In: AVM of the brain, clinical considedrations, general and specific operative techniques, surgical results, nonoperated cases, cavernous and venous angiomas, neuroanesthesia. Microneurosurgery. Stuttgart: Georg Thieme; 1988:317–396

[108] Litvak J, Yahr MD, Ransohoff J. Aneurysms of the great vein of Galen and mid-line cerebral arteriovenous anomalies. J Neurosurg. 1960; 17:945–954

[109] Johnston IH, Whittle IR, Besser M, Morgan MK. Vein of Galen malformation: diagnosis and management. Neurosurgery. 1987; 20:747–758

[110] Barrow DL, Spector RH, Braun IF, Tindall GT et al. Classification and Treatment of Spontaneous Carotid-Cavernous Fistulas. J Neurosurg. 1985; 62:248–256

[111] Kuether TA, O'Neill OR, Nesbit GM, Barnwell SL. Direct Carotid Cavernous Fistula After Trigeminal Balloon Microcompression Gangliolysis: Case Report. Neurosurgery. 1996; 39:853–856

[112] Schoeff S, Nicholas B, Mukherjee S, Kesser BW. Imaging prevalence of sigmoid sinus dehiscence among patients with and without pulsatile tinnitus. Otolaryngol Head Neck Surg. 2014; 150:841– 846

[113] Song JJ, Kim YJ, Kim SY, An YS, Kim K, Lee SY, Koo JW. Sinus Wall Resurfacing for Patients With Temporal Bone Venous Sinus Diverticulum and Ipsilateral Pulsatile Tinnitus. Neurosurgery. 2015; 77:709–717

[114] Santa Maria PL. Sigmoid sinus dehiscence resurfacing as treatment for pulsatile tinnitus. J Laryngol Otol. 2013; 127 Suppl 2:S57–S59

Parte XIX

Acidente Vascular Cerebral e Doença Cerebrovascular Oclusiva

83	Informações Gerais e Fisiologia do Acidente Vascular Encefálico	1264
84	Avaliação e Tratamento de Acidente Vascular Encefálico	1280
85	Condições Especiais	1301
86	Dissecções Arteriais Cerebrais	1322

83 Informações Gerais e Fisiologia do Acidente Vascular Encefálico

83.1 Definições

Acidente vascular encefálico ou infarto cerebral. Termo obsoleto: acidente cerebrovascular (CVA).

▶ **TIA.** (ataque isquêmico transitório): disfunção neuronal transitória secundária à isquemia focal (do encéfalo, medula espinal ou retina) sem infarto agudo (permanente)[1] (**nota:** definições operacionais obsoletas usaram um ponto de corte arbitrário de 24 horas para a duração dos sintomas).
De 10 a 15% dos pacientes com TIA têm acidente vascular encefálico dentro de 3 meses, 50% dos quais ocorrem dentro 48 horas.

▶ **Acidente vascular encefálico.** Morte permanente dos neurônios (isto é, irreversível) causada pela inadequada perfusão de uma região do encéfalo ou tronco encefálico.

▶ **Infarto hemodinâmico.** Infarto isquêmico em um território localizado na periferia de duas distribuições arteriais limítrofes por causa de um distúrbio no fluxo em uma ou ambas as artérias.

83.2 Hemodinâmica cerebrovascular

83.2.1 Fluxo sanguíneo cerebral (CBF) e utilização de oxigênio

O ▶ Quadro 83.1 mostra valores típicos de CBF e o correspondente estado neurofisiológico. O CBF < 20 geralmente está associado à isquemia e, se prolongado, produzirá morte celular.[2] No entanto, isto supõe uma taxa normal e pode ser mais aplicável à hipoperfusão cerebral global.[3] Há um limiar mais alto de CBF para perda de excitabilidade elétrica do que para a morte celular – isto levou ao conceito de penumbra isquêmica – células não funcionais que ainda são viáveis.[2]
O CBF relaciona-se com a pressão sanguínea como mostrado na Eq (83.1).

$$CBF = \frac{CPP}{CVR} = \frac{MAP - ICP}{CVR} \tag{83.1}$$

Em que CPP = pressão de perfusão cerebral (p. 856), CVR = resistência cerebrovascular (ver abaixo); MAP = pressão arterial média.

83.2.2 Resistência cerebrovascular (CVR)

A CVR é afetada pela pressão parcial de dióxido de carbono ($PaCO_2$) de tal forma que há um aumento linear no CBF com $PaCO_2$ crescente na faixa de 20-80 mmHg.
A CVR também é afetada por alterações na CPP que produz alterações no tônus do vaso sanguíneo por meio de um mecanismo miogênico. Na faixa de CPP = 50-150 mmHg a CVR do tecido cerebral normal

Quadro 83.1 Correlatos de CBF	
CBF (mL por 100 g tecido/min)	**Condição**
> 60 (aprox.)	hiperemia (CBF > demanda dos tecidos)
45-60	cérebro normal em repouso
75-80	substância cinzenta
20-30	substância branca
< 20: Isquemia	
16-18	EEG passa a ter linhas planas
15	paralisia fisiológica
12	alterações da resposta evocada do tronco encefálico auditivo (BAER)
10	alterações no transporte da membrana celular (morte celular, acidente vascular encefálico)

varia linearmente para manter um CBF quase constante. Este fenômeno é chamado de autorregulação (cerebral), que é alterada nos estados patológicos.

83.2.3 Taxa metabólica cerebral de consumo de oxigênio ($CMRO_2$)

A $CMRO_2$ é, em média, de 3,0-3,8 mL/100 g tecido/min. A razão entre CBF e $CMRO_2$ (a razão de acoplamento[4]) no encéfalo quiescente é de 14-18. Com atividade cortical focal, o CBF local aumenta $\approx$ 30%, enquanto a $CMRO_2$ aumenta $\approx$ 5%.[5] A $CMRO_2$ pode ser manipulada até certo ponto.

83.2.4 Reserva e reatividade cerebrovasculares

Podem ser avaliadas com tomografia computadorizada (CT) com contraste de xenônio, CT de perfusão (CTP; p. 228), ultrassom com Doppler transcraniano (TCD), tomografia computadorizada por emissão de fóton único (SPECT) ou imagem por ressonância magnética (MRI).[6,7,8,9] A resposta do CBF a um desafio vasodilatador com 1.000 mg de acetazolamida (ACZ) (Diamox®) por via intravenosa (IV) é classificada como[8,9]:

Tipo I: CBF basal normal com aumento de 30-60% após desafio com ACZ.

Tipo II: diminuição basal do CBF com resposta abrandada em < 10% de aumento ou < 10 mL/100 g/min de aumento absoluto após desafio com ACZ.

Tipo III: diminuição do CBF basal com diminuição paradoxal do CBF regional após desafio com ACZ, sugerindo um fenômeno de roubo em regiões com dilatação máxima da vasculatura na linha basal.

83.3 Circulação colateral

83.3.1 Circulação colateral para estenose/oclusão da artéria carótida interna (ICA)

Os efeitos de estenose/oclusão da ICA podem ser melhorados pelo fluxo sanguíneo colateral. As vias alternadas potenciais para o sangue alcançar o tecido cerebral incluem:
1. fluxo através do círculo arterial do cérebro (círculo de Willis)
   a) de ICA contralateral através da artéria comunicante anterior
   b) do fluxo para frente através artéria comunicante posterior ipsolateral
2. fluxo retrógrado através de *artéria oftálmica* parasitando o sangue de ambas as artérias carótidas externas (ambas as ECAs) via:
   a) artéria facial → artéria angular → artéria nasal dorsal e artéria palpebral medial
   b) artéria maxilar
      • artéria meníngea média → artéria lacrimal
      • artéria vidiana (artéria do canal pterigoide)
   c) artéria facial transversa → artéria palpebral lateral
   d) artéria temporal superficial → artéria supraorbital
3. artéria maxilar proximal → artéria timpânica anterior → ramo caroticotimpânico de ICA
4. anastomoses corticocorticais
5. anastomoses dural-leptomeníngeas

83.3.2 Circulação colateral para estenose/oclusão vertebrobasilar

Os colaterais disponíveis dependem do local da oclusão.
   Oclusão da artéria basilar. Via do fluxo colateral:
1. artérias comunicantes posteriores
2. anastomoses entre artéria cerebelar superior (SCA), artéria cerebelar inferior posterior (PICA)

Oclusão da artéria vertebral (VA) proximal. Via fluxo colateral:
1. ECA → artéria occipital → ramos muscular de VA → VA
2. tronco tireocervical → artéria cervical ascendente → conexão direta ou artérias radiculares espinal → VA
3. VA contralateral e/ou artéria cervical ascendente via ramos radiculares espinais e artéria espinal anterior

83.4 Síndromes de "oclusão"

83.4.1 Oclusão dos principais vasos organizados por territórios vasculares

Ver ▶ Fig. 2.1 para os territórios de distribuição das principais artérias cerebrais. Para indicar lateralização dos achados, {CL} = contralateral, {IL} = ipsolateral.

Artéria carótida interna e seus ramos

O risco e extensão do acidente vascular encefálico são influenciados pela oclusão súbita, localização da oclusão e circulação colateral (ver acima)

1. estatística:
   a) oclusão aguda da ICA (todos os que chegam): risco de acidente vascular encefálico[10] de 26-49% (nem todos esses acidentes vasculares encefálicos são graves)
   b) risco anual de acidente vascular encefálico em 1.261 pacientes com oclusão sintomática de ICA: 7% em geral, 5,9% ipsolaterais à oclusão (acompanhamento médio de 45,5 meses) (mesmo com anticoagulação ou fármacos antiplaquetários) (12 estudos prospectivos[11])
   c) St. Louis Carotid Oclusion Study:[12] taxa de acidente vascular encefálico isquêmico ipsolateral em 2 anos em pacientes com oclusão sintomática de ICA = 5% em pacientes com fração de extração de oxigênio (OEF) normal por imagens de tomografia por emissão de pósitrons (PET), e 26% em pacientes com aumento da OEF
   d) o risco de acidente vascular encefálico é menor quando se incluem oclusões assintomáticas da ICA (isto é, há muitas pessoas com oclusão da ICA e sem quaisquer sintomas)
   e) em pacientes que se apresentam com acidente vascular encefálico no território da ICA ou TIA, a oclusão completa da ICA é encontrada em 10-15%[12]
2. o pior cenário de caso na oclusão total de ICA sem fluxo da artéria comunicante anterior (a-comm) ou fluxo da artéria comunicante posterior (p-comm) e nenhum resgate colateral: acidente vascular encefálico nos territórios da artéria cerebral anterior (ACA) e artéria cerebral média (MCA (▶ Quadro 83.2)
3. artéria cerebral anterior: {CL} fraqueza de extremidade inferior (LE) > extremidade superior (UE)
4. artéria cerebral posterior
   a) infarto do lobo occipital unilateral → hemianopsia homônima poupando o córtex macular (córtex visual da mácula recebe suprimento sanguíneo duplo de MCA e PCA)
   b) síndrome de Balint
   c) cegueira cortical (síndrome de Anton)
   d) síndrome de Weber
   e) alexia sem agrafia
   f) síndrome da dor talâmica (síndrome de Dejerine-Roussy)
5. artéria de Percheron (p. 83): infartos talâmicos e mesencefálicos bilaterais[13]

Circulação posterior

1. artéria vertebral
   a) síndrome medular medial (síndrome de Dejerine)
   b) síndrome medular lateral (síndrome de Wallenberg): ver abaixo
2. artéria basilar
3. artéria cerebelar inferior anterior (AICA): síndrome pontina lateral (síndrome de Marie-Foix)

Quadro 83.2 Oclusão total da ICA

Déficit[a]	Completa (oclusão de M1)	Divisão superior	Divisão inferior
[CL] fraqueza de UE > LE	X	X	
[CL] fraqueza da parte inferior do rosto	X	X	
[CL] perda hemissensorial (UE e LE)	X	X	
[CL] perda hemissensorial do rosto (todas as modalidades)	X	X	
[CL] negligência[b]	X	X	
[IL] preferência de olhar	X		
[CL] hemianopsia homônima	X		X[c]
[CL] afasia receptiva homônima (área de Wernicke)	X		X
afasia expressiva (área de Broca)[d]	X	X	
síndrome de Gerstmann (p. 98): com infarto de lobo parietal dominante			

[a][CL] = contralateral, [IL] = ipsolateral. Um "X" indica que o déficit está presente.
[b]Com envolvimento no lado do hemisfério não dominante.
[c]Mais [CL] quadrantanopsia superior.
[d]Com envolvimento do lado do hemisfério dominante.

Informações Gerais e Fisiologia do Acidente Vascular Encefálico 1267

4. PICA: algumas vezes síndrome medular lateral (de Wallenberg): ver abaixo
5. SCA: infarto do vérmis cerebelar superior e cerebelo superior
6. artéria espinal anterior
7. artéria estriada medial recorrente (de Heubner): afasia expressiva + hemiparesia leve (UE > LE, músculos proximais mais fracos que os distais)
8. síndrome da artéria corióidea anterior (AChA): descrita pela primeira vez por Foix *et al.*, em 1925. A tríade completa consiste em hemiplegia {CL}, hemi-hipestesia e hemianopsia homônima (mnemônico: 3 Hs), no entanto, as formas incompletas são mais comuns.[14] A oclusão geralmente se deve à doença de pequeno vaso, e a CT ou MRI habitualmente mostram infarto em ramo posterior da cápsula interna – IC (logo acima do corno temporal do orifício lateral)[15] e substância branca posterior e lateral a ela. Em geral, a oclusão é razoavelmente bem tolerada, e a ligação dessa artéria foi de fato utilizada no tratamento de parkinsonismo algumas vezes sem efeitos prejudiciais[16 (p. 540)] – ver tratamento cirúrgico da doença de Parkinson (p. 1524) – mas ocorreu infarto da cápsula interna em ≈ 15%

Síndrome medular lateral (LMS)

Também conhecida como síndrome de Wallenberg, ou síndrome de PICA. Classicamente atribuída à oclusão da PICA, mas em 80-85% dos casos a artéria vertebral também é envolvida.[17] Não há relato de caso provocado por hemorragia do tronco encefálico. O início geralmente é agudo. Os achados são listados no ▶ Quadro 83.3 (Nota: *ausência de achados do trato piramidal, e nenhuma alteração no sensório*). A localização da lesão e estruturas medulares são mostradas na ▶ Fig. 83.1.

▶ **Nota.** Esta é essencialmente a única localização onde a lesão produzirá perda sensorial em um lado do rosto (ipsilateral à lesão) e perda sensorial contralateral no corpo. Toda a ausência de achados do trato piramidal (isto é, fraqueza evidente).

Esses pacientes algumas vezes desenvolvem grave edema cerebelar que responde à descompressão neurocirúrgica (o tecido é aspirado facilmente).

Em um paciente que se apresenta com LMS, é necessário descartar dissecção vertebral (p. 1325), uma vez que seria tratada com heparina. A MRI incluindo ponderada em T1 (T1WI) com supressão de gordura e a angiorressonância magnética (MRA) detectariam a dissecção na maioria dos casos.

Prognóstico: 12% dos 43 pacientes morreram durante a fase aguda das complicações respiratórias e cardiovasculares, e dois novos acidentes vasculares encefálicos ocorreram na fossa posterior.[18] A taxa de acidente vascular encefálico recorrente em território vertebrobasilar foi de 1,9% ao ano.[18]

83.4.2 Acidentes vasculares encefálicos lacunares

Informações gerais

Pequenos infartos no cérebro ou tronco encefálico não cortical profundo (▶ Quadro 83.4) resultante da oclusão dos ramos penetrantes das artérias cerebrais. O tamanho dos infartos varia de 3-20 mm (CT detecta os maiores; melhor sensibilidade na substância branca).

Quadro 83.3 Achados na síndrome medular lateral[16 (p 547)]

Sintomas GENERALIZADOS	Lesão responsável
• vertigem, N/V, nistagmo, diplopia, oscilopsia	núcleos vestibulares e conexões
• soluços	?
IPSOLATERAL à lesão	**Lesão responsável**
• dor facial, parestesias e comprometimento da sensação	trato descendente e núcleo V sobre metade do rosto
• ataxia dos membros	(corpo restiforme?)
• síndrome de Horner	trato simpático descendente
• disfagia, diminuição do reflexo do vômito, rouquidão	fibras de saída do IX e X nervos
• dormência do braço, tronco ou perna	núcleos cuneado e grácil
CONTRALATERAL à lesão	**Lesão responsável**
• dor incapacitante e sensação de febre em metade do corpo	trato espinotalâmico

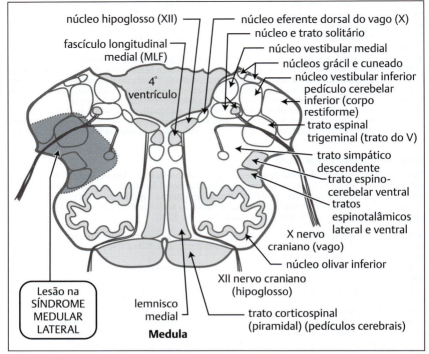

Fig. 83.1 Lesão típica na síndrome medular lateral (indicada como uma área sombreada).

Quadro 83.4 Localizações típicas dos acidentes vasculares encefálicos lacunares (*na frequência descendente*)

- putâmen
- caudado
- tálamo
- ponte
- cápsula interna (IC)
- substância branca convolucional

Pequenas lacunas (3-7 mm) podem se dever à lipo-hialinose (vasculopatia por HTN) das artérias < 200 mícrons (pode também ser causa de muitas hemorragias intracerebrais – ICHs); esta vasculopatia é indicativa de doença de pequeno vaso, sendo improvável que seja prevenida com endarterectomia carótida.

Clinicamente, o diagnóstico praticamente é *excluído* por afasia, apractagnosia, acidente vascular encefálico sensorimotor, monoplegia, hemianopsia homônima (**HH**), comprometimento grave da memória isolado, estupor, coma, nível de consciência (LOC) ou convulsões.

L'etat lacunaire: múltiplas lacunas → declínio neurológico progressivo crônico com um ou mais episódios de hemiparesia; resulta em invalidez, disartria, marcha de passos curtos (*marche a petits pas*), desequilíbrio, incontinência, sinais pseudobulbares, demência. Muitos sinais e sintomas possivelmente se devem à hidrocefalia da pressão normal – NPH (originalmente não identificada).

Síndromes lacunares

Principais síndromes (ver referência[19] para outras síndromes):
1. acidente vascular encefálico sensorial puro ou TIA: (a manifestação lacunar mais comum) geralmente dormência unilateral isolada do rosto, braço e perna. Somente 10% dos TIAs progridem para acidente vascular encefálico. Lacuna no tálamo sensorial (posteroventral) → a detecção por CT é precária. Dejerine-Roussy = rara síndrome da dor talâmica que pode se desenvolver

Informações Gerais e Fisiologia do Acidente Vascular Encefálico 1269

2. hemiparesia motora pura (PMH): (segunda manifestação lacunar mais comum) déficit motor unilateral puro de rosto, braço e perna sem déficit sensorial, HH etc. A lacuna no membro posterior da IC, ou na base pontina inferior onde os tratos corticospinais (CS) coalescem, ou raramente no pedículo cerebral médio
3. hemiparesia atáxica: PMH contralateral + ataxia cerebelar dos membros afetados (caso possam se mover). A lacuna na base pontina na junção do terço superior e dois terços inferiores → disartria, nistagmo e possível tombamento unidirecional. Possível gravidade diferencial no rosto, braço e perna por causa de fibras CS dispersas pelo núcleo pontino (ao contrário das pirâmides compactas e pedículo)
   a) variante: disartria-síndrome da mão estranha: lesão na mesma localização ou *genu* (joelho) da IC. Pode ser mimetizada por um infarto cortical, mas posteriormente apresentará dormência nos lábios
4. PMH poupando o rosto: lacuna na pirâmide medular; no início, pode haver vertigem e nistagmo (que se assemelha à síndrome medular lateral)
   a) variante: demência talâmica: região central de um tálamo + subtálamo adjacente → abulia, comprometimento da memória + síndrome de Horner parcial (miose + anidrose)
5. síndrome mesencefalotalâmica: "síndrome do topo da artéria basilar". Geralmente causada por êmbolo. O infarto com o formato típico de borboleta e bilateral envolvendo o tronco encefálico rostral e regiões do hemisfério cerebral alimentadas pela artéria basilar distal. Clínica: paralisia do III nervo craniano, síndrome de Parinaud e abulia, pode haver amnésia, alucinações e sonolência, geralmente sem significativa disfunção motora
6. síndrome de Weber: paralisia do III nervo craniano com PMH contralateral (sem perda sensorial). Geralmente se deve à oclusão dos ramos interpediculares da artéria basilar → infarto do mesencéfalo central, com ruptura do pedículo cerebral e emissão de fibras do III nervo craniano. Pode também se dever a aneurisma de bifurcação basilar ou junção da artéria basilar com a artéria cerebelar superior – BA-SCA
7. PMH com paralisia cruzada do VI nervo craniano: lacuna na ponte paramediana inferior
8. ataxia cerebelar com paralisia cruzada do III nervo craniano (síndrome de *Claude*): lacuna no trato rubrodenteado (pedúnculo cerebelar superior)
9. hemibalismo: classicamente, infarto ou hemorragia no núcleo subtalâmico (de Luys) semilunar
10. síndrome medular lateral: ver abaixo
11. síndrome do encarceramento: PMH bilateral de infarto na IC, ponte, pirâmide ou (raramente) pedúnculos cerebrais

83.5 Acidente vascular encefálico em adultos

83.5.1 Informações gerais

Somente 3% dos acidentes vasculares encefálicos isquêmicos ocorrem nos pacientes < 40 anos de idade.[20] Mais de 10% dos acidentes vasculares encefálicos ocorrem em pacientes com ≤ 55 anos.[21] Incidência: 10 por 100.000 pessoas com 35-44 anos,[22] 73 por 100.000 com < 55 anos de idade.[21]

83.5.2 Etiologias

O diagnóstico diferencial é amplo,[20] sendo o trauma a causa mais comum dos acidentes vasculares encefálicos (22% dos casos) em pacientes abaixo dos 45 anos.[23] A maior parte do restante é coberta por um pequeno número de etiologias listadas adiante (exclui: trauma, acidente vascular encefálico pós-operatório, hemorragia subaracnóidea (SAH) e hemorragia intracerebral).
1. aterosclerose: 20% – menos comum do que na população idosa (todos os 18 pacientes em uma série tinham diabetes melito dependente de insulina (ID-DM), ou eram do sexo masculino > 35 anos com ≥ 1 fator de risco (ver abaixo), a maioria teve TIAs anteriores)
2. embolia com origem identificada: 20%
   a) origem cardíaca é a mais comum (anteriormente), a maioria teve doença cardíaca conhecida anteriormente:
      • doença cardíaca reumática
      • valva protética
      • endocardite
      • prolapso da valva mitral (MVP): presente em 5-10% dos adultos jovens, em 20-40% dos adultos jovens com acidente vascular encefálico (embora uma série constatou MVP em apenas 2% dos acidentes vasculares encefálicos em adultos jovens[22])
      • fibrilação atrial (A-fib)
      • mixoma atrial esquerdo
   b) síndrome da embolia gordurosa: a manifestação neurológica geralmente é uma disfunção neurológica global; ver Síndrome da embolia gordurosa (p. 835)
   c) embolia paradoxal: p. ex., defeito do septo atrial (ASD), malformação arteriovenosa (AVM) pulmonar, incluindo a síndrome de Osler-Weber-Rendu, forame oval patente (anteriormente)
   d) embolia do fluido amniótico: pode ocorrer tipicamente no período pós-parto
3. vasculopatia: 10%
   a) inflamatória
      • síndrome de Takayasu
      • infecciosa: tuberculose (TB), sífilis, herpes-zóster oftálmico

- abuso de anfetaminas
- herpes-zóster oftálmico (HZO): geralmente apresenta-se com hemiplegia contralateral retardada em ≈ 8 semanas em média após HZO[24]
- mucormicose: uma infecção fúngica nasal e orbital primariamente em pacientes diabéticos e imunocomprometidos que causa uma arterite que pode trombosar as veias orbitais e a ICA ou a artéria cerebral anterior (ACA). Produz proptose, paralisia ocular e hemiplegia
- associada à doença sistêmica como: lúpus eritematoso sistêmico (SLE) (também ver adiante em Coagulopatia); arterite (especialmente periarterite nodosa (p. 199), quando confinada ao sistema nervoso central (CNS), geralmente multifocal e progressiva, mas pode mimetizar acidente vascular encefálico inicialmente; esclerose múltipla (MS); câncer; artrite reumatoide

b) não inflamatória
- displasia fibromuscular (p. 200)
- dissecções da artéria carótida ou vertebral (incluindo pós-traumáticas)
- doença moyamoya (p. 1313)
- homocistinúria: um defeito genético no metabolismo da metionina que produz espessamento intimal e fibrose em quase todos os vasos com eventos tromboembólicos associados (arteriais e venosos, incluindo seios venosos durais). O risco estimado de acidente vascular encefálico é de 10-16%. Os pacientes têm aparência física semelhante à da síndrome de Marfan, manchas malares, retardo mental e níveis elevados de homocisteína urinária
- pseudoxantoma elástico

4. coagulopatia: 10%. O seguinte está associado aos estados hipercoaguláveis
   a) SLE: lúpus anticoagulante → tempo parcial de tromboplastina (PTT) prolongado corrige incompletamente com mistura 50/50. A doença vascular de colágeno só raramente se apresenta inicialmente com acidente vascular encefálico
   b) policitemia ou trombocitose
   c) doença falciforme
   d) TTP (púrpura trombocitopênica trombótica)
   e) deficiência de antitrombina III (controversa – não é vista em grandes séries de adultos jovens com acidente vascular encefálico)
   f) deficiência de proteína C ou proteína S (familiar): a proteína C atenua as reações hemostáticas, a deficiência homozigótica é fatal no período neonatal. A deficiência heterozigótica está associada a acidentes vasculares encefálicos *trombóticos*. Uma complicação rara durante a terapia inicial com varfarina é uma queda na proteína C antes de outros fatores de coagulação que resultam em um estado hipercoagulável
   g) síndrome do anticorpo antifosfolipídico (APLAS):[25,26] causa trombose venosa e/ou arterial. Os dois anticorpos antifosfolipídicos mais conhecidos são os anticorpos anticardiolipina (ACLA) e anticoagulante lúpico (LAC). Depois que se tornam sintomáticos, tratamento é a terapia de alta intensidade a uma relação normalizada internacional (INR) ≥ 3.[27] Há um aumento dramático de eventos trombóticos após descontinuação da varfarina. A aspirina é inútil
   h) após o uso do fármaco 3,4-metilenedioximetanfetamina (MDMA, conhecida como a droga de rua êxtase),[28] possivelmente independente do estado hipercoagulável que ocorre com a hipertermia quando fluidos insuficientes são consumidos em conjunto com outro fármaco
5. periparto: 5% (geralmente dentro de 2 semanas do parto)
6. causas diversas: 35%
   a) etiologia incerta
   b) contraceptivos orais (BCP): associados a risco nove vezes maior de acidente vascular encefálico, muitos com histórico anterior de enxaqueca
   c) trombose venosa (incluindo trombose do seio dural): a incidência pode ser maior com o uso de BCP
   d) enxaqueca:[29] amplamente aceito, mas difícil de avaliar objetivamente (incidência de acidente vascular encefálico nesses pacientes pode ser a mesma da população em geral). *Rara*. Ocorre geralmente em mulheres, com um curso benigno a longo prazo; recorre em < 3%. Os possíveis mecanismos incluem: vasospasmo, disfunção plaquetária e arteriopatia.[30] Os acidentes vasculares encefálicos ocorrem durante uma crise de enxaqueca[31] ou logo em seguida
   e) abuso de cocaína:[32] o acidente vascular encefálico pode resultar de vasoconstrição, ou de HTN na presença de aneurismas ou AVMs (ocorre vasculite evidente,[33] mas é rara com a cocaína, ao contrário das anfetaminas); os acidentes vasculares encefálicos com cocaína alcaloidal ("crack") são divididos quase igualmente entre os isquêmicos e os hemorrágicos
   f) síndrome da encefalopatia reversível posterior (PRES) (p. 194)

83.5.3 Fatores de risco

Em um estudo-"controle da vizinhança" retrospectivo de 201 pacientes australianos de 15-55 anos de idade (média = 45,5) com acidentes vasculares encefálicos pela primeira vez, foram identificados os seguintes fatores de risco:[21]
1. diabetes: índice de probabilidade (*odds ratio*) = 12
2. HTN: *odds ratio* = 6,8

3. tabagismo atual: *odds ratio* = 2,5
4. consumo excessivo de álcool a longo prazo: *odds ratio* = 15 (a ingestão excessiva de álcool nas 24 horas precedentes ao acidente vascular encefálico *não* foi um fator de risco)

83.5.4 Avaliação

1. histórico e exame físico direcionados a revelar doença sistêmica (ver acima) e fatores de risco modificáveis (ver acima)
2. exame cardiológico completo incluindo eletrocardiograma (EKG) e ecocardiograma
3. exame de sangue (inclui, se apropriado):
    a) rotina: eletrólitos, hemograma completo (CBC), contagem plaquetária e/ou função, velocidade de hemossedimentação (ESR; a elevação pode sugerir SLE, arterite, mixoma atrial... mas uma ESR normal não descarta vasculite), tempo de protrombina – PT/PTT, exame de sangue VDRL – Venereal Disease Research Laboratory (devem ser realizados em todos os adultos jovens com acidente vascular encefálico), perfil lipídico em jejum
    b) para o acidente vascular encefálico inexplicável: anticorpos antinucleares (ANA), antitrombina III, proteína C, proteína S, homocisteína, fator V de Leiden, teste tuberculínico (PPD), triagem falciforme, triagem toxicológica (sangue e urina, para descartar drogas como a cocaína), eletroforese de proteína sérica (SPEP), anticoagulante lúpico, aminoácidos séricos, ativador e inibidor do plasminogênio tecidual
4. testes diversos: urinálise (U/A), radiografia de tórax (CXR), exame do líquido cerebrospinal (CSF), quando indicados
5. angiografia cerebral: nem sempre é necessária para pacientes com doença sistêmica óbvia ou forte evidência de embolia cardíaca: pode algumas vezes diagnosticar embolia cerebral se realizada dentro 48 horas do *ictus*

83.6 Doença da artéria carótida aterosclerótica

83.6.1 Informações gerais

Placas ateroscleróticas começam a se formar na artéria carótida aos 20 anos de idade. Na circulação cerebral extracraniana, as placas tipicamente começam na parede dorsal da artéria carótida comum (CCA). À medida que aumentam, elas invadem o lúmen da ICA. Placas calcificadas duras podem não se alterar com o tempo. O risco de acidente vascular encefálico correlaciona-se com o grau de estenose e com certos tipos de morfologia da placa, e também aumenta nos estados hipercoaguláveis e com maior viscosidade do sangue.

Morfologia da placa

Placas "vulneráveis" são placas ateroscleróticas que provavelmente causam complicações trombóticas, ou aquelas que tendem à rápida progressão. Os critérios para placas vulneráveis incluem: espessamento da íntima, fissura da placa, núcleo de lipídios/necrótico com capuz fibroso fino, calcificação, trombo, hemorragia intraplaca e remodelagem externa. Algumas dessas características podem ser identificadas com imagem por ressonância magnética (MRI) de alta resolução.[34,35,36,37]

83.6.2 Apresentação

Informações gerais

As lesões da artéria carótida são consideradas sintomáticas se houver um ou mais episódios isquêmicos lateralizantes apropriados à distribuição da lesão. A lesão é considerada *assintomática*, se o paciente tiver apenas queixas visuais não específicas, tontura ou síncope não associadas a ataque isquêmico transitório (TIA) ou acidente vascular encefálico.[38] A maioria (80% dos casos) dos acidentes vasculares encefálicos aterotrombóticos da carótida ocorre sem sintomas de aviso.[39]

Estenose assintomática da carótida

Geralmente é descoberta como um sopro da carótida. Sopro assintomático: a prevalência aumenta com a idade (2,3% aos 45-54 anos de idade, 8,2% a ≥ 75 anos).[40] A acurácia de um sopro na predição de estenose da ICA: 50-83% (dependendo da coorte, critérios para estenose...). A sensibilidade é de apenas 24%.[41]

Doença sintomática da carótida

Pode-se apresentar como TIA, déficit neurológico isquêmico reversível (RIND) ou acidente vascular encefálico com qualquer dos seguintes achados: ver também síndromes da oclusão da ICA (p. 1265):
1. insuficiência ou infarto retinianos (a artéria retiniana central é um ramo da artéria oftálmica): cegueira monocular ipsolateral
    a) pode ser temporária: amaurose fugaz, também conhecida como cegueira monocular transitória (TMB). Quatro tipos:

Tipo I: embólico. Descrito "como uma cortina negra descendo" *em um olho*. Perda completa da visão, geralmente dura 1-2 minutos

Tipo II: fluxo relacionado. Hipoperfusão retiniana → dessaturação da cor, geralmente descrita como acinzentamento da visão

Tipo III: vasoespástico. Pode ocorrer com enxaquecas

Tipo IV: diversos. Pode ocorrer com anticorpos de anticardiolipina

a) a cegueira pode ser permanente
1. sintomas da artéria cerebral média:
    a) TIA motor ou sensorial contralateral (braço e rosto pioram mais que a perna) com hiper-reflexia e dedo do pé alto
    b) déficits de linguagem, se o hemisfério dominante estiver envolvido

83.6.3 Avaliação da extensão da doença da carótida

Visão geral

Pacientes sintomáticos geralmente serão avaliados como parte de um acidente vascular encefálico/protocolo de TIA.

Verifique coagulograma com contagem plaquetária, fibrinogênio, PT/PTT/INR (para descartar o estado hipercoagulável).

O exame fundoscópico pode mostrar as placas de Hollenhorst (embolia por cristal de colesterol) na retina.

A classificação dos pacientes baseada na hemodinâmica e também a propensão embólica das lesões carótidas dessa forma é complexa demais para ser utilizada em grandes estudos. Os testes descritos adiante põem grande ênfase no maior grau de estenose, o que provavelmente é uma supersimplificação. A composição e a morfologia da placa provavelmente são importantes.

Recomendações para a triagem de estenose da carótida

1. a U.S. Preventive Services Task Force (USPSTF) atualmente recomenda contra a triagem de estenose da carótida na população adulta em geral (recomendação grau D: certeza moderada ou elevada de que o serviço não apresenta qualquer benefício líquido ou que o dano supera o benefício)[42]
2. as diretrizes da AHA Primary Prevention of Stroke Guidelines não recomendam triagem para estenose[43] assintomática da carótida
3. a American Society of Neuroimaging recomendou que a triagem deve ser considerada somente para idade ≥ 65 anos com 3 ou mais fatores de risco cardiovasculares[44]
4. a Society of Vascular Surgery recomenda a triagem por ultrassonografia para idade ≥ 55 anos com fatores de risco cardiovasculares, como HTN, diabetes, tabagismo, hipercolesterolemia, ou doença cardiovascular conhecida[45]

Opções de avaliação

Ver também recomendações sobre quais testes usar (p. 1274).

Angiografia

O teste "padrão ouro" é a arteriografia com cateter. Ele não se justifica como um teste de *triagem* por ser invasivo, e muito caro ou arriscado (dados recentes mostram um risco < 1% de déficit transitório ou permanente [o risco é 2-3 vezes mais alto em pacientes sintomáticos do que em assintomáticos][46,47,48] em boas mãos). Além disso, ao contrário do Doppler duplex e da MRA, ela não fornece qualquer informação sobre a espessura da placa. Diferentes definições do grau de estenose são empregadas, o ▶ Quadro 83.5 compara as definições usadas pelo estudo North American Symptomatic Carotid Endarterectomy Trial (NASCET)[49] com as do MRC European Carotid Surgery Trial (ECST).[50] Para ambos, N é o diâmetro linear da artéria carótida no local de maior estreitamento. Os estudos diferem no denominador. O NASCET usa D (o diâmetro da artéria *distal* normal até o bulbo carótico – aferido no primeiro ponto em que as paredes arteriais se tornam paralelas), enquanto o ECST usa B (o diâmetro estimado do bulbo carótico).

Por exemplo, usando a definição do NASCET, o grau de estenose é mostrado na Eq (83.2).

$$\% \text{ estenose (NASCET)} = \left(1 - \frac{N}{D}\right) \times 100 \tag{83.2}$$

A relação entre o grau de estreitamento baseada na definição do NASCET *versus* a do ECST também é estimada por equação[51] como é mostrado na Eq (83.3).

Quadro 83.5 Comparação das medições dos estudos NASCET e ECST da estenose da ICA[a]

	NASCET	ECST
	$1 - \dfrac{N}{D}$	$1 - \dfrac{N}{B}$
	Graus aproximados equivalentes de estenose da ICA baseados em comparação direta (%)	
	30[b]	65[b]
	40[b]	70
	50	75
	60	80
	70	85
	80	91
	90	97

[a]Adaptada de Donnan G A, Davis S M, Chambers B R, *et al.*: Surgery for the Prevention of Stroke. Lancet 351: 1372, 1998, com permissão.
[b]Indica os graus de estenose para os quais a cirurgia NÃO trouxe benefício claro para a estenose sintomática (p. 1290).

$$\% \text{ estenose (pelo ECST)} = 0{,}6 \times \% \text{ estenose (pelo NASCET)} + 40\% \qquad (83.3)$$

A angiografia também dá a oportunidade de realizar a intervenção endovascular, se indicado.

Ultrassom com Doppler duplex

A imagem em modo B avalia a artéria no plano em corte transversal, e a análise do espectro mostra fluxo sanguíneo. Mau desempenho com o "sinal do barbante". Não é possível a varredura acima do ângulo da mandíbula. Frequências mais baixas proporcionam mais profundidade de penetração, mas a definição do sinal é sacrificada (usada no Doppler transcraniano). Sensibilidade: 88%, especificidade: 76%.[52]

Angiorressonância magnética (MRA)

Pode eliminar a necessidade de angiografia em alguns casos de estenose da carótida, especificamente em pacientes sintomáticos com um "intervalo" focal de perda de intensidade de sinal com reaparecimento distal do sinal.[53,54] Às vezes, superestima o grau de estenose.[55] Sensibilidade: 91%, especificidade: 88% para doença carótida extracraniana.[56] A angiorressonância magnética 2D *time of flight* bidimensional (2D-TOF-MRA) é adequada (a MRA com contraste mostra mais, mas não é necessária para lesões cirúrgicas[57]).

Pode ser realizada no momento da MRI com protocolo de acidente vascular encefálico em pacientes com TIA/acidente vascular encefálico, e também detecta trombo ou dissecção. Assim como no Doppler, apresenta dificuldades na distinção entre estenose muito grave e oclusão. Menos dependente do operador do que o Doppler, porém mais cara e demorada. A realização da MRA é mais difícil, se o paciente estiver criticamente doente, incapaz de se deitar supino, ou tiver claustrofobia, um marca-passo ou implantes ferromagnéticos. A MRI de alta resolução também pode detectar placas vulneráveis (p. 1271).

Angiotomografia computadorizada (CTA)

A CTA envolve radiação ionizante (raios X) e contraste iodado IV, limitando seu uso em pacientes com alergias a corantes e disfunção renal. Os resultados são comparáveis a MRA e Doppler. A CTA pode ser realizada dentro de alguns segundos e produz imagens de alta resolução de todos os vasos do arco aórtico através dos vasos intracranianos/extracranianos, assim como os tecidos moles circundantes. Em uma metanálise, a sensibilidade e a especificidade para detecção de 70 a 99% de estenose foram de 85 e 93%, respectivamente.[58] A CTA ainda está evoluindo e pode ajudar a detectar placas vulneráveis (p. 1271). Outra vantagem potencial: capacidade de obter estudos de CT e perfusão (p. 228) ao mesmo tempo.

Escolha de teste por imagens/decisões de tratamento

Apesar das muitas pesquisas sobre o assunto, não existem dados de apoio a um algoritmo específico de testes.[1] Doppler, CTA ou MRA são testes aceitáveis de triagem inicial. Em pacientes com um teste de triagem anormal, uma estratégia comum é obter um segundo teste confirmatório não invasivo para avaliar a bifurcação da carótida antes da intervenção. A combinação de ultrassom e MRA provou ser custo-efetiva com boa confiabilidade interobservadores.[59] Se dois testes não invasivos forem discordantes, angiografia com cateter deve ser considerada antes da intervenção.

83.6.4 Tratamento

As alternativas de tratamento estão primariamente entre os seguintes:
1. "o melhor tratamento médico": ver abaixo
2. endarterectomia da carótida (p. 1290)
3. técnicas endovasculares: angioplastia e colocação de *stent* combinadas (± proteção contra embolia distal)

Tratamento médico

Informações gerais

O que constitui "o melhor tratamento médico" não foi determinado com precisão, e as recomendações estão mudando constantemente. Alguns ou todos os seguintes são utilizados:
1. terapia antiplaquetária (p. 164):
   a) geralmente aspirina (ASA) (ver abaixo)
   b) clopidogrel, sozinho ou em combinação com ASA (ver abaixo)
   c) combinação de dipiridamol de liberação estendida e ASA (Aggrenox®) (nenhum benefício de dipiridamol [Persantine®] sozinho)
2. terapia anti-hipertensiva, se apropriado
3. bom controle do diabetes, se presente
4. pacientes com A-fib assintomática devem ser tratados com anticoagulação; ver Embolia cerebral cardiogênica (p. 1304)
5. terapia antilipídica, se necessário – Estatinas
6. a intervenção ajuda os pacientes a cessar o tabagismo

Terapia antiplaquetária

Informações do fármaco: Aspirina

Inibe irreversivelmente a ciclo-oxigenase impedindo a síntese da prostacilina vascular (um vasodilatador e inibidor plaquetário) e do tromboxano A2 plaquetário (um vasoconstritor e ativador de plaquetas). As plaquetas, por não possuir organelas celulares, não podem ressintetizar a ciclo-oxigenase enquanto os tecidos vasculares fazem isto rapidamente.[60] Nota: < 1.000 mg de ASA ao dia provavelmente não ajuda no caso de estenose de alto grau, em que há falha de perfusão ou de fluxo. Alguns (mas não todos) estudos mostram menos eficácia em mulheres,[61] e nenhum estudo grande demonstrou que ASA previne um segundo acidente vascular encefálico em pacientes que já tiveram um.

R: Para angina, uma dose em *bolus* de 160-325 mg, por via oral (PO) é seguida por doses de manutenção de 80-160 mg/dia (doses mais baixas parecem ser tão eficazes quanto as mais altas).[62] A dose ótima para isquemia cerebrovascular continua a ser debatida. A dose de 325 mg PO ao dia reduz o risco de acidente vascular encefálico após TIA em 25-30%. Doses diárias de 81 ou 325 mg, quando comparadas a doses mais altas, estavam associadas à taxa mais baixa de acidente vascular encefálico, infarto do miocárdio (MI) e morte (6,2% *versus* 8,4%) após endarterectomia da carótida.[63]

Informações do fármaco: Aspirina/ER-Dipiridamol (Aggrex®)

A combinação de dipiridamol de liberação estendida e ASA (Aggrenox) é mais eficaz do que ASA sozinha para prevenção de TIA, acidente vascular encefálico e infarto do miocárdio.[64,65,66] Aggrenox não foi superior a clopidogrel, com aumento da hemorragia com Aggrenox.[67] **Efeitos colaterais:** H/A com terapia inicial.

R: 1 cápsula PO 2 vezes ao dia. **Suprida:** cápsulas de dose fixa de aspirina de 25 mg/liberação estendida com dipiridamol 200 mg.

Informações do fármaco: Clopidogrel (Plavix®)

Uma tienopiridina. A incidência de neutropenia (0,04%) está próxima à da ASA ($\approx$ 0,02%).[68] Interfere na função da membrana plaquetária pela inibição da ligação de fibrinogênio plaquetário induzida por adenosina difosfato (ADP) e liberação dos conteúdos granulares da plaqueta, assim como subsequentes interações plaqueta-plaqueta. Produz uma inibição irreversível dependente de tempo e dose da agregação plaquetária e prolongamento do tempo de sangramento. Pode substituir ASA, se houver intolerância ou resistência. Usado em combinação com ASA para alguns procedimentos endovasculares. Embora se recomende clopidogrel + aspirina do que a aspirina para síndromes coronarianas agudas, os resultados do estudo MATCH[69] não sugerem um benéfico similar para acidente vascular encefálico e TIA. A terapia combinada aumenta significativamente o risco de hemorragia.[69]

Farmacocinética: dosagem de uma vez ao dia. Requer vários dias para alcançar o efeito máximo ($\therefore$ a dose de ataque pode ser usada, p. ex., após um evento agudo como MI, ou antes da colocação de *stent*). Leva $\approx$ 5 dias sem administração do fármaco para que a inibição plaquetária se reverta.

R: 75 mg PO ao dia. Dose de ataque: 225 mg (3 pílulas) no primeiro dia de terapia. **Suprida:** comprimido de 75 mg revestido com película.

Escolha dos agentes antiplaquetários

A individualização é recomendada para os agentes antiplaquetários para prevenção de acidente vascular encefálico secundário. ASA é eficaz, e seu baixo custo pode ajudar na adesão ao tratamento. Uma pequena redução dos eventos vasculares com Aggrenox pode justificar seu custo sob uma perspectiva mais ampla de cuidados de saúde. Clopidogrel é apropriado para indivíduos intolerantes ou resistentes à ASA. Clopidogrel mais ASA pode ser indicado em pacientes com isquemia cardíaca recente ou colocação de *stent* vascular.[70]

Estenose assintomática da artéria carótida

Conceitos-chave

- história natural: revela baixa taxa de acidente vascular encefálico (2%/ano) dentre os quais metade não é incapacitante
- grandes estudos randomizados revelava benefício cirúrgico moderado *versus* tratamento médico para: estenose assintomática > 60%
- critérios de seleção de tratamento dependem da idade, gênero e comorbidades do paciente (e, portanto, expectativa de vida) e na taxa de complicação perioperatória

Orientação de prática

- Nível I:[71] a endarterectomia carotídea ou da carótida (CEA) é razoável em pacientes assintomáticos com > 70% de estenose ICA, se houver risco baixo de acidente vascular encefálico, MI e morte
- Nível II:[71] é razoável escolher CEA em vez de angioplastia da carótida com *stent* (CAS), quando a revascularização é indicada em pacientes idosos, especialmente quando a anatomia é desfavorável à intervenção endovascular
- Nível II:[71] é razoável escolher CAS em vez CEA quando a revascularização é indicada em pacientes com anatomia desfavorável à cirurgia
- Nível II:[71] CAS profilática pode ser considerada em pacientes altamente selecionados com estenose assintomática de ICA ($\geq$ 60% pela angiografia, > 70% por ultrassom com Doppler validado), mas a eficácia comparada à terapia médica isoladamente não está bem estabelecida

- Nível II:[71] em pacientes com alto risco de complicações por CEA ou CAS (inclui: idade > 80 anos, classes II ou IV da New York Heart Association (NYHA) de insuficiência cardíaca, fração de ejeção ventricular esquerda [LVEF] < 30%, classe III ou IV de *angina pectoris*, doença arterial coronariana [CAD] do tronco esquerdo ou múltiplos vasos necessitam de cirurgia cardíaca dentro de 30 dias, MI dentro de 4 semanas e grave doença pulmonar crônica), a eficácia da revascularização sobre a da terapia médica isoladamente não está bem estabelecida

Abreviações: CEA = endarterectomia da carótida, CAS = colocação de stent em artéria carótida.

História natural

A prevalência da estenose da carótida > 50% em homens e mulheres > 65 anos de idade é de 5-10%, com 1% tendo estenose > 80%.[72,73,74]

Estudos de história natural refletem um risco anual de acidente vascular encefálico de 1-3,4% com estenose assintomática de artéria carótida de 50-99% em 2-3 anos.[75,76,77,78,79,80] Um estudo de coorte descobriu taxas cumulativas similares de acidente vascular encefálico ipsolateral durante 10 anos (9,3%, ou 0,9%/ano) e 15 anos (16,6%, ou 1,1%/ano).[81]

Tentativas de identificar subgrupos de pacientes com estenose assintomática da carótida no risco elevado de acidente vascular encefálico sugere que a taxa de acidente vascular encefálico ipsolateral sem prenúncio até uma estenose hemodinamicamente significativa da artéria carótida extracraniana é de 1-2% anualmente, com alguns dados sugerindo que a taxa de acidente vascular encefálico pode ser mais alta na estenose progressiva ou na estenose mais grave. A estenose assintomática da carótida é um importante marcador de doença cardíaca isquêmica concomitante.[75,76,77,80,81] No REACH Study,[82] os pacientes com estenose assintomática da carótida (n = 3.164) tinham idade significativamente mais avançada em termos estatísticos e taxas mais altas de ataque isquêmico transitório em 1 ano ajustadas ao sexo, acidente vascular encefálico não fatal, acidente vascular encefálico fatal e morte cardiovascular comparados aos pacientes sem estenose assintomática da carótida (n = 30.329).

Cirurgia versus tratamento médico: os estudos ACST

Ver referência.[83]

O maior estudo multicêntrico randomizado até o momento[83] revelou um benefício moderado da CEA imediata versus tratamento médico em pacientes com < 75 anos com estenose assintomática ≥ 60%.

Detalhes: 3.120 pacientes com estenose ≥ 60% pelo ultrassom duplex foram randomizados para CEA imediata (50% submeteram-se à CEA dentro de 1 mês, 88% dentro de 1 ano) ou terapia médica a critério do médico que faz o tratamento. Acompanhamento médio: 3,4 anos. Os critérios de exclusão incluíram: mau risco cirúrgico, CEA ipsolateral prévia e provável embolia cardíaca. Exigiu-se dos cirurgiões uma taxa de morbidade e mortalidade perioperatórias de < 6%.

O risco líquido em 5 anos para todos os acidentes vasculares encefálicos ou acidente vascular encefálico perioperatório ou morte: 6,4% no grupo de CEA, *versus* 11,8% no grupo médico (p < 0,0001). Acidente vascular encefálico fatal ou incapacitante: 3,5 *versus* 6,1%. Acidente vascular encefálico fatal isoladamente: 2,1 *versus* 4,2%. Embora homens e mulheres sejam beneficiados, os homens se beneficiaram mais. A CEA não demonstrou um benefício estatisticamente significativo para pacientes com mais de 75 anos. Não foi visto benefício estatístico no grupo de CEA imediata até quase dois anos após a cirurgia, apesar de uma taxa relativamente baixa de morbidade e mortalidade perioperatórias de 3,1% (em contraste com os pacientes com estenose sintomática (NASCET[84]), em que o benefício foi visto muito cedo).

ACAS (estenose assintomática da artéria carótida)

Ver referência.[85]

Estudo de grande porte que randomizou pacientes em boa saúde com estenose assintomática (calculada da mesma maneira que no estudo NASCET) ≥ 60% para CEA mais aspirina, ou aspirina sozinha[85] constatou redução de risco em 5 anos de acidente vascular encefálico ipsolateral se a CEA fosse realizada com < 3% de morbidade e mortalidade e acrescentada a um tratamento agressivo de fatores de risco modificáveis.

Detalhes: a CEA reduziu em 66% o risco de acidente vascular encefálico em 5 anos em homens, 17% em mulheres (sem significado estatístico) e 53% em geral (homens e mulheres agrupados). A CEA não protegeu significativamente contra acidente vascular encefálico importante ou morte (P = 0,16) (metade dos acidentes vasculares encefálicos não era incapacitante), e conferiu alguma proteção contra qualquer acidente vascular encefálico ou morte (P = 0,08). O grupo de estudo consistiu em 95% de caucasianos sendo 66% do sexo masculino. Os pacientes excluídos (idade > 79 anos, CAD instável, HTN não controlada) poderiam estar em risco mais alto. Os cirurgiões foram selecionados cuidadosamente, e a morbidade cirúrgica (1,5%) e a mortalidade (0,1%) foram muito baixas. Surpreendentemente, cerca da metade da morbidade total (1,2%) estava relacionada com a angiografia. A implicação é que para um homem branco geralmente saudável com ACAS > 60%, o tratamento com CEA (quando realizada por um cirurgião com baixa taxa de complicação, conforme descrito) reduz o risco anual de acidente vascular encefálico, nesse paciente, de 0,5% para 0,17% (a redução de risco de acidente vascular encefálico grave é menor). O benefício da CEA ocorre quando é realizada em menos de um ano. Isto contrasta com o estudo ACST (ver acima) e mais provavelmente decorrente de uma taxa de eventos perioperatórios menor. O risco de mortalidade de outras causas (incluindo MI) é de ≈ 3,9% ao ano. As taxas combinadas de acidente vascular encefálico e morte em hospitais da comunidade,[86] ainda que melhoradas ao longo dos últimos 20 anos, permanecem altas, ≈ 6,3%, do que nos centros usados nesse estudo.

Veteran's Administration Cooperative Study (VACS)

Ver referência.[84]

A CEA reduz os eventos neurológicos ipsolaterais, mas não reduziu a taxa de acidentes vasculares encefálicos ipsolaterais nem de óbitos (a maioria das mortes foi secundária a um MI). Este estudo não inclui mulheres e não foi equipado para detectar diferenças nos resultados dos subgrupos.

CASANOVA Study

Ver referência.[87]

Nenhuma diferença nos resultados entre CEA *versus* aspirina (novo acidente vascular encefálico ou morte), mas um protocolo não habitual diminuiu esta validade estatística.[88]

Mayo Clinic Asymptomatic Carotid Endarterectomy (MACE) Study

Ver referência.[89]

Não houve acidentes vasculares encefálicos importantes ou mortes no grupo médico ou de endarterectomia. Os pacientes tratados com cirurgia não receberam aspirina, e 26% tiveram um MI em comparação aos 9% no ramo do estudo destinado a tratamento médico com aspirina, refletindo a alta incidência de CAD concomitante em pacientes com estenose assintomática da artéria carótida.

Referências

[1] Easton JD, Saver JL, Albers GW, Alberts MJ, Chaturvedi S, Feldmann E, Hatsukami TS, Higashida RT, Johnston SC, Kidwell CS, Lutsep HL, Miller E, Sacco RL. Definition and evaluation of transient ischemic attack. Stroke. 2009; 40:2276–2293

[2] Astrup J, Siesjö BK, Symon L. Thresholds in Cerebral Ischemia - The Ischemic Penumbra. Stroke. 1981; 12:723–725

[3] Powers WJ, Grubb RL, Darriet D *et al.* Cerebral Blood Flow and Cerebral Metabolic Rate of Oxygen Requirements for Cerebral Function and Viability in Humans. J Cereb Blood Flow Metab. 1985; 5:600–608

[4] Raichle ME, Grubb RL, Gado MH *et al.* Correlation Between Regional Cerebral Blood Flow and Oxidative Metabolism. In Vivo Studies in Man. Arch Neurol. 1976; 33:523–526

[5] Henegar MM, Silbergeld DL. Pharmacology for Neurosurgeons. Part II: Anesthetic Agents, ICP Management, Corticosteroids, Cerebral Protectants. Contemp Neurosurg. 1996; 18:1–6

[6] Chimowitz MI, Furlan AJ, Jones SC, Sila CA, Lorig RL, Paranandi L, Beck GJ. Transcranial Doppler assessment of cerebral perfusion reserve in patients with carotid occlusive disease and no evidence of cerebral infarction. Neurology. 1993; 43:353–357

[7] Guckel FJ, Brix G, Schmiedek P, Piepgras Z, Becker G, Kopke J, Gross H, Georgi M. Cerebrovascular reserve capacity in patients with occlusive cerebrovascular disease: assessment with dynamic susceptibility contrast-enhanced MR imaging and the acetazolamide stimulation test. Radiology. 1996; 201:405–412

[8] Rogg J, Rutigliano M, Yonas H, Johnson DW, Pentheny S, Latchaw RE. The acetazolamide challenge: imaging techniques designed to evaluate cerebral blood flow reserve. AJR Am J Roentgenol. 1989; 153:605–612

[9] Vagal AS, Leach JL, Fernandez-Ulloa M, Zuccarello M. The acetazolamide challenge: techniques and applications in the evaluation of chronic cerebral ischemia. AJNR Am J Neuroradiol. 2009; 30:876–884

[10] Allen JW. Proximal internal carotid artery branches: prevalence and importance for balloon occlusion test. J Neurosurg. 2005; 102:45–52

[11] Hankey GJ, Warlow CP. Prognosis of symptomatic carotid artery occlusion: an overview. Cerebrovasc Dis. 1991; 1:245–256

[12] Grubb RL, Jr, Powers WJ, Derdeyn CP, Adams HP,Jr, Clarke WR. The Carotid Occlusion Surgery Study. Neurosurg Focus. 2003; 14

[13] Matheus MG, Castillo M. Imaging of acute bilateral paramedian thalamic and mesencephalic infarcts. AJNR Am J Neuroradiol. 2003; 24:2005–2008

[14] Derex L, Ostrowsky K, Nighoghossian N, Trouillas P. Severe Pathological Crying After Left Anterior Choroidal Artery Infarction: Reversibility with Paroxetine Treatment. Stroke. 1997; 28:1464–1466

[15] Helgason C, Caplan LR, Goodwin J, Hedges T. Anterior Choroidal Artery-Territory Infarction: Report of Cases and Review. Arch Neurol. 1986; 43:681–686

[16] Adams RD, Victor M. Principles of Neurology. 2nd ed. New York: McGraw-Hill; 1981

[17] Fisher CM, Karnes WE, Kubik CS. Lateral Medullary Infarction: The Pattern of Vascular Occlusion. J Neuropath Exp Neurol. 1961; 29:323–379

[18] Norrving B, Cronqvist S. Lateral medullary infarction: prognosis in an unselected series. Neurology. 1991; 41:244–248

[19] Fisher CM. Lacunar Strokes and Infarcts: A Review. Neurology (NY). 1982; 32:871–876

[20] Hart RG, Miller VT. Cerebral Infarction in Young Adults: A Practical Approach. Stroke. 1983; 14:110–114

[21] You RX, McNeil JJ, O'Malley HM et al. Risk factors for stroke due to cerebral infarction in young adults. Stroke. 1997; 28:1913–1918

[22] Adams HP, Butler MJ, Biller J et al. Nonhemorrhagic Cerebral Infarction in Young Adults. Arch Neurol. 1986; 43:793–796

[23] Hilton-Jones D, Warlow CP. The causes of stroke in the young. J Neurol. 1985; 232:137–143

[24] Verghese A, Sugar AM. Herpes zoster ophthalmicus and granulomatous angiitis: An ill-appreciated cause of stroke. J Am Geriatr Soc. 1986; 34:309–312

[25] Toschi V, Motta A, Castelli C et al. High Prevalence of Antiphosphatidylinositol Antibodies in Young Patients with Cerebral Ischemia of Undetermined Cause. Stroke. 1998; 29:1759–1764

[26] Tanne D, Triplett DA, Levine SR. Antiphospholipidprotein antibodies and ischemic stroke: Not just cardiolipin anymore. Stroke. 1998; 29:1755–1758

[27] Khamashta MA, Cuadrado MJ, Mujic F et al. The Management of Thrombosis in the Antiphospholipid-Antibody Syndrome. N Engl J Med. 1995; 332:993–997

[28] Milroy CM, Clark JC, Forrest AR. Pathology of Deaths Associated with "Ecstasy" and "Eve" Misuse. J Clin Pathol. 1996; 49:149–153

[29] Welch KMA, Levine SR. Migraine-related stroke in the context of the International Headache Society Classification of head pain. Arch Neurol. 1990; 47:458–462

[30] Rothrock JF, Walicke P, Swenson MR et al. Migrainous stroke. Arch Neurol. 1988; 45:63–67

[31] Spaccavento LJ, Solomon GD. Migraine as an etiology of stroke in young adults. Headache. 1984; 24:19–22

[32] Levine SR, Brust JCM, Futrell N, Ho KL et al. Cerebrovascular Complications of the Use of the 'Crack' Form of Alkaloidal Cocaine. N Engl J Med. 1990; 323:699–704

[33] Kaye BR, Fainstat M. Cerebral Vasculitis Associated with Cocaine Abuse. JAMA. 1987; 258:2104–2106

[34] Cai JM, Hatsukami TS, Ferguson MS, Small R, Polissar NL, Yuan C. Classification of human carotid atherosclerotic lesions with in vivo multicontrast magnetic resonance imaging. Circulation. 2002; 106:1368–1373

[35] Saam T, Cai J, Ma L, Cai YQ, Ferguson MS, Polissar NL, Hatsukami TS, Yuan C. Comparison of symptomatic and asymptomatic atherosclerotic carotid plaque features with in vivo MR imaging. Radiology. 2006; 240:464–472

[36] Saam T, Hatsukami TS, Takaya N, Chu B, Underhill H, Kerwin WS, Cai J, Ferguson MS, Yuan C. The vulnerable, or high-risk, atherosclerotic plaque: noninvasive MR imaging for characterization and assessment. Radiology. 2007; 244:64–77

[37] Nighoghossian N, Derex L, Douek P. The vulnerable carotid artery plaque: current imaging methods and new perspectives. Stroke. 2005; 36:2764–2772

[38] Moneta GL, Taylor DC, Nicholls SC et al. Operative Versus Nonoperative Management of Asymptomatic High-Grade Internal Carotid Artery Stenosis. Stroke. 1987; 18:1005–1010

[39] Kistler JP, Furie KL. Carotid Endarterectomy Revisited. N Engl J Med. 2000; 342:1743–1745

[40] Heyman A, Wilkinson WE, Heyden S, Helms MJ, Bartel AG, Karp HR, Tyroler HA, Hames CG. Risk of stroke in asymptomatic persons with cervical arterial bruits: a population study in Evans County, Georgia. N Engl J Med. 1980; 302:838–841

[41] Sonecha TN, Delis KT, Henein MY. Predictive value of asymptomatic cervical bruit for carotid artery disease in coronary artery surgery revisited. Int J Cardiol. 2006; 107:225–229

[42] U.S. Preventive Services Task Force. Screening for carotid artery stenosis: U.S. Preventive Services Task Force recommendation statement. Ann Intern Med. 2007; 147:854–859

[43] Goldstein LB, Adams R, Alberts MJ, Appel LJ, Brass LM, Bushnell CD, Culebras A, Degraba TJ, Gorelick PB, Guyton JR, Hart RG, Howard G, Kelly-Hayes M, Nixon JV, Sacco RL. Primary prevention of ischemic stroke. Stroke. 2006; 37:1583–1633

[44] Qureshi AI, Alexandrov AV, Tegeler CH, Hobson RW,2nd, Dennis Baker J, Hopkins LN. Guidelines for screening of extracranial carotid artery disease. J Neuroimaging. 2007; 17:19–47

[45] Society for Vascular Surgery. SVS Position Statement on Vascular Screenings, 2007. 2007

[46] Connors JJ, III, Sacks D, Furlan AJ, Selman WR, Russell EJ, Stieg PE, Hadley MN, Wojak JC, Koroshetz WJ, Heros RC, Strother CM, Duckwiler GR, Durham JD, Tomsick TO, Rosenwasser RH, McDougall CG, Haughton VM, Derdeyn CP, Wechsler LR, Hudgins PA, Alberts MJ, Raabe RD, Gomez CR, Cawley CM, Ill, Krol KL, Futrell N, Hauser RA, Frank JI. Training, competency, and credentialing standards for diagnostic cervicocerebral angiography, carotid stenting, and cerebrovascular intervention: a joint statement from the American Academy of Neurology, the American Association of Neurological Surgeons, the American Society of Interventional and Therapeutic Neuroradiology, the American Society of Neuroradiology, the Congress of Neurological Surgeons, the AANS/CNS Cerebrovascular Section, and the Society of Interventional Radiology. Neurology. 2005; 64:190–198

[47] Willinsky RA, Taylor SM, TerBrugge K, Farb RI, Tomlinson G, Montanera W. Neurologic complications of cerebral angiography: prospective analysis of 2,899 procedures and review of the literature. Radiology. 2003; 227:522–528

[48] Kaufmann TJ, Huston J, III, Mandrekar JN, Schleck CD, Thielen KR, Kallmes DF. Complications of diagnostic cerebral angiography: evaluation of 19,826 consecutive patients. Radiology. 2007; 243:812–819

[49] The North American Symptomatic Carotid Endarterectomy Trial. Beneficial Effect of Carotid Endarterectomy in Symptomatic Patients with High-Grade Carotid Stenosis. N Engl J Med. 1991; 325:445–453

[50] The European Carotid Surgery Trialists' Collaborative Group. Randomized Trial of Endartectomy for Recently Symptomatic Carotid Stenosis: Final Results of the MRC European Carotid Surgery Trial (ECST). Lancet. 1998; 351:1379–1387

[51] Rothwell PM, Gibson RJ, Slattery J et al. Equivalence of Measurements of Carotid Stenosis: A Comparison of Three Methods on 1001 Angiograms. Stroke. 1994; 25:2435–2439

[52] Buskens E, Nederkoorn PJ, Buijs-Van Der Woude T, Mali WP, Kappelle LJ, Eikelboom BC, Van Der Graaf Y, Hunink MG. Imaging of carotid arteries in symptomatic patients: cost-effectiveness of diagnostic strategies. Radiology. 2004; 233:101–112

[53] Anson JA, Heiserman JE, Drayer BP, Spetzler RF. Surgical Decisions on the Basis of Magnetic Resonance Angiography of the Carotid Arteries. Neurosurgery. 1993; 32:335–343

[54] Heiserman JE, Zabramski JM, Drayer BP, Keller PJ. Clinical Significance of the Flow Gap in Carotid Magnetic Resonance Angiography. J Neurosurg. 1996; 85:384–387

[55] Anderson CM, ❙loner D, Lee RE et al. Assessment of Carotid Artery Stenosis by MR Angiography: Comparison with X-Ray Angiography and Color-Coded Doppler Ultrasound. AJNR. 1992; 13:989–1003

[56] Debrey SM, Yu H, Lynch JK, Lovblad KO, Wright VL, Janket SJ, Baird AE. Diagnostic accuracy of magnetic resonance angiography for internal carotid artery disease: a systematic review and meta-analysis. Stroke. 2008; 39:2237–2248

[57] Babiarz LS, Romero JM, Murphy EK, Brobeck B, Schaefer PW, Gonzalez RG, Lev MH. Contrastenhanced MR angiography is not more accurate than unenhanced 2D time-of-flight MR angiography for determining > or = 70% internal carotid artery stenosis. AJNR Am J Neuroradiol. 2009; 30:761–768

[58] Koelemay MJ, Nederkoorn PJ, Reitsma JB, Majoie CB. Systematic review of computed tomographic angiography for assessment of carotid artery disease. Stroke. 2004; 35:2306–2312

[59] Kent KC, Kuntz KM, Patel MR, Kim D, Klufas RA, Whittemore AD, Polak JF, Skillman JJ, Edelman RR. Perioperative imaging strategies for carotid endarterectomy. An analysis of morbidity and cost-effectiveness in symptomatic patients. JAMA. 1995; 274:888–893

[60] Weksler BB, Pett SB, Alonso D et al. Differential Inhibition by Aspirin of Vascular and Platelet Prostaglandin Synthesis in Atherosclerotic Patients. N Engl J Med. 1983; 308:800–805

[61] Grotta JC. Current Medical and Surgical Therapy for Cerebrovascular Disease. N Engl J Med. 1987; 317:1505–1516

[62] Théroux P, Fuster V. Acute Coronary Syndromes: Unstable Angina and Non-Q-Wave Myocardial Infarction. Circulation. 1998; 97:1195–1206

[63] Taylor DW, Barnett HJM, Haynes RB et al. Low-Dose and High-Dose Acetylsalicylic Acid for Patients Undergoing Carotid Endarterectomy: A Randomized Controlled Trial. Lancet. 1999; 353:2179–2184

[64] Halkes PH, van Gijn J, Kappelle LJ, Koudstaal PJ, Algra A. Aspirin plus dipyridamole versus aspirin alone after cerebral ischaemia of arterial origin (ESPRIT): randomised controlled trial. Lancet. 2006; 367:1665–1673

[65] Diener HC, Cunha L, Forbes C, Sivenius J, Smets P, Lowenthal A. European Stroke Prevention Study. 2. Dipyridamole and acetylsalicylic acid in the secondary prevention of stroke. J Neurol Sci. 1996; 143:1–13

[66] Verro P, Gorelick PB, Nguyen D. Aspirin plus dipyridamole versus aspirin for prevention of vascular events after stroke or TIA: a meta-analysis. Stroke. 2008; 39:1358–1363

[67] Sacco RL, Diener HC, Yusuf S, Cotton D, Ounpuu S, Lawton WA, Palesch Y, Martin RH, Albers GW, Bath P, Bornstein N, Chan BP, Chen ST, Cunha L, Dahlof B, De Keyser J, Donnan GA, Estol C, Gorelick P, Gu V, Hermansson K, Hilbrich L, Kaste M, Lu C, Machnig T, Pais P, Roberts R, Skvortsova V, Teal P, Toni D, Vandermaelen C, Voigt T, Weber M, Yoon BW,. Aspirin and extended-release dipyridamole versus clopidogrel for recurrent stroke. N Engl J Med. 2008; 359:1238–1251

[68] Clopidogrel for Reduction of Atherosclerotic Events. Med Letter. 1998; 40:59–60

[69] Diener HC, Bogousslavsky J, Brass LM, Cimminiello C, Csiba L, Kaste M, Leys D, Matias-Guiu J, Rupprecht HJ. Aspirin and clopidogrel compared with clopidogrel alone after recent ischaemic stroke or transient ischaemic attack in high-risk patients (MATCH): randomised, double-blind, placebo-controlled trial. Lancet. 2004; 364:331–337

[70] Sacco RL, Adams R, Albers G, Alberts MJ, Benavente O, Furie K, Goldstein LB, Gorelick P, Halperin J, Harbaugh R, Johnston SC, Katzan I, Kelly-Hayes M, Kenton EJ, Marks M, Schwamm LH, Tomsick T. Guidelines for prevention of stroke in patients with ischemic stroke or transient ischemic attack: a statement for healthcare professionals. Stroke. 2006; 37:577–617

[71] Brott TG, Halperin JL, Abbara S, Bacharach JM, Barr JD, Bush RL, Cates CU, Creager MA, Fowler SB, Friday G, Hertzberg VS, McIff EB, Moore WS, Panagos PD, Riles TS, Rosenwasser RH, Taylor AJ. 2011 ASA/ACCF/AHA/AANN/AANS/ACR/ASNR/CNS/SAIP/SCA I/SIR/SNIS/SVM/SVS guideline on the management of patients with extracranial carotid and vertebral artery disease. Stroke. 2011; 42:e464–e540

[72] O'Leary DH, Polak JF, Kronmal RA, Kittner SJ, Bond MG, Wolfson SK,Jr, Bommer W, Price TR, Gardin JM, Savage PJ. Distribution and correlates of sonographically detected carotid artery disease in the Cardiovascular Health Study. The CHS Collaborative Research Group. Stroke. 1992; 23:1752–1760

[73] Fine-Edelstein JS, Wolf PA, O'Leary DH, Poehlman H, Belanger AJ, Kase CS, D'Agostino RB. Precursors of extracranial carotid atherosclerosis in the Framingham Study. Neurology. 1994; 44:1046–1050

[74] Hillen T, Nieczaj R, Munzberg H, Schaub R, Borchelt M, Steinhagen-Thiessen E. Carotid atherosclerosis, vascular risk profile and mortality in a populationbased sample of functionally healthy elderly subjects: the Berlin ageing study. J Intern Med. 2000; 247:679–688

[75] Autret A, Pourcelot L, Saudeau D, Marchal C, Bertrand P, de Boisvilliers S. Stroke risk in patients with carotid stenosis. Lancet. 1987; 1:888–890

[76] Bogousslavsky J, Despland P-A, Regli F. Asymptomatic Tight Stenosis of the Internal Carotid Artery. Neurology. 1986; 36:861–863

[77] Chambers BR, Norris JW. Outcome in patients with asymptomatic neck bruits. N Engl J Med. 1986; 315:860–865

[78] Hennerici M, Hulsbomer HB, Hefter H, Lammerts D, Rautenberg W. Natural history of asymptomatic extracranial arterial disease. Results of a long-term prospective study. Brain. 1987; 110 (Pt 3):777–791

[79] Mackey AE, Abrahamowicz M, Langlois Y, Battista R, Simard D, Bourque F, Leclerc J, Cote R. Outcome of asymptomatic patients with carotid disease. Asymptomatic Cervical Bruit Study Group. Neurology. 1997; 48:896–903

[80] Meissner I, Wiebers DO, Whisnant JP, O'Fallon WM. The natural history of asymptomatic carotid artery occlusive lesions. JAMA. 1987; 258:2704–2707

[81] Nadareishvili ZG, Rothwell PM, Beletsky V, Pagniello A, Norris JW. Long-term risk of stroke and other vascular events in patients with asymptomatic carotid artery stenosis. Arch Neurol. 2002; 59:1162–1166

[82] Aichner FT, Topakian R, Alberts MJ, Bhatt DL, Haring HP, Hill MD, Montalescot G, Goto S, Touze E, Mas JL, Steg PG, Rother J. High cardiovascular event rates in patients with asymptomatic carotid stenosis: the REACH registry. Eur J Neurol. 2009. DOI: 10.1111/j.1 468-1331.2009.02614.x

[83] Halliday A, Mansfield A, Marro J, Peto C, Peto R, Potter J, Thomas D. Prevention of disabling and fatal strokes by successful carotid endarterectomy in patients without recent neurological symptoms: randomised controlled trial. Lancet. 2004; 363:1491–1502

[84] Hobson RW, Weiss DG, Fields WS et al. Efficacy of Carotid Endarterectomy for Asymptomatic Carotid Stenosis. N Engl J Med. 1993; 328:221–227

[85] The Executive Committee for the Asymptomatic Carotid Atherosclerosis Study. Endarterectomy for Asymptomatic Carotid Artery Stenosis. JAMA. 1995; 273:1421–1428

[86] Mattos MA, Modi JR, Mansour MA et al. Evolution of Carotid Endarterectomy in Two Community Hospitals: Springfield Revisited - Seventeen Years and 2243 Operations Later. J Vasc Surg. 1995; 21:719–728

[87] CASANOVA Study Group. Carotid Surgery Versus Medical Therapy in Asymptomatic Carotid Stenosis. Stroke. 1991; 22:1229–1235

[88] Mayberg MR, Winn HR. Endarterectomy for Asymptomatic Carotid Artery Stenosis. Resolving the Controversy. JAMA. 1995; 273:1459–1461

[89] Mayo Asymptomatic Carotid Endarterectomy Study Group. Results of a randomized controlled trial of carotid endarterectomy for asymptomatic carotid stenosis. Mayo Clin Proc. 1992; 67:513–518

84 Avaliação e Tratamento de Acidente Vascular Encefálico

84.1 Fundamento lógico para o tratamento de acidente vascular encefálico agudo

84.1.1 Informações gerais

Na ausência completa de fluxo sanguíneo, a morte neuronal ocorre dentro de 2-3 minutos da exaustão das reservas de energia. No entanto, na maioria dos acidentes vasculares encefálicos, há uma zona de penumbra salvável (tecido em risco) que mantém a viabilidade por algum tempo através da perfusão abaixo do ideal dos colaterais. A progressão do edema cerebral local decorrente da lesão resulta em comprometimento desses colaterais e progressão da zona de penumbra isquêmica para infarto, se o fluxo não for restaurado e mantido. A prevenção dessa lesão neuronal secundária guia o tratamento do acidente vascular encefálico e levou à criação dos chamados Primary Stroke Centers que oferecem triagem e tratamento apropriados e oportunos a todos os pacientes de acidente vascular encefálico em potencial.

O padrão atual de cuidados requer a administração intravenosa (IV) de ativador do plasminogênio tecidual (tPA) a todos os pacientes elegíveis. É necessária documentação para justificar o desvio desse padrão de cuidados no ambiente médico-legal atual.

Em centros com capacidades avançadas (Comprehensive Stroke Centers), outras modalidades de tratamento também são oferecidas.

84.2 Avaliação

84.2.1 Histórico – componentes-chave

1. última vez em que foi visto normal (acidente vascular encefálico ao despertar sendo cada vez mais avaliado por estudos de perfusão para assegurar a presença de tecido viável)
2. déficit atual e apresentação clínica
3. o escore da escala National Institutes of Health (NIH) Stroke Scale (p. 1282) deve ser avaliado e registrado
4. as razões para não administrar tPA IV (se houver) devem ser documentadas

84.2.2 Tomografia axial computadorizada (CAT; emergente)

Informações gerais

Na apresentação com sintomas de um acidente vascular encefálico potencial, uma imagem de tomografia computadorizada (CT) sem contraste do encéfalo deverá ser obtida imediatamente para descartar hemorragia (intraparenquimal ou hemorragia subaracnóidea – SAH), hematoma, sinais precoces de isquemia, infartos ou lesões antigos e outras lesões (p. ex., tumor).

Os achados da CAT no acidente vascular encefálico isquêmico (infartos "pálidos")

Informações gerais

Nota: Esses princípios não se aplicam a pequenos infartos lacunares, nem aos acidentes vasculares encefálicos hemorrágicos. Nota: a CT é normal em 8-69% dos acidentes vasculares encefálicos da artéria cerebral média (MCA) nas primeiras 24 horas.[1]

Achados em vários momentos após acidente vascular encefálico isquêmico

▶ **Hiperagudos (< 6 horas após acidente vascular encefálico).** Os sinais iniciais de infarto envolvendo grandes áreas do território da MCA correlacionam-se com mau resultado.[2] Os achados iniciais podem incluir[3]:
1. sinal hiperdenso da artéria (ver abaixo): baixa sensibilidade, mas é útil, se presente
2. baixa atenuação focal dentro da substância cinzenta*
3. perda da interface cinzenta-branca*
4. atenuação do núcleo lentiforme
5. efeito de massa*
    a) precoce: apagamento dos sulcos cerebrais (geralmente sutil)[4]
    b) tardio: desvio da linha média no infarto em grande território
6. perda da faixa insular (hipodensidade envolvendo a região insular)
7. intensificação com contraste IV: ocorre em apenas 33%. O acidente vascular encefálico se torna isodenso (o chamado efeito "mascarador") ou hiperdenso no encéfalo normal, e, raramente, pode ser a única indicação do infarto[4]

*Esses achados provavelmente se devem a um maior conteúdo de água que resulta do seguinte: edema celular surgindo da alteração da permeabilidade celular que produz o deslocamento de sódio e água do compartimento extracelular para o intracelular, o que também aumenta a pressão osmótica extracelular, causando transudação da água dos capilares dentro do interstício.[5]

Avaliação e Tratamento de Acidente Vascular Encefálico **1281**

▶ **24 horas.** A maioria dos acidentes vasculares encefálicos pode ser identificada como de baixa densidade nesse momento.

▶ **1-2 semanas.** Os acidentes vasculares encefálicos são nitidamente demarcados. Em 5-10% pode haver uma breve janela (em torno de 7-10 dias), quando o acidente vascular encefálico se torna isodenso, o chamado "efeito de nebulização". O contraste IV geralmente demonstrará isso.

▶ **3 semanas.** O acidente vascular encefálico aproxima-se da densidade do líquido cerebrospinal (CSF).

▶ **Efeito de massa.** É comum entre o primeiro e o 25º dia. Então, a atrofia é vista geralmente em ≈ 5 semanas (2 semanas é o mais breve possível). Imagens de CT serial demonstraram que o desvio da linha média aumenta após acidente vascular encefálico isquêmico e atinge um máximo em 2-4 dias após a lesão.

▶ **Calcificações.** Durante um longo período de tempo (meses a anos) aproximadamente 1-2% dos acidentes vasculares encefálicos se calcificam (em adultos, é provavelmente uma fração muito menor do que esta; e em pacientes pediátricos é uma porcentagem maior que essa). Portanto, em um adulto, as calcificações quase descartam um acidente vascular encefálico (considere malformação arteriovenosa – AVM, tumor de baixo grau...).

Sinal hiperdenso de artéria

Descrito primeiramente na MCA, em 1983.[6] O vaso cerebral (geralmente a MCA) aparece como uma alta densidade na CT sem contraste, indicando coágulo intra-arterial (trombo ou êmbolo).[7] É visto em 12% dos 50 pacientes em que foram obtidas imagens em 24 horas do acidente vascular encefálico, e em 34% das 23 CTs realizadas muito precocemente para descartar hemorragia. A sensibilidade para oclusão da MCA é baixa, mas a especificidade é alta (embora também possa ser vista com dissecção da carótida, ou (em geral, bilateralmente) com aterosclerose calcificada ou hematócrito[7] alto). Não tem significado prognóstico independente.[8]

Intensificação

A intensificação da CT com contraste IV no acidente vascular encefálico:
1. muitos se intensificam no sexto dia, a maioria no décimo dia, alguns se intensificam em até 5 semanas
2. regra dos 2: 2% intensificam-se em 2 dias, 2% intensificam-se em 2 meses
3. intensificação dos giros: também conhecida como intensificação em "faixa". É comum, geralmente vista em 1 semana (a substância cinzenta intensifica-se mais que a branca). O diagnóstico diferencial (DDx) inclui lesões infiltrativas inflamatórias, como linfoma, neurossarcoidose... (em razão da quebra da barreira hematoencefálica – BBB)
4. regra de ouro: não deve haver intensificação ao mesmo tempo que um efeito de massa

84.2.3 Angiotomografia computadorizada (CTA)

A CTA (p. 227) é útil para avaliar a localização e extensão da oclusão vascular no acidente vascular encefálico isquêmico agudo[9] e pode identificar a origem do sangramento na hemorragia subaracnóidea. Os achados podem direcionar o tratamento para as opções endovasculares, quando é vista uma oclusão proximal ou significativa em vaso grande.

84.2.4 CT de perfusão

Teoricamente identifica a zona de penumbra salvável como uma região de discordância entre o fluxo sanguíneo cerebral (CBF) e o volume sanguíneo cerebral (CBV). Hipótese: o núcleo infartado (sem nenhum tecido salvável) diminuiu o CBF dentro de uma região de CBV reduzido (equivalência CBF/CBV). Uma área discordante (diminuição do CBV *sem* diminuição do CBF) representa a zona de penumbra potencialmente salvável.[10] Implicação: é provável que os trombolíticos e as modalidades de tratamento intervencionais não discordantes aumentem a morbidade e mortalidade sem benefício clínico.

84.2.5 Imagem por ressonância magnética – MRI

Com os recentes tempos de aquisição mais rápidos e com as sequências gradiente eco que são altamente sensíveis à hemorragia, a MRI está sendo cada vez mais utilizada no quadro hiperagudo e às vezes é substituída pela CT como avaliação inicial. Mais sensível do que a CT (especialmente a imagem ponderada de difusão – DWI-MRI (p. 232) – e particularmente nas primeiras 24 horas após o acidente vascular encefálico), e em especial no infarto de tronco encefálico ou cerebelar. Mais contraindicações (p. 230) do que a CT.

MRI com contraste: não é usada com frequência. Quatro padrões de intensificação:[11]
1. intensificação intravascular: ocorre em ≈ 75% dos infartos corticais em 1-3 dias e provavelmente se deve a um fluxo lento e à vasodilatação (assim, não é vista na oclusão completa). Pode indicar áreas do encéfalo em risco de infarto
2. intensificação meníngea: especialmente envolvendo a dura. É vista em 35% dos acidentes vasculares encefálicos corticais em 1-3 dias (não é vista no acidente vascular encefálico profundo ou de tronco encefálico). Não há equivalente angiográfico nem na CT

3. intensificação transicional: os dois tipos anteriores de intensificação coexistem com evidência precoce de ruptura da BBB; geralmente é vista em 3-6 dias
4. intensificação parenquimatosa: classicamente aparece como uma intensificação cortical ou subcortical do giro. Pode não ser aparente nos primeiros 1-2 dias e se aproxima gradualmente de 100% em 1 semana. A intensificação pode eliminar o "efeito de nebulização" (como na CT) que pode obscurecer alguns acidentes vasculares encefálicos em ≈ 2 semanas na imagem ponderada em T2 (T2WI) sem contraste

84.2.6 MRI de perfusão

Similar à CT de perfusão (p. 228), acredita-se que as áreas de anormalidade em DWI e imagem ponderada de perfusão (PWI) equivalentes representem tecido infartado. Supostamente, as anormalidades em PWI sem um correlato em DWI representam zona de penumbra potencialmente salvável.[12]

84.2.7 Angiografia por cateter cerebral de emergência

Indicações:
1. acidente vascular encefálico inicial na distribuição da carótida + histórico de amaurose fugaz ou sopro ou embolia retinianos etc. sugerindo estenose crescente da carótida, placa trombogênica ulcerada ou dissecção da carótida
2. se o diagnóstico ainda for questionável (p. ex., aneurisma, vasculite)
3. com a rápida recuperação, sugerindo ataque isquêmico transitório (TIA) na carótida em face de estenose crescente
4. *EVITE* a angiografia, se houver déficit neurológico instável ou grave e incapacitante

Achados:
1. sinal do corte: o vaso termina abruptamente no ponto de obstrução
2. sinal do barbante: faixa estreita de contraste em um vaso com alto grau de estenose
3. "perfusão luxuriante": hiperemia reativa é uma resposta reconhecível à lesão do tecido cerebral (trauma, infarto, foco epileptogênico...). A perfusão luxuriante é o fluxo sanguíneo além da demanda causada por eliminação da autorregulação do CBF em decorrência de acidose.[13] A natureza exata da perfusão não é conhecida (isto é, se é de capilar, de arteríola...). Na angiografia, ela se mostra como uma circulação acelerada adjacente ao infarto com uma coloração ou rubor e drenagem venosa precoce

84.2.8 Escala de acidente vascular encefálico do NIH (National Institutes of Health Stroke Scale – NIHSS)

Administre na ordem mostrada (▶ Quadro 84.1). Registre apenas o desempenho inicial (não retorne).

84.3 Tratamento de TIA ou acidente vascular encefálico

84.3.1 Linha do tempo das opções de tratamento

Ver ▶ Fig. 84.1.

Σ

1. dentro de 4,5 horas do início dos sintomas:
   a) os pacientes podem ser candidatos a receber tPA IV (p. 1286)
   b) com falhas na resposta ao tPA IV, pacientes que se encontram em boa graduação clínica ([p. 1282]
   > 8-10 NIHSS) podem ser candidatos a
   • tPA intra-arterial (tPA IA) ou
   • embolectomia mecânica/ruptura de coágulo
2. 4,5-6 horas após o início:
   a) tPA intra-arterial (tPA IA) ou
   b) embolectomia mecânica/ruptura de coágulo
3. 6-8 horas, verifique a perfusão com CT de perfusão – CTP ou MRI-DWI antes da embolectomia mecânica (estudada até 8 horas após início). ✖ Embolectomia é contraindicada, se for acidente vascular encefálico > 1/3 da distribuição da MCA (risco de hemorragia intracerebral – ICH com a reperfusão)

Esses tempos são mais aplicáveis ao acidente vascular encefálico de circulação anterior. Oclusões da circulação posterior podem ser tratadas de forma mais agressiva, p. ex., o tPA intra-arterial – IA é usado em até 12 horas.

Quadro 84.1 Escala de acidente vascular encefálico do NIH[a]

Escala	Achados
1a. Nível de consciência (LOC)	
0	alerta; vivamente responsiva
1	não alerta, mas ao menor estímulo incitável a obedecer, sensibilizar-se ou responder
2	não alerta, requer estímulos repetidos a atender, ou está embotado e requer forte estímulo para fazer movimentos (não estereotipados)
3	comatoso: responde somente com reflexo motor (postura) ou efeitos autonômicos, ou totalmente irresponsivo, flácido e arreflexo
1b. Nível das perguntas de consciência	
Pergunta-se ao paciente qual é o mês e sua idade	
0	responde a ambas as perguntas corretamente: devem estar corretas (nenhum crédito por aproximação)
1	responde uma pergunta corretamente, ou não pode responder por causa de: tubo endotraqueal (ET), trauma orotraqueal, disartria grave, barreira da linguagem, ou qualquer outro problema não secundário à afasia
2	não responde nenhuma pergunta corretamente, ou está: afásico, estuporoso, não entende as perguntas
1c. Nível dos comandos de consciência	
Pede-se ao paciente para abrir e fechar os olhos, e então apertar e soltar a mão não parética. Substitua por outro comando de 1 etapa se ambas as mãos não puderem ser usadas. Dá-se crédito para uma tentativa inequívoca mesmo que não possa ser completada por causa da fraqueza. Se não houver resposta aos comandos, demonstre (pantomima) a tarefa. Registre somente a primeira tentativa	
0	realiza ambas as tarefas corretamente
1	realiza uma tarefa corretamente
2	realiza nehuma tarefa corretamente
2. Melhor olhar	
Teste somente o movimento horizontal do olho. Use o movimento para atrair a atenção de pacientes afásicos	
0	normal
1	paralisia parcial do olhar (olhar anormal em um ou ambos os olhos, mas desvio forçado ou paresia total do olhar não estão presentes) ou o paciente tem paresia isolada do III, IV ou VI nervos cranianos
2	desvio forçado ou paresia total do olhar não superados por manobra oculocefálica (olhos de boneca) (não realizar testes calóricos)
3. Visual	
Os campos visuais (quadrantes superior e inferior) são testados por confronto. Pode ser pontuado como normal, se o paciente olhar para o lado do dedo em movimento. Use ameaça ocular quando a consciência ou a compreensão limitar os testes. Então teste com estimulação simultânea nos dois lados (DSSS)	
0	nenhuma perda visual
1	hemianopia parcial (assimetria definida), ou extinção à DSSS
2	hemianopia completa
3	hemianopia bilateral (cego, incluindo cegueira cortical)
4. Paralisia facial	
Peça ao paciente (ou pantomima) para mostrar os dentes, ou levantar as sobrancelhas e fechar os olhos. Use estímulo doloroso e resposta com caretas graduadas para pacientes responsivos ou que não compreendem	
0	movimento simétrico normal
1	paralisia menor (dobra nasolabial achatada, assimetria ao sorrir)

(Continua)

Quadro 84.1 Escala de acidente vascular encefálico do NIH[a] (*Cont.*)

Escala	Achados
2	paralisia parcial (paralisia total ou quase total da porção facial inferior)
3	paralisia completa em um ou ambos os lados (movimento facial ausente nas porções superior e inferior do rosto)

5. Braço motor (5a = esquerda, 5b = direita)

Instrua o paciente a manter os braços estendidos, palmas para baixo (a 90° se estiver sentado, ou 45° se supino). Se houver comprometimento da consciência ou compreensão, dê dicas ao paciente para levantar ativamente os braços em posição, enquanto verbalmente o instrui a manter a posição

0	nenhuma deriva (mantém o braço a 90° ou 45° por 10 segundos completos)
1	deriva (mantém os membros posicionados a 90° ou 45°, mas deriva antes de completar 10 segundos, mas não bate na cama ou em outro apoio)
2	algum esforço contra a gravidade (não é capaz de manter a posição inicial, segue à deriva até o leito)
3	nenhum esforço contra a gravidade, o braço cai
4	nenhum movimento
9	amputação ou fusão articular: explique

6. Perna motora (6a = esquerda, 6b = direita)

Enquanto supino, instrua o paciente a manter a perna não parética a 30°. Se houver comprometimento da consciência ou compreensão, dê dicas ao paciente levantando a perna ativamente em posição, enquanto o instrui verbalmente a manter a posição. Então, repita na perna parética

0	nenhuma deriva (mantém a perna a 30° por 5 segundos completos)
1	deriva (a perna cai antes de completar 5 segundos, mas não bate no leito)
2	algum esforço contra a gravidade (a perna cai no leito por 5 segundos)
3	nenhum esforço contra a gravidade (a perna cai no leito imediatamente)
4	nenhum movimento
9	amputação ou fusão articular: explique

7. Ataxia de membro

Procure por lesão cerebelar unilateral. Testes do dedo-nariz-dedo e calcanhar-joelho-queixo são realizados em ambos os lados. A ataxia é pontuada somente se for claramente desproporcional à fraqueza. A ataxia está ausente no paciente incapaz de compreender ou está paralisado

0	ausente
1	presente em um membro
2	presente em dois membros
9	amputação ou fusão articular: explique

8. Sensório

Teste com alfinete. Quando a consciência ou a compreensão estão prejudicadas, pontue a sensação normal a menos que o déficit seja claramente reconhecido (p. ex., assimetria definida de careta ou retração). Somente perdas hemissensoriais atribuídas a acidente vascular encefálico são contadas como anormais

0	normal, nenhuma perda sensorial
1	perda sensorial leve a moderada (picada do alfinete insensível ou menos aguda no lado afetado, ou perda de dor superficial ao espetar o alfinete, mas o paciente tem consciência de estar sendo tocado)
2	grave no total (paciente não tem consciência de estar sendo tocado no rosto, braço e perna)

9. Melhor linguagem

Além de julgar a compreensão dos comandos no exame neurológico precedente, pede-se ao paciente para descrever um quadro padrão, nomear itens comuns e ler e interpretar o texto padrão no quadro a seguir. Deve-se pedir ao paciente intubado para escrever:

Quadro 84.1 Escala de acidente vascular encefálico do NIH[a] (*Cont.*)

Escala	Achados
	• você sabe como • com os pés no chão • cheguei em casa do trabalho • perto da mesa na sala de jantar • eles o ouviram falar no rádio ontem à noite
0	normal, nenhuma afasia
1	afasia leve a moderada (alguma perda de fluência, erros de busca de palavras, erros de nomeação, parafasias e/ou comprometimento da comunicação por incapacidade de compreensão ou de expressão)
2	afasia grave (grande necessidade de inferência, questionamento e adivinhação do ouvinte; é limitado o âmbito de informações que podem ser trocadas)
3	mudo ou afasia global (sem fala utilizável ou compreensão auditiva) ou paciente em coma (item 1a = 3)

10. Disartria

O paciente pode ser pontuado com base nas informações já coletadas durante a avaliação. Se o paciente acreditar estar normal, faça-o ler (ou repetir) o texto padrão mostrado neste quadro
• MAMA
• TIP-TOP
• MEIO A MEIO
• OBRIGADO
• HUCKLEBERRY
• JOGADOR DE BEISEBOL
• LAGARTA

0	fala normal
1	leve a moderada (arrasta algumas palavras, pode ser compreendido com alguma dificuldade)
2	grave (fala arrastada ininteligível na ausência de, ou desproporcional a qualquer disfasia, ou é mudo/anártrico)
9	intubado ou outra barreira física

11. Extinção e desatenção (anteriormente negligência)

Informações suficientes para identificar a negligência já podem ser coletadas durante avaliação. Se o paciente tiver perda visual grave impedindo a DSSS, e os estímulos cutâneos estiverem normais, a pontuação é normal. Pontuado como anormal somente se presentes

0	normal, sem perda sensorial
1	desatenção ou extinção visual, tátil, auditiva, espacial ou pessoal à DSSS em uma das modalidades sensoriais
2	hemidesatenção ou hemidesatenção profunda em mais de uma modalidade. Não reconhece a própria mão ou se orienta somente em um lado do espaço

A. Função motora distal (não é parte do NIHSS) (a = braço esquerdo, b = direito)

A mão dos pacientes é mantida no antebraço pelo examinador, e pede-se para que estendam os dedos o máximo possível. Se o paciente não puder fazer isto, o examinador faz isto por ele. Não repita o comando

0	normal (nenhuma flexão do dedo após 5 segundos)
1	pelo menos alguma extensão após 5 segundos (qualquer movimento do dedo é pontuado)
2	nenhuma extensão voluntária após 5 segundos

Pontos mais altos do NIHSS correlacionam-se com lesões vasculares mais proximais (oclusão de vaso grande causa déficit mais disseminado).

[a]Revisada em 24/1/91. Baseada na escala Cincinnati para acidente vascular encefálico.[14] Contate o Public Health Service, National Institutes of Health, National Institute of Neurologic Disorders and Stroke, Bethesda, Maryland, EUA para obter cópias de um formulário de graduação (com mais detalhes em alguns aspectos da graduação) e para informação de treinamento.[15]

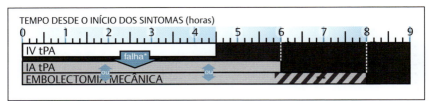

Fig. 84.1 Linha do tempo das opções de tratamento.
*Opção por falhas com NIHSS > 8-10.
**De 6-8 horas, verifique a perfusão antes da embolectomia mecânica.

84.3.2 Terapia trombolítica

Informações gerais

Os ativadores de plasminogênio catalisam a conversão de plasminogênio em plasmina fibrinolítica composta. O agente primário usado é a alteplase (ativador do plasminogênio tecidual recombinante [rtPA, ou apenas tPA]) (Activase®) que é aprovada pela Food and Drug Administration (FDA) para o tratamento IV do acidente vascular encefálico isquêmico agudo (ver abaixo).

Ativador do plasminogênio tecidual

tPA IV

Para tPA *intra-arterial* ver terapia endovascular.

O estudo randomizado duplo-cego National Institutes of Neurological Disorders and Stroke (NINDS) de 624 pacientes com acidente vascular encefálico isquêmico, com um tempo de início claramente definido e imagem de CT anterior à administração do fármaco, encontrou melhor resultado neurológico em 3 meses nos pacientes que receberam alteplase (esses pacientes tinham probabilidade 30% maior de ter incapacidade mínima ou nenhuma)[16] que persistiu em 6 e 12 meses[17] em todos os subgrupos de acidente vascular encefálico isquêmico. A taxa de acidente vascular encefálico recorrente em pacientes-controle e em uso de tPA foi similar (5%). Em contraste, o benefício estatístico em 90 dias não pôde ser confirmado pelo segundo European Cooperative Acute Stroke Study (ECASS II).[18]

Dados iniciais indicaram que o tPA havia sido administrado ≤ 3 horas após o início dos sintomas, porém, esta janela foi estendida para 4,5 horas após o ECASS-3[19] examinar 821 pacientes com acidente vascular encefálico randomizados entre placebo ou tPA na janela de tempo de 3 a 4,5 horas. Comparados aos pacientes tratados com placebo, os tratados com tPA tiveram um aumento absoluto de 7,2% na taxa de recuperação excelente em acompanhamento de 90 dias (p = 0,04). Embora a terapia com tPA estivesse associada à taxa mais alta de hemorragia intracerebral sintomática (7,9% para tPA *versus* 3,5% para placebo, p < 0,001), ela não foi associada a aumento na taxa de morte (7,7% for tPA *versus* 8,4% for placebo, p = 0,68). Para cada 100 pacientes com acidente vascular encefálico isquêmico agudo que receberam tPA de acordo com os protocolos do NINDS, 32 serão beneficiados e 3 prejudicados.[20]

Diretrizes para a administração de tPA IV
Eligibilidade:
1. idade ≥ 18 anos (embora o uso para acidente vascular encefálico na infância esteja aumentando[21]
2. tempo transcorrido desde que o paciente foi visto normal < 3 horas antes da administração (ECASS III estende a janela para 4,5 horas em pacientes selecionados;[22] ECASS III não incluiu: pacientes ≥ 80 anos de idade, pacientes com escores basais de NIHSS (p. 1282) > 25 e, em diabéticos, acidente vascular encefálico anterior. Esses pacientes não são excluídos do tratamento com tPA IV na janela de 0-3 horas pelas autoridades reguladoras nos Estados Unidos e Canadá)
3. no acidente vascular encefálico do "despertar" (observado em 25% dos pacientes com acidente vascular encefálico isquêmico) também pode ser seguro o tratamento em circunstâncias[23] selecionadas

Contraindicações (ver referência[16]):
1. hemorragia intracerebral (ICH): na CT de admissão, ou histórico de ICH anterior
2. apresentação clínica de SAH (mesmo com CT negativa)
3. aneurisma intracraniano ou AVM conhecidos
4. sangramento interno ativo
5. diátese hemorrágica conhecida, incluindo, mas não se limitando a:
   a) pacientes sob anticoagulantes, ou aqueles que receberam heparina nas últimas 48 horas
   b) contagem plaquetária < 100.000/mm³

6. trauma cefálico sério, acidente vascular encefálico grave ou cirurgia intracraniana nos 3 últimos meses
7. pressões sanguíneas sistólica (SBP) > 185 mmHg, ou diastólica (DBP) > 110 mmHg que não podem ser controladas apesar do uso de infusão de nicardipina ou labetalol IV

✖ Cuidados:
1. convulsão testemunhada no momento do início dos sintomas do acidente vascular encefálico
2. cirurgia importante nos últimos 14 dias
3. punção arterial em local não compressível nos últimos 7 dias
4. punção lombar recente
5. sintomas menores ou que melhoram rapidamente
6. glicose sanguínea > 400 mg/dL ou < 50 mg/dL
7. histórico de hemorragia gastrointestinal (GI) ou do trato urinário nos últimos 21 dias
8. pericardite pós-infarto do miocárdio

Protocolo de tratamento: ver também Contraindicações (p. 1286).
R alteplase (Activase®): iniciada < 4,5 horas do início do déficit. Protocolo do estudo NINDS: 0,09 mg/kg *bolus* IV durante 1 minuto, seguido por infusão constante de 0,81 mg/kg durante 60 minutos (até um máximo de 90 mg total, incluindo o *bolus*).[16]

A hipertensão (HTN) é controlada de maneira agressiva.

Os fármacos anticoagulantes e antiplaquetários são mantidos por 24 horas após o tratamento. Se houver indicação para anticoagulação, obtenha uma CT sem contraste 24 horas antes de iniciar a anticoagulação uma vez que haja risco de hemorragia intracerebral subclínica.

ICH após tPA IV
Há maior risco de hemorragia intracerebral (ICH) sintomática com o uso de tPA (estudo NINDS: 6,4% *versus* 0,6% com placebo; ECASS II: 8,8% *versus* 3,4%). Apesar disto, o estudo NINDS constatou que a mortalidade no grupo de tPA era similar à dos controles em 3 meses (17% *versus* 21%). Os seguintes fatores foram associados a aumento de risco de ICH sintomática (com uma taxa de eficiência de 57% de ICH como preditor): gravidade do escore do NIHSS, ou CT pré-tratamento mostrando edema cerebral ou efeito de massa. Em um estudo, a ICH não influenciou o resultado, exceto no caso raro em que havia ocorrido um hematoma massivo.[24] Os resultados foram ainda melhores no grupo tratado, e a conclusão é de que esses pacientes anda são candidatos razoáveis ao tPA.[25] Desde então, análises multicêntricas demonstraram que o tamanho do infarto e o elevado teor de açúcar sanguíneo são fatores de risco independentes para ICH sintomática.[26]

Tratamento de ICH pós-tPA:
1. descontinue a infusão de tPA e obtenha imediatamente CT da cabeça
2. peça exames laboratoriais: tempo de protrombina (PT), tempo de tromboplastina parcial ativada (aPTT), contagem plaquetária, fibrinogênio e tipagem e cruzamento
3. prepare-se para administrar 6-8 unidades de crioprecipitado contendo o Fator VIII
4. prepare-se para administrar 6-8 unidades de plaquetas
5. se necessária a colocação de dreno ventricular externo (EVD) de emergência ou outro procedimento intervencional, considere o uso de Fator VIIa recombinante (40-80 mg/kg) imediatamente e de antemão (Nota: esta é a única medida contemporizadora, sendo ainda necessária a administração de crioprecipitado)

84.3.3 Terapia endovascular para acidente vascular encefálico
Estudos recentes favorecem a rápida intervenção endovascular no acidente vascular encefálico isquêmico agudo com oclusão de vaso proximal, núcleo de pequeno infarto e circulação colateral de moderada a boa.[27,28,29,30] As técnicas incluem tPA intra-arterial, recuperação mecânica de coágulo. Ver a seção de Neurocirurgia Endovascular (p. 1595) para detalhes.

84.3.4 Tratamento dos pacientes não submetidos à terapia direcionada ao trombo

Pedidos à internação
Essas diretrizes são para TIA ou acidente vascular encefálico, mas não para SAH (p. 1163) nem para hemorragia intracerebral (ICH) (p. 1339). Ver referência[31] para a justificativa para essas recomendações. As diretrizes a seguir para o tratamento inicial devem ser mantidas por 48 horas após a última deterioração neurológica.
1. suporte ventilatório (VS) frequente com verificações cranianas (cada 1 h × 12 horas, depois cada 2 horas)
2. atividade: repouso no leito

3. exames laboratoriais:
   a) rotina: hemograma completo (CBC) + contagem plaquetária, eletrólitos, PT/PTT, urinálise (U/A), eletrocardiograma (EKG), radiografia de tórax (CXR), gasometria arterial (ABG)
   b) "especial" (quando apropriado): teste rápido de reagina plasmática (RPR; para descartar neurossífilis), velocidade de hemossedimentação (ESR; para descartar arterite de células gigantes), perfil hepático, perfil cardíaco
   c) em 24 horas: hemograma completo (CBC), contagem de plaquetas, perfil cardíaco, perfil lipídico, EKG
4. oxigênio (O_2) a 2 L por cânula nasal (NC); repetir ABG a 2 L de O_2
5. monitore o ritmo cardíaco × 24 horas (a literatura menciona prevalência de 5-10% de alterações no EKG, e 2-3% de infartos do miocárdio [MIs] agudos em pacientes com acidente vascular encefálico)
6. dieta: nada por via oral (NPO)
7. cuidados de enfermagem
   a) cateter de Foley (urinário) residente, caso haja comprometimento da consciência ou incapacidade de usar o urinol ou a comadre: cateterização intermitente cada 4-6 horas, conforme necessário, nenhuma eliminação urinária se o cateter de Foley não for usado
   b) I e O (entradas e saídas) acuradas; notifique o médico sobre eliminação urinária < 20 cc/h × 2 horas por cateter de Foley, ou < 160 cc em 8 horas, se não houver cateter de Foley
8. fluidos IV: solução salina normal (NS) ou 1/2 NS a 75-125 cc/h para a maioria dos pacientes (para eliminar a desidratação, se presente)
   a) *evite glicose*: a hiperglicemia pode-se estender para a zona isquêmica (penumbra).[32] Embora a hiperglicemia possa ser uma resposta de estresse e não ser neurotóxica,[33] as recomendações são para envidar esforços a fim de obter normoglicemia[34]
   b) evite a super-hidratação em casos de ICH, insuficiência cardíaca congestiva (CHF) ou SBP > 180. Tem-se sugerido que um hematócrito (Hct) ótimo para o comprometimento entre a entrega de O_2 e a diminuição da viscosidade é de ≈ 33% e que o tratamento com fluidos deve-se esforçar para isto, porém a promessa inicial dessa teoria não foi confirmada
9. trate CHF e arritmias (verifique com CXR e EKG). MI ou isquemia miocárdica podem-se apresentar com déficit neurológico, esses pacientes devem ser internados na unidade de cuidados coronarianos (CCU)
10. evite os diuréticos, a não ser que haja sobrecarga de volume
11. controle da pressão sanguínea (BP):
    a) para pacientes que se apresentam com HTN: o controle deve considerar a BP basal: ver abaixo o controle da hipertensão em pacientes com acidente vascular encefálico
    b) para pacientes que se apresentam com hipotensão (SBP < 110 ou DBP < 70):
       • a não ser que seja contraindicado (ou seja: ICH, infarto cerebelar ou redução do débito cardíaco) administre 250 cc de NS durante 1 h, então 500 cc durante 4 horas, em seguida 500 cc durante 8 horas
       • se os fluidos forem ineficazes ou contraindicados: considerar os pressores
12. medicações
    a) ácido acetilsalicílico (ASA) 325 mg, via oral (PO) ao dia (a não ser que haja acidente vascular encefálico hemorrágico comprovado ou suspeitado)
    b) amolecedor de fezes
13. ver nas seções a seguir uma discussão sobre anticoagulação (p. 1289), esteroides (p. 1289) e manitol (p. 1290)

Hipertensão em pacientes com acidente vascular encefálico

Informações gerais

Pode ser realmente necessária a HTN para manter o CBF em face de uma elevada pressão intracraniana (ICP), e em geral ela se resolve espontaneamente. Portanto, trate a HTN de maneira cuidadosa e lenta para evitar a redução rápida e errar o alvo. Evite tratar a HTN leve. As indicações para o tratamento de emergência da HTN incluem:
1. insuficiência aguda do ventrículo esquerdo (LV; rara)
2. dissecção aórtica aguda (rara)
3. insuficiência renal hipertensiva aguda (rara)
4. complicações neurológicas da HTN
   a) encefalopatia hipertensiva
   b) converter um infarto pálido (isquêmico) massivo em infarto hemorrágico
   c) pacientes com ICH; alguma HTN é necessária para manter o CBF, ver Tratamento inicial da ICH (p. 1339)

Algoritmo de tratamento da hipertensão (modificado)

Ver referência.[31]
Limites inferiores recomendados para os objetivos do tratamento são mostrados no ▶ Quadro 84.2.
1. se a DBP > 140 (hipertensão maligna): é desejável redução de ≈ 20-30%. A infusão de Cardene ou o labetalol IV são os agentes de escolha; é recomendado monitorar linha arterial; simpatolíticos (p. ex., trimetafan) são contraindicados (eles reduzem o CBF)
2. SBP > 230 ou DBP 120-140 × 20 minutos: **labetalol** (p. 126) (a não ser que contraindicado): comece com 10 mg *push* IV (IVP ou administração intravenosa em *bolus*) lento por 2 minutos, em seguida

Quadro 84.2 Diretrizes para limites inferiores dos objetivos do tratamento para HTN no acidente vascular encefálico		
	Sem histórico anterior de HTN	**Histórico anterior de HTN**
não reduz a SBP abaixo de	160-170 mmHg	180-185 mmHg
não reduz a DBP abaixo de	95-105 mmHg	105-110 mmHg

dobre a cada 10 min (20, 40, 80, então 160 mg IVP lento) até a administração controlada ou total de 300 mg. Manutenção: dose eficaz (apresentada acima) a cada 6-8 horas, conforme necessário, SBP > 180 ou DBP > 110

3. SBP 180-230 ou DBP 105-120: retarde o tratamento de emergência, a não ser que haja evidência de insuficiência do LV ou persistirem leituras × 60 minutos
   a) **labetalol** oral (p. 126) (a não ser que contraindicado) dosado como segue:
      - para SBP > 210 ou DBP > 110: 300 mg PO, 2 vezes ao dia
      - para SBP 180-210 ou DBP 100-110:200 mg PO, 2 vezes ao dia
   b) se o labetalol for contraindicado: nicardipina (p. 126)

Anticoagulantes

Heparina

Um estudo prospectivo[35] que administra infusão IV contínua de heparina não fracionada titulada para manter a aPTT 1,5-2,5 × o controle não encontrou melhora significativa no resultado.[36] A taxa recorrente de acidente vascular encefálico nos 7 dias subsequentes ao acidente vascular encefálico foi de apenas de 0,6-2,2% por semana.[35,37] A eficácia não é comprovada em acidente vascular encefálico e TIAs exceto com embolia cardiogênica cerebral (p. 1304). A anticoagulação também pode ser arriscada,[38] porém a taxa de complicação não foi avaliada prospectivamente (estudos pequenos, não randomizados, encontraram ICH sintomática em 1-8%, e outras complicações hemorrágicas em 3-12%[35]). A taxa de conversão do acidente vascular encefálico pálido → hemorrágico é de 2-5% (estudos em cães sugerem que o risco é maior somente quando a HTN não é bem controlada). Conclusão: o risco da terapia com heparina para isquemia cerebral focal aguda excede qualquer benefício comprovado,[35] e não se justifica na maioria dos casos (especialmente quando usado apenas para tranquilizar o clínico frustrado).[39,40] A American Heart Association (AHA) recomendou: "Até que mais dados estejam disponíveis, o uso da heparina permanece como uma questão de preferência do médico que faz o tratamento".[35] Uma redução pequena, mas significativa, no acidente vascular encefálico recorrente foi demonstrada com ASA.

Varfarina

A terapia com varfarina de alta intensidade provou ser útil para a síndrome do anticorpo antifosfolipídico (APLAS) (p. 1270).

Para a rara indicação de terapia de anticoagulação:

1. primeiramente, para descartar hemorragia por meio de CT antes de iniciar a terapia
2. ASA 325 mg PO ao dia para todos os pacientes com acidente vascular encefálico não hemorrágico em que os anticoagulantes ou cirurgia não são indicados (Nota: a angiografia pode ser um pouco mais difícil em pacientes em uso de ASA)
3. anticoagulantes (heparina/varfarina):
   a) indicações (raras)
      - provavelmente eficazes para embolia cardiogênica (adiante)
      - mostraram-se *ineficazes* para acidente vascular encefálico em evolução (déficit neurológico que começa, recorre, flutua ou piora enquanto o paciente está no hospital), TIA crescente ou acidente vascular encefálico completo. **Nota:** em 74 pacientes com TIAs recentes, PTT que se eleva 1,5-2,5 × normal com a heparina não reduziu TIAs recorrentes nem o acidente vascular encefálico. O sangramento ocorreu em 9 (12,2%) pacientes. Risco adicional: hemorragia decorrente da heparina induziu trombocitopenia.[41]
      - não comprovados, mas geralmente usados para dissecção da carótida
   b) contraindicados na embolia cardíaca extensa, acidente vascular encefálico extenso (risco de conversão hemorrágica), doença ulcerosa péptica que sangrou nos últimos 6 meses, HTN grave não controlada
   c) inicie heparina IV e varfarina simultaneamente (Coumadin®). Mantenha a heparina nos primeiros 3 dias aproximadamente da varfarina por causa da *hipercoagulabilidade* inicial, ver Anticoagulação (p. 156) para aPTT-alvo e relação normalizada internacional (INR)
   d) pare a varfarina após 6 meses (os benefícios diminuem, os riscos se elevam)

Esteroides (incluindo Dexametasona (Decadron®)

Indicações:
1. vasculite responsiva a esteroide, p. ex., arterite de células gigantes (arterite temporal)
2. infarto/sangramento cerebelar com efeito de massa

1290 Acidente Vascular Cerebral e Doença Cerebrovascular Oclusiva

Manitol
1. indicado para infarto/sangramento cerebelar, antes da cirurgia, ou em caso de efeito de massa
2. contraindicado na hipotensão
3. dose inicial: 50 a 100 g IV durante 20 minutos

Cirurgia de emergência
Possíveis indicações:
1. herniação do hematoma subdural
2. craniectomia suboccipital para deterioração neurológica progressiva causado por compressão do tronco encefálico decorrente de hemorragia/infarto cerebelar (ver abaixo)
3. craniectomia descompressiva para acidente vascular encefálico maligno em território da MCA (ver abaixo)
4. endarterectomia da carótida para estenose carótica de alto grau ipsolateral a déficit neurológico *flutuante*; ver Endarterectomia de emergência da carótida (p. 1295)

84.4 Endarterectomia da carótida

84.4.1 Indicações

Estudos e resultados

▶ Quadro 84.3 mostra o estado dos estudos atuais para tratamento cirúrgico de estenose da carótida (Nota: alguns resultados podem ser contraditórios).

O estudo North American Symptomatic Carotid Endarterectomy Trial[43] (NASCET) descobriu que nos pacientes com TIA hemisférico ou retiniano, ou um acidente vascular encefálico leve (não incapacitante) dentro de 120 dias e *estenose ipsolateral de alto grau* (> 70%), a endarterectomia da carótida (CEA) reduziu a taxa de acidente vascular encefálico fatal e não fatal (em 17% aos 18 meses) e a morte de qualquer causa (em 7% aos 18 meses), quando comparada ao melhor tratamento médico (quando a cirurgia era realizada

Quadro 84.3 Sumário dos achados do estudo para endarterectomia da carótida (CEA)[a] (modificado[42])

Estenose	Estudo relevante	Recomendação	Redução de risco[b]
Estreitamento sintomático			
70-99%	NASCET[43]	CEA	16,5 em 2 anos
> 60%	ECST[44]	CEA	11,6 em 3 anos
50-69%	NASCET[45]	CEA[c]	10,1 em 5 anos
< 30%	NASCET[45]	BMM	0,8 em 5 anos
< 40%	ECST[46]	BMM	CEA piora em 3 anos
Estreitamento assintomático (p. 1275)			
> 60%	ACST[47]	CEA se tiver < 75 anos	5,4% em 5 anos
> 60%	ACAS,[48] ACST[d]	CEA[d]	6,3 em 5 anos
> 50%	VACS	± CEA[e]	
< 90%	CASANOVA	BMM[e]	

[a]Abreviações: NASCET = North American Symotomatic Carotid Endarterectomy Trial; ECST = European Carotid Surgery Trial; CASANOVA = Carotid Artery Stenosis with Asymptomatic Narrowing Operation Versus Aspirin; ACAS = Asymptomatic Carotid Aterosclerose Study; ACST = Asymptomatic Carotid Atherosclerosis Study; VACS = Veteran's Administration Cooperative Study; CEA = endarterectomia da carótida; BMM = melhor tratamento médico.
[b]Redução do risco de todos os acidentes vasculares encefálicos não fatais e morte de qualquer causa com CEA *versus* BMM (p. ex., com uma redução de risco absoluto de 16,5 em 2 anos, por cada 100 pacientes tratados, 16,5 de acidentes vasculares encefálicos não fatais ou mortes foram prevenidas em um período de 2 anos).
[c]Cirurgia moderadamente benéfica (requer baixa taxa de complicação).
[d]A saúde geral do paciente é crítica.
[e]Resultados equívocos.

com risco perioperatório de acidente vascular encefálico ou morte de 5,8%). Os resultados foram duas vezes melhores para os pacientes com estenose de 90-99% do que para aqueles com 70-79%. Além disso, com a CEA, a frequência de comprometimento funcional importante foi reduzida em 2 anos.[49] Nota: ver as diferenças nas técnicas de medição da estenose entre os estudos NASCET e MRC European Carotid Surgery Trial (ECST) ▶ Quadro 83.5.

Ver também pacientes **assintomáticos** (p. 1275).

Controvérsias não resolvidas
Incluem:
1. ACIDENTE VASCULAR ENCEFÁLICO progressivo ("acidente vascular encefálico em evolução"): ver Endarterectomia de emergência da carótida (p. 1295)
2. oclusão abrupta: ver Endarterectomia de emergência (p. 1295)
3. lesões tandem (p. ex,. sifão carotídeo e estenose da bifurcação): embora este tópico permaneça controverso, a CEA em pacientes com lesões tandem não tem sido associada a taxas mais altas de acidente vascular encefálico pós-operatório.[50,51] Uma recente série de casos também relata sucesso do tratamento endovascular
4. isquemia retiniana progressiva

84.4.2 Momento oportuno relativo ao acidente vascular encefálico agudo
Para os pacientes com pequenos déficits fixos ou pequenos infartos na CT ou imagem por ressonância magnética (MRI), o risco da CEA precoce não aumenta.[50,52] Na análise acumulada dos três estudos sobre CEA sintomática, pacientes randomizados nos estudos dentro de 2 semanas do último evento sintomático obtiveram maior benefício com a CEA.[53] Dados de Sundt (ver abaixo) indica que o acidente vascular encefálico será um fator de risco para uma complicação somente se ocorrer dentro de 7 dias pré-operatório.

Desde a introdução do tPA para o tratamento de acidente vascular encefálico isquêmico agudo, têm havido relatos de tratamento bem-sucedido de estenose residual crítica da artéria carótida interna (ICA) após recanalização com tPA já em 24 horas após a administração de tPA a pacientes com déficit fixo menor ou pequenas áreas isquêmicas na MRI.[53,54]

84.4.3 Fatores de risco pré-operatórios para CEA

As características dos pacientes que estão em alto risco de complicações decorrente da CEA não foram bem definidas, apesar da percepção de que esse grupo existe.

A identificação de pacientes em alto risco de complicações após CEA provou ser um desafio. Tipicamente, os critérios de exclusão dos estudos são citados, porém na maioria dos casos trata-se simplesmente de pacientes que não foram incluídos no estudo porque na percepção dos investigadores eles poderiam estar em "alto risco". Portanto esses fatores de risco não são validados. Esses critérios são incluídos aqui para completude.

NASCET e ACAS: idade > 80 anos, antes de CEA ipsilateral, CEA contralateral há 4 meses, radioterapia (XRT) anterior no pescoço, lesão tandem maior que a lesão-alvo, outras condições que podem causar sintomas (fibrilação atrial, acidente vascular encefálico prévio com déficit importante persistente, doença valvar cardíaca), falência de órgãos importantes, hipertensão não controlada ou diabetes melito e significativa doença arterial coronariana[55,56]).

O estudo SAPPHIRE (Stenting and Angioplastia with Protection in Patients at High-Risk for Endarterectomy): pacientes com doença cardíaca clinicamente significativa (CHF, teste de esforço anormal, ou necessidade de cirurgia cardíaca de peito aberto), doença pulmonar grave, oclusão da carótida contralateral, paralisia do nervo laríngeo contralateral, cirurgia radical anterior ou XRT do pescoço, estenose recorrente após endarterectomia e idade > 80 anos.[57] O estudo ARCHeR (ACCULINK for Revascularization of Carotids in High-Risk patients) também incluiu pacientes com traqueostomia, imobilidade espinal e insuficiência renal dependente de diálise.[58]

84.4.4 Endarterectomia da carótida – considerações cirúrgicas

Tratamento perioperatório

Tratamento pré-operatório (endarterectomia da carótida)
1. ASA 325 mg, 3 vezes ao dia, por no mínimo 2 dias, de preferência em 5 dias de pré-operatório[59] (Nota: os pacientes devem ser mantidos sob ASA para cirurgia, e se não estiverem recebendo ASA devem começar a receber o medicamento, para reduzir os riscos de infarto do miocárdio – MI e TIA[60])

Tratamento pós-operatório (endarterectomia da carótida)

1. paciente monitorado de cuidados intensivos (ICU) com linha arterial
2. mantenha o paciente bem hidratado (administre fluido intravenoso – IVF ≥ 100 cc/h para a maioria dos adultos)
3. SBP idealmente de 110-150 mmHg (pressões mais altas são permitidas em pacientes com HTN crônica grave)
   a) BP frequentemente lábil nas primeiras 24 horas de pós-operatório, pode se dever à pressão "recente" no bulbo carotídeo; para prevenir hiper ou hipotensão de rebote, evite agentes de longa ação
   b) hipotensão
      - verifique por EKG – para descartar choque cardiogênico
      - se leve, inicie com fluidos (cristaloides ou coloides)
      - fenilefrina (Neo-Synephrine®) para hipotensão resistente
   c) hipertensão: nicardipina (Cardene®) (p. 126) é o agente de escolha. Evite a hipotensão de rebote
4. evite drogas antiplaquetárias por 24-48 horas de pós-operatório (causa exsudação); essas podem ser iniciadas em 24-72 horas de pós-operatório (nota: ASA 325 mg + dipiridamol 75 mg, 3 vezes ao dia, não demonstraram que reduzem a taxa de reestenose após endarterectomia[61])
5. opcional: reverta metade da heparina com protamina 10 minutos após fechar uma arteriotomia

Verificação pós-operatória (endarterectomia da carótida)

Além da rotina, devem-se verificar o seguinte:
1. alteração no estado neurológico decorrente da disfunção cerebral, incluindo:
   a) tração do pronador (para descartar hemiparesia recente)
   b) sinais de disfasia (especialmente por cirurgia do lado esquerdo)
   c) simetria muscular mimética (avalia a função do nervo facial)
2. diâmetro e reação pupilar (para descartar acidente vascular encefálico, síndrome de Horner)
3. H/A intensa (especialmente unilateral) > pode indicar síndrome de hiperperfusão
4. pulsos da artéria temporal superficial – STA (para descartar oclusão da carótida externa)
5. desvio da língua (para descartar lesão ao nervo hipoglosso)
6. simetria dos lábios (para descartar fraqueza dos depressores do lábio inferior por causa da retração do ramo mandibular marginal do nervo facial contra a mandíbula, geralmente se resolve em 6-12 semanas, deve ser diferenciada da paralisia central do VII nervo por acidente vascular encefálico)
7. verifique para rouquidão (para descartar lesão do nervo laríngeo recorrente)
8. avalie para hematoma no local operatório: note qualquer desvio traqueal, disfagia

Complicações pós-operatórias (endarterectomia da carótida)

Para justificar CEA, o limite superior absoluto (significativo) da taxa de complicação deve ser inferior ≤ 3%.
1. mortalidade geral no hospital: 1%[62]
2. rompimento do fechamento da arteriotomia: raro, mas emergente (ver abaixo)
   a) evidenciado por:
      - edema no pescoço: a ruptura pode produzir um pseudoaneurisma
      - desvio traqueal (visível, palpável ou na CXR)
      - sintomas: disfagia, falta de ar ou piora de rouquidão, dificuldade para engolir
   b) riscos:
      - asfixia: risco mais imediato
      - acidente vascular encefálico
      - exsanguinação (improvável, a não ser que o fechamento da pele também esteja roto)
   c) tardio (geralmente retardado em semanas a meses): falso aneurisma.[63] Risco = 0,33%. Apresenta-se como massa no pescoço. O risco é maior com a infecção da ferida e possivelmente com o enxerto de interposição, em comparação à endarterectomia somente[63,64,65]
3. taxa de acidente vascular encefálico (cerebral infarto) intraoperatório ou pós-operatório:[66] 5%
   a) embólico (a causa mais comum de déficit neurológico *menor* pós-operatório): a origem pode ser a camada média desnudada na endarterectomia
   b) hemorrágico intracerebral (ICH) (sangramento progressivo): ocorre em < 0,6%.[67] Relacionado com a hiperperfusão cerebral na maioria[68,69] (ver adiante). Geralmente ocorre nas 2 primeiras semanas, geralmente no gânglio basal 3-4 dias de pós-operatório com episódio hipertensivo. Os pacientes em maior risco são os indivíduos com estenose grave e fluxo colateral hemisférico limitado
   c) oclusão pós-operatória da ICA
      - causa mais comum de acidente vascular encefálico pós-operatório *importante*, mas pode ser assintomática
      - o risco é reduzido pela atenção aos detalhes técnicos na cirurgia[70 (p. 249)]
      - algumas podem-se dever ao estado hipercoagulável induzido pela heparina (previsível em pacientes em que há queda da contagem plaquetária, enquanto o paciente está sob heparina. Nenhuma terapia conhecida para essa condição[70 (p. 249-250)]

Avaliação e Tratamento de Acidente Vascular Encefálico 1293

- a superfície endarterectomizada é altamente trombogênica por 4 horas após endarterectomia (Sundt recomenda não reverter a heparina)
- na série de Sundt que usa enxerto de interposição,[70 (p. 229)] a incidência é de 0,8%, associada a acidente vascular encefálico importante em 33% e acidente vascular encefálico menor em 20%
- taxa de oclusão com fechamento primário: de 4% na experiência de Sundt, de 2-5% na literatura[70 (p. 249)]

4. TIAs pós-operatórios: a maioria decorrente da oclusão da ICA. Alguns podem-se dever a microêmbolos. A síndrome de hiperperfusão produz incidência de 1% de TIAS pós-operatórios[70 (p. 229)]

5. convulsões:[71] geralmente focais no início com possível generalização, a maioria ocorre tardiamente (5-13 dias pós-operatório) com incidência de $\approx 0,4\%$[57] a 1%.[72] Pode-se dever à hiperperfusão cerebral,[67] êmbolos[73] e/ou hemorragia intracerebral. Geralmente é difícil de controlar inicialmente, lorazepam e fenitoína são recomendadas (p. 205)

6. reestenose tardia: reestenose identificável ocorre em $\approx 25\%$ em 1 ano, e metade dessas reduz os diâmetros luminais em > 50%.[74] A reestenose em 2 anos geralmente se deve à hiperplasia fibrosa, após 2 anos decorre tipicamente da aterosclerose[75]

7. síndrome da hiperperfusão cerebral (também conhecida como hiperperfusão da pressão normal progressiva): que se acredita ser resultante do refluxo sanguíneo para uma área que perdeu a autorregulação devido à isquemia cerebral crônica tipicamente decorrente da estenose de alto grau. É controverso.[69] Geralmente apresenta-se como cefaleia (H/A) vascular ipsilateral ou dor ocular que cede dentro de vários dias,[76] ou com convulsões ($\pm$ descargas epileptiformes lateralizadas periódicas – PLEDs no eletroencefalograma – EEG, mais comum com o Halothane®, em razão de hemorragias peteuiais[67]). Pode causar ICH.[77] A maioria das complicações ocorre em vários dias de pós-operatório

8. rouquidão: a causa mais comum é o edema laríngeo e lesão ao nervo laríngeo *não* superior nem recorrente

9. lesão de nervo craniano: a complicação após CEA com incidência de até 8-10%[78]
   a) nervo hipoglosso → desvio da língua na direção do lado da lesão: incidência de $\approx 1\%$ (com mobilização do XII nervo para permitir o deslocamento). A lesão unilateral pode causar dificuldades da fala, mastigação e deglutição. As lesões bilaterais podem causar obstrução da via aérea superior.[79] A presença de paralisia unilateral é uma contraindicação à realização de endarterectomia contralateral até a recuperação do primeiro lado. A duração pode ser de até quatro meses
   b) nervos laríngeo recorrente ou vago → paralisia unilateral da prega vocal: risco de 1%
   c) ramo mandibular do nervo facial → perda do depressor labial ipsilateral

10. cefaleia[67]

11. hipertensão:[80,81] pode-se desenvolver em 5-7 dias de pós-operatório. A HTN de longa duração pode ocorrer como resultado da perda do reflexo barorreceptor do seio carótico

Tratamento de complicação

1. TIAs pós-operatórios
   a) se ocorrer TIA na sala de recuperação, CT de emergência (para descartar hemorragia) e em seguida angiograma recomendado para avaliar oclusão de ICA ou de artéria carótida comum – CCA (*versus* embolia)
   b) se ocorrer TIA posteriormente, considere pletismografia ocular (OPG) de emergência; se anormal → cirurgia de emergência (se neurologicamente intacto, um angiograma pré-operatório é apropriado)[70]

2. déficit pós-operatório fixo na distribuição da carótida endarterectomizada
   a) se ocorrer déficit no pós-operatório imediato (isto é, em unidade de cuidados pós-anestesia – PACU), recomende a reexploração imediata por CT ou angiograma[82] (relatos de caso de nenhum déficit quando o fluxo é restabelecido em ≤ 45 minutos). Para o início tardio, indica-se exame completo. Considerações técnicas para reoperação de emergência:[70 (p. 255)]
      - isole as três artérias (CCA, artéria carótida externa – ECA e ICA)
      - oclua primeiro a CCA, então a ECA e, por último, a ICA (para minimizar a embolia)
      - arteriotomia aberta, verifique refluxo: se não houver nada, passe um cateter de Fogarty Nº 4 na ICA, infle delicadamente e retire (evite lacerações da camada íntima)
      - se houver um refluxo considerável, proceda ao fechamento com enxerto de interposição (*patch*).
      - remova alças e torções de vaso tortuoso antes do fechamento
   b) tratamento imediato (a não ser que ICH ou hemorragia subdural – SDH sejam prováveis) inclui
      - fluidos (p. ex., Plasmanate®) para melhorar a reologia e elevar a BP
      - pressores (p. ex,. fenilefrina) para elevar a SBP para ≈ 180 mmHg
      - oxigênio
      - heparinização (pode ser controverso)
   c) benefícios teóricos da avaliação radiográfica incluem:
      - CT: identifica ICH ou SDH que podem necessitar de outros tratamentos, além da reexploração do local cirúrgico, elevando a BP etc.

1294 Acidente Vascular Cerebral e Doença Cerebrovascular Oclusiva

- angiograma: identifica se a ICA está ocluída, ou se o déficit se deve a outra causa (p. ex., êmbolos do local da endarterectomia) que não se beneficiaria com a reexploração ou possivelmente tratamento endovascular

3. ruptura de fechamento da arteriotomia, tratamento
   a) FERIDA ABERTA – se houver qualquer estridor, é crítico fazer isto antes de tentar intubar o paciente (embora idealmente seja realizado em sala cirúrgica, o retardo pode ser decisivo). Evacue o coágulo (comece com um dedo enluvado estéril) e interrompa o sangramento, de preferência sem traumatizar a artéria, um grampo de DeBakey é o ideal
   b) INTUBAÇÃO – alta prioridade, pode ser difícil ou impossível, se a traqueia for desviada (ferida aberta imediatamente). De preferência, realizada por um anestesiologista em ambiente controlado (isto é, sala cirúrgica), a não ser que haja obstrução aguda de via aérea
   c) ligue para a sala cirúrgica e peça que seja preparada para endarterectomia e leve o paciente para lá

84.4.5 Técnica operatória

Anestesia e monitoramento

A maioria dos cirurgiões (mas não todos) monitora algum parâmetro da função neurológica durante a endarterectomia da carótida, e irão alterar a técnica (p. ex., inserir um *shunt* vascular) se houver evidência de intolerância hemodinâmica do clampeamento da carótida (ocorre somente em apenas ≈ 1-4%).

1. anestesia local/regional: permite o monitoramento "clínico" da função neurológica do paciente.[83,84] Desvantagens: movimento do paciente durante o procedimento (geralmente exacerbado pela sedação e alterações no CBF), falta de proteção cerebral dos agentes anestésicos e adjuvante. O único estudo prospectivo randomizado não encontrou diferença entre anestesias local e geral.[85] O estudo multicêntrico, randomizado controlado General Anesthesia *versus* Local Anesthesia (GALA)[86] não encontrou diferenças significativas na prevenção do acidente vascular encefálico, MI, ou morte por qualquer técnica anestésica. A análise de subgrupo mostrou tendências (não estatisticamente significativas) favorecendo a anestesia local por morte perioperatória, sobrevida livre de eventos em 1 ano e pacientes com oclusão contralateral. A anestesia local foi associada à significativa redução de inserção de *shunt*.[85] Uma revisão de Cochrane Database Review não encontrou evidência em estudos randomizados para favorecer ambas as técnicas anestésicas [87]
2. anestesia geral, possivelmente incluindo barbitúricos (*bolus* de tiopental de 125-250 mg até 15-30 segundos de supressão de explosão no eletroencefalograma (EEG), seguida de pequenas injeções de *bolus* ou infusão constante para manter a supressão de explosão[59])
   a) monitoramento por EEG
   b) monitoramento por potencial evocado somatossensorial (SSEP)
   c) medição da pressão do coto carotídeo distal após oclusão da CCA (não confiável), p. ex., usando um *shunt* se a pressão do coto carotídeo for < 25 mmHg
   d) Doppler transcraniano
   e) espectroscopia quase em infravermelho

Posição e incisão

1. supina, pescoço ligeiramente estendido e levemente virado (≈ 30°) longe do lado operatório
2. a incisão curva-se delicadamente e segue a margem anterior do músculo esternocleidomastóideo, e curva-se posteriormente na extremidade rostral
3. mantenha a porção horizontal da incisão de ≈ 1 cm distante da mandíbula para evitar lesão ao ramo mandibular marginal do nervo facial (situa-se na glândula parótida inferior e supre o depressor labial) por causa da retração contra a mandíbula
4. os retratores não devem ser colocados mais profundamente do que o platisma para evitar lesão ao nervo laríngeo recorrente que corre entre o esôfago e a traqueia. Retratores rombos são usados para evitar lesão à veia jugular interna

Dissecção

1. a veia facial comum (CFV) geralmente cruza o campo sobre a bifurcação da carótida, é duplamente ligada a dividida. Ela leva à veia jugular interna (IJV)
2. identificar a IJV é a chave, a dissecção é realizada entre a artéria carótida e a IJV
3. a *alça do hipoglosso* corre superficial à ICA e serve como um guia útil para o nervo hipoglosso (XII) que deve ser identificado, uma vez que ele esteja em maior risco quando não é visto. O XII nervo craniano pode surgir em qualquer lugar na bifurcação da carótida até o ângulo da mandíbula, embora geralmente na vizinhança da CFV. A mobilização pode ser facilitada pela divisão da pequena artéria (ramo esternocleidomastóideo da ECA) e veia que a cruza[79]

4. a alça do hipoglosso em geral pode ser poupada, e, se mobilizada, permitirá a retração medial do nervo hipoglosso fora do caminho do dano. Se for necessário dividir a alça, isto é feito próximo ao nervo hipoglosso para se ter certeza de que não é um ramo do nervo vago e para minimizar o déficit neurológico (a alça tem um ramo cervical anterior a partir do plexo cervical)
5. a artéria tireóidea superior é o primeiro ramo da ECA, e ajuda a diferenciar a ECA da ICA (a ICA localiza-se posterior à ECA)
6. o bulbo carotídeo pode ser anestesiado com ≈ 2-3 mL de lidocaína simples a 1% usando uma agulha 27 Ga (calibre). Isto pode ser feito rotineiramente, ou, como alguns preferem, somente se ocorrer hipotensão e/ou bradicardia durante dissecção (indicando estimulação do IX nervo craniano)
7. a ICA deve ser exposta além da extensão da placa, o que pode ser determinado por delicada palpação com o dedo umedecido e visualização da área onde a artéria muda da cor amarelada para a sua cor rosada normal

Oclusão e arteriotomia

1. um cadarço vascular (*vessel loop*) é colocado em torno da ECA a pelo menos 2 cm acima da bifurcação
2. um cadarço vascular também é colocado em torno da ICA, mas é dada uma só laçada
3. fita umbilical com um estrangulador ao redor da CCA 2–3 cm abaixo da bifurcação
4. heparina IV (geralmente 5.000 unidades internacionais – IU) é administrada 1 minuto antes do pinçamento (*cross clamping*)
5. um clipe temporário de aneurisma é colocado na artéria tireóidea superior
6. a ordem de *oclusão* dos vasos é a seguinte (mnemônico: "ICE"):
   a) ICA (p. ex., com clipe temporário de aneurisma)
   b) CCA (p. ex, com um pequeno grampo de DeBakey)
   c) ECA (p. ex,. com clipe temporário de aneurisma)
7. durante o pinçamento da ICA, mantém-se leve hipertensão pelo anestesiologista
8. *shunt*: alguns cirurgiões usam alguma forma de monitoramento (EEG, respostas evocadas auditivas do tronco encefálico – BSAER etc.) para determinar se um *shunt* é necessário – ver Anestesia e monitoramento (p. 1294) –, e outros ainda usam um *shunt* rotineiramente sempre que possível sem avaliar a necessidade
9. a arteriotomia é iniciada na CCA com um escalpelo #11, e depois que o lúmen é adentrado, com uma tesoura de Potts, realiza-se a incisão pela ICA além da placa. Permaneça na linha média para facilitar o fechamento da arteriotomia

Remoção de placa

1. a placa geralmente não pode ser removida por completo da CCA, e assim em geral é transeccionada com tesoura de Potts, tendo-se o cuidado de não incisar inadvertidamente a parede da artéria, deixando as bordas o mais lisas possível
2. na ICA, deve-se tomar o cuidado de evitar deixar um retalho da íntima que possa se tornar um *nidus* para dissecção arterial. Se necessário, a íntima pode ser alinhavada com suturas a partir do lúmen em ambas as extremidades (usando suturas duplas) e dando o nó fora do vaso

Fechamento de arteriotomia e liberação de vaso

1. a arteriotomia pode se realizada com sutura corrida de Prolene usando
   a) fechamento primário
   b) estenose
   c) a evidência limitada sugere que a angioplastia com remendo de carótida pode reduzir o risco de oclusão arterial perioperatória e reestenose. Remendos sintéticos (Dacron, politetrafluoretileno – PTFE) são preferidos aos de veia autóloga (risco de dilatação aneurismática, superfície trombogênica)[88,89]
2. a ordem de liberação dos vasos (o reverso da ordem de pinçamento):
   a) ECA
   b) CCA (permite lavagem de ar e restos na ECA)
   c) ICA

84.4.6 Endarterectomia da carótida de emergência

Informações gerais

As indicações para CEA de emergência incluem TIAs crescentes e acidente vascular encefálico em evolução. O paradigma de tratamento dessas condições mudaram para o uso de métodos intervencionistas, como trombólise e colocação de *stent*, embora não existam dados de estudos randomizados controlados para apoiar essas abordagens. Uma recente metanálise da CEA de emergência demonstrou que as taxas acumuladas de acidente vascular encefálico e acidente vascular encefálico/morte após CEA para TIA crescente em 176 pacientes foram de 6,5 e 9,0%, respectivamente. Para os indivíduos com acidente vascular encefálico em evolução, as taxas gerais de acidente vascular encefálico e acidente vascular encefálico/morte em 114 pacientes foram de 16,9 e 20,0%, respectivamente.[90]

Após análise retrospectiva de 64 endarterectomias de emergência,[91] as diretrizes apresentadas a seguir foram sugeridas. No entanto, a eficácia da remoção cirúrgica imediata da obstrução é controversa e não foi provada. Em um estudo inicial, mais de 50% dos pacientes sofreram hemorragia intracraniana fatal dentro de 72 horas da endarterectomia da carótida de emergência.

Tratamento inicial de paciente que se apresenta com déficit neurológico agudo

1. obtenha o histórico direcionado à determinação da presença de acidente vascular encefálico prévio e de outra doença clínica séria, e tente diferenciar de convulsões
2. avaliação neurológica basal incluindo a avaliação dos pulsos da STA e sopros da carótida
3. durante a avaliação: controle cuidadoso da BP. Oxigênio (O_2) por NC. Exames laboratoriais + EKG; ver Tratamento de TIA ou acidente vascular encefálico (p. 1282). Considere a hemodiluição com dextrano de baixo peso molecular (LMD)
4. CT para descartar ICH ou infarto (o acidente vascular encefálico inicial não será visível)
5. Quando se suspeita de doença da carótida e a CT é negativa para ICH ou infarto agudo, angiografia de emergência, MRI/MRA (angiorressonância magnética) ou CTA são realizadas

Indicações para endarterectomia da carótida de emergência

Informações gerais

Em pacientes com déficits neurológicos agudos, a necessidade de tomada de decisão rápida geralmente não permite diferenciar entre TIA, acidente vascular encefálico em evolução e acidente vascular encefálico agudo, nem avaliar a estabilidade ou natureza flutuante do déficit.

Indicações

1. acidente vascular encefálico em evolução
2. TIAs crescentes: TIAs que aumentam abruptamente de frequência até $\geq$ vários por dia
3. após trombólise intra-arterial, a CEA de emergência/urgente é indicada para estenose residual crítica da carótida[54,92]

Contraindicações

Ver também mais detalhes (p. 1286). Pacientes com níveis deprimidos de consciência ou déficits agudos fixos.

Tratamento cirúrgico

Novamente, a maioria dos casos seria agora tratada inicialmente com trombólise endovascular e colocação de *stent*. A cirurgia pode ser considerada, se isto não for uma opção
1. no caso de cirurgia de emergência, é essencial que a pressão sanguínea seja estável
2. em pacientes com oclusão completa, a ICA não é ocluída intraoperatoriamente (para evitar a ruptura do trombo, se presente)
3. se trombo estiver presente
   a) tente a extrusão espontânea usando contrapressão
   b) se isto falhar, tente remover com cateter de sucção liso
   c) se isto falhar, passe o cateter com balão de embolectomia até a base do crânio (cuidado: evite lesão à ICA distal que pode causar fístula carótida-cavernosa – CCF)
   d) obtenha angiograma intraoperatório, a não ser que surja trombo, e o refluxo seja excelente
   e) faça a plicatura da ICA (evite criar um saco cego na origem), se houver bom refluxo ou não se possa obter angiografia satisfatória

Resultados cirúrgicos

A maior correlação foi com o estado neurológico à apresentação (▶ Quadro 84.4).

Quadro 84.4 Resultados cirúrgicos		
Déficit de apresentação	**O mesmo ou melhorado**	**Mortes**
intacto ou leve	92%	0
moderado	80%	1 (7%)
grave	77%	3 (13%)

84.5 Angioplastia da carótida/colocação de *stent*

84.5.1 Informações gerais

> Σ
>
> Não existem estudos bem desenhados que mostrem de maneira convincente a superioridade de angioplastia/colocação de *stent* sobre a CEA em pacientes sintomáticos em risco médio, e a recomendação para esses pacientes é continuar com a técnica de CEA testada pelo tempo.

São escassos os estudos controlados randomizados[57,58,93,94,95,96] comparando angioplastia da carótida/colocação de *stent* à CEA, e muitos registros nonrandomizados.[58,97,98,99,100,101,102,103,104,105]

No entanto, faltam dados de estudos multicêntricos randomizados mostrando que angioplastia de carótida/colocação de *stent* é tão segura a curto prazo ou tão eficaz a longo prazo quanto a CEA em pacientes sintomáticos em risco médio. Os estudos publicados são heterogêneos (clínica e metodologicamente), pequenos demais para produzir dados robustos e convincentes, e limitados em termos de acompanhamento a longo prazo. Somente o estudo SAPPHIRE[57] que compara CEA com colocação de *stent* (usando um dispositivo de proteção embólica distal) para a estenose moderada à grave da carótida, a comorbidades que podem aumentar o risco de CEA (pacientes em alto risco), descobriu que a angioplastia/colocação de *stent* não eram inferiores (risco dentro dos 3%, p = 0,004) à CEA (baseado nos parâmetros primários compostos de acidente vascular encefálico, morte, ou MI dentro de 30 dias, ou morte por causas neurológicas ou acidente vascular encefálico ipsolateral entre 31 dias e 1 ano).[57] Porém, a metodologia do estudo tem sido criticada.[106,107,108]

Uma revisão Cochrane de 2007 concluiu que os dados disponíveis sobre angioplastia da carótida/colocação de *stent* são difíceis de interpretar e não apoiam uma alteração da prática clínica que se afaste da CEA recomendada como o tratamento de escolha para estenose da artéria carótida adequada.[109]

84.5.2 Indicações para angioplastia/colocação de *stent*

A colocação de *stent* na carótida realizada com procedimentos com níveis adequados de qualidade, deve ser considerada em vez de CEA na presença de:[110]
1. comorbidades vasculares e cardíacas graves:
   a) insuficiência cardíaca congestiva (New York Heart Association classe III/IV) e/ou disfunção ventricular esquerda grave conhecida
   b) cirurgia cardíaca de peito aberto necessária dentro de 6 semanas
   c) infarto do miocárdio recente (< 24 horas e > 4 semanas)
   d) angina instável (classes III/IV da Canadian Cardiovascular Society)
   e) oclusão da carótida contralateral
2. condições específicas:
   a) paralisia do nervo laríngeo contralateral
   b) radioterapia no pescoço
   c) CEA anterior com reestenose recorrente
   d) carótida interna cervical alta/abaixo das lesões da carótida comum clavicular
   e) lesões tandem graves
   f) idade > 80 anos
   g) doença pulmonar grave

As diretrizes de 2009 da European Society for Vascular Surgery (ESVS) Guidelines afirmam que a angioplastia/colocação de *stent* na carótida é indicada nos casos de: paralisia do nervo laríngeo contralateral, dissecção radical prévia do pescoço ou XRT cervical, CEA anterior (reestenose), bifurcação alta ou extensão intracraniana de uma lesão da carótida, contanto que a taxa de acidente vascular encefálico ou morte peri-intervencional não seja mais alta do que a aceita para CEA (recomendação Classe C).[88]

As diretrizes da AHA afirmam que a angioplastia/colocação de *stent* pode ser uma alternativa razoável à CEA em pacientes *assintomáticos de alto risco*. Porém, ressaltam que permanece incerto se esse grupo de pacientes deve se submeter a ambos os procedimentos.[111]

Referências

[1] Moulin T, Cattin F, Crépin-Leblond T *et al*. Early CT Signs in Acute Middle Cerebral Artery Infarction: Predictive Value for Subsequent Infarct Locations and Outcome. Neurology. 1996; 47:366–375

[2] Marks MP, Holmgren EB, Fox AJ, Patel S, von Kummer R, Froehlich J. Evaluation of early computed tomographic findings in acute ischemic stroke. Stroke. 1999; 30:389–392

[3] Tomandl BF, Klotz E, Handschu R, Stemper B, Reinhardt F, Huk WJ, Eberhardt KE, Fateh-Moghadam S. Comprehensive imaging of ischemic stroke with multisection CT. Radiographics. 2003; 23:565–592

[4] Wall SD, Brant-Zawadzki M, Jeffrey RB, Barnes B. High Frequency CT Findings Within 24 Hours After Cerebral Infarction. AJR. 1982; 138:307–311

[5] Aarabi B, Long DM. Dynamics of Cerebral Edema. J Neurosurg. 1979; 51:779–784

[6] Gacs G, Fox AJ, Barnett HJM, Vinuela F. CT Visualization of Intracranial Thromboembolism. Stroke. 1983; 14:756–762

[7] Tomsick TA, Brott TG, Olinger CP, Adams H et al. Hyperdense Middle Cerebral Artery: Incidence and Quantitative Significance. Neuroradiology. 1989; 31:312–315

[8] Manelfe C, Larrue V, von Kummer R et al. Association of Hyperdense Middle Cerebral Artery Sign With Clinical Outcome in Patients Treated With Plasminogen Activator. Stroke. 1999; 30:769–772

[9] Sims JR, Rordorf G, Smith EE, Koroshetz WJ, Lev MH, Buonanno F, Schwamm LH. Arterial occlusion revealed by CT angiography predicts NIH stroke score and acute outcomes after IV tPA treatment. AJNR Am J Neuroradiol. 2005; 26:246–251

[10] Nabavi DG, Cenic A, Craen RA, Gelb AW, Bennett JD, Kozak R, Lee TY. CT assessment of cerebral perfusion: experimental validation and initial clinical experience. Radiology. 1999; 213:141–149

[11] Elster AD, Moody DM. Early Cerebral Infarction: Gadopentetate Dimeglumine Enhancement. Radiology. 1990; 177:627–632

[12] Barber PA, Darby DG, Desmond PM, Yang Q, Gerraty RP, Jolley D, Donnan GA, Tress BM, Davis SM. Prediction of stroke outcome with echoplanar perfusion- and diffusion-weighted MRI. Neurology. 1998; 51:418–426

[13] Lassen NA. Control of Cerebral Circulation in Health and Disease. Circ Res. 1974; 34:749–760

[14] Brott T, Adams HP, Olinger CP et al. Measurements of Acute Cerebral Infarction: A Clinical Examination Scale. Stroke. 1991; 20:864–870

[15] Lyden P, Brott T, Tilley B et al. Improved reliability of the NIH stroke scale using video training. Stroke. 1994; 25:2220–2226

[16] The National Institute of Neurological Disorders and Stroke rt-PA Stroke Study Group. Tissue plasminogen activator for acute ischemic stroke. N Engl J Med. 1995; 333:1581–1587

[17] Kwiatkowski TG, Libman RB, Frankel M et al. Effects of plasminogen activator for acute ischemic stroke at one year. N Engl J Med. 1999; 340:1781–1787

[18] Hacke W, Kaste M, Fieschi C et al. Randomized double-blind placebo-controlled trial of thrombolytic therapy with intravenous alteplase in acute ischemic stroke (ECASS II). Lancet. 1998; 352:1245–1251

[19] Lansberg MG, Bluhmki E, Thijs VN. Efficacy and safety of tissue plasminogen activator 3 to 4.5 hours after acute ischemic stroke: a metaanalysis. Stroke. 2009; 40:2438–2441

[20] Saver JL. Hemorrhage after thrombolytic therapy for stroke: the clinically relevant number needed to harm. Stroke. 2007; 38:2279–2283

[21] Benedict SL, Ni OK, Schloesser P, White KS, Bale JF, Jr. Intra-arterial thrombolysis in a 2-year-old with cardioembolic stroke. J Child Neurol. 2007; 22:225–227

[22] Fisher M, Hachinski V. European Cooperative Acute Stroke Study III: support for and questions about a truly emerging therapy. Stroke. 2009; 40:2262–2263

[23] Barreto AD, Martin-Schild S, Hallevi H, Morales MM, Abraham AT, Gonzales NR, Illoh K, Grotta JC, Savitz SI. Thrombolytic therapy for patients who wake-up with stroke. Stroke. 2009; 40:827–832

[24] Toni D, Fiorelli M, Bastianello S et al. Hemorrhagic transformation of brain infarct: Predictability in the first 5 hours from stroke onset and influence on clinical outcome. Neurology. 1996; 46:341–345

[25] The National Institute of Neurological Disorders and Stroke rt-PA Stroke Study Group. Intracerebral hemorrhage after intravenous t-PA therapy for ischemic stroke. Stroke. 1997; 28:2109–2118

[26] Paciaroni M, Agnelli G, Corea F, Ageno W, Alberti A, Lanari A, Caso V, Micheli S, Bertolani L, Venti M, Palmerini F, Biagini S, Comi G, Previdi P, Silvestrelli G. Early hemorrhagic transformation of brain infarction: rate, predictive factors, and influence on clinical outcome: results of a prospective multicenter study. Stroke. 2008; 39:2249–2256

[27] Campbell BC, Mitchell PJ, Kleinig TJ, Dewey HM, Churilov L, Yassi N, Yan B, Dowling RJ, Parsons MW, Oxley TJ, Wu TY, Brooks M, Simpson MA, Miteff F, Levi CR, Krause M, Harrington TJ, Faulder KC, Steinfort BS, Priglinger M, Ang T, Scroop R, Barber PA, McGuinness B, Wijeratne T, Phan TG, Chong W, Chandra RV, Bladin CF, Badve M, Rice H, de Villiers L, Ma H, Desmond PM, Donnan GA, Davis SM. Endovascular therapy for ischemic stroke with perfusion-imaging selection. N Engl J Med. 2015; 372:1009–1018

[28] Goyal M, Demchuk AM, Menon BK, Eesa M, Rempel JL, Thornton J, Roy D, Jovin TG, Willinsky RA, Sapkota BL, Dowlatshahi D, Frei DF, Kamal NR, Montanera WJ, Poppe AY, Ryckborst KJ, Silver FL, Shuaib A, Tampieri D, Williams D, Bang OY, Baxter BW, Burns PA, Choe H, Heo JH, Holmstedt CA, Jankowitz B, Kelly M, Linares G, Mandzia JL, Shankar J, Sohn SI, Swartz RH, Barber PA, Coutts SB, Smith EE, Morrish WF, Weill A, Subramaniam S, Mitha AP, Wong JH, Lowerison MW, Sajobi TT, Hill MD. Randomized assessment of rapid endovascular treatment of ischemic stroke. N Engl J Med. 2015; 372:1019–1030

[29] Berkhemer OA, Fransen PS, Beumer D, van den Berg LA, Lingsma HF, Yoo AJ, Schonewille WJ, Vos JA, Nederkoorn PJ, Wermer MJ, van Walderveen MA, Staals J, Hofmeijer J, van Oostayen JA, Lycklama à Nijeholt GJ, Boiten J, Brouwer PA, Emmer BJ, de Bruijn SF, van Dijk LC, Kappelle LJ, Lo RH, van Dijk EJ, de Vries J, de Kort PL, van Rooij WJ, van den Berg JS, van Hasselt BA, Aerden LA, Dallinga RJ, Visser MC, Bot JC, Vroomen PC, Eshghi O, Schreuder TH, Heijboer RJ, Keizer K, Tielbeek AV, den Hertog HM, Gerrits DG, van den Berg-Vos RM, Karas GB, Steyerberg EW, Flach HZ, Marquering HA, Sprengers ME, Jenniskens SF, Beenen LF, van den Berg R, Koudstaal PJ, van Zwam WH, Roos YB, van der Lugt A, van Oostenbrugge RJ, Majoie CB, Dippel DW. A randomized trial of intraarterial treatment for acute ischemic stroke. N Engl J Med. 2015; 372:11–20

[30] Fransen PS, Beumer D, Berkhemer OA, van den Berg LA, Lingsma H, van der Lugt A, van Zwam WH, van Oostenbrugge RJ, Roos YB, Majoie CB, Dippel DW. MR CLEAN, a multicenter randomized clinical trial of endovascular treatment for acute ischemic stroke in the Netherlands: study protocol for a randomized controlled trial. Trials. 2014; 15. DOI: 10.1186/1745-6215-15-343

[31] Brott T, Reed RL. Intensive care for acute stroke in the community hospital setting: The first 24 hours. Stroke. 1989; 20:694–697

[32] Pulsinelli WA, Levy DE, Sigsbee B, Scherer B et al. Increased damage after ischemic stroke in patients with hyperglycemia with or without established diabetes mellitus. Am J Med. 1983; 74:540–544

[33] Tracey F, Crawford VLS, Lawson JT, Buchanan KD, Stour RW. Hyperglycemia and mortality from acute stroke. Quart J Med. 1993; 86:439–446

[34] Wass CT, Lanier WL. Glucose Modulation of Ischemic Brain Injury: Review and Clinical Recommendations. Mayo Clin Proc. 1996; 71:801–812

[35] Swanson RA. Intravenous heparin for acute stroke. What can we learn from the megatrials? Neurology. 1999; 52:1746–1750

[36] Duke RJ, Bloch RF, Turpie AG et al. Intravenous heparin for the prevention of stroke progression in acute partial stable stroke. Ann Intern Med. 1986; 105:825–828

[37] Barer D. Interpretation of IST and CAST stroke trials. Lancet. 1997; 350

[38] Genton E, Barnett HJM, Fields WS et al. Cerebral Ischemia: The Role of Thrombosis and of Antithrombotic Therapy. Stroke. 1977; 8:150–175

[39] Scheinberg P. Heparin Anticoagulation. Stroke. 1989; 20:173–174

[40] Phillips SJ. An Alternative View of Heparin Anticoagulation in Acute Focal Brain Ischemia. Stroke. 1989; 20:295–298

[41] Ramirez-Lassepas M, Quiñones MR, Nino HH. Treatment of acute ischemic stroke: Open trial with continuous intravenous heparinization. Arch Neurol. 1986; 43:386–390

[42] Chassin MR. Appropriate Use of Carotid Endarterectomy. N Engl J Med. 1998; 339:1468–1471

[43] The North American Symptomatic Carotid Endarterectomy Trial. Beneficial Effect of Carotid Endarterectomy in Symptomatic Patients with High-Grade Carotid Stenosis. N Engl J Med. 1991; 325:445–453

[44] The European Carotid Surgery Trialists' Collaborative Group. Randomized Trial of Endartectomy for Recently Symptomatic Carotid Stenosis: Final Results of the MRC European Carotid Surgery Trial (ECST). Lancet. 1998; 351:1379–1387

[45] Barnett HJM, Taylor W, Eliasziw M et al. Benefit of Carotid Endarterectomy in Patients with Symptomatic Moderate or Severe Stenosis. N Engl J Med. 1998; 339:1415–1425

[46] The European Carotid Surgery Trialists' Collaborative Group. Endartectomy for Moderate Symptomatic Carotid Stenosis: Interim Results of the MRC European Carotid Surgery Trial. Lancet. 1996; 347:1591–1593

[47] Halliday A, Mansfield A, Marro J, Peto C, Peto R, Potter J, Thomas D. Prevention of disabling and fatal strokes by successful carotid endarterectomy in patients without recent neurological symptoms: randomised controlled trial. Lancet. 2004; 363:1491–1502

[48] The Executive Committee for the Asymptomatic Carotid Atherosclerosis Study. Endarterectomy for Asymptomatic Carotid Artery Stenosis. JAMA. 1995; 273:1421–1428

[49] Haynes RB, Taylor DW, Sackett DL et al. Prevention of Functional Impairment by Endarterectomy for Symptomatic High-Grade Stenosis. Lancet. 1994; 351:1379–1387

[50] Faries PL, Chaer RA, Patel S, Lin SC, DeRubertis B, Kent KC. Current management of extracranial carotid artery disease. Vasc Endovascular Surg. 2006; 40:165–175

[51] Rouleau PA, Huston J, III, Gilbertson J, Brown RD,Jr, Meyer FB, Bower TC. Carotid artery tandem lesions: frequency of angiographic detection and consequences for endarterectomy. AJNR Am J Neuroradiol. 1999; 20:621–625

[52] Bond R, Rerkasem K, Rothwell PM. Systematic review of the risks of carotid endarterectomy in relation to the clinical indication for and timing of surgery. Stroke. 2003; 34:2290–2301

[53] Rothwell PM, Eliasziw M, Gutnikov SA, Warlow CP, Barnett HJ. Endarterectomy for symptomatic carotid stenosis in relation to clinical subgroups and timing of surgery. Lancet. 2004; 363:915–924

[54] Bartoli MA, Squarcioni C, Nicoli F, Magnan PE, Malikov S, Berger L, Lerussi GB, Branchereau A. Early carotid endarterectomy after intravenous thrombolysis for acute ischaemic stroke. Eur J Vasc Endovasc Surg. 2009; 37:512–518

[55] Nguyen LL, Conte MS, Reed AB, Belkin M. Carotid endarterectomy: who is the high-risk patient? Semin Vasc Surg. 2004; 17:219–223

[56] Kang JL, Chung TK, Lancaster RT, Lamuraglia GM, Conrad MF, Cambria RP. Outcomes after carotid endarterectomy: is there a high-risk population? A National Surgical Quality Improvement Program report. J Vasc Surg. 2009; 49:331–8, 339 e1; discussion 338-9

[57] Yadav JS, Wholey MH, Kuntz RE, Fayad P, Katzen BT, Mishkel GJ, Bajwa TK, Whitlow P, Strickman NE, Jaff MR, Popma JJ, Snead DB, Cutlip DE, Firth BG, Ouriel K. Protected carotid-artery stenting versus endarterectomy in high-risk patients. N Engl J Med. 2004; 351:1493–1501

[58] Gray WA, Hopkins LN, Yadav S, Davis T, Wholey M, Atkinson R, Cremonesi A, Fairman R, Walker G, Verta P, Popma J, Virmani R, Cohen DJ. Protected carotid stenting in high-surgical-risk patients: the ARCHeR results. J Vasc Surg. 2006; 44:258–268

[59] Spetzler RF, Martin N, Hadley MN et al. Microsurgical Endarterectomy Under Barbiturate Protection: A Prospective Study. J Neurosurg. 1986; 65:63–73

[60] Mayo Asymptomatic Carotid Endarterectomy Study Group. Results of a Randomized Controlled Trial of Carotid Endarterectomy for Asymptomatic Carotid Stenosis. Mayo Clin Proc. 1992; 67:513–518

[61] Harker LA, Bernstein EF, Dilley RB, Scala TE et al. Failure of Aspirin plus Dipyridamole to Prevent Restenosis After Carotid Endarterectomy. Ann Int Med. 1992; 116:731–736

[62] McPhee JT, Hill JS, Ciocca RG, Messina LM, Eslami MH. Carotid endarterectomy was performed with lower stroke and death rates than carotid artery stenting in the United States in 2003 and 2004. J Vasc Surg. 2007; 46:1112–1118

[63] Branch CL, Davis CH. False Aneurysm Complicating Carotid Endarterectomy. Neurosurgery. 1986; 19:421–425

[64] McCollum CH, Wheeler WG, Noon GP et al. Aneurysms of the Extracranial Carotid Artery. Am J Surg. 1979; 137:196–200

[65] Welling RE, Taha A, Goel T et al. Extracranial Carotid Artery Aneurysms. Surgery. 1983; 93:319–323

[66] Brott TG, Labutta RJ, Kempczinski RF. Changing Patterns in the Practice of Carotid Endarterectomy in a Large Metropolitan Area. JAMA. 1986; 255:2609–2612

[67] Reigel MM, Hollier LH, Sundt TM et al. Cerebral Hyperperfusion Syndrome: A Cause of Neurologic Dysfunction After Carotid Endarterectomy. J Vasc Surg. 1987; 5:628–634

[68] Piepgras DG, Morgan MK, Sundt TM et al. Intracerebral Hemorrhage After Carotid Endarterectomy. J Neurosurg. 1988; 68:532–536

[69] Ascher E, Markevich N, Schutzer RW, Kallakuri S, Jacob T, Hingorani AP. Cerebral hyperperfusion syndrome after carotid endarterectomy: predictive factors and hemodynamic changes. J Vasc Surg. 2003; 37:769–777

[70] Sundt TM. Occlusive Cerebrovascular Disease. Philadelphia: W. B. Saunders; 1987

[71] Kieburtz K, Ricotta JJ, Moxley RT. Seizures Following Carotid Endarterectomy. Arch Neurol. 1990; 47:568–570

[72] Sundt TM, Sharbrough FW, Piepgras DG et al. Correlation of Cerebral Blood Flow and Electroencephalographic Changes During Carotid Endarterectomy. Mayo Clin Proc. 1981; 56:533–543

[73] Wilkinson JT, Adams HP, Wright CB. Convulsions After Carotid Endarterectomy. JAMA. 1980; 244:1827–1828

[74] Bernstein EF, Humber PB, Collins GM et al. Life expectancy and late stroke following carotid enderterectomy. Ann Surg. 1983; 198:80–86

[75] Callow AD. Recurrent Stenosis After Carotid Endarterectomy. Arch Surg. 1982; 117:1082–1085

[76] Dolan JG, Mushlin AI. Hypertension, Vascular Headaches, and Seizures After Carotid Endarterectomy. Arch Intern Med. 1984; 144:1489–1491

[77] Caplan LR, Skillman J, Ojemann R, Fields W. Intracerebral Hemorrhage Following Carotid Endarterectomy: A Hypertensive Complication. Stroke. 1979; 9:457–460

[78] Sajid MS, Vijaynagar B, Singh P, Hamilton G. Literature review of cranial nerve injuries during carotid endarterectomy. Acta Chir Belg. 2007; 107:25–28

[79] Imparato AM, Bracco A, Kim GE, Bergmann L. The Hypoglossal Nerve in Carotid Arterial Reconstructions. Stroke. 1972; 3:576–578

[80] Skydell JL, Machleder HI, Baker JD et al. Incidence and Mechanism of Postcarotid Endarterectomy Hypertension. Arch Surg. 1987; 122:1153–1155

[81] Lehv MS, Salzman EW, Silen W. Hypertension Complicating Carotid Endarterectomy. Stroke. 1970; 1:307–313

[82] Baker WH, Bergan JJ, Yao JST. In: Management of stroke during and after carotid surgery. Cerebrovascular Insufficiency. New York: Grune and Stratton; 1983:481–495

[83] Zuccarello M, Yeh H-S, Tew JM. Morbidity and Mortality of Carotid Endarterectomy under Local Anesthesia: A Retrospective Study. Neurosurgery. 1988; 23:445–450

[84] Lee KS, Courtland CH, McWhorter JM. Low Morbidity and Mortality of Carotid Endarterectomy Performed with Regional Anesthesia. J Neurosurg. 1988; 69:483–487

[85] Forssell C, Takolander R, Bergqvist D *et al.* Local Versus General Anesthesia in Carotid Surgery. A Prospective Randomized Study. Eur J Vasc Surg. 1989; 3:503–509

[86] Lewis SC, Warlow CP, Bodenham AR, Colam B, Rothwell PM, Torgerson D, Dellagrammaticas D, Horrocks M, Liapis C, Banning AP, Gough M, Gough MJ. General anaesthesia versus local anaesthesia for carotid surgery (GALA): a multicentre, randomised controlled trial. Lancet. 2008; 372:2132–2142

[87] Rerkasem K, Rothwell PM. Local versus general anaesthesia for carotid endarterectomy. Cochrane Database Syst Rev. 2008. DOI: 10.1002/14651858. CD000126.pub3

[88] Liapis CD, Bell PR, Mikhailidis D, Sivenius J, Nicolaides A, Fernandes e Fernandes J, Biasi G, Norgren L. ESVS guidelines. Invasive treatment for carotid stenosis: indications, techniques. Eur J Vasc Endovasc Surg. 2009; 37:1–19

[89] Bond R, Rerkasem K, AbuRahma AF, Naylor AR, Rothwell PM. Patch angioplasty versus primary closure for carotid endarterectomy. Cochrane Database Syst Rev. 2004. DOI: 10.1002/14651858. CD000160.pub2

[90] Karkos CD, Hernandez-Lahoz I, Naylor AR. Urgent carotid surgery in patients with crescendo transient ischaemic attacks and stroke-in-evolution: a systematic review. Eur J Vasc Endovasc Surg. 2009; 37:279–288

[91] Walters BB, Ojemann RG, Heros RC. Emergency Carotid Endarterectomy. J Neurosurg. 1987; 66:817–823

[92] Mayo Asymptomatic Carotid Endarterectomy Study Group. Results of a randomized controlled trial of carotid endarterectomy for asymptomatic carotid stenosis. Mayo Clin Proc. 1992; 67:513–518

[93] CAVATAS Investigators. Endovascular versus surgical treatment in patients with carotid stenosis in the Carotid and Vertebral Artery Transluminal Angioplasty Study (CAVATAS): a randomised trial. Lancet. 2001; 357:1729–1737

[94] Alberts MJ. Results of a multicenter prospective randomized trial of carotid artery stenting vs. carotid endarterectomy. Stroke. 2001; 32

[95] Mas JL, Chatellier G, Beyssen B, Branchereau A, Moulin T, Becquemin JP, Larrue V, Lievre M, Leys D, Bonneville JF,Watelet J, Pruvo JP, Albucher JF, Viguier A, Piquet P, Garnier P, Viader F, Touze E, Giroud M, Hosseini H, Pillet JC, Favrole P, Neau JP, Ducrocq X. Endarterectomy versus stenting in patients with symptomatic severe carotid stenosis. N Engl J Med. 2006; 355:1660–1671

[96] Ringleb PA, Allenberg J, Bruckmann H, Eckstein HH, Fraedrich G, Hartmann M, Hennerici M, Jansen O, Klein G, Kunze A, Marx P, Niederkorn K, Schmiedt W, Solymosi L, Stingele R, Zeumer H, Hacke W. 30 day results from the SPACE trial of stent-protected angioplasty versus carotid endarterectomy in symptomatic patients: a randomised non-inferiority trial. Lancet. 2006; 368:1239–1247

[97] CaRESS Steering Committee. Carotid Revascularization Using Endarterectomy or Stenting Systems (CaRESS) phase I clinical trial: 1-year results. J Vasc Surg. 2005; 42:213–219

[98] White CJ, Iyer SS, Hopkins LN, Katzen BT, Russell ME. Carotid stenting with distal protection in high surgical risk patients: the BEACH trial 30 day results. Catheter Cardiovasc Interv. 2006; 67:503–512

[99] Safian RD, Bresnahan JF, Jaff MR, Foster M, Bacharach JM, Maini B, Turco M, Myla S, Eles G, Ansel GM.

Protected carotid stenting in high-risk patients with severe carotid artery stenosis. J Am Coll Cardiol. 2006; 47:2384–2389

[100] Hill MD, Morrish W, Soulez G, Nevelsteen A, Maleux G, Rogers C, Hauptmann KE, Bonafe A, Beyar R, Gruberg L, Schofer J. Multicenter evaluation of a self-expanding carotid stent system with distal protection in the treatment of carotid stenosis. AJNR Am J Neuroradiol. 2006; 27:759–765

[101] Fairman R, Gray WA, Scicli AP, Wilburn O, Verta P, Atkinson R, Yadav JS, Wholey M, Hopkins LN, Raabe R, Barnwell S, Green R. The CAPTURE registry: analysis of strokes resulting from carotid artery stenting in the post approval setting: timing, location, severity, and type. Ann Surg. 2007; 246:551–6; discussion 556-8

[102] Iyer SS, White CJ, Hopkins LN, Katzen BT, Safian R, Wholey MH, Gray WA, Ciocca R, Bachinsky WB, Ansel G, Joye JD, Russell ME. Carotid artery revascularization in high-surgical-risk patients using the Carotid WALLSTENT and FilterWire EX/EZ: 1-year outcomes in the BEACH Pivotal Group. J Am Coll Cardiol. 2008; 51:427–434

[103] Bosiers M, Peeters P, Deloose K, Verbist J, Sievert H, Sugita J, Castriota F, Cremonesi A. Does carotid artery stenting work on the long run: 5-year results in high-volume centers (ELOCAS Registry). J Cardiovasc Surg (Torino). 2005; 46:241–247

[104] Theiss W, Hermanek P, Mathias K, Ahmadi R, Heuser L, Hoffmann FJ, Kerner R, Leisch F, Sievert H, von Sommoggy S. Pro-CAS: a prospective registry of carotid angioplasty and stenting. Stroke. 2004; 35:2134–2139

[105] Zahn R, Roth E, Ischinger T, Mark B, Hochadel M, Zeymer U, Haerten K, Hauptmann KE, von Leitner ER, Schramm A, Kasper W, Senges J. Carotid artery stenting in clinical practice results from the Carotid Artery Stenting (CAS)-registry of the Arbeitsgemeinschaft Leitende Kardiologische Krankenhausarzte (ALKK). Z Kardiol. 2005; 94:163–172

[106] Goldstein LB. New data about stenting versus endarterectomy for symptomatic carotid artery stenosis. Curr Treat Options Cardiovasc Med. 2009; 11:232–240

[107] Fayad P. Endarterectomy and stenting for asymptomatic carotid stenosis: a race at breakneck speed. Stroke. 2007; 38:707–714

[108] Naylor AR, Bell PR. Treatment of asymptomatic carotid disease with stenting: con. Semin Vasc Surg. 2008; 21:100–107

[109] Ederle J, Featherstone RL, Brown MM. Percutaneous transluminal angioplasty and stenting for carotid artery stenosis. Cochrane Database Syst Rev. 2007. DOI: 10.1002/14651858.CD000515.pub3

[110] Cremonesi A, Setacci C, Bignamini A, Bolognese L, Briganti F, Di Sciascio G, Inzitari D, Lanza G, Lupattelli L, Mangiafico S, Pratesi C, Reimers B, Ricci S, de Donato G, Ugolotti U, Zaninelli A, Gensini GF. Carotid artery stenting: first consensus document of the ICCS-SPREAD Joint Committee. Stroke. 2006; 37:2400–2409

[111] Goldstein LB, Adams R, Alberts MJ, Appel LJ, Brass LM, Bushnell CD, Culebras A, Degraba TJ, Gorelick PB, Guyton JR, Hart RG, Howard G, Kelly-Hayes M, Nixon JV, Sacco RL. Primary prevention of ischemic stroke. Stroke. 2006; 37:1583–1633

85 Condições Especiais

85.1 Artéria carótida interna totalmente ocluída

85.1.1 Informações gerais

Descobriu-se que em 10 a 15% dos pacientes que se apresentam com acidente vascular encefálico ou ataques isquêmicos transitórios (TIA) em território carotídeo têm oclusão da carótida. Isto equivale a uma estimativa de 61.000 acidentes vasculares encefálicos pela primeira vez e 19.000 TIAs por ano nos Estados Unidos. A prevenção de acidente vascular encefálico subsequente em pacientes sintomáticos com oclusão da artéria carótida continua a ser um difícil desafio. A taxa geral de acidente vascular encefálico subsequente é de 7% por ano para todos os acidentes vasculares encefálicos e de 5,9% por ano para o acidente vascular encefálico isquêmico ipsilateral à artéria carótida ocluída.[1] Estes riscos persistem mesmo com o tratamento com antiagregantes e anticoagulantes.[2] A prevalência de oclusão assintomática da carótida não é conhecida, e a incidência de acidente vascular encefálico ipsilateral em oclusão da carótida nunca sintomática é insignificante.[3]

85.1.2 Apresentação

Três padrões de acidente vascular encefálico com oclusão aguda de artéria carótida:
1. embolia do coto: produz infartos corticais. Geralmente os êmbolos sobem para a carótida externa (fluxo alto, e o fluxo reverso que pode ocorrer através da artéria carótida interna – ICA inicialmente evita a embolia desta artéria). Posteriormente, pode ocorrer embolia na ICA
2. acidente vascular encefálico no hemisfério inteiro
3. infarto hemodinâmico

Em pacientes[4] sintomáticos: TIA hemiparético em 53%, TIA disfásico em 34%, déficit neurológico fixo em 21%, TIAs crescentes em 21%, amaurose fugaz em 17%, hemiplegia aguda em 6%. Uma série apresentou 27% assintomáticos.[5] Os pacientes podem apresentar o chamado "acidente vascular encefálico lento da carótida", de oclusão da carótida, que é um acidente vascular encefálico progressivo em degraus.

85.1.3 História natural

Ver referência.[6]

Os pacientes com déficit leve e oclusão angiograficamente comprovada da ICA apresentaram uma taxa de acidente vascular encefálico (em duas séries) de 3 ou 5% ao ano (2 ou 3,3% relacionados com o lado ocluído). Em pacientes com oclusão aguda de ICA e déficit neurológico profundo, 2-12% têm boa recuperação, 40-69% terão déficit profundo, e 16-55% irão a óbito no momento do acompanhamento.

85.1.4 Trombólise endovascular e colocação de *stent* para oclusão aguda da carótida

Relatos de caso e séries de tratamento endovascular da oclusão da artéria carótida interna confirmaram a viabilidade dessa técnica. A trombólise intra-arterial dentro de 6 horas do início do acidente vascular encefálico pode aumentar as taxas de recanalização para 37-100% e a melhora clínica para 53-94% sem aumento significativo na transformação hemorrágica, quando comparada à terapia trombolítica intravenosa somente.[7,8,9,10,11,12] Embora os resultados pareçam promissores, faltam estudos controlados randomizados sobre trombólise da carótida cervical e/ou colocação de *stent*.

85.1.5 Cirurgia

As opções incluem: endarterectomia, embolectomia por cateter de Fogarty com balão (utilizando um cateter French Nº 2 com balão de 0,2 mL inserido delicadamente em 10 a 12 cm até a ICA, a partir de uma pequena arteriotomia realizada distalmente à placa ateromatosa[13]), *bypass* extracraniano-intracraniano. A taxa de permeabilidade restaurada é inversamente relacionada com a duração suspeitada da oclusão. A ICA cronicamente ocluída apresenta precária permeabilidade e pouco ganho com a reabertura.

A determinação do tempo exato de oclusão geralmente é impossível. Em geral, é preciso dispor de fundamentos clínicos, portanto uma oclusão crônica ocasional será incluída.

O enchimento retrógrado da ICA até o segmento petroso ou cavernoso da artéria carótida externa (ECA; p. ex., via oftálmica) ou da ICA contralateral é um bom sinal de operabilidade.[4]

Resultados cirúrgicos[4]

Trinta e dois por cento (15/47 casos) de fracassos cirúrgicos imediatos (nenhum ou mínimo sangramento retrógrado), pelo menos 3 mortes. Entre os sucessos imediatos não há acidentes vasculares encefálicos e nem TIAs. Se o paciente for operado em < 2 dias, a taxa de permeabilidade relatada é de 70-100%, em 3-7 dias é de 50-100%, em 8-14 dias é de 27-58%, em 15-30 dias é de 4-61%, em mais de 1 mês (2 séries) 20-50%.

85.1.6 Diretrizes

Cirurgias de emergência para déficit neurológico agudo associado à oclusão total não devem ser realizadas após cerca de 2 h. O estado neurológico extremamente precário (letargia/coma) é uma contraindicação à cirurgia. Pacientes sem déficit neurológico persistente: operar o mais breve possível. Se o paciente tiver TIAs recorrentes (apesar da terapia médica máxima) após oclusão recente da carótida e nenhum infarto definido na imagem por ressonância magnética (MRI), considere a cirurgia de *bypass* (desvio).

85.2 Infarto cerebelar

85.2.1 Informações gerais

Relativamento raro (é visto em apenas 0,6% de todas as tomografias computadorizadas [CTs] obtidas por qualquer razão[14]). Os infartos cerebelares podem ser classificados como envolvendo a distribuição da artéria cerebelar (PICA; amígdala cerebelar e/ou vérmis inferior), a distribuição da artéria cerebelar superior (hemisfério superior ou vérmis superior) ou ter outros padrões indeterminados.[15] Oitenta por cento dos pacientes que desenvolvem sinais de compressão do tronco encefálico irão a óbito, geralmente dentro de horas a dias.

85.2.2 Achados clínicos iniciais

Na maioria dos casos, o início é súbito, sem sintomas premonitórios.[16] As primeiras 12 horas após o início caracterizam-se pela ausência de progressão. Os achados iniciais devem-se à lesão cerebelar intrínseca (infartos isquêmicos ou hemorrágicos):

1. sintomas
    a) tontura ou vertigem
    b) náusea/vômito
    c) perda de equilíbrio, geralmente com queda e incapacidade de se levantar
    d) cefaleia (infrequente em uma série[16])
2. sinais
    a) ataxias truncal e apendicular
    b) nistagmo
    c) disartria

85.2.3 Achados clínicos tardios

Os pacientes com infartos cerebelares podem desenvolver subsequentemente pressão aumentada dentro da fossa posterior (decorrente de edema cerebelar ou efeito de massa decorrente de coágulo), com compressão do tronco encefálico (particularmente a ponte posterior). Os achados clínicos geralmente aumentam entre 12 e 96 h após o início. A compressão do aqueduto do mesencéfalo (de Sílvio) pode causar hidrocefalia aguda com elevação concomitante da pressão intracraniana (ICP).

85.2.4 Estudos por imagem

Imagem de tomografia computadorizada (CT): pode ser normal muito precocemente nesses pacientes. Pode haver achados sutis em uma fossa posterior contraída: compressão ou obliteração das cisternas basais ou quarto ventrículo, ou hidrocefalia.

MRI: (incluindo imagem de difusão ponderada – DWI) mais sensível para isquemia, especialmente na fossa posterior.

85.2.5 Indicações cirúrgicas

A descompressão cirúrgica (ver abaixo) provavelmente deve ser realizada logo que se desenvolvam quaisquer dos sinais a seguir, se não houver resposta à terapia médica.[17] É importante reconhecer uma síndrome bulbar lateral (LMS) (p. 1267) que geralmente pode acompanhar um infarto cerebelar. Com a LMS, os sinais geralmente estão presentes desde o início (disfagia, disartria, síndrome de Horner, dormência facial ipsilateral, perda sensorial cruzada...), e não são acompanhados por alteração no sensório. Não há lugar para descompressão cirúrgica na LMS, uma vez que ela representa isquemia primária do tronco encefálico e não compressão.

Os achados prosseguem na sequência aproximada a seguir, se não houver intervenção:
1. paralisia do nervo abducente (VI)
2. perda do olhar ipsolateral (compressão do VI núcleo e centro do olhar lateral)
3. paresia periférica do nervo facial (compressão do colículo facial)
4. confusão e sonolência (pode decorrer, em parte, do desenvolvimento de hidrocefalia)
5. sinal de Babinski
6. hemiparesia
7. letargia
8. pupilas pequenas, mas reativas
9. coma
10. postura → flacidez
11. respirações atáxicas

85.2.6 Craniectomia suboccipital para infartos cerebelares

Ao contrário da situação no caso de massas supratentoriais que causam herniação, existem vários relatos de pacientes em coma profundo, decorrente da compressão direta do tronco encefálico, operados rapidamente, que tiveram uma boa recuperação.[17,18,19] Ver também Diretrizes para pacientes com hemorragia cerebelar (p. 1344).

A cirurgia de escolha é a descompressão suboccipital para incluir aumento do forame magno. A dura é, então, aberta, e o tecido cerebelar infartado geralmente exsuda "como creme dental" e é facilmente aspirado. Evite o uso de drenagem ventricular isoladamente, pois isto pode causar herniação cerebelar superior (p. 303) e não alivia a compressão direta ao tronco encefálico.

85.3 Infartos malignos em território da artéria cerebral média

85.3.1 Informações gerais

É uma síndrome característica que ocorre em até 10% dos pacientes com acidente vascular encefálico.[20,21] que acarreta mortalidade de até 80% (principalmente devido a grave edema cerebral pós-isquêmico → ICP aumentada → herniação).[21]

Os pacientes geralmente apresentam achados de acidente vascular encefálico hemisférico grave (hemiplegia, desvio forçado do olho e da cabeça), muitas vezes com achados de CT de infarto importante nas primeiras 12 horas. A maioria desenvolve sonolência logo após a admissão. Há deterioração progressiva durante os 2 primeiros dias, e subsequente herniação transtentorial geralmente dentro de 2-4 dias do acidente vascular encefálico, as fatalidades em geral estão associadas a: sonolência intensa, hemiplegia densa, idade > 45-50 anos,[22] hipodensidade parenquimal precoce envolvendo > 50% da distribuição da MCA na CT,[23] desvio da linha média > 8-10 mm, apagamento precoce dos sulcos e o sinal hiperdenso da artéria cerebral média (MCA) (p. 1281).[22]

Os neurocirurgiões podem-se envolver nos cuidados a esses pacientes, porque as terapias agressivas nesses pacientes podem reduzir a morbidade e mortalidade. As opções incluem:
1. medidas convencionais para controlar a ICP (com ou sem monitoramento da ICP): a mortalidade ainda é alta nesse grupo, e a ICP elevada não é uma causa comum de deterioração neurológica inicial em um grande acidente vascular encefálico hemisférico
2. hemicraniectomia (craniectomia descompressiva): ver abaixo
3. ✘ até o momento, os seguintes tratamentos não melhoraram o resultado: agentes para lise de coágulo, hiperventilação, manitol ou coma por barbitúrico

85.3.2 Hemicraniectomia para infartos malignos em território de MCA

Pode reduzir a mortalidade para apenas 32% de acidentes vasculares encefálicos[24] no hemisfério não dominante (37% de todos os pacientes que chegam[25]) com redução surpreendente da hemiplegia, e em acidentes vasculares encefálicos no hemisfério dominante, apenas com afasia leve a moderada (são melhores os resultados com a cirurgia precoce, especialmente se esta for realizada *antes* de ocorrer quaisquer alterações associadas à herniação). Metanálises[26] de três estudos controlados randomizados descobriram que a hemicraniectomia dentro de 48 horas após o início do acidente vascular encefálico resultava em diminuição da mortalidade e aumento do número de pacientes com resultado funcional favorável.

Indicações: não há indicações firmes. Diretrizes:
1. idade < 70 anos
2. considerada mais fortemente no hemisfério não dominante (geralmente o direito)
3. evidência clínica e em CT de infartos completos agudos de ICA ou MCA e sinais direto de edema cerebral hemisférico completo grave ou iminente (a deterioração neurológica grave pós-internação é o evento usual que desencadeia intervenção cirúrgica)

Ver também **Técnica** (p. 1467).

85.4 Embolia cerebral cardiogênica

85.4.1 Informações gerais

Cerca de um em seis acidentes vasculares encefálicos é cardioembólico. Os êmbolos podem ser compostos de trombos ricos em fibrina (p. ex., trombos murais decorrentes de hipocinesia miocárdica segmentar após infarto do miocárdio [MI] ou aneurisma ventricular), plaquetas (p. ex., endocardite trombótica não bacteriana), material calcificado (p. ex., na estenose aórtica), ou partículas tumorais (p. ex., mixoma atrial).

85.4.2 Após infartos agudos do miocárdio (AMI)

Dois e meio por cento dos pacientes terão um acidente vascular encefálico dentro de 1-2 semanas de um AMI (o período em que a maioria dos êmbolos ocorre). O risco é maior no caso de MI de parede anterior ($\approx$ 6%) *versus* inferior ($\approx$ 1%).

85.4.3 Fibrilação atrial (A-fib)

Pacientes não reumáticos com A-fib estão em risco 3 a 5 vezes maior de acidente vascular encefálico,[27] com uma taxa de 4,5% de acidente vascular encefálico ao ano sem tratamento.[28] A incidência de um A-fib nos Estados Unidos é de 2,2 milhões. Cerca de 75% dos acidentes vasculares encefálicos em pacientes com A-fib se devem a trombos atriais esquerdos.[29] Os fatores de risco independentes para acidente vascular encefálico em pacientes com A-fib são: idade avançada, embolia anterior (acidente vascular encefálico ou TIA), hipertensão (HTN), diabetes melito (DM) e evidência ecocardiográfica do aumento do átrio esquerdo ou disfunção ventricular esquerda.[27]

O sistema de pontuação CHADS2 para pacientes com A-fib tem sido amplamente validado[30] e é mostrado no ▶ Quadro 85.1. Os pontos são totalizados, e a avaliação de risco é mostrada no ▶ Quadro 85.2. Para pacientes com um escore CHADS2 > 2, a terapia com varfarina foi significativamente protetora para morte fora do hospital ou hospitalização por acidente vascular encefálico, MI ou hemorragia (intervalo de confiança – CI = 0,61-0,91).[31]

85.4.4 Valvas cardíacas protéticas

Pacientes com valvas cardíacas mecânicas protéticas e sob anticoagulação a longo prazo têm uma taxa de embolia de 3%/ano na valva mitral e 1,5%/ano na valva aórtica. Com as valvas bioprotéticas e sem anticoagulação, o risco é de 2-4%/ano.

Quadro 85.1 Itens de pontuação CHADS2	
Item	**Pontos**
CHF (qualquer histórico)	1
HTN (histórico anterior)	1
Idade > 75 anos	1
diabetes melito	1
Prevenção secundária: em pacientes com acidente vascular encefálico isquêmico ou ataque isquêmico transitório (TIA) anterior; a maioria também inclui eventos embólicos sistêmicos	2

Quadro 85.2 Risco baseado em escore CHADS2	
Escore CHADS 2	**Risco anual de acidente vascular encefálico (%/ano)**
0	1,9
1	2,8
2	4
3	5,9
4	8,5
5	12,5
6	18,2

85.4.5 Embolia paradoxal

A embolia paradoxal pode ocorrer com um forame oval patente que está presente em 10-18% da população em geral, mas em até 56% dos adultos jovens com acidente vascular encefálico não explicado.[32]

85.4.6 Endocardite

Diagnóstico

As hemoculturas e a ecocardiografia transesofágica (TEE) ajudam na avaliação.

Nenhuma característica neurológica específica pode distinguir esses pacientes. O diagnóstico é sugerido em estudos por imagem mostrando múltiplos acidentes vasculares encefálicos isquêmicos intracranianos em diferentes distribuições arteriais, o diagnóstico diferencial inclui: vasculite, aterosclerose intracraniana (placas focais, mais comuns em populações asiáticas que consomem dietas ocidentais) e linfomatose intravascular.

O diagnóstico de embolia cerebral cardiogênica (CBE) como uma causa de acidente vascular encefálico depende da demonstração de uma origem cardíaca potencial, ausência de doença cerebrovascular e acidente vascular encefálico não lacunar.

Grandes áreas de transformação hemorrágica em um infarto isquêmico podem ser mais indicativas de CBE por causa da trombólise do coágulo e reperfusão do cérebro infartado com conversão hemorrágica subsequente. A transformação hemorrágica ocorre com mais frequência dentro de 48 h de um acidente vascular encefálico por CBE, e é mais comum em acidentes vasculares encefálicos maiores.

Detecção da origem cardíaca

A maioria dos centros depende de ecocardiografia (sem capacidade transesofágica). Usando critérios restritos (isto é, excluindo prolapso da valva mitral), em cerca de 10% dos pacientes com acidente vascular encefálico isquêmico será detectada pela ecocardiografia uma origem cardíaca em potencial, e a maioria desses pacientes tem outras manifestações de doença cardíaca. Em pacientes com acidente vascular encefálico sem doença cardíaca clínica, somente 1,5% terá uma ecocardiografia positiva; o rendimento é mais alto em pacientes mais jovens sem doença cerebrovascular.[33]

O eletrocardiograma (EKG) pode detectar a fibrilação atrial que pode ser vista em 6-24% dos acidentes vasculares encefálicos isquêmicos, e pode estar associada a um risco 5 vezes maior de acidente vascular encefálico (ver abaixo).

Tratamento

A CBE é essencialmente a única condição para a qual a anticoagulação tem demonstrado reduzir significativamente a taxa de outros acidentes vasculares encefálicos.

É preciso contrabalançar o risco de embolia recorrente (12% dos pacientes com um acidente vascular encefálico cardioembólico terão um segundo acidente vascular encefálico embólico dentro de 2 semanas) contra o risco de conversão de um infarto pálido em hemorrágico. Nenhum estudo demonstrou um claro benefício com a anticoagulação *precoce*.

Recomendações para anticoagulação:
1. se usada, a anticoagulação não deverá ser instituída dentro das primeiras 48 h de um provável acidente vascular encefálico por CBE
2. a CT deverá ser obtida 48 h acidente vascular encefálico por CBE e antes de iniciar a anticoagulação (para descartar hemorragia)
3. a anticoagulação não deve ser usada no caso de grandes infartos
4. inicie heparina e varfarina simultaneamente. Continue a heparina por 3 dias durante a terapia com varfarina, ver Anticoagulação (p. 156)
5. a variação ideal da anticoagulação oral para minimizar embolia subsequente e/ou hemorragia não foi determinada, mas dependendo de outros dados pendentes, uma relação normalizada internacional (INR) de 2-3 parece satisfatória
6. pacientes assintomáticos com A-fib mostram redução de 66-86% no risco de acidente vascular encefálico com varfarina (Coumadin®).[27,34] O ácido acetilsalicílico (ASA) tem apenas metade de sua eficácia, mas pode ser suficiente para pacientes sem fatores de risco associados (p. 1304)[27]

85.5 Insuficiência vertebrobasilar

85.5.1 Informações gerais

Sinais e sintomas resultantes de fluxo sanguíneo inadequado através da circulação cerebral posterior (artérias vertebrais, artéria basilar e seus ramos).

85.5.2 Sintomas

▶ O Quadro 85.3 mostra um mnemônico dos sintomas de insuficiência vertebrobasilar (VBI). Não é confiável predizer o local da lesão apenas com base na avaliação clínica.

Os critérios diagnósticos para insuficiência vertebrobasilar (VBI) são mostrados no ▶ Quadro 85.3.

Pode-se também suspeitar de VBI em um paciente com episódios transitórios de "tontura" (vertigem de outra forma inexplicável, p. ex., ausência de hipotensão ortostática ou vertigem posicional benigna) que é iniciada por alterações posicionais. A VBI algumas vezes pode-se dever à compressão da artéria vertebral (VA) no nível das vértebras C1-C2 com:
1. o virar a cabeça (adiante)
2. *os odontoideum* (formação óssea sobre o processo odontoide hipoplásico) (p. 981)
3. subluxação atlantoaxial anterior: p. ex., na artrite reumatoide (p. 1134)
4. com subluxação atlantoaxial rotatória (p. 968)

85.5.3 Fisiopatologia

As lesões ateromatosas e estenóticas da circulação posterior ocorrem com mais frequência na origem da VA.

Os sintomas de VBI podem-se dever a:
1. insuficiência hemodinâmica (pode ser a etiologia mais comum), incluindo:
   a) roubo subclávio: fluxo reverso em VA decorrente da estenose proximal da artéria subclávia
   b) estenoses de ambas as VAs ou em uma VA sendo a outra hipofuncional (p. ex., hipoplásicas, ocluídas ou terminam na PICA) causando fluxo distal reduzido por causa de colaterais inadequados (adiante)
2. embolia a partir de ulcerações
3. oclusão aterosclerótica dos vasos perfurantes do tronco encefálico
4. hipoplasia vertebrobasilar: referida como uma possível etiologia para acidente vascular encefálico cerebelar.

85.5.4 História natural

Nenhum estudo clínico define acuradamente a história natural. A taxa estimada de acidente vascular encefálico é de 22-35% em 5 anos, ou 4,5-7% ao ano[35] (um estudo estimando uma taxa de acidente vascular encefálico de 35% em 5 anos não usou angiografia).

O risco de acidente vascular encefálico após os primeiros VBI-TIA foi estimado como sendo de 22% no primeiro ano.[36]

85.5.5 Avaliação

Uma investigação adequada geralmente requer angiografia seletiva de quatro vasos,[37] algumas vezes com manobras provocativas (ver, p. ex., síndrome da oclusão rotacional da artéria vertebral [*bow hunter*] adiante). A angiotomografia computadorizada (CTA) também pode ser útil.

85.5.6 Tratamento

A anticoagulação é o fundamento do tratamento médico. As alternativas incluem drogas antiplaquetárias, como ASA (a eficácia de ambos permanece não provada[35,37]).

Quadro 85.3 Mnemônico: "Os 5 Ds da VBI"

- "ataque de queda" *(drop attack)*
- diplopia
- disartria
- defeito (campo visual)
- tontura *(dizziness)*

Quadro 85.4 Critérios para o diagnóstico clínico de VBI

O diagnóstico clínico requer 2 ou mais dos seguintes
- sintomas motores ou sensitivos, ou ambos, que ocorrem bilateralmente no mesmo evento
- diplopia: isquemia de tronco encefálico superior (mesencéfalo) próximo aos núcleos oculares
- disartria: isquemia de tronco encefálico inferior
- hemianopsia homônima; isquemia do córtex occipital (Nota: este é binocular, em contraste com a amaurose fugaz que é monocular)

Condições Especiais **1307**

O tratamento cirúrgico inclui:
1. endarterectomia vertebral
2. transposição de VA para ICA, com ou sem endarterectomia da carótida, com ou sem enxerto de remendo (*patch*) de veia safena), ou para o tronco tireocervical ou para a artéria[38] subclávia
3. cirurgia de *bypass* (p. ex., da artéria occipital para a PICA)
4. artrodese posterior de C1-C2 (p. 1479) pode prevenir potencialmente acidente vascular encefálico potencialmente fatal nos casos de *os odontoideum* (p. 982)

85.6 Acidente vascular encefálico por oclusão rotacional da artéria vertebral (*bow hunter*)

85.6.1 Informações gerais

85

É um subgrupo especial de VBI. O termo foi cunhado, em 1978, por Sorensen.[39] Acidente vascular encefálico por oclusão rotacional da artéria vertebral (*bow hunter* – BHS): VBI hemodinâmica induzida por oclusão intermitente da VA resultante da rotação da cabeça[40] (as sequelas isquêmicas variam desde TIA] sinal do arco do caçador – *bow hunter*] até o acidente vascular encefálico completo). Pode ocorrer com a rotação forçada (p. ex., com a manipulação quiroprática do pescoço[41]) ou voluntária.[42]

A oclusão geralmente envolve a VA contralateral à direção da rotação, e quase sempre ocorre na junção das vértebras C1-C2 (decorrente da imobilidade da VA nessa localização).[43] No entanto, outros locais também têm sido referidos.[44,45]

A oclusão da VA não produz sintomas na maioria dos indivíduos em razão do fluxo colateral através da VA contralateral e/ou círculo arterial do cérebro (de Willis). A oclusão sintomática geralmente envolve a VA dominante,[46] mas também pode ocorrer com a VA[42] não dominante. A maioria dos casos de BHS ocorre em pacientes com uma circulação posterior isolada (artérias comunicantes posteriores incompetentes).

Também se postula que o BHS com uma causa possível de síndrome da morte súbita infantil (SIDS).[47]

85.6.2 Fatores contribuintes

1. compressão da VA externa[45]
   a) esporões ósseos espondilóticos: particularmente no forame transverso[48]
   b) tumores
   c) bandas fibrosas (p. ex., proximais à entrada dentro do forame transverso C6 da VA[44])
   d) processos infecciosos
   e) trauma
2. tração da VA
   a) no forame transverso das vértebras C1 e C2
   b) ao longo do sulco arterial proximal ao local onde a VA entra na dura
3. defeito no processo odontoide (dente do áxis)[49]
4. doença vascular aterosclerótica

85.6.3 Diagnóstico

Informações gerais

O BHS deve ser suspeitado em paciente com sintomas de VBI precipitada pelo movimento da cabeça. Isto pode ser muito difícil de ser diferenciado de vertigem e náusea por causa da disfunção vestibular (que também pode ser induzida pelo movimento da cabeça) – (a rotação do corpo mantendo a cabeça imóvel não deve causar sintomas em causas vestibulares e pode ajudar a distinguir entre essas condições[50]).

Angiografia cerebral dinâmica (DCA)

✘ Nota: consequências significativas podem ser precipitadas durante a DCA em pacientes com BHS.[43] A VA envolvida mostra perda de fluxo quando a cabeça é rotacionada da posição neutra para o lado contralateral. As injeções na carótida demonstram a permeabilidade das artérias comunicantes posteriores (p-comms) e a presença de quaisquer anastomoses fetais persistentes.

Angiotomografia computadorizada (CTA)

As mesmas precauções da DCA (ver anteriormente). Provavelmente não é o estudo inicial diagnóstico de escolha. Se a DCA for negativa, a CTA não é necessária. Se a DCA for positiva, a CTA poderá ser útil para demonstrar a relação arterial com a anatomia óssea.

85.6.4 Tratamento

As opções incluem:
1. anticoagulação[50]
2. colar cervical: para lembrar o paciente para não virar a cabeça
3. para compressão da VA nas vértebras C1–C2 (ver ▶ Quadro 85.5 para uma comparação):
   a) fusão de C1-C2 (p. 1481)
   b) descompressão da VA: "hemilaminectomia" da C1 via abordagem posterior[51]
4. para compressão em outros locais: eliminação da origem da compressão, quando possível (p. ex., secção da banda fibrosa ofensora,[44] remoção de esporões osteofíticos[48]...)

Recomendações de tratamento: para compressão em C1-C2, sugere-se que a descompressão da VA seja realizada como tratamento inicial. Isto deve ser seguido por DCA para verificar a manutenção da permeabilidade ao virar da cabeça. Pacientes com fracasso clínico ou em DCA devem ser submetidos à fusão das vértebras C1-C2.[43] Os pacientes devem conhecer os prós e contras de cada opção.

85.7 Trombose venosa cerebrovascular

85.7.1 Informações gerais

Existem três tipos de trombose venosa cerebrovascular (CVVT) (e qualquer um deles pode produzir infartos venosos):
1. trombose do seio dural (DST)
2. trombose venosa cortical
3. trombose venosa profunda

85.7.2 Etiologias

Lista parcial de etiologias

Muitas condições têm sido incriminadas com CVVT. Algumas, que são comuns, são listadas a seguir[53 (p. 1301)]:
1. infecção
   a) geralmente local, p. ex. otite média[54,55] (levando ao termo agora obsoleto de hidrocefalia otítica), sinusite, abscesso peritonsilar, sinusite paranasal:[56] na era pré-antibióticos, a CVVT era associada com mais frequência à infecção supurativa crônica
   b) meningite
2. gravidez e puerpério: ver abaixo
3. pílulas anticoncepcionais (BCP) (contraceptivos orais)[57]
4. desidratação e caquexia (trombose marântica): incluem queimaduras e caquexia da doença neoplásica
5. doença cardíaca (incluindo insuficiência cardíaca congestiva – CHF)
6. colite ulcerativa (UC): 1% dos pacientes com UC têm alguma complicação trombótica (não necessariamente totalmente intracraniana), e esta é a causa de ≈ 33% das mortes (geralmente embolia pulmonar, PE)
7. periarterite nodosa
8. traço falciforme
9. trauma: incluindo traumatismo craniano fechado (ver abaixo)
10. iatrogênica: p. ex. estado pós-cirurgia radical do pescoço,[58] colocação de marca-passo transvenoso, pós-craniotomia
11. malignidade: incluindo distúrbios mieloproliferativos
12. estado hipercoagulável (também conhecido como trombofilia)
    a) deficiência de proteína C ou resistência à proteína C ativada: mutação hereditária no fator V de Leiden pode produzir resistência à proteína C ativada.[59] A deficiência aparente de proteína C pode ser um artefato de desidratação, em alguns casos
    b) deficiência de antitrombina III
    c) deficiência de proteína S

Quadro 85.5 Comparação do tratamento cirúrgico para oclusão posicional da VA em C1-C2

Procedimento	Vantagens	Desvantagens
fusão de C1-C2	alta taxa de sucesso na eliminação dos sintomas	perda de 50-70% da rotação do pescoço com possível desconforto
descompressão à VA	nenhuma perda de movimento	33% continuam a ter sintomas[52]

Condições Especiais   **1309**

    d) anticorpos antifosfolipídicos: associados a uma variedade de síndromes clínicas, incluindo acidente vascular encefálico isquêmico, DVTs, trombocitopenia, lúpus eritematoso sistêmico (SLE). Os anticorpos mais conhecidos incluem
- anticorpos anticardiolipina
- anticoagulante lúpico

    e) hemoglobinúria noturna paroxística (PNH)
    f) deficiência de plasminogênio
    g) lúpus eritematoso sistêmico[60]
    h) elevação do fator VIII:[61] pode explicar alguns casos de CVVT na gravidez (ver abaixo)
13. diabetes melito: especialmente com a cetoacidose
14. homocistinúria (p. 200)
15. síndrome de Behçet (p. 200)[62]
16. raramente associada à punção lombar, associada à resistência hereditária à proteína C ativada por mutação R506Q no fator V (FV de Leiden) em um relato[63]

✱ Na ausência de fatores, como uso de BCP, a CVVT é altamente sugestiva de distúrbio mieloproliferativo.

Gravidez/puerpério

O risco mais alto é nas primeiras 2 semanas pós-parto. Uma série[64] não encontrou nenhum caso de CVVT ocorrido em mais de 16 dias pós-parto. Incidência ≈ 1/10.000 nascimentos. A etiologia pode estar relacionada com a elevação dos fatores de coagulação (fatores VII, X e, especialmente, VIII[65]).

Trauma

Uma rara sequela de traumatismo craniano fechado.[66] A CVVT ocorre em ≈ 10% das lesões de combate envolvendo o cérebro. Pode ocorrer na ausência de fratura craniana. A CVVT deve ser suspeitada em pacientes com fraturas ou projéteis que atravessam o seio.

85.7.3 Frequência relativa do envolvimento

A frequência relativa do envolvimento dos seios durais e outras veias com problemas trombóticos
1. seios
    a) seio sagital superior (SSS) e seio transverso esquerdo (**TS**) (70% cada)
    b) múltiplos seios 71%
    c) seio sagital inferior isolado: raro, primeiro relato de caso em 1997[67]
    d) seio reto[68]
2. veias corticais superficiais
3. sistema venoso profundo (p. ex., veia cerebral interna)
4. seio cavernoso:[69,70] raro. A tromboflebite do seio cavernoso pode ser causada por sinusite esfenoidal. A MRI pode mostrar aumento e intensificação anormal do seio cavernoso, aumento do sinal do ápice petroso e clivo na imagem ponderada em T2 (T2WI) e estreitamento da porção cavernosa da ICA[70]

85.7.4 Fisiopatologia

A trombose venosa reduz o fluxo de saída venoso do encéfalo e diminui o fluxo sanguíneo efetivo para a área envolvida. Este ingurgitamento venoso causa edema na substância branca. A elevação da pressão venosa também pode levar a infartos e/ou hemorragia. Esses processos podem todos elevar a ICP. Assim, os achados clínicos podem decorrer da ICP elevada, enquanto os achados focais podem-se dever a edema e/ou hemorragia. Os infartos cerebrais decorrente da estase venosa são chamados de infartos venosos.

85.7.5 Clínica

As apresentações clínicas de DST são mostradas no ▷ Quadro 85.6. Não há achados patognomônicos. Muitos sinais e sintomas se devem à ICP elevada. Podem-se apresentar como uma síndrome clinicamente indistinguível da hipertensão intracraniana idiopática; ver pseudotumor cerebral (p. 768).

    Há uma grande associação de doença tromboembólica concomitante em outros órgãos.

    O terço anterior do SSS pode-se ocluir geralmente sem sequelas. Posteriormente a este, é mais provável o desenvolvimento de infartos venosos. A oclusão da porção média do SSS geralmente → o tônus muscular aumentado, que varia de hemiparesia ou quadriparesia espástica até descerebração. A trombose posterior do SSS → cortes de campo ou cegueira cortical, ou acidente vascular encefálico massivo com edema cerebral e morte. Pode ocorrer oclusão do TS sem déficit, a não ser que o TS contralateral esteja hipoplásico, e neste caso a apresentação é similar à oclusão de SSS posterior.

85

Quadro 85.6 Apresentação de trombose do seio dural

Sinal/sintoma	Série Aª	Série Bª
H/A	100%	74%
N/V	75%	–
convulsões	70%	29%
hemiparesia	70%	34%
papiledema	70%	45%
visão borrada	60%	–
consciência alterada	35%	26%

ªSérie A: 20 mulheres jovens;[64] série B: 38 casos da França.[72]

A oclusão de SSS somente não causará achados de nervo craniano exceto talvez pelo obscurecimento visual e paralisia do nervo abducente (VI) decorrente de ICP elevada. A trombose no bulbo jugular pode comprimir os nervos na parte nervosa do forame jugular, causando rouquidão, afonia, dificuldade na deglutição e dispneia; ver síndrome de Vernet (p. 100).[71]

85.7.6 Diagnóstico de DST

Informações gerais

A angiografia por cateter é melhor para demonstrar a presença de fluxo residual e pode identificar áreas de reversão de fluxo, e às vezes pode demonstrar um coágulo como um defeito de enchimento. Porém, a CT (especialmente a CTA) e a MRI são melhores para identificação de áreas de coágulo. A angiografia é usada geralmente como um teste[73] complementar, quando o diagnóstico é sugerido por CT ou MRI.

Imagem de CT

CT sem contraste

Pode ser normal em 10-20% dos casos de DST. Os achados incluem:
1. seios e veias hiperdensos (coágulos de alta densidade nas veias corticais são chamados de "sinal do barbante", o que é patognomônico de trombose venosa cerebral; é visto em apenas 2/30 pacientes)
2. hemorragias petequiais em "chama" (intraparenquimatosa): vistas em 20% (suspeita de trombose sinusal com hemorragias intracerebrais em localizações não usuais para aneurisma ou hemorragia "hipertensiva")
3. ventrículos pequenos; vistos em 50%
4. a trombose do seio sagital superior pode produzir um formato triangular de alta densidade dentro do seio em direção posterior, próximo à confluência dos seios da dura-máter (tórcula de Herófilo) nas imagens de CT axial (alguns referem-se a isto como "sinal do delta", mas o termo causa confusão com o "sinal do delta vazio", ver abaixo) (também há confusão quando um aparente "sinal do delta vazio" é visto *sem* contraste, isto pode ocorrer quando há sangue circundando o SSS, p.ex. após hemorragia subaracnóidea, e é chamado de "falso sinal do delta" ou sinal pseudodelta[74]). Recomendação; evite a confusão das variações nos "sinais do delta" e descreva os achados
5. edema de substância branca
6. as alterações acima que ocorrem *bilateralmente*

CT com contraste intravenoso (IV)

Os achados da DST incluem:
1. com *contraste*, a dura ao redor do seio pode intensificar-se e tornar-se mais densa do que o coágulo em 35% dos casos.[75] Próximo à tórcula de Herófilo isto produz o que é chamado de sinal do delta vazio,[76] mas algumas vezes isto também é chamado de sinal do delta
2. a impregnação giral ocorre em 32%
3. veias profundas (fluxo colateral) densas (substância branca)
4. intenso contraste tentorial (comum)

MRI

A MRI é excelente para o diagnóstico e acompanhamento. Mostra ausência de fluxo e carga de coágulo, também demonstra alterações parenquimatosas. Pode diferenciar o seio ocluído de ausência congênita. Mostra edema cerebral e alterações hemorrágicas não agudas como melhor vantagem sobre a CT. Pode também ajudar a estimar a idade dos coágulos (▶ Quadro 85.7). A angiorressonância magnética pode aumentar a utilidade. A venorressonância magnética (MRV) tende a superestimar o grau da oclusão.

Angiografia para DST

A acurácia se aproxima à da MRI, e alguns ainda a consideram o padrão de diagnóstico. A MRI tem algumas vantagens sobre angiografia (p. ex., na angiografia um seio transverso hipoplásico pode não ser visualizado, ou o sangue não opacificado que entra em um seio pode mimetizar um defeito de enchimento).

Os achados incluem:
1. não enchimento dos segmentos dos seios, ou defeitos de enchimento nos segmentos que são visualizados
2. tempo prolongado de circulação: presente em 50% dos casos (podem ser necessários filmes retardados para visualização de veias)
3. cotos e vias colaterais anormais

Punção lombar (LP)

A pressão de abertura geralmente está aumentada. O líquido cerebrospinal (CSF) pode ser sanguinolento ou xantocrômico.

Exames de sangue

Para detecção de condições predisponentes quando a etiologia é desconhecida. Alguns testes que podem ser úteis incluem avaliação para trombofilia (níveis de proteínas C e S, anticorpos antifosfolipídicos = anticorpos anticardiolipina e lúpus anticoagulante), assim como testes para condições predisponentes específicas (hemograma completo – CBC, nível de Fator II, nível sérico de homocisteína, painel de hemoglobinúria noturna paroxística – PNH, fosfatase alcalina leucocitária).

Ultrassom para DST

Pode ser usado no diagnóstico de trombose de seio sagital superior no neonato.[77]

Avaliação para distúrbio de base

No momento da apresentação, o exame completo é difícil, porque o processo agudo causará anormalidades numerosas no sistema de coagulação. O melhor momento para realização de um exame completo nesses pacientes é ≈ 3 meses após se recuperarem da fase aguda.

85.7.7 Tratamento

Informações gerais

Princípio de manejo: trate a anormalidade de base (se possível).

Deve ser agressivo porque a recuperabilidade do encéfalo provavelmente é maior do que no acidente vascular encefálico oclusivo arterial. O tratamento é complicado porque medidas que combatem a trombose (p. ex., anticoagulação) tendem a aumentar o risco de infarto hemorrágico (cujo risco já está aumentado), e medidas que reduzem a ICP tendem a aumentar a viscosidade do sangue → coagulabilidade.

Quadro 85.7 Aparência na MRI dos seios trombóticos em vários estágios

Idade do coágulo no seio	Aparência do seio coagulado	
	T1WI	**T2WI**
aguda	isointensa	diminuída (negra): pode mimetizar o vazio de fluxo (*flow void*)
subaguda	aumentada (primeiro)	aumentada (segundo)
tardia (> 10 dias, recanalizado)	negra (ausência de sinal)	negra (ausência de sinal)

Medidas específicas

1. corrija anormalidade de base, quando possível (p. ex., antibióticos para infecção)
2. heparina (sistêmica); ver informações de dosagem (p. 164) especialmente se o paciente estiver em coagulação intravascular disseminada (DIC). Vários estudos mostram taxa de mortalidade mais baixa com do que sem heparina.[78,79,80] Continua a ser o melhor tratamento mesmo quando há evidência de hemorragia intracerebral (ICH) com o risco associado de aumentar a extensão da hemorragia.[73] Não existe consenso sobre a duração do tratamento, ou se a varfarina deverá ser usada subsequentemente. A taxa de sucesso poderá ser mais alta se administrada antes de o paciente se tornar moribundo
3. evite esteroides (reduzem a fibrinólise, aumenta a coagulação)
4. controle a HTN
5. anticonvulsivantes para controlar convulsões
6. monitore a ICP se o paciente continuar a deteriorar: ventriculostomia é preferida, mas é preciso ter cuidado se o paciente estiver em uso de heparina
   a) hidrate agressivamente conforme a ICP tolerar
   b) medidas para reduzir a ICP; em geral, a ordem é quase inversa às adotadas para hipertensão intracraniana traumática porque os diuréticos → hipertonicidade → ↑ viscosidade → ↑ coagulação:
      - eleve a cabeceira do leito
      - hiperventile
      - drene o CSF
      - coma com pentobarbital
      - deixe os diuréticos hiperosmóticos e/ou de alça por último (faça a reposição da perda de fluido com fluidos isotônicos IV para prevenir a desidratação; isto é, o objetivo é a euvolemia hipertônica)
7. terapia trombolítica: por via sistêmica ou infundida diretamente no seio coagulado,[73,81] pode ser seguida de heparina. Há muitos relatos, mas nenhum estudo controlado foi publicado
   a) uroquinase[68,81] ou estreptoquinase
   b) ativador do plasminogênio tecidual (tPA) intravenoso: evidência promissora em animal,[82] ainda não relatada em humanos
8. quando as medidas anteriores falharem, ou
   a) craniectomia descompressiva (± lobectomia descompressiva): isto diminui a ICP, mas pode melhorar o resultado
   b) OU direcione o "ataque" ao seio coagulado: direcione o tratamento cirúrgico quando o déficit progredir apesar das medidas anteriores, ou a ICP não for tratável (isto é, falha da terapia médica) (ver abaixo)
9. neurorradiologia intervencionista: a eficácia é muito reduzida com o coágulo crônico
   a) Sistema Penumbra®: suga o coágulo, retira apenas uma pequena quantidade de coágulo
   b) Angiojet®: não aprovado pela Food and Drug Administration (FDA) para esse propósito. Não é usado para coágulos arteriais por causa de lesão ao tecido cerebral, mas pode mostrar alguma eficácia no caso de coágulo venoso
10. a perda visual com papiledema pode ser tratada com fenestração/descompressão[83] da bainha do nervo óptico
11. tratamento a longo prazo após a resolução da fase aguda com heparina e/ou varfarina × 3-6 meses

Tratamento cirúrgico direto para DST

Raramente é indicado. A trombectomia e a reconstrução sinusal são tecnicamente possíveis, mas a retrombose é comum. A cirurgia pode ser indicada para abscesso que requer excisão.

Técnica cirúrgica para o tratamento direto de trombose do SSS

Disponibilize: sangue para transfusão massiva, acesso IV de grande calibre, *shunt* sinusal (pré-fabricado, ou improvise tubo endotraqueal pediátrico aramado, com graxa de silicone de alto vácuo por dentro e por fora, com balonetes em ambas as extremidades, esterilize com gás e deixe preparado no pré-operatório), tecido para reconstrução sinusal (p. ex., 20 cm de veia safena [pois as artérias têm alta taxa de fibrose, e não existe experiência publicada com enxertos sintéticos]). Os enxertos de veias são dilatados com solução salina heparinizada e devem estar orientados corretamente no caso de valvas).

Exponha uma ampla porção do seio.

Considere a ligação quando a lesão não estiver em uma localização não crítica (SSS anterior à veia rolândica, seios transverso ou sigmoide não dominantes, menores na base craniana).

A hemorragia é controlada por pressão digital, cateter de Fogarty (inserido diretamente, ou insira um Fogarty nº 7 por meio de sinotomia minúscula proximal ao sangramento que permite o reparo do sangramento) e/ou inserção de *shunt*.

85.7.8 Prognóstico

Mortalidade: aproximadamente 30% (variação: 5-70%) (10% em série[72] francesa).

Maus fatores de prognóstico:
1. estado clínico:
   a) coma:[84]
   b) deterioração neurológica rápida,[84] sinais focais
2. demografia
   a) idade: extremos de idade (infância ou idade avançada)[84] e idade > 37 anos
   b) gênero masculino
3. achados radiográficos:
   a) hemorragias, especialmente grandes hemorragias
   b) infartos venosos
4. envolvimento venoso profundo

85.8 Doença de moyamoya

85.8.1 Informações gerais

Conceitos-chave

- oclusão espontânea bilateral progressiva de ICAs com colaterais capilares compensatórios que se assemelham a uma "baforada de fumaça" (japonês: moyamoya) na angiografia
- apresentação típica: forma juvenil → infartos isquêmicos/TIAs (diagnóstico suspeito em qualquer criança que se apresente com TIAs). Forma adulta → hemorragia
- patologia: espessamento da íntima com inflamação, pode também envolver o coração e os rins. Aneurismas associados podem ser a origem do sangramento
- avaliação: é necessária angiografia cerebral para delinear o grau de estenose assim como para avaliar os vasos doadores extracranianos em potencial para revascularização. Também identifica aneurismas
- tratamento:
  a) tratamento médico (drogas antiplaquetárias, anticoagulação, vasodilatadores...): não demonstrou ser eficaz, embora antiplaquetários/anticoagulantes sejam usados com frequência
  b) revascularização cirúrgica: reduz a incidência de acidente vascular encefálico e TIAs, mas o benefício na redução da taxa de hemorragia não é comprovado

A oclusão espontânea progressiva de uma ou geralmente de ambas as ICAs (muitas vezes no nível do sifão da carótida) e seus principais ramos, com formação secundária de uma rede de capilares colaterais anastomóticos na base do encéfalo, que foi denominada "moyamoya", a palavra japonesa para algo nebuloso como uma "baforada de fumaça"[85] (fantasiosamente semelhante na angiografia; descrita pela primeira vez em 1957,[86] e denominada em 1969[85]). Com a progressão, o envolvimento inclui as MCAs e artérias cerebrais anteriores (ACAs) proximais e raramente o sistema vertebrobasilar. Podem-se observar aneurismas associados (ver abaixo) e raramente malformações arteriovenosas (AVMs).[87,88]
Eventualmente, os vasos capilares dilatados (moyamoya) desaparecem com o desenvolvimento de colaterais da ECA (os colaterais meníngeos são chamados de "rede admirável [*rete mirabile*]").

85.8.2 Fisiopatologia

Doença de moyamoya primária

A patologia mais comum é a estenose das artérias cerebrais anterior e média proximal que não estão ateroscleróticas nem com inflamação na origem. A etiologia exata é desconhecida, mas alguns estudos mostram fator de crescimento de fibroblastos básico elevado nas artérias da dura e do couro cabeludo em pacientes com moyamoya.[89] A lâmina elástica interna dos vasos afetados pode estar afinada ou duplicada. Alterações vasculares similares também podem ocorrer no coração, rins e outros órgãos, sugerindo a existência de uma doença vascular sistêmica.

Doença de moyamoya secundária

Também conhecida como doença "quase moyamoya" ou "síndrome moyamoya".[90] Os achados angiográficos de moyamoya são associados a, p. ex.:
1. doença de Graves/tireotoxicose
2. história de doença inflamatória cerebral, incluindo meningite (especialmente tuberculosa [TB] meningite e leptospirose)

3. retinite pigmentar
4. distúrbios vasculares: aterosclerose, displasia fibromuscular, pseudoxantoma elástico
5. distúrbios congênitos: síndrome de Down, síndrome de Marfan, síndrome de Turner, neurofibromatose tipo 1, esclerose tuberosa, síndrome de Apert
6. distúrbios hematológicos: anemia de Fanconi, anemia falciforme (nos Estados Unidos, uma das associações mais comuns) e traço falciforme
7. após radioterapia para glioma de base craniana em crianças[91]
8. trauma craniano
9. lúpus eritematoso sistêmico (SLE)

Aneurismas associados

Os aneurismas intracranianos geralmente estão associados à doença de moyamoya (MMD). Isto pode ser resultante de aumento do fluxo através de colaterais dilatados, ou é possível também que os pacientes com moyamoya tenham um defeito congênito na parede arterial que os predispõe aos aneurismas. Três tipos: 1) locais usuais de aneurismas no círculo de Willis, 2) em porções periféricas das artérias cerebrais, p. ex. artérias corióideas posterior/anterior, estriada distal medial (de Heubner) e 3) dentro dos vasos moyamoya. A frequência dos aneurismas no sistema vertebrobasilar é de ≈ 62%, o que é muito maior do que na população em geral.[92] A SAH aneurismática pode ser a causa real de algumas hemorragias atribuídas erroneamente aos vasos moyamoya.

85.8.3 Epidemiologia

Fatores de risco

Um histórico de inflamação na região da cabeça e pescoço tem sido implicado.

Demografia

A incidência no Japão é mais alta (0,35/100.000/ano) do que na América do Norte. Há dois picos (pode não ser a mesma doença): juvenil (pico mais alto), idade < 10 anos (média 3); adulto, terceira e quarta décadas. Ligeira predominância no sexo feminino (1,8:1). Alguma evidência de tendência familiar (algumas famílias asiáticas têm incidência que chega a 7%), a genética parece ser autossômica dominante com baixa penetrância. Associada a alguns antígenos leucocitários humanos (HLA; B40 na forma juvenil; B54[20] na adulta) e anticorpo antidupla fita de DNA (ácido desoxirribonucleico).

85.8.4 Apresentação

Forma juvenil

A moyamoya está associada a 6% dos acidentes vasculares encefálicos na infância.[89] A apresentação isquêmica é mais comum (81%); inclui TIAs (41%) que podem alternar os locais (hemiplegia alternada é um achado clínico sugestivo), déficits neurológicos isquêmicos reversíveis (RINDs), ou infarto (40%). Os eventos neurológicos geralmente são provocados por tensão ou hiperventilação (p. ex., durante o choro ou ao tocar um instrumento de sopro) que supostamente produzem hipocapnia com vasoconstrição reativa.

Cefaleia é o sintoma de apresentação mais comum, mas as convulsões, os déficits neurológicos focais, movimentos coreoatetóticos e hemorragias também podem ser sintomas de apresentação. O risco de hemorragia é maior nos estágios 5 e 6 da MMD.

Forma adulta

A hemorragia tem sido descrita como a mais comum (60%), porém em uma série de Stanford[93] 89% se apresentaram com isquemia. A ruptura dos frágeis vasos moyamoya produz sangramento nos núcleos da base ou gânglios basais (BG), tálamo ou ventrículos (a partir da parede ventricular) em 70-80% das hemorragias. A SAH pode ocorrer, em geral por ruptura de aneurismas associados (ver acima). Na era pré-CT, acreditava-se que a forma mais comum de hemorragia fosse a SAH decorrente da ruptura de vasos moyamoya, porém na maioria dos casos provavelmente se devia a sangue intraventricular ou SAH proveniente de aneurismas associados.[94]

85.8.5 História natural

A incidência da progressão da doença foi de 20% em um estudo em pacientes adultos com MMD.[95] Pacientes do sexo feminino estavam em maior risco de progressão da doença do que os do sexo masculino.

O prognóstico da MMD não tratada é pobre, com taxa de 73% de déficit importante ou morte dentro de 2 anos do diagnóstico em crianças, e uma perspectiva similarmente precária em adultos.[93]

85.8.6 Avaliação e diagnóstico
Critérios diagnósticos

O diagnóstico de moyamoya requer estenose simétrica bilateral ou oclusão da porção terminal das ICAs, assim como a presença de vasos colaterais dilatados na base do encéfalo.[89] (Se unilateral, o diagnóstico é considerado questionável,[96] e esses casos podem progredir para o envolvimento bilateral). Outros achados característicos incluem:
1. estenose/oclusão que se inicia no término da ICA e nas origens da ACA e MCA
2. rede vascular anormal na região do BG (anastamose intraparenquimatosa)
3. anastomose transdural (rede admirável), também conhecida como "abóbada moyamoya". Artérias contribuintes: facial anterior, meníngea média, etmoidal, occipital, tentorial, temporal superior (STA)
4. colaterais moyamoya também podem-se formar a partir da artéria maxilar interna via seio etmoidal para o cérebro anterior na região frontobasal

CT

O exame completo em casos suspeitos começa tipicamente com uma CT sem contraste. Em até 40% dos casos isquêmicos a CT é normal. Áreas de baixa densidade (LDAs) podem ser vistas, geralmente confinadas a áreas corticais e subcorticais (ao contrário da doença aterosclerótica ou hemiplegia infantil aguda que tendem a ter LDAs nos núcleos da base também). As LDAs tendem a ser múltiplas e bilaterais, especialmente na distribuição da artéria cerebral posterior (PCA; colaterais pobres), e são mais comuns em crianças.

MRI e MRA

A MRA geralmente revela a estenose ou oclusão da ICA. Os vasos moyamoya aparecem como ausências de sinal (*flow voids*) na MRI (especialmente nos núcleos da base) e uma fina rede de vasos na MRA, sendo mais bem demonstrados em crianças do que em adultos. Alterações isquêmicas parenquimatosa geralmente são mostradas e quase sempre em áreas divisórias.

Angiografia

Além de ajudar a estabelecer o diagnóstico, a angiografia também identifica vasos adequados para procedimentos de revascularização e descoberta de aneurismas associados. A taxa de complicações relacionadas com a angiografia é mais alta do que na doença oclusiva aterosclerótica. Evite a desidratação antes e a hipotensão durante o procedimento. Seis estágios angiográficos da MMD são descritos no ▶ Quadro 85.8[85] que tendem a progredir até a adolescência e a se estabilizar aos 20 anos.

Eletroencefalograma (EEG)

É inespecífico no adulto. Casos juvenis: ondas lentas de alta voltagem podem ser vistas em repouso, predominantemente nos lobos occipital e frontal. A hiperventilação provoca a formação normal de ondas lentas monofásicas (surtos delta) que voltam ao normal 20-60 segundos após a hiperventilação. Em > 50% dos casos, após ou algumas vezes contínua com a formação há uma segunda fase de ondas lentas (esse achado característico é chamado de "reformação"), sendo mais irregulares e mais lentas do que as ondas mais precoces, e geralmente se normalizam em ≤ 10 minutos.[97]

Quadro 85.8 Seis estágios angiográficos da MMD[85]

Estágio	Achado
1	estenose de ICA suprasselar, geralmente bilateral
2	desenvolvimento de vasos moyamoya na base do encéfalo; ACA MCA e PCA dilatadas
3	estenose crescente de ICA e proeminência de vasos moyamoya (a maioria dos casos diagnosticada neste estágio); moyamoya basal máximo
4	círculo arterial do cérebro (de Willis) inteiro e PCAs ocluídos, colaterais extracranianos começam a aparecer, os vasos moyamoya começam a diminuir
5	progressão adicional para o estágio[4]
6	completa ausência de vasos moyamoya e principais artérias cerebrais

Estudos do fluxo sanguíneo cerebral (CBF)

O CBF é reduzido em crianças com MMD, mas relativamente normal em adultos. Há um desvio do CBF dos lobos[98] frontais para os occipitais provavelmente refletindo a crescente dependência do CBF na circulação posterior. Crianças com MMD têm autorregulação prejudicada do CBF para a pressão sanguínea e dióxido de carbono (CO_2; com mais comprometimento da vasodilatação em resposta à hipercapnia ou hipotensão do que a vasoconstrição em resposta à hipocapnia ou hipertensão).[99]

A CT com xenônio (Xe-133) pode identificar áreas de baixa perfusão. A repetição do estudo após um *stress* com acetazolamida (que causa vasodilatação) avalia a capacidade de reserva do CBF e pode identificar áreas de "roubo" que estão em alto risco de futuros infartos.

85.8.7 Tratamento

Informações gerais

Nenhum tratamento médico ou cirúrgico se comprovou eficaz na redução da taxa de hemorragia no adulto com MMD. No entanto, múltiplas séries grandes de casos têm apoiado a eficácia da revascularização cerebral na redução da incidência de acidentes vasculares encefálicos isquêmicos e de TIAs.[90]

Doença de moyamoya assintomática

As diretrizes para o tratamento de doença de moyamoya assintomática ainda não foram estabelecidas. Uma pesquisa multicêntrica, em âmbito nacional no Japão com foco na doença de moyamoya assintomática, forneceu os achados a seguir:[100] achados sutis de infartos cerebrais e hemodinâmica cerebral perturbada foram detectados em 20 e 40% dos hemisférios envolvidos, respectivamente. O estágio angiográfico estava mais avançado em pacientes idosos. De 34 pacientes que receberam tratamento médico, 7 sofreram TIA, acidente vascular encefálico isquêmico ou hemorragia durante um período de acompanhamento médio de 43,7 meses. Infartos cerebrais ou hemorragia não ocorreram nos 6 pacientes submetidos à revascularização cirúrgica.

Tratamento médico

O tratamento médico com inibidores de plaquetas, anticoagulantes, bloqueadores de canal de cálcio,[93] esteroides, manitol, dextrano de baixo peso molecular e antibióticos não se comprovaram benéficos. Os esteroides podem ser considerados para os movimentos involuntários e, agudamente, durante TIAs recorrentes.

Tratamento cirúrgico

Informações gerais

Pacientes com efeito de massa decorrente de coágulo podem ser candidatos à descompressão urgente. Procedimentos de revascularização, porém, devem ser realizados quando o paciente se encontrar estável em condições sem emergência.

Tratamento perioperatório

Durante qualquer procedimento cirúrgico:
1. evite a hiperventilação: por causa do aumento da sensibilidade dos colaterais, mantenha a pressão parcial de dióxido de carbono ($PaCO_2$) em 40-50 mmHg para evitar infartos isquêmicos
2. evite a hipotensão: mantenha a pressão sanguínea (BP) em níveis normotensos
3. evite os agentes alfa-adrenérgicos por causa dos efeitos vasoconstritores
4. proteção cerebral: hipotermia leve (32-43° C) e barbitúricos são usados rotineiramente
5. a papaverina ajuda a prevenir o espasmo vascular

No pós-operatório após procedimentos de *bypass* de STA-MAC:
1. evite a hipertensão: pode causar sangramento no local anastomótico e em áreas de maior perfusão dentro do encéfalo
2. evite a hipotensão: pode resultar em oclusão de enxerto
3. a aspirina é iniciada no primeiro dia de pós-operatório
4. observe para detecção de evidência de extravasamento de CSF
5. monitore estudos de coagulação e corrija anormalidades
6. o arteriograma cerebral é recomendado em 2-6 meses de pós-operatório

Critérios sugeridos para procedimentos de revascularização

Ver referência.[90]
1. pacientes que se apresentam com infartos ou hemorragia, mas estão em boa condição neurológica

Condições Especiais 1317

2. infartos < 2 cm de diâmetro máximo na CT, e todas as hemorragias anteriores se resolveram completamente
3. o estágio angiográfico é II-IV (ver ▶ Quadro 85.8)
4. momento da cirurgia: ≥ 2 meses após o ataque mais recente

Opções de revascularização cirúrgica

Os vários métodos para revascularização do encéfalo isquêmico, usados primariamente em crianças, incluem:
1. procedimentos diretos de revascularização:
   a) os resultados são superiores aos dos procedimentos indiretos de revascularização[101,102] se for possível identificar um vaso doador e um receptor de calibre suficiente (≥ 1 mm de diâmetro externo; isto pode ser difícil no grupo etário pediátrico que mais provavelmente seria beneficiado[103]). Caso contrário, procedimentos indiretos de revascularização (ver abaixo) são opções.
   b) entre os procedimentos diretos de revascularização, *bypass* de STA-MCA[104] é o procedimento de escolha
2. procedimentos indiretos de revascularização: reservam-se geralmente a pacientes mais jovens (idade de corte sugerida ≈ 15 anos). Podem ser combinados com *bypass* de STA-MCA. Incluem:
   a) encefalomiossinangiose (**EMS**): colocando o músculo temporal na superfície (pode causar problemas com contrações musculares durante conversação e mastigação, e impulsos neurais na superfície do encéfalo)
   b) encefaloduroarteriossinangiose (**EDAS**);[105,106] sutura da STA com bainha galeal para um defeito linear criado na dura. As variações desta técnica incluem divisão da dura[107]
   c) transposição[108] omental: como um enxerto de pedículo ou como um retalho livre vascularizado. Percebeu-se que tem maior potencial para revascularizar tecido isquêmico do que os procedimentos anteriores, porém é maior o risco de efeito de massa por causa da espessura do omento
3. os procedimentos de revascularização indireta anteriores melhoram o fluxo sanguíneo na distribuição da MCA, mas não na circulação da ACA. Isto pode ser retificado por:
   a) colocação simples de orifícios frontais feitos à broca com abertura da dura e aracnoide subjacentes[109]
   b) "EDAS de fita" em que um pedículo da gálea é inserido na fissura inter-hemisférica em ambos os lados[110]
4. ganglionectomia estrelada e simpatectomia perivascular: não se comprovou que isto aumente o CBF permanentemente

Resultado com o tratamento cirúrgico

O estado neurológico no momento do tratamento geralmente prediz o resultado a longo prazo.[89] A taxa de mortalidade em adultos (≈ 10%) é mais alta em jovens (≈ 4,3%).[96] A causa de morte foi sangramento em 56% de 9 crianças e em 63% de 30 adultos. Com o tratamento, o prognóstico é bom em 58%.[94]

85.9 *Bypass* extracraniano-intracraniano (EC/IC)

85.9.1 *Bypass* EC/IC para doença oclusiva aterosclerótica

O estudo sobre *bypass* EC/IC

A popularidade do *bypass* EC/IC, cujos pioneiros foram Donaghy e Yasargil, em 1967,[111] sofreu uma queda[112] após a publicação de um estudo[113] cooperativo internacional sobre *bypass* EC/IC, em 1985. O estudo EC/IC randomizou 1.377 pacientes com estenose sintomática de ICA ou MCA para *bypass* de STA-MCA ou terapia médica com ASA. Apesar de uma taxa de permeabilidade do enxerto de 96%, os pacientes cirúrgicos sofreram mais, e precocemente, acidentes vasculares encefálicos fatais e não fatais. Especialmente os pacientes com estenose grave de MCA e aqueles com sintomas persistentes após oclusão de ICA passaram mal com o *bypass*. Durante os 55,8 meses de acompanhamento médio, a porcentagem de pacientes que sofreram um ou mais acidentes vasculares encefálicos no grupo médico, comparados ao grupo cirúrgico, foi de 29% *versus* 31%.

Os críticos ressaltam a falha nos critérios de inclusão do estudo para distinguir entre as causas hemodinâmicas *versus* tromboembólicas de acidente vascular encefálico[2,114,115] (não havia expectativa de que a isquemia secundária aos eventos tromboembólicos melhorasse com o aumento do fluxo, e, portanto, a inclusão desses pacientes no ramo cirúrgico do estudo poderia reduzir artificialmente a aparente eficácia do procedimento).

Situação atual

As tecnologias de imagens introduzidas desde o estudo EC/IC podem identificar a isquemia dependente de fluxo. CT com xenônio, Doppler transcraniano (TCD), tomografia computadorizada por emissão de fóton único (SPECT) e MRI podem ser usados em combinação com *stress* por acetazolamida para avaliar a reserva e a reatividade cerebrovasculares (p. 1265).

À medida que a pressão de perfusão cerebral diminui na doença aterosclerótica oclusiva grave, a autor-regulação cerebral é incapaz de manter um CBF adequado para atender as demandas metabólicas. Neste estado de "perfusão da miséria", a fração de extração de oxigênio (OEF) do fluxo sanguíneo disponível aumentará.[116,117] OEF anormal, conforme quantificado por tomografia computadorizada por remissão de pósitrons (PET, é um preditor independente de acidente vascular encefálico subsequente.[2] Os pacientes com resposta anormal ao desafio com acetazolamida (p. 228) e/ou com OEF elevado são, portanto, candidatos em potencial para revascularização cerebral.[2,115,118,119,120]

Indicações para *bypass* EC/IC
1. pacientes com perfusão da miséria (ver acima)
2. aneurismas: certos aneurismas não são tratáveis com clipagem microcirúrgica direta ou colocação de espiral endovascular devido a tamanho extremo, localização, calcificação ou aterosclerose, dissecção ou incorporação de artérias perfurantes ou importantes. O *bypass* EC/IC continua a ser uma medida adjuvante altamente viável em pacientes que necessitam de oclusão hunteriana de vaso parental ou oclusão temporária prolongada para tratamento definitivo.[121,122,123,124,125] A reserva cerebrovascular e a necessidade de *bypass* podem ser avaliadas no pré-operatório com o teste de oclusão por balão (BTO) com desafio hipotensivo
3. tumores envolvendo ou invadindo as principais artérias
4. doença de moyamoya (p. 1313)

Tipos de *bypass*
O tipo de enxerto usado depende da determinação da quantidade pré-operatória necessária de aumento de fluxo, tamanho do receptor do enxerto e disponibilidade do vaso doador:[126]
1. enxertos arteriais pediculados: STA, artéria occipital
   a) baixo fluxo (15-25 mL/min)
   b) somente uma anastomose necessária
   c) permeabilidade do enxerto de 95% em *bypass* de artéria temporal superficial- artéria cerebral média (STA-MCA)
2. enxerto de artéria radial
   a) fluxo moderado a alto (40-70 mL/min)
   b) vantagens: conduto fisiológico para o sangue arterial; a localização constante facilita a coleta; o tamanho do lúmen aproxima-se estritamente ao de M2 ou P1 e reduz discrepâncias de fluxo com subsequente turbulência de fluxo e trombose do enxerto
   c) desvantagens: risco de vasospasmo (reduzido com a técnica de distensão por pressão)
   d) permeabilidade do enxerto > 90% em 5 anos
3. enxerto de veia safena
   a) alto fluxo (70-140 mL/min)
   b) vantagens: fácil acessibilidade; comprimento mais longo
   c) desvantagens: risco de trombose na anastomose distal por causa da discrepância de fluxo e turbulência; taxas mais baixas de permeabilidade de enxerto
   d) permeabilidade de enxerto de 82% em 5 anos

Referências

[1] Hankey GJ, Warlow CP. Prognosis of symptomatic carotid artery occlusion: an overview. Cerebrovasc Dis. 1991; 1:245–256

[2] Grubb RL,Jr, Derdeyn CP, Fritsch SM, Carpenter DA, Yundt KD, Videen TO, Spitznagel EL, Powers WJ. Importance of hemodynamic factors in the prognosis of symptomatic carotid occlusion. JAMA. 1998; 280:1055–1060

[3] Powers WJ, Derdeyn CP, Fritsch SM, Carpenter DA, Yundt KD, Videen TO, Grubb RL,Jr. Benign prognosis of never-symptomatic carotid occlusion. Neurology. 2000; 54:878–882

[4] Hafner CD, Tew JM. Surgical Management of the Totally Occluded Internal Carotid Artery. Surgery. 1981; 89:710–717

[5] Satiani B, Burns J, Vasko JS. Surgical and Nonsurgical Treatment of Total Carotid Artery Occlusion. Am J Surg. 1985; 149:362–367

[6] Walters BB, Ojemann RG, Heros RC. Emergency Carotid Endarterectomy. J Neurosurg. 1987; 66:817–823

[7] Sugg RM, Malkoff MD, Noser EA, Shaltoni HM, Weir R, Cacayorin ED, Grotta JC. Endovascular recanalization of internal carotid artery occlusion in acute ischemic stroke. AJNR Am J Neuroradiol. 2005; 26:2591–2594

[8] Nesbit GM, Clark WM, O'Neill OR, Barnwell SL. Intracranial intraarterial thrombolysis facilitated by microcatheter navigation through an occluded cervical internal carotid artery. J Neurosurg. 1996; 84:387–392

[9] Endo S, Kuwayama N, Hirashima Y, Akai T, Nishijima M, Takaku A. Results of urgent thrombolysis in patients with major stroke and atherothrombotic occlusion of the cervical internal carotid artery. AJNR Am J Neuroradiol. 1998; 19:1169–1175

[10] Srinivasan A, Goyal M, Stys P, Sharma M, Lum C. Microcatheter navigation and thrombolysis in acute symptomatic cervical internal carotid occlusion. AJNR Am J Neuroradiol. 2006; 27:774–779

[11] Imai K, Mori T, Izumoto H,Watanabe M, Majima K. Emergency carotid artery stent placement in patients with acute ischemic stroke. AJNR Am J Neuroradiol. 2005; 26:1249–1258

[12] Jovin TG, Gupta R, Uchino K, Jungreis CA, Wechsler LR, Hammer MD, Tayal A, Horowitz MB. Emergent stenting of extracranial internal carotid artery occlusion in acute stroke has a high revascularization rate. Stroke. 2005; 36:2426–2430

[13] McCormick PW, Spetzler RF, Bailes JE, Zabramski JM, Frey JL. Thromboendarterectomy of the Symptomatic

Occluded Internal Carotid Artery. J Neurosurg. 1992; 76:752–758

[14] Tomaszek DE, Rosner MJ. Cerebellar Infarction: Analysis of Twenty-One Cases. Surg Neurol. 1985; 24:223–226

[15] Hinshaw D, Thompson J, Haso A, Casselman E. Infarctions of the Brain Stem and Cerebellum: A Correlation of Computer Tomography and Angiography. Radiology. 1980; 137:105–112

[16] Sypert GW, Alvord EC. Cerebellar Infarction: A Clinicopathological Study. Arch Neurol. 1975; 32:357–363

[17] Heros RC. Surgical Treatment of Cerebellar Infarction. Stroke. 1992; 23:937–938

[18] Heros RC. Cerebellar Hemorrhage and Infarction. Stroke. 1982; 13:106–109

[19] Chen H-J, Lee T-C, Wei C-P. Treatment of Cerebellar Infarction by Decompressive Suboccipital Craniectomy. Stroke. 1992; 23:957–961

[20] Moulin DE, Lo R, Chiang J, Barnett HJM. Prognosis in Middle Cerebral Artery Occlusion. Stroke. 1985; 16:282–284

[21] Hacke W, Schwab S, Horn M et al. Malignant Middle Cerebral Artery Territory Infarction: Clinical Course and Prognostic Signs. Arch Neurol. 1996; 53:309–315

[22] Wijdicks EFM, Diringer MN. Middle Cerebral Artery Territory Infarction and Early Brain Swelling: Progression and Effect of Age on Outcome. Mayo Clin Proc. 1998; 73:829–836

[23] von Kummer R, Meyding-Lamadé U, Forsting M, Rosin L, Rieke K, Hacke W et al. Sensitivity and Prognostic Value of Early CT in Occlusion of the Middle Cerebral Artery Trunk. AJNR. 1994; 15:9–15

[24] Carter BS, Ogilvy CS, Candia GJ et al. One-Year Outcome After Decompressive Surgery for Massive Nondominant Hemispheric Infarction. Neurosurgery. 1997; 40:1168–1176

[25] Schwab S, Steiner T, Aschoff A et al. Early Hemicraniectomy in Patients With Complete Middle Cerebral Artery Infarction. Stroke. 1998; 29:1888–1893

[26] Vahedi K, Hofmeijer J, Juettler E, Vicaut E, George B, Algra A, Amelink GJ, Schmiedeck P, Schwab S, Rothwell PM, Bousser MG, van der Worp HB, Hacke W, Decimal Destiny,. Early decompressive surgery in malignant infarction of the middle cerebral artery: a pooled analysis of three randomised controlled trials. Lancet Neurol. 2007; 6:215–222

[27] Blackshear JL, Kopecky SL, Litin SC et al. Management of Atrial Fibrillation in Adults: Prevention of Thromboembolism and Symptomatic Treatment. Mayo Clin Proc. 1996; 71:150–160

[28] Atrial Fibrillation Investigators. Risk factors for stroke and efficacy of antithrombotic therapy in atrial fibrillation: Analysis of pooled data from five randomized controlled trials. Arch Intern Med. 1994; 154:1449–1457

[29] Hart RG, Helperin JL. Atrial fibrillation and stroke: Revisiting the dilemmas. Stroke. 1994; 25:1337–1341

[30] Gage BF, Waterman AD, Shannon W, Boechler M, Rich MW, Radford MJ. Validation of clinical classification schemes for predicting stroke: results from the National Registry of Atrial Fibrillation. JAMA. 2001; 285:2864–2870

[31] Gage BF, Birman-Deych E, Kerzner R, Radford MJ, Nilasena DS, Rich MW. Incidence of intracranial hemorrhage in patients with atrial fibrillation who are prone to fall. Am J Med. 2005; 118:612–617

[32] Lechat P, Mas JL, Lascault G et al. Prevalence of patent foramen ovale in patients with stroke. N Engl J Med. 1988; 318:1148–1152

[33] Cerebral Embolism Task Force. Cardiogenic Brain Embolism. Arch Neurol. 1989; 46:727–743

[34] Stroke Prevention in Atrial Fibrillation Study Group. Preliminary report of the stroke prevention in atrial fibrillation study. N Engl J Med. 1990; 322:863–868

[35] Hopkins LN, Martin NA, Hadley MN et al. Vertebrobasilar Insufficiency, Part 2: Microsurgical Treatment of Intracranial Vertebrobasilar Disease. J Neurosurg. 1987; 66:662–674

[36] Robertson JT. Current Management of Vertebral Basilar Occlusive Disease. Clin Neurosurg. 1983; 31:165–187

[37] Ausman JI, Shrontz CE, Pearce JE et al. Vertebrobasilar Insufficiency: A Review. Arch Neurol. 1985; 42:803–808

[38] Diaz FG, Ausman JI, de los Reyes RA et al. Surgical Reconstruction of the Proximal Vertebral Artery. J Neurosurg. 1984; 61:874–881

[39] Sorensen BF. Bow hunter's stroke. Neurosurgery. 1978; 2:259–261

[40] Fox MW, Piepgras DG, Bartleson JD. Anterolateral decompression of the atlantoaxial vertebral artery for symptomatic positional occlusion of the vertebral artery. J Neurosurg. 1995; 83:737–740

[41] Pratt-Thomas HR, Berger KE. Cerebellar and spinal injuries after chiropractic manipulation. JAMA. 1947; 133:600–603

[42] Matsuyama T, Morimoto T, Sakaki T. Bow hunter's stroke caused by a nondominant vertebral artery occlusion: Case report. Neurosurgery. 1997; 41:1393–1395

[43] Lemole GM, Henn JS, Spetzler RF, Zabramski JM. Bow hunter's stroke. BNI Quarterly. 2001; 17:4–10

[44] Mapstone T, Spetzler RF. Vertebrobasilar insufficiency secondary to vertebral artery occlusion from a fibrous band. Case report. J Neurosurg. 1982; 56:581–583

[45] George B, Laurian C. Impairment of vertebral artery flow caused by extrinsic lesions. Neurosurgery. 1989; 24:206–214

[46] Kuether TA, Nesbit GM, Clark WM et al. Rotational Vertebral Artery Occlusion: A Mechanism of Vertebrobasilar Insufficiency. Neurosurgery. 1997; 41:427–433

[47] Pamphlett R, Raisanen J, Kum-Jew S. Vertebral artery compression resulting from head movement: a possible cause of the sudden infant death syndrome. Pediatrics. 1999; 103:460–468

[48] Okawara S, Nibbelink D. Vertebral artery occlusion following hyperextension and rotation of the head. Stroke. 1974; 5:640–642

[49] Ford FR. Syncope, vertigo and disturbances of vision resulting from intermittent obstruction of vertebral arteries due to defect in odontoid process and excessive mobility of second cervical vertebra. Bull Johns Hopkins Hosp. 1952; 91:168–173

[50] Tatlow WFT, Bammer HG. Syndrome of vertebral artery compression. Neurology. 1957; 7:331–340

[51] Shimizu T, Waga S, Kojima T, Niwa S. Decompression of the vertebral artery for bow-hunter's stroke. Case report. J Neurosurg. 1988; 69:127–131

[52] Matsuyama T, Morimoto T, Sakaki T. Comparison of C1-2 posterior fusion and decompression of the vertebral artery in the treatment of bow hunter's stroke. J Neurosurg. 1997; 86:619–623

[53] Wilkins RH, Rengachary SS. Neurosurgery. New York 1985

[54] Symonds CP. Otitic Hydrocephalus. Brain. 1931; 54:55–71

[55] Garcia RDJ, Baker AS, Cunningham MJ, Weber AL. Lateral Sinus Thrombosis Associated with Otitis Media and Mastoiditis in Children. Pediatr Infect Dis J. 1995; 14:617–623

[56] Dolan RW, Chowdry K. Diagnosis and Treatment of Intracranial Complications of Paranasal Sinus Infections. J Oral Maxillofac Surg. 1995; 53:1080–1087

[57] Shende MC, Lourie H. Sagittal Sinus Thrombosis Related to Oral Contraceptives: Case Report. J Neurosurg. 1970; 33:714–717

[58] Mahasin ZZ, Saleem M, Gangopadhyay K. Transverse Sinus Thrombosis and Venous Infarction of the Brain Following Unilateral Radical Neck Dissection. J Laryngol Otol. 1998; 112:88–91

[59] Martinelli I, Landi G, Merati G et al. Factor V Gene Mutation is a Risk Factor for Cerebral Venous Thrombosis. Thromb Haemost. 1996; 75:393–394

[60] Flusser D, Abu-Shakra M, Baumgarten-Kleiner A et al. Superior Sagittal Sinus Thrombosis in a Patient with Systemic Lupus Erythematosus. Lupus. 1996; 5:334–336

[61] Bugnicourt JM, Roussel B, Tramier B, Lamy C, Godefroy O. Cerebral venous thrombosis and plasma concentrations of factor VIII and von Willebrand factor: a case control study. J Neurol Neurosurg Psychiatry. 2007; 78:699–701

[62] Bousser MG. Cerebral Vein Thrombosis in Bechet's Syndrome. Arch Neurol. 1982; 39

[63] Wilder-Smith E, Kothbauer-Margreiter I, Lämmle B et al. Dural Puncture and Activated protein C Resistance: Risk Factors for Cerebral Venous Sinus Thrombosis. J Neurol Neurosurg Psychiatry. 1997; 63:351–356

[64] Estanol B, Rodriguez A, Conte G et al. Intracranial Venous Thrombosis in Young Women. Stroke. 1979; 10:680–684

[65] Brenner B. Haemostatic changes in pregnancy. Thromb Res. 2004; 114:409–414

[66] Ferrera PC, Pauze DR, Chan L. Sagittal Sinus Thrombosis After Closed Head Injury. Am J Emerg Med. 1998; 16:382–385

[67] Elsherbiny SM, Grunewald RA, Powell T. Isolated Inferior Sagittal Sinus Thrombosis: A Case Report. Neuroradiology. 1997; 39:411–413

[68] Gerszten PC, Welch WC, Spearman MP et al. Isolated Deep Cerebral Venous Thrombosis Treated by Direct Endovascular Thrombolysis. Surg Neurol. 1997; 48:261–266

[69] Sofferman RA. Cavernous Sinus Thrombosis Secondary to Sphenoid Sinusitis. Laryngoscope. 1983; 93:797–800

[70] Kriss TC, Kriss VM, Warf BC. Cavernous Sinus Thrombophlebitis: Case Report. Neurosurgery. 1996; 39:385–389

[71] Kalbag RM, Kapp JP, Schmidek HH. In: Cerebral Venous Thrombosis. The Cerebral Venous System and its Disorders. Orlando: Grune and Stratton; 1984:505–536

[72] Bousser MG, Chiras J, Bories J et al. Cerebral Venous Thrombosis - A Review of 38 Cases. Stroke. 1985; 16:199–213

[73] Perkin GD. Cerebral Venous Thrombosis: Developments in Imaging and Treatment. J Neurol Neurosurg Psychiatry. 1995; 59:1–3

[74] Yeakley JW, Mayer JS, Patchell LL et al. The Pseudodelta Sign in Acute Head Trauma. J Neurosurg. 1988; 69:867–868

[75] Rao KCVG, Knipp HC, Wagner EJ. CT Findings in Cerebral Sinus and Venous Thrombosis. Radiology. 1981; 140:391–398

[76] Virapongse C, Cazenave C, Quisling R et al. The empty delta sign: Frequency and significance in 76 cases of dural sinus thrombosis. Radiology. 1987; 162:779–785

[77] Lam AH. Doppler Imaging of Superior Sagittal Sinus Thrombosis. J Ultrasound Med. 1995; 14:41–46

[78] Levine SR, Twyman RE, Gilman S. The Role of Anticoagulation in Cavernous Sinus Thrombosis. Neurology. 1988; 38:517–522

[79] Villringer A, Garner C, Meister W, er al.. High-Dose Heparin Treatment in Cerebral Sinus Thrombosis. Stroke. 1988; 19

[80] Einhäupl KM, Villringer A, Meister W et al. Heparin Treatment in Sinus Venous Thrombosis. Lancet. 1991; 338:597–600

[81] Horowitz M, Purdy P, Unwin H et al. Treatment of Dural Sinus Thrombosis Using Selective Catheterization and Urokinase. Ann Neurol. 1995; 38:58–67

[82] Alexander LF, Tamamoto Y, Ayoubi S, Al-Mefty O et al. Efficacy of Tissue Plasminogen Activator in the Lysis of Thrombosis of the Cerebral Venous Sinus. Neurosurgery. 1990; 26:559–564

[83] Horton JC, Seiff SR, Pitts LH, Weinstein PR, Rosenblum ML, Hoyt WF. Decompression of the Optic Nerve Sheath for Vision-Threatening Papilledema Caused by Dural Sinus Occlusion. Neurosurgery. 1992; 31:203–212

[84] Stam J, Majoie CB, van Delden OM, van Lienden KP, Reekers JA. Endovascular thrombectomy and thrombolysis for severe cerebral sinus thrombosis: a prospective study. Stroke. 2008; 39:1487–1490

[85] Suzuki J, Takaku A. Cerebrovascular "Moyamoya" Disease: Disease Showing Abnormal Net-Like Vessels in Base of Brain. Arch Neurol. 1969; 20:288–299

[86] Takeuchi K, Shimuzi K. Hypogenesis of Bilateral Interanl Carotid Arteries. No To Shinkei. 1957; 9:37–37

[87] Kayama T, Suzuki S, Sakurai Y et al. A Case of Moyamoya Disease Accompanied by an Arteriovenous Malformation. Neurosurgery. 1986; 18:465–468

[88] Lichtor T, Mullan S. Arteriovenous Malformation in Moyamoya Syndrome: Report of Three Cases. J Neurosurg. 1987; 67:603–608

[89] Smith ER, Scott RM. Surgical management of moyamoya syndrome. Skull Base. 2005; 15:15–26

[90] Zipfel GJ, Fox DJ,Jr, Rivet DJ. Moyamoya disease in adults: the role of cerebral revascularization. Skull Base. 2005; 15:27–41

[91] Rajakulasingam K, Cerullo LJ, Raimondi AJ. Childhood Moyamoya Syndrome: Postradiation Pathogenesis. Childs Brain. 1979; 5:467–475

[92] Kwak R, Ito S, Yamamoto N, Kadoya S. Significance of Intracranial Aneurysms Associated with Moyamoya Disease (Part I): Differences Between Intracranial Aneurysms Associated with Moyamoya Disease and Usual Saccular Aneurysms - Review of the Literature. Neurol Med Chir. 1984; 24:97–103

[93] Chang SD, Steinberg GK. Surgical Management of Moyamoya Disease. Contemp Neurosurg. 2000; 22:1–9

[94] Ueki K, Meyer FB, Mellinger JF. Moyamoya Disease: The Disorder and Surgical Treatment. Mayo Clin Proc. 1994; 69:749–757

[95] Kuroda S, Ishikawa T, Houkin K, Nanba R, Hokari M, Iwasaki Y. Incidence and clinical features of disease progression in adult moyamoya disease. Stroke. 2005; 36:2148–2153

[96] Nishimoto A. Moyamoya Disease. Neurol Med Chir. 1979; 19:221–228

[97] Kodama N, Aoki Y, Hiraga H et al. Electroencephalographic Findings in Children with Moyamoya Disease. Arch Neurol. 1979; 36:16–19

[98] Ogawa A, Yoshimoto T, Suzuki J, Sakurai J. Cerebral Blood Flow in Moyamoya Disease. Part 1. Correlation with Age and Regional Distribution. Acta Neurochir. 1990; 105:30–34

[99] Ogawa A, Nakamura N, Yoshimoto T, Suzuki J. Cerebral Blood Flow in Moyamoya Disease. Part 2. Autoregulation and CO2 Response. Acta Neurochir. 1990; 105:107–111

[100] Kuroda S, Hashimoto N, Yoshimoto T, Iwasaki Y. Radiological findings, clinical course, and outcome in asymptomatic moyamoya disease: results of multicenter survey in Japan. Stroke. 2007; 38:1430–1435

[101] Matsushima Y, Inoue T, Suzuki SO et al. Surgical Treatment of Moyamoya Disease in Pediatric Patients - Comparison between the Results of Indirect and Direct Vascularization. Neurosurgery. 1992; 31:401–405

[102] Ishikawa T, Houkin K, Kamiyama H, Abe H. Effects of Surgical Revascularization on Outcome of Patients with Pediatric Moyamoya Disease. Stroke. 1997; 28:1170–1173

[103] Fabi AY, Meyer FB. Moyamoya Disease. Contemp Neurosurg. 1997; 19:1–6

[104] Karasawa J, Kikuchi H, Furuse S et al. Treatment of Moyamoya Disease with STA-MCA Anastamosis. J Neurosurg. 1978; 49:679–688

[105] Matsushima Y, Fukai N, Tanaka K et al. A new surgical treatment of moyamoya disease in children: A preliminary report. Surg Neurol. 1980; 15:313–320

[106] Matsushima Y, Inaba Y. Moyamoya Disease in Children and Its Surgical Treatment. Childs Brain. 1984; 11:155–170

[107] Kashiwagi S, Kato S, Yasuhara S et al. Use of Split Dura for Revascularization if Ischemic Hemispheres in Moyamoya Disease. J Neurosurg. 1996; 85:380–383

[108] Karasawa J, Kikuchi H, Kawamura J et al. Intracranial Transplantation of the Omentum for Cerebrovascular Moyamoya Disease: A Two-Year Follow- Up Study. Surg Neurol. 1980; 14:444–449

[109] Endo M, Kawano N, Miyasaka Y *et al*. Cranial Burr Hole for Revascularization in Moyamoya Disease. J Neurosurg. 1989; 71:180–185

[110] Kinugasa K, Mandai S, Tokunaga K *et al*. Ribbon Encephalo-Duro-Arterio-Myo-Synangiosis for Moyamoya Disease. Surg Neurol. 1994; 41:455–461

[111] Crowley RW, Medel R, Dumont AS. Evolution of cerebral revascularization techniques. Neurosurg Focus. 2008; 24. DOI: 10.3171/FOC/2008/24/2/E3

[112] Amin-Hanjani S, Butler WE, Ogilvy CS, Carter BS, Barker FG, II. Extracranial-intracranial bypass in the treatment of occlusive cerebrovascular disease and intracranial aneurysms in the United States between 1992 and 2001: a population-based study. J Neurosurg. 2005; 103:794–804

[113] EC/IC Study Group. Failure of EC-IC arterial bypass to reduce the risk of ischemic stroke. N Engl J Med. 1985; 313:1191–1200

[114] Garrett MC, Komotar RJ, Merkow MB, Starke RM, Otten ML, Connolly ES. The extracranial-intracranial bypass trial: implications for future investigations. Neurosurg Focus. 2008; 24. DOI: 10. 3171/FOC/2008/24/2/E4

[115] Garrett MC, Komotar RJ, Starke RM, Merkow MB, Otten ML, Sciacca RR, Connolly ES. The efficacy of direct extracranial-intracranial bypass in the treatment of symptomatic hemodynamic failure secondary to athero-occlusive disease: a systematic review. Clin Neurol Neurosurg. 2009; 111:319–326

[116] Baron JC, Bousser MG, Rey A, Guillard A, Comar D, Castaigne P. Reversal of focal "misery-perfusion syndrome" by extra-intracranial arterial bypass in hemodynamic cerebral ischemia. A case study with 15O positron emission tomography. Stroke. 1981; 12:454–459

[117] Powers WJ, Press GA, Grubb RL, Jr, Gado M, Raichle ME. The effect of hemodynamically significant carotid artery disease on the hemodynamic status of the cerebral circulation. Ann Intern Med. 1987; 106:27–34

[118] Grubb RL,Jr, Powers WJ, Derdeyn CP, Adams HP,Jr, Clarke WR. The Carotid Occlusion Surgery Study. Neurosurg Focus. 2003; 14

[119] Kappelle LJ, Klijn CJ, Tulleken CA. Management of patients with symptomatic carotid artery occlusion. Clin Exp Hypertens. 2002; 24:631–637

[120] Kuroda S, Houkin K, Kamiyama H, Mitsumori K, Iwasaki Y, Abe H. Long-term prognosis of medically treated patients with internal carotid or middle cerebral artery occlusion: can acetazolamide test predict it? Stroke. 2001; 32:2110–2116

[121] Cantore G, Santoro A, Guidetti G, Delfinis CP, Colonnese C, Passacantilli E. Surgical treatment of giant intracranial aneurysms: current viewpoint. Neurosurgery. 2008; 63:279–89; discussion 289- 90

[122] Mohit AA, Sekhar LN, Natarajan SK, Britz GW, Ghodke B. High-flow bypass grafts in the management of complex intracranial aneurysms. Neurosurgery. 2007; 60:ONS105–22; discussion ONS122-3

[123] O'Shaughnessy BA, Salehi SA, Mindea SA, Batjer HH. Selective cerebral revascularization as an adjunct in the treatment of giant anterior circulation aneurysms. Neurosurg Focus. 2003; 14

[124] Schaller B. Extracranial-intracranial bypass to reduce the risk of ischemic stroke in intracranial aneurysms of the anterior cerebral circulation: a systematic review. J Stroke Cerebrovasc Dis. 2008; 17:287–298

[125] Sekhar LN, Bucur SD, Bank WO,Wright DC. Venous and arterial bypass grafts for difficult tumors, aneurysms, and occlusive vascular lesions: evolution of surgical treatment and improved graft results. Neurosurgery. 1999; 44:1207–23; discussion 1223-4

[126] Liu JK, Kan P, Karwande SV, Couldwell WT. Conduits for cerebrovascular bypass and lessons learned from the cardiovascular experience. Neurosurg Focus. 2003; 14

86 Dissecções Arteriais Cerebrais

86.1 Informações gerais

Conceitos-chave

- hemorragia dentro da túnica média de uma artéria
- pode ser espontânea, pós-traumática ou iatrogênica (p. ex., relacionada com angiografia), pode ser intracraniana ou extracraniana
- pode apresentar-se com dor (geralmente cefaleia – H/A ipsolateral ou carotidinia), síndrome de Horner
- (nas dissecções de carótida), ataque isquêmico transitório – TIA/acidente vascular encefálico ou hemorragia subaracnóidea (SAH)
- dissecções extracranianas em geral são tratadas clinicamente (anticoagulação), dissecções intracranianas com SAH são tratadas com cirurgia

Esta seção discute primariamente as dissecções "espontâneas". A dissecção da artéria carótida interna (ICA) após trauma cervical fechado é muito mais comum (p. 851).

86.2 Nomenclatura

Alguma confusão tem surgido por causa da terminologia inconsistente na literatura. Embora não seja um padrão, Yamaura[1] sugeriu o seguinte:

▶ **Dissecção.** Extravasamento de sangue entre a íntima e a média, criando estreitamento luminal ou oclusão.

▶ **Aneurisma dissecante.** Dissecção de sangue entre a média e a adventícia, ou na média, causando dilatação aneurismática, que pode se romper dentro do espaço subaracnóideo.

▶ **Pseudoaneurisma.** Ruptura de artéria com subsequente encapsulamento do hematoma extravascular, pode ou não produzir estreitamento luminal.

86.3 Fisiopatologia

A lesão comum a todas as dissecções é a hemorragia fora do lúmen vascular devido ao extravasamento patológico transintimal de sangue do lúmen verdadeiro dentro da parede do vaso. O hematoma pode dissecar a membrana elástica interna da íntima[2] causando estreitamento do lúmen verdadeiro, ou dissecar no plano subadventicial produzindo uma saculação adventicial na parede do vaso (pseudoaneurisma). A ruptura através da parede do vaso, produzindo SAH, ocorre ocasionalmente.

A dissecção subintimal é mais comum nas dissecções intracranianas, enquanto os vasos extracranianos (incluindo a aorta) geralmente dissecam-se na média ou entre a média e a adventícia.

As dissecções "espontâneas" têm sido associadas a um grande número de condições, e muitas vezes a associação não é comprovada. Essas condições incluem:

- displasia fibromuscular (FMD): encontrada em ≈ 15% dos casos[3]
- necrose cística medial (ou degeneração): que originalmente se acreditava ser um achado comum, agora se considera que possivelmente está ligada a uma probabilidade maior de dissecção *fatal*
- aneurisma sacular
- síndrome de Marfan: distúrbio autossômico dominante herdado do tecido conectivo. As manifestações fenotípicas devem-se à produção de fibrilina anormal, o principal componente de microfibrilas extracelulares, um componente da média de certos vasos sanguíneos, codificado pelo gene FBN1 no cromossomo 15q21
- síndrome de Ehlers-Danlos
- aterosclerose: só raramente é implicada como uma etiologia. É mais provável que seja um fator no caso de dissecção subintimal de artérias extracranianas
- doença de Takayasu
- degeneração medial
- arterite sifilítica (mais comum no passado, associada a 60% das dissecções antes de 1950)

Dissecções Arteriais Cerebrais **1323**

- doença renal policística autossômica dominante (p. 1193): associada à maior incidência de aneurismas cerebrais
- variante de periarterite nodosa
- arterite alérgica
- homocistinúria
- doença de moyamoya (p. 1313)[4]
- atividade física extenuante

86.4 Epidemiologia

Ocorre primariamente em pacientes de meia-idade, com uma média etária de ≈ 45 anos (a média etária das dissecções traumáticas é ligeiramente mais jovem). É mais frequente em homens.[1,3] A incidência é desconhecida, uma vez que a condição produza sintomas transitórios leves, a maior conscientização sobre a condição resultou em aumento da taxa de diagnóstico. A dissecção da ICA responde por 1-2,5% de acidentes vasculares cerebrais pela primeira vez.[5] No entanto, em adultos jovens e na meia-idade ela compreende de 10-25% dos acidentes vasculares cerebrais.[6]

86.5 Locais de dissecção

Uma revisão de 260 casos[1] (revisão da literatura + novos casos) descobriu a incidência por localização mostrada no ▶ Quadro 86.1. A artéria vertebral foi o local intracraniano mais comum. Anteriormente, acreditava-se que a ICA fosse o local mais comum. Esta alteração pode-se dever ao maior reconhecimento recente das dissecções arteriais como fontes de SAH (e dissecções vertebrais com mais frequência presentes como SAH). Múltiplas dissecções ocorrem em ≈ 10% (as mais comuns: lesões vertebrobasilares bilaterais).

86.6 Clínica

As dissecções arteriais cerebrais podem causar sintomas por:
1. embolização secundária a:
   a) agregação plaquetária estimulada pelas superfícies expostas
   b) trombo desalojado (cuja formação aumenta com o fluxo reduzido)
2. fluxo distal reduzido secundário a:
   a) trombose decorrente de fluxo reduzido
   b) oclusão do lúmen verdadeiro pela expansão do hematoma mural
3. hemorragia subaracnóidea (apresentação atípica pode ser mais comum na dissecção em circulação posterior do que na dissecção em circulação anterior)[7]

A apresentação mais comum em pacientes < 30 anos de idade decorreu de dissecção da carótida interna sem SAH. Em pacientes > 30 anos, dissecção da artéria vertebrobasilar (VBA) com SAH foi mais comum.[1]

A cefaleia, geralmente intensa, muitas vezes antecede o déficit neurológico em dias ou semanas (p. 1228). Ver as seções sobre ICA (p. 1324) e artéria vertebrobasilar (p. 1325) para especificação.

Quadro 86.1 Dissecções intracranianas espontâneas por local

Localização	Esquerda	Direita	Total
vertebral	122	82	204
basilar		35	35
carótida interna	17	13	30
cerebral média	16	10	26
cerebral anterior	10	3	13
cerebral posterior	7	9	16
PICA	4	10	14
Total	**176**	**127**	**338**

86.7 Avaliação

▶ **Tomografia computadorizada (CT).** É mais útil na avaliação do encéfalo para detecção de infarto. Algumas vezes, pode-se visualizar a dissecção diretamente.[8]

▶ **Angiotomografia computadorizada (CTA).** Geralmente evita a necessidade de angiografia cerebral, uma vez que os *scanners* de CTA com ≥ 16 detectores sejam equivalentes quanto ao valor preditivo e tenham acurácia de quase 99%.[9]

▶ **Angiografia.** O estudo diagnóstico definitivo. Contudo, o diagnóstico pode ser retardado, se a dissecção for interpretada erroneamente como:
1. aneurisma sacular atípico (o erro mais comum)
2. lesões ateroscleróticas: nas dissecções, a localização é incomum, a lesão pode ser isolada, a idade geralmente é mais jovem, e a estenose é suave. A dissecção da ICA cervical tipicamente poupa o bulbo carotídeo, enquanto a aterosclerose da ICA cervical tende a envolver o bulbo
3. vasospasmo após SAH: no entanto, o estreitamento no vasospasmo é retardado no início *versus* alterações no caso de dissecção, que estão presentes desde o início

Os achados angiográficos podem incluir:
1. estenose luminal: estenose irregular nos longos segmentos da artéria geralmente com áreas focais de estenose quase total ("sinal do barbante")
2. dilatação fusiforme com estreitamento proximal ou distal (sinais do barbante e pérola)
3. oclusão: artéria geralmente afila-se até a ponta
4. retalho intimal: quando visto, geralmente é encontrado na extremidade proximal da dissecção
5. pode-se visualizar a formação proximal em contas (configuração em "colar de contas", indicativa de FMD)
6. "sinal do duplo lúmen": lúmen verdadeiro do vaso e um falso lúmen intramural com um retalho intimal. Geralmente com retenção de contraste dentro do falso lúmen exatamente na fase venosa. O único sinal patognomônico
7. aparência ondulada e "crespa"
8. torção grave (frequentemente bilateral). Com as lesões VBA: dolicoectasia

Uma característica das dissecções arteriais é que muitas vezes sua configuração se altera com a repetição da angiografia[10] (algumas se resolvem, e outras se agravam). Nota: a injeção vigorosa de contraste intra-arterial durante a realização da angiografia acarreta um potencial para piora da dissecção.

▶ **Imagem por ressonância magnética (MRI).** Provavelmente não é tão acurada quanto a CTA ou a angiografia. Um estudo ótimo com MRI é fonte de *imagens axiais ponderadas em T1 (T1WI) com supressão de gordura* ("saturação de gordura"), que procura por perda de visualização em várias fatias, e com boa visualização acima e abaixo. Pode visualizar retalho intimal e distinguir entre dissecção e aneurisma fusiforme.
Sinal do crescente: sinal luminoso na parede da ICA em imagens axiais ponderadas em T2 (T2WI; hematoma na parede do vaso).

86.8 Resultados gerais

Uma revisão inicial da literatura constatou uma mortalidade de 83% dentro de algumas semanas da apresentação com dissecção da artéria vertebrobasilar (VBA).[11] Um relato posterior amenizou esse sombrio prognóstico.[12]
Com base na revisão de 260 casos,[1] uma mortalidade de 26% foi encontrada. Setenta por cento tiveram um resultado favorável (avaliados com o uso da Escala de Resultados de Glasgow), e 5% um resultado precário. A mortalidade foi mais alta nas lesões da ICA (49%) do que nas lesões da VBA (22%). A mortalidade foi de 24% no grupo da SAH, e de 29% nos casos sem SAH.

86.9 Informações específicas do vaso

86.9.1 Dissecção da carótida interna

Ver acima para informações gerais. Dissecção pós-traumática da ICA (p. 1323) é muito mais comum do que a espontânea.
Alguns casos considerados "espontâneos" podem de fato se dever ao trauma simples, incluindo tosse violenta, assoar o nariz e um simples virar do pescoço. Geralmente é visto em mulheres jovens.
Na dissecção espontânea, o sintoma inicial mais comum é a cefaleia ipsolateral. A maioria destes sintomas (60%) são orbitais ou periorbitais, mas também podem ser auriculares ou mastóideos (39%), frontais (36%), temporais (27%). Além disso, podem provocar o início súbito de intensa dor na artéria carótida (carotidinia).[13]
A síndrome de Horner incompleta (paralisia oculossimpática): ptose e miose sem anidrose (devido ao envolvimento do plexo ao redor da ICA, poupando o plexo da artéria carótida externa – ECA que inerva as

Dissecções Arteriais Cerebrais **1325**

glândulas sudoríparas faciais) podem ocorrer. O examinador ou o paciente podem ouvir ruídos. Estas e outras características clinicas são mostradas no ▶ Quadro 86.2.

Pode ser uma causa de alguns casos de hemiplegia e de hemiparesia infantis.[14]

86.9.2 Dissecção do sistema da artéria vertebrobasilar

Dissecções da artéria vertebral

Informações gerais

Ver informações gerais sobre dissecções arteriais cerebrais (p. 1322). Ver também dissecção vertebrobasilar pós-traumática (p. 852).

É menos comum do que a da carótida. O número de lesões extracranianas excede o de intracranianas.

As dissecções traumáticas tendem a ocorrer no local onde a artéria vertebral (VA) cruza as proeminências ósseas, p. ex. na junção das vértebras C1–C2 ou no local onde ela entra no forame transverso (geralmente na C6). Dissecções espontâneas tendem a ser intracranianas e ocorrem geralmente na VA dominante. Ao contrário das dissecções da ICA cervical, que tendem a não se propagar intracranialmente pelo canal da carótida, as dissecções altas da VA cervical podem-se propagar imediatamente em direção intracranial através do forame magno.

As dissecções espontâneas de VA têm sido associadas à FMD, enxaqueca e contraceptivos orais.[15] Trauma não identificado ou esquecido, ou o movimento súbito da cabeça podem ter ocorrido em alguns casos relatados como espontâneos. Ocorrem geralmente em adultos jovens (média etária: 48 anos). Nas dissecções espontâneas, 36% dos pacientes têm dissecções em outros locais, 21% dos casos têm dissecções bilaterais da VA.[16]

Aneurismas dissecantes da VA (possivelmente uma entidade distinta) também são descritos.[17,18,19] Tendem a ser fusiformes e podem ser tratáveis com clipagem, e estavam associados a dissecções vertebrais em 5 de 7 casos relatados em uma série.[20] Em 1984, apenas ≈ 50 casos de aneurismas dissecantes foram publicados.[20]

Apresentação

Nas dissecções extradurais espontâneas, a dor no pescoço é um achado inicial proeminente na maioria dos pacientes, e geralmente se localiza sobre o occipício e região cervical posterior. Cefaleia intensa generalizada também é comum. TIAs ou acidente vascular encefálico (geralmente a síndrome lateral bulbar [p. 1267][21] ou infarto cerebelar, especialmente em pacientes com oclusão da terceira ou quarta porção da VA[22]). Nenhum dos 5 pacientes desenvolveu novos sintomas neurológicos após o acidente vascular encefálico original em acompanhamento de 21 meses em média.[22] Em 3 destes 5, a dissecção da VA era bilateral.

Os aneurismas dissecantes podem-se apresentar com consciência alterada e causar SAH (observada em 6 de 30 casos de dissecções vertebrobasilares complexas).[20] Ocorre ressangramento em 24-30% dos casos que se apresentam com SAH,[16] o que torna essas lesões traiçoeiras, com mortalidade muito alta.[23,24]

As dissecções extradurais traumáticas ou pseudoaneurismas podem ter uma apresentação similar, mas podem também produzir hemorragia externa massiva ou hematomas no pescoço.[16]

Avaliação

Ver na seção Cerebral dissecções arteriais, Avaliação (p. 1324).

Quadro 86.2 Características clínicas de dissecção espontânea da ICA[3]

Característica	%
isquemia cerebral focal	76%
cefaleia	59%
paralisia oculossimpática	30%
ruídos	25%
amaurose fugaz	10%
dor no pescoço	9%
síncope	4%
sensibilidade no couro cabeludo	2%
edema no pescoço	2%

▶ **Angiografia.** O diagnóstico por angiografia pode ser difícil em muitos casos (o diagnóstico errôneo mais comum é a ruptura do aneurisma sacular de formato incomum[25]).

Em dissecções pós-traumáticas, o achado mais comum é a estenose irregular de alças horizontais de VAs extracranianas distais, quando estas passam atrás da C1, geralmente bilateral.

Em 14 de 15 dissecções pós-traumáticas de VA, a lesão localizava-se posterior ao atlas (terceiro segmento extracraniano distal), sendo a única exceção um paciente com trauma direto que causou envolvimento da VA proximal. Essa predileção é possivelmente explicada pelo fato de que a primeira e a terceira porções da VA são móveis, enquanto a segunda e a quarta são relativamente imobilizadas pelo osso.

Tratamento

Exceto nos casos que se apresentam com hemorragia ou acidente vascular encefálico isquêmico de grande porte, a terapia médica deve ser iniciada com urgência. Classicamente consiste em anticoagulação, com heparina agudamente, seguida por agentes orais (p. ex., Coumadin) provavelmente por um total de 6 meses. Estudo preliminar recente mostrou que a terapia antiplaquetária era igualmente eficaz.[26]

Como nas dissecções traumáticas, técnicas endovasculares estão agora assumindo um papel mais proeminente no tratamento.

▶ **Indicações para intervenção.** Cirurgia ou técnicas endovasculares (principalmente *stents*, mas também oclusão, angioplastia[16]) são necessárias para dissecções que se apresentam com SAH (por causa da propensão ao ressangramento) e são recomendadas para a maioria das dissecções intradurais. No caso de lesões extradurais, são indicadas para dissecções que progridem (angiograficamente) ou para sintomas persistentes apesar de adequada terapia médica. Algumas lesões menos malignas podem ser tratáveis com colocação de *stent* endovascular.

▶ **Tratamento endovascular.** *Stents* montados em balão, autoexpansíveis ou cobertos têm sido usados relativamente com pouca frequência para tratar dissecções das artérias carótida interna ou vertebral, com bons resultados técnicos e baixas taxas de complicação relacionadas com o procedimento[27] (2011). Em razão do pequeno número de pacientes tratados e do fato de que a terapia médica geralmente é eficaz, o papel da colocação de *stent* para dissecção permanece a ser definido. Deve ser reservado aos pacientes em que a terapia médica é ineficaz ou contraindicada, ou quando a dissecção causa estenose sintomática limitadora de fluxo.

▶ **Tratamento cirúrgico.** No momento da cirurgia, o local da dissecção pode ser identificado por um aumento de tamanho fusiforme ou tubular da artéria com descoloração causada pelo sangue dentro da parede arterial (a descoloração tem sido descrita como negra, azulada, purpúrea, vermelho-púrpura ou marrom[25]).

O tratamento cirúrgico da dissecção intradural, quando técnicas endovasculares não são uma opção, inclui as seguintes alternativas:
1. aneurismas não clipáveis podem ser candidatos à oclusão hunteriana da VA proximalmente à artéria basilar – BA (ou por técnica microcirúrgica ou técnicas endovasculares que podem não ser tão precisas). Alguns pacientes podem não tolerar a clipagem na VA dominante, especialmente se a VA contralateral estiver hipoplásica. Por outro lado, alguns pacientes podem tolerar a oclusão bilateral da VA.[28] Recomenda-se o teste de oclusão com balão[16]
   a) se a dissecção envolver a origem da artéria cerebelar inferior posterior (PICA), então proceda à clipagem proximalmente à dissecção. A PICA enche-se então pelo fluxo retrógrado e a reversão do fluxo através do local de dissecção deve empurrar a íntima para trás contra a parede
   b) se a dissecção for proximal à PICA e não envolver a PICA, então capture o aneurisma entre clipes. A PICA se enche por fluxo retrógrado
   c) se o aneurisma iniciar distalmente à origem da PICA, oclua a VA[7] distal à saída da PICA[29]
2. combinação de clipagem de VA (os aneurismas não clipáveis podem ser candidatos à oclusão hunteriana da VA proximal ao aneurisma) com *bypass* vascular, opções:
   a) anastomose PICA-PICA lado a lado
   b) transplante da origem da PICA para a VA externa ao aneurisma
   c) *bypass* de artéria occipital à PICA
3. ressecção acompanhada por enxerto de veia autógena de interposição
4. técnicas cirúrgicas não oclusivas
   a) clipagem com clipes especialmente projetados para aneurismas fusiformes (p. ex., clipe de Sundt-Kees)
   b) envoltório: é de benefício duvidoso

86.9.3 Dissecções do sistema vertebrobasilar excluindo a VA

As dissecções da artéria basilares tendem a se apresentar com infarto do tronco encefálico e mais raramente com SAH.[24] O prognóstico geralmente é considerado precário. As técnicas endovasculares podem ser capazes de tratar alguns pacientes.

Referências

[1] Yamaura A. Nontraumatic Intracranial Arterial Dissection: Natural History, Diagnosis, and Treatment. Contemp Neurosurg. 1994; 16:1–6

[2] Goldstein SJ. Dissecting Hematoma of the Cervical Vertebral Artery: Case Report. J Neurosurg. 1982; 56:451–454

[3] Anson J, Crowell RM. Cervicocranial Arterial Dissection. Neurosurgery. 1991; 29:89–96

[4] Yamashita M, Tanaka K, Matsuo T *et al.* Cerebral dissecting aneurysms in patients with moyamoya disease. J Neurosurg. 1983; 58:120–125

[5] Bogousslavsky J, Despland PA, Regli F. Spontaneous carotid dissection with acute stroke. Arch Neurol. 1987; 44:137–140

[6] Debette S, Leys D. Cervical-artery dissections: predisposing factors, diagnosis, and outcome. Lancet Neurol. 2009; 8:668–678

[7] Friedman AH, Drake CG. Subarachnoid hemorrhage from intracraniai dissecting aneurysm. J Neurosurg. 1984; 60:325–334

[8] Hodge C, Leeson M, Cacayorin E *et al.* Computed Tomographic Evaluation of Extracranial Carotid Artery Disease. Neurosurgery. 1987; 21:167–176

[9] Eastman AL, Chason DP, Perez CL, McAnulty AL, Minei JP. Computed tomographic angiography for the diagnosis of blunt cervical vascular injury: is it ready for primetime? J Trauma. 2006; 60:925–9; discussion 929

[10] Kitanaka C, Tanaki J-I, Kuwahara M *et al.* Nonsurgical Treatment of Unruptured Intracranial Vertebral Artery Dissection with Serial Follow-Up Angiography. J Neurosurg. 1994; 80:667–674

[11] Berger MS, Wilson CB. Intracranial dissecting aneurysms of the posterior circulation. Report of six cases and review of the literature. J Neurosurg. 1984; 61:882–894

[12] Pozzati E, Padovani R, Fabrizi A *et al.* Benign Arterial Dissection of the Posterior Circulation. J Neurosurg. 1991; 75:69–72

[13] Welling RE, Taha A, Goel T *et al.* Extracranial Carotid Artery Aneurysms. Surgery. 1983; 93:319–323

[14] Chang V, Newcastle NB, Harwood-Nash DCF, Norman MG. Bilateral dissecting aneurysms of the intracranial internal carotid arteries in an 8-yearold boy. Neurology. 1975; 25:573–579

[15] Leys D, Lesoin F, Pruvo JP *et al.* Bilateral Spontaneous Dissection of Extracranial Vertebral Arteries. J Neurol. 1987; 234:237–240

[16] Halbach VV, Higashida RT, Dowd CF, Fraser KW, Smith TP, Teitelmaum GP, Wilson CB, Hieshima GB. Endovascular Treatment of Vertebral Artery Dissections and Pseudoaneurysms. J Neurosurg. 1993; 79:183–191

[17] Miyazaki S, Yamaura A, Kamata K *et al.* A dissecting aneurysm of the vertebral artery. Surg Neurol. 1984; 21:171–174

[18] Hugenholtz H, Pokrupa R, Montpetit VJA *et al.* Spontaneous dissecting aneurysm of the extracranial vertebral artery. Neurosurgery. 1982; 10:96–100

[19] Senter HJ, Sarwar M. Nontraumatic dissecting aneurysm of the vertebral artery. J Neurosurg. 1982; 56:128–130

[20] Shimoji T, Bando K, Nakajima K *et al.* Dissecting Aneurysm of the Vertebral Artery. J Neurosurg. 1984; 61:1038–1046

[21] Okuchi K, Watabe Y, Hiramatsu K *et al.* [Dissecting Aneurysm of the Vertebral Artery as a Cause ofWallenberg's Syndrome]. No Shinkei Geka. 1990; 18:721–727

[22] Caplan LR, Zarins CK, Hemmati M. Spontaneous Dissection of the Extracranial Vertebral Arteries. Stroke. 1985; 16:1030–1038

[23] Aoki N, Sakai T. Rebleeding from intracranial dissecting aneurysm in the vertebral artery. Stroke. 1990; 21:1628–1631

[24] Pozzati E, Andreoli A, Limoni P, Casmiro M. Dissecting Aneurysms of the Vertebrobasilar System: Study of 16 Cases. Surg Neurol. 1994; 41:119–124

[25] Yamaura A, Watanabe Y, Saeki N. Dissecting Aneurysms of the Intracranial Vertebral Artery. J Neurosurg. 1990; 72:183–188

[26] Markus HS, Hayter E, Levi C, Feldman A, Venables G, Norris J. Antiplatelet treatment compared with anticoagulation treatment for cervical artery dissection (CADISS): a randomised trial. Lancet Neurol. 2015; 14:361–367

[27] Pham MH, Rahme RJ, Arnaout O, Hurley MC, Bernstein RA, Batjer HH, Bendok BR. Endovascular stenting of extracranial carotid and vertebral artery dissections: a systematic review of the literature. Neurosurgery. 2011; 68:856–66; discussion 866

[28] Six EG, Stringer WL, Cowley AR *et al.* Posttraumatic Bilateral Vertebral Artery Occlusion. Case Report. J Neurosurg. 1981; 54:814–817

[29] Yamada K, Hayakawa T, Ushio Y *et al.* Therapeutic Occlusion of the Vertebral Artery for Unclippable Vertebral Aneurysm. Neurosurgery. 1984; 15:834–838

Parte XX

Hemorragia Intracerebral

87 Hemorragia
    Intracerebral   1330

87 Hemorragia Intracerebral

87.1 Informações gerais

A hemorragia intracerebral (ICH) é aquela que ocorre dentro do parênquima cerebral. No passado, era referida, geralmente, como "hemorragia hipertensiva", mas a hipertensão é uma etiologia discutível em muitos casos; ver *Hipertensão como uma causa?* (p. 1334).

87.2 Hemorragia intracerebral em adultos

Conceitos-chave

- a segunda forma de acidente vascular encefálico mais comum (15-30% dos acidentes vasculares encefálicos), mas a maioria é mortal
- ao contrário do infarto isquêmico: o início é progressivo e uniforme durante minutos a horas, geralmente com cefaleia intensa, vômito e alterações em nível de consciência
- imagem de tomografia computadorizada (CT) sem contraste do encéfalo é o estudo diagnóstico inicial de escolha
- o volume do hematoma correlaciona-se altamente com morbidade e mortalidade
- o coágulo aumenta em pelo menos 33% dos casos nas primeiras 3 horas do início
- a angiografia é recomendada (desde que não se retarde o tratamento de emergência), com exceção dos pacientes > 45 anos de idade com hipertensão preexistente e ICH no tálamo, putâmen ou fossa posterior
- tratamento
  - a) ainda controverso. A promessa inicial de fator de coagulação ativado recombinante (rFVIIa) não foi concretizada
  - b) a utilidade de cirurgia ainda é controversa, mas parece limitada a algumas hemorragias cerebelares e selecionadas hemorragias supratentoriais que se encontram a 1 cm da superfície cortical

87.3 Epidemiologia

87.3.1 Incidência

A segunda forma mais comum do acidente vascular encefálico ($\approx$ 15-30% de todos os acidentes vasculares encefálicos) (estimativas anteriores: 10%[1]) e a mais mortal. Aproximadamente 12-15 casos por 100.000/ano. Os primeiros estudos estimaram uma incidência igual à da hemorragia subaracnóidea (SAH), porém estudos mais recentes na era da CT mostram aproximadamente duas vezes a incidência da SAH[2] (estudos pré-CT podem ter classificado erroneamente algumas ICH como acidentes vasculares encefálicos isquêmicos, e alguns casos de ICH que se rompem dentro do espaço subaracnóideo (ocorre em $\approx$ 7%) podem ter sido classificados incorretamente como SAH. Após um declínio nos anos 1970, a incidência aumentou nos anos 1980s para indivíduos com $\geq$ 65 anos.[3] O início geralmente é durante atividade (raramente durante o sono), o que pode estar relacionado com a elevação da pressão sanguínea (BP) ou fluxo sanguíneo cerebral (CBF); ver Etiologias (p. 1332).

87.3.2 Fatores de risco

A seguir, os fatores de risco epidemiológicos; ver outros também (p. 1332).
1. idade; a incidência aumenta significativamente após os 55 anos e dobra a cada década de idade até > 80 anos de idade, quando a incidência é 25 vezes a incidência da década anterior. O risco relativo para a idade > 70 anos é 7
2. gênero: mais comum em homens
3. etnia: nos Estados Unidos, a ICH afeta mais os negros dos que os brancos. Pode estar relacionada com maior prevalência de hipertensão (HTN) em negros. A incidência também pode ser mais alta em asiáticos[4]
4. acidente vascular encefálico anterior (qualquer tipo) aumenta ao risco para 23:1
5. consumo de álcool:[4,5]
   - a) uso recente; consumo moderado ou pesado de álcool dentro de 24 horas e na semana precedente à ICH foram fatores de risco independentes para ICH[6], como mostrado no ▶ Quadro 87.1
   - b) uso crônico: um estudo sugere que consumir > 3 drinques ao dia aumenta o risco de ICH em $\approx$ 7 vezes[7 (p. 15)]
   - c) ICH em pacientes com alto consumo de etanol era, mais comumente, lobar do que as "hemorragias hipertensivas" típicas nos núcleos da base ou gânglios basais[8]

Quadro 87.1 Risco relativo de ICH com o consumo de etanol (EtOH)

Período anterior à ICH	Quantidade[a] (g EtOH)	Risco Relativo
24 horas	41-120	4,6
	> 120	11,3
1 semana	1-150	2,0
	151-300	4,3
	> 300	6,5

[a] 1 drinque padrão = 12 g EtOH.

Quadro 87.2 Locais comuns de ICH (modificado[13])

%	Localização
50%	corpo estriado (núcleos da base); mais comum no putâmen; inclui também: núcleo lenticular, cápsula interna, globo pálido
15%	tálamo
10-15%	ponte (≈ 90% destes são genuinamente hipertensos)
10%	cerebelo
10-20%	substância branca cerebral
1-6%	tronco encefálico

6. tabagismo: aumenta o risco de SAH e infarto isquêmico, mas provavelmente *não* aumenta o risco de ICH,[9,10] são necessários mais esclarecimentos
7. drogas de rua: cocaína, anfetaminas, fenciclidina[11]
8. disfunção hepática: a hemostasia pode estar prejudicada com base na trombocitopenia, fatores de coagulação reduzidos e hiperfibrinólise[12] (pode ser responsável pelo aumento do risco de ICH com consumo crônico de etanol)

87.4 Localizações de hemorragia dentro do encéfalo

87.4.1 Informações gerais

Os locais comuns de ICH são mostrados no ▶ Quadro 87.2. Artérias mais comumente envolvidas nas ICHs:
1. lenticulostriadas: a origem de hemorragias no putâmen (possivelmente secundária a microaneurismas de Charcot-Bouchard, ver abaixo)
2. talamoperfurantes
3. ramos paramedianos da artéria basilar (BA)

87.4.2 Hemorragia lobar

Este termo foi popularizado em 1980 depois que um relato delineou quatro síndromes clínicas associadas à hemorragia em cada um dos lobos cerebrais.[14] Incorpora as hemorragias primárias nos lobos occipital, temporal, frontal e parietal (incluindo ICH que surge do córtex e substância branca subcortical), em oposição à hemorragia das estruturas profundas (p. ex., núcleo da base, tálamo e estruturas infratentoriais).[14] É responsável por 10-32% das ICHs não traumáticos.[14] Com grandes hemorragias, pode ser difícil fazer a distinção entre ICH lobar e profunda.

Hemorragias lobares, mais provavelmente, estão associadas a anormalidades estruturais do que as hemorragias profundas (ver abaixo). Podem também ser mais comuns em pacientes com alto consumo de álcool (ver acima). As hemorragias lobares também podem ter resultado mais benigno do que as hemorragias ganglionares-talâmicas.[14]

Etiologias da hemorragia lobar: embora muitas causas de ICH possam produzir hemorragias lobares (ver abaixo uma lista detalhada), aquelas que mais provavelmente produzirão hemorragias lobares incluem:

1. extensão de uma hemorragia profunda
2. angiopatia amiloide cerebral (p. 1334): a causa mais comum de ICH lobar em pacientes idosos normotensos
3. trauma
4. transformação hemorrágica de um infarto isquêmico: ver abaixo
5. tumor hemorrágico (p. 1335). Múltiplas hemorragias lobares podem ocorrer com metástases
6. malformação cerebrovascular (especialmente malformação arteriovenosa – AVM) (p. 1246)
7. ruptura de um aneurisma: ver abaixo as circunstâncias que, provavelmente, produzem isto
8. idiopática

87.4.3 Hemorragias da cápsula interna

Pode haver significado prognóstico no que se refere à função motora contralateral se a hemorragia for medial e/ou se estender através da cápsula interna (IC), ou lateral à IC e simplesmente comprimindo-a, tornando o coágulo mais accessível ao tratamento cirúrgico sem danificar a IC.

87.5 Etiologias

87.5.1 Lista de verificação do histórico

Com base nas informações deste capítulo, a seguinte lista de verificação é apresentada para auxiliar na reunião de informações históricas importantes para a avaliação do adulto com ICH:

1. hipertensão
2. drogas:
   a) simpatomiméticas:
      - anfetaminas, cocaína
      - supressores do apetite ou descongestionantes nasais (fenilpropanolamina, pseudoefedrina)
   b) suplementos dietéticos: especialmente alcaloides da *Ephedra* (*ma huang*)
   c) anticoagulantes: varfarina em particular
   d) drogas antiplaquetárias: aspirina (os pacientes geralmente esquecem de tomar a dose baixa de 81 mg), Plavix, anti-inflamatórios não esteroides (NSAIDS)
   e) contraceptivo oral (pílulas anticoncepcionais): associação questionável
3. histórico de abuso de álcool
4. coagulopatias
5. leucemia
6. acidente vascular encefálico anterior
7. histórico conhecido de anormalidades vasculares (AVM, angioma venoso...)
8. tumor: histórico conhecido de câncer, especialmente aqueles que tendem a ir para o encéfalo (pulmão, mama, gastrointestinal [GI], renal, melanoma...)
9. cirurgia recente: especialmente endarterectomia da carótida, procedimentos que requerem heparina...
10. parto recente e/ou eclâmpsia ou pré-eclâmpsia
11. histórico de trauma recente

87.5.2 Lista de etiologias

1. "hipertensão" (discutível como uma causa ou efeito, ver abaixo), mas é um fator de risco
   a) hipertensão (HTN) aguda: como pode ocorrer na eclâmpsia (ver abaixo) ou com o uso de certas drogas, p. ex., cocaína, fenilpropanolamina... (p. 1334)
   b) HTN crônica: possivelmente causa alterações degenerativas dentro dos vasos sanguíneos
2. possivelmente associada a aumento agudo do CBF (global ou focalmente),[15] em especial para áreas que anteriormente se apresentavam isquêmicas:
   a) após endarterectomia da carótida[16,17]
   b) após reparo de defeitos cardíacos congênitos em crianças[18]
   c) acidente vascular encefálico anterior (embólico[19] ou outro): pode ocorrer transformação hemorrágica em até 43% dos acidentes vasculares encefálicos durante o primeiro mês.[20] Pode-se seguir o desalojamento ou a recanalização de uma oclusão arterial, embora tenha sido demonstrado com a oclusão persistente.[21] Pode ocorrer já em ≤ 24 h após um acidente vascular encefálico em pacientes com uma CT negativa realizada dentro de 6 horas.[22] Dois tipos:[20,23]
      - tipo 1: difuso ou multifocal. Aparência heterogênea ou moteada dentro dos limites do acidente vascular encefálico. Menos hiperdensa do que a ICH primária

Hemorragia Intracerebral **1333**

- tipo 2: hematoma extenso. Provavelmente a origem é unifocal. Tão hiperdenso quanto a ICH primária e pode-se estender para fora dos limites do acidente vascular encefálico original. Ao contrário do tipo 1, classicamente é associado à terapia de anticoagulação, e tende a ocorrer nos dias iniciais após um acidente vascular encefálico e, em geral, está associado à piora clínica. Pode ser difícil distinguir da ICH primária, e com frequência é diagnosticado erroneamente como tal[22]
- enxaqueca: durante[24] ou após[25] uma crise de enxaqueca (provavelmente um evento extremamente raro)
- a) após cirurgia para remover uma AVM: "escape da pressão de perfusão normal progressiva". Alguns casos podem decorrer de excisão incompleta de AVM
- b) fatores físicos: após esforço físico extenuante,[26] exposição ao frio[27]
3. anomalias vasculares
   - a) AVM: ruptura; ver Malformação arteriovenosa (p. 1239)
   - b) ruptura de aneurisma
     - aneurismas saculares ("*berry*"): (i) **aneurismas do círculo arterial do cérebro (de Willis; COW)**: aneurismas que se tornaram aderentes à superfície do encéfalo por meio de fibrose como resultado de inflamação ou hemorragia anterior podem produzir ICH, quando se rompem, em vez da SAH usual; (ii) **aneurismas distais ao COW** (p. ex., aneurismas da artéria cerebral média – MCA)
     - microaneurismas de Charcot-Bouchard (p. 1334)
4. ruptura de angioma venoso: ICH significativa em razão de essas lesões comuns serem um evento muito raro
   - a) "arteriopatias"
     - angiopatia amiloide: geralmente → hemorragias lobares repetidas (ver adiante)
     - necrose fibrinoide[1,28] (vista algumas vezes nos casos de angiopatia amiloide)
     - lipo-hialinose: material[29] hialino rico em lipídios subintimal
     - arterite cerebral (incluindo angiite necrosante)
5. tumor cerebral (primário ou metastático): abaixo
6. coagulation ou distúrbios de coagulação
   - a) leucemia
   - b) trombocitopenia:
     - púrpura trombocitopênica trombótica
     - anemia aplásica
   - c) pacientes sob terapia de anticoagulação (p. 1336)
   - d) pacientes sob terapia trombolítica:
     - para acidente vascular encefálico isquêmico agudo: a incidência de ICH *sintomática* dentro de 36 h do tratamento com ativador de plasminogênio tecidual recombinante (rtPA) é 6,4% (*versus* 0,6% no grupo placebo tratado)[30]
     - para infarto do miocárdio (MI) agudo ou outra trombose: incidência é de ≈ 0,36-2%.[31,32,33] O risco é maior com doses mais altas do que as 100 mg recomendadas de alteplase (Activase®, ativador de plasminogênio recombinante (rtPA),[34] em pacientes idosos, naqueles com MI anterior ou classe de Killip mais alta e com a administração de *bolus* (*versus* infusão).[35] Quando a heparina foi usada como adjuvante, doses mais altas estavam associadas a risco mais alto de ICH.[36] Acredita-se que a ICH ocorra naqueles pacientes com alguma anormalidade vascular de base preexistente.[37] A angioplastia coronária imediata é mais segura do que o rtPA, quando disponível[33]
   - e) terapia com aspirina:
     - um ASA (ácido acetilsalicílico) em dias alternados foi associado a maior risco de ICH,[38] com uma taxa de 0,2-0,8% ao ano[39]
     - ASA 100 mg/dia não aumentou o risco de ICH significativa em pacientes > 60 anos com lesão cefálica moderada (escala de coma de Glasgow – GCS ≥ 9)[40]
     - suplementos de vitamina E:[41] associados à redução de um acidente vascular encefálico isquêmico em 476 indivíduos, e aumento de 1 ICH em 1.250 pacientes que tomam vitamina E
7. infecção do CNS:
   - a) especialmente fúngica, que ataca os vasos sanguíneos
   - b) granulomas
   - c) encefalite por herpes simples: inicialmente pode produzir lesões de baixa densidade que progridem para hemorrágicas
8. trombose de seio venoso ou dural (p. 1308)
9. relacionada com droga
   - a) abuso de substância
     - álcool: consumo de > 3 drinques/dia aumenta o risco de ICH ≈ 7 vezes (p. 1330)
     - abuso de drogas: especialmente simpatomiméticos (cocaína,[42,43] anfetamina[44])
   - b) drogas que elevam a BP:
     - agonistas alfa-adrenérgicos (simpatomiméticos): fenilpropanolamina[45,46] (pode, também, causar acidente vascular encefálico isquêmico (p. 1287) que foram removidos, por ordem da Food and Drug Administração (FDA), dos descongestionantes nasais e supressores do apetite, mas outros alfa-agonistas de venda livre (incluindo fenilefrina, efedrina[47] e pseudoefedrina[48]) também são problemáticos[49]
     - alcaloides da *Ephedra*: comercializados como um suplemento dietético (*ma huang*) para suprimir o apetite e aumentar a energia. São associados, em relatos de caso, a HTN, SAH, ICH, convulsões e morte[50]

87

10. pós-traumático: geralmente de forma retardada;[51,52] ver **Contusão hemorrágica** (p. 891)
11. gravidez relacionada: o risco de ICH na gravidez e puerpério (até 6 semanas pós-parto) é ≈ 1 em 9.500 nascimentos[53]
    a) associada, com mais frequência, à eclâmpsia ou pré-eclâmpsia: a mortalidade de eclâmpsia é ≈ 6% com ICH sendo a causa direta mais frequente;[54] ver também Gravidez e hemorragia intracraniana (p. 1169)
    b) ICH pós-parto (8 dias em média, variam de 3-35 dias) na ausência de eclâmpsia tem sido relatada;[55] quando associada à vasculopatia, usa-se o termo angiopatia cerebral pós-parto
    c) achados vasculares:
       - alguns casos associados à vasculopatia cerebral isolada na ausência de vasculite[56] sistêmica
       - alguns casos demonstram vasospasmo
       - alguns casos mostram achados (p. ex., impregnação em placas nos lobos occipitais) sugestivos de cerebrovascular desautorregulação (p.1264)
       - alguns casos não mostram anormalidades relacionadas com vasos
12. pós-operatório:
    a) após endarterectomia da carótida (ver acima)
    b) após craniotomia:
       - no local da craniotomia:[57] fatores de risco identificados: dentro do astrocitoma residual após ressecção subtotal, após craniotomia para AVM (ver acima)
       - no local remoto da craniotomia. Em uma série de 37 pacientes, ao contrário dos hematomas no local da craniotomia, foram identificados com *não* relacionados com o risco de hemorragia o seguinte: HTN, coagulopatia, drenagem de líquido cerebrospinal (CSF), lesão oculta subjacente, após drenagem de hematoma subdural (SDH) crônico (p. 899), hemorragia cerebelar após craniotomia pterional[58] (este autor incriminou, possivelmente, superdrenagem rápida de CSF), ou após lobectomia temporal[59]
13. idiopática[14]

87.5.3 Etiologias da hemorragia cerebelar

As etiologias são similares à ICH de qualquer localização, porém, com alguns matizes:
1. HTN é um fator em até dois terços das hemorragias cerebelares
2. AVM é uma consideração, um aneurisma é muito raro (possivelmente aneurisma de artéria cerebelar inferior anterior – AICA, mas em geral somente em associação a outra lesão de alto fluxo, p. ex., AVM[60])
3. pode estar relacionada com recente cirurgia espinal anterior ou supratentorial

87.5.4 Hipertensão como uma causa?

A hipertensão (HTN) é controversa como causa de ICH, uma vez que a incidência de ICH e HTN aumenta com o envelhecimento (66% dos pacientes > 65 anos têm HTN). O risco relativo de ICH com HTN é 3,9-5,4, dependendo da definição de HTN usada.[61] Muitos pacientes com ICH são dramaticamente hipertensos à apresentação, porém, elevações agudas da pressão intracraniana (ICP) devido à hemorragia pode realmente precipitar HTN (parte da tríade de Cushing, ver ▶ Quadro 56.2). A HTN é, provavelmente, um fator de risco primariamente para ICH pontina/cerebelar e, provavelmente, não é um fator em pelo menos 35% das hemorragias dos núcleos da base ou gânglios basais.

87.5.5 Microaneurismas de Charcot-Bouchard

Também conhecidos como aneurismas miliares.[62] Ocorrem, primariamente, na bifurcação de pequenos ramos (< 300 mcm) perfurantes de artérias lenticuloestriadas laterais nos núcleos da base (encontradas em 46% dos pacientes hipertensos com mais de 66 anos, mas somente em 7% dos controles[63]). Possivelmente, são a origem de algumas hemorragias ganglionares[64] (putaminais) "hipertensivas", mas isto é controverso.

87.5.6 Angiopatia amiloide (cerebral)

Angiopatia amiloide cerebral (CAA) ou angiopatia congofílica. A deposição patológica de proteína amiloide beta (aparece com uma cor de "maçã verde" birrefringente sob luz polarizada, quando corada com vermelho do congo) dentro da camada média de pequenos vasos meníngeos e corticais (especialmente aqueles na substância branca) sem evidência de amiloidose sistêmica.[65] Alguns vasos podem mostrar necrose fibrinoide da parede do vaso.[66,67]

Deve-se suspeitar de CAA em pacientes com hemorragias recorrentes (incomuns com as "hemorragias hipertensivas" [p. 1330][68]) que estão em localização lobar. A imagem por ressonância magnética (MRI) gradiente-eco pode identificar hemorragias peteuiais ou depósitos de hemossiderina em razão de pequenas hemorragias corticais que podem estar associadas à CAA.[69] É menos provável no caso de hemorragias dos núcleos da base ou tronco encefálico.[14]

Hemorragia Intracerebral   **1335**

A incidência aumenta com o envelhecimento: a CAA está presente em ≈ 50% dos indivíduos com mais de 70 anos de idade,[70] porém, a maioria não apresenta hemorragia. A CAA provavelmente é responsável por ≈ 10% dos casos de ICH. Pode estar associada a fatores genéticos (incluindo o alelo ε 4 da apolipoproteína E[71]), e pode ser mais prevalente em pacientes com síndrome de Down. Embora sejam doenças distintas, há alguma sobreposição entre CAA e doença de Alzheimer; o amiloide em CAA é idêntico àquele encontrado nas placas senis da doença de Alzheimer. A CAA pode aumentar o risco de ICH pela potencialização do plasminogênio[72] (pode ser de especial relevância para pacientes que recebem ativador do plasminogênio tecidual – tPA para tratar MI ou acidente vascular encefálico).

Os pacientes com CAA podem se apresentar com um pródromo do tipo ataque isquêmico transitório (TIA; ver acima).

Entre os pacientes com hemorragia lobar, aqueles com o alelo ε4 da apoE tipicamente têm sua primeira hemorragia em > 5 anos antes dos indivíduos não portadores (73 ± 8 anos *versus*/79 ± 7 anos).[71]

Os testes diagnósticos são úteis, principalmente, para descartar outras condições. O diagnóstico definitivo de CAA requer avaliação patológica do tecido cerebral. Os critérios para o diagnóstico de CAA são mostrados no ▶ Quadro 87.3.[73]

87.5.7 Tumores cerebrais hemorrágicos

Embora qualquer tumor cerebral possa apresentar hemorragia, a ICH tumoral geralmente está associada a malignidades. Os tumores também podem às vezes produzir SAH ou hematomas subdurais.

Os tumores malignos com mais frequência estão associados à ICH:
1. glioblastoma
2. linfoma
3. tumores metastáticos
   a) melanoma:[74,75] hemorragia em ≈ 40%
   b) coriocarcinoma:[74,76,77] hemorragia em ≈ 60%
   c) carcinoma de células renais
   d) carcinoma broncogênico: embora somente ≈ 9% tenham hemorragia, esse tumor é uma origem tão frequente de metástases cerebrais que, consequentemente, ele é a origem mais comum de ICH tumoral

Os tumores malignos que apresentam hemorragia incluem, menos frequentemente:
1. meduloblastoma[78,79,80,81] (mais comuns em crianças)
2. gliomas[82,83]

Alguns tumores cerebrais *benignos* que têm sido associados à ICH incluem:
1. os meningiomas têm sido associados a hemorragias intratumoral, subdural e no parênquima adjacente.[84,85,86,87] A tendência ao sangramento é similar à de uma variedade de meningiomas angioblásticos e outros meningiomas altamente vascularizados

---

Quadro 87.3 Critérios para o diagnóstico de angiopatia amiloide cerebral (CAA)[73]

Diagnóstico	Critérios
CAA definida	Exame completo pós-morte mostrando os 3 seguintes: a) hemorragia lobar, cortical ou corticossubcortical b) CAA grave c) ausência de outra lesão diagnóstica
provável CAA apoiada por evidência patológica	Dados clínicos e tecido patológico mostrando os 3 seguintes: a) hemorragia lobar, cortical ou corticossubcortical b) algum grau de deposição amiloide vascular em espécime c) ausência de outra lesão diagnóstica
provável CAA	Dados clínicos e achados de MRI mostrando os 3 seguintes: a) idade ≥ 60 anos b) múltiplas hemorragias restritas às regiões lobar, cortical ou corticossubcortical c) ausência de outra causa de hemorragia[a]
possível CAA	Dados clínicos e achados de MRI mostrando os 3 seguintes: a) idade ≥ 60 anos b) hemorragia lobar, cortical, ou corticossubcortical única sem outra causa,[a] ou múltiplas hemorragias com uma causa definida possível[a] ou com algumas hemorragias em uma localização atípica (p. ex., tronco encefálico)

[a]P. ex., excessiva anticoagulação (INR > 3,0), trauma craniano, acidente vascular encefálico isquêmico, tumor de CNS, malformação cerebrovascular, vasculite ou discrasia sanguínea.

2. adenoma hipofisário, ver Apoplexia hipofisária (p. 720)
3. oligodendroglioma (relativamente benigno): raramente se apresenta com hemorragia,[88] classicamente depois de anos causando convulsões
4. hemangioblastoma[89]
5. schwannoma vestibular[90,91,92]
6. astrocitoma[93] cerebelar

87.5.8 Anticoagulação precedendo a ICH

Em 10% dos pacientes em uso de varfarina (Coumadin®) desenvolve-se significativa complicação hemorrágica ao ano (nem todas são intracranianas), incluindo ICH (mortalidade em 65% desse grupo). O risco de ICH em pacientes tratados com varfarina para fibrilação atrial (A-fib) varia de 0-0,3% ao ano[39] (historicamente, este era tão alto quanto $\approx$ 1,8% em estudos antigos[94] dos anos 1960 e 1970), porém quando um subgrupo de idosos (média etária de 80 anos) foi analisado, esta taxa foi de 1,8% ao ano.[39] A ICH foi a única causa de complicações hemorrágicas fatais da terapia com varfarina em uma série em que o risco cumulativo de hemorragia fatal foi de 1% em 1 ano e de 2% em 3 anos.[95]

O risco de complicações hemorrágicas era maior com alta duração e também a variabilidade do tempo de protrombina (PT), e durante os primeiros três meses de anticoagulação.[95] Os pacientes com angiopatia amiloide cerebral (CAA) (ver acima) também estão em maior risco de ICH após a administração de drogas antiplaquetárias ou anticoagulantes.[73]

87.6 Clínica

87.6.1 Informações gerais

Em geral, o déficit neurológico com a ICH caracteriza-se pelo início progressivo uniforme de minutos a horas, ao contrário do acidente vascular encefálico embólico/isquêmico em que o déficit é máximo no início. Com a ICH, cefaleia intensa, vômito e alterações em nível de consciência podem ser mais comuns (a cefaleia – H/A pode não ser mais prevalente do que no acidente vascular encefálico embólico, mas, com mais frequência, é um primeiro e proeminente sintoma[14]).

87.6.2 Pródromo

Sintomas do tipo TIA podem preceder as hemorragias lobares[96,97] em pacientes com CAA, e podem ocorrer em até $\approx$ 50% dos pacientes dos quais é possível obter um histórico completo. Ao contrário dos TIAs típicos, estes consistem, geralmente, em dormência, formigamento ou fraqueza (correspondendo a uma área em que a hemorragia ocorrerá subsequentemente) que se disseminam gradualmente de maneira similar a uma marcha jacksoniana e podem espalhar-se para os territórios vasculares (provavelmente um fenômeno elétrico em vez de um evento isquêmico). Isto é sugestivo, mas não patognomômico, de desenvolvimento subsequente de ICH lobar.

87.6.3 Concomitância com lesões específicas na ICH

Hemorragia putaminal

O local mais comum de ICH. A deterioração gradual uniforme ocorre em 62% (déficit máximo no início em 30%); nunca flutua. A hemiparesia contralateral pode progredir para hemiplegia ou até coma ou morte. Ocorre H/A em 14% no início. Nenhuma H/A em algum momento em 72%. O papiledema e a hemorragia pré-retiniana sub-hialóidea são raros.

Hemorragia talâmica

Classicamente, ocorre perda hemissensorial contralateral. Além disso, há hemiparesia quando a cápsula interna é envolvida. Ocorre extensão para dentro do tronco encefálico superior → paralisia do olhar vertical, nistagmo de retração, desvio em direção inclinada, perda de convergência, ptose, miose, anisocoria, ± pupilas não reativas. H/A ocorre em 20-40%. O déficit motor é similar ao da hemorragia putaminal, porém ocorre déficit sensorial contralateral disseminado e notável. Hidrocefalia pode ocorrer em razão de compressão das vias do CSF.

Em 41 pacientes, quando a hemorragia era > 3,3 cm na CT, todos morriam. Hematomas menores geralmente causavam incapacidade permanente.

Hemorragia cerebelar

Pode incluir qualquer combinação do seguinte:
1. sintomas de ICP elevada (letargia, náusea e vômito – N/V, HTN com bradicardia...) em razão de hidro-cefalia que pode ocorrer como resultado de:
   a) compressão do quarto ventrículo → obstrução do CSF
   b) extensão da hemorragia para dentro do sistema ventricular
2. a compressão direta do tronco encefálico pode produzir:
   a) paralisia facial: em razão de pressão sobre o colículo facial
   b) esses pacientes classicamente se tornam comatosos sem primeiramente ter hemiparesia, ao con-trário de muitas etiologias supratentoriais

Hemorragia lobar

Síndromes associadas à hemorragia nos quatro lobos cerebrais[14] ($\approx$ 50% têm H/A como um primeiro e pro-eminente sintoma):
1. lobo frontal (a mais característica das síndromes): H/A frontal com hemiparesia contralateral, geral-mente no braço com leve fraqueza facial e na perna
2. lobo parietal: déficit hemissensorial contralateral e hemiparesia leve
3. lobo occipital: dor ocular ipsolateral e hemianopsia homônima contralateral, algumas podem poupar o quadrante superior
4. lobo temporal: no lado dominante, produz disfasia fluente com precária compreensão auditiva, mas com repetição relativamente boa

87.6.4 Deterioração retardada

Informações gerais

A deterioração após a hemorragia inicial geralmente se deve a qualquer combinação dos seguintes:
1. ressangramento: ver abaixo
2. edema: ver abaixo
3. hidrocefalia: risco maior com a extensão intraventricular ou para a fossa posterior da ICH
4. convulsões

Ressangramento ou extensão do sangramento

Ressangramento precoce: o ressangramento (ainda maior nas hemorragias dos núcleos da base do que nas hemorragias lobares) tem sido documentado durante a primeira hora por imagens obtidas "ultrapre-cocemente" e repetição de CT. O ressangramento, em geral, é acompanhado por deterioração clínica.[98] A incidência de aumento do hematoma diminui com o tempo, 33-38% em 1-3 horas,[99] 16% em 3-6 h, e 14% entre 24 h do início e a segunda CT dentro de 24 h da primeira.[100] Pacientes com hematomas que aumen-tam mais provavelmente têm hematomas maiores e/ou coagulopatia, e tiveram pior resultado.[100] O res-sangramento pode ainda ocorrer após evacuação cirúrgica do coágulo mesmo com hemostasia intraope-ratória satisfatória. Agentes hemostáticos (p. ex., NovoSeven®) podem reduzir esse risco (p. 1339). O "sinal da mancha"[101] na angiotomografia computadorizada – CTA (pequenos focos intensificados dentro da ICH) correlacionava-se com risco maior de expansão do hematoma.

Ressangramento tardio: as taxas mencionadas para o ressangramento decorrentes de ICH variam de 1,8-53% (dependendo da extensão do acompanhamento).[102] A BP diastólica foi significativamente maior no grupo com hemorragia recorrente, com um risco de 10%/ano para pressão sanguínea diastólica (DBP) > 90 mmHg *versus* < 1,5% para DBP $\leq$ 90 (acompanhamento médio de 67 meses).[102] Outros fatores de risco incluem diabetes, tabagismo e abuso de álcool.[103] Hemorragias recorrentes podem indicar malformações vasculares de base ou angiopatia amiloide (o ressangramento lobar provavelmente se deve à angiopatia amiloide[103]).

Edema

Edema e necrose isquêmica ao redor da hemorragia podem causar deterioração retardada.[1] Embora a necrose causada pelo efeito de massa do coágulo contribui com uma pequena parte para o edema, experi-mentos indicam que, por si só, o efeito de massa é insuficiente para ser responsável pela quantidade de edema que ocorre, acredita-se que uma toxina edemogênica seja liberada do coágulo. Experimentos com vários componentes de coágulos sanguíneos revelaram que as concentrações de trombinina que podem ser liberadas do coágulo causam aumento de permeabilidade da barreira hematoencefálica, e também é um potente vasoconstritor. Esta é a principal suspeita como uma causa importante de edema e deterioração retardada. Ver também Edema cerebral (p. 90):

87.7 Avaliação

87.7.1 Imagem de CT

A imagem de CT é rápida e demonstra facilmente o sangue como uma alta densidade dentro do parênquima cerebral imediatamente após a hemorragia. Embora o efeito de massa seja comum, a tendência da hemorragia a dissecar através do tecido cerebral geralmente resulta em menos efeito de massa do que o previsto pelo tamanho do coágulo.

O volume do coágulo tem significado prognóstico (p.1343). Pode ser medido volumetricamente com o uso de algoritmos computadorizados disponíveis em alguns *scanners* de CT, ou ser aproximado de maneira muito simples pelo método elipsoide[104] (originalmente desenvolvido para AVMs, com base principalmente em que o volume de um elipsoide é, aproximadamente, metade do volume de um paralelepípedo dentro do qual é colocado),[105] e é mais simples do que outros métodos de estimativa[106] ligeiramente mais acurada conforme mostrado na Eq (87.1), em que AP (anteroposterior), LAT (lateral) e HT (altura) são os *diâmetros* do coágulo em cada uma das três dimensões (anteroposterior, lateral e altura). Para estimar a altura de uma lesão quando apenas imagens axiais estão disponíveis (como na maioria das CTs iniciais), conta-se o número de imagens nas quais a lesão é vista, e multiplica-se pela espessura da fatia dos cortes de CT[104,106,107] (essa informação geralmente é impressa na CT), ou subtrai-se a posição na tabela do corte mais alto mostrando o coágulo a partir da posição na tabela do corte mais baixo mostrando o coágulo.

$$\text{volume elipsoide} \approx \frac{AP \times LAT \times HT}{2} \qquad (87.1)$$

Em média, o tamanho do coágulo diminui $\approx 0,75$ mm/dia, e a densidade diminui em ≈ 2 unidades/dia de CT, com pequena alteração durante as primeiras 2 semanas.

87.7.2 MRI

Geralmente não é o procedimento de escolha para um estudo inicial. Não mostra bem o sangue nas primeiras horas. É difícil ventilar ou ter acesso ao paciente durante o estudo. É mais lenta e mais cara que a CT. Pode ser útil posteriormente, p. ex. para ajudar a diagnosticar angiopatia amiloide cerebral (CAA) (p. 1334).

A aparência da ICH na MRI é muita complicada, é altamente dependente da idade do coágulo[108] com a identificação de 5 estágios (▶ Quadro 87.4).

87.7.3 Angiografia cerebral

Para fazer o diagnóstico da própria ICH, a angiografia não é capaz de diferenciar de maneira confiável entre efeito de massa da ICH e aquele devido a infarto isquêmico ou tumor.[109] Pode demonstrar AVMs e aneurismas quando eles estão associados à ICH. O rendimento pode ser maior retardando-se o estudo.[14]

Quadro 87.4 Variação de aparência na MRI da ICH com o tempo desde a hemorragia[a] [108]

Estágio	Idade	Condição	T1WI	T2WI
hiperagudo	< 24 h	oxi-Hgb (intracelular)	iso	sl. ↑
agudo	1-3 dias	deoxi-Hgb (intracelular)	sl. ↓	muito ↓
subagudo				
• precocemente	> 3 dias	met-Hgb (intracelular)	muito ↑	muito ↓
• tardio	> 7 dias	met-Hgb (extracelular[b])	muito ↑	muito ↑
crônico				
• centro	> 14 dias	hemicromos[c] (extracelular)	iso	sl. ↑
• rim		hemossiderina (intracelular)	sl. ↓	muito ↓

[a]Abbreviações: oxi-Hgb = oxi-hemoglobina, deoxi-Hgb = deoxi-hemoglobina, met-Hgb = metemoglobina, isto = isointensa no encéfalo. ↓ = hipointensa, ↑ = hiperintensa, sl. = ligeiramente.
[b]Quando as hemácias (RBCs) lisam, a hemoglobina (Hgb) torna-se extracelular.
[c]Derivados diamagnéticos (não paramagnéticos) da heme.

Pode demonstrar o extravasamento de contraste (*blush*) vascular em alguns casos de tumor. A arteriografia normal não pode eliminar a angiopatia amiloide cerebral como a etiologia de ICH em idosos.[110]

Para indicações para angiografia cerebral na ICH, ver abaixo.

87.7.4 Escore ICH

O sistema de Hemphill *et al.*[111] atribui pontos com base nas cinco características indicadas no ▶ Quadro 87.5. Os pontos são então somados ao "escore de ICH". A mortalidade em 30 dias associada é tabulada no ▶ Quadro 87.6.

87.8 Controle inicial da ICH

87.8.1 Resumo

(O seguinte supõe que o diagnóstico já tenha sido feito, geralmente na imagem de CT.) Não existe um consenso uniforme sobre quase todos os aspectos do controle da ICH desde uma BP ideal até indicações para cirurgia. O seguinte é oferecido como guia.

A maioria dos aspectos do controle é controversa. O que segue é apresentado como guia.

1. pacientes devem ser tratados em uma unidade de cuidados intensivos (ICU)
2. HTN: controversa. Problemas: a HTN pode contribuir para sangramento adicional, especialmente na primeira hora.[98] Porém, alguma HTN pode ser necessária para manter a perfusão. Alguns dizem para reduzir a pressão arterial média (MAP) até o nível pré-mórbido, se conhecido, ou em ≈ 20%, se desconhecido. **Nota:** um estudo de 8 ICHs demonstrou que a autorregulação foi mantida, mas com um limite inferior elevado. Porém, houve queda do CBF quando a MAP foi reduzida farmacologicamente abaixo da MAP usual, que era, em média, 80% da MAP à internação (a HTN à admissão foi secundária à ICH).[112]
3. intube, se o paciente estiver estuporoso ou comatoso
4. mantenha a euglicemia
5. mantenha a normotermia
6. anticonvulsantes
   a) convulsões são tratadas com drogas antiepilépticas (AEDs) apropriadas
   b) AEDs profiláticas: opcionais. Podem diminuir o risco de convulsões precoces em pacientes com hemorragias lobares
   c) opções de AED
      - Keppra tem um perfil terapêutico/tóxico muito favorável. Dose de 500 mg duas vezes ao dia
      - OU fenitoína: ataque com 17 mg/kg intravenosa (IV) lenta durante 1 hora, seguida de 100 mg a cada 8 h; ver fenitoína (PHT, Dilantin®) (p. 446)

Quadro 87.5 Escore ICH[111]

Característica	Achado	Pontos
escore GCS (▶ Quadro 18.1)	3-4	2
	5-12	1
	13-15	0
idade[a]	≥ 80 anos	1
	< 80	0
localização	infratentorial	1
	supratentorial	0
volume de ICH (ver 87.1)	≥ 30 cc	1
	< 30 cc	0
sangue intraventricular	sim	1
	não	0
"escore ICH" = pontos totais		0-6

[a]Possível viés uma vez que as decisões de tratamento em pacientes idosos podem ter diferido dos pacientes jovens.[6]

Quadro 87.6 Mortalidade baseada no Escore ICH

Escore ICH[a]	Mortalidade em 30 dias	
0	0%	(26 pts)
1	13%	(32 pts)
2	26%	(27 pts)
3	72%	(32 pts)
4	97%	(29 pts)
5	100%	(6 pts)
6	? 100%[b]	(0 pts)

[a]Do ▶ Quadro 87.5.
[b]Nenhum paciente (pt.) no estudo teve um escore de 6, mas "a expectativa era de que isto estivesse associado à alta taxa de mortalidade".

7. problemas hemostáticos:
   a) verifique a relação normalizada internacional – INR (ou PT). O tempo parcial de tromboplastina (PTT) e a contagem de plaquetas (PC), ensaio de função plaquetária (PFA)
      • corrija coagulopatias, ver Correção das coagulopatias ou reversão dos anticoagulantes (p. 166)
      • plaquetas: corrija trombocitopenia ou drogas inibidoras de plaqueta, conforme discutido adiante
   b) o tempo de sangramento: geralmente não é útil
   c) ✱ agentes hemostáticos: NovoSeven® (fator VII de coagulação ativado recombinante (rFVIla) administrado IV dentro de 4 horas do início,[113] ver abaixo
8. esteroides: controversos. Nenhum benefício é obtido com a dexametasona em ICH, significativamente com mais complicações (primariamente infecciosas, sangramento GI e diabetogênicas).[114] Considere seu uso se houver significativo edema peri-hemorrágico em imagens (dosagem sugerida:[115] 4 mg de dexametasona IV, a cada 6 h, diminuída gradualmente durante 7-14 dias)
9. trate a hipertensão intracraniana a título de precaução: manitol e/ou furosemida, conforme tolerado, também ajuda no caso de HTN; ver mais a respeito em Medidas de tratamento para ICP elevada (p. 866). Se ocorrerem problemas significativos devido à suspeita de aumento da ICP, considere a monitorização de ICP
10. dreno ventricular externo (EVD): para hidrocefalia, alguns casos de sangue intraventricular, ou para controlar a ICP (ver abaixo), ✘ descartar coagulopatia antes de sua colocação
11. acompanhe eletrólitos e osmolaridade
    a) trate agressivamente a hiperglicemia (gotejamento de insulina, se refratária)
    b) observe para síndrome da secreção inapropriada de hormônio antidiurético – SIADH (p. 114)
12. angiografia: primariamente para descartar malformação vascular de base, mas também para descartar aneurisma (uma causa menos comum de ICH), e tumor (que geralmente é mais bem diagnosticado em CT ou MRI com contraste)
    a) se for indicada cirurgia urgente (p. ex., para herniação), a demora em obter um angiograma pode ser prejudicial e pode ser postergada melhor para o pós-operatório
    b) ✱ indicações: a angiografia é recomendada *exceto* para pacientes > 45 anos de idade com hipertensão preexistente *e* ICH no tálamo, putâmen ou fossa posterior porque houve um rendimento de 0% dos 29 pacientes desse grupo[116] e baixo rendimento em todos os pacientes com ICH profunda isolada[117]
       • pacientes > 45 anos com histórico de HTN e ICH *lobar*: a angiografia teve um rendimento de 10%,[116] com uma razão de AVM: aneurisma de ≈ 4.3:1
       • pacientes com hemorragia intraventricular (sem hematoma parenquimatoso): o rendimento da angiografia foi de ≈ 65%,[116] primariamente AVM
    c) uma lesão de base pode ser obliterada por ICH, especialmente quando aguda. Se a angiografia inicial for negativa, repita depois que a CT mostrar reabsorção do coágulo (em ≈ 2-3 meses). Se ainda for negativa, acompanhe com CT ou MRI a cada 4-6 meses por ≈ 1 ano para descartar tumor.[1] O retardo de várias semanas no angiograma inicial pode aumentar o rendimento, além de ser uma opção[14]
    d) a literatura indica que a MRI/angiorressonância magnética (MRA) tem apenas ≈ 90% de sensibilidade para detecção de anormalidades estruturais nessa situação, e assim um estudo negativo não pode excluir completamente essa possibilidade[116]
    e) espera-se um menor rendimento da angiografia na ICH em pacientes em maior risco de ICH: pacientes sob varfarina (Coumadin®), alcoólicos crônicos, pacientes com angiopatia amiloide...

Hemorragia Intracerebral 1341

> ∑
>
> Trate a HTN. BP-alvo sugerida ≈ 140/90. Evite a correção excessiva (hipotensão relativa ou absoluta).

87.8.2 Trombocitopenia ou drogas inibidoras de plaquetas

1. trombocitopenia: embora as transfusões de plaquetas sejam recomendadas geralmente apenas para manter a PC < 50 K, a ICH é tão seria que uma sugestão é, idealmente, manter uma PC > 100 K (se isto for difícil de conseguir, objetive uma contagem plaquetária > 75 K)
2. os pacientes em uso de drogas inibidoras de plaquetas (p. ex., aspirina ou Plavix®) devem receber plaquetas
3. quando necessário: comece com 6 unidades de plaquetas; ver Plaquetas (p. 154)

87.8.3 NovoSeven® (fator VII de coagulação ativado recombinante – rFVIIa)

No local de uma célula geradora de fator tecidual (TF), o rFVIIa forma um complexo com TF resultando na produção de trombina. Ele também converte o fator X em sua forma ativa, Xa na superfície de plaquetas ativadas resultando em uma "explosão de trombina" no local do dano.[118] Meia-vida: 2,6 h. Cara (≈ US\$10,000 por dose).

A FDA aprovou para várias diáteses hemorrágicas (incluindo hemofílicos com anticorpos para o fator VIII ou IX). O estudo *Factor Seven for Acute Hemorrhagic Stroke* (FAST) de Fase II "*off label*" para ICH[113] pareceu promissor, no entanto, os resultados preliminares do estudo de fase 3 não mostraram diferença na morte ou incapacidade importante em 90 dias.

R para ICH. Doses estudadas: 40, 80 e 160 mcg/kg IV por 1-2 minutos administradas IV dentro de 4 horas do início dos sintomas reduz em 90 dias a morbidade e mortalidade, com uma redução relacionada à dose do aumento médio do volume de ICH em 24 h, e um pequeno aumento nas complicações trombóticas (estudado em pacientes com GCS > 5, sem um plano de evacuação cirúrgica dentro de 24 horas e sem histórico de doença trombótica ou vasoclusiva). **Efeitos colaterais:** eventos trombóticos (MI, acidente vascular encefálico...) primariamente com doses mais altas (≥ 120 mcg/kg),[119] o risco pode ser maior na presença de coagulação intravascular disseminada (DIC), coagulopatia predisponente, doença aterosclerótica avançada, lesão por esmagamento, septicemia ou tratamento concomitante com complexos concentrados de protrombina ativada ou não ativada (aPCC/PCCs) devido aos níveis aumentados de TF circulante.

87.8.4 Anticoagulação após ICH

Os pacientes com ICH que, subsequentemente, necessitam de anticoagulação (p. ex., para acidente vascular encefálico embólico isquêmico ou para valva cardíaca mecânica) representam um dilema de tratamento. No caso de doença embólica, o receio de se converter um infarto isquêmico em hematoma ou aumentar o tamanho de uma pequena ICH com a anticoagulação contínua tradicionalmente superou o possível benefício de proteção contra mais embolização. No entanto, um relato empírico (retrospectivo não controlado) de 12 desses pacientes não encontrou incidência de aumento de sangramento intracraniano com a anticoagulação contínua (6 pacientes) ou retomada da anticoagulação após um intervalo (vários dias em 4 pacientes, 5 dias em 1 e 14 dias em 1).[120] Em outro estudo,[121] nenhum dos 35 pacientes que haviam retomado a varfarina teve hemorragia intracraniana recorrente (ICH, SAH ou hematoma subdural). Embora isto não prove que a anticoagulação seja segura após ICH, demonstra que se houver uma forte indicação para a anticoagulação, e não houver uma alternativa aceitável (p. ex., filtro Greenfield para trombose venosa profunda – DVT [p. 170]), que a anticoagulação nessa situação nem sempre tem resultados desastrosos.

A probabilidade de ter um acidente vascular encefálico isquêmico em 30 dias após descontinuação de varfarina por 10 dias em média, usando estimativas de sobrevida de Kaplan-Meier, são de aproximadamente 2,9% para pacientes que foram originalmente tratados com varfarina para valvas cardíacas protéticas, 2,6% para aqueles tratados de fibrilação atrial e 4,8% para aqueles com acidente vascular encefálico cardioembólico.[121] Esses números podem ser grosseiras subestimativas uma vez que muitos pacientes morreram dentro de 2 semanas, e as imagens de acompanhamento eram escassas:[122] outro estudo[123] mostrou uma taxa muito mais alta de 20%; ver mais detalhes em Embolia cerebral cardiogênica (p. 1304).

A terapia antiplaquetária após ICH não está associada a risco substancialmente maior de ICH recorrente[124] (estudo prospectivo de coorte).

Recomendações

A-fib: anticoagulação a longo prazo deve ser *evitada* após ICH.[125]
Valvas cardíacas mecânicas: 1-2 semanas sem anticoagulação (para observar ICH, ou evacuar um hermatoma subdural (SDH) ou clipagem de um aneurisma).[121,126] Os pacientes com ICH hemisférica profunda em alto risco para acidente vascular encefálico tromboembólico podem-se beneficiar com a retomada da anticoagulação a longo prazo).[125]
Pacientes que necessitam de hemodiálise após ICH: pode-se usar diálise sem heparina.

87.8.5 Ventriculostomia (IVC) ou drenagem ventricular externa (EVD)

Indicações:
1. extensão intraventricular de sangue causando obstrução aguda da saída do terceiro ventrículo. Nesses casos, o cateter intraventricular (IVC) geralmente é colocado no ventrículo lateral *contralateral* à hemorragia (para evitar sua colocação direta no coágulo, o que pode obstruir as entradas). O prognóstico para os pacientes com um significativo volume de sangue intraventricular é pobre. Pode ser difícil manter a permeabilidade do cateter em razão da oclusão pelo coágulo, o ativador de plasminogênio tecidual pode ajudar (ver abaixo)
2. hidrocefalia aguda
3. controle da fICP

87.9 Tratamento cirúrgico

87.9.1 Informações gerais

A primeira evacuação bem-sucedida de um hematoma intracerebral foi relatado por MacEwan em 1888.[127] O paciente se recuperou completamente de uma monoplegia de extremidade superior.

Agendando o caso: craniectomia para ICH

Ver também omissão e isenção de responsabilidade (p. 27)
1. posição: (depende da localização do sangramento)
2. equipamento:
   a) microscópio (não é usado para todos os casos)
   b) navegação guiada por imagem (não é tipicamente usada)
3. pós-operatório: ICU
4. consentimento (em termos leigos para o paciente – nem tudo incluído):
   a) procedimento: cirurgia através do crânio para remover coágulo sanguíneo, interromper qualquer sangramento identificado, possível colocação de dreno externo (ventricular)
   b) alternativas: tratamento não cirúrgico
   c) complicações: complicações usuais da craniotomia (p. 28), além de sangramento que pode causar problemas (especialmente em pacientes que tomam afinadores do sangue, drogas antiplaquetárias incluindo aspirina, ou aqueles com anormalidades de coagulação ou sangramentos anteriores) e podem necessitar de cirurgia adicional; áreas do cérebro que já foram danificadas por sangramento provavelmente não irão se recuperar, hidrocefalia

---

87.9.2 Indicações para cirurgia

Informações gerais

Surpreendentemente, após repetidas tentativas de resolver esse dilema, persiste considerável controvérsia referente às indicações para cirurgia. A cirurgia pode reduzir a morbidade em razão de ressangramento (especialmente se foi identificado um aneurisma ou AVM como a causa de ICH), edema ou necrose decorrente de efeito de massa do hematoma (não provado), mas raramente causa melhora neurológica. Metanálises[128,129] produzem resultados inconclusivos ou conflitantes e não podem identificar se houve um efeito favorável da cirurgia, os tipos de ICH e os pacientes que provavelmente irão se beneficiar, e a relativa eficácia das várias opções cirúrgicas disponíveis.

Estudos prospectivos randomizados (RPS) na atual era da CT/cirúrgica

Um RPS[130] constatou mortalidade mais baixa de pacientes com GCS de 7-10 tratados cirurgicamente (**nota:** somente 20% desses pacientes foram operados em < 8 h do sangramento, e o tempo médio para

Hemorragia Intracerebral **1343**

todos os pacientes até a operação foi de 14,5 horas (variação: 6-48 h), que pode ser longo). No entanto, sobreviventes nesse grupo estavam todos gravemente incapacitados (nenhum era independente).

Um outro[115] não encontrou benefício com a cirurgia no caso de hemorragias do putâmen, também com maus resultados em todos os pacientes.

International STICH:[131] inscreveu 1.033 pacientes. Deficiências do estudo: possível viés na seleção (o neurocirurgião responsável tinha de estar incerto sobre os benefícios do tratamento médico *versus* cirúrgico), a "cirurgia precoce" tinha um tempo médio um pouco longo, de 30 horas, até o tratamento, e 26% dos pacientes tratados clinicamente passaram e foram submetidos à cirurgia em 60 horas em média (tardia). Devido a essas limitações, a conclusão foi que para ICH supratentorial não houve benefício com a cirurgia precoce (embora possa ter havido algum benefício para o subgrupo com hematoma dentro de 1 cm da superfície cortical). Esse estudo pode ser considerado, de maneira mais precisa, como uma comparação de cirurgia precoce *versus* retardada em pacientes que foram subjetivamente avaliados como com necessidade de cirurgia pelo pesquisador.

Conclusão

A decisão de operar, portanto, deve ser individualizada com base na condição neurológica do paciente e localização do hematoma, idade e nas preferências expressas do paciente (p. ex., por um "testamento vital") e os desejos da família referentes às medidas "heroicas" diante de uma doença catastrófica.

87

Diretrizes para consideração de cirurgia *versus* tratamento médico

(para indicações separadas para cirurgia por hemorragia cerebelar, ver abaixo)
1. NÃO CIRÚRGICO: fatores que favoreçem o tratamento médico
    a) lesões minimamente sintomáticas: p. ex., paciente alerta com hemiparesia sutil (especialmente pacientes com GCS > 10[130])
    b) situações com pouca chance de um bom resultado
       • escore ICH alto (p. 1339), que se sobrepõe ao seguinte
       • hemorragia massiva com destruição neuronal significativa (ver abaixo)
       • hemorragia grande em hemisfério dominante
       • má condição neurológica: p. ex., comatoso com postura (isto é, GCS ≤ 5), perda da função do tronco encefálico (pupilas fixas, postura...)
       • ≈ idade > 75 anos: não se saem bem com cirurgia para essa finalidade
    c) coagulopatia grave ou outro(s) distúrbio(s) médico(s) de base significativo(s): no caso de herniação, a cirurgia de descompressão rápida pode ser considerada apesar dos riscos
    d) hemorragia em gânglio basal (putaminal) ou talâmica: a cirurgia não é melhor do que o tratamento médico, e ambos têm pouco a oferecer[115,132] (ver abaixo)
2. CIRÚRGICO: fatores que favoreçem a rápida remoção cirúrgica do coágulo sanguíneo
    a) lesões com acentuado efeito de massa, edema ou desvio da linha média nas imagens (considera-se a remoção em razão do potencial para herniação)
    b) lesões nas quais os sintomas (p. ex., hemiparesia/plegia, afasia, ou algumas vezes apenas confusão ou agitação...) parecem ser devido a aumento da ICP ou ao efeito de massa (isto é, compressão) devido ao coágulo ou edema circundante. É improvável que os sintomas atribuíveis diretamente à lesão cerebral decorrente da hemorragia sejam revertidos por evacuação cirúrgica
    c) volume: a cirurgia para hematomas de volume moderado (isto é, ≈ 10-30 cc, Eq [87.1]) pode ser mais apropriada do que com:
       • ✖ coágulo pequeno (< 10 cc): efeito de massa decorrente de coágulo + edema geralmente não significativo o suficiente para exigir cirurgia
       • ✖ coágulo grande: > 30 cc: associado a mau resultado (somente 1 de 71 pacientes pôde funcionar independentemente em 30 dias[133])
       • ✖ hemorragia massiva > 60 cc com GCS ≤ 8:91% de mortalidade em 30 dias[133]
       • ✖ hemorragia massiva > 85 cc (o volume de uma esfera com um diâmetro de 5,5 cm): em uma série, nenhum paciente sobreviveu, independentemente do tratamento[134]
    d) ICP elevada persistente apesar da terapia (falha do tratamento médico). A evacuação definitivamente reduz a ICP, mas o efeito sobre o resultado é incerto
    e) deterioração rápida (especialmente com sinais de compressão do tronco encefálico) independentemente da localização em um paciente considerado como recuperável
    f) localização favorável, por exemplo:
       • lobar (em oposição ao hemisférico profundo): apesar dos resultados otimistas em um estudo não randomizado realizado em 1983 indicando bons resultados em pacientes com hemorragias profundas tratadas com cirurgia precoce,[64] um estudo randomizado posterior falhou em confirmar esse benefício[115]

- cerebelar: ver abaixo
- cápsula externa
- hemisfério não dominante

g) paciente jovem (especialmente ≤ 50 anos de idade): eles toleram melhor a cirurgia do que os pacientes idosos, e, ao contrário dos pacientes idosos com atrofia cerebral, também têm menos espaço na cabeça para acomodar o efeito de massa de coágulo + edema

h) intervenção precoce após hemorragia: a cirurgia após 24 h do início dos sintomas ou deterioração pode ter menos benefício[130]

Tratamento de hemorragia cerebelar

Recomendações:[135]

1. pacientes com um escore na Escala de Coma de Glasgow (GCS) ≥ 14 e hematoma com < 4 cm de diâmetro: trate de maneira conservadora
2. pacientes com GCS ≤ 13 ou com um hematoma ≥ 4 cm: evacuação cirúrgica
3. pacientes com reflexos de tronco encefálico ausentes e tetraplegia flácida: a terapia intensiva não é indicada. **Nota:** alguns autores argumentam que a perda dos reflexos de tronco encefálico em razão da compressão direta pode não ser irreversível,[136] e que a hemorragia cerebelar representa uma emergência cirúrgica (e que os critérios anteriores, portanto, negariam potencialmente a cirurgia útil para alguns, ver discussão sobre infarto e descompressão cerebelares [p. 1302]),
4. pacientes com hidrocefalia: cateter ventricular (se não houver coagulopatia). Cuidado: não drene excessivamente para evitar herniação cerebelar superior (p. 303). A maioria dos casos com hidrocefalia também requer evacuação do coágulo

87.9.3 Considerações cirúrgicas

Recomendações gerais

1. envie amostras (hematoma, emaranhado de vasos sanguíneos de aparência anormal se presente, e, possivelmente, biópsia das paredes da cavidade hematoma) para patologia para análise[137] (para descartar tumor, AVM, angiopatia amiloide,..)
2. opções cirúrgicas:
   a) "abordagem padrão": craniotomia com evacuação do coágulo sob visualização direta (com ou sem microscópio)
   b) aspiração estereotática com agentes trombolíticos também é usada; ver Cirurgia estereotática (p. 1441), evacuação da hemorragia intracerebral
   c) cirurgia endoscópica[138]

Técnicas cirúrgicas para hemorragia cerebelar

1. posição: oblíqua lateral (p. 1446) com o lado envolvido para cima
2. se a rapidez for crucial, uma incisão na linha média cutânea é preferida pois pode ser conduzida para baixo rapidamente com pouco receio de encontrar uma artéria vertebral
3. craniectomia (sem substituição óssea) é preferida à craniotomia para acomodar o edema pós-operatório
4. recomenda-se um orifício profilático com broca de Frazier para permitir um tratamento rápido, caso se desenvolva hidrocefalia pós-operatória – ver colocação (p. 1450) e uso (p. 1452) –, ou um cateter ventricular pode ser colocado para monitorizar a ICP e permitir a CSF drenagem pós-operatória
5. nos casos em que houve ruptura no sistema ventricular, o microscópio cirúrgico deve ser usado para acompanhar o coágulo até o quarto ventrículo do qual é, então, removido o coágulo

Ativador de plasminogênio tecidual (rtPA) intraventricular

O rtPA intraventricular pode ajudar a lise do coágulo e manter a permeabilidade do cateter ou reabrir um cateter coagulado. Nenhum estudo randomizado bem desenhado foi realizado; mas a evidência empírica sugere que é relativamente seguro. ✖ Nos casos de suspeita de aneurisma, AVM ou outra malformação vascular, não pode ser usado até que a fonte de sangramento seja corrigida.[139,140]

R: 2-5 mg de rtPA[139,141,142] em solução salina normal (NS) é administrada através de um cateter intraventricular (IVC). O IVC é dosado para 2 horas após a injeção.[142] No estudo de baixa dose CLEAR-IVH (*Clot Lysis: Evaluating Accelerated Resolution of Intraventricular Hemorrhage*; um estudo de fase II com 52 pacientes), 1 mg de tPA por via intratecal por meio de cateter ventricular a cada 8 horas até um máximo de 4 dias foi associado à mortalidade de 15% em 30 dias (comparado a 80-85% esperados).[143] A taxa de complicação hemorrágica era 6%. Um estudo de fase III http://clinicaltrials.gov/ct2/show/NCT00784134?tern=clear+III+stroke&rank=1 está em andamento para confirmar isto.

87.10 Resultados

É mais provável que as hemorragias talâmicas, que tendem a destruir a cápsula interna (IC), produzam hemiplegia do que as hemorragias laterais à IC que comprimem, mas não rompem, a IC.

Mortalidade: a principal causa de morte (em uma série testando os efeitos da dexametasona) é a herniação cerebral,[114] que ocorre, principalmente, durante a primeira semana e em pacientes com escores iniciais na Escala de Coma de Glasgow ≤ 7. A taxa de morte no hospital diminuiu em geral durante os anos 1980, mas aumentou para os pacientes ≥ 65 anos de idade.[3]

As taxas de mortalidade citadas variam amplamente, e dependem do tamanho e localização do coágulo, idade e condição médica do paciente, bem como da etiologia da hemorragia. Em geral, a taxa de mortalidade em 30 dias é de ≈ 44% para ICH,[2] que é similar à da SAH (≈ 46%). Os pacientes com hemorragias lobares (p. 1336) tendem a se dar melhor do que na ICH profunda (núcleos da base, tálamo...) com mortalidade de apenas ≈ 11% em 26 pacientes.[14]

87.11 ICH em adultos jovens

87.11.1 Informações gerais

Em uma revisão de 72 pacientes de 15-45 anos sofrendo de ICH não traumática,[144] uma causa presumida foi encontrada em 76% (▶ Quadro 87.7). Três pacientes tiveram hemorragias no parto ou pós-parto (p. 1334): ver também Gravidez e hemorragia intracraniana (p. 1169).

AVM: hemorragias lobares nesse grupo etário são altamente sugestivas de AVM. De 40 hemorragias lobares, foi determinado que 37,5% decorrem de AVMs.[144]

Encefalite por herpes simples: pode produzir alterações hemorrágicas na CT, especialmente nos lobos temporais; ver Encefalite por herpes simples (p. 364).

Abuso de drogas: especialmente com simpatomiméticos, como a cocaína (p. 1333), também deve ser considerado em adultos jovens.

Leucemia: a ICH pode ser a apresentação inicial da leucemia em um adulto jovem (pode-se dever a metástases (cloroma) ou trombocitopenia).

87.11.2 Resultados

A sobrevida geral no hospital (incluindo indivíduos tratados clinicamente) foi de 87,5%.

Quadro 87.7 Causas de ICH espontânea em adultos jovens[144]

Etiologia	%
AVM rota	29,1%
hipertensão arterial	15,3%
aneurisma sacular roto	9,7%
abuso de droga simpatomimética	6,9%
tumor[a]	4,2%
intoxicação aguda por EtOH	2,8%
pré-eclâmpsia/eclâmpsia	2,8%
trombose do seio sagital superior	1,4%
moyamoya	1,4%
crioglobulinemia	1,4%
indeterminado	23,6%

[a]Hemangioma, ependimoma, coriocarcinoma metastático... ver Tumores cerebrais hemorrágicos (p. 1335).

87.12 Hemorragia intracerebral no recém-nascido

87.12.1 Informações gerais

Ocorre, primariamente, em bebês prematuros. Termos alternativos: hemorragia subependimal (SEH), hemorragia da matriz germinativa (GMH), hemorragia periventricular-intraventricular (PIVH). A hemorragia intraventricular (IVH) surge da extensão da SEH através do revestimento ependimal do ventrículo e ocorre em 80% dos casos de SEH.[145]

87.12.2 Etiologia

A matriz germinativa altamente vascularizada faz parte do tecido primordial do encéfalo em desenvolvimento e é a origem dos futuros neurônios e células gliais. Localiza-se logo abaixo do revestimento ependimal dos ventrículos laterais, e sofre progressiva involução até 36 semanas de idade gestacional (GA). Assim, a matriz pode persistir fora do útero em bebês prematuros. Uma quantidade desproporcional do CBF total perfunde a circulação periventricular através desses capilares que são imaturos e frágeis e têm a autorregulação comprometida.[146,147] O local da hemorragia é dependente da idade. Entre 24 e 28 semanas de GA elas ocorrem no corpo núcleo caudado e em 29 semanas de GA ou acima, elas surgem na cabeça do núcleo caudado.[148]

87.12.3 Patogênese da PIVH no bebê pré-termo

A matriz germinativa (GM) metabolicamente ativa é suscetível à hipotensão e hipoperfusão que podem levar ao infarto. A GM é uma zona divisória vulnerável suprida pela artéria estriada distal medial (de Heubner; proveniente da artéria cerebral anterior), ramos terminais das artérias estriadas laterais (da artéria cerebral média) e da anterior artéria corióidea (da carótida interna ou artéria cerebral média).

1. hipóxia pós-natal causada pela síndrome do desconforto respiratório relacionada com doença da membrana hialina, pneumotórax e/ou anemia podem privar de oxigênio uma GM metabolicamente ativa. Essa isquemia das células endoteliais de revestimento dos capilares as torna vulneráveis ao infarto e, então, à ruptura
2. hipercapnia dilata ao máximo os vasos de parede fina da GM. Se isto for seguido por aumentos súbitos na perfusão, o resultado pode ser a ruptura dos vasos
3. o aumento da pressão venosa de qualquer causa (trabalho de parto e parto, ventilação à pressão positiva, estimulação, sucção endotraqueal, falência do miocárdio causada por isquemia) podem resultar em aumento da pressão venosa na GM levando à hemorragia
4. a desidratação, seguida por rápida reanimação com soluções hiperosmolares aumenta o volume intravascular por encorajar osmoticamente o movimento de fluido dos tecidos dentro do espaço intravascular. Com aumentos associados da pressão sanguínea sistêmica, os capilares da GM estão em maior risco de ruptura

87.12.4 Fatores de risco para PIVH

A pressão de perfusão cerebral (CPP) elevada com o aumento associado do fluxo sanguíneo cerebral (CBF) e hipóxia são os denominadores comuns para a maioria dos fatores de risco para PIVH. A pressão elevada pode causar hemorragia por ruptura dos vasos frágeis da matriz germinativa, possivelmente já danificados por insultos anteriores de CBF alto ou flutuante e hipóxia.

Os fatores de risco for PIVH incluem:[149]

1. aqueles associados, primariamente, a CBF ou CPP elevados:
   a) asfixia: incluindo hipercapnia (ver acima)
   b) rápida expansão de volume
   c) convulsões
   d) pneumotórax
   e) doença cardíaca cianótica (incluindo ducto arterioso patente – PDA)
   f) bebês sob ventilação mecânica com síndrome do desconforto respiratório (RDS) e velocidade flutuante de CBF documentado por fluxômetro Doppler[150]
   g) anemia
   h) diminuição da glicose sanguínea
   i) cateterização arterial
   j) flutuações na pressão sanguínea
2. idade gestacional mais jovem (GA)
3. baixo peso ao nascimento
4. amnionite aguda

Hemorragia Intracerebral 1347

5. não administração de esteroides antenatais (p. 1347) durante as 48 horas que antecedem o parto pré-termo[151] (isto é, para mulheres em risco de dar à luz bebês com baixo peso ao nascimento):
6. escala de APGAR < 4 em 1 minuto e < 8 em 5 minutos
7. acidose
8. coagulopatias
9. anestesia general para cesariana
10. oxigenação por membrana extracorpórea (ECMO): causada por heparinização além de CPP elevada
11. abuso materno de cocaína[152]
12. uso materno de aspirina

87.12.5 Epidemiologia

Incidência

Depende do método usado para detecção (muitas PIVHs são assintomáticas) e da população que está sendo avaliada. 540.000 bebês pré-termo nascem nos Estados Unidos anualmente. 85.000 são pré-termos muito precoces (< 32 semanas de GA) e 385.000 são pré-termos tardios (34-36 semanas de GA), 63.000 bebês com peso muito baixo ao nascer (< 1.500 gramas) nascem a cada ano. Dentre os prematuros com peso < 1.500 g ao nascer, 20-25% sofrerão uma PIVH.[153,154]

Em um estudo de 1978, a PIVH foi encontrada na CT em 43% (20/46) dos prematuros com peso ao nascer < 1.500 g.[155] A mortalidade em bebês com PIVH foi 55%, comparada a 23% nos bebês sem PIVH.[155] O ultrassom (U/S) detectou PIVH em 90% dos 113 prematuros < 34 semanas de gestação[156] (49% tinham grua Ill ou IV, ver graduação no ▶ Quadro 87.8).

Tempo

O tempo de PIVH tem distribuição bimodal. Um número substancial ocorre dentro de 6 horas do nascimento, sendo 50% dentro de 12 horas do nascimento.[157,158] Em 3-4 dias de pós-natal, ocorre um segundo pico. Apenas 5% dos sangramentos irão se desenvolver após 4 dias de pós-natal. A progressão da hemorragia foi documentada em 10-20% dos bebês.[158] É mais provável que a PIVH de início precoce progrida e apresente mortalidade mais alta.[159]

87.12.6 Prevenção

Numerosos estudos foram conduzidos para descobrir um método para reduzir diretamente a incidência de PIVH entre os bebês prematuros. Muitos são controversos. Reanimação e cuidados neonatais ideais, com ênfase em medidas que minimizem as flutuações do fluxo sanguíneo cerebral são importantes.
1. bons cuidados pré-natais e evitar o parto pré-termo
2. corticosteroides antenatais: a administração de um curso de corticosteroides antenatais a mulheres em risco de ter bebês prematuros reduz a mortalidade neonatal, síndrome do desconforto respiratório e PIVH.[160] Múltiplos cursos de corticosteroides antenatais não melhoraram os resultados e estavam associados à diminuição da circunferência da cabeça, peso e comprimento ao nascimento[161]
3. indometacina: resulta em vasoconstrição cerebral e diminui a responsividade do CBF às alterações do dióxido de carbono (CO_2), reduz o CBF e aumenta a oxigenação arterial reduzindo o ducto arterioso patente (PDA). Porém, o uso está, possivelmente, associado a maior risco de perfuração intestinal
4. vitamina K antenatal administrada por via intramuscular (IM) > 4 h antes do parto diminui a PIVH de 33% para 5%
5. o represamento do sangue do cordão umbilical e o atraso no clampeamento do cordão umbilical em 30-120 segundos em bebês prematuros aumentaram o hematócrito e diminuíram a PIVH em 5 de 7 estudos[162]
6. uso de surfactante para reduzir a RDS
7. minimização da estimulação externa (alguns centros usam gotejamento de fentanil)
8. esteroides para estabilizar os vasos da GM

Quadro 87.8 Graduação da hemorragia subependimal[155]

Grau	Descrição
I	subependimal
II	IVH sem dilatação ventricular
III	IVH com dilatação ventricular
IV	IVH com hemorragia parenquimal

87.12.7 Clínica

Graduação

O sistema de graduação de Papile *et al.* mais comumente usado com base na CT ou achados de U/S são mostrados no ▶ Quadro 87.8. A PIVH pode se apresentar de formas aguda e subaguda. Com mais frequência, é descoberta, casualmente, à vigilância com U/S.

Há uma correlação direta entre a idade gestacional (GA) mais jovem e a gravidade da PIVH. Em bebês de 24-26 semanas de GA, 32% terão uma PIVH de Grau III e 19% terão uma PIVH de Grau IV, comparados com bebês com 31-32 semanas de GA, 11% terão uma PIVH de Grade III e 5% terão uma PIVH Grau IV.[163]

Apresentação

PIVH assintomática

A maioria das PIVHs não levanta suspeita clínica, geralmente as hemorragias são menores. Retrospectivamente, essas PIVHs podem ter sido sugeridas por uma queda no hematócrito (Hct) ou atrasos no desenvolvimento neurológico. Estes têm sobrevida de 78% em 6 meses, *versus* 20% com PIVH mostrando sinais.

Apresentação subaguda

Geralmente são hemorragias menores ou de desenvolvimento mais lento. Clinicamente, podem-se apresentar como irritabilidade, reduzida atividade motora ou movimentos oculares anormais.

Apresentação aguda

1. alterações de tônus ou atividade muscular: geralmente descerebrado ou postura descorticada, às vezes paralisia flácida
2. convulsões: geralmente subclínicas
3. fontanela tensa
4. hipotensão
5. irregularidades respiratórias e cardíacas: apneia e bradicardia ("A e B")
6. pupilas não reativas e/ou perda dos movimentos musculares extraoculares e
7. queda > 10% no Hct

Hidrocefalia

Informações gerais

Em 20 a 50% dos bebês com PIVH a hidrocefalia transitória ou progressiva (HCP) desenvolver-se-á. Os graus III e IV estão associados à dilatação ventricular progressiva com mais frequência do que os graus mais baixos (porém, a HCP pode se desenvolver mesmo após PIVH de graus mais baixos[164]). Bebês com idade gestacional mais jovens estão em menor risco.

A hidrocefalia pós-PIVH ocorre, geralmente, em 1-3 semanas após a hemorragia. Provavelmente é causada por resíduos celulares e/ou efeitos tóxicos da quebra de produtos sanguíneos nas granulações aracnóides (HCP comunicante), ou por aracnoidite adesiva na fossa posterior ou raramente por compressão ou bloqueio das vias críticas, p. ex., no aqueduto do mesencéfalo (de Sylvius; HCP obstrutiva). No caso de HCP após PIVH intrauterina, foi encontrada gliose aquedutal na autópsia.[165]

Diagnóstico diferencial de ventriculomegalia na PIVH

Quando a ventriculomegalia for detectada, é necessário diferenciá-la do seguinte:
1. ventriculomegalia transitória: ocorre nos primeiros dias após PIVH. Essa pode não causar ICP elevada. Como está implícito, é autolimitada
2. ventriculomegalia progressiva: ocorre em 20-50% dos casos (hidrocefalia verdadeira)
3. "hidrocefalia *ex vacuo*": devido à perda ou mau desenvolvimento de tecido cerebral. Não é progressiva no U/S serial. As circunferências occipitofrontais (OFCs) podem cair abaixo do normal devido à falta de crescimento do encéfalo como estímulo para o crescimento da cabeça

Possíveis apresentações

Aumento anormal de OFC (que cruza as curvas de percentis mais depressa do que o peso corporal), letargia, apneia e bradicardia, vômito. Ocorre progressiva dilatação do sistema ventricular em avaliações seriais por U/S ou CT ou MRI.

87.12.8 Efeitos fisiopatológicos da PIVH

Os efeitos deletérios da PIVH no encéfalo se devem a:[166]
1. destruição da matriz germinativa e precursores gliais
2. lesão direta ao tecido neural pelo hematoma: depois de reabsorvida, a hemorragia pode deixar o paciente com porencefalia ou lesões císticas
3. pressão do hematoma na proximidade do tecido cerebral reduzindo o CBF mesmo em partes do mesmo hemisfério distante da hemorragia[167]
4. diminuição difusa do CBF após a hemorragia[168] em razão de ICP elevada
5. lesão do mesmo evento hipóxico que precipitou a PIVH
6. CPP diminuída leva à leucomalacia periventricular (PVL) e infarto cerebral
7. infarto hemorrágico periventricular
8. hidrocefalia (ver acima): numerosos efeitos deletérios no CNS
9. convulsões: convulsões repetidas ou prolongadas podem ser deletérias à função neuronal

87.12.9 Diagnóstico

Ultrassom (U/S)

É realizado através das fontanelas abertas.[156] A acurácia é de ≈ 88% (sensibilidade de 91%, especificidade de 85%).[169] O U/S não é útil porque:
1. demonstra o tamanho dos ventrículos, a localização e tamanho do hematoma bem como a espessura do manto cortical
2. pode ser levado até o leito do bebê (evitando o transporte)
3. não é invasivo
4. não é afetado de maneira adversa pelos movimentos ocasionais do bebê (eliminando a necessidade de sedação)
5. não ocorre exposição à radiação ionizante (radiação das imagens diagnósticas em crianças tem riscos de câncer[170] a longo prazo e dano ao cristalino)
6. Pode ser acompanhado serialmente com relativa facilidade

Imagem de CT

Algumas vezes é necessária quando o U/S não se encontra prontamente disponível, ou em casos complicados, em que a anatomia é difícil para ser deduzida a partir de imagens de U/S. Muitas ICUs têm imagens de CT portátil disponíveis, o que evita a necessidade de transporte do paciente.

MRI de sequência rápida

Prós: elimina o risco de radiação ionizante associada à imagem de CT.
   Contras: requer o transporte do bebê da ICU neonatal para a sala de radiologia.

87.12.10 Tratamento

Medidas gerais

As medidas gerais são direcionadas à otimização da CPP sem elevação excessiva adicional do CBF mantendo-se cuidadosamente a MAP normal e normalizando a pCO_2, e tratando a hidrocefalia ativa, se necessário (ver acima).
   Embora LPs diárias possam controlar os efeitos deletérios de HCP pós-hemorrágica, elas não reduzem a frequência de HCP a longo prazo (requerendo *shunt* permanente). O tamanho ventricular deve ser monitorizado com U/S serial.

Tratamento médico

1. não é muito eficaz. Os pacientes tratados têm resultados piores em vários estudos
2. agentes osmóticos: isossorbida, glicerol. Os efeitos duram pouco
3. ✖ terapia com diuréticos: é usada, mas um grande estudo demonstrou mais nefrocalcinose e anormalidades bioquímicas, resultando em aumento limítrofe do risco de comprometimento motor em um ano.[171] Os resultados foram tão instigantes que o comitê de monitoramento de dados terminou o estudo prematuramente. A terapia com furosemida e acetazolamida foi considerada insegura e ineficaz no tratamento de dilatação ventricular pós-hemorrágica e, portanto, não pode ser recomendada[172]

Tratamento cirúrgico/intervencional do coágulo

Devido aos maus resultados operatórios, a evacuação cirúrgica de uma hemorragia intracerebral no recém-nascido não é indicada com a possível exceção de uma hemorragia de fossa posterior causando compressão do tronco encefálico que não responde ao tratamento médico.[173] Medidas de apoio geralmente estão em ordem.

Intervenção para sangue intraventricular

Informações gerais

Em 34% dos bebês com < 1.500 g são necessários *shunt*/drenagem de reservatório após falha do tratamento médico. PIVH Graus III e IV: em > 70% dos casos desenvolve-se progressiva dilatação ventricular, e 32-47% deste subgrupo acabará necessitando de *shunt*.[174]

Indicações para intervenção

A intervenção para sangue intraventricular é indicada no quadro de ventriculomegalia progressiva com a OFC cruzando as curvas do percentil e evidência clínica de elevação da ICP (divisão das suturas, fontanela tensa...).

Punções lombares seriais

São usadas em muitas instituições para hemorragias com extensão intraventricular e hidrocefalia comunicante (o tipo usual de HCP que ocorre com a PIVH).[175]

Isto deve ser realizado com o conhecimento de que a metanálise[176] demonstrou punções lombares ou ventriculares sequenciais de ≈ 10 mL/kg/punção para profilaxia ou tratamento de hidrocefalia progressiva não oferece um claro benefício sobre o tratamento conservador, e apresentou uma taxa de infecção de 5-9%. Em casos raros, as LPs podem ter sucesso em moderar a HCP progressiva por algumas semanas até que o bebê tenha tamanho suficiente para colocação de *shunt*.

Bebês < 800 g podem não tolerar LPs por causa da dessaturação quando deitados de lado, ou a própria LP pode ser difícil. Nesses pacientes, considere 1-2 punções ventriculares pelo menos para obter fluido para análise (em alguns casos nada mais precisa ser feito).

Punções ventriculares seriais

Pode ser uma opção viável em curto prazo para os bebês que não podem tolerar LPs ou para aqueles em que há obstrução ao fluxo de CSF no espaço subaracnóideo lombar (p. ex., em razão de hematoma subdural espinal de uma LP anterior). Entretanto, se não for desejável para uso a longo prazo por causa de trauma repetido ao cérebro (risco de porencefalia) e risco de hemorragias intracerebral, intraventricular ou subdural.

Se punções repetidas forem esperadas (isto é, hemorragia grande, ou recorrência rápida de hipertensão intracraniana determinada por palpação de toda a fontanela anterior (AF) após várias punções), as opções aceitáveis incluem:

1. LPs seriais contínuas (ver abaixo)
2. punções ventriculares percutâneas: não são recomendadas por mais de alguns poucos tratamentos porque causa porencefalia
3. colocação de um dispositivo de acesso ventricular temporário (TVAD) – um *cateter ventricular* conectado a um *reservatório* subgaleal (ou reservatório de Rickham, ou um reservatório de McComb[177] de perfil baixo). Estes podem ser inseridos com segurança à beira do leito, evitando a necessidade de transporte para a sala cirúrgica[178]
   a) acesso ventricular temporário: o reservatório pode ser usado para punções percutâneas seriais. Geralmente são punções diárias ou em dias alternados (ver adiante). Use uma agulha *butterfly* 27 Ga (calibre), limpe com pelo menos 3 cotonetes com betadina, retire ≈ 10 mL e envie para cultura. Taxa de infecção relatada: 8-12%[179]
   b) *shunt* ventricular-subgaleal: o portal lateral do reservatório fica sem cobertura. Deve-se criar um bolso subgaleal deve ser criado no momento da cirurgia. O fluido é reabsorvido a parir desse espaço potencial. Realizado pela primeira vez em 1893 por Mikulicz-Radecki (1850-1905). É relatado uso em até 35 dias.[180] Taxa de infecção: ≈ 6%
   c) o reservatório pode ser convertido em um *shunt* ventriculoperitoneal (VP), se e quando apropriado. Não é recomendado em bebês < 1.100 g devido a uma taxa de infecção muito rápida
4. drenagem ventricular externa (EVD): similar à colocação de reservatório, mas com possibilidade de desalojamento inadvertido (13%) e taxa de infecção comparável (6%)
5. colocação precoce de *shunt* VP: alta taxa de infecção, a cavidade peritoneal não é adequada em muitos casos, p. ex., devido à enterocolite necrosante (NEC), escassez de tecido subcutâneo através do qual passar a sonda do *shunt*... Não é recomendada para bebês < 2.000 g

Dispositivo de acesso ventricular temporário (TVAD)

Vantagens de TVAD
1. evita o *shunt* em crianças não saudáveis em risco de infecção, ruptura da pele ou outras complicações operatórias/anestésicas
2. elimina resíduos de proteína e celulares (mais favorável para colocação subsequente de *shunt*)
3. Evita a repetida penetração cerebral com risco de porencefalia
4. fornece um portal de infusão de medicação (p. ex., antibióticos), quando necessário
5. evita o uso de EVD pesado e que se desaloja facilmente, com risco de infecção de 6% em 13 dias em média do EVD
6. até 25% dos pacientes se recuperam e evitam a colocação de *shunt* permanente[181,182]

Desvantagens de TVAD
1. requer serviços de um neurocirurgião (nem sempre disponível)
2. aumenta o risco de infecção do *shunt* permanente subsequente de 5 a 13%[183]
3. riscos inerentes de cirurgia incluindo hemorragia, infecção, ventriculite, meningite, extravasamento de CSF
4. riscos de drenagem excessiva incluindo hematoma subdural, comprometimento do crescimento craniano

Considerações técnicas às punções seriais (via reservatório ventricular ou LP)
De 8 a 20 cc de fluido são removidos inicialmente, e isto é repetido diariamente (ou com mais frequência se a AF se tornar muito tensa antes de transcorridas 24 horas) por vários dias e, então, em geral varia de 5-20 cc, em dias alternados, a 15 cc 3 vezes ao dia, dependendo da resposta. A frequência e volume das punções são modificadas com base em:
1. totalidade da AF: tentativa de impedir que a AF se torne tensa
2. aparência dos ventrículos no U/S serial: esforço para prevenir aumento progressivo, a redução de tamanho em geral pode ser conseguida
3. acompanhamento de OFC: não deve cruzar as curvas do percentil (é necessário diferenciar da chamada "fase de recuperação" do crescimento cerebral que pode ocorrer depois que o bebê supera seus problemas médicos gerais e é capaz de utilizar adequadamente a nutrição;[184,185] o U/S serial mostrará o rápido crescimento cerebral sem ventriculomegalia progressiva nos casos de recuperação do crescimento cerebral)
4. concentração de proteína no CSF: controversa. Diminui com as punções seriais. Alguns percebem que enquanto ela estiver ≥ 100 mg/dL será improvável que ocorra uma significativa reabsorção espontânea, sendo provável a necessidade de punções contínuas
5. Nota: a remoção desse volume de fluido pode causar distúrbios eletrolíticos, primariamente hiponatremia: ∴ acompanhe os eletrólitos séricos regularmente

Acompanhe com U/S serial em 3-5 dias, e, em seguida, semanalmente por várias semanas, e depois duas vezes por semanas. Uma imagem basal de CT em geral é obtida antes da colocação de um *shunt* permanente.

Inserção de *shunt* VP ou conversão de reservatório subQ ao *shunt* VP
Indicações e requisitos:
1. hidrocefalia sintomática (p. 1348) e/ou ventriculomegalia progressiva
2. o bebê está extubado (e, portanto, fora do ventilador)
3. bebê pesa ≥ 2.000 g (alguns preferem ≥ 2.500 g)
4. nenhuma evidência de NEC (pode criar problemas com a ponta peritoneal do cateter)
5. proteína CSF idealmente < 100 mg/dL (por preocupações com tamponamento do *shunt*, ou causar íleo ou má absorção do fluido – o que não foi visto com o *shunt* de fluido com alto teor de proteína do espaço subdural[186] – e também para ver se o paciente iniciará a reabsorção de por si mesmo)

Recomendações técnicas:
1. não puncione o reservatório por pelo menos 24 h antes da inserção de um novo cateter ventricular (isto permite que os ventrículos se expandam para facilitar a cateterização)
2. obtenha U/S no dia anterior à conversão
3. use um sistema pressão baixa ou muito baixa (se a proteína do CSF estiver alta, considere um sistema sem válvula), atualize posteriormente na infância, se necessário
4. evite a colocação de mecanismos de *shunt* em áreas em que esses bebês debilitados tendem a se deitar (para evitar ruptura da pele com exposição do mecanismo)

87.12.11 Resultados

A curto prazo
Prematuros com PIVH apresentam maior mortalidade do que prematuros equiparados sem PIVH.
A incidência de mortalidade e a progressão da hemorragia serão mais altas quanto mais precocemente ocorrer a hemorragia. Quanto mais grave a hemorragia, maior será a mortalidade e maior o risco de HCP (▶ Quadro 87.9).

Quadro 87.9 Resultados a curto prazo de ≈ 250 casos de PIVH[145]

Gravidade de hemorragia	Mortes (%)	Hidrocefalia progressiva (%)
leve	0	0-10
moderada	5-15	15-25
grave	50-65	65-100

A longo prazo

O efeito da PIVH de baixo grau a longo prazo no neurodesenvolvimento ainda não foi bem estudado. A maioria dos pesquisadores percebe que os graus mais altos de PIV estão associados a graus maiores de incapacitação do que nos controles equiparados.

Em um estudo de 12 bebês com PIVH Grau II tratados com LPs seriais e em 7 com ventriculomegalia progressiva com *shunt* VP acompanhados por 4,5 anos em média, descobriu que todos eram deambulatórios e 75% tinham um quociente de inteligência (IQ) na faixa normal.[187]

Um estudo recente de bebês de peso muito baixo ao nascer demonstrou que crianças de 18-22 meses de idade com PIVH grave e *shunts* tinham escores significativamente mais baixos nas Escalas de Bayley do Desenvolvimento do Bebê IIR comparados a crianças sem PIVH e crianças com graus iguais de PIVH que não necessitaram de um *shunt*.[188]

87.13 Outras causas de hemorragia intracerebral no recém-nascido

1. trauma ao nascimento pode resultar em hemorragia subdural, hemorragia tentorial, hemorragia parenquimal e/ou sangue subaracnóideo. Este geralmente não é detectado por imagens (U/S ou CT) quando o bebê desenvolve convulsões, apneia, bradicardia ou raramente déficits neurológicos focal. Raramente requer intervenção cirúrgica
2. hemorragia no plexo coroide pode resultar em IVH. Em alguns casos, pode-se desenvolver HCP e ser necessária a colocação de *shunt*
3. o acidente vascular encefálico hemorrágico tem sido identificado em 6,2 por 100.000 nascidos vivos.[189] A apresentação habitual era com encefalopatia (100%) e convulsões (65%). Setenta e cinco por cento dos acidentes vasculares encefálicos eram idiopáticos. Outras etiologias identificadas foram trombocitopenia e um único caso de malformação cavernosa. Os fatores de risco para acidente vascular encefálico hemorrágico perinatal incluem: gênero masculino, sofrimento fetal, cesariana de emergência, prematuridade e pós-maturidade
4. os tumores no neonato podem-se apresentar com hemorragia
5. malformações vasculares de qualquer forma podem-se apresentar no neonato com hemorragia, embora isto seja incomum. Malformações da veia cerebral magna (de Galeno) são diagnosticadas no neonato em cerca de 40% dos casos.[190] A maioria desses bebês apresenta-se com insuficiência cardíaca congestiva fulminante e 50% têm ventriculomegalia

Referências

[1] Ojemann RG, Heros RC. Spontaneous Brain Hemorrhage. Stroke. 1983; 14:468–475

[2] Broderick JP, Brott TG, Tomsick T *et al.* Intracerebral Hemorrhage More Than Twice as Common as Subarachnoid Hemorrhage. J Neurosurg. 1993; 78:188–191

[3] Chyatte D, Easley K, Brass LM. Increasing Hospital Admission Rates for Intracerebral Hemorrhage During the Last Decade. J Stroke Cerebrovasc Dis. 1997; 6:354–360

[4] Gorelick PB, Kelly MA, Feldman E. In: Ethanol. Intracerebral Hemorrhage. Armonk, New York: Futura Publishing Co.; 1994:195–208

[5] Camargo CA. Moderate alcohol consumption and stroke: The epidemiological evidence. Stroke. 1989; 20:1611–1626

[6] Juvela S, Hillbom M, Palomäki H. Risk Factors for Spontaneous Intracerebral Hemorrhage. Stroke. 1995; 26:1558–1564

[7] Feldman E. Intracerebral Hemorrhage. Armonk, NY 1994

[8] Monforte R, Estruch R, Graus F *et al.* High Ethanol Consumption as Risk Factor for Intracerebral Hemorrhage in Young and Middle-Aged People. Stroke. 1990; 21:1529–1532

[9] Shinton R, Beevers G. Meta-analysis of relation between cigarette smoking and stroke. Br Med J. 1989; 298:789–794

[10] Fogelholm R, Murros K. Cigarette Smoking and Risk of Primary Intracerebral Hemorrhage: A Population-Based Case-Control Study. Acta Neurol Scand. 1993; 87:367–370

[11] Gorelick PB. Stroke from alcohol and drug abuse. A current social peril. Postgrad Med. 1990; 88:171–178

[12] Niizuma H, Shimizu Y, Nakasato N *et al.* Influence of Liver Dysfunction on Volume of Putaminal Hemorrhage. Stroke. 1988; 19:987–990

[13] Schmidek HH, Sweet WH. Operative Neurosurgical Techniques. New York 1982

[14] Ropper AH, Davis KR. Lobar Cerebral Hemorrhages: Acute Clinical Syndromes in 26 Cases. Ann Neurol. 1980; 8:141–147

[15] Caplan L. Intracerebral Hemorrhage Revisited. Neurology. 1988; 38:624–627

[16] Caplan LR, Skillman J, Ojemann R, Fields W. Intracerebral Hemorrhage Following Carotid Endarterectomy: A Hypertensive Complication. Stroke. 1979; 9:457–460

[17] Bernstein M, Fleming JFR, Deck JHN. Cerebral Hyperperfusion After Carotid Endarterectomy:

A Cause of Cerebral Hemorrhage. Neurosurgery. 1984; 15:50–56

[18] Humphreys RP, Hoffman HJ, Mustard WT *et al.* Cerebral hemorrhage following heart surgery. J Neurosurg. 1975; 43:671–675

[19] Fisher CM, Adams RD. Observations on Brain Embolism with Special Reference to the Mechanism of Hemorrhagic Infarction. J Neuropathol Exp Neurol. 1951; 10:92–93

[20] Hornig CR, Dorndorf W, Agnoli AL. Hemorrhagic Cerebral Infarction: A Prospective Study. Stroke. 1986; 17:179–185

[21] Okada Y, Yamaguchi T, Minematsu K *et al.* Hemorrhagic Transformation in Cerebral Embolism. Stroke. 1989; 20:598–603

[22] Bogousslavsky J, Regli F, Uske A, Maeder P. Early Spontaneous Hematoma in Cerebral Infarct: Is Primary Cerebral Hemorrhage Overdiagnosed? Neurology. 1991; 41:837–840

[23] Cerebral Embolism Study Group. Cardioembolic stroke, early anticoagulation, and brain hemorrhage. Arch Intern Med. 1987; 147:626–630

[24] Raabe A, Krug U. Migraine associated bilateral intracerebral hemorrhages. Clin Neurol Neurosurg. 1999; 101:193–195

[25] Cole A, Aube M. Late-Onset Migraine with Intracerebral Hemorrhage: A Recognizable Syndrome. Neurology. 1987; 37S1

[26] Lee K-C, Clough C. Intracerebral Hemorrhage After Break Dancing. N Engl J Med. 1990; 323:615–616

[27] Caplan LR, Neely S, Gorelick P. Cold-Related Intracerebral Hemorrhage. Arch Neurol. 1984; 41

[28] Rosenblum WI. Miliary Aneurysms and 'Fibrinoid' Degeneration of Cerebral Blood Vessels. Hum Pathol. 1977; 8:133–139

[29] Fisher CM. Pathological Observations in Hypertensive Cerebral Hemorrhage. J Neuropathol Exp Neurol. 1971; 30:536–550

[30] The National Institute of Neurological Disorders and Stroke rt-PA Stroke Study Group. Tissue plasminogen activator for acute ischemic stroke. N Engl J Med. 1995; 333:1581–1587

[31] Aldrich MS, Sherman SA, Greenberg HS. Cerebrovascular Complications of Streptokinase Infusion. JAMA. 1985; 253:1777–1779

[32] Maggioni AP, Franzosi MG, Santoro E *et al.* The risk of stroke in patients with acute myocardial infarction after thrombolytic and antithrombotic treatment. N Engl J Med. 1992; 327:1–6

[33] Grines CL, Browne KF, Marco J *et al.* A Comparison of Immediate Angioplasty with Thrombolytic Therapy for Acute Myocardial Infarction. N Engl J Med. 1993; 328:673–679

[34] Public Health Service. Approval of Thrombolytic Agents. FDA Drug Bull. 1988; 18:6–7

[35] Mehta SR, Eikelboom JW, Yusuf S. Risk of intracranial hemorrhage with bolus versus infusion thrombolytic therapy: a meta-analysis. Lancet. 2000; 356:449–454

[36] Tenecteplase (TNKase) for thrombolysis. Med Letter. 2000; 42:106–108

[37] DaSilva VF, Bormanis J. Intracerebral Hemorrhage After Combined Anticoagulant-Thrombolytic Therapy for Myocardial Infarction: Two Case Reports and a Short Review. Neurosurgery. 1992; 30:943–945

[38] The Steering Committee of the Physician's Health Study Group. Preliminary Report: Findings from the Aspirin Component of the Ongoing Physician's Health Study. N Engl J Med. 1988; 318:262–264

[39] Blackshear JL, Kopecky SL, Litin SC *et al.* Management of Atrial Fibrillation in Adults: Prevention of Thromboembolism and Symptomatic Treatment. Mayo Clin Proc. 1996; 71:150–160

[40] Spektor S, Agus S, Merkin V, Constantini S. Lowdose aspirin prophylaxis and risk of intracranial hemorrhage in patients older than 60 years of age with mild or moderate head injury: a prospective study. J Neurosurg. 2003; 99:661–665

[41] Schurks M, Glynn RJ, Rist PM, Tzourio C, Kurth T. Effects of vitamin E on stroke subtypes: metaanalysis of randomised controlled trials. BMJ. 2010; 341

[42] Lowenstein DH, Collins SD, Massa SM, McKinney HE *et al.* The Neurologic Complications of Cocaine Abuse. Neurology. 1987; 37S1

[43] Levine S. Cocaine and stroke. Current concepts of cerebrovascular disease. Stroke. 1987; 22:25–29

[44] Harrington H, Heller A, Dawson D, Caplan L *et al.* Intracerebral Hemorrhage and Oral Amphetamines. Arch Neurol. 1983; 40:503–507

[45] Kase CS, Foster TE, Reed JE, Spatz EL *et al.* Intracerebral Hemorrhage and Phenylpropanolamine Use. Neurology. 1987; 37:399–404

[46] Kernan WN, Viscoli CM, Brass LM, Broderick JP, Brott T *et al.* Phenylpropanolamine and the risk of hemorrhagic stroke. N Engl J Med. 2000; 343:1826–1832

[47] Bruno A, Nolte KB, Chapin J. Stroke associated with ephedrine use. Neurology. 1993; 43:1313–1316

[48] Stoessl AJ, Young GB, Feasby TE. Intracerebral hemorrhage and angiographic beading following ingestion of catecholaminergics. Stroke. 1985; 16:734–736

[49] Phenylpropanolamine and other OTC alpha-adrenergic agonists. Med Letter. 2000; 42

[50] Haller CA, Benowitz NL. Adverse cardiovascular and central nervous system events associated with dietary supplements containing ephedra alkaloids. N Engl J Med. 2000; 343:1833–1838

[51] Gudeman SK, Kishore PR, Miller JD, Girevendulis AK. The Genesis and Significance of Delayed Traumatic Intracerebral Hematoma. Neurosurgery. 1979; 5:309–313

[52] Young HA, Gleave JRW, Schmidek HH, Gregory S. Delayed Traumatic Intracerebral Hematoma: Report of 15 Cases Operatively Treated. Neurosurgery. 1984; 14:22–25

[53] Wang KC, Chen CP, Yang YC, Wang KG, Hung FY, Su TH. Stroke complicating pregnancy and the puerperium. Zhonghua Yi Xue Za Zhi (Taipei). 1999; 62:13–19

[54] Salerni A, Wald S, Flannagan M. Relationships Among Cortical Ischemia, Infarction, and Hemorrhage in Eclampsia. Neurosurgery. 1988; 22:408–410

[55] Witlin AG, Mattar F, Sibai BM. Postpartum stroke: a twenty-year experience. Am J Obstet Gynecol. 2000; 183:83–88

[56] Geocadin RG, Razumovsky AY, Wityk RJ, Bhardwaj A, Ulatowski JA. Intracerebral hemorrhage and postpartum cerebral vasculopathy. J Neurol Sci. 2002; 205:29–34

[57] Kalfas IH, Little JR. Postoperative Hemorrhage: A Survey of 4992 Intracranial Procedures. Neurosurgery. 1988; 23:343–347

[58] Papanastassiou V, Kerr R, Adams C. Contralateral Cerebellar Hemorrhagic Infarction After Pterional Craniotomy: Report of Five Cases and Review of the Literature. Neurosurgery. 1996; 39:841–852

[59] Toczek MT, Morrell MJ, Silverberg GA, Lowe GM. Cerebellar Hemorrhage Complicating Temporal Lobectomy: Report of Four Cases. J Neurosurg. 1996; 85:718–722

[60] Menovsky T, Andre Grotenhuis J, Bartels RH. Aneurysm of the anterior inferior cerebellar artery (AICA) associated with high-flow lesion: report of two cases and review of literature. J Clin Neurosci. 2002; 9:207–211

[61] Brott T, Thalinger K, Hertzberg V. Hypertension as a Risk Factor for Spontaneous Intracerebral Hemorrhage. Stroke. 1986; 17:1078–1083

[62] Wakai S, Nagai M. Histological Verification of Microaneurysms as a Cause of Cerebral Hemorrhage in Surgical Specimens. J Neurol Neurosurg Psychiatry. 1989; 52:595–599

[63] Newton TH, Potts DG. Radiology of the Skull and Brain. Saint Louis 1971

[64] Kaneko M, Tanaka K, Shimada T, Sato K *et al.* Long-Term Evaluation of Ultra-Early Operation for Hypertensive Intracerebral Hemorrhage in 100 Cases. J Neurosurg. 1983; 58:838–842

[65] Gilles C, Brucher JM, Khoubesserian P *et al.* Cerebral Amyloid Angiopathy as a Cause of Multiple Intracerebral Hemorrhages. Neurology. 1984; 34:730–735

[66] Mandybur TI. Cerebral Amyloid Angiopathy: The Vascular Pathology and Complications. J Neuropathol Exp Neurol. 1986; 45:79–90

[67] Vonsattel JP, Myers RH, Hedley-White ET, Ropper AH et al. Cerebral Amyloid Angiopathy Without and With Cerebral Hemorrhages: A Comparative Histological Study. Ann Neurol. 1991; 30:637–649

[68] Kase CS, Kase CS, Caplan LR. In: Cerebral Amyloid Angiopathy. Intracerebral Hemorrhage. Boston: Butterworth-Heinemann; 1994:179–200

[69] Greenberg SM, Briggs ME, Hyman BT et al. Apolipoprotein E e4 Is Associated With the Presence and Earlier Onset of Hemorrhage in Cerebral Amyloid Angiopathy. Stroke. 1996; 27:1333–1337

[70] Vinters HV, Gilbert JJ. Amyloid Angiopathy: Its Incidence and Complications in the Aging Brain. Stroke. 1981; 12

[71] Greenberg SM, Rebeck GW, Vonsattel JPV et al. Apolipoprotein E e4 and Cerebral Hemorrhage Associated with Amyloid Angiopathy. Ann Neurol. 1995; 38:254–259

[72] Kingston IB, Castro MJ, Anderson S. In Vitro Stimulation of Tissue-Type Plasminogen Activator by Alzheimer Amyloid Beta-Peptide Analogues. Nature Med. 1995; 1:138–142

[73] Greenberg SM, Edgar MA. Cerebral Hemorrhage in a 69-Year Old Woman Receiving Warfarin. Case Records of the Massachusetts General Hospital. Case 22-1996. N Engl J Med. 1996; 335:189–186

[74] Scott M. Spontaneous Intracerebral Hematoma caused by Cerebral Neoplasms. J Neurosurg. 1975; 42:338–342

[75] Dublin AB, Norman D. Fluid-Fluid Level in Cystic Cerebral Metastatic Melanoma. J Comput Assist Tomogr. 1979; 3:650–652

[76] Acosta-Sison H. Extensive Cerebral Hemorrhage Caused by the Rupture of a Cerebral Blood Vessel due to a Chorionepithelioma Embolus. Am J Ob Gyn. 1956; 71

[77] Weir B, MacDonald N, Mielke B. Intracranial Vascular Complications of Choriocarcinoma. Neurosurgery. 1978; 2

[78] Weinstein ZR, Downey EF. Spontaneous Hemorrhage in Medulloblastomas. AJNR. 1983; 4:986–988

[79] McCormick WF, Ugajin K. Fatal Hemorrhage into a Medulloblastoma. J Neurosurg. 1967; 26:78–81

[80] Chugani HT, Rosemblat AM, Lavenstein BL et al. Childhood Medulloblastoma Presenting with Hemorrhage. Childs Brain. 1984; 11:135–140

[81] Zee CS, Segall HD, Miller C et al. Less Common CT Features of Medulloblastoma. Radiology. 1982; 144:97–102

[82] Oldberg E. Hemorrhage into Gliomas. Arch Neurol Psych. 1933; 30:1061–1073

[83] Richardson RR, Siqueira EB, Cerullo LJ. Malignant Glioma: Its Initial Presentation as Intracranial Hemorrhage. Acta Neurochir. 1979; 46:77–84

[84] Nakao S, Sato S, Ban S et al. Massive Intracerebral Hemorrhage Caused by Angioblastic Meningioma. Surg Neurol. 1977; 7:245–247

[85] Modesti LM, Binet EF, Collins GH. Meningiomas causing Spontaneous Intracranial Hematomas. J Neurosurg. 1976; 45:437–441

[86] Goran A, Ciminello VJ, Fisher RG. Hemorrhage into Meningiomas. Arch Neurol. 1965; 13:65–69

[87] Cabezudo-Artero, Areito-Cebrecos, Vaquero-Crespo J. Hemorrhage Associated with Meningioma. J Neurol Neurosurg Psych. 1981; 44

[88] Little JR, Dial B, Belanger G et al. Brain Hemorrhage from Intracranial Tumor. Stroke. 1979; 10:283–288

[89] Wakai S, Inoh S, Ueda Y et al. Hemangioblastoma Presenting with Intraparenchymatous Hemorrhage. J Neurosurg. 1984; 61:956–960

[90] McCoyd K, Barron KD, Cassidy RJ. Acoustic Neurinoma Presenting as Subarachnoid Hemorrhage. J Neurosurg. 1974; 41:391–393

[91] Gleeson RK, Butzer JF, Grin OD. Acoustic Neurinoma Presenting as Subarachnoid Hemorrhage. J Neurosurg. 1978; 49:602–604

[92] Yonemitsu T, Niizuna H, Kodama N et al. Acoustic Neurinoma Presenting as Subarachnoid Hemorrhage. Surg Neurol. 1983; 20:125–130

[93] Vincent FM, Bartone JR, Jones MZ. Cerebellar Astrocytoma Presenting as a Cerebellar Hemorrhage in a Child. Neurology. 1980; 30:91–93

[94] Kawamata T, Takeshita M, Kubo O et al. Management of Intracranial Hemorrhage Associated with Anticoagulant Therapy. Surg Neurol. 1995; 44:438–443

[95] Fihn SD, McDonell M, Martin D et al. Risk Factors for Complications of Chronic Anticoagulation: A Multicenter Study. Ann Intern Med. 1993; 118:511–520

[96] Smith DB, Hitchcock M, Philpot PJ. Cerebral Amyloid Angiopathy Presenting as Transient Ischemic Attacks: Case Report. J Neurosurg. 1985; 63:963–964

[97] Greenberg SM, Vonsattel JP, Stakes JW, Gruber M, Finklestein SP. The Clinical Spectrum of Cerebral Amyloid Angiopathy: Presentations without Lobar Hemorrhage. Neurology. 1993; 43:2073–2079

[98] Broderick JP, Brott TG, Tomsick T et al. Ultra-Early Evaluation of Intracerebral Hemorrhage. J Neurosurg. 1990; 72:195–199

[99] Brott T, Broderick J, Kothari R, Barsan W, Tomsick T, Sauerbeck L, Spilker J, Duldner J, Khoury J. Early hemorrhage growth in patients with intracerebral hemorrhage. Stroke. 1997; 28:1–5

[100] Fujii Y, Tanaka R, Takeuchi S et al. Hematoma Enlargement in Spontaneous Intracerebral Hemorrhage. J Neurosurg. 1994; 80:51–57

[101] Wada R, Aviv RI, Fox AJ, Sahlas DJ, Gladstone DJ, Tomlinson G, Symons SP. CT angiography "spot sign" predicts hematoma expansion in acute intracerebral hemorrhage. Stroke. 2007; 38:1257–1262

[102] Arakawa S, Saku Y, Ibayashi S et al. Blood Pressure Control and Recurrence of Hypertensive Brain Hemorrhage. Stroke. 1998; 29:1806–1809

[103] Gonzalez-Duarte A, Cantu C, Ruiz-Sandoval JL, Barinagarrementeria F. Recurrent Primary Cerebral Hemorrhage: Frequency, Mechanisms, and Prognosis. Stroke. 1998; 29:1802–1805

[104] Stocchetti N, Croci M, Spagnoli D, Gilardoni F, Resta F, Colombo A. Mass volume measurement in severe head injury: accuracy and feasibility of two pragmatic methods. J Neurol Neurosurg Psychiatry. 2000; 68:14–17

[105] Pasqualin A, Barone G, Cioffi F, Rosta L, Scienza R, Da Pian R. The relevance of anatomic and hemodynamic factors to a classification of cerebral arteriovenous malformations. Neurosurgery. 1991; 28:370–379

[106] Bullock MR, Chesnut RM, Ghajar J et al. Appendix I: Post-traumatic mass volume measurements in traumatic brain injury. Neurosurgery. 2006; 58

[107] Kothari RU, Brott T, Broderick JP, Barsan WG, Sauerbeck LR, Zuccarello M, Khoury J. The ABCs of measuring intracerebral hemorrhage volumes. Stroke. 1996; 27:1304–1305

[108] Bradley WG. MR Appearance of Hemorrhage in the Brain. Radiology. 1993; 189:15–26

[109] Taveras JM, Gilson JM, Davis DO et al. Angiography in Cerebral Infarction. Radiology. 1969; 93:549–558

[110] Toffol GJ, Biller J, Adams HP, Smoker WRK. The Predicted Value of Arteriography in Nontraumatic Intracerebral Hemorrhage. Stroke. 1986; 17:881–883

[111] Hemphill JC,3rd, Bonovich DC, Besmertis L, Manley GT, Johnston SC. The ICH score: a simple, reliable grading scale for intracerebral hemorrhage. Stroke. 2001; 32:891–897

[112] Kaneko T, Sawada T, Niimi T et al. Lower Limit of Blood Pressure in Treatment of Acute Hypertensive Intracranial Hemorrhage. J Cereb Blood Flow Metab. 1983; 3S1:S51–S52

[113] Mayer SA, Brun NC, Begtrup K, Broderick J, Davis S, Diringer MN, Skolnick BE, Steiner T. Recombinant activated factor VII for acute intracerebral hemorrhage. N Engl J Med. 2005; 352:777–785

[114] Poungvarin N, Bhoopat W, Viriyavejakul A et al. Effects of Dexamethasone in Primary Supratentorial Intracerebral Hemorrhage. N Engl J Med. 1987; 316:1229–1233

[115] Batjer HH, Reisch JS, Plaizier LJ, Su CJ. Failure of Surgery to Improve Outcome in Hypertensive Putaminal Hemorrhage: A Prospective Randomized Trial. Arch Neurol. 1990; 47:1103–1106

[116] Zhu XL, Chan MSY, Poon WS. Spontaneous Intracranial Hemorrhage: Which Patients Need Diagnostic Cerebral Angiography? A Prospective Study of 206 Cases and Review of the Literature. Stroke. 1997; 28:1406–1409

[117] Laissy JP, Normand G, Monroc M et al. Spontaneous Intracerebral Hematomas from Vascular Causes: Predictive Value of CT Compared with Angiography. Neuroradiology. 1991; 33:291–295

[118] Hoffman M, Monroe DM, III. A cell-based model of hemostasis. Thromb Haemost. 2001; 85:958–965

[119] Diringer MN, Skolnick BE, Mayer SA, Steiner T, Davis SM, Brun NC, Broderick JP. Risk of thromboembolic events in controlled trials of rFVIIa in spontaneous intracerebral hemorrhage. Stroke. 2008; 39:850–856

[120] Pessin MS, Estol CJ, Lafranchise F, Caplan LR. Safety of Anticoagulation After Hemorrhagic Infarction. Neurology. 1993; 43:1298–1303

[121] Phan TG, Koh M, Wijdicks EF. Safety of discontinuation of anticoagulation in patients with intracranial hemorrhage at high thromboembolic risk. Arch Neurol. 2000; 57:1710–1713

[122] Hacke W. The dilemma of reinstituting anticoagulation for patients with cardioembolic sources and intracranial hemorrhage: how wide is the strait between skylla and karybdis? Arch Neurol. 2000; 57:1682–1684

[123] Bertram M, Bonsanto M, Hacke W, Schwab S. Managing the therapeutic dilemma: patients with spontaneous intracerebral hemorrhage and urgent need for anticoagulation. J Neurol. 2000; 247:209–214

[124] Viswanathan A, Rakich SM, Engel C, Snider R, Rosand J, Greenberg SM, Smith EE. Antiplatelet use after intracerebral hemorrhage. Neurology. 2006; 66:206–209

[125] Eckman MH, Rosand J, Knudsen KA, Singer DE, Greenberg SM. Can patients be anticoagulated after intracerebral hemorrhage? A decision analysis. Stroke. 2003; 34:1710–1716

[126] Wijdicks EF, Schievink WI, Brown RD, Mullany CJ. The dilemma of discontinuation of anticoagulation therapy for patients with intracranial hemorrhage and mechanical heart valves. Neurosurgery. 1998; 42:769–773

[127] MacEwen W. An Address on the Surgery of the Brain and Spinal Cord. Br Med J. 1888; 2:302–309

[128] Hankey GJ, Hon C. Surgery for Primary Intracerebral Hemorrhage: Is It Safe and Effective? A Systematic Review of Case Series and Randomized Trials. Stroke. 1997; 28:2126–2132

[129] Teernstra OP, Evers SM, Kessels AH. Meta analyses in treatment of spontaneous supratentorial intracerebral haematoma. Acta Neurochir (Wien). 2006; 148:521–8; discussion 528

[130] Juvela S, Heiskanen O, Poranen A et al. The Treatment of Spontaneous Intracerebral Hemorrhage: A Prospective Randomized Trial of Surgical and Conservative Treatment. J Neurosurg. 1989; 70:755–758

[131] Mendelow AD, Gregson BA, Fernandes HM, Murray GD, Teasdale GM, Hope DT, Karimi A, Shaw MD, Barer DH. Early surgery versus initial conservative treatment in patients with spontaneous supratentorial intracerebral haematomas in the International Surgical Trial in Intracerebral Haemorrhage (STICH): a randomised trial. Lancet. 2005; 365:387–397

[132] Waga S, Miyazaki M, Okada M et al. Hypertensive Putaminal Hemorrhage: Analysis of 182 Patients. Surg Neurol. 1986; 26:159–166

[133] Broderick JP, Brott TG, Duldner JE, Tomsick T, Huster G. Volume of intracerebral hemorrhage. A powerful and easy-to-use predictor of 30-day mortality. Stroke. 1993; 24:987–993

[134] Volpin L, Cervellini P, Colombo F et al. Spontaneous intracerebral hematomas: A new proposal about the usefulness and limits of surgical treatment. Neurosurgery. 1984; 15:663–666

[135] Kobayashi S, Sato A, Kageyama Y et al. Treatment of Hypertensive Cerebellar Hemorrhage - Surgical or Conservative Management. Neurosurgery. 1994; 34:246–251

[136] Heros RC. Surgical Treatment of Cerebellar Infarction. Stroke. 1992; 23:937–938

[137] Hinton DR, Dolan E, Sima AF. The Value of Histopathological Examination of Surgically Removed Blood Clot in Determining the Etiology of Spontaneous Intracerebral Hemorrhage. Stroke. 1984; 15:517–520

[138] Auer LM, Deinsberger W, Niederkorn K et al. Endoscopic Surgery Versus Medical Treatment for Spontaneous Intracerebral Hematoma: A Randomized Study. J Neurosurg. 1989; 70:530–535

[139] Findlay JM, Grace MGA, Weir BKA. Treatment of Intraventricular Hemorrhage with Tissue Plasminogen Activator. Neurosurgery. 1993; 32:941–947

[140] Engelhard HH, Andrews CO, Slavin KV, Charbel FT. Current management of intraventricular hemorrhage. Surg Neurol. 2003; 60:15–21; discussion 21-2

[141] Grabb PA. Traumatic intraventricular hemorrhage treated with intraventricular recombinant-tissue plasminogen activator: technical case report. Neurosurgery. 1998; 43:966–969

[142] Rohde V, Schaller C, Hassler WE. Intraventricular recombinant tissue plasminogen activator for lysis of intraventricular hemorrhage. J Neurol Neurosurg Psychiatry. 1995; 58:447–451

[143] CLEAR result: low-dose tPA safe, effective in treating intraventricular hemorrhage. Nice, France 2008

[144] Toffol GJ, Biller J, Adams HP. Nontraumatic Intracerebral Hemorrhage in Young Adults. Arch Neurol. 1987; 44:483–485

[145] Volpe JJ. Neonatal Intraventricular Hemorrhage. N Engl J Med. 1981; 304:886–891

[146] Lou HC, Lassen NA, Friis-Hansen B. Impaired Autoregulation of Cerebral Blood Flow in the Distressed Newborn Infant. J Pediatr. 1979; 94:118–121

[147] Milligan DWA. Failure of Autoregulation and Intraventricular Hemorrhage in Preterm Infants. Lancet. 1980; 1:896–898

[148] Hambleton G, Wigglesworth JS. Origin of intraventricular haemorrhage in the preterm infant. Arch Dis Child. 1976; 51:651–659

[149] Dykes FD, Lazzara A, Ahmann P, Blumenstein B et al. Intraventricular Hemorrhage: A Prospective Evaluation of Etiopathologies. Pediatrics. 1980; 66:42–49

[150] Perlman JM, McMenamin JB, Volpe JJ. Fluctuating Cerebral Blood-Flow Velocity in Respiratory Distress Syndrome. N Engl J Med. 1983; 309:204–209

[151] Wirtschafter DD, Danielsen BH, Main EK, Korst LM, Gregory KD, Wertz A, Stevenson DK, Gould JB. Promoting antenatal steroid use for fetal maturation: results from the California Perinatal Quality Care Collaborative. J Pediatr. 2006; 148:606–612

[152] Volpe JJ. Effect of Cocaine Use on the Fetus. N Engl J Med. 1992; 327:399–407

[153] Murphy BP, Inder TE, Rooks V, Taylor GA, Anderson NJ, Mogridge N, Horwood LJ, Volpe JJ. Posthaemorrhagic ventricular dilatation in the premature infant: natural history and predictors of outcome. Arch Dis Child Fetal Neonatal Ed. 2002; 87:F37–F41

[154] Sheth RD. Trends in incidence and severity of intraventricular hemorrhage. J Child Neurol. 1998; 13:261–264

[155] Papile LA, Burstein J, Burstein R et al. Incidence and Evolution of Subependymal and Intraventricular Hemorrhage: A Study of Infants with Birth Weights Less Than 1,500 Gm. J Pediatr. 1978; 92:529–534

[156] Bejar R, Curbelo V, Coen RW et al. Diagnosis and Follow-Up of Intraventricular and Intracerebral Hemorrhages by Ultrasound Studies of Infant's Brain Through the Fontanelles and Sutures. Pediatrics. 1980; 66:661–673

[157] Tsiantos A, Victorin L, Relier JP, Dyer N et al. Intracranial Hemorrhage in the Prematurely Born Infant. J Pediatr. 1974; 85:854–859

[158] Perlman JM, Volpe JJ. Cerebral Blood Flow Velocity in Relation to Intraventricular Hemorrhage in the

Premature Newborn Infant. J Pediatr. 1982; 100:956–959

[159] Ment LR, Oh W, Philip AG, Ehrenkranz RA, Duncan CC, Allan W, Taylor KJ, Schneider K, Katz KH, Makuch RW. Risk factors for early intraventricular hemorrhage in low birth weight infants. J Pediatr. 1992; 121:776–783

[160] Crowley P, Chalmers I, Keirse MJ. The effects of corticosteroid administration before preterm delivery: an overview of the evidence from controlled trials. Br J Obstet Gynaecol. 1990; 97:11–25

[161] Murphy KE, Hannah ME, Willan AR, Hewson SA, Ohlsson A, Kelly EN, Matthews SG, Saigal S, Asztalos E, Ross S, Delisle MF, Amankwah K, Guselle P, Gafni A, Lee SK, Armson BA. Multiple courses of antenatal corticosteroids for preterm birth (MACS): a randomised controlled trial. Lancet. 2008; 372:2143–2151

[162] Rabe H, Reynolds G, Diaz-Rossello J. Early versus delayed umbilical cord clamping in preterm infants. Cochrane Database Syst Rev. 2004. DOI: 1 0.1002/14651858.CD003248.pub2

[163] Volpe JJ. Neurology of the Newborn. 4th ed. Philadelphia: W. B. Saunders; 2008

[164] Fishman MA, Dutton RY, Okumura S. Progressive Ventriculomegaly following Minor Intracranial Hemorrhage in Premature Infants. Dev Med Child Neurol. 1984; 26:725–731

[165] Hill A, Rozdilsky B. Congenital Hydrocephalus Secondary to Intra-Uterine Germinal Matrix/Intraventricular Hemorrhage. Dev Med Child Neurol. 1984; 26:509–527

[166] James HE, Bejar R, Merritt A et al. Management of Hydrocephalus Secondary to Intracranial Hemorrhage in the High Risk Newborn. Neurosurgery. 1984; 14:612–618

[167] Volpe JJ, Herscovitch P, Perlman JM, Raichle ME. Positron Emission Tomography in the Newborn: Extensive Impairment of Regional Cerebral Blood Flow with Intraventricular Hemorrhage and Hemorrhagic Intracerebral Involvement. Pediatrics. 1983

[168] Ment LR, Duncan CC, Ehrenkranz RA, Lange RC et al. Intraventricular Hemorrhage in the Preterm Neonate: Timing and Cerebral Blood Flow Changes. J Pediatr. 1984; 104:419–425

[169] Trounce JQ, Fagan D, Levene MI. Intraventricular Hemorrhage and Periventricular Leucomalacia: Ultrasound and Autopsy Correlation. Arch Dis Child. 1983; 61:1203–1207

[170] Brenner DJ. Estimating cancer risks from pediatric CT: going from the qualitative to the quantitative. Pediatr Radiol. 2002; 32:228–3; discussion 242-4

[171] International PHVD Drug Trial Group. International randomised controlled trial of acetazolamide and furosemide in posthaemorrhagic ventricular dilatation in infancy. Lancet. 1998; 352:433–440

[172] Whitelaw A, Kennedy CR, Brion LP. Diuretic therapy for newborn infants with posthemorrhagic ventricular dilatation. Cochrane Database Syst Rev. 2001. DOI: 10.1002/14651858.CD002270

[173] Rom S, Serfontein GL, Humphreys RP. Intracerebellar Hematoma in the Neonate. J Pediatr. 1978; 93:486–488

[174] Murphy BP, Inder TE, Rooks V, Taylor GA, Anderson NJ, Mogridge N, Horwood LJ, Volpe JJ. Posthaemorrhagic ventricular dilatation in the premature infant: natural history and predictors of outcome. Arch Dis Child Fetal Neonatal Ed. 2002; 87:F37–F41

[175] Kreusser KL, Tarby TJ, Kovnar E et al. Serial Lumbar Punctures for at Least Temporary Amelioration of Neonatal Posthemorrhagic Hydrocephalus. Pediatrics. 1985; 75

[176] Whitelaw A. Repeated lumbar or ventricular punctures in newborns with intraventricular hemorrhage. Cochrane Database Syst Rev. 2001

[177] Benzel EC, Reeves JP, Nguyen PK, Hadden TA. The treatment of hydrocephalus in preterm infants with intraventricular haemorrhage. Acta Neurochir (Wien). 1993; 122:200–203

[178] Marlin AE, Rivera S, Gaskill SJ. Treatment of posthemorrhagic ventriculomegaly in the pretern infant: Use of the subcutaneous ventricular reservoir. Concepts in Pediatric Neurosurgery. 1988; 8:15–22

[179] Hudgins RJ, Boydston WR, Gilreath CL. Treatment of posthemorrhagic hydrocephalus in the preterm infant with a ventricular access device. Pediatr Neurosurg. 1998; 29:309–313

[180] Tubbs RS, Smyth MD, Wellons JC,3rd, Blount JP, Grabb PA, Oakes WJ. Alternative uses for the subgaleal shunt in pediatric neurosurgery. Pediatr Neurosurg. 2003; 39:22–24

[181] Fulmer BB, Grabb PA, Oakes WJ, Mapstone TB. Neonatal ventriculosubgaleal shunts. Neurosurgery. 2000; 47:80–3; discussion 83-4

[182] Rahman S, Teo C, Morris W, Lao D, Boop FA. Ventriculosubgaleal shunt: a treatment option for progressive posthemorrhagic hydrocephalus. Childs Nerv Syst. 1995; 11:650–654

[183] Wellons JC, Shannon CN, Kulkarni AV, Simon TD, Riva-Cambrin J, Whitehead WE, Oakes WJ, Drake JM, Luerssen TG, Walker ML, Kestle JR. A multicenter retrospective comparison of conversion from temporary to permanent cerebrospinal fluid diversion in very low birth weight infants with posthemorrhagic hydrocephalus. J Neurosurg Pediatr. 2009; 4:50–55

[184] Bridgers SL, Ment LR. Absence of Hydrocephalus despite Disproportionately Increasing Head Size After the Neonatal Period in Preterm Infants with Known Intraventricular Hemorrhage. Childs Brain. 1981; 8:423–426

[185] Sher PK, Brown SA. A Longitudinal Study of Head Growth in Preterm Infants: II. Differentiation between <39>Catch-Up' Head-Growth and Early Infantile Hydrocephalus. Dev Med Child Neurol. 1975; 17:711–718

[186] Aoki N, Miztani H, Masuzawa H. Unilateral Subdural-Peritoneal Shunting for Bilateral Chronic Subdural Hematomas in Infancy. J Neurosurg. 1985; 63:134–137

[187] Krishnamoorthy K, Kuehnle KJ, Todres ID et al. Neurodevelopmental Outcome of Survivors with Posthemorrhagic Hydrocephalus. Ann Neurol. 1984; 15:201–204

[188] Adams-Chapman I, Hansen NI, Stoll BJ, Higgins R. Neurodevelopmental outcome of extremely low birth weight infants with posthemorrhagic hydrocephalus requiring shunt insertion. Pediatrics. 2008; 121:e1167–e1177

[189] Armstrong-Wells J, Johnston SC, Wu YW, Sidney S, Fullerton HJ. Prevalence and predictors of perinatal hemorrhagic stroke: results from the Kaiser Pediatric Stroke Study. Pediatrics. 2009; 123:823–828

[190] Alexander MJ, Spetzler RF. Pediatric Neurovascular Disease. New York: Thieme Medical Publishers, Inc.; 2006

Parte XXI
Avaliação de Resultados

88 Avaliação de Resultados   1358

88 Avaliação de Resultados

88.1 Câncer

▶ **Escala de desempenho de Karnofsky (KPS).** ▶ Quadro 88.1 (segundo David A. Karnofsky). Usada geralmente para graduação do estado funcional de pacientes com câncer. O escore KPS < 70 (particularmente com tumores no encéfalo) geralmente identifica os pacientes com pior prognóstico para qualquer tratamento em especial.

O escore de desempenho da Organização Mundial de Saúde (WHO). ▶ Quadro 88.2, escore de Desempenho da WHO[3] (também conhecido como escore do Eastern Cooperative Oncology Group (ECOG), ou escore Zubrod (segundo C. Gordon Zubrod), varia de 0 a 5, em que 0 indica saúde perfeita e 5 morte. A vantagem sobre a escala de Karnofsky é sua simplicidade.

88.2 Lesão cefálica

A escala de Ranchos Los Amigos (▶ Quadro 88.3) é usada, geralmente, na classificação da incapacidade após lesão cefálica. A escala de resultados Glasgow (▶ Quadro 88.4) é empregada, com frequência, na avaliação de resultados.

88.3 Eventos cerebrovasculares

88.3.1 Informações gerais

Várias escalas de graduação de resultados tornaram-se favorecidas para uso após acidente vascular encefálico ou hemorragia subaracnóidea (SAH). Cada uma ressalta diferentes aspectos dos resultados. O Índice de Barthel (▶ Quadro 88.6) dá importância às atividades da vida diária (ADLs), enquanto outros, como a escala[5] de Rankin modificada (▶ Quadro 88.5), avaliam níveis de independência e incluem uma comparação com os níveis anteriores de atividade e mostram consistência interobservadores muito boa.[6] Embora mensure o estado funcional, a escala de Rankin modificada não é sensível a déficits neurológicos sutis como disfasia ou defeitos de campo visual.

Quadro 88.1 Escala de desempenho de Karnofsky (modificada[1,2])

Escore	Critérios	Categoria geral
100	normal: sem queixas de evidência de doença	Capaz de realizar atividade normal e trabalho. Não é necessário um cuidado especial
90	capaz de realizar atividade normal: sinais ou sintomas menores	
80	atividade normal com esforço: alguns sinais ou sintomas	
70	cuida de si mesmo: incapaz de realizar atividade normal ou trabalho ativo	Incapaz de trabalhar. Capaz de viver em casa, cuida da maior parte das necessidades pessoais. É necessária assistência variável
60	requer assistência ocasional: cuida da maior parte das necessidades	
50	requer assistência considerável e cuidados frequentes	
40	incapacitado: requer assistência e cuidados especiais	Incapaz de cuidar de si mesmo. Requer cuidados institucionais ou hospitalares. A doença pode ser rapidamente progressiva
30	severamente incapacitado: morte não iminente	
20	muito doente: hospitalizado; são necessários cuidados de apoio ativos	
10	moribundo: processos fatais estão em rápida progressão	
0	morto	

Quadro 88.2 Escala de desempenho da WHO

Grau	Descrição
0	totalmente ativo, nenhuma restrição ao desempenho resultante de doença
1	restrito em atividade fisicamente extenuante. Deambulatório. Capaz de realizar trabalho leve, p. ex. serviços domésticos leves, atividades de escritório
2	incapaz de realizar quaisquer atividades ocupacionais. Deambulatório. Ocupado > 50% das horas de vigília
3	capaz somente de realizar os cuidados pessoais. Confinado à cadeira de rodas > 50% das horas de vigília
4	completamente incapacitado. Incapaz de realizar cuidados pessoais. Totalmente confinado ao leito ou à cadeira
5	morto

Quadro 88.3 Escala cognitiva de Ranchos Los Amigos

Nível	Significado
I	nenhuma resposta à dor, toque, visão ou som
II	respostas reflexas generalizadas à dor
III	resposta localizada. Pisca à luz forte, vira-se na direção/para longe de som, responde ao desconforto físico, respostas inconsistentes aos comandos
IV	confuso – Agitado Alerta, muito ativo, agitado, comportamentos agressivos ou bizarros. Realiza atividades motoras, mas comportamento sem propósito, âmbito de atenção extremamente pequeno
V	confuso – Não agitado Atenção macroscópica ao ambiente com fácil distração, requer contínuo redirecionamento, dificuldade para aprender novas tarefas, agitado com excesso de estimulação. Pode conversar socialmente, mas com verbalizações inadequadas
VI	confuso – Apropriado Orientação inconsistente para tempo e espaço. Âmbito de retenção e memória recente prejudicados. Começa a lembrar do passado, segue consistente comandos de maneira simples, comportamento direcionado ao objetivo com assistência
VII	automático – Apropriado Realiza a rotina diária em ambiente altamente familiar de maneira não confusa, mas automática semelhante a um "robô". As habilidades se degeneram em ambiente não familiar. Falta planejamento realista para o futuro
VIII	resoluto – Apropriado

Quadro 88.4 Escala de resultados de Glasgow[4]

Escore	Significado
5	boa recuperação – retomada da vida normal apesar de déficits menores ("volta ao trabalho" não confiável)
4	incapacidade moderada (incapacitado, mas independente) – desloca-se em transporte público, capaz de trabalhar em ambiente abrigado (excede a mera capacidade de realizar "atividades da vida diária")
3	grave incapacidade (consciente, mas incapaz) – dependente de apoio diário (pode ser institucionalizado, mas não é um critério)
2	estado vegetativo persistente – irresponsivo e sem fala; após 2-3 semanas, pode abrir os olhos e ter ciclos de sono/vigília
1	morte – a maioria das mortes é atribuída à lesão cefálica primária que ocorre dentro de 48 h

Quadro 88.5 Escala de Rankin modificada*

Grau	Descrição
0	sem quaisquer sintomas
1	nenhuma incapacidade significativa, apesar dos sintomas: capaz de realizar todas as atividades e deveres costumeiros
2	incapacidade leve: incapaz de realizar todas as atividades anteriores. É capaz de tomar conta dos próprios negócios sem assistência
3	incapacidade moderada: requer algum auxílio, mas é capaz de andar sem assistência
4	incapacidade moderadamente grave: incapaz de andar sem assistência e de cuidar das próprias necessidades corporais sem assistência
5	incapacidade grave: preso ao leito, incontinente e requer constantes cuidados de enfermagem e atenção

*Escala de Rankin original:[7] não tinha o Grau 0, o Grau 1 não incluía as palavras "apesar dos sintomas" e "e atividades", e definia o Grau 2 como "incapaz de realizar algumas das atividades anteriores..."

Quadro 88.6 Índice de Barthel

Item	Índice de Barthel original			Índice de Barthel modificado				
	Incapaz de realizar tarefas	Necessita de assistência	Totalmente independente	CÓDIGO 1 — Incapaz de realizar tarefas	CÓDIGO 2 — Tenta realizar tarefas, mas inseguro	CÓDIGO 3 — Ajuda necessária moderada	CÓDIGO 4 — Ajuda necessária mínima	CÓDIGO 5 — Totalmente independente
higiene pessoal	0	0	5	0	1	3	4	5
banhar-se	0	0	5	0	1	3	4	5
alimentação	0	5	10	0	2	5	8	10
toalete	0	5	10	0	2	5	8	10
subir escadas	0	5	10	0	2	5	8	10
vestir-se	0	5	10	0	2	5	8	10
controle intestinal	0	5	10	0	2	5	8	10
controle da bexiga	0	5	10	0	2	5	8	10
deambulação	0	5–10	15	0	3	8	12	15
cadeira de rodas[a]	0	0	5	0	1	3	4	5
transferências de cadeira/leito	0	5–10	15	0	3	8	12	15
total (variação)	**0**	→→	**100**	**0**	→→→→			**100**

[a]Escore somente se for incapaz de andar e o paciente for treinado no controle da cadeira de rodas.

88.3.2 Escalas

▶ **Escala Rankin modificada** (▶ Quadro 88.5).

▶ **Índice de Barthel** (▶ Quadro 88.6). O índice original de Barthel[8,9] atribui um de três escores a 10 ADLs classificáveis, e então os escores individuais são somados. O índice de Barthel modificado (MBI) com a sistema de escores de 5 passos parece ter mais sensibilidade.[10] O total varia de 0 a 100 (um escore de 100 implica independência funcional, e não necessariamente normalidade).

Quadro 88.7 The Fucntional Independence Measure™ (FIM)

Classificação	Item
Motor	
cuidados pessoais	alimentação
	arrumação pessoal
	banho
	vestir-se – parte superior do corpo
	vestir-se – parte inferior do corpo
	toalete
controle do esfíncter	controle da bexiga
	controle do intestino
mobilidade	leito, cadeira, cadeira de rodas
	toalete
	banheira, chuveiro
locomoção	anda ou em cadeira de rodas
	escadas
Cognitivo	
comunicação	compreensão
	expressão
cognição social	interação social
	solução de problemas
	memória

Quadro 88.8 Os 7 níveis de classificação da incapacidade da FIM™

Grau de dependência	Nível de função	Escore
sem auxiliar	completa independência	7
	independência modificada	6
dependência modificada de um auxiliar	supervisão	5
	mínima assistência ($\geq$ 75% independente)	4
	moderada assistência ($\geq$ 50% independente)	3
completa dependência de um auxiliar	máxima assistência ($\geq$ 25% de independência)	2
	total assistência (< 25% de independência)	1

De todos os fatores, a independência no banho foi o mais difícil. As capacidades do índice de Barthel tendem a retornar a uma ordem bastante consistente, e assim a maioria dos pacientes com o mesmo escore terá padrões semelhantes de incapacidade.

88.4 Lesão à medula espinal

▶ **Functional Independence Measure™ (FIM™ – Medida de Independência Funcional).**[11,12,13] Foi desenvolvida para proporcionar uma avaliação uniforme de incapacidade por lesões à medula espinal. Avalia 18 itens mostrados no ▶ Quadro 88.7 (13 motores, 5 cognitivos), a escala de 7 níveis é mostrada no ▶ Quadro 88.8.

A FIM™ possui alta consistência interna e é um bom indicador de sobrecarga de cuidados.[14,15]

Referências

[1] Karnofsky DA, Burchenal JH, Macleod CM. Evaluation of Chemotherapy Agents. New York: Columbia University Press; 1949:191–205

[2] Karnofsky D, Burchenal JH, Armistead GC *et al.* Triethylene melamine in the treatment of neoplastic disease. Arch Intern Med. 1951; 87:477–516

[3] Oken MM, Creech RH, Tormey DC, Horton J, Davis TE, McFadden ET, Carbone PP. Toxicity and response criteria of the Eastern Cooperative Oncology Group. Am J Clin Oncol. 1982; 5:649–655

[4] Jennett B, Bond M. Assessment of Outcome After Severe Brain Damage: A Practical Scale. Lancet. 1975; i:480–484

[5] UK-TIA Study Group. The UK-TIA Aspirin Trial: Interim Results. Br Med J. 1988; 296:316–320

[6] van Swieten JC, Koudstaal PJ, Visser MC. Interobserver agreement for the assessment of handicap in stroke patients. Stroke. 1988; 19:604–607

[7] Rankin J. Cerebral Vascular Accidents in Patients Over the Age of 60. 2. Prognosis. Scott Med J. 1957; 2:200–215

[8] Mahoney FI, Barthel DW. Functional Evaluation: The Barthel Index. Maryland State Med J. 1965; 14:61–65

[9] Wade DT, Hewer RL. Functional abilities after stroke: Measurement, natural history and prognosis. J Neurol Neurosurg Psychiatry. 1987; 50:177–182

[10] Shah S, Vanclay F, Cooper B. Improving the sensitivity of the Barthel Index for stroke rehabilitation. J Clin Epidemiol. 1989; 42:703–709

[11] Forer S, Granger C *et al.* Functional Independence Measure. Buffalo, NY: The Buffalo General Hospital, State University of New York at Buffalo; 1987

[12] Ditunno JF,Jr. New spinal cord injury standards, 1992. Paraplegia. 1992; 30:90–91

[13] Ditunno JF,Jr. Functional assessment measures in CNS trauma. J Neurotrauma. 1992; 9:S301–S305

[14] Dodds TA, Martin DP, Stolov WC, Deyo RA. A validation of the functional independence measurement and its performance among rehabilitation inpatients. Arch Phys Med Rehabil. 1993; 74:531–536

[15] Linacre JM, Heinemann AW, Wright BD, Granger CV, Hamilton BB. The structure and stability of the Functional Independence Measure. Arch Phys Med Rehabil. 1994; 75:127–132

Parte XXII

Diagnóstico Diferencial

89 Diagnóstico Diferencial por Localização ou Achados Radiográficos – Intracraniano 1364

90 Diagnóstico Diferencial por Localização ou Achados Radiográficos – Coluna Espinal 1390

91 Diagnóstico Diferencial (DDx) por Sinais e Sintomas – Primariamente Intracraniano 1395

92 Diagnóstico Diferencial (DDx) por Sinais e Sintomas – Primariamente Coluna Espinal e Outros 1407

89 Diagnóstico Diferencial por Localização ou Achados Radiográficos – Intracraniano

89.1 Diagnósticos abordados fora deste capítulo

Quadro 89.1 Diagnósticos diferenciais por localização ou achado radiográfico, intracraniano – abordado fora deste capítulo

DDx
cordomas (p. 778)
líquido extra-axial (pediátricos) (p. 903)
intensificação giral (p. 1281)
hidrocefalia (p. 399)
tumores da região pineal (p. 658)
pneumocéfalo (p. 887)
esquizencefalia (p. 288)

89.2 Lesões na fossa posterior

89.2.1 Lesões cerebelares

Informação geral

A seguir são abordadas as anormalidades *intra*-axiais de fossa-p (para lesões extra-axiais, adiante).

Adulto

Lesão única

▶ **Nota.** Regra: "o diagnóstico diferencial de uma lesão intraparenquimatosa solitária em uma fossa-p de adulto é metástase, metástase, metástase, até que seja comprovado o contrário".
1. Tumores:
   a) metástase
   b) hemangioblastoma (p. 701): é o tumor intra-axial de fossa-p PRIMÁRIO mais comum em adultos (7-12% dos tumores de fossa-p). Nódulo muito vascular, frequentemente com cisto. Quase todos os tumores de fossa-p são relativamente avasculares à angiografia, *exceto* estes (procure o sinal da serpentina, que são espaços vazios, em especial na periferia da lesão, na MRI,[1] bem menos comumente no hemangioma cavernoso)
   c) astrocitoma cerebelar (pilocítico) (p. 630): pode ser sólido ou cístico, tende a ocorrer em adultos mais jovens
   d) glioma do tronco encefálico: um glioblastoma isolado na fossa posterior de um adulto é uma raridade relatada
   e) tumor de plexo corioide: geralmente infratentorial em adultos (p. 1380)
   f) liponeurocitoma cerebelar (p. 646)
2. Infeccioso: abscesso
3. Vascular
   a) hemangioma cavernoso
   b) hemorragia
   c) infarto: o acidente vascular encefálico cerebelar pode estar associado a H/A e/ou dor na região suboccipital ou cervical superior
      • embólico
      • trombótico/relacionado com placa
      • dissecação da artéria vertebral: bem menos comum do que a dissecação carótida (p. 1325)
      • hipoplasia vertebrobasilar (p. 1306)
4. Lhermitte-Duclos (p. 647): focal ou difuso. Não captante de contraste. Estrias tigradas características. Ampliação de folhas (c.f., a maioria das neoplasias que destroem o padrão folhado).

Diagnóstico Diferencial por Localização ou Achados Radiográficos – Intracraniano 1365

Lesões múltiplas

1. metástases
2. hemangioblastoma (possivelmente como parte de von Hippel-Lindau) (p. 703)
3. abscessos
4. hemangiomas cavernosos

Pediátrico

Ver também Tumores cerebrais pediátricos (p. 593).

Dados iniciais: 67% dos tumores cerebrais infantis ocorrem na fossa-p, e os astrocitomas eram os mais comuns neste local. Atualmente: os tumores de fossa-p representam 54-60% dos tumores cerebrais pediátricos (discriminação listada a seguir). Quatro tipos são responsáveis por ≈ 95% dos tumores infratentoriais em pacientes com idade ≤ 18 anos.[2] Os 3 mais comuns são iguais em termos de incidência (expressa como percentual de tumores de fossa-p agrupados a partir de 1.350 tumores cerebrais pediátricos[3]):

1. PNET (tumor neuroectodérmico primitivo), incluindo meduloblastoma (p. 663): 27%
   a) A maioria inicia seu crescimento a partir do *teto* do IV ventrículo (fastígio) e a maioria é sólida
   b) diferenciando meduloblastoma (MB) de ependimoma:
      - o IV ventrículo se dobra ao redor do meduloblastoma ("sinal da banana") a partir do aspecto anterior; c.f. ependimoma que tende a crescer para dentro do IV ventrículo a partir do assoalho. O ependimoma pode crescer pelo forame de Luschka e/ou Magendie
      - os ependimomas tendem a ser não homogêneos à MRI T1WI (diferentes do MB)
      - o componente exofítico dos ependimomas tende a exibir sinal intenso à MRI T2WI (com MB, é apenas levemente hiperintenso)
      - calcificações: comuns em ependimomas, contudo, apenas em menos de 10% dos MB
2. astrocitoma cerebelar (pilocítico) (p. 630): 27%. A maioria começa no hemisfério cerebelar. Com frequência é cístico, apresentando intensificação de nódulo mural
3. gliomas do tronco encefálico (p. 633): 28%. Geralmente presentes com múltiplas paralisias cranianas e achados de trato longo
4. ependimoma (p. 642): em geral, surge no *assoalho* do IV ventrículo
5. papiloma de plexo coroide (p. 648): a maioria dos pacientes tem idade < 2 anos
6. tumor teratoide/rabdoide atípico (AT/RT) (p. 666)
7. metástases: neuroblastoma, rabdomiossarcoma, tumor de Wilms...
8. síndrome PHACES: acrônimo para um grupo de achados que incluem malformação da fossa posterior, hemangioma cervicofacial, anomalias arteriais de cabeça e pescoço, coarctação da aorta e defeitos cardíacos. Anormalidades oculares e fenda esternal. Razão meninas:meninos = 9:1. Considerada como tendo início no período da 8ª-10ª semanas de gestação

89.2.2 Lesões do ângulo cerebelopontino (CPA)

Lesões em geral

Schwannoma vestibular, meningioma e epidermoide representam a maioria. Para as lesões que podem ser císticas, ver a seguir.

1. schwannoma vestibular: (80-90% das lesões CPA); para diferenciação a partir de meningioma, ver adiante (p. 1366)
2. meningioma: (5-10%); para diferenciação a partir de schwannoma vestibular, ver adiante (p. 1366)
3. tumores de inclusão ectodérmica (p. 761)
   a) epidermoide (colesteatoma): 5-7%. Sinal intenso à MRI DW (p. 761). Um tumor passando da fossa posterior para a fossa média através da incisura é altamente sugestivo de epidermoide
   b) dermoide
4. metástases
5. neuroma a partir de nervos cranianos, com exceção do VIII (para mais aspectos diferenciadores, ver também adiante)
   a) neuroma do trigêmeo: se expande na direção ao cavo de Meckel
   b) neuroma do nervo facial:[4] pode surgir em qualquer parte do VII nervo, com predileção pelo gânglio geniculado.[5] Mesmo nestes tumores, a perda da audição tende a preceder a paresia facial. A perda da audição pode ser sensorioneural, a partir da compressão do VIII nervo que surge na parte proximal do VII (segmento da cisterna ou canal auditivo interno [IAC]), ou pode ser condutiva, decorrente da erosão dos ossículos por tumores que surgem no segundo segmento (timpânico ou horizontal) do VII nervo. Também pode haver desenvolvimento de paralisia facial (periférica) (p. 576), geralmente tardia[4]
   c) neurinoma de quatro nervos cranianos inferiores (IX, X, XI, XII)
6. cisto aracnoide (p. 248)

7. cisto neurentérico (p. 290): raro.[6] Pode secretar mucina
8. granuloma de colesterol (distinto do epidermoide) (p. 761)
9. lipoma
10. aneurisma: artéria cerebelar inferior posterior (PICA), artéria cerebelar inferior anterior (AICA), verte-brobasilar
11. ectasia dolicobasilar
12. cisticercose
13. extensões de:
   a) glioma de tronco encefálico ou cerebelar
   b) adenoma hipofisário
   c) craniofaringioma
   d) cordoma e tumores da base do crânio
   e) tumores do IV ventrículo (ependimoma, meduloblastoma)
   f) papiloma do plexo coroide: a partir do IV ventrículo, através do forame de Luschka
   g) tumor de glomo
     • glomo jugular
     • glomo timpânico
   h) tumores primários do osso temporal (p. ex., sarcoma ou carcinoma)

Lesões císticas do CPA

As lesões do CPA contidas na lista anterior que podem ser císticas ou ter um componente cístico:[6]
1. cisto aracnoide: mesma intensidade que o CSF em todas as sequências de MRI, homogêneo
2. cisto epidermoide (p. 270): ✳ o sinal intenso na MRI DW o diferencia do cisto aracnoide.
3. cisto dermoide: áreas de alta intensidade em T1WI similares ao tecido adiposo: geralmente na linha média
4. schwannoma cístico
5. granuloma de colesterol: ✳ ≈ somente lesão com sinal intenso em T1WI (em razão dos produtos da hemólise; exceção: o raro epidermoide "branco"). Também com sinal intenso em T2WI. Em geral, extradural, especialmente perto do ápice petroso. É comum haver destruição óssea
6. cisto neurentérico: não intensificante. Baixa intensidade na MRI DW
7. cisto coroidal
8. cisticercose: nódulo intensificante (escólex)

Diferenciação de neuromas dos V, VII e VIII nervos cranianos

Todos estes três tumores podem aparecer no CPA e atravessar da fossa posterior para a fossa média, embora tendam a fazer isto de maneiras diferentes. Os schwannnomas vestibulares mostram extensão "trans-hiatal", passando medialmente pelo hiato tentorial. A maioria dos neuromas do trigêmeo mostra extensão "transapicopetrosa", atravessando para dentro da fossa média via ápice petroso (embora alguns possam mostrar extensão trans-hiatal). Os neuromas faciais, quando cruzam, tendem a se espalhar ao longo do osso mediopetroso, o que é característico dos neuromas faciais.[4] Quando um neuroma facial amplia a artéria cerebelar inferior (IAC), diferentemente de um schwannoma vestibular, tende a erodir o aspecto anterossuperior do IAC.

Diferenciação do schwannoma vestibular de um meningioma de CPA

1. schwannoma vestibular (VS) (também conhecido como neuroma acústico):
   a) clínico: perda auditiva unilateral progressiva, geralmente acompanhada de zumbido. A progressão resulta em instabilidade, raramente com vertigem verdadeira. O nervo facial é mais resistente ao estiramento, por isso os sinais e sintomas associados ao nervo facial se manifestam mais tardiamente. O envolvimento do nervo trigêmeo pode ocorrer com tumores maiores que 3 cm (verificar o reflexo corneano), sendo que sintomas similares ao *tic douloureux* são incomuns
   b) imagens: sinal frequentemente heterogêneo e intensificação não uniforme. Tumores de tamanho médio são parecidos com uma bola de sorvete em um cone (o IAC é um cone). Calcificação rara. Com exceção dos tumores muito pequenos, o IAC frequentemente sofre ampliação. Procurar um ângulo agudo entre o tumor e o osso petroso (os meningiomas geralmente têm um ângulo obtuso)
2. meningiomas: podem mimetizar VSs com as seguintes diferenças:
   a) clínica: como costumam surgir a partir da borda anterossuperior do IAC, é mais comum haver envolvimento precoce do nervo facial. A perda da audição geralmente é tardia. A dor similar à da neuralgia do trigêmeo é mais comum do que com os VSs
   b) imagem: homogeneidade de sinal e intensificação. O tumor pode entrar no IAC, mas tende a não ampliá-lo. O IAC costuma estar excentricamente localizado no tumor. O tumor é achatado contra o osso petroso, formando um ângulo obtuso em relação ao osso. Pode haver *calcificação e hipertrofia óssea* (que, por vezes, *estreita* o IAC)

89.2.3 Lesões do ápice petroso

1. infecção/inflamatória:
    a) osteomielite: pode produzir a síndrome de Gradenigo (p. 570)
    b) granuloma de colesterol (brilhante à T1WI; cisto epidermoide é brilhante à DWI; nenhum sofre intensificação)
2. lesões vasculares: aneurisma
3. neoplásica:
    a) câncer de célula escamosa
    b) tumor de glomo
    c) condrossarcoma: deslocará a carótida da posição medial para a lateral (quase todos os outros tumores localizados nesta região encarceram a carótida)

89.2.4 Lesões no forame magno

Diagnóstico diferencial

Para ver lesões *não neoplásicas*, ver Lesões no Forame Magno (p. 1367). A maioria dos tumores que ocorrem na região do forame magno (FM) é extra-axial. Isto inclui:

1. tumores extra-axiais
    a) meningioma: o lábio anterior do FM é o segundo sítio mais comum de origem dos meningiomas de fossa-p. Os meningiomas (p. 698) representam 38–46% dos tumores de FM[7,8] e a maioria é intradural
    b) cordoma (p. 778): uma massa localizada atrás dos dente do odontoide e comprimindo a medula espinal é um cordoma, até que seja provado o contrário
    c) neurilenoma
    d) epidermoide
    e) condroma
    f) condrossarcoma
    g) metástase
2. componente exofítico de um tumor do tronco encefálico
3. lesões não neoplásicas
    a) aneurismas ou ectasia da artéria vertebral
    b) processo odontoide em casos de invaginação basilar (p. 278)
    c) *pannus* a partir do envolvimento do odontoide com artrite reumatoide ou não união antiga de fratura
    d) cisto sinovial do ligamento quadrado do odontoide[9]

Apresentação

Na era pré-imagem (i.e., antes da CT e MRI), estas lesões muitas vezes eram diagnosticadas relativamente tarde, em razão das síndromes clínicas incomuns associadas e à raridade da visualização desta região na mielografia.

Achados clínicos

Sintomas:
1. sensorial
    a) dor craniocervical: geralmente um sintoma inicial, com frequência localizado no pescoço e occipício. É uma dor contínua. ↑ com o movimento da cabeça
    b) achados sensoriais: em geral são encontrados tardiamente. Dormência e formigamento dos dedos da mão
2. motor
    a) enfraquecimento espástico dos membros: o enfraquecimento em geral começa no membro superior ipsolateral, em seguida no membro inferior ipsolateral e, então, membro inferior contralateral. Por fim, atinge o membro superior contralateral ("paralisia rotatória")

Sinais:
1. sensorial
    a) perda sensorial dissociada: perda da sensibilidade dolorosa e térmica contralateral à lesão, com preservação da sensação tátil
    b) perda do sentido de posição e vibração, maior nos membros superiores do que nos membros inferiores
2. motor
    a) enfraquecimento espástico dos membros
    b) atrofia dos músculos intrínsecos da mão: um achado de nervo motor inferior
    c) achados cerebelares raramente podem estar presentes com grande extensão intracraniana
3. achados de trato longo
    a) reflexos de alongamento muscular exacerbados (hiper-reflexia, espasticidade)

b) perda dos reflexos cutâneos abdominais
c) bexiga neurogênica: geralmente um achado bastante tardio
4. síndrome de Horner ipsolateral: decorrente da compressão simpática cervical
5. nistagmo: classicamente, a batida para baixo (p. 558); contudo, também podem ocorrer outros tipos

Postulou-se que os achados do trato longo eram causados por compressão direta ao nível da junção cervi-comedular, enquanto os achados de nervo motor nos membros superiores eram provocados por necrose central da substância cinzenta, como resultado da compressão do suprimento sanguíneo arterial. O estudo anatômico sugere que, na verdade, a ocorrência de infarto *venoso* em níveis cervicais inferiores (C8-T1) é o responsável pelos achados de motoneurônio inferior.

89.3 Múltiplas lesões intracranianas à CT ou MRI

1. neoplásica
   a) primária
      - gliomas multicêntricos; ≈ 6% dos gliomas são multicêntricos, mais comuns na neurofibromatose (ver gliomas múltiplos, p. 619).
      - esclerose tuberosa (incluindo astrocitomas de célula gigante) (em geral, paraventricular)
      - meningiomas múltiplos
      - linfoma
      - PNET
      - neuromas múltiplos (geralmente, na neurofibromatose, incluindo schwannomas vestibulares bi-laterais)
   b) metastática: geralmente cortical ou subcortical, circundada por um proeminente edema vasogêni-co (p. 803). Os tumores mais comuns incluem:
      - pulmão
      - mama
      - melanoma: pode ter maior densidade do que o cérebro à CT sem intensificação
      - célula renal
      - tumores gastrointestinais
      - tumores do trato geniturinário
      - coriocarcinoma
      - testicular
      - mixoma atrial
      - leucemia
2. infecção: principalmente abcesso ou cerebrite. Mais comumente resultante de:
   a) bactéria piogênica
   b) toxoplasmose: comum em pacientes com AIDS (p. 371)
   c) fúngica
      - criptococos
      - micoplasma
      - coccidioidomicose
      - aspergilose
      - candidíase
   d) equinococos
   e) esquistossomose
   f) paragonimíase
   g) encefalite do herpes simples (HSE): geralmente no lobo temporal (p. 364)
3. inflamatória
   a) doença desmielinizante
      - esclerose múltipla (MS): geralmente, na substância branca, periventricular, com pouco efeito em massa, margens em geral bem definidas. Lesões com intensificação em forma de anel podem ocor-rer com lesões desmielinizantes tumefativas (p. 179)
      - leucoencefalopatia multifocal progressiva (PML): primariamente, na substância branca. Sem intensificação. Os pacientes geralmente ficam bastante debilitados
   b) gomas
   c) granulomas
   d) amiloidose
   e) sarcoidose
   f) vasculite ou arterite
   g) vasculopatia colágena, incluindo:
      - periarterite nodosa (PAN) (p. 199)

Diagnóstico Diferencial por Localização ou Achados Radiográficos – Intracraniano **1369**

- lúpus eritematoso sistêmico (SLE)
- arterite granulomatosa

4. vascular
   a) aneurismas múltiplos (congênitos ou ateroscleróticos)
   b) hemorragias múltiplas (p. ex., associadas à coagulação intravascular disseminada [DIC] ou outras coagulopatias [incluindo terapia anticoagulante])
   c) infartos venosos, especialmente na trombose de seios durais (p. 1308)
   d) doença de moya-moya (p. 1313)
   e) hipertensão subaguda (como na HTN maligna, eclâmpsia...) → lesões confluentes simétricas com leve efeito em massa e intensificação irregular, geralmente na substância branca subcortical occipital
   f) múltiplos acidentes vasculares encefálicos
      - acidentes vasculares encefálicos lacunares (*l'etat lacunaire*)
      - múltiplos êmbolos (p. ex., na fibrilação atrial, prolapso da valva mitral, endocardite bacteriana subaguda [SBE], êmbolos de ar)
      - anemia falciforme
      - vasculite
      - linfomatose intravascular (p. 711)
5. hematomas e contusões
   a) traumático (múltiplas contusões hemorrágicas, múltiplas SDH)
   b) múltiplas hemorragias "hipertensivas" (angiopatia amiloide etc.)
6. calcificações intracranianas (p. 1380)
7. diversos
   a) necrose por radiação
   b) corpos estranhos (p. ex., pós-ferimento à bala)
   c) baixas densidades periventriculares
      - doença de Binswanger
      - absorção transependimária de CSF (p. ex., na hidrocefalia ativa)

▶ **Avaliação.** A decisão sobre qual dos testes a seguir é necessário para avaliar um paciente com múltiplas lesões intracranianas deve ser individualizada de acordo com o contexto clínico apropriado.
1. eco cardíaco: para exclusão de SBE que possa liberar êmbolos sépticos
2. "*workup* metastático" (p. 806) incluindo:
   a) CT de tórax/abdome/pelve, com e sem contraste: se tornou uma parte relativamente padrão do *workup* metastático. Foi amplamente substituído pela radiografia torácica, trato GI inferior (enema de bário) e pielograma intravenoso (IVP)
      Justificativa:
      - tórax: exclusão de Ca broncogênico primário ou metástases pulmonares de outro Ca. Pode demonstrar linfadenopatia mediastínica. Também para exclusão de abscesso pulmonar que possa liberar êmbolos sépticos
      - avaliar a possível presença de lesões primárias (p. ex., rins, GI, próstata)
      - avaliar a possibilidade de metástases para o fígado, suprarrenal e até coluna vertebral
   b) mamograma em mulheres
   c) PSA em homens

89.4 Lesões com intensificação em anel à CT/MRI

89.4.1 Abcesso *vs.* tumor

Ver ▶ Fig. 89.1 e ▶ Fig. 89.2. Tumor: o anel de intensificação pode ser incompleto e irregular. Abscesso: geralmente mais brilhante do que o tumor à MRI DWI.

A espectroscopia de ressonância magnética (MRS), teoricamente, deve ser ideal para diferenciar tumores de abscessos (o abscesso deve mostrar redução de N-acetil-aspartato [NAA], Cr e colina, e "picos atípicos" podem estar presentes). Na prática, porém, esta análise frequentemente é inconclusiva.

89.4.2 Lista resumida

Múltiplas lesões: metástases ou abscessos são muito mais prováveis do que astrocitomas.
   Em adultos, o principal diferencial (lista resumida) é:
1. glioma de alto grau (glioblastoma)
2. metástases
3. abscesso
4. um linfoma também deve ser sempre adicionado como uma possibilidade

89

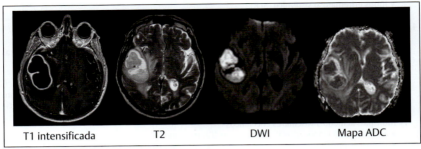

Fig. 89.1 MRI de abscesso cerebral direito (brilhante em DWI).

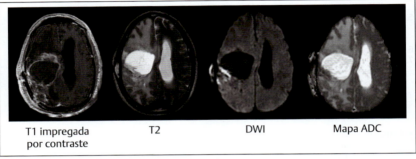

Fig. 89.2 MRI de *glioblastoma* hemisférico direito (escuro em DWI).

89.4.3 Lista completa

Mnemônica: "MAGIC Dr" (metástases [incluindo linfoma], abscesso, glioma, infarto, contusão, desmielinização, radiação).
1. astrocitoma: geralmente glioblastoma multiforme
2. metástases (p. 800): especialmente para o pulmão
3. abscesso (p. 320):
    a) é possível que o crescimento seja visível no decorrer de vários dias, em imagens seriadas.
    b) abscessos piogênicos frequentemente (mas nem sempre) estão associados a febre e déficit neurológico de progressão rápida
    c) abscessos de Nocardia (p. 335) costumam ser *multiloculados* e, em geral, estão associados a uma lesão pulmonar
4. outros
    a) linfoma (linfoma cerebral primário ou linfoma sistêmico metastático): a parede é mais espessa do que no abscesso.[10] Incidência crescente (p. 712)
    b) necrose por radiação
    c) hematoma intracerebral em resolução: na sequência de eco gradiente T1, um anel contínuo sugere hematoma, enquanto um anel interrompido sugere malignidade
    d) lesões císticas com parede intensificada ou nódulo mural (ver também cistos intracranianos):
        • cisto da cisticercose (ver neurocisticercose [p. 371])
        • hemagioblastoma
        • astrocitoma pilocítico
        • neuroma acústico cístico
    e) traumatismo
    f) infarto recente
    g) aneurisma gigante trombosado

89.5 Lesões da substância branca

89.5.1 Leucoencefalopatia

Doença amplamente confinada à substância branca. Doença desmielinizante causa a maioria dos casos.

Surge como uma baixa densidade de substância branca à CT ou como um sinal de baixa intensidade em MRI T1WI, e ainda como um sinal de alta intensidade T2WI. Geralmente não apresenta intensificação. Diferente do acidente vascular encefálico, as alterações tendem a poupar o córtex. Condições como os desarranjos metabólicos, leucoaraiose e outras tendem a produzir achados bastante simétricos.

Diagnóstico diferencial:
1. anóxia/isquemia
2. doença desmielinizante
   a) MS
   b) encefalomielite disseminada aguda (ADEM) (p. 182)
3. intoxicação: cianeto, solventes orgânicos, monóxido de carbono
4. deficiências vitamínicas: B12 com degeneração combinada subaguda
5. infecção, especialmente viral:
   a) leucoencefalopatia multifocal progressiva (PML) (p. 331)
   b) leucoencefalite do herpes varicela-zóster (p. 366)
   c) infecção por HIV (AIDS): padrão de desmielinização perivascular
   d) infecção por citomegalovírus
   e) doença de Creutzfeldt-Jacob: desmielinização pequena e perivascular
6. desarranjos metabólicos: hiponatremia (p. 110), correção excessivamente rápida da hiponatremia (causando mielinólise osmótica)
7. hereditária: leucodistrofia metacromática, doença de Schilder de início na fase adulta
8. leucoaraiose (p. 1384)
9. mieloma múltiplo (p. 714)
10. glioma de baixo grau (grau II da WHO, infiltrante)

89.5.2 Lesões do corpo caloso

1. linfoma
2. placa de MS
3. lesões desmielinizantes tumefativas (p. 181)
4. lipoma
5. lesão axonal difusa de traumatismo

89.6 Lesões selares, suprasselares e parasselares

89.6.1 Informação geral

Pode ampliar, erodir ou destruir a sela turca. As considerações para adultos (o adenoma é a lesão intensificadora da hipófise mais comum) são diferentes das considerações para crianças (os adenomas são mais raros, enquanto o craniofaringioma e o germinoma são mais comuns). Incluem (modificado[11]):

89.6.2 Tumores/pseudotumores

Tumores com epicentro junto à sela

▶ **Tumor hipofisário:**
1. tumores de adeno-hipófise
   a) adenoma
      • microadenoma: diâmetro < 1 cm (p. 718)
      • macroadenoma: diâmetro ≥ 1 cm
      • adenoma invasivo (p.721): inclui tumores agressivos da síndrome de Nelson (p. 724)
   b) carcinoma hipofisário ou carcinossarcoma (p. 718)
2. tumores de neuro-hipófise
   a) metástase: tumor mais comumente encontrado na hipófise posterior (provavelmente, em razão do seu rico suprimento sanguíneo); mama e pulmão são mais comumente os primários[12]
   b) pituicitoma (p. 728): tumor que mais comumente surge a partir da neuro-hipófise/haste hipofisária (i.e., primário)
   c) astrocitoma: surge do pedúnculo ou da hipófise posterior

▶ **"Pseudotumor" hipofisário:**
1. hiperplasia (ampliação)
   a) hiperplasia tireotrófica decorrente de hipotireoidismo primário[13] (ver ▶ Quadro 46.2), causando estimulação crônica da hipófise pelo TRH. Tipicamente: T4 livre normal ou baixo; TSH↑↑; massa selar simétrica à MRI
   b) hiperplasia gonadotrófica: decorrente de hipogonadismo primário
   c) hiperplasia somatotrófica: decorrente de secreção ectópica de GH-RH
   d) hiperplasia lactotrófica: na gravidez
2. possível ampliação da hipófise na hipotensão intracraniana (p. 391)
3. a glândula hipófise de mulheres jovens em idade fértil normalmente apresenta leve aumento de tamanho

Massas ou tumores justa ou suprasselares: qualquer uma destas lesões pode-se estender para dentro da sela

1. craniofaringioma (p. 763): nesta região, esta lesão representa 20% dos tumores em adultos e 54% em crianças
2. cisto da bolsa de Rathke (p. 756)
3. meningioma (parasselar, sela paratubercular ou diafragma da sela): para diferenciar o meningioma de sela paratubercular de um macroadenoma hipofisário à MRI (▶ Fig. 89.3), as três características do meningioma a serem consideradas são (1) intensificação brilhante homogênea com gadolínio (c.f., intensificação fraca heterogênea no macroadenoma); (2) epicentro suprasselar (*vs.* selar); (3) extensão afunilada da base dural intracraniana[14] (*cauda dural*). Do mesmo modo, a *sela geralmente não está ampliada*, e até mesmo os meningiomas suprasselares amplos raramente causam perturbações endócrinas.[15] Em alguns casos, a haste hipofisária é vista posteriormente empurrada por um meningioma. Os meningiomas de tubérculo selar podem estar associados ao *pneumosinus dilatans* esfenoide[16] (ampliação do seio esfenoide subjacente sem erosão óssea)
4. tumor hipofisário (principalmente adenomas) com extensão extrasselar: tende a empurrar lateralmente as carótidas (diferente do meningioma, que pode encarcerar a carótida), mais simetricamente do que o meningioma
5. tumores de célula germinativa (GCT) (p. 659): coriocarcinoma, germinoma, teratoma, carcinoma embrionário, tumor de seio endodérmico. Em mulheres, os GCTs suprasselares são mais comuns; em homens, a região pineal é mais comumente afetada
   a) GCT-*suprasselar*: tríade de diabetes insípido, déficit visual e pan-hipopituitarismo.[17] Também pode-se manifestar com hidrocefalia obstrutiva
   b) a presença de lesões suprasselares e pineais concomitantes é diagnostica de GCT (conhecidos como tumores de célula germinativa sincronizados [p. 659])
6. glioma
7. glioma hipotalâmico
8. quiasma ou nervo óptico (glioma óptico) (p. 631)
9. metástase
10. cordoma
11. infecções parasíticas: cisticercose
12. cisto epidermoide

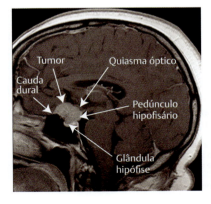

Fig. 89.3 Meningioma de sela do tubérculo que poderia ser confundido com adenoma hipofisário. MRI sagital T1WI intensificada com contraste

Diagnóstico Diferencial por Localização ou Achados Radiográficos – Intracraniano 1373

13. cisto aracnoide suprasselar: ver cistos aracnoides (p. 265)
14. sarcoidose (p. 189): o envolvimento hipotalâmico é o sítio mais provável como causa de insuficiência da hipófise anterior e/ou posterior
15. anormalidades ósseas
    a) tumor de célula gigante (p. 794)
    b) fibroma condromixoide
    c) tumor marrom do hiperparatireoidismo
    d) esporão ósseo
    e) hematopoiese extramedular[18]

89.6.3 Lesões vasculares

a) aneurisma: ACoA, ICA (p. 1334) (carótico cavernoso ou variante suprasselar do aneurisma da artéria hipofisária superior), oftálmico, bifurcação basilar; aneurismas gigantes podem produzir efeito em massa
b) fístula carótica-cavernosa (CCF) (p. 1256)

89.6.4 Inflamatória

a) hipofisite (autoimune) (ver adiante):
   - as características distintivas de imagem são mostradas no ▶ Quadro 89.2
   - o achado clínico mais importante: gravidez
   - o achado laboratorial mais importante: diabetes insípido (DI) (se houver DI, é improvável que seja um adenoma)
b) granuloma hipofisário[19]

89.6.5 Síndrome da sela vazia

1. primária (p. 773)
2. secundária: subsequente à ressecção de tumor hipofisário (p. 773)

89.6.6 Hipofisite

Também chamada de hipofisite autoimune (AH).
Duas formas principais:
1. (adeno)hipofisite linfocítica,[20] também chamada adeno-hipofisite linfoide: a forma mais frequente. Inflamação da haste hipofisária com infiltração linfocítica. Etiologia autoimune bem estabelecida, apesar de o antígeno ainda não ter sido identificado. Afeta, primariamente, mulheres durante a fase final da gestação ou no início do período pós-parto
2. hipofisite granulomatosa: mais agressiva. Sem predileção de gênero. Não associada à gravidez. Pode ser autoimune; porém, a patogênese ainda não está definitivamente conhecida

Quadro 89.2 Características de imagem de hipofisite *vs.* adenoma[20]

Achado	Hipofisite	Adenoma
ampliação	simétrica	assimétrica
haste hipofisária	espessado, não afunilado	não espessado, afunilado, desviado
assoalho selar[a]	preservado	pode estar erodido
impregnação	intensa, pode ser heterogênea	menos intensa, geralmente homogênea
tamanho médio no momento da apresentação	$3\ cm^3$	$10\ cm^3$
ponto luminoso na hipófise posterior[b]	perdido	preservado em 97%

[a]Na varredura de CT.
[b]Hiperintensidade normal da hipófise posterior em MRI T1WI (p. 737).[21]

Como a HA muitas vezes mimetiza um macroadenoma hipofisário não secretório (massa selar intensificante nos exames de imagem, com testes endócrinos negativos), estas lesões frequentemente são submetidas à ressecção cirúrgica e não ao que poderia ser a terapia médica mais apropriada (p. ex., esteroides[22] ou descontinuação de possíveis agentes agressores, como o ipilimumabe[23]).

Ver ▶ Quadro 89.2, características de imagem distintivas.

89.7 Cistos intracranianos

89.7.1 Gerais

Modificadas:[24]
1. cistos aracnoides (p. 265): tipicamente revestidos com células meningoepiteliais
2. cisto suprasselar a partir do III ventrículo dilatado
3. cisto inter-hemisférico de porencefalia
4. cistos neuroepidérmicos (cistos glioependimários): intraparenquimatosos, localizados perto dos ventrículos
5. infarto antigo: se houver comunicação com o ventrículo, é chamado cisto porencefálico
6. cistos tumorais (a parte sólida às vezes pode ser isodensa no cérebro à CT):
   a) ganglioglioma (p. 652): geralmente sólido, mas pode aparecer cístico na CT
   b) astrocitoma pilocítico (p. 629): geralmente tem nódulo mural intensificante
   c) neurilemonas podem ser císticos
   d) os ependimomas supratentoriais frequentemente são císticos (p. 643)
7. infeccioso
   a) abscesso
   b) cisticercose: ver neurocisticercose (p. 371)
   c) cisto hidático: ver equinococose (p. 375)
8. cistos pineais (p. 658)
9. cisto coloide (p. 756)
10. cisto da bolsa de Rathke (p. 756)
11. aneurisma gigante
12. à CT, um tumor não intensificante de baixa densidade pode mimetizar um cisto
13. um higroma ou hematoma subdural crônico pode mimetizar um cisto
14. fossa posterior: (para cistos do CPA) (p. 1366). Inclui:
    a) cisto associado à malformação de Dandy-Walker (p. 256)
    b) epidermoide (p. 760)
    c) uma cisterna magna aumentada pode mimetizar um cisto
    d) hemangioblastoma cerebelar: frequentemente possui nódulo mural intensificante (p. 704)
    e) cisto aracnoide da fossa posterior
    f) cisto neurentérico (p. 290)
    g) astrocitoma pilocítico do cerebelo (p. 629): geralmente tem nódulo mural intensificante

89.7.2 Cavidades da linha média

Três cavidades de linha média supratentoriais em potencial, localizadas no centro do cérebro, bem como achados diferenciadores são mostrados no ▶ Quadro 89.3.

Quadro 89.3 Achados de cavidades de linha média[25]

Cavidade	Anatomia	Frequência	Significado clínico
cavo do septo pelúcido (CSP) (ver texto)	localizada entre os folhetos do septo pelúcido	100% dos prematuros, 97% dos recém-nascidos, 10% dos adultos	sem associação comprovada a condições patológicas
cavum vergae	diretamente posterior a, e frequentemente comunicante com o CSP	relativamente incomum	possível associação a anormalidades neurológicas[a]
cavum velum interpositum	em razão da separação das pernas do fórnice entre os tálamos, acima do III ventrículo	presente em 60% das crianças com menos de 1 ano de idade, e em 30% das crianças com idade entre 1 e 10 anos	sem associação comprovada a condições patológicas

[a]Incluindo retardo do desenvolvimento, macrocefalia, síndrome de Apert, EE anormal.

89.7.3 Cavo do septo pelúcido (CSP)

Também chamado V ventrículo, entre outras denominações. Espaço cheio de líquido semelhante a uma fenda, localizado entre os folhetos dos septos pelúcidos direito e esquerdo. O compartimento geralmente é isolado, mas há casos em que pode se comunicar com o III ventrículo. O CSP é parte do desenvolvimento normal e persiste por pouco tempo após o nascimento. Portanto, está presente em quase todos os prematuros. É encontrado em cerca de 10% da população adulta, geralmente representando uma anomalia assintomática do desenvolvimento. Entretanto, também é encontrado, comumente, em pugilistas que sofrem de encefalopatia traumática crônica (p. 924).

89.8 Lesões orbitais

89.8.1 Informação geral

A órbita tem quatro compartimentos:
1. ocular (também chamado globo; bulbar)
2. bainha do nervo óptico
3. intraconal
4. extraconal

A CT continua sendo uma forte modalidade de imagem junto à órbita (menos suscetível a artefatos de movimento do que a MRI e, por causa da velocidade, tem a vantagem de fornecer imagens de estruturas ósseas).

89.8.2 Lesões orbitais em adultos

O pseudotumor orbital é o mais comum.
1. neoplásico
   a) tumores discretos que podem ser adjacentes (sem envelopar) à bainha do nervo óptico
      - hemangioma cavernoso: neoplasia intraorbital primária *benigna* mais frequente. O hemangioma coroidal é visto na síndrome de Sturge-Weber
      - fibro-histiocitoma
      - hemangiopericitoma
   b) hemangioma capilar: produz proptose infantil. Regride espontaneamente
   c) linfangioma: produz proptose infantil. *Não* regride
   d) melanoma: malignidade ocular primária da fase adulta mais comum
   e) retinoblastoma: tumor retinal primário maligno congênito; 40% são bilaterais e 90% são calcificados (isto, muitas vezes, é um achado decisivo; não prenuncia o caráter benigno, diferentemente do que ocorre em outras lesões). A CT pode apresentar descolamento da retina
   f) linfoblastoma da órbita: causa proptose indolor. É a terceira causa mais comum de proptose
   g) meningioma intraorbital
   h) tumores primários de nervo óptico
      - glioma óptico
      - tumor da bainha do nervo óptico (schwannoma)
2. congênito
   a) doença de Coats: malformação vascular telangiectásica da retina, da qual vaza um exsudato lipídico, causando descolamento da retina. Pode mimetizar o retinoblastoma. O vítreo se mostra hiperintenso à MRI, tanto T1WI como em T2WI, em razão do lipídio
   b) vítreo primário hiperplásico persistente
   c) retinopatia da prematuridade (fibroplasia de retrolente)
3. infeccioso
   a) endoftalmite de toxocara
4. vasculopatia inflamatória/colágena: geralmente bilateral
   a) esclerite
   b) pseudotumor da órbita: lesão intraconal mais comum. Geralmente unilateral (p. 569)
   c) sarcoidose: geralmente afeta a conjuntiva e a glândula lacrimal, e poupa os tecidos conectivos e músculos intraorbitais
   d) síndrome de Sjögren
5. vascular
   a) ampliação da veia orbital superior: pode ocorrer na trombose do seio cavernoso ou na fístula carótica-cavernosa
   b) malformação arteriovenosa (AVM) dural
6. diversos
   a) druso: células pigmentadas retinais degeneradas no globo posterior, que podem ser semelhantes a massas calcificadas à CT

b) oftalmopatia tireoidiana: doença de Graves (hipertireoidismo e inchaço de músculos extraoculares [EOMs] → proptose *indolor*); 80% dos casos são bilaterais. A oftalmopatia independe do nível de hormônio da tireoide (possivelmente, um processo autoimune). Nota: um reto inferior inchado pode ser semelhante a um tumor orbital, se somente for visto em corte inferior de CT ao longo da órbita
c) aumento dos EOM também pode ocorrer com o uso de esteroide ou, ocasionalmente, com a obesidade
d) displasia fibrosa

89.8.3 Tumores orbitais pediátricos
1. cisto dermoide: 37%. É a lesão mais comum em crianças
2. hemangioma: 12%. A maioria regride de modo espontâneo, sem cirurgia
3. rabdomiossarcoma: 9%. Tumor maligno mais comum da órbita
4. glioma de nervo óptico: 6%
5. linfangioma: < 7%. As imagens são semelhantes às do hemangioma. Entretanto, não sofrem regressão espontânea e requerem cirurgia. A proptose pode piorar após a infecção do trato respiratório superior (URI). Pode haver sangramento para dentro dele mesmo (cistos chocolate)

89.9 Lesões no seio cavernoso
Modificado:[26]
1. tumores primários (raros)
   a) meningiomas[27]
   b) neurinomas
2. tumores de áreas adjacentes que podem-se estender para dentro do seio cavernoso (carcinomas de cabeça e pescoço podem seguir intracranialmente, ao longo dos nervos cranianos, em especial do V)
   a) meningiomas
   b) neurinomas
   c) cordomas
   d) condromas
   e) condrossarcomas
   f) tumores hipofisários[28]
   g) carcinomas nasofaríngeos
   h) estesioneuroblastomas
   i) angiofibromas nasofaríngeos
   j) tumores metastáticos
3. inflamação (p. ex., Tolosa-Hunt [p. 569])
4. infecção: mucormicose (ficomicose) (p. 568); geralmente no diabetes
5. vascular
   a) aneurisma carótico-cavernoso
   b) fístula carótico-cavernosa (p. 1256)
   c) trombose sinusal cavernosa

89.10 Lesões cranianas

89.10.1 Informação geral
Os tumores *benignos* do crânio mais comuns são o osteoma e o hemangioma. O sarcoma osteogênico é a *malignidade* mais comum. Ver também tumores cranianos específicos (p. 775).

Avaliação de radiolucências cranianas
A sobreposição de achados existentes é suficiente para impedir qualquer modo de determinar a etiologia de todas ou da maioria das lucências radiográficas cranianas. Os achados a seguir devem ser observados para qualquer tipo de lucência, sendo que alguns são mais úteis do que outros (modificado[29]):
1. multiplicidade (único ou múltiplo?): exceto para múltiplos lagos venosos, a presença de pelo menos 6 defeitos geralmente é indicativa de malignidade
2. origem (intradiploica, espessura total, somente placa interna ou externa):
   a) a maioria das lesões de abóboda tem origem intradiploica, por isso a limitação deste espaço pode, meramente, significar o reconhecimento inicial de uma lesão
   b) a expansão da díploe com projeção de uma ou mais placas quase sempre significa uma lesão benigna
   c) lesões de espessura total afetando ambas as placas de maneira congruente geralmente indicam malignidade, enquanto a erosão não congruente é mais comum com as lesões benignas

3. bordas (regulares ou irregulares):
   a) bordas lisas, sejam regulares, distintas ou indistintas: sem valor preditivo
   b) margens irregulares (em especial, bordas minadas irregulares): mais sugestivas de infecção (osteomielite) ou malignidade
   c) defeitos precisamente demarcados, de espessura total, perfurados: sugerem mieloma
4. presença de esclerose periférica: a esclerose óssea circunferencial sugere benignidade (pode indicar expansão lenta e natureza duradoura). Na displasia fibrosa, o anel de esclerose geralmente é estreito
5. presença ou ausência de canais vasculares periféricos: a presença é altamente sugestiva de lesões benignas (vistas em ≈ 66% dos lagos venosos e ≈ 50% dos hemangiomas)
6. padrão junto da lucência:
   a) ✱ os hemangiomas classicamente mostram padrão de *favo de mel* ou *trabecular* (visto em ≈ 50% dos casos), ou padrão *sunburst* (visto em ≈ 11% dos casos)
   b) a displasia fibrosa pode mostrar ilhas bem definidas de osso, ou um aspecto grosseiramente mosqueado contendo áreas densas e císticas aleatoriamente dispostas
7. localização na abóboda craniana (alta *vs*. baixa): fraca correlação com lesões benignas *vs*. malignas
8. dor: as lesões de histiocitose de célula de Langerhans costumam ser *sensíveis*

Nota: tenha em mente que as lesões cranianas podem ter um componente intracraniano. A varredura de CT é eficiente para avaliar osso (a MRI é inadequada para isto). Entretanto, a CT pode não detectar pequenas lesões intracranianas enterradas junto à convexidade da calota craniana, em decorrência do artefato de endurecimento ósseo (neste contexto, a MRI tem sensibilidade mais apropriada).

A varredura nuclear óssea pode ser útil como teste auxiliar (ver achados, em lesão específica).

Biópsia: indicada para lesões cranianas duvidosas. Se o osso não tiver sido destruído por tecido mole, a biópsia pode ser obtida com agulha Craig e a amostra pode ter que ser descalcificada pelo patologista antes de a avaliação histológica poder ser concluída.

89.10.2 Lesão radiolucente ou defeito ósseo no crânio (também conhecidas como lesões líticas)

1. congênita ou do desenvolvimento
   a) epidermoide (colesteatoma): borda *esclerótica*
   b) congênita: encefalocele, meningoenefalocele, seio dérmico
   c) displasia fibrosa (p. 779). Condição benigna em que o osso normal é substituído por tecido conectivo fibroso. Tende a ocorrer na parte mais superior da calota craniana. Há três tipos:
      • cística: ampliação do díploe, geralmente com afinamento da placa externa e pouco envolvimento da placa interna. Tipicamente, envolve a calota craniana
      • esclerótica: geralmente envolve a base do crânio (em especial o osso esfenoide) e os ossos faciais
      • mista: aspecto similar ao do tipo cístico, com placas de densidade aumentada junto às lesões lucentes
   d) hemangioma ou AVM do osso ou couro cabeludo
   e) depressão pacchioniana: granulações aracnoides (termos antigos: granulação de Pacchioni [em homenagem ao anatomista italiano Antonio Pacchioni] ou corpúsculos pacchionianos) reabsorvem CSF para dentro do sistema vascular e, ocasionalmente, produzem lucência óssea, em geral perto do seio sagital superior
   f) síndrome de Albright
   g) forames congênitos: "orifícios" no crânio atravessados por veias emissárias
   h) afinamento parietal: geralmente um processo bilateral
   i) fenestras frontais
   j) lagos venosos
   k) herniações cerebrais: também chamadas granulações pacchionianas occipitais
2. traumática
   a) defeito cirúrgico: orifício com rebarbas, craniectomia
   b) fratura
   c) cisto leptomeníngeo pós-traumático (p. 915)
   d) subsequente ao traumatismo em crianças[30]
3. inflamatória
   a) osteomielite: incluindo tuberculose[31]
   b) sarcoidose
   c) sífilis
4. neoplásica
   a) hemangioma: matriz fina, em forma de favo de mel. Achado radiográfico clássico: aspecto de "explosão estelar", em razão da presença de espículas ósseas radiantes (chegam a ocorrer em ≈ 11% dos casos[29]).
   b) tumor intracraniano com erosão

c) linfoma, leucemia
d) meningioma
e) metástase: em geral quente na varredura óssea
f) mieloma múltiplo, plasmacitoma (p. 714). Geralmente fria na varredura óssea
g) sarcoma ou fibrossarcoma ósseo
h) tumor cutâneo com invasão (úlcera roedora)
i) neuroblastoma
j) lipoma
k) epidermoide (também pode ser considerada congênita, por isso, ver também acima)
5. diversos
   a) histiocitose de célula de Langerhans (p. 777). Lesão perfurada, *não esclerótica*, perfeitamente arre-dondada, pode ser única (antigamente denominada granuloma eosinofílico) ou múltipla; dolorida
   b) doença de Paget (quando vista como zona de osteólise sem esclerose osteoblástica nas chapas cra-nianas, a condição é definida como osteoporose circunscrita). Em geral, "quente" na varredura ós-sea
   c) cisto ósseo aneurismático: raro. Surge no díploe e se expande para ambas as placas, que se tornam finas, mas permanecem intactas
   d) tumor marrom de hiperparatireoidismo

89.10.3 Destruição ou desmineralização difusa do crânio

Inclui o "crânio sal e pimenta".
1. comum
   a) hiperparatireoidismo, primário ou secundário
   b) neuroblastoma ou carcinoma metastático
   c) mieloma múltiplo
   d) osteoporose
2. incomum
   a) doença de Paget (osteoporose circunscrita)

89.10.4 Aspecto do crânio de "cabelo-na-extremidade"

1. comum
   a) anemia hemolítica congênita (p. ex., talassemia, anemia falciforme, esferocitose, deficiência de piruvase quinase)
2. incomum
   a) hemangioma
   b) cardiopatia congênita cianótica (com policitemia secundária)
   c) anemia ferropriva
   d) metástases: em especial o neuroblastoma, carcinoma de tireoide
   e) mieloma múltiplo
   f) meningioma
   g) osteossarcoma
   h) policitemia vera

89.10.5 Densidade aumentada difusa, hiperostose ou espessamento calvariano

1. comum
   a) anemia (falciforme, ferropriva, talassêmica, esferocitose congênita)
   b) displasia fibrosa
      • leontíase óssea ("face de leão"): uma forma de displasia fibrótica poliostótica
   c) hiperostose interna generalizada
   d) metástases osteoblásticas (em especial próstata e mama)
   e) doença de Paget (começa com zona lítica e espessamento diploico)
   f) hidrocefalia tratada
2. incomum
   a) terapia crônica de fenitoína
   b) doença de Engelman (displasia diafisária progressiva)
   c) fluorose
   d) hipervitaminose D
   e) hipoparatireoidismo, pseudo-hipoparatireoidismo
   f) meningioma

Diagnóstico Diferencial por Localização ou Achados Radiográficos – Intracraniano **1379**

g) osteogênese imperfeita
h) osteoporose (p. 1401)
i) policitemia secundária
j) osteíte sifilítica
k) esclerose tuberosa

89.10.6 Densidade aumentada focal na base do crânio

1. comum
   a) displasia fibrosa
   b) meningioma
2. incomum
   a) mastoidite
   b) carcinoma de nasofaringe
   c) metástase osteoblástica
   d) osteoma da placa externa ou díploe
   e) condroma
   f) sarcoma do osso (p. ex., osteossarcoma, condrossarcoma)
   g) sinusite esfenoide

89.10.7 Densidade aumentada generalizada na base do crânio

1. comum
   a) displasia fibrosa
   b) doença de Paget
2. incomum
   a) anemia grave (p. ex., talassêmica, falciforme)
   b) doença de Engelman (displasia diafisária progressiva)
   c) fluorose
   d) hiperparatireoidismo, primário ou secundário (tratado)
   e) hipervitaminose D
   f) hipercalcemia idiopática
   g) meningioma
   h) osteoporose (p. 1401)

89.10.8 Densidade aumentada localizada ou hiperostose da calota craniana

1. comum
   a) variação anatômica (p. ex., esclerose sutural)
   b) displasia fibrótica
   c) osteoma (p. 775)
   d) meningioma
   e) hiperostose frontal interna (p. 779)
   f) metástases osteoblásticas (especialmente: para a próstata, mama)
   g) doença de Paget (começa com zona lítica e espessamento diploico)
   h) céfalo-hematoma
   i) fratura craniana deprimida
2. incomum
   a) osteossarcoma
   b) osteomielite crônica, tuberculose
   c) esclerose tuberosa
   d) osteomas osteoides: nicho radiolucente com zona circundante de esclerose densa
   e) osteoblastoma
   f) fibromas ossificantes: predileção pela região frontotemporal
   g) necrose por radiação

89.10.9 Pneumocele

Pneumocele: ampliação de um seio aéreo, frequentemente com erosão óssea. *Pneumosinus dilatans* (p. 1372) geralmente denota ampliação de um seio aéreo *sem* erosão óssea, como pode ocorrer com a sela do tubérculo ou com os meningiomas esfenoidais planos.

Pneumoceles ocorrem, primariamente, no antro maxilar. Envolvimento do seio frontal, geralmente envolvendo *pneumosinus dilatans*. Etiologia indeterminada, podendo envolver um mecanismo de armadilha-valva, mucocele rompida ou possivelmente congênita. Pode ocorrer coma displasia fibrosa.

Apresentação de pneumocele ou *pneumosinus dilatans*:

1. cefaleia
2. neuralgia
3. assimetria facial
4. relevo frontal (com *pneumosinus dilatans*)
5. exoftalmo
6. fístula de CSF (vazamento)
7. tratamento para pneumocele maxilar: abertura do seio para dentro da cavidade nasal, via abordagem endoscópica. Observar quanto à possibilidade de encefalocele

89.11 Lesões intra/extracranianas combinadas

Lesão produzindo massa no lado externo do crânio, com componente intracraniano.

1. intra-axial: regra geral — "não há lesão intra-axial que cresça para fora do crânio"; porém, gliomas malignos ulcerados e irregulares (*fungus-like*) não tratados podem fazer isto.
2. extra-axial:
   a) meningioma
      - pode surgir no díploe, crescer para fora e para dentro
      - o meningioma intracraniano pode crescer ao longo do osso, destruindo-o
      - o meningioma intracraniano pode induzir hiperostose que produz massa extracraniana
   b) doença metastática (p. ex., carcinoma GI e, em especial, Ca de próstata)
   c) lesão óssea (crânio):
      - hemangioma
      - epidermoide
      - displasia fibrosa (rara)
      - tumor de célula gigante (raro)
      - sarcoma de Ewing (raro no crânio)
      - cisto ósseo aneurismático (5% ocorrem no crânio; o osso occipital é a localização mais comum)

89.12 Hiperdensidades intracranianas

Ou seja, diagnóstico diferencial de uma estrutura craniana hiperdensa em relação ao cérebro (isto é, aparece "mais branca" do que o cérebro na CT sem contraste):

1. sangue agudo
2. cálcio
3. vasos com fluxo baixo
4. melanoma: pode ser levemente hiperdenso em relação ao cérebro, em razão da melanina

89.13 Calcificações intracranianas

89.13.1 Calcificações intracranianas isoladas

1. fisiológica:
   a) plexo coroide: calcificações geralmente bilaterais (ver adiante)
   b) granulação aracnoides
   c) sela do diafragma
   d) dural (seio sagital, tentorial, falcina)
   e) comissura habenular
   f) ligamentos petroclinoide ou interclinoide
   g) pineal: 55% dos pacientes > 20 anos de idade têm glândula pineal calcificada visível em radiografias cranianas simples
2. infecção:
   a) cisto de cisticercose: único ou múltiplo (ver neurocisticercose [p. 371])
   b) encefalite, meningite, abscesso cerebral (agudo e curado)
   c) granuloma (torulose e outros fungos)
   d) cisto hidático
   e) tuberculoma
   f) paragonimíase
   g) rubéola
   h) goma sifilítica

Diagnóstico Diferencial por Localização ou Achados Radiográficos – Intracraniano   **1381**

3. vascular
   a) aneurisma, incluindo:
      - aneurisma da veia de Galeno
      - aneurisma gigante
   b) arteriosclerose (especialmente artéria carótida na região no sifão)
   c) hemangioma, AVM, síndrome de Sturge-Weber
4. neoplásica: as calcificações geralmente sugerem processo mais benigno.
   a) meningioma (p. 690)
   b) craniofaringioma
   c) papiloma do plexo corioide
   d) ependimoma
   e) glioma (em especial, oligodendroglioma, também astrocitoma)
   f) ganglioglioma
   g) lipoma do corpo caloso
   h) pinealoma
   i) hamartoma do túber cinéreo
5. diversos
   a) hematoma: hemorragia intracraniana (ICH), hemorragia extradural (EDH), hemorragia subdural (SDH)
   b) idiopática
   c) esclerose tuberosa (p. 606)

89.13.2 Calcificações intracranianas múltiplas

1. comum
   a) plexo corioide: sítio mais comum de calcificação fisiológica (nos ventrículos laterais, onde costuma ser bilateral e simétrico; raro no III e IV ventrículos). Torna-se mais frequente e mais extenso com o avanço da idade (prevalência: 75% na 5ª década da vida). Rara antes dos 3 anos de idade. Em crianças com menos de 10 anos, considere a possibilidade de papiloma do plexo corioide. Envolvimento nos cornos temporais frequentemente associado à neurofibromatose
   b) gânglios basais (BGs): calcificações de BGs bilaterais discretas à CT são comuns, especialmente em idosos. Alguns consideram-na uma variante radiográfica normal. Podem ser idiopáticas, secundárias a condições como hipoparatireoidismo ou uso prolongado de anticonvulsivo, ou, ainda, como parte de condições raras, como a doença de Fahr (ver adiante). Calcificações de GB com diâmetro > 0,5 cm possivelmente estão associadas ao comprometimento cognitivo e à alta prevalência de sintomas psiquiátricos (incluindo transtornos bipolar e obsessivo-compulsivo; contudo, sem nenhum paciente com transtorno esquizofreniforme)[32]
2. incomum
   a) doença de Fahr: calcificação idiopática progressiva das partes mediais dos GBs, profundidades sulcais do córtex cerebrais, e núcleos dentados[33]
   b) hemangioma, AVM, síndrome de Sturge-Weber, doença de von Hippel-Lindau
   c) síndrome do nevo da célula basal (foice, tentório)
   d) síndrome de Gorlin. Achados associados: cistos mandibulares, deformidades de costela e vértebra, metacarpos curtos. Meduloblastoma observado em vários pacientes
   e) deposição de cálcio na camada média de vasos sanguíneos de médio calibre, sem comprometimento do lúmen. Geralmente assintomática. Pode-se tornar sintomática quando o envolvimento for significativo o bastante para ser visível na radiografia simples de um paciente jovem
   f) doença da inclusão citomegálica
   g) encefalite (p. ex., sarampo, catapora, herpes simples neonatal)
   h) hematomas (SDH ou EDH, crônica)
   i) neurofibromatose (plexos corioides)
   j) toxoplasmose
   k) tuberculomas; meningite tuberculosa (tratada)
   l) esclerose tuberosa
   m) hipoparatireoidismo (incluindo casos pós-tireoidectomia[34]) e pseudo-hipoparatireoidismo
   n) tumores múltiplos (p. ex., meningiomas, gliomas, metástases)
   o) cisto da cisticercose: pode ser único ou múltiplo, ver neurocisticercose (p. 371)

89.14 Lesões intraventriculares

89.14.1 Informação geral

Os tumores intravetriculares representam apenas ≈ 10% das neoplasias do CNS. Um indício para diferenciar um tumor localizado junto ao ventrículo de um tumor intraparenquimal que se invagina para dentro do ventrículo é a presença de uma "capa" de CSF circundando um tumor intraventricular observada à CT ou MRI.

89.14.2 Diagnóstico diferencial

(Os percentuais aqui mencionados são oriundos de uma série de 73 pacientes que apresentaram lesão intraventricular à CT, observados na UCSF[35]).

1. astrocitoma: (20%) é a lesão mais comum. A hidrocefalia (HCP) está presente em 73%. Hiperdensa à CT sem contraste (NCCT) em 77%
   Localizações por ordem decrescente de frequência:
   a) corno frontal
   b) III ventrículo
   c) átrio (também chamado trígono)
   d) IV ventrículo
2. cisto coloide: (14%) visto essencialmente apenas no III ventrículo anterior, no forame de Monro (outros sítios foram descritos; contudo, são extremamente raros). Hiperdensidade à NCCT em 50%. Aspecto variável na MRI, podendo, ocasionalmente, não ser detectado. Pouca ou nenhuma captação de contraste à CT/MRI (p. 756). DDx inclui xantogranuloma
3. meningioma: (12%) a maioria no átrio, raramente no corno frontal. Todos são hiperdensos, com captação densa uniforme. Pode estar calcificado. A maioria apresenta rubor tumoral denso ao angiograma, a maioria é suprida pela artéria coroidal anterior (pela artéria coroidal posterior é menos comum). Acredita-se que surja a partir de células aracnoides junto ao plexo coroide
4. ependimoma: (10%) a maioria é encontrada no IV ventrículo, podendo ocorrer no corpo do ventrículo lateral. Frequentemente hiperdenso à CT, em razão da alta celularidade
5. craniofaringioma: (7%) primariamente no III ventrículo. A maioria tem calcificações pontuais. Os resquícios epiteliais escamosos repousam na região da lâmina terminal, permanecendo para dar origem a esta variedade incomum de craniofaringioma
6. meduloblastoma: (5%) com frequência, enche o IV ventrículo. Hiperdenso à CT, com realce homogêneo
7. cisticercose: (5%) pode envolver qualquer ventrículo ou pode ser paraventricular (Nota: incidência relacionada com a localização geográfica)
8. papiloma de plexo corioide: (5%) mais comum no ventrículo lateral (pode ser bilateral), mas também pode ser visto no IV e, ocasionalmente, no III ventrículo. Pode haver HCP não obstrutiva (possível superprodução de CSF). Intenso rubor ao angiograma
9. epidermoide: (4%) principalmente no IV ventrículo. Hipodenso à CT, sem realce (tende a seguir o sinal do CSF). É a lesão de baixa densidade do IV ventrículo mais comum nos EUA
10. dermoide: (3%) comum no IV ventrículo. É possível ver gordura livre flutuando nos ventrículos, que é sugestiva de ruptura de cisto. Tendência a se formar na linha média
11. carcinoma de plexo corioide: (3%) comum no átrio do ventrículo lateral. Pode-se estender para dentro do parênquima cerebral adjacente, com edema e desvio. Rubor intenso ao angiograma. Nota: lesão raríssima
12. subependimoma: (3%) IV ventrículo ou corno frontal. Tipicamente isodenso à CT, com *realce mínima*. Pode ter calcificação ou degeneração cística (mais comum no ependimoma). Mais comumente encontrado no assoalho do IV ventrículo, perto do óbice
13. cisto ependimal: (3%) comum no ventrículo lateral. Ausência de comunicação demonstrada por cisternografia com contraste hidrossolúvel
14. cisto aracnoide: (1%) ventrículo lateral. Ausência de comunicação demonstrada por cisternografia com contraste hidrossolúvel
15. malformação arteriovenosa (AVM): (3%)
16. teratoma: (1%) localizado na parte anterior do III ventrículo. Parcialmente calcificado, com focos de densidade gordurosa. Intensificação marcante
17. neurocitoma central (p. 645)
18. metástases: relatos na mama e pulmão[36]
19. glioma cordoide do III ventrículo[37]

89.14.3 Achados que ajudam a identificar o tipo de lesões intraventriculares

Por localização junto ao sistema ventricular

O ▶ Quadro 89.4 mostra a relação de tipos de lesão de acordo com a localização junto ao sistema ventricular.

Por localização e idade junto ao ventrículo lateral

Ver referência.[38]

Ver ▶ Quadro 89.5. Este estudo excluiu tumores que, nitidamente, surgiam no III ventrículo ou eram predominantemente parenquimatosos e tinham extensão intraventricular.

Quadro 89.4 Tipo de lesão intraventricular por localização[35] (números de pacientes do total de 73[a])

III ventrículo		IV ventrículo		Ventrículo lateral					
				Átrio		Corpo		Corno frontal	
cisto coloide	10	meduloblastoma	4	meningioma	8	ependimoma	3	astrocitoma	7
craniofaringioma	5	ependimoma	4	astrocitoma	3	papiloma de plexo corioide[b]	1	meningioma	1
astrocitoma	4	epidermoide	3	papiloma de plexo corioide	1	carcinoma de plexo corioide	1	subependim.	1
teratoma	1	cisticercose	2	carcinoma de plexo corioide	1	cisto ependim.	1	dermoide	1
papiloma de plexo corioide	1	astrocitoma	1	cisto aracnoide	1	AVM	1		
cisticercose	1	subependim.	1	cisto ependim.	1				
dermoide	1								
carcinoma de plexo corioide	1								
AVM	1								

[a]1 paciente tinha cisticercose difusamente presente ao longo dos ventrículos.
[b]1 paciente com papilomas de ventrículo lateral bilaterais.

Quadro 89.5 Tipo de tumor de ventrículo lateral por localização e idade

Idade (anos)	Localização junto ao ventrículo lateral[a]		
	Forame da região de Monro	Trígono	Corpo
0-5	0	8 CPP	2 PNETs 1 teratoma
6-30	5 SEGAs 2 astrocitomas pilocíticos 1 CPP 1 meningioma 1 oligodendroglioma	1 ependimoma 1 oligodendroglioma	1 glioma misto 1 ependimoma 1 astrocitoma pilocítico
> 30	2 metástases	8 meningiomas	2 glioblastomas 1 linfoma 1 metástase 6 subependimomas

[a]Abreviações: CPP = papiloma de plexo coroide, PNET = tumor neuroectodérmico periférico, SEGA = astrocitoma de célula gigante subependimal.

O teratoma e ambos os PNETs ocorreram antes de 1 ano de idade, e todos apresentavam calcificações. Somente um papiloma de plexo coroide (CPP) ocorreu após 5 anos de idade.

Em adultos com idade > 30 anos, os únicos tumores encontrados no trígono eram meningiomas. Subependimomas foram os *únicos* tumores não captantes encontrados nos indivíduos desta faixa etária.

Por localização junto ao III ventrículo

1. parte anterior do III ventrículo
   a) cisto coloide
   b) massa selar

c) sarcoidose
d) aneurisma
e) glioma hipotalâmico
f) histiocitose
g) meningioma
h) glioma óptico
2. parte posterior do III ventrículo
a) pinealoma (disgerminoma)
b) meningioma
c) cisto aracnoide
d) aneurisma da veia de Galeno

Por realce ao contraste

Todas as lesões apresentam realce, exceto: cistos (ependimais e aracnoides), dermoides e epidermoides. Existem diferenças de opinião quanto à tendência dos subependimomas a apresentarem captação. Jelinek *et al.*[38] constataram ausência de realce por contraste.

Por multiplicidade

A presença de múltiplas lesões é mais sugestiva de: neurocisticercose, metástases ou cisto epidermoide rompido.

89.15 Lesões periventriculares

89.15.1 Lesões captantes e sólidas periventriculares (frequência decrescente)

1. linfoma: envolvimento do CNS a partir do sistêmico ou, em casos raros, cérebro primário (p. 710): deve ser incluído no diagnóstico diferencial de qualquer tumor cerebral periventricular intensificante sólido. Muito radiossensível
2. ependimoma (geralmente invagina)
3. Ca metastático: especialmente melanoma maligno ou coriocarcinoma
4. ventriculite
5. meduloblastoma (em crianças), também chamado sarcoma cerebelar em adultos
6. tumor pineal (tipo disgerminoma): geralmente na linha média, em pacientes jovens
7. em alguns casos, o glioblastoma pode ter esta apresentação

89.15.2 Baixa densidade periventricular à CT, ou sinal intenso na MRI T2WI

1. conteúdo intra ou extracelular de água aumentado (edema)
a) na hidrocefalia: absorção de CSF transependimária (p. 399)
b) necrose do infarto
c) edema de tumor
2. variantes incomuns tardias da adrenoleucodistrofia
3. distúrbios vasculares
a) encefalopatia arteriosclerótica subaguda (doença de Binswanger)[39,40]
b) embolia cerebral
c) vasculite
d) angiopatia amiloide
e) estados de fluxo baixo
4. desmielinização: incluindo esclerose múltipla
5. leucoarainose:[41] termo consagrado que designa a doença da substância branca com alterações simétricas (ou quase simétricas) na substância branca periventricular observadas por CT ou MRI. Pode ser assintomática ou apresentar achados que incluam demência. Pode ter relação com:
a) encefalopatia de Binswanger
b) infarto divisório[42]
c) envelhecimento normal:[43] aumenta a cada década após os 60 anos de idade; geralmente irregular
d) hipóxia
e) hipoglicemia[44]
6. heterotopias: ilhas de substância cinza em localizações anômalas
7. subsequente à radioterapia (XRT)

89.16 Espessamento/captação de contraste meníngeo

89.16.1 Intensificação dural

Ver referência.[45]

Visível embaixo da placa interna do crânio. Diferentemente do realce leptomeníngeo, não segue as convoluções girais. Pode ser focal ou difusa:

1. focal
   a) adjacente ao meningioma: chamada "cauda dural"
   b) xantoastrocitoma pleiomórfico: também pode ter "cauda dural"
2. intensificação dural difusa:[46] associada a processos neoplásicos extra-axiais em ≈ 65%. Clinicamente: cefaleia, múltiplas paralisias de nervo craniano, convulsões; pode ser indistinguível das metástases leptomeníngeas.
   a) hipotensão intracraniana: intensificação paquimeníngea difusa à MRI cerebral (p. 389)
   b) meningite bacteriana
   c) tumores do CNS primário: meduloblastoma, meningioma maligno
   d) sarcoidose
   e) subsequente à craniotomia
   f) metástases (principalmente carcinomas):
      - junções ósseos com o crânio: presente em 10 a cada 13 pacientes
      - metástases durais
      - leptomeníngeas
   g) subsequente à hemorragia subdural[47]

89.16.2 Captação de contraste da leptomeninge

Ver referência.[45]
1. intensificação linear fina que acompanha estreitamente os giros
2. pequenos nódulos presos ao cérebro

89.17 Realce ependimário e subependimário

Certo grau de sobreposição com a impregnação periventricular. A intensificação ependimária muitas vezes prenuncia uma condição grave.[48] O principal DDx é tumor *vs.* processo infeccioso.

1. ventriculite ou ependimite: a intensificação ependimária ocorre em 64% dos casos de ventriculite piogênica[49]
   a) pode haver infecção nos seguintes contextos:
      - subsequente à cirurgia de desvio
      - subsequente à cirurgia intraventricular
      - com o uso de dispositivos protéticos internos (p. ex., reservatório Ommaya)
      - com o uso de quimioterapia intratecal
      - com meningite
      - com ependimite viral
      - em alguns casos de encefalite por CMV em pacientes imunocomprometidos
      - envolvimento granulomatoso: especialmente em pacientes imunocomprometidos (p. ex., tuber-culose, infecção por micobactéria, sífilis)
   b) As infecções podem ser:[48]
      - ventriculite bacteriana (piogênica)
      - ventriculite tuberculosa
      - lesões císticas sugestivas de cisticercose
2. meningite carcinomatosa: tipicamente também produz intensificação meníngea (p. 812)
3. esclerose múltipla: geralmente mais periventricular (na substância branca)
4. tumores
   a) distúrbios linfoproliferativos
      - linfoma do CNS (p. 710)
      - leucemia
   b) ependimoma
      - com disseminação tumoral
      - hipercaptação transitória relatada em criança com ependimoma, na ausência de disseminação tu-moral[50]
   c) metástases
   d) tumores de célula germinativa

5. esclerose tuberosa: hamartomas subependimários são vistos como nódulos que, ocasionalmente, mostram contraste (p. 606). Sofrem calcificação gradativa com o avanço da idade.
6. na presença de sintomas constitutivos apropriados: casos raros de captação linear incluem neurossarcoidose, doença de Whipple, mieloma múltiplo metastático (geralmente nodular).

Em pacientes imunocomprometidos, o padrão de impregnação pode ajudar a distinguir as seguintes (que tendem a ocorrer nesta população[48]):
1. captação linear fina: sugestiva de vírus (CMV ou varicela-zóster)
2. captação nodular: sugestiva de linfoma do CNS
3. captação de banda: menos específica (pode ocorrer com vírus, linfoma ou tuberculose [TB])

89.18 Hemorragia intraventricular

Etiologias
1. a maioria resulta da extensão de hemorragias intraparenquimatosas
   a) no adulto:
      • ICH espontânea: especialmente hemorragias talâmicas ou putaminais (p. 1336)
      • associada a AVM
   b) em recém-nascidos: extensão de hemorragia subependimária (p. 1346)
2. a hemorragia intraventricular (IVH) *pura* geralmente resulta da ruptura de:
   a) aneurisma: é responsável por ≈ 25% das IVHs em adultos, além de ser a segunda causa mais frequente, atrás apenas da extensão da hemorragia intracraniana. A IVH ocorrem em 13-28% dos aneurismas rompidos, nas séries clínicas.[51] Mais comum com os seguintes aneurismas: a-comm, artéria basilar distal ou bifurcação carotídea, VA ou PICA distal (p. 1192) (para padrões)
   b) dissecação da artéria vertebral (ou aneurismas dissecantes) (p. 1323)
   c) AVM intraventricular
   d) tumor intraventricular
   e) hemorragia subaracnoide (SAH) fora dos ventrículos, com refluxo para dentro dos forames de Luschka e/ou Magendie

89.19 Lesões do lobo temporal medial

Podem ser responsáveis por convulsões, especialmente "convulsão uncal" (convulsões do lobo temporal).
1. hamartoma
2. esclerose temporal mesial (p. 441): deve ser visível a atrofia do parênquima nesta área, com dilatação do corno temporal do ventrículo lateral
3. glioma: pode ser de baixo grau. Procurar efeito compressivo e, possivelmente, captação de contraste

89.20 Anormalidades de gânglio basal

1. anormalidades geralmente simétricas
   a) calcificação (p. 1381)
   b) doença de Wilson (degeneração hepatolenticular): doença autossômica recessiva causando acúmulo de cobre nos tecidos
   c) doença de Huntington (ou coreia): causada pela presença de > 40 repetições de trinucleotídeo CAG no gene determinante da doença de Huntington (4p16.3), levando à produção da proteína huntingtina. A perda celular no núcleo caudado pode ser vista por CT ou MRI
   d) manganês: anormalidades simétricas de sinal intenso T1WI, primariamente no globo pálido, sem, essencialmente, qualquer achado T2WI ou GRASS (quase patognomônico) (p. 177)
   e) globo pálido (baixa densidade à CT):
      • intoxicação grave com monóxido de carbono
      • envenenamento por cianeto
      • hipóxia
   f) putâmen
      • hipoglicemia: afeta o corpo estriado (caudado e putâmen)
2. acidente vascular encefálico

89.21 Lesões talâmicas

Os astrocitomas são os tumores mais comuns.

Diagnóstico Diferencial por Localização ou Achados Radiográficos – Intracraniano   **1387**

1. neoplasias comuns
   a) adultos
      - astrocitoma anaplásico
      - glioblastoma multiforme
      - metástase
      - linfoma de CNS primário
   b) pediátrica
      - astrocitoma anaplásico
      - astrocitoma (grau II da WHO)
      - glioblastoma multiforme
      - astrocitoma pilocítico
2. neoplasias incomuns
   a) adultos
      - astrocitoma (grau II da WHO)
      - neurocitoma
      - oligodendroglioma
      - astrocitoma pilocítico
      - hamartoma
   b) pediátrica
      - germinoma
      - oligodendroglioma
      - PNET
      - tumor de célula gigante subependimária
3. não neoplásica (pediátrica e do adulto)
   a) angioma cavernoso
   b) granuloma
   c) heterotopias
   d) AVM
   e) infarto

89.22 Lesões intranasais/intracranianas

Lesões junto ao nariz que podem se comunicar com a cavidade intracraniana:
1. infecciosas
   a) tuberculose
   b) sífilis
   c) doença de Hansen (lepra)
   d) infecções fúngicas, especialmente:
      - aspergilose
      - mucormicose: vista primariamente em pacientes diabéticos ou imunocomprometidos (p. 568)
      - *Sporothrix schenckii*
      - coccidioides
   e) granulomatose de Wegener (p. 199): vasculite granulomatosa necrosante dos tratos respiratórios superior e inferior, com glomerulonefrite e destruição nasal[52]
   f) granuloma de linha média letal (p. 199): doença infiltrativa linfomatoide localmente destrutiva, que pode não ter granulomas verdadeiros e que também pode causar destruição nasal. Entretanto, não há o envolvimento renal e traqueal observado na granulomatose de Wegener
   g) reticulose polimórfica: pode ser um linfoma nasal. Possivelmente, a mesma doença que o granuloma de linha média letal (ver anteriormente)
2. mucocele: um cisto de retenção de um seio aéreo que resulta de um óstio obstruído e pode causar erosão expansiva do seio envolvido. Frequentemente intensifica com contraste IV (MRI ou CT), e pode conter muco ou pus
3. neoplasias
   a) carcinoma do seio nasal
      - célula escamosa
      - glandular
      - carcinomas nasofaríngeos: podem estar relacionados com infecção pelo vírus Epstein-Barr (EBV)
      - carcinoma sinonasal indiferenciado (SNUC):[53] distinto do linfoepitelioma (menos queratinizante). Carcinoma raro e agressivo (variante mais letal de carcinoma de célula escamosa) com prognóstico ruim. A incidência pode ser maior antes da XRT, bem como em carpinteiros e trabalhadores de fábricas de níquel. Pode invadir estruturas adjacentes que são relevantes para o neurocirurgião: fossa frontal e seio cavernoso. Sem relação com EBV. Tratamento: terapia trimodal (XRT, quimioterapia e cirurgia de salvamento)

Quadro 89.6 Encefalocele *vs.* glioma nasal		
Achado	**Encefalocele**	**Glioma nasal**
pulsátil?	frequentemente (pode não ser, se for pequeno)	não
alterações com manobra de Valsalva	incha (sinal de Furstenberg)	sem alteração
presença de hipertelorismo	sugere encefalocele	sem correlação
fixação ao CNS	pedúnculo	nenhuma ou mínima
sonda	pode ser passada pela lateral	não pode ser passada pela lateral

b) estesioneuroblastoma[54] ou aestesioneuroblastoma, também chamado neuroblastoma olfatório: assim denominado em referência à célula germinativa do epitélio olfativo (estesioneuroblasto). Um tumor maligno que surge a partir das células da crista da abóboda nasal, muitas vezes com invasão intracraniana. Muito raro ($\approx$ 200 casos relatados). Manifesta-se com epistaxe (76%), obstrução nasal (71%), lacrimejamento (14%), dor (11%), diplopia, proptose, anosmia e endocrinopatias.[55] Tratamento: ressecção cirúrgica seguida de XRT ± quimioterapia

c) tumores metastáticos: muito raros, ocorrem, possivelmente, com carcinoma de célula renal

d) tumores benignos
- meningioma frontal: raramente erode para dentro da cavidade nasal
- rabdomioma
- hemangiopericitoma benigno
- colesteatoma
- cordoma

4. lesões congênitas

a) **encefalocele:** massa polipoide nasal em um *recém-nascido* deve ser considerada encefalocele até que o contrário seja comprovado. Classificações:
- de abóboda craniana
- etmoidal frontal
- basal
- de fossa posterior

b) glioma nasal: tecido glial não neoplásico localizado junto ao nariz, muitas vezes teórica e diagnosticamente confundido com uma encefalocele (▶ Quadro 89.6). O termo "glioma" é inadequado, sendo preferido "heterotopia glial nasal". Não há comunicação com o espaço subaracnoide

Referências

[1] Ho VB, Smirniotopoulos JG, Murphy FM, Rushing EJ. Radiologic-Pathologic Correlation: Hemangioblastoma. AJNR. 1992; 13:1343–1352

[2] Laurent JP, Cheek WR. Brain Tumors in Children. J Pediatr Neurosci. 1985; 1:15–32

[3] Section of Pediatric Neurosurgery of the American Association of Neurological Surgeons. Pediatric Neurosurgery. New York 1982

[4] Inoue Y, Tabuchi T, Hakuba A, et al. Facial Nerve Neuromas: CT Findings. J Comput Assist Tomogr. 1987; 11:942–947

[5] Tew JM, Yeh HS, Miller GW, Shahbabian S. Intratemporal Schwannoma of the Facial Nerve. Neurosurgery. 1983; 13:186–188

[6] Enyon-Lewis NJ, Kitchen N, Scaravilli F, Brookes GB. Neurenteric Cyst of the Cerebellopontine Angle. Neurosurgery. 1998; 42:655–658

[7] George B, Lot G, Boissonnet H. Meningioma of the Foramen Magnum: A Series of 40 Cases. Surg Neurol. 1997; 47:371–379

[8] George B, Lot G, Velut S. Tumors of the Foramen Magnum. Neurochirurgie. 1993; 39:1–89

[9] Onofrio BM, Mih AD. Synovial Cysts of the Spine. Neurosurgery. 1988; 22:642–647

[10] O'Neill BP, Illig JJ. Primary Central Nervous System Lymphoma. Mayo Clin Proc. 1989; 64:1005–1020

[11] Davis DO. Sellar and Paraseller Lesions. Clin Neurosurg. 1970; 17:160–188

[12] Kovacs K. Metastatic cancer of the pituitary gland. Oncology. 1973; 27:533–542

[13] Atchison JA, Lee PA, Albright L. Reversible Suprasellar Pituitary Mass Secondary to Hypothyroidism. JAMA. 1989; 262:3175–3177

[14] Taylor SL, Barakos JA, Harsh GR, Wilson CB. Magnetic Resonance Imaging of Tuberculum Sellae Meningiomas: Preventing Preoperative Misdiagnosis as Pituitary Macroadenoma. Neurosurgery. 1992; 31:621–627

[15] Symon L, Rosenstein J. Surgical Management of Suprasellar Meningioma. J Neurosurg. 1984; 61:633–641

[16] Mai A, Karis J, Sivakumar K. Meningioma with pneumosinus dilatans. Neurology. 2003; 60

[17] Hoffman HJ, Ostubo H, Hendrick EB, et al. Intracranial Germ-Cell Tumors in Children. J Neurosurg. 1991; 74:545–551

[18] Aarabi B, Haghshenas M, Rakeii V. Visual failure caused by suprasellar extramedullary hematopoiesis in beta thalassemia: case report. Neurosurgery. 1998; 42:922–5; discussion 925–6

[19] Daniels DL, Williams AL, Thornton RS, et al. Differential Diagnosis of Intrasellar Tumors by Computed Tomography. Radiology. 1981; 141:697–701

[20] Gutenberg A, Larsen J, Lupi I, Rohde V, Caturegli P. A radiologic score to distinguish autoimmune hypophysitis from nonsecreting pituitary adenoma preoperatively. AJNR Am J Neuroradiol. 2009; 30:1766–1772

[21] Kucharczyk W, Davis DO, Kelly WM, et al. Pituitary adenomas: high-resolution MR imaging at 1.5 T. Radiology. 1986; 161:761–765

[22] Miyake I, Takeuchi Y, Kuramoto T, et al. Autoimmune hypophysitis treated with intravenous glucocorticoid therapy. Intern Med. 2006; 45:1249–1252

[23] Carpenter KJ, Murtagh RD, Lilienfeld J, Weber J, Murtagh FR. Ipilimumab-induced hypophysitis: MR imaging findings. AJNR. 2009; 30:1751–1753

[24] Harsh GR, Edwards MSB, Wilson CB. Intracranial Arachnoid Cysts in Children. J Neurosurg. 1986; 64:835–842

[25] Miller ME, Kido D, Horner F. Cavum Vergae: Association With Neurologic Abnormality and Diagnosis by Magnetic Resonance Imaging. Arch Neurol. 1986; 43:821–823

[26] Sekhar LN, Moller AR. Operative Management of Tumors Involving the Cavernous Sinus. J Neurosurg. 1986; 64:879–889

[27] Knosp E, Perneczky A, Koos WT, et al. Meningiomas of the Space of the Cavernous Sinus. Neurosurgery. 1996; 38:434–444

[28] Knosp E, Steiner E, Kitz K, Matula C. Pituitary Adenomas with Invasion of the Cavernous Sinus Space: A Magnetic Resonance Imaging Classification Compared with Surgical Findings. Neurosurgery. 1993; 33:610–618

[29] Thomas JE, Baker HL. Assessment of Roentgenographic Lucencies of the Skull: A Systematic Approach. Neurology. 1975; 25:99–106

[30] Horning GW, Beatty RM. Osteolytic Skull Lesions Secondary to Trauma. J Neurosurg. 1990; 72:506–508

[31] Le Roux PD, Griffin GE, Marsh HT, Winn HR. Tuberculosis of the Skull - A Rare Condition: Case Report and Review of the Literature. Neurosurgery. 1990; 26:851–856

[32] Lopez-Villegas D, Kulisevsky J, Deus J, et al. Neuropsychological Alterations in Patients with Computed Tomography-Detected Basal Ganglia Calcification. Arch Neurol. 1996; 53:251–256

[33] Ang LC, Alport EC, Tchang S. Fahr's Disease Associated with Astrocytic Proliferation and Astrocytoma. Surg Neurol. 1993; 39:365–369

[34] Bhimani S, Sarwar M, Virapongse C, Freilich M. Computed Tomography of Cerebrovascular Calcifications in Postsurgical Hypoparathyroidism. J Comput Assist Tomogr. 1985; 9:121–124

[35] Morrison G, Sobel DF, Kelley WM, et al. Intraventricular Mass Lesions. Radiology. 1984; 153:435–442

[36] D'Angelo VA. Galarza M, Catapano D, et al. Lateral ventricle tumors: Surgical strategies according to tumor origin and development - a series of 72 cases. Neurosurgery. 2005; 56:ONS36–ONS45

[37] Brat DJ, Scheithauer BW, Staugaitis SM, Cortez SC, Brecher K, Burger PC. Third ventricular chordoid glioma: a distinct clinicopathologic entity. J Neuropathol Exp Neurol. 1998; 57:283–290

[38] Jelinek J, Smirniotopoulos JG, Parisi JE, et al. Lateral Ventricular Neoplasms of the Brain: Differential Diagnosis Based on Clinical, CT, and MR Findings. AJNR. 1990; 11:567–574

[39] Kinkel WR, Jacobs L, Polachini I, Bates V, et al. Subcortical Arteriosclerotic Encephalopathy (Binswanger's Disease). Arch Neurol. 1985; 42:951–959

[40] Roman GC. Senile Dementia of the Binswanger Type: A Vascular Form of Dementia in the Elderly. JAMA. 1987; 258:1782–1788

[41] Hachinski VC, Potter P, Merskey H. Leuko-Araiosis. Arch Neurol. 1987; 44:21–23

[42] Steingart A, Hachinski VC, Lau C, Fox AJ, et al. Cognitive and Neurologic Findings in Subjects With Diffuse White Matter Lucencies on Computed Tomographic Scan (Leuko-Araiosis). Arch Neurol. 1987; 44:32–35

[43] Zatz LM, Jernigan TL, Ahumada AJ. White Matter Changes in Cerebral Computed Tomography Related to Aging. J Comput Assist Tomogr. 1982; 6:19–23

[44] Janota I, Mirsen TR, Hachinski VC, Lee DH, et al. Neuropathologic Correlates of Leuko-Araiosis. Arch Neurol. 1989; 46:1124–1128

[45] Paakko E, Patronas NJ, Schellinger D. Meningeal Gd-DTPA enhancement in patients with malignancies. J Comput Assist Tomogr. 1990; 14:542–546

[46] River Y, Schwartz A, Gomori JM, Soffer D, Siegal T. Clinical significance of diffuse dural enhancement detected by magnetic resonance imaging. J Neurosurg. 1996; 85:777–783

[47] Sze G, Soletsky S, Bronen R, Krol G. MR Imaging of the Cranial Meninges with Emphasis on Contrast Enhancement and Meningeal Carcinomatosis. AJNR. 1989; 10:965–975

[48] Guerini H, Helie O, Leveque C, Adem C, Hauret L, Cordoliani YS. [Diagnosis of periventricular ependymal enhancement in MRI in adults]. J Neuroradiol. 2003; 30:46–56

[49] Fukui MB, Williams RL, Mudigonda S. CT and MR imaging features of pyogenic ventriculitis. AJNR Am J Neuroradiol. 2001; 22:1510–1516

[50] Butler WE, Khan A, Khan SA. Posterior fossa ependymoma with intense but transient disseminated enhancement but not metastasis. Pediatr Neurosurg. 2002; 37:27–31

[51] Mohr G, Ferguson G, Khan M, et al. Intraventricular Hemorrhage from Ruptured Aneurysm: Retrospective Analysis of 91 Cases. J Neurosurg. 1983; 58:482–487

[52] Brandwein S, Esdaile J, Danoff D, et al. Wegener's Granulomatosis: Clinical Features and Outcome in 13 Patients. Arch Intern Med. 1983; 143:476–479

[53] Jeng YM, Sung MT, Fang CL, Huang HY, Mao TL, Cheng W, Hsiao CH. Sinonasal undifferentiated carcinoma and nasopharyngeal-type undifferentiated carcinoma: two clinically, biologically, and histopathologically distinct entities. Am J Surg Pathol. 2002; 26:371–376

[54] Morita A, Ebersold MJ, Olsen KD, et al. Esthesioneuroblastoma: Prognosis and Management. Neurosurgery. 1993; 32:706–715

[55] Hlavac PJ, Henson SL, Popp AJ. Esthesioneuroblastoma: Advances in Diagnosis and Treatment. Contemp Neurosurg. 1998; 20:1–5

90 Diagnóstico Diferencial por Localização ou Achados Radiográficos – Coluna Espinal

90.1 Diagnósticos abordados fora deste capítulo

Quadro 90.1 Diagnósticos diferenciais por localização ou achado radiográfico, coluna espinal – abordados fora deste capítulo

DDx
cordomas (p. 778)
herniação discal lateral (p. 1058)
tumores medulares espinais (p. 783)
abscesso epidural espinal (p. 350)
estenose espinal
• lombar (p. 1101)
cisto cinovial (espinal) (p. 1144)
síndrome do desfiladeiro torácico (p. 554)

90.2 Subluxação atlantoaxial

1. incompetência do ligamento transverso do atlas (TAL): resulta em intervalo atlantodontoide (ADI) *aumentado* (p. 213)
   a) artrite reumatoide: erosão de pontos de inserção do TAL (p. 1134)
   b) traumática
      • ruptura do TAL (rara)
      • avulsão dos pontos de inserção do TAL (como na fratura cominutiva de C1)
   c) relaxamento congênito do TAL
      • síndrome de Down: incidência de 20% (p. 1138)[1]
      • pode estar associada à neurofibromatose
   d) infecções retrofaríngeas: tonsilite crônica (p. 968), síndrome de Grisel
   e) uso crônico de esteroide
2. incompetência do processo odontoide: ADI *normal*
   a) fraturas odontoides (p. 978)
   b) *os odontoideum* (p. 981)
   c) erosão do odontoide causada por artrite reumatoide (RA) (p. 1134)
   d) erosão neoplásica do odontoide:
      • metástases para a porção superior da coluna cervical (p. 815)
      • outros tumores do áxis
   e) síndrome de Morquio: hipoplasia do dente (p. 1151)
   f) displasia/ausência congênita do odontoide
   g) subsequente à odontoidectomia transoral: gera grave instabilidade ligamentar (p. 1472)
   h) infecção local

▶ **Nota.** A subluxação atlantoaxial (AAS) crônica observada em condições como a RA ou a síndrome de Down pode ser significativa, ainda que assintomática. Neste grupos, decisões referentes ao tratamento são difíceis de tomar. A AAS aguda é mais comumente sintomática e pode ser prejudicial à vida.

90.3 Anormalidades nos corpos vertebrais

Ver também as lesões exclusivas da junção craniocervical e coluna cervical alta (p. 1151). Ver adiante as anormalidades exclusivas do áxis (C2).
1. neoplasias; ver lista mais extensa (p. 542)
   a) metástases: as metástases de próstata, mama, pulmão, célula renal, tireoide, linfoma e mieloma comumente disseminam para o osso. Quatro padrões (≈ todos são de *baixa intensidade* em T1WI):
      • focal lítica (mais comum): T1WI = hipointensa, T2WI = hiperintensa

- focal esclerótica: hipointensa em T1WI e T2WI
- difusa homogênea: T1WI = hipointensa, T2WI = hiperintensa ou heterogênea
- difusa heterogênea: intensidades de sinal mistas em T1WI e T2WI
  - b) tumores ósseos primários; ver discussão mais extensa (p. 792)
    - hemangioma vertebral
    - osteoblastoma
2. infecção: osteomielite/ discite
3. infiltrado gorduroso ou substituição de medula óssea: com o avanço da idade, a medula vermelha hematopoiética dos VBs é gradualmente substituída por medula amarela, segundo um padrão "manchado", a uma velocidade menor do que em muitos outros locais (p. ex., ossos apendiculares distais).[2] T1WI: medula amarela (características de MRI similares à gordura subcutânea) hiperintensa em relação à medula vermelha (cuidado: áreas brilhantes em T1WI podem ser gordura, mas também podem ser área normal nas proximidades de uma junção de baixa intensidade). T2WI: medula amarela brilhante
4. alterações degenerativas (alterações de Modic). Ver ▶ Quadro 68.2
5. metabólica
   - a) doença de Paget: radiografias simples → ampliação dos VBs com espessamento cortical, geralmente envolvendo **vários níveis contínuos** (p. 1121)
   - b) osteoporose: densidade óssea reduzida. É possível ver fraturas por compressão vertebral
   - c) espondilite anquilosante (p. 1123): VBs osteoporóticos, discos intervertebrais calcificados (preservando o núcleo pulposo) e ligamentos ossificados → VBs quadrados com sindesmófitos de ponte ("coluna de bambu"). Começa nas articulações sacroilíacas e na coluna lombar

90.4 Lesões vertebrais do áxis (C2)

1. tumores: raros. Entre as possibilidades estão aqueles que envolvem a coluna espinal em qualquer localização. Alguns fatores pertinentes a esta localização:[3]
   - a) osso primário
     - condroma
     - condrossarcoma: raro na junção craniovertebral. Tumores lobulados com áreas calcificadas
     - cordoma: malignidade radiorresistente de crecimento lento (p. 778)
     - osteocondroma (condroma)
     - osteoblastoma (p. 792)
     - osteoma osteoide (p. 792): mais comum em elementos posteriores do que no VB[4]
     - tumores ósseos de células gigantes: surgem, tipicamente, na adolescência. Lítico com colapso ósseo[5]
   - b) metastático: incluindo
     - metástases típicas disseminadas por via hematógena para o osso, incluindo: câncer de mama, câncer de próstata, melanoma maligno, paraganglioma, carcinoma de célula renal
     - extensão de tumores regionais: tumores nasofaríngeos, craniofaringioma
   - c) diversos
     - plasmacitoma
     - mieloma múltiplo
     - histiocitose de célula de Langerhans: defeito osteolítico com colapso vertebral progressivo. Ocasionalmente, ocorre em C2.[6]
     - sarcoma de Ewing: maligno. Pico de incidência durante a 2ª década da vida
     - cisto ósseo aneurismático[7]
2. infecção: osteomielite do áxis
3. *pannus* de uma fratura antiga não consolidada ou de **RA**
4. alterações erosivas no processo odontoide com RA (p. 1134)

90.5 Fraturas patológicas da coluna espinal

90.5.1 Informação geral

Fraturas resultantes de envolvimento metastático são hipointensas em T1WI e hiperintensas em T2WI. O colapso benigno do VB deve ser isointenso em relação aos VBs normais, em todas as sequências,[8,9] e o VB deve parecer homogêneo. Em T2WI ou em imagens STIR, o córtex do VB (que deve exibir uma borda escura em torno do VB, em razão do baixo conteúdo de água do osso cortical) deve estar intacto.

90.5.2 Etiologias

1. osteoporose
2. neoplasia: lista resumida
   - a) metástases: fontes comuns de junção espinal: pulmão, mama, próstata, mieloma

b) histiocitose de célula de Langerhans (p. 777): pode causar vértebra plana (ver adiante)
c) linfoma
d) hemangioma (p. 794)
3. infecção
4. necrose avascular do VB
a) doença de Calve-Kummel-Verneuil (ver adiante)
b) com o uso de esteroide

90.5.3 Vértebra plana

Critérios:
1. colapso uniforme do VB em um disco fino e achatado
2. densidade aumentada da vértebra
3. preservação dos arcos neurais
4. disco e espaço discal intervertebral normais
5. sinal da fenda do vácuo intervertebral (patognomônica)
6. sem cifose

As etiologias incluem:
1. histiocitose de célula de Langerhans
2. doença de Calve-Kummel-Verneuil: necrose avascular do VB. Ocorre em indivíduos na faixa etária de 2-15 anos
3. hemangioma

90.6 Massas epidurais espinais

Ver itens marcados com (†) em Mielopatia (p. 1407).

90.7 Lesões destrutivas da coluna espinal

90.7.1 Etiologias

1. neoplásica: ver diagnóstico diferencial: **tumores** espinais e medulares espinais (p. 783), para mais informação
   a) tumores metastáticos com predileção por osso: próstata, mama, célula renal, linfoma, tireoide, pulmão...; ver metástases epidurais espinais (p. 814)
   b) tumores ósseos primários: cordomas (p. 778), osteoma osteoide (p. 792), hemangioma (p. 794)
2. infecção:
   a) osteomielite vertebral: ocorre, principalmente, em usuários de drogas IV, pacientes com diabetes melito e pacientes em hemodiálise. Pode ter abscesso espinal associado. Ver também Osteomielite vertebral (p. 353)
   b) discite (p. 356)
3. insuficiência renal crônica: alguns pacientes desenvolvem uma espondiloartropatia destrutiva que é semelhante à infecção[10,11]
4. espondilite anquilosante (p. 1123): coluna de bambu (VBs quadrados com sindesmófitos de ponte)
5. lesões produtoras de escavações *posteriores* do VB (mnemônica: AMEN)

A acromegalia ou acondroplasia
   M síndrome de Marfan ou mucupolissacaridose
   E Ehlers-Danlos
   N neurofibromatose
   Ainda: ectasia dural.
1. lesões produzindo escavação *anterior* do VB
   a) aneurisma aórtico
   b) linfoma
   c) TB espinal

90.7.2 Fatores de diferenciação

Dentre as numerosas lesões líticas ou destrutivas que envolvem as vértebras, a destruição do espaço discal é altamente sugestiva de *infecção*, que muitas vezes envolve pelo menos dois níveis vertebrais adjacentes. Embora os tumores possam englobar níveis vertebrais adjacentes e causem colapso da altura discal, o espaço discal geralmente é preservado[12] (possíveis exceções: alguns plasmacitomas vertebrais, um carci-

Diagnóstico Diferencial por Localização ou Achados Radiográficos – Coluna Espinal

noma cervical metastático relatado e, ocasionalmente, pode haver destruição do disco na espondilite anquilosante[13]). Diferente das infecções piogênicas, o disco pode ser relativamente resistente ao envolvimento tuberculoso na doença de Pott.[14] Do mesmo modo, como o envolvimento tumoral metastático geralmente produz envolvimento ósseo amplamente disseminado, é menos provável com o envolvimento de um único osso.

90.8 Hiperostose vertebral

1. doença de Paget (p. 1120): "osso de marfim" clássico, com espessamento cortical (aparência de "moldura de quadro" na radiografia simples). Considerar a doença de Paget diante da observação de uma vértebra *densa* na radiografia de um paciente de idade avançada, comumente envolvendo várias vértebras seguidas.
2. metástases osteoblásticas
   a) em homens: próstata
   b) em mulheres: mama
   c) linfoma

90.9 Lesões sacrais

Tumores:

1. metástases: a neoplasia mais comum sacral
2. as neoplasias primárias do sacro são incomuns e incluem:
   a) tumor de célula gigante (p. 1412)
   b) cordoma
   c) teratoma:
      - adultos: os teratomas pré-sacrais ou sacrococcígeos podem surgir de células sequestradas do nódulo de Hensen, no embrião caudal. Em casos raros, causam envolvimento neurológico (que o distingue do cordoma). O sacro pode estar normal em até 50% (anormal em quase todos os cordomas). O tratamento é a total remoção, em geral pelo cirurgião geral
      - crianças: o teratoma pré-sacral maligno é um tumor raro visto primariamente em meninas.

Infecção:

A maioria das infecções do sacro ou da articulação sacroilíaca são causadas por disseminação contínua a partir de um foco supurativo.

Distúrbios artríticos:

1. espondilite anquilosante (p. 1124): envolve a articulação S1, quase por definição
2. osteoartrite

Fraturas sacrais, podem ser devidas a:

1. traumatismo
2. estresse repetitivo
3. insuficiência sacral (p. 1415)

Congênito:

Agênese sacral (síndrome da regressão caudal): rara (prevalência: 0,005-0,01%; maior [0,1-0,2%] em crianças de mães diabéticas (16-20% das crianças com agênese sacral têm mães diabéticas]). Incidência aumentada de anormalidades espinais associadas, incluindo: siringomielia, medula presa, lipoma e lipomielomeningocele.

1. quatro tipos:
   a) tipo 1: gênese unilateral parcial, localizada no sacro ou cóccix
   b) tipo 2: defeitos bilateralmente simétricos parciais, no sacro. Os ossos ilíacos se articulam com S1 e os segmentos distais do sacro e do cóccix falham em se desenvolver
   c) tipo 3: agênese sacral total + ossos ilíacos se articulam com o segmento inferior da coluna lombar presente
   d) tipo 4: agênese sacral total + ossos ilíacos fundidos posteriormente, ao longo da linha média
2. em casos de agênese sacral total (tipos 3 e 4), os achados de MR incluem: ausência do sacro e do cóccix, e ausência variável de uma parte da coluna lombar, com uma característica configuração em forma de clava do cone medular

Diversos:

Osteíte condensante do ílio: densidade aumentada do ílio, geralmente um achado assintomático (incidental). Ocasionalmente, pode produzir lombalgia ou hipersensibilidade lombar.

90.10 Raízes nervosas captantes

1. tumor
   a) carcinomatose meníngea
   b) linfoma
2. infecção: especialmente CMV (visto com frequência em pacientes com AIDS)
3. inflamatória
   a) Guillain-Barré
   b) aracnoidite
   c) sarcoide

90.11 Lesões com intensificação nodular no canal espinal

1. neurofibromatose (NFT)
2. tumor
   a) metástases em gota
   b) neurofibroma
   c) schwannoma

90.12 Cistos intraespinais

1. cistos meníngeos espinais (p. 1142)
2. neurofibroma cístico
3. ependimoma: pode ser cístico. No filo terminal: ependimoma mixopapilar (p. 789)
4. siringomielia (p. 1144)
5. canal central dilatado (p. 1144)

90.13 Captação difusa de raízes nervosas/cauda equina

(distinta da intensificação nodular; ver anteriormente.)
1. Guillain-Barré (p. 184)
2. meningite
3. citomegalovírus (CMV) (especialmente na AIDS)
4. linfoma
5. sarcoide (procurar adenopatia hilar)

Referências

[1] Martel W, Tishler JM. Observations on the spine in mongoloidism. Am J Roentgenol Radium Ther Nucl Med. 1966; 97:630–638

[2] Lakhkar BN, Aggarwal M, Jose J. Pictorial essay: MR appearances of osseous spine tumors. Indian J Radiol Imaging. 2002; 12:383–390

[3] Piper JG, Menezes AH. Management Strategies for Tumors of the Axis Vertebra. J Neurosurg. 1996; 84:543–551

[4] Molloy S, Saifuddin A, Allibone J, Taylor BA. Excision of an osteoid osteoma from the body of the axis through an anterior approach. Eur Spine J. 2002; 11:599–601

[5] Honma G, Murota K, Shiba R, et al. Mandible and Tongue-Splitting Approach for Giant Cell Tumor of Axis. Spine. 1989; 14:1204–1210

[6] Osenbach RK, Youngblood LA, Menezes AH. Atlanto-Axial Instability Secondary to Solitary Eosinophilic Granuloma of C2 in a 12-Year-Old Girl. Case Report. J Spinal Disord. 1990; 3:408–412

[7] Verbiest H, The Cervical Spine Research Society Editorial Committee. In: Benign Cervical Spine Tumors: Clinical Experience. The Cervical Spine. 2nd ed. Philadelphia: J.B. Lippincott; 1989:723–774

[8] Li KC, Poon PY. Sensitivity and specificity of MRI in detecting spinal cord compression and in distinguishing malignant from benign compression fractures of vertebrae. Magn Reson Imaging. 1988; 6:547–556

[9] Yuh WTC, Zachar CK, Barloon TJ, Sato Y, Sickels WJ. Vertebral compression fractures: distinction between benign and malignant causes with MR imaging . Radiology. 1989; 172:215–218

[10] Kuntz D, Naveau B, Bardin T, Druecke T, et al. Destructive spondyloarthropathy in hemodialyzed patients: A new syndrome. Arthritis Rheum. 1984; 27:369–375

[11] Alcalay M, Goupy M-C, Azais I, Bontoux D. Hemodialysis is not Essential for the Development of Destructive Spondyloarthropathy in Patients with Chronic Renal Failure. Arthritis Rheum. 1987; 30:1182–1186

[12] Borges LF. Case Records of the Massachusetts General Hospital: Case 24-1989. N Engl J Med. 1989; 320:1610–1618

[13] Cawley MD, Chalmers TM, Kellgren JH, Ball J. Destructive Lesions of Vertebral Bodies in Ankylosing Spondylitis. Ann Rheum Dis. 1972; 31:345–348

[14] Rothman RH, Simeone FA. The Spine. Philadelphia 1992

91 Diagnóstico Diferencial (DDx) por Sinais e Sintomas – Primariamente Intracraniano

91.1 Diagnósticos abordados fora deste capítulo

Quadro 91.1 Diagnósticos diferenciais por sinais e sintomas, primariamente intracranianos – abordados fora deste capítulo

DDx
paralisia do abducente (p. 567)
anisocoria (p. 561)
cordomas (p. 778)
meningite crônica (p. 319)
coma (p. 297)
doença de Creutzfeldt-Jakob (p. 370)
diabetes insípido (p. 120)
tontura (p. 572)
paralisia do nervo facial (paralisia de Bell) (p. 576)
arterite de célula gigante (p. 195)
intensificação giral (p. 1281)
hemiplegia/hemiparesia – ver secção espinal (p. 1414)
oftalmoplegia internuclear (p. 565)
doença de Ménière (p. 573)
esclerose múltipla (p. 180)
oftalmoplegia
• dolorosa (p. 568)
• indolor (p. 569)
papiledema (p. 558)
síndrome de Parinaud (p. 99)
doença de Parkinson (p. 177)
pneumocefalia (p. 887)
elevação de prolactina (▶ Quadro 46.4)
pseudotumor cerebral (p. 770)
hemorragia retiniana (p. 916)
sarcoidose (p. 191)
convulsões
• nova manifestação, adulto (p. 461)
• nova manifestação, crianças (p. 462)
• não epilética (p. 464)

(*Continua*)

Quadro 91.1 Diagnósticos diferenciais por sinais e sintomas, primariamente intracranianos – abordados fora deste capítulo *(Cont.)*

DDx
• estado epilético (p. 470)
esquizencefalia (p. 288)
torcicolo (p. 1533)
neuralgia do trigêmeo (p. 481)
vertigem (p. 572)

91.2 Encefalopatia

Muitas etiologias são similares à do coma (p. 297). O eletroencefalograma (EEG) pode ser útil para distinguir algumas etiologias (p. 238).
1. uma causa rara pode ser a hipotensão intracraniana (espontânea) (p. 389)
2. encefalopatia hipertensiva por hipertensão maligna

91.3 Síncope e apoplexia

91.3.1 Informação geral

A síncope pode ser definida por um ou mais episódios de breve perda da consciência (LOC) seguida de recuperação imediata (este termo é usado por muitos para fazer referência a um episódio vasovagal). O termo pouco usado "lipotimia" pode, menos provavelmente, implicar uma etiologia. A prevalência pode chegar a ≈ 50% (maior em idosos). A apoplexia é tradicionalmente considerada uma forma de hemorragia, em geral intracerebral. Portanto, a recuperação da apoplexia geralmente seria mais lenta do que na síncope.

91.3.2 Etiologias

Adaptado.[1,2] Nota: em um grande número de casos, nenhuma causa pode ser determinada.
1. vascular: alguns espasmos miotônicos podem ser vistos na isquemia cerebral
   a) cerebrovascular
      • hemorragia subaracnoide (mais comumente aneurismática)
      • hemorragia intracerebral
      • infarto no tronco encefálico
      • apoplexia hipofisária (p. 720) (rara)
      • insuficiência vertebrobasilar (VBI) (p. 1305)
      • raramente com enxaqueca
   b) cardiovascular
      • crises de Stokes-Adams: distúrbio de condução do nodo AV no coração, resultando em síncope com bradicardia
      • síncope sinusal carotídea: estimulação mínima (p. ex., colarinho de camisa apertado, desmaio durante o barbear...) causa bradicardia reflexa com hipotensão, mais comum em pacientes com vasculopatia carotídea. Massagem carotídea com monitores de eletrocardiograma (ECG) e pressão arterial (BP) pode diagnosticar[2]
      • parada cardíaca: raramente vista em pacientes com neuralgia glossofaríngea (p. 492)
      • síncope vasodepressora (o desmaio comum), também chamada resposta vasovagal e, recentemente, também denominada síncope neurocardiogênica:[3] causa mais comum de LOC. Hipotensão geralmente acompanhada das seguintes manifestações autônomas: palidez, náusea, transpiração intensa, dilatação pupilar, bradicardia, hiperventilação, salivação. Em geral, benigna. Mais frequente em indivíduos com idade < 35 anos
      • hipotensão ortostática: queda da PA para ≥ 25 mmHg na posição vertical
      • síncope deflagrada: inclui a síncope da micção, síncope da tosse, síncope do levantamento de peso... (a maioria envolve elevação da pressão intratorácica)
2. infecciosa
   a) meningite
   b) encefalite
3. crise epilética (p. 443): em geral, há movimentos involuntários e confusão subsequente, com duração mínima de vários minutos. Pode haver paralisia de Todd, que geralmente se resolve devagar, no decorrer de algumas horas. Pode haver fenômenos irritativos dos sentidos especiais (alucinação visual, auditiva ou olfatória)
   a) generalizada

Diagnóstico Diferencial (DDx) por Sinais e Sintomas – Primariamente Intracraniano 1397

b) parcial complexa
c) crise acinética
d) ataque de queda (perda da postura sem LOC): vista em Lennox-Gastaut
4. metabólica: hipoglicemia (pode produzir convulsão, usualmente generalizada)
5. diversas
   a) obstrução ventricular intermitente: o exemplo clássico é um cisto coloide no III ventrículo (p. 756) embora este mecanismo seja questionável
   b) cataplexia narcoléptica: narcolepsia caracterizada por sonolência e ataques repentinos de fraqueza (cataplexia), quando acordado. Excitação fácil e ausência de sonolência pós-ictal distinguem a cataplexia de uma convulsão. A sonolência é tratada com estimulantes do CNS (como anfetaminas ou modafinil [Provigil®], 200 mg PO, de manhã), enquanto a cataplexia é tratada com antidepressivos
   c) psicogênica
6. hipotensão intracraniana: geralmente com *shunt* de CSF na posição ereta (p. 389)
7. desconhecida: nenhuma causa pode ser diagnosticada em ≈ 40% dos casos

91.3.3 Abordagem prática da síncope

Introdução

O centro do diagnóstico e do tratamento são a história e o exame físico, sinais vitais ortostáticos e o ECG, com um rendimento de diagnóstico combinado apresentando 50%[4] de cobertura:
1. mediação reflexa, como na forma vasovagal ou Valsalva/estresse-induzida: 36-62%
2. arritmia ou etiologia cardiovalvular: 10-30%
3. ortostático, decorrente de desregulação autônoma, desidratação e polifarmácia: 2-24%
4. cerebrovascular decorrente de acidente vascular encefálico: ≈ 1%
5. crise epiléptica

Avaliação

1. história: inclui
   a) lista de medicação: procurar fármacos que possam causar hipotensão ortostática, especialmente medicação para pressão arterial, β-bloqueadores
   b) fatores precipitadores: p. ex., mudança de posição, sensibilidade a colarinhos apertados...
   c) fatores premonitórios: p. ex., sudorese e tremulação podem significar hipoglicemia; a bradicardia está associada a eventos vasovagais; podem ocorrer movimentos tônico-clônicos acompanhando uma convulsão
   d) recuperação pós-ictal: em geral, ocorre rapidamente após um desmaio simples, é mais lenta após uma convulsão que, por sua vez, pode exibir paralisia de Todd (p. 443)
2. etiologias cardiovasculares: os exames são guiados, também, pela história/exames físicos, pelos sinais vitais e pelo ECG
   a) avaliação de arritmia cardíaca: ECG de 12 derivações e monitor Holter por 24 horas, podendo levar à intervenção/exame eletrofisiológico (EP)[4,5]
   b) anormalidades no exame ortostático justificam um teste de mesa inclinada formal
   c) história de miocardiopatia ou doença arterial coronariana (CAD) requer ECG e teste de estresse formal. Os resultados destes exames determinam a necessidade de cateterismo cardíaco
3. etiologias neurológicas: representam < 1% dos casos.[6] Na ausência de evidência clínica de etiologia neurológica, os exames neurodiagnósticos (EEG, varredura de CT, MRI/MRA, Doppler de carótida) fornecem rendimento diagnóstico de 2-6%. ∴ Estes exames somente são justificados quando há indicação clínica[5] (convulsões, alteração da consciência, paralisia de Todd, história conhecida de comprometimento cerebrovascular). Os exames incluem:
   a) CT cerebral sem contraste: exclusão da maioria das etiologias neurocirúrgicas agudas (sangramento, hidrocefalia, edema possivelmente associado a tumor)
   b) MRI com e sem contraste em casos com achados inexplicáveis de CT, ou com CT negativa e alta suspeita de etiologia envolvendo o CNS
   c) avaliação de convulsão: diante de sintomas sugestivos de possível convulsão:
     • EEG: geralmente, um EEG com privação de sono. Pouco sensível
     • monitorização com vídeo de EEG por 24 horas: em casos com alto índice de suspeita de convulsões ou crises não epilépticas

Tratamento

Internação e ratamento hospitalar são justificados para pacientes com diagnóstico de síncope cardíaca ou neurológica, seja por história sugestiva (história familiar de morte súbita, síncope ao esforço, convulsão testemunhada) ou por exames diagnósticos (arritmia, alterações ortostáticas graves, instabilidade hemodinâmica).[4,7]

91

91.4 Déficit neurológico transitório

Leia sobre apoplexia em Síncope e Apoplexia (p. 1396).

As primeiras três etiologias listadas a seguir abrangem a maioria dos casos de déficit neurológico transitório:

1. ataque isquêmico transitório (TIA) (p. 1264): disfunção neurológica temporária resultante de isquemia. Déficit máximo geralmente no início. A maioria se resolve em < 20 minutos
2. enxaqueca: diferente do TIA, tende a progredir de modo semelhante a uma marcha, ao longo de vários minutos. Pode ou não ser seguida de cefaleia; ver Enxaqueca (p. 175)
3. convulsão: pode ser seguida de paralisia de Todd (p. 443)
4. síndrome TIA-símile
   a) "TIA de tumor": déficit transitório em paciente com tumor, podendo ser clinicamente distinguível de um TIA de isquemia. A linfomatose intravascular pode mimetizar TIAs (p. 711)
   b) sintomas TIA-símiles podem ocorrer como pródromo (p. 1336) a uma hemorragia lobar intracerebral[8,9] em casos de angiopatia amiloide cerebral (CAA). Diferente dos TIAs típicos, estes geralmente consistem em entorpecimento, formigamento ou enfraquecimento rapidamente disseminado, de modo semelhante a uma marcha Jacksoniana e podendo cruzar territórios vasculares. Cuidado: fármacos antiplaquetários e anticoagulação podem aumentar o risco de hemorragia em pacientes com CAA (p. 1334)
   c) hematoma subdural crônico: pode causar sintomas recorrentes do tipo TIA junto ao hemisfério envolvido[10] (incluindo afasia transiente com envolvimento de hemisfério dominante, anormalidades hemissensoriais ou motoras). A duração dos sintomas tende a ser maior do que no TIA típico.[10] Entre os mecanismos postulados, estão:
      • base elétrica: possibilidade de atividade epilética assim causada (p. ex., por irritação do córtex produzida por produtos de hemólise) não tem suporte na literatura; entretanto, a depressão alastrante de Leão foi considerada[11]
      • comprometimento do fluxo de saída venoso pela compressão de veias superficiais
      • perfusão cerebral regional comprometida pelo desvio indireto das artérias cerebrais anterior. e posterior[12]
      • elevações transientes da pressão intracraniana (ICP) → variações na pressão de perfusão cerebral.

91.5 Ataxia/problemas de equilíbrio

1. origem cerebelar: geralmente com envolvimento dos membros superiores (UEs) além dos membros inferiores (LEs)
   a) tumores cerebelares
   b) hemorragia cerebelar
   c) ataxia cerebelar aguda: em geral, segue-se à infecção viral em crianças com idade < 3 anos. Frequentemente autolimitada, com prognóstico favorável para recuperação total
2. medula espinal: geralmente piora com os olhos fechados (perda da estimulação proprioceptiva)
   a) estenose espinal
   b) compressão neoplásica medular
   c) siringomielia (pode ser parte da malformação de Chiari)
3. degenerativa
   a) síndrome da ataxia-telangiectasia
   b) ataxia da apraxia oculomotora
   c) ataxia de Friedreich
   d) degeneração espinocerebelar
4. metabólica/nutricional
   a) deficiência de vitamina B12
   b) fármacos
      • agentes antiepiléticos (AEDs) (especialmente fenitoína ou carbamazepina)
      • álcool: agudamente, com intoxicação, e crônico
      • envenenamento grave com metal
5. condições que podem mimetizar a ataxia
   a) enfraquecimento
   b) neuropatia periférica
   c) tontura: incluindo hipotensão ortostática; ver Tontura e Vertigem (p. 572)
6. neuropatia periférica:
   a) pode ocorrer ataxia com a síndrome de Guillain-Barré (p. 185), especialmente a variante de Miller Fisher (p. 186)
   b) problemas de equilíbrio são comuns com a polirradiculoneuropatia desmielinizante imune crônica (CIDP) (p. 186)

91.6 Diplopia

1. paralisia de nervo craniano envolvendo qualquer um ou uma combinação do III, IV (rara) ou VI nervo
    a) para múltiplas paralisias cranianas (a seguir)
    b) paralisia do VI (p. 567): pode ocorrer com a pressão intracranial aumentada (p. ex., hipertensão intracraniana idiopática [pseudotumor cerebral] [p. 766], sinusite esfenoide...: ver outras causas de paralisia do abducente [p. 321])
    c) paresia muscular isolada do III nervo, sugestiva de lesão nuclear ou miastenia grave
2. massa intraorbital comprimindo músculos extraoculares
    a) pseudotumor orbital (p. 569)
    b) meningioma
3. doença de Grave: hipertireoidismo + oftalmopatia (p. 1375)
4. miastenia grave
5. arterite de célula gigante (p. 196)
6. botulismo: causada pela toxina de *Clostridium botulinum* (em adultos: ingerida ou em feridas). Náusea/vômito (N/V), cólicas abdominais e diarreia frequentemente precedem os sintomas neurológicos. O envolvimento neurológico tipicamente é simétrico. Ressecamento bucal e paralisias de nervos cranianos (diplopia, ptose, perda da acomodação e reflexo pupilar à luz) são seguidos de enfraquecimento descendente. Em seguida, há paresia bulbar (disartria, disfagia, disfonia, músculos faciais flácidos). Músculos do tronco/membros e músculos respiratórios enfraquecem de modo progressivo e descendente. Ausência de perturbações sensoriais. O sensório geralmente permanece limpo
7. subsequente ao traumatismo craniano: inclui lesão aos músculos extraoculares (EOMs), hematoma orbital, paralisia do VI nervo decorrente de ICP aumentada

91.7 Anosmia

1. início abrupto de anosmia
    a) grave infecção respiratória do trato superior, com dano ao neuroepitélio: causa mais comum
    b) traumatismo craniano: segunda causa mais comum. A anosmia ocorre em 7-15% dos pacientes com traumatismo craniano significativo
2. início gradual da anosmia
    a) rinite alérgica e doença sinusal:[13] terceira causa mais comum de anosmia (neste contexto, a anosmia pode ser intermitente)
    b) neoplasias intracranianas: meningioma do sulco olfatório. Ver síndrome de Foster Kennedy (p. 99), estesioneuroblastoma (p. 1387)
    c) também pode estar associada à doença de Alzheimer
    d) o sentido do olfato diminui com o avanço da idade: ≈ 50% dos pacientes com 65-85 anos de idade apresentam alguma perda do sentido do olfato
    e) anormalidades metabólicas: deficiência de vitamina
    f) bloqueio físico de passagens nasais: pólipos nasais...
    g) anormalidades endócrinas: diabetes...
    h) química: abuso de álcool, exposição a solventes,[14] cocaína (infarto isquêmico da mucosa olfatória por vasoconstrição)
3. anosmia congênita: síndrome de Kallmann (anosmia com hipogonadismo hipogonadotrófico[15])

91.8 Paralisias múltiplas de nervos cranianos (neuropatias cranianas)

91.8.1 Estrutura

O diagnóstico diferencial é uma legião. A seguir, é descrita uma estrutura (modificada[16]):

1. congênita
    a) síndrome de Möbius: também conhecida como diplegia facial. A plegia facial é total e ≈ 35% (em repouso, afeta a parte superior da face mais do que a parte inferior, diferindo da paralisia facial central ou periférica) estão associadas à paralisia do abducente em 70% dos casos, à oftalmoplegia externa em 25%, ptose em 10% e paralisia lingual em 18%
    b) a diplegia facial congênita pode ser parte de uma distrofia muscular miotônica ou facioescapulou-meral
2. infecciosa
    a) meningite crônica:
       • espiroqueta, fungo, micoplasma, vírus (incluindo AIDS)
       • micobactéria, também chamada meningite tuberculosa (TB): o VI nervo é envolvido primeiro e com maior frequência. O CSF mostra pleiocitose linfocítica e hipoglicorraquia. Os esfregaços geralmente são negativos e o diagnóstico requer múltiplas culturas

b) doença de Lyme em estágio II (p. 576). É comum haver enfraquecimento do nervo facial, por vezes bilateral (a doença de Lyme é a causa mais comum de diplegia facial em áreas endêmicas). O envolvimento de outro nervo craniano é raro

c) neurossífilis: condição atualmente rara, exceto com a AIDS. Diagnosticada por testes sorológicos

d) infecção fúngica
- meningite criptocócica (p. 376): possível detectar por análise do CSF para busca do antígeno criptocócico e preparação com tinta da Índia
- aspergilose: pode-se estender para a órbita a partir dos seios e envolver os nervos cranianos
- mucormicose (ficomicose) (p. 1269): produz síndrome do seio cavernoso, ocorrendo geralmente em diabéticos

e) cisticercose: em especial com a forma basal; ver Neurocisticercose (p. 371)

3. traumática: sobretudo com fraturas basais do crânio. Podem ocorrer paralisias de nervo craniano inferior (às vezes de aparecimento tardio) com fraturas do côndilo occipital (p. 966) ou deslocamento atlanto-occipital (p. 963)

4. neoplásica (compressão do tronco encefálico e lesões intrínsecas em geral também produzem achados no trato longo, precocemente). Ver também síndrome do forame jugular (p. 100)
- a) cordoma (p. 778)
- b) meningioma de crista esfenoide
- c) neoplasias do osso temporal (muitas vezes em conjunto com otite média crônica e otalgia): carcinoma cístico adenoide, adenocarcinoma, carcinoma mucoepidermoide
- d) tumores de glomo jugular: frequentemente afetam o IX, X e XI nervos. Podem causar zumbido pulsátil: ver paraganglioma (p. 652)
- e) meningite carcinomatosa ou linfomatosa (p. 811): pleiocitose do CSF e alta concentração de proteína. Paralisias indolores ou associadas à cefaleia difusa. Paralisias sensoriais são comuns, resultando em surdez e cegueira
- f) adenomas hipofisários invasivos envolvendo o seio cavernoso (p. 720): as neuropatias cranianas extraoculares tendem a se desenvolver após os déficits de campo visual nestes tumores, e menos comuns do que outros tumores sólidos intracavernoso[17]
- g) linfoma primário do CNS (p. 712)
- h) mieloma múltiplo envolvendo a base do crânio (p. 714)
- i) tumores de tronco encefálico intrínsecos: gliomas, espendimoma, metástases...

5. vascular
- a) aneurisma: intracraniano ou do seio cavernoso (p. 1225)
- b) acidente vascular tronco encefálico: geralmente também produz achados do trato longo (p. 99)
  - síndrome de Weber: III nervo craniano (geralmente com preservação da pupila) + hemiparesia contralateral
  - síndrome de Millard-Gubler: VI nervo craniano + VII + hemiparesia contralateral.
- c) vasculite: granulomatose de Wegener, em geral afetando o VIII nervo adicionalmente aos outros.

6. granulomatosa
- a) sarcoidose: ≈ 5% têm envolvimento do CNS, geralmente uma neuropatia flutuante isolada ou múltiplas neuropatias cranianas (o nervo facial é mais comum, podendo ser indistinguível da paralisia de Bell). É comum haver pleiocitose do CSF (p. 200)

7. inflamatória

8. neuropatias
- a) síndrome de Guillain-Barré (GBS) (p. 184): envolvimento dos nervos cranianos, que inclui diplegia facial, paresia orofaríngea. A neuropatia periférica geralmente se manifesta com enfraquecimento ascendente, enfraquecimento muscular proximal > distal, e ausência dos reflexos tendíneos profundos
- b) GBS variante de Miller-Fisher: ataxia, arreflexia e oftalmoplegia. Marcador sorológico: anticorpos anti-GQ1b
- c) polineuropatia craniana idiopática: aparecimento subagudo de dor facial constante, em geral retro-orbital. Frequentemente precede o aparecimento súbito de paralisias de nervo craniano, em geral envolvendo o III, IV e VI nervos e, menos comumente, o V e VII nervos, bem como os nervos inferiores (IX ao XII). Os nervos olfatório e auditivo geralmente são poupados. Inflamação aguda e crônica de etiologia desconhecida, similar à de Tolosa-Hunt e pseudotumor orbital. Esteroides diminuem a dor e aceleram a recuperação

9. aprisionamento em osso anormal
- a) hiperostose craniana interna: anormalidade autossômica dominante rara do osso da base do crânio, causando paralisia facial recorrente e outras paralisias de nervo craniano[18]
- b) osteopetrose: ver adiante
- c) doença de Paget (p. 1120) envolvendo o crânio: envolvimento do VIII nervo (surdez) é mais comum. Também pode haver atrofia do nervo óptico e paralisias dos nervos oculomotor, facial, IX, XI e olfatório, entre outros[19]
- d) displasia fibrosa (p. 779)

91.8.2 Síndromes específicas

Diplegia facial

Itens selecionados da lista anterior, em que a diplegia facial (p. 576) é um achado proeminente:
1. congênita: síndrome de Möbius, diplegia facial congênita
2. infecciosa: doença de Lyme
3. neuropatias: síndrome de Guillain-Barré
4. IV ventrículo isolado (p. 576): compressão no colículo facial
5. granulomatosa: sarcoidose

Síndrome do seio cavernoso

Múltiplas paralisias de nervo craniano (envolvendo qualquer nervo craniano do seio cavernoso: III, IV, VI, V2, V1) produtoras, primariamente, de diplopia (devido à oftalmoplegia). Do ponto de vista clínico, a paralisia do III nervo (p. ex., a partir de um aneurisma da artéria carótida cavernosa em expansão) não produzirá dilatação pupilar porque os simpáticos que dilatam a pupila também estão paralisados.[20 (p. 1492)] Pode haver dor facial ou alteração da sensibilidade facial.

Ver a lista de lesões que podem produzir síndrome do seio cavernoso (p. 1376).

Osteopetrose

Também chamada "doença do osso de marfim" (existe certo grau de confusão com o termo "osteosclerose"; a osteosclerose frágil generalizada é um termo obsoleto para "osteopetrose"). Um grupo raro de distúrbios genéticos de reabsorção osteoclástica defeituosa de osso resultando em aumento da densidade óssea, os quais podem ser transmitidos como herança autossômica dominante ou recessiva.[21] A forma dominante geralmente é benigna e é vista em adultos e adolescentes. A forma recessiva ("maligna") frequentemente está associada à consanguinidade e é similar à hiperostose craniana interna (ver anteriormente). Entretanto, além da produtividade para o crânio, envolve também as costelas, clavículas, ossos longos e pelve (o envolvimento de osso longo resulta em destruição da medula e subsequente anemia). Os nervos cranianos envolvidos primariamente incluem o nervo óptico (atrofia óptica e cegueira são a manifestação neurológica mais comum), nervo facial e nervo vestibuloacústico (com surdez), podendo, ainda, haver envolvimento do nervo trigêmeo. Também pode haver extensas calcificações intracranianas, hidrocefalia, hemorragia intracraniana e convulsões.

A descompressão bilateral do nervo óptico via abordagem supraorbital pode melhorar ou estabilizar a visão.[21]

91.9 Cegueira binocular

▶ **Disfunção bilateral do lobo occipital**
1. comprometimento bilateral do fluxo da artéria cerebral posterior
   a) síndrome do topo da basilar
   b) pressão intracraniana aumentada
      • hidrocefalia com disfunção de desvio
      • pseudotumor cerebral (hipertensão intracraniana idiopática) (p. 768)
      • meningite criptocócica: acuidade visual diminuída (p. 376)
2. traumatismo: lesão bilateral do lobo occipital (p. ex., lesão de contragolpe)

▶ **Convulsões.** Cegueira epiléptica

▶ **Enxaqueca.** Depressão cortical alastrante

▶ **Neuropatia óptica isquêmica posterior.** Em geral, no contexto de choque

▶ **Hemorragia bilateral do vítreo.** Exemplificando, com SAH (síndrome de Terson)

▶ **Funcional.** Reação de conversão, cegueira histérica...

91.10 Cegueira monocular

Decorrente de lesão anterior ao quiasma óptico.
1. Amaurose fugaz: com frequência descrita como uma "sombra descendente" sobre o olho
   a) TIA: geralmente em razão da obstrução da artéria retinal (p. 1271)
   b) arterite de célula gigante (GCA) (p. 195): geralmente causada por isquemia do nervo ou dos tratos ópticos (menos comum, em razão de obstrução da artéria retinal)[22]

2. traumatismo: lesão ao nervo óptico
3. aneurisma carótico-cavernoso rompido: a resultante fístula carótico-cavernosa aumenta a pressão intraocular ao impedir o retorno venoso
4. patologia intraorbital: tumores
5. lesão junto ao globo: descolamento de retina, traumatismo ocular
6. hemorragia vítrea unilateral (p. ex., com SAH [síndrome de Terson])

91.11 Exoftalmo

91.11.1 Informação geral

Pronúncia alternada: exoftalmo.

Definição: protrusão anormal do globo ocular. Alguns autores reservam o termo "exoftalmo" para casos decorrentes de endocrinopatias, e "proptose" (do olho) para outras causas; contudo, estes termos são amplamente usados de modo intercambiável.

Critérios: diferentes critérios são propostos. Um deslocamento anterior de 18 mm (exoftalmometria de Hertal pode ser usada para obter medida clínica – requer osso orbital lateral intacto). Critérios de CT: para obter resultados mais precisos, o paciente deve manter os dois olhos abertos e fixos em um ponto, na posição de olhar fixo primária. A posição do equador do globo (parte maior) é distal a uma reta traçada desde a órbita lateral até o canto medial. Uma porção > 2/3 do globo está anterior a esta reta.

91.11.2 Pulsátil

1. fístula carótico-cavernosa (CCF) (p. 1256)
2. pulsação intracraniana transmitida, em decorrência do defeito no teto orbital
   a) vista unilateralmente (p. ex., na neurofibromatose tipo 1) (p. 604)
   b) pós-op., em seguida a procedimentos de remoção da parede ou teto orbital
3. tumores vasculares

91.11.3 Não pulsátil

1. tumor
   a) tumor intraorbital: pode ser causado por um efeito de massa ou comprometimento da drenagem venosa a partir da órbita
      • glioma óptico (p. 631)
      • neuroma da bainha óptica
      • linfoma
      • meningioma da bainha óptica[23]
      • envolvimento orbital com mieloma múltiplo (p. 714)
      • invasão orbital por adenoma hipofisário invasivo (p. 771)
      • em crianças: neuroblastoma metastático
      • em crianças: histiocitose de célula de Langerhans (p. 777), como parte de Hand-Schüller-Christian (tríade: DI, exoftalmo e lesões ósseas líticas [particularmente do crânio])
   b) devido à hiperostose a partir de meningioma da crista esfenoide
2. doença de Graves (hipertireoidismo + exoftalmo) (p. 1375): embora o exoftalmo geralmente seja bilateral com esta condição (80%), a tireoidopatia continua sendo a causa mais comum de proptose *unilateral*[24]
3. ampliação do tecido adiposo periorbital[25]
4. infecção: celulite orbital (geralmente com sinusite concomitante)
5. inflamatória: pseudotumor orbital. Geralmente unilateral (p. 569).
6. hemorragia
   a) traumática
   b) espontânea
7. paralisia do III nervo: pode causar proptose de até 3 mm a partir do relaxamento dos músculos do reto
8. obstrução do seio cavernoso (pode afetar ambos os olhos)
   a) trombose do seio cavernoso (p. 1309)
   b) tumor de seio venoso obstruindo o fluxo de saída venoso
9. pseudoexoftalmo
   a) macroftalmo congênito (olho de boi)
   b) retração palpebral (p. ex., na doença de Grave [p. 1403])
   c) craniossinostose coronal pode causar proptose "relativa" (p. 253)

91.12 Ptose

Também chamada blefaroptose. Queda da pálpebra superior.

É distinguida da pseudoptose (queda da pálpebra não causada pelo enfraquecimento do levantador da pálpebra superior [LPS]), que pode ser consequente ao enoftalmo (deslocamento posterior do globo [p. ex., fratura por golpe do assoalho orbital]), microftalmia, blefarospasmo, síndrome de Duane.

Etiologias da ptose:
1. congênita: a maioria é simples (herança autossômica dominante); a ptose complicada está associada a outros achados (p. ex., ptose com oftalmoplegia).
2. traumática: lesão palpebral, fratura do teto orbital...
3. neurogênica:
   a) paralisia do III nervo (p. 565)
      - envolvimento do tronco principal do III nervo: pode ocorrer intraduralmente ou junto ao seio cavernoso. A ptose pode ser um sinal inicial de expansão tumoral hipofisária (apoplexia) (p. 720)
      - envolvimento da divisão superior do 3º ventrículo junto à órbita
   b) síndrome de Horner (p. 564): aqui, a ptose é parcial (pode ser uma pseudoptose, porque o enfraquecimento afeta os músculos tarsais e não o LPS), sendo que a pálpebra inferior fica mais alta do que a pálpebra inferior contralateral não envolvida
4. ptose miogênica
   a) injeção de toxina botulínica (p. ex., Botox®)
   b) miastenia grave
5. ptose mecânica
   a) tumores: neurofibroma, hemangioma, melanoma maligno, metástases...
   b) extensão de mucocele do seio frontal
6. farmacológica (fármacos). Lista parcial:
   a) corticosteroides: inclusive os tópicos
   b) álcool
   c) ópio

91.13 Retração palpebral patológica

1. hipertireoidismo (p. 1376)
2. esquizofrenia psiquiátrica...
3. esteroides
4. síndrome de Parianud (p. 99)

91.14 Macrocefalia

A macrocefalia implica o tamanho aumentado da cabeça.[26] Apesar do uso, às vezes, como sinônimo, alguns argumentam que o termo "macrocefalia", por convenção, se refere a uma circunferência de cabeça > 98º percentil.[27(p 203)] Ainda, não pode ser confundido com "macroencefalia", também chamada "megalencefalia" (ver adiante). Em uma prática pediátrica, as três etiologias mais comuns, em ordem decrescente de frequência, são: familiar (pais que têm cabeças grandes), coleções benignas de líquido subdural na infância (p. 904), e hidrocefalia.
1. com ampliação ventricular
   a) (hidrostática) hidrocefalia (HCP); ver sobre etiologias (p. 394)
      - comunicante
      - obstrutiva
   b) hidranencefalia (p. 288)
   c) ventriculomegalia constitutiva: ampliação ventricular sem etiologia conhecida, com função neurológica normal
   d) hidrocefalia *ex vacuo*: perda de tecido cerebral (mais frequentemente, associada à *microcefalia* [p. ex., com infecções TORCH – toxoplasmose, rubéola, citomegalovírus e herpes simples])
   e) aneurismas da veia de Galeno: ver adiante
2. com ventrículos normais ou levemente ampliados
   a) "hidrocefalia externa": espaços subaracnoides proeminentes e cisternas basais; ver hidrocefalia externa (também chamada hidrocefalia externa benigna) (p. 400)
   b) líquido subdural
      - hematoma
      - higroma
      - efusão benigna e sintomática
      - coleções subdurais benignas da infância (p. 904)

c) edema cerebral: alguns consideram esta uma forma de pseudotumor cerebral[26]
   - tóxico: exemplificado pela encefalopatia (por envenenamento crônico por chumbo)
   - endócrino: hipoparatireoidismo, galactosemia, hipofosfatasia, hipervitaminose A, insuficiência suprarrenal

d) macrocrania familiar (hereditária): pais que também têm cabeça ampla, o cérebro eventualmente é "pego"

e) idiopática

f) megalencefalia (também chamada macroencefalia): cérebro aumentado (p. 289)

g) síndromes neurocutâneas: em geral, são devidas ao volume aumentado de tecido cerebral (megalencefalia, ver anteriormente).[26] Vistas, sobretudo, na neurofibromatose e na hipermelanose congênita (síndrome de Ito). Menos comum na esclerose tuberosa e na Sturge-Weber. Vista também na rara síndrome da hemimegalencefalia

h) cisto aracnoide (também chamado cisto subependimário ou subaracnóideo):[26] duplicação do epêndima ou da camada aracnoide cheia de CSF. Geralmente atinge o tamanho máximo ao redor do primeiro mês de vida e não aumenta mais. O tratamento se faz necessário em ≈ 30% dos casos, em razão da ampliação rápida ou do crescimento que ocorre depois do primeiro mês. O cisto pode ser desviado ou fenestrado. O prognóstico para cistos aracnoides verdadeiros geralmente é bom (diferente do cisto porencefálico), desde que na ausência de elevação de ICP e sem macrocefalia progressiva durante o primeiro ano de vida

i) malformação arteriovenosa: especialmente o "aneurisma" da veia de Galeno (p. 1255). Auscultar ruído craniano. Com os aneurismas de veia de Galeno, a macroencefalia pode ser causada por HCP por obstrução do aqueduto de Sylvius.[26] Com as outras malformações, a macrocrania pode ser devida à pressão aumentada no sistema venoso na ausência de HCP.

j) tumores cerebrais sem HCP: os tumores cerebrais são raros na infância e a maioria causa HCP obstrutiva. Entre os tumores que ocasionalmente se manifestam sem HDC, estão os astrocitomas. Também podem ser vistos na rara síndrome diencefálica (ver tumor do hipotálamo anterior [p. 632])

k) "síndromes de gigantismo"
   - síndrome de Soto: associada à idade óssea avançada na radiografia, bem como a múltiplos achados displásicos na face, pele e ossos
   - síndrome da exonfalomacroglossia-gigantismo (EMG): hipoglicemia (por anormalidades nas ilhotas de Langerhans), peso aumentado ao nascimento, umbigo grande ou hérnia umbilical e macroglossia

l) "desproporção craniocerebral" (p. 903)[26]: pode ser o mesmo que líquido extra-axial benigno da infância

m) anão acondroplásico: estruturas cranianas aumentadas, porém com a base do crânio pequena, originando uma testa proeminente e circunferência occipitofrontal (OFC) ≥ 97º percentil para a idade, hipoplasia de parte média da face, e estenose no forame magno. O crescimento da cabeça segue uma curva diferente do normal (um OFC ≥ 97º percentil para a idade não é incomum e dispensa *shunts*)

n) doença de Canavan: também chamada degeneração esponjosa do cérebro, é uma doença autossômica recessiva da infância prevalente entre judeus de Ashkenazi. Produz baixa atenuação da substância branca hemisférica na CT[28] e macrocefalia

o) doenças neurometabólicas: em geral são resultantes da deposição de substâncias metabólicas no cérebro. Vistas na gangliosidose de Tay-Sachs, doença de Krabbe...

3. resultante do espessamento do crânio
   a) anemia (p. ex., talassemia)
   b) displasia craniana (p. ex., osteopetrose) (p. 1401)

91.15 Zumbido

91.15.1 Informação geral

Pode ser subjetivo (ouvido apenas pelo paciente) ou objetivo (p. ex., ruído craniano, também pode ser ouvido pelo examinador, em geral com estetoscópio posicionado sobre o crânio, órbita ou artérias carótidas no pescoço). O zumbido objetivo quase sempre é devido à turbulência vascular (pelo fluxo aumentado ou obstrução parcial).

91.15.2 Zumbido pulsátil

A maioria dos casos é decorrente de lesões vasculares.

1. pulsos sincronizados:
   a) fístula carótico-cavernosa (p. 1256)

Diagnóstico Diferencial (DDx) por Sinais e Sintomas – Primariamente Intracraniano

b) AVM:
- AVM cerebral (pial)
- AVM dural (p. 1251)
c) tumor de glomo jugular (p. 654)
d) aneurisma cerebral: (raro) possivelmente com fluxo turbulento em aneurisma gigante
e) hipertensão
f) hipertiroidismo
g) hipertensão intracraniana idiopática (pseudotumor cerebral) (p. 766)
h) ruído transmitido: a partir do coração (p. ex., estenose aórtica), estenose da artéria carótida (especialmente da carótida externa)
i) bulbo jugular deiscente ou bulbo jugular ancorado alto: variante venosa normal
j) raramente com tumores de fossa posterior: tumores de CPA (p. ex., meningioma ou schwannoma vestibular, tumores intraparenquimais vasculares [p. ex., hemangioblastoma, especialmente no CPA])
k) lesões que podem-se apresentar com membrana timpânica avermelhada
- artéria carótida aberrante na orelha média
- artéria estapedial persistente: rara. Surge a partir de uma ICA aberrante ou da junção das ICAs petrosas horizontal e vertical. O forame espinhoso está ausente no lado afetado. A ampliação do segmento timpânico anterior do canal do VII nervo
- tumor de glomo timpânico (p. 654)
l) divertículo do seio sigmoide
2. pulso não sincronizado: a ampliação assimétrica do seio sigmoide e da veia jugular pode produzir murmúrio de baixa intensidade

Workup para zumbido pulsátil:
1. MRI sem e com intensificação: procurar tumores (p. ex., glomo jugular)
2. angiograma: inclui injeções da carótida interna e externa
3. testes que geralmente não são inúteis e devem ser solicitados na rotina:
   a) ultrassom de carótida: inespecífico, insensível
   b) MRI/MRV: pode não detectar pequenas fístulas durais e não fornece os detalhes necessários ao tratamento das grandes

91.15.3 Zumbido não pulsátil

1. obstrução da orelha externa: cerume, corpo estranho
2. infecção da orelha média (otite média)
3. otosclerose
4. espasmos do músculo estapédio: como ocorre no espasmo hemifacial
5. tumores do CPA: incluindo schwannoma vestibular (p. 670)
6. doença de Ménière (p. 573)
7. labirintite
8. tumores de saco endolinfático (p. ex., na doença de von Hippel-Lindau) (p. 705)
9. fármacos
   a) salicilatos: aspirina, subsalicilato de bismuto (Pepto Bismol®)
   b) quinina
   c) toxicidade de aminoglicosídeo: estreptomicina, tobramicina (o zumbido precede a perda da audição)

91.16 Alterações sensoriais faciais

1. parestesias circum-orais
   a) hipocalcemia
   b) siringobulbia
2. alterações sensoriais faciais unilaterais
   a) neuroma do nervo trigêmeo
   b) schwannoma vestibular (VS): para envolver o V nervo craniano, um VS tem que ter diâmetro > 2 cm; ver sintomas da compressão do V nervo sob schwannoma vestibular (p. 671)
   c) compressão do trato espinal do trigêmeo (lesões compressivas amplas podem causar alteração bilateral da sensibilidade facial) que se manifesta, principalmente, por diminuição das sensações dolorosa e térmica, com pouco efeito sobre a sensação tátil.[29] O trato geralmente se estende para baixo e para dentro da medula espinal, até o nível vertebral de C2 (embora, às vezes, possa se estender para baixo até C4)

91.17 Perturbações da linguagem

1. afasia
   a) lesão em áreas cerebrais da fala
      - afasia de Wernicke (p. 98): classicamente, produz afasia *fluente* (extensão e entonação normais de sentenças, porém ausência de significado)
      - afasia de Broca (p.98): hesitação, disartria
      - afasia de condução (p. 98): fala fluente espontânea e parafasias; contudo, os pacientes entendem palavras faladas ou escritas e têm consciência do próprio déficit.
   b) afasia transitória subsequente a uma crise epilética; ver paralisia de Todd (p. 443)
   c) afasia progressiva primária da fase adulta: idiopática e degenerativa
2. mutismo acinético: visto com a disfunção bilateral do lobo frontal (p. ex., com infarto de ACA de distribuição bilateral resultante da vasopressina de uma ruptura de aneurisma a-comm ou com lesões frontais bilaterais amplas; na verdade, pode ser abulia) ou com lesões bilaterais no giro cingulado
3. mutismo de origem cerebelar[30,31]
4. subsequente à cirurgia transcalosa: como resultado de retração bilateral do giro cingulado ou lesão talâmica aliada ao corte da parte mediana do corpo caloso[32]

Referências

[1] Cardoso ER, Peterson EW. Pituitary Apoplexy: A Review. Neurosurgery. 1984; 14:363–373

[2] Kapoor WN. Evaluation and Management of the Patient with Syncope. JAMA. 1992; 268:2553–2560

[3] Barron SA, Rogovski Z, Hemli Y. Vagal Cardiovascular Reflexes in Young Persons with Syncope. Ann Intern Med. 1993; 118:943–946

[4] Miller TH, Kruse JE. Evaluation of syncope. Am Fam Physician. 2005; 72:1492–1500

[5] Linzer M, Yang EH, Estes NA, III, Wang P, Vorperian VR, Kapoor WN. Diagnosing syncope. Part 1: Value of history, physical examination, and electrocardiography. Clinical Efficacy Assessment Project of the American College of Physicians. Ann Intern Med. 1997; 126:989–996

[6] Sarasin FP, Louis-Simonet M, Carballo D, Slama S, Rajeswaran A, Metzger JT, Lovis C, Unger PF, Junod AF. Prospective evaluation of patients with syncope: a population-based study. Am J Med. 2001; 111:177–184

[7] Brignole M, Alboni P, Benditt D, Bergfeldt L, Blanc JJ, Bloch Thomsen PE, van Dijk JG, Fitzpatrick A, Hohnloser S, Janousek J, Kapoor W, Kenny RA, Kulakowski P, Moya A, Raviele A, Sutton R, Theodorakis G, Wieling W. Guidelines on management (diagnosis and treatment) of syncope. Eur Heart J. 2001; 22:1256–1306

[8] Smith DB, Hitchcock M, Philpot PJ. Cerebral Amyloid Angiopathy Presenting as Transient Ischemic Attacks: Case Report. J Neurosurg. 1985; 63:963–964

[9] Greenberg SM, Vonsattel JP, Stakes JW, Gruber M, Finklestein SP. The Clinical Spectrum of Cerebral Amyloid Angiopathy: Presentations without Lobar Hemorrhage. Neurology. 1993; 43:2073–2079

[10] Kaminski HJ, Hlavin ML, Likavec MJ, Schmidley JW. Transient Neurologic Deficit Caused by Chronic Subdural Hematoma. Am J Med. 1992; 92:698–700

[11] Moster M, Johnston D, Reinmuth O. Chronic Subdural Hematoma with Transient Neurologic Deficits: A Review of 15 Cases. Ann Neurol. 1983; 14:539–542

[12] McLaurin R. Contributions of Angiography to the Pathophysiology of Subdural Hematomas. Neurology. 1965; 15:866–873

[13] Apter AJ, Mott AE, Frank ME, Clive JM. Allergic rhinitis and olfactory loss. Ann Allergy Asthma Immunol. 1995; 75:311–316

[14] Emmett EA. Parosmia and hyposmia induced by solvent exposure. Br J Ind Med. 1976; 33:196–196

[15] Lieblich JM, Rogol AD, White BJ, Rosen SW. Syndrome of anosmia with hypogonadotropic hypogonadism (Kallmann syndrome): clinical and laboratory studies in 23 cases. Am J Med. 1982; 73:506–519

[16] Beal MF. Multiple Cranial-Nerve Palsies - A Diagnostic Challenge. N Engl J Med. 1990; 322:461–463

[17] Krisht AF. Giant Invasive Pituitary Adenomas. Contemp Neurosurg. 1999; 21:1–6

[18] Manni JJ, Scaf JJ, Huygen PLM, et al. Hyperostosis cranialis interna: A new hereditary syndrome with cranial-nerve entrapment. N Engl J Med. 1990; 322:450–454

[19] Chen J-R, Rhee RSC,Wallach S, et al. Neurologic Disturbances in Paget Disease of Bone: Response to Calcitonin. Neurology. 1979; 29:448–457

[20] Wilkins RH, Rengachary SS. Neurosurgery. New York 1985

[21] Al-Mefty O, Fox JL, Al-Rodhan N, Dew JH. Optic Nerve Decompression in Osteopetrosis. J Neurosurg. 1988; 68:80–84

[22] Salvarani C, Cantini F, Boiardi L, Hunder GG. Polymyalgia rheumatica and giant-cell arteritis. N Engl J Med. 2002; 347:261–271

[23] Clark WC, Theofilos CS, Fleming JC. Primary Optic Sheath Meningiomas: Report of Nine Cases. J Neurosurg. 1989; 70:37–40

[24] Gibson RD. Measurement of proptosis (exophthalmos) by computerised tomography. Australas Radiol. 1984; 28:9–11

[25] Peyster RG, Ginsberg F, Silber JH, Adler LP. Exophthalmos caused by excessive fat: CT volumetric analysis and differential diagnosis. AJR Am J Roentgenol. 1986; 146:459–464

[26] Strassburg HM. Macrocephaly is Not Always Due to Hydrocephalus. J Child Neurol 1989; 4:S32–S40

[27] Section of Pediatric Neurosurgery of the American Association of Neurological Surgeons. Pediatric Neurosurgery. New York 1982

[28] Rushton AR, Shaywitz BA, Duncan CC, et al. Computed Tomography in the Diagnosis of Canavan's Disease. Ann Neurol. 1981; 10:57–60

[29] Carpenter MB. Core Text of Neuroanatomy. 2nd ed. Baltimore: Williams and Wilkins; 1978

[30] Rekate H, Grubb R, Aram D, et al. Muteness of Cerebellar Origin. Arch Neurol. 1985; 42:637–638

[31] Ammirati M, Mirzai S, Samii M. Transient Mutism Following Removal of a Cerebellar Tumor: A Case Report and Review of the Literature. Childs Nerv Syst. 1989; 5:12–14

[32] Apuzzo MLJ. Surgery of Masses Affecting the Third Ventricular Chamber: Techniques and Strategies. Clin Neurosurg. 1988; 34:499–522

92 Diagnóstico Diferencial (DDx) por Sinais e Sintomas – Primariamente Coluna Espinal e Outros

92.1 Diagnósticos abordados fora deste capítulo

Quadro 92.1 Diagnósticos diferenciais por sinais e sintomas, coluna espinal e outros – abordados fora deste capítulo

DDx
espondilite anquilosante (p. 1125)
disfunção da bexiga (p. 92)
plexopatia braquial (p. 542)
síndrome do túnel do carpo (p. 521)
estenose cervical (p. 1086)
hérnia de disco lateral (p. 1059)
meralgia parestética (p. 534)
miopatia
tumores medulares espinais (p. 783)
abscesso epidural espinal (p. 349)
estenose espinal   • lombar (p. 1101)
cisto sinovial (espinal) (p. 1144)
síndrome do desfiladeiro torácico (p. 554)
torcicolo (p. 1533)
retenção urinária (p. 94)

92.2 Mielopatia

Os itens marcados com (†) podem-se manifestar como uma *massa epidural espinal*.

▶ **Congênita:**

1. malformação de (Arnold)-Chiari (p. 284): o tipo I frequentemente se manifesta no início da fase adulta
2. medula presa: muitas vezes pode-se manifestar somente após algum traumatismo
3. siringomielia: pode ser congênita ou pós-traumática em quadriplégicos; geralmente se manifesta com síndrome medular central – ver siringomielia (p. 1144) – ou mielopatia progressiva
4. cisto neuroentérico (p. 290)
5. compressão medular que ocorre com algumas mucopolissacaridoses: p. ex., síndrome de Morquio (resultante de subluxação atlantoaxial), síndrome de Hurler
6. paraplegia espástica hereditária: a história familiar é essencial. Diagnóstico por exclusão[2]

▶ **Adquirida:**

1. estenose espinal cervical ou torácica: frequentemente uma doença degenerativa sobreposta a um canal congenitamente estreito (o estreitamento congênito é visto com frequência em anões acondroplásticos)
2. traumática: incluindo choque espinal, hematomielia, hematoma epidural espinal (ver vascular, adiante), barotrauma, lesões elétricas, compressão por fratura óssea.† Pode-se seguir a um traumatismo menor no contexto de estenose espinal
3. disco intervertebral herniado†: mielopatia mais comum na região torácica, sendo a radiculopatia mais comum na região cervical (sinais de trato longo são raros com o disco cervical herniado)
4. cifose

5. hematopoiese extramedular† (p. 171): hipertrofia de medula → compressão medular. Primariamente, em anemias crônicas (p. ex., talassemia maior)
6. compressão óssea secundária à incompetência do processo odontoide ou ligamento atlantal transversal†. Pode ser congênita, traumática (p. 978), neoplásica ou inflamatória (em especial artrite reumatoide)
7. lipomatose epidural† (p. 1150): hipertrofia de tecido adiposo epidural mais frequentemente devida a anos de terapia com esteroide exógeno[2]
8. ossificação do ligamento longitudinal posterior (OPLL) (p. 1127)[3]
9. aracnoidite ossificante: uma rara condição (apenas ≈ 43 relatos de caso em 1998[4]) envolvendo calcificação da membrana aracnoide. Na coluna -T, pode ocorrer na forma de placas ossificadas ou de formato cilíndrico circundando a medula espinal. Pode ser difícil detectar à MRI e à mielografia. Uma varredura simples de CT sem contraste pode ser ideal para estabelecer o diagnóstico
10. doença de Paget vertebral† (p. 1120)
11. herniação medular espinal idiopática (p. 1150):[5,6] rara. A medula espinal torácica através de um defeito dural anterior, frequentemente produzindo síndrome de Brown-Séquard ou paraparesia espástica

▶ **Neoplásica:**
1. tumores de coluna/medula espinal† (p. 783) (ver detalhes)
   a) extradural (55%):
      - tumores primários (raros) incluem: neurofibromas, cordomas, osteoma osteoide, cisto ósseo aneurismático, hemangioma vertebral[7]
      - se idade > 40 anos: suspeitar de linfoma extradural (primário ou secundário) ou de depósitos leucêmicos (cordoma), especialmente se houver pré-diagnóstico de distúrbio hematopoiético ou linfático
      - metástases epidurais (p. 814) se tornam cada vez mais comum após os 50 anos de idade. Ocorrem em até 10% dos pacientes de câncer, com 5-10% das malignidades se manifestando, inicialmente, com compressão medular
   b) intradural-extramedular (40%): meningiomas, neurofibromas
   c) intradural-intramedular: tumores medulares primários (p. 784) (ependimoma, astrocitoma) e, em casos raros, metástases intramedulares
2. meningite carcinomatosa (p. 811): o déficit neurológico geralmente não pode ser localizado em um nível único
3. síndrome paraneoplásica (p. 542): incluindo efeitos sobre a medula espinal ou nervos periféricos

▶ **Vascular:**
1. hematoma/hemorragia
   a) hematoma epidural espinal† (p. 1131): em geral associado à terapia anticoagulante[8]
      - traumática: após punção lombar (LP) ou anestesia epidural (p. 1131)
      - espontânea:[9] rara. Inclui hemorragia a partir de AVM medular espinal (p. 1131) ou de hemangioma vertebral (p.1140)
   b) hemorragia subaracnoide espinal: como no hematoma epidural espinal (p. 165), esta também pode ser pós-traumática (p. ex., subsequente à LP[10,11]) ou secundária à AVM medular espinal
   c) hematoma subdural espinal
   d) hematomielia
2. infarto medular espinal: incomum com a eliminação de endarterite sifilítica. Mais frequente no território da artéria espinal anterior, preservando as colunas posteriores. Mais comumente ≈ nível T4 (zona limítrofe)
   a) a aterosclerose da artéria radicular em paciente idoso com hipotensão, é agora, a principal causa desta condição rara
   b) pinçamento da aorta durante a cirurgia (p. ex., para aneurisma aórtico abdominal)
   c) hipotensão (relativa ou absoluta) durante a cirurgia, em posição sentada, na presença de estenose espinal.[12] Pode ser melhorada com a evitação da hipotensão absoluta, usando posicionamento e entubação com fibra óptica no paciente acordado, monitorização intraoperatória de potenciais evocados somatossensoriais (SSEP) e indução de hipertensão, se ocorrerem alterações com o posicionamento, bem como evitar a posição sentada e evitar também a hiperflexão, hiperextensão e tração
   d) dissecação aórtica
   e) embolização de artérias espinais
3. malformação vascular medular espinal† (p. 1140): 10-20% se manifesta com aparecimento repentino de mielopatia, geralmente em pacientes com idade < 30 anos;[13] a mielopatia pode ser secundária a:
   a) efeito de massa da AVM: as AVMs representam < 5% das lesões que se manifestam como "tumores" medulares
   b) ruptura → SAH, hematomielia ou hematoma epidural
   c) infarto em região limítrofe por "roubo"
   d) trombose espontânea (mielopatia necrosante da doença de Foix-Alajouanine (p. 1141)[14]): presente como paraplegia espástica → flácida, com nível sensorial ascendente.
4. mielopatia por radiação: em razão da obstrução microvascular (p. 1563)

Diagnóstico Diferencial (DDx) por Sinais e Sintomas – Primariamente Coluna Espinal e Outros **1409**

5. secundária ao contraste iodado usado na angiografia mesentérica ou aórtica. Em especial, quando a angiografia é obtida na presença de hipotensão, em que o débito cardíaco é desviado para longe das vísceras e para dentro das artérias radiculares espinais. Tratamento: posicionar o paciente sentado, remover ≥ 100 mL de CSF por LP e repor com igual volume de salina durante 30 minutos[15]

▶ **Autoimune:**
1. pós-viral (ou pós-vacinação): na verdade, pode ser etiologia de processo autoimune (isto é, mielite transversal). Pródromo viral presente em ≈ 37% dos casos de mielite transversal aguda (ATM). A infecção viral geralmente causa mais danos à substância cinza (p. ex., poliomielite).

▶ **Desmielinizante:**
1. mielite transversal aguda (ATM) (idiopática) (p. 187). Pico de incidência durante as primeiras 2 décadas da vida. Aparecimento súbito de enfraquecimento de LE, perda sensorial, dor na coluna dorsal e perturbações de esfíncter indistinguíveis da compressão da medula espinal. A região torácica é mais comum. A CT e o mielograma permanecem normais. A MRI pode mostrar CSF → pleiocitose e hiper-proteinemia.
2. esclerose múltipla (**MS**): diagnosticada apenas em 7% dos pacientes com MTA. Embora seja mais frequente em adultos jovens, a MS também pode ocorrer em qualquer momento da vida. A mielopatia da MS costuma ser insidiosa e geralmente é incompleta (isto é, certo grau de preservação). Afeta a mielina e, assim, poupa a substância cinza. Reflexos cutâneos anormais quase sempre estão ausentes na MS.
3. **síndrome de Devic** (neuromielite óptica [NMO]): variante da MS caracterizada por neurite óptica bilateral aguda e mielite transversal (que se estende por pelo menos 3 níveis,[16] muitas vezes causando mielopatia cervical). O edema medula espinal pode-se agravar tanto que chega a causar bloqueio total à mielografia. Mais comum na Ásia e na Índia do que nos EUA na Europa. Comparada à MS clássica: a mielopatia tende a ser mais grave (patologia: mais necrose, em oposição à desmielinização incompleta) e com menor chance de recuperação. Anticorpos IgG séricos distintos (NMO-IgG) podem ajudar a diferenciar da MS[17]

▶ **Metabólica/tóxica:**
1. Doença sistêmica combinada (CSD) (subaguda) (também chamada degeneração colunal combinada subaguda): em razão da deficiência de vitamina B12 (cianocobalamina)
   a) etiologias:
      • deficiência dietética de B12 (B12 é uma vitamina hidrossolúvel presente em carnes vermelhas e produtos de origem animal)
      • anemia perniciosa: má absorção intestinal de B12 junto ao íleo distal, em razão da falta de secreção de fator intrínseco (um pequeno polipeptídeo) pelas células parietais gástricas[18])
      • outros distúrbios gástricos: baixo pH gástrico (p. ex., na síndrome de Zollinger-Ellison, pode inibir a fixação de fator intrínseco aos receptores ileais)
2. clínica: aparecimento gradual e uniforme. Começa com parestesias simétricas nos pés ou nas mãos (envolvimento da coluna posterior) → rigidez da perna, enfraquecimento e déficits proprioceptivos com uma instabilidade que piora no escuro → espasticidade → paraplegia → disfunção intestinal e da bexiga urinária. Demência (confusão, comprometimento da memória, irritabilidade...) ocorre em casos avançados, em razão das alterações na substância branca cerebral. As perturbações visuais com ou sem atrofia óptica podem ser causadas pela desmielinização do nervo óptico.
3. Exames de laboratório:
   a) B12 sérica: é o teste mais sensível. Entretanto, níveis normais de B12 não excluem a deficiência de B12. Se houver sintomas neurológicos, então é necessário checar o ácido malônico ou a deficiência de outros marcadores de B12, como o ácido metilmalônico (verificar também a homocisteína, para excluir a hipótese de deficiência de folato)
   b) hemograma (CBC): a maioria (se não todos) dos pacientes exibirá anemia *macrocítica* (megalocítica) (a deficiência de ácido fólico também produz anemia megaloblástica. O ácido fólico corrige esta anemia, mesmo em presença de CSD, mas não corrige os déficits neurológicos que, na verdade, podem piorar)
   c) **teste de Schilling:** determina a causa da deficiência de B12, se as injeções de B12 já tiverem sido aplicadas (a cianocobalamina radiomarcada é administrada por via oral, seguida de uma dose parenteral de vitamina não radioativa, e o percentual de radioatividade é medido na urina ao longo de 24 horas, em uma única determinação e, em seguida, com adição de fator intrínseco seguida, finalmente, de terapia antibiótica)
4. imagem: a MRI T2WI pode exibir sinal intensificado junto à substância branca da medula espinal, predominantemente nas colunas posteriores, mas também em tratos espinotalâmicos
5. tratamento: injeções de B12 a cada 1-3 meses, ou doses maiores de preparações orais[19] (outros sistemas de transporte independentes de fator intrínseco resultam em absorção de ≈ 1% da B12 administrada por via oral, doses de 300-100.000 mcg resultam em absorção de mais do que a necessidade diária de 1-2,5 mcg)
6. toxinas: exemplificadas pelos anestésicos locais usados para anestesia espinal, que raramente causam mielopatia

92

▶ **Infecciosa:**

1. abscesso (para)espinal, também chamado **abscesso epidural espinal** ou empiema epidural (p. 349)†: com frequência, história de infecção por estafilococos, geralmente um furúnculo na pele. Frequentemente acompanhada de osteomielite vertebral.[20] Produz sensibilidade local, dor na coluna dorsal, febre, velocidade de sedimentação eritrocitária (VSE) alta
2. osteíte vertebral/osteomielite (p.353)†
3. discite piogênica†: espontânea ou subsequente a procedimentos (p. 356)
4. mielopatia relacionada com o HIV ou com a Aids: similar à deficiência de B12. Enfraquecimento espástico e ataxia. Pode causar vacuolização da medula espinal. "Parapesia tropical (espástica) da Aids", vista também na infecção por HTLV-1[21]
5. tuberculose: doença de Pott, ver osteomielite vertebral tuberculosa (p. 354)
6. meningite espinal com paquimeningite
7. viral:
    a) herpes-varicela-zóster: raramente causa mielopatia necrosante
    b) herpes simples tipo 2: pode causar mielite ascendente
    c) citomegalovírus: pode causar mielite transversal
8. envolvimento sifilítico: pode causar *tabes dorsalis*, meningomielite sifilítica, ou sífilis vascular espinal. Diagnosticado por análise do soro e sorologia do CSF
9. cistite parasítica†
10. algumas formas da doença de Creutzfeldt-Jakob (CJD) com desgaste muscular inicial, podem mimetizar doença medular espinal ou esclerose lateral amiotrófica (ALS) (p. 367).

▶ **Distúrbio neuromuscular periférico:**

1. síndrome de Guillain-Barré (GBS) (p. 184): enfraquecimento rapidamente ascendente (mimetiza compressão da medula) com arreflexia e sensibilidade quase normal.
2. neuropatias disimunes crônicas: presumidamente imunomediadas[22]
    a) polirradiculoneuropatia desmielinizante imune crônica (CIDP) (p.186): similar à GBS, mas pode progredir durante um período maior
    b) neuropatia motora multifocal (MMN): caracterizada por atrofia muscular assimétrica, cãibras e tremor de LES. Pode mimetizar a ALS, porém é tratável (com IVIg ou imunossupressão)
3. miopatias: incluindo miopatia por esteroide (geralmente afeta músculos proximais > distais).

▶ **Doenças de motoneurônios:**

1. ALS (p. 183): doença de motoneurônio superior e inferior. *Leve* espasticidade dos LES (a espasticidade extrema é rara), enfraquecimento atrófico das mãos e antebraços, fasciculações nos UEs, ausência de alterações sensoriais (incluindo ausência de dor), controle do esfíncter geralmente preservado
2. esclerose lateral primária: idade > 50 anos. Nenhum sinal de LMN. Progressão mais lenta que a da ALS (anos a décadas). Paralisia pseudobulbar (p. 178) é comum[23]

†Itens com (†) também podem-se manifestar na forma de massa epidural espinal.

92.3 Ciática

92.3.1 Informação geral

Definição: dor na distribuição do nervo ciático. O nervo ciático é constituído por componentes de raízes nervosas de L4-S3. O nervo sai da pelve pelo forame ciático maior ao longo da parte posterior da coxa. No terço inferior da coxa, o nervo se divide nos nervos tibial e fibular comum.

92.3.2 Etiologias

A causa mais comum de ciática é a *radiculopatia* resultante de disco lombar herniado.[24] O diagnóstico diferencial é similar ao da mielopatia (ver anteriormente), mas também inclui:

1. congênita:
    a) cisto meníngeo (cisto perineural): ver cistos meníngeos espinais (p. 1142)
    b) raiz nervosa conjugada (p. 275): inicialmente desconsiderada como possível causa de radiculopatia, mas hoje se considera que a condição pode ser sintomática por aprisionamento (lesão)
2. adquirida:
    a) estenose espinal/espondilose/espondilolise/espondilolistese
    b) cisto justaface: inclui cisto sinovial e cisto ganglionar (p. 1143):[25] detecção cada vez mais frequente com o uso de MRI

Diagnóstico Diferencial (DDx) por Sinais e Sintomas – Primariamente Coluna Espinal e Outros **1411**

c) cisto de bainha de raiz nervosa: pode ser congênito ou adquirido. Pode surgir próximo da axila da raiz nervosa e causar compressão de raízes adjacentes. Tratamento: extirpar o cisto e costurar o óstio

d) aracnoidite ossificante (p. 1408): rara. Na região lombar, pode ocorrer como massas colunares, cilíndricas ou de formato irregular.[26] Pode produzir lombalgia, radiculopatia ou síndrome da cauda equina

e) ossificação heterotópica em torno do quadril[27]

f) lesões por injeção a partir de injeções IM em local errado

g) síndrome do compartimento da parte posterior da coxa

h) lesão agravante de artroplastia total do quadril[28]

i) lesão por radiação subsequente ao tratamento de tumores próximos

3. infecciosa:

a) discite (p. 356): em geral, causa dor excruciante à execução de qualquer movimento

b) doença de Lyme (p. 334)

c) herpes-zóster: causa rara de radiculopatia.[29] Os dermátomos lombossacrais estão envolvidos em ≈ 10-15% dos casos de zóster. A dor geralmente independe da posição. As típicas lesões cutâneas do herpes geralmente surgem em seguida ao aparecimento da dor, em 3-5 dias, com 1-5% dos pacientes desenvolvendo enfraquecimento motor (em geral nos braços ou no tronco). O zóster sacral pode causar paralisia do detrusor, produzindo retenção urinária. O total de 55% dos indivíduos que apresentam sintomas motores conseguem se recuperar bem, enquanto 30% seguem para uma recuperação boa a razoável

4. neoplásica:

a) tumores espinais: mieloma múltiplo (p. 714), metástases (p. 821)

b) tumores de osso ou tecido mole ao longo do curso do nervo ciático: pode resultar em laminectomia incorreta para disco lombar herniado.[30] A dor geralmente é insidiosa no momento do aparecimento, e *não posicional* (ver adiante)
   - neoplasia intra-abdominal ou pélvica
   - tumores da coxa
   - tumores na fossa poplítea ou na panturrilha

5. inflamatória:

a) bursite trocantérica (p. 1101): pode produzir pseudorradiculopatia. Em casos raros, estende-se para a parte posterior da coxa ou distalmente até o joelho

b) miosite ossificante do músculo bíceps femoral[31]

6. vascular:

a) a ciática pode ser mimetizada por claudicação intermitente (i.e., vascular)

b) hematoma do psoas: geralmente em pacientes submetidos à anticoagulação. Há casos em que uma drenagem se faz necessária

7. a dor referida de origem não espinal: não dermatomal. Sinais de tensão de raiz nervosa (p. 1101) geralmente são negativos. Inclui:

a) pielonefrite

b) renolitíase, incluindo obstrução ureteral

c) colecistite

d) apendicite

e) endometrite/endometriose

f) úlcera duodenal perfurada posterior

g) hérnia inguinal, especialmente quando encarcerada

h) dissecação aórtica (p. 1414)

8. síndrome piriforme (PS): controversa. O músculo piriforme se origina nos VBs de S2-4 e ligamento tuberoso, e atravessa o nó ciático maior para se fixar ao trocânter maior do fêmur. É inervado por L5-S1. É o principal rotador *externo* do quadril em extensão. Pode irritar ou comprimir o nervo ciático (condição também chamada pseudociática, que pode mimetizar os sintomas de disco herniado). O nervo glúteo superior é preservado, em razão do ponto de saída proximal ao músculo. Por outro lado, pode haver PS secundariamente à radiculopatia lombar inferior. Causa dor junto à distribuição ciática e enfraquecimento da rotação e da abdução do quadril. Sinais: teste de Freiberg (dor com rotação interna forçada do quadril e a coxa estendida) ou teste de Pace (dor à abdução resistida/rotação externa do quadril). Não há estudos devidamente delineados sobre tratamentos. As terapias defendidas são: fisioterapia (PT), alongamento, injeção do músculo localizado via exame de toque retal com cuidado para não injetar o próprio nervo ciático, e a secção do músculo piriforme. Muitas vezes, um alívio duradouro pode ser conseguido após a injeção de anestésico local. O uso de toxina botulínica (Botox®) foi descrito

9. maior envolvimento periférico (isto é, neuropatia), que pode ser confundido com radiculopatia, incluindo:

a) neuropatia femoral confundida com radiculopatia de L4 (ver adiante)

b) lesão do plexo sacral proximal confundida com radiculopatia de S1 (ver adiante)

c) neuropatia diabética (p. 545), incluindo amiotrofia diabética

d) tumores (ver adiante)

92.3.3 Tumores extraespinais causadores de ciática

✳Características da dor: a dor quase sempre surge de maneira insidiosa.[30] Inicialmente, pode ser intermitente, mas em geral todos os pacientes desenvolvem dor constante, progressiva e que não é afetada pela posição nem pelo repouso.[30] É relatada significativa dor noturna em ≈ 80% dos casos.

O levantamento da perna estirada foi positivo na maioria dos pacientes; entretanto, em metade deles a dor era localizada em ponto específico ao longo do curso do nervo, distal ao nó ciático.[30] O tratamento conservador não traz alívio ou promove somente alívio temporário.

Cerca de 20% terão história prévia de tumor (em geral, neurofibromatose ou malignidade anterior). Entre as malignidades, estão incluídas:[30] lesões metastáticas, sarcomas ósseos primários (condrossarcoma...) e sarcomas de tecido mole (lipossarcoma...). Os tumores benignos incluem: lipoma, neurofibroma, schwannoma, cisto ósseo aneurismático do sacro, tumor de célula gigante tenossinovial.

Em 2/3 dos casos, a obtenção de uma história médica detalhada e a realização do exame físico permitiram localizar e até determinar a natureza (tumor de osso *vs.* de tecido mole) da lesão.[30] As radiografias que mostram toda a pelve e o fêmur proximal demonstrarão quase todos os tumores nestes locais.[30,32]

92.3.4 Características que diferenciam a radiculopatia na ciática

Informação geral

A ciática pode resultar do envolvimento de raiz nervosa junto ao canal espinal (p. ex., com a herniação do disco lombar). Clinicamente, isto produz uma síndrome de raiz nervosa: ver síndromes de raiz nervosa (p. 1049). Exames de imagem espinal (MRI, mielograma/CT) geralmente detectarão a compressão direta da raiz nervosa neste local. Pode ser mais difícil obter imagens de um envolvimento mais periférico.

Envolvimento de L4

A neuropatia femoral muitas vezes é confundida com radiculopatia de L4. Os achados diagnósticos são mostrados no ▶ Quadro 92.2.

Envolvimento de L5

A paralisia do nervo peroneal pode ser confundida com radiculopatia de L5 (p. 1416).

Envolvimento de S1

Fora do canal espinal, também pode haver envolvimento de S1, no plexo sacral (p. ex., por um tumor pélvico). Nas lesões de plexo, o EMG mostrará preservação dos músculos paraespinais (nervos que seguem para os músculos paraespinais e saem na região do forame neural), bem como dos glúteos máximo médio (os nervos glúteos superior e inferior saem imediatamente distais aos nervos paraespinais).

Quadro 92.2 Distinção entre neuropatia femoral e radiculopatia de L4		
Achado	**Neuropatia femoral**	**Radiculopatia de L4**
Perda sensorial		
distribuição (▶ Fig. 1.14)	coxa anterior	dermátomo de ≈ joelho até o maléolo medial, com preservação da parte anterior da coxa
Enfraquecimento muscular		
iliopsoas	fraco	normal
adutores da coxa	normal (inervado pelo nervo obturador)	pode estar fraco
quadríceps	fraco	fraco

92.4 Quadriplegia ou paraplegia aguda

92.4.1 Informação geral

As entidades causadoras de compressão medular espinal geralmente se manifestam como: paraplegia ou paresia (ou quadriplegia/paresia), retenção urinária (pode requerer ultrassom de bexiga urinária ou checagem de resíduo pós-micção para fins de detecção) e comprometimento da sensibilidade abaixo do nível da compressão. Pode se desenvolver ao longo de horas ou dias. Os reflexos podem estar hiper ou hipoativos. O sinal de Babinski pode ou não estar presente. Excluindo-se o traumatismo, a causa mais comum é a compressão por tumor ou osso.

92.4.2 Etiologias

Certo grau de sobreposição com mielopatia.
1. na infância (pode produzir "síndrome do bebê mole")
   a) atrofia muscular espinal (a forma mais grave é chamada doença de Werdnig-Hoffmann e, geralmente, é fatal em alguns meses): doença autossômica recessiva congênita da infância, com degeneração de células do corno anterior. Somente em raros casos é evidente ao nascimento (manifestando-se como paucidade de movimento), produz enfraquecimento, arreflexia, fasciculações de músculo e língua com manutenção da sensibilidade normal. Os casos graves progridem para quadriplegia no decorrer dos primeiros 1-2 anos
   b) lesão medular espinal durante o parto: rara sequela de parto de cócoras
   c) miopatias congênitas (p. ex., deficiência infantil de maltase ácida [doença de Pompe])
   d) botulismo infantil: íleo paralítico, hipotonia, enfraquecimento, midríase, presença nas fezes da bactéria *Clostridium botulinum* e sua toxina
2. lesão medular espinal traumática
   a) traumatismo significativo: diagnóstico geralmente evidente
   b) traumatismo menor: pode causar lesão de medula no contexto de estenose espinal, pode levar a → síndrome centromedular; ver síndrome centromedular (p. 944)
   c) deslocamento atlantoaxial: a partir de um traumatismo significativo ou em consequência de instabilidade a partir de tumor ou artrite reumatoide
3. congênita
   a) compressão medular espinal extradural por osso, secundária a hemivértebras cervicais (sintomas ausentes ao nascimento, podem-se desenvolver décadas depois, ocasionalmente, após um traumatismo menor)
   b) estenose cervical (p. 1088) (geralmente com espondilose sobreposta): quadriplegia ou síndrome do cordão central, pode-se seguir a um traumatismo menor
   c) anão acondroplásico: estenose espinal (modelo animal: dachshund)
   d) siringomielia: em geral, manifesta-se com síndrome centromedular
4. metabólica
   a) doença sistêmica combinada* (p. 1409)
   b) envenenamento com tálio: geralmente causa sintomas sensoriais e autônomos; em casos graves, é possível encontrar quadriplegia e disartria
   c) mielinólise pontina central (p. 115)
5. infecciosa
   a) infecção espinal epidural (abscesso ou empiema)*
   b) pós-viral (ou pós-vacinação): pode ser mielite transversal*
6. distúrbio neuromuscular periférico*
   a) síndrome de Guillain-Barré (p. 186): classicamente, uma paralisia *ascendente*, contudo, uma variante incomum é a parapesia mimetizando uma lesão medular espinal[33]
   b) miopatias
7. neoplásica:* tumores medulares espinais
8. autoimune*
9. vascular
   a) infarto pontobulbar agudo: geralmente, idade > 50 anos. Paciente quadriplégico, alerta, com paralisias bulbares (anormalidades de movimento ocular e comprometimento do reflexo nauseoso e da fala)
   b) infarto medular espinal:* incluindo AVM, mielopatia por radiação...
10. compressiva diversas:* incluindo hematoma epidural, compressão óssea, lipomatose epidural
11. funcional: histeria, simulação de doença
12. lesão hemisférica cerebral bilateral (envolvendo ambas as faixas motoras): exemplificada pela lesão pós-irradiação cerebral ou parassagital. Não terá *nível* sensorial

*Para itens com (*), ver detalhes em mielopatia (p. 1407).

92.5 Hemiparesia ou hemiplegia

92.5.1 Informação geral

Pode ser produzida por qualquer coisa que interrompa o trato corticospinal desde a sua origem, nas células piramidais de Betz junto à faixa motora, até a coluna espinal cervical. Isto resulta em paralisia de motoneurônio superior (ver ▶ Quadro 29.4), que também deve produzir achados de trato longo, incluindo sinal de Babinski ipsolateral à hemiplegia.

92.5.2 Etiologias

▶ **Lesões do hemisfério cerebral na região da faixa motora contralateral.** Lesões amplas também podem envolver o córtex sensorial produzindo diminuição da sensibilidade ipsolateral à hemiparesia.
1. tumor (neoplasia): primário ou metastático
2. traumático: hematoma epidural ou subdural, contusão cerebral hemorrágica, compressão por fratura craniana deprimida
3. vascular:
    a) infarto
        • isquêmico: fluxo baixo é embólico (em razão de aterosclerose, dissecção arterial...)
        • hemorrágico: hemorragia intracerebral, SAH aneurismática...
    b) TIA (p. 1264)
4. infecção: cerebrite, abscesso

▶ **Lesões da cápsula interna contralateral.** Produz hemiplegia motora pura sem perda sensorial. A etiologia mais comum é o infarto lacunar isquêmico

▶ **Lesões do tronco encefálico.** Infarto isquêmico, hemorragia, tumor

▶ **Lesões de junção cervicobulbar.** Lesões do forame magno (p. 1367)

▶ **Lesões medulares espinais unilaterais.** Acima de ≈ C5 ipsolateral ao enfraquecimento, produzindo síndrome de Brown-Séquard (p. 947) com perda sensorial contralateral à dor e à temperatura. Ver etiologias (p. 947).

▶ **Hipoglicemia.** Em certos casos, pode estar associada a uma hemiparesia que é resolvida após a administração de glicose.

▶ **Nota.** Em um paciente com hemiplegia/hemiparesia inexplicada, em especial após traumatismo, considerar a dissecção carotídea.

92.6 Lombalgia

92.6.1 Informação geral

Nas condições descritas a seguir, considera-se, primariamente, a lombalgia *sem* radiculopatia nem mielopatia, embora haja certo grau de sobreposição. O traumatismo costuma ser evidente e não é discutido. Ver em ciática (p. 1410), o diagnóstico diferencial da condição, e ver também em Lombalgia e radiculopatia (p. 1414), para avaliação.

92.6.2 Lombalgia aguda

Similar à lista para mielopatia (p. 1407). A maioria dos casos é inespecífica (p. ex., distensão lombossacral), sendo que apenas 10-20% podem receber diagnóstico patoanatômico preciso:[34]

▶ **Pacientes que se contorcem de dor.** Devem ser avaliados quando à condição intra-abdominal ou vascular (p. ex., dor da dissecção aórtica - tipo de dor que é tipicamente descrita como "dor de rompimento"): os pacientes com lombalgia neurogênica tendem a permanecer maximamente imóveis, podendo necessitar mudar de posição a intervalos.

▶ **Dor que não é aliviada com repouso:**
1. tumor espinal (intradural ou extradural) (p. 1032)
    a) tumor espinal primário ou metastático: suspeita-se em pacientes com dor que dura > 1 mês oculta pelo repouso no leito, falha em melhorar após a terapia conservadora, perda de peso inexplicável, idade > 50 anos[35]

Diagnóstico Diferencial (DDx) por Sinais e Sintomas – Primariamente Coluna Espinal e Outros 1415

    b) dor noturna na coluna dorsal aliviada por aspirina é sugestiva de osteoma osteoide ou osteoblastoma benigno (p. 792)[36]

2. Infecção (especialmente em usuários de drogas IV, diabéticos, pacientes no pós-cirurgia de coluna espinal, pacientes imunocomprometidos ou pacientes com pielonefrite ou com infecção do trato urinário [UTI] no pós-cirurgia geniturinária [GU]). A febre é algo insensível, no caso das infecções espinais. A sensibilidade da coluna espinal à percussão tem sensibilidade de 86% em casos de infecção bacteriana, apesar da baixa especificidade de 60%.[35] Entre os tipos de infecção, estão:
    a) discite
    b) abscesso epidural espinal: deve ser considerado em pacientes com dor na coluna dorsal, febre, sensibilidade na coluna espinal ou infecção cutâneo (furúnculo)
    c) osteomielite vertebral
3. inflamatória
4. sacroileíte: pode produzir dor e sensibilidade em uma ou ambas as articulações sacroilíacas (SI). A radiografia pélvica pode mostrar esclerose de uma ou ambas as articulações SI
    a) bilateral e simétrica
- espondilite anquilosante (p. 1123): rigidez matinal no dorso, sem alívio com repouso e que melhora com exercício.[37] Encontrada geralmente em indivíduos do sexo masculino, com aparecimento dos sintomas antes dos 40 anos de idade. Teste de Patrick positivo (p. 1048) e dor à compressão na pelve com o paciente posicionado em decúbito lateral
- síndrome de Reiter (assim nomeada em homenagem a Hans Reiter, um bacteriologista alemão): artrite reativa (que costuma surgir em 1-3 semanas após certas infecções bacterianas) com envolvimento de pelo menos uma de outras áreas não articulares (uretrite, uveíte/conjuntivite, lesões cutâneas, ulcerações mucosas...). O teste de HLA-B27 resulta positivo em 75% dos casos
- pode ocorrer na doença de Crohn
    b) bilateral e assimétrica
- artrite psoriática
- artrite reumatoide: formas adulto e juvenil
    c) unilateral
- gota
- osteoartrite
- infecção

▶ **Déficit neurológico em evolução.** (**Síndrome da cauda equina:** anestesia perineal, retenção ou urgência ou incontinência urinária, enfraquecimento progressivo). Necessidade de avaliação diagnóstica de emergência para excluir a possibilidade de condições tratáveis, como:
1. abscesso epidural espinal (p. 349)
2. hematoma epidural espinal (p. 1131)
3. tumor espinal (intra ou extradural) (p. 783)
4. herniação em massa de disco central (p. 1051)

▶ **Fratura patológica.** Dor aguda em pacientes com risco de osteoporose ou com Ca comprovado deve levar à imediata avaliação para detecção de fraturas patológicas.
1. fratura por compressão lombar: ver fraturas espinais osteoporóticas (p. 1008)
2. fratura por insuficiência sacral:[38] especialmente em pacientes com artrite reumatoide sob tratamento crônico com esteroides, muitas vezes com história anterior de traumatismo. Pode causar dor na coluna dorsal e/ou radiculopatia. Frequentemente, não é detectada em radiografias simples, sendo mais bem observada por CT, mas também pode ser detectada em cintilografias ósseas

▶ **Coccidinia** (p. 1038). Dor e sensibilidade ao redor do cóccix.

▶ **Rupturas no ânulo fibroso.** ("Rupturas anulares")[39] (Nota: presente também em 40% dos pacientes assintomáticos, na faixa etária de 50-60 anos, e em 75% dos pacientes com idade de 60-70 anos[40]).

▶ **Raramente se segue à hemorragia subaracnoide.** (SAH) Causada por irritação das raízes do nervo lombar e dura-máter: geralmente acompanhada de outros sinais de SAH (p. 1156).

▶ **Mialgia.** Pode ser um efeito colateral de "estatinas" (fármacos usados para diminuir a concentração sérica de colesterol LDL) com ou sem elevação da creatinina fosfoquinase sérica, por vezes acompanhada de enfraquecimento e, em casos raros, com rabdomiólise grave e mioglobinúria levando à insuficiência renal (o risco pode aumentar se houver disfunção renal ou hepática, idade avançada, hipotireoidismo ou infecção séria).[41]

▶ **Fármaco-induzida:**
1. estatinas: ver anteriormente, em mialgia

2. inibidores de fosfodiesterase tipo 5 (PDE5) usados para disfunção erétil: todos podem estar associados à lombalgia, mas a incidência é maior com tadalafil,[42] etiologia desconhecida. Em geral, ocorre em 12-24 horas após a administração da dose e se resolve em 48 horas. A maioria dos casos responde a analgésicos simples

92.6.3 Lombalgia subaguda

Sintomas que persistem por > 6 semanas estão presentes em 10% dos pacientes com lombalgia.

O diagnóstico diferencial inclui as causas de lombalgia aguda (anteriormente) e ainda:
1. dor contínua em repouso, que exige avaliação imediata para osteomielite espinal (sobretudo quando há febre e ESR elevada) ou neoplasia, se nenhuma tiver sido feita
2. radiografias simples da coluna espinal pode mostrar possíveis condições causais, embora muitas ou todas as condições listadas a seguir também possam ser encontradas em pacientes *assintomáticos*:
   a) espondilolistése (p. 1098)
   b) osteófitos espinais
   c) estenose lombar
   d) **nódulo** ou **nó de Schmorl** (p. 1060): herniação de disco ao longo de placa terminal cartilaginosa para dentro do corpo vertebral (Nota: também pode ser visto em 10% dos pacientes assintomáticos[43])

Lombalgia crônica

Decorridos 3 meses, apenas ≈ 5% dos pacientes com lombalgia continuarão manifestando sintomas persistentes. Um diagnóstico estrutural somente é possível para ≈ 50% destes pacientes. Estes pacientes são responsáveis por 85% das despesas com perda de trabalho e compensação.[34]

O diagnóstico diferencial inclui as causas de lombalgia aguda e subaguda listadas anteriormente, além de:
1. condições degenerativas
   a) espondilolistese degenerativa (p. 1099)
   b) estenose espinal (afetando o canal espinal)
   c) síndrome do recesso lateral
2. espondiloartropatias
   a) espondilite anquilosante: procurar alterações erosivas adjacentes à articulação SI e positividade no teste de antígeno HLA-B27
   b) doença de Paget da coluna espinal: o envolvimento vertebral é muito comum em pacientes com doença de Paget
3. osteíte condensante do íleo: densidade aumentada no íleo, em geral um achado assintomático (incidental). Ocasionalmente, pode produzir lombalgia ou sensibilidade. Em geral, é encontrado em mulheres que já engravidaram
4. sobreposição psicológica: incluindo ganho secundário (financeiro, emocional...)

92.7 Pé caído

92.7.1 Informação geral

Conceitos-chave

- tibial anterior fraco (extensão do pé) inervado pelo nervo fibular profundo (L4,5)
- etiologias mais comuns: radiculopatia de L4/L5, paralisia de nervo fibular comum
- em um paciente com pé caído, checar o tibial posterior (inversão do pé) e o glúteo médio (rotação interna do quadril flexionado) – ambos são preservados na paralisia do nervo fibular e devem estar envolvidos com a radiculopatia de L4/5
- o EMG pode ser útil na localização e prognóstico

Definição: enfraquecimento do tibial anterior (primariamente L4 e, em menor extensão, L5), com frequência acompanhado de músculos extensor longo do dedo e extensor longo do hálux enfraquecidos (primariamente L5 com alguma contribuição de S1), todos são inervados pelo *nervo fibular profundo*.

92.7.2 Substratos subjacentes do pé caído

O dilema mais comum é distinguir entre pé caído resultante de radiculopatia e aquele causado por paralisia do nervo peroneal (geralmente o nervo fibular comum [CPN]). Com a paralisia do CPN, são *preservados*

Diagnóstico Diferencial (DDx) por Sinais e Sintomas – Primariamente Coluna Espinal e Outros **1417**

o tibial posterior (inversão do pé, inervado pelo nervo tibial posterior) e o glúteo médio (rotação interna da coxa com o quadril flexionado, inervado pelo nervo glúteo superior, primariamente L5 com um pouco de L4, e o ponto de saída imediatamente posterior à saída das raízes a partir do forame neural). Nas lesões de raiz de L4 ou L5, estes músculos também serão enfraquecidos, ver ▶ Fig. 92.1.

O pé oscilante resulta da paralisia dos dorsiflexores e plantarflexores (p. ex., disfunção do nervo ciático, como pode ocorrer durante a cirurgia de deslocamento/fratura de quadril,[44] ou nas lesões por injeção [as injeções IM devem ser aplicadas superior e lateralmente a uma linha traçada entre a espinha ilíaca superior posterior e o trocânter maior do quadril]. Nota: a divisão fibular do nervo ciático tende a ser mais vulnerável à lesão do que a divisão tibial.

92.7.3 Etiologias do pé caído

Há três categorias principais: 1) muscular, 2) neurológica e 3) anatômica.

1. paralisias de nervo periférico (mais comuns). Ver ▶ Quadro 92.3 e ▶ Fig. 92.1
   a) lesão do nervo fibular (ver também os detalhes, incluindo as etiologias, em paralisia do nervo fibular comum [p. 535]). Ramos que podem estar envolvidos:
      • nervo fibular profundo: pé caído isolado com perda sensorial mínima (exceto, talvez, no espaço intermembranar do hálux)
      • nervo peroneal superficial: enfraquecimento dos fibulares longo e curto (eversão do pé) na ausência de pé caído. Perda sensorial: aspecto lateral da metade inferior da perna e do pé
      • nervo fibular comum: combinação dos anteriores (isto é, pé caído + eversão do pé enfraquecido, com preservação do tibial posterior [inversão do pé]). Perda sensorial: aspecto lateral da metade inferior da perna e pé)
   b) radiculopatia de L5: (ou, menos comumente, de L4) a causa mais frequente é a hérnia de disco lombar (HLD) em L4-5. Outras etiologias incluem: estenose espinal lombar em L4-5, fratura alar sacral (p. 1014)
      • resulta em dor e/ou alterações sensoriais no dermátomo de L5 (ou L4)
      • o enfraquecimento com radiculopatia tende a ser mais pronunciado nos músculos distais (p. ex., tibial anterior) do que nos proximais (p. ex., glúteo máximo)
      • o pé caído *indolor* não tende a ser causado por radiculopatia; considere a neuropatia fibular, neuropatia diabética, lesão em qualquer local ao longo do trato piramidal, doença de motoneurônio...
   c) lesão do plexo lombar
   d) neuropatia do plexo lombossacral (p. 544)
   e) lesão ao tronco lateral do nervo ciático

92

Lesão	Déficit motor[a]					Alterações sensoriais
	Tibial anterior (L4, 5 dorsiflexão do tornozelo)	**Fibular longo/curto (L5, S1 eversão do pé)**	**Tibial posterior (L4, 5 inversão do pé)**	**Bíceps femoral (L5, S1, 2 flexão do joelho)**	**Gastrocnêmio (S1, 2 flexão plantar**	
nervo fibular profundo	x					mínimas, ou espaço intermembrana do hálux
nervo fibular superficial		x				parte lateral distal da perna e dorso do pé
nervo fibular comum (CPN)	x	x				todas as anteriores
radiculopatia de L4 ou L5	x	x	x			dermatomal (▶ Fig. 1.14)
divisão fibular do nervo ciático[b]	x	x	x	x		como com o fibular comum
tronco principal do nervo ciático	x	x	x	x	x	parte lateral distal da perna e o pé inteiro

Quadro 92.3 Localização da lesão com pé caído

[a]x denota que o músculo indicado apresenta envolvimento (isto é, fraco).
[b]Ver nota de rodapé (b) na ▶ Fig. 92.1.

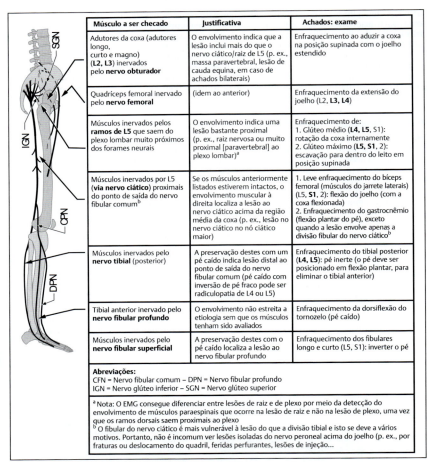

Fig. 92.1 Exame físico para localização de lesão em paciente com enfraquecimento de MI.

    f) neuropatia periférica: o enfraquecimento tende a ser maior distalmente, produzindo punho ou pé caído. Exemplo clássico: doença de Charcot-Marie-Tooth (p. 541), com achados que tendem a ser drásticos, embora a condição muitas vezes não incomode tanto o paciente
    g) inicialmente, no curso da doença de motoneurônio (ALS)
    h) envenenamento de metal pesado
2. o sistema nervoso central causa (aqui, o pé caído geralmente é indolor)
    a) lesão cortical (UMN): lesões parassagitais em região de faixa motora (a sensibilidade será preservada se a lesão não se estender posteriormente para o córtex sensorial).[45] Pode haver sinal de Babinski ou reflexo de Aquiles hiperativo (chamado "pé caído espástico"). Em geral, indolor
    b) lesão medular espinal: incluindo mielopatia espinal cervical
3. causas não neurogênicas
    a) distrofia muscular
    b) toxicidade por chumbo: em crianças, pode causar pé caído sem perda sensorial
    c) síndrome do compartimento anterior

92.7.4 Clínica
A perda da dorsiflexão faz o pé bater com a parte frontal quando o calcanhar toca o chão durante o andar. Do mesmo modo, durante a fase de oscilação da marcha, a parte da frente do pé pode ficar presa ao chão

(especialmente nas superfícies irregulares) e isto pode fazer o indivíduo tropeçar. Assim, os pacientes desenvolvem marcha escarvante (a coxa é elevada de modo exagerado com o joelho flexionado) no lado afetado. O enfraquecimento associado do tibial posterior, quando presente (p. ex., com radiculopatia de L5), desestabiliza o tornozelo permitindo a eversão que, por sua vez, também predispõe a quedas e fraturas do tornozelo. O pé caído crônico pode produzir contratura do tendão de Aquiles com talipe equino. É possível observar atrofia do extensor curto dos artelhos.

92.7.5 Avaliação

1. exame de sangue: glicose, ESR
2. EMG: pode ajudar a diferenciar entre radiculopatia de L5 e paralisia do nervo fibular, lesão de plexo (▶ Fig 92.1) ou doença do motoneurônio (p. 182) (para detalhes). O EMG somente é confiável após a manifestação dos sintomas durante pelo menos ≈ 3 semanas.
3. Para a suspeita de radiculopatia: MRI (ou CT/mielograma, se a MRI for impossível).

92.8 Enfraquecimento/atrofia das mãos/UEs

92.8.1 Enfraquecimento/atrofia das mãos/UEs com relativa preservação funcional nas LEs

1. espondilose cervical (p. 1083): frequentemente causa perturbação sensorial
2. radiculopatia cervical (p. 1069)
3. esclerose lateral amiotrófica (ALS): ausência de envolvimento sensorial. Uma das poucas causas de *fasciculações* clinicamente proeminentes. Ver detalhes da ALS (p. 1410), outras características distintivas (p. 1410), fibrilação (p. 505)
4. patologia medular espinal
   a) síndrome medular central (p. 944): tipicamente, causa mais envolvimento (enfraquecimento, perturbação sensorial) na UE do que na LE
   b) siringomielia (p. 1144): em geral, disestesias ardentes nas mãos com perda sensorial dissociada
5. lesão do plexo braquial (p. 550)
6. neuropatia do plexo braquial (inclui a síndrome de Parsonage-Turner) (p. 542)
7. problemas de nervo periférico, incluindo
   a) síndrome do túnel do carpo (p. 519)
   b) neuropatia ulnar (p. 526)
   c) outras síndromes de aprisionamento de nervo periférico (p. 515)
8. lesões do forame magno (p. 1367): pode causar paralisia cruzada (de Bell)[46] como resultado da compressão acima da decussação piramidal, a qual produz enfraquecimento bilateral das UEs e possível atrofia das mãos, com preservação das LEs[47] (no diagnóstico diferencial para síndrome do centromedular). A compressão de um lado pode produzir uma condição similarmente nomeada (porém diferente do ponto de vista clínico) hemiplegia cruzada (paralisia espástica de uma UE e da LE contralateral)[47]
9. síndrome do desfiladeiro torácico (p. 554)
10. botulismo (p. 1399)
11. variante faríngea-cervical-braquial da síndrome de Guillain-Barré (p. 186)

92.8.2 Atrofia do primeiro músculo interósseo dorsal

Etiologias: envolvimento tanto da raiz nervosa de C8/T1 como do nervo ulnar (seja focal ou difuso). Existem 4 diagnósticos diferenciais principais:

1. neuropatia ulnar: checar o nervo mediano para ver se os achados se estendem a um nervo próximo, porém separado:
   a) no cotovelo (p. 531)
   b) no canal de Guyon (p. 531)
2. envolvimento de raiz nervosa:
   a) radiculopatia cervical: C8 ou T1
   b) avulsão de raiz nervosa: enfraquecimento + perda sensorial com SNAP normal no EMG (p. 243), geralmente com história de traumatismo precipitante
3. envolvimento do plexo braquial inferior
   a) síndrome do desfiladeiro torácico (p. 554)
   b) tumor de Pancoast (p. 542)
4. distúrbios neurodegenerativos

a) esclerose lateral amiotrófica (ALS) (p. 1086)
b) MMN (p. 1410): uma neuropatia disimune crônica com desgaste muscular assimétrico, cãibras e tremor de LE

92.9 Radiculopatia, membro superior (cervical)

Ver enfraquecimento/atrofia das mãos/UEs (p. 1420). Além daqueles itens:
1. patologia primária do ombro: caracteristicamente, a dor é agravada pelo movimento ativo e/ou passivo do ombro. Em geral, a patologia do ombro não causa dor referida no pescoço
   a) rompimento do manguito rotatório
   b) tendonite bicipital: sensibilidade sobre o tendão do bíceps
   c) bursite subacromial: pode haver sensibilidade sobre a articulação acromioclavicular (AC)
   d) capsulite adesiva
   e) síndrome do impacto: o "teste da lata vazia" geralmente é positivo (cada braço é mantido à frente, lateralmente a 30° em relação à reta frontal, polegares apontando para baixo, como ao esvaziar uma lata de refrigerante. O examinador empurra as mãos do paciente para baixo, enquanto o paciente resiste. O teste resulta positivo se produzir dor.)
2. a dor no ombro é muito comum na polimialgia reumática (p. 198) e tipicamente piora com o movimento
3. dor interescapular: localização comum de dor referida com radiculopatia cervical, também pode ocorrer com a colecistite ou algumas patologias de ombro
4. infarto do miocárdio (MI): alguns casos de radiculopatia cervical (especialmente C6 esquerda) podem apresentar sintomas sugestivos de infarto agudo do miocárdio
5. síndrome da dor regional complexa, também chamada distrofia simpática reflexa (p. 497): pode ser difícil distinguir da radiculopatia cervical. O bloqueio do gânglio estrelado pode ser útil[48]

92.10 Dor cervical (dor no pescoço)

A presente seção lida primariamente com a dor cervical axial sem achados radiculares. Para saber sobre os achados radiculares, ver radiculopatia, membro superior (cervical), acima.
1. espondilose cervical (incluindo artrite de faceta)
2. distensão cervical: incluindo distúrbio associado à lesão em chicote
3. fratura da coluna espinal cervical: com as fraturas espinais cervicais superiores (p. ex., odontoide), os pacientes tipicamente sustentam a cabeça com as mãos, em especial na mudança da posição inclinada para a ereta
   a) traumática
   b) patológica (invasão tumoral, artrite reumatoide)
4. neuralgia occipital (p. 515)
5. hérnia de disco cervical:
   a) hérnia de disco lateral: quando sintomática, tende a produzir mais sintomas radiculares no UE do que dor cervical real
   b) hérnia de disco central: quando sintomática, tende a produzir mielopatia e, em muitos casos, não causa nenhuma dor cervical
6. anormalidades da junção craniocervical:
   a) malformação de Chiari 1 (p. 277)
   b) subluxação atlantoaxial
7. fibromialgia: síndrome de dor crônica idiopática caracterizada por dor musculoesquelética não articular amplamente disseminada, nodularidade e rigidez[49,50] na ausência de inflamação patológica. Possível ligação com disfunção neuroendócrina.[51] Aflige 2% da população,[50] a uma proporção feminino:masculino igual a 7:1. Não há exame laboratorial diagnóstico. Pode estar associada a doença psiquiátrica e múltiplas queixas somáticas inespecíficas, incluindo mal-estar, fadiga, perturbação do sono, queixas GI e comprometimento cognitivo.
8. síndrome de Eagle: alongamento do processo estiloide. A ressecção cirúrgica pode melhorar a dor Duas variantes:
   a) variante típica: história de tonsilectomia. Dor faríngea, disfagia e otalgia
   b) variante secundária: também chamada síndrome da artéria carótida-processo estiloide. Carotidinia irradiando para dentro do vértice e olho ipsilateral
9. doenças por deposição de cristais: gota, pseudogota, doenças por deposição de cristais de hidroxiapatita (HA) ou di-hidrato de pirofosfato de cálcio (CPPD). Podem aparecer como uma densidade semelhante a uma coroa englobando o processo odontoide (síndrome da densidade em coroa)[52] representando calcificações no ligamento transversal, mais bem observadas por CT cervical. Podem ser tratadas com um curso rápido de prednisolona (p. ex., 15 mg/dia) seguida de anti-inflamatórios não esteroidais (NSAIDs)

92.11 Pés/mãos ardentes

1. síndromes centromedulares
   a) síndrome centromedular (CCS) (p. 994)
   b) síndrome das mãos ardentes (p. 937): possível variante da CCS, descrita na lesão espinal cervical relacionada como futebol
   c) síndrome da mão entorpecida-desajeitada (p. 1085): vista na mielopatia cervical
2. síndrome da dor regional complexa (CRPS), também chamada distrofia simpática reflexa (p. 497)
3. neuropatia periférica
   a) amiotrofia diabética, também chamada síndrome de Bruns-Garland (p. 545)
4. eritermalgia, também chamada eritromelalgia: distúrbio raro caracterizado por eritema, edema, temperatura cutânea elevada e dor ardente nas mãos e/ou pés. Em geral refratária ao tratamento médico, apesar de alguns relatos de êxito com bupivacaína,[53] adesivos de lidocaína[54] ou compressas frias
   a) eritermalgia primária: etiologia idiopática
   b) eritermalgia secundária: associada a fatores autoimunes e reumatológicos
5. vascular:
   a) arteriopatia obstrutiva: aterosclerose, síndrome de Raynaud
   b) insuficiência venosa

92.12 Sensibilidade/dor muscular

1. fibromialgia: ver anteriormente
2. miopatia
3. miopatia induzida por estatina: pode variar de branda (com sintomas de dores musculares, sintomas que, em geral, desaparecem rapidamente após a descontinuação da estatina, embora, às vezes, possa demorar até 2 meses) a intensa (com rabdomiólise que pode → nefropatia).
4. sensibilidade grave difusa ao toque leve, é marcador de dor não orgânica[55]

92.13 Sinal Lhermitte

92.13.1 Informação geral

Do ponto de vista técnico, é um sintoma (e não um sinal). Sensações semelhantes a de choques elétricos irradiando para baixo ao longo da coluna espinal, geralmente provocadas pela flexão do pescoço (choques ascendentes irradiando pela coluna espinal às vezes são referidos como sinal de Lhermitte reverso). Classicamente atribuído à MS, embora possa ocorrer em qualquer processo envolvendo primariamente as colunas posteriores da medula espinal.

92.13.2 Etiologias

1. esclerose múltipla (MS) (p. 179)
2. espondilose cervical
3. degeneração combinada subaguda (p. 1409): checar quanto à existência de deficiência de vitamina B12
4. tumor medular cervical
5. hérnia de disco cervical
6. mielopatia por radiação (p. 1563)
7. malformação de Chiari tipo I (p. 277)
8. síndrome do cordão central (p. 944)
9. anormalidade radiográfica sem lesão medular espinal (SCIWORA) (p. 999)

92.14 Dificuldades de deglutição

1. mecânica: usa-se o termo "globo" para descrever uma sensação de caroço na garganta
   a) ossificação do ligamento longitudinal anterior (OALL) (p. 1129)
   b) hiperostose esquelética idiopática difusa (DISH) (também chamada doença de Forestier) (p. 1129): encefalopatia
   c) pós-operatório subsequente à fusão e discetomia cervical anterior (ACDF)
      - é normal apresentar um pequeno inchaço e repleção no início do pós-operatório
      - pode ser aumentado com múltiplos níveis e com plaqueamento anterior
      - como complicação de hematoma pós-operatório
2. neurológica

Referências

[1] Ungar-Sargon JY, Lovelace RE, Brust JC. Spastic paraplegia-paraparesis: A Reappraisal. J Neurol Sci. 1980; 46:1–12

[2] George WE, Wilmot M, Greenhouse A, et al. Medical Management of Steroid-Induced Epidural Lipomatosis. N Engl J Med. 1983; 308:316–319

[3] Nagashima C. Cervical Myelopathy due to Ossification of the Posterior Longitudinal Ligament. J Neurosurg. 1972; 37:653–660

[4] Lucchesi AC, White WL, Heiserman JE, Flom RA. Review of Arachnoiditis Ossificans with a Case Report. BNI Quarterly. 1998; 14:4–9

[5] Marshman LAG, Hardwidge C, Ford-Dunn SZ, Olney JS. Idiopathic Spinal Cord Herniation: Case Report and Review of the Literature. Neurosurgery. 1999; 44:1129–1133

[6] Darbar A, Krishnamurthy S, Holsapple JW, Hodge CJ,Jr. Ventral thoracic spinal cord herniation: frequently misdiagnosed entity. Spine. 2006; 31: E600–E605

[7] Fox MW, Onofrio BM. The Natural History and Management of Symptomatic and Asymptomatic Vertebral Hemangiomas. J Neurosurg. 1993; 78:36–45

[8] Harik SI, Raichle ME, Reis DJ. Spontaneous Remitting Spinal Epidural Hematoma in a Patient on Anticoagulants. N Engl J Med. 1971; 284:1355–1357

[9] Packer NP, Cummins BH. Spontaneous Epidural Hemorrhage: A Surgical Emergency. Lancet. 1978; 1:356–358

[10] Brem SS, Hafler DA, Van Uitert RL, et al. Spinal Subarachnoid Hematoma: A Hazard of Lumbar Puncture Resulting in Reversible Paraplegia. N Engl J Med. 1981; 303:1020–1021

[11] Rengachary SS, Murphy D. Subarachnoid Hematoma Following Lumbar Puncture Causing Compression of the Cauda Equina. J Neurosurg. 1974; 41:252–254

[12] Epstein NE, Danto J, Nardi D. Evaluation of Intraoperative Somatosensory-Evoked Potential Monitoring During 100 Cervical Operations. Spine. 1993; 18:737–747

[13] Tobin WD, Layton DD. The Diagnosis and Natural History of Spinal Cord Arteriovenous Malformations. Mayo Clin Proc. 1976; 51:637–646

[14] Wirth FP, Post KD, Di Chiro G, et al. Foix-Alajouanine Disease. Spontaneous Thrombosis of a Spinal Cord Arteriovenous Malformation: A Case Report. Neurology. 1970; 20:1114–1118

[15] Rothman RH, Simeone FA. The Spine. Philadelphia 1982

[16] Wingerchuk DM, Lennon VA, Pittock SJ, et al. Revised diagnostic criteria for neuromyelitis optica. Neurology. 2006; 66:1485–1489

[17] Lennon VA, Wingerchuk DM, Kryzer TJ. A serum autoantibody marker of neuromyelitis optica: distinction from multiple sclerosis. Lancet. 2004; 364:2106–2112

[18] Pruthi RK, Tefferi A. Pernicious Anemia Revisited. Mayo Clin Proc. 1994; 69:144–150

[19] Elia M. Oral or Parental Therapy for B12 Deficiency. Lancet. 1998; 352:1721–1722

[20] Altrocchi PH. Acute Spinal Epidural Abscess vs Acute Transverse Myelopathy: A Plea for Neurosurgical Caution. Arch Neurol. 1963; 9:17–25

[21] Sheremata WA, Berger JR, Harrington WJ, et al. Human T Lymphotropic Virus Type I-Associated Myelopathy: A Report of 10 Patients Born in the United States. Arch Neurol. 1992; 49:1113–1118

[22] Busby M, Donaghy M. Chronic dysimmune neuropathy. A subclassification based upon the clinical features of 102 patients. J Neurol. 2003; 250:714–724

[23] Rowland LP. Diagnosis of amyotrophic lateral sclerosis. J Neurol Sci. 1998; 160:S6–24

[24] Deen HG. Diagnosis and Management of Lumbar Disk Disease. Mayo Clin Proc. 1996; 71:283–287

[25] Gritza T, Taylor TKF. A Ganglion Arising from a Lumbar Articular Facet Associated with Low Back Pain and Sciatica. J Bone Joint Surg. 1970; 52:528–531

[26] Kitigawa H, Kanamori M, Tatezaki S, et al. Multiple Spinal Ossified Arachnoiditis. A Case Report. Spine. 1990; 15:1236–1238

[27] Thakkar DH, Porter RW. Heterotopic Ossification Enveloping the Sciatic Nerve Following Posterior Fracture-Dislocation of the Hip: A Case Report. Injury. 1981; 13:207–209

[28] Johanson NA, Pellici PM, Tsairis P, Salvati EA. Nerve Injury in Total Hip Arthroplasty. Clin Orthop. 1983; 179:214–222

[29] Burkman KA, Gaines RW, Kashani SR, Smith RD. Herpes Zoster: A Consideration in the Differential Diagnosis of Radiculopathy. Arch Phys Med Rehabil. 1988; 69:132–134

[30] Bickels J, Kahanovitz N, Rupert CK, et al. Extraspinal Bone and Soft-Tissue Tumors as a Cause of Sciatica. Clinical Diagnosis and Recommendations: Analysis of 32 Cases. Spine. 1999; 24:1611–1616

[31] Jones BV, Ward MW. Myositis Ossificans in the Biceps Femoris Muscles Causing Sciatic Nerve Palsy: A Case Report. J Bone Joint Surg. 1980; 62B:506–507

[32] Thompson RC, Berg TL. Primary Bone Tumors of Pelvis Presenting as Spinal Disease. Orthopedics. 1996; 19:1011–1016

[33] Ropper AH. Unusual clinical variants and signs in Guillain-Barre syndrome. Arch Neurol. 1986; 43:1150–1152

[34] Frymoyer JW. Back Pain and Sciatica. N Engl J Med. 1988; 318:291–300

[35] Deyo RA, Rainville J, Kent DL. What Can the History and Physical Examination Tell Us About Low Back Pain? JAMA. 1992; 268:760–765

[36] Janin Y, Epstein JA, Carras R, et al. Osteoid Osteomas and Osteoblastomas of the Spine. Neurosurgery. 1981; 8:31–38

[37] Calin A, Porta J, Fries JF, Schurman DJ. Clinical History as a Screening Test for Ankylosing Spondylitis. JAMA. 1977; 237:2613–2614

[38] Crayton HE, Bell CL, De Smet AA. Sacral Insufficiency Fractures. Sem Arth Rheum. 1991; 20:378–384

[39] McCarron RF, Wimpee MW, Hudkins PG, et al. The Inflammatory Effect of Nucleus Pulposus: A Possible Element in the Pathogenesis of Low-Back Pain. Spine. 1987; 12:760–764

[40] Hirsch C, Schajowicz F. Studies on Structural Changes in the Lumbar Annulus Fibrosus. Acta Orthop Scand. 1952; 22:184–231

[41] Choice of lipid-regulating drugs. Med Letter. 2001; 43:43–48

[42] Seftel AD, Farber J, Fletcher J, Deeley MC, Elion-Mboussa A, Hoover A, Yu A, Fredlund P. A three-part study to investigate the incidence and potential etiologies of tadalafil-associated back pain or myalgia. Int J Impot Res. 2005; 17:455–461

[43] Jensen MC, Brant-Zawadzki MN, Obuchowski N, et al. Magnetic Resonance Imaging of the Lumbar Spine in People Without Back Pain. N Engl J Med. 1994; 331:69–73

[44] Bonney G. Iatrogenic Injuries of Nerves. J Bone Joint Surg. 1986; 68B:9–13

[45] Eskandary H, Hamzel A, Yasamy MT. Foot Drop Following Brain Lesion. Surg Neurol. 1995; 43:89–90

[46] Bell HS. Paralysis of both arms from injury of the upper portion of the pyramidal decussation: "cruciate paralysis". J Neurosurg. 1970; 33:376–380

[47] Yayama T, Uchida K, Kobayashi S, Nakajima H, Kubota C, Sato R, Baba H. Cruciate paralysis and hemiplegia cruciata: report of three cases. Spinal Cord. 2006; 44:393–398

[48] Hawkins RJ, Bilco T, Bonutti P. Cervical Spine and Shoulder Pain. Clin Orthop Rel Res. 1990; 258:142–146

[49] Goldenberg DL. Fibromyalgia Syndrome. JAMA. 1987; 257:2782–2787

[50] Wolfe F, Smythe HA, Yunus MB, et al. The American College of Rheumatology 1990 Criteria for the Classification of Fibromyalgia: Report of the Multicenter Criteria Committee. Arthritis Rheum. 1990; 33:160–172

[51] Adler GK, Kinsley BT, Hurwitz S, et al. Reduced Hypothalamic-Pituitary and Sympathoadrenal Responses to Hypoglycemia in Women with Fibromyalgia Syndrome. Am J Med. 1999; 106:534–543

[52] Goto S, Umehara J, Aizawa T, Kokubun S. Crowned Dens syndrome. J Bone Joint Surg Am. 2007; 89:2732–2736

[53] Stricker LJ, Green CR. Resolution of refractory symptoms of secondary erythermalgia with intermittent epidural bupivacaine. Reg Anesth Pain Med. 2001; 26:488–490

[54] Davis MD, Sandroni P. Lidocaine patch for pain of erythromelalgia. Arch Dermatol. 2002; 138:17–19

[55] Sobel JB, Sollenberger P, Robinson R, Polatin PB, Gatchel RJ. Cervical nonorganic signs: A new clinical tool to assess abnormal illness behavior in neck pain patients. Arch Phys Med Rehabil. 2000; 81:170–175

Parte XXIII

Procedimentos, Intervenções, Cirurgias

93	Informações Gerais	1426
94	Craniotomias Específicas	1445
95	Coluna Espinal Cervical	1472
96	Colunas Vertebral, Torácica e Lombar	1489
97	Procedimentos Cirúrgicos Diversos	1504
98	Neurocirurgia Funcional	1524
99	Procedimentos para Dor	1541
100	Cirurgia de Epilepsia	1553
101	Radioterapia (XRT)	1560
102	Neurocirurgia Endovascular	1575

93 Informações Gerais

93.1 Introdução

Esta seção fornece informações úteis para a sala cirúrgica que se aplicam a vários tópicos distintos. Alguns itens pertinentes a apenas um tópico serão encontrados na seção correspondente (p. ex., a remoção de tumor transesfenoidal é encontrada na seção sobre tumores de hipófise).

LEMBRE: antes de realizar qualquer procedimento invasivo, conheça o estado de coagulação do paciente (a história de medicações com função anticoagulativa e/ou antiplaquetária e, quando indicado: PT, PTT, INR, contagem plaquetária e ensaio de função plaquetária, FDP...).

93.2 Corantes intraoperatórios

Esta seção abrange os corantes visíveis que podem ser úteis durante procedimentos cirúrgicos. Para saber sobre os corantes radiopacos, ver Agentes de Contraste, em neurorradiologia (p. 219). Há pouca informação disponível na literatura sobre o uso intratecal (IT) dos agentes abaixo.

Índigo carmim: um corante azul usado por via intratecal, para localizar vazamentos de CSF. Há poucos relatos publicados e não há descrição de efeitos colaterais. Em 1933, foi relatado[1] que a injeção IT de 5 mL de solução de índigo carmim a 0,6% produziu uma coloração azul-esverdeada do CSF que drenava por uma fístula para dentro do nariz, dentro de 15 minutos após a injeção, com duração de 5 horas e sem indicação de toxicidade. É excretado na urina (e não nas membranas mucosas). O consenso é que este corante deve ser relativamente seguro para uso via IT, porém o fabricante não recomenda esta aplicação.

✗ Azul de metileno: o azul de metileno é provavelmente citotóxico e parece se fixar no tecido neural. Não deve, portanto, ser usado como corante em procedimentos neurocirúrgicos nem testes diagnósticos. Danos ao CNS (alguns permanentes) foram observados em 14 pacientes que receberam injeção IT de uma solução a 1%. Os sintomas incluíram: paraparesia, quadriplegia, envolvimento de múltiplos nervos cranianos (incluindo anosmia e atrofia óptica), demência e hidrocefalia.[2]

Fluoresceína: embora a injeção intratecal (p. ex., para detectar vazamento de CSF) tenha sido usada por cirurgiões ENT com resultados aparentemente aceitáveis, há risco de convulsões. Uma solução de fluoresceína a 2,5% é diluída na proporção 1:10 com CSF ou salina e ≈ 6 mL são injetados dentro do espaço subaracnóideo espinal (ou 0,5 mL de solução de fluoresceína a 5% misturada com 5-10 mL de CSF).[3]

A fluoresceína também tem sido usada por via IV (dose para adulto: 1 amp IV) para ajudar a marcar áreas do cérebro onde há quebra da barreira hematoencefálica (BBB), como por exemplo em tumores (p. 596). Entretanto, a fluoresceína eventualmente é excretada em mucosas, na urina etc. e conferindo uma coloração alaranjada às secreções. Também é usada na realização de "angiogramas visíveis" intraoperatórios, durante a remoção de AVMs.

Indigocianina verde (ICG): usada em angiografia intraoperatória (p. 1597).

93.3 Equipamento da sala cirúrgica

93.3.1 Microscópio cirúrgico – ocular do observador

Para cirurgia espinal, a localização ideal da ocular auxiliar é em posição frontalmente oposta ao cirurgião. Para o trabalho intracraniano, a ocular auxiliar deve ser posicionada à direita, exceto nos casos a seguir (em que é justificado o posicionamento à esquerda):
1. cirurgia transesfenoidal (quando o cirurgião se posiciona à direita do paciente)
2. craniotomia da fossa posterior *direita* na posição obliqua lateral (suboccipital)

93.3.2 Estabilização da cabeça

Informações gerais

As opções incluem:
1. estabilização não invasiva da cabeça: quando a fixação estrita da cabeça não é necessária, as opções abaixo evitam algumas das complicações associadas à fixação da cabeça com pinos penetrantes (ver abaixo):
   a) repouso da cabeça em ferradura
   b) em rodilha almofadada
   c) Prone-view® para posição pronada (p. ex., durante a cirurgia da coluna posterior)
2. fixação da cabeça com pinos penetrantes: o sistema mais comum é o suporte de cabeça tipo Mayfield

Fixação da cabeça com pinos

Indicações para a estabilização com pinos:
1. ✗ não recomendada para pacientes menores de 3 anos de idade; usar pinos pediátricos com cautela em pacientes na faixa etária de 3-10 anos (este valor de corte da idade não é baseado em evidência científica; a maioria das complicações relatadas ocorrem após os 3 anos de idade)

Informações Gerais   **1427**

2. craniotomias:
   a) a maioria das cirurgias vasculares intracranianas: um apoio de cabeça radiotransparente deve ser usado, se houver necessidade de realizar um angiograma intraoperatório
   b) com frequência em cirurgias tumorais, especialmente quando houver necessidade de um sistema afastador autoestático que se prende ao apoio de cabeça de Mayfield (p. ex., halo de Budde)
   c) quando sistemas intraoperatórios guiados por imagem (IG) são usados (uma alternativa é usar suportes de matriz de registro com máscara ou cinta)
3. coluna cervical: uso frequente para cirurgias da região cervical posterior (laminectomias, instrumentação, fusões...)

Aplicação do apoio de cabeça com pinos

1. o "bloqueio craniano" (p. 1434) (bloqueio da inervação do couro cabeludo) pode ser realizado antes do posicionamento dos pinos. Essencial para craniotomias com o paciente acordado (para o despertar), bem como para casos vasculares e casos com ICP aumentada em que o bloqueio evita precipitar o aumento da pressão arterial,[4,5] que, por sua vez, pode → elevar a ICP. Para saber mais sobre a técnica, ver Sequência típica da anestesia (p. 1434)
2. planeje a colocação dos pinos
   a) o fabricante recomenda que os pinos sejam colocados junto à área semelhante a uma faixa, de modo similar à "faixa de testa" usada para conter o suor que se usa logo acima das órbitas e orelhas
   b) evite colocar os pinos sobre a fina escama temporal, e use com cautela sobre o seio frontal[6]
   c) o pino único é tipicamente colocado anteriormente com o paciente posicionado em decúbito (▶ Fig. 94.5), para a abordagem da fossa posterior na posição prona; se a craniotomia estiver sobre um lado, o pino único é colocado neste lado
   d) os pinos no "oscilador" de pino duplo devem estar equidistantes da linha central, para a máxima estabilidade
3. pinos estéreis de tamanho apropriado são colocados no apoio da cabeça:
   a) ✖ crianças com idade < 3 anos: risco aumentado de penetração da calvária ou fraturas com depressão craniana. Um suporte acolchoado para fossa posterior deve ser usado[6,7]
   b) crianças com idade ≥ 3 anos e < 10 anos: devem ser usados pinos pediátricos especiais (estes pinos têm uma "aba" que assegura a menor profundidade da penetração)
4. os pinos geralmente são revestidos de solução antibiótica apropriada
5. a pinça é apertada, permitindo o deslizamento dos dentes da cremalheira até os pinos serem assentados inicialmente no crânio
6. no polo do pino único há uma rosca que deve ser apertada e um manômetro que mostra a pressão exercida sobre o crânio (cada anel ≈ 20 lbs)
   a) adultos: apertar até o 3º anel (60 lbs) se tornar visível; há relatos de até 80 lbs
   b) crianças: aplicar menos pressão; foram sugeridas 30-40 lbs.[6] Mesmo com pinos pediátricos e pressão diminuída, podem ocorrer complicações; considere o suporte em forma de ferradura

Complicações da fixação da cabeça com pinos:

1. mau posicionamento dos pinos:
   a) lesão a estruturas não pretendidas: orelha, órbita, artéria temporal superficial, sistemas de derivação liquórica, falhas ósseas de craniotomias prévias
   b) fixação inadequada pela colocação dos pinos, junto à região mediana, resultando em movimentação indesejável durante a cirurgia (com risco de lesão cervical e às estruturas que estão sendo manipuladas, em consequência da perda da acurácia do sistema de neuronavegação e possível laceração da pele
2. perfuração cutânea pelos pinos: pode causar lesão a estruturas intracranianas, infecção, incluindo abscesso tardio, hematoma epidural[6]
   a) pinos excessivamente apertados
   b) seleção incorreta do pino (ver acima)
   c) crânio desmineralizado: em pacientes idosos, crânios precariamente calcificados, pacientes pediátricos[6]
3. necrose cutânea: especialmente com pinos pediátricos, em razão da "aba" dos pinos
4. fratura craniana: incluindo as fraturas em "pingue-pongue" em crianças pequenas
5. deslizamento de quaisquer articulações ou conexões da mesa cirúrgica
6. quebra da pinça:[8,9] inspecione o apoio de cabeça quanto à existência de rachaduras antes de cada aplicação; armazene adequadamente e faça a manutenção conforme as especificações do fabricante

7. sangramento a partir do local de colocação dos pinos: em geral, quando o apoio da cabeça é removido. Se o sangramento não cessar após ± 1 minuto, pode ser colocada uma sutura ou grampo cirúrgico

93.4 Hemostasia cirúrgica

93.4.1 Opções básicas

1. termocoagulação
   a) coagulação elétrica:
      - cautério monopolar (Bovie): uma corrente elétrica atravessa o paciente e segue para uma placa aterrada. Devido à possível transmissão através de estruturas neurais elétrica e termicamente sensíveis, esta modalidade não é usada diretamente sobre o cérebro nem em proximidade com os nervos (inclusive nervos cranianos) e raízes nervosas
      - cautério bipolar: a corrente atravessa somente entre as extremidades de uma pinça. Usado para coagulação precisa. Quando usado diretamente sobre ou perto do cérebro ou nervos, por segurança, a corrente aplicada deverá ser reduzida em relação aos parâmetros de uso geral
   b) unidades térmicas: p. ex., unidades de eletrocautério ocular descartável AccuTemp® (particularmente úteis para coagular a dura-máter ao inserir uma ventriculostomia na ICU)
   c) *laser*: especialmente o *laser* de neodímio: granada de ítrio-alumínio (Nd:YAC)
2. mecânico
   a) cera para osso: criada por Sir Victor Horsely. *Inibe a formação óssea*
   b) ligadura: menos comumente usada em neurocirurgia do que em outras especialidades.
   c) "clipes prateados" (p. ex., HemoClips®)
3. hemostasia química (ver adiante)

93.4.2 Hemostasia química

Ver informações adicionais na revisão.[10] Alguns pontos-chave:

1. esponja gelatinosa (Gelfoam®): sem efeito coagulante intrínseco. Absorve 45 vezes seu peso em sangue e isto a faz se expandir e tamponar o sangramento. Absorvível. Pode ser combinada com trombina na forma de tabletes ou em pó (p. ex., FLOSEAL®, SurgiFlo®)
2. celulose oxidada (Oxycel®) e celulose regenerada oxidada (Surgicel®); absorvível. Material ácido que reage com o sangue e forma um "pseudocoágulo" marrom-avermelhado. Bactericida para mais de 20 organismos diferentes. Pode retardar o crescimento ósseo. O Oxycel® interfere na epitelização de forma mais significativa que o Surgicel®
3. colágeno microfibrilar (Avitene®): promove adesão e agregação de plaquetas. Perde a efetividade na trombocitopenia grave (< 10.000/mL). Pode ser usado no sangramento ósseo. Remova o excesso de material para minimizar o risco de infecção
4. trombina (Thrombostat®): não depende de nenhum agente fisiológico intermediário. Cuidado: embora a trombina possa causar edema significativo ao ser colocada no cérebro, no local da ruptura da pia-máter, a experiência prática indica que isto é incomum

93.5 Informações gerais sobre craniotomia

93.5.1 Perfuradores cranianos

As perfurações são um meio usado para criar orifícios que permitam ao cirurgião acessar o cérebro para realizar procedimentos intracranianos. Muitas marcas comerciais de perfuradores são projetadas com uma embreagem deslizante que libera a broca e freia a haste externa para que pare de girar e penetrar o crânio quando a parte central da broca perfura a tábua interna. Embora estas embreagens em geral sejam confiáveis e imensamente úteis, existe a possibilidade de mau funcionamento, de modo que a haste externa pode continuar a girar e, se chegar a perfurar a superfície interna, a broca inteira pode mergulhar dentro do cérebro. Em 8 meses, durante o ano de 2005, o FDA recebeu relatórios de 200 lesões resultantes de defeito de desengate da broca.[11] O FDA lançou algumas recomendações destinadas à minimização do risco de lesão,[11] resumidas a seguir:

- selecionar o perfurador apropriado com base na espessura do crânio (pediátrico *vs.* adulto)
- manter o perfurador perpendicular ao crânio ao longo de todo o processo de perfuração
- não oscilar, girar nem alterar o ângulo do dispositivo durante a perfuração
- evitar usar pressão excessiva sobre a broca. Sustentar a mão segurando a broca sobre a outra mão, que deve repousar sobre o crânio do paciente e, assim, evitar a imersão, caso a broca perfure completamente o crânio
- ter cuidado ao:
  - realizar perfurações em áreas de contorno ósseo irregular, curvaturas ou variações de espessura
  - perfurar o crânio de bebês/crianças, idosos ou qualquer paciente que possa ter consistência óssea amolecida (incluindo osteogênese imperfeita)
  - perfurar osso em uma área que possa estar afetada por doença, ou de osso incompetente, ou que tenha fragmentos de osso

Informações Gerais **1429**

93.5.2 Aspiração de cisto intraparenquimal

Quando um tumor cístico ou hemorragia intratecal é operado, pode-se tentar inserir uma agulha ventricular na lesão e aspirar parte (e não totalmente) dos conteúdos do cisto. Isto frequentemente produz descompressão significativa. Evite drenar totalmente os conteúdos, caso contrário poderá ser difícil encontrar a lesão. A agulha pode então ser deixada no local, para permitir a localização da lesão (ou é possível seguir o rastro da agulha, o que, ocasionalmente, pode ser difícil).

93.5.3 Inchaço cerebral intraoperatório
Contexto

Em determinadas circunstâncias durante a cirurgia, o cérebro pode começar a desenvolver um grave inchaço a partir da ferida da craniotomia. As etiologias desta situação emergencial são:
1. sangramento extraparenquimal: a partir da ruptura de um vaso ou de um aneurisma no intraoperatório, hematoma epidural/subdural de localização remota
2. hemorragia intracerebral
3. obstrução do fluxo de drenagem venosa
4. vasodilatação induzida por hipercarbia
5. edema cerebral difuso grave subsequente a um acidente vascular encefálico ou lesão cerebral traumática (TBI)

Manejo

Os primeiros esforços devem ser destinados à exclusão e correção das causas mencionadas, bem como à adoção de certas medidas auxiliares. A maioria das manobras são similares àquelas usadas no controle de uma crise de hipertensão intracraniana. Durante o processo, é essencial tentar evitar a compressão cerebral em si contra as bordas ósseas da craniotomia, que pode resultar na laceração do córtex e também comprometer as veias corticais, com consequente comprometimento do fluxo de drenagem venosa, acarretando mais inchaço e edema cerebral que aceleram o ciclo vicioso.
1. elevar a cabeça do paciente (p. ex., com a manobra de Trendelenburg reversa da mesa da sala cirúrgica)
2. assegure que as veias jugulares não sejam torcidas: para tanto, pode ser necessário rotacionar a cabeça soltando o pivô que conecta o adaptador da superfície ao suporte de cabeça de Mayfield, bem como rotacionar a cabeça para uma posição mais neutra
3. excluir a hipótese de hipercarbia: garanta que o tubo endotraqueal não seja dobrado; verifique a pCO_2 do paciente
4. medidas para redução da ICP e proteção cerebral
   a) administrar 1 g de manitol/kg via *bolus* IV
   b) drenar o CSF, se possível: a partir da cisterna adjacente ou drenagem lombar
   c) promoção de hiperventilação pelo anestesista, para obter PCO_2 de 30-35 mmHg
   d) solicitar ao anestesista que faça supressão farmacológica intermitente da atividade elétrica cerebral com finalidade de neuroproteção
5. intubação emergencial de pacientes submetidos à craniotomia consciente
6. considerar a realização de ultrassom intraoperatório, desde que rapidamente disponível, para excluir a hipótese de hematoma (intracerebral, EDH, SDH) que potencialmente possa ser evacuado de forma imediata
7. durante as etapas anteriores, colocar uma esponja úmida sobre a superfície do cérebro e, com suavidade e firmeza, aplicar uma compressão uniformemente distribuída para empurrar o cérebro de volta para dentro da ferida
8. se tudo mais estiver falhando, é possível ampliar ao máximo o retalho da craniotomia com o intuito de criar uma craniectomia descompressiva. Aumentar a incisão na pele para ampliar o retalho é preferível à ter uma abertura óssea pequena demais que leve ao risco de compressão/laceração cerebral contra as bordas. A pele é fechada sem o retalho ósseo e sem o fechamento dural, segundo a técnica de craniectomia descompressiva (p. 1467)
9. a última medida de salvação para casos de o inchaço incontrolável e que deverá ser redobradamente evitada em áreas de córtex eloquente: com a mão enluvada realizar remoção digital da porção de encéfalo herniado para além da ferida (i.e., remover parte do encéfalo do paciente)

93.5.4 Condutas pré e pós craniotomia
Riscos

Muitos riscos não podem ser generalizados para todas as craniotomias e são específicos de vários tumores, aneurismas etc. Informações gerais:
1. hemorragia pós-operatória
   a) risco geral de hemorragia pós-operatória:[12,13] 0,8-1,1%. A indicação mais comum para craniotomia nestas séries foi o meningioma, seguido do traumatismo, aneurisma e, então, tumores supratentoriais intrínsecos. Um total de 43-60% dos hematomas eram intraparenquimatosos; 28-33% eram

93

epidurais; 5-7% eram subdurais; 5% eram intrasselares; 8% eram mistos; 11% estavam confinados à camada superficial. A mortalidade global foi 32%

    b) podem ocorrer hematomas no sitio cirúrgico ou em localizações remotas (p. ex., hemorragia intracerebelar subsequente a craniotomias pterionais[14] e temporais[15]

2. na craniotomia para tumores cerebrais:[16]
    a) risco de complicações anestésicas: 0,2%
    b) risco de piora do déficit neurológico nas primeiras 24 horas de pós-operatório: ≈ 10%
    c) infecção da ferida: 2%

3. cefaleia pós-operatória (p. 1431)

Condutas pré-operatórias

1. para tumores: quando o paciente está sob medicação esteroide, administrar uma dose ≈ 50% maior com antecedência de 6 horas e no momento de admissão na sala cirúrgica (doses de estresse); se o paciente não estiver recebendo esteroides, administrar 10 mg de dexametasona, PO, 6 horas antes e no momento de admissão na sala cirúrgica (em doses A.M., administrar com um pouco de água)

2. medicação antiepilética
    a) se houver história de convulsões:
      • se já estiver recebendo fármacos antiepiléticos (AEDs), continuar com as mesmas doses
      • se não estiver usando AEDs, administrar ataque de 500 mg de Keppra ou PHT oral (pode-se administrar 300 mg, PO, a cada 4 horas × 3 doses [total: 900 mg] para ataque por via oral)
    b) se não houver história de convulsão
      • quando a cirurgia não envolve incisão cortical (p. ex., aneurisma), os AEDs geralmente não são usados
      • quando houver previsão de incisão cortical, opte por administrar ataque com AEDs, conforme descrito

3. antibióticos profiláticos: (opcional) de modo ideal, 30-60 minutos antes da incisão. Para a maioria dos antibióticos, a administração é feita na sala cirúrgica, antes da incisão na pele. Para antibióticos de infusão demorada (p. ex., vancomicina), pode ser útil administrar na hora da "chamada para a sala cirúrgica"

4. profilaxia da DVT: botas de compressão pneumática ou meias TED® até o joelho

Condutas pós-operatórias

Diretrizes (individualizadas conforme necessário) para pacientes que serão extubados

1. internar na PACU, transferir para a ICU (unidade neurológica, quando disponível), quando estável
2. VS: a cada 15 minutos × 4 h, e depois a cada 1 h. Medir a temperatura a cada 4 h × 3 dias, e depois a cada 8 h. Checagem neurológica a cada 1 h
3. atividade: repouso no leito (BR) com elevação da cabeceira em 20-30º
4. meias TED até o joelho ou botas de compressão pneumática
5. IE a cada 1 h (sem Foley: cateter direto a cada 4 h, com distensão da bexiga, PRN)
6. espirometria de incentivo a cada 2 h, com o paciente acordado (*não realizar em casos de cirurgia transesfenoidal*)
7. dieta: NPO, exceto lascas de gelo mínimas e medicações, conforme a orientação
8. IVF: NS + 20 mEq de KCl/L a 90 mL/h
9. O_2: 2L por NC
10. medicações:
    a) dexametasona (Decadron®): se não estiver sob tratamento crônico com esteroides, administrar 4 mg, IV, a cada 6 h. Alternativamente, administrar doses de estresse conforme dose e duração do tratamento iniciado para o paciente
    b) Antagonista H2 (p. ex., 50 mg de ranitidina, IVPB, a cada 8 h)
    c) Fármaco antiepilético (AED), especialmente quando há violação do córtex cerebral: Keppra® (levetiracetam): 500 mg, PO ou IV, a cada 12 h. Se não houver história prévia de convulsão, descontinuar tipicamente após ≈ 1 semana
    d) Cardene® (nicardipino): titular para manter a SBP < 160 mmHg e/ou DBP < 100 mmHg (usar monitorização não invasiva de pressão arterial)
    e) 30-60 mg de codeína, IM, a cada 3-4 h, PRN H/A
    f) 650 mg de paracetamol (Tylenol®), PO/PR, a cada 4 h, PRN, temperatura > 38° C
    g) manter antibióticos profiláticos, caso iniciados (p. ex., 500-1.000 mg de cefazolina [Kefzol®], IVPB, a cada 6 h × 24 h, e então descontinuar)
11. exames de laboratório
    a) CBC tão logo ocorra estabilização na ICU e, subsequentemente, a cada dia
    b) perfil renal, tão logo ocorra estabilização na ICU e, subsequentemente, a cada 12 h
    c) ABG, tão logo ocorra a estabilização na ICU, depois a cada 12 h × 2 dias, e então descontinuar (realizar também ABG após qualquer mudança de parâmetros caso o paciente esteja sob ventilação mecânica)

12. chamar o M.D., caso haja alterações na checagem neurológica, para T > 38,5°C, aumento súbito da SBP, SBP < 120, U.O. < 60 mL/2 h
13. CT pós-operatória: a CT craniana pós-operatória sem contraste é realizada quando o paciente não retoma suas funcionalidades neurológicas basais dentro de um tempo razoável e também de forma rotineira em algumas instituições após todas as craniotomias

93.5.5 Deterioração pós-operatória

Informação geral

Quando estado neurológico pós-operatório é pior do que no pré-operatório, especialmente em um paciente que sofre deterioração após uma recuperação inicialmente satisfatória subsequente à cirurgia, há indicação para avaliação emergencial e tratamento.

Possíveis etiologias:
1. hematoma (p. 1429)
   a) hemorragia intracerebral (ICH)
   b) hematoma epidural: no sitio cirúrgico ou remotamente
   c) hematoma subdural
2. infarto cerebral
   a) arterial
   b) infarto venoso: especialmente com a cirurgia em ou próxima aos seios venosos (p. 1466)
3. convulsão pós-operatória: pode ser devida a níveis inadequados de anticonvulsivos, e ser exacerbada por qualquer um dos itens anteriores (ver anteriormente, em manejo).
4. hidrocefalia aguda
5. pneumocefalo; ver também pneumencéfalo (p. 887):
   a) pneumocefalo hipertensivo: ver Pneumocefalo hipertensivo (p. 888)
   b) pneumocefalo simples: a simples presença de ar intracraniano pode produzir sintomas neurológicos, ainda que não haja hipertensão (como ocorreria comumente após pneumoencefalografias, hoje, desatualizadas). Os sintomas incluem: letargia, confusão, cefaleia intensa, náusea e vômito, convulsões. O ar pode estar localizado ao longo das convexidades cerebrais, na fossa posterior e/ou nos ventrículos, e geralmente é reabsorvido levando a melhora dos sintomas em 1-3 dias
6. edema: pode melhorar com esteroides
   a) acentuação do edema cerebral: é esperada piora moderada nas funcionalidades do córtex cerebral adjacente à área de manipulação após muitas cirurgias, o que, em geral, é transitório. Mesmo assim causas reversíveis (como um hematoma subdural [SDH]) devem ser excluídas
   b) a tração ou manipulação dos nervos cranianos pode causar disfunção possivelmente transitória. A secção dos nervos cranianos pode causar disfunção permanente
7. efeito anestésico persistente (incluindo paralisia): improvável de ocorrer em um paciente que sofre deterioração após boa recuperação inicial no pós-operatório. Considere reverter a medicação administrada durante a cirurgia (cautela com hipertensão e agitação), por exemplo, naloxona, flumazenil (p. 298) ou reversão do bloqueio farmacológico muscular (p. 136)
8. vasospasmo: subsequente a SAH ou podendo ser resultante de manipulação de vasos sanguíneos

Condutas para convulsão pós-operatória

1. intubar o paciente que não recobre rapidamente a consciência, não esteja protegendo as vias aéreas, ou apresente respiração dificultada
2. CT: excluir a hipótese de hematoma (intracerebral ou extra-axial) ou hidrocefalia
3. anticonvulsivantes:
   a) dosar nível sérico do anticonvulsivante utilizado
   b) *ataque* com anticonvulsivantes adicionais: não aguardar os níveis em dosagem

93.5.6 Cefaleia pós-operatória

Informações gerais

Cefaleia persistente é um fenômeno bem descrito após a craniotomias da fossa posterior (faixa de incidência: 0-83%[17]). Em uma série,[18] a persistência do sintoma foi de: 3 meses para 23% dos pacientes, 1 ano para 16% e 2 anos para 9%.

A cefaleia persistente também pode ser observada após a craniotomia supratentorial[19] (prevalência de 1 ano após a lobectomia temporal anterior para tratamento de convulsões: 12%[19]). A "síndrome do trefinado" foi descrita pela primeira vez na literatura francesa durante a I Guerra Mundial, consistindo em cefaleia e, às vezes, dor pulsátil (em geral localizada na área do defeito craniano), amnésia, incapacidade de concentração, insônia... de algumas formas similar à síndrome pós-concussão (p. 923).

Procedimentos, Intervenções, Cirurgias

Estas cefaleias têm sido atribuídas: à tração da dura-máter que ocorre quando o osso não é recolocado; à tensão da dura-máter decorrente do fechamento dural tenso; à dissecção dos músculos temporal ou occipital; ao aprisionamento de nervo nas suturas de fechamento ou na cicatriz; sangue ou restos ósseos intradurais; fístula liquórica.[19]

Prevenção

Nenhum método isolado nem grupo de métodos foi bem-sucedido na eliminação completa da cefaleia pós-operatória.[20,21] Até pesquisas adicionais conseguirem fazer avançar o conhecimento atual sobre a causa e prevenção destas cefaleias, parece razoável, dentro do possível, adotar as medidas a seguir numa tentativa de minimizar estes sintomas debilitantes: restaurar a função da musculatura temporal ou suboccipital; fixação rígida de retalhos ósseos; cranioplastia para craniotomias amplas; meticuloso fechamento dural livre de tensão (usando enxertos, quando necessário); e remoção de coágulos sanguíneos e restos de osso intradurais.[22] A cranioplastia subsequente à cirurgia da fossa posterior para tratamento do schwanoma vestibular diminuiu a incidência de cefaleia pós-operatória de 17% para 4%.[23]

Tratamento

Inicialmente, o tratamento sintomático é indicado. O encaminhamento a um especialista em cefaleia pode ser apropriado quando se torna evidente a não resolução espontânea após um período de ≈ 3 meses.[22]

93.6 Mapeamento cortical intraoperatório (mapeamento cerebral)

93.6.1 Informações gerais

Indicações: usado habitualmente para localização das áreas motora, sensitiva e da fala em caso de cirurgia em ou próxima a estas áreas eloquentes. Nestes casos, a localização com base somente na anatomia visível não é confiável. Estas técnicas tipicamente são empregadas em cirurgias para epilepsia e no tratamento de lesões localizadas em áreas cerebrais eloquentes.

Algumas técnicas requerem que o paciente seja mantido acordado, com a cirurgia sendo conduzida sob anestesia local com sedação. O córtex motor e sensitivo também pode ser localizado em pacientes anestesiados usando SSEPs (ver adiante).

93.6.2 Método da reversão de fase para localização do córtex motor e sensitivo primário

Informações gerais

Usa SSEPs intraoperatórios para localizar o córtex motor e sensitivo primários em pacientes sob anestesia geral (diferentemente das técnicas de mapeamento cerebral que requerem que o paciente seja mantido acordado).[24,25]

Técnica

Ver os requisitos anestésicos para monitoramento EP intraoperatório (p. 107). Uma grade plástica de tiras flexíveis com eletrodos é colocada sobre a superfície cerebral perpendicularmente à orientação esperada para o sulco central. A estimulação de SSEP é realizada simultaneamente ao registro de potenciais por meio desta grade. A reversão de fase do pico N20/P20 entre um par de eletrodos na grade indica que estes eletrodos estão sobre o sulco central (▶ Fig. 93.1), com o córtex motor primário localiza-se anteriormente e ao córtex sensitivo, a grade é então reposicionada e o teste repetido para verificarem-se os achados.

93.6.3 Craniotomia com o paciente acordado

Informações gerais

Em geral, é empregada para mapeamento cerebral, em especial das áreas da fala. Numerosas técnicas e protocolos foram descritos. Habitualmente, o paciente é temporariamente anestesiado com agentes de ação de curta duração (inalatórios e/ou injetáveis). Isto é suplementado com anestésico local. Em seguida, a craniotomia é realizada e permite-se que o paciente acorde com seu cérebro exposto para que se realizem testes neurofisiológicos. Se agentes paralisantes (de ação de curta duração) forem usados, é essencial reverter estes agentes 15-30 minutos antes de se aplicar a estimulação elétrica avaliando-se a supressão do efeito paralisante através de um sistema de quatro estímulos do tipo *train-of-four* (TOF).

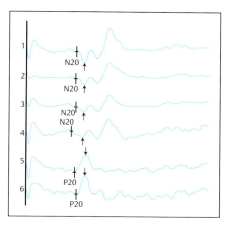

Fig. 93.1 Reversão de fase. Registro intraoperatório de 6 eletrodos colocados no cérebro durante o registro SSEP. A reversão de fase do pico N20 negativo (setas) para um pico P20 positivo entre os eletrodos #4 e 5 indica que estes eletrodos estão montados no sulco central.

Agendando o caso: craniotomia consciente

Ver também condutas e contraindicações (p. 27) e orientações pré-operatórias (ver adiante).
1. posição: depende da localização da lesão, com o apoio de cabeça com pinos (para neuronavegação, quando usada)
2. equipamento:
    a) microscópio, se necessário (p. ex., para dissecção tumoral)
    b) sistema de navegação guiada por imagem (se usada)
    c) aspirador ultrassônico (para tumores)
3. anestesia: consulta pré-operatória para "craniotomia com paciente acordado" & bloqueio craniano
4. solicitar a um neurologista ou neuropsicólogo que esteja disponível durante o procedimento para a realização dos testes funcionais intraoperatórios
5. solicitar a presença de técnicos de EEG para realização de EEG intraoperatório e fornecimento de estimulador cerebral
6. pós-operatório: ICU
7. consentimento livre e esclarecido (termos legais para o paciente-não incluso):
    a) procedimento: cirurgia no cérebro a ser realizada com períodos em que o paciente estará acordado para realização de testes (além de qualquer outro procedimento que tenha sido planejado [p. ex., remoção de tumor, remoção do foco epiléptico...])
    b) alternativas: a mesma cirurgia sob anestesia geral, condução não cirúrgica (para alguns diagnósticos, como tumor, radioterapia)
    c) complicações: (complicações comuns da craniotomia: acidente vascular encefálico, sangramento, coma, morte, infecção, convulsões) dificuldade para mapear precisamente as áreas desejadas do cérebro

Indicações
1. cirurgia no cérebro eloquente (perto da faixa motora [área de Broadmann 4 na ▶ Fig. 1.1] ou centros da fala/linguagem [áreas de Wernicke e de Broca]) ou tálamo, incluindo tumores e focos epilépticos
2. remoção de tumores tronco encefálicos
3. alguma cirurgia para epilepsia destinada a identificação de focos epilépticos

Contraindicações para a craniotomia consciente
1. é possível que o paciente não coopere: pacientes muito jovens ou muito idosos, pacientes confusos, aqueles com déficits significativos de fala preexistentes ou com bloqueios de linguagem

Orientações ao paciente no pré-operatório
Os pacientes devem ser esclarecidos sobre a sequência de eventos e sobre o que esperar dela. Pode ser útil apresentar ao paciente o material de leitura utilizado para realização dos testes intraoperatórios.

Pacientes com idade acima de ≈ 40 anos geralmente precisam de óculos de leitura, e devem ter um próprio à disposição na sala cirúrgica, ainda que as têmporas (peças auriculares) em geral não possam ser acomodadas. O paciente deve ser alertado da possibilidade de haver um pouco de dor.

Posicionamento do paciente para a cirurgia

É significativamente importante posicionar o paciente de modo a garantir o máximo de conforto possível sem que haja movimentação durante a cirurgia. É usado acolchoamento extra. Tanto anestesista quanto neurofisiologista devem ter acesso à face do paciente.

Sequência anestésica típica

Ver a referência.[26]

1. na espera pré-operatória, administrar ataque de Precedex® (dexmedetomidina) a 0,5 mcg/kg, IV, durante 20 minutos, seguida de infusão intraoperatória a 0,4-1,0 mcg/kg/h
2. a indução anestésica usa 3 mg de propofol/kg, IV, seguidos de obtenção de via aérea por máscara laríngea (LMA)
3. bloqueio craniano:[4] injeção de anestésico local (p. ex., 30 mL de bupivacaína a 0,5%) para permitir a incisão na pele e também a fixação da cabeça com pinos (conforme necessário para dispositivos de navegação por imagem, e em situações nas quais a movimentação da cabeça não é tolerada durante a cirurgia), sem que haja dor, no momento do despertar. A injeção é feita em 4 regiões de cada lado, conforme ilustrado na ▶ Fig. 93.2

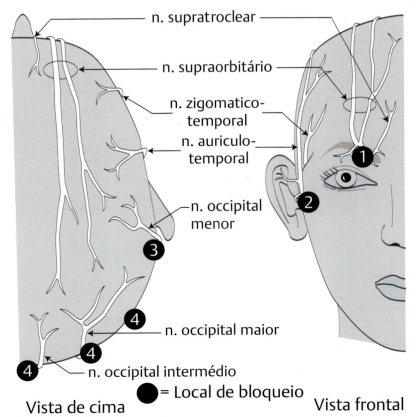

Fig. 93.2 Locais de infiltração para bloqueio craniano.

❶ nervos supraorbital e supratroclear: 2 mL injetados 1,5 cm acima do forame supraorbital, acima do terço medial da órbita. Nota: se for utilizado escaneamento de face para calibração do sistema de neuronavegação usar correspondência de superfície para registrar o paciente com finalidade de orientação por imagem (p. ex., BraainLab ou Stealth), injetar aqui estas injeções podem deformar a pele e afetar a acurácia do registro. Considere injetar um volume menor de uma concentração maior de agente (p. ex., lidocaína a 2%)

❷ nervo auriculotemporal: 5 mL injetados 1,5 cm anteriormente ao trago. ✖ Cuidado: para evitar anestesiar o nervo facial, injetar profundamente ao tecido subcutâneo

❸ ramos pós-auriculares do nervo auricular maior: injeção de 2 mL 1,5 cm posteriormente ao antetrago

❹ nervos occipitais maior, menor e intermédio: injetar 5 mL com agulha espinal calibre 22 no processo mastoide, e infiltrar ao longo da linha nucal superior, até alcançar a linha mediana

4. iniciar a anestesia inalatória com 0,5 MAC de desflurano, com o paciente respirando em suporte espontâneo enquanto incisão do couro cabeludo, craniotomia e abertura dural são realizadas (a dura-máter, tem sensibilidade álgica diferentemente do cérebro)
5. conforme a abertura dural é iniciada, o desflurano é desligado e uma infusão de remifentanil a 0,1-0,2 mcg/kg/min é iniciada
6. quando a abertura dural é concluída, o desflurano em geral já terá desaparecido e a LMA poderá ser removida
7. o remifentanil, então é titulado para controlar a dor
8. os testes neurofisiológicos geralmente podem ser realizados neste momento (p. ex., adiante)
9. a operação muitas vezes pode ser conduzida até sua conclusão com o paciente acordado, embora após a parte intracraniana da cirurgia concluída talvez seja desejável obter mais alívio da dor e a anestesia geral possa ser necessária para desconforto e a agitação (uma LMA pode ser suficiente aqui)

93.6.4 Mapeamento da fala

Informações gerais

Os ajustes habituais para a geração de uma corrente constante usando eletrodo bipolar são mostrados no ▶ Quadro 93.1. Se uma unidade de voltagem for usada, começar com 1 volt e ir aumentando.

Técnicas para mapeamento da fala

Existem numerosas metodologias. Um protocolo:
1. requer craniotomia com paciente acordado
2. uma vez exposto o lobo temporal, uma tira de eletrodos de registro é posicionada na superfície cerebral
3. usando um estimulador bipolar: começar com uma corrente baixa (p. ex., 2 mA) e iniciar a estimulação de uma área do córtex por 3-5 segundos, para então observar o pós-descarga (semelhante a uma convulsão focal) na tira de registro. Na ausência de pós-descargas, aumentar a corrente com incrementos de 2 mA até o máximo de ≈ 10 mA. Se ocorrerem pós-descargas, recuar 1-2 mA e, em seguida, testar a área quanto a alterações da fala, conforme a seguir
4. estimular o córtex enquanto o paciente nomeia os objetos mostrados nos cartões de imagem (a verbalização automática, como uma contagem, é robusta resistente e pode persistir mesmo com o estímulo). Observe os efeitos que variam da cessação total da fala a erros parafásicos
5. repetir as etapas anteriores na próxima área (primeiro, encontrar o limiar para pós-descargas e, então, estimular durante os testes)

93

Quadro 93.1 Parâmetros de gerador de corrente constante

Controle	Parâmetro[a]
frequência	50-60 Hz
onda	onda e quadrado bifásico
duração	2-4 mS pico a pico
modo	repetição
polaridade	normal
corrente	varia entre 2-16 mA

[a]nem todos os parâmetros estão presentes em todos os modelos

93.7 Cranioplastia

93.7.1 Indicações

1. restauração estética da simetria craniana externa
2. alívio dos sintomas devidos ao defeito de craniotomia (p. 1431)
3. proteção contra traumatismo (contuso ou penetrante) em área de pós-craniotomia ou defeito craniano pós-traumático

93.7.2 Sequência temporal

Em certos casos, não há consenso possível. Para evitar o risco de infecção, alguns autores recomendam adiar a cranioplastia com prótese (p. ex., malha de tântalo) por pelo menos 6 meses após a resolução de uma ferida aberta (i.e., contaminação) ou de uma ferida que atravesse os seios nasais. Outros realizam fechamento primário no momento do reparo da fratura craniana. Nos casos "limpos" (p. ex., reparo de defeito após a remoção do hemangioma do crânio), há poucos argumentos contra a cranioplastia imediata.

93.7.3 Material

As opções de material incluem:

1. o osso do próprio paciente, caso tenha sido previamente removido sob condições estéreis e conservado em condições de esterilidade ou sob refrigeração, ou ainda em uma bolsa abdominal, no momento da craniotomia
2. materiais que podem ser moldados pelo cirurgião:
   a) metilmetacrilato: misturado na sala cirúrgica, moldado de acordo com o formato desejado, e ajustado antes de ser fixado ao crânio, em geral com placas (alternativamente, suturas ou fios metálicos podem ser usados). A secagem consiste em uma reação exotérmica sendo necessárias ampla irrigação e, preferencialmente, remoção do material do sítio cirúrgico para evitar transmissão indesejada de calor ao cérebro
   b) malha: pode ser de titânio ou tântalo
3. próteses personalizadas pré-fabricadas são fornecidas por alguns fabricantes que utilizam cortes tomográficos finos para gerar modelos computadorizados do defeito e, quando disponível, imagens contralaterais para conformação em espelhamento:
   a) metilmetacrilato
   b) PEEK (poli-éter-éter-cetona)
   c) titânio
4. fragmento ósseo craniano

Para o uso de material protético, alguns recomendam a realização de uma dúzia de perfurações na placa a fim de evitar-se o acumulo de líquidos sob ela. Isto não pode ser feito com placas de tântalo.

Localização de níveis na cirurgia da coluna espinal

Identificar o nível correto na cirurgia da coluna espinal pode ser extremamente difícil, em certas situações. Com a proliferação das técnicas minimamente invasivas espinais e a associada redução da visualização direta de estruturas referenciais aumentou a importância das imagens intraoperatórias para determinação do nível vertebral.

Potenciais armadilhas que aumentam as chances de erro:

1. as doenças geralmente são estudadas por MRI pré-operatória e não é simples estabelecer-se correspondências entre achados nesse método e os tipos de imagem disponíveis na sala cirúrgica
   a) lesões torácicas: na MRI pré-operatória geralmente realiza-se a contagem das vértebras de cima (C2) para baixo, enquanto na cirurgia frequentemente faz-se necessário o inverso podendo haver erro se variar de 5 o número vértebras lombares e ou de 12 o número de pares de costelas
   b) espina lombar: um disco S1-2 bem desenvolvido (também chamado S1 lombarizado) ou uma vértebra L5 fundida ao sacro (L5 sacralizada) podem confundir a contagem
2. nem todos os pacientes têm 12 costelas, ou 5 vértebras "lombares". No modelo da coluna espinal humana (mais comum), há 24 vértebras pré-sacrais, entretanto alguns indivíduos têm 23 enquanto outros têm 25 (as variações incluem: 11 ou 13 costelas com vértebras, ou uma vértebra transicional lombossacral; a terminologia de uma "vértebra S1 lombarizada" ou uma "vértebra L5 sacralizada" é imprecisa e confusa). Uma HLD no último espaço discal (geralmente L5-S1) mais frequentemente impinge a 25ª raiz nervosa (entretanto, nos casos variantes, pode na verdade impingir a 24ª ou 26ª raiz)[27]

3. os pacientes podem ter anatomia variante ou ambígua (p. ex., um espaço discal S1-2 bem desenvolvido, um processo transverso L1 ampliado que mimetiza uma costela)
4. alguns "referenciais" usados para localizar níveis não são confiáveis nem intercambiáveis
5. com as radiografias planas (e fluoroscopia) é difícil obter imagens da coluna espinal torácica superior e, às vezes, da cervical inferior
   a) em imagens laterais, o ombro costuma obscurecer os níveis cervical inferior/torácico superior
   b) em imagens AP, a cifose acentuada desta região requer angulação crânio-caudal do feixe de raios X, que dificulta a obtenção de imagens em outros níveis
6. os processos espinhosos dos níveis lombar e, em especial, torácico estão abaixo do VB correspondente
7. podem ocorrer alterações entre o momento da obtenção da imagem pré-operatória e a cirurgia

Auxílios na determinação dos níveis espinais:
1. sistemas guiados por imagem, quando disponíveis
2. algumas instalações de sala cirúrgica contam com MRI ou CT (ou modalidades similares à CT, como O-arm™, da Medtronic, ou o ARCADIS® C-arm, da Siemens) ou tecnologia guiada por imagens da coluna espinal
3. ✱ radiografias planas pré-operatórias: lombar (para patologia lombar) e lombar + torácica (para doenças torácicas), com o objetivo de verificar se existem 12 vértebras torácicas e 5 lombares
4. nas radiografias espinais lombares laterais, o topo das cristas ilíacas são uniformes com o processo espinhoso de L4 ou um com o espaço interespinhoso de L4-5
5. na MRI sagital, geralmente não é possível a contagem de níveis, mas na MRI axial, as asas sacrais são identificáveis, podendo ser usada para identificar o espaço discal L5-S1
6. métodos de contagem (se possível, é altamente recomendável o uso de mais de um método)
   a) contar a partir de T12 ou L5 por fluoroscopia: verificar a existência de 12 costelas. É possível "fazer uma ponte" a partir dos níveis espinais torácicos inferiores aos níveis torácicos superiores usando como marcador um instrumento metálico sobre o dorso do paciente, ou pode-se ainda contar até um nível (p. ex., T9) e então, deslizando-se uma pinça hemostática sobre o dorso do paciente sob fluroscopia em tempo real identificarem-se os níveis (para contar a partir de L5, verificar a existência de 5 vértebras lombares pré-sacrais [i.e., sem costela]). Segurança contra radiação: evitar ao máximo a fluoroscopia em tempo real
   b) vista AP: começar em T12 (costela inferior) ou a partir de L5
   c) vista lateral: começando em L5 e contando para cima
   d) contando para baixo a partir de T1 (primeira costela) na fluoroscopia AP: pode ser necessário inclinar caudalmente o aparelho de fluoroscopia a partir da posição anterior, por causa da cifose torácica. Nesses casos, a contagem dos pedúnculos pode ser útil
   e) por palpação: com toracotomia, na coluna torácica superior, é possível palpar as costelas internamente desde T1. A costela se insere na extremidade superior da vértebra torácica, perto da junção com o VB superior (p. ex., a costela T5 se une a T5 perto do espaço discal T4-5)

93.8 Enxerto ósseo

93.8.1 Uso de extensores/substitutos de enxerto ósseo como auxiliares para fusão

Guia de prática clínica: extensores e substitutos de enxertos ósseos

Nível I:[28] osso autólogo ou enxerto ósseo de proteína morfogênica óssea humana recombinante (rhBMP-2) é recomendável no contexto de ALIF com um *cage* de titânio.
   Nível II:[28]
- rhBMP-2 com hidroxiapatita e fosfato de tricálcio pode ser substituído com autoenxerto em alguns casos de fusão posterolateral
- fosfato de cálcio é recomendado como extensor de enxerto ósseo, especialmente quando combinado com osso autólogo

93.8.2 Avaliação da fusão lombar cirúrgica

Ver **Diretrizes da prática: avaliação radiográfica de fusão** (p. 1438).

Guia de prática clínica: avaliação radiográfica de fusão

Nível I:[29] radiografias estáticas isoladamente não são recomendadas.
Nível II:[29]
- na *ausência* de instrumentação rígida, a falta de movimento entre as vértebras nas radiografias em flexão/extensão laterais é altamente sugestiva de fusão bem-sucedida
- ✖ a cintilografia óssea com tecnécio-99 não é recomendada

Nível III:[29] técnicas radiográficas, muitas vezes combinadas, podem ser usadas quando houver suspeita de falha da fusão lombar, incluindo raios X estático e em flexão/extensão, e CT.

Guia de prática clínica: correlação entre fusão e resultado

Nível III:[30] a correlação entre fusão e resultado clínico é fraca e, em qualquer situação, o estado da fusão pode não estar relacionado ao resultado.

93.8.3 Propriedades do enxerto ósseo

Informações gerais

Para fusões espinais, os componentes do enxerto ósseo importantes são:
1. osteoindução: recrutamento de células mesenquimais e estimulação a se diferenciarem em osteoblastos e osteoclastos
2. osteogênese: produção de osso novo por formação osteoblasto a partir de células-tronco mesenquimais hospedeiras ou de um enxerto transformadas em osteoblastos
3. osteocondução: a estrutura do enxerto que atua como arcabouço para formação de osso e vasos sanguíneos novos
4. estabilidade mecânica: criação de suporte biomecânico anatômico (p. ex., após a discectomia, corpectomia ou ressecção do tumor vertebral)

▶ Quadro 93.2 resume as propriedades de vários materiais de enxerto ósseo (adaptada[31,32,33]). Para saber mais detalhes, ver as seções seguintes

Quadro 93.2 Características de materiais de enxerto ósseo[a] (ver detalhes no texto)

Material	Estabilidade mecânica	Osteogênico	Osteoindutor	Osteocondutor
Autoenxerto cartilaginoso	±	++++	++	++++
Autoenxerto cortical	+++	+	+	+
Autoenxerto vascularizado	+++	+++	++	+++
Aloenxerto	+	–	±	+
Aspirado de medula óssea	–	+	±	+
Matriz óssea desmineralizada (DBM)	–	–	+	+
Proteína morfogênica óssea (BMP)	–	–	++++	–
Colágeno	–	–	–	–
Cerâmicas	+	–	–	+++

[a] – sem efeito, ± mínimo ou sem efeito, + efeito leve, ++ efeito moderado, +++ efeito forte, ++++efeito muito forte

Autoenxerto

Regiões doadoras habituais: crista ilíaca, costela,[34] fíbula, osso removido durante a descompressão. Características:
1. PRÓS: dispensa histocompatibilidade ou problemas relacionados com transmissão de doenças
2. CONTRAS:
    a) dor persistente na região doadora durante o pós-operatório: ocorre em até 34% dos pacientes (a intensidade desta dor foi considerada "inaceitável" em 3%)[35]
    b) aumento do risco cirúrgico de:
        • perda de sangue
        • infecção de ferida
        • fratura
        • deformidade estética
        • aumento do tempo de cirurgia
        • disestesias devido a lesão de nervos (p. ex., nervos clúneos – ver abaixo)
        • hematoma
3. subtipos
    a) osso cartilaginoso: fornece todos os componentes de enxerto, com exceção da estabilidade mecânica
    b) osso cortical:
        • proporciona força mecânica superior e imediata
        • tem capacidade diminuída de osteoindução e osteocondução
    c) osso corticocartilaginoso: por exemplo, borda da crista ilíaca tricortical. Contém todos os componentes do enxerto ósseo
    d) autoenxerto vascularizado:
        • dificuldade técnica
        • mais conveniente para áreas com cicatrizes, irradiadas ou que englobam longos segmentos
    e) medula óssea autóloga:
        • fonte de células osteoprogenitoras e substratos osteoindutores
        • risco diminuído do sítio doador
        • sem propriedades osteocondutoras nem estruturais

Aloenxerto

Adquirido por meio das agências de aquisição de órgãos. Primariamente congelado ou desidratado por congelamento. As regiões doadoras incluem: ílio, tíbia, fíbula, fêmur, costela.
1. PRÓS: elimina os riscos associados à coleta do autoenxerto
2. CONTRAS:
    a) risco pequeno, porém real de transmissão de doenças
    b) fornece apenas osteocondução (falta de osteoindução e osteogênese)
    c) a disponibilidade pode variar sazonalmente
3. subtipos
    a) bloco tricortical, tampão bicortical ou cunha unicortical
    b) corticocartilaginoso: fragmentos granulados ou esmagados
    c) cartilaginoso: cubos, bloco, esmagado, pó de osso
4. usos: os aloenxertos são úteis para enxertos estruturais, como na fusão intercorporal espinal anterior, onde as forças compressivas são aplicadas ao enxerto. Entretanto, para enxertos que são apenas deixados juntos à região a atrodesar (*onlay*), como aqueles usados para fusão cervical posterior, a falta de propriedades osteoindutoras e osteogenéticas é uma falha grave

Matriz óssea desmineralizada (DBM)

Preparada por extração ácida, diminuindo a antigenicidade e preservando algumas propriedades osteocondutoras e osteoindutoras.
1. disponibilizada na forma de massa, gel, lascas, grânulos ou pó
2. usada geralmente em associação a outros materiais de enxerto
3. CONTRAS:
    a) custo maior
    b) eficácia variável entre as preparações e lotes de uma mesma preparação
    c) sem propriedades mecânicas ou estruturais

Proteínas morfogênicas ósseas (BMP)

(conhecida como proteínas morfogênicas ósseas) Compostos biológicos que induzem a diferenciação das células-tronco mesenquimais em osteoblastos (osteoindução), com potencial de indução de formação de osso ectópico. Existem ≈ 20 proteínas diferentes oriundas da família do fator transformador do crescimento β. São produzidas usando a tecnologia do DNA recombinante.

1. necessidade de matriz transportadora para reter o fator solúvel no local de enxerto (i.e., evitar a difusão da BMP para dentro dos tecidos adjacentes, o que poderia diminuir o efeito pretendido e também, possivelmente, levar a formação de focos de ossificação indesejáveis)
2. aprovação pelo FDA somente nos EUA, para ALIF. Outros usos são "sem aprovação"
3. preparações disponíveis: rhBMP-2 (Infuse®, da Medtronic)
4. PRÓS: aumenta os índices de fusão
5. CONTRAS:
   a) caro
   b) formação de osso ectópico, reabsorção óssea (chamada osteólise) ou remodelamento na região enxertada[36]
   c) na cirurgia da coluna cervical anterior: inchaço do pescoço com comprometimento das vias aéreas, hematoma, seroma doloroso[36]

Colágeno

Usado habitualmente como carreador de substâncias osteoindutoras, osteocondutoras ou osteogênicos, e como componente de outros extensores de enxerto.
1. PRÓS: contribui para a vascularização do enxerto, deposição mineral e liga-se a fator de crescimento
2. CONTRAS:
   a) suporte estrutural mínimo
   b) potencial imunogenicidade

Cerâmica

Inclui fosfato de tricálcio, carbonato de cálcio e hidroxiapatita.
1. PRÓS: sem risco de transmissão de doenças
2. CONTRAS: uso recomendado somente como extensores de enxerto ósseo (i.e., devem ser combinados com autoenxerto, aspirado de medula óssea, BMP...)

93.8.4 Aquisição de enxerto ósseo

Crista ilíaca

Enxerto de osso ilíaco anterior

Deve ser obtido 3-4 cm lateralmente à espinha ilíaca anterossuperior (ASIS), para evitar o nervo cutâneo femoral lateral e diminuir o risco de fraturas por avulsão do ílio remanescente. Quando um enxerto tricortical é obtido, a dissecação deve ser mantida no plano subperióstleo, evitando-se o uso eletrocautério na superfície medial (interna) ao descolar o músculo ilíaco, para evitar-se lesões aos nervos ilioinguinal, ílio-hipogástrico e cutâneo femoral lateral.

Enxerto do osso da crista ilíaca posterior

Pode ser usado para obter placas ou tiras corticocartilaginosas para enxertos ósseos de deposição (*onlay*), ou enxertos tricorticais que podem ser usados como enxertos de suporte ou para artrodese C1-2.

Enxertos ósseos posteriores (▶ Fig. 93.3) são obtidos a partir de 6-8 cm mediais da crista ilíaca, para evitar os nervos clúneos superiores (que cruzam a crista ilíaca posterior a ≈ 8 cm lateralmente à espinha ilíaca superior posterior) com o resultante disestesias das nádegas ou o desenvolvimento de neuromas dolorosos. Uma incisão vertical medial à espinha ilíaca posterossuperior geralmente funciona bem.

Em pacientes grandes, a espinha pode ser encontrada localizando as "covinhas de Vênus" (fossas lombares laterais – chanfradura por vezes visível superiormente à fenda glútea, diretamente superficial à articulação sacroilíaca) e fazendo-se uma incisão imediatamente lateral a este ponto. É preciso ter o cuidado de evitar confundir-se o sacro com a espinha ilíaca.

O glúteo máximo é dissecado da superfície lateral, subperiostealmente. Para evitar fraturas que se estendam para a crista ilíaca, um amplo osteótomo deve ser usado para criar um "corte de parada"; alternativamente, uma serra sagital pode ser usada. É preciso ter o cuidado de evitar penetrar a superfície cortical interna da crista, de modo a não entrar na pelve e, possivelmente, causar hematoma intra-abdominal. Outra potencial complicação é a extensão da fratura para dentro do forame esquiático maior com possível lesão às artérias glúteas e nervo esquiático, entre outros. Depois que o enxerto é removido, deve-se realizar a implantação de um sistema fechado de drenagem a fim de evitar-se a formação de hematoma local.

Fíbula

O enxerto fibular autólogo leva a um elevado índice de artrodese,[37] entretanto associa-se à significativa morbidade assim, devendo, ser reservado apenas a casos bem selecionados.[38] Preservar a cabeça fibular

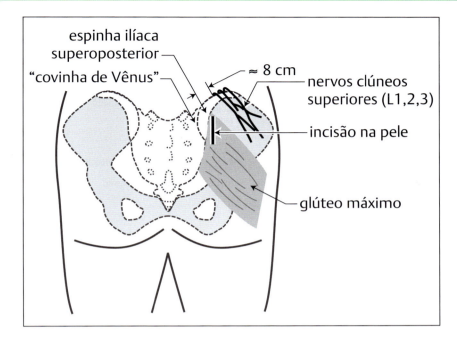

Fig. 93.3 Região doadora de osso da crista ilíaca posterior.

proximal, para evitar lesão ao nervo fibular. Pelo menos 7 cm da fíbula distal devem ser mantidos para preservar a estabilidade do tornozelo.[34]

93.9 Cirurgia estereotáxica

93.9.1 Informações gerais

O termo cirurgia "estereotáxica" (do grego, *stereo* = tridimensional; *tatic* = tocar) inicialmente desenvolvido para animais com base em atlas de coordenadas tridimensionais compiladas a partir de dissecações. Então passou a ser usado também para referir-se a cirurgia tridimensionalmente guiada realizada em seres humanos, geralmente para produzir lesão talâmica e tratar o Parkinsonismo (ver Tratamento cirúrgico da doença de Parkinson [p. 1524]), em que o salvo a ser lesionado era localizado em relação a marcos referenciais com pneumoencefalografia intraoperatória ou ventriculografia com contraste. O uso deste procedimento caiu drasticamente no final da década 1960, com a introdução da L-Dopa para tratar o Parkinsonismo.[39]

As técnicas atuais seriam melhor denominadas como cirurgia estereotáxica *guiada por imagem*. Na primeira parte do procedimento, é realizada uma CT ou MRI (ou, ocasionalmente, angiograma). Para maior precisão, uma estrutura com marcadores "fiduciários" é fixada à cabeça do paciente antes da fase de aquisição de imagens. A precisão aceitável deve ser obtida por imagens de alta resolução em cortes finos (geralmente com *gantry a 0°*) e, então, os dados obtidos são aplicados a algoritmos que realizam a correspondência entre CT/MRI onde fora estabelecido o alvo, o sistema de orientação e a cabeça do paciente.

A segunda parte do procedimento ocorre na sala cirúrgica. O paciente é "registrado" com imagens obtidas no pré-operatório e, em seguida, câmeras de rastreamento acompanham o movimento dos instrumentos com fixações apropriadas para mostrar em "tempo real" a localização do instrumento em relação à imagem pré-operatória. Uma limitação importante a ser considerada é o fato de as imagens pré-operatórias serem "históricas" e não reais, uma vez que o procedimento cirúrgico altera a anatomia do paciente. Por exemplo, até mesmo a administração de manitol pode causar desvios do cérebro levando o alvo da cirurgia vários milímetros para fora da localização pré-operatória.

93.9.2 Indicações para cirurgia estereotáxica

1. biópsia (também, ver abaixo)
   a) lesões cerebrais profundamente localizadas: em especial perto do cérebro eloquente
   b) lesões do tronco encefálico: podem ser acessadas através dos hemisférios cerebrais[40]
   c) múltiplas lesões pequenas (p. 333) (p. ex., em alguns pacientes com AIDS)
   d) paciente medicamente incapaz de tolerar anestesia geral para biópsia aberta
2. colocação de cateter
   a) drenagem de lesões profundas: cisto coloide, abscesso
   b) colocação de cateter interno para quimioterapia intratumoral
   c) implantes radioativos para braquiterapia por radiação intersticial[41]
   d) colocação de *shunt*: para hidrocefalia (raramente usado) ou drenar cisto
3. colocação do eletrodo
   a) eletrodos profundos para epilepsia
   b) "estimulação cerebral profunda" para dor crônica (requer estimulação eletrofisiológica)
4. geração de lesão
   a) perturbações do movimento: Parkinsonismo (p. 1526), distonia, hemibalismo
   b) tratamento da dor crônica
   c) tratamento da epilepsia (raramente usado)
5. drenagem de hemorragia intracerebral
   a) uso de um parafuso de Arquimedes[42,43]
   b) em associação com uso de urocinase[44,45] ou fator ativador de plasminogênio tecidual recombinante (p. 1344)[46]
6. "radiocirurgia" estereotática (p. 1564) (ver Radioterapia e radiocirurgia estereotática)
7. localizar uma lesão para craniotomia aberta (p. ex., AVM,[47] tumor profundo)
   a) uso de cateter do tipo ventricular
   b) uso e introdutor ou agulha de biópsia[48]
   c) sistemas que usa feixe de *laser* de luz visível para orientação
8. biópsia transoral de C2 (eixo) de lesões do corpo vertebral[49]
9. aplicações "experimentais" ou não convencionais
   a) clipagem estereotáxica de aneurismas[50]
   b) cirurgia a *laser* estereotáxica
   c) transplante do CNS;[51] p. ex., para Parkinsonismo (p. 1525)
   d) remoção de corpo estranho[52]

93.9.3 Biópsia estereotáxica

Esta seção apresenta informações genéricas referentes à biópsia cerebral estereotáxica (SBB). Para informações específicas sobre SBB aplicada a uma condição procure por ela no índice geral. A biópsia pode ser obtida por meio de uma pequena craniotomia trefinada, ou através de uma trepanação para passagem de uma agulha. Embora o procedimento possa ser realizado sob anestesia local geralmente prefere-se anestesia geral.

Contraindicações

1. distúrbios da coagulação
   a) coagulopatias: diáteses hemorrágicas, iatrogênicas (heparina ou coumadin)
   b) contagem de plaquetas (PC) baixa: PC < 50.000/mL é uma contraindicação absoluta; é desejável conseguir uma PC ≥ 100.000
2. incapacidade de tolerar anestesia geral e de cooperar para a anestesia local

Rendimento

O índice de rendimento (i.e., a capacidade de estabelecer um diagnóstico a partir da SBB) relatado em amplas séries na literatura varia de 82-99% em pacientes não imunocomprometidos (NIC), sendo discretamente menor em pacientes com AIDS (56-96%). Índices de rendimento maiores na AIDS podem ser obtidos por técnica cirúrgica aprimorada e avaliação histológica.[53]

O índice de rendimento é maior para lesões captantes de contraste à CT ou na MRI (99% em pacientes NIC), do que nas lesões não captantes (74%).[54]

Complicações

A complicação mais frequente é a hemorragia, embora a maioria seja pequena demais para ter impacto clínico. O risco de uma complicação mais significativa (principalmente devido à hemorragia) em pacientes NIC varia de 0-3% (com a maioria < 1%) e 0-12% na AIDS.[54] Os índices de complicação mais altos vistos em pacientes com AIDS em algumas séries podem ser decorrente de valores reduzidos de função ou contagem de plaquetas, bem como à fragilidade vascular no linfoma primário do CNS. Em pacientes NIC, os gliomas de alto grau multifocais apresentaram os maiores índices de complicação.

A infecção é uma complicação infrequente da biópsia por agulha.

Referências

[1] Fox N. Cure in a Case of Cerebrospinal Rhinorrhea. Arch Otolaryngol. 1933; 17:85–87

[2] Evans JP, Keegan HR. Danger in the Use of Intrathecal Methylene Blue. JAMA. 1960; 174:856–859

[3] Calcaterra TC. Extracranial Repair of Cerebrospinal Rhinorrhea. Ann Otol Rhinol Laryngol. 1980; 89:108–116

[4] Pinosky ML, Fishman RL, Reeves ST, Harvey SC, Patel S, Palesch Y, Dorman BH. The effect of bipuvicaine skull block on the hemodynamic response to craniotomy. Neurosurgical Anesthesia. 1996; 83:1256–1261

[5] el Gohary M, Gamil M, Girgis K, et al. Scalp nerve blocks in children undergoing a supratentorial craniotomy: A randomized controlled study. Asian J Sci Res. 2009; 2:105–112

[6] Vitali AM, Steinbok P. Depressed skull fracture and epidural hematoma from head fixation with pins for craniotomy in children. Childs Nerv Syst. 2008; 24:917–23; discussion 925

[7] Agrawal D, Steinbok P. Simple technique of head fixation for image-guided neurosurgery in infants. Childs Nerv Syst. 2006; 22:1473–1474

[8] Lee TH, Kim SJ, Cho do S. Broken mayfield head clamp. J Korean Neurosurg Soc. 2009; 45:306–308

[9] Taira T, Tanikawa T. Breakage of Mayfield head rest. J Neurosurg. 1992; 77:160–161

[10] Arand AG, Sawaya R. Intraoperative Chemical Hemostasis. Neurosurgery. 1986; 18:223–233

[11] . Cranial Perforators with an Automatic Clutch Mechanism, Failure to Disengage: FDA Safety Communication. 2015

[12] Kalfas IH, Little JR. Postoperative Hemorrhage: A Survey of 4992 Intracranial Procedures. Neurosurgery. 1988; 23:343–347

[13] Palmer JD, Sparrow OC, Iannotti Fl. Postoperative Hematoma: A 5-Year Survey and Identification of Avoidable Risk Factors. Neurosurgery. 1994; 35:1061–1065

[14] Papanastassiou V, Kerr R, Adams C. Contralateral Cerebellar Hemorrhagic Infarction After Pterional Craniotomy: Report of Five Cases and Review of the Literature. Neurosurgery. 1996; 39:841–852

[15] Toczek MT, Morrell MJ, Silverberg GA, Lowe GM. Cerebellar Hemorrhage Complicating Temporal Lobectomy: Report of Four Cases. J Neurosurg. 1996; 85:718–722

[16] Mahaley MS, Mettlin C, Natarajan N, Laws ER, et al. National Survey of Patterns of Care for Brain-Tumor Patients. J Neurosurg. 1989; 71:826–836

[17] Driscoll CL, Beatty CW. Pain After Acoustic Neuroma Surgery. Otolaryngol Clin North Am. 1997; 30:893–903

[18] Harner SG, Beatty CW, Ebershold MJ. Headache After Acoustic Neuroma Excision. Am J Otolaryngol. 1993; 14:552–555

[19] Kaur A, Selwa L, Fromes G, Ross DA. Persistent Headache After Supratentorial Craniotomy. Neurosurgery. 2000; 47:633–636

[20] Catalano PJ, Jacobowitz O, Post KD. Prevention of Headache After Retrosigmoid Removal of Acoustic Tumors. Am J Otol. 1996; 17:904–908

[21] Lovely TJ, Lowry DW, Jannetta PJ. Functional Outcome and the Effect of Cranioplasty After Retromastoid Craniectomy for Microvascular Decompression. Surg Neurol. 1999; 51:191–197

[22] Long DM. Comment on Kaur A et al.: Persistent Headache After Supratentorial Craniotomy. Neurosurgery. 2000; 47

[23] Harner SG, Beatty CW, Ebersold MJ. Impact of cranioplasty on headache after acoustic neuroma removal. Neurosurgery. 1995; 36:1097–9; discussion 1099-100

[24] Gregori EM, Goldring S. Localization of Function in the Excision of Lesions from the Sensorimotor Region. J Neurosurg. 1984; 61:1047–1054

[25] Woolsey CN, Erickson TC, Gibson WE. Localization in Somatic Sensory and Motor Areas of Human Cerebral Cortex as Determined by Direct Recording of Evoked Potentials and Electrical Stimulation. J Neurosurg. 1979; 51:476–506

[26] Dreier JD, Williams B, Mangar D, Camporesi EM. Patients selection for awake neurosurgery. HSR Proc. 2009; 1:19–27

[27] Wigh RE. Classification of the Human Vertebral Column: Phylogenic Departures and Junctional Anomalies. Med Radiogr Photogr. 1980; 56:2–11

[28] Resnick DK, Choudhri TF, Dailey AT, Groff MW, Khoo L, Matz PG, Mummaneni P,Watters WC,Wang J, Walters BC, Hadley MN. Part 16: Bone graft extenders and substitutes. J Neurosurg: Spine. 2005; 2:733–736

[29] Resnick DK, Choudhri TF, Dailey AT, Groff MW, Khoo L, Matz PG, Mummaneni P,Watters WC,Wang J, Walters BC, Hadley MN. Part 4: Radiographic assessment of fusion. J Neurosurg Spine. 2005; 2:653–657

[30] Resnick DK, Choudhri TF, Dailey AT, Groff MW, Khoo L, Matz PG, Mummaneni P,Watters WC,Wang J, Walters BC, Hadley MN. Part 5: Correlation between radiographic and functional outcome. J Neurosurg Spine. 2005; 2:658–661

[31] Whang PG, Wang JC. Bone graft substitutes for spinal fusion. Spine J. 2003; 3:155–165

[32] Giannoudis PV, Dinopoulos H, Tsiridis E. Bone substitutes: an update. Injury. 2005; 36 Suppl 3:S20–S27

[33] Shen FH, Samartzis D, An HS. Cell technologies for spinal fusion. Spine J. 2005; 5:231S–239S

[34] Galler RM, Sonntag VKH. Bone graft harvest. BNI Quarterly. 2003; 19:13–19

[35] Heary RF, Schlenk RP, Sacchieri TA, Barone D, Brotea C. Persistent iliac crest donor site pain: independent outcome assessment. Neurosurgery. 2002; 50:510–6; discussion 516-7

[36] Vaidya R, Sethi A, Bartol S, Jacobson M, Coe C, Craig JG. Complications in the use of rhBMP-2 in PEEK cages for interbody spinal fusions. J Spinal Disord Tech. 2008; 21:557–562

[37] Gore DR. The arthrodesis rate in multilevel anterior cervical fusions using autogenous fibula. Spine. 2001; 26:1259–1263

[38] Kim CW, Abrams R, Lee G, et al. Use of vascularized fibular strut grafts as a salvage procedure for previously failed spinal arthrodesis. Spine. 2001; 19:2171–2175

[39] Gildenberg PL. Whatever Happened to Stereotactic Surgery? Neurosurgery. 1987; 20:983–987

[40] Hood TW, Gebarski SS, McKeever PE, Venes JL, et al. Stereotactic Biopsy of Intrinsic Lesions of the Brain Stem. J Neurosurg. 1986; 65:172–176

[41] Coffey RJ, Friedman WA. Interstitial Brachytherapy of Malignant Brain Tumors Using Computed Tomography-guided Stereotaxis and Available Imaging Software: Technical Report. Neurosurgery. 1987; 20:4–7

[42] Backlund E-O, von Holst H. Controlled Subtotal Evacuation of Intracerebral Hematomas by Stereotactic Technique. Surg Neurol. 1978; 9:99–101

[43] Tanikawa T, Amano K, Kawamura H, et al. CTGuided Stereotactic Surgery for Evacuation of Hypertensive Intracerebral Hematoma. Appl Neurophysiol. 1985; 48:431–439

[44] Niizuma H, Otsuki T, Johkura H, et al. CT-Guided Stereotactic Aspiration of Intracerebral Hematoma - Result of a Hematoma-Lysis Method Using Urokinase. Appl Neurophysiol. 1985; 48:427–430

[45] Niizuma H, Shimizu Y, Yonemitsu T, Nakasato N, et al. Results of Stereotactic Aspiration in 175 Cases of Putaminal Hemorrhage. Neurosurgery. 1989; 24:814–819

[46] Schaller C, Rohde V, Meyer B, Hassler W. Stereotactic Puncture and Lysis of Spontaneous Intracerebral Hemorrhage Using Recombinant Tissue-Plasminogen Activator. Neurosurgery. 1995; 36:328–335

[47] Sisti MB, Solomon RA, Stein BM. Stereotactic Craniotomy in the Resection of Small Arteriovenous Malformations. J Neurosurg. 1991; 75:40–44

[48] Moore MR, Black PM, Ellenbogen R, Gall CM, et al. Stereotactic Craniotomy: Methods and Results Using the Brown-Roberts-Wells Stereotactic Frame. Neurosurgery. 1989; 25:572–578

[49] Patil AA. Transoral Stereotactic Biopsy of the Second Cervical Vertebral Body: Case Report with Technical Note. Neurosurgery. 1989; 25:999–1002

[50] Kandel EI, Peresedov VV. Stereotaxic Clipping of Arterial Aneurysms and Arteriovenous Malformations. J Neurosurg. 1977; 46:12–23

[51] Backlund E-O, Granberg P-O, Hamberger B, Knutson E, et al. Transplantation of Adrenal Medullary Tissue to Striatum in Parkinsonism: First Clinical Trials. J Neurosurg. 1985; 62:169–173

[52] Blacklock JB, Maxwell RE. Stereotactic Removal of a Migrating Ventricular Catheter. Neurosurgery. 1985; 16:230–231

[53] Levy RM, Russell E, Yungbluth M, et al. The efficacy of image-guided stereotactis brain biopsy in neurologically symptomatic acquired immunodeficiency syndrome patients. Neurosurgery. 1992; 30:186–190

[54] Nicolato A, Gerosa M, Piovan E, et al. Computerized Tomography and Magnetic Resonance Guided Stereotactic Brain Biopsy in Nonimmunocompromised and AIDS Patients. Surg Neurol. 1997; 48:267–277

94 Craniotomias Específicas

94.1 Craniotomia da fossa posterior (suboccipital)

94.1.1 Indicações

Para se obter acesso ao cerebelo, ângulo pontocerebelar (CPA), até uma das artérias vertebrais, tronco encefálico posterior, IV ventrículo, região pineal, ou utilizando o acesso extremo lateral ao tronco encefálico anterolateral. Ver detalhes em craniotomias suboccipitais paramedianas (p. 1447) e de linha média (p. 1450).

94.1.2 Posição

Opções

As opções de posição incluem:
1. posição sentada: ver abaixo
2. oblíqua lateral (p.1446): com o paciente enviesado em ¾ (quase em pronação)
3. semissentado
4. supinação com rolo no ombro e a cabeça quase na horizontal
5. pronação
6. posição concorde: pronação, com o tórax elevado, pescoço fletido e inclinado em oposição ao lado em que o cirurgião posicionar-se-á

Posição sentada

Usada com menos frequência do que no passado, em razão das complicações associadas e da existência de posições alternativas aceitáveis (exceto para algumas circunstâncias específicas). No entanto, segundo a percepção de alguns especialistas, os riscos da posição sentada foram, em grande, parte exagerados.[1]

Vantagens
1. melhor drenagem de sangue e CSF para fora do sítio cirúrgico
2. melhor drenagem venosa, que ajuda a reduzir o sangramento venoso e também a ICP
3. facilidade de ventilação, pela liberação do tórax
4. a cabeça do paciente pode ser mantida exatamente na linha média, auxiliando a orientação do cirurgião e diminuindo o risco de torção das artérias vertebrais

Desvantagens/riscos
1. possível embolia gasosa (ver abaixo)
2. fadiga das mãos do cirurgião
3. riscos cirúrgicos maiores em função da colocação de cateter CVP (requer tratamento de possível AE): exemplificando, pneumotórax com cateterismo da veia subclávia, trombose
4. o risco de hematoma pós-operatório no sítio cirúrgico pode estar aumentado, uma vez que potenciais fatores de sangramento venoso podem permanecer ocultos enquanto o paciente permanece sentado, podendo se manifestar quando o paciente voltar à posição horizontal no pós-operatório. Entretanto, um estudo falhou em constatar esta incidência aumentada[2]
5. risco de hematoma subdural pós-operatório: 1,3% dos casos de fossa-p[3]
6. possível lesão do plexo braquial: isto é evitado impedindo que os braços do paciente fiquem pendentes lateralmente. Em vez disso, cruze-os sobre o abdome
7. quadriplegia médio-cervical:[4,5] provavelmente em decorrência de mielopatia de flexão.[6,7,8] Pode haver contribuição da combinação da posição sentada com hipotensão[9] ou flexão do pescoço com possível compressão da artéria espinal anterior, ± barra cervical, e elevação da cabeça, reduzindo assim a pressão arterial
8. lesão ao nervo ciático (síndrome piriforme):[10] isto pode ser prevenido flexionando-se os joelhos do paciente (diminui a tensão sobre o nervo ciático)
9. a extensão do pneumoencéfalo pós-operatório é mais pronunciada e pode aumentar o risco de pneumoencéfalo hipertensivo;[11] ver Pneumencéfalo (p. 887)
10. o acúmulo de sangue venoso nos LEs sob anestesia pode causar hipovolemia relativa e deve ser evitado com enfaixamento dos LEs antes do posicionamento
11. fluxo sanguíneo cerebral diminuído em decorrência de pressão arterial hemodinâmica mais baixa[12]

Embolia gasosa (AE): complicação potencialmente fatal de qualquer operação diante da abertura à entrada de ar em uma veia inflexível (p. ex., veia diploica ou seio dural), quando há pressão negativa na veia

(p. ex., com a elevação da cabeça acima do nível do coração).[13] O ar é arrastado para dentro da veia e pode ficar aprisionado no átrio direito do coração. Isto pode comprometer o retorno venoso e causar hipotensão, além de produzir arritmias cardíacas. A embolia de ar paradoxal pode ocorrer em presença de um forame oval patente[14] ou de uma fístula AV pulmonar, podendo produzir infarto cerebral isquêmico.

Pressões negativas maiores ocorrem na posição sentada, em razão da elevação extrema da cabeça, mas a AE pode ocorrer em qualquer cirurgia em que a cabeça seja elevada acima do nível do coração. Incidência: uma ampla gama de incidências é relatada na literatura, e depende do método de monitorização usado: são estimadas incidências de ≈ 7-25% na posição sentada usando monitorização com Doppler.[3]

Para cirurgias com risco *significativo* de AE, cateter de acesso CVP atrial direita é recomendado (para aspirar ar), bem como a monitorização para AE; as opções são: ecocardiografia transesofágica (a mais sensível), monitorização com Doppler precordial. (Embora, do ponto de vista técnico, o risco de AE inclua qualquer caso em que a cabeça seja elevada acima do nível do átrio cardíaco direito, limita-se, praticamente, aos casos em que a cabeceira do leito é inclinada em ≈ >30°, situação principalmente limitada à posição sentada para tumores de fossa posterior.)

Diagnóstico e tratamento:

A suspeita de AE deve ser considerada em todos os casos em que o sítio cirúrgico for mais alto do que o coração, quando houver hipotensão inexplicável ou diminuição de $EtCO_2$.[16]

- ecocardiografia transesofágica (TEE). É possível ver bolhas na tela de exibição da eco 2D
  prós: considerada a modalidade de monitorização mais sensível
  contras: significativa taxa de resultados falsos-positivos, além de ser cara, invasiva e exigir experiência e atenção
- U/S com Doppler precordial: a sonda pode ser colocada sobre o 2º ao 4º espaço intercostal, seja à direita ou à esquerda do esterno, ou ainda posteriormente, entre a escápula e a coluna espinal. A AE é prenunciada por uma alteração do caráter e da intensidade sônica, primeiramente por um som agitado de volume alto, irregular, sobreposto, e depois, à medida que mais ar é aprisionado, passam a dominar os sons chamados sons de "roda de moinho" ou sons de máquina
  prós: é a mais sensível das técnicas não invasivas
  contras: difícil para pacientes com obesidade mórbida e em algumas posições (p. ex., pronação ou lateral), interferência de outros sons na sala cirúrgica, requer atenção

O indício mais precoce de AE pode ser uma elevação do nitrogênio corrente (requer acoplamento de espectrômetro de massa ao monitor). Em seguida, há queda da pCO_2 corrente. Os sons de máquina ao Doppler precordial também são sugestivos de AE. Pode haver desenvolvimento de hipotensão. As medidas mostradas no ▶ Quadro 94.1 devem ser imediatamente instituídas.

Posição oblíqua lateral

Posição também chamada "banco do parque" (*park bench*).
- rolo axilar da parte inferior do braço (ver ▶ Fig. 94.1) (ou, posicionar o paciente de modo que a parte inferior do braço fique estendida por sobre a borda da mesa e seja mantida no lugar com auxílio de um apoio formado com a fixação da mesa de Mayfield usando acolchoamento abundante)
- a parte superior do braço é sustentada sobre travesseiros ou toalhas (evitando usar apoio Mayo, que restringe a habilidade de inclinar lateralmente a mesa da sala cirúrgica durante a operação)
- fita adesiva para puxar para baixo a parte superior do ombro
- trazer a coluna dorsal do paciente o mais perto possível da beirada lateral da mesa (isto geralmente é limitado pela passagem do suporte da cabeça), para aproximar o paciente do cirurgião
- elevar o tórax em 10-15°
- inclinar o vértice da cabeça na direção do assoalho (ver abaixo)
- drenagem lombar externa opcional (em geral, para tumores amplos)
- travesseiros entre as pernas
- prender o paciente com fita adesiva sobre coxins, para que a mesa possa "planar no ar" (girar) durante a cirurgia

---

Quadro 94.1 Tratamento para embolia de ar

1. encontrar e obstruir o sítio de entrada de ar, ou rapidamente acondicionar a ferida com esponjas/coberturas encharcadas e encerar bordas ósseas
2. abaixar a cabeça do paciente, quando possível (30° ou menos a partir da horizontal)
3. compressão venosa jugular (trato bilateral; segunda opção; somente à direita)
4. girar o paciente para o lado *ESQUERDO* e para baixo (tentar aprisionar ar no átrio direito)
5. aspirar ar do átrio direito, via cateterismo de CVP
6. ventilar o paciente com 100% de O_2
7. descontinuar o óxido nitroso, se estiver em uso (pode expandir a AE)[15]
8. usar pressores e expansores de volume para manter a BP
9. a PEEP é *inefetiva* na prevenção ou tratamento da AE; pode aumentar o risco de AE paradoxal[13]

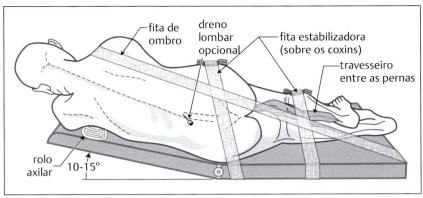

Fig. 94.1 Posição lateral inclinada ("banco de parque").

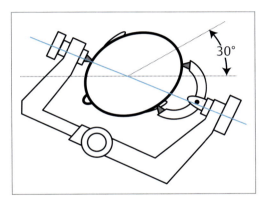

Fig. 94.2 Posição da cabeça e suporte de cabeça para craniotomia suboccipital direita (olhando para baixo, vista do topo da cabeça do paciente).

Para acessar o meato acústico ou mais caudalmente

(p. ex., para schwanomas vestibulares; não necessariamente para descompressão microvascular para neuralgia do trigêmeo.)
Para que os ombros fiquem fora do caminho, flexione ao máximo o pescoço do paciente, enquanto mantém as vias aéreas livres (com auxílio de um tubo ET com reforço metálico não torcido, chamado **"tubo aramado"**). A parte superior do ombro é retraída caudalmente pela fita adesiva (evitar a tração excessiva que pode lesionar o plexo braquial).

Posicionamento da cabeça

Um suporte de cabeça de Mayfield é colocado com um único pino no lado da lesão, discretamente anterior à extremidade lateral do crânio (▶ Fig. 94.2). A cabeça, então, é girada 20-30° com a face voltada para o chão.

94.1.3 Craniotomia suboccipital paramediana

Indicações

1. acessar o ângulo pontocerebelar (CPA)
   a) tumores do CPA, incluindo
      - schwannoma vestibular
      - meningioma de CPA
      - epidermoide

b) descompressão microvascular
- neuralgia do trigêmeo
- espasmo hemifacial
- diversos: neuralgia geniculada, neuralgia glossofaríngea
2. lesões de um hemisfério cerebelar:
a) tumores: metástases, hemangioblastoma
b) hemorragia junto ao hemisfério cerebelar
3. acesso à artéria vertebral
a) aneurismas: PICA, junção vertebrobasilar
b) endarterectomia vertebral
4. acesso a tumores anterolaterais do tronco encefálico (abordagem da fossa-p lateral extrema)
a) tumores do forame magno, incluindo: cordomas, meningiomas

Posição, incisão da pele, craniotomia, abordagem...
Ver lista de alternativas (p. 1445). Ver posição oblíqua lateral (p. 1446).

Incisão da pele

Incisões lineares (paramedianas)
Acesso à CPA. Para descompressão microvascular e *pequenos* tumores de CPA, uma incisão linear proporciona exposição adequada e envolve menos traumatismo aos músculos subjacentes, além de, possivelmente, ser mais fácil obter vedação à prova d'água, em comparação com a incisão de linha média. Para todas os casos a seguir, uma incisão cutânea linear é localizada 5 mm medialmente ao ponto digástrico (um referencial apalpável, ▶ Fig. 94.3):
1. incisão "5-6-4" (incisão posicionada 5 mm medialmente ao ponto digástrico, estendendo-se a partir de 6 cm acima do nó até 4 cm abaixo). Alta o suficiente para expor o seio transversal:
a) para abordagem do V nervo: descompressão microvascular para neuralgia do trigêmeo
2. incisão "5-5-5" (5 mm medialmente, estendendo-se 5 cm para cima e 5 cm para baixo), usada para abordagem do complexo do VII/VIII nervos:
a) descompressão microvascular para espasmo hemifacial
b) schwannoma vestibular pequeno
3. incisão "5-4-6" (5 mm medialmente, estendendo-se 4 cm para cima e 6 cm para baixo): usada para abordagem de nervos cranianos inferiores:
a) neuralgia glossofaríngea

Incisão em "bastão de hóquei"
Útil para lesões hemisféricas cerebelares, bem como para lesões de CPA maiores, em que tirar os músculos do caminho facilitará a manipulação dos instrumentos na fossa posterior.

A incisão é iniciada na linha mediana, desde o processo espinhoso ≈ C2, seguindo superiormente para a região logo acima do ínio e, então, continuando lateralmente para além da extremidade do mastoide (▶ Fig. 94.4). Uma curva caudal curta opcional pode ser feita lateralmente, para afastamento adicional da musculatura.

Craniotomia

Referenciais
A localização da margem inferior do seio transversal é estimada de forma bastante precisa a uma distância equivalente à largura de dois dedos acima do limite superior do ponto digástrico (em geral, logo acima da linha nucal superior). Este deve ser o limite superior da abertura do crânio.

Para descompressão microvascular
Craniotomia com diâmetro ≈ 2 cm colocada no ângulo entre os seios transverso e sigmoide.

Para tumores pequenos (< 2,5 cm)
Craniotomia com diâmetro ≈ 4 cm colocada no ângulo entre os seios transverso e sigmoide.

Para tumores amplos
Pode haver necessidade de uma craniotomia maior, cujo tamanho é limitado:
1. superiormente, pelo seio transverso
2. inferiormente, pelo forame magno (que pode ser aberto como medida profilática contra a herniação tonsilar no evento de um edema de fossa-p no pós-operatório)

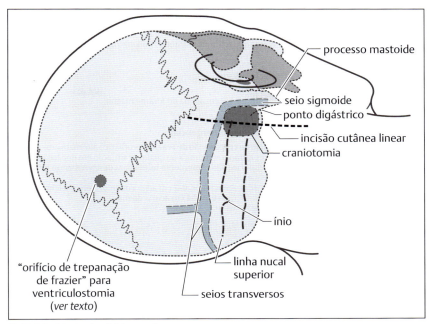

Fig. 94.3 Craniotomia suboccipital paramediana.

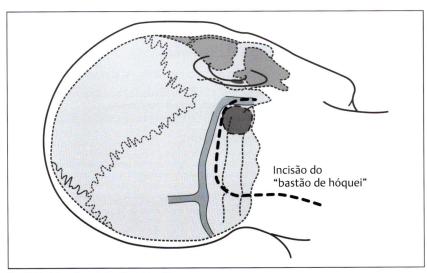

Fig. 94.4 Incisão cutânea do "bastão de hóquei".

3. lateralmente pelo seio sigmoide (a abertura das células aéreas do mastoide é aceitável, mas a prevenção de vazamento de CSF requer que sejam ocluídas com cera óssea e músculo (ou osso em pó oriundo de craniotomia[17]), podendo ser cobertas por fáscia ou dura-máter refletida)
4. medialmente pela linha média (a menos que o tumor se estenda ao longo da linha média)

Para abordagem de nervos cranianos inferiores

(p. ex., neuralgia glossofaríngea).
A craniotomia é estendida inferiormente a ≈ 1/2 cm acima do forame magno.

Orifício de trepanação para ventriculostomia emergencial

Um orifício de trepanação occipital (**orifício de trepanação de Frazier**) profilático alternativamente produzido, em geral, para tumores cerebelares intraparenquimais ou qualquer situação em que haja possibilidade de hidrocefalia ou inchaço pós-operatório (não comumente usado para descompressão microvascular nem schwannomas vestibulares pequenos).
Localização: 3-4 cm a partir da linha média. Em adultos, 6-7 cm acima do ínio;[18] em pacientes pediátricos, 2-3 cm acima do seio transversal[19 (p. 429)] (isto é, ≈ 3-4 cm acima do ínio).
Ver Manejo pós-operatório (p. 1451) para uso.

Abordagem da CPA

O ângulo de abordagem determina qual parte da fossa posterior é visualizada.
1. retrair *inferiormente* o cerebelo (trabalhando na junção do tentório e osso petroso) dá acesso à região do nervo trigêmeo (p. ex., para descompressão microvascular para neuralgia do trigêmeo)
2. retração *medial* para ganhar acesso à região do poro acústico (p. ex., schwannomas vestibulares)
3. reatração *superior* ganha acesso aos nervos cranianos inferiores (p. ex., para neuralgia geniculada)

94.1.4 Craniotomia suboccipital de linha média

Indicações

Acesso à linha média ou a ambos os lados da fossa posterior.
1. lesões na fossa posterior junto à linha média
   a) lesões paravermianas e verminadas cerebelares, incluindo: AVM vermal, astrocitoma cerebelar perto da linha média
   b) tumores do IV ventrículo: ependimoma, meduloblastoma
   c) tumores da região pineal
   d) lesões no tronco encéfalo: lesões vasculares no tronco encéfalo (p. ex., angioma cavernoso)
2. craniotomias descompressivas
   a) para malformações de Chiari
3. tumores cerebelares: metástases, hemangioblastoma, astrocitoma pilocítico...

Posição, incisão cutânea, craniotomia, abordagem...

Ver posicionamento (p. 1446).

Incisão na pele/fáscia

Incisão na linha média a partir de ≈ 6 cm acima do ínio até o processo espinhoso de ≈ C2. Levar a incisão a um ponto um pouco mais alto, se houver necessidade de criar um orifício de trepanação de Frazier (e então é possível usar a mesma incisão cutânea). A incisão cutânea deve preservar a integridade dos músculos e a fáscia. Muitas vezes é difícil colocar clipes de Raney na pele desta região. Para facilitar o fechamento hermético, a fáscia é apertada no topo, deixando um manguito de tecido no occipício, logo acima da linha nucal superior.

Craniectomia

A craniectomia implica a remoção de osso (frequentemente, pouco a pouco) sem intenção de reposição. Embora a craniotomia com reposição de retalho ósseo ao final do procedimento seja usada com sucesso, há certa preocupação com a possibilidade de que, se houver inchaço pós-operatório, o retalho de osso inelástico pode causar mais pressão a ser transmitida ao tronco encefálico.

Em geral, é feita descida até o forma magno. Para tumores hemisféricos cerebelares, muitos removem o arco posterior de C1 (cuidado com as arteriais vertebrais no aspecto superior de C1).

Abordagem

Uma durotomia em forma de "Y" é usada com frequência. Se a lesão tem componente cístico, a aspiração através de agulha ventricular é usada, particularmente para descomprimi-la.

94.1.5 Abordagem da fossa posterior lateral extrema

Permite acesso à região anterolateral do tronco encefálico. Difere da anterior, no sentido de a incisão cutânea ser projetada para tirar do caminho o volume de pele e o retalho de músculo.

Importante: remover a ponta do forame magno o mais lateralmente possível. A melhor forma de fazer isso é usar uma broca diamantada.

94.1.6 Cranioplastia para craniotomia suboccipital

A cranioplastia com metilmetacrilato como parte do fechamento subsequente à craniotomia suboccipital para schwannoma vestibular diminuiu a incidência de cefaleia pós-operatória de 17 para 4%.[20]

94.1.7 Considerações pós-operatórias para fossa-p craniana

Checagem pós-operatória

Além das checagens de rotina, é preciso checar:
1. respirações, frequência, padrão (ver indução, abaixo)
2. acompanhamento estreito de hipertensão (ver abaixo)
3. evidência de vazamento de CSF através da ferida

Manejo pós-operatório

Intubação

A intubação pós-operatória por 24-48 horas às vezes é mantida na base da precaução: muitas complicações frequentemente têm a parada respiratória como manifestação inicial (ver adiante), e o paciente pode apresentar uma precipitada deterioração a partir deste momento. Há uma troca, uma vez que o estímulo do tubo endotraqueal pode exacerbar a hipertensão e a agitação do paciente, e assim a sedação sempre se faz necessária, podendo obscurecer o exame neurológico e deprimir as respirações. Se o paciente acordasse extremamente bem de uma craniotomia de fossa-p sem complicação, e não sendo tarde da noite, a maioria dos cirurgiões procederia à extubação.

94

Hipertensão

A hipertensão deve ser evitada a todo custo para prevenir sangramento a partir de vasos delgados (p. ex., recomenda-se que nitroprussiato seja preparado antes do término da operação, pendurado e pronto para ser titulado de modo a manter a SBP $\geq$ 160 mmHg durante a reversão da anestesia e no pós-operatório).

O médico deve ser chamado se houver qualquer tipo de alteração na BP durante o pós-operatório (pode ser indicativo de pressão elevada na fossa posterior; ver adiante).

Complicações pós-operatórias

Edema da fossa posterior e/ou hematoma

Na fossa posterior, uma pequena quantidade de efeito de massa pode ser rapidamente fatal em razão da escassez de espaço e da transmissão imediata de pressão diretamente ao tronco encefálico. Também pode obstruir a circulação de CSF através do aqueduto e causar *hidrocefalia* com o risco concomitante de herniação tonsilar. A pressão aumentada na fossa-p geralmente é pronunciada por elevações repentinas da BP ou alterações do padrão respiratório (os reflexos pupilares, nível de consciência e ICP somente são afetados mais tardiamente). Ver no ▶ Quadro 94.2 medidas de tratamento de emergência.

Quadro 94.2 Tratamento emergencial para inchaço da fossa-p

✱ Intubação rápida, punção ventricular (através de um orifício de trepanação previamente colocado, se possível; ver abaixo), e a reoperação é indicada. A ferida seria aberta imediatamente, onde quer que o paciente esteja (sala de recuperação, ICU, assoalho...). A varredura de CT pode custar minutos valiosos; raramente é apropriada para retardar o tratamento por isso (deve ser julgada para cada caso individualmente)

Para punções ventriculares rápidas, um orifício de trepanação occipital profilático (orifício de trepanação de Frazier) muitas vezes é aberto durante a cirurgia da fossa posterior, para permitir a drenagem de CSF a partir dos ventrículos laterais, no evento de hidrocefalia aguda por bloqueio do IV ventrículo ou aqueduto. Havendo desenvolvimento de hidrocefalia aguda (p. ex., a partir de hematoma), uma punção ventricular percutânea emergente com agulha ventricular (ou, em caso de indisponibilidade, uma agulha espinal) é realizada, passando a agulha pelo orifício de trepanação para o meio da testa. Em presença de hidrocefalia aguda, CSF deverá ser encontrado a uma profundidade de 3-5 cm. Nota: esta manobra pode proporcionar alguns minutos extras, durante a preparação do tratamento definitivo de reabertura da ferida; entretanto, é possível que a hidrocefalia, inicialmente, esteja ausente, porque demora algum tempo para se desenvolver.

Pseudomeningocele suboccipital

Uma fístula de CSF "interna". Incidência subsequente à craniectomia suboccipital: 8^{21}-28%.[22]

Pode ser assintomática, mas também pode estar associada a cefaleia, náusea/vômito, dor/sensibilidade local. Algumas são moles e compressíveis, enquanto outras podem ser tensas.

As indicações para operação são:
1. vazamento externo (fístula de CSF; ver adiante)
2. ameaça à integridade da incisão
3. deformação estética
4. causar sintomas

Opções de tratamento (até 67% requer drenagem permanente do CSF[23]):
1. medidas não invasivas: manejo de espera, restrição de líquido, enrolar a cabeça, manter a cabeceira elevada, acetazolamida. Esteroides podem ser usados, se houver suspeita de meningite asséptica
2. aspiração percutânea: "aspirar e cobrir",[19 (p. 436), 24] Riscos de introdução de bactérias, causando infecção
3. exploração cirúrgica direta com refechamento multicamadas [(p. 436)]
4. dreno lombar: efetivo somente quando a pseudomeningocele se comunica com o espaço subaracnóideo
   ✖ Pode produzir síndrome da fossa posterior aguda (cefaleia, náusea, vômitos, ataxia...),[21] em especial quando a pseudomeningocele não se comunica. Os sintomas geralmente são resolvidos com a imediata descontinuação da drenagem lombar.[21,22] Outras potenciais complicações: paralisia do nervo vago, herniação tonsilar, hematoma subdural, torção da PCA → acidente vascular encefálico. Opções de drenagem:
   a) dreno externo (temporário)
   b) desvio lomboperitoneal (permanente)
5. drenagem ventricular
   a) EVD (temporário)
   b) desvio (permanente)

Fístula de CSF

Ocorre em 5-17% dos casos. Uma potencial fonte de meningite e, por isso, o vazamento de CSF deve ser tratado imediatamente.

Etiologias: controversas. Podem incluir:
1. hidrodinâmica anormal do CSF (isto é, hidrocefalia). Manobras para conter o vazamento provavelmente fracassarão enquanto o CSF não for desviado ou a hidrodinâmica não melhorar
2. fechamento precário de feridas: é, provavelmente, culpado com mais frequência do que a causa verdadeira
3. cicatrização subaracnóidea

Pode estar associada a meningite (asséptica ou infecciosa), cirurgias múltiplas. A formação pode ser facilitada por tosse/espirros, alterações posturais, mecanismo de valva-bola de mão única decorrente de retalho de tecido.

Um vazamento de CSF externo pode ocorrer:
1. pela incisão na pele
2. através da tuba auditiva; ver possíveis rotas de egresso após a remoção do schwannoma vestibular suboccipital (p. 683):
   a) através do nariz (rinorreia de CSF)
   b) descendo pela parte posterior da garganta
3. pela orelha (otorreia de CSF) em casos com perfuração da TM

Tratamento:
Medidas de tratamento iniciais de temporização para esperar que a hidrodinâmica do CSF seja normalizada e/ou que haja fechamento da cicatriz no sítio de vazamento dentro de alguns dias:
1. elevar a cabeceira

Craniotomias Específicas **1453**

2. drenagem subaracnóidea lombar
3. se houver vazamento através da incisão cutânea:
    a) reforçar a incisão com suturas (p. ex., suturas contínuas bloqueadas de náilon 3-0 após a preparação da pele com agente antibiótico e anestésico local)
    b) alternativamente, a incisão pode ser pintada com várias coberturas de coloide

Quando persistente, uma fístula de CSF requer correção cirúrgica – ver informações gerais em fístula de CSF (craniana) (p. 384); ver fístula de CSF após a remoção suboccipital de schwannoma vestibular (p. 684).

Lesões do V ou VII nervo

Causa diminuição do reflexo corneopalpebral com potencial ulceração corneana; tratada, inicialmente, com colírio isotônico (p. ex., Natural Tears®) a cada 2–4 horas e PRN, ou com aplicação hidratante (p. ex., Lacricert®) diariamente e, durante a noite, uso de adesivo ocular ou mantendo a pálpebra fechada.

Diversas

Há relatos de hemorragia intracerebral supratentorial, podendo resultar de hipertensão transiente.[25]

94.2 Craniotomia pterional

94.2.1 Indicações

1. aneurismas
    a) todos os aneurismas da circulação anterior
    b) aneurismas da extremidade basilar
2. abordagem cirúrgica direta do seio cavernoso
3. tumores suprasselares
    a) adenoma hipofisário (quando existe amplo componente suprasselar)
    b) craniofaringioma

94.2.2 Técnica

Posição, incisão cutânea, craniotomia, abordagem...

1. supinação, rolo para o ombro ipsolateral, se a cabeça estiver virada em > 30° (ver abaixo)
2. elevação do tórax em 10-15°: diminui a distensão venosa
3. flexão dos joelhos
4. suporte de cabeça com 3 pinos de Mayfield: aplicado entre AP verdadeira e lateral verdadeira (de modo a estar ≈ horizontal quando a cabeça é girada para a posição necessária; ver ▶ Fig. 94.5)
5. extensão cervical de 15°: permite que a gravidade retraia o lobo frontal para longe da base do crânio
6. cabeça rotacionada a partir da vertical, como na ▶ Fig. 94.5.

Arranjo da sala

1. microscópio: tubo do auxiliar à direita do cirurgião, para craniotomia pterional direita ou esquerda

Incisão cutânea

Ver ▶ Fig. 94.6. A partir do arco zigomático, 1 cm em frente ao trago (para evitar o ramo frontal do nervo facial e ramo frontal da artéria temporal superficial), curvando discretamente anteriormente, permanecendo atrás da linha do cabelo até o bico da viúva, curva adicional opcional além da linha média para auxiliar na retração da pele. Sobre o músculo temporal, fazer incisão cutânea descendente, porém, sem passar pela fáscia temporal.

É possível fazer uma incisão no músculo temporal caudalmente à incisão cutânea (isto é, mais próximo ao arco zigomático): isto minimiza a massa muscular que precisa ser retraída inferiormente e ainda mantém a cicatriz atrás da linha do cabelo (note: há risco aumentado de enfraquecimento frontal associado a esta técnica, em comparação ao risco que haveria se fosse feita uma incisão no músculo temporal alinhada à incisão feita na pele).

Craniotomia

Existem numerosas formas de cruzar o ptério (a asa menor do esfenoide dificulta esta tarefa). Um método é destacado aqui ▶ Fig. 94.7.

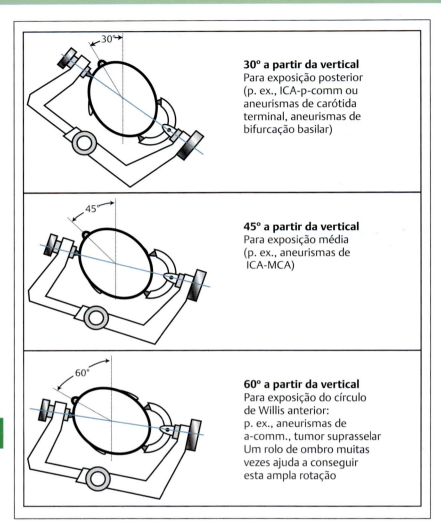

Fig. 94.5 Posição da cabeça para craniotomia pterional, dependendo da exposição requerida. A linha azul indica a linha central aproximada.

Orifícios de trepanação

Dois orifícios de trepanação são suficientes e devem ser criados o mais caudalmente possível, para minimizar a quantidade de osso a ser removida com fórceps Rongeur para ganhar acesso ao assoalho da fossa cranial média. Um orifício de trepanação é feito na inserção posterior do arco zigomático ("A" na ▶ Fig. 94.7); este orifício de trepanação pode ser colocado discretamente à frente quando a exposição é centralizada sobre estruturas localizadas em torno do ACoA (p. ex., tumor suprasselar). O segundo orifício de trepanação ("Z") é feito na intersecção do osso zigomático (perto da sutura frontozigomática), linha temporal superior e crista supraorbital. O orifício deve ser o mais baixo possível, na órbita; mire a broca discretamente para cima, a fim de evitar a entrada real na órbita. A dura-máter é dissecada da superfície interna com dissecador de Penfield #3.

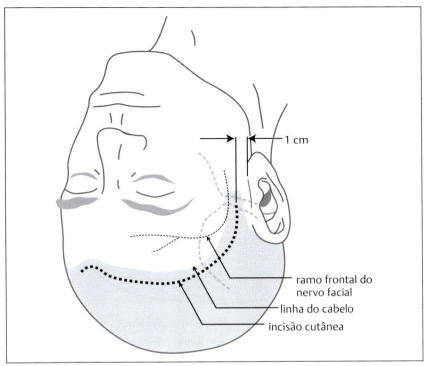

Fig. 94.6 Incisão cutânea para craniotomia pterional.

Craniotomia

O retalho ósseo resultante é centralizado sobre a depressão da crista esfenoide. Cerca de 33% da craniotomia é anterior à margem anterior da inserção do músculo temporal; ≈ 66% é posterior.

Com o craniótomo, começando no orifício de trepanação frontal, a craniotomia é conduzida anteriormente ao longo da margem anterior da linha temporal superior, permanecendo o mais baixo possível na órbita (para evidenciar a necessidade de usar o fórceps de Rongeur no osso que, por sua vez, está desagradavelmente sobre a testa). A distância "B" desde a extensão medial da craniotomia até o orifício de trepanação frontal é 3 cm para aneurismas de circulação anterior. Para as abordagens da base do crânio (p. ex., abordagem de Dolenc), a distância "B" é maior e engloba a abertura até ≈ o meio da órbita. Em seguida, a partir do ponto "B", uma volta superior precisa é feita e a abertura é conduzida de volta ao ponto "A". A altura ("H") da craniotomia precisa ser de apenas ≈ 3 cm para aneurismas do polígono de Willis, e discretamente maior (≈ 5 cm) para aneurismas da artéria cerebral média. A exposição mínima do córtex temporal é necessária para os aneurismas da região da base do crânio. Para retalhos amplos (p. ex., para tumores), é produzida uma "H" maior para expor mais do lobo temporal.

A partir do orifício de trepanação frontal, a craniotomia é então conduzida posteriormente na direção da depressão correspondente à asa esfenoide, até a broca ficar pendurada.

A craniotomia a partir do orifício de trepanação posterior é conduzida à frente, na direção da depressão correspondente à asa esfenoide, até a broca ficar presa.

O osso entre os dois pontos em que a broca fica presa é desgastado com o craniótomo e, em seguida, o osso é fraturado neste local. Uma goiva é usada para remover o máximo possível de asa esfenoide.

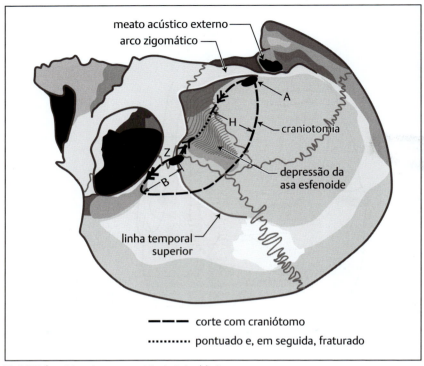

Fig. 94.7 Referenciais cranianos para craniotomia pterional direita.

Retalho dural
Curvilíneo, centralizado sobre a asa esfenoide, inferiormente retraído com pontos durais.

Dissecação
Para alguns aneurismas da circulação anterior (p. ex., aneurisma da MCA) e para a abordagem de Yasargil de aneurismas da extremidade basilar, a fissura sylviana precisa ser partida. Para tanto, é necessário trabalhar a partir do aspecto lateral da fissura, medialmente, ou começando no ponto em que a artéria carótida penetra a junção dos lobos frontal e temporal. Não há artérias cruzando a fissura sylviana e, portanto, se o plano correto for mantido, não haverá necessidade de sacrificar nenhuma artéria.

A ▶ Fig. 94.8 mostra uma exposição teórica possível do polígono de Willis, através de uma craniotomia pterional. Este diagrama é semiesquemático e, na realidade, a dissecação seria direcionada anterior (p. ex., para expor ACoA) ou posteriormente (p. ex., para aneurismas da extremidade basilar), mas não em ambas as direções.

94.3 Craniotomia temporal

94.3.1 Indicações
1. biópsia do lobo temporal: encefalite do herpes simples
2. lobectomia temporal: para ressecção de foco convulsivo, descompressão pós-traumatismo...

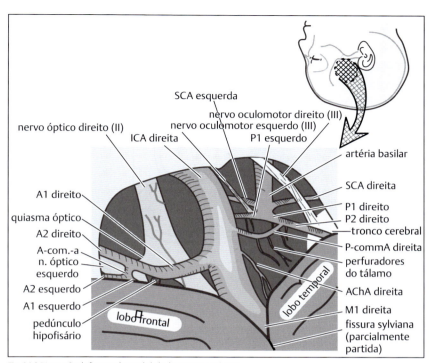

Fig. 94.8 Dissecação da fissura sylviana de lado direito; vista cirúrgica.

3. hematoma (epi- ou subdural) sobrejacente ao lobo temporal
4. tumores do lobo temporal
5. schwannomas vestibulares pequenos e lateralmente localizados[26]
6. acesso ao assoalho da fossa cranial média (incluindo forame oval/cavo de Meckel, labirinto e porção timpânica superior do nervo facial)
7. acesso ao lobo temporal medial (p. ex., para amígdalo-hipocampectomia [p. 1556] ou esclerose temporal mesial [p. 441])

94.3.2 Técnica
Ver ▶ Fig. 94.9. Dois métodos básicos para craniotomia temporal:
1. craniotomia pequena ou craniotomia por incisão cutânea linear: adequada para biópsia cortical ou hematoma subdural crônico drenante. Permite, também, acesso ao assoalho da fossa média. Fechamento simples e rápido
2. incisão cutânea em "ponto de interrogação", com retalho de craniotomia padrão: útil para exposição do lobo temporal para tumor ou hematoma agudo

94.3.3 Posição, incisão cutânea, craniotomia, abordagem...
1. paciente em supinação com rolo de ombro (para auxiliar na rotação do pescoço ao tentar posicionar a cabeça quase na horizontal)
2. elevação do tórax em 10-15°: diminuir a distensão venosa
3. leve flexão do joelho
4. suporte de cabeça com 3 pinos de Mayfield: AP verdadeiro com pino único anteriormente
5. cabeça rotacionada quase na horizontal em relação ao chão: evitar extensão exagerada, a fim de prevenir a torção das veias cervicais

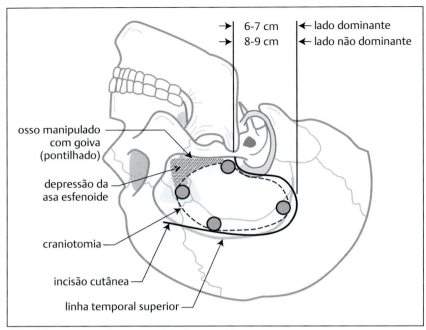

Fig. 94.9 Craniotomia temporal (exposição de todo o lobo temporal).

94.3.4 Craniotomias

Craniotomia pequena

Criar uma incisão cutânea linear totalmente incluída na extensão do músculo temporal. Para acessar a extremidade temporal: fazer a incisão a meia distância entre o canto lateral e o meato acústico externo (EAC); estenda-a ≈ 6 cm para cima, a partir do arco zigomático. Para schwannomas vestibulares pequenos e lateralmente localizados, a incisão é feita 0,5 cm anterior ao CAE, estendendo-se ≈ 7-8 cm acima do arco zigomático.[26] Para drenar um subdural, deve ser criada uma incisão anterior ao trago, começando-a a 1 ou 2 cm acima do arco zigomático por ≈ 6 cm (modificada com base na localização do epicentro da subdural). Então, a incisão deve ser conduzida para baixo, até a fáscia temporal, usando o bisturi; a incisão da fáscia e músculo deve ser feita com cautério de Bovie. Em seguida, e feito o afastamento com retratores de autorretenção, um orifício de trepanação é criado. Goivas e/ou perfuradores de Kerrison são usados para ampliação.

Craniotomia padrão

Incisão cutânea em "ponto de interrogação"

Ver ▶ Fig. 94.9. Usada para acessar o lobo temporal, incluindo a extremidade (uma incisão em "ponto de interrogação" invertida pode ser usada para ganhar acesso aos lobos temporais médio e posterior).
1. a orelha é suturada inferiormente fora do caminho, antes da colocação dos campos, ou pode ser dobrada sob os campos que podem ser grampeados à pele
2. a perna inferior se estende do arco zigomático anteriormente ao trago (para evitar a artéria temporal superficial)
3. curvar posteriormente a até ≈ 6-7 cm sobre o lado não dominante, ou a até ≈ 8-9 cm sobre o lado dominante, ao nível do topo da orelha (estas dimensões possibilitam o acesso à área "segura" da extremidade temporal, para a lobectomia)
4. então, superiormente ao nível da linha temporal superior
5. então, anteriormente na direção da testa, parando na linha do cabelo

Craniotomias Específicas   **1459**

Colocação do orifício de trepanação
1. na inserção posterior do arco zigomático
2. na junção anterior superior do arco zigomático
3. um ou dois orifícios de trepanação ao longo do aspecto posterior e superior da incisão cutânea

Craniotomia
Conectar os orifícios de trepanação com o craniótomo, mantendo-os o mais baixo possível junto à fossa média, para minimizar a quantidade de osso a ser submetida à goiva. O osso remanescente é submetido à goiva até o assoalho da fossa média (área rachurada na ▶ Fig. 94.9).

Lobectomia temporal
✖ Pontos perigosos:
1. hemisfério dominante: área da fala de Wernicke. Apesar de variável (ver Lobectomia temporal [p. 1556]), em geral é possível fazer uma ressecção segura de até 4-5 cm a partir da extremidade temporal, sem usar técnicas de mapeamento para localização da fala
2. hemisfério não dominante: é possível fazer a ressecção de até 6-7 cm sem correr o risco de lesionar a radiação óptica
3. fissura sylviana (artéria cerebral média): é melhor amputar o lobo temporal para trás, a partir da extremidade, por toda a extensão da ressecção desejada, e então trabalhar profundamente
4. medialmente, a incisão deve ser identificada para evitar a lesão do tronco encefálico, que repousa medialmente

94.4 Craniotomia frontal

94.4.1 Indicações
1. acesso ao lobo frontal (p. ex., para tumor infiltrante)
2. abordagem do III ventrículo ou de tumores da região selar em algumas situações, incluindo craniofaringiomas, meningiomas esfenoidais planos
3. reparo de fístula de CSF etmoide

94.4.2 ✖ Pontos perigosos
1. artérias cerebrais anteriores na linha média (profundas)
2. seio sagital superior (SSS) na linha média (nota: o SSS pode ser sacrificado em seu terço anterior sem produzir infarto venoso, na maioria dos casos. Por outro lado, o infarto venoso quase sempre ocorrerá com a divisão do SSS posteriormente àquela região)
3. evitar o cruzamento acidental da linha média para dentro do hemisfério contralateral, através do corpo caloso
4. hemisfério dominante: área de Broca (fala motora) localizada no giro frontal inferior

94.4.3 Técnica

Opções de craniotomia
Duas escolhas básicas para craniotomia:
1. craniotomia unilateral através de uma incisão curva na pele conduzida anteriormente até a linha do cabelo: usada quando não há necessidade de permanecer em um nível baixo em relação à fossa frontal, na linha média (caso contrário, a incisão cutânea teria que ser conduzida bem para dentro da testa), e quando não há necessidade de cruzar a linha média
2. incisão cutânea bifrontal ampla, de "orelha a orelha" (incisão cutânea *souttar*[27]), permitindo uma abordagem baixa de uma ou de ambas as fossas frontais

Craniotomia frontal unilateral
▶ Fig. 94.10. A incisão cutânea começa a < 1 cm anteriormente ao trago e não precisa ser sempre conduzida para baixo até o arco zigomático. É curvada superiormente e também de forma discreta, posteriormente, antes de ser conduzida frontalmente para a linha média.

Orifícios de trepanação
1. na junção da linha temporal superior e na margem orbital

94

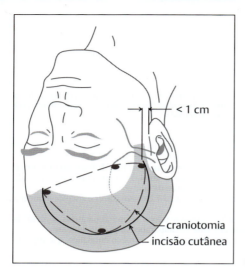

Fig. 94.10 Craniotomia frontal unilateral.

2. posterior à depressão da asa esfenoide (atrás do ptério)
3. anteriormente, logo atrás da linha do cabelo, para evitar um orifício de trepanação embaixo da testa (que causaria uma depressão disforme)
4. superiormente

Craniotomia frontal bilateral

1. incisão "orelha a orelha" ou cutânea *souttar*
   a) logo atrás da linha do cabelo, com discreto bico de viúva na frente
   b) não precisa seguir sempre até o arco zigomático, mas apenas deve ser ≈ tão baixa quanto o teto orbital
   c) diferente da craniotomia pterional, geralmente dispensa incisão da fáscia e músculo temporal. Dissecar fora o retalho de músculo/fáscia
   d) diante da provável necessidade de um retalho periósteo, às vezes é útil não aprofundar uma incisão no periósteo concomitante com a incisão na pele. Então, é possível fazer uma incisão no periósteo, atrás da incisão cutânea, para se obter um enxerto periósteo mais comprido do aquele que seria obtido de outro modo
2. orifícios de trepanação: para evitar defeitos de orifício de treponação na testa, o retalho ósseo pode ser criado com dois orifícios de trepanação estendendo-se sobre o seio sagital superior (SSS), perto da incisão cutânea, e dois orifícios de trepanação lateralmente
3. o SSS pode ser ligado, perto do teto orbital, com pouco risco
4. se o seio frontal for invadido, isto deve ser abordado conforme destacado em Fraturas do seio frontal (p. 886)

94.5 Craniotomia petrosa

94.5.1 Indicações

1. lesões do ápice petroso (p. ex., meningiomas petroclivais)
2. lesões do clivo (p. ex., cordomas) com ambos, fossa posterior e componentes supratentoriais

94.5.2 Vantagens

Preservação do seio e aparelho otológico. Minimização das retrações cerebelares e do lobo temporal.

94.5.3 Técnica

Ver referência.[28]

Posição

1. paciente em supinação, rolo de ombro ipsolateral
2. elevação do tórax em 10°: redução da distensão venosa
3. flexão dos joelhos
4. suporte de cabeça com 3 pinos de Mayfield: perto de AP verdadeiro com único pino na testa
5. cabeça posicionada para colocar a base petrosa em um ponto mais alto do campo:
   a) rotação da cabeça em 40-60° a partir da vertical
   b) abdução da cabeça na direção do ombro contralateral
   c) extensão do pescoço em 15°: permite que a gravidade retraia o lobo frontal para longe da base do crânio

Incisão cutânea

"Ponto de interrogação" invertido a partir do arco zigomático, 1 cm anterior ao trago, arqueando posteriormente sobre a orelha, descendo 0,5-1 cm medialmente ao ápice mastoide.
Músculo temporal e periósteo refletido anterior e inferiormente.

Craniotomia

São usados quatro orifícios de trepanação, dois em cada lado dos seios (perto da junção dos seios transverso e sigmoide).

94.6 Abordagens para o ventrículo lateral

Abordagens cirúrgicas para o trígono – Contemporary Neurosurgery Vol. 27 No. 5[29]
Revisão clássica[18 (p. 561-74)] resumida:
1. átrio (também chamado trígono); numerosas abordagens incluem:[29]
   a) giro temporal médio: através do corno temporal dilatado
   b) parietal temporal lateral
   c) occipital parietal superior
   d) transcaloso (ver adiante)
   e) corno transtemporal: acessar o corno temporal via lobectomia da extremidade temporal
   f) incisão do lobo occipital ou lobectomia occipital: recomendada somente se o paciente tiver hemianopsia homônima no pré-operatória
2. corno frontal
   a) giro frontal médio
3. corpo médio-ventricular
   a) transcaloso
   b) giro frontal médio: em geral, previne o acesso ao suprimento vascular até que mais tumor seja removido (especialmente para tumores supridos primariamente pela artéria coroidal posterior)
4. corno temporal
   a) giro temporal médio
   b) corno transtemporal

94.7 Abordagens do III ventrículo

94.7.1 Informações gerais

As referências clássicas revisam a anatomia microcirúrgica[30] e as abordagens cirúrgicas,[31] e são brevemente resumidas adiante.
Abordagens alternativas para lesões do III ventrículo anterior:[32]
1. transcortical: a abordagem é feita através do ventrículo lateral e somente é viável em presença de hidrocefalia; especialmente útil quando o tumor se estende do III ventrículo para dentro de um dos ventrículos laterais. O risco de convulsões é 5% (maior do que com a transcalosa) (p. 1466)
2. transcalosa: pode ser preferível na ausência de hidrocefalia (ver adiante)
   a) transcalosa anterior: boa visualização de ambas as paredes do III ventrículo; risco de dano bilateral ao fórnice
   b) transcalosa posterior: permite a abordagem da placa do quadrigêmeo ou região pineal; risco de dano a veias profundas
3. subfrontal: permite quatro abordagens diferentes
   a) subquiasmática: entre o nervo óptico e o quiasma óptico
   b) óptico-carótida: através do espaço triangular limitado medialmente pelo nervo óptico, lateralmente pela artéria carótida e, posteriormente, pela ACA

c) lâmina terminal: acima do quiasma optico[33]
d) transesfenoidal: requer a remoção do tubérculo selar, plano esfenoidal e parede anterior da sela turca
4. transesfenoidal
5. subtemporal
6. estereotática: pode ser útil para a aspiração de cistos coloides; ver Drenagem estereotática de cistos coloides (p. 759)

94.7.2 Princípios gerais de remoção tumoral

Resumidos.[31] Durante a abordagem, as veias profundas devem ser preservadas a todo custo, mesmo que isto signifique estirá-las a ponto de poder rompê-las.

Ajuda a colocar uma sutura ao longo da cápsula tumoral, que atue como amarra.

O tumor deve, primeiro, ser removido de junto da cápsula; entre as técnicas disponíveis estão a aspiração e a abertura da cápsula com desbastamento a partir de dentro. A cápsula pode, então, ser encolhida e dissecada das estruturas aderentes. Se as aderências capsulares parecerem inflexíveis, a causa mais provável é uma evacuação intracapsular incompleta.

Os vasos na superfície do tumor devem estar presumivelmente suprindo o cérebro normal, e devem ser dissecados da cápsula, tão logo esta seja completamente esvaziada.

94.7.3 Abordagem transcalosa do ventrículo lateral ou do III ventrículo

Informações gerais

Realizada por meio de uma abordagem inter-hemisférica do corpo caloso (CC), via craniotomia parietal, em geral do lado direito em paciente cujo hemisfério dominante seja o esquerdo.

Indicações

Primariamente, para tumores ou lesões do ventrículo lateral ou do III ventrículo, incluindo:
1. cistos coloides
2. craniofaringiomas
3. cistos de cisticercose
4. glioma talâmico
5. AVM

94

Agendando o caso: cirurgia transcalosa

Ver também faltas e limitação de responsabilidade (p. 27).
1. posição: supinação com suporte de cabeça com pino
2. equipamento:
   a) microscópio
   b) sistema de navegação guiado por imagem
3. pós-operatório: ICU
4. consentimento (em termos legais para o paciente – não inclui tudo):
   a) procedimento: operação entre as duas metades do cérebro, para remoção da lesão
   b) alternativas: manejo não cirúrgico, cirurgia através da superfície do cérebro (transcortical), radioterapia para alguns diagnósticos
   c) complicações: acidente vascular encefálico, "síndrome da desconexão" (incomum) (p. 1556), hidrocefalia com possível necessidade de desvio, déficits de memória

Técnica

Ver referências.[30,31,34]

Informações gerais

▶ Fig. 94.11. A navegação guiada por imagem é bastante útil na determinação da trajetória correta, que permite minimizar o tamanho da calosotomia, além de ajudar a distinguir entre corpo caloso e giro do cíngulo.

Craniotomias Específicas 1463

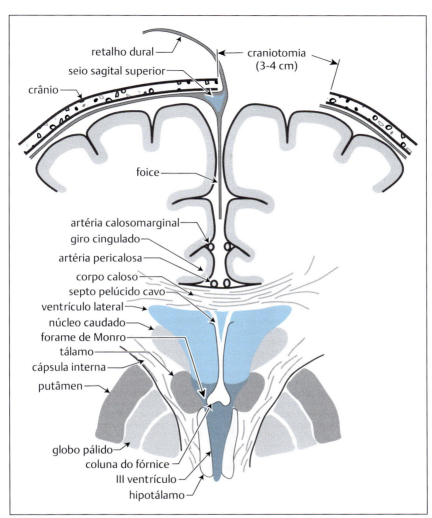

Fig. 94.11 Abordagem transcalosa do III ventrículo: vista frontal.

Posição
Supinação com flexão do pescoço. Elevação do tórax em 20°. O dreno espinal *não* é usado. A cabeça deve ser mantida perfeitamente vertical, a fim de minimizar a desorientação que pode ocorrer facilmente com esta abordagem. Alternativamente, é possível usar retração da gravidade para inclinar a cabeça discretamente para a direita (fazendo o hemisfério direito cair em afastamento), ou usar a posição lateral.

Incisão na pele
Qualquer uma das seguintes pode ser usada:
1. "U" invertido com o topo à esquerda da linha média, estendendo-se a partir de 6 cm anteriormente à sutura coronal, até 2 cm atrás da sutura coronal, pegando as laterais em 7-8 cm
2. incisão cutânea *souttar*

Craniotomia

A angiografia pré-operatória é recomendada para o planejamento da posição do retalho, com o objetivo de evitar sacrificar veias corticais de grande calibre. A MRI também pode ser suficiente para isto.[35] Existe uma tendência a haver menos veias fazendo a ponte entre o córtex e o seio sagital-superior anteriormente à sutura coronal, portanto, esta é sempre uma boa localização para ingressar na fissura inter-hemisférios. O retalho ósseo pode ter formato trapezoide ou triangular, e uma exposição adequada requer seguir até o fim o SSS. Várias técnicas podem ser usadas. Nota: o SSS frequentemente está à direita da sutura sagital (p. 61)

1. para expor o SSS, este deve ser transposto com dois orifícios de trepanação anterior e posteriormente à dura-máter, a partir da superfície interna entre os pares. Então, é feito o corte longitudinal à *esquerda* da linha média

   Desvantagem: a remoção do osso da linha média expõe o SSS a um risco aumentado de lesão, dificultando o controle de lacerações
2. é possível fazer um corte longo seguindo para a direita da linha média e, então, sob visualização direta, usar goiva para retirar o osso do SSS. O procedimento é seguro, mas deixa ampla lacuna óssea que talvez tenha que ser preenchida (p. ex., com metilmetacrilato), além de ser demorado
3. mais arriscado para causar laceração do seio sagital é fazer o corte comprido bem à direita da linha média (sobre a borda do SSS, que poderá lacerá-lo)

Para permanecer longe da faixa motora e manter a exposição do seio sagital o mais anterior possível, 2/3 da abertura devem repousar anteriormente à sutura coronal e o 1/3 restante, posteriormente (em geral: 6 cm no total, com 4 cm anteriormente e 2 cm posteriormente). A craniotomia se estende lateralmente por 3-4 cm para a direita da linha média. O último corte com o craniótomo deve conter os orifícios de trepanação ao longo do seio (linha média); deixar este corte por último possibilita o acesso rápido ao seio, caso este seja rasgado. O retalho dural se baseia no seio sagital.

Abordagem do corpo caloso

Nenhuma ou, no máximo, uma única veia-ponte a partir do córtex para o seio sagital poderá ser sacrificada (e, então, somente se não for uma veia de grande calibre drenante). Em seguida, o hemisfério direito deve ser cuidadosamente retraído. Os retratores devem ser evitados no seio sagital, para prevenir a lesão ao SSS, que poderia levar à trombose do seio (depois que o CSF é liberado [com a calosotomia], será mais fácil fazer a retração). Em seguida, é feita a entrada na fissura inter-hemisférica seguindo a foice profundamente. A membrana aracnoide é aberta além da borda profunda da foice.

Os dois giros do cíngulo podem estar aderentes na linha média, sendo facilmente confundidos com o corpo caloso (CC). Este erro pode ser agravado se as artérias calosomarginais forem confundidas com as artérias pericalosas. A entrada equivocada no giro do cíngulo desorienta o cirurgião e pode causar lesão às artérias pericalosas. Para diferenciar: o CC é uma estrutura puramente branca, em geral mais profunda do que se poderia prever, que é observada abaixo das artérias pericalosas pareadas. A cirurgia guiada por imagem ou a medida da profundidade até o CC por MRI no pré-operatório pode ser útil.

Calosotomia

A calosotomia geralmente é realizada entre as duas artérias pericalosas. Alguns ramos arteriais podem cruzar a linha média e, ocasionalmente, é necessário sacrificar alguns. Trajetória: uma linha traçada a partir da sutura coronal (na linha média) até o CAE (o forame de Monro repousa ao longo desta linha); isto ajuda a evitar a tendência a escavar posteriormente pelo CC. Seja o cautério bipolar, aspiração e bisturi afiado, ou *laser* são usados para fazer a calosotomia. Na hidrocefalia, o caloso será delgado. A entrada no ventrículo lateral libera CSF e isto ajuda a retração. Quando o forame de Monro é obstruído (p. ex., com cisto de coloide), é útil fenestrar o septo pelúcido para evitar que se expanda para dentro do ventrículo onde a operação está sendo feita (caso contrário, à medida que o CSF for aspirado a partir do ventrículo lateral ipsolateral, não poderá escapar a partir do outro).

Síndrome da desconexão (p. 1556): mais comum com a calosotomia (perto do esplênio), onde cruza mais informação visual. O risco é diminuído pela criação de uma calosotomia medindo < 2,5 cm de comprimento que se estenda posteriormente a partir de um ponto situado 1-2 cm atrás da extremidade do joelho.[36] Para uma abordagem interforaminal, a calosotomia deve estar perfeitamente na linha média.

Abordagem do III ventrículo

Em geral, a calosotomia não fica exatamente na linha média e um dos ventrículos laterais é adentrado. É preciso ter muito cuidado para identificar corretamente qual ventrículo lateral foi adentrado – outra armadilha potencialmente desorientadora. Para orientação (▶ Fig. 94.12), o plexo coroide segue adiante na fissura coróidea, no forame de Monro (que é medial), onde converge com a veia talamoestriada aproximando-se de uma posição mais lateral no sulco existente entre o tálamo e o caudado. As veias septal e cau-

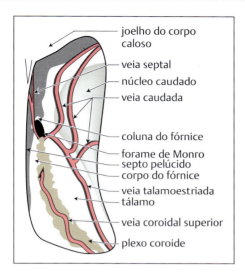

Fig. 94.12 Forame de Monro direito visto a partir de cima, através do ventrículo lateral direito.[30]

dada se aproximam do forame vindo anteriormente. Com os cistos de coloides, poderá ser difícil reconhecer, inicialmente, o forame de Monro, que estará tampado pelo cisto podendo se assemelhar ao revestimento ependimário do ventrículo, mas, a uma inspeção mais atenta, em geral se mostra discretamente mais cinza (o plexo coroide entra no aspecto posterior do forame).

Outra possível armadilha relacionada com a incisão do CC é o ingresso em um septo pelúcido cavo (p. 1375). Neste caso, o problema é a falta de referenciais visíveis.

Abordagens alternativas para o III ventrículo

1. interforncicial:[36] seguir *acima* do corpo do fórnice e aproximar do *teto* do III ventrículo. Conveniente para lesões do ventrículo médio e do III ventrículo. A calosotomia deve ser feita o mais próximo possível
2. a partir do ventrículo lateral e ao longo do forame de Monro: com hidrocefalia, o forame de Monro geralmente está dilatado. Se o forame for pequeno demais para o acesso adequado ao III ventrículo, então é possível:
   a) voltar para a abordagem interfornicial (ver anteriormente) OU
   b) ampliar o forame de Monro somente quando absolutamente necessário. Isto pode ser feito:
      - abrindo lateralmente o forame
      - por abordagem "subcoroidal", fazendo a incisão posteriormente (sacrificando a veia talamoestriada), o que é um procedimento comprovadamente bem tolerado[31,37]
      - como último recurso: fazendo uma incisão na margem anteroposterior do forame através da coluna de um fórnice.[36] Cuidado: se o outro fórnice, por algum motivo, estiver não funcional, isto resultará em lesão de fórnice bilateral e pode (ainda de forma não definida)[36] levar à perda da memória a curto prazo e da capacidade de aprender coisas novas

Remoção de cisto de coloide

O desbastamento e o esvaziamento de uma lesão cística, como um cisto de coloide, são decisivos antes de sua dissecção a partir do III ventrículo ao longo do forame de Monro. Isto minimizará a retração e manipulação do fórnice. A inserção de uma agulha e aspiração podem funcionar. O cisto parcialmente esvaziado é raspado com uma microcureta de hipófise e deslocado ao ventrículo lateral por meio do forame de Monro. O momento crítico é o de remoção da cápsula vazia através do forame de Monro (p. 1462). Em geral, há um pedículo que fixa a lesão ao teto do III ventrículo. Ele deve ser coagulado com cautério bipolar e seccionado.

Para outros tumores, quando a lesão é ampla demais para passar pelo forame de Monro, deve ser fragmentada internamente.

Complicações

1. infarto venoso, pode ser causado por:
   a) sacrifício de veias drenantes corticais essenciais: planejar o retalho para evitar isto, usando angiografia pré-operatória ou com MRI T2WI sagitais[38]
   b) trombose do SSS.[39] Os fatores que podem contribuir para a lesão do seio incluem:[35]
      - lesão pelo retrator: evitar colocar o retrator no seio (a deformação da linha média não deve exceder 5 mm)
      - retração exagerada do retalho do seio dural ou no próprio SSS em si (a deformação lateral deve ser < 2 cm)
      - lesão durante a abertura do osso na região do seio
      - uso excessivo de coagulação bipolar na região do SSS
      - estado hipercoagulável do paciente, inclusive com desidratação
2. mutismo transiente como resultado da retração do giro do cíngulo bilateral ou de lesão talâmica com corte da porção mediana do caloso[38]

94.7.4 Abordagem transcortical do ventrículo lateral ou do III ventrículo

Indicações

Na ausência de hidrocefalia, é difícil navegar ao longo do sistema ventricular. Por isso, com ventrículos de tamanhos normais, a melhor forma de abordar o III ventrículo e a região do forame de Monro é por via transcalosa (p. 1462).
1. tumores do átrio do ventrículo lateral
2. tumores do teto do III ventrículo
3. tumores de III ventrículo com extensão significativa para dentro de um ventrículo lateral

Abordagens

1. parietal posterior
2. giro temporal médio: útil quando o corno temporal do ventrículo lateral está dilatado em consequência da hidrocefalia causada pelo tumor: o acesso é feito pelo corno temporal
3. abordagem pelo giro frontal médio: uma incisão de 4 cm é feita em paralelo com o eixo do giro frontal médio, acima e anteriormente ao centro da fala expressiva (área de Broca) e anterior à faixa motora;[31] aproximadamente, o mesmo ponto é usado para ventriculostomia frontal – ver ponto de Kocher (p. 1512)

94.8 Abordagem inter-hemisférica

94.8.1 Indicações

Para lesões que abduzem na linha média, profundamente em relação à superfície, todavia superficialmente ao corpo caloso (lesões que podem "cair fora" da linha média). Similar à abordagem transcalosa anterior, exceto pelo fato de a patologia poder ser colocada no lado inferior, permitindo que a gravidade retraia o hemisfério e, portanto, minimize a lesão com necrose por compressão a partir dos retratores mecânicos.

94.8.2 Técnica

Posição

Lateral verdadeira (impede que se perca a partir de ângulos incomuns). A cabeça é discretamente inclinada para cima.

Abordagem

Similar à transcalosa (p. 1462). É preciso ter certeza de que a porção lateral da craniotomia se estenda por pelo menos 4 cm a partir da linha média, para minimizar a necessidade de retração do cérebro contra o osso.

94.9 Craniotomia occipital

94.9.1 Indicações

Tumores do lobo occipital, incluindo os meningiomas da foice posterior ou meningiomas tentoriais contendo apenas um componente supratetorial.

94.9.2 Posições

Supinação

Rolo de ombro no lado afetado; elevação do tórax em 15°. Suporte de cabeça com 3 pinos de Mayfield com único pino na testa, de fora para o lado do crânio, pinos duplos logo acima da linha média no lado oposto.

Inclinação lateral

1. com o lado afetado para cima, pode operar qualquer um
   a) a partir da parte posterior do paciente, similarmente à fossa-p craniana para lesão de CPA OU
   b) a partir do topo da superfície
2. abordagem alternativa: com o lado afetado para baixo. Útil em lesões adjacentes à foice; ver **Abordagem inter-hemisférica** (p. 1466)

94.10 Craniectomia descompressiva

94.10.1 Indicações

As indicações (controvérsias) incluem:
1. síndrome da obstrução da artéria cerebral média maligna (p. 1303), primariamente para hemisfério não dominante. Usar um lado dominante é mais controverso
2. hipertensão intracraniana traumática
   a) como adjunto para hipertensão intracraniana persistente, quando outras medidas de controle da PIC falham (p. 914)[40]
   b) no início do manejo: pode ser considerada em pacientes submetidos à cirurgia emergencial (para fratura, HED, HSD...)[41]
3. inchaço cerebral incontrolável durante a craniotomia (p. 1429)
4. relatada em crianças com hipertensão intracraniana não traumática refratária[42] (p. ex., infecção, infarto, síndrome de Reye...)

94.10.2 Potenciais complicações

1. sangramento
2. herniação cerebral através da abertura, comprimindo e lacerando o cérebro nas bordas do osso (o risco pode ser diminuído fazendo-se uma craniotomia genorosa)
3. lesão cerebral pós-operatória a partir da compressão externa acidentalmente aplicada ao cérebro, então, relativamente, menos protegido
4. acúmulos de líquido pós-operatórios: higromas ou hematomas no sítio operatório, no lado contralateral, ou inter-hemisféricos

94.10.3 Técnicas

Considerações gerais

1. é necessário abrir a dura-máter
2. opções para o retalho ósseo removido
   a) descartar: esta pode ser a melhor opção quando o retalho ósseo foi contaminado como resultado de uma laceração traumática aberta do couro cabeludo
   b) colocá-lo em uma bolsa subcutânea à parte no abdome do paciente, para posterior recuperação e reimplantação dentro do crânio. Isto é especialmente útil se o próprio crânio do paciente for preferido e o paciente não viver na área onde a cirurgia for realizada
   c) armazenar para implantação futura: saturar com solução estéril (p. ex., meio RPMI 1640; www.invitrogen.com/GIBCO) e, então, armazenar sob condições estéreis (p. ex., bolsas intestinais que são então colocadas em frasco plástico estéril), em freezer de osso a -80° C
   d) para situações sem contaminação (p. ex., acidente vascular encefálico): a reimplantação pode ser considerada após 6-12 semanas
3. as aberturas ósseas precisam ser amplas (p. ex., diâmetro > 12 cm,[43] frequentemente > 15 cm)

Hemicraniectomia

1. alguns preferem usar suporte de cabeça de Mayfield colocado inferiormente (▶ Fig. 94.13) para proporcionar acesso maior[41] (inviável com fraturas de crânio cominutivas graves)

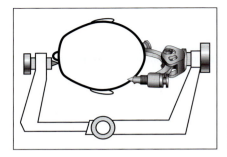

Fig. 94.13 Posição da cabeça e suporte de cabeça para hemicraniotomia direita (olhando para baixo a partir do topo da cabeça do paciente).

2. o eixo AP da cabeça é colocado horizontalmente em relação ao chão (a menos que a espinha C não seja depurada ou se o pescoço for demasiadamente imobilizado – isto pode ser compensado girando a mesa)
3. incisão cutânea: duas opções
    a) ▶ Fig. 94.14A, começar no pico da viúva, similar ao retalho de traumatismo (p. 837), porém, com exposição aumentada ao ser conduzido posteriormente próximo do ínio e voltar, em seguida, de forma precisa, anteriormente, e apertando a orelha para preservar o suprimento sanguíneo
    b) ▶ Fig. 94.14B, incisão "T". Risco menor de isquemia do retalho. A "T" une a incisão da linha média atrás da sutura coronal, para preservar a STA[41]
    c) orifícios de trepanação (▶ Fig. 94.15): um orifício de trepanação é criado logo acima da raiz anterior do arco zigomático; um segundo orifício pode ser feito logo atrás da inserção frontal do arco zigomático, inferiormente à linha temporal superior
    d) retalho ósseo: proceder posteriormente a partir do arco zigomático posterior usando o craniótomo com plataforma. Posteriormente, permanecer ≈ 1 cm superiormente ao astério, para evitar o seio transverso. O retalho é conduzido 1 cm atrás da sutura lambdoide e, então, para cima, na direção da sutura sagital, cruzando novamente a sutura lambdoide (isto deixa uma pequena quantidade de osso posteriormente, sobre a qual a cabeça poderá repousar no pós-operatório). Uma volta anterior é feita a 1 cm da sutura sagital, para evitar o seio sagital superior, e a sutura sagital é mantida paralela. A sutura coronal é cruzada e a broca é conduzida o mais inferiormente possível, na fossa frontal, perto da linha média. Permanecendo o mais baixo possível, o teto orbital é seguido posteriormente na direção do segundo orifício de trepanação. Os orifícios de trepanação são então conectados
    e) pode ser necessário manipular alguns ossos com a goiva, para expor o assoalho da fossa mediana (área pontilhada na ▶ Fig. 94.15)
    f) abertura dural: inferiormente baseada, conduzida a 1 cm de distância da borda da craniotomia. As incisões de liberação dural podem ser feitas a intervalos até a margem óssea, para evitar o estrangulamento do cérebro na borda dural
    g) duraplastia
        • *onlay*: tiras com 2 cm de largura de substituto dural podem, então, ser colocadas parcialmente sob a borda dural em torno da periferia, para isolar o cérebro a partir da subsuperfície do retalho cutâneo, onde haverá um hiato na dura-máter
        • alguns autores suturam um enxerto dural no local
    h) o retalho dural, então, é substituído no topo do cérebro e tiras substitutas durais, sem ser suturado

Craniotomia bilateral

O procedimento anterior pode ser conduzido bilateralmente, porém, é difícil posicionar cabeça para fazer isto. Alternativamente, uma craniotomia bifrontal pode ser realizada.
1. incisão cutânea: bicoronal, posterior à sutura coronal (▶ Fig. 94.16)
2. orifícios de trepanação: é possível usar os mesmos orifícios usados para hemicraniotomia (ver acima), bilateralmente. A adição de orifícios de trepanação para transpor o seio sagital superior pode ser feita se amplo retalho ósseo único for planejado
3. retalho ósseo (▶ Fig. 94.17): duas opções, ambas são conduzidas de volta à sutura coronal
    a) um único retalho ósseo[44] se estendendo de volta para as suturas coronais, ou
    b) dois retalhos frontais deixando uma tira fina de osso na linha média sobrejacente ao seio sagital superior (se esta tira for larga demais, poderá danificar o cérebro)
4. abertura dural: bilateral, com base contra a linha media (SSS)

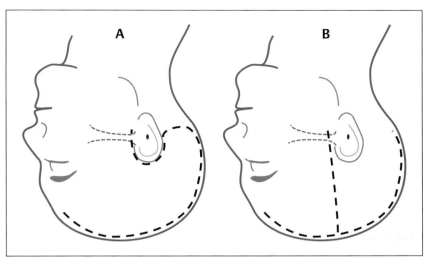

Fig. 94.14 Duas opções para incisão cutânea para hemicraniectomia (ver texto).

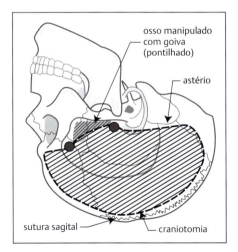

Fig. 94.15 Retalho ósseo de hemicraniectomia.

Craniotomia descompressiva da fossa posterior
1. incisão cutânea: a incisão cutânea da linha média a partir da parte de cima do ínio para ≈ processo espinhoso C2
2. abertura óssea: lateralmente aos seios sigmoides, superiormente ao seio transversal, a laminectomia de C1 também é habitualmente realizada[42]
3. abertura dural: incisão em forma de "Y"

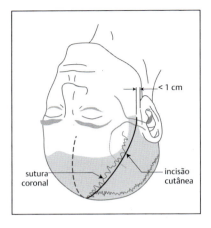

Fig. 94.16 Incisão cutânea de craniotomia bilateral.

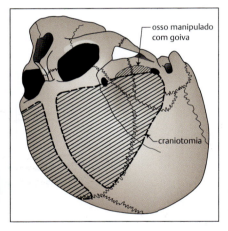

Fig. 94.17 Retalho craniano de craniotomia bilateral. Mostrado com dois retalhos frontais separados (a tira óssea de linha média preservada sobre o seio sagital superior é opcional).

Referências

[1] Fager CA. Comment on Zeidman S M and Ducker T B: Posterior Cervical Laminoforaminotomy for Radiculopathy: Review of 172 Cases. Neurosurgery. 1993; 33
[2] Kalfas IH, Little JR. Postoperative Hemorrhage: A Survey of 4992 Intracranial Procedures. Neurosurgery. 1988; 23:343–347
[3] Standefer MS, Bay JW, Trusso R. The Sitting Position in Neurosurgery. Neurosurgery. 1984; 14:649–658
[4] Kurze T. Microsurgery of the Posterior Fossa. Clin Neurosurg. 1979; 26:463–478
[5] Hitselberger WE, House WF. A Warning Regarding the Sitting Position for Acoustic Tumor Surgery. Arch Otolaryngol. 1980; 106
[6] Wilder BL. Hypothesis: The Etiology of Midcervical Quadriplegia After Operation with the Patient in the Sitting Position. Neurosurgery. 1982; 11:530–531
[7] Iwasaki Y, Tashiro K, Kikuchi S, et al. Cervical Flexion Myelopathy: A "Tight Dural Canal Mechanism". J Neurosurg. 1987; 66:935–937
[8] Haisa T, Kondo T. Midcervical Flexion Myelopathy After Posterior Fossa Surgery in the Sitting Position: Case Report. Neurosurgery. 1996; 38:819–822
[9] Epstein NE, Danto J, Nardi D. Evaluation of Intraoperative Somatosensory-Evoked Potential Monitoring During 100 Cervical Operations. Spine. 1993; 18:737–747
[10] Brown JA, Braun MA, Namey TC. Piriformis Syndrome in a 10-Year-Old Boy as a Complication of Operation with the Patient in the Sitting Position. Neurosurgery. 1988; 23:117–119
[11] Lunsford LD, Maroon JC, Sheptak PE, et al. Subdural Tension Pneumocephalus: Report of Two Cases. J Neurosurg. 1979; 50:525–527
[12] Tindall GT, Craddock A, Greenfield JC. Effects of the Sitting Position on Blood Flow in the Internal Carotid Artery of Man During General Anesthesia. J Neurosurg. 1967; 26:383–389
[13] Grady MS, Bedford RF, Park TS. Changes in Superior Sagittal Sinus Pressure in Children with Head Elevation, Jugular Venous Compression, and PEEP. J Neurosurg. 1986; 65:199–202
[14] Black S, Cucchiara RF, Nishimura RA, et al. Parameters Affecting Occurrence of Paradoxical Air Embolism. Anesthesiology. 1989; 71:235–241

[15] Munson ES, Merrick HC. Effect of Nitrous Oxide on Venous Air Embolism. Anesthesiology. 1966; 27:783–787

[16] Mirski MA, Lele AV, Fitzsimmons L, Toung TJ. Diagnosis and treatment of vascular air embolism. Anesthesiology. 2007; 106:164–177

[17] Symon L, Pell MF. Cerebrospinal Fluid Rhinorrhea Following Acoustic Neurinoma Surgery: Technical Note. J Neurosurg. 1991; 74:152–153

[18] Schmidek HH, Sweet WH. Operative Neurosurgical Techniques. New York 1982

[19] Matson DD. Neurosurgery of Infancy and Childhood. 2nd ed. Springfield: Charles C Thomas; 1969

[20] Harner SG, Beatty CW, Ebersold MJ. Impact of cranioplasty on headache after acoustic neuroma removal. Neurosurgery. 1995; 36:1097–9; discussion 1099-100

[21] Manley GT, Dillon W. Acute posterior fossa syndrome following lumbar drainage for treatment of suboccipital pseudomeningocele. Report of three cases. J Neurosurg. 2000; 92:469–474

[22] Roland PS, Marple BF, Meyerhoff WL, Mickey B. Complications of lumbar spinal fluid drainage. Otolaryngol Head Neck Surg. 1992; 107:564–569

[23] Culley DJ, Berger MS, Shaw D, Geyer R. An Analysis of Factors Determining the Need for Ventriculoperitoneal Shunts After Posterior Fossa Tumor Surgery in Children. Neurosurgery. 1994; 34:402–408

[24] Stein BM, Tenner MS, Fraser RAR. Hydrocephalus Following Removal of Cerebellar Astrocytomas in Children. J Neurosurg. 1972; 36:763–768

[25] Haines SJ, Maroon JC, Jannetta PJ. Supratentorial Intracerebral Hemorrhage following Posterior Fossa Surgery. J Neurosurg. 1978; 49:881–886

[26] Brackmann DE, Sekhar LN, Janecka IP. In: The Middle Fossa Approach. Surgery of Cranial Base Tumors. New York: Raven Press; 1993:367–377

[27] Souttar HS. New methods of surgical access to the brain. Br Med J. 1928; 1:295–300

[28] Al-Mefty O, Fox JL, Smith RR. Petrosal Approach to Petroclival Meningiomas. Neurosurgery. 1988; 22:510–517

[29] Rowe R. Surgical approaches to the trigone. Contemp Neurosurg. 2005; 27:1–5

[30] Yamamoto I, Rhoton AL, Peace DA. Microsurgery of the Third Ventricle: Part 1. Neurosurgery. 1981; 8:334–356

[31] Rhoton AL, Yamamoto I, Peace DA. Microsurgery of the Third Ventricle: Part 2. Operative Approaches. Neurosurgery. 1981; 8:357–373

[32] Carmel PW. Tumors of the Third Ventricle. Acta Neurochir. 1985; 75:136–146

[33] Klein HJ, Rath SA. Removal of Tumors of the III Ventricle Using Lamina Terminalis Approach: Three Cases of Isolated Growth of Craniopharyngiomas in the III Ventricle. Childs Nerv Syst. 1989; 5:144–147

[34] Shucart WA, Stein BM. Transcallosal Approach to the Anterior Ventricular System. Neurosurgery. 1978; 3:339–343

[35] Apuzzo MLJ. Comment on Garrido E, et al.: Cerebral Venous and Sagittal Sinus Thrombosis After Transcallosal Removal of a Colloid Cyst of the Third Ventricle: Case Report. Neurosurgery. 1990; 26

[36] Apuzzo MLJ, Chikovani OK, Gott PS, et al. Transcallosal, Interforniceal Approaches for Lesions Affecting the Third Ventricle: Surgical Considerations and Consequences. Neurosurgery. 1982; 10:547–554

[37] Hirsch JF, Zouaoui A, Renier D, et al. A new surgical approach to the third ventricle with interruption of the striothalamic vein. Acta Neurochir. 1979; 47:135–147

[38] Apuzzo MLJ. Surgery of Masses Affecting the Third Ventricular Chamber: Techniques and Strategies. Clin Neurosurg. 1988; 34:499–522

[39] Garrido E, Fahs GR. Cerebral Venous and Sagittal Sinus Thrombosis After Transcallosal Removal of a Colloid Cyst of the Third Ventricle: Case Report. Neurosurgery. 1990; 26:540–542

[40] Bullock MR, Chesnut RM, Ghajar J, et al. Surgical management of traumatic parenchymal lesions. Neurosurgery. 2006; 58:S25–S46

[41] Holland M, Nakaji P. Craniectomy: Surgical indications and technique. Operative Techniques in Neurosurgery. 2004; 7:10–15

[42] Aghakhani Nozar, Durand Philippe, Chevret Laurent, Parker Fabrice, Devictor Denis, Tardieu Marc, Tadiv© Marc. Decompressive craniectomy in children with nontraumatic refractory high intracranial pressure. Journal of Neurosurgery: Pediatrics. 2009; 3:66–69

[43] Delashaw JB, Broaddus WC, Kassell NF, et al. Treatment of Right Hemispheric Cerebral Infarction by Hemicraniectomy. Stroke. 1990; 21:874–881

[44] Polin RS, Shaffrey ME, Bogaev CA, et al. Decompressive Bifrontal Craniectomy in the Treatment of Severe Refractory Posttraumatic Cerebral Edema. Neurosurgery. 1997; 41:84–94

95 Coluna Espinal Cervical

95.1 Abordagens anteriores da coluna espinal cervical

1. parafuso odontoide anterior (p. 1476)
2. C1-3 (coluna espinal cervical superior):
   a) abordagem transoral: incluindo odontoidectomia (p. 1472)
   b) abordagens extrafaríngeas: uso de intubação nasotraqueal (de modo que a mandíbula possa ser completamente fechada) via narinas contralaterais. A cabeça é discretamente estendida e rotacionada 15° para o lado contralateral. Tubos orais devem ser evitados
      • abordagem extrafaríngea medial: medialmente à bainha carotídea. Proporciona um posicionamento mais anterior do que a abordagem retrofaríngea lateral. Estruturas encontradas: ramos da artéria carótida externa, nervos laríngeos superiores, nervo hipoglosso
      • abordagem retrofaríngea lateral: somente o nervo acessório espinal é encontrado
3. C3-C7: abordagem de discectomia cervical anterior padrão
   a) para ACDF de nível 1 ou 2, ou corpectomia de nível 1, geralmente é empregada uma incisão horizontal
   b) Para mais níveis, uma incisão verticalmente orientada pode ser preferível para facilitar o acesso

95.2 Abordagem transoral para junção craniocervical anterior

95.2.1 Informações gerais

Primariamente útil para lesões *extradurais* da linha média (a abordagem para lesões intradurais foi descrita,[1] mas seu uso é extremamente limitado pelas dificuldades para obtenção de vedação à prova d'água e em razão do risco aumentado de meningite). Os refinamentos da técnica e o equipamento (p. ex., tubo endotraqueal oral reforçado flexível, retrator McGarver ou Crockard, microscópio operacional, e cateteres de borracha vermelha transnasais suturados junto à úvula para auxiliar a retração) possibilitam o acesso a partir do nível do terço inferior do clivo até o corpo vertebral de C3 (e, às vezes, C4)[2] sem necessidade de traqueostomia nem imobilização da língua. É possível conseguir acesso extra usando técnicas estendidas, incluindo imobilização dos palatos duro e mole, mobilização da língua e abordagem transmandibular.

95.2.2 Odontoidectomia transoral

Indicações

A compressão extradural anterior da junção cervicomedular, como ocorre com o *pannus* da artrite reumatoide, invaginação basilar irredutível, tumores de C2, infecção.

Estabilização

75% dos pacientes submetidos à remoção transoral do processo odontoide necessitaram de fusão posterior, subsequentemente,[5] em decorrência da instabilidade ligamentar.[4,5] Embora intuitivamente pareça ser necessário realizar a estabilização primeiro, isto costuma ser feito após a descompressão na mesma sessão ou pouco depois, na próxima sessão agendada. Algumas razões para fazer a descompressão antes da estabilização são:

1. o posicionamento do paciente para a fusão pode causar comprometimento neurológico, se houver compressão medular
2. uma MRI pós-operatória poderá ser realizada se for conseguida descompressão suficiente por odontoidectomia. Caso contrário, uma laminectomia poderá ser conduzida ao mesmo tempo que a estabilização posterior
3. a quantidade de desestabilização talvez somente seja conhecida após a odontoidectomia – em alguns casos, uma fusão de C1-2 pode ser suficiente[5]

A estabilização geralmente implica fusão occipitocervical posterior. Ocasionalmente, a fusão pode ser limitada a C1-2 ou C1-3 na ausência do occipício. Outra possibilidade é colocar um suporte anterior entre o corpo de C2 e o clivo, ou entre C2 e C1. A fíbula é recomendada. O uso de instrumentação metálica deve ser evitado.

Preparação pré-operatória

1. garanta que o paciente possa passar por uma cirurgia bucal de pelo menos 25 mm. Caso contrário, outras abordagens (p. ex., transmandibular) devem ser consideradas

Coluna Espinal Cervical **1473**

2. para condições que resultam em mau alinhamento ou imaginação basilar, a tração cervical por 1 dia ou mais às vezes é necessária
3. avaliação radiográfica
   a) MRI cervical sem e com contraste, para definir a patologia do tecido mole
   b) CT da junção craniocervical com reconstrução sagital e coronal
   c) CTA para acessar a posição e o envolvimento das artérias vertebrais. A medida da distância entre as VAs fornece informação útil

Agendando o caso: abordagem transoral

Ver também Omissões & Alegações (p. 27).
1. posição: supinação com suporte de cabeça com pinos
2. equipamento
   a) microscópio
   b) broca de alta velocidade com brocas longas
   c) braço C
   d) sistema de navegação guiada por imagem (se usado)
3. instrumentos
   a) arranjo transoral (geralmente incluindo retrator oral, como Crockard, Dingman, Dickman-Sonntag...)
   b) instrumentos longos: instrumentos de microdiscectomia costumam funcionar
4. anestesia: intubação endotraqueal com fibra óptica, consciente
5. alguns cirurgiões usam ENT (orelha-nariz-garganta) para a abordagem e fechamento, bem como para acompanhamento
6. consentimento (em termos legais para o paciente – não totalmente inclusivo):
   a) procedimento: ressecção transoral do odontoide, colocação de imobilizador *halo-vest*, monitorização MEP (o MEP deve ser especificamente consentido, em razão do risco de convulsão). Necessidade de estabilização posterior no mesmo contexto ou no futuro imediato
   b) alternativas: manejo não cirúrgico, radioterapia para alguns diagnósticos
   c) complicações: fístula de CSF com possibilidade de meningite, lesão medular espinal, rompimento de ferida, dificuldades de inchaço (possível necessidade de tubo PEG), problemas respiratórios (pode requerer traqueostomia), convulsões com MEP

Informações técnicas

Ver detalhes nas referências.[2,3,6] Alguns pontos-chave:

A intubação orotraqueal com fibra óptica consciente é usada. O tubo nasotraqueal (NT) é usado por alguns, contudo o tubo NT tende a entrar na via na parte superior estreita da exposição.

A monitorização de MEP e de SSEP é usada em casos apropriados.

Posicionamento: usa-se, tipicamente, a fixação de três pontos com suporte de cabeça de Mayfield. O paciente permanece em posição supinada, sem *rotação cervical* (que distorce as relações anatômicas e pode trazer uma VA mais proximamente da linha média). Inclinar o paciente inteiro ou a mesa na direção do cirurgião, com 10-15° de extensão cervical, melhora a exposição. Alternativamente, o cirurgião pode se posicionar acima do paciente, que é mantido perfeitamente em supinação.

Um retrator especializado (p. ex., retrator transoral de Crockard) ou um retrator Dingman convencional é colocado. Verifique se a língua não está sendo comprimida contra os dentes.

Referencial: o turbérculo do atlas pode ser apalpado através da faringe posterior, para localizar a linha média e para fins de orientação craniocaudal.

A mucosa da faringe posterior é infiltrada com lidocaína a 1% contendo adrenalina. Alguns autores realizam estudo microbiológico da orofaringe para determinar as sensibilidades farmacológicas dos organismos para uso em caso de infecção. Alguns defendem o uso tópico de pomada de hidrocortisona a 1% na mucosa da orofaringe e região posterior da língua no início, bem como durante a operação para diminuir o inchaço intra e pós-operatório. Para outros, isto não tem efeito e alguns usam Decadron IV.

Uma incisão vertical medindo 3 cm de comprimento é feita na linha média.

Para diminuir o risco de alongamento de C1 e aumento da invaginação basilar, é possível tentar preservar-se o anel de C1, removendo apenas a metade inferior até 2/3 de C1 anterior. Quando a preservação de anel de C1 não é feita, os 3 cm centrais do atlas são removidos com uma broca de alta velocidade.

Há ≈ 20-25 mm de distância de trabalho entre as duas artérias vertebrais em seu ponto de maior aproximação, onde entram no forame transversal, junto ao aspecto inferior da massa lateral de C2.

O odontoide é furado ("como uma canoa") usando uma broca de alta velocidade, checando o progresso por fluoroscopia lateral a intervalos frequentes. Depois que o osso é reduzido a uma casca fina, pode ser fraturado na direção da parte perfurada com auxílio de curetas. A ponta superior do odontoide é particularmente desafiadora, em razão do ligamento apical.

Fechamento: um fechamento de duas camadas é preferido por alguns. Outros recomendam um fechamento de apenas uma camada incorporando músculo profundo, músculo superficial e mucosa.[2] Se a dura-máter tiver sido violada, um adesivo fascial é preso com cola de tecido e um dreno subaracnoide lombar é colocado ainda na sala de cirurgia e mantido à baixa pressão por 3-4 dias. Um tubo NG é colocado sob visualização direta para evitar lesão ou penetração do fechamento da mucosa.

Estabilização posterior

A odontoidectomia transoral produz instabilidade na maioria dos casos (às vezes, tardiamente).[4,5]

Para invaginação basilar ou instabilidade occipitocervical, é recomendada uma fusão occipitocervical (p. 1474).[6]

Para a instabilidade C1-2 apenas, uma artrodese C1-2 posterior pode ser realizada (p. 1479).[6]

Possíveis complicações

1. ruptura dural com vazamento de CSF e risco de meningite
2. lesão da artéria vertebral
3. lesão medular espinal

Cuidados pós-operatórios

1. a alimentação NG ou hiperalimentação IV é usada inicialmente (em antecipação ao inchaço orofaríngeo [com duração de 2-3 dias] e para evitar a ruptura do fechamento da mucosa)
2. a intubação é mantida até o inchaço desaparecer. A remoção inicial do tubo endotraqueal sobre um trocador de tubos facilitará a reintubação, caso seja necessário; o trocador de tubo pode ser removido desde que nenhum problema se desenvolva após 1 hora[6]
3. se o tubo NG sair, somente deverá ser substituído sob visualização direta (em geral, por um otorrinolaringologista) a fim de evitar lesão/penetração da incisão na mucosa
4. a imobilização com *halo-vest* é mantida até a realização da fusão posterior
5. para procedimentos conduzidos em estágios quando a fusão é feita em data posterior, um exame de MRI pós-operatório deve ser realizado para avaliar o grau de descompressão. Se houver necessidade de descompressão adicional, então uma laminectomia pode ser adicionada à fusão posterior

95.3 Fusão occipitocervical

O paciente perderá cerca de 30% da mobilidade de flexão do pescoço com uma fusão occipital-C1.

São indicações para fusão occipital:[7]
1. deslocamento occipitoatlantal traumático
2. ausência de um arco completo de C1. **Nota:** alternativamente, a fusão em massa lateral C1-2 (com ou sem parafusos em massa lateral) (p. 1479) pode ser usada nos casos b e c, somente se o arco posterior de C1 estiver comprometido
   a) congênita
   b) pós-descompressão
   c) pós-traumática: fratura "explosiva" de C1 (fraturas anelares bilaterais ou múltiplas de C1). Nota: para alguns, esta condição pode ser tratada de maneira satisfatória com imobilização com *halo* até a fratura do atlas cicatrizar (como quase ocorre com todas), seguida de fusão/*wiring* de C1 a C2[8]
3. anomalias congênitas das articulações occipitocervicais
4. migração para cima do odontoide, entrando no forame magno
5. desvios irredutíveis e acentuados de C1 ou C2

Desvantagens da fusão occipitocervical:
1. a perda do movimento na junção occipitoatlantal diminui ainda mais a amplitude de movimento, como se segue:[9]
   a) flexão/extensão: reduzida em ≈ 30% (13° na junção occipício-C1)
   b) rotação lateral: perda de 10°
   c) inclinação lateral: perda de 8°
2. o índice de não união é maior do que com a fusão C1-2 apenas[10]

Opções:
1. chapa de quilha (colocada centralmente sobre a porção mais espessa do osso occipital) conectada por hastes aos parafusos cervicais (parafusos no pedículo C2 e parafusos na massa lateral de C3): amplitude de movimento (AM) reduzida a 17% do normal em estudo realizado com cadáver[11] (ver a técnica adiante)
2. parafusos de côndilo occipital (CO)-C1 poliaxiais:[12] ver adiante
3. parafusos occipitais-C1 (também chamado atlantoccipital) transarticulares (ver abaixo)
4. haste enrolada com fio metálico no occipício, por meio de cabos metálicos colocados através de orifícios furados com broca no occipício. A ROM diminuída é de apenas 31% do normal[11]

95.3.1 Chapa de quilha da fusão occipital-cervical
Planejamento pré-operatório:
1. varredura de CT via C2
   a) exclusão de posição aberrante do forame transverso
   b) medir o diâmetro dos pedículos (a melhor forma de fazer isso pode ser via secção coronal, pelo fato de as imagens axiais em geral não serem orientadas ao longo da via do pedículo) e estimar o comprimento dos parafusos a serem usados
   c) verificar a trajetória dos parafusos
2. medir a espessura do osso occipital para determinar o comprimento que os parafusos occipitais devem ter

Técnica:
1. placa de quilha occipital
   a) uma broca, dreno e parafusadora com hastes flexíveis ou articulações universais geralmente são necessários, em razão da interferência da pele do paciente
   b) orifícios em linha média são preferíveis, uma vez que o osso occipital é mais espesso neste local
   c) furar usando uma guia de broca a uma profundidade de 8 mm, verificar a profundidade com sonda, se o córtex interno não tiver sido violado, furar até 10 mm; checar a profundidade novamente e continuar perfurando a uma velocidade de 2 mm de cada vez, até o córtex interno ser rompido. Usar o comprimento do parafuso
   d) PARAFUSOS com diâmetro de 4,5; parafusos **cegos**, medindo 8-12 mm de comprimento
2. parafusos de pedículo C2 (p. 1485)
3. parafusos de massa lateral C3 (p. 1485) (se usados)

95.3.2 Côndilo occipital para fusão de parafuso C1 poliaxial
Ver referências.[12,13]

Usar parafusos poliaxiais colocados nos côndilos occipitais que, então, são conectados a parafusos em níveis mais baixos (ver abaixo), via hastes de conexão.
1. PRÓS, em comparação à instrumentação de placa/quilha occipital:
   a) contorna o problema de aquisição precária de osso occipital, que pode ocorrer com as placas de quilha
   b) pode ser usado até mesmo após a craniotomia da fossa posterior
   c) maior área de superfície para fusão
   d) evita o risco de lesão intracraniana pelos parafusos occipitais
2. CONTRAS: pela variabilidade condilar, nem todos os pacientes são candidatos
3. biomecânica: comparada à placa occipital, rigidez similar na flexão-extensão e rotação axial, rigidez aumentada na inclinação lateral[14]
4. clínica: 1 paciente, 2 anos de seguimento com fusão CO sólido[15]

Planejamento pré-operatório: varredura de CT do occipício ao longo de C2.
Técnica:
   ✖ As estruturas a serem evitadas são: nervo hipoglosso no canal hipoglosso (logo acima dos côndilos occipitais [OCs], artérias carótida e vertebral, bulbo jugular. O procedimento IG pode ser útil.
1. parafusos condilares occipitais
   a) ENTRADA 4-5 mm lateralmente ao forame magno; 1-2 mm rostral à articulação atlantoccipital (não precisa nem é desejável expor totalmente o côndilo – há a veia emissária lateralmente, que é melhor deixar isolada)
   b) TRAJ 12-22° medial (média: 17°); 5° de angulação superior máxima
   c) PARAFUSOS com diâmetro de 3,5 mm, parafusos poliaxiais; aquisição bicortical obtida com o uso de comprimentos de 20-24 mm (média: 22 mm)
2. parafusos condilares são conectados com hastes de 3 mm de diâmetro para:
   a) parafusos em massa lateral de C1 e pedículos de C2 (p. 1483), ou
   b) parafusos transarticulares de C1-2 (p. 1480)

95.3.3 Parafusos transarticulares occipitais-C1 (também chamados atlantoccipitais)

Ver referências.[16,17]
1. PRÓS: sem comprometimento da articulação C1-2
2. CONTRAS: trajetória íngreme, requer incisão adicional ao nível da junção C-T
3. ENTRADA ponto médio da massa lateral de C1 posterior
4. TRAJ 10-20° medialmente, visando, cranialmente, como ALVO , o meio do côndilo
5. PARAFUSOS parafusos canulados de 28-32 mm
6. biomecânica: ≈ igual à fusão da placa occipital-massa lateral de C1[18]
7. dados clínicos: 2 casos relatados, 2 anos de acompanhamento, complicações do côndilo

95.3.4 Suporte/imobilização pós-operatória

1. para fraturas graves em C1 ou para aquelas com comprometimento da capacidade de cura do osso (idosos ou pacientes não confiáveis, tabagistas...), recomenda-se usar *halo vest* por 8-12 semanas
2. caso contrário, se C1 não estiver terrivelmente danificado, o uso de um colar que limite a flexão (p. ex., colar Miami-J) é suficiente, por × 8-12 semanas

95.4 Fixação com parafuso do odontoide anterior

95.4.1 Introdução

O complexo C1-C2 é afetado em 50% dos casos de rotação axial da cabeça. O tratamento de fraturas do odontoide por fusão C1-C2 diminui significativamente esta mobilidade (embora as articulações subaxiais compensem alguns graus, com o passar do tempo). A fixação com parafuso odontoide (OSF) tenta tratar fraturas do odontoide por meio da restauração da integridade estrutural do processo odontoide (osteossíntese) sem sacrificar a mobilidade normal.

A estabilidade da articulação C1-2 depende, primariamente, da integridade do processo odontoide e do ligamento transverso do atlas (p. 70) (que é a estrutura mais importante a manter o processo odontoide em posição contra o arco anterior de C1).

95.4.2 Avaliação

Uma bateria completa de radiografias da coluna espinal C é necessária, incluindo uma vista do odontoide com a boca aberta. A MRI é recomendada para excluir a hipótese de ruptura do ligamento transverso do atlas. A CT axial cervical com reconstrução coronal e sagital também é recomendada para demonstrar a orientação da rota da fratura e verificar a integridade dos elementos posteriores. Uma politomografia de movimento complexo pode ser usada em caso de achados de CT confusos.

95.4.3 Indicações

A fratura do odontoide tipo II redutível (e as fraturas tipo III em que a linha de fratura está na porção cefálica do corpo de C2 em um paciente idoso, podendo não se fundir tão bem com a imobilização quanto em um paciente mais jovem).[19] O ligamento transverso *deve* permanecer intacto.

95.4.4 Contraindicações

1. fraturas do *corpo* vertebral de C2 (exceto a fratura de tipo III em localização cefálica)
2. rompimento do ligamento transverso do atlas: ver lesões do ligamento transverso do atlas (TAL) (p. 1479). Pode ser demonstrado diretamente à MRI. Evidência indireta: se a soma de saliências de massas laterais de C1 e C2 exceder 7 mm (regra de Spence [p. 970])
3. lacuna de fratura do odontoide ampla
4. fratura não reduzível
5. idade da fratura: controversa. O índice de fusão em fraturas com idade > 18 meses foi 25%.[20] Fraturas com idade < 6 meses mostram índices de fusão ≈ 90%[20]
6. pacientes com pescoço espesso e curto e/ou tórax em barril: dificuldade para alcançar o ângulo apropriado. Isto pode ser contornado com instrumentação distribuída por Richard-Nephew, que usa broca flexível canulada, dreno e chave de fenda
7. fratura do processo odontoide
8. linha de fratura em orientação oblíqua ao plano frontal (forças de cisalhamento podem causar alinhamento inadequado enquanto o parafuso é apertado)

Agendando o caso: fixação de parafuso odontoide

Ver também Omissões & Alegações (p. 27).
1. posição: cabeça supinada sobre um suporte de cabeça em forma de ferradura, tração com corda
2. anestesia: intubação consciente com fibra óptica ou nasotraqueal. NÃO usar tubo endotraqueal reforçado com metal
3. equipamento: 2 braços C para fluoroscopia biplanar, ou orientação de imagem com braço O
4. instrumentação:
   a) arranjo cirúrgico para ACDF
   b) retrator de tubo (p. ex., METRx®, da Medtronic)
   c) alguns cirurgiões usam instrumentação especializada (p. ex., arranjo de Apfelbaum)
5. implantes: conjunto de parafusos canulados
6. consentimento (em termos legais para o paciente – não totalmente inclusivo):
   a) procedimento: cirurgia para colocação de parafuso(s) a partir da região frontal do pescoço, ao longo do osso odontoide fraturado. Abordagem posterior possível, caso a abordagem anterior não possa ser concluída
   b) alternativas: manejo não cirúrgico em colar, fusão
   c) complicações: quebra/destacamento de parafuso, falha de fusão que possa requerer cirurgia adicional (que levará à diminuição da movimentação cervical)

95.4.5 Resumo da técnica

Preparação

Vários sistemas de instrumentação foram desenvolvidos para facilitar o procedimento. A seguir são descritos alguns elementos básicos inespecíficos de qualquer tipo de instrumentação (ver referência de Apfelbaum,[21] sobre os detalhes da instrumentação deste autor distribuída pela Aesculap Instrument Corporation, South San Francisco, CA, EUA).

Dois aparelhos de fluoroscopia de braço C são obrigatórios para a obtenção de imagens biplanares (vistas lateral e AP simultâneas). Alguns cirurgiões preferem colocar 2 parafusos, se houver osso suficiente para acomodá-los. Contudo, isto também pode diminuir a quantidade de superfície óssea disponível para cura, enquanto o índice de fusão parece ser o mesmo.[22]

Considerações anestésicas

O anestesista se posiciona junto ao *pé* da mesa. É recomendada a intubação consciente com fibra óptica ou nasotraqueal, especialmente para fraturas facilmente deslocáveis. NÃO usar tubo endotraqueal com reforço metálico, porque os fios metálicos interferem nas imagens AP.

Posição

Supinação. O pescoço é posicionado em *extensão* (essencial para realizar o procedimento), seja com tração Holter e um pequeno rolo de ombro, com a cabeça sobre um *doughnut* (uma tira de fita ao longo da testa que estabiliza a cabeça), ou ainda é possível usar um suporte de cabeça radiotransparente. Primeiro, deve ser colocada a unidade de fluoroscopia *lateral* e, em seguida, a unidade AP desliza para dentro do "C" da unidade lateral. A fluoroscopia lateral é usada para avaliar a redução do fragmento de fratura, sendo que a cabeça é reposicionada para tentar e conseguir a redução. Se houver retrolistese do odontoide, talvez seja necessário estender um pouco menos o pescoço. Um afastador Molt radiotransparente é colocado para manter a boca aberta para obtenção das imagens transorais AP (um rolo de fita pequeno pode ser eficiente). O procedimento deve ser abortado se as vistas fluoroscópicas AP e lateral não fornecerem imagem adequada do odontoide.

Abordagem

Uma incisão cutânea horizontal do tipo Cloward é feita ≈ C5-6 (o sítio de entrada pode ser localizado colocando um fio-guia adjacente ao pescoço do paciente e obtendo uma fluoroscopia lateral), e uma abordagem idêntica à da discectomia cervical anterior é usada (para expor os músculos longos do colo [p. 1073]). Um Kittner é usado para dissecar superior e anteriormente os músculos longos do colo junto ao tecido areolar frouxo até C2. Um retrator autoestático (p. ex., retrator de Caspar – não um distrator) com uma lâmina retratora superior é preso (também pode ser usado um retrator manual, de preferência radiotransparente). Alternativamente, um sistema de tubos retratores[23] (p. ex., METRx®, da Medtronic) pode ser usado. Um Bovie é usado para remover o tecido mole depositado sobre a parte frontal inferior de C2.

Procedimento

Localização: a fluoroscopia lateral é usada para colocar a ponta de um furador *o mais anteriormente possível* à placa terminal inferior de C2 (▶ Fig. 95.1; um erro comum é ir longe demais voltando pela margem inferior de C2 e, então, o fio-guia terminar atrás do dente). A fluoroscopia AP é usada para colocar o furador exatamente no centro do corpo de C2, na dimensão lateral. O furador é usado para abrir um orifício-piloto neste local.

A colocação do fio-guia, escavação com a broca, punção e, por fim, colocação de parafuso são realizadas durante a monitorização do progresso em imagens fluoroscópicas obtidas com frequência, tendo como alvo o ápice do fragmento de fratura do odontoide (roçando junto à parte anterior do corpo vertebral de C2), na fluoroscopia lateral.

A escavação com broca é feita sob fluoroscopia, ao longo do córtex apical do dente, para evitar que o dente sofra rachaduras produzidas pelo parafuso (a área distal ao ápice do dente é segura).

Um parafuso de titânio parcialmente rosqueado (*lag screw*) é colocado. Na falta de um parafuso *lag screw* de tamanho apropriado, é possível furar por cima da parte da rota ao longo do corpo de C2 até a fratura. Deste modo, podem ser usados parafusos totalmente rosqueados que deslizarão sobre o orifício aberto com a broca e ainda produzirão efeito *lag* sobre o fragmento da fratura. Se um segundo parafuso lado a lado for usado, este poderá ser totalmente rosqueado. Em casos de não união crônica, antes de avançar o parafuso, é possível inserir uma cureta bifacetada junto ao espaço da fratura, para refrescar o sítio da fratura. O(s) parafuso(s) devem ser firmemente compostos junto à borda inferior de C2. A ▶ Fig. 95.1 mostra a posição final de um parafuso odontoide anterior.

Ao final do procedimento, a integridade do ligamento transverso deve ser confirmada flexionando-se cuidadosamente o pescoço sob fluoroscopia lateral.

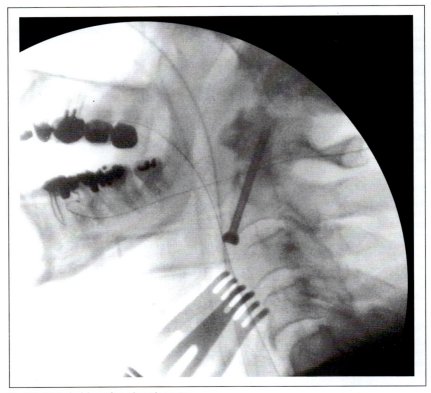

Fig. 95.1 Posição final do parafuso odontoide anterior.

Imobilização pós-operatória

No pós-operatório imediato, a força do odontoide + parafuso é de apenas ≈ 50% do odontoide normal. Assim, recomenda-se o uso de um suporte cervical por 6 semanas[19] (embora alguns autores não usem nenhum[21]). Se o paciente tiver osteoporose significativa, é recomendável usar um *halo brace*.

Resultados

A cura demora ≈ 3 meses (ou mais, em caso de não união crônica). Com fraturas de idade < 6 meses, observou-se um índice de união de 95%. As não uniões com idade > 6 meses têm risco significativo de falha de *hardware* (quebra ou destacamento do parafuso), com um índice de união óssea de 31% e um índice de união fibrosa presumida de 38%.[21] Portanto, nos casos de não união crônica com idade > 6 meses, uma artrodese de C1-2 é, provavelmente, uma escolha melhor, a não ser que a necessidade de manter o movimento justifique o risco de uma segunda cirurgia, em caso de falha da primeira.

Em média, o índice de complicações técnicas é ≈ 6% (2% de mau posicionamento do parafuso e 1,5% de quebra do parafuso).

95.5 Fusão atlantoaxial (artrodese de C1-2)

95.5.1 Indicações

Nota: o paciente perderá ≈ 50% da rotação da cabeça com a fusão C1-2.

▶ **Instabilidade das articulações C1-2, incluindo:**
1. deslocamento atlantoaxial, em razão da incompetência do ligamento transverso do atlas (TAL):
    a) artrite reumatoide (p. 1136); pacientes sintomáticos ou pacientes assintomáticos com subluxação ≥ 8 mm
    b) infecção local
    c) traumatismo
    d) síndrome de Down (p. 1138): devido à frouxidão do TAL
2. incompetência do processo odontoide
    a) fraturas do odontoide que atendam aos critérios cirúrgicos, incluindo:
        • fraturas tipo II com deslocamento > 6 mm
        • instabilidade no sítio da fratura na tração *halo vest*
        • não união crônica de fraturas do odontoide
        • ruptura do ligamento transverso
    b) após odontoidectomia transoral
    c) tumores que destruam o processo odontoide

▶ **Insuficiência vertebrobasilar com virar da cabeça** (p. 1307) **(sinal do arqueiro)**

95.5.2 Considerações técnicas

Os casos que surgem requerem incorporação do occipício, em adição de C1-2.
As opções cirúrgicas são:

▶ **Instrumentação rígida:**
1. fusão de C1-C2 usando parafusos poliaxiais conectados por hastes:
    a) C1: parafusos colocados em massas laterais. Podem ser usados em casos em que o arco posterior de C1 está comprometido
    b) opções de parafuso em C2:
        • os parafusos podem ser colocados em pedículos (pares)
        • os parafusos podem ser colocados em massas laterais
        • parafusos laminares cruzados em C2
2. parafusos de faceta transarticular posterior em C1-2[25,26,27]

▶ **Fixação com fios metálicos e fusão cervical posterior.** Com o desenvolvimento da fixação rígida, estas técnicas passaram a ser usadas com menos frequência. Embora sejam precárias em termos de limitação da rotação, são efetivas na limitação da flexão. Considerando-se que a técnica de Dickman e Sonntag é efetiva na limitação da extensão, esta tem sido usada, recentemente, para descartar parafusos de massa lateral de C1, que tendem a quebrar no ponto de entrada no osso de C1.
1. técnica de Dickman e Sonntag de fusão interespinal (p. 1483)
2. não apresentada aqui:

a) fusão de Brooks[28] (a técnica de Smith-Robinson modificada por Griswold[29]); fios metálicos subtalâmicos em C1-2 com 2 enxertos ósseos em cunha
b) fusão de Gallie[30 (p. 1477-93)] e suas modificações: fios metálicos na linha média sob o arco de C1 com um enxerto ósseo em "H"

▶ **Pinças Halifax com fusão.**[31] Estas pinças são efetivas na minimização do movimento em flexão, mas são menos estáveis na extensão ou com rotação.

▶ **Fixação com parafuso de compressão odontoide** (p. 1476). Essencialmente, somente para fraturas de odontoide tipo II com idade < 6 meses e ligamento transverso intacto (p. 1476).[32] Preserva mais mobilidade do que a fusão C1-2.

▶ **Enxerto ósseo combinado anterolateral e posterior.**[32]

▶ **Combinação de descompressão anterior (transoral) com fusão posterior.** Indicada quando uma massa anterior significativa está presente, causando compressão neural e/ou tornando arriscada a passagem dos fios metálicos sublaminares em C1.

95.5.3 Técnicas de fusão atlantoaxial

Posicionamento

O paciente é colocado em um *halo ring* (com um hiato na parte traseira e preso à mesa com adaptador Mayfield) ou sob fixação com pino de Mayfield e, em seguida, posicionado em pronação sobre a mesa da sala cirúrgica, com rolos torácicos. A mesa, geralmente, precisa ser posicionada em posição de Trendelenburg reversa máxima, para levantar a área cirúrgica. Os pés do paciente são deixados descansando em repouso sobre um suporte de pés acolchoado sobre a mesa, com o intuito de evitar que o paciente deslize para baixo. Após o posicionamento do paciente, são obtidas radiografias laterais intraoperatórias.

Incisão e abordagem

Uma incisão cutânea na linha média é feita logo abaixo do ínio, na direção do processo espinhoso de C5 ou C6.

Parafusos de faceta transarticular (TAS) de C1-2

Podem ser usados como adjuntos na fixação de C1-2 com fios metálicos e enxerto ósseo – por exemplo, técnica de Dickman e Sonntag (p. 1483) – para conseguir estabilização imediata sem necessidade de órtese externa pós-operatória, ou em casos de ausência ou fratura do arco posterior de C1. ✖ Um dos principais riscos do procedimento é a lesão da artéria vertebral (VA). Portanto, muitos profissionais adotam os parafusos de massa lateral de C1 (p. 1481).

Seleção de candidatos

Pode ser apropriada para pacientes idosos ou pacientes com artrite reumatoide, nos quais a fusão pode ocorrer lentamente, ou para aqueles que falharam em uma tentativa previa de fusão/fixação de C1-2. E, do mesmo modo, também pode ser apropriada para jovens que apresentam frouxidão ligamentar.

Todos os pacientes podem ser submetidos a varreduras de CT de cortes finos desde os côndilos occipitais até C3, com reconhecimento sagital ao longo da faceta C1-2 em ambos os lados, para procurar a presença de uma artéria vertebral na rota pretendida do parafuso. Ainda, o risco de lesão à VA pode ser minimizado com o uso de varreduras de CT reconstruídas ao longo da trajetória planejada do parafuso (estabelecendo como alvo a área a partir de um ponto situado 4 mm acima da faceta inferior de C2 até um ponto anterior situado embaixo de C1 na CT).[33]

Resumo da técnica

Existem alguns conjuntos de instrumentação disponíveis para o procedimento, cada um com suas próprias nuances. As informações a seguir pretendem cobrir o procedimento básico comum à maioria ou a todos (ver na referência de Apfelbaum[21] os detalhes de cada sistema).

Posição:

Paciente em supinação, com a cabeça apoiada em um suporte de cabeça de Mayfield, com uma dobra de queixo militar discreta. A fluoroscopia de braço-C lateral é usada para o procedimento, e alguns defendem a fluoroscopia biplanar.

Abordagem:

Usar uma abordagem de laminectomia posterior de linha média padrão a partir do occipício até o processo espinhoso de C3. A lâmina de C2 e o arco posterior de C1 são expostos ao aspecto lateral da faceta articular inferior de C2. A extensão lateral do canal espinal é definida usando uma cureta angulada pequena. A faceta de C1-2 é curetada para facilitar a artrodese e permite a observação da broca quando esta atravessa a articulação.

ENTRADA 1-2 mm superiormente à faceta C2-3 no eixo da linha média da parte interarticular. A trajetória é determinada por fluoroscopia usando fios K colocados na lateral do pescoço para servirem de guia, visualizando através do processo articular inferior C2, do *pars* interarticular, do processo articular superior e ao longo da articulação C1-2 para dentro da massa lateral de C1. Isto ajuda a estabelecer o sítio de entrada apropriado para a guia da broca, ao longo de uma ferida perfurante à parte, em geral ao redor do nível T1-2, a 2-3 cm fora da linha média.

TRAJ Um orifício-piloto então é perfurado com broca usando orientação visual para manter um curso parassagital direto (é útil ficar sobre 1 ou 2 apoios de pé, para eliminar uma parte do erro paralaxe), bem como orientação fluoroscópica para manter a trajetória rumo à massa lateral de C1. Um assistente pode reduzir qualquer mau alinhamento translacional atlantoaxial usando um condutor de broca em C1 ou C2, antes de a broca atravessar a articulação da faceta C1-2. Para minimizar o risco de lesão à VA, a broca deve ser mantida o mais dorsalmente afastada possível, junto às partes interarticulares. O orifício-piloto, então, é realizado e um parafuso de titânio totalmente rosqueado é colocado. Se houver um sangramento arterial rápido (que não seja um sangramento ósseo) após a escavação com broca ou após a drenagem do primeiro lado, é possível que a AV tenha sido lesionada. O parafuso ainda pode ser colocado, porém o procedimento contralateral não deve ser realizado inicialmente. Uma angiografia pós-operatória deve, então, ser realizada para identificação de eventual trombose ou dissecção arterial. Se não houverem quaisquer contraindicações, o procedimento é então repetido. Após a colocação do parafuso, então é realizada a fusão óssea posterior (p. ex., técnica de Dickman e Sonntag [p. 1483]). A imobilização externa geralmente não é empregada no pós-operatório (considera-se que os parafusos proporcionam imobilização interna adequada).

Resultados

Um índice de fusão de até 99% na ausência de complicações foi relatado.[25] A lesão à artéria vertebral é a principal complicação em potencial.

Parafusos em massa lateral de C1-2

Colocação de miniparafusos poliaxiais na massa lateral de C1 e pedículo de C2 com fixação por haste. Técnica criada por Goel e Laheri,[34] em 1994, e promulgada em 2001, por Harms e Melcher.[35]

Vantagens em relação aos parafusos transarticulares de C1-2 (ver anteriormente):
1. a trajetória mais superior e medial deve diminuir o risco de lesão da VA[35]
2. pode ser usada em presença de subluxação de C1-2
3. pode ser útil em certos casos de curso aberrante de VA
4. em casos seletos, pode ser usada para fixação temporária sem fusão (desde que os espaços articulares permaneçam intactos) e a instrumentação pode ser removida após o tempo apropriado, para recuperar-se o movimento na articulação de C1-2

Agendando o caso: fusão em massa lateral de C1-2

95

Ver também Omissões & Alegações (p. 27) e avaliação pré-operatória (ver adiante).
1. posição: pronação, suporte de cabeça com pino
2. anestesia: intubação consciente com fibra óptica ou nasotraqueal
3. equipamento: orientação por imagem com braço C ou braço O
4. implantes:
   a) miniparafusos poliaxiais (necessidade de parafusos de haste lisa para C1)
   b) um cabo é necessário para enxerto interespinhoso (opcional, mas recomendado)
   c) contar com um representante que traga placas occipitais e instrumentação, para o caso de incapacidade de colocar parafusos em C1, permitindo assim uma fusão occipital-cervical como opção *ball-out*
5. consentimento (em termos legais para o paciente – não totalmente inclusivo):
   a) procedimento: cirurgia para colocar parafusos e hastes a partir da parte posterior do pescoço, para estabilização, e geralmente para fundir os 2 ossos superiores do pescoço
   b) alternativas: manejo não cirúrgico em colar; em alguns casos, os parafusos podem ser temporários e nenhuma fusão é feita
   c) complicações: quebra/destacamento do parafuso, falha em fundir que pode requerer cirurgia adicional, expectativa de perda de alguma movimentação de inclinação cervical ($\approx$ 20% é típico)

Técnica cirúrgica (destaques extraídos)

Ver referências.[35,36]

Nota: se a fusão deve acompanhar a colocação do parafuso (isto é, colocação de parafuso permanente), é preciso considerar fortemente a fusão interespinhosa suplementar, desde que não haja contraindicação (p. 1483), para prevenção da quebra por fadiga dos parafusos de C1.

Anatomia aplicada: não há forame neural verdadeiro em C1-2; a raiz nervosa de C2 repousa na superfície posterior da cápsula da articulação de C1-2.

Avaliação pré-operatória

É obrigatório saber a posição da VA em ambos os lados (e, em particular, a localização de ambos os forames transversais de C1) e as seguintes informações sobre osso (requer varredura de CT de corte delgado):
1. espessura craniocaudal (altura) do arco posterior de C1 (caso seja necessário furar o arco com broca para facilitar a colocação do parafuso)
2. determinar o comprimento do parafuso: distância desde o ponto de entrada planejado (ver adiante) até o alvo de saída planejado (posição média da parte anterior do VB de C1 superior)
3. estimar o ângulo mediolateral para parafusos

Abordagem

O complexo de C1-C2 deve ser totalmente exposto. Então, é iniciada a dissecação ao longo da superfície superior da parte interarticular de C2 para expor a articulação de C1-C2, com o intuito de localizar com precisão o ponto de entrada para os parafusos de massa lateral de C1.

O sangramento é controlado com cautério bipolar e/ou Gelfoam/trombina. A exposição completa da face posterior da faceta C1 inferior também mobiliza a raiz de C2 a partir dos pontos de fixação subjacentes e facilita sua mobilização inferior.

1. parafusos de massa lateral de C1. ENTRADA a visualização comumente requer retração caudal do gânglio da raiz dorsal de C2 (ocasionalmente, isto pode ser inviável;[36] pode ser necessário sacrificar a raiz de C2, porém isto pode acarretar dor e entorpecimento no pós-operatório;[37] a técnica consiste em dividir as fibras nervosas *pré-ganglionares* da massa lateral de C1 [para ambas as direções, mediolateral e craniocaudal] e fechar o defeito dural[36]). O ponto de entrada do parafuso é o ponto médio da parte inferior da lassa lateral de C1 (para ambas as direções mediolateral e craniocaudal). Um furador ou uma broca de alta velocidade de 1-2 mm é usado para marcar a posição e prevenir o deslizamento enquanto o orifício é furado. Furar com broca uma parte do arco inferior de C1 às vezes é necessário para possibilitar a colocação do parafuso (cuidado: a espessura do arco na dimensão craniocaudal varia amplamente, e o segmento horizontal da VA repousa imediatamente acima – usar CT pré-operatória para planejamento)
2. parafuso de C1. TRAJ Em média ≈ 17° medialmente; ≈ 22° rostralmente; ALVO O aspecto superior do tubérculo anterior de C1 na fluoroscopia lateral (ver ▶ Fig. 95.2)
3. PARAFUSOS C1. Diâmetro de 3,5-4 mm; o comprimento é determinado a partir de TC de cortes finos pré-operatória para aquisição bicortical (✘ CUIDADO: a ICA chega a estar a 1 mm de distância do sítio de saída ideal do parafuso[38] ∴ alguns autores usam somente a aquisição unicortical). É necessário que o parafuso esteja altivo para elevar o nível do parafuso C2 (na verdade, pode ser necessário que o parafuso C1 se projete 1-2 mm a mais do que o parafuso C2, para permitir a fixação da haste[36]), e também deve ter uma parte superficial não rosqueada de ≈ 8 mm para minimizar a irritação do nervo de C2, que poderia produzir neuralgia occipital
4. parafusos do pedículo (partes) de C2; ver a descrição da colocação (p. 1483)
5. se houver necessidade de realizar fusão: o arco posterior de C1 e a lâmina de C2 são descorticados com uma broca. O substrato de fusão *onlay* então é colocado, tomando-se o cuidado de não comprimir a dura-máter. Adjunto ideal: decorticação intra-articular e cobertura óssea junto à articulação C1-2

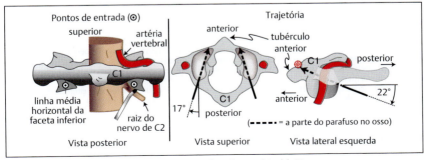

Fig. 95.2 Ponto de entrada de parafuso e trajetória para parafusos de massa lateral de C1.

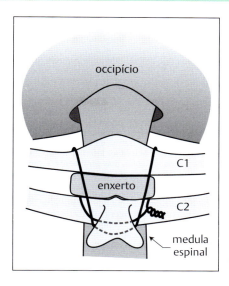

Fig. 95.3 Fusão interespinhosa de C1-2 de Dickman e Sonntag.

Cuidados pós-operatórios
Um colar cervical (flexível ou rígido, de acordo com a preferência) por 4-6 semanas é suficiente.

Técnica de fusão interespinhosa de Dickman e Sonntag
Um único enxerto bicortical é usado, com um cabo de múltiplas tiras passado sublaminarmente para C1, apenas. O enxerto ósseo é encravado entre C1 e C2 (aprisionamento entre as alças do cabo)[39,40] ver ▶ Fig. 95.3. Atualmente, esta técnica é pouco usada como fixação primária para fusão C1-2 (exceto quando as dificuldades técnicas prevenirem, por exemplo, a fusão da massa lateral de C1-2). Entretanto, pode ser mais útil para limitar a extensão para o descarregamento dos parafusos da massa lateral de C1, com o intuito de diminuir o risco de quebra de parafuso.[41]

Não pode ser usada se o anel posterior de C1 ou C2 estiver fraturado.

Enxerto ósseo
Osso autólogo é preferível. O osso frequentemente é obtido da crista ilíaca posterior (p. 1440). Um enxerto tricortical medindo ≈ 4 cm de comprimento e > 1 cm de altura é obtido. A borda superior é removida para criar um enxerto bicortical de ≈ 1 cm de altura.

95.6 Parafusos de C2

95.6.1 Opções
1. parafusos de pedículo (parafusos da parte interarticular): medialmente dirigidos (ver acima)
2. parafusos de massa lateral: lateralmente dirigidos. O comprimento é medido de modo a não ultrapassar o forame transverso
3. parafusos transarticulares de C1-2 (p. 1480): associados a risco aumentado de lesão à VA
4. parafusos translaminares:[42,43] 1 ano de estabilidade parece ser menor do que o observado com parafusos de pedículo de C2, quando usados para fusões subaxiais. Entretanto, a efetividade foi praticamente a mesma para fusões axiais (C1-2 ou C1-3).[44] Podem ser úteis como *ball-out* para fusões subaxiais, quando o diâmetro da parte de C2 for pequeno demais para os parafusos de pedículo[45]

95.6.2 Parafusos de pedículo (parte) de C2
Recomenda-se fazer a checagem com varredura de CT ou MRI, para excluir a hipótese de localização aberrante da VA ou de localização incomum do forame transverso, antes de proceder à colocação dos parafusos de pedículo de C2. Alguns consideram úteis os sistemas de navegação guiada por imagem.

Técnica:
1. ENTRADA apalpar o aspecto medial e superior da parte com dissecador de Penfield 4 (▶ Fig. 95.4). Entrar no centro estimado da projeção de superfície da parte de C2, no ponto médio, mediolateralmente[35] no quadrante superomedial da superfície do istmo de C2
2. TRAJ **20-30° medialmente** (ao longo do eixo central do pedículo de C2).[46] 25° superiormente (à fluoroscopia lateral, colocar o parafuso paralelo à parte) (▶ Fig. 95.5). Para facilitar a trajetória, as bordas proximais superior e medial da parte interarticular de C2 devem ser expostas, e um Penfield 4 deve ser usado para apalpação durante a perfuração com a broca (▶ Fig. 95.4).
3. com a broca, perfurar um ponto de entrada e, em seguida, usar a broca com freio ajustado para 12 mm, monitorando o progresso a intervalos, sob fluoroscopia e apalpando com a sonda. Se não houver nenhuma quebra, então completar a perfuração com broca aumentando gradativamente a profundidade da perfuração com incrementos de 2 mm, seja até 15-20 mm para permanecer no pedículo, ou até ≈ 30 mm de profundidade para realizar osteossíntese em casos de fratura do enforcamento. ✖ Se em seguida à retirada da broca houver sangramento ativo, o parafuso deve ser inserido imediatamente para contê-lo. Este sangramento pode ser oriundo da artéria vertebral, mas geralmente é causado pela lesão a plexos venosos e não produz nenhum efeito patológico. Em casos como este, é melhor não colocar o parafuso contralateral e realizar uma angiografia pós-operatória
4. PARAFUSOS **Diâmetro de 3,5 mm.** O comprimento do parafuso somente é decisivo ao tentar criar unir um hiato de fratura (osteossíntese), como na fratura do enforcado, em que parafusos de 20-30 mm de comprimento são colocados para evitar a penetração do córtex anterior de C2 (*lag screws* são usados para isto, ou o osso proximal pode ser perfurado excessivamente). Comprimentos de parafuso de 15-20 mm são usados para a maioria dos propósitos. Parafusos menores (15-16 mm de comprimento) podem ser usados para firmar o pedículo com menor risco de lesão da VA

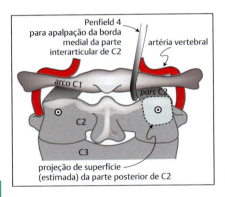

Fig. 95.4 Ponto de entrada para colocação de parafuso de pedículo de C2 (vista posterior).

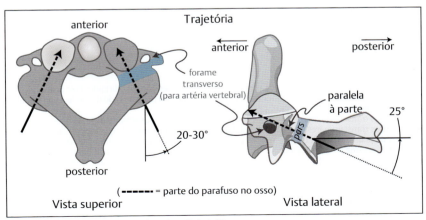

Fig. 95.5 Trajetória do parafuso para parafusos de pedículo de C2.

95.6.3 Fixação de C3-6

Parafusos de massa lateral
Geralmente aplicável a C3-6. As massas laterais da coluna espinal torácica costumam ser pequenas demais e não são fortes o bastante[47] para estes parafusos. C7 é um nível de transição, e as massas laterais, às vezes, podem ser usadas. Ocasionalmente, até T1 pode ser acessível (ver abaixo).
Técnica:
Alguns métodos foram promulgados com vários pontos de entrada e trajetórias de parafuso (alguns são mostrados no ▶ Quadro 95.1). Na comparação de três técnicas,[48] observou-se menor risco de lesão de nervo nos seguintes casos (método de An[49]):

1. ENTRADA[49] 1 mm medialmente ao ponto médio da massa lateral (▶ Fig. 95.6). Na direção craniocaudal, o ponto médio é usado. Um Penfield 4 pode ser usado para palpar a parede medial da parte, com o intuito de ajudar a determinar o ponto de entrada e a trajetória.
2. TRAJ 30° lateralmente, 15° cefalicamente (nota do editor: para níveis cervicais superiores, uma trajetória mais cefálica é usada; para níveis cervicais caudais, 15° ou menos, pode ser mais perto) (▶ Fig. 95.6).[49] Para alcançar a angulação lateral, a melhor forma de furar os orifícios é a partir do lado contralateral do paciente, segurando a haste da broca quase verticalmente contra os processos espinhosos [se ainda estiverem presentes])
   a) PARAFUSOS Diâmetro de 3,5 mm; 14-16 mm de comprimento (para C3-6)
   b) tamanho da haste: em geral, são usadas hastes com diâmetro de 3,5 mm que podem ser colocadas caudalmente até T3, desde que na ausência de instabilidade grosseira (abaixo de T3, são usadas hastes com diâmetro de 5,5 mm via hastes de transição ou com conectores de hastes, como o conector "dominó")

A fixação do processo espinhoso com fios metálicos pode ser usada com processos espinhosos intactos, para ajudar a prender o enxerto ósseo.[47]

Fixação de parafuso transarticular
Uma alternativa à fusão da massa lateral. Descrita pela primeira vez em 1972, por Roy Camille. Pode ser usada sozinha ou como ponto de ancoragem.

Quadro 95.1 Comparação de métodos para colocação de parafuso de massa lateral para C3-6

Método	Ponto de entrada		Ângulo de trajetória	
	Mediolateral	Craniocaudal	Mediolateral	Craniocaudal
An	1 mm medial ao ponto médio	ponto médio	30° lateral	15° cefálica
Magerl	2 mm medial ao ponto médio	2 mm medial ao ponto médio	20-25° lateral	paralelo à articulação da faceta[a]
Roy-Camille	ponto médio	ponto médio	0-10° lateral	0°

[a]O ângulo pode ser determinado inserindo-se a sonda na articulação.

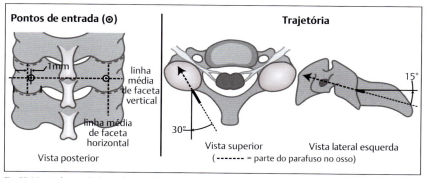

Fig. 95.6 Ponto de entrada do parafuso e trajetória de parafusos de massa lateral de C3-6 (método de An).

1. PRÓS:
   a) os parafusos atravessam 4 superfícies corticais para melhor aquisição
   b) comprime ao longo da articulação, para promover fusão
   c) útil na junção cervicotorácica, onde a trajetória preserva a cápsula da faceta
   d) perfil de implante inferior
2. CONTRAS: não pode corrigir a deformidade
3. ENTRADA ponto médio da massa lateral
4. TRAJ Perpendicular à articulação; neutra a 5° lateral (evitar a VA e raiz que sai)
5. biomecânica: estabilidade equivalente aos parafusos da massa lateral[50]
6. clínica: 25 pacientes (81 parafusos), 71 ancoras, 10 fixações, acompanhamento de 3,5 anos: fusão sólida, sem complicações[51]

Fixação de parafuso cervical translaminar

Pode ser usada na coluna espinal cervical ou torácica.[52,53]
1. indicações: técnica de salvamento quando a anatomia impossibilita o uso de parafusos de pedículo
2. PRÓS:
   a) evitar complicações relacionadas com parafusos de pedículo
   b) dispensa fluoroscopia (dimnui a exposição à radiação)
3. CONTRAS: requer elementos posteriores intactos (não pode ser feita com laminectomia)
4. ENTRADA junção espinolaminar contralateral (na base do processo espinhoso)
5. ALVO junção do processo transverso e faceta superior contralateral ao ponto de entrada
6. PARAFUSOS parafuso poliaxial $3,5 \times 4,5$ mm $\times 26$ mm
7. biomecânica: sem dados
8. clínica: 7 pacientes (fixação C-T), acompanhamento de 14 meses, ausência de complicações de *hardware*. Penetração ventral inconsequente em 5%[52]

Parafusos de C7

C7 é um nível de transição e, como resultado, as massas laterais ou os pedículos, ou ainda ambos, podem ser relativamente pequenos.
Opções de fixação com parafuso:
1. parafusos de pedículo (p. 1489): recomendados especialmente quando a massa lateral de C7 tem tamanho inadequado para os parafusos de massa lateral.[49] A colocação com fluoroscopia pode ser dificultada pela presença de artefato à fluoroscopia lateral, e a visualização direta da parede medial do pedículo pode ser requerida, como na coluna espinal torácica.
2. parafusos de massa lateral:[46]
   a) ENTRADA como para C3-6 (ver acima)
   b) TRAJ Comparativamente aos parafusos de C3-6, é discretamente menos lateral em ≈ 15° e um pouco menos cefálica em ≈ 10°
   c) PARAFUSOS diâmetro de 3,5 mm e comprimento de 14 mm
   d) biomecânica: exames laboratoriais indicam que os parafusos de massa lateral de C7 são biomecanicamente equivalentes aos parafusos de pedículo de C7 em construtos que se estendem até C7[54]
3. parafuso transfaceta:[55]
   a) PRÓS: risco diminuído para medula espinal e raízes nervosas
   b) CONTRAS: rompe a cápsula da faceta de C7-T1, por isso T1 deve ser incluído na fusão; os parafusos curtos resultam em baixa força de retirada ∴ pode ser mais bem usada como ponto de ancoragem intermediário e não como construto terminal
   c) ENTRADA 1-2 mm medial e superiormente ao centro da faceta
   d) TRAJ 30° inferiormente, e 20° lateralmente. ALVO A meta é a aquisição bicortical
   e) PARAFUSOS Parafusos poliaxiais com diâmetro de 3,5 mm × 8-10 mm
   f) biomecânica: equivalente a parafusos de pedículo de C7-T1[56]
   g) clínica: 10 pacientes, fixação cervicotorácica longa, acompanhamento de 6 meses, 3 pacientes com fusão sólida

95.7 Fixação do corpo vertebral anterior com parafuso-placa

A placa deve ser contornada para contatar diretamente a frente dos VBs que estão sendo instrumentados.
De modo típico, parafusos fixos são usados no nível mais inferior, e parafusos variáveis são usados nos níveis superiores.
Entretanto, as práticas variam.
Para orifícios de parafuso mais rostrais e mais craniais, o tamanho da placa deve ser estabelecido de tal modo que a borda do VB fique visível ao olhar através do orifício.
Comprimento do parafuso: os comprimentos típicos variam de 12 mm (em geral, nas mulheres) a 16 mm. Como guia, quando pinos Caspar são usados durante a cirurgia, a maioria tem 14 mm de rosquea-

mento no VB, o comprimento do parafuso pode ser escolhido com base em como estes pinos Caspar vão para o VB posterior. Os parafusos na placa geralmente são angulados, por isso 1-2 mm adicionais podem ser acomodados além deste comprimento.

95.8 Dispositivos intersomáticos de perfil zero

Estes dispositivos incorporam alças para colocação de parafuso em uma caixa intercorporal, sem necessidade de placa anterior separada. Mais frequentemente usados na coluna espinal cervical.

1. PRÓS:
   a) muitas vezes são mais fáceis de colocar nas adjacências de uma placa anterior previamente colocada (porque a placa frequentemente cobre demais o VB para dar espaço suficiente para a colocação de outra placa no mesmo VB)
   b) recomenda-se evitar as placas que não são paralelas ao eixo longo da coluna espinal
   c) a migração posterior da caixa é prevenida tão logo os parafusos sejam colocados
2. CONTRAS: a estabilidade mecânica é menor do que com uma placa (dispositivos com 4 parafusos são mais estáveis do que aqueles com 3 parafusos)

Referências

[1] Crockard HA, Sen CN. The Transoral Approach for the Management of Intradural Lesions at the Craniovertebral Junction: Review of 7 Cases. Neurosurgery. 1991; 28:88–98

[2] Hadley MN, Spetzler RF, Sonntag VKH. The Transoral Approach to the Superior Cervical Spine. A Review of 53 Cases of Extradural Cervicomedullary Compression. J Neurosurg. 1989; 71:16–23

[3] Menezes AH, VanGilder JC. Transoral-Transpharyngeal Approach to the Anterior Craniocervical Junction. J Neurosurg. 1988; 69:895–903

[4] Dickman CA, Locantro J, Fessler RG. The Influence of Transoral Odontoid Resection on Stability of the Craniocervical Junction. J Neurosurg. 1992; 77:525–530

[5] Dickman CA, Crawford NR, Brantley AGU, et al. Biomechanical Effects of Transoral Odontoidectomy. Neurosurgery. 1995; 36:1146–1153

[6] Mummaneni PV, Haid RW. Transoral odontoidectomy. Neurosurgery. 2005; 56:1045–50; discussion 1045-50

[7] Fielding JW. The Status of Arthrodesis of the Cervical Spine. J Bone Joint Surg. 1988; 70A:1571–1574

[8] Lipson SJ. Fractures of the Atlas Associated with Fractures of the Odontoid Process and Transverse Ligament Ruptures. J Bone Joint Surg. 1977; 59A:940–943

[9] White A, Panjabi M, White AA. In: Kinematics of the Spine. Clinical Biomechanics of the Spine. 2nd ed. Philadelphia: J.B. Lippincott; 1990:85–126

[10] Roberts A, Wickstrom J. Prognosis of Odontoid Fractures. J Bone Joint Surg. 1972; 54A

[11] Bambakidis NC, Feiz-Erfan I, Horn EM, Gonzalez LF, Baek S, Yuksel KZ, Brantley AG, Sonntag VK, Crawford NR. Biomechanical comparison of occipitoatlantal screw fixation techniques. J Neurosurg Spine. 2008; 8:143–152

[12] Uribe JS, Ramos E, Vale F. Feasibility of occipital condyle screw placement for occipitocervical fixation: a cadaveric study and description of a novel technique. J Spinal Disord Tech. 2008; 21:540–546

[13] La Marca F, Zubay G, Morrison T, Karahalios D. Cadaveric study for placement of occipital condyle screws: technique and effects on surrounding anatomic structures. J Neurosurg Spine. 2008; 9:347–353

[14] Uribe JS, Ramos E, Youssef AS, Levine N, Johnson WM, Vale F. Craniocervical fixation with occipital condyle screws: biomechanical analysis of a novel technique. Spine. 2010; 35:931–938

[15] Uribe JS, Ramos E, Baaj A, Youssef AS, Vale FL. Occipital cervical stabilization using occipital condyles for cranial fixation: Technical case report. Neurosurgery. 2009; 65:E1216–E1217

[16] Grob D. Transarticular screw fixation for atlantooccipital dislocation. Spine. 2001; 26:703–707

[17] Feiz-Erfan I, Gonzalez LF, Dickman CA. Atlantooccipital transarticular screw fixation for the treatment of traumatic occipitoatlantal dislocation. Technical note. J Neurosurg Spine. 2005; 2:381–385

[18] Gonzalez LF, Crawford NR, Chamberlain RH, Perez Garza LE, Preul MC, Sonntag VK, Dickman CA. Craniovertebral junction fixation with transarticular screws: biomechanical analysis of a novel technique. J Neurosurg. 2003; 98:202–209

[19] Morone MA, Rodts GR, Erwood S, Haid RW. Anterior Odontoid Screw Fixation: Indications, Complication Avoidance, and Operative Technique. Contemp Neurosurg. 1996; 18:1–6

[20] Rao G, Apfelbaum RI. Odontid screw fixation for fresh and remote fractures. Neurol India. 2005; 53:416–423

[21] Apfelbaum RI. Screw Fixation of the Upper Cervical Spine: Indications and Techniques. Contemp Neurosurg. 1994; 16:1–8

[22] Sasso R, Doherty BJ, Crawford MJ, Heggeness MH. Comparison of the One-and Two-Screw Technique. Spine. 1993; 18:1950–1950

[23] Hott JS, Henn JS, Sonntag VKH. A new table-fixed retractor for anterior odontoid screw fixation: technical note. J Neurosurg. 2003; 98:118–120

[24] Wang MY. C2 crossing laminar screws: cadaveric morphometric analysis. Neurosurgery. 2006; 59: ONS84–8; discussion ONS84-8

[25] Grob D, Jeanneret B, Aeb M, Markwalder T. Atlanto-Axial Fusion with Transarticular Screw Fixation. J Bone Joint Surg. 1991; 73B:972–976

[26] Stillerman CB, Wilson JA. Atlanto-Axial Stabilization with Posterior Transarticular Screw Fixation: Technical Description and Report of 22 Cases. Neurosurgery. 1993; 32:948–955

[27] Marcotte P, Dickman CA, Sonntag VKH, et al. Posterior Atlantoaxial Facet Screw Fixation. J Neurosurg. 1993; 79:234–237

[28] Brooks AL, Jenkins EB. Atlanto-Axial Arthrodesis by the Wedge Compression Method. J Bone Joint Surg. 1978; 60A:279–284

[29] Griswold DM, Albright JA, Schiffman E, et al. Atlanto-Axial Fusion for Instability. J Bone Joint Surg. 1978; 60A:285–292

[30] Schmidek HH, Sweet WH. Operative Neurosurgical Techniques. New York 1982

[31] Aldrich EF, Crow WN, Weber PB, Spagnolia TN. Use of MR Imaging-Compatible Halifax Interlaminar Clamps for Posterior Cervical Fusion. J Neurosurg. 1991; 74:185–189

[32] Bohler J. Anterior Stabilization for Acute Fractures and Non-Unions of the Dens. J Bone Joint Surg. 1982; 64:18–28

[33] Paramore CG, Dickman CA, Sonntag VKH. The Anatomical Suitability of the C1-2 Complex for Transarticular Screw Fixation. J Neurosurg. 1996; 85:221–224

[34] Goel A, Laheri V. Plate and screw fixation for atlanto-axial subluxation. Acta Neurochir (Wien). 1994; 129:47–53

[35] Harms J, Melcher RP. Posterior C1-C2 fusion with polyaxial screw and rod fixation. Spine. 2001; 26:2467–2471

[36] Rocha R, Safavi-Abbasi S, Reis C, Theodore N, Bambakidis N, de Oliveira E, Sonntag VKH, Crawford NR. Working area, safety zones, and angles of approach for posterior C-1 lateral mass screw placement: a quantitative anatomical and morphometric evaluation. J Neurosurg Spine. 2007; 6:247–254

[37] McCormick PC, Kaiser MG. Comment on Goel A et al.: Atlantoaxial fixation using plate and screw method: a report of 160 treated patients. Neurosurgery. 2002; 51

[38] Currier BL, Todd LT, Maus TP, Fisher DR, Yaszemski MJ. Anatomic relationship of the internal carotid artery to the C1 vertebra: A case report of cervical reconstruction for chordoma and pilot study to assess the risk of screw fixation of the atlas. Spine. 2003; 28:E461–E467

[39] Papadopoulos SM, Dickman CA, Sonntag VKH. Atlantoaxial Stabilization in Rheumatoid Arthritis. J Neurosurg. 1991; 74:1–7

[40] Dickman CA, Sonntag VKH, Papadopoulos SM, Hadley MN. The Interspinous Method of Posterior Atlantoaxial Arthrodesis. J Neurosurg. 1991; 74:190–198

[41] Hott JS, Lynch JJ, Chamberlain RH, Sonntag VK, Crawford NR. Biomechanical comparison of C1-2 posterior fixation techniques. J Neurosurg Spine. 2005; 2:175–181

[42] Wright NM. Posterior C2 fixation using bilateral, crossing C2 laminar screws: case series and technical note. J Spinal Disord Tech. 2004; 17:158–162

[43] Jea A, Sheth RN, Vanni S, Green BA, Levi AD. Modification of Wright's technique for placement of bilateral crossing C2 translaminar screws: technical note. Spine J. 2008; 8:656–660

[44] Parker SL, McGirt MJ, Garces-Ambrossi GL, Mehta VA, Sciubba DM, Witham TF, Gokaslan ZL, Wolinksy JP. Translaminar versus pedicle screw fixation of C2: comparison of surgical morbidity and accuracy of 313 consecutive screws. Neurosurgery. 2009; 64:343–8; discussion 348-9

[45] Wang MY. Comment on Parker, SL, McGirt, MJ et al., Translaminar versus pedicle screw fixation of C2: comparison of surgical morbidity and accuracy of 313 consecutive screws. Neurosurgery. 2009; 64. DOI: 10.1227/01.NEU.0000338955.36649.4F

[46] Dickman CA, Sonntag VKH, Marcotte PJ. Techniques of Screw Fixation of the Cervical Spine. BNI Quarterly. 1993; 9:27–39

[47] Chapman JR, Anderson PA, Pepin C, Toomey S, et al. Posterior Instrumentation of the Unstable Cervicothoracic Spine. J Neurosurg. 1996; 84:552–558

[48] Xu R, Haman SP, Ebraheim NA, Yeasting RA. The Anatomic Relation of Lateral Mass Screws to the Spinal Nerves. A Comparison of the Magerl, Anderson and An Techniques. Spine. 1999; 24:2057–2061

[49] An HS, Gordin R, Renner K. Anatomic Considerations for Plate-Screw Fixation of the Cervical Spine. Spine. 1991; 16:S548–S551

[50] Miyanji F, Mahar A, Oka R, Newton P. Biomechanical differences between transfacet and lateral mass screw-rod constructs for multilevel posterior cervical spine stabilization. Spine (Phila Pa 1976). 2008; 33:E865–E869

[51] Takayasu M, Hara M, Yamauchi K, Yoshida M, Yoshida J. Transarticular screw fixation in the middle and lower cervical spine. Technical note. J Neurosurg. 2003; 99:132–136

[52] Kretzer RM, Sciubba DM, Bagley CA, Wolinsky JP, Gokaslan ZL, Garonzik IM. Translaminar screw fixation in the upper thoracic spine. J Neurosurg Spine. 2006; 5:527–533

[53] Gardner A, Millner P, Liddington M, Towns G. Translaminar screw fixation of a kyphosis of the cervical and thoracic spine in neurofibromatosis. J Bone Joint Surg Br. 2009; 91:1252–1255

[54] Xu R, McGirt MJ, Sutter EG, Sciubba DM, Wolinsky JP, Witham TF, Gokaslan ZL, Bydon A. Biomechanical comparison between C-7 lateral mass and pedicle screws in subaxial cervical constructs. Presented at the 2009 Joint Spine Meeting. Laboratory investigation. J Neurosurg Spine. 2010; 13:688–694

[55] Horn EM, Theodore N, Crawford NR, Bambakidis NC, Sonntag VK. Transfacet screw placement for posterior fixation of C-7. J Neurosurg Spine. 2008; 9:200–206

[56] Horn EM, Reyes PM, Baek S, Senoglu M, Theodore N, Sonntag VK, Crawford NR. Biomechanics of C-7 transfacet screw fixation. J Neurosurg Spine. 2009; 11:338–343

96 Colunas Vertebral, Torácica e Lombar

96.1 Acesso anterior à junção cervicotorácica/coluna torácica superior

96.1.1 Procedimento de seccionamento do esterno

Possibilita o acesso até T3 (ocasionalmente até T5) com a abordagem mediana anterior (acesso a esta região com uma abordagem lateral [transtorácica] é ineficiente em razão do pequeno volume dos ápices pulmonares).

O pescoço e tórax são preparados até o umbigo. Uma incisão em taco de hockey pode ser usada, e a porção horizontal é a usual para uma ACDF. A porção vertical é centrada sobre o esterno. Na maioria dos casos, os serviços de um cirurgião CV são empregados para seccionar o esterno e dividir o esternocleido-mastóideo. Esta abordagem não viola o pericárdio ou a pleura, e não é necessário dreno torácico (mas é, frequentemente, usado como um dreno de grosso calibre para prevenir hemomediastino, e também como uma precaução caso a pleura parietal seja cortada durante a exposição). Devido à profundidade da abordagem, são necessários instrumentais mais longos do que os de 18 cm utilizados de rotina para uma ACDF.

As margens expostas do esterno também podem ser usadas para obter osso esponjoso para o enxerto.

96.2 Acesso anterior para a região média e inferior da coluna torácica

96.2.1 Abordagem transtorácica

Posição: posição lateral sobre uma almofada preenchida com flocos de isopor em uma mesa de cirurgia, com a porção divisória da mesa sob o nível acometido (lembre-se de deixar as seções da mesa alinhadas antes da instrumentação). Estabilizar o paciente com o uso de fita adesiva sobre os campos. Um rolo axilar é colocado. Uma sonda endotraqueal de duplo lúmen é usada para possibilitar a deflação do pulmão no lado da toracotomia. Se o paciente não tolera a deflação completa de um pulmão, geralmente é adequado realizar uma deflação apenas parcial do pulmão.

Para aumentar a exposição, uma costela pode ser ressecada. Geralmente, o nível aberto e a costela removida estão um ou dois níveis acima do nível acometido (p. ex., para tumor de VB em T7, a vértebra T6 ou T5 é removida).

Se uma placa de compressão for utilizada, mantê-la lateral ao VB. Para isto, tente posicioná-la o mais posteriormente possível (remova uma pequena porção da cabeça da costela para facilitar essa manobra).

96.2.2 Acesso anterior à porção média da coluna torácica

Lateralidade da abordagem: se a doença não impõe o uso de um lado específico:
1. vantagens da toracotomia direita: o coração, mediastino e veia braquiocefálica não interferem o acesso
2. vantagens da toracotomia esquerda: mais fácil de mobilizar e retrair a aorta

A determinação intraoperatória do nível na coluna torácica superior pode ser bastante difícil. A contagem a partir do sacro, em uma incidência AP usando fluoroscopia em tempo real, algumas vezes funciona quando as radiografias laterais de coluna vertebral não conseguem penetrar na coluna cervical inferior por causa dos ombros.

96.2.3 Acesso anterior à porção inferior da coluna torácica

A menos que a doença esteja predominantemente localizada no lado direito, uma toracotomia esquerda é preferível (é mais fácil mobilizar a aorta do que a veia cava).

Em T10 ou abaixo, a inserção do diafragma dificulta a abordagem. Nesta área, uma abordagem fora da cavidade pleural pode facilitar a cirurgia.

96.3 Parafusos pediculares torácicos

96.3.1 Informações gerais

Preferível aos parafusos de massa lateral, pois os processos transversos (análogos às massas laterais na coluna cervical) da maioria das vértebras torácicas não são fortes.[1] Pedículos torácicos geralmente são muito estreitos na lateralmente (a largura é um pouco maior na extremidade cranial) e são muito altos na direção craniorostral. Sistemas guiados por imagem também podem ser úteis.

Uma colocação precisa de parafusos pediculares na região torácica geralmente é mais desafiadora do que na coluna lombar. Existem pelo menos 4 métodos para colocar estes parafusos, e uma combinação de métodos pode ser utilizada.

1. Fluoroscopia intraoperatória: para certas partes da coluna torácica, a fluoroscopia biplanar pode ser utilizada, bem como para a coluna lombar (ver acima)
   a) PRÓS:
      - possibilita a colocação percutânea do parafuso
      - precisão geralmente adequada na colocação do parafuso
   b) CONTRAS:
      - devido ao osso denso nos ombros, geralmente é difícil obter imagens de T1 a T4 na fluoroscopia lateral. Em casos não percutâneos, pinos de Steinman podem ser colocados nos pontos de entrada estimados para os parafusos, e uma fluoroscopia AP usada para ajustar a posição, de modo que o parafuso penetre o pedículo na localização desejada
      - pode aumentar a exposição à radiação da equipe cirúrgica e do paciente
2. Colocação à "mão livre", com base nas referências anatômicas. Normalmente, radiografias ainda são obtidas no final, e qualquer parafuso com colocação insatisfatória deve ser revisado
   a) PRÓS:
      - visto que o número de níveis (e, portanto, de parafusos) colocados em um paciente aumenta, pode ser mais rápido do que outros métodos
      - as pequenas facetectomias necessárias, para visualizar a faceta articular do nível abaixo, podem facilitar a correção de curvaturas da coluna vertebral e fornecer uma superfície de fusão adequada
      - provavelmente reduz a exposição à radiação da equipe cirúrgica e do paciente
   b) CONTRAS: curva de aprendizado acentuada: este método é, provavelmente, o que exige mais prática para aperfeiçoamento
3. Realização de pequenas laminotomias em cada nível onde os pedículos não são expostos por uma laminectomia, e uso da posição do pedículo, por visualização ou por palpação da face medial e superior dos pedículos com um dissector, para obter uma estimativa do ponto de entrada e trajetória do pedículo
   a) PRÓS: pode possibilitar a colocação precisa essencialmente em qualquer nível, potencialmente com menos radiação (depende da frequência com que o cirurgião verifica a posição do parafuso)
   b) CONTRAS: um pouco demorado em cada nível, mas no geral é comparável com outros métodos
4. Orientação imagiológica usando instrumentais equipados com marcadores especializados, os quais são rastreados em tempo real por "câmeras" que projetam a localização da broca e/ou parafuso em uma imagem de CT ou radiografia visualizada na sala de cirurgia
   a) PRÓS:
      - reduz a exposição intraoperatória à radiação da equipe cirúrgica e, em menor grau, do paciente
      - possibilita a colocação percutânea do parafuso
   b) CONTRAS: a precisão pode ser comprometida pelo movimento dos segmentos espinais em relação ao arranjo de registro, ou por erros técnicos. O cirurgião deve estar atento à colocação de parafuso que, com base na anatomia, não parece apropriado

96.3.2 Técnica de colocação de parafuso pedicular torácico com laminotomia e fluoroscopia

1. **ENTRADA** ver a técnica de colocação de parafusos pediculares torácicos à mão livre (p. 1491) para pontos de entrada usando referências anatômicas. Alternativas: realização de uma pequena laminotomia para palpar as margens medial e cranial do pedículo com um dissector Penfield # 4, uso de pinos de Steinman nos pontos de entrada estimados e obtenção de imagem por fluoroscopia AP para ajuste (ver ▶ Fig. 96.1)
2. **TRAJ**
   a) abaixo de T1: 5-10° *medialmente* e 10-20° *caudalmente* (▶ Fig. 96.2). Uma sonda torácica de Lenke pode ser usada como um localizador de pedículo
   b) T1: se um parafuso de *massa lateral* é colocado em T1 (ao invés de um parafuso pedicular), mirar em um ângulo quase reto direcionado ao chão (com o paciente posicionado horizontalmente, ou seja, sem estar na posição de Trendelenburg ou na posição de Trendelenburg reverso)
3. **PARAFUSOS** Pedículos menores (geralmente T1-4, especialmente em mulheres) geralmente requerem o parafuso de menor diâmetro (tipicamente, 4,5 mm). Outros podem acomodar 5,5 mm. Comprimento típico: 20-25 mm
4. **Barra cervical:** Pode-se usar uma barra cervical de 3,5 mm de diâmetro (aqui, a barra cobalto-cromo pode apresentar vantagens sobre a de titânio) com alguns sistemas (p. ex., Mountaineer de Depuy usando um parafuso de 4,35 mm de diâmetro), quando a barra é conectada até ≈ T3. Abaixo de T3, barras com diâmetro de ≈ 5,5 mm (ou 6,35 mm para cirurgia de escoliose) geralmente são usadas via uma barra transicional ou com o uso de um conector domino para encaixar as duas barras

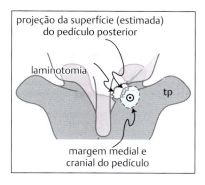

Fig. 96.1 Ponto de entrada para parafusos *pediculares* torácicos (incidência posterior) tp = processo transverso.

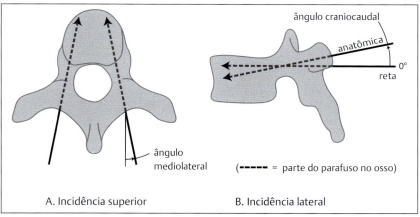

A. Incidência superior

B. Incidência lateral

Fig. 96.2 Trajetória dos parafusos *pediculares* torácicos.

96.3.3 Técnica de colocação de parafusos pediculares torácicos à mão livre

Vantagens e desvantagens
Possíveis vantagens
- pode acelerar a cirurgia, especialmente quando um grande número de níveis é instrumentado
- reduz a quantidade de raios X/fluoroscopia necessária durante a cirurgia
- evita os desafios de precisar alinhar a fluoroscopia em cada nível em uma coluna com escoliose, especialmente quando um componente rotacional está presente
- não impedida em áreas difíceis de obter imagem com a fluoroscopia (tipicamente a coluna torácica superior)
- precisão tão boa quanto a de outras técnicas
- obtém osso para uso em enxertos (a partir de facetectomias)
- expõe o osso (de facetas articulares) para auxiliar na fusão
- libera articulações, o que facilita a redução na escoliose

Possíveis desvantagens
- não pode ser utilizada se a anatomia tiver sido distorcida por prévias fusões, anomalias congênitas...
- curva de aprendizado acentuada: requer o aprendizado de novos aspectos da anatomia, necessita a colocação de vários parafusos, geralmente com mentor, para se tornar proficiente
- possível aumento de perda sanguínea devido à maior exposição e às facetectomias

Procedimento

Os detalhes do procedimento estão além do escopo deste livro. Um resumo dos pontos-chave/informações:[2]

- total exposição de todos os elementos posteriores (lâmina, *pars interarticularis*, facetas, processo transverso (tp)...) em cada nível é mandatória
- monitorização eletrofisiológica intraoperatória: SSEP, MEP, EMG ativada por estímulos
- facetectomias: realizada bilateralmente em cada nível, exceto o mais superior (este não é unido ao nível acima). Fazer dois cortes: o 1° é paralelo ao canal. Cuidado: a medula espinal está em risco no lado da concavidade
- é essencial desenvolver uma série de passos que são repetidos sem variação com a colocação de cada parafuso:
  - realizar um orifício piloto no ponto de entrada (como indicado abaixo)
  - inserir o localizador de pedículo curvo, com a ponta direcionada lateralmente até uma profundidade de 2 cm (não forçar)
  - remover completamente o localizador de pedículo, girá-lo 180° e reinseri-lo com a curva direcionada medialmente
  - palpar as 4 paredes e a extremidade profunda com uma sonda de ponta esférica, empurrá-la gentilmente pelo osso esponjoso até que a ponta toque o osso cortical do corpo vertebral anterior (escutar e sentir). Coloque uma pinça onde a sonda possa penetrar no osso e...
  - medir a profundidade que a sonda foi inserida para determinar o comprimento máximo do parafuso; se o comprimento for muito mais curto do que o esperado, a sonda pode estar tocando a parede lateral do VB e o redirecionamento do parafuso mais medialmente deve ser considerado
  - macheamento do canal pedicular (isto é, finalizar a preparação com um macho)
  - sondar uma 2ª vez com a sonda de ponta esférica
  - colocar o parafuso
  - executar uma série de potenciais evocados motores na monitorização eletrofisiológica
  - após a inserção de todos os parafusos, estimular cada parafuso com EMG ativada por estímulos: estimulação a < 6 mA (alguns cirurgiões usam um valor de corte de 8 mA). Um limiar igual ou inferior a 65% da média de outros parafusos indica um possível rompimento do pedículo medial e isto deve induzir uma reavaliação do parafuso (remover o parafuso & reintroduzir a sonda no orifício, ou obter uma imagem fluoroscópica)[2]

Pontos de entrada[2]
- craniocaudal (▶ Fig. 96.3)
  - T1, 2, 3 & 12: incluindo a porção média do processo transverso (mnemônico: T1-2-3 "*mid tp*" [méd pt]), mesmo para T12 (como a coluna lombar abaixo de T12)
  - T7, 8 & 9: incluindo a porção superior do processo transverso (mnemônico: T7-8-9 "*top of the line*" [topo de linha])
  - para níveis entre estes dois grupos (T4, 5 & 6), migrar ligeira e gradualmente da porção média do processo transverso em T1-2-3 até a porção superior do processo transverso em T7-8-9
- Mediolateral (▶ Fig. 96.3)
  - T1, 2 & 3: incluindo a margem lateral da pars
  - T7, 8 & 9: imediatamente lateral à porção média da base da faceta articular superior (os pontos de entrada mais mediais)
  - T11, 12: sobre ou imediatamente medial à porção lateral da pars
  - níveis entre estes dois grupos: migrar gradualmente a posição

Trajetórias
- trajetórias usando referências anatômicas
  - os médicos que realizam a colocação de parafusos à mão livre fazem maior uso de referências anatômicas do que de ângulos. A vantagem é que os ângulos são difíceis de estimar, e o uso de referências anatômicas possibilita que os parafusos sejam colocados mesmo em colunas rotacionadas, com escoliose
  - o parafuso é inserido perpendicular à superfície da faceta articular superior (que está exposta durante as facetectomias), ao mesmo tempo em que também "mira" para o pedículo contralateral
- trajetórias usando ângulos: podem ser úteis para conceituar
  - ângulo craniocaudal (▶ Fig. 96.2-B): qualquer uma das duas trajetórias é usada[3]
    - inserção reta do parafuso: 0° com a horizontal (paralelo ao platô vertebral superior – possibilita o uso de parafusos cabeça fixa para deterioração da coluna)
    - inserção anatômica do parafuso: 10-15° caudal[4] (paralelo ao pedículo – fornece um trajeto mais longo para contato entre o parafuso e o osso, porém requer um parafuso multiaxial)
  - trajetória mediolateral[4] (▶ Fig. 96.2-A)
    - o ângulo gradualmente se torna mais medial à medida que progride de
    - T12, onde o ângulo é ligeiramente lateral ($\approx - 5°$), para

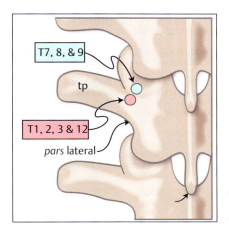

Fig. 96.3 Pontos de entrada na colocação de parafusos pediculares torácicos à mão livre no lado esquerdo. Incidência posterior, representação estilizada do nível torácico genérico.

– T1, onde o ângulo é ≈ 27° medial
– (em T11, o ângulo é próximo a 0° e, em uma mera estimativa, aumenta 2° por nível acima deste)

Tamanho do parafuso
- comprimento: a profundidade até o córtex anterior varia de 40-45 mm quando a medida é realizada ao longo do eixo do pedículo (ou 30-42 mm quando a medida é realizada paralela ao plano sagital).[4] O comprimento típico do parafuso torácico é de 35-40 mm.
- diâmetro: os pedículos mais estreitos na dimensão mediolateral são, tipicamente, os de T4-7.[4] O diâmetro do parafuso deve ser, aproximadamente, 80% o diâmetro do pedículo.

96.4 Acesso anterior à junção toracolombar

96.4.1 Abordagem retroperitoneal

A menos que a doença seja predominantemente do lado esquerdo, uma abordagem esquerda é preferível, pois é mais fácil retrair o baço do que o fígado e mobilizar a aorta do que a veia cava inferior. É importante flexionar a perna ipsolateral para relaxar o músculo psoas, permitindo uma retração mais segura do plexo lombossacral ipsolateral.

96.5 Acesso anterior à coluna lombar

96.5.1 Fusão intersomática lombar anterior (ALIF)

Retroperitoneal, geralmente através de uma incisão abdominal de Pfannenstiel.

Relativamente contraindicado em indivíduos do sexo masculino em razão do risco de ejaculação retrógrada em 1-2% (risco de até 45% em algumas revisões). Outros riscos: lesão nos grandes vasos, especialmente com artérias calcificadas e no nível da L4-5.

Preparação intestinal um dia antes da cirurgia em casos complexos.

Posição: posição de Trendelenburg, posicionar o nível das cristas ilíacas sobre o coxim renal ou utilizar um apoio sacral para aumentar a lordose.

Como resultado da bifurcação dos grandes vasos (aorta e veia cava inferior), que se estende da região imediatamente acima até a região imediatamente abaixo do espaço discal entre L4-5, esta abordagem é mais adequada para acesso de L5-S1.

Entre L5 e S1, a artéria sacral anterior percorre pela linha média do VB e precisa ser sacrificada para a realização de uma ALIF.

96.6 Pérolas da instrumentação/fusão para a coluna lombar e lombossacral

1. uma fusão lombar que inclui a L1 não deve ser terminada em L1 ou T12
2. quanto mais alto o espaço discal, menor a probabilidade de que os enxertos intersomáticos sejam apropriados:
   a) o disco pode não estar significativamente degenerado para necessitar de discectomia
   b) espaço discal alto significa implantes intersomáticos mais largos, necessitando de maior retração do nervo para inserção (usando uma técnica de PLIF)
3. uma fusão longa não deve ser terminada em um, ou próximo, nível vertebral que esteja no ápice da escoliose[5 (p. 382)]
4. laminectomia sem fusão deve ser evitada no ápice da escoliose
5. fusão na linha média posterior: a experiência inicial com fusões na linha média resultou na complicação tardia de estenose da coluna lombar. Consequentemente, as técnicas atuais de fusão incluem fusão posterolateral, fusão intersomática (com uma abordagem anterior ou posterior), fusão de faceta...

96.7 Parafusos pediculares lombossacrais

96.7.1 Informações gerais

A resistência ao arrancamento do parafuso pedicular é determinada, em parte, pelo maior diâmetro do parafuso, que deve ser 70-80% do diâmetro do pedículo (parafusos maiores podem penetrar na parede do pedículo ou romper o pedículo). O menor diâmetro determina a resistência do parafuso e deve ser $\geq 5,5$ mm na coluna lombar de adultos. O comprimento deve possibilitar a penetração de 70-80% do VB. Inserção bicortical ou penetração da parte anterior do VB deve ser evitada para reduzir o risco de lesão dos grandes vasos ou vísceras abdominais.

96.7.2 Técnicas de colocação

Existem pelo menos 4 técnicas de colocação de parafusos
1. fluoroscopia intraoperatória: a fluoroscopia biplanar facilita esta técnica
   a) PRÓS:
      - possibilita a colocação percutânea do parafuso
      - precisão geralmente adequada na colocação do parafuso
   b) CONTRAS:
      - a obtenção de imagens pode ser difícil em algumas partes da coluna lombar, especialmente em pacientes maiores. Nestes casos, o método abaixo do pino de Steinman pode ser usado como suplemento
      - pode aumentar a exposição à radiação da equipe cirúrgica e do paciente
2. método do pino de Steinman: pinos de Steinman são colocados nos pontos de entrada estimados para os parafusos, e uma fluoroscopia AP e lateral é usada para ajustar a posição, de modo que o parafuso penetre o pedículo na localização desejada
3. colocação a mão livre baseada nas referências anatômicas. Geralmente com o auxílio de radiografias. Bastante facilitada nos níveis onde uma laminectomia tenha sido realizada, visto que o pedículo medial está exposto e é facilmente palpado
   a) PRÓS: provavelmente reduz a exposição à radiação da equipe cirúrgica e do paciente
   b) CONTRAS: requer um pouco mais de experiência do que com outros métodos
4. orientação imagiológica usando instrumentais equipados com marcadores especializados, que são rastreados em tempo real por "câmeras" que projetam a localização da broca e/ou parafuso em uma imagem de CT ou radiografia visualizada na sala de cirurgia.
   a) PRÓS:
      - reduz a exposição intraoperatória à radiação da equipe cirúrgica e, em menor grau, do paciente
      - possibilita a colocação percutânea do parafuso
   b) CONTRAS: a precisão pode ser comprometida pelo movimento dos segmentos espinais em relação ao arranjo de registro, ou por erros técnicos. O cirurgião deve estar atento à colocação de parafuso que, com base na anatomia, não parece apropriado

96.7.3 Técnica de colocação aberta de parafusos no pedículo lombar (ver abaixo para colocação percutânea)

1. ENTRADA na base do processo transverso, na interseção entre o centro do processo transverso (na direção rostral-caudal) e o plano sagital, através da face lateral da faceta superior. Se uma laminecto-

mia tiver sido realizada naquele nível, a localização do pedículo é, então, verificada por palpação usando uma sonda no canal espinal. Caso contrário, fluoroscopia é usada

2. TRAJ
   a) a trajetória mediolateral aproximada é demonstrada no ▶ Quadro 96.1 e equivale ao número vertebral lombar multiplicado por 5° para cada nível desde L1 a L5.[6] O ângulo do parafuso na direção rostral-caudal é determinado por fluoroscopia, mantendo um trajeto paralelo à placa vertebral terminal. Um sistema de navegação sem halo estereotáxico pode ajudar a orientar a trajetória do parafuso
   b) parafusos inseridos em S2 são orientados lateral e superiormente, e podem ter um comprimento de até 60 mm
3. PARAFUSOS a meta é que o parafuso atravesse ≈ 2/3 do VB (comprimento típico dos parafusos: 40-55 mm, exceto para S1, em que os parafusos geralmente possuem um comprimento de apenas 35-40 mm)
4. diâmetro da haste: tipicamente 5-6,5 mm

Verificação por radiografia após a colocação de parafusos pediculares: na incidência AP, se a ponta do parafuso atravessa a linha média até o lado contralateral, provavelmente há uma fissura do pedículo medial (sensibilidade de 0,87, especificidade de 0,97, precisão de 0,98),[7] e se o parafuso não percorrer medialmente até a parede medial do pedículo, provavelmente há uma violação do pedículo lateral/VB (sensibilidade de 0,94, especificidade de 0,90, precisão de 0,96)[7]).

96.7.4 Parafusos pediculares percutâneos

Os princípios aqui também são empregados no acesso de pedículos para, por exemplo, vertebroplastia/cifoplastia, biópsia percutânea da patologia no pedículo e/ou corpo vertebral.

Princípios básicos:
1. requer fluoroscopia AP e lateral, ou imagens geradas por "O-arm" (essencialmente, uma CT intraoperatória guiada por computador). Com fluoroscopia, imagem biplanar (1 arco em C específico para incidência AP, outro para lateral) acelera bastante o procedimento
2. este método pode ser empregado essencialmente de T1 até S1, desde que imagens AP & laterais adequadas do nível envolvido sejam possíveis. O uso de fluoroscopia para inserção torácica superior (p. ex., acima de ≈ T5) é desafiador (pedículos pequenos, e os ombros interferem com a radiografia lateral)
3. o sítio de entrada cutânea é lateral à margem lateral do pedículo. Isto permite que a agulha atravesse o pedículo em uma direção medial até o VB. O grau de angulação e, portanto, a distância da linha média até o sítio de entrada dependem do nível vertebral sendo acessado (pedículos torácicos são orientados em uma direção mais AP, pedículos lombares curvam medialmente para o interior), bem como da quantidade de músculo/gordura sobrejacente

Procedimento:
1. uma agulha, tipicamente uma agulha Jamshidi, é inserida de modo que a ponta quase penetre o pedículo na fluoroscopia lateral (à esquerda na ▶ Fig. 96.4)
2. neste momento, na incidência AP, a ponta da agulha deve estar posicionada na, ou ligeiramente lateral, margem lateral do pedículo, próximo ao equador do pedículo (no lado direito, isto seria na posição de "3 horas", no lado esquerdo seria na posição de "9 horas")
3. a agulha é avançada para penetrar no pedículo sob fluoroscopia lateral. Neste momento, a agulha deve estar localizada na margem do pedículo, na posição entre 3 e 9 horas na incidência AP (como exibida à direita na ▶ Fig. 96.4)

Quadro 96.1 Ângulos mediais do parafuso pedicular lombar

Nível	Ângulo medial
L1	5° medialmente
L2	10° medialmente
L3	15° medialmente
L4	20° medialmente
L5 & S1[a]	25° medialmente
S2	40-45° medialmente

[a]Direcionar para o promontório sacral.

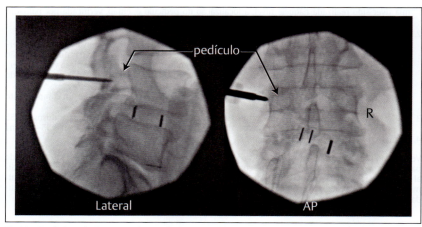

Fig. 96.4 Canulação pedicular – entrando no pedículo.

4. continuar avançando a agulha no pedículo. Imagens fluoroscópicas intermediárias podem ser obtidas (p. ex., para monitorar a trajetória na fluoroscopia lateral), mas a próxima referência anatômica fundamental é quando a ponta da agulha começa a atravessar a junção do pedículo e VB na fluoroscopia lateral (isto é, entrando no VB, como demonstrado à esquerda na ▶ Fig. 96.5). A ponta da agulha deve estar próxima, mas nunca mais medial do que a borda medial do pedículo na incidência AP (como demonstrado à direita na ▶ Fig. 96.5). Se este critério for mantido, a agulha não é capaz de alcançar a parede medial do pedículo, onde pode ameaçar as estruturas neurais ou comprometer a penetração do parafuso pedicular
5. as etapas subsequentes diferem entre os procedimentos e fabricantes

96.7.5 Diâmetros das hastes de parafusos pediculares

As diretrizes de peso aproximado para diâmetros das *hastes* de parafusos pediculares são demonstradas no ▶ Quadro 96.2.

96.7.6 Fixação lombar com parafuso de massa lateral

Os nomes registrados do equipamento relacionado a este procedimento incluem "Parafusos Corticais".

Estes parafusos penetram o osso da coluna lombar perto da margem inferomedial, e são direcionados superiormente e lateralmente, passando, deste modo, próximo de 3 margens corticais, as quais fornecem uma resistência ao arrancamento semelhante (mas, provavelmente, um pouco menor) à dos parafusos pediculares.
1. PRÓS: a colocação através de uma incisão na linha média é um pouco mais fácil do que por um ponto de entrada situado mais lateralmente para um parafuso pedicular, e a trajetória superolateral não requer a passagem pelos músculos paraespinais, como ocorre na trajetória medial com os parafusos pediculares
2. CONTRAS:
   a) resistência ao arrancamento ligeiramente menor do que os parafusos pediculares
   b) o osso, que não deve ser violado no ponto de entrada do parafuso, pode interferir com a descompressão

96.7.7 Fixação lombar com parafuso translaminar

1. indicações:
   a) fusão lombar de segmento curto
   b) componente posterior em uma fixação de 360° combinada à fusão intersomática
2. PRÓS:
   a) incisão pequena, mínimo rompimento de tecidos moles
   b) custo reduzido (menor número de parafusos implantados)
   c) perda sanguínea reduzida
   d) preservação da faceta articular adjacente

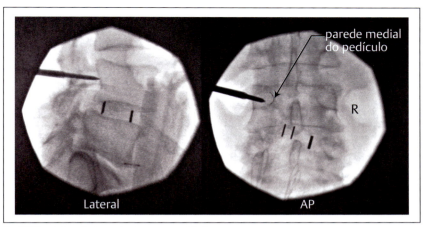

Fig. 96.5 Canulação pedicular – entrando no corpo vertebral.

Quadro 96.2 Diâmetro mínimo recomendado da haste de titânio para fixação lombar com parafusos pediculares

Peso do paciente		Diâmetro da haste (mm)
(lb)	(kg)	
30-90	12-40	4,5
90-225	40-100	5,5
> 225	> 100	6,35 (1/4 polegada)

3. CONTRAS:
   a) requer elementos posteriores intactos (não pode ser usado com laminectomia)
   b) incapaz de reduzir
4. ENTRADA incisão cutânea a 5-7 mm da linha média, entrada do parafuso no osso do processo espinhoso contralateral. Não pode ser colocado bilateralmente
5. perfurar entre as tábuas da lâmina, através do centro da faceta articular, terminando na base do processo transverso
6. PARAFUSOS parafusos inteiramente rosqueados de 4,5 mm de diâmetro (sem cabeça poliaxial)
7. biomecânica: equivalente aos parafusos pediculares bilaterais.[8] Limitada em extensão[9]
8. clínica: 476 pacientes, acompanhamento médio de 10 anos, resultados favoráveis em 74%[9]

96.7.8 Fusão intersomática lombar posterior (PLIF e TLIF)

Originalmente desenvolvida por Cloward[10] em 1943. Laminectomia bilateral e discectomia agressiva, seguidas pela colocação de enxertos ósseos no espaço discal decorticado. Foi preconizado que esta técnica reduz o movimento em um "segmento móvel" anormal (definido como a área entre duas vértebras). Relativamente contraindicada com uma altura do espaço discal bem preservada.

Muitas PLIFs, quando examinadas ≈ 1 ano depois, mostram recolapso do estado discal, o que levanta a questão se a PLIF tem algum benefício quando comparada à discectomia simples. As áreas de preocupação incluem questões relacionadas com a lesão de nervos durante ou após a cirurgia, devido à retropulsão do enxerto ósseo.

Fusão intersomática lombar transforaminal (TLIF): uma variação da PLIF, em que o enxerto é colocado por um lado (através do "forame neural") após remoção completa da faceta articular naquele lado. Requer uma retração da raiz nervosa muito menor do que na PLIF, e é frequentemente benéfica para reoperações de doença primariamente unilateral, visto que a técnica através do forame evita o tecido cicatricial.

PLIFs ou TLIfs realizadas isoladamente podem estar associadas à espondilolistese progressiva naquele nível, sendo geralmente suplementadas com hastes/parafusos pediculares.

96.8 Fusão intersomática minimamente invasiva por acesso lateral retroperitoneal transpsoas

96.8.1 Informações gerais

Introduzida pela primeira vez por Luiz Pimenta em 2001[11,12] como uma adaptação de uma abordagem endoscópica lateral transpsoas à fusão lombar descrita por Bergey *et al.*[13] Os nomes registrados incluem fusão intersomática lombar "lateral extrema" (XLIF[TM], NuVasive, San Diego, CA) ou "lateral direta" (DLIF[TM], Medtronic, Memphis, TN); o termo genérico fusão intersomática lombar lateral (LLIF) será usado aqui. Variantes a esta abordagem incluem a fusão intersomática lombar oblíqua (OLIF[TM], Medtronic, Memphis, TN), que utiliza uma abordagem pré-psoas (em L5-S1, a OLIF é uma abordagem intermediária da ALIF e LLIF). Uma abordagem retroperitoneal. Indiretamente descomprime os nervos com a distensão do espaço discal, e une a coluna com uma cela intersomática de área transversal grande. O acesso é mais adequado entre L1-5. Para L1-2, pode-se retrair a 12ª vértebra ou acessar entre a 11ª e 12ª vértebra, ou excisar a 12ª vértebra. A crista ilíaca previne o acesso entre L5-S1 (LIF axial pode ser usada aqui) e, ocasionalmente, ao L4-5 (ver abaixo). Uma abordagem retropleural similar pode ser empregada na coluna torácica até a T4.
✖ Nas fusões intersomáticas laterais *torácicas*, NÃO penetrar o ânulo contralateral. Monitorização intraoperatória por EMG é crucial, de modo que o anestesiologista precisa usar apenas bloqueio neuromuscular de *curta duração* no início do caso. Em pacientes do sexo masculino, o comprimento dos implantes é tipicamente de 55-60 mm (e estes são orientados ao longo do eixo lateral do paciente) quando colocados na posição média do VB, ou 45 mm na porção anterior (os comprimentos são 10% menores em mulheres).[14] As possíveis vantagens incluem menor trauma aos tecidos, colocação de uma cela maior, locomoção mais precoce do paciente,[15,16] ausência de risco de durotomia com fístula liquórica.

96.8.2 Indicações

- estenose do canal vertebral lombar (somente leve a moderada) com claudicação neurogênica
- estenose foraminal (descompressão indireta)
- espondilolistese grau 1 ou 2
- dor lombar axial associada à doença degenerativa do disco
- substituição total de disco
- para correção de desequilíbrio sagital ou coronal
- degeneração do segmento adjacente: LLIF é uma técnica particularmente atraente nesse caso, pois evita a necessidade de lidar com tecido cicatricial e (frequentemente) materiais de cirurgias anteriores, e reduz o risco de durotomia
- fraturas do tipo explosão e tumores na área toracolombar (corpectomia)
- para restaurar dispositivos de substituição de disco lombar mal posicionados ou danificados[17]
- deformidade vertebral no adulto: pode ser usada para corrigir escoliose e para aumentar a lordose lombar, especialmente quando combinada com a liberação do ligamento longitudinal anterior (liberação do ALL)[16]

96.8.3 Contraindicações

1. causas que necessitem de descompressão direta: inclui
   a) patologia no canal vertebral, por exemplo, hérnia de disco, cisto sinovial, em que a simples abordagem do espaço discal é menos provável de corrigir a patologia
   b) imprecisamente definida como estenose "puntiforme" do canal central (alguns casos podem responder)
2. espaços discais altos: uma altura do espaço discal > 12 mm geralmente significa que o alcance de distensão adicional pode ser difícil. No entanto, a cela intersomática pode, ainda, prevenir a compressão nestes níveis quando o paciente fica na posição ortostática
3. antes da cirurgia retroperitoneal no lado planejado da LLIF (pode ser realizada no lado contralateral e, algumas vezes, pode ser adequada no lado ipsolateral)
4. patologia em L5-S1: a técnica não consegue acessar com precisão entre L5-S1, em razão da interferência do ílio da pelve
5. pode não ser capaz de acessar a L4-5 quando a crista ilíaca se estende ≈ além do ponto central do VB L4. Ocasionalmente, é necessário posicionar o paciente na mesa de cirurgia com a mesa flexionada e um apoio abaixo do quadril, para ver se o espaço "abrirá" e permitirá acesso. Instrumentos angulados geralmente fornecem um acesso aceitável ao espaço do plexo lombar, quando este não está localizado muito para frente no VB
6. anatomia vascular anômala interferindo com a abordagem: verificar a posição dos grandes vasos no pré-operatório
7. contraindicações relativas:
   a) osteoporose: também pode ser uma contraindicação às placas laterais
   b) infecção ativa (relativamente contraindicada com qualquer técnica de fusão)

96.8.4 Técnica cirúrgica (abordagem retroperitoneal transpsoas minimamente invasiva)

1. posição
   a) decúbito lateral com o topo da crista ilíaca posicionado imediatamente superior à divisória da mesa
   b) escolha do lado: se não houver motivos contrários, o lado esquerdo geralmente é para cima. Fatores que podem influenciar o lado que fica para cima:
      - lado direito para cima se for necessário acessar entre L4-5 e a crista ilíaca for mais alta no lado esquerdo, causando interferência (usar radiografias AP, radiografias laterais e CT lombar para avaliar)
      - o lado contralateral seria considerado na existência de uma prévia cirurgia retroperitoneal
      - se escoliose estiver presente e a intenção for corrigi-la, o lado côncavo geralmente fica para cima: isto normalmente fornece um acesso mais adequado em L4/5 se estiver em um nível cirúrgico. Além disso, geralmente possibilita o acesso a múltiplos níveis através de um menor número de incisões e potencialmente menores, pois os corredores para cada espaço discal tendem a convergir
      - se uma ACR for planejada, uma localização posterior dos grandes vasos, e especialmente a ausência de qualquer tecido mole entre o corpo vertebral/osteófito e o vaso, seria recomendada usando o lado contralateral, caso este seja mais favorável (caso contrário, uma ACR pode não ser aconselhável)
   c) posição ortogonal verdadeira: a fluoroscopia com arco em "C" é posicionada horizontalmente, com uma inclinação de 0°. A posição do paciente é, então, ajustada até que o processo espinhoso esteja exatamente no centro entre os pedículos na incidência AP. Se isto não for possível em razão da rotação entre os níveis, um nível relativamente neutro é escolhido para iniciar, e a mesa de cirurgia deve ser ligeiramente girada para cada nível, conforme estes estiverem sendo trabalhados, a fim de tornar aquele nível um nível lateral verdadeiro (centralizando o processo espinhoso). Fita adesiva é aplicada para manter o paciente nesta posição
2. fluoroscopia lateral é utilizada para marcar o início do espaço discal transversalmente e o terço posterior do espaço discal verticalmente. Uma exceção ocorre em L4/5, onde a marca vertical é realizada no ponto central do espaço discal, com base nas zonas anatômicas de segurança[18]
3. acesso retroperitoneal através de uma única incisão cutânea lateral e dissecção cega através da fáscia e músculos abdominais (oblíquo externo, oblíquo interno, transversal)
4. abordagem transpsoas e colocação de afastador é alcançado com o uso de dilatadores tubulares sequenciais, que são inseridos com a orientação de imagem fluoroscópica (ou navegação) e monitorização por EMG direcional (Neurovision™, NuVasive, San Diego, CA), possibilitando que o dilatador seja posicionado anterior ao principal plexo lombar
5. discectomia e preparação do espaço discal, sem violação das placas terminais (para reduzir o risco de afundamento), são realizadas. Trabalhar para cima e para baixo no plano ventral-dorsal (para evitar lesão do ALL, anteriormente, ou penetração do canal vertebral, posteriormente)
6. espaçador intersomático é colocado geralmente com a borda superior no terço posterior do espaço discal (tanto quanto a monitorização por EMG permitir)
7. para liberação da coluna anterior (MIS-ACR), etapas adicionais devem ser realizadas após a discectomia, incluindo dissecção/secção do ALL e colocação de celas hiperlordóticas (20 ou 30 graus), geralmente posicionadas mais anteriormente no espaço discal do que a celas de rotina. Esta é uma técnica para o cirurgião avançado em acesso lateral

96.8.5 Reforço instrumentado (parafusos pediculares ou placa lateral)

Uso isolado de cela

Pode ser adequado nas seguintes circunstâncias:
- ausência de osteoporose
- ausência de instabilidade nas radiografias laterais em flexão/extensão pré-operatórias
- o ALL não tenha sido rompido durante a cirurgia de LLIF
- uma cela com largura de, no mínimo, 22 mm (largura igual ou superior a 26 mm é ideal) tenha sido colocada: a área de superfície grande reduz o risco de afundamento

Quando estas condições não são atendidas, instrumentação adicional deve ser considerada.

Placa lateral e parafusos

Podem ser aplicados através da mesma exposição. Pode não ser ideal em pacientes com osteoporose ou idade > 55 anos em razão do maior risco de afundamento do osso mais fraco. Não é tão prático para LLIFs em múltiplos níveis.

Instrumentação posterior

Para casos com instabilidade, a instrumentação posterior (p. ex., parafusos pediculares, incluindo a inserção percutânea) pode ser superior. Além disso, pode ser indicada se uma laminectomia for necessária para descompressão direta.

96.8.6 Complicações

1. dormência na coxa: a incidência é de ≈ 10-12%.[16,19] Secundária à lesão do nervo genitofemoral. Risco de lesão direta no quadrante anterior à linha média em L2-L3 e no quadrante anterior em L3-4 e L4-5.[18] Um nervo sensorial – não pode ser monitorado com EMG. Geralmente transitória, com resolução em ≈ 2 semanas
2. flexão da coxa enfraquecida: secundária à lesão do psoas. Risco aumenta se > 2 níveis são realizados. Geralmente transitória, com resolução em 1-8 semanas
3. lesão do nervo femoral com fraqueza do quadríceps: secundária à lesão do plexo/raiz nervosa[20] (provavelmente por retração do psoas – cirurgias mais curtas podem apresentar um menor risco) ou hematoma do psoas. O início pode ser tardio, no 1º-2º dia do pós-operatório. Incidência < 1%. Pode melhorar lentamente durante um longo período (> 9 meses)
4. lesões do plexo lombar: o risco de lesão direta do plexo lombar é reduzido permanecendo-se nas, ou anterior às, zonas de trabalho "seguras", definidas por Uribe et al.[18] como segue. (Nota: geralmente, é possível trabalhar posterior a estas zonas com o uso de monitorização por EMG para determinar a proximidade do plexo; por outro lado, lesões podem ocorrer mesmo nestas zonas seguras):
   - L1-2 através de L3-4: porção média do quarto posterior do VB
   - L4-5: ponto central do VB
5. lesão do nervo femoral contralateral
6. neuralgia genitofemoral
7. perfuração de vísceras abdominais
8. lesão vascular,[21] incluindo a artéria ilíaca comum (no nível de L4-5) ou lesão aórtica (acima de L4-5), veia ilíaca comum ou veia cava inferior
9. lesão de rim-ureter
10. afundamento do enxerto
11. ruptura acidental do ligamento longitudinal anterior
12. hematoma ipsolateral/contralateral do músculo psoas/retroperitoneal
13. paresia ou hérnia de parede abdominal[22]
14. rabdomiólise
15. ejaculação retrógrada (primariamente nas abordagens ACR e pré-psoas)

96.8.7 Cuidado pós-operatório

- para LLIF lombar de único nível: mobilizar o paciente no período pós-operatório imediato sem órtese
- dor na flexão do quadril no lado abordado é antecipada durante o período pós-operatório imediato
- fraqueza transitória da flexão do quadril associada à manipulação do músculo psoas é geralmente autolimitante, e melhora ao redor da 8ª semana do pós-operatório
- em casos de fraqueza significativa da perna (lesão do nervo femoral), uma CT ou MRI lombar é indicada para descartar compressão por um hematoma do psoas, extrusão discal ou mau posicionamento da cela ou parafuso. Se compressão for descartada, os pacientes podem ser acompanhados por EMG pós-operatória em 6 semanas para definir a extensão da lesão (neuropraxia, axonotmese, neurotmese), novamente em 3 meses para avaliar se ocorreu a melhora esperada da neuropraxia, e em 5 meses para acompanhar o crescimento axonal[20]

96.8.8 Resultados

- as taxas de fusão variam de 91 a 100%[23]
- as escalas de resultados (ODI e VAS para a perna e coluna) estão significativamente melhores no acompanhamento[34]

Agendando o caso: fusão intersomática lateral

Ver também valores predefinidos & responsabilidades (p. 27) e solicitações pré-operatórias (ver abaixo).
1. posição: decúbito lateral, tipicamente com o lado esquerdo para cima, salvo especificação em contrário
2. equipamento: arco em C
3. implantes:
   a) enxerto intersomático
   b) algum instrumento estabilizador geralmente é necessário, especialmente se uma espondilolistese estiver presente. Opções:
      • parafusos pediculares: bilateral ou unilateral
      • pinças interespinais
4. consentimento (em termos leigos para o paciente – não completamente abrangentes):
   a) procedimento: cirurgia pela lateral para colocar um espaçador entre duas vértebras (ossos da coluna vertebral), a fim de aumentar o espaço para os nervos e impedir o movimento doloroso. Parafusos/placas etc. precisarão ser colocados pela lateral através da mesma abertura ou, ocasionalmente, pelo lado posterior. Caso o procedimento não possa ser realizado pela lateral em razão da posição do plexo lombar (incomum, quando ocorre geralmente é um problema em L4-5), determinar se o paciente deseja ter um procedimento posterior (p. ex., TLIF) e incluir isso no consentimento. Certifique-se de notificar o fabricante desta possibilidade
   b) alternativas: tratamento não cirúrgico, cirurgia aberta por procedimento posterior
   c) complicações: fraqueza da coxa (geralmente temporária), fraqueza do joelho (incomum), dormência da coxa, afundamento/migração do enxerto, falha em alcançar o alívio desejado

96.9 Parafusos pediculares transfacetários

96.9.1 Informações gerais

Parafusos inseridos diretamente no pedículo do nível abaixo através da faceta articular lombar. Haste não é necessária. Somente imobiliza, não fornece descompressão, distensão ou fusão. Portanto, não é destinado para uso como um procedimento isolado. Pode ser inserido percutaneamente.

96.9.2 Indicações

A colocação é ideal para L3-4, L4-5 ou L5-S1. A dificuldade aumenta nos níveis lombares superiores.
   Podem ser usados como complementos para:
1. ALIF
2. LLIF (quando placa lateral não é usada)
3. contralateral à TLIF (parafusos pediculares podem ser utilizados no lado da TLIF, ou uma pinça de processo espinhoso pode ser usada)
4. LIF axial (Ax-LIF)

96.9.3 Contraindicações

Um parafuso pedicular transfacetário não pode ser utilizado nos locais onde a faceta foi removida (p. ex., para a TLIF), ou com um defeito da *pars* na porção superior dos dois níveis a serem unidos.

96.9.4 Técnica

1. inserir por via percutânea ou através de um procedimento aberto, geralmente na posição prona
2. sítio aproximado da incisão cutânea: uma única incisão vertical na linha média de ≈ 1,5 cm é usada
   a) para L5-S1 ou L4-5: incisão no processo espinhoso de L3
   b) para L3-4: incisão no processo espinhoso de L2

3. usar fluoroscopia AP & lateral para guiar a trajetória
   a) fluoroscopia AP: posicionar um fio-guia na coluna do paciente e orientá-lo para atravessar o pedículo desejado. Utilizar um marcador cutâneo na coluna do paciente para marcar a trajetória do fio-guia
   b) fluoroscopia lateral: o alvo ósseo inicial é o ponto central da faceta inferior do nível superior. A ponta do fio-guia deve entrar em contato com o osso diretamente posterior à placa terminal inferior do nível superior

96.10 Fusão de faceta

Um pino ósseo (p. ex., TruFUSE® da MinSURG) é inserido em um orifício pré-perfurado na faceta articular para promover a fusão articular. Comercializado como um produto autônomo.

96.11 Parafusos S2

Podem ser direcionados medialmente (análogo aos parafusos pediculares) ou, com maior frequência, diretamente na asa, lateral e superiormente. Em ambos os casos, uma aquisição bicortical é necessária.

Deve-se evitar a penetração da articulação sacroilíaca (SI) com o parafuso.

96.12 Parafusos ilíacos

Uma ampla exposição é necessária. Nos primeiros casos, o cirurgião pode-se beneficiar com a ampla exposição até a superfície posterossuperior da incisura ciática, de modo que a trajetória do parafuso possa ser direcionada com o uso de palpação digital.

Uma pequena quantidade de osso é removida imediatamente abaixo e medial à espinha ilíaca posterossuperior. Isso evita que a cabeça do parafuso fique muito superficial, o que pode causar desconforto ou rupturas de pele. A trajetória do parafuso é direcionada para o acetábulo, para passar aproximadamente 1 cm superior à incisura ciática na fluoroscopia AP. Evitar a penetração no córtex, especialmente na incisura ciática.

Um adaptador geralmente é necessário para conectar as hastes que atravessam os parafusos pediculares nos níveis acima.

PARAFUSOS Comprimento: 50-70 mm (o parafuso deve terminar acima do ponto central da incisura ciática, ou ligeiramente medial àquele ponto). Diâmetro: 6-8 mm.

96.13 Consultas clínicas pós-operatórias – fusão da coluna lombar e/ou torácica

96.13.1 Plano de consultas

Os pacientes são atendidos na clínica em intervalos que dependem da preferência do cirurgião. Um típico plano de acompanhamento realizado rotineiramente é exibido no ▶ Quadro 96.3. Para problemas específicos, investigações adicionais geralmente são necessárias.

Quadro 96.3 Exemplo de plano de consulta clínica após a cirurgia de fusão lombar[a]

Tempo pós-operatório	Agenda
7-10 dias	verificação da ferida, remover suturas/grampos quando usados
6 semanas	radiografias AP e lateral da coluna lombar com órtese
10-12 semanas	• radiografias AP e lateral da coluna lombar com incidências em flexão/extensão sem órtese • se as radiografias ficarem boas e o paciente estiver bem, iniciar a retirada gradual da órtese
6 meses	• radiografias AP e lateral da coluna lombar com incidências em flexão/extensão • se o paciente estiver bem, alguns cirurgiões o liberam nesse momento
1 ano (opcional)	• radiografias AP e lateral da coluna lombar com incidências em flexão/extensão • liberar o paciente se este estiver bem

[a]O mesmo plano pode ser usado para fusões torácicas, com a diferença de que radiografias AP e lateral em posição ortostática são realizadas, em vez de incidências em flexão/extensão.

96.13 2 Radiografias pós-operatórias

Os itens a serem verificados nas radiografias pós-operatórias incluem:
1. alinhamento
2. posição dos enxertos, quando usados (p. ex., enxertos intersomáticos)
3. integridade do equipamento (procurar por ruptura de parafusos ou hastes, saída do parafuso, desco-nexão da haste)
4. translucência em torno dos parafusos, que pode indicar movimento e sugere não consolidação
5. qualquer evidência de fusão (pode ser difícil, e.g. com celas intercorporais sintéticas)
6. em filmes de flexão/extensão procurar por movimento nos segmentos unidos (ocasionalmente, ausência de movimento pode ser a única evidência de fusão em radiografias simples) e por desenvol-vimento de movimento anormal nos segmentos adjacentes.

Referências

[1] Chapman JR, Anderson PA, Pepin C, Toomey S, et al. Posterior Instrumentation of the Unstable Cervicothoracic Spine. J Neurosurg. 1996; 84:552–558

[2] Kim YJ, Lenke LG, Bridwell KH, Cho YS, Riew KD. Free hand pedicle screw placement in the thoracic spine: is it safe? Spine (Phila Pa 1976). 2004; 29:333–42; discussion 342

[3] Rosner MK, Polly DW,Jr, Kuklo TR, Ondra SL. Thoracic pedicle screw fixation for spinal deformity. Neurosurg Focus. 2003; 14

[4] Zindrick MR, Wiltse LL, Doornik A, Widell EH, Knight GW, Patwardhan AG, Thomas JC, Rothman SL, Fields BT. Analysis of the morphometric characteristics of the thoracic and lumbar pedicles. Spine (Phila Pa 1976). 1987; 12:160–166

[5] Benzel EC. Biomechanics of Spine Stabilization. Rolling Meadows, IL: American Association of Neurological Surgeons Publications; 2001

[6] Dickman CA, Fessler RG, MacMillan M, Haid RW. Transpedicular Screw-Rod Fixation of the Lumbar Spine: Operative Technique and Outcome in 104 Cases. J Neurosurg. 1992; 77:860–870

[7] Kim YJ, Lenke LG, Cheh G, Riew KD. Evaluation of pedicle screw placement in the deformed spine using intraoperative plain radiographs: A comparison with computerized tomography. Spine. 2005; 30:2084–2088

[8] Ferrara LA, Secor JL, Jin BH, Wakefield A, Inceoglu S, Benzel EC. A biomechanical comparison of facet screw fixation and pedicle screw fixation: effects of short-term and long-term repetitive cycling. Spine. 2003; 28:1226–1234

[9] Aepli M, Mannion AF, Grob D. Translaminar screw fixation of the lumbar spine: long-term outcome. Spine (Phila Pa 1976). 2009; 34:1492–1498

[10] Cloward RB. The Treatment of Ruptured Lumbar Intervertebral Discs by Vertebral Body Fusion. J Neurosurg. 1953; 10:154–168

[11] Pimenta L. Lateral endoscopic transpsoas retroperitoneal approach for lumbar spine surgery. Belo Horizo te, Minas Gerais, Brazil 2001

[12] Ozgur BM, Aryan HE, Pimenta L, Taylor WR. Extreme Lateral Interbody Fusion (XLIF): a novel surgical technique for anterior lumbar interbody fusion. Spine J. 2006; 6:435–443

[13] Bergey DL, Villavicencio AT, Goldstein T, Regan JJ. Endoscopic lateral transpsoas approach to the lumbar spine. Spine (Phila Pa 1976). 2004; 29:1681–1688

[14] Hall LT, Esses SI, Noble PC, Kamaric E. Morphology of the lumbar vertebral endplates. Spine. 1998; 23:1517–22; discussion 1522-3

[15] Rodgers WB, Gerber EJ, Patterson J. Intraoperative and early postoperative complications in extreme lateral interbody fusion: an analysis of 600 cases. Spine (Phila Pa 1976). 2011; 36:26–32

[16] Dakwar E, Cardona RF, Smith DA, Uribe JS. Early outcomes and safety of the minimally invasive, lateral retroperitoneal transpsoas approach for adult degenerative scoliosis. Neurosurg Focus. 2010; 28. DOI: 10.3171/2010.1.FOCUS09282

[17] Pimenta L, Diaz RC, Guerrero LG. Charite lumbar artificial disc retrieval: use of a lateral minimally invasive technique. Technical note. J Neurosurg Spine. 2006; 5:556–561

[18] Uribe JS, Arredondo N, Dakwar E, Vale FL. Defining the safe working zones using the minimally invasive lateral retroperitoneal transpsoas approach: an anatomical study. J Neurosurg Spine. 2010; 13:260–266

[19] Knight RQ, Schwaegler P, Hanscom D, Roh J. Direct lateral lumbar interbody fusion for degenerative conditions: early complication profile. J Spinal Disord Tech. 2009; 22:34–37

[20] Ahmadian A, Deukmedjian AR, Abel N, Dakwar E, Uribe JS. Analysis of lumbar plexopathies and nerve injury after lateral retroperitoneal transpsoas approach: diagnostic standardization. J Neurosurg Spine. 2013; 18:289–297

[21] Assina R, Majmundar NJ, Herschman Y, Heary RF. First report of major vascular injury due to lateral transpsoas approach leading to fatality. J Neurosurg Spine. 2014; 21:794–798

[22] Dakwar E, Vale FL, Uribe JS. Trajectory of the main sensory and motor branches of the lumbar plexus outside the psoas muscle related to the lateral retroperitoneal transpsoas approach. J Neurosurg Spine. 2011; 14:290–295

[23] Youssef JA, McAfee PC, Patty CA, Raley E, DeBauche S, Shucosky E, Chotikul L. Minimally invasive surgery: lateral approach interbody fusion: results and review. Spine (Phila Pa 1976). 2010; 35:S302–S311

[24] Alimi M, Hofstetter CP, Cong GT, Tsiouris AJ, James AR, Paulo D, Elowitz E, Hartl R. Radiological and clinical outcomes following extreme lateral interbody fusion. J Neurosurg Spine. 2014; 20:623–635

97 Procedimentos Cirúrgicos Diversos

97.1 Punção ventricular por via percutânea

97.1.1 Indicações

Em pacientes pediátricos, pode ser usada para remover fluido ventricular hemorrágico após uma hemorragia intraventricular, ou para obter uma amostra de líquor em casos de suspeita de ventriculite. Pode ser usada em caráter de emergência em pacientes pediátricos ou adultos, como uma medida de contemporização em pacientes com herniação provocada por hidrocefalia obstrutiva.

97.1.2 Pacientes pediátricos

Raspar o cabelo. Antissepsia com Betadine® por 5 minutos.

O lado direito é preferível. Penetrar através da sutura coronal, na região imediatamente lateral à fontanela anterior (AF), usando uma agulha espinal calibre 20-22. Se uma CT tiver sido realizada, a mesma pode ser usada para ajudar a estimar a angulação (geralmente varia entre o canto medial contralateral e ipsolateral e a interacção com o EAM).

97.1.3 Adultos

Ver referência.[1]

Utilizada apenas em caráter de emergência. Aproveita-se do teto da órbita fino no adulto.

Preparar a conjuntiva e a pele com antisséptico (p. ex., betadine oftálmica). Elevar a pálpebra e deprimir o globo. Com o uso de uma agulha espinal calibre 16-18, penetrar o terço anterior do teto da órbita (1-2 cm atrás do rebordo orbitário) com pressão firme (punção gentil pode ser necessária). Direcionar a agulha para a sutura coronal na linha média. O corno frontal deve ter uma profundidade aproximada de 3-4 cm.

97.2 Punção subdural por via percutânea

97.2.1 Indicações

Utilizada em pacientes pediátricos. Era realizada para fins diagnósticos, mas foi substituída por CT, MRI e ultrassonografia. Atualmente, este procedimento pode ser usado em caráter de emergência para descompressão, para drenar coleções subdurais e para obter fluido para testes diagnósticos, como cultura (punções repetidas podem ser usadas, mas a cirurgia deve ser considerada após ≈ 5-6).

97.2.2 Técnica

Raspar o cabelo. Antissepsia por 5 minutos com iodopovidona (Betadine®). Com o uso de uma agulha espinal curta calibre 20-21 (agulha espinal é recomendada, pois o estilete pode reduzir o risco de implantação de células epidérmicas no CNS), penetrar a margem lateral da fontanela anterior (AF) ou sutura coronal, a uma distância de pelo menos 2 cm da linha média. Remover o estilete e aspirar. Em coleções líquidas bilaterais, punções bilaterais devem ser realizadas.

97.3 Punção lombar

97.3.1 Contraindicações

1. risco de herniação tonsilar (ver abaixo)
   a) massa intracraniana diagnosticada ou suspeita
   b) hidrocefalia não comunicante
2. infecção na região desejada de punção: escolher outro local, se possível
3. coagulopatia
   a) a contagem de plaquetas deve ser > 50.000/mm³ (p. 154)
   b) o paciente não deve estar recebendo terapia anticoagulante em razão do risco de hematoma epidural (p. 1131) ou hemorragia subaracnóidea,[2] com compressão secundária da medula espinal
4. usar de cautela na suspeita de SAH aneurismática: redução excessiva da pressão liquórica aumenta a pressão transmural (pressão na parede do aneurisma), podendo precipitar uma nova ruptura
5. cautela em pacientes com bloqueio espinal completo: 14% irão piorar após a LP[3]

Procedimentos Cirúrgicos Diversos

6. contraindicação relativa: malformação de Chiari. Existe evidência de que a drenagem de CSF pode precipitar herniação. Isso é menos preocupante com uma malformação de Chiari tratada com sucesso por cirurgia

ICP elevada e/ou papiledema por si só *NÃO* são contraindicações (p. ex., LP é, na verdade, usada como diagnóstico e como um tratamento na hipertensão intracraniana idiopática, ver abaixo).

97.3.2 Técnica

Fundamento e anatomia

A medula espinal e a coluna vertebral possuem o mesmo comprimento em um feto de 3 meses. Após esse período, a coluna vertebral cresce mais rápido do que a medula. Como resultado, o cone medular está localizado rostral ao saco dural terminal no adulto, entre os terços médios dos corpos vertebrais de L1 e L2 em 51-68% dos adultos (a localização mais comum), T12-L1 em $\approx$ 30%, e L2-3 em $\approx$ 10% (com 94% das medulas terminando no território dos corpos vertebrais de L1 e L2).[4] O saco dural termina $\approx$ em S2. As pontas dos processos espinhosos, tal como palpadas na superfície, estão localizadas caudalmente ao VB correspondente. Na maioria dos adultos, a linha intercristal (conectando a borda superior das cristas ilíacas) atravessa a coluna no processo espinhoso de L4 ou entre os processos espinhosos de L4 e L5.

Procedimento

Posição: o procedimento geralmente é realizado em posição de decúbito lateral. À medida que a agulha é avançada, é adequado que o paciente flexione os joelhos e o pescoço, com o objetivo de abrir os espaços entre os elementos posteriores da coluna.

Na LP diagnóstica, uma agulha espinal calibre 20 geralmente é selecionada. Agulhas maiores (p. ex., calibre 18) podem ser usadas, p. ex., com pseudotumor cerebral para estimular a drenagem pós-procedimento de CSF para dentro dos tecidos moles da coluna.

A coluna é preparada com antissépticos e coberta com panos de campo para criar uma área de trabalho estéril.

Ponto de entrada: em um adulto, usar o interespaço L4-5 na maioria dos casos (localizado na, ou imediatamente abaixo da linha intercristal) ou 1 nível acima (L3-4). Pacientes pediátricos: L4-5 é preferível à L3-4.

A agulha é sempre avançada com o *estilete inserido* pelo menos através da pele e algum tecido subcutâneo para evitar a introdução de células epidérmicas, que podem causar *tumores epidermoides* iatrogênicos; ver Complicações após a LP (p. 1507). A agulha é inserida com uma ligeira inclinação cranial (orientada paralela aos processos espinhosos) e, geralmente, voltada um pouco para baixo em direção à cama (na direção do umbigo). Se uma agulha para LP tipo Quincke (padrão) é usada, o bisel é orientado paralelo ao comprimento da coluna vertebral para reduzir o risco de cefaleia pós-LP (p. 1509). Em geral, a colisão da agulha contra o osso normalmente é causada pelo desvio de uma trajetória mediana verdadeira em vez de uma falha no direcionamento rostral-caudal correto. A agulha deve ser retraída até abaixo da superfície cutânea antes de se tentar uma nova trajetória.

Durante a inserção da agulha, a sensação de dor se estendendo para uma LE geralmente indica que uma raiz nervosa foi encontrada. A agulha deve ser imediatamente retraída e redirecionada contralateralmente à extremidade com dor. O estilete é removido em intervalos durante a inserção para procurar por CSF (um estalo distinto é, algumas vezes, sentido à medida que a agulha penetra na dura).

Quando o CSF começa a fluir, a agulha é conectada a um manômetro através de uma torneira de três vias, a pressão é medida e registrada (ver abaixo) e o CSF é drenado em tubos estéreis (1-2 mL em cada tubo) para análise laboratorial (ver abaixo). O médico também deve observar a cor do líquor (claro, com raias de sangue, xantocrômico...) e a limpidez (transparente, turvo, purulento...).

No final do procedimento, o estilete deve ser recolocado antes que a agulha seja removida (para reduzir cefaleia pós-LP, ver abaixo).

Pressão de abertura: a pressão de abertura (OP) deve ser medida e registrada para cada LP. Para ser relevante, o paciente deve se deitar o mais relaxado possível (não deve estar na posição fetal forçada), com a cama plana. A variação de pressão com as respirações geralmente é uma boa indicação de uma coluna de líquido comunicante (a flutuação está em fase com as pressões respiratórias na veia cava inferior, elevando com a inspiração e diminuindo com a expiração[5]). Valores normais: na posição de decúbito lateral esquerdo, a OP média = 12,2 ± 3,4 cm H_2O (8,8 ± 0,9 mmHg).[6] Ver também ▶ Quadro 23.1 para pacientes pediátricos.

Prova de Queckenstedt: na suspeita de um bloqueio subaracnóideo (p. ex., causado por um tumor de medula espinal), comprimir a veia jugular (JV) primeiro de um lado e, então, em ambos os lados (não comprimir as artérias carótidas). Na ausência de bloqueio, a pressão subirá para 10-20 cm de fluido e cair para o nível original em até 10 segundos após a liberação da JV.[7 (p. 11)] *Não* realizar compressão da JV na suspeita de doença intracraniana.

1506 Procedimentos, Intervenções, Cirurgias

97.3.3 Análise laboratorial

Regularmente, três tubos são enviados para análise, como demonstrado no ▶ Quadro 97.1. Ver ▶ Quadro 23.4 para interpretação dos resultados da análise laboratorial.

Se a punção for possivelmente traumática (isto é, sanguinolenta), ou se uma contagem celular precisa for essencial (p. ex., para descartar SAH), então 4 tubos são coletados, e o primeiro e o último são enviados para contagem celular e comparados; ver Punção traumática (p. 1506).

Se culturas especiais forem necessárias (p. ex., pesquisa de bacilos álcool-ácido resistentes, fungos, vírus), estas são especificadas no tubo para cultura & sensibilidade (C & S).

Se CSF para citologia for desejado (p. ex., para descartar meningite carcinomatosa ou linfoma de CNS), pelo menos 10 mL de CSF devem ser enviados em um tubo para a patologia (onde será centrifugado e examinado para células).

97.3.4 Pesquisa de dados úteis com uma punção traumática

Informações gerais

Uma punção traumática (**TT**) ocorre quando a agulha espinal lesiona um vaso sanguíneo, resultando em obtenção de sangue (geralmente venoso) isolado ou misturado com CSF.

Estimando a contagem verdadeira de leucócitos no CSF com uma punção traumática

Quando muitas hemácias estão presentes no CSF devido a uma punção traumática (TT), é difícil saber se há uma leucocitose verdadeira no CSF. Pode ajudar a determinar se os leucócitos estão elevados ou se estão presentes na mesma proporção que no sangue periférico. Em pacientes não anêmicos, deve haver ≈ 1-2 leucócitos para cada 1.000 hemácias (como uma correção:[8 (p. 176)] subtrair 1 leucócito para cada 700 hemácias.[8 (p. 176)] Na presença de anemia ou leucocitose *periférica*, usar a fórmula de Fishman[8 (p. 176)] exibida na Eq (97.1) para estimar a contagem original de leucócitos no CSF *antes* da TT.

$$WBC_{CSF\ original} = WBC_{CSF} - \frac{WBC_{Sangue} \times RBC_{CSF}}{RBC_{Sangue}} \tag{97.1}$$

em que WBC_{CSF} original = contagem de leucócitos no CSF antes da TT, WBC_{CSF} & RBC_{CSF} = contagens de leucócitos & hemácias no CSF, e WBC_{Sangue} & RBC_{Sangue} = leucócitos & hemácias por mm³ no sangue periférico.

Estimando o teor proteico total verdadeiro no CSF com uma punção traumática

Se o hemograma e a proteína periférica estiverem normais, realizar a contagem celular e o teor proteico no *mesmo tubo*, com a seguinte correção:[8 (p. 176)]

• subtrair 1 mg por 100 mL de proteína para cada 1.000 hemácias por mm³

Diferenciando SAH de punção traumática

Ver achados típicos na SAH (p. 1160). Algumas características úteis na diferenciação entre SAH e TT são exibidas no ▶ Quadro 97.2.

97

Quadro 97.1 Testes de rotina para o CSF		
Teste	**Na *ausência* de preocupação acerca de uma possível punção traumática**	**Na presença de preocupação acerca de uma punção traumática**
contagem de células		Tubo 1
coloração de Gram + C e S (cultura e sensibilidade)	Tubo 1	Tubo 2
proteína e glicose	Tubo 2	Tubo 3
contagem de células	Tubo 3	Tubo 4

Quadro 97.2 Características que diferenciam a SAH da TT

Característica	Punção traumática (TT)	SAH
contagem de hemácias (e aspecto macroscópico do sangramento)	reduz-se conforme o CSF é drenado (comparar o primeiro tubo com o último)	geralmente > 100.000 hemácias/mm^3, pouca alteração à medida que o CSF drena
relação WBC:RBC	similar à relação no sangue periférico (acima)	geralmente promove uma leucocitose (contagem de leucócitos elevada)
sobrenadante	transparente	xantocrômico[a] (raramente em < 2 horas, presente em 70% em 6 horas, e > 90% 12 h após a SAH)
coagulação do líquido	geralmente coagula se a contagem de eritrócitos for > 200.000/mm^3	geralmente não coagula
concentração proteica	sangramento fresco eleva a concentração proteica no CSF em apenas ≈ 1 mg por 1.000 hemácias	produtos da degradação sanguínea elevam mais a concentração proteica do que a TT (proteína mensurada excede a soma da proteína normal + 1 mg de proteína/1.000 hemácias)
repetir a LP em um nível mais elevado	geralmente transparente	permanece sanguinolento
pressão de abertura	geralmente normal	geralmente elevado

[a]Nota: outras condições podem causar xantocromia.

97.3.5 Complicações após a LP

Informações gerais

O risco geral de sintomas incapacitantes ou persistentes (definidos como cefaleia que persiste por > 7 dias, paralisia de nervos cranianos, exacerbação acentuada de doença neurológica preexistente, dorsalgia prolongada, meningite asséptica, e lesões de raízes nervosas ou nervos periféricos) foi estimado em 0,1-0,5%.[9] Efeitos colaterais graves são raros e incluem herniação do tronco cerebral, infecção, hematoma ou efusão subdural, e SAH.[10 (p. 171-2)]

Possíveis complicações

1. herniação tonsilar
   a) herniação aguda na presença de lesão tumoral (ver abaixo)
   b) herniação tonsilar crônica (malformação de Chiari 1 adquirida): esta condição foi relatada após múltiplas LPs traumáticas, com suposta fístula liquórica pós-LP[11]
2. infecção (meningite espinal)
3. "cefaleia espinal": geralmente posicional (diminui na posição deitada) (ver abaixo)
4. hematoma epidural espinal (p. 1131): geralmente observado com coagulopatia
5. coleção liquórica epidural espinal: pode ser bastante comum em pacientes com cefaleia pós-LP. Geralmente se resolve espontaneamente
6. tumor epidermoide: o risco pode ser elevado com o avanço da agulha de LP sem estilete (transplantando um núcleo de tecido epidérmico)[12-14]
7. pinçamento de raízes nervosas com a agulha: geralmente causa dor radicular transitória, pode causar radiculopatia permanente em alguns
8. hematoma ou higroma subdural *intracraniano*[15,16] (raro)
9. disfunção vestibulococlear:[17]
   a) pode ocorrer redução subclínica (demonstrada no audiograma) ou moderada da audição, e esta está supostamente correlacionada à fístula liquórica pós-procedimento. A maioria dos estudos mostra que a redução ocorre em frequências < 1.000 Hz
   b) pode ocorrer perda súbita da audição. Realizar um audiograma para quantificar a perda. Tratar com repouso por vários dias e 60 mg/d de prednisona, com redução gradual da dose durante 2-3 semanas
   c) patogênese: pressão liquórica reduzida pode diminuir a pressão perilinfática no aqueduto coclear (pode ser especialmente pronunciada com um aqueduto patente),[18] produzindo hidropsia endolinfática
10. anormalidades oculares
    a) paralisia abducente: quase sempre unilateral. Geralmente ocorre tardiamente, 5-14 dias pós-LP, com recuperação após 4-6 semanas[19]
11. trombose de seio dural[20] (geralmente com trombofilia subjacente)

Risco de herniação tonsilar aguda após a punção lombar

A questão de quando realizar primeiro a LP (para poupar tempo) e de quando obter primeiro uma CT, para descartar massa intracraniana (por segurança) antes de realizar uma LP, é controversa.

Problemas

O tempo de demora em iniciar a antibioticoterapia é a variável mais importante no prognóstico da meningite. O tempo pode ser mais crítico na meningite adquirida na comunidade, em que um microrganismo virulento infecta um hospedeiro ocasionalmente imunocomprometido (p. ex., crianças ou idosos), do que na meningite neurocirúrgica pós-operatória (normalmente um microrganismo de baixa virulência, p. ex. *Staphylococcus aureus*, em um hospedeiro imunologicamente intacto em que a BBB tenha sido rompida).

O risco teórico em realizar uma LP com uma massa intracraniana é que a mudança resultante na pressão pode precipitar herniação tonsilar.

Iniciar a antibioticoterapia sem primeiro colher uma amostra de CSF na LP pode evitar o crescimento microbiano em meios de cultura laboratoriais, levando a dificuldades inerentes no controle da meningite parcialmente tratada, ou a uma escolha subótima do antibiótico.

A avaliação clínica para possível contraindicação à LP não é confiável. Papiledema é uma possível indicação de ICP elevada. Após a manifestação de ICP elevada, o papiledema demora um mínimo de 6 horas para se desenvolver e, na maioria dos casos, requer até 24 horas. Portanto, sua ausência não garante uma pressão intracraniana normal. Além disso, papiledema pode ser observado em condições que não apresentam uma contraindicação à LP, p. ex. hipertensão intracraniana idiopática, em que LP é um dos tratamentos aceitos (p. 766).

A pronta disponibilidade de tomógrafos computadorizados, geralmente no próprio departamento de emergência, pode envolver um atraso de apenas alguns minutos quando profissionais qualificados também estão imediatamente disponíveis para interpretar o exame. No entanto, em um pronto-socorro movimentado, podem ocorrer atrasos relacionados com a necessidade de outros pacientes também necessitando de uma CT de emergência, com a necessidade de enviar as imagens para um radiologista remoto...

Informação histórica

Herniação após LP era mais comum antes da década de 50, muito antes da disponibilidade de CT, em que o procedimento era realizado mesmo quando alguns pacientes demonstravam clara evidência de ICP ↑. Agulhas espinais de grosso calibre (calibre 12-16) eram mais comumente empregadas, e grandes quantidades de CSF eram removidas para fins terapêuticos. Em um artigo de 1969 de 30 pacientes que pioraram após uma LP,[21] 73% tinham sinais localizatórios (hemiparesia, anisocoria...) e 30% tinham papiledema. Nenhum dos 5 pacientes com abscesso cerebral piorou após a primeira de múltiplas LPs.

Em uma série de 129 pacientes com ICP ↑,[22] a taxa de complicação relatada foi de 6%; no entanto, algumas destas complicações provavelmente não estavam relacionadas com LP, e muitos destes pacientes estavam *in extremis*. Em 7 séries, totalizando 418 pacientes, uma taxa de complicação de 1,2% foi calculada.[22]

> Σ
>
> Herniação como resultado de LP é consistentemente relatada apenas em pacientes com processos não infecciosos graves, geralmente com sinais associados de efeito de massa (sinais localizatórios, papiledema...). Desta forma, em casos de suspeita de meningite com ausência de achados focais e papiledema, se uma CT não pode ser realizada e interpretada em poucos minutos, os benefícios de realizar uma LP com uma agulha de calibre igual ou inferior a 20, removendo apenas alguns mililitros de CSF e iniciando antibioticoterapia empírica, provavelmente compensam o pequeno risco de herniação. No evento improvável de deterioração aguda associada à coleta de alguns mililitros de CSF, a recomendação anedótica é a de repor imediatamente o líquido através da agulha de LP.

Cefaleia pós-LP (mielografia)

Informações gerais

AKA "cefaleia pós-raqui" ou "cefaleia espinal". Também pode ocorrer após outros procedimentos além da LP/mielografia, tais como a abertura dural (p. 1055). Também pode ocorrer com hipotensão intracraniana espontânea (p. 389) e após uma craniectomia descompressiva.[23]

Características clínicas

Característica distintiva importante: cefaleia ocorre quando o paciente está ereto e é completa ou parcialmente (porém significativamente) aliviada na posição deitada. Pode estar associada à náusea, vômito, tontura ou transtornos visuais.

> **Evolução temporal.** A maioria das cefaleias pós-LP (PLPHA) inicia tardiamente, 24-48 horas após a LP, e embora possa ocorrer semanas após a LP, a maioria se desenvolve dentro de um período de 3 dias. A duração da PLPHA varia com uma média de 4 dias,[24] com relatos de duração de meses[25] e até mesmo mais 1 ano.[26]

Fisiopatologia

Supostamente secundária ao extravasamento liquórico contínuo através do orifício na dura,[27] que reduz o "coxim" liquórico do cérebro. Na posição ereta, a força da gravidade sobre o cérebro produz tração sobre os vasos sanguíneos e quaisquer estruturas que conectam o cérebro à dura-máter sensível à dor. Ocasionalmente, o CSF pode ser demonstrado no espaço *epidural*.

Epidemiologia pós-LP

A incidência relatada varia de 2 a 40% (tipicamente ≈ 20%), sendo mais elevada após a LP diagnóstica do que após a anestesia epidural.[24]

Ver também variáveis na LP que influenciam o risco de PLPHA (p. 1508) (p. ex., a incidência é mais baixa com agulhas espinais de menor calibre).

1. fatores de risco para cefaleia pós-LP que escapam ao controle do médico:
   a) idade: incidência ↑ em pacientes mais jovens
   b) sexo: incidência ↑ em mulheres
   c) prévio histórico de cefaleia prévio (incluindo prévia PLPHA)
   d) tamanho corporal: ↑ com índice de massa corporal (= peso/altura^2) pequeno[28]
   e) gravidez
2. variáveis que foram demonstradas influenciar a incidência de PLPHA:
   a) tamanho da agulha: agulhas de maior calibre trazem maior risco[29]
   b) orientação do bisel: o risco de PLPHA é reduzido quando o bisel é orientado paralelamente às fibras da dura que percorrem longitudinalmente[30]
   c) substituição do estilete antes da remoção da agulha diminui a incidência[28]
   d) o número de punções durais (podem não estar totalmente sob o controle do médico)
3. variáveis que podem ou não influenciar a incidência de PLPHA: tipo de agulha
   a) agulha Quincke: borda chanfrada com ponta cortante (a agulha de LP padrão). Incidência de PLPHA com agulhas Quincke calibre 20 e 22: 36%[31])
   b) agulhas atraumáticas: vários tipos estão disponíveis (Sprotte, Whitacre...). A maioria é como um "lápis apontado" e pode produzir um orifício com menor incidência de fístula transdural.[32] Não comprovado[28]
4. fatores que *não* afetam a incidência de PLPHA:
   a) a posição dos pacientes após a LP (não parece prevenir a PLPHA, mas pode retardar o início dos sintomas[33,34])
   b) volume do líquido removido durante a LP
   c) hidratação após a LP[28]

Tratamento para cefaleia pós-LP

As medidas "conservadoras" iniciais incluem:
1. deitar horizontalmente na cama por pelo menos 24 horas
2. hidratação (PO ou IV)
3. analgésicos para cefaleia
4. faixa abdominal firme
5. acetato de desoxicorticosterona, 5 mg IM a cada 8 h[24]
6. cafeína com benzoato de sódio, 500 mg em 2 cc IV a cada 8 h, até um máximo de 3 dias (70% dos pacientes apresentaram alívio com 1 ou 2 injeções)[35]
7. doses altas de esteroides: relato de sucesso em um caso de hipotensão intracraniana associada ao decréscimo espontâneo do tamanho dos ventrículos, com redução gradual da dose a partir de uma dose inicial de dexametasona de 20 mg/dia[36]
8. tampão sanguíneo, se refratária

> **Tampão sanguíneo peridural.** Para casos refratários de cefaleia pós-punção lombar ou pós-mielografia. Funciona com uma aplicação em mais de 90% dos casos, podendo ser repetida quando ineficaz.[25] Riscos teóricos: infecção, compressão da cauda equina, fracasso no alívio de cefaleia.

> **Técnica.** Resumo: 10 mL de sangue autólogo não heparinizado injetados no espaço *epidural*.
> Acesso do espaço epidural (uma de várias técnicas): proceder da mesma forma que a LP de rotina. Quando os ligamentos forem atravessados e a ponta da agulha estiver próxima do canal vertebral, o estilete é removido. Em seguida, colocar uma gota de soro fisiológico estéril no canhão da agulha (técnica da gota pendente) e avançar a agulha enquanto se observa se a gota flui pela agulha à medida que o espaço

epidural é penetrado, ou tentar injetar ar gentilmente com uma seringa pequena (preferencialmente de vidro, menor resistência) à medida que avança. Neste último, quando o espaço epidural é penetrado, a resistência à injeção desaparece, porém o CSF não pode ser aspirado.

Um sítio de punção venosa é preparado assepticamente. 10 mL de sangue do paciente são coletados. Após verificar que o CSF não pode ser aspirado através da agulha espinal, o sangue é injetado no espaço epidural. Após 30 minutos na posição supina, o paciente pode andar à vontade.

97.4 Drenagem de CSF com cateter lombar

97.4.1 Informações gerais

Inserção de um cateter no espaço subaracnoide lombar com a finalidade de drenar CSF. O cateter é geralmente conectado a um sistema de drenagem fechado, similar àquele usado para uma EVD. Normalmente utilizado por períodos de apenas alguns dias.

97.4.2 Indicações

1. para reduzir a pressão liquórica em um sítio de fístula liquórica. Exemplos de situações:
   a) violação da dura-máter durante cirurgia de coluna vertebral ou craniotomia (especialmente na fossa posterior)
   b) fístula liquórica espontânea (rara) (p. 386)
2. para reduzir a pressão intracraniana em casos de hidrocefalia *comunicante*: p. ex., teste de punção para NPH, ou quando um cateter infectado tenha sido removido
3. para reduzir pressão liquórica para tentar aumentar a perfusão da medula espinal: p. ex., durante cirurgia para aneurisma da aorta abdominal ou após lesão da medula espinal

97.4.3 Contraindicações

Iguais às da punção lombar (ver acima).

97.4.4 Técnica de inserção

O posicionamento, o sítio de entrada e a trajetória são similares aos da punção lombar (ver acima). Em vez de agulha espinal, uma agulha Tuohy é usada. O bisel é inserido paralelamente às fibras da dura (rostro-caudal). Em seguida, a agulha é girada 90° (geralmente apontando rostralmente) e o cateter é progredido na agulha. ✖ Se não for possível avançar o cateter, a agulha deve ser retirada *junto* com o cateter – a tentativa de retirar o cateter através da agulha desprenderá o cateter na ponta da agulha.

97.4.5 Controle

As solicitações para a equipe de enfermagem para manter o cateter incluem:
1. instruções em como regular a drenagem de CSF. Mais frequente:
   a) por pressão: alcançada especificando-se uma altura da câmara de gotejamento, geralmente no nível do *trágus* ou ombro
   b) pela remoção de uma quantidade específica de CSF por hora: geralmente 10-20 cc. Este método reduz o risco de hiperdrenagem quando a câmara de gotejamento for muito lenta
2. instruções para o sítio de saída: geralmente tratado como um cateter arterial

97.4.6 Complicações

1. infecção
2. hiperdrenagem: geralmente ocorre quando a bolsa de drenagem está muito baixa durante o método de drenagem por pressão descrito acima (por ter caído no chão, ou por não ter sido elevada quando o paciente senta ou levanta), ou, quando ocorre, o cateter é desconectado. Pode causar:
   a) hematoma subdural secundário à dilaceração de veias-ponte em razão do deslocamento descendente do cérebro
   b) cefaleia
3. pneumocefalia: geralmente causada quando o dreno está abaixo do sítio da fístula e ar é aspirado através do trato da fístula
   a) pneumocefalia tensional: geralmente com um efeito de válvula de esfera no sítio da fístula
4. saída do cateter: com frequência ocorre simplesmente como resultado do movimento do paciente na cama ou com transferências do paciente

97.5 Punção no espaço C1-C2 e punção cisternal

97.5.1 Indicações

Situações em que uma amostra de CSF é necessária, porém o acesso por LP é difícil ou contraindicado (aracnoidite lombar, infecção superficial, obesidade acentuada, pacientes que não podem ser virados de lado...), ou para instilar meio de contraste para demonstrar a extensão rostral de um bloqueio documentado pelo corante injetado via LP. Cefaleia espinal é menos comum com estes procedimentos do que com a LP. Punção no espaço C1-C2 é mais segura do que a punção cisternal.

✗ Contraindicada: em pacientes com malformação de Chiari (frequentemente presente na mielomeningocele) em razão do posicionamento baixo das tonsilas cerebelares e tortuosidade medular.

Valores liquóricos normais para glicose e proteína diferem apenas ligeiramente do CSF obtido por punção lombar. A média das pressões de abertura é de 18 cm de líquido com a punção lateral.

97.5.2 Punção no espaço C1-C2

AKA punção cervical lateral. Equipamento: bandeja de LP (útil para os tubos de coleta de amostras, tubo extensor para injeção de contraste sob orientação fluoroscópica, lidocaína e agulha espinal), com uma agulha espinal calibre 20 padrão e meio de contraste, se necessário (p. ex., Iohexol®). É preferível realizar o procedimento sob orientação fluoroscópica porém; também já foi descrito sem orientação fluoroscópica com um paciente totalmente cooperativo.[37]

Posição do paciente: supina na cama sem um travesseiro, com a cabeça reta. Evitar qualquer rotação da cabeça, o que poderia colocar a artéria vertebral (VA) no trajeto da agulha.[38] Colocar a cabeça na unidade de fluoroscopia lateral (visto que esta raramente está disponível, um fluoroscópio com arco em C posicionado horizontalmente pode ser usado).

Quando corante iodado é injetado para mielografia, a cabeça deve ser elevada para evitar que o meio de contraste penetre na fossa anterior; em casos de lesão da coluna cervical, pode-se colocar a cama inteira na posição de Trendelenburg reversa.

Ponto de entrada: 1 cm caudal e 1 cm posterior (dorsal) à ponta do processo mastoide. Inserção da agulha: usar uma agulha calibre 25 para anestesiar a pele no ponto de entrada. Com orientação fluoroscópica, avançar uma agulha de maior calibre (21) em direção ao interespaço C1-C2, ao mesmo tempo em que anestésico local é injetado: direcionar para um alvo na porção média do terço posterior do canal vertebral ósseo (ou, alternativamente, 2-3 mm anterior à margem posterior do canal ósseo) ("X" na ▶ Fig. 97.1). Deixar esta agulha inserida como um marcador. Inserir a agulha espinal calibre 20 paralelamente à agulha marcadora. Verificar o trajeto com fluoroscopia. Se fluoroscopia não for usada, inserir a agulha espinal no ponto de entrada e avançá-la paralelamente ao plano da cama, perpendicular ao pescoço.[37] Se a agulha penetrar profundamente sem encontrar osso ou CSF, é provável que a ponta esteja muito posterior. Se osso for encontrado, redirecionar a agulha no plano rostro-caudal.

Diversos "estalos" podem ser sentidos, e o estilete deve ser removido após cada um para verificar a presença de retorno de CSF. O espaço subaracnóideo está ≈ 5-6 cm abaixo da superfície cutânea na maioria dos adultos.[39] A agulha deve ser apoiada com mais de uma punção lombar.

Para injetar meio de contraste iodado, usar p. ex., ≈ 5 mL de 180 mg% de Iohexol® para mielografia cervical, observar o corante na fluoroscopia (é possível visualizá-lo no espaço subaracnoide).

Riscos

Relato de caso de uma morte causada por hematoma subdural secundário à punção de uma artéria vertebral anômala[40] (encontrada em ≈ 0,4% da população). Se a VA é penetrada, a agulha é retraída e pressão local é aplicada. Penetração da medula espinal superior/medula inferior (o risco de sequelas neurológicas graves é pequeno). Herniação (como na LP) quando há elevação da ICP.

97.5.3 Punção cisternal

Acesso suboccipital da cisterna magna. Geralmente realizada com o paciente sentado e o pescoço ligeiramente flexionado.[41] Raspar o cabelo sobreposto. Infiltrar com anestésico local. Insira uma agulha espinal calibre 22 é inserida exatamente na linha média entre o ínio e o processo espinhoso de C2, orientada superiormente em direção à glabela até que a agulha colida com o occipital ou penetre na cisterna magna. Se o occipital é encontrado, a agulha é retraída minimamente e reinserida, direcionando-a ligeiramente para baixo; o processo é repetido ("percorrendo" o occipital) até que a cisterna magna seja penetrada (um "estalo" será sentido).

A distância entre a superfície cutânea e a cisterna magna é de 4-6 cm, e entre a dura e a medula é de ≈ 2-5 cm. No entanto, em razão da dobra em forma de tenda da dura-máter, a agulha deve estar muito próxima da medula antes de penetrar no espaço subaracnoide.

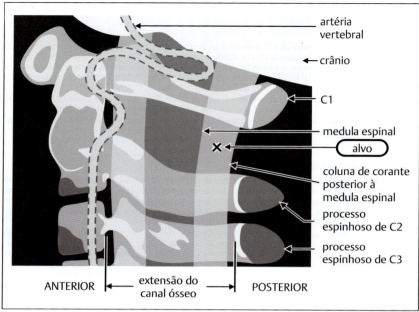

Fig. 97.1 Alvo da punção em C1-2*
*Incidência lateral esquerda da coluna cervical superior: diagrama combinado de uma mielografia e uma arteriografia vertebral, ilustrando a localização relativa da medula espinal, do espaço liquórico e da VA. Apenas referências anatômicas ósseas serão visíveis com a fluoroscopia.

Riscos

1. hemorragia na cisterna magna: pode ser causada por perfuração de um grande vaso[37]
2. perfuração do bulbo: pode causar vômito, parada respiratória...
3. posicionamento pode comprometer o fluxo sanguíneo na artéria vertebral em pacientes idosos

97.6 Procedimentos diversivos para CSF

97.6.1 Cateterismo ventricular

Sítios de inserção mais comuns:[41 (p. 151-3)]
1. ✱ ponto de Kocher (coronal): localiza um ponto de entrada no corno frontal do ventrículo lateral que passa anterior à área motora. O lado direito geralmente é usado. Frequentemente empregado para monitores de ICP, EVDs, derivações, ventriculoscópios... Originalmente descrito como "cerca de 2 cm da linha mediana e 3 cm do sulco pré-central".[43] Diversas referências anatômicas superficiais foram descritas para localizar o ponto anterior à área motora nestas imediações, e o autor irá frequentemente se referir à posição como "ponto de Kocher". Referências anatômicas comumente citadas:
   a) ponto de entrada: 2-3 cm de distância da linha mediana, aproximadamente na linha médio pupilar com o olhar para frente, e 1 cm anterior à sutura coronal, ou seja, aproximadamente 11 cm acima do násio (para evitar a área motora)
   b) trajetória: direcionar o cateter perpendicularmente à superfície do cérebro, que pode ser aproximado orientando-o no plano coronal em direção ao canto medial do olho ipsolateral e no plano AP em direção ao EAM
   c) comprimento da inserção: avançar o cateter com estilete até a obtenção de CSF (deve ser < 5-7 cm de profundidade; esta profundidade pode ser de 3-4 cm com ventrículos acentuadamente dilatados). Avançar o cateter sem estilete a uma profundidade de 1 cm. ✱ CUIDADO: quando CSF não é obtido em um comprimento de inserção muito longo (p. ex., ≥ 8 cm), significa que a ponta está, provavelmente, situada em uma cisterna (p. ex., cisterna pré-pontina), o que não é desejável

2. ✱ região occipitoparietal: comumente usada para derivação liquórica
   a) sítio de entrada: vários meios foram descritos, incluindo:
   - ponto de Frazier: realizado profilaticamente diante da fossa posterior craniana para ventriculostomia de emergência no evento de inchaço pós-operatório. Localização: 3-4 cm de distância da linha média, 6-7 cm acima do ínio[44 (p. 520)] (cuidado: um erro na localização do ínio pode posicionar o cateter em uma localização indesejável se este método for usado isoladamente)
   - proeminência parietal: porção plana do osso frontal
   - seguir o ponto que segue paralelo da linha médio pupilar à sutura sagital até que cruze a linha que se estende posteriormente, a partir da extremidade superior do pavilhão auricular
   - ≈ 3 cm acima e ≈ 3 cm posterior à extremidade superior do pavilhão auricular
   b) trajetória: inserir o cateter paralelamente à base do crânio:
   - inicialmente direcionar para a região central da fronte
   - se malsucedido, direcionar para o canto medial ipsolateral
   c) comprimento da inserção: se possível, a ponta deve estar posicionada na região imediatamente anterior ao forame de Monro no corno frontal.[45] Orientação por ventriculoscopia (quando disponível) aumenta a precisão em um grau significativo. Na ausência da ventriculoscopia:
   - comprimento intracraniano deve ser ≈ dois terços do comprimento do crânio (este comprimento é curto o bastante para prevenir penetração do parênquima cerebral frontal, mas longo o bastante para que a ponta chegue além do forame de Monro, evitando que o cateter alcance o corno temporal, onde o plexo coroide aumenta a chance de obstrução)
   - em adultos sem macrocrania, o comprimento inserido é, geralmente, de ≈ 12 cm quando o orifício estiver alinhado ao eixo do ventrículo lateral[46] (comprimentos > 12 cm raramente são necessários). Em recém-nascidos hidrocefálicos, um comprimento de ≈ 7-8 cm é necessário
   - usar o estilete para ≈ 6 cm iniciais de inserção e, então, removê-lo e inserir o comprimento restante (manter o cateter reto durante a penetração do parênquima occipital e evitar que a ponta penetre no corno temporal, onde há um plexo coroide. Além disso, o corno temporal pode colapsar e ocluir o cateter após a resolução do HCP)
3. ponto de Keen (parietal posterior): (colocação no trígono) 2,5-3 cm posterior e 2,5-3 cm superior ao pavilhão auricular (era o sítio usual de ocorrência de abscessos cerebrais originados a partir de otite média, e era, frequentemente, utilizado para puncionar estes abscessos)
4. ponto de Dandy: 2 cm de distância da linha média, 3 cm acima do ínio (pode ser mais propenso a danos nas vias visuais do que os pontos acima)

97.6.2 Ventriculostomia/Monitor de ICP

Informações gerais

Também conhecido como cateter intraventricular (IVC) ou drenagem ventricular externa (EVD).

INR elevado: para pacientes com um INR elevado (tais como pacientes tratados com varfarina), é, geralmente, recomendado que a inserção de cateteres intraparenquimais seja retardada até que o INR seja ≤ 1,6, a fim de reduzir o risco de hemorragia a um nível aceitável.[47] No entanto, monitores de ICP intraparenquimais foram colocados sem complicações hemorrágicas ou trombóticas em 11 pacientes com encefalopatia hepática grau III/IV associada à insuficiência hepática fulminante, que apresentaram um INR médio de 3 quando o procedimento foi realizado em 15-120 minutos após a administração IV de 36,7 microgramas/kg de fator VII ativado recombinante (rFVIIa).[48]

Técnica de inserção

A menos que contraindicado (p. ex., sangramento no ventrículo direito), o lado direito (não dominante) é preferível. Raspar o hemicrânio ipsolateral inteiro e a porção frontal contralateral. Prenda o cabelo em torno do sítio de incisão planejado e no sítio de saída do cateter tunelizado (evitar a raspagem, pois degrada a função da barreira cutânea contra a infecção). Realizar antissepsia com qualquer antisséptico cirúrgico aceitável (betadine por 5 minutos, Chloraprep, Duraprep...).

Sítio: aproximadamente no ponto de Kocher (ver acima). Para evitar a área motora, penetrar *1-2 cm anterior à sutura coronal* (posição estimada da sutura coronal: seguir a linha até o ponto médio entre o canto lateral e o EAM, ou medir 11 cm acima do násio), e evitar o seio sagital, *2-3 cm lateral à linha média* (2 dedos de largura ou ≈ 3 cm são comumente empregados como uma aproximação). Incisão orientada no plano sagital (caso precise ser incorporada no retalho); elevar o periósteo; colocar afastador autoestático; fazer um orifício com broca espiral. Margens compostas de cera óssea para interromper sangramento ósseo; cauterizar a dura com coagulador bipolar; incisar a dura de forma cruzada com lâmina de bisturi #11; cauterizar as margens durais incisadas e, então, a pia/aracnoide com pinça bipolar.

Para ventriculostomia: inserir o cateter *perpendicular* à superfície cerebral,[49] a uma profundidade de 5-7 cm (a maioria dos cateteres é marcada em 5 e 10 cm). Com qualquer aumento ventricular, o CSF deve fluir a uma profundidade de pelo menos 3-4 cm (com ventrículos normais, essa profundidade pode ser de

4-5 cm). Caso nenhum CSF seja observado e o cateter seja aprofundado até a obtenção de CSF, é improvável que seja devido ao cateterismo do corno frontal do ventrículo lateral (neste caso, em ≈ 9-11 cm, a ponta geralmente estará situada na cisterna pré-pontina, um espaço subaracnoide, o que é indesejável). Se o procedimento for malsucedido após um máximo de três tentativas, colocar um parafuso subaracnoide ou um monitor intraparenquimal.

Para parafuso subaracnoide (Richmond): inserir até que a ponta fique rente à tábua interna.

Remoção

Pacientes recebendo anticoagulantes precisam ter uma coagulação e função plaquetária normais antes da remoção do cateter, para reduzir o risco de hemorragia intracraniana. Para heparina e heparina LMW, interromper o fármaco 24 horas antes de retirar o cateter.

"Dreno de Sump"

A ponta de uma agulha borboleta calibre 25 pode ser inclinada a um ângulo de 90°, e inserida em um reservatório subcutâneo para drenagem ventricular prolongada.[50] Em uma série de 34 pacientes, este procedimento foi usado por períodos prolongados (até 44 dias), com uma taxa de infecção aceitavelmente baixa.[51] A ausência de infecção foi atribuída ao uso de válvula unidirecional, antibioticoterapia contínua (ampicilina e cloxacilina) e técnica minuciosa.

97.6.3 Derivações ventriculares

Agendando o caso: Derivação ventricular

Ver também valores predefinidos & responsabilidades (p. 27).
1. posição: supina com rolos de ombro
2. implantes: necessário especificar o fabricante da derivação e o tipo de válvula (p. ex., programável, baixo perfil...). Componentes incomuns (p. ex., pressão ultrabaixa, filtro tumoral) podem necessitar de solicitações especiais
3. equipamento:
   a) arco em C para derivações ventriculoatriais
   b) monitor endoscópico (p. ex., NeuroPen é usado)
   c) sistema de navegação guiado por imagem (raramente usado)
4. consentimento (em termos leigos para o paciente – não completamente abrangentes):
   a) procedimento: cirurgia para inserir um dreno do cérebro até o abdome, fora dos pulmões, em uma veia próxima ao coração (conforme apropriado) para drenar excesso de líquido cerebroespinal
   b) alternativas: tratamento não cirúrgico (raramente eficaz para hidrocefalia), terceira ventriculostomia (para determinados casos)
   c) complicações: infecção, posição subótima com possível necessidade de reoperação, falha em aliviar hidrocefalia/sintomas, hematoma subdural, sangramento no cérebro cerebral, derivações são dispositivos mecânicos que eventualmente falham (quebram, entopem, movimentam-se...) e precisam de reparo/reposição (algumas vezes o mais depressa possível). Derivações abdominais: risco de lesão intestinal (que poderia necessitar de cirurgia adicional)

Cateter ventricular

O ponto de Kocher é, atualmente, utilizado na maioria dos casos para o sítio de inserção do cateter ventricular, ver Cateterismo ventricular (p. 1512) para a técnica. Uma alternativa é um orifício de trepanação direcionado ao corno frontal do ventrículo lateral.

Uma incisão em forma de "J" invertido é usada para impedir que o material fique situado diretamente abaixo da incisão cutânea (minimiza o risco de rupturas de pele e também cria uma barreira adicional à infecção do material subjacente). CSF deve ser enviado para cultura no momento da inserção, pois foi estimado que o CSF já está infectado em ≈ 3% dos pacientes. 4 mg de gentamicina sem conservantes podem ser instilados no cateter ventricular pela técnica de barbotagem (uma técnica para administrar um fármaco ao mesmo tempo em que reduz a quantidade de fármaco perdida no espaço morto do cateter: uma porção da solução antibiótica é injetada no CSF; em seguida, menor quantidade de CSF é aspirada, uma segunda porção da solução é injetada, e o processo é repetido até que toda a medicação seja administrada).

Se o cateter estiver no ventrículo, porém, não há fluxo de CSF e isso pode ser causado pela baixa pressão. Nesse caso, as veias jugulares podem ser comprimidas ou a cabeceira da cama abaixada para tentar induzir o fluxo de CSF.

Conectores

Se um conector precisar ser usado próximo da clavícula, posicioná-lo rostralmente (acima) à clavícula.
✖ Evitar posicioná-lo caudalmente à clavícula, em razão do maior risco de desconexão.

Opções de colocação distal de cateter

Se todo o restante for igual, a ordem geral de preferência para a colocação distal de cateter é:
1. cavidade peritoneal: ver abaixo
2. espaço pleural (p. 416): não para pacientes ≤ 7 anos de idade. Para a técnica, ver abaixo
3. átrio direito ou veia cava superior (p. 1516)
4. sítios de derivação distal raramente usados
   a) vesícula biliar
   b) veia jugular interna (com o cateter apontando "a montante")
   c) seio sagital superior

Derivação ventriculoperitoneal

Cateter peritoneal

Para crianças pequenas, usar cateter intraperitoneal de, no mínimo, 30 cm para permitir o crescimento contínuo do paciente (comprimento total do cateter peritoneal de 120 cm foi associado à menor taxa de revisão para crescimento sem aumento significativo de outras complicações[52]). Um clipe de prata é colocado no ponto em que o cateter entra no peritônio, de modo que a quantidade de cateter intraperitoneal residual possa ser determinada em radiografias realizadas posteriormente (mais importante em crianças em fase de crescimento).

Fendas distais no cateter peritoneal podem aumentar o risco de obstrução distal,[53] e alguns autores recomendam que estas sejam removidas. Cateteres reforçados com fio não devem ser usados em decorrência da taxa de perfuração visceral, e este cateter foi projetado para prevenir o encurvamento, o que não constitui um problema nas derivações modernas.

Técnica aberta

Uma incisão vertical, lateral e superior ao umbigo, é uma das várias opções. As seguintes camadas devem ser identificadas à medida que são atravessadas, a fim de não confundir gordura pré-peritoneal com omento e, erroneamente, colocar a ponta no espaço pré-peritoneal:
1. gordura subcutânea
2. bainha anterior do músculo reto abdominal (lâmina anterior do reto abdominal)
3. fibras do músculo reto abdominal: devem ser dissecadas longitudinalmente
4. bainha posterior do reto abdominal
5. gordura pré-peritoneal (pode ser bem desenvolvida em alguns indivíduos, mas é essencialmente inexistente na maioria)
6. peritônio (geralmente intimamente aderido à bainha posterior do reto abdominal)

Técnica do trocarte

1. colocar um cateter de Foley para descomprimir a bexiga urinária
2. incisão cutânea 1 cm acima e lateral ao umbigo
3. puxar a pele abdominal anteriormente (para o lado oposto do paciente)
4. inserir o trocarte direcionando-o para a crista ilíaca ipsolateral
5. sentir 2 "estalos" de penetração: 1 = bainha anterior do reto abdominal, 2 = bainha posterior do reto abdominal/peritônio
6. cateter peritoneal deve deslizar facilmente pelo trocater
7. ✖ contraindicações: cirurgia abdominal prévia, pacientes extremamente acima do peso

Derivação VP, solicitações pós-operatórias (adultos)

1. deitar reto na cama (evitar a hiperdrenagem e possível hematoma subdural) com mobilização gradual
2. se a extremidade peritoneal do tubo for nova ou revisada, não alimentar até o restabelecimento dos sons intestinais (geralmente 24 horas em razão da obstrução intestinal causada por manipulação do peritônio)
3. sequência da derivação (radiografia AP & lateral do crânio, e radiografia torácica/abdominal) como linha de base para futura comparação (alguns cirurgiões obtêm essas radiografias imediatamente após a cirurgia, caso alguma revisão imediata seja indicada, ponto do cateter ventricular no corno temporal)

Inserção da derivação ventriculopleural

Ver referência.[54]

Ver também mais detalhes (p. 416). Não realizar em pacientes com ≤ 7 anos. Uma incisão horizontal de 3 cm é realizada na região imediatamente abaixo do nível da mama, na linha hemiclavicular ou na linha axilar anterior. Seccionar o tecido subcutâneo, a fáscia profunda e o músculo peitoral. Os músculos intercostais externos e internos são seccionados ao longo da margem *superior* da porção inferior das duas costelas expostas (evitar o feixe neurovascular que percorre ao longo da margem inferior de cada costela). Um afastador autoestático entre as costelas ajuda na exposição. A pleura parietal é visualizada com a pleura visceral deslizando abaixo com cada respiração. A pleura não é aberta até que o cateter seja introduzido subcutaneamente nesta incisão. Pedir ao anestesiologista para interromper as respirações e, então, cortar a pleura parietal (ou utilizar pinça hemostática de ponta grossa para abrir a pleura) para receber o cateter. Permitir que o pulmão decline e inserir 20-40 cm do tubo na cavidade pleural. A abertura pleural pode ser ajustada com um fio de sutura 4-0 caso fique frouxa ao redor do cateter. Pedir ao anestesiologista para realizar uma manobra de Valsalva antes de apertar a sutura pleural, e novamente antes de fechar a camada muscular profunda. Normalmente não é necessário implantar dreno torácico. Uma manobra que pode ocasionalmente ajudar é colocar um cateter de borracha vermelha próximo do tubo de derivação ao mesmo tempo (para permitir a saída de ar do espaço pleural). Iniciar o fechamento, porém antes de realizar a última sutura profunda, pedir para o anestesiologista realizar uma manobra de Valsalva deixando o ar sair pelo cateter de borracha vermelha (pode-se colocar a extremidade do cateter em solução salina para visualizar as bolhas). Quando as bolhas pararem, puxar o cateter de borracha vermelha e fechar o último ponto de sutura. Se as bolhas não pararem, significa que existe um escape de ar na pleura visceral, e um cateter *pigtail* ou um dreno torácico conectado a um Pleur-evac® deve ser usado.

Inserção de derivação ventriculoatrial

Método aberto

A veia facial comum (CFV) é localizada realizando-se uma incisão cervical diagonal na borda anterior do esternomastóideo, imediatamente abaixo ou no nível do ângulo da mandíbula (a CFV pode estar a uma distância de até ≈ 2 cm deste ponto). O músculo platisma é seccionado e a CFV localizada à medida que se une à veia jugular interna (IJV) no nível do osso hioide. A CFV é canulada com o cateter atrial e fixada com uma ligadura próximo da junção com a IJV. Se a CFV não for adequada, uma sutura em bolsa de tabaco é realizada diretamente na IJV e, em seguida, a IJV é aberta no centro da sutura e canulada.

Método percutâneo

Pode ser utilizado em adultos (e, possivelmente, em pacientes pediátricos). A IJV é cateterizada com o uso da técnica de Seldinger,[55] com um fio-guia e agulha inseridos através de uma incisão realizada na margem anterior do SCM. Fluoroscopia é usada para colocar a ponta do fio no local desejado (ver abaixo). Um dilatador e introdutor destacável de 13 Fr são inseridos sobre o fio, que é, então, dobrado na margem cutânea e retraído[56] (para um caso pediátrico: um introdutor de 7 Fr com um cateter *lomboperitoneal* O.D. de 1,5 mm pode ser usado para o cateter atrial distal). O cateter atrial é cortado no comprimento do fio, distal à dobra, e então rosqueado no introdutor.

A posição da ponta do cateter deve ser novamente confirmada (p. ex., com meio de contraste radiopaco sob orientação fluoroscópica). Em seguida, uma pequena incisão cutânea é realizada, iniciando no ponto onde o cateter penetra na pele, para permitir a tunelização subcutânea do cateter.

Localização da ponta distal

Indicador de posicionamento: se o cateter repetidamente avança no vaso errado (p. ex., veia subclávia), um fio-guia em forma de "J" pode ajudar. Além disso, virar a cabeça para uma posição mais neutra ocasionalmente funciona.

A localização ideal da ponta distal é no átrio direito (ao contrário da localização dos cateteres centrais na veia cava superior (SVC)), de modo que o fluxo sanguíneo turbulento reduza o risco de formação de trombo. A ponta pode entrar no átrio direito, mas não deve penetrar na válvula tricúspide. Vários métodos para a colocação adequada da ponta da derivação atrial podem ser empregados e incluem:

1. usar uma radiografia torácica intraoperatória para localizar a ponta entre o nível das vértebras T6-T8 em um adulto. Em uma criança em crescimento, inserir inicialmente ≈ no nível de T10. Este método está sujeito a erro em razão do mau alinhamento do feixe de raios X (erro paralático)
2. localizar a ponta próximo do nível descrito acima e, em seguida, injetar meio de contraste iodado, p. ex. 20 mL de Omnipaque 180 (iohexol) (p. 219) sob orientação fluoroscópica intraoperatória para localizar a ponta na SVC
3. preencher o cateter com salina normal ou salina 3%, e usar o cateter como um eletrodo de EKG. A onda P muda de uma morfologia descendente para uma morfologia bifásica à medida que a ponta penetra no átrio. Uma deflexão para cima acentuada ocorre quando a válvula tricúspide é abordada.[57] Alguns recomendam avançar a ponta até uma onda P de amplitude máxima e, então, recuar 1 ou 2 centímetros
4. preencher o cateter com salina heparinizada (1-5 U por cc de NS) e medir a pressão à medida que a ponta é avançada,[58] deixar a ponta posicionada um pouco antes de onde o traçado da pressão atrial ocorre
5. utilizar ecocardiografia intraoperatória[59]

Um paciente em fase de crescimento é acompanhado com radiografias torácicas anuais. Quando a ponta do cateter está ≈ acima de T4, o cateter deve ser alongado ou convertido para uma derivação VP.

97.6.4 Terceiro ventriculostomia

Informações gerais

Ver também indicações e complicações (p. 415).

Técnicas mais antigas incluem uma abordagem subfrontal, abrindo a cisterna quiasmática e a cisterna da lâmina terminal, e realizando uma abertura de 5-10 mm na lâmina terminal. Terceiro ventriculostomia estereotáxica (usando orientação por ventriculografia de contraste[60] ou CT) também foi descrita. A técnica atual, terceira ventriculostomia endoscópica (ETV), geralmente com assistência de orientação imagiológica, consiste na fenestração do assoalho do terceiro ventrículo com o uso de um ventriculoscópio.

Técnica ventriculoscópica

1. equipamento: requer um endoscópio rígido (não funciona bem com endoscópio flexível)
2. tecnologia estereotáxica orientada por imagem ajuda imensamente com a trajetória, mas tão logo o terceiro ventrículo é penetrado, é preciso navegar por referências anatômicas visuais, não sendo possível recorrer à orientação imagiológica em decorrência das limitações de precisão
3. trepanação: 2-3 cm lateral à linha média, na região imediatamente anterior à sutura coronal (ponto de Kocher)
4. atravessar o forame de Monro e fixar a bainha no interior do terceiro ventrículo
5. o assoalho do terceiro ventrículo é inspecionado e deve ser delgado e translúcido o bastante para permitir visualização da artéria basilar e corpos mamilares. Se estas estruturas não podem ser visualizadas, então o procedimento deve ser abortado
6. a localização da abertura é escolhida:
   a) na linha média (evitar a p-comm e a PCA)
   b) na região do *tuber cinereum* (proeminência da base do hipotálamo, estendendo-se ventralmente para dentro do infundíbulo e haste hipofisária)
   c) posterior ao recesso infundibular
   d) anterior aos corpos mamilares
   e) anterior à ponta da artéria basilar
7. uma técnica eficaz consiste em "esfregar" o assoalho do terceiro ventrículo com uma sonda ou um fórceps Decq. Alternativamente, hidrodissecção ou eletrocautério bipolar pode ser usado para adelgaçar a lâmina. ✖ Não usar laser devido à possibilidade de lesão da artéria basilar![61]
8. a abertura pode ser aumentada com o fórceps Decq, ou um cateter de Fogarty com balão de 3 Fr ou um balão duplo (cateter de Fogarty ou Neuroballoon™ (Integra LifeSciences 7CBD10)). O balão é insuflado distalmente à abertura no assoalho e, então, removido através da abertura
9. a abertura não precisa ser grande (ao contrário, p. ex., da fenestração de um cisto aracnoide): ≈ 4-5 mm é geralmente adequado[62,63]
10. após penetrar através do assoalho do terceiro ventrículo, certificar-se que consegue visualizar os vasos (ocasionalmente, a aracnoide não é perfurada, ou há uma segunda membrana ou redes de membranas que precisam ser desfeitas)
11. considerar a injeção de iohexol diluído, ou outro agente de contraste intratecal, no ventrículo lateral/terceiro ventrículo (ver ventriculografia) antes da remoção do endoscópio. CT do crânio 1 hora antes da cirurgia demonstrará contraste subaracnoide difuso nas cisternas e sobre a convexidade se a ETV for bem-sucedida
12. imagem em T2 sagital fina exibirá hipossinal no orifício da ETV

97.6.5 Colocação de derivação LP

Técnica de inserção

Ver referência.[64]

1. posição: decúbito lateral, ambos os joelhos flexionados (preferencialmente, com o lado direito para cima)
2. assepsia da coluna, flanco e abdome
3. incisão cutânea de 1 cm sobre L4-5 ou L5-S1 (em pacientes obesos, realizar incisões cutâneas maiores, estendidas até a fáscia sobreposta aos processos espinhosos. Esta também pode ser superficialmente incisada entre os processos espinhosos para auxiliar na inserção)
4. inclinar a mesa em 30° na posição de Trendelenburg reverso para expandir o espaço subaracnoide lombar
5. inserir uma agulha de Tuohy calibre 14 no espaço subaracnoide, com a abertura direcionada rostralmente (inserção causal também é aceitável). Confirmar a colocação pelo fluxo de CSF
6. remover o trocarte e inserir o tubo de derivação, de modo que ≤ 8 cm do cateter (na inserção em L4-5) se encontre no canal vertebral (minimiza irritação do cone medular)
7. a agulha é removida sobre o cateter

97

1518 Procedimentos, Intervenções, Cirurgias

8. realizar uma incisão no flanco, passar o tunelizador do flanco até a incisão na coluna. Inserir o cateter da coluna até o flanco. Remover o tunelizador sobre o cateter
9. colocação abdominal
   a) aberta: incisão realizada através do peritônio. Sutura em bolsa de tabaco com fio catgut (ou outro fio de sutura absorvível) é realizada na abertura peritoneal
   b) trocarte
10. passar o tunelizador desde a incisão abdominal até a incisão no flanco. Inserir o cateter do flanco até o abdome. Remover o tunelizador sobre o cateter
11. verificar o fluxo de CSF. Colocar o cateter dentro do peritônio. Para técnica aberta: apertar firmemente a sutura em bolsa de tabaco, porém, frouxa o bastante para possibilitar que o cateter deslize com um leve empurrão
12. manga retentora de ajuste firme é colocada ao redor do cateter nas três incisões, e fixada ao tecido subcutâneo com sutura não absorvível

Avaliação da derivação lomboperitoneal (LP)

Quando surgem problemas, a avaliação da função pode ser mais difícil do que com a derivação VP. A avaliação pode incluir:
1. radiografias abdominais: radiografias AP & lateral para descartar ruptura ou migração de um componente da derivação
2. CT de crânio sem contraste: pode descartar complicações como o hematoma subdural
3. LP: realizar uma LP na região imediatamente acima ou abaixo do nível do cateter lombar. A pressão pode ser 0 ou negativa, e pode ser necessária a aspiração de CSF para confirmar a colocação
   a) pode fornecer evidência indireta da função da derivação por meio da medida da pressão liquórica, a qual deve ser baixa se a derivação estiver funcionando (útil somente nos casos em que a derivação foi colocada para pressão liquórica elevada, p. ex. pseudotumor cerebral; não é útil na NPH)
   b) "*shuntograma*": injetar meio de contraste no espaço subaracnoide com uma agulha para LP
      • radionuclídeo (p. 421): injetar radioisótopo via LP e procurar por subsequente atividade do traçador na cavidade peritoneal
      • com meio de contraste hidrossolúvel:[65] injetar 10 mL de iohexol e monitorar fluoroscopicamente o fluxo do contraste, conforme o paciente é colocado na posição vertical. Tosse ou a manobra de Valsalva irá acelerar o fluxo do meio de contraste
4. punção no reservatório do sistema de derivação: se uma antecâmara tiver sido instalada, a mesma é acessada, após limpeza da pele com antisséptico, com uma agulha de calibre igual ou inferior a 22 inserida perpendicular à cúpula para evitar extravasamento. Na ausência de uma câmara de acesso, algumas vezes é possível realizar a punção no próprio tubo com uma agulha borboleta calibre 27

97.7 Dispositivo de acesso ventricular

97.7.1 Informações gerais

Um cateter ventricular de demora conectado a um reservatório situado abaixo do couro cabeludo para acesso crônico ao espaço intratecal (normalmente o sistema ventricular) ou, ocasionalmente, a outros compartimentos intracranianos como os cistos tumorais. Algumas vezes referido como reservatório de Ommaya®, este é, na realidade, um nome comercial.

97.7.2 Indicações

1. administração de quimioterapia antineoplásica intratecal (IT):
   a) para neoplasias do CNS, incluindo: meningite carcinomatosa, metotrexato para linfoma do CNS ou leucemia (p. 713)
   b) em razão da alta taxa de recidiva no CNS a quimioterapia IT frequentemente é usada para as seguintes condições, mesmo na ausência de envolvimento do CNS: leucemia linfoblástica aguda, linfoma linfoblástico, linfoma de Burkitt
2. administração de antibiótico intratecal para meningite crônica
3. remoção crônica de CSF de recém-nascidos com hemorragia intraventricular
4. para aspiração de fluidos de um cisto tumoral crônico resistente à terapia (radiação ou cirurgia)

Agendando o caso: dispositivo de acesso ventricular

Ver também valores predefinidos & responsabilidades (p. 27).
1. posição: supina
2. equipamento
   a) monitor endoscópico (p. ex., NeuroPen é usado)
   b) arco em C (opcional) para verificar a posição do cateter ventricular
   c) sistema de navegação guiado por imagem (raramente usado)
3. implantes: necessário especificar o fabricante do reservatório
4. consentimento (em termos leigos para o paciente – não completamente abrangentes):
   a) procedimento: cirurgia para inserir um cateter intracerebral (ventrículo) no espaço líquido, que é conectado a uma porta sob a pele, de modo que os fluidos possam ser removidos ou injetados (geralmente medicação)
   b) alternativas: ocasionalmente, o fluido pode ser removido e a medicação pode ser injetada com uma punção lombar (punção espinal). A eficácia deste procedimento pode não ser a mesma que a operação discutida aqui
   c) complicações: infecção, posição subótima com possível necessidade de reoperação, hematoma subdural, sangramento no cérebro. Este é um dispositivo mecânico e pode, algumas vezes, falhar (quebrar, entupir), necessitando de reparo/reposição

97.7.3 Técnica de inserção

Ver referência.[66]

Preferencialmente inserido na região frontal direita, salvo indicação em contrário (p. ex., cisto tumoral). Geralmente inserido com anestesia geral e intubação endotraqueal, embora anestesia local possa ser ocasionalmente utilizada (p. ex., em pacientes muito enfermos para tolerar anestesia geral).

Posição do paciente: supina, cabeça na linha média, pescoço flexionado a 5°.

Incisão: "U" invertido, ligeiramente maior do que o reservatório (o reservatório de Ommaya original tem um diâmetro de 3,4 cm), com o centro sobre a sutura coronal a uma distância de 3 cm da linha média, aproximadamente centrado próximo do ponto de Kocher (p. 1512). Um círculo do pericrânio, de diâmetro igual ao do reservatório, é excisado e conservado. Alternativamente, o pericrânio pode ser retalhado separadamente na direção oposta (ou seja, lado direito para cima em "U") e fechado sobre o reservatório para ajudar mantê-lo na posição.

Realizar um orifício de trepanação sobre a sutura coronal, a uma distância de 3 cm da linha média. Uma incisão cruzada larga o bastante é realizada na dura para visualizar a superfície cortical. Mínima coagulação bipolar cortical é usada, e uma incisão pial/cortical é feita para evitar os vasos superficiais.

Antes de inserir o cateter, pode-se injetar 15-20 cc de ar filtrado nos ventrículos com uma agulha ventricular para guiar a ponta do cateter com radiografias laterais intraoperatórias do crânio (pneumoencefalografia intraoperatória). A trajetória é direcionada para um ponto que cruza um plano 2 cm anterior ao EAM, orientando minimamente na direção da linha média (1-2°). Alternativamente, a trajetória pode ser direcionada perpendicularmente à superfície do crânio.[49] Um comprimento total do cateter de ≈ 7,25 cm é fixado na base do reservatório, permitindo que o cateter fique situado sobre o assoalho do corno anterior do ventrículo lateral na maioria dos adultos. Esta localização pode ser verificada com a pneumoencefalografia intraoperatória[66] ou com técnicas ventriculoscópicas.

O pericrânio excisado é colocado sobre a dura, e o reservatório é suturado ao pericrânio. Nota: a cúpula do reservatório de Ommaya® original possui uma baixa resistência e pode facilmente colapsar caso muita tensão for exercida sobre o couro cabeludo sobrejacente. Se o uso precoce do reservatório for desejado (isto é, dentro de 48 horas do pós-operatório), o fechamento cutâneo deve ser realizado com uma sutura contínua com fio não absorvível (p. ex., náilon) e revestida com colódio, e o sítio cirúrgico pode, então, ser deixado sem curativo com gaze para um acesso mais fácil ao reservatório. Uma tatuagem cutânea pode ser criada sobre o centro do reservatório (para auxiliar na localização do reservatório para injeção), usando tinta nanquim e furando a pele com uma agulha estéril.

97.7.4 Punção do reservatório

É realizada antissepsia do couro cabeludo com solução antibiótica e, com o uso de uma técnica estéril, uma agulha borboleta de calibre igual ou inferior a 25 é introduzida em um ângulo oblíquo, preferencialmente com uma agulha de ponta romba. O reservatório original (Ommaya®) possui uma superfície inferior firme de plástico que pode ser penetrada se uma força relativamente grande for aplicada.

97.8 Biópsia do nervo sural

97.8.1 Informações gerais

Embora vários nervos periféricos possam ser biopsiados, o nervo sural atende os critérios de ser bem estudado, expansível com mínimo déficit, facilmente acessível e frequentemente envolvido no processo patológico em questão.

97.8.2 Indicações

A biópsia de nervo exerce um pequeno papel no diagnóstico de neuropatias periféricas, porém pode ser muito precisa para vasculite, amiloidose, doença de Hansen, leucodistrofia metacromática e globoide, infiltração neoplásica do nervo periférico e polineurite recidivante.[67 (p. 136)] Pode ajudar a distinguir os dois tipos da síndrome de Charcot-Marie-Tooth. Pode demonstrar desmielinização na amiotrofia diabética (p. 545). O rendimento da biópsia de nervo sural pode ser baixo se o nervo estiver normal no teste de condução nervosa. A desvantagem do nervo sural é que este geralmente estará preservado nas neuropatias puramente motoras.

97.8.3 Riscos do procedimento

1. perda sensorial na distribuição do nervo sural é esperada, mas geralmente não persiste por mais de algumas semanas (a menos que o processo patológico subjacente mantenha isto)
2. problemas com a cicatrização da ferida: o tornozelo é uma região conhecida pela circulação deficiente, e a perda da sensação (secundária à doença ou biópsia) pode tornar a área sujeita a repetidos traumas sem que o paciente tenha consciência disso. Além disso, muitos pacientes com uma doença sistêmica não diagnosticada, necessitando de uma biópsia de nervo sural, apresentarão cicatrização inadequada da ferida (um número significativo também é diabético)
3. falha em estabelecer um diagnóstico: embora a biópsia possa ser capaz de excluir algumas contingências, frequentemente não estabelece um diagnóstico específico

97.8.4 Anatomia aplicada

O nervo sural é formado pela união da porção distal do nervo cutâneo sural medial (um dos ramos terminais do nervo tibial) com o ramo anastomótico do nervo fibular comum. É inteiramente sensorial, exceto por algumas fibras autonômicas não mielinizadas. O nervo sural fornece a sensação cutânea ao terço posterolateral da perna, à região lateral do calcanhar e pé, e ao dedo mínimo do pé. No nível do tornozelo, situa-se entre o tendão do calcâneo e o maléolo lateral. Esta localização é constante, superficial e relativamente protegida de traumatismos externos, os quais poderiam confundir a análise.

97.8.5 Técnica

Técnica modificada.[68 (p. 771-2)] Geralmente realizada sob anestesia local com sedação. Lado da biópsia: se uma perna mostra mais envolvimento, este é geralmente o lado de eleição para biópsia.

Posição: paciente na posição prona. Se o paciente estiver sob o efeito de anestesia geral, usar um travesseiro entre as pernas na posição oblíqua ¾ (não em prona). A perna a ser biopsiada é elevada e flexionada a 90° no joelho para relaxar a tensão sobre o nervo; o tornozelo é ligeiramente evertido. Compressão da panturrilha (pode ser realizado com o uso de um dreno de Penrose estéril como torniquete temporário durante a cirurgia) distende a veia safena parva (LSV) no maléolo lateral (LM), o qual (quando visível) proporciona de forma confiável a localização do nervo sural, geralmente abaixo e anterior à veia.

Após a antissepsia, cobrir o membro com um estoquinete estéril ou um pano de campo similar, infiltrar anestésico local subcutaneamente na região imediatamente posterior ao ML e proximalmente, de forma paralela ao tendão do calcâneo, em ≈ 10 cm. Uma incisão de 7-10 cm é realizada acima do trajeto da LSV, geralmente começando posterior e ≈ 1 cm proximal ao LM. A veia pode ser visualizada através da fáscia de Scarpa translúcida. A fáscia é incisada sobre a veia, que é gentilmente retraída para revelar o nervo geralmente abaixo desta. Uma falha comum é o avanço muito profundo, pois o nervo é relativamente superficial; não é necessário atravessar a fáscia espessa. Se em qualquer momento, tendões que se estendem aos dedos do pé forem visualizados, o avanço foi muito profundo.

Para diferenciar o nervo sural da LSV (que pode ter um aspecto similar ao nervo em alguns casos): o nervo possui muitos ramos em ângulos agudos, especialmente proximal ao LM, quando comparado à veia que possui ramos de ângulo reto. Na dúvida, uma biópsia de congelação pode ser útil para comprovar que a estrutura biopsiada seja um nervo, a fim de evitar explicações potencialmente constrangedoras e a possível necessidade de repetir o procedimento.

Após expor pelo menos 3-5 cm do nervo, anestesiar a porção proximal com lidocaína a 0,5% com o uso de uma agulha calibre 27, e seccioná-lo na porção imediatamente distal ao sítio de infiltração (nota: ocasionalmente, uma biópsia de apenas uma porção dos fascículos do nervo pode ser suficiente: isto é alcançado por meio da abertura do epineuro no comprimento da exposição e separação de um fascículo com mínima ramificação). Cortar o nervo exercendo uma leve tensão sobre ele para permitir que as extremidades se retraiam abaixo da incisão cutânea, a fim prevenir a formação de um neuroma cicatricial. Alguns patologistas solicitam a marcação da extremidade proximal do nervo, p. ex., com uma sutura.

Se a obtenção de uma biópsia de nervo sural em um nível mais elevado for desejada para comparação, o nervo pode ser acessado na região superomedial da panturrilha, entre as cabeças do músculo gastrocnêmio. Neste local, a biópsia pode ser tão profunda quanto ≈ 2 cm. Uma tração suave do nervo exposto no tornozelo pode ajudar na localização.

Um fechamento com sutura subcuticular absorvível pode ser usado. Um acolchoamento generoso deve ser colocado sobre a incisão para protegê-la de colisões (visto que muitos pacientes estão entorpecidos pela patologia e/ou cirurgia, há um maior risco de lesões inadvertidas da ferida cirúrgica). Um curativo compressivo elástico é aplicado após o fechamento.

97.8.6 Manuseio do nervo

Para microscopia de luz, a qual é suficiente na maioria dos casos, imergir o nervo em formalina. Para microscopia eletrônica, glutaraldeído é usado. Para exames bioquímicos e de imunofluorescência, usar congelamento rápido.

97.8.7 Cuidados pós-operatórios

Curativo compressivo deve ser usado para proteção por duas semanas. O paciente pode andar, porém deve limitar suas atividades por 2-3 dias. Caso suturas não absorvíveis sejam utilizadas em vez de fechamento subcuticular, essas devem ser mantidas durante 10-14 dias.

97.9 Bloqueios nervosos

Ver também bloqueio do nervo occipital (p. 516).

97.9.1 Bloqueio do gânglio estrelado

Informações gerais

✖ Não realizar bloqueio de gânglio estrelado bilateralmente (pode causar paralisia laríngea bilateral → comprometimento respiratório). O gânglio estrelado está mais próximo de C7 do que de C6, mas os riscos em C7 são muito mais elevados (mais próximo da pleura → pneumotórax, artéria vertebral → injeção arterial → convulsões e/ou hematoma, nervo laríngeo recorrente → paralisia unilateral das cordas vocais → rouquidão (comum), plexo braquial → fraqueza da UE). Outras complicações: injeção intradural → anestesia espinal, bloqueio do nervo frênico.

Técnica

Paciente em supina; rolo interescapular; cabeça inclinada para trás, boca ligeiramente aberta para relaxar os músculos infra-hioideos. Afastar o SCM e a bainha carotídea lateralmente, inserir uma agulha calibre 22 por 3,8 cm até o tubérculo de Chassaignac (tubérculo anterior do processo transverso de C6) AKA tubérculo carotídeo (o mais proeminente na coluna cervical), geralmente no nível da cartilagem cricoide, aproximadamente 3,8-5 cm acima da clavícula.

Recuar a agulha 1-2 mm e aspirar (não injetar intravascularmente). Injetar uma dose-teste pequena e, então, 10 mL de bupivacaína a 0,5% (Marcaine®) ou 20 mL de lidocaína a 1%. Remover a agulha e elevar a cabeça do paciente sobre um travesseiro para facilitar a distribuição.

Verificar o bloqueio por meio da síndrome de Horner, bem como anidrose e temperatura elevada da mão ipsolateral.

97.9.2 Bloqueio simpático lombar

Técnica

Paciente na posição prona na mesa de fluoroscopia. Usar anestésico local para permitir a inserção de agulhas espinais calibre 20-22 (10 a 12,5 cm de comprimento) nos níveis de L2, L3 e L4. Inserir a agulha 4,5-5 cm lateralmente ao processo espinhoso até alcançar o processo transverso e, em seguida, redirecioná-la caudalmente e inseri-la a uma profundidade de 3,5-4 cm abaixo do processo transverso. A posição final da ponta da agulha deve ser imediatamente anterolateral aos corpos vertebrais. Em cada nível, instilar localmente ≈ 8 mL de lidocaína a 1% após verificar que nada pode ser aspirado.

Manter o paciente em repouso na cama por várias horas e, então, fazer com que ele se locomova com auxílio; ficar atento à hipotensão ortostática provocada por estase vascular na extremidade inferior bloqueada.

97.9.3 Bloqueio do nervo intercostal

Indicações

1. dor pós-toracotomia
2. neuralgia intercostal
3. neuralgia pós-herpética
4. dor secundária a fraturas de costelas

Princípios gerais

Para obter uma anestesia adequada, o seguinte deve ser observado:
1. um sítio adequado para injeção na *linha axilar posterior* (PAL), pois
   a) esta linha está situada proximal à origem do nervo cutâneo lateral (que tem origem ≈ na linha axilar anterior)
   b) isto evita a escápula para nervos ≈ acima de T7
   c) isto reduz o risco de pneumotórax secundário a uma injeção próximo da coluna vertebral (a última requer um trajeto mais longo da agulha e há maior dificuldade na palpação de referências anatômicas)
2. em razão da sobreposição, pelo menos 3 nervos intercostais geralmente precisam ser bloqueados para alcançar alguma área de anestesia; normalmente é necessário bloquear 1-2 nervos intercostais acima e abaixo do dermátomo afetado)
3. os nervos intercostais se situam na face inferior da costela correspondente, próximo da pleura. a ordem das estruturas de cima para baixo é: costela, veia, artéria, nervo

Técnica

1. após elevar uma pápula no nível desejado na PAL, inserir uma agulha de calibre igual ou inferior a 22 diretamente contra a costela
2. avançar a agulha na costela milímetro por milímetro, até que a agulha deslize por baixo da costela; para evitar perfuração da pleura, não avançar a agulha mais do que 3 mm até a superfície anterior da costela
3. aspirar para garantir a ausência de ar (por penetração do pulmão) ou sangue (por penetrar a artéria ou veia intercostal)
4. na ausência de retorno de ar ou sangue, injetar 3-5 mL de anestésico local
5. se houver qualquer dúvida sobre uma possível penetração do pulmão, obter uma radiografia portátil para descartar pneumotórax

Referências

[1] Navarro IM, Renteria JAG, Peralta VHR, et al. Transorbital Ventricular Puncture for Emergency Ventricular Decompression. J Neurosurg. 1981; 54:273–274

[2] Brem SS, Hafler DA, Van Uitert RL, et al. Spinal Subarachnoid Hematoma: A Hazard of Lumbar Puncture Resulting in Reversible Paraplegia. N Engl J Med. 1981; 303:1020–1021

[3] Hollis PH, Malis LI, Zappulla RA. Neurological Deterioration After Lumbar Puncture Below Complete Spinal Subarachnoid Block. J Neurosurg. 1986; 64:253–256

[4] Reimann AE, Anson BJ. Vertebral Level of Termination of the Spinal Cord with a Report of a Case of Sacral Cord. Anat Rec. 1944; 88

[5] Antoni N. Pressure Curves from the Cerebrospinal Fluid. Acta Med Scand Suppl. 1946; 170:439–462

[6] Bono F, Lupo MR, Serra P, Cantafio C, et al. Obesity does not induce abnormal CSF pressure in subjects with normal cerebral MR venography. Neurology. 2002; 59:1641–1643

[7] Adams RD, Victor M. Principles of Neurology. 2nd ed. New York: McGraw-Hill; 1981

[8] Fishman RA. Cerebrospinal Fluid in Diseases of the Nervous System. Philadelphia: W. B. Saunders; 1980

[9] Wiesel J, Rose DN, Silver AL, et al. Lumbar Puncture in Asymptomatic Late Syphilis. An Analysis of the Benefits and Risks. Arch Intern Med. 1985; 145:465–468

[10] Fishman RA. Cerebrospinal Fluid in Diseases of the Nervous System. Philadelphia: W. B. Saunders; 1992

[11] Sathi S, Stieg PE. "Acquired" Chiari I Malformation After Multiple Lumbar Punctures: Case Report. Neurosurgery. 1993; 32:306–309

[12] Stern WE. Localization and Diagnosis of Spinal Cord Tumors. Clin Neurosurg. 1977; 25:480–494

[13] DeSousa AL, Kalsbeck JE, Mealey J, et al. Intraspinal Tumors in Children. A Review of 81 Cases. J Neurosurg. 1979; 51:437–445

[14] McDonald JV, Klump TE. Intraspinal Epidermoid Tumors Caused by Lumbar Puncture. Arch Neurol. 1986; 43:936–939

[15] Pavlin J, McDonald JS, Child B, Rusch V. Acute Subdural Hematoma: An Unusual Sequela to Lumbar Puncture. Anesthesiology. 1979; 52:338–340

[16] Rudehill A, Gordon E, Rahu T. Subdural Hematoma: A Rare but Life Threatening Complication After Spinal Anesthesia. Acta Anaesthesiol Scand. 1983; 17:376–377

[17] Sundberg A, Wang LP, Fog J. Influence of hearing of 22 G Whitacre and 22 G Quincke needles. Anaesthesia. 1992; 47:981–983

[18] Michel O, Brusis T. Hearing Loss as a Sequel of Lumbar Puncture. Ann Otol Rhinol Laryngol. 1992; 101:390–394

[19] Kestenbaum A. Clinical Methods of Neuroophthalmologic Examination. 2nd ed. New York: Grune and Stratton; 1961

[20] Wilder-Smith E, Kothbauer-Margreiter I, Lämmle B, et al. Dural Puncture and Activated protein C Resistance: Risk Factors for Cerebral Venous Sinus Thrombosis. J Neurol Neurosurg Psychiatry. 1997; 63:351–356

[21] Duffy GP. Lumbar Puncture in the Presence of Raised Intracranial Pressure. Brit Med J. 1969; 1:407–409

[22] Korein J, Cravioto H, Leicach M. Reevaluation of Lumbar Puncture: A Study of 129 Patients with Papilledema or Intracranial Hypertension. Neurology. 1959; 9:290–297

[23] Mokri B. Orthostatic headaches in the syndrome of the trephined: resolution following cranioplasty. Headache. 2010; 50:1206–1211

[24] DiGiovanni AJ, Dunbar BS. Epidural Injections of Autologous Blood for Postlumbar-Puncture Headache. Anesth and Analg. 1970; 49:268–271

[25] Seebacher J, Ribeiro V, Le Guillou JL, et al. Epidural Blood Patch in the Treatment of Post Dural Puncture Headache: A Double Blind Study. Headache. 1989; 29:630–632

[26] Lance JW, Branch GB. Persistent Headache After Lumbar Puncture. Lancet. 1994; 343

[27] Gass H, Goldstein AS, Ruskin R, et al. Chronic Postmyelogram Headache. Arch Neurol. 1971; 25:168–170

[28] Evans RW, Armon MD, Frohman MHS, Goodin DS. Assessment: prevention of post-lumbar puncture headaches: report of the therapeutics and technology assessment subcommittee of the American Academy of Neurology. Neurology. 2000; 55:909–914

[29] TourtellotteWW, Henderson WG, Tucker RP, et al. A Randomized, Double Blind Clinical Trial Comparing the 22 Versus 26 Gauge Needle in the Production of the Post-Lumbar Puncture Syndrome in Normal Individuals. Headache. 1972; 12:73–78

[30] Mihic DN. Postspinal Headache and Relationship of Needle Bevel to Longitudinal Dural Fibres. Reg Anesth. 1985; 10:76–81

[31] Kuntz KM, Kokmen E, Stevens JC, et al. Post-Lumbar Puncture Headaches: Experience in 501 Consecutive Procedures. Neurology. 1992; 42

[32] Carson D, Serpell M. Choosing the Best Needle for Diagnostic Lumbar Puncture. Neurology. 1996; 47:33–37

[33] Hilton-Jones D, Harrad RA, Gill MW, et al. Failure of Postural Maneuvers to Prevent Lumbar Puncture Headache. J Neurol Neurosurg Psychiatry. 1982; 45:743–746

[34] Carbaat PAT, van Crevel H. Lumbar Puncture Headache: Controlled Study on the Preventive Effect of 24 Hours Bed Rest. Lancet. 1981; 1:1133–1135

[35] Sechzer PH, Abel L. Post-Spinal Anesthesia Headache Treated with Caffeine: Evaluation with Demand Method. Part 1. Cur Ther Res. 1978; 24:307–312

[36] Murros K, Fogelholm R. Spontaneous Intracranial Hypotension with Slit Ventricles. J Neurol Neurosurg Psychiatry. 1983; 46:1149–1151

[37] Zivin JA. Lateral Cervical Puncture: An Alternative to Lumbar Puncture. Neurology. 1978; 28:616–618

[38] Penning L. Normal Movements of the Cervical Spine. AJR. 1978; 130:317–326

[39] Section of Pediatric Neurosurgery of the American Association of Neurological Surgeons. Pediatric Neurosurgery. New York 1982

[40] Rogers LA. Acute Subdural Hematoma and Death Following Lateral Cervical Spinal Puncture. J Neurosurg. 1983; 58:284–286

[41] Ward E, Orrison WW, Watridge CB. Anatomic Evaluation of Cisternal Puncture. Neurosurgery. 1989; 25:412–415

[42] Wilkins RH, Rengachary SS. Neurosurgery. New York 1985

[43] Tillmanns H. Something about puncture of the brain. Sheffield, England 1908

[44] Schmidek HH, Sweet WH. Operative Neurosurgical Techniques. New York 1982

[45] Becker DP, Nulsen FE. Control of Hydrocephalus by Valve-Regulated Venous Shunt: Avoidance of Complications in Prolonged Shunt Maintenance. J Neurosurg. 1968; 28:215–226

[46] Keskil SI, Ceviker N, Baykaner K, Alp H. Index for Optimum Ventricular Catheter Length: Technical Note. J Neurosurg. 1991; 75:152–153

[47] Davis JW, Davis IC, Bennink LD, Hysell SE, Curtis BV, Kaups KL, Bilello JF. Placement of intracranial pressure monitors: are "normal" coagulation parameters necessary? J Trauma. 2004; 57:1173–1177

[48] Le TV, Rumbak MJ, Liu SS, Alsina AE, van Loveren H, Agazzi S. Insertion of intracranial pressure monitors in fulminant hepatic failure patients: early experience using recombinant factor VII. Neurosurgery. 2010; 66:455–8; discussion 458

[49] Ghajar JBG. A Guide for Ventricular Catheter Placement: Technical Note. J Neurosurg. 1985; 63:985–986

[50] Mann KS, Yue CP, Ong GB. Percutaneous Sump Drainage: A Palliation for Oft-Recurring Intracranial Cystic Lesions. Surg Neurol. 1983; 19:86–90

[51] Chan KH, Mann KS. Prolonged Therapeutic External Ventricular Drainage: A Prospective Study. Neurosurgery. 1988; 23:436–438

[52] Couldwell WT, LeMay DR, McComb JG. Experience with Use of Extended Length Peritoneal Shunt Catheters. J Neurosurg. 1996; 85:425–427

[53] Cozzens JW, Chandler JP. Increased Risk of Distal Ventriculoperitoneal Shunt Obstruction Associated With Slit Valves or Distal Slits in the Peritoneal Catheter. J Neurosurg. 1997; 87:682–686

[54] McComb JG, Scott RM. In: Techniques for CSF Diversion. Hydrocephalus. Baltimore: Williams and Wilkins; 1990:47–65

[55] Seldinger SI. Catheter replacement of the needle in percutaneous arteriography. A new technique. Acta Radiol. 1953; 39:368–376

[56] Harrison MJ, Welling BG, DuBois JJ. A new method for inserting the atrial end of a ventriculoatrial shunt. technical note. J Neurosurg. 1996; 84:705–707

[57] Robertson JT, Schick RW, Morgan F, et al. Accurate Placement of Ventriculo-Atrial Shunt for Hydrocephalus under Electrocardiographic Control. J Neurosurg. 1961; 18:255–257

[58] Cantu RC, Mark VH, Austen WG. Accurate Placement of the Distal End of a Ventriculo-Atrial Shunt Catheter Using Vascular Pressure Changes. J Neurosurg. 1967; 27:584–596

[59] Szczerbicki MR, Michalak M. Echocardiorahic Placement of Cardiac Tube in Ventriculoatrial Shunt. Technical Note. J Neurosurg. 1996; 85:723–724

[60] Hoffman HJ. Technical Problems in Shunts. Monogr Neural Sci. 1982; 8:158–169

[61] McLaughlin MR, Wahlig JB, Kaufmann AM, Albright AL. Traumatic Basilar Aneurysm After Endoscopic Third Ventriculostomy: Case Report. Neurosurgery. 1997; 41:1400–1404

[62] Grant JA, McLone DG. Third ventriculostomy: a review. Surg Neurol. 1997; 47:210–212

[63] Jones RF, Stening WA, Brydon M. Endoscopic third ventriculostomy. Neurosurgery. 1990; 26:86–91; discussion 91-2

[64] Spetzler R, Wilson CB, Schulte R. Simplified Percutaneous Lumboperitoneal Shunting. Surg Neurol. 1977; 7:25–29

[65] Ishiwata Y, Yamashita T, Ide K, et al. A new technique for percutanous study of lumboperitoneal shunt patency. J Neurosurg. 1988; 68:152–154

[66] Leavens ME, Aldama-Luebert A. Ommaya Reservoir Placement: Technical Note. Neurosurgery. 1979; 5:264–266

[67] Youmans JR. Neurological Surgery. Philadelphia 1990

[68] Dyck PJ, Thomas PK. Peripheral Neuropathy. 2nd ed. Philadelphia: W. B. Saunders; 1984

98 Neurocirurgia Funcional

Para neurocirurgia funcional relacionada com a dor, ver Procedimentos para dor (p. 1541).

98.1 Estimulação cerebral profunda

Uma variedade de condições pode ser tratada, incluindo:
1. distúrbios do movimento
   a) doença de Parkinson: A estimulação do STN pode ser superior ao melhor tratamento clínico[1,2] por apresentar uma eficácia similar à levodopa com menos efeitos colaterais (primariamente discinesia) (ver abaixo)
   b) distonia (p. 1528)
   c) tremor (p. 1537)
2. epilepsia (p. 1554)
3. dor (p. 1550): a resposta é variável, tipicamente apenas 25-60% respondem
4. usos potenciais
   a) transtornos psiquiátricos: principalmente
      - síndrome de Tourette: DBS talâmica & palidal (relatos clínicos[3,4])
      - transtornos obsessivos compulsivos: estimulação da cápsula anterior e do STN[5] e, recentemente alvos, mais posteriores e rostrais[6]
      - depressão: estimulação da porção subgenual do giro cíngulo e estimulação da cápsula anterior[8]
   b) obesidade[9]
   c) dependência de drogas[10]
   d) hipertensão (relato clínico de redução da pressão arterial em um paciente que estava sendo tratado para dor[11])

98.2 Alvos típicos usados na cirurgia cerebral funcional

A ▶ Fig. 98.1 mostra as relações entre os alvos típicos e as outras estruturas, bem como os efeitos da DBS (ou técnicas lesionais). Esta figura destina-se apenas a fins ilustrativos, não sendo apresentada para a finalidade de realizar procedimentos cirúrgicos.

98.3 Tratamento cirúrgico da doença de Parkinson

98.3.1 Contexto histórico

Antes da disponibilidade de medicamentos eficazes, procedimentos cirúrgicos foram desenvolvidos para tratar a doença de Parkinson. Um procedimento inicial era a ligadura da artéria coroidal anterior. Em razão da variabilidade da área lesionada, a destruição frequentemente se estendia além dos limites desejados do paleoestriado e os resultados eram muito imprevisíveis. Palidotomia anterodorsal se tornou um procedimento aceito na década de 1950, mas a melhora a longo prazo era, principalmente, na rigidez, enquanto o tremor e a bradicinesia não melhoravam.[12] Subsequentemente, o tálamo ventrolateral se tornou o alvo de eleição. Lesões nessa região eram as mais eficazes na diminuição de tremores. Na verdade, o tremor geralmente não era o sintoma mais debilitante, particularmente por ser um tremor de repouso no início da doença (pode se tornar mais difuso posteriormente). Bradicinesia e rigidez eram, frequentemente, os sintomas mais incapacitantes. Além disso, o procedimento reduz o tremor somente na metade contralateral do corpo, e talamotomias bilaterais não eram recomendadas devido a um alto risco pós-operatório inaceitável de disartria e distúrbios da marcha. O uso de talamotomia diminuiu dramaticamente no final da década de 60 com a introdução da levodopa.[13]

98.3.2 Tendências atuais

Entretanto, em algum momento, a maioria dos pacientes sofrerá efeitos colaterais problemáticos e/ou resistência ao tratamento com fármacos antiparkinsonianos. Isto, combinado aos recentes aprimoramentos nas técnicas cirúrgicas produzindo melhores resultados, acarretou o reaparecimento do interesse no tratamento cirúrgico da doença de Parkinson. Transplante de tecidos (p. ex., com tecido adrenomedular) parece fornecer apenas benefícios modestos (ver abaixo). Técnicas lesivas ou de estimulação tiveram, portanto, ganho de popularidade, com um interesse renovado na parte posteroventral do gânglio pálido como a região alvo. Esta técnica, na verdade, foi promovida por Leksell na época de surgimento da talamotomia.[12]

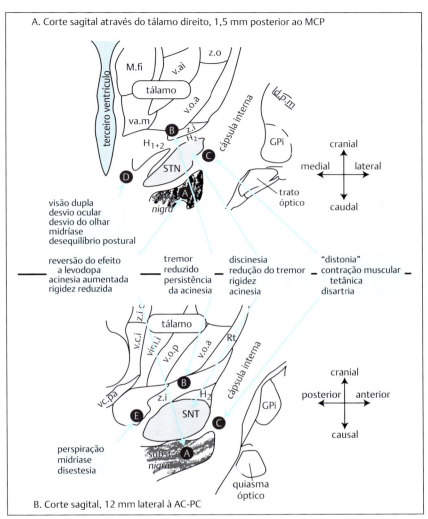

Fig. 98.1 Ilustração de alguns alvos da cirurgia cerebral funcional.
Abreviações: AC = comissura anterior, GPi = parte interna do globo pálido, H_1 = campo H_1 de Forel, MCP = ponto médio comissural (a meio caminho de AC & PC), PC = comissura posterior, STN = núcleo subtalâmico, subst.. nigra = substância negra, Z.i = zona incerta.

98.3.3 Transplante de tecidos

O transplante de tecidos para a doença de Parkinson geralmente é limitado aos centros de pesquisa. A situação atual do transplante de células dopaminérgicas fetais em pacientes com a doença de Parkinson é que pode reduzir a gravidade da enfermidade e aumentar a eficácia da levodopa.[14] Por razões éticas, este procedimento raramente é realizado nos EUA.

Outros tecidos transplantados incluem células da medula suprarrenal do próprio paciente. Após os resultados otimistas iniciais,[15] estudos posteriores falharam em corroborar os resultados dramáticos, e os benefícios parecem ser modestos.[16,17,18]

Um ensaio randomizado, duplo-cego e controlado por placebo,[19] composto por 34 pacientes com DP grave, observou uma melhora inicial aos 6 e 9 meses, mas não constatou eficácia 2 anos após o transplante de células mesencefálicas fetais. Nota: imunossupressão foi usada apenas por 6 meses. Pesquisa adicional está em curso.[20]

98.3.4 Cirurgia ablativa e estimulação elétrica

Informações gerais

A cirurgia ablativa foi, em grande parte, substituída pela menos destrutiva estimulação cerebral profunda (DBS).

Palidotomia

Ver referências.[21,22]

Informações gerais

A palidotomia pode funcionar por meio de um dos seguintes mecanismos: diretamente destruindo porções do segmento interno do globo pálido (GPi), interrompendo as vias palidofugais ou diminuindo as entradas ao paleoestriado medial (especialmente proveniente do núcleo subtalâmico; ver Fisiopatologia (p. 177)). Embora as metodologias iniciais incluíssem radiocirurgia estereotáxica,[23] as técnicas modernas (excluindo casos muito selecionados) se baseiam primariamente na radiofrequência ou em técnicas lesivas com criossonda após confirmação da localização do alvo por estimulação elétrica.

Estimulação elétrica

Estimulação cerebral profunda (DBS) na área da GPi[24] e núcleo subtalâmico (STN) também é capaz de aliviar os sintomas parkinsonianos[25] sem destruição irreversível do tecido. Um estudo randomizado demonstrou uma eficácia similar entre a talamotomia e a DBS, porém menos efeitos colaterais com a DBS.[26] Um alvo de interesse mais recente para a DBS é o núcleo pedunculopontino (PPN).

Indicações

1. pacientes refratários à terapia medicamentosa (incluindo múltiplos agentes). No entanto, alguns investigadores acham que a resposta à cirurgia pode ser melhor se a mesma for realizada precocemente
2. indicação primária (com base em uma pesquisa de opinião[27]): pacientes com discinesia induzida por levodopa (especialmente aqueles com espasmos musculares dolorosos associados). Os resultados iniciais indicam que estes pacientes são muito responsivos à palidotomia
3. instabilidade postural e da marcha,[28] bem como quedas e rigidez (dados obtidos por estudos realizados em primatas não humanos),[29] podem responder à DBS do núcleo pedunculopontino (PPN)
4. pacientes primariamente com rigidez ou bradicinesia (uni ou bilateral), flutuações de fim de dose (*on-off*) ou distonia. Tremor pode estar presente, mas se for o sintoma predominante, então o uso do núcleo ventral intermédio (VIM) do tálamo como o alvo (para ablação (talamotomia) ou estimulação)[30] é um procedimento mais adequado. Estimulação do VIM também é usado para tratar tremor essencial[31]

Contraindicações

1. pacientes com demência significativa: adicional comprometimento cognitivo foi observado primariamente em pacientes com déficits cognitivos antes do tratamento cirúrgico
2. pacientes com risco de hemorragia intracerebral: aqueles com coagulopatia, hipertensão pouco controlada e aqueles sendo tratados com antiplaquetários que não podem ser suspensos (lesões por radiocirurgia estereotáxica podem ser consideradas para estes pacientes raros, ver abaixo)
3. pacientes com hemianopsia ipsolateral: emm razão do risco de hemianopsia contralateral pós-operatória secundária a uma lesão do nervo óptico, o que poderia tornar o paciente cego
4. idade ≥ 85 anos
5. pacientes com Parkinsonismo secundário (p. 177), ou seja, doença de Parkinson *não* idiopática: respondem mal ao tratamento, presumidamente devido à patofisiologia diferente. Procurar por:
   a) sinais de disfunção do sistema nervoso autônomo (sugere Shy-Drager)
   b) anormalidades nos EOM (pode ocorrer na paralisia supranuclear progressiva (PSNP))
   c) sintomatologia de trato longo
   d) achados cerebelares (como na atrofia olivopontocerebelar (OPCA))
   e) ausência de melhora com a levodopa

Neurocirurgia Funcional   **1527**

f) MRI: infartos lacunares nos gânglios basais (como no Parkinsonismo arteriosclerótico) ou tumor na região da substância negra
g) imagem PET (se disponível): metabolismo estriatal reduzido, detectado pela PET com deoxiglicose (sugere degeneração estriatonigral (SND))

Técnica
Informações gerais
Medicamentos antiparkinsonianos são suspensos na manhã do procedimento para evocar os sintomas. Um halo estereotáxico é aplicado sob anestesia local, na região paralela à linha orbitomeatal (que está alinhada com a linha comissural anterior-posterior (AC-PC)).

Localização radiológica do alvo
Pode-se utilizar: MRI, CT e/ou ventriculografia. MRI é a modalidade de imagem mais comum, sendo capaz de demonstrar a anatomia desejada de forma mais adequada, porém é suscetível à distorção geométrica. Portanto, muitos centros também utilizam a CT e/ou ventriculografia para complementar a MRI. Imagens T1WI são comumente empregadas, porém, alguns acham que uma imagem de MRI ideal pode ser realizada com projeções axiais e coronais realçadas por gadolínio, usando intervalos entre cortes de 1 mm, e aquisição em volume de sequências STIR e GRASS, com protocolos de aquisição em volume.

A comissura posterior é o feixe de substância branca localizado no nível da pineal que cruza na porção posterior do terceiro ventrículo.

O típico alvo inicial[27] é exibido no ▶ Quadro 98.1. Evitar invasão da cápsula interna (medial à GPi) e do trato óptico (inferior à GPi). Lesões do núcleo subtalâmico estão associadas ao hemibalismo. Um ponto de entrada é escolhido a partir dos exames de imagem, sendo geralmente anterior à sutura coronal e 15-20 mm lateral à linha média. Uma broca espiral de 4 mm é usada. A trajetória deve evitar as estruturas venosas na linha média, as arteríolas no interior de sulcos (portanto, entrar através de um giro), assim como evitar atravessar o ventrículo lateral. Recomenda-se selecionar trajetórias laterais à parede deste ventrículo, o que contribui para reduzir o risco de sangramento.

Localização eletrofisiológica do alvo
Estimulação:

O paciente deve estar acordado para o procedimento. Para pacientes com discinesia ocorrendo após uma dose da medicação dopaminérgica, a dose normal desse medicamento deve ser administrada duas a três horas antes do início do procedimento operatório. Esta orientação facilita evocar os sintomas parkinsonianos durante a operação. Estimulação é necessária para verificar o alvo neurofisiológico, que varia entre indivíduos. Estimulação com macroeletrodo pode ser realizada com o eletrodo de lesão. Geralmente há queda da impedância quando um trato da substância branca é encontrado. A impedância do alvo desejado é geralmente > 600 Ω. Estimular com onda quadrada a 1, 5, 50 e 100 Hz, com uma voltagem de 0,5-3 volts (nota: acima de ≈ 2 V, pode-se observar estimulação de campo amplo). Estimulação do paleoestriado geralmente aumenta (mas ocasionalmente reduz) o tônus muscular contralateral. Procurar também por redução de tremor ou discinesia. Fraqueza contralateral ou hipotonia indica proximidade à cápsula interna. Escotoma visual sugere estimulação do trato óptico. Vale ressaltar dois pontos fundamentais quando a opção é o implante de estimuladores cerebrais: A. a exata localização do alvo selecionado para o implante do eletrodo é da maior importância para o sucesso terapêutico da operação. B. após realizado o implante, seguem-se as semanas de seleção de parâmetros de estimulação. Este trabalho utiliza técnicas refinadas que possibilitam ajustar as características dos estímulos à produção da melhor resposta terapêutica. Frequentemente requer até alguns meses, para chegar-se aos melhores resultados.

Registro por microeletrodos:

Aproximadamente metade das instituições pesquisadas realiza registro por microeletrodos, e metade dos centros restantes estava considerando começar a usar.

Realização da lesão
Kondziolka *et al.*[22] utilizam uma sonda de 1,1 mm de diâmetro com uma ponta exposta de 3 mm. Uma pequena lesão é feita a 45° C por 30 segundos, teste necessário para verificar-se, principalmente, efeitos

Quadro 98.1 Alvo para a palidotomia

Típico alvo inicial	Mediana
1-3 mm anterior ao ponto central da linha AC-PC	2 mm
19-22 mm lateral[a]	21 mm
2-6 mm inferior	5 mm

[a]Pode ser reduzido em mulheres (começar em ≈ 19 mm), ou aumentado quando o 3° ventrículo estiver dilatado.

colaterais, realizado antes de fazer a lesão definitiva a 70-80° C por 60 segundos. A sonda é recuada 3-4 mm e uma segunda lesão é feita. Lesões com criossondas podem estar associadas à maior incidência de hemorragia intracerebral.

Para o paciente muito raro, em quem a inserção de um eletrodo é contraindicada (p. ex., coagulopatia refratária), a indução de lesão pode ser realizada com radiocirurgia estereotáxica. No entanto, isto elimina a capacidade crítica de verificar o sítio da lesão planejada eletrofisiologicamente antes que uma lesão permanente seja feita.

Palidotomia unilateral produz efeitos primariamente contralaterais, embora ocorram algumas alterações ipsolaterais. Procedimentos bilaterais quando realizados devem ser feitos em etapas, com um intervalo de 3-12 meses entre os lados. Embora possam ser realizadas, as palidotomias bilaterais podem apresentar alto risco de dificuldades de fala e declínio cognitivo.

Resultados

Atualmente, o principal foco da terapia é a melhoria dos sintomas motores. Embora 97% dos pacientes tenham exibido pelo menos uma melhora (alguns resultados insatisfatórios podem decorrer da inclusão de alguns pacientes com Parkinsonismo secundário), em 17% o grau de melhora foi classificado como leve.

Redução significativa da discinesia induzida por levodopa ocorreu em 90%. Bradicinesia melhorou em 85%, rigidez em 75% e tremor em 57%. Outras áreas de melhora incluem: fala, marcha, postura e redução do fenômeno *on-off*. Embora os sintomas possam ser atenuados, a melhora funcional geral pode não ser significativa.[35]

Embora as doses do medicamento antiparkinsonianos sejam geralmente reduzidas, a terapia médica contínua é frequentemente necessária, e nenhuma mudança é realizada por pelo menos 2 meses após a palidotomia.

Tudo indica que os efeitos cirúrgicos podem durar por $\geq$ 5 anos, com falhas precoces ocorrendo possivelmente devido à produção de uma lesão muito pequena, e falhas tardias possivelmente em decorrência da progressão da doença.

Estudos em curso estão investigando os resultados de longo prazo, o registro por microeletrodos, alvos alternativos de lesão, o papel da cirurgia precoce... Até que mais informações estejam disponíveis, não é possível fazer qualquer afirmação sobre o alvo ideal, método de localização etc.

Complicações

Déficit do campo visual ocorre em 2,5% em razão da proximidade do trato óptico ao globo pálido. Hemiparesia pode ocorrer em virtude da passagem adjacente da cápsula interna. Hemorragia intracerebral também pode ocorrer. Disartria ocorre em $\approx$ 8%, mas geralmente é temporária. Dificuldades de fala podem ser mais arriscadas quando palidotomias bilaterais são realizadas na mesma sessão.

Lesões talâmicas

A indução de lesão no núcleo ventral intermédio (VIM) do tálamo reduz o tremor parkinsoniano em > 85%. Também pode ser útil no tratamento de rigidez e discinesia induzida por medicamentos, estendendo a lesão anteriormente para incluir o ventral oral. Entretanto, a talamotomia não melhora os sintomas de acinesia ou bradicinesia, e pode resultar na piora dos sintomas de marcha ou dos problemas de fala. A talamotomia bilateral é contraindicada pelo risco de disartria/afasia.

Subtalamotomia

Indução de lesão no núcleo subtalâmico (STN) está classicamente associada ao hemibalismo intratável. Existem alguns estudos, mas os dados limitados sugerem que a indução seletiva de lesão nesta região fornece alívio comparável com a palidotomia. Hemicoreia pós-operatória é uma complicação conhecida, mas geralmente transitória e leve.[33] DBS nesta região pode ser uma melhor opção (p. 1524).

98.4 Distonia

Estimulação palidal é o tratamento cirúrgico de escolha para distonia.[34] A resposta é melhor nas distonias primárias, p. ex, nas distonias tardias do que nas distonias secundárias como as distonias pós-anóxica, pós-encefalítica, perinatal e pós-CVA[34] (outros alvos precisam ser avaliados).

Nas distonias primárias, a parte interna do globo pálido (GPi) é o alvo primário mais comum (▶ Fig. 98.1). Resultados satisfatórios também foram relatados com a DBS de STN.

98.5 Espasticidade

98.5.1 Informações gerais

A espasticidade é provocada por lesões na via dos neurônios motores superiores, causando ausência da influência inibitória sobre os neurônios motores alfa (αMN) (espasticidade alfa), bem como sobre os neurônios motores gama (fibras intrafusais) (espasticidade gama). Causa desinibição do arco reflexo entre os neurônios αMN e as fibras aferentes Ia dos fusos musculares, resultando em um estado hipertônico dos músculos com espasmo clônico e, ocasionalmente, movimentos involuntários. As etiologias incluem: lesão dos hemisférios cerebrais (p. ex., CVA) ou da medula espinal (espasticidade é uma sequela esperada de uma lesão medular rostral ao cone), esclerose múltipla e anormalidades congênitas (p. ex., paralisia cerebral, disrafismo espinal).

98.5.2 Clínica

Informações gerais

A espasticidade determina maior resistência ao movimento passivo, reflexos miotáticos e ativação simultânea de grupos musculares antagonistas podem ocorrer espontaneamente ou em resposta a mínimos estímulos. Posturas características incluem hiperextensão das pernas em tesoura ou hiperflexão do quadril. Pode ser doloroso ou pode prejudicar a capacidade do paciente em sentar na cadeira de rodas, deitar na cama, dirigir veículos modificados, dormir, etc. Também pode promover o desenvolvimento de úlceras de decúbito. Uma bexiga espástica terá baixa capacidade e esvaziará espontaneamente.

A espasticidade é frequentemente exacerbada pelos mesmos tipos de estímulos que agravam a hiper-reflexia autonômica; ver Hiper-reflexia autonômica (p. 1020).

Após uma lesão medular, o início da espasticidade pode ser retardado por vários dias a meses (o período de latência é atribuído ao "**choque espinal**" (p. 931), período em que há redução do tônus e reflexos).[35] O início da espasticidade após o choque espinal começa com aumento da sinergia flexora durante 3-6 meses, com aumentos mais graduais da sinergia extensora, que, por fim, predomina na maioria dos casos.

Alguns aspectos "benéficos" da espasticidade leve:

1. mantém o tônus muscular e, consequentemente, a massa muscular: fornece suporte para o paciente ao se sentar na cadeira de rodas, e ajuda a prevenir úlceras de decúbito sobre proeminências ósseas
2. contrações musculares podem ajudar a prevenir DVTs
3. pode ser útil na utilização de órteses

Classificação da espasticidade

A avaliação deve ser realizada com o paciente na posição supina e relaxado. A escala de Ashworth (▶ Quadro 98.2) comumente é usada para a classificação clínica da *gravidade* da espasticidade. Houve muitas tentativas para quantificar a espasticidade eletrodiagnosticamente, a mais confiável de todas sendo a medida do reflexo H.

98.5.3 Tratamento

Informações gerais

Depende da extensão da função útil (ou potencial para a mesma) presente nas áreas situadas no nível ou abaixo de onde a espasticidade começa (lesões completas da medula espinal geralmente resultam em pouca função, enquanto que pacientes com MS podem apresentar uma função significativa).

Tratamento clínico

1. "prevenção": medidas para reduzir os estímulos desencadeantes (fisioterapia para prevenir lesão articular, cuidados adequados da pele & bexiga urinária... ver Hiper-reflexia autonômica [p. 1020])
2. alongamento prolongado (mais do que apenas amplitude de movimento): não só previne contraturas articulares e musculares, como também modula a espasticidade
3. medicamentos orais;[37] (ver Tratamento cirúrgico (p. 1530) para medicamentos intratecais: poucos fármacos são eficazes sem efeitos colaterais indesejáveis significativos)

Quadro 98.2 Escala de Ashworth[36]

Escore de Ashworth	Grau do tônus muscular
1	sem aumento do tônus (normal)
2	leve aumento, uma "pega" com a flexão ou extensão
3	aumento mais acentuado, movimentos passivos facilitados
4	aumento considerável, movimentos passivos dificultados
5	parte afetada rígida na flexão ou extensão

a) *diazepam* (Valium®): ativa os receptores GABA-A, aumenta a inibição pré-sináptica dos αMN. Mais útil em pacientes com lesões completas de medula espinal

R iniciar com 2 mg PO BID-TID, aumentar a dose em 2 mg por dia a cada 3 dias, até um máximo de 20 mg TID.

Efeitos colaterais: pode causar sedação, fraqueza, redução da resistência (a maioria dos quais pode ser minimizada por aumentos graduais da dose). Descontinuação súbita pode causar depressão, convulsões, síndrome de abstinência

a) *baclofeno* (Lioresal®): ativa os receptores GABA-B pré-sinápticos das fibras aferentes do fuso muscular, causa inibição pré-sináptica dos αMN e reduz a nocicepção. Podem ser bastante eficazes em pacientes com lesões da medula espinal (lesões completas ou incompletas)

R iniciar com 5 mg PO BID-TID, aumentar a dose em incrementos de 5 mg a cada 3 dias, até um máximo de 20 mg QID. **Efeitos colaterais:** sedação, redução do limiar convulsivo. Deve ser descontinuada com reduções graduais da dose (descontinuação súbita pode resultar em convulsões, hiperespasticidade de rebote ou alucinações)

b) *dantrolene* (Dantrium®): reduz a despolarização induzida pelo influxo de Ca^{++} no retículo sarcoplasmático do músculo esquelético; atua em todos os músculos esqueléticos (sem efeito preferencial sobre o arco reflexo espasmogênico)

R começar com uma dose diária de 25 mg PO, aumentar a cada 4-7 dias para BID, TID e, então, QID. Após, aumentar a dose diária em 25 mg, até um máximo de ≈ 100 mg QID (o efeito pode demorar 1 semana no novo estado de equilíbrio). **Efeitos colaterais:** fraqueza muscular (pode tornar a locomoção impossível), sedação, hepatite idiossincrática (pode ser fatal: mais comum em pacientes tomando doses > 300 mg/d por mais de 2 meses), que é, geralmente, precedida por anorexia, dor abdominal, náuseas e vômitos; descontinuar se nenhum benefício for observado por ≈ 45 dias; acompanhar os exames laboratoriais de função hepática (SGPT ou SGOT)

c) progabide: ativa os receptores GABA-A e GABA-B. Útil para pacientes com espasmos flexores graves

d) benefícios ocasionais podem derivar de outros agentes, porém, estes não são utilizados por algumas razões práticas[35] (p. ex., fenotiazínicos reduzem a espasticidade gama, mas somente em altas doses PO ou quando administrados por via parenteral; clonidina; tetraidrocanabinol...)

Tratamento cirúrgico

Informações gerais

Reservado para a espasticidade refratária ao tratamento clínico ou quando os efeitos colaterais dos medicamentos são intoleráveis. Geralmente, o tratamento cirúrgico é ortopédico (p. ex, cirurgias para liberação/alongamento de tendões como tenotomia do tendão de Aquiles ou dos tendões dos músculos flexores do joelho, miotomias do iliopsoas etc. O tratamento pode ser neurocirúrgico, por exemplo, bloqueio nervoso, neurectomia, mielotomia etc. Hertz *et al.*[38] recomendaram a rizotomia percutânea por radiofrequência, geralmente com neurectomia percutânea do nervo ciático como um procedimento ablativo inicial (ver abaixo).

1. procedimentos não ablativos
   a) baclofeno intratecal (IT) (ver abaixo)
   b) morfina intratecal (tolerância e dependência podem-se desenvolver)
   c) estimulação elétrica através de eletrodos percutâneos (inseridos percutaneamente)[39]
2. procedimentos ablativos, com *preservação* do potencial de locomoção
   a) bloqueio de pontos motores[35] (neurólise intramuscular com fenol): preserva a sensação e a função voluntária existente. Especialmente útil em pacientes com mielopatia incompleta
   b) bloqueio nervoso com fenol: similar ao bloqueio de pontos motores, porém usado quando a espasticidade é mais grave e um bloqueio completo do músculo é desejado. Bloqueio com fenol a céu aberto é usado em vez do método percutâneo quando o nervo é misto e a preservação da sensibilidade é desejada (também reduz a disestesia pós-bloqueio)[40]
   c) neurectomias seletivas[35]
      • neurectomia do nervo ciático (pode ser realizado com lesão por RF)[38]
      • neurectomia do nervo obturador: útil na presença de espasticidade forte dos adutores do quadril, causando encurvamento e desperdício de força muscular na locomoção
      • neurectomia do nervo pudendo: útil quando uma dissinergia do detrusor excessiva interfere com a reeducação vesical
   d) rizotomia percutânea por radiofrequência: pequenas fibras sensoriais não mielinizadas são mais sensíveis às lesões por RF do que as grandes fibras A-alfa mielinizadas das unidades motoras
      Técnica: começar em S1, avançar até a T12 e, então, repetir no outro lado. Em cada nível: verificar a posição da agulha por meio de estimulação com 0,1-0,5 V e observar o movimento no miótomo apropriado (a posição da ponta deve ser extradural, evitar a inserção subaracnóidea), ablacionar com 70-80° C × 2 minutos para S1, e 70° C × 2 minutos para L5 a T12 (para preservar a função motora). Se houver recidiva dos sintomas, o procedimento pode ser repetido com a realização de lesões a 90° C × 2 minutos
   e) mielotomias[41]
      • mielotomia de Bischof: secciona os cornos anterior e posterior através de uma incisão realizada lateralmente, rompendo o arco reflexo. Não produz nenhum efeito sobre a espasticidade α

- mielotomia "T" medial: separa o arco reflexo das unidades sensoriais e motoras, sem romper as conexões do trato corticospinal aos neurônios motores anteriores. Risco ligeiramente mais elevado de perda da função motora.
Técnica: laminectomia de T11 a L1. Mobilizar a veia longitudinal dorsal na linha média e incisar a medula na linha média a partir de T12, a uma profundidade de 3 mm (preservando S2-S4 mantém as vias de reflexo da bexiga. Extensão unilateral até o cone medular reduz a espasticidade vesical e aumenta a capacidade antes que o reflexo de esvaziamento ocorra)

f) rizotomia dorsal seletiva:[42-43] utiliza EMG intraoperatória e estimulação eletrofisiológica para eliminar filamentos radiculares sensoriais envolvidos na "espasticidade incapacitante" (deixa intacta a função de "espasticidade útil" dos filamentos radiculares). Interrompe o ramo aferente do arco reflexo patológico. Pode ser temporário, porém, parece persistir por, no mínimo, $\approx$ 5 anos. Não apresenta efeito sobre a espasticidade α. Crianças com paralisia cerebral e capazes de andar mostram melhora da marcha. Crianças incapazes de andar melhoram, porém ainda permanecem incapazes de se locomover após o procedimento

g) talamotomia ou dentatotomia estereotáxica: pode ser útil na paralisia cerebral.[44] Adequada para distonia unilateral, mas não pode ser utilizada para distonia bilateral, visto que lesões bilaterais seriam necessárias, o que colocaria em risco a fala. Eficaz apenas para distonia *distal* aos ombros ou quadris, e não deve ser usada se a condição for rapidamente progressiva

3. procedimentos ablativos, com *sacrifício* do potencial de locomoção (procedimentos não ablativos não são indicados nas lesões completas da medula espinal, pois não há função motora para ser recuperada). Estes procedimentos são usados após fracasso da rizotomia percutânea (ver acima) e mielotomia em "T" (ver acima)

a) injeção intratecal de 6 mL de uma solução de fenol a 10% (por peso) em glicerina misturada com 4 mL de iohexol (Omnipaque® 300) (p. 219), para uma concentração final de fenol de 6% e $\approx$ 120 mg iodo/mL. Administrada via Punção Lombar no espaço intervertebral de L2-L3, com o paciente em decúbito lateral (o lado mais sintomático para baixo) e sob orientação fluoroscópica, até que as bainhas das raízes nervosas de T12-S1 fiquem preenchidas (preservando S2-4 importantes para a função vesical). O paciente é mantido nesta posição por 20-30 minutos e, então, mantido na posição sentada por 4 horas[45] (álcool absoluto proporciona bloqueios mais permanentes, porém, é hipobárico e mais difícil de controlar)

b) rizotomia anterior seletiva: resulta em paralisia flácida com uma atrofia por desnervação muscular

c) neurectomias, geralmente combinadas com tenotomias[38]

d) neurólise intramuscular por injeção de fenol[38]

e) cordectomia:[46] medida mais drástica, reservada a pacientes que não respondem a qualquer outra medida. Resulta em flacidez total, com perda dos benefícios da espasticidade leve. A bexiga passa a ser controlada pelos LMNs, em vez dos UMNs. Funciona bem para o déficit progressivo causado por siringomielia e para a espasticidade, porém, é ineficaz para dor da perna, no "membro fantasma"[47]

f) cordotomia: raramente usada

Baclofeno intratecal

Ver referências.[48,49,50,51]

Os critérios de seleção usados em um estudo[50] são exibidos no ▶ Quadro 98.3. Outras indicações incluem: CVA,[52] paralisia cerebral, TBI, distonia e síndrome do homem rígido.

Doses teste: doses teste incrementais de 50, 75 e até 100 mcg de baclofeno intratecal (ITB), foram administradas via punção lombar ou com o uso de cateter temporário,[50] e aleatoriamente alternadas com placebo, com suspensão do aumento da dose quando ocorria uma resposta favorável a um fármaco ativo. Os seguintes parâmetros foram avaliados em 0,5, 1, 2, 4, 8 & 24 horas após a injeção: frequência de pulso e respiratória, BP, hipertonia (escala de Ashworth, ▶ Quadro 98.2), reflexos, escore de espasmos, movimento muscular voluntário e efeitos adversos (quando presentes, incluindo convulsões). Implantação de bomba foi indicada quando ocorria uma redução de 2 pontos no escore de Ashworth, e o escore de espas-

---

Quadro 98.3 Critérios de seleção para a bomba de baclofeno

- idade de 18-65 anos (pacientes mais velhos são tratados com um protocolo de uso compassivo)
- capaz de fornecer um consentimento informado
- espasticidade grave e crônica ($\geq$ 12 meses de duração) devido a uma lesão de medula espinal ou MS
- espasticidade refratária a fármacos orais (incluindo baclofen), ou efeitos colaterais inaceitáveis
- ausência de bloqueio liquórico (p. ex., na mielografia)
- resposta positiva ao baclofeno IT com uma dose teste $\leq$ 100 mcg, e ausência de resposta ao placebo
- nenhum dispositivo programável implantado, como o marca-passo cardíaco[a]
- mulheres com potencial reprodutivo: não grávidas e usando contracepção adequada
- ausência de hipersensibilidade (alergia) ao baclofeno
- sem histórico de CVA, função renal comprometida, ou doença hepática ou GI grave

[a]Este estudo utilizou uma bomba IT programável.

mos musculares era ≥ 4 horas após a injeção em *bolus* do fármaco ativo sem efeitos colaterais intoleráveis. A dose diária usual do ITB é o dobro da dose teste, tipicamente 200 microgramas/d.

Alternativamente, administrar 25 mcg IT na sala de cirurgia e, se o paciente melhorar, inserir a bomba subcutânea.[37]

Sistema de bombas: sistemas programáveis disponíveis incluem o N'Vision, fabricado pela Medtronic, Inc., Minneapolis, MN.

Técnica de inserção: o cateter IT é tipicamente inserido ≈ em L2-3 e conduzido rostralmente em ≈ 3 níveis, mas não deve ser posicionado cima de T10 (risco de progressão rostral do fármaco e hipotonia).

Instruções pós-operatórias: diretrizes pós-operatórias após a inserção da bomba de baclofeno

1. internar na Unidade de Recuperação Pós-operatória e transferir para:
   a) o quarto, se a inserção tiver sido realizada após a dose teste ou se o paciente tiver acabado de fazer a transição da dose PO estável
   b) a ICU, se houver uma pausa na terapia com baclofeno
2. avaliações neurológicas a cada 2 horas nas primeiras 24 horas
3. baclofeno:
   a) para pacientes recebendo baclofeno oral ou IV: continuar o baclofeno na prévia dose através da mesma via (oral ou IV) até que o ITB faça efeito (geralmente 2-4 horas, sendo que o efeito total pode levar até 24 horas). A dose IV/PO do fármaco é, então, reduzida gradualmente
   b) se houve uma pausa na terapia com baclofeno: 20 mg de baclofeno por PO QID
4. ter 2 ampolas de fisostigmina IV disponíveis e rotuladas "APENAS PARA USO DE EMERGÊNCIA" para possível *overdose* de baclofeno

Overdose de baclofeno:

Monitorização de ABCs (vias aéreas/respiração/circulação). Intubar, se necessário

1. esvaziar o reservatório da bomba para interromper o fluxo do fármaco (documentar a quantidade retirada)
2. administrar fisostigmina se não for contraindicado:
   a) R adultos: 0,5-1,0 mg IM ou IV a uma taxa ≤ 1 mg/min (pode repetir a cada 10-30 minutos, conforme necessário)
   b) R pacientes pediátricos: 0,02 mg/kg IM ou IV a uma taxa ≤ 0,5 mg/min (pode repetir a cada 5-10 minutos, até uma dose máxima de 2 mg)
3. retirar 30-40 mL de CSF por LP ou cateterismo
4. notificar o fabricante da bomba

Complicações: as complicações associadas ao dispositivo são exibidas no ▶ Quadro 98.4. A frequência da maioria das complicações é de ≈ 1%, exceto os problemas relacionados com o cateter, que apresentaram uma taxa de ≈ 30%.[50]

As complicações associadas à terapia medicamentosa incluem: problemas de superdosagem (progressão rostral da hipotonia, depressão respiratória, coma e convulsões).

Retirada do baclofeno intratecal: interrupção da terapia com ITB pode ocorrer como resultado de: reservatório da bomba vazio, falha da bateria da bomba, migração/encurvamento/desconexão/oclusão do cateter, erro de programação. As etapas para avaliação do sistema de infusão são demonstradas no ▶ Quadro 98.5.

Quadro 98.4 Complicações da bomba de ITB[a]

1. problemas mecânicos
   a) subinfusão da bomba
   b) problemas com o cateter: oclusão, encurvamento (acotovelamento), deslocamento, corte, ruptura ou desconexão
2. complicações da ferida
   a) erosão da bolsa
   b) dor incisional
   c) infecção
   d) seroma (pode necessitar de aspiração)
   e) acúmulo de CSF

[a]Complicações relacionadas com o dispositivo requerem um procedimento invasivo secundário.

Quadro 98.5 Avaliando os sistemas de infusão de ITB

- examinar a bomba (com programador de dispositivo)
- recarregar o reservatório com o fármaco quando vazio (por um médico experiente em ITB)
- obter radiografias AP e lateral para avaliar a localização da ponta do cateter e para procurar por rupturas, encurvamentos ou migração

A gravidade da síndrome de abstinência depende da dose usada do fármaco (maior gravidade com doses mais elevadas) e a duração da terapia (maior com a terapia mais prolongada).

Síndromes com a descontinuação súbita do ITB:
1. sintomas leves de abstinência: retorno da espasticidade e rigidez, taquicardia, ereção pilosa (arrepios) & prurido
2. sintomas de abstinência mais significativos: convulsões & alucinações
3. sintomas graves de abstinência (incidência estimada: 3-5%):[53] espasticidade de rebote aumentada, rigidez, febre, BP instável e nível de consciência reduzido – similar, porém distinto da hipertermia maligna (p. 108) ou da síndrome neuroléptica maligna. Se não tratada, a síndrome severa pode progredir ao longo de 24-72 horas para rabdomiólise (com concentração elevada de creatina quinase (CK) e transaminase), insuficiência hepática e renal, DIC e, ocasionalmente, morte.

Tratamento da síndrome de retirada *súbita* do ITB:[53]
1. ABCs (vias aéreas/respiração/circulação). Intubar, se necessário
2. a meta primária é restabelecer a terapia com ITB na mesma dose o mais rápido possível
3. avaliar a bomba/sistema, tal como descrito no ▶ Quadro 98.5
4. uso precoce de alta dose de baclofeno oral/enteral: ≥ 120 mg/d em 6-8 doses divididas se a condição do paciente permitir (Nota: baclofeno PO não é confiável como o único tratamento para abstinência de ITB, e sua segurança não foi estabelecida para crianças < 12 anos de idade)
5. tentativa de restaurar a terapia com ITB, na mesma dose ou dose similar pré-abstinência, por médico experiente por um dos seguintes métodos:
   a) usando um *bolus* programado através de uma bomba
   b) através de cateter
   c) via LP
   d) via novo cateter externalizado
6. se a restauração da terapia com ITB for adiada e se os sintomas persistirem
   a) transferir o paciente para a ICU, caso ainda não esteja nesta unidade
   b) infusão parenteral de benzodiazepínico: diazepam ou midazolam. Titular a dose para reduzir a rigidez muscular, hipertermia, labilidade da BP, convulsões
   c) ciproeptadina:[54] um antagonista da serotonina. Iniciar com 4 mg PO a cada 6 horas
   d) difenidramina, 50 mg PO ou IM, podendo repetir a cada 6 horas para prurido
   e) dantrolene pode *não* ser tão eficaz quanto é para hipertermia maligna
   f) baclofeno retal

Se for necessário eletivamente (ou semieletivamente) remover um sistema de bomba, o melhor é que seja redução gradual do fármaco por meio da reprogramação da bomba e/ou pelo preenchimento do reservatório com uma solução de menor concentração de baclofeno.

98.6 Torcicolo

98.6.1 Informações gerais

Também conhecido como pescoço torto. Uma forma de distonia, resultando em perda do controle da posição da cabeça (se os ombros ou o tronco também estiverem envolvidos, distonia regional é uma denominação mais apropriada).

98.6.2 Etiologias

Um sintoma de causas diversas. O diagnóstico diferencial inclui:
1. torcicolo congênito (pode ser a apresentação inicial da distonia muscular deformante)
2. torcicolo espasmódico, também conhecido como pescoço torto: um subtipo específico de torcicolo que é idiopático por definição. O músculo esternocleidomastóideo (SCM) encurtado geralmente está em espasmo
3. lesões extrapiramidais (incluindo lesões degenerativas): geralmente aliviadas ao deitar-se; a EMG mostra atividade agrupada anormal
4. psicogênico (frequentemente mencionado, raramente confirmado)
5. torcicolo provocado por uma subluxação rotatória atlantoaxial (p. 968): o SCM *alongado* pode estar em espasmo (oposto ao SCM no torcicolo espasmódico)
6. compressão neurovascular do 11º nervo (ver abaixo)
7. hemorragia no músculo esternocleidomastóideo (com subsequente contratura)
8. infecção da coluna cervical
9. adenite cervical
10. siringomielia
11. tumores cerebelares em crianças
12. paralisias bulbares

13. "pseudotorcicolo" pode-se desenvolver como uma correção inconsciente realizada para reduzir uma diplopia, que ocorre com o desequilíbrio da musculatura ocular externa

98.6.3 Tratamento não cirúrgico do torcicolo

Deve ser a primeira opção, e inclui:
1. exercícios de relaxamento, incluindo *biofeedback*
2. avaliação neuropsiquiátrica completa
3. neuroestimulação transepidérmica (TENS) no pescoço

98.6.4 Procedimentos cirúrgicos

Reservados aos casos refratários e incapacitantes. Inclui:
1. estimulação da coluna dorsal
2. injeção local de toxina botulínica: pode funcionar no *retrocolis*, sendo pouco eficaz no torcicolo lateral (a injeção deve ser feita nos músculos cervicais posteriores e em ambos os SCMs, podendo provocar disfunção temporária do músculo faríngeo com resultante disfagia) e é totalmente ineficaz na anterocolis
3. rizotomia seletiva e secção do nervo espinal acessório

98.6.5 Outros tratamentos para torcicolo

Eletrocoagulação estereotáxica do campo H1 de Forel.

98.6.6 Torcicolo de origem no 11° nervo

1. geralmente um tipo horizontal (manifesta-se como um movimento horizontal da cabeça), que pode ser exacerbado quando na posição supina (ao contrário do torcicolo extrapiramidal)
2. contração do SCM geralmente é acompanhada por atividade nos músculos agonistas contralaterais
3. pode ser tratado cirurgicamente. Os procedimentos incluem
    a) secção dos ramos anastomóticos entre o 11° nervo e a raiz posterior do cervical superior (o ramo anastomótico C1 é somente sensorial)
    b) descompressão microvascular do 11° nervo (a maioria dos casos é causada pela artéria vertebral, mas compressão da PICA também é descrita[55]). O alívio ocorre várias semanas após a cirurgia

98.7 Síndromes compressivas neurovasculares

98.7.1 Informações gerais

Síndromes causadas pela compressão de nervos cranianos na zona de entrada da raiz (REZ) (ou, no caso dos nervos motores, na zona de saída da raiz). A REZ (também conhecida como zona de Obersteiner-Redlich) é o ponto onde a mielina central (produzida pelas células oligodendrogliais) se transforma em mielina periférica (produzida pelas células de Schwann).
   As síndromes incluem:
1. neuralgia do trigêmeo, ver Neuralgia do trigêmeo
2. espasmo hemifacial: ver abaixo
3. vertigem posicional incapacitante
4. algumas formas de torcicolo de origem no 11° nervo (acima)

98.7.2 Espasmo hemifacial

Informações gerais

Conceitos-chave

- contrações indolores unilaterais intermitentes dos músculos faciais
- geralmente causado por compressão do VII nervo pela AICA
- ocorre junto com a mioclonia palatal: os únicos distúrbios de movimento que persistem durante o sono
- responde bem à descompressão microvascular, porém, o risco de perda auditiva é de ≈ 20%

O espasmo hemifacial (HFS) é uma condição de contrações espasmódicas intermitentes, indolores e involuntárias dos músculos inervados pelo nervo facial em apenas um lado da face. Lacrimejamento excessivo pode estar presente. O HFS geralmente começa com raras contrações do músculo orbicular do olho, progredindo lentamente até envolver a metade inteira da face e aumentando em frequência até que a capacidade de enxergar do olho afetado seja comprometida.

O HFS pode estar associado à neuralgia do trigêmeo e neuralgia do geniculado; ver **Tique convulsivo** (p. 493), ou disfunção do nervo vestibular e/ou coclear.[56]

HFS é mais comum em mulheres, é observado com maior frequência no lado esquerdo e geralmente se manifesta após a adolescência. Os testes de função auditiva revelam um reflexo acústico da orelha média anormal em quase metade dos pacientes, indicando algum grau de comprometimento do VIII nervo.[56]

Síndrome de Meige: espasmo hemifacial com movimentos orais.

▶ **Nota.** HFS e mioclonia palatal são os únicos distúrbios de movimento involuntário que persistente durante o sono.[57]

Etiologias

1. síndrome de compressão vascular (ver abaixo): a etiologia mais comum (muito mais comum do que na neuralgia do trigêmeo)
2. idiopática
3. tumor comprimindo o nervo
4. pode ocorrer após alguns casos de paralisia de Bell
5. condições que podem mimetizar o HFS
   a) blefarospasmo (fechamento espasmódico bilateral dos músculos orbiculares do olho), que é mais comum em idosos e pode estar associado à síndrome cerebral orgânica. Blefaroespasmo é notório por desaparecer quando o paciente se apresenta para a avaliação clínica (um efeito do sinal de alerta), mas pode ser desencadeado quando o médico pede ao paciente para fechar os olhos lentamente e, então, abri-los rapidamente, após o qual um blefarospasmo pode ocorrer. HFS geralmente envolve outras estruturas além dos músculos oculares
   b) mioquimia facial: espasmo facial contínuo, que pode ser uma manifestação de um glioma intrínseco de tronco cerebral ou da esclerose múltipla. Frequentemente associada a outros achados

Compressão vascular

O HFS geralmente é causado pela compressão do nervo facial na zona de saída da raiz (REZ) por um vaso, que geralmente, é uma artéria (mais comumente a *AICA*[58] (pré- ou pós-meatal[59]), mas outras possibilidades vasculares incluem uma PICA alongada, a SCA, uma VA tortuosa, a artéria coclear, uma artéria basilar dolicoectásica, ramos da AICA...), aneurisma, uma malformação vascular e, raramente, veias foram implicadas. No HFS típico (início no orbicular do olho, progredindo de forma descendente ao longo da face), o vaso pinça a face anterocaudal do complexo VII/VIII. No HFS atípico (começando nos músculos bucais e progredindo de forma ascendente ao longo da face), a compressão é rostral ou posterior ao VII.[60]

O contato dos vasos com a REZ do nervo vestibular pode causar vertigem, enquanto que zumbido ou perda auditiva pode resultar da compressão da REZ do nervo coclear.

Raramente, tumores benignos ou um cisto no ângulo cerebelopontino, esclerose múltipla, aderências ou deformidades ósseas do crânio serão a causa de HFS.

Evidências indicam que não há condução cruzada (efática) na REZ comprimida, mas que o núcleo motor facial é secundariamente envolvido, em razão da compressão da REZ, através de um fenômeno similar ao fenômeno de kindling.[61] Além do espasmo, um segundo fenômeno eletrofisiológico associado ao HFS é a sincinesia, em que a estimulação de um ramo do nervo facial resulta em descargas tardias através de outro ramo (latência média: 11 ms[62]).

Avaliação

Nos casos típicos de HFS, a avaliação diagnóstica é negativa.

A maioria dos pacientes deveria realizar uma MRI de fossa posterior (CT é menos sensível neste caso) para descartar tumores ou AVMs.

Uma angiografia vertebral geralmente não é realizada se o exame de imagem for normal. A compressão neurovascular responsável pelo HFS usualmente não é identificada na angiografia.

Tratamento

Tratamento clínico

HFS é normalmente uma condição cirúrgica. Uma conduta expectante pode ser usada em casos iniciais e leves. Carbamazepina e fenitoína são geralmente ineficazes, ao contrário da situação em que a condição causal é a neuralgia do trigêmeo. Injeção local de **toxina** botulínica (Oculinum®) pode ser eficaz no tratamento de HFS e/ou blefarospasmo.[63,64] O uso de baclofeno foi defendido, porém não é muito eficaz.

Tratamento cirúrgico

Informações gerais

Muitos procedimentos ablativos são eficazes para o HFS (incluindo secção das divisões do nervo facial). No entanto, estes procedimentos deixam o paciente com algum grau de paresia facial. O procedimento de escolha atual para HFS é a descompressão microvascular (MVD), em que o vaso ofensor é fisicamente removido do nervo e uma esponja (p. ex., Ivalon®, esponja de formaldeído de álcool polivinil) é interposta como uma almofada. Outras almofadas podem não ser tão satisfatórias (o músculo pode desaparecer e o feltro de Teflon pode adelgaçar[65]).

Frequentemente, o vaso ofensor se aproxima do nervo em um ângulo reto, causando arqueamento do mesmo. A compressão deve ocorrer na zona de saída da raiz; descompressão dos vasos que pinçam distalmente a esta área geralmente é ineficaz.

Riscos cirúrgicos: ver abaixo.

No pós-operatório, podem ocorrer episódios de HFS leve, porém, estes geralmente começam a diminuir 2-3 dias depois da MVD. Espasmo severo que não diminui sugere falha por não obter-se uma descompressão adequada, e a reoperação deve ser considerada.

Os resultados cirúrgicos da MVD dependem da duração dos sintomas (menor duração apresenta um prognóstico mais favorável), bem como da idade do paciente (os resultados de pacientes idosos são menos satisfatórios). Resolução completa do HFS ocorreu em 44 (81%) dos 54 pacientes submetidos à MVD. No entanto, 6 destes pacientes tiveram recidiva.[66] Cinco pacientes (9%) apresentaram melhora parcial e 5 (9%) não exibiram alívio algum.

Técnica de MVD

O potencial evocado auditivo de tronco encefálico (BAER) intraoperatório[67] ou, mais aplicável, a monitorização direta do VII nervo,[68] pode ajudar a prevenir perda auditiva durante a MVD para disfunção do 7º ou 8º nervo. Além disso, a monitorização do desaparecimento da resposta sincinética (tardia) pode ajudar a determinar quando uma descompressão adequada foi conquistada (geralmente reservada para instituições de ensino).[61]

Para um diagrama da anatomia normal do CPA, ver a ► Fig. 1.9. O nervo facial não deve ser manipulado, e a dissecção em volta do VII e VIII nervo, próximo ao IAC, deve ser evitada.[69] Os vasos devem ser preservados, especialmente a artéria coclear e as perfurantes pequenas.

Realizar uma tração medial suave no cerebelo (recomenda-se < 1 cm[69]), e a incisar a membrana aracnoide entre o flóculo e o oitavo nervo (para evitar tensão sobre os nervos, o que poderia causar déficit pós-operatório). O IX nervo pode ser seguido medialmente desde o forame jugular para localizar a origem do VII nervo (a origem do VII está situada 4 mm cranial e 2 mm anterior àquela do IX nervo[70]).

Resultados cirúrgicos

Resolução completa do espasmo ocorre em ≈ 85-93%.[65,71-74] Espasmo é reduzido em 9% e inalterado em 6%.[74] Dentre os 29 pacientes com alívio completo, 25 (86%) tiveram uma resolução pós-operatória imediata, e os 4 pacientes restantes levaram de 3 meses a 3 anos para obter alívio satisfatório.

Recidiva

Retorno dos sintomas após um período de resolução completa do HFS ocorre em até 10% dos pacientes, 86% das recidivas acontecem dentro de um período de 2 anos da cirurgia, e o risco de desenvolver recidiva após 2 anos de alívio pós-operatório é de apenas ≈ 1%.[74]

Complicações cirúrgicas

1. perda auditiva ipsolateral: pode resultar de uma lesão por tração ou de um vasospasmo
   a) perda auditiva total ocorre em ≈ 13% (varia de 1,6 a 15%) (2,8% em uma série,[56] 15% em outra série[66])
   b) perda auditiva parcial: 6%
2. fraqueza facial
   a) transitória: 18%
   b) fraqueza facial permanente: 6%[72]
3. ataxia em 1-6%

4. outras complicações que são menores ou temporárias incluem:
   a) meningite asséptica (também conhecida como meningite hematogênica) em 8,2%
   b) rouquidão ou disfagia em 14%
   c) rinorreia liquórica em 0,3%
   d) herpes perioral em 3%[69]

98.8 Hiperidrose

98.8.1 Informações gerais

Essencial (primária ou idiopática) ou secundária (as etiologias incluem: hipertireoidismo, diabetes melito, feocromocitoma, acromegalia, parkinsonismo, traumatismo do CNS, siringomielia, tumores hipotalâmicos, menopausa).[75]

Causada pela hiperatividade das glândulas sudoríparas écrinas (encontradas em todo o corpo, com maior concentração nas palmas das mãos e solas dos pés). Estas glândulas produzem uma secreção hipotônica, com componente salino como o constituinte primário. São controladas pelo sistema nervoso simpático, porém, o neurotransmissor é, paradoxalmente, a acetilcolina (isto é, são colinérgicos, ao contrário da maioria dos órgãos-alvo simpáticos, que são adrenérgicos). A maioria das glândulas sudoríparas écrinas serve a uma função termorregulatória, entretanto, aquelas nas palmas e solas respondem primariamente ao estresse emocional.[75]

Hiperidrose essencial é uma condição generalizada que normalmente se manifesta principalmente nas mãos. A incidência é desconhecida, embora tenha sido ≈ 1% em um estudo israelita (provavelmente alta).

98.8.2 Tratamento

Casos leves são tratados clinicamente com:
1. agentes tópicos: adstringentes (permanganato de potássio, ácido tânico...) ou antitranspirantes (a dermatite de contato geralmente limita o uso destes agentes)
2. ou sistemicamente com anticolinérgicos: incluindo atropina, brometo de propantelina... (efeitos colaterais de boca seca e visão embaçada geralmente limitam o uso destes agentes)
3. iontoforese com água de torneira: pode produzir ceratinização do epitélio palmar

Casos graves refratários à terapia clínica podem ser candidatos à simpatectomia cirúrgica (ver abaixo).

98.9 Tremor

Talamotomia ou estimulação talâmica pode ser útil para tremores refratários ao tratamento clínico, incluindo os tremores parkinsoniano (p. 1526), essencial,[76,77] cerebelar e pós-traumático.[30] A talamotomia, se indicada, deverá ser uma proposta unilateral. Já a estimulação talâmica, em casos bem selecionados, poderá ser realizada bilateralmente.

98.10 Simpatectomia

98.10.1 Simpatectomia cardíaca

Com os avanços nas técnicas percutâneas em artéria coronária, cirurgia e fármacos cardiovasculares, a simpatectomia cardíaca para angina de peito tem sido menos aplicada. No entanto, esta técnica ainda pode ser útil em pacientes sem opções terapêuticas adicionais. Uma simpatectomia bilateral do gânglio estrelado até o gânglio T7 é necessária. Técnicas toracoscópicas mais recentes podem reavivar algum interesse nisto.

98.10.2 Simpatectomia de membros superiores

Várias patologias que podem ser indicações para simpatectomia de membros superiores são exibidas no ▶ Quadro 98.6.

Quadro 98.6 Indicações para a simpatectomia de UE

- hiperidrose essencial
- doença de Raynaud primária
- síndrome ombro-mão
- angina intratável
- ± causalgia maior (p. 497)

1538 Procedimentos, Intervenções, Cirurgias

Remoção apenas do segundo gânglio torácico é um método provavelmente adequado e evita uma síndrome de Horner na maioria. As técnicas usadas incluem: transtorácica anterior, torácica endoscópica,[78] radiofrequência percutânea e supraclavicular. Uma abordagem através de uma incisão posterior da linha média, com uma costotransversectomia de T3, possibilita o acesso bilateral.[75,79] O risco de complicações significativas é de ≈ 5%, incluindo pneumotórax, neuralgia intercostal, lesão da medula espinal e síndrome de Horner.

98.10.3 Simpatectomia torácica superior
As abordagens incluem:
1. abordagem paravertebral posterior
2. toracotomia axiliar com exposição transtorácica da cadeia simpática
3. exposição supraclavicular, retropleural
4. técnica percutânea por radiofrequência[80,81]
5. abordagem videoendoscópica[82]

98.10.4 Simpatectomia lombar
A indicação primária é para o tratamento da "causalgia maior" de membros inferiores. Bloqueios simpáticos lombares pré-operatórios podem ser utilizados para avaliar a resposta do paciente.

Remoção dos gânglios simpáticos L2 e L3 é uma técnica geralmente adequada para remover o tônus simpático dos membros inferiores (ocasionalmente, o L1 e, algumas vezes, o T12 também são removidos para causalgia da coxa).

A abordagem mais comum é uma abordagem retroperitoneal através de uma incisão no flanco. O paciente é colocado em uma posição oblíqua lateral e a incisão cutânea é realizada da espinha ilíaca superior anterior até a ponta da 12ª costela. O peritônio é liberado da parede muscular e retraído anteriormente. O rim e ureter são retraídos anteriormente; lesão ao ureter é um dos principais riscos da cirurgia. A cadeia simpática é identificada na face lateral dos corpos vertebrais. A veia cava dificulta uma abordagem no lado direito. Assim como é mais fácil lidar com a aorta nas abordagens de lado esquerdo.

Referências

[1] Deuschl G, Schade-Brittinger C, Krack P, Volkmann J, Schafer H, Botzel K, Daniels C, Deutschlander A, Dillmann U, Eisner W, Gruber D, Hamel W, Herzog J, Hilker R, Klebe S, Kloss M, Koy J, Krause M, Kupsch A, Lorenz D, Lorenzl S, Mehdorn HM, Moringlane JR, Oertel W, Pinsker MO, Reichmann H, Reuss A, Schneider GH, Schnitzler A, Steude U, Sturm V, Timmermann L, Tronnier V, Trottenberg T, Wojtecki L, Wolf E, Poewe W, Voges J. A randomized trial of deep-brain stimulation for Parkinson's disease. N Engl J Med. 2006; 355:896–908

[2] Weaver FM, Follett K, Stern M, Hur K, Harris C, Marks WJ,Jr, Rothlind J, Sagher O, Reda D, Moy CS, Pahwa R, Burchiel K, Hogarth P, Lai EC, Duda JE, Holloway K, Samii A, Horn S, Bronstein J, Stoner G, Heemskerk J, Huang GD. Bilateral deep brain stimulation vs best medical therapy for patients with advanced Parkinson disease: a randomized controlled trial. JAMA. 2009; 301:63–73

[3] Diederich NJ, Kalteis K, Stamenkovic M, Pieri V, Alesch F. Efficient internal pallidal stimulation in Gilles de la Tourette syndrome: a case report. Mov Disord. 2005; 20:1496–1499

[4] Dehning S, Mehrkens JH, Muller N, Botzel K. Therapy-refractory Tourette syndrome: beneficial outcome with globus pallidus internus deep brain stimulation. Mov Disord. 2008; 23:1300–1302

[5] Mallet L, Polosan M, Jaafari N, Baup N, Welter ML, Fontaine D, du Montcel ST, Yelnik J, Chereau I, Arbus C, Raoul S, Aouizerate B, Damier P, Chabardes S, Czernecki V, Ardouin C, Krebs MO, Bardinet E, Chaynes P, Burbaud P, Cornu P, Derost P, Bougerol T, Bataille B, Mattei V, Dormont D, Devaux B, Verin M, Houeto JL, Pollak P, Benabid AL, Agid Y, Krack P, Millet B, Pelissolo A. Subthalamic nucleus stimulation in severe obsessive-compulsive disorder. N Engl J Med. 2008; 359:2121–2134

[6] Greenberg BD, Malone DA, Friehs GM, Rezai AR, Kubu CS, Malloy PF, Salloway SP, Okun MS, Goodman WK, Rasmussen SA. Three-year outcomes in deep brain stimulation for highly resistant obsessive-compulsive disorder. Neuropsychopharmacology. 2006; 31:2384–2393

[7] Lozano AM, Mayberg HS, Giacobbe P, Hamani C, Craddock RC, Kennedy SH. Subcallosal cingulate gyrus deep brain stimulation for treatment-resistant depression. Biol Psychiatry. 2008; 64:461–467

[8] Malone DA, Jr, Dougherty DD, Rezai AR, Carpenter LL, Friehs GM, Eskandar EN, Rauch SL, Rasmussen SA, Machado AG, Kubu CS, Tyrka AR, Price LH, Stypulkowski PH, Giftakis JE, Rise MT, Malloy PF, Salloway SP, Greenberg BD. Deep brain stimulation of the ventral capsule/ventral striatum for treatmentresistant depression. Biol Psychiatry. 2009; 65:267–275

[9] Halpern CH, Wolf JA, Bale TL, Stunkard AJ, Danish SF, Grossman M, Jaggi JL, Grady MS, Baltuch GH. Deep brain stimulation in the treatment of obesity. J Neurosurg. 2008; 109:625–634

[10] Stelten BM, Noblesse LH, Ackermans L, Temel Y, Visser-Vandewalle V. The neurosurgical treatment of addiction. Neurosurg Focus. 2008; 25. DOI: 10.3 171/FOC/2008/25/7/E5

[11] Green AL, Wang S, Bittar RG, Owen SL, Paterson DJ, Stein JF, Bain PG, Shlugman D, Aziz TZ. Deep brain stimulation: a new treatment for hypertension? J Clin Neurosci. 2007; 14:592–595

[12] Laitinen LV, Bergenheim AT, Hariz MI. Leksell's Posteroventral Pallidotomy in the Treatment of Parkinson's Disease. J Neurosurg. 1992; 76:53–61

[13] Gildenberg PL. Whatever Happened to Stereotactic Surgery? Neurosurgery. 1987; 20:983–987

[14] Fahn S. Fetal-Tissue Transplantation in Parkinson's Disease. N Engl J Med. 1992; 327:1589–1590

[15] Madrazo I, Drucker-Colin R, Diaz V, et al. Open Microsurgical Autograft of Adrenal Medulla to the Right Caudate Nucleus in Two Patients with Intractable Parkinson's Disease. N Engl J Med. 1987; 316:831–834

[16] Penn RD, Goetz CG, Tanner CM, et al. The Adrenal Medullary Transplant Operation for Parkinson's Disease: Clinical Observation in Five Patients. Neurosurgery. 1988; 22:999–1004

[17] Goetz CG, Stebbins GT, Klawans HL, et al. United Parkinson Foundation Neurotransplantation Registry on Adrenal Medullary Transplants: Presurgical, and

1-and 2-Year Follow-Up. Neurology. 1991; 41:1719–1722

[18] Boyer KL, Bakay RAE. The History, Theory, and Present Status of Brain Transplantation. Neurosurg Clin North Amer. 1995; 6:113–125

[19] Olanow CW, Goetz CG, Kordower JH, Stoessl AJ, Sossi V, Brin MF, Shannon KM, Nauert GM, Perl DP, Godbold J, Freeman TB. A double-blind controlled trial of bilateral fetal nigral transplantation in Parkinson's disease. Ann Neurol. 2003: 54:403–414

[20] Snyder BJ, Olanow CW. Stem cell treatment for Parkinson's disease: an update for 2005. Curr Opin Neurol. 2005; 18:376–385

[21] Iacono RP, Shima F, Lonser RR, et al. The Results, Indications, and Physiology of Posteroventral Pallidotomy for Patients with Parkinson's Disease. Neurosurgery. 1995; 36:1118–1127

[22] Kondziolka D, Bonaroti EA, Lunsford LD. Pallidotomy for Parkinson's Disease. Contemp Neurosurg. 1996; 18:1–6

[23] Leksell L. Stereotactic Radiosurgery. J Neurol Neurosurg Psychiatry. 1983; 46:797–803

[24] Iacono RP, Lonser RR, Mandybur G, Yamada S. Stimulation of the Globus Pallidus in Parkinson's Disease. Br J Neurosurg. 1995; 9:505–510

[25] Limousin P, Pollack P, Benazzouz A, et al. Bilateral Subthalamic Nucleus Stimulation for Severe Parkinson's Disease. Mov Disord. 1995; 10:672–674

[26] Schuurman PR, Bosch DA, Bossuyt PM, Bonsel GJ, van Someren EJ, de Bie RM, Merkus MP, Speelman JD. A comparison of continuous thalamic stimulation and thalamotomy for suppression of severe tremor. N Engl J Med. 2000: 342:461–468

[27] Favre J, Taha JM, Nguyen TT, Gildenberg PL, Burchiel KJ. Pallidotomy: A Survey of Current Practice in North America. Neurosurgery. 1996; 39:883–892

[28] Stefani A, Lozano AM, Peppe A, Stanzione P, Galati S, Tropepi D, Pierantozzi M, Brusa L, Scarnati E, Mazzone P. Bilateral deep brain stimulation of the pedunculopontine and subthalamic nuclei in severe Parkinson's disease. Brain. 2007; 130:1596–1607

[29] Pereira EA, Muthusamy KA, De Pennington N, Joint CA, Aziz TZ. Deep brain stimulation of the pedunculopontine nucleus in Parkinson's disease. Preliminary experience at Oxford. Br J Neurosurg. 2008; 22 Suppl 1:S41–S44

[30] Jankovic J, Cardoso F, Grossman RG, Hamilton WJ. Outcome After Stereotactic Thalamotomy for Parkinsonian, Essential, and Other Types of Tremor. Neurosurgery. 1995; 37:680–687

[31] Pahwa R, Lyons KE, Wilkinson SB, Simpson RK,Jr, Ondo WG, Tarsy D, Norregaard T, Hubble JP, Smith DA, Hauser RA, Jankovic J. Long-term evaluation of deep brain stimulation of the thalamus. J Neurosurg. 2006; 104:506–512

[32] Sutton JP, Couldwell W, Lew MF, et al. Ventroposterior Medial Pallidotomy in Patients with Advanced Parkinson's Disease. Neurosurgery. 1995; 36:1112–1117

[33] Walter BL, Vitek JL. Surgical treatment for Parkinson's disease. Lancet Neurol. 2004; 3:719–728

[34] Awan NR, Lozano A, Hamani C. Deep brain stimulation: current and future perspectives. Neurosurg Focus. 2009; 27. DOI: 10.3171/2009.4.FOCUS0982

[35] Merritt JL. Management of Spasticity in Spinal Cord Injury. Mayo Clin Proc. 1981; 56:614–622

[36] Ashworth B. Preliminary Trial of Carisoprodal in Multiple Sclerosis. Practitioner. 1964; 192:540–542

[37] Scott BA, Pulliam MW. Management of Spasticity and Painful Spasms in Paraplegia. Contemp Neurosurg. 1987; 9:1–6

[38] Herz DA, Looman JE, Tiberio A, et al. The Management of Paralytic Spasticity. Neurosurgery. 1990; 26:300–306

[39] Richardson RR, Cerullo LJ, McLone DG, et al. Percutaneous Epidural Neurostimulation in Modulation of Paraplegic Spasticity. Acta Neurochir. 1979; 49:235–243

[40] Garland DE, Lucie RS, Waters RL. Current use of open phenol block for adult acquired spasticity. Clin Ortho Rel Res. 1982; 165:217–222

[41] Padovani R, Tognetti F, Pozzati E, et al. The Treatment of Spasticity by Means of Dorsal Longitudinal Myelotomy and Lozenge-Shaped Griseotomy. Spine. 1982; 7:103–109

[42] Privat JM, Benezech J, Frerebeau P, et al. Sectorial posterior rhizotomy, a new technique of surgical treatment for spasticity. Acta Neurochir. 1976; 35:181–195

[43] Sindou M, Millet MF, Mortamais J, et al. Results of Selective Posterior Rhizotomy in the Treatment of Painful and Spastic Paraplegia Secondary to Multiple Sclerosis. Appl Neurophysiol. 1982; 45:335–340

[44] Gornall P, Hitchcock E, Kirkland IS. Stereotaxic Neurosurgery in the Management of Cerebral Palsy. Dev Med Child Neurol. 1975; 17:279–286

[45] Scott BA, Weinstein Z, Chiteman R, et al. Intrathecal Phenol and Glycerin in Metrizamide for Treatment of Intractable Spasms in Paraplegia. J Neurosurg. 1985; 63:125–127

[46] McCarty CS. The Treatment of Spastic Paraplegia by Selective Spinal Cordectomy. J Neurosurg. 1954; 11:539–545

[47] Durward QJ, Rice GP, Ball MJ, et al. Selective Spinal Cordectomy: Clinicopathological Correlation. J Neurosurg. 1982; 56:359–367

[48] Albright AL, Cervi A, Singletary J. Intrathecal Baclofen for Spasticity in Cerebral Palsy. JAMA. 1991; 265:1418–1422

[49] Penn RD. Intrathecal Baclofen for Spasticity of Spinal Origin: Seven Years of Experience. J Neurosurg. 1992; 77:236–240

[50] Coffey RJ, Cahill D, Steers W, et al. Intrathecal Baclofen for Intractable Spasticity of Spinal Origin: Results of a Long-Term Multicenter Study. J Neurosurg. 1993; 78:226–232

[51] Albright AL, Barron WB, Fasick P, Polinko P, Janosky J. Continuous Intrathecal Baclofen Infusion for Spasticity of Cerebral Origin. JAMA. 1993; 270:2475–2477

[52] Meythaler JM, Guin-Renfroe S, Brunner RC, Johnson A, Hadley MN. Intrathecal baclofen for spastic hypertonia from stroke. Stroke. 2001; 32:2099–2119

[53] Coffey RJ, Edgar TS, Francisco GE, Graziani V, et al. Abrupt withdrawal from intrathecal baclofen: Recognition and management of a potentially lifethreatening syndrome. Arch Phys Med Rehabil. 2002; 83:735–741

[54] Meythaler JM, Roper JF, Brunner RC. Cyproheptadine for intrathecal baclofen withdrawal. Arch Phys Med Rehabil. 2003; 84:638–642

[55] Shima F, Fukui M, Kitamura K, et al. Diagnosis and Surgical Treatment of Spasmodic Torticollis of 11th Nerve Origin. Neurosurgery. 1988; 22:358–363

[56] Moller MB, Moller AR. Loss of Auditory Function in Microvascular Decompression for Hemifacial Spasm: Results in 143 Consecutive Cases. J Neurosurg. 1985; 63:17–20

[57] Tew JM, Yeh HS. Hemifacial Spasm. Neurosurgery (Japan). 1983; 2:267–278

[58] Yeh HS, Tew JM, Ramirez RM. Microsurgical Treatment of Intractable Hemifacial Spasm. Neurosurgery. 1981; 9:383–386

[59] Martin RG, Grant JL, Peace D, Rhoton AL, et al. Microsurgical Relationships of the Anterior Inferior Cerebellar Artery and the Facial-vestibulocochlear Nerve Complex. Neurosurgery. 1980; 6:483–507

[60] Wilkins RH, Rengachary SS. Neurosurgery. New York 1985

[61] Moller AR, Jannetta PJ. Microvascular Decompression in Hemifacial Spasm: Intraoperative Electrophysiological Observations. Neurosurgery. 1985; 16:612–618

[62] Moller AR, Jannetta PJ. Hemifacial Spasm: Results of Electrophysiologic Recording During Microvascular Decompression Operations. Neurology. 1985; 35:969–974

[63] Dutton JJ, Buckley EG. Botulinum Toxin in the Management of Blepharospasm. Arch Neurol. 1986; 43:380–382

[64] Kennedy RH, Bartley GB, Flanagan JC, et al. Treatment of Blepharospasm With Botulinum Toxin. Mayo Clin Proc. 1989; 64:1085–1090

[65] Rhoton AL. Comment on Payner T D and Tew J M: Recurrence of Hemifacial Spasm After Microvascular Decompression. Neurosurgery. 1996; 38

[66] Auger RG, Peipgras DG, Laws ER. Hemifacial Spasm: Results of Microvascular Decompression of the Facial Nerve in 54 Patients. Mayo Clin Proc. 1986; 61:640–644

[67] Friedman WA, Kaplan BJ, Gravenstein D, et al. Intraoperative Brain-Stem Auditory Evoked Potentials During Posterior Fossa Microvascular Decompression. J Neurosurg. 1985; 62:552–557

[68] Moller AR, Jannetta PJ. Monitoring Auditory Functions During Cranial Nerve Microvascular Decompression Operations by Direct Recording from the Eighth Nerve. J Neurosurg. 1983; 59:493–499

[69] Fukushima T, Carter LP, Spetzler RF, Hamilton MG. In: Microvascular Decompression for Hemifacial Spasm: Results in 2890 Cases. Neurovascular Surgery. New York: McGraw-Hill; 1995:1133–1145

[70] Rhoton AL. Microsurgical Anatomy of the Brainstem Surface Facing an Acoustic Neuroma. Surg Neurol. 1986; 25:326–339

[71] Jannetta PJ. Neurovascular Compression in Cranial Nerve and Systemic Disease. Ann Surg. 1980; 192:518–525

[72] Loeser JD, Chen J. Hemifacial Spasm: Treatment by Microsurgical Facial Nerve Decompression. Neurosurgery. 1983; 13:141–146

[73] Huang CI, Chen IH, Lee LS. Microvascular Decompression for Hemifacial Spasm: Analyses of Operative Findings and Results in 310 Patients. Neurosurgery. 1992; 30:53–57

[74] Payner TD, Tew JM. Recurrence of Hemifacial Spasm After Microvascular Decompression. Neurosurgery. 1996; 38:686–691

[75] Bay JW. Management of Essential Hyperhidrosis. Contemp Neurosurg. 1988; 10:1–5

[76] Sydow O, Thobois S, Alesch F, Speelman JD. Multicentre European study of thalamic stimulation in essential tremor: a six year follow up. J Neurol Neurosurg Psychiatry. 2003; 74:1387–1391

[77] Schuurman PR, Bosch DA, Merkus MP, Speelman JD. Long-term follow-up of thalamic stimulation versus thalamotomy for tremor suppression. Mov Disord. 2008; 23:1146–1153

[78] Kao M-C. Video Endoscopic Sympathectomy Using a Fiberoptic CO2 Laser to Treat Palmar Hyperhidrosis. Neurosurgery. 1992; 30:131–135

[79] Dohn DF, Sava GM. Sympathectomy for Vascular Syndromes and Hyperhidrosis of the Upper Extremities. Clin Neurosurg. 1978; 25:637–650

[80] Wilkinson HA. Percutaneous radiofrequency upper thoracic sympathectomy: A new technique. Neurosurgery. 1984; 15:811–814

[81] Wilkinson HA. Percutaneous Radiofrequency Upper Thoracic Sympathectomy. Neurosurgery. 1996; 38:715–725

[82] Lee KH, Hwang PYK. Video Endoscopic Sympathectomy for Palmar Hyperhidrosis. J Neurosurg. 1996; 84:484–486

99 Procedimentos para Dor

99.1 Informações Gerais

A terapia médica deve ser maximizada antes que um paciente seja candidato a um procedimento para dor. Geralmente isto requer o aumento da dose de analgésicos até o ponto em que a dor seja aliviada ou os efeitos colaterais (normalmente sonolência ou alucinações) sejam intoleráveis (p. ex., uma dose de até 300-400 mg/dia de MS Contin pode, ocasionalmente, ser necessária).

99.2 Escolha do procedimento para dor

O ▶ Quadro 99.1 mostra alguns procedimentos para dor que podem ser utilizados para várias indicações (a lista não tem como intenção incluir todos os procedimentos, mas serve como um ponto de partida para organizar os procedimentos para dor). Em geral, as opções de procedimentos não ablativos são esgotadas antes de que se recorra a procedimentos ablativos.

99.3 Tipos de procedimentos para dor

Ver procedimentos para dor na neuralgia do trigêmeo (p. 482).
Técnicas para outras condições incluem:
1. estimulação elétrica
   a) estimulação cerebral profunda (p. 1524)[1]: os alvos incluem o tálamo e a substância cinzenta periaquedutal ou periventricular
   b) estimulação da medula espinal (p. 1547)
2. administração direta do fármaco no CNS:
   a) diferentes vias: raquidiana (p. 1545), epidural ou intratecal, intraventricular (p. 1547)
   b) diferentes agentes: anestésicos locais, narcóticos (sem comprometimento motor, sensorial ou simpático observado com os anestésicos locais) (p. 1545)
3. procedimentos ablativos intracranianos:
   a) cingulotomia: teoricamente, reduz a sensação desagradável da dor, sem eliminar a dor. Deve ser realizada bilateralmente, recentemente guiada por MRI. Dor intolerável geralmente recorre após ≈ 3 meses. 10-30% dos pacientes desenvolvem embotamento afetivo
   b) talamotomia medial: não é mais utilizada (mencionada por razões históricas). Controversa. Era utilizada por alguns para dor nociceptiva do câncer. Realizada estereotaxicamente
   c) **mesencefalotomia estereotáxica:**[2] para dor unilateral na cabeça, pescoço, face e/ou UE. Usar MRI para criar uma lesão 5 mm lateral ao aqueduto silviano, no nível do colículo inferior. Ao contrário da cordotomia de coluna vertebral, a lesão não se situa próxima de qualquer trato motor. A principal complicação é diplopia, em razão da interferência com o movimento vertical dos olhos, frequentemente transitório.
4. procedimentos cirúrgicos ablativos da coluna vertebral
   a) cordotomia: ver abaixo
      • aberta
      • percutânea
   b) cordectomia
   c) mielotomia comissural: para dor bilateral (p. 1544)
   d) mielotomia puntiforme na linha média: para alívio de dor visceral do câncer
   e) lesão na zona de entrada da raiz dorsal (p. 1550)
   f) rizotomia dorsal: não adequada para grandes áreas de envolvimento

Quadro 99.1 Escolha dos procedimentos para dor[a]

Dor unilateral	Dor bilateral ou na linha média		
Cabeça, face, pescoço, UE	Dor no ou abaixo do dermátomo C5	Abaixo do diafragma	Acima do diafragma
DBS	cordotomia[b]	narcóticos espinais IT ↓ mielotomia comissural	narcóticos intraventriculares
mesencefalotomia estereotáxica			

[a]Abreviações: IT = intratecal, UE ou LE = membros superiores ou inferiores.
[b]Cordotomia (aberta ou percutânea) se a dor for muito alta ou insensível a narcóticos espinais IT.

1542 Procedimentos, Intervenções, Cirurgias

     g) ganglionectomia da raiz dorsal (um procedimento extraespinal)

     h) cordotomia sacral: para pacientes com dor pélvica que tenham realizado colostomia e ileostomia. Uma ligadura é amarrada em torno do saco dural, abaixo das raízes nervosas de S1

5. simpatectomia: possivelmente para causalgia maior: ver Simpatectomia (p. 1537) e Síndrome dolorosa complexa regional (CRPS) (p. 497)

6. procedimentos de nervos periféricos

     a) bloqueio nervoso:[3]

- neurolítico: injeção de agentes neurodestrutivos (p. ex., fenol ou álcool absoluto) no ou próximo do nervo alvo
- não neurolítico: uso de anestésicos locais, ocasionalmente combinados com corticosteroides

     b) neurectomia: (p. ex., neurectomia intercostal para dor causada por infiltração da parede torácica por malignidade). Realizada aberta ou percutaneamente com lesão por radiofrequência. Pode sacrificar a função motora com nervos mistos

     c) estimuladores de nervos periféricos: raramente discutido

99.4 Cordotomia

99.4.1 Informações gerais

Interrupção das fibras do trato espinotalâmico lateral na coluna vertebral. A cordotomia é o procedimento de escolha para dor *unilateral* abaixo do nível do dermátomo C5 (≈ mamilo; ocasionalmente, uma dor tão alta como a mandibular pode ser tratada) em um paciente terminal. Mais adequada para dor profunda, inadequada para dor central, disestesia, causalgia (dor por desaferentação), dor visceral na linha média. Pode ser realizada como um procedimento aberto, mas é mais facilmente realizada percutaneamente no espaço intercostal C1-2 (que limita o procedimento à região cervical). Se houver dor contralateral, a mesma tende a ser magnificada após o procedimento, geralmente resultando em insatisfação com a cordotomia. Se houver qualquer disfunção vesical, a mesma geralmente será pior após a cordotomia. Cordotomias cervicais bilaterais apresentam risco de perda da automaticidade da respiração[4] (uma forma de apneia do sono, chamada de maldição de Ondina[5]). Portanto, se cordotomias bilaterais são desejadas, a segunda deve ser faseada, depois que a função respiratória normal e a resposta de CO_2 forem verificadas após o primeiro procedimento, ou a segunda etapa pode ser realizada como um procedimento aberto na região torácica.

     Revisar a anatomia transversal da coluna vertebral para as relações entre os tratos críticos (espinotalâmico e corticospinal) e o ligamento denticulado, a artéria espinal anterior, e as áreas respiratória (▶ Fig. 1.13) e vesical (▶ Fig. 3.1).

99.4.2 Avaliação pré-operatória

Medida espirométrica do volume-minuto antes e depois de respirar uma mistura de 5% de CO_2 e 95% de O_2 por 5 minutos. Se o MV diminuir, esses pacientes correm maior risco de ter apneia do sono (geralmente transitória). O risco não é elevado se o MV aumentar ou permanecer o mesmo. Além disso, pacientes com < 50% dos valores preditivos nos PFTs não são candidatos.

     Em pacientes com câncer de pulmão contralateral ao lado planejado de cordotomia, verificar o funcionamento do diafragma contralateral com fluoroscopia. Caso contrário, se o diafragma ipsilateral for perdido durante a cordotomia, o paciente pode ficar hipopneico.

99.4.3 Cordotomia percutânea

Informações gerais

Indicada para dor unilateral abaixo de ≈ C4-5 em um paciente terminal. Correntes de radiofrequência são usadas para induzir lesão no trato espinotalâmico lateral.

Técnica

O paciente não precisa estar em jejum. Os analgésicos usuais devem ser administrados. O paciente deve estar acordado e cooperativo (qualquer movimento com a agulha na medula pode lacerar a mesma), porém, pode-se fornecer, p. ex., 50 mg de hidroxizina (Vistaril®) IM para relaxamento.

     O procedimento é realizado no departamento de radiologia, guiado por fluoroscopia ou CT. A cabeça é apoiada em um suporte de Rosomoff, com a altura ajustada para manter o processo mastoide no mesmo plano horizontal que a articulação acromioclavicular. Trabalhando no lado *contralateral* à dor, um anestésico local sem epinefrina é infiltrado 1 cm caudal à ponta do mastoide. Uma agulha de punção lombar de calibre 18 é inserida exatamente na horizontal, em direção ao ponto médio entre a margem posterior do corpo de C2 e a porção anterior do processo espinhoso de C2. Manter-se rostral à lâmina de C2 para evitar o nervo (o qual é doloroso)

Procedimentos para Dor   **1543**

A dura é penetrada aproximadamente no mesmo momento em que a ponta da agulha se encontra nivelada à linha média do processo odontoide na fluoroscopia AP. Alguns mililitros de CSF são aspirados e misturados em uma seringa com alguns milímetros de Pantopaque®. Vários mililitros da mistura são injetados no espaço subaracnoide sob orientação fluoroscópica lateral (**nota:** Pantopaque não se encontra mais disponível, e agentes hidrossolúveis são menos eficazes). Uma técnica endoscópica com agulha pode ser capaz de localizar a porção da medula espinal anterior aos ligamentos denticulados. Alguns corantes irão se acumular sobre a medula espinal anterior, alguns sobre o ligamento denticulado e a maioria no espaço tecal posterior. O corante irá permanecer apenas momentaneamente no ligamento denticulado, portanto esteja pronto para avançar a agulha imediatamente, na região anterior a este acúmulo, ao mesmo tempo em que monitora a impedância da ponta que saltará de ≈ 300-500 Ω (ohms) no CSF para ≈ 1.200-1.500 Ω à medida que a medula espinal é penetrada.

Estimulação a 100 Hz deve produzir formigamento a um limiar ≤ 1 volt. Nenhuma resposta motora deve ser desencadeada no trato espinotalâmico com 100 Hz, e se ocorrer tetania muscular, a indução de lesão *não* deve ser realizada. Se o formigamento for no braço, a lesão normalmente é feita no braço ou abaixo do nível de analgesia. Se o formigamento for na extremidade inferior, a lesão causará analgesia apenas naquele membro. Estimulação a 2 Hz deve produzir espasmos do braço ou pescoço a ≈ 1 -3 volts.

Lesão por radiofrequência é realizada por 30 segundos enquanto o paciente mantém contração da mão *ipsolateral* e a voltagem é gradualmente aumentada a partir do zero. Qualquer espasmo da mão indica que a voltagem deve ser reduzida. Uma segunda lesão é realizada na mesma região e é geralmente menos dolorosa. A área apropriada do corpo é, então, verificada para analgesia com uma picada de agulha.

Se o procedimento for satisfatoriamente realizado, normalmente ocorre uma síndrome de Horner ipsolateral.

Complicações

Para complicações, ▶ Quadro 99.2

Resultado

Em mãos experientes, 94% dos pacientes alcançarão alívio significativo da dor no momento da alta hospitalar. O nível de analgesia cai com o tempo. Em um ano, 60% estarão livres de dor e, em 2 anos, esta porcentagem será de apenas 40%.

Controle pós-procedimento

Fístula liquórica irá cessar espontaneamente. O paciente é mantido na posição supina por 24 horas para evitar dor de cabeça "espinal" (pós-LP). Analgésicos apropriados para o controle pós-operatório são prescritos. Se o procedimento for bem-sucedido, o paciente poderá suspender rapidamente os narcóticos para dor primária. Síndromes de abstinência ocorrem apenas raramente.

99.4.4 Cordotomia cervical aberta (técnica de Schwartz)

Informações gerais

Um método relativamente rápido para cordotomia cervical aberta.[6] Teoricamente, pode ser realizada com anestesia local em pacientes incapazes de tolerar uma anestesia geral.

Quadro 99.2 Complicações pós-cordotomia

Complicação	Frequência
ataxia	20%
paresia ipsolateral	5% total 3% permanente
disfunção vesical	10% total 2% permanente
disestesia pós-cordotomia	8%
apneia do sono	0,3% cordotomia unilateral 3% cordotomia bilateral
morte (insuficiência respiratória)	0,3% cordotomia unilateral 1,6% cordotomia bilateral

Técnica

Posição: prona; a face é cuidadosamente apoiada em um suporte craniano acolchoado em forma de ferradura, e o pescoço ligeiramente flexionado para abrir os espaços interlaminares e abaixar a cabeça, a fim de prevenir acúmulo de ar intracraniano.

Incisão cutânea: linha mediana, do occipital ao C3. Trabalhando apenas no lado *contralateral* à dor, os músculos são removidos da borda superior do forame magno, e da lâmina de C1 e C2. Um retrator de Scheartz ou Gelpi é encaixado entre o occipital e C2. Para aumentar a exposição, a metade inferior da lâmina de C1 e a metade superior da lâmina de C2 são removidas com uma pinça kerrison.

Incisão dural: o ligamento amarelo é fino entre C1 e C2, e geralmente pode ser aberto com a dura em uma incisão linear da lâmina de C1 até C2, realizada no terço lateral da exposição, com cuidado para evitar sangramento das veias epidurais. Na incisão, um ângulo é cortado em ambas as extremidades para possibilitar maior retração dural. Suturas são feitas na dura, a aracnoide é aberta, o ligamento denticulado localizado, tracionado com uma pinça hemostática e seccionado entre a pinça e a dura.

Cordotomia: o ligamento denticulado é usado para girar ligeiramente a medula espinal. Um bisturi de cordotomia (ou lâmina 11), com cera óssea colocada a 5 mm, é inserido em uma área avascular da medula, imediatamente anterior ao ligamento denticulado, com o lado afiado voltado para baixo. O quadrante anterolateral da medula é cortado com as seguintes ressalvas:
- não avançar posterior ao ligamento denticulado (para evitar o trato corticospinal)
- não cruzar a linha média da medula espinal
- não lesionar a artéria espinal anterior
- para pacientes com dor nos membros inferiores, certificar-se de começar exatamente no ligamento denticulado (para não deixar escapar as fibras lombares e sacrais)

99.5 Mielotomia comissural

99.5.1 Informações gerais

Também conhecida como mielotomia mediolongitudinal. Interrompe as fibras dolorosas que passam pela comissura anterior em seu trajeto para o trato espinotalâmico lateral.

99.5.2 Indicações

Dor bilateral ou na linha média, primariamente abaixo dos níveis torácicos (incluindo abdome, pelve, períneo e membros inferiores).

99.5.3 Técnica

A laminectomia deve se estender pelo menos 3 níveis acima do dermátomo mais elevado envolvido na dor. A dura é aberta longitudinalmente e o microscópio cirúrgico é usado para identificar o sulco mediano (este geralmente é muito difícil de observar, e estima-se que esteja situado no ponto médio do local onde as raízes dorsais entram na medula). Veias na linha média são sacrificadas pelo comprimento da incisão proposta. Uma lâmina de bisturi nº 11 é colocada em uma pinça hemostática, com 6-7 mm da ponta exposta. A lâmina é inserida na linha média na extremidade superior da incisão desejada e, então, avançada caudalmente pelo comprimento da incisão planejada (geralmente 3-4 cm).

99.5.4 Resultado

60% dos pacientes apresentam alívio completo da dor, 28% alívio parcial e 8% nenhum alívio.

99.5.5 Complicações

Fraqueza nos membros inferiores ocorre em ≈ 8% (geralmente neurônio motor inferior, presumidamente em razão de uma lesão dos neurônios motores do corno anterior). Disestesia ocorre em quase todos os pacientes, mas persistem > por alguns dias em ≈ 16% (estes pacientes também têm uma sensação de posição articular comprometida, todas elas são presumivelmente causadas por uma lesão da coluna posterior). Disfunção vesical é observada em ≈ 12%. Disfunção sexual também pode ocorrer. Há um risco de lesão da artéria espinal anterior (raro).

99.6 Mielotomia puntiforme na linha média

99.6.1 Indicações

Dor pélvica e vesical refratária a outras terapias.[7]

99.6.2 Técnica

Interrupção de uma via da coluna posterior na linha média.

99.7 Administração de narcóticos no CNS

99.7.1 Narcóticos intraespinais

Informações gerais

Narcóticos intraespinais podem ser administrados por via epidural ou intratecal para alívio da dor. É possível obter-se controle satisfatório para dores abaixo do nível do pescoço, embora alguns recomendem morfina intraventricular para dores acima do diafragma/umbigo (p. 1547).[8] Também podem ser administrados uma única vez, por exemplo, injeção no espaço epidural após laminectomia lombar. Ou podem ser administrados de forma contínua por curto período de tempo através de um cateter intratecal ou epidural externo. Também podem ser administrados por um período de tempo intermediário (< 60 dias), com o uso do reservatório subcutâneo[9] ou por longos períodos com uma bomba de infusão de fármacos implantável[10] (p. ex., Infusaid® ou Medtronic®). As vantagens em relação aos narcóticos sistêmicos incluem menor sedação e/ou confusão, menor interferência com a motilidade GI (constipação) e, possivelmente, menos N/V. A eficácia geralmente é limitada a ≈ 1 ano, sendo, portanto, indicado para dor benigna crônica. Com o tempo, maiores doses são necessárias devido ao desenvolvimento de tolerância e/ou progressão da doença,[11] com o desenvolvimento concomitante dos efeitos colaterais usuais dos narcóticos.

Agentes a serem usados

Devem ser livres de conservantes (para uso intratecal ou epidural). Podem ser preparados por um farmacêutico (p. ex., adicionar 1 ou 3 g de sulfato de morfina em pó a uma quantidade suficiente de salina a 0,9% sem conservante para produzir um total de 100 mL, o que constitui uma solução de 10 ou 30 mg/mL, respectivamente, e então filtrar esta solução com um filtro de 0,22 mcm[12]). Alternativamente, preparações comercialmente disponíveis incluem Duramorph® (disponível como 0,5 ou 1 mg/mL) e Infumorph® (disponível em ampolas de 20 mL ou 10 ou 25 mg/mL), ambos podem ser diluídos com diluente sem conservante (soro fisiológico) para uma solução de menor potência. Ocorre tolerância cruzada a narcóticos sistêmicos, e os narcóticos intraespinais são mais eficazes em pacientes que não tenham recebido altas doses contínuas de opiáceos IV (pacientes tratados com altas doses de narcóticos IV necessitam de doses iniciais mais elevadas de narcóticos intraespinais).

▶ **Efeitos colaterais.** Incluem prurido (geralmente difuso, podendo ser mais intenso no nariz), depressão respiratória (a depressão respiratória com narcóticos intraespinais geralmente é muito gradual, e em geral é facilmente detectada monitorando-se a frequência respiratória a cada 1 hora e tomando medidas caso a frequência diminua), retenção urinária e N/V.

Injeção-teste

Antes de implantar um sistema de transporte de fármacos permanente, uma injeção teste deve ser realizada para verificar o alívio da dor e a tolerância ao medicamento. A injeção é administrada por cateter intratecal ou epidural inserido percutaneamente e conectado a uma bomba externa. As doses necessárias para cateteres intratecais são, geralmente, ≈ 5-10 vezes menores do que aquelas para cateteres epidurais.

Exemplos de solicitações após uma injeção única:
1. não usar outros narcóticos por ≈ 24 h (com uma infusão contínua, deve-se suspender narcóticos adicionais até que o efeito dos narcóticos intraespinais seja determinado)
2. 2 ampolas (0,4 mg cada) de naloxona (Narcan®) e seringa presa com fita adesiva na cama dos pacientes (nas primeiras 24 h após uma única injeção; em qualquer momento com a infusão contínua)
3. cabeceira elevada ≥ 10° por 14 h
4. registrar a frequência respiratória a cada 1 h por 24 h; se o paciente estiver dormindo e a frequência respiratória for < 10 respirações/min, acordar o paciente. Se incapaz de acordar, administrar 0,4 mg de naloxona IV e notificar o médico. Repetir a dose de 0,4 mg de naloxona IV a cada 2 min, conforme necessário

5. **opcional**: oximetria de pulso por 24 h
6. difenidramina (Benadryl®), 25 mg IV a cada 1 h, conforme necessário para o prurido
7. droperidol (Inapsine®), 0,625 mg IV (que representa 0,25 mL da concentração padrão disponível de 2,5 mg/mL) a cada 30-60 min, conforme necessário para náusea
8. medicação suplementar para a dor, conforme necessário
   a) narcótico agonista/antagonista: p. ex., 1-4 mg IV de nalbufina (Nubain®) a cada 3 h
      OU
   b) cetorolaco de trometamina (Toradol®), 15 mg IV ou IM, ou 30 mg IM a cada 6 h (usar uma dose mais baixa para pacientes com peso < 50 kg, idade > 65 anos ou função renal reduzida)

Bomba de infusão de fármacos implantável

Embora um controle satisfatório da dor possa ser alcançado com narcóticos epidurais ou intratecais (a morfina se difunde facilmente através da dura para o CSF, onde ganha acesso aos receptores da dor), cateteres epidurais comumente relacionam-se a problemas com cicatrização e podem-se tornar menos eficazes mais precocemente do que os cateteres intratecais. As bombas devem ser implantadas somente se os pacientes tiverem obtido um controle bem-sucedido da dor com a injeção teste de morfina epidural (5-10 mg) ou intratecal (0,5-2 mg). Uma expectativa de vida > 3 meses é recomendada para bombas implantáveis (se uma menor longevidade for antecipada, uma bomba externa pode ser utilizada).

Uma série de bombas de infusão de fármacos implantáveis comumente usadas é fabricada pelo Infusaid Inc. A única agulha que deve ser utilizada com seus dispositivos é a agulha de Huber calibre 22. As taxas de liberação dos fármacos aumentam com a temperatura corporal (10-13% por °C acima de 37° C), diminuem na mesma quantidade para cada °C abaixo de 37° C, e tornam-se imprecisas com reservatórios contendo ≤ 4 mL de fluido. Estas bombas não devem funcionar até que se esvaziem, visto que isto poderia afetar permanentemente a precisão e confiabilidade da liberação de fármacos. Além do reservatório da bomba, a maioria dos modelos tem um ou mais compartimentos laterais de *bolus*, que liberam o fluido injetado diretamente na mangueira de saída. Não se deve aspirar ao acessar qualquer um dos compartimentos.

Medtronic produz uma bomba programável.

Inserção cirúrgica

Similar à inserção de uma derivação lombo-peritoneal (p. 1517). O paciente é colocado na posição lateral, tal como sobre um dispositivo do tipo *bean-bag*. A bomba é inserida em uma bolsa subcutânea, criada com uma incisão cutânea ligeiramente curva de 8-10 cm. A bomba pode ser suturada à fáscia do abdome (em pacientes obesos, pode ser suturada no tecido subcutâneo). A parte excedente da mangueira deve ser enrolado sob a bomba para prevenir perfuração inadvertida durante o acesso do reservatório.

O cateter espinal é inserido através de uma agulha Tuohy posicionada entre os processos espinhosos lombares, percutaneamente ou através de uma pequena incisão de 2-3 mm, realizada lateralmente aos processos espinhosos. Alternativamente, pode ser inserido diretamente através de uma hemilaminectomia. Fluoroscopia pode ser utilizada intraoperatoriamente para verificar a posição rostral do cateter; a visualização radiográfica do cateter pode ser facilitada preenchendo-o com meio de contraste iodado, por exemplo, Omnipaque-300 (p. 219). Todas as dobras na mangueira devem ser suaves para evitar dobradura do tubo

Controle pós-operatório da dor

Embora a bomba esteja infundindo quando o paciente deixa a sala de cirurgia, a menos que ele tenha recebido narcóticos intraespinais até o momento da cirurgia, geralmente leva vários dias para o fármaco alcançar um equilíbrio no CSF antes que o nível de controle da dor seja adequado. Isto pode ser amenizado por uma infusão em bolus (3-4 mg de morfina para cateteres epidurais, ou 0-2-0,4 mg para cateteres intratecais).

Complicações

Meningite e insuficiência respiratória são complicações raras. Fístula liquórica e dor de cabeça espinal podem ocorrer. Desconexão ou deslocamento da ponta do cateter pode resultar em falha de controle da dor, porém, isso geralmente é corrigível cirurgicamente.

Resultado

Dor do câncer é melhorada em até 90% dos casos. Taxa de sucesso para dor neuropática (p. ex., neuralgia pós-herpética, neuropatia diabética dolorosa): 25-50%.

99.7.2 Narcóticos intraventriculares

Indicações

Podem ser usados para dor do câncer (especialmente cabeça e pescoço)[13] arresponsiva a outros métodos, em pacientes com uma expectativa de vida < 6 meses.

Técnica

Um cateter intraventricular é conectado a um dispositivo de acesso ventricular (p. 1518). 0,5-1 mg de morfina intratecal é injetado através de um VAD e, geralmente, fornece ≈ 24 horas de analgesia.

Complicações

▶ **Efeitos colaterais.** Os comuns incluem tontura, N/V. O risco de depressão respiratória é minimizado com o uso da dose correta. Complicações em uma série de 52 pacientes:[13] colonização bacteriana do reservatório (4%), cateter deslocado (2%), cateter bloqueado (6%), meningite pós-operatória (2%).

Resultado

Dor é controlada com sucesso em 70% por 2 meses, porém, após esse período, a eficácia diminui em razão da tolerância aos narcóticos.

99.8 Estimulação da medula espinal (SCS)

99.8.1 Informações gerais

Originalmente praticava-se estimulação da coluna dorsal (DCS), mas determinou-se que o alívio da dor também é obtido com a estimulação ventral (sem parestesia induzida pela estimulação, observada com a DCS). O alívio da dor em humanos persiste além do tempo de estimulação e não é revertido pela naloxona. O mecanismo de ação exato é indeterminado, mas provavelmente envolve alguma combinação de estimulação neuro-humoral (isto é, endorfina) e antidrômica de um "canal" de dor espinal, e estimulação do centro supraespinal. Foi demonstrado que os níveis de GABA e serotonina aumentam com a SCS.

99.8.2 Indicações

Possíveis indicações incluem:
1. dor:[14] síndrome da dor pós-laminectomia (a indicação mais comum, especialmente se a dor LE for > que a dor lombar; ver abaixo), síndrome dolorosa complexa regional (CRPS, anteriormente "distrofia simpático reflexa") (p. 1548), dor pós-toracotomia (neuralgia intercostal), esclerose múltipla, neuropatia diabética (p. 1549) e, ocasionalmente, neuralgia pós-herpética
2. angina de peito refratária (p. 1549)
3. isquemia dolorosa de membro causada por uma doença vascular periférica inoperável (p. 1549)
4. funcional: hemiparesia espástica, distonia, disfunção vesical
5. ✘ normalmente não usada para dor do câncer ou para pacientes com expectativa de vida limitada.

99.8.3 Técnica

Para que a SCS seja eficaz, é necessário que o paciente sinta a estimulação nas áreas de dor.[15] Duas técnicas são utilizadas para colocar os eletrodos no espaço *epidural*:
1. eletrodos de placas colocados via hemilaminectomia
2. eletrodos de fio colocados percutaneamente com uma agulha Tuohy

Após a inserção do eletrodo, um teste com um gerador externo é realizado ao longo de vários dias para determinar se a SCS é eficaz. Os eletrodos são removidos a menos que uma melhora evidente ocorra, caso em que um gerador de pulsos implantável é colocado subcutaneamente.

99.8.4 Complicações

Com os eletrodos de placa, há uma incidência de infecção de 3,5%, que responde à remoção do eletrodo e antibióticos IV. Complicações menos comuns: migração do eletrodo (geralmente observada nas primeiras semanas), interrupção da condução (menos comum com os sistemas atuais), fístula liquórica, dor radicular, interferência intermitente com marca-passos cardíacos e fraqueza.

99.8.5 Resultado

Em mãos experientes em centros especializados, onde uma abordagem multidisciplinar está disponível, a taxa de sucesso no controle da dor é de uma melhora de ≈ 50% em 50% dos pacientes.[15] Em um estudo de seguimento, retrospectivo de longo prazo (média = 96 meses) de 410 pacientes submetidos à SCS em razão das várias indicações, a taxa de sucesso foi de 74%.[16]

Os indicadores de uma resposta desfavorável à SCS incluem: dor provocada por lesão à medula espinal, por lesões proximais ao gânglio (p. ex., avulsão da raiz), síndrome pós-laminectomia > dor LE e múltiplas cirurgias anteriores (ver abaixo), fatores psicológicos como litígio, indenização por acidente de trabalho, discórdia familiar/matrimonial ou comportamentos aditivos.[17]

99.8.6 Síndromes específicas tratadas

Síndrome pós-laminectomia

> Σ
>
> A adição de SCS é mais eficaz que a PT ou o tratamento clínico isolado no controle da dor na síndrome pós-laminectomia. Aos 24 meses, a SCS é tão eficaz quanto a reoperação no tratamento de dor radicular, sem diferença nas ADLs ou na situação laboral.

No estudo clínico PROCESS[18] (Ensaio Clínico Prospectivo, Randomizado, Multicêntrico, Controlado da Eficácia da Estimulação da Medula Espinal), 100 pacientes com síndrome pós-laminectomia foram randomizados para receber SCS e tratamento clínico convencional (52 pacientes) *versus* tratamento clínico convencional isolado (48 pacientes). A qualidade de vida associada à saúde, mensurada por meio do questionário EuroQol-5D, foi maior no grupo SCS, apesar do maior custo total aos 6 meses.

No acompanhamento a longo prazo aos 24 meses, o resultado primário (alívio > 50% na dor da perna) foi alcançado em 37% dos pacientes que foram randomizados para receber SCS e tratamento clínico convencional, e em 2% dos pacientes randomizados para receber apenas tratamento clínico convencional. Os pacientes foram autorizados a trocar de grupo. Após a troca, o resultado primário foi alcançado em 47% dos pacientes (34 de 72) que receberam SCS e tratamento clínico como o tratamento final *versus* 7% dos pacientes (1 de 15) no outro grupo (P = 0,02).[19]

Em outro estudo prospectivo randomizado, os pacientes com dor radicular persistente ou recorrente após a cirurgia lombossacra foram randomizados para serem reoperados ou para receberem SCS. Durante um seguimento médio de 3 anos, o grupo SCS necessitou de menos analgésicos opioides. 9 dos 19 pacientes do grupo SCS, comparados a apenas 3 dos 26 pacientes reoperados, relataram alívio da dor e satisfação (P < 0,01), e não houve diferença nas ADLs e na situação laboral. Pacientes no grupo SCS foram menos prováveis de trocar de grupo (5 dos 24 pacientes do grupo SCS *versus* 14 dos 26 pacientes no grupo de reoperação, P = 0,02).[20] Na síndrome pós-laminectomia, as SCSs são mais eficazes para dor radicular do que para a dor lombar.

Síndrome dolorosa complexa regional

> Σ
>
> SCS pode ser eficaz no tratamento de CPRS durante os primeiros 2 anos. Entretanto, nenhum benefício significativo foi evidente no acompanhamento de 5 anos.

A CPRS é uma condição dolorosa crônica, marcada por intensa dor em queimação e profunda incapacitante. O tipo I não apresenta lesão nervosa. O tipo II ocorre após uma lesão nervosa (p. 497). O mecanismo exato da condição que resulta em uma dor intensa desproporcional é desconhecido, e as opções terapêuticas são limitadas. Em um ensaio clínico randomizado,[21] os pacientes com CRPS tipo I foram randomizados para receber SCS e fisioterapia (PT) (36 pacientes) ou apenas PT (18 pacientes). 24 dos 36 pacientes obtiveram uma SCS teste bem-sucedida e foram submetidos à implantação. Aos 6 meses, no grupo que recebeu SCS e PT, a intensidade da dor reduziu em 2,4 cm na escala visual analógica, ao contrário do aumento de 0,2 cm no grupo que recebeu apenas PT (P < 0,001). Além disso, 39% dos pacientes no grupo SCS obtiveram uma percepção do efeito global "muito maior", quando comparados a 6% (P = 0,001) do outro grupo. A qualidade de vida associada à saúde melhorou apenas no grupo SCS. Aos 2 anos de acompanhamento, a intensidade da dor no grupo SCS reduziu em 2,1 *versus* 0,0 cm no grupo PT, quando comparado à linha de base (P < 0,001), e a percepção do efeito global foi "muito maior" em 43% *versus* 6% (P = 0,001).[22] No entanto, esses benefícios não foram significativos em 5 anos.[23]

Doença vascular periférica

> Σ
>
> A SCS não ajuda na dor causada por isquemia de membro não operável. Pode ou não melhorar a cicatrização das úlceras de pressão.

Em um estudo retrospectivo não controlado de 38 pacientes, ≈ 94% obtiveram alívio da dor e ≈ 50% apresentaram cicatrização das úlceras de pressão.[24]

Em uma recente revisão[25] de seis estudos controlados de quase 450 pacientes, a SCS + tratamento clínico foi comparada ao tratamento clínico isolado. Embora nenhuma diferença significativa tenha sido observada na cicatrização de úlceras, o uso de analgésicos foi menor e a taxa de preservação dos membros após 12 meses foi significativamente maior no grupo SCS (risco relativo = 0,71).

Angina de peito

> Σ
>
> A SCS foi tão eficaz quanto a CABG no controle de angina refratária e na proteção contra MIs. SCS melhora a capacidade de exercício por um mecanismo desconhecido.

A SCS reduz a dor anginosa e melhora a capacidade de exercício por um mecanismo desconhecido, que pode estar relacionado com a redução de consumo de oxigênio pelo miocárdio[26] ou alteração do fluxo sanguíneo do miocárdio,[27] em vez de apenas um mascaramento de sintomas.

Em um ensaio clínico multicêntrico, randomizado e prospectivo comparando a SCS à CABG em pacientes selecionados,[28] não houve uma diferença significativa na redução de ataque anginoso e no consumo de nitratos entre os grupos. O acompanhamento de 5 anos deste ensaio constatou que tanto a CABG como a SCS ofereceram proteção similar contra a angina de peito e o infarto do miocárdio.[29]

Em um estudo prospectivo de 104 pacientes submetidos à colocação de SCS para angina de peito recorrente (média de acompanhamento ≈ 13 meses), 73% apresentaram uma redução > 50% nos episódios anginosos semanais, quando comparado à linha de base.[30]

Neuropatia diabética

> Σ
>
> Dados disponíveis são limitados, mas a SCS pode ser uma modalidade viável para dor refratária provocada por neuropatia diabética. Estudos adicionais são necessários.

Não existem dados clínicos satisfatórios disponíveis. Alguns estudos com números pequenos de pacientes sugerem que a SCS é capaz de fornecer um alívio significativo da dor na maioria dos pacientes com neuropatia diabética que não responde ao tratamento conservador.[31,32,33]

Um pequeno estudo prospectivo aberto demonstrou que 9 de 11 pacientes com neuropatia diabética que não responderam ao tratamento conservador tiveram alívio significativo da dor após 6 meses da implantação de SCS. A classificação da dor na escala visual analógica diminui de 77 para 34. Não houve uma alteração significativa da perfusão da microcirculação em relação à linha de base.[33]

99.9 Estimulação cerebral profunda (DBS)

Síndromes de *dor por deaferentação* (anestesia dolorosa, dor causada por lesão da medula espinal ou síndromes talâmicas) podem-se beneficiar da estimulação do tálamo sensorial (posteromedial ventral (VPM) ou posterolateral ventral (VPL)). DBS para dor neuropática crônica produz uma redução de 40-50% na dor em cerca de 25-60% dos pacientes.[34]

Síndromes de *dor nociceptiva* são mais prováveis de se beneficiar da estimulação da substância cinzenta periventricular (PVG) ou substância cinzenta periaquedutal (PAG), embora a estimulação da PAG seja raramente usada, pois frequentemente produz efeitos colaterais desagradáveis. De qualquer modo, a taxa de resposta é de apenas ≈ 20%,[35] o que resultou em não aprovação pelo FDA do uso destes dispositivos para a dor.

Cefaleia em salvas: pode responder à estimulação hipotalâmica, porém, estudos de grande porte com períodos de acompanhamento mais prolongados são necessários.[34]

99.10 Lesões na zona de entrada da raiz dorsal (DREZ)

99.10.1 Informações gerais

Embora seu uso tenha sido relatado para uma variedade de indicações, lesões na DREZ parecem ser mais eficazes no tratamento das seguintes condições:

Lesões na DREZ parecem ser mais eficazes no tratamento das seguintes condições:
1. dor por desaferentação, provocada por avulsão da raiz nervosa.[36,37,38] Isto ocorre mais comumente em acidentes de moto
2. lesões da medula espinal (SCI), com dor ao redor do dermátomo mais inferior não afetado e extensão caudal da dor limitada a alguns dermátomos (SCI com dor difusa envolvendo o corpo inteiro e membros abaixo da lesão é menos responsiva)
3. neuralgia pós-herpética (p. 493): resposta inicial geralmente satisfatória, porém, uma recidiva precoce em ≤ alguns meses é comum, e apenas 25% apresentam alívio prolongado da dor
4. dor do membro fantasma pós-amputação: alguns artigos na literatura corroboram o uso da DREZ, porém, outros não acreditam que essa condição seja uma boa indicação[39]
5. ✖ geralmente não usada para dor do câncer

99.10.2 Técnica

Uma laminectomia é realizada sobre o(s) segmento(s) envolvido(s) com o uso de localização radiográfica. A dura é aberta e a DREZ é identificada sob magnificação microscópica, usando filamentos radiculares posteriores intactos acima ou abaixo para orientação (filamentos radiculares contralaterais também podem ser usados para estimar a localização da imagem em espelho). Lesões são criadas ipsolateralmente às raízes nervosas avulsionadas por corrente de radiofrequência (aproximadamente 50-60 lesões são necessárias para vários segmentos, e cada lesão é realizada a 75° por ≈ 15 segundos) ou incisões seletivas que se estendem do último filamento radicular completamente normal na extremidade rostral até o primeiro filamento radicular normal situado caudalmente. A lâmina de bisturi ou a agulha de lesão é inclinada a 30-45° medialmente e inserida a uma profundidade de 2-3 mm. Em pacientes paraplégicos, as lesões na DREZ podem ser combinadas com uma cordectomia no nível de ruptura anatômica da medula.[39]

99.10.3 Controle pós-operatório

Repouso por 3 dias pode reduzir o risco de fístula liquórica. Analgésicos apropriados para uma laminectomia multinível são administrados.

99.10.4 Complicações

Fraqueza ipsolateral (em relação ao trato corticospinal) ou perda da propriocepção (colunas dorsais) ocorre em 10% dos pacientes, e é permanente em ≈ metade (ou seja, 5%).

99.10.5 Resultado

Na dor associada à avulsão do plexo braquial, uma melhora significativa a longo prazo de 80-90% pode ser esperada. Paraplégicos com dor limitada à região da lesão apresentam uma taxa de melhora de 80%, comparado a 30% naqueles com dor envolvendo todo o corpo abaixo da lesão.

Referências

[1] Young RF, Kroening R, Fulton W, Feldman RA, Chambi I. Electrical Stimulation of the Brain in Treatment of Chronic Pain: Experience Over 5 Years. J Neurosurg. 1985; 62:389–396

[2] Shieff C, Nashold BS. Stereotactic Mesencephalotomy. Neurosurg Clin North Amer. 1990; 1:825–839

[3] Marshall KA. Managing Cancer Pain: Basic Principles and Invasive Treatment. Mayo Clin Proc. 1996; 71:472–477

[4] Krieger AJ, Rosomoff HL. Sleep-Induced Apnea. Part 1: A Respiratory and Autonomic Dysfunction Syndrome Following Bilateral Percutaneous Cervical Cordotomy. J Neurosurg. 1974; 39:168–180

[5] Sugar O. In Search of Ondine's Curse. JAMA. 1978; 240:236–237

[6] Schwartz HG. High Cervical Cordotomy. J Neurosurg. 1967; 26:452–455

[7] Nauta HJ, Soukup VM, Fabian RH, Lin JT, Grady JJ, Williams CG, Campbell GA, Westlund KN, Willis WD, Jr. Punctate midline myelotomy for the relief of visceral cancer pain. J Neurosurg Spine. 2000; 92:125–130

[8] Lobato RD, Madrid JL, Fatela LV, et al. Intraventricular Morphine for Intractable Cancer Pain: Rationale, Methods, Clinical Results. Acta Anaesthesiol Scand Suppl. 1987; 85:68–74

[9] Brazenor GA. Long Term Intrathecal Administration of Morphine: A Comparison of Bolus Injection via Reservoir with Continuous Infusion by Implantable Pump. Neurosurgery. 1987; 21:484–491

[10] Penn RD, Paice JA. Chronic Intrathecal Morphine for Intractable Pain. J Neurosurg. 1987; 67:182–186

[11] Shetter AG, Hadley MN, Wilkinson E. Administration of Intraspinal Morphine Sulfate for the Treatment of Intractable Cancer Pain. Neurosurgery. 1986; 18:740–747

[12] Rippe ES, Kresel JJ. Preparation of Morphine Sulfate Solutions for Intraspinal Administration. Am J Hosp Pharm. 1986; 43:1420–1421

[13] Cramond T, Stuart G. Intraventricular Morphine for Intractable Pain of Advanced Cancer. J Pain Sympt Manage. 1993; 8:465–473

[14] Kumar K, Nath R, Wyant GM. Treatment of Chronic Pain by Epidural Spinal Cord Stimulation. J Neurosurg. 1991; 75:402–407

[15] North RB, Kidd DH, Zahurak M, et al. Spinal Cord Stimulation for Chronic, Intractable Pain: Experience Over Two Decades. Neurosurgery. 1993; 32:384–395

[16] Kumar K, Hunter G, Demeria D. Spinal cord stimulation in treatment of chronic benign pain: challenges in treatment planning and present status, a 22-year experience. Neurosurgery. 2006; 58:481–96; discussion 481-96

[17] Daniel MS, Long C, Hutcherson WL, Hunter S. Psychological Factors and Outcome of Electrode Implantation for Chronic Pain. Neurosurgery. 1985; 17:773–777

[18] Manca A, Kumar K, Taylor RS, Jacques L, Eldabe S, Meglio M, Molet J, Thomson S, O'Callaghan J, Eisenberg E, Milbouw G, Buchser E, Fortini G, Richardson J, Taylor RJ, Goeree R, Sculpher MJ. Quality of life, resource consumption and costs of spinal cord stimulation versus conventional medical management in neuropathic pain patients with failed back surgery syndrome (PROCESS trial). Eur J Pain. 2008; 12:1047–1058

[19] Kumar K, Taylor RS, Jacques L, Eldabe S, Meglio M, Molet J, Thomson S, O'Callaghan J, Eisenberg E, Milbouw G, Buchser E, Fortini G, Richardson J, North RB. The effects of spinal cord stimulation in neuropathic pain are sustained: a 24-month follow-up of the prospective randomized controlled multicenter trial of the effectiveness of spinal cord stimulation. Neurosurgery. 2008; 63:762–70; discussion 770

[20] North RB, Kidd DH, Farrokhi F, Piantadosi SA. Spinal cord stimulation versus repeated lumbosacral spine surgery for chronic pain: a randomized, controlled trial. Neurosurgery. 2005; 56:98–106; discussion 106-7

[21] Kemler MA, Barendse GA, van Kleef M, de Vet HC, Rijks CP, Furnee CA, van den Wildenberg FA. Spinal cord stimulation in patients with chronic reflex sympathetic dystrophy. N Engl J Med. 2000; 343:618–624

[22] Kemler MA, De Vet HC, Barendse GA, Van Den Wildenberg FA, Van Kleef M. The effect of spinal cord stimulation in patients with chronic reflex sympathetic dystrophy: two years' follow-up of the randomized controlled trial. Ann Neurol. 2004; 55:13–18

[23] Kemler MA, de Vet HC, Barendse GA, van den Wildenberg FA, van Kleef M. Effect of spinal cord stimulation for chronic complex regional pain syndrome Type I: five-year final follow-up of patients in a randomized controlled trial. J Neurosurg. 2008; 108:292–298

[24] Augustinsson LE, Carlsson CA, Holm J, Jivegard L. Epidural electrical stimulation in severe limb ischemia. Pain relief, increased blood flow, and a possible limb-saving effect. Ann Surg. 1985; 202:104–110

[25] Ubbink DT, Vermeulen H. Spinal cord stimulation for non-reconstructable chronic critical leg ischaemia. Cochrane Database Syst Rev. 2005. DOI: 10.100 2/14651858.CD004001.pub2

[26] Mannheimer C, Eliasson T, Andersson B, Bergh CH, Augustinsson LE, Emanuelsson H, Waagstein F. Effects of spinal cord stimulation in angina pectoris induced by pacing and possible mechanisms of action. BMJ. 1993; 307:477–480

[27] Hautvast RW, Blanksma PK, DeJongste MJ, Pruim J, van der Wall EE, Vaalburg W, Lie KI. Effect of spinal cord stimulation on myocardial blood flow assessed by positron emission tomography in patients with refractory angina pectoris. Am J Cardiol. 1996; 77:462–467

[28] Mannheimer C, Eliasson T, Augustinsson LE, Blomstrand C, Emanuelsson H, Larsson S, Norrsell H, Hjalmarsson A. Electrical stimulation versus coronary artery bypass surgery in severe angina pectoris: the ESBY study. Circulation. 1998; 97:1157–1163

[29] Ekre O, Eliasson T, Norrsell H, Wahrborg P, Mannheimer C. Long-term effects of spinal cord stimulation and coronary artery bypass grafting on quality of life and survival in the ESBY study. Eur Heart J. 2002; 23:1938–1945

[30] Di Pede F, Lanza GA, Zuin G, Alfieri O, Rapati M, Romano M, Circo A, Cardano P, Bellocci F, Santini M, Maseri A, Investigators of the Prospective Italian Registry of SCSforAnginaPectoris. Immediate and long-term clinical outcome after spinal cord stimulation for refractory stable angina pectoris. Am J Cardiol. 2003; 91:951–955

[31] Tesfaye S, Watt J, Benbow SJ, Pang KA, Miles J, Mac-Farlane IA. Electrical spinal-cord stimulation for painful diabetic peripheral neuropathy. Lancet. 1996; 348:1698–1701

[32] Daousi C, Benbow SJ, MacFarlane IA. Electrical spinal cord stimulation in the long-term treatment of chronic painful diabetic neuropathy. Diabet Med. 2005; 22:393–398

[33] de Vos CC, Rajan V, Steenbergen W, van der Aa HE, Buschman HP. Effect and safety of spinal cord stimulation for treatment of chronic pain caused by diabetic neuropathy. J Diabetes Complications. 2009; 23:40–45

[34] Awan NR, Lozano A, Hamani C. Deep brain stimulation: current and future perspectives. Neurosurg Focus. 2009; 27. DOI: 10.3171/2009.4.FOCUS0982

[35] Coffey RJ. Deep brain stimulation for chronic pain: results of two multicenter trials and a structured review. Pain Med. 2001; 2:183–192

[36] Thomas DGT, Jones SJ. Dorsal Root Entry Zone Lesions (Nashold's Procedure) in Brachial Plexus Avulsion. Neurosurgery. 1986; 15:966–968

[37] Nashold BS. Current Status of the DREZ Operation: 1984. Neurosurgery. 1984; 15:942–944

[38] Friedman AH, Nashold BS. Dorsal Root Entry Zone Lesions for the Treatment of Brachial Plexus Avulsion Injuries: A Follow-up Study. Neurosurgery. 1988; 22:369–373

[39] Burchiel KJ, Favre J. Current Techniques for Pain Control. Contemp Neurosurg. 1997; 19:1–6

100 Cirurgia de Epilepsia

100.1 Informações gerais, indicações

20% dos pacientes continuam a ter convulsões apesar do tratamento clínico agressivo com AEDs. Muitos desses pacientes podem ser candidatos a procedimentos cirúrgicos para o controle de suas convulsões.[1]

O distúrbio convulsivo deve ser grave, clinicamente refratário, após tentativas satisfatórias de medicação tolerável por pelo menos 1 ano, e incapacitante ao paciente. Geralmente, considera-se um paciente como clinicamente refratário após duas tentativas de monoterapia de alta dose com dois AEDs distintos e uma tentativa com politerapia.

Nas três categorias gerais, os pacientes apropriados para a cirurgia de epilepsia têm:[2]
1. crises convulsivas parciais
   a) origem temporal: o maior grupo de candidatos cirúrgicos (especialmente epilepsia do lobo temporal mesial (MTLE), que, em geral, é clinicamente refratária)
   b) origem extratemporal
2. convulsões generalizadas sintomáticas: por exemplo, Lennox-Gastaut
3. epilepsia multifocal unilateral associada à síndrome de hemiplegia infantil

100.2 Avaliação pré-cirúrgica

100.2.1 Informações gerais

Todos os pacientes devem ser submetidos a uma MRI de alta resolução para descartar a presença de neoplasia, AVM, malformações cavernosas, esclerose mesial temporal ou lesão no hipocampo. Técnicas não invasivas possibilitam a localização na maioria dos casos.

100.2.2 Técnicas de avaliação não invasiva

▶ **Monitorização por vídeo-EEG.** A monitorização hospitalar pré-operatória a longo prazo por vídeo-EEG (eletrodos de superfície) para correlacionar a convulsão clinicamente incapacitante com anormalidades elétricas apropriadas e, possivelmente, identificar o foco epiléptico, é necessária.

▶ **MRI de alta resolução.** O exame imagiológico de escolha. Extremamente adequado para detectar a assimetria hipocampal da esclerose mesial temporal (MTS), e anormalidades de desenvolvimento neuronal (p. ex., displasia cortical) que podem produzir convulsões parciais complexas (CPS).[3]

▶ **CAT.** Um foco epiléptico pode realçar com meio de contraste IV logo após uma convulsão. Na CT interictal, um realce discreto pode estar presente no lado do foco.[4]

▶ **PET (tomografia por emissão de pósitrons).** PET interictal com flúor-18-deoxiglicose (18FDG) exibe *hipo*metabolismo lateralizado no lado do foco no lobo temporal em 70% dos pacientes com CPS clinicamente refratária (não exibe o *sítio* de origem). Útil quando a MRI e o EEG não são capazes de localizar.

▶ **SPECT (tomografia por emissão de fóton único). Usada para demonstrar aumento de fluxo sanguíneo durante uma convulsão, para ajudar a localizar o foco de origem.** Geralmente Tecnécio (Tc) [99m]-hexametil-propileno-amina-oxima (HMPAO) é administrado imediatamente após o início da crise, e a varredura pode ser realizada no decorrer de várias horas.[5]

▶ **MEG (Magnetoencefalografia).** Técnica imagiológica funcional para o mapeamento da atividade cerebral por meio do registro dos campos magnéticos criados pela atividade neuronal (corrente elétrica).[6] Correntes neuronais sincronizadas induzem um campo magnético fraco. Os usos clínicos incluem a detecção e localização da atividade patológica em pacientes com epilepsia, e a localização do córtex eloquente para planejamento cirúrgico pré-operatório. Requer uma sala magneticamente blindada.

100.2.3 Técnicas levemente invasivas

▶ **Teste de Wada.**[7] Também conhecido como teste do amital sódico intracarotídeo. Localiza o hemisfério dominante (lado da função da linguagem), e avalia a capacidade do hemisfério sem lesão de manter a memória quando isolado. Geralmente reservado para candidatos de ressecções grandes.[8] Cada hemisfério cerebral é individualmente anestesiado através de cateterismo seletivo da carótida (normalmente por um neurointervencionista) e injeção de barbitúrico de curta duração.

Começar com uma angiografia para avaliar o fluxo cruzado e para descartar a presença de uma artéria trigeminal persistente (p. 83). Fluxo cruzado significativo é uma contraindicação relativa à anestesia do lado de suprimento dominante (o paciente dorme).

O teste de Wada pode ser grosseiramente impreciso com a AVM de alto fluxo. Além disso, porções do hipocampo podem ser abastecidas pela circulação posterior (não anestesiada pela injeção na ICA).

Monitorização com EEG geralmente é realizada durante o teste, quando este está sendo feito para cirurgia de epilepsia. O paciente exibirá ondas delta durante o nível mais profundo de anestesia.

Técnica
- instruir o paciente com relação ao que é esperado
- cateterizar a ICA: começar geralmente no lado da lesão
- solicitar ao paciente para manter o braço contralateral levantado, e instruí-lo para manter o braço assim
- injetar 100-125 mg de *amobarbital* sódico (Amytal®) rapidamente na artéria carótida interna (o efeito começa quase que instantaneamente e começa a diminuir após ≈ 8 minutos; (pode diminuir em ≈ 2 minutos com uma AVM de alto fluxo))
- determinar a adequabilidade da injeção avaliando a função motora no braço elevado (deve ser ≈ flácido)
- avaliar as habilidades de linguagem mostrando fotos de objetos para o paciente e pedindo para eles falarem o nome de cada objeto em voz alta e lembrar-se de cada um
- avaliar a função de memória pedindo ao paciente para nomear a maior quantidade possível de fotos em ≈ 15 minutos após o teste: Se eles tiverem dificuldades, peça para escolherem fotos de um grupo que contenha fotos adicionais não mostradas ao paciente
- repetir o procedimento no outro lado (usar doses menores de Amytal com cada injeção subsequente)

100.2.4 Técnicas de avaliação invasivas

▶ **EEG obtido com eletrodos invasivos.** Indicações: ausência de sinais de lateralização e localização na avaliação pré-operatória requer o uso de eletrodos invasivos para uma melhor definição do foco epiléptico.

Opções cirúrgicas:
- eletrodos de profundidade
  - os eletrodos são colocados por estereotaxia
  - estereoeletroencefalografia (sEEG): popularizada na Europa por J. Talairach e J. Bancaud durante a década de 50 para o mapeamento invasivo de epilepsia focal refratária. As técnicas requerem a colocação de múltiplos eletrodos de profundidade em uma orientação ortogonal para localizar o sítio inicial da convulsão[9,10,11]
  - risco de 2-3% de hemorragia intracerebral.[8] Risco de infecção com os eletrodos de profundidade:[8] 2-10%
- grades ou tiras subdurais
  - grades são frequentemente usadas para o mapeamento funcional extraoperatório (útil em crianças ou em pacientes com retardo mental). Eletrodos de grade subdural são colocados com uma craniotomia
  - eletrodos de superfície em tiras podem ser colocados através de um orifício de trepanação
  - técnica útil para o mapeamento funcional intraoperatório

100.3 Técnicas cirúrgicas

100.3.1 Procedimentos básicos

Três tipos básicos de procedimento: ressecções, desconexões e estimulação.[1]
1. ressecções
   a) ressecção do foco epiléptico: maior chance de controlar completamente as convulsões. Realizada no cérebro não eloquente. As convulsões devem ter início focal (a ressecção não é encorajada se a convulsão for de início multifocal). Inclui:
      - lobectomia temporal anterior ou tonsilo-hipocampectomia para MTLE: ver abaixo
      - ressecções neocorticais: especialmente com anormalidades de migração neuronal
   b) ressecção da lesão na epilepsia secundária (epilepsia lesional, p. ex., tumor, AVM, malformação cavernosa[12]...). Na maioria dos casos, o foco epiléptico está situado na ou próximo à lesão, mas algumas lesões estruturais não são responsáveis pelas convulsões. Para focos epilépticos no lobo temporal mesial, o controle da convulsão é mais satisfatório quando a lesionectomia é acompanhada por tonsilo-hipocampectomia[13]
2. desconexões: usadas quando o cérebro eloquente está envolvido, ou para separar a atividade elétrica dos dois hemisférios cerebrais
   a) secção do corpo caloso (calosotomia): quando crises de queda são o tipo convulsivo mais incapacitante ou para múltiplos focos bilaterais (ver abaixo)

b) hemisferectomia: para convulsões unilaterais com lesões hemisféricas difusas e déficit neurológico contralateral profundo. Quando parte do córtex é mantida, certifique-se de que seja funcionalmente desaferentada (desconectada)
  • hemisferectomia anatômica
  • hemisferectomia funcional: a preservação dos núcleos da base isola o lado anormal, com uma taxa de controle da convulsão de ≈ 80% (similar à hemisferectomia anatômica, porém, com menor taxa de complicação)
c) transecção subpial múltipla:[14] para convulsão parcial se originando em áreas corticais eloquentes. O córtex é transeccionado a intervalos de 5 mm, interrompendo, desse modo, a disseminação horizontal da convulsão, ao mesmo tempo em que preserva as fibras funcionais orientadas verticalmente

3. estimulação: geralmente oferecida para não candidatos à ressecção (localização desfavorável ou falhas cirúrgicas). É um modo terapêutico reversível e ajustável
4. estimulação em circuito aberto (*open-loop*): estimulação cega contínua ou intermitente
  a) estimulação do nervo vago (p. 1558)
  b) estimulação cerebral profunda (DBS)
    • núcleo centromediano do tálamo:[15] mais adequado para convulsões tônico-clônicas generalizadas
    • núcleo anterior do tálamo bilateralmente: para convulsões parciais[16]
    • hipocampo:[15] para convulsões parciais
5. estimulação em circuito fechado (*closed loop*): resposta com um pulso de estimulação (detecção). Estimulação cortical responsiva (RNS)[17] requer um eletrodo de captação e um eletrodo de envio para a estimulação elétrica

A neuroestimulação oferece uma redução da convulsão de 30-40% para a maioria dos pacientes implantados. Os riscos incluem falha de *hardware*, hemorragia (geralmente não observada na VNS), infecção e efeitos colaterais induzidos pela estimulação.

100.3.2 Considerações anestésicas

Se uma eletrocorticografia intraoperatória for realizada:
• com anestesia local: os únicos agentes anestésicos que podem ser utilizados são os narcóticos (geralmente fentanil) e o droperidol
• com anestesia geral: *evitar* benzodiazepínicos e barbitúricos

100.3.3 Eletrocorticografia intraoperatória (ECoG)

Tiras e/ou grades subdurais são úteis na ECoG e no mapeamento motor/da fala.
Metoexital (Brevitol®) pode ser fornecido para tentar provocar uma convulsão: observar por ↓ da atividade rápida no foco suspeito.

100.3.4 Mapeamento cortical intraoperatório

Ver técnicas de mapeamento cortical (p. 1432).

100.4 Procedimentos cirúrgicos

100.4.1 Calosotomia do corpo caloso

Indicações e contraindicações

Secção parcial ou total é mais eficaz para crises motoras maiores generalizadas. Há pouco benefício para crises simples ou complexas. Os benefícios foram constatados para:
1. episódios frequentes de crises *atônicas* ("crises de queda"), em que a perda do tônus postural → quedas e lesões[18] (redução de 70% com a calosotomia), geralmente observado na síndrome de Lennox-Gastaut
2. possivelmente para distúrbio convulsivo generalizado com dano unilateral no hemisfério (p. ex., síndrome da hemiplegia infantil): a ressecção hemicortical pode ser mais adequada para este tipo, enquanto que a calosotomia pode promover convulsões parciais
Nota: recomenda-se "hemisferectomia funcional" em vez de uma hemisferectomia "anatomicamente completa" para reduzir morbidade e mortalidade[2]
3. alguns pacientes com crises generalizadas sem foco identificável e operável
4. ✖ Contraindicação: alterações comportamentais e/ou déficits de linguagem maiores podem ocorrer mesmo com a divisão parcial em pacientes com fala e mão dominante localizadas em hemisférios *opostos* ("dominância cruzada"). Portanto, o teste de Wada é recomendado em todos os pacientes canhotos

Detalhes técnicos

Uma divisão dos dois terços anteriores do corpo caloso (CC) (minimiza o risco de síndrome da desconexão, ver abaixo) pode ser mais vantajosa do que a calosotomia completa (controverso). Alguns defendem a secção do CC com EEG intraoperatório até que as descargas bissíncronas típicas que são geralmente observadas se tornem descargas assíncronas.[19] Não há necessidade de seccionar a comissura anterior. Pode, geralmente, ser realizada através de uma craniotomia bifrontal, utilizando uma incisão cutânea bicoronal.

Pode produzir ↓ pós-operatória da verbalização ou mutismo acinético que geralmente se resolve em semanas. Cortes sagitais na MRI são ideais para avaliar a extensão da divisão do CC.[20]

Síndrome da desconexão

Em um paciente com um hemisfério esquerdo dominante, consiste de anomia tátil esquerda, dispraxia no lado esquerdo (pode ser semelhante à hemiparesia), pseudo-hemianopsia, anomia direita para cheiro, percepção espacial da mão direita comprometida, resultando em dificuldade de copiar figuras complexas, espontaneidade da fala reduzida, incontinência.

Mais comum em grandes secções cirúrgicas do CC. O risco é menor se a comissura anterior for preservada. Os pacientes geralmente se adaptam após 2-3 meses, com funcionalidades preservadas para a maioria das atividades diárias (déficits podem aparecer em testes neuropsicológicos).

100.4.2 Epilepsia do lobo temporal mesial (MTLE)

Informações gerais

80% dos pacientes com convulsões temporais clinicamente intratáveis apresentam um foco demonstrável no lobo temporal mesial anterior. A maioria dos pacientes sofre perda neuronal e gliose das estruturas temporais mesiais (esclerose mesial temporal, MTS). Deste modo, uma ressecção padrão da ponta temporal (com tonsilo-hipocampectomia) pode ser realizada. Em um estudo randomizado, foi demonstrado que a lobectomia temporal anterior (ATL) é superior ao controle clínico para tratamento de epilepsia clinicamente resistente. Os resultados em um ano mostram redução da convulsão e melhora na qualidade de vida dos pacientes que foram submetidos à ATL, em comparação ao controle clínico isolado para epilepsia intratável.[21]

Limites da ressecção (sem déficit neurológico significativo)

Note que estes limites geralmente são considerados seguros. No entanto, podem ocorrer variações de paciente para paciente e somente o mapeamento intraoperatório pode determinar com segurança a localização dos centros de linguagem.[22] A maioria das instituições preserva o giro temporal superior.[23] As seguintes medidas são realizadas ao longo do giro temporal *médio*:
- lobo temporal *dominante*: até 4-5 cm podem ser removidos. Super-ressecção pode prejudicar os centros de linguagem, os quais não podem ser localizados visualmente com segurança
- lobo temporal *não dominante*: 6-7 cm podem ser removidos. Uma super-ressecção leve pode causar → hemianopsia homônima parcial do quadrante superior contralateral; ressecção de 8-9 cm → quadrantanopsia completa

Alternativamente, uma eletrocorticografia intraoperatória pode ser utilizada para guiar a ressecção de áreas eletricamente anormais.

A ressecção deve ser realizada no plano subpial para evitar lesão aos ramos vasculares.

100.4.3 Tonsilo-hipocampectomia seletiva (SAH)

A epilepsia do lobo temporal era inicialmente tratada com lobectomia temporal anterior, como descrito por Penfield e Baldwin. Em 1958, Niemeyer descreveu uma abordagem mais seletiva ao hipocampo e tonsila através do giro temporal médio.[24] Demorou quase 30 anos até que a tonsilo-hipocampectomia seletiva fosse modificada. A SAH tem como objetivo remover o foco epileptogênico, ao mesmo tempo em que minimiza a ruptura de estruturas neurovasculares próximas e dos tratos da substância branca. A orientação imagiológica é muito útil para estas técnicas. Estudos mais recentes compararam a ATL padrão com a SAH, e constataram que ambas as técnicas têm resultados similares no que diz respeito à ausência de crises, mas sugerem um melhor resultado neuropsicológico com a SAH, quando comparada à ATL.[25,26]

Três abordagens básicas:
1. transcortical: abordagem pelo giro temporal inferior (ITG). Esta técnica utiliza uma abordagem de acesso mínimo através de uma craniotomia com trépano para a SAH[27]
2. transilviana: esta abordagem requer uma craniotomia pterional. Mais restrita e maior risco de lesão à porção M1 da MCA contida na fissura silviana[28]
3. subtemporal: utiliza uma abordagem pela fossa temporal para acessar as estruturas mesiais[29,30]

100.5 Riscos da cirurgia de epilepsia

Os principais riscos estão relacionados com:[31]
1. remoção de áreas essenciais do córtex
2. lesão ao núcleo medular subjacente à ressecção cortical (fibras de projeção, fibras de associação e/ou fibras comissurais): o déficit mais comum após uma lobectomia temporal é uma quadrantanopsia superior contralateral (homônima) (chamada de defeito *pie-in-the-sky*, em razão de uma lesão na alça de Meyer, de onde as fibras para o campo visual superior da radiação óptica fazem um leve "desvio" rostral em direção à ponta temporal)
3. lesão aos vasos na área de ressecção → dano isquêmico às áreas abastecidas: especialmente os ramos silvianos durante a lobectomia temporal, a artéria coroidal anterior resultando em hemiparesia durante a ressecção do lobo temporal mesial, ou os ramos da ACA com a calosotomia do corpo caloso
4. lesão aos nervos cranianos adjacentes: especialmente o terceiro nervo durante a hipocampectomia, o que se situa medial ao tentório

100.6 Termoterapia intersticial a *laser* guiada por MRI

A termoterapia induzida por *laser* utiliza energia térmica para induzir morte celular por degradação do DNA e desnaturação proteica. A terapia atual é realizada simultaneamente com estereotaxia guiada por MRI e *feedback* em tempo real da lesão ablacionada.[32,33] É considerada menos invasiva do que a microcirurgia. A principal vantagem é um período mais curto de recuperação pós-operatório. A técnica tem sido utilizada para epilepsia lesional e não lesional. O controle convulsivo preliminar é de ≈ 60-70%. Dados a longo prazo ainda não estão disponíveis.

100.7 Tratamento pós-operatório para cirurgia de epilepsia

1. ICU para observação (24 h)
2. para convulsões no período pós-operatório imediato ("convulsões de lua de mel"): tratamento não é necessário quando for apenas uma convulsão generalizada breve. Caso contrário, tratar apropriadamente com Keppra ou fenitoína IV
3. 10 mg de dexametasona (Decadron®) IV antes da cirurgia e, após, a cada 8 horas conforme, necessário (redução mais lenta da dosagem para ablação a *laser* e radiocirurgia)
4. anticonvulsivantes são mantidos por 1-2 anos, mesmo sem convulsões pós-operatórias
5. após alta hospitalar: avaliação neuropsiquiátrica 6-12 meses após a cirurgia

100.8 Prognóstico

A classificação de Engel modificada é mostrada no ▶ Quadro 100.1.[34]

100.8.1 Prognóstico da ressecção do foco epiléptico

O principal objetivo da cirurgia de epilepsia é a *redução da frequência de convulsões*.[23] No entanto, como qualquer procedimento cirúrgico pode fracassar em fornecer um efeito benéfico.

O controle da convulsão é geralmente avaliado 1, 3 & 6 meses após a cirurgia e, então, anualmente. Uma MRI pós-operatória normalmente é obtida 3 meses depois da cirurgia para avaliar a extensão da ressecção cirúrgica. A maioria dos pacientes toma antiepilépticos (AEDs) por 2 dois depois da cirurgia e, então, o medicamento pode ser descontinuado naqueles que não apresentarem crises.

Convulsões recorrentes: embora crises tardias possam ocorrer, 90% das convulsões que recorrem acontecem dentro de um período de 2 anos.

Quadro 100.1 Classificação de Engel modificada do resultado da cirurgia de epilepsia

Classe	Descrição
I	ausência de crises ou auras residuais
II	raras convulsões incapacitantes (< 3 convulsões parciais complexas por ano)
III	redução evidente das crises
IV	sem melhora evidente

Pacientes tratados com AEDs por 2 anos após a cirurgia: 50% são livres de crises e 80% apresentam uma redução superior a 50% na frequência de convulsões.

Para lobectomias temporais no hemisfério dominante sem monitorização intraoperatória, há risco de 6% de disfasia leve. Déficits de memória significativos ocorrem em ≈ 2%.

100.8.2 Radiocirurgia para epilepsia

Foi sugerido que a radiocirurgia estereotáxica é um tratamento eficaz para epilepsia farmacorresistente, com o potencial de uma morbidade menor que a ressecção.[35,36] Resultados com ausência de crises ocorrem em ≈ 65% para a MTLE (resposta tardia à terapia ≈ 6-12 meses). O potencial para complicações a longo prazo é preocupante (radionecrose).[35]

100.8.3 Estimulação do nervo vago (VNS)

Eletrodos envolvendo o nervo vago no pescoço são conectados a um gerador programável implantado para estimular o nervo a reduzir a frequência de convulsões. Como também ocorre com muitos AEDs, o mecanismo de ação não é bem compreendido.

Indicações: embora seja usado (uso não aprovado pelo FDA) para tratamento de depressão resistente e outras condições psiquiátricas, a indicação aprovada pelo FDA é para terapia adjuvante em pacientes > 12 anos de idade com convulsões de início parcial refratárias ao tratamento clínico.

Complicações: o principal risco da cirurgia é uma paralisia transitória ou permanente das pregas vocais.

Prognóstico: Em uma revisão retrospectiva de 12 anos da VNS em 12 pacientes,[38] a frequência média de convulsões reduziu 26% em 1 ano, 30% em 5 anos e 52% após 12 anos.

Referências

[1] Engel JJ. Surgery for Seizures. N Engl J Med. 1996; 334:647–652

[2] National Institutes of Health Consensus Development Conference. Surgery for Epilepsy. JAMA. 1990; 264:729–733

[3] Barkovich AJ, Rowley HA, Anderman F. MR in Partial Epilepsy: Value of High-Resolution Volumetric Techniques. AJNR. 1995; 16:339–343

[4] Oakley J, Ojemann GA, Ojemann LM, et al. Identifying Epileptic Foci on Contrast-Enhanced CAT Scans. Arch Neurol. 1979; 36:669–671

[5] Harvey AS, Hopkins IJ, Bowe JM, et al. Frontal Lobe Epilepsy: Clinical Seizure Characteristics and Localization with Ictal ^{99m}Tc-HMPAO SPECT. Neurology. 1993; 43:1966–1980

[6] Tovar-Spinoza ZS, Ochi A, Rutka JT, Go C, Otsubo H. The role of magnetoencephalography in epilepsy surgery. Neurosurg Focus. 2008; 25. DOI: 10.3171/FOC/2008/25/9/E16

[7] Wada J, Rasmussen T. Intracranial Injection of Amytal for the Lateralization of Cerebral Speech Dominance. J Neurosurg. 1960; 17:266–282

[8] Queenan JV, Germano IM. Advances in the Neurosurgical Management of Adult Epilepsy. Contemp Neurosurg. 1997; 19:1–6

[9] Bancaud J, Angelergues R, Bernouilli C, Bonis A, Bordas-Ferrer M, Bresson M, Buser P, Covello L, Morel P, Szikla G, Takeda A. Talairach J. Functional stereotaxic exploration (SEEG) of epilepsy. Electroencephalogr Clin Neurophysiol. 1970; 28:85–86

[10] Talairach J, Bancaud J, Bonis A, Szikla G, Trottier S, Vignal JP, Chauvel P, Munari C, Chodkievicz JP. Surgical therapy for frontal epilepsies. Adv Neurol. 1992; 57:707–732

[11] Gonzalez-Martinez J, Mullin J, Vadera S, Bulacio J, Hughes G, Jones S, Enatsu R, Najm I. Stereotactic placement of depth electrodes in medically intractable epilepsy. J Neurosurg. 2014; 120:639–644

[12] Cohen DS, Zubay GP, Goodman RR. Seizure Outcome After Lesionectomy for Cavernous Malformations. J Neurosurg. 1995; 83:237–242

[13] Jooma R, Yeh H-S, Privitera MD, Gartner M. Lesionectomy versus Electrophysiologically Guided Resection for Temporal Lobe Tumors Manifesting with Complex Partial Seizures. J Neurosurg. 1995; 83:231–236

[14] Morrell F, Whisler WW, Bleck TP. Multiple subpial transection: A new approach to the surgical treatment of focal epilepsy. J Neurosurg. 1989; 70:231–239

[15] Velasco M, Velasco F, Velasco AL. Centromedian-thalamic and hippocampal electrical stimulation for the control of intractable epileptic seizures. J Clin Neurophysiol. 2001; 18:495–513

[16] Fisher R, Salanova V, Witt T, Worth R, Henry T, Gross R, Oommen K, Osorio I, Nazzaro J, Labar D, Kaplitt M, Sperling M, Sandok E, Neal J, Handforth A, Stern J, DeSalles A, Chung S, Shetter A, Bergen D, Bakay R, Henderson J, French J, Baltuch G, Rosenfeld W, Youkilis A, Marks W, Garcia P, Barbaro N, Fountain N, Bazil C, Goodman R, McKhann G, Babu Krishnamurthy K, Papavassiliou S, Epstein C, Pollard J, Tonder L, Grebin J, Coffey R, Graves N. Electrical stimulation of the anterior nucleus of thalamus for treatment of refractory epilepsy. Epilepsia. 2010; 51:899–908

[17] Morrell MJ. Responsive cortical stimulation for the treatment of medically intractable partial epilepsy. Neurology. 2011; 77:1295–1304

[18] Gates JR, Leppik IE, Yap J, et al. Corpus Callosotomy: Clinical and Electroencephalographic Effects. Epilepsia. 1984; 25:308–316

[19] Marino R, Ragazzo PC, Reeves AG. Epilepsy and the Corpus Callosum. New York: Plenum Press; 1985:281–302

[20] Bogen JE, Schultz DH, Vogel PJ. Completeness of Callosotomy Shown by MRI in the Long Term. Arch Neurol. 1988; 45:1203–1205

[21] Wiebe S, Blume WT, Girvin JP, Eliasziw M. A randomized, controlled trial of surgery for temporal-lobe epilepsy. N Engl J Med. 2001; 345:311–318

[22] Ojemann GA, Engel J. Surgical Treatment of the Epilepsies. New York: Raven Press; 1987:635–639

[23] Ojemann GA. Surgical Therapy for Medically Intractable Epilepsy. J Neurosurg. 1987; 66:489–499

[24] Niemeyer P, Baldwin M, Bailey P. In: The transventricular amygdala-hippocampectomy in temporal lobe epilepsy. Temporal Lobe Epilepsy. Springfield: Charles C Thomas; 1958:461–482

[25] Paglioli E, Palmini A, Portuguez M, Paglioli E, Azambuja N, da Costa JC, da Silva Filho HF, Martinez JV, Hoeffel JR. Seizure and memory following temporal lobe surgery: selective compared with nonselective approaches for hippocampal sclerosis. J Neurosurg. 2006; 104:70–78

[26] Wendling AS, Hirsch E, Wisniewski I, Davanture C, Ofer I, Zentner J, Bilic S, Scholly J, Staack AM, Valenti MP, Schulze-Bonhage A, Kehrli P, Steinhoff BJ. Selective amygdalohippocampectomy versus standard temporal lobectomy in patients with mesial temporal lobe

epilepsy and unilateral hippocampal sclerosis. Epilepsy Res. 2013; 104:94–104

[27] Duckworth EA, Vale FL. Trephine epilepsy surgery: the inferior temporal gyrus approach. Neurosurgery. 2008; 63:ONS156–60; discussion ONS160-1

[28] Yasargil MG, Krayenbuhl N, Roth P, Hsu SP, Yasargil DC. The selective amygdalohippocampectomy for intractable temporal limbic seizures. J Neurosurg. 2010; 112:168–185

[29] Hori T, Tabuchi S, Kurosaki M, Kondo S, Takenobu A, Watanabe T. Subtemporal amygdalohippocampectomy for treating medically intractable temporal lobe epilepsy. Neurosurgery. 1993; 33:50–6; discussion 56-7

[30] Park TS, Bourgeois BF, Silbergeld DL, Dodson WE. Subtemporal transparahippocampal amygdalohippocampectomy for surgical treatment of mesial temporal lobe epilepsy. Technical note. J Neurosurg. 1996; 85:1172–1176

[31] Crandall PH, Engel J. In: Cortical Resections. Surgical Treatment of the Epilepsies. New York: Raven Press; 1987:377–404

[32] Willie JT, Laxpati NG, Drane DL, Gowda A, Appin C, Hao C, Brat DJ, Helmers SL, Saindane A, Nour SG, Gross RE. Real-time magnetic resonance-guided stereotactic laser amygdalohippocampotomy for mesial temporal lobe epilepsy. Neurosurgery. 2014; 74:569–84; discussion 584-5

[33] Curry DJ, Gowda A, McNichols RJ, Wilfong AA. MRguided stereotactic laser ablation of epileptogenic foci in children. Epilepsy Behav. 2012; 24:408–414

[34] Engel J, Van Ness PC, Rasmussen TB, Ojemann LM, Engel J. In: Outcome with respect to epileptic seizures. Surgical Treatment of the Epilepsies. 2nd ed. New York: Raven Press; 1993:609–621

[35] Barbaro NM, Quigg M, Broshek DK, Ward MM, Lamborn KR, Laxer KD, Larson DA, Dillon W, Verhey L, Garcia P, Steiner L, Heck C, Kondziolka D, Beach R, Olivero W, Witt TC, Salanova V, Goodman R. A multicenter, prospective pilot study of gamma knife radiosurgery for mesial temporal lobe epilepsy: seizure response, adverse events, and verbal memory. Ann Neurol. 2009; 65:167–175

[36] Regis J, Rey M, Bartolomei F, Vladyka V, Liscak R, Schrottner O, Pendl G. Gamma knife surgery in mesial temporal lobe epilepsy: a prospective multicenter study. Epilepsia. 2004; 45:504–515

[37] Vale FL, Bozorg AM, Schoenberg MR, Wong K, Witt TC. Long-term radiosurgery effects in the treatment of temporal lobe epilepsy. J Neurosurg. 2012; 117:962–969

[38] Uthman BM, Reichl AM, Dean JC, Eisenschenk S, Gilmore R, Reid S, Roper SN, Wilder BJ. Effectiveness of vagus nerve stimulation in epilepsy patients: a 12-year observation. Neurology. 2004; 63:1124–1126

1560 Procedimentos, Intervenções, Cirurgias

101 Radioterapia (XRT)

101.1 Introdução

A radiação ionizante compreende uma porção do espectro eletromagnético, e inclui raios X e raios gama (ambos que representam radiação eletromagnética e transmitem suas energias via fótons), e radiação particulada. No tratamento de tumores, a XRT tem como objetivo causar a morte celular ou interromper a replicação celular. Fótons transmitem energia crucial para alcançar este resultado por efeito fotoelétrico (a níveis baixos de energia, < 0,05 MeV), por dispersão de Compton (a níveis mais altos de energia de 0,1-10 MeV, p. ex. na radiocirurgia com aceleradores lineares e Gamma Knife) ou por produção de pares (em níveis de energia mais elevados).[1] No efeito de Compton, a colisão inicial do fóton com um átomo cria um elétron livre, que ioniza outros átomos e quebra ligações químicas. A absorção da radiação por ionização indireta na presença de água produz radicais livres (contendo um elétron não pareado), que causam lesão celular (geralmente por danos ao DNA) no interior do tumor.

Ver discussão sobre dosagem e unidades da radiação (p. 223).

101.2 Radiação externa convencional

101.2.1 Fracionamento

A prática em que a dose total de radiação é fornecida em uma série de pequenas aplicações breves. Esta é uma forma de aumentar a relação terapêutica (a relação entre a eficácia da XRT nas células tumorais e a eficácia nas células normais). Lesão por radiação é uma função da dose, do tempo de exposição e da área exposta. Radio-oncologistas reportam quatro "Rs" da radiobiologia:[2]

1. reparo do dano subletal
2. reoxigenação de células tumorais que se encontram hipóxicas antes da XRT: células oxigenadas são mais sensíveis do que células hipóxicas, pois o oxigênio se une aos elétrons não pareados para formar peróxidos, que são mais estáveis e letais do que os radicais livres
3. repopulação de células tumorais após o tratamento
4. redistribuição (ou rearranjo) das células no ciclo celular: células na fase mitótica são as mais sensíveis

101.2.2 Dosagem

A dose biologicamente eficaz de radiação fracionada geralmente segue o modelo da equação linear quadrática (modelo LQ) exibido na Eq (101.1), em que n = número de doses, d = dose por fração, e os fatores α & β são usados para descrever a resposta celular à radiação. Uma alta razão $\alpha/\beta \geq 10$ é referida como tecido de resposta precoce, como as células tumorais, e uma razão ≤ 3 é definida como tecido de resposta tardia (mitoticamente quiescente), como o cérebro normal e as AVMs.

Equação quadrática linear:

$$\text{dose biologicamente eficaz (BED) (Gy)} = n \times d \times \left[1 + \frac{d}{\alpha/\beta} \right] \tag{101.1}$$

101.2.3 Irradiação craniana

Informações gerais

Após cirurgia para tumor (craniotomia ou cirurgia de coluna vertebral), a maioria dos cirurgiões espera ≈ 7-10 dias antes de iniciar a XRT no sítio cirúrgico (permite o início de recuperação da cirurgia).

Dois tumores de CNS rapidamente responsivos à XRT, mas com tendência à recorrência:

1. linfoma
2. tumores de células germinativas

Lesão e necrose de radiação

Informações gerais

Radionecrose (RN) pode ser similar ao tumor recorrente (ou primário), tanto clínica como radiograficamente. As diferenças no prognóstico e tratamento torna importante a distinção entre o tumor e a RN.

Fisiopatologia

Visto que a radiação é seletivamente tóxica às células que se dividem mais rapidamente, os dois tipos celulares normais no CNS que são mais vulneráveis à RN são as células endoteliais vasculares (que apresentam um tempo de renovação de ≈ 6-10 meses) e as células oligodendrogliais. Lesão vascular pode ser o fator limitante primário para a tolerância da XRT craniana.[3] Lesão por XRT ocorre em doses mais baixas, quando a mesma é fornecida simultaneamente à quimioterapia (especialmente com o metotrexato).

Etiologia dos efeitos colaterais

O(s) mecanismo(s) pelo(s) qual(is) a XRT causa efeitos colaterais não é conhecido com exatidão, mas pode ser causado por:
1. dano ao endotélio vascular: os efeitos sobre a vasculatura cerebral podem diferir substancialmente dos efeitos sobre os vasos sistêmicos[3]
2. lesão glial
3. efeito no sistema imune

Os efeitos da radiação são divididos em 3 fases:[4]

1. *aguda*: ocorre durante o tratamento. Raro. Geralmente uma exacerbação dos sintomas já presentes. Provavelmente secundário ao edema. Tratar com ↑ esteroides
2. *tardia inicial:* de algumas semanas a 2-3 meses após o término da XRT. Na medula espinal → sinal de Lhermitte. No cérebro → letargia e dificuldade de memorização pós-irradiação
3. *tardia final:* 3 meses-12 anos (a maioria ocorre dentro de 3 anos). Em razão da lesão de pequenas artérias → oclusão trombótica → atrofia da substância branca ou necrose coagulativa clinicamente evidente

Manifestação dos efeitos da radiação:

1. cognição reduzida
   a) pode haver o desenvolvimento de demência em apenas 1 ano pós-XRT.[5] A incidência foi maior quando doses de 25-39 Gy foram fornecidas em frações > 300 cGy[6]
   b) crianças: podem atingir um IQ baixo de ≈ 25, especialmente na XRT halocraniana com doses > 40 Gy. Ocorrem diferenças no IQ baixo em crianças irradiadas antes dos 7 anos de idade, porém, déficits mais discretos ocorrem até mesmo em crianças mais velhas[7]
2. radionecrose
3. lesão às vias ópticas anteriores
4. dano ao eixo hipotalâmico-hipofisário → hipopituitarismo → retardo do crescimento em crianças; ver lesão por radiação da hipófise (p. 744)
5. hipotireoidismo primário (especialmente em crianças)
6. pode induzir formação de um novo tumor: tumores com maior incidência após a radioterapia são: gliomas (incluindo glioblastoma[8]), meningiomas[9] e tumores da bainha nervosa.[10] Tumores da base do crânio foram relatados após a EBRT[11]
7. transformação maligna: p. ex., após SRS para schwannomas vestibulares (p. 686)
8. leucoencefalopatia: desmielinização profunda/reação necrosante 4-12 meses após o tratamento combinado com XRT e metotrexato, especialmente em crianças com leucemia linfoblástica aguda (ALL) e adultos com tumores primários do CNS

Avaliação (diferenciando RN do tumor recorrente)

Humilde parecer de Greenberg

Ao longo dos anos, muitos métodos foram defendidos para diferenciar a necrose de radiação do glioma de alto grau recorrente. Alguns são especificados abaixo. Nenhum provou ser adequadamente confiável, e este pode não ser um exercício útil. Células tumorais são frequentemente encontradas na biópsia. A decisão de reoperar ou não geralmente é baseada na presença de um efeito de massa progressivo (independente de ser necrose ou tumor), levando em consideração a condição neurológica do paciente, a longevidade projetada, os desejos do paciente...

CT e MRI

Não é capaz se diferenciar com precisão entre RN e tumor em alguns casos (especialmente astrocitoma; RN, ocasionalmente, se assemelha ao glioblastoma).

Espectroscopia por MR (p. 233) se mostrou confiável na diferenciação entre tumor puro (alta concentração de colina) e RN pura (baixa concentração de colina), mas foi menos conclusivo na presença de tumor/necrose.[12]

DWI: os ADCs médios foram mais baixos na recorrência (1,18 ± 0,13 × 10-3 mm/s), quando comparados à necrose (1,4 ± 0,17 × 10-3 mm/s)[13] (nem todos os casos foram comprovados por biópsia).

Imagem cerebral nuclear

Alguns relatos de sucesso de imagem cerebral com tálio-201 e tecnécio-99m.

Exames computadorizados com radionuclídeos

PET (tomografia por emissão de pósitrons): em decorrência de isótopos emissores de pósitrons terem meia-vida curta, a PET requer um cíclotron para produzir os radiofármacos mais complexos. Com o uso de 18F-fluorodesoxiglicose (FDG), o metabolismo regional da glicose é visualizado e, geralmente, encontra-se aumentado com tumor recorrente e reduzido com RN. A especificidade para diferenciar a RN do tumor recorrente é > 90%, mas a sensibilidade pode ser muito baixa para torná-la confiável.[14] Aminoácidos marcadores, como a metionina-11C e a tirosina-18F, são absorvidos pela maioria dos tumores cerebrais,[15] especialmente os gliomas, e também podem ser usados para ajudar a diferenciar tumor de necrose. A precisão pode ser aumentada combinando a PET com a MRI.[16]

SPECT (tomografia computadorizada por emissão de fóton único): "imagem PET do homem pobre". Utiliza anfetamina radiomarcada. A absorção dependa da presença de neurônios intactos e da condição dos vasos sanguíneos cerebrais (incluindo da barreira hematoencefálica). Absorção reduzida do radionuclídeo indica necrose, enquanto a recorrência tumoral não tem absorção reduzida.

Tratamento

Os sintomas provocados por qualquer forma de toxicidade radioativa geralmente respondem inicialmente aos esteroides.

Reoperação e excisão são apropriadas quando há deterioração causada pelo efeito de massa, independente se o efeito de massa for provocado por um tumor recorrente ou uma RN; a decisão de reoperar deve ser baseada no índice de Karnofsky do paciente (p. 1358). Embora alguns benefícios tenham sido demonstrados, a maioria dos estudos de reoperação é tendenciosa, pois frequentemente são selecionados pacientes que estão se saindo melhor.

Outras formas de terapia incluem: oxigênio hiperbárico e anticoagulação.

Pacientes com recorrência tumoral diagnosticada (ao contrário da RN) também podem ser considerados para radiação adicional (radioterapia externa, braquiterapia intersticial ou radiocirurgia estereotáxica (SRS)) ou quimioterapia.

Prevenção

A lesão é dependente da dose total de radiação, número de tratamentos ou frações (ocorre menor dano com tratamentos pequenos mais frequentes) e volume tratado.

Vários estudos, realizados para determinar a tolerância do cérebro *normal* à XRT, estimaram que uma dose de 65-75 Gy, fornecida ao longo de 6,5-8 semanas em 5 frações/semana, é geralmente tolerada (necrose de radiação ocorrerá à em ≈ 5% após uma dose de 60 Gy fracionada em 30 tratamentos ao longo de 6 semanas). Outros estudos demonstraram tolerância a uma dose de 45 Gy fornecida em 10 frações, 60 Gy em 35 frações e 70 Gy em 60 frações.[4]

101.2.4 Radiação de coluna vertebral

Informações gerais

A maioria dos tumores de coluna vertebral consiste em neoplasias metastáticas. Não há provas de que qualquer tratamento para metástases de coluna vertebral prolongará a sobrevida. Os objetivos do tratamento, independente da modalidade terapêutica, são o alívio da dor e a preservação da função.

Radioterapia (XRT) é a principal modalidade terapêutica para metástases de coluna vertebral. Mesmo tumores que não são considerados "radiossensíveis" podem responder à XRT.

Radiação típica de coluna vertebral

Para a maioria dos tumores de coluna vertebral tratada com radioterapia convencional (isto é, sem radiocirurgia estereotáxica), o fracionamento usual é de uma dose de 30 Gy administrada em 10 frações.

Radiação de emergência de coluna vertebral

Realizada na paralisia aguda provocada por tumor, quando a cirurgia de emergência não é uma opção. Uma dose de 8 Gy pode ser administrada na 1ª fração para linfoma, mieloma múltiplo e, embora não seja uma prática padrão, poderia ser considerada para carcinoma de pequenas células (neuroendócrino), devido à sua radiossensibilidade.

Efeitos colaterais

1. mielopatia por radiação; ver abaixo
2. aqueles causadas por sobreposição com o trato GI: N/V, diarreia
3. supressão da medula óssea
4. retardo do crescimento em crianças[17]
5. risco de desenvolver malformações cavernosas da medula espinal (p. 1247)

Mielopatia por radiação

Mielopatia por radiação (RM) geralmente ocorre em pacientes em que a coluna vertebral é incluída na radioterapia (XRT) realizada para tratar câncer fora da coluna vertebral, incluindo câncer de mama, pulmão, tireoide e metástases epidurais. Neuropatia por radiação pode ocorrer em irradiação da região axilar para carcinoma de mama (p. 544). Nas extremidades inferiores, a XRT para tumores pélvicos ou ósseos (p. ex., do fêmur) pode produzir plexopatia lombar. Além das alterações permanentes, a radioterapia também pode produzir edema de medula espinal, que se resolve após o término da radioterapia.

Epidemiologia

É difícil estimar a incidência pelo início tipicamente tardio e pelo baixo tempo de sobrevida dos pacientes com doença maligna necessitando de XRT.

A maioria dos casos relatados envolve a coluna cervical, apesar da maior frequência de exposição à XRT da coluna torácica (talvez em razão de doses mais elevadas de XRT na cabeça e pescoço, e sobrevida mais longa do que no câncer de pulmão).[18] O intervalo entre a término da XRT e o início dos sintomas é geralmente de $\approx$ 1 ano (variação relatada: 1 mês–5 anos).

Os fatores importantes relacionados com ocorrência de RM incluem:
1. taxa de aplicação (provavelmente o fator mais importante)
2. dose total de radiação
3. extensão da proteção da coluna vertebral
4. suscetibilidade e variabilidade individual
5. quantidade de tecido irradiado
6. suprimento vascular na região irradiada
7. fonte da radiação

Fisiopatologia

Os efeitos da XRT na coluna vertebral que resultam em RM são:
1. dano direto às células (incluindo os neurônios)
2. alterações vasculares, incluindo proliferação de células endoteliais → trombose
3. hialinização das fibras colágenas

Clínica

Tipos clínicos da mielopatia por radiação

Quatro tipos clínicos foram descritos e são demonstrados no ▶ Quadro 101.1.

O início geralmente é insidioso, embora também haja descrição de instalação súbita; a apresentação clínica frequentemente é similar à das metástases epidurais. Primeiros sintomas: normalmente parestesia e hipestesia dos LEs, e sinal de Lhermitte. Em seguida, há o desenvolvimento de fraqueza espástica dos LEs com hiper-reflexia. Uma síndrome de Brown-Séquard não é incomum.

Quadro 101.1 Tipos de mielopatia por radiação

Tipo	Descrição
1	forma benigna; comumente vários meses após a XRT (relatos de até 1 ano). Geralmente se resolve completamente em alguns meses. Sintomas sensoriais leves (frequentemente limitados a um sinal de Lhermitte), sem achados neurológicos objetivos
2	dano às células do corno anterior → sinais de danos nos neurônios motores inferiores nos braços e pernas
3	descrito apenas em animais experimentais após doses maiores do que a XRT normal. Lesão medular completa por lesão nos vasos sanguíneos
4	o tipo comumente relatado. Mielopatia crônica, progressiva (ver texto)

Aproximadamente 50% dos pacientes que desenvolvem RM também apresentam disfagia provocada por estenoses esofágicas necessitando de dilatações (a disfagia geralmente precede a mielopatia).

Avaliação

Essencialmente um diagnóstico de exclusão. As imagens radiográficas (CT, mielografia) serão normais. A MRI pode exibir infarto medular. O histórico de radiação prévia é fundamental. O diagnóstico diferencial deve ser feito na Paraplegia ou quadriplegia agudas (p. 1413).

Prognóstico

O prognóstico para a RM tipo 4 é desfavorável. Geralmente evolui para lesão medular completa (ou quase completa). Paraplegia e/ou envolvimento esfincteriano são sinais desfavoráveis.

Prevenção

A dose máxima recomendada de radiação na coluna vertebral depende do tamanho da lesão e varia com o investigador. Com técnicas de campo grande (> 10 c da coluna vertebral), o risco de RM é insignificante com uma dose ≤ 3,3 Gy fornecida em 42 dias (0,55 Gy/semana), e com técnicas de campo pequeno com ≤ 4,3 Gy em 42 dias (0,717 Gy/semana). Doses mais elevadas podem, possivelmente, ser fornecidas com segurança durante períodos mais prolongados. Limite superior recomendado: 0,2 Gy/fração.

101.3 Radiocirurgia e radioterapia estereotáxica

101.3.1 Informações gerais

> **Conceitos-chave**
>
> - Radiocirurgia estereotáxica (SRS): a aplicação de uma única dose alta de radiação em um alvo localizado estereotaxicamente, em geral de diâmetro ≤ 3 cm, com mínima radiação fornecida ao tecido adjacente. Pode ser tratamento em dose única ou fracionado em 5 doses
> - Radioterapia estereotáxica (SRT) emprega doses hipofracionadas (2-5 frações de tratamento) e o alvo pode ser maior
> - Tanto a SRS como a SRT pode ser realizada com aceleradores lineares apropriadamente equipados (Linac Scalpel, Cyberknife®...), feixes colimados de múltiplas fontes radioativas (Gamma Knife®) ou, menos comumente, prótons e feixes particulados carregados pesados

Radiocirurgia estereotáxica (SRS)

Lars Keksell inventou o termo "radiocirurgia" em 1951.[19] Sua ideia era a de substituir o uso de eletrodos ou "facas" (bisturis) por múltiplos feixes de radiação cruzados que se uniam em um alvo intracraniano através de um crânio intacto. A dose de radiação no ponto de interseção (o "isocentro") é mais elevada do que fora do isocentro, em que a dose diminui drasticamente para que tecidos adjacentes recebam apenas mínima quantidade de radiação de cada feixe incidente individual. Quando combinada a um método confiável capaz de direcionar os feixes para um alvo intracraniano (p. ex., usando um quadro estereotáxico e imagem tridimensional), a técnica ficou conhecida como radiocirurgia estereotáxica.

Inicialmente desenvolvida para criar uma lesão necrótica em núcleos ou vias específicas de distúrbios funcionais, foi subsequentemente comprovado que doses subnecróticas poderiam desencadear reações celulares em tumores e na vasculatura que levariam ao encolhimento do tumor, ou no controle e obliteração de malformações vasculares.

Com os tratamentos radioterápicos convencionais, os "Rs" da radiobiologia (p. 1560) são explorados. Em contraste, com a SRS, precisão e exatidão são usadas para afetar o alvo (p. ex., danificar o tumor ou trombose de uma MAV) e preservar o tecido normal.

Radioterapia estereotáxica (SRT)

Métodos de imobilização e tecnologias imagiológicas de ponta proporcionaram praticidade na distribuição de radiação estereotáxica em várias sessões terapêuticas individuais (conhecida como frações), quando desejável. Muitos autores chamam isso de radioterapia estereotáxica (SRT). A definição precisa de SRT evoluiu ao longo do tempo, com algumas publicações descrevendo-a como o uso de um esquema de fracionamento convencional (1,8-2 Gy/fração). No entanto, a maioria dos autores refere-se à SRT em termos de uma abordagem hipofracionada, normalmente limitada a 5 frações de tratamento (ver abaixo).

O fracionamento tira proveito da resposta diferencial do tecido normal de tumores ao insulto radioativo; ver os Quatro "Rs" da radiobiologia (p. 1560). O valor do fracionamento é mais evidente em tecidos com altas taxas de proliferação e menor capacidade de reparar os danos subletais ao DNA (alta razão α/β na Eq [101.1]).[20] Entretanto, esses modelos são mais diretamente aplicáveis nos esquemas convencionais de fracionamento; seu uso em esquemas de fracionamento único ou hipofracionados está em fase de investigação.

O tratamento com múltiplas frações inviabiliza o uso do quadro estereotáxico convencional. A SRT, portanto, emprega várias técnicas de imobilização do paciente, incluindo máscaras termoplásticas, blocos de mordida e outros sistemas relocalizáveis. Erros de alinhamento podem ser tão altos quanto 2-8 mm com os sistemas de máscara, porém estas incertezas podem ser reduzidas com sistemas imagiológicos como a CT de feixe cônico (CBCT), que pode ajudar na localização do paciente, bem como técnicas de monitorização do movimento intrafração, como feixes ortogonais de quilovoltagem, sistemas de rastreamento de superfície e sistemas que rastreiam a posição dos marcadores infravermelhos.

Linhas indefinidas entre SRS e SRT

Embora alguns puristas insistam que a SRS seja realizada em uma única sessão, a definição foi expandida por AANS/CNS/ASTRO em 2007 para incluir procedimentos radiocirúrgicos "usando um dispositivo de orientação estereotáxica rigidamente fixado, outro dispositivo de imobilização e/ou um sistema estereotáxico de orientação imagiológica... realizado em um número limitado de sessões, até um máximo de 5."[21]

Para piorar ainda mais a situação, para efeitos de cobrança nos EUA, os códigos cpt usados pelo *Medicare* para SRS (de coluna vertebral e cérebro)[22,23] descrevem o tratamento em uma sessão, enquanto a SBRT (radioterapia estereotáxica corporal) permite que o fornecimento do tratamento não exceda 5 frações no corpo. Para 5 ou mais frações, o *Medicare* o considera como radioterapia de intensidade modulada (IMRT).

Comparação das tecnologias de SRS

Vários métodos de fornecimento de SRS/SRT estão clinicamente disponíveis. As três categorias principais (baseadas em várias fontes de radiação) são: radiocirurgia *Gamma Knife*, radiocirurgia com acelerador linear e radiocirurgia com partículas carregadas pesadas. Fundamentalmente, não há diferença entre um fóton criado por decaimento radioativo (raio gama) e um fóton criado com o uso de energia elétrica em um acelerador linear (raios X).

▶ **Radiocirurgia *Gamma Knife*.** No *Gamma Knife* (GK) original, a fonte de radiação é o decaimento gama de 201 fontes de cobalto-60, que se alinha com um colimador interno para direcionar os feixes de fóton resultantes. Uma poltrona de tratamento inclui um suporte para um "capacete" de colimação externa, cada possuindo uma abertura de 4, 8, 14 ou 18 mm de diâmetro para cada fonte. O quadro estereotáxico fixado na cabeça do paciente é posicionado dentro do capacete colimador, de modo que a área a ser tratada esteja no ponto de foco da unidade de tratamento. Diversas posições de permanência (também chamadas de *shots* ou "isocentros") podem ser definidas para corresponder as distribuições de doses com os alvos de formato irregular.

No modelo de GK mais recente, Perfexion®, 192 fontes de cobalto-60 são distribuídas sobre 8 setores conectados a motores de acionamento para mover as fontes ao longo de um colimador de tungstênio completamente internalizado. Isso permite que cada setor se movimente a partir dos colimadores *home*, 4, 8, 16 mm ou posições blindadas. O modelo do equipamento possibilita o uso composto de feixes de diferentes diâmetros para ajudar a otimizar a distribuição da dose. O *Gamma Knife* é especificamente projetado para lesões cranianas e cervicais posteriores, sendo mais adequado para lesões menores (< 3 cm de diâmetro).

À medida que as fontes gama envelhecem, a potência declina e os tempos de tratamento necessariamente se tornam mais longos. Eventualmente, as fontes podem ser substituídas, o que é um processo demorado e caro.

▶ **Radiocirurgia com acelerador linear.** Aceleradores lineares (linacs) geram raios X por elétrons acelerados, direcionando-os para atingir uma substância com número atômico alto. O colimador da fonte e feixe de radiação é montado em um *gantry* rotacional, criando um isocentro fixo no espaço. A convergência do feixe é alcançada através de arcos rotacionais, com o isocentro fixo em um alvo. O alvo é alinhado ao isocentro com o uso de uma mesa de tratamento ajustável em até 6 graus de liberdade (6 dof, 3 translações, 3 rotações). Os feixes são colimados com o uso de cones de abertura estreita (cones SRS) ou colimadores de múltiplas lâminas (MLCs), sendo que o último utiliza bancos de lâminas computadorizadas para delinear o campo de tratamento, e pode ser ajustado para distribuir doses específicas. Linacs são mais versáteis do que o GK, visto que podem tratar alvos cranianos e extracranianos, geralmente possuem CBCT embutido para ajudar na instalação do paciente e localização do alvo, e podem fornecer uma taxa de dose mais elevada (e, potencialmente, um tratamento mais rápido). Contudo, normalmente são tecnicamente mais complicados do que o GK e requerem uma garantia de qualidade substancialmente maior para manter a confi-

1566 Procedimentos, Intervenções, Cirurgias

101

ança técnica. O *Cyberknife* é um linac SRS-específico, que utiliza um braço robótico em vez de um linac isometricamente acoplado para alcançar 6 dof.

▶ **Radiocirurgia com partículas carregadas pesadas.** Partículas carregadas pesadas (prótons ou íons de hélio) provenientes de um cíclotron podem ser usadas para radiocirurgia.[24] Ao contrário dos fótons de alta energia (raios gama e X), que depositam grande parte da energia durante sua entrada no tecido e continuam a depositar quantidades decrescentes de energia à medida que percorrem pelo corpo, feixes de partículas carregadas pesadas têm uma faixa limitada e mais curta de penetração, em que as partículas aumentam significativamente a deposição de energia próximo à profundidade terminal de penetração (efeito pico de Bragg). A radiocirurgia com partículas alcança um volume bem localizado de alta dose de radiação com o emprego de disparos cruzados de vários feixes, bem como do pico de Bragg. Em razão do custo e da maior complexidade da SRS com partículas carregadas pesadas, esta terapia está disponível apenas em alguns centros do mundo.

101.3.2 Indicações

Em geral, a SRS é adequada para lesões bem circunscritas e de diâmetro inferior a 3 cm. Para lesões maiores, a dose de radiação deve ser reduzida por causa das restrições anatômicas ou radiobiológicas.

Os usos publicados da SRS incluem:
- lesões vasculares
  - AVMs (incluindo fístulas arteriovenosas durais)
  - malformações cavernosas
- tumores
  - metástases
  - schwannomas vestibulares
  - meningiomas
  - adenomas hipofisários
  - gliomas
  - outros: craniofaringioma, tumores pineais etc.
- distúrbios funcionais
  - neuralgia do trigêmeo[25,26]
  - dor crônica intratável: talamotomia[27]
  - distúrbios do movimento: palidotomia para doença de Parkinson ou talamotomia para tremores (geralmente não é uma técnica de escolha em razão da impossibilidade de realizar estimulação fisiológica antes da indução de lesão. Pode ser uma opção para os raros pacientes que não podem ser submetidos à colocação de um estimulador/agulha de lesão)
  - doenças psiquiátricas (p. ex., transtorno obsessivo compulsivo)
  - epilepsias[28]

101.3.3 Contraindicações

Tumores compressivos da coluna vertebral, tronco cerebral ou estruturas ópticas: mesmo com a grande redução da dose, a radiação ainda atinge alguns milímetros das margens do isocentro. Isto, junto com o edema pós-radiação, pode criar um risco significativo de lesão neurológica. A remoção cirúrgica deve ser considerada nestas situações, especialmente para lesões benignas em indivíduos jovens.

101.3.4 Procedimento de tratamento

O procedimento de tratamento inclui a colocação de quadro estereotáxico (na SRS), obtendo imagens estereotáxicas, definição do alvo, planejamento terapêutico e execução do tratamento.

Localização do alvo

MRI é a modalidade imagiológica predominante para procedimentos de SRS, por seu contraste superior de tumores e tecidos moles. Os protocolos típicos de MRI incluem imagens pré e pós-contraste ponderadas em T1 com sequências de pulso 3D. Se a visualização de estruturas adjacentes ao CSF (nervos trigêmeos, tumores no CPA) for necessária, sequências especiais são úteis, como a interferência construtiva no estado de equilíbrio (CISS). Sequências com saturação de gordura são usadas em casos com tumores da base do crânio previamente ressecados. Nota: há um desvio de 1-2 mm devido ao artefato de distorção espacial provocado pelo magneto da MRI. O efeito é mais proeminente na MRI de alta intensidade de campo.

A precisão da CT nunca é superior a 0,6 mm, que é o tamanho do *pixel*. É, geralmente, utilizada quando a MRI é contraindicada ou nos casos em que a distorção na MRI pode ser problemática (aparelho dentário, *shunt*). A CT não é suscetível à distorção como a MRI, sendo possível combinar uma CT estereotática com uma MRI não estereotática para o planejamento do tratamento.

Angiografia estereotática continua sendo o melhor método para definir *o nidus* da AVM, bem como seu suprimento arterial e drenagem venosa. Visto que as angiografias proporcionam apenas dois conjuntos de imagens ortogonais (geralmente imagens AP e laterais), a CTA e/ou a MRI/MRA pode ser usada como um método auxiliar para fornecer a anatomia vascular no plano axial.

Planejamento terapêutico

Planejamento terapêutico é o procedimento pelo qual a distribuição de uma dose é criada com o objetivo de tratar adequadamente as áreas-alvo, ao mesmo tempo em que preserva as estruturas adjacentes normais. No tratamento com GK, uma distribuição de dose é criada definindo-se um ou mais isocentros (*shots*). Cada isocentro pode usar feixes complementares de vários diâmetros. Entretanto, em alguns casos, um ou mais feixes podem ser bloqueados para ajustar a distribuição de doses para alvos irregulares e proteger estruturas críticas adjacentes. Na SRS com linac, o planejamento terapêutico é realizado com o uso de programas de simulação computadorizada que ajudam a selecionar o número de arcos ou feixes com uma orientação específica. Além disso, colimadores estáticos ou dinâmicos foram desenvolvidos. Modulação da intensidade também é uma forma de fornecer a dose desejada para um alvo, ao mesmo tempo em que diminui a dose fornecida às estruturas adjacentes.

Lesões que não tenham um formato redondo ou elíptico não representam um problema com o linac, porém com os GKs mais antigos, múltiplos isocentros devem ser usados para uma superfície irregular. Isto resulta em múltiplos "pontos críticos". Este problema é eliminado com o GK Perfexion, que é capaz de criar um único isocentro usando feixes de diferentes diâmetros. No caso de múltiplas metástases, o GK Perfexion pode gerar isocentros individualmente moldados para cada tumor, sem a necessidade de mudar o capacete ou adicionar isocentros durante um tratamento.[29]

▶ **Tolerância do tecido normal.** Nervos cranianos: danos aos vasos nutrientes pequenos e células de Schwann ou oligodendrócitos são os possíveis mecanismos de lesão por radiação aos nervos cranianos. Nervos sensoriais especiais (óptico, vestibulococlear) são os mais radiossensíveis. A exata dose de tolerância dos nervos cranianos é incerta; o nervo óptico pode, provavelmente, tolerar doses inferiores a 8-10 Gy. Nervos na região parasselar, o nervo facial e os nervos cranianos inferiores tendem a tolerar doses mais elevadas.

O tratamento com SRS também pode ter um efeito deletério sobre as estruturas sensíveis ao edema, como o tronco cerebral. Entretanto, as estruturas em maior risco são aquelas contidas nas linhas de isodose mais elevadas, imediatamente adjacentes à lesão.

O ▶ Quadro 101.2 mostra as doses máximas recomendadas de vários órgãos para uma fração única. No cérebro, as estruturas radiossensíveis incluem: vítreo, nervo e quiasma óptico, tronco cerebral, hipófise e cóclea.

▶ **Dose.** A dose é geralmente prescrita como uma dose específica (em unidades de Gray) para a periferia do alvo. A periferia do alvo geralmente é definida como a curva de isodose, que abrange uma porção considerável (normalmente 95-100%) do alvo. A curva de isodose é a curva de dose igual, geralmente definida como uma porcentagem do ponto de dose máxima. Tradicionalmente, o planejamento do tratamento com GK utiliza a linha de isodose de 50%, pois para um único isocentro, este é o local do gradiente de dose mais íngreme. SRS com linac utiliza uma linha de isodose mais elevada (70-90%) para aumentar a homogeneidade da distribuição de dose.

Relação dose/volume: a dose de radiação que pode ser tolerada é altamente dependente do volume sendo tratado (volumes maiores de tratamento requerem doses menores para evitar lesão por radiação). A seleção da dose é feita com base em dados conhecidos ou é estimada a partir da relação dose/volume. Na dúvida, usar uma dose mais baixa ou subdosar ligeiramente a margem do tumor. Prévia radiografia também deve ser levada em consideração pela equipe terapêutica, pois as estruturas locais são mais sensíveis.

Quadro 101.2 Dose máxima recomendada de radiação de órgãos críticos (fornecida em uma fração única)

Estrutura	Dose máxima (cGy)	% da dose máxima (em uma dose prescrita de 50 Gy)
cristalinos (indução de catarata começa a 500 cGy)	100	2%
nervo óptico[30]	100	2%
pele	50	1%
tireoide	10	0,2%

101.3.5 Problemas específicos das lesões

Malformações arteriovenosas e outras lesões vasculares

A SRS é mais bem-aceita para o tratamento de AVMs de tamanho pequeno a moderado (< 3 cm), que sejam profundas ou que estejam situadas na margem de uma área eloquente do cérebro e tenham um *nidus* "compacto" (isto é, acentuadamente demarcado). Ao longo de um período de 2-3 anos (período de latência), a radiação induz lesão de células endoteliais, proliferação de células de músculo liso, espessamento da parede vascular e, por fim, obliteração do lúmen.[31]

Outras lesões: fístulas arteriovenosas (AVFs) durais também demonstraram uma resposta promissora à SRS.[32] No entanto, AVFs durais com drenagem cortical não devem ser tratadas com SRS, pois estas AVFs posam um alto risco de hemorragia. A SRS não é benéfica para angiomas venosos.[33] O uso de SRS para malformações cavernosas permanece controverso, visto que as lesões não podem ser precisamente avaliadas com MRI ou angiografia. Contudo, estudos retrospectivos publicados demonstraram redução das taxas de hemorragia após a SRS.[34,35]

▶ **Dose.** Um estudo realizado por Karlsson *et al.* demonstrou aumento na taxa de obliteração com o aumento da dose limite.[36] O efeito alcançou o platô a 25 Gy, e uma dose mais elevada produziu mais complicações sem benefícios adicionais. A dose ideal para AVMs geralmente varia de 23 a 25 Gy. A dose pode ser reduzida para *nidus* em locais críticos ou com um volume grande. Com a SRS com linac, os profissionais da *McGill University* utilizam uma dose de 25-50 Gy, prescrita na curva de isodose de 90% na borda do *nidus*. Com o pico de Bragg, as complicações ocorreram com menor frequência a doses < 19,2 Gy, quando comparado a doses superiores (isto pode reduzir a taxa de obliteração ou aumentar o período de latência).[37]

▶ **Resultados.** A SRS tem uma taxa geral de obliteração de 70-80% em todos os casos de AVMs tratados.[38] Em 1 ano, 46-61% das AVMs estavam completamente obliteradas na angiografia e, em 2 anos, 86% estavam obliteradas. Não houve redução no tamanho em < 2% dos casos. Lesões menores apresentam taxas mais elevadas de obliteração (com um pico de Bragg nas AVMs < 2 cm de diâmetro, 94% das AVMs trombosadas aos 2 anos e 100% aos 3 anos)[37]. AVMs > 25 mm de diâmetro têm uma probabilidade de obliteração de apenas ≈ 50% com 1 tratamento de SRS.

▶ **Sistema de classificação.** Alguns sistemas de classificação baseados na SRS foram desenvolvidos para predizer o prognóstico do paciente, visto que escalas desenvolvidas para ressecção cirúrgica (p. ex., a escala de Spetzler-Martin) não se mostraram aplicáveis para a radiocirurgia de AVM. Os resultados de longo prazo de 1.012 pacientes tratados com GK na UVA foram analisados para criar a Escala de Radiocirurgia de AVM de Virgínia (▶ Quadros 101.3 e 101.4).[38] A análise multivariada mostrou que o volume da AVM, a localização não eloquente e a ausência de histórico de hemorragia, são prognosticadores independentes da obliteração de AVM sem hemorragia ou déficits neurológicos permanentes.

O sistema de classificação baseado na radiocirurgia desenvolvido por Pollock e Flickinger[39] foi validado nos centros de tratamento de GK e linac. Este escore de AVM é calculado com o uso da seguinte fórmula:

$(0,1)$ (volume, cm^3)
$+ (0,02)$ (idade, anos)
$+ (0,3)$ (localização, hemisférica/corpo caloso/cerebelar = 0; gânglio basal/tálamo/tronco cerebral = 1)

▶ **Embolização.** Ainda há controvérsia sobre a embolização antes de a SRS ser útil ou prejudicial. Alguns especialistas acreditam ser extremamente difícil definir o alvo após a embolização, em razão dos múltiplos *nidus* pequenos residuais. Estudos experimentais demonstraram atenuação do efeito da radiação pelo material embólico.[40] No entanto, para AVMs grandes, a embolização continua sendo um tratamento

Quadro 101.3 Escala de Radiocirurgia de AVM de Virgínia[38]: variáveis e pontos

Variável		Pontos
Volume da AVM (cm^3)	< 2	0
	2-4	1
	> 4	2
Localização eloquente		1
Histórico de hemorragia		1

Quadro 101.4 Escala de Radiocirurgia de AVM de Virgínia:[38] pontos totais e % de prognóstico favorável

Pontos totais	Prognóstico favorável (%)
0	83
1	79
2	70
3	48
4	39

adjuvante eficaz para reduzir o tamanho do *nidus*, tornando as AVMs sensíveis à SRS. Além disso, a embolização pré-SRS deve ser considerada para fístulas de alto fluxo, que são mais radiorresistentes, e para os aneurismas intranidal/perinidal, que apresentam alto risco de ruptura.

▶ **AVMs grandes.** O tratamento de AVMs grandes (> 10 cm³) com qualquer modalidade ainda é um desafio significativo. SRS de dose única resultou em baixas taxas de obliteração e altas taxas de complicações. Para maximizar a resposta dose/volume, a SRS pode ser realizada em etapas. O grupo de Pittsburgh relatou taxas gerais de obliteração total de 18, 45 e 56% aos 5, 7 e 10 anos, respectivamente, em um grupo de 47 pacientes com AVMs grandes. Dez pacientes sofreram hemorragia após a SRS, e 5 destes pacientes morreram.[41]

▶ **Lesões residuais após a SRS.** Os fatores associados ao fracasso do tratamento incluem: definição angiográfica incompleta do nidus (o fator mais frequente, responsável por 57% dos casos), recanalização do nidus (7%), mascaramento dos *nidus* por hematoma e uma "resistência radiobiológica" teórica.[42] Em alguns, nenhum motivo notável para o fracasso foi identificado. Nesta série, a taxa de obliteração completa foi de ≈ 64%. Se as AVMs persistem, a repetição do tratamento com SRS após 2-3 anos é uma opção.[42]

O objetivo final da radiocirurgia para AVMs é a eliminação do risco de hemorragia. Um marcador indireto imperfeito para este objetivo tem sido a obliteração total do *nidus* nos exames imagiológicos. Taxas hemorrágicas reduzidas, inalteradas ou aumentadas durante o período de latência foram relatadas. Tratamento das AVMs com feixe de prótons não fornece proteção contra hemorragia nos primeiros 12-14 meses pós-tratamento.[24] Isto é similar ao período de latência de 12-24 meses da radiação com prótons.[43] Hemorragias podem ocorrer durante o período de latência mesmo em AVMs que nunca sangraram antes[37] e, com isso, surgiu a dúvida se uma AVM parcialmente trombosada seria mais provável de sangrar em razão da maior resistência de efluxo. Yen *et al.* revisaram um grupo grande de pacientes com AVM sendo submetido à radiocirurgia, e relataram que as taxas hemorrágicas reduziram de 6,6% antes da SRS para 2,5% depois da SRS. O efeito protetor é mais significativo naquelas AVMs que tiveram uma prévia hemorragia (10,4% *versus* 2,8%).[44]

Metástases

O padrão-ouro e a recomendação nível 1 para uma única metástase cerebral sensível à ressecção cirúrgica é a cirurgia seguida por WBRT.[45,46] Isto não se aplica a tumores extremamente radiossensíveis, como linfoma, câncer de pulmão de pequenas células, tumores de células germinativas e mieloma múltiplo. Não existe um estudo randomizado para comparar a cirurgia isolada com a SRS isolada. Um estudo randomizado prospectivo, realizado por Muacevic *et al.*, demonstrou uma sobrevida e um controle tumoral local comparável entre a SRS e a cirurgia seguida por WBRT em pacientes com uma única metástase cerebral, porém, maior incidência de recidiva distante no grupo de SRS.[47] Quando tecido é necessário para o diagnóstico, a cirurgia deve ser considerada. Em pacientes com ≤ 3 metástases, uma SRS de dose única proporciona uma sobrevida superior, quando comparada à WBRT (recomendação nível III). Uma taxa de controle radiográfico local de ≈ 88% (variação relatada: 82-100%) foi citada.[48]

Nenhuma diferença significativa foi constatada com a SRS entre os tumores considerados "radiossensíveis" e aqueles "radiorresistentes", tal como definido por padrões desenvolvidos para a EBRT (ver ▶ Quadro 52.7; no entanto, a histologia pode afetar a taxa de resposta). A falta de significância da "radiorresistência" pode ser, em parte, devido ao fato de que a queda acentuada na dose com a SRS permite que maiores doses sejam fornecidas aos tumores do que a dose que seria usada com a EBRT.

As diretrizes gerais para quando a SRS para metástases cerebrais deve ser considerada são:
• número total de tumores ≤ 10
• volume total do tumor ≤ 15 cm³
• volume de um único tumor ≤ 10 cm³ e
• ausência de doença leptomeníngea

Procedimentos, Intervenções, Cirurgias

Estudos recentes sobre a SRS para metástases cerebrais demonstraram que o volume total do tumor é um melhor fator prognóstico do que o número de tumores para a sobrevida geral, controle local e fracasso na recidiva distante.[49,50,51]

▶ **Dose.** O estudo RTOG 90-05 recomendou 24 Gy como a dose máxima tolerada da SRS de fração única para tumores com um diâmetro máximo ≤ 20 mm; 18 Gy para 21-30 mm; e 15 Gy para 31-40 mm.[52]

Schwannomas vestibulares (VS)

As possíveis indicações da SRS para VS são: pacientes inaptos para a cirurgia (devido à condição médica deficiente e/ou idade avançada, alguns usam idades > 65 ou 70 anos como um ponto de corte), paciente que recusa cirurgia, VS bilateral, tratamento pós-operatório de VS incompletamente removida e que continua a crescer nas imagens seriadas, ou recidivas após a remoção cirúrgica. Ver o Algoritmo de tratamento em Schwannomas vestibulares para estratégias que levam em consideração a história natural.

Alguns estudos prospectivos não randomizados, comparando a SRS com GK e a microcirurgia no VS de tamanho pequeno a médio, demonstraram superioridade do tratamento com a SRS.[53,54] A maior série de 2.336 VS com pelo menos 3 anos de acompanhamento, realizada pelo grupo de Marseille, demonstrou uma taxa de controle tumoral de até 97,5%, lesão ao nervo trigeminal de 0,5%, paralisia facial de 0,5% e preservação da audição de 65%.[54] No entanto, o acompanhamento a longo prazo é necessário. A realização de SRS após uma ressecção subtotal deliberada de um VS grande (estágio IV de Koos) reduziu o risco de fraqueza facial, quando comparado à GTR.[55] A faixa de dose para a SRS de VS é, geralmente, de 11-12 Gy. Uma dose tolerável à cóclea na SRS parece ser em torno de 4,2 Gy, mas também depende da idade e classe auditiva pré-SRS.[56] Aumento temporário do tamanho tumoral após a SRS é um achado comum e pode ser tratado de forma conservadora.

SRT ou SRS em múltiplas sessões tem sido usada para tratar VS. Selch *et al.* relataram uma taxa de controle local de 100% durante um período médio de seguimento de 36 meses.[57] O grupo demonstrou uma alta taxa de preservação da audição (93%) e baixa incidência de lesão ao nervo facial (2,2% de nova paralisia facial e 2,2% de dormência facial). A SRT não foi comparada diretamente com a SRS, porém, resultados preliminares sugerem que os resultados de ambas as modalidades podem ser similares.

▶ **Dose.** Exemplo de protocolo de SRT: linac 6-MV, com um microcolimador de múltiplas lâminas usado para fornecer uma dose de 54 Gy em 30 frações de 1,8 Gy, prescrita na linha de isodose de 90% através de 7-22 campos estáticos não coplanares ou 4-6 arcos dinâmicos não coplanares, para um alvo definido como o volume tumoral, mais uma margem de 1-3 mm. SRS em múltiplas sessões tem sido utilizada para tratar VS grande. Em um estudo de 33 pacientes com VS superior a 8 cm^3 tratado com Cyberknife, o controle radiológico do crescimento foi de 94% durante um período médio de acompanhamento de 48 meses.[58] A audição foi conservada em 7 de 8 pacientes com uma audição na linha de base aproveitável. Apenas 1 paciente apresentou déficits de nervos cranianos, incluindo vertigem, parestesia lingual e neuralgia do trigêmeo.

Meningiomas

Em uma grande série de meningiomas tratados com SRS, de 942 pacientes com 1.045 tumores tratados, realizada pelo grupo de Pittsburgh,[59] a taxa de controle de pacientes com meningiomas grau I da WHO, comprovados cirurgicamente, foi de 93%. A taxa de controle de meningiomas presumidos com base em imagens (sem prévia confirmação histológica) foi de 97%. As taxas de controle de tumores de grau II e II da WHO foram de 50 e 17%, respectivamente.

▶ **Dose.** Os autores usaram uma dose média de 14 Gy para a margem tumoral.[59]

Adenomas hipofisários

A cirurgia é a base do tratamento de tumores hipofisários, especialmente de tumores não secretores com efeito de massa e tumores secretores que não respondem ao tratamento clínico. Para tumores secretores ou não secretores residuais/recorrentes, a SRS é uma ferramenta apropriada para deter o crescimento tumoral e/ou normalizar a função hormonal. Em uma grande série de 418 pacientes com adenomas hipofisários residuais/recorrentes tratados com GK na UVA, a taxa geral de controle tumoral foi de 90% em pacientes com exames imagiológicos de seguimento disponíveis. As taxas de recidiva endócrina são de 53% para acromegalia, 54% para doença de Cushing e 26% para prolactinomas.

▶ **Dose.** A dose usual para tumores não secretores é de ≈ 16-18 Gy, e uma dose mais elevada de ≈ 25Gy é necessária para tumores secretores.

▶ **Resultados.** Estudos anteriores de SRS demonstraram números limitados de hipopituitarismo e lesões de nervos cranianos. Estudos disponíveis de seguimento de longo prazo demonstram uma taxa de 20-30% de nova endocrinopatia após a SRS, e um risco baixo, porém não significativo, de danos aos nervos cranianos.[60]

Tumores infiltrativos

Normalmente, a SRS não é indicada como tratamento primário para tumores infiltrativos, por exemplo, gliomas, pela falta de uma cápsula definível, e a relação muito próxima entre o volume alvo e a dose de radiação tolerada. A SRS tem sido usada para lesões recorrentes após o tratamento padrão (excisão cirúrgica e EBRT adjuvante com 60 Gy e Temozolomida). Um dos argumentos para o uso de SRS nesses tumores é o fato de que 90% das recidivas ocorrem dentro do volume radiográfico original do tumor sólido.[61] No entanto, o encorajamento do uso de SRS declinou após o ensaio RTOG 9305 de 2004, que exibiu ausência de benefício na sobrevida em pacientes com GBM recém-diagnosticado com o uso de SRS seguido por EBRT e quimioterapia com BCNU. A SRS pode ser usada como tratamento de resgate para GBM pequeno (< 10 cm³) e recorrente após o tratamento padrão. Kong *et al.* demonstraram que, nesses casos, o tratamento de resgate com SRS prolongou a OS de 12 para 23 meses.[62]

101.3.6 Morbidade e mortalidade do tratamento

Morbidade e mortalidade imediata

A mortalidade imediata provocada pelo próprio tratamento é, provavelmente, zero. Morbidade: todos, exceto ≈ 2,5% dos pacientes, receberam alta hospitalar dentro de um período de 24 horas. Muitos centros não admitem pacientes durante a noite. Algumas reações adversas imediatas incluem:[63]

- 16% dos pacientes requerem analgésicos para cefaleias e antieméticos para náusea/vômito pós-procedimento
- pelo menos 10% dos pacientes com AVMs subcorticais apresentaram convulsões focais ou generalizadas em até 24 horas após o tratamento (apenas um estava sendo tratado com doses subterapêuticas de AEDs. Todas as convulsões foram controladas com AEDs adicionais)

Pré-medicação

Para reduzir esses efeitos adversos em pacientes com tumores ou AVMs, o grupo *Pittsburgh Gamma Knife* fornece 40 mg de metilprednisolona IV e 90 mg de fenobarbital IV imediatamente após a dose de radiação.[63] Para lesões pequenas e pacientes sem prévio histórico de convulsões, a pré-medicação com esteroides ou antiepilépticos provavelmente não é necessária.

Morbidade tardia

Pode ocorrer morbidade de longo prazo diretamente associada à radiação e, assim como com a XRT convencional, é mais frequente com doses e volumes de tratamento maiores. As complicações da radiação incluem:

- alterações induzidas pela radiação, hiperintensidade na MRI T2WI ou hipodensidade na CT: geralmente ocorrem ≈ 13 meses após a SRS para AVMs. A incidência é de 34%, com 8,6% apresentando alterações imagiológicas associadas a sintomas neurológicos (déficits focais, convulsões ou cefaleia), e 1,8% desenvolvendo necrose de radiação e déficits permanentes.[64] O possível mecanismo deste efeito colateral inclui dano às células gliais, ruptura da barreira hematoencefálica ou trombose venosa precoce. Oclusão ou trombose venosa prematura antes da obliteração do *nidus* da AVM pode produzir hiperemia venosa ou hemorragia intracraniana[65]
- vasculopatia: diagnosticada pelo estreitamento observado na angiografia ou pelas alterações isquêmicas nas imagens em ≈ 5% dos casos
- déficits de nervos cranianos: ocorrem em ≈ 1% de todos os casos. A incidência é mais elevada com tumores do CPA ou da base do crânio
- tumores induzidos por radiação: apenas alguns relatos clínicos de tumores malignos recém-formados (glioblastomas) ou transformação maligna de um tumor benigno (Schwannoma vestibular). Loeffler relatou 6 casos dentre 80.000 procedimentos radiocirúrgicos para doenças benignas.[66] Meningioma induzido por radiação é uma complicação bem conhecida da radioterapia.[67] Em uma grande série de pacientes com AVM tratados com SRS, a incidência de meningioma induzido por radiação foi estimada em 0,7%[68]

101.4 Braquiterapia intersticial

101.4.1 Informações gerais

Técnica em que implantes radioativos são usados para fornecer, localmente, altas doses de radiação diretamente aos tumores, ao mesmo tempo em que expõe o cérebro normal adjacente a doses menos tóxicas. Atualmente, os números são muito pequenos e o período de acompanhamento muito curto para determinar a eficácia da braquiterapia intersticial.[69]

A braquiterapia intersticial (IB) pode reduzir a taxa de crescimento tumoral, mas raramente produz melhora clínica. Geralmente, os pacientes não são considerados para IB, a menos que o escore Karnofsky seja ≥ 70%.

101.4.2 Técnicas

As técnicas incluem:
1. inserção de sementes de iodo-125 de alta atividade, as quais são mantidas no local (por cirurgia aberta convencional ou por técnica estereotáxica)
2. inserção de cateteres (chamados de cateteres de pós-carga) contendo fonte radioativa (como ouro ou I125) por técnica estereotática, os quais são removidos em um tempo predeterminado (geralmente 1-7 dias)
3. instilação de líquidos radioativos (p. ex., isótopos de fósforo) em uma cavidade cística

O I125 tem várias características que favorecem seu uso: emite raios gama de baixa energia, os quais são absorvidos pelos tecidos adjacentes, minimizando a exposição à radiação do cérebro normal, equipe médica e visitantes. Está disponível como sementes com baixa atividade (< 5 mCi) ou alta atividade (5-40 mCi).

O planejamento do tratamento é delineado para fornecer 60 Gy à margem de um volume que estende 1 cm além do tumor realçado pelo contraste, com variações incluídas para preservar as estruturas radiossensíveis (p. ex., quiasma óptico). As taxas usuais de fornecimento são 40-50 cGy/h para a margem tumoral (30 cGy/h é a dose crítica para cessação do crescimento tumoral), com necessidade de permanência das sementes no cateter de pós-carga por $\approx$ 6 dias.

101.4.3 Radionecrose

Radionecrose (RN) sintomática ocorre em $\approx$ 40% dos casos, podendo ocorrer tão cedo quanto vários meses após a IB. Em muitos casos, pode ser impossível diferenciar a RN de um tumor recorrente. O tratamento sintomático geralmente é alcançado com doses elevadas de corticosteroides. Uma craniotomia pode ser necessária na deterioração neurológica contínua.

101.4.4 Resultado

IB frequentemente é usada como a "última tentativa" em um paciente com tumor maligno recorrente que tenha recebido irradiação externa máxima e que não seja candidato à reoperação (como esperado, os resultados em pacientes com prognósticos tão desfavoráveis não são bons). Entretanto, pacientes elegíveis para IB geralmente estão melhores do que aqueles que não são candidatos, e isto distorce os resultados no sentido de um resultado mais favorável.[70] Alguns estudos com uso precoce (tratamento primário) demonstraram possível benefício.[71]

Referências

[1] Thompson TP, Maitz AH, Kondziolka D, Lunsford LD. Radiation, Radiobiology, and Neurosurgery. Contemp Neurosurg. 1999; 21:1–5

[2] Hall EJ, Cox JD, Cox JD. In: Physical and Biologic Basis of Radiation Therapy. Moss' Radiation Oncology. 7th ed. St. Louis, Missouri: Mosby-Year Book, Inc.; 1994:3–66

[3] O'Connor MM, Mayberg MR. Effects of Radiation on Cerebral Vasculature: A Review. Neurosurgery. 2000; 46:138–151

[4] Leibel SA, Sheline GE. Radiation Therapy for Neoplasms of the Brain. J Neurosurg. 1987; 66:1–22

[5] Duffner PK, Cohen ME, Thomas P. Late Effects of Treatment on the Intelligence of Children with Posterior Fossa Tumors. Cancer. 1983; 51:233–237

[6] DeAngelis LM, Delattre JY, Posner JB. Radiationinduced dementia in patients cured of brain metastases. Neurology. 1989; 39:789–796

[7] Radcliffe J, Packer RJ, Atkins TE, et al. Three-and Four-Year Cognitive Outcome in Children with Noncortical Brain Tumors Treated with Whole-Brain Radiotherapy. Ann Neurol. 1992; 32:551–554

[8] Zuccarello M, Sawaya R, deCourten-Myers. Glioblastoma Occurring After Radiation Therapy for Meningioma: Case Report and Review of Literature. Neurosurgery. 1986; 19:114–119

[9] Mack EE, Wilson CB. Meningiomas Induced by High-Dose Cranial Irradiation. J Neurosurg. 1993; 79:28–31

[10] Ron E, Modan B, Boice JD, et al. Tumors of the Brain and Nervous System After Radiotherapy in Childhood. N Engl J Med. 1988; 319:1033–1039

[11] Lustig LR, Jackler RK, Lanser MJ. Radiation-Induced Tumors of the Temporal Bone. Am J Otol. 1997; 18:230–235

[12] Rock JP, Hearshen D, Scarpace L, Croteau D, Gutierrez J, Fisher JL, Rosenblum ML, Mikkelsen T. Correlations between magnetic resonance spectroscopy and image-guided histopathology, with special attention to radiation necrosis. Neurosurgery. 2002; 51:912–9; discussion 919-20

[13] Hein PA, Eskey CJ, Dunn JF, Hug EB. Diffusionweighted imaging in the follow-up of treated highgrade gliomas: tumor recurrence versus radiation injury. AJNR Am J Neuroradiol. 2004; 25:201–209

[14] Thompson TP, Lunsford LD, Kondziolka D. Distinguishing recurrent tumor and radiation necrosis with positron emission tomography versus stereotactic biopsy. Stereotact Funct Neurosurg. 1999; 73:9–14

[15] Ericson K, Lilja A, Bergstrom M, et al. Positron emission tomography with ([11C]methyl)-L-methionine, [11C]D-glucose, and [68Ga]EDTA in supratentorial tumors. J Comput Assist Tomogr. 1985; 9:683–689

[16] Thiel A, Pietrzyk U, Sturm V, et al. Enhanced Accuracy in Differential Diagnosis of Radiation Necrosis by Positron Emission Tomography-Magnetic Resonance Imaging Coregistration: Technical Case Report. Neurosurgery. 2000; 46:232–234

[17] Tomita T, McLone DG. Medulloblastoma in Childhood: Results of Radical Resection and Low-Dose Radiation Therapy. J Neurosurg. 1986; 64:238–242

[18] Eyster EF, Wilson CB. Radiation Myelopathy. J Neurosurg. 1970; 32:414–420

[19] Leksell L. The Stereotaxic Method and Radiosurgery of the Brain. Acta Chir Scand. 1951; 102:316–319

[20] Dale RG, Jones B. The assessment of RBE effects using the concept of biologically effective dose. Int J Radiat Oncol Biol Phys. 1999; 43:639–645

[21] Barnett GH, Linskey ME, Adler JR, Cozzens JW, Friedman WA, Heilbrun MP, Lunsford LD, Schulder M, Sloan AE. Stereotactic radiosurgery–an organized

neurosurgery-sanctioned definition. J Neurosurg. 2007; 106:1–5

[22] Tipton KN, Sullivan N, Bruening W, Inamdar R, Launders J, Uhl S, Schoelles K, . Stereotactic Body Radiation Therapy. Technical Brief No. 6. (Prepared by ECRI Institute Evidence-based Practice Center under Contract No. HHSA-290-02-0019.) AHRQ Publication No. 10 (11)-EHC058-EF. Rockville, MD 2011

[23] Stereotactic radiotherapy (SRS)/stereotactic radiation therapy (SBRT) for Medicare plans Policy # SURGERY 0581 T3. Trumbull CT 2009

[24] Kjellberg RN, Hanamura T, Davis KR, et al. Bragg-Peak Proton-Beam Therapy for Arteriovenous Malformations of the Brain. N Engl J Med. 1983; 309:269–274

[25] Leksell L. Stereotactic Radiosurgery in Trigeminal Neuralgia. Acta Chir Scand. 1971; 137:311–314

[26] Regis J, Metellus P, Hayashi M, Roussel P, Donnet A, Bille-Turc F. Prospective controlled trial of gamma knife surgery for essential trigeminal neuralgia. J Neurosurg. 2006; 104:913–924

[27] Steiner L, Forster D, Leksell L, et al. Gammathalamotomy in Intractable Pain. Acta Neurochir. 1980; 52:173–184

[28] Barbaro NM, Quigg M, Broshek DK, Ward MM, Lamborn KR, Laxer KD, Larson DA, Dillon W, Verhey L, Garcia P, Steiner L, Heck C, Kondziolka D, Beach R, Olivero W, Witt TC, Salanova V, Goodman R. A multicenter, prospective pilot study of gamma knife radiosurgery for mesial temporal lobe epilepsy: seizure response, adverse events, and verbal memory. Ann Neurol. 2009; 65:167–175

[29] Lindquist C, Paddick I. The Leksell Gamma Knife Perfexion and comparisons with its predecessors. Neurosurgery. 2007; 61:130–40; discussion 140-1

[30] Leber KA, Berglöff J, Pendi G. Dose-Response Tolerance of the Visual Pathways and Cranial Nerves of the Cavernous Sinus to Stereotactic Radiosurgery. J Neurosurg. 1998; 88:43–50

[31] Schneider BF, Eberhard DA, Steiner LE. Histopathology of arteriovenous malformations after gamma knife radiosurgery. J Neurosurg. 1997; 87:352–357

[32] Pan DH, Lee CC, Wu HM, Chung WY, Yang HC, Lin CJ. Gamma Knife radiosurgery for the management of intracranial dural arteriovenous fistulas. Acta Neurochir Suppl. 2013; 116:113–119

[33] Lindquist C, Guo W-Y, Kerlsson B, Steiner L. Radiosurgery for Venous Angiomas. J Neurosurg. 1993; 78:531–536

[34] Lunsford LD, Khan AA, Niranjan A, Kano H, Flickinger JC, Kondziolka D. Stereotactic radiosurgery for symptomatic solitary cerebral cavernous malformations considered high risk for resection. J Neurosurg. 2010; 113:23–29

[35] Liscak R, Vladyka V, Simonova G, Vymazal J, Novotny J,Jr. Gamma knife surgery of brain cavernous hemangiomas. J Neurosurg. 2005; 102 Suppl:207–213

[36] Karlsson B, Lindquist C, Steiner L. Prediction of obliteration after gamma knife surgery for cerebral arteriovenous malformations. Neurosurgery. 1997; 40:425–30; discussion 430-1

[37] Steinberg GK, Fabrikant JI, Marks MP, Levy RP, et al. Stereotactic Heavy-Charged-Particle Bragg-Peak Radiation for Intracranial Arteriovenous Malformations. N Engl J Med. 1990; 323:96–101

[38] Starke RM, Yen CP, Ding D, Sheehan JP. A practical grading scale for predicting outcome after radiosurgery for arteriovenous malformations: analysis of 1012 treated patients. J Neurosurg. 2013; 119:981–987

[39] Pollock BE, Flickinger JC. Modification of the radiosurgery-based arteriovenous malformation grading system. Neurosurgery. 2008; 63:239–43; discussion 243

[40] Andrade-Souza YM, Ramani M, Beachey DJ, Scora D, Tsao MN, Terbrugge K, Schwartz ML. Liquid embolisation material reduces the delivered radiation dose: a physical experiment. Acta Neurochir (Wien). 2008; 150:161–4; discussion 164

[41] Kano H, Kondziolka D, Flickinger JC, Park KJ, Parry PV, Yang HC, Sirin S, Niranjan A, Novotny J,Jr, Lunsford LD. Stereotactic radiosurgery for arteriovenous

malformations, Part 6: multistaged volumetric management of large arteriovenous malformations. J Neurosurg. 2012; 116:54–65

[42] Pollock BE, Kondziolka D, Lunsford LD, et al. Repeat Stereotactic Radiosurgery of Arteriovenous Malformations: Factors Associated with Incomplete Outcomes. Neurosurgery. 1996; 38:318–324

[43] Saunders WM, Winston KR, Siddon RL, et al. Radiosurgery for Arteriovenous Malformations of the Brain Using a Standard Linear Accelerator: Rationale and Technique. Int J Radiation Oncology Biol Phys. 1988; 13:441–447

[44] Yen CP, Sheehan JP, Schwyzer L, Schlesinger D. Hemorrhage risk of cerebral arteriovenous malformations before and during the latency period after GAMMA knife radiosurgery. Stroke. 2011; 42:1691–1696

[45] Patchell RA, Tibbs PA, Walsh JW, Young B, et al. A Randomized Trial of Surgery in the Treatment of Single Metastases to the Brain. N Engl J Med. 1990; 322:494–500

[46] Patchell RA, Tibbs PA, Regine WF, Dempsey RJ, Mohiuddin M, Kryscio RJ, Markesbery WR, Foon KA, Young B. Postoperative radiotherapy in the treatment of single metastases to the brain: a randomized trial. JAMA. 1998; 280:1485–1489

[47] Muacevic A, Wowra B, Siefert A, Tonn JC, Steiger HJ, Kreth FW. Microsurgery plus whole brain irradiation versus Gamma Knife surgery alone for treatment of single metastases to the brain: a randomized controlled multicentre phase III trial. J Neurooncol. 2008; 87:299–307

[48] Fuller BG, Kaplan ID, Adler J, Cox RS, Bagshaw MA. Stereotactic Radiosurgery for Brain Metastases: The Importance of Adjuvant Whole Brain Irradiation. Int J Radiation Oncology Biol Phys. 1992; 23:413–418

[49] Baschnagel AM, Meyer KD, Chen PY, Krauss DJ, Olson RE, Pieper DR, Maitz AH, Ye H, Grills IS. Tumor volume as a predictor of survival and local control in patients with brain metastases treated with Gamma Knife surgery. J Neurosurg. 2013; 119:1139–1144

[50] Bhatnagar AK, Flickinger JC, Kondziolka D, Lunsford LD. Stereotactic radiosurgery for four or more intracranial metastases. Int J Radiat Oncol Biol Phys. 2006; 64:898–903

[51] Likhacheva A, Pinnix CC, Parikh NR, Allen PK, McAleer MF, Chiu MS, Sulman EP, Mahajan A, Guha-Thakurta N, Prabhu SS, Cahill DP, Luo D, Shiu AS, Brown PD, Chang EL. Predictors of survival in contemporary practice after initial radiosurgery for brain metastases. Int J Radiat Oncol Biol Phys. 2013; 85:656–661

[52] Shaw E, Scott C, Souhami L, Dinapoli R, Kline R, Loeffler J, Farnan N. Single dose radiosurgical treatment of recurrent previously irradiated primary brain tumors and brain metastases: final report of RTOG protocol 90-05. Int J Radiat Oncol Biol Phys. 2000; 47:291–298

[53] Pollock BE, Driscoll CL, Foote RL, Link MJ, Gorman DA, Bauch CD, Mandrekar JN, Krecke KN, Johnson CH. Patient outcomes after vestibular schwannoma management: a prospective comparison of microsurgical resection and stereotactic radiosurgery. Neurosurgery. 2006; 59:77–85; discussion 77-85

[54] Regis J, Pellet W, Delsanti C, Dufour H, Roche PH, Thomassin JM, Zanaret M, Peragut JC. Functional outcome after gamma knife surgery or microsurgery for vestibular schwannomas. J Neurosurg. 2013; 119 Suppl:1091–1100

[55] Brokinkel B, Sauerland C, Holling M, Ewelt C, Horstmann G, van Eck AT, Stummer W. Gamma Knife radiosurgery following subtotal resection of vestibular schwannoma. J Clin Neurosci. 2014; 21:2077–2082

[56] Kano H, Kondziolka D, Khan A, Flickinger JC, Lunsford LD. Predictors of hearing preservation after stereotactic radiosurgery for acoustic neuroma. J Neurosurg. 2009; 111:863–873

[57] Selch MT, Pedroso A, Lee SP, Solberg TD, Agazaryan N, Cabatan-Awang C, DeSalles AA. Stereotactic radiotherapy for the treatment of acoustic neuromas. J Neurosurg. 2004; 101:362–372

[58] Casentini L, Fornezza U, Perini Z, Perissinotto E, Colombo F. Multisession stereotactic radiosurgery for

large vestibular schwannomas. J Neurosurg. 2015; 122:818–824

[59] Kondziolka D, Mathieu D, Lunsford LD, Martin JJ, Madhok R, Niranjan A, Flickinger JC. Radiosurgery as definitive management of intracranial meningiomas. Neurosurgery. 2008; 62:53–8; discussion 58-60

[60] Sheehan JP, Pouratian N, Steiner L, Laws ER, Vance ML. Gamma Knife surgery for pituitary adenomas: factors related to radiological and endocrine outcomes. J Neurosurg. 2011; 114:303–309

[61] Choucair AK, Levin VA, Gutin PH, et al. Development of Multiple Lesions During Radiation Therapy and Chemotherapy. J Neurosurg. 1986; 65:654–658

[62] Kong DS, Lee JI, Park K, Kim JH, Lim DH, Nam DH. Efficacy of stereotactic radiosurgery as a salvage treatment for recurrent malignant gliomas. Cancer. 2008; 112:2046–2051

[63] Lunsford LD, Flickinger J, Coffey RJ. Stereotactic Gamma Knife Radiosurgery. Initial North American Experience in 207 Patients. Arch Neurol. 1990; 47:169–175

[64] Yen CP, Matsumoto JA, Wintermark M, Schwyzer L, Evans AJ, Jensen ME, Shaffrey ME, Sheehan JP. Radiation-induced imaging changes following Gamma Knife surgery for cerebral arteriovenous malformations. J Neurosurg. 2013; 118:63–73

[65] Yen CP, Khaled MA, Schwyzer L, Vorsic M, Dumont AS, Steiner L. Early draining vein occlusion after gamma knife surgery for arteriovenous malformations. Neurosurgery. 2010; 67:1293–302; discussion 1302

[66] Loeffler JS, Niemierko A, Chapman PH. Second tumors after radiosurgery: tip of the iceberg or a bump in the road? Neurosurgery. 2003; 52:1436–40; discussion 1440-2

[67] Brada M, Ford D, Ashley S, Bliss JM, Crowley S, Mason M, Rajan B, Traish D. Risk of second brain tumour after conservative surgery and radiotherapy for pituitary adenoma. BMJ. 1992; 304:1343–1346

[68] Sheehan J, Yen CP, Steiner L. Gamma Knife surgeryinduced meningioma: Report of two cases and review of the literature. J Neurosurg. 2006; 105:325–329

[69] Bernstein M, Laperriere N, Leung P, et al. Interstitial Brachytherapy for Malignant Brain Tumors: Preliminary Results. Neurosurgery. 1990; 26:371–380

[70] Florell RC, Macdonald DR, Irish WD, et al. Selection Bias, Survival, and Brachytherapy for Glioma. J Neurosurg. 1992; 76:179–183

[71] Gutin PH, Prados MD, Phillips TL, et al. External Irradiation Followed by an Interstitial High Activity Iodine-125 Implant "Boost" in the Initial Treatment of Malignant Gliomas: NCOG Study 6G-82-2. Int J Radiation Oncology Biol Phys. 1991; 21:601–606

102 Neurocirurgia Endovascular

102.1 Informações gerais

102.1.1 Introdução

Neurocirurgia Endovascular, também conhecida como Cirurgia neuroendovascular, Neurorradiologia endovascular e cirúrgica (ESNR) ou neurorradiologia intervencionista (INR), combina técnicas de cateterismo e imagem para o diagnóstico e tratamento de condições cerebrais e espinais específicas.

102.1.2 Indicações/Condições tratadas

Neurocirurgia endovascular inclui o diagnóstico, bem como o tratamento de:
- aneurismas: embolização com molas ($\pm$ *stent* ou balão), *stents* diversores de fluxo, por exemplo, Pipeline, sacrifício do vaso portador
- malformações arteriovenosas (**AVMs**): embolização (pré-operatória ou curativa)
- fístula arteriovenosa dural (**DAVF**): embolização curativa ou paliativa
- AVMs espinais: embolização
- fístulas arteriovenosas: p. ex., fístulas carótidocavernosas (CCF)
- CVA embólico agudo: trombectomia mecânica ou trombólise de coágulo intra-arterial
- trombose dos seios intracranianos (**CST**): trombólise ou trombectomia mecânica
- dissecções arteriais cerebrovasculares: implante de *stents* ou sacrifício da artéria portadora
- estenose da artéria carótida interna cervical: angioplastia/implante de *stents*
- tumores: embolização; usada primariamente antes da cirurgia como tratamento adjuvante para diminuir a vascularização, por exemplo, com alguns meningiomas e hemangioblastomas
- aterosclerose intracraniana
- vasospasmo
- estenose de seio transverso: implante de stents como no pseudotumor cerebral
- amostragem do seio petroso inferior para localização de macroadenomas hipofisários
- lesões vasculares iatrogênicas: implante de *stent* ou embolização para alcançar hemostasia
- epistaxe refratária: embolização para alcançar hemostasia
- teste de Wada: avaliação da localização da linguagem e da memória (p. ex., pacientes epilépticos sendo considerados para cirurgia)
- quimioterapia intra-arterial: p. ex., retinoblastoma
- angiografia intraoperatória: geralmente usada na cirurgia de aneurisma para confirmar exclusão de aneurisma e patência dos vasos portadores, e durante a cirurgia de AVM para confirmar eliminação do *nidus*

102.1.3 Contraindicações

- distúrbios hemorrágicos não corrigidos
- função renal deficiente (causada pela carga com corante iodado)
- contraindicação relativa: transtorno do tecido conectivo que predispõe à dissecção vascular
- para angiografia de coluna vertebral: aneurisma da aorta torácica (relativa)

102.1.4 Riscos da angiografia cerebral

Os riscos variam com a natureza da doença investigada e com a experiência da equipe de angiografia. Risco geral de uma complicação resultar em um déficit neurológico permanente:[1,2] 0,1%. No ACAS, houve uma taxa de complicação de 1,2% (p. 1276).

102.1.5 Angiografia para condições variadas

▶ **Tumores.** Embora a angiografia não seja mais utilizada diagnosticamente para tumores, há alguns princípios gerais dignos de conhecimento. Geralmente, lesões profundas não vasculares causam alterações nas estruturas venosas, enquanto que lesões superficiais afetam as estruturas arteriais. Neoplasia maligna (p. ex., glioblastoma): a característica clássica na angiografia é uma veia de drenagem precoce. Meningiomas: o corante (contraste) "chega cedo, fica até tarde" (aparece no início da fase arterial, opacificação persiste além da fase venosa): ver também outros achados angiográficos com meningiomas (p. 695).

1576 Procedimentos, Intervenções, Cirurgias

▶ **Teste de Allcock.** Avalia o fluxo através das artérias comunicantes posteriores por meio da injeção vertebral com simultânea compressão da artéria carótida comum no pescoço.

102.2 Agentes farmacológicos

102.2.1 Informações gerais

Esta seção apresenta os fármacos usados nos procedimentos neuroendovasculares.[3] As indicações citadas são específicas à intervenção endovascular.

102.2.2 Abciximab (ReoPro)

Informações gerais

O fragmento Fab de um anticorpo. Previne a ligação do fibrinogênio ao receptor plaquetário GP IIb/IIIa. A inibição plaquetária dura por até 48 horas.

Indicações e seleção de caso

- trombose arterial aguda durante a intervenção endovascular
- dissecção com trombo aderido ao *flap* da íntima
- profilaxia para implante de *stent* intra ou extracraniano

Posologia

R: Bolus com 0,25 mg/kg IV por 10-60 minutos (menor duração para complicações agudas durante a intervenção), seguido pela infusão de 0,125 mcg/kg/min (máx. 10 mcg/min) por 12 horas.

Reversão

Descontinuar a infusão de abciximab. Aguardar 10-30 minutos para eliminação do fármaco do plasma, e realizar transfusão de plaquetas. A intervenção cirúrgica deve ser adiada por 12-24 horas após a descontinuação.

102.2.3 Aspirina

Informações gerais

Inativa, irreversivelmente, à ciclo-oxigenase, resultando em inibição plaquetária por supressão da formação de prostaglandinas a partir do ácido araquidônico.

Indicações e seleção de caso

- profilaxia intraprocedimento (curto prazo) e pós-procedimento (curto + longo prazo) de eventos tromboembólicos, por exemplo, durante
  - angiografia cerebral diagnóstica
  - embolização com molas de aneurismas
  - implante de stent (tipicamente com um segundo agente antiplaquetário)
  - oclusão temporária com balão
  - oclusão terapêutica de grandes artérias
- controle subagudo de complicações procedimentais, por exemplo
  - herniação das molas na artéria portadora
  - trombo ou coágulo sobre a mola
  - trombose do *stent* (uso isolado ou combinado com um segundo agente)

Posologia

R: 325-1.300 mg por via oral, diariamente

Aspirina (ASA) alcança o pico da concentração plasmática em 30–40 minutos.[4,5] ASA de liberação entérica alcança o pico da concentração plasmática em até 6 horas.[6] 60% da população é resistente ao efeito antiplaquetário da ASA de baixa dosagem (81 mg), e até 30% são resistentes a 325 mg/dia.[7,8] No entanto, a avaliação da resistência à ASA é altamente dependente de ensaios clínicos. Um efeito dose-dependente, ou seja, maior resposta a doses mais elevadas, indica que a ASA também exerce efeitos antiplaquetários através de outras vias que não a da ciclo-oxigenase.[9]

Reversão

Reversão é alcançada por transfusão de plaquetas.

ASA causa uma inativação irreversível da ciclo-oxigenase plaquetária, que persiste durante o tempo de vida das plaquetas expostas.

102.2.4 Clopidogrel (Plavix™)

Informações gerais

Um antagonista do receptor de ADP das plaquetas.

Indicações e seleção de caso

- prevenção intraprocedimento e pós-procedimento a curto prazo (4-12 semanas) de eventos trombo-embólicos relacionados com procedimentos endovasculares, incluindo
  - embolização com molas de aneurismas cerebrais de colo largo, onde um *stent* será utilizado
  - implante de *stent* (com um segundo agente antiplaquetário)
  - oclusão terapêutica de grandes artérias (geralmente com um segundo agente antiplaquetário)
- controle subagudo de complicações procedimentais (uso isolado ou combinado com um segundo agente)
  - herniação das molas na artéria portadora
  - trombo ou coágulo sobre a mola
  - trombose do *stent* (pode ser mais eficaz do que outros agentes)

Posologia

R: 75 mg PO diariamente. Iniciar 5 dias antes do procedimento, pois há um período de latência de 3 a 7 dias até o efeito terapêutico completo.

LD: 300 mg PO, se não houver tempo de alcançar o efeito terapêutico no decurso de alguns dias. Um efeito terapêutico pode geralmente ser alcançado em 2-3 horas após a LD.

Reversão

Transfusão de plaquetas.

102.2.5 Eptifibatide (Integrilin®)

Informações gerais

Um inibidor reversível da agregação plaquetária que previne a ligação do fibrinogênio, fator de von Wille-brand e outros ligantes ao GP IIb/IIIa. Inibição da agregação plaquetária parece ser dependente da dose e concentração, sendo reversível após a descontinuação do eptifibatide. Provoca aumento de 5 vezes no tempo de sangramento e não tem efeito mensurável sobre o PT ou o aPTT.

Indicações e seleção de caso

Igual ao abciximab (ver acima).

Posologia

R: *Bolus* de 180 mcg/kg IV (máx. 22,6 mg) por 1-2 minutos, seguido pela infusão de 2 mcg/kg/min.

Reversão

- descontinuar o fármaco. Redução significativa dos efeitos antiplaquetários ocorre em 2-4 horas[10]
- para sinais clínicos ou evidência imagiológica de hemorragia:
  - para ICH, comprometimento hemodinâmico ou redução na Hb > 5 g/dl ou no HCT > 15%, fornecer transfusão de plaquetas
  - para uma redução na Hb < 5 g/dL ou no HCT < 15%, fornecer desmopressina: 0,3 mcg/kg × 1

102.2.6 Heparina

Informações gerais

Um glicosaminoglicano que indiretamente inibe a trombina por meio da modulação da atividade da antitrombina III (AT III). Também inativa indiretamente os fatores IXa, Xa, XIa e XIIa, e restaura a eletronegatividade nas superfícies endoteliais. Previne a agregação plaquetária induzida pela trombina e inibe o fator de von Willebrand. Os efeitos anticoagulantes são imediatos. A meia-vida da heparina IV é de, aproximadamente, 1,5 hora.[11,12]

Indicações e seleção de caso

- profilaxia durante a angiografia diagnóstica (usada apenas em soluções de lavagem)[3,13]
- procedimentos endovasculares, incluindo
  - embolização com molas de aneurismas intracranianos
  - oclusão terapêutica da artéria carótida, vertebral ou outras artérias cerebrais de grande calibre
  - embolização transarterial de AVM cerebral ou AVF dural
  - angioplastia transluminal percutânea
  - implantação intra ou extracraniana de *stent*
  - teste de oclusão temporária com balão da artéria carótida, vertebral outras artérias cerebrais de grande calibre

Posologia

R: **sistemas de lavagem:** 6.000 i.u. por litro de soro fisiológico 0,9% (6 i.u. por cc) para sistemas de lavagem usados em procedimentos neuroendovasculares. Durante a angiografia intraoperatória: 2.500 i.u. por litro e soro fisiológico 0,9% (2,5 i.u. por cc). A dosagem mais baixa durante cirurgia é uma precaução contra sangramento excessivo em sítios operatórios, por exemplo, durante a craniotomia.

Intervenções endovasculares:

Embolização com molas para aneurisma não roto: 5.000 unidades em *bolus*. Verificar o tempo de tromboplastina parcial ativada (ACT, ▶ Quadro 102.1) 20-30 minutos após a infusão do *bolus* e, então, de hora em hora. Administrar 0-5.000 unidades de heparina por hora, conforme necessário, para manter o ACT entre 250 e 300.

Embolização com molas para aneurisma roto: colocar o espiral de embolização antes do *bolus* de heparina.

Angioplastia com/sem implante de stent: *bolus* de 5.000 unidades. Realizar o ACT 20-30 minutos após a infusão do *bolus* e, então, de hora em hora. Administrar até 5.000 unidades de heparina por hora, conforme necessário, para manter o ACT entre 300 e 350.

Heparinização pós-procedimento: para embolização de aneurisma, os seguintes regimes são recomendados:

Dose de heparina para pacientes após neurocirurgia de embolização com molas

- protocolo da *University of Cincinnati*[14]: administrar uma dose segura de heparina que não requeira coletas repetidas de sangue e titulação para ACT ou aPTT
  - dose dependente do peso
    - peso ≤ 75 kg: 900 unidades/hora, sem doses em *bolus*, por 12 horas
    - peso > 75 kg: 1.300 unidades/hora, sem doses em *bolus*, por 12 horas
  - exames laboratoriais: ACT ou outros exames laboratoriais não são necessários
- *alternativa:* o protocolo de heparina dependente do peso mais comumente usado (Nota: isto difere da dosagem usada, por exemplo, para indicações coronárias, ou no tratamento de DVT ou PE[15]): administração em *bolus* de 60-70 unidades/kg, seguida por uma taxa de infusão IV de manutenção de 18 unidades/kg/h. Titular para ACT como demonstrado no ▶ Quadro 102.1.

Reversão

Sulfato de protamina IV, 1 mg por 100 unidades de heparina circulante (não exceder um total de 50 mg). Uma seringa pré-carregada de 50 mg deve estar disponível em todos os momentos. Normalmente, a protamina é administrada como uma infusão IV por 10-30 minutos, para prevenir hipotensão idiossin-

Quadro 102.1 ACT recomendado para vários procedimentos endovasculares	
Indicações	**ACT (Segundos)**
Procedimentos envolvendo lesão arterial profunda, por exemplo angioplastia transluminal percutânea com/sem *stent* Procedimentos com estase significativa do fluxo sanguíneo, por exemplo oclusão com balão de vasos portadores	Alto (300-350)
Procedimentos em que os elementos trombogênicos mencionados acima estejam ausentes, por exemplo embolização de um aneurisma ou AVM	Moderado (250-300)

Neurocirurgia Endovascular **1579**

crática e sintomas anafilactoides. Em uma emergência, p. ex. perfuração de aneurisma vascular ou intracraniano, a anticoagulação deve ser imediatamente revertida pela infusão rápida em *bolus* de 10 mg de protamina por 1-3 minutos.

102.2.7 Nitroglicerina

Informações gerais

Produz vasodilatação forte e imediata por estimulação da cGMP, resultando em relaxamento da musculatura lisa vascular.

Indicações e seleção de caso

Espasmo vascular durante o cateterismo.

Posologia

R: 100-300 mcg através de cateter.

102.2.8 Papaverina

Informações gerais

Um alcaloide benzilisoquinolina que provoca vasodilatação por inibição das fosfodiesterases cAPM e cGMP na musculatura lisa, resultando em um aumento dos níveis intracelulares de cAMP e cGMP. Também pode inibir a liberação de cálcio do espaço intracelular pelo bloqueio dos canais de cálcio na membrana celular. A papaverina é um fármaco de curta duração, com meia-vida inferior a 1 hora.

Indicações e seleção de caso

Pré-tratamento para angioplastia. A vasodilatação resultante irá ajudar na colocação de cateter balão. Devido à sua ação de curta duração, necessitando de administrações repetidas, outros agentes, como por exemplo, o verapamil, são normalmente preferíveis.

Posologia

R: 300 mg de papaverina a 3% (30 mg/mL), em pH 3,3, são diluídos em 100 mL de soro fisiológico para obter uma concentração de 0,3%. A solução é administrada a uma taxa de 3 mL/minuto através do microcateter, que é posicionado proximal ao segmento vascular afetado.

✖ Não misturar Papaverina com meios de contraste ou heparina, o que poderia resultar em precipitação de cristais.

102.2.9 Amital sódico

Informações gerais

Um derivado do ácido barbitúrico que ativa os receptores $GABA_A$. Quando administrado na vasculatura cerebral durante o teste de Wada, este fármaco anestesia temporariamente a região perfundida, resultando em isolamento do hemisfério contralateral e permitindo avaliação das funções corticais, incluindo a linguagem e memória. Bloqueia a atividade neuronal e, em conjunto com a lidocaína, que bloqueia a atividade axonal, é administrado como uma injeção teste em procedimentos como a embolização de AVM espinal ou embolização de tumores espinais, antes da injeção do agente embólico.[16]

Indicações e seleção de caso

Teste de Wada

Injeção teste antes da embolização do vaso nutridor da AVM. Para suprimir ambas as atividades neuronais e axonais, a injeção de amital é seguida pela injeção de xilocaína.

Posologia

R: 50-100 mg por injeção teste via cateter.

Para administração, diluir 500 mg de amital sódico em 20 cc de soro fisiológico 0,9%, para render uma concentração de 25 mg/cc de amital sódico.

Para o teste de Wada, após o cateterismo do vaso de interesse, 100 mg de amital sódico (4 cc da preparação descrita acima) são injetados através do cateter. *Bolus* adicionais de 25 mg (1 cc), ou modificação do *bolus* original, podem ser necessários, a pedido do neurologista.

102.2.10 Ativador do plasminogênio tecidual (tPA)

Informações gerais
Uma protease trombolítica específica de fibrina que converte o plasminogênio em plasmina.

Indicações e seleção de caso

Indicações:
- trombose dos seios intracranianos (CST)
- pacientes com CVA isquêmico agudo que tenham 18 ou mais anos de idade, e diagnóstico clínico de CVA isquêmico cm déficit neurológico mensurável
  - início dos sintomas ≤ 4,5 horas antes de iniciar o tratamento: administração IV
  - até 6 horas após o início dos sintomas: administração intra-arterial. Pode ser até 24 horas após o início dos sintomas para a circulação posterior (onde há menor probabilidade de conversão hemorrágica do infarto).

✖ Critérios absolutos de exclusão:
- CT cerebral demonstrando ICH antes do tratamento
- sintomas leves de CVA ou melhora rápida dos sintomas
- apresentação clínica sugestiva de SAH, mesmo com uma CT normal
- CT demonstrando ICH ou SAH
- sangramento interno ativo
- diátese hemorrágica diagnosticada, incluindo uma contagem de plaquetas < $100 \times 10^3/mm^3$
- heparina fornecida nas últimas 48 horas, com um APTT elevado.
- uso atual de anticoagulante oral, p. ex. varfarina, ou uso recente com elevação de PT (> 15 s) INR (> 1,7).
- uso atual de inibidores diretos da trombina (desirudina, bivalirudina, argatrobana)[17] ou inibidores diretos do fator Xa (Rivaroxaban, Edoxaban, Betrixaban),[18] com valores aumentados de aPTT, INR, contagem de plaquetas, tempo de coagulação de ecarina (ECT), TT ou ensaios da atividade anti-fator Xa
- cirurgia intracraniana ou intraespinal, TBI grave ou prévio CVA nos últimos 3 meses
- suspeita de dissecção da aorta associada a um CVA
- suspeita de vasculite ou endocardite bacteriana subaguda
- recente punção arterial (nos últimos 7 dias) em um sítio não compressível
- punção lombar nos últimos 7 dias
- histórico de ICH
- AVM ou aneurisma diagnosticado
- SBP > 185 mmHg ou DBP > 110 mmHg persistente no momento do tratamento, ou paciente necessitando de tratamento agressivo para reduzir a BP dentro destes limites

Critérios relativos de exclusão:
- convulsão observada no momento do início de sintomas do CVA
- NIHSS > 22 (déficit grave) ou < 4 (déficit leve)
- CT basal demonstrando extensas alterações isquêmicas, por exemplo, apagamento dos sulcos, efeito de massa ou edema, hipodensidade em mais de 1/3 do território de distribuição da MCA
- cirurgia de grande porte ou traumatismo grave nos últimos 14 dias
- histórico de hemorragia do trato GI ou urinário nos últimos 21 dias
- MI agudo recente (últimos 3 meses)
- pericardite pós-infarto do miocárdio
- glicemia < 50 mg/dL (2,7 mmol/L) ou > 400 mg/dL
- idade > 80 anos
- gravidez
- histórico de CVA isquêmico E diabetes
- histórico de câncer terminal ou outra condição médica com expectativa de vida limitada
- histórico de demência avançada

Posologia

R: Intravenosa: 0,9 mg/kg (máx. 90 mg). Os primeiros 10% da dose calculada são administrados em *bolus* IV por 1 minutos, e o restante é infundido durante 1 hora, dentro de 4,5 horas do início dos sintomas.

R: Intra-arterial: a dose intra-arterial máxima é de 22 mg. Independe de qualquer dose intravenosa administrada previamente.

1-2 mg de tPA é administrado manualmente na região distal do coágulo e, então, uma infusão de 0,5 mg/mL a 20 mL/h (10 mg/h) é administrada. A infusão é preparada misturando 10 mg de tPA em 20 mL de soro fisiológico, resultando em uma concentração de 1 mg de tPA por 2 mL de soro (ou 0,5 mg/mL). Uma bomba de infusão pode ser usada para uma administração mais precisa.

Angiografia é realizada a cada 15 minutos (após infusão de 2,5 mg de tPA), à medida que o cateter é gradualmente recuado do coágulo. A lesão é reatravessada após cada angiografia. Se a artéria ainda estiver ocluída, injetar 1-2 mg de tPA manualmente e reiniciar a infusão de tPA.

Descontinuar o tPA se
- recanalização adequada for alcançada
- extravasamento do meio de contraste for observado na angiografia
- a dose máxima tiver sido administrada, ou a dose administrada se aproximar da dose máxima sem melhora clínica ou angiográfica

Na CST, geralmente 2-5 mg são administrados através do trombo e, então, uma infusão é iniciada a uma taxa de 1 mg/h, geralmente por 12 h. Se uma carga embólica ainda estiver presente na angiografia, uma administração de duração mais prolongada até que o coágulo se resolva é uma consideração.

Para CST, a infusão é preparada em uma concentração de 1 mg/10 mL (0,1 mg/mL), para uma taxa de 10 mL/h.

Reversão

Transfusão de FFP.

102.2.11 Verapamil

Informações gerais

Um bloqueador de canais de cálcio não di-hidropiridina que reduz o influxo de cálcio nos canais de cálcio tipo L nas células da musculatura lisa, possibilitando a vasodilatação. A meia-vida é de, aproximadamente, 3-7 horas.

Indicações e seleção de caso

- antes da angioplastia com balão: vasodilatação química antes da vasodilatação mecânica pode possibilitar angioplastia mais tranquila e segura
- vasospasmo leve, que não justifica angioplastia
- vasospasmo moderado, que não pode ser tratado com segurança com angioplastia

Posologia

R: 5-10 mg IA. É infiltrado lentamente (durante 2-10 minutos) no vaso vasospástico através de um microcateter inserido no vaso craniano, e/ou através de um cateter-guia ou diagnóstico inserido em vasos maiores, por exemplo, ICA ou VA.

Reversão

Para hipotensão clinicamente significativa ou bloqueio AV de alto grau: tratar com vasopressores e estimulação cardíaca, por exemplo, infusões de epinefrina, norepinefrina e vasopressina. Infusão de cloreto de cálcio é realizada em grandes doses, por exemplo, 1 g/h por mais de 24 horas. 20% por infusão intralipídica (*bolus* de 100 mL, seguido por infusão contínua a 0,5 mL/kg/h) também pode ser útil.[19] Atropina pode ser administrada para bradicardia. Hemodiálise é ineficaz.

102.2.12 Xilocaína

Informações gerais

Bloqueia os canais de Na^+ ativados por alta voltagem nas membranas de células neuronais. Pode haver inibição de neurônios pós-sinápticos e, consequentemente, potenciais de ação.

Indicações e seleção de caso

Como um anestésico local antes da arteriotomia. Preparações com ou sem epinefrina podem ser usadas.

Xilocaína cardíaca é usada para testar a função axonal. Pode ser usada isoladamente ou em conjunto com o amobarbital.

Usada para testes funcionais no caso de distúrbios vasculares da medula espinal.

Teste funcional provocativo nas AVMs cerebrais.

Posologia

R: Para anestesia local: aproximadamente 5 mL de lidocaína 2% (máx. 4 mg/mL a 280 mg; 14 mL).

R: Para teste neurofisiológico (teste de Wada): 10-40 mg i.a. de lidocaína cardíaca.

Reversão

Overdose de lidocaína:[20] *bolus* intravenoso de 1,5 mL/kg de emulsão lipídica a 20% por 1 minuto, e iniciar infusão IV a 15 mL/kg/h. O *bolus* pode ser repetido duas vezes, em intervalos de 5 minutos, se a estabilidade cardíaca não for restaurada. Além disso, a infusão pode ser duplicada para 30 mL/kg/h se a instabilidade persistir após 5 minutos. A emulsão lipídica é continuada até que a estabilidade cardíaca seja restaurada ou a dose máxima administrada.[20] Não exceder a dose cumulativa máxima de 12 mL/kg.

O tratamento de suporte simultâneo inclui o acompanhamento de protocolos de ACLS, por exemplo, proteção das vias aéreas, suporte hemodinâmico etc.

✖ Propofol não é adequado para emulsão lipídica nestes casos. Possui apenas 10% de lipídios, que é uma concentração muito baixa para ser benéfica, e as propriedades cardiodepressoras do propofol podem ser contraproducentes em tais situações.

102.3 Fundamentos do procedimento neuroendovascular

102.3.1 Acesso vascular

Informações gerais

O acesso vascular é mais comumente realizado na artéria femoral. Se o acesso femoral não for possível, as artérias radial, braquial ou carótida (menos comum) podem ser usadas.

Acesso pela artéria femoral

Após preparar e cobrir a virilha com panos de campo estéreis, colocar o dedo mínimo esquerdo sobre a espinha ilíaca anterossuperior e estender o polegar até a sínfise púbica. Isto demarca aproximadamente o ligamento ilioinguinal. Dividir esta linha ao meio com a outra mão e palpar o pulso femoral. O local de acesso se encontra a 3 dedos de largura abaixo do ponto de divisão, para garantir que o sítio de punção do vaso esteja *abaixo* do ligamento ilioinguinal e, portanto, compressível. Um marcador (pinça) pode ser colocado sobre o pulso e uma imagem com fluoresceína pode ser obtida para confirmar que o sítio de acesso planejado esteja situado sobre a porção média da cabeça do fêmur.

Uma incisão cutânea pequena e superficial é feita no ponto selecionado após infiltração de anestesia local. Em um caso eletivo, um *kit* de micropunção, com uma agulha de calibre 21 ou 23 de 7 cm, pode ser usado para a punção do vaso. Em uma emergência (p. ex., CVA), uma agulha de punção maior, de calibre 18, é usada. A artéria é palpada e imobilizada entre os dedos indicador e médio de uma mão, enquanto a agulha é introduzida através da incisão em um ângulo de 45°. Uma vez que a artéria é acessada, um raio de sangue aparecerá no canhão da agulha. Uma troca sobre os fios-guia é realizada usando a técnica de Seldinger modificada para a introdução da bainha de tamanho desejado. A bainha é conectada a um fluxo contínuo de salina heparinizada, e fixada com fita adesiva ou suturas para evitar o deslocamento.

Acesso pela artéria radial

Primeiro realizar o teste de Allen com oximetria de pulso para garantir que a mão tenha um suprimento vascular satisfatório, caso o procedimento resulte em oclusão da artéria radial.

Teste de Allen: palpar as artérias radial for ulnar e colocar um oxímetro de pulso no polegar ou no dedo indicador. Peça ao paciente para flexionar e estender os dedos repetidamente. Com pressão digital, comprima as artérias radial e ulnar durante a extensão do dedo e mantenha a compressão até que a oximetria de pulso seja perdida. O pulso é mantido flexionado em um ângulo aproximado de 20°, para evitar um teste falso-positivo quando o pulso estiver em hiperextensão. Liberar a pressão sobre a artéria ulnar. Medir o tempo de enchimento capilar visual nos coxins digitais a uma saturação de oxigênio de pelo menos 92%. O tempo de enchimento capilar normal é < 5 segundos. Tempos de enchimento de 5-15 segundos são considerados equívocos. Um tempo de enchimento superior a 15 segundos é anormal. O teste de Allen também pode ser realizado com o uso de ultrassonografia.

Teste de Allen Reverso: deve ser realizado quando a artéria radial estiver sendo submetida a um procedimento repetido. Comprimir as artérias radial e ulnar com pressão digital durante a extensão do dedo, e manter a compressão. Liberar a pressão sobre a artéria *radial*. Medir o tempo de enchimento capilar visual nos coxins digitais a uma saturação de oxigênio de pelo menos 92%, como indicado acima.

Durante o acesso, as seguintes modificações são feitas da técnica descrita acima. Uma agulha curta de calibre 21 (p. ex., 3 cm, em vez de 7 cm) é usada. Evite penetrar na artéria em um ângulo íngreme, visto que isso pode dificultar a inserção do fio na artéria.

Avançar um fio de 0,045 mm através do canhão da agulha até a artéria radial e remover a agulha. Faça um corte na pele sobre o fio, para ajudar na inserção de bainhas maiores. Uma bainha introdutora 4 Fr (com dilatador) é avançada sobre o fio-guia e, depois, o fio e o dilatador são removidos. Um coquetel de heparina (5.000 IU/mL), verapamil (2,5 mg), lidocaína 2% (1 mL) e nitroglicerina (0,1 mg) é administrado através da bainha introdutora para aliviar e/ou prevenir vasospasmo. O paciente deve ser avisado sobre uma sensação transitória, porém inconfortável de queimação severa, à medida que o coquetel é injetado na artéria. O fio padrão de 0,9 mm é avançado através da bainha. A bainha de tamanho desejado é, então, colocada.

Nota: após o término do procedimento, um dispositivo de fechamento *não* é usado para a artéria radial. Somente uma compressão manual é aplicada por 15-20 minutos.

102.3.2 Controle da bainha

Uma vez colocada, a bainha é conectada a um fluxo contínuo de solução salina heparinizada a uma taxa de 30 mL/h. O fluxo consiste de 6.000 unidades de heparina em uma bolsa de 1.000 mL de soro fisiológico 0,9% (6 unidades/mL). A bolsa de soro fisiológico é colocada em um infusor de pressão, o qual é insuflado a 300 mmHg. É importante que a bainha seja continuamente irrigada, e a bolsa de soro fisiológico esteja sob uma pressão superior à pressão arterial do próprio paciente. A perna do paciente do lado da bainha é mantida reta para evitar encurvamento da bainha. Se a intenção for manter a bainha por várias horas ou alguns dias, a mesma deve ser fixada com suturas na pele do paciente.

102.3.3 Fechamento da arteriotomia

Após o término do procedimento, se o acesso vascular não for necessário nos próximos dias, a bainha é removida. Para fazer isso, as seguintes opções estão disponíveis:

- Pressão
  - *Pressão manual*: palpar a artéria proximalmente ao sítio de arteriotomia, remover a bainha, aplicar pressão manual por 15-30 minutos e, gradualmente, diminuir a pressão a cada 5 minutos
  - Femostop™: antes de sua aplicação, certificar-se de que o ACT seja < 150 e a BP esteja controlada. O círculo interno da cúpula do Femostop deve ser posicionado 1 cm superior a 1 cm medial ao sítio de punção, e sobre a artéria femoral. Insuflar o Femostop com uma pressão de 20-30 mmHg acima da pressão sistólica do paciente. Se isto não resultar em hemostasia, insuflar a pressões mais elevadas, até que os pulsos distais sejam ocluídos. Manter a oclusão do pulso distal por 5-7 minutos e, então, reajustar a pressão do manômetro até que um pulso pedioso adequado e uma cor satisfatória das extremidades sejam alcançados

    Continuar reduzindo progressivamente a pressão aplicada nas horas seguintes, até que o dispositivo possa ser completamente descontinuado. Geralmente, um Femostop é mantido por 6-12 horas
- Dispositivos de fechamento percutâneo
  - Angioseal™: produz fechamento pela deposição de um tampão de fibrina no vaso, o qual migra para dentro da incisão da arteriotomia na parede do vaso. Angioseal está disponível nos tamanhos 6 e 8 Fr. É implantando, transferindo-o com a bainha sobre um fio-guia. Após a implantação, o paciente permanece na posição supina por 2 horas (com um travesseiro sob a cabeça), e a perna em que o angioseal foi aplicado é mantida reta. O paciente é liberado em seguida
  - Mynx™: um selante bioabsorvível que é depositado na incisão da arteriotomia. Disponível nos tamanhos 5, 6, 7 Fr. Tende a ser menos doloroso
  - Starclose™: também transferido com a bainha sobre um fio-guia. A implantação resulta no fechamento por sutura da incisão da arteriotomia. Tende a ser mais doloroso

102.4 Angiografia diagnóstica para hemorragia subaracnóidea cerebral

102.4.1 Informações gerais

Objetivo: diagnosticar a fonte da hemorragia, avaliar os vasos sanguíneos supridores e vasos colaterais (podem necessitar de manobras provocativas adicionais), avaliar vasos para possível derivação, avaliar a presença de vasospasmo.

A causa mais comum de SAH atraumática é a ruptura de aneurismas cerebrais. Outras causas incluem AVM (cerebral ou espinal), vasculite, hemorragia subaracnóidea não aneurismática pré-truncal, dissecção arterial, trombose de seio dural, apoplexia hipofisária, discrasias sanguínea, doença falciforme e abuso de cocaína. Em 14-22%, uma causa para a SAH não é encontrada na angiografia.[21]

102.4.2 Configuração

Uma bainha é inserida na artéria femoral, conectada a um fluxo contínuo de salina heparinizada. Um cateter diagnóstico é acoplado a um fluxo contínuo de salina heparinizada. É introduzido na vasculatura, através da bainha, e avançado sobre o fio-guia através da aorta até o vaso alvo. O cateter é avançado com o fio-guia e recuado com o fio-guia completamente recolhido dentro do cateter. Quando o cateter estiver na posição desejada, o fio-guia é removido completamente e a angiografia realizada com o uso de injeções manuais ou com o autoinjetor.

102.4.3 Planejamento

O pré-planejamento do procedimento economizará tempo, a quantidade de contraste administrado e a exposição à radiação. Incidências padrão (incidência de Towne a 15° e lateral para a circulação anterior; incidência de Towne a 30° e lateral para a circulação posterior) são obtidas. Além disso, imagens em projeções apropriadas são obtidas, mantendo em mente a patologia do paciente. Quando necessário, uma angiografia rotacional é realizada e a reconstrução 3D manipulada para uma investigação adicional, e outras projeções angiográficas também são selecionadas.

102.4.4 Incidências adicionais

No caso de aneurismas, com base na localização, as projeções exibidas no ▶ Quadro 102.2 podem ser úteis.

102.5 Intervenção específica de doença

102.5.1 Aneurismas

Informações gerais

Debates comparando o uso de molas e clipes mudam constantemente, especialmente porque à medida que dados de longo prazo sobre o tratamento endovascular são disponibilizados, a tecnologia continua a evoluir, tornando dados rapidamente obsoletos. Apesar de acreditarmos que sempre haverá espaço para a clipagem cirúrgica, a terapia endovascular emergiu como uma terapia de primeira linha para a maioria dos aneurismas (particularmente os aneurismas rotos ou em pacientes inaptos para a cirurgia). A cirurgia ainda continua uma forte opção para aneurismas de MCA, e muitos acreditam que para muitos aneurismas de PICA.

Indicações

A seleção do tratamento para aneurisma depende das seguintes considerações:

▶ **Roto *versus* não roto.** Um aneurisma roto necessita de tratamento urgente, pois o risco de uma nova ruptura é de 2-3%/dia nos primeiros dias e de 20% em 2 semanas. O risco de morbidade e mortalidade de um aneurisma roto não tratado é de 45-50%.[23,23]

▶ **Outros sintomas além da ruptura.** Aneurismas que se manifestam com sintomas, por exemplo, paralisia de nervos cranianos, perda da visão ou isquemia, podem apresentar risco de ruptura mais elevado do que os aneurismas assintomáticos (alguns sintomas podem ser secundários a uma expansão aguda).[24,25,26,27,28,29]

▶ **Tamanho.** Aneurismas grandes (> 7-10 mm) são mais prováveis de sofrer ruptura do que os aneurismas pequenos (< 7 mm).[29,30]

▶ **Formato.** Um aneurisma de formato irregular pode apresentar um risco de ruptura mais elevado do que um aneurisma sacular esférico. O formato irregular inclui características morfológicas como vesículas filhas, ou bordas irregulares.[31]

Quadro 102.2 Projeção para angiografia, com base na localização do aneurisma

Localização do aneurisma	Projeção	Incidência adicional
Comunicante anterior	oblíqua a 25° do sítio de injeção; feixe central sobre a face lateral da margem orbital ipsolateral; orientar o tubo de raios X na incidência de Towne	incidência submentovértice, mas a imagem pode ser degradada pela quantidade de ossos interpostos
Comunicante posterior	oblíqua paraorbitária a 55° do sítio de injeção; feixe central localizado 1 cm posterior à porção inferior da margem lateral da órbita ipsolateral; posicionar o tubo de raios X em orientação cefálica de 12°	
Sifão carotídeo	oblíqua a 25° do sítio de injeção; feixe central localizado 3-4 cm acima da face lateral da margem orbital ipsolateral; orientar o tubo de raios X na incidência de Towne	Incidência submentovértice
Artéria oftálmica	oblíqua a 25° do sítio de injeção; feixe central localizado 3-4 cm acima da face lateral da margem orbital ipsolateral; orientar o tubo de raios X na incidência de Towne	Incidência submentovértice
Hipofisária superior	oblíqua a 25° do sítio de injeção; feixe central localizado 3-4 cm acima da face lateral da margem orbital ipsolateral; orientar o tubo de raios X na incidência de Towne	Incidência submentovértice
Artéria cerebelar inferior posterior (PICA)	oblíqua paraorbitária a 55° do sítio de injeção; feixe central no forame magno; posicionar o tubo de raios X em orientação cefálica de 12°	
Aneurismas da junção vertebrobasilar	oblíqua a 15° do sítio de injeção; feixe central no forame magno; orientar o tubo de raios X na incidência de Towne a 25°	Incidência submentovértice
Aneurisma da artéria cerebelar inferior anterior (AICA)	incidência AP ou submentovértice, feixe central no násio, posicionar o tubo de raios X em orientação caudal de 15°	
Bifurcação basilar	oblíqua a 25° do ou em direção ao sítio de injeção; feixe central localizado 3-4 cm acima da face lateral da margem orbital superior ipsolateral; orientar o tubo de raios X na incidência de Towne a 25°	Incidência submentovértice

▶ **Relação de aspecto.** Além do tamanho, a relação de aspecto (profundidade/largura do colo do aneurisma) pode prever os aneurismas em risco de ruptura. Uma relação de aspecto superior a 1,6 pode criar condições de baixo fluxo na cúpula do aneurisma, levando à estase, trombose e uma cascata fibrinolítica que resulta em ruptura da íntima.[32] Uma avaliação retrospectiva de 75 aneurismas rotos e 107 aneurismas não rotos, demonstrou que a relação de aspecto média é de 2,7 para aneurismas rotos e de 1,8 para aneurismas não rotos (p < 0,001). A profundidade média do aneurisma também foi maior nos aneurismas rotos (7,7 ± 4,9 mm *versus* 5,1 ± 4,5 mm). 75% dos aneurismas rotos eram < 10 mm, e 62% destes tinham uma relação de aspecto > 1,6.[33]

▶ **Localização.** Os estudos do ISUIA demonstraram que os aneurismas da circulação posterior apresentavam um maior risco de ruptura, quando comparados aos da circulação anterior.[24,34] Por outro lado, aneurismas do segmento cavernoso apresentaram um risco de 0% de ruptura até que atingissem um tamanho de 13-24 mm, momento em que o risco cumulativo em 5 anos se tornou 3%.

▶ **Escolha do tratamento.** A escolha do tratamento deve levar em consideração todas as informações acima, além das considerações individuais do paciente, por exemplo, idade e estado geral de saúde.

Aneurismas de colo largo antigamente eram considerados como mais adequados para a clipagem, mas a disponibilidade dos *stents*, que podem agir como um andaime para as molas, como por exemplo, o *stent* Entreprise™, ou atuar como dispositivos de reconstrução vascular, como por exemplo, o Pipeline, aumentaram consideravelmente o espectro de aneurismas sensíveis ao tratamento endovascular. Além disso, aneurismas pequenos (< 4 mm) podem ser menos favoráveis à embolização com molas.

Opções endovasculares

► **Embolização com molas.** Este é o tratamento de escolha para a maioria dos aneurismas de colo estreito. A primeira mola (espiral de embolização) usada é igual ao tamanho do aneurisma, ou ligeiramente maior (especialmente no aneurisma não roto). O tamanho das molas é progressivamente reduzido conforme a embolização progride. O objetivo é preencher maximamente o aneurisma, de forma que nenhum contraste seja observado entrando no aneurisma e nenhuma alça que possa herniar no lúmen do vaso seja formada. Mesmo após o preenchimento máximo, o preenchimento real é de 20-30%.[35]

► **Embolização com stent.** Para aneurismas de colo largo, um *stent* pode ser usado para evitar que herniação da mola no vaso sanguíneo. Quando um *stent* é usado, o paciente deve ser tratado com ASA (indefinitivamente) e Plavix (por no mínimo 1 mês). Portanto, a embolização assistida por *stent* geralmente é evitada em aneurismas rotos, em parte devido à necessidade de uma EVD, pois esta não pode ser realizada com segurança em um paciente sendo tratado com Plavix. Consequentemente, a embolização assistida por *stent* é, geralmente, evitada em aneurismas rotos. No entanto, essa técnica já foi realizada com sucessos em casos de aneurisma roto, com uma taxa de sucesso técnico de 93%, ICH clinicamente significativa em 8% (incluindo 10% com EVDs) e eventos tromboembólicos significativos em 6%.[36]

► **Embolização assistida por balão.** Esta técnica pode ser usada para aneurismas de colo largo, em que o implante de *stent* é considerado menos desejável, por exemplo, em aneurismas rotos, visto que dispensa a necessidade de terapia antiplaquetária dupla. Um cateter balão é escolhido com base no diâmetro da artéria e largura do colo aneurismático. O segmento balonado do cateter (indicado por marcadores radiopacos) é posicionado no colo aneurismático e mantido insuflado durante a deposição da mola no interior do aneurisma. O balão é desinflado antes de destacar a mola e a estabilidade da mola depositada é avaliada. Se a mola parece estável, é destacada. Esta técnica de insuflação-deflação é continuada conforme necessário, até que o aneurisma tenha sido completamente preenchido por molas.

► **Técnica do duplo cateter.** Neste caso, dois microcateteres são inseridos no aneurisma. Molas espiraladas são depositadas separadamente.

► **Tipos de molas.** Molas de platina: molas destacáveis de Guglielmi são molas de platina fabricadas em vários diâmetros (mm) e comprimentos (cm). Disponíveis como mola padrão, macia, ultramacia, bem como nas configurações de 360º e helical.

Mais recentemente, o mesmo fabricante introduziu as molas Target. A vantagem em relação à GDC é o "menor recuo" quando depositadas no aneurisma, especialmente durante os estágios finais, quando o preenchimento por molas está quase completo.

Outras molas de platina incluem Trufill/Orbit, Micrus e Target.

► **Molas Hydrocoil.** Molas de platina revestidas com hidrogel que se expandem quando em contato com o sangue que preenche o espaço residual entre os espirais.

► **Agentes embólicos líquidos.** Uma técnica menos utilizada, em que um cateter compatível com DMSO é inserido no aneurisma e um cateter balão insuflado no colo aneurismático, enquanto um agente embólico líquido (p. ex., Onyx 500) é injetado no aneurisma. Onyx pode ser usado em aneurismas de parede lateral que possuem um colo largo (≥ 4 mm) ou uma relação cúpula/pescoço < 2, e que não sejam candidatos à clipagem cirúrgica. Também pode ser usado em pacientes alérgicos a metais (p. ex., cobalto, cromo, platina ou tungstênio). É importante manter o cateter balão insuflado até que o Onyx se solidifique, caso contrário uma embolização em vaso normal pode produzir um CVA.

► **Dispositivo de embolização pipeline (PED).** O *design* entrelaçado deste *stent* torna o pouco poroso, o que diminui a entrada de sangue no aneurisma e, consequentemente, estimula a estase. Se necessário, dois ou mais destes dispositivos podem ser implantados um no outro no colo do aneurisma para causar estase adequada do fluxo no aneurisma. Angiografia imediatamente após a implantação demonstra estase do contraste no aneurisma. Angiografia de seguimento em 6 meses geralmente demonstra completa obliteração do aneurisma, de modo que não é mais visualizado. Assim que um aneurisma é tratado com sucesso com o PED, a taxa de recidiva é de 0%. O dispositivo mais recentemente lançado, conhecido como Pipeline Flex™, é um dispositivo entrelaçado com 48 aros de implantação um pouco mais fácil do que a versão anterior. Está disponível em diâmetros de 2,5 mm a 5 mm. Ocasionalmente, a implantação de mola no aneurisma também pode ser necessária para estimular trombose do aneurisma.

Uma estratégia usada no caso de aneurismas rotos é o "subpreenchimento com molas" do aneurisma para tratar o risco de outra ruptura e, então, completar o tratamento com PED quando for seguro usar terapia antiplaquetária dupla.

No caso de aneurismas rotos tipo *blister*, o dispositivo Pipeline tem sido usado com sucesso com a administração de um *bolus* IV de abciximab (0,125 mcg/kg), aproximadamente 10 minutos antes da implantação do dispositivo.[37,38]

Indicações:
- aneurismas de ICA de colo largo ou gigante, do segmento petroso ao hipofisário superior
- atualmente, os pacientes devem ter 22 ou mais anos de idade
- o PED tem sido usado em outros casos que os das indicações estabelecidas, por exemplo, nas artérias MCA, vertebral e basilar[39,40,41]

Contraindicações:
- aneurisma roto (por causa da necessidade de terapia antiplaquetária dupla pré-embolização). Entretanto, tem sido utilizado em aneurismas rotos tipo *blister*[37,38]
- pacientes em quem a terapia antiplaquetária dupla é contraindicada
- pacientes que não tenham recebido terapia antiplaquetária dupla (ASA e clopidrogel) antes do procedimento
- infecção bacteriana ativa
- alergia os metais cobalto, cromo, platina ou tungstênio
- pacientes com *stent* preexistente na artéria portadora, no local alvo do aneurisma (contraindicação relativa)

Tratamento de ruptura aneurismática durante a embolização com molas
- notificar a anestesia: para assistência no tratamento intensivo e no caso de você precisar ir ao pronto-socorro
- reduzir imediatamente a pressão arterial
- insuflar o balão se for uma embolização assistida por balão
- reverter imediatamente a anticoagulação. Administrar 50 mg de protamina (protamina deve sempre estar disponível durante o procedimento)
- não remover a mola que causou a perfuração, continuar implantando-a e continuar com as molas sucessivas de forma rápida
- inserir um dreno ventricular externo (EVD)

102.5.2 Tratamento endovascular do vasospasmo

Informações gerais
Um aneurisma roto precisa ser fixado por embolização ou clipagem, antes da terapia hiperdinâmica ou intervenção endovascular para vasospasmo.

Indicações
Falha da resolução, ou piora dos sintomas de vasospasmo com terapia hiperdinâmica por 12-24 horas.

Pacientes com condições como insuficiência cardíaca congestiva, isquemia cardíaca ou edema pulmonar, que limitam a instituição da terapia hiperdinâmica.[42]

Opções terapêuticas
Além da terapia farmacológica (hiperdinâmica ou triplo H), as opções endovasculares para tratamento de vasospasmo incluem: espasmólise química intra-arterial, utilizando cateterismo seletivo do segmento envolvido, e espasmólise mecânica usando angioplastia.

▶ **Espasmólise química.** Verapamil: fármaco de primeira escolha para espasmólise em muitos centros. Sua vantagem é uma meia-vida relativamente longa (6-12 horas).
Indicações:
- vasospasmo leve a moderado que não justifique angioplastia. Ou quando a angioplastia não pode ser usada com segurança
- vasospasmo consequente à manipulação durante uma intervenção endovascular
- anterior à realização de angioplastia, de modo que a dilatação seja realizada em uma artéria dilatada e relaxada, em vez de uma artéria contraída e relativamente rígida

Dose: 5-10 mg injetados gradualmente (durante 2-10 minutos) através de um microcateter, à medida que o microcateter é retirado do segmento espasmódico. Até 20 mg podem ser administrados em cada árvore arterial. É injetado gradualmente para prevenir uma queda significativa na BP ou bradicardia.

Outros fármacos usados para a espasmólise química incluem: nicardipina, papaverina e nitroglicerina. Similar ao verapamil, a nicardipina tem uma meia-vida relativamente longa (9 horas). A papaverina (< 1 hora) e a nitroglicerina (minutos) são, comparativamente, de curta duração.

▶ **Angioplastia.** Um balão acoplado a um cateter é posicionado no segmento arterial em espasmo. O balão é gradualmente insuflado sob visualização fluoroscópica até a largura desejada (igual ou inferior ao calibre do segmento não espástico adjacente). A taxa de insuflação do balão é ≤ 1 atm/15 s (para "esticar", e não "rachar", o vaso).

Uma combinação de espasmólise química e mecânica também pode ser utilizada, de modo que o segmento espástico seja inicialmente dilatado com o uso de verapamil, seguido pela angioplastia com balão.

Dilatação com balão produz resultados duradouros. Todavia, foi observado que mesmo a espasmólise induzida por verapamil persiste nas angiografias realizadas 48-72 horas após o tratamento.

A angioplastia é realizada sob visualização fluoroscópica direta. Para isso, meio de contraste é misturado com salina normal (relação 50:50 a 2/3-1/3), e a solução resultante é usada para insuflar o balão.

Precauções durante a angioplastia:
• evitar insuflar o balão além do calibre normal do vaso
• insuflar gradualmente a uma taxa ≤ 1 atm/15 s (para "esticar", e não "rachar", o vaso)
• não insuflar o balão além de sua "pressão de rompimento" indicada. Isto pode ser evitado selecionando-se um cateter balão com a largura do vaso em particular e comprimento do segmento em espasmo

▶ **Complicações e tratamento.** Rompimento do vaso. Isto pode ser evitado pela não insuflação do balão além do calibre normal do vaso. Após o rompimento, realizar heparinização terapêutica reversa com a administração de 1 mg de protamina por 100 unidades de heparina (máximo 50 mg). Na emergência, um *bolus* IV rápido de protamina (10 mg por 1-3 minutos) é administrado, em vez de 10-30 minutos, que geralmente é realizado para prevenir hipotensão idiossincrática e sintomas anafilactoides.

Manter o acesso do fio (0,4 mm) no vaso lesionado. Trocar por um cateter balão 1 mm menor e insuflá-lo por cerca de 20 minutos. Após, desinflar e realizar uma angiografia para ver se o sangramento foi controlado. Quando adequado, usar um stent revestido para tratar a perfuração. Se necessário, sacrificar o vaso envolvido com o uso de molas. Com esta abordagem, por exemplo, no segmento M2 da MCA, a complicação de CVA é aceita com o objetivo de salvar a vida do paciente. Além disso, craniotomia descompressiva e evacuação do coágulo podem ser necessárias.

▶ **Dissecção.** Quando pequena, não limitadora do fluxo e sem elevação de retalho da íntima elevado, nenhuma intervenção é necessária. A dissecção pode ser reexaminada após um intervalo para verificar a resolução. Se controlada de forma conservadora, tratar o paciente com aspirina, com ou sem Plavix.

No caso de uma dissecção significativa, inserir um stent no segmento afetado e tratar o paciente com ASA e plavix. Uma dose oral diária de 75 mg de plavix geralmente é administrada durante um mês, enquanto a ASA é continuada indefinitivamente.

▶ **Complicações tromboembólicas.** Um trombo causado pelo equipamento, lesão vascular, estagnação sanguínea ou heparinização inadequada é visualizado como um defeito de enchimento na angiografia controle. Geralmente, este problema pode ser facilmente controlado pela administração de um *bolus* de 0,25 mg/kg de abciximab IV por 12 horas. Repetir a angiografia 15 minutos após o início do abciximab. Se o trombo persistir, uma angioplastia pode ser realizada para achatar o trombo contra a parede do vaso. Uma vez restaurado o fluxo sanguíneo, suas propriedades líticas, bem como o abciximab, podem resolver o trombo. Outra opção é a implantação de um *stent* para restaurar o lúmen e o fluxo sanguíneo.

▶ **ICH.** Pode ocorrer secundário a causas como lesão vascular, sangramento em uma prévia área de infarto, hiperperfusão em uma área previamente comprometida ou hipertensão. Quando detectada, descontinuar e reverter a heparinização usando protamina. Acompanhar o paciente de perto. Uma craniotomia descompressiva ou craniectomia pode ser necessária se a hemorragia for significativa.

▶ **Vigilância e acompanhamento.** Além da monitorização diligente na NICU, o progresso ou resolução do vasoespasmo também pode ser avaliado por TCDs seriadas. Dependendo da extensão da disponibilidade, essas TCDs podem ser diárias, em dias alternados ou, no mínimo, bissemanais (p. ex., todas as segundas e quintas-feiras). As TCDs podem ser descontinuadas quando a resolução do vasoespasmo for aparente clínica e radiologicamente.

A angiografia pode ser repetida aproximadamente 3 dias após a intervenção inicial, ou quando houver uma mudança significativa indicando piora do vasoespasmo. Não precisa ser repetida se o paciente estiver melhorando. Alternativamente, uma CTA pode ser usada para vigilância. Durante a vigilância angiográfica, tratamentos adicionais com espasmólise química e/ou angioplastia com balão podem ser considerados. Portanto, iniciar com uma bainha mais larga (geralmente 6 Fr) para possibilitar a intervenção.

Normalmente, o paciente permanecerá na NICU por aproximadamente 10-14 dias, considerando que o vasoespasmo é máximo em 7-8 dias e geralmente se resolve em 14 dias.[43,44,45,46]

102.5.3 Malformação arteriovenosa

Indicações para intervenção endovascular

- a forma mais comum de intervenção endovascular para AVM é a embolização pré-operatória para facilitar a ressecção cirúrgica da AVM
- presença de lesões associadas, por exemplo, aneurisma ou pseudoaneurisma no pedículo nutridor ou *nidus*, trombose venosa, restrição do efluxo venoso, bolsas ou dilatações venosas
- uma AVM pequena cirurgicamente inacessível, ou quando a cirurgia apresenta um alto risco de morbidade e mortalidade. Embolização curativa de AVM é rara e limitada a lesões pequenas com angioarquitetura simples. A AVM pequena cirurgicamente inacessível também pode ser tratada com radiocirurgia, a qual tem um melhor histórico do que as tentativas de embolização curativa de AVM.
- como um tratamento paliativo em uma AVM que não é completamente tratável por qualquer abordagem ou abordagens combinadas, em razão da localização e/ou morfologia difusa, mas que seja sintomática. Usar com cuidado: dados sugerem que embolização parcial de AVMs complexas pode aumentar a taxa de ruptura e piorar o prognóstico

Embolização de AVM

Pode ser realiza usando diversos agentes (ou combinações destes).

Os agentes incluem molas, Onyx, NBCA e PVA.

▶ **Molas.** Estas podem ser usadas para fechar um vaso que abastece a AVM, uma bolsa de AVM ou aneurismas em artérias associadas à AVM. No entanto, não pode ser confiada para obliterar completamente o nidus do AVM, ou resultar em cura.

▶ **Onyx™.** Um agente embólico líquido "tipo lava" – copolímeros de etileno e álcool vinílico (EVOH); etileno e álcool vinílico dissolvido em dimetilsulfóxido (DMSO) com tântalo micronizado (para radiopacidade) – que solidifica através do processo de precipitação que é iniciado quando entra em contato com uma solução aquosa (p. ex., sangue, fluidos corporais, salina normal, água) para formar um molde. Não um adesivo. Dentre todos os agentes atualmente disponíveis, tem a melhor e mais controlada penetração no nidus da AVM. Portanto, o Onyx tem a maior probabilidade de alcançar a cura completa. A taxa de cura completa com o tratamento isolado com Onyx é, possivelmente, de 20-51% dos pacientes altamente selecionados.[47,48,49] Vendido em ampolas pré-misturadas prontas para uso de Onyx-18, Onyx-34 e Onyx-500, em que o número (p. ex., 18 para Onyx-18) corresponde à viscosidade nominal (medida em *centistokes*), que o fabricante controla alterando a concentração de EVOH. Antes do uso, o produto deve ser agitado em um misturador por pelo menos 20 minutos. Números mais altos indicam maior viscosidade. Onyx 18 é o mais usado, Onyx 34 é usado para AVMs de fluxo muito alto, enquanto que o Onyx 500 é usado para embolização de aneurismas.

Onyx é usado com microcateteres compatíveis com DMSO (*marathon, echelon, rebar, ultra flow*), que foram tratados com, aproximadamente, 0,3 a 0,8 mL de DMSO (de acordo com o espaço morto do microcateter), injetado lentamente através do microcateter antes de injetar o Onyx. Isso é realizado para eliminar qualquer contraste, salina ou sangue no interior do microcateter, o qual causaria a solidificação do Onyx no cateter. A ponta do microcateter é colocada em um ramo arterial abastecendo a AVM, o mais próximo possível do *nidus*. A confirmação de que o ramo está abastecendo exclusivamente a AVM é realizada com angiografia através do microcateter. O microcateter é, então, tratado com DMSO e a embolização com Onyx iniciada sob fluoroscopia. O Onyx é visível em razão do pó tântalo misturado. É injetado lenta e continuamente, evitando o uso de força, pois isto causaria o refluxo do Onyx, em vez do avanço do fluxo, e fecharia prematuramente o acesso ao *nidus*. Não mais do que um 1 cm de refluxo de Onyx deve ser permitido no microcateter, pois isto dificultaria a remoção posterior do cateter e poderia causar complicações desastrosas. Se refluxo for observado, esperar 1-2 minutos e, então, continuar com a injeção. O Onyx já depositado formará um tampão em torno do microcateter, fazendo com que o novo depósito de Onyx flua de forma anterógrada. A injeção é interrompida quando apenas o refluxo de Onyx é observado, e não o fluxo para o interior do *nidus*. Cuidado para evitar-se que o Onyx flua para o interior do seio ou veia de drenagem principal, especialmente antes que todo o suprimento arterial seja interrompido. O conceito é o mesmo que na remoção cirúrgica de AVMs, em que veias de drenagem maiores são ocluídas somente após eliminar o suprimento arterial da AVM. Caso contrário, o resultado é o mesmo que a da hipertensão

102

1590 Procedimentos, Intervenções, Cirurgias

venosa, resultando em ruptura da AVM e ICH catastrófica. No caso de uma AVM grande, é melhor realizar o procedimento em etapas, abordando uma árvore arterial de cada vez.

Tratamento intravenoso ou IV combinado, e embolização IA da AVM têm sido realizado em um grupo selecionado de AVMs pequenas e profundas, com uma única drenagem profunda.[50]

▶ **NBCA.** N-butil-cianoacrilato é um agente embólico que é uma cola que rapidamente se solidifica quando entra em contato com o sangue. Desde a introdução do Onyx, seu uso diminuiu consideravelmente em razão das desvantagens de tempo de trabalho muito curto, maior risco de embolização em seios venosos e aderência aos cateteres, provocando sua extração após a dificuldade de embolização. Tal aderência pode causar fraturas inadvertidas por cateter com retenção de corpo estranho, ou sangramentos intracranianos.

▶ **PVA.** Partículas de álcool polivinílico (PVA) estão disponíveis em tamanhos de 500 a 1.000 mcm. Embora possa ser útil na desvascularização temporária de uma AVM, p. ex. na preparação de craniotomia e ressecção cirúrgica da AVM, o tratamento endovascular isolado com PVA não é durável.

Tratamento pós-operatório

Instruções pós-operatórias:
- internar o paciente na NSICU
- manter reta a perna do lado usado para o procedimento por 2 h (no caso de fechamento com angioseal) ou 6-8 horas (caso compressão manual tenha sido aplicada), com elevação de 15° da HOB
- heparinização pós-procedimento não é necessária com AVMs, pois a maioria dos eventos isquêmicos ocorre durante o procedimento e está relacionada com a passagem de materiais embólicos nos vasos sanguíneos normais[11]
- verificar a região inguinal, DPs, sinais vitais e realizar testes neurológicos a cada 15 min × 4, a cada 30 min × 4 e, então, de hora em hora
- manter uma hipotensão leve por 12-72 horas, especialmente no caso de AVMs maiores, e monitorizar o paciente para interrupção da pressão de perfusão através do sangramento, convulsões e outras possíveis complicações
- revisar/reiniciar os medicamentos pré-procedimento (adiar a metformina para 48 horas após a intervenção; adiar todos os hipoglicêmicos orais até que uma ingestão PO adequada seja estabelecida)[51]

Acompanhamento:
- consulta em 4 semanas
- angiografia de acompanhamento em 3 meses. No caso de embolização de AVM em etapas, o intervalo entre as sessões fica à critério do neurocirurgião endovascular, por exemplo, intervalos de 1-4 semanas

102.5.4 Fístulas arteriovenosas durais (DAVF)

Informações gerais

Estas são *shunts* arteriovenosos diretos anormais nos folhetos da dura-máter.

Classificação

Existem várias classificações da DAVF. Borden (p. 1252) e Cognard (p. 1252) estão entre as utilizadas com maior frequência.

Indicações para intervenção endovascular

- DAVFs com características "agressivas" (▶ Quadro 102.3) são sempre consideradas para tratamento. Em razão da alta taxa de mortalidade anual (10,4%) e taxa de hemorragia anual (8,1%), o tratamento deve ser rápido[52]

Quadro 102.3 Diferenciando DAVF agressiva de DAVF benigna

Sintomas "agressivos"	Sintomas "benignos"
• Refluxo venoso cortical (CVR): o marco de uma DAVF agressiva • Hemorragia intracerebral • Déficit neurológico focal • Demência • Papiledema • Pressão intraocular elevada	• Sopro pulsátil • Congestão orbitária (sem aumento da pressão intraocular) • Paralisia de nervos cranianos • Cefaleias crônicas

Neurocirurgia Endovascular   1591

- DAVF com achados angiográficos, incluindo:
  - injeção seletiva de meio de contraste na ICA ou VA demonstrando tempo de circulação cerebral tardio. Isto é um sinal de encefalopatia venosa congestiva
  - padrão pseudoflebítico: superfície cerebral demonstrando veias colaterais tortuosas e dilatadas na fase venosa da angiografia. Este achado está associado a maior risco de hemorragia ou de déficit neurológico não hemorrágico
  - refluxo venoso cortical (CVR). Para garantir que esta condição seja detectada, sempre realizar angiografia seletiva (em vez de angiografia global não seletiva) durante a avaliação de DAVF. Obstrução ou estenose venosa é comumente encontrada em pacientes com CVR

Se uma DAVF for encontrada, procurar por fístulas adicionais, visto que são múltiplas em até 8%.

Aquelas com características "benignas" (ver ▶ Quadro 102.3) podem ser consideradas para tratamento quando os sintomas estiverem causando considerável desconforto ao paciente, ou quando forem angiograficamente progressivos. Em muitos casos, o tratamento é paliativo, ou seja, os sintomas são reduzidos, porém, a fístula não é completamente obliterada. O acompanhamento do tipo benigno de DAVF deve continuar a ser feito, mesmo quando o tratamento não for indicado devido ao risco de conversão para uma forma mais agressiva com CVR. O seguimento pode ser clínico, com avaliação radiológica para qualquer alteração nos sintomas. Um protocolo sugerido é o da realização anual de MRA com gadolínio, com angiografia por cateter convencional de acompanhamento aos 3 anos. Se houver qualquer alteração na condição clínica do paciente, seja piora, melhora ou resolução dos sintomas, realizar uma angiografia padrão para avaliar a presença de CVR.

DAVF assintomática geralmente pode ser acompanhada.

Contraindicações à intervenção endovascular

A maioria das contraindicações é relativa, e uma avaliação risco/benefício é realizada caso a caso:
- testes provocativos demonstrando intolerância à oclusão
- recente cirurgia de grande porte
- gravidez
- contraindicação a anticoagulantes e/ou trombolíticos
- *NBCA* não deve ser usado naqueles com alergia a cianoacrilato, etiodol ou iodo. Pré-medicação naqueles com alergias a iodo é uma consideração
- *PVA* não deve ser usado como uma opção terapêutica (a menos nos casos de epistaxe). Geralmente é indicado para desvascularização pré-cirúrgica da lesão

Embolização de DAVF

A abordagem pode ser transarterial, transvenosa ou uma combinação. Quando adequada, uma abordagem transvenosa é preferível, visto que a probabilidade de obliteração venosa é maior através da via venosa. Muito raramente, é possível acessar o lado venoso a partir da via arterial, pois existe uma grande conexão entre a artéria dural e a veia adjacente, por exemplo, na DAVF traumática. Isto geralmente não é possível na DAVF espontânea, pois a artéria nutridora é muito pequena.

Na via transvenosa, considerar o possível resultado de oclusão venosa, por exemplo, infarto venoso, se o seio sendo ocluído também for a principal fonte de drenagem para as veias normais. Nesta situação, considerar a oclusão altamente seletiva, que preservará a drenagem normal. Alternativamente, em vez de realizar uma oclusão completa, considerar um tratamento apenas parcial de modo que o CVR seja eliminado, convertendo a fístula no tipo benigno Borden tipo I.

Ao usar a via venosa, confirme que o canal venoso não seja fino (p. ex., DAVF aguda), tornando-o propenso à ruptura durante a manipulação. As paredes venosas se tornam mais resistentes quando a fístula já está presente por algum tempo.

▶ **Molas.** Medir a largura máxima do sítio fistuloso a ser ocluído e selecionar as molas de tamanho apropriado. Depositar o máximo possível de molas para ocluir a fístula.

Ocasionalmente, uma estratégia "combinada" pode ser utilizada, onde as molas são, inicialmente, depositadas para desacelerar o rápido fluxo sanguíneo pela fístula, seguido pela oclusão com o uso de um agente embólico líquido. Se este tratamento for usado, iniciar com, ou mudar para, um microcateter compatível com o agente embólico líquido.

▶ **Onyx.** Durante a embolização transarterial com agentes embólicos líquidos, insira o cateter o mais próximo possível da fístula. Esta técnica de deposição é a mesma que para a AVM (ver acima). É importante interromper a conexão fistulosa para alcançar a cura. O Onyx deve penetrar na face venosa da DAVF.

102.5.5 Fístulas carótido-cavernosas (CCF)

Informações gerais

A CCF é classificada como direta e indireta. O tipo direto geralmente é pós-traumático e um *shunt* único de alto fluxo entre a ICA e o seio cavernoso. O tipo indireto é um baixo fluxo a partir dos ramos meníngeos. A sessão abaixo descreve o tratamento do tipo direto.

Indicações para intervenção endovascular

Fístulas diretas normalmente requerem tratamento, visto que, frequentemente, não se resolvem espontaneamente. Outras indicações: exposição corneana, diplopia, proptose, sopros intoleráveis ou cefaleias.

Momento do tratamento

Se o paciente estiver estável, o tratamento pode, geralmente, ser realizado após alguns dias do diagnóstico (isto é, o tratamento não precisa ser de emergência).

Indicações para tratamento de emergência: ICH, epistaxe, IOP elevada, acuidade visual reduzida, proptose rapidamente progressiva, isquemia cerebral e aumento do aneurisma traumático além do seio cavernoso.

Embolização de CCF

A meta do tratamento é eliminar a fístula.

Uma angiografia é realizada para identificar o tamanho e a localização exata da fístula, e sua drenagem venosa. Para analisar o alto fluxo, considerar uma angiografia a 7,5 fps, em vez da usual 2-4 fps. Além da CCF, procurar também por lesões/anomalias vasculares.

Cateterismo seletivo das ECAs e ICAs é realizado para avaliar a contribuição dessas artérias à CCF. Angiografia também é realizada após compressão manual da CCA no lado da fístula, para avaliar melhor o fluxo cruzado do lado contralateral. A compressão digital irá atenuar o alto fluxo sanguíneo para a fístula, permitindo sua visualização. Não comprimir ambas as carótidas simultaneamente.

Angiografia rotacional com reconstrução 3D pode ser realizada para estudar a fístula e selecionar as incidências apropriadas de trabalho para a intervenção. É importante estar ciente do envolvimento venoso, incluindo os seios cavernosos, veias oftálmicas superiores e inferiores, seio esfenoparietal, seios petrosos superiores e inferiores e os plexos pterigoides.

As seguintes vias podem ser utilizadas parar tratar CCF: transarterial, transvenosa; e também a veia oftálmica superior (quando as vias convencionais não estiverem disponíveis). Outras indicações: exposição corneana, proptose, sopros intoleráveis ou cefaleias.[53]

▶ **Molas.** Atualmente, o método de escolha na embolização transarterial com molas da CCF. Com o uso da tecnologia *roadmapping*, o microcateter é avançado sobre o microfio-guia para o interior do seio cavernoso através da fístula. Isso pode necessitar de algum esforço. As molas são, então, implantadas e destacadas, como previamente descritas para aneurismas. Angiografia é realizada periodicamente com a colocação de molas adicionais, até que o seio cavernoso (CS) esteja completamente ocluído. Oclusão completa é indicada pela ausência de meio de contraste entrando no CS.

▶ **Onyx.** Consultar a seção de AVM (p. 1589) para detalhes com relação ao seu uso. No caso de uma fístula de alto fluxo, antes da deposição do Onyx, pode ser aconselhável, inicialmente, depositar molas no CS para desacelerar o fluxo sanguíneo. Isso irá prevenir embolização inadvertida do Onyx no interior dos seios e veias de drenagem. Um balão pode ser insuflado no interior da ICA portadora para protegê-las à medida que o Onyx é injetado no seio cavernoso.

▶ **NBCA.** NBCA deve ser usado com muita cautela, preferencialmente após a desaceleração do fluxo na CCF, a fim de prevenir deposição adversa nos seios venosos.

Também existem um potencial de refluxo para dentro da artéria carótida, o que poderia causar um CVA. Isto pode particularmente ocorrer quando o fechamento da CCF está quase completo e o gradiente de pressão entre a artéria carótida e o CS é reduzido. Tal como com o Onyx, um balão pode ser insuflado na artéria portadora para protegê-la.

Neurocirurgia Endovascular **1593**

▶ Balões destacáveis. Balões eram inicialmente utilizados com sucesso para o tratamento endovascular de CCF, e ainda estão disponíveis fora dos EUA; no entanto, estes balões não estão mais disponíveis nos EUA devido às questões técnicas relacionadas com o destacamento prematuro e deflação ao longo do tempo.

▶ Oclusão com molas da ICA. O tratamento desejável para CCF é a oclusão da própria fístula, resultando, essencialmente, na reconstrução da ICA. Frequentemente, isto não é possível. Se a CCF não for sensível ao tratamento por qualquer outra via, o sacrifício da ICA envolvida é uma opção, especialmente se um suprimento satisfatório proveniente da ICA contralateral, via artéria comunicante anterior e/ou via comunicantes posteriores, tiver sido confirmado.

Tratamento pós-operatório e acompanhamento

Solicitações pós-operatórias:
- internar o paciente na NSICU para observação durante a noite. Estadia adicional na ICU dependerá da condição clínica do paciente
- consultar ou providenciar seguimento com cirurgia oftálmica
- NS 0,9% + 20 meq KCl a 150 cc/h a 2 horas e, então, diminuir para 100 cc/h se o paciente não puder ingerir nada por via oral durante a noite. Depois, avançar a dieta conforme tolerado
- manter estendida a perna que foi usada para o procedimento por 2 h no caso de fechamento com Angioseal, ou por 6-8 horas quando compressão manual tenha sido aplicada. A HOB pode ser elevada em 15°, por exemplo, um travesseiro debaixo da cabeça
- verificar a região inguinal, DPs, sinais vitais e realizar testes neurológicos a cada 15 min × 4, a cada 30 min × 4 e, então, de hora em hora
- revisar/reiniciar os medicamentos pré-procedimento (adiar a metformina para 48 horas após a intervenção; adiar todos os hipoglicêmicos orais até que uma ingestão PO adequada seja confirmada)[51]

Acompanhamento:
- alta hospitalar na manhã seguinte após preparo. Na ausência de complicações/outras questões médicas necessitando de hospitalização
- acompanhamento ambulatorial em 4 semanas
- acompanhamento com angiografia em 3 meses

102.5.6 Fístulas vertebrojugulares (VJF)

Etiologias
- iatrogênica, por exemplo, durante angiografia ou cirurgia de coluna vertebral, manipulação quiroprática, injeção para bloqueio de nervo ou radioterapia[54,55]
- traumatismo, por exemplo, lesão penetrante, ou GSW
- vasculite

Tratamento endovascular da VJF

▶ Implante de stent. Um *stent* recoberto com politetrafluoretileno (PTFE), por exemplo, Jostent, pode ser usado para cobrir os óstios da fístula.[54]

▶ Oclusão com molas. Na presença de um fluxo sanguíneo adequado na artéria vertebral saudável contralateral, a artéria fistulosa pode ser ocluída com molas.[56] Certificar-se de que a parede arterial com a conexão fistulosa faça parte do segmento ocluído.

▶ Oclusão com NBCA. A oclusão com NBCA raramente é realizada quando a oclusão por implante de *stent* ou com molas não é possível.[57] Onyx também pode ser usado de forma similar.

102.5.7 Dissecção de carótida

Informações gerais
Ver informações gerais (p. 1324).

Características angiográficas

Estenose luminal (65%), oclusão (28%), pseudoaneurisma (28%), irregularidade luminal (13%), oclusão embólica do segmento distal (13%), lesão da íntima (12%) e fluxo ICA-MCA lento (11%).[58]

Tratamento

O tratamento inicial na ausência de ICH é a administração intravenosa de heparina por 7 dias, seguida por varfarina.[59] O aPTT alvo com heparina é de 1,5-2,0 vezes o valor controle (50-80 s). Varfarina é continuada por 3-6 meses, com um INR alvo variando de 2 a 3. Se anticoagulação for contraindicada, a terapia antiplaquetária é uma opção. Em mulheres grávidas, obter uma consulta obstétrica antes de iniciar a anticoagulação ou terapia antiplaquetária.

Indicações para intervenção endovascular

- sintomas isquêmicos persistentes, apesar da terapia anticoagulante
- lesões limitadoras do fluxo com comprometimento hemodinâmico

Contraindicações à anticoagulação e/ou terapia antiplaquetária

- risco iminente de CVA
- formação expansiva de pseudoaneurisma
- dissecção iatrogênica durante o procedimento endovascular quando o comprometimento de fluxo for aparente

Implante de *stent* com/sem embolização com molas

O tratamento endovascular da dissecção de carótida é o implante de *stent*. Em casos de lesão da íntima (retalho), o *stent* posicionará o retalho de volta na parede arterial. Pseudoaneurismas também são ocluídos com sucesso com a implantação de *stent*. *Stents* revestidos ou não revestidos são usados com sucesso.[60] JoStent é um *stent* recoberto com PTFE que está disponível nos EUA. Um *stent* recoberto com veia também foi utilizado.[61]

No caso de um pseudoaneurisma que continua a exibir enchimento residual significativo após a implantação de *stent*, a embolização com molas do pseudoaneurisma causará oclusão.[60]

Após o implante de *stent*, o paciente continua com a terapia antiplaquetária dupla (ASA + Plavix) por pelo menos um mês, e com a ASA isolada indefinitivamente.

Acompanhamento

Deve-se realizar acompanhamento em pacientes tratados com varfarina (p. ex., "Coumadin clinic").

Exame de acompanhamento em 3-6 meses, podendo ser CTA, ultrassonografia Doppler ou angiografia por cateter.

102.5.8 Estenose da artéria subclávia

Informações gerais

Estenose radiograficamente demonstrável da artéria subclávia ou inominada está presente em aproximadamente 17%. Destas, 2,5% apresentam reversão do fluxo angiográfico na artéria vertebral. Apenas 5,3% daquelas com roubo angiográfico apresentam sintomas neurológicos.[62]

▶ **Sintomas.** Os 5 sintomas da VBI, ou seja, diplopia, disartria, visão deficiente, tontura e crises de queda. Outros sintomas incluem cefaleia, nistagmo, perda auditiva e convulsões focais.[63,64]

A estenose arterial é proximal à origem da VA. Os sintomas são induzidos por exercícios ou esforços usando o braço ipsolateral a estenose. A maior demanda de fluxo provocada pelo esforço resulta em fluxo sanguíneo retrógrado à VA. Os sintomas neurológicos podem ser causados por uma isquemia de tronco cerebral contínua ou, mais comumente, em razão de exercícios ou esforços com o braço ipsolateral.[65]

Indicações para intervenção endovascular

Estenose sintomática da artéria subclávia, ou seja, estenose resultando na síndrome do roubo subclávio.

Intervenção Endovascular

Esta inclui angioplastia e implante de *stents*. Um balão acoplado a um cateter, por exemplo, Express LD, pode ser usado, visto que o stent é implantado simultaneamente à angioplastia.[66] No entanto, se a estenose for particularmente grave (p. ex., < 2 mm), uma pré-dilatação pode ser realizada com o uso de um balão menor para alcançar um calibre de 4 mm no sítio da estenose. Fluxo sanguíneo anterógrado normal é restaurado após uma angioplastia e implante de *stent* bem-sucedido.

Tratamento pós-operatório

O paciente é monitorado, no mínimo, por uma noite na NSICU.

Após o implante do *stent*, o paciente permanece com a terapia antiplaquetária dupla (ASA + Plavix) por pelo menos 1 mês, e com a terapia isolada com ASA indefinidamente.

Exame de acompanhamento em 3-6 meses, podendo ser CTA, ultrassonografia Doppler ou angiografia por cateter.

Complicações da angioplastia e implante de *stent*

A frequência de complicações é de 17,8% (de 73 procedimentos) para angioplastia de artéria inominada e VA, e implante de *stent*. Estas incluem sangramento no sítio de acesso e embolização distal.[67]

102.5.9 CVA isquêmico

tPA IV

O tempo-alvo para a administração IV de tPA ("tempo porta-agulha") é de até 60 minutos, contado a partir do momento de chegada ao hospital. Todavia, se o paciente não possuir nenhuma contraindicação, o tPA IV pode ser administrado em até 4,5 horas após o início dos sintomas.[68]

Dose: 0,9 mg/kg (máx. 90 mg), com 10% da dose administrada em *bolus* por 1 minuto, e o restante infundido por 60 minutos.

Intervenção endovascular

Informações gerais

Estudos recentes estabeleceram a eficácia e segurança relativa da intervenção endovascular. Estes ensaios favorecem a intervenção endovascular rápida no CVA isquêmico agudo com oclusão venosa proximal, no infarto central pequeno, e na circulação colateral moderada a boa.[69,70,71,72]

Indicações e seleção de caso para intervenção endovascular

tPA intra-arterial pode ser indicado para as seguintes situações:
- sintomas persistentes de CVA, apesar da administração IV de tPA e controle médico adequado
- quando a angiografia pode ser realizada e o tratamento administrado em 3 e 6 horas após o início dos sintomas, com um escore NIHSS superior a 4, ou aqueles com um escore NIHSS superior a 20 e possibilidade de serem tratados em até 6 horas
- CVAs de circulação posterior podem ser tratados por via endovascular em até 24 horas (devido à menor probabilidade de conversão hemorrágica do infarto)
- CTA ou MRA demonstrando um desequilíbrio da relação difusão/perfusão. Diante de uma penumbra significativa, pode ser vantajoso realizar uma intervenção endovascular mesmo fora da janela terapêutica. Por outro lado, a intervenção pode ser abandonada, mesmo dentro da janela terapêutica, se o CVA for completo. Centros estão se baseando cada vez mais na neuroimagem, em vez da janela terapêutica
- quando o tPA IV for contraindicado, por exemplo cirurgia recente

Contraindicações à intervenção

A maioria das contraindicações é relativa e deve ser pesado contra o risco de não intervir. Estas contraindicações incluem:
- infarto hemorrágico ou ICH
- CT demonstrando hipodensidade ou efeito de massa compatível com uma evolução do infarto de mais de um terço do território da artéria cerebral média
- recente cirurgia de grande porte
- gravidez
- quando o implante de stent for considerado, contraindicação a anticoagulantes e/ou trombolíticos

Tratamento pré-procedimento

Este pode ser realizado sob a supervisão de um neurologista especialista em CVA, ou do neurocirurgião. Garantir o seguinte:
- rápida transferência do paciente para um centro/unidade de CVA com recursos endovasculares
- verificação do ABC é prioridade

- garantir que o paciente tenha dois acessos venosos, preferencialmente de calibre 18 ou maior. Iniciar monitorando a BP, oximetria de pulso, ECG, saturação de O_2, frequência e ritmo cardíaco e a frequência respiratória. Inserir um cateter de Foley
- verificar os valores laboratoriais, incluindo contagem de plaquetas, BUN, CR, APIT, PT/INR. β-HCG em mulheres em idade reprodutiva
- manter a MAP ≥ 90 mmHg
- CT do crânio: para descartar ICH
- CTA: para avaliar a localização do coágulo (sinal da artéria hiperdensa (p. 1281)) e tortuosidade vascular
- MRI do crânio (casos selecionados)
- quando disponíveis e possíveis de serem realizados sem atraso, exames de perfusão, por exemplo CTP ou MRP. Estes exames de perfusão demonstrarão o cérebro viável (penumbra) *versus* o CVA completo
- nos centros em que essas técnicas estão disponíveis, a CT, CTA e CTP são realizadas durante a mesma sessão
- esteja ciente da presença de insuficiência renal, diabetes, insuficiência cardíaca congestiva etc., casos em que se deve considerar o uso de meio de contraste não iônico diluído e um pré-planejamento cuidadoso, para manter a carga de contraste a um mínimo
- se o paciente não estiver respondendo ao tPA IV, ou se este for contraindicado, a intervenção endovascular deve ser considerada
- o objetivo da intervenção é restabelecer a circulação o mais rápido possível

Técnicas

▶ **Stent riever.** Em decorrência da maior taxa de sucesso, Stentriever se tornou o método de primeira escolha para remoção de coágulo no CVA isquêmico. A taxa de recanalização é de 88,8-100%.[73,74,75,76] Os dois dispositivos atualmente disponíveis nos EUA são o Solitaire e o Trevo. Uma bainha de 7 ou 8 Fr é colocada na artéria femoral, através da qual um cateter balão é posicionado na ICA (no caso de CVAs de circulação anterior). Angiografia é realizada para identificar o sítio de oclusão. Com o uso de fluoroscopia e *roadmapping*, um microcateter é avançado no sítio de oclusão sobre um micro fio-guia. O micro fio-guia é removido e o Stentriever avançado através do microcateter, estendendo-se proximal e distalmente ao coágulo. O Stentriever é desembainhado com a retração do cateter. O primeiro é mantido no local. O Stentriever se expande para seu tamanho real, resultando em restauração do fluxo na artéria ocluída. Após 5 minutos, o balão no cateter-guia é insuflado para bloquear o fluxo sanguíneo. Mantendo uma aspiração suave sobre o cateter-guia, o Stentriever e o microcateter são retraídos simultaneamente. Quando o microcateter e o Stentriever estiverem dentro do cateter guia, uma aspiração vigorosa é aplicada à medida que os dois dispositivos são retraídos simultaneamente e removidos do paciente. Angiografia é realizada para confirmar a reconstituição da circulação.

Alguns cirurgiões administram uma pequena quantidade de tPA intra-arterial, que age como um "removedor" após a trombólise mecânica, removendo possíveis debris distais.

Perfuração vascular durante a remoção do Stentriever foi relatada.[77]

▶ **Aspiração com o sistema Penumbra.** Até a introdução do Stentriever, o sistema Penumbra exibia a maior taxa de recanalização. Uma taxa de recanalização > 80% é citada na literatura.[78,79]

Este dispositivo inclui um microcateter que é avançado sobre um microfio-guia através do cateter guia posicionado. A ponta do microcateter é posicionada adjacente à face proximal do coágulo. Um separador é avançado através do microcateter que, por sua vez, é movido para trás e para frente até romper o coágulo. A extremidade proximal do microcateter é conectada a uma bomba de aspiração, que é ligada para aspirar os fragmentos do coágulo.

Ao contrário do Stentriever, que afeta a recanalização em poucos minutos, o sistema de aspiração Penumbra demora mais tempo, com um tempo médio de 49 minutos.[80] Seu uso é confinado a segmentos arteriais retos em razão do risco de perfuração vascular pelo separador.

▶ **tPA intra-arterial.** Esta pode ser a técnica endovascular mais simples a ser realizada, quando comparada às técnicas acima. No entanto, por si só, embora as taxas de recanalização sejam bem maiores do que no tPA IV, são inferiores às técnicas mecânicas mencionadas acima.[81,82] Atualmente, o tPA intra-arterial é usado em conjunto com outras técnicas no CVA isquêmico.

Além das técnicas acima, outras técnicas de extração de trombo também foram empregadas com resultados mistos, incluindo: aspiração com uma seringa simples acoplada a um microcateter, uso de laços, angioplastia no sítio do trombo, implante de *stent*, etc.

102.5.10 Trombose dos seios intracranianos

Informações gerais

Ver também Trombose venosa cerebrovascular (p. 1308).

Hidratação com fluidos IV a anticoagulação IV fazem parte do tratamento inicial da trombose dos seios intracranianos (CST). Antes de iniciar o tratamento, sangue é coletado para testes de hipercoagulopatia.

Indicações para intervenção endovascular

- sintomas isquêmicos persistentes, apesar da terapia anticoagulante
- contraindicação à anticoagulação e/ou terapia antiplaquetária, incluindo infarto hemorrágico[83]
- risco iminente de CVA

Tratamento endovascular

Trombólise química: um cateter pode ser progredido até o seio envolvido, ou próximo a ele, através da veia femoral. A vantagem da administração local é que uma maior quantidade de tPA alcança o coágulo, quando comparado à administração sistêmica através de uma veia periférica. Geralmente, 2-5 mg são administrados no trombo e, então, uma infusão iniciada a uma taxa de 1 mg/h, normalmente por 12 horas. Se a carga embólica ainda for visível na angiografia, a infusão pode ser continuada por mais tempo, até que a resolução do coágulo.

Para a CST, a infusão pode ser preparada em uma concentração de 1 mg/10 mL (0,1 mg/mL), para uma taxa de 10 mL/h.

Trombólise mecânica: similar ao CVA embólico arterial. Dispositivos como o Stentriever ou Penumbra podem ser usados para a extração do coágulo. Além disso, dispositivos destinados a outros sítios, por exemplo extração de coágulo da fístula de diálise, também foram usados nos seios intracranianos.[83] O desafio durante a intervenção endovascular é a navegação através da junção dos seios sigmoide-transverso, especialmente quando cateteres mais volumosos são utilizados, por exemplo Angiojet.

102.5.11 Embolização de tumor

Indicações

Desvascularização pré-operatória de tumores vasculares, incluindo

- meningiomas: a embolização de meningiomas é local-específica, tamanho-dependente, instituição-dependente e, potencialmente, controversa. Pode ser mais adequada para grandes meningiomas de convexidade hipervascular. Geralmente realizada 24 horas a 1 semana antes da cirurgia. A desvascularização causa redução na perda sanguínea intraoperatória, e a necrose resultante geralmente torna o tumor mais macio e mais fácil de ser removido. No entanto, inchaço do tumor pode ocorrer e, ocasionalmente, uma craniotomia de emergência pode ser necessária
- hemangiopericitomas
- angiofibromas nasofaríngeos juvenis
- tumores do glomo jugular
- hemangioblastomas
- metástases vasculares

Técnica

Uma bainha é colocada na artéria femoral e um cateter guia é posicionado o mais próximo possível dos vasos de interesse, por exemplo, no caso de um meningioma, a ponta do cateter-guia é posicionada na ECA proximal. Angiografia e *roadmapping* são realizados através do cateter guia. Com o uso de fluoroscopia e *roadmapping*, um microcateter é avançado sobre o fio-guia até os ramos que abastecem o tumor. Angiografia é realizada através do microcateter para confirmar a irrigação do tumor pelo ramo e garantir a ausência de vasos colaterais na circulação intracraniana. Um *roadmapping* em branco é obtido e a embolização iniciada. Partículas de PVA são mais baratas e mais práticas para o uso na embolização de tumor. No entanto, a desvascularização não é durável e os vasos ocluídos podem recanalizar; portanto, com o PVA, a cirurgia deve ser realizada dentro de um período de alguns dias da embolização.

102.5.12 Angiografia intraoperatória

Geralmente usada na cirurgia de aneurisma para confirmar exclusão do aneurisma na circulação e para verificar a patência dos vasos adjacentes críticos, e durante a cirurgia de AVM para confirmar total eliminação do *nidus*.

1. uso de meio de contraste iodado tradicional e fluoroscopia. Requer o uso do suporte de Rosomoff radiotransparente. Tipicamente, a bainha introdutora é colocada na artéria femoral, no momento da angiografia pré-operatória inicial, e mantida no local para uso intraoperatório
2. indocianina verde (ICG):[84,85] pode ser visualizada com luz normal ou, ocasionalmente, quando iluminada com infravermelho próximo. O uso é limitado aos vasos superficiais. Pode ser menos confiável com aneurismas gigantes ou de colo largo, ou com aterosclerose de parede espessa

102.5.13 Epistaxe refratária

Indicações

Epistaxe que não respondeu ao tratamento, incluindo compressão manual, tamponamento nasal, vasoconstritores locais, cauterização endoscópica ou ligadura cirúrgica das artérias esfenopalatinas.

Tratamento pré-operatório

Verificar valores laboratoriais, incluindo: contagem de plaquetas, BUN, CR, APTT, PT/INR, e β-HCG em mulheres em idade reprodutiva. Na insuficiência renal, diabetes, CHF etc., usar meio de contraste não iônico diluído e realizar um pré-planejamento minucioso para manter a carga de contraste a um mínimo.

Líquidos somente na manhã do procedimento. NPO (por $\approx$ 6 horas) quando o procedimento for realizado com anestesia geral.

Obter consentimento informado para angiografia e embolização dos ramos da ECA.

Garantir a inserção de duas linhas IV. Inserir Foley. O paciente ficará mais confortável e cooperativo com uma bexiga urinária vazia, caso o procedimento se prolongue.

▶ **Técnica.** Posicionar o paciente na mesa de neuroangiografia. Colocar o oxímetro de pulso e as derivações do EEG para monitorização da saturação de O_2, HR, ritmo cardíaco, frequência respiratória e BP.

Uma bainha é inserida na artéria femoral. Um cateter guia é posicionado na ECA proximal, no lado do sangramento ou doença. Angiografia e *roadmapping* são realizados através do cateter-guia. Com o uso de fluoroscopia e *roadmapping*, um microcateter é progredido sobre fio-guia para dentro dos ramos esfenopalatinos. Angiografia é realizada através do microcateter para determinar o posicionamento apropriado e garantir a ausência de colaterais com circulação intracraniana. Extravasamento de meio de contraste, opacificação tumoral ou pseudoaneurismas podem ser detectados. Um *roadmapping* em branco é obtido e a embolização do vaso ofensor iniciada. Partículas de PVA (250-300 mcg) ou Onyx (18 ou 34) podem ser usados. Caso Onyx seja usado, um cateter compatível com DMSO é utilizado. PVA pode ser mais barato e mais rápido para o uso na embolização.

Tratamento pós-operatório

Solicitações pós-operatórios:
- internar na ICU para observação durante a noite. Geralmente, o tamponamento nasal é deixado intacto durante a noite e removido para inspeção de sangramento no dia seguinte
- IV: NS 0,9% + 20 meq KCl a 150 cc/h × 2 horas e, então, diminuir para 100 cc/h se o paciente não puder ingerir nada por via oral
- atividade: manter reta a perna direita/esquerda (o lado que foi usado no procedimento) por 2 horas (no caso de fechamento com Angioseal), ou por 6-8 horas (caso compressão manual tenha sido aplicada), com elevação de 15° da HOB. Esta elevação é alcançada colocando-se um travesseiro sob a cabeça do paciente. Não pode haver flexão na região femoral. Se uma elevação maior da cabeça for necessária, colocar a cama na posição de Trendelenburg reverso
- verificar a região inguinal, DPs, sinais vitais e realizar testes neurológicos a cada 15 min × 4, a cada 30 min × 4 e, então, de hora em hora
- progredir a dieta conforme tolerado. Revisar/reiniciar os medicamentos pré-procedimento (exceto os hipoglicêmicos orais, até que uma ingestão PO adequada seja estabelecida)

Referências

[1] Dion JE, Gates PC, Fox AJ, et al. Clinical Events Following Neuroangiography: A Prospective Study. Stroke. 1987; 18:997–1004

[2] Earnest F, Forbes G, Sandok BA, et al. Complications of Cerebral Angiography: Prospective Assessment of Risk. AJR. 1984; 142:247–253

[3] Khan SH, Abruzzo TA, Sangha KS, Ringer AJ. Use of Anti-platelet, Anticoagulant and Thrombolytic Agents in Endovascular Procedures. Contemporary Neurosurgery. 2008; 29:1–7

[4] Kershaw RA, Mays DC, Bianchine JR, Gerber N. Disposition of aspirin and its metabolites in the semen of man. J Clin Pharmacol. 1987; 27:304–309

[5] Patrignani P, Filabozzi P, Patrono C. Selective cumulative inhibition of platelet thromboxane production by low-dose aspirin in healthy subjects. J Clin Invest. 1982; 69:1366–1372

[6] Ross-Lee LM, Elms MJ, Cham BE, Bochner F, Bunce IH, Eadie MJ. Plasma levels of aspirin following effervescent and enteric coated tablets, and their effect on platelet function. Eur J Clin Pharmacol. 1982; 23:545–551

[7] Helgason CM, Bolin KM, Hoff JA, Winkler SR, Mangat A, Tortorice KL, Brace LD. Development of aspirin resistance in persons with previous ischemic stroke. Stroke. 1994; 25:2331–2336

[8] Mueller MR, Salat A, Stangl P, Murabito M, Pulaki S, Boehm D, Koppensteiner R, Ergun E, Mittlboeck M, Schreiner W, Losert U, Wolner E. Variable platelet response to low-dose ASA and the risk of limb deterioration in patients submitted to peripheral arterial angioplasty. Thromb Haemost. 1997; 78:1003–1007

[9] Gurbel PA, Bliden KP, DiChiara J, Newcomer J, Weng W, Neerchal NK, Gesheff T, Chaganti SK, Etherington A, Tantry US. Evaluation of dose-related effects of aspirin on platelet function: results from the Aspirin-Induced Platelet Effect (ASPECT) study. Circulation. 2007; 115:3156–3164

[10] Tcheng JE. Clinical challenges of platelet glycoprotein IIb/IIIa receptor inhibitor therapy: bleeding, reversal,

thrombocytopenia, and retreatment. Am Heart J. 2000; 139:S38–S45

[11] Qureshi AI, Luft AR, Sharma M, Guterman LR, Hopkins LN. Prevention and treatment of thromboembolic and ischemic complications associated with endovascular procedures: Part II–Clinical aspects and recommendations. Neurosurgery. 2000; 46:1360–75; discussion 1375-6

[12] Hirsh J. Heparin. N Engl J Med. 1991; 324:1565–1574

[13] Khan SH, Ringer AJ. Handbook of neuroendovascular techniques. U.K.: Taylor and Francis;

[14] University of Cincinnati post-endovascular heparin dosing protocol. 2008

[15] Garcia DA, Baglin TP, Weitz JI, Samama MM, American College of Chest Physicians. Parenteral anticoagulants: Antithrombotic Therapy and Prevention of Thrombosis, 9th ed: American College of Chest Physicians Evidence-Based Clinical Practice Guidelines. Chest. 2012; 141:e24S–e43S

[16] Berenstein A, Lasjaunias P, Ter Brugge KG. Surgical neuroangiography. 2nd ed. Berlin: Springer; 2004

[17] Lee CJ, Ansell JE. Direct thrombin inhibitors. Br J Clin Pharmacol. 2011; 72:581–592

[18] Davis EM, Packard KA, Knezevich JT, Campbell JA. New and emerging anticoagulant therapy for atrial fibrillation and acute coronary syndrome. Pharmacotherapy. 2011; 31:975–1016

[19] Liang CW, Diamond SJ, Hagg DS. Lipid rescue of massive verapamil overdose: a case report. J Med Case Rep. 2011; 5. DOI: 10.1186/1752-1947-5-399

[20] Ciechanowicz S, Patil V. Lipid emulsion for local anesthetic systemic toxicity. Anesthesiol Res Pract. 2012; 2012. DOI: 10.1155/2012/131784

[21] Yu DW, Jung YJ, Choi BY, Chang CH. Subarachnoid hemorrhage with negative baseline digital subtraction angiography: is repeat digital subtraction angiography necessary? J Cerebrovasc Endovasc Neurosurg. 2012; 14:210–215

[22] Keedy A. An overview of intracranial aneurysms. Mcgill J Med. 2006; 9:141–146

[23] Wardlaw JM, White PM. The detection and management of unruptured intracranial aneurysms. Brain. 2000; 123 (Pt 2):205–221

[24] Wiebers DO, Whisnant JP, Huston J, III, Meissner I, Brown RD,Jr, Piepgras DG, Forbes GS, Thielen K, Nichols D, O'Fallon WM, Peacock J, Jaeger L, Kassell NF, Kongable-Beckman GL, Torner JC, International Study of Unruptured Intracranial Aneurysms Investigators. Unruptured intracranial aneurysms: natural history, clinical outcome, and risks of surgical and endovascular treatment. Lancet. 2003; 362:103–110

[25] Friedman JA, Piepgras DG, Pichelmann MA, Hansen KK, Brown RD, Jr, Wiebers DO. Small cerebral aneurysms presenting with symptoms other than rupture. Neurology. 2001; 57:1212–1216

[26] Juvela S, Porras M, Heiskanen O. Natural history of unruptured intracranial aneurysms: a long-term follow-up study. J Neurosurg. 1993; 79:174–182

[27] Hashimoto N, Handa H. The fate of untreated symptomatic cerebral aneurysms: analysis of 26 patients with clinical course of more than five years. Surg Neurol. 1982; 18:21–26

[28] Asari S, Ohmoto T. Natural history and risk factors of unruptured cerebral aneurysms. Clin Neurol Neurosurg. 1993; 95:205–214

[29] Locksley HB, Sahs AL, Sandler R. Report on the cooperative study of intracranial aneurysms and subarachnoid hemorrhage. 3. Subarachnoid hemorrhage unrelated to intracranial aneurysm and A-V malformation. A study of associated diseases and prognosis. J Neurosurg. 1966; 24:1034–1056

[30] Ferguson GG, Peerless SJ, Drake CG. Natural history of intracranial aneurysms. N Engl J Med. 1981; 305. DOI: 10.1056/NEJM198107093050211

[31] Ecker RD, Hopkins LN. Natural history of unruptured intracranial aneurysms. Neurosurg Focus. 2004; 17

[32] Ujiie H, Tamano Y, Sasaki K, Hori T. Is the aspect ratio a reliable index for predicting the rupture of a saccular aneurysm? Neurosurgery. 2001; 48:495–502; discussion 502-3

[33] Nader-Sepahi A, Casimiro M, Sen J, Kitchen ND. Is aspect ratio a reliable predictor of intracranial aneurysm rupture? Neurosurgery. 2004; 54:1343–7; discussion 1347-8

[34] The International Study Group of Unruptured Intracranial Aneurysms Investigators (ISUIA). Unruptured Intracranial Aneurysms - Risk of Rupture and Risks of Surgical Intervention. N Engl J Med. 1998; 339:1725–1733

[35] van Rooij WJ, Sluzewski M. Packing density in coiling of small intracranial aneurysms. AJNR Am J Neuroradiol. 2006; 27:725–6; author reply 726

[36] Bodily KD, Cloft HJ, Lanzino G, Fiorella DJ, White PM, Kallmes DF. Stent-assisted coiling in acutely ruptured intracranial aneurysms: a qualitative, systematic review of the literature. AJNR Am J Neuroradiol. 2011; 32:1232–1236

[37] Hu YC, Chugh C, Mehta H, Stiefel MF. Early angiographic occlusion of ruptured blister aneurysms of the internal carotid artery using the Pipeline Embolization Device as a primary treatment option. J Neurointerv Surg. 2014; 6:740–743

[38] Yoon JW, Siddiqui AH, Dumont TM, Levy EI, Hopkins LN, Lanzino G, Lopes DK, Moftakhar R, Billingsley JT, Welch BG, Boulos AS, Yamamoto J, Tawk RG, Ringer AJ, Hanel RA. Feasibility and safety of pipeline embolization device in patients with ruptured carotid blister aneurysms. Neurosurgery. 2014; 75:419–29; discussion 429

[39] Fischer S, Vajda Z, Aguilar Perez M, Schmid E, Hopf N, Bazner H, Henkes H. Pipeline embolization device (PED) for neurovascular reconstruction: initial experience in the treatment of 101 intracranial aneurysms and dissections. Neuroradiology. 2012; 54:369–382

[40] Saatci I, Yavuz K, Ozer C, Geyik S, Cekirge HS. Treatment of intracranial aneurysms using the pipeline flow-diverter embolization device: a single-center experience with long-term follow-up results. AJNR Am J Neuroradiol. 2012; 33:1436–1446

[41] Yavuz K, Geyik S, Saatci I, Cekirge HS. Endovascular treatment of middle cerebral artery aneurysms with flow modification with the use of the pipeline embolization device. AJNR Am J Neuroradiol. 2014; 35:529–535

[42] Jun P, Ko NU, English JD, Dowd CF, Halbach VV, Higashida RT, Lawton MT, Hetts SW. Endovascular treatment of medically refractory cerebral vasospasm following aneurysmal subarachnoid hemorrhage. AJNR Am J Neuroradiol. 2010; 31:1911–1916

[43] Kwak R, Niizuma H, Ohi T, Suzuki J. Angiographic study of cerebral vasospasm following rupture of intracranial aneurysms: Part I. Time of the appearance. Surg Neurol. 1979; 11:257–262

[44] Bergvall U, Galera R. Time relationship between subarachnoid haemorrhage, arterial spasm, changes in cerebral circulation and posthaemorrhagic hydrocephalus. Acta Radiol Diagn (Stockh). 1969; 9:229–237

[45] Graf CJ, Nibbelink DW. Cooperative study of intracranial aneurysms and subarachnoid hemorrhage. Report on a randomized treatment study. 3. Intracranial surgery. Stroke. 1974; 5:557–601

[46] Weir B, Grace M, Hansen J, et al. Time Course of Vasospasm in Man. J Neurosurg. 1978; 48:173–178

[47] Weber W, Kis B, Siekmann R, Kuehne D. Endovascular treatment of intracranial arteriovenous malformations with onyx: technical aspects. AJNR Am J Neuroradiol. 2007; 28:371–377

[48] Strauss I, Frolov V, Buchbut D, Gonen L, Maimon S. Critical appraisal of endovascular treatment of brain arteriovenous malformation using Onyx in a series of 92 consecutive patients. Acta Neurochir (Wien). 2013; 155:611–617

[49] Saatci I, Geyik S, Yavuz K, Cekirge HS. Endovascular treatment of brain arteriovenous malformations with prolonged intranidal Onyx injection technique: long-term results in 350 consecutive patients with completed endovascular treatment course. J Neurosurg. 2011; 115:78–88

[50] Consoli A, Renieri L, Nappini S, Limbucci N, Mangiafico S. Endovascular treatment of deep hemorrhagic brain arteriovenous malformations with transvenous onyx

[51] Rasuli P, Hammond DI. Metformin and contrast media: where is the conflict? Can Assoc Radiol J. 1998; 49:161–166

[52] van Dijk JM, terBrugge KG, Willinsky RA, Wallace MC. Clinical course of cranial dural arteriovenous fistulas with long-term persistent cortical venous reflux. Stroke. 2002; 33:1233–1236

[53] Chalouhi N, Dumont AS, Tjoumakaris S, Gonzalez LF, Bilyk JR, Randazzo C, Hasan D, Dalyai RT, Rosenwasser R, Jabbour P. The superior ophthalmic vein approach for the treatment of carotid-cavernous fistulas: a novel technique using Onyx. Neurosurg Focus. 2012; 32. DOI: 10.3171/2012.1.FOCUS123

[54] Sancak T, Bilgic S, Ustuner E. Endovascular stentgraft treatment of a traumatic vertebral artery pseudoaneurysm and vertebrojugular fistula. Korean J Radiol. 2008; 9 Suppl:S68–S72

[55] Nagashima C, Iwasaki T, Kawanuma S, Sakaguchi A, Kamisasa A, Suzuki K. Traumatic arteriovenous fistula of the vertebral artery with spinal cord symptoms. Case report. J Neurosurg. 1977; 46:681–687

[56] O'Shaughnessy BA, Bendok BR, Parkinson RJ, Shaibani A, Batjer HH. Transarterial coil embolization of a high-flow vertebrojugular fistula due to penetrating craniocervical trauma: case report. Surg Neurol. 2005; 64:335–40; discussion 340

[57] Jayaraman MV, Do HM, Marks MP. Treatment of traumatic cervical arteriovenous fistulas with Nbutyl-2-cyanoacrylate. AJNR Am J Neuroradiol. 2007; 28:352–354

[58] Anson J, Crowell RM. Cervicocranial Arterial Dissection. Neurosurgery. 1991; 29:89–96

[59] Hart RG, Easton JD. Dissections of Cervical and Cerebral Arteries. Neurol Clin North Am. 1983; 1:255–282

[60] Liu AY, Paulsen RD, Marcellus ML, Steinberg GK, Marks MP. Long-term outcomes after carotid stent placement treatment of carotid artery dissection. Neurosurgery. 1999; 45:1368–73; discussion 1373-4

[61] Marotta TR, Buller C, Taylor D, Morris C, Zwimpfer T. Autologous vein-covered stent repair of a cervical internal carotid artery pseudoaneurysm: technical case report. Neurosurgery. 1998; 42:408–12; discussion 412-3

[62] Fields WS, Lemak NA. Joint Study of extracranial arterial occlusion. VII. Subclavian steal–a review of 168 cases. JAMA. 1972; 222:1139–1143

[63] Fields WS. Reflections on "the subclavian steal". Stroke. 1970; 1:320–324

[64] Smith JM, Koury HI, Hafner CD, Welling RE. Subclavian steal syndrome. A review of 59 consecutive cases. J Cardiovasc Surg (Torino). 1994; 35:11–14

[65] Brook I. Bacteriology of Intracranial Abscess in Children. J Neurosurg. 1981; 54:484–488

[66] Khan SH, Young PH, Ringer AJ. Endovascular treatment of subclavian artery stenosis associated with vertebral artery pseudoaneurysm. Clin Neurol Neurosurg. 2012; 114:754–757

[67] Sullivan TM, Gray BH, Bacharach JM, Perl J,2nd, Childs MB, Modzelewski L, Beven EG. Angioplasty and primary stenting of the subclavian, innominate, and common carotid arteries in 83 patients. J Vasc Surg. 1998; 28:1059–1065

[68] Del Zoppo GJ, Saver JL, Jauch EC, Adams HP,Jr. Expansion of the time window for treatment of acute ischemic stroke with intravenous tissue plasminogen activator: a science advisory from the American Heart Association/American Stroke Association. Stroke. 2009; 40:2945–2948

[69] Campbell BC, Mitchell PJ, Kleinig TJ, Dewey HM, Churilov L, Yassi N, Yan B, Dowling RJ, Parsons MW, Oxley TJ, Wu TY, Brooks M, Simpson MA, Miteff F, Levi CR, Krause M, Harrington TJ, Faulder KC, Steinfort BS, Priglinger M, Ang T, Scroop R, Barber PA, McGuinness B, Wijeratne T, Phan TG, Chong W, Chandra RV, Bladin CF, Badve M, Rice H, de Villiers L, Ma H, Desmond PM, Donnan GA, Davis SM. Endovascular therapy for ischemic stroke with perfusion-imaging selection. N Engl J Med. 2015; 372:1009–1018

[70] Goyal M, Demchuk AM, Menon BK, Eesa M, Rempel JL, Thornton J, Roy D, Jovin TG, Willinsky RA, Sapkota BL, Dowlatshahi D, Frei DF, Kamal NR, Montanera WJ, Poppe AY, Ryckborst KJ, Silver FL, Shuaib A, Tampieri D, Williams D, Bang OY, Baxter BW, Burns PA, Choe H, Heo JH, Holmstedt CA, Jankowitz B, Kelly M, Linares G, Mandzia JL, Shankar J, Sohn SI, Swartz RH, Barber PA, Coutts SB, Smith EE, Morrish WF, Weill A, Subramaniam S, Mitha AP, Wong JH, Lowerison MW, Sajobi TT, Hill MD. Randomized assessment of rapid endovascular treatment of ischemic stroke. N Engl J Med. 2015; 372:1019–1030

[71] Berkhemer OA, Fransen PS, Beumer D, van den Berg LA, Lingsma HF, Yoo AJ, Schonewille WJ, Vos JA, Nederkoorn PJ, Wermer MJ, van Walderveen MA, Staals J, Hofmeijer J, van Oostayen JA, Lycklama a Nijeholt GJ, Boiten J, Brouwer PA, Emmer BJ, de Bruijn SF, van Dijk LC, Kappelle LJ, Lo RH, van Dijk EJ, de Vries J, de Kort PL, van Rooij WJ, van den Berg JS, van Hasselt BA, Aerden LA, Dallinga RJ, Visser MC, Bot JC, Vroomen PC, Eshghi O, Schreuder TH, Heijboer RJ, Keizer K, Tielbeek AV, den Hertog HM, Gerrits DG, van den Berg-Vos RM, Karas GB, Steyerberg EW, Flach HZ, Marquering HA, Sprengers ME, Jenniskens SF, Beenen LF, van den Berg R, Koudstaal PJ, van Zwam WH, Roos YB, van der Lugt A, van Oostenbrugge RJ, Majoie CB, Dippel DW. A randomized trial of intraarterial treatment for acute ischemic stroke. N Engl J Med. 2015; 372:11–20

[72] Fransen PS, Beumer D, Berkhemer OA, van den Berg LA, Lingsma H, van der Lugt A, van Zwam WH, van Oostenbrugge RJ, Roos YB, Majoie CB, Dippel DW. MR CLEAN, a multicenter randomized clinical trial of endovascular treatment for acute ischemic stroke in the Netherlands: study protocol for a randomized controlled trial. Trials. 2014; 15. DOI: 10.1186/174 5-6215-15-343

[73] Stampfl S, Hartmann M, Ringleb PA, Haehnel S, Bendszus M, Rohde S. Stent placement for flow restoration in acute ischemic stroke: a single-center experience with the Solitaire stent system. AJNR Am J Neuroradiol. 2011; 32:1245–1248

[74] Mordasini P, Brekenfeld C, Byrne JV, Fischer U, Arnold M, Jung S, Schroth G, Gralla J. Experimental evaluation of immediate recanalization effect and recanalization efficacy of a new thrombus retriever for acute stroke treatment in vivo. AJNR Am J Neuroradiol. 2013; 34:153–158

[75] Wehrschuetz M, Wehrschuetz E, Augustin M, Niederkorn K, Deutschmann H, Ebner F. Early single center experience with the solitaire thrombectomy device for the treatment of acute ischemic stroke. Interv Neuroradiol. 2011; 17:235–240

[76] Hausegger KA, Hauser M, Kau T. Mechanical thrombectomy with stent retrievers in acute ischemic stroke. Cardiovasc Intervent Radiol. 2014; 37:863–874

[77] Leishangthem L, Satti SR. Vessel perforation during withdrawal of Trevo ProVue stent retriever during mechanical thrombectomy for acute ischemic stroke. J Neurosurg. 2014; 121:995–998

[78] Kulcsar Z, Bonvin C, Pereira VM, Altrichter S, Yilmaz H, Lovblad KO, Sztajzel R, Rufenacht DA. Penumbra system: a novel mechanical thrombectomy device for large-vessel occlusions in acute stroke. AJNR Am J Neuroradiol. 2010; 31:628–633

[79] The penumbra pivotal stroke trial: safety and effectiveness of a new generation of mechanical devices for clot removal in intracranial large vessel occlusive disease. Stroke. 2009; 40:2761–2768

[80] Psychogios MN, Kreusch A, Wasser K, Mohr A, Groschel K, Knauth M. Recanalization of large intracranial vessels using the penumbra system: a singlecenter experience. AJNR Am J Neuroradiol. 2012; 33:1488–1493

[81] Ernst R, Pancioli A, Tomsick T, Kissela B, Woo D, Kanter D, Jauch E, Carrozzella J, Spilker J, Broderick J. Combined intravenous and intra-arterial recombinant tissue plasminogen activator in acute ischemic stroke. Stroke. 2000; 31:2552–2557

[82] Intra-arterial thrombolysis. AJNR Am J Neuroradiol. 2001; 22:S18–S21

[83] Khan SH, Adeoye O, Abruzzo TA, Shutter LA, Ringer AJ. Intracranial dural sinus thrombosis: novel use of a mechanical thrombectomy catheter and review of management strategies. Clin Med Res. 2009; 7:157–165

[84] Raabe A, Nakaji P, Beck J, Kim LJ, Hsu FP, Kamerman JD, Seifert V, Spetzler RF. Prospective evaluation of surgical microscope-integrated intraoperative nearinfrared indocyanine green videoangiography during aneurysm surgery. J Neurosurg. 2005; 103:982–989

[85] Dashti R, Laakso A, Niemela M, Porras M, Hernesniemi J. Microscope-integrated near-infrared indocyanine green videoangiography during surgery of intracranial aneurysms: the Helsinki experience. Surg Neurol. 2009; 71:543–50; discussion 550

Parte XXIV

Apêndice

103 Referência Rápida de Quadros e Figuras 1604

103 Referência Rápida de Quadros e Figuras

Quadro 103.1 Resumo dos achados na morte cerebral (▶ Quadro 19.1), ver texto para detalhes (p. 308)

Sinais vitais e critérios gerais

- Temperatura central > 36° C (96,8° F), SBP > 100 mmHg, nenhum fármaco complicador (BAC < 0,8%)

Ausência de reflexos do tronco encefálico

- Pupilas fixas
- Reflexos corneanos ausentes
- Reflexo oculovestibular ausente (resposta calórica)
- Reflexo oculocefálico ausente: "Olhos de boneca" (p. 301)
- Reflexo faríngeo ausente
- Reflexo da tosse ausente

Nenhuma resposta à dor central profunda

Prova da apneia malsucedida

Quadro 103.2 Escala de desempenho de Karmofsky (▶ Quadro 88.1), ver texto para detalhes (p. 1358)

Escore	Critérios	Prognóstico com glioma maligno
100	normal: sem queixas, sem evidência de doença	
90	capaz de realizar as atividades normais: sinais ou sintomas menores	
80	atividades normais com esforço: alguns sinais ou sintomas	Prognóstico mais favorável com glioma maligno (p. 624)
70	cuida de si próprio: incapaz de executar as atividades normais ou de exercer trabalho ativo	
60	requer assistência ocasional: cuidados para a maioria das necessidades	
50	requer considerável assistência e cuidados frequentes	
40	incapaz: requer cuidados e assistência especiais	
30	muito incapaz: hospitalizado; morte não iminente	
20	muito debilitado: hospitalizado; necessário tratamento de suporte ativo	
10	moribundo: processos letais progredindo rapidamente	
0	morte	

Referência Rápida de Quadros e Figuras **1605**

Quadro 103.3 Classificação de Garderner-Robertson modificada da audição (▶ Quadro 41.5), ver texto para detalhes (p. 674)

Classe	Geralmente considerado	Descrição	Audiometria tonal pura (dB)	Discriminação de fala
I	aproveitável	boa-excelente	0-30	70-100%
II	aproveitável	aproveitável	31-50	50-59%
III	não aproveitável	não aproveitável	51-90	5-49%
IV	não aproveitável	ruim	91-máx.	1-4%
V	não aproveitável	nenhuma	não testável	0

Quadro 103.4 Sistema de classificação de audição da *Americam Academy of Otolaryngology-Head and Neck Surgery Foundation* (▶ Quadro 41.6), ver texto para detalhes (p. 674)

Classe	Geralmente considerado	Limiar de tom puro (dB)		Escore de discriminação vocal (%)
A	"útil"	≤ 30	E	≥ 70
B	"útil"	> 30 E ≤ 50	E	≥ 50
C	"assistida"	> 50	E	≥ 50
D	"não funcional"	qualquer nível		< 50

Quadro 103.5 Classificação clínica da função do nervo facial (House e Brackmann) (▶ Quadro 41.3), ver texto para detalhes (p. 672)

Grau	Função	Descrição
1	normal	função facial normal em todas as áreas
2	leve	leve fraqueza na inspeção cuidadosa
3	moderada	óbvia, mas sem desfiguramento
4	moderada-grave	fraqueza óbvia e/ou assimetria desfigurante
5	grave	movimento pouco perceptível
6	paralisia total	nenhum movimento

Quadro 103.6 Síndrome discal lombar (▶ Quadro 69.3), ver texto para detalhes (p. 1050)

Síndromes	Nível do disco lombar herniado		
	L3-4	**L4-5**	**L5-S1**
raiz geralmente comprimida	L4	L5	S1
% de discos lombares	3-10% (média: 5%)	40-45%	45-50%
reflexo diminuído	reflexo patelar (sinal de Westphal)	porção medial dos ísquiotibiais	Aquiles (reflexo aquileu)
fraqueza motora	quadríceps femoral (extensão do joelho)	tibial anterior (pé caído) & EHL	gastrocnêmio (flexão plantar), ± EHL
sensação reduzida	maléolo medial & região medial do pé	espaço interdigital do hálux & dorso do pé	maléolo lateral & região lateral do pé
distribuição da dor	coxa anterior	LE posterior	LE posterior, geralmente para o tornozelo

Quadro 103.7 Síndrome discal cervical (▶ Quadro 70.1), ver texto para detalhes (p. 1069)

Síndrome	Síndromes discais cervicais			
	C4-5	C5-6	C6-7	C7-T1
% de discos cervicais	2%	19%	69%	10%
raiz comprimida	C5	C6	C7	C8
reflexo diminuído	deltoide & peitoral	bíceps & braquiorradial	tríceps	reflexo digital
fraqueza motora	deltoide	flexão do antebraço	ext. do antebraço (queda do pulso)	intrínsecos da mão
parestesia & hipoestesia	ombro	braço superior, polegar, radial do antebraço	dedos 2 e 3, pontas de todos os dedos	dedos 4 e 5

Quadro 103.8 Graduação da força muscular (sistema modificado do *Medical Research Council*, ▶ Quadro 29.2), ver texto para detalhes (p. 505)

Grau	Força	
0	ausência de contração muscular (paralisia total)	
1	abalo ou traço de contração (palpável ou visível)	
2	movimento ativo com a gravidade eliminada	
3	movimento ativo através da ROM completa contra a gravidade	
4	movimento ativo contra a resistência; subdivisões →	4 – Leve resistência 4 Resistência moderada 4 + Forte resistência
5	força normal (contra a resistência total)	
NT	não testável	

Quadro 103.9 Critérios clínicos para estabilidade da coluna vertebral (sem a necessidade de radiografias/imagens da coluna cervical), ver Guia de prática clínica para detalhes (p. 953)

- desperto, alerta, orientado (sem alterações do estado de consciência, incluindo intoxicação por álcool ou drogas)
- ausência de dor cervical (sem dor perturbadora)
- ausência de déficits neurológicos

Quadro 103.10 Tecido mole pré-vertebral normal (▶ Quadro 12.2), ver texto para detalhes (p. 214)

Espaço	Nível	Largura normal máxima (mm)		
		Adultos		Pacientes pediátricos
		MDCT	Radiografia lateral	
retrofaríngeo	C1	8,5	10	não confiável
	C2-4	6-7[a]	5-7	
retrotraqueal	C5-7	18	22	14

[a]Dados da CT foram considerados não confiáveis em C4.

Quadro 103.11 Escala de deficiência da ASIA (▶ Quadro 62.13), ver texto para detalhes (p. 944)

Classe	Descrição
A	Completa: função motora ou sensorial não preservada
B	Incompleta: função sensorial, mas não motora, preservada abaixo do nível neurológico (inclui os segmentos sacrais S4-5)
C	Incompleta: função motora preservada abaixo do nível neurológico (mais da metade dos músculos-chave abaixo do nível sensorial tem um grau de força muscular < 3)
D	Incompleta: função motora preservada abaixo do nível neurológico (mais da metade dos músculos-chave abaixo do nível sensorial tem grau de força muscular ≥ 3)
E	Normal: função sensorial & motora normal

Quadro 103.12 Classificação de lesão toracolombar e escore de gravidade (TLICS, ▶ Quadro 66.3), ver texto para detalhes (p. 1007). Consultar o ▶ Quadro 103.14 para tratamento com base nos pontos totais

Categoria	Achado	Pontos
Achados radiográficos	fratura por compressão	1
	componente explosivo ou angulação lateral > 15°	1
	lesão de distração	2
	lesão em translação/rotação	3
Estado neurológico	intacto	0
	lesão da raiz	2
	SCI completa	2
	SCI incompleta	3
	síndrome da cauda equina	3
Integridade do complexo ligamentar posterior	intacto	0
	indeterminado	2
	lesão comprovada	3
TLICS = Pontos Totais →		

Quadro 103.13 Classificação de lesão subaxial (SLIC, ▶ Quadro 65.1), ver texto para detalhes (p. 986). Consultar o ▶ Quadro 103.14 para tratamento baseado nos pontos totais

Lesão (classificar *a lesão mais grave* naquele nível)	Pontos
Morfologia	
Nenhuma anormalidade	0
Compressão simples (fratura por compressão, ruptura da placa terminal, fratura VB no plano sagital ou coronal)	1
Fratura por explosão	2
Distração (faceta elevada, fratura do elemento posterior)	3
Rotação/translação (luxação facetária, fratura em lágrima, lesão avançada por compressão, fratura bilateral do pedículo, massa lateral flutuante [p. 994]) Diretrizes: rotação axial relativa ≥ 11° ou qualquer translação não associada a causas degenerativas	4
Complexo discoligamentar (DLC)	
Intacto	0
Indeterminado (expansão interespinal isolada com angulação relativa < 11° e nenhum alinhamento anormal das facetas, ↑ sinal nos ligamentos na MRI T2WI...)	1
Rompido (elevação ou luxação da faceta, justaposição articular < 50%, diástase facetária > 2 mm, espaço discal anterior aumentado, ↑ sinal em todo o disco na MRI T2WI...)	2
Estado neurológico	
Intacto	0
Lesão da raiz	1
Lesão completa da medula espinal	2
Lesão incompleta da medula espinal	3
• Compressão medular contínua com déficit neurológico	+1

Quadro 103.14 Tratamento baseado na TLICS ou SLIC (▶ Quadro 66.4, ▶ Quadro 65.2), ver texto para detalhes (p. 1007)

TLICS ou SLIC	Controle
≤ 3	candidato não cirúrgico
4	"zona cinzenta"
≥ 5	candidato cirúrgico

Quadro 103.15 Escala de coma de Glasgow, recomendada para idades ≥ 4 anos (▶ Quadro 18.1), ver texto para detalhes (p. 296)

Pontos	Melhor resposta de abertura ocular	Melhor resposta verbal	Melhor resposta motora
6	–	–	obedece
5	–	orientado	localiza a dor
4	espontânea	confuso	retira em resposta à dor
3	à fala	inapropriada	flexão (decorticado)
2	à dor	incompreensível	extensão (desecerebrado)
1	nenhuma	nenhuma	nenhuma

Quadro 103.16 Escala de coma de Glasgow para crianças < 4 anos de idade (▶ Quadro 18.2), ver texto para detalhes (p. 296)

Pontos	Melhor resposta ocular	Melhor resposta verbal		Melhor resposta motora
6	–	–		obedece
5	–	sorrisos, orienta-se na direção do som, segue objetos, interage		localiza a dor
		Choro	**Interação**	
4	espontânea	consolável	inapropriada	retira em resposta à dor
3	à fala	inconsistentemente consolável	lamentação	flexão (decorticado)
2	à dor	inconsolável	inquietação	extensão (desecerebrado)
1	nenhuma	nenhuma	nenhuma	nenhuma

Quadro 103.17 Medidas para tratar uma elevação aguda da ICP (▶ Quadro 56.6), ver texto para detalhes (p. 869)

Verificar as vias aéreas, posição do pescoço... Para IC-HTN resistente ou súbita, considerar uma CT de crânio de urgência sem contraste

Certificar-se de que o paciente esteja sedado e paralisado

Drenar 3-5 mL de CSF se IVC estiver presente

Terapia osmótica: *bolus* IV de 1 g/kg de manitol ou 10-20 mL de salina a 23,4%

Hiperventilar: para $PaCO_2$, 30-35 mmHg

Pentobarbital: administração IV lenta de 100 mg ou administração IV de 2,5 mg/kg de tiopental durante 10 minutos

Quadro 103.18 Resumo dos passos iniciais no estado epiléptico: adultos e crianças > 13 kg (▶ Quadro 27.5), ver texto para detalhes (p. 469)

O_2. Virar o paciente de lado. Verificar VS. Exame neurológico

Monitorização/exames laboratoriais: oxímetro de pulso. EKG/telemetria. ✓ Glicemia capilar. Exames sanguíneos (não esperar pelos resultados para iniciar a Px): ✓ eletrólitos, ✓ CBC, ✓ ABG, ✓ níveis de AED, ✓ LFTs, ✓ Mg^{++}, ✓ Ca^{++}, ✓ CT do crânio

- 100 mg de tiamina IV e/ou 50 mL de dextrose 50% (se necessário)

AED de primeira linha:
- 4 mg IV de lorazepam (Ativan®) para adultos, 2 mg IV para crianças > 13 kg em < 2 mg/min
Repetir a dose, se necessário

AED de segunda linha: fornecido após fracasso da (ou simultaneamente com a administração de) dose repetida de benzodiazepínico
- fosfenitoína: 15-20 mg PE/kg IV em 150 mg PE/min (droga de preferência: taxa de infusão rápida, irritação leve)
  OU
- fenitoína: 15-20 mg/kg IV em 50 mg/min (mais barata); se não houver resposta à dose de ataque podem ser dados mais 10 mg/kg, IV, depois de 20 min
Nota: é imperativo seguir as diretrizes de taxa de infusão

✓ nível de fenitoína ≈ 10 min após a dose de carga de PHT; repetir com dose adicional 10 min depois, se necessário

AEDs de segunda linha alternativos:
- valproato de sódio: *bolus* IV de 20-30 mg/kg (taxa máx.: 100 mg/min)
  OU
- fenobarbital: 20 mg/kg IV (iniciar infusão em 50-100 mg/min). Uma dose repetida de 25-30 mg/kg pode ser fornecida 10 min após a primeira dose
  OU
- levetiracetam (Keppra®): *bolus* IV de 20 mg/kg durante 15 minutos – evidência menos clara

Se as convulsões persistirem por > 30 min e forem refratárias aos AEDs de primeira e segunda linha: intubar na ICU e iniciar terapia de infusão contínua (CIT) de:
- Midazolam: dose de carga de 0,2 mg/kg IV, seguida por 0,2-0,6 mg/kg/h
  OU
- Propofol: dose de carga de 2 mg/kg IV, seguida por 2-5 mg/kg/h

Quadro 103.19 Escala de Hunt e Hess para SAH (▶ Quadro 77.2), ver texto para detalhes (p. 1162)

Grau	Descrição
1	assintomática, ou H/A leve e ligeira rigidez nucal
2	paralisia de Cr N. (p. ex., III, VI), H/A moderada a grave, rigidez nucal
3	déficit focal leve, letargia, ou confusão
4	estupor, hemiparesia moderada a grave, rigidez descerebrada precoce
5	coma profundo, rigidez descerebrada, aparência moribunda

Acrescentar um grau para doença sistêmica grave (p. ex., HTN, DM, aterosclerose grave, COPD), ou vasospasmo grave na arteriografia

Quadro 103.20 Escala de Fisher modificada: correlação entre a quantidade de sangue na CT e o risco de vasospasmo (▶ Quadro 78.2), ver texto para detalhes (p. 1180)

Escala de Fisher modificada	Sangue na CT	Vasospasmo sintomático
	ausência de SAH ou IVH	
1	SAH fina focal ou difusa, sem IVH	24%
2	SAH fina focal ou difusa, com IVH	33%
3	SAH espessa focal ou difusa, sem IVH	33%
4	SAH espessa focal ou difusa, com IVH	40%

Quadro 103.21 Sistema de classificação de Spetzler-Martin para AVM (▶ Quadro 82.6), ver texto para detalhes (p. 1243)

Característica classificada	Pontos
Tamanho	
pequena (< 3 cm)	1
média (3-6 cm)	2
grande (> 6 cm)	3
Eloquência do cérebro adjacente	
não eloquente	0
eloquente	1
Padrão da drenagem venosa	
somente superficial	0
profunda	1

Quadro 103.22 Escala da WFNS para SAH (▶ Quadro 77.4), ver texto para detalhes (p. 1163)

Grau WFNS	Escore GCS	Déficit focal maior
0		
1	15	–
2	13-14	–
3	13-14	+
4	7-12	+ ou –
5	3-6	+ ou –

Quadro 103.23 Escore de ICH (▶ Quadro 87.5), ver texto para detalhes (p. 1339)

Característica	Achado	Pontos
Escore GCS	3-4	2
	5-12	1
	13-15	0
Idade	≥ 80 anos	1
	< 80	0
Localização	infratentorial	1
	supratentorial	0
Volume da ICH	≥ 30 cc	1
	< 30 cc	0
Sangue intraventricular	sim	1
	não	0
"Escore ICH" = Pontos Totais		0-6

Quadro 103.24 Mortalidade baseada no escore de ICH (▶ Quadro 87.6), ver texto para detalhes (p. 1340)

Escore ICH	Mortalidade aos 30 dias
0	0%
1	13%
2	26%
3	72%
4	97%
5	100%
6	? 100%

Quadro 103.25 Distribuição motora das raízes nervosas espinais (▶ Quadro 62.10), ver texto para detalhes (p. 941)

Segmento	Músculo	Ação a ser testada	Reflexo
C1-4	músculos cervicais		
C3, 4, 5	diafragma	inspiração, TV, FEV1, VC	
C5, 6	deltoide	abdução do braço > 90°	
C5, 6	bíceps	flexão do cotovelo	bíceps
C6, 7	extensor radial do carpo	extensão do punho	supinador
C7, 8	tríceps, extensor dos dedos	extensão do cotovelo e dedo	tríceps
C8, T1	flexor profundo dos dedos	preensão (flexão das falanges distais)	
C8, T1	intrínseco da mão	abdução do dedo mínimo, adução do polegar	
T2-9	intercostais		
T9-10	abdominais superiores	sinal de Beevor	reflexo cutâneo abdominal
T11, 12	abdominais inferiores		
L2, 3	iliopsoas, adutores	flexão do quadril	reflexo cremastérico
L3, 4	quadríceps	extensão do joelho	infrapatelar (reflexo patelar)
L4, 5	porção medial dos isquiotibiais, tibial anterior	dorsiflexão do tornozelo	porção medial dos isquiotibiais
L5, S1	porção lateral dos isquiotibiais, tibial posterior, peroneais	flexão do joelho	
L5, S1	extensor dos dedos, EHL	extensão do hálux	
S1, 2	gastrocnêmio, sóleo	flexão plantar do tornozelo	Aquiles (reflexo aquileu)
S2, 3	flexor dos dedos, flexor do hálux		
S2, 3, 4	bexiga, intestino inferior, esfíncter anal	pinçamento durante exame retal	reflexo cutâneo anal, bulbocavernoso & priapismo

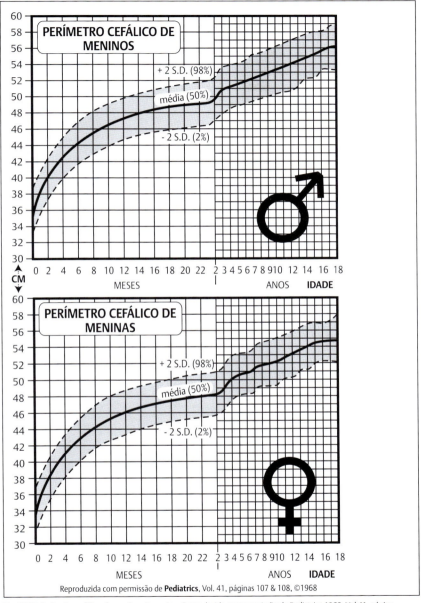

Fig. 103.1 Perímetro cefálico de meninos & meninas (reproduzida com permissão de Pediatrics 1968, Vol 41, página 107-108).

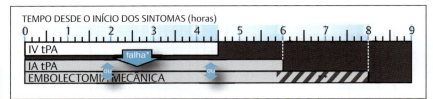

Fig. 103.2 Cronograma das opções terapêuticas (▶ Fig. 84.1), ver texto para detalhes (p. 1286).
*Opção para falhas com NIHSS > 8-10.
**De 6-8 h, verificar a perfusão antes da embolectomia mecânica.

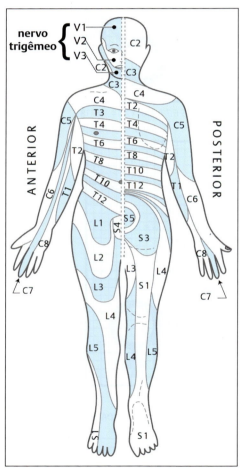

Fig. 103.3 Dermátomos sensoriais das raízes nervosas espinais (▶ Fig. 1.14), ver texto para detalhes (p. 73). (Redesenhada de "Introduction to Basic Neurology", by Harry D. Patton, John W. Sundsten, Wayne E. Crill and Phillip D. Swanson, © 1976, p 173, W. B. Saunders Co., Philadelphia, PA, com permissão.)

Índice Remissivo

5-ALA (Ácido 5-aminolevulínico)
  ressecção de gliomas guiada
    por, 621
21-aminoesteroide(s)
  para TBI, 875

A

AAS (Subluxação Atlantoaxial),
  1390
  na RA, 1134
    avaliação radiográfica, 1135
    quadro clínico, 1134
    tratamento, 1135
  posterior, 970
    apresentação, 970
    avaliação da integridade do
      TAL, 970
    classificação da ruptura do
      TAL, 970
    espaço pré-odontoide em
      forma de V, 970
    tratamento, 971
  rotatória, 968
    achados clínicos, 969
    avaliação radiográfica, 969
    classificação, 969
    mecanismo da, 969
    tratamento, 969
ABC (Cisto Ósseo
  Aneurismático), 784
Abciximab, 1576
Ablação
  de nervo periférico, 483
    supertroclear, 483
    supraorbital, 483
Abordagem
  ao paciente comatoso, 298
ABR (Resposta Auditiva do
  Tronco Encefálico), 240
Abscesso Cerebral
  apresentação, 322
  avaliação, 322
    investigações do cérebro, 323
    LP, 323
    sangue, 322
  epidemiologia, 320
  estádios do, 322
    adicional, 324
  fatores de risco, 320
  patógenos, 321
  por *Nocardia*, 335
  resultados, 326
  tratamento, 324, 325
    cirúrgico *versus* clínico, 324
  vetores, 320
    após procedimento
      neurocirúrgico, 321
    após trauma craniano
      penetrante, 321
    disseminação, 321

hematogênica, 321
    contígua, 321
Abscesso
  do psoas, 359
Abstinência
  alcoólica, 204, 464
    síndrome de, 204
    crises por, 464
Abuso de Criança
  fraturas do crânio, 917
  RH em, 916
AC (Cistos Aracnoides)
  intracranianos, 248
    apresentação clínica, 248
    avaliação, 249
    distribuição, 248
    epidemiologia dos, 248
    tratamento, 250
  na medula espinal, 265
    tratamento, 265
ACA (Artéria Cerebral Anterior),
  75, 80
ACD (Discectomia Cervical
  Anterior), 1078
ACDF (Discectomia Cervical
  Anterior com Fusão)
  na HCD, 1072
    complicações da, 1074
ACE (Angina Conversora da
  Angiotensina), 127
Acesso Vascular
  pela artéria, 1582
    femoral, 1582
    radial, 1582
Acetaminofeno, 137
ACh (Artéria Coroide Anterior)
  diferenciando
    na arteriografia, 79
    da p-comm, 79
Aciclovir
  Zovirax®, 366
Acidez
  inibidores da, 73, 129
    alteração do pH gástrico, 129
    mortalidade
      secundária à, 129
    pneumonia
      secundária à, 129
    da bomba de prótons, 130
    da secreção
      de ácido gástrico, 130
    diversos, 131
    antagonistas do receptor de
      H2, 130
    SU, 129
      na neurocirurgia, 129
      profilaxia para, 129
Ácido
  gástrico, 74, 130

inibidores
    da secreção de, 74, 130
  tranexâmico, 1168
ACoA (Artéria Comunicante
  Anterior), 75
  aneurisma da, 1210
Acom (Artéria Comunicante
  Anterior), 1156
ACoP (Artéria Comunicante
  Posterior), 79
ACR (Liberação Anterior da
  Coluna), 1117
Acromegalia, 725
  resultados bioquímicos, 753
  tratamento, 741
  XRT selar para, 745
ACTH (Hormônio
  Adrenocorticotrófico), 144, 151
AD (Doença de Alzheimer), 923
Adamkiewicz
  artéria de, 87
ADC (Coeficiente de Difusão
  Aparente), 232
Addison
  doença de, 144
ADEM (Encefalomielite
  Disseminada Aguda), 180, 182
Adenocarcinoma
  e metástase cerebral, 806
  NSCLC, 803
Adeno-hipófise, 149
Adenoma(s) Hipofisário(s)
  aparência dos, 727
  avaliação, 730-745
  classificação dos, 727
  invasivos, 721
  resultados, 747-755
    após cirurgia
      transesfenoidal, 753
  tratamento, 730-745, 747-755
    cirúrgico, 747-755
      preparação
        medicamentosa, 747
      abordagens, 747, 751
      perioperatório, 751
      cirurgia transesfenoidal, 747
      complicações
        perioperatórias, 750
    de recorrência, 747-755
    não cirúrgico, 730-745
  XRT para, 744, 1570
    efeitos colaterais, 744
    recomendações, 745
    selar, 745
Adenoma(s)
  secretores de TSH, 726, 744, 755
Adesivo(s)
  de lidocaína a 5%, 496
    Lidoderm®, 496
ADH (Hormônio
  Antidiurético), 114, 151

ADI (Intervalo Atlantodental Anterior), 1135
Adie
pupila de, 563
ADP (Adenosina Difosfato), 160
ADPKD (Doença Renal Policística Autossômica Dominante)
recomendações, 1193
Adrenalectomia, 743
Adrenalina, 129
ADS (Escoliose Degenerativa Adulta), 1111-118
avaliação clínica, 1111
classificação
de SRS-Schwab da, 1112
epidemiologia, 1111
medidas importantes da, 1112
teste diagnóstico, 1111
tratamento/manejo, 1113
opções, 1113
correção do
equilíbrio global, 1116
aumento da LL, 1116
com MIS, 1118
Adulto(s)
BHS em, 1269
AEDs (Drogas Antiepiléticas), 374
classificação das, 443
escolha da, 445
gestação e, 458
nas PTS, 463
profiláticas, 828
e traumatismo craniano, 828
retirada de, 457
Afasia
de lobo parietal, 98
AFP (Alfafetoproteína)
como marcador tumoral, 600
AFP (Dor Facial Atípica), 481
Agendando o Caso
abordagem, 1065, 1473
transoral, 1473
transpedicular, 1065
ACDF, 1072
acesso translabiríntico
para SV, 680
artroplastia do disco cervical, 1078
cifoplastia, 1013
cirurgia, 747, 1065, 1462
espinal transtorácica, 1065
transcalosa, 1462
transesfenoidal, 747
costotransversectomia, 1063
craniectomia para ICH, 1342
craniotomia, 591
consciente, 1433
para aneurisma, 1201
para AVM, 1244
para CSDH, 899
para EDH agudo, 894
para fratura comprimida no crânio, 883
para tumor, 591, 593
infratentorial, 593

supratentorial, 591
retrossigmoide para SV, 681
SDH agudo, 894
derivação ventricular, 1514
descompressão
microvascular, 488
discectomia lombar, 1051
dispositivo de acesso
ventricular, 1519
fixação de parafuso
odontoide, 1477
fusão, 1481, 1501
em massa lateral de C1-2, 1481
intersomática lateral, 1501
laminectomia, 1079, 1105, 1108
cervical, 1079
keyhole, 1079
minimamente
invasiva, 1079
lombar, 1105, 1108
± fusão para estenose, 1108
malformação de Chiari, 283
rizotomia percutânea do trigêmeo, 486
Agenesia
do CC, 259, 285
Agente(s)
anestésicos intravenosos, 105
narcóticos na anestesia, 106
para indução, 105
cardiovasculares
para choque, 127
farmacológicos, 1576
para neurocirurgia
endovascular, 1576
abciximab, 1576
amital sódico, 1579
aspirina, 1576
clopidogrel, 1577
eptifibatide, 1577
heparina, 1578
Integrilin®, 1577
nitroglicerina, 1579
papaverina, 1579
Plavix™, 1577
ReoPro, 1576
tPA, 1580
verapamil, 1581
xilocaína, 1581
inalatórios, 104, 105
halogenados, 105
na quimioterapia para tumores
cerebrais, 595
parenterais para HYN, 126
Aggrex®, 1275
AH (Hiper-reflexia Autonômica)
apresentação, 1020
avaliação, 1021
fontes de estímulos, 1020
prevenção, 1021
tratamento, 1021
AHAS (Edema Cerebral de
Grande Altitude), 841-853

AI (Insuficiência Suprarrenal)
cuidados de reposição de
hormônios em, 148
da tireoide, 148
sintomas, 145
AICA (Artéria Cerebelar Inferior
Anterior), 82, 83, 1191
aneurismas de, 1218
considerações
angiográficas, 1218
Aicardi
síndrome de, 260
AIDP (Polirradiculoneuropatia
Desmielinizante Inflamatória
Aguda), 185
AIDS (Síndrome da
Imunodeficiência Adquirida)
envolvimento neurológico em, 329
achados neurorradiológicos, 331
lesões intracerebrais, 332
tratamento de, 332
prognóstico, 334
tipos de, 329
neurossífilis, 331
PCNSL na, 331
PML em, 331
toxoplasmose do CNS, 331
neuropatia e, 547
associada
aos medicamentos, 547
para tratar HIV, 547
AIN (Neuropatia Interóssea
Anterior), 518
AIP (Porfiria Aguda
Intermitente), 111, 186
Albumina
e PPF, 155
Álcool
crises por abstinência de, 464
α-MSH (Hormônio
alfa-Melanócito
Estimulante), 149
ALIF (Fusão Intercorpórea
Lombar Anterior), 1104, 1118, 1493
ALL (Ligamento Longitudinal
Anterior), 1117
ALLR (Liberação do Ligamento
Longitudinal Anterior), 1117
ALS (Esclerose Lateral
Amiotrófica), 178, 369, 1086
clínica, 184
DDX, 184
epidemiologia, 183
exames diagnósticos, 184
patologia, 183
prognóstico, 184
tratamento, 184
Alteração(ões) Sensorial(is)
faciais, 1405
AMAN (Neuropatia Axonal
Motora Aguda), 186

Ameba(s)
infecções do CNS por, 377
Amicar®, 1168
Amiotrofia Neurálgica
da extremidade superior, 543
Amital Sódico, 1579
Amitriptilina
Elavil®, 496
Amrinona
Inocor®, 128
AMS (Doença Aguda das Montanhas), 848
Analgésicos, 132-143
medicamentos adjuvantes para dor, 143
não opioides, 137
opioides, 138
dor, 140
leve a moderada, 140
moderada à severa, 140
severa, 141
para tipos específicos de dor, 137
por desaferentação, 137
secundária, 137
à doença óssea metastática, 137
visceral, 137
princípios orientadores, 137
Anastomose(s)
carótido-vertebrobasilares, 83
de Martins-Gruber, 514
de Richie-Cannieu, 514
Anatomia(s)
cerebral, 61
relação entre a, 61
e as linhas do crânio, 61
ângulo cerebelopontino, 67
craniana, 58-73
complexo occipito-atlantoaxial, 68
forames do crânio, 65
superfície do crânio, 61
CS na imagem axial, 60
da superfície cortical, 58, 60
áreas de Brodmann, 58
lateral, 58
medial, 60
do lobo parietal, 97
macroscópica, 58-73
medular, 58-73
medula espinal, 70
dermátomos, 72
ligamento denticulado, 70
nervos sensoriais, 72
tratos da, 70
referências dos níveis da coluna vertebral, 65
vascular, 75-88
artéria cerebral, 75
territórios cerebrais, 75
vasculatura da medula espinal, 87

venosa cerebral, 85
fossa posterior, 87
sistema supratentorial, 85
Anectine®, 107, 135
Aneurisma(s)
cerebrais, 157, 1191-1205
não rotos, 157
incidentais, 157
SAH por ruptura de, 1191-1205
clipe de, 230
e MRI, 230
cuidados críticos, 1177-1187
clipagem do, 1186
edema pulmonar neurogênico, 1178
NSC, 1177
vasospasmo, 1178
e SAH, 1156-1171
especiais, 1222-1233
familiares, 1226
intracranianos, 1195
rotos, 1195
micóticos, 1228
gigantes, 1229
múltiplos, 1226
neurocirurgia endovascular nos, 1584
embolização com molas, 1587
tratamento da ruptura na, 1587
indicações, 1584
opções endovasculares, 1586
TAs, 1227
tipo por localização, 1210-1220
da ACoA, 1210
da junção vertebrobasilar, 1217
da MCA, 1213
da PCoA, 1212
DACA, 1211
de AICA, 1218
de bifurcação basilar, 1218
de circulação posterior, 1215
do tronco basilar, 1220
na bifurcação da carótida, 1213
supraclinoides, 1214
VAA, 1216
UIA, 1222
Anfetamina(s)
neurotoxicidade, 208
Angina de Peito
SCS na, 1549
Angiografia
cerebral, 310, 1575
na morte cerebral, 310
riscos da, 1575
diagnóstica, 1583
para SAH, 1583
imagens e, 227-236
CAT, 227
cintilográfica, 236

mielografia, 236
MRI, 228
intraoperatória, 1597
para condições variadas, 1575
por cateter cerebral de emergência, 1282
no BHS, 1282
Angioma(s) Venoso(s), 1245
Angiomatose
encefalotrigeminal, 608
Angiomax®, 165
Angioplastia
da carótida, 1297
vasodilatação por, 1184
Angiox®, 165
Anisocoria, 561
Anomalia(s) Primária(s)
craniospinais, 277-291
cisto neuroentérico, 290
defeitos do tubo neural, 287
malformações de Chiari, 277
da coluna, 265-275
disrafismo espinal, 265
espinha bífida, 265
medula espinal, 265
AC na, 265
nervos lombossacrais, 275
anomalias das raízes dos, 275
SCM, 274
síndrome, 271, 272
da medula presa, 272
de Klippel-Feil, 271
intracranianas, 248-262
AC, 248
agenesia do CC, 259
AqS, 258
ausência do septo pelúcido, 260
desenvolvimento craniofacial, 251
DWM, 256
HH, 261
lipomas, 260
Anormalidade(s)
de BV, 1390
de gânglio basal, 1386
Anosmia, 1399
Antagonista(s)
do receptor de H2, 130
Antebraço
compressão do, 532
encarceramento no, 531
Antibiótico(s)
para organismos específicos, 319
na meningite, 319
Anticoagulação
após ICH, 1341
na neurocirurgia, 156
aneurismas cerebrais não rotos, 157
anticoagulantes, 164
coagulopatias, 166
considerações sobre, 156

uso de heparina, 156
manejo de anticoagulantes
antes de, 157
medicação e SAH, 157
anticoagulante, 157
antiplaquetária, 157
pós-operatório de
craniotomia, 157
tromboembolismo na, 167
tumor cerebral, 157
precedendo a ICH, 1336
Anticoagulante(s)
e BHS, 1289
heparina, 164
inibidores, 165
diretos da trombina, 165
do fator Xa, 165
LMWH, 164
lúpico, 167
manejo de, 157
antes de procedimentos
neurocirúrgicos, 157
varfarina, 164
Anticonvulsivante(s)
profiláticos, 594, 828
Antiplaquetário(s)
medicamentos, 160, 161
e procedimentos
neurocirúrgicos, 160, 161
Anton-Babinski
síndrome de, 98
AOD (Luxação Atlantoccipital)
apresentação clínica, 965
avaliação radiográfica, 965
classificação, 963
controle, 965
inicial, 965
subsequente, 966
prognóstico, 966
AOVM (Malformações
Vasculares Angiograficamente
Ocultas), 1246
APD (Defeito Pupilar
Aferente), 561
Apêndice
referência rápida, 1604-1614
quadros e figuras, 1604-1614
apoE (Apoloproteina E)
alelo ε4, 922
Apoplexia, 1396
hipofisária, 720
AqS (Estenose do Aqueduto)
etiologias, 258
na infância, 258
na vida adulta, 258
Aracnoidite
achados radiográficos, 1040
adesiva, 1040
etiologias, 1040
fatores de risco, 1040
Área(s)
de Brodmann, 58
Arixtra®, 165
Armour thyroid®, 148

Arnold-Chiari
malformação de, 284
achados principais, 284
apresentação, 285
avaliação diagnóstica, 285
fisiopatologia, 284
resultados, 286
tratamento, 286
Artéria Carótida
doença da, 1271
aterosclerótica, 1271
sintomática, 1271
estenose da, 1271
assintomática, 1271
lesões contusas da, 851
Artéria(s)
acesso vascular pela, 1582
femoral, 1582
radial, 1582
angular, 63
cerebral(is), 75
anatomia da, 75
circulação anterior, 77
círculo de Willis, 75
intracranianas, 75
segmentos
anatômicos das, 75
de Adamkiewicz, 87
temporal, 197
biópsia de, 197
vertebrobasilar, 1325
dissecção do sistema da, 1325
excluindo a VA, 1326
Arteriotomia
fechamento da, 1583
Artrodese
de C1-2, 1479
Artroplastia
do disco cervical, 1077
AS (Espondilite Anquilosante)
avaliação radiográfica, 1124
DDX, 1125
diagnóstico, 1124
entesopatia, 1123
epidemiologia, 1124
história natural, 1126
quadro clínico, 1124
tratamento cirúrgico, 1126
Asa
meningiomas da, 690, 697
do esfenoide, 697
esfenoidal, 690
aSAH (Hemorragia
Subaracnóidea Aneurismática),
1165
HCP aguda associada à, 1171
ASD (Deformidade da Coluna
Vertebral Adulta), 1111-118
avaliação clínica, 1111
classificação
de SRS-Schwab da, 1112
epidemiologia, 1111
medidas importantes da, 1112
nomenclatura
da escoliose, 1112

parâmetros
espinopélvicos, 1112
teste diagnóstico, 1111
tratamento/manejo, 1113
aumento da LL, 1116
com MIS, 1118
correção
do equilíbrio global, 1116
opções, 1113
ASD (Doença do Segmento
Adjacente)
e CSM, 1093
ASDH (Hematoma Subdural
Agudo), 463
casos especiais de, 897
DASDH, 898
IASDH,898
inter-hemisférico, 897
CT no, 895
tratamento, 896
ASIA (Associação Americana de
Lesão da Coluna Vertebral)
escala de deficiência da, 943
sistema de escore motor, 940
Aspiração
de cisto
intraparenquimal, 1429
na craniotomia, 1429
Aspirina, 1274
indicações, 1576
Plavix® e, 161
posologia, 1576
reversão, 1577
seleção de caso, 1576
Aspirina/ER-dipiridamol
Aggrex®, 1275
Astroblastoma, 649
Astrocitoma(s), 612-625, 789
características patológicas
variadas, 617
classificação dos, 612
desmoplásico infantil, 645
disseminação, 618
epigenética, 616
fatores de risco, 612
genética molecular, 616
gliomas múltiplos, 619
graduação dos, 612, 617
achados
neurorradiológicos, 617
direções da, 615
sistemas, 613
perspectivas futuras, 615
incidência, 612
mutação em IDH ½, 616
neuropatologia, 612
de baixo grau, 615
GBM, 616
malignos, 616
pseudoprogressão, 623
resultados, 624
silenciamento
transcricional, 616
tratamento, 619
anaplásico, 623

Índice Remissivo

de baixo grau, 619
malignos, 621
AT/RT (Tumores
Teratoides/Rabdoides
Atípicos), 666
Ataxia, 1398
ATCCS (Lesões Traumáticas
Agudas da Medula Central), 945
Atlas
fraturas do, 971
avaliação, 971
classificação das, 971
clínica, 971
de Jefferson, 971
estabilidade, 971
resultado, 972
tratamento, 972
pseudopropagação em
crianças do, 933
ATM (Mielite Transversa
Aguda), 187
Atrofia, 1419
das mãos, 1419
do primeiro músculo, 1419
interósseo dorsal, 1419
óptica, 570
Atropina
na morte cerebral, 311
Ausência
crise de, 441
do septo pelúcido, 260
Autorregulação Cerebral
CPP e, 856
Avaliação de Resultado(s),
1358-1362
câncer, 1358
eventos
cerebrovasculares, 1358
lesão, 1358, 1362
à medula espinal, 1362
cefálica, 1358
AVF (Fístula
Arteriovenosa), 1140
Avinza®, 143
AVM(s) (Malformação
Arteriovenosa)
apresentação, 1239
convulsões, 1241
e aneurismas, 1241
hemorragia, 1239
avaliação, 1242
comparação
com aneurismas, 1239
CTA, 1242
graduação, 1242
MRA, 1242
descrição, 1238
embolização de, 1589
epidemiologia, 1239
intervenção
endovascular, 1589
tratadas, 1245
acompanhamento de, 1245

tratamento, 1243, 1290
cirúrgico, 1244
embolização, 1244
pós-operatório, 1590
XRT nas, 1568
AVMs Espinais (Malformações
Vasculares Espinais)
apresentação, 1141
avaliação, 1141
classificação, 1140
da *American/English/French
Connection*, 1140
de Hôpital Bicêtre, 1140
de Spetzler, 1141
e colaboradores, 1141
tratamento, 1142
AVN (Necrose Avascular), 147
AVP (Arginina
Vasopressina), 114, 151
Avulsão
de raiz nervosa, 244
fratura por, 999
e fratura em lágrima, 99
distinção entre, 990
Axid®, 130
Áxis
fraturas do, 972
apresentação, 975
avaliação, 975
classificação, 974
HF, 973
tipos de, 972
tratamento, 976
Ax-LIF (Fusão Intercorpórea
Lombar Axial), 1104

B

BA (Artéria Basilar), 80, 83
Babinski
sinal de, 90
Baclofeno
Lioresal®, 482
BAER (Respostas Evocadas
Auditivas do Tronco
Encefálico), 240
Bainha
controle da, 1583
Barbitúrico(s)
em alta dose, 875
na ICP elevada, 875
BBB (Barreira Hematoencefálica)
edema cerebral e, 90
BBB (Barreira Sangue-Cérebro)
na quimioterapia, 596
para tumores cerebrais, 596
BBPI (Lesão do Plexo Braquial ao
Nascimento), 552
BC (Bulbocavernoso)
reflexo, 943
BCD (Dissociação Bulbocervical),
944, 963
BCs (Cisternas Basais)
obliteração das, 921
BCVI (Lesão Cerebrovascular
Traumática Contusa)

avaliação de pacientes, 849
diagnosticada, 850
tratamento da, 850
Benedikt
síndrome de, 99
Benzodiazepínico(s), 106
Betanecol
Urecolina®, 96
Bexiga Urinária
neurofisiologia da, 91
avaliação da função vesical, 94
compressão
da cauda equina, 96
tratamento vesical após, 96
disfunção da, 92
motora, 92
sensorial, 92
tratamento farmacológico, 95
vias centrais, 91
BHS(s) (Acidente Vascular
Encefálico)
avaliação de, 1280-1297
angiografia por cateter
cerebral
de emergência, 1282
CAT, 1280
CT de perfusão, 1281
CTA, 1281
escala do NIH, 1282
histórico, 1280
MRI, 1281
de perfusão, 1282
condições especiais,
1301-1318
bypass EC/IC, 1317
CVVT, 1308
embolia cerebral
cardiogênica, 1304
ICA ocluída totalmente, 1301
infarto(s), 1302, 1303
cerebelar, 1302
malignos da MCA, 1303
MMD, 1313
por oclusão
rotacional da VA, 1307
VBI, 1305
fisiologia do, 1264-1277
circulação colateral, 1265
definições, 1264
doença da artéria carótida
aterosclerótica, 1271
em adultos, 1269
hemodinâmica vascular, 1264
síndromes de oclusão, 1265
lacunares, 1267
síndromes lacunares, 1268
tratamento, 1280-1297
angioplastia da carótida, 1297
CEA, 1290
colocação de *stent*, 1297
de TIA, 1282
fundamento lógico para,
1280
agudo, 1280
terapia, 1286, 1287

Índice Remissivo

endovascular, 1287
não direcionada ao trombo, 1287
trombolítica, 1286
BI (Invaginação Basilar/Impressão Basilar)
condições associadas, 218
medidas usadas, 218
na RA, 1137
subtipos de, 217
terminologia, 217
Bifurcação
basilar, 1218
aneurismas de, 1218
da carótida, 1213
aneurisma da, 1213
Biópsia
do nervo sural, 1520
anatomia aplicada, 1520
cuidados
pós-operatórios, 1521
indicações, 1520
manuseio do nervo, 1521
riscos
do procedimento, 1520
técnica, 1520
estereotáxica, 1442
complicações, 1442
contraindicações, 1442
rendimento, 1442
Bivalirudina
Angiomax®, 165
Angiox®, 165
BLF (Facetas Bilaterais Bloqueadas), 992
Bloqueio Muscular
competitivo, 136
reversão do, 136
Bloqueio(s) Nervoso(s)
do gânglio estrelado, 1521
intercostal, 1522
simpático lombar, 1521
BMP (Proteínas Morfogênicas Ósseas), 1439
Bobbing
ocular, 301, 570
Bomba
de infusão de fármacos, 1546
implantável, 1546
de prótons, 130
inibidores da, 130
Bow Hunter, 1307
BP (Paralisia de Bell), 577
BP (Plexo Braquial), 510
nervos originados do, 511
axilar, 511
escapular dorsal, 512
mediano, 511
musculocutâneo, 512
radial, 511
subescapular, 513
supraescapular, 513
torácico longo, 514
toracodorsal, 513
ulnar, 511

neuropatia do, 542, 544, 550
por radiação, 544
lesões, 550
variantes anatômicas, 514
anastomose, 514
de Martins-Gruber, 514
de Richie-Cannieu, 514
BP (Pressão Sanguínea)
e traumatismo craniano, 826
BPC (Cisto da Bolsa de Blake), 256
Brevibloc®, 127
Brevital®, 132
Brodmann
áreas de, 58
Bromocriptina
Parlodel®, 740, 742
Brown-Séquard
síndrome de, 947, 1086
e MSC, 1086
BSF (Fraturas da Base do Crânio)
diagnóstico, 885
tipos específicos de, 884
de clivo, 884
do CO, 885
ósseas temporais, 884
tratamento, 885
BSG (Glioma do Tronco Encefálico)
apresentação, 633
avaliação, 633
patologia, 633
prognóstico, 634
tratamento, 634
BT (Tempo de Sangramento), 160
BTH (Cefaleia em Trovoada Benigna), 1158
BUN (Nitrogênio Ureico do Sangue), 297
BV (Corpos Vertebrais)
anormalidades nos, 1390
BVI (Lesões Contusas da Artéria Verterbal)
avaliação, 853
CVA secundária à, 853
etiologias, 852
resultado, 853
tratamento, 853
Bypass
EC/IC, 1317
para doenças oclusivas, 1317
ateroscleróticas, 1317

C

C1
fraturas de, 971
avaliação, 971
classificação das, 971
clínica, 971
de Jefferson, 971
estabilidade, 971
resultado, 972
tratamento, 972

C1-2
fraturas combinadas de, 982
resultado, 983
tratamento, 983
lesões combinadas de, 982
resultado, 983
tratamento, 983
C2
fraturas de, 972, 982
apresentação, 975
avaliação, 975
classificação, 974
diversas, 982
HF, 973
tipos de, 972
tratamento, 976
CAA (Angiopatia Amiloide Cerebral), 1334
Cabeça
estabilização da, 1426
fixação com pinos, 1426
lesões na, 913-926
complicações, 918-926
hidrocefalia
pós-traumática, 920
tardias, 923
de pacientes
pediátricos, 913-917
céfalo-hematoma, 914
fraturas no crânio, 914
gerenciamento, 913
NAT, 916
resultados, 914
gerenciamento a longo
prazo, 918-926
das vias aéreas, 918
DVT, 918
nutrição em, 918
resultados, 918-926
idade, 920
prognosticadores, 921
Cabergolina
Dostinex®, 740
CAD (Doença de Artéria Coronária), 313
CADASIL (Arteriopatia Cerebral Autossômica Dominante com Infartos Subcorticais e Leucoencefalopatia), 202
Calcificação(ões)
intracranianas, 1380
Calosotomia
do CC, 1555
contraindicações, 1555
detalhes técnicos, 1556
indicações, 1555
síndrome da desconexão, 1556
CAM (Meningite Adquirida na Comunidade), 318
Campo(s) Visual(is)
déficits do, 559
divisão macular, 559
preservação, 559
Canal de Guyon, 531

Câncer(es)
avaliação de resultados, 1358
em metástases
cerebrais, 801, 805
esofágico, 805
primários, 801
de pulmão, 802
Candida
infecções por, 339
Caniotomia
infecção de feridas de, 348
CPR, 348
Capsaicina
Zostrix®, 496
Captação Difusa
de cauda equina, 1394
de raiz nervosa, 1394
Carafate®, 131
Carcinoma Hipofisário, 718
Cardene®, 126
Carótida
aneurisma
da bifurcação da, 1213
dissecção de, 1593
acompanhamento, 1594
anticoagulação, 1594
características
angiográficas, 1593
implante de *stent*, 1594
com embolização com
molas, 1594
sem embolização com
molas, 1594
intervenção
endovascular, 1594
terapia antiplaquetária, 1594
tratamento, 1594
CAT, *ver CT*
Cateter
de pós-carga, 1572
lombar, 1510
drenagem de CSF com, 1510
Cateterismo
cardíaco, 548
neuropatia após, 548
ventricular, 1512
Cauda Equina
compressão da, 96
tratamento vesical após, 96
captação difusa de, 1394
Cavador de Barro
fratura do, 988
CBA (Cessação da Atividade
Cerebral)
estabelecimento
da causa de, 307
CBF (Fluxo Sanguíneo Cerebral),
104, 856
e utilização de O_2, 1264
CBV (Volume de Sangue no
Cérebro), 104
CBZ (Carbamazepina)
Tegretol®, 446, 481
CC (Corpo Caloso)
agenesia do, 257, 259, 285

achados neuropatológicos
associados, 259
incidência, 259
possível apresentação, 260
calosotomia do, 1555
contraindicações, 1555
detalhes técnicos, 1556
indicações, 1555
síndrome
da desconexão, 1556
disgenesia do, 285
CCAAs (Aneurismas da Artéria
Carótida Cavernosa Não Rotos),
1225
CCB (Bloqueador dos Canais de
Cálcio), 126
CCF (Fístula
Carotídeo-Cavernosa), 1256
acompanhamento, 1593
apresentação, 1257
avaliação, 1257
embolização de, 1592
intervenção
endovascular, 1592
tratamento, 1257, 1592, 1593
CCHD (Doença Cardíaca
Cianótica Congênita), 321
CCS (Síndrome Medular Central)
apresentação, 944
avaliação, 945
história natural, 945
indicações cirurgicas, 945
patomecânica, 944
tratamento, 945
CD (Conjunto de Marcadores de
Diferenciação), 600
CD (Doença de Cushing), 723
adrenalectomia para, 743
resultados bioquímicos, 754
tratamento, 743
XRT selar para, 745
CDJ (Doença de
Creutzfeldt-Jakob), 238
adquiridas por príons, 367
apresentação, 369
diagnóstico, 369
epidemiologia, 367
esporádica, 368
hereditária, 367
patologia, 368
prognóstico, 371
transmissão iatrogênica de, 368
tratamento, 371
vCDJ, 368
CEA (Antígeno
Carcinoembrionário), 248
como marcador tumoral, 601
CEA (Endarterectomia da
Carótida)
condições cirurgicas, 1291
de emergência, 1295
fatores de risco, 1291
pré-operatórios, 1291
indicações, 1290
momento oportuno, 1291

relativo ao BHS agudo, 1291
técnica operatória, 1294
Cefaleia, 174
associada a
tumores cerebrais, 590
características clínicas, 1158
em salvas, 175
enxaqueca, 175
pós-LP, 1508
pós-operatória, 1431
na craniotomia, 1431
Céfalo-hematoma
em pacientes pediátricos, 914
tratamento, 914
Cegueira
binocular, 1401
monocular, 1401
por HCP, 396
apresentação, 398
fisiopatologia, 398
prognóstico, 398
transtornos visuais, 397
Celontin®, 453
Célula(s) Gigante(s)
do osso, 797
tumores de, 797
Ceratite
neuroparal, 484
Cérebro
lessões no, 908-912
por GSWH, 908-912
avaliação, 909
complicações tardias, 908
primárias, 908
secundária, 908
tratamento, 909
sem penetração
de projétil, 908-912
com flechas, 911
corpo estranho ainda
incorporado, 911
cuidado pós-operatório, 912
indicação para angiografia
pré-operatória, 911
técnicas cirúrgicas, 911
CES (Síndrome da Cauda
Equina), 1050, 1123
decorrente de HLD, 1051
Cetorolaco
de trometamina, 138
Toradol®, 138
CHF (Insuficiência Cardíaca
Congestiva), 310
Chiari
malformações de, 284
outras, 286
tipo 0, 286
tipo 1, 5, 286
tipo 3, 286
tipo 4, 287
tipo 2, 284
achados principais, 284
apresentação, 285
avaliação diagnóstica, 285
fisiopatologia, 284

resultados, 286
tratamento, 286
Choque
agentes cardiovasculares
para, 127
classificação, 127
medular, 931
Ciática
etiologias, 1410
radiculopatia na, 1412
características que
diferenciam a, 1412
tumores extraespinais
causadores de, 1412
Cicatrização
peridural, 1041
avaliação radiológica, 1041
MRI, 1042
CIDP (Polirradiculoneuropatia
Desmielinizante Imune
Crônica), 186
CIDP (Polirradiculoneuropatia
Desmielinizante Inflamatória
Crônica), 545
Cifoplastia, 1011
Cifose
de Scheuermann, 1130
CIM (Malformação de Chiari I)
associações, 278
avaliação, 280
clínica, 278
complicações operatórias, 283
epidemiologia, 278
história natural, 279
resultados da operação, 284
tratamento, 282
Cintolografia
com gálio, 236
óssea, 236
de três fases, 236
CIP (Polineuropatia da Doença
Crítica), 542
Circulação
anterior, 77
ACA, 80
ECA, 77
ICA, 78
MCA, 80
variantes anatômicas, 77
colateral, 1265
para estenose/oclusão, 1265
da ICA, 1265
vertebrobasilar, 1265
posterior, 80, 1215, 1266
aneurismas da, 1215
hidrocefalia, 1215
BA, 83
PCA, 83
VA, 80
variantes anatômicas, 80
Circulo de Willis, 75
Cirurgia(s)
ablativa, 1526
para doença
de Parkinson, 1526

cerebral funcional, 1524
alvos típicos usados, 1524
descompressiva de
emergência, 960
indicações na SCI, 960
informação geral, 1426-1443
corantes
intraoperatórios, 1426
cranioplastia, 1436
craniotomia, 1428
enxerto ósseo, 1437
equipamento da sala
cirúrgica, 1426
estereotáxica, 1441
hemostasia cirúrgica, 1428
mapeamento
intraoperatório, 1432
transesfenoidal, 747, 753
resultado após, 753
bioquímicos, 753
déficit visual, 753
técnica, 748
± WBXRT, 810
nas metástases
cerebrais, 810
CIS (Síndrome Clínicamente
Isolada), 180
Cisatracúrio
Nimbex®, 107, 136
Cisto(s)
aracnoide, 256
retrocerebelar, 256
intracranianos, 1374
cavidade
da linha média, 1374
CSP, 1375
gerais, 1374
intraespinais, 1394
intraparenquimal, 1429
aspiração
na craniotomia de, 1429
neuroentérico, 290
intracraniano, 291
pancreáticos, 705
renais, 705
semelhantes a
pseudotumorais, 756-764
coloide, 756
CP, 763
epidermoides, 761
RCC, 756
tumores, 760
dermoides, 760
epidermoides, 760
Cistoadenoma(s)
de ligamento largo, 705
Citoqueratina(s), 598
Clipagem do Aneurisma
pedidos
pós operatórios de, 1186
Clipe de Aneurisma
e MRI, 230
Clivo
fraturas de, 884

Clonazepam
Klonopin®, 454
Clopidogrel, 161
indicações, 1577
Plavix®, 1275
posologia, 1577
reversão, 1577
seleção de caso, 1577
Cloridrato
de flavoxato, 95
Urispas®, 95
de imipramina, 95
Tofranil®, 95
CM (Malformação
Cavernosa), 1247
apresentação, 1248
avaliação, 1249
angiografia, 1249
considerações familiares, 1249
CT, 1249
MRI, 1249
epidemiologia, 1248
genética, 1248
história natural, 1248
convulsões, 1249
hemorragia, 1248
patologia, 1248
prognóstico, 1251
tratamento/manejo, 1249
cirurgia, 1250
recomendações, 1249
SRS, 1251
visão geal, 1249
CM (Meningite Carcinomatosa)
clínica, 811
diagnóstico, 811
sobrevida, 812
CMRO$_2$ (Taxa Metabólica
Cerebral
de Oxigênio), 104, 1265
CMS (*Center for Medicare
Services*), 313
CMT (Charcot-Marie-Tooth), 541
CNS (Sistema Nervoso Central)
administração
de narcóticos no, 1545
intraespinais, 1545
intraventriculares, 1547
infecções do, 371, 376, 377
fúngicas, 376
envolvimento
criptocóccico, 376
parasitárias, 371
equinococose, 375
neurocisticercose, 371
por amebas, 377
linfomas do, 710
apresentação, 711
avaliação, 712
epidemiologia, 710
exames diagnósticos, 712
patologia, 711
primário, 710
fatores de risco
aumentado, 710
versus secundário, 710

Índice Remissivo 1623

prognóstico, 713
tratamento, 713
metástases dos tumores
primários do, 800
expansão, 800, 801
neural, 801
pelas vias liquóricas, 800
vasculite isolada do, 200
apresentação, 200
avaliação, 200
prognóstico, 200
tratamento, 200
CO (Monóxido de Carbono)
neurotoxicidade, 208
Coagulopatia(s)
correção das, 166
DIC, 167
PTT pré-operatório elevado, 167
reversão dos anticoagulantes,
166
Cocaína
efeitos farmacológicos da, 207
agudos, 207
toxicidade, 208
Coccidínia
avaliação, 1039
etiologias, 1038
recorrência, 1039
tratamento, 1039
Coleção(ões)
líquidas extra-axiais, 903
em crianças, 903
crônicas sintomáticas, 904
DDX, 903
subdurais benignas, 904
da infância, 904
apresentação, 904
tratamento, 904
Colesterol
granuloma de, 761
distinção de, 761
Collet-Sicard
síndrome de, 100
Collins
lei de, 664
Coluna
fraturas da, 1002-1015
osteoporóticas, 1008
toracolombar, 1005
infecções da, 339-360
abscesso do psoas, 359
discite, 355
SEA, 349
VO, 353
lombossacra, 1102
medidas normais da, 1102
radiografia de, 212, 216
cervical, 212
achados normais, 212
ADI, 213
PADI, 213
pediátrica, 214
regra de Spence, 213
LS, 216

Coluna Cervical
anormalidades da, 1151
junção craniocervical e, 1151
condições associadas, 1151
tipos de, 1151
tratamento, 1151
avaliação radiológica, 952, 954
imobilização cervical, 953
instabilidade da, 952
critérios clínicos para
excluir, 952
simples, 954
achados, 957
em flexão-extensão, 956
exame de CT não é
apropriado/
disponível, 955
mielograma, 957
MRI emergencial, 957
recomendações de
imagem, 954
técnica, 956
envolvimento da, 1134
na RA, 1134
espinal, 1472-1487
abordagens
anteriores da, 1472
artrodese de C1-2, 1479
dispositivos
intersomáticos, 1487
de perfil zero, 1487
fusão, 1474, 1479
atlantoaxial, 1479
occipitocervical, 1474
junção craniocervical
anterior, 1472
abordagem
transoral para, 1472
OSF anterior, 1476
parafuso de C2, 1483
VB anterior, 1486
fixação com
parafuso-placa, 1486
estenose da, 1088
lesões da, 957, 987
tração/redução das, 957
aplicação, 958, 959
de halo circular, 958, 959
de pinças, 958
complicações, 960
controvérsias, 958
cuidados
pós-colocação, 959
diretrizes básicas, 958
finalidade, 957
redução das facetas
bloqueadas, 960
radiografia de, 212, 216
achados normais, 212
ADI, 213
PADI, 213
pediátrica, 214
regra de Spence, 213
SLIC da, 986
classificação das, 986, 987

de flexão, 989
de compressão-flexão, 989
modelo de White e Panjabi
de estabiliadde, 987
por compressão vertical, 989
por extensão, 994
fraturas facetárias, 994
massa lateral, 994
menores, 994
por compressão-
extensão, 994
sem lesão óssea, 994
por flexão-distração, 991
distração
por hiperflexão, 991
facetas bloqueadas, 992
subluxação, 991
SCIWORA, 999
subaxial, 996
fraturas da, 996
Coluna Lombar, 1002-1015,
1489-1503
acesso anterior, 1493
junção toracolombar, 1493
ALIF, 1493
consultas clínicas, 1502
pós-operatórias, 1502
fusão, 1502
e lombossacral, 1494
fusão para, 1494
pérolas
da instrumentação, 1494
estenose da, 1096
fusão, 1498, 1502
de faceta, 1502
intersomática minimamente
invasiva, 1498
parafusos, 1494, 1501, 1502
ilíacos, 1502
pediculares, 1494, 1501
lombossacrais, 1494
transfacetários, 1501
S2, 1502
tratamento cirúrgico, 1007
Coluna Sacra, 1002-1015
classificação, 1014
tratamento, 1015
Coluna Torácica, 1489-1503
acesso anterior, 1489
junção, 1489, 1493
cervicotorácica, 1489
toracolombar, 1493
inferior, 1489
abordagem
transtorácica, 1489
média, 1489
superior, 1489
seccionamento
do esterno, 1489
consultas clínicas, 1502
pós-operatórias, 1502
fusão, 1502
fraturas da, 1002-1015
tratamento cirúrgico, 1007

parafusos pediculares
torácicos, 1489
técnica de colocação, 1490, 1491
à mão livre, 1491
com fluoroscopia, 1490
com laminotomia, 1490
Coluna Vertebral, 1489-1503
cirurgia de, 240, 242
monitorização na, 240, 242
do SSEP, 240
condições especiais que afetam a, 1120-1131
AS, 1123
cifose de Scheuermann, 1130
DISH, 1129
hematoma, 1131
epidural, 1131
subdural, 1131
OALL, 1129
OPLL, 1127
PD, 1120
condições com implicações na, 1134-1139
não medulares, 1134-1139
DS, 1138
obesidade mórbida, 1139
RA, 134
estabilidade da, 930
lesões da, 933, 936
em crianças, 933
avaliação, 932
e análogos, 933
relacionadas com futebol americano, 936
coluna do atacante de lança, 937
diretrizes
pré-participação, 937
RTP, 937
terminologia, 936
lesões penetrantes na, 1017-1021
conduta/complicações a longo prazo, 1017-1021
GSWs, 1017
instabilidade
cervical tardia, 1019
SCI, 1019, 1020
trauma penetrante no pescoço, 1017
radiação de, 1562
de emergência, 1562
efeitos colaterais, 1563
RM, 1563
típica, 1562
referências dos níveis da, 65
anatômicas superficiais, 65
tumores da, 783-797
DDX, 783
localização compartimental dos, 783
linfoma, 783
ósseos primários, 792
de células gigantes, 797

OO, 792
osteoblastoma, 792
osteossarcoma, 794
VH, 794
Coma, 296-306
após SAH, 1158
etiologias do, 297
abordagem ao paciente, 298
causas, 297
pseudocoma, 298
hipóxico, 305
mixedematoso, 148
reposição de hormônios da tireoide no, 148
postura, 297
de decerebração, 297
de decorticação, 297
síndromes de herniação, 302
central, 303
estágios, 303
prognóstico após, 304
por massa, 302
infratentorial, 302
supratentorial, 302
uncal, 304
estágios de, 305
Complexo
occipitoatlantoaxial, 68
anatomia do, 68
Componente Celular
hemoterapia, 153
Compressão
aneurismática, 1192
neuropatias
cranianas por, 1192
axilar, 532
da cauda equina, 96
tratamento vesical após, 96
da coluna cervical vertical, 989
lesões por, 989
da porção média superior, 532
do antebraço, 532
do braço, 532
do nervo oculomotor, 563
Concussão, 841-853
CTE, 847
definição, 841
diagnóstico, 842
epidemiologia, 841
exames imaginológicos, 845
fatores de risco, 842
fisiopatologia aguda, 845
genética da, 841
PCS, 846
prevenção da, 846
SIS, 847
testes diagnósticos, 845
tratamento, 846
verus TBI, 842
Condição(ões) Hemorrágica(s)
traumáticas, 891-905
ASDH, 895
coleções líquidas extra-axiais em crianças, 903
contusão hemorrágica, 891

CSDH, 898
EDH, 892
higroma subdural, 902
lesões, 891, 905
expansivas da fossa posterior, 905
parenquimatosas
pós-traumáticas, 891
SDH espontâneo, 901
Conduta
na SCI, 949-960
cirurgia descompressiva de emergência, 960
coluna cervical, 952
avaliação
radiológica, 952, 954
imobilização
inicial, 952, 953
tração/redução das, 957
hospitalar, 950
avaliação inicial, 950
DVT na, 952
estabilização, 950
hipotermia na, 952
MP, 951
terapêutica no local do acidente, 949
Consulta(s) Patológica(s)
intraoperatórias, 596
acurácia das, 596
preparação do tecido, 598
para secções
permanentes, 598
Contraste Meníngeo
captação de, 1385
da leptomeninge, 1385
espessamento de, 1385
Controle da Bainha, 1583
Contusão, 848
hemorrágica, 891
DTICH, 892
tratamento, 891
Convulsão(ões)
após SAH, 1166
AEDs, 1167
epidemiologia, 1167
resultados, 1167
febris, 467
definições, 467
epidemiologia, 468
tratamento, 468
Corante(s)
intraoperatórios, 1426
Cordoma(s)
aparência radiográfica, 778
cranianos, 778
patologia, 778
sacrais, 779
vertebrais, 778
Cordotomia
avaliação pré-operatória, 1542
cervical aberta, 1543
técnica de Schwartz, 1543
percutânea, 1542
complicações, 1543

controle
pós-procedimento, 1543
resultado, 1543
técnica, 1542
Corlopam®, 127
Corpo Carotídeo
tumores do, 653
Córtex
motor, 63, 1432
localização do, 1432
sensitivo primário, 1432
localização do, 1432
Corticosteroide(s)
eixo HPA, 144
supressão do, 144
esteroides, 146
efeitos colaterais dos, 146
hipocorticolismo, 147
terapia de reposição, 144
Corticotrofina, 151
Cotovelo
lesão acima do, 527
CP (Craniofaringioma)
anatomia, 763
epidemiologia, 763
radiação, 764
recorrência, 764
resultados, 764
tratamento cirúrgico, 763
CPA (Ângulo
Cerebelopontino), 291
anatômia do, 67
CPA (Ângulo
Pontocerebelar), 248
CPC (Carcinoma de Plexo
Coroide), 648
CPM (Mielinólise Pontina
Central), 115
CPN (Nervo Fibular Comum)
paralisia do, 535
achados na, 536
anatomia aplicada, 535
avaliação, 537
causas de lesão, 536
tratamento, 537
CPP (Pressão de Perfusão
Cerebral), 104
e autorregulação cerebral, 856
na ICP elevada, 867
CRAG (Angiografia Cerebral com
Radionuclídeos), 310
Craniectomia
suboccipital, 1303
para infartos
cerebelares, 1303
Crânio
anatomia da superfície do, 61
linhas de T-H, 61
pontos craniométricos, 61
relação das linhas, 61
e anatomia cerebral, 61
relação
dos ventrículos com, 64
forames do, 65
e conteúdos, 65

fraturas do, 882-889, 914
BSF, 884
comprimidas, 882
craniofaciais, 886
de Le Fort, 887
nos seios frontais, 886
em pacientes pediátricos, 914
depressivas, 915
PTLMC, 915
expostas depressivas, 915
linear, 882
sobre a convexidade, 882
pneumoencéfalo, 887
infecções do, 339-360
com EVD, 342
de derivação, 339
osteomielite, 348
lesões não neoplásicas no, 779
FD, 780
HFI, 779
radiografias de, 216
BI, 217
sela túrcica, 216
tumores do, 775-781
tumores que se assemelham
a, 775-781
cordoma, 778
dermoides, 776
epidermoides, 776
hemangioma, 776
LCH, 777
osteoma, 775
Cranioplastia
indicações, 1436
material, 1436
sequência temporal, 1436
Craniotomia(s)
cefaleia pós-operatória, 1431
prevenção, 1432
tratamento, 1432
cisto intraparenquimal, 1429
aspiração de, 1429
com broca espiral
para CSDH, 900
com paciente acordado, 1432
contraindicações, 1433
indicações, 1433
orientações no
pré-operatório, 1433
posicionamento
na cirurgia, 1434
sequência anestésica
típica, 1434
conduta, 1429
pós, 1429
pré, 1429
deterioração
pós-operatória, 1431
condutas
para convulsão, 1431
específicas, 1445-1470
abordagens, 1461, 1466
do III ventrículo, 1461
inter-hemisférica, 1466
para ventrículo lateral, 1461

da fossa posterior, 1445
abordagem lateral
extrema, 1451
considerações
pós-operatórias, 1451
indicações, 1445
posição, 1445
suboccipital,1447, 1450
descompressiva, 1467
indicações, 1467
potenciais
complicações, 1467
técnicas, 1467
frontal, 1459
indicações, 1459
pontos perigosos, 1459
técnica, 1459
occipital, 1466
indicações, 1466
posições, 1467
petrosa, 1460
indicações, 1460
técnica, 1460
vantagens, 1460
pterional, 1453
indicações, 1453
técnica, 1453
temporal, 1456
abordagem, 1457
incisão cutânea, 1457
indicações, 1456
padrão, 1458
pequena, 1458
posição, 1457
técnica, 1457
inchaço cerebral, 1429
intraoperatório, 1429
perfuradores cranianos, 1428
pós-operatório de, 157
CRH (Hormônio Liberador da
Corticotrofina), 144
Crioprecipitado, 156
Crise(s)
addisoniana, 147
de ausência, 441
suprarrenal, 738
por HRT da tireoide, 738
tipos especiais de, 461-473
convulsões febris, 467
NES, 464
por abstinência, 464
primeira, 461
PTS, 462
SE, 468
uncinadas, 441
esfenoidal, 690
meningiomas da, 690
Critério(s) de Admissão
para TBI, 830
CRPS (Síndrome Dolorosa
Complexa Regional), 1547
clínica, 498
diagnóstico, 498
auxílio ao, 498

patogênese, 497
SCS na, 1548
sinais, 498
sintomas, 498
tratamento, 498
CS (Síndrome
de Cushing), 723, 734
cSAH (Hemorragia
Subaracnóidea Cortical), 1230
CSDH (Hematoma Subdural
Crônico), 898
apresentação, 899
fisiopatologia, 899
resultado, 901
complicações, 901
tratamento, 899
conduta geral, 899
considerações cirúrgicas, 899
craniotomia, 900
com broca espiral, 900
dreno subdural, 900
opções cirúrgicas, 899
orifícios de trepanação, 900
CSF (Líquido Cerebroespinal),
382-392
absorção, 382
constituintes do, 382
componentes, 382, 383
acelulares, 383
celulares, 382
variação, 383
com a idade, 383
conforme local, 383
drenagem de, 1510
com cateter lombar, 1510
complicações, 1510
contraindicações, 1510
controle, 1510
indicações, 1510
técnica de inserção, 1510
fístula de, 384, 386
avaliação do paciente
com, 387
otorreia, 387
rinorreia, 387
craniana, 384
etiologia traumática, 384
versus
não traumática, 384
possíveis vias de, 384
espinal, 386
meningite em, 386
tratamento da, 388
inicial, 388
pós-operatória, 388
pós-traumática, 388
procedimentos diversos
para, 1512
cateterismo
ventricular, 1512
colocação
de derivação LP, 1517
derivações
ventriculares, 1514
monitor de ICP, 1513

terceira
ventriculostomia, 1517
ventriculostomia, 1513
produção, 382
localização, 382
taxa de, 382
CSF-OCB (Bandas Oligoclonais no
Liquor), 181
CSM (Mielopatia Espondilótica
Cervical)
alterações, 1084
motoras, 1084
sensoriais, 1084
ASD e, 1093
classificação, 1086
esfíncter, 1084
história natural, 1086
reflexos, 1084
síndromes, 1085
CSO (Craniossinostose)
diagnóstico, 252
elevação da ICP, 252
tipos de, 253
CST (Trombose dos Seios
Intracranianos), 1596
intervenção endovascular, 1597
indicações, 1597
tratamento
endovascular, 1597
CSVL (Linha Vertical Sacral
Central), 1112, 1116
CSW (Perda Cerebral de Sal),
110, 111, 114
tratamento da, 118
CT (Tomografia
Computadorizada), 675
axial, 1280
no BHS isquêmico, 1280
cerebral inicial, 833
acompanhamento com, 833
indicações para, 833
CTA, 227
CTP, 228
de perfusão, 1281
no BHS, 1281
pós-mielografia, 236
sem contraste, 227
versus CT
com contraste IV, 227
CTA (Angiografia por Tomografia
Computadorizada), 227
na morte cerebral, 311
no BHS, 1281
CTE (Encefalopatia Traumática
Crônica), 847
aspectos clínicos, 924
demência pugilística, 925
fatores de risco em
boxeadores para, 925
neuroimagem, 926
neuropatologia, 924
CTO (Órteses Cervicotorácicas),
935
CTP (Perfusão por Tomografia
Computadorizada), 228

CTS (Síndrome do Túnel do
Carpo), 519
diagnóstico, 521
diferencial, 521
exames, 521
epidemiologia, 520
etiologias comuns, 520
sinais, 521
sintomas, 521
tratamento, 523
cirúrgico, 524
não cirúrgico, 524
Cuidado(s) Neurocrítico(s)
gerais, 126-131
agentes parenterais para
hipertensão, 126
hipotensão, 127
inibidores de acidez, 129
CUP (Câncer de Local Primário
Desconhecido), 806
CVA (Acidente Cerebrovascular),
232, 1264
isquêmico, 1595
intervenção endovascular,
1595
tPA IV, 1595
secundário à BVI, 853
CVP (Pressão Venosa Central), 112
CVR (Resistência
Cerebrovascular), 1264
CVS (Vasospasmo Cerebral)
características de, 1179
achados, 1179, 1180
clínicos, 1179
correlacionados, 1180
curso com o tempo, 1180
gravidade, 1179
incidência, 1179
diagnóstico, 1182
testes auxiliares, 1182
CVVT (Trombose Venosa
Cerebrovascular)
clínica, 1309
DST, 1310
diagnóstico de, 1310
envolvimento, 1309
frequência relativa do, 1309
etiologias, 1308
fisiopatologia, 1309
prognóstico, 1312
tratamento, 1311
Cyclokapron®, 1168

D

DA (Dopamina), 128
Dabigatrana
Pradaxa®, 165
Rendix®, 165
DACA (Aneurisma de Artéria
Cerebral Anterior Distal), 1156
tratamento, 1211
DAI (Lesão Axonal Difusa), 848
DASDH (Hematoma Subdural
Agudo Tardio), 898

Índice Remissivo

DAVF (Fístulas Arteriovenosas Durais)
apresentação, 1251
avaliação, 1252
  classificação angiográfica, 1252
classificação, 1590
embolização de, 1591
epidemiologia, 1251
etiologia, 1251
história natural, 1253
intervenção endovascular, 1590
tratamento, 1253
  autocompressão manual da carótida, 1253
  cirurgia, 1253
  embolização endovascular, 1253
  SRS, 1255
DBM (Matriz Óssea Desmineralizada), 1439
DBS (Estimulação Cerebral Profunda), 1550
DCD (Doação de Órgãos após Morte Cardíaca)
consentimento, 314
procedimento, 314
DCI (Isquemia Cerebral Retardada)
após SAH, 1185
  medidas específicas para, 1185
definição, 1178
DCS (Estimulação da Coluna Dorsal), 1547
DDAVP®, 166
DDD (Doença Degenerativa do Disco)
cervical, 1083-1093
  avaliação, 1088
  clínica, 1084
  DDX, 1086
  estenose medular cervical, 1093
    e lombar concomitante, 1093
  fisiopatologia, 1083
  tratamento, 1090
lombar, 1096-1109
  apresentação clínica, 1099
  avaliação diagnóstica, 1101
  DDX, 1101
  desfecho, 1108
  doenças associadas, 1099
  fatores de risco, 1099
  substrato anatômico, 1096
    escoliose degenerativa, 1099
    espondilolistese, 1098
    estenose, 1096
    síndrome do recesso lateral, 1097
  tratamento, 1103
    cirurgia, 1104

da espondilolistese ístmica, 1103
  indicações para a cirurgia, 1104
torácico, 1096-1109
  apresentação clínica, 1099
  avaliação diagnóstica, 1101
  DDX, 1101
  desfecho, 1108
    ausência de união, 1108
    morbidade/mortalidade, 1108
    sucesso da cirurgia, 1108
  doenças associadas, 1099
  fatores de risco, 1099
  substrato anatômico, 1096
    escoliose degenerativa, 1099
    espondilolistese, 1098
    estenose do canal central, 1097
    síndrome do recesso lateral, 1097
  tratamento, 1103
    cirurgia, 1104
    da espondilolistese ístmica, 1103
    indicações para a cirurgia, 1104
DDX (Diagnóstico Diferencial)
por localização ou achados radiográficos, 1364-1394
intracraniano, 1364-1388
  anormalidades de gânglio basal, 1386
  calcificações intracranianas, 1380
  cistos intracranianos, 1374
  contraste meníngeo, 1385
    captação de, 1385
    espessamento de, 1385
  hiperdensidades intracranianas, 1380
  IVH, 1386
  lesões, 1364, 1369, 1371, 1375, 1376, 1380, 1381, 1384, 1386, 1387
    com intensificação em anel, 1369
    cranianas, 1376
    da substância branca, 1371
    do lobo temporal medial, 1386
    EC/IC, 1380
    intracranianas, 1387
    intranasais, 1387
    intraventriculares, 1381
    na fossa posterior, 1364
    no seio cavernoso, 1376
    orbitais, 1375
    parasselares, 1371
    periventriculares, 1384
    selares, 1371
    suprasselares, 1371
    talâmicas, 1386

múltiplas ICI, 1368
realce, 1385
  ependimário, 1385
  subependimário, 1385
coluna espinal, 1390-1394
  AAS, 1390
  anormalidades nos corpos vertebrais, 1390
  cauda equina, 1394
    captação difusa de, 1394
  cistos intraespinais, 1394
  fraturas patológicas, 1391
  hiperostose vertebral, 1393
  lesões vertebrais, 1391-1394
    com intensificação nodular, 1394
      no canal espinal, 1394
    destrutivas, 1392
    do áxis, 1391
    sacrais, 1393
  massas epidurais, 1392
  raízes nervosas, 1394
    captação difusa de, 1394
    captantes, 1394
por sinais e sintomas, 1395-1421
  alterações sensoriais, 1405
    faciais, 1405
  anosmia, 1399
  apoplexia, 1396
  ataxia, 1398
  cegueira, 1401
    binocular, 1401
    monocular, 1401
  ciática, 1410
  déficit neurológico transitório, 1398
  dificuldade de deglutição, 1421
  diplopia, 1399
  dor, 1420, 1421
    cervical, 1420
    muscular, 1421
    no pescoço, 1420
  encefalopatia, 1396
  exoftalmo, 1402
  hemiparesia, 1414
  hemiplegia, 1414
  LBP, 1414
  macrocefalia, 1403
  mãos, 1419, 1421
    ardentes, 1421
    atrofia das, 1419
    enfraquecimento das, 1419
  mielopatia, 1407
  neuropatias cranianas, 1399
  paralisias múltiplas de nervos cranianos, 1399
  paraplegia aguda, 1413
  pé caído, 1416
  pertubações da linguagem, 1406
  pés ardentes, 1421

primariamente, 1395-1421
  coluna espinal
    e outros, 1407-1421
    intracraniano, 1395-1406
  problemas de equilíbrio, 1398
  ptose, 1403
  quadriplegia, 1413
  radiculopatia, 1420
  retração palpebral, 1403
    patológica, 1403
  sensibilidade muscular, 1421
  sinal Lhermitte, 1421
  síncope, 1396
  UE(s), 1419, 1420
    atrofia dos, 1419
    cervical, 1420
    enfraquecimento dos, 1419
  zumbido, 1404
DEDH (Hematoma Epidural
  Tardio), 894
Defeito(s)
  do tubo neural, 287
    classificação, 287
    detecção pré-natal de, 290
    exemplos de, 288
    fatores de risco, 290
Déficit(s)
  do campo visual, 559
  neurológicos, 590, 1398
    focais, 590
      associados à tumores
        cerebrais, 590
    transitório, 1398
Deformidade
  da coluna vertebral, 1111
    adulta, 1111
Deglutição
  dificuldade de, 1421
Demência
  bíopsia cerebral para, 174
  definição, 174
  delírio *versus*, 174
  pugilística, 925
    fatores de risco para, 925
  recomendações, 174
    para amostras, 174
DEP (Potencial Evocado
  Descendente), 241
Derivação(ões)
  infecções de, 339
    apresentação, 340
    em crianças, 339
      morbidade das, 339
    epidemiologia, 339
    fatores de risco, 339
    patógenos, 339
    fúngicas, 339
      precoce, 339
      tardia, 339
    tratamento, 341
  inserção da, 1515
    ventriculoatrial, 1516
    ventriculopleural, 1515
  LP, 1517
    avaliação da, 1518

colocação de, 1517
ventriculares, 1514
  cateter ventricular, 1514
  colocação distal
    de caterer, 1515
  conectores, 1515
VP, 342, 1515
  cateter peritoneal, 1515
  com peritonite, 342
  técnica, 1515
    aberta, 1515
    do trocarte, 1510
    solicitações
      pós-operatórias, 1515
Dermátomo(s), 72
  avaliação dos, 942
Descompressão
  cervical posterior, 1078
  do processo
    interespinhoso, 1106
  por MISS, 1105
Desenvolvimento
  craniofacial, 251
    CSO, 252
    encefalocele, 255
    normal, 251
      abóbada craniana, 251
      fontanelas, 251
Desequilíbrio
  DWI-PWI, 233
Desflurano
  Suprane®, 105
Desmielinização Osmótica
  síndrome de, 115
Desmopressina
  DDAVP®, 166
Deterioração
  pós-operatória, 1431
    condutas
      para convulsão, 1431
      na craniotomia, 1431
Detrol®, 95
Detrusor
  arreflexia do,93, 96
  hiper-reflexia do, 92, 95
Devic
  síndrome de, 1409
Dexmedetomidina®, 134
  Precedex®, 107
DI (Diabetes Insípido), 119
  central, 120
    diagnóstico, 121
    teste de privação de água, 122
    tratamento, 123
Diâmetro Pupilar
  alterações no, 561
    anisocoria, 561
    nervo oculomotor, 563
      compressão do, 563
    NMBAs, 564
    pupila, 562, 563
      de Marcus Gunn, 562
      de Adie, 563
      farmacológica, 563

reação paradoxal, 564
exame pupilar, 561
HS, 564
pupila, 560, 561
  dilatador da, 560
  músculo constritor da, 561
reflexo à luz, 561
DIC (Coagulação Disseminada
  Intravascular), 108, 167, 318
Dificuldade
  de deglutição, 1421
DIG (Ganglioglioma
  Desmoplásico Infantil), 645
Dilatador
  da pupila, 560
DIND (Déficit Neurológico
  Isquêmico Atrasado), 1164
Diplegia
  facial, 1401
Diplopia, 1399
Diprivan®, 133, 877, 1204
Discite, 356
  aspectos clínicos, 357
  exame completo, 357
  patógenos, 358
  pós-operatória, 1042
  pós-operatória, 346
  tratamento, 359
Disco
  intervertebral, 1024
    anatomia, 1024
    doenças do, 1024
      nomenclatura
        para as, 1024
Disfagia
  após ACDF, 1075
Disfunção
  da bexiga urinária, 92
    detrusor, 92, 93, 95, 96
      arreflexia do, 93, 96
      hiper-reflexia do, 92, 95
    lesões afetando a, 93
    retenção urinária, 94
  simpática, 102
    e paralisia do CN, 102
      IX, 102
      X, 102
      XI, 102
      XII, 102
DISH (Hiperostose Esquelética
  Idiopática Difusa), 780, 1129
Displasia
  cortical, 287
Dispositivo(s)
  de acesso ventricular, 1518
    indicações, 1518
    punção do reservatório, 151
    técnica de inserção, 1519
  intersomático, 1487
    de perfil zero, 1487
Disrafismo
  espinal, 265
    definições, 265
    lipomielosquise, 269
    MM, 265

Índice Remissivo **1629**

seio dérmico, 270
SOB, 265
Disrupção
dos simpáticos, 564
possíveis locais de, 564
Dissecção(ões)
arteriais cerebrais, 1322-1326
avaliação, 1324
clínica, 1323
epidemiologia, 1323
fisiopatologia, 1322
informações específicas, 1324
da ICA, 1324
do sistema da artéria
vertebrobasilar, 1325,
1326
excluindo a VA, 1326
locais de, 1323
nomenclatura, 1322
resultados gerais, 1324
de carótida, 1593
acompanhamento, 1594
anticoagulação, 1594
características
angiográficas, 1593
implante de *stent*, 1594
com embolização com
molas, 1594
sem embolização com
molas, 1594
intervenção
endovascular, 1594
terapia antiplaquetária, 1594
tratamento, 1594
microcirurgica, 1210, 1212,
1214
do aneurisma, 1210, 1212,
1214
da artéria comunicante
posterior, 1212
da ACoA, 1210
da MCA, 1214
traumáticas, 849
arteriais cervicais, 849
epidemiologia, 849
fatores de risco, 849
apresentação, 849
Distensão
por hiperflexão, 991
da coluna cervical, 991
Distonia, 1528
Distúrbio(s)
endocrinológico, 719
hormônios hipofisários, 719
déficit de produção, 719
secreção hormonal
excessiva, 719
neuromuscular periférico, 1410
neurovasculares, 194-209
diásquise cerebelar
cruzada, 194
PRES, 194
vasculite, 195, 199
vasculopatia, 195, 202

Ditropan®, 95
DKA (Cetoacidose Diabética), 297
DLC (Complexo
Disco-Ligamentar), 986
integridade do, 987
DLIF™ (Fusão Intercorpórea
Lombar Lateral Direita), 1104
DNET/DNT (Tumores
Neuroepiteliais
Disembrioplásicos)
clínica, 646
epidemiologia, 646
imagem, 647
patologia, 646
resultados, 647
Doação de Órgão(s), 307-314
DCD, 314
e de tecidos, 313
considerações gerais, 313
doador em potencial, 313
encaminhamento do, 313
processo da OPO, 313
tratamento médico do, 313
Dobrutex®, 128
Dobutamina, 128
Doença(s)
da artéria carótida, 1271
aterosclerótica, 1271
sintomática, 1271
de Addison, 144
de lobo parietal, 97
síndromes clínicas da, 97
de Marie-Strümpell, 1123
de Ménière, 573
de motoneurônios, 1410
de Recklinghausen, 604
de Rosai-Dorfman, 694
degenerativa do quadril, 1101
neuronais motoras, 182
ALS, 183
vascular periférica, 1549
SCS na, 1549
Doença de Parkinson
tratamento
cirúrgico da, 178, 1524
cirurgia ablativa, 1526
lesões talâmicas, 1526
subtalamotomia, 1526
contexto histórico, 1524
estimulação elétrica, 1526
tendências atuais, 1524
transplante de tecidos, 1525
Doppler
transcraniano, 311
na morte cerebral, 311
Dor(es), 476-498
cervical, 1420
craniofaciais, 477
GeN, 493
nevralgia glossofaríngea, 492
síndromes de, 477
otalgia, 478
TGN, 479
SON, 491
STN, 491

CRPS, 497
medicamentos adjuvantes
para, 143
muscular, 1421
no pescoço, 1420
NPS, 476
oftálmica, 478
PHN, 493
procedimentos para,
1541-1550
administração de narcóticos
no CNS, 1545
cordotmia, 1542
DBS, 1550
DREZ, 1550
escolha do, 1541
mielotomia, 1544, 1545
comissural, 1544
puntiforme
na linha média, 1545
SCS, 1547
tipos de, 1541
tipos específicos de, 137
analgésicos para, 137
por desaferentação, 137
secundária à doença óssea
metastática, 137
visceral, 137
Dostinex®, 740
DPN (Neuropatia Diabética
Proximal), 545
Drenagem
de CSF com cateter lombar, 1510
complicações, 1510
contraindicações, 1510
controle, 1510
indicações, 1510
técnica de inserção, 1510
espinal lombar, 1202
Dreno
subdural, 900
para CSDH, 900
DREZ (Lesões na Zona de Entrada
da Raiz Dorsal)
complicações, 1550
controle pós-operatório, 1550
resultado, 1550
técnica, 1550
Droga(s)
inibidoras
de plaquetas na ICH, 1341
neuropatia induzida por, 546
que afeta
o tamanho pupilar, 562
exposição a, 562
DS (Síndrome de Down)
e coluna vertebral, 1138
AAS na, 1138
DSD (Doença Degenerativa da
Coluna), 1096
DSP (Polineuropatia Distal
Simétrica), 547
DTI (Imagem por Tensores de
Difusão)

e tratos
da substância branca, 234
DTICH (Hemorragia Intracerebral
Traumática Tardia), 892
DTs (*Delirium tremens*), 204, 206
DTT (Tacografia por Tensores de
Difusão), 234
Duane
síndrome de, 570
DVA (Anomalia do
Desenvolvimento
Venosa), 1245
DVT (Trombose Venosa
Profunda), 167
diagnóstico, 168
e lesões na cabeça, 918
na SCI, 952
profilaxia da, 168
tratamento, 169
DWI (Imagem Ponderada em
Difusão), 232
DWM (Malformação de Dandy
Walker)
anormalidades associadas, 257
DDX, 256
epidemiologia, 257
fatores de risco, 257
fisiopatologia, 257
prognóstico, 257
tratamento, 257
DWV (Variante de Dandy
Walker), 256

E

EACA (Ácido
Épsilon-aminocaproico)
Amicar®, 1168
EAM (Meato Acústico Externo), 62
EBI (Lesão Cerebral Precoce)
definição, 1178
EC/IC
(Extracraniano/Intracraniano)
bypass, 1317
para doenças oclusivas
ateroscleróticas, 1317
ECA (Artéria Carótida Externa),
77, 78, 195
ECD (Drenagem Ventricular
Externa), 860
Eco
de gradiente, 229
trem de, 229
ECoG (Eletrocorticografia
Intraoperatória), 1555
ECS (Espaço Extracelular), 90
ECS (Silêncio Eletrocerebral), 310
ED (Extradural)
tumor da coluna, 783
Edema
cerebral, 90, 891
e BBB, 90
pós-traumático, 891
pulmonar, 1178
neurogênico, 1178

EDH (Hematoma Epidural)
agudo, 463
apresentação com, 892
de traumatismo
craniano, 892
avaliação, 893
casos especiais, 894
da fossa posterior, 895
DEDH, 894
DDX, 892
mortalidade no, 893
tratamento do, 893
cirúrgico, 893
clínico, 893
controle, 893
EEG (Eletroencefalograma)
na morte cerebral, 310
ritmos comuns em, 238
surto-supressão, 238
EF (Fração de Ejeção), 313
Efeito Chicote
lesões relacionadas
com o, 930-947
distúrbios associados, 931
EH (Hidrocefalia Externa)
benigna, 400
DDX da, 401
tratamento, 401
Eixo
HPA, 144
supressão do, 144
Elavil®, 496
Eletrodiagnóstico, 238-244
da HCD, 1071
EEG, 238
EMG, 242
EP, 238
NCS, 242
ELS (Saco Endolinfático), 573
ELST (Tumores do Saco
Endolinfático), 705
EMA (Antígeno de Membrana
Epitelial), 248, 599
Embolia Cerebral
cardiogênica, 1304
A-fib, 1304
após AMI, 1304
endocardite, 1305
paradoxal, 1305
valvas cardíacas
protéticas, 1304
Embolização
na dissecção de carótida, 1594
implante de *stent* com
molas, 1587, 1594
implante de *stent* sem
molas, 1594
ruptura
aneurismática na, 1587
de AVM, 1244, 1589
de CCF, 1592
de DAVF, 1253, 1591
endovascular, 1253
de tumor, 1597

Embriologia
da hipófise, 149
e neuroendocrinologia, 149
hormônios hipofisários, 149
seus alvos, 149
seus controles, 149
origem da, 149
EMG (Eletromiografia), 242
da HCD, 1071
definições, 243
na avulsão de raiz nervosa, 244
na CSM, 1089
na plexopatia, 244
para radiculopatia, 243
EMH (Hematopoiese
Extramedular)
compressão epidural
secundária à, 171
tratamento, 171
Enalaprilato
Vasotec®, 126
ENB (Estesioneuroblastoma),
666
diagnóstico, 667
diferencial, 667
graduação patológica, 667
imagem, 667
resultados, 667
sistema de classificação, 667
tratamento, 667
Encarceramento
do quarto ventrículo, 402
na mão, 531
neuropatias periféricas
sem, 541-555
classificação, 541
clínica, 542
etiologias, 541
síndromes de, 542
neuropatias por, 515-538
do nervo, 515, 517, 526, 535
femoral, 535
mediano, 517
obturador, 535
occipital, 515
ulnar, 526
mecanismo de lesão, 515
meralgia parestésica, 534
paralisia do CPN, 535
túnel do tarso, 538
no antebraço, 531
no punho, 531
Encefalite
viral, 364
HSE, 364
leucoencefalite multifocal
por VZV, 366
Encefalocele
classificação, 255
etiologia, 256
resultado, 256
tratamento, 256
Encefalopatia, 1396
Endocardite
diagnóstico, 1305

Índice Remissivo 1631

origem cardíaca, 1305
  detecção da, 1305
  tratamento, 1305
Endocrinologia, 144-152
  corticosteroides, 144
    efeitos colaterais dos
      esteroides, 146
    hipocorticolismo, 147
    supressão do eixo HPA, 144
    terapia de reposição, 144
  hipotireoidismo, 148
    reposição de hormônios da
      tireoide, 148
    dosagem de rotina, 148
  neuroendocrinologia, 149
    embriologia da hipófise e, 149
    hormônios hipofisários, 149
    origem da, 149
Enfraquecimento
  das mãos, 1419
Enoftalmia
  HS e, 564
Enoxaparina
  Lovenox®, 165
Envolvimento
  criptocóccico, 376
  no CNS, 376
Envolvimento Neurológico
  em HIV/AIDS, 329
  achados
    neurorradiológicos, 331
  lesões intracerebrais, 332
  prognóstico, 334
  tipos de, 329
Enxaqueca
  classificação, 175
    basilar, 176
    cefaleia em salvas, 175
    clássica, 175
    complicada, 175
    comum, 175
    equivalente de, 175
    hemiplégica, 175
Enxerto
  ósseo, 1437
    aquisição de, 1440
    avaliação da
      fusão lombar, 1438
    como auxiliares
      para fusão, 1437
    extensores de, 1437
    substitutos de, 1437
    propriedades do, 1438
      aloenxerto, 1439
      autoenxerto, 1439
      BMP, 1439
      cerâmica, 1440
      colágeno, 1440
      DBM, 1439
EOM (Músculo Extraocular)
  sistema de, 97, 565
    INO, 565
    nervos motores
      extraoculares, 568

envolvimento
  múltiplo de, 568
  oftalmoplegia, 568, 569
    dolorosa, 568
    indolor, 569
    OMP, 565
  paralisia do nervo, 567
    abducente, 567
    troclear, 567
EOO (Oftalmoplegia
  Oculomotora Externa), 305
EP(s) (Potencial Evocado), 104, 238
  intraoperatórios, 107, 239
    BAER, 240
    DEP, 241
    monitorização dos, 107
      necessidade de
        anestésicos na, 107
      na cirurgia de coluna
        vertebral, 240
      monitorização
        do SSEP, 240
      TCMEPs, 241
    monitorização
      eletrofisiológica, 242
      notificação do cirurgião, 242
      na cirurgia de coluna
        vertebral, 242
    sensoriais (SEP), 239
Ependimoblastoma, 666
Ependimoma(s), 788
  avaliação, 643
  clínica, 643
  epidemiologia, 642
  espinais, 642
  intracranianos, 642, 643
  mixopapilar, 789
  patologia, 642
  resultados, 644
  tratamento, 644
Epilepsia, 441
  cirurgia de, 1553-1558
    invasivas, 1554
    levemente invasivas, 1553
    não invasiva, 1553
    indicações, 1553
    procedimentos
      cirúrgicos, 1555
      calosotomia do CC, 1555
      MTLE, 1556
      SAH, 1556
    prognóstico, 1557
    riscos da, 1557
    técnicas de avaliação
      pré-cirúrgica, 1553
    técnicas cirúrgicas, 1554
      considerações
        anestésicas, 1555
      ECoG, 1555
      mapeamento cortical
        intraoperatório, 1555
      procedimentos básicos, 1554
    termoterapia intersticial a
      laser, 1557
      guiada por MRI, 1557

tratamento
  pós-operatório, 1557
  mioclônica juvenil, 442
Epinefrina, 129
Epistaxe
  refratária, 1598
Eptifibatide
  indicações, 1577
  posologia, 1577
  reversão, 1577
  seleção de caso, 1577
Equilíbrio
  problemas de, 1398
Equinococose
  tratamento, 375
Equipamento
  da sala cirúrgica, 1426
    estabilização da cabeça, 1426
    microscópico cirúrgico, 1426
    ocular do observador, 1426
ES (Crises Epiléticas)
  classificação das, 440-459
    AEDs, 443
    miscelânia de
      informações, 443
    fatores que reduzem o
      limiar da, 443
    paralisia de Todd, 443
    principais tipos de, 440
    síndromes epiléticas, 441
  diferenciando das, 465
    as NES, 465
ESCC (Compressão da Medula
  Espinal Epidural), 815
Esclerose
  mesial temporal, 441
Escoliose
  degenerativa, 1099
  em medula presa, 272
Esfenoide
  meningiomas da asa do, 697
Esmolol, 106
  Brevibloc®, 127
Espasticidade, 1528
  clínica, 1529
  tratamento, 1529
Espessamento
  de contraste meníngeo, 1385
Espinha
  bífida, 265
Espondilólise
  defeito na
    pars interarticularis, 1107
Espondilolistese
  cirurgia na presença de, 1105
  classificação, 1098
  em adolescentes, 1098
  história natural, 1099
  ístmica, 1103, 1107
    defeito na pars
      interarticularis, 1107
    tratamento da, 1103
  LBP crônica sem, 1036
    indicações de fusão para, 1036
    redução da, 1107
    tipos de, 1098

1632 Índice Remissivo

Esporte
 lesões relacionadas
  com o, 930-947
  diretrizes
   pré-participação, 937
  futebol americano, 936
  RTP, 937
Esquizencefalia, 288
ESS (Síndrome da
 Sela Vazia), 766-774
 primária, 773
  tratamento, 773
 secundária, 773
Estabilização
 da cabeça, 1426
  fixação com pinos, 1426
 do processo
  interespinhoso, 1106
Estado Confusional
 agudo, 174
Estenose
 circulação colateral para, 1265
  da ICA, 1265
  vertebrobasilar, 1265
 da artéria subclávia, 1594
  intervenção
   endovascular, 1594
   indicações para, 1594
  tratamento
   pós-operatório, 1595
   complicações, 1595
   da angioplastia, 1595
   do impante de *stent*, 1595
 da carótida, 1271, 1275
  assintomática, 1271, 1275
 da coluna lombar, 1096
 do canal central, 1097
 LBP crônica sem, 1036
  indicações de
   fusão para, 1036
 medular cervical, 1093
  e lombar, 1093
  concomitantemente, 1093
Esteroide(s)
 doses de estresse, 146
 efeitos colaterais dos, 146
 na ICP elevada, 875
 nas metástases cerebrais, 810
 para tumores cerebrais, 594
 retirada de, 145
 suprarrenais, 743
  bloqueio da síntese dos, 743
  cetoconazol e, 743
Estimulação Cerebral
 profunda, 1524
Etanol
 abstinência alcoólica, 204
  síndrome de, 204
 DTs, 206
 intoxicação, 204
  aguda, 204
 WE, 206
$ETCO_2$ (Concentração de CO_2 no
 Final da Expiração), 104
Etomidato, 106

Etosuximida
 Zarotin®, 452
ETs (Tumores Embrionários),
 658-668
 AT/RT, 666
 ENB, 666
 MB, 664
 PNETs, 663
 sPNETs, 666
ETV (Terceira Ventriculostomia
 Endoscópica), 258
ETV (Ventriculostomia
 Endoscópica do Terceiro
 Ventrículo)
 complicações, 415
 contraindicações, 415
 indicações, 415
 taxa de sucesso, 415
 técnica, 415
EVD (Drenagem Ventricular
 Externa)
 na ICH, 1342
EVD (Dreno Ventricular Externo)
 infecção relacionada com, 342
  apresentação clínica, 344
  definições, 343
  diagnóstico, 344
  epidemiologia, 343
  microbiologia, 343
  prevenção, 345
  princípios de
   tratamento, 344
Evento(s)
 cerebrovasculares, 1358
  avaliação de resultados, 1358
  escalas, 1360
Exame de Congelação, 596
 críticas ao diagnóstico, 597
 dificuldades do, 597
Exoftalmo
 não pulsátil, 1402
 pulsátil, 1402
Extensão
 da coluna cervical, 994
  subaxial, 994
  lesões por, 994
Extensor(es)
 de enxerto ósseo, 1437
  como auxiliares
   para fusão, 1437
Extremidade(s)
 inferiores, 508
  fascículos, 508
  músculos, 508
  raízes, 508
  troncos, 508
 superior, 506, 543
  amiotrofia neurálgica da, 543
  fascículos, 506
  músculos, 506
  nervos, 506
  raízes, 506
  troncos, 506

F

Faceta(s)
 bloqueadas, 992
  BLF, 992
  diagnóstico, 992
  estabilização, 994
  tratamento, 992
  ULF, 992
Famotidina
 Pepcid®, 130
Fármaco(s)
 bomba de infusão de, 1546
  implantável, 1546
 informações do, 95, 96, 105,
  107, 126-136, 138, 140, 143,
  148, 164, 366, 446, 449-457,
  481, 482, 495, 496, 876,
  1168, 1203, 1274
  aciclovir, 366
  ácido tranexâmico, 1168
  adrenalina, 129
  Aggrex®, 129
  Amicar®, 1168
  amitriptilina, 496
  amrinona, 128
  Anectine®, 107, 135
  Angiomax®, 165
  Angiox®, 165
  Arixtra®, 165
  Armour thyroid®, 148
  aspirina, 1274
  aspirina/
   ER-dipiridamol, 1275
  Avinza®, 143
  Axid®, 130
  baclofeno, 482
  betanecol, 96
  bivalirudina, 165
  Brevibloc®, 127
  Brevital®, 132
  capsaicina, 496
  Carafate®, 131
  Cardene®, 126
  CBZ, 449, 481
  Celontin®, 453
  cetorolaco, 138
   de trometamina, 138
  cisatracúrio, 107, 136
  clonazepam, 454
  clopidogrel, 1275
  cloridrato, 95
   de flavoxato, 95
   imipramina, 95
  Corlopam®, 127
  Coumadin®, 164
  Cyclokapron®, 1168
  DA, 128
  dabigatrana, 165
  DDAVP®, 166
  desflurano, 105
  desmopressina, 166
  Detrol®, 95
  Dexmedetomidina®, 134
  Diprivan®, 133®, 877, 1203

Ditropan®, 95
Dobrutex®, 128
dobutamina, 128
EACA, 1168
Elavil®, 496
enalaprilato, 126
enoxaparina, 165
epinefrina, 129
esmolol, 127
etosuximida, 452
famotidina, 130
felbamato, 453
Felbatol®, 453
fenilefrina, 128
fenobarbital, 451
fenoldopam, 127
fentanil, 133
Flomax®, 96
fondaparinux, 165
Forane®, 105
gabapentina, 455, 482, 495
Gabitril®, 457
heparina, 164
Hidantal®, 446
Inderal®, 127
Inocor®, 128
isoflurano, 105
isoproterenol, 129
Isupler®, 129
Keppra®, 454
Klonopin®, 454
labetalol, 126
lacosamida, 457
Lamical®, 456
lamotrigina, 456
lansoprazol, 131
levetiracetam, 454
levophed, 129
levotiroxina, 148
lidocaína a 5%, 496
    adesivos de, 496
Lidoderm®, 496
Lioresal®, 482
Lovenox®, 165
Mephyton®, 166
metoexital, 132
metsuximida, 453
morfina, 143
    de liberação prolongada, 143
Mysoline®, 452
N₂O, 105
NE, 128
Nembutal®, 876
Neo-Synephrine®, 128
Neurontin®, 455, 482, 495
nicardipina, 126
Nimbex®, 107, 136
nizatidina, 130
Norcuron®, 107, 136
Normodyne®, 126
nortriptilina, 496
NTG, 126
omeprazol, 130
oxcarbazepina, 450, 482, 496
oxibutinina, 95

Pamelor®, 496
pantoprazol, 131
pentobarbital, 876
Pentothal®, 133, 877
Pepcid®, 130
PHT, 446
Plavix®, 1275
Pradaxa®, 165
prevacid®, 131
Prilosec®, 130
primidona, 452
procedex, 134
propofol, 133, 877, 1203
propranolol, 127
Protonix®, 131
ranitidina, 130
remifentanil, 133
Rendix®, 165
rocurônio, 107, 135
sevoflurano, 105
Sublimaze®, 133
succinilcolina, 107, 135
sucralfato, 131
sulfato de protamina, 166
Suprane®, 105
Synthroid®, 148
tansulosina, 96
Tegretol®, 449, 481
tiabagina, 457
tiopental, 133, 877
tireoide desidratada, 148
Tofranil®, 95
tolterodina, 95
Topamax®, 456
topiramato, 456
Toradol®, 138
tramadol, 140
Trandate®, 126
Trileptal®, 450, 482, 496
Ultiva®, 133
Ultram®, 140
Ultrane®, 105
Urecolina®, 96
Urispas®, 95
valproato, 451
varfarina, 164
Vasotec®, 126
vecurônio, 107, 136
vidarabina, 366
vigabatrin, 456
Vimpat®, 457
Vira-A®, 366
vitamina K, 166
Zantac®, 130
Zarotin®, 452
Zemuron®, 107, 135
Zonegran®, 455, 496
zonisamida, 455, 496
Zostrix®, 496
Zovirax®, 366
usados na neuroanestesia, 104
    agentes anestésicos, 105
        intravenosos, 105
    agentes inalatórios, 104, 105
        halogenados, 105

diversos, 106
intubação, 107
    paralíticos para, 107
Farmacologia
anticonvulsivante(s), 440-459
    diretrizes gerais, 445
    específicos, 446
Fasciculação(ões)
    versus fibrilações, 505
Fascículo(s)
    das extremidades, 506, 508
        inferior, 508
        superior, 506
Fator Xa
    inibidores do, 165
FD (Displasia Fibrosa), 780
    aspecto clínico, 781
    padrões de envolvimento, 780
    tratamento, 781
Fechamento
    da arteriotomia, 1583
Felbamato, 453
Felbatol®, 453
Fenilefrina
    Neo-Synephrine®, 128
Fenobarbital, 451
Fenoldopam
    Corlopam®, 127
Fenômeno
    de Marcus Gunn, 570
Fentanil
    Sublimaze®, 133
Ferida(s) Operatória(s)
    infecções de, 345
        de craniotomia, 348
        de laminectomia, 345
Ferimento à Bala
    na cabeça, 908
        avaliação, 909
        complicações tardias, 908
        lesões, 908
            primárias, 908
            secundária, 908
        tratamento, 909
FES (Síndrome da Embolia
    Gordurosa)
    resultado, 836
    tratamento, 835
FFP (Plasma Fresco
    Congelado), 166
    albumina, 155
    e PPF, 155
    crioprecipitado, 156
    critérios de transfusão, 155
    dose, 155
Fibrilação(ões)
    fasciculações versus, 505
Fissura
    lateral, 62
    silviana, 62
Fístula
    de CSF, 384, 386
        avaliação do paciente, 387
        otorreia por, 387
        rinorreia por, 387

craniana, 384
etiologia traumática, 384
versus não traumática, 384
possíveis vias de, 384
espinal, 386
meningite em, 386
tratamento da, 388
inicial, 388
pós-operatória, 388
pós-traumática, 388
Fixação
de C3-6, 1485
FLAIR (Inversão-Recuperação
com Supressão de Liquor), 229
Flavoxato
cloridrato de, 95
Urispas®, 95
Flexão
da coluna cervical, 989
subaxial, 989
lesões de, 989
Flexão-Distração
da coluna cervical, 991
lesões por, 991
distensão por
hiperflexão, 991
Fluoroscopia
colocação de
parafusos com, 1490
pediculares, 1490
torácicos, 1490
FM (Forame Magno)
meningiomas do, 693, 698
FMD (Displasia
Fibromuscular), 200
apresentação, 201
diagnóstico, 201
etiologia, 201
tratamento, 201
Foco
epilético, 1557
ressecção do, 1557
prognóstico da, 1557
Foice
meningiomas da, 691, 697
Foix-Alajouanine
síndrome de, 1141
Fondaparinux
Arixtra®, 165
Forame(s)
do crânio, 65
e conteúdos, 65
poro acústico, 66
Foraminotomia
minimamente invasiva, 1080
aberta, 1080
Forane®, 105
Fossa Posterior
anatomia venosa da, 87
EDH da, 895
lesões expansivas da, 905
traumáticas, 905
Foster Kennedy
síndrome de, 99, 691

Fratura(s)
combinadas de C1-2, 982
resultado, 983
tratamento, 983
das colunas, 1002-1015, 1131
lombar, 1002-1015
tratamento cirúrgico, 1007
sacra, 1002-1015
tratamento, 1015
classificação, 1014
torácica, 1002-1015
tratamento cirúrgico, 1007
vertebral, 1131
TSEH associado à, 1131
de C1, 971
de C2, 972
de clivo, 884
do atlas, 971
avaliação, 971
classificação das, 971
clínica, 971
de Jefferson, 971
estabilidade, 971
resultado, 972
tratamento, 972
do áxis, 972
apresentação, 975
avaliação, 975
classificação, 974
HF, 973
tipos de, 972
tratamento, 976
do CO, 885
do crânio, 882-889, 914
BSF, 884
comprimidas, 882
indicações
para cirurgia, 882
tratamento cirúrgico, 883
craniofaciais, 886
de Le Fort, 887
nos seios frontais, 886
em pacientes pediátricos, 914
depressivas, 915
PTLMC, 915
expostas depressivas, 915
simples, 915
linear, 882
sobre a convexidade, 882
pneumoencéfalo, 887
do odontoide, 978
classificação, 978
não consolidação, 980
os odontoideum, 981
sinais, 978
sintomas, 978
tratamento, 979
do tipo explosão, 1008
abordagem, 1008
em bola de pingue-pongue, 916
ósseas temporais, 884
osteoporóticas, 1008
patológicas, 1391
da coluna espinal, 1391
subaxiais, 986-1000

C3 até C7, 986-1000
do cavador de barro, 988
em lágrima, 989
achados, 989
distinção entre fratura por
avulsão e, 990
tratamento, 991
facetárias, 994
classificação, 994
com separação da massa
articular, 994
falha do tratamento não
operatório, 995
tratamento cirúrgico, 996
quadrangulares, 991
sistemas de classificação, 986
das SLIC, 986
modelo de
estabiliadde, 987
de White e Panjabi, 987
tratamento de, 996
cirúrgico, 997
visão geral, 997
toracolombares, 1002
avaliação, 1002
modelo de
três colunas, 1002
TLICS, 1005
tratamento, 1002
estabilidade e, 1005
FSE (Spin-eco Rápida), 229
FSH (Hormônio Folículo
Estimulante), 151
Função Vesical
avaliação da, 94
EMG esfincteriana, 94
IVP, 94
urodinâmica, 94
VCUG, 94
FUO (Febre de Origem
Indeterminada), 196
Furosemida
na ICP elevada, 874
Fusão
atlantoaxial, 1479
considerações técnicas, 1479
indicações, 1479
técnicas de, 1480
da coluna, 1502
consultas clínicas
pós-operatórias, 1502
lombar, 1502
torácica, 1502
de faceta, 1502
do processo
interespinhoso, 1106
interespinhosa, 1483
de Dickman e Sonntag, 1483
técnica de, 1483
intersomática minimamente
invasiva, 1498
por acesso lateral, 1498
retroperitoneal
transpsoas, 1498
occipitocervical, 1474

Índice Remissivo

chapa de quilha da, 1475
de parafuso C1 poliaxial, 1475
   CO para, 1475
imobilização
   pós-operatória, 1476
parafusos, 1476
   atlantoccipitais, 1476
   transarticulares
     occipitais-C1, 1476
suporte pós-operatório, 1476
para coluna lombar, 1494
e lombossacral, 1494
   pérolas da, 1494
para LBP crônica, 1036
   sem espondilolistese, 1036
   sem estenose, 1036

G

GA (Angeíte
  Granulomatosa), 191
Gabapentina
  Neurontin®, 455, 482, 495
Gabitril®, 457
Gálio
  cintilografia com, 236
Gamopatia
  monoclonal, 547
    neuropatia associada à, 547
Gânglio
  basal, 1386
    anormalidades de, 1386
  estrelado, 1521
    bloqueio do, 1521
      técnica, 1521
Gangliocitoma
  displásico, 647
    do cerebelo, 647
      clínica, 647
      imagem, 647
      patologia, 647
      tratamento, 647
Ganglioglioma
  apresentação, 652
  avaliação radiológica, 652
  epidemiologia, 651
  localização, 651
  patologia, 651
  prognóstico, 652
  tratamento, 652
GBCAs (Meios de Contraste à
  Base de Gadolínio), 231
GBM (Glioblastoma)
  desenvolvimento de, 616
    caminhos moleculares no, 616
  primário, 617
    versus secundário, 617
  recentemente
    diagnosticado, 622
    cirurgia redutora para, 622
      terapia adjuvante após, 622
  recorrente, 623
    tratamento, 623
  subclassificação de, 617

GBS (Síndrome de
  Guillain-Barré)
  critérios diagnósticos, 185
  DDX, 186
  exames imagiológicos, 187
  geral, 184
  resultado, 187
  tratamento, 187
  variantes da, 186
    AMAN, 186
    faríngea-cervical-braquial, 186
    GBS atípica, 186
    Miller-Fisher, 186
    sensorial pura, 186
GCA (Arterite de Células
  Gigantes)
  avaliação, 197
  clínica, 196
  DDX, 196
  epidemiologia, 195
  patologia, 196
  resultado, 198
  tratamento, 197
GCS (Escala de Coma de
  Glasgow), 296, 824
GCT (Tumores de Células
  Germinativas), 659
GD (Doença de Graves), 569
GeN (Nevralgia Genicular)
  tratamento, 493
  variantes, 493
Gestação
  e AEDs, 458
    complicações durante a, 459
    controle de natalidade, 458
    defeitos congênitos, 459
GFAP (Proteína Acídica Fibrilar
  Glial), 598
GH (Hormônio do
  Crescimento), 151
GHRH (Hormônio de Liberação
  do Hormônio do
  Crescimento), 151
Gill
  procedimento de, 1107
Giro
  angular, 62
GJT (Tumores do
  Glômus Jugular), 654
Glândula Pineal
  tumores da, 659
    de células pineais, 659
    GCT, 659
Glicocorticoide
  de emergência, 148
Glioma(s)
  angiocêntrico, 649
  coroide, 649
    do 3º ventrículo, 649
  de alto grau, 621
    recentemente
      diagnosticados, 621
      cirurgia para, 621
  de baixo grau, 620
    cirurgia para, 620
    terapias adjuvantes, 620

hipotalâmico, 632
múltiplos, 619
óptico, 631
  apresentação, 632
  avaliação, 632
  patologia, 632
  tratamento, 632
tectais, 634
  avaliação radiográfica, 635
  epidemiologia, 635
  patologia, 635
  tratamento, 635
GnRH (Hormônio Liberador de
  Gonadotrofinas), 151
Gonadotrofina(s), 151
Gradenigo
  síndrome de, 570
Granuloma
  de colesterol, 761
    distinção de, 761
Granulomatose
  de Wegener, 199
    avaliação, 199
    DDX, 199
    tratamento, 199
  linfomatoide, 199
Gravidez
  e ICH, 1169
    tratamento, 1170
      neurocirúrgico, 1170
      obstétrico, 1170
  e MRI, 230
  HCP e, 410
    pacientes com derivações, 410
      tratamento
        pré-concepcional das, 410
    tratamento, 411
      intraparto, 411
Greenberg
  IMHO de, 696
Grisel
  síndrome de, 969
GSPN (Nervo Petroso Superficial
  Maior), 576
GSW (Ferimento por Arma de
  Fogo), 553
  na coluna vertebral, 1017
    indicação para cirurgia, 1017
GSWH (Ferimentos por Arma de
  Fogo na Cabeça)
  lesão no cérebro por, 908-912
    avaliação, 909
      exame físico, 909
      imagem, 909
    complicações tardias, 908
    primária, 908
    secundária, 908
    tratamento, 909
      cirúrgico, 910
      inicial, 909
      monitoramento da ICP, 911
      objetivos da cirurgia, 910
      resultado, 911
      técnica cirúrgica, 910

GTC (Crises Tônico-Clônicas
Generalizadas), 440
Guia de Prática Clínica
aneurisma, 1198
decisão de
tratamento do, 1198
momento da
intervenção para, 1200
roto, 1200
anticonvulsivantes
profiláticos, 828
após TBI, 828
anticonvulsivantes, 595
com tumores cerebrais, 595
AOD, 963
artéria carótida, 1275
estenose
assintomática da, 1275
aSAH, 1171, 1185
HCP associada à, 1171
aguda, 1171
crônica, 1171
tratamento após, 1185
de vasospasmo
cerebral, 1185
de DCI, 1185
ATCCS, 945
BMP, 1074
no enxerto intercorpóreo
cervical, 1074
coluna cervical, 934, 996
subaxial, 996
deslocamento da, 996
fraturas da, 996
avaliação das lesões na, 934
em crianças, 934
corpo do áxis, 982
fratura do, 982
CPP, 867
problemas
relacionados com, 867
CSM, 1089
abordagem
cirúrgica para, 1090
monitoramento
eletrofisiológico, 1090
intraoperatório, 1090
SEPs pré-operatórios
na, 1089
tratamento cirúrgico, 1090
versus não cirúrgico, 1090
CTS, 522, 523
critérios eletrodiagnósticos
para, 522
tratamento da, 523
disco cervical, 1078
artroplastia do, 1078
edema cerebral, 891
pós-traumático, 891
enxertos ósseos, 1437
extensores de, 1437
substitutos de, 1437
fraturas combinadas, 983
do atlas e áxis, 983

fraturas do crânio
comprimidas, 882
gerenciamento cirúrgico, 882
fraturas isoladas, 972, 976, 979
do atlas, 972
do enforcado, 976
do odontoide, 979
fusão lombar, 1029
seleção para, 1029
discografia, 1029
MRI, 1029
para LBP, 1036
sem espondilolistese, 1036
sem estenose, 1036
escolha da técnica de, 1036
da hérnia de disco, 1037
do parafuso pedicular, 1037
com estenose lombar, 1107
e espondilolistese, 1071
sem espondilolistese, 1071
avaliação
radiográfica de, 1438
e resultado, 1438
correlação entre, 1438
fusão subaxial, 1077
avaliação da, 1077
hiperventilação, 827
prévia, 827
profilática, 827
hipotermia profilática, 872
IBP, 826
e oxigenação, 826
ICP, 858
controle da, 872
hiperventilação para, 872
indicações para
monitorização da, 858
limiar terapêutico da, 867
monitores de, 860
profilaxia da
infecção com, 860
intubação, 827
antibióticos para, 827
indicações, 827
laminoforaminotomia
cervical, 1079
LBP, 1036
terapia de injeção para, 1036
lesões, 853, 891
contusas, 853
da artéria vertebral, 853
difusas, 891
manitol, 827
uso prévio de, 827
NPH, 408
diagnóstico da, 408
nutrição, 918
O_2 cerebral, 867
monitorização do, 867
OCF, 967
odontoideum, 981, 982
pacientes com lesão
traumática, 953
assintomáticos e
acordados, 953

avaliação
radiológica em, 953
imagem radiológica em, 954
não avaliável, 954
obnubilados, 954
imobilização cervical em, 953
pacientes pediátricos
menores, 913, 914
lesão na cabeça de, 913, 914
imagem da, 913
observações em casa, 914
placa cervical anterior, 1074
profilaxia DVT, 918
emTBI grave, 918
pseudoartrose cervical, 1077
anterior, 1077
radiculopatia cervical, 1071
técnicas
eletrodiagnósticas, 1071
orientações para
realização de, 1071
SAH, 1167
convulsões após, 1167
terapia antifibrinolítica, 1168
SCI, 951
avaliação hospitalar de, 951
cervical, 952, 958
DVT em, 952
redução fechada da
fratura/luxação na, 958
cuidados intensivos
hospitalares, 951
conduta em, 951
MP, 951
SCIWORA, 999
diagnóstico de, 999
sedação prévia, 826
e paralisia, 826
SLIC, 986
da coluna cervical, 986
tempo, 918
de extubação, 918
de traqueostomia, 918
terapia de apoio, 1103
na DDD, 1103
lombar, 1103
torácico, 1103
TICH, 891
controle cirúrgico, 891
tratamento cirúrgico, 893
das lesões expansivas
traumáticas, 905
da fossa posterior, 905
do ASDH, 896
do EDH, 893
trauma craniano grave, 875
barbitúricos no, 875
glicocorticoides no, 875
UNE, 528
critérios eletrodiagnósticos
para, 528
Guyon
canal de, 531

H

H&H (Hunt e Hess)
  graduação de, 1162
    da SAH, 1162
H2 (Histamina 2)
  receptor de, 130
    antagonistas do, 130
Halo
  aplicação nas lesões, 958
    da coluna cervical, 958
      circular, 958, 959
      colete, 959
HCD (Hérnia de Disco
  Cervical), 1069-1081
  avaliação radiológica, 1070
    CT, 1071
    eletrodiagnóstico, 1071
      EMG, 1071
      NCV, 1071
    mielograma/CT, 1071
    MRI, 1070
  DDX, 1070
  exame físico, 1070
  mielopatia, 1069
  radiculopatia cervical, 1069
    avaliação da, 1070
    sinais importantes na, 1070
  raiz nervosa, 1069
    síndromes da, 1069
  SCI por, 1069
  tratamento, 1071
    cirurgia, 1072
      ACDF, 1072, 1074
      artroplastia do disco
        cervical, 1077
      descompressão
        posterior, 1078
      exames
        pós-operatórios, 1074
      foraminotomia
        minimamente
        invasiva, 1080
      keyhole, 1079, 1080
      laminectomia
        cervical, 1078
      laminotomia
        posterior, 1079
      material do enxerto, 1073
      opções, 1072
      placa cervical
        anterior, 1073
      resultado, 1081
      técnica, 1073, 1080
    conservativo, 1072
hCG (Gonadotrofina Coriônica
  Humana)
  como marcador tumoral, 600
HCP (Hidrocefalia)
  após SAH, 1170
    aguda, 1170
      tratamento, 1170
    crônica, 1171
    traumática, 1170
  aspectos gerais, 394-411

crônica, 400
CT/MRI na, 398
  critérios de, 398
    específicos, 399
DDX da, 399
e gravidez, 410
  pacientes com derivações, 410
  tratamento
    pré-concepcional das, 410
  tratamento, 411
    intraparto, 411
EH, 400
epidemiologia, 394
etiologias da, 394
  específicas, 394
  formas especiais de, 395
ligada ao X, 401
  fisiopatologia, 401
  síndromes L1, 401
NPH, 403
presa, 402
  independência de
    derivação, 402
    desconectada, 402
    não funcional, 402
  quarto ventrículo, 402
    encarceramento do, 402
sinais da, 395
  cegueira, 396
  em adultos, 395
  em crianças, 395
    mais velhas, 395
    pequenas, 395
sintomas da, 395
  em adultos, 395
  em crianças, 395
    mais velhas, 395
    pequenas, 395
tratamento da, 414-435
  médico, 414
    terapia diurética, 414
    retirada de CSF, 414
      da espinha, 414
  cirurgias, 414
    objetivos, 414
    opções cirúrgicas, 414
  ETV, 415
  shunts, 416
    instruções aos
      pacientes, 435
    problemas com, 419
    sistemas específicos de, 427
    técnicas de inserção, 435
HD (Doença de Huntington), 178
Hemangioma
  avaliação radiológica, 776
  tratamento, 776
Hemangiopericitoma, 701
Hematologia, 153-171
  EMH, 171
  hemocomponentes, 153
  terapia de, 153
Hematoma(s)
  da coluna vertebral, 1131
    epidural, 1131

apresentação, 1131
  tratamento, 1131
  TSEH, 1131
  subdural, 1131
epidurais, 165
espinais, 165
Hemianopsia
  bitemporal, 720
Hemicraniectomia, 1467
  para infartos malignos, 1303
    em territórios da MCA, 1303
Hemiparesia, 1414
Hemiplegia, 1414
Hemocomponente(s)
  terapia de, 153
    anticoagulação na
      neurocirurgia, 156
    componente celular, 153
    plaquetas, 154
    proteínas plasmáticas, 155
    transfusões maciças, 153
Hemodinâmica
  vascular, 1264
    CBF, 1264
    $CMRO_2$, 1266
    CVR, 1264
    reatividade
      cerebrovascular, 1265
    reserva cerebrovascular, 1265
    utilização de O_2, 1264
Hemorragia
  cerebelar, 1334, 1337, 1344
    etiologias da, 1334
    técnicas cirúrgicas, 1344
    tratamento de, 1344
  lobar, 1331, 1337
  na MRI, 231
  putaminal, 1336
  talâmica, 1336
Hemostasia
  cirúrgica, 1428
  química, 1428
Hemoterapia
  PRBCs, 153
  sangue total, 153
  transfusão autóloga, 154
Heparina, 160, 164
  contraindicações, 156
  indicações, 1578
  posologia, 1578
  reversão, 1578
  seleção de caso, 1578
Hérnia Discal
  intervertebral, 1046-1066
    achados, 1060
      clínicos, 1060
      radiográficos, 1060
    além do forame, 1059
    apresentação, 1058
    coluna vertebral, 1061
      estimulação da, 1061
    diagnóstico, 1058, 1059
      diferencial, 1058
      radiográfico, 1059
    em pediatria, 1060

foraminais, 1059
HLD, 1046
   achados carecterísticos na
      história, 1047
   achados físicos em
      radiculopatia, 1047
   avaliação radiográfica, 1049
   fisiopatologia, 1046
   tratamento, 1049, 1059,
      1061
   variantes da, 1047
   zonas de herniação, 1046
   intraductal, 1060
   laterais externas, 1058
   resultados, 1061
   tratamento, 1060
torácica, 1061
   abordagens cirúrgicas, 1062
      escolhendo, 1062
      lateral, 1066
      retrocólica, 1066
      transpedicular, 1064
      transtorácica, 1065
   avaliação, 1062
   indicações para cirurgia, 1062
   técnica cirúrgica, 1063
   principais pontos, 1065
Hérnia
   da medula espinal, 1150
      apresentação, 1150
      cirurgia, 1150
      DDX, 1150
      idiopática, 1150
Herniação
   cerebelar, 303
      ascendente, 303
   síndromes de, 302
      central, 303
      por massa, 302
         infratentorial, 302
         supratentorial, 302
      uncal, 304
         estágios de, 305
      tonsilar, 303
Herpes-zóster
   aciclovir para, 494
Heterotopia, 287
HF (Fratura do Enforcado), 973
   apresentação, 975
   avaliação, 975
   classificação, 974
      correlação Levine/Francis, 974
      de Frances et al., 974
         sistema de, 974
      de Levine/Effendi, 974
   tratamento, 976
      cirúrgico, 977
      fraturas, 976
         estáveis, 976
         instáveis, 976
HFI (Hiperostose Frontal
   Interna), 779
   aspecto clínico, 780
   avaliação, 780
   epidemiologia, 780

técnica cirúrgica, 780
tratamento, 780
HFS (Espasmo Hemifacial), 1534
   avaliação, 1535
   compressão vascular, 1535
   etiologias, 1535
   resultados cirúrgicos, 1536
   técnica de MVD, 1536
   tratamento, 1536
HGB(s) (Hemangioblastoma), 789
   apresentação, 702
   avaliação, 702
   cerebelares, 704
   da medula espinal, 704
   da retina, 705
   do tronco encefálico, 705
   epidemiologia, 701
   patologia, 702
   tratamento, 702
   VHL, 703
HH (Hamartomas
   Hipotalâmicos)
   achados clínicos, 261
   exames imagiológicos, 262
   patologia, 262
   tratamento, 262
HHT (Telangiectasia
   Hemorrágica
   Hereditária), 1246
Hidantal®, 446
Hidranencefalia, 288
Hidrocefalia, 303
   pós-traumática, 920
      após SAH, 920
      tratamento cirúrgico, 920
      verdadeira, 920
         diferenciando de
            ex-vácuo, 920
Higroma
   subdural, 902
      traumático, 902
         apresentação, 902
         exames
            imaginológicos, 903
         patogênese, 902
         resultado, 903
         tratamento, 903
Hipercortisolismo
   testes para, 734
Hiperdensidade(s)
   intracranianas, 1380
Hiperflexão
   distensão por, 991
      da coluna cervical, 991
Hiperidrose
   tratamento, 1537
Hipernatremia, 119
   DI, 120
Hiperostose
   vertebral, 1393
Hiper-reflexia
   do detrusor, 92, 95
Hipersensibilidade
   vasculite de, 200

Hipertensão
   agentes parenterais para, 126
Hipocorticolismo
   crise addisoniana, 147
Hipófise
   embriologia da, 149
      e neuroendocrinologia, 149
      hormônios hipofisários, 149
         seus alvos, 149
         seus controles, 149
      origem da, 149
Hiponatremia, 110
   após SAH, 1166
      cenário, 1166
      tratamento, 1166
   avaliação da, 112
   com SIADH, 115
      tratamento da, 115
   CSW, 118
   outras etiologias de, 112
   SIAD, 112
   sintomas, 112
Hipopituitarismo
   pós-traumático, 836
Hipotensão
   agentes cardiovasculares, 127
   classificação, 127
   e traumatismo craniano, 826
   intracraniana, 178
Hipotermia
   na SCI, 952
   profilática, 872
      na ICP elevada, 872
Hipotireoidismo
   reposição de hormônios, 148
      da tireoide, 148
         dosagem de rotina, 148
Hippus, 570
HIT (Trombocitopenia Induzida
   por Heparina), 164
HIV (Vírus da Imunodeficiência
   Humana)
   envolvimento
      neurológico em, 329
      lesões intracerebrais, 332
         tratamento de, 332
      prognóstico, 334
   tipos de, 329
      efeitos primários da
         infecção por, 330
      neurossífilis, 331
      PML em, 331
   medicamentos para tratar, 547
   neuropatia
      associada aos, 547
HLD(s) (Hérnia de Disco
   Lombar), 1031
   achados físicos, 1047
      em radiculopatia, 1047
   avaliação radiográfica, 1049
   cirurgia da, 1036
   em pediatria, 1060
   fisiopatologia, 1046
   história, 1047
   intraductal, 1060

laterais externas, 1058
apresentação, 1058
diagnóstico, 1058, 1059
diferencial, 1058
radiográfico, 1059
tratamento cirúrgico, 1059
discos foraminais, 1059
além do forame, 1059
tratamento, 1049
variantes da, 1047
zonas de herniação, 1046
centrais, 1046
lateral externa, 1047
paramedianas, 1046
HMSN (Neuropatia Motora e Sensorial Hereditária), 541
HNPP (Neuropatia Hereditária com Predisposição a Paralisia por Pressão), 541
HO (Hemorragia Ocular), 1159
HOB (Elevação da Cabeceira da Cama)
na ICP elevada, 872
Hoffmann
sinal de, 90, 91
Holoprosencefalia, 289
Homeostase
do sódio, 110-125
hipernatremia, 119
hiponatremia, 110
Hormônio(s)
hipofisários, 149, 719
déficit de produção, 719
seus alvos, 149
seus controles, 149
HPA
(Hipotálamo-Hipófise-Suprarrenal)
supressão do eixo, 144
esteroides, 145, 146
doses de estresse, 146
retirada de, 145
HPV (Hiperventilação)
intubação e, 826
e traumatismo craniano, 826
na ICP elevada, 872
prévia, 827
profilática, 827
HRT (Terapia de Reposição Hormonal)
nos adenomas hipofisários, 738
HS (Salina Hipertônica)
na ICP elevada, 874
HS (Síndrome de Horner)
disrupção dos simpáticos, 564
possíveis locais de, 564
enoftalmia, 564
miose na, 564
ptose, 564
teste farmacológico na, 565
HSE (Encefalite Herpética), 238
apresentação, 364
epidemiologia, 364
estudos diagnósticos, 364
tratamento, 366

HSP (Prolactina Sérica Humana), 467
HTN (Hipertensão Arterial Sistêmica), 1156
e BHS, 1288
ICH por, 1334
HVA (Ácido Homovanílico), 657
HVF (Campo Visual de Humphrey), 559
HZ (Hérpes-zoster)
tratamento médico para, 494

I

IAD (Injeção de Fármaco Intra-Arterial)
vasodilatação com, 1184
IAR (Ruptura Intraoperatória de Aneurisma)
detalhes da, 1204
epidemiologia, 1204
prevenção, 1204
IAs (Aneurismas Intracranianos), 1161
IASDH (Hematoma Subdural Agudo Infantil)
resultado, 898
tratamento, 898
IB (Braquiterapia Intersticial), 1571
radionecrose, 1572
resultado, 1572
técnicas, 1572
IBD (Doença Inflamatória Intestinal), 1123
IC (Cápsula Interna)
anatomia arquitetônica, 67
hemorragias da, 1332
suprimento vascular, 67
ICA (Artéria Carótida Interna), 78, 87
dissecção da, 1324
e seus ramos, 1266
síndrome de oclusão, 1266
estenose/oclusão da, 1265
circulação colateral para, 1265
totalmente obstruída, 1301
apresentação, 1301
cirurgia, 1301
colocação de stent, 1301
diretrizes, 1302
história natural, 1301
trombólise endovascular, 1301
ICH (Hematoma Agudo Intracerebral), 463
ICH (Hemorragia Intracerebral), 1330-1352
avaliação, 1338
angiografia cerebral, 1338
escore ICH, 1339
imagem de CT, 1338
MRI, 1338
clínica, 1336

deterioração retardada, 1337
edema, 1337
extensão do sangramento, 1337
ressangramento, 1337
lesões específicas na, 1336
concomitância com, 1336
pródromo, 1336
controle inicial da, 1339
anticoagulação após, 1341
drogas inibidoras de plaquetas, 1341
EVD, 1342
IVC, 1342
NovoSeven®, 1341
rFVIIa, 1341
trombocitopenia, 1341
em adultos, 1330, 1345
jovens, 1345
epidemiologia, 1330
fatores de risco, 1330
incidência, 1330
etiologias, 1332
anticoagulação precedendo a, 1336
CAA, 1334
da hemorragia cerebelar, 1334
histórico, 1332
lista de verificação do, 1332
HTN como causa, 1334
lista de, 1332
microaneurismas de Charcot-Bouchard, 1334
tumores cerebrais hemorrágicos, 1335
localizações, 1331
dentro do encéfalo, 1331
da IC, 1332
lobar, 1331
no recém-nascido, 1346
clínica, 1348
diagnóstico, 1349
epidemiologia, 1347
etiologia, 1346
outras causas de, 1352
PIVH, 1346
prevenção, 1347
resultados, 1351
tratamento, 1349
resultados, 1345
tratamento cirúrgico, 1342
ICH (Hemorragia Intracraniana), 160, 194, 1156
gravidez e, 1169
ICHOP (Hemorragia Intracraniana da Gravidez), 1169
tratamento obstétrico após, 1170
IC-HTN (Hipertensão Intracraniana), 857
apresentação clínica, 858
CT, 858
e ICP elevada, 858
tríade de Cushing, 858

ICI (Lesão Intracraniana)
e indicação para CT, 830
baixo risco de, 830
risco para, 830, 831
alto, 83
moderado, 830
ICP (Pressão Intracraniana), 104
elevada, 866, 872
medidas terapêuticas para, 866
CPP, 867
limiares terapêuticos, 866
parâmetros de oxigenação
cerebral, 867
tratamento de, 872
barbitúricos em
alta dose, 875
esteroides, 875
furosemida, 874
hipotermia profilática, 872
HOB, 872
HPV, 872
HS, 874
manitol, 873
monitor de, 1513
dreno de Sump, 1514
remoção, 1514
técnica de inserção, 1513
monitoramento da, 911
em GSWH, 911
neuromonitorização, 856
adjuvantes da, 865
à beira do leito do rCBF, 866
microdiálise cerebral, 866
pBtO$_2$, 865
SjVO$_2$, 865
contraindicações, 859
CPP, 856
e autorregulação
cerebral, 856
duração da, 859
formas de onda da, 863
tipos de, 863
IC-HTN, 857
indicações para, 858
IVC, 861
justificativa, 856
monitores de, 859, 860
normal, 857
princípios da, 856
protocolo de tratamento, 867
detalhes do, 869
cirúrgico, 869
cuidados gerais, 869
medidas para
reduzir a, 870
objetivos, 869
ID-EM (Extramedular Intradural)
tumores da coluna, 783
IIH (Hipertensão Intracraniana
Idiopática), 766
IJV (Veia Jugular Interna), 78, 85
Imagem (ns)
e angiografia, 227-236
CAT, 227
cintilográfica, 236

mielografia, 236
MRI, 228
IMHO
de Greenberg, 696
Imipramina
cloridrato de, 95
Tofranil®, 95
IMSCT (Tumor Intramedular da
Medula Espinal), 783
apresentação, 789
diagnóstico, 784, 788, 790
diferencial, 784, 788
prognóstico, 791
técnica cirúrgica, 791
considerações da, 791
tipos de, 787, 788
específicos, 788
astrocitoma, 789
dermoide, 789
ependimoma, 788
epidermoide, 789
HGB, 789
lipoma, 789
metástases, 789
tratamento, 791
Inchaço Cerebral
intraoperatório, 1429
Inderal®, 127
Indução
agentes usados para, 105
Inervação
muscular, 506
do polegar, 508
movimento do, 508
extremidades, 506, 508
inferiores, 508
superiores, 506
Infarto
cerebelar, 1302
achados clínicos, 1302
iniciais, 1302
tardios, 1302
craniectomia
suboccipital, 1303
indicações cirúrgicas, 1302
hemodinâmico, 1264
malignos da MCA, 1303
hemicraniectomia, 1303
Infecção(ões)
bacterianas, 318-336
das meninges, 318-336
meningite, 318
do parênquima, 318-336
complexas, 318-336
abscesso cerebral, 320, 335
por *Nocardia*, 335
envolvimento neurológico, 329
em HIV/AIDS, 329
LD, 334
SDE, 327
manifestações
neurológicas, 334
da coluna, 339-360
abscesso do psoas, 359
discite, 356

SEA, 349
VO, 353
do crânio, 339-360
de derivação, 339
osteomielite do, 348
relacionada com EVD, 342
não bacterianas, 364-377
CJD, 367
do CNS, 371, 376, 377
fúngicas, 376
parasitárias, 371
por amebas, 377
encefalite viral, 364
pós-cirúrgicas, 339-360
de feridas operatórias, 345
Infundíbulo
tumores do, 727
Infusão
de fármacos, 1546
bomba implantável de, 1546
Inibidor(es)
da secreção, 74
de ácido gástrico, 74
de acidez, 73
diretos, 165
da trombina, 165
do fator Xa,165
INO (Oftalmoplegia
Internuclear), 180, 301, 565
Inocor®, 128
Instabilidade
cervical tardia, 1019
deterioração tardia, 1019
após SCI, 1019
estudos adicionais, 1019
indicações para, 1019
etiologias, 1019
da coluna cervical, 952
critérios clínicos
para excluir, 952
Instrumentação
para coluna lombar, 1494
e lombossacral, 1494
pérolas da, 1494
Insuficiência
das glândulas
suprarrenais, 318, 1404
e macrocefalia, 1404
meningite, 318
síndrome de Waterhouse-
Friderichspageen, 318
Integrilin®
indicações, 1577
posologia, 1577
reversão, 1577
seleção de caso, 1577
Intervenção(ões)
doença específica, 1584
aneurismas, 1584
angiografia
intraoperatória, 1597
AVM, 1589
CCF, 1592
CST, 1596
CVA isquêmico, 1595

DAVF, 1590
dissecção de carótida, 1593
embolização de tumor, 1597
epistaxe refratária, 1598
estenose da artéria
subclávia, 1594
vasospasmo, 1587
VJF, 1593
informação geral, 1426-1443
corantes intraoperatórios, 1426
cranioplastia, 1436
craniotomia, 1428
enxerto ósseo, 1437
hemostasia cirúrgica, 1428
mapeamento
intraoperatório, 1432
cerebral, 1432
cortical, 1432
sala cirúrgica, 1426
equipamento da, 1426
Intubação
antibióticos para, 827
e HPV, 826
e traumatismo craniano, 826
indicações, 827
paralíticos para, 107
IPA (Paralisia Agitante
Idiopática)
clínica, 176
e parkinsonismo secundário, 176
diferenciação clínica da, 176
fisiopatologia, 177
IPG (Pletismografia de
Impedância), 169
Irradiação Craniana
na XRT, 1560
lesão, 1560
necrose, 1560
profilática, 808
para mestástases
cerebrais, 808
Isoflurano
Forane®, 105
Isoproterenol
Isupler®, 129
Isquemia
cerebral, 1202
fisiopatologia da, 1202
Isupler®, 129
ITB (Baclofeno Intratecal), 1531
overdose de, 1532
IUAs (Aneurismas Intracranianos
Não Rotos), 1198
IVC (Cateter Intraventricular), 860
configuração, 861
funcionamento normal do, 861
problemas do, 862
solução de, 863
técnica de inserção, 861
IVC (Ventriculostomia)
na ICH, 1342
IVH (Hemorragia
Intraventricular), 1192, 1386

J

Jackson
síndrome de, 102
Jefferson
fratura de, 971
JF (Forame Jugular)
síndrome do, 100
anatomia aplicada, 100
clínicas, 100
de Collet-Sicard, 100
de Jackson, 102
de Schmidt, 102
de Tapia, 102
de Vernet, 100
de Villaret, 102
JFC (Cistos Justafacetários)
da coluna lombar, 1143
avaliação, 1144
DDX, 1144
patologia, 1143
quadro clínico, 1143
tratamento, 1144
Joelho
de Wilbrand, 559
Junção
cervicotorácica, 1489
acesso anterior à, 1489
seccionamento do
esterno, 1489
craniocervical, 1151, 1472
anterior, 1472
abordagem transoral
para, 1472
e anormalidades da
coluna cervical, 1151
condições associadas, 1151
tipos de
anormalidades, 1151
tratamento, 1151
toracolombar, 1493
acesso anterior à, 1493
abordagem
retroperitoneal, 1493
vertebrobasilar, 1217
aneurismas da, 1217
abordagens
cirúrgicas, 1217
considerações
angiográficas, 1217

K

Kcentra®, 156
Keppra®, 454
Keyhole, 1079
aberta, 1080
Klippel-Feil
síndrome de, 271
apresentação, 272
tratamento, 272
Klonopin®, 454

L

Labetalol
Normodyne®, 126
Trandate®, 126
Lacosamida
Vimpat®, 457
Lágrima
fratura em, 989
achados, 989
distinção entre, 990
e fratura por avulsão, 990
tratamento, 991
Lamical®, 456
Laminectomia
cervical, 1078
dor após, 1548
SCS na, 1548
infecção de feridas de, 345
discite pós-operatória, 346
superficial, 345
lombar, 1104
técnica cirúrgica, 1105
torácica, 1104
Laminotomia
colocação de parafusos
com, 1490
pediculares, 1490
torácicos, 1490
posterior, 1079
minimamente invasiva, 1079
keyhole, 1079
técnica cirúrgica, 1105
Lamotrigina
Lamical®, 456
Lansoprazol
prevacid®, 131
LBP (Lombalgia), 1024-1043
avaliação inicial, 1026
exame físico, 1028
para problemas de, 1028
história, 1026, 1028
sinais de alerta na, 1028
testes diagnósticos, 1028
específicos, 1028
visão geral, 1026
avaliação radiográfica, 1029
cintilografia óssea, 1032
CT lombossacral, 1031
discografia, 1032
mielografia, 1031
MRI, 1030
radiografias simples, 1030
lombossacrais, 1030
cintilografia para, 1032
coccidínia, 1038
crônica, 1037
DDX, 1026, 1414
aguda, 1414
subaguda, 1416
crônica, 1416
determinações de
desfecho, 1026
disco intervertebral, 1024
doenças do, 1024
nomenclatura para as, 1024

dor, 1026
fatores psicossociais, 1033
incapacidade, 1026
medula do VB, 1025
alterações da, 1025
modificação de atividades para, 1034
problemas de, 1032, 1033
eletrodiagnóstico para, 1032
termografia para, 1033
síndrome
pós-laminectomia, 1039
aracnoidite, 1040
cicatrização peridural, 1041
etiologias, 1040
tratamento da, 1042
cirurgia, 1042
discite
pós-operatória, 1042
sintomático, 1042
termos clínicos, 1025
tratamento, 1033, 1036
cirúrgico, 1036
fusão para LBP crônica, 1036
sem espondilolistese, 1036
sem estenose, 1036
opções de, 1037
para HLD, 1036
conservador, 1033
LCH (Histiocitose de Células de Langerhans), 777, 784
aspecto clínico, 777
avaliação, 777
patologia, 777
resultado, 777
tratamento, 777
LCI (Lesão de Continuidade)
NAP em, 509
LD (Doença de Lyme)
manifestações
neurológicas, 334
achados clínicos, 334
diagnóstico, 335
critérios diagnósticos, 335
CSF, 335
sorologia, 335
tratamento, 335
LDD (Doença de Lhermitte-Duclos)
clínica, 647
imagem, 647
patologia, 647
tratamento, 647
Le Fort
fraturas de, 887
Lei
de Collins, 664
Lemire
classificação de, 287
Lennox-Gastaud
síndrome de, 443
Leptomeninge
captação de contraste da, 1385

LEs (Membros Inferiores), 1398
preservação
funcional nas, 1419
atrofia de UEs com, 1419
enfraquecimento
de UEs com, 1419
Lesão(ões)
à medula espinal, 1362
avaliação de resultados, 1362
acima do cotovelo, 527
cefálica, 1358
avaliação de resultados, 1358
cerebrovasculares, 841-853
contusas, 851
da artéria carótida, 851
dissecções traumáticas, 849
arteriais cervicais, 849
contragolpe, 848
da coluna vertebral em crianças, 930-947
avaliação, 932
e análogos, 933
DDX de, 1364, 1369, 1371, 1375, 1376, 1380, 1381, 1384, 1386, 1387, 1391-1394
com intensificação
em anel, 1369
abscesso
versus tumor, 1369
lista, 1369, 1370
completa, 1370
resumida, 1369
com intensificação
nodular, 1394
no canal espinal, 1394
cranianas, 1376
aspecto de
cabelo-na-extremidade, 1378
defeito ósseo, 1377
densidade aumentada, 1378, 1379
desmineralização
difusa do, 1378
destruição do, 1378
espessamento
calvariano, 1378
hiperostose, 1378, 1379
líticas, 1377
pneumocele, 1379
radiolucente, 1377
da substância branca, 1371
do corpo caloso, 1371
leucoencefaloparia, 1371
destrutivas, 1392
da coluna espinal, 1392
do lobo temporal medial, 1386
EC/IC, 1380
intracranianas, 1387
intranasais, 1387
intraventriculares, 1381
tipos de, 1382
múltiplas ICI, 1368
na fossa posterior, 1364
cerebelares, 1364

CPA, 1365
do ápice petroso, 1367
no FM, 1367
no seio cavernoso, 1376
orbitais, 1375
em adultos, 1375
tumores pediátricos, 1376
parasselares, 1371
periventriculares, 1384
baixa densidade, 1384
captantes, 1384
sinal intenso, 1384
sólidas, 1384
sacrais, 1393
selares, 1371
hipofisite, 1373
inflamatórias, 1373
pseudotumores, 1371
síndrome da
sela vazia, 1373
tumores, 1371
vasculares, 1373
suprasselares, 1371
talâmicas, 1386
vertebrais, 1391-1394
do áxis, 1391
de nervos periféricos, 550
classificação das, 550
por projétil, 553
de radiação, 1560
avaliação, 1561
efeitos colaterais, 1561
etiologia dos, 1561
fisiopatologia, 1561
prevenção, 1562
tratamento, 1562
do nervo, 532, 533, 885
abducente, 885
por fratura do clivo, 885
axilar, 532
radial, 532
do occipital, 963-983
ao C2, 963-983
do tronco principal, 517
do nervo mediano, 517
específicas, 93
afetando a bexiga, 93
expansivas traumáticas, 905
da fossa posterior, 905
intra-abdominal, 834
melanocíticas primárias, 701
na cabeça, 913-926
complicações, 918-926
hidrocefalia
pós-traumática, 920
tardias, 923
de pacientes
pediátricos, 913-917
céfalo-hematoma, 914
fraturas no crânio, 914
gerenciamento, 913
NAT, 916
resultados, 914
gerenciamento a longo prazo, 918-926

das vias aéreas, 918
DVT, 918
nutrição em, 918
resultados, 918-926
idade, 920
prognosticadores, 921
na coluna vertebral, 930
integridade da, 930
choque medular, 931
completa, 930
incompleta, 930
nível de, 930
na fossa posterior, 1364
cerebelares, 1364
do ápice petroso, 1367
no CPA, 1365
no FM, 1367
no cérebro, 908-912
por GSWH, 908-912
avaliação, 909
complicações tardias, 908
primárias, 908
secundária, 908
tratamento, 909
sem penetração de projétil,
908-912
com flechas, 911
corpo estranho ainda
incorporado, 911
cuidado pós-operatório, 912
indicação para angiografia
pré-operatória, 911
técnicas cirúrgicas, 911
no crânio, 779
não neoplásicas, 779
FD, 780
HFI, 779
no nervo óptico, 836
indireta, 836
tratamento, 836
occipitoatlantoaxiais, 963-983
AOD, 963
combinadas de C1-2, 982
fraturas, 971, 972, 978
diversas de C2, 982
do atlas, 971
do áxis, 972
do odontoide, 978
luxação/subluxação, 968
atlantoaxial, 968
OCF, 966
parenquimatosas, 891
pós-traumáticas, 891
difusas, 891
edema cerebral, 891
penetrantes na coluna
vertebral, 1017-1021
conduta/complicações a
longo prazo, 1017-1021
GSWs, 1017
instabilidade cervical, 1019
tardia, 1019
SCI, 1019, 1020
deterioração
tardia após, 1019

tratamento
crônico das, 1020
trauma penetrante, 1017
no pescoço, 1017
problemas específicos das, 1568
na XRT, 1568
adenomas
hipofisários, 1570
AVMs, 1568
meningiomas, 1570
metástases, 1569
tumores infiltrativos, 1571
vasculares, 1568
VS, 1570
que se assemelham a tumores
no crânio, 775-781
não neoplásicas, 779
displasia fibrosa, 780
HFI, 779
relacionadas com o efeito
chicote, 930-947
avaliação, 931
classificação clínica, 931
desfecho, 932
tratamento, 931
relacionadas
com o esporte, 930-947
diretrizes
pré-participação, 937
futebol americano, 936
RTP, 937
semelhantes a
pseudotumorais, 756-764
talâmicas, 1528
na doença de Parkinson, 1528
vasculares, 1017
por trauma penetrante no
pescoço, 1017
tratamento cirúrgico, 1018
Leucoencefalite
multifocal, 366
por VZV, 366
Levetiracetam
Keppra®, 454
Levophed, 129
Levotiroxina
Synthroid®, 148
LGB (Corpo Geniculado Lateral),
559, 561
LH (Hormônio Luteinizante), 151
Lhermitte
sinal, 1421
LHRH (Hormônio de Liberação do
Hormônio Luteinizante), 151
Lidocaína, 106
a 5%, 496
adesivos de, 496
Lidoderm®, 496
Li-Fraumeni
síndrome de, 610
Ligamento(s)
de Struthers, 518
denticulado, 70
do complexo, 68
occipitoatlantoaxial, 68

Ligamentotaxia, 1007
Linfoma(s), 710-716
da coluna, 783
do CNS, 710
apresentação, 711
avaliação, 712
epidemiologia, 710
exames diagnósticos, 712
patologia, 711
primário, 710
fatores de risco
aumentado, 710
versus secundário, 710
prognóstico, 713
tratamento, 713
Linfomatose
intravascular, 711
Linguagem
pertubações da, 1406
Lioresal®, 482
Lipoma(s), 789
intracranianos, 260
apresentação clínica, 261
avaliação, 261
epidemiologia, 261
tratamento, 261
Lipomielosquise
lipomielomeningocele, 269
Liponeurocitoma
cerebelar, 646
Lisencefalia, 287
LL (Lordose Lombar)
aumento da, 1116
opções cirúrgicas, 1116
LLIF (Fusão Intersomática
Lombar Lateral), 1116
LMC (Carcinomatose
Meníngea), 811
LMN (Neurônio
Motor Inferior), 182
UMN versus, 504
LMS (Síndrome
Bulbar Lateral), 1302
LMS (Síndrome
Medular Lateral), 1267
LMWH (Heparina de Baixo Peso
Molecular), 160, 164
reversão de, 166
Lobo Parietal
síndromes do, 97
afasia de, 98
anatomia do, 97
clínicas, 97
da doença de, 97
de Anton-Babinski, 98
neurofisiologia do, 97
sensorial cortical, 98
Loubert
síndrome de, 256
Lovenox®, 165
LP (Lomboperitoneal)
derivação, 1517
avaliação da, 1518
colocação de, 1517

LP (Punção Lombar), 1158
  análise laboratorial, 1506
  cefaleia após, 1508
  complicações após, 1507
  contraindicações, 1504
  na SAH, 1160
  nas metástases cerebrais, 806
  risco de herniação tonsilar
    aguda após, 1508
  técnica, 1505
  traumática, 1506
    pesquisa de
      dados úteis com, 1506
LS (Coluna Lombossacral)
  radiografias de, 216
LSF (Fusão Espinal Lombar), 1036
Luxação
  atlantoaxial, 968
Luz
  reflexo pupilar à, 561
LVH (Hipertrofia Ventricular
  Esquerda), 313

M

MAC (Concentração Alveolar
  Máxima), 108
Macroadenoma(s)
  hormonalmente inativos, 738
    tratamento, 738
Macrocefalia, 289, 1403
Malformação(ões) Vascular(es),
  1238-1259
  angiomas venosos, 1245
  AOVM, 1246
  AVM, 1238
  CCF, 1256
  classificação, 1238
  CM, 1247
  da veia cerebral magna, 1255
  DAVF, 1251
  HHT, 1246
  síndrome de
    Osler-Weber-Rendu, 1246
  SSD, 1258
Malformação(ões)
  de Chiari, 284
    outras, 286
      tipo 0, 286
      tipo 1, 5, 286
      tipo 3, 286
      tipo 4, 287
      tipo 2, 284
        achados principais, 284
        apresentação, 285
        avaliação diagnóstica, 285
        fisiopatologia, 284
        resultados, 286
        tratamento, 286
Manitol
  na ICP elevada, 873
    cuidados com, 874
  na sala de emergência, 827
    uso prévio de, 827

Mão(s)
  ardentes, 1421
  atrofia das, 1419
  encarceramento na, 531
  enfraquecimento das, 1419
MAP (Pressão Arterial
  Média), 105
Mapeamento
  intraoperatório, 1432, 1555
    cerebral, 1432
    cortical, 1432, 1555
    da fala, 1435
Marcador(es) Tumoral(is)
  usados clinicamente, 600
    AFP, 600
    CEA, 601
    hCG, 600
    proteína S-100, 601
Marcus Gunn
  fenômeno de, 570
  pupila de, 562
Marie-Strümpell
  doença de, 1123
Martins-Gruber
  anastomose de, 514
Massa(s)
  coma por, 302
  infratentorial, 302
Massa Lateral
  da coluna cervical, 994
    e fraturas facetárias, 994
  de C1-2, 1481
    parafuso em, 1481
    supratentorial, 302
  epidurais espinais, 1392
MB (Meduloblastoma
  avaliação, 665
  biologia molecular, 664
  clínica, 665
  epidemiologia, 664
  implantação, 664
  metástases, 664
  patologia, 664
  prognóstico, 666
  tratamento, 665
MBEN (Meduloblastoma com
  Nodularidade Extensa), 647, 665
MCA (Artéria Cerebral Média),
  76, 80, 1156
  aneurismas da, 1213
MCAP (Malformação
  Megalencefalia-Capilar)
  síndrome da, 289
McCune-Albright
  síndrome de, 781
MEA (Adenomatose Endócrina
  Múltipla), 718
Medicação(ões)
  e SAH, 157
    anticoagulante, 157
    antiplaquetária, 157
  para tumores cerebrais, 594
    anticonvulsivantes
      profiláticos, 594
    esteroides, 594

Medicamento(s)
  adjuvantes para dor, 143
  antiplaquetários, 160
    e procedimentos
      neurocirúrgicos, 160
  informações sobre, 740, 742
    bromocriptina, 740, 742
    cabergolina, 740
    Dostinex*, 740
    octreotida, 742
    Parlodel*, 740, 742
    pegvisomant, 742
    pergolida, 740
    Permax*, 740
    Samavert*, 742
    Sandostatin*, 742
Medula Espinal
  anatomia da, 70
    dermátomos, 72
    ligamento denticulado, 70
    nervos sensoriais, 72
    tratos da, 70
  condições especiais
    que afetam a, 1140-1151
    anormalidades da coluna
      cervical, 1151
    AVMs, 1140
    hérnia da, 1150
    JFC da coluna lombar, 1143
    junção craniocervical, 1151
    PTSx, 1148
    SEL, 1150
    siringomielia, 1144
    SMC, 1142
  disfunção da, 350
    fisiopatologia da, 350
  HGB da, 704
  tumores da, 783-797
    ED, 783
    extramedulares
      intradurais, 785
      meningiomas, 785
      schwannomas, 785
    ID-EM, 784
    IMSCT, 784
  vasculatura da, 87
Medula Presa
  síndrome da, 272
    apresentação, 272
    avaliação pré-operatória, 273
    com MM, 272
    em adultos, 273
    escoliose em, 272
Megacisterna
  magna, 256
Meio(s) de Contraste, 212-225
  em MRI, 231
  na neurorradiologia, 219
    intravascular, 222
    iodados, 219
      com alergias, 221
      com insuficiência renal, 221
      intratecais, 219
      não intratecais, 221
      precauções gerais, 219

Índice Remissivo

Melanoma
e mestástases cerebrais, 803
propedêutica, 803
resultados, 804
tratamento, 804
MEN (Neoplasia Endócrina
Múltipla), 718
Ménière
doença de, 573
Meninge(s)
infecções
bacterianas do, 318-336
meningite, 318
tumores relacionados
com as, 701-707
HGB, 701
lesões melanocíticas
primárias, 701
mesenquimais não
meningoteliais, 701
Meningioma(s), 690-699
apresentação, 695
assintomáticos, 695
avaliação, 695
epidemiologia, 690
espinais, 785
aspecto clínico, 785
epidemiologia, 785
localizações comuns, 690
da asa esfenoidal, 690
da foice, 691
do FM, 693
do plano esfenoidal, 692
do sulco olfatório, 691
parassagitais, 691
TSM, 692
patologia, 693
considerações
diagnósticas, 694
DDX, 694
invasão cerebral, 694
metástases, 694
resultados, 698
tratamento, 696
da asa do esfenoide, 697
da foice, 697
do FM, 698
do sulco olfatório, 698
do TSM 698
parassagitais, 697
XRT nos, 1570
Meningismo
e SAH, 1158
Meningite
antibióticos na, 319
para organismos
específicos, 319
duração do tratamento
para, 320
após procedimentos
neurocirúrgicos, 318
após trauma craniospinal, 318
epidemiologia, 318
patógenos, 318
tratamento, 319

crônica, 319
em fístula de CSF, 386
pós-traumática, 318
recorrente, 319
MEP (Potenciais Evocados
Motores), 241
Mephyton®, 166
Meralgia
parestésica, 534
DDX, 534
ocorrência, 534
sinais, 534
sintomas, 534
tratamento, 534
Metástase(s)
cerebral, 800-812
apresentação clínica, 805
cânceres primários com, 801
de pulmão, 802
esofágico, 805
melanoma, 803
RCC, 805
CM, 811
dos tumores primários do
CNS, 800
localização da, 801
propedêutica, 806
estudos de imagem, 806
LP, 806
rastreamento para
suspeita de, 806
resultado, 810
cirurgia ± WBXRT, 810
esteroides, 810
história natural, 810
metástases múltiplas, 811
SRS, 811
WBXRT, 810
solitária, 800
tratamento, 806
cirúrgico, 809
confirmação do
diagnóstico, 807
decisões de, 807
medicamentoso, 807
XRT, 808
espinais, 789
XRT nas, 1569
Metoexital
Brevital®, 132
Metsuximida
Celontin®, 453
MFG (Giro Frontal Médio), 58
MG (Miastenia Grave), 203
MH (Hipertermia Maligna)
apresentação, 108
prevenção, 109
tratamento, 108
MHT (Tronco
Meningo-Hipofisário), 79
Microcefalia, 289
Microdiálise
cerebral, 866
Microscópio
cirúrgico, 1426
ocular do observador, 1426

Mielite
avaliação, 188
clínica, 188
etiologia, 187
prognóstico, 189
tratamento, 189
Mielografia
cervical, 236
com meio de contraste
hidrossolúvel, 236
via LP, 236
CT após, 236
lombar, 236
Mielopatia
adquirida, 1407
autoimune, 1409
cervical, 1069, 1083-1093
avaliação, 1088
CT, 1089
CT/mielograma, 1089
EMG, 1089
MRI, 1088
radiografia
sem contraste, 1088
SEPs, 1089
clínica, 1084
alterações, 1084
motoras, 1084
sensoriais, 1084
classificação, 1086
esfíncter, 1084
história natural, 1086
reflexos, 1084
síndromes, 1085
DDX, 1086
ALS, 1086
estenose medular
cervical, 1093
e lombar concomitante, 1093
fisiopatologia, 1083
tratamento, 1090
cirúrgico, 1090
não cirúrgico, 1090
congênita, 1407
desmielinizante, 1409
distúrbio neuromuscular
periférico, 1410
doenças de motoneurônios, 1410
infecciosa, 1410
metabólica, 1409
neoplásica, 1408
síndrome de Devic, 1409
tóxica, 1409
vascular, 1408
Mielotomia
comissural, 1544
complicações, 1544
indicações, 1544
resultado, 1544
técnica, 1544
puntiforme, 1545
na linha média, 1545
Migração
anormalidades de, 287
displasia cortical, 287

esquizencefalia, 288
heterotopia, 287
lisencefalia, 287
Millard-Gubler
síndrome de, 99
Miller-Fisher
variante da GBS, 186
Mineralocorticoide
de emergência, 148
Miose
na HS, 564
MISME (Múltiplos
Schwannomas, Meningiomas e
Ependimomas Herdados)
síndrome, 605
MISS (Cirurgia Minimamente
Invasiva de Coluna)
descompressão por, 1105
tratamento da ASD com, 1118
MLF (Fascículo Longitudinal
Medial)
lesão do, 301
MLS (Desvio da Linha Média)
e trauma na cabeça, 921
MM (Mieloma Múltiplo)
apresentação, 714
avaliação, 715
epidemiologia, 714
prognóstico, 716
tratamento, 715
MM (Mielomeningocele)
consequências, 268
diagnóstico pré-natal, 266
embriologia, 265
epidemiologia, 265
alergia a látex em, 266
HCP em, 266
genética, 265
medula presa com, 272
problemas, 268
questões tardias, 268
tratamento, 266
MMD (Doença de moyamoya)
apresentação, 1314
avaliação, 1315
diagnóstico, 1315
epidemiologia, 1314
fisiopatologia, 1313
história natural, 1314
tratamento, 1316
Modelo
de três colunas, 1002
classificação em lesões, 1003
maiores, 1003
menores, 1003
definições, 1003
Modificação de Atividade(s)
para LBP, 1034
Monitor
de ICP, 1513
dreno de Sump, 1514
remoção, 1514
técnica de inserção, 1513
Monitoramento
eletrofisiológico da CSM, 1090
intraoperatório, 1090

Monitorização
da ICP, 858
adjuvantes da, 865
à beira do leito do rCBF, 866
microdiálise cerebral, 866
pBtO$_2$, 865
SjVO$_2$, 865
contraindicações, 859
duração da, 859
elevada, 866
medidas terapêuticas
para, 866
formas de onda da, 863
tipos de, 863
indicações para, 858
IVC, 861
monitores de, 859, 860
complicações dos, 859
tipos de, 860
eletrofisiológica, 242
critérios de, 242
que desencadeiam
notificação
ao cirurgião, 242
Morfina
de liberação prolongada, 143
Avinza®, 143
Morgagni
síndrome de, 780
Mortalidade
possível aumento de, 129
secundário à alteração, 129
do pH gástrico, 129
Morte Cerebral, 307-314
critérios de, 307
armadilhas na
determinação de, 312
CBA, 307
estabelecimento
da causa, 307
clínicos, 307
estados, 309
e legislação local, 309
testes auxiliares de
confirmação, 310
angiografia cerebral, 310
atropina, 311
CRAG, 310
CTA, 311
Doppler transcraniano, 311
EEG, 310
MRA, 311
SSEPs, 311
em adultos, 307
em crianças, 312
estudos auxiliares, 312
exame clínico, 312
MP (Metilprednisolona)
na SCI, 951
MRA (Angiografia por
Ressonância Magnética), 232
na morte cerebral, 311
MRI (Imagem por Ressonância
Magnética)
contraindicações à, 230
clipes de aneurisma e, 230

comuns, 230
gravidez e, 230
de densidade de *spin*, 229
DTI, 234
e tratos da substância
branca, 234
DWI, 232
eco de gradiente, 229
FLAIR, 229
FSE, 229
hemorragia na, 231
meios de contraste em, 231
MRA, 232
MRS, 233
na CSM, 1088
no BHS, 1281
de perfusão, 1282
PWI, 232
STIR, 230
T1W1, 228
T2W1, 229
trem de eco, 229
MRS (Espectrografia por
Ressonância Magnética)
de voxel, 233, 234
múltiplo, 234
único, 233
MRSA (*S. aureus* Resistente à
Meticilina), 318
MS (Esclerose Múltipla)
classificação, 179
critérios diagnósticos, 180
CSF, 181
definições, 181
MRI, 181
DDX, 180
epidemiologia, 179
sinais, 180
alterações nos reflexos, 180
distúrbios visuais, 180
transtornos mentais, 180
sintomas clínicos, 180
achados, 180
motores, 180
sensoriais, 180
GU, 180
MSA (Atrofia Multissistêmica),
177,178
MTLE (Epilepsia do Lobo
Temporal Mesial)
limites da ressecção, 1556
Motoneurônio(s)
doenças de, 1410
MUAP (Potencial de Ação das
Unidades Motoras), 243
Músculo(s)
constritor, 561
da pupila, 561
das extremidades, 506, 508
inferior, 508
superior, 506
MVD (Descompressão
Microvascular), 478, 485
para TGN, 488
técnica para HFS de, 1536
Mysoline®, 452

N

N$_2$O (Óxido Nitroso), 105
Nanismo Acondroplásico, 1096
  e macrocefalia, 1404
  e mielopatia, 1407, 1413
NAP (Potencial de Ação Nervosa)
  em LCI, 509
Narcótico(s)
  administração no CNS, 1545
    intraespinais, 1545
      agentes
        a serem usados, 1545
      bomba de infusão
        implantável, 1546
      complicações, 1546
      controle pós-operatório da
        dor, 1546
      injeção-teste, 1545
      inserção cirúrgica, 1546
      resultado, 1546
    intraventriculares, 1547
      complicações, 1547
      indicações, 1547
      resultado, 1547
      técnica, 1547
  na anestesia, 106
    não sintéticos, 106
    sintéticos, 106
NAT (Trauma Não Acidental)
  abuso de criança, 916, 917
    fraturas do crânio, 917
    RH em, 916
  síndrome do bebê
    sacudido, 916
NCD (Síndromes Neurocutâneas)
  de Sturge-Weber, 608
  de tumores familiares, 610
  NCM, 609
  NFT, 603
  TSC, 606
NCM (Melanose Neurocutânea)
  características clínicas, 609
  condições associadas, 609
  diagnóstico, 609
  fundamentos, 609
  manejo, 609
  prognóstico, 609
NCS (Estudos de Condução
  Nervosa), 242
NCV (Velocidade de Condução
  Nervosa)
  na HCD, 1071
NE (Norepinefrina), 128
NEC (Cistos Neuroentéricos
  Espinais), 290
  intracraniano, 291
    tratamento, 291
Necrose de Radiação, *ver* RN
Nelson
  síndrome de, 743
    adrenalectomia e, 743
Nembutal®, 876
Neoplasia(s)
  da região pineal, 659

tumores da glândula
  pineal, 659
hematopoiéticas, 710-716
  MM, 714
  plasmacitoma, 716
intracranianas, 593
  no primeiro ano de vida, 593
Neo-Synephrine®, 128
Nervo(s)
  abducente, 87
    lesão do, 885
      por fratura do clivo, 885
    paralisia do, 567
      após LP, 1507
      ICP aumentada, 567, 592
      por tumores
        infratentoriais, 592
      no PTC, 768
      no trauma, 829
      por infarto cerebelar, 1303
      sinal de falsa localização, 567
      síndrome de
        Gradenigo, 570
  encarceramento, 515, 517, 526,
    535
    femoral, 535
    mediano, 517
    obturador, 535
    occipital, 515
    ulnar, 526
  fibular, 536
    paralisia do, 536
  intercostal, 1522
    bloqueio do, 1522
  lesões do, 532, 533
    axilar, 533
    radial, 532
  lombossacrais, 275
    anomalias das
      raízes dos, 275
  mediano, 517
    lesões do tronco
      principal do, 517
      AIN, 518
      CTS, 519
      ligamento de Struthers, 518
      síndrome do pronador, 518
  occipital, 516
    bloqueio do, 516
  oculomotor, 563
    compressão do, 563
  óptico, 836
    lesão indireta no, 836
  periférico, 483, 504-514
    ablação de, 483
      supertroclear, 483
      supraorbital, 483
    BP, 510
      nervos originados do, 511
      variantes anatômicas, 514
    cirurgia de, 509
      NAP, 509
      reparo cirúrgico, 510
    classificação de força, 504
      e reflexos, 504

fasciculações, 505
    versus fibrilações, 505
    inervação muscular, 506
    lesão de, 509
      NAP na LCI, 509
    PNS, 504
    regra dos 24 meses para
      reparo de, 510
    UMN, 504
      versus LMN, 504
  sensoriais, 72, 942
    avaliação dos, 942
  supraescapular, 533
  sural, 1520
    biópsia do, 1520
      anatomia aplicada, 1520
      cuidados
        pós-operatórios, 1521
      manuseio do nervo, 1521
      riscos do
        procedimento, 1520
      técnica, 1520
NES (Crises Não Epilépticas), 464
  diferenciando as, 465
    das ES, 465
Neuralgia
  paratrigeminal de Raeder, 569
Neurectomia(s), 483
  vestibular, 572
Neuroanestesia, 104-109
  EPs intraoperatórios, 107
    monitorização dos, 107
      necessidade de
        anestésicos na, 107
  fármacos usados na, 104
    agentes anestésicos
      intravenosos, 105
    agentes inalatórios, 104, 105
      halogenados, 105
    diversos, 106
    intubação, 107
      paralíticos para, 107
  MH, 108
Neuroblastoma(s)
  apresentação, 657
Neurocirurgia
  anticoagulação na, 156
    aneurismas cerebrais não
      rotos, 157
    anticoagulantes, 164
    coagulopatias, 166
    considerações sobre, 156
      uso de heparina, 156
    manejo antes de, 157
      de anticoagulantes, 157
    medicação e SAH, 157
      anticoagulante, 157
      antiplaquetária, 157
    pós-operatório, 157
      de craniotomia, 157
    tromboembolismo na, 167
    tumor cerebral, 157
  endovascular, 1575-1598

agentes
farmacológicos, 1576
abciximab, 1576
amital sódico, 1579
aspirina, 1576
clopidogrel, 1577
eptifibatide, 1577
heparina, 1578
Integrilin®, 1577
nitroglicerina, 1579
papaverina, 1579
Plavix™, 1577
ReoPro, 1576
tPA, 1580
verapamil, 1581
xilocaína, 1581
angiografia cerebral, 1575
riscos da, 1575
angiografia diagnóstica, 1583
para SAH, 1583
condições tratadas, 1575
condições variadas, 1575
angiografia para, 1575
contraindicações, 1575
fundamentos do
procedimento, 1582
acesso vascular, 1582
controle da bainha, 1853
fechamento da
arteriotomia, 1583
indicações, 1575
intervenção específica de
doença, 1584
aneurismas, 1584
angiografia
intraoperatória, 1597
AVM, 1589
CCF, 1592
CST, 1596
CVA isquêmico, 1595
DAVF, 1590
dissecção de carótida, 1593
embolização de tumor, 1597
epistaxe refratária, 1598
estenose da artéria
subclávia, 1594
vasospasmo, 1587
VJF, 1593
funcional, 1524-1538
alvos típicos usados, 1524
distonia, 1528
doença de Parkinson, 1524
tratamento
cirúrgico da, 1524
espasticidade, 1528
estimulação cerebral
profunda, 1524
hiperidrose, 1537
simpatectomia, 1537
síndromes compressivas
neurovasculares, 1534
torcicolo, 1533
tremor, 1537
Neurocirurgião(ões)
neurologia para, 174-191

ADEM, 182
cefaleia, 174
enxaqueca, 175
demência, 174
doenças neuronais
motoras, 182
GBS, 184
mielite, 187
MS, 179
neurossarcoidose, 189
parkinsonismo, 176, 177
secundário, 177
segurança
radiológica para, 223
exposição à radiação, 224
ocupacional, 224
típica, 224
unidades, 223
Neurocisticercose, 371
acompanhamento, 375
aspectos clínicos, 373
ciclo de vida, 372
da T. Solium, 372
contatos, 375
diagnóstico, 373
envolvimento neurológico, 372
tipo de, 372
tratamento, 374
Neurocitoma
central, 645
imagem, 645
patologia, 645
prognóstico, 646
tratamento, 646
variantes, 645
Neuroendocrinologia
embriologia da hipófise e, 149
hormônios hipofisários, 149
seus alvos, 149
seus controles, 149
origem da, 149
Neurofisiologia, 90-102
BBB, 90
da bexiga urinária, 91
sinal, 90
de Babinski, 90
de Hoffmann, 90, 91
Neuroftalmologia, 558-570
campos visuais, 559
déficits do, 559
diâmetro pupilar, 560
nistagmo, 558
PPD, 558
sinais neuroftalmológicos
diversos, 570
síndromes
neuroftalmológicas, 569
de Gradenigo, 570
de Tolosa-Hunt, 569
neuralgia paratrigeminal de
Raeder, 569
pseudotumor, 569
sistema dos EOM, 565
Neurologia
para neurocirurgiões, 174-191

ADEM, 182
cefaleia, 174
enxaqueca, 175
demência, 174
doenças neuronais, 182
motoras, 182
GBS, 184
mielite, 187
MS, 179
neurossarcoidose, 189
parkinsonismo, 176, 177
secundário, 177
Neuromonitorização, 856-877
ICP, 856
adjuvantes da, 865
à beira do leito do rCBF, 866
microdiálise cerebral, 866
$pBtO_2$, 865
$SjVO_2$, 865
contraindicações, 859
CPP, 856
e autorregulação
cerebral, 856
duração da, 859
elevada, 866
medidas terapêuticas
para, 866
formas de onda da, 863
tipos de, 863
IC-HTN, 857
indicações para, 858
IVC, 861
justificativa, 856
monitores de, 859, 860
complicações dos, 859
tipos de, 860
normal, 857
princípios da, 856
Neurontin®, 482, 495
Neuropatia(s)
amiloide, 549
após cateterismo cardíaco, 549
clínica, 542
cranianas, 1192, 1399
por compressão
aneurismática, 1192
diabética, 1549
SCS na, 1549
etiologias, 541
lesões de nervos
periféricos, 550
do BP, 550
por projétil, 553
síndrome do escaleno, 555
mecanismo de lesão, 515
meralgia parestésica, 534
paralisia do CPN, 535
periféricas sem
encarceramento, 541-555
classificação, 541
por encarceramento, 515-538
do nervo, 515, 517, 526, 535
femoral, 535
mediano, 517
obturador, 535

occipital, 515
ulnar, 526
síndromes de, 542
alcoólica, 542
associada à gamopatia
monoclonal, 547
CIP, 542
diabética, 545
do BP, 542, 544
do plexo lombossacral, 544
e AIDS, 547
femoral, 546
paraneoplásica, 542
perioperatórias, 548
por drogas, 546
TOS, 554
neurogênica disputada, 555
túnel do tarso, 538
urêmica, 549
Neuropatologia
escolha das colorações, 598
de organismos, 598
especiais, 598
imuno-histoquímicas, 598
neuroendócrinas, 600
Neurossarcoidose, 189
achados clínicos, 190
biópsia, 191
diagnóstico, 191
diferencial, 191
epidemiologia, 190
exames radiológicos, 190
laboratório, 190
patologia, 190
prognóstico, 191
tratamento, 191
Neurotin®, 455
Neurotologia, 572-581
doença de Ménière, 573
paralisia do nervo facial, 576
perda auditiva, 580
tontura, 572
vertigem, 572
Neurotoxidade, 194-209
anfetaminas, 208
CO, 208
cocaína, 207
etanol, 204
opioides, 205
Nevralgia(s)
cefálicas, 477
glossofaríngea, 492
NF1 (Neurofibromatose 1), 604
NF2 (Neurofibromatose 2), 605,
670
NFT (Neurofibromatose), 603
acústica, 605
NF1, 604
NF2, 605, 670
NGGCT (Tumores de Células
Germinativas Não
Germinomatosos), 659
NIHSS (*National Institute of
Health Stroke e Scale*), 1282
Nimbex®, 107, 136

Nistagmo
várias formas do, 558
localizando a lesão para, 558
Nitroglicerina
indicações, 1579
posologia, 1579
seleção de caso, 1579
Nitrosureia(s)
na quimioterapia, 596
para tumores cerebrais, 596
Nizatidina
Axid®, 130
NMBA (Agentes Bloqueadores
Neuromusculares), 107, 134,
301
diâmetro pupilar e, 564
Nocardia
abscesso cerebral por, 335
diagnóstico, 336
tratamento, 336
antibióticos, 336
Norcuron®, 107, 136
Normodyne®, 126
Nortriptilina
Pamelor®, 496
NovoSeven®
na ICH, 1341
NPH (Hidrocefalia de Pressão
Normal), 178, 403
clínica, 404
outras características, 406
sintomas não esperados, 406
tríade, 404
diagnósticos, 408
critérios, 408
diferencial, 408
epidemiologia, 404
imagem na, 406
cisternografia por
radionuclídeos, 407
CT, 406
MRI, 406
resultados, 410
testes auxiliares, 407
ALD, 407
da retirada de CSF, 407
de resistência, 407
LP, 407
miscelânea, 408
monitorização contínua, 407
da pressão do CSF, 407
tap test, 407
tratamento, 408
algoritmo de, 408
ETV, 409
procedimentos com o CSF, 408
diversionários, 408
NPS (Síndromes de Dores
Neuropáticas), 476
tratamento médico da, 477
adesivo com lidocaína, 477
Lidoderm®, 477
antidepressivos tricíclicos, 477
gabapentina, 477
tramadol, 477
Utram®, 477

NS (Síndrome de Nelson), 724
NSAIDs, 137
NSC (Cardiomiopatia do Estresse
Neurogênico)
arritmias, 1177
e alterações no EKG, 1177
possível mecanismo, 1177
tratamento, 1177
NSCLC (Câncer de Pulmão de
Não Pequenas Células)
e metástases cerebrais, 803
NSF (Fibrose Sistêmica
Nefrogênica), 231
NTG (Nitroglicerina), 126
Nutrição
e lesões na cabeça, 918
enteral, 919
versus
hiperalimentação IV, 919
equilíbrio de nitrogênio, 919
exigências calóricas, 919
resumo de
recomendações, 918

O

O_2 (Oxigênio)
utilização de, 1264
CBF e, 1264
OALL (Ossificação do Ligamento
Longitudinal Anterior), 1129
Obesidade Mórbida
e coluna vertebral, 1139
Obliteração
das BCs, 921
na CT, 921
Occipital
lesões do, 963-983
ao C2, 963-983
OCF (Fraturas de Côndilo
Occipital), 966
classificação, 967
diagnóstico, 967
resultados, 968
tratamento, 967
Ocitocina, 152
Oclusão
circulação colateral para, 1265
da ICA, 1265
vertebrobasilar, 1265
síndromes de, 1265
dos principais vasos, 1265
por territórios
vasculares, 1265
Octreotida
Sandostatin®, 742
ODG (Oligodendroglioma)
avaliação, 638
clínica, 638
epidemiologia, 638
patologia, 639
graduação, 639
sistema de Smith, 640
prognóstico, 641
tratamento, 640

cirurgia, 640
quimioterapia, 640
radiação pós-operatória, 641
ODI (Índice de Incapacidade de Oswestry), 1026
Odontoide
fraturas do, 978
classificação, 978
não consolidação, 980
os odontoideum, 981
sinais, 978
sintomas, 978
tratamento, 979
Odontoidectomia
transoral, 1472
cuidados
pós-operatórios, 1474
estabilização, 1472, 1474
posterior, 1474
indicações, 1472
informações técnicas, 1473
possíveis complicações, 1474
preparação
pré-operatória, 1472
OFC (Circunferência Occipitofrontal), 395
Oftalmoplegia
dolorosa, 568
indolor, 569
Oligoastrocitoma
anaplásico, 641
Omeprazol
Prilosec®, 130
OMP (Paralisia do Nervo Oculomotor), 565
com preservação
da pupila, 567
outras causas de, 567
sem preservação da pupila, 566
ONP (Paralisia Oculomotora), 1192
ONSF (Frenestração da Bainha do Nervo Óptico), 766, 772
OO (Osteoma Osteoide), 792
aspecto clínico, 793
DDX, 793
propedêutica, 793
tratamento, 794
OPC (Degeneração Olivopontocerebelar), 177
Opioide(s)
neurotoxicologia, 206
OPLL (Ossificação do Ligamento Longitudinal Posterior)
avaliação, 1128
exames radiográficos, 1128
mielografia/CT, 1128
MRI, 1128
classificação patológica, 1128
distribuição, 1128
fisiopatologia, 1127
quadro clínico, 1128
resultados da cirurgia, 1129
tratamento, 1128
OPO (Organ Procurement Organization)

processo da, 313
alocação, 314
autorização, 313
avaliação do doador, 313
recuperação, 314
Opsoclono, 570
Órbita
pseudotumor da, 569
Orifício(s)
de trepanação, 836, 900
exploratório, 836
para CSDH, 900
Órtese
cervical, 935
colares, 935
macios, 935
rígidos, 935
CTO, 935
pôster, 935
tipo halo-colete, 935
Os Odontoideum
apresentação, 981
avaliação, 981
tratamento, 982
OSAs (Aneurisma do Segmento Oftálmico)
apresentação, 1214
Osciliopsia, 570
OSF (Fixação com Parafuso do Odontoide)
anterior, 1476
avaliação, 1476
contraindicações, 1476
indicações, 1476
resumo da técnica, 1477
Osmolalidade, 110-125
sérica, 110
e concentração de sódio, 110
Osteoblastoma, 792
aspecto clínico, 793
DDX, 793
propedêutica, 794
tratamento, 794
Osteoma
avaliação radiográfica, 775
patologia, 775
tratamento, 775
Osteomielite
do crânio, 348
investigação
por imagem, 348
patógenos, 348
tratamento, 348
Osteopetrose, 1401
Osteoporose
estabelecida, 1010
tratamento da, 1010
prevenção de, 1010
Osteossarcoma, 794
Otalgia, 478
primária, 479
Otorreia
por fístula de CSF, 387
Oxcarbazepina
Trileptal*, 450, 482, 496

Oxibutinina
Ditropan*, 95
Oxigenação
cerebral, 867
parâmetros de, 867
e traumatismo craniano, 826

P

PACO$_2$ (Pressão Parcial de CO$_2$), 104
PADI (Intervalo Atlantodental Posterior), 1135
Palidotomia
contraindicações, 1526
estimulação elétrica, 1526
indicações, 1526
técnica, 1527
PAM (Meningoencefalite Amébica Primária), 377
Pamelor*, 496
PAN (Nistagmo Alternante Periódico), 558
PAN (Periarterite Nodosa), 196, 199
Pantoprazol
Protonix*, 131
Papaverina
indicações, 1579
posologia, 1579
seleção de caso, 1579
Parafuso(s)
atlantoccipitais, 1476
de C2, 1483
opções, 1483
de pedículo, 1483
fixação de C3-6, 1485
em massa lateral, 1481
de C1-2, 1481
ilíacos, 1502
S2, 1502
transarticulares, 1476
occipitais-C1, 1476
Parafuso(s) Pedicular(es)
lombossacrais, 1494
diâmetros das hastes, 1496
fixação lombar com, 1496
de massa lateral, 1496
translaminar, 1496
percutâneos, 1495
PLIF, 1497
técnicas de colocação, 1494
aberta, 1494
TLIF, 1497
torácicos, 1489
técnica de colocação, 1490, 1491
à mão livre, 1491
com fluoroscopia, 1490
com laminotomia, 1490
transfacetários, 1501
contraindicações, 1501
indicações, 1501
técnica, 1501

Parafuso-Placa
fixação com, 1486
do VB anterior, 1486
Paraganglioma, 652
PCC, 653
tumores, 653, 654
do corpo carotídeo, 653
glômicos, 654
Paralisia(s)
de Erb, 552
de Klumpke, 552
do CN, 100, 102
IX, 100, 102
e disfunção simpática, 102
X, 100, 102
e disfunção simpática, 102
XI, 100, 102
e disfunção simpática, 102
XII, 102
e disfunção simpática, 102
do CPN, 535
achados na, 536
anatomia aplicada, 535
avaliação, 537
causas de lesão, 536
tratamento, 537
do nervo abducente, 567
após LP, 1507
ICP aumentada, 567, 592
por tumores
infratentoriais, 592
no PTC, 768
no trauma, 829
por infarto cerebelar, 1303
sinal de falsa localização, 567
síndrome de Gradenigo, 570
do nervo facial, 576
BP, 577
classificação da
gravidade, 576
etiologias, 576
local da lesão, 576
por herpes-zóster ótico, 578
tratamento cirúrgico, 578
múltiplas, 1399
de nervos cranianos, 1399
Paralítico(s), 132-143
bloqueio muscular, 136
competitivo, 136
reversão do, 136
de duração, 135
curta, 135
intermediária, 136
ultracurta, 135
NMBAs, 134
para intubação, 107
sedativos e, 132
RASS, 132
sedação, 132, 133
consciente, 132
Paraplegia
aguda, 1413
Parênquima
infecções bacterianas do,
318-336

Parinaud
tumor de, 99
DDX, 99
definição, 99
Parkinsonismo
IPA, 176
pós-encefalítico, 177
secundário, 176, 177
MSA, 178
PSNP, 178
Parlodel®, 740, 742
pBtO$_2$ (Tensão de Oxigênio no
Tecido Cerebral)
monitorização da, 865
PC (Contagem de Plaquetas), 154
PCA (Artéria Cerebral Posterior),
77, 83
PCA (Astrocitoma Pilocítico)
aparência radiológica, 630
BSG, 633
do cerebelo, 630
apresentação, 630
classificação histológica, 631
de Winston, 631
diretrizes de tratamento, 631
patologia, 631
prognóstico, 631
epidemiologia, 630
glioma, 631, 632, 634
hipotalâmico, 632
óptico, 631
tectais, 634
localização, 629
patologia, 629
PMA, 632
PCC (Concentrado de Complexo
Protrombínico), 166
Kcentra®, 156
PCC (Feocromocitoma), 705
estudos laboratoriais, 653
imagem, 653
PCD (Degeneração
Paracerebelar), 203
PCNSL (Linfoma Primário do
Sistema Nervoso Central)
na AIDS, 331
PCoA (Artéria Comunicante
Posterior)
aneurisma da, 1212
p-cooms (Artérias Comunicantes
Posteriores), 75
diferenciando na arteriografia, 23
da ACh, 79
PCs (Cistos Pineais), 658
imagem, 659
manejo, 659
PCS (Síndrome
Pós-Concussional)
tratamento, 846
PD (Doença de Paget)
da coluna vertebral, 1120
apresentação, 1120
avaliação, 1121
degeneração maligna, 1120
envolvimento, 1120

neurocirúrgico, 1120
sítios comuns de, 1120
epidemiologia, 1120
fisiopatologia, 1120
tratamento, 1121
PE (Embolia Pulmonar)
apresentação, 169
diagnóstico, 170
prevenção, 169
Pé(s)
ardentes, 1421
caído, 1416
avaliação, 1419
clínica, 1417
etiologia, 1417
substratos adjacentes, 1416
Pegvisomant
Samavert®, 742
Pentobarbital
Nembutal®, 876
Pentothal®, 133, 877
Pepcid®, 130
Perda Auditiva
condutiva, 580
SNHL, 581
Perda Visual
em PTC, 768
fisiopatologia, 768
manifestações, 768
Perfurador(es) Craniano(s)
para craniotomia, 1428
Pergolida
Permax®, 740
Perineurioma, 687
Peritonite
derivações
ventriculoperitoneais com,
342
tratamento de, 342
Permax®, 740
Pertubação(ões)
da linguagem, 1406
Pescoço
trauma penetrante no, 1017
avaliação, 1018
classificação, 1018
lesões vasculares, 1017
tratamento, 1018
PFA (Teste de Função
Plaquetária)
mecanismo das
plaquetas e, 160
PGSN (Nervos Simpáticos
Pós-Ganglionares), 78
pH Gástrico
alteração do, 129
possível aumento
secundário à,129
de mortalidade, 129
de pneumonia, 129
PHN (Nevralgia
Pós-Herpética), 493
clínica, 494
epidemiologia, 494
etiologia, 494

tratamento, 494, 497
  cirúrgico, 497
  médico, 494
PHT (Fenitoína)
  Hidantal®, 446
PI (Incidência Pélvica), 1116
PICA (Artéria Cerebelar
  Posteroinferior), 80, 82
  aneurismas da, 1216
    considerações
      angiográficas, 1216
    distal, 1217
      clipagem cirúrgica de, 1217
    tratamento, 1216
PIN (Neuropatia Interóssea
  Posterior), 532
Pinça(s)
  aplicação nas lesões, 958
    da coluna cervical, 958
    de Gardner-Wells, 958
PION (Neuropatia Óptica
  Isquêmica Posterior), 104
Pituicitoma, 728
PIVH (Hemorragia
  Periventricular-Intraventricular)
  assintomática, 1348
  DDX de ventriculomegalia na,
    1348
  efeitos fisiopatológicos da, 1349
  fatores de risco, 1346
  no bebê pré-termo, 1346
  patogênese da, 1346
PJK (Cifose Juncional
  Proximal), 1118
Placa Cervical
  anterior, 1073
Plano Esfenoidal
  meningiomas do, 692
Plaqueta(s), 166
  critérios de transfusão de, 154
  dose, 155
  mecanicismo das, 160
    e PFA, 160
Plasmacitoma
  tratamento, 716
Plasmanate®, 155
Plavix®, 1275
  e aspirina, 161
  indicações, 1577
  posologia, 1577
  reversão, 1577
  seleção de caso, 1577
PLEDs (Descargas Epileptiformes
  Lateralizadas Periódicas), 238
Plexo Lombossacral
  neuropatia do, 544
Plexopatia
  braquial, 542
    etiologias da, 542
  EMG na, 244
PLIF (Fusão Intercorpórea
  Lombar Posterior), 1104, 1113,
  1116, 1497
PMA (Astrocitoma
  Pilomixoide), 632

PMJ (Junção Pontomedular)
  lesão na, 558
PML (Leucoencefalia Multifocal
  Progressiva)
  em HIV/AIDS, 331
PMR (Polimialgia Reumática), 196
PNET (Tumor Neuroectodérmico
  Primitivo), 659, 663, 800
Pneumoencéfalo
  apresentação, 888
  diagnóstico, 888
    diferenciado, 888
  etiologias do, 887
  tensão pneumoencefálica, 888
  tratamento, 889
Pneumonia
  possível aumento de, 129
    secundário à alteração, 129
    do pH gástrico, 129
PNS (Síndromes
  Paraneoplásicas)
  afetando o sistema nervoso, 202
  avaliação, 203
  PCD, 203
  tipos de, 202
PNS (Sistema Nervoso Periférico)
  definição de, 504
PNSAH (Hemorragia Subaracnóidea
  Não Aneurismática
  Pré-Truncal), 1231
  anatomia relevante, 1232
  apresentação, 1232
  critérios para diagnóstico, 1232
  epidemiologia, 1232
  repetição de angiografia, 1233
  tratamento, 1233
Polegar
  inervação do, 508
  movimento do, 508
POMC
  (Pró-piomelanocortina), 149
Ponto(s)
  craniométricos, 61
PONV (Náusea e Vômito
  Pós-Operatórios), 104
Poro
  acústico, 66
Postura
  no coma, 297
    de decerebração, 297
    de decorticação, 297
PPD (Papiledema), 558
  unilateral, 559
  DDX de, 559
PPF (Fração de Proteína
  Plasmática)
  albumina e, 155
  Plasmanate®, 155
PPTA (Artéria Trigeminal
  Primitiva Persistente), 83
PR (Reflexo Plantar), 90
  desencadeando o, 91
Pradaxa®, 165
PRBCs (Concentrado de
  Hemácias), 157

Precedex®, 107
PRES (Síndrome da Encefalopatia
  Posterior Reversível)
  achados, 194
  condições associadas, 194
  tratamento, 194
Pressão
  controle de, 1166
    e aneurisma, 1166
Prevacid®, 131
PRFs (Fatores Liberadores de
  Prolactina), 151
PRIFs (Fatores Inibidores da
  Liberação de Prolactina), 151
Prilosec®, 130
Primeira Crise
  avaliação, 461
    do adulto, 461
    pediátrica, 462
    tratamento, 462
  etiologias, 461
Primidona
  Mysoline®, 452
PRL (Prolactina), 151
Problema(s)
  de equilíbrio, 1398
Procedex
  Dexmedetomidina®, 134
Procedimento(s)
  cirúrgicos diversos, 1504-1522
    biópsia do nervo sural, 1520
      anatomia aplicada, 1520
      cuidados
        pós-operatórios, 1521
      indicações, 1520
      manuseio do nervo, 1521
      riscos do
        procedimento, 1520
      técnica, 1520
    bloqueios nervosos, 1521
      do gânglio estrelado, 1521
      intercostal, 1521
      simpático lombar, 1521
    dispositivos de acesso
      ventricular, 1518
      punção do
        reservatório, 151
      técnica de inserção, 1519
    drenagem de CSF, 1510
    LP, 1504
    para CSF, 1512
      cateterismo
        ventricular, 1512
      colocação de
        derivação LP, 1517
      derivações
        ventriculares, 1514
      monitor de ICP, 1513
      terceira
        ventriculostomia, 1517
      ventriculostomia, 1513
    punção por
      via percutânea, 1504
      subdural, 1504

ventricular, 1504
punção, 1511
cisternal, 1511
no espaço C1-C2, 1511
de seccionamento do esterno, 1489
para acesso anterior, 1489
à coluna torácica
superior, 1489
à junção
cervicotorácica, 1489
informação geral, 1426-1443
corantes
intraoperatórios, 1426
cranioplastia, 1436
craniotomia, 1428
enxerto ósseo, 1437
hemostasia cirúrgica, 1428
mapeamento
intraoperatório, 1432
cerebral, 1432
cortical, 1432
sala cirúrgica, 1426
equipamento da, 1426
neuroendovascular, 1582
fundamentos do, 1582
acesso vascular, 1582
controle da bainha, 1853
fechamento da
arteriotomia, 1583
para dor, 1541-1550
administração de narcóticos
no CNS, 1545
cordotomia, 1542
DBS, 1550
DREZ, 1550
escolha do, 1541
mielotomia, 1544, 1545
comissural, 1544
puntiforme na
linha média, 1545
SCS, 1547
tipos de, 1541
Processo Espinhoso
descompressão do, 1106
estabilização do, 1106
fusão do, 1106
Produto(s)
fitoterápicos, 161
alho, 161
ginkgo, 161
ginseng, 161
óleo de peixe, 161
Prolactinoma(s), 722
resultados bioquímicos, 753
tratamento, 739
com agonistas da
dopamina, 739
Propofol, 106
Diprivan®, 133, 877, 1204
Propranolol
Inderal®, 127
Protamina
sulfato de, 166

Proteína(s)
plasmáticas, 155
FFP, 155
PCC, 156
S-100, 598, 601
como marcador tumoral, 601
Protonix®, 131
Pseudoartrose
após ACDF, 1077
Pseudocoma, 298
Pseudopropagação
do atlas, 933
em crianças, 933
Pseudo-sinal
de von Grafe, 570
Pseudossubluxação
em crianças, 934
Pseudotumor
cerebral, 772
da órbita, 569
PSNP (Paralisia Supranuclear
Progressiva), 177
evolução clínica, 178
PSO (Osteotomia de Subtração
Pedicular), 1118
Psoas
abscesso do, 359
PSP (Paralisia Facial
Periférica), 577
PTC (Pseudotumor
Cerebral), 766-774
clínica, 767
perda visual em, 768
sinais, 767
sintomas, 767
condições associadas, 768
anormalidades
sinovenosas, 769
hipertensão venosa, 769
critérios diagnósticos, 767
DDX, 770
epidemiologia, 766
patogênese, 766
propedêutica, 770
recomendações para, 770
tratamento, 771
e manejo, 771
em situações específicas, 772
PTLMC (Cisto Leptomeníngeo
Pós-Traumático)
análise do
desenvolvimento de, 915
apresentação, 915
diagnóstico, 915
tratamento, 915
Ptose
DDX, 1403
HS e, 564
PTR (Rizotomia Percutânea do
Trigêmeo), 484
cuidados pós-operatórios, 487
ordens pré-operatórias, 486
técnica, 486
RFR, 486

PTS (Crise Pós-Traumática)
de início tardio, 462
precoces, 462
tratamento, 463
AEDs, 463
diretrizes de, 463
traumatismo penetrante, 463
PTSx (Siringomielia
Pós-Traumática)
avaliação, 1149
epidemiologia, 1148
quadro clínico, 1149
tratamento, 1149
PTT (Tempo Parcial de
Tromboplastina), 1270
pré-operatório elevado, 167
Pulmão
câncer de, 802
e mestástases cerebrais, 802
NSCLC, 803
SCLC, 802
primários conhecidos, 803
estudos de estadiamento
para, 803
Punção
cisternal, 1511
indicações, 1511
riscos, 1512
no espaço C1-C2, 1511
indicações, 1511
riscos, 1511
por via percutânea, 1504
subdural, 1504
indicações, 1504
técnica, 1504
ventricular, 1504
adultos, 1504
indicações, 1504
pacientes pediátricos, 1504
Punho
encarceramento no, 531
Pupila
de Adie, 563
de Marcus Gunn, 562
dilatador da, 560
farmacológica, 563
músculo constritor da, 561
preservação da, 566, 567
OMP com, 567
OMP sem, 566
reage à luz, 567
PVP (Vertebroplastia
Percutânea), 1011
PWI (Imagem Ponderada em
Perfusão), 232, 233
PXA (Xantoastrocitoma
Pleomórfico), 635, 694
clínica, 636
DDX, 636
epidemiologia, 636
imagem, 636
patologia, 636
prognóstico, 636
tratamento, 636

Q

Quadril
doença degenerativa do, 1101
Quadriplegia
DDX, 1413
Quarto Ventrículo
encarceramento do, 402
Queratite
neuroparalítica, 484
Quimioterapia
para melanoma, 804
para tumores cerebrais, 594
agentes, 595
alquilantes, 595
quimioterápicos, 596
BBB, 596
nitrosureias, 596

R

RA (Artrite Reumatoide)
e coluna vertebral, 1134
AAS na, 1134
avaliação radiográfica, 1135
quadro clínico, 1134
tratamento, 1135
BI na, 1137
avaliação radiográfica, 1137
quadro clínico, 1137
tratamento, 1138
cirurgia, 1136
morbidade associada à, 1136
mortalidade associada à, 1136
cuidado pós-operatório, 1136
subluxação subaxial na, 1138
envolvimento da coluna cervical na, 1134
Radiação
de coluna vertebral, 1562
de emergência, 1562
efeitos colaterais, 1563
RM, 1563
típica, 1562
Radiculopatia(s), 1024-1043
cervical, 1069
avaliação da, 1070
sinais importantes na, 1070
fatos clínicos, 1069
EMG para, 243
achados, 244
critérios da, 244
pérolas para neurocirurgiões, 243
lombar, 1046-1066
achados físicos, 1047
em radiculopatia, 1047
avaliação radiográfica, 1049
fisiopatologia, 1046
história, 1047
achados característicos na, 1047

tratamento, 1049
cirúrgico, 1049
não cirúrgico, 1049
opções cirúrgicas para, 1052
variantes da HLD, 1047
zonas de herniação, 1046
centrais, 1046
lateral externa, 1047
paramedianas, 1046
torácica, 1046-1066
abordagens cirúrgicas, 1062
escolhendo a, 1062
lateral, 1066
retrocólica, 1066
transpedicular, 1064
transtorácica, 1065
avaliação, 1062
indicações para cirurgia, 1062
técnica cirúrgica, 1063
principais pontos, 1065
UE, 1420
Radiocirurgia
para epilepsia, 1558
Radiografia(s)
sem contraste, 1088
na CSM, 1088
simples,1030
lombossacrais, 1030
recomendação, 1030
Radiologia Simples, 212-224
de coluna, 212, 216
cervical, 212
LS, 216
de crânio, 216
BI, 217
sela túrcica, 216
segurança radiológica, 223
para neurocirurgiões, 223
Raeder
neuralgia paratrigeminal de, 569
RAH (Artéria Recorrente de Heubner), 75
Raiz(es)
das extremidades, 506, 508
inferior, 508
superior, 506
dos nervos lombossacrais, 275
anomalias das, 275
nervosas, 1394
captação difusa de, 1394
captantes, 1394
Ranitidina
Zantac®, 130
RAPD (Defeito Pupilar Aferente Relativo), 562
RASS (Escala de Agitação-Sedação de Richmond), 132
rCBF (Fluxo Sanguíneo Cerebral Regional)
monitorização do, 866
à beira do leito, 866

RCC (Carcinoma de Células Renais), 703, 705
e metástases cerebrais, 805
RCC (Cisto da Bolsa de Rathke), 756
RCVS (Síndrome Vasoconstritiva Cerebral Reversível), 1158
Realce
ependimário, 1385
subependimário, 1385
Reatividade
cerebrovascular, 1265
Recém-Nascido
ICH no, 1346
clínica, 1348
diagnóstico, 1349
epidemiologia, 1347
etiologia, 1346
outras causas de, 1352
PIVH, 1346
efeitos fisiopatológicos da, 1349
fatores de risco, 1346
patogênese no bebê pré-termo, 1346
prevenção, 1347
resultados, 1351
tratamento, 1349
Receptor
de H2, 130
antagonistas do, 130
Recesso Lateral
síndrome do, 1097
Recklinghausen
doença de, 604
Redução
das das lesões, 957
da coluna cervical, 957
aplicação, 958, 959
de halo circular, 958, 959
de pinças, 958
complicações, 960
controvérsias, 958
cuidados pós-colocação, 959
diretrizes básicas, 958
finalidade, 957
redução das facetas bloqueadas, 960
Reflexo(s)
BC, 943
córneo-mandibular, 570
cutâneos, 180, 951
abdominais, 180, 951
na MS, 180
no coma, 301, 302
ciliospinal, 302
oculocefálico, 301
oculovestibulares, 301
pupilar à luz, 561
Região Pineal
tumores da, 658-668
neoplasias, 659
da glândula pineal, 659
PCs, 658

Regra dos 24 meses
  para reparo de nervo
    periférico, 510
Relaxante(s)
  musculares, 826
    e traumatismo craniano, 826
    uso prévio de, 826
Remifentanil
  Ultiva®, 133
Rendix®, 165
ReoPro
  indicações, 1576
  posologia, 1576
  reversão, 1576
  seleção de caso, 1576
Reparo
  de nervos periféricos, 510
    regra dos 24 meses para, 510
Reposição
  de hormônios, 148
    da tireoide, 148
Reserva
  cerebrovascular, 1265
Ressangramento, 1167
  prevenção de, 1168
Ressecção
  de gliomas, 621
    guiada por 5-ALA, 621
  do foco epilético, 1557
    prognóstico da, 1557
Resto
  aneurismático, 1201
Retenção
  urinária, 94
Retina
  HGB da, 705
Retração Palpebral
  patológica, 1403
Reversão
  do bloqueio muscular, 136
    competitivo, 136
rFVIIa (Fator VII de Coagulação
  Ativado Recombinante)
  na ICH, 1341
RH (Hemorragia Retiniana)
  em abuso de criança, 916
Richie-Cannieu
  anastomose de, 514
Rinorreia
  por fístula de CSF, 387
RM (Mielopatia por Radiação)
  avaliação, 1564
  clínica, 1563
  epidemiologia, 1563
  fisiopatologia, 1563
  prevenção, 1564
  prognóstico, 1564
RN (Radionecrose), 1560
  avaliação, 1561
  efeitos colaterais, 1561
  fisiopatologia, 1561
  na IB, 1572
  prevenção, 1562
  tratamento, 1562

Rocurônio
  Zemuron®, 107, 135
Rosai-Dorfman
  doença de, 694
RPLS (Síndrome da
  Leucoencefalopatia Posterior
  Reversível), 194, 1158
RTP (Retorno ao Jogo)
  e diretrizes pré-participação,
    937
rtPA (Ativador de Plasminogênio
  Tecidual)
  intraventricular, 1344
Ruptura
  de aneurismas cerebrais,
    1191-1205
  SAH por, 1191-1205
    apresentação dos, 1191
    condições associadas a,
      1193
    considerações técnicas
      gerais, 1200
    epidemiologia de, 1191
    etiologia de, 1191
    localização de, 1191
    momento da cirurgia, 1199
    opções de tratamento, 1194

S

SAH (Hemorragia
  Subaracnóidea), 169, 229
  angiografia diagnóstica para,
    1583
    configuração, 1584
    incidências adicionais, 1584
    planejamento, 1584
  condições especiais,
    1156-1171
    gravidez, 1169
    e ICH, 1169
    HCP após, 1170
      aguda, 1170
      crônica, 1171
    ressangramento, 1167
      prevenção de, 1168
    terapia antifibrinolítica, 1168
  DCI após, 1185
    medidas específicas para,
      1185
  graduação, 1156-1171
    de H&H, 1162
    da WFNS, 1163
  informações gerais, 1156-1171
    aneurismática, 1156
    características clínicas, 1157
      cefaleia, 1158
      sintomas, 1157, 1158
    etiologias de, 1156
    fatores de risco, 1157
    fatos diversos sobre, 1156
    incidência, 1157
    suspeita de, 1159
      exame
        completo para, 1159

    visão geral, 1156
  medicação e, 157
    anticoagulante, 157
    antiplaquetária, 157
  não aneurismática, 1222-1233
    cSAH, 1230
    de etiologia desconhecida, 1230
    PNSAH, 1231
  por ruptura de aneurisma
    cerebral, 1191-1205
    apresentação dos, 1191
      além da
        grande ruptura, 1192
      IVH, 1192
      ruptura importante, 1191
    condições associadas a, 1193
      ADPKD, 1193
      visão geral, 1193
    considerações técnicas
      gerais, 1200
      acompanhamento após
        tratamento, 1205
      angiografia
        pós-operatória, 1203
      exposição cirúrgica, 1201
      fármacos úteis, 1203
      IAR, 1204
      recorrência após
        tratamento, 1205
      resto aneurismático, 1201
    epidemiologia de, 1191
    etiologia de, 1191
    localização de, 1191
    momento da cirurgia, 1199
    opções de tratamento, 1194
      decisões de, 1195
      técnicas
        endovasculares, 1194
      terapias que não abordam
        diretamente, 1194
  tratamento médico, 1156-1171
    controle, 1166
      de pressão, 1166
      de volume sanguíneo, 1166
    convulsões após, 1166
    hiponatremia após, 1166
    inicial, 1163
    monitores/sondas, 1164
    pedidos de internação, 1164
SAH (Tonsilo-Hipocampectomia
  Seletiva)
  para epilepsia, 1556
Sala Cirúrgica
  equipamento da, 1426
    estabilização da cabeça, 1426
    microscópico cirúrgico, 1426
    ocular do observador, 1426
Sala de Emergência
  manitol na, 827
  tratamento na, 826
    de traumatismo craniano, 826
Samavert®, 742
Sandostatin®, 742
Sangue
  total, 157

Sarcoma
cerebral primário, 701
SCA (Artéria Cerebelar Superior), 83
SCAs (Artérias Subclávias), 303
Schmidt
síndrome de, 102
Schwannomas
espinais, 785
abordagens cirúrgicas, 786
aspecto clínico, 786
configurações, 786
patologia, 786
SCI (Lesão da Medula Espinal)
por HCD, 1069
completas, 943, 997
BCD, 944
incompletas, 944, 997
conduta na, 949-960
cirurgia descompressiva de emergência, 960
coluna cervical, 952
avaliação
radiológica, 952, 954
imobilização inicial, 952, 953
tração/redução das, 957
hospitalar, 950
avaliação inicial, 950
DVT na, 952
estabilização, 950
hipotermia na, 952
MP, 951
terapêutica, 949
no local do acidente, 949
deterioração após, 1019
tardia, 1019
tratamento crônico das, 1020
questões relacionadas com o, 1020
AH, 1020
respiratório, 1020
SCIWORA (Lesão Medular sem Anormalidades Radiográficas)
avaliação radiográfica, 999
tratamento, 999
SCLC (Câncer de Pulmão de Pequenas Células)
e metástases cerebrais, 802
SCM (Malformação de Medula Dividida)
tipo I, 274
tipo II, 275
SCS (Estimulação da Medula Espinal)
complicações, 1547
indicações, 1547
resultado, 1548
síndromes tratadas, 1548
específicas, 1548
angina de peito, 1549
CRPS, 1548
doença vascular periférica, 1548
neuropatia diabética, 1549
pós-laminectomia, 1548
técnica, 1547

SDAT (Doença Senil do Tipo Alzheimer), 369
SDE (Empiema Subdural)
apresentação, 328
avaliação, 328
epidemiologia, 327
etiologia, 327
organismos, 327
resultados, 329
tratamento, 329
SDH (Hematomas Subdurais)
características do líquido, 426
espontâneo, 901
tratamento, 426
SE (Estados Epilépticos)
epidemiologia, 470
etiologias, 470
medicações para, 471, 472
convulsivos generalizados, 471
não convulsivos, 472
miscelânea de, 473
de ausência, 473
mioclônico, 473
morbidade por, 470
mortalidade por, 470
tipos de, 468
tratamento, 470
SEA (Abscesso Epidural Espinal)
aspectos clínicos, 350
condições de comorbidade, 350
DDX, 350
epidemiologia, 349
estudos radiográficos, 351
fisiopatologia da disfunção, 350
da medula espinal, 350
organismos, 351
sítio fonte da infecção, 350
testes de laboratório, 351
tratamento, 352
Secreção
de ácido gástrico, 130
inibidores da, 130
hormonal excessiva, 719
Sedação, 133
consciente, 132
e traumatismo craniano, 826
uso prévio de, 826
Sedativo(s), 132-143
e paralíticos, 132
RASS, 132
sedação, 132, 133
consciente, 132
SEER (Programa de Vigilância, Epidemiologia e Resultados Finais), 668
SEGA (Astrocitoma Subependimário de Células Gigantes), 607
SEH (Hematoma Epidural Espinal Tardio), 1019

Seio(s)
cavernoso, 86, 1401
síndrome do, 1401
dérmico, 270
craniano, 271
espinal, 270
frontais, 886
fraturas nos, 886
petroso, 85
inferior, 85
superior, 85
sigmoide, 85
transverso, 86
SEL (Lipomatose Epidural Espinal)
avaliação, 1150
desfecho, 1151
tratamento, 1150
Sela Túrcica
na radiografia de crânio, 216
achados anormais, 216
dimensões normais na, 216
em adultos, 216
SEM (Metástases Epidurais da Coluna), 814-821
apresentação, 814
na coluna cervical superior, 815
avaliação, 815
escalas de função, 815
exames diagnósticos, 816
de tumores primários, 814
tratamento, 815
algoritmo de, 817
déficit grave, 817
dor sem envolvimento neurológico, 819
progressão rápida, 817
sinais leves e estáveis, 818
sintomas leves e estáveis, 818
cifoplastia, 820
cirúrgico, 820
objetivos do, 819
terapia medicamentosa, 819
vertebroplastia, 820
XRT, 820
Sensibilidade
muscular, 1421
SEP (Potencial Evocado Sensoriais)
na CSM, 1089
ondas típicas, 239
Septo Pelúcido
ausência do, 260
Sevoflurano
Ultrane®, 105
Shunts
na HCP, 416
avaliação do paciente, 420
física, 420
histórica, 420
radiológica, 421
shuntograma, 421
diferentes, 417

complicações de, 417
desvantagens de, 417
infecção no, 424
instruções aos pacientes, 435
miscelânea de assuntos
sobre, 427
cirurgia laparoscópica e, 427
craniossinostose, 427
deformidades do
crânio, 427
microcefalia, 427
overshunting, 424
hipotensão
intracraniana, 424
tratamento, 425
ventrículos
fendidos, 424, 425
problemas com, 419, 425
de CSF instalado, 420
não relacionados com, 425
riscos na inserção, 419
SDH, 426
sistemas específicos de, 427
válvulas, 427
de fluxo controlado, 427
não programáveis, 427
programáveis, 427, 429
técnicas de inserção, 435
tipos de, 416
undershunting, 422
etiologias, 423
sinais de, 423
sintomas de, 423
puncionando um, 422
indicações, 422
técnica, 422
Shy-Drager
síndrome de, 177, 178
SIAD (Síndrome da Antidiurese
Inapropriada), 112
SIADH (Secreção Inapropriada de
Hormônio Antidiurético), 110,
112, 114
diagnóstico, 115
hiponatremia com, 115
sintomas, 115
SIH (Hipotensão Intracraniana
Espontânea), 389
avaliação, 391
clínica, 390
desfecho, 391
diagnóstico, 390
epidemiologia, 390
fisiopatologia, 390
tratamento, 391
Simpatectomia
cardíaca, 1537
de UEs, 1537
lombar, 1538
torácica, 1538
superior, 1538
Sinal(is)
de alívio à abdução, 1070
de Babinski, 90
de Hoffmann, 90, 91

do abdutor, 1049
Lhermitte, 1421
neuroftalmológicos, 570
diversos, 570
atrofia óptica, 570
bobbing ocular, 570
fenômeno de Marcus
Gunn, 570
hippus, 570
opsoclono, 570
oscilopsia, 570
pseudossinal de von
Grafe, 570
reflexo
córneo-mandibular, 570
síndrome de Duane, 570
Sincondrose(s)
em crianças, 933
Síncope, 1396
abordagem prática, 1397
Síndrome(s)
cerebrais regionais, 90-102
clínicas, 100
de Foster Kennedy, 99
do JF, 100
do lobo parietal, 97
relacionadas, 99
tronco cerebral e, 99
tumor de Parinaud, 99
visão geral, 96
compressivas
neurovasculares, 1534
HFS, 1534
da MCAP, 289
da medula presa, 272
apresentação, 272
avaliação pré-operatória, 273
com MM, 272
em adultos, 273
escoliose em, 272
da raiz nervosa cervical, 1069
fatos clínicos, 1069
de Ahumada-del Castillo, 722
de Aicardi, 260
de Anton-Babinski, 98
de Brown-Séquard, 947
apresentação, 947
etiologias, 947
prognóstico, 947
de desmielinização
osmótica, 115
de Devic, 1409
de dores, 477
craniofaciais, 477
otalgia, 478
TGN, 479
vasculares, 478
de Duane, 570
de Foix-Alajouanine, 1141
de Foster Kennedy, 691
de Grisel, 969
de herniação, 302
central, 303
estágios, 303
prognóstico após, 304

por massa, 302
infratentorial, 302
supratentorial, 302
uncal, 304
estágios de, 305
de Klippel-Feil, 271
apresentação, 272
tratamento, 272
de Loubert, 256
de McCune-Albright, 781
de Morgagni, 780
de neuropatia periférica, 542
de oclusão, 1265
dos principais vasos, 1265
por territórios
vasculares, 1265
de Osler-Weber-Rendu, 1246
epidemiologia, 1247
imagens, 1247
tratamento, 1247
de Shy-Drager, 177, 178
de Steele-Richardson-
Olzewski, 178
de Sturge-Weber, 608
de tumores familiares, 610
de Li-Fraumeni, 610
de Turcot, 610
do bebê sacudido, 916
do escaleno, 555
do pronador, 518
do recesso lateral, 1097
do túnel radial, 532
epilépticas, 441
crises, 441
de ausência, 441
uncinadas, 441
de Lennox-Gastaud, 443
de West, 442
epilepsia, 441, 442
mioclônica juvenil, 442
esclerose mesial temporal, 441
lacunares, 1268
medular, 946, 947
anterior, 946
posterior, 947
MISME, 605
na CSM, 1085
de Brown-Séquard, 1086
de lesão transversal, 1085
medular, 1085, 1086
braquialgia e, 1086
central, 1085
sistêmica motora, 1085
neurocutâneas, 289
neuroftalmológicas, 569
de Gradenigo, 570
de Tolosa-Hunt, 569
neuralgia paratrigeminal de
Raeder, 569
pseudotumor, 569
paraneoplásicas, 542
afetando sistema nervoso, 542
pós-concussional, 923
apresentação, 923

1658 Índice Remissivo

tratamento, 924
pós-laminectomia, 1039
aracnoidite, 1040
cicatrização peridural, 1041
etiologias, 1040
tratamento da, 1042
sensorial cortical, 98
Sinostose(s)
coronal, 253
tratamento cirúrgico, 253
craniofaciais dismórficas, 255
lambdoide, 253
achados clínicos, 254
avaliação diagnóstica, 254
epidemiologia, 253
tratamento, 254
múltiplas, 255
sagital, 253
Siringomielia, 1144
avaliação, 1146
desfecho, 1148
entidades similares, 1146
distinção de, 1146
epidemiologia, 1145
etiologias, 1145
primária, 1145
secundária, 1145
fisiopatologia, 1145
quadro clínico, 1146
síndrome característica, 1146
tratamento, 1147
SIS (Síndrome do Segundo
Impacto), 847
Sistema
da artéria vertebrobasilar, 1325
dissecção do, 1325
excluindo a VA, 1326
de escore motor, 940
ASIA, 940
nervoso, 584
tumores do, 584
classificação da
WHO dos, 584
venoso, 85
supratentorial, 85
grandes veias, 85
tributárias, 85
SjVO$_2$ (Oximetria Venosa
Jugular)
monitorização da, 865
SLIC (Lesões Subaxiais),
986-1000
da coluna cervical, 986, 987
classificação das, 986, 987
de flexão, 989
de compressão-flexão, 989
modelo de estabiliadde, 987
de White e Panjabi, 987
por compressão vertical, 989
por extensão, 994
fraturas facetárias, 994
massa lateral, 994
menores, 994
por compressão-extensão,
994

sem lesão óssea, 994
por flexão-distração, 991
distração por
hiperflexão, 991
facetas bloqueadas, 992
subluxação, 991
SCIWORA, 999
SMC (Cistos Meníngeos
Espinais), 1142
apresentação, 1143
avaliação, 1143
tratamento, 1143
SNAP (Potencial de Ação do
Nervo Sensitivo), 243
SND (Degeneração
Estriatonigral), 177
SNHL (Perda Auditiva
Neurossensorial), 581
SOB (Espinha Bífida Oculta), 265
SON (Nevralgia
Supraorbitária), 477, 483
anatomia, 491
características da, 491
DDX, 492
tratamento, 492
SPAM (Mielopatia Ascendente
Progressiva Subaguda), 1019
Spin
densidade de, 229
imagem de, 229
sPNETs (Tumores
Neuroectodérmicos Primitivos
Supratentoriais)
ependimoblastoma, 666
SPO (Osteotomia de
Smith-Petersen), 1117
SRS (Radiocirurgia
Estereotática), 485, 706, 1564
e SRT, 1565
linhas indefinidas entre, 1565
melanoma, 804
nas metástases
cerebrais, 809, 811
tecnologias de, 1565
comparação das, 1565
SRS (Scoliosis Research
Society)-Schwab
classificação da ASD de, 1112
SRT (Radioterapia
Estereotáxica), 1564
SRS e, 1565
linhas indefinidas entre, 1565
SSD (Divertículo do Sigmoide),
1258
SSH (Hematoma Subdural da
Coluna Espinal), 1131
SSPE (Panencefalite Esclerosante
Subaguda), 238
SSPE (Potenciais Evocados
Somatossensitivos), 108, 239
monitorização do, 240
na cirurgia de coluna
vertebral, 240
na morte cerebral, 311
SSS (Seio Sagital Superior), 697

STA (Arterite Temporal
Superficial), 196
Steele-Richardson-Olzewski
síndrome de, 178
Stent
colocação de, 1297
STIR (Inversão e Recuperação
com Tempo Curto), 230
STN (Nevralgia Supratroclear)
anatomia, 491
DDX, 492
tratamento, 492
Struthers
ligamento de, 518
Sturge-Weber
síndrome de, 608
SU (Úlceras de Estresse)
na neurocirurgia, 129
profilaxia para, 129
Sublimaze®, 133
Subluxação
da coluna cervical, 991
subaxial, 1138
na RA, 1138
Substância Branca
tratos da, 234
DTI e, 234
Substituto(s)
de enxerto ósseo, 1437
como auxiliares
para fusão, 1437
Subtalamotomia
na doença de Parkinson, 1528
Succinilcolina
Anectine®, 107, 135
Sucralfato
Carafate®, 131
Sulco Olfatório
meningiomas do, 691, 698
Sulfato
de protamina, 166
Superfície Cortical
anatomia da, 58
Suprane®, 105
Suprimento Vascular
da IC, 67
SVA (Alinhamento Vertical
Sagital), 1112
SVMs (Malformações Vasculares
da Coluna Vertebral), 1140
SVN (Neurectomia Vestibular
Seletiva), 572
abordagem cirúrgica, 573
considerações cirúrgicas, 573
Synthroid®, 148

T

T1W1 (Imagem Ponderada em
T$_1$), 228
T2W1 (Imagem Ponderada em
T$_2$), 228
TA (Arterite Temporal), 195
TAL (Ligamento Transverso do
Atlas)

integridade do, 970
avaliando a, 970
ruptura do, 970
classificação da, 970
Tansulosina
Flomax®, 96
Tapia
síndrome de, 102
TAs (Aneurismas
Traumáticos), 1227
apresentação, 1228
tratamento, 1228
TAS (Parafusos de Faceta
Transarticular)
de C1-2, 1480
TBA (Adrenalectomias Bilaterais
Totais), 724, 743
TBI (Lesões Cerebrais
Traumáticas)
anticonvulsivantes após, 828
profiláticos, 828
complicações tardias da, 923
CTE, 924
síndrome
pós-concussional, 923
critérios de admissão para, 830
indicações para CT, 830
baixo risco de ICI, 830
outras definições de, 848
contusão, 848
DAI, 848
lesão contragolpe, 848
tumefação cerebral
pós-traumática, 848
outros fatores de risco, 831
recomendação de
tratamento, 831
TBS (Bursite Trocantérica), 1101
TBW (Água Corporal Total), 119
TCC (Cistos Leptomeníngeos
Pós-Traumáticos), 248
TCMEPs (Potenciais Evocados
Motores Transcranianos), 241
TDL (Lesões Desmielinizantes
Tumefativas), 181
Tegretol®, 446, 481
Terapia de Reposição
corticosteroides, 144
Terceira Ventriculostomia
técnica ventriculoscópica, 1517
Termoterapia
intersticial a *laser*, 1557
guiada por MRI, 1557
TGN (Nevralgia do Trigêmeo)
avaliação, 481
DDX, 481
epidemiologia, 479
fisiopatologia, 479
imagens, 481
microcompressão
percutânea, 487
para rizólise por balão, 487
miscelânea de drogas, 482
MVD, 488
PTR, 486

terapia, 481, 482
tumores e, 481
T-H (Taylor-Haughton)
linhas de, 61
TIA (Ataque Isquêmico
Transitório), 1158
definição, 1264
tratamento de, 1282
não submetidos à terapia ao
trombo, 1287
opções de tratamento, 1282
terapia, 1286, 1287
endovascular, 1287
trombolítica, 1286
Tiabagina
Gabitril®, 457
TICH (Hemorragia Intracerebral
Traumática), 891
Tiopental
Pentothal®, 133, 877
Tireoide
desidratada, 148
Armour thyroid®, 148
reposição de hormônios da, 148
dosagem de rotina, 148
no coma mixedematoso, 148
Tireotrofina. 151
TIVA (Anestesia Intravenosa
Total), 105, 108
TLICS (Classificação e Severidade
de Lesão Toracolombar), 1006
TLIF (Fusão Intercorpórea
Lombar Transforaminal), 1104,
1113, 1116
TLIF (Fusão Intersomática
Lombar Transforaminal), 1497
TLSO (Órtose
Toracolombossacral), 1104
TM (Membrana Timpânica), 79
Tofranil®, 95
Tolosa-Hunt
síndrome de, 569
Tolterodina
Detrol®, 95
Tontura
DDX, 572
Topamax®, 456
Topiramato
Topamax®, 456
Toradol®, 138
Torcicolo
de origem no 11° nervo, 1534
etiologia, 1533
procedimentos cirúrgicos, 1534
tratamento, 1534, 1535
TOS (Síndrome do Desfiladeiro
Torácico)
DDX, 554
neurogênica, 554, 555
disputada, 555
verdadeira, 554
etiologias, 554
exames confirmatórios, 555
sinais, 554

sintomas, 554
tratamento, 555
tPA (Ativador do Plasminogênio
Tecidual)
indicações, 1580
posologia, 1581
reversão, 1581
seleção de caso, 1580
Tração
das lesões da
coluna cervical, 957
aplicação, 958, 959
de halo circular, 958, 959
de pinças, 958
complicações, 960
controvérsias, 958
cuidados pós-colocação, 959
diretrizes básicas, 958
finalidade, 957
redução das facetas
bloqueadas, 960
Tramadol
Ultram®, 140
Trandate®, 126
Transfusão(ões)
autóloga, 154
critérios recomendados de,
154, 155
de FFP, 155
de plaquetas, 154
maciças, 153
Transplante
de células da medula
suprarrenal, 1526
para doença de
Parkinson, 1526
Trato(s)
da medula espinal, 70
Trauma
arteriografia no, 834
craniano penetrante, 321
abscesso cerebral após, 321
craniospinal, 318
meningite após, 318
epidemiologia, 318
patógenos, 318
tratamento, 319
CT no, 832
da cabeça, 920
resultados do, 920
idade, 920
prognosticadores, 921
estudos da coluna, 833
exames neurocirúrgicos no, 828
condição física, 829
neurológico, 829
MRI no, 834
orientações de
internação para, 834
leves, 834
moderados, 834
penetrante, 1017
no pescoço, 1017
avaliação, 1018
classificação, 1018

lesões vasculares, 1017
tratamento, 1018
raios X de crânio, 833
sem penetração de projétil, 911
angiografia
pré-operatória, 911
corpo estranho, 911
ainda incorporado, 911
cuidados pós-operatórios, 912
lesões com flechas, 911
técnicas cirúrgicas, 911
transferência de paciente
com, 825
Traumatismo Craniano
avaliação radiográfica, 832
arteriografia, 834
CT no trauma, 832
de crânio, 833
estudos da coluna, 833
MRI, 834
classificação, 824-838
com lesão sistêmica grave
associada, 834
FES, 835
hipopituitarismo
pós-traumático, 836
indireta, 836
no nervo óptico, 836
intra-abdominal, 834
informações gerais, 824-838
deterioração tardia, 824
leves, 834
orientações de internação, 834
moderados, 834
orientações de internação, 834
orifício de trepanação
exploratório, 836
tratamento inicial, 824-838
na sala de emergência, 826
critérios de admissão, 830
exame neurológico, 828
indicações para CT, 830
medidas gerais, 826
transferência de pacientes, 825
Traumatismo Medular
avaliação neurológica, 930-947
do nível motor, 940
mais detalhada, 941
sistema de escore motor
ASIA, 940
do nível sensorial, 942
escala de deficiência
da ASIA, 943
exame, 943
retal, 943
sensorial adicional, 943
reflexo BC, 943
informação geral, 930-947
órtese cervical, 935
terminologia, 930
estabilidade da coluna
vertebral, 930
integridade da lesão, 930
nível de lesão, 930
lesões, 930-947

da coluna vertebral em
crianças, 930-947
avaliação, 932
e análogos, 933
relacionadas com o efeito
chicote, 930-947
avaliação, 931
classificação clínica, 931
desfecho, 932
tratamento, 931
relacionadas
com o esporte, 930-947
diretrizes
pré-participação, 937
futebol americano, 936
RTP, 937
SCI, 943
BCD, 944
completas, 943
incompletas, 944
Tremor, 1537
TRH (Hormônio Liberador da
Tireotrofina), 151
Trileptal®, 450, 482, 496
Trombina
inibidores diretos da, 165
Trombocitopenia
na ICH, 1341
Tromboembolismo
na neurocirurgia, 167
DVT, 167
Trometamina
cetorolaco de, 138
Toradol®, 138
Tronco(s)
basilar, 1220
aneurismas do, 1220
cerebral, 99
síndromes relacionadas, 99
de Benedikt, 99
de Millard-Gubler, 99
de Weber, 99
das extremidades, 506, 508
inferior, 508
superior, 506
TS (Seio Transverso), 697
tSAH (Hemorragia Subaracnoide
Traumática)
hidrocefalia após, 920
TSC (Complexo de Esclerose
Tuberosa)
avaliação, 607
clínica, 607
epidemiologia, 606
epigenética, 606
genética, 606
patologia, 607
tratamento, 608
TSEH (Hematoma Epidural
Traumático da Coluna
Vertebral)
associado à fratura, 1131
da coluna vertebral, 1131
TSH (Hormônio Estimulante da
Tireoide), 151

TSH (Tirotrofina)
adenomas secretores de, 726
TSM (Meningiomas do Tubérculo
Selar), 692, 698
TT (Punção Traumática)
pesquisa de
dados úteis com, 1506
contagem
verdadeira com, 1506
de leucócitos no CSF, 1506
diferenciando SAH de, 1506
teor proteico
total no CSF, 1506
verdadeiro, 1506
Tubo Neural
defeitos do, 287
classificação, 287
detecção pré-natal de, 290
AFP, 290
amniocentese, 290
ultrassom, 290
exemplos de, 288
fatores de risco, 290
Tumefação
cerebral, 848
pós-traumática, 848
Tumor(es)
astrocíticos, 612, 629-637
classificação dos, 612
pela morfologia, 612
pelo comportamento
geral, 612
graduação dos, 612
direções da, 615
perspectivas futuras, 615
sistemas atuais, 613
sistemas obsoletos, 613
neuropatologia, 612
outros, 629-636
PCA, 629
PXA, 635
cerebral, 157, 590, 1335
aspectos clínicos gerais, 590
cefaleia associada a, 590
consultas patológicas
intraoperatória, 596
déficits neurológicos focais
associados à, 590
exame de congelação, 596
hemorrágicos, 1335
e ICH, 1335
infratentoriais, 592
marcadores tumorais, 600
AFP, 600
CEA, 601
hCG, 600
proteína S-100, 601
medicações para, 594
anticonvulsivantes
profiláticos, 594
esteroides, 594
neuropatologia, 598
escolha das colorações, 598
pediátricos, 593
preparação do tecido, 598

para secções
permanentes, 598
quimioterapia para, 595
agentes, 595
alquilantes, 595
quimioterápicos, 596
BBB, 596
nitrosureias, 596
remoção cirúrgica do, 596
estudos de
imagem após, 596
supratentoriais, 591
da coluna vertebral, 783-797
DDX, 783
localização compartimental
dos, 783
linfoma, 783
ósseos primários, 792
de células gigantes, 797
OO, 792
osteoblastoma, 792
osteossarcoma, 794
VH, 794
da medula espinal, 783-797
DDX, 783
ED, 783
ID-EM, 784
IMSCT, 784
extramedulares
intradurais, 785
meningiomas, 785
schwannomas, 785
da neuro-hipófise, 727
da região pineal, 658-668
da glândula pineal, 659
PCs, 658
de células granulares, 727
de Parinaud, 99
DDX, 99
definição, 99
de tecido neuroepitelial,
583-707
outros, 638-649
dermoides, 760
do corpo carotídeo, 653
avaliação, 653
clínica, 653
tratamento, 654
do epêndima, 638-649
ependimoma, 642
do infundíbulo, 727
do plexo corioide, 638-649
apresentação, 648
epidemiologia, 648
imagem, 648
recorrência, 648
tratamento, 648
dos nervos, 670-687
cranianos, 670-687
VS, 670
espinais, 670-687
periféricos, 670-687
perineurioma, 687
embolização de, 1597
indicações, 1597

técnica, 1597
epidermoides, 760
comparação com
dermoides, 760
gliais, 645
mistos, 645
astrocitoma desmoplásico
infantil, 645
DIG, 645
gangliocitoma displásico
do cerebelo, 647
neuronais, 645
DNT, 646
liponeurocitoma
cerebelar, 646
neurocitoma central, 645
glômicos, 654
avaliação, 655
classificação, 655
clínica, 654
DDX, 655
epidemiologia, 654
patologia, 654
tratamento, 655
hipofisários, 718-728
apresentação clínica, 719
apoplexia hipofisária, 720
distúrbio
endocrinológico, 719
efeito de massa, 720
classificação, 718-728
patológica, 727
DDX, 718
epidemiologia, 718
informações gerais, 718-728
tipos específicos de, 721
adenomas invasivos, 721
hormonalmente ativos, 722
tipos gerais de, 718
adenomas, 718
carcinomas, 718
neuro-hipofisários, 718
infiltrativos, 1571
XRT nos, 1571
mesenquimais, 701
não meningoteliais, 701
hemangiopericitoma, 701
sarcoma cerebral primário
neuroendócrinos, 705
neuronais, 651-657
neuroblastomas, 657
neuronais-gliais, 651-657
mistos, 651-657
ganglioglioma, 651
paraganglioma, 652
oligoastrocíticos, 641
biologia molecular, 641
oligodendrogliais, 638-649
avaliação, 638
clínica, 638
epidemiologia, 638
patologia, 639
prognóstico, 641
tratamento, 640
primários do CNS, 800

metástases dos, 800
que se assemelham a tumores
no crânio, 775-781
cordoma, 778
dermoides, 776
epidermoides, 776
hemangioma, 776
LCH, 777
osteoma, 775
síndromes
envolvendo, 603-610
de tumores familiares, 610
de Li-Fraumeni, 610
de Turcot, 610
NCD, 603
Tumor(es) Primário(s)
do sistema nervoso, 583-707
e relacionado, 583-707
classificação, 584-601
informações
gerais, 584-601
marcadores
tumorais, 584-601
Túnel
do tarso, 538
diagnóstico, 538
exame, 538
tratamento, 538
radial, 532
síndrome do, 532
Turcot
síndrome de, 610
TVAD (Dispositivo de Acesso
Ventricular Temporário)
desvantagens, 1351
vantagens, 1351
TVO (Obscurecimento Visual
Transitório), 768

U

UDDA (*Uniform Determination of
Death Act*), 307
UEs (Membros Superiores),
1398, 1419, 1420
atrofia dos, 1419
com preservação funcional
nas LEs, 1419
cervical, 1420
enfraquecimento dos, 1419
radiculopatia, 1420
simpatectomia de, 1537
UIA (Aneurismas Não Rotos)
apresentação, 1222
história natural, 1222
manejo, 1223
análise de decisão, 1223
CCAAs, 1225
recomendações de
tratamento, 1223
risco de ruptura, 1223
tratados de maneira
conservadora, 1225
acompanhamento
recomendado, 1225

ULF (Facetas Unilaterais Bloqueadas), 992
Ultiva⁵, 133
Ultram⁵, 140
Ultrane⁵, 105
UMN (Neurônio Motor Superior), 182
versus LMN, 504
UNE (Neuropatia Ulnar no Cotovelo), 528
tratamento, 529
cirúrgico, 529
não cirúrgico, 529
UNOS (United Network for Organ Sharing), 313
Urecolina®, 96
Urispas®, 95

V

VA (Artéria Vertebral), 80
dissecções excluindo a, 1326
do sistema vertebrobasilar, 1326
oclusão rotacional da, 1307
BHS por, 1307
bow hunter, 1307
diagnóstico, 1307
fatores contribuintes, 1307
tratamento, 1308
VAA (Aneurisma da Artéria Vertebral)
considerações angiográficas, 1216
da PICA, 1216
Valproato, 451
VA-PICA (Artéria Vertebral-Artéria Cerebelar Inferior Posterior)
aneurismas saculares da, 1216
clipagem cirúrgica de, 1216
Varfarina, 157
Coumadin®, 164
Vasculite(s)
GCA, 195
outras, 199
de hipersensibilidade, 200
FMD, 200
granulomatose, 199
de Wegener, 199
linfomatoide, 199
isolada do CNS, 200
PAN, 199
síndrome de Behçet, 200
PMR, 198
Vasculopatia(s)
diversas, 202
CADASIL, 202
PNS afetando o sistema nervoso, 202
GCA, 195
PMR, 198
Vasodilatação
com IAD, 1184
por angioplastia, 1184

Vasospasmo
CVS, 1179
definições, 1178
angiográfico, 1179
clínico, 1179
DCI, 1178
EBI, 1178
radiográfico, 1179
patogênese, 1181
tratamento, 1183, 1185, 1587
endovascular, 1587
medidas específicas para, 1185
prevenção, 1183
opções de, 1183
orientações pertinentes, 2285
vasodilatação, 1184
com IAD, 1184
por angioplastia, 1184
Vasotec®, 126
VB (Corpo Vertebral), 1003
anterior, 1486
fixação com parafuso-placa, 1486
aumento do, 1011
avaliação antes do procedimento, 1013
cifoplastia, 1011
complicações, 1012
contraindicações, 1012
indicações, 1012
pós-procedimento, 1014
PVP, 1011
VBI (Insuficiência Vertebrobasilar), 1305
avaliação, 1306
fisiopatologia, 1306
história natural, 1306
sintomas, 1306
tratamento, 1306
vCDJ (Nova Variante de Doença de Creutzfeldt-Jakob), 368
Vecurônio
Norcuron⁵, 107, 136
Veia Cerebral Magna
malformação da, 1255
apresentação, 1255
classificação, 1256
história natural, 1256
tratamento, 1256
Ventriculomegalia
DDX de, 1348
na PIVH, 1348
Ventriculostomia
dreno de Sump, 1514
remoção, 1514
técnica de inserção, 1513
VEP (Potencial Evocado Visual), 239
VER PR (Resposta Evocada Visual por Padrão Reverso), 239
Verapamil
indicações, 1581
posologia, 1581

reversão, 1581
seleção de caso, 1581
Vernet
síndrome de, 100
Vertigem
neurectomia vestibular, 572
posicional, 572
benigna, 572
incapacitante, 572
VH (Hemangioma Vertebral), 794
apresentação, 795
propedêutica, 795
tratamento, 796, 797
cirúrgico, 797
VHL (Doença de von Hippel-Lindau)
critérios diagnósticos, 704
epidemiologia, 703
genética, 703
prognóstico, 707
recursos, 707
subtipos de, 703
tratamento, 705
tumores associados à, 704
vigilância, 706
Via(s) Aérea(s)
gerenciamento das, 918
e lesões na cabeça, 918
Vidarabina
Vira-A®, 366
Vigabatrin, 456
Villaret
síndrome de, 102
Vimpat®, 457
VIP (Peptídeo Vasoativo Intestinal), 151
Vira-A⁵, 366
Vitamina
K, 166
Mephyton⁵, 166
VJF (Fístulas Vertebrojugulares)
etiologias, 1593
tratamento endovascular, 1593
VMA (Ácido Vanilmandélico), 657
VNS (Estimulação do Nervo Vago), 1558
VO (Osteomielite Vertebral)
aspectos clínicos, 354
epidemiologia, 353
fatores de risco, 353
organismos, 354
patogênese, 354
testes diagnósticos, 355
tratamento, 355
VOG (Veia de Galeno)
malformação da, 1255
apresentação, 1255
classificação, 1256
história natural, 1256
tratamento, 1256
Volume
sanguíneo, 1166
controle de, 1166
e aneurisma, 1166

Índice Remissivo

von Grafe
  pseudossinal de, 570
VP (Ventriculoperitoneal)
  derivação, 1515
    cateter peritoneal, 1515
    solicitações
      pós-operatórias, 1515
VS (Schwannoma Vestibular)
  avaliação, 673
  clínica, 670
  epidemiologia, 670
  manejo, 675
  patologia, 670
  tratamento cirúrgico, 678-687
  XRT nos, 1570
VZV (Vírus Herpes
  Varicela-Zóster)
  leucoencefalite
    multifocal por, 366

W

WBXRT (Radioterapia Cerebral
  Total)
  melanoma, 804
  nas metástases cerebrais, 810
    cirurgia ±, 810
WE (Encefalopatia de
  Wernicke), 204
  clínica, 206
  exames diagnósticos, 206
  tratamento, 206
Weber
  síndrome de, 99
Wegener
  granulomatose de, 199
    avaliação, 199
    DDX, 199
    tratamento, 199
West
  síndrome de, 442

WFNS (*World Federation of
  Neurological Surgeons*), 1156
  graduação da SAH da, 1163
White e Panjabi
  modelo de estabilidade de, 987
Wilbrand
  joelho de, 559
Willis
  círculo de, 75

X

Xilocaína, 1581
  indicações, 1582
  posologia, 1582
  reversão, 1582
  seleção de caso, 1582
XLIF™ (Fusão Intercorpórea
  Lombar Lateral Extrema), 1104
XRT (Radioterapia), 1560-1572
  contraindicações, 1566
  externa convencional, 1560
    coluna vertebral, 1562
      radiação de, 1562
    dosagem, 1560
    fracionamento, 1560
    irradiação craniana, 1560
  IB, 1571
  indicações, 1566
  para adenomas hipofisários, 744
    efeitos colaterais, 744
    recomendações, 745
  para mestástases
    cerebrais, 808
    irradiação craniana
      profilática, 808
    pós-operatória, 808
    SRS, 809
  problemas específicos, 1568
    das lesões, 1568
      adenomas hipofisários, 1570

      AVMs, 1568
      meningiomas, 1570
      metástases, 1569
      tumores infiltrativos, 1571
      vasculares, 1568
      VS, 1570
  selar, 745
    para acromegalia, 745
    para CD, 745
    para tumores
      hipofisários, 745
      não funcionais, 745
  SRS e, 1564
  SRT, 1564
  tratamento, 1566, 1571
    morbidade do, 1571
      imediata, 1571
      pré-medicação, 1571
      tardia, 1571
    mortalidade imediata do, 1571
    procedimento de, 1566
      localização do alvo, 1566
      planejamento
        terapêutico, 1567

Z

Zantac®, 130
Zarotin®, 452
Zemuron®, 107, 135
Zonegran®, 455, 496
Zonisamida
  Zonegran®, 455, 496
Zostrix®, 496
Zovirax®, 366
Zumbido
  não pulsátil, 1405
  pulsátil, 1404